石油化工装置
工艺管道安装设计手册

第二篇　管道器材

（第五版）

张德姜　王怀义　丘　平　主编

中国石化出版社

ISBN 978-7-5114-2822-6

内 容 提 要

本套设计手册共五篇，按篇分册出版。第一篇设计与计算；第二篇管道器材；第三篇阀门；第四篇相关标准；第五篇设计施工图册。

第一篇在说明设计与计算方法的同时，力求讲清基本道理与基础理论，以利于初学设计者理解安装设计原则，从而提高安装设计人员处理问题的应变能力。在给出大量设计资料的同时，将有关国家及中国石化标准贯穿其中，还适当介绍 ASME、JIS、DIN、BS 等标准中的有关内容。

第二、三篇为设计提供有关管道器材、阀门的选用资料。

第四篇汇编了有关的设计标准及规定。

第五篇中的施工图图号与第一、二篇中提供的图号一一对应，以便设计者与施工单位直接选用。

本书图文并茂，表格资料齐全，内容丰富，不仅可作为设计人员的工具书，同时又是培训初学设计人员的教材。

图书在版编目（CIP）数据

石油化工装置工艺管道安装设计手册．第 2 篇，管道器材 / 张德姜，王怀义,丘平主编．—5 版．—北京：中国石化出版社，2014.8（2021.5 重印）

ISBN 978-7-5114-2822-6

Ⅰ.①石… Ⅱ.①张… ②王… ③丘… Ⅲ.①石油化工设备-管线设计-技术手册 ②石油化工设备-管道施工-技术手册 ③石油化工设备-管道-材料-技术手册 Ⅳ.①TE969-62

中国版本图书馆 CIP 数据核字（2014）第 116416 号

责任编辑：李跃进　白　桦

责任校对：李　伟

中国石化出版社出版发行

地址：北京市东城区安定门外大街 58 号

邮编：100011　电话：(010)57512500

发行部电话：(010)57512575

http://www.sinopec-press.com

E-mail：press@ sinopec.com

北京科信印刷有限公司印刷

全国各地新华书店经销

*

787×1092 毫米 16 开本 73 印张 1854 千字

2014 年 8 月第 5 版　2021 年 5 月第 2 次印刷

定价：238.00 元

第五版前言

石油化工管道安装设计（配管设计）是石油化工装置设计的主体专业，配管设计水平直接关系到装置建设投资和装置投产后能否长期、高效、安全、平稳操作。石油化工管道输送的管内介质多种多样，工作压力从低压、中压到高压，超高压管道工作压力最高可达300MPa以上，管道内介质高温、高压、可燃、易爆、有毒，而且装置具有技术密集、规模大、连续化生产的特性，管道所处环境比较恶劣和管道组成件品种繁多等特点。随着石油化工装置的日益大型化，对管道的安全性要求也越来越高。石油化工管道绝大部分为压力管道，国家质量监督检验检疫总局特种设备安全监察局规定压力管道设计单位必须取得相应级别的设计资格后，方能从事设计工作；压力管道设计、校核、审批人员都必须进行考核，合格后方能取得设计许可资格。为满足和适应新形势的要求，我们对《石油化工装置工艺管道安装设计手册》（以下简称《手册》）进行了全面修订。

《手册》于1994年出版、发行以来，经数次修订，满足了当前设计的需要。长期以来《手册》深受石油和石油化工战线上广大读者青睐，《手册》第二版于2001年获中国石化科技进步二等奖。《手册》第四版获2010年中国石油和化学工业优秀出版物奖（图书奖）一等奖。《手册》第四版出版以来，有许多项国家、行业标准进行了修订更新，这次第五版修订重点是力求反映近十年来石油化工装置大型化发展和近五年来相关的国家、行业标准的最新标准和技术，以满足和适应石油化工形势发展的需要。

本《手册》虽经多次修订重版，但因时间仓促，错误和不当之处难免，希望广大读者继续为本《手册》提出宝贵意见。

序

编写设计手册对提高设计水平，加快设计速度，有着十分重要的作用。各种设计手册对设计人员是不可缺少的工具书。古人云："工欲善其事，必先利其器"，所以编好设计手册，是设计部门十分重要的二线工作。

在20世纪70年代编制的《炼油装置工艺管线安装设计手册》，曾在设计、施工部门广泛应用，对我国炼油厂的基本建设起过良好作用。随着科学技术的迅速发展，各种规范、标准在不断更新或补充、完善；各类器材设备的变化也日新月异。原来的手册已不能完全反映当前的实际和设计水平，难以满足配管设计人员的使用要求。因此，在原手册的基础上，重新编写了这本《石油化工装置工艺管道安装设计手册》，以满足广大设计人员的需要。

工艺安装（配管）专业是工程设计中的主体专业，工艺安装设计的水平对装置的总投资、装置的风格、外观、操作、检修和安全等均有着重大的作用。同一个工艺流程由不同的工艺安装设计部门进行设计，往往会获得两种截然不同的效果。

由于工艺安装专业是一门运用多种学科的综合技术，因此，对从事该专业设计的人员，便提出了既要有专业的理论知识和丰富实践经验，又要有广博的相邻专业的基本知识的要求。

新的手册中，包括设计方法、常用计算、器材选用以及国内外有关标准和规范等，内容广泛，数据翔实。参加编写的人员，都是长期从事管道设计、理论和经验都十分丰富的同志。他们在编写过程中，既总结了国内配管设计的经验，又消化吸收了引进装置中有关的先进技术；所以这本手册是一本不可多得的好工具书，不仅对从事石油化工及炼油工艺装置工艺管道设计的同志十分有用，而且对一切从事管道安装设计的同志，也是一本有重要参考价值的工具书。

我国的石油化工工业，在经历了艰难创业和开拓前进的历程后，正面临着迅猛发展的形势。本手册的出版，在石化工业的建设中，必将会起十分有益的作用。

中国石化北京设计院技术委员会主任　徐承恩

中国石化洛阳石化工程公司技术委员会副主任　彭世浩

第一版前言

在20世纪70年代初，为适应石油工业发展的需要，于1974至1978年编写出版了《炼油装置工艺管线安装设计手册》（以下简称原手册）。原手册问世十多年来，已在炼油领域（设计、科研、施工、生产等）中得到了应用，经受了工程实践的考验，发挥了重要作用。

随着改革开放的全面发展，我国社会主义经济建设特别是石油化工工业得到了迅猛的发展，石油化工装置设计技术水平有了很大的提高。

进入80年代后，国家技术监督局组织修订了大量的国家标准，编制了许多新标准，中国石油化工总公司和其他部委也编制了大批行业标准。与此同时，在总结设计经验、消化吸收引进装置技术的基础上，工艺安装技术也得到了较大的发展。基于以上因素，原手册已不能反映当代工艺安装的设计水平，不能全面地适应和满足当前石油化工工程建设的需要。因此，改编原手册已势在必行。

工艺安装设计，一般系指工艺装置内设备和建筑物的布置设计和装置内工艺及公用工程的管道设计。管道设计中包括管道布置、器材选择、支吊架设计、隔热和伴热、防腐涂漆以及管道的应力分析、抗震设计、管道模型设计等。此外，还须向仪表、设备、机械、加热炉、建筑、结构、电气、通讯、采暖通风、供水排水、总图运输、储运、热工等专业提供设计技术条件。因此，工艺安装设计专业是装置工程设计的主体专业。

工艺安装设计或配管设计是一门运用多种学科的综合性技术。从事设计的人员除应掌握工艺安装设计的基本技能和正确运用有关标准、规范外，还必须熟悉工艺过程、设备检修、材料学、管道力学等。同时，还应具备金属学、焊接与检验、锅炉和压力容器、化工过程与设备、建筑、结构、电气、防火、防爆、环保卫生以及仪表控制等的基本知识，并了解其主要标准。另一方面，通过实践不断总结和积累工程经验，也是工艺安装设计人员提高技术素质的重要途径。

我国高等院校没有设置工艺安装设计或配管设计的专业或课程。因此，不管是从化工、石油炼制还是从化机等专业毕业的大学生，从事工艺安装设计时，应对他们进行职业教育——继续工程教育。

本《手册》的功能不仅是安装设计的工具书，同时又是继续工程教育的指导性资料。本《手册》编写的原则之一是贯彻国家、中国石油化工总公司及其他部委制订的与石油化工设计有关的标准、规范和规定，并适当介绍ASME、JIS、DIN、BS等标准中的有关内容。所以，它也是贯彻国家、中国石油化工总公司和有关石油化工设计法规和标准的教材。

本《手册》共四篇分四册出版。第一篇设计与计算；第二篇管道器材；第三篇阀门；第四篇相关标准。第三、四篇基本为工具性资料，第一、二篇是在说明设计和计算方法的同时，力求讲清基本道理和基础理论。对公式推导则采用实用原则，不过分展开。所以，它不同于只罗列图表和数据的一般工具书；也不同于只提要求，不讲目的和理由的技术标准、规范规定；也不同于仅注重理论阐述与推导的教科书，而是兼顾以上三者的特点。对有争议或多种方法的内容，本《手册》尽可能将其不同点列出，由使用者自己判断、选择。

本《手册》的部分章节内容已延伸到与其紧密相邻的专业，其目的是尽可能加深对有关专业知识的了解，从而提高安装设计人员在设计过程中的协调能力和处理问题的应变能力。本《手册》出版后，还出版了《石油管道法兰》《小型设备》《管道支吊架》《管道与设备隔热》等施工图册❶。

本《手册》由中石化配管中心站负责组织编写和审查，在编写中得到了中国石油化工总公司所属工程建设部、配管中心站、北京设计院、洛阳石化工程公司、北京石化工程公司、兰州石化设计院、上海石化总厂设计院、齐鲁石化公司设计院等单位领导和有关人员的大力支持以及中国石化出版社的热情指导，在此一并致以谢忱。

由于编写时间仓促、编者的水平有限，《手册》中可能存在各种不足之处，恳请读者提出宝贵意见。

我们衷心希望本《手册》能成为迫切要求能高速、高效和经济地解决装置布置和管道工程问题的广大技术人员手中的一套既有实用价值又比较全面的技术资料，也希望本《手册》将在设计、科研、施工、生产中发挥更大的作用。

本《手册》编写人员如下：

中国石化工程建设有限公司（SEI）：

(原北京设计院)：刘耕戊、张德姜、刘绍叶、丘平、徐心兰、林树镗、徐兆厚、李征西、师酉云、蒋桂锋、佟振业、魏礼瑾、钟景云、赵国桥、余子俊、吴青芝、顾比仑、牛中军、张效铭、王斌斌、罗家弼、沈宏孚、解芙蓉、欧阳琨。

(原北京石化工程公司)：于浦义、龚世琳、张云鸠、苏艳菊、赵明卿。

中石化洛阳工程有限公司：陈让曲、王怀义、王毓斌、李苏秦、康美琴、韩英劭、谢泉、高文华、马淑玲。

中石化宁波工程有限公司：毛杏之、赵娟莉。

中石化上海工程有限公司：姜德巽、凌镭、吴建康、王汝淦、胡人勇。

齐鲁石化公司设计院：吴正佑。

中石化国际事业公司：孟庆久。

张德姜、王怀义、刘绍叶任主编，并对全书进行了校审和统编。

审稿委员会成员如下：

主任委员：刘耕戊。

副主任委员：于浦义、陈让曲。

委员：徐心兰、徐兆厚、姜渭斌、赵明卿。

---

❶ 现为本《手册》第五篇《设计施工图册》。

目录

第一章　管　　子

第一节　管 子 的 分 类

按用途、材质、形状分类，管子可分为以下类型。

（1）按用途分类，可分为流体输送用、传热用、结构用和特殊用等。

① 输送用和传热用，在我国可分为流体输送用，长输（输油、输气）管道用，石油裂化用、化肥用、锅炉用、换热器用。在日本可分为普通配管用，压力配管用，高压用、高温用、高温耐热用，低温用，耐腐蚀用等。

② 结构用，通常分为普通结构用，高强度结构用，机械结构用等。

③ 特殊用，例如钻井用，试锥用、高压气体容器用等。

（2）按材质分类，可分为金属管、非金属管。

按管子的材质分类，如表 1-1-1 所示。

表 1-1-1　管子按材质分类

大分类	中分类	小 分 类	管 子 名 称 举 例
金属管	铁管	铸铁管	承压铸铁管（砂型离心铸铁管、连续铸铁管）
	钢管	碳素钢管	B_3F 焊接钢管，10、20 号钢无缝钢管，优质碳素钢无缝钢管
		低合金钢管	16Mn 无缝钢管，低温钢无缝钢管
		合金钢管	奥氏体不锈钢管，耐热钢无缝钢管
	有色金属管	铜及铜合金管	拉制及挤制黄铜管、紫铜管、铜镍合金（蒙乃尔等）
		铅管	铅管，铅锑合金管
		铝管	冷拉铝及铝合金圆管，热挤压铝及铝合金圆管
		钛管	钛管及钛合金管（Ti-2Al-1.5Mn，Ti-6Al-6V-2Sn-0.5Cu-0.5Fe）
非金属管		橡胶管	输气胶管，输水吸水胶管，输油、吸油胶管，蒸汽胶管
		塑料管	酚醛塑料管，耐酸酚醛塑料管，硬聚氯乙烯管，高、低密度聚乙烯管，聚丙烯管，聚四氟乙烯管，ABS 管，PVC/FRP 复合管，高压聚乙烯管
		石棉水泥管	
		石墨管	不透性石墨管
		玻璃管陶瓷管	化工陶瓷管（耐酸陶、耐酸耐温陶、工业瓷管）
		玻璃钢管	聚酯玻璃钢管，环氧玻璃钢管，酚醛玻璃钢管，呋喃玻璃钢管
	衬里管		橡胶衬里管，钢塑复合管，涂塑钢管

（3）按形状分类，可分为套管、翅片管、各种衬里管等。

第二节 钢 管

一、钢管的种类

适用于配管用钢管的种类、规格尺寸和适用范围，各国均有国家或协会（学会）标准、行业标准以及生产厂家的标准。

在我国与钢管相关的标准有国家标准（GB 及 GB/T）和冶金工业部标准（YB 及 YB/T）以及原石油部标准（SY 及 SY/T）。常用配管用钢管如表 1-2-1 所示。

在日本有日本工业标准（JIS）及日本石油协会标准（JPI），如表 1-2-2 所示。在美国有美国机械工程师学会标准（ASME）和美国材料与试验学会标准（ASTM）和美国石油学会（API）标准，美国水厂协会标准（AWWA）。在德国有国家标准（DIN）。在英国有英国标准（BS）。在原苏联有 ГОСТ 标准钢管。

二、配管用钢管标准对照

表 1-2-3 是我国常用配管用钢管与日本、美国等国家各种标准的钢管对照表。

表 1-2-1 中国常用配管用钢管

钢管名称及标准号	规格尺寸范围	钢 号	制造方法或/和交货状态	适用范围	注
低压流体输送用焊接钢管 GB/T 3091—2008	φ10.2～φ168.3（DN6～150）普通管、加强管；公称外径：177.8～2540 普通管	GB/T 700 中，Q195、Q215A、Q125B、Q235A、Q235B GB/T 1591 中 Q295A、Q295B、Q345A、Q345B	电阻焊或埋弧焊 未经镀锌和管端加工的钢管按原制造状态交货 公称外径不大于 323.9mm 的钢管可镀锌交货	DN≤150 0～100℃ DN>150 0～200℃ ≤1.0MPa，水、污水、空气，采暖蒸汽	GB/T 3091—2008 代替 GB/T 3091—2001
直缝电焊钢管 GB/T 13793—2008	外径 φ10.2～φ610	GB/T 699 中，08、10、15、20 钢 GB 700 中，Q195 Q215A、B、Q235A、B、C、GB/T 1591中，Q295A、B，Q345A、B、C	不热处理	≤200℃	GB/T 13793—2008 代替 GB/T 13792—92、GB/T 13793—92
输送流体用无缝钢管 GB/T 8163—2008	钢管外径 φ6～φ1016	GB/T 699 中，10、20 优质碳素钢 GB/T 1591 中，Q295、Q345、Q390、Q420、Q460	热轧（挤压、扩）管以热轧状态或热处理状态，冷拔（轧）管以热处理状态	-20～425℃ -70～100℃ -40～425℃	GB/T 8163—2008 代替 GB/T 8163—1999

续表

钢管名称及标准号	规格尺寸范围	钢号	制造方法或/和交货状态	适用范围	注
石油裂化用无缝钢管 GB 9948—2006	外径 $\phi6\sim\phi1016$	10、20 优质碳素钢	热轧管终轧，冷拔管正火	炉管，换热器管和配管用	GB 9948—2006 代替 GB 9948—1988
		12CrMo、15CrMo 合金钢	热轧管终轧+回火 冷拔管正火+回火	-40~525℃ -40~550℃	
		1Cr5Mo 耐热钢	退火	-40~600℃ -196~700℃	
		1Cr19Ni9、1Cr19Ni11Nb 不锈钢	固溶处理		
普通流体输送管道用埋弧焊钢管 SY/T 5037—2012	≥$\phi273\times5$	GB/T 700 中 Q195 Q215 Q235	采用热轧钢带热轧（挤压、扩）、冷拔（轧）或钢板做管坯，经常温成形，并采用自动埋弧焊法焊接	水、污水、空气、采暖蒸汽等普通流体、也适用于具有类似要求的其他流体	SY/T 5037—2012 代替 SY/T 5037—2000
普通流体输送管道用直缝高频焊钢管 SY/T 5038—2012	≥$\phi10.3\times1.7$	GB/T 700 中 Q195 Q215 Q235	采用热轧钢带做管坯，经常温成形，并用高频电焊工艺，通过机械加压待焊边缘焊接，焊缝为直焊缝	水、污水、空气、采暖蒸汽等普通流体	SY/T 5038—2012 代替 SY/T 5038—92
低中压锅炉用无缝钢管 GB 3087—2008	外径 $\phi6\sim\phi1016$	10 20	热轧管以热轧状态，冷拔(轧)钢管以热处理状态交货	各种结构低压或中压锅炉用	GB 3087—2008 代替 GB 3087—1999
高压锅炉用无缝钢管 GB 5310—2008	外径 $\phi6\sim\phi1016$	20MnG、20G、25MnG 15MoG①、20MoG①	正火	适用于制造高压及其以上压力的蒸汽锅炉、管道用	GB 5310—2008 代替 GB 5310—1995
		12CrMoG① 15CrMoG① 12Cr2MoG①	正火+回火		
		12Cr1MoVG 12Cr2MoWVTiB 07Cr2MoW2VNbB 12Cr3MoVSiTiB 15Ni1MnMoNbCu 10Cr9Mo1VNbN 10Cr9MoW2VNbBN 10Cr11MoW2VNbCu1BN 11Cr9Mo1W1VNbBN	正火+回火		
		07Cr19Ni10 10Cr18Ni9NbCu3BN 07Cr25Ni21NbN 07Cr19Ni11Ti 07Cr18Ni11Nb	固溶处理		
		08Cr18Ni11NbFG	冷加工前软化处理 冷加工后固溶处理		

钢管名称及标准号	规格尺寸范围	钢号	制造方法或/和交货状态	适用范围	注
石油天然气工业管线输送系统用钢管 GB/T 9711—2011	外径 ϕ10.3 ~ ϕ2134	L175/A25、L175P/A25P、L210/A	轧制、正火轧制、正火或正火成型	适用于石油天然气输送用无缝钢管和焊接钢管	GB/T 9711—2011 代替 GB/T 9711.1—1996 GB/T 9711.2—1999 GB/T 9711.3—2005
		L245/B	轧制、正火轧制、热机械轧制、热机械成型、正火、正火成型、正火加回火；或如协议，仅适用于 SMLS 钢管的淬火加回火		
		L290/X42、L320/X46、L360/X52、L390/X56、L415/X60、L450/X65、L485/X70	轧制、正火轧制、热机械轧制、热机械成型、正火成型、正火、正火加回火或淬火加回火		
		L245R/BR、L290R/X42R	轧制		
		L245N/BN、L290N/X42N、L320N/X46N、L360N/X52N、L390N/X56N、L415N/X60N	正火轧制、正火成型、正火或正火加回火		
		L245Q/BQ、L290Q/X42Q、L320Q/X46Q、L360Q/X52Q、L390Q/X56Q、L415Q/X60Q、L450Q/X65Q、L485Q/X70Q、L555Q/X80Q	淬火加回火		
		L245M/BM、L290M/X42M、L320M/X46M、L360M/X52M、L390M/X56M、L415M/X60M、L450M/X65M、L485M/X70M、L555M/X80M	热机械轧制或热机械成型		
		L625M/X90M、L690M/X100M、L830M/X120M	热机械轧制		
流体输送用不锈钢焊接钢管 GB/T 12771—2008	外径 ϕ8 ~ ϕ630	12Cr18Ni9 (1Cr18Ni9)② 06Cr19Ni10 (0Cr18Ni9) 022Cr19Ni10 (00Cr19Ni10) 06Cr25Ni20 (0Cr25Ni20) 06Cr17Ni12Mo2 (0Cr17Ni12Mo2) 022Cr17Ni12Mo2 (00Cr17Ni14Mo2) 06Cr18Ni11Ti (0Cr18Ni10Ti) 06Cr18Ni11Nb (0Cr18Ni11Nb)	以热处理状态并酸洗交货，固溶处理。采用自动电弧焊接方法制造		GB 12771—2008 代替 GB/T 12771—2000

续表

钢管名称及标准号	规格尺寸范围	钢号	制造方法或/和交货状态	适用范围	注
流体输送用不锈钢焊接钢管 GB/T 12771—2008	外径 φ8～φ630	022Cr18Ti (00Cr17) 019Cr19Mo2NbTi (00Cr18Mo2) 06Cr13Al (0Cr13Al) 022Cr11Ti 022Cr12Ni 06Cr13(0Cr13)	以热处理状态并酸洗交货。 退火处理。 采用自动电弧焊接方法制造		GB 12771—2008 代替 GB/T 12771—2000
流体输送用不锈钢无缝钢管 GB/T 14976—2012	外径 φ6～φ426	12Cr18Ni9 (1Cr18Ni9) 06Cr19Ni10 (0Cr18Ni9) 022Cr19Ni10 (00Cr19Ni10) 06Cr19Ni10N (0Cr19Ni9N) 06Cr19Ni9NbN (0Cr19Ni10NbN) 022Cr19Ni10N (00Cr18Ni10N) 06Cr23Ni13 (0Cr23Ni13) 06Cr25Ni20 (0Cr25Ni20) 06Cr17Ni12Mo2 (0Cr17Ni12Mo2) 022Cr17Ni12Mo2 (00Cr17Ni14Mo2) 07Cr17Ni12Mo2 (1Cr17Ni12Mo2) 06Cr17Ni12Mo2Ti (0Cr18Ni12Mo2Ti) 06Cr17Ni12Mo2N (0Cr17Ni12Mo2N) 022Cr17Ni12Mo2N (00Cr17Ni13Mo2N) 06Cr18Ni12Mo2Cu2 (0Cr18Ni12Mo2Cu2) 022Cr18Ni14Mo2Cu2 (00Cr18Ni14Mo2Cu2) 06Cr19Ni13Mo3 (0Cr19Ni13Mo3) 022Cr19Ni13Mo3	热轧(挤、扩)或冷拔(轧)。 热处理并酸洗	奥氏体不锈钢 -196～700℃	根据需方要求,并经双方协议,可生产规定之外的钢种 GB/T 14976—2012 代替 GB/T 14976—2002

续表

钢管名称及标准号	规格尺寸范围	钢号	制造方法或/和交货状态	适用范围	注
流体输送用不锈钢无缝钢管 GB/T 14976—2012	外径 φ6～φ426	(00Cr19Ni13Mo3) 06Cr18Ni11Ti (0Cr18Ni10Ti) 07Cr19Ni11Ti (1Cr18Ni11Ti) 06Cr18Ni11Nb (0Cr18Ni11Nb) 07Cr18Ni11Nb (1Cr19Ni11Nb) 06Cr13Al (0Cr13Al) 10Cr15 (1Cr15) 10Cr17 (1Cr17) 022Cr18Ti (00Cr17) 019Cr19Mo2NbTi (00Cr18Mo2) 06Cr13 (0Cr13) 12Cr13 (1Cr13)	热轧(挤、扩)或冷拔(轧) 热处理并酸洗	奥氏体不锈钢 -196～700℃	根据需方要求,并经双方协议,可生产规定之外的钢种 GB/T 14976—2012 代替 GB/T 14976—2002
高压化肥设备用无缝钢管 GB 6479—2000 (2004 年确认)	外径×厚 φ14×4～φ273×40	10 20 16Mn 15MnV 10MoWVNb	热轧(挤压)或冷拔(轧)正火(当热轧管终轧温度符合正火温度时,允许用终轧代替正火)	-40～400℃,10～32MPa 的化工设备和管道用	GB 6479—2000 代替 GB 6479—1986
		12CrMo 15CrMo、 12Cr2Mo 12SiMoVNb	正火+回火		
		1Cr5Mo	退火		

注:① 当热轧 15MoG、20MoG、12CrMoG、15CrMoG、12Cr2MoG、12Cr1MoVG 钢管的终轧温度符合规定的正火温度时,可以热轧代替正火。

② 本格中采用新牌号,为方便新旧对照,括弧内列入旧牌号。

表 1-2-2　日本 JIS、JPI 钢管

标准名称	钢种	钢号	制造法	壁厚容许误差	管径及适用范围	标准使用温度及压力范围	
配管用碳素钢钢管 JIS G3452	C	SGP	E. B	+— −12.5%	1/8″~20″(6~500mm) 使用于压力比较低的蒸汽、水、油、气体及空气等配管	温度 −15~350℃	压力 1MPa 以下
压力配管用碳素钢钢管 JIS G3454	C C	STPG 370 STPG 410	E S. E	热轧 <4mm　+0.6mm　−0.5mm ≥4mm　+15%　−12.5% 冷拔 <3mm　±0.3mm ≥3mm　±10%	1/8″~26″(6~650mm) 使用于 350℃以下的压力配管	温度 −15~350℃	压力 10MPa 以下
高压配管用碳素钢钢管 JIS G3455	C C C	STS 370 STS 410 STS 480	S	热轧 <4mm　±0.5mm ≥4mm　±12.5% 冷拔 <2mm　±0.2mm ≥2mm　±10%	1/8″~26″(6~650mm) 使用于 350℃以下的高压配管	温度 −15~350℃	压力 10~100MPa
高温配管用碳素钢钢管 JIS G3456	C C C	STPT 390 STPT 410 STPT 480	S. E S. E S	热轧 <4mm　±0.5mm ≥4mm　±12.5% 冷拔 <2mm　±0.2mm ≥2mm　±10%	1/8″~26″(6~650mm) 主要用于温度超过 350℃的配管	温度 350~400℃ 350℃以下	压力 — 10~30MPa
配管用电弧焊碳素钢钢管 JIS G3457	C	STPY 400	A	<450A　+15%　−12.5% ≥450A　+15%　−10%	14″~80″ (350~2000mm) 使用于压力比较低的蒸汽水、油、气体、空气等配管	温度 −10~350℃	压力 1MPa 以下
配管用合金钢管 JIS G3458	Mo	STPA12	S 经热处理	热轧 <4mm　±0.5mm ≥4mm　±12.5% 冷拔 <2mm　±0.2mm ≥2mm　±10%	1/8″~26″(6~650mm) 主要用于高温配管	400~450℃	
	Cr. Mo	STPA20 STPA22 STPA23 STPA24 STPA25 STPA26				450~500℃ 500~550℃ 550~600℃ 550~650℃ 600~650℃	
配管用不锈钢钢管 JIS G3459	SUS	SUS 304TP SUS 304HTP SUS 304LTP SUS 309TP SUS 309STP SUS 310TP SUS 310STP SUS 316TP SUS 316HTP SUS 316LTP SUS 316TiTP	S. A. E	热轧 <4mm　±0.5mm ≥4mm　±12.5% 冷拔 <2mm　±0.2mm ≥2mm　±10%	1/8″~26″(6~650mm) 耐腐蚀，耐热及高温配管用 也可用于冰点以下的低温配管		

续表

标准名称	钢种	钢号	制造法	壁厚容许误差	管径及适用范围	标准使用温度及压力范围
配管用不锈钢钢管 JIS G3459	SUS	SUS 317TP SUS 317LTP SUS 836LTP SUS 890LTP SUS 321TP SUS 321HTP SUS 347TP SUS 347HTP SUS 329J1TP SUS 329J3LTP SUS 329J4LTP SUS 405TP SUS 409LTP SUS 430TP SUS 430LXTP SUS 430J1LTP SUS 436LTP SUS 444TP	S. A. E	热轧 <4mm ±0.5mm ≥4mm ±12.5% 冷拔 <2mm ±0.2mm ≥2mm ±10%	1/8″~26″(6~650mm) 耐腐蚀，耐热及高温配管用 也可用于冰点以下的低温配管	
低温配管用钢管 JIS G3460	C Ni Ni	STPL 300 STPL 450 STPL 690	S. E S S	热轧 <4mm ±0.5mm ≥4mm ±12.5% 冷拔 <2mm ±0.2mm ≥2mm ±10%	1/8″~26″(6~650mm) 使用于冰点以下的低温配管	-10~-40℃ -40~-100℃
水道用镀锌钢管 JIS G3442		SGPW		+ — -12.5%	3/8″~12″(10~300mm) 静压 100m 以下的水道给水用配管	与 SGP 相同
石油工业配管用电弧焊接碳素钢管 JPI—7S—14		PSW1 PSW2	A		石油，天然气及石化工业各领域的气体、水、油等配管使用	温度 压力 -10~150℃ 2.5MPa 以下 -10~450℃
石油工业压力配管用碳素钢管 JPI—75—5		JPISTPG370			石油、天然气及石化工业各领域 350℃以下的气体、水、油等通常使用的配管用	温度 压力 -10~350℃ 10MPa 以下 以下

注：S—Seamless 无缝的；E—Elecltric Resistance Welded 电阻焊；B—Butt Welded 对焊；A—Arc Welded 电弧焊。

表 1-2-3 国内外配管用钢管材料标准对照表

GB		ASTM		BS	DIN	JIS	钢种	
钢管标准	钢号	钢管	锻钢	钢管	钢管	钢管		
		A53-TypeF	A235-A	1387	1615-St33	SGP	低碳素钢	碳素钢
GB/T 8163 GB 9948	10	A53-A	A105	3601-360	1629-St37	STPG 370	低碳素钢	
GB/T 8163 GB 9948	20	A53-B	A105	3601-410	1629-St48.4	STPG 410	中碳素钢	

续表

GB		ASTM		BS	DIN	JIS	钢种	
钢管标准	钢号	钢管	锻钢	钢管	钢管	钢管		
GB 5130	20G	A106B	—	—	17155-St45.8/Ⅲ	STS 410	中碳素钢(Si镇静钢)	碳素钢
GB 6479	16Mn	—	—	—	17175-17Mn4	STS 480		
GB 6479	10	A105-A	A105	3602-360	17175-St35.8	STPT 370	低碳素钢(Si镇静钢)	
GB/T 8163 GB 9948	20	A106-B	A105	3602-410	17175-St45.8	STPT 410	中碳素钢(Si镇静钢)	
		A106-C	—	3602-460	—	STPT 480	中碳素钢(Si镇静钢)	
GB 9948 GB 6479 GB 5310	12CrMo 12CrMoG	A335-P2	A182-F2	—	17175-15Mo3	STPA 20	1/2Mo钢	合金钢
	15CrMo 15GrMoG	A335-P12	A182-F12	3604-620-440	17175-13CrMo44	STPA 22	1Cr-1/2Mo钢	
		A335-P11	A182-F11	3604-621	—	STPA 23	1¼Cr-1/2Mo钢	
GB 6479 GB 5310	12Cr2Mo	A335-P22	A182-F22	3604-622	17175-10CrMo910	STPA 24	2½Cr-1Mo钢	
GB 9948 GB 6479	12Cr5Mo (1Cr5Mo)	A335-P5	A182-5	3604-625	—	STPA 25	5Cr-1/2Mo钢	
		A335-P9	A182-9	—	—	STPA 26	9Cr-1Mo钢	
GB 6479	16Mn	A333-Gr1	A350-LF2	3603-410LT50	17173- TTSt35N,35V	STPL 380	Al镇静钢	低温用钢
		A333-Gr3	A350-LF3	3603-503LT100	—	STPL 450	3½Ni钢	
		A333-8	A522	3603-503LT196	—	STPL690	9Ni钢	
GB/T 14976	06Cr19Ni10 (0Cr18Ni9)	A312-TP304	A182-F304	3605-304S18 S25	17458-X5CrNi1810	SUS304TP	18-8钢	不锈钢
		A312- TP304H	A182- F304H	3605- 304S59	—	SUS304HTP	高温用18-8钢	
GB/T 14976	022Cr19Ni10 (00Cr19Ni10)	A312-TP304L	A182- F304L	3605-304S14 S22	17458- X2CrNi1911	SUS304LTP	低碳素18-8钢	
		A312-TP309	—	—	—	SUS309STP	22-12钢	
		A312-TP310	A182-F310	—	—	SUS310STP	25-20钢	
GB/T 14976	06Cr18Ni11Ti (0Cr18Ni10Ti)	A312-TP347	A182-F347	3605-347S18 S17	17458 X6CrNiTi1810 X6CrNiNb1810	SUS347TP	18-8- (Nb+Ta)钢	
GB/T 14976	06Cr17Ni12Mo2 (0Cr17Ni12Mo2) 022Cr17Ni12Mo2 (00Cr17Ni14Mo2)	A312-TP316	A182-F316	3605-316S18 S26	17458 X5CrNiMo17122 X2CrNiMo17132	SUS316TP	18-8-Mo钢	
		A312- TP316H	A182- F316H	3605-316S59	—	SUS316HTP	高温用 18-8-Mo钢	
GB/T 14976	06Cr17Ni12Mo2 (0Cr17Ni12Mo2) 022Cr17Ni12Mo2 (00Cr17Ni14Mo2)	A312- TP376L	A182- F316L	3605-316S14 S22	—	SUS316LTP	低碳素 18-8-Mo钢	

续表

GB		ASTM		BS	DIN	JIS	钢种	
钢管标准	钢号	钢管	锻钢	钢管	钢管	钢管		
GB/T 14976	06Cr18Ni11Ti (0Cr18Ni10Ti)	A312-TP321	A182-F321	3605- 321S18、S22	17458	SUS321TP	18-8-Ti 钢	不锈钢
		A312- TP321H	A182- F321H	3605- 321S59	—	SUS321HTP	高温用 18-8-Ti 钢	
GB/T 14976	06Cr18Ni11Nb (0Cr18Ni11Nb)	A312- TP347H	A182- F347H	3605-347S59	—	SUS347HTP	高温用 18-8- (Nb+Ta)钢	
		A268-TP329	—	—	—	SUS329J1TP	25-5-Mo 钢	
GB/T 14976	06Cr19Ni13Mo3 (0Cr19Ni13Mo3) 022Cr19Ni13Mo3 (00Cr19Ni13Mo3)	A312 TP317 A312 TP317L			17458 X5CrNiMo17133 X2CrNiMo18143	SUS317TP SUS317LTP		

注：本对照表是在化学成分与力学性能两者都近似或有一项近似，另一项基本近似的基础上编制的，同一钢种可以互相代替。

当有特殊要求时尚应进一步详细对照，再确定能否代替。

GB 采用新牌号，为方便新旧对照，括弧内列入旧牌号。

三、钢管的尺寸系列

（一）钢管的公称直径（*DN*）系列

公称直径（*DN*）是用以表示管道系统中除已用外径表示的组成件以外的所有组成件通用的一个尺寸数字。在一般情况下，是一个完整的数字，与组成件的真实尺寸接近，但不相等。

钢管的公称尺寸，在国际上都称为公称直径，而不称公称口径，主要因为对于直径≥350mm（14in）的管子，公称直径是指其外径而不是内径。但对于螺纹连接的管子及其管件，因其内径往往与公称直径接近，故亦可称为公称口径。

公称直径有公制（SI）和英制两种。在两种制度中的钢管具体尺寸和相应的螺纹尺寸是一致的。公制和英制的管子公称直径对照如表 1-2-4 所示。

表 1-2-4　公制和英制管子公称直径（*DN*）对照表

公制/mm	英制/in	公制/mm	英制/in	公制/mm	英制/in
6	1/8	（175）	7	1100	44
8	1/4	200	8	1200	48
10	3/8	（225）	9	1400	56
15	1/2	250	10	1500	60
20	3/4	300	12	1600	64
25	1	350	14	1800	72
（32）	1¼	400	16	2000	80
40	1½	450	18	2200	88
50	2	500	20	2400	96
（65）	2½	600	24	2600	104
80	3	700	28	2800	112
（90）	3½	800	32	3000	120
100	4	900	36	3200	128
（125）	5	1000	40	3400	136
150	6				

在日本，对管子的公制和英制分别用 A、B 表示，例如公制公称直径 100mm 表示为 100A；

英制公称直径 4in 表示为 4B。

（二）钢管的外径系列

根据钢管生产工艺的特点，钢管产品是按外径和壁厚系列组织生产的。目前世界各国的钢管尺寸系列尚不统一，各国都有各自的钢管尺寸系列标准。在国际上比较广泛应用的钢管标准有美国的 ASME B 36. 10、德国的 DIN 2448、英国的 BS 3600 和国际标准化组织的 ISO 4200等标准。

在日本虽然有 JIS 标准，但是为进入国际市场，也按上述美国、英国、德国的标准生产钢管。

在世界各国的钢管外径尺寸系列中，我国、日本、德国和国际标准化组织等用 mm 表示外径尺寸，美国则有公制和英制两种表示方法，分别用 mm 和 in 表示外径尺寸。例如，按 JIS 标准 *DN*1B（25A）外径为 34mm、*DN*4B（100A）外径为 114. 3mm，而美国 *DN*1in、*DN*4in，其外径分别为 33. 4mm（或 1. 315in）和 114. 3mm（4. 5in）。

国外钢管外径尺寸虽不完全相同，但当 *DN*<4in 时，除少数几个外径差别较大外，其余公称直径钢管的外径尺寸差别很小，不影响互换性。从 *DN*14in 开始，钢管外径均等于公称直径。例如 *DN*14in 其外径为 14in 或 355. 6mm（14×25. 4mm）。

原 YB 231—70《无缝钢管》和 GB/T 8163—1999《输送流体用无缝钢管》的外径尺寸相同，是一个密集尺寸系列（ϕ6 ~ ϕ630mm）。GB/T 8163—2008 又扩展到 ϕ1016mm。当 *DN*≤250mm时与国外标准的外径尺寸除 *DN*100、*DN*150 外其余的外径尺寸基本相同，可以互换。但从 *DN*≥300mm 开始，钢管外径尺寸差别较大。

目前我国焊接钢管的外径从 ϕ323. 9 ~ ϕ2220mm 是按 YB 5036 标准规定的，其外径尺寸与 ISO 标准一致；从 ϕ10 ~ ϕ2540mm 焊接钢管的外径的 GB/T 3091 标准是按 GB/T 21835—2008《焊接钢管尺寸及单位长度重量》规定的。

目前在我国现行标准中，对于同一公称直径的钢管外径尺寸还不统一。石化标准 SH/T 3405，规定了钢管外径与 GB/T 17395—2008《无缝钢管尺寸、外径、重量及允许偏差》系列 1 基本一致。

国际标准化机构（ISO）统一制订了世界通用的钢管标准外径。表 1-2-5 是 ISO 配管用钢管标准尺寸的规格概要。其中 ISO 65 及 ISO 559 分别以英国的 BS 1387、B S534 为基础制订的。ISO 3183 是长输管线，参考了世界上普遍采用的美国 API—5L 标准的外径。DIN 4200经过 ISO 成员国投票通过被采用到 ISO 标准中作为 ISO 4200 的基础。

表 1-2-5　ISO 配管用钢管标准尺寸的规格概要

标　准	标 准 名 称	外　径　范　围	尺寸数量	注
ISO 65 （1975）	钢管螺纹与国际标准 ISOR-7 一致	重的 普通的 } 公称直径 6 ~ 150mm 轻Ⅰ 轻Ⅱ } 6 ~ 100mm	14 12	外径由大 ~ 小确定壁厚有重的、普通的、轻Ⅰ、轻Ⅱ四种
ISO 4200 （1991）	光端焊接和无缝钢管的尺寸和单位长度重量的一览表	外径 10. 2 ~ 2220mm	68	外径分为三个系列，系列Ⅰ是配管用
ISO 559 （1991）	清水和污水用管	公称直径 40 ~ 2220mm 外径 48. 3 ~ 2220mm	26	外径 26 种
ISO 3183 （2007）	石油和天然气工业用管道运输系统用钢管	外径①60. 3 ~ 1420mm	33	以 API 5L 标准为基础

注：① ISO3183 的外径系列为：60. 3、73、76. 1、88. 9、101. 6、114. 3、141. 3、159、168. 3、193. 7、219. 1、273、323. 9、355. 6、368、406. 4、419、457、508、559、610、660、711、762、813、864、914、1016、1067、1118、1168、1220、1420。

表 1-2-6 为 ISO 4200 标准的外径系列；表 1-2-7 为 ISO 65 标准的外径系列；表 1-2-8 为我国主要配管用标准外径与 ISO 及各国标准的对照。

表 1-2-6　ISO 4200 规定的标准外径　　(mm)

系　列 1	系　列 2	系　列 3	系　列 1	系　列 2	系　列 3
10.2					152.4
	12		168.3		159
13.5		14			
	16				177.8
17.2		18	219.1		193.7
	19				244.5
	20		273		
21.3		22			
	25		323.9		
26.9		25.4			
	31.8		355.6		
		30			
	32		406.4		
33.7		35			
	38		457		
	40		508		559
42.4					
		44.5	610		660
48.3					
	51		711		
	57			762	
		54	813		
					864
60.3	63.5		914		
	70				
76.1		73	1016		
88.9	101.6	82.5	1220		
		108	1420		
114.3			1620		
	127		1820		
	133		2020		
139.7			2220		

表 1-2-7　ISO 65 规定的标准外径　　(mm)

基准内径	厚壁系列			普通系列			薄壁系列		
	外径		壁厚	外径		壁厚	外径		壁厚
	最大	最小		最大	最小		最大	最小	
6	10.6	9.8	2.65	10.6	9.8	2.0	10.4	9.7	1.8
8	14.0	13.2	2.9	14.0	13.2	2.35	13.9	13.2	2.0
10	17.5	16.7	2.9	17.5	16.7	2.35	17.4	16.7	2.0
15	21.8	21.0	3.25	21.8	21.0	2.65	21.7	21.0	2.35
20	27.3	26.5	3.25	27.3	26.5	2.65	27.1	26.4	2.35
25	34.2	33.3	4.05	34.2	33.3	3.25	34.0	33.2	2.9
32	42.9	42.0	4.05	42.9	42.0	3.25	42.7	41.9	2.9
40	48.8	47.9	4.05	48.8	47.9	3.25	48.6	47.8	2.9
50	60.8	59.7	4.5	60.8	59.7	3.65	60.7	59.6	3.25
65	76.6	75.3	4.5	76.5	75.3	3.65	76.3	75.2	3.25
80	89.5	88.0	4.85	89.5	88.0	4.05	89.4	87.9	3.65
100	111.5	113.1	5.4	115.0	113.1	4.5	114.9	113.0	4.05
125	140.0	138.5	5.4	140.8	138.5	4.85			
150	166.5	163.9	5.4	166.5	163.9	4.85			

（三）钢管的壁厚系列

钢管壁厚的分级，在不同标准中所表示的方法也各不相同。但主要有三种表示方法。

1. 以管子表号（Sch）表示壁厚系列

这是1938年美国国家标准协会ASME B36.10M《焊接和无缝轧制钢管》标准所规定的。

管子表号（Sch）是设计压力与设计温度下材料的许用应力的比值乘以1000，并经圆整后的数值。即

$$Sch=\frac{p}{[\sigma]^{t}}\times 1000 \tag{1-2-1}$$

式中　p——设计压力，MPa；

$[\sigma]^{t}$——设计温度下材料的许用应力，MPa。

无缝钢管与焊接钢管的管子表号可分别查图1-2-1和图1-2-2确定。

ASME B36.10和JIS标准中的管子表号为：Sch10、20、30、40、60、80、100、120、140、160。

ASME B36.19《不锈钢钢管》中的不锈钢管管子表号为：5S、10S、40S、80S。

管子表号（Sch）并不是壁厚，是壁厚系列。实际的壁厚，同一管径，在不同的管子表号中其厚度各异。不同管子表号的管壁厚度，在美国和日本是应用计算承受内压薄壁管厚度的Barlow公式计算并考虑了腐蚀裕量和螺纹深度及壁厚负偏差-12.5%之后确定的，如式（1-2-2）和式（1-2-3）所示。

$$t_{B}=\frac{D_{0}p}{2[\sigma]^{t}} \tag{1-2-2}$$

表1-2-8　中国主要配管用标准外径与ISO及各国标准的对照　（mm）

公称直径 DN		中国				日本 JIS	ISO		英国		德国		美国 ASME B36.10M/B36.19M
		石化	化工 HG 20553				DIS 4200 系列Ⅰ	ISO 65	BS 3600	BS 1387	DIN 2448 DIN 2458	DIN 2440 DIN 2441	
A/mm	B/in	SH/T 3405	$Ⅰ_a$[②]	$Ⅰ_b$	Ⅱ								
6	1/8	10.3	10.2	10		10.5	10.2	(10.2)	10.2	(10.2)	10.2	10.2	10.3
8	1/4	13.7	13.5	14		13.8	13.5	(13.6)	13.5	(13.6)	13.5	13.5	13.7
10	3/8	17.1	17.2	17	14	17.3	17.2	(17.1)	17.2	(17.1)	17.2		17.1
15	1/2	21.3	21.3	22	18	21.7	21.3	(21.4)	21.3	(21.4)	21.3	21.3	21.3
20	3/4	26.7	26.9	27	25	27.2	26.9	(26.9)	26.9	(26.9)	26.9	26.9	26.7
25	1	33.4	33.7	34	32	34	33.7	(33.75)	33.7	(33.8)	33.7	33.7	33.4
(32)	1¼	42.2	42.4	42	38	42.7	42.4	(42.45)	42.4	(42.5)	42.4	42.4	42.2
40	1½	48.3	48.3	48	45	48.6	48.2	(48.35)	48.3	(48.4)	48.3	48.3	48.3
50	2	60.3	60.3	60	57	60.5	60.3	(60.25)	60.3	(60.3)	60.3	60.3	60.3
(65)	2½	73	76.1	76	76	76.3	76.1	(75.95)	76.1	(76.0)	76.1	76.1	73
80	3	88.9	88.9	89	89	89.1	88.9	(88.75)	88.9	(88.8)	88.9	88.9	88.9
(90)	3½	101.6				101.6			101.6		101.6		101.6
100	4	114.3	114.3	114	108	114.3	114.3	(114.05)	114.3	(114.1)	114.3	114.3	114.3
(125)	5	141.3	139.7	140		139.8	139.7	(139.65)	139.7	(139.7)	139.7	139.7	141.3

续表

公称直径 DN		中国				日本 JIS	ISO		英国		德国		美国 ASME B36.10M/B36.19M
		石化	化工 HG 20553				DIS 4200 系列Ⅰ	ISO 65	BS 3600	BS 1387	DIN 2448 DIN 2458	DIN 2440 DIN 2441	
A/mm	*B*/in	SH/T 3405	$Ⅰ_a$②	$Ⅰ_b$	Ⅱ								
150	6	168.3	168.3	168	159	165.2	168.2	(165.2)	163.3	(165.1)	168.3	165.1	168.3
(175)	7					190.7			193.7		193.7		
200	8	219.1	219.1	219	219	216.3	219.1		219.1		219.1		219.1
(225)	9					241.8							
250	10	273.1	270	273	273	267.4	273.0		273.0		273.0		273.0
300	12	323.9	323.9		325	318.5	323.9		323.9		323.9		323.8
350	14	355.6	355.6		377	355.6	355.6		355.6		355.6		355.6
(375)													
400	16	406.4	406.4		426	406.4	406.4		406.4		406.4		406.4
(425)											419.0		
(450)	18	457	457.0		480	457.2	457		457		457.2		457.00
500	20	508	508.0		530	508.0	508		508		508.0		508.00
(550)	22	559	559.0			558.8			559		558.8		559.00
600	24	610	610		630	609.6	610		610		609.6		610.00
(650)	26	660	660			660.4			660		660.4		660.00
700	28	711	711		720	711.2	711		711		711.2		711
(750)	30	762	762			762.0			762		762.0		762
800	32	813	813		820	812.8	813		813		812.3		813.0
(850)	34	864	864			863.6			864		863.6		864.0
900	36	914	914		920	914.4	914		914		914.4		914.0
(950)	38	965	965										965.0
1000	40	1016	1016		1020	1016.0	1016		1016		1016		1016.0
(1050)	42	1067	1067										1067.0
(1100)	44	1118	1118			1117.8							1118.0
(1150)	46	1168	1168										1168.0
1200	48	1219	1219		1220	1219.2	1220						1219.0
1300	52	1321	1321										1321.0
(1350)	54					1371.6							
1400	56	1422	1422		1420		1420						1422.0
(1450)	58												
(1500)	60	1524	1524			1524.0							1524.0
1600	64	1626	1626		1620	1625.6	1620						1626.0
(1700)	68	1727	1727										1727.0
1800	72	1829	1829		1820	1828.8	1820						1829.0
(1900)	76	1930	1930										1930.0
2000	80	2032	2030		2020	2032.0	2020						2032.0
2200	88	2235					2220						
2400	96	2438											
2600	104	2642											
2800	112	2845											
3000	120	3048											
3200	128	3251											
3400	136	3454											

注：①外径尺寸系根据 ASME B36.10M-2007（R2010）版。

② HG 中$Ⅰ_a$系列为 ISO 4200 外径系列，优先采用。$Ⅰ_a$系列外径圆整到整数，与 GB/T 17395 钢管外径系列 1 一致。

$$t=\left[\frac{D_0}{2(1-0.125)}\times\frac{p}{[\sigma]^t}\right]+2.54 \tag{1-2-3}$$

式中　t_B、t——理论和计算壁厚，mm；

D_0——管外径，mm；

p——设计压力，MPa；

$[\sigma]^t$——在设计温度下材料的许用应力，MPa。

计算壁厚径圆整后才是实际的壁厚。

如果已知钢管的管子表号，可根据式(1-2-1)计算出该钢管所能适应的设计压力，即

$$p=\mathrm{Sch}\times\frac{[\sigma]^t}{1000} \tag{1-2-4}$$

例如，库存Sch40，碳素钢20无缝钢管，当设计温度为350℃时该钢管所能适应的设计压力为：

$$p=40\times\frac{92}{1000}❶=3.68\mathrm{MPa}$$

石油化工行业标准SH/T 3405—2012规定了无缝钢管的壁厚系列Sch5S❷，Sch10，Sch10S，Sch20，Sch20S，Sch30，Sch40，Sch40S，Sch60，Sch80，Sch80S、Sch100，Sch120，Sch140，Sch160，如表1-2-9（a）、（b）、（c）所示。

2. 以管子重量表示管壁厚度的壁厚系列

美国MSS和ASME（ASME B36.10M-2004）规定的以管子重量表示壁厚方法，将管子壁厚分为三种：

（1）标准重量管以STD表示；

（2）加厚管以XS表示；

（3）超厚管以XXS表示。

≤*DN*250mm的管子，Sch40相当于STD管。

≤*DN*200mm的管子，Sch80相当于XS管。

上述美国钢管壁厚如表1-2-10所示。石化行业标准SH/T 3405也采用了STD、XS、XXS三种表示方法，如表1-2-9中所示。

3. 以钢管壁厚尺寸表示壁厚系列

中国、ISO和日本部分钢管标准采用壁厚尺寸表示钢管壁厚系列。例如：我国的低压流体输送用焊接钢管（GB/T 3091—2008）*DN*≤150的壁厚分为普通管和加强管；对于流体输送用焊接钢管的日本JIS标准的SGP和STPY焊接钢管系列等只规定实际厚度系列。对这类钢管规格的表示方法为管外径×壁厚。例如ϕ60.5×3.8。

表1-2-11是日本JIS标准的管壁厚度。表1-2-12是我国焊接钢管的外径和壁厚。表1-2-13是本手册对大口径焊接钢管，按管子表号方法制订的管壁厚度系列。供参考。

---

❶ 20钢350℃时 $[\sigma]^t$ 为92MPa。

❷ 凡带S的，均为奥氏体不锈钢管的管子表号系列。

表 1-2-9（a） 焊接和无缝不锈钢钢管的尺寸和质量（SH/T 3405—2012）

公称直径 DN	外径/mm	公称壁厚和平端钢管的理论质量							
		Sch5S		Sch10S		Sch40S		Sch80S	
		mm	kg/m	mm	kg/m	mm	kg/m	mm	kg/m
6	10. 3	—	—	1. 24	0. 28	1. 73	0. 37	2. 41	0. 47
8	13. 7	—	—	1. 65	0. 49	2. 24	0. 63	3. 02	0. 80
10	17. 1	—	—	1. 65	0. 63	2. 31	0. 84	3. 2	1. 10
15	21. 3	1. 65	0. 80	2. 11	1. 00	2. 77	1. 27	3. 73	1. 62
20	26. 7	1. 65	1. 02	2. 11	1. 28	2. 87	1. 69	3. 91	2. 20
25	33. 4	1. 65	1. 29	2. 77	2. 09	3. 38	2. 50	4. 55	3. 24
(32)	42. 2	1. 65	1. 65	2. 77	2. 69	3. 56	3. 39	4. 85	4. 47
40	48. 3	1. 65	1. 90	2. 77	3. 11	3. 68	4. 05	5. 08	5. 41
50	60. 3	1. 65	2. 39	2. 77	3. 93	3. 91	5. 44	5. 54	7. 48
(65)	73	2. 11	3. 69	3. 05	5. 26	5. 16	8. 63	7. 01	11. 41
80	88. 9	2. 11	4. 52	3. 05	6. 46	5. 49	11. 29	7. 62	15. 27
(90)	101. 6	2. 11	5. 18	3. 05	7. 41	5. 74	13. 57	8. 08	18. 64
100	114. 3	2. 11	5. 84	3. 05	8. 37	6. 02	16. 08	8. 56	22. 32
(125)	141. 3	2. 77	9. 46	3. 40	11. 56	6. 55	21. 77	9. 53	30. 97
150	168. 3	2. 77	11. 31	3. 40	13. 83	7. 11	28. 26	10. 97	42. 56
200	219. 1	2. 77	14. 78	3. 76	19. 97	8. 18	42. 55	12. 70	64. 64
250	273. 1	3. 40	22. 61	4. 19	27. 79	9. 27	60. 31	12. 70	81. 56
300	323. 9	3. 96	31. 25	4. 57	35. 99	9. 53	73. 88	12. 70	97. 47
350	355. 6	3. 96	34. 34	4. 78	41. 36	9. 53	81. 33	12. 70	107. 40
400	406. 4	4. 19	41. 56	4. 78	47. 34	9. 53	93. 27	12. 70	123. 31
450	457	4. 19	46. 79	4. 78	53. 31	9. 53	106. 74	12. 70	141. 23
500	508	4. 78	59. 32	5. 54	68. 65	9. 53	117. 15	12. 70	155. 13
(550)	559	4. 78	65. 33	5. 54	75. 62	—	—	—	—
600	610	5. 54	82. 58	6. 35	94. 53	9. 53	141. 12	12. 70	187. 07
750	762	6. 35	118. 34	7. 92	147. 29	—	—	—	—

注：带括号者不推荐使用。

表 1-2-9（b） 碳素钢、合金钢无缝钢管的尺寸和质量（SH/T 3405—2012）

公称直径 DN	外径/mm	公称壁厚和平端钢管的理论质量																									
		Sch10		Sch20		Sch30		Sch40		Sch60		Sch80		Sch100		Sch120		Sch140		Sch160		STD		XS		XXS	
		mm	kg/m	mm	kg/m	mm	kg/m	mm	kg/m	mm	kg/m	mm	kg/m	mm	kg/m	mm	kg/m	mm	kg/m	mm	kg/m	mm	kg/m	mm	kg/m	mm	kg/m
6	10.3	1.24	0.28	—	—	1.45	0.32	1.73	0.37	—	—	2.41	0.47	—	—	—	—	—	—	—	—	1.73	0.37	2.41	0.47	—	—
8	13.7	1.65	0.49	—	—	1.85	0.54	2.24	0.63	—	—	3.02	0.80	—	—	—	—	—	—	—	—	2.24	0.63	3.02	0.80	—	—
10	17.1	1.65	0.63	—	—	1.85	0.70	2.31	0.84	—	—	3.20	1.10	—	—	—	—	—	—	—	—	2.31	0.84	3.20	1.10	—	—
15	21.3	2.11	1.0	—	—	2.41	1.12	2.77	1.27	—	—	3.73	1.62	—	—	—	—	—	—	4.78	1.95	2.77	1.27	3.73	1.62	7.47	2.55
20	26.7	2.11	1.28	—	—	2.41	1.44	2.87	1.69	—	—	3.91	2.20	—	—	—	—	—	—	5.56	2.90	2.87	1.69	3.91	2.20	7.82	3.64
25	33.4	2.77	2.09	—	—	2.90	2.18	3.38	2.50	—	—	4.55	3.24	—	—	—	—	—	—	6.35	4.24	3.38	2.50	4.55	3.24	9.09	5.45
(32)	42.2	2.77	2.69	—	—	2.97	2.87	3.56	3.39	—	—	4.85	4.47	—	—	—	—	—	—	6.35	5.61	3.56	3.39	4.85	4.47	9.70	7.77
40	48.3	2.77	3.11	—	—	3.18	3.53	3.68	4.05	—	—	5.08	5.41	—	—	—	—	—	—	7.14	7.25	3.68	4.05	5.08	5.41	10.15	9.55
50	60.3	2.77	3.93	—	—	3.18	4.48	3.91	5.44	—	—	5.54	7.48	—	—	—	—	—	—	8.74	11.11	3.91	5.44	5.54	7.48	11.07	13.44
(65)	73	3.05	5.26	—	—	4.78	8.04	5.16	8.63	—	—	7.01	11.41	—	—	—	—	—	—	9.53	14.92	5.16	8.63	7.01	11.41	14.02	20.39
80	88.9	3.05	6.46	—	—	4.78	9.92	5.49	11.29	—	—	7.62	15.27	—	—	—	—	—	—	11.13	21.35	5.49	11.29	7.62	15.27	15.24	27.68
(90)	101.6	3.05	7.41	—	—	4.78	11.41	5.74	13.57	—	—	8.08	18.64	—	—	—	—	—	—	—	—	5.74	13.57	8.08	18.64	—	—
100	114.3	3.05	8.37	—	—	4.78	12.91	6.02	16.08	—	—	8.56	22.32	—	—	11.13	28.32	—	—	13.49	33.54	6.02	16.08	8.56	22.32	17.12	41.03
(125)	141.3	3.40	11.56	—	—	—	—	6.55	21.77	—	—	9.53	30.97	—	—	12.70	40.28	—	—	15.88	49.12	6.55	21.77	9.53	30.97	19.05	57.43
150	168.3	3.40	13.83	—	—	—	—	7.11	28.26	—	—	10.97	42.56	—	—	14.27	54.21	—	—	18.26	67.57	7.11	28.26	10.97	42.56	21.95	79.22

续表

公称直径DN	外径/mm	公称壁厚和平端钢管的理论质量																								
		Sch10		Sch20		Sch30		Sch40		Sch60		Sch80		Sch100		Sch120		Sch140		Sch160		STD		XS		XXS	
		mm	kg/m	mm	kg/m	mm	kg/m	mm	kg/m	mm	kg/m	mm	kg/m	mm	kg/m	mm	kg/m	mm	kg/m	mm	kg/m	mm	kg/m	mm	kg/m	mm	kg/m
200	219.1	3.76	19.97	6.35	33.32	7.04	36.82	8.18	42.55	10.31	53.09	12.70	64.64	15.09	75.92	18.26	90.44	20.62	100.93	23.01	111.27	8.18	42.55	12.70	64.64	22.23	107.93
250	273	4.19	27.78	6.35	41.76	7.8	51.01	9.27	60.29	12.70	81.53	15.09	95.98	18.26	114.71	21.44	133.01	25.40	155.10	28.58	172.27	9.27	60.29	12.70	81.53	25.40	155.10
300	323.8	4.57	35.98	6.35	49.71	8.38	65.19	10.31	79.71	14.27	108.93	17.48	132.05	21.44	159.87	25.40	186.92	28.58	208.08	33.32	238.69	9.53	73.86	12.70	97.44	25.40	186.92
350	355.6	6.35	54.69	7.92	67.91	9.53	81.33	11.13	94.55	15.09	126.72	19.05	158.11	23.83	194.98	27.79	224.66	31.75	253.58	35.71	281.72	9.53	81.33	12.70	107.40	—	—
400	406.4	6.35	62.65	7.92	77.83	9.53	93.27	12.70	123.31	16.66	160.13	21.44	203.54	26.19	245.57	30.96	286.66	36.53	333.21	40.49	365.38	9.53	93.27	12.70	123.31	—	—
450	457	6.35	70.57	7.92	87.71	11.13	122.38	14.27	155.81	19.05	205.75	23.83	254.57	29.36	309.64	34.93	363.58	39.67	408.28	45.24	459.39	9.53	105.17	12.70	139.16	—	—
500	508	6.35	78.56	9.53	117.15	12.70	155.13	15.09	183.43	20.62	247.84	26.19	311.19	32.54	381.55	38.10	441.52	44.45	508.15	50.01	564.85	9.53	117.15	12.70	155.13	—	—
(550)	559	6.35	86.55	9.53	129.14	12.70	171.10	—	—	22.23	294.27	28.58	373.85	34.93	451.45	41.28	527.05	47.63	600.67	53.98	672.30	9.53	129.14	12.70	171.10	—	—
600	610	6.35	94.53	9.53	141.12	14.27	209.65	17.48	255.43	24.61	355.28	30.96	442.11	38.89	547.74	46.02	640.07	52.37	720.19	59.54	808.27	9.53	141.12	12.70	187.07	—	—
(650)	660	7.92	127.36	12.70	202.74	—	—	—	—	—	—	—	—	—	—	—	—	—	—	—	—	9.53	152.88	12.70	202.74	—	—
700	711	7.92	137.32	12.70	218.71	15.88	272.23	—	—	—	—	—	—	—	—	—	—	—	—	—	—	9.53	164.86	12.70	218.71	—	—
750	762	7.92	147.29	12.70	234.68	15.88	292.20	—	—	—	—	—	—	—	—	—	—	—	—	—	—	9.53	176.85	12.70	234.68	—	—
800	813	7.92	157.25	12.70	250.65	15.88	312.17	17.48	342.94	—	—	—	—	—	—	—	—	—	—	—	—	9.53	188.83	12.70	250.65	—	—
(850)	864	7.92	167.21	12.70	266.63	15.88	332.14	17.48	364.92	—	—	—	—	—	—	—	—	—	—	—	—	9.53	200.82	12.70	266.63	—	—
900	914	7.92	176.97	12.70	282.29	15.88	351.73	19.05	420.45	—	—	—	—	—	—	—	—	—	—	—	—	9.53	212.57	12.70	282.29	—	—

注：带括号者不推荐使用。

表 1-2-9（c） 碳素钢、合金钢焊接钢管的的尺寸和质量（SH/T 3405—2012）

公称直径 DN	外径/mm	公称壁厚/mm													
		4.0	5.0	6.0	7.0	8.0	9.0	10.0	11.0	12.0	13.0	14.0	15.0	16.0	18.0
		平端钢管的理论质量/（kg/m）													
150	168.3	16.21	20.13	24.01	27.84	31.62	35.36	38.04	—	—	—	—	—	—	—
200	219.1	21.22	26.40	31.53	36.61	41.65	46.63	51.56	—	—	—	—	—	—	—
250	273.0	26.53	33.04	39.51	45.92	52.28	58.59	64.86	71.07	77.24	83.35	—	—	—	—
300	323.8	—	39.31	47.02	54.69	62.30	69.87	77.38	84.85	92.27	99.64	106.96	—	—	—
350	355.6	—	—	51.73	60.18	68.57	76.92	85.22	93.48	101.68	109.83	117.93	125.99	—	—
400	406.4	—	—	59.24	68.94	78.60	88.20	97.75	107.26	116.71	126.12	135.47	144.78	—	—
450	457	—	—	66.73	77.68	88.58	99.43	110.23	120.98	131.68	142.34	152.94	163.50	174.00	—
500	508	—	—	74.28	86.48	98.64	110.75	122.81	134.82	146.78	158.69	170.55	182.36	194.12	—
(550)	559	—	—	81.82	95.29	108.70	122.07	135.38	148.65	161.87	175.04	188.16	201.23	214.25	—
600	610	—	—	89.37	104.09	118.76	133.39	147.96	162.48	176.96	191.39	205.76	220.09	234.37	—
(650)	660	—	—	96.77	112.72	128.63	144.48	160.29	176.05	191.76	207.42	223.03	238.59	254.10	—
700	711	—	—	104.31	121.52	138.69	155.80	172.87	189.88	206.85	223.76	240.63	257.45	274.22	—
750	762	—	—	—	130.33	148.75	167.12	185.44	203.72	221.94	240.11	258.24	276.32	294.34	—
800	813	—	—	—	139.13	158.81	178.44	198.02	217.55	237.03	256.46	275.85	295.18	314.46	—
(850)	864	—	—	—	—	168.87	189.76	210.60	231.38	252.12	272.81	293.45	314.05	334.59	—
900	914	—	—	—	—	178.74	200.86	222.93	244.95	266.92	288.84	310.72	332.54	354.31	—
(950)	965	—	—	—	—	188.80	212.17	235.50	258.78	282.01	350.19	328.32	351.41	374.44	—
1000	1016	—	—	—	—	198.86	223.49	248.08	272.62	297.10	321.54	345.93	370.27	394.56	—

续表

公称直径 DN	外径/mm	公称壁厚 /mm													
		4.0	5.0	6.0	7.0	8.0	9.0	10.0	11.0	12.0	13.0	14.0	15.0	16.0	18.0
		平端钢管的理论质量 /（kg/m）													
(1050)	1067	—	—	—	—	—	234.81	260.66	286.45	312.20	337.89	363.54	389.13	414.68	—
(1100)	1118	—	—	—	—	—	—	273.23	300.28	327.29	354.24	381.14	408.00	434.81	—
(1150)	1168	—	—	—	—	—	—	285.56	313.85	342.08	370.27	398.41	426.49	454.53	—
1200	1219	—	—	—	—	—	—	298.14	327.68	357.18	386.92	416.01	445.36	474.66	533.10
(1300)	1321	—	—	—	—	—	—	323.29	355.35	387.36	419.32	451.23	483.09	514.90	578.38
1400	1422	—	—	—	—	—	—	348.20	382.75	417.25	451.70	486.10	520.45	554.75	622.21
(1500)	1524	—	—	—	—	—	—	373.35	410.42	447.43	484.40	521.31	558.18	595.00	668.48
1600	1626	—	—	—	—	—	—	398.51	438.08	477.61	517.10	556.53	595.91	635.24	713.76
(1700)	1727	—	—	—	—	—	—	423.41	465.48	507.50	549.47	591.40	633.27	675.09	758.59
1800	1829	—	—	—	—	—	—	448.57	493.15	537.69	582.17	626.61	671.00	715.34	803.87
(1900)	1930	—	—	—	—	—	—	473.47	520.55	567.57	614.55	661.48	708.36	755.19	848.70
2000	2032	—	—	—	—	—	—	498.63	548.22	597.76	647.25	696.69	746.09	795.43	893.97
2200	2235	—	—	—	—	—	—	—	—	657.83	712.33	766.78	821.18	875.53	984.08
2400	2438	—	—	—	—	—	—	—	—	717.90	777.41	836.86	896.27	955.62	1074.19
2600	2642	—	—	—	—	—	—	—	—	—	—	907.29	971.73	1036.11	1164.72
2800	2845	—	—	—	—	—	—	—	—	—	—	977.37	1046.82	1116.21	1254.85
3000	3048	—	—	—	—	—	—	—	—	—	—	1047.46	1121.91	1196.31	1344.95
3200	3251	—	—	—	—	—	—	—	—	—	—	—	—	1276.40	1435.06
3400	3454	—	—	—	—	—	—	—	—	—	—	—	—	1356.50	1525.17

注：带括号者不推荐使用。

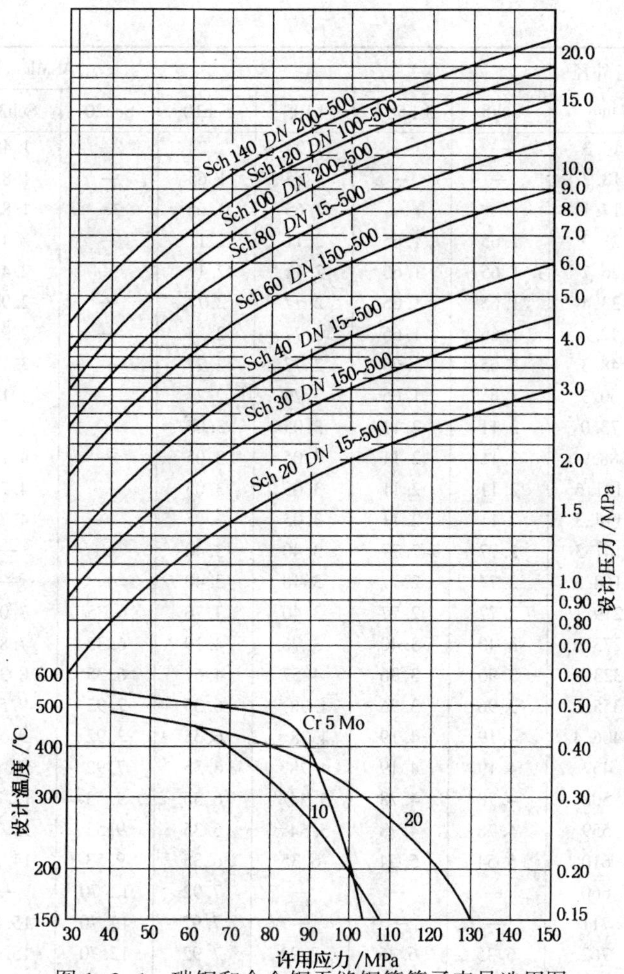

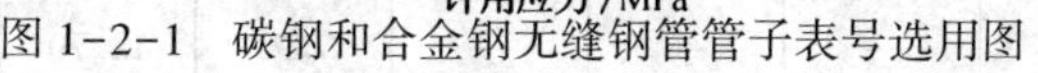
图 1-2-1　碳钢和合金钢无缝钢管管子表号选用图

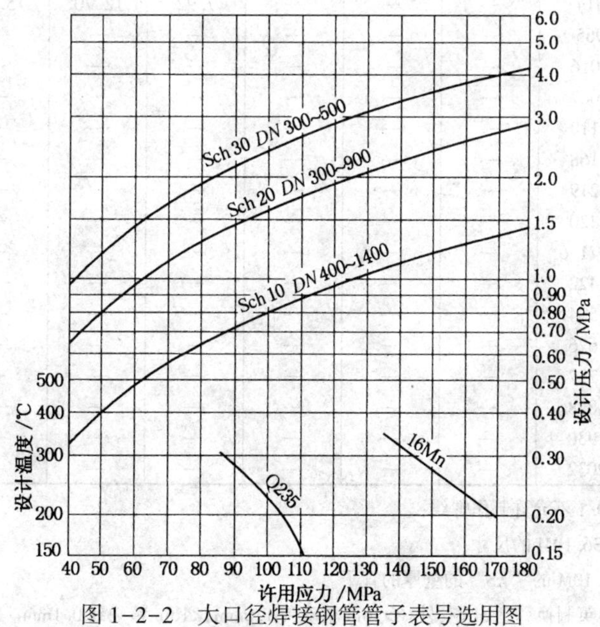

图 1-2-2　大口径焊接钢管管子表号选用图

表 1-2-10　美国标

公称直径		管外径	ASME B36.10M—2004（R2010）							
mm	in	mm	Sch5	Sch5S①	Sch10S①	Sch10	Sch20	Sch30	Sch40S	STD
6	1/8	10.3	—	—	1.24	1.24	—	1.45	1.73	1.73
8	1/4	13.7	—	—	1.65	1.65	—	1.85	1.73	1.73
10	3/8	17.1	—	—	1.65	1.65	—	1.85	2.31	2.31
15	1/2	21.3	1.65	1.65	2.11	2.11	—	2.41	2.77	2.77
20	3/4	26.7	1.65	1.65	2.11	2.11	—	2.41	2.87	2.87
25	1	33.4	1.65	1.65	2.77	2.77	—	2.90	3.38	3.38
32	1¼	42.2	1.65	1.65	2.77	2.77	—	2.97	3.56	3.56
40	1½	48.3	1.65	1.65	2.77	2.77	—	3.18	3.68	3.68
50	2	60.3	1.65	1.65	2.77	2.77	—	3.18	3.91	3.91
65	2½	73.0	2.11	2.11	3.05	3.05	—	4.78	5.16	5.61
80	3	88.9	2.11	2.11	3.05	3.05	—	4.78	5.49	5.49
90	3½	101.6	2.11	2.11	3.05	3.05	—	4.78	5.74	5.74
100	4	114.3	2.11	2.11	3.05	3.05	—	4.78	6.02	6.02
125	5	141.3	2.77	2.77	3.40	3.40	—	—	6.55	6.55
150	6	168.3	2.77	2.77	3.40	3.40	—	—	7.11	7.11
200	8	219.1	2.77	2.77	3.40	3.76	6.35	7.04	8.18	8.18
250	10	273.0	3.40	3.40	3.76	4.19	6.35	7.80	9.27	9.27
300	12	323.8	3.96	3.96	4.57	4.57	6.35	8.38	9.53②	9.53
350	14	355.6	3.96	3.96	4.78②	6.35	7.92	9.53	—	9.53
400	16	406.4	4.19	4.19	4.78②	6.35	7.92	9.53	—	9.53
450	18	457	4.19	4.19	4.78②	6.35	7.92	11.13	—	9.53
500	20	508	4.78	4.78	5.54②	6.35	9.53	12.70	—	9.53
550	22	559	4.78	4.78	5.54②	6.35	9.53	12.70	—	9.53
600	24	610	5.54	5.54	6.35	6.35	9.53	14.27	—	9.53
650	26	660	—	—	—	7.92	12.70	—	—	9.53
700	28	711	—	—	—	7.92	12.70	15.88	—	9.53
750	30	762	6.35	6.35	7.92	7.92	12.70	15.88	—	9.53
800	32	813	—	—	—	7.92	12.70	15.88	—	9.53
850	34	864	—	—	—	7.92	12.70	15.88	—	9.53
900	36	914	—	—	—	7.92	12.70	15.88	—	9.53
950	38	965	—	—	—	—	—	—	—	9.53
1000	40	1016	—	—	—	—	—	—	—	9.53
1050	42	1067	—	—	—	—	—	—	—	9.53
1100	44	1118	—	—	—	—	—	—	—	9.53
1150	46	1168	—	—	—	—	—	—	—	9.53
1200	48	1219	—	—	—	—	—	—	—	9.53
1300	52	1320	—	—	—	—	—	—	—	—
1350	54	1371.6	—	—	—	—	—	—	—	—
1400	56	1422	—	—	—	—	—	—	—	—
1500	60	1524	—	—	—	—	—	—	—	—
1600	64	1626	—	—	—	—	—	—	—	—
1700	68	1727	—	—	—	—	—	—	—	—
1800	72	1828	—	—	—	—	—	—	—	—
1900	76	1930	—	—	—	—	—	—	—	—
2000	80	2032	—	—	—	—	—	—	—	—

注：① 按 ASME B1.20.1 不允许制作螺纹；

②不符合 ASME B36.10M 的尺寸；

③不在 ASME B36.10M 的“XS”的壁厚的管子。

一般性注：1in＝25.4mm。由英制换算到 SI 制，外径>16in 精确到 1.0mm；<16in 精确到 0.1mm。

/B36.19M—2004（R2010）

Sch40	Sch60	Sch80S	XS	Sch80	Sch100	Sch120	Sch140	Sch160	XXS
1.73		2.41	2.41	2.41	—	—	—	—	—
2.24	—	3.02	3.02	3.02	—	—	—	—	—
2.31	—	3.20	3.20	3.20	—	—	—	—	—
2.77	—	3.73	3.73	3.73	—	—	—	4.78	7.47
2.87	—	3.91	3.91	3.91	—	—	—	5.56	7.82
3.38	—	4.55	4.55	4.55	—	—	—	6.35	9.09
3.56	—	4.85	4.85	4.85	—	—	—	6.35	9.70
3.68	—	5.08	5.08	5.08	—	—	—	7.14	10.15
3.91	—	5.54	5.54	5.54	—	—	—	8.74	11.07
5.16	—	7.01	7.01	7.01	—	—	—	9.53	14.02
5.49	—	7.62	7.62	7.62	—	—	—	11.13	15.24
5.74	—	8.08	8.08	8.08	—	—	—	—	—
6.02	—	8.56	8.56	8.56	—	11.13	—	13.49	17.12
6.55	—	9.53	9.53	9.53	—	12.70	—	15.88	19.05
7.11	—	10.97	10.97	10.97	—	14.27	—	18.26	21.95
8.18	10.31	12.70	12.70	12.70	15.09	18.26	20.62	23.01	22.23
9.27	12.70	12.70[2]	12.70	15.09	18.26	21.44	25.40	28.58	25.40
10.31	14.27	12.70[2]	12.70	17.48	21.44	25.40	28.58	33.32	25.40
11.13	15.09	—	12.70	19.05	23.83	27.79	31.75	35.71	—
12.70	16.66	—	12.70	21.44	26.19	30.96	36.53	40.49	—
14.27	19.05	—	12.70	23.83	29.36	34.93	39.67	45.24	—
15.09	20.62	—	12.70	26.19	32.54	38.10	44.45	50.01	—
—	22.22	—	12.70	28.58	34.93	41.28	47.63	53.98	—
17.48	24.61	—	12.70	30.96	38.89	46.02	52.37	59.54	—
—	—	—	12.70	—	—	—	—	—	—
—	—	—	12.70	—	—	—	—	—	—
—	—	—	12.70	—	—	—	—	—	—
17.48	—	—	12.70	—	—	—	—	—	—
17.48	—	—	12.70	—	—	—	—	—	—
19.05	—	—	12.70	—	—	—	—	—	—
—	—	—	12.70	—	—	—	—	—	—
—	—	—	12.70	—	—	—	—	—	—
—	—	—	12.70	—	—	—	—	—	—
—	—	—	12.70	—	—	—	—	—	—
—	—	—	12.70	—	—	—	—	—	—
—	—	—	12.70	—	—	—	—	—	—
—	—	—	12.70[3]	—	—	—	—	—	—
—	—	—	12.70[3]	—	—	—	—	—	—
—	—	—	12.70[3]	—	—	—	—	—	—
—	—	—	12.70[3]	—	—	—	—	—	—
—	—	—	12.70[3]	—	—	—	—	—	—
—	—	—	12.70[3]	—	—	—	—	—	—
—	—	—	12.70[3]	—	—	—	—	—	—
—	—	—	12.70[3]	—	—	—	—	—	—
—	—	—	14.27[2]	—	—	—	—	—	—

表 1-2-11　日本标准管壁厚度表

公称直径		外径 D_o/mm	JIS 管壁厚度/mm														STPY（焊接钢管）G3457									
mm	in	mm	SGP	5S	10	10S	20	20S	30	40	60	80	100	120	140	160										
6	1/8	10.5	2.0	1.0		1.2		1.5		1.7	2.2	2.4														
8	1/4	13.8	2.3	1.2		1.65		2.0		2.2	2.4	3.0														
10	3/8	17.3	2.3	1.2		1.65		2.0		2.3	2.8	3.2														
15	1/2	21.7	2.8	1.65		2.1		2.5		2.8	3.2	3.7														
20	3/4	27.2	2.8	1.65		2.1		2.5		2.9	3.4	3.9				5.5										
25	1	34.0	3.2	1.65		2.8		3.0		3.4	3.9	4.5				6.4										
32	1¼	42.7	3.5	1.65		2.8		3.0		3.6	4.5	4.9				6.4										
40	1½	48.6	3.5	1.65		2.8		3.0		3.7	4.5	5.1				7.1										
50	2	60.5	3.8	1.65		2.8	3.2	3.5		3.9	4.9	5.5				8.7										
65	2½	76.3	4.2	2.1		3.0	4.5	3.5		5.2	6.0	7.0				9.5										
80	3	89.1	4.2	2.1		3.0	4.5	4.0		5.5	6.6	7.6				11.1										
90	3½	101.6	4.2	2.1		3.0	4.5	4.0		5.7	7.0	8.1				12.7										
100	4	114.3	4.5	2.1		3.0	4.9	4.0		6.0	7.1	8.6		11.1		13.5										
125	5	139.8	4.5	2.8	5.1	3.4	5.1	5.0	—	6.6	8.1	9.5		12.7		15.9										
150	6	165.2	5.0	2.8	5.5	3.4	5.5	5.0	—	7.1	9.3	11.0		14.3		18.2										
175	7	190.7	5.3	—	—	—	—	—	—	—	—	—	—	—	—	—										
200	8	216.3	5.8	2.8	6.4	4.0	6.4	6.5	7.0	8.2	10.3	12.7	15.1	18.2	20.6	23.0										
225	9	241.8	6.2	—	—	—	—	—	—	—	—	—	—	—	—	—										

续表

公称直径		外径 D_o/mm	JIS 管壁厚度/mm																								
mm	in	mm	SGP	5S	10	10S	20	20S	30	40	60	80	100	120	140	160	STPY（焊接钢管）G3457									
250	10	267.4	6.6	3.4	6.4	4.0	6.4	6.5	7.8	9.3	12.7	15.1	18.2	21.4	25.4	28.6										
300	12	318.5	6.9	4.0	6.4	4.5	6.4	6.5	8.4	10.3	14.3	17.4	21.4	25.4	28.6	33.3										
350	14	355.6	7.9		6.4		7.9		9.5	11.1	15.1	19.0	23.8	27.8	31.8	35.7	6.0	6.4	7.1	7.9						
400	16	406.4	7.9		6.4		7.9		9.5	12.7	16.7	21.4	26.2	30.9	36.5	40.5	6.0	6.4	7.1	7.9						
450	18	457.2	7.9		6.4		7.9		11.1	14.3	19.0	23.8	29.4	34.9	39.7	45.2	6.0	6.4	7.1	7.9						
500	20	508.0	7.9		6.4		9.5		12.7	15.1	20.6	26.2	32.5	38.1	44.4	50.0	6.0	6.4	7.1	7.9	8.7	9.5	1.03	11.1	11.9	12.7
550	22	558.8			6.4				12.7	15.9	22.2	28.6	34.9	41.3	47.6	54.0	6.0	6.4	7.1	7.9		9.5				
600	24	609.6			6.4				14.3	17.5	24.6	31.0	38.9	46.0	52.4	59.5	6.0	6.4	7.1	7.9		9.5	10.3			
650	26	660.4			7.9				—	18.9	26.4	34.0	41.6	49.1	56.6	64.2	6.0	6.4	7.1	7.9				11.1		
700	28	711.1															6.0	6.4	7.1	7.9	8.7	9.5	10.3	11.1	11.9	12.7
750	30	726.0															—	6.4	7.1	7.9	8.7	9.5	10.3	11.1	11.9	12.7
800	32	812.8																6.4	7.1	7.9	8.7	9.5	10.3	11.1	11.9	12.7
850	34	863.6																		7.9	8.7	9.5	10.3	11.1	11.9	12.7
900	36	914.4																		7.9	8.7	9.5	10.3	11.1	11.9	12.7
1000	40	1016.0																		7.9	8.7	9.5	10.3	11.1	11.9	12.7
1100	44	1117.0																				9.5	10.3	11.1	11.9	12.7
1200	48	1219.2																				9.5	10.3	11.1	11.9	12.7
1350	54	1371.6																							11.9	12.7
1500	60	1524.0																							11.9	12.7

表 1-2-12　中国焊接钢管外径和壁厚

公称直径 DN/mm	SH/T 3405		GB/T 21835[①]				公称直径 DN/mm	SH/T 3405		GB/T 21835[①]			
	外径/mm	壁厚范围/mm	外径/mm			壁厚范围/mm		外径/mm	壁厚范围/mm	外径/mm			壁厚范围/mm
			系列 1	系列 2	系列 3					系列 1	系列 2	系列 3	
6			10.2			0.5~2.9	150	168.3	4~10	168.3			1.6~12.70
				12		1.5~3.1						177.8	1.8~12.70
8				12.7		0.5~3.1	(175)					190.7	1.8~12.70
			13.5			0.5~3.1						193.7	1.8~12.70
10					14	0.5~3.1	200	219.1	4~10	219.1			1.8~14.20
				16		0.5~3.8	(225)					244.5	1.8~14.20
			17.2			0.5~3.8	250	273	4~13	273.1			2.0~14.20
15					18	0.5~3.8	300	323.8	5~14	323.9			2.0~17.50
				19		0.5~3.8	350	355.6	6~15	355.6			2.6~17.50
				20		0.5~4.37	400	406.4	6~15	406.4			2.6~30.0
			21.3			0.5~4.78	450	457	6~16	457			2.6~30.0
					22	0.5~4.78	500	508	6~16	508			3.2~65.0
20				25		0.5~5.0	550	559	6~16			559	3.2~65.0
					25.4	0.5~5.0	600	610	6~16	610			3.2~65.0
			26.9			0.5~5.16	(650)	660	6~16			660	4.0~65.0
					30	0.5~5.16	700	711	6~16	711			4.0~65.0
25				31.8		0.5~5.16	(750)	762	7~16		762		4.0~65.0
				32		0.5~5.16	800	813	7~16	813			4.0~65.0
			33.7			0.5~5.16	(850)	864	8~16			864	4.0~65.0
					35	0.5~5.16	900	914	8~16	914			4.0~65.0
(32)				38		0.5~5.16	(950)	965	8~16			965	4.0~65.0
				40		0.5~5.16	1000	1016	8~16	1016			4.0~65.0
			42.4			0.5~6.02	(1050)	1067	9~16	1067			5.0~65.0
45					44.5	0.5~6.02	(1100)	1118	10~16	1118			5.0~65.0
			48.3			0.6~6.02	(1150)	1168	10~16		1168		5.0~65.0
				51		0.6~6.02	1200	1219	10~18	1219			5.0~65.0
					54	0.6~6.02	(1300)	1321	10~18		1321		5.6~65.0
56				57		0.6~6.02	1400	1422	10~18	1422			5.6~65.0
			60.3			0.6~6.02	(1500)	1524	10~18		1524		6.3~65.0
				63.5		0.6~6.35	1600	1626	10~18	1626			6.3~65.0
(65)				70		0.8~6.35	(1700)	1727	10~18		1727		7.1~65.0
					73	0.8~6.35	1800	1829	10~18	1829			7.1~65.0
			76.1			0.8~6.35	(1900)	1930	10~18		1930		8.0~65.0
90					82.5	0.8~6.35	2000	2032	10~18	2032			8.0~65.0
			88.9			0.8~6.35	(2100)				2134		8.8~65.0
				101.6		1.2~6.35	2200	2235	12~18	2235			8.8~65.0
100					108	1.2~6.35	(2300)				2337		10.0~65.0
			114			1.2~8.0	2400	2438	12~18		2438		10.0~65.0
125				127		1.6~8.0	(2500)			2540			10.0~65.0
				133		1.6~8.0	2600	2642	14~18				
			139.7			1.6~8.0	2800	2845	14~18				
					141.3	1.6~8.0	3000	3048	14~18				
150					152.4	1.6~8.0	3200	3251	16~18				
					159	1.6~9	3400	3454	16~18				
					165	1.6~8.74							

注：①《流体输送用不锈钢焊接钢管》GB/T 12771、《直缝电焊钢管》GB/T 13793 和《低压流体输送用焊接钢管》GB/T 3091 的外径和壁厚符合《焊接钢管尺寸及单位长度重量》GB/T 21835 的规定。

② 带括弧者不推荐使用。

表 1-2-13　焊接钢管壁厚　(mm)

DN	DH	Sch 10	Sch 16	Sch 20	Sch 30	DN	DH	Sch 10	Sch 16	Sch 20	Sch 30
300	323.8		6	7	8	700	711	7	9	11	
350	355.6		6	7	9	700	(720)	7	9	11	
350	(377)		6	7	9	(750)	762	7	10	12	
400	406.4	6	7	8	10	800	813	8	10	12	
400	(426)	6	7	8	10	800	(820)	8	10	12	
450	457	6	7	8	11	900	914	8	11	13	
500	508	6	8	9	12	900	(920)	8	11	13	
500	(529)	6	8	9		1000	1016	9	12		
550	559	6	8	9		1000	(1020)	9	12		
600	610	6	9	10		1200	1219	10	14		
600	(630)	6	9	10		1400	1422	11			
(650)	660	7	9	10							

（四）钢管的壁厚计算

1. 承受内压直管的厚度计算，应符合下列规定：

（1）当直管计算厚度 t_s 小于管子外径 D_o 的 1/6 时，直管的计算厚度不应小于式（1-2-5）计算的值。设计厚度应按式（1-2-6）计算。

$$t=\frac{pD_o}{2\left([\sigma]^t\phi W+pY\right)} \tag{1-2-5}$$

$$\overline{T}=t+C_1+C_2+C_3+C_4 \tag{1-2-6}$$

Y 系数的确定，应符合下列规定：

当 $t<D_o/6$ 时，按表 1-2-14 选取；

当 $t\geqslant D_o/6$ 时，

$$Y=\frac{D_i+2C}{D_i+D_o+2C} \tag{1-2-7}$$

$$C=C_1+C_2 \tag{1-2-8}$$

式中　t——直管计算厚度，mm；

p——设计压力(表压),MPa；

D_o——管子外径，mm；

D_i——管子内径，mm；

$[\sigma]^t$——在设计温度下材料的许用应力，MPa；

ϕ——焊缝系数，对无缝钢管取 1，焊接钢管的焊缝系数可按表 1-2-14 或 SH/T 3059—2012 的表 8.2-1-1 选取；

W——焊缝接头强度降低系数；应按表 1-2-15 的规定值。当温度高于 816℃时，由设计者确定；

$\bar{T}$——名义厚度，标准规定的厚度，mm；

C_1——材料厚度负偏差，按材料标准规定，mm；

C_2——腐蚀、冲蚀裕量，mm；

C_3——机械加工深度。对带螺纹的管道组成件，取公称螺纹深度；对未规定公差的机械加工表面或槽，取规定切削深度加 0.5mm，mm；

C_4——厚度圆整值，mm；

Y——温度对计算直管壁厚公式的修正系数，按表 1-2-16 查取。

表 1-2-14　焊接钢管的焊缝系数

序号	焊接方法	接头型式	焊缝形式	检验要求	焊缝系数 ϕ
1	锻焊（炉焊）	对焊	直焊缝	按标准要求	0.6
2	电阻焊	对焊	直焊缝或螺旋焊缝	按标准要求	0.85
3	电弧焊	单面对焊	直焊缝或螺旋焊缝	无 X 射线探伤	0.8
				10%X 射线探伤	0.9
				100%X 射线探伤	1.0
		双面对焊	直焊缝或螺旋焊缝	无 X 射线探伤	0.85
				10%X 射线探伤	0.90
				100%X 射线探伤	1.0

表 1-2-15　焊缝接头强度降低系数

材料	设计温度/℃														
	427	454	482	510	538	566	593	621	649	677	704	732	760	788	816
铬钼合金钢	1	0.95	0.91	0.86	0.82	0.77	0.73	0.68	0.64	—	—	—	—	—	—
不带填充金属的奥氏体钢①	—	—	—	1	1	1	1	1	1	1	1	1	1	1	1
带填充金属的奥氏体钢	—	—	—	1	0.95	0.91	0.86	0.82	0.77	0.73	0.68	0.64	0.59	0.55	0.5

注：① 成品进行固溶化热处理且焊缝进行 100%射线检验。

表 1-2-16　温度对计算直管壁厚公式的修正系数 Y 值（仅限于 $S_o<D_o/6$）

材　　料	温　度/℃					
	≤482	510	538	566	593	≥621
铁素体钢	0.4	0.5	0.7	0.7	0.7	0.7
奥氏体钢	0.4	0.4	0.4	0.4	0.5	0.7
其他韧性金属	0.4	0.4	0.4	0.4	0.4	0.4

注：①介于表列的中间温度的 Y 值可用内插法计算。

②对于铸铁材料 $Y=0$。

（2）当直管计算厚度 t 大于或等于管子外径 D_o 的 1/6 时，或设计压力 p 与在设计温度下材料的许用应力 $[\sigma]^t$ 和焊缝系数 ϕ 乘积之比 $\left(\dfrac{p}{[\sigma]^t\phi}\right)$ 大于 0.385 时，直管的计算厚度应根据断裂理论、疲劳、热应力及材料特性等因素综合考虑确定。

2. 受外压的直管的壁厚和加强圈计算，应符合现行国家标准 GB 150. 3—2011《压力容器 第3部分：设计》的规定。

四、高压管道用钢管

一般小化肥装置的高压管道外径系列和壁厚可按表 1-2-17 确定。

表 1-2-17　高压管子规格（H_4—67）

公称压力 PN/MPa	公称直径 DN/mm	规格 外径×厚/mm	内径/mm	外径/mm 公差	外径/mm 最大	外径/mm 最小	壁厚/mm 公差	壁厚/mm 最大	壁厚/mm 最小	内径/mm 最大	内径/mm 最小	质量/(kg/m)
32. 0	6	15×4. 5 14×4	6	±0. 5	15. 4 14. 5	14. 6 13. 5	+15% -10%	5. 05 4. 6	4. 05 3. 6	7. 3 6. 29	4. 3 4. 64	1. 17 0. 986
	10	25×6 24×6	13 12	±0. 5	25. 4 24. 5	24. 6 23. 5	+15% -10%	6. 9	5. 4	14. 0 13. 7	11. 16 9. 7	2. 81 2. 66
	15	35×9	17	±0. 5	35. 5	34. 5	+15% -10%	10. 35	8. 1	19. 3	13. 8	5. 77
	25	43×10	23	±0. 5	43. 5	42. 5	+15% -10%	11. 5	9	25. 5	19. 5	8. 06
	32	49×10	29	±0. 5	49. 5	48. 5	+15% -10%	11. 5	9	31. 5	25. 5	10. 12
	40	68×13	42	+1. 5% -1. 0%	69. 02	67. 32	+20% -10%	15. 6	11. 7	45. 62	36. 12	17. 53
	50	83×15	53	+1. 5% -1. 0%	84. 24	82. 17	+20% -10%	18. 0	13. 5	57. 24	46. 17	25. 14
	65	102×17	68	+2% -1%	104. 04	100. 98	+20% -10%	20. 4	15. 3	73. 44	60. 18	35. 64
	80	127×21	85	+2% -1%	129. 54	125. 73	+20% -10%	25. 2	18. 9	91. 74	75. 33	57. 97
	100	159×28	103	+2% -1%	162. 18	157. 41	+20% -10%	33. 6	25. 2	111. 78	90. 21	96. 67
32. 0	(125)	168×28	112	+2% -1%	171. 36	166. 32	+20% -10%	33. 6	25. 2	120. 96	99. 12	104. 96
	125	180×30	120	+2% -1%	183. 6	178. 2	+20% -10%	36	27	129. 6	106. 2	121. 33
	150	219×35	149	+2% -1%	223. 38	216. 81	+20% -10%	42	31. 5	160. 38	132. 81	158. 88
	200	273×40	193	+1. 5% -1. 0%	277. 10	270. 27	+15% -10%	46	36	205. 10	178. 27	229. 00

续表

公称压力 PN/MPa	公称直径 DN/mm	规格 外径×厚/mm	内径/mm	外径/mm			壁厚/mm			内径/mm		质量/(kg/m)
				公差	最大	最小	公差	最大	最小	最大	最小	
22.0	6	14×4	6	±0.5	14.5	13.5	+15% −10%	4.6	3.6	7.3	4.3	0.986
	10	24×6	12	±0.5	24.5	23.5	+15% −10%	6.9	5.4	13.7	9.7	2.66
	15	24×4.5	15	±0.5	24.5	23.5	+15% −10%	5.18	4.05	16.4	13.14	2.16
	25	35×6	23	±0.5	35.5	34.5	+15% −10%	6.9	5.4	21.7	20.7	4.29
	32	43×7	29	±0.5	43.5	42.5	+15% −10%	8.05	6.3	30.9	26.4	6.18
	40	57×9	39	±0.5	57.5	56.5	+15% −10%	10.35	8.1	41.3	35.8	10.65
	50	68×10	48	+1.5% −1%	69.02	67.32	+20% −10%	12	9	51.02	43.32	14.30
	65	83×11	61	+1.5% −1%	84.24	82.17	+20% −10%	13.2	9.9	64.44	55.77	19.53
	80	102×14	74	+2% −1%	104.04	100.98	+20% −10%	16.8	12.6	78.84	67.38	30.38
	100	127×17	93	+2% −1%	129.54	125.73	+20% −10%	20.4	15.3	98.94	84.93	46.12
	125	159×20	119	+2% −1%	162.18	157.41	+20% −10%	24	18	126.18	109.41	73.00
	150	180×22	130	+2% −1%	183.6	178.2	+20% −10%	26.4	19.8	144	125.4	93.32

（编制　王怀义）

第三节　非金属管和衬里管

一、聚氯乙烯管（PVC-U 管）

按 GB/T 4219.1—2008《工业用硬聚氯乙烯（PVC-U）管道系统　第 1 部分：管材》规定，聚氯乙烯管具有优异的耐腐蚀性，机械加工和力学性能，广泛应用于承压给排水输送以及污水处理、水处理、石油、化工、电力电子、冶金、电镀、造纸、食品饮料、医药、中央空调、建筑等领域的粉体、液体的输送。

PVC-U 管还用于化学工业输送某些腐蚀性流体。

（1）PVC-U 管材按尺寸分为；S20、S16、S12.5、S10、S8、S6.3、S5 共 7 个系列。

a. 管系列 S、标准尺寸比 SDR 及管材规格尺寸，见表 1-3-1。

b. 根据管材所输送的介质及应用条件，从表 1-3-1 中选择合理的管系列，表 1-3-2 中列出了管系列与公称压力 PN 的对照表。

表 1-3-1　管材规格尺寸、壁厚及其偏差

公称外径 d_n	壁厚 e 及其偏差													
	管系列 S 和标准尺寸比 SDR													
	S20 SDR41		S16 SDR33		S12.5 SDR26		S10 SDR21		S8 SDR17		S6.3 SDR13.6		S5 SDR11	
	e_{min}	偏差	e_{min}	偏差	e_{min}	偏差	e_{min}	偏差	e_{min}	偏差	e_{min}	偏差	e_{min}	偏差
16	—	—	—	—	—	—	—	—	—	—	—	—	2.0	+0.4
20	—	—	—	—	—	—	—	—	—	—	—	—	2.0	+0.4
25	—	—	—	—	—	—	—	—	—	—	2.0	+0.4	2.3	+0.5
32	—	—	—	—	—	—	—	—	2.0	+0.4	2.4	+0.5	2.9	+0.5
40	—	—	—	—	—	—	2.0	+0.4	2.4	+0.5	3.0	+0.5	3.7	+0.6
50	—	—	—	—	2.0	+0.4	2.4	+0.5	3.0	+0.5	3.7	+0.6	4.6	+0.7
63	—	—	2.0	+0.4	2.5	+0.5	3.0	+0.5	3.8	+0.6	4.7	+0.7	5.8	+0.8
75	—	—	2.3	+0.5	2.9	+0.5	3.6	+0.6	4.5	+0.7	5.6	+0.8	6.8	+0.9
90	—	—	2.8	+0.5	3.5	+0.6	4.3	+0.7	5.4	+0.8	6.7	+0.9	8.2	+1.1
110	—	—	3.4	+0.6	4.2	+0.7	5.3	+0.8	6.6	+0.9	8.1	+1.1	10.0	+1.2
125	—	—	3.9	+0.6	4.8	+0.7	6.0	+0.8	7.4	+1.0	9.2	+1.2	11.4	+1.4
140	—	—	4.3	+0.7	5.4	+0.8	6.7	+0.9	8.3	+1.1	10.3	+1.3	12.7	+1.5
160	4.0	+0.6	4.9	+0.7	6.2	+0.9	7.7	+1.0	9.5	+1.2	11.8	+1.4	14.6	+1.7
180	4.4	+0.7	5.5	+0.8	6.9	+0.9	8.6	+1.1	10.7	+1.3	13.3	+1.6	16.4	+1.9
200	4.9	+0.7	6.2	+0.9	7.7	+1.0	9.6	+1.2	11.9	+1.4	14.7	+1.7	18.2	+2.1
225	5.5	+0.8	6.9	+0.9	8.6	+1.1	10.8	+1.3	13.4	+1.6	16.6	+1.9	—	—
250	6.2	+0.9	7.7	+1.0	9.6	+1.2	11.9	+1.4	14.8	+1.7	18.4	+2.1	—	—
280	6.9	+0.9	8.6	+1.1	10.7	+1.3	13.4	+1.6	16.6	+1.9	20.6	+2.3	—	—
315	7.7	+1.0	9.7	+1.2	12.1	+1.5	15.0	+1.7	18.7	+2.1	23.2	+2.6	—	—
355	8.7	+1.1	10.9	+1.3	13.6	+1.6	16.9	+1.9	21.1	+2.4	26.1	+2.9	—	—
400	9.8	+1.2	12.3	+1.5	15.3	+1.8	19.1	+2.2	23.7	+2.6	29.4	+3.2	—	—

注：①考虑到安全性，最小壁厚应不小于 2.0mm。

②除了有其他规定之外，尺寸应与 GB/T 10798 一致。

表 1-3-2　管系列 S、标准尺寸比 SDR 与公称压力 PN 对照

C 值	管系列 S、标准尺寸比 SDR 与公称压力 PN 对照						
2.0	S20 SDR41	S16 SDR33	S12.5 SDR26	S10 SDR21	S8 SDR17	S6.3 SDR13.6	S5 SDR11
	PN0.63MPa	PN0.8MPa	PN1.0MPa	PN1.25MPa	PN1.6MPa	PN2.0MPa	PN2.5MPa
2.5	S20 SDR41	S16 SDR33	S12.5 SDR26	S10 SDR21	S8 SDR17	S6.3 SDR13.6	S5 SDR11
	PN0.5MPa	PN0.63MPa	PN0.8MPa	PN1.0MPa	PN1.25MPa	PN1.6MPa	PN2.0MPa

注：以上数据基于 MRS 值为 25MPa。

（2）硬聚氯烯管适用于温度-5~45℃，低于下限温度时易开裂，高于上限温度时软化。硬聚氯乙烯的热变形温度为73.8℃，硬聚氯乙烯线胀系数较大，约为钢的7倍，而弹性模量较小。

硬聚氯乙烯管在常温下使用压力为2.5MPa。也可用于真空度小于740mmHg的管道。

（3）一般挤压成型的硬聚氯乙烯管，采用承插粘接连接方式的使用压力较高。

（4）硬聚氯乙烯管的氯乙烯单体含量及稳定剂中的铅、镉等有毒物质超过标准时，对环境和人身健康有害。

（5）PVC-U管不宜于输送可燃、剧毒和含有固体的流体。

（6）聚氯乙烯的耐腐蚀性如表1-3-3所示。

表1-3-3 聚氯乙烯的耐腐蚀性

介质		浓度/%	温度/℃		
类别	名称		20	40	60
酸类	硝酸	50	耐	耐	尚耐
		95	不耐	不耐	不耐
	硫酸	10	不耐		
		60	耐	耐	耐
		98	耐	尚耐	不耐
	硫酸/硝酸	50~10/20~40	耐	耐	耐
		50/50	耐	不耐	不耐
	盐酸	35	耐	耐	耐
	氯水		耐	尚耐	
	氯气（干）	100	耐	耐	尚耐
	氯气（湿）	5	耐	耐	尚耐
	次氯酸	10	耐	耐	耐
	氯乙酸		耐	耐	耐
	氢氟酸	10	耐	耐	耐
	铬酸		耐	耐	
	氧化铬/硫酸	25/20	耐	耐	耐
	蚁酸	50	耐	耐	耐
		100	耐	耐	不耐
	醋酸	<90	耐	耐	耐
		>90	耐	不耐	不耐
	草酸	50	耐	耐	耐
	乳酸		耐	耐	耐
	油酸		耐	耐	耐
	脂肪酸		耐	耐	耐

续表

介质		浓度/%	温度/℃		
类别	名称		20	40	60
酸类	顺丁烯二酸		耐	耐	耐
	氢氯酸		耐	耐	耐
	苯甲酸		耐	耐	耐
	苯磺酸		耐	耐	耐
	二硫化碳、硫化氢		耐	耐	
	氟气		尚耐		不耐
碱类	氢氧化钠	25	耐	耐	耐
		≤40	耐	耐	尚耐
		50~60	耐	耐	耐
	氢氧化钾	20	耐	耐	耐
		≤40	耐	耐	尚耐
		50~60	耐	耐	耐
	氨水		耐	耐	耐
	氨气		耐	耐	耐
	过氧化氢溶液	30	耐	耐	
	石灰乳		耐	耐	耐
	石灰、硫磺合剂		耐	耐	耐
	漂白液		耐	耐	
盐类	硝酸盐		耐	耐	耐
	硫酸盐		耐	耐	耐
	盐水		耐	耐	耐
	海水		耐	耐	耐
	高氯酸钾	1	耐	耐	耐
	重铬酸钾		耐	耐	耐
	高锰酸钾		耐	耐	耐
	照相感光乳剂		耐	耐	
	照相显影液		耐	耐	
	定影液		耐	耐	
烃类	天然气		耐	耐	
	焦炉气		耐	耐	
	二氯甲烷	100	不耐	不耐	不耐
	氯乙烯		不耐		
	三氯乙烯	100	不耐	不耐	不耐
	汽油		耐	耐	耐
	氯仿		不耐	不耐	
	四氯化碳	100	尚耐		不耐

续表

介质		浓度/%	温度/℃		
类别	名称		20	40	60
醇类	甲醇		耐	耐	尚耐
	乙醇		耐	耐	耐
	发酵酒精		耐	耐	
	甘油		耐	耐	耐
	丁醇		耐	耐	耐
	葡萄酒		耐	耐	耐
醛类	甲醛		耐	耐	耐
	乙醛		耐		
酮类	酮类		不耐		
	丙酮		不耐	不耐	不耐
醚类	乙醚		不耐		
苯类	苯酚	6	耐	耐	不耐
	甲苯	100	不耐	不耐	不耐
	苯胺		不耐	不耐	
	苯		不耐		
	甲酚水溶液	5	耐	尚耐	不耐
其他	甲基吡啶		不耐	不耐	不耐
	淀粉糖溶液				
	醋酸乙酯				

(7) 管材尺寸

a. 管材长度一般为4m、6m或8m，也可由供需双方协商确定。管材长度（L）、有效长度（L_1）、最小承口深度（L_{min}）见图1-3-1所示。长度不允许负偏差。

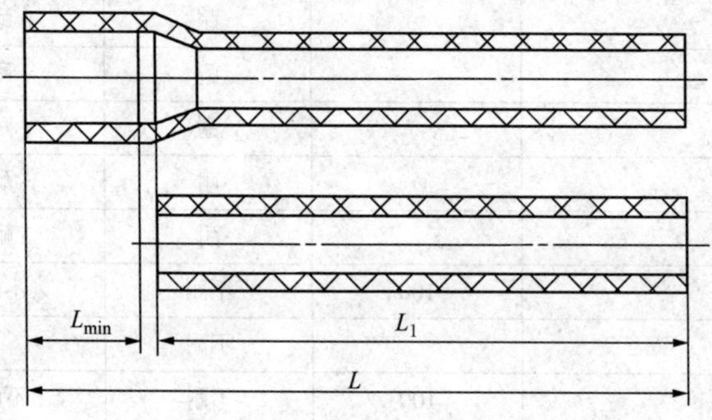

图1-3-1 管材长度示意图

b. 管材的平均外径 d_{em} 及平均外径公差和不圆度的最大值，应符合表1-3-4的规定。

表 1-3-4　平均外径及平均外径偏差和不圆度　(mm)

公称外径 d_n	平均外径 $d_{em,min}$	平均外径公差	不圆度 max (S20～S16)	不圆度 max (S12.5～S5)	承口最小深度 L_{min}
16	16.0	+0.2	—	0.5	13.0
20	20.0	+0.2	—	0.5	15.0
25	25.0	+0.2	—	0.5	17.5
32	32.0	+0.2	—	0.5	21.0
40	40.0	+0.2	1.4	0.5	25.0
50	50.0	+0.2	1.4	0.6	30.0
63	63.0	+0.3	1.5	0.8	36.5
75	75.0	+0.3	1.6	0.9	42.5
90	90.0	+0.3	1.8	1.1	50.0
110	110.0	+0.4	2.2	1.4	60.0
125	125.0	+0.4	2.5	1.5	67.5
140	140.0	+0.5	2.8	1.7	75.0
160	160.0	+0.5	3.2	2.0	85.0
180	180.0	+0.6	3.6	2.2	95.0
200	200.0	+0.6	4.0	2.4	105.0
225	225.0	+0.7	4.5	2.7	117.5
250	250.0	+0.8	5.0	3.0	130.0
280	280.0	+0.9	6.8	3.4	145.0
315	315.0	+1.0	7.6	3.8	162.5
355	355.0	+1.1	8.6	4.3	182.5
400	400.0	+1.2	9.6	4.8	205.0

c. 管材的壁厚及壁厚偏差应符合表 1-3-1 的规定。

(8) 物理性能

管材物理性能应符合表 1-3-5 的规定。

表 1-3-5　物理性能

项　目	要　求	项　目	要　求
密度 ρ/ (kg/m^3)	1330～1460	纵向回缩率/%	≤5
维卡软化温度 (VST) /℃	≥80	二氯甲烷浸渍试验	试样表面无破坏

(9) 力学性能

管材力学性能应符合表 1-3-6 的规定。

表 1-3-6　力学性能

项　目	试验参数			要求
	温度/℃	环应力/MPa	时间/h	
静液压试验	20	40.0	1	无破裂、无渗漏
	20	34.0	100	
	20	30.0	1000	
	60	10.0	1000	
落锤冲击性能	0℃（-5℃）			$TIR\leqslant10\%$

(10) 适用性

管材连接后应通过液压试验，试验条件按表 1-3-7 的规定。

表 1-3-7　系统适用性

项　目	试验参数			要求
	温度/℃	环应力/MPa	时间/h	
系统液压试验	20	16.8	1000	无破裂、无渗漏
	60	5.8	1000	

(11) 卫生要求

当用于输送饮用水、食品饮料、医药时，其卫生性能应按相关标准执行。

(12) 组件材料温度对压力的折减系数

公称压力（*PN*）指管材输送 20℃水的最大工作压力。当输水温度不同时，应按表1-3-8给出的不同温度对压力的折减系数（f_t）修正工作压力。用折减系数乘以公称压力得到最大允许工作压力。

表 1-3-8　组件材料温度对压力的折减系数

温度 t/℃	折减系数 f_t	温度 t/℃	折减系数 f_t
$0<t\leqslant25$	1	$25<t\leqslant35$	0.8
$35<t\leqslant45$	0.63		

(13) PVC-U 管材材料预测强度

10～60℃温度范围内硬聚氯乙烯管材材料 MRS 为 25.0MPa 最小要求静液压强度的值（见图 1-3-2 的参照曲线）用式（1-3-1）计算：

$$\log t=-164.461-29349.493\times\frac{\log\sigma}{T}+60126.534\times\frac{1}{T}+75.079\times\log\sigma \qquad (1-3-1)$$

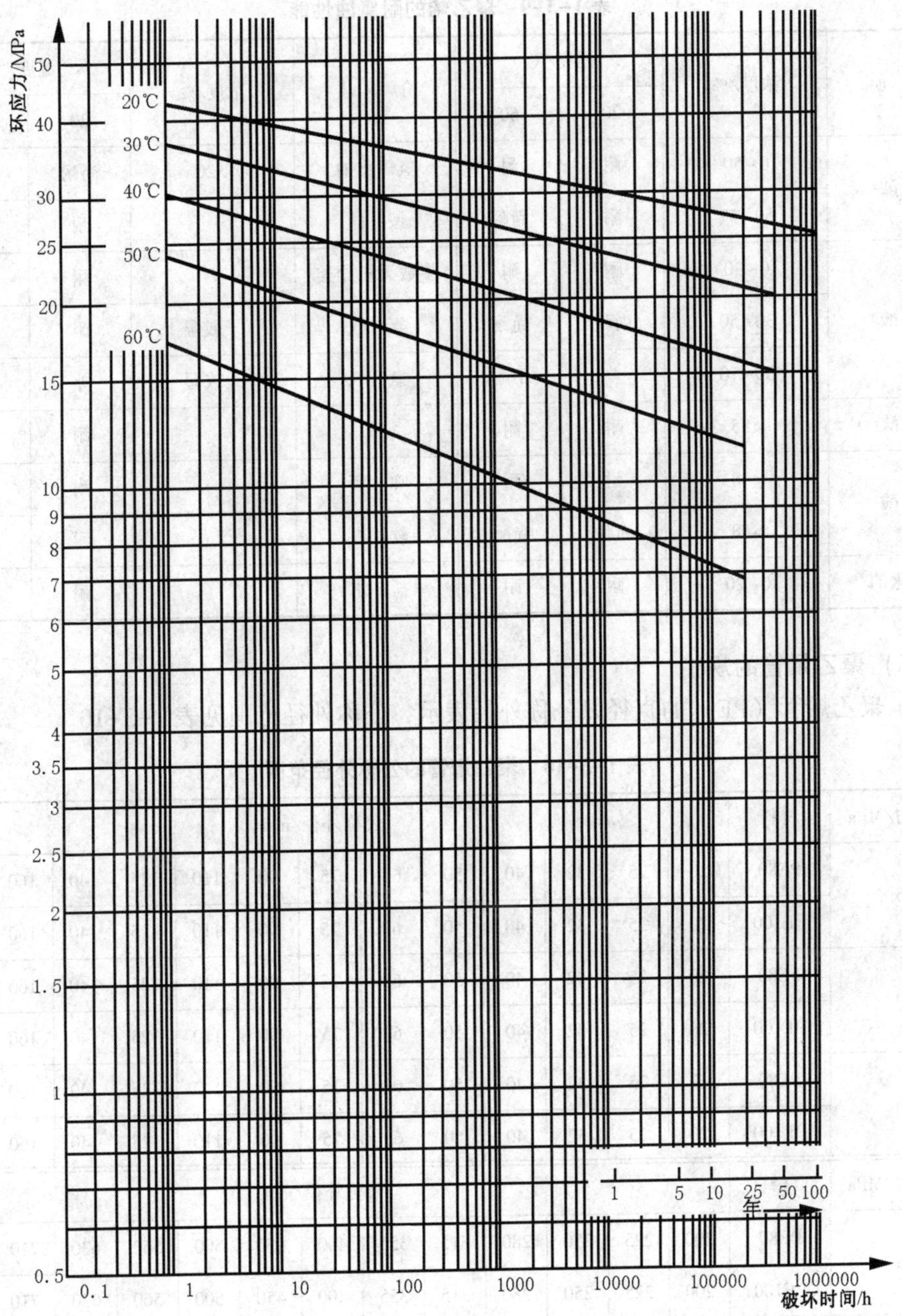

图 1-3-2　PVC-U 预测静液压强度参照曲线

二、聚乙烯管（PE 管）

（一）聚乙烯的耐腐蚀性能

聚乙烯的耐腐蚀性能如表 1-3-9 所示。

表 1-3-9　聚乙烯的耐腐蚀性能

介　质	浓度/%	温度/℃		介　质	浓度/%	温度/℃	
		20	60			20	60
硫　酸	0~50	耐	耐	氢氧化钠	>20	尚耐	尚耐
	50~57	耐	尚耐	铵　盐		耐	耐
硝　酸	0~30	耐	耐	多数无机盐类		耐	耐
	30~50	尚耐	尚耐	氨　气	干或湿	耐	耐
	50~70	差	不耐	氯　气	干或湿	差	差
磷　酸	<85	耐	耐	醋		耐	耐
盐　酸	<38	耐	耐	啤　酒		耐	耐
	>38	尚耐	尚耐	软饮料		耐	耐
氢氧化钠	0~20	耐	耐	盐　水		耐	耐

(二) 聚乙烯管的规格

(1) 聚乙烯管（PE）的直径以公称外径表示，公称外径范围见表 1-3-10。

表 1-3-10　聚乙烯管的公称外径范围

公称压力/MPa	材料	公称外径/mm												
0.6	PE80	20	25	32	40	50	63	75	90	110	125	140	160	180
	PE100	20	25	32	40	50	63	75	90	110	125	140	160	180
1.0	PE80	20	25	32	40	50	63	75	90	110	125	140	160	180
	PE100	20	25	32	40	50	63	75	90	110	125	140	160	180
1.6	PE80	20	25	32	40	50	63	75	90	110	125	140	160	180
	PE100	20	25	32	40	50	63	75	90	110	125	140	160	180

公称压力/MPa	材料	公称外径/mm												
0.6	PE80	200	225	250	280	315	355	400	450	500	560	630	710	—
	PE100	200	225	250	280	315	355	400	450	500	560	630	710	800
1.0	PE80	200	225	250	280	315	355	400	—	—	—	—	—	—
	PE100	200	225	250	280	315	355	400	450	500	560	630	710	—
1.6	PE80	200	225	—	—	—	—	—	—	—	—	—	—	—
	PE100	200	225	—	—	—	—	—	—	—	—	—	—	—

(2) 管子的长度为 6m、9m、12m 或根据设计要求确定。

(3) 聚乙烯管和管件的性能及检验要求应符合 ISO 15494 的要求。

(4) 聚乙烯的物理机械性能见表 1-3-11。

表 1-3-11　聚乙烯的物理机械性能

项　目	单　位	指　标	
		高　压	低　压
密度	g/cm^3	0.91~0.92	0.94~0.95
吸水率	%	<0.01	<0.01
抗拉强度	N/mm^2	1~16	21~24
弯曲强度	N/mm^2		25~29
抗冲击强度（无缺口）	J/cm^2		不断
伸长率	%	100~500	60~150
弹性模量（弯曲）	$10^4 N/mm^2$		0.11~0.14
（拉伸）	$10^4 N/mm^2$	0.012~0.024	0.084~0.095
硬度（肖氏 D）	—	41~46	60~70
热变形温度（$182.45N/cm^2$）	℃	30~40	45~55
线膨胀系数	$10^{-5}K^{-1}$	16~18	12.6~16
击穿强度	kV/mm	18~27	26~28
成型收缩率	%	1.8~3.6	1.5~3.6

三、聚丙烯管（PP 管）

（一）聚丙烯的耐腐蚀性能

聚丙烯的耐腐蚀性能如表 1-3-12 所示。

表 1-3-12　聚丙烯耐腐蚀性能表

介　质	浓度/%	温度/℃	介　质	浓度/%	温度/℃	介　质	浓度/%	温度/℃
		20 50 65 100			20 50 80 100			20 50 80 100
酸类			乙醇酸		✓✓✓	铜汞银		绝大部分适用
硫酸	<10	✓✓✓✓	双乙醇酸		✓✓✓	过氧化氢(双氧水)		✓○×
	<30	✓✓✓○	三氯醋酸		✓✓×	氨	气	✓✓✓
	30~60	✓✓○ϕ	丙醇酸（乳酸）		✓✓✓✓		液	✓✓
	发烟	×	乙二酸（草酸）		✓○○ϕ		冰	✓✓✓
硝酸	<10	✓✓✓✓	丁二酸（琥珀酸）		✓✓✓	一氧化碳	干	✓✓✓
	10~25	✓✓✓	顺丁烯二酸(马来酸)		✓○○○		湿	✓✓
	30	✓○×	酒石酸		✓✓✓	二氧化氮		✓✓✓
	发烟	×	柠檬酸	10	✓✓○×	溴化氢		✓✓✓✓ (120)
盐酸	<36	✓✓✓✓		50~100	✓✓ϕ	氯化氢		✓✓✓✓
	>36	○○ϕ	苯甲酸		✓✓×	氰化氢		✓✓✓✓
磷酸	<50	✓✓✓	水杨酸		✓✓	硫磷化氢		✓✓✓
	60~95	✓✓○○	苯酚		✓✓✓	过氧化钠		✓✓✓✓
氢氟酸	稀	✓✓✓✓	桔酸		✓✓✓	氧化钙		✓✓✓✓
	35~50	✓✓✓×	单宁酸		✓✓✓✓	醇类		
氢溴酸	<20	✓✓✓✓	氨基磺酸	20	✓✓✓✓	甲醇		✓✓○○

续表

介　质	浓度/%	温度/℃	介　质	浓度/%	温度/℃	介　质	浓度/%	温度/℃
		20 50 65 100			20 50 80 100			20 50 80 100
氢碘酸不含红	48	✓✓✓		浓	✓✓✓○	乙醇		✓✓○○
氢氰酸		✓✓✓	甲基硫酸		✓✓	丙醇		✓✓○○
碳酸		✓✓✓✓	烟酸		✓○○	异丙醇		✓○○○
铬酸	10~40	✓✓✓	苦味酸		✓✓○	正丁醇		○○○○
	50~80	✓✓○×	碱氢化物			辛醇		✓✓
硼酸		✓✓✓✓	氢氧化钠(烧碱)		✓✓✓✓	双丙酮醇		✓✓×
砷酸		✓✓✓	碳酸钠(纯碱)		✓✓✓✓	乙二醇		✓○○○
硅酸		✓✓✓	氢氧化钾		✓✓✓✓	丙二醇		✓✓
硒酸		✓✓○	氢氧化铵		✓✓✓✓	丙三醇(甘油)		✓✓✓✓
氯酸	20	✓✓×	氢氧化钙		✓✓✓✓	甲醛	<50	✓✓○φ
次氯酸		✓✓✓	氢氧化镁		✓✓✓✓	乙醛		○○×
氟硼酸		✓✓✓✓	氢氧化钡		✓✓✓✓	丙酮		✓✓○○
氟硅酸		✓✓✓○	氢氧化铝		✓✓✓✓	醋酸甲酯		✓✓✓✓
氯磺酸		××	四甲基氢氧化铵		✓✓✓	甲基丙烯酸		✓✓✓✓
甲酸		✓✓✓○	铵盐类		✓✓✓✓	丙烯(气)	50	✓✓✓
乙酸(醋酸)		✓✓✓○	钠盐类		✓✓✓✓	苯乙烯		✓✓✓✓
丙酸	冰	○○×	硫化钠		✓✓	凡士林		✓✓
		✓○	次氯酸钠	<6~20	✓○×	液体石蜡		✓✓✓
丙烯酸	乳液	✓✓✓	氯酸钠		✓✓○	石油溶剂		✓○
丁酸		✓✓✓✓	偏磷酸钠		✓	乙基溴		✓✓✓✓
月桂酸		✓✓○	软脂酸钠		✓	丁基碘		✓✓✓✓
脂肪酸		✓○○φ	钾盐类		✓✓✓✓	乙醇胺		✓✓✓
软脂酸		✓✓○○	铝镁钙盐		绝大部分适用	尿素		✓✓✓✓
硬脂酸		✓✓○φ	铁镍锌盐		绝大部分适用	尿		✓✓✓✓
亚油酸		✓✓✓○	铬锡铅盐		绝大部分适用	硫酸可待因		✓✓✓✓

注：✓—良好；○—可用，略有腐蚀；

φ—材料配方差异慎用；×—不可用。

（二）聚丙烯管和管件

（1）聚丙烯管（PP）的直径以公称外径表示，均聚聚丙烯管（PP-H）、嵌段共聚聚丙烯管（PP-B）和无规共聚聚丙烯管（PP-R）的公称外径范围见表1-3-13。

表1-3-13　聚丙烯管的公称外径范围

公称压力/MPa	材料	公称外径/mm												
0.6	PP-H	20	25	32	40	50	63	75	90	110	125	140	160	180
	PP-B	20	25	32	40	50	63	75	90	110	125	140	160	180
	PP-R	20	25	32	40	50	63	75	90	110	125	140	160	180
1.0	PP-H	20	25	32	40	50	63	75	90	110	125	140	160	180
	PP-B	20	25	32	40	50	63	75	90	110	125	140	160	180
	PP-R	20	25	32	40	50	63	75	90	110	125	140	160	180
1.6	PP-H	20	25	32	40	50	63	75	90	110	125	140	160	180
	PP-B	20	25	32	40	50	63	75	90	110	125	140	160	180
	PP-R	20	25	32	40	50	63	75	90	110	125	140	160	180

续表

公称压力/MPa	材料	公称外径/mm												
0.6	PP-H	200	225	250	280	315	355	400	450	500	560	630	710	800
	PP-B	200	225	250	280	315	355	400	450	500	560	—	—	—
	PP-R	200	225	250	280	315	355	400	450	500	560	—	—	—
1.0	PP-H	200	225	250	280	315	355	400	450	500	560	—	—	—
	PP-B	200	225	250	280	315	355	400	—	—	—	—	—	—
	PP-R	200	225	250	280	315	355	400	—	—	—	—	—	—
1.6	PP-H	200	225	—	—	—	—	—	—	—	—	—	—	—
	PP-B	200	225	—	—	—	—	—	—	—	—	—	—	—
	PP-R	200	225											

(2) 管子的长度为4m、6m或根据设计要求确定。

(3) 聚丙烯管和管件的性能及检验要求应符合ISO 15494的要求。

(三) 增强聚丙烯管和管件

(1) 增强聚丙烯管（FRPP）的直径以公称外径表示，公称外径范围见表1-3-14。

表1-3-14　增强聚丙烯管的公称外径范围

公称压力/MPa	公称外径/mm											
0.6	17	21	27	34	48	60	75	90	110	125	140	160
1.0	17	21	27	34	48	60	75	90	110	125	140	160
公称压力/MPa	公称外径/mm											
0.6	180	200	225	250	280	315	355	400	450	500	—	—
1.0	180	200	225	250	280	315	355	400	—	—	—	—

(2) 管子的长度为4m、6m或根据设计要求确定。

(3) 增强聚丙烯管和管件的性能及检验要求应符合HG 20539的要求。

(四) 聚丙烯的物理机械性能

聚丙烯的物理机械性能见表1-3-15。

表1-3-15　聚丙烯的物理机械性能

项　目	单　位	指　标
密度	g/cm^3	0.90~0.91
吸水率	%	0.03~0.04
抗拉强度	N/mm^2	35~40
弯曲强度	N/mm^2	42~56
抗冲击强度（缺口）	J/cm^2	0.22~0.5
（无缺口）		6.2~24.0
伸长率	%	200
弹性模量（拉伸）	$10^4N/mm^2$	0.11~0.16
（弯曲）	$10^4N/mm^2$	0.12~0.17
硬度（肖氏）	—	60~70
线膨胀系数	$10^{-5}K^{-1}$	10.8~11.2
导热系数	W/(m·K)	0.24~0.38

续表

项　　目	单　　位	指　　标
热变形温度（182.45N/cm^2）	℃	55~65
击穿强度	kV/mm	30
成型收缩率	%	1.0~2.5

四、丙烯腈-丁二烯-苯乙烯管（ABS管）

（1）丙烯腈-丁二烯-苯乙烯管（ABS）的直径以公称外径表示，其公称外径范围见表1-3-16。

表1-3-16　丙烯腈-丁二烯-苯乙烯管的公称外径范围

公称压力/MPa	公称外径/mm										
0.6	—	25	32	40	50	63	75	90	110	125	140	160
1.0	20	25	32	40	50	63	75	90	110	125	140	160
公称压力/MPa	公称外径/mm											
0.6	180	200	225	250	280	315	355	400	—	—	—	—
1.0	180	200	225	250	280	315	355	400	—	—	—	—

（2）管子的长度为4m、6m或根据设计要求确定。

（3）丙烯腈-丁二烯-苯乙烯管的性能及检验要求应符合GB/T 20207.1的要求。

（4）丙烯腈-丁二烯-苯乙烯管件的性能及检验要求应符合GB/T 20207.2的要求。

五、玻璃钢管（FRP管）

（一）概述

玻璃钢管是将浸有树脂基体的纤维增强材料，按照特定的工艺条件逐层缠到芯模上并进行固化而制成的。管壁是一种层状结构。

一般通过改变树脂或不同的增强材料，调整玻璃钢的各项物理、化学性能，以适应不同介质和工况的要求，通过改变结构层厚度和缠绕角，以调整管体的承载能力。

（二）玻璃钢管的种类

1. FRP-W型

采用双酚A型不饱和聚酯树脂为基材，内衬表面毡，以中碱玻璃纤维织物为骨料。专用于输水（包括海水、淡水、污水、循环冷却水）管道。

2. FRP-R型

以不饱和聚酯为基材，以中碱玻璃纤维织物为骨料，专用于通风管道。

3. FRP-F型

一般以环氧树脂为基材，内衬有机表面毡形成富树脂的抗渗层、以中碱玻璃纤维织物为骨料。用于石油化工生产中有腐蚀性介质的管道。

4. FRP-H型

采用“F”型改性环氧树脂、优质玻璃纤维表面毡，内衬中碱玻璃纤维织物为骨料，管外涂防老化层。专用于温度≤120℃有严重腐蚀的介质输送管道。

（三）玻璃钢的耐腐蚀性能

玻璃钢的耐腐蚀性能如表 1-3-17~表 1-3-19 所示。

表 1-3-17　环氧、酚醛、呋喃玻璃钢的耐腐蚀性能

介　质	浓度/%	环氧玻璃钢		酚醛玻璃钢		呋喃玻璃钢	
		25℃	95℃	25℃	95℃	25℃	120℃
硝酸	5	尚耐	不耐	耐	不耐	尚耐	不耐
	20	不耐	不耐	不耐	不耐	不耐	不耐
	40	不耐	不耐	不耐	不耐	不耐	不耐
硫酸	50	耐	耐	耐	耐	耐	耐
	70	不耐	不耐	耐	不耐	耐	不耐
	93	不耐	不耐	耐	不耐	不耐	不耐
发烟硫酸		不耐	不耐	不耐	不耐	不耐	不耐
盐酸		耐	耐	耐	耐	耐	耐
醋酸	10	耐	耐	耐	耐	耐	耐
冰醋酸		不耐	不耐	耐	耐	耐	耐
磷酸		耐	耐	耐	耐	耐	耐
铬酸	5	尚耐	不耐	耐	不耐	尚耐	不耐
	50	不耐	不耐	尚耐	不耐	不耐	不耐
甲酸	90	耐	尚耐	耐	耐	耐	耐
丁酸	100	耐	尚耐	耐	耐	耐	耐
脂肪酸（C_6 以上）		耐	尚耐	耐	耐	耐	耐
草酸		耐	耐	耐	耐	耐	耐
高氯酸		耐	耐	耐	耐	耐	耐
苯磺酸	10	耐	耐	耐	耐	耐	耐
苯甲酸		耐	耐	耐	耐	耐	耐
硼酸		耐	耐	耐	耐	耐	耐
氯醋酸	10	耐	耐	耐	耐	耐	耐
柠檬酸		耐	耐	耐	耐	耐	耐
溴氢酸		耐	耐	耐	耐	耐	耐
氰氢酸		耐	耐	耐	耐	耐	耐
冰氯酸		不耐	不耐	尚耐	不耐	不耐	不耐
乳酸		耐	耐	耐	耐	耐	耐
顺丁烯二酸	25	耐	耐	耐	耐	耐	耐
油酸		耐	耐	耐	耐	耐	耐
苦味酸（三硝基苯酚）		耐	耐	耐	耐	耐	耐
硬脂酸		耐	耐	耐	耐	耐	耐
硫酸：硝酸	57：28	不耐	不耐	不耐	不耐	不耐	不耐
氢氧化钠	10	耐	耐	不耐	不耐	耐	耐
氢氧化钠	30	尚耐	尚耐	不耐	不耐	耐	耐
氢氧化钠	50	尚耐	不耐	不耐	不耐	耐	耐
氢氧化胺		尚耐	不耐	不耐	不耐	耐	耐
硫酸铝		耐	耐	耐	耐	耐	耐

介质		浓度/%	环氧玻璃钢		酚醛玻璃钢		呋喃玻璃钢	
			25℃	95℃	25℃	95℃	25℃	120℃
混合液	氯化铜 硝酸铜 硫酸铜		耐	耐	耐	耐	耐	耐
	氯化铁 硝酸铁 硫酸铁		耐	耐	耐	耐	耐	耐
	氯化镍 硝酸镍 硫酸镍		耐	耐	耐	耐	耐	耐
	氯化锌 硝酸锌 硫酸锌		耐	耐	耐	耐	耐	耐
	氯化钙 硝酸钙 硫酸钙		耐	耐	耐	耐	耐	耐
	氯化镁 硝酸镁 硫酸镁		耐	耐	耐	耐	耐	耐
	氯化钾 硝酸钾 硫酸钾		耐	耐	耐	耐	耐	耐
	氯化钠 硝酸钠 硫酸钠		耐	耐	耐	耐	耐	耐
	氯化铵 硝酸铵 硫酸铵		耐	耐	耐	耐	耐	耐
甲醇			耐	耐	耐	耐	耐	耐
乙醇			耐	不耐	耐	耐	耐	耐
苯胺*			耐	不耐	不耐	不耐	不耐	不耐
苯*			耐	不耐	耐	耐	耐	耐
四氯化碳*			耐	尚耐	耐	耐	耐	耐
氯仿*			耐	尚耐	耐	耐	耐	耐
醋酸乙酯			耐	耐	耐	耐	耐	耐
氯乙烯			耐	尚耐	耐	耐	耐	耐
甲醛		37	耐	耐	耐	耐	耐	耐
酚		5	耐	尚耐	耐	耐	耐	耐
三氯乙烯			耐	尚耐	耐	耐	耐	耐
干氯气			耐	尚耐	尚耐	耐	尚耐	耐
湿氯气			尚耐	不耐	耐	尚耐	尚耐	耐
二氧化硫（干）			耐	耐	耐	耐	尚耐	耐
二氧化硫（湿）			耐	耐	耐	耐	耐	耐
丙酮			耐	不耐	耐	耐	耐	耐

注：以上数据仅供参考。有*者需进一步做试验。

表 1-3-18　聚酯玻璃钢(771#,711#)的耐腐蚀性能

介质	浓度/%	温度/℃	耐腐蚀性	
			771#	711#
盐酸	5	20	耐	耐
	5	50	尚耐	尚耐
	30	20~50	耐	耐
	浓	20	尚耐	尚耐
	浓	50	不耐	不耐
硝酸	5	20	耐	耐
	5	50	不耐	不耐
	25	20	不耐	不耐
	25	50	不耐	不耐
硫酸	5	20~50	耐	耐
	10	20	耐	耐
	10	50	耐	尚耐
	30	20	耐	尚耐
醋酸	5	20~50	耐	耐
	50	20	耐	耐
	50	50	不耐	不耐
	浓	20	耐	耐
	浓	50	不耐	不耐
磷酸	10	20	耐	耐
	10	50	耐	尚耐
	30	20	耐	耐
	30	50	耐	尚耐
	浓	20	耐	耐
	浓	50	不耐	不耐
氢氧化钠	5	20	耐	耐
	5	50	耐	不耐
	20	20~50	耐	不耐
次氯酸钠	10	20	耐	耐
	50	20	耐	耐
亚硫酸钠	30	20	耐	耐
亚氯酸钠	3	20	耐	耐
氯化钠	3	20~50	耐	耐
	30	20~50	耐	耐
氰化钠	10	20	耐	耐
丙酮		20	不耐	不耐
苯		20	不耐	不耐
四氯化碳		20	耐	耐
氯仿		20	不耐	不耐
苯酚		20	不耐	不耐
酯基油		20	耐	耐
乙醇			耐	耐
		50	不耐	不耐
乙二醇		20	耐	耐
		50	尚耐	尚耐
石蜡		20	耐	耐
石油醚		20	耐	耐
季铵化合物		20	耐	耐
石油溶剂		20	耐	耐
		50	耐	耐
照相溶液		20	尚耐	尚耐
氨水		20	耐	耐

表 1-3-19　主要耐蚀树脂耐蚀性能比较

介　质	氯化不饱和聚酯树脂	间苯型不饱和聚酯树脂	双酚 A 型不饱和聚酯树脂	环氧树脂	乙烯基酯树脂	呋喃树脂
HCl(37%)	A	A	A	A	A	D
H_3PO_4(85%)	A	A	A	A	A	A
H_2SO_4(70%)	A	D	A	A	A	D
HOCl(10%)	A	A	A	A	D	D
冰醋酸	B	D	D	D	D	A
乳　酸	A	A	A	A	A	A
油　酸	A	A	A	A	A	A
NaOH(10%)	D	D	A	A	A	A
KOH(45%)	D	D	A	A	A	A
NH_4OH(30%)	A	D	D	A	A	A
苯　胺	A	D	D	D	D	A
丙　酮	D	D	D	C	D	B
丁　酮	D	D	D	C	D	A
甲基异丁酮	D	D	D	A	D	A
酒　精	A	D	A	A	A	A
苯	C	D	D	A	D	A
甲　苯	C	C	D	A	D	A
二甲苯	C	D	C	A	D	A
四氯乙烯	D	D	D	C	D	A
三氯乙烯	D	D	D	C	D	A
三氯甲烷	C	D	D	C	D	A
二氯甲烷	D	D	D	D	D	B
王　水	A	D	B	D	A	D
湿二氧化氯	A	D	D	D	A	D
铬　酸	A	D	D	D	D	D
硝　酸	A	D	A	D	A	D
溴　气	A	D	A	D	A	D
氯　气	A	D	A	D	A	D

（四）玻璃钢的物理机械性能

玻璃钢的物理机械性能如表 1-3-20 所示。

表 1-3-20　玻璃钢的物理机械性能

名　称	单　位	管　子	管　件
内　衬	mm	1.5	1.5
环向抗拉强度	MPa	313.8	137.3
轴向抗拉强度	MPa	156.9	137.3
环向弹性模量	MPa	24712.9	12748.7
轴向弹性模量	MPa	12356.4	12748.7
断裂延伸率	%	0.8	0.8
热膨胀系数	mm/（mm·℃）	20×10^{-6}	20×10^{-6}
抗弯安全系数		≥3	

（五）玻璃钢的特点、使用温度

玻璃钢的特点、使用温度如表 1-3-21 所示。

表 1-3-21　玻璃钢特点、使用温度

项　目	种　类			
	环氧玻璃钢	酚醛玻璃钢	呋喃玻璃钢	不饱和聚酯玻璃钢
特　点	1. 机械强度高 2. 收缩率小 3. 良好的耐腐蚀性、耐水性 4. 黏结力强 5. 成本高 6. 耐温性较差	1. 良好的耐酸性 2. 成本较低 3. 机械强度高 4. 不耐碱和氧化性酸（硝酸、铬酸等）的腐蚀，对某些有机溶剂抗蚀差 5. 脆，成型困难，龟裂寿命低	1. 良好的耐酸、耐碱性 2. 耐温性较高 3. 成本较低，原料来源广泛 4. 机械强度较差很难锯，密度大 5. 性脆，与钢粘结力较差	1. 耐候性良好 2. 韧性好 3. 施工方便（冷固化温度<50℃） 4. 耐稀酸性、耐油性良好 5. 耐温性差 6. 收缩率大
使用温度/℃	<90~100（一般型） <150（耐热型）	<120	<180	一般<150℃ 耐热型 177℃
使用情况	使用广泛	使用一般	大部用改性呋喃玻璃钢	使用最广

注：使用温度与玻璃钢配方、施工方法、固化条件、介质使用条件（浓度、压力）等因素有关。本表使用温度仅供参考。

（六）玻璃钢管规格

1. 玻璃钢管（FRP）的直径以公称内径表示，公称内径范围见表 1-3-22。

表 1-3-22　玻璃钢管的公称内径范围

公称压力/MPa	公称内径/mm															
0.6	50	80	100	150	200	250	300	350	400	450	500	600	700	800	900	1000
1.0	50	80	100	150	200	250	300	350	400	450	500	600	700	800	900	1000
1.6	50	80	100	150	200	250	300	350	400	450	500	600	—	—	—	—

2. 管子的长度为 4m、6m、12m 或根据设计要求确定。

3. 玻璃钢管和管件的性能及检验要求应符合 HG/T 21683 的要求。

六、聚氯乙烯/玻璃钢（PVC/FRP）复合管

（1）玻璃钢/聚氯乙烯复合管（PVC/FRP）的直径以公称直径表示，公称直径范围见表 1-3-23。

表 1-3-23　玻璃钢/聚氯乙烯复合管的公称直径范围

公称压力/MPa	公称直径/mm											
0.6	25	32	40	50	65	80	100	125	150	200	250	300
1.0	25	32	40	50	65	80	100	125	150	—	—	—
1.6	25	32	40	50	—	—	—	—	—	—	—	—

（2）管子的长度为4m、6m或根据设计要求确定。

（3）玻璃钢/聚氯乙烯复合管和管件的性能及检验要求应符合HG/T 21636的要求。其主要性能指标见表1-3-24。

表1-3-24 PVC/FRP复合管主要性能指标（PVC+2mmFRP）

项　目	单　位	性能指标	项　目	单　位	性能指标
密度	g/cm^3	~1.65	线膨胀系数	K^{-1}	3.2×10^{-5}
吸水性	mg/cm^2	0.05~0.06	导热系数	W/(m·K)	0.16
抗拉强度	N/mm^2	100~120	冲击强度	J/cm^2	2.7
弯曲强度	N/mm^2	150~175			

注：复合管以硬聚氯乙烯管（PVC管）为内衬，2mm环氧玻璃钢为外套。

七、聚丙烯/玻璃钢复合管（PP/FRP复合管）

聚丙烯管表面经特殊处理后与热固性玻璃钢牢固地结合成整体，形成独特的聚丙烯/玻璃钢复合结构，兼有聚丙烯轻质、耐腐蚀、耐热、无毒无污染的特点，又发挥玻璃钢高强度的优点，大大提高聚丙烯管抗热、耐压、耐腐蚀等级，普遍适用于化工、石油 化纤、农药、化肥、染料、制药、电子、机械、冶炼、轻工食品等工业，取代不锈钢管和其他有色金属管材和制品，可为国家节省大量金属和能源，PP/FRP复合管密度为金属的16.7%。

（一）聚丙烯/玻璃钢（PP/FRP）复合管规格

（1）聚丙烯/玻璃钢复合管（PP/FRP）的直径以公称通径表示，公称通径范围见表1-3-25。

表1-3-25 聚丙烯/玻璃钢复合管的公称通径范围

公称压力/MPa	公称通径/mm																
0.6	25	32	40	50	65	80	100	125	150	200	250	300	350	400	450	500	600
1.0	25	32	40	50	65	80	100	125	150	200	250	300	350	400	450	500	600
1.6	25	32	40	50	65	80	100	125	150	200	250	300	350	400	450	500	600

（2）管子的长度为4m、6m或根据设计要求确定。

（3）聚丙烯/玻璃钢复合管和管件的性能及检验要求应符合HG/T 21579的要求。

（二）聚丙烯/玻璃钢（PP/FRP）复合管物理机械性能

PP/FRP复合管物理机械性能如表1-3-26所示。

表1-3-26 物理机械性能

项　目	单位	指　标
1. 相对密度（以 $\phi50$ 管为例）	t/m^3	1.18~1.27
2. 硬度（指FRP管层）HB		19.9
3. 线膨胀系数(以 $\phi50$ 管为例)	$\times10^{-5}$/C	6.9
4. 工作温度（长时间）	℃	-14~+100℃，在低应力下110~120℃

续表

项目	单位	指标							
	MPa ℃ / DN	水压破坏强度				工作压力			
		23	60	80	100	23	60	80	100
5. 工作压力（长时间）PP/FRP 复合管公称直径	25	23.7	19.8	12.7	12.7	3.38	2.83	1.81	1.81
	40	21.5	18.0	11.5	11.5	3.08	2.57	1.65	1.65
	50	19.6	16.4	10.5	10.5	2.8	2.34	1.5	1.5
	65	17.6	14.7	9.45	9.45	2.52	2.10	1.35	1.35
	80	15.9	13.2	8.5	8.5	2.37	1.89	1.21	1.21
	100	14.3	11.9	7.7	7.7	2.13	1.70	1.09	1.09
	150	11.4	10.1	6.6	6.6	1.81	1.44	0.92	0.92
	200	9.26	9.09	5.89	5.89	1.63	1.29	0.83	0.83
6. 落锤冲击强度(以 ϕ50 管为例)	J	25.47							
7. 轴向拉伸强度(以 ϕ50 管为例)	MPa	183.3							
8. 轴向压缩强度(以 ϕ50 管为例)	MPa	158.6							
9. 径向压缩强度(以 ϕ50 管为例)	MPa	84.4							
10. 抗弯强度(聚丙烯)	MPa	41.2~54.9							
11. 弹性模量（聚丙烯）	MPa×10^3	拉伸 1.08~1.57；弯曲 1.18~1.67							
12. 热变形温度（聚丙烯）	℃	（0.45MPa）95~110；（1.82MPa）55~65							

八、钢骨架聚乙烯复合管

（1）钢骨架聚乙烯复合管的直径以公称内径表示，公称内径范围见表 1-3-27。

表 1-3-27 钢骨架聚乙烯复合管的公称内径范围

公称压力/MPa	公称内径/mm												
1.0	50	65	80	100	125	150	200	250	300	350	400	450	500
1.6	50	65	80	100	125	150	200	—	—	—	—	—	—
2.0	50	65	80	100	125	150	—	—	—	—	—	—	—
4.0	50	65	—	—	—	—	—	—	—	—	—	—	—

（2）管子的长度为 6m、8m、10m、12m 或根据设计要求确定。

（3）钢骨架聚乙烯复合管的性能及检验要求应符合 HG/T 3690 的要求。

（4）钢骨架聚乙烯复合管件的性能及检验要求应符合 HG/T 3691 的要求。

九、不透性石墨管

不透性石墨是惟一的一种既耐腐蚀又有高的导热、导电性能的非金属材料。

不透性石墨常用于制造各种石油化工用换热设备、氯化氢合成炉、机泵和管子、管件等。

石墨材料可分为天然石墨和人造石墨。目前多以人造石墨为主。在制造石墨的过程中，由于高温焙烧而逸出挥发物以致形成很多微细的孔隙，所以必须用适当方法填充孔隙使之成为不透性石墨，才能制造石油化工设备和管子、管件等。

不透性石墨管大致有压型不透性石墨管，以石墨粉为填充剂、合成树脂为黏结剂，经混合后于高压下成型。一般适用于制造 $DN \leqslant 80$ 的管子，使用温度<170℃、使用压力≤0.3MPa（液体）、≤0.2MPa（气体）；还有浸渍类不透性石墨管，是用各种浸渍剂填充人造电极石墨的孔隙制成的。由于浸渍剂的不同可有不同性能的不透性石墨管。常用的浸渍剂为酚醛树脂、约占95%，其余为聚四氟乙烯、呋喃树脂、二乙烯苯、水玻璃、环氧树脂、有机硅等。适用于制造 $DN \geqslant 100$ 管子，使用温度<170℃，使用压力≤0.25MPa（液体），≤0.15MPa（气体）。

（一）酚醛树脂浸渍石墨及 VFSG 的耐腐蚀性能

酚醛树脂浸渍石墨及 VFSG 的耐腐蚀性能如表 1-3-28 所示。

表 1-3-28　酚醛树脂浸渍石墨及 VFSG 的耐腐蚀性能

类	介　质	浓　度/%	温　度/℃	耐　蚀　性
酸类	盐酸　亚硫酸 草酸　乙酸酐 油酸　脂肪酸 蚁酸　柠檬酸 乳酸　酒石酸 亚硝酸　硼　酸	任　意	<沸点	耐
	硝　酸	5	常温	尚耐
	硫　酸	<75	<120	耐
	硫　酸	80	120	不　耐
	磷　酸	<30	<沸点	耐
	氢氟酸	<48	<沸点	耐
	氢氟酸	48~60	<85	耐
	氢溴酸	10		耐
	氢溴酸	任　意	<沸点	不　耐
	铬　酸	10	常　温	尚　耐
	铬　酐	10	<沸点	耐
	铬　酐	40	常　温	耐
	乙　酸	<50	沸　点	耐
	乙　酸	100	20	耐
碱类	NaOH	10	<20	不　耐
	KOH	10	常　温	尚　耐
	氨　水　一乙醇胺	任　意	<沸点	耐
盐类溶液	硫酸钠　硫酸氢钠 硫酸镍　硫 酸 锌 硫酸铝　硫氢化铵 氯化铝　氯 化 铵	任　意	<沸点	耐

续表

类	介质	浓度/%	温度/℃	耐蚀性
盐类溶液	氯化铜　氯化亚铜 氯化铁　氯化亚铁 氯化锡　氯化钠 碳酸钠　磷酸铵 硝酸钠 硫代硫酸钠	任意	<沸点	耐
	硫酸锌	27	<沸点	
	硫酸锌	饱和	60	
	硫酸铜	任意	<100	耐
	三氯化砷	100	<100	
	高锰酸钾	20	60	
卤素	氟	100	常温	耐
	干氯	100		耐
	湿氯			不耐
	溴碘	100		耐
	溴水	饱和	常温	耐
有机化合物	甲醇　异丙醇 戊醇　丙酮 丁酮　苯胺 苯　二氯甲烷 氯化苯　二氯乙烷 汽油　氯四乙烷 三氯甲烷　四氯化碳 二氧杂环乙烷	100	<沸点	耐
	乙醇　丙三醇	95	<沸点	耐
	三氯乙醛	33	20	耐
	二氯乙醚		20~100	耐
	丙烯腈		20~60	耐
	苯乙烯　乙基苯		20	耐
	乙醛	100	20	耐
其他	尿素	70	常温	耐
	硫酸乙酯	50	<沸点	耐

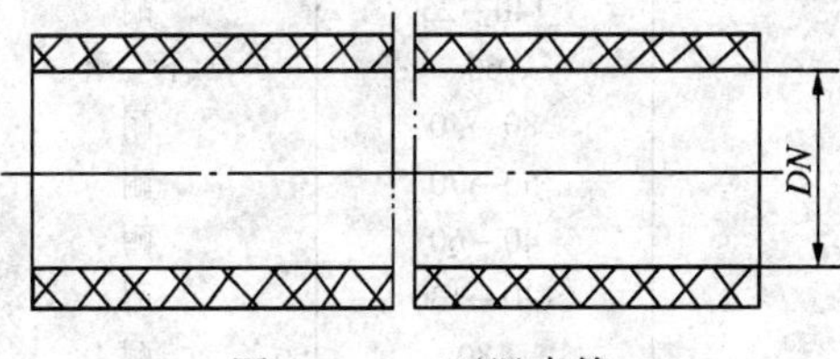

图 1-3-3　石墨直管

（二）石墨直管（HG/T 2059—2004）

石墨直管适用于化学、石油等工业中输送腐蚀性介质管路上所用的直管，使用压力 0.3MPa，也适用于其他部门中类似用途的管路中的直管。

石墨直管的规格如图 1-3-3 和表 1-3-29所示。物理机械性能如表 1-3-30 所示。使用实例如表 1-3-31 所示。

表 1-3-29　石墨直管的规格

公称直径 DN/mm	内径/mm	外径/mm	壁厚/mm	质量/（kg/m）
22	22	32	5	0.76
25	25	38	6.5	1.16
30	30	43	6.5	1.22
36	36	50	7	1.69
40	40	55	7.5	2.04

续表

公称直径 *DN*/mm	内径/mm	外径/mm	壁厚/mm	质量/（kg/m）
50	50	67	8.5	2.81
65	65	85	10	4.25
75	75	100	12.5	6.17
102	102	133	15.5	9.95
127	127	159	16	12.9
152	152	190	19	18.7
203	203	254	25.5	33.0
254	254	330	38	62.0

注：1. 技术要求：按《不透性石墨管技术条件》HG/T 2059—2004 要求。

2. 标记示例：公称直径 *DN*25 的直管标记为直管 *DN*25 HG/T 2059—2004。

表 1-3-30　ϕ32/ϕ22 压型酚醛石墨管的物理机械性能

性　　能	单　　位	$YFSG_1$	$YFSG_2$
密　度≥	g/cm^3	1.8	179
抗拉强度≥	MPa	20	17
抗压强度≥	MPa	90	75
抗弯强度≥	MPa	35	30
导热系数	W/（m·K）	31.4~40.7	31.4~40.7
线胀系数	1/℃	24.7×10^{-6}（129℃）	8.2×10^{-6}（129℃）
水压爆破强度≥	MPa	7	7
弹性模数	MPa	2.2×10^4	1.5×10^4
许用温度	℃	170	300
渗　透　性	试水压 1.0MPa，10min 不渗漏		

表 1-3-31　使　用　实　例

类		介　　质	浓　度/%	温　度/℃	耐　蚀　性
使用实例	合成橡胶生产	二氯苯+二氯乙烷+聚氯化物		100	耐
		醛醚凝氯		20	耐
		扩散剂 Hϕ		20~60	耐
		拉 开 粉		20	耐
		拉 开 粉	20	100	耐
		发 泡 剂	20	20	不　耐
		氯乙烷+盐酸+乙醇		140→25	耐
		氯油+氯气+乙醇+水		60	不　耐
		湿二氧化硫		80→40	耐
		硫酸镍+氯化镍		50→70	耐
		硫酸锌+硫酸		40→60	耐
		苯+二氯乙烷+氯气+盐酸		120→130	耐
		季戊四醇+盐酸		180	耐
		烷基磺酰氯		80→25	耐
		硫酸+萘		90	耐
		蛋白质水解液	含 70% H_2SO_4	70→120	耐

十、衬　里　管

衬里的主要目的是防腐蚀，电绝缘和减少流体阻力。此外尚有以防止金属离子的混入和铁污染等为目的而采用衬里。

所谓衬里是在光管里面或外面粘敷不同的材料。与此类似的涂塑，通常是将比衬里材料还薄的膜状物附着于光管的表面，还有外管为钢管内管为塑料管的钢塑复合管，通过冷拔钢管或粘接在一起可统称衬里管。

(一) 衬里管的种类

在我国石油化工企业常用的衬里管有以下几种：

衬 里 管	基体金属材料	内衬材料或内外壁涂层
橡胶衬里管	碳素钢管	天然橡胶或合成橡胶
钢塑复合管	碳素钢管	聚氯乙烯、聚乙烯、聚丙烯、聚四氟乙烯
涂塑钢管（内外涂塑）	碳素钢管	环氧树脂、聚乙烯、聚氯乙烯

在国外尚有以下几种：

基体金属材料	衬 里 材 料	基体金属材料	衬 里 材 料
锌及锌合金	聚乙烯	不 锈 钢	氯化聚醚
铝及铝合金	聚酯树脂	蒙 乃 尔	天然或合成橡胶
铅及铅合金	氯化乙烯	钛	二甲苯树脂
铜及铜合金	环氧树脂	钽	聚 丙 烯
锡及锡合金	聚四氟乙烯	镍铬铁合金	聚氨酯树脂
镍及镍合金	酚醛树脂		

此外，尚有搪瓷、玻璃、陶瓷衬里等。

(二) 橡胶衬里管

橡胶大致分为天然橡胶与合成橡胶两大类。天然橡胶有软质和硬质之分，而合成橡胶有氯丁橡胶、丁基橡胶、氟橡胶、腈橡胶、苯乙烯橡胶等。

用于衬里的橡胶是天然橡胶经硫化处理而成。由于硫磺加入量的不同，硫化后橡胶的物理机械性能有很大的区别。当胶料中硫磺含量为1%~3%时，制得的产品具有良好的弹性，故称软质胶；当硫磺含量在30%左右时，橡胶制品叫半硬质胶；当硫磺含量大于40%时，其制品硬度很高则称为硬质胶。

(1) 衬里橡胶的性能和适用范围如表1-3-32所示。

表 1-3-32　衬里橡胶的性能和适用范围

项　　目	硬 质 胶	半 硬 质 胶	软 质 胶
化学稳定性	优	好	良
耐热性	好	好	良
耐寒性	差	良	优
耐磨性	良	好	优
耐冲击性	差	差	优
耐老化性	差	优	好
抗气体渗透性	优	良	差
弹性	差	差	优
与金属黏结力	优	优	良
使用温度范围/℃	0~85	-25~75	-25~75
使用压力范围	PN≤0.6MPa（表压） 真空度≤600mmHg [操作温度+40℃，真空度（700mmHg）]		PN≤0.6MPa
衬胶层厚度/mm	2~6	2~6	2~6

（2）硫化橡胶的物理机械性能如表 1-3-33 所示。

表 1-3-33　硫化橡胶的物理机械性能

项　　目		硬质胶	半硬胶	软质胶	胶浆胶
可塑度（未硫化）		0.30~0.45	0.30~0.45	0.30~0.45	0.30~0.45
抗折断/MPa	不小于	65	60		
抗冲击/（kgf·cm/cm²）	不小于	2	2		
马丁耐热/℃	不低于	55	50		
扯断力/MPa	不小于			9	
扯断伸长率/%	不小于			500	
扯断后永久变形/%	不大于			50	
硬胶、半硬胶与金属黏结力/MPa 不小于					6
耐酸系数（室温×240h）不小于	30%盐酸	0.90	0.90	0.90	
	50%硫酸		0.90	0.85	
	60%硫酸	0.90			

（3）硫化橡胶的耐腐蚀性能如表 1-3-34 所示。

表 1-3-34　硫化橡胶的耐腐蚀性能

介质名称	允许酸度/%		允许温度/℃	介质名称	允许酸度/%		允许温度/℃
	软橡胶	硬橡胶			软橡胶	硬橡胶	
硫　酸	≤50	≤60	65	氢氧化钠	任意	任意	65
盐　酸	任意	任意	65	氢氧化钾	任意	任意	65
硝　酸	≤2	≤8	20	硫酸氢钠	任意	任意	65
醋　酸	≤80	任意	65	次氯酸钠		≤10	65
醋　酐		≤25	65	甲　醇	任意	任意	65
磷　酸	≤85	任意	50	乙　醇	任意	任意	60
乳　酸	任意	任意	65	丙　酮	任意	任意	55
甲　酸	任意	任意	38	石灰乳	任意	任意	50
草　酸	任意	任意	65	氨　水	任意	任意	50
亚硫酸	任意	任意	65	中性盐水溶液	任意	任意	65
柠檬酸	任意	任意	65	漂白粉	任意	任意	35
氢溴酸	浓	浓	38	氯化铁	≤50	任意	65
氢氟酸	≥50	浓	65	氯化锌	≤50	任意	35
二乙酸	任意	任意	65	湿氯气		任意	65
硫化氢		饱和	65	氯　水		饱和	40

注:1. 本表是指天然橡胶和丁苯橡胶的耐腐蚀性能。

2. 橡胶在腐蚀介质中被腐蚀,表现为自重增加(体积膨胀),机械强度降低。

（4）橡胶衬里结构形式和适用范围（HG 21501—1993）如表 1-3-35 所示。

表 1-3-35　橡胶衬里结构形式和适用范围(HG 21501—1993)

结构形式：橡胶种类	橡胶厚度/mm	适用范围
硬橡胶	2~6	管件，搅拌器，储槽，塔，反应器，离心机
联合衬里{硬橡胶（底层） 软橡胶（面层）	2 2	适用于受冲击、摩擦、温差变化较大的设备
联合衬里{硬橡胶（底层） 半硬橡胶（面层）	2 2	管件，泵，离心机，排风机，槽车，储罐，反应器
半硬橡胶	2~6	

（5）橡胶衬里厚度和底层、面层的确定：

a. 强腐蚀介质、温度变化不大、无机械振动的管道、管件，宜用 1~2 层硬橡胶、总厚度约为 3~6mm。

b. 为避免腐蚀性气体的扩散渗透作用，宜用两层硬橡胶衬，总厚度 4~6mm。

c. 含有固体悬浮物介质，应同时考虑耐磨，宜采用厚 2mm 硬橡胶作底层，再衬贴所需厚度软橡胶作面层。

d. 外表面可能经受撞击时，宜采用软橡胶作底层，半硬橡胶作面层。

e. 室外的橡胶衬里管道，考虑到冬季温度低，硬橡胶有冻裂的可能，宜采用硬橡胶作底层，软橡胶作面层。在寒冷地区，应采用两层半硬橡胶衬里。

f. 腐蚀性较弱的介质，温度低的管道可采用软橡胶衬里。

g. 真空系列，不宜采用软橡胶作底层。

（6）有剧烈振动的管道不能使用橡胶衬里。

（7）橡胶衬里管对基体的要求：

a. 一般为无缝碳素钢管；

b. 焊接钢管，在焊缝处不得有气孔、焊瘤、焊渣等以免刺破橡胶；

c. 一般等于或大于 *DN*40 的钢管可以橡胶衬里；

d. 橡胶衬里的直管长度和分段方法应符合第一篇第七章《非金属和衬里管道设计》的有关要求。

（8）橡胶的化学稳定性

橡胶的化学稳定性如表 1-3-36 所示。

（三）钢塑复合管

由于钢塑复合管的外管为钢管内衬塑料。因此，它既有钢管的机械性能，又有塑料的耐腐蚀等性能，是输送腐蚀性流体和浆液物料的良好的管材，是化学工业部和国家科委推荐的产品。

国内生产的复合管见《塑料衬里复合钢管和管件》HG/T 2437—2006。适用于以钢管、钢管件为基体，采用聚四氟乙烯（PTFE）、聚全氟乙丙烯（FEP）、无规共聚聚丙烯（PP-R）、交联聚乙烯（PE-D）、可溶性聚四氟乙烯（PFA）、聚氯乙烯（PVC）的管道和管件。其公称尺寸（*DN*）为 20~1000mm、公称压力-0.1~1.6MPa。管子材料应符合现行国家标准《压力容器　第 2 部分：材料》GB150.2—2011、《流体输送用无缝钢管》GB/T 8163、管件材料应符合《钢制对焊无缝管件》GB/T 12459、《钢板制对焊管件》GB/T 13401 或《钢制法兰管件》GB/T 17185 的有关规定。当衬里产品使用于-20℃以下时，管子、管件及法兰材料应采用耐低温钢，应符合现行国家标准《压力容器　第 2 部分：材料》GB 150.2—2011 的有关规定。

表 1-3-36　橡胶的化学稳定性

序号	介质		材料名称																			
			天然橡胶			天然软胶			丁苯胶			氯丁胶			丁基胶				丁腈胶			
	名称	浓度	温度/℃																			
			25	66	85	25	50	66	25	66	80	25	66	80	20	40	66	85	20	40	66	90
一	无机酸																					
1	硫酸	<30%	✓	✓	✓	✓		✓	✓	✓	○	✓	✓	✓	✓	✓	✓	✓	△	△	×	
	硫酸	<60%	✓	✓		×			✓	○	○	○	×		✓	✓	✓		△	×		

序号	介质 名称	介质 浓度	天然橡胶 25	天然橡胶 66	天然橡胶 85	天然软胶 25	天然软胶 50	天然软胶 66	丁苯胶 25	丁苯胶 66	丁苯胶 80	氯丁胶 25	氯丁胶 66	氯丁胶 80	丁基胶 20	丁基胶 40	丁基胶 66	丁基胶 85	丁腈胶 20	丁腈胶 40	丁腈胶 66	丁腈胶 90
2	硝　酸	<10%	✓	✓		×			×			×			✓	✓	×		×			
3	盐　酸		✓	✓	✓	✓		✓	△	△	△	○	○	○	○	○	○	×	○	○		
4	磷　酸	<80%	✓	✓	✓	✓		✓	✓	✓		✓	○	×	○	○	○	○				
5	氢氟酸	<50%	✓	○	○	×	×	×	✓	○		○	○	×	✓	✓	✓	✓	×			
6	氢溴酸		✓	✓		✓		○	✓			○	○		✓	✓	✓		×			
7	氢氰酸		✓	✓	✓	✓		✓	✓			○	○						○		×	
8	亚硫酸		✓	✓	✓	×			△	△	×	○	×		✓	✓	✓		×			
9	碳　酸		✓	✓	✓	✓		✓	✓	✓		✓	✓	✓	✓	✓	✓	✓	✓		○	○
10	铬　酸	<5%	○	×					×			×			✓	○	○		✓			
11	硼　酸		✓	✓	✓	✓	✓	✓	✓	✓	×				✓	✓	✓	✓	✓		✓	✓
12	氯　酸	<20%	×			×						✓	✓	×	✓	✓	✓	✓				
13	次氯酸		✓	<50℃ ✓		✓						×			×				×			
14	高氯酸		✓			○	○	○				×			○	○	○	○	×			
15	溴　酸		✓	✓																		
16	氟硅酸	<50%	✓	✓	✓	✓			✓			✓	✓	×	✓	✓	○	○	○		○	○

序号	介质 名称	介质 浓度	天然橡胶 25	天然橡胶 66	天然橡胶 85	天然橡胶 25	天然软胶 40	天然软胶 50	天然软胶 66	丁苯胶 25	丁苯胶	丁苯胶 65	氯丁胶 25	氯丁胶 66	氯丁胶 85	丁基胶 25	丁基胶 50	丁基胶 66	丁基胶 85	丁腈胶 25	丁腈胶 50	丁腈胶 66	丁腈胶 90
二	有机酸																						
17	甲　酸		○	○	○	×				△			✓	✓	✓	✓	✓	✓		△			
18	醋　酸	0~25%	✓	✓		✓		✓		△		△	✓	✓	×	✓	✓	✓	×	✓	✓	○	
19	醋　酸	25%~80%	✓	○		×				△		△	○			✓	✓	○		○	×	×	×
20	醋　酐	25%	✓	○		×		×		△		△	△			✓	✓	○		△	×		
21	丙　酸	<50%	○			○				△			×			✓	✓	✓		×			
22	脂肪酸		✓			×				△			○	○	○	○	○	○		○	○	○	○
23	硬脂酸		✓			×							○	○	○	✓	✓	✓	✓	○	○	○	
24	软脂酸		✓							○			○			○	○	○		○	○	○	○
25	乳　酸		✓	✓	×	✓		✓	✓	△			✓	✓	✓	✓	✓	✓		△			
26	草　酸		✓	✓	×	✓		✓	✓	△			✓	✓	✓	✓	✓	✓	✓	△	△	△	
27	顺丁烯二酸		✓	✓	○	✓		✓	✓	✓			✓	×		✓	✓	✓	✓	×			
28	柠檬酸		✓	✓		✓			✓	✓		✓	✓	✓		✓	✓	✓		△	△	△	
29	水杨酸		✓			✓	✓			✓			×			✓				△	×		
30	烟　酸		✓	✓	✓								✓	✓	✓					✓			

续表

序号	介质 名称	介质 浓度	天然橡胶				天然软胶			丁苯胶			氯丁胶			丁基胶				丁腈胶			
		温度/℃	25	66	85	25	40	50	66	25		65	25	66	85	25	50	66	85	25	50	66	90
三	碱和氢氧化物																						
31	氢氧化钠	<60%	✓	✓	✓	✓	✓	✓	✓	✓		✓	✓	✓	✓	✓	✓	✓	✓	✓			
32	氢氧化钾	<60%	✓	✓	✓	✓	✓	✓		✓		✓	✓	✓	✓	✓	✓	✓	✓	○			
33	氢氧化铵	10%	✓	✓		✓		✓	✓	✓		✓	✓	○	○	✓	✓	✓	✓	✓	✓	✓	✓

序号	介质 名称	介质 浓度	天然橡胶				天然软胶			丁苯胶				氯丁胶			丁基胶				丁腈胶			
		温度/℃	25	50	66	85	25	40	55	66	25		65	25	60	90	25	50	66	85	25	50	66	90
四	无机盐																							
34	硫酸盐		✓		✓		✓	✓	50℃ ✓	✓	✓		✓	✓	66℃ ✓	85℃ ✓	✓	✓	✓	✓	✓	✓	✓	✓
35	硝酸铵		✓		✓	×	✓	✓	50℃ ✓					✓	66℃ ✓	85℃ ✓	✓	✓	✓	✓	✓	✓	✓	
36	磷酸铵		✓		✓	×	✓	✓	50℃ ✓	✓				✓	66℃ ✓	85℃ ✓	✓	✓	✓	✓	✓	✓	✓	
37	氯化铵		✓	✓	✓	×	✓	✓	✓	✓	✓			✓	✓	✓	✓	✓	✓	✓	✓	✓	✓	✓
38	氟化铵		○	○	○		✓	✓	✓	×				✓	✓	✓	✓	✓	✓	✓				
39	次氯酸钠	含Cl12.5%	×				×				✓			○	×	×	✓	✓			○	×	×	
40	氯化钠		✓	✓	✓	✓	✓	✓	✓	✓	✓		✓	✓	✓	✓	✓	✓	✓	✓	✓	✓	✓	✓
41	氟化钠		✓	✓	✓	✓	✓	✓	✓	✓				✓	✓		○	○	○	○	✓	✓		
42	氰化钠		✓	✓	✓	✓	✓	✓	✓	✓	✓		✓	✓	✓		✓	✓	✓		✓	✓	✓	✓
43	硫代硫酸钠		✓	✓	✓	✓	✓	✓	✓	✓				✓	✓	✓	✓	✓	✓	✓	✓	✓	✓	
44	碳酸氢钠		✓	✓	✓		✓	✓	✓	✓				✓	✓	✓	✓	✓	✓	✓	✓	✓	✓	✓
五	元素、气体																							
45	氯 气	干气	×				×				✓		✓	×			○	○			×			
		湿气	○		○	○	×				○		△	×			○	○			×			
		液体	×				×							×	×		×				×			
46	氟	干	×				×				×			✓	✓		✓	✓			×			
47	溴	干	×				×				×			✓	✓		✓	✓						
48	氢		✓		✓		✓	✓	○	○				✓	✓	✓	✓	✓	✓	✓				
49	氧		○		○		○	○	○	○				✓	✓	×	✓	✓			✓	✓		×
50	臭 氧		×				×							×			✓	✓	✓		×			
51	硫		✓		✓		✓	✓	50℃ ✓	✓				✓	✓	×	✓	✓	✓	×	×			

续表

序号	介质名称	浓度	天然橡胶				天然软胶			丁苯胶			氯丁胶				丁基胶				丁腈胶			
		温度/℃	25	50	66	85	25	40	55	66	25		65	25	60	90	25	50	66	85	25	50	66	90
52	汞		✓				×							✓	✓	✓	✓	✓	✓		✓	✓	✓	✓
53	氨		✓								△		△	✓	○	○	✓	✓	○		✓	✓	✓	✓
54	氯化氢	无水	○				×	×						✓	✓		✓				✓			
55	硫化氢	干气	○		○	×	✓				△		△	×	×		○	○			△	×	×	×
56	二硫化碳		×				×							×		×					△	×	×	×

序号	介质名称	浓度	天然橡胶				天然软胶			丁苯胶			氯丁胶				丁基胶				丁腈胶			
		温度/℃	25	50	66	85	25	40	50	66	25		65	25	40	66	25	40	66	85	25	40	66	90
六	醇类																							
57	甲醇		✓		✓	×	✓	✓		×	✓			✓	✓	×	✓	✓	✓	✓	✓	✓		✓
58	乙醇		✓		✓	×	✓	✓		✓	✓		○	✓	✓	✓	✓	✓	✓	✓	○	○		○
59	异丙醇		✓		✓	×	✓	✓		✓			✓	✓	✓	✓	✓	✓	✓	○	✓	✓		×
60	苯甲醇		×				×							△		×					×			
61	乙二醇		✓		○	○	✓	✓			✓			✓		✓	✓		✓	✓	✓	✓		
62	甘油(丙三醇)		✓		✓	✓	✓	✓			✓		✓	✓		✓	✓		✓	✓	✓	✓		
七	醛类																							
63	甲醛	<10%	✓	✓	✓		✓			✓	○						✓		✓	×	○			
64	乙醛	<40%	○	×	×		×							×										
65	苯甲醛		×				×				△			×			○	○	○	○	×			
66	糠醛		○	○	×		×				△			×			○	○	○	○	×			
八	醚类																							
67	乙醚		×				×				×			×			△		△		×			
68	乙丙醚		✓		○	○	✓			○				×			×				○	×		
69	石油醚		×				×				×			×			×				×			
九	酮类																							
70	丙酮		○		○		×				△			✓			○		×		×			
71	甲乙酮		×				×				×			×			○		×		×			
72	环己酮		×				×							×			△				×			
十	酯类																							
73	醋酸乙酯		×		×		×			×	×			×			○		○	×	×			
74	醋酸丁酯		×		×		×							×	×		○		×		×	×		
75	苯二酸二辛酯		○				×				×			×		×	○		×		×	×	×	

续表

序号	介质		材料名称																					
			天然橡胶				天然软胶			丁苯胶			氯丁胶			丁基胶					丁腈胶			
	名称	浓度	温度/℃																					
			25	50	66	85	25	40	50	66	25		65	25	40	66	25	40	66	85	25	40	66	90
76	磷酸三丁酯		×		×		×			×				×	×		○	×			×	×	×	
十一	烃及石油产品																							
77	乙炔		✓		✓	✓	✓							○			✓				✓		✓	✓
78	丙烷		×				×							×			○				○		○	
79	丁烷		×				×							○			×				○			
80	丁烯		○				×							×		×	×				○		×	
81	己烷		×		×		×				×			○		○	×		×		✓		✓	✓
82	芳烃		×				×							×			×				×			
83	苯		×				×				×			×			×				×			
84	甲苯		×				×				×			×			×				×			
85	异丙苯		×				×							×			×				×			
86	二甲苯		×				×							×			×				×			
87	萘		×				×							×			×				×			
88	原油		✓	✓			×							○		×	×				✓	✓	✓	✓
89	原油(酸性)		○	×			×							○		×					×			
90	汽油		○				×				△		×	△		△	×				✓	✓	✓	
91	煤油		×				×							△	△	△	×				✓	✓	✓	✓
92	柴油		×				×							○		○	×				✓			
93	机器油		×				×				✓			✓		✓	×				✓	✓	✓	
94	液化石油		×				×							×			×				×			
十二	其他有机化合物																							
95	氯甲烷		×		×		×			×	×			×			×				×			
96	二氯甲烷		×		×		×			×				×			×				×			
97	四氯化碳		×		×		×			×	○			×			×				△		×	×
98	氯乙烷		×		×		×			×				×			×				×			
99	二氯乙烷		×		×		×			×	○			×			×				△		×	×
100	光气	气	×	×										✓		×	✓		✓		×			
101	光气	液	×											×			○							
102	氯苯		×							×				×			×				×			
103	二氯苯		×							×				×			×				×			
104	苯胺		×		×		×	×			×			×			✓	○	○					
105	乙二胺		×		×		○							○	○		✓	✓	✓					

续表

序号	介质		材料名称																					
			天然橡胶				天然软胶			丁苯胶			氯丁胶				丁基胶				丁腈胶			
	名称	浓度	温度/℃																					
			25	50	66	85	25	40	50	66	25		65	25	40	66	25	40	66	85	25	40	66	90
106	苯酚		○		×		×				△			×			×							
107	环氧乙烷		×		×		×							×			×	×						
108	环氧丙烷		×		×									○	（溶胀）		○							
109	尿素		✓		✓		✓			✓				✓	✓		✓	✓	✓					
110	硝基苯		×		×		×				×			×	×		△							
111	硝基甲苯		×		×		×							×	×		×							
112	硝化甘油		○				○							✓			✓							
十三	其他																							
113	洗涤剂		✓		✓									✓	✓		✓		✓					
114	漂白粉		✓				✓				✓			×							×			

注：① 符号说明：✓—良好，腐蚀轻或无；○—可用，但有明显腐蚀；△—硬橡胶可用，软橡胶不适用；×—不适用，腐蚀严重。

② 介质浓度为空白时，则表示适用于从 0~100%任意浓度。

钢塑复合管的制造方法，因管径不同，加工方法也不同。一般 *DN*≤50 的用冷拔钢管方法，*DN*>50 的则用环氧树脂等黏结剂真空注塑成型。

近年来，st/F4 复合管采用紧衬法聚四氟乙烯管道是使用紧衬粘接技术，比过去的松衬法有不可比拟的优点。

目前国内生产的复合管，其适用范围如表 1-3-37 所示。

表 1-3-37　衬里产品的适用环境温度和介质

衬里材料	环境温度/℃		适用介质
	正压下	真空运行下	
PTFE	-80~200	-18~180	除熔融金属钠和钾、三氟化氯和气态氟外的任何浓度的硫酸、盐酸、氢氟酸、苯、碱、王水、有机溶剂和还原剂等强腐蚀性介质
FEP	-80~180	-18~180	
PFA	-80~250	-18~180	
PE-D	-30~90	-30~90	冷热水、牛奶、矿泉水、N_2、乙二酸、石蜡油、苯肼、80%磷酸、50%酞酸、40%重铬酸钾、60%氯氧化钾、丙醇、乙烯醇、皂液、36%苯甲酸钠、氯化钠、氟化钠、氢氧化钠、过氧化钠、动物脂肪、防冻液、芳香族酸、CO_2、CO
PP-R	-15~90	-15~90	建筑冷、热水系统，饮用水系统，pH 值在 1~14 范围内的高浓度酸和碱
PVC	-15~60	-15~60	水

（四）涂塑钢管

涂塑钢管是以有缝钢管或无缝钢管为基体以聚氯乙烯、聚乙烯、环氧树脂三种树脂为涂料，可对钢管内外壁涂塑，也可对外表面涂塑。

钢管的流动浸渍法涂塑范围：外径 21~319. 1mm、长度 3~7. 5m。

涂层厚度：当管径≥*DN*50 时，1~1. 5mm；

当管径<*DN*50 时为 1mm（最薄 0. 3mm）。

近年来开发的热喷塑钢管已用于石油化工企业。涂环氧树脂厚750μm，涂聚乙烯厚1~3mm，比钢塑复合管的价格低8%~10%。涂塑管径由ϕ30~800管长4m，最长6m。

目前涂塑钢管的规格，不符合中国石化钢管标准。

作者认为，要求涂塑的钢管，其基体钢管标准应符合设计要求，生产厂家应满足设计需要。

涂塑钢管的涂层塑料理化性能比较如表1-3-38所示。

表1-3-38 各种塑料理化性能比较表

性能		ASTM试验法	尼龙（尼龙11）	聚氯乙烯（PVC软质）	聚乙烯（高压）	环氧树脂
机械与物理性质	相对密度	D792	1.09~1.14	1.16~1.35	0.91~0.925	1.4~1.8
	硬度（洛氏硬度）	D785	R111~118	D40~80	D41~50	D80~90
	延伸率/%	D638	300~350	200~450	90~650	4~6
	抗拉强度/MPa	D638D651	492~766	105~246	70~162	350~650
	弯曲强度/MPa	D695	562~970	—	—	703~844
	压缩强度	D970	506~914	63~120	—	1.265
	冲击韧性（切口试验）/（ft-lb/in）	D256	1.0	JIS100~300mm	<16	0.26~0.35
	耐热性（连续温水）/℃		80~90	66~80	70~80	80
	热变温度/℃		149~182	55~77	41~49	121~177
	脆化温度/℃		-40	-3~-35	-50	-30
	融点/℃		184~186	—	105~111	—
	耐电压（短时间，3.18mm厚）/(kV/mm)	D149	15.1~18.5	11.8~39.3	18.1~27.5	13.6
	吸水性（24h，3.18mm厚）/%	D570	0.4~1.5	0.15~0.75	<0.015	0.1
化学性质耐药品性能	溶剂酒精		G	E	E	E
	溶剂汽油		E	E	VG	E
	溶剂碳氢有机剂		E	G	VG	E
	溶剂酮		E	P	F	G
	碱		F	E	VG	VG
	无机酸（10%）		F	E	E	E
	无机酸（<30%）		P	G	VG	G
	氧化性酸（10%）		P	F	VG	G
	有机酸（醋酸、甲酸）		P	F	VG	G
	有机酸（油酸、硬脂酸）		VG	E	VG	E
	石油（重油）		G	P	P	E
	气体（天然气、丙烷、丁烷）		G	G	G	G
	食盐水喷雾		G	E	E	VG
	水（盐水、污水）		F	E	VG	VG
	耐气候变化性		G	VG	F	F
装饰性质	着色性		F	E	G	VG
	色调保持性		VG	VG	VG	VG

注：① E=优良；G=好；VG=良；F=可以；P=不可以。

② 耐药性可否使用，根据浓度，使用温度等条件多少不同，请询问协商。

③ 尼龙11目前无产品。

十一、胶　管

1. 输水胶管

(1) 夹布输水胶管

1）用途：适用于采矿、工厂、农林、土木建筑工程等输送常温水及一般中性液体。

2）特点：胶管轻便，具有良好的柔软性和耐老化性能。胶管爆破压力为工作压力的3倍。

3）夹布输水胶管规格见表1-3-39。

表1-3-39　夹布输水胶管

内径/mm		工作压力/MPa			对应参考外径/mm			对应参考质量/（kg/m）			长　度	
		0.3	0.5	0.7								
公称尺寸	公差	层　数									m	公差/mm
13	±0.8	2	2	2	22	22	22	0.34	0.34	0.34	20	±200
16	±0.8	2	2	2	25	25	25	0.39	0.39	0.39	20	±200
19	±0.8	2	2	3	28	28	30	0.47	0.47	0.53	20	±200
22	±0.8	2	2	3	31	31	32	0.53	0.53	0.59	20	±200
25	±0.8	2	3	3	35	36	36	0.67	0.73	0.73	20	±200
32	±1.2	2	2	3	42	42	44	0.84	0.84	0.93	20	±200
38	±1.2	2	2	3	49	49	50	1.02	1.02	1.13	20	±200
45	±1.2	2	3	4	56	57	59	1.18	1.30	1.42	20	±200
51	±1.2	2	3	4	62	63	65	1.32	1.45	1.58	20	±200

(2) 吸水胶管

1）用途：适用于工矿、土建以及水利工程等吸引常温水和一般中性液体。

2）特点：胶管具有良好的挺性，管体坚固，在真空度600mmHg的条件下使用时胶管仍有良好的性能。

3）吸水胶管规格见表1-3-40。

表1-3-40　吸水胶管规格

内径/mm		夹布层数		软接头尺寸/mm				对应参考质量/（kg/m）		长　度	
公称尺寸	公差			长　度	公　差	对应参考外径				m	公差/mm
25	±0.8	2	3	75	±10	42	43.5	0.97	1.7	8	±120
32	±1.2	2	3	75	±10	49	50.5	1.17	1.3	8	±120
38	±1.2	2	3	75	±10	55	56.5	1.30	1.5	8	±120
45	±1.2	2	3	75	±10	62	63.5	1.50	1.7	8	±120
51	±1.2	3	4	100	±15	70	71.5	2.10	2.3	8	±120
64	±1.5	3	4	100	±15	83	84.5	2.60	2.7	8	±120
76	±1.5	4		100	±15	96		3.2		8	±120
89	±1.5	4		100	±15	110		4.1		8	±120
102	±2.0	4		125	±20	125		5.0		8	±120
127	±2.0	5		125	±20	152		6.4		8	±120
152	±2.0	5		150	±20	178		8.4		8	±120
203	±2.5	5		200	±25	229		11.0		8	±120
254	±2.5	6		200	±25	282		16.4		8	±120
305	±3.0	7		250	±30	335		20.1		8	±120
357	±3.0	8		250	±30	388		24.1		8	±120

(3) 吸、排水用橡胶软管（GB/T 9575—1988、HG/T 3035—1999）

1）橡胶软管类型及吸水、排水压力：

a. Ⅰ型：吸水压力-63kPa，排水压力 0. 3MPa；

b. Ⅱ型：吸水压力-80kPa，排水压力 0. 5MPa。

2）橡胶软管的材料和结构：内层胶由耐水天然或合成橡胶组成；增强层由织物材料组成，也可用带有金属或其他适当材料的螺旋线组成；外层胶由天然或合成橡胶组成，胶管外表面可呈波纹状，也可用金属或其他材料制作外铠螺线。

3）胶管壁的层间黏合强度大于 2. 0kN/m（按 GB/T 14905 规定的方法测定）。

4）吸、排水用橡胶软管内径和弯曲半径见表 1-3-41。

表 1-3-41　吸、排水用橡胶软管内径和弯曲半径　（mm）

<table>
<tr><th colspan="4">橡胶软管内径</th><th colspan="4">最小弯曲半径</th></tr>
<tr><th>公称内径</th><th>内径允差</th><th>公称内径</th><th>内径允差</th><th>公称内径</th><th>弯曲半径</th><th>公称内径</th><th>弯曲半径</th></tr>
<tr><td>3. 2
4
5</td><td>±0. 5</td><td>40
50
63</td><td>±1. 5</td><td>16
20</td><td>50
60</td><td>100
125</td><td>500
750</td></tr>
<tr><td>6. 3
8
10
12. 5
16
20</td><td>±0. 75</td><td>80
100
125
160
200</td><td>±2. 0</td><td rowspan="2">25
31. 5
40
50
63
80</td><td rowspan="2">75
95
120
150
250
320</td><td rowspan="2">160
200
250
315</td><td rowspan="2">960
1200
1500
1900</td></tr>
<tr><td>25
31. 5</td><td>±1. 25</td><td>250
315</td><td>±3. 0</td></tr>
</table>

注：表中内径系列及其允许偏差按 GB/T 9575。

(4) 高压排水胶管

1）用途：适合基础工程大扬程水泵排水用。

2）特点：胶管承压高，变形小，具有很高的抗拉强度，胶层抗撕裂、耐磨耗、耐老化性能优良。胶管的爆破压力为工作压力的 3 倍。

3）高压排水胶管规格和工作压力见表 1-3-42。

表 1-3-42　高压排水胶管

内径/mm		层　数	工作压力/MPa	参考外径/mm	参考质量/(kg/m)	长　　度	
公称尺寸	公　差					m	公差/mm
76	±1. 5	5	2. 5	102	5. 5	8	±120
89	±1. 5	7	2. 5	120	7. 8	8	±120
102	±2. 0	9	2. 5	139	9. 9	8	±120
127	±2. 0	9	2. 0	166	12. 2	8	±120
152	±2. 0	9	2. 0	191	14. 7	8	±120
203	±2. 5	9	1. 5	242	18. 8	8	±120

2. 压缩空气用胶管

(1) 夹布空气胶管

1) 用途：供采矿、土木建筑工程、工厂等输送压缩空气和惰性气体用。

2) 特点：胶管轻便柔软，内胶层具有良好的气密性，外胶层具有优良的抗老化和耐磨性能。胶管的爆破压力为工作压力的4倍。

3) 夹布空气胶管规格和工作压力见表1-3-43。

表1-3-43　夹布空气胶管

内径/mm		工作压力/MPa			对应参考外径/mm			对应参考质量/（kg/m）			长　　度	
		0.6	0.8	1.0								
公称尺寸	公　差	层　　数									m	公差/mm
13	±0.8	2	3	4	22	23	24	0.36	0.40	0.45	20	+200
16	±0.8	3	4	5	26	27	29	0.47	0.52	0.57	20	±200
19	±0.8	2	3	4	29	30	32	0.50	0.56	0.62	20	±200
22	±0.8	2	3	4	32	33	35	0.58	0.65	0.72	20	±200
25	±0.8	3	4	5	37	39	41	0.83	0.90	0.99	20	±200
32	±1.2	3	4	5	44	46	48	0.99	1.09	1.18	20	±200
38	±1.2	3	4	5	52	54	56	1.3	1.4	1.6	20	±200
45	±1.2	3	4	5	59	61	63	1.5	1.7	1.8	20	±200
51	±1.2	3	4	5	65	67	69	1.7	1.8	2.0	20	±200
64	±1.5	4	5	6	80	82	84	2.3	2.5	2.7	20	±200
76	±1.5	4	6	7	92	96	98	2.6	3.1	3.4	20	±200
89	±1.5	5	7	9	107	111	115	3.6	4.0	4.8	8	±120
102	±2.0	6	8	10	122	126	130	4.3	5.0	5.7	8	±120
127	±2.0	7	9	—	149	153	—	5.7	6.7	—	8	±120
152	±2.0	8	—	—	176	—	—	7.1	—	—	8	±120

(2) 压缩空气用橡胶软管（GB/T 1186—1992）

1) 胶管标记如下：

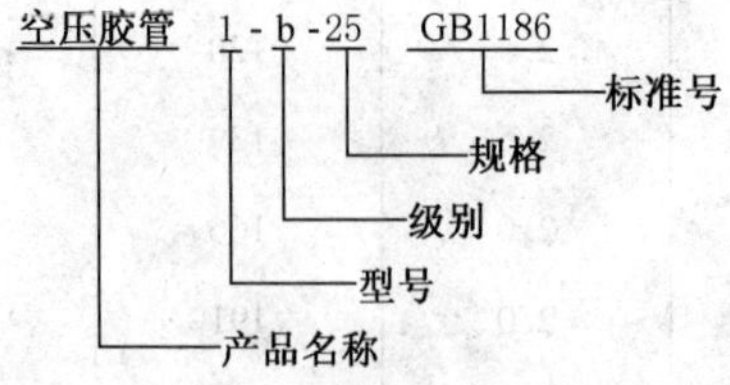

2) 压缩空气用橡胶软管型号、规格、最大工作压力见表1-3-44。

表 1-3-44　压缩空气用橡胶软管型号、规格、最大工作压力

内径/mm				最大工作压力/MPa			
1 型		2 型，3 型		胶管型号			
公称内径	允差	公称内径	允差	1 型 a，b，c 级	2 型 c 级 3 型 c 级	2 型 d 级	2 型 e 级 3 型 e 级
5	±0.5	12.5 16 20	±0.75	0.6、0.8、1.0	1.0	1.6	2.5
6.3 8 12.5 16 20	±0.75	25 31.5	±1.25				
25 31.5	±1.25	40 50 *63	±1.5				
40 50	±1.5	*80 *100	±2				

注：①本标准适用于工作温度在-20~45℃，工作压力在 2.5MPa 以下的工业用压缩空气。

②表中标＊的数值适用于 2 型 c、d 级；3 型 c 级软胶管。

（3）铠装夹布空气胶管

1）用途：供地质勘探、采矿、土建、基本建设、机械工程等输送压缩空气及其他惰性气体用。

2）特点：胶管外表面缠有镀锌金属螺旋线，能有效地提高胶管承压强度，适用于环境条件复杂，对安全作业要求较高的场合。胶管的爆破压力为工作压力的 4 倍。

3）铠装夹布空气胶管规格和工作压力见表 1-3-45。

表 1-3-45　铠装夹布空气胶管规格和工作压力

内径/mm		夹布层数	工作压力/MPa	软接头长度/mm		参考质量/(kg/m)	长　度	
公称尺寸	公　差			尺　寸	公　差		m	公差/mm
13	±0.8	4	15	75	±15	0.59	20	±200
16	±0.8	5	15	75	±15	0.74	20	±200
19	±0.8	4	15	75	±15	0.81	20	±200
22	±0.8	4	15	75	±15	0.93	20	±200
25	±0.8	5	15	75	±15	1.34	20	±200
32	±1.2	5	15	75	±15	1.57	20	±200
38	±1.2	5	15	75	±15	2.1	20	±200
45	±1.2	5	15	75	±15	2.4	20	±200
51	±1.2	5	15	100	±20	2.8	20	±200
64	±1.5	6	15	100	±20	3.7	20	±200
76	±1.5	7	15	100	±20	4.6	20	±200

3. 蒸汽用胶管

（1）夹布蒸汽胶管

1）用途：适用于输送 0.4MPa 以下的饱和蒸汽或 150℃以下的过热水。

2）特点：胶层具有良好的耐热性能。胶管的爆破压力不低于工作压力的 8 倍（水压）。

3）夹布蒸汽胶管规格见表 1-3-46。

表 1-3-46　夹布蒸汽胶管规格

内径/mm		夹布层数	饱和蒸汽压力/MPa	参考外径/mm	参考质量/(kg/m)	长　度	
公称尺寸	公　差					m	公差/mm
13	±0.8	3	0.4	25.5	0.51	20	±200
16	±0.8	3		28.5	0.58	20	±200
19	±0.8	4		33.0	0.73	20	±200
22	±0.8	4		36.0	0.81	20	±200
25	±0.8	4		42.0	1.1	20	±200
32	±1.2	4		49.0	1.30	20	±200
38	±1.2	4		55.0	1.50	20	±200
45	±1.2	5		64.5	2.00	20	±200
61	±1.2	6		72.5	2.40	20	±200
64	±1.5	7		87.0	3.10	20	±200
76	±1.5	8		101.0	3.90	20	±200

（2）铠装夹布蒸汽胶管

1）用途：适用于输运 0.4MPa 以下的饱和蒸汽或 150℃的过热水。

2）特点：a. 胶管外表面缠绕镀锌金属螺旋线，能有效地增加管体强度，提高承压能力；b. 适用于工作条件复杂，对安全作业有较高要求的场合。

3）铠装夹布蒸汽胶管规格见表 1-3-47。

表 1-3-47　铠装夹布蒸汽胶管规格

内径/mm		夹布层数	饱和蒸汽压力/MPa	管接头尺寸/mm			参考质量/(kg/m)	胶管长度	
公称尺寸	公　差			长　度	长度公差	参考外径		m	公差/mm
13	±0.8	3	0.4	75	±15	25.5	0.66	20	±200
16	±0.8	3		75	±15	28.5	0.75	20	±200
19	±0.8	4		75	±15	33.0	0.93	20	±200
22	±0.8	4		75	±15	36.0	1.03	20	±200
25	±0.8	4		75	±15	42.0	1.46	20	±200
32	±1.2	4		75	±15	49.0	1.73	20	±200
38	±1.2	4		75	±15	55.0	1.93	20	±200
45	±1.2	5		75	±15	64.5	2.48	20	±200
51	±1.2	6		100	±20	72.5	3.24	20	±200
64	±1.5	7		100	±20	87.0	4.15	20	±200
76	±1.5	8		100	±20	101.0	5.12	20	±200

(3) 钢丝编织蒸汽胶管

1) 用途：供输送1MPa以下的饱和蒸汽（对应温度175～180℃）。适用于蒸汽清扫器、蒸汽锤、平板硫化机以及注塑机等热压设备作软性管路。

2) 特点：胶管内外胶层均由耐热性能优良的合成胶制成，管体具有柔软、轻便、挠性好、耐热性能高等特点。胶管的爆破压力不低于工作压力的10倍（水压）。

3) 钢丝编织蒸汽胶管规格和工作压力见表1-3-48。

表1-3-48 钢丝编织蒸汽胶管规格和工作压力

内径/mm		钢丝编织层数		蒸汽压力/MPa		对应最小弯曲半径/mm		对应参考外径/mm		对应参考质量/(kg/m)		长度	
公称尺寸	公差			一层	二层							m	公差/mm
10	±0.6	1	2	0.8	1.0	130	140	21	23	0.45	0.74	5	±70
13	±0.8	1	2	0.8	1.0	150	160	25	27	0.55	0.95	5	±70
16	±0.8	1	2	0.8	1.0	170	180	28	30	0.65	1.10	5	±70
19	±0.8	1	2	0.8	1.0	210	230	31	33	0.75	1.25	5	±70
22	±0.8	1	2	0.8	1.0	240	250	34	36	0.80	1.35	5	±70
25	±0.8	1	2	0.8	1.0	270	280	37	39	1.0	1.52	5	±70
32	±1.2	1	2	0.8	1.0	350	360	44	46	1.2	1.90	5	±70
38	±1.2	1	2	0.8	1.0	400	410	50	52	1.3	2.21	5	±70

(4) 蒸汽橡胶软管（HG/T 3036—1999）

蒸汽橡胶软管及软管组件见表1-3-49。

表1-3-49 蒸汽橡胶软管及软管组件

<table>
<tr><td rowspan="2">内径/mm</td><td>基本尺寸</td><td>12.5</td><td>16.0</td><td>19.0</td><td>20.0</td><td>25.0</td><td>31.5</td><td>38</td><td>40</td><td>50</td><td>51</td><td>63</td><td>80</td></tr>
<tr><td>偏差</td><td colspan="4">±0.75</td><td colspan="2">±1.25</td><td colspan="5">±1.5</td><td>±2.0</td></tr>
<tr><td rowspan="2">胶层厚度/mm</td><td>内胶层</td><td colspan="12">≥2.0</td></tr>
<tr><td>外胶层</td><td colspan="12">≥1.5</td></tr>
</table>

<table>
<tr><td colspan="8">性　　能</td></tr>
<tr><td colspan="3">类别</td><td colspan="5">Ⅰ类—外胶层不耐油；Ⅱ类—外胶层耐油</td></tr>
<tr><td colspan="3">型别</td><td>1型</td><td>2型</td><td>3型</td><td>4型</td><td>5型</td></tr>
<tr><td rowspan="2">预定用于最大蒸汽压力和温度</td><td colspan="2">压力/MPa</td><td>0.3</td><td>0.6</td><td>1.0</td><td>1.6</td><td>1.6</td></tr>
<tr><td colspan="2">对应压力下的蒸汽温度/℃</td><td>144</td><td>165</td><td>184</td><td>204</td><td>204
能持续使用</td></tr>
<tr><td rowspan="5">结构及性能的最低要求</td><td colspan="2">内胶层</td><td colspan="5">耐加压蒸汽老化</td></tr>
<tr><td rowspan="4">增强层</td><td>黏合强度</td><td colspan="5">内胶层与增强层、各增强层之间及外胶层与增强层的黏合强度不小于1.5kN/m</td></tr>
<tr><td colspan="6">耐蒸汽试验条件</td></tr>
<tr><td>压力/MPa</td><td>0.25～0.35</td><td>0.55～0.65</td><td>0.95～1.05</td><td>1.55～1.65</td><td>1.55～1.65</td></tr>
<tr><td>时间/h</td><td>166～168</td><td>166～168</td><td>166～168</td><td>166～168</td><td>334～336</td></tr>
</table>

		试验后性能					
结构及性能的最低要求	增强层	内胶层扯断伸长率的量大降低率/%	50	50	50	50	50
		内胶层最小扯断伸长率/%	150	150	150	150	150
		内胶层硬度增加最大值 IRHD	10	10	10	10	10
		持续暴露蒸汽试验	仅适用于 5 型管，将软管暴露在压力为 1.55～1.65MPa 的饱和蒸汽流中，时间为 28d，管壁不应出现泄漏，内、外胶层不出现龟裂等缺陷				
		材料组成	由符合上述要求的织物组成；由符合上述要求的高强度钢丝组成				
	外胶层	耐臭氧性能	按规定条件做耐臭氧试验，不应出现龟裂				
		耐油性能	仅用于Ⅱ类胶管，按规定条件将胶管浸泡在油中 72h，体积变化率≤100%				

注：①1、2、3、4、5 型胶管试验压力分别为 1.5MPa、3MPa、5MPa、8MPa、8MPa，最小爆破压力分别为 3MPa、6MPa、10MPa、16MPa、16MPa，胶管在试验压力下不应出现局部极度膨胀或异常变化。

②本标准规定的软管不适用于食品加工或某些特殊用途，如蒸汽蒸煮、打桩机等。

4. 输油用胶管

（1）夹布吸油胶管

1）用途：适用于输送 40℃以下的汽油、煤油、柴油、机油、润滑油及其他矿物油类。

2）特点：胶管选用耐油性能良好的橡胶制成，胶管的爆破压力为工作压力的 4 倍。

3）夹布吸油胶管规格和工作压力见表 1-3-50。

表 1-3-50　夹布吸油胶管规格和工作压力

内径/mm		工作压力/MPa			对应参考外径/mm			对应参考质量/(kg/m)			长　度	
公称尺寸	公 差	0.5	0.7	1.0							m	公差/mm
		层　数										
13	±0.8	2	3	4	22.5	24	25.0	0.38	0.42	0.48	20	±200
16	±0.8	2	3	5	25.5	26.5	29.5	0.44	0.49	0.61	20	±200
19	±0.8	3	4	6	30.0	31.5	34.0	0.58	0.65	0.77	20	±200
22	±0.8	2	3	4	32.0	33.5	35.0	0.61	0.68	0.76	20	±200
25	±0.8	2	3	4	36.5	38.0	39.5	0.74	0.86	0.95	20	±200

（2）排吸油胶管

1）用途：供抽吸或输送常温汽油、煤油、柴油、重油、机油以及其他矿物油类用。

2）特点：胶管具有承受正压或负压的双重性能，管体较为坚固，对使用条件的适应性较强。

3）排吸油胶管规格和工作压力见表 1-3-51。

表 1-3-51　排吸油胶管

内径/mm		工作压力/MPa			软接头尺寸/mm					对应参考质量/(kg/m)			长　度	
		0.6	0.9	1.2										
公称尺寸	公差	层　数			长度	公差	对应参考外径						m	公差/mm
38	±1.2	2	3	4	75	±10	57	58.5	60	1.6	1.7	1.8	8	±120
51	±1.2	3	4	5	100	±15	72	73.5	75	2.4	2.6	2.7	8	±120
64	±1.5	3	4	6	100	±15	83	88.0	91	3.0	3.2	3.6	8	±120
76	±1.5	4	5	7	100	±15	100	102.0	105	3.8	4.1	4.5	8	±120
89	±1.5	4	5	7	100	±15	114	116.0	118	4.8	5.1	5.6	8	±120
102	±2.0	5	6	8	125	±20	128	130.0	133	5.8	6.0	6.6	8	±120
127	±2.0	5	7	9	125	±20	154	158.0	160	7.2	7.9	8.6	8	±120
152	±2.0	6	8	—	150	±20	182	185.0	—	9.9	10.7	—	8	±120
203	±2.5	8	12	—	200	±25	237	244.0	—	14.2	16.4	—	8	±120
254	±2.5	9	—	—	200	±25	291	—	—	19.9	—	—	8	±120

（3）油槽车输油用橡胶软管（HG/T 3041—1999）

1）输油用橡胶软管类别分：

a. A 类，可折叠式；

b. B 类，不可折叠式，通常为螺旋钢丝增强。

2）胶管适用油品为芳香烃含量体积分数占 50%以下的燃油。

3）胶管不适用于燃油计量装置、液化石油气和航空燃油系统用软管。

4）胶管壁层间在充油前和充油后的黏合强度大于 1.5kN/m。

5）胶管的电阻值小于 2MΩ/m。

6）表 1-3-52 中除公称内径 38mm 和 75mm 的公差外，其余内径的公差都应符合 GB/T 9575 的规定。

7）油槽车输油用橡胶软管规格和最大工作压力见表 1-3-52。

表 1-3-52　油槽车输油用橡胶软管规格和最大工作压力

<table>
<tr><th colspan="4">胶 管 内 径</th><th colspan="3">最大工作压力、适用温度</th></tr>
<tr><th>公称内径</th><th>公差</th><th>公称内径</th><th>公差</th><th rowspan="2">型别</th><th rowspan="2">最大工作压力/MPa</th><th rowspan="2">适用温度/℃</th></tr>
<tr><th colspan="2">/mm</th><th colspan="2">/mm</th></tr>
<tr><td>25</td><td rowspan="2">±1.25</td><td>63</td><td>±1.50</td><td rowspan="2">1</td><td rowspan="2">0.3</td><td rowspan="5">-40~55</td></tr>
<tr><td>31.5</td><td rowspan="4">75
80
100</td><td rowspan="4">±2.00</td></tr>
<tr><td>38</td><td rowspan="3">±1.50</td><td>2</td><td>0.7</td></tr>
<tr><td>40</td><td rowspan="2">3</td><td rowspan="2">1.0</td></tr>
<tr><td>50</td></tr>
</table>

（4）液化石油气橡胶软管（GB 10546—1989）

1）液化石油气（LPG）橡胶软管适用范围

液化石油气（LPG）橡胶软管适用于-40～60℃范围内，供铁路油槽车、汽车油槽车、输送液态液化石油气使用的橡胶软管。

2）液化石油气（LPG）橡胶软管性能：

a. 低温弯曲性能：软管在（-40±3）℃温度下，经放置 24h，进行弯曲试验，不得出现龟裂。

b. 耐液体性能：成品内胶试样在（23±2）℃温度下，浸渍在正己烷液体中，放置 72_{-2}^{0}h 后，其试样的拉伸强度和扯断伸长率，不得低于初始值的 65%。

c. 耐臭氧性能：成品外胶试样放置在臭氧浓度（50±5）$\times 10^{-8}$、温度 40℃试验箱中，保持 72h 后，用 2 倍放大镜检查表面，应无龟裂现象。

d. 导电性能和渗漏性能：由需方提出，供需双方商定。

e. 物理力学性能见表 1-3-53。

表 1-3-53 液化石油气（LPG）橡胶软管物理性能

项　目		指标	
		内胶层	外胶层
拉伸强度/MPa		≥7	≥10
扯断伸长率/%		≥200	≥250
热空气老化（100℃，72h）	拉伸强度变化率/%	≥-25	
	扯断伸长变化率/%	≥-50	
黏合强度（各层间）/kN·m^{-1}		≥1.5	

3）液化石油气（LPG）橡胶软管的规格和工作压力见表 1-3-54。

表 1-3-54 液化石油气（LPG）橡胶软管（GB 10546—1989）

公称内径/mm	8	10	12.5	16	20	25	31.5	40	50	63	80	100	160	200
内径偏差/mm	±0.75					±1.25		±1.5				±2		
工作压力/MPa	2.0（试验压力 6.3，最小爆破压力 12.6）													
结构	软管由内胶层，纤维（钢丝）增强层和外胶层组成													

5. 耐酸、碱胶管

（1）吸浓硫酸胶管

1）用途：适用于抽吸浓度在 93%以下的浓硫酸及 40%以下的硝酸。

2）特点：a. 胶层选用特种耐酸材料制成，具有优良的抗酸腐蚀性能。管体在真空度为 600mmHg 的条件下使用，不吸扁，并具有良好的挠性。

b. 管体呈灰色波形，便于选用时识别。

3）吸浓硫酸胶管规格见表 1-3-55。

表 1-3-55 吸浓硫酸胶管

内　径/mm		夹布层数	软接头尺寸/mm			参考质量/（kg/m）	长　度	
公称尺寸	公 差		长　度	公　差	参考外径		m	公差/mm
25	±0.8	3	75	±10	46.0	1.2	8	±120
32	±1.2	3	75	±10	53.0	1.5	8	±120
38	±1.2	3	75	±10	59.0	1.7	8	±120

续表

内径/mm		夹布层数	软接头尺寸/mm			参考质量/(kg/m)	长度	
公称尺寸	公差		长度	公差	参考外径		m	公差/mm
51	±1.2	3	100	±15	72.5	2.4	8	±120
64	±1.5	4	100	±15	89.0	3.3	8	±120
76	±1.5	4	100	±15	101.0	3.9	8	±120
89	±1.5	4	100	±15	114.5	4.9	8	±120
102	±2.0	4	125	±20	127.5	5.6	8	±120

（2）耐稀酸、碱橡胶软管（HG/T 2183—1991）

1）适用范围：用于-20～45℃环境中，输送浓度不高于40%的硫酸溶液和浓度不高于15%的氢氧化钠溶液，以及与上述浓度程度相当的酸、碱液（硝酸除外）的橡胶软管。

2）使用压力（MPa）：

a. A型——0.3、0.5、0.7，胶管有增强层，用于输送酸、碱液体；

b. B型——负压①，胶管有增强层和钢丝螺旋线，用于吸引酸、碱液体；

c. C型——负压①，0.3、0.5、0.7，用于排、吸酸、碱液体。

注：①软管在80kPa（600mmHg）的压力下，经真空试验后，内胶层无剥离、中间细等异常现象。

3）橡胶软管的性能指标见表1-3-56，其规格见表1-3-57。

表1-3-56 耐稀酸、碱橡胶软管性能指标

项目		指标	
		内胶层	外胶层
硫酸（40%），室温×72h	拉伸强度变化率/%	≥-15	—
	扯断伸长率变化率/%	≥-20	—
盐酸（30%），室温×72h	拉伸强度变化率/%	≥-15	—
	扯断伸长率变化率/%	≥-20	—
氢氧化钠（15%），室温×72h	拉伸强度变化率/%	≥-15	—
	扯断伸长率变化率/%	≥-20	—
热空气老化70℃×72h	拉伸强度变化率/%	-25～25	
	扯断伸长率变化率/%	-30～10	
黏合温度/kN·m^{-1}	各胶层与增强层之间	>1.5	
	各增强层与增强层之间	>1.5	
拉伸强度/MPa		≥6.0	
扯断伸长率/%		≥250	

表1-3-57 耐稀酸、碱橡胶软管规格

公称内径/mm		12.5	16	20	22	25	31.5	40	45	50	63	80
内径偏差/mm		±0.75				±1.25		±1.5				±2
胶层厚度/mm	内胶层	2.2					2.5				2.8	
	外胶层	1.2					1.5					
型号		A型										
		—					B型、C型					

(3) 夹布输稀酸、碱胶管

1) 用途：适用于输送浓度在40%以下的稀酸、碱溶液（硝酸除外）。

2) 特点：胶层具有良好的抗酸、碱腐蚀性能。胶管爆破压力为工作压力的4倍。

3) 夹布输稀酸、碱胶管规格和工作压力见表1-3-58。

表1-3-58　夹布输稀酸、碱胶管规格和工作压力

内径/mm		工作压力/MPa			对应参考外径/mm			对应参考质量/（kg/m）			长　度	
公称尺寸	公差	0.3	0.5	0.7							m	公差/mm
		层　数										
13	±0.8	1	2	3	21.5	23.0	24.0	0.34	0.38	0.43	20	±200
16	±0.8	2	2	3	26.0	26.0	27.0	0.44	0.44	0.59	20	±200
19	±0.8	2	3	4	29.0	30.0	31.5	0.50	0.56	0.62	20	±200
22	±0.8	2	3	4	32.0	33.0	34.5	0.56	0.62	0.68	20	±200
25	±0.8	2	3	5	36.0	37.5	40.0	0.72	0.79	0.94	20	±200
32	±1.2	2	3	4	43.5	45.0	46.5	0.90	1.00	1.10	20	±200
38	±1.2	2	3	4	49.5	51.0	52.5	1.0	1.1	1.3	20	±200
45	±1.2	2	3	5	57.0	58.5	61.5	1.3	1.4	1.6	20	±200
51	±1.2	2	3	4	64.0	66.0	68.0	1.4	1.7	1.9	20	±200
64	±1.5	2	3	4	77.0	79.0	80.5	1.4	2.0	2.3	20	±200
76	±1.5	2	3	5	89.0	92.5	94.5	2.1	2.4	2.9	20	±200
89	±1.5	3	4	6	105.0	106.5	110.5	3.1	3.4	4.0	7	±105
102	±2.0	3	5	6	118.0	121.5	123.5	3.5	4.1	4.5	7	±105
127	±2.0	3	6	8	143.0	148.5	152.0	4.2	5.4	6.3	7	±105
152	±2.0	4	7	10	169.5	175.5	181.0	5.5	6.8	8.4	7	±105

6. 织物增强橡胶软管（见表1-3-59、表1-3-60）

表1-3-59　橡胶、塑料软管内径、长度及其公差（GB 9575—1988）　（mm）

内径及公差				长度及公差		
公称内径	内径公差	公称内径	内径公差	长　度	最大允许长度公差	
					水箱软管	其他类型软管
3.2	±0.5	40.0	±1.5	<300	±1.5	±3.0
4.0		50.0				
5.0		63.0		>300~600	±3.0	±4.5
6.3	±0.75	80.0	±2.0			
8.0		100.0		>600~900	±6.0	±6.0
10.0		125.0				
12.5		160.0		>900~1200	—	±9.0
16.0		200.0				
20.0		250.0	±3.0	>1200~1800	—	±12.0
25.0	±1.25	315.0				
31.5				>1800	—	管长的±1%

注：织物增强和钢丝增强软管的公差均为管长的±1%或3mm。

表 1-3-60　液压系统用织物和钢丝增强橡胶软管内径范围（GB 9575—1988）　（mm）

公称内径	编织和轻型缠绕结构软管	重型（钢丝）缠绕结构软管	公称内径	编织和轻型缠绕结构软管	重型（钢丝）缠绕结构软管
3.2	3.0~3.6	—	16.0	15.4~16.7	15.7~16.9
4.0	3.8~4.4	—	19.0	18.6~19.8	19.0~20.2
5.0	4.5~5.4		22.0	21.8~23.0	—
6.3	6.1~6.9		25.0	25.0~26.4	25.4~27.0
8.0	7.7~8.5		31.5	31.3~33.0	31.8~39.7
10.0	9.3~10.1		38.0	37.7~39.3	38.1~39.7
12.5	12.3~13.5		51.0	50.4~52.0	50.8~52.5

注：液压软管的内径尺寸没有精确地采纳 GB 321 中优先数系的尺寸，而且从技术上考虑，要使软管和软管接头相匹配，必须保留这些尺寸。

7. 高压液压胶管（GB/T 3686—1992）

钢丝增强液压胶管规格、工作压力见表 1-3-61。

表 1-3-61　钢丝增强液压胶管规格、工作压力（GB/T 3683—1992）

内径/mm			胶管型号	外径/mm		工作压力/MPa	最小弯曲半径/mm
公称尺寸	最小	最大		最小	最大		
5	4.5	5.4	1	11.9	13.5	21.0	90
			1T		12.5		
			2，3	15.1	16.7	35.0	
			2T，3T		14.1		
6.3	6.1	6.9	1	15.1	16.7	20.0	100
			1T	—	14.1		
			2，3	16.7	18.3	35.0	
			2T，3T	—	15.7		
8	7.7	8.5	1	16.7	18.3	17.5	115
			1T	—	15.7		
			2，3	18.3	19.8	32.0	
			2T，3T	—	17.3		
10	9.3	10.1	1	19.1	20.6	16.0	130
			1T	—	18.1		
			2，3	20.6	22.2	28.0	
			2T，3T	—	19.7		

续表

内径/mm			胶管型号	外径/mm		工作压力/MPa	最小弯曲半径/mm
公称尺寸	最小	最大		最小	最大		
10.3	9.9	11.1	1	19.8	21.4	16.0	140
			1T	—	18.9		
			2，3	—	—	—	
			2T，3T	—	—		
12.5	12.3	13.5	1	22.2	23.8	14.0	180
			1T	—	21.5		
			2，3	23.8	25.4	25.0	
			2T，3T	—	23.1		
16	15.4	16.7	1	25.4	27.0	10.5	205
			1T	—	24.7		
			2，3	27.0	28.6	20.0	
			2T，3T	—	26.3		
19	18.6	19.8	1	29.4	31.0	9.0	240
			1T	—	28.6		
			2，3	31.0	32.5	16.0	
			2T，3T	—	30.2		
22	21.8	23.0	1	32.5	34.1	8.0	280
			1T	—	31.8		
			2，3	34.1	35.7	14.0	
			2T，3T	—	33.4		
25	25.0	26.4	1	36.9	39.3	7.0	300
			1T	—	36.6		
			2，3	38.5	40.9	14.0	
			2T，3T	—	38.9		
31.5	31.3	33.0	1	44.5	47.6	4.4	420
			1T	—	44.8		
			2，3	49.2	52.4	11.0	
			2T，3T	—	49.6		
38	37.7	39.3	1	50.8	54.0	3.5	500
			1T	—	52.0		
			2，3	55.6	58.7	9.0	
			2T，3T	—	56.0		
51	50.4	52.0	1	65.1	68.3	2.6	630
			1T	—	65.9		
			2，3	68.3	71.4	8.0	
			2T，3T	—	68.6		

8. 氧气、用胶管

（1）氧气橡胶软管（GB 2550—1992）

1）氧气橡胶软管适用于-20～45℃的氧气。

2）氧气橡胶软管规格、最大工作压力见表 1-3-62。

表 1-3-62　氧气橡胶软管规格、最大工作压力

公称内径	内径公差	最大工作压力/MPa
/mm		
6.3	±0.55	2.0
8.0	±0.60	
10.0	±0.60	
12.5	±0.65	

（2）乙炔气橡胶软管（GB 2551—1992）

1）乙炔气橡胶软管适用于-20～45℃的乙炔气。

2）乙炔气橡胶软管规格、最大工作压力见表 1-3-63。

表 1-3-63　乙炔气橡胶软管规格、最大工作压力

公称内径	内径公差	最大工作压力/MPa
/mm		
6.3	±0.55	0.3
8.0	±0.60	
10.0	±0.60	

十二、其　　他

（一）聚四氟乙烯

（1）聚四氟乙烯的耐腐蚀性能如表 1-3-64 所示。

表 1-3-64　聚四氟乙烯耐腐蚀性能

介　　质	浓 度/%	温度/℃	介　　质	浓 度/%	温度/℃
		240			240
硫　　酸	0～100	耐	王　　水		耐
发烟硫酸		耐	磷　　酸		耐
硝　　酸	0～100	耐	多种有机酸		耐
发烟硝酸		耐	碱和多种氢氧化物		耐
盐　　酸		耐	多种盐类		耐
氢 氟 酸		耐	盐　　水		耐

（2）聚四氟乙烯管材规格如表 1-3-65 所示。

表 1-3-65　聚四氟乙烯管材规格

名　称	规格/mm				用　途	生产单位
	外　径	内　径	壁　厚	长　度		
薄壁管		0.5~30	0.2~0.3		供-18~250℃条件下，输送各种强烈腐蚀流体之用	国营武汉市长江化工厂
套　管		30~500	5~30			
挠包管		12~100			衬于金属管内，供输送各种高温高压腐蚀流体之用	
微形管		0.5,0.6,0.7,0.8,0.9,1.0	0.2、0.3	≥200		
		1.2,1.4,1.6,1.8	0.2,0.3,0.4			
		2.0,2.4,2.5,2.8	0.2,0.3			
		3.0,3.5,4.0	0.4,0.5			
推压管		5~12	1.0,1.5,2.0	200~1000		
		13~25	1.5,2.0	200~500		
模压管	26，28，30，32，34,36,38,40	10~30(以 5 进位)	≥5	100	输送低压腐蚀性液体导管之用	陕西省塑料厂
	42，44，46，48，50,55,60	10~45(以 5 进位)	≥7			
	65，70，75，80，90，95，100，110，120,130,140,150,160,170,180,190,200	10 ~ 180（以 5 进位）	≥10			
	220，240，260，280,300	10 ~ 270（以 5 进位）	≥15			

（3）尼龙-1010 管规格如表 1-3-66 所示。

表 1-3-66　尼龙-1010 管规格　(mm)

外径×壁厚	公差		外径×壁厚	公差	
	外径	壁厚		外径	壁厚
4×1	±0.1	±0.1	12×1	±0.1	±0.1
6×1	±0.1	±0.1	12×2	±0.15	±0.15
8×1	±0.1	±0.1	14×2	±0.15	±0.15
8×2	±0.15	±0.15	16×2	±0.15	±0.15
9×2	±0.15	±0.15	18×2	±0.15	±0.15
10×1	±0.1	±0.1			

(4) ABS 管材规格如表 1-3-67 所示。

表 1-3-67　ABS 管材规格

公称直径/mm	外径/mm	壁厚/mm	爆破压力/MPa	近似质量/(kg/m)	长度/m
20	25	2.5	>80	0.177	2~4
25	32	3.2	>70	0.290	2~4
32	40	4.0	>60	0.452	2~4
40	50	4.6	>60	0.656	2~4
50	63	5.6	>60	1.010	2~4

注：①本表为上海胜德塑料厂产品。

②浙江乐清县轻化设备厂产品规格同上，但管长为 4~6m。

(5) 耐酸酚醛塑料管

a. 耐酸酚醛塑料管耐腐蚀性能如表 1-3-68 所示。

表 1-3-68　耐酸酚醛塑料管耐腐蚀性能

介质	浓度/%	温度/℃	耐腐蚀性	介质	浓度/%	温度/℃	耐腐蚀性
盐酸	任意	130	耐	氯水	任意	80	耐
硫酸	50	100	耐	氯化钠水溶液	任意	120	耐
硫酸	50~70	80	耐	二氧化硫	任意	120	耐
硫酸	70~90	50	耐	三氧化硫	任意	100	耐
磷酸	任意	60	耐	硫化氢	任意	100	耐
醋酸	任意	120	耐	氯乙烯	任意	60	耐
柠檬酸	任意	70	耐	酸性电解液*(Cu,Ni,Zn)	任意	120	耐
上述酸类的盐	任意	130	耐	苯	化学纯	80	耐
硝酸	≤10	常温	耐	二氯乙烷		30	耐
硫酸（含氯）	95	50	耐	二氯乙烷	化学纯	70~75	耐
氯化氢	任意	130	耐	氯乙烷	工业	150	耐
液氯	任意	80	耐	硫酸锌	10~50	100	耐
粗氯乙醇	4~5	<100	耐	硫酸钠	10~50	100	耐
四氯化碳	化学纯	100	耐	醋酸钠	10~50	100	耐
甲醛	35	60	耐	磷酸钠	10~50	100	耐
氯气	任意	100	耐				

注：①本表为实验室数据（即试样在腐蚀介质中浸 24h 后，在沸水中煮沸 1h 的失重量，当<1.25%表示耐腐蚀）。

②有＊者表示强氧化性介质（如硫酸镍、硫酸锰、硫酸铜）外的溶液。

b. 耐酸酚醛塑料直管规格如表 1-3-69 所示。

表 1-3-69 耐酸酚醛塑料直管规格

简图				适用设计条件	公称直径/mm	设计压力/MPa	工作温度/℃
					33 54 78 100 150~300 350~500	0.6 0.5 0.4 0.3 0.2 0.15	-30~+130

尺寸及重量	公称直径 DN	尺寸/mm d_1	尺寸/mm l	尺寸/mm δ	质量/kg 长度 L/mm 500	1000	1500	2000
	33	69	14	9	1.2	2.3	3.3	4.4
	54	98	14	11	2.3	4.3	6.3	8.4
	78	126	15	12	3.4	6.5	9.5	12.6
	100	148	15	12	4.3	8.1	11.9	15.7
	150	212	20	14	7.8	14.3	20.8	27.3
	200	262	20	14	10.1	18.6	27.1	35.6
	250	325	30	16	15.7	27.9	40.0	52.2
	300	375	30	16	18.6	33.0	47.4	61.8
	350	435	40	18	25.6	44.3	62.9	81.6
	400	485	40	18	29.0	50.2	71.4	92.8
	450	540	45	20	36.3	62.8	89.4	115.9
	500	595	45	20	41.7	71.1	100.5	129.9

注：生产厂家为重庆合成化工厂。

c. 耐酸酚醛塑料管的物理机械性能如表 1-3-70 所示。

表 1-3-70 耐酸酚醛塑料管的物理机械性能

项目	单位	指标	项目	单位	指标
密度	g/cm³	1.6~2.0	冲击韧性	J/cm²	≥0.35
导热系数(0~100℃)	W/(m·K)	0.18	抗拉强度	N/mm²	≥25
马丁耐热度	℃	≥150	抗压强度	N/mm²	≥100
布氏硬度	—	≥30	抗弯强度	N/mm²	≥60
线膨胀系数(20~130℃)	$10^{-5}K^{-1}$	1.5~2.5	抗剪强度	N/mm²	≥25
吸水率	%	≤0.05			

（编制　吴正佑、王怀义）

第四节 钢管材料及其选择

各国钢管材料的种类繁多，适用范围互相重叠，在具体工程中正确地选择管道材料是十分困难的，尤其石油化工装置设备和管道的操作条件多处于高温（低温）、高压状态，使用和产生的物质多为可燃、易爆。为减少和防止火灾、爆炸危险，正确选择设备和管道的材料是至关重要的。

石油化工厂管道材料的应用和限制，在美国 ASME B31.3 规范中有详细的规定，在我国还没有国家标准。原石油部标准《炼油厂管子及管路附件选用设计技术规定》(SYJ1046—83)规定已不能满足需要，原《石油化工管道设计器材选用通则》SH 3059—2001 实施以来，虽材料选用得到统一，尚不能完全满足设计需要。2012 年修订发布了国家现行标准《石油化工管道设计器材选用规范》SH/T 3059—2012、《高硫原油加工装置设备和管道设计选材导则》SH/T 3096—2012 和《高酸原油加工装置设备和管道设计选材导则》SH/T 3129—2012 基本满足了石油化工装置金属管道选材的需要。为正确处理施工过程中的材料代用问题，本节首先简述选择各种用途的管材的基本原理，并在本节“六、钢中常见元素对各种性能的影响”中介绍钢中常见元素对钢的各种性能的影响。供参考。

一、碳素钢和合金钢

1. 碳素钢

钢是含碳量小于 2.11%（2%）的铁碳合金；含碳量大于 2.11%的铁碳合金称为生铁；含碳量低于 2.11%并含有少量硅、锰、硫和磷、铜、铬、镍等杂质的铁碳合金称为碳素钢❶。碳素钢的强度等性能，主要取决于其中碳存在的形式和碳化物的形状、大小以及分布状态等，即主要取决于钢的金相组织。钢中的杂质，不能做为合金元素看待。它们的存在虽然有时也起到一些有益作用，但大多数产生不利影响。例如，少量的元素镍、铬、铜等的存在，对钢的焊接性和冷变形加工性等产生不良的影响。所以优质碳素钢中，都规定出它们的最高含量。例如 GB/T 699—1999《优质碳素结构钢》（2004 年确认）规定，允许含 S、P 量不大于 0.035%；含 Ni、Cr、Cu 量不大于 0.25%。

2. 合金钢与合金元素❷

碳素钢的性能，对于不锈、耐酸、耐热、耐磨、耐腐蚀、耐低温、耐高温等有时已不能满足要求。因此，为提高钢的某些性能，必须向钢中加入某一种或某几种其他元素，这种钢称为合金钢。加入的元素称为合金元素。

合金元素在合金钢中，不一定直接改善钢的性能，而大部分是由于它们的存在影响到相变的过程，从而间接发生作用的。

根据各种合金元素在钢中形成碳化物的倾向不同，可把它们分为以下几类。

（1）不形成碳化物元素，只与铁形成固溶体，如硅、镍、铜、铝、钴等。

（2）强碳化物形成元素。这类元素由于和碳的亲和力极强，在适当条件下，就形成各自的特殊碳化物。但在缺少碳时，则以原子状态进入固溶体中，如钒、锆、铌、钛、钽等。

（3）弱碳化物形成元素。介于上述两类之间，部分进入固溶体，另一部分与碳形成碳化物，如锰、铬、钨、钼等。但当元素含量超过一定限度时（锰例外），又将形成各自的特殊碳化物。

---

❶ 在工业用钢中尚存在少量非有意加入的其他元素，例如一般含量的 Si、Mn、P、S 等，这些元素称为常存元素或残余元素。

❷ 合金元素是指为改善或获得钢的某些性能，在冶炼过程中有意加入的元素，钢中的残余元素不能称为合金元素。合金元素在钢中的含量各有不同，有的可高达百分之几十，有的则低至十万分之几。

除了形成碳化物或溶解于固溶体之外，大部分合金元素都能与钢中的氧、氮、硫等形成简单的或复合的非金属夹杂，如 Al_2O_3、V_xN_y、MnS、FeO · TiO_2、MnO · SiO_2、SiO_2 · M_xO_y 等。钢中合金元素含量较高时，某些元素彼此作用而形成金属间化合物，如 FeSi、Fe_2W、Ni_3Al、Ni_3Ti 等。有的元素如铜、铅，当含量超过它在钢中的溶解度时，常以游离状态或较纯的金属相存在。

二、高温用钢管的材料

温度超过 350℃ 谓之高温。高温用钢是指在高温下具有较高强度的钢材。

在石油化工装置里，高温并伴有腐蚀的管道必须使用耐腐蚀材料；高温、不伴有腐蚀的管道则应使用高温、高压钢管。

碳素钢的上限使用温度为 425℃ 左右❶，超过该温度时用沸腾钢和 Al 镇静钢比 Si 镇静钢更为优越。但是，碳素钢在 425℃ 左右会引起石墨化现象，致使强度下降，所以必须添加合金元素以改善碳素钢的高温强度。

Mo 在 Fe 中固溶成为稳定的碳化物，可提高蠕变强度。

从经济的理由考虑，在高潮强度允许的情况下有使用低合金钢的倾向。例如，在英国拟以减少 Cr 含量并加 V 的 Cr-Mo-V 钢代替 2. 25Cr-1Mo 钢；在美国拟以 0. 5Cr-0. 5Mo 代替 1. 25Cr-0. 5Mo 钢等。

不锈钢（18Cr－8Ni～25Cr－20Ni）的高温强度高，特别是 18－12MoL、18－8－Ti、18-8-Nb等合金元素的影响更为优越。

一般在没有耐腐蚀性问题的场合，在规定的范围内，含碳量高的不锈钢，其高温强度也高。

一般面心立方晶体结构的奥氏体不锈钢即使在 600℃ 以上也比体心立方晶体结构的铁素体钢的蠕变强度高。

在 Fe 内单独添 Ni 至 28%以上时，在常温下也不会形成奥氏体。可是，同时添加 Ni、Cr 至 Cr18%、Ni8%时，便可形成奥氏体组织。而且 Cr 远比 Ni 价廉，所以 18-8 钢是最经济的奥氏体钢。

若在 18-8 钢内添加 Mo，Nb，Ti，Mo 可强化基质；Nb、Ti 则形成碳化物，从而可改善高温强度。

比 18-8 不锈钢的高温强度更高的材料有复合添加多种元素的 19－9DL、HS－88、17-14CuMo等，其他为稳定不锈钢基体而添加 Co 的 Fe-Cr-Ni-Co 系合金，其代表的钢种有 G-18B、N-155。

近年来开发了添加 Mn 的合金钢，在英国有 Esshete1250（添加 6%Mn、10%Ni、15%Cr、1%Mo、1%Nb、0. 25VB），在美国有 Kromarc58（添加 10%Mn，22%Ni，15%Cr，2. 25%Mo，0. 25%V，0. 23%N B Zr），比 18-8 系合金钢的高温强度更高，是火力发电锅炉用钢管所注目的材料。

三、耐热用钢管的材料

（一）耐热用钢应具有的性能

所谓耐热用材料，是指具有耐氧化性、耐气体腐蚀性、高温强度、不发生高温脆化、热

❶日本规定为 350℃。

冲击强度高等性能的材料。

1. 耐氧化性

高温用钢管多暴露于高温气体或特殊的气体、液体中，要求钢管必须具有良好的耐氧化性能。可是碳素钢钢管表面产生的氧化薄膜几乎不能保护其基体金属。为了使钢管有良好的耐氧化性能，必须加入适当的 Cr、Al、Si 等金属元素，这些元素能使钢的表面产生难以剥离的氧化薄膜。

由于 Cr 比铁能优先氧化，在表面生成致密的氧化薄膜可阻止氧向内部扩散。为此，适当添加 Cr、Mo 元素形成 Cr-Mo 系合金，作为耐热钢使用。含 Cr 量 5%、9%钢的耐氧化性能提高，故多用于石油化工工业。若 Cr 添加量至 12%时，耐氧化性急激改善。在 12%Cr 钢中添加 Mo、V、Nb 的 H46 及添加 Mo、V、Nb、B、N 的 TAF 钢等铁素体系耐热钢，其高温强度最高。这些 12%Cr 钢具有比奥氏体系耐热钢价格便宜，热胀率小，导热率大、屈服点高，做为 600~650℃以下高温材料是有利的。

更高的含 Cr 量 17%、21%、25%的 Cr 钢，其蠕变强度虽低，但耐氧化性优越，可用于高温下不受应力的场所。

图 1-4-1 是常用材料的耐氧化界限和使用温度范围。

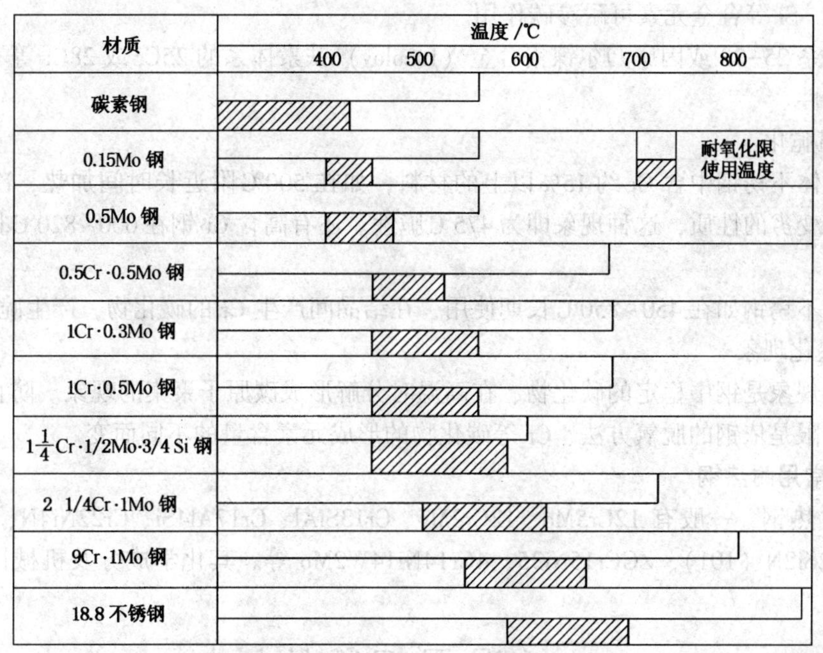

图 1-4-1 材料的氧化界限与使用温度范围

注：本图摘自日本《配管》

还有 13CrSiAl 的耐氧化使用温度界限为 950 ~ 1000℃；20Cr15Ni、25CrNi 为 1050~1100℃；SUS42 为 1100~1200℃。

图 1-4-2 为对各种金属在 500~1000℃之间各温度下加热 6h 后的各钢种的氧化程度。

2. 耐腐蚀性气体

9Cr-1Mo 钢和各种不锈钢对 SO_2 或 H_2S 气体，都具有良好的耐腐蚀性能。添加 Si 或 Al 的铝铬硅耐热钢，对硫也有良好的耐腐蚀性能。

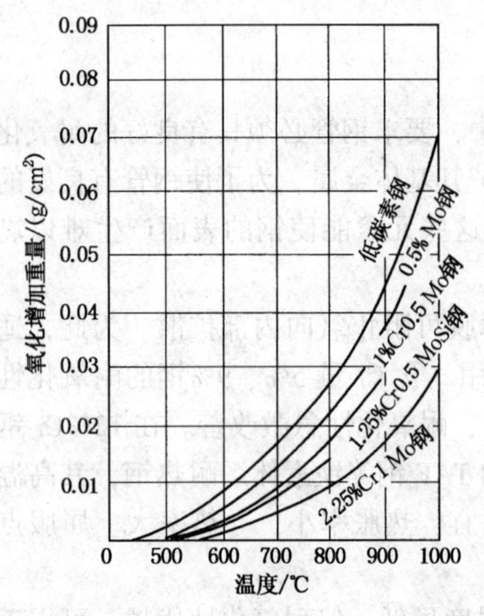

图 1-4-2 不同钢种的氧化程度

还有对氨气，考虑N的影响（NH_3 在400℃以上分解氮原子被钢管表面吸收而形成硬化层），要使用含Ni量多的钢种如18-8系或25-20的奥氏体不锈钢，在腐蚀性弱的地方使用Cr-Mo钢、Cr-V钢等。

3. 耐氢腐蚀

当氢气在温度、压力不高的场所，可以使用碳素钢。但是在高温、高压下，氢与钢中的碳元素反应生成甲烷致使含碳量降低发生脆化。因此，必须向碳素钢中添加合金元素（1%~9%Cr-Mo）方可防止氢蚀。详见本节“氢腐蚀”。

4. 耐渗碳性

渗碳性气体（CO、CH_4 等）、烃类及有机酸等在高温时分解生成活性碳原子，活性碳原子被钢表面吸收并向内部扩散，形成一定深度的渗碳层，使钢材表面硬度提高而心部仍保持一定的强度和较高的韧性。

Cr、Ni、Si等合金元素可耐渗碳作用。

奥氏体系25-20或因康乃尔镍铬合金（Incoloy）铁素体系的25Cr或28Cr等不锈钢有良好的耐渗碳性。

5. 高温脆化

在铁素体不锈钢中含Cr约15%以上的材料，如在500℃附近长时间加热，冷却后在常温时有韧性变劣的性质，这种现象即为475℃脆性。还有高含Cr钢在600~820℃长时间加热则脆化。

奥氏体不锈钢如在450~850℃长期使用，在结晶间产生Cr的碳化物，产生脆化。

6. 石墨化现象

石墨化现象是钢中稳定的碳化物、在高温时分解形成碳原子聚集的现象。防止石墨化的允许温度界限是依钢的脱氧方法、Cr等碳化物的形成元素含量的不同而变。

（二）常用耐热钢

常用耐热钢，一般有12Cr5Mo、12Cr2Mo、Cr13SiAl、Cr17Al4Si、Cr22Ni4N、Cr22Ni20、Cr20Mn9Ni2Si2N（101）、ZGCr15Ni35、4Cr14Ni14W2Mo等。其化学成分及机械性能，可参照有关标准。

四、低温用钢管的材料

一般低温系指-20~-196℃范围内。温度再低是深低温、超低温，在石化企业中应用较少。

对于钢管材料的选择，在-20~-196℃范围内又可作如下划分：

-20~-40℃	不宜用碳素钢管
-40~-70℃	不宜用低合金钢管
-70~-196℃	不宜用一般合金钢管
-196℃以下	不宜用低碳普通不锈钢管

一般碳素钢，低合金钢等铁素体钢，在冰点以下会表现出韧性急剧下降，脆性上升的现象。这种现象称为材料的冷脆现象。

为了保证材料的使用性能，不仅要求材料在常温时有足够的强度、韧性和加工性能以及焊接性，而且要求材料在低温时也具有抗脆化的能力。

（一）影响材料低温脆化的因素

影响材料低温脆化的因素有：化学成分；冶炼方法；结晶粒度；热处理；后续加工条件等。

（1）化学成分对钢的低温特性的影响，例如：C，含碳量增多，转化温度（T_{tr}），上升。所谓转化温度，是在低温冲击试验中，铁素体钢达到某一温度时冲击值急剧下降，该温度叫做转化温度。如在此温度下发生破坏就称为脆性断裂；

Mn，使转化温度下降（T_{tr}），Mn/C 的值越高越好；

Si，普通含量就有效，如稍稍高些铁素体脆化；

P，使钢材脆化的敏感性增加，使 T_{tr}上升；

S，并不比 P 敏感，可是有毒；

Ni，使转化温度（T_{tr}）下降，防止脆化最为有效。但是，作为碳素钢中的不纯物（含量很少）则没有效果；

Cu，作为碳素钢中的少量不纯物，则无影响。如加入量为 0.6%~1.5%，与 Ni 在一起，对防脆化有效；

Cr、Mo、V 作为碳素钢中的不纯物，则无效，少量 V 也有毒。但作为特殊钢的成分则有效；

Al、Ti、Zn，使用适量，会使转化温度（T_{tr}）下降。

As、Sn、N，都是使转化温度（T_{tr}）上升的有害成分。

（2）冶炼方法对钢的低温性能的影响，例如在冶炼时在钢中存在适量的 Al，可充分脱氧也能使转化温度（T_{tr}）下降，使脆化的敏感性降低。施行正火的 Al 镇静钢，可用于-40℃左右。

冶炼后得到的镇静钢和沸腾钢的低温性能不同。例如用 Si 脱氧的镇静钢和含同量 Si 的沸腾钢、前者比后者的低温性能优越。

（3）结晶粒度对低温性能的影响，晶粒的微细化与转化温度（T_{tr}）的下降成正比。所以，使晶粒微细化是铁素体钢关键的一点。其方法有冶炼法；热处理法或加入其他元素等方法。

碳素钢的结晶构造是体心立方格子，奥氏体不锈钢是面心立方格子。此结晶构造随着温度下降而引起晶格内的原子不等收缩，面心立方格子的晶格滑移面多，容易滑动即容易黏性变形，所以不显脆性。体心立方格子的晶格滑移面少，所以显出脆化。

在冶炼时加入规定量的 Al 脱氧、镇静，使结晶粒度微细化；添加 Ni 可使脆性减小。要使加入 Ni 的钢耐-40℃以下的低温，则应成为 2.5Ni[❶]、3.5Ni、5Ni 的钢。要耐-100℃以下的低温，铁素体钢保持韧性就很困难，则希望用 9Ni 钢，面心立方晶体的奥氏体不锈钢和铝。

（二）低温管道材料选择的一般要求

由于低温管道材料有低温冷脆，造成管系断裂的危险，所以在介质温度低于或等于-20℃的管道，其组成件均应按冲击性能要求选用。一般应符合下列要求。

（1）有压力的低温管道所采用的钢材应为镇静钢。

（2）碳素钢和低合金钢管，当使用温度低于或等于-20℃时，其使用状态及最低冲击试验温度应符合表 1-4-1 的规定。

---

❶Ni 前面的数值为 Ni 含量的百分数。

表 1-4-1　碳素钢和低合金钢的使用状态及冲击试验温度

钢　　号	使 用 状 态	壁厚/mm	最低冲击试验温度/℃
10	热轧或退火	≤20	-20
	正火	≤40	-30
20	热轧或退火	≤10	-20
	正火	≤16	-20
20G	正火	≤40	-20
16Mn	正火	≤40	-40
09Mn2V	正火	≤16	-70

（3）材质为碳素钢、低合金钢的锻钢管件，使用温度低于或等于-20℃时，其热处理状态及最低冲击试验温度应符合表 1-4-2 的规定。

（4）由钢板制作的管道组成件,钢板的使用状态和最低冲击试验温度应符合表 1-4-3 规定。

（5）根据 ASME B31. 5《冷冻管道》的规定，下列材料可不做冲击试验：

a. 铝、304 或 CF8、304L 或 CF3、316 或 CF8M 和 321 奥氏体钢、铜、紫铜、铜镍合金和镍铜合金；

b. 用于温度高于-45℃的 Al93、B7 级螺栓材料；

c. 用于温度高于-101℃的 A320L7、L10 级、温度高于-143℃的 A320L9 级的螺栓材料；

d. 用于管系的铁素体材料，其金属温度在-28. 8～-101℃之间，由于内压、温度收缩、支架间的弯矩而产生的环向和纵向应力之和不大于规定的许用应力的 40%时，可不进行冲击试验。

表 1-4-2　锻件的热处理与冲击试验

序　　号	钢　　号	标　准　号	截面尺寸①/mm	热处理状态②	最低试验温度/℃③
1	20		≤100	N 或 N+T	-20
2	16Mn	JB 755 HGJ 15 附录	<150	N 或 N+T	-30
			150～300		-20
			≥300	Q+T	-30
3	16MnD		<150	N 或 N+T	-30
			150～300		-20
			≤300	Q+T	-40
4	20MnMo④		≤300	Q+T	-40
5	20MnMoNb		—		-20
6	09Mn2VD		<150	N 或 N+T	-45
				Q+T	-70
			150～300		-50
7	CF-62	GB 150 附录 A	≤300	Q+T	-40
8	12Ni3MoV	HGJ 19 附录 8	≤200	Q+T 或临界区热处理	-45

注：①截面尺寸系指锻件热处理时的截面尺寸；

②热处理状态的符号意义：N—正火；N+T—正火加回火；Q+T—调质（淬火加回火）；

③表中的低温冲击试验，于订货时需双方协议确定；

④ 用于低温的 20MnMo 锻件，其含碳量（熔炼分析）为 0. 14%～0. 20%，σ_0 为 510～680MPa，σ_s≥355MPa、[σ] =170MPa。

表 1-4-3　钢板的使用状态与冲击试验

<table>
<tr><th>序　号</th><th>钢　号</th><th>标　准　号</th><th>使用状态</th><th>板厚/mm</th><th>最低试验温度/℃</th></tr>
<tr><td rowspan="2">1</td><td rowspan="2">20R</td><td rowspan="4">GB 6654</td><td>热轧</td><td>6~16</td><td rowspan="4">①②
-20</td></tr>
<tr><td>正火</td><td>6~23</td></tr>
<tr><td rowspan="2">2</td><td rowspan="2">16MnR</td><td>热轧</td><td>6~25</td></tr>
<tr><td>正火</td><td>26~50</td></tr>
<tr><td rowspan="2">3</td><td rowspan="2">16MnDR</td><td rowspan="5">GB 3531</td><td rowspan="2">正火</td><td>6~32</td><td>-40</td></tr>
<tr><td>34~50</td><td>-30</td></tr>
<tr><td>4</td><td>09Mn2VDR</td><td>正火</td><td>6~32</td><td>-70</td></tr>
<tr><td rowspan="2">5</td><td rowspan="2">06MnNbDR</td><td>正火</td><td>6~16</td><td>-70</td></tr>
<tr><td>调质</td><td>6~16</td><td>-90</td></tr>
<tr><td>6</td><td>CF-62</td><td>GB 150 附录 A</td><td>调质</td><td>20~50</td><td>-40</td></tr>
</table>

注：① 根据 GB 6654—1996，20R 和 16MnR 钢板的正火状态交货以及-20℃低温夏比冲击试验为协议项目；

② 如协商同意，16MnR 钢板正火状态时，板厚 6~25mm 最低冲击试验温度可为-30℃；板厚 26~50mm 可为-25℃，经试验合格后可以应用。

（三）-100℃以下低温用材料的比较

9Ni 钢，奥氏体不锈钢和铝合金等适用于-100℃以下低温管道。选择时应视装置的性质、设计条件、施工条件及所需费用，经综合比较后确定。上述三种材料的比较如表1-4-4所示。

表 1-4-4　低温用管材的比较

材　质	抗拉强度	韧　性	加　工　性	焊　接　性	价　格	其　他
9Ni 钢	常温下母材 700MPa 焊接部分 600MPa	在 - 190℃ 3. 5kg . cm(2V 冲击试验) 以上	可用气体切割，坡口等加工容易	比铝,合金钢焊接,施工容易	为不锈钢管的 80%，可是加上焊条费用就很不便宜	适用于高压管系
奥氏体不锈钢	常温下 500MPa 以上	不显示低温脆性	于现场加热、冷加工、热加工简单，不能用气体切割，故现场切割不易	是三者中最好的		
铝、镁合金	三者中强度最低 5083 材料常温下 294MPa	不显示低温脆性	冷加工容易，不能用气体切割，可用手锯容易锯断	三者中焊接施工最困难的	三者中最便宜	热胀系数大注意法兰处的泄漏

（四）常用低温用钢

（1）常用低温钢的钢号和化学成分如表 1-4-5 所示。

（2）常用低温钢的机械性能如表 1-4-6 所示。

五、耐腐蚀材料

腐蚀是材料在环境的作用下引起的破坏或变质。金属和合金的腐蚀主要是化学或电化学作用引起的破坏。

金属腐蚀现象或所谓的耐腐蚀性是根据腐蚀性介质的种类、浓度、温度、压力、流速等环境条件，以及金属本身的性质，即含有成分、加工性、热处理等诸因素的差异而分别有不同的腐蚀状态和腐蚀速度。例如不锈钢具有优良的耐腐蚀性能，可是因为使用条件或腐蚀环境的不同，也可能发生意想不到的腐蚀事故。因此，应充分地了解腐蚀介质和耐腐蚀材料，才能选择合适的耐腐蚀用材料。

对于非金属来说，一般是由化学、物理的作用（如氧化、溶解、溶胀等）引起的腐蚀。

金属腐蚀的形态可划分为两大类，但各种形态互相关联，往往实际的腐蚀可能同时包括几种形态。如表 1-4-7 所示。

腐蚀在金属的全部或大部面积上进行，而且生成腐蚀产物膜，称为全面成膜腐蚀，具有保护性；无膜的全面腐蚀是很危险的，因为它保持一定速度全面进行。一般对均匀腐蚀的程度用腐蚀率表示。但如何评价则有不同的规定。

表 1-4-5　常用低温钢的钢号和化学成分

使用温度等级/℃	钢　号	化学成分/%								
		C	Si	Mn	P、S（不大于）		Ni	Al	Cu	其他
-40	16Mn 16MnXt	0. 12~ 0. 20	0. 20~ 0. 60	1. 2~ 1. 6	0. 04	0. 05	—	—	—	Xt≤0. 2
	09Mn2V	≤0. 12	0. 20~ 0. 50	1. 4~ 1. 8	0. 04	0. 04	—	—	—	—
-70	0. 9MnTiCuXt	≤0. 12	≤0. 4	1. 3~ 1. 7	0. 04	0. 04	—	Ti0. 03 ~0. 18	0. 2~ 0. 4	Xt≤0. 15 （加入量）
	2. 5Ni	0. 1	0. 15~ 0. 30	≤0. 7	0. 035	0. 04	2. 5	—	—	—
-100	06MnNb	≤0. 07	0. 17~ 0. 37	1. 2~ 1. 6	0. 03	0. 03	—	—	—	Nb0. 02~0. 04
	10Ni4（3. 5Ni） （ASTM A203— 70D）	≤0. 17	0. 15~ 0. 30	≤0. 7	0. 035	0. 04	3. 52~ 3. 75	—	—	—
-120	06AlCu	≤0. 06	≤0. 25	0. 8~ 1. 1	0. 015	0. 025	—	0. 09~ 0. 26	0. 35~ 0. 45	—
	0. 6AlNbCuN	≤0. 08	≤0. 35	0. 8~ 1. 2	0. 02	0. 035	—	0. 04~ 0. 15	0. 3~ 0. 4	Nb0. 04~0. 08 N0. 01~0. 015
-196	20Mn23Al	0. 15~ 0. 25	≤0. 5	21~ 26	0. 03	0. 03	Xt0. 3 （加入 量）	0. 7~ 1. 2	0. 1~ 0. 2	V0. 06~0. 12 N0. 03~0. 08
	1Ni9（9Ni） （ASTM A533—70A）	≤0. 13	0. 15~ 0. 30	≤0. 9	0. 035	0. 04	8. 5~ 9. 5	—	—	—
-253	15Mn26Al4	0. 13~ 0. 19	≤0. 6	24. 5~ 27	0. 035	0. 035	—	3. 8~ 4. 7	—	—

表 1-4-6 常用低温钢的机械性能

使用温度等级/℃	钢号	板厚/mm	热处理状态	常温机械性能（不小于）			低温冲击韧性	
				σ_s，σ_b N/mm^2		σ_s/%	温度/℃	α_k/（J/cm^2）不小于
-40	16Mn 16MnXt	6~16	热轧	343	510	21	-40	34.3
		17~25		324	490	19		
-70	09Mn2V	5~20	热轧	343	490	21	-70	58.8
	09MnTiCuXt	≤20	正火	343	490	21	-70	58.8
-100	06MnNb	≤20	热轧	343	471	21	-100	58.8
			正火	294	432	21		
	10Ni4（3.5Ni）		正火或回火+正火	255	451~530	23	-100	21.6①
-120	06AlCu	16	正火	284	397~402	34~37.5	-120	58.8
	06AlNbCuN	3~14	正火水淬	294	392	21	-120	58.8
		>14	+正火					
-196	20Mn23Al	16	热轧	402②	711②	50②	-190	52②
		16	1150℃固溶	255②	637②	66②	-196	89.2②
	1Ni9（9Ni）		淬火+回火	588	687~824	20	-196	118
-253	15Mn26Al4	14	热轧	245	490	30	-196	118
			固溶	196	471	30	-255	118

注：①夏氏 V 形缺口试样的冲击韧性。
②平均值。

表 1-4-7 金属腐蚀的形态

均匀（全面）		局部												
成膜腐蚀	无膜腐蚀	孔蚀	缝隙腐蚀	脱层腐蚀	晶间腐蚀	应力腐蚀	疲劳腐蚀	选择性腐蚀	摩损腐蚀	空泡腐蚀	摩振腐蚀	氢脆	氢鼓泡	氢蚀

按《石油化工管道设计器材选用通则》(SH/T 3059—2012)规定,介质对金属材料的腐蚀速率，管道金属材料的耐腐蚀能力可分为下列四类：

年腐蚀速率小于或等于 0.05mm 的材料为充分耐腐蚀材料；

年腐蚀速率在大于 0.05 且小于或等于 0.1mm 的材料为耐腐蚀性材料；

年腐蚀速率大于 0.1 且小于或等于 0.5mm 的材料为尚耐腐蚀性材料；

年腐蚀速率超过大于 0.5mm 的材料为不耐腐蚀材料。

一般应选择耐腐蚀性和尚耐腐蚀性的材料。当介质对某种金属材料的年腐蚀速率大于 0.5mm 时应经技术、经济比较，确定更换材料或增加腐蚀裕量；当介质对某种金属的年腐蚀速率不超过 0.05mm 时，应采用常规材料和低限腐蚀裕量。

《腐蚀数据手册》对均匀（全面）腐蚀的耐蚀性用均匀腐蚀率来评价，如表 1-4-8 所示。

表 1-4-8　耐蚀性能的评价

腐蚀率/(mm/a)	评　价	腐蚀率/(mm/a)	评　价
<0.05 0.05~0.5	优良 良好	0.5~1.5 >1.5	可用，但腐蚀较重 不适用，腐蚀严重

《金属防腐蚀手册》（中国腐蚀与防护学会）的规定如表 1-4-9 所示。

表 1-4-9　金属材料耐腐蚀性的 10 级标准

耐蚀等级	1	2	3	4	5	6	7	8	9	10
腐蚀率/(mm/a)	<0.001	0.001~0.005	0.005~0.01	0.01~0.05	0.05~0.1	0.1~0.5	0.5~1.0	1.0~5.0	5.0~10.0	>10
耐蚀性类别	完全耐蚀	很耐蚀		耐蚀		尚耐蚀		欠耐蚀		不耐蚀

日本《配管》、《装置用配管材料及其选定法》的规定如表 1-4-10 所示。

表 1-4-10　耐蚀性能的评价

腐蚀率/(mm/a)	评　价
0.005 0.05~0.005 0.5~0.05	可充分使用 可使用 尽量不要使用
0.5 以上	不使用

1. 均匀(全面)腐蚀

全面腐蚀是由于空气中的氧或其他条件在金属表面进行全面腐蚀而产生可溶性盐，随着时间的延长，壁厚则减少。

一般将不锈钢作为耐全面腐蚀的材料，但是它的适用范围有限，必须了解不锈钢对环境的耐腐蚀性能。

(1) 对于硝酸，18-8 系钢有良好的耐蚀性，可是含 Mo 的 18-8Mo 系，对氧化性酸的耐腐性较为低劣。

(2) 对于盐酸，不锈钢仅能用于稀盐酸。但是根据使用条件可能产生孔腐蚀和应力腐蚀，所以也不宜使用。

由于 Cr 是 Fe 的耐盐酸性的有害合金元素，所以 Cr 系合金钢的耐盐酸性非常恶劣。但是，加入改善耐盐酸性的合金元素 Ni、Cu、Mo、W、Co 等的耐盐酸材料如蒙乃尔（Monel)、hastelloy 等则有良好的耐盐酸性。

(3) 对于硫酸，不锈钢只限于在很狭的浓度范围和温度范围内具有耐腐蚀性。

镍含量增加或添加 Si、Mo、Cu 等元素可改善不锈钢的耐硫酸性能。

(4) 对于醋酸，Cr-Ni 系不锈钢，在室温下可耐所有浓度的醋酸。可是在高温且浓度高的时候呈活性。Cr 系不锈钢仅耐特别稀的醋酸，没有利用价值。Ni-Cr 系的 18Cr-8Ni、18Cr-8Ni-Ti、18Cr-8Ni-Nb 可耐 50℃以下的 99%纯醋酸，可是对 50℃以上沸腾纯醋酸则有显著的侵蚀。

添加 Mo、Si 对耐醋酸性的改善是有效的。

如在醋酸中有不纯物存在时，腐蚀情况将会改变，即适量的氧化性离子及空气的存在，可抑制对不锈钢的腐蚀。可是，当有卤族元素时能促进腐蚀，在使用时应予注意。

(5) 对于稀碱液，一般具有良好的耐腐蚀性。

由于增加 Ni 的添加量，对碱的耐蚀性提高。可是奥氏体不锈钢的优越的耐蚀性界限是温度 100℃，浓度 50%。铁素体系不锈钢比奥氏体不锈钢的耐蚀性低劣。

上述是全面腐蚀的概要。此外，也有因溶液的流速、涡流、温度、压力、振动等附加条件而引起局部腐蚀的情况，详见局部腐蚀的叙述。

2. 局部腐蚀

据调查，在化工装置中，局部腐蚀约占 70%，而且一些局部腐蚀常常是突发性和灾难性的，可能引起各类事故。因此，在选材或结构设计时，对局部腐蚀应格外注意。

(1) 晶间腐蚀

腐蚀从表面沿晶界深入内部，外表看不出腐蚀迹象。晶间腐蚀是由于晶界沉积了杂质，或某一元素增多或减少而引起的。以奥氏体不锈钢为例，它在焊接时焊缝两侧 2~3mm 处可被加热至 400~910℃，这时晶界的铬和碳化合为 Cr23C6，从固溶体中析出，由于铬的流动很慢，不易从晶内扩散到晶界，因此形成贫铬区，在适合的腐蚀溶液中，就形成“碳化铬（阴极）—贫铬区（阳极）”电池，使晶界贫铬区产生腐蚀。

奥氏体不锈钢晶间腐蚀，有三种常用的控制方法：

a. 热处理，将材料加热至 1100℃，随即水淬，即固溶淬火处理。因在 1100℃时碳化铬被溶解，可得到均一的合金；

b. 加入与碳素的亲合力比铬更强的元素，如 Ti 和 Nb；

c. 将碳含量降低到 0.03%以下，产生的碳化铬量少，就不致引起晶间腐蚀。因此，当使用低碳奥氏体系不锈钢管即稳定化的奥氏体系不锈钢管以外的奥氏体不锈钢管时，由于加工或焊接要加热至碳化物析出的温度，应在最终温度 1000~1100℃时急冷，使析出的碳化物固溶，是非常必要的。

当稳定化奥氏体不锈钢管用于浓硝酸等严重的产生晶间腐蚀的环境，焊接后原封不动将会引起晶间腐蚀的特殊形态的腐蚀（Knife line attack）。为此，应在 840~900℃进行 2~4h 稳定化处理，使 Ti 或 NbC 充分的析出。

当使用铁素体不锈钢时，于 925℃以上的温度急冷，在腐蚀环境会产生晶间腐蚀，应予注意。

(2) 应力腐蚀

金属和合金在腐蚀与应力的同时作用下产生的腐蚀。它只发生于一些特定的“材料—环境”体系，例如“奥氏体不锈钢-Cl^-”，“碳钢-NO_3^-”等，当然还必须存在应力（外力或焊接、冷加工等产生的残余应力）。

在“奥氏体不锈钢-Cl^-”体系中，溶液中氧的存在是促进全面钝化，而 Cl^-破坏局部钝化，同时进入裂缝尖端，构成盐酸，使腐蚀加速。

一般应力腐蚀的裂纹形态有两种，一种是沿晶界发展，称为晶间破裂；另一种是穿过晶粒，称为穿晶破裂；也有混合型，如主缝为晶间型，支缝为穿晶型。

防止应力腐蚀方法，一般通过热处理消除或减少应力；设计中取低于临界应力腐蚀破裂强度值；改进设计结构，避免应力集中；表面施加压应力；采用电化学保护、涂料或缓蚀剂等。

对于奥氏体系不锈钢，腐蚀介质浓度高则易产生裂纹，可是尽管在很稀薄的场所，由于吸收或在高温、高压下局部浓缩，致使局部浓度增高，所以必须规定腐蚀介质浓度的下限值；腐蚀性介质的温度影响极大，尽管其他条件不变，温度高时易于产生裂纹。在沸腾或蒸发温度条件下是易于产生裂纹的苛刻条件。一般在 50~60℃时是没有问题的；产生裂纹敏感性大的元素 Ni，在 8%左右最易产生裂纹，45%以上则不产生裂纹。

(3) 缝隙腐蚀

这类腐蚀发生在缝隙内，如焊、铆缝、垫片或沉积物下面，由于滞留的液体构成氧素“浓淡电池”❶金属离子“浓淡电池”而产生腐蚀。像不锈钢那样，存在耐蚀性钝态的金属，对缝隙腐蚀则敏感。

缝隙腐蚀的破坏形态为沟缝状，严重的可穿透，是孔蚀的一种特殊形态。缝隙腐蚀和孔蚀一样，在含 Cl^- 的溶液中最易发生，而且发生之前通常有一个较长的孕育期，一旦发生就迅速进展。防止缝隙腐蚀的最有效的办法是消除缝隙。

(4) 孔蚀

孔蚀是一种高度局部的腐蚀形态，孔有大有小，孔径或宽度约为深度的4~10倍，小而深的孔可能使金属板穿透，引起物料流尖、火灾、爆炸等事故，它是破坏性和隐患最大的腐蚀形态之一。

孔蚀通常发生在表面钝化膜或有保护膜的金属，如不锈钢、钛、铝合金等。由于金属表面缺陷或有非金属夹杂物等和溶液内存在能破坏钝化膜的活性离子如 Cl^-、Br^- 等，钝化膜在局部微小的膜破口处的金属成为阳极，其电流高度集中，破口周围大面积膜成为阴极，因此腐蚀迅速向内发展，形成蚀孔。

影响孔蚀的因素有环境因素和金属因素之分。

环境因素：Cl^-、Br^- 等卤族元素离子或硫氰盐离子与氧或氧化性金属离子等在适当的氧化剂存在时会产生孔蚀。当溶液的 pH 值在 3 以上中性附近时最易产生孔蚀，pH 值增大的碱侧则不易发生。通常，当温度上升时孔蚀增加，液体流动则孔蚀减少。由于介质的流动将除去固形物的沉积，对保持钝化膜是有利的。所以流速≥1.5m/s、管系没有死角是防止管系产生孔蚀的必要条件。

金属侧因素，不锈钢中的 Cr、Ni、Mo、Si、Cu、N 等元素含量的增加，将减少孔蚀。但含 C 量多则易发生孔蚀。

(5) 腐蚀疲劳

腐蚀疲劳是由交变应力和腐蚀的共同作用引起的破裂。当铁基合金所承受的交变应力低于一定数值时，可经过无限周期而不产生疲劳破裂，这个临界应力值称为疲劳极限，对于其他合金，疲劳极限为在一定周期下不破裂的最大交变应力。在腐蚀环境中疲劳极限值大大下降，因而在不高的交变应力下就很容易发生腐蚀疲劳。

腐蚀疲劳的特征是：有许多溶蚀孔，裂缝通过蚀孔，可有若干条，方向与应力垂直是典型的穿晶型（在低频率周期应力下，也有晶间型），没有分支裂缝，缝边呈现锯齿形。振动部件，由于温度变化产生周期热应力的换热器管和锅炉管等都易产生腐蚀疲劳。

(6) 氢腐蚀

氢腐蚀有低温型和高温型。低温型是在有水溶液的情况下发生的，被认为是电化学腐蚀。金属电化学反应生成的原子氢渗透到金属内，然后结合为分子氢，形成鼓泡。这就是低温氢腐蚀。

在产生氢鼓泡的腐蚀环境中，通常含有硫化物、砷化合物、氰化物、含磷离子等毒素，阻止了放氢反应（$H+H \longrightarrow H_2\uparrow$），石油化工生产流体中常含有这类毒素。因此在石油化工工业中氢鼓泡是一个重要问题。消除这类毒素是有效的防氢鼓泡的方法。也可选用没有空

---

❶缝隙内是缺氧区呈阳极。

穴的镇静钢代替有许多空穴的沸腾钢，采用对氢渗透低的奥氏体不锈钢或镍的衬里层，或橡胶、塑料保护层、瓷砖衬里和加入缓蚀剂等。

高温型氢腐蚀是高温氢侵入低碳钢内，在无水溶液的情况下进行，与低温氢腐蚀有本质上的不同。高温氢分子扩散到钢的内部会产生氢脆和氢蚀。所谓氢脆，是在高温、高压下分子氢部分分解变成原子氢，或者是氢气在湿的腐蚀性气体中经过电化学反应而生成氢原子，这些氢原子渗透到钢里之后，使钢材晶粒间的原子结合力降低，造成钢材的延伸率、断面收缩率降低，强度也出现变化，这种现象叫氢脆。

所谓氢蚀是钢材长期与高温、高压氢气接触之后，氢原子或氢分子通过晶格和晶间而向钢内扩散，这些氢与钢中的碳化物（渗碳体）发生化学反应生成甲烷（$Fe_3C+2H_2 \longrightarrow 3Fe+CH_4$），即钢材的内部脱碳。甲烷气体不能从钢中扩散出去，而聚积在晶间形成局部高压，造成应力集中，晶间变宽，致使产生微小裂纹或起泡。开始时，裂纹微小，但时间久后，无数裂纹相连，使钢材的强度及韧性下降失去原有塑性变脆，这就叫氢蚀。氢脆是一次脆化，是可逆现象。而氢蚀是永久的脆化，是不可逆的。

钢材在高温高压下的氢蚀破坏是有一段潜伏期的，超过潜伏期则产生裂纹并降低强度和韧性。潜伏期的长短，根据不同的钢种、受腐蚀的程度、温度、压力、冷变形程度等因素而异。在极苛刻的条件下，潜伏期仅几小时，潜伏期的长短将决定钢材在临氢工况下安全使用的年限。

对于耐高温高压氢气的材料选择，一般均以纳尔逊（NELSON）曲线为准，例如美国埃索（ESSO）标准规定，选择临氢材料必须执行 NELSON 曲线。在法国、意大利、日本等的多数工程公司的临氢管道材料选用标准，基本上也是以 NELSON 曲线为基础而编制的。我国的抗氢材料选择的依据也是 NELSON 曲线。如图 1-4-3 所示。图中上部的虚线表示钢材与氢接触后表面有脱碳倾向。图中实线表示钢材内部脱碳。产生甲烷而开裂的倾向。

所谓表面脱碳，是气体中有氢或氧存在时，钢材表面的碳与氢反应生成甲烷或与氧反应生成一氧化碳等含碳的气体，结果形成表面脱碳。通常表面脱碳的结果可使钢材的强度及硬度稍为降低，并不产生龟裂。

图中实曲线的上边是内部脱碳产生裂纹而破坏的范围。实曲线的下边和左边是碳钢和各种合金钢耐氢腐蚀的使用范围。

在曲线上标注的材料是选择所需最小合金含量，并非为标准合金。在埃索标准上并规定当温度和氢分压落在图 1-4-3（a）所示任一曲线上时，则应选用更高一条曲线所示的所需最小合金含量。

据资料介绍，在稍高于 0.7MPa 的压力下，经过长期和氢接触的碳素钢管焊接部位有氢蚀的情况。一根煨弯的弯管，氢蚀集中在受过热的弯头部位，而未加热的直管段未受氢蚀。

奥氏体不锈钢在所有温度、压力下都耐氢蚀。图 1-4-3（a）的横座标氢分压仅以气相为基准，氢分压等于气相中氢分子分数乘系统总压力。

图中曲线的绘制是对铸钢、退火钢和正火钢进行应力评价而得出的。

纳尔逊曲线是 1967 年由纳尔逊绘制的，再版权授与了 API。纳尔逊曲线在 1969 年、1977 年、1983 年、1996 年和 2004 年曾进行了修改，本图是 2008 年 API 出版物 941 中的纳尔逊曲线，即临氢作业用钢防止脱碳和裂纹的操作极限，它是截至目前最新的版本，将高温临氢作业用Cr-0.5Mo和 1.25Cr-0.5Mo 钢使用经验另绘图，如图 1-4-3（b）所示。

一般抗氢蚀钢管，不仅要满足常温时对强度、延性及韧性的要求还要满足高温机械性能的要求；不仅要满足在交货状态时对机械性能的要求，还要考虑在使用时的性能退化（如

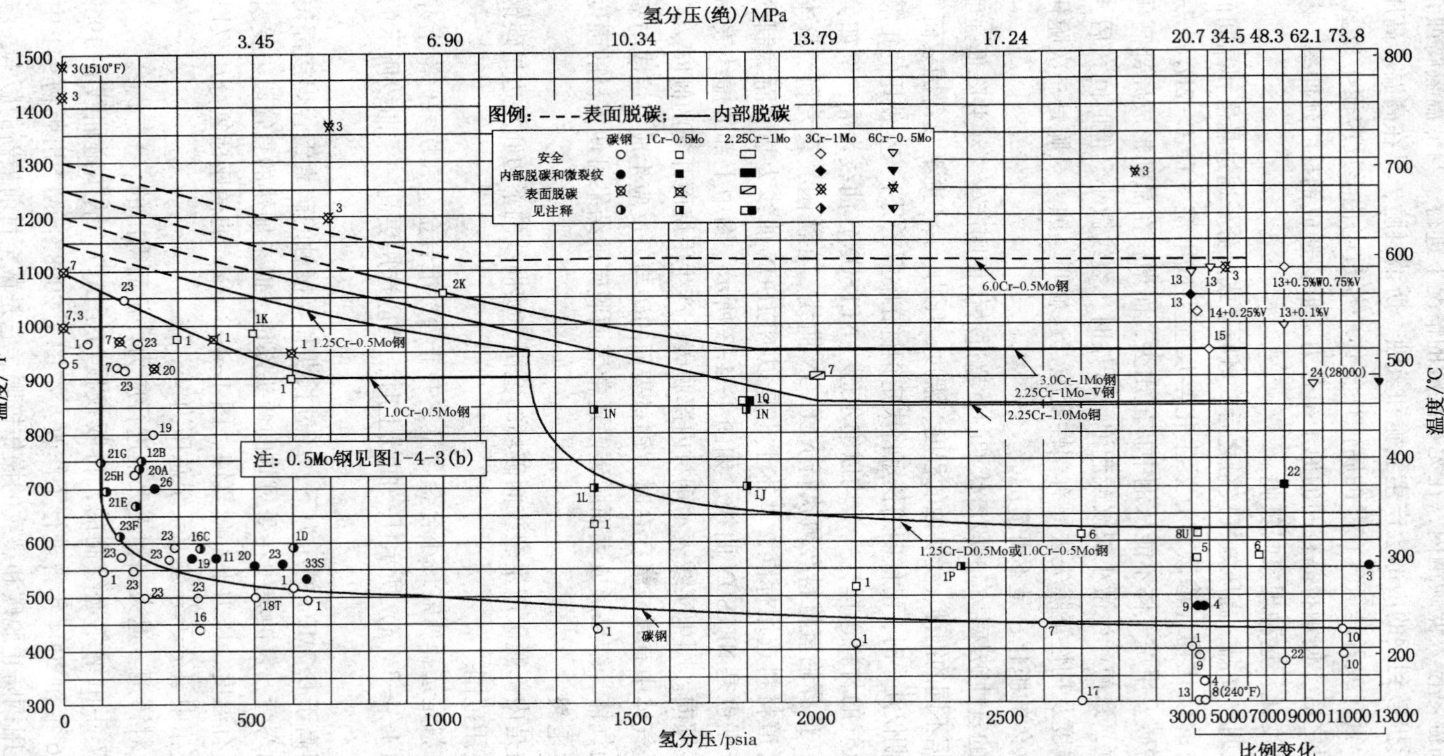

图 1-4-3（a） 临氢作业用钢防止脱碳和微裂的操作极限

注：① 本曲线给出的极限是基于 G. A. Nelson 最初收集的操作经验和 API 征集的补充资料。

② 奥氏体不锈钢在任何温度条件下或氢压下不会脱碳。

③ 本曲线给出的极限是基于铸钢及退火钢和正火钢采用 ASME 规范第Ⅷ篇第 1 分篇应力值水平，补充资料 API 941—2008 第 5.3 和第 5.4 条。

④ 曾报道 1.25Cr-1MoV 钢在安全范围内发生若干裂纹，详见 API 941—2008 附录 B。

⑤ 包括 2.25Cr-1MoV 级钢是建立在 10000h 实验室的试验数据，这些合金至少等于 3Cr-1Mo 钢性能，详见 API 941—2008 相关内容。

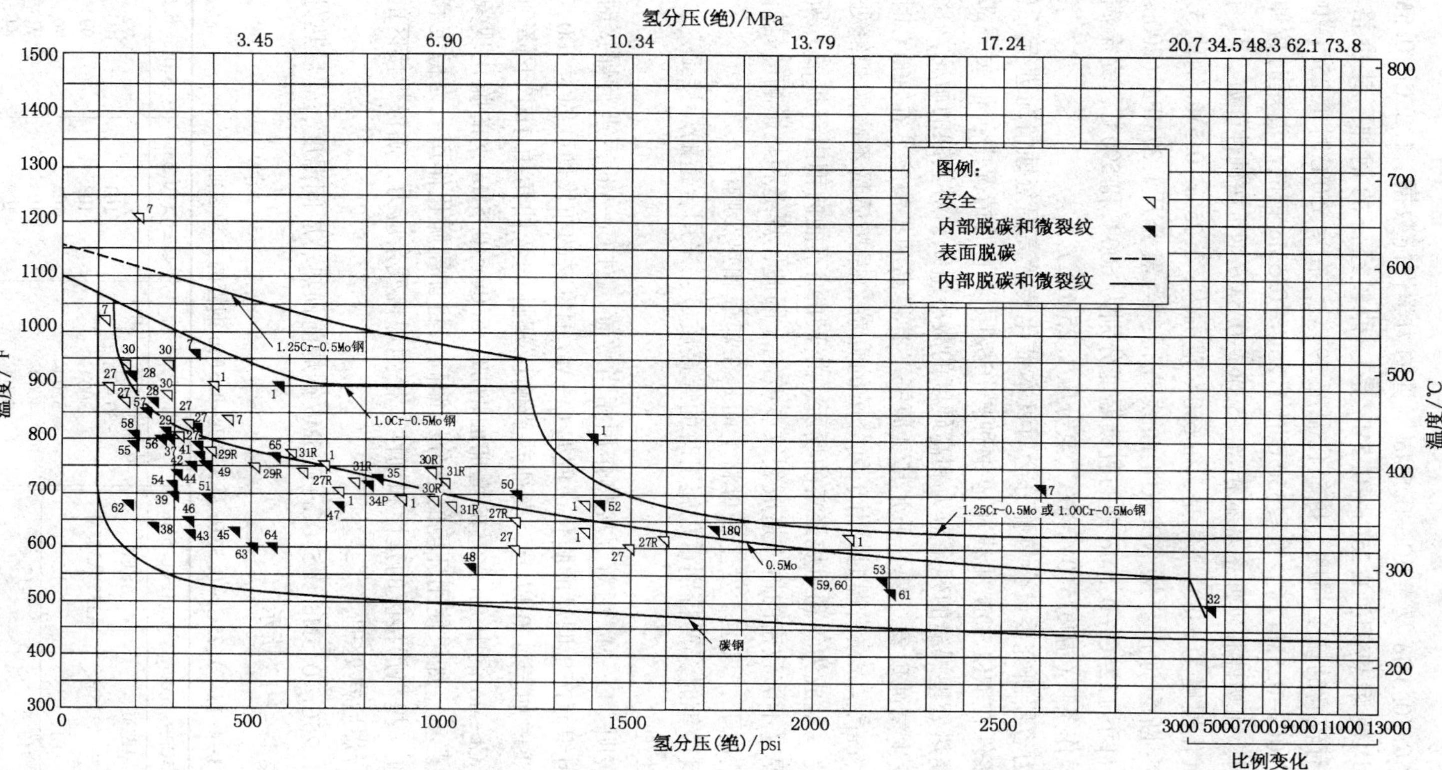

图 1-4-3（b） 高温临氢作业用 Cr-0.5Mo 钢和 Mn-0.5Mo 钢使用经验

注：①1967 年版权属 G. A. Nelson，再版由作者授予 API。本图由 API 于 1969、1977、1983、1990、1996 和 2004 年修订。

②API 941 第 7 版 2008 年。

回火脆性、石墨化）等因素。例如对催化重整装置中设计温度540℃、氢分压1.25MPa的工艺管道，从NELSON曲线中，可选用1.25Cr-0.5Mo合金管，不必选用5.0Cr-0.5Mo合金钢管。

表1-4-11是1.25Cr-0.5Mo及5.0Cr-0.5Mo钢管的力学性能数据。1.25Cr-0.5Mo及5.0Cr-0.5Mo合金钢均属耐热钢，1.25Cr-0.5Mo是一种较经济的钢种，其价格约为5.0Cr-0.5Mo的1/2，有较高的蠕变强度，抗氧化温度593℃，在≤550℃时1.25Cr-0.5Mo钢最大许用应力均比5.0Cr-0.5Mo高。在≤550℃时1.25Cr-0.5Mo钢的高温短时拉伸强度不低于5.0Cr-0.5Mo钢，而塑性和延伸率基本相当。5.0Cr-0.5Mo钢抗腐蚀性能好，具有较高的蠕变断裂强度，抗氧化温度为648℃。但是，在650℃范围内，1.25Cr-0.5Mo钢比5.0Cr-0.5Mo钢有较高的蠕变断裂强度。从NELSON曲线查得，当氢分压1.37MPa（200psi）和2.07MPa（300psi）条件下1.25Cr-0.5Mo钢的脱碳温度分别为600℃和590℃，完全满足目前催化重整反应部分操作条件（温度510~540℃、氢分压1.25MPa）。

1979年，日本压力容器研究委员会氢脆分会对日本催化装置高温氢蚀情况进行了总结，认为那些氢蚀发生的条件在NELSON曲线相应钢种操作极限以下的情况中：很大一部分氢蚀发生在焊缝处。未经热处理焊缝的残余应力和高硬度的激冷组织，对氢蚀的敏感均比母材高，因而易在焊缝处发生氢蚀现象。氢分子尤其氢原子，有很高的扩散率，在300℃时，铁晶格中的扩散率近$14^{-4}cm^2/s$。在高温时，由于氢分子的分解，焊接质量不高的焊缝处的气孔，不连续处和夹杂物，就成为氢和甲烷聚集的场所，由于甲烷不能向钢内部扩散，所以在内部形成高压，即在焊缝不够致密的地方造成裂纹或鼓泡。因此，焊缝和热影响区是抗氢蚀的薄弱部位。大多数情况下，氢蚀不发生在母材上而是在焊缝和热影响区。

在选择和使用抗氢蚀钢时，要特别重视施工时的焊接质量，采用合适的焊接工艺，必要的焊前预热和焊后热处理。

生产实践和试验表明，Cr-Mo钢对焊接热作用相当敏感。对Cr-Mo钢进行焊接时，热影响区会出现马氏体组织而产生明显的脆化。例如Cr-Mo钢母材的布氏硬度约为200，经焊接的热作用后希氏硬度增加至450以上。表征热影响区塑性的弯曲角由180°下降到不足30°，这种脆化现象随Cr-Mo钢中Cr含量的增加而增加。5.0Cr-0.5Mo钢的脆化现象就比1.25Cr-0.5Mo钢更为严重。如果使用环境的氢分压偏高，将加剧脆化作用。为稳定和提高高温强度，增强耐蚀性，提高焊接区的延性和韧性，松弛焊接残余应力，确保焊接区的高温耐氢蚀性能，必须进行焊后热处理。

各国标准中有关1.25Cr-0.5Mo及5.0Cr-0.5Mo钢焊前预热、层间温度、焊后热处理的规定如表1-4-12和表1-4-13所示。

表1-4-11　1.25Cr-0.5Mo及5.0Cr-0.5Mo钢管的力学性能

钢　号	1.25Cr-0.5Mo	5.0Cr-0.5Mo	钢　号	1.25Cr-0.5Mo	5.0Cr-0.5Mo
标　准　号	ASTM A335/A335M P11	ASTM A335/A335M P5	最大许用应力/MPa -30~200℃	103	103
			300℃	103	99
			350℃	103	96
抗拉强度/MPa	413.6	413.6	400℃	103	91
屈服强度/MPa	206.8	206.8	450℃	100	84
			500℃	83	63
延伸率/%	30	30	550℃	30	35
布氏硬度 HRB	最高85（A213）	最高89（A213）	600℃	20	18
抗氧化温度/℃	593	648	650℃	（8）	9

表 1-4-12　1.25Cr-0.5Mo 与 5.0Cr-0.5Mo 钢预热、层间温度

钢　　号	1.25Cr-0.5Mo	5.0Cr-0.5Mo
预热温度/℃	150~250	250~350
层间温度/℃	150~300	250~350

表 1-4-13　1.25Cr-0.5Mo，5.0Cr-0.5Mo 钢焊后热处理温度　（℃）

标　准	ASME B31.3 2012	ASME B31.1 2012 动力管道	BS3351 1971 炼油厂管道	BS5500 1976 非直接火压力容器	JIS B8243 压力容器结构标准	ASME Section Ⅰ~Ⅻ 锅炉和压力容器规范	$ISOTC_{11}$ 1971 压力容器	API 出版物 941 2008
1.25Cr-0.5Mo	壁厚① ≤12.7mm 不热处理壁厚 >12.7mm 705~745	—	630~670	630~670③ 650~700④	≥680	≥593	620~660	593②
5.0Cr-0.5Mo	705~700	700~760	710~760	710~760	≥680	≥677	670~740	648②

注：①原标准中未注明为临氢作业的钢管；

②API 出版物 941（2008）指出：临氢作业用的 0.5Mo 钢和 Cr-Mo 钢，不论金属温度多少，进行焊后热处理均能提高抗氢蚀性能中所列温度为推荐的最低保持温度；

③该温度以蠕变特性为主；

④以软化焊接区为主。

（7）氢与硫化氢混合气体的腐蚀

加氢精制和加氢裂化过程中，在加热炉，反应器系统中都有硫化氢的腐蚀发生。这是因为原料里常含有较高的硫，或者即使硫较低，但在裂化过程中，为使催化剂保持一定的活性，必须维持循环氢气中具有一定的硫化氢浓度，不足时就加硫。

硫的存在有许多种形式，根据硫和硫化物对金属的化学作用又分为活性硫化物和非活性硫化物，活性硫化物有硫化氢、硫醇和单质硫，能与金属直接发生反应；非活性硫化物包括有硫醚、二硫醚、噻吩等，它们不直接与金属发生作用，但在高温下能分解成硫、硫化氢等活性硫化物。因而温度作用表现在两个方面；一方面温度升高促进硫与金属反应；另一方面使非活性硫化物分解成活性硫化物。从 250℃左右开始腐蚀，随着温度升高腐蚀加剧，最严重的腐蚀发生在 340~430℃范围内，480℃左右达到最高点，以后又逐渐减弱，其反应式如下：

$$H_2S+Fe \longrightarrow FeS+H_2$$

$$RCH_2CH_2SH+Fe \longrightarrow FeS+RCH_3$$

$$S+Fe \longrightarrow FeS$$

$$H_2S \longrightarrow S+H_2$$

在氢气流中，硫化氢的腐蚀是一个很突出的问题，腐蚀的主要影响因素是操作温度、硫化氢浓度及介质的流速。硫化氢浓度越高腐蚀越严重，介质流速越高 FeS 保护膜越易脱落，界面不断更新，金属的腐蚀也就进一步加剧。

碳钢、铬钢、不锈钢在氢与硫化氢混合气体中的抗腐蚀性能，近年来多采用美国的柯柏（Coupen）曲线，如图 1-4-4（a）～（n）所示。图中表示在不同的温度下，各种 H_2S 的摩

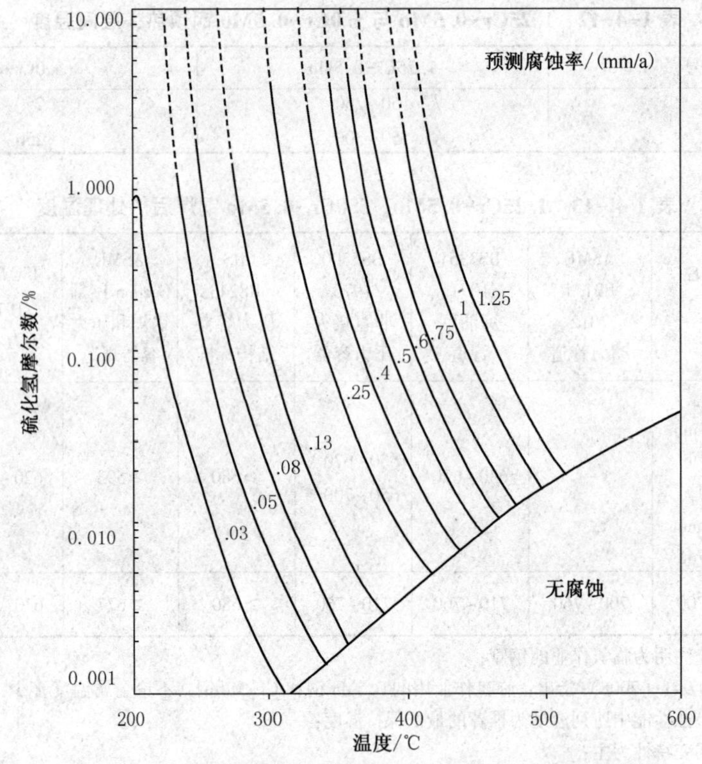

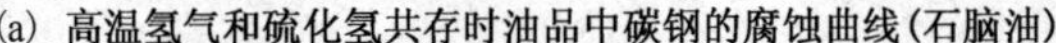

(a) 高温氢气和硫化氢共存时油品中碳钢的腐蚀曲线(石脑油)

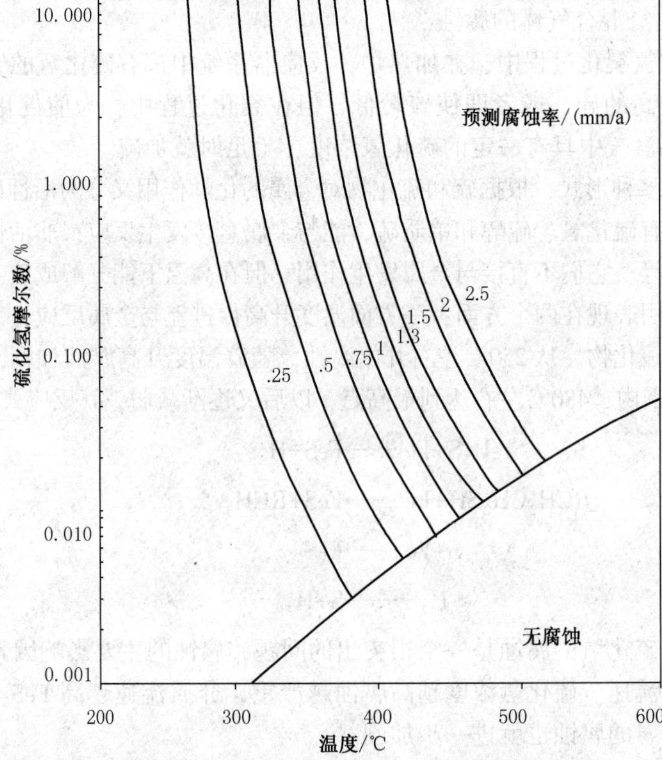

(b) 高温氢气和硫化氢共存时油品中碳钢的腐蚀曲线(瓦斯油)

图 1-4-4 高温氢气和硫化氢共存时油品中各种钢材的腐蚀曲线

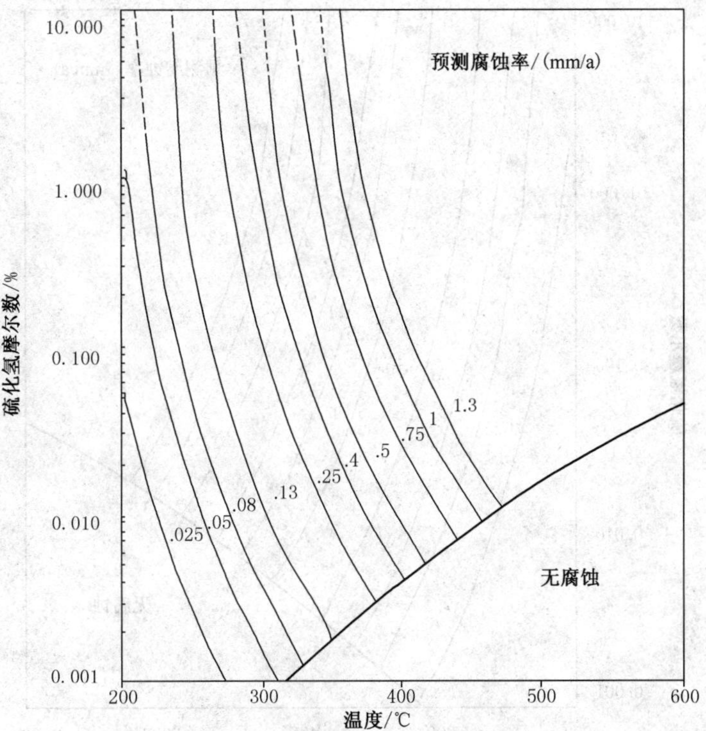

(c)高温氢气和硫化氢共存时油品中1.25Cr钢的腐蚀曲线(石脑油)

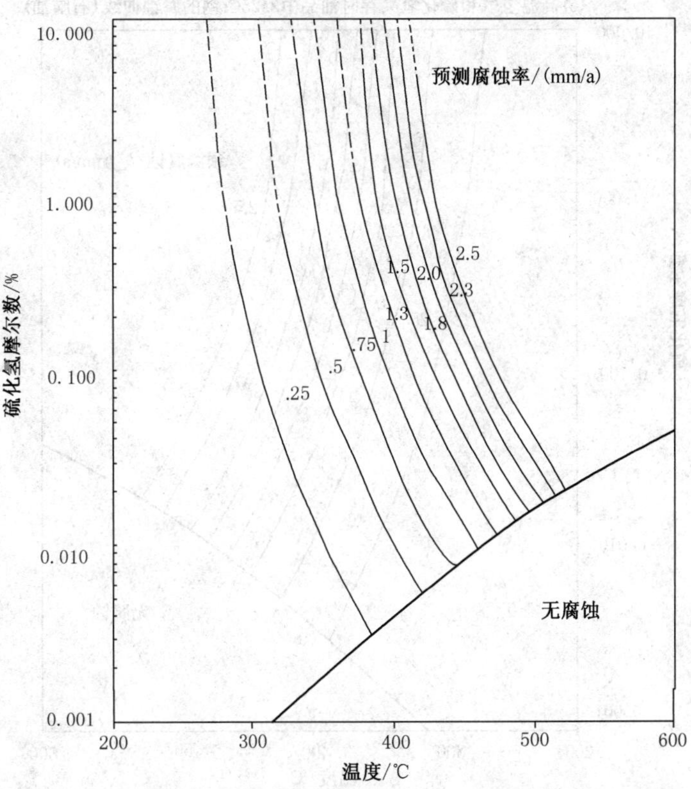

(d)高温氢气和硫化氢共存时油品中1.25Cr钢的腐蚀曲线(瓦斯油)

图 1-4-4(续)

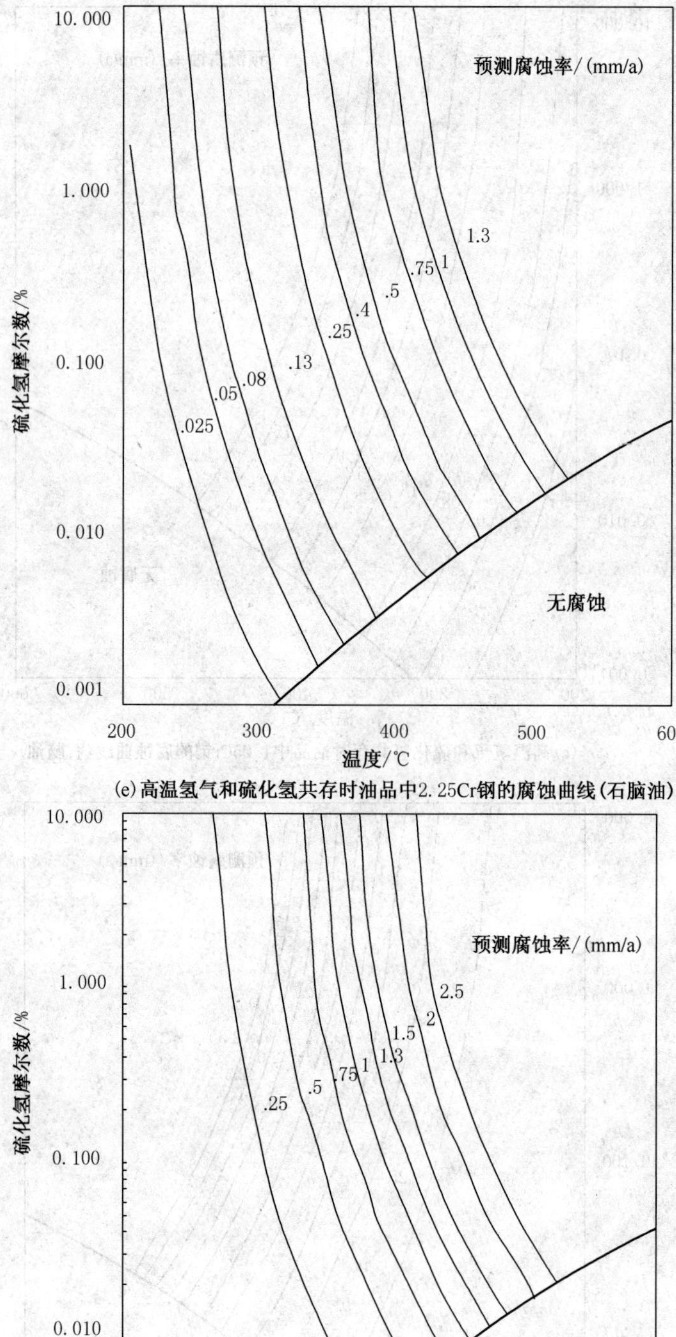

(e) 高温氢气和硫化氢共存时油品中2.25Cr钢的腐蚀曲线(石脑油)

(f) 高温氢气和硫化氢共存时油品中2.25Cr钢的腐蚀曲线(瓦斯油)

图 1-4-4（续）

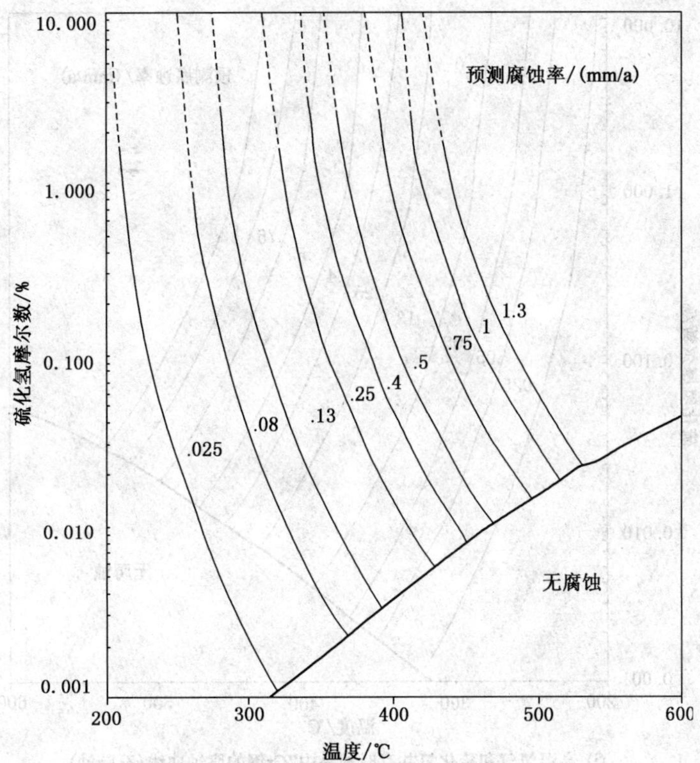

(g)高温氢气和硫化氢共存时油品中5Cr钢的腐蚀曲线(石脑油)

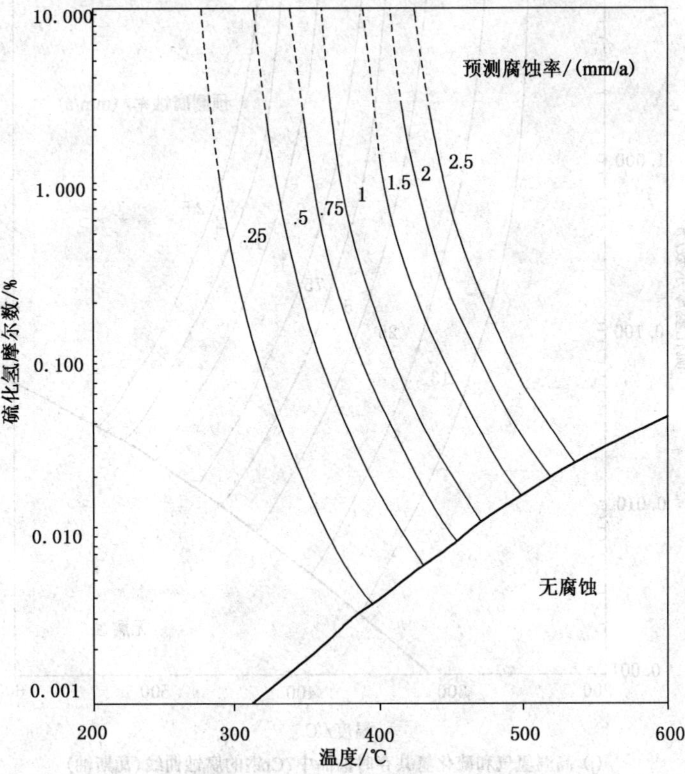

(h)高温氢气和硫化氢共存时油品中5Cr钢的腐蚀曲线(瓦斯油)

图 1-4-4（续）

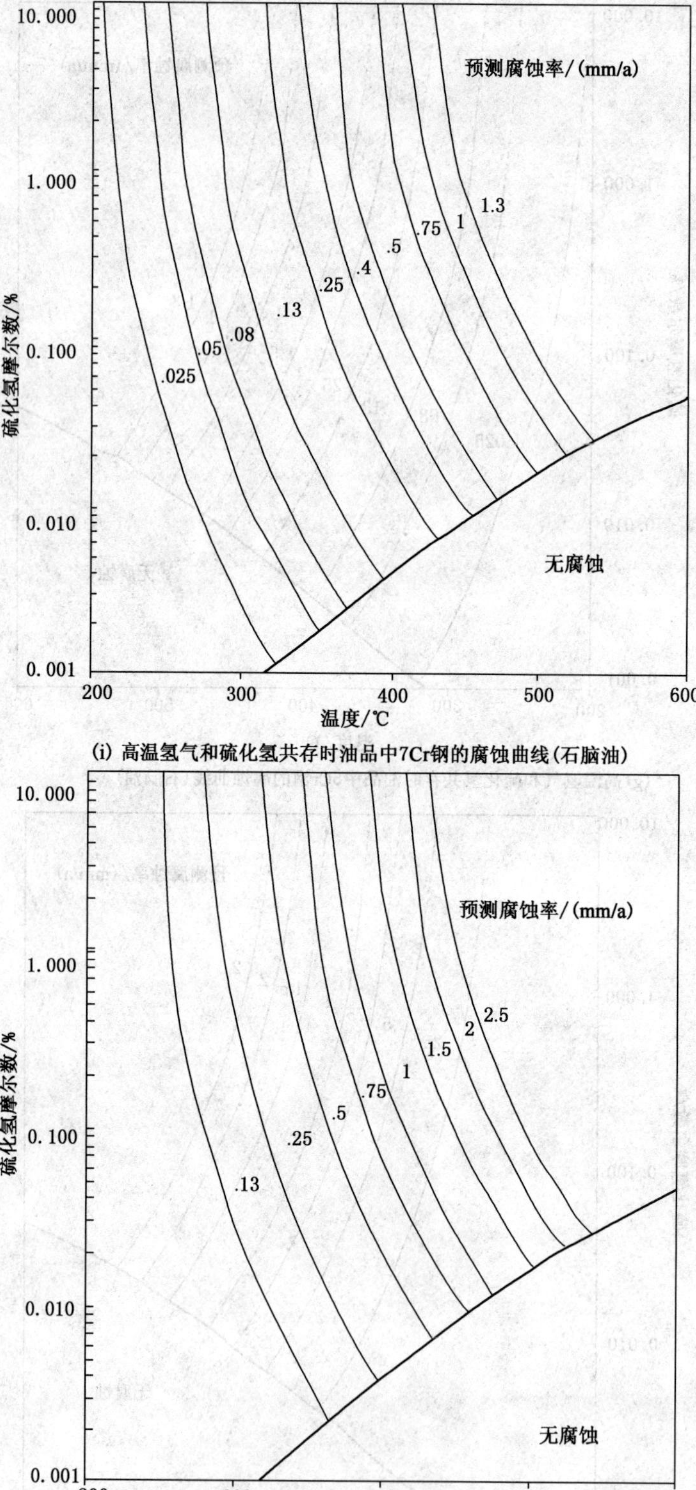

(i) 高温氢气和硫化氢共存时油品中7Cr钢的腐蚀曲线(石脑油)

(j) 高温氢气和硫化氢共存时油品中7Cr钢的腐蚀曲线(瓦斯油)

图 1-4-4（续）

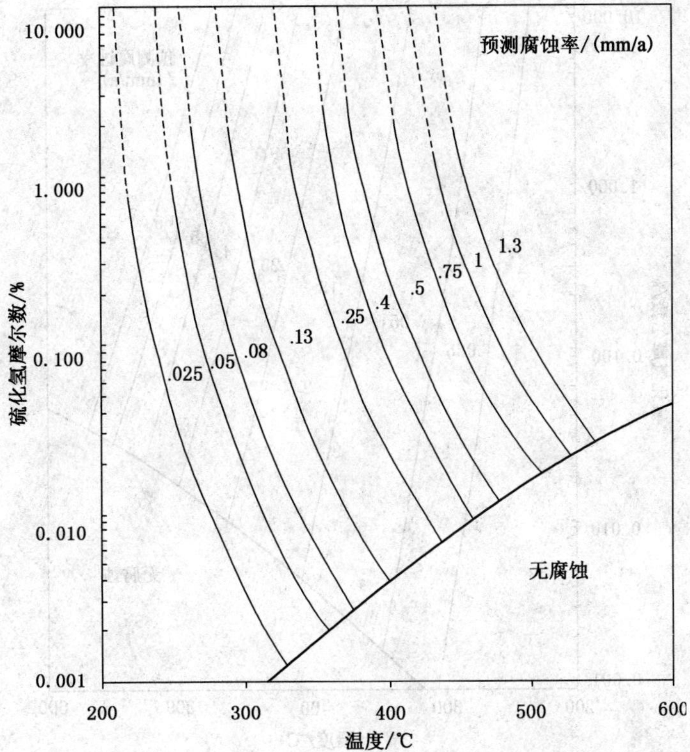

(k) 高温氢气和硫化氢共存时油品中9Cr钢的腐蚀曲线(石脑油)

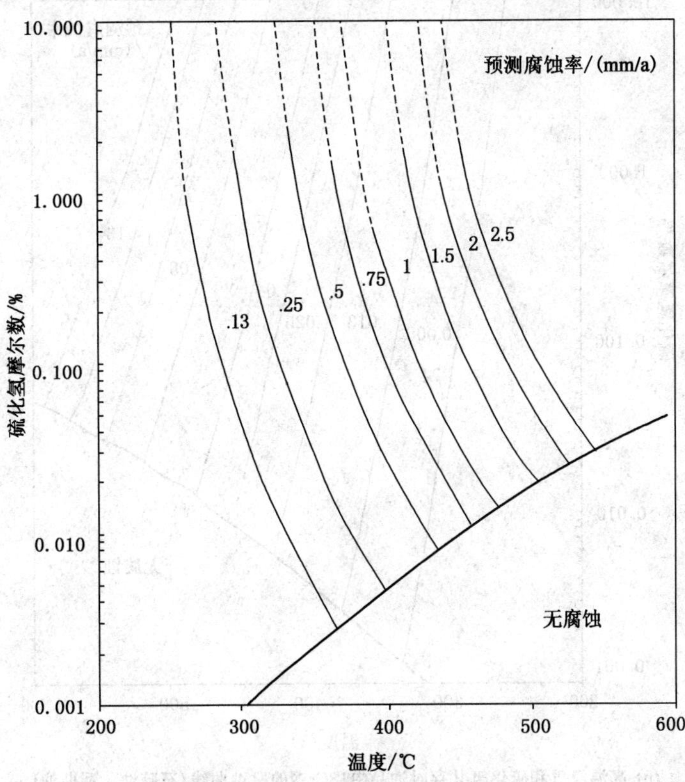

(l) 高温氢气和硫化氢共存时油品中9Cr钢的腐蚀曲线(瓦斯油)

图 1-4-4（续）

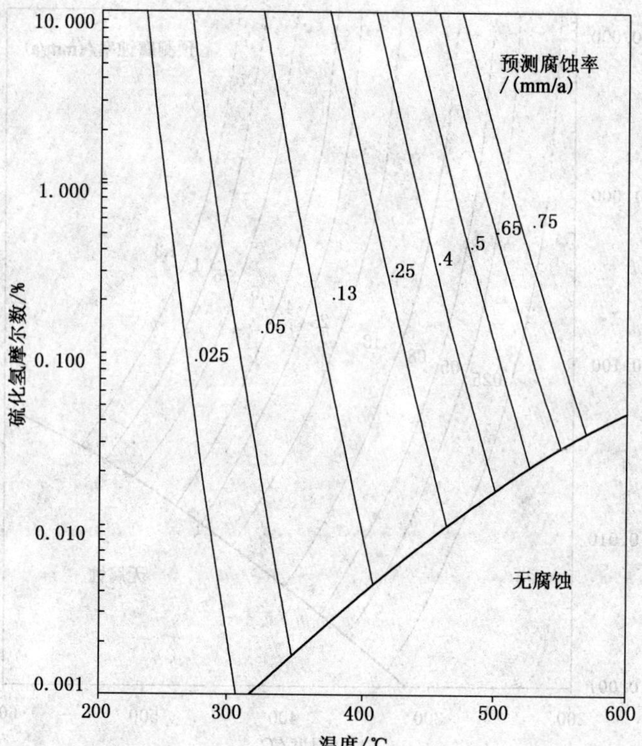

(m) 高温氢气和硫化氢共存时油品中12Cr钢的腐蚀曲线(石脑油、瓦斯油)

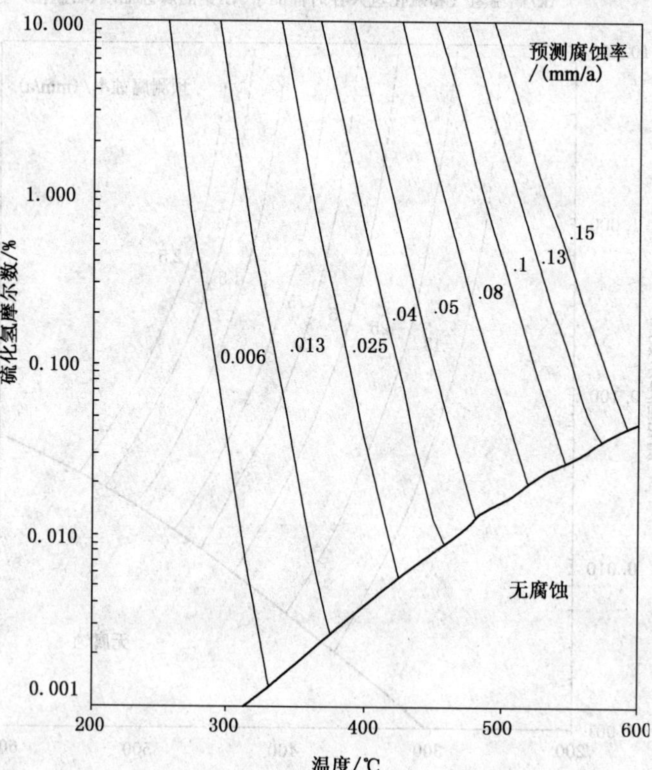

(n) 高温氢气和硫化氢共存时油品中18Cr钢的腐蚀曲线(石脑油、瓦斯油)

图 1-4-4（续）

尔分数对碳钢。5%Cr 钢、9%Cr 钢、12% Cr 不锈钢、18－8 不锈钢的预测腐蚀率。

（8）NaOH 溶液应力腐蚀用钢应按图 1-4-5 选取。

在液氨应力腐蚀环境中，使用低碳钢和低合金高强度钢（包括焊接接头）应符合下列要求：

①对 Q235A、Q235B、20、16Mn 钢应采取下列措施之一：

a. 焊后应进行消除应力热处理；

b. 控制焊接接头（包括热影响区）的硬度值 HB≤200；

c. 使液氨含水量大于 0.2%（质）。

②对于 15MnV、18MnMoNb 低合金高强度钢，焊后必须进行消除应力热处理。

（9）常用金属材料易产生应力腐蚀破裂的环境组合见表 1-4-14。

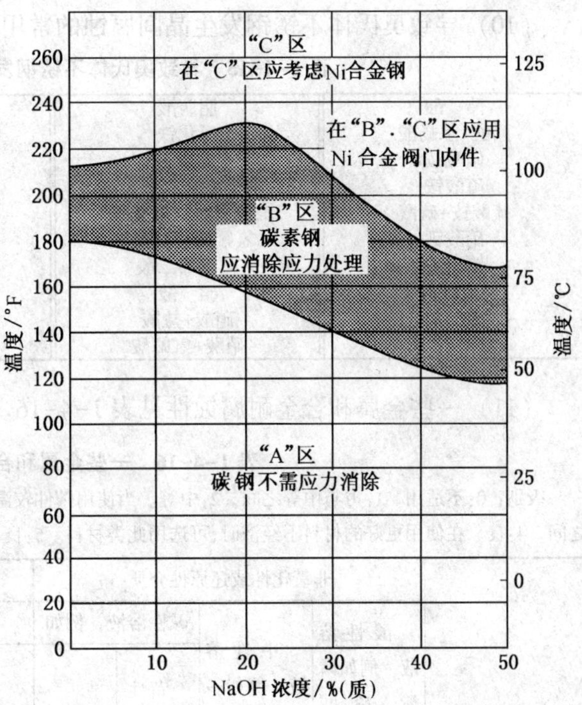

图 1-4-5　用于 NaOH 溶液的曲线（API 581）

表 1-4-14　常用金属材料易产生应力腐蚀破裂的环境组合

材料	环境	材料	环境
碳钢及低合金钢	苛性碱溶液 氨溶液 硝酸盐水溶液 含 HCN 水溶液 湿的 $CO-CO_2$ 空气 硝酸盐和重碳酸溶液 含 H_2S 水溶液 海水 海洋大气和工业大气 CH_3COOH 水溶液 $CaCl_2$、$FeCl_3$ 水溶液 $(NH_4)_2CO_3$ $H_2SO_4-HNO_3$ 混合酸水溶液	奥氏体不锈钢	高温碱液［NaOH、$Ca(OH)_2$、LiOH］ 氯化物水溶液 海水、海洋大气 连多硫酸 高温高压含氧高纯水 浓缩锅炉水 水蒸气（260℃） 260℃硫酸 湿润空气（湿度 90%） $NaCl+H_2O_2$ 水溶液 热 $NaCl+H_2O_2$ 水溶液 热 NaCl 湿的 $MgCl_2$ 绝缘物 H_2S 水溶液
钛及钛合金	红烟硝酸 N_2O_4（含 O_2、不含 NO，24~74℃） 湿的 Cl_2（288℃、346℃、427℃） HCl（10%，35℃） 硫酸（7%~60%） 甲醇，甲醇蒸气 海水 CCl_4 氟里昂	铜合金	氨蒸气及氨水溶液 $FeCl_3$ 水，水蒸气 水银 $AgNO_3$
		铝合金	氯化钠水溶液 海水 $CaCl_2+NH_4Cl$ 水溶液 水银

（10）导致奥氏体不锈钢发生晶间腐蚀的常用介质见表1-4-15。

表1-4-15　导致奥氏体不锈钢发生晶间腐蚀的部分介质

醋　酸	脂肪酸	乙二酸	二氧化硫（潮湿的）
醋酸+水杨酸	氯化铁	酚+环烷酸	硫　酸
硝酸铵	硫酸铁	磷　酸	硫酸+醋酸
硫酸铵	氯氰酸	盐　雾	硫酸+硫酸铜
硫酸铵+硫酸	氢氰酸+二氧化硫	海　水	硫酸+硫酸亚铁
硝酸钙	氢氟酸+硫酸铁	硝酸银+醋酸	硫酸+甲醇
铬　酸	顺丁烯二酸	硫酸氢钠	硫酸+硝酸
氯化铬	硝　酸	氢氧化钠+硫化钠	亚硫酸
硫酸铜	硝酸+盐酸	亚硫酸盐溶液	
原　油	硝酸+氢氟酸		

（11）一些金属和合金耐腐蚀性见表1-4-16。

表1-4-16　一些金属和合金的耐腐蚀性①

级别：0：不适用。1：劣与中等之间。2：中等。当使用条件较温和，或可按期更换时，可以有限制地使用。3：中等与良之间。4：良。在使用更好的材料不经济时，可选用此类材料。5：良与优之间。6：优。

材　料	非氧化性或还原性介质				液　体						
	酸性溶液，例如磷酸、硫酸等，但盐酸除外；还有许多种有机物	中性溶液，例如多种非氧化性盐类溶液以及氯化物、硫酸盐等	碱性溶液，例如		氧化性介质			天　然　水			
			苛性碱及弱碱，但氢氧化铵除外	氢氧化铵及胺类	酸性溶液，例如硝酸	中性或碱性溶液，例如过硫酸盐、过氧化物、铬酸盐等	孔蚀介质②，酸性三氯化铁溶液	淡　水		海　水	
								静止或缓慢流动	湍急流动	静止或缓慢流动	湍急流动
普通铸铁（含片状石墨）及低合金铸铁	1	3	4	5	0	4	0	4	3	4	2
球墨铸铁	1	3	4	5	0	4	0	4	4	4	3
含镍耐蚀铸铁	4	5	5	5	0	5	0	5	5	5	5
14%硅铸铁	6	6	2	5	6	6	3	5	5	5	5
低碳钢，低合金铸铁及低合金钢	1	3	4	5	0	1	0	4	3	4	2
17Cr型铁素体不锈钢	2	4	4	6	5	6	0	4	6	1	4
18Cr，8Ni型奥氏体不锈钢	3	4	5	6	6	6	0	6	6	2	5
18Cr，12Ni，2.5Mo型奥氏体不锈钢	4	5	5	6	5	6	1	6	6	3	5
20Cr，29Ni，2.5Mo，3.5Cu型奥氏体不锈钢	5	6	5	6	5	6	2	6	6	4	6
Incoloy 825镍-铁-铬合金（40Ni，21Cr，3Mo，1.5Cu，其余Fe）	6	6	5	6	5	6	2	6	6	4	6

续表

材料	非氧化性或还原性介质				液体						
	酸性溶液，例如磷酸、硫酸等，但盐酸除外；还有许多种有机物	中性溶液，例如多种非氧化性盐类溶液以及氯化物、硫酸盐等	碱性溶液，例如		氧化性介质			天然水			
			苛性碱及弱碱，但氢氧化铵除外	氢氧化铵及胺类	酸性溶液，例如硝酸	中性或碱性溶液，例如过硫酸盐、过氧化物、铬酸盐等	孔蚀介质②，酸性三氯化铁溶液	淡水		海水	
								静止或缓慢流动	湍急流动	静止或缓慢流动	湍急流动
哈氏合金C-276(55Ni,17Mo,16Cr,6Fe,4W)	5	6	5	6	4	6	5	6	6	6	6
哈氏合金B-2(61Ni,28Mo,6Fe)	6	5	4	4	0	3	0	6	6	4	4
Inconel 600(78Ni,15Cr,7Fe)	3	6	6	6	3	6	1	6	6	4	6
铜-镍合金(Ni≤30%)	4	5	5	0	0	4	1	6	6	6	6
蒙乃尔合金400(66Ni,30Cu,2Fe)	5	6	6	1	0	5	1	6	6	4	6
镍-200工业镍(99.4Ni)	4	5	6	1	0	5	0	6	6	3	5
铜及硅青铜	4	4	4	0	0	4	0	6	5	4	1
铝黄铜(76Cu,22Zn,2Al)	3	4	2	0	0	3	0	6	6	4	5
镍-铝青铜(80Cu,10Al,5Ni,5Fe)	4	4	2	0	0	3	0	6	6	4	5
A型青铜(88Cu,5Sn,5Ni,2Zn)	4	5	4	0	0	4	0	6	6	5	5
铝及其合金	1	3	0	6	0~5	0~4	0	4	5	0~5	4
纯铅或含锑硬铅	5	5	2	2	0	2	0	6	5	5	3
银	4	6	6	0	0	2	0	6	6	5	5
钛	3	6	2	6	6	6	6	6	6	6	6

续表

材料	气体									注④
	普通工业介质					卤素及其衍生物				
	水蒸气		含微量S的炉气		城市大气或工业大气	卤素		湿含卤酸，例如盐酸，有机卤化物的水解产物	干燥的卤化氢，例如干燥的HCl/℃③	
	湿蒸汽或冷凝水	高温干蒸汽，促进轻微解离	还原性，例如热处理炉气体	氧化性，例如烟道气		湿卤素，例如露点以下的氯	干燥卤素，例如零点以上的氟			
普通铸铁（含片状石墨）及低合金铸铁	4	4	1	1		0	2	0	2<200 1<400	
球墨铸铁	4	4	1	1		0	2	0	2<200 1<400	
含镍耐蚀铸铁	5	5	3	2	4	0	2	3	3<200 2<400	
14%硅铸铁	6	4	4	3	6	0	0	4	1<200	极脆，在机械冲击或热冲击下易破裂
低碳钢，低合金铸铁及低合金钢	4	4	1	1	3	0	3	0	3<200 1<400	合金化后可提高强度，改善耐大气腐蚀能力
17Cr型铁素体不锈钢	5	6	3	2	4	0	2	0	2<200	
18Cr，8Ni型奥氏体不锈钢	6	6	2	3	5	0	2	0	3<200	
18Cr，12Ni，2.5Mo型奥氏体不锈钢	6	6	2	4	6	0	3	2	4<200 3<400	
20Cr，29Ni，2.5Mo，3.5Cu型奥氏体不锈钢	6	6	2	4	6	1	3	3	4<200 3<400	对高温下的硫酸、磷酸及脂肪酸有较好的耐蚀性
Incoloy 825镍-铁-铬合金(40Ni，21Cr，3Mo，1.5Cu，其余Fe)	6	6	2	5	6	2	3	3	4<200 3<400	这是一种对硫酸、磷酸和脂肪酸有较好耐蚀性的特殊合金，在某些场合下还可耐氯化物
哈氏合金C-276(55Ni，17Mo，16Cr，6Fe，4W)	6	6	3	4	6	5	4	4	4<400 3<480	对湿氯气和次氯酸钠溶液有极好的耐蚀性
哈氏合金B-2（61Ni，28Mo，6Fe)	6	5	3	2	5	1	3	5	4<400 3<480	对盐酸和硫酸溶液耐蚀
Inconel 600(78Ni，15Cr，7Fe)	6	6	2	4	6	2	5	3	5<400 4<480	广泛用于食品工业和制药工业

续表

材料	气体									注④
	普通工业介质					卤素及其衍生物				
	水蒸气		含微量S的炉气		城市大气或工业大气	卤素		湿含卤酸，例如盐酸，有机卤化物的水解产物	干燥的卤化氢，例如干燥的HCl/℃③	
	湿蒸汽或冷凝水	高温干蒸汽，促进轻微解离	还原性，例如热处理炉气体	氧化性，例如烟道气		湿卤素，例如露点以下的氯	干燥卤素，例如零点以上的氟			
铜-镍合金(Ni≤30%)	6	5	2	2	5	1	5	2	4<200 3<400	高铁型者可很好地抵抗冷凝器管中的高流速效应
蒙乃尔合金400(66Ni,30Cu,2Fe)	6	6	2	3	5	2	6	3	6<200 3<400 2<480	广泛用于硫酸酸洗设备，以及摩托艇的推进器轴。应注意在加工时避免硫的侵蚀
镍-200工业镍(99.4Ni)	6	6	2	2	4	2	6	2	6<200 5<400 4<480	广泛用于热浓苛性碱溶液，应注意在加工时避免硫的侵蚀
铜及硅青铜	6	5	2	2	5	0	5	2	3<200 2<400	不宜用于热浓无机酸及高流速的HF
铝黄铜(76Cu,22Zn,2Al)	6	5	2	2	5	0	4	2	2<200	在海水中可能发生局部腐蚀
镍-铝青铜(80Cu,10Al,5Ni,5Fe)	6	5	2	3	5	0	4	3	3<200 2<400	最宜用于船用推进器
A型青铜(88Cu,5Sn,5Ni,2Zn)	6	5	2	2	5	0	4	3	3<200 2<400	经热处理后可提高强度，且不致脱锌
铝及其合金	5	2	5	4	5	0	6	0	3<200 1<400	耐蚀性取决于酸离子的类型和浓度，不同的合金元素和热处理方式可使其机械性能在大范围内变动
纯铅或含锑硬铅	2	0	4	3	5	0	1	3	0	最好使用高纯度的“化学铅”
银	6	5	4	4	4	5	5	3	4<200 2<400	用做衬里

续表

材料	气体									注④
	普通工业介质					卤素及其衍生物				
	水蒸气		含微量S的炉气		城市大气或工业大气	卤素		湿含卤酸，例如盐酸，有机卤化物的水解产物	干燥的卤化氢，例如干燥的HCl/℃③	
	湿蒸汽或冷凝水	高温干蒸汽，促进轻微解离	还原性，例如热处理炉气体	氧化性，例如烟道气		湿卤素，例如露点以下的氯	干燥卤素，例如零点以上的氟			
钛	6	5	3	5	6	6	0	1	0	发烟硝酸可能引起爆炸，对含氯化物的溶液有较好的耐蚀性

注：①应注意，若使用条件稍有变化，常会显著影响材料的耐腐蚀性，所以选材要尽可能结合实际经验、试验室和现场试验。

②这些介质对于不宜使用的材料，可能大大促进危害性很大的孔蚀。

③指大致温度。

④这些材料大都对高温下的干腐蚀具有抵抗能力。

六、钢中常见元素对各种性能的影响

1. 硅在钢中的作用

硅（Si）的熔点1410℃，是缩小γ相区、形成γ相圈的元素，在α铁及γ铁中的溶解度分别为18.5%及2.15%。

硅是钢中常见元素之一。硅和氧的亲和力仅次于铝和钛、而强于锰、铬和钒。所以在炼钢过程中为常用的还元剂和脱氧剂。

为了保证质量除沸腾钢的半镇静钢外，硅在钢中的含量不应少于0.1%。作为合金元素一般不低于0.4%。

硅在钢中不形成碳化物，而是以固溶体的形态存于铁素体或奥氏体中。硅固溶于铁素体和奥氏体中可起到提高它们的硬度和强度的作用，在常见元素中仅次于磷，而较锰、镍、铬、钨、钼、钒等为强。但硅含量若超过3%，将显著地降低钢的塑性、韧性和延展性。

低硅含量对钢的抗腐蚀性能有显著的增强作用。硅含量为15%~20%的硅铸铁是很好的耐酸材料，对不同温度和浓度的硫酸、硝酸都很稳定。但在盐酸和王水的作用下稳定性很小；在氢氟酸中则不稳定。高硅铸铁之所以抗腐蚀，是由于当开始腐蚀时，在其表面形成致密的SiO_2薄层，阻碍着酸的进一步向内侵蚀。

含硅的钢在氧化气氛中加热时，表面也形成SiO_2薄层，从而提高钢在高温时的抗氧化性。

在铬、铬铝、铬镍、铬钨等钢中加硅，都将提高它们的高温抗氧化性能。各种奥氏体不锈钢中加入约2%的硅，可以增强它们的高温不起皮性。锰钢加硅也可以提高它的抗氧化性。但硅含量高时，钢的表面脱碳倾向加剧。

硅提高钢中固溶体的硬度和强度，从而提高钢的屈服强度和抗拉强度。在普通低合金钢中，硅还可以增强钢在自然条件下的耐蚀性，特别是增高局部腐蚀的抗力。硅含量较高时，对焊接性不利，并易导致冷脆，还降低钢的被切削性；对中、高碳钢回火时易产生石墨化。

2. 锰在钢中的作用

锰（Mn）：熔点1244℃，扩大γ相区，形成无限固溶体。

锰是良好的脱氧剂和脱硫剂，与硫形成MnS，可防止因硫而导致的热脆现象，从而改善钢的热加工性能。在工业用钢中一般都含有一定数量的锰。

锰与铁形成固溶体，提高钢中铁素体和奥氏体的硬度和强度，同时又是碳化物形成元素，进入渗碳体中取代一部分铁原子。锰在钢中由于降低临界转变温度，起到细化珠光体的作用，也间接地起到提高珠光体钢强度的作用。

锰还强烈增加钢的淬透性。锰含量较高时，有使钢晶粒粗化并增加钢的回火脆性的不利倾向。

锰在钢中部分与铁互溶，形成固溶体（铁素体或奥氏体）；部分和铁、碳化合，形成渗碳体。

锰对提高低碳和中碳珠光体钢的强度有显著的作用。但使钢的延展性有所降低。

锰对钢的焊接性有不利的影响。为改善钢的焊接性，应在许可的范围内，适当降低钢的碳含量。焊接时也需采用优质低氢焊条和相应的焊接工艺。

在普通低合金钢中，利用锰可起到强化铁素体和细化珠光体的作用，以提高钢的强度。其含量一般在1%~2%。含锰的低合金钢发展十分迅速。

3. 铝在钢中的作用

铝的熔点660℃，是强烈缩小γ相区、形成γ相圈的元素，在α铁及γ铁中的最大溶解度分别为36%及0.6%，它与氮及氧的亲和力很强。

铝在钢中的作用，一是作炼钢时的脱氧定氮剂，并细化晶粒，阻抑碳钢的时效，提高钢在低温下的韧性；二是作为合金元素加入钢中提高钢的抗氧化性、改善钢的电、磁性能，提高渗氮钢的耐磨性和疲劳强度等。因此，铝在不起皮钢、电热合金、磁钢和渗氮钢中，得到了广泛的应用。在铁锰铝系合金中，铝作为主要合金元素加入耐热钢、低温钢和无磁钢中。铝可提高钢在氧化性酸中的耐蚀性。

铝在铁素体及珠光体钢中，当铝含量较高时，其高温强度和韧性较低。

铝和碳虽然可以化合成碳化物Al_4C_3和Al_3C，但它和碳的亲和力小于铁和碳的亲和力，因此在钢中一般不存在铝的碳化物。铝细化钢的本质晶粒，提高钢晶粒粗化的温度。

由于铝细化钢的晶粒，固定钢中的氧和氮，因而可以减轻钢对缺口的敏感性，为减少或消除钢的时效现象，并提高钢的冲击韧性，特别是降低钢的脆性转变温度。

当铝含量达到一定量时，可使钢产生钝化现象使钢在氧化性酸中具有抗蚀性。

铝还提高钢对硫化氢的抗蚀作用。铝含量在4%左右的钢，在温度不超过600℃时有较好的抗硫化氢侵蚀作用。

铝对于钢在水蒸气、氮气、特别是在氯气及其化合物气氛中的抗蚀作用是不利的。

在钢铁材料表面镀铝和渗铝，可以提高其抗氧化性和在工业性和海洋性气氛中的抗蚀性。

铝作为合金元素加入钢中，显著提高钢的抗氧化性，当铝与铬配合并用时，其抗氧化性可得到更大的提高。但使钢的焊接性变坏。

含铝的钢渗氮后，在钢件表面牢固地形成一层薄而硬的弥散分布的氮化铝层，从而提高其硬度和疲劳强度，并改善其耐磨性。铝在高温合金中，与镍形成γ'相（Ni_3Al），从而提高其热强性。在磁性材料中，改善钢的电、磁性能。对淬透性影响不显著，有促进石墨化倾向。

近年来我国研究成功的15Al3MoWTi钢，铝含量为2.2%~2.8%，是一种无镍铬的低合金耐蚀钢。曾用于炼油厂的裂化，焦化分馏塔底、常压蒸馏塔顶等典型部位代替碳素钢和0Cr13不锈钢使用，在含硫及硫化氢的腐蚀条件下，其耐蚀性能优于0Cr13钢而比碳素钢提高数十倍。可作加热炉炉管以及工作在550~650℃各种耐热不起皮钢构件，性能优于Cr5Mo钢。

铝是高锰低温钢的主要合金元素，一定含量的铝，有提高铁锰奥氏体稳定度，抑制β-Mn相变的作用，从而使铝在低温钢中得到了应用。

4. 钼在钢中的作用

钼（Mo）：熔点2610℃，是使γ相区缩小，形成γ相圈的元素，在α铁及γ铁中的最大溶解度分别约4%及37.5%。钼在钢中存在于固溶体相和碳化物相中。钼属于强碳化物形成元素，当其含量较低时，与铁及碳形成复合的渗碳体；当含量较高时，则形成特殊碳化物，在较高回火温度下，由于弥散分布，有二次硬化作用。

钼对铁素体有固溶强化作用，同时也提高碳化物的稳定性，因此对钢的强度产生有利作用。钼是提高钢热强性最有效的合金元素，主要在于强烈地提高钢中铁素体对蠕变的抗力。此外，还可有效地抑制渗碳体在工作温度450~650℃下的聚集，促进弥散的特殊碳化物的析出，从而进一步地起到了强化作用。

钼在钢中，由于形成特殊碳化物，可以改善在高温高压下抗氢侵蚀的作用。

钼加入钢中，也能使钢表面钝化，但作用不如铬显著，钼与铬相反，它既能在还原性酸（HCl、H_2SO_4、H_2SO_3）中又能在强氧化性盐溶液（特别是含有氯离子时）中，使钢表面钝化。因此，钼可以普遍提高钢的抗蚀性能。

钼常与其他元素如锰、铬等配合使用，可显著提高钢的淬透性；钼含量约0.5%时，能抑止或减低其他合金元素导致的回火脆性。它还提高耐热钢的热强性和蠕变强度；含量2%~3%时能增加不锈钢抗有机酸及还原性介质腐蚀的能力。

钼加入铁素体耐酸钢中，也显著地提高钢对醋酸及含氯离子溶液的抗蚀性。

在含有氯化物的溶液中，常会引起材料的点腐蚀。钢中加入钼后，在很大程度上，这种倾向就被减缓或抑止。

钼是提高珠光体钢热强性最有效的合金元素。自含钼0.5%的低碳钢用于锅炉管后，一系列二元和多元的含钼珠光体钢被广泛地用于动力、石油和化学工业中。如15CrMo、12CrMoV、12CrMoV、Cr5Mo等。钼同样也能提高马氏体钢和奥氏体钢的热强性。

5. 钨在钢中的作用

钨（W）：熔点3380℃，缩小γ相区，形成γ相圈，在α铁和γ铁中的最大溶解度分别为3.3%及3.2%。它是强碳化物形成元素，常形成特殊碳化物。钢中钨含量高时有二次硬化作用，有红硬性，以及增加耐磨性。钨对钢的淬透性、回火稳定性、机械性能等的影响均与钼相似。但以重量计，其作用效果不如钼显著。钨提高钢在高温下的蠕变抗力与热强性，当与钼复合使用时，效果更佳。

钨能提高钢的抗氢作用的稳定性。钨通常加入低碳和中碳的高级优质合金结构钢中，钨能阻止热处理时晶粒的长大和粗化，降低其回火脆化倾向，并显著提高钢的强度和韧性。

6. 钒在钢中的作用

钒（V）：熔点1730℃，缩小γ相区，形成γ相圈，在α铁中无限固溶，在γ铁中的最大溶解度约1.35%。它和碳、氧、氮都有较强的亲和力，为强碳化物及氮化物形成元素。

钒对钢的淬透性的影响和 Ti 相似。

它在钢中的作用主要是细化钢的组织和晶粒，提高晶粒粗化温度，从而降低钢的过热敏感性，并提高钢的强度和韧性等。少量的钒使钢晶粒细化，韧性增加，这对低温用钢是很重要的一项特性。

钒能有效地固定钢中的碳和氮，因此钢中加入微量的钒可消除低碳钢甚至沸腾钢的时效现象。

钒细化钢的晶粒，提高钢正火后的强度和屈服比及低温韧性，改善钢的焊接性能，因此成为普通低合金钢的一种比较理想的合金元素。含钒钢用于制造低温结构和低温设备等。

钒在钢中，如形成高度弥散分布的碳化物和氮化物微粒，即使在高温下，聚合长大也极缓慢，因而可以增加钢的热强性和对蠕变的抗力。一系列的 CrMoV 钢已成为制造锅炉、汽轮机的主要钢种。如 12CrMoV 及 12Cr1MoV 之用于过热器钢管、导管及相应的锻件等。由于钒对碳的固定作用，在高温下，对抗氢腐蚀（脱碳和脆化）是有益的，在抗氢钢中钒和碳含量之比应在 5.7 左右。过低不足以固定所有的碳，因而不足以有效地抗氢腐蚀作用；过高，则将有部分的钒溶入铁素体中降低其塑性。如 20Cr3MoWVA 钢，钒含量为 0.75%~0.85%为一种高压抗氢用钢，用于 10MPa 和 520℃以下工作的高压加氢设备的零件。

7. 钛在钢中的作用

钛（Ti）：熔点 1812℃，缩小 γ 相区，形成 γ 相圈，在 α 铁及 γ 铁中的最大溶解度分别为 7%及 0.75%。钛是最强的碳化物形成元素。与氮、氧的亲和力也极强，是良好的脱气剂和固定氮、碳的有效元素。在低碳钢中加入足够钛，可消除应变时效现象。由于钛可促进渗氮层的形成，而创新了含钛的“快速渗氮钢”。在不锈钢中，由于钛固定碳，有防止和减轻钢的晶间腐蚀和应力腐蚀的作用。钛固溶状态时，固溶强化作用极强，但同时降低韧性。钛固溶于奥氏体中，提高钢的淬透性很显著，而以碳化钛微粒存在时，由于它细化钢的晶粒并成为奥氏体分解时的有效晶核，反使钢的淬透性降低。钛含量高时析出弥散分布的拉氏相，而产生时效强化作用。钛还提高耐热钢的抗氧化性和热强性。在高镍含铝合金中形成 γ' 相 [Ni_3（Al，Ti）]，弥散析出，亦提高热强性。目前，钛越来越多地被用作航空、宇航工业材料。

在碳素钢、低合金铬钼钢中加入钛，能提高它们的持久强度和蠕变强度。钛作为强碳化物形成元素，可以提高钢在高温高压氢气中的稳定性。为防止氢对碳素钢的侵蚀，通常在钢中加入强碳化物形成元素，如铬、钼、钨、钒等，使其产生比较稳定的复合或特殊的碳化物以抵抗氢的破坏作用。当钢中的钛含量达到碳含量 4 倍时，可使钢在高压下对氢的稳定性几乎高达 600℃以上。

在不锈耐酸钢中加钛，能提高抗蚀性，特别是对晶间腐蚀。低碳碳素钢和低合金钢，如其中钛、碳含量比超过 4.5 倍时，由于钢中的氧、氮和碳可以全部被固定住，对应力腐蚀和碱脆也有很好的抗力。

8. 铬在钢中的作用

铬（Cr）：熔点 1920℃，是缩小 γ 相区和形成 γ 相圈的元素，在 α 铁中无限固溶，在 γ 铁中的最大溶解度为 12.5%。铬属于中等碳化物形成元素，随铬含量的增加，可形成 $(Fe,Cr)_3C$，$(Cr,Fe)_7C_3$，$(Cr,Fe)_{23}C_6$ 等碳化物，对钢的性能有显著影响。铬增加钢的淬透性并有二次硬化作用。在不锈耐热钢中，当铬含量超过 12%时，具有良好的高温抗氧化性和耐氧化性介质腐蚀作用，并增加钢的热强性。但含量高时或处理不当，易发生 σ 相和

475℃脆相。在单一的铬钢中，焊接性能随铬含量的增加而恶化。

铬是显著提高钢的脆性转变温度的元素，随着铬含量的增加，钢的脆性转变温度也逐步提高，对钢有不利影响，冲击值随铬含量增加而下降。

在含钼锅炉钢中，加入少量的铬，能防止钢在长期使用过程中的石墨化。

9. 镍在钢中的作用

镍（Ni）：熔点 1453℃，扩大 γ 相区，形成无限固溶体，在 α 铁中的最大溶解度约为 10%。

镍和碳不形成碳化物，它是形成和稳定奥氏体的主要合金元素。镍与铁以互溶的形式存在于钢中的 α 相和 γ 相中，使之强化。

镍细化铁素体晶粒，改善钢的低温性能，特别是韧性，因此在很低温度下使用的材料，可采用纯镍钢种。但镍大都与铬、钼等配合使用。由于镍可降低临界转变温度和降低钢中各元素的扩散速度，因而提高钢的淬透性。目前镍在全世界范围内都是一种比较稀缺的元素。作为钢的一种合金元素，应该只在不能用其他元素来获得所需要的性能时，才考虑使用它。

镍可降低钢低温脆化转变温度，含镍 3.5%的钢可以在-100℃时使用，含镍 9%的钢可在-196℃时使用。镍不增加钢对蠕变的抗力，因此一般不作为热强钢中的强化元素。在奥氏体热强钢中，镍的作用只是使钢奥氏体化，钢的强度必须靠其他元素如钼、钨、钒、钛、铝来提高。

镍是有一定抗腐蚀能力的元素，对酸、碱盐以及大气均具有一定抗蚀能力。含镍的低合金钢还有较高的抗腐蚀疲劳的性能。

镍钢不宜在含硫或含一氧化碳的气氛中加热。因为镍易与硫化合，在晶界上形成熔点低的 NiS 网状组织而发生热脆，在高温时镍将与一氧化碳化合形成 $Ni(CO)_4$ 气体而由合金中逸出而下孔洞将进一步向合金内部发展。

10. 磷、砷、锑在钢中的作用

磷和砷、锑是属于元素周期表中同一族的元素，因此三个元素在钢中有一些类似的作用。它们加入钢中都有不同程度的抗腐蚀能力，磷对提高钢的抗拉强度具有显著的作用。它们又都增加钢的脆性，尤其低温脆性，磷和砷又都是造成钢较严重偏析的有害元素。磷对钢的焊接性不利，它能增加焊裂的敏感性。磷在硅钢中能增加冷脆性。

常见的合金元素在不锈钢和低合金钢中对耐蚀性的影响见表 1-4-17。钢中常见元素对钢各种性能的影响见表 1-4-18。

表 1-4-17　合金元素在不锈钢和低合金钢中对耐蚀性的影响

元素	不锈钢	低合金钢
Cr	提高耐蚀性的基本元素，含量达 13%时，耐蚀性有突变地提高，在 Cr-Mn-N 钢中，能增加 N 的溶解度	提高抗 H_2S、抗高温高压 H_2、抗 CO_2、抗大气以及海水腐蚀的能力
Ni	扩大钝化范围，提高耐蚀性，尤其在非氧化性介质（如稀硫酸）中	抗碱，耐海水，耐大气腐蚀有一定的作用
Mn	在 Cr-Mn-N 钢中，增加 N 的溶解度，对某些有机酸（如醋酸）起有利影响	
C	与铬形成碳化物，降低耐蚀性，降低抗晶间腐蚀性能	对耐蚀性无有利影响

元　素	不　锈　钢	低　合　金　钢
N	在 Cr-Mn-N 钢中提高在海水中的抗点蚀能力	
Mo	扩大还原介质中钝化范围，抗 H_2SO_4，HCl，H_3PO_4 及某些有机酸，抗点蚀	提高抗 H_2S、CO、H_2O 以及高温高压 H_2 的腐蚀
Cu	提高在 H_2SO_4 中抗蚀性，与 Mo 同时加入效果显著	抗大气及海水腐蚀
Si	提高氧化性介质中的耐蚀性	
Al	生成较致密氧化膜，在氧化性介质中抗蚀	抗大气、H_2S、碳铵及高温炉气
Ti，Nb	生成稳定碳化物，减少 C 的有害作用，保证有效铬抗晶间腐蚀	抗大气、海水、H_2S、高温高压下 H_2、N_2、NH_3

表 1-4-18　钢中常见元素对钢各种性能的影响

合金元素	机械性能								冷却速度	渗碳性能	耐磨性能	锻造性能	切削加工性能	氧化皮形成	渗氮性能	耐蚀性能	磁学性能				
	硬度	强度	屈服点	伸长率	断面收缩率	冲击值	弹性	高温强度									磁滞	磁导率	矫顽力	剩磁	铁损
硅	↑	↑	↑↑	↓	~	↓	↑↑↑	↑	↓	↓	↓↓↓	↓	↓	↓	↓	↑	↓↓	↑	↓↓	—	↓↓
锰，在珠光体钢中	↑	↑	↑	~	~	~	↑	~	↓	~	↓↓	↑	↓	~	~	—					
锰，在奥氏体钢中	↓↓↓	↑	↓	↑↑↑	~	—	—	—	↓↓	—	—	↓↓↓	↓↓↓	↓↓	—	—	无磁性				
铬	↑↑	↑↑	↑↑	↓	↓	↓	↑	↑	↓↓↓	↑↑	↑	↓	—	↓↓↓	↑↑	↑↑↑			↑	↑↑	
镍，在珠光体钢中	↑	↑	↑	~	~	~	—	↑	↓↓	—	↓↓	↓	↓	↓	—	—			↑↑	↑↑	
镍，在奥氏体钢中	↓↓	↑	↓	↑↑↑	↑↑	↑↑↑	—	↑↑↑	↓↓	—	—	↓↓↓	↓↓↓	↓↓	—	↑↑	无磁性				
铝	—	—	—	—	↓	↓	—	—	—	—	—	↓↓	—	↓↓	↑↑↑	—			↑↑	↑↑	
钨	↑	↑	↑	↓	↓	~	—	↑↑↑	↓↓	↑↑	↑↑↑	↓↓	↓↓	↓↓	↑	—			↑↑↑	↑↑↑	
钒	↑	↑	↑	~	~	↑	↑	↑↑	↓↓	↑↑↑↑	↑↑	↑	—	↓	↑	↑					
钴	↑	↑	↑	↓	↓	↓	—	↑↑	↑↑	—	↑↑↑	↓	~	↓	—	—		↑↑	↑↑↑	↑↑↑	
钼	↑	↑	↑	↓	↓	↑	—	↑↑	↓↓	↑↑↑	↑↑	↓	↓	↑↑	↑↑	—			↑		
铜	↑	↑	↑↑	~	~	~	—	↑	—	—	—	↓↓↓	~	~	—	↑					
硫	—	—	—	↓	↓	↓	—	—	—	—	—	↓↓↓	↑↑↑	—	—	↓					
磷	↑	↑	↑	↓	↓	↓↓↓	—	—	—	—	—	↓	↑↑	—	—	—					

注：↑提高；↓降低；~常数；—无特性或不清楚；↑↑，↑↑↑：表示强烈的影响。

（编制　王怀义）

附表 1 无缝钢管尺寸、外形、重量[①] 及允许偏差（GB/T 17395—2008）

表 1 普通钢管的外径和壁厚及单位长度理论重量

外径/mm			壁厚/mm															
系列 1	系列 2	系列 3	0.25	0.30	0.40	0.50	0.60	0.80	1.0	1.2	1.4	1.5	1.6	1.8	2.0	2.2(2.3)	2.5(2.6)	2.8
			单位长度理论重量/(kg/m)															
	6		0.035	0.042	0.055	0.068	0.080	0.103	0.123	0.142	0.159	0.166	0.174	0.186	0.197			
	7		0.042	0.050	0.065	0.080	0.095	0.122	0.148	0.172	0.193	0.203	0.213	0.231	0.247	0.260	0.277	
	8		0.048	0.057	0.075	0.092	0.110	0.142	0.173	0.201	0.228	0.240	0.253	0.275	0.296	0.315	0.339	
	9		0.054	0.064	0.085	0.105	0.124	0.162	0.197	0.231	0.262	0.277	0.292	0.320	0.345	0.369	0.401	0.428
10(10.2)			0.060	0.072	0.095	0.117	0.139	0.182	0.222	0.261	0.297	0.314	0.332	0.364	0.395	0.423	0.462	0.497
	11		0.066	0.079	0.105	0.129	0.154	0.201	0.247	0.290	0.331	0.351	0.371	0.408	0.444	0.477	0.524	0.566
	12		0.072	0.087	0.115	0.142	0.169	0.221	0.271	0.320	0.366	0.388	0.410	0.453	0.493	0.532	0.586	0.635
	13(12.7)		0.079	0.094	0.124	0.154	0.184	0.241	0.296	0.349	0.400	0.425	0.450	0.497	0.543	0.586	0.647	0.704
13.5			0.082	0.098	0.129	0.160	0.191	0.251	0.308	0.364	0.418	0.444	0.470	0.519	0.567	0.613	0.678	0.739
		14	0.085	0.101	0.134	0.166	0.198	0.260	0.321	0.379	0.435	0.462	0.490	0.542	0.592	0.640	0.709	0.773
	16		0.097	0.116	0.154	0.191	0.228	0.300	0.370	0.438	0.504	0.536	0.568	0.630	0.691	0.749	0.832	0.91
17(17.2)			0.103	0.124	0.164	0.203	0.243	0.320	0.395	0.468	0.539	0.573	0.608	0.675	0.740	0.803	0.894	0.98
		18	0.109	0.131	0.174	0.216	0.258	0.340	0.419	0.497	0.573	0.610	0.647	0.719	0.789	0.857	0.956	1.05
	19		0.115	0.138	0.183	0.228	0.272	0.359	0.444	0.527	0.608	0.647	0.687	0.763	0.838	0.911	1.02	1.12
	20		0.122	0.146	0.193	0.240	0.287	0.379	0.469	0.556	0.642	0.684	0.726	0.808	0.888	0.966	1.08	1.19
21(21.3)					0.203	0.253	0.302	0.399	0.493	0.586	0.677	0.721	0.765	0.852	0.937	1.02	1.14	1.26
		22			0.212	0.265	0.317	0.418	0.518	0.616	0.711	0.758	0.805	0.897	0.986	1.07	1.20	1.33
	25				0.242	0.302	0.361	0.477	0.592	0.704	0.815	0.869	0.923	1.03	1.13	1.24	1.39	1.53
		25.4			0.247	0.307	0.367	0.485	0.602	0.716	0.829	0.884	0.939	1.05	1.15	1.26	1.41	1.56
27(26.9)					0.262	0.327	0.391	0.517	0.641	0.763	0.884	0.943	1.00	1.13	1.23	1.34	1.51	1.67
	28				0.272	0.339	0.406	0.537	0.666	0.793	0.918	0.98	1.04	1.16	1.28	1.40	1.57	1.74

① 此处应为“质量”，为与国家标准保持一致，仍用“重量”一词。下同。

续表

外径/mm			壁厚/mm															
系列 1	系列 2	系列 3	(2.9)3.0	3.2	3.5(3.6)	4.0	4.5	5.0	(5.4)5.5	6.0	(6.3)6.5	7.0(7.1)	7.5	8.0	8.5	(8.8)9.0	9.5	10
			单位长度理论重量/(kg/m)															
	6																	
	7																	
	8																	
	9																	
10(10.2)			0.518	0.537	0.561													
	11		0.592	0.615	0.647													
	12		0.666	0.694	0.734	0.789												
	13(12.7)		0.740	0.774	0.820	0.888												
13.5			0.777	0.813	0.863	0.937												
		14	0.814	0.852	0.906	0.986												
	16		0.962	1.01	1.08	1.18	1.28	1.36										
17(17.2)			1.04	1.09	1.17	1.28	1.39	1.48										
		18	1.11	1.17	1.25	1.38	1.50	1.60										
	19		1.18	1.25	1.34	1.48	1.61	1.73	1.83	1.92								
	20		1.26	1.33	1.42	1.58	1.72	1.85	1.97	2.07								
21(21.3)			1.33	1.41	1.51	1.68	1.83	1.97	2.10	2.22								
		22	1.41	1.48	1.60	1.78	1.94	2.10	2.24	2.37								
	25		1.63	1.72	1.86	2.07	2.28	2.47	2.64	2.81	2.97	3.11						
		25.4	1.66	1.75	1.89	2.11	2.32	2.52	2.70	2.87	3.03	3.18						
27(26.9)			1.78	1.88	2.03	2.27	2.50	2.71	2.92	3.11	3.29	3.45						
	28		1.85	1.96	2.11	2.37	2.61	2.84	3.05	3.26	3.45	3.63						

续表

外径/mm			壁厚/mm															
系列1	系列2	系列3	0.25	0.30	0.40	0.50	0.60	0.80	1.0	1.2	1.4	1.5	1.6	1.8	2.0	2.2(2.3)	2.5(2.6)	2.8
			单位长度理论重量/(kg/m)															
		30			0.292	0.364	0.435	0.576	0.715	0.852	0.987	1.05	1.12	1.25	1.38	1.51	1.70	1.88
	32(31.8)				0.311	0.388	0.465	0.616	0.765	0.911	1.056	1.13	1.20	1.34	1.48	1.62	1.82	2.02
34(33.7)					0.331	0.413	0.494	0.655	0.814	0.971	1.125	1.20	1.28	1.43	1.58	1.72	1.94	2.15
		35			0.341	0.425	0.509	0.675	0.838	1.000	1.160	1.24	1.32	1.47	1.63	1.78	2.00	2.22
	38				0.370	0.462	0.553	0.734	0.912	1.089	1.26	1.35	1.44	1.61	1.78	1.94	2.19	2.43
	40				0.390	0.487	0.583	0.774	0.962	1.148	1.33	1.42	1.52	1.69	1.87	2.05	2.31	2.57
42(42.4)									1.01	1.21	1.40	1.50	1.69	1.79	1.97	2.16	2.44	2.71
		45(44.5)							1.09	1.30	1.51	1.61	1.71	1.92	2.12	2.32	2.62	2.91
48(48.3)									1.16	1.39	1.61	1.72	1.83	2.05	2.27	2.48	2.81	3.12
	51								1.23	1.47	1.71	1.83	1.95	2.18	2.42	2.65	2.99	3.33
		54							1.31	1.56	1.82	1.94	2.07	2.32	2.56	2.81	3.18	3.54
	57								1.38	1.65	1.92	2.05	2.19	2.45	2.71	2.97	3.36	3.74
60(60.3)									1.46	1.74	2.02	2.16	2.31	2.58	2.86	3.14	3.55	3.95
	65(63.5)								1.53	1.83	2.13	2.27	2.42	2.72	3.01	3.30	3.73	4.16
	65								1.58	1.89	2.20	2.35	2.50	2.81	3.11	3.41	3.85	4.29
	68								1.65	1.98	2.30	2.46	2.62	2.94	3.26	3.57	4.04	4.50
	70								1.70	2.04	2.37	2.53	2.70	3.03	3.35	3.68	4.16	4.64
		73							1.78	2.12	2.47	2.64	2.82	3.16	3.50	3.84	4.35	4.85
76(76.1)									1.85	2.21	2.58	2.76	2.94	3.29	3.65	4.00	4.53	5.05
	77										2.61	2.79	2.98	3.34	3.70	4.06	4.59	5.12
	80										2.71	2.90	3.09	3.47	3.85	4.22	4.78	5.33

续表

外径/mm			壁厚/mm													
系列1	系列2	系列3	(2.9)3.0	3.2	3.5(3.6)	4.0	4.5	5.0	(5.4)5.5	6.0	(6.3)6.5	7.0(7.1)	7.5	8.0	8.5	(8.8)9.0	9.5	10
			单位长度理论重量/(kg/m)															
		30	2.00	2.12	2.29	2.56	2.83	3.08	3.32	3.55	3.77	3.97	4.16	4.34				
	32(31.8)		2.15	2.27	2.46	2.76	3.05	3.33	3.59	3.85	4.09	4.32	4.53	4.74				
34(33.7)			2.29	2.43	2.63	2.96	3.27	3.58	3.87	4.14	4.41	4.66	4.90	5.13				
		35	2.37	2.51	2.72	3.06	3.38	3.70	4.00	4.29	4.57	4.83	5.09	5.33	5.56	5.77		
	38		2.59	2.75	2.98	3.35	3.72	4.07	4.41	4.74	5.05	5.35	5.64	5.92	6.18	6.44	6.68	6.91
	40		2.74	2.90	3.15	3.55	3.94	4.32	4.68	5.03	5.37	5.70	6.01	6.31	6.60	6.88	7.15	7.40
42(42.4)			2.89	3.06	3.32	3.75	4.16	4.56	4.95	5.33	5.69	6.04	6.38	6.71	7.02	7.32	7.61	7.89
		45(44.5)	3.11	3.30	3.58	4.04	4.49	4.93	5.36	5.77	6.17	6.56	6.94	7.30	7.65	7.99	8.32	8.63
48(48.3)			3.33	3.54	3.84	4.34	4.83	5.30	5.76	6.21	6.65	7.08	7.49	7.89	8.28	8.66	9.02	9.37
	51		3.55	3.77	4.10	4.64	5.16	5.67	6.17	6.66	7.13	7.60	8.05	8.48	8.91	9.32	9.72	10.11
		54	3.77	4.01	4.36	4.93	5.49	6.04	6.58	7.10	7.61	8.11	8.60	9.08	9.54	9.99	10.43	10.85
	57		4.00	4.25	4.62	5.23	5.83	6.41	6.99	7.55	8.10	8.63	9.16	9.67	10.17	10.65	11.13	11.59
60(60.3)			4.22	4.48	4.88	5.52	6.16	6.78	7.39	7.99	8.58	9.15	9.71	10.26	10.80	11.32	11.83	12.33
	63(63.5)		4.44	4.72	5.14	5.82	6.49	7.15	7.80	8.43	9.06	9.67	10.26	10.85	11.42	11.98	12.53	13.07
	65		4.59	4.88	5.31	6.02	6.71	7.40	8.07	8.73	9.38	10.01	10.63	11.25	11.84	12.43	13.00	13.56
	68		4.81	5.11	5.57	6.31	7.05	7.77	8.48	9.17	9.86	10.53	11.19	11.84	12.47	13.10	13.71	14.30
	70		4.96	5.27	5.74	6.51	7.27	8.01	8.75	9.47	10.18	10.88	11.56	12.23	12.89	13.54	14.17	14.80
		73	5.18	5.51	6.00	6.81	7.60	8.38	9.16	9.91	10.66	11.39	12.11	12.82	13.52	14.20	14.88	15.54
76(76.1)			5.40	5.75	6.26	7.10	7.93	8.75	9.56	10.36	11.14	11.91	12.67	13.42	14.15	14.87	15.58	16.28
	77		5.47	5.82	6.34	7.20	8.05	8.88	9.70	10.50	11.30	12.08	12.85	13.61	14.36	15.09	15.81	16.52
	80		5.70	6.06	6.60	7.50	8.38	9.25	10.10	10.95	11.78	12.60	13.41	14.21	14.99	15.76	16.52	17.26

续表

外径/mm			壁厚/mm															
系列 1	系列 2	系列 3	11	12(12.5)	13	14(14.2)	15	16	17(17.5)	18	19	20	22(22.2)	24	25	26	28	30
			单位长度理论重量/(kg/m)															
		30																
	32(31.8)																	
34(33.7)																		
		35																
	38																	
	40																	
42(42.4)																		
		45(44.5)	9.22	9.77														
48(48.3)			10.04	10.65														
	51		10.85	11.54														
		54	11.67	12.43	13.14	13.81												
	57		12.48	13.32	14.11	14.85												
60(60.3)			13.29	14.21	15.07	15.88	16.64	17.36										
	63(63.5)		14.11	15.09	16.03	16.92	17.76	18.55										
	65		14.65	15.68	16.67	17.61	18.50	19.33										
	68		15.46	16.57	17.63	18.64	19.61	20.52										
	70		16.01	17.16	18.27	19.33	20.35	21.31	22.22									
		73	16.82	18.05	19.24	20.37	21.46	22.49	23.48	24.41	25.30							
76(76.1)			17.63	18.94	20.20	21.41	22.56	23.67	24.73	25.75	26.71	27.62						
	77		17.90	19.23	20.52	21.75	22.93	24.07	25.15	26.19	27.18	28.11						
	80		18.72	20.12	21.48	22.79	24.04	25.25	26.41	27.52	28.58	29.59						

续表

外径/mm			壁厚/mm															
系列 1	系列 2	系列 3	0.25	0.30	0.40	0.50	0.60	0.80	1.0	1.2	1.4	1.5	1.6	1.8	2.0	2.2(2.3)	2.5(2.6)	2.8
			单位长度理论重量/(kg/m)															
		83(82.5)									2.82	3.02	3.21	3.60	4.00	4.38	4.96	5.54
	85										2.89	3.09	3.29	3.69	4.09	4.49	5.09	5.68
89(88.9)											3.02	3.24	3.45	3.87	4.29	4.71	5.33	5.95
	95										3.23	3.46	3.69	4.14	4.59	5.03	5.70	6.37
	102(101.6)										3.47	3.72	3.96	4.45	4.93	5.41	6.13	6.85
		108									3.68	3.94	4.20	4.71	5.23	5.74	6.50	7.26
114(114.3)												4.16	4.44	4.98	5.52	6.07	6.87	7.68
	121											4.42	4.71	5.29	5.87	6.45	7.31	8.16
	127													5.56	6.17	6.77	7.68	8.58
	133																8.05	8.99
140(139.7)																		
		142(141.3)																
	146																	
		152(152.4)																
		159																
168(168.3)																		
		180(177.8)																
		194(193.7)																
	203																	
219(219.1)																		
		245(244.5)																

续表

外径/mm			壁厚/mm															
系列1	系列2	系列3	(2.9)3.0	3.2	3.5(3.6)	4.0	4.5	5.0	(5.4)5.5	6.0	(6.3)6.5	7.0(7.1)	7.5	8.0	8.5	(8.8)9.0	9.5	10
			单位长度理论重量/(kg/m)															
		83(82.5)	5.92	6.30	6.86	7.79	8.71	9.62	10.51	11.39	12.26	13.12	13.96	14.80	15.62	16.42	17.22	18.00
	85		6.07	6.46	7.03	7.99	8.93	9.86	10.78	11.69	12.58	13.47	14.33	15.19	16.04	16.87	17.69	18.50
89(88.9)			6.36	6.77	7.38	8.38	9.38	10.36	11.33	12.28	13.22	14.16	15.07	15.98	16.87	17.76	18.63	19.48
	95		6.81	7.24	7.90	8.98	10.04	11.10	12.14	13.17	14.19	15.19	16.18	17.16	18.13	19.09	20.03	20.96
	102(101.6)		7.32	7.80	8.50	9.67	10.82	11.96	13.09	14.21	15.31	16.40	17.48	18.55	19.60	20.64	21.67	22.69
		108	7.77	8.27	9.02	10.26	11.49	12.70	13.90	15.09	16.27	17.44	18.59	19.73	20.86	21.97	23.08	24.17
114(114.3)			8.21	8.74	9.54	10.85	12.15	13.44	14.72	15.98	17.23	18.47	19.70	20.91	22.12	23.31	24.48	25.65
	121		8.73	9.30	10.14	11.54	12.93	14.30	15.67	17.02	18.35	19.68	20.99	22.29	23.58	24.86	26.12	27.37
	127		9.17	9.77	10.66	12.13	13.59	15.04	16.48	17.90	19.32	20.72	22.10	23.48	24.84	26.19	27.53	28.85
	133		9.62	10.24	11.18	12.73	14.26	15.78	17.29	18.79	20.28	21.75	23.21	24.66	26.10	27.52	28.93	30.33
140(139.7)			10.14	10.80	11.78	13.42	15.04	16.65	18.24	19.83	21.40	22.96	24.51	26.04	27.57	29.08	30.57	32.06
		142(141.3)	10.28	10.95	11.95	13.61	15.26	16.89	18.51	20.12	21.72	23.31	24.88	26.44	27.98	29.52	31.04	32.55
	146		10.58	11.27	12.30	14.01	15.70	17.39	19.06	20.72	22.36	24.00	25.62	27.23	28.82	30.41	31.98	33.54
		152(152.4)	11.02	11.74	12.82	14.60	16.37	18.13	19.87	21.60	23.32	25.03	26.73	28.41	30.08	31.74	33.39	35.02
		159			13.42	15.29	17.15	18.99	20.82	22.64	24.45	26.24	28.02	29.79	31.55	33.29	35.03	36.75
168(168.3)					14.20	16.18	18.14	20.10	22.04	23.97	25.89	27.79	29.69	31.57	33.43	35.29	37.13	38.97
		180(177.8)			15.23	17.36	19.48	21.58	23.67	25.75	27.81	29.87	31.91	33.93	35.95	37.95	39.95	41.92
		194(193.7)			16.44	18.74	21.03	23.31	25.57	27.82	30.06	32.28	34.50	36.70	38.89	41.06	43.23	45.38
	203				17.22	19.63	22.03	24.41	26.79	29.15	31.50	33.84	36.16	38.47	40.77	43.06	45.33	47.60
219(219.1)										31.52	34.06	36.60	39.12	41.63	44.13	46.61	49.08	51.54
		232								33.44	36.15	38.84	41.52	44.19	46.85	49.50	52.13	54.75
		245(244.5)								35.36	38.23	41.09	43.93	46.76	49.58	52.38	55.17	57.95
		267(267.4)								38.62	41.76	44.88	48.00	51.10	54.19	57.26	60.33	63.38

续表

外径/mm			壁厚/mm															
系列1	系列2	系列3	11	12(12.5)	13	14(14.2)	15	16	17(17.5)	18	19	20	22(22.2)	24	25	26	28	30
			单位长度理论重量/(kg/m)															
		83(82.5)	19.53	21.01	22.44	23.82	25.15	26.44	27.67	28.85	29.99	31.07	33.10					
	85		20.07	21.60	23.08	24.51	25.89	27.23	28.51	29.74	30.93	32.06	34.18					
89(88.9)			21.16	22.79	24.37	25.89	27.37	28.80	30.19	31.52	32.80	34.03	36.35	38.47				
	95		22.79	24.56	26.29	27.97	29.59	31.17	32.70	34.18	35.61	36.99	39.61	42.02				
	102(101.6)		24.69	26.63	28.53	30.38	32.18	33.93	35.64	37.29	38.89	40.44	43.40	46.17	47.47	48.73	51.10	
		108	26.31	28.41	30.46	32.45	34.40	36.30	38.15	39.95	41.70	43.40	46.66	49.71	51.17	52.58	55.24	57.71
114(114.3)			27.94	30.19	32.38	34.53	36.62	38.67	40.67	42.62	44.51	46.36	49.91	53.27	54.87	56.43	59.39	62.15
	121		29.84	32.26	34.62	36.94	39.21	41.43	43.60	45.72	47.79	49.82	53.71	57.41	59.19	60.91	64.22	67.33
	127		31.47	34.03	36.55	39.01	41.43	43.80	46.12	48.39	50.61	52.78	56.97	60.96	62.89	64.76	68.36	71.77
	133		33.10	35.81	38.47	41.09	43.65	46.17	48.63	51.05	53.42	55.74	60.22	64.51	66.59	68.61	72.50	76.20
140(139.7)			34.99	37.88	40.72	43.50	46.24	48.93	51.57	54.16	56.70	59.19	64.02	68.66	70.90	73.10	77.34	81.38
		142(141.3)	35.54	38.47	41.36	44.19	46.98	49.72	52.41	55.04	57.63	60.17	65.11	69.84	72.14	74.38	78.72	82.86
	146		36.62	39.66	42.64	45.57	48.46	51.30	54.08	56.82	59.51	62.15	67.28	72.21	74.60	76.94	81.48	85.82
		152(152.4)	38.25	41.43	44.56	47.65	50.68	53.66	56.60	59.48	62.32	65.11	70.53	75.76	78.30	80.79	85.62	90.26
		159	40.15	43.50	46.81	50.06	53.27	56.43	59.53	62.59	65.60	68.56	74.33	79.90	82.62	85.28	90.46	95.44
168(168.3)			42.59	46.17	49.69	53.17	56.60	59.98	63.31	66.59	69.82	73.00	79.21	85.23	88.17	91.05	96.67	102.10
		180(177.8)	45.85	49.72	53.54	57.31	61.04	64.71	68.34	71.91	75.44	78.92	85.72	92.33	95.56	98.74	104.96	110.98
		194(193.7)	49.64	53.86	58.03	62.15	66.22	70.24	74.21	78.13	82.00	85.82	93.32	100.62	104.20	107.72	114.63	121.33
	203		52.09	56.52	60.91	65.25	69.55	73.79	77.98	82.13	86.22	90.26	98.20	105.95	109.74	113.49	120.84	127.99
219(219.1)			56.43	61.26	66.04	70.78	75.46	80.10	84.69	89.23	93.71	98.15	106.88	115.42	119.61	123.75	131.89	139.83
		232	59.95	65.11	70.21	75.27	80.27	85.23	90.14	95.00	99.81	104.57	113.94	123.11	127.62	132.09	140.87	149.45
		245(244.5)	63.48	68.95	74.38	79.76	85.08	90.36	95.59	100.77	105.90	110.98	120.99	130.80	135.64	140.42	149.84	159.07
		267(267.4)	69.45	75.46	81.43	87.35	93.22	99.04	104.81	110.53	116.21	121.83	132.93	143.83	149.20	154.53	165.04	175.34

续表

外径/mm			壁厚/mm											
系列1	系列2	系列3	32	34	36	38	40	42	45	48	50	55	60	65
			单位长度理论重量/(kg/m)											
		83(82.5)												
	85													
89(88.9)														
	95													
	102(101.6)													
		108												
114(114.3)														
	121		70.24											
	127		74.97											
	133		79.71	83.01	86.12									
140(139.7)			85.23	88.88	92.33									
		142(141.3)	86.81	90.56	94.11									
	146		89.97	93.91	97.66	101.21	104.57							
		152(152.4)	94.70	98.94	102.99	106.83	110.48							
		159	100.22	104.81	109.20	113.39	117.39	121.19	126.51					
168(168.3)			107.33	112.36	117.19	121.83	126.27	130.51	136.50					
		180(177.8)	116.80	122.42	127.85	133.07	138.10	142.94	149.82	156.26	160.30			
		194(193.7)	127.85	134.16	140.27	146.19	151.92	157.44	165.36	172.83	177.56			
	203		134.95	141.71	148.27	154.63	160.79	166.76	175.34	183.48	188.66	200.75		
219(219.1)			147.57	155.12	162.47	169.62	176.58	183.33	193.10	202.42	208.39	222.45		
		232	157.83	166.02	174.01	181.81	189.40	196.80	207.53	217.81	224.42	240.08	254.51	267.70
		245(244.5)	168.09	176.92	185.55	193.99	202.22	210.26	221.95	233.20	240.45	257.71	273.74	288.54
		267(267.4)	185.45	195.37	205.09	214.60	223.93	233.05	246.37	259.24	267.58	287.55	306.30	323.81

续表

外径/mm			壁厚/mm														
系列 1	系列 2	系列 3	3.5(3.6)	4.0	4.5	5.0	(5.4)5.5	6.0	(6.3)6.5	7.0(7.1)	7.5	8.0	8.5	(8.8)9.0	9.5	10	11
			单位长度理论重量/(kg/m)														
273									42.72	45.92	49.11	52.28	55.45	58.60	61.73	64.86	71.07
	299(298.5)										53.92	57.41	60.90	64.37	67.83	71.27	78.13
		302									54.47	58.00	61.52	65.03	68.53	72.01	78.94
		318.5									57.52	61.26	64.98	68.69	72.39	76.08	83.42
325(323.9)											58.73	62.54	66.35	70.14	73.92	77.68	85.18
	340(339.7)											65.50	69.49	73.47	77.43	81.38	89.25
	351											67.67	71.80	75.91	80.01	84.10	92.23
356(355.6)														77.02	81.18	85.33	93.59
		368												79.68	83.99	88.29	96.85
	377													81.68	86.10	90.51	99.29
	402													87.23	91.96	96.67	106.07
406(406.4)														88.12	92.89	97.66	107.15
		419												91.00	95.94	100.87	110.68
	426													92.55	97.58	102.59	112.58
	450													97.88	103.20	108.51	119.09
457														99.44	104.84	110.24	120.99
	473													102.99	108.59	114.18	125.33
	480													104.54	110.23	115.91	127.23
	500													108.98	114.92	120.84	132.65
508														110.76	116.79	122.81	134.82
	530													115.64	121.95	128.24	140.79
		560(559)												122.30	128.97	135.64	148.93
610														133.39	140.69	147.97	162.50

续表

外径/mm			壁厚/mm														
系列1	系列2	系列3	12(12.5)	13	14(14.2)	15	16	17(17.5)	18	19	20	22(22.2)	24	25	26	28	30
			单位长度理论重量/(kg/m)														
273			77.24	83.36	89.42	95.44	101.41	107.33	113.20	119.02	124.79	136.18	147.38	152.90	158.38	169.18	179.78
	299(298.5)		84.93	91.69	98.40	105.06	111.67	118.23	124.74	131.20	137.61	150.29	162.77	168.93	175.05	187.13	199.02
		302	85.82	92.65	99.44	106.17	112.85	119.49	126.07	132.61	139.09	151.92	164.54	170.78	176.97	189.20	201.24
		318.5	90.71	97.94	105.13	112.27	119.36	126.40	133.39	140.34	147.23	160.87	174.31	180.95	187.55	200.60	213.45
325(323.9)			92.63	100.03	107.38	114.68	121.93	129.13	136.28	143.38	150.44	164.39	178.16	184.96	191.72	205.09	218.25
	340(339.7)		97.07	104.84	112.56	120.23	127.85	135.42	142.94	150.41	157.83	172.53	187.03	194.21	201.34	215.44	229.35
	351		100.32	108.36	116.35	124.29	132.19	140.03	147.82	155.57	163.26	178.50	193.54	200.99	208.39	223.04	237.49
356(355.6)			101.80	109.97	118.08	126.14	134.16	142.12	150.04	157.91	165.73	181.21	196.50	204.07	211.60	226.49	241.19
		368	105.35	113.81	122.22	130.58	138.89	147.16	155.37	163.53	171.64	187.72	203.61	211.47	219.29	234.78	250.07
	377		108.02	116.70	125.33	133.91	142.45	150.93	159.36	167.75	176.08	192.61	208.93	217.02	225.06	240.99	256.73
	402		115.42	124.71	133.96	143.16	152.31	161.41	170.46	179.46	188.41	206.17	223.73	232.44	241.09	258.26	275.22
406(406.4)			116.60	126.00	135.34	144.64	153.89	163.09	172.24	181.34	190.39	208.34	226.10	234.90	243.66	261.02	278.18
		419	120.45	130.16	139.83	149.45	159.02	168.54	178.01	187.43	196.80	215.39	233.79	242.92	251.99	269.99	287.80
	426		122.52	132.41	142.25	152.04	161.78	171.47	181.11	190.71	200.25	219.19	237.93	247.23	256.48	274.83	292.98
	450		129.62	140.10	150.53	160.92	171.25	181.53	191.77	201.95	212.09	232.21	252.14	262.03	271.87	291.40	310.74
457			131.69	142.35	152.95	163.51	174.01	184.47	194.88	205.23	215.54	236.01	256.28	266.34	276.36	296.23	315.91
	473		136.43	147.48	158.48	169.42	180.33	191.18	201.98	212.73	223.43	244.69	265.75	276.21	286.62	307.28	327.75
	480		138.50	149.72	160.89	172.01	183.09	194.11	205.09	216.01	226.89	248.49	269.90	280.53	291.11	312.12	332.93
	500		144.42	156.13	167.80	179.41	190.98	202.50	213.96	225.38	236.75	259.34	281.73	292.86	303.93	325.93	347.93
508			146.79	158.70	170.56	182.37	194.14	205.85	217.51	229.13	240.70	263.68	286.47	297.79	309.06	331.45	353.65
	530		153.30	165.75	178.16	190.51	202.82	215.07	227.28	239.44	251.55	275.62	299.49	311.35	323.17	346.64	369.92
		560(559)	162.17	175.37	188.51	201.61	214.65	227.65	240.60	253.50	266.34	291.89	317.25	329.85	342.40	367.36	392.12
610			176.97	191.40	205.78	220.10	234.38	248.61	262.79	276.92	291.01	319.02	346.84	360.68	374.46	401.88	429.11

续表

外径/mm			壁厚/mm														
系列 1	系列 2	系列 3	32	34	36	38	40	42	45	48	50	55	60	65	70	75	80
			单位长度理论重量/(kg/m)														
273			190.19	200.40	210.41	220.23	229.85	239.27	253.03	266.34	274.98	295.69	315.17	333.42	350.44	366.22	380.77
	299(298.5)		210.71	222.20	233.50	244.59	255.49	266.20	281.88	297.12	307.04	330.96	353.65	375.10	395.32	414.31	432.07
		302	213.08	224.72	236.16	247.40	258.45	269.30	285.21	300.67	310.74	335.03	358.09	379.91	400.50	419.86	437.99
		318.5	226.10	238.55	250.81	262.87	274.73	286.39	303.52	320.21	331.08	357.41	382.50	406.36	428.99	450.38	470.54
325(323.9)			231.23	244.00	256.58	268.96	281.14	293.13	310.74	327.90	339.10	366.22	392.12	416.78	440.21	462.40	483.37
	340(339.7)		243.06	256.58	269.90	283.02	295.94	308.66	327.38	345.66	357.59	386.57	414.31	440.83	466.10	490.15	512.96
	351		251.75	265.80	279.66	293.32	306.79	320.06	339.59	358.68	371.16	401.49	430.59	458.46	485.09	510.49	534.66
356(355.6)			255.69	269.99	284.10	298.01	311.72	325.24	345.14	364.60	377.32	408.27	437.99	466.47	493.72	519.74	544.53
		368	265.16	280.06	294.75	309.26	323.56	337.67	358.46	378.80	392.12	424.55	455.75	485.71	514.44	541.94	568.20
	377		272.26	287.60	302.75	317.69	332.44	346.99	368.44	389.46	403.22	436.76	469.06	500.14	529.98	558.58	585.96
	402		291.99	308.57	324.94	341.12	357.10	372.88	396.19	419.05	434.04	470.67	506.06	540.21	573.13	604.82	635.28
406(406.4)			295.15	311.92	328.49	344.87	361.05	377.03	400.63	423.78	438.98	476.09	511.97	546.62	580.04	612.22	643.17
		419	305.41	322.82	340.03	357.05	373.87	390.49	415.05	439.17	455.01	493.72	531.21	567.46	602.48	636.27	668.82
	426		310.93	328.69	346.25	363.61	380.77	397.74	422.82	447.46	463.64	503.22	541.57	578.68	614.57	649.22	682.63
	450		329.87	348.81	367.56	386.10	404.45	422.60	449.46	475.87	493.23	535.77	577.08	617.16	656.00	693.61	729.98
457			335.40	354.68	373.77	392.66	411.35	429.85	457.23	484.16	501.86	545.27	587.44	628.38	668.08	706.55	743.79
	473		348.02	368.10	387.98	407.66	427.14	446.42	474.98	503.10	521.59	566.97	611.11	654.02	695.70	736.15	775.36
	480		353.55	373.97	394.19	414.22	434.04	453.67	482.75	511.38	530.22	576.46	621.47	665.25	707.79	749.09	789.17
	500		369.33	390.74	411.95	432.96	453.77	474.39	504.95	535.06	554.89	603.59	651.07	697.31	742.31	786.09	828.63
508			375.64	397.45	419.05	440.46	461.66	482.68	513.82	544.53	564.75	614.44	662.90	710.13	756.12	800.88	844.41
	530		393.01	415.89	438.58	461.07	483.37	505.46	538.24	570.57	591.88	644.28	695.46	745.40	794.10	841.58	887.82
		560(559)	416.68	441.06	465.22	489.19	512.96	536.54	571.53	606.08	628.87	684.97	739.85	793.49	845.89	897.06	947.00
610			456.14	482.97	509.61	536.04	562.28	588.33	627.02	665.27	690.52	752.79	813.83	873.64	932.21	989.55	1045.65

续表

外径/mm			壁　　厚/mm													
系列 1	系列 2	系列 3	85	90	95	100	110	120								
			单位长度理论重量/(kg/m)													
273			394.09													
	299(298.5)		448.59	463.88	477.94	490.77										
		302	454.88	470.54	484.97	498.16										
		318.5	489.47	507.16	523.63	538.86										
325(323.9)			503.10	521.59	538.86	554.89										
	340(339.7)		534.54	554.89	574.00	591.88										
	351		557.60	579.30	599.77	619.01										
356(355.6)			568.08	590.40	611.48	631.34										
		368	593.23	617.03	639.60	660.93										
	377		612.10	637.01	660.68	683.13										
	402		664.51	692.50	719.25	744.78										
406(406.4)			672.89	701.37	728.63	754.64										
		419	700.14	730.23	759.08	786.70										
	426		714.82	745.77	775.48	803.97										
	450		765.12	799.03	831.71	863.15										
457			779.80	814.57	848.11	880.42										
	473		813.34	850.08	885.60	919.88										
	480		828.01	865.62	902.00	937.14										
	500		869.94	910.01	948.85	986.46	1057.98									
508			886.71	927.77	967.60	1006.19	1079.68									
	530		932.82	976.60	1019.14	1060.45	1139.36	1213.35								
		560(559)	995.71	1043.18	1089.42	1134.43	1220.75	1302.13								
610			1100.52	1154.16	1206.57	1257.74	1356.39	1450.10								

续表

外径/mm			壁厚/mm													
系列1	系列2	系列3	9	9.5	10	11	12(12.5)	13	14(14.2)	15	16	17(17.5)	18	19	20	22(22.2)
			单位长度理论重量/(kg/m)													
	630		137.83	145.37	152.90	167.92	182.89	197.81	212.68	227.50	242.28	257.00	271.67	286.30	300.87	329.87
		660	144.49	152.40	160.30	176.06	191.77	207.43	223.04	238.60	254.11	269.58	284.99	300.35	315.67	346.15
		699					203.31	219.93	236.50	253.03	269.50	285.93	302.30	318.63	334.90	367.31
711							206.86	223.78	240.65	257.47	274.24	290.96	307.63	324.25	340.82	373.82
	720						209.52	226.66	243.75	260.80	277.79	294.73	311.62	328.47	345.26	378.70
	762														365.98	401.49
		788.5													379.05	415.87
813															391.13	429.16
		864													416.29	456.83
914																
		965														
1016																

续表

外径/mm			壁厚/mm												
系列1	系列2	系列3	24	25	26	28	30	32	34	36	38	40	42	45	48
			单位长度理论重量/(kg/m)												
	630		358.68	373.01	387.29	415.70	443.91	471.92	499.74	527.36	554.79	582.01	609.04	649.22	688.95
		660	376.43	391.50	406.52	436.41	466.10	495.60	524.90	554.00	582.90	611.61	640.12	682.51	724.46
		699	399.52	415.55	431.53	463.34	494.96	526.38	557.60	588.62	619.45	650.08	680.51	725.79	770.62
711			406.62	422.95	439.22	471.63	503.84	535.85	567.66	599.28	630.69	661.92	692.94	739.11	784.83
	720		411.95	428.49	444.99	477.84	510.49	542.95	575.21	607.27	639.13	670.79	702.26	749.09	795.48
	762		436.81	454.39	471.92	506.84	541.57	576.09	610.42	644.55	678.49	712.23	745.77	795.71	845.20
		788.5	452.49	470.73	488.92	525.14	561.17	597.01	632.64	668.08	703.32	738.37	773.21	825.11	876.57
813			466.99	485.83	504.62	542.06	579.30	616.34	653.18	689.83	726.28	762.54	798.59	852.30	905.57
		864	497.18	517.28	537.33	577.28	617.03	656.59	695.95	735.11	774.08	812.85	851.42	908.90	965.94
914				548.10	569.39	611.80	654.02	696.05	737.87	779.50	820.93	862.17	903.20	964.39	1025.13
		965		579.55	602.09	647.02	691.76	736.30	780.64	824.78	868.73	912.48	956.03	1020.99	1085.50
1016				610.99	634.79	682.24	729.49	776.54	823.40	870.06	916.52	962.79	1008.86	1077.59	1145.87

续表

外径/mm			壁厚/mm												
系列1	系列2	系列3	50	55	60	65	70	75	80	85	90	95	100	110	120
			单位长度理论重量/(kg/m)												
	630		715. 19	779. 92	843. 43	905. 70	966. 73	1026. 54	1085. 11	1142. 45	1198. 55	1253. 42	1307. 06	1410. 64	1509. 29
		660	752. 18	820. 61	887. 82	953. 79	1018. 52	1082. 03	1144. 30	1205. 33	1265. 14	1323. 71	1381. 05	1492. 02	1598. 07
		699	800. 27	873. 51	945. 52	1016. 30	1085. 85	1154. 16	1221. 24	1287. 09	1351. 70	1415. 08	1477. 23	1597. 82	1713. 49
711			815. 06	889. 79	963. 28	1035. 54	1106. 56	1176. 36	1244. 92	1312. 24	1378. 33	1443. 19	1506. 82	1630. 38	1749. 00
	720		826. 16	902. 00	976. 60	1049. 97	1122. 10	1193. 00	1262. 67	1331. 11	1398. 31	1464. 28	1529. 02	1654. 79	1775. 63
	762		877. 95	958. 96	1038. 74	1117. 29	1194. 61	1270. 69	1345. 53	1419. 15	1491. 53	1562. 68	1632. 60	1768. 73	1899. 93
		788. 5	910. 63	994. 91	1077. 96	1159. 77	1240. 35	1319. 70	1397. 82	1474. 70	1550. 35	1624. 77	1697. 95	1840. 62	1978. 35
813			940. 84	1028. 14	1114. 21	1199. 05	1282. 65	1365. 02	1446. 15	1526. 06	1604. 73	1682. 17	1758. 37	1907. 08	2050. 86
		864	1003. 73	1097. 32	1189. 67	1280. 80	1370. 69	1459. 35	1546. 77	1632. 97	1717. 92	1801. 65	1884. 14	2045. 43	2201. 78
914			1065. 38	1165. 14	1263. 66	1360. 95	1457. 00	1551. 83	1645. 42	1737. 78	1828. 90	1918. 79	2007. 45	2181. 07	2349. 75
		965	1128. 27	1234. 31	1339. 12	1442. 70	1545. 05	1646. 16	1746. 04	1844. 68	1942. 10	2038. 28	2133. 22	2319. 42	2500. 68
1016			1191. 15	1303. 49	1414. 59	1524. 45	1633. 09	1740. 49	1846. 66	1951. 59	2055. 29	2157. 76	2259. 00	2457. 77	2651. 61

注：① 括号内尺寸为相应的 ISO 4200 的规格。

② 钢管的理论重量按公式（1）计算：

$$W = \pi\rho(D - S)S/1000 \quad (1)$$

式中 W——钢管的理论重量，单位为千克每米（kg/m）；

$\pi = 3.1416$；

ρ——钢的密度，单位为千克每立方分米（kg/dm^3），钢的密度为 7. 85kg/dm^3；

D——钢管的公称外径，单位为毫米（mm）；

S——钢管的公称壁厚，单位为毫米（mm）。

表 2 精密钢管的外径和壁厚及单位长度理论重量（详见本手册第四篇相关标准中《无缝钢管尺寸、外形、重量及允许偏差》GB/T 17395—2008 中表 2）。

附表 2　流体输送用无缝钢管(GB/T 8163—2008)

输送流体用无缝钢管分热轧和冷拔两种，其外径和壁厚应符合 GB/T 17395 的规定。根据需方要求，经供需双方协商，可供应其他外径和壁厚的钢管。钢管的外径（D）和壁厚（S）允许偏差见下表。

钢管的外径允许偏差

（mm）

钢管种类	允许偏差
热轧（挤压、扩）钢管	±1%D 或±0.50，取其中较大者
冷拔（轧）钢管	±1%D 或±0.30，取其中较大者

热轧（挤压、扩）钢管壁厚允许偏差

（mm）

钢管种类	钢管公称外径 D	S/D	允许偏差
热轧（挤压）钢管	≤102	—	±12.5S 或±0.40，取其中较大者
	>102	≤0.05	±15%S 或±0.40，取其中较大者
		>0.05~0.10	±12.5%S 或±0.40，取其中较大者
		>0.10	+12.5%S −10%S
热扩钢管	—		±15%S

冷拔（轧）钢管壁厚允许偏差

（mm）

钢管种类	钢管公称壁厚 S	允许偏差
冷拔（轧）钢管	≤3	+15%S −10%S 或±0.15，取其中较大者
	>3	+12.5%S −10%S

附表 3　石油裂化用无缝钢管(GB 9948—2006)

石油裂化用无缝钢管按制造方式分：热轧（挤压）钢管、热扩钢管、冷拔（轧）钢管。其钢管的外径和壁厚应符合 GB/T 17395—1998[①]中表 1 或表 3 的规定。根据需方要求，经供需双方协商，可供应其他外径和壁厚的钢管。钢管的外径和壁厚允许偏差见下表。根据需方要求，经供需双方协商，并在合同中注明，可生产下表中规定以外尺寸偏差的钢管。

钢管的外径和壁厚允许偏差

（mm）

分类代号	制造方式	钢管公称尺寸		允许偏差	
				普通级	高级
WH	热轧（挤压）钢管	外径（D）	≤50	±0.50	±0.30
			>50~159	±1%D	±0.75%D
			>159	±1%D	±0.9%D

续表

分类代号	制造方式	钢管公称尺寸		允许偏差	
				普通级	高　级
WH	热轧（挤压）钢管	壁厚（S）	≤20	+15%S −10%S	±10%S
			>20	+12.5%S −10%S	±10%S
	热扩钢管	外径（D）	全部	±1%D	
		壁厚（S）	全部	±15%S	
WC	冷拔（轧）钢管	外径（D）	14~30	±0. 20	±0. 15
			>30~50	±0. 30	±0. 25
			>50	±0. 75%D	±0. 6%D
		壁厚（S）	≤3. 0	+12. 5%S −10%S	±10%S
			>3. 0	±10%S	±7. 5%S

注：① GB/T 17395—1998 已被 GB/T 17395—2008 所代替，其钢管的外径和壁厚可按 GB/T 17395—2008 查取。

附表 4　高压化肥设备用无缝钢管(GB 6479—2000)(2004 年确认)

外径和壁厚

1. 钢管的外径为 14~426mm，壁厚不大于 45mm，具体规格见 GB/T 17395—1998②。

根据需方要求，经供需双方协商，可生产 GB/T 17395—1998 中规定以外规格的钢管。

2. 外径和壁厚的允许偏差应符合下表的规定。

外径和壁厚的允许偏差①

钢管种类	钢管尺寸/mm		允　许　偏　差	
			普通级	高　　级
热轧（挤压）钢　管	外　径 D	≤159	±1. 0% （最小值为±0. 5mm）	±0. 75% （最小值为±0. 3mm）
		>159	±1. 0%	±0. 90%
	壁　厚 S	≤20	+15% −10%	±10%
		>20	+12. 5% −10. 0%	±10%
冷拔（轧）钢管	外　径 D	14~30 >30~50 >50	±0. 20mm ±0. 30mm ±0. 75%	±0. 15mm ±0. 25mm ±0. 6%
	壁　厚 S	≤3. 0	+12. 5% −10%	±10%
		>3. 0	±10%	±7. 5%

注：①热扩钢管的外径允许偏差为±1. 0%，壁厚允许偏差为±15%。

②见附表 3 注①。

当需方未在合同中注明钢管尺寸允许偏差级别时，钢管外径和壁厚的允许偏差应符合普通级的规定。

根据需方要求，经供需双方协商，并在合同中注明，可生产表 1 规定以外尺寸允许偏差的钢管。

附表 5　流体输送用不锈钢无缝钢管(GB/T 14976—2012)

1. 钢管应按公称外径和公称壁厚交货。根据需方要求，经供需双方协商，钢管可按公称外径和最小壁厚或其他尺寸规格方式交货。

2. 钢管的外径和壁厚应符合 GB/T 17395 的相关规定。根据需方要求，经供需双方协商，可供应 GB/T 17395 规定以外的其他尺寸钢管。

3. 钢管按公称外径和公称壁厚交货时，其公称外径和公称壁厚的允许偏差应符合表 1 的规定。钢管按公称外径和最小壁厚交货时，其公称外径的允许偏差应符合表 1 的规定，壁厚的允许偏差应符合表 2 的规定。

4. 当需方未在合同中注明钢管尺寸允许偏差级别时，钢管外径和壁厚的允许偏差应符合普通级尺寸精度的规定。当需方要求高级尺寸精度时，应在合同中注明。

5. 根据需方要求，经供需双方协商，并在合同中注明，可供应表 1 和表 2 规定以外尺寸允许偏差的钢管。

表 1　外径和壁厚的允许偏差　（mm）

<table>
<tr><th colspan="4">热轧（挤、扩）钢管</th><th colspan="4">冷拔（轧）钢管</th></tr>
<tr><th colspan="2" rowspan="2">尺　寸</th><th colspan="2">允许偏差</th><th colspan="2" rowspan="2">尺　寸</th><th colspan="2">允许偏差</th></tr>
<tr><th>普通级</th><th>高　级</th><th>普通级</th><th>高　级</th></tr>
<tr><td rowspan="5">公称外径
D</td><td rowspan="3">68~159</td><td rowspan="3">±1.25%D</td><td rowspan="5">±1.0%D</td><td rowspan="5">公称外径
D</td><td>6~10</td><td>±0.20</td><td>±0.15</td></tr>
<tr><td>>10~30</td><td>±0.30</td><td>±0.20</td></tr>
<tr><td>>30~50</td><td>±0.40</td><td>±0.30</td></tr>
<tr><td rowspan="2">>159</td><td rowspan="2">±1.5%D</td><td>>50~219</td><td>±0.85%D</td><td>±0.75%D</td></tr>
<tr><td>>219</td><td>±0.9%D</td><td>±0.8%D</td></tr>
<tr><td rowspan="2">公称壁厚
S</td><td><15</td><td>+15. %S
-12.5%S</td><td rowspan="2">±12.5%S</td><td rowspan="2">公称壁厚
S</td><td>≤3</td><td>±12%S</td><td>±10%S</td></tr>
<tr><td>≥15</td><td>+20%S
-15%S</td><td>>3</td><td>+12.5%S
-10%S</td><td>±10%S</td></tr>
</table>

注：①见附表 3 注①。

表 2　钢管最小壁厚的允许偏差　（mm）

<table>
<tr><th rowspan="2">制造方式</th><th rowspan="2">尺寸</th><th colspan="2">允许偏差</th></tr>
<tr><th>普通级 PA</th><th>高级 PC</th></tr>
<tr><td rowspan="2">热轧（挤、扩）钢管
W-H</td><td>S_{min}<15</td><td>+25%S_{min}
0</td><td rowspan="2">+22.5%S_{min}
0</td></tr>
<tr><td>S_{min}≥15</td><td>+32.5%S_{min}
0</td></tr>
<tr><td>冷拔（轧）钢管
W-C</td><td>所有壁厚</td><td>+22%S
0</td><td>+20%S
0</td></tr>
</table>

附表 6　高压锅炉用无缝钢管（GB 5310—2008）

高压锅炉用无缝钢管按产品制造方法分为：热轧（挤压、扩）钢管；冷拔（轧）钢管。其钢管的外径和壁厚应符合 GB/T 17395 的规定。根据需方要求，经供需双方协商，可供应 GB/T 17395 中规定以外尺寸的钢管。

钢管按公称外径和公称壁厚交货时，其公称外径和公称壁厚的允许偏差应符合表 1 的规定。

钢管按公称外径和最小壁厚交货时，其公称外径的允许偏差应符合表 1 的规定，壁厚的允许偏差应符合表 2 的规定。

钢管按公称内径和公称壁厚交货时，其公称内径的允许偏差为±1.0%d，公称壁厚的允许偏差应符合表 1 的规定。

根据需方要求，经供需双方协商，并在合同中注明，可供应表 1 和表 2 规定以外尺寸允许偏差的钢管，或其他内径允许偏差的钢管。

表 1　钢管公称外径和公称壁厚允许偏差　(mm)

<table>
<tr><th rowspan="2">分类代号</th><th rowspan="2">制造方式</th><th rowspan="2" colspan="3">钢管尺寸</th><th colspan="2">允许偏差</th></tr>
<tr><th>普通级</th><th>高级</th></tr>
<tr><td rowspan="10">W-H</td><td rowspan="10">热轧（挤压）钢管</td><td rowspan="4">公称外径（D）</td><td colspan="2">≤54</td><td>±0.40</td><td>±0.30</td></tr>
<tr><td rowspan="2">>54~325</td><td>S≤35</td><td>±0.75%D</td><td>±0.5%D</td></tr>
<tr><td>S>35</td><td>±1%D</td><td>±0.75%D</td></tr>
<tr><td colspan="2">>325</td><td>±1%D</td><td>±0.75%D</td></tr>
<tr><td rowspan="4">公称壁厚（S）</td><td colspan="2">≤4.0</td><td>±0.45</td><td>±0.35</td></tr>
<tr><td colspan="2">>4.0~20</td><td>+12.5%S
-10%S</td><td>±10%S</td></tr>
<tr><td rowspan="2">>20</td><td>D<219</td><td>±10%S</td><td>±7.5%S</td></tr>
<tr><td>D≥219</td><td>+12.5%S
-10%S</td><td>±10%S</td></tr>
<tr style="display:none"></tr>
<tr style="display:none"></tr>
<tr><td rowspan="2">W-H</td><td rowspan="2">热扩钢管</td><td>公称外径（D）</td><td colspan="2">全部</td><td>±1%D</td><td>±0.75%D</td></tr>
<tr><td>公称壁厚（S）</td><td colspan="2">全部</td><td>+20%S
-10%S</td><td>+15%S
-10%S</td></tr>
<tr><td rowspan="7">W-C</td><td rowspan="7">冷拔（轧）钢管</td><td rowspan="5">公称外径（D）</td><td colspan="2">≤25.4</td><td>±0.15</td><td>—</td></tr>
<tr><td colspan="2">>25.4~10</td><td>±0.20</td><td>—</td></tr>
<tr><td colspan="2">>40~50</td><td>±0.25</td><td>—</td></tr>
<tr><td colspan="2">>50~60</td><td>±0.30</td><td>—</td></tr>
<tr><td colspan="2">>60</td><td>±0.5%D</td><td>—</td></tr>
<tr><td rowspan="2">公称壁厚（S）</td><td colspan="2">≤3.0</td><td>±0.3</td><td>±0.2</td></tr>
<tr><td colspan="2">>3.0</td><td>±10%S</td><td>±7.5%S</td></tr>
</table>

表 2　钢管最小壁厚的允许偏差　(mm)

分类代号	制造方式	壁厚范围	允许偏差	
			普通级	高级
W-H	热轧（挤压）钢管	$S_{min} \leqslant 4.0$	+0.90 0	+0.70 0
		$S_{min} > 4.0$	$+25\%S_{min}$ 0	$+22\%S_{min}$ 0
W-C	冷拔（轧）钢管	$S_{min} \leqslant 3.0$	+0.6 0	+0.4 0
		$S_{min} > 3.0$	$+20\%S_{min}$ 0	$+15\%S_{min}$ 0

附表 7　低中压锅炉用无缝钢管（GB 3087—2008）

低中压锅炉用无缝钢管按产品制造方法分为：热轧（挤压、扩）钢管；冷拔（轧）钢管。钢管外径和壁厚应符合 GB/T 17395 的规定。钢管外径的允许偏差应符合表 1 的规定。热轧（挤压、扩）钢管的壁厚允许偏差应符合表 2 的规定。冷拔（轧）钢管的壁厚允许偏差应符合表 3 的规定。

根据需方要求，经供需双方协商，并在合同中注明，可生产表 1、表 2、表 3 规定以外尺寸允许偏差的钢管。

表 1　钢管的外径允许偏差　(mm)

钢管种类	允许偏差
热轧（挤压、扩）钢管	±1.0%D 或±0.50，取其中较大者
冷拔（轧）钢管	±1.0%D 或±0.30，取其中较大者

表 2　热轧（挤压、扩）钢管壁厚允许偏差　(mm)

钢管种类	钢管外径	S/D	允许偏差
热轧（挤压）钢管	≤102	—	±12.5%S 或±0.40，取其中较大者
	>102	≤0.05	±15%S 或±0.40，取其中较大者
		>0.05~0.10	±12.5%S 或±0.40，取其中较大者
		>0.10	+12.5%S -10%S
热扩钢管	±15%S		

表 3　冷拔（轧）钢管壁厚允许偏差　(mm)

钢管种类	壁厚	允许偏差
冷拔（轧）钢管	≤3	$^{+15}_{-10}$%S 或±0.15，取其中较大者
	>3	+12.5%S -10%S

附表 8 焊接钢管尺寸及单位长度重量(GB/T 21835—2008)

系列			壁厚/mm																		
系列 1			0.5	0.6	0.8	1.0	1.2	1.4		1.6		1.8		2.0		2.3		2.6		2.9	
系列 2									1.5		1.7		1.9		2.2		2.4		2.8		3.1
外径/mm			单位长度理论重量/（kg/m）																		
系列 1	系列 2	系列 3																			
10.2			0.120	0.142	0.185	0.227	0.266	0.304	0.322	0.339	0.356	0.373	0.389	0.404	0.434	0.448	0.462	0.487	0.511	0.522	
	12		0.142	0.169	0.221	0.271	0.320	0.366	0.388	0.410	0.432	0.453	0.473	0.493	0.532	0.550	0.568	0.603	0.635	0.651	0.680
	12.7		0.150	0.179	0.235	0.289	0.340	0.390	0.414	0.438	0.461	0.484	0.506	0.528	0.570	0.590	0.610	0.648	0.684	0.701	0.734
13.5			0.160	0.191	0.251	0.308	0.364	0.418	0.444	0.470	0.495	0.519	0.544	0.567	0.613	0.635	0.657	0.699	0.739	0.758	0.795
		14	0.166	0.198	0.260	0.321	0.379	0.435	0.462	0.489	0.516	0.542	0.567	0.592	0.640	0.664	0.687	0.731	0.773	0.794	0.833
	16		0.191	0.228	0.300	0.370	0.438	0.504	0.536	0.568	0.600	0.630	0.661	0.691	0.749	0.777	0.805	0.859	0.911	0.937	0.986
17.2			0.206	0.246	0.324	0.400	0.474	0.546	0.581	0.616	0.650	0.684	0.717	0.750	0.814	0.845	0.876	0.936	0.994	1.02	1.08
		18	0.216	0.257	0.339	0.419	0.497	0.573	0.610	0.647	0.683	0.719	0.754	0.789	0.857	0.891	0.923	0.987	1.05	1.08	1.14
	19		0.228	0.272	0.359	0.444	0.527	0.608	0.647	0.687	0.725	0.764	0.801	0.838	0.911	0.947	0.983	1.05	1.12	1.15	1.22
	20		0.240	0.287	0.379	0.469	0.556	0.642	0.684	0.726	0.767	0.808	0.848	0.888	0.966	1.00	1.04	1.12	1.19	1.22	1.29
21.3			0.256	0.306	0.404	0.501	0.595	0.687	0.732	0.777	0.822	0.866	0.909	0.952	1.04	1.08	1.12	1.20	1.28	1.32	1.39
		22	0.265	0.317	0.418	0.518	0.616	0.711	0.758	0.805	0.851	0.897	0.942	0.986	1.07	1.12	1.16	1.24	1.33	1.37	1.44
	25		0.302	0.361	0.477	0.592	0.704	0.815	0.869	0.923	0.977	1.03	1.082	1.13	1.24	1.29	1.34	1.44	1.53	1.58	1.67
		25.4	0.307	0.367	0.485	0.602	0.716	0.829	0.884	0.939	0.994	1.05	1.10	1.15	1.26	1.31	1.36	1.46	1.56	1.61	1.70
26.9			0.326	0.389	0.515	0.639	0.761	0.880	0.940	0.998	1.06	1.11	1.17	1.23	1.34	1.40	1.45	1.56	1.66	1.72	1.82
		30	0.364	0.435	0.576	0.715	0.852	0.987	1.05	1.12	1.19	1.25	1.32	1.38	1.51	1.57	1.63	1.76	1.88	1.94	2.06
	31.8		0.386	0.462	0.612	0.760	0.906	1.05	1.12	1.19	1.26	1.33	1.40	1.47	1.61	1.67	1.74	1.87	2.00	2.07	2.19
	32		0.388	0.465	0.616	0.765	0.911	1.06	1.13	1.20	1.27	1.34	1.41	1.48	1.62	1.68	1.75	1.89	2.02	2.08	2.21
33.7			0.409	0.490	0.649	0.806	0.962	1.12	1.19	1.27	1.34	1.42	1.49	1.56	1.71	1.78	1.85	1.99	2.13	2.20	2.34
		35	0.425	0.509	0.675	0.838	1.00	1.16	1.24	1.32	1.40	1.47	1.55	1.63	1.78	1.85	1.93	2.08	2.22	2.30	2.44
	38		0.462	0.553	0.734	0.912	1.09	1.26	1.35	1.44	1.52	1.61	1.69	1.78	1.94	2.02	2.11	2.27	2.43	2.51	2.67
	40		0.487	0.583	0.773	0.962	1.15	1.33	1.42	1.52	1.61	1.70	1.79	1.87	2.05	2.14	2.23	2.40	2.57	2.65	2.82

续表

系列			壁厚/mm																	
系列1			3.2		3.6		4.0		4.5		5.0		5.4		5.6		6.3		7.1	
系列2				3.4		3.8		4.37		4.78		5.16		5.56		6.02		6.35		7.92
外径/mm			单位长度理论重量/（kg/m）																	
系列1	系列2	系列3																		
10.2																				
	12																			
	12.7																			
13.5																				
		14																		
	16		1.01	1.06	1.10	1.14														
17.2			1.10	1.16	1.21	1.26														
		18	1.17	1.22	1.28	1.33														
	19		1.25	1.31	1.37	1.42														
	20		1.33	1.39	1.46	1.52	1.58	1.68												
21.3			1.43	1.50	1.57	1.64	1.71	1.82	1.86	1.95										
		22	1.48	1.56	1.63	1.71	1.78	1.90	1.94	2.03										
	25		1.72	1.81	1.90	1.99	2.07	2.22	2.28	2.38	2.47									
		25.4	1.75	1.84	1.94	2.02	2.11	2.27	2.32	2.43	2.52									
26.9			1.87	1.97	2.07	2.16	2.26	2.43	2.49	2.61	2.70	2.77								
		30	2.11	2.23	2.34	2.46	2.56	2.76	2.83	2.97	3.08	3.16								
	31.8		2.26	2.38	2.50	2.62	2.74	2.96	3.03	3.10	3.30	3.39								
	32		2.27	2.40	2.52	2.64	2.76	2.98	3.05	3.21	3.33	3.42								
33.7			2.41	2.54	2.67	2.80	2.93	3.16	3.24	3.41	3.54	3.63								
		35	2.51	2.65	2.79	2.92	3.06	3.30	3.38	3.56	3.70	3.80								
	38		2.75	2.90	3.05	3.21	3.35	3.62	3.72	3.92	4.07	4.18								
	40		2.90	3.07	3.23	3.39	3.55	3.84	3.94	4.15	4.32	4.43								

续表

系列			壁厚/mm																		
系列1			0.5	0.6	0.8	1.0	1.2	1.4		1.6		1.8		2.0		2.3		2.6		2.9	
系列2									1.5		1.7		1.9		2.2		2.4		2.8		3.1
外径/mm			单位长度理论重量/（kg/m）																		
系列1	系列2	系列3																			
42.4			0.517	0.619	0.821	1.02	1.22	1.42	1.51	1.61	1.71	1.80	1.90	1.99	2.18	2.27	2.37	2.55	2.73	2.82	3.00
		44.5	0.543	0.650	0.862	1.07	1.28	1.49	1.59	1.69	1.79	1.90	2.00	2.10	2.29	2.39	2.49	2.69	2.88	2.98	3.17
48.3				0.706	0.937	1.17	1.39	1.62	1.73	1.84	1.95	2.06	2.17	2.28	2.50	2.61	2.72	2.93	3.14	3.25	3.46
	51			0.746	0.990	1.23	1.47	1.71	1.83	1.95	2.07	2.18	2.30	2.42	2.65	2.76	2.88	3.10	3.33	3.44	3.66
		54		0.79	1.05	1.31	1.56	1.82	1.94	2.07	2.19	2.32	2.44	2.56	2.81	2.93	3.05	3.30	3.54	3.65	3.89
	57			0.835	1.11	1.38	1.65	1.92	2.05	2.19	2.32	2.45	2.58	2.71	2.97	3.10	3.23	3.49	3.74	3.87	4.12
60.3				0.883	1.17	1.46	1.75	2.03	2.18	2.32	2.46	2.60	2.74	2.88	3.15	3.29	3.43	3.70	3.97	4.11	4.37
	63.5			0.931	1.24	1.54	1.84	2.14	2.29	2.44	2.59	2.74	2.89	3.03	3.33	3.47	3.62	3.90	4.19	4.33	4.62
	70				1.37	1.70	2.04	2.37	2.53	2.70	2.86	3.03	3.19	3.35	3.68	3.84	4.00	4.32	4.64	4.80	5.11
		73			1.42	1.78	2.12	2.47	2.64	2.82	2.99	3.16	3.33	3.50	3.84	4.01	4.18	4.51	4.85	5.01	5.34
76.1					1.49	1.85	2.22	2.58	2.76	2.94	3.12	3.30	3.48	3.65	4.01	4.19	4.36	4.71	5.06	5.24	5.58
		82.5			1.61	2.01	2.41	2.80	3.00	3.19	3.39	3.58	3.78	3.97	4.36	4.55	4.74	5.12	5.50	5.69	6.07
88.9					1.74	2.17	2.60	3.02	3.23	3.44	3.66	3.87	4.08	4.29	4.70	4.91	5.12	5.53	5.95	6.15	6.56
	101.6						2.97	3.46	3.70	3.95	4.19	4.43	4.67	4.91	5.39	5.63	5.87	6.35	6.82	7.06	7.53
		108					3.16	3.68	3.94	4.20	4.46	4.71	4.97	5.23	5.74	6.00	6.25	6.76	7.26	7.52	8.02
114.3							3.35	3.90	4.17	4.45	4.72	4.99	5.27	5.54	6.08	6.35	6.62	7.16	7.70	7.97	8.50
	127									4.95	5.25	5.56	5.86	6.17	6.77	7.07	7.37	7.98	8.58	8.88	9.47
	133									5.18	5.50	5.82	6.14	6.46	7.10	7.41	7.73	8.36	8.99	9.30	9.93
139.7										5.45	5.79	6.12	6.46	6.79	7.46	7.79	8.13	8.79	9.45	9.78	10.44
		141.3								5.51	5.85	6.19	6.53	6.87	7.55	7.88	8.22	8.89	9.56	9.90	10.57
		152.4								5.95	6.32	6.69	7.05	7.42	8.15	8.51	8.88	9.61	10.33	10.69	11.41
		159								6.21	6.59	6.98	7.36	7.74	8.51	8.89	9.27	10.03	10.79	11.16	11.92

续表

系列			壁厚/mm																	
系列 1			3.2		3.6		4.0		4.5		5.0		5.4		5.6		6.3		7.1	
系列 2				3.4		3.8		4.37		4.78		5.16		5.56		6.02		6.35		7.92
外径/mm			单位长度理论重量/（kg/m）																	
系列 1	系列 2	系列 3																		
42.4			3.09	3.27	3.44	3.62	3.79	4.10	4.21	4.43	4.61	4.74	4.93	5.05	5.08	5.40				
		44.5	3.26	3.45	3.63	3.81	4.00	4.32	4.44	4.68	4.87	5.01	5.21	5.34	5.37	5.71				
48.3			3.56	3.76	3.97	4.17	4.37	4.73	4.86	5.13	5.34	5.49	5.71	5.86	5.90	6.28				
	51		3.77	3.99	4.21	4.42	4.64	5.03	5.16	5.45	5.67	5.83	6.07	6.23	6.27	6.68				
		54	4.01	4.24	4.47	4.70	4.93	5.35	5.49	5.80	6.04	6.22	6.47	6.64	6.68	7.12				
	57		4.25	4.49	4.74	4.99	5.23	5.67	5.83	6.16	6.41	6.60	6.87	7.05	7.10	7.57				
60.3			4.51	4.77	5.03	5.29	5.55	6.03	6.19	6.54	6.82	7.02	7.31	7.51	7.55	8.06				
	63.5		4.76	5.04	5.32	5.59	5.87	6.37	6.55	6.92	7.21	7.42	7.74	7.94	8.00	8.53				
	70		5.27	5.58	5.90	6.20	6.51	7.07	7.27	7.69	8.01	8.25	8.60	8.84	8.89	9.50	9.90	9.97		
		73	5.51	5.84	6.16	6.48	6.81	7.40	7.60	8.04	8.38	8.63	9.00	9.25	9.31	9.94	10.36	10.44		
76.1			5.75	6.10	6.44	6.78	7.11	7.73	7.95	8.41	8.77	9.03	9.42	9.67	9.74	10.40	10.84	10.92		
		82.5	6.26	6.63	7.00	7.38	7.74	8.42	8.66	9.16	9.56	9.84	10.27	10.55	10.62	11.35	11.84	11.93		
88.9			6.76	7.17	7.57	7.98	8.38	9.11	9.37	9.92	10.35	10.66	11.12	11.43	11.50	12.30	12.83	12.93		
	101.6		7.77	8.23	8.70	9.17	9.63	10.48	10.78	11.41	11.91	12.27	12.81	13.17	13.26	14.19	14.81	14.92		
		108	8.27	8.77	9.27	9.76	10.26	11.17	11.49	12.17	12.70	13.09	13.66	14.05	14.14	15.14	15.80	15.92		
114.3			8.77	9.30	9.83	10.36	10.88	11.85	12.19	12.91	13.48	13.89	14.50	14.91	15.01	16.08	16.78	16.91	18.77	20.78
	127		9.77	10.36	10.96	11.55	12.13	13.22	13.59	14.41	15.04	15.50	16.19	16.65	16.77	17.96	18.75	18.89	20.99	23.26
	133		10.24	10.87	11.49	12.11	12.73	13.86	14.26	15.11	15.78	16.27	16.99	17.47	17.59	18.85	19.69	19.83	22.04	24.43
139.7			10.77	11.43	12.08	12.74	13.39	14.58	15.00	15.90	16.61	17.12	17.89	18.39	18.52	19.85	20.73	20.88	23.22	25.74
		141.3	10.90	11.56	12.23	12.89	13.54	14.76	15.18	16.09	16.81	17.32	18.10	18.61	18.74	20.08	20.97	21.13	23.50	26.05
		152.4	11.77	12.49	13.21	13.93	14.64	15.95	16.41	17.40	18.18	18.74	19.58	20.13	20.27	21.73	22.70	22.87	25.44	28.22
		159	12.30	13.05	13.80	14.54	15.29	16.66	17.15	18.18	18.99	19.58	20.46	21.04	21.19	22.71	23.72	23.91	26.60	29.51

续表

系列			壁厚/mm																	
系列1			8.0		8.8		10		11		12.5		14.2		16		17.5		20	
系列2				8.74		9.53		10.31		11.91		12.7		15.09		16.66		19.05		20.62
外径/mm			单位长度理论重量/（kg/m）																	
系列1	系列2	系列3																		
42.4																				
		44.5																		
48.3																				
	51																			
		54																		
	57																			
60.3																				
	63.5																			
	70																			
		73																		
76.1																				
		82.5																		
88.9																				
	101.6																			
		108																		
114.3			20.97																	
	127		23.48																	
	133		24.66																	
139.7			25.98																	
		141.3	26.30																	
		152.4	28.49																	
		159	29.79	32.39																

续表

系列			壁厚/mm																		
系列 1			0.5	0.6	0.8	1.0	1.2	1.4		1.6		1.8		2.0		2.3		2.6		2.9	
系列 2									1.5		1.7		1.9		2.2		2.4		2.8		3.1
外径/mm			单位长度理论重量/（kg/m）																		
系列 1	系列 2	系列 3																			
		165								6.45	6.85	7.24	7.64	8.04	8.83	9.23	9.62	10.41	11.20	11.59	12.38
168.3										6.58	6.98	7.39	7.80	8.20	9.01	9.42	9.82	10.62	11.43	11.83	12.63
		177.8										7.81	8.24	8.67	9.53	9.95	10.38	11.23	12.08	12.51	13.36
		190.7										8.39	8.85	9.31	10.23	10.69	11.15	12.06	12.97	13.43	14.34
		193.7										8.52	8.99	9.46	10.39	10.86	11.32	12.25	13.18	13.65	14.57
219.1												9.65	10.18	10.71	11.77	12.30	12.83	13.88	14.94	15.46	16.51
		244.5												11.96	13.15	13.73	14.33	15.51	16.69	17.28	18.46
273.1														13.37	14.70	15.36	16.02	17.34	18.66	19.32	20.64
323.9																		20.60	22.17	22.96	24.53
355.6																		22.63	24.36	25.22	26.95
406.4																		25.89	27.87	28.86	30.83
457																					
508																					
		559																			
610																					
		660																			
711																					
	762																				
813																					
		864																			
914																					
		965																			

续表

系列			壁厚/mm																	
系列 1			3.2		3.6		4.0		4.5		5.0		5.4		5.6		6.3		7.1	
系列 2				3.4		3.8		4.37		4.78		5.16		5.56		6.02		6.35		7.92
外径/mm			单位长度理论重量/（kg/m）																	
系列 1	系列 2	系列 3																		
		165	12.77	13.55	14.33	15.11	15.88	17.31	17.81	18.89	19.73	20.34	21.25	21.86	22.01	23.60	24.66	24.84	27.65	30.68
168.3			13.03	13.83	14.62	15.42	16.21	17.67	18.18	19.28	20.14	20.76	21.69	22.31	22.47	24.09	25.17	25.36	28.23	31.33
		177.8	13.78	14.62	15.47	16.31	17.14	18.69	19.23	20.40	21.31	21.97	22.96	23.62	23.78	25.50	26.65	26.85	29.88	33.18
		190.7	14.80	15.70	16.61	17.52	18.42	20.08	20.66	21.92	22.90	23.61	24.68	25.39	25.56	27.42	28.65	28.87	32.15	35.70
		193.7	15.03	15.96	16.88	17.80	18.71	20.40	21.00	22.27	23.27	23.99	25.08	25.80	25.98	27.86	29.12	29.34	32.67	36.29
219.1			17.04	18.09	19.13	20.18	21.22	23.14	23.82	25.26	26.40	27.22	28.46	29.28	29.49	31.63	33.06	33.32	37.12	41.25
		244.5	19.04	20.22	21.39	22.56	23.72	25.88	26.63	28.26	29.53	30.46	31.84	32.76	32.99	35.41	37.01	37.29	41.57	46.21
273.1			21.30	22.61	23.93	25.24	26.55	28.96	29.81	31.63	33.06	34.10	35.65	36.68	36.94	39.65	41.45	41.77	46.58	51.79
323.9			25.31	26.87	28.44	30.00	31.56	34.44	35.45	37.62	39.32	40.56	42.42	43.65	43.96	47.19	49.34	49.73	55.47	61.72
355.6			27.81	29.53	31.25	32.97	34.68	37.85	38.96	41.36	43.23	44.59	46.64	48.00	48.34	51.90	54.27	54.69	61.02	67.91
406.4			31.82	33.79	35.76	37.73	39.70	43.33	44.60	47.34	49.50	51.06	53.40	54.96	55.35	59.44	62.16	62.65	69.92	77.83
457			35.81	38.03	40.25	42.47	44.69	48.78	50.23	53.31	55.73	57.50	60.14	61.90	62.34	66.95	70.02	70.57	78.78	87.71
508			39.84	42.31	44.78	47.25	49.72	54.28	55.88	59.32	62.02	63.99	66.93	68.89	69.38	74.53	77.95	78.56	87.71	97.68
		559	43.86	46.59	49.31	52.03	54.75	59.77	61.54	65.33	68.31	70.48	73.72	75.89	76.43	82.10	85.87	86.55	96.64	107.64
610			47.89	50.86	53.84	56.81	59.78	65.27	67.20	71.34	74.60	76.97	80.52	82.88	83.47	89.67	93.80	94.53	105.57	117.60
		660					64.71	70.66	72.75	77.24	80.77	83.33	87.17	89.74	90.38	97.09	101.56	102.36	114.32	127.36
711							69.74	76.15	78.41	83.25	87.06	89.82	93.97	96.73	97.42	104.66	109.49	110.35	123.25	137.32
	762						74.77	81.65	84.06	89.26	93.34	96.31	100.76	103.72	104.46	112.23	117.41	118.34	132.18	147.29
813							79.80	87.15	89.72	95.27	99.63	102.80	107.55	110.71	111.51	119.81	125.33	126.32	141.11	157.25
		864					84.84	92.64	95.38	101.29	105.92	109.29	114.34	117.71	118.55	127.38	133.26	134.31	150.04	167.21
914							89.76	98.03	100.93	107.18	112.09	115.65	121.00	124.56	125.45	134.80	141.03	142.14	158.80	176.97
		965					94.80	103.53	106.59	113.19	118.38	122.14	127.79	131.56	132.50	142.37	148.95	150.13	167.73	186.94

续表

系列			壁厚/mm																	
系列1			8.0		8.8		10		11		12.5		14.2		16		17.5		20	
系列2				8.74		9.53		10.31		11.91		12.70		15.09		16.66		19.05		20.62
外径/mm			单位长度理论重量/（kg/m）																	
系列1	系列2	系列3																		
		165	30.97	33.68																
168.3			31.63	34.39	34.61	37.31	39.04	40.17	42.67	45.93	48.03	48.73								
		177.8	33.50	36.44	36.68	39.55	41.38	42.59	45.25	48.72	50.96	51.71								
		190.7	36.05	39.22	39.48	42.58	44.56	45.87	48.75	52.51	54.93	55.75								
		193.7	36.64	39.87	40.13	43.28	45.30	46.63	49.56	53.40	55.86	56.69								
219.1			41.65	45.34	45.64	49.25	51.57	53.09	56.45	60.86	63.69	64.64	71.75							
		244.5	46.66	50.82	51.15	55.22	57.83	59.55	63.34	68.32	71.52	72.60	80.65							
273.1			52.30	56.98	57.36	61.95	64.88	66.82	71.10	76.72	80.33	81.56	90.67							
323.9			62.34	67.93	68.38	73.88	77.41	79.73	84.88	91.64	95.99	97.47	108.45	114.92	121.49	126.23	132.23			
355.6			68.58	74.76	75.26	81.33	85.23	87.79	93.48	100.95	105.77	107.40	119.56	126.72	134.00	139.26	145.92			
406.4			78.60	85.71	86.29	93.27	97.76	100.71	107.26	115.87	121.43	123.31	137.35	145.62	154.05	160.13	167.84	181.98	190.58	196.18
457			88.58	96.62	97.27	105.17	110.24	113.58	120.99	130.73	137.03	139.16	155.07	164.45	174.01	180.92	189.68	205.75	215.54	221.91
508			98.65	107.61	108.34	117.15	122.81	126.54	134.82	145.71	152.75	155.13	172.93	183.43	194.14	201.87	211.69	229.71	240.70	247.84
		559	108.71	118.60	119.41	129.14	135.39	139.51	148.66	160.69	168.47	171.10	190.79	202.41	214.26	222.83	233.70	253.67	265.85	273.78
610			118.77	129.60	130.47	141.12	147.97	152.48	162.49	175.67	184.19	187.07	208.65	221.39	234.38	243.78	255.71	277.63	291.01	299.71
		660	128.63	140.37	141.32	152.88	160.30	165.19	176.06	190.36	199.60	202.74	226.15	240.00	254.11	264.32	277.29	301.12	315.67	325.14
711			138.70	151.37	152.39	164.86	172.88	178.16	189.89	205.34	215.33	218.71	244.01	258.98	274.24	285.28	299.30	325.08	340.82	351.07
	762		148.76	162.36	163.46	176.85	185.45	191.12	203.73	220.32	231.05	234.68	261.87	277.96	294.36	306.23	321.31	349.04	365.98	377.01
813			158.82	173.35	174.53	188.83	198.03	204.09	217.56	235.29	246.77	250.65	279.73	296.94	314.48	327.18	343.32	373.00	391.13	402.94
		864	168.88	184.34	185.60	200.82	210.61	217.06	231.40	250.27	262.49	266.63	297.59	315.92	334.61	348.14	365.33	396.96	416.29	428.88
914			178.75	195.12	196.45	212.57	222.94	229.77	244.96	264.96	277.90	282.29	315.10	334.52	354.34	368.68	386.91	420.45	440.95	454.30
		965	188.81	206.11	207.52	224.56	235.52	242.74	258.80	279.94	293.63	298.26	332.96	353.50	374.46	389.64	408.92	444.41	466.10	480.24

续表

系列			壁厚/mm																	
系列 1			22.2		25		28		30		32		36		40	45	50	55	60	65
系列 2				23.83		26.19		28.58		30.96		34.93		38.1						
外径/mm			单位长度理论重量/（kg/m）																	
系列 1	系列 2	系列 3																		
		165																		
168.3																				
		177.8																		
		190.7																		
		193.7																		
219.1																				
		244.5																		
273.1																				
323.9																				
355.6																				
406.4			210.34	224.83	235.15	245.57	261.29	266.30	278.48											
457			238.05	254.57	266.34	278.25	296.23	301.96	315.91											
508			265.97	283.54	297.79	311.19	331.45	337.91	353.65	364.23	375.64	407.51	419.05	441.52	461.66	513.82	564.75	614.44	662.90	710.12
		559	293.89	314.51	329.23	344.13	366.67	373.85	391.37	403.17	415.89	451.45	464.33	489.44	511.97	570.42	627.64	683.62	738.37	791.88
610			321.81	344.48	360.67	377.07	401.88	409.80	429.11	442.11	456.14	495.38	509.61	537.36	562.28	627.02	690.52	752.79	813.83	873.63
		660	349.19	373.87	391.50	409.37	436.41	445.04	466.10	480.28	495.60	538.45	554.00	584.34	611.61	682.51	752.18	820.61	887.81	953.78
711			377.11	403.84	422.94	442.31	471.63	480.99	503.83	519.22	535.85	582.38	599.27	632.26	661.91	739.11	815.06	889.79	963.28	1035.54
	762		405.03	433.81	454.39	475.25	506.84	516.93	541.57	558.16	576.09	626.32	644.55	680.18	712.22	795.70	877.95	958.96	1038.74	1117.29
813			432.95	463.78	485.83	508.19	542.06	552.88	579.30	597.10	616.34	670.25	689.83	728.10	762.53	852.30	940.84	1028.14	1114.21	1199.04
		864	460.87	493.75	517.27	541.13	577.28	588.83	617.03	636.04	656.59	714.18	735.11	776.02	812.84	908.90	1003.72	1097.31	1189.67	1280.22
914			488.25	523.14	548.10	573.42	611.80	624.07	654.02	674.22	696.05	757.25	779.50	823.00	862.17	964.39	1065.38	1165.13	1263.66	1360.94
		965	516.17	553.11	579.55	606.36	647.02	660.01	691.76	713.16	736.29	801.19	824.78	870.92	912.48	1020.99	1128.26	1234.31	1339.12	1442.70

续表

系列			壁厚/mm																	
系列1			3.2		3.6		4.0		4.5		5.0		5.4		5.6		6.3		7.1	
系列2				3.4		3.8		4.37		4.78		5.16		5.56		6.02		6.35		7.92
外径/mm			单位长度理论重量/（kg/m）																	
系列1	系列2	系列3																		
1016							99.83	109.02	112.25	119.20	124.66	128.63	134.58	138.55	139.54	149.94	156.87	158.11	176.66	196.90
1067											130.95	135.12	141.38	145.54	146.58	157.52	164.80	166.10	185.58	206.86
1118											137.24	141.61	148.17	152.54	153.63	165.09	172.72	174.08	194.51	216.82
	1168										143.41	147.98	154.83	159.39	160.53	172.51	180.49	181.91	203.27	226.59
1219											149.70	154.47	161.62	166.38	167.58	180.08	188.41	189.90	212.20	236.55
	1321														181.66	195.22	204.26	205.87	230.06	256.47
1422															195.61	210.22	219.95	221.69	247.74	276.20
	1524																235.80	237.66	265.60	296.12
1626																	251.65	253.64	283.46	316.04
	1727																		301.15	335.77
1829																			319.01	355.69
	1930																			
2032																				
	2134																			
2235																				
	2337																			
	2438																			
2540																				

续表

系列			壁厚/mm																	
系列 1			8. 0		8. 8		10		11		12. 5		14. 2		16		17. 5		20	
系列 2				8. 74		9. 53		10. 31		11. 91		12. 70		15. 09		16. 66		19. 05		20. 62
外径/mm			单位长度理论重量/（kg/m）																	
系列 1	系列 2	系列 3																		
1016			198. 87	217. 11	218. 58	236. 54	248. 09	255. 71	272. 63	294. 92	309. 35	314. 23	350. 82	372. 48	394. 58	410. 59	430. 93	468. 37	491. 26	506. 17
1067			208. 93	228. 10	229. 65	248. 53	260. 67	268. 67	286. 47	309. 90	325. 07	330. 21	368. 68	391. 46	414. 71	431. 54	452. 94	492. 33	516. 41	532. 11
1118			218. 99	239. 09	240. 72	260. 52	273. 25	281. 64	300. 30	324. 88	340. 79	346. 18	386. 54	410. 44	434. 83	452. 50	474. 95	516. 29	541. 57	558. 04
	1168		228. 86	249. 87	251. 57	272. 27	285. 58	294. 35	313. 87	339. 56	356. 20	361. 84	404. 05	429. 05	454. 56	473. 04	496. 53	539. 78	566. 23	583. 47
1219			238. 92	260. 86	262. 64	284. 25	298. 16	307. 32	327. 70	354. 54	371. 93	377. 81	421. 91	448. 03	474. 68	493. 99	518. 54	563. 74	591. 38	609. 40
	1321		259. 04	282. 85	284. 78	308. 23	323. 31	333. 26	355. 37	384. 50	403. 37	409. 76	457. 63	485. 98	514. 93	535. 90	562. 56	611. 66	641. 69	661. 27
1422			278. 97	304. 62	306. 69	331. 96	348. 22	358. 94	382. 77	414. 17	434. 50	441. 39	493. 00	523. 57	554. 79	577. 40	606. 15	659. 11	691. 51	712. 63
	1524		299. 09	326. 60	328. 83	355. 94	373. 38	384. 87	410. 44	444. 13	465. 95	473. 34	528. 72	561. 53	595. 03	619. 31	650. 17	707. 03	741. 82	764. 50
1626			319. 22	348. 59	350. 97	379. 91	398. 53	410. 81	438. 11	474. 09	497. 39	505. 29	564. 44	599. 49	635. 28	661. 21	694. 19	754. 95		
	1727		339. 14	370. 36	372. 89	403. 65	423. 44	436. 49	465. 51	503. 75	528. 53	536. 92	599. 81	637. 07	675. 13	702. 71	737. 78	802. 40		
1829			359. 27	392. 34	395. 02	427. 62	448. 59	462. 42	493. 18	533. 71	559. 97	568. 87	635. 53	675. 03	715. 38	744. 62	781. 80	850. 32		
	1930		379. 20	414. 11	416. 94	451. 36	473. 50	488. 10	520. 58	563. 38	591. 11	600. 50	670. 90	712. 62	755. 23	786. 12	825. 39	897. 77		
2032			399. 32	436. 10	439. 08	475. 33	498. 66	514. 04	548. 25	593. 34	622. 55	632. 45	706. 62	750. 58	795. 48	828. 02	869. 41	945. 69	992. 38	1022. 83
	2134				461. 21	499. 30	523. 81	539. 97	575. 92	623. 30	653. 99	664. 39	742. 34	788. 54	835. 73	869. 93	913. 43	993. 61	1042. 69	1074. 70
2235					483. 13	523. 04	548. 72	565. 65	603. 32	652. 96	685. 13	696. 03	777. 71	826. 12	875. 58	911. 43	957. 02	1041. 06	1092. 50	1126. 06
	2337						573. 87	591. 58	630. 99	682. 92	716. 57	727. 97	813. 43	864. 08	915. 93	953. 34	1001. 04	1088. 98	1142. 81	1177. 93
	2438						598. 78	617. 26	658. 39	712. 59	747. 71	759. 61	848. 80	901. 67	955. 68	994. 83	1044. 63	1136. 43	1192. 63	1229. 29
2540							623. 94	643. 20	686. 06	742. 55	779. 15	791. 55	884. 52	939. 63	995. 93	1036. 74	1088. 65	1184. 35	1242. 94	1821. 16

续表

系列			壁厚/mm																	
系列1			22.2		25		28		30		32		36		40	45	50	55	60	65
系列2				23.83		26.19		28.58		30.96		34.93		38.1						
外径/mm			单位长度理论重量/（kg/m）																	
系列1	系列2	系列3																		
1016			544.09	583.08	610.99	639.30	682.24	695.96	729.49	752.10	776.54	845.12	870.06	918.84	962.78	1077.58	1191.15	1303.48	1414.58	1524.45
1067			572.01	613.05	642.43	672.24	717.45	731.91	767.22	791.04	816.79	889.05	915.34	966.76	1013.09	1134.18	1254.04	1372.66	1490.05	1606.20
1118			599.93	643.03	673.88	705.18	752.67	767.85	804.95	829.98	857.04	932.98	960.61	1014.68	1063.40	1190.78	1316.92	1441.83	1565.51	1687.96
	1168		627.31	672.41	704.70	737.48	787.20	803.09	841.94	868.15	896.49	976.06	1005.01	1061.66	1112.73	1246.27	1378.58	1509.65	1639.50	1768.11
1219			655.23	702.38	736.15	770.42	822.41	839.04	879.68	907.09	936.74	1019.99	1050.28	1109.58	1163.04	1302.87	1441.46	1518.83	1714.96	1849.86
	1321		711.07	762.33	799.03	836.30	892.84	910.93	955.14	984.97	1017.24	1107.85	1140.84	1205.42	1263.66	1416.06	1567.24	1717.18	1865.89	2013.36
1422			766.37	821.68	861.30	901.53	962.59	982.12	1029.86	1062.09	1096.94	1194.86	1230.51	1300.32	1363.29	1528.15	1691.78	1854.17	2015.34	2175.27
	1524		822.21	881.63	924.19	967.41	1033.02	1054.01	1105.33	1139.97	1177.44	1282.72	1321.07	1396.16	1463.91	1641.35	1817.55	1992.53	2166.27	2338.77
1626			878.06	941.57	987.08	1033.29	1103.45	1125.90	1180.79	1217.85	1257.93	1370.59	1411.62	1492.00	1564.53	1754.54	1943.33	2130.88	2317.19	2502.28
	1727		933.35	1000.92	1049.35	1098.53	1173.20	1197.09	1255.52	1294.96	1337.64	1457.59	1501.29	1586.90	1664.16	1866.63	2067.87	2267.87	2466.64	2664.18
1829			989.20	1060.87	1112.23	1164.41	1243.63	1268.98	1330.98	1372.84	1418.13	1545.46	1591.85	1682.74	1764.78	1979.83	2193.64	2406.22	2617.57	2827.69
	1930		1044.49	1120.22	1174.50	1229.64	1313.37	1340.17	1405.71	1449.96	1497.84	1632.46	1681.52	1771.64	1864.41	2091.91	2318.18	2543.22	2767.02	2989.59
2032			1100.34	1180.17	1237.39	1295.52	1383.81	1412.06	1481.17	1527.83	1578.34	1720.33	1772.08	1873.47	1965.03	2205.11	2443.95	2681.57	2917.95	3153.10
	2134		1156.18	1240.11	1300.28	1361.40	1454.24	1483.95	1556.63	1605.71	1658.83	1808.19	1862.63	1969.31	2065.65	2318.30	2569.72	2819.92	3068.88	3316.60
2235			1211.48	1299.47	1362.55	1426.64	1523.98	1555.14	1631.36	1682.83	1738.54	1895.20	1952.30	2064.21	2165.28	2430.39	2694.27	2956.91	3218.33	3478.50
	2337		1267.32	1359.41	1425.43	1492.52	1594.42	1627.03	1706.82	1760.71	1819.03	1983.06	2042.86	2160.05	2265.90	2543.59	2820.04	3095.26	3369.25	3642.01
	2438		1322.61	1418.77	1487.70	1557.75	1664.16	1698.22	1781.55	1837.82	1898.74	2070.07	2132.53	2254.95	2365.53	2656.17	2944.58	3232.26	3518.70	3803.91
2540			1378.46	1478.71	1550.59	1623.63	1734.59	1770.11	1857.01	1915.70	1979.23	2157.93	2223.09	2350.79	2466.15	2768.87	3070.36	3370.61	3669.63	3967.42

注：精密焊接钢管尺寸及单位长度理论重量详见本手册第四篇相关标准中《焊接钢管尺寸及单位长度重量》GB/T 21835—2008 中表 2。

附表 9　流体输送用不锈钢焊接钢管(GB/T 12771—2008)

流体输送用不锈钢焊接钢管的外径和壁厚应符合 GB/T 21835—2008 的规定。根据需方要求，经供需双方协商，可供应其他外径和壁厚的钢管。

表 1　钢管外径的允许偏差　(mm)

类　别	外径 *D*	允　许　偏　差	
		较高级（A）	普通级（B）
焊接状态	全部尺寸	±0.5%*D* 或±0.20，两者取较大值	±0.75%*D* 或±0.30，两者取较大值
热处理状态	<40	±0.20	±0.30
	≥40~<65	±0.30	±0.40
	≥65~<90	±0.40	±0.50
	≥90~<168.3	±0.80	±1.00
	≥168.3~<325	±0.75%*D*	±1.0%*D*
	≥325~<610	±0.6%*D*	±1.0%*D*
	≥610	±0.6%*D*	±0.7%*D* 或±10，两者取较小值
冷拔（轧）状态、磨（抛）光状态	<40	±0.15	±0.20
	≥40~<60	±0.20	±0.30
	≥60~<100	±0.30	±0.40
	100≥~<200	±0.4%*D*	±0.5%*D*
	≥200	±0.5%*D*	±0.75%*D*

表 2　钢管壁厚的允许偏差　(mm)

壁　厚　*S*	壁厚允许偏差	壁　厚　*S*	壁厚允许偏差
≤0.5	±0.10	>2.0~4.0	±0.30
>0.5~1.0	±0.15	>4.0	±10%*S*
>1.0~2.0	±0.20		

表 3　钢管的壁厚允许偏差　(mm)

钢板（带）料状态	壁　厚　*S*	壁厚允许偏差	钢板（带）料状态	壁　厚　*S*	壁厚允许偏差
热轧钢板（带）或热轧纵剪钢带	≤4	+0.50 −0.60	冷轧钢板（带）或冷轧纵剪钢带	≤0.5	±0.10
				>0.5~1	±0.15
	>4	±10%*S*		>1~2	±0.20
				>2	±10%*S*

附表 10　低压流体输送用焊接钢管(GB/T 3091—2008)

低压流体输送用焊接钢管的外径和壁厚应符合 GB/T 21835—2008 的规定，其中管端用螺纹和沟槽连接的钢管尺寸参见表 3。根据需方要求，经供需双方协商，并在合同中注明，可供应 GB/T 21835 中规定以外尺寸的钢管。

表 1　外径和壁厚的允许偏差　（mm）

外　径	外径允许偏差		壁厚允许偏差
	管　体	管端 （距管端 100mm 范围内）	
$D \leqslant 48.3$	±0.5	—	±10%t
$48.3<D \leqslant 273.1$	±1%D	—	
$273.1<D \leqslant 508$	±0.75%D	$^{+2.4}_{-0.8}$	
$D>508$	±1%D 或±10.0，两者取较小值	$^{+3.2}_{-0.8}$	

钢管的理论重量按公式（1）计算（钢的密度按 7.85kg/dm^3）。

$$W = 0.0246615(D - t)t \tag{1}$$

式中　W——钢管的单位长度理论重量，单位为千克每米（kg/m）；

D——钢管的外径，单位为毫米（mm）；

t——钢管的壁厚，单位为毫米（mm）。

钢管镀锌后单位长度理论重量按公式（2）计算。

$$W' = cW \tag{2}$$

式中　W'——钢管镀锌后的单位长度理论重量，单位为千克每米（kg/m）；

W——钢管镀锌前的单位长度理论重量，单位为千克每米（kg/m）；

c——镀锌层的重量系数，见表 2。

表 2　镀锌层的重量系数

壁厚/mm	0.5	0.6	0.8	1.0	1.2	1.4	1.6	1.8	2.0	2.3
系数 c	1.255	1.112	1.159	1.127	1.106	1.091	1.080	1.071	1.064	1.055
壁厚/mm	2.6	2.9	3.2	3.6	4.0	4.5	5.0	5.4	5.6	6.3
系数 c	1.049	1.044	1.040	1.035	1.032	1.028	1.025	0.024	1.023	1.020
壁厚/mm	7.1	8.0	8.8	10	11	12.5	14.2	16	17.5	20
系数 c	1.018	1.016	1.014	1.013	1.012	1.010	1.009	1.008	1.009	1.006

表 3　钢管的公称口径与钢管的外径、壁厚对照表　（mm）

公称口径	外　径	壁厚		公称口径	外　径	壁厚	
		普通钢管	加厚钢管			普通钢管	加厚钢管
6	10.2	2.0	2.5	40	48.3	3.5	4.5
8	13.5	2.5	2.8	50	60.3	3.8	4.5
10	17.2	2.5	2.8	65	76.1	4.0	4.5
15	21.3	2.8	3.5	80	88.9	4.0	5.0
20	26.9	2.8	3.5	100	114.3	4.0	5.0
25	33.7	3.2	4.0	125	139.7	4.0	5.5
32	42.4	3.5	4.0	150	168.3	4.5	6.0

注：表中的公称口径系近似内径的名义尺寸，不表示外径减去两个壁厚所得的内径。

附表 11　石油天然气工业管线输送系统用钢管（GB/T 9711—2011）

（1）钢管等级和钢级

① PSL1 钢管的钢管等级与钢级（用钢名表示）相同，且应符合表 1 规定。由用于识别钢管强度水平的字母或字母与数字混排的牌号构成，而且钢级与钢的化学成分有关。

② PSL2 钢管的钢管等级应符合表 1 规定。由用于识别钢管强度水平的字母或字母与数字混排的牌号构成，且钢名（表示为钢级）与钢的化学成分有关。另外还包括由单个字母（R、N、Q 或 M）组成的后缀，这些字母表示交货状态（见表 2）。

表 1　钢管等级、钢级和可接受的交货状态

<table>
<tr><th>PSL</th><th>交货状态</th><th>钢管等级/钢级[①②]</th></tr>
<tr><td rowspan="11">PSL1</td><td rowspan="3">轧制、正火轧制、正火或正火成型</td><td>L175/A25</td></tr>
<tr><td>L175P/A25P</td></tr>
<tr><td>L210/A</td></tr>
<tr><td>轧制、正火轧制、热机械轧制、热机械成型、正火成型、正火、正火加回火；或如协议，仅适用于 SMLS 钢管的淬火加回火</td><td>L245/B</td></tr>
<tr><td rowspan="7">轧制、正火轧制、热机械轧制、热机械成型、正火成型、正火、正火加回火或淬火加回火</td><td>L290/X42</td></tr>
<tr><td>L320/X46</td></tr>
<tr><td>L360/X52</td></tr>
<tr><td>L390/X56</td></tr>
<tr><td>L415/X60</td></tr>
<tr><td>L450/X65</td></tr>
<tr><td>L485/X70</td></tr>
<tr><td rowspan="2">PSL2</td><td rowspan="2">轧制</td><td>L245R/BR</td></tr>
<tr><td>L290R/X42R</td></tr>
<tr><td rowspan="12">PSL2</td><td rowspan="6">正火轧制、正火成型、正火或正火加回火</td><td>L245N/BN</td></tr>
<tr><td>L290N/X42N</td></tr>
<tr><td>L320N/X46N</td></tr>
<tr><td>L360N/X52N</td></tr>
<tr><td>L390N/X56N</td></tr>
<tr><td>L415N/X60N</td></tr>
<tr><td rowspan="6">淬火加回火</td><td>L245Q/BQ</td></tr>
<tr><td>L290Q/X42Q</td></tr>
<tr><td>L320Q/X46Q</td></tr>
<tr><td>L360Q/X52Q</td></tr>
<tr><td>L390Q/X56Q</td></tr>
<tr><td>L415Q/X60Q</td></tr>
</table>

续表

PSL	交货状态	钢管等级/钢级①②
PSL2	淬火加回火	L450Q/X65Q
		L485Q/X70Q
		L555Q/X80Q
PSL2	热机械轧制或热机械成型	L245M/BM
		L290M/X42M
		L320M/X46M
		L360M/X52M
		L390M/X56M
		L415M/X60M
		L450M/X65M
		L485M/X70M
		L555M/X80M
	热机械轧制	L625M/X90M
		L690M/X100M
		L830M/X120M

注：① 对于中间钢级，钢级应为下列格式之一：（1）字母 L 后跟随规定最小屈服强度，单位 MPa，对于 PSL2 钢管，表示交付状态的字母（R、N、Q 或 M）与上面格式一致。（2）字母 X 后面的两或三位数字是规定最小屈服强度（单位 1000psi 向下圆整到最邻近的整数），对 PSL2 钢管，表示交付状态的字母（R、N、Q 或 M）与上面格式一致。

② PSL2 的钢级词尾（R、N、Q 或 M）属于钢级的一部分。

表 2　可接受的 PSL2 钢管制造工序

钢管类型	原料	钢管成型	钢管热处理	交货状态
SMLS	钢锭、初轧坯或方坯	轧制	—	R
		正火成型	—	N
		热成型	正火	N
			淬火加回火	Q
		热成型和冷精整	正火	N
			淬火加回火	Q
HFW	正火轧制钢带	冷成型	仅对焊缝区热处理①	N
	热机械轧制钢带	冷成型	仅对焊缝区热处理①	M
			焊缝区热处理①和整根钢管的应力释放	M
	热轧钢带	冷成型	正火	N
			淬火加回火	Q
		冷成型，随后在受控温度下热减径，产生正火的状态	—	N
		冷成型，随后进行钢管的热机械成型	—	M

续表

钢管类型	原料	钢管成型	钢管热处理	交货状态
SAW 或 COW 钢管	正火或正火轧制钢带或钢板	冷成型	—	N
	轧制态、热机械轧制、正火轧制或正火态	冷成型	正火	N
	热机械轧制钢带或钢板	冷成型	—	M
	淬火加回火钢板	冷成型	—	Q
	轧制态、热机械轧制、正火轧制或正火态钢带或钢板	冷成型	淬火加回火	Q
	轧制态、热机械轧制、正火轧制或正火态钢带或钢板	正火成型	—	N

注：① 适用的热处理见（2）EW 和 LW 钢管焊缝处理。

（2）EW 和 LW 钢管焊缝处理

① PSL1 EW 钢管：

钢级高于 L290/X42 的钢管，除协议可采用替代热处理外，焊缝和热影响区应进行热处理，以模拟正火热处理。如采用了替代热处理方法，制造商应证实经协商程序所选热处理方法的有效性。这些程序可包括，但不必限于硬度试验，显微组织评估或力学性能试验。钢级等于或低于 L290/X42 的钢管，焊缝应进行相当于正火的处理，或者应采用没有残留未回火马氏体的方式对钢管进行处理。

② LW 钢管和 PSL2 HFW 钢管：

所有钢级钢管的焊缝和整个热影响区应进行相当于正火的处理。

（3）性能要求

① 制造工艺

钢管或管端类型可接受制造工艺和产品规范水平见表 3。

表 3　可接受制造工艺和产品规范水平

钢管或管端类型	PSL1 钢管①					PSL2 钢管①	
	L175/A25②	L175P/A25P②	L210/A	L245/B	L290-L485/X42-X70	L245-L555/B-X80	>L555-L830/>X80-X120
钢管类型							
SMLS	√⑦	√	√	√	√	√	—⑧
CW	√	√	—	—	—	—	—
LFW	√	—	√	√	√	—	—
HFW	√	—	√	√	√	√	—
LW	—	—	—	—	√	—	—
SAWL	—	—	√	√	√	√	√
SAWH③	—	—	√	√	√	√	√

续表

钢管或管端类型	PSL1 钢管[①]					PSL2 钢管[①]	
	L175/A25[②]	L175P/A25P[②]	L210/A	L245/B	L290-L485/X42-X70	L245-L555/B-X80	>L555-L830/>X80-X120
钢管类型							
COWL	—	—	√	√	√	√	—
COWH[③]	—	—	√	√	√	√	—
双缝 SAWL[④]	—	—	√	√	√	√	√
双缝 COWL	—	—	√	√	√	√	—
管端类型							
承口端[⑤]	√	—	√	√	√	—	—
平端	√	—	√	√	√	√	√
特殊接箍平端	√	—	√	√	—	—	—
螺纹端[⑥]	√	√	√	√	—	—	—

注：① 如果协议，可采用中间钢级，但限于高于 L290/X42 钢级。

② 钢级 L175、L175P、A25 和 A25P 限于 $D \leqslant 141.3$mm（5.563in）的钢管。

③ 螺旋缝钢管限于 $D \geqslant 114.3$mm（4.500in）的钢管。

④ 如果协议可采用双缝管，但限于 $D \geqslant 914$mm（36.000in）的钢管。

⑤ 承口端钢管限于 $D \leqslant 219.1$mm（8.625in）且 $t \leqslant 3.6$mm（0.141in）的钢管。

⑥ 螺纹端钢管限于 $D \leqslant 508$mm（20.000in）的 SMLS 和直缝焊管。

⑦“√”表示适用。

⑧“—”表示不适用。

②化学成分

a）$t \leqslant 25.0$mm（0.984in）的 PSL1 钢管，标准钢级的化学成分应符合表 4 的要求，而中间钢级的化学成分应依照协议，但应与表 4 规定协调一致。

注：L175P/A25P 钢级是增磷钢，因此比 L175/A25 具有更好的螺纹加工性能，但其较难弯曲。

b）对于 $t \leqslant 25.0$mm（0.984in）的 PSL2 钢管，其标准钢级的化学成分应符合表 5 的要求，中间钢级的化学成分应依照协议，但应与表 5 规定协调一致。

c）表 4 和表 5 的化学成分要求可适用于 $t > 25.0$mm（0.984in）的钢管。否则，应协商确定化学成分。

表 4　$t \leqslant 25.0$mm（0.984in）的 PSL1 钢管化学成分

钢级（钢名）	质量分数（熔炼分析和产品分析[①]）/%							
	C 最大[②]	Mn 最大[②]	P 最小	P 最大	S 最大	V 最大	Nb 最大	Ti 最大
无缝钢管								
L175/A25	0.21	0.60	—	0.030	0.030	—	—	—
L175P/A25P	0.21	0.60	0.045	0.080	0.030	—	—	—
L210/A	0.22	0.90	—	0.030	0.030	—	—	—
L245/B	0.28	1.20	—	0.030	0.030	③④	③④	④
L290/X42	0.28	1.30	—	0.030	0.030	④	④	④

续表

钢级（钢名）	质量分数（熔炼分析和产品分析[1]）/%							
	C 最大[2]	Mn 最大[2]	P 最小	P 最大	S 最大	V 最大	Nb 最大	Ti 最大
无缝钢管								
L320/X46	0.28	1.40	—	0.030	0.030	④	④	④
L360/X52	0.28	1.40	—	0.030	0.030	④	④	④
L390/X56	0.28	1.40	—	0.030	0.030	④	④	④
L415/X60	0.28[5]	1.40[5]	—	0.030	0.030	⑥	⑥	⑥
L450/X65	0.28[5]	1.40[5]	—	0.030	0.030	⑥	⑥	⑥
L485/X70	0.28[5]	1.40[5]	—	0.030	0.030	⑥	⑥	⑥
焊　管								
L175/A25	0.21	0.60	—	0.030	0.030	—	—	—
L175P/A25P	0.21	0.60	0.045	0.080	0.030	—	—	—
L210/A	0.22	0.90	—	0.030	0.030	—	—	—
L245/B	0.26	1.20	—	0.030	0.030	③④	③④	④
L290/X42	0.26	1.30	—	0.030	0.030	④	④	④
L320/X46	0.26	1.40	—	0.030	0.030	④	④	④
L360/X52	0.26	1.40	—	0.030	0.030	④	④	④
L390/X56	0.26	1.40	—	0.030	0.030	④	④	④
L415/X60	0.26[5]	1.40[5]	—	0.030	0.030	⑥	⑥	⑥
L450/X65	0.26[5]	1.45[5]	—	0.030	0.030	⑥	⑥	⑥
L485/X70	0.26[5]	1.65[5]	—	0.030	0.030	⑥	⑥	⑥

注：① 最大铜（Cu）含量为0.50%；最大镍（Ni）含量为0.50%；最大铬（Cr）含量为0.50%；最大钼（Mo）含量为0.15%。对于L360/X52及以下钢级，不应有意加入Cu、Cr和Ni。

② 碳含量比规定最大碳含量每减少0.01%，则允许锰含量比规定最大锰含量高0.05%，对于钢级≥L245/B但≤L360/X52不得超过1.65%；对于钢级>L360/X52但<L485/X70不得超过1.75%；对于钢级L485/X70不得超过2.00%。

③ 除另有协议外，铌含量和钒含量之和应≤0.06%。

④ 铌含量、钒含量和钛含量之和应≤0.15%。

⑤ 除另有协议外。

⑥ 除另有协议外，铌含量、钒含量和钛含量之和应≤0.15%。

表5　$t \leqslant 25.0$mm（0.984in）PSL2钢管化学成分

钢级（钢名）	质量分数（熔炼分析和产品分析）/%（最大）									碳含量[1]/%(最大)	
	C[2]	Si	Mn[2]	P	S	V	Nb	Ti	其他	CE_{IIw}	CE_{pcm}
无缝和焊接钢管											
L245R/BR	0.24	0.40	1.20	0.025	0.015	③	③	0.04	⑤	0.43	0.25
L290R/X42R	0.24	0.40	1.20	0.025	0.015	0.06	0.05	0.04	⑤	0.43	0.25
L245N/BN	0.24	0.40	1.20	0.025	0.015	③	③	0.04	⑤	0.43	0.25
L290N/X42N	0.24	0.40	1.20	0.025	0.015	0.06	0.05	0.04	⑤	0.43	0.25
L320N/X46N	0.24	0.40	1.40	0.025	0.015	0.07	0.05	0.04	④⑤	0.43	0.25
L360N/X52N	0.24	0.40	1.40	0.025	0.015	0.10	0.05	0.04	④⑤	0.43	0.25

续表

钢级（钢名）	质量分数（熔炼分析和产品分析）/%（最大）									碳含量①/%(最大)	
	C②	Si	Mn②	P	S	V	Nb	Ti	其他	CE_{IIw}	CE_{pcm}
无缝和焊接钢管											
L390N/X56N	0.24	0.40	1.40	0.025	0.015	0.10⑥	0.05	0.04	④⑤	0.43	0.25
L415N/X60N	0.24⑥	0.45⑥	1.40⑥	0.025	0.015	0.10⑥	0.05⑥	0.04⑥	⑦⑧	依照协议	
L245Q/BQ	0.18	0.45	1.40	0.025	0.015	0.05	0.05	0.04	⑤	0.43	0.25
L290Q/X42Q	0.18	0.45	1.40	0.025	0.015	0.05	0.05	0.04	⑤	0.43	0.25
L320Q/X46Q	0.18	0.45	1.40	0.025	0.015	0.05	0.05	0.04	⑤	0.43	0.25
L360Q/X52Q	0.18	0.45	1.50	0.025	0.015	0.05	0.05	0.04	⑤	0.43	0.25
L390Q/X56Q	0.18	0.45	1.50	0.025	0.015	0.07	0.05	0.04	④⑤	0.43	0.25
L415Q/X60Q	1.18⑥	0.45⑥	1.70⑥	0.025	0.015	⑦	⑦	⑦	⑧	0.43	0.25
L450Q/X65Q	0.18⑥	0.45⑥	1.70⑥	0.025	0.015	⑦	⑦	⑦	⑧	0.43	0.25
L485Q/X70Q	0.18⑥	0.45⑥	1.80⑥	0.025	0.015	⑦	⑦	⑦	⑧	0.43	0.25
L555Q/X80Q	0.18⑥	0.45⑥	1.90⑥	0.025	0.015	⑦	⑦	⑦	⑨⑩	依照协议	
焊接钢管											
L245M/BM	0.22	0.45	1.20	0.025	0.015	0.05	0.05	0.04	⑤	0.43	0.25
L290M/X42M	0.22	0.45	1.30	0.025	0.015	0.05	0.05	0.04	⑤	0.43	0.25
L320M/X46M	0.22	0.45	1.30	0.025	0.015	0.05	0.05	0.04	⑤	0.43	0.25
L320M/X52M	0.22	0.45	1.40	0.025	0.015	④	④	④	⑤	0.43	0.25
L390M/X56M	0.22	0.45	1.40	0.025	0.015	④	④	④	⑤	0.43	0.25
L415M/X60M	0.12⑥	0.45⑥	1.60⑥	0.025	0.015	⑦	⑦	⑦	⑧	0.43	0.25
L450M/X65M	0.12⑥	0.45⑥	1.60⑥	0.025	0.015	⑦	⑦	⑦	⑧	0.43	0.25
L485M/X70M	0.12⑥	0.45⑥	1.70⑥	0.025	0.015	⑦	⑦	⑦	⑧	0.43	0.25
L555M/X80M	0.12⑥	0.45⑥	1.85⑥	0.025	0.015	⑦	⑦	⑦	⑨	0.43⑥	0.25
L690M/X90M	0.10	0.55⑥	2.10⑥	0.020	0.010	⑦	⑦	⑦	⑨		0.25
L625M/X100M	0.10	0.55⑥	2.10⑥	0.020	0.010	⑦	⑦	⑦	⑨⑩	—	0.25
L830M/X120M	0.10	0.55⑥	2.10⑥	0.020	0.010	⑦	⑦	⑦	⑨⑩		0.25

注：① 依据产品分析结果：t>20.0mm（0.787in）的无缝钢管，碳当量的极限值应协商确定。碳含量大于 0.12%使用 CE_{IIw}，碳含量小于或等于 0.12%使用 CE_{pcm}。

② 碳含量比规定最大碳含量每减少 0.01%，则允许锰含量比规定最大锰含量高 0.05%，对于钢级≥L245/B 但≤L360/X52 锰含量不得超过 1.65%；对于钢级>L360/X52 但<L485/X70 不得超过 1.75%；对于钢级≥L485/X70 但≤L555/X80 不得超过 2.00%，对于钢级>L555/X80 不得超过 2.20%。

③ 除另有协议外，铌含量和钒含量之和应≤0.06%。

④ 铌含量、钒含量和钛含量之和应≤0.15%。

⑤ 除另有协议外，最大铜含量为 0.50%，最大镍含量为 0.30%，最大铬含量为 0.30%，最大钼含量为 0.15%。

⑥ 除另有协议外。

⑦ 除另有协议外，铌含量、钒含量和钛含量之和应≤0.15%。

⑧ 除另有协议外，最大铜含量为 0.50%，最大镍含量为 0.50%，最大铬含量为 0.50%，最大钼含量为 0.50%。

⑨ 除另有协议外，最大铜含量为 0.50%，最大镍含量为 1.00%，最大铬含量为 0.50%，最大钼含量为 0.50%。

⑩ 最大硼含量 0.004%。

d）PSL2 钢管产品分析的碳含量等于或小于 0.12%时，碳当量 CE_{pcm}应使用式（1-1）确定：

$$CE_{pcm}=C+\frac{Si}{30}+\frac{Mn}{20}+\frac{Cu}{20}+\frac{Ni}{60}+\frac{Cr}{20}+\frac{Mo}{15}+\frac{V}{10}+5B \quad (1-1)$$

式中化学元素符号表示质量分数（见表 5）。

如果硼的熔炼分析结果小于 0.0005%，那么在产品分析中就不需包括硼元素的分析，在碳当量计算中可将硼含量视为零。

e）PSL2 钢管产品分析的碳含量大于 0.12%时，碳当量 CE_{IIw}应用式（1-2）确定：

$$CE_{IIw}=C+\frac{Mn}{6}+\frac{(Cr+Mo+V)}{5}+\frac{(Ni+Cu)}{15} \quad (1-2)$$

式中化学元素符号表示质量分数（见表 5）。

注：为适应工业行业长期使用习惯，允许式（1-1）和式（1-2）与 ISO 公式表示方法存在差异。

③ 拉伸性能

a）PSL1 钢管的拉伸性能应符合表 6 要求。

b）PSL2 钢管的拉伸性能应符合表 7 要求。

表 6 PSL1 钢管拉伸试验要求

钢管等级	无缝和焊接钢管管体			EW、SAW 和 COW 钢管焊缝
	屈服强度①$R_{t0.5}$/MPa（psi）最小	抗拉强度①R_m/MPa（psi）最小	伸长度 A_f/%最小	抗拉强度②R_m/MPa（psi）最小
L175/A25	175（25400）	310（45000）	③	310（45000）
L175P/A25P	175（25400）	310（45000）	③	310（45000）
L210/A	210（30500）	335（48600）	③	335（48600）
L245/B	245（35500）	415（60200）	③	415（60200）
L290/X42	290（42100）	415（60200）	③	415（60200）
L320/X46	320（46400）	435（63100）	③	435（63100）
L360/X52	360（52200）	460（66700）	③	460（66700）
L390/X56	390（56600）	490（71100）	③	490（71100）
L415/X60	415（60200）	520（75400）	③	520（75400）
L450/X65	450（65300）	535（77600）	③	535（77600）
L485/X70	485（70300）	570（82700）	③	570（82700）

注：① 对于中间钢级，管体规定最小抗拉强度和规定最小屈服强度之差应为表中所列的下一个较高钢级之差。

② 对于中间钢级，其焊缝的规定最小抗拉强度应与按脚注 a 确定的管体抗拉强度相同。

③ 规定的最小伸长度 A_f 应采用下列公式计算，用百分数表示，且圆整到最邻近的百分位：

$$A_f=C\frac{A_{XC}^{0.2}}{U^{0.9}}$$

式中：

C——当采用 SI 单位制时，C 为 1940，当采用 USC 单位制时，C 为 625000；

A_{XC}——适用的拉伸试样横截面积，mm^2（in^2），具体如下：

——对圆棒试样：直径 12.7mm（0.500in）和 8.9mm（0.350in）的圆棒试样为 $130mm^2$（$0.20in^2$）；直径

6.4mm（0.250in）的圆棒试样为 $65mm^2$（$0.10in^2$）；

——对全截面试样，取 a）$485mm^2$（$0.75in^2$）和 b）钢管试样横截面积两者中的较小者，其试样横截面积由规定外径和规定壁厚计算，且圆整到最邻近的 $10mm^2$（$0.01in^2$）；

——对板状试样，取 a）$485mm^2$（$0.75in^2$）和 b）试样横截面积两者中的较小者，其试样横截面积由试样规定宽度和钢管规定壁厚计算，且圆整到最邻近的 $10mm^2$（$0.01in^2$）；

U——规定最小抗拉强度，MPa（psi）。

表 7　PSL2 钢管拉伸试验要求

钢管等级	无缝和焊接钢管管体						HFW、SAW 和 COW 钢管焊缝
	屈服强度① $R_{t0.5}$②/MPa（psi）		抗拉强度① R_m/MPa（psi）		屈强比①②③ $R_{t0.5}/R_m$	伸长率 A_f/%	抗拉强度④ R_m/MPa（psi）
	最小	最大	最小	最大	最大	最小	最小
L245R/BR L245N/BN L245Q/BQ L245M/BM	245 （35500）	450⑤ （65300）⑤	415 （60200）	760 （110200）	0.93	⑥	415 （60200）
L290R/X42R L290N/X42N L290Q/X42Q L290M/X42M	290 （42100）	495 （71800）	415 （60200）	760 （110200）	0.93	⑥	415 （60200）
L320N/X46N L320Q/X46Q L320Q/X46M	320 （46400）	525 （76100）	435 （63100）	760 （110200）	0.93	⑥	435 （63100）
L360N/X52N L360Q/X52Q L360M/X52M	360 （52200）	530 （76900）	460 （66700）	760 （110200）	0.93	⑥	460 （66700）
L390N/X56N L390Q/X56Q L390M/X56M	390 （56600）	545 （79000）	490 （71100）	760 （110200）	0.93	⑥	490 （71100）
L415N/X60N L415Q/X60Q L415M/X60M	415 （60200）	565 （81900）	520 （75400）	760 （110200）	0.93	⑥	520 （75400）
L450Q/X65Q L450M/X65M	450 （65300）	600 （87000）	535 （77600）	760 （110200）	0.93	⑥	535 （77600）
L485Q/X70Q L485M/X70M	485 （70300）	635 （92100）	570 （82700）	760 （110200）	0.93	⑥	570 （82700）
L555Q/X80Q L555M/X80M	555 （80500）	705 （102300）	625 （90600）	825 （119700）	0.93	⑥	625 （90600）

钢管等级	无缝和焊接钢管管体						HFW、SAW 和 COW 钢管焊缝
	屈服强度① $R_{t0.5}$②/MPa（psi）		抗拉强度① R_m/MPa（psi）		屈强比①②③ $R_{t0.5}/R_m$	伸长率 A_f/%	抗拉强度④ R_m/MPa（psi）
	最小	最大	最小	最大	最大	最小	最小
L625M/X90M	625 （90600）	775 （112400）	695 （100800）	915 （132700）	0.95	⑥	695 （100800）
L690M/X100M	690 （100100）	840 （121800）	760 （110200）	990 （143600）	0.97⑦	⑥	760 （110200）
L830M/X120M	830 （120400）	1050 （152300）	915 （132700）	1145 （166100）	0.99⑦	⑥	915 （132700）

注：① 对于中间钢级，其规定最大屈服强度和规定最小屈服强度之差与表中所列的下一个较高钢级之差相同，规定最小抗拉强度和规定最小屈服强度之差应为表中所列的下一个较高钢级之差。对低于 L555/X80 的中间钢级，其抗拉强度应≤760MPa（110200psi）。对高于 L555/X80 的中间钢级，其最大允许抗拉强度应由插入法获得。当采用 SI 单位制时，计算值应圆整到最邻近的 5MPa。当采用 USC 单位制时，计算值应圆整到最邻近的 100psi。

② 钢级>L625/X90 时，$R_{p0.2}$ 适用。

③ 此限制适用于 D>323.9mm（12.750in）的钢管。

④ 对于中间钢级，其焊缝的规定最小抗拉强度应与按脚注 a 确定的管体抗拉强度相同。

⑤ 对于要求进行纵向试验的钢管，其最大屈服强度应≤495MPa（71800psi）。

⑥ 规定最小伸长度 A_f 应采用下列公式确定：

$$A_f = C\frac{A_{XC}^{0.2}}{U^{0.9}}$$

式中：

C——当采用 SI 单位制时，C 为 1940，当采用 USC 单位制时，C 为 625000；

A_{XC}——适用的拉伸试样横截面积，mm²（in²），具体如下：

——对圆棒试样：直径 12.7mm（0.500in）和 8.9mm（0.350in）的圆棒试样为 130mm²（0.20in²）；直径 6.4mm（0.250in）的圆棒试样为 65mm²（0.10in²）；

——对全截面试样，取 a）485mm²（0.75in²）和 b）钢管试样横截面积两者中的较小者，其试样横截面积由规定外径和规定壁厚计算，且圆整到最邻近的 10mm²（0.01in²）；

——对板状试样，取 a）485mm²（0.75in²）和 b）试样横截面积两者中的较小者，其试样横截面积由试样规定宽度和钢管规定壁厚计算，且圆整到最邻近的 10mm²（0.01in²）；

U——规定最小抗拉强度，MPa（psi）。

⑦ 对于 L690/X100 和 L830/X120 钢管，经协商可规定较低的 $R_{t0.5}/R_m$ 比值。

（4）尺寸和偏差

1）尺寸：规定外径和规定壁厚应在表 8 规定的相应范围内。

2）直径、壁厚、长度和直度偏差

① 除 GB/T 9711—2011 附录 C 第 C.2.3 条允许外，直径和圆度应在表 9 规定的偏差范围内。

② 壁厚偏差应符合表 10 规定。

③ 长度偏差应符合下列规定：

a）除另有协议外，按非定尺长度交货钢管的长度应在表 11 给定的范围内：

b）按定尺长度交货钢管的长度偏差应在±500mm（20in）范围内。

④ 直度偏差应符合下列要求：

a）钢管全长相对于直线的总偏离应≤0.2%的钢管长度，如图 1 所示。

b）在每个管端 1000mm（36in）长度上相对于直线的局部偏离应≤4.0mm（0.156in），如图 2 所示。

表 8　允许规定外径和规定壁厚

规定外径 D/mm（in）	规定壁厚 t/mm（in）	
	特薄规格①	普通规格
≥10.3（0.405）至<13.7（0.540）	—	≥1.7（0.068）至≤2.4（0.094）
≥13.7（0.540）至<17.1（0.675）	—	≥2.2（0.088）至≤3.0（0.118）
≥17.1（0.675）至<21.3（0.840）	—	≥2.3（0.091）至≤3.2（0.125）
≥21.3（0.840）至<26.7（1.050）	—	≥2.1（0.083）至≤7.5（0.294）
≥26.7（1.050）至<33.4（1.315）	—	≥2.1（0.083）至≤7.8（0.308）
≥33.4（1.315）至<48.3（1.900）	—	≥2.1（0.083）至≤10.0（0.394）
≥48.3（1.900）至<60.3（2.375）	—	≥2.1（0.083）至≤12.5（0.492）
≥60.3（2.375）至<73.0（2.875）	≥2.1（0.083）至≤3.6（0.141）	>3.6（0.141）至≤14.2（0.559）
≥73.0（2.875）至<88.9（3.500）	≥2.1（0.083）至≤3.6（0.141）	>3.6（0.141）至≤20.0（0.787）
≥88.9（3.500）至<101.6（4.000）	≥2.1（0.083）至≤4.0（0.156）	>4.0（0.156）至≤22.0（0.866）
≥101.6（4.000）至<168.3（6.625）	≥2.1（0.083）至≤4.0（0.156）	>4.0（0.156）至≤25.0（0.984）
≥168.3（6.625）至<219.1（8.625）	≥2.1（0.083）至≤4.0（0.156）	>4.0（0.156）至≤40.0（1.575）
≥219.1（8.625）至<273.1（10.750）	≥3.2（0.125）至≤4.0（0.156）	>4.0（0.156）至≤40.0（1.575）
≥273.1（10.750）至<323.9（12.750）	≥3.6（0.141）至≤5.2（0.203）	>5.2（0.203）至≤45.0（1.771）
≥323.9（12.750）至<355.6（14.000）	≥4.0（0.156）至≤5.6（0.219）	>5.6（0.219）至≤45.0（1.771）
≥355.6（14.000）至<457（18.000）	≥4.5（0.177）至≤7.1（0.281）	>7.1（0.281）至≤45.0（1.771）
≥457（18.000）至<559（22.000）	≥4.8（0.188）至≤7.1（0.281）	>7.1（0.281）至≤45.0（1.771）
≥559（22.000）至<711（28.000）	≥5.6（0.219）至≤7.1（0.281）	>7.1（0.281）至≤45.0（1.771）
≥711（28.000）至<864（34.000）	≥5.6（0.219）至≤7.1（0.281）	>7.1（0.281）至≤52.0（2.050）
≥864（34.000）至<965（38.000）	—	≥5.6（0.219）至≤52.0（2.050）
≥965（38.000）至<1422（56.000）	—	≥6.4（0.250）至≤52.0（2.050）
≥1422（56.000）至<1829（72.000）	—	≥9.5（0.375）至≤52.0（2.050）
≥1829（72.000）至<2134（84.000）	—	≥10.3（0.406）至≤52.0（2.050）
ISO 4200 和 ASME B36.10M 给出了钢管规定外径和规定壁厚的标准化数值。		

注：①具有规定外径和规定壁厚组合的钢管定义为特薄规格钢管。本表中给出的其他组合定义为普通规格钢管。对于表列值中间的规定外径和规定壁厚的钢管，如果与其相邻的较低表列值是特薄规格钢管，则视其为特薄规格钢管；其他中间尺寸组合的钢管视为普通规格钢管。

表 9　直径和圆度偏差

<table>
<tr><td rowspan="3">规定外径 D/mm（in）</td><td colspan="4">直径偏差/mm（in）</td><td colspan="2" rowspan="2">圆度偏差/mm（in）</td></tr>
<tr><td colspan="2">除管端外①</td><td colspan="2">管端①②③</td></tr>
<tr><td>SMLS 钢管</td><td>焊接钢管</td><td>SMLS 钢管</td><td>焊接钢管</td><td>除管端外①</td><td>管端①②③</td></tr>
<tr><td><60.3（2.375）</td><td colspan="2">−0.8（0.031）至+0.4（0.016）</td><td colspan="2" rowspan="2">−0.4（0.016）至+1.6（0.063）</td><td colspan="2">④</td></tr>
<tr><td>≥60.3（2.375）至≤168.3（6.625）</td><td colspan="2">±0.0075D</td><td rowspan="2">0.020D</td><td rowspan="2">0.015D</td></tr>
<tr><td>>168.3（6.625）至≤610（24.000）</td><td>±0.0075D</td><td>±0.0075D，但最大为±3.2（0.125）</td><td colspan="2">±0.005D，但最大为±1.6（0.063）</td></tr>
<tr><td rowspan="2">>610（24.000）至≤1422（56.000）</td><td rowspan="2">±0.01D</td><td rowspan="2">±0.005D，但最大为±4.0（0.160）</td><td rowspan="2">±2.0（0.079）</td><td rowspan="2">±1.6（0.063）</td><td>D/t≤75 时 0.015D，但最大 15（0.6）</td><td>D/t≤75 时 0.01D，但最大 13（0.5）</td></tr>
<tr><td>D/t>75 时协议</td><td>D/t>75 时协议</td></tr>
<tr><td>>1422（56.000）</td><td colspan="6">依　照　协　议</td></tr>
</table>

注：① 管端包括钢管每个端头 100mm（4.0in）长度范围内的钢管。

② 对于 SMLS 钢管，这些偏差适用于 $t \leq 25.0$mm（0.984in）的钢管，对较大壁厚的偏差应依照协议。

③ 对非扩径钢管和 $D \geq 219.1$mm（8.625in）的扩径钢管，可采用计算内径（规定外径减去两倍的规定壁厚）或测量内径确定直径偏差和圆度偏差，而不通过测量外径值来确定（见 GB/T 9711—2011 第 10.2.8.3 条）。

④ 包括在直径偏差中。

表 10　壁厚偏差

壁厚 t/mm（in）	偏差①/mm（in）
SMLS 钢管②	
≤4.0（0.157）	+0.6（0.024） −0.5（0.020）
>4.0（0.157）至<25.0（0.984）	+0.150t −0.125t
≥25.0（0.984）	+3.7（0.146）或+0.1t，取较大者 −3.0（0.120）或−0.1t，取较大者
焊管③④	
≤5.0（0.197）	±0.5（0.020）
>5.0（0.197）至<15.0（0.591）	±0.1t
≥15.0（0.591）	±1.5（0.060）

注：① 如果订货合同规定的壁厚负偏差比本表给出的对应数值小，则壁厚正偏差应增加一些数值，以保证相应的偏差范围。

② 只要未超过钢管质量正偏差（见 GB/T 9711—2011 第 9.14 条，对 $D \geq 55.6$mm（14.000in）且 $t \geq 25.0$mm（0.984in）的钢管局部壁厚偏差可超过壁厚正偏差 0.05t。

③ 壁厚正偏差不适用于焊缝。

④ 附加要求见 GB/T 9711—2011 第 9.13.2 条。

表 11　非定尺长度钢管偏差

长度组别/m（ft）	最小长度/m（ft）	每订货批最小平均长度/m（ft）	最大长度/m（ft）
带螺纹和接箍钢管			
6（20）	4.88（16.0）	5.33（17.5）	6.86（22.5）
9（30）	4.11（13.5）	8.00（26.2）	10.29（33.8）
12（40）	6.71（22.0）	10.67（35.0）	13.72（45.0）
平端钢管			
6（20）	2.74（9.0）	5.33（17.5）	6.86（22.5）
9（30）	4.11（13.5）	8.00（26.2）	10.29（33.8）
12（40）	4.27（14.0）	10.67（35.0）	13.72（45.0）
15（50）	5.33（17.5）	13.35（43.8）	16.76（55.0）
18（60）	6.40（21.0）	16.00（52.5）	19.81（65.0）
24（80）	8.53（28.0）	21.34（70.0）	25.91（85.0）

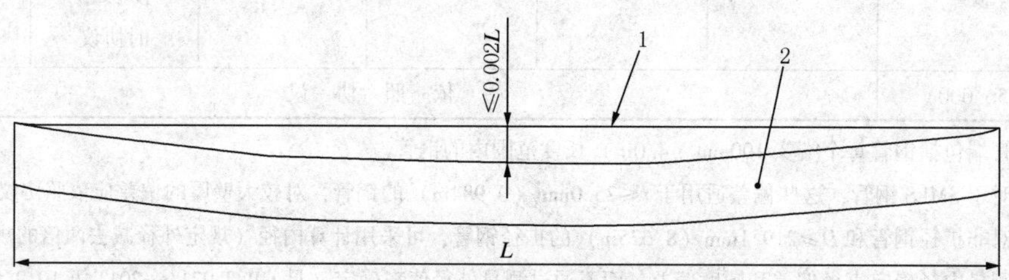

图 1　全长直度测量

1—拉紧的线或钢丝；2—钢管

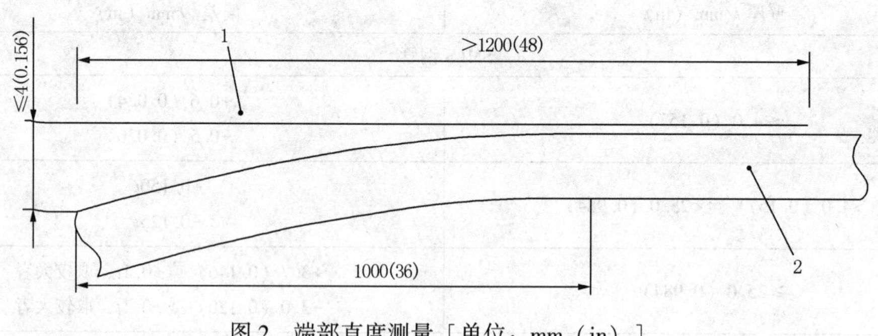

图 2　端部直度测量［单位：mm（in）］

1—直边；2—钢管

（5）静水压试验

1）所有尺寸 SMLS 钢管和 $D \leqslant 457$mm（18.00in）焊接钢管的压力保持时间应不少于 5s。$D > 457$mm（18.000in）焊接钢管的压力保持时间应不少于 10s。对带螺纹上接箍钢管，除 $D > 323.9$mm（12.375in）钢管可在平端状态下进行试验外，如果协议，钢管应带上机紧的接箍进行试验。接箍手紧状态交货的钢管，除订货合同另有规定外，钢管可在平端、仅带螺纹或带接箍状态下进行静水压试验。

2）为保证每根钢管能在要求的试验压力下进行静水压试验，每台试验机（连续炉焊钢管试验机除外）应配备能记录每根钢管试验压力和试验压力保持时间的记录仪，或配备自动或连锁装置，以防止在未满足试验要求（试验压力和保持时间）前，将钢管判为已试压钢管。静水压试验记录或记录曲线应供购方检验人员在制造厂内检查。试验压力测量装置应在每次使用前4个月内，采用静重压力校准仪或等效设备校验。由制造商选择，可采用比规定要求高的试验压力。

注：在所有情况下，规定试验压力表现为仪器压力值，仪器压力值在规定保压时间内不得降到规定试验压力之下。

3）薄壁螺纹钢管的试验压力应符合表12的规定。

4）厚壁螺纹钢管的试验压力应符合表13的规定。

5）除本条的第6）、7）款和表14的脚注允许外，平端钢管的静水压试验压力 p ［MPa（psi）］应按式（2-1）计算，计算结果圆整到最邻近的0.1kPa（10psi）：

$$p=\frac{2St}{D} \tag{2-1}$$

式中 S——静水压试验环向应力，单位为兆帕（磅每平方英寸）MPa（psi），其数值等于表14的所示百分数与钢管规定最小屈服强度的乘积；

t——规定壁厚，mm（in）；

D——规定外径，mm（in）。

表12 薄壁螺纹钢管试验压力

规定外径 D/mm（in）	规定壁厚 t/mm（in）	最小试验压力/MPa（psi）			
		钢级			
		L175/A25	L175P/A25P	L210/A	L245/B
10.3（0.405）	1.7（0.068）	4.8（700）	4.8（700）	4.8（700）	4.8（700）
13.7（0.540）	2.2（0.088）	4.8（700）	4.8（700）	4.8（700）	4.8（700）
17.1（0.675）	2.3（0.091）	4.8（700）	4.8（700）	4.8（700）	4.8（700）
21.3（0.840）	2.8（0.109）	4.8（700）	4.8（700）	4.8（700）	4.8（700）
26.7（1.050）	2.9（0.113）	4.8（700）	4.8（700）	4.8（700）	4.8（700）
33.4（1.315）	3.4（0.133）	4.8（700）	4.8（700）	4.8（700）	4.8（700）
42.2（1.660）	3.6（0.140）	6.9（1000）	6.9（1000）	6.9（1000）	6.9（1000）
48.3（1.900）	3.7（0.145）	6.9（1000）	6.9（1000）	6.9（1000）	6.9（1000）
60.3（2.375）	3.9（0.154）	6.9（1000）	6.9（1000）	6.9（1000）	6.9（1000）
73.0（2.875）	5.2（0.203）	6.9（1000）	6.9（1000）	6.9（1000）	6.9（1000）
88.9（3.500）	5.5（0.216）	6.9（1000）	6.9（1000）	6.9（1000）	6.9（1000）
101.6（4.000）	5.7（0.226）	8.3（1200）	8.3（1200）	8.3（1200）	9.0（1300）
114.3（4.500）	6.0（0.237）	8.3（1200）	8.3（1200）	8.3（1200）	9.0（1300）
141.3（5.563）	6.6（0.258）	8.3（1200）	8.3（1200）	8.3（1200）	9.0（1300）
168.3（6.625）	7.1（0.280）	①	①	8.3（1200）	9.0（1300）

续表

规定外径 *D*/mm（in）	规定壁厚 *t*/mm（in）	最小试验压力/MPa（psi）			
		钢级			
		L175/A25	L175P/A25P	L210/A	L245/B
219.1（8.625）	7.0（0.227）	①	①	7.9（1160）	9.2（1350）
219.1（8.625）	8.2（0.258）	①	①	9.3（1340）	10.8（1570）
273.1（10.750）	7.1（0.280）	①	①	6.5（930）	7.5（1090）
273.1（10.750）	7.8（0.307）	①	①	7.1（1030）	8.3（1200）
273.1（10.750）	9.3（0.365）	①	①	8.5（1220）	9.8（1430）
323.9（12.750）	8.4（0.330）	①	①	6.4（930）	7.5（1090）
323.9（12.750）	9.5（0.375）	①	①	7.3（1060）	8.5（1240）
355.6（14.000）	9.5（0.375）	①	①	6.6（960）	7.7（1130）
406.4（16.000）	9.5（0.375）	①	①	5.8（840）	6.8（980）
457（18.000）	9.5（0.375）	①	①	5.2（750）	6.0（880）
508（20.000）	9.5（0.375）	①	①	4.6（680）	5.4（790）

注：①不适用。

表 13　厚壁螺纹钢管试验压力

规定外径 *D*/mm（in）	规定壁厚 *t*/mm（in）	最小试验压力/MPa（psi）			
		钢级			
		L175/A25	L175P/A25P	L210/A	L245/B
10.3（0.405）	2.4（0.095）	5.9（850）	5.9（850）	5.9（850）	5.9（850）
13.7（0.540）	3.0（0.119）	5.9（850）	5.9（850）	5.9（850）	5.9（850）
17.1（0.675）	3.2（0.126）	5.9（850）	5.9（850）	5.9（850）	5.9（850）
21.3（0.840）	3.7（0.147）	5.9（850）	5.9（850）	5.9（850）	5.9（850）
26.7（1.050）	3.9（0.154）	5.9（850）	5.9（850）	5.9（850）	5.9（850）
33.4（1.315）	4.5（0.179）	5.9（850）	5.9（850）	5.9（850）	5.9（850）
42.2（1.660）	4.9（0.191）	9.0（1300）	9.0（1300）	10.3（1500）	11.0（1600）
48.3（1.900）	5.1（0.200）	9.0（1300）	9.0（1300）	10.3（1500）	11.0（1600）
60.3（2.375）	5.5（0.218）	9.0（1300）	9.0（1300）	17.0（2470）	17.0（2470）
73.0（2.875）	7.0（0.276）	9.0（1300）	9.0（1300）	17.0（2470）	17.0（2470）
88.9（3.500）	7.6（0.300）	9.0（1300）	9.0（1300）	17.0（2470）	17.0（2470）
101.6（4.000）	8.1（0.318）	11.7（1700）	11.7（1700）	19.0（2760）	19.0（2760）

规定外径 D/mm（in）	规定壁厚 t/mm（in）	最小试验压力/MPa（psi）			
		钢级			
		L175/A25	L175P/A25P	L210/A	L245/B
114.3（4.500）	8.6（0.337）	11.7（1700）	11.7（1700）	18.7（2700）	19.0（2760）
141.3（5.563）	9.5（0.375）	11.7（1700）	11.7（1700）	16.7（2430）	19.0（2760）
168.3（6.625）	11.0（0.432）	①	①	16.2（2350）	18.9（2740）
219.1（8.625）	12.7（0.500）	①	①	14.4（2090）	16.8（2430）
273.1（10.750）	12.7（0.500）	①	①	11.6（1670）	13.4（1950）
323.9（12.375）	12.7（0.500）	①	①	9.7（1410）	11.3（1650）

注：①不适用。

表 14　用于确定 S 的规定最小屈服强度百分数

钢管等级	规定外径 D/mm（in）	确定 S 的规定最小屈服强度百分数	
		标准试验压力	选用试验压力
L175/A25	≤141.3（5.563）	60①	75①
L175P/A25P	≤141.3（5.563）	60①	75①
L210/A	任意	60①	75①
L245/B	任意	60①	75①
L290/X42 至 L830/X120	≤141.3（5.563）	60②	75③
	>141.3（5.563）至≤219.1（8.625）	75②	75③
	>219.1（8.625）至<508（20.000）	85②	85③
	≥508（20.000）	90②	90③

注：① D≤88.9mm（3.500in）钢管，试验压力不需超过 17.0MPa（2470psi），D>88.9mm（3.500in）钢管，试验压力不需超过 19.0MPa（2760psi）。

② 试验压力不需超过 20.5MPa（2970psi）。

③ D≤406.4mm（16.000in）钢管，试验压力不需超过 50.0MPa（7260psi），D>406.4mm（16.000in）钢管，试验压力不需超过 25.0MPa（3630psi）。

6）如果在静水压试验中采用了产生轴向压应力的端面密封堵头，当规定试验压力产生的环向应力超过了规定最小屈服强度的 90%时，静水压试验压力 P［MPa（psi）］可用式（2-2)确定，计算结果圆整到最邻近的 0.1MPa（10psi）。

$$p = \frac{S - \left[\dfrac{p_R \times A_R}{A_P}\right]}{\dfrac{D}{2t} - \dfrac{A_I}{A_P}} \qquad (2-2)$$

式中　S——静水压试验环向应力，单位为 MPs（psi），其数值等 GB/T 9711—2011 的表 26

所示百分数与钢管规定最小屈服强度的乘积；

p_R——端面密封液压缸内压力，MPa（psi）；

A_R——端面密封液压缸横截面积，mm^2（in^2）；

A_P——管壁横截面积，mm^2（in^2）；

A_I——钢管内径横截面积，mm^2（in^2）；

D——钢管规定外径，mm（in）；

t——钢管规定壁厚，mm（in）。

7）当环向应力至少为规定最小屈服强度的95%时，如果协议，可用最小允许壁厚 t_{min} 代替规定壁厚 t，以确定要求的试验压力（见本条第5）款或第6）款，取适用者）。

附表 12　普通流体输送管道用埋弧焊钢管（SY/T 5037—2012）

1. 钢管公称外径范围为 $D \geqslant 219.1$mm，公称壁厚范围为 $t \geqslant 3.2$mm。钢管公称外径和公称壁厚的标准化数值应符合 SY/T 6475 的相关要求。经供需双方协商，也可选用其他外径和壁厚。

2. 钢管外径偏差应符合表 1 的要求，应使用卷尺、环规、卡规、卡尺或光学测量仪器测量直径。

3. 钢管壁厚偏差应符合表 2 的要求。可采用壁厚千分尺或其他具有相应精度的无损检验装置测量，发生争议时应以壁厚千分尺的测量结果为准。

表 1　钢管外径偏差　（mm）

公称外径 D	允许偏差①	
	管体	管端②
$D \leqslant 610$	±1.0%D	±0.75%D 或±2.5，取小值
$610 < D \leqslant 1422$	±0.75%D	±0.50%D 或±4.5，取小值
$D > 1422$	依照协议	

注：① 钢管外径偏差换算为周长后，可修约到最邻近的 1mm。

② 管端为距钢管端部 100mm 范围内的钢管。

表 2　钢管壁厚偏差　（mm）

公称壁厚 t	$t \leqslant 5.0$	$5.0 < t \leqslant 15.0$	$t > 15.0$
偏差	±0.5	±10.0%t	±1.5

附表 13　普通流体输送管道用直缝高频焊钢管（SY/T 5038—2012）

1. 钢管公称外径范围为 $D \geqslant 10.3$mm，钢管公称壁厚范围为 $t \geqslant 1.7$mm。钢管公称外径和公称壁厚的标准化数值应符合 SY/T 6475 的相关要求。经供需双方协商，也可选用其他外径和壁厚。

2. 钢管外径偏差应符合表 1 的要求，应使用卷尺、环规、卡规、卡尺或光学测量仪器测量直径。

3. 钢管壁厚偏差应符合表 2 的要求。可采用壁厚千分尺或其他具有相应精度的无损检验装置测量，发生争议时，应以壁厚千分尺的测量结果为准。

表 1　钢管外径偏差　(mm)

公称外径 D	允许偏差	
	管体	管端
$D \leqslant 60.3$	±0.5	—
$60.3 < D \leqslant 168.3$	±0.75%D	—
$D > 168.3$	±0.75%D 但最大为±3.2	±0.5%D 但最大为±1.6

注：① 钢管公称外径偏差换算为周长后，可修约到最邻近的 1mm。

② 管端为距钢管端部 100mm 范围内的钢管。

表 2　钢管壁厚偏差　(mm)

公称壁厚 t	允许偏差	公称壁厚 t	允许偏差
$t \leqslant 5.0$	±0.5	$t > 15.0$	±1.5
$5.0 < t \leqslant 15.0$	±10.0%t		

附表 14　铝及铝合金加工产品的分组、代号及化学成分 (GB 3190—82)

组别	代号	主要化学成分/%						
		Cu	Mg	Mn	Fe	Si	其他	Al
工业高纯铝	LG5 LG4 LG3 LG2 LG1							99.99 99.97 99.93 99.90 99.85
工业纯铝	L1 L2 L3 L4 L4-1 L5 L5-1 L6	0.05~0.20			0.15~0.30	0.10~0.20		99.7 99.6 99.5 99.3 99.3 99.0 99.0 98.8

续表

组别	代号	主要化学成分/%						
		Cu	Mg	Mn	Fe	Si	其他	Al
防锈铝	LF2		2.0~2.8	或 Cr0.15~0.40		0.50~0.80		余量
	LF3		3.2~3.8	0.30~0.60				
	LF4		4.0~4.9	0.40~1.0			Cr0.05~0.25	
	LF5		4.8~5.5	0.30~0.60				
	LF5-1		4.5~5.6	0.05~0.20			Cr0.05~0.20	
	LF6		5.8~6.8	0.50~0.80		Ti0.02~0.10	Be0.0001~0.005	
	LF10		4.7~5.7	0.20~0.60				
	LF11		4.8~5.5	0.30~0.60		TiV 或 V0.02~0.15		
	LF12		8.3~9.6	0.40~0.80		Ti0.05~0.15	Sb0.004~0.05	
	LF13		9.2~10.5	0.40~0.80		Ti0.05~0.15	Sb0.004~0.05	
	LF14		5.8~6.8	0.50~0.80		Ti0.10~0.30	Be0.0001~0.005	
	LF33		6.0~7.5	Zn0.5~1.5	Zr0.10~0.30	Ti0.05~0.15	Be0.0005~0.005	
	LF43		0.6~1.4	0.15~0.40				
	LF21			1.0~1.6				
硬铝	LY1	2.2~3.0	0.20~0.50					余量
	LY2	2.6~3.2	2.0~2.4	0.45~0.70				
	LY4	3.2~3.7	2.1~2.6	0.50~0.80		Ti0.05~0.40	Be0.001~0.01	
	LY6	3.8~4.3	1.7~2.3	0.50~1.0		Ti0.03~0.15	Be0.001~0.005	
	LY8	3.8~4.5	0.4~0.8	0.40~0.80				
	LY9	3.8~4.5	1.2~1.6	0.30~0.70				
	LY10	3.9~4.5	0.15~0.30	0.30~0.50				
	LY11	3.8~4.8	0.40~0.80	0.40~0.80				
	LY12	3.8~4.9	1.2~1.8	0.30~0.90				
	LY13	4.0~5.0	0.30~0.50					
	LY16	6.0~7.0		0.40~0.80		Ti0.10~0.2		
	LY17	6.0~7.0	0.25~0.45	0.40~0.80		Ti0.10~0.2		

表1 铝的耐腐蚀性能

介质名称	浓度/%	温度/℃	耐腐蚀性	介质名称	浓度/%	温度/℃	耐腐蚀性
氨(干)		不限	A	二氯乙烯		中温	AB
氨(湿)		不限	C	苯	浓	室温	A
氯(干)			BC	甲苯			A
氯(湿)			C	甲酸	不限	沸点	C
氢		低温	AB	醋酸	5~50	室温	A
氧			A	甲醇			B
二氧化硫			AB	乙醇		不限	A
硫酸	不限	室温	C	甘油		室温	A
盐酸	不限	中温	C	丙酮		不限	A
碳酸	10	室温	AB	醚		室温	AB
硝酸	30~50	沸点	C	硫酸铵	5	室温	C
铬酸			BC	氯化铵	5~40	沸点	C
过氧化氢	30	室温	AB	氯化钾	10~20	38	C
硝酸铵	不限	沸点	A	硫酸钾	10	室温	AB
硫酸钠	20	室温	A	过锰酸钾			B
氢氧化钠	30~50	60	C	氯化镁	30	室温	BC
硫酸锌			B	硫酸镁	10	室温	B
氯化钙	不限	沸点	C	四氯化碳(干)		不限	BC
				氯乙烯			C

注：A 表示耐腐蚀性能良好，几乎不腐蚀。
AB 表示适用于腐蚀介质，腐蚀速度小于 0.8mm/a。
B 表示尚可用于腐蚀介质，腐蚀速度小于 1.6mm/a。
BC 表示不一定适用于腐蚀介质，使用前需进行腐蚀试验。
C 表示不耐腐蚀，不能用于腐蚀介质。

表 2　铝及铝合金管材外形尺寸及允许偏差(GB/T 4463—1995)

公称外径/mm	壁厚/mm										
	0.5	0.75	1.0	1.5	2.0	2.5	3.0	3.5	4.0	4.5	5.0
6				—	—	—	—	—	—	—	—
7					—	—	—	—	—	—	—
8						—	—	—	—	—	—
9						—	—	—	—	—	—
10							—	—	—	—	—
11							—	—	—	—	—
12								—	—	—	—
14								—	—	—	—
15								—	—	—	—
16									—	—	—
18									—	—	—
20										—	—
22											
24											
25											
26	—										
27	—										
28	—										
30	—										
32	—										
34	—										
36	—										
38	—										
40	—										
42	—										
45	—										
48	—										
50	—										
52	—										
55	—										
58	—										
60	—										
65	—	—	—								
70	—	—	—								
75	—	—	—								
80	—	—	—	—							
85	—	—	—	—							
90	—	—	—	—							
95	—	—	—	—							
100	—	—	—	—	—						
105	—	—	—	—	—						
110	—	—	—	—	—						
115	—	—	—	—	—	—					
120	—	—	—	—	—	—	—				

注：① 冷拉铝及铝合金管的牌号有：L4、L6、LF2、LF3、LF6、LF11、LF21、LY11、LY12、LD2 等，其化学成分应符合GB 3190—82《铝及铝合金加工产品化学成分》的规定，其机械性能应符合 YB 1702—77《铝及铝合金拉制管》中的规定。

② 冷拉管的定尺长度在 1～6m 范围内，不定尺长度为 2～5.5m。

表 3　铝及铝合金热挤压管(GB/T 4437.1—2000)

公称外径/mm	壁厚/mm																			
	3	4	5	6	7	7.5	8	9	10	12.5	15	17.5	20	22.5	25	27.5	30	32.5	35	40
				—	—	—	—	—	—	—	—	—	—	—						
28					—	—	—	—	—	—	—	—	—	—						
30							—	—	—	—	—	—	—	—						
32							—	—	—	—	—	—	—	—						
34										—	—	—	—	—						
36										—	—	—	—	—						
38										—	—	—	—	—						
40											—	—	—	—						
42											—	—	—	—						
45												—	—	—						
48												—	—	—						
50												—	—	—						
52	—	—										—	—	—						
55	—	—										—	—	—						
58	—	—										—	—	—						
60	—	—											—	—						
62	—	—											—	—						
65	—	—	—	—	—									—						
70	—	—	—	—	—									—						
75	—	—	—	—	—															
80	—	—	—	—	—															
85																—	—	—	—	—
90																—	—	—	—	—
95																	—	—	—	—
100																		—	—	—
105																			—	—
110						—													—	—
115						—													—	—
120						—													—	—
125						—													—	—
130						—													—	—
135						—													—	—
140						—													—	—
145						—													—	—
150						—													—	—
155						—													—	—
160						—													—	—
165						—													—	—
170						—													—	—
175						—													—	—
180						—													—	—
185						—													—	—
190						—													—	—

续表

公称外径/mm	壁厚/mm													
	10	12.5	15	17.5	20	22.5	25	27.5	30	32.5	35	40	45	50
195													—	—
200														
205	—													
210	—													
215	—													
220	—													
225	—													
230	—													
235	—													
240	—													
245	—													
250	—													
260	—	—												
270	—	—												
280	—	—												
290	—	—												
300	—	—												
310	—	—												
320	—	—												
330	—	—												
340	—	—												
350	—	—												
360														
370														
380														
390														
400														
410														
420														
430														
440														
450														
460				—										
470				—										
480				—										
490				—										
500				—										

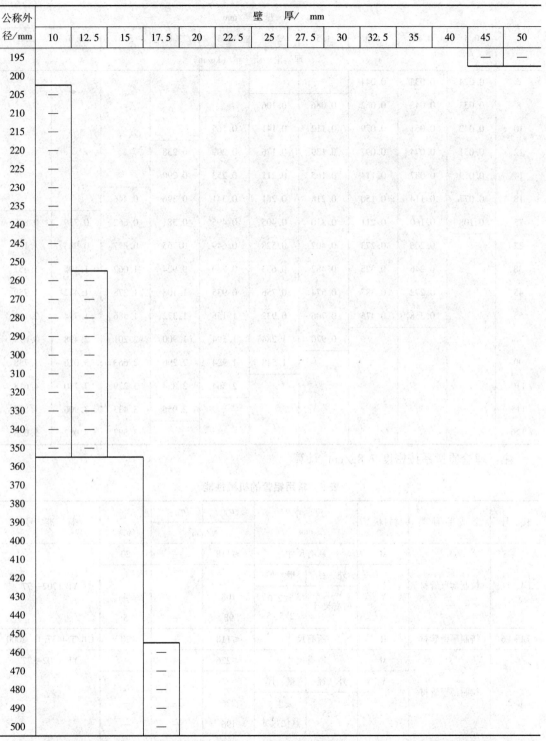

注：① 热挤压铝及铝合金圆管的牌号有：L1~L6、LF2、LF3、LF5、LF6、LF11、LF21、LY11、LY12、LD2、LC4、LC9 等，其化学成分应符合 GB 3190—82《铝及铝合金加工产品化学成分》的规定，其机械性能则应符合 GB/T 4437.1—2000《铝及铝合金热挤压管》中的规定。

② 管材的长度通常为 0.3~6m。

③ 粗线框内的规格表示有此产品。

表 4　常用铝及铝合金管理论质量

外径/mm	壁厚/mm									
	0.5	0.75	1.0	1.5	2.0	2.5	3.0	3.5	4.0	5.0
	理论质量/(kg/m)									
6	0.024	0.035	0.044							
8	0.033	0.048	0.062	0.086	0.106					
10	0.042	0.061	0.079	0.112	0.141	0.165				
12	0.051	0.074	0.097	0.139	0.176	0.209	0.238			
14	0.059	0.087	0.114	0.165	0.211	0.253	0.290			
18	0.077	0.114	0.150	0.218	0.281	0.341	0.396	0.446		
25	0.108	0.160	0.211	0.310	0.405	0.495	0.581	0.662	0.739	0.880
32		0.206	0.273	0.402	0.528	0.649	0.765	0.877	0.985	1.188
38		0.246	0.325	0.482	0.633	0.780	0.924	1.062	1.196	1.451
45		0.292	0.387	0.574	0.756	0.935	1.108	1.278	1.442	1.759
55		0.358	0.475	0.706	0.932	1.155	1.372	1.586	1.794	2.199
75				0.970	1.284	1.594	1.900	2.201	2.498	3.079
90					1.548	1.924	2.296	2.663	3.026	3.738
110						2.364	2.824	3.279	3.730	4.618
115							2.956	3.433	3.906	4.838
120								3.587	4.082	5.058

注：理论质量系按密度 7.8g/cm^3 计算。

表 5　常用铝管的机械性能

代　号	半成品种类	材料状态	尺寸/mm		σ_b	$\sigma_{0.2}$	δ_{10}	标　准　号
					N/mm^2		%≥	
L4、L6	拉制薄壁管材	M	所有尺寸		≤118	—	20	YB 1702—77
		Y	外　径	壁　厚				
			所有尺寸	≤2.0	108	—	4	
				2.5~5	98	—	5	
L1~L6	挤制厚壁管材	R	所有尺寸		≤118	—	20	GB/T 4437.1—2000
LF2	拉制薄壁管材	M	所有尺寸		≤226	—	—	YB 1702—77
		Y	外　径	壁　厚				
			≤55	≤2.5	226	—	—	
				其他尺寸	196	—	—	
	挤制厚壁管材	R	所有尺寸		≤226	—	—	GB/T 4437.1—2000
LF21	拉制薄壁管材	M	所有尺寸		<137	—	—	YB 1702—77
		Y			137	—	—	
	挤制厚壁管材	R	所有尺寸		≤167	—	—	GB/T 4437.1—2000

续表

代号	半成品种类	材料状态	尺寸/mm		σ_b	$\sigma_{0.2}$	δ_{10}	标准号
					N/mm²		%≥	
LY11	拉制薄壁管材	M	外径	壁厚				YB 1702—77
			所有尺寸		≤245	—	10	
		CZ	<22	≤1	373	196	13	
				1.5~2	373	196	14	
			22~50	≤1	392	226	12	
				1.5~5	392	226	13	
			>50	≤5	392	226	11	
	挤制厚壁管材	M	所有尺寸		≤245	—	10	GB/T 4437.1—2000
		CZ	≤120	—	353	196	12	
			>120		373	216	10	
LY12	挤制厚壁管材	M	外径	壁厚	≤245	—	10	GB/T 4437.1—2000
			所有尺寸					
		CZ	≤120		392	255	12	
			>120		422	275	10	
	拉制薄壁管材	M	外径	壁厚	≤245	—	10	YB 1702—77
			所有尺寸					
		CZ	<22	≤2.0	412	255	15	
			22~50	≤5.0	422	275	12	
			>50	≤5.0	422	275	10	

附表 15　加工铜的组别、牌号、代号及主要化学成分（GB 5231—85）

组别	牌号	代号	主要化学成分/%（质量）			杂质总和/%（质量）
			Cu+Ag	P	Ag	
纯铜	一号铜	T1	≥99.95	—	—	≤0.05
	二号铜	T2	≥99.90	—	—	≤0.1
	三号铜	T3	≥99.70	—	—	≤0.3
无氧铜	一号无氧铜	TU1	≥99.97	—	—	≤0.03
	二号无氧铜	TU2	≥99.95	—	—	≤0.05
磷脱氧铜	一号脱氧铜	TP1	≥99.90	0.005~0.012	—	≤0.1
	二号脱氧铜	TP2	≥99.85	0.013~0.050	—	≤0.15
银铜	0.1银铜	TAg0.1	Cu≥99.5	—	0.06~0.12	≤0.3

表 1　加工黄铜的组别、代号及其主要化学成分(GB 5232—85)

组　别	代　号	主要化学成分/%（质量）			杂质总和/%（质量）
		Cu	Zn	其　他　合　金　元　素	
普通黄铜	H96	95.0~97.0	余量		≤0.2
	H90	88.0~91.0	余量		≤0.2
	H85	84.0~86.0	余量		≤0.3
	H80	79.0~81.0	余量		≤0.3
	H70	68.5~71.5	余量		≤0.3
	H68	67.0~70.0	余量		≤0.3
	H65	63.5~68.0	余量		≤0.3
	H63	62.0~65.0	余量		≤0.5
	H62	60.5~63.5	余量		≤0.5
	H59	57.0~60.0	余量		≤1.0
镍黄铜	HNi65-5	64.0~67.0	余量	Ni5.0~6.5	≤0.3
	HNi56-3	54.0~58.0	余量	Ni2.0~3.0，Al0.3~0.5，Fe0.15~0.5	≤0.6
铅黄铜	HPb63-3	62.0~65.0	余量	Pb2.4~3.0	≤0.75
	HPb63-0.1	61.5~63.5	余量	Pb0.05~0.3	≤0.5
	HPb62~0.8	60.0~63.0	余量	Pb0.5~1.2	≤0.75
	HPb61-1	59.0~61.0	余量	Pb0.6~1.0	≤0.75
	HPb59-1	57.0~60.0	余量	Pb0.8~1.9	≤1.0
加砷黄铜	HAl 77-2	76.0~79.0	余量	Al 1.8~2.3，As0.03~0.06	≤0.3
	HSn70-1	69.0~71.0	余量	Sn0.8~1.3，As0.03~0.06	≤0.3
	H68A	67.0~70.0	余量	As0.03~0.06	≤0.3
锡黄铜	HSn90-1	88.0~91.0	余量	Sn0.25~0.75	≤0.2
	HSn62-1	61.0~63.0	余量	Sn0.7~1.1	≤0.3
	HSn60-1	59.0~61.0	余量	Sn1.0~1.5	≤1.0
铝黄铜	HAl 67-2.5	66.0~68.0	余量	Al 2.0~3.0	≤1.5
	HAl 60-1-1	58.0~61.0	余量	Al 0.7~1.5，Mn0.1~0.6，Fe0.7~1.5	≤0.7
	HAl 59-3-2	57.0~60.0	余量	Al 2.5~3.5，Ni2.0~3.0	≤0.9
	HAl 66-6-3-2	64.0~68.0	余量	Al 6.0~7.0，Fe2.0~4.0，Mn1.5~2.5	≤1.5
铁黄铜	HFe59-1-1	57.0~60.0	余量	Fe0.6~1.2，Al0.1~0.5，Mn0.5~0.8，Sn0.3~0.7	≤0.3
	HFe58-1-1	56.0~58.0	余量	Fe0.7~1.3，Pb0.7~1.3	≤0.5
锰黄铜	HMn58-2	57.0~60.0	余量	Mn1.0~2.0	≤1.2
	HMn57-3-1	55.0~58.5	余量	Mn2.5~3.5，Al 0.5~1.5	≤1.3
	HMn55-3-1	53.0~58.0	余量	Mn3.0~4.0，Fe0.5~1.5	≤1.5
硅黄铜	HSi80-3	79.0~81.0	余量	Si2.5~4.0	≤1.5

表 2　黄铜的耐腐蚀性

介质名称	浓度/%	温度/℃	耐腐蚀性	介质名称	浓度/%	温度/℃	耐腐蚀性
氨		不限	C	亚硫酸钠	10	室温	AB
氢		低温	AB	氢氧化钠	30	60	AB
硫化氢（干）		室温	AB	氢氧化钠	50	65	B
硫化氢（温）		室温	C	氯化钾	10~20	38	AB
氧		<260	A	氢氧化镁			B
二氧化硫（干）			AB	碳酸钙	不限	沸点	AB
二氧化硫（湿）			C	氯化钙	不限	沸点	AB
硫酸	50~100	室温	C	氢氧化铝			B
盐酸	不限	中温	C	四氯化碳（干）		不限	AB
氢氟酸	30	中温	AB	二氯乙烯		中温	AB
硝酸	30~50	沸点	C	氯乙烷			A
过氧化氢	30	室温	C	苯	浓	室温	A
硫酸铵	5	室温	C	甲苯			A
氯化铵	10	室温	C	酚	不限	不限	B
氯化钠			AB	醋酸	100	室温	C
碳酸钠			AB	甲醇			B
硝酸钠	30	室温	B	乙醇		不限	A
硫酸钠	20	室温	A	甘油		室温	A
碳酸钠			AB	丙酮		不限	A
次氯酸钠			C	甲醛			AB

注：① 表中 A 表示耐腐蚀性能良好，几乎不腐蚀；AB 表示适用于腐蚀介质，腐蚀速度小于 0.8mm/a；B 表示尚可用于腐蚀介质，腐蚀速度小于 1.6mm/a；BC 表示不一定适用于腐蚀介质，使用前需进行腐蚀试验；C 表示不耐腐蚀，不能用于腐蚀介质。

② 本表黄铜系指含铜量等于 85%，含锌量为 15%。

表 3　紫铜的耐腐蚀性能

介质名称	浓度/%	温度/℃	耐腐蚀性	介质名称	浓度/%	温度/℃	耐腐蚀性
氨		不限	C	次氯酸钠			C
氢		低温	AB	氢氧化钠	30~50	60	AB
硫化氢(干)		室温	AB	氢氧化镁			B
硫化氢(湿)		室温	C	氢氧化钙	10	沸点	AB
氧			A	四氯化碳(干)		不限	A
二氧化硫(干)			AB	二氯乙烯		中温	AB
二氧化硫(湿)			C	氯乙烷			BC
二氧化碳(干)		不限	A	苯	浓	室温	A
硫酸	50~100	室温	C	甲苯			A
盐酸	不限	中温	C	酚	不限	不限	B
硝酸	85	室温	C	醋酸	100	室温	C
硝酸	30~50	沸点	C	醋酐		室温	B
铬酸			C	脂肪酸		室温	B
硫酸铵	5~10	室温	C	脂肪酸		260	C
氯化铵	10	室温	C	甲醇			B
氯化钠			AB	乙醇		不限	A
碳酸钠			AB	甘油		室温	A
硝酸钠	30	室温	B	丙酮		不限	A
磷酸钠	10	室温	AB	醚			AB
硫酸钠	20	室温	AB	甲醛			AB

注：表中 A 表示耐腐蚀性能良好，几乎不腐蚀；AB 表示适用于腐蚀介质，腐蚀速度小于 0.8mm/a；B 表示尚可用于腐蚀介质，腐蚀速度小于 1.6mm/a；BC 表示不一定适用于腐蚀介质，使用前需进行腐蚀试验；C 不耐腐蚀，不能用于腐蚀介质。

表 4　拉制铜管规格（GB/T 1527—1997）

外　径/mm	壁　厚/ mm										
	0.5	0.75	1.0	1.5	2.0	2.5	3.0	3.5	4.0	4.5	5.0
3、4、5、6、7	✓	✓	✓	✓	✓						
8、9、10、11、12、13、14、15	✓	✓	✓	✓	✓	✓	✓	✓			
16、17、18、19、20			✓	✓	✓	✓	✓	✓	✓	✓	
21、22、23、24、25、26、27、28、29、30			✓	✓	✓	✓	✓	✓	✓	✓	✓
31、32、33、34、35、36、37、38、39、40			✓	✓	✓	✓	✓	✓	✓	✓	✓
41、42、43、44、45、46、47、48、49、50			✓	✓	✓	✓	✓	✓	✓	✓	✓
52、54（55）、56、58、60			✓	✓	✓	✓	✓	✓	✓	✓	✓
62、64（65）、66、68、70				✓	✓	✓	✓	✓	✓	✓	✓
72、74（75）、76、78、80			（✓）	✓	✓	✓	✓	✓	✓	✓	✓

注：① 管长：外径 100mm 以下为 1~7m，圆盘管材管长不小于 6m。
　　② 材质：T2、T3、T4、TUP、TU1、TU2。
　　③ 管材供应状态分为：硬（Y）、软（M）。
　　④ 外径大于 80mm、壁厚大于 5mm 的规格从略。

表 5　挤制铜管规格（GB/T 1528—1997）

外　径/mm	壁　厚/mm										
	5	6	7	7.5	8	8.5	9	10	12.5	15	17.5
30、32、34、36	✓	✓									
38、40、42、44、46	✓	✓	✓	✓	✓	✓	✓	✓			
50、55、60	✓			✓				✓	✓	✓	
65、70	✓			✓				✓	✓	✓	
75、80			✓	✓			✓	✓	✓	✓	✓
85、90				✓				✓	✓	✓	✓
95、100、105				✓				✓	✓	✓	✓
110、115、120								✓	✓	✓	✓
125、130								✓	✓	✓	✓
135、140								✓	✓	✓	✓
145、150								✓	✓	✓	✓

注：① 管长：0.5~6m。
　　② 材质：T2、T3、T4、TUP、TU1、TU2。
　　③ 管材供应状态：挤制（R）。
　　④ 壁厚大于 17.5mm 的规格从略。

表 6　拉制黄铜管规格（GB/T 1529—1997）

外　径/mm	壁　厚/mm										
	0.5	0.75	1.0	1.5	2.0	2.5	3.0	3.5	4.0	4.5	5.0
3、4、5、6、7	✓	✓	✓								
8、9、10、11、12	✓	✓	✓	✓	✓	✓	✓	✓			
14、15、16	✓	✓	✓	✓	✓	✓	✓	✓			
17、18、19	✓	✓	✓	✓	✓	✓	✓	✓	✓	✓	
20、21、22、23			✓	✓	✓	✓	✓	✓	✓	✓	✓
24、25、26、27、28、29、30、			✓	✓	✓	✓	✓	✓	✓	✓	✓
31、32、33、34、35、36、37、38、39、40、			✓	✓	✓	✓	✓		✓	✓	✓
42、44、46、48、50			✓		✓	✓	✓	✓	✓		✓
52、54、56、58、60			✓		✓	✓	✓	✓	✓	✓	✓
62、64					✓		✓	✓	✓		
66、68、70					✓		✓	✓	✓		
72、74、76、78、80、82、84、86、88、90、					✓	✓	✓		✓		
92、94、96					✓		✓	✓	✓		

注：① 管长：外径大于 50mm 者为 0.5~6m，外径小于 50mm 者为 1~7m。
　　② 材质：H96、H68、H62、HSn62-1、HSn70-1。
　　③ 管材供应状态：软（M）、半硬（Y_2）。
　　④ 外径大于 96mm、壁厚大于 5mm 的规格从略。

表 7 挤制黄铜管规格（GB/T 1530—1997）

外 径/mm	壁 厚/mm												
	1.5	2.0	2.5	3.0	3.5	4.0	4.5	5.0	5.5	6.0	6.5	7.0	7.5
21、22	✓	✓	✓										
23、24	✓	✓	✓	✓									
25、26	✓	✓	✓	✓	✓	✓							
27、28、29			✓	✓	✓	✓	✓	✓					
30、31、32、33		✓	✓	✓	✓	✓	✓	✓	✓				
34、35、36、37				✓	✓	✓	✓	✓	✓		✓		
38、39、40、41、42			✓					✓					
43、44、45			✓		✓	✓		✓					
46、47、48、49				✓	✓	✓		✓	✓	✓		✓	
50、51、52、53、54、55				✓	✓	✓		✓	✓			✓	
56、58、60						✓	✓	✓		✓		✓	
62、64						✓		✓			✓	✓	
66、68、70						✓		✓		✓		✓	
72、74					✓	✓		✓				✓	
76、78、80												✓	
82、84												✓	

注：① 管长：0.5~6m。

② 材质：H96、H62、HPb59-1、HFe59-1。

③ 管材供应状态：挤制（R）。

④ 外径大于 84mm、壁厚大于 7.5mm 的规格从略。

表 8 紫铜管的理论重量

（kg/m）

外径/mm	壁 厚/mm											
	0.5	0.75	1.0	1.5	2.0	2.5	3.0	3.5	4.0	4.5	5.0	6.0
6	0.0769	0.1101	0.140	0.189	0.224							
8	0.1049	0.1520	0.196	0.273	0.335	0.384						
10	0.1328	0.1940	0.252	0.356	0.447	0.524	0.587					
12	0.1608	0.2359	0.307	0.440	0.559	0.664	0.755	0.832				
14	0.1887	0.2779	0.363	0.524	0.671	0.803	0.922	1.027				
16			0.419	0.608	0.782	0.943	1.090	1.223	1.341	1.445		
18			0.475	0.692	0.894	1.082	1.258	1.418	1.565	1.695		
20			0.531	0.775	1.006	1.223	1.425	1.605	1.778	1.949	2.096	
22			0.587	0.859	1.118	1.361	1.593	1.800	2.012	2.201	2.375	
24			0.643	0.943	1.230	1.502	1.761	2.005	2.236	2.453	2.655	
28			0.755	1.111	1.453	1.782	2.096	2.395	2.683	2.955	3.214	
30			0.810	1.195	1.565	1.922	2.264	2.592	2.906	3.206	3.493	
32			0.866	1.278	1.677	2.050	2.431	2.790	3.130	3.458	3.773	4.359
34			0.922	1.362	1.788	2.201	2.599	2.980	3.354	3.710	4.052	4.695
38			1.034	1.530		2.480	2.934	3.375	3.800	4.213	4.612	5.365
42			1.146	1.693	2.236	2.760	3.270	3.765	4.248	4.716	5.171	6.036
45			1.230	1.823	2.403	2.969	3.521	4.059	4.584	5.094	5.589	6.540
48				1.949	2.571	3.180	3.772	4.353	4.918	5.471	6.008	7.043
51				2.075		3.388	4.024	4.647	5.255	5.848	6.429	7.547
55			1.499	2.243	2.962	3.668	4.359	5.038	5.702	6.351	6.981	8.217
60			1.649	2.452	3.242	4.017	4.778	5.526	6.259	6.980	7.685	9.056
70				2.871	3.800	4.716	5.617	6.504	7.377	8.238	9.082	10.733
80				3.290	4.359	5.414	6.456	7.484	8.498	9.496	10.48	12.41
90				3.709		6.113		8.460		10.75	11.88	
95				3.919	5.198	6.462						

注：① 理论重量系按密度 8.9g/cm³ 计算。

② 部分规格从略。

表 9　黄铜管的理论重量　　　　(kg/m)

外径/mm	壁厚/mm 0.5	0.75	1.0	1.5	2.0	2.5	3.0	3.5	4.0	4.5	5.0	6.0	6.5	7.0	7.5
8	0.100	0.145	0.187	0.260	0.320										
10	0.127	0.185	0.240	0.340	0.427										
12	0.154	0.225	0.294	0.420	0.534	0.634	0.721								
14	0.180		0.347	0.500	0.641										
16	0.207		0.400	0.581	0.747	0.891	1.041								
18			0.454	0.661	0.854		1.201		1.495						
20	0.507	0.741	0.961	1.168	1.361				2.002						
22	0.560	0.821	1.068	1.301	1.521		1.922			2.562					
25	0.641	0.941	1.228	1.501	1.761	2.008	2.242								
28	0.721	1.061	1.388		2.002	2.289	2.562		3.069	3.523					
30	0.774	1.141	1.495	1.835	2.162		2.776			3.843					
32	0.827	1.221	1.601				2.989	3.303	3.603						
35	0.907	1.341	1.761	2.168	2.562		3.309	3.663		4.644					
38	0.988	1.461	1.922	2.369	2.802		3.630	4.023	4.404						
42	1.094		2.135		3.123	3.596			4.937	5.675				7.259	
45		1.741	2.295	2.836	3.363	3.876	4.377		5.388	6.245					
48					3.603		4.697		5.605						
51					2.615		3.843	4.437							
55					2.829		4.163		5.444		6.672				
60					3.096		4.564	5.278	5.978		7.339				10.51
70							5.364		7.046		8.674				12.51
76							5.845		7.686						
80					4.163	5.174			8.113		10.01			13.64	14.51
90							6.966		9.181		11.34				16.51
100							7.766		10.25						18.51

注：① 理论重量系按密度 8.5g/cm³ 计算。

② 部分规格从略。

表 10　纯铜管及黄铜管的机械性能

合金代号	材料品种	尺寸/mm	材料状态	σ_b ≥/(N/mm²)	δ_{10} %≥	δ_5 %≥
T2、T3、(T4)、TU1、TU2、(TUP)	拉制铜管	外径 3~360	硬 (T)	294	—	—
			软 (M)	206	35	42
	挤制铜管	外径 30~300	热挤 (R)	186	35	42
H96	拉制铜管	外径 3~200	半硬 (Y_2)	294	—	—
			软 (M)	206	35	42
	拉制铜管	外径 21~280	热挤 (R)	186	35	42
H68	拉制铜管	外径 3~200	软 (M)	294	38	43
			半硬 (Y_2)	343	30	34
H62	拉制铜管	外径 3~200	软 (M)	294	38	43
			半硬 (Y_2)	333	30	34
	挤制铜管	外径 21~280	热挤 (R)	294	38	43
HPb59-1	挤制铜管	外径 21~280	热挤 (R)	392	20	24
HSn70-1	拉制铜管	外径 3~200	软 (M)	294	38	43
			半硬 (Y_2)	343	30	34
HSn62-1	拉制铜管	外径 3~200	半硬 (Y_2)	333	30	—
			软 (M)	294	35	—
HFe59-1-1	挤制铜管		热挤 (R)	432	28	31

注：合金代号栏内括号内的代号，按 GB 5231—85《加工铜》的规定，已经废除。

附表 16　英国 BS 3600 无缝和焊制钢管尺寸

(in)

1	2	3	4	5	6	7	8	9	10	11	12	13	14	15	16	17	18	19
		公称壁厚																
管子公称直径	外径	Sch 5S①	Sch 10S①	Sch 10	Sch 20	Sch 30	Sch 40S①	Std wall	Sch 40	Sch 60	Sch 80S①	XS	Sch 80	Sch 100	Sch 120	Sch 140	Sch 160	XXS
$\frac{1}{8}$	0.405	…	0.049	…	…	…	0.068	0.068	0.068	…	0.095	0.095	0.095					
$\frac{1}{4}$	0.540	…	0.065	…	…	…	0.088	0.088	0.088	…	0.119	0.119	0.119					
$\frac{3}{8}$	0.675	…	0.065	…	…	…	0.091	0.091	0.091	…	0.126	0.126	0.126					
$\frac{1}{2}$	0.840	0.065	0.083	…	…	…	0.109	0.109	0.109	…	0.147	0.147	0.147	…	…	…	0.188	0.294+
$\frac{3}{4}$	1.050	0.065	0.083	…	…	…	0.113	0.113	0.113	…	0.154	0.154	0.154	…	…	…	0.219	0.308+
1	1.315	0.065	0.109	…	…	…	0.133	0.133	0.133	…	0.179	0.179	0.179	…	…	…	0.250	0.358+
$1\frac{1}{4}$②	1.660	0.065	0.109	…	…	…	0.140	0.140	0.140	…	0.191	0.191	0.191	…	…	…	0.250	0.382+
$1\frac{1}{2}$	1.900	0.065	0.109	…	…	…	0.145	0.145	0.145	…	0.200	0.200	0.200	…	…	…	0.281	0.400+
2	2.375	0.065	0.109	…	…	…	0.154	0.154	0.154	…	0.218	0.218	0.218	…	…	…	0.314	0.436+
$2\frac{1}{2}$②	2.875	0.083	0.120	…	…	…	0.203	0.203	0.203	…	0.276	0.276	0.276	…	…	…	0.375	0.552+
3	3.500	0.083	0.120	…	…	…	0.216	0.216	0.216	…	0.300	0.300	0.300	…	…	…	0.438	0.600+
$3\frac{1}{2}$②	4.000	0.083	0.120	…	…	…	0.226	0.226	0.226	…	0.318	0.318	0.318			…		
4	4.500	0.083	0.120	…	…	…	0.237	0.237	0.237	…	0.337	0.337	0.337	…	0.438	…	0.531	0.674+
5②	5.563	0.109	0.134	…	…	…	0.258	0.258	0.258	…	0.375	0.375	0.375	…	0.500	…	0.625	0.750+

续表

1	2	3	4	5	6	7	8	9	10	11	12	13	14	15	16	17	18	19
		公称壁厚																
管子公称直径	外径	Sch 5S①	Sch 10S①	Sch 10	Sch 20	Sch 30	Sch 40S①	Std	Sch 40	Sch 60	Sch 80S①	XS	Sch 80	Sch 100	Sch 120	Sch 140	Sch 160	XXS
6	6.625	0.109	0.134	…	…	…	0.280	0.280	0.280	…	0.432	0.432	0.432	…	0.562	…	0.719	0.864+
8	8.625	0.109	0.148	…	0.250	0.277	0.322	0.322	0.322	0.406	0.500	0.500	0.500	0.594	0.719	0.812	0.906	0.875+
10	10.750	0.134	0.165	…	0.250	0.307	0.365	0.365	0.365	0.500	0.500	0.500	0.594	0.719	0.844	1.000	1.125	1.000
12	12.750	0.156	0.180	…	0.250	0.330	0.375	0.375+	0.406	0.562	0.500	0.500+	0.688	0.844	1.000	1.125	1.312	1.000
14	14.000	0.156	0.188	0.250	0.312	0.375	…	0.375	0.438	0.594	…	0.500+	0.750	0.938	1.094	1.250	1.406	
16	16.000	0.165	0.188	0.250	0.312	0.375	…	0.375	0.500	0.656	…	0.500	0.844	1.031	1.219	1.438	1.594	
18	18.000	0.165	0.188	0.250	0.312	0.438	…	0.375+	0.562	0.750	…	0.500+	0.938	1.156	1.375	1.562	1.781	
20	20.000	0.188	0.218	0.250	0.375	0.500	…	0.375	0.594	0.812	…	0.500	1.031	1.281	1.500	1.750	1.969	
22	22.000	0.188	0.218	0.250	0.375	0.500	…	0.375	0.625	0.875	…	0.500	1.125	1.375	1.625	1.875	2.125	
24	24.000	0.218	0.250	0.250	0.375	0.562	…	0.375	0.688	0.969	…	0.500+	1.219	1.531	1.812	2.062	2.344	
26	26.000	…	…	0.312	0.500	…	…	0.375+	…	…	…	0.500						
28	28.000	…	…	0.312	0.500	0.625	…	0.375+	…	…	…	0.500						
30	30.000	0.250	0.312	0.312	0.500	0.625	…	0.375+	…	…	…	0.500						
32	32.00	…	…	0.312	0.500	0.625	…	0.375+	0.688	…	…	0.500						
34	34.00	…	…	0.312	0.500	0.625	…	0.375+	0.688	…	…	0.500						
36	36.00	…	…	0.312	0.500	0.625	…	0.375+	0.750	…	…	0.500						

①管子壁厚表号 5S，10S，40S 和 80S 仅适用于奥氏体铬镍钢管子。

XS 系 Extra strong 缩写，即加强（厚）管。

XXS 系 Double extra strong 缩写，即特强（厚）管。

加强和特强管子壁厚没有标记+者，其相应壁厚的管子已列入表中壁厚系列表号之一的下面。

②这些尺寸只要可能就应避免使用。

注：（1）对管子公称直径>36in 见 API 5LS，螺旋焊管子通过 BSI 查得。

（2）此表中的尺寸取自 ASME B36.10 和 ASME B36.19。

（3）外径及壁厚的公差见相应规定。

附表 17　BS 1387 钢管直径与重量

公称直径 DN	近似外径	黑管外径				壁厚						公称直径
		轻		中及重		轻		中		重		
		最大	最小	最大	最小							
in	in	in	in	in	in	SWG[2]	in	SWG[2]	in	SWG[2]	in	mm
$\frac{1}{8}$	$\frac{13}{32}$	0. 396	0. 383	0. 411	0. 386	15	0. 072	14	0. 080	12	0. 104	6
$\frac{1}{4}$	$\frac{17}{32}$	0. 532	0. 518	0. 547	0. 522	15	0. 072	3	0. 092	11	0. 116	8
$\frac{3}{8}$	$\frac{11}{16}$	0. 671	0. 656	0. 685	0. 660	15	0. 072	13	0. 092	11	0. 116	10
$\frac{1}{2}$	$\frac{27}{32}$	0. 841	0. 825	0. 856	0. 831	14	0. 080	12	0. 104	10	0. 128	15
$\frac{3}{4}$	$1\frac{1}{6}$	1. 059	1. 041	1. 072	1. 047	13	0. 092	12	0. 104	10	0. 128	20
1	$1\frac{11}{32}$	1. 328	1. 309	1. 346	1. 316	12	0. 104	10	0. 128	8	0. 160	25
$1\frac{1}{4}$	$1\frac{11}{16}$	1. 670	1. 650	1. 687	1. 657	12	0. 104	10	0. 128	8	0. 160	32
$1\frac{1}{2}$	$1\frac{29}{32}$	1. 903	1. 882	1. 919	1. 889	11	0. 116	10	0. 128	8	0. 160	40
2	$2\frac{3}{8}$	2. 370	2. 347	2. 394	2. 354	11	0. 116	9	0. 144	7	0. 176	50
$2\frac{1}{2}$	3	2. 991	2. 960	3. 014	2. 969	10	0. 128	9	0. 144	7	0. 176	65
3	$3\frac{1}{2}$	3. 491	3. 460	3. 524	3. 469	10	0. 128	8	0. 160	6	0. 192	80
$3\frac{1}{2}$[3]	4	3. 981	3. 950	4. 019	3. 959	9	0. 144	8	0. 160	6	0. 192	90
4	$4\frac{1}{2}$	4. 481	4. 450	4. 524	4. 459	9	0. 144	7	0. 176	5	0. 212	100
5	$5\frac{1}{2}$	…	…	5. 534	5. 459	…	…	6	0. 192	5	0. 212	125
6	$6\frac{1}{2}$	…	…	6. 534	6. 459	…	…	6	0. 192	5	0. 212	150

公称直径 DN	近似外径	每 ft 黑管重量①						公称直径
		平端			管端带螺纹和承插口			
		轻	中	重	轻	中	重	
in	in	lb	lb	lb	lb	lb	lb	mm
$\frac{1}{8}$	$\frac{13}{32}$	0.243	0.273	0.331	0.245	0.275	0.333	6
$\frac{1}{4}$	$\frac{17}{32}$	0.347	0.437	0.517	0.350	0.440	0.520	8
$\frac{3}{8}$	$\frac{11}{16}$	0.453	0.573	0.686	0.457	0.577	0.690	10
$\frac{1}{2}$	$\frac{27}{32}$	0.640	0.822	0.977	0.646	0.828	0.983	15
$\frac{3}{4}$	$1\frac{1}{16}$	0.944	1.06	1.27	0.954	1.07	1.28	20
1	$1\frac{11}{32}$	1.35	1.64	2.00	1.34	1.65	2.01	25
$1\frac{1}{4}$	$1\frac{11}{16}$	1.73	2.11	2.58	1.75	2.13	2.60	32
$1\frac{1}{2}$	$1\frac{29}{32}$	2.19	2.43	2.98	2.22	2.46	3.01	40
2	$2\frac{3}{8}$	2.76	3.42	4.14	2.81	3.47	4.19	50
$2\frac{1}{2}$	3	3.90	4.38	5.31	3.98	4.46	5.39	65
3	$2\frac{1}{2}$	4.58	5.69	6.76	4.69	5.80	6.87	80
$3\frac{1}{2}$③	4	5.88	6.53	7.76	6.00	6.65	7.88	90
4	$4\frac{1}{2}$	6.64	8.14	9.71	6.84	8.34	9.91	100
5	$5\frac{1}{2}$	…	10.9	12.0	…	11.2	12.3	125
6	$6\frac{1}{2}$	…	12.9	14.3	…	13.3	14.7	150

注：①黑管指的是一种涂有特殊保护油漆的光滑管，这种保护的目的仅是为了运输与储存。

②Standard wire gage（英国标准线规）。

③$DN3\frac{1}{2}$in 管子不推荐选用，由于需要量很小，已从 BS 1387 中删除。

附表 18　化工装置耐腐蚀材料选择表

腐蚀物料名称	铁和钢	18-8钢	Ni-耐腐蚀C.I.	蒙乃尔合金	赤黄铜	铝	铅	铜	耐腐蚀材料
乙醛	C	S	C	C	C	C	C	C	耐酸青铜
醋酸盐溶剂（粗）	C	C	C	S	C	S	S	F	
醋酸（粗）	C	F	C	C	C	C	F	F	木材（F），14%硅铸铁
醋酸（纯）	X	F	X	F	C	S	F	F	镍铬合金，14%硅铸铁
醋酸（蒸气）	X	F	X	C	X	C	F	F	14%硅铸铁，银
醋酐	C	S	S	S	X	C	F	F	
丙酮	S	S	S	S	S	S	S	S	
乙酰氯	S	S	S	S	S	S	S	S	
乙炔	S	S	S	S	X	S	S	X	
空气（干）	S	S	S	S	S	S	S	S	
铝（熔融）	S	X	S	S	X	X	X	X	
醋酸铝	S	S	S	S	X	X	X	X	
氯化铝	S	X	F	S	X	S	C	C	镍基合金 B，矾土水泥
氟化铝	S	X	F	S	X	S	C	C	
氢氧化铝	S	S	S	X	X	S	C	F	
硫酸铝	X	S	C	S	C	C	S	F	14%硅铸铁，橡胶
氨（气）	S	S	S	X	X	S	S	X	锡
碳酸氢铵	S	S	S	X	X	S	S	X	
氯化铵	C	C	S	S	X	X	C	X	镍
氢氧化铵	S	S	S	C	X	S	S	X	
硝铵	S	S	C	C	X	S	S	C	
草酸铵	S	S	C	C	X	S	S	C	
磷酸二氢铵	X	S	C	C	X	X	S	X	耐酸青铜
磷酸氢二铵	C	S	S	F	C	S	S	C	
磷酸铵	S	S	S	S	C	S	S	C	
碳酸铵和碳酸氢铵	S	S	S	S	C	S	S	C	
硫酸铵	S	C	S	S	C	C	S	C	耐酸青铜
硫化铵	S	C	S	S	C	C	S	C	
醋酸戊酯	C	S	S	S	C	S	S	C	
苯胺	C	S	C	S	X	X	S	C	
苯胺染料	C	S	S	S	C	C	S	C	
盐酸苯胺	C	X	S	S	C	C	S	C	
三氯化锑	C	X	S	S	C	C	S	C	
砷酸	S	S	S	S	C	C	S	C	
沥青	S	S	S	S	S	S	S	S	
碳酸钡	S	S	S	S	S	S	S	S	
氯化钡	F	C	S	S	S	S	S	S	镍
氢氧化钡	S	S	S	S	X	X	X	C	镍
亚硝酸钡	S	S	S	S	X	X	X	C	
硫化钡	S	S	S	F	X	X	X	X	
啤酒（饮料工业）	C	S	C	S	F	S	X	F	

腐蚀物料名称	铁和钢	18-8钢	Ni-耐腐蚀C. I.	蒙乃尔合金	赤黄铜	铝	铅	铜	耐腐蚀材料
啤酒（酒精工业）	S	S	S	S	S	S	X	S	
甜菜糖溶液	S	S	S	C	F	S	X	S	
苯	S	S	S	S	S	S	S	S	
苯甲酸	S	S	S	S	S	S	S	S	硬橡胶，镍
黑硫酸液	S	S	S	S	X	X	S	X	
高炉煤气	S	S	S	S	S	X	S	X	
硼砂	S	S	S	S	C	C	S	F	
酸性枣红染料混合物	S	S	S	S	S	S	S	S	
硼酸	X	S	C	S	C	S	S	F	14%硅铸铁，镍
溴	X	C	C	S	C	S	C	F	玻璃，缸瓷，镍基合金C钽
丁烷、丁烯	S	S	S	C	S	S	S	S	
丁醇	S	S	S	S	S	S	S	S	
丁酸	S	S	S	S	S	S	S	S	
亚硫酸氢钙	X	S	X	X	X	C	F	F	
氯酸钙	X	S	X	X	X	C	F	F	
氯化钙	S	C	S	S	S	X	F	F	
氢氧化钙	S	S	S	S	C	C	C	S	镍
次氯酸钙	C	X	C	C	C	C	C	C	14%硅铸铁，镍基合金C
氧氯化钙	C	C	C	C	C	C	C	C	
硫酸钙	F	S	C	C	F	C	C	C	
蔗糖液	S	S	S	S	C	C	C	S	
二氧化碳（干）	S	S	S	S	S	S	S	S	
二氧化碳（湿）	C	S	C	C	F	S	C	C	
二硫化碳	S	S	S	C	X	S	C	X	
四氯化碳（湿）	C	X	C	S	C	C	C	C	镍，硅青铜
充二氧化碳的酒精饮料	X	S	X	S	C	C	C	C	
酪朊	S	S	S	S	S	S	C	C	
蓖麻油	S	S	S	S	S	S	C	S	
醋酸纤维素	S	S	S	S	S	S	C	S	
硝酸纤维素	S	S	S	S	S	S	C	S	
氯代醋酸	X	C	X	F	X	X	C	C	玻璃，缸瓷，镍基合金C
氯苯	F	C	F	S	S	X	C	F	镍，硅青铜
二氯乙醚	S	X	F	S	S	S	C	F	
盐酸	S	X	F	S	S	S	C	F	
氯（干）	S	C	S	S	C	C	S	F	镍，钽
氯（湿）	X	X	X	C	X	X	F	C	镍基合金C，银，钽
氯仿（湿）	C	X	C	S	X	X	F	C	
铬酸	C	S	C	C	X	C	S	X	锆，钛
柠檬酸	X	S	C	S	C	S	S	F	玻璃
椰子油	S	S	S	S	C	S	S	F	
咖啡	S	S	S	S	C	S	S	F	
焦炉气	S	S	S	C	C	S	S	C	
醋酸铜	S	S	S	C	C	S	S	C	
氧化铜	X	C	S	C	X	S	X	C	玻璃或木材（F）
氰化铜	F	S	F	S	X	S	X	X	
一氮化三铜	F	S	F	S	X	S	X	X	
硫酸铜	X	S	C	C	X	C	F	C	

续表

腐蚀物料名称	铁和钢	18-8钢	Ni-耐腐蚀C.I.	蒙乃尔合金	赤黄铜	铝	铅	铜	耐腐蚀材料
芯油	S	S	S	S	S	S	S	S	
玉米油	S	S	S	S	X	S	S	C	
棉籽油	S	S	S	S	X	S	S	C	
杂酚油（粗）	S	S	S	S	C	S	S	S	
氰气	S	S	S	S	C	S	S	S	
葡萄糖	S	S	S	S	C	S	S	S	
二氯乙烷	S	S	S	S	C	S	S	S	
二硝基氯苯	S	S	S	S	C	S	S	S	
联苯	S	S	S	S	C	S	S	S	
酿酒麦芽汁	S	S	S	S	S	S	S	S	锡
亚硫酸钠溶液	S	S	S	S	X	X	S	S	
醚	C	S	C	S	S	S	S	S	
醋酸乙酯	S	S	S	S	S	S	S	S	
乙醇	F	S	S	S	S	S	S	S	
氯乙烷	F	S	X	S	S	S	S	S	
1,2-二氯乙烷	F	S	X	S	S	S	S	S	
乙二醇	S	S	S	S	S	S	S	S	
脂肪酸	S	S	C	S	S	S	X	S	铬，镍，铁合金，镍
氯化铁	X	X	X	C	X	C	X	X	橡胶，缸瓷，镍基合金 C
氢氧化铁	X	S	X	C	X	C	X	X	
硝酸铁	X	S	X	C	X	C	X	X	
硫酸铁	X	S	X	F	X	X	S	X	耐酸青铜
氯化亚铁	S	X	S	C	X	C	X	X	镍基合金
硫酸亚铁	X	S	C	S	C	S	S	X	
氟	X	X	C	S	C	S	S	X	镍
灭火发泡剂（酸性）	X	C	X	C	X	S	S	X	
灭火发泡剂（碱性）	S	S	S	S	X	S	S	X	
甲醛	C	S	C	S	S	S	S	S	
甲酸	X	S	C	F	X	X	S	F	硬橡胶，缸瓷
氟里昂（湿）	C	C	S	S	S	S	S	S	
果汁(苹果,橙子,葡萄)	C	S	C	S	S	S	S	S	镍，耐酸青铜
燃料油	S	S	S	S	S	S	S	S	
糠醛	S	S	S	S	S	S	S	F	
鞣酸	C	S	S	S	F	X	S	C	镍
汽油（酸性）	F	S	C	X	X	S	S	X	
汽油(精制)(含硫<25%)	S	S	S	S	S	S	S	S	
明胶	S	S	S	S	X	S	X	F	镍
葡萄糖	S	S	S	S	S	S	X	F	
甘油	S	S	S	S	S	S	S	S	
盐酸	X	X	X	C	X	X	F	C	碳，镍基合金 A，玻璃，14%硅铸铁，
氰氢酸	C	S	S	S	X	S	F	X	
氢氟酸	F	X	X	S	C	X	F	C	铬、镍、铁合金，碳(不能用铸铁) Monel
氟硅酸	X	X	X	C	X	C	S	F	耐酸青铜
氢气（常压，常温）	S	S	S	S	S	S	S	S	
过氧化氢	X	S	X	S	C	S	F	C	钽

腐蚀物料名称	铁和钢	18-8钢	Ni-耐腐蚀C.I.	蒙乃尔合金	赤黄铜	铝	铅	铜	耐腐蚀材料
硫化氢（湿）	F	S	C	C	X	S	F	X	
碘	F	X	C	C	X	S	F	X	玻璃，缸瓷，镍基合金C，钽
碘仿	F	S	C	C	X	S	F	X	
煤油	S	S	S	S	S	S	F	S	
漆和溶剂	F	S	S	S	F	S	F	S	白铁和钢
乳酸	F	F	S	S	F	S	F	C	石墨
猪油	S	S	S	S	F	S	F	C	
铅（熔融）	S	S	S	X	F	S	F	C	
醋酸铅	S	S	S	S	X	S	F	C	
石灰硫剂	S	S	S	S	X	X	F	C	
亚麻子油	S	S	S	S	C	S	F	F	
润滑油	S	S	S	S	S	S	F	S	
氯化镁	C	F	C	S	C	X	X	F	铬、镍、铁合金
氢氧化镁	S	S	S	S	C	X	X	S	
硫酸镁	S	S	S	S	F	S	S	S	
马来酸	S	S	S	S	F	S	S	S	
肉汁	S	S	S	S	F	S	X	S	
硫醇	S	S	C	C	X	S	X	S	
氯化汞	C	X	C	C	X	X	X	X	镍基合金C
汞	S	S	S	S	X	X	X	X	
甲烷	S	S	S	S	S	S	S	S	
甲醇	S	S	S	S	S	S	S	S	
氯代甲烷	S	C	S	S	S	S	S	S	
牛奶	X	S	X	F	X	S	X	C	锡、银、镍
密糖	S	S	S	S	F	S	X	C	
芥末	S	S	S	S	F	S	X	C	
天燃气	S	S	S	S	F	S	S	S	
石脑油	S	S	S	S	S	S	S	S	
氯化镍	X	C	X	S	X	X	S	C	耐酸青铜
硫酸镍	X	S	X	C	C	X	S	C	14%硅铸铁，硬橡胶
硝化酸（硫酸>15%）	S	C	X	X	X	X	X	X	陶瓷，玻璃
硝化酸（硫酸<15%）	X	C	X	X	X	X	X	X	陶瓷，玻璃
硝化酸（硝酸<15%）	X	C	X	X	X	X	F	X	陶瓷，玻璃
硝酸（粗）	X	C	X	X	X	C	X	X	陶瓷，玻璃，钽
硝酸（精）	X	X	X	X	X	F	C	X	陶瓷，玻璃，钽
硝基苯	S	S	C	X	X	F	X	X	
硝化甘油	S	S	C	S	X	S	C	X	
亚硝酸	S	S	C	S	S	S	C	X	
油酸	C	S	C	S	C	S	F	S	
人造奶油	C	S	C	S	C	S	X	C	
草酸	C	F	C	S	C	S	X	F	14%硅铸铁
氧	S	S	X	S	S	S	X	S	
棕榈酸	C	S	C	S	C	S	F	F	
石蜡	S	S	S	S	F	F	F	S	
石油（含硫原油）	F	S	F	S	C	S	X	X	
石油（低硫原油）	S	S	S	S	S	S	C	C	
石油润滑油（精制）	S	S	S	S	S	S	S	S	

续表

腐蚀物料名称	铁和钢	18-8钢	Ni-耐腐蚀C.I.	蒙乃尔合金	赤黄铜	铝	铅	铜	耐腐蚀材料
苯酚	F	S	F	S	C	S	S	S	镍，银
磷酸（粗）	C	C	C	X	X	X	S	F	14%硅铸铁
磷酸（<45%）	X	S	C	C	X	X	S	F	橡胶衬里钢，镍基合金C
磷酸（冷>45%）	X	S	C	C	X	X	C	F	玻璃，缸瓷
磷酸（热>45%）	X	F	C	X	X	X	X	F	碳、铬25%可锻铸铁，14%硅2%钢
苦味酸（熔融）	S	S	F	X	X	S	X	X	
苦味酸（含水）	C	S	S	X	X	S	S	X	橡胶，缸瓷
电镀溶液（铬）	C	S	S	S	X	S	S	X	
重铬酸钾	C	S	S	S	X	S	S	X	
溴化钾	C	C	S	S	X	S	S	X	
碳酸钾	F	S	C	S	X	S	S	X	
氯酸钾	F	S	C	S	X	S	S	X	
氯化钾	S	C	S	S	S	C	S	S	镍
氰化钾	S	S	S	S	X	X	S	X	
氢氧化钾	S	S	S	S	X	X	X	C	镍
硝酸钾	S	S	C	S	X	X	X	C	
草酸钾	S	S	C	S	X	X	X	C	
高锰酸钾	S	S	C	S	X	X	X	C	
硫酸钾	S	C	S	S	S	S	S	F	耐酸青铜
硫化钾	F	S	C	S	X	S	S	F	
炉煤气	S	S	C	S	C	C	S	F	
丙烷	S	S	S	S	S	S	S	S	
焦棓酸	S	S	S	S	C	C	S	S	镍
人造纤维	S	S	S	S	S	C	S	S	
松香（照明）	X	S	C	S	X	S	S	X	
虫胶（漂白）	X	S	C	S	C	S	S	S	
淤渣硫酸	C	X	F	F	X	X	S	F	
皂液	S	S	S	S	C	C	S	F	
铝酸钠	S	S	S	S	C	C	S	F	
碳酸氢钠	F	S	S	S	C	C	S	S	12%铬钢
硫酸氢钠	X	S	F	S	C	S	S	F	耐酸青铜，镍
亚硫酸氢钠	X	S	F	S	S	S	S	F	
碳酸钠	S	S	S	S	C	X	C	F	12%铬钢
氯酸钠	C	S	S	S	C	X	C	F	
氯化钠	S	C	S	S	S	C	C	F	海军黄铜，镍
氰化钠	S	S	C	C	X	X	C	X	12%铬钢
氟化钠（3%）	S	S	S	S	S	C	C	X	
氢氧化钠（稀释）	S	S	S	S	C	X	C	C	
氢氧化钠（浓缩）	S	S	S	S	C	X	X	C	
次氯酸钠	F	C	C	C	X	X	X	C	14%硅铸铁，镍基合金C，缸瓷
偏磷酸钠	F	S	C	S	F	S	X	F	耐酸青铜
硝酸钠	S	S	S	S	C	S	X	F	
亚硝酸钠	S	S	S	S	C	S	X	F	
高硼酸钠	C	S	F	S	C	F	X	F	
过氧化钠	C	S	S	S	C	F	X	C	
磷酸二氢钠	C	S	S	S	C	S	X	F	
磷酸氢二钠	C	S	S	S	S	S	X	S	

续表

腐蚀物料名称	铁和钢	18-8钢	Ni-耐腐蚀C. I.	蒙乃尔合金	赤黄铜	铝	铅	铜	耐腐蚀材料
磷酸钠	S	S	S	S	X	X	X	F	
硅酸钠	S	S	S	S	X	X	F	F	
硫酸钠	S	S	S	S	S	S	S	S	耐酸青铜
硫化钠	S	S	S	C	X	X	S	X	
亚硫酸钠	S	S	S	S	X	X	S	X	
硫代硫酸钠	C	S	C	S	X	X	S	X	
四氯化锡	C	X	C	S	X	X	X	X	
二氧化锡	C	C	C	S	X	X	X	X	
淀粉	C	S	C	S	X	X	C	X	
硬脂酸	F	S	F	S	C	S	C	F	
糖汁	F	S	F	S	C	S	C	F	
硫	S	C	C	C	X	F	C	C	
氯化硫	F	C	S	S	X	F	S	X	
二氧化硫（干）	S	S	S	S	S	S	S	S	
三氧化硫	S	S	C	S	S	S	S	S	
硫酸（发烟到98%）	S	F	C	X	X	C	X	X	
硫酸（75%~95%）	S	X	C	X	X	X	C	C	14%硅铸铁，镍基合金D
硫酸（10%~75%）	X	X	C	F	X	C	S	C	14%硅铸铁
硫酸（<10%）	X	X	C	S	C	S	S	F	碳
亚硫酸	X	S	C	X	X	C	S	F	
油罐内物质	S	S	S	X	X	C	X	C	
丹宁酸	F	S	F	S	F	C	C	C	镍
焦炉焦油	S	S	S	S	S	S	C	S	
酒石酸	X	S	C	S	C	S	C	F	
甲苯	S	S	S	S	S	S	C	S	
三氯乙烯	F	X	F	S	F	S	C	S	镍，硅青铜
松节油	F	S	C	S	F	S	C	S	
清漆	F	S	F	S	F	S	C	F	
醋	C	S	C	S	C	S	C	F	铬镍铁合金，耐酸青铜
黏胶	S	S	C	S	S	S	C	F	
水（无机酸）	C	S	S	X	X	X	F	C	14%硅铸铁
水（锅炉给水）	S	S	S	S	S	S	X	C	
水（盐）	C	C	S	S	S	X	S	F	海军黄铜
水（新鲜）	S	S	S	S	S	S	C	S	
水（试验室蒸出物）	X	S	X	X	X	S	X	S	镍
锌（熔融）	C	X	X	S	X	S	X	S	
氯化锌	C	X	C	S	X	X	S	F	
硫酸锌	C	S	S	S	C	C	S	S	

注：S—很好；F—大致良好；C——一般；X—不好。

附表 19　配 GB/T 12459—2005 无缝管件 I 系列用碳素钢、低合金钢、合金钢及奥氏体不锈钢无缝钢管特性数据表

公称直径		外　径	管子表号	厚　度/	内　径	惯性矩	断面系数	理论重量	容　积/
mm	in	D_o/mm		mm	D_i/mm	I/cm^4	W/cm^3	W_p/(kg/m)	(m^3/m)
			Sch5S	1.6	18.1	0.5	0.5	0.777	0.0003
			Sch10	1.6	18.1	0.5	0.5	0.777	0.0003
			Sch10S	2.0	17.3	0.6	0.5	0.951	0.0002
			Sch20	2.0	17.3	0.6	0.5	0.951	0.0002
			Sch20S	2.6	16.1	0.7	0.6	1.198	0.0002
			Sch30						
15	1/2	21.3	Sch40	2.9	15.5	0.7	0.7	1.315	0.0002
			Sch60						
			Sch80	3.6	14.1	0.8	0.8	1.571	0.0002
			Sch100						
			Sch120						
			Sch140						
			Sch160	4.5	12.3	0.9	0.8	1.863	0.0001
			Sch5S	1.6	23.7	1.0	0.8	0.998	0.0004
			Sch10	1.8	23.3	1.1	0.8	1.114	0.0004
			Sch10S	2.0	22.9	1.2	0.9	1.228	0.0004
			Sch20	2.3	22.3	1.4	1.0	1.395	0.0004
			Sch20S	2.6	21.7	1.5	1.1	1.557	0.0004
			Sch30						
20	3/4	26.9	Sch40	2.9	21.1	1.6	1.2	1.716	0.0003
			Sch60						
			Sch80	4.0	18.9	1.9	1.4	2.258	0.0003
			Sch100						
			Sch120						
			Sch140						
			Sch160	5.6	15.7	2.3	1.7	2.940	0.0002
			Sch5S	1.6	30.5	2.1	1.2	1.266	0.0007
			Sch10	2.0	29.7	2.5	1.5	1.563	0.0007
			Sch10S	2.9	27.9	3.4	2.0	2.202	0.0006
			Sch20	2.6	28.5	3.1	1.8	1.993	0.0006
			Sch20S	3.2	27.3	3.6	2.1	2.406	0.0006
			Sch30						
25	1	33.7	Sch40	3.2	27.3	3.6	2.1	2.406	0.0006
			Sch60						
			Sch80	4.5	24.7	4.5	2.7	3.239	0.0005
			Sch100						
			Sch120						
			Sch140						
			Sch160	6.3	21.1	5.4	3.2	4.255	0.0003
			Sch5S	1.6	39.2	4.3	2.0	1.609	0.0012
			Sch10	2.6	37.2	6.5	3.0	2.551	0.0011
			Sch10S	2.9	36.6	7.1	3.3	2.824	0.0011
			Sch20	2.9	36.6	7.1	3.3	2.824	0.0011
			Sch20S	3.2	36.0	7.6	3.6	3.092	0.0010
			Sch30						
(32)	$1\frac{1}{4}$	42.4	Sch40	3.6	35.2	8.3	3.9	3.443	0.0010
			Sch60						
			Sch80	5.0	32.4	10.5	4.9	4.609	0.0008
			Sch100						
			Sch120						
			Sch140						
			Sch160	6.3	29.8	12.0	5.7	5.606	0.0007

续表

公称直径		外径	管子表号	厚度/	内径	惯性矩	断面系数	理论重量	容积/
mm	in	D_o/mm		mm	D_i/mm	I/cm^4	W/cm^3	W_p/(kg/m)	(m^3/m)
			Sch5S	1.6	45.1	6.4	2.7	1.842	0.0016
			Sch10	2.6	43.1	9.8	4.0	2.929	0.0015
			Sch10S	2.9	425	10.7	4.4	3.245	0.0014
			Sch20	2.9	42.5	10.7	4.4	3.245	0.0014
			Sch20S	3.2	41.9	11.6	4.8	3.557	0.0014
			Sch30						
40	$1\frac{1}{2}$	48.3	Sch40	3.6	41.1	12.7	5.3	3.967	0.0013
			Sch60						
			Sch80	5.0	38.3	16.1	6.7	5.337	0.0012
			Sch100						
			Sch120						
			Sch140						
			Sch160	7.1	34.1	20.1	8.3	7.210	0.0009
			Sch5S	1.6	57.1	12.7	4.2	2.315	0.0026
			Sch10	2.9	54.5	21.6	7.2	4.103	0.0023
			Sch10S	2.9	54.5	21.6	7.2	4.103	0.0023
			Sch20	3.2	53.9	23.5	7.8	4.504	0.0023
			Sch20S	3.6	53.1	25.9	8.6	5.031	0.0022
			Sch30						
50	2	60.3	Sch40	4.0	52.3	28.2	9.3	5.551	0.0021
			Sch60						
			Sch80	5.6	49.1	36.4	12.1	7.550	0.0019
			Sch100						
			Sch120						
			Sch140						
			Sch160	8.8	42.7	48.6	16.1	11.171	0.0014
			Sch5S	2.0	72.1	32.0	8.4	3.653	0.0041
			Sch10	4.0	68.1	59.0	15.5	7.109	0.0036
			Sch10S	3.2	69.7	48.8	12.8	5.750	0.0038
			Sch20	4.5	67.1	65.1	17.1	7.942	0.0035
			Sch20S	3.6	68.9	54.0	14.2	6.433	0.0037
			Sch30						
(65)	$2\frac{1}{2}$	76.1	Sch40	5.0	66.1	70.9	18.6	8.763	0.0034
			Sch60						
			Sch80	7.1	61.9	92.5	24.3	12.076	0.0030
			Sch100						
			Sch120						
			Sch140						
			Sch160	10.0	56.1	116.0	30.5	16.293	0.0025
			Sch5S	2.0	84.9	51.5	11.6	4.284	0.0057
			Sch10	4.0	80.9	96.3	21.7	8.371	0.0051
			Sch10S	3.2	82.5	79.2	17.8	6.760	0.0053
			Sch20	4.5	79.9	106.5	24.0	9.362	0.0050
			Sch20S	4.0	80.9	96.3	21.7	8.371	0.0051
			Sch30						
80	3	88.9	Sch40	5.6	77.7	127.6	28.7	11.498	0.0047
			Sch60						
			Sch80	8.0	72.9	167.9	37.8	15.953	0.0042
			Sch100						
			Sch120						
			Sch140						
			Sch160	11.0	66.9	208.2	46.8	21.122	0.0035

续表

公称直径		外径	管子表号	厚度/	内径	惯性矩	断面系数	理论重量	容积/
mm	in	D_o/mm		mm	D_i/mm	I/cm^4	W/cm^3	W_p/(kg/m)	(m^3/m)
100	4	114.3	Sch5S	2.0	110.3	111.2	19.5	5.536	0.0096
			Sch10	4.5	105.3	234.2	41.0	12.179	0.0087
			Sch10S	3.2	107.9	172.4	30.2	8.763	0.0091
			Sch20	5.0	104.3	256.8	44.9	13.471	0.0085
			Sch20S	4.0	106.3	211.0	36.9	10.875	0.0089
			Sch30						
			Sch40	6.3	101.7	312.6	54.7	16.771	0.0081
			Sch60						
			Sch80	8.8	96.7	408.4	71.5	22.884	0.0073
			Sch100						
			Sch120	11.0	92.3	481.3	84.2	28.009	0.0067
			Sch140						
			Sch160	14.2	85.9	570.3	99.8	35.037	0.0058
(125)	5	139.7 (141.3)	Sch5S	2.9	133.9	291.5	41.7	9.779	0.0141
			Sch10	4.5	130.7	437.0	62.6	14.996	0.0134
			Sch10S	3.6	132.5	356.5	51.0	12.077	0.0138
			Sch20	5.0	129.7	480.3	68.8	16.601	0.0132
			Sch20S	5.0	129.7	480.3	68.8	16.601	0.0132
			Sch30	5.6	128.5	531.0	76.0	18.510	0.0130
			Sch40	6.3	127.1	588.3	84.2	20.716	0.0127
			Sch60	8.0	123.7	719.9	103.1	25.970	0.0120
			Sch80	10.0	119.7	861.5	123.3	31.970	0.0112
			Sch100						
			Sch120	12.5	114.7	1019.5	146.0	39.192	0.0103
			Sch140						
			Sch160	16	107.7	1208.6	173.0	48.785	0.0091
150	6	168.3	Sch5S	2.9	162.5	515.2	61.2	11.823	0.0207
			Sch10	5.0	158.3	855.4	101.7	20.126	0.0197
			Sch10S	3.6	161.1	631.6	75.1	14.615	0.0204
			Sch20	5.6	157.1	947.8	112.6	22.458	0.0194
			Sch20S	5.0	158.3	855.4	101.7	20.126	0.0197
			Sch30	6.3	155.7	1052.9	125.1	25.157	0.0190
			Sch40	7.1	154.1	1169.6	139.0	28.211	0.0186
			Sch60	8.0	152.3	1296.6	154.1	31.610	0.0182
			Sch80	11.0	146.3	1688.6	200.7	42.650	0.0168
			Sch100						
			Sch120	14.2	139.9	2056.9	244.4	53.937	0.0154
			Sch140						
			Sch160	17.5	133.3	2387.2	283.7	65.049	0.0139
200	8	219.1	Sch5S	2.9	213.3	1150.5	105.0	15.454	0.0357
			Sch10	5.9	207.3	2245.9	205.0	31.006	0.0337
			Sch10S	4.0	211.1	1563.0	142.7	21.208	0.0350
			Sch20	6.3	206.5	2384.9	217.7	33.045	0.0335
			Sch20S	6.3	206.5	2384.9	217.7	33.045	0.0335
			Sch30	7.1	204.9	2658.2	242.6	37.102	0.0330
			Sch40	8.0	203.1	2958.1	270.0	41.627	0.0324
			Sch60	10.0	199.1	3596.6	328.3	51.541	0.0311
			Sch80	12.5	194.1	4342.4	396.4	63.656	0.0296
			Sch100	16.0	187.1	5293.9	483.2	80.099	0.0275
			Sch120	17.5	184.1	5670.3	517.6	86.962	0.0266
			Sch140	20.0	179.1	6258.1	571.3	98.152	0.0252
			Sch160	22.2	174.7	6736.2	614.9	107.745	0.0240

续表

公称直径		外径 D_o/mm	管子表号	厚度/mm	内径 D_i/mm	惯性矩 I/cm^4	断面系数 W/cm^3	理论重量 W_p/(kg/m)	容积/(m^3/m)
mm	in								
250	10	273.0	Sch5S	3.6	265.8	2763.2	202.4	23.906	0.0555
			Sch10	5.9	261.2	4414.9	323.4	38.844	0.0536
			Sch10S	4.0	265.0	3056.7	223.9	26.522	0.0551
			Sch20	6.3	260.4	4693.4	343.8	41.416	0.0532
			Sch20S	6.3	260.4	4693.4	343.8	41.416	0.0532
			Sch30	8.0	257.0	5848.7	428.5	52.256	0.0518
			Sch40	8.8	255.4	6376.8	467.2	57.308	0.0512
			Sch60	12.5	248.0	8693.0	636.9	80.263	0.0483
			Sch80	16.0	241.0	10701.4	784.0	101.357	0.0456
			Sch100	17.5	238.0	11510.2	843.2	110.212	0.0445
			Sch120	22.2	228.6	13853.7	1014.9	137.240	0.0410
			Sch140	25.0	223.0	15119.1	1107.6	152.824	0.0390
			Sch160	28.0	217.0	16373.1	1199.5	169.092	0.0370
300	12	323.9	Sch5S	4.0	315.9	5140.6	317.4	31.541	0.0783
			Sch10	5.9	312.1	7449.4	460.0	46.247	0.0765
			Sch10S	4.5	314.9	5756.3	355.4	35.428	0.0778
			Sch20	6.3	311.3	7924.9	489.3	49.320	0.0761
			Sch20S	6.3	311.3	7924.9	489.3	49.320	0.0761
			Sch30	8.8	306.3	10814.5	667.8	68.349	0.0736
			Sch40	10.0	303.9	12152.2	750.4	77.373	0.0725
			Sch60	14.2	295.5	16590.7	1024.4	108.400	0.0685
			Sch80	17.5	288.9	19822.5	1224.0	132.168	0.0655
			Sch100	22.2	279.5	24058.2	1485.5	165.093	0.0613
			Sch120	25.0	273.9	26386.7	1629.3	184.190	0.0589
			Sch140	28.0	267.9	28727.9	1773.9	204.222	0.0563
			Sch160	32.0	259.9	31614.0	1952.1	230.241	0.0530
350	14	355.6	Sch5S	4.0	347.6	6825.0	383.9	34.666	0.0948
			Sch10	6.3	343.0	10541.9	592.9	54.242	0.0924
			Sch10S	5.0	345.6	8459.3	475.8	43.210	0.0938
			Sch20	8.0	339.6	13194.7	742.1	68.544	0.0905
			Sch20S						
			Sch30	10.0	355.6	16215.3	912.0	85.187	0.0884
			Sch40	11.0	333.6	17685.6	994.7	93.435	0.0874
			Sch60	16.0	323.6	24650.5	1386.4	133.933	0.0822
			Sch80	20.0	315.6	29776.6	1674.7	165.444	0.0782
			Sch100	25.0	305.6	35658.6	2005.5	203.724	0.0733
			Sch120	28.0	299.6	38921.6	2189.1	226.100	0.0705
			Sch140	32.0	291.6	42977.5	2417.2	255.245	0.0667
			Sch160	36.0	283.6	46713.1	2627.3	283.602	0.0631
400	16	406.4	Sch5S	4.0	398.4	10230.9	503.5	39.675	0.1246
			Sch10	6.3	393.8	15841.4	779.6	62.131	0.1217
			Sch10S	5.0	396.4	12694.3	624.7	49.471	0.1233
			Sch20	8.0	390.4	19863.8	977.5	78.561	0.1196
			Sch20S						
			Sch30	10.0	386.4	24463.4	1203.9	97.709	0.1172
			Sch40	12.5	381.4	30015.4	1477.1	121.366	0.1142
			Sch60	17.5	371.4	40482.8	1992.3	167.755	0.1083
			Sch80	22.2	362.0	49580.6	2440.0	210.237	0.1029
			Sch100	28.0	350.4	59871.8	2946.4	261.161	0.0964
			Sch120	30.0	346.4	63191.7	3109.8	278.337	0.0942
			Sch140	36.0	334.4	72483.4	3567.1	328.680	0.0878
			Sch160	40.0	326.4	78146.8	3845.8	361.256	0.0836

续表

公称直径		外 径	管子表号	厚 度/	内 径	惯性矩	断面系数	理论重量	容 积/
mm	in	D_o/mm		mm	D_i/mm	I/cm^4	W/cm^3	W_p/(kg/m)	(m^3/m)
450	18	457.0	Sch5S	4.0	449.0	14595.8	638.8	44.664	0.1583
			Sch10	6.3	444.4	22642.7	990.9	69.989	0.1550
			Sch10S	5.0	447.0	18125.0	793.2	55.707	0.1569
			Sch20 Sch20S	8.0	441.0	28431.9	1244.3	83.539	0.1527
			Sch30	11.0	435.0	38326.7	1677.3	120.928	0.1485
			Sch40	14.2	428.6	48439.2	2119.9	154.987	0.1442
			Sch60	20.0	417.0	65648.2	2873.0	215.432	0.1365
			Sch80	25.0	407.0	79374.8	3473.7	266.209	0.1300
			Sch100	30.0	397.0	92126.2	4031.8	315.754	0.1237
			Sch120	36.0	385.0	106206.8	4648.0	373.580	0.1164
			Sch140	40.0	377.0	114890.9	5028.0	411.145	0.1116
			Sch160	45.0	367.0	124995.4	5470.3	456.992	0.1057
500	20	508.0	Sch5S	5.0	498.0	24977.9	983.4	61.992	0.1947
			Sch10	6.3	495.4	31230.7	1229.6	77.908	0.1927
			Sch10S	5.6	496.8	27876.0	1097.5	69.349	0.1937
			Sch20 Sch20S	10.0	488.0	48495.6	1909.3	122.752	0.1869
			Sch30	12.5	483.0	59725.1	2351.4	152.670	0.1831
			Sch40	16.0	476.0	74871.1	2947.7	194.037	0.1779
			Sch60	20.0	468.0	91381.4	3597.7	240.574	0.1719
			Sch80	28.0	452.0	121954.2	4801.3	331.283	0.1604
			Sch100	32.0	444.0	136072.0	5357.2	375.454	0.1548
			Sch120	40.0	428.0	162105.7	6382.1	461.429	0.1438
			Sch140	45.0	418.0	176961.4	6967.0	513.562	0.1372
			Sch160	50.0	408.0	190788.2	7511.3	564.462	0.1307

附表 20 SH/T 3405—2012 碳素钢、低合金钢、合金钢、奥氏体不锈钢无缝及焊接钢管特性数据表

公称直径		外 径	管子表号	厚 度/	内 径	惯性矩	断面系数	理论重量	容 积/
mm	in	D_o/mm		mm	D_i/mm	I/cm^4	W/cm^3	W_p/(kg/m)	(m^3/m)
15	1/2	21.3	Sch5S	1.65	18.0	0.5	0.5	0.80	0.0003
			Sch10S	2.11	17.1	0.6	0.6	1.00	0.0002
			Sch30	2.41	16.5	0.8	0.8	1.12	0.0002
			Sch40	2.77	15.8	0.826	0.75	1.27	0.0002
			Sch40S	2.77	15.8	0.826	0.75	1.27	0.0002
			Sch80	3.73	13.8	0.96	0.87	1.68	0.00015
			Sch80S	3.73	13.8	0.96	0.87	1.62	0.00015
			Sch160	4.78	11.7	1.0	1.0	1.95	0.0001
20	3/4	26.7	Sch5S	1.65	23.4	1.0	0.8	1.02	0.0004
			Sch10S	2.11	22.5	1.2	0.9	1.28	0.0004
			Sch20						
			Sch30	2.41	21.9	1.5	1.1	1.44	0.0004
			Sch40	2.87	18.0	1.7	1.2	1.69	0.0003
			Sch40S	2.87	18.0	1.7	1.2	1.69	0.0003

续表

公称直径		外 径	管子表号	厚 度/	内 径	惯性矩	断面系数	理论重量	容 积/
mm	in	D_o/mm		mm	D_i/mm	I/cm^4	W/cm^3	W_p/(kg/m)	(m^3/m)
20	3/4	26.7	Sch80	3.91	18.9	2.0	1.2	2.20	0.0003
			Sch80S	3.91	18.9	2.0	1.2	2.20	0.0003
			Sch160	5.56	15.6	2.3	1.7	2.90	0.0002
25	1	33.4	Sch5S	1.65	30.1	2.1	1.3	1.29	0.0007
			Sch10S	2.09	29.2	3.4	2.0	2.09	0.0007
			Sch30	2.90	27.6	3.7	2.2	2.18	0.0006
			Sch40	3.38	26.6	3.9	2.3	2.50	0.0006
			Sch40S	3.38	26.6	3.9	2.3	2.50	0.0006
			Sch80	4.55	24.3	4.6	2.7	3.24	0.0005
			Sch80S	4.55	24.3	4.6	2.7	3.24	0.0005
			Sch160	6.35	20.7	5.6	3.3	4.24	0.0003
(32)	$1\frac{1}{4}$	42.2	Sch5S	1.65	38.9	4.1	2.0	1.65	0.0012
			Sch10S	2.77	36.7	6.7	3.2	2.69	0.0011
			Sch30	2.97	36.3	7.1	3.4	2.87	0.0010
			Sch40	3.56	35.1	7.9	3.8	3.39	0.0010
			Sch40S	3.56	35.1	7.9	3.8	3.39	0.0010
			Sch80	4.85	32.5	10.1	4.8	4.85	0.0008
			Sch80S	4.85	32.5	10.1	4.8	4.85	0.0008
			Sch160	6.35	29.5	11.8	5.6	5.61	0.0007
40	$1\frac{1}{2}$	48.3	Sch5S	1.65	45.0	6.3	2.6	1.90	0.0016
			Sch10S	2.77	42.8	10.2	4.2	3.11	0.0014
			Sch30	3.18	41.9	10.8	4.5	3.53	0.0014
			Sch40	3.68	40.9	13.5	5.6	4.05	0.0013
			Sch40S	3.68	40.9	13.5	5.6	4.05	0.0013
			Sch80	5.08	38.1	15.8	6.6	5.41	0.0011
			Sch80S	5.08	38.1	15.8	6.6	5.41	0.0011
			Sch160	7.14	34.0	19.5	8.1	7.25	0.0009
50	2	60.3	Sch5S	1.65	57.0	12.5	4.2	2.39	0.0026
			Sch10S	2.77	54.8	20.6	6.9	3.93	0.0024
			Sch30	3.18	53.9	25.0	8.4	4.48	0.0023
			Sch40	3.91	52.5	27.7	9.2	5.44	0.0022
			Sch40S	3.91	52.5	27.7	9.2	5.44	0.0022

续表

公称直径		外径	管子表号	厚度/	内径	惯性矩	断面系数	理论重量	容积/
mm	in	D_o/mm		mm	D_i/mm	I/cm^4	W/cm^3	W_p/(kg/m)	(m^3/m)
50	2	60.3	Sch80	5.54	49.2	35.3	11.8	7.48	0.0019
			Sch80S	5.54	49.2	35.3	11.8	7.48	0.0019
			Sch160	8.74	42.8	46.8	15.6	11.11	0.0014
(65)	$2\frac{1}{2}$	73	Sch5S	2.11	68.8	31.8	8.4	3.69	0.0037
			Sch10S	3.05	66.9	45.9	12.1	5.26	0.0035
			Sch30	4.78	63.4	81.0	21.0	8.04	0.0032
			Sch40	5.16	62.7	70.6	18.6	8.63	0.0031
			Sch40S	5.16	62.7	70.6	18.6	8.63	0.0031
			Sch80	7.01	59.0	91.2	24.0	11.41	0.0027
			Sch80S	7.01	59.0	91.2	24.0	11.41	0.0027
			Sch160	9.53	53.9	111.9	29.4	14.92	0.0023
80	3	88.9	Sch5S	2.11	84.7	51.7	11.6	4.52	0.0056
			Sch10S	3.05	82.8	75.0	16.9	6.46	0.0054
			Sch30	4.78	79.3	108.0	25.0	9.92	0.0049
			Sch40	5.49	77.9	126.2	28.4	11.29	0.0048
			Sch40S	5.49	77.9	126.2	28.4	11.29	0.0048
			Sch80	7.62	73.7	160.7	36.1	15.27	0.0043
			Sch80S	7.62	73.7	160.7	36.1	15.27	0.0043
			Sch160	11.13	66.6	209.0	47.0	21.35	0.0035
100	4	114.3	Sch5S	2.11	110.1	110.3	19.4	5.84	0.0095
			Sch10S	3.05	108.2	161.2	28.3	8.37	0.0092
			Sch30	4.78	104.7	255.0	44.0	12.91	0.0086
			Sch40	6.02	102.3	297.6	52.2	16.08	0.0082
			Sch40S	6.02	102.3	297.6	52.2	16.08	0.0082
			Sch80	8.56	97.2	394.3	69.2	22.32	0.0074
			Sch80S	8.56	97.2	394.3	69.2	22.32	0.0074
			Sch120	11.13	92.0	477.2	83.7	28.32	0.0066
			Sch160	13.49	87.3	560.3	98.3	33.54	0.0060
(125)	5	141.3	Sch5S	2.77	135.8	283.6	40.5	9.46	0.0145
			Sch10S	3.40	134.5	349.2	49.88	11.56	0.0142
			Sch40	6.55	128.2	608.5	86.9	21.77	0.0129
			Sch40S	6.55	128.2	608.5	86.9	21.77	0.0129
			Sch80	9.53	122.2	833.1	119.0	30.97	0.0117
			Sch80S	9.53	122.2	833.1	119.0	30.97	0.0117

续表

公称直径		外　径	管子表号	厚　度/	内　径	惯性矩	断面系数	理论重量	容　积
mm	in	D_o/mm		mm	D_i/mm	I/cm^4	W/cm^3	W_p/(kg/m)	(m^3/m)
(125)	5	141.3	Sch120	12.7	115.9	1056.1	150.9	40.28	0.0106
			Sch160	15.88	109.5	1217.3	173.9	49.12	0.0094
150	6	168.3	Sch5S	2.77	162.8	495.0	58.93	11.31	0.0208
			Sch10S	3.40	161.5	611.01	72.74	13.83	0.0205
			Sch40	7.11	154.1	1148.8	136.8	28.26	0.0187
			Sch40S	7.11	154.1	1148.8	136.8	28.26	0.0187
			Sch80	10.97	146.4	1679.0	199.9	42.56	0.0168
			Sch80S	10.97	146.4	1679.0	199.9	42.56	0.0168
			Sch120	14.27	139.8	2023.5	240.9	54.21	0.0153
			Sch160	18.26	131.8	2418.8	287.9	67.57	0.0136
200	8	219.1	Sch5S	2.77	213.6	1109.4	101.3	14.78	0.0358
			Sch10S	3.76	211.6	1560.9	142.5	19.97	0.0352
			Sch20	6.35	206.4	2450.4	223.8	33.32	0.0335
			Sch30	7.04	205.0	2620.7	239.3	36.82	0.0330
			Sch40	8.18	202.7	2953.9	269.8	42.55	0.0323
			Sch40S	8.18	202.7	2953.9	269.8	42.55	0.0323
			Sch60	10.31	198.5	3591.5	328.0	53.09	0.0309
			Sch80	12.7	193.7	4478.3	409.0	64.64	0.0295
			Sch80S	12.7	193.7	4478.3	409.0	64.64	0.0295
			Sch100	15.09	188.9	5025.3	458.9	75.92	0.0280
			Sch120	18.26	182.6	5783.2	528.1	90.44	0.0262
			Sch140	20.62	177.9	6248.8	570.7	100.93	0.0249
			Sch160	23.01	173.1	7090.6	647.5	111.27	0.0235
250	10	273 273.1 (S)	Sch5S	3.40	266.3	2686.0	196.8	22.61	0.0557
			Sch10S	4.19	264.7	3056.7	223.9	27.79	0.0550
			Sch20	6.35	260.3	4831.7	354.0	41.76	0.0532
			Sch30	7.8	257.4	5848.7	428.5	51.01	0.0520
			Sch40	9.27	254.5	6830.8	500.4	60.29	0.0509
			Sch40S	9.27	254.6	6830.8	500.4	60.31	0.0509
			Sch60	12.70	247.6	8990.6	658.7	81.53	0.0481
			Sch80	15.09	242.8	10145.1	743.2	95.98	0.0463
			Sch80S	12.70	247.7	10145.1	743.2	81.56	0.0482
			Sch100	18.26	236.5	11773.1	862.5	114.71	0.0439
			Sch120	21.44	230.1	13759.6	1008.0	133.01	0.0416
			Sch140	25.4	222.2	15119.1	1107.6	155.10	0.0388
			Sch160	28.58	215.8	16373.1	1199.5	172.27	0.0366

续表

公称直径		外 径	管子表号	厚 度/	内 径	惯性矩	断面系数	理论重量	容 积/
mm	in	D_o/mm		mm	D_i/mm	I/cm^4	W/cm^3	W_p/(kg/m)	(m^3/m)
300	12	323.9	Sch5S	3.96	316.0	5193.8	319.6	31.25	0.0784
			Sch10S	4.57	314.8	5816.0	357.9	35.99	0.0778
			Sch20	6.35	311.2	8235.9	506.8	49.71	0.0761
			Sch30	8.38	307.0	10585.1	651.4	65.19	0.0740
			Sch40	10.31	303.3	12280.3	755.7	79.71	0.0722
			Sch40S	9.53	304.8	11705.8	720.4	73.88	0.0730
			Sch60	14.27	295.4	16562.6	1019.2	108.93	0.0685
			Sch80	17.48	288.9	19555.2	1203.4	132.05	0.0656
			Sch80S	12.7	298.5	19555.2	1203.4	97.47	0.0700
			Sch100	21.44	281.0	24147.6	1486.0	159.87	0.0620
			Sch120	25.40	273.1	26677.6	1641.7	186.92	0.0507
			Sch140	28.58	266.7	29047.6	1787.5	208.08	0.0559
			Sch160	33.32	257.3	33333.9	2051.3	268.69	0.0520
350	14	355.6	Sch5S	3.96	347.7	6839.6	384.3	34.34	0.0950
			Sch10S	4.78	346.0	8477.5	476.3	41.36	0.0940
			Sch20	7.92	339.8	13247.0	744.2	67.91	0.0907
			Sch30	9.53	336.5	15536.7	872.6	81.33	0.0889
			Sch40	11.13	333.3	17756.3	997.5	94.55	0.0872
			Sch40S	9.53	336.5	15536.7	872.6	81.33	0.0889
			Sch60	15.09	325.4	23402.1	1314.7	126.72	0.0832
			Sch80	19.05	317.5	28647.2	1609.4	158.11	0.0792
			Sch100	23.83	307.9	34669.7	1947.7	194.98	0.0745
			Sch120	27.79	300.0	39083.5	2195.7	224.66	0.0707
			Sch140	31.75	292.1	43158.0	2424.6	253.58	0.0670
			Sch160	35.71	284.2	46911.1	2635.5	281.72	0.0634
400	16	406.4	Sch5S	4.19	398.0	11418.5	562.5	41.56	0.1244
			Sch10S	4.78	396.8	12640.8	622.7	47.34	0.1237
			Sch20	7.91	390.6	19814.2	976.1	77.83	0.1198
			Sch30	9.53	387.3	23268.2	1146.2	93.37	0.1178
			Sch40	12.70	381.0	31021.0	1528.1	123.31	0.1140
			Sch40S	9.53	387.3	23268.2	1146.2	93.27	0.1178
			Sch60	16.66	373.1	39372.0	1939.5	160.13	0.1093
			Sch80	21.44	363.5	49079.5	2417.7	203.54	0.1038
			Sch100	26.19	354.0	56287.7	2772.8	245.57	0.0984
			Sch120	30.96	344.5	66220.7	3262.1	286.66	0.0932
			Sch140	36.53	333.3	72287.1	3560.9	333.21	0.0872
			Sch160	40.49	325.4	77932.9	3839.1	365.38	0.0832

续表

公称直径		外径	管子表号	厚度/	内径	惯性矩	断面系数	理论重量	容积/
mm	in	D_o/mm		mm	D_i/mm	I/cm^4	W/cm^3	W_p/(kg/m)	(m^3/m)
450	18	457	Sch5S	4.19	448.6	—	—	41.56	0.1581
			Sch10S	4.78	447.4	—	—	47.34	0.1572
			Sch20	7.92	441.2	28446.4	1244.9	87.71	0.1529
			Sch30	11.13	434.7	38346.2	1678.2	122.38	0.1484
			Sch40	14.27	428.5	47844.7	2093.9	155.81	0.1442
			Sch40S	9.53	437.9	—	—	106.74	0.1506
			Sch60	19.05	418.9	62813.5	2749.0	205.75	0.1378
			Sch80	23.83	409.3	76748.2	3358.8	254.57	0.1316
			Sch100	29.36	398.3	92173.1	4033.8	309.64	0.1246
			Sch120	34.93	387.1	104002.4	4551.5	363.58	0.1177
			Sch140	39.67	377.7	114949.4	5030.6	408.28	0.1120
			Sch160	45.24	366.5	125059.1	5473.1	459.39	0.1055
500	20	508	Sch5S	4.78	498.4	—	—	59.32	0.1951
			Sch10S	5.54	496.9	—	—	68.65	0.1939
			Sch20	9.53	488.9	48520.4	1910.3	117.15	0.1877
			Sch30	12.7	482.6	61961.1	2439.4	155.13	0.1829
			Sch40	15.09	477.8	70647.2	2781.4	183.43	0.1793
			Sch40S	9.53	488.9	48520.4	1910.3	117.15	0.1877
			Sch60	20.62	466.8	91265.0	3593.1	247.84	0.1711
			Sch80	26.19	455.6	114695.9	4515.6	311.19	0.1630
			Sch100	32.54	442.9	136141.4	5359.9	381.55	0.1541
			Sch120	38.10	431.8	155943.7	6139.5	441.52	0.1464
			Sch140	44.45	419.1	177051.5	6970.5	508.15	0.1380
			Sch160	50.01	408.0	190885.4	7515.2	564.85	0.1307
550	22	559	Sch20	9.53	539.9	61933.8	2215.9	129.14	0.2289
			Sch30	12.7	533.6	83164.7	2975.5	171.10	0.2236
			Sch60	22.23	514.5	134043.4	4795.8	294.27	0.2079
			Sch80	28.58	501.8	165127.3	5908.0	373.85	0.1978
			Sch100	34.93	489.1	198685.7	7108.6	451.45	0.1879
			Sch120	41.28	476.4	229482.3	8210.5	527.05	0.1783
			Sch140	47.63	463.7	253799.4	9080.5	600.67	0.1689
			Sch160	53.98	451.0	276297.5	9885.4	672.30	0.1598
600	24	610	Sch20	9.53	590.9	80824.5	2650.0	141.12	0.2742
			Sch30	14.27	581.5	116487.1	3819.3	209.65	0.2656
			Sch40	17.48	575.0	146828.5	4814.1	255.43	0.2597
			Sch60	24.61	560.8	196957.0	6457.6	355.28	0.2470
			Sch80	30.96	548.0	243463.6	7982.4	442.11	0.2359
			Sch100	38.89	532.2	280579.3	9199.3	547.74	0.2225
			Sch120	46.02	518.0	320830.5	10519.0	640.07	0.2107
			Sch140	52.37	505.3	357958.5	11736.3	720.19	0.2005
			Sch160	59.54	490.9	396779.1	13009.2	808.27	0.1893

续表 19 碳钢、合金钢焊接钢管特性数据表

公称直径		外 径 D_o /	厚 度/	内 径 D_i /	惯性矩 I/	断面系数W/	理论重量 W_p /	容积/
mm	in	mm	mm	mm	cm^4	cm^3	(kg/m)	(m^3/m)
150	6	168.3	4	160.3	692.1	82.4	16.21	0.0202
			5	158.3	849.6	101.2	20.13	0.0197
			6	156.3	1001.3	119.2	24.01	0.0192
			7	154.3	1147.3	136.6	27.84	0.0187
			8	152.3	1287.7	153.3	31.62	0.0182
			9	150.3	1422.7	169.4	35.36	0.0177
			10	148.3	1552.4	184.8	39.04	0.0173
200	8	219.1	4	211.1	1558.9	142.4	21.22	0.0350
			5	209.1	1921.9	175.5	26.40	0.0343
			6	207.1	2280.8	208.2	31.53	0.0337
			7	205.1	2624.4	239.6	36.61	0.0330
			8	203.1	2958.1	270.0	41.65	0.0324
			9	201.1	3282.1	299.6	46.63	0.0318
			10	199.1	3596.6	328.3	51.56	0.0311
250	10	273.0	4	268.0	1939.8	142.1	26.53	0.0564
			5	263.0	3774.1	276.5	33.04	0.0543
			6	261.0	4484.8	328.6	39.51	0.0535
			7	259.0	5174.7	379.1	45.92	0.0527
			8	257.0	5848.7	428.5	52.28	0.0519
			9	255.0	6507.3	476.7	58.59	0.0510
			10	253.0	7150.5	523.8	64.86	0.0503
			11	251.0	7778.6	569.9	71.07	0.0495
			12	249.0	8391.9	614.8	77.24	0.0487
			13	247.0	8990.6	658.7	83.35	0.0479
300	12	323.8	5	313.8	6424.1	395.3	39.31	0.0773
			6	311.8	7637.7	470.0	47.02	0.0764
			7	309.8	8828.3	543.3	54.69	0.0754
			8	307.8	9996.1	615.1	62.30	0.0744
			9	305.8	11141.5	685.6	69.87	0.0734
			10	303.8	12264.7	754.8	77.38	0.0725
			11	301.8	13366.0	822.5	84.85	0.0715
			12	299.8	14445.7	889.0	92.27	0.0706
			13	297.8	15504.1	954.1	99.64	0.0697
			14	295.8	16541.5	1017.9	106.96	0.0687
350	14	356.6	6	343.6	10087.2	566.7	51.73	0.0927
			7	341.6	11669.0	655.6	60.18	0.0916
			8	339.6	13223.4	742.9	68.57	0.0906
			9	337.6	14750.6	828.7	76.92	0.0895
			10	335.6	16250.9	913.0	85.22	0.0885
			11	333.6	17724.6	995.8	93.48	0.0874
			12	331.6	19172.2	1077.1	101.68	0.0864
			13	329.6	20593.7	1157.0	109.83	0.0853
			14	327.6	21989.7	1235.8	117.93	0.0843
			15	325.6	23360.4	1312.4	125.99	0.0833
400	16	406.4	6	394.4	15056.2	741.7	59.24	0.1222
			7	392.4	17435.6	858.9	68.94	0.1209
			8	390.4	19778.8	973.5	78.60	0.1197
			9	388.4	22086.3	1088.0	88.20	0.1185
			10	386.4	24358.4	1199.9	97.75	0.1173
			11	384.4	26595.4	1310.1	107.26	0.1161

续表

公称直径		外 径 D_o /	厚 度/	内 径 D_i /	惯性矩 I/	断面系数W/	理论重量 W_p /	容积/
mm	in	mm	mm	mm	cm^4	cm^3	(kg/m)	(m^3/m)
400	16	406.4	12	382.4	28797.8	1418.6	116.71	0.1148
			13	380.4	30965.8	1525.4	126.12	0.1137
			14	378.4	33099.8	1630.5	135.47	0.1125
			15	376.4	35200.3	1734.0	144.78	0.1113
450	18	457.0	6	445.0	21607.1	945.6	66.73	0.1555
			7	443.0	25042.7	1096.0	77.68	0.1541
			8	441.0	28431.9	1244.3	88.58	0.1527
			9	439.0	31775.4	1390.6	99.43	0.1514
			10	437.0	35073.5	1534.9	110.23	0.1500
			11	435.0	38326.7	1677.3	120.98	0.1486
			12	433.0	41535.2	1817.7	131.68	0.1473
			13	431.0	44699.6	1956.2	142.34	0.1459
			14	429.0	47759.4	2090.1	152.94	0.1445
			15	427.0	50832.8	2224.6	163.50	0.1432
			16	425.0	53863.3	2357.3	174.00	0.1419
500	20	508.0	6	496.0	29796.4	1173.1	74.28	0.1932
			7	494.0	34557.0	1360.5	86.48	0.1917
			8	492.0	39260.0	1545.7	98.64	0.1901
			9	490.0	43906.1	1728.6	110.75	0.1886
			10	488.0	48495.6	1909.3	122.81	0.1870
			11	486.0	53029.1	2087.8	134.82	0.1855
			12	484.0	57506.9	2264.1	146.78	0.1840
			13	482.0	61929.6	2438.2	158.69	0.1825
			14	480.0	66213.1	2606.8	170.55	0.1810
			15	478.0	70521.2	2776.4	182.36	0.1795
			16	476.0	74775.7	2943.9	194.12	0.1780
(550)	22	559.0	6	547.0	39830.6	1425.1	81.82	0.2350
			7	545.0	46219.4	1653.6	95.29	0.2333
			8	543.0	52538.3	1879.7	108.70	0.2316
			9	541.0	58787.7	2103.3	122.07	0.2299
			10	539.0	64968.2	2324.4	135.38	0.2282
			11	537.0	71080.2	2543.1	148.65	0.2265
			12	535.0	77124.4	2759.4	161.87	0.2248
			13	533.0	83101.1	2973.2	175.04	0.2231
			14	531.0	88897.6	3180.6	188.16	0.2215
			15	529.0	94733.6	3389.4	201.22	0.2198
			16	527.0	100503.8	3595.8	214.25	0.2181
600	24	610.0	6	598.0	51897.3	1701.6	89.37	0.2809
			7	596.0	60248.8	1975.4	104.09	0.2790
			8	594.0	68516.6	2246.4	118.76	0.2771
			9	592.0	76701.4	2514.8	133.39	0.2753
			10	590.0	84803.6	2780.4	147.96	0.2734
			11	588.0	92823.8	3043.4	162.48	0.2715
			12	586.0	100762.6	3303.7	176.96	0.2697
			13	584.0	108620.6	3561.3	191.39	0.2679
			14	582.0	116249.9	3811.5	205.76	0.2660
			15	580.0	123937.9	4063.5	220.09	0.2642
			16	578.0	131546.8	4313.0	234.37	0.2624
(650)	26	660.0	6	648.0	65881.1	1996.4	96.77	0.3298
			7	646.0	76511.6	2318.5	112.72	0.3278
			8	644.0	87043.8	2637.7	128.63	0.3257

续表

公称直径		外 径 D_o /	厚 度/	内 径 D_i /	惯性矩 I/	断面系数W/	理论重量 W_p /	容积/
mm	in	mm	mm	mm	cm^4	cm^3	(kg/m)	(m^3/m)
(650)	26	660.0	9	642.0	97478.4	2953.9	144.48	0.3237
			10	640.0	107815.9	3267.1	160.29	0.3217
			11	638.0	118056.9	3577.5	176.05	0.3197
			12	636.0	128202.0	3884.9	191.76	0.3177
			13	634.0	138252.0	4189.5	207.42	0.3157
			14	632.0	148018.4	4485.4	223.03	0.3137
			15	630.0	157867.0	4783.9	238.59	0.3117
			16	628.0	167622.2	5079.5	254.10	0.3097
700	28	711.0	6	699.0	82525.8	2321.4	104.31	0.3837
			7	697.0	95873.4	2696.9	121.52	0.3816
			8	695.0	109106.8	3069.1	138.69	0.3794
			9	693.0	122226.3	3438.2	155.80	0.3772
			10	691.0	135232.7	3804.0	172.87	0.3750
			11	689.0	148126.8	4166.7	189.88	0.3728
			12	687.0	160909.0	4526.3	206.85	0.3707
			13	685.0	173580.1	4882.7	223.76	0.3685
			14	683.0	185104.7	5214.2	240.63	0.3664
			15	681.0	197484.9	5563.0	257.45	0.3642
			16	679.0	209756.4	5908.6	274.22	0.3621
(750)	30	762.0	7	748.0	118254.0	3103.8	130.33	0.4394
			8	746.0	134614.8	3533.2	148.75	0.4371
			9	744.0	150844.4	3959.2	167.12	0.4347
			10	742.0	166943.8	4381.7	185.44	0.4324
			11	740.0	182913.3	4800.9	203.72	0.4301
			12	738.0	198754.1	5216.6	221.94	0.4278
			13	736.0	214466.5	5629.0	240.11	0.4254
			14	734.0	230051.3	6038.1	258.24	0.4231
			16	730.0	260508.7	6837.5	294.34	0.4185
800	32	813.0	7	799.0	143871.8	3539.3	139.13	0.5014
			8	797.0	163817.5	4029.9	158.81	0.4989
			9	795.0	183613.6	4516.9	178.44	0.4964
			10	793.0	203260.8	5000.3	198.02	0.4939
			11	791.0	222760.0	5480.0	217.55	0.4914
			12	789.0	242111.8	5956.0	237.03	0.4889
			13	787.0	261317.0	6428.5	256.46	0.4865
			14	785.0	280376.4	6897.3	275.85	0.4840
			16	781.0	317655.2	7814.4	314.46	0.4791
900	36	914.0	8	898.0	233532.9	5110.1	178.74	0.6333
			9	896.0	261860.9	5730.0	200.86	0.6305
			10	894.0	289999.8	6345.7	222.93	0.6277
			11	892.0	317950.9	6957.3	244.95	0.6249
			12	890.0	345714.2	7564.9	266.92	0.6221
			13	888.0	373291.1	8168.3	288.84	0.6193
			14	886.0	400682.4	8767.7	310.72	0.6165
			15	884.0	427888.6	9363.0	332.54	0.6138
			16	882.0	454911.1	9954.3	354.31	0.6110
1000	40	1016.0	8	1000.0	321616.7	6331.0	198.86	0.7853
			9	998.0	360749.3	7101.4	223.49	0.7823
			10	996.0	399647.1	7867.1	248.08	0.7791
			11	994.0	438311.1	8628.2	272.62	0.7760

续表

公称直径		外径 D_o / mm	厚度/ mm	内径 D_i / mm	惯性矩 I/ cm^4	断面系数 W/ cm^3	理论重量 W_p / (kg/m)	容积/ (m^3/m)
mm	in							
1000	40	1016.0	12	992.0	476742.7	9384.7	297.10	0.7729
			13	990.0	514942.5	10136.7	321.54	0.7698
			14	988.0	552911.4	10884.1	345.93	0.7667
			15	986.0	590650.8	11627.0	370.27	0.7636
			16	984.0	628160.8	12365.4	394.56	0.7604
1200	48	1219.0	10	1199.0	693662.6	11380.8	298.14	1.1291
			11	1197.0	761148.1	12488.1	327.68	1.1253
			12	1195.0	828296.1	13589.8	357.18	1.1216
			13	1193.0	895107.9	14685.9	386.92	1.1178
			14	1191.0	961584.6	15776.6	416.01	1.1141
			15	1189.0	1027727.0	16861.8	445.36	1.1103
			16	1187.0	1093536.6	17941.5	474.66	1.1066
			18	1183.0	1224161.5	20084.7	533.10	1.10992
1400	56	1422.0	10	1402.0	1105008.3	15541.6	348.20	1.5438
			11	1400.0	1212941.3	17059.7	382.75	1.5394
			12	1398.0	1320412.7	18571.2	417.25	1.5350
			13	1396.0	1427423.9	20076.3	451.70	1.5306
			14	1394.0	1533976.1	21574.9	486.10	1.5262
			15	1392.0	1640070.7	23067.1	520.45	1.5218
			16	1390.0	1745709.0	24552.9	554.75	1.5175
			18	1386.0	1955621.8	27505.2	622.21	1.5087
1600	64	1626.0	10	1606.0	1656457.7	20374.6	398.51	2.0257
			11	1604.0	1818737.7	22370.7	438.08	2.0207
			12	1602.0	1980411.8	24359.3	477.61	2.0156
			13	1600.0	2141481.5	26340.5	517.10	2.0106
			14	1598.0	2301948.3	28314.2	556.53	2.0056
			15	1596.0	2461813.7	30280.6	595.91	2.0006
			16	1594.0	2621079.3	32239.6	635.24	1.9956
			18	1592.0	2779746.5	34191.2	713.76	1.9906
1800	72	1829.0	10	1809.0	2362386.1	25832.5	448.57	2.5702
			11	1807.0	2594357.9	28369.1	493.15	2.5645
			12	1805.0	2825560.6	30897.3	537.69	2.5559
			13	1803.0	3055996.1	33417.1	582.17	2.5532
			14	1801.0	3285666.1	35928.6	626.61	2.5475
			15	1799.0	3514572.1	38431.6	671.00	2.5419
			16	1797.0	3742716.0	40926.4	715.34	2.5362
			18	1793.0	4196724.1	45890.9	803.87	2.5249
2000	80	2032.0	10	2012.0	3244843.4	31937.4	498.63	3.1794
			11	2010.0	3564053.0	35079.3	548.22	3.1731
			12	2008.0	3882311.2	38211.7	597.76	3.1668
			13	2006.0	4199619.8	41334.8	647.25	3.1605
			14	2004.0	4515980.8	44448.6	696.69	3.1542
			15	2002.0	4831396.0	47553.1	746.09	3.1479
			16	2000.0	5145867.3	50648.3	795.43	3.1416
			18	1994.0	6083636.8	59878.3	893.97	3.1228

续表

公称直径 mm	in	外　径 D_o / mm	厚　度/ mm	内　径 D_i / mm	惯性矩 I/ cm^4	断面系数 W/ cm^3	理论重量 W_p / (kg/m)	容积/ (m^3/m)
2200	88	2235	12	2211.0	5174304.1	46302.5	657.83	3.8394
			13	2209.0	5597963.2	50093.6	712.33	3.8325
			14	2207.0	6020473.2	53874.5	766.78	3.8256
			15	2205.0	6441836.1	57645.1	821.18	3.8186
			16	2203.0	6862054.0	61405.4	875.53	3.8117
			18	2199.0	7699063.0	68895.4	984.08	3.7979
2400	96	2438	12	2414.0	6725180.2	55169.6	717.90	4.5768
			13	2412.0	7276637.2	59693.5	777.41	4.5692
			14	2410.0	7826724.2	64206.1	836.86	4.5617
			15	2408.0	8375443.4	68707.5	896.27	4.5541
			16	2406.0	8922797.0	73197.7	955.62	4.5465
			18	2402.0	10013416.7	82144.5	1074.19	4.5314
2600	104	2642	14	2614.0	9973695.5	75501.1	907.29	5.3666
			15	2612.0	10673953.3	80802.1	971.73	5.3584
			16	2610.0	11372604.4	86090.9	1036.11	5.3502
			18	2606.0	12765096.3	96632.1	1164.72	5.3338
2800	112	2845	14	2817.0	12468032.5	87648.7	977.37	6.2325
			15	2815.0	13344503.7	93810.2	1046.82	6.2237
			16	2813.0	14219108.8	99958.6	1116.21	6.2148
			18	2809.0	15962731.1	112216.0	1254.85	6.1972
3000	120	3048	14	3020.0	15347006.4	100702.1	1047.46	7.1631
			15	3018.0	16427019.5	107788.8	1121.91	7.1537
			16	3016.0	17504887.7	114861.5	1196.31	7.1442
			18	3012.0	19654200.3	128964.6	1344.96	7.1252
3200	128	3251	16	3219.0	21261461.9	130799.5	1276.40	8.1383
			18	3215.0	23874964.9	146877.7	1435.06	8.1181
3400	136	3454	16	3422.0	25520352.4	147772.7	1356.50	9.1971
			18	3418.0	28660486.0	165955.3	1525.17	9.1756
计算公式		D_o—外径，mm	t—厚度，mm	$D_i=D_o-2t$ 式中： D_i—内径，mm； D_o—外径，mm； t—壁厚，mm。	$I=\frac{\pi}{64}(D_o^4-D_i^4)$ 式中： I—惯性矩，cm^4； D_o—外径，cm； D_i—内径，cm。	$W=\frac{I}{D_o/2}=\frac{\pi}{32D_0}(D_o^4-D_i^4)$ 式中： W—断面系数，cm^3； I—惯性矩，cm^4； D_o—外径，cm； D_i—内径，cm。	$W_p=C(D_o-t)t$ 式中： W_p—理论重量，kg/m； D_o—外径，mm； t—壁厚，mm； C—系数， C=0.0246615 （钢的密度按7.85kg/dm^3）。	$V=\frac{\pi D_i^2}{4}$ 式中： V—容积，m^3/m； D_i—内径，m。

附表 21 日本 JIS 钢管特性数据表

公称直径		外径 D_o/	管子表号	厚度/	内径	惯性矩	断面系数	变形特性值	重量/	充水重量/
A	*B*	mm		mm	D_i/mm	I/cm^4	W/cm^3	h/R/ (1/mm)	(kg/m)	(kg/m)
6	1/8	10.5	SGP	2.0	6.5	5.090×10^2	9.696×10	1.107×10^{-1}	0.4192	0.03318
			5S	1.0	8.5	-3.404×10^2	6.484×10	4.432×10^{-2}	0.2343	0.05675
			10S	1.2	8.1	3.854×10^2	7.340×10	5.550×10^{-3}	0.2752	0.05153
			20S	1.5	7.5	4.413×10^2	8.406×10	7.407×10^{-3}	0.3329	0.04418
			40	1.7	7.1	4.719×10^2	8.989×10	8.781×10^{-2}	0.3689	0.03909
			60	2.2	6.1	5.287×10^2	1.007×10^2	1.277×10^{-1}	0.4503	0.02922
			80	2.4	5.7	5.448×10^2	1.038×10^2	1.463×10^{-1}	0.4794	0.02552
8	1/4	13.8	SGP	2.3	9.2	1.429×10^3	2.070×10^2	6.957×10^{-2}	0.6523	0.06648
			5S	1.2	11.4	9.512×10^3	1.379×10^2	3.023×10^{-2}	0.3729	0.1021
			10S	1.65	10.5	1.184×10^3	1.715×10^2	4.471×10^{-2}	0.4944	0.08659
			20S	2.0	9.8	1.327×10^3	1.924×10^2	5.745×10^{-2}	0.5820	0.07543
			40	2.2	9.4	1.397×10^3	2.025×10^2	6.540×10^{-2}	0.6293	0.06940
			60	2.4	9.0	1.458×10^3	2.113×10^2	7.387×10^{-2}	0.6747	0.06362
			80	3.0	7.8	1.599×10^3	2.317×10^2	1.029×10^{-1}	0.7990	0.04778
10	3/8	17.3	40 SGP	2.3	12.7	3.120×10^3	3.607×10^2	4.089×10^{-2}	0.8508	0.1267
			5S	1.2	14.9	1.978×10^3	2.286×10^2	1.852×10^{-2}	0.4764	0.1744
			10S	1.65	14.0	2.511×10^3	2.903×10^2	2.695×10^{-2}	0.6368	0.1539
			20S	2.0	13.3	2.861×10^3	3.308×10^2	3.417×10^{-2}	0.7546	0.1389
			60	2.8	11.7	3.477×10^3	4.020×10^2	5.327×10^{-2}	1.001	0.1075
			80	3.2	10.9	3.704×10^3	4.282×10^2	6.438×10^{-2}	1.113	0.09331
15	1/2	21.7	40 SGP	2.8	16.1	7.586×10^3	6.992×10^2	3.135×10^{-2}	1.305	0.2036
			5S	1.65	18.4	5.258×10^3	4.846×10^2	1.642×10^{-2}	0.8158	0.2650
			10S	2.1	17.5	6.281×10^3	5.789×10^2	2.187×10^{-2}	1.015	0.2405
			20S	2.5	16.7	7.066×10^3	6.513×10^2	2.713×10^{-2}	1.184	0.2190
			60	3.2	15.3	8.195×10^3	7.553×10^2	3.740×10^{-2}	1.460	0.1839
			80	3.7	14.3	8.832×10^3	8.140×10^2	4.568×10^{-2}	1.642	0.1606
20	3/4	27.2	SGP	2.8	21.6	1.618×10^4	1.190×10^3	1.881×10^{-2}	1.685	0.3664
			5S	1.65	23.9	1.085×10^4	7.980×10^3	1.011×10^{-2}	1.040	0.4486
			10S	2.1	23.0	1.313×10^4	9.656×10^3	1.333×10^{-2}	1.300	0.4155
			20S	2.5	22.2	1.495×10^4	1.099×10^3	1.639×10^{-2}	1.523	0.3871
			40	2.9	21.4	1.657×10^4	1.219×10^3	1.964×10^{-2}	1.738	0.3597
			60	3.4	20.4	1.837×10^4	1.351×10^3	2.401×10^{-2}	1.995	0.3269
			80	3.9	19.4	1.992×10^4	1.464×10^3	2.874×10^{-2}	2.241	0.2956
			160	5.5	16.2	2.349×10^4	1.727×10^3	4.672×10^{-2}	2.943	0.2061
25	1	34.0	SGP	3.2	27.6	3.771×10^4	2.183×10^3	1.349×10^{-2}	2.430	0.598
			5S	1.65	30.7	2.199×10^4	1.294×10^3	6.307×10^{-2}	1.316	0.740
			10S	2.8	28.4	3.366×10^4	1.980×10^3	1.151×10^{-2}	2.154	0.633
			20S	3.0	28.0	3.543×10^4	2.084×10^3	1.249×10^{-2}	2.293	0.616
			40	3.4	27.2	3.873×10^4	2.278×10^3	1.452×10^{-2}	2.566	0.581
			60	3.9	26.2	4.247×10^4	2.498×10^3	1.722×10^{-2}	2.895	0.539
			80	4.5	25.0	4.642×10^4	2.731×10^3	2.068×10^{-2}	3.274	0.491
			160	6.4	21.2	5.568×10^4	3.275×10^3	3.361×10^{-2}	4.356	0.353
32	$1\frac{1}{4}$	42.7	SGP	3.5	35.7	8.345×10^4	3.909×10^3	9.111×10^{-3}	3.383	1.001
			5S	1.65	39.4	4.489×10^4	2.103×10^3	3.917×10^{-3}	1.670	1.219
			10S	2.8	37.1	7.019×10^4	3.288×10^3	7.035×10^{-3}	2.755	1.081
			20S	3.0	36.7	7.414×10^4	3.472×10^3	7.614×10^{-3}	2.937	1.058
			40	3.6	35.5	8.522×10^4	3.992×10^3	9.419×10^{-3}	3.471	0.990
			60	4.5	33.7	9.367×10^4	4.678×10^3	1.234×10^{-3}	4.239	0.892
			80	4.9	32.9	1.057×10^5	4.950×10^3	1.372×10^{-3}	4.568	0.850
			160	6.4	29.9	1.240×10^5	5.806×10^3	1.943×10^{-2}	5.729	0.702

续表

公称直径		外径 D_o/mm	管子表号	厚度/mm	内径 D_i/mm	惯性矩 I/cm^4	断面系数 W/cm^3	变形特性值 h/R/（1/mm）	重量/（kg/m）	充水重量/（kg/m）
A	B									
40	$1\frac{1}{2}$	48.6	SGP	3.5	41.6	1.268×10^5	5.220×10^3	6.883×10^{-2}	3.893	1.359
			5S	1.65	45.3	6.714×10^4	2.763×10^3	2.994×10^{-2}	1.910	1.612
			10S	2.8	43.0	1.060×10^5	4.363×10^3	5.339×10^{-2}	3.162	1.452
			20S	3.0	42.6	1.122×10^5	4.617×10^3	5.771×10^{-2}	3.373	1.425
			40	3.7	41.2	1.324×10^5	5.449×10^3	7.341×10^{-2}	4.097	1.333
			60	4.5	39.6	1.531×10^5	6.302×10^3	9.255×10^{-2}	4.894	1.232
			80	5.1	38.4	1.671×10^5	6.877×10^3	1.078×10^{-2}	5.471	1.128
			160	7.1	34.4	2.051×10^5	8.441×10^3	1.649×10^{-2}	7.266	0.929
50	2	60.5	SGP	3.8	52.9	2.732×10^5	9.033×10^3	4.728×10^{-2}	5.313	2.198
			5S	1.65	57.2	1.322×10^5	4.369×10^3	1.906×10^{-2}	2.395	2.570
			10S	2.8	54.9	2.117×10^5	6.999×10^3	3.364×10^{-2}	3.984	2.367
			20	3.2	54.1	2.371×10^5	7.840×10^3	3.899×10^{-2}	4.522	2.299
			20S	3.5	53.5	2.555×10^5	8.446×10^3	4.309×10^{-2}	4.920	2.248
			40	3.9	52.7	2.790×10^5	9.224×10^3	4.870×10^{-2}	5.443	2.181
			60	4.9	50.7	3.333×10^5	1.102×10^4	6.340×10^{-2}	6.718	2.019
			80	5.5	49.5	3.629×10^5	1.200×10^4	7.273×10^{-2}	7.460	1.924
			160	8.7	43.1	4.883×10^5	1.614×10^4	1.297×10^{-2}	11.11	1.459
65	$2\frac{1}{2}$	76.3	SGP	4.2	67.9	6.203×10^5	1.626×10^4	3.232×10^{-2}	7.468	3.621
			5S	2.1	72.1	3.372×10^5	8.838×10^3	1.526×10^{-2}	3.843	4.083
			10S	3.0	70.3	4.647×10^5	1.218×10^4	2.233×10^{-2}	5.423	3.882
			20S	3.5	69.3	5.315×10^5	1.393×10^4	2.642×10^{-2}	6.283	3.772
			20	4.5	67.3	6.567×10^5	1.721×10^4	3.492×10^{-2}	7.968	3.557
			40	5.2	65.9	7.379×10^5	1.934×10^4	4.115×10^{-2}	9.117	3.411
			60	6.0	64.3	8.246×10^5	2.161×10^4	4.856×10^{-2}	10.40	3.247
			80	7.0	62.3	9.242×10^5	2.423×10^4	5.830×10^{-2}	11.96	3.048
			160	9.5	57.3	1.135×10^6	2.974×10^4	8.516×10^{-2}	15.65	2.579
80	3	89.1	SGP	4.2	80.7	1.012×10^6	2.271×10^4	2.331×10^{-3}	8.793	5.115
			5S	2.1	84.9	5.434×10^5	1.220×10^4	1.110×10^{-3}	4.505	5.661
			10S	3.0	83.1	7.529×10^5	1.690×10^4	1.619×10^{-3}	6.370	5.424
			20S	4.0	81.1	9.702×10^5	2.178×10^4	2.209×10^{-3}	8.394	5.166
			20	4.5	80.1	1.073×10^6	2.409×10^4	2.515×10^{-3}	9.388	5.039
			40	5.5	78.1	1.267×10^6	2.845×10^4	3.148×10^{-3}	11.34	4.791
			60	6.6	75.9	1.465×10^6	3.288×10^4	3.879×10^{-3}	13.43	4.525
			80	7.6	73.9	1.630×10^6	3.658×10^4	4.577×10^{-3}	15.27	4.289
			160	11.1	66.9	2.110×10^6	4.737×10^4	7.298×10^{-3}	21.35	3.515
90	$3\frac{1}{2}$	101.6	SGP	4.2	93.2	1.527×10^6	3.006×10^4	1.771×10^{-3}	10.09	6.822
			5S	2.1	97.4	8.127×10^5	1.600×10^4	8.485×10^{-4}	5.153	7.451
			10S	3.0	95.6	1.130×10^6	2.225×10^4	1.234×10^{-3}	7.294	7.178
			20S	4.0	93.6	1.463×10^6	2.880×10^4	1.680×10^{-3}	9.627	6.881
			20	4.5	92.6	1.621×10^6	3.191×10^4	1.909×10^{-3}	10.78	6.735
			40	5.7	90.2	1.981×10^6	3.900×10^4	2.479×10^{-3}	13.48	6.390
			60	7.0	87.6	2.340×10^6	4.606×10^4	3.129×10^{-3}	16.33	6.027
			80	8.1	85.4	2.620×10^6	5.157×10^4	3.706×10^{-3}	18.68	5.728
			160	12.7	76.2	3.576×10^6	7.038×10^4	6.428×10^{-3}	27.84	4.560
100	4	114.3	SGP	4.5	105.3	2.343×10^6	4.100×10^4	1.493×10^{-3}	12.18	8.709
			5S	2.1	110.1	1.165×10^6	2.039×10^4	6.673×10^{-4}	5.810	9.521
			10S	3.0	108.3	1.625×10^6	2.844×10^4	9.687×10^{-4}	8.234	9.212
			20S	4.0	106.3	2.111×10^6	3.693×10^4	1.315×10^{-3}	10.88	8.875
			20	4.9	104.5	2.524×10^6	4.417×10^4	1.638×10^{-3}	13.22	8.577
			40	6.0	102.3	3.002×10^6	5.253×10^4	2.046×10^{-3}	16.02	8.219
			60	7.1	100.1	3.450×10^6	6.036×10^4	2.471×10^{-3}	18.77	7.870
			80	8.6	97.1	4.015×10^6	7.025×10^4	3.079×10^{-3}	22.42	7.405

续表

公称直径		外径 D_o/	管子表号	厚度/	内径	惯性矩	断面系数	变形特性值	重量/	充水重量/
A	B	mm		mm	D_i/mm	I/cm^4	W/cm^3	h/R/（1/mm）	（kg/m）	（kg/m）
100	4	114.3	120	11.1	92.1	4.846×10^6	8.480×10^4	4.169×10^{-3}	28.25	6.662
			160	13.5	87.3	5.527×10^6	9.671×10^4	5.315×10^{-3}	33.56	5.936
125	5	139.8	SGP	4.5	130.8	4.382×10^6	6.269×10^4	9.833×10^{-4}	15.01	13.44
			5S	2.8	134.2	2.829×10^6	4.047×10^4	5.967×10^{-4}	9.460	14.14
			10S	3.4	133.0	3.390×10^6	4.850×10^4	7.310×10^{-4}	11.44	13.89
			20S	5.0	129.8	4.816×10^6	6.890×10^4	1.101×10^{-3}	16.62	13.23
			20	5.1	129.6	4.902×10^6	7.013×10^4	1.124×10^{-3}	16.94	13.19
			40	6.6	126.6	6.140×10^6	8.784×10^4	1.488×10^{-3}	21.68	12.59
			60	8.1	123.6	7.294×10^6	1.043×10^5	1.868×10^{-3}	26.31	12.00
			80	9.5	120.8	8.297×10^6	1.187×10^5	2.238×10^{-3}	30.53	11.46
			120	12.7	114.4	1.034×10^7	1.480×10^5	3.145×10^{-3}	39.81	10.28
			160	15.9	108.0	1.207×10^7	1.727×10^5	4.143×10^{-3}	48.58	9.161
150	6	165.2	SGP	5.0	155.2	8.080×10^6	9.783×10^4	7.793×10^{-4}	19.75	18.92
			5S	2.8	159.6	4.711×10^6	5.703×10^4	4.247×10^{-4}	11.21	20.01
			10S	3.4	158.4	5.658×10^6	6.850×10^4	5.195×10^{-4}	13.57	19.71
			20S	5.0	155.2	8.080×10^6	9.783×10^4	7.793×10^{-4}	19.75	18.92
			20	5.5	154.2	8.807×10^6	1.066×10^4	8.626×10^{-4}	21.66	18.67
			40	7.1	151.0	1.104×10^7	1.337×10^5	1.136×10^{-3}	27.68	17.91
			60	9.3	146.6	1.389×10^7	1.681×10^5	1.531×10^{-3}	35.75	16.88
			80	11.0	143.2	1.592×10^7	1.927×10^5	1.850×10^{-3}	41.83	16.11
			120	14.3	136.6	1.947×10^7	2.357×10^5	2.512×10^{-3}	53.21	14.66
			160	18.2	128.8	2.305×10^7	2.791×10^5	3.369×10^{-3}	65.98	13.03
175	7	190.7	SGP	5.3	180.1	1.327×10^7	1.392×10^5	6.168×10^{-4}	24.23	25.48
200	8	216.3	SGP	5.8	204.7	2.126×10^7	1.966×10^5	5.236×10^{-4}	30.11	32.91
			5S	2.8	210.7	1.070×10^7	9.896×10^4	2.457×10^{-4}	14.74	34.87
			10S	4.0	208.3	1.504×10^7	1.390×10^5	6.550×10^{-4}	20.94	34.08
			20	6.4	203.5	2.326×10^7	2.151×10^5	5.811×10^{-4}	33.13	32.53
			20S	6.5	203.3	2.359×10^7	2.182×10^5	5.907×10^{-4}	33.63	32.46
			30	7.0	202.3	2.523×10^7	2.333×10^5	6.392×10^{-4}	36.13	32.14
			40	8.2	199.9	2.906×10^7	2.687×10^5	7.574×10^{-4}	42.08	31.38
			60	10.3	195.7	3.545×10^7	3.278×10^5	9.709×10^{-4}	52.32	30.08
			80	12.7	190.9	4.226×10^7	3.907×10^5	1.225×10^{-3}	63.76	28.62
			100	15.1	186.1	4.857×10^7	4.491×10^5	1.492×10^{-3}	74.92	27.20
			120	18.2	179.9	5.603×10^7	5.181×10^5	1.855×10^{-3}	88.91	25.42
			140	20.6	175.1	6.130×10^7	5.668×10^5	2.152×10^{-3}	99.41	24.08
			160	23.0	170.3	6.616×10^7	6.117×10^5	2.462×10^{-3}	109.6	22.78
225	9	241.8	SGP	6.2	229.4	3.189×10^7	2.635×10^5	4.468×10^{-4}	36.02	41.33
250	10	267.4	SGP	6.6	256.2	4.707×10^7	3.494×10^5	3.823×10^{-4}	42.77	51.55
			5S	3.4	262.6	2.513×10^7	1.866×10^5	1.922×10^{-4}	22.30	54.16
			10S	4.0	261.4	2.937×10^7	2.180×10^5	2.272×10^{-4}	26.18	53.67
			20	6.4	256.6	4.575×10^7	3.396×10^5	3.701×10^{-4}	41.51	51.71
			20S	6.5	256.4	4.641×10^7	3.445×10^5	3.762×10^{-4}	42.14	51.63
			30	7.8	253.8	5.488×10^7	4.075×10^5	4.559×10^{-4}	50.32	50.59
			40	9.3	250.8	6.435×10^7	4.777×10^5	5.499×10^{-4}	59.65	49.40
			60	12.7	244.0	8.457×10^7	6.278×10^5	7.709×10^{-4}	80.39	46.76
			80	15.1	239.2	9.786×10^7	7.265×10^5	9.340×10^{-4}	94.69	44.94
			100	18.2	233.0	1.139×10^8	8.455×10^5	1.154×10^{-3}	112.7	42.64
			120	21.4	226.6	1.291×10^8	9.587×10^5	1.392×10^{-3}	130.9	40.33
			140	25.4	218.6	1.465×10^8	1.087×10^6	1.707×10^{-3}	152.8	37.53
			160	28.6	212.2	1.590×10^8	1.181×10^6	1.973×10^{-3}	169.8	35.37

续表

公称直径		外径 D_o/	管子表号	厚度/	内径	惯性矩	断面系数	变形特性值	重量/	充水重量/
A	*B*	mm		mm	D_i/mm	I/cm^4	W/cm^3	h/R/（1/mm）	（kg/m）	（kg/m）
300	12	318.5	SGP	6.9	304.7	8.202×10^7	5.150×10^5	2.843×10^{-4}	53.02	72.92
			5S	4.0	310.5	4.887×10^7	3.069×10^5	1.618×10^{-4}	31.02	75.72
			10S	4.5	309.5	5.472×10^7	3.436×10^5	1.826×10^{-4}	34.84	75.23
			20	6.4	305.7	7.644×10^7	4.800×10^5	2.628×10^{-4}	49.26	73.40
			20S	6.5	305.5	7.756×10^7	4.870×10^5	2.671×10^{-4}	50.01	73.30
			30	8.4	301.7	9.844×10^7	6.181×10^5	3.494×10^{-4}	64.24	71.49
			40	10.3	297.9	1.185×10^8	7.444×10^5	4.337×10^{-4}	78.28	69.70
			60	14.3	289.9	1.584×10^8	9.948×10^5	6.181×10^{-4}	107.3	66.01
			80	17.4	283.7	1.871×10^8	1.175×10^6	7.677×10^{-4}	129.2	63.21
			100	21.4	275.7	2.215×10^8	1.391×10^6	9.698×10^{-4}	156.8	59.70
			120	25.4	267.7	2.530×10^8	1.589×10^6	1.183×10^{-3}	183.6	56.28
			140	28.6	261.3	2.763×10^8	1.735×10^6	1.361×10^{-3}	204.5	53.63
			160	33.3	251.9	3.075×10^8	1.931×10^6	1.638×10^{-3}	234.2	49.84
350	14	355.6	STPY	6.0	343.6	1.007×10^8	5.664×10^5	1.964×10^{-4}	51.73	92.72
			SGP	7.9	339.8	1.305×10^8	7.338×10^5	2.614×10^{-4}	67.74	90.69
			10STPY	6.4	342.8	1.071×10^8	6.021×10^5	2.099×10^{-4}	55.11	92.29
			20STPY	7.9	339.8	1.305×10^8	7.338×10^5	2.614×10^{-4}	67.74	90.69
			30	9.5	336.6	1.548×10^8	8.705×10^5	3.172×10^{-4}	81.08	88.99
			40	11.1	333.4	1.784×10^8	1.003×10^6	3.741×10^{-4}	94.30	87.30
			60	15.1	325.4	2.346×10^8	1.319×10^6	5.210×10^{-4}	126.8	83.16
			80	19.0	317.6	2.855×10^8	1.605×10^6	6.708×10^{-4}	157.7	79.22
			100	23.8	308.0	3.432×10^8	1.930×10^6	8.647×10^{-4}	194.7	74.51
			120	27.8	300.0	3.873×10^8	2.178×10^6	1.035×10^{-3}	224.7	70.69
			140	31.8	292.0	4.280×10^8	2.407×10^6	1.213×10^{-3}	253.9	66.97
			160	35.7	284.2	4.647×10^8	2.613×10^6	1.395×10^{-3}	281.6	63.44
400	16	406.4	STPY	6.0	394.4	1.513×10^8	7.445×10^5	1.497×10^{-4}	59.24	122.2
			10	6.4	393.6	1.609×10^8	7.918×10^5	1.600×10^{-4}	63.13	121.7
			20	7.9	390.6	1.964×10^8	9.665×10^5	1.990×10^{-4}	77.63	119.8
			30	9.5	387.4	2.334×10^8	1.149×10^6	2.412×10^{-4}	92.98	117.9
			40	12.7	381.0	3.047×10^8	1.499×10^6	3.277×10^{-4}	123.3	114.0
			60	16.7	373.0	3.888×10^8	1.914×10^6	4.399×10^{-4}	160.5	109.3
			80	21.4	363.6	4.811×10^8	2.367×10^6	5.775×10^{-4}	203.2	103.8
			100	26.2	354.0	5.681×10^8	2.796×10^6	7.250×10^{-4}	245.6	98.42
			120	30.9	344.6	6.468×10^8	3.183×10^6	8.766×10^{-4}	286.1	93.27
			140	36.5	333.4	7.325×10^8	3.605×10^6	1.607×10^{-3}	332.9	87.30
			160	40.5	325.4	7.887×10^8	3.881×10^6	1.210×10^{-3}	365.4	83.16
450	18	457.2	STPY	6.0	445.2	2.165×10^8	9.469×10^5	1.179×10^{-4}	66.76	155.7
			10	6.4	444.4	2.303×10^8	1.007×10^6	1.260×10^{-4}	71.15	155.1
			20	7.9	441.4	2.815×10^8	1.231×10^6	1.565×10^{-4}	87.53	153.0
			30	11.1	435.0	3.872×10^8	1.691×10^6	2.231×10^{-4}	122.1	148.6
			40	14.3	428.6	4.884×10^8	2.136×10^6	2.916×10^{-4}	156.2	144.3
			60	19.0	419.6	6.290×10^8	2.751×10^6	3.958×10^{-4}	205.3	138.0
			80	23.8	409.6	7.632×10^8	3.338×10^6	5.068×10^{-4}	254.4	131.8
			100	29.4	368.4	9.082×10^8	3.973×10^6	6.426×10^{-4}	310.2	124.7
			120	34.9	387.4	1.039×10^9	4.546×10^6	7.828×10^{-4}	363.4	117.9
			140	39.7	377.8	1.145×10^9	5.008×10^6	9.110×10^{-4}	408.7	112.1
			160	45.2	366.8	1.256×10^9	5.496×10^6	1.065×10^{-3}	459.2	105.7
500	20	508.0	STPY	6.0	496.0	2.981×10^8	1.174×10^6	9.524×10^{-5}	74.23	193.2
			10STPY	6.4	495.2	3.172×10^8	1.249×10^6	1.017×10^{-4}	79.16	192.6
			STPY	7.9	492.2	3.881×10^8	1.528×10^6	1.263×10^{-4}	97.43	190.3

续表

公称直径		外径 D_o/	管子表号	厚度/	内径	惯性矩	断面系数	变形特性值	重量/	充水重量/
A	B	mm		mm	D_i/mm	I/cm^4	W/cm^3	h/R/（1/mm）	(kg/m)	(kg/m)
500	20	508.0	STPY	8.7	490.6	4.254×10^{8}	1.675×10^{6}	1.396×10^{-4}	107.1	189.0
			20STPY	9.5	489.0	4.623×10^{8}	1.820×10^{6}	1.529×10^{-4}	116.8	187.8
			30	12.7	482.6	6.064×10^{9}	2.387×10^{6}	2.071×10^{-4}	155.1	182.9
			40	15.1	477.8	7.108×10^{9}	2.798×10^{6}	2.486×10^{-4}	183.5	179.3
			60	20.6	466.8	9.383×10^{9}	3.694×10^{6}	3.469×10^{-4}	247.6	171.1
			80	26.2	455.6	1.154×10^{9}	4.544×10^{6}	4.515×10^{-4}	311.3	163.0
			100	32.5	433.0	1.379×10^{9}	5.427×10^{6}	5.750×10^{-4}	381.1	154.1
			120	38.1	431.8	1.563×10^{9}	6.152×10^{6}	6.902×10^{-4}	441.5	146.4
			140	44.4	419.2	1.753×10^{9}	6.902×10^{6}	8.263×10^{-4}	507.6	138.0
			160	50.0	408.0	1.909×10^{8}	7.515×10^{6}	9.535×10^{-4}	564.7	130.7
550	22	558.8	STPY	6.0	546.8	3.918×10^{8}	1.425×10^{6}	7.854×10^{-5}	81.79	234.8
				6.4	546.0	4.237×10^{8}	1.516×10^{6}	8.389×10^{-5}	87.18	234.1
				7.9	543.0	5.188×10^{8}	1.857×10^{6}	1.041×10^{-4}	107.3	231.6
				9.5	539.8	6.185×10^{8}	2.214×10^{6}	1.259×10^{-4}	128.7	228.9
600	24	609.6	STPY	6.0	597.6	5.182×10^{8}	1.700×10^{6}	6.587×10^{-5}	89.31	280.5
				6.4	596.8	5.516×10^{8}	1.810×10^{6}	7.036×10^{-5}	95.2	279.7
				7.1	595.4	6.099×10^{8}	2.001×10^{6}	7.824×10^{-5}	105.2	278.4
				7.9	593.8	6.759×10^{8}	2.218×10^{6}	8.728×10^{-5}	117.2	276.9
				9.5	590.6	8.064×10^{8}	2.646×10^{6}	1.055×10^{-4}	140.6	274.0
				10.3	589.0	8.709×10^{8}	2.857×10^{6}	1.147×10^{-4}	152.2	272.5
650	26	660.4	STPY	6.0	648.4	6.603×10^{8}	2.000×10^{6}	5.604×10^{-5}	96.83	330.2
				6.4	647.6	7.031×10^{8}	2.129×10^{6}	5.985×10^{-5}	103.2	329.4
				7.1	646.2	7.775×10^{8}	2.355×10^{6}	6.654×10^{-5}	114.4	328.0
				7.9	644.6	8.620×10^{8}	2.610×10^{6}	7.422×10^{-5}	127.1	326.3
				11.1	638.2	1.194×10^{8}	3.615×10^{6}	1.053×10^{-4}	177.7	319.9
700	28	711.1	STPY	6.0	699.1	8.260×10^{8}	2.323×10^{6}	4.827×10^{-5}	104.3	383.9
				6.4	698.3	8.796×10^{8}	2.474×10^{6}	5.155×10^{-5}	111.2	383.0
				7.1	696.9	9.729×10^{8}	2.736×10^{6}	5.730×10^{-5}	123.3	381.4
				7.9	695.3	1.079×10^{9}	3.034×10^{6}	6.390×10^{-5}	137.0	379.7
				11.9	687.3	1.598×10^{9}	4.494×10^{6}	9.737×10^{-5}	205.2	371.0
750	30	726.0	STPY	6.4	749.2	1.084×10^{9}	2.846×10^{6}	4.484×10^{-5}	119.3	440.8
				7.1	747.8	1.200×10^{9}	3.148×10^{6}	4.984×10^{-5}	132.2	439.2
				7.9	746.2	1.330×10^{9}	3.492×10^{6}	5.557×10^{-5}	146.9	437.3
				11.9	738.2	1.973×10^{9}	5.178×10^{6}	8.460×10^{-5}	220.1	428.0
800	32	812.8	STPY	6.4	800.0	1.318×10^{9}	3.243×10^{6}	3.937×10^{-5}	127.3	502.7
				7.1	798.6	1.458×10^{9}	3.588×10^{6}	4.375×10^{-5}	141.1	500.9
				7.9	797.0	1.618×10^{9}	3.981×10^{6}	4.878×10^{-5}	156.8	498.9
				11.9	789.0	2.401×10^{9}	5.909×10^{6}	7.421×10^{-5}	235.0	488.9
850	34	863.6	STPY	6.4	850.8	1.583×10^{9}	3.666×10^{6}	3.484×10^{-5}	135.3	568.5
				7.1	849.4	1.752×10^{9}	4.057×10^{6}	3.871×10^{-5}	150.0	566.7
				7.9	847.8	1.944×10^{9}	4.502×10^{6}	4.316×10^{-5}	166.7	564.5
				9.5	844.6	2.325×10^{9}	5.384×10^{6}	5.209×10^{-5}	200.1	560.3
				12.7	838.2	3.073×10^{9}	7.117×10^{6}	7.016×10^{-5}	266.5	551.8
900	36	914.4	STPY	6.4	901.6	1.882×10^{9}	4.115×10^{6}	3.105×10^{-5}	143.3	638.4
				7.9	898.6	2.311×10^{9}	5.055×10^{6}	3.845×10^{-5}	176.6	634.2
				8.7	897.0	2.538×10^{9}	5.552×10^{6}	4.242×10^{-5}	194.3	631.9
				12.7	889.0	3.657×10^{9}	7.999×10^{6}	6.248×10^{-5}	282.4	620.7
1000	40	1016.0	STPY	8.7	998.6	3.492×10^{9}	6.874×10^{6}	3.430×10^{-5}	216.1	783.2
				10.3	995.4	4.115×10^{9}	8.100×10^{6}	4.073×10^{-5}	255.4	778.2
1100	44	1117.6	STPY	10.3	1097.0	5.492×10^{9}	9.828×10^{6}	3.360×10^{-5}	281.3	945.2
				11.1	1095.4	5.906×10^{9}	1.057×10^{7}	3.626×10^{-5}	302.9	942.4
1200	48	1219.2	STPY	11.1	1197.0	7.686×10^{9}	1.261×10^{7}	3.042×10^{-5}	330.7	1125
				11.9	1195.4	8.224×10^{9}	1.349×10^{7}	3.266×10^{-5}	354.3	1122
1350	54	1371.6	STPY	11.9	1347.8	1.175×10^{10}	1.713×10^{7}	2.575×10^{-5}	399.0	1427
				12.7	1346.2	1.252×10^{10}	1.825×10^{7}	2.751×10^{-5}	425.6	1423
				13.1	1345.4	1.290×10^{10}	1.881×10^{7}	2.839×10^{-5}	438.9	1422
1500	60	1524.0	STPY	12.7	1498.6	1.722×10^{10}	2.259×10^{7}	2.224×10^{-5}	473.3	1764
				13.1	1497.8	1.774×10^{10}	2.329×10^{7}	2.295×10^{-5}	488.1	1762
				15.1	1493.8	2.037×10^{10}	2.674×10^{7}	2.653×10^{-5}	561.9	1753

附表 22 国外常用配管用钢管的化学成分和力学性能对照

标准名	钢号	化学成分/%					抗拉试验			标准号
		C	Si	Mn	P	S	钢材厚度 t/mm	σ_s/MPa	σ_b/MPa	
JIS	SGP				≤0.050	≤0.050			≥300	G3452
ASTM	TypeF				≤0.08	≤0.06		≥176	≥316	A53
BS									232~352	1387
DIN	St33									1626Part2
JIS	STPG38	≤0.25	≤0.35	0.30~0.90	≤0.040	≤0.040		≥220	≥380	G3454
ASTM	E-A	≤0.25		≤0.95	≤0.05	≤0.06		≥211	≥33.7	A53
ASTM	A	≤0.25		≤0.95	≤0.050	≤0.060		≥211	≥33.7	A135
BS	ERW360	≤0.17	≤0.35	0.40~0.80	≤0.050	≤0.050		≥219	367~489	3601
BS	S360	≤0.17	≤0.35	0.40~0.80	≤0.050	≤0.050		≥219	367~489	3601
DIN	St37	≤0.20			≤0.08	≤0.05	≤16	240	370~450	1626Part2
DIN	St37.2	≤0.20			≤0.06	≤0.05	16<t≤40	230	370~450	
							≤16	240	370~450	1626Part2
							16<t≤40	230	370~450	
JIS	STPG42	≤0.30	≤0.35	0.30~1.00	≤0.040	≤0.040		≥250	>420	G3454
ASTM	E-B	≤0.30		≤1.20	≤0.05	≤0.06		≥24.6	≥422	A53
ASTM	B	≤0.30		≤1.20	≤0.050	≤0.060		≥24.6	≥422	A135
BS	ERW410	≤0.21	≤0.35	0.40~1.20	≤0.050	≤0.050		≥24.0	418~540	3601
BS	S410	≤0.21	≤0.35	0.40~1.20	≤0.050	≤0.050		≥24.0	418~540	3601
DIN	St42	≤0.25			≤0.08	≤0.05	≥16	260	420~500	1626Part2
DIN	St42.2	≤0.25			≤0.06	≤0.05	16<t≤40	250	420~500	
							≤16	260	420~500	1626Part3
							16<t≤40	250	420~500	
JIS	STS38	≤0.25	0.10~0.35	0.30~1.10	≤0.035	≤0.035		≥220	≥380	G3455
ASTM										
BS										
DIN	St35.4	≤0.17	0.10~0.35	≥0.40	≤0.05	≤0.05	≥16	≥240	350~450	1629Part4
							16<t≤40	≥230	350~450	
							>40	≥220	350~450	

续表

标准名	钢　号	化学成分/%					抗拉试验			标准号
		C	Si	Mn	P	S	钢材厚度 t/mm	σ_s/MPa	σ_b/MPa	
JIS	STS42	≤0.30	0.10~0.35	0.30~1.40	≤0.035	≤0.035		≥250	≥420	G3455
ASTM										
BS										
DIN	St45.4	≤0.22	0.10~0.35	≥0.40	≤0.05	≤0.05	≤16	≥260	450~550	1629Part4
							16<t≤40	≥250	450~550	
							>40	≥240	450~550	
JIS	STS49	≤0.33	0.10~0.35	0.30~1.50	≤0.035	≤0.035		≥280	≥490	G3455
ASTM										
BS										
DIN	St52.4	≤0.20	0.10~0.55	≤1.5	0.05	≤0.05	≤16	≥360	520~620	1629Part4
							16<t≤40	≥350	520~620	
							>40	≥340	520~620	
JIS	STPT38	≤0.25	0.10~0.35	0.30~0.90	≤0.035	≤0.035		≥220	≥380	G3456
ASTM	A							≥211	≥337	A106
BS	HFS360	≤0.17	≤0.35	0.40~0.80	≤0.045	≤0.045		≥219	367~501	3602
BS	CFS360	≤0.17	≤0.35	0.40~0.80	≤0.045	≤0.045		≥219	367~501	3602
BS	ERW360	≤0.17	≤0.35	0.40~0.80	≤0.045	≤0.045		≥219	367~501	3602
BS	CEW360	≤0.17	≤0.35	0.40~0.80	≤0.045	≤0.045		≥219	367~501	3602
DIN	St35.8	≤0.17	0.10~0.35	0.40~0.80	≤0.040	≤0.040	≤16	240	367~490	17175
							16<t≤40	230	367~490	
							40<t≤60	219	367~490	
DIN	St37.8	≤0.17	0.10~0.35	0.40~0.80	≤0.040	≤0.040	≤16	240	367~490	17177
JIS	STPT42	≤0.30	0.10~0.35	0.30~1.00	≤0.035	≤0.035		≥250	≥420	G3456
ASTM	B							≥246	≥422	A106
BS	HFS410	≤0.21	≤0.35	0.40~1.20	≤0.045	≤0.045		≥250	418~561	3602
BS	CFS410	≤0.21	≤0.35	0.40~1.20	≤0.045	≤0.045		≥250	418~561	3602
BS	ERW410	≤0.21	≤0.35	0.40~1.20	≤0.045	≤0.045		≥250	418~561	3602
BS	CEW410	≤0.21	≤0.35	0.40~1.20	≤0.045	≤0.045		≥250	418~561	3602
DIN	St45.8	≤0.21	0.10~0.35	0.40~1.20	≤0.040	≤0.040	≤16	260	418~540	17175
							16<t≤40	250	418~540	
							40<t<60	240	418~540	
DIN	St42.8	≤0.21	0.10~0.35	0.40~1.20	≤0.040	≤0.040	≥16	260	418~540	17177

续表

标准名	钢号	化学成分/%							抗拉试验		标准号
		C	Si	Mn	P	S	Cr	Mo	σ_s/MPa	σ_b/MPa	
JIS	STPT49	≤0.33	0.10~0.35	0.30~1.00	≤0.035	≤0.035			≥280	≥490	G3456
ASTM	C								≥281	≥492	A106
BS	HFS460	≤0.22	≤0.35	0.80~1.40	≤0.045	≤0.045			≥286	470~612	3602
BS	CFS460	≤0.22	≤0.35	0.80~1.40	≤0.045	≤0.045			≥286	470~612	3602
BS	ERW460	≤0.22	≤0.35	0.80~1.40	≤0.045	≤0.045			≥286	470~612	3602
BS	CEW460	≤0.22	≤0.35	0.80~1.40	≤0.045	≤0.045			≥286	470~612	3602
DIN											
JIS	STPY41				≤0.050	≤0.050			≥230	≥410	G3457
ASTM	B	≤0.30		≤1.00	≤0.040	≤0.050			≥246	≥422	A139
ASTM	45	≤0.25		≤1.35	≤0.04	≤0.05			≥316	≥422	A211
BS											
DIN											
JIS	STPA12	0.10~0.20	0.10~0.50	0.30~0.80	≤0.035	≤0.035		0.45~0.65	≥210	≥390	G3458
ASTM	P1	0.10~0.20	0.10~0.50	0.30~0.80	≤0.045	≤0.045		0.44~0.65	≥211	≥387	A335
BS											
DIN											
JIS	STPA20	0.10~0.20	0.10~0.50	0.30~0.60	≤0.035	≤0.035	0.50~0.80	0.40~0.65	≥210	≥420	G3458
ASTM	P2	0.10~0.20	0.10~0.30	0.30~0.61	≤0.045	≤0.045	0.50~0.81	0.44~0.65	≤211	≥387	A335
BS											
DIN											

续表

标准名	钢号	化学成分/%										抗拉试验			标准号
		C	Si	Mn	P	S	Cr	Mo	Ni	Cu	其他	钢材厚度 t/mm	σ_s/MPa	σ_b/MPa	
JIS	STPA22	≤0.15	≤0.50	0.36~0.60	≤0.035	≤0.035	0.80~1.25	0.45~0.65					≥210	≥420	G3458
ASTM	P12	≤0.15	≤0.50	0.30~0.61	≤0.045	≤0.045	0.80~1.25	0.44~0.65					≥211	≥422	A335
BS	HFS620-460	0.10~0.15	0.10~0.35	0.40~0.70	≤0.040	≤0.040	0.70~1.10	0.45~0.65					≥184	469~622	3604
BS	CFS620-460	0.10~0.15	0.10~0.35	0.40~0.70	≤0.040	≤0.040	0.70~1.10	0.45~0.65					≥184	469~622	3604
BS	ERW620-460	0.10~0.15	0.10~0.35	0.40~0.70	≤0.040	≤0.040	0.70~1.10	0.45~0.65					≥184	469~622	3604
BS	CFW620-460	0.10~0.15	0.10~0.35	0.40~0.70	≤0.040	≤0.040	0.70~1.10	0.45~0.65					≥184	469~622	3604
BS	HFS620-440	0.10~0.18	0.10~0.35	0.40~0.70	≤0.040	≤0.040	0.70~1.10	0.45~0.65					≥296	449~602	3604
BS	CFS620-440	0.10~0.18	0.10~0.35	0.40~0.70	≤0.040	≤0.040	0.70~1.10	0.45~0.65					≥296	449~602	3604
BS	ERW620-440	0.10~0.18	0.10~0.35	0.40~0.70	≤0.040	≤0.040	0.70~1.10	0.45~0.65					≥296	449~602	3604
BS	CFW620-440	0.10~0.18	0.10~0.35	0.40~0.70	≤0.040	≤0.040	0.70~1.10	0.45~0.65					≥296	449~602	3604
DIN	13CrMo44	0.10~0.18	0.10~0.35	0.40~0.70	≤0.035	≤0.035	0.70~1.10	0.45~0.65				≤16	≥296	449~602	17175
												16<t≤40	≥296	449~602	
												40<t≤60	≥286	449~602	
JIS	STPA23	≤0.15	0.50~1.00	0.30~0.60	≤0.030	≤0.030	1.00~1.50	0.45~0.65					≥210	≥420	G3458
ASTM	P11	≤0.15	0.50~1.00	0.30~0.60	≤0.030	≤0.030	1.00~1.50	0.44~0.65					≥211	≥422	A335
BS	HFS621	≤0.15	0.50~1.00	0.30~0.60	≤0.040	≤0.040	1.00~1.50	0.45~0.65					≥280	428~581	3604
BS	CFS621	≤0.15	0.50~1.00	0.30~0.60	≤0.040	≤0.040	1.00~1.50	0.45~0.65					≥280	428~581	3604
BS	ERW621	≤0.15	0.50~1.00	0.30~0.60	≤0.040	≤0.040	1.00~1.50	0.45~0.65					≥280	428~581	3604
BS	CEW621	≤0.15	0.50~1.00	0.30~0.60	≤0.040	≤0.040	1.00~1.50	0.45~0.65					≥280	428~581	3604
DIN															
JIS	STPA24	≤0.15	≤0.50	0.30~0.60	≤0.030	≤0.030	1.90~2.60	0.87~1.13					≥210	≥420	G3458
ASTM	P22	≤0.15	≤0.50	0.30~0.60	≤0.030	≤0.030	1.90~2.60	0.87~1.13					≥211	≥422	A335
BS	HFS622	0.08~0.15	≤0.50	0.40~0.70	≤0.040	≤0.040	2.00~2.50	0.90~1.20					≥280	500~653	3604
BS	CFS622	0.08~0.15	≤0.50	0.40~0.70	≤0.040	≤0.040	2.00~2.50	0.90~1.20					≥280	500~653	3604
DIN	10CrMo910	0.08~0.15	≤0.50	0.40~0.70	≤0.035	≤0.035	2.00~2.50	0.90~1.20				≤16	≥286	459~612	17175
												16<t≤40	≥286	459~612	
												40<t≤60	≥275	459~612	
JIS	STPA25	≤0.15	≤0.50	0.30~0.60	≤0.030	≤0.030	4.00~6.00	0.45~0.65					≥210	≥420	G3458
ASTM	P5	≤0.15	≤0.50	0.30~0.60	≤0.030	≤0.030	4.00~6.00	0.45~0.65					≥211	≥422	A335
BS	HFS625	≤0.15	≤0.50	0.30~0.60	≤0.030	≤0.030	4.00~6.00	0.45~0.65					≥173	459~612	3604
BS	CFS625	≤0.15	≤0.50	0.30~0.60	≤0.030	≤0.030	4.00~6.00	0.45~0.65					≥173	459~612	3604
DIN															

续表

标准名	钢号	化学成分/%										抗拉试验			标准号
		C	Si	Mn	P	S	Cr	Mo	Ni	Cu	其他	钢材厚度 t/mm	σ_s/MPa	σ_b/MPa	
JIS	STPA26	≤0.15	0.25~1.00	0.30~0.60	≤0.30	≤0.030	8.00~10.00	0.90~1.10					≥210	≥420	G3458
ASTM	P9	≤0.15	0.25~1.00	0.30~0.60	≤0.030	≤0.030	8.00~10.00	0.90~1.10					≤211	≥422	A335
BS	CFS629-470	≤0.15	0.25~1.00	0.30~0.60	≤0.030	≤0.030	8.00~10.00	0.90~1.10					≥189	479~632	3604
DIN															
JIS	SUS304TP	≤0.08	≤1.00	≤2.00	≤0.040	≤0.030	18.00~20.00		8.00~11.00				≥210	≥530	G3459
ASTM	TP304	≤0.08	≤0.075	≤2.00	≤0.040	≤0.030	18.00~20.00		8.00~11.00				≥211	≥527	A312
	304	≤0.08	≤1.00	≤2.00	≤0.045	≤0.030	18.00~20.00		8.00~10.50		N≤0.10				A358
	TP304	≤0.08	≤0.75	≤2.00	≤0.040	≤0.030	18.00~20.00		8.00~11.0				≥211	≥527	A376
BS	304S18	≤0.06	0.20~1.00	0.50~2.00	≤0.040	≤0.030	17.0~19.0		9.0~12.0				≥240	500~704	3605
DIN															
JIS	SUS304HTP	0.04~0.10	≤0.75	≤2.00	≤0.040	≤0.030	18.00~20.00		8.00~11.00				≥210	≥530	G3459
ASTM	TP304H	0.04~0.10	≤0.75	≤2.00	≤0.040	≤0.030	18.00~20.00		8.00~11.00				≥211	≥527	A312
	304H	0.04~0.10	≤1.00	≤2.00	≤0.045	≤0.030	18.00~20.00		8.00~10.50						A358
	TP304H	0.04~0.10	≤0.75	≤2.00	≤0.040	≤0.030	18.00~20.00		8.00~11.0				≥211	≥527	A376
BS	304S59	0.04~0.09	0.20~1.00	0.50~2.00	≤0.040	≤0.030	17.0~19.0		9.00~12.0				≥240	500~704	3605
DIN															
JIS	SUS304LTP	≤0.030	≤1.00	≤2.00	≤0.040	≤0.030	18.00~20.00		9.00~13.00				≥180	≥490	G3459
ASTM	TP304L	≤0.035	≤0.75	≤2.00	≤0.040	≤0.030	18.0~20.0		8.00~13.0				≥176	≥492	A312
	304LN	≤0.030	≤1.00	≤2.00	≤0.045	≤0.030	18.00~20.00		8.00~12.00		N≤0.10		≥173	≥495	A358
	TP304L	≤0.035	≤0.75	≤2.00	≤0.040	≤0.030	18.0~20.0		8.00~11.0		N0.10~0.16		≤214	≥530	A376
BS	304S14	≤0.03	0.20~1.00	0.50~2.00	≤0.040	≤0.030	17.0~19.0		10.0~13.0				≥209	500~704	3605
	304S22	≤0.03	0.20~1.00	0.50~2.00	≤0.040	≤0.030	17.0~19.0		9.0~12.0				≤209	500~704	3605
DIN															

续表

标准名	钢　号	化学成分/%										抗拉试验			标准号
		C	Si	Mn	P	S	Cr	Mo	Ni	Cu	其他	钢材厚度 t/mm	σ_s/MPa	σ_b/MPa	
JIS	SUS309STP	≤0.15	≤1.00	≤2.00	≤0.040	≤0.030	22.00~24.00		12.00~15.00				≥210	≥530	G3459
ASTM	TP309	≤0.15	≤0.75	≤2.00	≤0.040	≤0.030	22.0~24.0		12.0~15.0				≥211	≥527	A312
	309S	≤0.08	≤1.00	≤2.00	≤0.045	≤0.030	22.00~24.00		12.00~15.00				≥209	≥525	A358
BS															
DIN															
JIS	SUS310STP	≤0.15	≤1.50	≤2.00	≤0.040	≤0.030	24.00~26.00		19.00~22.00				≥210	≥530	G3459
ASTM	TP310	≤0.15	≤0.75	≤2.00	≤0.040	≤0.030	24.0~26.0		19.0~22.0				≥211	≥527	A312
	310S	≤0.08	≤1.50	≤2.00	≤0.045	≤0.030	24.00~26.00		19.00~22.00				≥209	≥525	A358
BS															
DIN															
JIS	SUS316TP	≤0.08	≤1.00	≤2.00	≤0.040	≤0.030	16.00~18.00	2.00~3.00	10.00~14.00				≥210	≥530	G3459
ASTM	TP316	≤0.08	≤0.75	≤2.00	≤0.040	≤0.030	16.0~18.0	2.00~3.00	11.0~14.0				≥211	≥527	A312
	316	≤0.08	≤1.00	≤2.00	≤0.045	≤0.030	16.00~18.00	2.00~3.00	10.00~14.00		N≤0.10		≥209	≥525	A358
	TP316	≤0.08	≤0.75	≤2.00	≤0.040	≤0.030	16.0~18.0	2.00~3.00	11.0~14.0				≥211	≥527	A376
BS	316S18	≤0.07	0.20~1.00	0.50~2.00	≤0.040	≤0.030	16.0~18.5	2.0~3.0	11.0~14.0				≥250	520~724	3605
	316S26	≤0.07	0.20~1.00	0.50~2.00	≤0.040	≤0.030	16.0~18.5	2.0~3.0	10.0~13.0				≥250	520~724	3605
DIN															
JIS	SUS316HTP	0.04~0.10	≤0.75	≤2.00	≤0.030	≤0.030	16.00~18.00	2.00~3.00	11.00~14.00				≥210	≥530	G3459
ASTM	TP316H	0.04~0.10	≤0.75	≤2.00	≤0.040	≤0.030	16.0~18.0	2.00~3.00	11.0~14.0				≥211	≥527	A312
	316H	0.04~0.10	≤1.00	≤2.00	≤0.045	≤0.030	16.00~18.00	2.00~3.00	10.00~14.00				≥209	≤525	A358
	TP316H	0.04~0.10	≤0.75	≤2.00	≤0.040	≤0.030	16.0~18.0	2.00~3.00	11.0~14.0				≥211	≤527	A376
BS	316S59	0.04~0.09	0.20~1.00	0.50~2.00	≤0.040	≤0.030	16.0~18.0	2.0~2.75	12.0~14.0		B0.001~0.006		≥250	520~724	3605
DIN															

续表

标准名	钢号	化学成分/%										抗拉试验			标准号
		C	Si	Mn	P	S	Cr	Mo	Ni	Cu	其他	钢材厚度 t/mm	σ_s/MPa	σ_b/MPa	
JIS	SUS316LTP	≤0.030	≤1.00	≤2.00	≤0.040	≤0.030	16.00~18.00	2.00~3.00	12.00~16.00				≥180	≥490	G3459
ASTM	TP316L	≤0.035	≤0.75	≤2.00	≤0.040	≤0.030	16.0~18.0	2.00~3.00	10.0~15.0				≥211	≥527	A312
	316L	≤0.030	≤1.00	≤2.00	≤0.045	≤0.030	16.00~18.00	2.00~3.00	10.00~14.00		N≤0.10				A358
	TP316LN	≤0.035	≤0.75	≤2.00	≤0.040	≤0.030	16.0~18.0	2.00~3.00	11.0~14.0		N0.10~0.16		≥219	≥527	A376
BS	316S14	≤0.03	0.20~1.00	0.50~2.00	≤0.040	≤0.030	16.0~18.5	2.0~3.0	12.0~15.0				≥219	500~704	3605
	316S22	≤0.03	0.20~1.00	0.50~2.00	≤0.040	≤0.030	16.0~18.5	2.0~3.0	11.0~14.0				≥219	500~704	3605
DIN															
JIS	SUS321TP	≤0.08	≤1.00	≤2.00	≤0.040	≤0.030	17.00~19.00		9.00~13.00		Ti≥5×C%		≥210	≥530	G3459
ASTM	TP321	≤0.08	≤0.75	≤2.00	≤0.040	≤0.030	17.0~20.0		9.00~13.00		Ti5×C~0.70		≥211	≥527	A312
	321	≤0.08	≤1.00	≤2.00	≤0.045	≤0.030	17.00~19.00		9.00~12.00		Ti5×(C+N)~0.70，N≤0.10				A358
	TP321	≤0.08	≤0.75	≤2.00	≤0.040	≤0.030	17.0~20.0		9.00~13.0		Ti5×C~0.60		≥211	≥527	A376
BS	321S18	≤0.08	0.20~1.00	0.50~2.00	≤0.040	≤0.030	17.0~19.0		10.0~13.0		Ti5×C~0.60		≥240	520~724	3605
	S21S22	≤0.08	0.20~1.00	0.50~2.00	≤0.040	≤0.030	17.0~19.00		9.0~12.0		Ti5×C~0.60		≥240	520~724	3605
DIN															
JIS	SUS321HTP	0.04~0.10	≤0.75	≤2.00	≤0.030	≤0.030	17.00~20.00		9.00~13.00		Ti4×C%~0.60		≥210	≥530	G3459
ASTM	TP321H	0.04~0.10	≤0.75	≤2.00	≤0.040	≤0.030	17.0~20.0		9.00~13.00		Ti4×C%~0.60		≥211	≥527	A312
	TP321H	0.04~0.10	≤0.75	≤2.00	≤0.040	≤0.030	17.0~20.0		9.00~13.00		Ti4×C%~0.60		≥211	≥527	A376
BS	321S59	0.04~0.09	0.20~1.00	0.50~2.00	≤0.040	≤0.030	17.0~19.0		10.0~13.0		Ti5×C%~0.60		≥199	500~704	3605
DIN															
JIS	SUS347TP	≤0.08	≤1.00	≤2.00	≤0.040	≤0.030	17.00~19.00		9.00~13.00		Nb+Ta≥10×C%		≥210	≥530	G3459
ASTM	TP347	≤0.08	≤0.75	≤2.00	≤0.040	≤0.030	17.0~20.0		9.00~13.00		Nb+Ta10×C%~1.00		≥211	≥527	A312
	347	≤0.08	≤1.00	≤2.00	≤0.045	≤0.030	17.00~19.00		9.00~13.00		Cb+Ta10×C%~1.10				A358
	TP347	≤0.08	≤0.75	≤2.00	≤0.040	≤0.030	17.0~20.0		9.00~13.00		Nb+Ta10×C%~1.00		≥211	≥527	A376
BS	347S18	≤0.08	0.20~1.00	0.50~2.00	≤0.040	≤0.030	17.0~19.0		10.0~13.0		Nb10×C%~20×C%（或1.00）		≥250	520~724	3605
	347S17	≤0.08	0.20~1.00	0.50~2.00	≤0.040	≤0.030	17.0~19.0		9.0~12.0		Nb10×C%~1.00		≥250	520~724	3605
DIN															

续表

标准名	钢号	化学成分/%										抗拉试验		标准号
		C	Si	Mn	P	S	Cr	Mo	Ni	Cu	其他	σ_s/MPa	σ_b/MPa	
JIS	SUS347HTP	0.04~0.10	≤1.00	≤2.00	≤0.030	≤0.030	17.00~20.00		9.00~13.00		Nb+Ta8×C%~1.00	≥210	≥530	G3459
ASTM	TP347H	0.04~0.10	≤0.75	≤2.00	≤0.040	≤0.030	17.00~20.00		9.00~13.00		Nb+Ta8×C%~1.00	≥211	≥527	A312
	TP347H	0.04~0.10	≤0.75	≤2.00	≤0.040	≤0.030	17.0~20.0		9.00~13.0		Nb+Ta8×C%~1.00	≥211	≥527	A376
BS	347S59	0.04~0.09	0.20~1.00	0.50~2.00	≤0.040	≤0.030	17.0~19.0		11.0~14.0		Nb（或1.00）10×C%~20×C%	≥250	520~724	3605
DIN														
JIS	SUS329J1TP	≤0.08	≤1.00	≤1.50	≤0.040	≤0.030	23.00~28.00	1.00~3.00	3.00~6.00			≥400	≥600	G3459
ASTM														
BS														
DIN														
JIS	STPL39	≤0.25	≤0.35	≤1.35	≤0.035	≤0.035						≥210	≥390	G3460
ASTM	1	≤0.30		0.40~1.06	≤0.05	≤0.06						≥211	≥387	A333
BS	HFS410LT50	≤0.20	≤0.35	0.60~1.20	≤0.045	≤0.045					Al≥0.015	≥240	418~540	3603
	CFS410LT50	≤0.20	≤0.35	0.60~1.20	≤0.045	≤0.045					Al≥0.015	≥240	418~540	3603
	ERW410LT50	≤0.20	≤0.35	0.60~1.20	≤0.045	≤0.045					Al≥0.015	≥240	418~540	3603
	CEW410LT50	≤0.20	≤0.35	0.60~1.20	≤0.045	≤0.045					Al≥0.015	≥240	418~540	3603
DIN														
JIS	STPL46	≤0.18	0.10~0.35	0.30~0.60	≤0.030	≤0.030			3.20~3.80			≥250	≤460	G3460
ASTM	3	≤0.19	0.18~0.37	0.31~0.64	≤0.05	≤0.05			3.18~3.82			≥246	≤457	A333
BS	HFS503LT100	≤0.15	0.15~0.35	0.30~0.80	≤0.025	≤0.020			3.25~3.75			≥250	449~602	3603
	CFS503LT100	≤0.15	0.15~0.35	0.30~0.80	≤0.025	≤0.020			3.25~3.75			≥250	449~602	3603
DIN														
JIS	STPL70	≤0.13	0.10~0.35	≤0.90	≤0.030	≤0.030			8.50~9.50			≥530	≥700	G3460
ASTM	8	≤0.13	0.13~0.32	≤0.90	≤0.045	≤0.045			8.40~9.60			≥527	≥703	A333
BS	HFS509LT196	≤0.10	0.15~0.30	0.30~0.80	≤0.025	≤0.020			8.50~9.50			≥520	704~357	3603
	CFS509LT196	≤0.10	0.15~0.10	0.30~0.80	≤0.025	≤0.020			8.50~9.50			≥520	704~857	3603
DIN														

续表

标准名	钢　号	化学成分/%										抗拉试验		标准号
		C	Si	Mn	P	S	Cr	Mo	Ni	Cu	其他	σ_s/MPa	σ_b/MPa	
JIS	SUS304TPY	≤0. 08	≤1. 00	≤2. 00	≤0. 040	≤0. 030	18. 00~20. 00		8. 00~10. 50			≥210	≥530	G3468
ASTM	304	≤0. 08	≤1. 00	≤2. 00	≤0. 045	≤0. 030	18. 00~20. 00		8. 00~10. 50		N≤0. 10	≥209	≥525	A358
	TP304	≤0. 08	≤0. 75	≤2. 00	≤0. 040	≤0. 030	18. 00~20. 00		8. 00~10. 00			≥211	≥527	A409
BS	304S25	≤0. 06	0. 20~1. 00	0. 50~2. 00	≤0. 040	≤0. 030	17. 0~19. 0		8. 0~11. 0			≥240	500~704	3605
DIN														
JIS	SUS304LTPY	≤0. 030	≤1. 00	≤2. 00	≤0. 040	≤0. 030	18. 00~20. 00		9. 00~13. 00			≥180	≥490	G3458
ASTM	304L	≤0. 030	≤1. 00	≤2. 00	≤0. 045	≤0. 030	18. 00~20. 00		8. 00~12. 00		N≤0. 10	≥173	≥495	A358
	TP304L	≤0. 035	≤0. 75	≤2. 00	≤0. 040	≤0. 030	18. 00~20. 00		8. 00~13. 00			≥173	≥495	A409
BS	304S22	≤0. 03	0. 20~1. 00	0. 50~2. 00	≤0. 040	≤0. 030	17. 0~19. 0		9. 0~12. 0			≥209	500~704	3605
DIN														
JIS	SUS309STPY	≤0. 08	≤1. 00	≤2. 00	≤0. 040	≤0. 030	22. 00~24. 00		12. 00~15. 00			≥210	≥530	G3468
ASTM	309S	≤0. 08	≤1. 00	≤2. 00	≤0. 045	≤0. 030	22. 00~24. 00		12. 00~15. 00			≥209	≥525	A358
	TP309	≤0. 15	≤0. 75	≤2. 00	≤0. 040	≤0. 030	22. 00~24. 00		12. 00~15. 00			≥211	≥527	A409
BS														
DIN														
JIS	SUS310STPY	≤0. 08	≤1. 00	≤2. 00	≤0. 040	≤0. 030	24. 00~26. 00		19. 00~22. 00			≥210	≥530	G3468
ASTM	310S	≤0. 08	≤1. 50	≤2. 00	≤0. 045	≤0. 030	24. 00~26. 00		19. 00~22. 00			≥209	≥527	A358
	TP310	≤0. 15	≤0. 75	≤2. 00	≤0. 040	≤0. 030	24. 00~26. 00		19. 00~22. 00			≥211	≥527	A409
BS														
DIN														
JIS	SUS316TPY	≤0. 08	≤1. 00	≤2. 00	0. 040	≤0. 030	16. 00~18. 00	2. 00~3. 00	10. 00~14. 00			≥210	≥530	G3468
ASTM	316	≤0. 08	≤1. 00	≤2. 00	≤0. 045	≤0. 030	16. 00~18. 00	2. 00~3. 00	10. 00~14. 00		N≤0. 10	≥209	≥525	A358
	TP316	≤0. 08	≤0. 75	≤2. 00	≤0. 040	≤0. 030	16. 00~18. 00	2. 00~3. 00	11. 00~14. 00			≥211	≥527	A409
BS	316S26	≤0. 07	0. 20~1. 00	0. 50~2. 00	≤0. 040	≤0. 030	16. 0~18. 5	2. 0~3. 0	10. 0~13. 0			≥250	520~724	3605
DIN														

续表

标准名	钢　号	化　学　成　分/%										抗拉试验		标准号
		C	Si	Mn	P	S	Cr	Mo	Ni	Cu	其他	σ_s/MPa	σ_b/MPa	
JIS	SUS316LTPY	≤0.030	≤1.00	≤2.00	≤0.040	≤0.030	16.00~18.00	2.00~3.00	12.00~15.00		N≤0.10	≥180	≥490	G3468
ASTM	316L	≤0.030	≤1.00	≤2.00	≤0.045	≤0.030	16.00~18.00	2.00~3.00	10.00~14.00			≥173	≥495	A358
ASTM	316L	≤0.035	≤0.75	≤2.00	≤0.040	≤0.030	16.0~18.0	2.00~3.00	10.0~15.0			≥173	≥495	A409
BS	316S22	≤0.03	0.20~1.00	0.50~2.00	≤0.040	≤0.030	16.0~18.5	2.0~3.0	11.0~14.0			≥219	500~704	3605
DIN														
JIS	SUS321TPY	≤0.08	≤1.00	≤2.00	≤0.040	≤0.030	17.00~19.00		9.00~13.00		Ti≤5×C%	≥210	≥530	G3468
ASTM	321	≤0.08	≤1.00	≤2.00	≤0.045	≤0.030	17.00~19.00		9.00~12.00		Ti5(C+N)~0.70,N≤0.10	≥209	≥525	A358
ASTM	TP321	≤0.08	≤0.75	≤2.00	≤0.040	≤0.030	17.0~20.0		9.00~13.0		Ti 5×C%~1.0	≥209	≥525	A409
BS	321S22	≤0.08	0.20~1.00	0.50~2.00	≤0.040	≤0.030	17.0~19.0		9.0~12.0		Ti 5×C%~0.60	≥240	520~724	3605
DIN														
JIS	SUS347TPY	≤0.08	≤1.00	≤2.00	≤0.040	≤0.030	17.00~19.00		9.00~13.00	Nb+Ta TO×C%≤	Cb+Ta 10×C%~1.10	≥210	≥530	G3468
ASTM	347	≤0.08	≤1.00	≤2.00	0.045	≤0.030	17.00~19.00		9.00~13.00		Cb+Ta 10×C%~1.0	≥209	≥525	A358
	TP347	≤0.08	≤0.75	≤2.00	≤0.040	≤0.030	17.0~20.0		9.00~13.0			≥211	≥527	A409
BS	347S17	≤0.08	0.20~1.00	0.50~2.00	≤0.040	≤0.030	17.0~19.0		9.0~12.0		Nb 10×C%~1.00	≥250	520~724	3605
DIN														

附表 23　国外常用传热用钢管化学成分和力学性能对照

标准名	钢　号	化学成分/%									抗拉试验			标准号
		C	Si	Mn	P	S	Cr	Mo	Ni	Cu	其他	钢材厚度 t/mm	σ_s/MPa	σ_b/MPa	
JIS	STB33	≤0.18	≤0.35	0.25~0.60	≤0.035	≤0.035							≥18	≥33	G3461
ASTM	*	0.06~0.18	≤0.25	0.27~0.63	≤0.048	≤0.058							≥183	≥33.0	A192
	*	0.06~0.18	≤0.25	0.27~0.63	≤0.050	≤0.060							≥183	≥33.0	A226
BS	HFS320	≤0.16		0.30~0.70	≤0.050	≤0.050							≥199	32.6~48.9	3059
	CFS320	≤0.16		0.30~0.70	≤0.050	≤0.050							≥199	32.6~48.9	3059
	ERW320	≤0.16		0.30~0.70	≤0.050	≤0.050							≥199	32.6~40.9	3059
	CEW320	≤0.16		0.30~0.70	≤0.050	≤0.050							≥199	32.6~48.9	3059
DIN															
JIS	STB35	≤0.18	≤0.35	0.30~0.60	≤0.035	≤0.035							≥18	≥35	G3461
ASTM															
BS	B1 360	≤0.17	≤0.35	0.40~0.80	≤0.045	≤0.045							≥219	367~510	3059 Part2
	S2 360	≤0.17	≤0.35	0.40~0.80	≤0.045	≤0.045							≥219	367~510	3059 Part2
	ERW360	≤0.17		0.40~0.80	≤0.045	≤0.045							≥219	367~510	3059 Part2
	CEW360	≤0.17	≤0.35	0.40~0.80	≤0.045	≤0.045							≥219	367~519	3059 Part2
DIN	St35.8	≤0.17	0.10~0.35	0.40~0.80	≤0.040	≤0.040						≤16	240	367~489	17175
												16<t≤40	229	367~489	
												40<t≤60	219	367~489	
	St37.8	≤0.17	0.10~0.35	0.40~0.80	≤0.040	≤0.040						≤16	240	367~489	17177
JIS	STB42	≤0.32	≤0.35	0.30~0.80	≤0.035	≤0.035							≥26	≥42	G3461
ASTM	C	≤0.35		≤0.80	≤0.050	≤0.060							≥260	≥422	A178
	A-1	≤0.27	≤0.10	≤0.93	≤0.048	≤0.058							≤260	≥422	A210
BS	S1 440	0.12~0.18	0.10~0.35	0.90~1.20	≤0.040	≤0.035							≥250	449~591	3059 Part2
	S2 440	0.12~0.18	0.10~0.35	0.90~1.20	≤0.040	≤0.035							≥250	449~591	3059 Part2
	ERW440	0.12~0.18	0.10~0.35	0.90~1.20	≤0.040	≤0.035							≥250	449~591	3059 Part2
	CEW440	0.12~0.18	0.10~0.35	0.90~1.20	≤0.040	≤0.035							≥250	449~591	3059 Part2
	ERW440	0.12~0.18	0.10~0.35	0.90~1.20	≤0.040	≤0.035							≥270	≥449	3606
	CEW440	0.12~0.18	0.10~0.35	0.90~1.20	≤0.040	≤0.035							≥270	≥449	3606
	CFS440	0.12~0.18	0.10~0.35	0.90~1.20	≤0.040	≤0.035							≥27.0	≥449	3606
DIN	St45.8	≤0.21	0.10~0.35	0.40~1.20	≤0.040	≤0.040						≤16	260	418~540	17175
												16≤t≤40	250	418~540	
												40≤t≤60	240	418~540	
	St42.8	≤0.21	0.10~0.35	0.40~1.20	≤0.040	≤0.040						≤16	260	418~540	17177

续表

标准名	钢号	化学成分/%										抗拉试验			标准号
		C	Si	Mn	P	S	Cr	Mo	Ni	Cu	其他	钢材厚度 t/mm	σ_s/MPa	σ_b/MPa	
JIS	STB52	≤0.25	≤0.35	1.00~1.50	≤0.035	≤0.035							≥300	≥520	G3461
ASTM															
BS															
DIN															
JIS	STBA12	0.10~0.20	0.10~0.50	0.30~0.80	≤0.035	≤0.035		0.45~0.65					≥210	≥390	G3462
ASTM	T1	0.10~0.20	0.10~0.50	0.30~0.80	≤0.045	≤0.045		0.44~0.65					≥211	≥386	A209
	T1	0.10~0.20	0.10~0.50	0.30~0.80	≤0.045	≤0.045		0.44~0.65					≥211	≥386	A250
BS	ERW245	0.10~0.20	0.10~0.30	0.30~0.80	≤0.045	≤0.045		0.45~0.65			A≤0.012		≥255	≥459	3606
	CEW245	0.10~0.20	0.10~0.30	0.30~0.80	≤0.045	≤0.045		0.45~0.65			A≤0.012		≥255	≥259	3606
	CFS245	0.10~0.20	0.10~0.20	0.30~0.80	≤0.045	≤0.045		0.45~0.65			A≤0.012		≥255	≥459	3606
JIS	STBA13	0.15~0.25	0.10~0.50	0.30~0.80	≤0.035	≤0.035		0.45~0.65					≥210	≥420	G3462
ASTM	Tla	0.15~0.25	0.10~0.50	0.30~0.80	≤0.045	≤0.045		0.44~0.65					≥225	≥422	A209
	Tla	0.15~0.25	0.10~0.50	0.30~0.80	≤0.045	≤0.045		0.44~0.65					≥225	≥422	A250
BS															
DIN															
JIS	STBA20	0.10~0.20	0.10~0.50	0.30~0.60	≤0.035	≤0.035	0.50~0.80	0.40~0.65					≥210	≥420	G3462
ASTM	T2	0.10~0.20	0.10~0.30	0.30~0.61	≤0.045	≤0.045	0.50~0.81	0.44~0.65					≥211	≥422	A213
BS															
DIN															
JIS	STBA22	≤0.15	≤0.50	0.30~0.60	≤0.035	≤0.035	0.80~1.25	0.45~0.65					≥210	≥420	G3462
ASTM	T12	≤0.15	≤0.50	0.30~0.61	≤0.045	≤0.045	0.80~1.25	0.44~0.65					≥211	≥422	A213
BS	ERW620	0.10~0.15	0.10~0.35	0.40~0.70	≤0.040	≤0.040	0.70~1.10	0.45~0.65			Al≤0.020		≥184	≥469	3606
	CEW620	0.10~0.15	0.10~0.35	0.40~0.70	≤0.040	≤0.040	0.70~1.10	0.45~0.65			Al≤0.020		≥184	≥469	3606
	CFS620	0.10~0.15	0.10~0.35	0.40~0.70	≤0.040	≤0.040	0.70~1.10	0.45~0.65			Al≤0.020		≥184	≥469	3606
	S1 620	0.10~0.15	0.10~0.35	0.40~0.70	≤0.040	≤0.040	0.70~1.10	0.45~0.65			Al≤0.020		≥184	469~622	3059 Part2
	S2 620	0.10~0.15	0.10~0.35	0.40~0.70	≤0.040	≤0.040	0.70~1.10	0.45~0.65			Al≤0.020		≥184	469~622	3059 Part2
	ERW620	0.10~0.15	0.10~0.35	0.40~0.70	≤0.040	≤0.040	0.70~1.10	0.45~0.65			Al≤0.020		≥184	469~622	3059 Part2
	CEW620	0.10~0.15	0.10~0.35	0.40~0.70	≤0.040	≤0.040	0.70~1.10	0.45~0.65			Al≤0.020		≥184	469~622	3059 Part2
DIN	13CrMo44	0.10~0.18	0.10~0.35	0.40~0.70	≤0.035	≤0.035	0.70~1.10	0.45~0.65				≥16	296	449~602	17175
												16<t≤40	296	449~602	
												40<t≤60	286	449~602	

续表

标准名	钢　号	化　学　成　分/%										抗拉试验			标 准 号
		C	Si	Mn	P	S	Cr	Mo	Ni	Cu	其他	钢材厚度 t/mm	σ_s/MPa	σ_b/MPa	
JIS	STBA23	≤0. 15	0. 50～1. 00	0. 30～0. 60	≤0. 030	≤0. 030	1. 00～1. 50	0. 45～0. 65					≥210	≥420	G3462
ASTM	T11	≤0. 15	0. 50～1. 00	0. 30～0. 60	≤0. 030	≤0. 030	1. 00～1. 50	0. 44～0. 65					≥176	≥422	A199
	T11	≤0. 15	0. 50～1. 00	0. 30～0. 60	≤0. 030	≤0. 030	1. 00～1. 50	0. 44～0. 65					≥211	≥422	A213
BS	ERW621	0. 10～0. 15	0. 50～1. 00	0. 30～0. 60	≤0. 040	≤0. 040	1. 00～1. 50	0. 45～0. 65			Al≤0. 020		≥280	≥428	3606
	CEW621	0. 10～0. 15	0. 50～1. 00	0. 30～0. 60	≤0. 040	≤0. 040	1. 00～1. 50	0. 45～0. 65			Al≤0. 020		≥280	≥428	3606
	CFS621	0. 10～0. 15	0. 50～1. 00	0. 30～0. 60	≤0. 040	≤0. 040	1. 00～1. 50	0. 45～0. 65			Al≤0. 020		≥280	≥428	3606
DIN															
JIS	STBA24	≤0. 15	≤0. 50	0. 30～0. 60	≤0. 030	≤0. 030	1. 90～2. 60	0. 87～1. 13					≥210	≥420	G3462
ASTM	T22	≤0. 15	≤0. 50	0. 30～0. 60	≤0. 030	≤0. 030	1. 90～2. 60	0. 87～1. 13					≥176	≥422	A199
	T22	≤0. 15	≤0. 50	0. 30～0. 60	≤0. 030	≤0. 030	1. 90～2. 60	0. 87～1. 13					≥211	≥422	A213
BS	CFS622	0. 08～0. 15	≤0. 50	0. 40～0. 70	≤0. 040	≤0. 040	2. 00～2. 50	0. 90～1. 20			Al≤0. 020		≥280	≥500	3606
	S1 622-440	0. 08～0. 15	≤0. 50	0. 40～0. 70	≤0. 040	≤0. 040	2. 00～2. 50	0. 90～1. 20			Al≤0. 020		≥178	449～601	3059 Part2
	S2 622-440	0. 08～0. 15	≤0. 50	0. 40～0. 70	≤0. 040	≤0. 040	2. 00～2. 50	0. 90～1. 20			Al≤0. 020		≥178	449～601	3059 Part2
DIN	10CrMo910	0. 08～0. 15	≤0. 50	0. 40～0. 70	≤0. 035	≤0. 035	2. 00～2. 50	0. 90～1. 20				≤16	286	459～612	17175
												16<t≤40	286	459～612	
												40<t≤60	275	459～612	
JIS	STBA25	≤0. 15	≤0. 50	0. 30～0. 60	≤0. 030	≤0. 030	4. 00～6. 00	0. 45～0. 65					≥210	≥420	G3462
ASTM	T5	≤0. 15	≤0. 50	0. 30～0. 60	≤0. 030	≤0. 030	4. 00～6. 00	0. 45～0. 65					≥176	≥422	A199
	T5	≤0. 15	≤0. 50	0. 30～0. 60	≤0. 030	≤0. 030	4. 00～6. 00	0. 45～0. 65					≥211	≥422	A213
BS	CFS625	≤0. 15	≤0. 50	0. 30～0. 60	≤0. 030	≤0. 030	4. 00～6. 00	0. 45～0. 65			Al≤0. 020		≥173	≥459	3606
DIN															
JIS	STBA26	≤0. 15	0. 25～1. 00	0. 30～0. 60	≤0. 030	≤0. 030	8. 00～10. 00	0. 90～1. 10					≥210	≥420	G3462
ASTM	T9	≤0. 15	0. 25～1. 00	0. 30～0. 60	≤0. 030	≤0. 030	8. 00～10. 00	0. 90～1. 10					≥176	≥422	A199
	T9	≤0. 15	0. 25～1. 00	0. 30～0. 60	≤0. 030	≤0. 030	8. 00～10. 00	0. 90～1. 10					≥211	≥422	A213
BS	S1 629-470	≤0. 15	0. 25～1. 00	0. 30～0. 60	≤0. 030	≤0. 030	8. 00～10. 00	0. 90～1. 10			Al≤0. 020		≥189	479～632	3059 Part2
	S2 629-470	≤0. 15	0. 25～1. 00	0. 30～0. 60	≤0. 030	≤0. 030	8. 00～10. 00	0. 90～1. 10					≥189	479～632	3059 Part2
DIN															
JIS	SUS430TB	≤0. 12	≤0. 75	≤1. 00	≤0. 040	≤0. 030	16. 00～18. 00		(1)				≥250	≥420	G 3463
ASTM	TP430T1	≤0. 10	≤0. 10	≤1. 00	≤0. 040	≤0. 030	16. 00～19. 50		≤0. 75		Ti5×C%～0. 75		≥245	≥423	A268
BS															
DIN															

注：(1)也可包括≤0. 60%。

续表

标准名	钢 号	化 学 成 分/%										抗拉试验		标 准 号
		C	Si	Mn	P	S	Cr	Mo	Ni	Cu	其他	σ_s/ MPa	σ_b/ MPa	
JIS	SUS410TB	≤0. 15	≤1. 00	≤1. 00	≤0. 040	≤0. 030	11. 50~13. 50		(1)			≥210	≥420	G3463
ASTM	TP410	≤0. 15	≤0. 75	≤1. 00	≤0. 040	≤0. 030	11. 5~13. 5		≤0. 50			≥211	≥422	A268
BS														
DIN														
JIS	SUS304TB	≤0. 08	≤1. 00	≤2. 00	≤0. 040	≤0. 030	18. 00~20. 00		8. 00~11. 00			≥210	≥530	G3463
ASTM	TP304	≤0. 08	≤0. 75	≤2. 00	≤0. 040	≤0. 030	18. 0~20. 0		8. 00~11. 0			≥211	≥527	A213
	TP304	≤0. 08	≤0. 75	≤2. 00	≤0. 040	≤0. 030	18. 0~20. 0		8. 00~11. 0			≥211	≥527	A249
BS	LWHT304S25	≤0. 06	0. 20~1. 00	0. 50~2. 00	≤0. 045	≤0. 030	17. 0~19. 0		8. 0~11. 0			≥240	500~704	3606
	LWCF304S25	≤0. 06	0. 20~1. 00	0. 50~2. 00	≤0. 045	≤0. 030	17. 0~19. 0		8. 0~11. 0			≥240	500~704	3606
	LWBC304S25	≤0. 06	0. 20~1. 00	0. 50~2. 00	≤0. 045	≤0. 030	17. 0~19. 0		8. 0~11. 0			≥240	500~704	3606
	CFS304S25	≤0. 06	0. 20~1. 00	0. 50~2. 00	≤0. 045	≤0. 030	17. 0~19. 0		8. 0~11. 0			≥240	500~704	3606
DIN														
JIS	SUS304HTB	0. 04~0. 10	≤0. 75	≤2. 00	≤0. 040	≤0. 030	18. 00~20. 00		8. 00~11. 00			≥210	≥530	G3463
ASTM	TP304H	0. 04~0. 10	≤0. 75	≤2. 00	≤0. 040	≤0. 030	18. 0~20. 0		8. 00~11. 0			≥211	≥527	A213
	TP304H	0. 04~0. 10	≤0. 75	≤2. 00	≤0. 040	≤0. 030	18. 0~20. 0		8. 00~11. 0			≥211	≥527	A249
BS	CFS304S59	0. 04~0. 09	0. 20~1. 00	0. 50~2. 00	≤0. 040	≤0. 030	17. 0~19. 0		9. 0~12. 0			≥240	500~704	3059 Part2
DIN														
JIS	SUS304LTB	≤0. 030	≤1. 00	≤2. 00	≤0. 040	≤0. 030	18. 00~20. 00		9. 00~13. 00			≥180	≥490	G3463
ASTM	TP304L	≤0. 035	≤0. 75	≤2. 00	≤0. 040	≤0. 030	18. 0~20. 0		8. 00~13. 0			≥176	≥492	A213
	TP304L	≤0. 035	≤0. 75	≤2. 00	≤0. 040	≤0. 030	18. 0~20. 0		8. 00~13. 0			≥176	≥492	A249
BS	LWHT304S22	≤0. 03	0. 20~1. 00	0. 50~2. 00	≤0. 045	≤0. 030	17. 0~19. 0		9. 0~12. 0			≥209	500~704	3606
	LWCF304S22	≤0. 03	0. 20~1. 00	0. 50~2. 00	≤0. 045	≤0. 030	17. 0~19. 0		9. 0~12. 0			≥209	500~704	3606
	LWBC304S22	≤0. 03	0. 20~1. 00	0. 50~2. 00	≤0. 045	≤0. 030	17. 0~19. 0		9. 0~12. 0			≥209	500~704	3606
	W304S22	≤0. 03	0. 20~1. 00	0. 50~2. 00	≤0. 045	≤0. 030	17. 0~19. 0		9. 0~12. 0			≥209	500~704	3606
	CFS304S22	≤0. 03	0. 20~1. 00	0. 50~2. 00	≤0. 045	≤0. 030	17. 0~19. 0		9. 0~12. 0			≥209	500~704	3606
DIN														
JIS	SUS309STB	≤0. 15	≤1. 00	≤2. 00	≤0. 040	≤0. 030	22. 00~24. 00		12. 00~15. 00			≥210	≥530	G3463
ASTM	TP309	≤0. 15	≤0. 75	≤2. 00	≤0. 040	≤0. 030	22. 0~24. 0		12. 0~15. 0			≥176	≥522	A249
BS														
DIN														

注:(1)也可包括≤0. 60%。

续表

标准名	钢号	化学成分/%										抗拉试验		标准号
		C	Si	Mn	P	S	Cr	Mo	Ni	Cu	其他	σ_s/MPa	σ_b/MPa	
JIS	SUS310STB	≤0.15	≤1.50	≤2.00	≤0.040	≤0.030	24.00~26.00		19.00~22.00			≥21	≥53	G3463
ASTM	TP310	≤0.15	≤0.75	≤2.00	≤0.040	≤0.030	24.0~26.0		19.0~22.0			≥21.1	≥52.7	A213
	TP310	≤0.15	≤0.75	≤2.00	≤0.040	≤0.030	24.0~26.0		19.0~22.0			≥21.1	≥52.7	A249
BS														
DIN														
JIS	SUS316TB	≤0.08	≤1.00	≤2.00	≤0.040	≤0.030	16.00~18.00	2.00~3.00	10.00~14.00			≥21	≥53	G3463
ASTM	TP316	≤0.08	≤0.75	≤2.00	≤0.040	≤0.030	16.0~18.0	2.00~3.00	11.0~14.0			≥21.1	≥52.7	A213
	TP316	≤0.08	≤0.75	≤2.00	≤0.040	≤0.030	16.0~18.0	2.00~3.00	10.0~14.0			≥21.1	≥52.7	A249
BS	LWTH316S25	≤0.07	0.20~1.00	0.50~2.00	≤0.045	≤0.030	16.5~18.5	2.00~2.50	10.5~13.5			≥25.0	52.0~72.4	3606
	LWCF316S25	≤0.07	0.20~1.00	0.50~2.00	≤0.045	≤0.030	16.5~18.5	2.00~2.50	10.5~13.5			≥25.0	52.0~72.4	3606
	LWBC316S25	≤0.07	0.20~1.00	0.50~2.00	≤0.045	≤0.030	16.5~18.5	2.00~2.50	10.5~13.5			≥25.0	52.0~72.4	3606
	CFS316S25	≤0.07	0.20~1.00	0.50~2.00	≤0.045	≤0.030	16.5~18.5	2.00~2.50	10.5~13.5			≥25.0	52.0~72.4	3606
DIN														
JIS	SUS316HTB	0.04~0.10	≤0.75	≤2.00	≤0.030	≤0.030	16.00~18.00	2.00~3.00	11.00~14.00			≥21	≥53	G3463
ASTM	TP316H	0.04~0.10	≤0.75	≤2.00	≤0.040	≤0.030	16.0~18.0	2.00~3.00	11.0~14.0			≥21.1	≥52.7	A213
	TP316H	0.04~0.10	≤0.75	≤2.00	≤0.040	≤0.030	16.0~18.0	2.00~3.00	10.0~14.0			≥21.1	≥52.7	A249
BS	CFS316S59	0.04~0.09	0.20~1.00	0.50~2.00	≤0.040	≤0.030	16.0~18.0	2.00~2.75	11.0~14.0			≥25.0	52.0~72.4	3059 Part2
DIN														
JIS	SUS316LTB	≤0.030	≤1.00	≤2.00	≤0.040	≤0.030	16.00~18.00	2.00~3.00	12.00~16.00			≥18	≥49	G3463
ASTM	TP316L	≤0.035	≤0.75	≤2.00	≤0.040	≤0.030	16.0~18.0	2.00~3.00	10.0~15.0			≥17.6	≥49.2	A213
	TP316L	≤0.035	≤0.75	≤2.00	≤0.040	≤0.030	16.0~18.0	2.00~3.00	10.0~15.0			≥17.6	≥49.2	A249
BS	LWHT316S29	≤0.03	0.20~1.00	0.50~2.00	≤0.045	≤0.030	16.5~18.5	2.50~3.00	11.5~14.5			≥21.9	50.0~70.4	3606
	LWCF316S29	≤0.03	0.20~1.00	0.50~2.00	≤0.045	≤0.030	16.5~18.5	2.50~3.00	11.5~14.5			≥21.9	50.0~70.4	3606
	LWBC316S29	≤0.03	0.20~1.00	0.50~2.00	≤0.045	≤0.030	16.5~18.5	2.50~3.00	11.5~14.5			≥21.9	50.0~70.4	3606
	CFS316S29	≤0.03	0.20~1.00	0.50~2.00	≤0.045	≤0.030	16.5~18.5	2.50~3.00	11.5~14.5			≥21.9	50.0~70.4	3606
	LWHT316S24	≤0.03	0.20~1.00	0.50~2.00	≤0.045	≤0.030	16.5~18.5	2.00~2.50	11.0~14.0			≥21.9	50.0~70.4	3606
	LWCF316S24	≤0.03	0.20~1.00	0.50~2.00	≤0.045	≤0.030	16.5~18.5	2.00~2.50	11.0~14.0			≥21.9	50.0~70.4	3606
	LWBC316S24	≤0.03	0.20~1.00	0.50~2.00	≤0.045	≤0.030	16.5~18.5	2.00~2.50	11.0~14.0			≥21.9	50.0~70.4	3606
	CFS316S24	≤0.03	0.20~1.00	0.50~2.00	≤0.045	≤0.030	16.5~18.5	2.00~2.50	11.0~14.0			≥21.9	50.0~70.4	3606
DIN														

续表

标准名	钢 号	化学成分/%										抗拉试验		标准号
		C	Si	Mn	P	S	Cr	Mo	Ni	Cu	其他	σ_s/MPa	σ_b/MPa	
JIS	SUS321TB	≤0.08	≤1.00	≤2.00	≤0.040	≤0.030	17.00~19.00		9.00~13.00		Ti≥5×C%	≥210	≥530	G3463
ASTM	TP321	≤0.08	≤0.75	≤2.00	≤0.040	≤0.030	17.0~20.0		9.00~13.00		Ti5×C%~0.60	≥211	≥527	A213
	TP321	≤0.08	≤0.75	≤2.00	≤0.040	≤0.030	17.0~20.0		9.00~13.00		Ti5×C%~0.70	≥211	≥527	A249
BS	LWHT321S22	≤0.08	0.20~1.00	0.50~2.00	≤0.045	≤0.030	17.0~19.0		9.0~12.0		Ti5×C%~0.60	≥240	520~724	3606
	LWCF321S22	≤0.08	0.20~1.00	0.50~2.00	≤0.045	≤0.030	17.0~19.0		9.0~12.0		Ti5×C%~0.60	≥240	520~724	3606
	LWBC321S22	≤0.08	0.20~1.00	0.50~2.00	≤0.045	≤0.030	17.0~19.0		9.0~12.0		Ti5×C%~0.60	≥240	520~724	3606
	CFS321S22	≤0.08	0.20~1.00	0.50~2.00	≤0.045	≤0.030	17.0~19.0		9.0~12.0		Ti5×C%~0.60	≥240	520~724	3606
DIN														
JIS	SUS321HTB	0.04~0.10	≤0.75	≤2.00	≤0.030	≤0.030	17.00~20.00		9.00~13.00		Ti4×C%~0.60	≥210	≥530	G3463
ASTM	TP321H	0.04~0.10	≤0.75	≤2.00	≤0.040	≤0.030	17.0~20.0		9.00~13.0		Ti4×C%~0.60	≥211	≥527	A213
	TP321H	0.04~0.10	≤0.75	≤2.00	≤0.040	≤0.030	17.0~20.0		9.00~13.0		Ti4×C%~0.60	≥211	≥527	A249
BS	CFS321S59	0.04~0.09	0.20~1.00	0.50~2.00	≤0.040	≤0.030	17.0~19.0		9.0~13.0		Ti4×C%~0.60	≥240 ≥199	520~724 500~704	3059 Part2
DIN														
JIS	SUS347TB	≤0.08	≤1.00	≤2.00	≤0.040	≤0.030	17.00~19.00		9.00~13.00		Nb+Ta≥10×C%	≥210	≥530	G3463
ASTM	TP347	≤0.08	≤0.75	≤2.00	≤0.040	≤0.030	17.0~20.0		9.00~13.0		Cb+Ta10×C%~1.00	≥211	≥527	A213
	TP347	≤0.08	≤0.75	≤2.00	≤0.040	≤0.030	17.0~20.0		9.00~13.0		Cb+Ta10×C%~1.0	≥211	≥527	A249
BS	LWHT347S17	≤0.08	0.20~1.00	0.50~2.00	≤0.045	≤0.030	17.0~19.0		9.0~12.0		Nb10×C%~1.00	≥250	520~724	3606
	LWCF347S17	≤0.08	0.20~1.00	0.50~2.00	≤0.045	≤0.030	17.0~19.0		9.0~12.0		Nb10×C%~1.00	≥250	520~724	3606
	LWBC347S17	≤0.08	0.20~1.00	0.50~2.00	≤0.045	≤0.030	17.0~19.0		9.0~12.0		Nb10×C%~1.00	≥250	520~724	3606
	CFS347S17	≤0.08	0.20~1.00	0.50~2.00	≤0.045	≤0.030	17.0~19.0		9.0~12.0		Nb10×C%~1.00	≥250	520~724	3606
DIN														
JIS	SUS347HTB	0.040~0.10	≤1.00	≤2.00	≤0.030	≤0.030	17.00~20.00		9.00~13.00		Nb+Ta8×C%~1.00	≥210	≥530	G3463
ASTM	TP347H	0.04~0.10	≤0.75	≤2.00	≤0.040	≤0.030	17.0~20.0		9.00~13.0		Cb+Ta8×C%~1.0	≥211	≥527	A213
	TP347H	0.04~0.10	≤0.75	≤2.00	≤0.040	≤0.030	17.0~20.0		9.00~13.0		Cb+Ta8×C%~1.0	≥211	≥527	A249
BS	CFS347S59	0.04~0.09	0.20~1.00	0.50~2.00	≤0.040	≤0.030	17.0~19.0		9.0~13.0		Nb8×C%~1.00	≥250	520~724	3059 Part2
DIN														
JIS	SUS329J1TB	≤0.08	≤1.00	≤1.15	≤0.040	≤0.030	23.00~28.00	1.00~3.00	3.00~6.00		1.00~3.00	≥400	≥600	G3463
ASTM	TP329	≤0.08	≤0.75	≤1.00	≤0.040	≤0.030	23.0~28.0	1.0~2.0	2.50~5.00			≥492	≥633	A268
BS														
DIM														

续表

标准名	钢号	化学成分/%										抗拉试验			标准号
		C	Si	Mn	P	S	Cr	Mo	Ni	Cu	其他	钢材厚度 t/mm	σ_s/MPa	σ_b/MPa	
JIS	STBL39	≤0. 25	≤0. 35	≤1. 35	≤0. 035	≤0. 035							≥210	≥390	G3464
ASTM	1	≤0. 30		0. 40~1. 06	≤0. 05	≤0. 06							≥211	≥387	A334
BS	HFS410LT50	≤0. 20	≤0. 35	0. 60~1. 20	≤0. 045	≤0. 045					Al≥0. 015		≥240	418~540	3603
	CFS410LT50	≤0. 20	≤0. 35	0. 60~1. 20	≤0. 045	≤0. 045					Al≥0. 015		≥240	418~540	3603
	ERW410LT50	≤0. 20	≤0. 35	0. 60~1. 20	≤0. 045	≤0. 045					Al≥0. 015		≥240	418~540	3603
	CEW410LT50	≤0. 20	≤0. 35	0. 60~1. 20	≤0. 045	≤0. 045					Al≥0. 015		≥240	418~540	3603
DIN															
JIS	STBL46	≤0. 18	0. 10~0. 35	0. 30~0. 60	≤0. 030	≤0. 030			3. 20~3. 80				≥250	≥460	G3464
ASTM	3	≤0. 19	0. 18~0. 37	0. 31~0. 64	≤0. 05	≤0. 05			3. 18~3. 82				≥246	≤457	A334
BS	HFS503LT100	≤0. 15	0. 15~0. 35	0. 30~0. 80	≤0. 025	≤0. 020			3. 25~3. 75				≥250	449~602	3603
	CFS503LT100	≤0. 15	0. 15~0. 35	0. 30~0. 80	≤0. 025	≤0. 020			3. 25~3. 75				≥250	449~602	3603
DIN															
JIS	STBL70	≤0. 13	0. 10~0. 35	≤0. 90	≤0. 030	≤0. 030			8. 50~9. 50				≥530	≥700	G3464
ASTM	8	≤0. 13	0. 13~0. 32	≤0. 90	≤0. 045	≤0. 045			8. 40~9. 60				≥527	≥703	A334
BS	HFS509LT196	≤0. 10	0. 15~0. 30	0. 30~0. 80	≤0. 025	≤0. 020			8. 50~9. 50				≥520	704~857	3603
	CFS509LT196	≤0. 10	0. 15~0. 30	0. 30~0. 80	≤0. 025	≤0. 020			8. 50~9. 50				≥520	704~857	3603
DIN															
JIS	STF38	≤0. 25	0. 10~0. 35	0. 30~0. 90	≤0. 035	≤0. 035							≥220	≥380	G3467
ASTM															
BS															
DIN															
JIS	STF42	≤0. 30	0. 10~0. 35	0. 30~1. 00	≤0. 035	≤0. 035							≥250	≥420	G3467
ASTM															
BS															
DIN															
JIS	STFA12	0. 10~0. 20	0. 10~0. 50	0. 30~0. 80	≤0. 035	≤0. 035					No0. 45		≥210	≥390	G3467
ASTM	T1	0. 10~0. 20	0. 10~0. 50	0. 30~0. 80	≤0. 045	≤0. 045		0. 44~0. 65			~0. 65		≥211	≥387	A161
BS															
DIN															
JIS	STFA22	≤0. 15	≤0. 50	0. 30~0. 60	≤0. 035	≤0. 035					No0. 45		≥210	≥420	G3467
ASTM							0. 80~1. 25				~0. 65				
BS															
DIN															

续表

标准名	钢　号	化　学　成　分/%										抗 拉 试 验			标 准 号
		C	Si	Mn	P	S	Cr	Mo	Ni	Cu	其他	钢材厚度 t/mm	σ_s/ MPa	σ_b/ MPa	
JIS	STFA23	≤0.15	0.50~1.00	0.30~0.60	≤0.030	≤0.030	1.00~1.50				No0.45		≥21	≥42	G3467
ASTM	T11	≤0.15	0.50~1.00	0.30~0.60	≤0.030	≤0.030	1.00~1.50	0.44~0.65			~0.65		≥17.6	≥42.2	A200
BS															
DIN															
JIS	STFA24	≤0.15	≤0.50	0.30~0.60	≤0.030	≤0.030	1.90~2.60				No0.45		≥21	≥42	G3467
ASTM	T22	≤0.15	≤0.50	0.30~0.60	≤0.030	≤0.030	1.90~2.60	0.87~1.13			~0.65		≥17.6	≥42.2	A200
BS															
DIN															
JIS	STFA25	≤0.15	≤0.50	0.30~0.60	≤0.030	≤0.030	4.00~6.00				No0.45		≥21	≥42	G3467
ASTM	T5	≤0.15	≤0.50	0.30~0.60	≤0.030	≤0.030	4.00~6.00	0.45~0.65			~0.65		≥17.6	≥42.2	A200
BS															
DIN															
JIS	STFA26	≤0.15	0.25~1.00	0.30~0.60	≤0.030	≤0.030	8.00~10.00				No0.45		≥21	≥42	G3467
ASTM	T9	≤0.15	0.25~1.00	0.30~0.60	≤0.030	≤0.030	8.00~10.00	0.90~1.10			~0.65		≥17.5	≥42.2	A200
BS															
DIN															
JIS	NCF2TF	≤0.10	≤1.00	≤1.50	≤0.030	≤0.015	19.00~23.00		30.00~35.00		Cu≤0.75		≥18	≥46	G3467
ASTM											Al=0.15~0.60				
BS											Ti=0.15~0.60				
DIN															
JIS	NCF2HTF	0.05~0.10	≤1.00	≤1.50	≤0.030	≤0.015	19.00~23.00		30.00~35.00		Cu≤0.75		≥18	≥46	G3467
ASTM											Al=0.15~0.60				
BS											Ti=0.15~0.60				
DIN															
JIS	SUS304TF	≤0.08	≤1.00	≤2.00	≤0.040	≤0.030	18.00~20.00		8.00~11.00				≥21	≥53	G3467
ASTM	TP304	≤0.08	≤0.75	≤2.00	0.040	0.030	18.0~20.0		8.00~11.00				≥21.1	≥52.7	A271
BS															
DIN															
JIS	SUS304HTF	0.04~0.10	≤0.75	≤2.00	≤0.040	≤0.030	18.00~20.00		8.00~11.00				≥21	≥53	G3467
ASTM	TP304H	0.04~0.10	≤0.75	≤2.00	≤0.040	≤0.030	18.0~20.0		8.0~11.0				≥21.1	≥52.7	A217
BS															
DIN															

续表

标准名	钢 号	化学成分/%										抗拉试验			标 准 号
		C	Si	Mn	P	S	Cr	Mo	Ni	Cu	其他	钢材厚度 t/mm	σ_s/MPa	σ_b/MPa	
JIS	SUS309STF	≤0. 15	≤1. 00	≤2. 00	≤0. 040	≤0. 030	22. 00~24. 00		12. 00~15. 00				≥21	≥53	G3467
ASTM															
BS															
DIN															
JIS	SUS310STF	≤0. 15	≤1. 50	≤2. 00	≤0. 040	≤0. 030	24. 00~26. 00		19. 00~22. 00				≥21	≥53	G3467
ASTM															
BS															
DIN															
JIS	SUS316TF	≤0. 08	≤1. 00	≤2. 00	≤0. 040	≤0. 030	16. 00~18. 00		10. 00~14. 00		No2. 00		≥21	≥53	G3467
ASTM	TP316	≤0. 08	≤0. 75	≤2. 00	≤0. 040	≤0. 030	16. 0~18. 0		11. 0~14. 0		~3. 00		≥21. 1	≥52. 7	A217
BS															
DIN															
JIS	SUS316HTF	0. 04~0. 10	≤0. 75	≤2. 00	≤0. 030	≤0. 030	16. 00~18. 00		11. 00~14. 00		No2. 00		≥21	≥53	G3467
ASTM	TP316H	0. 04~0. 10	≤0. 75	≤2. 00	≤0. 040	≤0. 030	16. 0~18. 0		11. 0~14. 0		~3. 00		≥21. 1	≥52. 7	A271
BS															
DIN															
JIS	SUS321TF	≤0. 08	≤1. 00	≤2. 00	≤0. 040	≤0. 030	17. 00~19. 00		9. 00~13. 00		Ti≥5×C%		≥21	≥53	G3467
ASTM	TP321	≤0. 08	≤0. 75	≤2. 00	≤0. 040	≤0. 030	17. 0~20. 0		9. 00~13. 00		Ti5×C%~0. 60		≥21. 1	≥52. 7	A271
BS															
DIN															
JIS	SUS321HTF	0. 04~0. 10	≤0. 75	≤2. 00	≤0. 030	≤0. 030	17. 00~20. 00		9. 00~13. 00		Ti4×C%~0. 60		≥21	≥53	G3467
ASTM	TP321H	0. 04~0. 10	≤0. 75	≤2. 00	≤0. 040	≤0. 030	17. 0~20. 0		9. 00~13. 00		Ti4×C%~0. 60		≥21. 1	≥52. 7	A271
BS															
DIN															
JIS	SUS347TF	≤0. 08	≤1. 00	≤2. 00	≤0. 040	≤0. 030	17. 00~19. 00		9. 00~13. 00		Nb+Ta≥10×C%		≥21	≥53	G3467
ASTM	TP347	≤0. 08	≤0. 75	≤2. 00	≤0. 040	≤0. 030	17. 0~20. 0		9. 00~13. 00		Cb+Ta10+C%~1. 00		≥21. 1	≥52. 7	A271
BS															
DIN															
JIS	SUS347HTF	0. 04~0. 10	≤0. 75	≤2. 00	≤0. 030	≤0. 030	17. 00~20. 00		9. 00~13. 00		Nb+Ta8×C%~1. 00		≥21	≥53	G3467
ASTM	TP347H	0. 04~0. 10	≤0. 75	≤2. 00	≤0. 040	≤0. 030	17. 0~20. 0		9. 00~13. 0		Cb+Ta8×C%~1. 00		≥21. 1	≥52. 7	A271
BS															
DIN															

（编制　王怀义）

第二章 管 件

第一节 管件的种类

在管系中改变走向、标高或改变管径以及由主管上引出支管等均需用管件。由于管系形状各异、简繁不等。因此，管件的种类较多。

石油化工装置多用无缝钢制管件和锻钢管件，对于大口径管道也采用钢板制焊接管件。

一、管件的分类

（一）按用途分类

一般按表 2-1-1 分类。

表 2-1-1 按用途分类表

用 途	管 件 名 称
直管与直管连接	活接头、管箍
改变走向	弯头、弯管
分支	三通、四通、平头螺纹管接头、加强管接头、高压管接头
变径	异径管（大小头）异径短节、异径管箍、内外丝（Bushing）、变径管接头
封闭管端	管帽、堵头（丝堵）封头
其他	螺纹短节、翻边管接头

（二）按管件分类

一般按表 2-1-2 分类。

表 2-1-2 按管件分类表

1	弯 头	5	管 箍	9	管帽（封头）
2	异径管	6	活接头	10	堵头（丝堵）
3	三 通	7	管接头	11	内外丝
4	四 通	8	螺纹短节	12	其 他

二、管件连接端的形状

由于管件的连接方法不同，其连接结构也不同。一般有对焊连接、螺纹连接、承插焊连接和法兰连接等四种连接形式。

（一）对焊连接型

对焊连接型管件如图 2-1-1 所示。通常用在等于或大于 1½″（*DN*40）的管道。广泛地应用于可燃物料的管道，也用于高的压力-温度等级的其他物料管道。对焊连接管件比其他连接型式可靠、价格便宜、没有泄漏点。管件的壁厚，用管子表号表示。通常应用的管子表号为Sch40、80，与管壁厚度相同，即管件与管子等壁厚（不等强度）。我国钢制对焊管件的国家标准、石化标准基本与 ASME B16.9 相同，与 JIS、JPI-7S-1、JPI-7S也基本相同。

图 2-1-1　焊接连接型管件

国外标准中的对焊管件有 ASME B16.9、ISOR258、BS1965、BS1640。*DN*600 以上的尚有 MSS-SP-48，不锈钢对焊连接型管件 MSS-SP-43、BS1965。

管件中的弯头、三通、大小头（异径管）多用无缝钢管热推制或液压成形，大管径者用钢板成型焊制。弯头的曲率半径为 1.5*DN*(也称长半径)和 1.0*DN*(亦称短半径)并有异径弯头，其曲率半径是大端的 1.5*DN*。

大小头有同心大小头和偏心大小头之分。偏心大小头可保持管底平或管顶平，偏心距为1/2×(大端内径-小端内径)。

异径三通的支管比干管小，通常小 2~3 级，例如 200×200×100（8″×8″×4″）。

(二）承插焊接型管件

承插焊接型管件如图 2-1-2 所示。通常在小于或等于 *DN*40 的管道上使用。国家标准为《锻制承插和螺纹管件》GB/T 14383—2008，石化标准为《石油化工锻钢制承插焊和螺纹管件》SH/T 3410—2011。

日本的标准是 JPI-7S-3，其壁厚与管子表号一致。美国 ASME B16.9 的规格有 2000 lb/in^2、3000 lb/in^2、4000 lb/in^2、6000 lb/in^2 级管件。用锻造后再机加工的方法制造。

（三）螺纹连接型管件

螺纹连接型管件如图 2-1-3（a）所示。通常为锻钢、铸铁、可锻铸铁、铸钢等制作。

国家标准有 GB/T 14383—2008，石化标准有 SH/T 3410—2011。

管件的螺纹多为锥管螺纹，少数是圆柱型管螺纹。

美国和英国的铸铁螺纹管件管径由 *DN*6 至 *DN*150，适用于 1.5MPa 以下的水管 1.15MPa 以下的蒸汽、空气、气体管道，其规格尺寸见 ASME B16.3、4 和 BS143 1556。美国锻钢螺纹管件为 NPT（美国锥管螺纹）可做为高温、高压管件，其规格尺寸见 ASME B16.19，MSS-SP-49 和英国的 BS3799。

（四）法兰连接型管件

法兰型管件，多用于特殊配管场合，例如铸铁管，衬里管以及与设备连接等。因此没有标准的法兰管件，由制造厂确定规格尺寸。

（五）其他

（1）高压管接头❶，其中包括螺纹高压管接头（THREDOLET）、对焊高压管接头（WELDOLET）、承插焊高压管接头（SOCKOLET），可直接焊在主管上，与三通一样，可从主管上引出支管。其强度可以信赖，适用于中、高压管系。这种管件在我国有 HG 标准。图 2-1-4 是美国生产的管件。

（2）加强管接头（BOSS）与高压管接头形状基本相似。除在与主管连接的一侧有坡口外，其他部位与螺纹管箍相似，适用于中压管系，这种管件在我国尚没有标准。

（3）变径管接头如图 2-1-3（b）所示。用于 *DN*50 以下的承插焊管件的变径或用于 *DN*50 以下的螺纹大小头的连接。

（4）主管与支管的连接，除采用无缝三通和锻制三通外，不论采用管箍或加强管接头连接，均为“马鞍焊”呈角焊缝，检查困难且不易保证焊缝质量。在美国已有对焊连接的管接头即插入焊接加强管接头（INSERT WELOOLET）和斜接加强管接头（LATROLET）、弯头加强管接头（ELBOLET）如图 2-1-5 所示，适用于火灾危险分类为甲、乙$_A$ 类介质和剧毒的管道，焊缝可用无损探伤检查，焊接可靠，是理想的管接头。

图 2-1-2 承插焊接型管件

❶由于我国尚没有“BOSS”管件，在中石化企业配管工程术语中称做加强管接头。

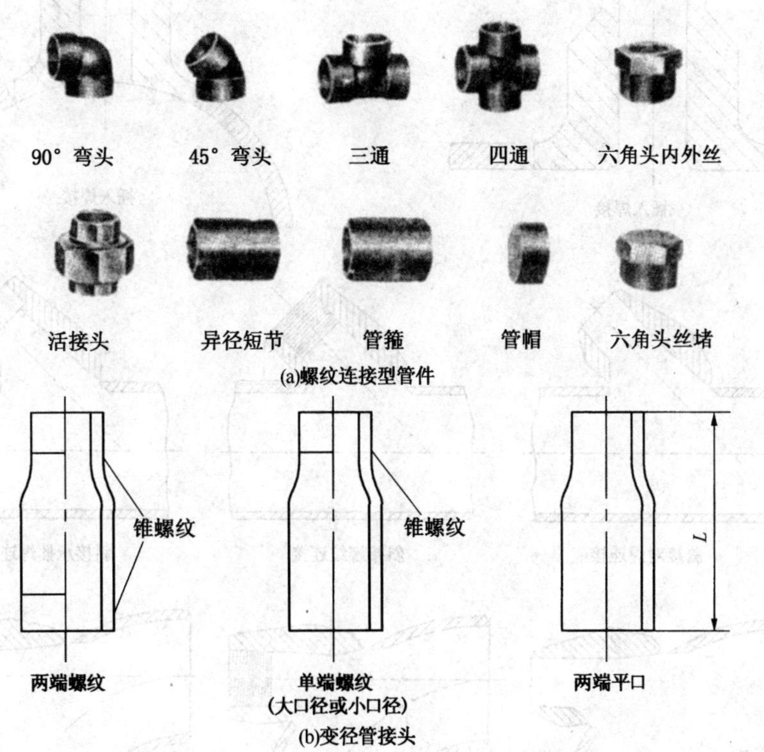

图 2-1-3　螺纹连接型管件和变径管接头

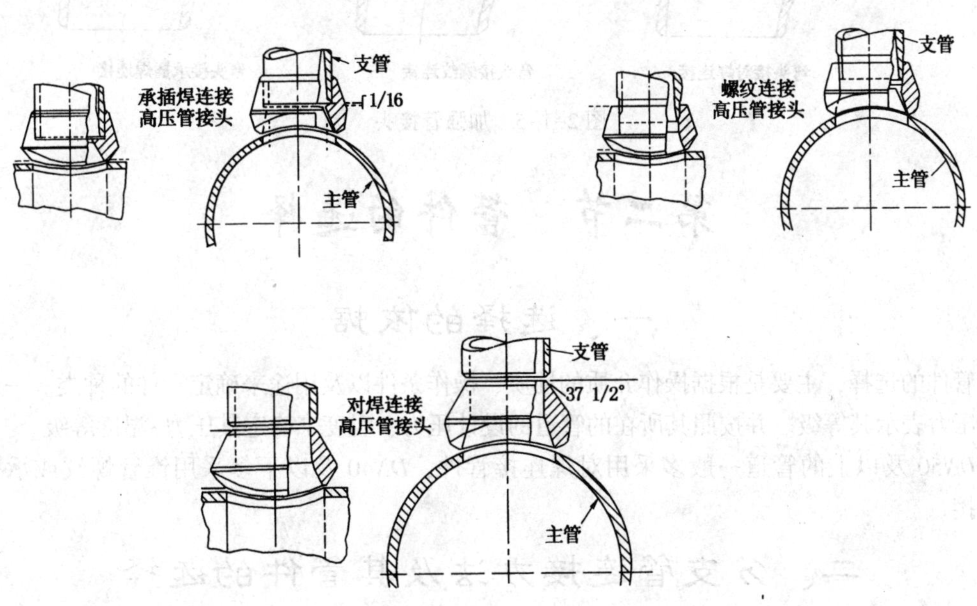

图 2-1-4　高压管接头

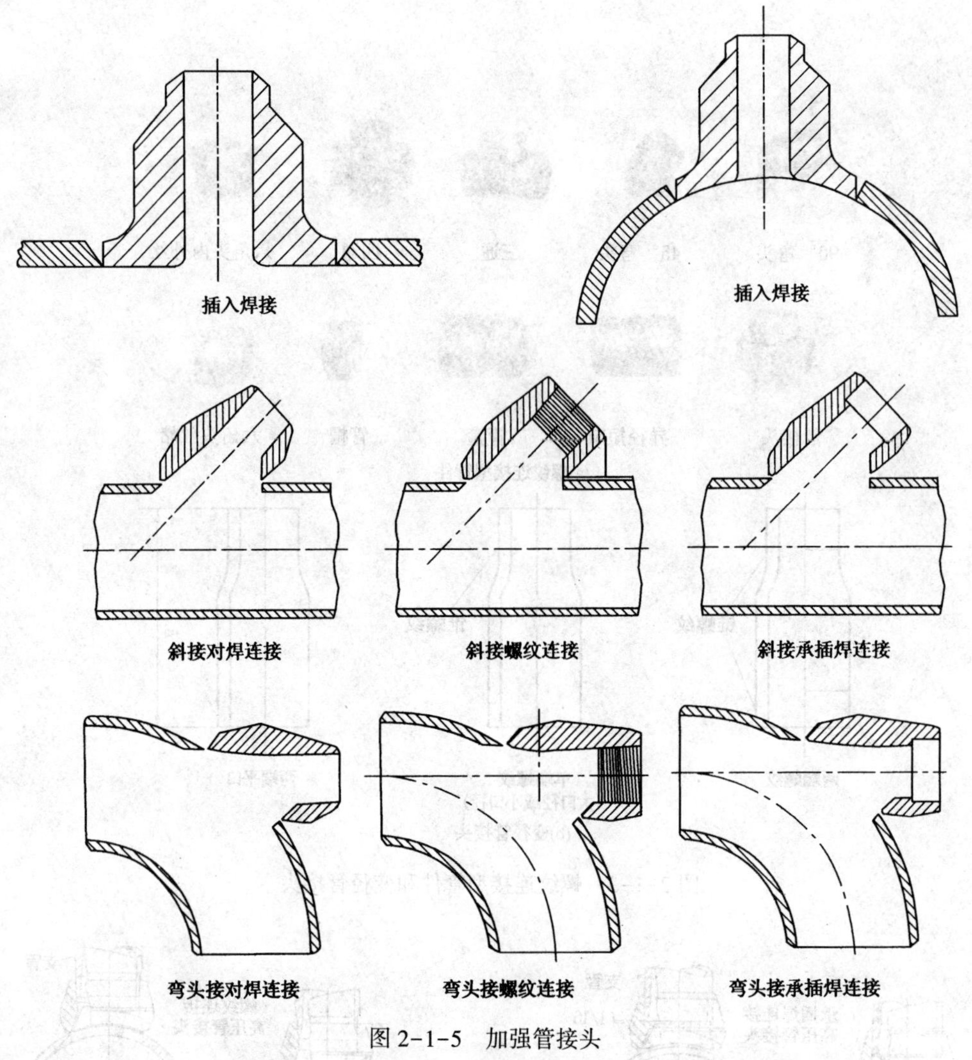

图 2-1-5　加强管接头

第二节　管件的选择

一、选择的依据

管件的选择，主要是根据操作介质的性质、操作条件以及用途来确定管件的种类。一般以公称压力表示其等级。并按照其所在的管道的设计压力、温度来确定其压力-温度等级。

*DN*50 及以上的管道一般多采用对焊连接管件，*DN*40 及以下多采用锥管螺纹或承插焊接连接。

二、分支管连接方法及其管件的选择

分支管的连接方法与管件标准的完善程度有关，主要根据管件的种类和规格尺寸系列。由于各国的管件标准不同，所以分支管的连接方法及其管件的选择也不尽相同，表 2-2-1 是我国常用的分支管与主管的连接方法及管件的种类。

表 2-2-1　分支管与主管的连接

支管尺寸 \ 主管尺寸		主　管/mm (in)												
		15 (1/2″)	20 (3/4″)	25 (1″)	40 (1½″)	50 (2″)	80 (3″)	100 (4″)	150 (6″)	200 (8″)	250 (10″)	300 (12″)	350 (14″)	400 (16″) 以上
支管/mm (in)	15 (1/2″)	T	T	T	B	B	B	B	B	B	B	B	B	B
	20 (3/4″)		T	T	B	B	B	B	B	B	B	B	B	B
	25 (1″)			T	T	B	B	B	B	B	B	B	B	B
	40 (1½″)				T	T/M	M	B	B	B	B	B	B	B
	50 (2″)					M	M	M	N	N	N	N	N	N
	80 (3″)						M	M	M	N	N	N	N	N
	100 (4″)							M	M	M	N	N	N	N
	150 (6″)								M	M	M	M	N	N
	200 (8″)									M	M	M	M	N
	250 (10″)										M	M	M	M
	300 (12″)											M	M	M
	350 (14″)												M	M
	400 (16″)													M

注：表中的符号说明：

B：承插焊或螺纹加强管接头；

T：承插焊或螺纹三通；

M：对焊三通；

N：焊接管嘴（低压配管用）。

三、异径管管件的选择

一般异径管件的选择按表 2-2-2 确定。

表 2-2-2　异径管件选用表

大管径端尺寸 / 小管径端尺寸		大管径端/mm（in）												
		20（3/4″L）	25（1″）	40（1½″）	50（2″）	65（2½″）	80（3″）	100（4″）	125（5″）	150（6″）	200（8″）	250（10″）	300（12″）	350（14″）
小管径端/mm（in）	15（1/2）	C	C	C	SC									
	20（3/4）		C	C	SC									
	25（1）			C	SC	R								
	40（1½）				R	R	R							
	50（2″）					R	R	R						
	65（2½）						R	R	R					
	80（3″）							R	R	R				
	100（4″）								R	R	R			
	125（5″）									R	R	R		
	150（6″）										R	R	R	
	200（8″）											R	R	R
	250（10″）												R	R
	300（12″）													R
	350（14″）													

注：① 表中符号说明：

C：异径管箍；

SC：管箍加异径短节；

R：对焊异径大小头。

② 2½″（*DN*65）以上的异径管，原则上 *DN* 在三个级差以内，超过三个级差时，由大管径降 3 个级差再接下面所定的 *DN* 的异径管。

第三节　带有分支和异径管的管道

支管是指分支管，从流体的流向考虑，有下面几种分支方法，如图 2-3-1 所示。

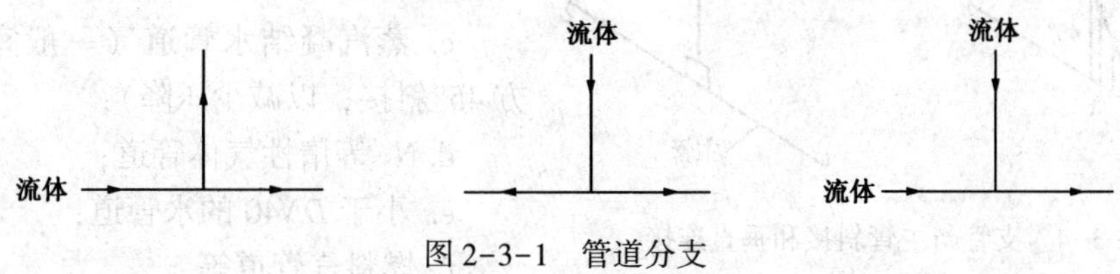

图 2-3-1　管道分支

支管的形状是依主管上引出支管的分支角度不同而异，除特殊情况外，大体有 90°、45°两种。但也有 60°的（如图 2-3-2 所示）。

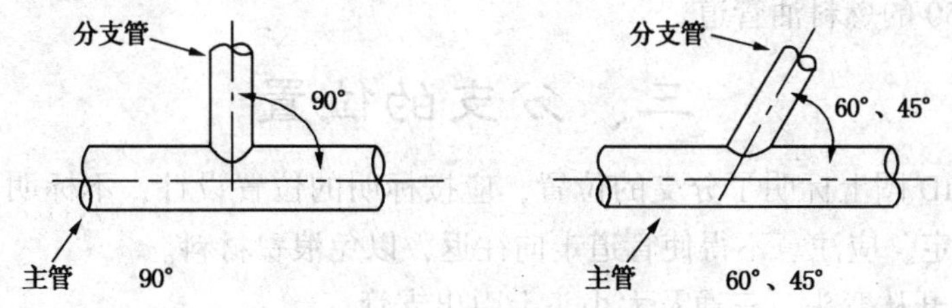

图 2-3-2　支管与主管的角度

一、分支的方法

支管的分支方法基本为两种，对于低压大直径管则直接把分支管焊于主管上；其他多数是利用分支管件进行分支的方法。

分支管件的使用可按表 2-2-1 选择。不使用分支管件的，将支管直接用马鞍焊至主管上。如图 2-3-3 所示。

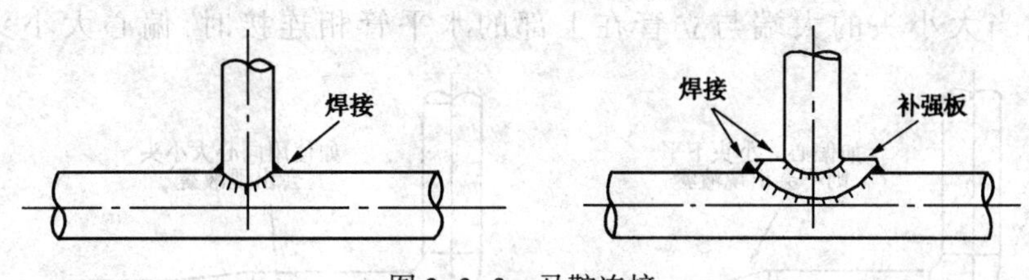

图 2-3-3　马鞍连接

二、分支的方向

（一）工艺管道

（1）如果 PID 图上指示分支方向，则应按该图指示的方向。

（2）如果 PID 图上无明确分支方向，则应根据管道布置情况，管道的走向确定。

（二）火炬线及放空线

分支方向应按图 2-3-4 所示。支管管径在 *DN*≥50 者，应由主管上方斜接，支管 *DN*≤40 者可由主管上方 90°直接。

(三) 公用工程管道

(1) 下列分支管，原则上是由水平主管的上方引出。

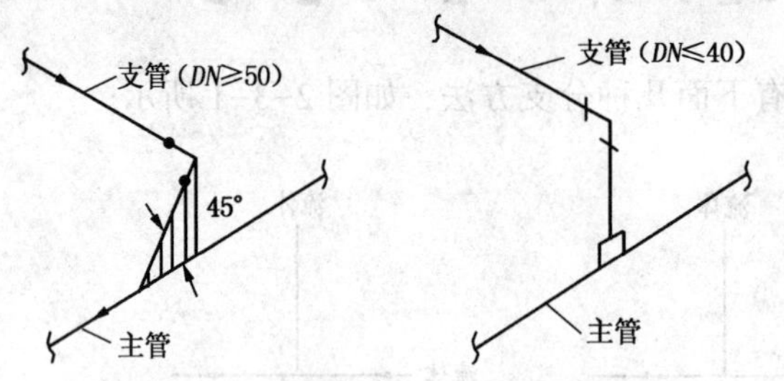

图 2-3-4　支管与主管斜接和垂直连接

a. 蒸汽管道；

b. 净化压缩空气，非净化压缩空气管道；

c. 蒸汽凝结水管道（一般宜在主管上方 45°斜接，以减少压降）；

d. N_2 等惰性气体管道；

e. 小于 *DN*40 的水管道；

f. 燃料气管道等。

(2) 下列的分支管，可按管道布置的方便方向，即可由水平主管的上方或下方引出。

a. 大于 *DN*50 的水管道；

b. 大于 *DN*50 的燃料油管道。

三、分支的位置

(1) 如果 PID 图上标明了分支的位置，应按标明的位置设计；不标明时可按管道走向或方便的方向确定。应注意不得使管道走向往返，以免浪费材料。

(2) 尽量避开从弯头、三通及大小头上引出支管。

四、变径方法

变径方法,除特殊要求外,变径方法一般宜采用大小头、异径短节、异径管箍或内外丝等。

(一) 大小头

(1) 并排敷设的水平管道，为保持同一标高，应使用偏心大小头，底部取平。

(2) 如没有特殊要求，原则上立管用同心大小头，水平管上使用偏心大小头。偏心大小头的取向，是以偏心大小头所在管段不出现气袋、液囊为原则。

通常是,当大小头的大端与立管在上部的水平管相连接时,偏心大小头应下平如

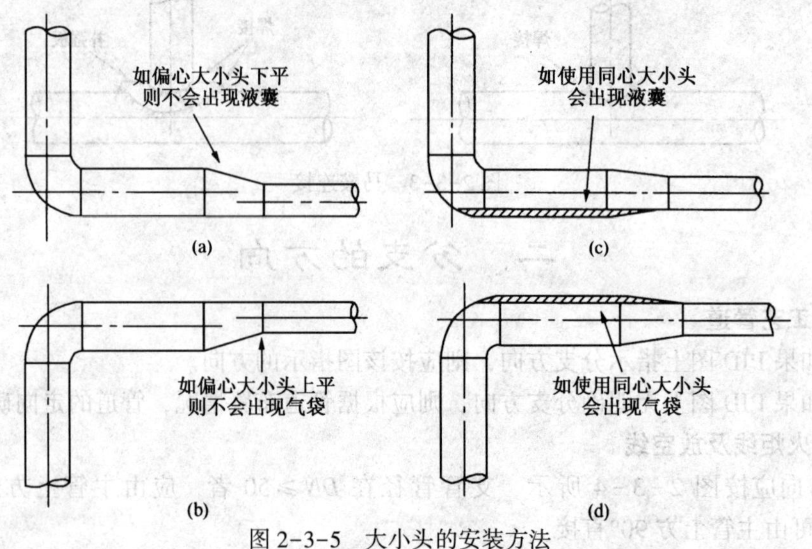

图 2-3-5　大小头的安装方法

图 2-3-5（a）所示；与立管在下部的水平管相接时，偏心大小头应上平，如图 2-3-5(b)所示。

（二）异径短节

异径短节用于小于 *DN*50 的管道上，原则上只采用同心异径短节。这是由于异径短节极少产生液囊和气袋等问题。即使支架上敷设的管道，管底保持同一标高也会由于小直径管的挠度而消除液囊和气袋。

异径短节在管道上设置的位置，宜在其两端直接与管件（管箍除外）或阀门连接，如图 2-3-6 所示。

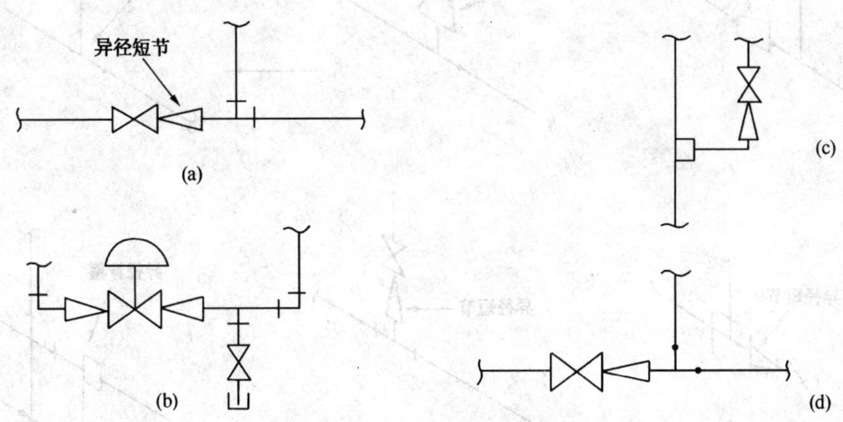

图 2-3-6　异径短节的位置

（三）异径管箍

（1）异径管箍通常用在小于 *DN*40 的小直径管道上。

（2）不能使用异径短节的地方，可使用异径管箍。

（四）内外丝（Bushing）

所谓内外丝，即大端为外螺纹（锥管螺纹），小端为内螺纹的变径管件。一般大端旋入内螺纹管件或阀门，而小端被旋入外螺纹的短节，堵头等。

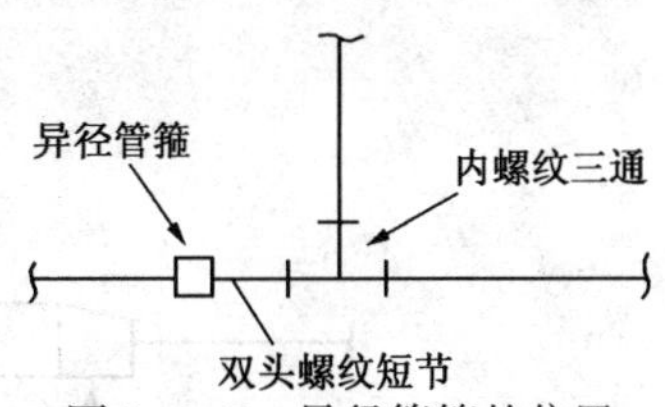

图 2-3-7　异径管箍的位置

用于工艺管道的内外丝，一般应为碳钢锻制，国内现在还没有产品。美国的锻钢六角内外丝，其规格为 3000#、6000#，*DN*1/2″×3/8″、3/4″×1/4″、3/4″×3/8″、3/4″×1/2″。

五、变径位置

变径管位置因具体情况不同而异。大致有以下几种情况。

（1）PID 图上标明的位置；

（2）配管与设备管嘴尺寸不一致时；

（3）配管分支后，管径变小时；

（4）为安装温度计，主管的尺寸扩大时。

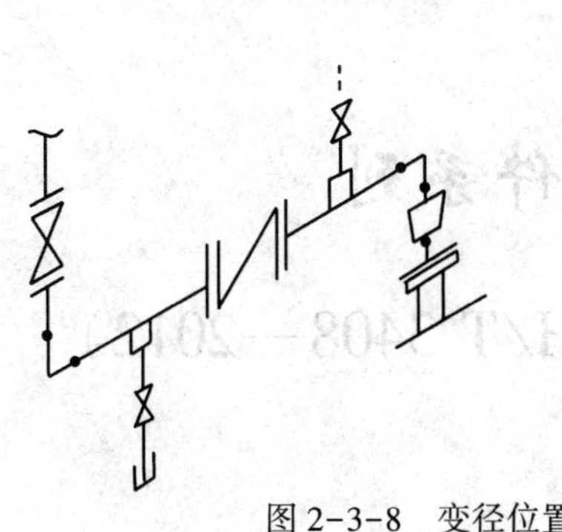
图 2-3-8　变径位置

（一）配管与设备管嘴尺寸不一致时变径的位置

原则上在设备管嘴最近处变径如图 2-3-8 所示。

（二）分支管的变径

一般靠近分支点处变径，如图 2-3-9 所示。

（三）安装温度计处的扩径

当温度计安装于<*DN*80 的管道上时，一般应扩径至 *DN*80，这时在扩径管的两端应加大小头。如图 2-3-10 所示。

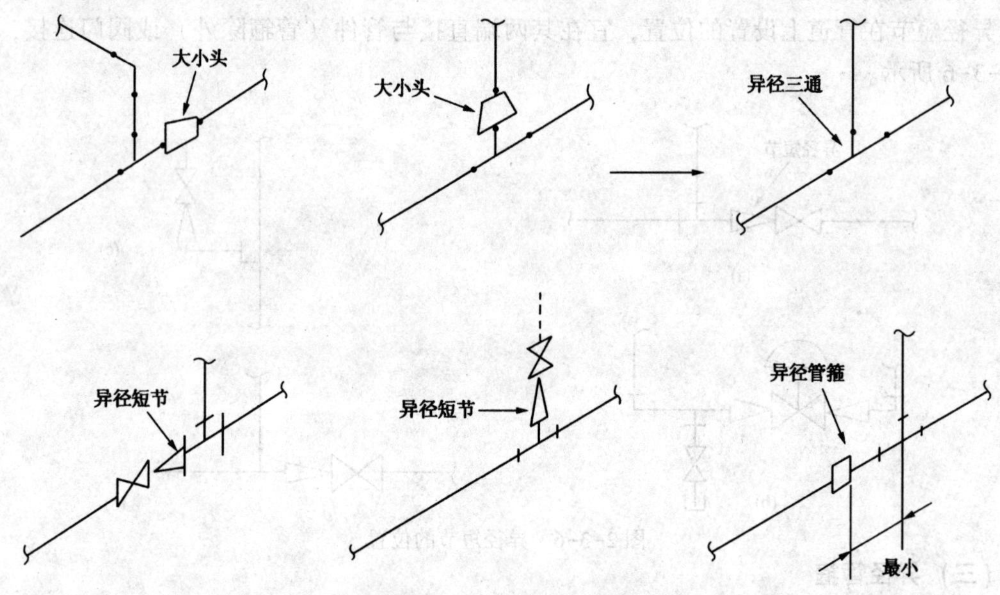

图 2-3-9　分支管的变径位置

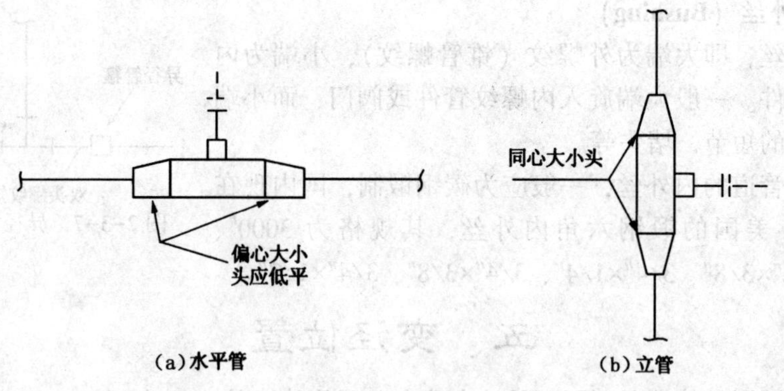

图 2-3-10　扩径方法示意图

第四节　常用国产管件系列

一、石油化工钢制对焊管件（SH/T 3408—2012）

1. 类型与代号

对焊管件类型与代号应符合表 2-4-1 的规定。

表 2-4-1　对焊管件类型与代号

类　型		代号	
		无缝	钢板制
45°弯头	长半径	45EL	W45EL
	3D	45E3D	W45E3D
90°弯头	长半径	90EL	W90EL
	短半径	90ES	W90ES
	长半径异径	90ELR	W90ELR
	3D	90E3D	W90E3D
180°弯头	长半径	180EL	—
	短半径	180ES	—
异径管（大小头）	同心	RC	WRC
	偏心	RE	WRE
三通	等径	TS	WTS
	异径	TR	WTR
四通	等径	CRS	WCRS
	异径	CRR	WCRR
管帽	—	C	WC

2. 外形和尺寸

(1) 45°弯头和90°弯头外形见图 2-4-1，尺寸应符合表 2-4-2 的规定。

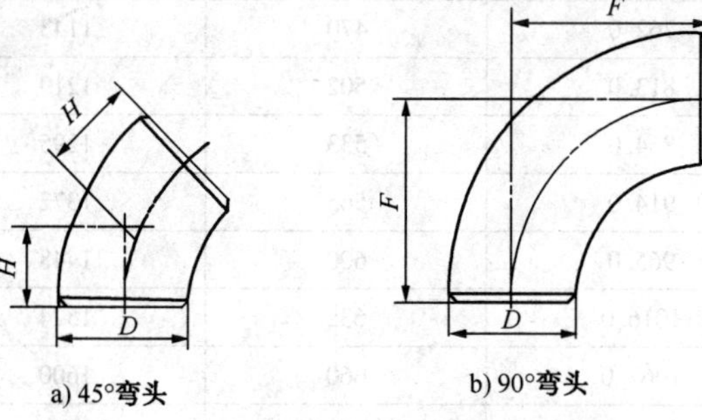

图 2-4-1　45°弯头和 90°弯头外形

表 2-4-2　45°弯头和 90°弯头尺寸　（mm）

公称直径 DN	端部外径 D	中心至端面尺寸		
		45°弯头 H	90°弯头 F	
		长半径	长半径	短半径
15	21. 3	16	38	—
20	26. 7	19	38	—
25	33. 4	22	38	25
32	42. 2	25	48	32
40	48. 3	29	57	38

续表

公称直径 DN	端部外径 D	中心至端面尺寸		
		45°弯头 H	90°弯头 F	
		长半径	长半径	短半径
50	60.3	35	76	51
65	73.0	44	95	64
80	88.9	51	114	76
100	114.3	64	152	102
125	141.3	79	190	127
150	168.3	95	229	152
200	219.1	127	305	203
250	273.0	159	381	254
300	323.8	190	457	305
350	355.6	222	533	356
400	406.4	254	610	406
450	457.0	286	686	457
500	508.0	318	762	508
550	559.0	343	838	559
600	610.0	381	914	610
650	660.0	406	991	660
700	711.0	438	1067	711
750	762.0	470	1143	762
800	813.0	502	1219	813
850	864.0	533	1295	846
900	914.0	565	1372	914
950	965.0	600	1448	965
1000	1016.0	632	1524	1016
1050	1067.0	660	1600	1067
1100	1118.0	695	1676	1118
1150	1168.0	727	1753	1168
1200	1219.0	759	1829	1220
1300	1321.0	821	1981	1321
1400	1422.0	883	2134	1420
1500	1524.0	947	2286	1524
1600	1626.0	1010	2438	1620
(1700)	1727.0	1073	2591	1727
1800	1829.0	1137	2743	1829
(1900)	1930.0	1199	2896	1930
2000	2032.0	1263	3048	2032

续表

公称直径 DN	端部外径 D	中心至端面尺寸		
		45°弯头 H	90°弯头 F	
		长半径	长半径	短半径
2200	2235.0	1389	3353	2235
2400	2438.0	1515	3657	2438
2600	2642.0	1642	3963	2642
2800	2845.0	1768	4268	2845
3000	3048.0	1894	4572	3048
3200	3251.0	2020	4876	3251
3400	3454.0	2146	5182	3454

（2）45°3D 弯头和 90°3D 弯头外形见图 2-4-2，尺寸应符合表 2-4-3 的规定。

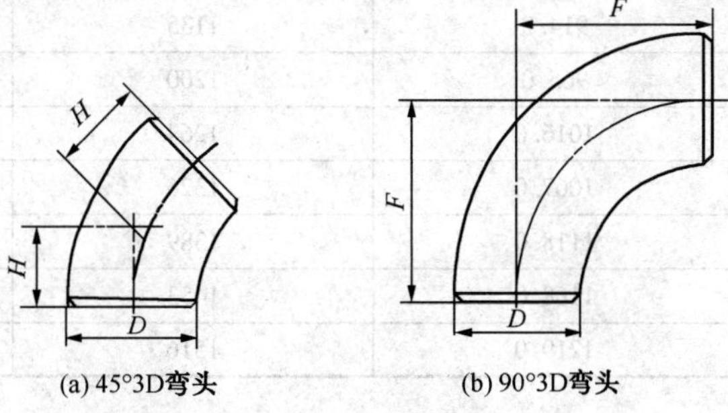

图 2-4-2　45° 3*D* 弯头和 90° 3*D* 弯头外形

表 2-4-3　45° 3*D* 弯头和 90° 3*D* 弯头尺寸　（mm）

公称直径 DN	端部外径 D	中心至端面尺寸	
		45°弯头 H	90°弯头 F
15	21.3	—	—
20	26.7	24	57
25	33.4	31	76
32	42.2	39	95
40	48.3	47	114
50	60.3	63	152
65	73.0	79	190
80	88.9	95	229
100	114.3	127	305
125	141.3	157	381
150	168.3	189	457
200	219.1	252	610
250	273.0	316	762
300	323.8	378	914

续表

公称直径 DN	端部外径 D	中心至端面尺寸	
		45°弯头 H	90°弯头 F
350	355.6	441	1067
400	406.4	505	1219
450	457.0	568	1372
500	508.0	632	1524
550	559.0	694	1676
600	610.0	757	1829
650	660.0	821	1981
700	711.0	883	2134
750	762.0	964	2286
800	813.0	1010	2438
850	864.0	1073	2591
900	914.0	1135	2743
950	965.0	1200	2896
1000	1016.0	1264	3048
1050	1067.0	1326	3200
1100	1118.0	1389	3353
1150	1168.0	1453	3505
1200	1219.0	1516	3658

（3）180°弯头外形见图 2-4-3，尺寸应符合表 2-4-4 的规定。

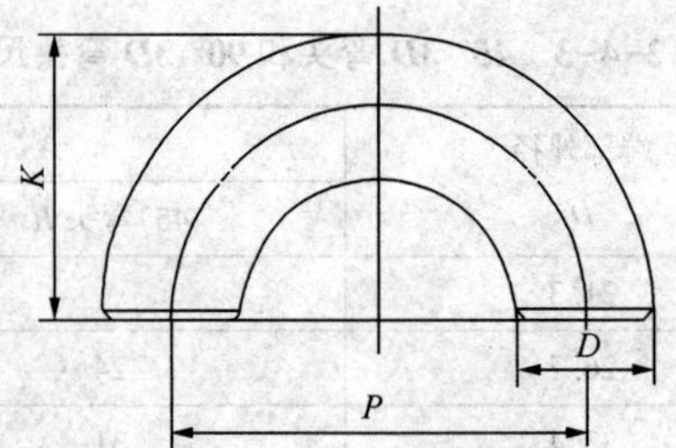

图 2-4-3　180°弯头外形

表 2-4-4　180°弯头尺寸　（mm）

公称直径 DN	端部外径 D	中心至中心尺寸 180°弯头 P		背部至端面尺寸 180°弯头 K	
		长半径	短半径	长半径	短半径
15	21.3	76	—	48	—
20	26.7	76	—	51	—
25	33.4	76	51	56	41
（32）	42.2	95	64	70	52
40	48.3	114	76	83	62
50	60.3	152	102	106	81

续表

公称直径 DN	端部外径 D	中心至中心尺寸 180°弯头 P		背部至端面尺寸 180°弯头 K	
		长半径	短半径	长半径	短半径
65	73.0	190	127	132	102
80	88.9	229	152	159	121
100	114.3	305	203	210	159
125	141.3	381	254	262	197
150	168.3	457	305	313	237
200	219.1	610	406	414	313
250	273.0	762	508	518	391
300	323.8	914	610	619	467
350	355.6	1067	711	711	533
400	406.4	1219	813	813	610
450	457.0	1372	914	914	686
500	508.0	1524	1016	1016	762
550	559.0	1676	1118	1118	838
600	610.0	1829	1219	1219	914

（4）同心及偏心异径管外形见图 2-4-4，尺寸应符合表 2-4-5 的规定。

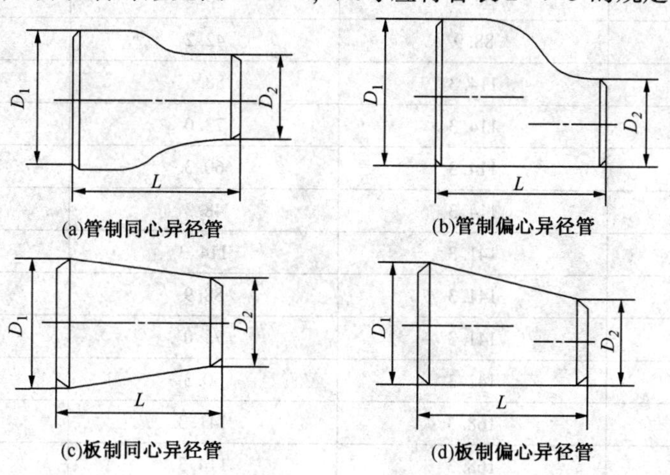

图 2-4-4　异径管外形

表 2-4-5　异径管尺寸

（mm）

公称直径 DN	端部外径 D_1	端部外径 D_2	端面至端面尺寸 L
20×15	26.7	21.3	38
25×20	33.4	26.7	51
25×15	33.4	21.3	51
32×25	42.2	33.4	51

续表

公称直径	端部外径		端面至端面尺寸
DN	D_1	D_2	L
32×20	42.2	26.7	51
32×15	42.2	21.3	51
40×32	48.3	42.2	64
40×25	48.3	33.4	64
40×20	48.3	26.7	64
40×15	48.3	21.3	64
50×40	60.3	48.3	76
50×32	60.3	42.2	76
50×25	60.3	33.4	76
50×20	60.3	26.7	76
65×50	73.0	60.3	89
65×40	73.0	48.3	89
65×32	73.0	42.2	89
65×25	73.0	33.4	89
80×65	88.9	73.0	89
80×50	88.9	60.3	89
80×40	88.9	48.3	89
80×32	88.9	42.2	89
100×80	114.3	88.9	102
100×65	114.3	73.0	102
100×50	114.3	60.3	102
100×40	114.3	48.3	102
125×100	141.3	114.3	127
125×80	141.3	88.9	127
125×65	141.3	73.0	127
125×50	141.3	60.3	127
150×125	168.3	141.3	140
150×100	168.3	114.3	140
150×80	168.3	88.9	140
150×65	168.3	73.0	140
200×150	219.1	168.3	152
200×125	219.1	141.3	152
200×100	219.1	114.3	152
250×200	273.1	219.1	178
250×150	273.1	168.3	178
250×125	273.1	141.3	178

续表

公称直径 DN	端部外径		端面至端面尺寸 L
	D_1	D_2	
250×100	273.1	114.3	178
300×250	323.9	273.1	203
300×200	323.9	219.1	203
300×150	323.9	168.3	203
300×125	323.9	141.3	203
350×300	355.6	323.9	330
350×250	355.6	273.1	330
350×200	355.6	219.1	330
350×150	355.6	168.3	330
400×350	406.4	355.6	356
400×300	406.4	323.9	356
400×250	406.4	273.1	356
400×200	406.4	219.1	356
450×400	457.0	406.4	381
450×350	457.0	355.6	381
450×300	457.0	323.9	381
450×250	457.0	273.1	381
500×450	508.0	457.0	508
500×400	508.0	406.4	508
500×350	508.0	355.6	508
500×300	508.0	323.9	508
550×500	559.0	508.0	508
550×450	559.0	457.0	508
550×400	559.0	406.4	508
550×350	559.0	355.6	508
600×550	610.0	559.0	508
600×500	610.0	508.0	508
600×450	610.0	457.0	508
600×400	610.0	406.4	508
650×600	660.0	610.0	610
650×550	660.0	559.0	610
650×500	660.0	508.0	610
650×450	660.0	457.0	610
700×650	711.0	660.0	610
700×600	711.0	610.0	610
700×550	711.0	559.0	610
700×500	711.0	508.0	610
700×450	711.0	457.0	610

续表

公称直径	端部外径		端面至端面尺寸
DN	D_1	D_2	L
750×700	762.0	711.0	610
750×650	762.0	660.0	610
750×600	762.0	610.0	610
750×550	762.0	559.0	610
750×500	762.0	508.0	610
800×750	813.0	762.0	610
800×700	813.0	711.0	610
800×650	813.0	660.0	610
800×600	813.0	610.0	610
850×800	864.0	813.0	610
850×750	864.0	762.0	610
850×700	864.0	711.0	610
850×650	864.0	660.0	610
850×600	846.0	610.0	610
900×850	914.0	846.0	610
900×800	914.0	813.0	610
900×750	914.0	762.0	610
900×700	914.0	711.0	610
900×650	914.0	660.0	610
900×600	914.0	610.0	610
950×900	965.0	914.0	610
950×850	965.0	864.0	610
950×800	965.0	813.0	610
950×750	965.0	762.0	610
950×700	965.0	711.0	610
950×650	965.0	660.0	610
1000×950	1016.0	965.0	610
1000×900	1016.0	914.0	610
1000×850	1016.0	864.0	610
1000×800	1016.0	813.0	610
1000×750	1016.0	762.0	610
1000×700	1016.0	711.0	610
1050×1000	1067.0	1016.0	610
1050×950	1067.0	965.0	610
1050×900	1067.0	914.0	610
1050×850	1067.0	864.0	610

续表

公称直径 DN	端部外径		端面至端面尺寸 L
	D_1	D_2	
1050×800	1067.0	813.0	610
1050×750	1067.0	762.0	610
1100×1050	1118.0	1067.0	610
1100×1000	1118.0	1016.0	610
1100×950	1118.0	965.0	610
1100×900	1118.0	914.0	610
1100×850	1118.0	864.0	610
1100×800	1118.0	813.0	610
1150×1100	1168.0	1118.0	711
1150×1050	1168.0	1067.0	711
1150×1000	1168.0	1016.0	711
1150×950	1168.0	965.0	711
1150×900	1168.0	914.0	711
1200×1150	1219.0	1168.0	711
1200×1100	1219.0	1118.0	711
1200×1050	1219.0	1067.0	711
1200×1000	1219.0	1016.0	711
1200×950	1219.0	965.0	711
1200×900	1219.0	914.0	711
1300×1200	1321.0	1219.0	711
1300×1100	1321.0	1118.0	711
1300×1000	1321.0	1016.0	711
1400×1300	1420.0	1321.0	711
1400×1200	1420.0	1219.0	711
1400×1100	1420.0	1118.0	711
1500×1400	1524.0	1420.0	711
1500×1300	1524.0	1321.0	711
1500×1200	1524.0	1219.0	711
1600×1500	1626.0	1524.0	1219
1600×1400	1626.0	1422.0	1219
1600×1300	1626.0	1321.0	1219
1800×1700	1829.0	1727.0	1219
1800×1600	1829.0	1626.0	1219
1800×1500	1829.0	1524.0	1219
2000×1900	2032.0	1930.0	1219
2000×1800	2032.0	1829.0	1219

续表

公称直径 DN	端部外径 D_1	 D_2	端面至端面尺寸 L
2000×1700	2032.0	1727.0	1219
2200×2000	2235.0	2032.0	1626
2200×1900	2235.0	1930.0	1626
2200×1800	2235.0	1829.0	1626
2400×2200	2438.0	2235.0	2032
2400×2000	2438.0	2032.0	2032
2400×1900	2438.0	1930.0	2032
2600×2400	2642.0	2438.0	2438
2600×2200	2642.0	2235.0	2438
2600×2000	2642.0	2032.0	2438
2800×2600	2845.0	2642.0	2438
2800×2400	2845.0	2638.0	2438
2800×2200	2845.0	2235.0	2438
3000×2800	3048.0	2845.0	2438
3000×2600	3048.0	2235.0	2438
3000×2400	3048.0	2438.0	2438
3200×3000	3251.0	3048.0	2438
3200×2600	3251.0	2642.0	2438
3400×3200	3454.0	3251.0	2438
3400×3000	3454.0	3048.0	2438
3400×2800	3454.0	2845.0	2438

（5）等径三通和等径四通外形见图 2-4-5，尺寸应符合表 2-4-6 的规定。

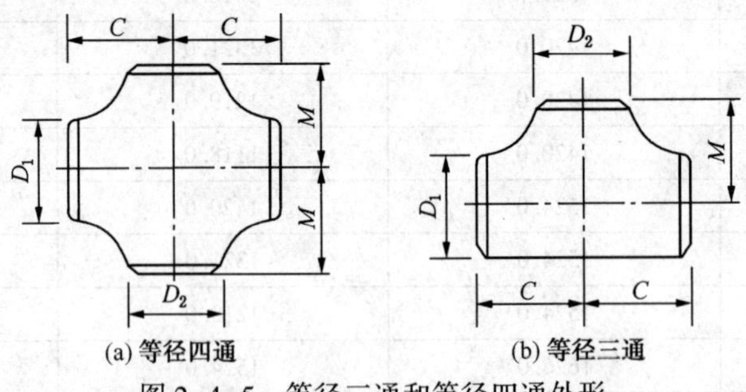

图 2-4-5　等径三通和等径四通外形

表 2-4-6　等径三通和等径四通尺寸（mm）

公称直径 DN	端部外径 D_1、D_2	中心至端面尺寸 C	 M
15	21.3	25	25
20	26.7	29	29
25	33.4	38	38

续表

公称直径 DN	端部外径 D_1、D_2	中心至端面尺寸	
		C	M
32	42.2	48	48
40	48.3	57	57
50	60.3	64	64
65	73.0	73	73
80	88.9	86	86
100	114.3	105	105
125	141.3	124	124
150	168.3	143	143
200	219.1	178	178
250	273.1	216	216
300	323.9	254	254
350	355.6	279	279
400	406.4	305	305
450	457.0	343	343
500	508.0	381	381
550	559.0	419	419
600	610.0	431	432
650	660.0	495	495
700	711.0	521	521
750	762.0	559	559
800	813.0	597	597
850	864.0	635	635
900	914.0	673	673
950	965.0	711	711
1000	1016.0	749	749
1050	1067.0	762	711
1100	1118.0	813	762
1150	1168.0	851	800
1200	1219.0	889	838
1300	1321.0	965	914
1400	1422.0	1042	965
1500	1524.0	1118	1016
1600	1626.0	1194	1092

注：等径四通的尺寸最大至 DN600。

（6）异径三通和异径四通外形见图 2-4-6，尺寸应符合表 2-4-7 的规定。

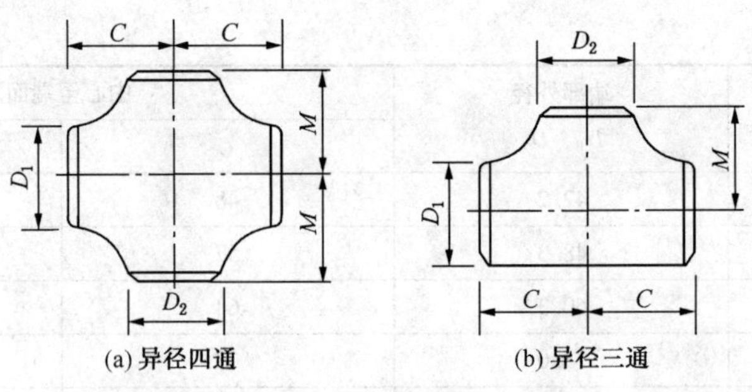

图 2-4-6　异径三通和异径四通外形

表 2-4-7　异径三通和异径四通尺寸　　（mm）

公称直径	端部外径		中心至端面尺寸	
DN	D_1	D_2	*C*	*M*
20×20×15	26. 7	21. 3	29	29
25×25×20	33. 4	26. 7	38	38
25×25×15	33. 4	21. 3	38	38
32×32×25	42. 2	33. 4	48	48
32×32×20	42. 2	26. 7	48	48
32×32×15	42. 2	21. 3	48	48
40×40×32	48. 3	42. 2	57	57
40×40×25	48. 3	33. 4	57	57
40×40×20	48. 3	26. 7	57	57
40×40×15	48. 3	21. 3	57	57
50×50×40	60. 3	48. 3	64	60
50×50×32	60. 3	42. 2	64	57
50×50×25	60. 3	33. 4	64	51
50×50×20	60. 3	26. 7	64	44
65×65×50	73. 0	60. 3	73	70
65×65×40	73. 0	48. 3	73	67
65×65×32	73. 0	42. 2	73	64
65×65×25	73. 0	33. 4	73	57
80×80×65	88. 9	73. 0	86	83
80×80×50	88. 9	60. 3	86	76
80×80×40	88. 9	48. 3	86	73
80×80×32	88. 9	42. 2	86	70
100×100×80	114. 3	88. 9	105	98
100×100×65	114. 3	73. 0	105	95
100×100×50	114. 3	60. 3	105	89
100×100×40	114. 3	48. 3	105	86
125×125×100	141. 3	114. 3	124	117

续表

公称直径 DN	端部外径		中心至端面尺寸	
	D_1	D_2	C	M
125×125×80	141. 3	88. 9	124	111
125×125×65	141. 3	73. 0	124	108
125×125×50	141. 3	60. 3	124	105
150×150×125	168. 3	141. 3	143	137
150×150×100	168. 3	114. 3	143	130
150×150×80	168. 3	88. 9	143	124
150×150×65	168. 3	73. 0	143	121
200×200×150	219. 1	168. 3	178	168
200×200×125	219. 1	141. 3	178	162
200×200×100	219. 1	114. 3	178	156
250×250×200	273. 0	219. 1	216	203
250×250×150	273. 0	168. 3	216	194
250×250×125	273. 0	141. 3	216	191
250×250×100	273. 0	114. 3	216	184
300×300×250	323. 8	273. 0	254	241
300×300×200	323. 8	219. 1	254	229
300×300×150	323. 8	168. 3	254	219
300×300×125	323. 8	141. 3	254	216
350×350×300	355. 6	323. 8	279	270
350×350×250	355. 6	273. 0	279	257
350×350×200	355. 6	219. 1	279	248
350×350×150	355. 6	168. 3	279	238
400×400×350	406. 4	355. 3	305	305
400×400×300	406. 4	323. 8	305	295
400×400×250	406. 4	273. 0	305	283
400×400×200	406. 4	219. 1	305	273
400×400×150	406. 4	168. 3	305	264
450×450×400	457. 0	406. 4	343	330
450×450×350	457. 0	355. 6	343	330
450×450×300	457. 0	323. 8	343	321
450×450×250	457. 0	273. 0	343	308
450×450×200	457. 0	219. 1	343	298
500×500×450	508. 0	457. 0	381	368
500×500×400	508. 0	406. 4	381	356
500×500×350	508. 0	355. 6	381	356
500×500×300	508. 0	323. 8	381	346

续表

公称直径	端部外径		中心至端面尺寸	
DN	D_1	D_2	C	M
500×500×250	508.0	273.0	381	333
500×500×200	508.0	219.1	381	324
550×550×500	559.0	508.0	419	406
550×550×450	559.0	457.0	419	394
550×550×400	559.0	406.4	419	381
550×550×350	559.0	355.6	419	381
550×550×300	559.0	323.8	419	371
550×550×250	559.0	273.0	419	359
600×600×550	610.0	559.0	432	432
600×600×500	610.0	508.0	432	432
600×600×450	610.0	457.0	432	419
600×600×400	610.0	406.5	432	406
600×600×350	610.0	355.6	432	406
600×600×300	610.0	323.8	432	397
600×600×250	610.0	273.0	432	384
650×600×600	660.0	610.0	495	483
650×650×550	660.0	559.0	495	470
650×650×500	660.0	508.0	495	457
650×650×450	660.0	457.0	495	444
650×650×400	660.0	406.4	495	432
650×650×350	660.0	355.6	495	432
650×650×300	660.0	323.8	495	422
700×700×650	711.0	660.0	521	521
700×700×600	711.0	610.0	521	508
700×700×550	711.0	559.0	521	495
700×700×500	711.0	508.0	521	483
700×700×450	711.0	457.0	521	470
700×700×400	711.0	406.4	521	457
700×700×350	711.0	355.6	521	457
700×700×300	711.0	323.8	521	448
750×750×700	762.0	711.0	559	546
750×750×650	762.0	660.0	559	546
750×750×600	762.0	610.0	559	533
750×750×550	762.0	559.0	559	521
750×750×500	762.0	508.0	559	508
750×750×450	762.0	457.0	559	495

续表

公称直径	端部外径		中心至端面尺寸	
DN	D_1	D_2	C	M
750×750×400	762.0	406.4	559	483
750×750×350	762.0	355.6	559	483
750×750×300	762.0	323.8	559	473
750×750×250	762.0	273.0	559	460
800×800×750	813.0	762.0	597	584
800×800×700	813.0	711.0	597	572
800×800×650	813.0	660.0	597	572
800×800×600	813.0	610.0	597	559
800×800×550	813.0	559.0	597	546
800×800×500	813.0	508.0	597	533
800×800×450	813.0	457.0	597	521
800×800×400	813.0	406.4	597	508
800×800×350	813.0	355.6	597	508
850×850×800	864.0	813.0	635	622
850×850×750	864.0	762.0	635	610
850×850×700	864.0	711.0	635	597
850×850×650	864.0	660.0	635	597
850×850×600	864.0	610.0	635	584
850×850×550	864.0	559.0	635	572
850×850×500	864.0	508.0	635	559
850×850×450	864.0	457.0	635	546
850×850×400	864.0	406.4	635	533
900×900×850	914.0	864.0	673	660
900×900×800	914.0	813.0	673	648
900×900×750	914.0	762.0	673	635
900×900×700	914.0	711.0	673	622
900×900×650	914.0	660.0	673	622
900×900×600	914.0	610.0	673	610
900×900×550	914.0	559.0	673	597
900×900×500	914.0	508.0	673	584
900×900×450	914.0	457.0	673	572
900×900×400	914.0	406.4	673	559
950×950×900	965.0	914.0	711	711
950×950×850	965.0	864.0	711	698
950×950×800	965.0	813.0	711	686
950×950×750	965.0	762.0	711	673

续表

公称直径	端 部 外 径		中心至端面尺寸	
DN	D_1	D_2	C	M
950×950×700	965.0	711.0	711	648
950×950×650	965.0	660.0	711	648
950×950×600	965.0	610.0	711	635
950×950×550	965.0	559.0	711	622
950×950×500	965.0	508.0	711	610
950×950×450	965.0	457.0	711	597
1000×1000×950	1016.0	965.0	749	749
1000×1000×900	1016.0	914.0	749	737
1000×1000×850	1016.0	864.0	749	724
1000×1000×800	1016.0	813.0	749	711
1000×1000×750	1016.0	762.0	749	698
1000×1000×700	1016.0	711.0	749	673
1000×1000×650	1016.0	660.0	749	673
1000×1000×600	1016.0	610.0	749	660
1000×1000×550	1016.0	559.0	749	648
1000×1000×500	1016.0	508.0	749	635
1000×1000×450	1016.0	457.0	749	622
1050×1050×1000	1067.0	1016.0	762	711
1050×1050×950	1067.0	960.0	762	711
1050×1050×900	1067.0	914.0	762	711
1050×1050×850	1067.0	864.0	762	711
1050×1050×800	1067.0	813.0	762	711
1050×1050×750	1067.0	762.0	762	711
1050×1050×700	1067.0	711.0	762	698
1050×1050×650	1067.0	660.0	762	698
1050×1050×600	1067.0	610.0	762	660
1050×1050×550	1067.0	559.0	762	660
1050×1050×500	1067.0	508.0	762	660
1050×1050×450	1067.0	457.0	762	648
1050×1050×400	1067.0	406.0	762	635
1100×1100×1050	1118.0	1067.0	813	762
1100×1100×1000	1118.0	1016.0	813	749
1100×1100×950	1118.0	965.0	813	737
1100×1100×900	1118.0	914.0	813	724
1100×1100×850	1118.0	864.0	813	724
1100×1100×800	1118.0	813.0	813	711

续表

公称直径	端部外径		中心至端面尺寸	
DN	D_1	D_2	C	M
1100×1100×750	1118.0	762.0	813	711
1100×1100×700	1118.0	711.0	813	698
1100×1100×650	1118.0	660.0	813	698
1100×1100×600	1118.0	610.0	813	698
1100×1100×550	1118.0	559.0	813	686
1100×1100×500	1118.0	508.0	813	686
1150×1150×1100	1168.0	1118.0	851	800
1150×1150×1050	1168.0	1067.0	851	787
1150×1150×1000	1168.0	1016.0	851	775
1150×1150×950	1168.0	965.0	851	762
1150×1150×900	1168.0	914.0	851	762
1150×1150×850	1168.0	864.0	851	749
1150×1150×800	1168.0	813.0	851	749
1150×1150×750	1168.0	762.0	851	737
1150×1150×700	1168.0	711.0	851	737
1150×1150×650	1168.0	660.0	851	737
1150×1150×600	1168.0	610.0	851	724
1150×1150×550	1168.0	559.0	851	724
1200×1200×1150	1219.0	1168.0	889	838
1200×1200×1100	1219.0	1118.0	889	838
1200×1200×1050	1219.0	1067.0	889	813
1200×1200×1000	1219.0	1016.0	889	813
1200×1200×950	1219.0	965.0	889	800
1200×1200×900	1219.0	914.0	889	800
1200×1200×850	1219.0	864.5	889	787
1200×1200×800	1219.0	813.0	889	787
1200×1200×750	1219.0	762.0	889	762
1200×1200×700	1219.0	711.0	889	762
1200×1200×650	1219.0	660.0	889	762
1200×1200×600	1219.0	610.0	889	737
1200×1200×550	1219.0	559.0	889	737
1300×1300×1200	1321.0	1219.0	965	864
1300×1300×1100	1321.0	1118.0	965	813
1300×1300×1000	1321.0	1016.0	965	762
1400×1400×1300	1420.0	1321.0	1041	914
1400×1400×1200	1420.0	1219.0	1041	864

续表

公称直径	端部外径		中心至端面尺寸	
DN	D_1	D_2	C	M
1400×1400×1100	1420.0	1118.0	1041	813
1500×1500×1400	1524.0	1420.0	1118	965
1500×1500×1300	1524.0	1321.0	1118	914
1500×1500×1200	1524.0	1219.0	1118	864
1600×1600×1500	1626.0	1524.0	1194	1067
1600×1600×1400	1626.0	1420.0	1194	1016
1600×1600×1300	1626.0	1321.0	1194	965
1600×1600×1200	1626.0	1219.0	1194	914

注：异径四通的尺寸最大至 DN1200。

(7) 管帽外形见图 2-4-7，尺寸应符合表 2-4-8 的规定。

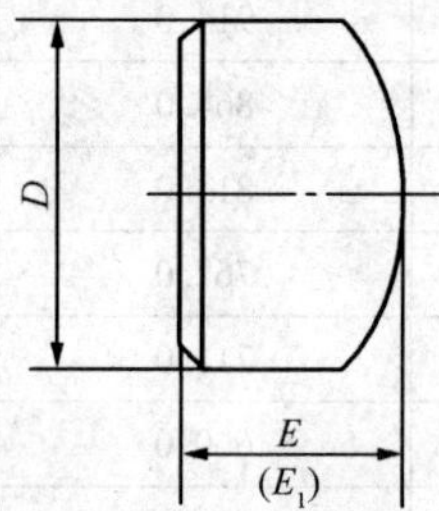

图 2-4-7　管帽外形

表 2-4-8　管帽尺寸①

(mm)

公称直径	端部外径	管帽高度②		
DN	D	E	限制厚度	E_1
15	21.3	25	4.0	25.0
20	26.7	25	4.0	25.0
25	33.4	38	4.5	38.0
32	42.2	38	5.0	38.0
40	48.3	38	5.0	38.0
50	60.3	38	5.5	44.0
65	73.0	38	7.0	51.0
80	88.9	51	7.5	64.0
100	114.3	64	8.5	76.0
125	141.3	76	9.5	89.0
150	168.3	89	11.0	102.0
200	219.1	102	12.5	127.0
250	273.0	127	12.5	152.0
300	323.8	152	12.5	178.0
350	355.6	165	12.5	191.0

续表

公称直径 DN	端部外径 D	管帽高度②		
		E	限制厚度	E_1
400	406.4	178	12.5	203.0
450	457.0	203	12.5	229.0
500	508.0	229	12.5	254.0
550	559.0	254	12.5	254.0
600	610.0	267	12.5	305.0
650	660.0	267	—	—
700	711.0	267	—	—
750	762.0	267	—	—
800	813.0	267	—	—
850	864.0	267	—	—
900	914.0	267	—	—
950	965.0	305	—	—
1000	1016.0	305	—	—
1050	1067.0	305	—	—
1100	1118.0	343	—	—
1150	1168.0	343	—	—
1200	1219.0	343	—	—
1300	1321.0	355	—	—
1400	1422.0	381	—	—
1500	1524.0	406	—	—
1600	1626.0	432	—	—
1800	1829.0	482	—	—
2000	2032.0	533	—	—
2200	2235.0	599	—	—
2400	2438.0	650	—	—
2600	2642.0	701	—	—
2800	2845.0	751	—	—
3000	3048.0	802	—	—
3200	3251.0	853	—	—
3400	3454.0	904	—	—

注：① 管帽的形状应为 2 :1 标准椭圆形。

② 对于管帽的公称直径小于或等于 DN600，壁厚小于或等于限制厚度时，管帽的高度应采用 E 值；当壁厚大于限制厚度时，管帽的高度应采用 E_1 值。对于管帽的公称直径大于 DN600；壁厚大于 12.5mm 时，管帽的高度应符合合同的要求。

（8）异径弯头外形见图 2-4-8，尺寸应符合表 2-4-9 的规定。

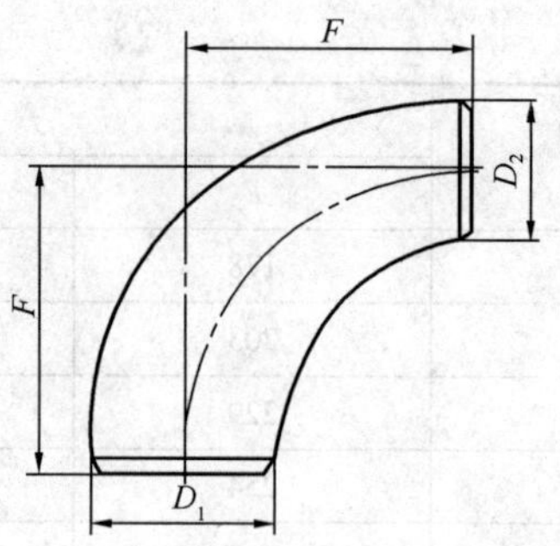

图 2-4-8　异径弯头外形

表 2-4-9　异径弯头尺寸

（mm）

公称直径 DN	端部外径		中心到端面尺寸 F
	D_1	D_2	
50×40	60.3	48.3	76
50×32	60.3	42.2	76
50×25	60.3	33.4	76
65×50	73.0	60.3	95
65×40	73.0	48.3	95
65×32	73.0	42.2	95
80×65	88.9	73.0	114
80×50	88.9	60.3	114
80×40	88.9	48.3	114
100×80	114.3	88.9	152
100×65	114.3	73.0	152
100×50	114.3	60.3	152
125×100	141.3	114.3	190
125×80	141.3	88.9	190
125×65	141.3	73.0	190
150×125	168.3	141.3	229
150×100	168.3	114.3	229
150×80	168.3	88.9	229
200×150	219.1	168.3	305
200×125	219.1	141.3	305
200×100	219.1	114.3	305
250×200	273.1	219.1	381
250×150	273.1	168.3	381
250×125	273.1	141.3	381
300×250	323.9	273.1	457
300×200	323.9	219.1	457
300×150	323.9	168.3	457

续表

公称直径	端部外径		中心到端面尺寸
DN	D_1	D_2	*F*
350×300	355.6	323.9	533
350×250	355.6	273.1	533
350×200	355.6	219.1	533
400×350	406.4	355.6	610
400×300	406.4	323.9	610
400×250	406.4	273.1	610
450×400	457.0	406.4	686
450×350	457.0	355.6	686
450×300	457.0	323.9	686
450×250	457.0	273.1	686
500×450	508.0	457.0	762
500×400	508.0	406.4	762
500×350	508.0	355.6	762
500×300	508.0	323.9	762
500×250	508.0	273.1	762
600×550	610.0	559.0	914
600×500	610.0	508.0	914
600×450	610.0	457.0	914
600×400	610.0	406.4	914
600×350	610.0	355.6	914
600×300	610.0	323.9	914

3. 端部外径及壁厚

（1）管件的端部外径及壁厚应符合表 2-4-10 及表 2-4-11 或 SH/T 3405 的有关规定。

（2）管件的端部外径及壁厚有特殊要求时，应在合同中注明。

表 2-4-10　碳素钢、低合金钢、合金钢、奥氏体不锈钢无缝管件壁厚等级

公称直径 *DN*	外径 mm	壁厚/mm																
		Sch 5s	Sch 10s	Sch 40s	Sch 80s	Sch 10	Sch 20	Sch 30	Sch 40	Sch 60	Sch 80	Sch 100	Sch 120	Sch 140	Sch 160	STD	XS	XXS
15	21.3	1.65	2.11	2.77	3.73	2.11	—	2.41	2.77	—	3.73	—	—	—	4.78	2.77	3.73	7.47
20	26.7	1.65	2.11	2.87	3.91	2.11	—	2.41	2.87	—	3.91	—	—	—	5.56	2.87	3.91	7.82
25	33.4	1.65	2.77	3.38	4.55	2.77	—	2.90	3.38	—	4.55	—	—	—	6.35	3.38	4.55	9.09
（32）	42.2	1.65	2.77	3.56	4.85	2.77	—	2.97	3.56	—	4.85	—	—	—	6.35	3.56	4.85	9.70
40	48.3	1.65	2.77	3.68	5.08	2.77	—	3.18	3.68	—	5.08	—	—	—	7.14	3.68	5.08	10.15

续表

公称直径 DN	外径 mm	壁厚/mm																
		Sch 5s	Sch 10s	Sch 40s	Sch 80s	Sch 10	Sch 20	Sch 30	Sch 40	Sch 60	Sch 80	Sch 100	Sch 120	Sch 140	Sch 160	STD	XS	XXS
50	60. 3	1. 65	2. 77	3. 91	5. 54	2. 77	—	3. 18	3. 91	—	5. 54	—	—	—	8. 74	3. 91	5. 54	11. 07
(65)	73	2. 11	3. 05	5. 16	7. 01	3. 05	—	4. 78	5. 16	—	7. 01	—	—	—	9. 53	5. 16	7. 01	14. 02
80	88. 9	2. 11	3. 05	5. 49	7. 62	3. 05	—	4. 78	5. 49	—	7. 62	—	—	—	11. 13	5. 49	7. 62	15. 24
(90)	101. 6	2. 11	3. 05	5. 74	8. 08	3. 05	—	4. 78	5. 74	—	8. 08	—	—	—	—	5. 74	8. 08	—
100	114. 3	2. 11	3. 05	6. 02	8. 56	3. 05	—	4. 78	6. 02		8. 56		11. 13	—	13. 49	6. 02	8. 56	17. 12
(125)	141. 3	2. 77	3. 40	6. 56	9. 53	3. 40	—	—	6. 55		9. 53		12. 70	—	15. 88	6. 55	9. 53	19. 05
150	168. 3	2. 77	3. 40	7. 11	10. 97	3. 40	—	—	7. 11		10. 97		14. 27	—	18. 26	7. 11	10. 97	21. 95
200	219. 1	2. 77	3. 76	8. 18	12. 70	3. 76	6. 35	7. 04	8. 18	10. 31	12. 70	15. 09	18. 26	20. 62	23. 01	8. 18	12. 70	22. 23
250	273	—	—	—	—	4. 19	6. 35	7. 80	9. 27	12. 70	15. 09	18. 26	21. 44	25. 40	28. 58	9. 27	12. 70	25. 40
	273. 1	3. 40	4. 19	9. 27	12. 70	—	—	—	—	—	—	—	—	—	—	—	—	—
300	323. 8	3. 96	4. 57	9. 53	12. 70	4. 57	6. 35	8. 38	10. 31	14. 27	17. 48	21. 44	25. 40	28. 58	33. 32	9. 53	12. 70	25. 40
350	355. 6	3. 96	4. 78	9. 53	12. 70	6. 35	7. 92	9. 53	11. 13	15. 09	19. 05	23. 83	27. 79	31. 75	35. 71	9. 53	12. 70	—
400	406. 4	4. 19	4. 78	9. 53	12. 70	6. 35	7. 92	9. 53	12. 70	16. 66	21. 44	26. 19	30. 96	36. 53	40. 49	9. 53	12. 70	—
450	457	4. 19	4. 78	9. 53	12. 70	6. 35	7. 92	11. 13	14. 27	19. 05	23. 83	29. 36	34. 93	39. 67	45. 24	9. 53	12. 70	—
500	508	4. 78	5. 54	9. 53	12. 70	6. 35	9. 53	12. 70	15. 09	20. 62	26. 19	32. 54	38. 10	44. 45	50. 01	9. 53	12. 70	—
(550)	559	4. 78	5. 54	—	—	6. 35	9. 53	12. 70	—	22. 23	28. 58	34. 93	41. 28	47. 63	53. 98	9. 53	12. 70	—
600	610	5. 54	6. 35	9. 53	12. 70	6. 35	9. 53	14. 27	17. 48	24. 61	30. 96	38. 89	46. 02	52. 37	59. 54	9. 53	12. 70	—
(650)	660	—	—	—	—	7. 92	12. 70	—	—	—	—	—	—	—	—	9. 53	12. 70	—
700	711	—	—	—	—	7. 92	12. 70	15. 88	—	—	—	—	—	—	—	9. 53	12. 70	—
750	762	6. 35	7. 92	—	—	7. 92	12. 70	15. 88	—	—	—	—	—	—	—	9. 53	12. 70	—
800	813	—	—	—	—	7. 92	12. 70	15. 88	17. 48	—	—	—	—	—	—	9. 53	12. 70	—
(850)	864	—	—	—	—	7. 92	12. 70	15. 88	17. 48	—	—	—	—	—	—	9. 53	12. 70	—
900	914	—	—	—	—	7. 92	12. 70	15. 88	19. 05	—	—	—	—	—	—	9. 53	12. 70	—

注：① 等级代号后面带 s 者仅适用于奥氏体不锈钢管

② 有(　)的不推荐选用。

表 2-4-11　碳素钢、合金钢焊接钢管的尺寸和质量

公称直径 DN	外径 mm	公称壁厚/mm													
150	168. 3	4. 0	5. 0	6. 0	7. 0	8. 0	9. 0	10. 0	—	—	—	—	—	—	—
200	219. 1	4. 0	5. 0	6. 0	7. 0	8. 0	9. 0	10. 0	—	—	—	—	—	—	—
250	273. 0	4. 0	5. 0	6. 0	7. 0	8. 0	9. 0	10. 0	11. 0	12. 0	13. 0	—	—	—	—
300	323. 8	—	5. 0	6. 0	7. 0	8. 0	9. 0	10. 0	11. 0	12. 0	13. 0	14. 0	—	—	—
350	355. 6	—	—	6. 0	7. 0	8. 0	9. 0	10. 0	11. 0	12. 0	13. 0	14. 0	15. 0	—	—

续表

公称直径 DN	外径 mm	公称壁厚/mm													
400	406.4	—	—	6.0	7.0	8.0	9.0	10.0	11.0	12.0	13.0	14.0	15.0	—	—
450	457	—	—	6.0	7.0	8.0	9.0	10.0	11.0	12.0	13.0	14.0	15.0	16.0	—
500	508	—	—	6.0	7.0	8.0	9.0	10.0	11.0	12.0	13.0	14.0	15.0	16.0	—
(550)	559	—	—	6.0	7.0	8.0	9.0	10.0	11.0	12.0	13.0	14.0	15.0	16.0	—
600	610	—	—	6.0	7.0	8.0	9.0	10.0	11.0	12.0	13.0	14.0	15.0	16.0	—
(650)	660	—	—	6.0	7.0	8.0	9.0	10.0	11.0	12.0	13.0	14.0	15.0	16.0	—
700	711	—	—	6.0	7.0	8.0	9.0	10.0	11.0	12.0	13.0	14.0	15.0	16.0	—
750	762	—	—	—	7.0	8.0	9.0	10.0	11.0	12.0	13.0	14.0	15.0	16.0	—
800	813	—	—	—	7.0	8.0	9.0	10.0	11.0	12.0	13.0	14.0	15.0	16.0	—
(850)	864	—	—	—	—	8.0	9.0	10.0	11.0	12.0	13.0	14.0	15.0	16.0	—
900	914	—	—	—	—	8.0	9.0	10.0	11.0	12.0	13.0	14.0	15.0	16.0	—
(950)	965	—	—	—	—	8.0	9.0	10.0	11.0	12.0	13.0	14.0	15.0	16.0	—
1000	1016	—	—	—	—	8.0	9.0	10.0	11.0	12.0	13.0	14.0	15.0	16.0	—
(1050)	1067	—	—	—	—	—	9.0	10.0	11.0	12.0	13.0	14.0	15.0	16.0	—
(1100)	1118	—	—	—	—	—	—	10.0	11.0	12.0	13.0	14.0	15.0	16.0	—
(1150)	1168	—	—	—	—	—	—	10.0	11.0	12.0	13.0	14.0	15.0	16.0	—
1200	1219	—	—	—	—	—	—	10.0	11.0	12.0	13.0	14.0	15.0	16.0	18.0
(1300)	1321	—	—	—	—	—	—	10.0	11.0	12.0	13.0	14.0	15.0	16.0	18.0
1400	1422	—	—	—	—	—	—	10.0	11.0	12.0	13.0	14.0	15.0	16.0	18.0
(1500)	1524	—	—	—	—	—	—	10.0	11.0	12.0	13.0	14.0	15.0	16.0	18.0
1600	1626	—	—	—	—	—	—	10.0	11.0	12.0	13.0	14.0	15.0	16.0	18.0
(1700)	1727	—	—	—	—	—	—	10.0	11.0	12.0	13.0	14.0	15.0	16.0	18.0
1800	1829	—	—	—	—	—	—	10.0	11.0	12.0	13.0	14.0	15.0	16.0	18.0
(1900)	1930	—	—	—	—	—	—	10.0	11.0	12.0	13.0	14.0	15.0	16.0	18.0
2000	2032	—	—	—	—	—	—	10.0	11.0	12.0	13.0	14.0	15.0	16.0	18.0
2200	2235	—	—	—	—	—	—	—	—	12.0	13.0	14.0	15.0	16.0	18.0
2400	2438	—	—	—	—	—	—	—	—	12.0	13.0	14.0	15.0	16.0	18.0
2600	2642	—	—	—	—	—	—	—	—	—	—	14.0	15.0	16.0	18.0
2800	2845	—	—	—	—	—	—	—	—	—	—	14.0	15.0	16.0	18.0
3000	3048	—	—	—	—	—	—	—	—	—	—	14.0	15.0	16.0	18.0
3200	3251	—	—	—	—	—	—	—	—	—	—	—	—	16.0	18.0
3400	3454	—	—	—	—	—	—	—	—	—	—	—	—	16.0	18.0

注：① 带括号者不推荐使用。

② 公称壁厚大于 18.0mm 的可按现行国家标准《焊接钢管尺寸及单位长度重量》GB/T 21835—2008 的壁厚系列选用，见第一章的附表 8。

二、石油化工锻钢制承插焊和螺纹管件（SH/T 3410—2012）

1. 类型与代号

承插焊管件和螺纹管件类型与代号应符合表 2-4-12 的规定。

表 2-4-12　承插焊和螺纹管件类型与代号

连接型式	类型	代号	连接型式	类型	代号
承插焊	承插焊 45°弯头	S45E	螺纹	螺纹 45°弯头	T45E
	承插焊 90°弯头	S90E		螺纹 90°弯头	T90E
	承插焊等径三通	STS		内外螺纹 90°弯头	T90SE
	承插焊异径三通	STR		螺纹等径三通	TTS
	承插焊等径四通	SCS		螺纹异径三通	TTR
	承插焊异径四通	SCR		螺纹等径四通	TCS
	承插焊 45°Y 型等径三通	S45YS		螺纹异径四通	TCR
	承插焊 45°Y 型异径三通	S45YR		双螺口管箍(等径)	TFC
	双承口等径管箍	SFCS		双螺口管箍(异径)	TFCR
	双承口异径管箍	SFCR		单螺口管箍	THC
	单承口管箍	SHC		单螺口管箍(带坡口)	THCB
	单承口管箍(带坡口)	SHCB		螺纹管帽	TC
	承插焊管帽	SC		四方头丝堵	SHP
	—	—		六角头丝堵	HHP
	—	—		圆头丝堵	RHP
	—	—		六角头内外螺纹接头	HHB
	—	—		无头内外螺纹接头	FB

2. 管件压力等级

承插焊管件的压力等级分为 Class 3000、Class 6000 和 Class 9000，螺纹管件的压力等级分为 Class 2000、Class 3000 和 Class 6000，管件的压力等级和管子的壁厚对照应符合表 2-4-13 的规定。

表 2-4-13　管件压力等级与壁厚对照

连接型式	压力等级 Class	适配的管子壁厚		连接型式	压力等级 Class	适配的管子壁厚	
承插焊	3000	SCH80	XS	螺纹	2000	SCH80	XS
	6000	SCH160	—		3000	SCH160	—
	9000	—	XXS		6000	—	XXS

3. 接管尺寸

（1）与承插焊管件和螺纹管件连接的管子尺寸应符合 SH/T 3405 的有关规定。

（2）接管尺寸有特殊要求时，用户应在合同中注明。

4. 结构型式和尺寸

（1）承插焊 45°弯头、90°弯头、三通、四通的结构型式见图 2-4-9，尺寸应符合表 2-4-14 的规定。

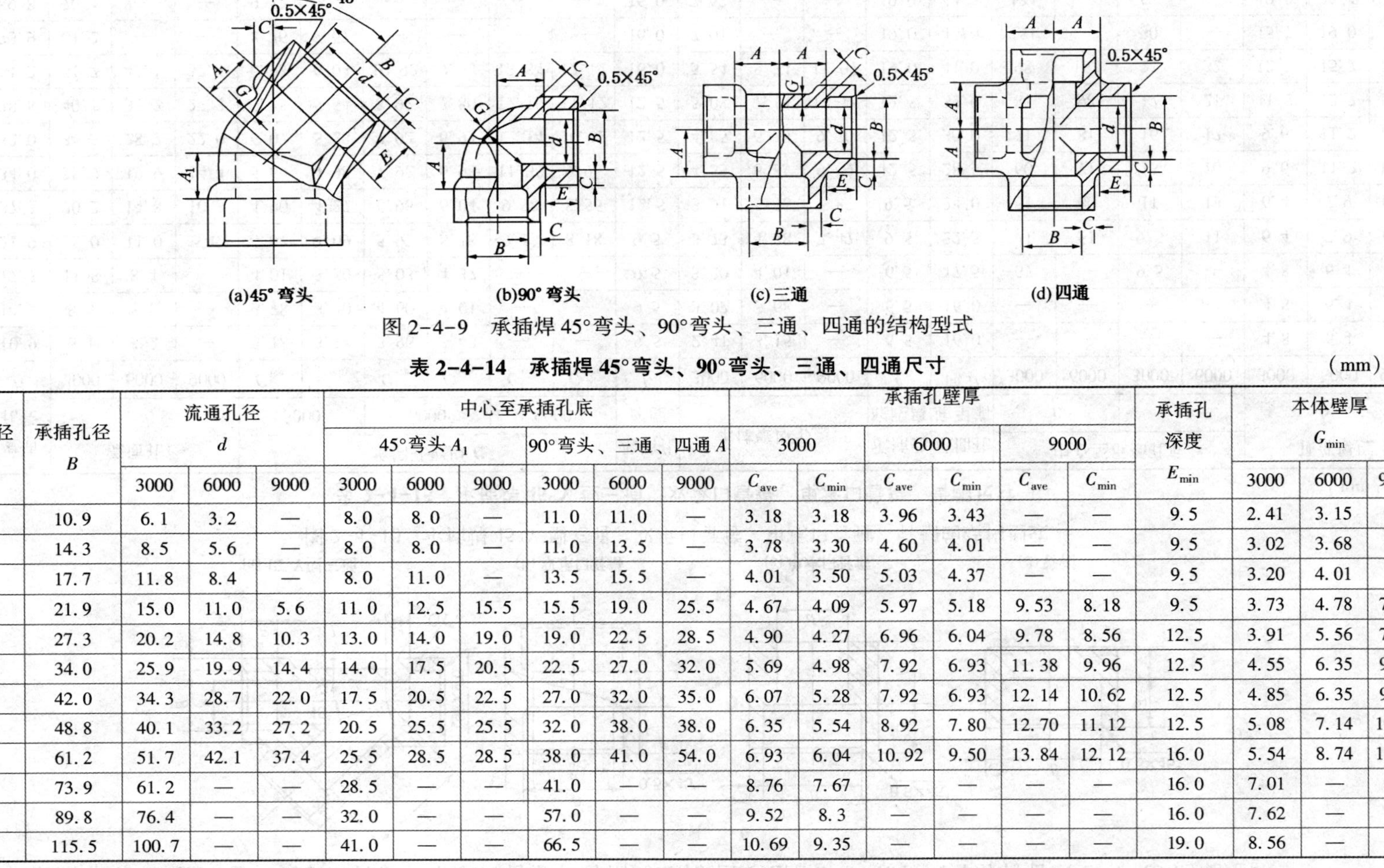

图 2-4-9　承插焊 45°弯头、90°弯头、三通、四通的结构型式

表 2-4-14　承插焊 45°弯头、90°弯头、三通、四通尺寸　（mm）

公称直径 DN	承插孔径 B	流通孔径 d			中心至承插孔底						承插孔壁厚						承插孔深度 E_{min}	本体壁厚 G_{min}		
					45°弯头 A_1			90°弯头、三通、四通 A			3000		6000		9000					
		3000	6000	9000	3000	6000	9000	3000	6000	9000	C_{ave}	C_{min}	C_{ave}	C_{min}	C_{ave}	C_{min}		3000	6000	9000
6	10.9	6.1	3.2	—	8.0	8.0	—	11.0	11.0	—	3.18	3.18	3.96	3.43	—	—	9.5	2.41	3.15	—
8	14.3	8.5	5.6	—	8.0	8.0	—	11.0	13.5	—	3.78	3.30	4.60	4.01	—	—	9.5	3.02	3.68	—
10	17.7	11.8	8.4	—	8.0	11.0	—	13.5	15.5	—	4.01	3.50	5.03	4.37	—	—	9.5	3.20	4.01	—
15	21.9	15.0	11.0	5.6	11.0	12.5	15.5	15.5	19.0	25.5	4.67	4.09	5.97	5.18	9.53	8.18	9.5	3.73	4.78	7.47
20	27.3	20.2	14.8	10.3	13.0	14.0	19.0	19.0	22.5	28.5	4.90	4.27	6.96	6.04	9.78	8.56	12.5	3.91	5.56	7.82
25	34.0	25.9	19.9	14.4	14.0	17.5	20.5	22.5	27.0	32.0	5.69	4.98	7.92	6.93	11.38	9.96	12.5	4.55	6.35	9.09
(32)	42.0	34.3	28.7	22.0	17.5	20.5	22.5	27.0	32.0	35.0	6.07	5.28	7.92	6.93	12.14	10.62	12.5	4.85	6.35	9.70
40	48.8	40.1	33.2	27.2	20.5	25.5	25.5	32.0	38.0	38.0	6.35	5.54	8.92	7.80	12.70	11.12	12.5	5.08	7.14	10.15
50	61.2	51.7	42.1	37.4	25.5	28.5	28.5	38.0	41.0	54.0	6.93	6.04	10.92	9.50	13.84	12.12	16.0	5.54	8.74	11.07
(65)	73.9	61.2	—	—	28.5	—	—	41.0	—	—	8.76	7.67	—	—	—	—	16.0	7.01	—	—
80	89.8	76.4	—	—	32.0	—	—	57.0	—	—	9.52	8.3	—	—	—	—	16.0	7.62	—	—
100	115.5	100.7	—	—	41.0	—	—	66.5	—	—	10.69	9.35	—	—	—	—	19.0	8.56	—	—

注：带括号者不推荐选用。

（2）承插焊 45°Y 型三通、双承口管箍、单承口管箍、管帽的结构型式见图 2-4-10，尺寸应符合表 2-4-15 的规定。

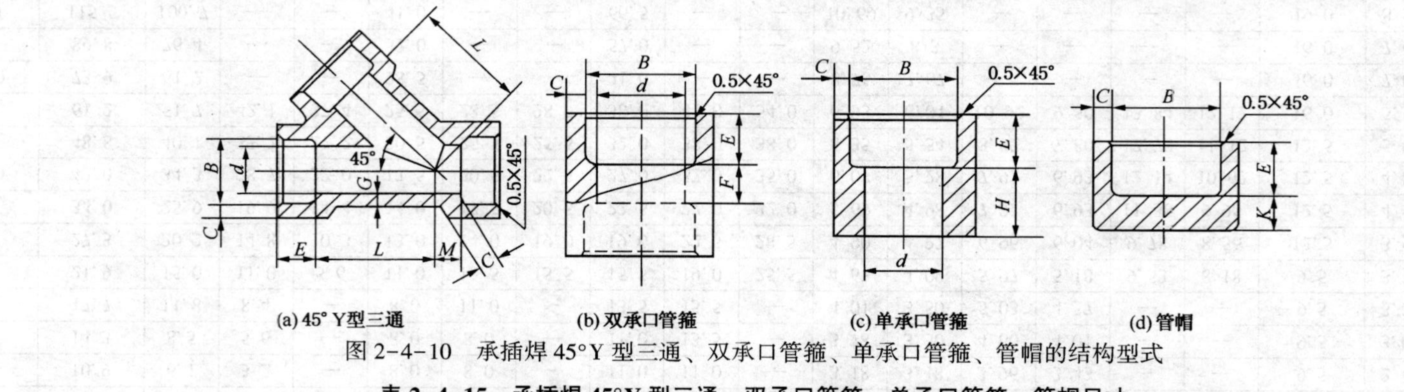

图 2-4-10　承插焊 45°Y 型三通、双承口管箍、单承口管箍、管帽的结构型式

表 2-4-15　承插焊 45°Y 型三通、双承口管箍、单承口管箍、管帽尺寸

（mm）

公称直径	承插孔径	流通孔径 d			承插孔壁厚 C						承插孔深度	本体壁厚 G_{min}			承插孔底距离	承插孔底至端面	中心至承插孔底				顶部厚度 K_{min}		
					3000		6000		9000								L		M				
DN	B	3000	6000	9000	C_{avg}	C_{min}	C_{avg}	C_{min}	C_{avg}	C_{min}	E	3000	6000	9000	F	H	3000	6000	3000	6000	3000	6000	9000
6	10.9	6.1	3.2	—	3.18	3.18	3.96	3.43	—	—	9.5	2.41	3.15	—	6.5	16.0	—	—	—	—	4.8	6.4	—
8	14.3	8.5	5.6	—	3.78	3.30	4.60	4.01	—	—	9.5	3.02	3.68	—	6.5	16.0	—	—	—	—	4.8	6.4	—
10	17.7	11.8	8.4	—	4.01	3.50	5.03	4.37	—	—	9.5	3.20	4.01	—	6.5	17.5	37	—	9.5	—	4.8	6.4	—
15	21.9	15.0	11.0	5.6	4.67	4.09	5.97	5.18	9.53	8.18	9.5	3.73	4.78	7.47	9.5	22.5	41	51	9.5	11	6.4	7.9	11.2
20	27.3	20.2	14.8	10.3	4.90	4.27	6.96	6.04	9.78	8.56	12.5	3.91	5.56	7.82	9.5	24.0	51	60	11	13	6.4	7.9	12.7
25	34.0	25.9	19.9	14.4	5.69	4.98	7.92	6.93	11.38	9.96	12.5	4.55	6.35	9.09	12.5	28.5	60	71	13	16	9.6	11.2	14.2
(32)	42.0	34.3	28.7	22.0	6.07	5.28	7.92	6.93	12.14	10.62	12.5	4.85	6.35	9.70	12.5	30.0	71	81	16	17	9.6	11.2	14.2
40	48.8	40.1	33.2	27.2	6.35	5.54	8.92	7.80	12.70	11.12	12.5	5.08	7.14	10.15	12.5	32.0	81	98	17	21	11.2	12.7	15.7
50	61.2	51.7	42.1	37.4	6.93	6.04	10.92	9.50	13.84	12.12	16.0	5.54	8.74	11.07	19.0	41.0	98	152	21	32	12.7	15.7	19.0
(65)	73.9	61.2	—	—	8.76	7.67	—	—	—	—	16.0	7.01	—	—	19.0	43.0	151	—	30	—	15.7	19.0	—
80	89.8	76.4	—	—	9.52	8.3	—	—	—	—	16.0	7.62	—	—	19.0	44.5	184	—	57	—	19.0	22.4	—
100	115.5	100.7	—	—	10.69	9.35	—	—	—	—	19.0	8.56	—	—	19.0	48.0	201	—	66	—	22.4	28.4	—

注：带括号者不推荐选用。

（3）螺纹焊 45°弯头、90°弯头、三通和四通的结构型式见图 2-4-11，尺寸应符合表 2-4-16 规定。

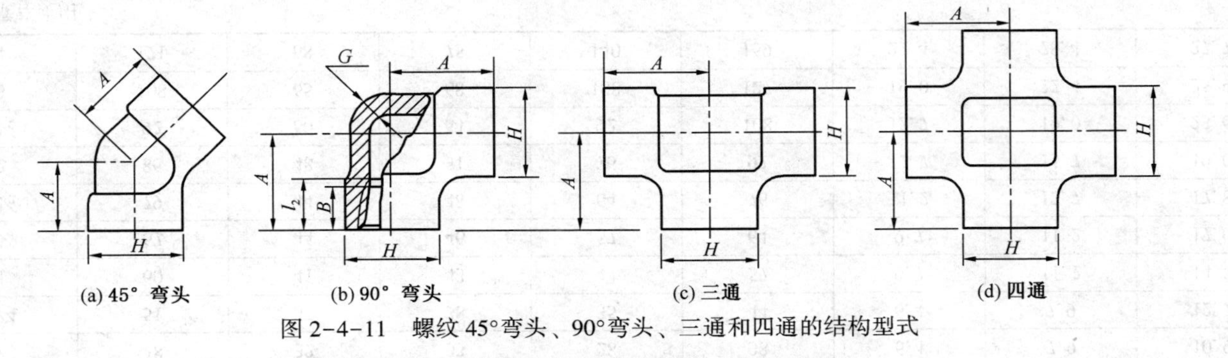

(a) 45° 弯头　(b) 90° 弯头　(c) 三通　(d) 四通

图 2-4-11　螺纹 45°弯头、90°弯头、三通和四通的结构型式

表 2-4-16　螺纹 45°弯头、90°弯头、三通和四通尺寸

（mm）

公称直径 DN	螺纹尺寸代号 NPT	中心至端面 A						端部外径 H			本体壁厚 G_{min}			完整螺纹长度 B_{min}	有效螺纹长度 L_{2min}
		90°弯头、三通和四通			45°弯头										
		2000	3000	6000	2000	3000	6000	2000	3000	6000	2000	3000	6000		
6	1/8	21	21	25	17	17	19	22	22	25	3. 18	3. 18	6. 35	6. 4	6. 7
8	1/4	21	25	28	17	19	22	22	25	33	3. 18	3. 30	6. 60	8. 1	10. 2
10	3/8	25	28	33	19	22	25	25	33	38	3. 18	3. 51	6. 98	9. 1	10. 4
15	1/2	28	33	38	22	25	28	33	38	46	3. 18	4. 09	8. 15	10. 9	13. 6
20	3/4	33	38	44	25	28	33	38	46	56	3. 18	4. 32	8. 53	12. 7	13. 9
25	1	38	44	51	28	33	35	46	56	62	3. 68	4. 98	9. 93	14. 7	17. 3
(32)	11/4	44	51	60	33	35	43	56	62	75	3. 89	5. 28	10. 59	17. 0	18. 0
40	11/2	51	60	64	35	43	44	62	75	84	4. 01	5. 56	11. 07	17. 8	18. 4
50	2	60	64	83	43	44	52	75	84	102	4. 27	7. 14	12. 09	19. 0	19. 2
(65)	21/2	76	83	95	52	52	64	92	102	121	5. 61	7. 65	15. 29	23. 6	28. 9
80	3	86	95	106	64	64	79	109	121	146	5. 99	8. 84	16. 64	25. 9	30. 5
100	4	106	114	114	79	79	79	146	152	152	6. 55	11. 18	18. 67	27. 7	33. 0

注：带括号者不推荐选用。

（4）双螺口管箍、单螺口管箍和螺纹管帽的结构型式见图 2-4-12，尺寸应符合表 2-4-17 的规定。

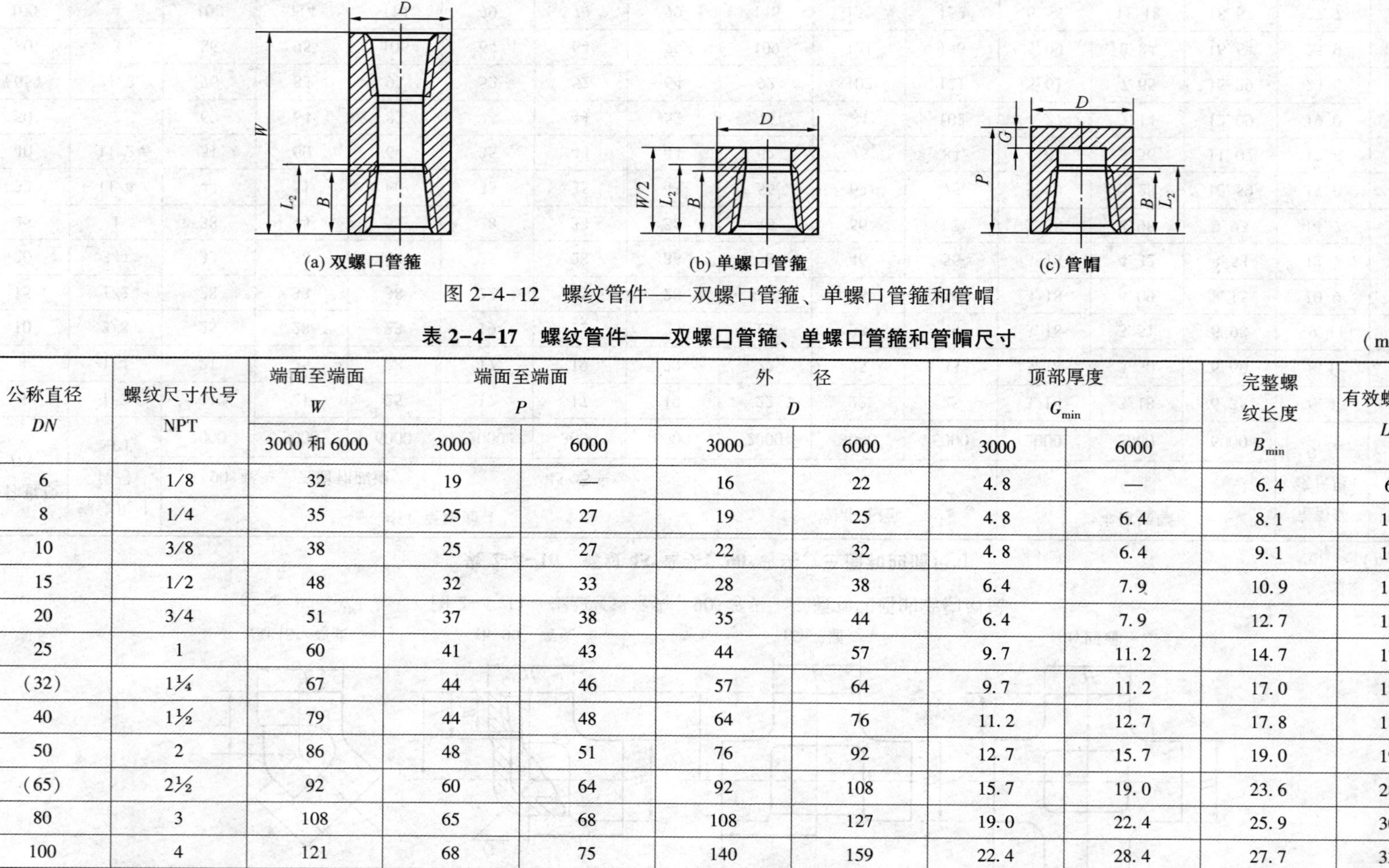

图 2-4-12　螺纹管件——双螺口管箍、单螺口管箍和管帽

表 2-4-17　螺纹管件——双螺口管箍、单螺口管箍和管帽尺寸

（mm）

公称直径 *DN*	螺纹尺寸代号 NPT	端面至端面 *W*	端面至端面 *P*		外径 *D*		顶部厚度 G_{min}		完整螺纹长度 B_{min}	有效螺纹长度 L_{2min}
		3000 和 6000	3000	6000	3000	6000	3000	6000		
6	1/8	32	19	—	16	22	4.8	—	6.4	6.7
8	1/4	35	25	27	19	25	4.8	6.4	8.1	10.2
10	3/8	38	25	27	22	32	4.8	6.4	9.1	10.4
15	1/2	48	32	33	28	38	6.4	7.9	10.9	13.6
20	3/4	51	37	38	35	44	6.4	7.9	12.7	13.9
25	1	60	41	43	44	57	9.7	11.2	14.7	17.3
（32）	1¼	67	44	46	57	64	9.7	11.2	17.0	18.0
40	1½	79	44	48	64	76	11.2	12.7	17.8	18.4
50	2	86	48	51	76	92	12.7	15.7	19.0	19.2
（65）	2½	92	60	64	92	108	15.7	19.0	23.6	28.9
80	3	108	65	68	108	127	19.0	22.4	25.9	30.5
100	4	121	68	75	140	159	22.4	28.4	27.7	33.0

注：① 带括号者不推荐使用。

② 螺纹端部以外的最小壁厚应符合本标准表 4.1.3 中相应公称直径和级别的规定。

（5）螺纹双方头丝堵、六角头丝堵、圆头丝堵、六角头内外螺纹接头和无头内外螺纹接头的结构型式见图 2-4-13，尺寸应符合表 2-4-18 的规定。

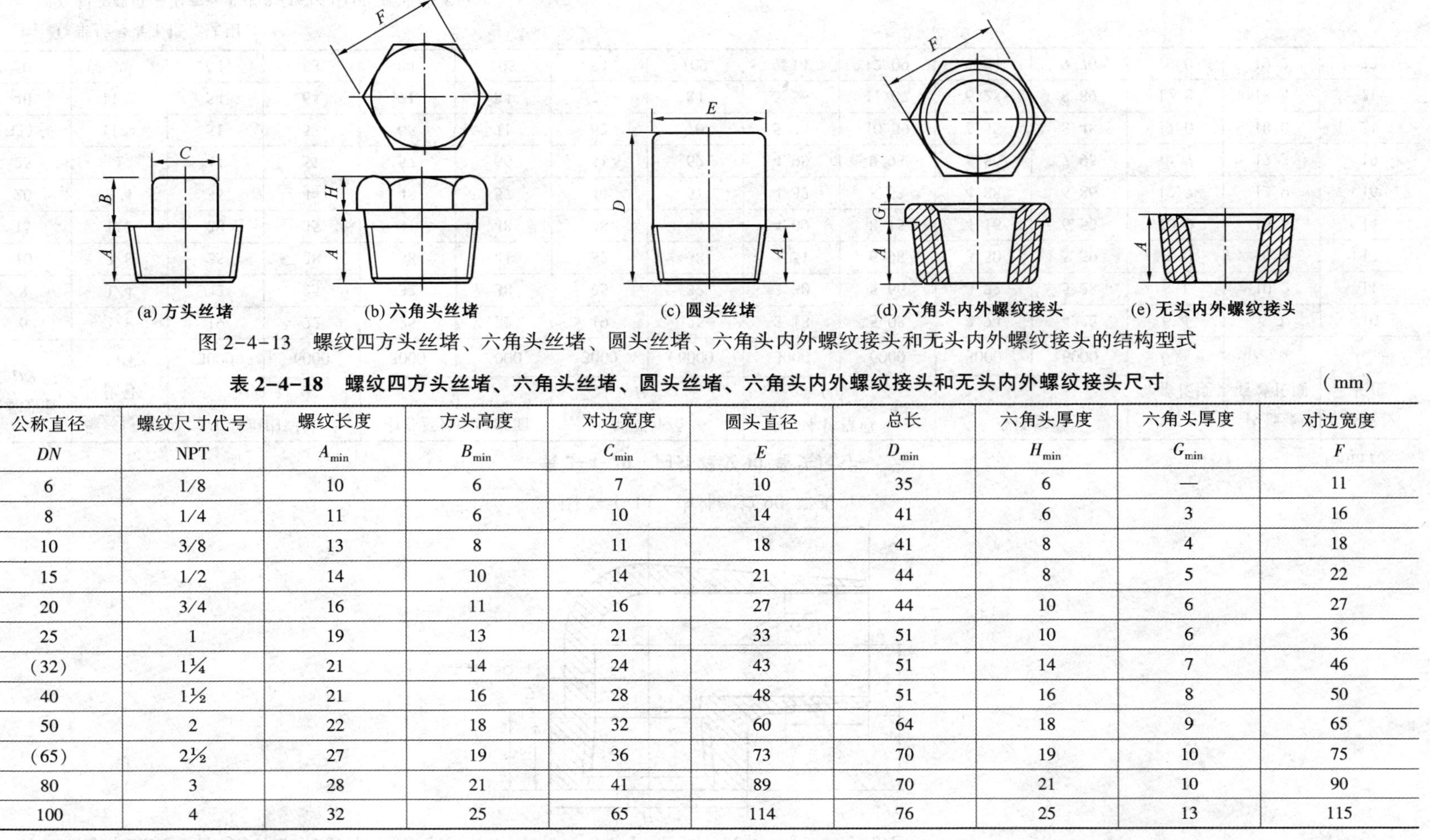

图 2-4-13　螺纹四方头丝堵、六角头丝堵、圆头丝堵、六角头内外螺纹接头和无头内外螺纹接头的结构型式

表 2-4-18　螺纹四方头丝堵、六角头丝堵、圆头丝堵、六角头内外螺纹接头和无头内外螺纹接头尺寸　（mm）

公称直径 *DN*	螺纹尺寸代号 NPT	螺纹长度 A_{min}	方头高度 B_{min}	对边宽度 C_{min}	圆头直径 E	总长 D_{min}	六角头厚度 H_{min}	六角头厚度 G_{min}	对边宽度 F
6	1/8	10	6	7	10	35	6	—	11
8	1/4	11	6	10	14	41	6	3	16
10	3/8	13	8	11	18	41	8	4	18
15	1/2	14	10	14	21	44	8	5	22
20	3/4	16	11	16	27	44	10	6	27
25	1	19	13	21	33	51	10	6	36
（32）	1¼	21	14	24	43	51	14	7	46
40	1½	21	16	28	48	51	16	8	50
50	2	22	18	32	60	64	18	9	65
（65）	2½	27	19	36	73	70	19	10	75
80	3	28	21	41	89	70	21	10	90
100	4	32	25	65	114	76	25	13	115

注：带括号者不推荐选用。

（6）内外螺纹 90°弯头尺寸的结构型式见图 2-4-14，尺寸应符合表 2-4-19 的规定。

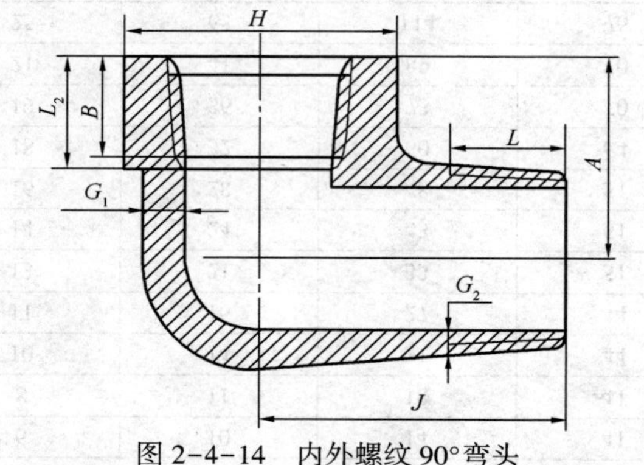

图 2-4-14　内外螺纹 90°弯头

表 2-4-19　内外螺纹 90°弯头尺寸

（mm）

公称直径 DN	螺纹尺寸代号 NPT	中心至内螺纹端面 A②		中心至外螺纹端面 J		端部外径 H③		本体壁厚 G_{1min}		本体壁厚 G_{2min}④		内螺纹完整长度 B_{min}	内螺纹有效长度 L_{2min}	外螺纹长度 L_{min}
		3000	6000	3000	6000	3000	6000	3000	6000	3000	6000			
6	1/8	19	22	25	32	19	25	3.18	5.08	2.74	4.22	6.4	6.7	10
8	1/4	22	25	32	38	25	32	3.30	5.66	3.22	5.28	8.1	10.2	11
10	3/8	25	28	38	41	32	38	3.51	6.98	3.50	5.59	9.1	10.4	13
15	1/2	28	35	41	48	38	44	4.09	8.15	4.16	6.53	10.9	13.6	14
20	3/4	35	44	48	57	44	51	4.32	8.53	4.88	6.86	12.7	13.9	16
25	1	44	51	57	66	51	62	4.98	9.93	5.56	7.95	14.7	17.3	19
(32)①	11/4	51	54	66	71	62	70	5.28	10.59	5.56	8.48	17.0	18.0	21
40	11/2	54	64	71	84	70	84	5.56	11.07	6.25	8.89	17.8	18.4	21
50	2	64	83	84	105	84	102	7.14	12.09	7.64	9.70	19.0	19.2	22

注：① 带括号者不推荐选用。

② 制造商可采用本标准表 2-4-16 中 90°弯头的 A 尺寸。

③ 制造商可采用本标准表 2-4-16 中的 H 尺寸。

④ 为加工螺纹前的壁厚。

（7）异径管件的外形尺寸应与等径管件相同，异径管件小端的承插孔径、承插孔深度和螺纹长度应符合小端公称直径对应的尺寸规定。异径管件的流通孔径应符合小端公称直径对应的尺寸规定。

三、钢制异径短节（SH/T 3419—2007）

1. 钢制异径短节的类别及代号见表2-4-20。

表2-4-20 钢制异径短节的类别及代号

名　称	类　别	代　号
钢制异径短节（SNIP）	同心	CSNIP
	偏心	ESNIP

2. 钢制异径短节的端面型式及代号见表2-4-21。

表2-4-21 钢制异径短节的端面型式及代号

端面型式	代号	端面型式	代号
大端坡口/小端平口	BLE/PSE	两端坡口	BBE
大端坡口/小端锥管螺蚊	BLE/TSE	两端坡口	PBE
大端平口/小端锥管螺蚊	PLE/TSE	两端锥管螺蚊	TBE

3. 结构型式与尺寸系列

（1）钢制异径短节的结构型式应符合图2-4-15（a）、（b）的要求。

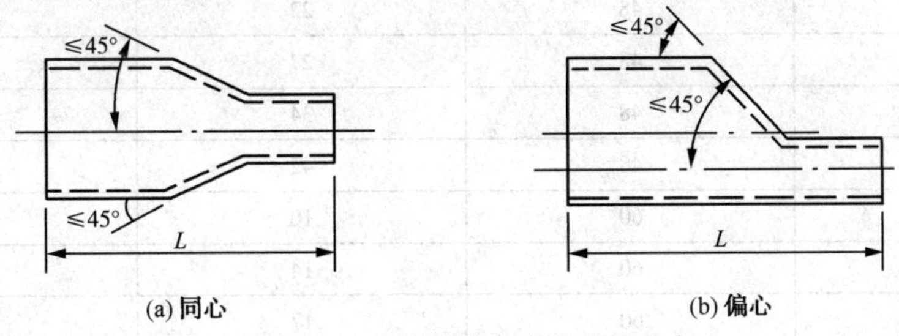

图2-4-15 钢制异径短节的结构型式

（2）钢制异径短节的尺寸系列见表2-4-22。

表2-4-22 钢制异径短节的尺寸系列 （mm）

公称直径 *DN*（大端×小端）	端部外径		长度 *L*
	大　端	小　端	
8×6	14	10	57
10×6	17	10	64
10×8	17	14	64
15×6	22	10	70
15×8	22	14	70
15×10	22	17	70
20×6	27	10	76

续表

公称直径 DN （大端×小端）	端部外径		长度 L
	大　端	小　端	
20×8	27	14	76
20×10	27	17	76
20×15	27	22	76
25×6	34	10	89
25×8	34	14	89
25×10	34	17	89
25×15	34	22	89
25×20	34	27	89
32×6	42	10	102
32×8	42	14	102
32×10	42	17	102
32×15	42	22	102
32×20	42	27	102
32×25	42	34	102
40×6	48	10	114
40×8	48	14	114
40×10	48	17	114
40×15	48	22	114
40×20	48	27	114
40×25	48	34	114
40×32	48	42	114
50×6	60	10	165
50×8	60	14	165
50×10	60	17	165
50×15	60	22	165
50×20	60	27	165
50×25	60	34	165
50×32	60	42	165
50×40	60	48	165
65×6	76	10	178
65×8	76	14	178
65×10	76	17	178
65×15	76	22	178
65×20	76	27	178
65×25	76	34	178
65×32	76	42	178

续表

公称直径 DN （大端×小端）	端部外径		长度 L
	大　端	小　端	
65×40	76	48	178
65×50	76	60	178
80×6	89	10	203
80×8	89	14	203
80×10	89	17	203
80×15	89	22	203
80×20	89	27	203
80×25	89	34	203
80×32	89	42	203
80×40	89	48	203
80×50	89	60	203
80×65	89	76	203
100×8	114	14	229
100×10	114	17	229
100×15	114	22	229
100×20	114	27	229
100×25	114	34	229
100×32	114	42	229
100×40	114	48	229
100×50	114	60	229
100×65	114	76	229
100×80	114	89	229
125×8	140	14	279
125×10	140	17	279
125×15	140	22	279
125×20	140	27	279
125×25	140	34	279
125×32	140	42	279
125×40	140	48	279
125×50	140	60	279
125×65	140	76	279
125×80	140	89	279
125×100	140	114	279

续表

公称直径 *DN*（大端×小端）	端部外径		长度 *L*
	大端	小端	
150×15	168	22	304
150×20	168	27	304
150×25	168	34	304
150×32	168	42	304
150×40	168	48	304
150×50	168	60	304
150×65	168	76	304
150×80	168	89	304
150×100	168	114	304
150×125	168	140	304
200×25	219	34	330
200×32	219	42	330
200×40	219	48	330
200×50	219	60	330
200×65	219	76	330
200×80	219	89	330
200×100	219	114	330
200×125	219	140	330
200×150	219	168	330
250×50	273	60	381
250×65	273	76	381
250×80	273	89	381
250×100	273	114	381
250×125	273	140	381
250×150	273	168	381
250×200	273	219	381
300×50	325	60	406
300×65	325	76	406
300×80	325	89	406
300×100	325	114	406
300×125	325	140	406
300×150	325	168	406
300×200	325	219	406
300×250	325	273	406

注：大端和小端的直管长度应相当，且应满足承插焊及螺纹连接的要求。

4. 壁厚

钢制异径短节用无缝钢管壁厚分级见表 2-4-23。

表 2-4-23　无缝钢管壁厚分级

公称直径	外径	壁厚														
		Sch5S	Sch10S	Sch20S	Sch40S	Sch80S	Sch20	Sch30	Sch40	Sch60	Sch80	Sch100	Sch120	Sch140	Sch160	XXS
6	10	—	1.24	—	1.73	2.41	—	—	1.73	—	2.41	—	—	—	—	—
8	14	—	1.65	—	2.24	3.02	—	—	2.24	—	3.02	—	—	—	—	—
10	17	1.2	1.6	2.0	2.5	3.2	—	—	2.5	—	3.5	—	—	—	—	—
15	22	1.6	2.0	2.5	3.0	4.0	—	—	3.0	—	4.0	—	—	—	5.0	7.5
20	27	1.6	2.0	2.5	3.0	4.0	—	—	3.0	—	4.0	—	—	—	5.5	8.0
25	34	1.6	2.8	3.0	3.5	4.5	—	—	3.5	—	4.5	—	—	—	6.5	9.0
32	42	1.6	2.8	3.0	3.5	5.0	—	—	3.5	—	5.0	—	—	—	6.5	10.0
40	48	1.6	2.8	3.0	4.0	5.0	—	—	4.0	—	5.0	—	—	—	7.0	10.0
50	50	1.6	2.8	3.5	4.0	5.5	3.5	—	4.0	5.0	5.5	—	7.0	—	8.5	11.0
65	76	2.0	3.0	3.5	5.0	7.0	4.5	—	5.0	6.0	7.0	—	8.0	—	9.5	14.0
80	89	2.0	3.0	4.0	5.5	7.5	4.5	—	5.5	6.5	7.5	—	9.0	—	11.0	15.0
100	114	2.0	3.0	4.0	6.0	8.6	5.0	—	6.0	7.0	8.5	—	11.0	—	14.0	17.0
125	140	2.8	3.5	5.0	6.5	9.6	6.0	—	6.5	8.0	9.5	—	13.0	—	16.0	19.0
150	168	2.8	3.5	5.0	7.0	11.0	5.5	6.5	7.0	9.5	11.0	—	14.0	—	18.0	22.0
200	219	2.8	4.9	6.5	8.0	13.0	6.5	7.0	8.0	10.0	13.0	15.0	18.0	20.0	24.0	23.0
250	273 273.1(S)	3.5	4.0	6.5	9.5	15.0	6.5	8.0	9.5	13.0	15.0	18.0	22.0	25.0	28.0	25.0
300	325	4.0	4.5	6.5	9.5	17.0	6.5	8.5	10.0	14.0	17.0	22.0	25.0	28.0	34.0	26.0

注：壁厚表号后面带 S 者仅用于奥氏体不锈钢。

四、石油化工锻钢制承插焊和螺纹活接头（SH/T 3424—2011）

1. 类型与代号

(1) 活接头由凸面接头、凹面接头和连接螺帽(下文简称螺帽)等部件组成。

(2) 活接头的连接形式有承插焊、60°螺纹和55°螺纹连接。

(3) 活接头代号见表 2-4-24。

表 2-4-24　活接头代号

名　称	承插焊活接头	60°管螺纹活接头	55°管螺纹活接头
代　号	USW	UTH1	UTH2

2. 接管尺寸

(1) 与活接头连接的管子尺寸应符合国家现行标准 SH/T 3405 的有关规定。

(2) 接管尺寸有特殊要求时，用户应在合同中注明。

3. 压力-温度额定值

活接头的压力-温度额定值见表 2-4-25。

表 2-4-25　压力-温度额定值

温度/℃	无冲击工作压力/MPa			
	ASTM A105	ASTM A182 F316	ASTM A182 F304L F316L	ASTM A182 F304
37. 8	20. 67	20. 08	16. 74	20. 08
93. 3	18. 84	17. 29	14. 12	16. 74
148. 9	18. 29	15. 61	12. 64	14. 74
204. 4	17. 67	14. 33	11. 51	13. 13
260. 0	16. 71	13. 33	10. 65	12. 20
315. 6	15. 30	12. 61	10. 06	11. 58
343. 3	15. 02	12. 40	9. 78	11. 37
371. 1	14. 85	12. 06	9. 58	11. 23
398. 9	—	11. 78	9. 37	11. 09
426. 7	—	11. 58	9. 16	10. 99
454. 4	—	11. 33	8. 96	10. 85
482. 2	—	10. 99	—	10. 71
510. 0	—	10. 78	—	10. 44
537. 8	—	10. 13	—	8. 96

注：表中数据来自于 MSS SP-83。

4. 结构型式和尺寸

(1) 承插焊活接头的结构型式如图 2-4-16 所示。尺寸见表 2-4-26。

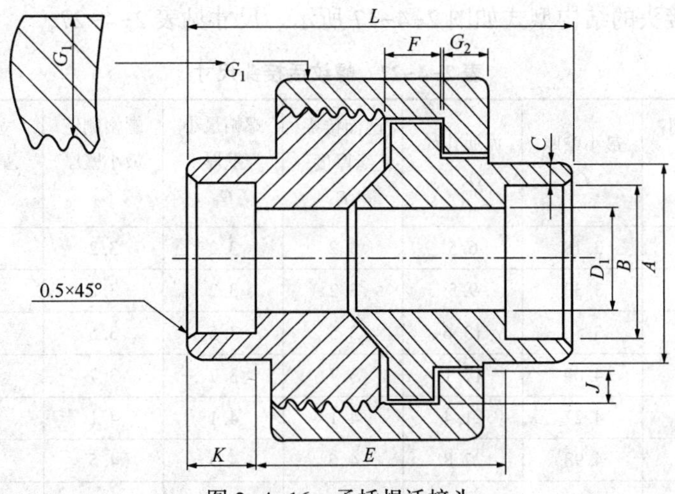

图 2-4-16　承插焊活接头

表 2-4-26　承插焊活接头尺寸

（mm）

公称直径 DN	管端最小外径 A	承插孔径 B	最小壁厚 C	流通孔径 $D_1$①	承插孔底安装间距 E	凸面接头突缘厚度 F	螺帽最小壁厚 G_1	螺帽侧壁最小壁厚 G_2	支撑台最小值 J	承插孔深度最小值 K	安装长度 L
6	22	10.9	3.18	6.1	19.1	3.2	3.2	3.2	1.3	9.5	42
8	22	14.3	3.30	8.5	19.1	3.2	3.2	3.2	1.3	9.5	42
10	26	17.7	3.50	11.8	20.6	3.5	3.5	3.5	1.4	9.5	46
15	33	21.9	4.09	15.0	20.6	3.7	3.7	3.7	1.5	9.5	50
20	38	27.3	4.27	20.2	25.4	4.1	4.1	4.1	1.7	12.5	58
25	46	34.0	4.98	25.9	26.2	4.6	4.5	4.5	1.9	12.5	62
32	56	42.8	5.28	34.3	32.5	5.4	5.3	5.3	2.2	12.5	72
40	62	48.9	5.54	40.1	34.0	5.9	5.6	5.6	2.4	12.5	76
50	76	61.2	6.04	51.7	37.3	6.6	6.4	6.4	2.7	16.0	86
65	92	73.9	7.67	61.2	52.1	7.5	7.2	7.2	3.1	16.0	102
80	109	89.9	8.30	76.4	53.6	8.3	8.0	8.0	3.6	16.0	110

注：① 制造厂应根据流通孔径值来确定凹/凸面接头的密封座接触线的直径。

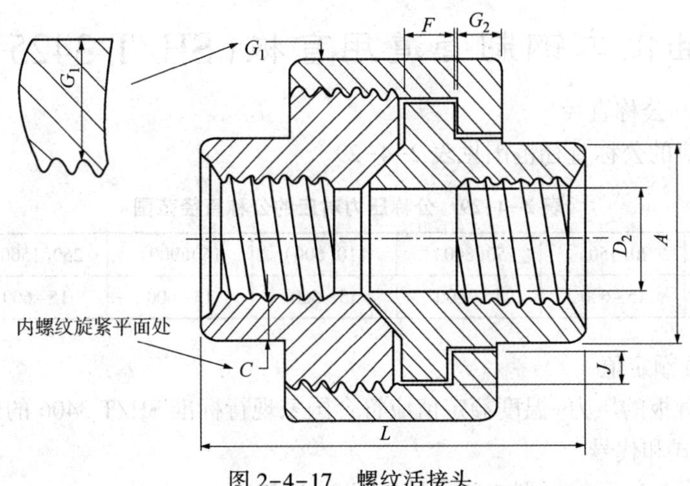

图 2-4-17　螺纹活接头

（2）螺纹活接头的结构型式如图 2-4-17 所示。尺寸见表 2-4-27。

表 2-4-27　螺纹活接头尺寸　　（mm）

公称直径 DN	管端最小外径 A	最小壁厚 C	流通孔径 $D_2$①	凸面接头缘厚度 F	螺帽最小壁厚 G_1	螺帽侧壁最小壁厚 G_2	支撑台最小值 J	安装长度 L
6	22	3. 18	6. 5	3. 2	3. 2	3. 2	1. 3	42
8	22	3. 30	9. 5	3. 2	3. 2	3. 2	1. 3	42
10	25	3. 50	13. 6	3. 5	3. 5	3. 5	1. 4	46
15	33	4. 09	17. 1	3. 7	3. 7	3. 7	1. 5	50
20	38	4. 27	21. 4	4. 1	4. 1	4. 1	1. 7	58
25	46	4. 98	27. 8	4. 6	4. 5	4. 5	1. 9	62
32	56	5. 28	35. 4	5. 4	5. 3	5. 3	2. 2	72
40	62	5. 54	41. 2	5. 9	5. 6	5. 6	2. 4	76
50	76	6. 04	52. 2	6. 6	6. 4	6. 4	2. 7	86
65	92	7. 62	64. 4	7. 5	7. 2	7. 2	3. 1	102
80	109	8. 30	77. 3	8. 3	8. 0	8. 0	3. 6	110

注：① 制造厂应根据流通孔径值来确定凹/凸面接头的密封座接触线的直径。

5. 螺帽的安装扭矩宜符合表 2-4-28 的规定。

表 2-4-28　螺帽安装扭矩

公称直径 DN	安装扭矩/(N · m)	公称直径 DN	安装扭矩/(N · m)
6	≥115	32	≥176
8	≥115	40	≥176
10	≥136	50	≥176
15	≥136	65	≥203
20	≥163	80	≥203
25	≥163		

五、石油化工钢制管道用盲板（SH/T 3425—2011）

1. 公称压力和公称直径

公称压力对应的公称直径范围见表 2-4-29。

表 2-4-29　公称压力对应的公称直径范围

公称压力 PN(Class)	20(150)	50(300)	110(600)	150(900)	260(1500)	420(2500)
公称直径 DN	15~600	15~600	15~600	15~600	15~600	15~300

2. 压力-温度额定值

钢制管道用盲板的压力-温度额定值应符合国家现行标准 SH/T 3406 的规定。

3. 密封面型式和代号

钢制管道用盲板的密封面型式和代号见表 2-4-30。

表 2-4-30　密封面型式和代号

密封面型式	全平面	突面	凸面	凸环连接面	凹环连接面
代号	FF	RF	LM	MRJ	FRJ

注：① 盲板的公称压力为 *PN*20(Class150)，密封面型式为凸环连接面(MRJ)和凹环连接面(FRJ)时，公称直径为 *DN*25～*DN*600。

② 盲板的密封面型式为凸面(LM)时，最小公称压力为 *PN*50(Class300)。

4. 型式和代号

盲板的型式和代号见表 2-4-31。

表 2-4-31　盲板型式和代号

盲板型式	8 字盲板	单盲板	单垫环
代号	SB	PB	PS

5. 结构型式

(1) 8 字盲板的结构型式如图 2-4-18 所示。腹板上孔的直径(ϕ)应与法兰螺栓孔相同，且不应妨碍法兰之间紧固件的紧固。

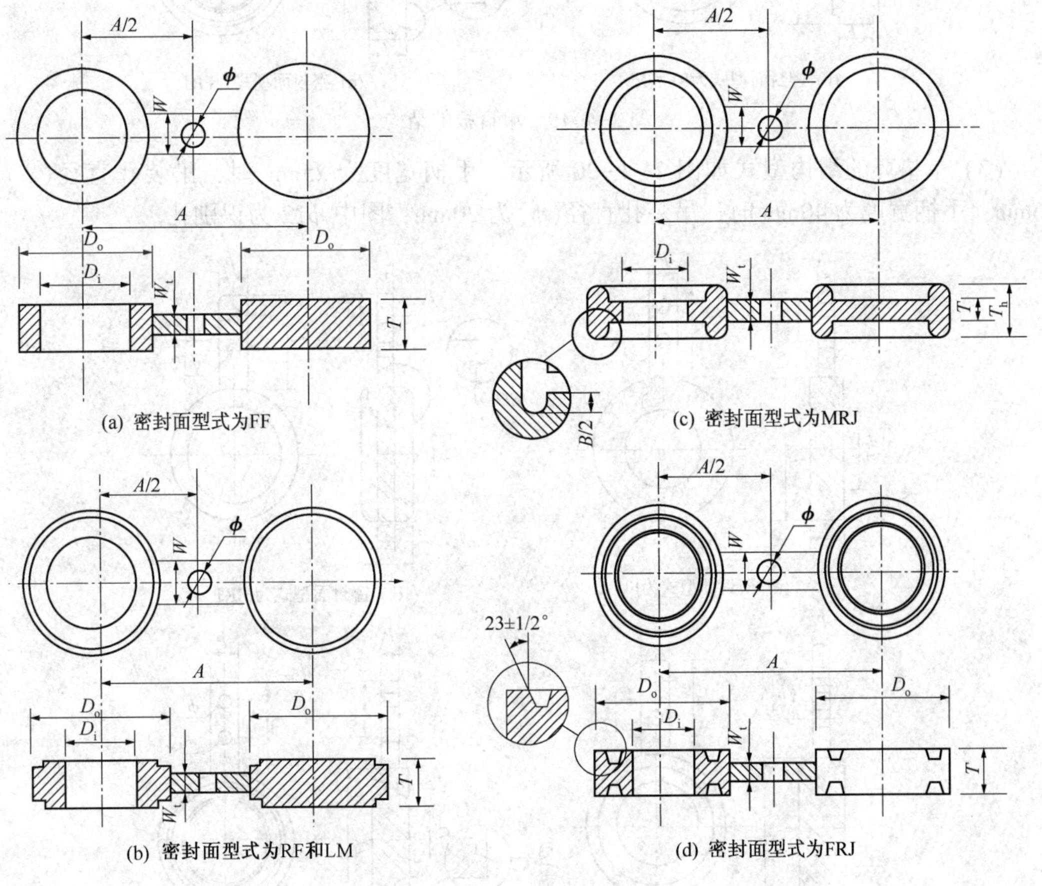

图 2-4-18　8 字盲板的结构

(2) 单盲板的结构型式如图 2-4-19 所示。手柄宽度为 25mm 时，吊装孔直径(ϕ)为 16mm；手柄宽度为 40mm 时，吊装孔直径(ϕ)为 20mm。

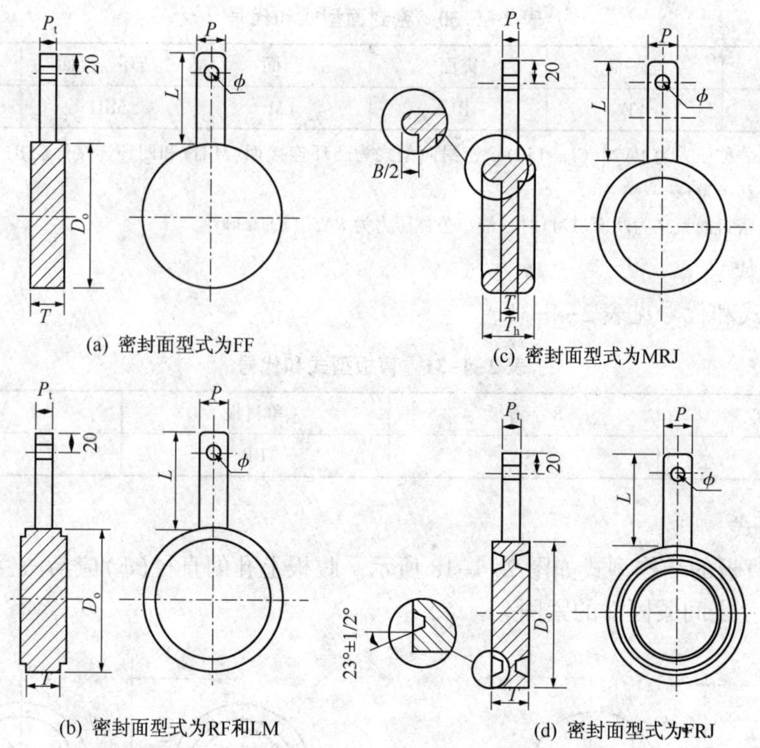

图 2-4-19　单盲板的结构

（3）单垫环的结构型式如图 2-4-20 所示。手柄宽度为 25mm 时，吊装孔直径(ϕ)为 16mm；手柄宽度为 40mm 时，吊装孔直径(ϕ)为 20mm；图中 ϕ12 为识别孔。

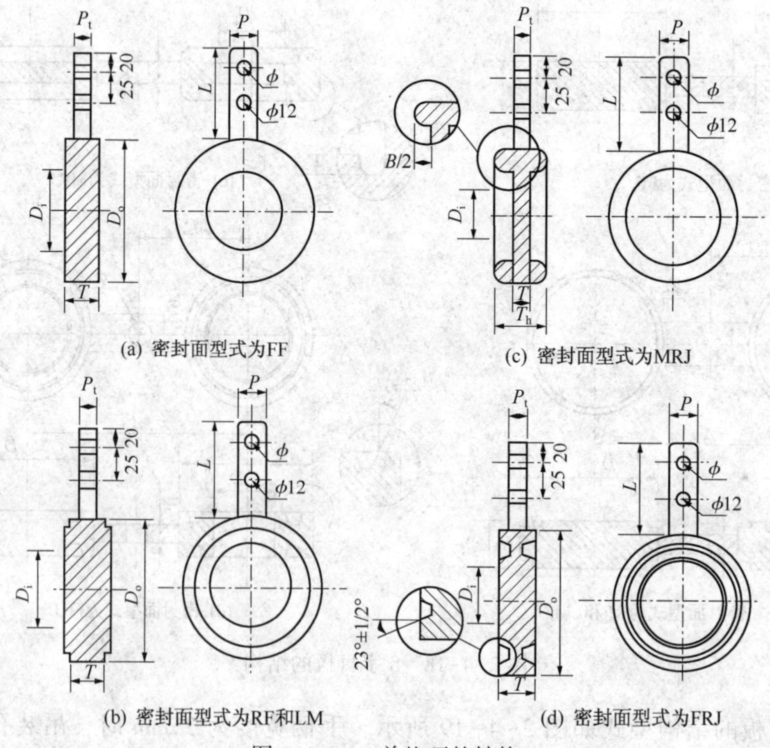

图 2-4-20　单垫环的结构

6. 尺寸系列

（1）公称压力 *PN*20(Class150)，密封面型式为 FF 和 RF 的盲板尺寸见表 2-4-32。密封面为 RF 时，密封面的尺寸应符合 SH/T 3406 的有关规定，表中的厚度不包括突台高度。

表 2-4-32　公称压力 *PN*20(Class150)，密封面型式为 FF 和 RF 的盲板尺寸　(mm)

公称直径 *DN*	内径尺寸 D_i	外径尺寸 D_o	中心线距离 *A*	盲板厚度 *T*	腹板宽度 *W*	腹板厚度 W_t	手柄宽度 *P*	手柄厚度 P_t	手柄长度 *L*
15	16.0	44.0	60.3	3.0	38	3.0	25	3.0	100
20	21.0	53.0	69.9	3.0	38	3.0	25	3.0	100
25	27.0	63.0	79.4	3.0	38	3.0	25	3.0	100
(32)	42.0	72.0	88.9	6.4	38	6.4	25	3.0	100
40	48.0	82.0	98.4	6.4	38	6.4	25	3.0	100
50	60.0	102.0	120.7	6.4	51	6.4	25	3.0	100
(65)	73.0	121.0	139.7	6.4	51	6.4	25	3.0	100
80	89.0	133.0	152.4	6.4	64	6.4	25	3.0	100
100	114.0	172.0	190.5	9.7	64	9.7	25	3.0	100
(125)	141.0	193.0	215.9	9.7	76	9.7	25	3.0	100
150	168.0	219.0	241.3	12.7	76	10.0	40	6.0	100
200	219.0	276.0	298.5	12.7	76	10.0	40	6.0	100
250	273.0	336.0	362.0	15.7	102	10.0	40	6.0	100
300	324.0	405.0	431.8	19.1	102	10.0	40	6.0	100
350	356.0	446.0	476.3	19.1	108	10.0	40	6.0	100
400	406.0	509.0	539.8	22.4	108	12.0	40	8.0	100
450	457.0	544.0	577.9	25.4	114	12.0	40	8.0	120
500	508.0	602.0	635.0	28.4	121	14.0	40	8.0	120
600	610.0	713.0	749.3	31.8	140	16.0	40	10.0	120

（2）公称压力 *PN*50(Class300)，密封面型式为 FF 和 RF 的盲板尺寸见表 2-4-33。密封面为 RF 时，密封面的尺寸应符合 SH/T 3406 的有关规定，表中的厚度不包括突台高度。

表 2-4-33　公称压力 *PN*50(Class300)，密封面型式为 FF 和 RF 的盲板尺寸　(mm)

公称直径 *DN*	内径尺寸 D_i	外径尺寸 D_o	中心线距离 *A*	盲板厚度 *T*	腹板宽度 *W*	腹板厚度 W_t	手柄宽度 *P*	手柄厚度 P_t	手柄长度 *L*
15	16.0	50.0	66.7	6.4	38	6.4	25	3.0	100
20	21.0	64.0	82.6	6.4	38	6.4	25	3.0	100
25	27.0	70.0	88.9	6.4	38	6.4	25	3.0	100
(32)	42.0	79.0	98.4	6.4	38	6.4	25	3.0	100
40	48.0	92.0	114.3	6.4	38	6.4	25	3.0	100
50	60.0	108.0	127.0	9.7	51	9.7	25	3.0	100
(65)	73.0	127.0	149.2	9.7	51	9.7	25	3.0	100

续表

公称直径 DN	内径尺寸 D_i	外径尺寸 D_o	中心线距离 A	盲板厚度 T	腹板宽度 W	腹板厚度 W_t	手柄宽度 P	手柄厚度 P_t	手柄长度 L
80	89.0	146.0	168.3	9.7	64	9.7	25	3.0	100
100	114.0	178.0	200.0	12.7	64	10.0	25	6.0	100
(125)	141.0	213.0	235.0	15.7	76	10.0	25	6.0	100
150	168.0	247.0	269.9	15.7	76	10.0	40	6.0	100
200	219.0	304.0	330.2	22.4	76	10.0	40	8.0	100
250	273.0	357.0	387.4	25.4	102	10.0	40	8.0	100
300	324.0	417.0	450.8	28.4	102	12.0	40	10.0	100
350	356.0	481.0	514.4	31.8	108	12.0	40	10.0	120
400	406.0	535.0	571.5	38.1	108	16.0	40	10.0	120
450	457.0	592.0	628.6	41.1	114	18.0	40	12.0	120
500	508.0	649.0	685.8	44.5	121	20.0	40	12.0	120
600	610.0	770.0	812.8	50.8	140	26.0	40	12.0	140

(3) 公称压力 *PN*110(Class600)，密封面型式为 FF 和 RF 的盲板尺寸见表 2-4-34。密封面为 RF 时，密封面的尺寸应符合 SH/T 3406 的有关规定，表中的厚度不包括突台高度。

表 2-4-34 公称压力 *PN*110(Class600)，密封面型式为 FF 和 RF 的盲板尺寸 (mm)

公称直径 DN	内径尺寸 D_i	外径尺寸 D_o	中心线距离 A	盲板厚度 T	腹板宽度 W	腹板厚度 W_t	手柄宽度 P	手柄厚度 P_t	手柄长度 L
15	16.0	50.0	66.7	6.4	38	6.4	25	3.0	100
20	21.0	64.0	82.6	6.4	38	6.4	25	3.0	100
25	27.0	70.0	88.9	6.4	57	6.4	25	3.0	100
(32)	37.0	79.0	98.4	9.7	57	9.7	25	3.0	100
40	43.0	92.0	114.3	9.7	67	9.7	25	3.0	100
50	55.0	108.0	127.0	9.7	57	9.7	25	3.0	100
(65)	67.0	127.0	149.2	12.7	67	10.0	25	6.0	100
80	83.0	146.0	168.3	12.7	67	10.0	25	6.0	100
100	108.0	189.0	215.9	15.7	76	10.0	40	6.0	100
(125)	135.0	236.0	266.7	19.1	86	10.0	40	6.0	100
150	162.0	262.0	292.1	22.4	86	10.0	40	8.0	100
200	212.0	316.0	349.2	28.4	95	10.0	40	8.0	120
250	265.0	395.0	431.8	35.1	105	12.0	40	10.0	120
300	315.0	453.0	489.0	41.1	105	14.0	40	10.0	120
350	346.0	488.0	527.0	44.5	114	14.0	40	10.0	120
400	397.0	561.0	603.2	50.8	124	18.0	40	10.0	120
450	448.0	609.0	654.0	53.8	133	20.0	40	12.0	120
500	497.0	678.0	723.9	63.5	133	24.0	40	12.0	120
600	597.0	787.0	838.2	73.2	152	30.0	40	12.0	140

（4）公称压力 *PN*150(Class900)，密封面型式为 FF 和 RF 的盲板尺寸见表 2-4-35。密封面为 RF 时，密封面的尺寸应符合 SH/T 3406 的有关规定，表中的厚度不包括突台高度。

表 2-4-35　公称压力 *PN*150(Class900)，密封面型式为 FF 和 RF 的盲板尺寸　（mm）

公称直径 DN	内径尺寸 D_i	外径尺寸 D_o	中心线距离 A	盲板厚度 T	腹板宽度 W	腹板厚度 W_t	手柄宽度 P	手柄厚度 P_t	手柄长度 L
15	16.0	60.0	82.6	6.4	38	6.4	25	3.0	100
20	21.0	66.0	88.9	6.4	41	6.4	25	3.0	100
25	27.0	75.0	101.6	6.4	57	6.4	25	3.0	100
(32)	37.0	85.0	111.1	9.7	57	9.7	25	3.0	100
40	43.0	93.0	123.8	9.7	67	9.7	25	3.0	100
50	55.0	139.0	165.1	12.7	57	10.0	25	6.0	100
(65)	67.0	160.0	190.5	12.7	67	10.0	25	6.0	100
80	83.0	164.0	190.5	15.7	67	10.0	25	6.0	100
100	108.0	202.0	235.0	19.1	76	10.0	40	6.0	100
(125)	135.0	243.0	279.4	22.4	86	10.0	40	8.0	120
150	162.0	284.0	317.5	25.4	86	10.0	40	8.0	120
200	212.0	354.0	393.7	35.1	95	12.0	40	10.0	120
250	265.0	430.0	469.9	41.1	105	12.0	40	10.0	120
300	315.0	494.0	533.4	47.8	105	16.0	40	10.0	120
350	346.0	516.0	558.8	53.8	114	18.0	40	10.0	120
400	397.0	571.0	616.0	60.5	124	20.0	40	12.0	120
450	448.0	634.0	685.8	66.5	133	24.0	40	12.0	140
500	497.0	694.0	749.3	73.2	133	28.0	40	12.0	140
600	597.0	833.0	901.7	88.9	152	40.0	40	14.0	160

（5）公称压力 *PN*260(Class1500)，密封面型式为 FF 和 RF 的盲板尺寸见表 2-4-36。密封面为 RF 时，密封面的尺寸应符合 SH/T 3406 的有关规定，表中的厚度不包括突台高度。

表 2-4-36　公称压力 *PN*260(Class1500)，密封面型式为 FF 和 RF 的盲板尺寸　（mm）

公称直径 DN	内径尺寸 D_i	外径尺寸 D_o	中心线距离 A	盲板厚度 T	腹板宽度 W	腹板厚度 W_t	手柄宽度 P	手柄厚度 P_t	手柄长度 L
15	16.0	60.0	82.6	6.4	38	6.4	25	3.0	100
20	21.0	66.0	88.9	9.7	41	9.7	25	3.0	100
25	27.0	75.0	101.6	9.7	64	9.7	25	3.0	100
(32)	35.0	85.0	111.1	9.7	64	9.7	25	3.0	100
40	41.0	93.0	123.8	12.7	70	10.0	25	6.0	100
50	53.0	139.0	165.1	12.7	70	10.0	25	6.0	100

续表

公称直径 DN	内径尺寸 D_i	外径尺寸 D_o	中心线距离 A	盲板厚度 T	腹板宽度 W	腹板厚度 W_t	手柄宽度 P	手柄厚度 P_t	手柄长度 L
(65)	63.0	160.0	190.5	15.7	76	10.0	25	6.0	100
80	78.0	170.0	203.2	19.1	76	10.0	25	6.0	100
100	102.0	205.0	241.3	22.4	89	10.0	40	8.0	120
(125)	128.0	250.0	292.1	28.4	89	10.0	40	8.0	120
150	154.0	278.0	317.5	35.1	89	10.0	40	8.0	120
200	203.0	348.0	393.7	41.1	102	12.0	40	10.0	120
250	255.0	431.0	482.6	50.8	114	14.0	40	10.0	140
300	303.0	516.0	571.5	60.5	114	20.0	40	10.0	140
350	333.0	575.0	635.0	66.5	127	24.0	40	10.0	140
400	381.0	636.0	704.8	76.2	133	28.0	40	12.0	160
450	429.0	700.0	774.7	85.9	146	34.0	40	12.0	160
500	478.0	751.0	831.8	95.3	152	38.0	40	14.0	180
600	575.0	896.0	990.6	111.3	178	50.0	40	18.0	200

(6) 公称压力 *PN*420(Class2500)，密封面型式为 FF 和 RF 的盲板尺寸见表 2-4-37。密封面为 RF 时，密封面的尺寸应符合 SH/T 3406 的有关规定，表中的厚度不包括突台高度。

表 2-4-37 公称压力 *PN*420(Class2500)，密封面型式为 FF 和 RF 的盲板尺寸 (mm)

公称直径 DN	内径尺寸 D_i	外径尺寸 D_o	中心线距离 A	盲板厚度 T	腹板宽度 W	腹板厚度 W_t	手柄宽度 P	手柄厚度 P_t	手柄长度 L
15	16.0	66.0	88.9	9.7	38	9.7	25	3.0	100
20	21.0	73.0	95.2	9.7	41	9.7	25	3.0	100
25	27.0	82.0	108.0	9.7	64	9.7	25	3.0	100
(32)	35.0	100.0	130.2	12.7	64	10.0	25	6.0	100
40	41.0	113.0	146.0	15.7	70	10.0	25	6.0	100
50	53.0	141.0	171.4	15.7	70	10.0	25	6.0	100
(65)	63.0	163.0	196.8	19.1	76	10.0	25	6.0	100
80	78.0	192.0	228.6	22.4	76	10.0	40	8.0	120
100	102.0	231.0	273.0	28.4	89	10.0	40	10.0	120
(125)	128.0	275.0	323.8	35.1	89	10.0	40	12.0	140
150	154.0	313.0	368.3	41.1	89	12.0	40	12.0	140
200	198.0	383.0	438.2	53.8	102	14.0	40	12.0	140
250	248.0	471.0	539.8	66.5	114	22.0	40	12.0	160
300	289.0	545.0	619.1	79.2	114	30.0	40	12.0	160

(7) 公称压力 *PN*50(Class300)，密封面型式为 LM 的盲板尺寸见表 2-4-38。密封面的尺寸应符合 SH/T 3406 的有关规定，表中的厚度不包括凸台高度。

表 2-4-38 公称压力 PN50(Class300)，密封面型式为 LM 的盲板尺寸 (mm)

公称直径 DN	内径尺寸 D_i	外径尺寸 D_o	中心线距离 A	盲板厚度 T	腹板宽度 W	腹板厚度 W_t	手柄宽度 P	手柄厚度 P_t	手柄长度 L
15	16.0	50.0	66.7	6.4	38	6.4	25	3.0	100
20	21.0	64.0	82.6	6.4	38	6.4	25	3.0	100
25	27.0	70.0	88.9	6.4	38	6.4	25	3.0	100
(32)	42.0	79.0	98.4	6.4	38	6.4	25	3.0	100
40	48.0	92.0	114.3	6.4	38	6.4	25	3.0	100
50	60.0	108.0	127.0	9.7	51	9.7	25	3.0	100
(65)	73.0	127.0	149.2	9.7	51	9.7	25	3.0	100
80	89.0	146.0	168.3	9.7	64	9.7	25	3.0	100
100	114.0	178.0	200.0	12.7	64	10.0	25	6.0	100
(125)	141.0	213.0	235.0	15.7	76	10.0	25	6.0	100
150	168.0	247.0	269.9	15.7	76	10.0	40	6.0	100
200	219.0	304.0	330.2	22.4	76	10.0	40	8.0	100
250	273.0	357.0	387.4	25.4	102	10.0	40	8.0	100
300	324.0	417.0	450.8	28.4	102	12.0	40	10.0	100
350	356.0	481.0	514.4	31.8	108	12.0	40	10.0	120
400	406.0	535.0	571.5	38.1	108	16.0	40	10.0	120
450	457.0	592.0	628.6	41.1	114	18.0	40	12.0	120
500	508.0	649.0	685.8	44.5	121	20.0	40	12.0	120
600	610.0	770.0	812.8	53.8	140	26.0	40	12.0	140

（8）公称压力 PN110(Class600)，密封面型式为 LM 的盲板尺寸见表 2-4-39。密封面的尺寸应符合 SH/T 3406 的有关规定，表中的厚度不包括凸台高度。

表 2-4-39 公称压力 PN110(Class600)，密封面型式为 LM 的盲板尺寸 (mm)

公称直径 DN	内径尺寸 D_i	外径尺寸 D_o	中心线距离 A	盲板厚度 T	腹板宽度 W	腹板厚度 W_t	手柄宽度 P	手柄厚度 P_t	手柄长度 L
15	16.0	50.0	66.7	6.4	38	6.4	25	3.0	100
20	21.0	64.0	82.6	6.4	38	6.4	25	3.0	100
25	27.0	70.0	88.9	6.4	57	6.4	25	3.0	100
(32)	37.0	79.0	98.4	9.7	57	9.7	25	3.0	100
40	43.0	92.0	114.3	9.7	67	9.7	25	3.0	100
50	55.0	108.0	127.0	9.7	57	9.7	25	3.0	100
(65)	67.0	127.0	149.2	12.7	67	10.0	25	6.0	100
80	83.0	146.0	168.3	12.7	67	10.0	25	6.0	100
100	108.0	189.0	215.9	15.7	76	10.0	40	6.0	100
(125)	135.0	236.0	266.7	19.1	86	10.0	40	6.0	100
150	162.0	262.0	292.1	22.4	86	10.0	40	8.0	100

续表

公称直径 DN	内径尺寸 D_i	外径尺寸 D_o	中心线距离 A	盲板厚度 T	腹板宽度 W	腹板厚度 W_t	手柄宽度 P	手柄厚度 P_t	手柄长度 L
200	212.0	316.0	349.2	28.4	95	10.0	40	8.0	120
250	265.0	395.0	431.8	35.1	105	12.0	40	10.0	120
300	315.0	453.0	489.0	41.1	105	14.0	40	10.0	120
350	346.0	488.0	527.0	44.5	114	14.0	40	10.0	120
400	397.0	561.0	603.2	50.8	124	18.0	40	10.0	120
450	448.0	609.0	654.0	57.0	133	20.0	40	12.0	120
500	497.0	678.0	723.9	63.5	133	24.0	40	12.0	120
600	597.0	787.0	838.2	76.2	152	30.0	40	12.0	140

（9）公称压力 *PN*150（Class900），密封面型式为 LM 的盲板尺寸见表 2-4-40。密封面的尺寸应符合 SH/T 3406 的有关规定，表中的厚度不包括凸台高度。

表 2-4-40　公称压力 *PN*150（Class900），密封面型式为 LM 的盲板尺寸　（mm）

公称直径 DN	内径尺寸 D_i	外径尺寸 D_o	中心线距离 A	盲板厚度 T	腹板宽度 W	腹板厚度 W_t	手柄宽度 P	手柄厚度 P_t	手柄长度 L
15	16.0	60.0	82.6	6.4	38	6.4	25	3.0	100
20	21.0	66.0	88.9	6.4	41	6.4	25	3.0	100
25	27.0	75.0	101.6	6.4	57	6.4	25	3.0	100
（32）	37.0	85.0	111.1	9.7	57	9.7	25	3.0	100
40	43.0	93.0	123.8	9.7	67	9.7	25	3.0	100
50	55.0	139.0	165.1	12.7	57	10.0	25	6.0	100
（65）	67.0	160.0	190.5	12.7	67	10.0	25	6.0	100
80	83.0	164.0	190.5	15.7	67	10.0	25	6.0	100
100	108.0	202.0	235.0	19.1	76	10.0	40	6.0	100
（125）	135.0	243.0	279.4	25.4	86	10.0	40	8.0	120
150	162.0	284.0	317.5	28.4	86	10.0	40	8.0	120
200	212.0	354.0	393.7	35.1	95	12.0	40	10.0	120
250	265.0	430.0	469.9	41.1	105	12.0	40	10.0	120
300	315.0	494.0	533.4	50.8	105	16.0	40	10.0	120
350	346.0	516.0	558.8	53.8	114	18.0	40	10.0	120
400	397.0	571.0	616.0	60.5	124	20.0	40	12.0	120
450	448.0	634.0	685.8	69.9	133	24.0	40	12.0	140
500	497.0	694.0	749.3	76.2	133	28.0	40	12.0	140
600	597.0	833.0	901.7	91.9	152	40.0	40	14.0	160

（10）公称压力 *PN*260（Class1500），密封面型式为 LM 的盲板尺寸见表 2-4-41。密封面的尺寸应符合 SH/T 3406 的有关规定，表中的厚度不包括凸台高度。

表 2-4-41　公称压力 *PN*260(Class1500)，密封面型式为 LM 的盲板尺寸　　(mm)

公称直径 *DN*	内径尺寸 D_i	外径尺寸 D_o	中心线距离 *A*	盲板厚度 *T*	腹板宽度 *W*	腹板厚度 W_t	手柄宽度 *P*	手柄厚度 P_t	手柄长度 *L*
15	16.0	60.0	82.6	6.4	38	6.4	25	3.0	100
20	21.0	66.0	88.9	9.7	41	9.7	25	3.0	100
25	27.0	75.0	101.6	9.7	64	9.7	25	3.0	100
(32)	35.0	85.0	111.1	9.7	64	9.7	25	3.0	100
40	41.0	93.0	123.8	12.7	70	10.0	25	6.0	100
50	53.0	139.0	165.1	15.7	70	10.0	25	6.0	100
(65)	63.0	160.0	190.5	15.7	76	10.0	25	6.0	100
80	78.0	170.0	203.2	22.4	76	10.0	25	6.0	100
100	102.0	205.0	241.3	25.4	89	10.0	40	8.0	120
(125)	128.0	250.0	292.1	31.8	89	10.0	40	8.0	120
150	154.0	278.0	317.5	35.1	89	10.0	40	8.0	120
200	203.0	348.0	393.7	44.5	10.2	12.0	40	10.0	120
250	255.0	431.0	482.6	53.8	114	14.0	40	10.0	140
300	303.0	516.0	571.5	63.5	114	20.0	40	10.0	140
350	333.0	575.0	635.0	69.9	127	24.0	40	10.0	140
400	381.0	636.0	704.8	79.2	133	28.0	40	12.0	160
450	429.0	700.0	774.7	91.9	146	34.0	40	12.0	160
500	478.0	751.0	831.8	98.6	152	38.0	40	14.0	180
600	575.0	896.0	990.6	117.3	178	50.0	40	18.0	200

(11) 公称压力 *PN*420(Class2500)，密封面型式为 LM 的盲板尺寸见表 2-4-42。密封面的尺寸应符合 SH/T 3406 的有关规定，表中的厚度不包括凸台高度。

表 2-4-42　公称压力 *PN*420(Class2500)，密封面型式为 LM 的盲板尺寸　　(mm)

公称直径 *DN*	内径尺寸 D_i	外径尺寸 D_o	中心线距离 *A*	盲板厚度 *T*	腹板宽度 *W*	腹板厚度 W_t	手柄宽度 *P*	手柄厚度 P_t	手柄长度 *L*
15	16.0	66.0	88.9	9.7	38	9.7	25	3.0	100
20	21.0	73.0	95.2	9.7	41	9.7	25	3.0	100
25	27.0	82.0	108.0	9.7	64	9.7	25	3.0	100
(32)	35.0	100.0	130.2	12.7	64	10.0	25	6.0	100
40	41.0	113.0	146.0	15.7	70	10.0	25	6.0	100
50	53.0	141.0	171.4	15.7	70	10.0	25	6.0	100
(65)	63.0	163.0	196.8	19.1	76	10.0	25	6.0	100
80	78.0	192.0	228.6	22.4	76	10.0	40	8.0	120
100	102.0	231.0	273.0	28.4	89	10.0	40	10.0	120
(125)	128.0	275.0	323.8	35.1	89	10.0	40	12.0	140
150	154.0	313.0	368.3	41.1	89	12.0	40	12.0	140

续表

公称直径 DN	内径尺寸 D_i	外径尺寸 D_o	中心线距离 A	盲板厚度 T	腹板宽度 W	腹板厚度 W_t	手柄宽度 P	手柄厚度 P_t	手柄长度 L
200	198.0	383.0	438.2	53.8	102	14.0	40	12.0	140
250	248.0	471.0	539.8	65.5	114	22.0	40	12.0	160
300	289.0	545.0	619.1	79.2	114	30.0	40	12.0	160

(12) 公称压力 *PN*20(Class150)，密封面型式为 MRJ 的盲板尺寸见表 2-4-43。密封面的尺寸应符合国家现行标准 SH/T 3403 的有关规定；图中的 T_h 等于椭圆型金属环垫的环高和 T 之和。

表 2-4-43　公称压力 *PN*20(Class150)，密封面型式为 MRJ 的盲板尺寸 (mm)

公称直径 DN	内径尺寸 D_i	中心线距离 A	盲板厚度 T	腹板宽度 W	腹板厚度 W_t	手柄宽度 P	手柄厚度 P_t	手柄长度 L
25	34.0	79.4	6.4	51	6.4	25	3.0	100
(32)	42.0	88.9	6.4	51	6.4	25	3.0	100
40	48.0	98.4	6.4	57	6.4	25	3.0	100
50	60.0	120.7	6.4	57	6.4	25	3.0	100
(65)	73.0	139.7	9.7	57	9.7	25	3.0	100
80	89.0	152.4	9.7	57	9.7	25	3.0	100
100	114.0	190.5	9.7	64	9.7	25	3.0	100
(125)	141.0	215.9	12.7	76	10.0	25	3.0	100
150	168.0	241.3	12.7	83	10.0	40	6.0	100
200	219.0	298.5	15.7	95	10.0	40	6.0	100
250	273.0	362.0	19.1	102	10.0	40	6.0	100
300	324.0	431.8	22.4	121	10.0	40	6.0	100
350	356.0	476.3	22.4	127	10.0	40	6.0	120
400	406.0	539.8	25.4	127	12.0	40	8.0	120
450	457.0	577.9	28.4	127	12.0	40	8.0	120
500	508.0	635.0	28.4	127	14.0	40	8.0	120
600	610.0	749.3	35.1	152	16.0	40	10.0	120

(13) 公称压力 *PN*50(Class300)，密封面型式为 MRJ 的盲板尺寸见表 2-4-44。密封面的尺寸应符合国家现行标准 SH/T 3403 的有关规定；图中的 T_h 等于椭圆型金属环垫的环高和 T 之和。

表 2-4-44　公称压力 *PN*50(Class300)，密封面型式为 MRJ 的盲板尺寸 (mm)

公称直径 DN	内径尺寸 D_i	中心线距离 A	盲板厚度 T	腹板宽度 W	腹板厚度 W_t	手柄宽度 P	手柄厚度 P_t	手柄长度 L
15	21.0	66.7	6.4	38	6.4	25	3.0	100
20	27.0	82.6	9.7	45	9.7	25	3.0	100
25	34.0	88.9	9.7	51	9.7	25	3.0	100

续表

公称直径 DN	内径尺寸 D_i	中心线距离 A	盲板厚度 T	腹板宽度 W	腹板厚度 W_t	手柄宽度 P	手柄厚度 P_t	手柄长度 L
(32)	42.0	98.4	9.7	51	9.7	25	3.0	100
40	48.0	114.3	9.7	57	9.7	25	3.0	100
50	60.0	127.0	12.7	57	10.0	25	3.0	100
(65)	73.0	149.2	15.7	57	10.0	25	3.0	100
80	89.0	168.3	15.7	57	10.0	25	3.0	100
100	114.0	200.0	15.7	64	10.0	25	6.0	100
(125)	141.0	235.0	19.1	76	10.0	25	6.0	100
150	168.0	269.9	22.4	83	10.0	40	6.0	100
200	219.0	330.2	25.4	95	10.0	40	8.0	100
250	273.0	387.4	28.4	102	10.0	40	8.0	120
300	324.0	450.8	35.1	121	12.0	40	10.0	120
350	356.0	514.4	38.1	127	12.0	40	10.0	140
400	406.0	571.5	41.1	127	16.0	40	10.0	140
450	457.0	628.6	44.5	127	18.0	40	12.0	140
500	508.0	685.8	50.8	127	20.0	40	12.0	140
600	610.0	812.8	57.2	152	26.0	40	12.0	160

(14) 公称压力 *PN*110(Class600)，密封面型式为 MRJ 的盲板尺寸见表 2-4-45。密封面的尺寸应符合国家现行标准 SH/T 3403 的有关规定；图中的 T_h 等于椭圆型金属环垫的环高和 *T* 之和。

表 2-4-45　公称压力 *PN*110(Class600)，密封面型式为 MRJ 的盲板尺寸　(mm)

公称直径 DN	内径尺寸 D_i	中心线距离 A	盲板厚度 T	腹板宽度 W	腹板厚度 W_t	手柄宽度 P	手柄厚度 P_t	手柄长度 L
15	21.0	66.7	6.4	38	6.4	25	3.0	100
20	27.0	82.6	9.7	45	9.7	25	3.0	100
25	34.0	88.9	9.7	51	9.7	25	3.0	100
(32)	42.0	98.4	9.7	57	9.7	25	3.0	100
40	48.0	114.3	9.7	57	9.7	25	3.0	100
50	60.0	127.0	12.7	51	10.0	25	3.0	100
(65)	73.0	149.2	15.7	57	10.0	25	6.0	100
80	89.0	168.3	15.7	67	10.0	25	6.0	100
100	114.0	215.9	19.1	73	10.0	40	6.0	120
(125)	141.0	266.7	22.4	73	10.0	40	6.0	120
150	168.0	292.1	28.4	73	10.0	40	8.0	120
200	219.0	349.2	35.1	83	10.0	40	8.0	120
250	273.0	431.8	41.1	121	12.0	40	10.0	140
300	324.0	489.0	47.8	121	14.0	40	10.0	140

续表

公称直径 DN	内径尺寸 D_i	中心线距离 A	盲板厚度 T	腹板宽度 W	腹板厚度 W_t	手柄宽度 P	手柄厚度 P_t	手柄长度 L
350	356.0	527.0	50.8	121	14.0	40	10.0	140
400	406.0	603.2	57.2	127	18.0	40	10.0	160
450	457.0	654.0	63.5	133	20.0	40	12.0	160
500	508.0	723.9	69.9	127	24.0	40	12.0	160
600	610.0	838.2	82.6	152	30.0	40	12.0	180

（15）公称压力 *PN*150（Class900），密封面型式为 MRJ 的盲板尺寸见表 2-4-46。密封面的尺寸应符合国家现行标准 SH/T 3403 的有关规定；图中的 T_h 等于椭圆型金属环垫的环高和 *T* 之和。

表 2-4-46　公称压力 *PN*150（Class900），密封面型式为 MRJ 的盲板尺寸　（mm）

公称直径 DN	内径尺寸 D_i	中心线距离 A	盲板厚度 T	腹板宽度 W	腹板厚度 W_t	手柄宽度 P	手柄厚度 P_t	手柄长度 L
15	21.0	82.6	9.7	38	9.7	25	3.0	100
20	27.0	88.9	9.7	45	9.7	25	3.0	100
25	34.0	101.6	9.7	51	9.7	25	3.0	100
（32）	42.0	111.1	12.7	54	10.0	25	3.0	100
40	48.0	123.8	12.7	54	10.0	25	3.0	100
50	60.0	165.1	15.7	51	10.0	25	6.0	120
（65）	73.0	190.5	19.1	54	10.0	25	6.0	120
80	89.0	190.5	19.1	67	10.0	25	6.0	120
100	114.0	235.0	25.4	73	10.0	40	6.0	120
（125）	141.0	279.4	28.4	73	10.0	40	8.0	140
150	168.0	317.5	31.8	73	10.0	40	8.0	140
200	219.0	393.7	41.1	79	12.0	40	10.0	160
250	273.0	469.9	47.8	121	12.0	40	10.0	160
300	324.0	533.4	57.2	121	16.0	40	10.0	160
350	356.0	558.8	60.5	121	18.0	40	10.0	160
400	406.0	616.0	69.9	127	20.0	40	12.0	160
450	457.0	685.8	76.2	133	24.0	40	12.0	180
500	508.0	749.3	85.9	127	28.0	40	12.0	180
600	610.0	901.7	98.6	152	40.0	40	14.0	220

（16）公称压力 *PN*260（Class1500），密封面型式为 MRJ 的盲板尺寸见表 2-4-47。密封面的尺寸应符合国家现行标准 SH/T 3403 的有关规定；图中的 T_h 等于椭圆型金属环垫的环高和 *T* 之和。

表 2-4-47 公称压力 *PN*260(Class1500)，密封面型式为 MRJ 的盲板尺寸 (mm)

公称直径 DN	内径尺寸 D_i	中心线距离 A	盲板厚度 T	腹板宽度 W	腹板厚度 W_t	手柄宽度 P	手柄厚度 P_t	手柄长度 L
15	21.0	82.6	9.7	38	9.7	25	3.0	100
20	27.0	88.9	9.7	45	9.7	25	3.0	100
25	34.0	101.6	12.7	54	10.0	25	3.0	100
(32)	42.0	111.1	12.7	54	10.0	25	3.0	100
40	48.0	123.8	15.7	57	10.0	25	6.0	100
50	60.0	165.1	19.1	54	10.0	25	6.0	120
(65)	73.0	190.5	22.4	57	10.0	25	6.0	120
80	89.0	203.2	28.4	73	10.0	25	6.0	120
100	114.0	241.3	31.8	76	10.0	40	8.0	120
(125)	141.0	292.1	38.1	76	10.0	40	8.0	140
150	168.0	317.5	41.1	79	10.0	40	8.0	140
200	219.0	393.7	50.8	86	12.0	40	10.0	160
250	273.0	482.6	63.5	133	14.0	40	10.0	180
300	324.0	571.5	73.2	133	20.0	40	10.0	200
350	356.0	635.0	79.2	140	24.0	40	10.0	220
400	406.0	704.8	88.9	146	28.0	40	12.0	220
450	457.0	774.7	98.6	152	34.0	40	12.0	240
500	508.0	831.8	108.0	165	38.0	40	14.0	240
600	610.0	990.6	127.0	178	50.0	40	18.0	280

(17) 公称压力 *PN*420(Class2500)，密封面型式为 MRJ 的盲板尺寸见表 2-4-48。密封面的尺寸应符合国家现行标准 SH/T 3403 的有关规定；图中的 T_h 等于椭圆型金属环垫的环高和 T 之和。

表 2-4-48 公称压力 *PN*420(Class2500)，密封面型式为 MRJ 的盲板尺寸 (mm)

公称直径 DN	内径尺寸 D_i	中心线距离 A	盲板厚度 T	腹板宽度 W	腹板厚度 W_t	手柄宽度 P	手柄厚度 P_t	手柄长度 L
15	21.0	88.9	12.7	41	9.7	25	3.0	100
20	27.0	95.2	15.7	48	9.7	25	3.0	100
25	34.0	108.0	15.7	54	9.7	25	3.0	100
(32)	42.0	130.2	19.1	54	10.0	25	6.0	100
40	48.0	146.0	22.4	61	10.0	25	6.0	120
50	60.0	171.4	25.4	57	10.0	25	6.0	120
(65)	73.0	196.8	28.4	61	10.0	25	6.0	120
80	89.0	228.6	31.8	76	10.0	40	8.0	140
100	114.0	273.0	38.1	83	10.0	40	10.0	140
(125)	141.0	323.8	47.8	89	10.0	40	12.0	160

续表

公称直径 DN	内径尺寸 D_i	中心线距离 A	盲板厚度 T	腹板宽度 W	腹板厚度 W_t	手柄宽度 P	手柄厚度 P_t	手柄长度 L
150	168.0	368.3	57.2	95	12.0	40	12.0	180
200	219.0	438.2	69.9	95	14.0	40	12.0	180
250	273.0	539.8	82.6	95	22.0	40	12.0	200
300	324.0	619.1	98.6	152	30.0	40	12.0	220

(18) 公称压力 *PN*20(Class150)，密封面型式为 FRJ 的盲板尺寸见表 2-4-49。密封面的尺寸应符合国家现行标准 SH/T 3406 的有关规定。

表 2-4-49　公称压力 *PN*20(Class150)，密封面型式为 FRJ 的盲板尺寸　(mm)

公称直径 DN	内径尺寸 D_i	外径尺寸 D_o	中心线距离 A	盲板厚度 T	腹板宽度 W	腹板厚度 W_t	手柄宽度 P	手柄厚度 P_t	手柄长度 L
25	34.0	63.5	79.4	19.1	51	6.0	25	6.0	100
(32)	42.0	73.0	88.9	19.1	51	6.0	25	6.0	100
40	48.0	82.5	98.4	19.1	57	6.0	25	6.0	100
50	60.0	102.0	120.7	19.1	57	6.0	25	6.0	100
(65)	73.0	121.0	139.7	22.4	57	6.0	25	6.0	100
80	89.0	133.0	152.4	22.4	57	6.0	25	6.0	100
100	114.0	171.0	190.5	22.4	64	8.0	25	8.0	100
(125)	141.0	194.0	215.9	25.4	70	8.0	25	8.0	100
150	168.0	219.0	241.3	25.4	83	8.0	40	8.0	100
200	219.0	273.0	298.5	28.4	95	10.0	40	10.0	100
250	273.0	330.0	362.0	31.8	102	10.0	40	10.0	100
300	324.0	406.0	431.8	35.1	121	10.0	40	12.0	100
350	356.0	425.0	476.3	35.1	127	12.0	40	12.0	120
400	406.0	483.0	539.8	38.1	127	12.0	40	12.0	120
450	457.0	546.0	577.9	41.1	127	14.0	40	12.0	120
500	508.0	597.0	635.0	41.1	127	14.0	40	12.0	120
600	610.0	711.0	749.3	47.8	152	18.0	40	12.0	120

(19) 公称压力 *PN*50(Class300)，密封面型式为 FRJ 的盲板尺寸见表 2-4-50。密封面的尺寸应符合国家现行标准 SH/T 3406 的有关规定。

表 2-4-50　公称压力 *PN*50(Class300)，密封面型式为 FRJ 的盲板尺寸　(mm)

公称直径 DN	内径尺寸 D_i	外径尺寸 D_o	中心线距离 A	盲板厚度 T	腹板宽度 W	腹板厚度 W_t	手柄宽度 P	手柄厚度 P_t	手柄长度 L
15	21.0	51.0	66.7	15.7	38	6.0	25	6.0	100
20	27.0	63.5	82.6	19.1	45	6.0	25	6.0	100
25	34.0	70.0	88.9	19.1	51	6.0	25	6.0	100

续表

公称直径 DN	内径尺寸 D_i	外径尺寸 D_o	中心线距离 A	盲板厚度 T	腹板宽度 W	腹板厚度 W_t	手柄宽度 P	手柄厚度 P_t	手柄长度 L
(32)	42.0	79.50	98.4	22.4	51	6.0	25	6.0	100
40	48.0	90.5	114.3	22.4	57	6.0	25	6.0	120
50	60.0	108.0	127.0	25.4	57	10.0	25	6.0	120
(65)	73.0	127.0	149.2	28.4	57	10.0	25	6.0	120
80	89.0	146.0	168.3	28.4	57	10.0	25	6.0	120
100	114.0	175.0	200.0	31.8	64	10.0	25	8.0	120
(125)	141.0	210.0	235.0	35.1	70	10.0	25	8.0	120
150	168.0	241.0	269.9	35.1	83	10.0	40	8.0	120
200	219.0	302.0	330.2	41.1	95	10.0	40	10.0	120
250	273.0	356.0	387.4	44.5	102	10.0	40	10.0	120
300	324.0	413.0	450.8	50.8	121	10.0	40	10.0	140
350	356.0	457.0	514.4	53.8	127	12.0	40	10.0	140
400	406.0	508.0	571.5	57.2	127	14.0	40	12.0	160
450	457.0	575.0	628.6	60.5	127	18.0	40	12.0	160
500	508.0	635.0	685.8	69.9	127	22.0	40	12.0	160
600	610.0	749.0	812.8	79.2	152	26.0	40	12.0	160

(20) 公称压力 *PN*110(Class600)，密封面型式为 FRJ 的盲板尺寸见表 2-4-51。密封面的尺寸应符合国家现行标准 SH/T 3406 的有关规定。

表 2-4-51　公称压力 *PN*110(Class600)，密封面型式为 FRJ 的盲板尺寸　　(mm)

公称直径 DN	内径尺寸 D_i	外径尺寸 D_o	中心线距离 A	盲板厚度 T	腹板宽度 W	腹板厚度 W_t	手柄宽度 P	手柄厚度 P_t	手柄长度 L
15	21.0	51.0	66.7	19.1	38	6.0	25	6.0	100
20	27.0	63.5	82.6	22.4	45	6.0	25	6.0	100
25	34.0	70.0	88.9	22.4	51	6.0	25	6.0	100
(32)	42.0	79.50	98.4	22.4	51	10.0	25	6.0	100
40	48.0	90.5	114.3	22.4	57	10.0	25	6.0	120
50	60.0	108.0	127.0	28.4	57	10.0	25	6.0	120
(65)	73.0	127.0	149.2	31.8	57	10.0	25	6.0	120
80	89.0	146.0	168.3	31.8	57	10.0	25	6.0	120
100	114.0	175.0	215.9	35.1	64	10.0	40	8.0	120
(125)	141.0	210.0	266.7	38.1	70	10.0	40	8.0	140
150	168.0	241.0	292.1	44.5	83	10.0	40	8.0	140
200	219.0	302.0	349.2	50.8	95	10.0	40	16.0	140

续表

公称直径 DN	内径尺寸 D_i	外径尺寸 D_o	中心线距离 A	盲板厚度 T	腹板宽度 W	腹板厚度 W_t	手柄宽度 P	手柄厚度 P_t	手柄长度 L
250	273.0	356.0	431.8	57.2	102	12.0	40	10.0	160
300	324.0	413.0	489.0	63.5	115	12.0	40	10.0	160
350	356.0	457.0	527.0	66.5	121	14.0	40	10.0	160
400	406.0	508.0	603.2	73.2	127	18.0	40	12.0	160
450	457.0	575.0	654.0	79.2	127	22.0	40	12.0	160
500	508.0	635.0	723.9	88.9	127	26.0	40	14.0	160
600	610.0	749.0	838.2	104.6	152	32.0	40	14.0	180

（21）公称压力 *PN*150（Class900），密封面型式为 FRJ 的盲板尺寸见表 2-4-52。密封面的尺寸应符合国家现行标准 SH/T 3406 的有关规定。

表 2-4-52　公称压力 *PN*150（Class900），密封面型式为 FRJ 的盲板尺寸　（mm）

公称直径 DN	内径尺寸 D_i	外径尺寸 D_o	中心线距离 A	盲板厚度 T	腹板宽度 W	腹板厚度 W_t	手柄宽度 P	手柄厚度 P_t	手柄长度 L
15	21.0	60.5	82.6	22.4	38	6.0	25	6.0	100
20	27.0	66.5	88.9	22.4	45	6.0	25	6.0	120
25	34.0	71.5	101.6	22.4	51	6.0	25	6.0	120
（32）	42.0	81.0	111.1	25.4	51	10.0	25	6.0	120
40	48.0	92.0	123.8	25.4	64	10.0	25	6.0	120
50	60.0	124.0	165.1	31.8	51	10.0	25	6.0	120
（65）	73.0	137.0	190.5	35.1	67	10.0	25	6.0	140
80	89.0	156.0	190.5	35.1	67	10.0	25	6.0	140
100	114.0	181.0	235.0	41.1	73	10.0	40	8.0	140
（125）	141.0	216.0	279.4	44.5	73	10.0	40	8.0	140
150	168.0	241.0	317.5	47.8	73	10.0	40	8.0	140
200	219.0	308.0	393.7	57.2	80	12.0	40	10.0	160
250	273.0	362.0	469.9	63.5	121	12.0	40	10.0	180
300	324.0	419.0	533.4	73.2	121	14.0	40	10.0	180
350	356.0	467.0	558.8	82.6	121	18.0	40	10.0	180
400	406.0	524.0	616.0	91.9	127	20.0	40	12.0	180
450	457.0	594.0	685.8	101.6	133	26.0	40	12.0	180
500	508.0	648.0	749.3	111.3	127	32.0	40	14.0	180
600	610.0	772.0	901.7	133.4	140	46.0	40	16.0	220

（22）公称压力 *PN*260（Class1500），密封面型式为 FRJ 的盲板尺寸见表 2-4-53。密封面的尺寸应符合国家现行标准 SH/T 3406 的有关规定。

表 2-4-53　公称压力 *PN*260(Class1500)，密封面型式为 FRJ 的盲板尺寸　(mm)

公称直径 DN	内径尺寸 D_i	外径尺寸 D_o	中心线距离 A	盲板厚度 T	腹板宽度 W	腹板厚度 W_t	手柄宽度 P	手柄厚度 P_t	手柄长度 L
15	21.0	60.5	82.6	22.4	3	6.0	25	6.0	100
20	27.0	66.5	88.9	25.4	45	10.0	25	6.0	120
25	34.0	71.5	101.6	25.4	54	10.0	25	6.0	120
(32)	42.0	81.0	111.1	25.4	54	10.0	25	6.0	120
40	48.0	92.0	123.8	28.4	57	10.0	25	6.0	120
50	60.0	124.0	165.1	35.1	54	10.0	25	6.0	120
(65)	73.0	137.0	190.5	38.1	57	10.0	25	6.0	140
80	89.0	168.0	203.2	44.5	73	10.0	25	6.0	140
100	114.0	194.0	241.3	47.8	76	10.0	40	8.0	140
(125)	141.0	229.0	292.1	53.8	76	10.0	40	8.0	160
150	168.0	248.0	317.5	60.5	79	10.0	40	8.0	160
200	219.0	318.0	393.7	73.2	86	14.0	40	10.0	160
250	273.0	371.0	482.6	82.5	133	14.0	40	10.0	180
300	324.0	438.0	571.5	101.6	133	20.0	40	10.0	200
350	356.0	489.0	635.0	111.3	140	24.0	40	10.0	220
400	406.0	546.0	704.8	124.0	146	28.0	40	12.0	220
450	457.0	613.0	774.7	133.0	152	34.0	40	12.0	240
500	508.0	673.0	831.8	142.7	165	38.0	40	14.0	240
600	610.0	794.0	990.6	168.1	178	54.0	40	20.0	260

(23) 公称压力 *PN*420(Class2500)，密封面型式为 FRJ 的盲板尺寸见表 2-4-54。密封面的尺寸应符合国家现行标准 SH/T 3406 的有关规定。

表 2-4-54　公称压力 *PN*420(Class2500)，密封面型式为 FRJ 的盲板尺寸　(mm)

公称直径 DN	内径尺寸 D_i	外径尺寸 D_o	中心线距离 A	盲板厚度 T	腹板宽度 W	腹板厚度 W_t	手柄宽度 P	手柄厚度 P_t	手柄长度 L
15	21.0	65.0	88.9	25.4	38	10.0	25	6.0	120
20	27.0	73.0	95.2	28.4	45	10.0	25	6.0	120
25	34.0	82.5	108.0	28.4	54	10.0	25	6.0	120
(32)	42.0	102.0	130.2	35.1	54	10.0	25	6.0	120
40	48.0	114.0	146.0	38.1	61	10.0	25	6.0	120
50	60.0	133.0	171.4	41.1	57	10.0	25	8.0	140
(65)	73.0	149.0	196.8	47.8	61	10.0	25	8.0	140
80	89.0	168.0	228.6	50.8	76	10.0	40	8.0	140
100	114.0	203.0	273.0	63.5	83	10.0	40	12.0	160
(125)	141.0	241.0	323.8	73.2	89	10.0	40	12.0	160
150	168.0	279.0	368.3	82.6	95	12.0	40	12.0	180
200	219.0	340.0	438.2	98.6	95	18.0	40	12.0	180
250	273.0	425.0	539.8	117.3	91	34.0	40	12.0	200
300	324.0	495.0	619.1	133.4	152	34.0	40	12.0	220

（24）本标准表2-4-32~表2-4-54中盲板厚度计算所用材料的许用应力按现行国家标准GB/T 20801.2的有关规定取值，碳钢和低合金钢的厚度附加量(C)取1.5mm，不锈钢的厚度附加量(C)取0.0mm。

7. 盲板的厚度计算和8字盲板、单垫环的开孔尺寸

（1）法兰间的盲板如图2-4-21所示。盲板的计算厚度应按式(2-4-1)计算，盲板的设计厚度应按式(2-4-2)计算：

$$t_m = D_g \sqrt{\frac{3P}{16[\sigma]^t W E_j}} \tag{2-4-1}$$

$$T_{pd} = t_m + C \tag{2-4-2}$$

式中：t_m——计算厚度，mm；

D_g——突面、凹凸面、平面法兰垫片的内径或金属环垫的平均直径，mm；

P——设计压力，MPa；

$[\sigma]^t$——在设计温度下材料的许用应力，MPa；

W——焊缝接头强度降低系数；

E_j——焊接接头系数；

T_{pd}——盲板的设计厚度，mm；

C——厚度附加量，为腐蚀、冲蚀裕量和机械加工深度的总和，mm。

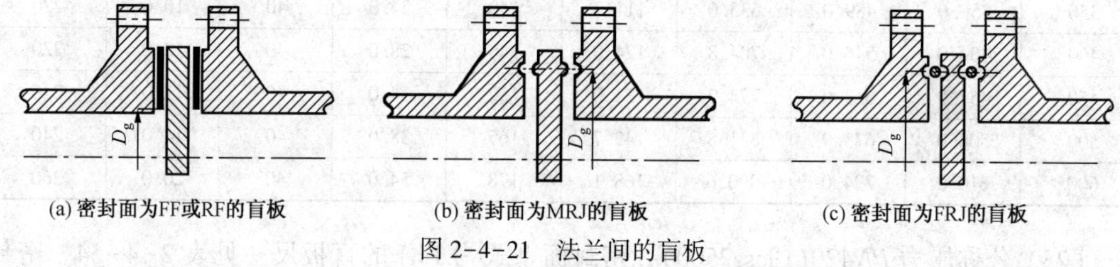

(a) 密封面为FF或RF的盲板　(b) 密封面为MRJ的盲板　(c) 密封面为FRJ的盲板

图2-4-21　法兰间的盲板

（2）8字盲板、单垫环的开孔尺寸应符合下列要求：

a）对于公称直径小于或等于DN25，密封面型式为FF、RF和LM的8字盲板和单垫环，孔的尺寸与壁厚为Sch40的管子内径相同；

b）对于公称直径大于DN25，密封面型式为FF、RF和LM，公称压力为PN20(Class150)和PN50(Class300)的8字盲板和单垫环，孔的尺寸与管子的外径相同；

c）对于公称直径大于DN25，密封面型式为FF、RF和LM，公称压力为PN110(Class600)PN150(Class900)的8字盲板和单垫环，孔的尺寸与壁厚为Sch10S的管子内径相同；

d）对于公称直径大于DN25，密封面型式为FF、RF和LM，公称压力为PN110(Class600)PN150(Class900)的8字盲板和单垫环，孔的尺寸与壁厚为Sch10S的管子内径相同；

e）对于密封面型式为FF、RF和LM，公称压力为PN260(Class1500)的8字盲板和单垫环，孔的尺寸与壁厚为Sch40的管子内径相同；

f）对于密封面型式为FF、RF和LM，公称压力为PN420(Class2500)的8字盲板和单垫环，当公称直径小于或等于DN150，孔的尺寸与壁厚为Sch40的管子内径相同；当公称直径为DN200和DN250，孔的尺寸与壁厚为Sch60的管子内径相同；当公称直径为DN300，孔的尺寸与壁厚为Sch80的管子内径相同；

g）对于密封面型式为MRJ和FRJ的8字盲板和单垫环，孔的尺寸与管子的外径相同。

六、钢制对焊无缝管件（GB/T 12459—2005）

钢制对焊无缝管件有：碳钢、合金钢和奥氏体不锈钢制的对焊无缝管件。包括弯头、异径接头、三通、四通、管帽的尺寸、公差、技术要求、检验和标志。详见本《手册》第四篇相关标准中第三部分“管件”。

七、钢板制对焊管件（GB/T 13401—2005）

按管件端部外径尺寸有Ⅰ、Ⅱ两个系列，应优先选用Ⅰ系列。

1. 钢板制对焊弯头和对焊异径弯头（见表2-4-55和表2-4-56）

表2-4-55　45°弯头、90°弯头尺寸　（mm）

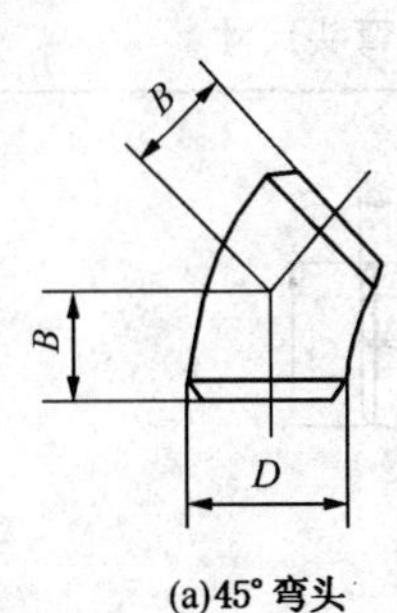

(a)45°弯头

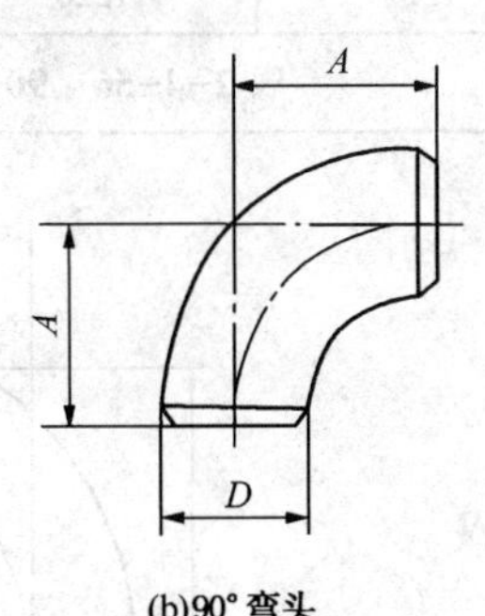

(b)90°弯头

公称尺寸 DN	坡口处外径 D		中心至端面		
			45°弯头 B	90°弯头 A	
	Ⅰ系列	Ⅱ系列	长半径	长半径	短半径
150	168.3	159	95	229	152
200	219.1	219	127	305	203
250	273	273	159	381	254
300	323.9	325	190	457	305
350	355.6	377	222	533	356
400	406.4	426	254	610	406
450	457	480	286	686	457
500	508	530	318	762	508
550	559	—	343	838	559
600	610	630	381	914	610
650	660	—	405	991	—
700	711	720	438	1067	—
750	762	—	470	1143	—
800	813	820	502	1219	—
850	864	—	533	1295	—
900	914	920	565	1372	—

续表

公称尺寸 DN	坡口处外径 D		中心至端面		
			45°弯头 B	90°弯头 A	
	Ⅰ系列	Ⅱ系列	长半径	长半径	短半径
950	965	—	600	1448	—
1000	1016	1020	632	1524	—
1050	1067	—	660	1600	—
1100	1118	1120	695	1676	—
1150	1168	—	727	1753	—
1200	1219	1220	759	1829	—

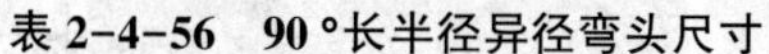

表 2-4-56　90°长半径异径弯头尺寸（mm）

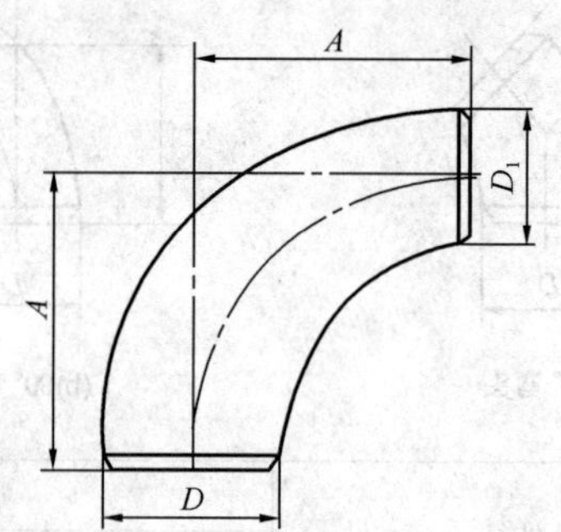

公称尺寸 DN	坡口处外径				中心至端面 A
	大端 D		小端 D_1		
	Ⅰ系列	Ⅱ系列	Ⅰ系列	Ⅱ系列	
150×125	168.3	159	141.3	133	229
150×100	168.3	159	114.3	108	229
150×90	168.3	—	101.6	—	229
150×80	168.3	159	88.9	89	229
200×150	219.1	219	168.3	159	305
200×125	219.1	219	141.3	133	305
200×100	219.1	219	114.3	108	305
250×200	273.0	273	219.1	219	381
250×150	273.0	273	168.3	159	381
250×125	273.0	273	141.3	133	381
300×250	323.9	325	273.0	273	457
300×200	323.9	325	219.1	219	457
300×150	323.9	325	168.3	159	457
350×300	355.6	377	323.9	325	533
350×250	355.6	377	273.0	273	533
350×200	355.6	377	219.1	219	533
400×350	406.4	426	355.6	377	610
400×300	406.4	426	323.9	325	610

续表

公称尺寸 DN	坡口处外径				中心至端面 A
	大端 D		小端 D_1		
	Ⅰ系列	Ⅱ系列	Ⅰ系列	Ⅱ系列	
400×250	406.4	426	273.0	273	610
450×400	457	480	406.4	426	686
450×350	457	480	355.6	377	686
450×300	457	480	323.9	325	686
450×250	457	480	273.0	273	686
500×450	508	530	457	480	762
500×400	508	530	406.4	426	762
500×350	508	530	355.6	377	762
500×300	508	530	323.9	325	762
500×250	508	530	273.0	273	762
600×550	610	—	559	—	914
600×500	610	630	508	530	914
600×450	610	630	457	480	914
600×400	610	630	406.4	426	914
600×350	610	630	355.6	377	914
600×300	610	630	323.9	325	914

2. 钢板制异径接头(见表 2-4-57)

表 2-4-57 异径接头尺寸 (mm)

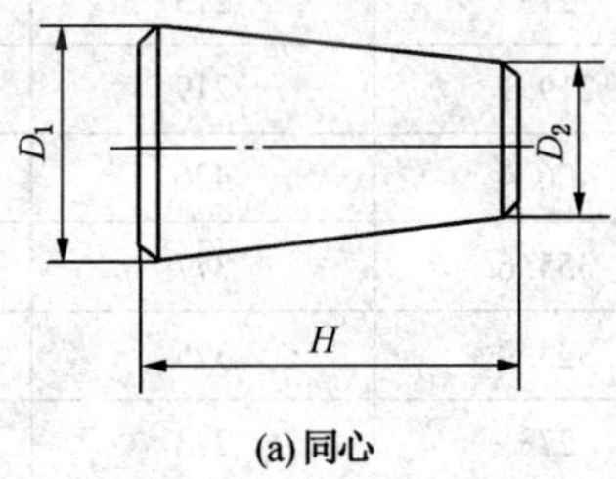

(a) 同心

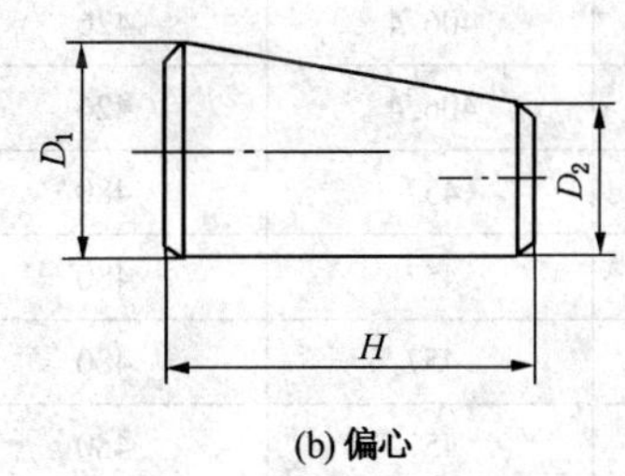

(b) 偏心

公称直径 DN	坡口处外径				端面至端面 H
	大端 D_1		小端 D_2		
	Ⅰ系列	Ⅱ系列	Ⅰ系列	Ⅱ系列	
150×125	168.3	159	141.3	133	140
150×100	168.3	159	114.3	108	140
150×90	168.3	—	101.6	—	140
150×80	168.3	159	88.9	89	140
150×65	168.3	159	73.0	76	140
200×150	219.1	219	168.3	159	152
200×125	219.1	219	141.3	133	152
200×100	219.1	219	114.3	108	152

续表

公称直径 DN	坡口处外径				端面至端面 H
	大端 D_1		小端 D_2		
	Ⅰ系列	Ⅱ系列	Ⅰ系列	Ⅱ系列	
200×90	219.1	—	101.6	—	152
250×200	273.0	273	219.1	219	178
250×150	273.0	273	168.3	159	178
250×125	273.0	273	141.3	133	178
250×100	273.0	273	114.3	108	178
300×250	323.9	325	273.0	273	203
300×200	323.9	325	219.1	219	203
300×150	323.9	325	168.3	159	203
300×125	323.9	325	141.3	133	203
350×300	355.6	377	323.9	325	330
350×250	355.6	377	273	273	330
350×200	355.6	377	219.1	219	330
350×150	355.6	377	168.3	159	330
400×350	406.4	426	355.6	377	356
400×300	406.4	426	323.9	325	356
400×250	406.4	426	273	273	356
400×200	406.4	426	219.1	219	356
450×400	457	480	406.4	426	381
450×350	457	480	355.6	377	381
450×300	457	480	323.9	325	381
450×250	457	480	273	273	381
500×450	508	530	457	480	508
500×400	508	530	406.4	426	508
500×350	508	530	355.6	377	508
500×300	508	530	323.9	325	508
550×500	559	—	508	—	508
550×450	559	—	457	—	508
550×400	559	—	406.4	—	508
550×350	559	—	355.6	—	508
600×550	610	—	559	—	508
600×500	610	630	508	530	508
600×450	610	630	457	480	508
600×400	610	630	406.4	426	508

续表

公称直径 DN	坡　口　处　外　径				端面至端面 H
	大端 D_1		小端 D_2		
	Ⅰ系列	Ⅱ系列	Ⅰ系列	Ⅱ系列	
650×600	660	—	610	—	610
650×550	660	—	559	—	610
650×500	660	—	508	—	610
650×450	660	—	457	—	610
700×650	711	—	660	—	610
700×600	711	720	610	630	610
700×550	711	—	559	—	610
700×500	711	720	508	530	610
750×700	762	—	711	—	610
750×650	762	—	660	—	610
750×600	762	—	610	—	610
750×550	762	—	559	—	610
800×750	813	—	762	—	610
800×700	813	820	711	720	610
800×650	813	—	660	—	610
800×600	813	820	610	630	610
850×800	864	—	813	—	610
850×750	864	—	762	—	610
850×700	864	—	711	—	610
850×650	864	—	660	—	610
900×850	914	—	864	—	610
900×800	914	920	813	820	610
900×750	914	—	762	—	610
900×700	914	920	711	720	610
950×900	965	—	914	—	610
950×850	965	—	864	—	610
950×800	965	—	813	—	610
950×750	965	—	762	—	610
1000×950	1016	—	965	—	610
1000×900	1016	1020	914	920	610
1000×850	1016	—	864	—	610
1000×800	1016	1020	813	820	610
1050×1000	1067	—	1016	—	610

续表

公称直径 DN	坡口处外径				端面至端面 H
	大端 D_1		小端 D_2		
	Ⅰ系列	Ⅱ系列	Ⅰ系列	Ⅱ系列	
1050×950	1067	—	965	—	610
1050×900	1067	—	914	—	610
1050×850	1067	—	864	—	610
1100×1050	1118	—	1067	—	610
1100×1000	1118	1120	1016	1020	610
1100×950	1118	—	965	—	610
1100×900	1118	1120	914	920	610
1150×1100	1168	—	1118	—	711
1150×1050	1168	—	1067	—	711
1150×1000	1168	—	1016	—	711
1150×950	1168	—	965	—	711
1200×1150	1220	—	1168	—	711
1200×1100	1220	1220	1118	1120	711
1200×1050	1220	—	1067	—	711
1200×1000	1220	1220	1016	1020	711

3. 钢板制对焊等径三通和四通(见表 2-4-58)

表 2-4-58　等径三通和四通尺寸　(mm)

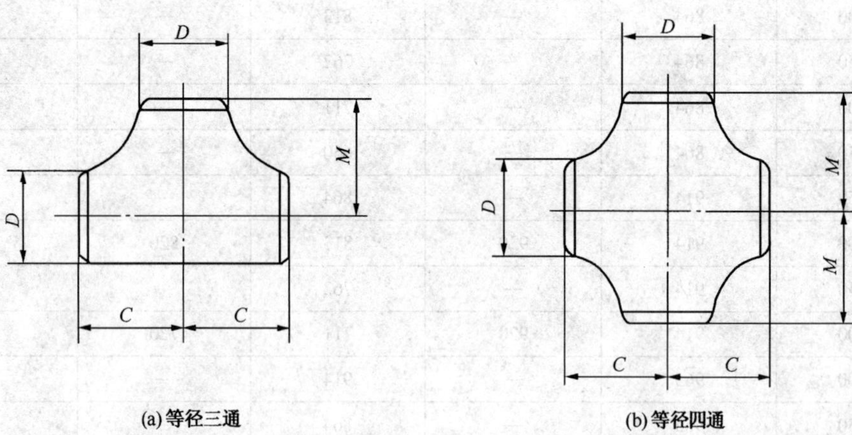

(a)等径三通　(b)等径四通

公称尺寸 DN	坡口处外径 D		中心至端面	
	Ⅰ系列	Ⅱ系列	管程 C	出口 M
150	168. 3	159	143	143
200	219. 1	219	178	178
250	273. 0	273	216	216
300	323. 9	325	254	254
350	355. 6	377	279	279

续表

公称尺寸 DN	坡口处外径 D		中心至端面	
	Ⅰ系列	Ⅱ系列	管程 C	出口 M
400	406.4	426	305	305
450	457	480	343	343
500	508	530	381	381
550	559	—	419	419
600	610	630	432	432
650	660	—	495	495
700	711	720	521	521
750	762	—	559	559
800	813	820	597	597
850	864	—	635	635
900	914	920	673	673
950	965	—	711	711
1000	1016	1020	749	749
1050	1067	—	762	711
1100	1118	1120	813	762
1150	1168	—	851	800
1200	1220	1220	889	838

4. 钢板制对焊异径三通和四通(见表 2-4-59)

表 2-4-59　异径三通和四通尺寸　(mm)

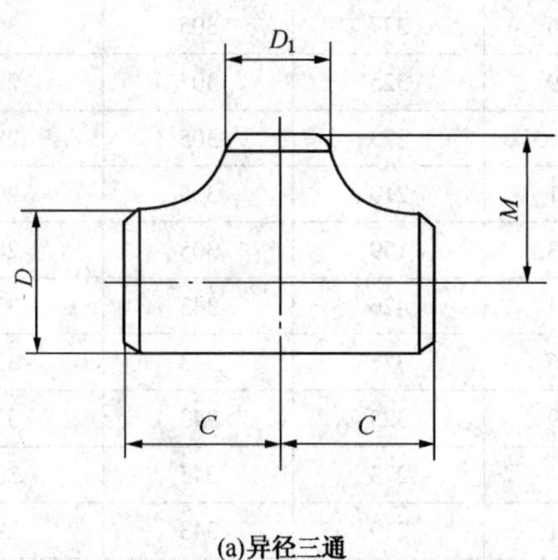

(a)异径三通

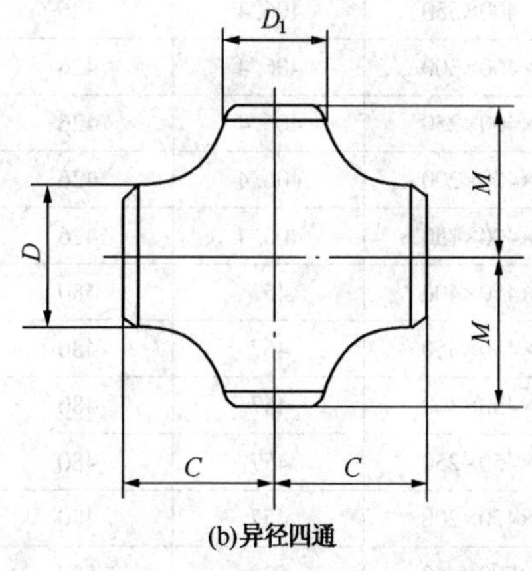

(b)异径四通

公称尺寸 DN	坡口处外径				中心至端面	
	管程 D		出口 D_1		管程	出口
	Ⅰ系列	Ⅱ系列	Ⅰ系列	Ⅱ系列	C	M
150×150×125	168.3	159	141.3	133	143	137
150×150×100	168.3	159	114.3	108	143	130

续表

公称尺寸 DN	坡口处外径				中心至端面	
	管程 D		出口 D_1		管程	出口
	Ⅰ系列	Ⅱ系列	Ⅰ系列	Ⅱ系列	C	M
150×150×90	168.3	—	101.6	—	143	127
150×150×80	168.3	159	88.9	89	143	124
150×150×65	168.3	159	73.0	76	143	121
200×200×150	219.1	219	168.3	159	178	168
200×200×125	219.1	219	141.3	133	178	162
200×200×100	219.1	219	114.3	108	178	156
200×200×90	219.1	—	101.6	—	178	152
250×250×200	273.0	273	219.1	219	216	203
250×250×150	273.0	273	168.3	159	216	194
250×250×125	273.0	273	141.3	133	216	191
250×250×100	273.0	273	114.3	108	216	184
300×300×250	323.9	325	273.0	273	254	241
300×300×200	323.9	325	219.1	219	254	229
300×300×150	323.9	325	168.3	159	254	219
300×300×125	323.9	325	141.3	133	254	216
350×350×300	355.6	377	323.9	325	279	270
350×350×250	355.6	377	273	273	279	257
350×350×200	355.6	377	219.1	219	279	248
350×350×150	355.6	377	168.3	159	279	238
400×400×350	406.4	426	355.6	377	305	305
400×400×300	406.4	426	323.9	325	305	295
400×400×250	406.4	426	273	273	305	283
400×400×200	406.4	426	219.1	219	305	273
400×400×150	406.4	426	168.3	159	305	264
450×450×400	457	480	406.4	426	343	330
450×450×350	457	480	355.6	377	343	330
450×450×300	457	480	323.9	325	343	321
450×450×250	457	480	273	273	343	308
450×450×200	457	480	219.1	219	343	298
500×500×450	508	530	457	480	381	368
500×500×400	508	530	406.4	426	381	356
500×500×350	508	530	355.6	377	381	356
500×500×300	508	530	323.9	325	381	346
500×500×250	508	530	273	273	381	333
500×500×200	508	530	219.1	219	381	324

续表

公称尺寸 DN	坡口处外径				中心至端面	
	管程 D		出口 D_1		管程 C	出口 M
	Ⅰ系列	Ⅱ系列	Ⅰ系列	Ⅱ系列		
550×550×500	559	—	508	—	419	406
550×550×450	559	—	457	—	419	394
550×550×400	559	—	406.4	—	419	381
600×600×550	610	—	559	—	432	432
600×600×500	610	630	508	530	432	432
600×600×450	610	630	457	480	432	419
650×650×600	660	—	610	—	495	483
650×650×550	660	—	559	—	495	470
650×650×500	660	—	508	—	495	457
700×700×650	711	—	660	—	521	521
700×700×600	711	720	610	630	521	508
700×700×550	711	—	559	—	521	495
750×750×700	762	—	711	—	559	546
750×750×650	762	—	660	—	559	546
750×750×600	762	—	610	—	559	533
800×800×750	813	—	762	—	597	584
800×800×700	813	820	711	720	597	572
800×800×650	813	—	660	—	597	572
850×850×800	864	—	813	—	635	622
850×850×750	864	—	762	—	635	610
850×850×700	864	—	711	—	635	597
900×900×850	914	—	864	—	673	660
900×900×800	914	920	813	820	673	648
900×900×750	914	—	762	—	673	635
950×950×900	965	—	914	—	711	711
950×950×850	965	—	864	—	711	698
950×950×800	965	—	813	—	711	686
1000×1000×950	1016	—	965	—	749	749
1000×1000×900	1016	1020	914	920	749	737
1000×1000×850	1016	—	864	—	749	724
1050×1050×1000	1067	—	1016	—	762	711
1050×1050×950	1067	—	965	—	762	711
1050×1050×900	1067	—	914	—	762	711
1100×1100×1050	1118	—	1067	—	813	762
1100×1100×1000	1118	1120	1016	1020	813	749

续表

公称尺寸 DN	坡口处外径				中心至端面	
	管程 D		出口 D_1		管程 C	出口 M
	Ⅰ系列	Ⅱ系列	Ⅰ系列	Ⅱ系列		
1100×1100×950	1118	—	965	—	813	737
1150×1150×1100	1168	—	1118	—	851	800
1150×1150×1050	1168	—	1067	—	851	787
1150×1150×1000	1168	—	1016	—	851	775
1200×1200×1150	1220	—	1168	—	889	838
1200×1200×1100	1220	1220	1118	1120	889	838
1200×1200×1050	1220	—	1067	—	889	813

5. 钢板制对焊管帽(见表 2-4-60)

表 2-4-60　管帽尺寸　(mm)

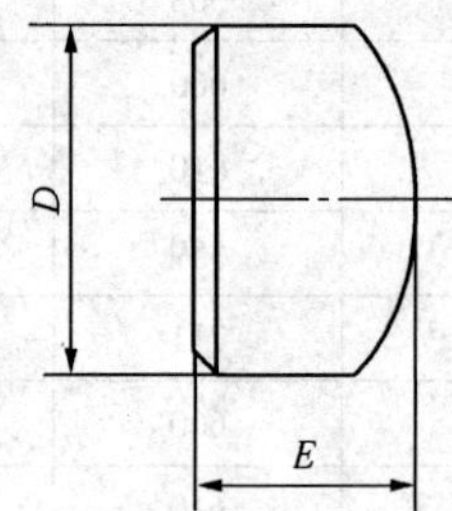

公称尺寸 DN	坡口处外径 D		长度[①] E
	Ⅰ系列	Ⅱ系列	
150	168.3	159	89
200	219.1	219	102
250	273.0	273	127
300	323.9	325	152
350	355.6	377	165
400	406.4	426	178
450	457	480	203
500	508	530	229
550	559	—	254
600[②]	610	630	267
650	660	—	267
700	711	720	267
750	762	—	267
800	813	820	267
850	864	—	267
900	914	920	267
950	965	—	305
1000	1016	1020	305
1050	1067	—	305
1100	1118	1120	343
1150	1168	—	343
1200	1220	1220	343

注：① 管帽的头部形状为椭圆形。半椭圆部分的高度应不小于管帽内径的 1/4。

② 对于 *DN*600 管帽，当壁厚超过 13mm 时，其 *E* 值应改为 305mm。

八、锻制承插焊和螺纹管件（GB/T 14383—2008）

1. 管件的品种与代号（见表 2-4-61）

表 2-4-61　管件的品种与代号

连接型式	品　种	代号	连接型式	品　种	代号
承插焊	承插焊 45°弯头	S45E	螺纹	螺纹 45°弯头	T45E
	承插焊 90°弯头	S90E		螺纹 90°弯头	T90E
	承插焊三通	ST		内外螺纹 90°弯头	T90SE
	承插焊 45°三通	S45T		螺纹三通	TT
	承插焊四通	SCR		螺纹四通	TCR
	双承口管箍（同心）	SFC		双螺口管箍（同心）	TFC
	双承口管箍（偏心）	SFCR		双螺口管箍（偏心）	TFCR
	单承口管箍	SHC		单螺口管箍	THC
	单承口管箍（带斜角）①	SHCB		单螺口管箍（带斜角）①	THCB
	承插焊管帽	SC		螺纹管帽	TC
	—	—		四方头管塞	SHP
	—	—		六角头管塞	HHP
	—	—		圆头管塞	RHP
	—	—		六角头内外螺纹接头	HHB
	—	—		无头内外螺纹接头	FB

注：① 当要求与主管焊接相连的端部加工成带 45°斜角的形状时，在代号后加“B”；即一端带斜角的单承口管箍的代号为 SHCB，一端带斜角的单螺口管箍的代号为 THCB。

2. 管件级别

承插焊管件的级别（Class）分为 3000、6000 和 9000，螺纹管件的级别分为 2000、3000 和 6000；与之适配的管子壁厚等级见表 2-4-62。

表 2-4-62　管件级别和与之适配的管子壁厚等级的关系

连接型式	级别代号	适配的管子壁厚等级	连接型式	级别代号	适配的管子壁厚等级
承插焊	3000	Sch80、XS	螺　纹	2000	Sch80、XS
	6000	Sch160		3000	Sch160
	9000	XXS		6000	XXS

注：本表并未限制与管件连接时使用更厚或更薄的管子。实际使用的管子可以比所示的更厚或更薄。当使用更厚的管子时，管件的强度决定承压能力；当使用更薄的管子时，管子的强度决定承压能力。

3. 承插焊管件——弯头、三通和四通(见表 2-4-63)

表 2-4-63　承插焊管件——45°弯头、90°弯头、三通和四通尺寸

(mm)

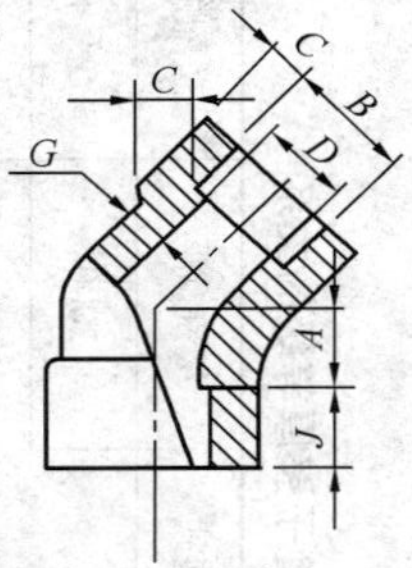

45° 弯头 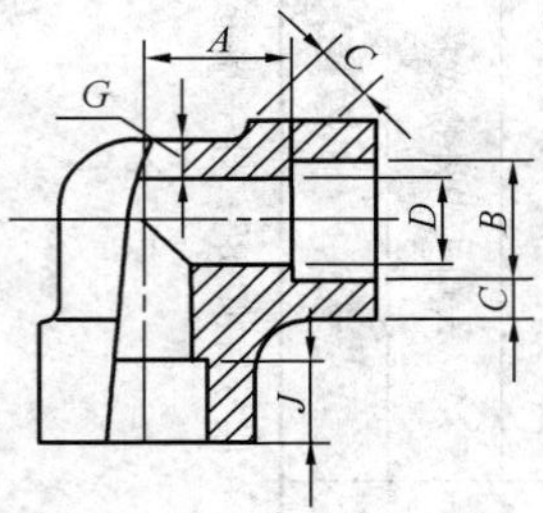　　90° 弯头 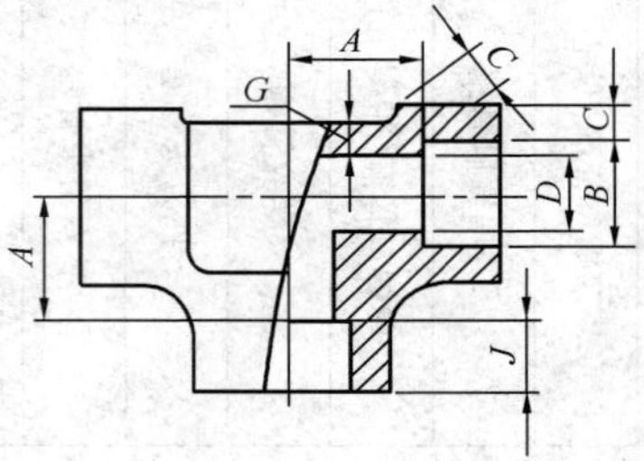　　三通 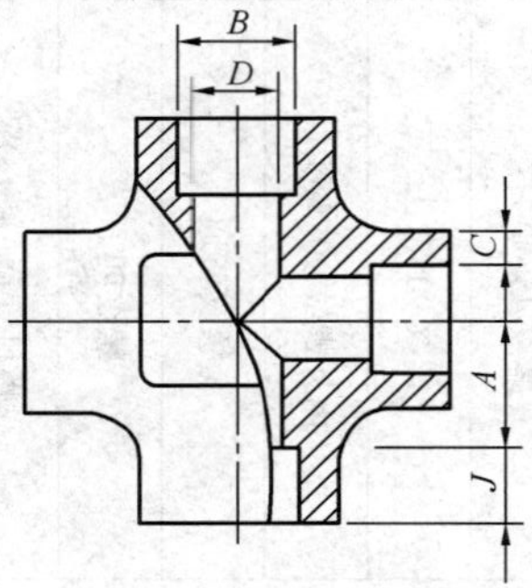　　四通

公称尺寸		承插孔径	流通孔径 D①			承插孔壁厚 C②						本体壁厚 G			承插孔深度	中心至承插孔底 A					
						3000		6000		9000						90°弯头、三通、四通			45°弯头		
DN	NPS	B①	3000	6000	9000	ave	min	ave	min	ave	min	3000	6000	9000	J_{min}	3000	6000	9000	3000	6000	9000
6	1/8	10.9	6.1	3.2	—	3.18	3.18	3.96	3.43	—	—	2.41	3.15	—	9.5	11.0	11.0	—	8.0	8.0	—
8	1/4	14.3	8.5	5.6	—	3.78	3.30	4.60	4.01	—	—	3.02	3.68	—	9.5	11.0	13.5	—	8.0	8.0	—
10	3/8	17.7	11.8	8.4	—	4.01	3.50	5.03	4.37	—	—	3.20	4.01	—	9.5	13.5	13.5	—	8.0	11.0	—
15	1/2	21.9	15.0	11.0	5.6	4.67	4.09	5.97	5.18	9.53	8.18	3.73	4.78	7.47	9.5	15.5	19.0	25.5	11.0	12.5	15.5
20	3/4	27.3	20.2	14.8	10.3	4.90	1.27	6.96	6.04	9.78	8.56	3.91	5.56	7.82	12.5	19.0	22.5	28.5	13.0	14.0	19.0
25	1	34.0	25.9	19.9	14.4	5.69	4.98	7.92	6.93	11.38	9.96	4.55	6.35	9.09	12.5	22.5	27.0	32.0	14.0	17.5	20.5
32	1¼	42.8	34.3	28.7	22.0	6.07	5.28	7.92	6.93	12.14	10.62	4.85	6.35	9.70	12.5	27.0	32.0	35.0	17.5	20.5	22.5
40	1½	48.9	40.1	33.2	27.2	6.35	5.54	8.92	7.80	12.70	11.12	5.08	7.14	10.15	12.5	32.0	38.0	38.0	20.5	25.5	25.5
50	2	61.2	51.7	42.1	37.4	6.93	6.04	10.92	9.50	13.84	12.12	5.54	8.74	11.07	16.0	38.0	41.0	54.0	25.5	28.5	28.5
65	2½	73.9	61.2	—	—	8.76	7.62	—	—	—	—	7.01	—	—	16.0	41.0	—	—	28.5	—	—
80	3	89.9	76.4	—	—	9.52	8.30	—	—	—	—	7.62	—	—	16.0	57.0	—	—	32.0	—	—
100	4	115.5	100.7	—	—	10.69	9.35	—	—	—	—	8.56	—	—	19.0	66.5	—	—	41.0	—	—

注：① 当选用Ⅱ系列的管子时，其承插孔径和流通孔径应按Ⅱ系列管子尺寸配制，其余尺寸应符合本标准规定。

② 沿承插孔周边的平均壁厚不应小于平均值，局部允许达到最小值。

4. 承插焊管件——管箍、管帽和45°三通(见表2-4-64)

表2-4-64　承插焊管件——双承口管箍、单承口管箍、管帽和45°三通尺寸　(mm)

双承口管箍　单承口管箍　管帽　45°三通

公称尺寸		承插孔径	流通孔径 D①			承插孔壁厚 C②						本体壁厚 G_{min}			承插孔深度	承插孔底距离	承插孔底至端面	顶部厚度 K_{min}			中心至承插孔底			
						3000		6000		9000											A		H	
DN	NPS	B①	3000	6000	9000	ave	min	ave	min	ave	min	3000	6000	9000	J_{min}	E	F	3000	6000	9000	3000	6000	3000	6000
6	1/8	10.9	6.1	3.2	—	3.18	3.18	3.96	3.43	—	—	2.41	3.15	—	9.5	6.5	16.0	4.8	6.4	—	—	—	—	—
8	1/4	14.3	8.5	5.6	—	3.78	3.30	4.60	4.01	—	—	3.02	3.68	—	9.5	6.5	16.0	4.8	6.4	—	—	—	—	—
10	3/8	17.7	11.8	8.4	—	4.01	3.50	5.03	4.37	—	—	3.20	4.01	—	9.5	6.5	17.5	4.8	6.4	—	37	—	9.5	—
15	1/2	21.9	15.0	11.0	5.6	4.67	4.09	5.97	5.18	9.53	8.18	3.73	4.78	7.47	9.5	9.5	22.5	6.4	7.9	11.2	41	51	9.5	11
20	3/4	27.3	20.2	14.8	10.3	4.90	4.27	6.96	6.04	9.78	8.56	3.91	5.56	7.82	12.5	9.5	24.0	6.4	7.9	12.7	51	60	11	13
25	1	34.0	25.9	19.9	14.4	5.69	4.98	7.92	6.93	11.38	9.96	4.55	6.35	9.09	12.5	12.5	28.5	9.6	11.2	14.2	60	71	13	16
32	1¼	42.8	34.3	28.7	22.0	6.07	5.28	7.92	6.93	12.14	10.62	4.85	6.35	9.70	12.5	12.5	30.0	9.6	11.2	14.2	71	81	16	17
40	1½	48.9	40.1	33.2	27.2	6.35	5.54	8.92	7.80	12.70	11.12	5.08	7.14	10.15	12.5	12.5	32.0	11.2	12.7	15.7	81	98	17	21
50	2	61.2	51.7	42.1	37.4	6.93	6.04	10.92	9.50	13.84	12.12	5.54	8.74	11.07	16.0	19.0	41.0	12.7	15.7	19.0	98	151	21	30
65	2½	73.9	61.2	—	—	8.76	7.62	—	—	—	—	7.01	—	—	16.0	19.0	43.0	15.7	19.0	—	151	—	30	—
80	3	89.9	76.4	—	—	9.52	8.30	—	—	—	—	7.62	—	—	16.0	19.0	44.5	19.0	22.4	—	184	—	57	—
100	4	115.5	100.7	—	—	10.69	9.35	—	—	—	—	8.56	—	—	19.0	19.0	48.0	22.4	28.4	—	201	—	66	—

注：① 当选用Ⅱ系列的管子时，其承插孔径和流通孔径应按Ⅱ系列管子尺寸配制，其余尺寸应符合本标准规定。

② 沿承插孔周边的平均壁厚不应小于平均值，局部允许达到最小值。

5. 螺纹管件——弯头、三通和四通(见表 2-4-65)

表 2-4-65 螺纹管件——45°弯头、90°弯头、三通和四通尺寸 (mm)

45° 弯头　90° 弯头　三通　四通

公称尺寸 DN	螺纹尺寸代号 NPT	中心至端面 A						端部外径 H①			本体壁厚 G_{min}			完整螺纹长度 L_{5min}	有效螺纹长度 L_{2min}
		90°弯头、三通和四通			45°弯头										
		2000	3000	6000	2000	3000	6000	2000	3000	6000	2000	3000	6000		
6	1/8	21	21	25	17	17	19	22	22	25	3.18	3.18	6.35	6.4	6.7
8	1/4	21	25	28	17	19	22	22	25	33	3.18	3.30	6.60	8.1	10.2
10	3/8	25	28	33	19	22	25	25	33	38	3.18	3.51	6.98	9.1	10.4
15	1/2	28	33	38	22	25	28	33	38	46	3.18	4.09	8.15	10.9	13.6
20	3/4	33	38	44	25	28	33	38	46	56	3.18	4.32	8.53	12.7	13.9
25	1	38	44	51	28	33	35	46	56	62	3.68	4.98	9.93	14.7	17.3
32	1¼	44	51	60	33	35	43	56	62	75	3.89	5.28	10.59	17.0	18.0
40	1½	51	60	64	35	43	44	62	75	84	4.01	5.56	11.07	17.8	18.4
50	2	60	64	83	43	44	52	75	84	102	4.27	7.14	12.09	19.0	19.2
65	2½	76	83	95	52	52	64	92	102	121	5.61	7.65	15.29	23.6	28.9
80	3	86	95	106	64	64	79	109	121	146	5.99	8.84	16.64	25.9	30.5
100	4	106	114	114	79	79	79	146	152	152	6.55	11.18	18.67	27.7	33.0

注：① 当 DN65(NPS2½)的管件配管选用Ⅱ系列的管子时，管件的端部外径应大于表中规定尺寸，以满足端部凸缘处的壁厚要求，其余尺寸应符合本标准规定。

6. 螺纹管件——内外螺纹 90°弯头(见表 2-4-66)

表 2-4-66 螺纹管件——内外螺纹 90°弯头尺寸

(mm)

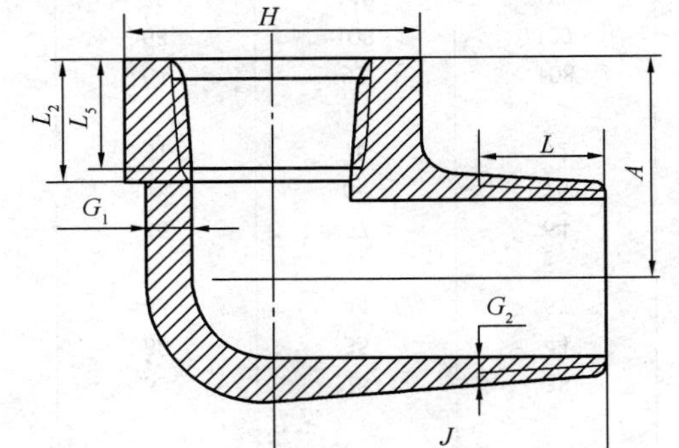

公称尺寸 DN	螺纹尺寸代号 NPT	中心至内螺纹端面 A①		中心至外螺纹端面 J		端部外径 H②		本体壁厚 G_{1min}		本体壁厚 G_{2min}③		内螺纹完整长度 L_{5min}	内螺纹有效长度 L_{2min}	外螺纹长度 L_{min}
		3000	6000	3000	6000	3000	6000	3000	6000	3000	6000			
6	1/8	19	22	25	32	19	25	3. 18	5. 08	2. 74	4. 22	6. 4	6. 7	10
8	1/4	22	25	32	38	25	32	3. 30	5. 66	3. 22	5. 28	8. 1	10. 2	11
10	3/8	25	28	38	41	32	38	3. 51	6. 98	3. 50	5. 59	9. 1	10. 4	13
15	1/2	28	35	41	48	38	44	4. 09	8. 15	4. 16	6. 53	10. 9	13. 6	14
20	3/4	35	44	48	57	44	51	4. 32	8. 53	4. 88	6. 86	12. 7	13. 9	16
25	1	44	51	57	66	51	62	4. 98	9. 93	5. 56	7. 95	14. 7	17. 3	19
32	1¼	51	54	66	71	62	70	5. 28	10. 59	5. 56	8. 48	17. 0	18. 0	21
40	1½	54	64	71	84	70	84	5. 56	11. 07	6. 25	8. 89	17. 8	18. 4	21
50	2	64	83	84	105	84	102	7. 14	12. 09	7. 64	9. 70	19. 0	19. 2	22

注：① 制造商也可以选择使用表 2-4-65 中 90°弯头的 A 尺寸。

② 制造商也可以选择使用表 2-4-65 中的 H 尺寸。

③ 为加工螺纹前的壁厚。

7. 螺纹管件——管箍和管帽(见表 2-4-67)

表 2-4-67　螺纹管件——双螺口管箍、单螺口管箍和管帽尺寸

(mm)

双螺口管箍　　单螺口管箍　　管帽

公称尺寸 DN	螺纹尺寸代号 NPT	端面至端面 W	端面至端面 P		外径 D③		顶部厚度 G_{min}		完整螺纹长度 L_{5min}	有效螺纹长度 L_{2min}
		3000 和 6000	3000	6000	3000	6000	3000	6000		
6	1/8	32	19	—	16	22	4.8	—	6.4	6.7
8	1/4	35	25	27	19	25	4.8	6.4	8.1	10.2
10	3/8	38	25	27	22	32	4.8	6.4	9.1	10.4
15	1/2	48	32	33	28	38	6.4	7.9	10.9	13.6
20	3/4	51	37	38	35	44	6.4	7.9	12.7	13.9
25	1	60	41	43	44	57	9.7	11.2	14.7	17.3
32	1¼	67	44	46	57	64	9.7	11.2	17.0	18.0
40	1½	79	44	48	64	76	11.2	12.7	17.8	18.4
50	2	86	48	51	76	92	12.7	15.7	19.0	19.2
65	2½	92	60	64	92	108	15.7	19.0	23.6	28.9
80	3	108	65	68	108	127	19.0	22.4	25.9	30.5
100	4	121	68	75	140	159	22.4	28.4	27.7	33.0

注：① 螺纹端部以外的最小壁厚应符合表 2-4-65 中相应公称尺寸和级别的规定。

② 2000 级别的双螺口管箍、单螺口管箍和管帽不包括在本标准中。

③ 当 DN65(NPS2½)的管件配管选用Ⅱ系列的管子时，管件的端部外径应大于表中规定尺寸，以满足端部凸缘处的壁厚要求，其余尺寸应符合本标准规定。

8. 螺纹管件——管塞和内外螺纹接头(见表 2-4-68)

表 2-4-68 螺纹管件——方头管塞、六角头管塞、圆头管塞、六角头内外螺纹接头和无头内外螺纹接头尺寸 (mm)

方头管塞　六角头管塞　圆头管塞　六角头内外螺纹接头　无头内外螺纹接头

公称尺寸 DN	螺纹尺寸代号 NPT	螺纹长度 A_{min}	方头高度 B_{min}	方头对边宽度 C_{min}	圆头直径 E	总长 D_{min}	六角头厚度 H_{min}	六角头厚度 G_{min}	六角头对边宽度 F
6	1/8	10	6	7	10	35	6	—	11
8	1/4	11	6	10	14	41	6	3	16
10	3/8	13	8	11	18	41	8	4	18
15	1/2	14	10	14	21	44	8	5	22
20	3/4	16	11	16	27	44	10	6	27
25	1	19	13	21	33	51	10	6	36
32	1¼	21	14	24	43	51	14	7	46
40	1½	21	16	28	48	51	16	8	50
50	2	22	18	32	60	64	18	9	65
65	2½	27	19	36	73	70	19	10	75
80	3	28	21	41	89	70	21	10	90
100	4	32	25	65	114	76	25	13	115

9. 与管件连接的管子尺寸

（1）与管件连接的Ⅰ系列的管子外径及壁厚见表 2-4-69。

表 2-4-69　Ⅰ系列的管子外径和壁厚　　(mm)

公称尺寸		外径	公称壁厚			
DN	*NPS*		XS	Sch80	Sch160	XXS
6	1/8	10.3	2.41	2.41	3.15	4.83
8	1/4	13.7	3.02	3.02	3.68	6.05
10	3/8	17.1	3.20	3.20	4.01	6.40
15	1/2	21.3	3.73	3.73	4.78	7.47
20	3/4	26.7	3.91	3.91	5.56	7.82
25	1	33.4	4.55	4.55	6.35	9.09
32	1¼	42.2	4.85	4.85	6.35	9.70
40	1½	48.3	5.08	5.08	7.14	10.15
50	2	60.3	5.54	5.54	8.74	11.07
65	2½	73.0	7.01	7.01	9.53	14.02
80	3	88.9	7.62	7.62	11.13	15.24
100	4	114.3	8.56	8.56	13.49	17.12

注：1. 除 *DN*6～*DN*10（*NPS*1/8～*NPS*3/8）Sch160 和 XXS 的管子壁厚值为本标准规定外，其余数值与 ASME B36，10M 相同。

2. 本标准并不限制采用表 2-4-69 以外的接管壁厚；当采用表 2-4-69 以外的接管壁厚时，见表 2-4-62 中的表注。

（2）与管件连接的Ⅱ系列的管子外径见表 2-4-70。

表 2-4-70　Ⅱ系列的管子外径　　(mm)

公称尺寸		外径
DN	*NPS*	
6	1/8	—
8	1/4	—
10	3/8	—
15	1/2	18
20	3/4	25
25	1	32
32	1¼	38
40	1½	45
50	2	57
65	2½	76
80	3	89
100	4	108

九、化工用锻钢螺纹管件

1. 钢制活接头(见表 2-4-71)

表 2-4-71　钢制活接头(图号 HGS04-03-01)　(mm)

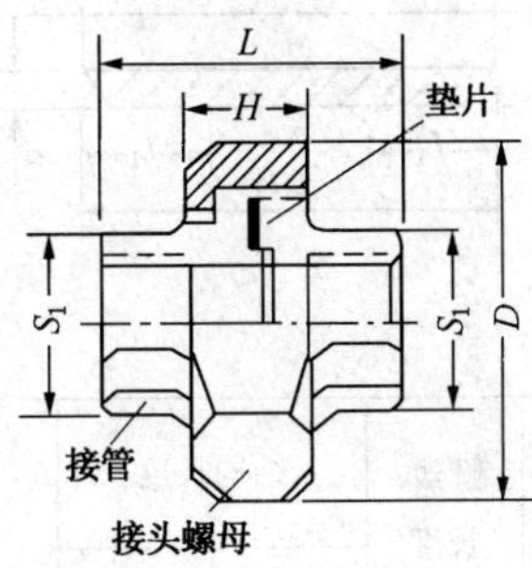

公称直径 DN	锥管螺纹 KG	L	H	S_1	D	重量/kg
15	1/2″	60	20	27	53. 1	0. 352
20	3/4″	68	22	32	63. 5	0. 474
25	1″	75	24	41	75	0. 751
40	1½″	84	25	55	86. 5	0. 972

2. 单头螺纹短节(见表 2-4-72)

表 2-4-72　单头螺纹短节(图号 HGS04-04-01-1)　(mm)

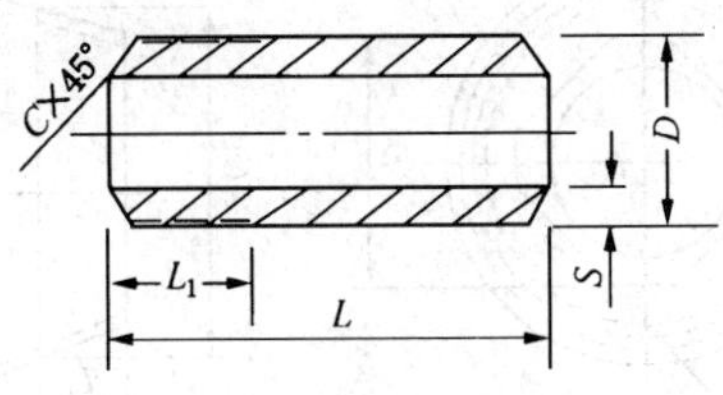

公称直径 DN	锥管螺纹 EG	外　径 D	Sch80	Sch160	螺纹长度 L_1	结构长度 L	C	Sch80	Sch160
			S					重量/kg	
15	1/2	22	3. 5	5	17. 5	60	15	0. 1	0. 12
20	3/4	27	4. 0	5. 5	19. 5	60		0. 14	0. 17
25	1	34	4. 5	6. 5	21	100		0. 33	0. 44
32	1¼	42	5. 0	6. 5	24	100		0. 45	0. 57
40	1½	48	5. 0	7. 0	26	100		0. 53	0. 71

3. 双头螺纹短节(见表 2-4-73)

表 2-4-73　双头螺纹短节(图号 HGS04-04-02-1)　(mm)

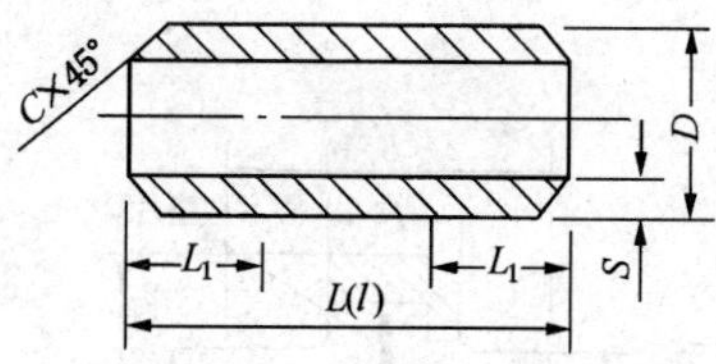

公称直径 DN	锥管螺纹 EG	外径 D	Sch80	Sch160	螺纹长度 L_1	结构长度		C	长形 L		普通形 l	
			S			L	l		Sch80	Sch160	Sch80	Sch160
									重　量/kg			
15	1/2″	22	3.5	5.0	17.5	100	60	1.5	0.16	0.21	0.12	0.12
20	3/4″	27	4.0	5.5	19.5	100	60		0.23	0.29	0.14	0.18
25	1″	34	4.5	6.5	21	120	80		0.39	0.53	0.26	0.35
32	1¼″	42	5.0	6.5	24	120	80		0.55	0.68	0.37	0.46
40	1½″	48	5.0	7.0	26	120	80		0.64	0.85	0.42	0.57

4. 丝堵

适用于压力 $PN \leqslant 10$MPa 的管件堵头，常用材料为 20 或 35 号钢(见表 2-4-74)。

表 2-4-74　丝　　堵　(mm)

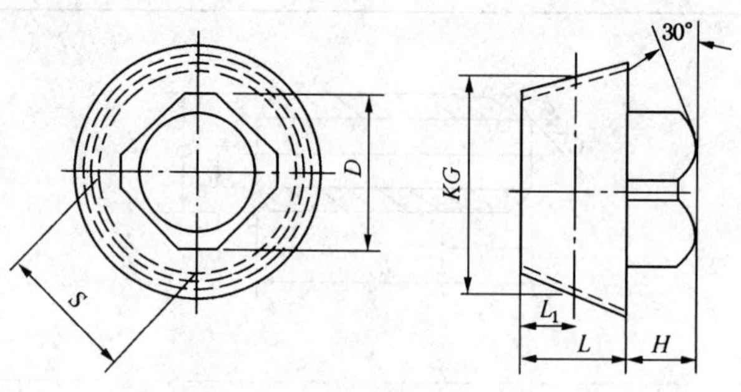

锥管螺纹 KG	L	L_1	S 公称尺寸	S 允　差	D	H	重量/kg
1/8″	9	5.4	5	-0.3	7	5	0.01
1/4″	11	6	8	-0.4	10.5	6	0.02
3/8″	12	6	11	-0.4	14	8	0.03
1/2″	15	7.5	14	-0.4	18	10	0.06
3/4″	17	9.5	14	-0.4	18	10	0.08
1″	19	11	19	-0.5	24	10	0.15
1¼″	22	13	27	-0.5	34	12	0.52

十、钢制承插焊、螺纹和对焊支管座（GB/T 19326—2003）

1. 支管座的支管壁厚等级（或压力等级）与主管壁厚等级的关系见表 2-4-75。

表 2-4-75　支管座的支管壁厚等级与主管壁厚等级的关系

支管公称通径		连接形式	支　　管		适用的主管壁厚等级
DN	*NPS*		壁厚等级	压力等级	
6～100	⅛～4	承插焊、螺纹	—	3000	STD、XS
15～50	½～2	承插焊、螺纹	—	6000	Sch160
6～600	⅛～24	对焊	STD	—	STD
6～600	⅛～24	对焊	XS	—	XS
15～150	½～6	对焊	Sch160	—	Sch160

2. 支管座尺寸见表 2-4-76～表 2-4-78。

表 2-4-76　承插焊支管座尺寸

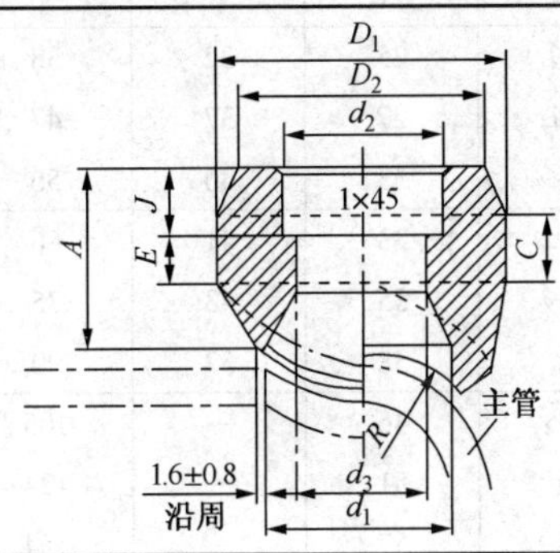

主管公称通径		支管公称通径		压力等级					
				3000	6000	3000	6000	3000	6000
DN	*NPS*	*DN*	*NPS*	*A*/mm		D_{1min}/mm		D_{2min}/mm	
8～900	¼～36	6	⅛	20	—	27	—	22	—
10～900	⅜～36	8	¼	20	—	27	—	22	—
15～900	½～36	10	⅜	23	—	30	—	26	—
20～900	¾～36	15	½	26	34	38	47	33	42
25～900	1～36	20	¾	29	38	47	53	39	48
32～900	1¼～36	25	1	35	42	56	63	48	58
40～900	1½～36	32	1¼	25	43	66	74	58	67
50～900	2～36	40	1½	37	45	75	83	64	77
65～900	2½～36	50	2	40	53	90	104	77	93
80～900	3～36	65	2½	41	—	105	—	94	—
100～900	4～36	80	3	46	—	124	—	114	—
125～900	5～36	100	4	49	—	154	—	140	—

注：d_2、d_2、J 的数值见表 2.2.37；d_1、C、E 尺寸由制造厂确定。

表 2-4-77　螺纹支管座尺寸

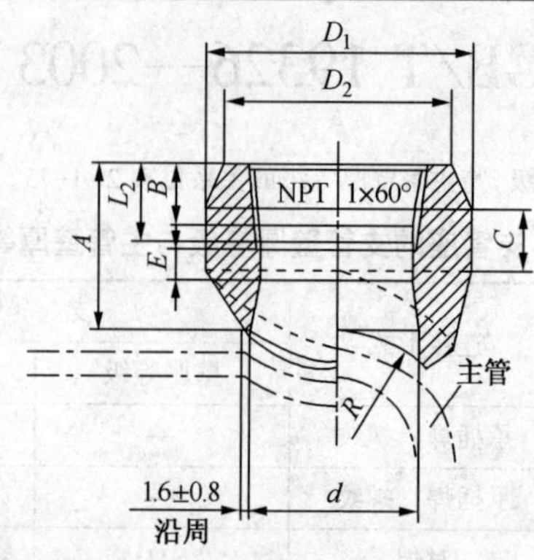

主管公称通径		支管公称通径		压力等级					
				3000	6000	3000	6000	3000	6000
DN	NPS	DN	NPS	A/mm		D_{1min}/mm		D_{2min}/mm	
8~900	1/4~36	6	1/8	19	—	27	—	22	—
10~900	3/8~36	8	1/4	19	—	27	—	22	—
15~900	1/2~36	10	3/8	21	—	30	—	25	—
20~900	3/4~36	15	1/2	25	32	38	45	33	42
25~900	1~36	20	3/4	27	37	47	52	39	48
32~900	1 1/4~36	25	1	33	40	56	63	48	58
40~900	1 1/2~36	32	1 1/4	33	41	66	72	58	67
50~900	2~36	40	1 1/2	35	43	75	83	64	77
65~900	2 1/2~36	50	2	38	52	90	104	77	93
80~900	3~36	65	2 1/2	46	—	105	—	94	—
100~900	4~36	80	3	51	—	124	—	114	—
125~900	5~36	100	4	57	—	154	—	140	—

注：B、L_2、J 的数值见表 2.2.37；d_1、C、E 尺寸由制造厂确定。

表 2-4-78　对焊对管座尺寸　（mm）

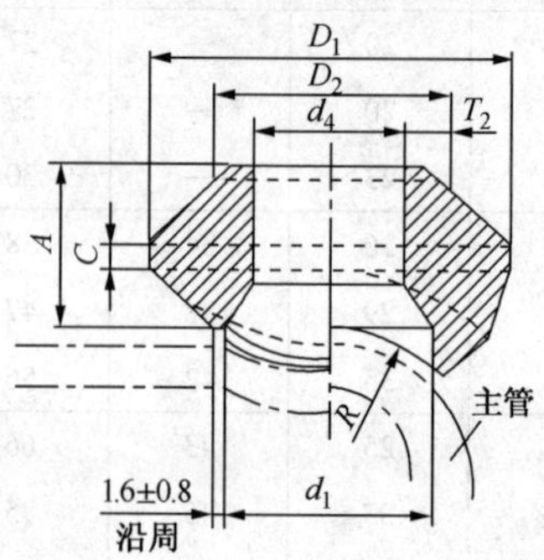

主管公称通径		支管公称通径		STD	XS	Sch160	STD	XS	Sch160
DN	NPS	DN	NPS	A			D_{1min}		
8~900	1/4~36	6	1/8	16	16	—	24	24	—
10~900	3/8~36	8	1/4	16	16	—	26	26	—
15~900	1/2~36	10	3/8	19	19	—	30	30	—

续表

主管公称通径		支管公称通径		STD	XS	Sch160	STD	XS	Sch160
DN	*NPS*	*DN*	*NPS*	*A*			D_{1min}		
20~900	¾~36	15	½	19	19	28	36	36	36
25~900	1~36	20	¾	22	22	32	43	43	46
32~900	1¼~36	25	1	27	27	38	55	55	51
40~900	1½~36	32	1¼	32	32	44	66	66	63
50~900	2~36	40	1½	33	33	51	74	74	71
65~900	2½~36	50	2	38	38	55	90	90	82
80~900	3~36	65	2½	41	41	62	104	104	98
90~900	3½~36	80	3	44	44	73	124	124	122
100~900	4~36	90	3½	48	48	—	138	138	—
125~900	5~36	100	4	51	51	84	154	154	154
150~900	6~36	125	5	57	57	94	187	187	188
200~900	8~36	150	6	60	78	105	213	227	222
250~900	10~36	200	8	70	99	—	265	292	—
300~900	12~36	250	10	78	94	—	323	325	—
350~900	14~36	300	12	86	103	—	379	381	—
400~900	16~36	350	14	89	100	—	411	416	—
450~900	18~36	400	16	94	106	—	465	468	—
500~900	20~36	450	18	97	111	—	522	525	—
550~900	22~36	500	20	102	119	—	573	584	—
650~900	26~36	600	24	116	140	—	690	708	—

注：D_2 与 D 相等、T_2 与 T 相等，数值见表 2. 2. 38；$d_4=D_2-2T_2$；d_1、C 尺寸由制造厂确定。

3. 承插焊和螺纹支管座相关尺寸见表 2-4-79；接管外径及壁厚见表 2-4-80。

表 2-4-79　承插焊和螺纹支管座相关尺寸

DN	*NPS*	承插焊管座				螺纹管座	
		d_2/mm	d_3/mm		J_{min}/mm	B_{min}/mm	L_{2min}/mm
			3000	6000			
6	⅛	10. 8	6. 1	—	9. 5	6. 4	6. 7
8	¼	14. 2	8. 5	—	9. 5	8. 1	10. 2
10	⅜	17. 6	11. 8	—	9. 5	9. 1	10. 4
15	½	21. 8	15. 0	11. 0	9. 5	10. 9	13. 6
20	¾	27. 2	20. 2	14. 8	12. 5	12. 7	13. 9
25	1	33. 9	25. 9	19. 9	12. 5	14. 7	17. 3
32	1¼	42. 7	34. 3	28. 7	12. 5	17. 0	18. 0
40	1½	48. 8	40. 1	33. 2	12. 5	17. 8	18. 4
50	2	61. 2	51. 7	42. 1	16. 0	19. 0	19. 2
65	2½	73. 9	61. 2	—	16. 0	23. 6	28. 9
80	3	89. 8	76. 4	—	16. 0	25. 9	30. 5
100	4	115. 2	100. 7	—	19. 0	27. 7	33. 0

注：表中数值选自 ASME B16. 11。

表 2-4-80　接管外径及壁厚

DN	*NPS*	*D*/mm	*T*/mm							
			Sch40S	STD	Sch40	Sch80S	XS	Sch80	Sch160	XXS
6	⅛	10.3	1.73	1.73	1.73	2.41	2.41	2.41	—	—
8	¼	13.7	2.24	2.24	2.24	3.02	3.02	3.02	—	—
10	⅜	17.1	2.31	2.31	2.31	3.20	3.20	3.20	—	—
15	½	21.3	2.77	2.77	2.77	3.73	3.73	3.73	4.78	7.47
20	¾	26.7	2.87	2.87	2.87	3.91	3.91	3.91	5.56	7.82
25	1	33.4	3.38	3.38	3.38	4.55	4.55	4.55	6.35	9.09
32	1¼	42.2	3.56	3.56	3.56	4.85	4.85	4.85	6.35	9.70
40	1½	48.3	3.68	3.68	3.68	5.08	5.08	5.08	7.14	10.15
50	2	60.3	3.91	3.91	3.91	5.54	5.54	5.54	8.874	11.07
65	2½	73.0	5.16	5.16	5.16	7.01	7.01	7.01	9.53	14.02
80	3	88.9	5.49	5.49	5.49	7.62	7.62	7.62	11.13	15.24
90	3⅓	101.6	5.74	5.74	5.74	8.08	8.08	8.08	—	—
100	4	114.3	6.02	6.02	6.02	8.56	8.56	8.56	13.49	17.12
125	5	141.3	6.55	6.55	6.55	9.53	9.53	9.53	15.88	19.05
150	6	168.3	7.11	7.11	7.11	10.97	10.97	10.97	18.26	21.95
200	8	219.1	8.18	8.18	8.18	12.70	12.70	12.70	23.01	22.23
250	10	273.0	9.27	9.27	9.27	12.70	12.70	15.09	28.58	25.40
300	12	323.8	9.53	9.53	10.31	12.70	12.70	17.48	33.32	25.40
350	14	355.6	—	9.53	11.13	—	12.70	19.05	35.71	—
400	16	406.4	—	9.53	12.70	—	12.70	21.44	40.49	—
450	18	457	—	9.53	14.27	—	12.70	23.83	45.24	—
500	20	508	—	9.53	15.09	—	12.70	26.19	50.01	—
550	22	559	—	9.53	—	—	12.70	28.58	53.98	—
600	24	610	—	9.53	17.48	—	12.70	30.96	59.54	—
650	26	660	—	9.53	—	—	12.70	—	—	—
700	28	711	—	9.53	—	—	12.70	—	—	—
750	30	762	—	9.53	—	—	12.70	—	—	—
800	32	813	—	9.53	17.48	—	12.70	—	—	—
850	34	864	—	9.53	17.48	—	12.70	—	—	—
900	36	914	—	9.53	19.05	—	12.70	—	—	—

注：① 表中数值选自 ASME B36.10M、B36.19M；Sch40S、Sch80S 用于不锈钢材料。

② 如订货选用的接管尺寸与本表不同，支管座的接管尺寸应按订货要求制造。

十一、管　　帽

1. 普通碳素钢管帽(见表2-4-81)

表2-4-81　普通碳素钢管帽尺寸　(mm)

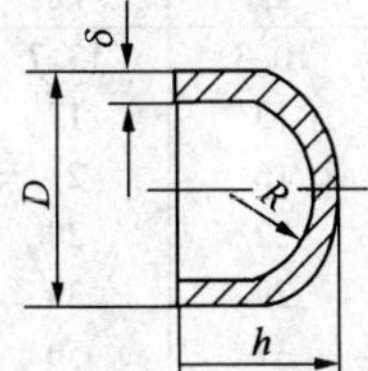

公称直径 DN	外　径 D	壁　厚 δ	结构高度 h	重量/kg	公称直径 DN	外　径 D	壁　厚 δ	结构高度 h	重量/kg
25	32	3	38	0.12	125	133	6	55	1.39
32	38	3.5	38	0.15	150	159	6	60	1.86
40	48	3.5	38	0.17	200	219	7	85	4.25
50	57	3.5	38	0.25	250	273	7	87.8	6.1
	60	4	38	0.28		273	10	110	8.84
65	76	4.5	38	0.36	300	325	10	120	11.94
80	89	5	40	0.52	350	377	10	140	16.5
90	101.6	5.74	63.5	1.4	400	426	10	160	21.89
100	108	5	45	0.78	450	480	11	154.5	28
	114	6	64	1.22	500	530	12	166.5	36

2. 英制管帽(见表2-4-82)

表2-4-82　碳钢、不锈钢、合金钢的英制管帽尺寸　(in)

公称直径 DN	外　径 D	壁　厚 δ	结构高度 h	重量/kg	公称直径 DN	外　径 D	壁　厚 δ	结构高度 h	重量/kg
1″	1.315	0.133	1½	0.07	4″	4.5	0.237	2½	0.95
1½″	1.66	0.14	1½	0.12	5″	5.563	0.258	3	1.57
1½″	1.9	0.145	1½	0.14	6″	6.625	0.28	3½	2.39
2″	2.375	0.154	1½	0.19	8″	8.625	0.322	4	4.21
2½″	2.875	0.203	1½	0.3	10″	10.75	0.365	5	7.46
3″	3.5	0.216	2	0.52	12″	12.75	0.375	6	11
3½″	4	0.226	2½	0.79					

3. 20号钢、低合金钢、不锈钢制管帽(见表2-4-83)

表2-4-83　20号钢、低合金钢、不锈钢制管帽尺寸　(mm)

公称直径 DN	外　径 D	壁　厚 δ	结构高度 h	重量/kg	公称直径 DN	外　径 D	壁　厚 δ	结构高度 h	重量/kg
50	57	4	22.3	0.16	200	219	7	85	4.25
65	76	4	35	0.32	250	273	8	110	7.18
80	89	5	40	0.52	300	325	10	120	11.94
100	108	5	45	0.78	350	377	10	140	16.5
125	133	6	55	1.39	400	426	12	160	26.09
150	159	6	60	1.86					

4. 椭圆封头(见表2-4-84)

表 2-4-84　椭圆封头尺寸　　（mm）

公称直径 DN	外径 D	E		封头壁厚 δ					
				6	8	10	12	14	16
		h=25	h=40	h=25 重量/kg	h=25 重量/kg	h=40 重量/kg	h=40 重量/kg	h=40 重量/kg	h=40 重量/kg
400	426	132	147	10.3	13.7	18.8	22.4	26	29.9
450	480	145	160	13	17	23.1	27.7	32.3	37
500	530	158	176	16	21	28.1	33.7	39.3	45
600	630	180	195	22	29	38	46	53	61
700	720	205	220	29	39	50	60	69	80
800	820	230	245	37	50	65	78	91	104
900	920	255	270	47	63	81	97.5	113	130
1000	1020	280	295	57	77	99	119	138	158
1100	1120	305	320	69	92	119	143	167	196
1200	1220	330	345	82	109	140	168	196	224
1300	1320	355	370	96	128	164	197	229	262
1400	1420	380	395	111	148	189	227	265	303
1500	1520	405	420	127	169	216	259	303	345
1600	1620	430	445	144	192	245	293	342	391

十二、可锻铸铁管路连接件（GB 3287—2011）

本标准适用于公称直径 DN6~150mm 公称压力 PN 小于或等于 1.6MPa，试验压力 2.4MPa 介质最高工作温度不超过 200℃的输送水、油、空气、煤气、蒸汽等一般道路上的管路连接件。

1. 弯头、三通、四通（见表 2-4-85）

表 2-4-85　弯头、三通、四通型式尺寸

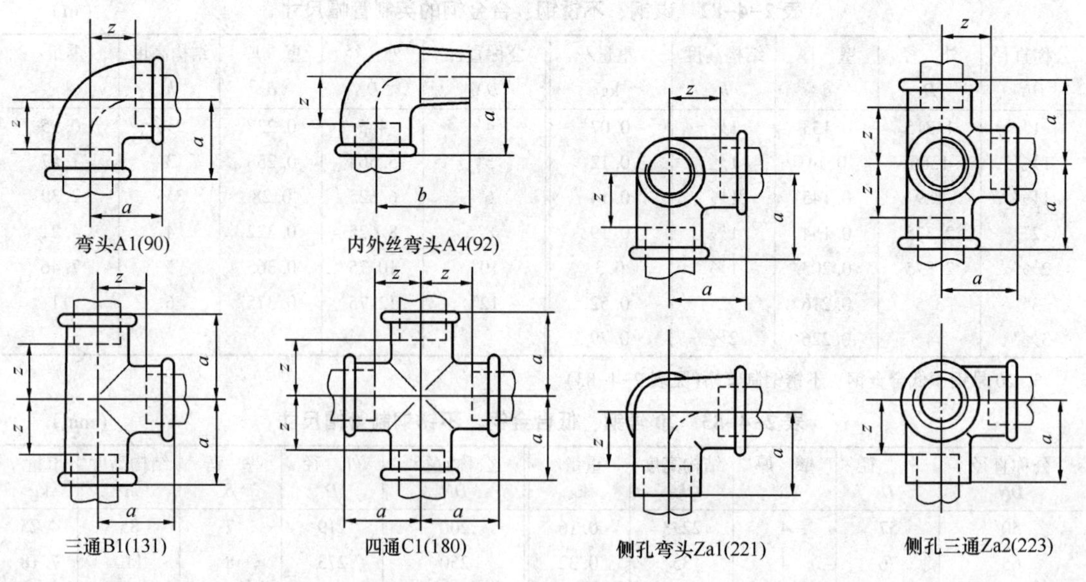

公称通径 DN						管件规格						尺寸/mm		安装长度/mm
A1	A4	B1	C1	Za1	Za2	A1	A4	B1	C1	Za1	Za2	a	b	z
6	6	6	—	—	—	1/8	1/8	1/8	—	—	—	19	25	12
8	8	8	(8)	—	—	1/4	1/4	1/4	(1/4)	—	—	21	28	11

续表

公称通径 DN						管件规格						尺寸/mm		安装长度/mm
A1	A4	B1	C1	Za1	Za2	A1	A4	B1	C1	Za1	Za2	*a*	*b*	*z*
10	10	10	10	(10)	(10)	3/8	3/8	3/8	3/8	(3/8)	(3/8)	25	32	15
15	15	15	15	15	(15)	1/2	1/2	1/2	1/2	1/2	(1/2)	28	37	15
20	20	20	20	20	(20)	3/4	3/4	3/4	3/4	3/4	(3/4)	33	43	18
25	25	25	25	(25)	(25)	1	1	1	1	(1)	(1)	38	52	21
32	32	32	32	—	—	1¼	1¼	1¼	1¼	—	—	45	60	26
40	40	40	40	—	—	1½	1½	1½	1½	—	—	50	65	31
50	50	50	50	—	—	2	2	2	2	—	—	58	74	34
65	65	65	(65)	—	—	2½	2½	2½	(2½)	—	—	69	88	42
80	80	80	(80)	—	—	3	3	3	(3)	—	—	78	98	48
100	100	100	(100)	—	—	4	4	4	(4)	—	—	96	118	60
(125)	—	(125)	—	—	—	(5)	—	(5)	—	—	—	115	—	75
(150)	—	(150)	—	—	—	(6)	—	(6)	—	—	—	131	—	91

2. 异径弯头(见表 2-4-86)

表 2-4-86　异径弯头型式尺寸

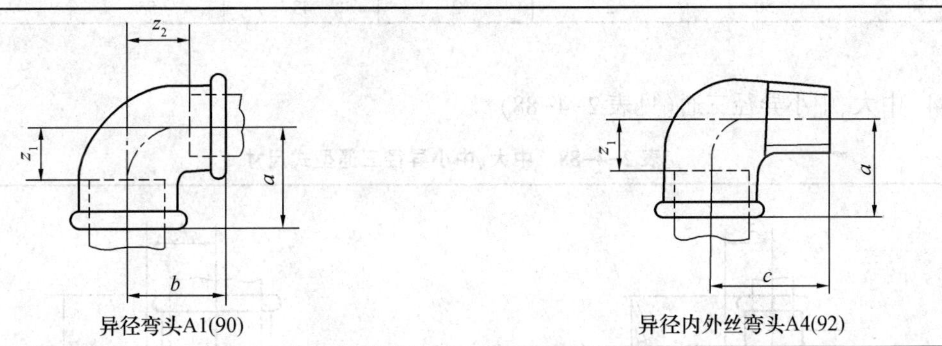

异径弯头A1(90)　　异径内外丝弯头A4(92)

公称通径 DN		管件规格		尺寸/mm			安装长度/mm	
A1	A4	A1	A4	*a*	*b*	*c*	z_1	z_2
(10×8)	—	(3/8×1/4)	—	23	23	—	13	13
15×10	15×10	1/2×3/8	1/2×3/8	26	26	33	13	16
(20×10)	—	(3/4×3/8)	—	28	28	—	13	18
20×15	20×15	3/4×1/2	3/4×1/2	30	31	40	15	18
25×15	—	1×1/2	—	32	34	—	15	21
25×20	25×20	1×3/4	1×3/4	35	36	46	18	21
32×20	—	1¼×3/4	—	36	41	—	17	26
32×25	32×35	1¼×1	1¼×1	40	42	56	21	25
(40×25)	—	(1½×1)	—	42	46	—	23	29
40×32	—	1½×1¼	—	46	48	—	27	29
50×40	—	2×1½	—	52	56	—	28	36
(65×50)	—	(2½×2)	—	61	66	—	34	42

3. 45°弯头(见表 2-4-87)

表 2-4-87　45°弯头型式尺寸

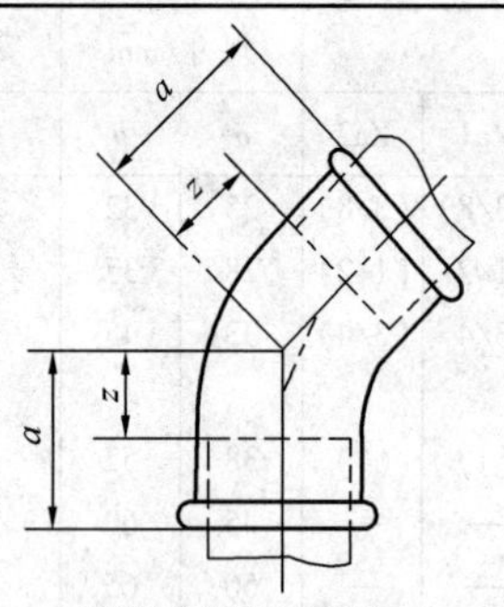

45°弯头A1/45°(120)

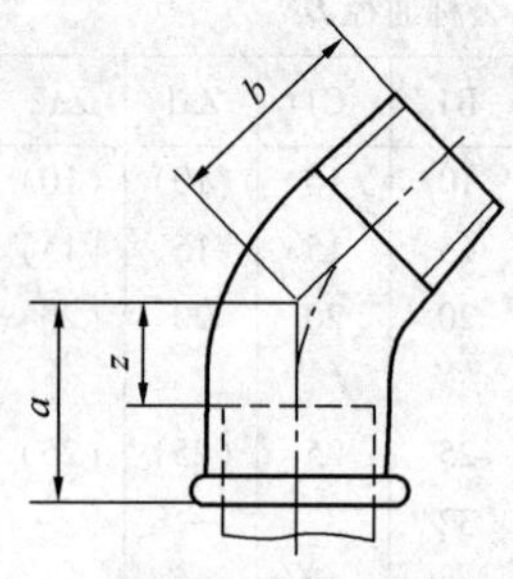

45°内外丝弯头A4/45°(121)

公称通径 DN		管件规格		尺寸/mm		安装长度/mm
A1/45°	A4/45°	A1/45°	A4/45°	*a*	*b*	*z*
10	10	3/8	3/8	20	25	10
15	15	1/2	1/2	22	28	9
20	20	3/4	3/4	25	32	10
25	25	1	1	28	37	11
32	32	1¼	1¼	33	43	14
40	40	1½	1½	36	46	17
50	50	2	2	43	55	19

4. 中大、中小异径三通(见表 2-4-88)

表 2-4-88　中大、中小异径三通型式尺寸

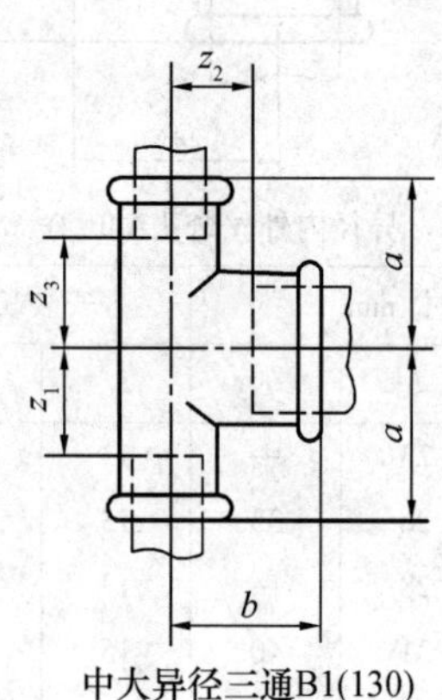

中大异径三通B1(130)

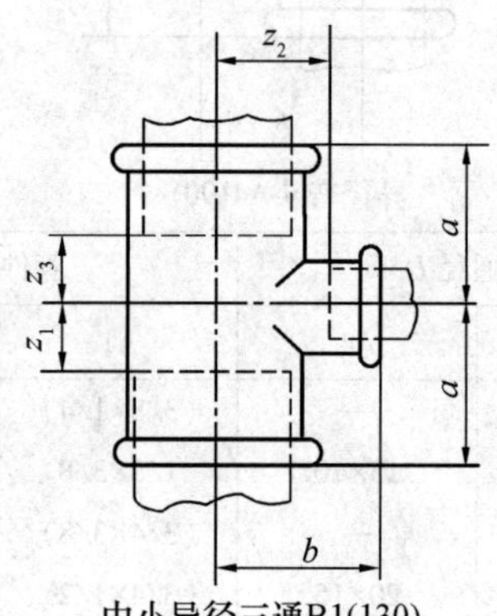

中小异径三通B1(130)

中大异径三通

公称通径 DN	管件规格	尺寸/mm		安装长度/mm	
		a	*b*	z_1	z_2
10×15	3/8×1/2	26	26	16	13
15×20	1/2×3/4	31	30	18	15
(15×25)	(1/2×1)	34	32	21	15

公称通径 DN	管件规格	尺寸/mm		安装长度/mm	
中大异径三通					
		a	b	z_1	z_2
20×25	3/4×1	36	35	21	18
(20×32)	(3/4×$1\frac{1}{4}$)	41	36	26	17
25×32	1×$1\frac{1}{4}$	42	40	25	21
(25×40)	(1×$1\frac{1}{2}$)	46	42	29	23
32×40	$1\frac{1}{4}$×$1\frac{1}{2}$	48	46	29	27
(32×50)	($1\frac{1}{4}$×2)	54	48	35	24
40×50	$1\frac{1}{2}$×2	55	52	36	28

公称通径 DN	管件规格	尺寸/mm		安装长度/mm	
中小异径三通					
		a	b	z_1	z_2
10×8	3/8×1/4	23	23	13	13
15×8	1/2×1/4	24	24	11	14
15×10	1/2×3/8	26	26	13	16
(20×8)	(3/4×1/4)	26	27	11	17
20×10	3/4×3/8	28	28	13	18
20×15	3/4×1/2	30	31	15	18
(25×8)	(1×1/4)	28	31	11	21
25×10	1×3/8	30	32	13	22
25×15	1×1/2	32	34	15	21
25×20	1×3/4	35	36	18	21
(32×10)	($1\frac{1}{4}$×3/8)	32	36	13	26
32×15	$1\frac{1}{4}$×1/2	34	38	15	25
32×20	$1\frac{1}{4}$×3/4	36	41	17	26
32×25	$1\frac{1}{4}$×1	40	42	21	25
40×15	$1\frac{1}{2}$×1/2	36	42	17	29
40×20	$1\frac{1}{2}$×3/4	38	44	19	29
40×25	$1\frac{1}{2}$×1	42	46	23	29
40×32	$1\frac{1}{2}$×$1\frac{1}{4}$	46	48	27	29
50×15	2×1/2	38	48	14	35
50×20	2×3/4	40	50	16	35
50×25	2×1	44	52	20	35
50×32	2×$1\frac{1}{4}$	48	54	24	35
50×40	2×$1\frac{1}{2}$	52	55	28	36
65×25	$2\frac{1}{2}$×1	47	60	20	43
65×32	$2\frac{1}{2}$×$1\frac{1}{4}$	52	62	25	43
65×40	$2\frac{1}{2}$×$1\frac{1}{2}$	55	63	28	44
65×50	$2\frac{1}{2}$×2	61	66	34	42
80×25	3×1	51	67	21	50
(80×32)	(3×$1\frac{1}{4}$)	55	70	25	51
80×40	3×$1\frac{1}{2}$	58	71	28	52
80×50	3×2	64	73	34	49
80×65	3×$2\frac{1}{2}$	72	76	42	49
100×50	4×2	70	86	34	62
100×80	4×3	84	92	48	62

注：管件规格的表示方法见 GB 3287—2011 的 4.3.2.4a)。

5. 异径三通(见表 2-4-89)

表 2-4-89　异径三通型式尺寸

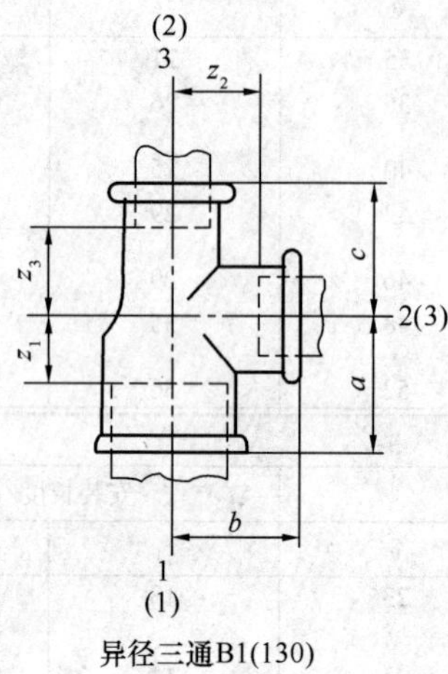

异径三通B1(130)

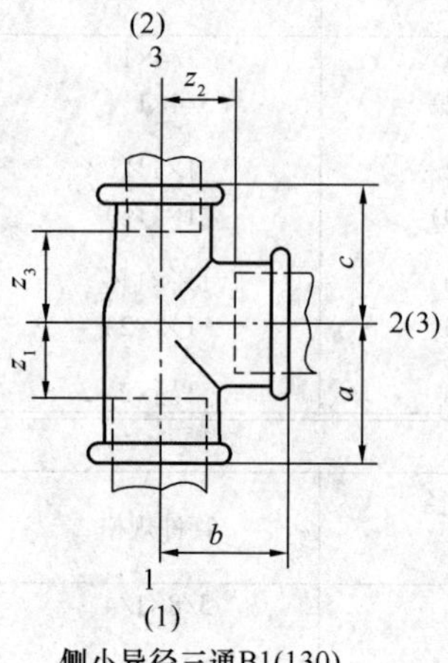

侧小异径三通B1(130)

异　径　三　通									
公称通径 *DN*		管件规格		尺寸/mm			安装长度/mm		
方法 a) 1　2　3	方法 b) (1)　(2)　(3)	方法 a) 1　2　3	方法 b) (1)　(2)　(3)	*a*	*b*	*c*	c_1	c_2	c_3
15×10×10	15×10×10	1/2×3/8×3/8	1/2×3/8×3/8	25	26	25	13	16	15
20×10×15	20×15×10	3/4×3/8×1/2	3/4×1/2×3/8	28	28	26	13	18	13
20×15×10	20×10×15	3/4×1/2×3/8	3/4×3/8×1/2	30	31	26	15	18	16
20×15×15	20×15×15	3/4×1/2×1/2	3/4×1/2×1/2	30	31	28	15	18	15
25×15×15	25×15×16	1×1/2×1/2	1×1/2×1/2	32	34	28	15	21	15
25×15×20	25×20×15	1×1/2×3/4	1×3/4×1/2	32	34	30	15	21	15
25×20×15	25×15×20	1×3/4×1/2	1×1/2×3/4	35	36	31	18	21	18
25×20×20	25×20×20	1×3/4×3/4	1×3/4×3/4	35	36	33	18	21	18
32×15×25	32×25×15	1¼×1/2×1	1¼×1×1/2	34	38	32	15	25	15
32×20×20	32×20×20	1¼×3/4×3/4	1¼×3/4×3/4	36	41	33	17	26	18
32×20×25	32×25×20	1¼×3/4×1	1¼×1×3/4	36	41	35	17	26	18
32×25×20	32×20×25	1¼×1×3/4	1¼×3/4×1	40	42	36	21	25	21
32×25×25	32×25×25	1¼×1×1	1¼×1×1	40	42	38	21	25	21
40×15×32	40×32×16	1½×1/2×1¼	1½×1¼×1/2	36	42	34	17	29	15
40×20×32	40×32×20	1½×3/4×1¼	1½×1¼×3/4	38	44	36	19	29	17
40×25×25	40×25×25	1½×1×1	1½×1×1	42	46	38	23	29	21
40×25×32	40×32×25	1½×1×1¼	1½×1¼×1	42	46	40	23	29	21
(40×32×25)	(40×25×32)	(1½×1¼×1)	(1½×1×1¼)	46	48	42	27	29	25
40×32×32	40×32×32	1½×1¼×1¼	1½×1¼×1¼	46	48	45	27	29	26

续表

异径三通									
公称通径 *DN*		管件规格		尺寸/mm			安装长度/mm		
方法 a) 1　2　3	方法 b) (1)　(2)　(3)	方法 a) 1　2　3	方法 b) (1)　(2)　(3)	a	b	c	c_1	c_2	c_3
50×20×40	50×40×20	2×3/4×1½	2×1½×3/4	40	50	39	16	35	19
50×25×40	50×40×25	2×1×1½	2×1½×1	44	52	42	20	35	23
50×32×32	50×32×32	2×1¼×1¼	2×1¼×1¼	48	54	45	24	35	26
50×32×40	50×40×32	2×1¼×1½	2×1½×1¼	48	54	46	24	35	27
(50×40×32)	(50×32×40)	(2×1½×1¼)	(2×1¼×1½)	52	55	48	28	36	29
50×40×40	50×40×40	2×1½×1½	2×1½×1½	52	55	50	28	36	31

侧小异径三通									
公称通径 *DN*		管件规格		尺寸/mm			安装长度/mm		
方法 a) 1　2　3	方法 b) (1)　(2)　(3)	方法 a) 1　2　3	方法 b) (1)　(2)　(3)	a	b	c	z_1	z_2	z_3
15×15×10	15×10×15	1/2×1/2×3/8	1/2×3/8×1/2	28	28	26	15	15	16
20×20×10	20×10×20	3/4×3/4×3/8	3/4×3/8×3/4	33	33	28	18	18	18
20×20×15	20×15×20	3/4×3/4×1/2	3/4×1/2×3/4	33	33	31	18	18	18
(25×25×10)	(25×10×25)	(1×1×3/8)	(1×3/8×1)	38	38	32	21	21	22
25×25×15	25×15×25	1×1×1/2	1×1/2×1	38	38	34	21	21	21
25×25×20	25×20×25	1×1×3/4	1×3/4×1	38	38	36	21	21	21
32×32×15	32×15×32	1¼×1¼×1/2	1¼×1/2×1¼	45	45	38	26	26	25
32×32×20	32×20×32	1¼×1¼×3/4	1¼×3/4×1¼	45	45	41	26	26	26
32×32×35	32×25×32	1¼×1¼×1	1¼×1×1¼	45	45	42	26	26	25
40×40×15	40×15×40	1½×1½×1/2	1½×1/2×1½	50	50	42	31	31	29
40×40×20	40×20×40	1½×1½×3/4	1½×3/4×1½	50	50	44	31	31	29
40×40×25	40×25×40	1½×1½×1	1½×1×1½	50	50	46	31	31	29
40×40×32	40×32×40	1½×1½×1¼	1½×1¼×1½	50	50	48	31	31	29
50×50×20	50×20×50	2×2×3/4	2×3/4×2	58	58	50	34	34	35
50×50×25	50×25×50	2×2×1	2×1×2	58	58	52	34	34	35
50×50×32	50×32×50	2×2×1¼	2×1¼×2	58	58	54	34	34	35
50×50×40	50×40×50	2×2×1½	2×1½×2	58	58	55	34	34	36

注:管件规格的表示方法见 GB 3287—2011 的 4.3.2.3。

6. 异径四通(见表 2-4-90)

表 2-4-90　异径四通型式尺寸

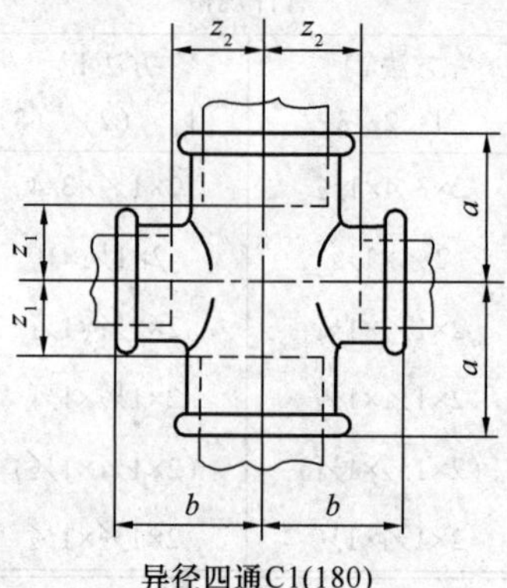

异径四通C1(180)

公称通径 DN	管件规格	尺寸/mm		安装长度/mm	
		a	b	z_1	z_2
(15×10)	(1/2×3/8)	26	26	13	16
20×15	3/4×1/2	30	31	15	18
25×15	1×1/2	32	34	15	21
25×20	1×3/4	35	36	18	21
(32×20)	(1¼×3/4)	36	41	17	26
32×25	1¼×1	40	42	21	25
(40×25)	(1½×1)	42	46	23	29

注:管件规格表示方法见 GB 3287—2011 的 4.3.2.4c)。

7. 短月弯、单弯三通、双弯弯头(见表 2-4-91)

表 2-4-91　短月弯、单弯三通、双弯弯头型式尺寸

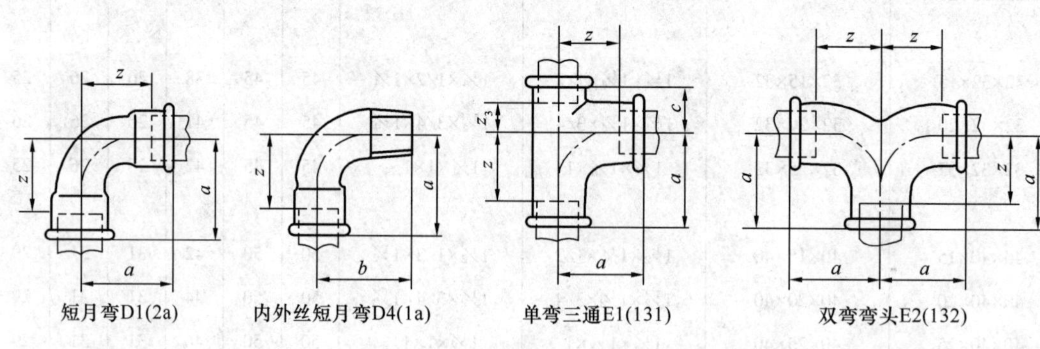

短月弯D1(2a)　内外丝短月弯D4(1a)　单弯三通E1(131)　双弯弯头E2(132)

公称通径 DN				管件规格				尺寸/mm		安装长度/mm	
D1	D4	E1	E2	D1	D4	E1	E2	a=b	c	z	z_3
8	8			1/4	1/4	—	—	30	—	20	—
10	10	10	10	3/8	3/8	3/8	3/8	36	19	26	9
15	15	15	15	1/2	1/2	1/2	1/2	45	24	32	11
20	20	20	20	3/4	3/4	3/4	3/4	50	28	35	13
25	25	25	25	1	1	1	1	63	33	46	16
32	32	32	32	1¼	1¼	1¼	1¼	76	40	57	21
40	40	40	40	1½	1½	1½	1½	85	43	66	24
50	50	50	50	2	2	2	2	102	53	78	29

8. 异径单弯三通(见表 2-4-92)

表 2-4-92 异径单弯三通型式尺寸

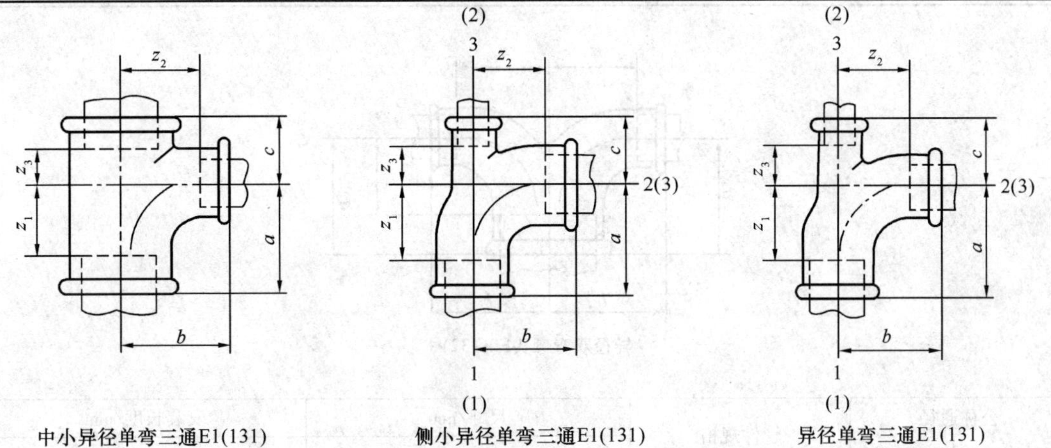

中小异径单弯三通E1(131)　　侧小异径单弯三通E1(131)　　异径单弯三通E1(131)

中小异径单弯三通

公称通径 DN	管件规格	尺寸/mm			安装长度/mm		
		a	b	c	z_1	z_2	z_3
20×15	3/4×1/2	47	48	25	32	35	10
25×25	1×1/2	49	51	28	32	38	11
25×20	1×3/4	53	54	30	36	39	13
32×15	1¼×1/2	51	56	30	32	43	11
32×20	1¼×3/4	55	58	33	36	43	14
32×25	1¼×1	66	68	36	47	51	17
(40×20)	(1½×3/4)	55	61	33	36	46	14
(40×25)	(1½×1)	66	71	36	47	54	17
(40×32)	(1½×1¼)	77	79	41	58	60	22
(50×25)	(2×1)	70	77	40	46	60	16
(50×32)	(2×1¼)	80	85	45	56	66	21
(50×40)	(2×1½)	91	94	48	57	75	24

注:管件规格表示方法见 GB 3287—2011 的 4.3.2.4a)。

侧小异径单弯三通

公称通径 DN		管件规格		尺寸/mm			安装长度/mm		
方法 a) 1 2 3	方法 b) (1) (2) (3)	方法 a) 1 2 3	方法 b) (1) (2) (3)	a	b	c	z_1	z_2	z_3
20×20×15	20×15×20	3/4×3/4×1/2	3/4×1/2×3/4	50	50	27	35	35	14

异径单弯三通

公称通径 DN		管件规格		尺寸/mm			安装长度/mm		
方法 a) 1 2 3	方法 b) (1) (2) (3)	方法 a) 1 2 3	方法 b) (1) (2) (3)	a	b	c	z_1	z_2	z_3
20×15×15	20×15×15	3/4×1/2×1/2	3/4×1/2×1/2	47	48	24	32	35	11
25×15×20	25×20×15	1×1/2×3/4	1×3/4×1/2	49	51	25	32	38	10
25×20×20	25×20×20	1×3/4×3/4	1×3/4×3/4	53	54	28	36	39	13

注:管件规格表示方法见 GB 3287—2011 的 4.3.2.3。

9. 异径双弯弯头(见表2-4-93)

表 2-4-93　异径双弯弯头型式尺寸

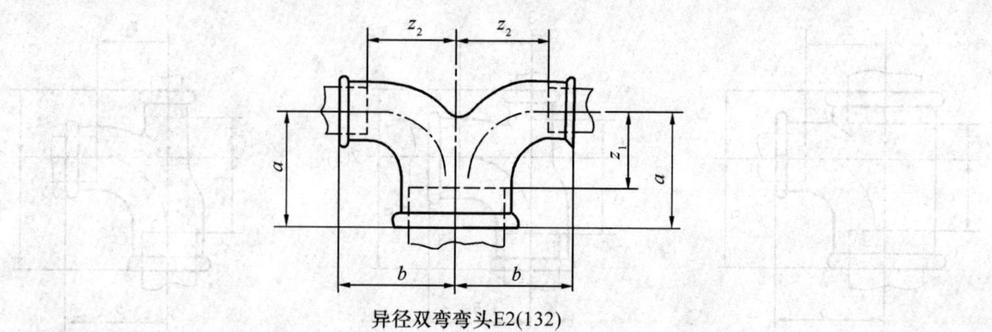

异径双弯弯头E2(132)

公称通径 DN	管件规格	尺寸/mm		安装长度/mm	
		a	b	z_1	z_2
(20×15)	(3/4×1/2)	47	48	32	35
(25×20)	(1×3/4)	53	54	36	39
(32×25)	(1¼×1)	66	68	47	51
(40×32)	(1½×1¼)	77	79	58	60
(50×40)	(2×1½)	91	94	67	75

注:管件规格的表示方法:见4.3.2.4b)。

10. 长月弯(见表2-4-94)

表 2-4-94　长月弯型式尺寸

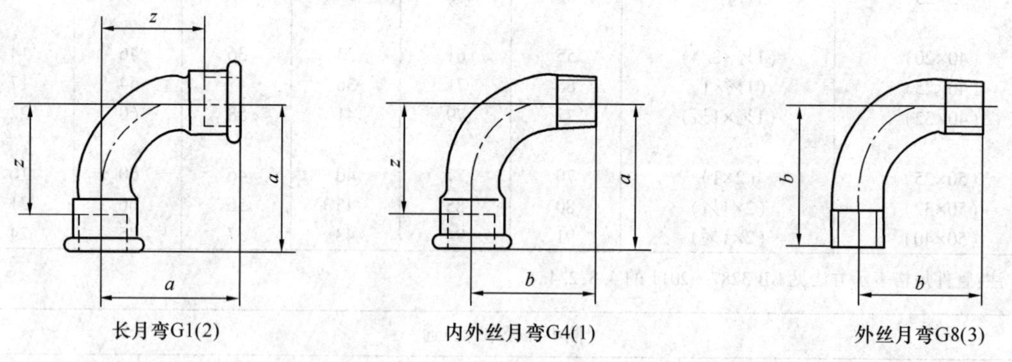

长月弯G1(2)　　内外丝月弯G4(1)　　外丝月弯G8(3)

公称通径 DN			管件规格			尺寸/mm		安装长度/mm
G1	G4	G8	G1	G4	G8	a	b	z
—	(6)	—	—	(1/8)	—	35	32	28
8	8	—	1/4	1/4	—	40	36	30
10	10	(10)	3/8	3/8	(3/8)	48	42	38
15	15	15	1/2	1/2	1/2	55	48	42
20	20	20	3/4	3/4	3/4	69	60	54
25	25	25	1	1	1	85	75	68
32	32	(32)	1¼	1¼	(1¼)	105	95	86
40	40	(40)	1½	1½	(1½)	116	105	97
50	50	(50)	2	2	(2)	140	130	116
65	(65)	—	2½	(2½)	—	176	165	149
80	(80)	—	3	(3)	—	205	190	175
100	(100)	—	4	(4)	—	260	245	224

11. 45°月弯(见表 2-4-95)

表 2-4-95　45°月弯型式尺寸

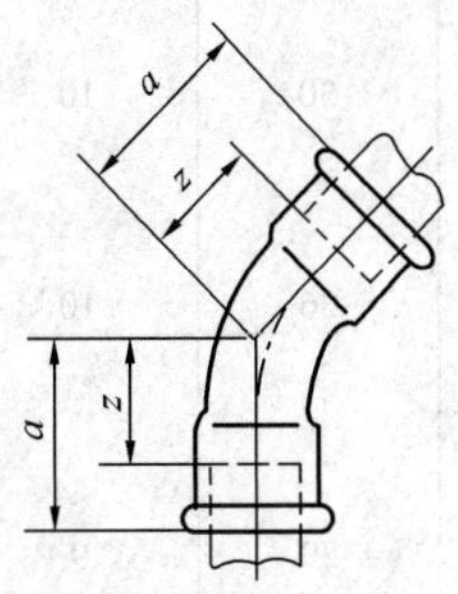

45° 月弯G1/45° (41)

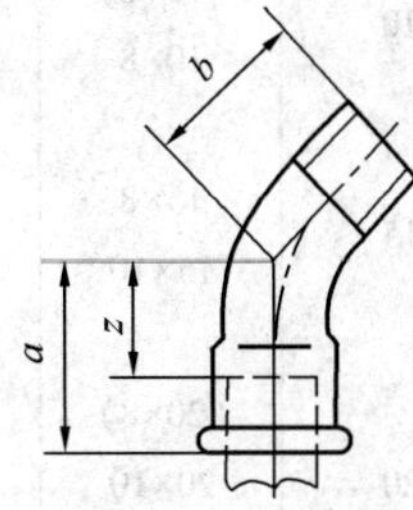

45° 内外丝月弯G4/45° (40)

公称通径 DN		管件规格		尺寸/mm		安装长度/mm
G1/45°	G4/45°	G1/45°	G4/45°	*a*	*b*	*z*
—	(8)	—	(1/4)	26	21	16
(10)	10	(3/8)	3/8	30	24	20
15	15	1/2	1/2	36	30	23
20	20	3/4	3/4	43	36	28
25	25	1	1	51	42	34
32	32	1¼	1¼	64	54	45
40	40	1½	1½	68	58	49
50	50	2	2	81	70	57
(65)	(65)	(2½)	(2½)	99	86	72
(80)	(80)	(3)	(3)	113	100	83

12. 外接头(见表 2-4-96)

表 2-4-96　外接头型式尺寸

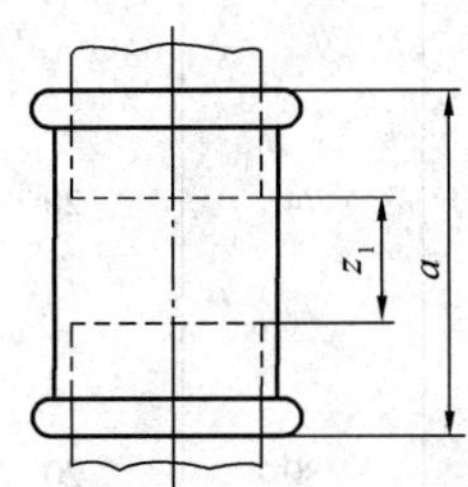

外接头M2(270)
左右旋外接头M2R—L(271)

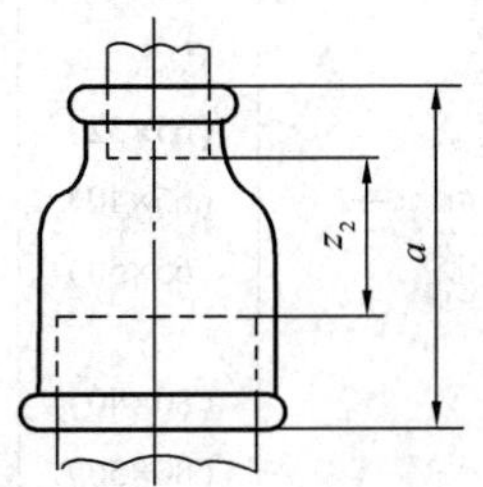

异径外接头M2(240)

公称通径 DN			管件规格			尺寸/mm	安装长度/mm	
M2	M2R—L	异径 M2	M2	M2R—L	异径 M2	*a*	z_1	z_2
6	—	—	1/8	—	—	25	11	—
8	—	8×6	1/4	—	1/4×1/8	27	7	10

续表

公称通径 *DN*			管件规格			尺寸/mm	安装长度/mm	
M2	M2R—L	异径 M2	M2	M2R—L	异径 M2	*a*	z_1	z_2
10	10	(10×6) 10×8	3/8	3/8	(3/8×1/8) 3/8×1/4	30	10	13 10
15	15	15×8 15×10	1/2	1/2	1/2×1/4 1/2×3/8	36	10	13 13
20	20	(20×8) 20×10 20×15	3/4	3/4	(3/4×1/4) 3/4×3/8 3/4×1/2	39	9	14 14 11
25	25	25×10 25×15 25×20	1	1	1×3/8 1×1/2 1×3/4	45	11	18 15 13
32	32	32×15 32×20 32×25	1¼	1¼	1¼×1/2 1¼×3/4 1¼×1	50	12	18 16 14
40	40	(40×15) 40×20 40×25 40×32	1½	1½	(1½×1/2) 1½×3/4 1½×1 1½×1¼	55	17	23 21 19 17
(50)	(50)	(50×15) (50×20) 50×25 50×32 50×40	(2)	(2)	(2×1/2) (2×3/4) 2×1 2×1¼ 2×1½	65	17	28 26 24 22 22
(65)	—	(65×32) (65×40) (65×50)	(2½)	—	(2½×1¼) (2½×1½) (2½×2)	74	20	28 28 23
(80)	—	(80×40) (80×50) (80×65)	(3)	—	(3×1½) (3×2) (3×2½)	80	20	31 26 23
(100)	—	(100×50) (100×65) (100×80)	(4)	—	(4×2) (4×2½) (4×3)	94	22	34 31 28
(125)	—	—	(5)	—	—	109	29	—
(150)	—	—	(6)	—	—	120	40	—

13. 内外丝接头(见表 2-4-97)

表 2-4-97　内外丝接头型式

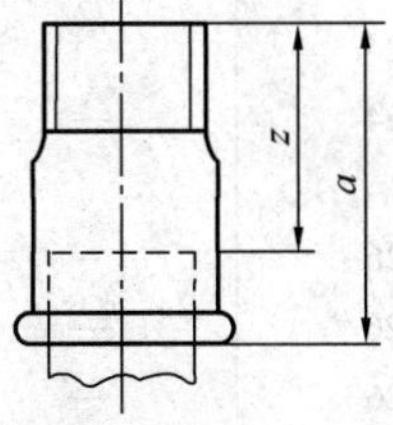

内外丝接头M4(529a)

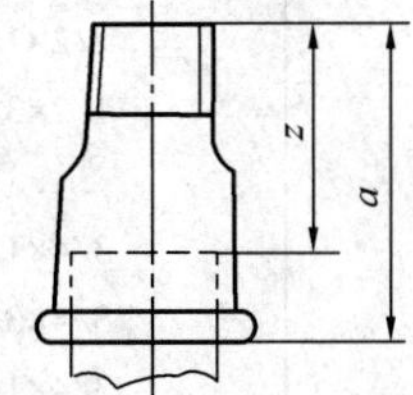

异径内外丝接头M4(246)

公称通径 *DN*		管件规格		尺寸/mm	安装长度/mm
M4	异径 M4	M4	异径 M4	*a*	*z*
10	10×8	3/8	3/8×1/4	35	25
15	15×8 15×10	1/2	1/2×1/4 1/2×3/8	43	30
20	(20×10) 20×15	3/4	(3/4×3/8) 3/4×1/2	48	33
25	25×15 25×20	1	1×1/2 1×3/4	55	38
32	32×20 32×25	1¼	1¼×3/4 1¼×1	60	41
—	40×25 40×32	—	1½×1 1½×1¼	63	44
—	(50×32) (50×40)	—	(2×1¼) (2×1½)	70	46

14. 内外螺丝(见表 2-4-98)

表 2-4-98　内外螺丝型式尺寸

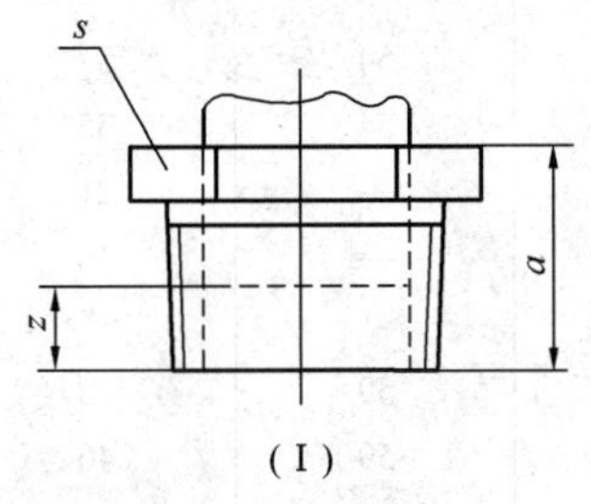

(Ⅰ)

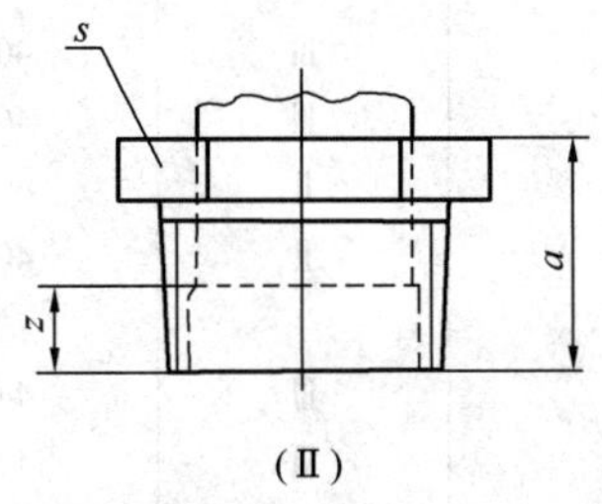

(Ⅱ)

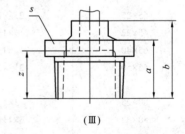

(Ⅲ)

内外螺丝N4(241)

公称通径 *DN*	管件规格	型　式	尺寸/mm		安装长度/mm
			a	*b*	*z*
8×6	1/4×1/8	Ⅰ	20	—	13
10×6	3/8×1/8	Ⅱ	20	—	13
10×8	3/8×1/4	Ⅰ	20	—	10

续表

公称通径 DN	管件规格	型　式	尺寸/mm a	尺寸/mm b	安装长度/mm z
15×6	1/2×1/8	Ⅱ	24	—	17
15×8	1/2×1/4	Ⅱ	24	—	14
15×10	1/2×3/8	Ⅰ	24	—	14
20×8	3/4×1/4	Ⅱ	26	—	16
20×10	3/4×3/8	Ⅱ	26	—	16
20×15	3/4×1/2	Ⅰ	26	—	13
25×8	1×1/4	Ⅱ	29	—	19
25×10	1×3/8	Ⅱ	29	—	19
25×15	1×1/2	Ⅱ	29	—	16
25×20	1×3/4	Ⅰ	29	—	14
32×10	1¼×3/8	Ⅱ	31	—	21
32×15	1¼×1/2	Ⅱ	31	—	18
32×20	1¼×3/4	Ⅱ	31	—	16
32×25	1¼×1	Ⅰ	31	—	14
(40×10)	(1½×3/8)	Ⅱ	31	—	21
40×15	1½×1/2	Ⅱ	31	—	18
40×20	1½×3/4	Ⅱ	31	—	16
40×25	1½×1	Ⅱ	31	—	14
40×32	1½×1¼	Ⅰ	31	—	12
50×15	2×1/2	Ⅲ	35	48	35
50×20	2×3/4	Ⅲ	35	48	33
50×25	2×1	Ⅱ	35	—	18
50×32	2×1¼	Ⅱ	35	—	16
50×40	2×1½	Ⅱ	35	—	16
65×25	2½×1	Ⅲ	40	54	37
65×32	2½×1¼	Ⅲ	40	54	35
65×40	2½×1½	Ⅱ	40	—	21
65×50	2½×2	Ⅱ	40	—	16
80×25	3×1	Ⅲ	44	59	42
80×32	3×1¼	Ⅲ	44	59	40
80×40	3×1½	Ⅲ	44	59	40
80×50	3×2	Ⅱ	44	—	20
80×65	3×2½	Ⅱ	44	—	17
100×50	4×2	Ⅲ	51	69	45
100×65	4×2½	Ⅲ	51	69	42
100×80	4×3	Ⅱ	51	—	21

15. 内接头(见表 2-4-99)

表 2-4-99 内接头型式尺寸

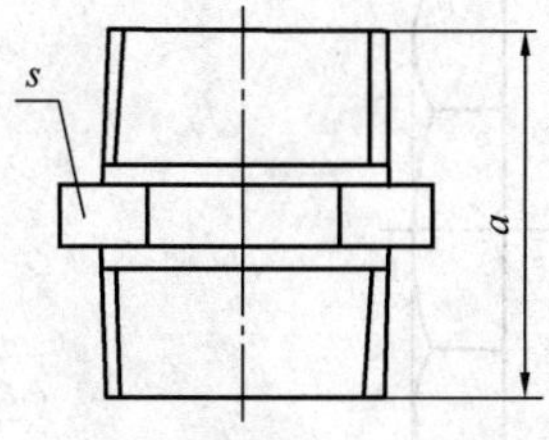

内接头N8(280)
左右旋内接头N8R—L(281)

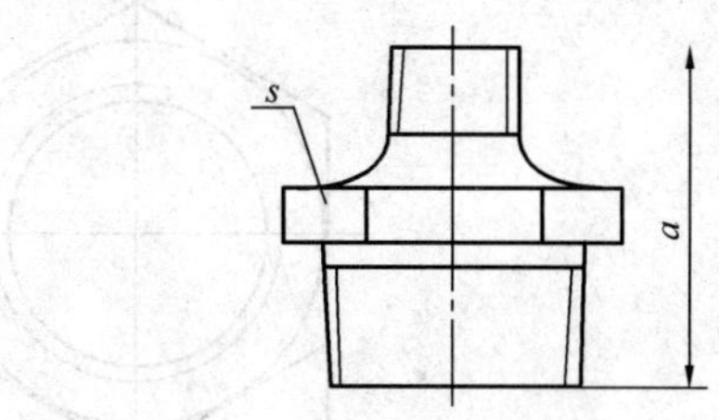

异径内接头N8(245)

公称通径 *DN*			管件规格			尺寸/mm
N8	N8R—L	异径 N8	N8	N8R—L	异径 N8	*a*
6	—	—	1/8	—	—	29
8	—	—	1/4	—	—	36
10	—	10×8	3×8	—	3/8×1/4	38
15	15	15×8 15×10	1/2	1/2	1/2×1/4 1/2×3/8	44
20	20	20×10 20×15	3/4	3/4	3/4×3/8 3/4×1/2	47
25	(25)	25×15 25×20	1	(1)	1×1/2 1×3/4	53
	—	(32×15) 32×20 32×25	1¼	—	(1¼×1/2) 1¼×3/4 1¼×1	57
40	—	(40×20) 40×25 40×32	1½	—	(1½×3/4) 1½×1 1½×1¼	59
50	—	(50×25) 50×32 50×40	2	—	(2×1) 2×1¼ 2×1½	68
65	—	65×50	2½	—	(2½×2)	75
80	—	(80×50) (80×65)	3	—	(3×2) (3×2½)	83
100	—	—	4	—	—	95

16. 锁紧螺母(见表 2-4-100)

表 2-4-100　锁紧螺母型式尺寸

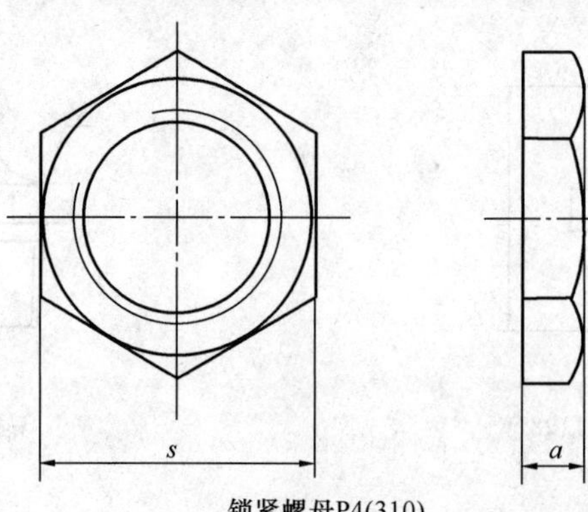

锁紧螺母P4(310)

公称通径 DN	管件规格	尺寸/mm a_{min}	公称通径 DN	管件规格	尺寸/mm a_{min}
6	1/4	6	32	1¼	11
10	3/8	7	40	1½	12
15	1/2	8	50	2	13
20	3/4	9	65	2½	16
25	1	10	80	3	19

注:① 锁紧螺母可以是平的,或凹入式的,允许加工一个表面。

② s 尺寸(扳手对边宽度)由制造商自己决定。

③ 螺纹应符合 GB/T 7307 的规定。

17. 管帽和管堵(见表 2-4-101)

表 2-4-101　管帽和管堵型式尺寸

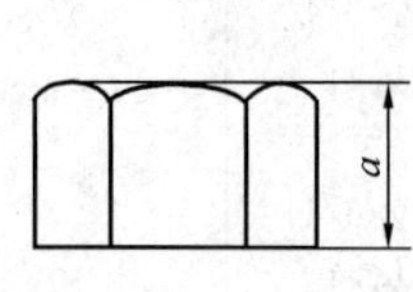

管帽T1(300)

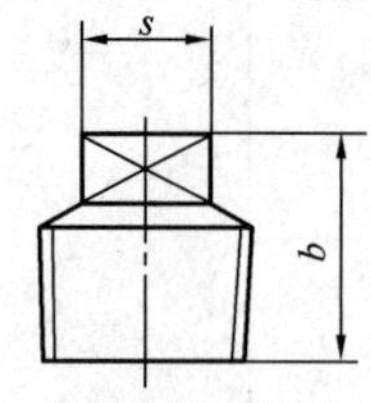

外方管堵T8(291)

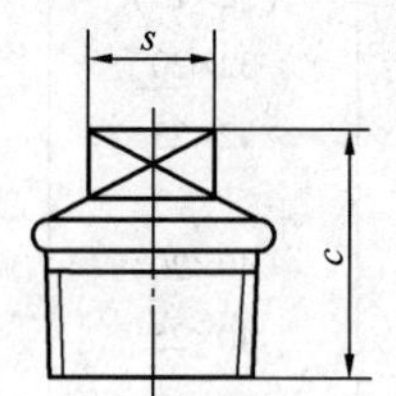

带边外方管堵T9(290)

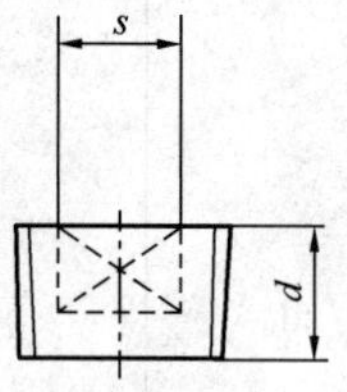

内方管堵T11(596)

公称通径 DN				管件规格				尺寸/mm			
T1	T8	T9	T11	T1	T8	T9	T11	a_{min}	b_{min}	c_{min}	d_{min}
(6)	6	6	—	(1/8)	1/8	1/8	—	13	11	20	—
8	8	8	—	1/4	1/4	1/4	—	15	14	22	—
10	10	10	(10)	3/8	3/8	3/8	(3/8)	17	15	24	11
15	15	15	(15)	1/2	1/2	1/2	(1/2)	19	18	26	15
20	20	20	(20)	3/4	3/4	3/4	(3/4)	22	20	32	16
25	25	25	(25)	1	1	1	(1)	24	23	36	19

续表

公称通径 *DN*				管件规格				尺寸/mm			
T1	T8	T9	T11	T1	T8	T9	T11	a_{min}	b_{min}	c_{min}	d_{min}
32	32	32	—	1¼	1¼	1¼	—	27	29	39	—
40	40	40	—	1½	1½	1½	—	27	30	41	—
50	50	50	—	2	2	2	—	32	36	48	—
65	65	65	—	2½	2½	2½	—	35	39	54	—
80	80	80	—	3	3	3	—	38	44	60	—
100	100	100	—	4	4	4	—	45	58	70	—

注:管帽可以是六边形、圆形或其他形状,由制造方决定。

18. 活接头(见表2-4-102)

表2-4-102　活接头的型式尺寸

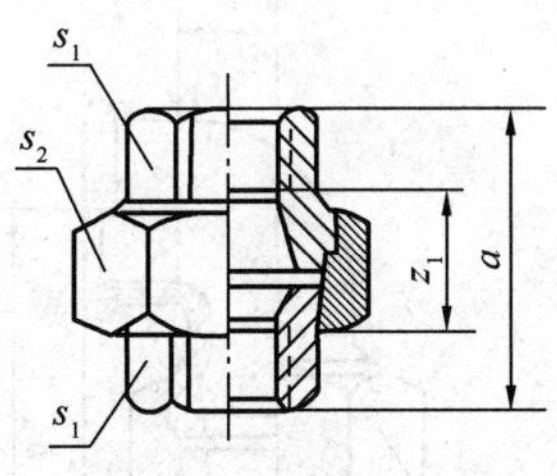

平座活接头U1(330)

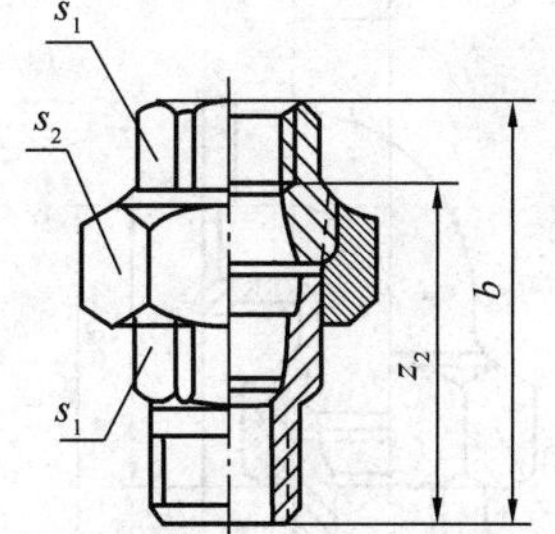

内外丝平座活接头U2(331)

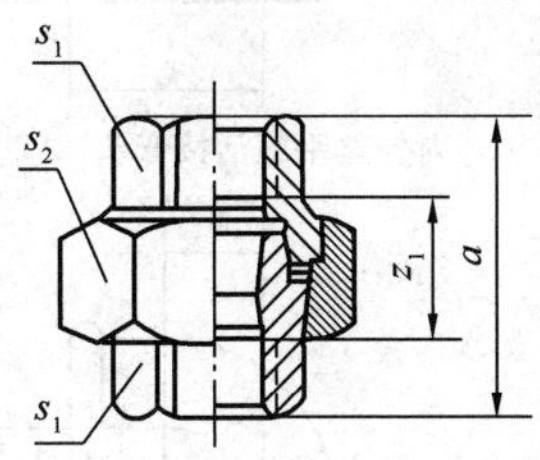

锥座活接头U11(340)

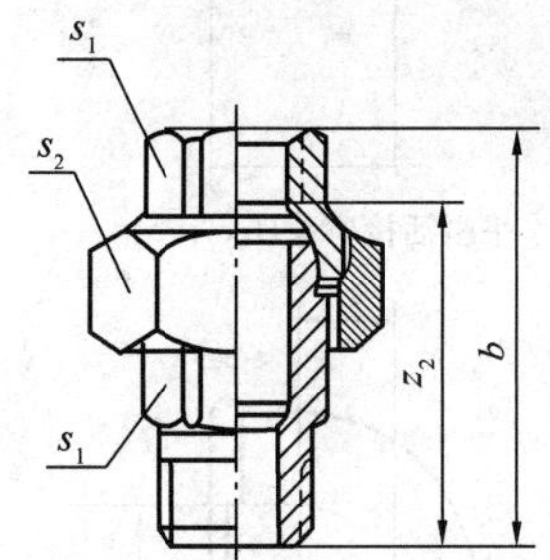

内外丝锥座活接头U12(341)

公称通径 *DN*				管件规格				尺寸/mm		安装长度/mm	
U1	U2	U11	U12	U1	U2	U11	U12	a	b	z_1	z_2
—	—	(6)	—	—	—	(1/8)	—	38	—	24	—
8	8	8	8	1/4	1/4	1/4	1/4	42	55	22	45
10	10	10	10	3/8	3/8	3/8	3/8	45	58	25	48
15	15	15	15	1/2	1/2	1/2	1/2	48	66	22	53
20	20	20	20	3/4	3/4	3/4	3/4	52	72	22	57
25	25	25	25	1	1	1	1	58	80	24	63
32	32	32	32	1¼	1¼	1¼	1¼	65	90	27	71
40	40	40	40	1½	1½	1½	1½	70	95	32	76
50	50	50	50	2	2	2	2	78	106	30	82

续表

公称通径 DN				管件规格				尺寸/mm		安装长度/mm	
U1	U2	U11	U12	U1	U2	U11	U12	a	b	z_1	z_2
65	—	65	65	2½	—	2½	2½	85	118	31	91
80	—	80	80	3	—	3	3	95	130	35	100
—	—	100	—	—	—	4	—	100	—	38	—

注：① 其他类型座的设计和材料应符合本标准给出的尺寸 a、b。

② 垫圈见表 2-4-104。

③ 活接头 U1 和 U2 可否同套管一起供应由制造方决定。

19. 活接弯头（见表 2-4-103）

表 2-4-103　活接弯头型式尺寸

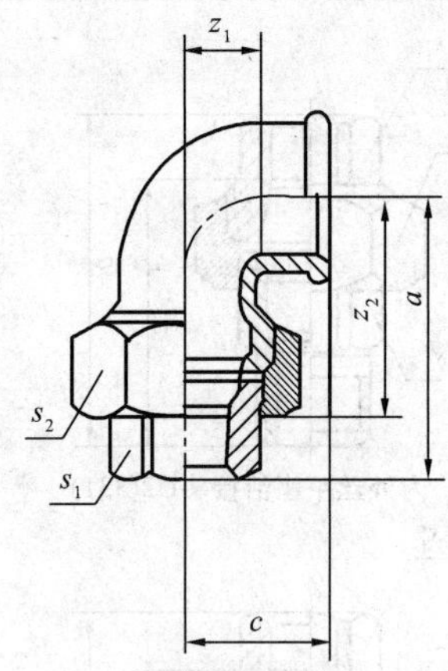

平座活接弯头UA1(95)

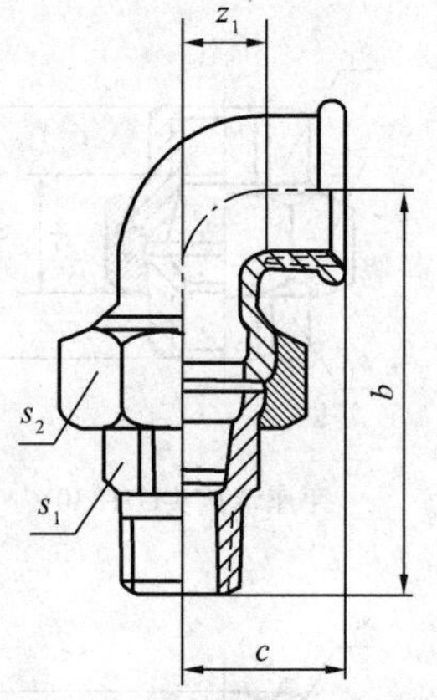

内外丝平座活接弯头UA2(97)

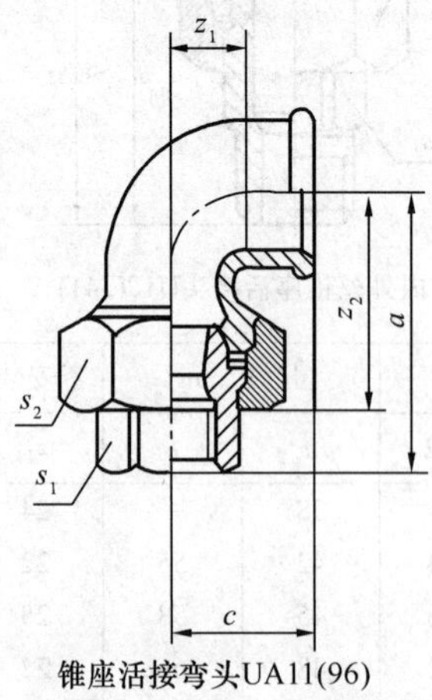

锥座活接弯头UA11(96)

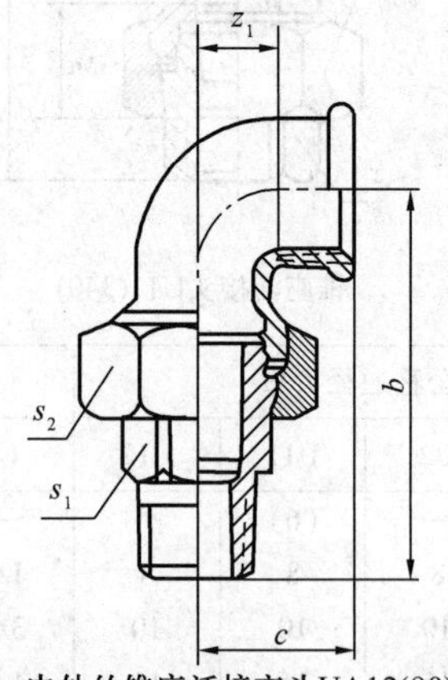

内外丝锥座活接弯头UA12(98)

公称通径 DN				管件规格				尺寸/mm			安装长度/mm	
UA1	UA2	UA11	UA12	UA1	UA2	UA11	UA12	a	b	c	z_1	z_2
—	—	8	8	—	—	1/4	1/4	48	61	21	11	38
10	10	10	10	3/8	3/8	3/8	3/8	52	65	25	15	42
15	15	15	15	1/2	1/2	1/2	1/2	58	76	28	15	45

续表

公称通径 DN				管件规格				尺寸/mm			安装长度/mm	
UA1	UA2	UA11	UA12	UA1	UA2	UA11	UA12	a	b	c	z_1	z_2
20	20	20	20	3/4	3/4	3/4	3/4	62	82	33	18	47
25	25	25	25	1	1	1	1	72	94	38	21	55
32	32	32	32	1¼	1¼	1¼	1¼	82	107	45	26	63
40	40	40	40	1½	1½	1½	1½	90	115	50	31	71
50	50	50	50	2	2	2	2	100	128	58	34	76

注：① 其他类型座的设计和材料应符合本标准给出的尺寸 a、b 和 c。

② 垫圈见表 2-4-104。

20. 垫圈(见表 2-4-104)

表 2-4-104 垫圈型式尺寸

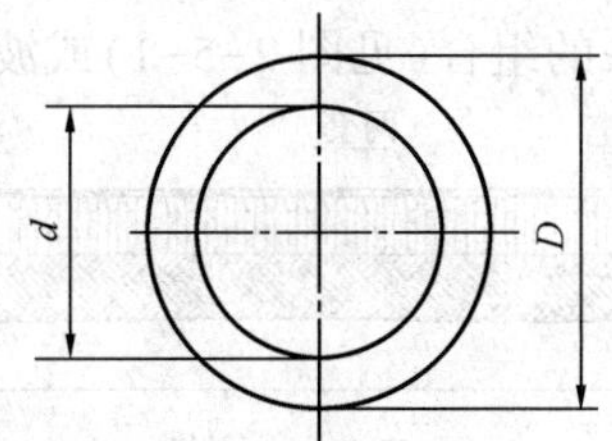

平座活接头和活接弯头垫圈

U1(330)、U2(331)、UA1(95)和UA2(97)

活接头和活接弯头		垫圈尺寸/mm		活接头螺母的螺纹尺寸代号（仅作参考）
公称通径 DN	管件规格	d	D	
6	1/8	—	—	G1/2
8	1/4	13	20	G5/8
		17	24	G3/4
10	3/8	17	24	G3/4
		19	27	G7/8
15	1/2	21	30	G1
		24	34	G1⅛
20	3/4	27	38	G1¼
25	1	32	44	G1½
32	1¼	42	55	G2
40	1½	46	62	G2¼
50	2	60	78	G2¾
65	2½	75	97	G3½
80	3	88	110	G4
100	4	—	—	G5
				G5½

注：垫片材料和厚度依照用途订货时双方协定。

（编制　张德姜、王怀义）

第五节 金属软管

一、产品分类

1. 软管波纹分为以下 3 种：

(1) 螺旋波纹管——波纹呈螺旋状的波纹管；

(2) 环形波纹管——波纹呈闭合圆环状的波纹管；

(3) 加强型波纹管——在波谷根部有与波纹贴合的加强件的波纹管。

2. 软管分类

根据使用工况，软管分 A、B 两类。

A 类软管：设计压力 $P_s \geqslant 0.1$MPa（表压），工作介质为气体、液化气体、蒸汽或者可燃、易爆、有毒、有腐蚀性、最高工作温度高于或者等于标准沸点的液体，且公称尺寸 $DN>25$ 的软管；

B 类软管：非 A 类软管。

3. 软管接头有球面型、管螺纹型、法兰型、焊接型及平形活接头等多种型式。

4. 软管由波纹管、网套和接头的组合（见图 2-5-1）或波纹管和接头的组合。

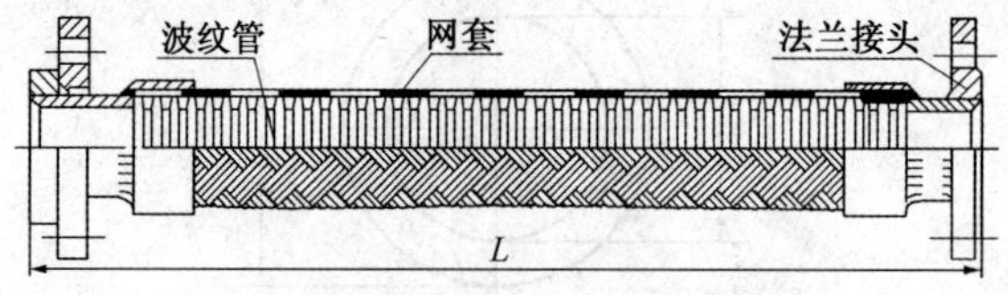

图 2-5-1 软管

注：图中所示为法兰接头的软管

二、技术要求

软管应符合现行国家标准《波纹金属软管通用技术条件》GB/T 14525—2010 的要求，并按规定程序批准的图样和技术文件制造。

软管主要零件的材料及其适应的工作温度范围见表 2-5-1，根据供需双方协议，亦可采用其他材料。

表 2-5-1 软管主要零件的材料及其适应的工作温度范围

零件名称	材料牌号		材料标准	推荐工作温度
	新牌号	旧牌号		
波纹管	06Cr19Ni10 022Cr19Ni10 06Cr17Ni12Mo2 022Cr17Ni12Mo2 06Cr18Ni11Ti	0Cr18Ni9 00Cr19Ni10 0Cr17Ni12Mo2 00Cr17Ni14Mo2 0Cr18Ni10Ti	CB/T 3089	-196~450℃
网套			GB/T 3280	
接头	06Cr19Ni10 022Cr19Ni10 06Cr17Ni12Mo2 022Cr17Ni12Mo2 06Cr18Ni11Ti	0Cr18Ni9 00Cr19Ni10 0Cr17Ni12Mo2 00Cr17Ni14Mo2 0Cr18Ni10Ti	GB/T 1220 GB/T 4226	-196~450℃
	ZG06Cr18Ni9 ZG06Cr18Ni12Mo2Ti	ZG0Cr18Ni9 ZG0Cr18Ni12Mo3Ti	GB/T 12230	
	20Cr13	2Cr13	GB/T 4226	-20~450℃
	Q235B	Q235B	GB/T 700	-20~450℃
	20	20	GB/T 699	

三、高温下的工作压力

1. 计算公式

软管在不同温度下，允许的最大工作压力按式(2-5-1)进行计算：

$$P_0 = K \cdot PN \tag{2-5-1}$$

式中 P_0——软管允许的最大工作压力，MPa；

PN——室温下设计压力，MPa；

K——软管的温度修正系数，参见表 2-5-2。

2. 温度修正系数

（1）波纹管、网套和接头常用材料的温度修正系数参见表 2-5-2 规定。

表 2-5-2 温度修正系数

材料牌号	温度/℃												
	≤20	50	100	150	200	250	300	350	400	450	500	550	600
06Cr19Ni10	1	0.93	0.81	0.70	0.64	0.60	0.57	0.54	0.52	0.51	0.50	0.49	0.47
022Cr19Ni10	1	0.93	0.81	0.70	0.64	0.60	0.57	0.54	0.51	0.50	0.49	0.47	0.47
06Cr17Ni12Mo2	1	0.93	0.83	0.72	0.66	0.63	0.60	0.55	0.53	0.52	0.51	0.50	0.50
022Cr17Ni12Mo2	1	0.93	0.83	0.72	0.66	0.62	0.59	0.56	0.55	0.53	0.51	0.50	0.50
06Cr18Ni11Ti	1	0.94	0.86	0.76	0.73	0.70	0.67	0.65	0.63	0.61	0.60	0.59	0.57
Q235B、20	1	0.98	0.90	0.89	0.86	0.82	0.76	0.73	0.70	0.41	0.24		

（2）软管温度修正系数应按波纹管、网套及接头的温度修正系数分别确定后取其较小值。

四、金属软管产品规格

BL_1

1. 球形接头金属软管 JR□L_3（见表 2-5-3）

L_1

（1）连接形式 两端均为球头，活套螺母。

（2）波纹管坯 不锈钢极薄壁无缝管。

（3）波纹管形式 螺旋形。

BL_1

表 2-5-3 球形接头金属软管 JR□L_3

L_1

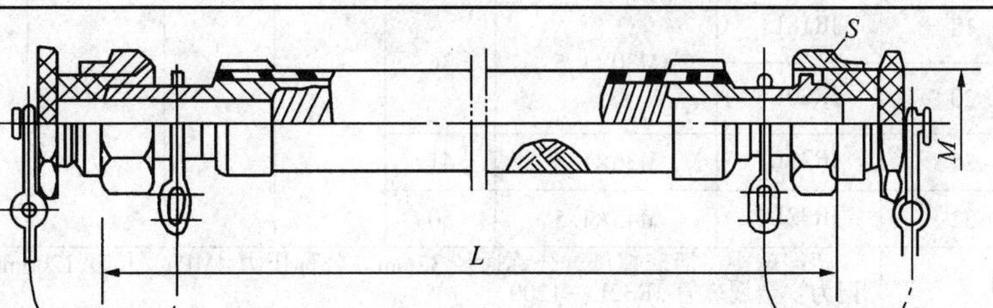

续表

公称压力	PN/MPa	公称通径 DN/mm	产品代号	螺纹连接尺寸 螺纹 M	螺纹连接尺寸 六方 S	最小弯曲半径 静态 R_j	最小弯曲半径 动态 R_d	试验压力 p_s/MPa	爆破压力 p_b/MPa	供货长度 L/mm
高压	35	4	JR4BL$_1$	M12×1.25	17	≮10DN	≮2R_j	1.5PN	3PN	150~1700
	23	6	JR6BL$_1$	M14×1.5						
		8	JR8BL$_1$	M16×1.5	19					
		10	JR10BL$_1$	M20×1.5	24					150~1600
		12	JR12BL$_1$	M22×1.5	27					
	21	15	JR14BL$_1$	M24×1.5						
	16	18	JR18BL$_1$	M30×1.5	36					160~1600
		20	JR20BL$_1$							
中压	10	4	JR4L$_3$	M12×1.25	17				4PN	150~1700
		6	JR6L$_3$	M14×1.5						
		8	JR8L$_3$	M16×1.5	19					
		10	JR10L$_3$	M20×1.5	24					150~1600
	8	12	JR12L$_3$	M22×1.5	27					
		15	JR14L$_3$	M24×1.5						
		18	JR18L$_3$	M30×1.5	36					160~1600
	6.4	20	JR20L$_3$							
		25	JR25L$_3$	M36×1.5	41					180~1600
	4	32	JR32L$_3$	M45×1.5	50					≮300
低压	2.5	4	JR4L$_1$	M12×1.25	17					150~1700
		6	JR6L$_1$	M14×1.5						
		8	JR8L$_1$	M16×1.5	19					
		10	JR10L$_1$	M20×1.5	24					150~1600
	1.6	12	JR12L$_1$	M22×1.5	27					
		15	JR14L$_1$	M24×1.5						
		18	JR18L$_1$	M30×1.5	36					160~1600
		20	JR20L$_1$							
	1	25	JR25L$_1$	M36×1.5	41					180~1600
		32	JR32L$_1$	M45×1.5	50					≮300
标记示例	两端球头、活套螺母，公称通径 32mm，公称压力 4MPa，长度 1200mm 的金属软管。标记为：金属软管 JR32L$_3$-1200									

注：DN≤25mm，长度>1600mm 的金属软管允许网体对接，订货时在合同上注明。

2. 球形接头金属软管 $JR\square\begin{matrix}BL\\L_2\\L\end{matrix}$（见表 2-5-4）

（1）连接形式 一端球头活套螺母，另一端内锥接头。

（2）波纹管坯 不锈钢极薄壁无缝管。

（3）波纹管形式 螺旋管。

表 2-5-4 球形接头金属软管 $JR\square\begin{matrix}BL\\L_2\\L\end{matrix}$

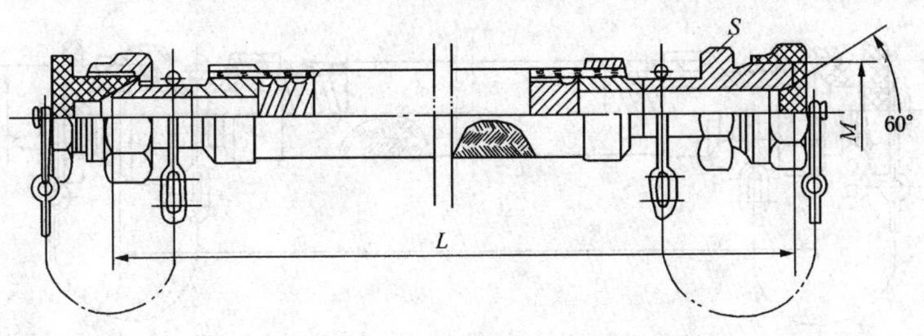

公称压力 PN/MPa		公称通径 DN/mm	产品代号	螺纹连接尺寸 螺纹 M	六方 S	最小弯曲半径 静态 R_j	动态 R_d	试验压力 p_s/MPa	爆破压力 p_b/MPa	供货长度 L/mm
高压	35	4	JR4BL	M12×1.25	17	≮10DN	≮2R_j	1.5PN	3PN	150~1700
	23	6	JR6BL	M14×1.5						
		8	JR8BL	M16×1.5	19					
		10	JR10BL	M20×1.5	24					150~1600
		12	JR12BL	M22×1.5	27					
	21	15	JR14BL	M24×1.5						
	16	18	JR18BL	M30×1.5	36					160~1600
		20	JR20BL							
中压	10	4	JR4L_2	M12×1.25	17				4PN	150~1700
		6	JR6L_2	M14×1.5						
		8	JR8L_2	M16×1.5	19					
		10	JR10L_2	M20×1.5	24					150~1600
	8	12	JR12L_2	M22×1.5	27					
		15	JR14L_2	M24×1.5						
		18	JR18L_2	M30×1.5	36					160~1600
	6.4	20	JR20L_2							
		25	JR25L_2	M36×1.5	41					180~1600
	4	32	JR32L_2	M45×1.5	50					≮300
低压	2.5	4	JR4L	M12×1.25	17					150~1700
		6	JR6L	M14×1.5						
		8	JR8L	M16×1.5	19					
		10	JR10L	M20×1.5	24					150~1600
	1.6	12	JR12L	M22×1.5	27					
		15	JR14L	M24×1.5						
		18	JR18L	M30×1.5	36					160~1600
		20	JR20L							
	1	25	JR25L	M36×1.5	41					180~1600
		32	JR32L	M45×1.5	50					≮300
标记示例		一端球头，另一端内锥接头，公称通径 20mm，公称压力 6.4MPa，长度 1500mm，球形接头金属软管，标记为：金属软管 JR20L_2-1500								

注：DN≤25mm，长度>1600mm 的金属软管允许网体对接，订货时在合同上注明。

G

3. 球形接头金属软管　JRZ□L_1(见表2-5-5)

D

(1) 连接形式　两端均为球形接头活套螺母。

(2) 波纹管坯　纵缝不锈钢薄壁管。

(3) 波纹管形式　螺旋形。

G

表 2-5-5　球形接头金属软管　JRZ□L_1

D

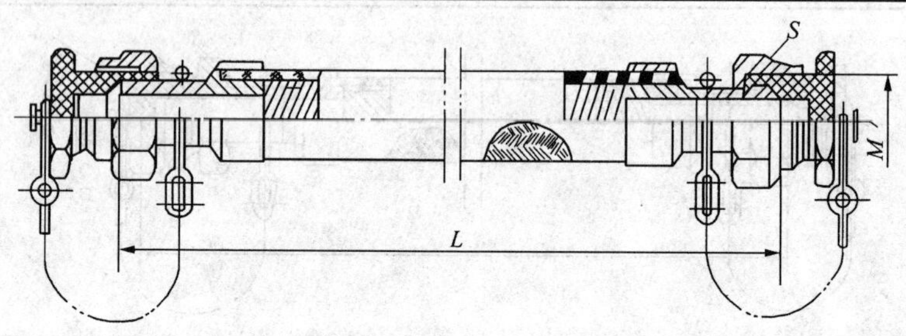

公称压力		公称通径	产品代号	螺纹连接尺寸		最小弯曲半径		试验压力	爆破压力	供货长度
PN/MPa		DN/mm		螺纹 M	六方 S	静态 R_j	动态 R_d	p_s/MPa	p_b/MPa	L/mm
高压 G	35	4	JRG4L_1	M12×1.25	17	≮10DN	≮2R_j	1.5PN	3PN	150~2100
	23	6	JRG6L_1	M14×1.5						
		8	JRG8L_1	M16×1.5	19					
		10	JRG10L_1	M20×1.5	24					
		12	JRG12L_1	M22×1.5	27					
	21	15	JRG14L_1	M24×1.5						
	16	18	JRG18L_1	M30×1.5	36					160~2100
		20	JRG20L_1							
中压 Z	10	4	JRZ4L_1	M12×1.25	17				4PN	150~2100
		6	JRZ6L_1	M14×1.5						
		8	JRZ8L_1	M16×1.5	19					
		10	JRZ10L_1	M20×1.5	24					
	8	12	JRZ12L_1	M22×1.5	27					
		15	JRZ14L_1	M24×1.5						
		18	JRZ18L_1	M30×1.5	36					160~2100
	6.4	20	JRZ20L_1							
		25	JRZ25L_1	M36×1.5	41					180~2100
	4	32	JRZ32L_1	M45×1.5	50					≮300
低压 D	2.5	4	JRD4L_1	M12×1.25	17					150~2100
		6	JRD6L_1	M14×1.5						
		8	JRD8L_1	M16×1.5	19					
		10	JRD10L_1	M20×1.5	24					
	1.6	12	JRD12L_1	M22×1.5	27					
		15	JRD14L_1	M24×1.5						
		18	JRD18L_1	M30×1.5	36					160~2100
		20	JRD20L_1							
	1	25	JRD25L_1	M36×1.5	41					180~2100
		32	JRD32L_1	M45×1.5	50					≮300
标记示例			两端球头活套螺母，公称通径 10mm，公称压力 2.5MPa，长度 1000mm 的球形接头金属软管。标记为：金属软管 JRD10L_1-1000							

注：DN≤25mm，长度>2100mm 的金属软管允许网体对接，订货时在合同上注明。

4. 球形接头金属软管　JRZ□L（G/Z/D）（见表 2-5-6）

(1) 连接形式　一端球形接头，另一端内锥接头。

(2) 波纹管坯　纵缝不锈钢薄壁管。

(3) 波纹管形式　螺旋形。

表 2-5-6　球形接头金属软管　JRZ□L（G/Z/D）

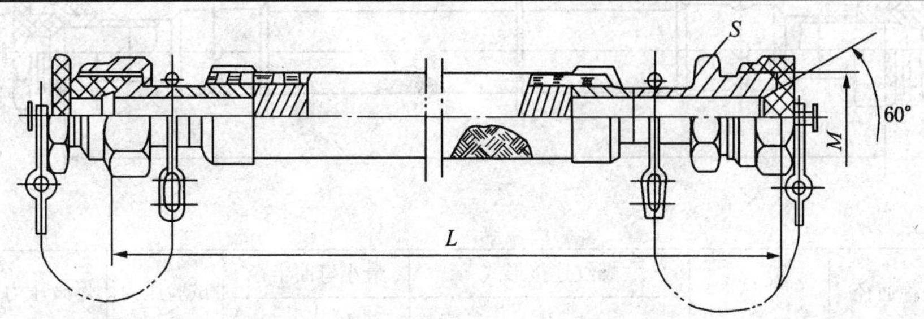

公称压力 PN/MPa		公称通径 DN/mm	产品代号	螺纹连接尺寸 螺纹 M	螺纹连接尺寸 六方 S	最小弯曲半径 静态 R_j	最小弯曲半径 动态 R_d	试验压力 p_s/MPa	爆破压力 p_b/MPa	供货长度 L/mm
高压 G	35	4	JRG4L	M12×1.25	17	≮10DN	≮2R_j	1.5PN	3PN	150~2100
	23	6	JRG6L	M14×1.5						
		8	JRG8L	M16×1.5	19					
		10	JRG10L	M20×1.5	24					
		12	JRG12L	M22×1.5	27					
	21	15	JRG14L	M24×1.5						
	16	18	JRG18L	M30×1.5	36					160~2100
		20	JRG20L							
中压 Z	10	4	JRZ4L	M12×1.25	17				4PN	150~2100
		6	JRZ6L	M14×1.5						
		8	JRZ8L	M16×1.5	19					
		10	JRZ10L	M20×1.5	24					
	8	12	JRZ12L	M22×1.5	27					
		15	JRZ14L	M24×1.5						
		18	JRZ18L	M30×1.5	36					160~2100
	6.4	20	JRZ20L							
		25	JRZ25L	M36×1.5	41					180~2100
	4	32	JRZ32L	M45×1.5	50					≮300
低压 D	2.5	4	JRD4L	M12×1.25	17					150~2100
		6	JRD6L	M14×1.5						
		8	JRD8L	M16×1.5	19					
		10	JRD10L	M20×1.5	24					
	1.6	12	JRD12L	M22×1.5	27					
		15	JRD14L	M24×1.5						
		18	JRD18L	M30×1.5	36					160~2100
		20	JRD20L							
	1	25	JRD25L	M36×1.5	41					180~2100
		32	JRD32L	M45×1.5	50					≮300
标记示例		一端球头，另一端内锥接头，公称通径 15mm，公称压力 21MPa，长度 1500mm 的球形接头金属软管。标记为：金属软管 JRG14-1500								

注：DN≤25mm，长度>2100mm 的金属软管，允许网体对接，订货时在合同上注明。

5. 球形接头带加长环金属软管　JR□AL_1(见表 2-5-7)

(1) 连接形式　两端球形接头活套螺母。

(2) 波纹管坯　不锈钢极薄壁无缝管。

(3) 波纹管形式　螺旋形。

表 2-5-7　球形接头带加长环金属软管

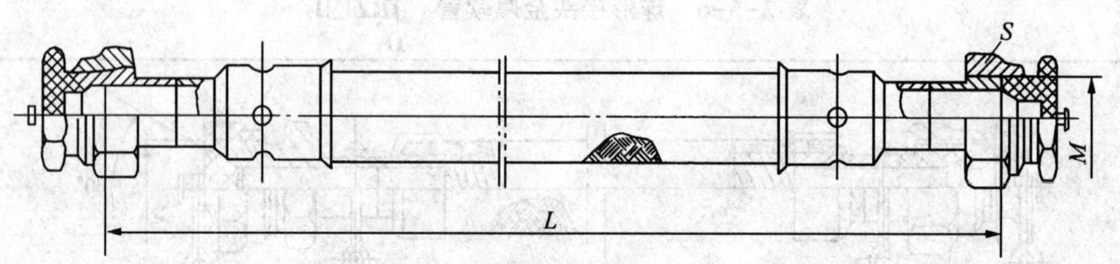

公称压力 PN/MPa	公称通径 DN/mm	产品代号	螺纹连接形式		最小弯曲半径		试验压力 p_s/MPa	爆破压力 p_b/MPa	供货长度 L/mm
			螺纹 M	六方 S	静态 R_j	动态 R_d			
1	6	$JR6AL_1$	M14×1.5	17	≮10DN	≮2R_j	1.5PN	4PN	300~1700
	8	$JR8AL_1$	M16×1.5	19					
	10	$JR10AL_1$	M20×1.5	24					300~1600
	12	$JR12AL_1$	M22×1.5	27					
	15	$JR14AL_1$	M24×1.5						
	18	$JR18AL_1$	M30×1.5	36					
	20	$JR20AL_1$							
	25	$JR24AL_1$	M36×1.5	41					
	32	$JR32AL_1$	M45×1.5	50					≮350
标记示例	两端为球头活套螺母并带加长环，公称通径 25mm，公称压力 1MPa，长度 1000mm 的球形接头金属软管。 标记为：金属软管 $JR24AL_1$-1000								

注：DN≤25mm，长度>1600mm 的金属软管允许网体对接，订货时在合同上注明。

6. 球形接头带加长环金属软管　JR□AL(见表 2-5-8)

(1) 连接形式　一端球头活套螺母，另端内锥接头。

(2) 波纹管坯　不锈钢极薄壁无缝管。

(3) 波纹管形式　螺旋形。

表 2-5-8　球形接头带加长环金属软管 JR□AL

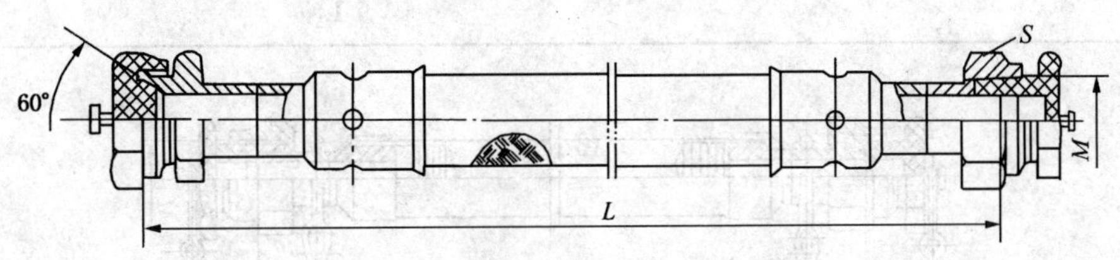

<table>
<tr><th rowspan="2">公称压力
PN/MPa</th><th rowspan="2">公称通径
DN/mm</th><th rowspan="2">产品代号</th><th colspan="2">螺纹连接形式</th><th colspan="2">最小弯曲半径</th><th rowspan="2">试验压力
p_s/MPa</th><th rowspan="2">爆破压力
p_b/MPa</th><th rowspan="2">供货长度
L/mm</th></tr>
<tr><th>螺纹
M</th><th>六方
S</th><th>静态
R_j</th><th>动态
R_d</th></tr>
<tr><td rowspan="9">1</td><td>6</td><td>JR6AL</td><td>M14×1.5</td><td>17</td><td rowspan="9">≮10DN</td><td rowspan="9">≮2R_j</td><td rowspan="9">1.5PN</td><td rowspan="9">4PN</td><td rowspan="2">300~1700</td></tr>
<tr><td>8</td><td>JR8AL</td><td>M16×1.5</td><td>19</td></tr>
<tr><td>10</td><td>JR10AL</td><td>M20×1.5</td><td>24</td><td rowspan="6">300~1600</td></tr>
<tr><td>12</td><td>JR12AL</td><td>M22×1.5</td><td rowspan="2">27</td></tr>
<tr><td>15</td><td>JR14AL</td><td>M24×1.5</td></tr>
<tr><td>18</td><td>JR18AL</td><td rowspan="2">M30×1.5</td><td rowspan="2">36</td></tr>
<tr><td>20</td><td>JR20AL</td></tr>
<tr><td>25</td><td>JR24AL</td><td>M36×1.5</td><td>41</td></tr>
<tr><td>32</td><td>JR32AL</td><td>M45×1.5</td><td>50</td><td>≮350</td></tr>
<tr><td>标记示例</td><td colspan="9">一端球头，另端内锥接头，带加长环，公称通径 20mm，公称压力 1MPa，长度 1200mm 的球形接头金属软管。标记为：金属软管 JR20AL-1200</td></tr>
</table>

注：DN≤25mm，长度>1600mm 的金属软管，允许网体对接，订货时在合同上注明。

7. 榫槽接头金属软管　JR□$\begin{matrix}BL_5\\L_5\end{matrix}$（见表 2-5-9）

（1）连接形式　两端凸榫，活套螺母。

（2）波纹管坯　不锈钢极薄壁无缝管。

（3）波纹管形式　螺旋形 DN18~32，环形 DN40。

表 2-5-9　榫槽接头金属软管　JR□$\begin{matrix}BL_5\\L_5\end{matrix}$

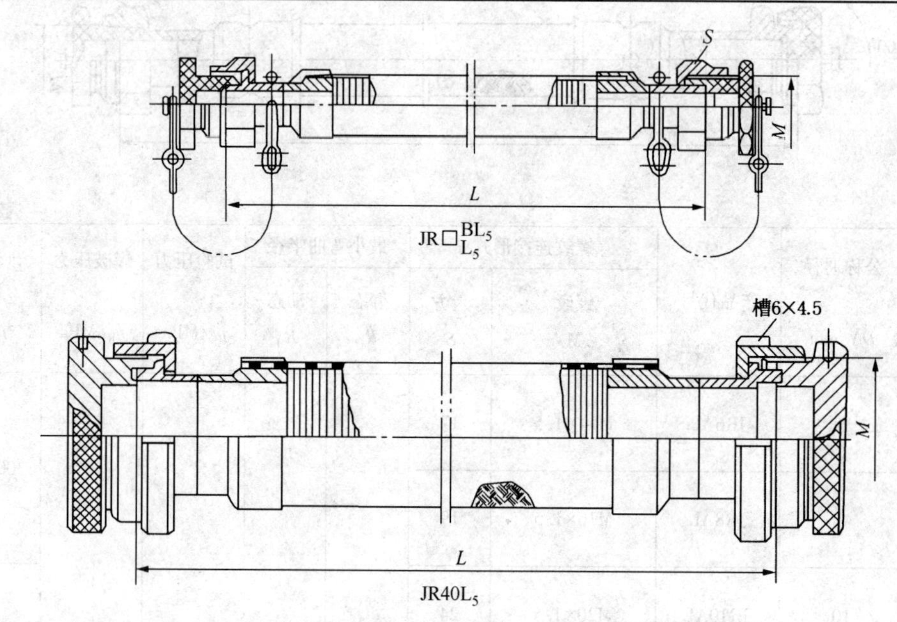

公称压力 PN/MPa		公称通径 DN/mm	产品代号	螺纹连接尺寸		最小弯曲半径		试验压力 p_s/MPa	爆破压力 p_b/MPa	供货长度 L/mm
				螺纹 M	六方 S	静态 R_j	动态 R_d			
高压	16	18	JR18BL$_5$	M30×1.5	36	≮10DN	≮2R_j	1.5PN	3PN	160~1600
	16	20	JR20BL$_5$							
	10	25	JR25BL$_5$	M36×1.5	41					180~1600
	6.4	32	JR32BL$_5$	M45×1.5	50					≮300
中压	6.4	25	JR25L$_5$	M36×1.5	41				4PN	180~1600
	4	32	JR32L$_5$	M45×1.5	50					≮300
	4	40	JR40L$_5$	M60×2	槽 6×4.5					
标记示例	两端凸榫活套螺母，公称通径 32mm，公称压力为 6.4MPa，长度 1500mm 的榫槽接头金属软管。标记为：金属软管 JR32BL$_5$-1500									

注：DN≤25mm，长度>1600mm 的金属软管，允许网体对接，订货时在合同上注明。

8. 榫槽接头金属软管 $JR\square\begin{matrix}BL_4\\L_4\end{matrix}$（见表 2-5-10）

（1）连接形式　一端凸榫活套螺母，另端凹槽接头。

（2）波纹管坯　不锈钢极薄壁无缝管。

（3）波纹管形式　螺旋形 DN18~32，环形 DN40。

表 2-5-10　榫槽接头金属软管　$JR\square\begin{matrix}BL_4\\L_4\end{matrix}$

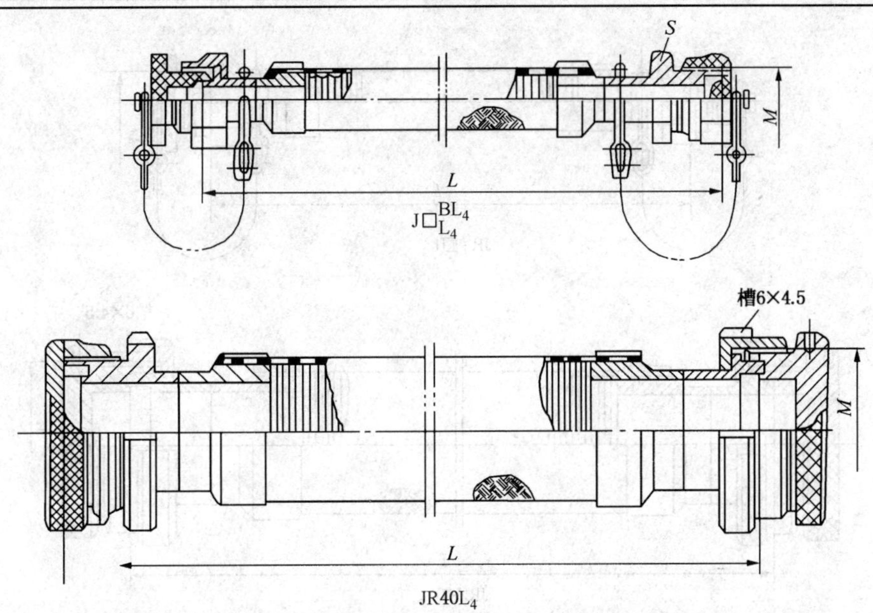

<table>
<tr><th colspan="2">公称压力
PN/MPa</th><th>公称直径
DN/mm</th><th>产品代号</th><th colspan="2">螺纹连接尺寸</th><th colspan="2">最小弯曲半径</th><th>试验压力
p_s/MPa</th><th>爆破压力/
p_b/MPa</th><th>供货长度
L/mm</th></tr>
<tr><th></th><th></th><th></th><th></th><th>螺纹
M</th><th>六方
S</th><th>静态
R_j</th><th>动态
R_d</th><th></th><th></th><th></th></tr>
<tr><td rowspan="4">高
压</td><td rowspan="2">16</td><td>18</td><td>$JR18BL_4$</td><td rowspan="2">M30×1.5</td><td rowspan="2">36</td><td rowspan="7">≮10DN</td><td rowspan="7">≮2R_j</td><td rowspan="7">1.5PN</td><td rowspan="4">3PN</td><td rowspan="2">160~1600</td></tr>
<tr><td>20</td><td>$JR20BL_4$</td></tr>
<tr><td>10</td><td>25</td><td>$JR25BL_4$</td><td>M36×1.5</td><td>41</td><td>180~1600</td></tr>
<tr><td>6.4</td><td>32</td><td>$JR32BL_4$</td><td>M45×1.5</td><td>50</td><td>≮300</td></tr>
<tr><td rowspan="3">中
压</td><td>6.4</td><td>25</td><td>$JR25L_4$</td><td>M36×1.5</td><td>41</td><td rowspan="3">4PN</td><td>180~1600</td></tr>
<tr><td rowspan="2">4</td><td>32</td><td>$JR32L_4$</td><td>M45×1.5</td><td>50</td><td rowspan="2">≮300</td></tr>
<tr><td>40</td><td>$JR40L_4$</td><td>M60×2</td><td>槽6×4.5</td></tr>
<tr><td colspan="2">标记示例</td><td colspan="9">一端凸榫接头，另一端凹槽接头，公称通径25mm，公称压力10MPa，长度1000mm的榫槽接头金属软管。标记为：金属软管 $JR25BL_4$-1000</td></tr>
</table>

注：DN≤25mm，长度>1600mm的金属软管，允许网体对接，订货时在合同上注明。

9. 榫槽接头金属软管　JR^{G}_{Z}□L_3(见表 2-5-11)

(1) 连接形式　两端凸榫，活套螺母。

(2) 波纹管坯　纵缝焊不锈钢薄壁管。

(3) 波纹管形式　螺旋形。

表 2-5-11　榫槽接头金属软管　JR^{G}_{Z}□L_3

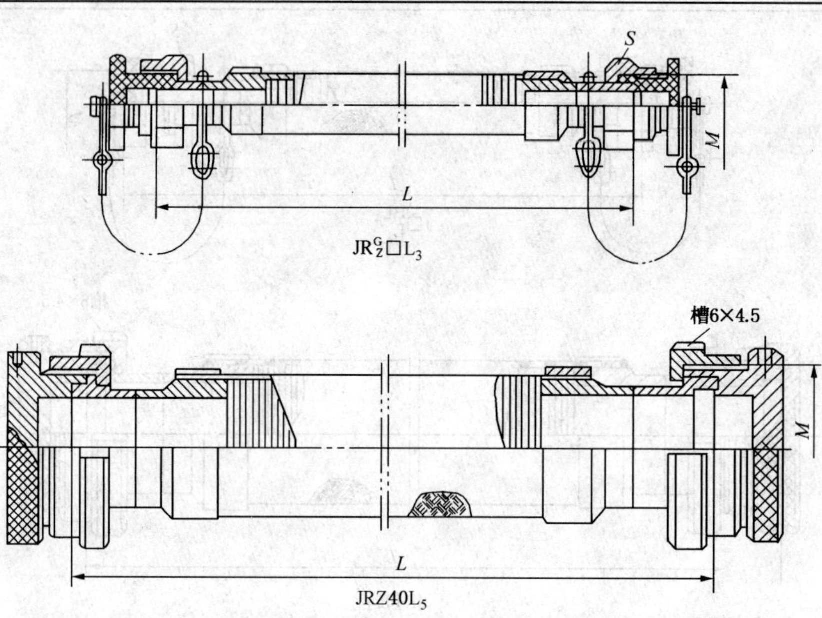

公称压力 PN/MPa		公称通径 DN/mm	产品代号	螺纹连接尺寸 螺纹 M	螺纹连接尺寸 六方 S	最小弯曲半径 静态 R_j	最小弯曲半径 动态 R_d	试验压力 p_s/MPa	爆破压力 p_b/MPa	供货长度 L/mm
高压 G	16	18	JRG18L_3	M30×1.5	36	≮10DN	≮2R_j	1.5PN	3PN	160~2100
		20	JRG20L_3							
	10	25	JRG25L_3	M36×1.5	41					180~2100
	6.4	32	JRG32L_3	M45×1.5	50					≮300
中压 Z	8	18	JRZ18L_3	M30×1.5	36				4PN	160~2100
		20	JRZ20L_3							
	6.4	25	JRZ25L_3	M36×1.5	41					180~2100
	4	32	JRZ32L_3	M45×1.5	50					≮300
		40	JRZ40L_3	M60×2	槽 6×4.5					
标记示例		两端凸榫接头活套螺母，公称通径 25mm，公称压力为 10MPa，长度 1000mm 的榫槽接头金属软管，标记为：金属软管 JRG25BL_3-1000								

注：DN≤25mm，长度>2100mm 的金属软管，允许网体对接，订货时在合同中注明。

10. 榫槽接头金属软管　$JR_{Z}^{G}□L_2$(见表 2-5-12)

(1) 连接形式　一端凸榫活套螺母，另一凹槽接头。

(2) 波纹管坯　纵缝焊不锈钢薄壁管。

(3) 波纹管形式　螺旋形。

表 2-5-12　榫槽接头金属软管　$JR_{Z}^{G}□L_2$

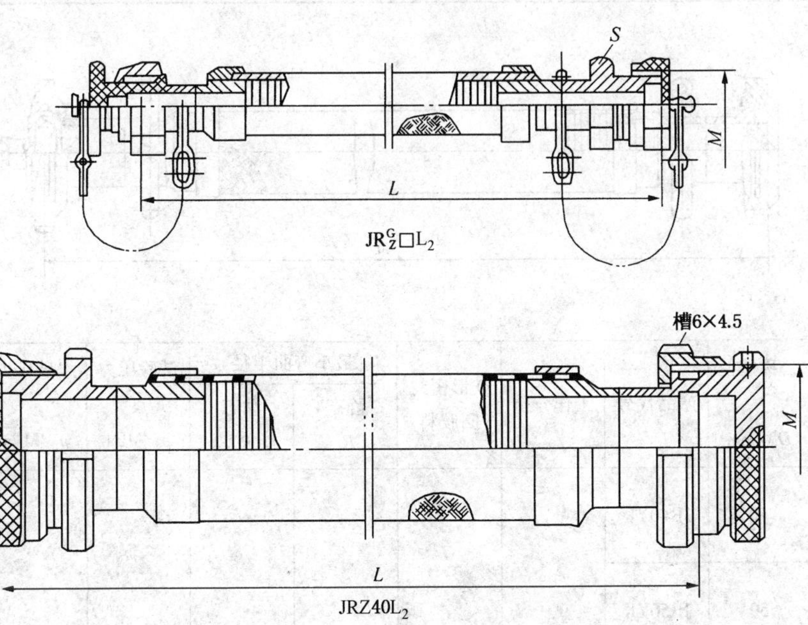

公称压力 PN/MPa		公称通径 DN/mm	产品代号	螺纹连接尺寸 螺纹 M	螺纹连接尺寸 六方 S	最小弯曲半径 静态 R_j	最小弯曲半径 动态 R_d	试验压力 p_s/MPa	爆破压力 p_b/MPa	供货长度 L/mm
高压 G	16	18	JRG18L$_2$	M30×1.5	36	≮10*DN*	≮2R_j	1.5*PN*	3*PN*	160~2100
		20	JRG20L$_2$							
	10	25	JRG25L$_2$	M36×1.5	41					180~2100
	6.4	32	JRG32L$_2$	M45×1.5	50					≮300
中压 Z	8	18	JRZ18L$_2$	M30×1.5	36				4*PN*	160~2100
		20	JRZ20L$_2$							
	6.4	25	JRZ25L$_2$	M36×1.5	41					180~2100
	4	32	JRZ32L$_2$	M45×1.5	50					≮300
		40	JRZ40L$_2$	M60×2	槽 6×4.5					
标记示例		一端凸榫活套螺母，另端凹槽接头，公称通径 20mm，公称压力 16MPa，长度 1500mm 的榫槽接头金属软管，标记为：金属软管 JRG20L$_2$-1500								

注：*DN*≤25mm，长度>2100mm 的金属软管，允许网体对接，订货时在合同中注明。

11. 爪形快速接头金属软管 JR□$_{R_1K}^{YK}$（见表 2-5-13）

（1）连接形式 爪形快速接头。

（2）波纹管坯 不锈钢极薄壁无缝管。

（3）波纹管形式 环形。

表 2-5-13 爪形快速接头金属软管 JR□$_{R_1K}^{YK}$

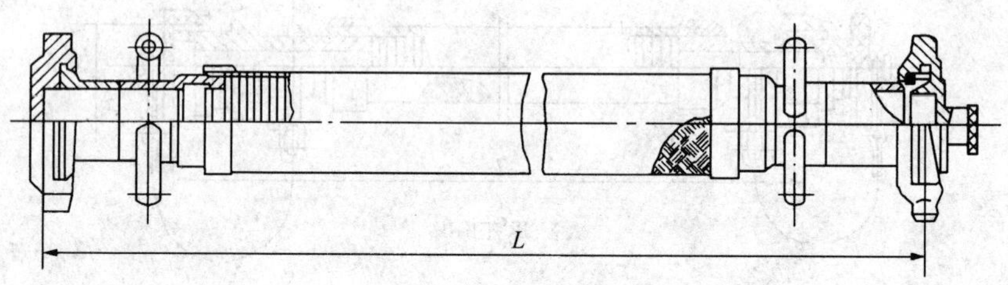

公称压力 PN/MPa	公称通径 DN/mm	产品代号	工作介质	O 形密封圈胶料	最小弯曲半径 静态 R_j	最小弯曲半径 动态 R_d	试验压力 p_s/MPa	爆破压力 p_b/MPa	供货长度 L/mm
2.5	40	JR40YK	氧化剂	1403	≮10DN	≮2R_j	1.5PN	4PN	≮340
	50	JR50YK							≮400
1.8	75	JR75YK							≮510
	100	JR100YK							≮600
2.5	40	JR40R_1K	燃烧剂	8101					≮340
	50	JR50R_1K							≮400
1.8	75	JR75R_1K							≮510
	100	JR100R_1K							≮600
标记示例	公称通径 100mm，公称压力 1.8MPa，长度 2000mm 耐氧化剂的爪型快速接头金属软管，标记为：金属软管 JR100YK-2000								

12. 爪形快速接头金属软管　$\mathrm{JR}^{\mathrm{L}}_{\mathrm{H}}\square^{\mathrm{YK}}_{\mathrm{R_1K}}$（见表 2-5-14）

（1）连接形式　爪形快速接头。

（2）波纹管坯　纵缝焊不锈钢薄壁管。

（3）波管纹形式　螺旋形、环形。

表 2-5-14　爪形快速接头金属软管　$\mathrm{JR}^{\mathrm{L}}_{\mathrm{H}}\square^{\mathrm{YK}}_{\mathrm{R_1K}}$

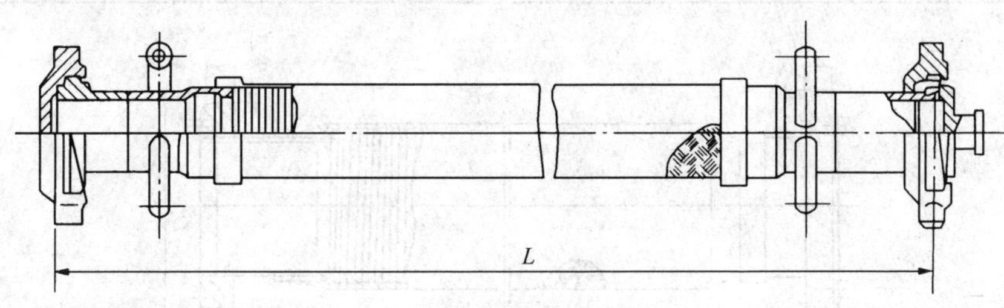

公称压力 PN/MPa	公称通径 DN/mm	产品代号	工作介质	O 形密封圈胶料	最小弯曲半径 静态 R_j	最小弯曲半径 动态 R_d	试验压力 p_s/MPa	爆破压力 p_b/MPa	供货长度 L/mm
2.5	40	$\mathrm{JR}^{\mathrm{L}}_{\mathrm{H}}$40YK	氧化剂	1403	≮10DN	≮2R_j	1.5PN	4PN	≮340
	50	$\mathrm{JR}^{\mathrm{L}}_{\mathrm{H}}$50YK							≮400
1.8	75	JRH75YK							≮510
	100	$\mathrm{JR}^{\mathrm{L}}_{\mathrm{H}}$100YK							≮600
1.6	125	$\mathrm{JR}^{\mathrm{L}}_{\mathrm{H}}$125YK							≮695
	150	$\mathrm{JR}^{\mathrm{L}}_{\mathrm{H}}$150YK							≮770
2.5	40	$\mathrm{JR}^{\mathrm{L}}_{\mathrm{H}}40\mathrm{R_1}$K	燃烧剂	8101					≮340
	50	$\mathrm{JR}^{\mathrm{L}}_{\mathrm{H}}50\mathrm{R_1}$K							≮400
1.8	75	JRH75$\mathrm{R_1}$K							≮510
	100	$\mathrm{JR}^{\mathrm{L}}_{\mathrm{H}}100\mathrm{R_1}$K							≮600
1.6	125	$\mathrm{JR}^{\mathrm{L_1}}_{\mathrm{H}}25\mathrm{R_1}$K					1.25PN	3PN	≮695
	150	$\mathrm{JR}^{\mathrm{L}}_{\mathrm{H_1}}50\mathrm{R_1}$K							≮770
标记示例	公称通径 50mm，公称压力 2.5MPa，长度 2500mm，耐燃烧剂环形波纹管的爪形快速接头金属软管，标记为：金属软管 JRH50$\mathrm{R_1}$K-2500								

13. 法兰连接金属软管　JRL□$\frac{A_1}{F_1}$（见表 2-5-15）

（1）连接形式　两端平焊法兰。

（2）波纹管坯　纵缝焊不锈钢薄壁管。

（3）波纹管形式　螺旋形。

表 2-5-15　法兰连接金属软管　JRL□$\frac{A_1}{F_1}$

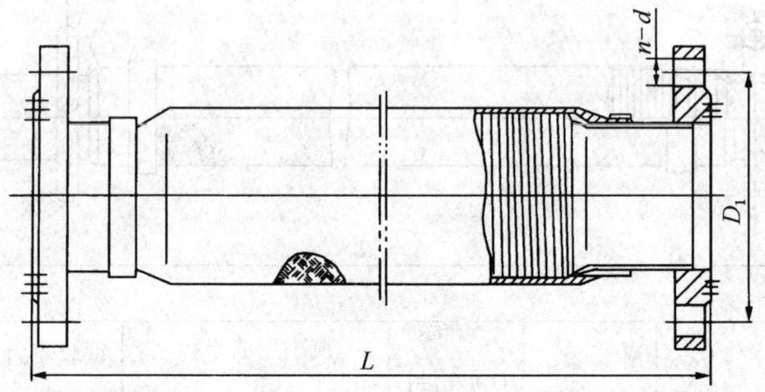

公称压力 PN/MPa	公称通径 DN/mm	产品代号		法兰连接尺寸（JB81—59）			最小弯曲半径		试验压力 p_s/MPa	爆破压力 p_b/MPa	供货长度 L/mm
		碳钢法兰 A_1	不锈钢法兰 F_1	中心圆直径 D_1	螺孔直径 d	螺孔数 n	静态 R_j	动态 R_d			
	32	25JRL32A$_1$	25JRL32F$_1$	100							≮220
	40	25JRL40A$_1$	25JRL40F$_1$	110		4					≮250
	50	25JRL50A$_1$	25JRL50F$_1$	125	18						≮295
	65	25JRL65A$_1$	25JRL65F$_1$	145					1.5PN	4PN	≮350
2.5	80	25JRL80A$_1$	25JRL80F$_1$	160							≮400
	100	25JRL100A$_1$	25JRL100F$_1$	190	23	8					≮480
	125	25JRL125A$_1$	25JRL125F$_1$	220							≮570
	150	25JRL150A$_1$	25JRL150F$_1$	250	25				1.25PN	3PN	≮645
	175	25JRL175A$_1$	25JRL175F$_1$	280		12	≮10DN	≮2R_j			≮730
	32	16JRL32A$_1$	16JRL32F$_1$	100							≮220
	40	16JRL40A$_1$	16JRL40F$_1$	110							≮250
	50	16JRL50A$_1$	16JRL50F$_1$	125		4					≮295
	65	16JRL65A$_1$	16JRL65F$_1$	145	18				1.5PN	4PN	≮350
1.6	80	16JRL80A$_1$	16JRL80F$_1$	160							≮400
	100	16JRL100A$_1$	16JRL100F$_1$	180							≮480
	125	16JRL125A$_1$	16JRL125F$_1$	210		8					≮570
	150	16JRL150A$_1$	16JRL150F$_1$	240					1.25PN	3PN	≮645
	175	1JRL175A$_1$	16JRL175F$_1$	270	23						≮730
	32	10JRL32A$_1$	10JRL32F$_1$	100							≮220
	40	10JRL40A$_1$	10JRL40F$_1$	110							≮250
	50	10JRL50A$_1$	10JRL50F$_1$	125		4					≮295
	65	10JRL65A$_1$	10JRL65F$_1$	145	18				1.5PN	4PN	≮350
1	80	10JRL80A$_1$	10JRL80F$_1$	160							≮400
	100	10JRL100A$_1$	10JRL100F$_1$	180							≮480
	125	10JRL125A$_1$	10JRL125F$_1$	210							≮570
	150	10JRL150F$_1$	10JRL150F$_1$	240		8			1.25PN	3PN	≮645
	175	10JRL175A$_1$	10JRL175F$_1$	270	23						≮730
	32	6JRL32A$_1$	6JRL32F$_1$	90			≮10DN	≮2R_j			≮220
	40	6JRL40A$_1$	6JRL40F$_1$	100							≮250
	50	6JRL50A$_1$	6JRL50F$_1$	110	14						≮295
	65	6JRL65A$_1$	6JRL65F$_1$	130		4			1.5PN	4PN	≮350
0.6	80	6JRL80A$_1$	6JRL80F$_1$	150							≮400
	100	6JRL100A$_1$	6JRL100F$_1$	170							≮480
	125	6JRL125A$_1$	6JRL125F$_1$	200	18						≮570
	150	6JRL150A$_1$	6JRL150F$_1$	225		8			1.25PN		≮645
	175	6JRL175A$_1$	6JRL175F$_1$	255							≮730
标记示例		两端平焊法兰，法兰材质为碳钢，公称通径 100mm，公称压力 0.6MPa，长度 2500mm 的法兰连接金属软管。标记为：金属软管 6JRL100A$_1$-2500									

14. 法兰连接金属软管 JRL□$\frac{A}{F}$（见表 2-5-16）

（1）连接形式 一端平焊，一端松套法兰。

（2）波纹管坯 纵缝焊不锈钢薄壁管。

（3）波纹管形式 螺旋形。

表 2-5-16 法兰连接金属软管 JRL□$\frac{A}{F}$

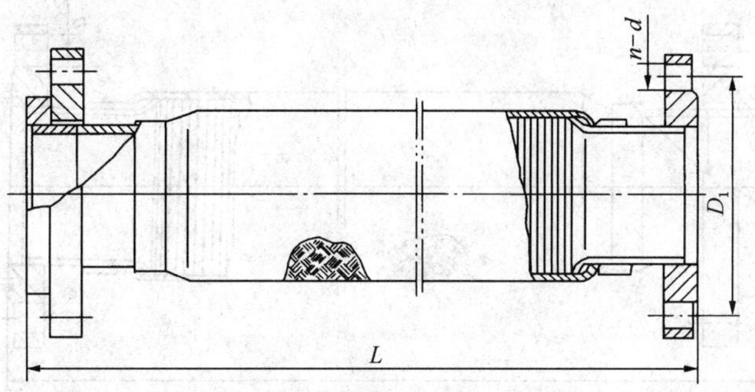

公称压力 PN/MPa	公称通径 DN/mm	产品代号		法兰连接尺寸（JB^{81}_{83}—59）			最小弯曲半径		试验压力 p_s/MPa	爆破压力 p_b/MPa	供货长度 L/mm
		碳钢法兰 A	不锈钢法兰 F	中心圆直径 D_1	螺孔直径 d	螺孔数 n	静态 R_j	动态 R_d			
	32	25JRL32A	25JRL32F	100							≮265
	40	25JRL40A	25JRL40F	110		4					≮295
	50	25JRL50A	25JRL50F	125	18				1.5PN	4PN	≮340
	65	25JRL65A	25JRL65F	145							≮400
2.5	80	25JRL80A	25JRL80F	160							≮450
	100	25JRL100A	25JRL100F	190	23	8					≮535
	125	25JRL125A	25JRL125F	220							≮630
	150	25JRL150A	25JRL150F	250	25				1.25PN	3PN	≮705
	175	25JRL175A	25JRL175F	280		12	≮10DN	≮2R_j			≮790
	32	16JRL32A	16JRL32F	100							≮265
	40	16JRL40A	16JRL40F	110		4					≮295
	50	16JRL50A	16JRL50F	125					1.5PN	4PN	≮340
	65	16JRL65A	16JRL65F	145	18						≮400
1.6	80	16JRL80A	16JRL80F	160							≮450
	100	16JRL100A	16JRL100F	180							≮535
	125	16JRL125A	16JRL125F	210		8					≮630
	150	16JRL150A	16JRL150F	240					1.25PN	3PN	≮705
	175	16JRL175A	16JRL175F	270	23						≮790
	32	10JRL32A	10JRL32F	100							≮265
	40	10JRL40A	10JRL40F	110							≮295
	50	10JRL50A	10JRL50F	125		4			1.5PN	4PN	≮340
	65	10JRL65A	10JRL65F	145	18						≮400
1	80	10JRL80A	10JRL80F	160							≮450
	100	10JRL100A	10JRL100F	180							≮535
	125	10JRL125A	10JRL125F	210		8					≮630
	150	10JRL150A	10JRL150F	240	23				1.25PN	3PN	≮705
	175	10JRL175A	10JRL175F	270			≮10DN	≮2R_j			≮790
	32	6JRL32A	6JRL32F	90							≮265
	40	6JRL40A	6JRL40F	100	14						≮295
	50	6JRL50A	6JRL50F	110		4			1.5PN	4PN	≮340
	65	6JRL65A	6JRL65F	130							≮400
0.6	80	6JRL80A	6JRL80F	150							≮450
	100	6JRL100A	6JRL100F	170							≮535
	125	6JRL125A	6JRL125F	200	18						≮630
	150	6JRL150A	6JRL150F	225		8			1.25PN		≮705
	175	6JRL175A	6JRL175F	255							≮790
标记示例	一端平焊另端松套法兰，材质为不锈钢，公称通径 150mm，公称压力 1MPa，长度 2000mm 的法兰连接金属软管。标记为：金属软管 10JRL150F-2000										

15. 法兰连接金属软管　JRH□$\begin{matrix}A_1\\F_1\end{matrix}$（见表 2-5-17）

（1）连接形式　两端平焊法兰连接。

（2）波纹管坯　纵缝焊不锈钢薄壁管。

（3）波纹管形式　环形。

表 2-5-17　法兰连接金属软管

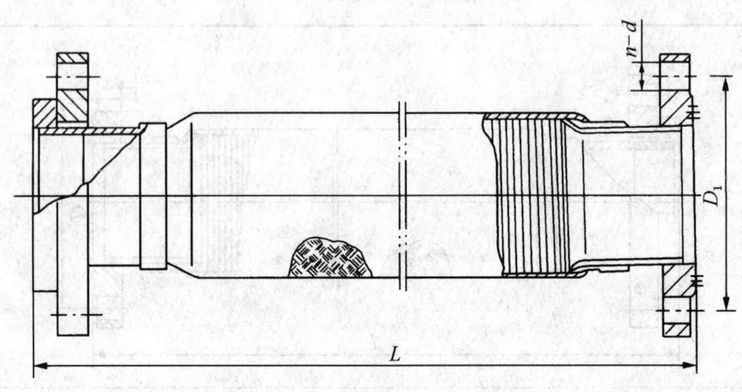

公称压力 PN/MPa	公称通径 DN/mm	产品代号		法兰连接尺寸（JB$^{81}_{83}$—59）			最小弯曲半径		试验压力 p_s/MPa	爆破压力 p_b/MPa	供货长度 L/mm
		碳钢法兰	不锈钢法兰	中心圆直径 D_1	螺孔直径 d	螺孔数 n	静态 R_j	动态 R_d			
2.5	200	25JRH200A_1	25JRH200F_1	310	25	12	≮10DN	≮2R_j	1.25PN	3PN	420~10000
	225	25JRH225A_1	25JRH225F_1	340	30						440~10000
1.6	200	16JRH200A_1	16JRH200F_1	295	23						420~10000
	225	16JRH225A_1	16JRH225F_1	325							440~10000
	250	16JRH250A_1	16JRH250F_1	355	25						470~10000
	300	16JRH300A_1	16JRH300F_1	410							570~10000
	350	16JRH350A_1	16JRH350F_1	470		16					645~10000
1.0	200	10JRH200A_1	10JRH200F_1	295	23	8					420~10000
	225	10JRH225A_1	10JRH225F_1	325							440~10000
	250	10JRH250A_1	10JRH250F_1	350		12					470~10000
	300	10JRH300A_1	10JRH300F_1	400							570~10000
	350	10JRH350A_1	10JRH350F_1	460		16					645~10000
	400	10JRH400A_1	10JRH400F_1	515	25						715~10000
0.6	200	6JRH200A_1	6JRH200F_1	280	18	8					420~10000
	225	6JRH225A_1	6JRH225F_1	305							440~10000
	250	6JRH250A_1	6JRH250F_1	335		12					470~10000
	300	6JRH300A_1	6JRH300F_1	395	23						570~10000
	350	6JRH350A_1	6JRH350F_1	445							645~10000
	400	6JRH400A_1	6JRH400F_1	495		16					715~10000
标记示例	两端平焊法兰材料为碳钢，公称通径 300mm，公称压力 1.6MPa，长度 3500mm 的法兰连接金属软管。标记为：金属软管 16JRH300A_1-3500										

16. 法兰连接金属软管　JRH□$\genfrac{}{}{0pt}{}{A}{F}$（见表 2-5-18）

（1）连接形式　一端平焊，一端松套法兰连接。

（2）波纹管坯　纵缝焊不锈钢薄壁管。

（3）波纹管形式　环形。

表 2-5-18　法兰连接金属软管　JRH□$\genfrac{}{}{0pt}{}{A}{F}$

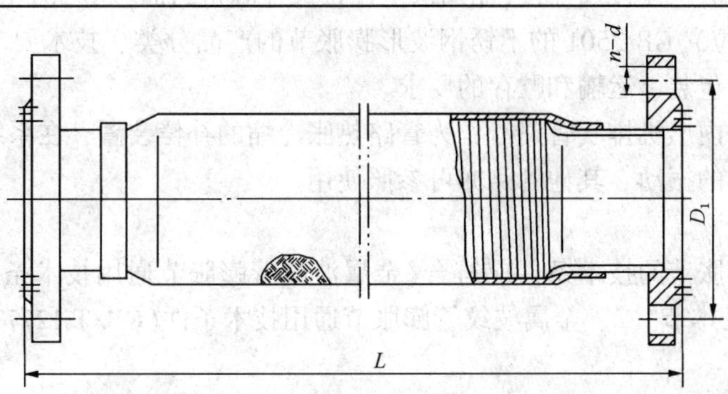

公称压力 PN/MPa	公称通径 DN/mm	产品代号		法兰连接尺寸（JB$\frac{81}{83}$—59）			最小弯曲半径		试验压力 p_s/MPa	爆破压力 p_b/MPa	供货长度 L/mm
		碳钢法兰 A	不锈钢法兰 F	中心圆直径 D_1	螺孔直径 d	螺孔数 n	静态 R_j	动态 R_d			
2.5	200	25JRH200A	25JRH200F	310	25						480~10000
	225	25JRH225A	25JRH225F	340	30						510~10000
1.6	200	16JRH200A	16JRH200F	295	23	12					480~10000
	225	16JRH225A	16JRH225F	325							510~10000
	250	16JRH250A	16JRH250F	355							535~10000
	300	16JRH300A	16JRH300F	410	25						635~10000
	350	16JRH350A	16JRH350F	470		16					715~10000
1.0	200	10JRH200A	10JRH200F	295		8					480~10000
	225	10JRH225A	10JRH225F	325							510~10000
	250	10JRH250A	10JRH250F	350	23	12	≮10DN	≮2R_j	1.25PN	3PN	535~10000
	300	10JRH300A	10JRH300F	400							635~10000
	350	10JRH350A	10JRH350F	460		16					715~10000
	400	10JRH400A	10JRH400F	515	25						790~10000
0.6	200	6JRH200A	6JRH200F	280		8					480~10000
	225	6JRH225A	6JRH225F	305	18						510~10000
	250	6JRH250A	6JRH250F	335							535~10000
	300	6JRH300A	6JRH300F	395		12					635~10000
	350	6JRH350A	6JRH350F	445	23						715~10000
	400	6JRH400A	6JRH400F	495		16					790~10000
标记示例	一端平焊另端松套法兰，材质为不锈钢，公称通径 400mm，公称压力 1.0MPa，长度 2000mm 的法兰连接金属软管。标记为：金属软管 10JRH400F-2000 注：南京晨光机器厂生产										

第六节　波形补偿器

一、不锈钢波形膨胀节(GB/T 12522—2009)

1. 适用范围

本标准规定了法兰连接尺寸按《船用法兰连接尺寸和密封面》GB 569、《船用法兰连接尺寸和密封面(四进位)》GB 2501 的不锈钢波形膨胀节的产品分类、技术要求、试验方法、检验规则以及标志、包装、运输和贮存的要求。

本标准适用于内燃机排气管路。作为管路热胀冷缩的补偿装置，在系统中能承受管路热胀应力和脉冲引起的振动。其他管路亦可参照使用。

2. 技术条件

不锈钢波形膨胀节的技术条件应符合《金属波纹管膨胀节通用技术条件》GB/T 12777—2008 的要求。详见本节"二、金属波纹管膨胀节通用技术条件(GB/T 12777—2008)"。

3. 产品分类

(1) 膨胀节型式和基本参数按表 2-6-1。

表 2-6-1　膨胀节型式和基本参数

型　式	公称压力 PN/MPa	公称通径 DN/mm	法兰连接标准
A	0.10	65~500	GB 569
AS		65~2000	GB 2501
BS	0.05	1000~2000	

(2) 膨胀节的结构和基本尺寸

a) A 形膨胀节的结构和基本尺寸按图 2-6-1 和表 2-6-2;

b) AS 形膨胀节的结构和基本尺寸按图 2-6-1 和表 2-6-3;

c) BS 形膨胀节的结构和基本尺寸按图 2-6-1 和表 2-6-4。

(3) 标记示例

公称压力为 0.10MPa、公称通径为 150mm、波数为 4、按 GB 569 法兰连接尺寸和密封面的不锈钢波形膨胀节：

膨胀节　A150-4　GB/T 12522—2009

公称压力为 0.10MPa、公称通径为 1000mm、波数为 3、按 GB 2501 法兰连接尺寸和密封面(四进位)的不锈钢波形膨胀节：

膨胀节　AS 1000-3　GB/T 12522—2009

公称压力为 0.05MPa、公称通径为 1500mm、波数为 5、按 GB 2501 法兰连接尺寸和密封面(四进位)的不锈钢波形膨胀节：

膨胀节　BS 1500—5　GB/T 12522—2009

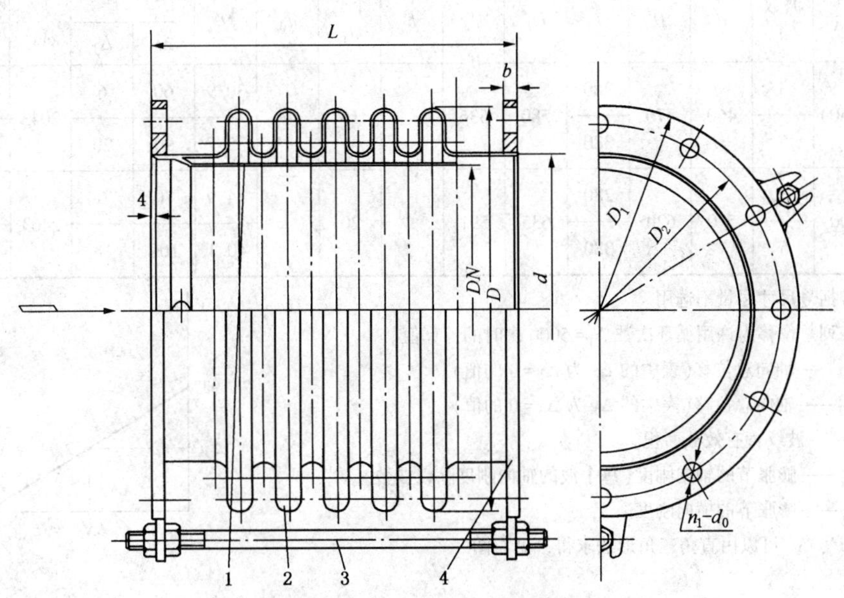

图 2-6-1　不锈钢波形膨胀节

1—导管；2—波纹管；3—定位螺杆；4—法兰

表 2-6-2　A 型膨胀节的基本尺寸　　（mm）

类型	公称压力 PN/MPa	公称通径 DN	结构尺寸				法兰尺寸					理论特性					
			波数 n	d	D	L	D_1	D_2	b	个数 n_1	d_0	质量/kg	总位移 Δx	总位移 Δy	F/cm²	刚度/(N/mm) K_x	刚度/(N/mm) K_y
A	0.10	65	8	76	112	180	155	123	12	6	16	3.9	40	15	65	24.7	1.6
		80		89	125		170	138		8		4.3			85	30.1	3.7
		100	6	114	158	220	190	158				5.2		10	137	32.0	9.7
		(125)		140	184		215	183		10		5.8			201	35.0	15.6
		150	4	165	221	210	240	208	14	12		7.3			269	36.0	18.9
		(175)		190	246		270	238				8.1		6	346	38.8	64.1
		200	3	216	326	280	295	264				11.7	55	10	556	48.3	76.0
			5			380						14.7	90	25		29.0	9.8
		250	3	268	378	280	365	327	16	14	18	17.9	55	10	794	55.7	125.1
			5			380						20.9	90	25		33.4	16.2
		300	3	318	428	280	430	386			22	22.7	55	8	1064	62.7	188.6
			5			380						26.1	90	20		37.6	24.4
		350	3	360	470	280	480	486		16		24.0	60	6	1320	67.0	250.3
			5			380						27.7	90	20		40.2	32.4
		400	3	410	520	280	530	436				28.6	60	6	1662	71.7	377.0
			5			380						33.0	90	20		43.0	43.7

续表

类型	公称压力 PN/MPa	公称通径 DN	结构尺寸				法兰尺寸					质量/kg	理论特性				
			波数 n	d	D	L	D_1	D_2	b	个数 n_1	d_0		总位移		F/cm^2	刚度/(N/mm)	
													Δx	Δy		K_x	K_y
A	0.10	(450)	3	460	570	280	580	536	16	18	22	30.9	60	6	2043	76.0	439.3
			5			380						35.7	90	20		45.6	56.9
		500	3	510	620	280	635	591		20		34.9	70	6	2463	79.7	555.2
			5			380						40.1	100	18		47.8	72.0

注：① 带括号尺寸尽量不选用。

② 表列总位移为许用循环次数 $N_1=5000$ 次时的计算值。

③ Δx——轴向总位移(表中的 Δx 为 $\Delta y=0$ 的值)。

④ Δy——轴向总位移(表中的 Δy 为 $\Delta x=0$ 的值)。

⑤ F——波纹管有效截面积。

⑥ K_x——膨胀节的轴向刚度(每个波的轴向刚度除以波数)。

⑦ K_y——膨胀节的横向刚度。

⑧ $\Delta x'$、$\Delta y'$可以由直角三角形法求得，见右图。

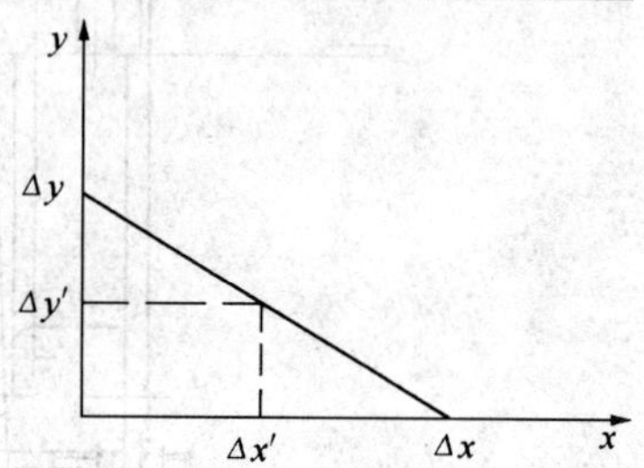

表 2-6-3　AS 型膨胀节的基本尺寸

(mm)

类型	公称压力 PN/MPa	公称通径 DN	结构尺寸				法兰尺寸					质量/kg	理论特性				
			波数 n	d	D	L	D_1	D_2	b	个数 n_1	d_0		总位移		F/cm^2	刚度/(N/mm)	
													Δx	Δy		K_x	K_y
AS	0.10	65	8	76	112	180	160	130	12	4	14	3.7	40	15	65	24.7	1.6
		80		89	125		190	150				5.5			85	30.1	3.7
		100	6	114	158	220	210	170				6.4		10	137	32.0	9.7
		(125)		140	184		240	200				7.6			201	35.0	15.6
		150	4	165	221	210	265	225	14	8	18	9.5			264	28.8	18.9
		(175)		190	246		295	255				11.8		6	346	38.8	64.1
		200	3	216	326	280	320	280				14.7	55	10	556	48.3	76.0
			5			380						17.7	90	25		29.0	9.8
		250	3	268	378	280	375	335	16			20.3	55	10	794	55.7	125.1
			5			380						23.3	90	25		33.4	16.2
		300	3	318	428	290	440	395	18	12		27.7	55	8	1064	62.7	188.6
			5			390						31.1	90	20		37.6	24.4
		350	3	360	470	300	490	445	20			32.2	60	6	1320	67.0	250.3
			5			400						35.9	90	20		40.2	32.4
		400	3	410	520	300	540	495			22	41.8	60	6	1662	71.7	337.0
			5			400						46.2	90	20		43.0	43.7
		(450)	3	460	570	300	595	550	22	16		48.1	60	6	2043	76.0	439.3
			5			400						52.9	90	20		45.6	56.0

类型	公称压力 PN/MPa	公称通径 DN	结构尺寸 波数 n	d	D	L	法兰尺寸 D_1	D_2	b	个数 n_1	d_0	质量/kg	理论特性 总位移 Δx	Δy	F/cm^2	刚度/(N/mm) K_x	K_y
AS	0.10	500	3	510	620	310	645	600	24	20	22	55.7	70	6	2463	79.7	555.2
			5			410						60.9	100	18		47.8	72.0
		600	3	610	720	340	755	705	26		26	76.1	80	6	3421	86.0	832
			5			440						81.8	130	15		51.6	107.9
		700	3	711	821	350	860	810	28	24		95.1	80	6	4548	92.3	1188.3
			5			450						101.3	140	17		55.4	154.0
		800	3	813	923	370	975	920	32		30	129.3	80	5	5849	98.3	1627.5
			5			470						136.5	140	14		59.0	210.9
		900	3	914	1024	370	1075	1020				143.8	80	5	7299	104	2147.7
			5			470						151.9	140	14		62.4	270.3
		1000	3	1016	1132	390	1175	1120		28		171.1	90	5	9009	102.7	2162.8
			5			520						183.6	150	14		61.6	280.3
		1100	3	1118	1232	390	1275	1220			30	185.2	100	5	10807	113.3	2863.9
			5			520						199.0	160	13		68.0	371.2
		1200	3	1219	1333	400	1375	1320	36	32		209.5	100	5	12748	116.7	3537.3
			5			530						224.4	160	13		71.2	458.4
		1300	3	1312	1424	400	1475	1420				225.1	100	4	14677	130.0	4461.5
			5			530						229.6	100	10		78.0	578.2
		1400	3	1412	1524	400	1575	1520	38	36		250.8	100	4	16903	135.7	5362.1
			5			530						267.2	160	10		81.4	694.9
		1500	3	1520	1632	420	1690	1630	42			319.9	100	4	19582	140.7	6441.1
			5			550						338.2	160	10		84.4	834.8
		1600	3	1620	1750	450	1790	1730		40		363.5	130	5	22299	170.3	6359.2
			5			600						386.4	230	14		97.8	788.7
		1700	3	1720	1850	450	1890	1830	44			399.1	140	5	25025	168.3	7052.6
			5			600						428.9	230	14		101.0	914.0
		1800	3	1820	1950	450	1990	1930		44		420.5	140	5	27901	173.7	8114.1
			5			600						452	230	14		104.2	1051.6
		1900	3	1920	2050	470	2090	2030	46			463.4	140	5	30947	179.0	9274.2
			5			620						496.3	230	13		107.4	1201.9
		2000	3	2020	2150	470	2190	2130		48		484.2	140	5	34143	184.3	10537.0
			5			620						520.4	230	13		110.6	1365.6

注：同表 2-6-2 的注。

表 2-6-4　BS 型膨胀节的基本尺寸　（mm）

类型	公称压力 PN/MPa	公称通径 DN	结构尺寸 波数 n	d	D	L	法兰尺寸 D_1	D_2	b	个数 n_1	d_0	质量/kg	理论特性 总位移 Δx	Δy	F/cm^2	刚度/(N/mm) K_x	K_y
BS	0.05	1000	3	1016	1138	350	1175	1120	24	28	30	126.4	110	6	9009	88.7	1867.8
			5			480						138.3	180	15		53.2	242.1
		1100	3	1118	1240	350	1275	1220	26			146.0	110	6	10807	93.3	2358.5
			5			480						159.1	180	15		56.0	305.7
		1200	3	1219	1341	350	1375	1320		32		157.0	110	5	12748	98.0	2921.2
			5			480						171.2	180	15		58.8	378.6
		(1300)	3	1312	1434	360	1475	1420	28			187.1	110	5	14677	102.3	3512.0
			5			490						200.9	200	12		61.4	455.2
		(1400)	3	1412	1534	360	1575	1520		36		199.3	110	4	16903	107.0	4229.1
			5			490						214.5	200	12		64.2	548.1
		1500	3	1520	1642	400	1690	1630	30			236.5	110	5	19582	111.0	5082.6
			5			550						252.5	200	15		66.6	658.7
		1600	3	1620	1764	370	1790	1730	32	40		276.6	150	5	22299	81.3	3036.5
			5			500						298.0	260	15		48.8	393.5
		1700	3	1720	1864	400	1890	1830				293.3	150	5	25025	84.0	3519.3
			5			550						316.2	260	15		50.4	456.1
		1800	3	1820	1964	400	1990	1930		44		308.2	150	5	27907	87.0	4064.8
			5			550						332.5	260	15		52.2	526.8
		1900	3	1920	2064	410	2090	2030	34			343.1	150	5	30947	89.7	4645.7
			5			560						368.1	260	15		53.8	602.1
		2000	3	2020	2164	410	2190	2130		48		359.2	150	5	34143	92.3	5278.0
			5			560						385.5	260	15		55.4	684.0

注：同表 2-6-2 的注。

4. 技术要求

（1）材料

a）主要零件的材料见表 2-6-5。

表 2-6-5　主要零件的材料

零件名称	材料 名称	牌号	标准号
波纹管、导管	不锈钢	0Cr18Ni11Ti	GB/T 4237—2007
定位螺杆	碳素钢	Q235-A	GB/T 700—2006

b）波纹管的材料供货状态为软态，应有生产厂的质量合格证书。根据需要按有关标准复验合格后方可使用。

（2）波纹管的设计计算、膨胀节的位移、力和力矩及振动计算见 GB/T 12522—2009 附录 A“膨胀节的设计计算”。

（3）位移力和热膨胀量的计算见 GB/T 12522—2009 附录 B“位移力和热膨胀量的计算”。

（4）波纹管

a）波纹管管坯用钢板卷制时，不应采用环焊缝。

b）波纹管管坯的纵焊缝以最少为原则，在管坯厚度小于等于 0.5mm 时，相邻焊缝的间距应大于 150mm，其焊缝条数不多于 3 条。

c）板材的拼焊采用氩弧焊或等离子焊，大于 0.5mm 的板材拼焊对口错边量、焊缝的凹陷深度及余高应不大于板厚的 10%。

d）根据使用要求，供需双方可协议决定是否对纵焊缝进行射线拍片及拍片检查的数量，波纹管管坯纵焊缝进行射线拍片检查时，应达到 QJ 1165 中的Ⅱ级要求。

e）波纹管管坯的套装间隙应小于等于单层壁厚值。

f）波纹管各层纵焊缝的位置一般应沿圆周方向均匀错开，层间不得有水、油、污物等。

g）波纹管的波纹形状应均一，其表面允许有轻微的模片压痕，不得有明显的凹凸不平和大于单层壁厚负偏差的划痕。

h）波纹管的波高、波距、波纹管总长的未注公差尺寸的极限偏差应符合 GB/T 1804 中Ⅴ级要求。波纹的圆弧段与侧壁平面要圆滑过渡。

（5）膨胀节

a）A 型膨胀节法兰的连接尺寸按 GB 569；AS、BS 型膨胀节法兰的连接尺寸按 GB 2501，并符合 GB/T 3766 的规定。波纹管、导管与法兰连接采用氩弧焊，其余可采用普通电焊。

b）导管与波纹管安装的单边最小间隙不小于横向总位移量的一半，流向标志应与介质流向一致，装入管道时不得反向。

c）公称通径大于等于 1000mm 的 5 个波的膨胀节，允许用 2 波、3 波两组波纹管加内衬套焊接。

d）膨胀节各部位焊缝表面不得有裂纹、气孔、夹渣、飞溅物等缺陷。

e）膨胀节长度偏差为±2.5mm，垂直度为 1%*DN*，且不大于等于 3mm，同轴度为 5mm。

f）膨胀节的刚度按 GB/T 12777—2008 中 A3 中的公式计算的值作为给出值，制造厂应提供膨胀节初始理论刚度，若用户有要求，可提供膨胀节工作刚度。产品实测平均刚度值与计算值的偏差不得大于±30%。

g）膨胀节应进行压力试验，试验压力按 GB/T 12777—2008 中“6　试验方法”有关规定进行。

h）制造厂应提供膨胀节许用疲劳寿命值，用户有要求及型式检验时应进行疲劳寿命试验，其值为膨胀节在公称压力和轴向总位移量下的 2 倍许用循环次数，并以 1.5*PN* 进行水压试验无泄漏，则为合格产品。

i）定位螺杆为保证膨胀节在运输和安装过程中不产生变形之用。用定位螺杆固定的波纹管为自由状态，管路安装完毕后须用拧松螺母的方法拆除定位螺杆（绝对避免气割），恢复其伸缩性能。

二、金属波纹管膨胀节通用技术条件(GB/T 12777—2008)

(一) 范围

本标准规定了金属波纹管膨胀节(以下简称“膨胀节”)的定义、分类、要求、试验方法、检验规则、标志及包装、运输、贮存等。

本标准适用于安装在管道中其挠性元件为金属波纹管的膨胀节的设计、制造和检验。

(二) 产品分类

波纹管膨胀节由一个或几个波纹管及结构件组成，用来吸收由于热胀冷缩等原因引起的管道和(或)设备尺寸变化的装置。

1. 膨胀节型式分类

(1) 膨胀节工况分类

膨胀节按工况分为三种类型，见表2-6-6。

表2-6-6　膨胀节工况分类

膨胀节类型	设计压力 p/MPa	设计温度 T/℃	工作介质
A	p≤0.1	≤150	非可燃、非有毒、非易爆
B	0.1<p≤1.6	≤350	非可燃、非有毒、非易爆气体
	0.1<p≤2.5	≤150	非可燃、非有毒、非易爆液体
C	所有	所有	可燃、有毒、易爆
	p>1.6	>350	非可燃、非有毒、非易爆气体
	p>2.5	>150	非可燃、非有毒、非易爆液体

(2) 膨胀节型式

膨胀节型式及代号见表2-6-7。

表2-6-7　膨胀节型式及代号

膨胀节型式	代号	膨胀节型式	代号
单式轴向型	DZ	复式万向铰链型	FW
单式铰链型	DJ	弯管压力平衡型	WP
单式万向铰链型	DW	直管压力平衡型	ZP
复式自由型	FZ	旁通直管压力平衡型	PP
复式拉杆型	FL	外压轴向型	WZ
复式铰链型	FJ		

(3) 波纹管型式

膨胀节中波纹管型式及代号见表2-6-8。

(4) 端部连接型式

膨胀节端部与管道或设备连接型式及代号见表2-6-9。

表 2-6-8　波纹管型式及代号

波纹管型式	代　号
无加强 U 形	U
加强 U 形	J
Ω 型	O

表 2-6-9　膨胀节端部连接型式及代号

膨胀节端部连接型式	代　号
焊　接	H
法　兰	F

2. 膨胀节型号表示方法

(1) 膨胀节型号表示方法如下：

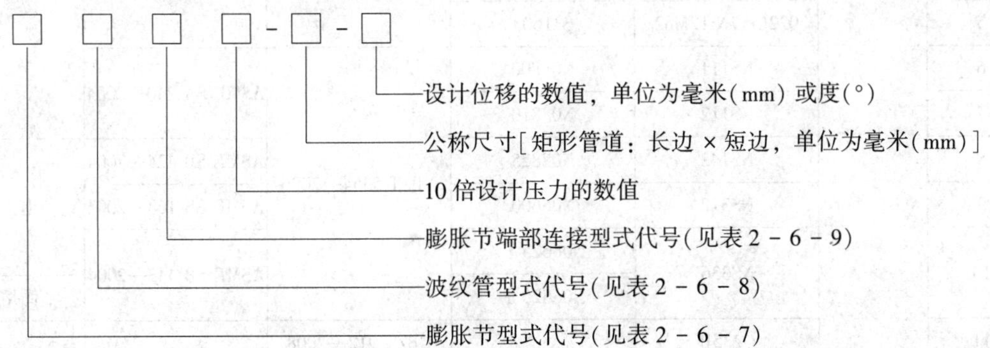

注：对于复式自由型膨胀节(代号 FZ)和弯管压力平衡型膨胀节(代号 WP)，设计位移分别表示设计轴向位移和设计横向位移，设计轴向位移在前，设计横向位移在后，两个设计位移之间用“/”号连接。

(2) 标记示例

设计压力为 1.6MPa，公称尺寸为 1000mm，设计轴向位移为 205mm，端部连接为焊接型式，波纹管为无加强 U 形的外压轴向型膨胀节，标记为：

膨胀节 GB/T 12777—2008　WZUH 16-1000-205

设计压力为 6.0MPa 公称尺寸为 800mm，设计轴向位移为 35mm，设计横向位移为 10mm，端部连接为法兰型式，波纹管为 Ω 形的弯管压力平衡型膨胀节，标记为：

膨胀节 GB/T 12777—2008　WPOF 60-800-35/10

设计压力为 0.1MPa 矩形管道尺寸为 600mm×900mm，设计轴向位移为 20mm，端部连接为法兰型式，波纹管为无加强 U 形的单式轴向型膨胀节，标记为：

膨胀节 GB/T 12777—2008　DZUF 1-600×900-20

(三) 技术要求

1. 材料

(1) 波纹管

波纹管用材料应按工作介质、外部环境和工作温度等工作条件选用。常用波纹管材料见表 2-6-10。

(2) 受压筒节

膨胀节中端管、法兰等受压件用材料，应与安装膨胀节的管道中的管子材料相同或优于管子材料。

(3) 受力件

膨胀节中拉杆、铰链板、万向环、销轴及其连接附件等承受波纹管压力推力的受力件用材料应按其工作条件选用。

表 2-6-10　常用波纹管材料

序　号	零件名称	材料牌号		标准号		材料交货状态
		中　国	美　国	中　国	美　国	
1	波纹管	06Cr18Ni11Ti	S32100	GB/T 3280—2007 GB/T 4237—2007	ASME SA 240—2004	固熔
2		06Cr17Ni12Mo2	S31600			
3		06Cr19Ni10	S30400			
4		022Cr19Ni10	S30403			
5		022Cr17Ni12Mo2	S31603			
6		NS111	N08800	YB/T 5354—2006	ASME SA 240—2004	
7		NS112	N08810			
8		NS142	N08825		ASME SB 424—2004	退火
9		NS312	N06600		ASME SB 168—2004	
10		NS336	N06625 Ⅰ		ASME SB 443—2004	
			N06625 Ⅱ			固熔
11		Q235B	—	GB/T 912—2008	—	热轧
12		20		GB/T 710—2008		
13		09CuPCrNi-A		GB/T 4171—2000		

2. 设计

(1) 波纹管

圆形波纹管的设计见 GB/T 12777—2008 附录 A。

矩形波纹管的设计参见 GB/T 12777—2008 附录 B。

(2) 结构件

受力结构件的焊接接头按等强度原则进行设计，膨胀节中受压及受力等结构件的设计参见 GB/T 12777—2008 附录 C。

(3) 导流筒

① 膨胀节导流筒的设计见 GB/T 12777—2008 附录 A 中 A. 5。

② 当膨胀节工作介质温度高于波纹管材料的允许使用温度上限时，宜在导流筒与波纹管之间的环形空间内填充与工作介质温度相适应的绝热材料，绝热材料应与导流筒或端管可靠固定。

③ 当膨胀节工作介质含有粉尘时，应在导流筒开口处设置防尘装置，防尘装置应与导流筒或端管可靠固定。

④ 当膨胀节工作介质为液体或蒸汽且向上流动时，导流筒应设排液孔。

(4) 装运件

膨胀节应设置装运件，使膨胀节在运输和安装期间保持正确的长度。膨胀节安装后进行系统压力试验前应将装运件拆除或松开。

3. 制造

(1) 圆形波纹管

① 圆形波纹管管坯只允许有纵向焊接接头，不允许有环向焊接接头。

② 管坯纵向焊接接头条数见表 2-6-11，各相邻纵向焊接接头间距不应小于 250mm。

表 2-6-11 管坯纵向焊接接头条数

管坯外径/mm	焊接接头条数	管坯外径/mm	焊接接头条数
≤250	1	>1800~2400	≤8
>250~600	≤2	>2400~3000	≤10
>600~1200	≤4	>3000~4000	≤13
>1200~1800	≤6	>4000~5000	≤17

③ 多层波纹管套合时各层管坯间纵向焊接接头位置应沿圆周方向均匀错开。各层管坯间不应有水、油、泥土等污物。多层波纹管直边段端口应采用氩弧焊或滚焊封边，使端口各层熔为整体。

④ 若需对波纹管进行热处理，应按有关材料标准规定的热处理工艺要求进行。

(2) 矩形波纹管

所有接长、接角、接波的对接焊接接头都应采用手工氩弧焊方法施焊，焊接接头背面应通氩气保护。

(3) 受压筒节

① 公称尺寸不大于 350mm 的圆形膨胀节，其受压筒节宜用无缝钢管制造。无缝钢管应符合 GB/T 8163—2008、GB/T 14976—2002❶等标准的要求。

② 公称尺寸不小于 400mm 的圆形膨胀节，其受压筒节宜用钢板卷筒焊接制造，也可用符合 GB/T 9711. 1—1997❷要求的钢管制造。

4. 外观

(1) 圆形波纹管

① 管坯纵向焊接接头表面应无裂纹、气孔、咬边和对口错边，凹坑、下塌和余高均不应大于壁厚的 10%。焊接接头表面应呈银白色或金黄色，亦可呈浅蓝色。

② 波纹管表面不允许有裂纹、焊接飞溅物及大于板厚下偏差的划痕和凹坑等缺陷。不大于板厚下偏差的划痕和凹坑应修磨使其圆滑过渡。

③ 加强环或均衡环表面应光滑。

④ 波纹管处于自由状态下，加强环或均衡环表面应与波纹管波谷外壁紧密贴合。

(2) 矩形波纹管

① 所有对接焊接接头表面应无裂纹、气孔、咬边、凹坑、下塌。焊接接头表面应呈银白色或金黄色，亦可呈浅蓝色。

② 波纹管表面应符合 4(1)②的要求。

(3) 受压筒节

焊接接头表面应无裂纹、气孔、弧坑和焊接飞溅物。

(4) 膨胀节

① 波纹管与受压筒节的连接焊接接头表面应无裂纹、气孔、夹渣、焊接飞溅物、咬边和凹坑，余高应不大于波纹管壁厚，且不大于 1. 5mm。

② 不锈钢和耐蚀合金波纹管及所有不锈钢结构件表面不应涂漆。所有碳钢结构件外表面应涂防锈底漆，但距端管焊接坡口 50mm 范围内不应涂漆。法兰密封面、销轴表面、球面垫圈与锥面垫圈配合面应涂防锈油脂。

编者注：❶ GB/T 14976—2002 已被 GB/T 14976—2012 所代替。

❷ GB/T 9711. 1—1997 已被 GB/T 9711—2011 所代替。

5. 焊接接头

（1）圆形波纹管

① 波纹管成形之前，对于 A 类膨胀节，可不进行无损检测；对于 B 类膨胀节，应对每个波纹管接触工作介质的管坯焊接接头进行渗透检测或射线检测；对于 C 类膨胀节，应对所有管坯焊接接头进行 100%渗透检测或射线检测。

② 渗透检测法只适用于管坯厚度不大于 2mm 的单道焊接接头。渗透检测时不应存在下列显示：

a）所有的裂纹等线状显示；

b）四个或四个以上边距小于 1.5mm 的成行密集圆形显示；

c）任一 150mm 焊接接头长度内五个以上直径大于 1/2 管坯壁厚的随机散布圆形显示。

③ 管坯壁厚小于 2mm 时，射线检测合格等级应为 GB 16749—1997 中附录 B 规定的合格级。管坯厚度不小于 2mm 时，射线检测合格等级应不低于 JB/T 4730.2—2005 规定的Ⅱ级。

（2）矩形波纹管

所有对接焊接接头的内、外表面均应进行 100%渗透检测，检测结果应符合 5(1)②的要求。

（3）受压筒节

圆形受压筒节纵向焊接接头和环向焊接接头一般应进行局部射线检测。检测长度不应小于各条焊接接头长度的 20%，且不小于 250mm，并应包含每一相交的焊接接头。合格等级应不低于 JB/T 4730.2—2005 规定的Ⅲ级。

（4）膨胀节

波纹管与受压筒节连接环向焊接接头应进行 100%渗透检测，检测结果应符合 5(1)②的要求。

6. 尺寸

（1）圆形波纹管

① U 形波纹管波高、波距、波纹长度的标准公差等级应为 GB/T 1800.3—1998❶表 1 中 IT18 级，其偏差为±IT18/2。

② 波纹管直边段外径的极限偏差等级，采用波纹管外套连接型式时，应为 GB/T 1800.4—1999❷表 6 中的 H12 级；采用波纹管内插连接型式时，应为 GB/T 1800.4—1999❷表 22 中的 h12 级。

③ U 形波纹管波峰、波谷曲率半径的极限偏差应为±15%的波纹名义曲率半径，波峰、波谷与波侧壁间应圆滑过渡。

④ Ω 形波纹管波纹平均半径的极限偏差应为±15%的波纹名义曲率半径，圆度公差应为±15%的波纹名义平均半径。

⑤ 波纹管两端面对波纹管轴线的垂直度公差应为 1%的波纹管公称尺寸，且不大于 3mm。公称尺寸不大于 200mm 的波纹管，波纹管两端面轴线对波纹管轴线的同轴度公差应为 ϕ2mm；公称尺寸大于 200mm 的波纹管，波纹管两端面轴线对波纹管轴线的同轴度公差应为 1%的波纹管公称尺寸，且不超出 ϕ5mm。

（2）矩形波纹管

① 波纹管波高、波距、波纹长度的要求按 6(1)①的规定。

编者注：❶ GB/T 1800.1～1800.3—1998 已被 GB/T 1800.1—2009 所代替。

❷ GB/T 1800.4—1999 已被 GB/T 1800.2—2009 所代替。

② 波纹管边长和对角线的标准公差等级应为 GB/T 1800.3—1998❶表 1 中的 IT17 级，其允许偏差为±IT17/2，且不大于 8mm。

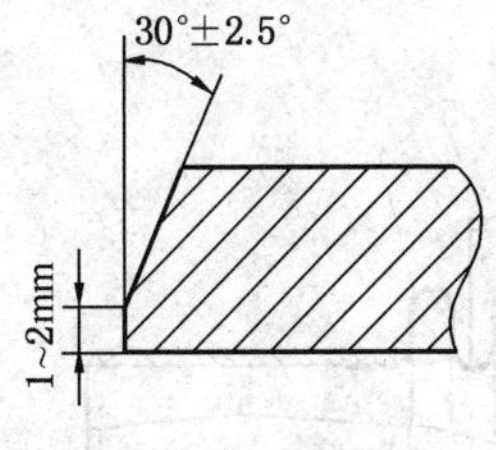

图 2-6-2 端管焊接连接端对接型焊接接头坡口

(3) 受压筒节

① 卷制的圆形受压筒节尺寸应符合 GB 50235—1997❶中 4.3 节的要求。

② 圆形受压筒节的焊接连接端对接焊焊接坡口见图 2-6-2，筒节壁厚大于相接管子壁厚时，应按 GB/T 985.1—2008 中 10.2.4.3 的要求削薄。

③ 矩形受压筒节边长和对角线的标准公差等级应符合 6(2)② 的要求。

(4) 膨胀节

膨胀节外连接端面间尺寸的极限偏差见表 2-6-12。

表 2-6-12 膨胀节外连接端面间尺寸的极限偏差 (mm)

膨胀节外连接端面间尺寸	极限偏差	膨胀节外连接端面间尺寸	极限偏差
≤900	±3	>3600	±9
>900~3600	±6		

7. 耐压性能

膨胀节应有符合要求的耐压性能。膨胀节在规定的压力下应无渗漏，结构件应无明显变形，波纹管应无失稳现象。对于无加强 U 形波纹管，试验压力下的波距与加压前的波距相比最大变化率大于 15%，对于加强 U 形波纹管和 Ω 形波纹管，试验压力下的波距与加压前的波距相比最大变化率大于 20%，即认为波纹管已失稳。

8. 密封性能

用于可燃液体介质、有毒液体介质、真空度高于 0.085MPa 的膨胀节在设计压力下应无泄漏。A 类膨胀节和设计压力不大于 0.25MPa 的 B 类膨胀节，经煤油浸润，焊接接头应无渗漏现象。

9. 疲劳性能

波纹管应有符合要求的疲劳性能。圆形波纹管试验循环次数应大于设计疲劳寿命的 2 倍。矩形波纹管试验循环次数应大于设计疲劳寿命。波纹管在规定的试验位移循环次数内应无泄漏。试验介质为水时，波纹管应无漏水的现象；试验介质为气体时，皂泡检查波纹管表面应无漏气现象。

(四) 波纹管膨胀节的结构形式

1. 单式轴向型膨胀节 single axial expansion joint

由一个波纹管及结构件组成，主要用于吸收轴向位移而不能承受波纹管压力推力的膨胀节(见图 2-6-3)。

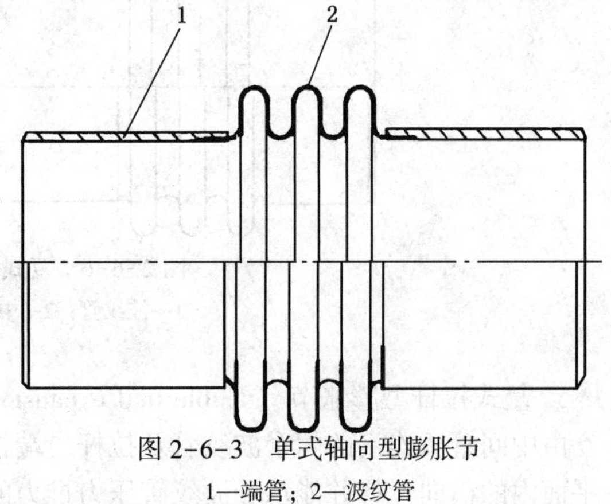

图 2-6-3 单式轴向型膨胀节

1—端管；2—波纹管

编者注：❶ GB 50235—1997 中 4.3 节已被 GB 50235—20105.4 节所代替。

2. 单式铰链型膨胀节　single hinged expansion joint

由一个波纹管及销轴、铰链板和立板等结构件组成，只能吸收一个平面内的角位移并能承受波纹管压力推力的膨胀节(见图2-6-4)。

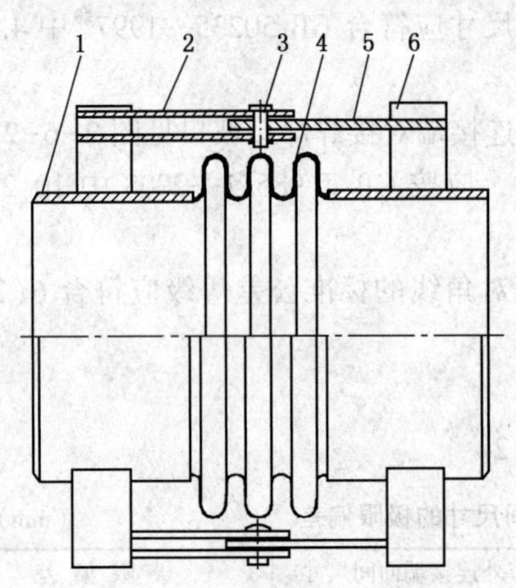

图2-6-4　单式铰链型膨胀节

1—端管；2—副铰链板；3—销轴；4—波纹管；5—主铰链板；6—立板

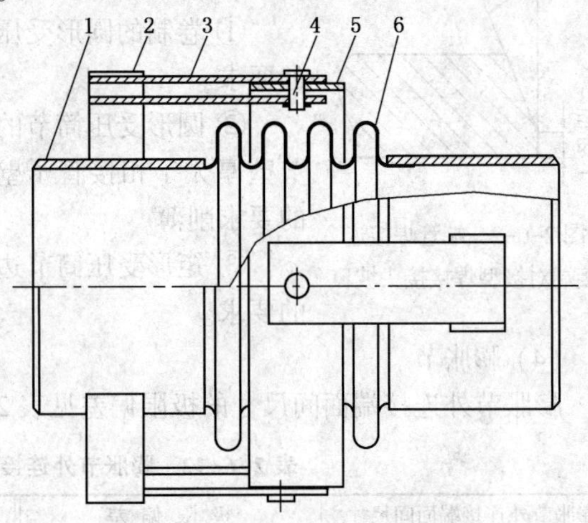

图2-6-5　单式万向铰链型膨胀节

1—端管；2—立板；3—铰链板；4—销轴；5—万向环；6—波纹管

3. 单式万向铰链型膨胀节　single gimbal expansion joint

由一个波纹管及销轴、铰链板、万向环和立板等结构件组成，能吸收任一平面内的角位移并能承受波纹管压力推力的膨胀节(见图2-6-5)。

4. 复式自由型膨胀节　double untied expansion joint

由中间管所连接的两个波纹管及结构件组成，主要用于吸收轴向与横向组合位移而不能承受波纹管压力推力的膨胀节(见图2-6-6)。

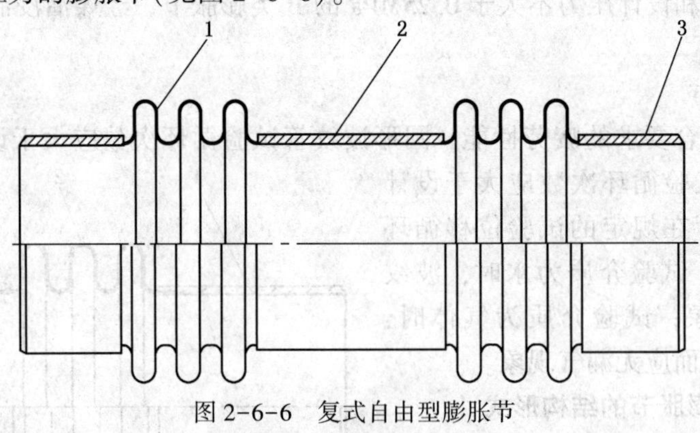

图2-6-6　复式自由型膨胀节

1—波纹管；2—中间管；3—端管

5. 复式拉杆型膨胀节　double tied expansion joint

由中间管所连接的两个波纹管及拉杆、端板和球面与锥面垫圈等结构件组成，能吸收任一平面内的横向位移并能承受波纹管压力推力的膨胀节(见图2-6-7)。

6. 复式铰链型膨胀节　double hinged expansion joint

由中间管所连接的两个波纹管及销轴、铰链板和立板等结构件组成，只能吸收一个平面

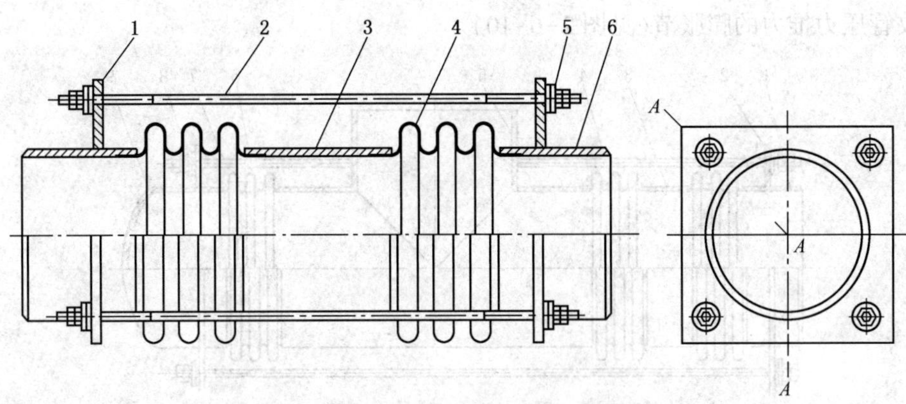

图 2-6-7　复式拉杆型膨胀节

1—端板；2—拉杆；3—中间管；4—波纹管；5—球面垫圈；6—端管

内的横向位移并能承受波纹管压力推力的膨胀节(见图 2-6-8)。

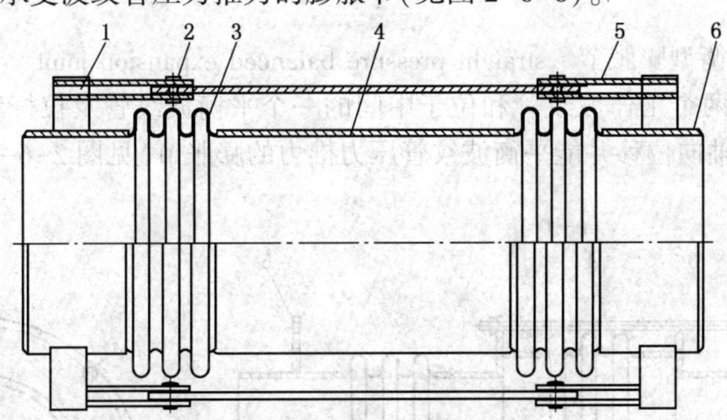

图 2-6-8　复式铰链型膨胀节

1—立板；2—销轴；3—波纹管；4—中间管；5—铰链板；6—端管

7. 复式万向铰链型膨胀节　double gimbal expansion joint

由中间管所连接的两个波纹管及十字销轴、铰链板和立板等结构件组成，能吸收任一平面内的横向位移并能承受波纹管压力推力的膨胀节(见图 2-6-9)。

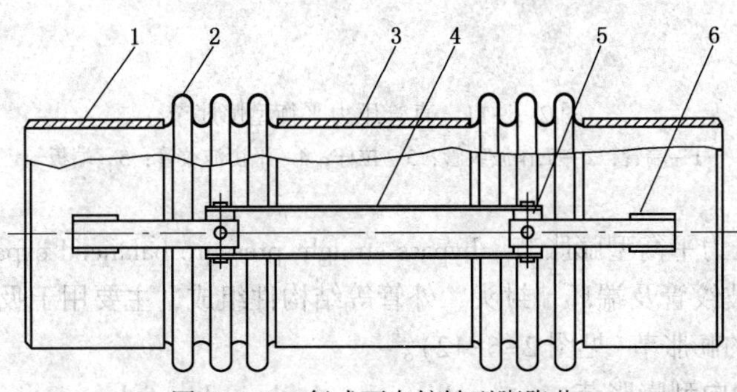

图 2-6-9　复式万向铰链型膨胀节

1—端管；2—波纹管；3—中间管；4—铰链板；5—十字销轴；6—立板

8. 弯管压力平衡型膨胀节　bend pressure balanced expansion joint

由一个工作波纹管或中间管所连接的两个工作波纹管和一个平衡波纹管及弯头或三通、

封头、拉杆、端板和球面与锥面垫圈等结构件组成，主要用于吸收轴向与横向组合位移并能平衡波纹管压力推力的膨胀节(见图 2-6-10)。

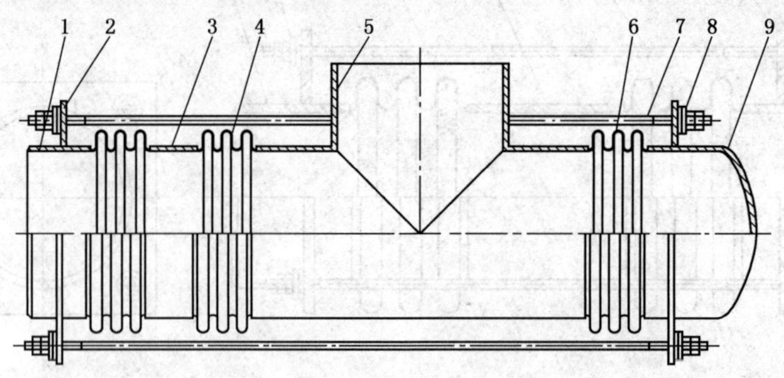

图 2-6-10　弯管压力平衡型膨胀节

1—端管；2—端板；3—中间管；4—工作波纹管；5—三通；6—平衡波纹管；7—拉杆；8—球面垫圈；9—封头

9. 直管压力平衡型膨胀节　straight pressure balanced expansion joint

由位于两端的两个工作波纹管和位于中间的一个平衡波纹管及拉杆和端板等结构件组成，主要用于吸收轴向位移并能平衡波纹管压力推力的膨胀节(见图 2-6-11)。

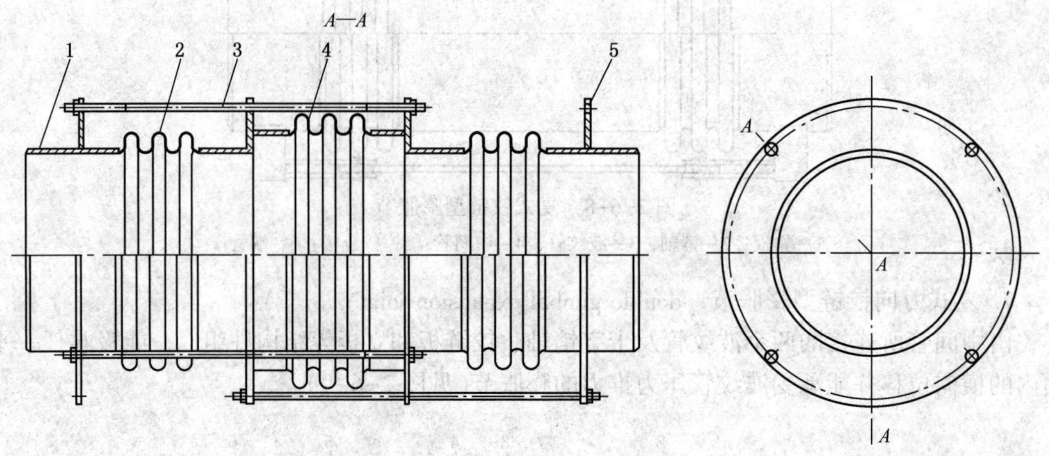

图 2-6-11　直管压力平衡型膨胀节

1—端管；2—工作波纹管；3—拉杆；4—平衡波纹管；5—端板

10. 旁通直管压力平衡型膨胀节　bypass straight pressure balanced expansion joint

由两个相同的波纹管及端环、封头、外管等结构件组成，主要用于吸收轴向位移并能平衡波纹管压力推力的膨胀节(见图 2-6-12)。

11. 外压单式轴向型膨胀节　externally pressurized single axial expansion joint

由承受外压的波纹管及外管和端环等结构件组成，只用于吸收轴向位移而不能承受波纹管压力推力的膨胀节(见图 2-6-13)。

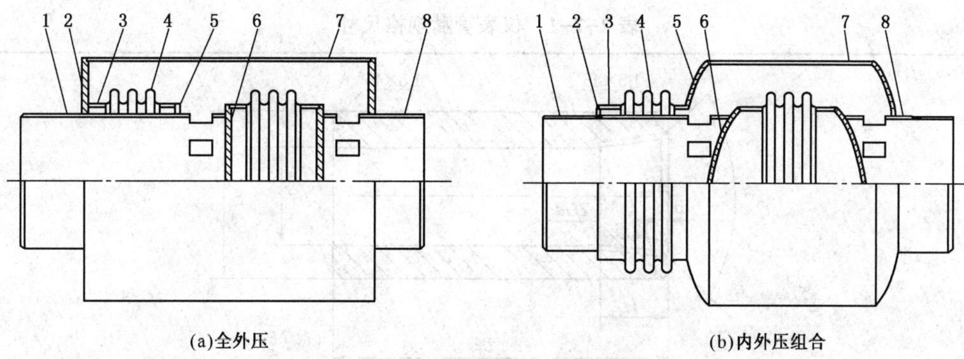

图 2-6-12　旁通直管压力平衡型膨胀节

1—端管(1)；2—端环；3—接管；4—波纹管；5—支撑环；6—封头；7—外管；8—端管(2)

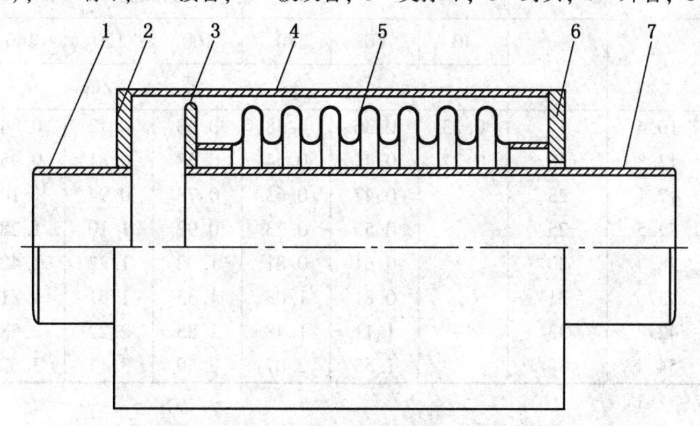

图 2-6-13　外压单式轴向型膨胀节

1—进口端管；2—进口端环；3—限位环；4—外管；5—波纹管；6—出口端环；7—出口端管

三、多层 U 形波纹管膨胀节系列(HG/T 21627—1990)

1. 适用范围

多层 U 形波纹管膨胀节系列适用于温度-20~400 ℃，公称压力 PN≤4MPa 的低黏性流体。

当用于离心压缩机、鼓风机、离心泵等管系的高频率低振幅的振动场合时，要使膨胀节的自振频率低于管系的振动频率，或高于管系的振动频率的 50%以上，也要使膨胀节避免较高阶的自振频率，与管系的振动频率相同。

2. 本系列包括

(1) 单式普通型多层 U 形波纹管膨胀节；

(2) 单式铰链型多层 U 形波纹管膨胀节；

(3) 单式万向型多层 U 形波纹管膨胀节；

(4) 复式万能型多层 U 形波纹管膨胀节。

详细规格品种可参见中华人民共和国化学工业部工程建设标准"多层 U 形波纹管膨胀节系列"(HG/T 21627—1990)。　　(编制　王怀义　张德姜)

第七节　仪表管嘴

1. 管嘴

本标准适用于 PN≤16. 0MPa，材质为 25 号钢，其规格尺寸见表 2-7-1。

表 2-7-1　仪表管嘴规格尺寸

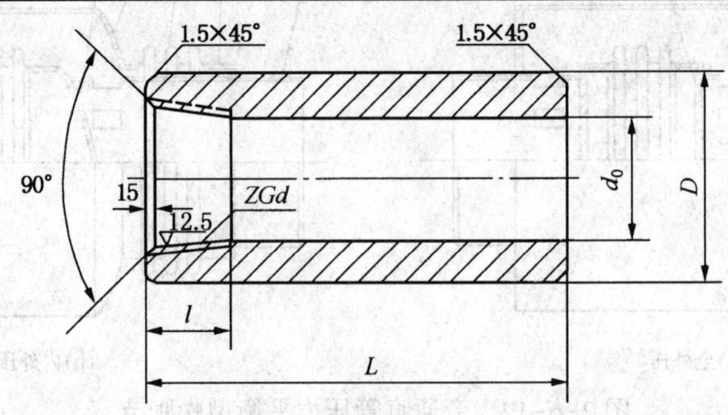

公称直径 DN/in	尺寸/mm			L/mm							
	D	d_0	l	40	60	80	100	120	140	160	180
				质量/kg							
ZG1/4	33	10.4	17	0.23	0.36	4.48	0.60	0.72	0.84	0.96	1.08
ZG3/8	36	13.8	18	0.27	0.41	0.54	0.68	0.81	0.95	1.08	1.22
ZG1/2	40	17.1	23		0.47	0.63	0.78	0.94	1.10	1.26	1.42
ZG3/4	45	22.5	25		0.55	0.73	0.92	1.10	1.28	1.46	1.65
ZG1	50	28.4	30		0.61	0.81	1.02	1.22	1.42	1.62	1.83
ZG1¼	60	37	31		0.81	1.08	1.35	1.61	1.81	2.14	2.41
ZG1½	70	42.7	33		1.11	1.48	1.85	2.22	2.58	2.95	3.32
ZG2	85	54.4	36		1.55	2.07	2.59	3.11	3.62	4.14	4.66

2. 直式温度计管嘴

本标准适用于 $PN \leqslant 10.0$MPa，材质为 25 号钢，其规格尺寸见表 2-7-2。

表 2-7-2　直式温度计管嘴规格尺寸

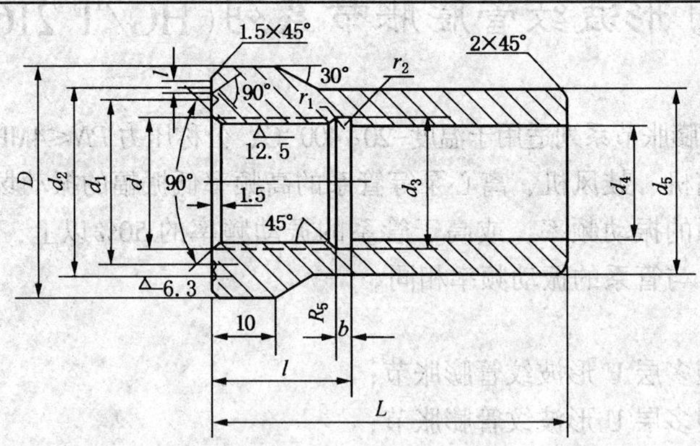

公称直径 DN mm	公称直径 DN in	D	d_1	d_2	d_3	d_4	d_5	b	l	r_1	r_2	L=40	60	80	100	120	140	160	180
		尺寸/mm										质量/kg							
	G1/2	40	26	30	21.5	18	32	4	25	0.5	1	0.21	0.29	0.37	0.45	0.53	0.61	0.69	0.11
	G3/4	50	31	36	27	24	40	4	30	0.5	1	0.26	0.39	0.56	0.69	0.82	0.94	1.07	1.19
	G1	58	37	43	34	30	50	6	36	1	1.5	0.45	0.64	0.86	1.03	1.23	1.43	1.63	1.83
	G1½	77	52	58	48.5	44	70	6	42	1	1.5			1.50	1.83	2.20	2.56	3.00	3.30
M14×1		34	19	23	14.2	12	24	2	22		0.5			0.19	0.24	0.29	0.34	0.39	0.44
M16×1.5		34	20	24	16.3	12	24	3	25	0.5	1			0.22	0.27	0.32	0.37	0.42	0.47
M27×2		50	32	37	27.4	24	40	5	30	0.5	1			0.56	0.69	0.82	0.94	1.07	1.19
M33×2		58	38	44	33.4	30	50	5	36	0.5	1			0.84	1.03	1.23	1.43	1.63	1.83

3. 直式双金属温度计管嘴

本标准适用于 $PN \leqslant 6.4$MPa，材质为 25 号钢，其规格尺寸见表 2-7-3。

表 2-7-3　直式双金属温度计管嘴规格尺寸

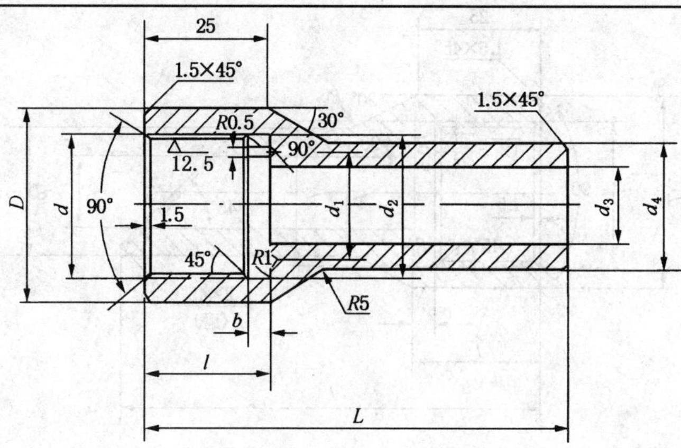

公称直径 DN/mm	尺　寸/mm							L/mm		
	D	d_1	d_2	d_3	d_4	b	l	80	100	120
								质　量/kg		
M16×15	30	12	16.4	8	18	3	16	0.16	0.19	0.22
M27×2	40	18	27.4	12	24	5	20	0.27	0.32	0.36

4. 斜式温度计管嘴

本标准适用于 $PN \leqslant 10.0$MPa，材质为 25 号钢，其规格尺寸见表 2-7-4。

表 2-7-4　斜式温度计管嘴规格尺寸

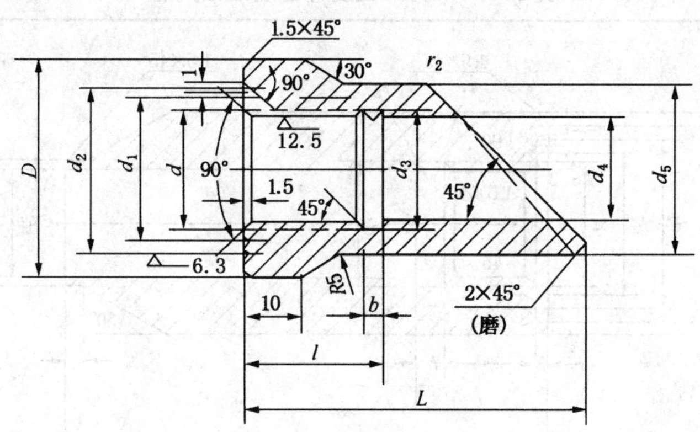

公称直径 DN mm	公称直径 DN in	D	d_1	d_2	d_3	d_4	d_5	b	l	r_1	r_2	L/mm 80	100	120	140	160	180	200
												质　量/kg						
	G1/2	40	26	30	21.5	18	32	4	25	0.5	1	0.30	0.38	0.46	0.54	0.62	0.70	0.76
	G3/4	50	31	36	27	24	40	4	30	0.5	1		0.53	0.66	0.79	0.92	1.05	1.18
	G1	58	37	43	34	30	50	6	36	1	1.5			0.98	1.18	1.38	1.58	1.70
	G1½	77	52	58	48.5	44	70	6	42	1	1.5				1.90	2.36	2.65	3.00
M14×1		34	19	23	14.2	12	24	2	22		0.5		0.21	0.26	0.31	0.36	0.42	0.47
M16×1.5		34	20	24	16.3	12	24	3	25	0.5	1		0.24	0.29	0.34	0.39	0.44	0.50
M27×12		50	32	37	27.4	24	40	5	30	0.5	1		0.53	0.66	0.79	0.92	1.05	1.18
M33×2		58	38	44	33.4	30	50	5	36	0.5	1			0.98	1.18	1.38	1.58	1.75

5. 斜式双金属温度计管嘴

本标准适用于 $PN \leqslant 6.4$MPa，材质为 25 号钢，其规格尺寸见表 2-7-5。

表 2-7-5　斜式双金属温度计管嘴规格尺寸

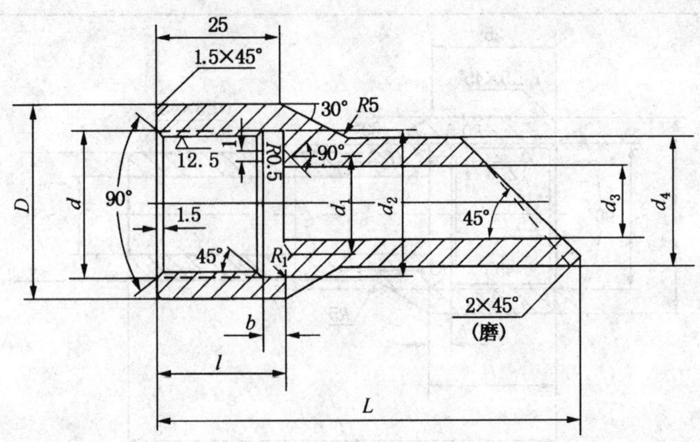

公称直径 DN/mm	尺寸/mm							L/mm						
	D	d_1	d_2	d_3	d_4	b	l	80	100	120	140	160	180	200
								质量/kg						
M16×1.5	30	12	16.4	8	18	3	16	0.15	0.18	0.21	0.24	0.27	0.30	0.33
M27×2	40	18	27.4	12	24	5	20	0.24	0.29	0.33	0.37	0.43	0.48	0.52

6. 特殊温度计管嘴

本标准适用于 $PN \leqslant 16.0$MPa，材质为 25 号钢，其规格尺寸见表 2-7-6。

表 2-7-6　特殊温度计管嘴规格尺寸

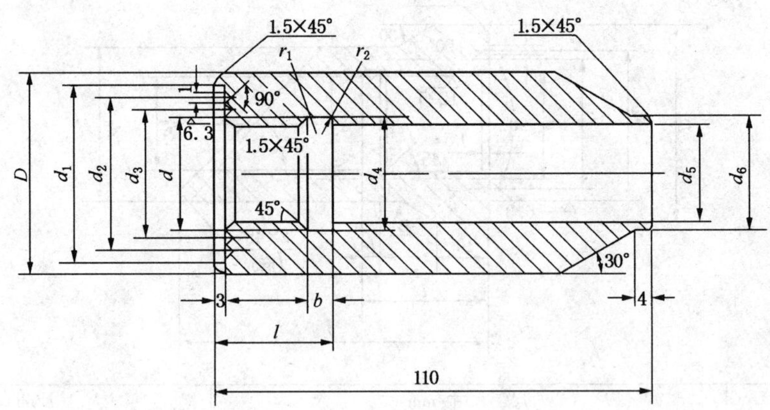

公称直径 DN/in	尺寸/mm											质量/kg
	D	d_1	d_2	d_3	d_4	d_5	d_6	l	b	r_1	r_2	
G3/4	50	44	38	32	27	24	28	45	4	0.5	1	1.10
G1	56	50	44	38	34	30	34	50	6	1	1.5	1.33

（编制　王怀义）

第八节　高压管件

一、代号编制(H2-67)

代号由五个单元组成

第一单元—第二单元—第三单元—第四单元—第五单元

名称　　公称压力　公称规格　端部型式　材料

(1) 第一单元表示“H 标准”的各项代号。用“H”表示化工通用工程设计，用顺序号表示项目名称。如用 H 23表示焊接高压三通。

(2) 第二单元表示公称压力，以短线与第一单元隔开。如 3—表示 32. 0MPa，2—表示 22. 0MPa，0—表示 32. 0MPa 与 22. 0MPa 通用。

(3) 第三单元表示公称规格，并以 1，2，3……顺序编号。

(4) 第四单元表示高压管，管件端部加工形式，即与管道的连接形式，用罗马字码 Ⅰ Ⅱ Ⅲ……表示，详见下图。对法兰、盲板、螺栓、螺母、透镜垫、差压板、活接头等无端部加工形式要求者，则取消本单元。

(5) 第五单元表示所采用的材料，用化学符号表示。碳钢不写代号。

举例：H 23~2-6IMo 表示焊接高压三通

*PN*22. 0，*DN*25×15 三端焊接、材料 Cr18Ni12Mo2Ti(见图 2-8-1)。

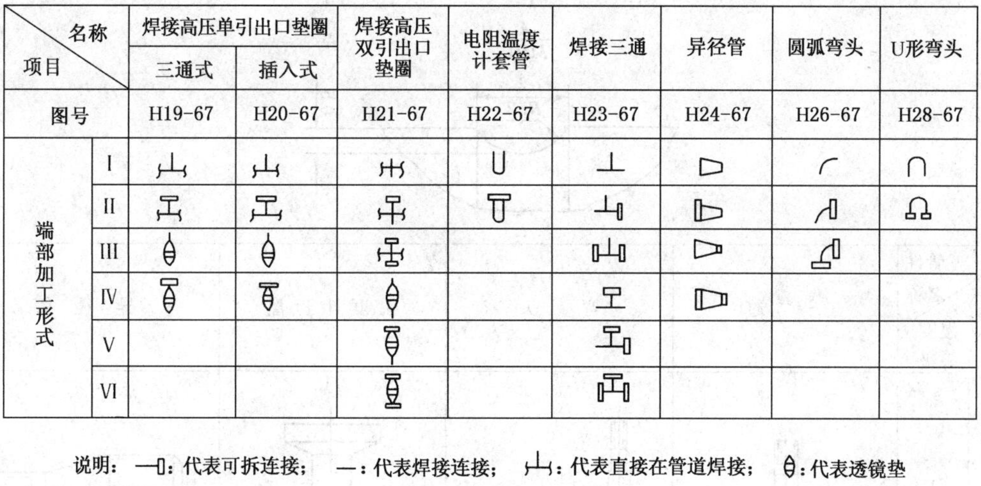

名称 / 项目		焊接高压单引出口垫圈		焊接高压双引出口垫圈	电阻温度计套管	焊接三通	异径管	圆弧弯头	U形弯头
		三通式	插入式						
图号		H19-67	H20-67	H21-67	H22-67	H23-67	H24-67	H26-67	H28-67
端部加工形式	Ⅰ								
	Ⅱ								
	Ⅲ								
	Ⅳ								
	Ⅴ								
	Ⅵ								

说明：：代表可拆连接；—：代表焊接连接；：代表直接在管道焊接；：代表透镜垫

图 2-8-1　高压管件

二、高压管件标志及印记(H8-67)

高压管件除透镜垫外不打印记，螺栓与螺母成套供应时螺母不打印记外，其余各类高压管件仅打制造单位代号及高压管件单独编号。焊接连接形式的Ⅱ级温度标记与螺纹连接形相同。见表 2-8-1。

表 2-8-1 高压管件标志及印记

项目 \ 温度等级 \ 管件名称		双引出口垫圈	差压板	U型弯头
标志	Ⅰ			
	Ⅱ	A	A	A
印记		单独号 制造厂	单独号 制造厂	单独号 制造厂

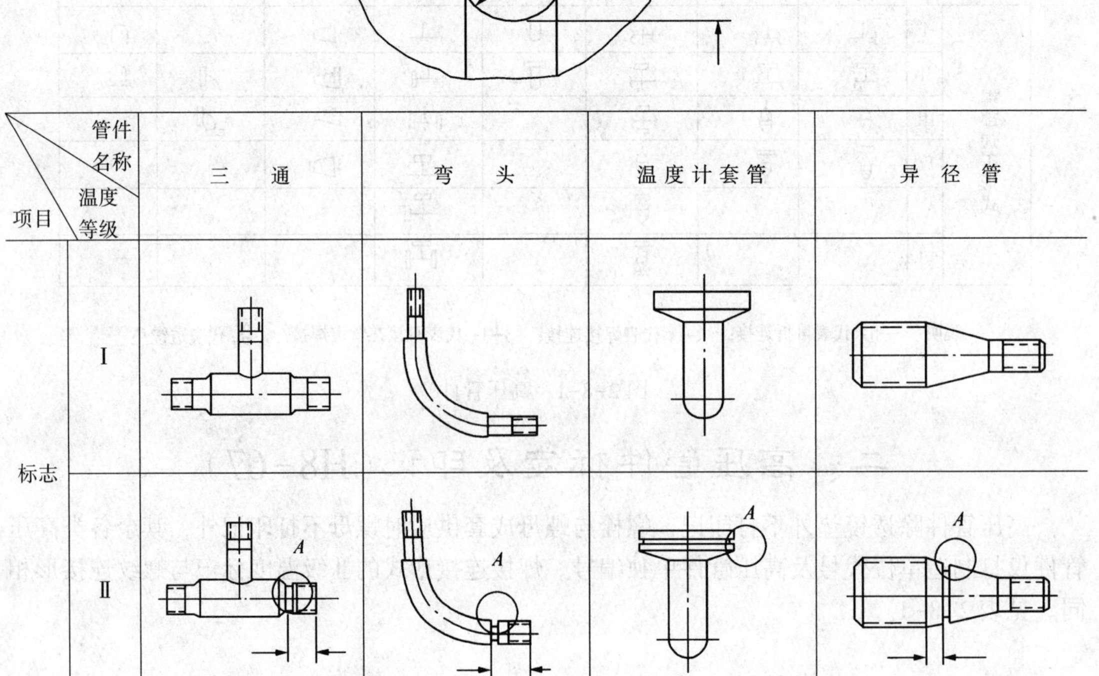

项目 \ 温度等级 \ 管件名称		三通	弯头	温度计套管	异径管
标志	Ⅰ				
	Ⅱ	A	A	A	

续表

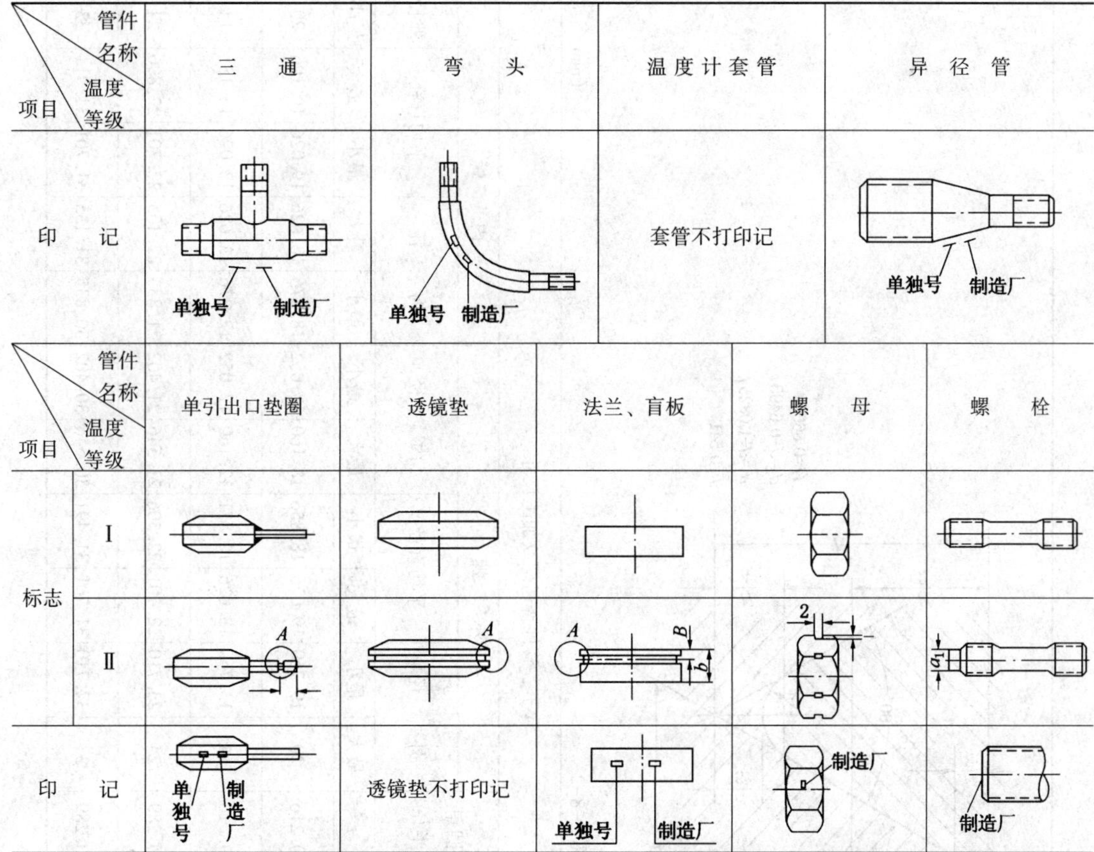

项目 \ 管件名称 温度等级	三　通	弯　头	温度计套管	异径管
印　记	单独号　制造厂	单独号　制造厂	套管不打印记	单独号　制造厂

项目 \ 管件名称 温度等级		单引出口垫圈	透镜垫	法兰、盲板	螺　母	螺　栓
标志	Ⅰ					
	Ⅱ	A	A	A　B　b	2	a_1
印　记		单独号　制造厂	透镜垫不打印记	单独号　制造厂	制造厂	制造厂

三、螺纹(H5-67)

(一) 技术要求及说明

(1) 有＊者为阀门专用。

(2) PN32.0 的 DN6、DN10 及 PN22.0 的 DN6、DN10、DN15 因受原管子规格限制仍用英制 G1/4″、G5/8″，有关尺寸见螺纹(H5-67)。

(3) 普通螺纹按 GB 192～197—63 的规定，外螺纹牙形槽底为圆弧形。紧固件精度为 2 级，管子及管件为 2a 级。

(4) 普通螺纹的管子、管件端部加工除螺纹为相应的普通螺纹外，其余尺寸均按螺纹连接用管子及管件端部加工(包括阀门)(H6-67)规定。

(5) 制造和验收技术要求按 H31-67 执行。

表 2-8-2　高压管件印记

名称 \ 规格 \ 项目		公称规格	印记高度
管　件	PN32.0	6～25	1/8″
		32～65	1/4″
		80～200	3/8″
	PN22.0	6～32	1/8″
		40～80	1/4″
		100～150	3/8″
螺　栓		d≤M24	1/8″
		d>M24	1/4″
螺　母		全　部	1/4″

注：根据各单位试行中对螺纹部分的意见及刃量具供应情况，决定在螺栓螺母中采用普通螺纹(国标 GB 192～197—63)；在管子及管件中为照顾各厂旧件修配，故英制螺纹及普通螺纹(国标 GB 192～197—63)同时并用。

1. 公制圆根螺纹

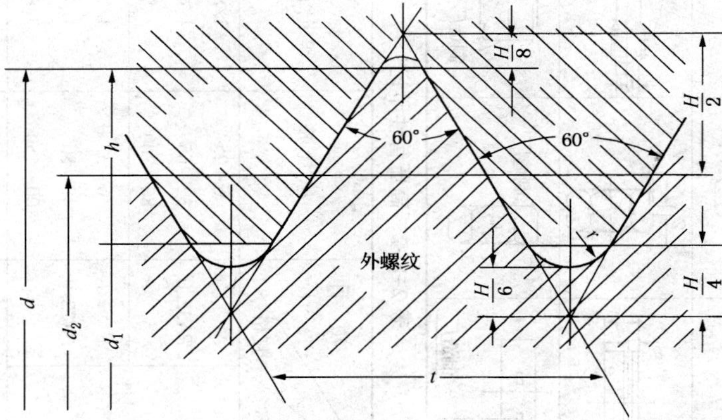

$H=0.8660t$

$d_2=d-0.6495t$

$d_1=d-1.0825t$

$h=0.5413t$

图 2-8-2

(mm)

英制、普通螺纹对照				管子、管件普通螺纹加工尺寸																
公称直径		螺纹代号		螺距	公称尺寸				圆角半径	外螺纹						内螺纹				
PN22.0	PN32.0	英制	普通		外径	中径	内径	工作高度		外径		平均直径		内径		内径		平均直径		外径
DN	DN			t	d	d_2	d_1	h	r	最大	最小	最大	最小	最大	最小	最小	最大	最小	最大	最小
3*	3*	G1/2″	M20×1.5-2a	1.5	20	19.026	18.376	0.812	0.216	20	19.760	19.026	18.856	18.160	18.052	18.376	18.626	19.026	19.196	20
3*及6*	6*	3/8″	M14×1.5-2a	1.5	14	13.026	12.376	0.812	0.216	14	13.760	13.026	12.871	12.160	12.052	12.376	12.626	13.026	13.181	14
10*	10*	G3/4″	M42×2-2a	2	24	22.701	21.835	1.083	0.289	24	23.710	22.701	22.506	21.546	21.402	21.835	22.135	22.701	22.896	24
25	15	G1″	M33×2-2a	2	33	31.701	30.835	1.083	0.289	33	32.710	31.701	31.491	30.546	30.402	30.835	31.135	31.701	31.911	33

续表

英制、普通螺纹对照				管子、管件普通螺纹加工尺寸																
公称直径		螺纹代号		螺距	公称尺寸					外螺纹						内螺纹				
*PN*22.0	*PN*32.0	英制	普通		外径	中径	内径	工作高度	圆角半径	外径		平均直径		内径		内径		平均直径		外径
DN	*DN*			t	d	d_2	d_1	h	r	最大	最小	最大	最小	最大	最小	最小	最大	最小	最大	最小
32	25	G1¼″	M42×2−2a	2	42	40.701	39.835	1.083	0.289	42	41.710	40.701	40.491	39.546	39.402	39.835	40.135	40.701	40.911	42
	32	G1½″	M48×2−2a	2	48	46.701	45.835	1.083	0.289	48	47.710	46.701	46.491	45.546	45.402	45.835	46.135	46.701	46.911	48
40		G1¾″	M52×2−2a	2	52	50.701	49.835	1.083	0.289	52	51.710	50.701	50.491	49.546	49.402	49.835	50.135	50.701	50.911	52
50	40	G2¼″	M65×2−2a	2	65	63.701	62.835	1.083	0.289	65	64.710	63.701	63.471	62.546	62.402	62.835	63.135	63.701	63.931	65
65	50	G2¾″、G3″*	M80×3−2a	3	80	78.052	76.752	1.624	0.433	80	79.630	78.052	77.802	76.319	76.102	76.752	77.132	78.052	78.302	80
80	65	G3½″	M100×3−2a	3	100	98.052	96.752	1.624	0.433	100	99.630	98.052	97.782	96.319	96.102	96.752	97.132	98.052	98.322	100
100	80	—	M125×4−2a	4	125	122.402	120.670	2.165	0.577	125	124.580	122.402	122.092	120.093	119.804	120.670	121.150	122.402	122.712	125
125	100	—	M155×4−2a	4	155	152.402	150.670	2.165	0.577	155	154.580	152.402	152.092	150.093	149.804	150.670	151.150	152.402	152.712	155
	(125)	—	M165×4−2a	4	165	162.402	160.670	2.165	0.577	165	164.580	162.402	162.092	160.093	159.804	160.670	161.150	162.402	162.712	165
150	125	—	M175×4−2a	4	175	172.402	170.670	2.165	0.577	175	174.580	172.402	172.092	170.093	169.804	170.670	171.150	172.402	172.712	175
	150	—	M215×6−2a	6	215	211.103	208.505	3.248	0.866	215	214.400	211.103	210.733	207.639	207.206	208.505	209.205	211.103	211.473	215
	200	—	M265×6−2a	6	265	261.103	258.505	3.248	0.866	265	264.400	261.103	260.713	—	—	258.505	259.205	264.103	261.473	265

2. 圆柱形圆角管螺纹

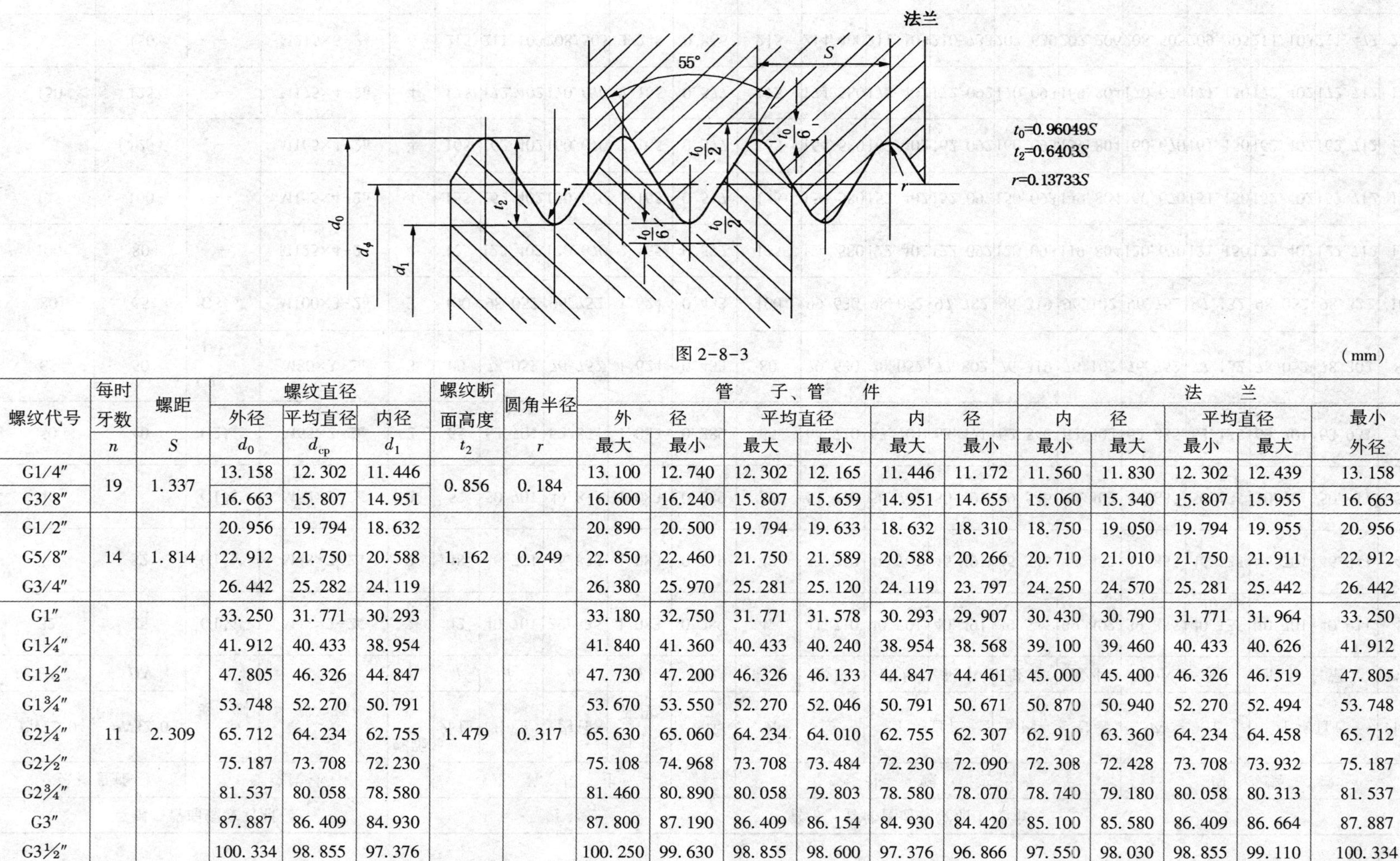

图 2-8-3

（mm）

螺纹代号	每时牙数	螺距	螺纹直径			螺纹断面高度	圆角半径	管子、管件						法兰				
			外径	平均直径	内径			外径		平均直径		内径		内径		平均直径		最小
	n	S	d_0	d_{cp}	d_1	t_2	r	最大	最小	最大	最小	最大	最小	最小	最大	最小	最大	外径
G1/4″	19	1.337	13.158	12.302	11.446	0.856	0.184	13.100	12.740	12.302	12.165	11.446	11.172	11.560	11.830	12.302	12.439	13.158
G3/8″			16.663	15.807	14.951			16.600	16.240	15.807	15.659	14.951	14.655	15.060	15.340	15.807	15.955	16.663
G1/2″	14	1.814	20.956	19.794	18.632	1.162	0.249	20.890	20.500	19.794	19.633	18.632	18.310	18.750	19.050	19.794	19.955	20.956
G5/8″			22.912	21.750	20.588			22.850	22.460	21.750	21.589	20.588	20.266	20.710	21.010	21.750	21.911	22.912
G3/4″			26.442	25.282	24.119			26.380	25.970	25.281	25.120	24.119	23.797	24.250	24.570	25.281	25.442	26.442
G1″	11	2.309	33.250	31.771	30.293	1.479	0.317	33.180	32.750	31.771	31.578	30.293	29.907	30.430	30.790	31.771	31.964	33.250
G1¼″			41.912	40.433	38.954			41.840	41.360	40.433	40.240	38.954	38.568	39.100	39.460	40.433	40.626	41.912
G1½″			47.805	46.326	44.847			47.730	47.200	46.326	46.133	44.847	44.461	45.000	45.400	46.326	46.519	47.805
G1¾″			53.748	52.270	50.791			53.670	53.550	52.270	52.046	50.791	50.671	50.870	50.940	52.270	52.494	53.748
G2¼″			65.712	64.234	62.755			65.630	65.060	64.234	64.010	62.755	62.307	62.910	63.360	64.234	64.458	65.712
G2½″			75.187	73.708	72.230			75.108	74.968	73.708	73.484	72.230	72.090	72.308	72.428	73.708	73.932	75.187
G2¾″			81.537	80.058	78.580			81.460	80.890	80.058	79.803	78.580	78.070	78.740	79.180	80.058	80.313	81.537
G3″			87.887	86.409	84.930			87.800	87.190	86.409	86.154	84.930	84.420	85.100	85.580	86.409	86.664	87.887
G3½″			100.334	98.855	97.376			100.250	99.630	98.855	98.600	97.376	96.866	97.550	98.030	98.855	99.110	100.334

续表

公称直径		普通螺纹代号		双头螺栓、螺母普通螺纹加工尺寸																
PN22.0	PN32.0			螺距	公称尺寸				圆角半径	外螺纹						内螺纹				
					外径	中径	内径	工作高度		外径		平均直径		内径		内径		平均直径		外径
DN	*DN*			t	d	d_2	d_1	h	r	最大	最小	最大	最小	最大	最小	最小	最大	最小	最大	最小
—	—	—	M12×1.75-2	1.75	12	10.863	10.106	0.947	0.253	12	11.740	10.863	10.730	9.853	9.727	10.106	10.386	10.863	10.996	12
6	6	—	M14×2-2	2.0	14	12.701	11.835	1.083	0.289	14	13.710	12.701	12.559	11.546	11.402	11.835	12.135	12.701	12.843	14
10 15 25 32	10 15 25	—	M16×2-2	2.0	16	14.701	13.835	1.083	0.289	16	15.710	14.701	14.559	13.546	13.402	13.835	14.135	14.701	14.843	16
—	—	—	M18×2.5-2	2.5	18	16.376	15.294	1.353	0.361	18	17.670	16.376	16.217	14.933	14.753	15.294	15.634	16.376	16.535	18
—	32	—	M20×2.5-2	2.5	20	18.376	17.294	1.353	0.361	20	19.670	18.376	18.217	16.933	16.753	17.294	17.634	18.376	18.535	20
—	—	—	M22×2.5-2	2.5	22	20.376	19.294	1.353	0.361	22	21.670	20.376	20.217	18.933	18.753	19.294	19.634	20.376	20.535	22
40 50	40	—	M24×3-2	3.0	24	22.052	20.752	1.624	0.433	24	23.630	22.052	21.878	20.319	20.102	20.752	21.132	22.052	22.226	24
65	50	—	M27×3-2	3.0	27	25.052	23.752	1.624	0.433	27	26.630	25.052	24.878	23.319	23.102	23.752	24.132	25.052	25.226	27
80	65	—	M30×3.5-2	3.5	30	27.727	26.211	1.895	0.505	30	29.600	27.727	27.539	25.706	25.453	26.211	26.631	27.727	27.915	30
100	80	—	M33×3.5-2	3.5	33	30.727	29.211	1.895	0.505	33	32.600	30.727	30.539	28.706	28.453	29.211	29.631	30.727	30.915	33
125	100	—	M36×4-2	4.0	36	33.402	31.670	2.165	0.577	36	35.580	33.402	33.201	31.093	30.804	31.670	32.150	33.402	33.603	36
150	125	—	M39×4-2	4.0	39	36.402	34.670	2.165	0.577	39	38.580	36.402	36.201	34.093	33.804	34.670	34.150	36.402	36.603	39
—	—	—	M42×4.5-2	4.5	42	39.077	37.129	2.436	0.649	42	41.550	39.077	38.864	36.480	36.155	37.129	37.679	39.077	39.290	42
—	150	—	M45×4.5-2	4.5	45	42.077	40.129	2.436	0.649	45	44.550	42.077	41.864	39.480	39.155	40.129	40.679	42.077	42.290	45
—	—	—	M52×5-2	5.0	52	48.752	46.588	2.706	0.722	52	51.500	48.752	48.527	45.866	45.505	46.588	47.188	48.752	48.977	52
—	200	—	M56×5.5-2	5.5	56	52.428	50.406	2.977	0.794	56	55.450	52.482	52.192	—	—	50.406	50.696	52.428	52.644	56

四、螺纹连接用管子及管件端部加工（包括阀门）（H6-67）

技术要求及说明

（1）螺纹按 H5-67 的规定。

（2）螺纹收尾按 GB 3—58 规定。

（3）（125）用于 ϕ168×28 的管子上。

（4）* DN3 之管螺纹用于压力计上。

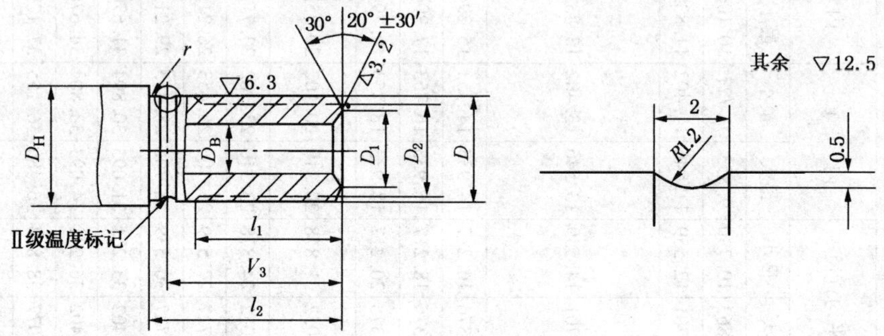

图 2-8-4

	公称压力	公称直径	螺纹代号	外径	内径	磨光表面外径	倒角直径	螺纹长度	车光尺寸	倒角半径	标志位置
	PN/MPa	DN	D	D_H	D_B	D_1	D_2	l_1	l_2	R	V_3
管子	320	6	G1/4″	14	6	10	10.6	20	25	3	23
		10	G5/8″	24	12	18	19.1	28	33	3	30
		15	G1″	35	17	27	29	30	35	3	32
		25	G1¼″	43	23	35	38	32	40	5	36
		32	G1½″	49	29	41	44	35	43	5	39
		40	G2¼″	68	42	58	62	42	50	5	46
		50	G2¾″	83	53	70	76.2	50	60	5	55
管件		65	G3½″	102	68	90	96	60	70	5	65
		80	M125×4	127	85	112	118	75	85	8	80
		100	M155×4	159	103	130	149	90	100	8	95
		(125)	M165×4	168	112	147	158	95	105	8	100
		125	M175×4	180	120	155	166	95	105	8	100
		150	M215	219	149	193	206	115	125	8	120
		200	M265×6	273	193	248	255	140	155	8	—
端部加工	220	6	G1/4″	14	6	10	10.6	20	25	3	23
		10	G5/8″	24	12	18	19.1	28	33	3	30
		15	G5/8″	24	15	19.5	20.4	28	33	3	30
		25	G1″	35	23	28	29	30	35	3	32
		32	G1¼″	43	29	38	38.5	32	40	5	36
		40	G1¾″	57	39	48	50	38	46	5	42
		50	G2¼″	68	48	61	62	42	50	5	46
		65	G2¾″	83	61	75	76.2	50	60	5	55
		80	G3½″	102	74	94	96	60	70	5	65
		100	M125×4	127	93	115	118	75	85	8	80
		125	M155×4	159	119	146	149	90	100	8	95
		150	M175×4	180	136	163	166	95	105	8	100

续表

	公称压力	公称直径	螺纹代号	外径	内径	磨光表面外径	倒角直径	螺纹长度	车光尺寸	倒角半径	标志位置
	PN/MPa	DN	D	D_H	D_B	D_1	D_2	l_1	l_2	R	V_3
阀门专用端部加工	220 及 320	3*	G1/2″	—	3	10	17.6	20	25	3	—
	220 及 320	6	G3/8″	—	6	10	13.5	20	25	3	—
	220 及 320	10	G3/4″	—	10	18	23	28	33	3	—
	220	15			15	22					
	320	50	G3″	—	53	70	84	50	60	5	—
	220	65			59	83					

五、异径管(H24-67)

技术要求及说明：

(1) 材料按 H3-67 规定；r 处应圆滑过渡；

(2) 管端部加工按 H6-67 执行；

(3) 制造与验收技术要求按 H31-67 执行；

(4) 标志与印记按 H8-67、代号按 H2-67 执行。

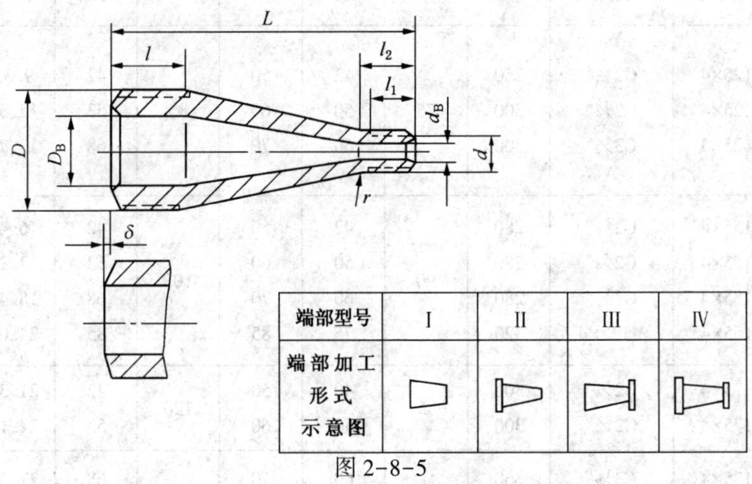

端部型号	I	II	III	IV
端部加工形式示意图				

图 2-8-5

公称压力		PN32.0/MPa									
DN	dN	D	d	L	l	l_1	l_2	D_B	d_B	质量/kg	代　号
10	6	G5/8″	G1/4″	115	28	20	25	12	6	0.208	H24-3-1
15	6	G1″	G1/4″	115	30	20	25	17	6	0.380	H24-3-2
	10	G1″	G5/8″	130		28	33		12	0.536	H24-3-3
25	10	G1¼″	G5/8″	135	32	28	33	23	12	0.706	H24-3-4
	15	G1¼″	G1″	135		30	35		17	0.930	H24-3-5

续表

公称压力		PN32.0/MPa									
DN	dN	D	d	L	l	l_1	l_2	D_B	d_B	质量/kg	代　号
32	10	G1½″	G5/8″	160	35	28	33	29	12	0.975	H24-3-6
	15	G1½″	G1″	160		30	35		17	1.24	H24-3-7
	25	G1½″	G1¼″	160		32	40		23	1.43	H24-3-8
40	10	G2¼″	G5/8″	180	42	28	33	42	12	1.78	H24-3-9
	15	G2¼″	G1″	180		30	35		17	2.09	H24-3-10
	25	G2¼″	G1¼″	180		32	40		23	2.29	H24-3-11
	32	G2¼″	G1½″	200		35	43		29	2.72	H24-3-12
50	15	G2¾″	G1″	200	50	30	35	53	17	3.12	H24-3-13
	25	G2¾″	G1¼″	210		32	40		23	3.49	H24-3-14
	32	G2¾″	G1½″	210		35	43		29	3.66	H24-3-15
	40	G2¾″	G2¼″	210		42	50		42	4.48	H24-3-16
65	25	G3½″	G1¼″	230	60	32	40	68	23	5.11	H24-3-17
	32	G3½″	G1½″	230		35	43		29	5.29	H24-3-18
	40	G3½″	G2¼″	230		42	50		42	6.16	H24-3-19
	50	G3½″	G2¾″	250		50	60		53	7.60	H24-3-20
80	40	M125×4	G2¼″	250	75	42	50	85	42	9.53	H24-3-21
	50	M125×4	G2¾″	300		50	60		53	12.31	H24-3-22
	65	M125×4	G3½″	300		60	70		68	13.79	H24-3-23
100	40	M155×4	G2¼″	280	90	42	50	103	42	16.46	H24-3-24
	50	M155×4	G2¾″	280		50	60		53	17.27	H24-3-25
	65	M155×4	G3½″	280		60	70		68	18.49	H24-3-26
	80	M155×4	M125×4	320		75	85		85	24.06	H24-3-27
125	40	M175×4	G2¼″	300	95	40	50	120	42	21.33	H24-3-28
	50	M175×4	G2¾″	300		50	60		53	22.17	H24-3-29
125	65	M175×4	G3½″	360	95	60	70	120	68	27.59	H24-3-30
	80	M175×4	M125×4	360		75	85		85	31.04	H24-3-31
	100	M175×4	M155×4	360		90	100		103	37.77	H24-3-32
150	65	M215	G3½″	360	115	60	70	149	68	36.49	H24-3-33
	80	M215	M125×4	400		75	85		85	43.67	H24-3-34
	100	M215	M155×4	400		90	100		103	50.67	H24-3-35
	125	M215	M175×4	420		95	105		120	58.00	H24-3-36
200	100	M265×6	M155×4	400	145	90	105	193	103	64.20	H24-3-37
	125	M265×6	M175×4	420		95	110		120	69.10	H24-3-38
	150	M265×6	M215×6	450		115	130		149	92.40	H24-3-39

续表

公称压力		PN22.0/MPa									
DN	dN	D	d	L	l	l_1	l_2	D_B	d_B	质量/kg	代　号
15	6	G5/8″	G1/4″	115	28	20	25	15	6	0.182	H24-2-1
	10	G5/8″	G5/8″	115		28	33		12	0.280	H24-2-2
25	6	G1″	G1/4″	115	30	20	25	23	6	0.303	H24-2-3
	10	G1″	G3/4″	130		28	33		12	0.449	H24-2-4
	15	G1″	G3/4″	130		28	33		15	0.412	H24-2-5
32	10	G1¼″	G5/8″	135	32	28	33	29	12	0.591	H24-2-6
	15	G1¼″	G5/8″	135		28	33		15	0.550	H24-2-7
	25	G1¼″	G1″	135		30	35		23	0.702	H24-2-8
40	10	G1¾″	G5/8″	160	38	28	33	39	12	1.05	H24-2-9
	15	G1¾″	G3/4″	160		28	33		15	0.999	H24-2-10
	25	G1¾″	G1″	160		30	35		23	1.18	H24-2-11
	32	G1¾″	G1¼″	160		32	40		29	1.33	H24-2-12
50	25	G2¼″	G1″	180	42	30	35	48	23	1.66	H24-2-13
	32	G2¼″	G1¼″	180		32	40		29	1.83	H24-2-14
	40	G2¼″	G1¾″	200		38	46		39	2.57	H24-2-15
65	25	G2¾″	G1″	200	50	30	35	61	23	2.38	H24-2-16
	32	G2¾″	G1¼″	210		32	40		29	2.69	H24-2-17
	40	G2¾″	G1¾″	210		38	46		39	3.16	H24-2-18
	50	G2¾″	G2¼″	210		42	50		48	3.54	H24-2-19
80	32	G3½″	G1¼″	230	60	32	40	74	29	4.26	H24-2-20
	40	G3½″	G1¾″	230		38	46		39	4.94	H24-2-21
	50	G3½″	G2¼″	230		42	50		48	6.17	H24-2-22
	65	G3½″	G2¾″	250		50	60		61	6.22	H24-2-23
100	40	M125×4	G1¾″	250	75	38	46	93	39	7.35	H24-2-24
	50	M125×4	G2¼″	250		42	50		48	7.76	H24-2-25
	65	M125×4	G2¾″	300		50	60		61	9.88	H24-2-26
	80	M125×4	G3½″	300		60	70		74	11.47	H24-2-27
125	50	M155×4	G2¼″	280	90	42	50	119	48	12.60	H24-2-28
	65	M155×4	G2¾″	280		50	60		61	13.15	H24-2-29
	80	M155×4	G3½″	280		60	70		74	14.47	H24-2-30
	100	M155×4	M125×4	320		75	85		93	18.70	H24-2-31
150	65	M175×4	G2¾″	300	95	50	60	136	61	17.11	H24-2-32
	80	M175×4	G3½″	360		60	70		74	21.87	H24-2-33
	100	M175×4	M125×4	360		75	85		93	24.44	H24-2-34
	125	M175×4	M155×4	360		90	100		119	28.72	H24-2-35

六、焊接高压三通（H23-67）

技术要求及说明

（1）材料按 H3-67 规定；

（2）管端加工按 H6-67 执行，δ 值见 H7-67 规定；

（3）管子尺寸公差应符合 H4-67；

（4）制造与验收技术要求按 H31-67 执行；

（5）标志与印记按 H8-67，代号按 H2-67 规定执行。

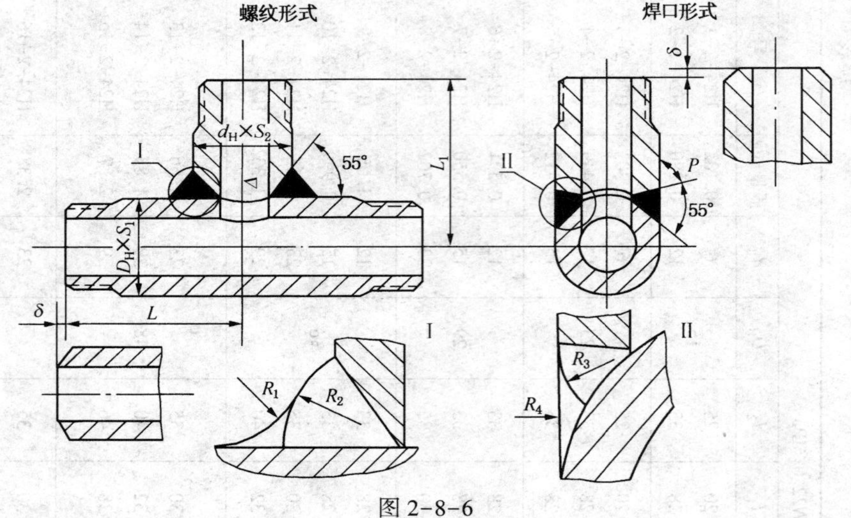

图 2-8-6

公称压力	公称规格	主管规格	支管规格	间隙	主管螺纹	支管螺纹	安装尺寸		焊接坡口					质量/kg			代号
														主管	支管	总质量	
PN/MPa	$DN \times dN$	$D_H \times S_1$	$d_H \times S_2$	Δ			L	L_1	R_1	R_2	R_3	R_4	ρ	G_1	G_2	G	
32.0	6×6	14×4	14×4	1.5	G1/4″	G1/4″	60	60	8.5	10	6.5	无穷大	60°23′	0.12	0.06	0.18	H23-3-1
	10×6	24×6	14×4	1.5	G5/8″	G1/4″	90	75	8.5	10	7	35.5	49°29′	0.48	0.07	0.55	H23-3-2
	10×10	24×6	24×6	2	G5/8″	G5/8″	90	90	11.5	13	8.5	无穷大	65°	0.48	0.24	0.72	H23-3-3
	15×6	35×9	14×4	1.5	G1″	G1/4″	105	80	8.5	10	8	22	44°52′	1.34	0.08	1.42	H23-3-4
	15×10	35×9	24×6	2	G1″	G5/8″	105	95	11.5	13	9	29	55°2′	1.34	0.25	1.59	H23-3-5
	15×15	35×9	35×9	2	G1″	G1″	105	105	14	17	12	无穷大	64°3′	1.34	0.67	2.01	H23-3-6
	25×6	43×10	14×4	1.5	G1½″	G1/4″	120	85	8.5	10	7	6	43°2′	1.95	0.08	2.03	H23-3-7
	25×10	43×10	24×6	2	G1¼″	G5/8″	120	100	11.5	13	9	21	51°12′	1.95	0.27	2.22	H23-3-8
	25×15	43×10	35×9	2	G1¼″	G1″	120	110	14	17	12	65	58°18′	1.95	0.70	2.65	H23-3-9
	25×25	43×10	43×10	2	G1¼″	G1¼″	120	120	17	20.5	13	无穷大	67°18′	1.95	0.97	2.92	H23-3-10
	32×10	49×10	24×6	2	G1½″	G5/8″	135	105	11.5	13	10	25	49°12′	2.6	0.28	2.88	H23-3-11
	32×15	49×10	35×9	2	G1½″	G1″	135	115	14	17	13	12.5	55°18′	2.6	0.73	3.33	H23-3-12
	32×25	49×10	43×10	2	G1½″	G1¼″	135	125	17	20.5	13.5	80	63°	2.6	1.02	3.62	H23-3-13
	32×32	49×10	49×10	2	G1½″	G1½	135	135	17	20.5	12.5	无穷大	71°18′	2.6	1.3	3.9	H23-3-14

续表

公称压力	公称规格	主管规格	支管规格	间隙	主管螺纹	支管螺纹	安装尺寸		焊接坡口					质量/kg			代号
														主管	支管	总质量	
PN/MPa	$DN \times dN$	$D_H \times S_1$	$d_H \times S_2$	Δ			L	L_1	R_1	R_2	R_3	R_4	ρ	G_1	G_2	G	
32.0	40×10	68×13	24×6	2	G2¼″	G5/8	165	115	11.5	13	12	22	45°15′	5.81	0.31	6.12	H23-3-15
	40×15	68×13	35×9	2	G2¼″	G1″	165	130	14	17	13	36	49°29′	5.81	0.83	6.64	H23-3-16
	40×25	68×13	43×10	2	G2¼″	G1¼″	165	140	17	20.5	15	55	54°48′	5.81	1.14	6.95	H23-3-17
	40×32	68×13	49×10	2	G2¼″	G1½″	165	150	17	20.5	14	47.5	60°15′	5.81	1.44	7.25	H23-3-18
	40×40	68×13	68×13	2.5	G2¼″	G2¼″	165	165	22	26	15.5	无穷大	73°12′	5.81	2.91	9.72	H23-3-19
	50×25	83×15	43×10	2	G2¾″	G1¼″	190	150	17	20.5	15.5	45	51°11′	9.55	1.22	10.77	H23-3-20
	50×32	83×15	49×10	2	G2¾	G1½″	190	165	17	20.5	15	36	55°27′	9.55	1.59	11.14	H23-3-21
	50×40	83×15	68×13	2.5	G2¾	G2¼″	190	180	22	26	21	无穷大	65°24′	9.55	3.18	12.73	H23-3-22
	50×50	83×15	83×15	2.5	G2¾	G2¾″	190	190	25	30	18	无穷大	74°42′	9.55	4.77	14.32	H23-3-23
	65×25	102×17	43×10	2	G3½″	G1¼″	215	160	17	20.5	16	34	48°	15.33	1.30	16.63	H23-3-24
	65×32	102×17	49×10	2	G3½″	G1½″	215	175	17	20.5	15	32.5	51°30′	15.33	1.68	17.01	H23-3-25
	65×40	102×17	68×13	2.5	G3½″	G2¼″	215	190	22	26	17	57	59°19′	15.33	3.35	18.68	H23-3-26
	65×50	102×17	83×15	2.5	G3½″	G2¾″	215	210	25	30	20	53.5	66°18′	15.33	5.28	20.61	H23-3-27
	65×65	102×17	102×17	2.5	G3½″	G3½″	215	215	28	33	21	无穷大	76°48′	15.33	7.66	22.99	H23-3-28
	80×25	127×21	43×10	2	M125×4	G1¼″	260	170	17	20.5	17.5	32	45°26′	29.50	1.38	30.88	H23-3-29
	80×32	127×21	49×10	2	M125×4	G1½″	260	195	17	20.5	16	31	48°12′	29.50	1.88	31.38	H23-3-30
	80×40	127×21	68×13	2.5	M125×4	G2¼″	260	210	22	26	18.5	35	54°19′	29.50	3.70	33.20	H23-3-31
	80×50	127×21	83×15	2.5	M125×4	G2¾″	260	230	25	30	23	53	59°41′	29.50	5.80	35.30	H23-3-32
	80×65	127×21	102×17	2.5	M125×4	G3½″	260	235	27.5	33	21.5	60	67°24′	29.50	8.38	37.88	H23-3-33
	80×80	127×21	127×21	2.5	M125×4	M125×4	260	260	30	38.5	24	无穷大	78°36′	29.50	14.25	43.75	H23-3-34
	100×25	159×28	43×10	2	M155×4	G1¼″	290	190	17	20.5	18.5	28	43°19′	52.40	1.54	53.94	H23-3-35
	100×32	159×28	49×10	2	M155×4	G1½″	290	210	17	20.5	17	29	45°30′	52.40	2.02	54.44	H23-3-36
	100×40	159×28	68×13	2.5	M155×4	G2¼″	290	230	22	26	21	40	50°18′	52.40	4.05	56.45	H23-3-37
	100×50	159×28	83×15	2.5	M155×4	G2¾″	290	250	25	30	21.5	39.5	54°28′	52.40	6.29	58.69	H23-3-38
	100×65	159×28	102×17	2.5	M155×4	G3½″	290	255	27.5	33	21	39	60°19′	52.40	9.06	61.46	H23-3-39
	100×80	159×28	127×21	2.5	M155×4	M125×4	290	270	30	38.5	27	58	67°18′	52.40	14.80	67.20	H23-3-40
	100×100	159×28	159×28	2.5	M155×4	M155×4	290	290	44	51	31	无穷大	75°24′	52.40	26.20	78.60	H23-3-41

续表

公称压力	公称规格	主管规格	支管规格	间隙	主管螺纹	支管螺纹	安装尺寸		焊接坡口					质量/kg			代号
														主管	支管	总质量	
PN/MPa	$DN \times dN$	$D_H \times S_1$	$d_H \times S_2$	Δ			L	L_1	R_1	R_2	R_3	R_4	ρ	G_1	G_2	G	
32.0	125×40	168×28	68×13	2.5	M165×4	G2¼″	320	240	22	26	20	31	49°29′	66.8	4.2	71	H23-3-42
	125×50	168×28	83×15	2.5	M165×4	G2¾″	320	260	25	30	22	44	53°24′	66.8	6.5	73.3	H23-3-43
	125×65	168×28	102×17	2.5	M165×4	G3½″	320	265	27.5	33	28	40.5	58°53′	66.8	9.5	76.3	H23-3-44
	125×80	168×28	127×21	2.5	M165×4	M125×4	320	295	30	38.5	26.5	60	65°24′	66.8	17.1	83.9	H23-3-45
	125×100	168×28	159×28	2.5	M165×4	M155×4	320	310	44	51	31	无穷大	71°	66.8	30	96.8	H23-3-46
	125×125	168×28	168×28	2.5	M165×4	M165×4	320	320	44	51	31	无穷大	72°59′	66.8	33.6	100.4	H23-3-47
	125×40	180×30	68×13	3	M175×4	G2¼″	320	240	22	26	18	30	50°	77.2	4.2	81.4	H23-3-48
	125×50	180×30	83×15	3	M175×4	G2¾″	320	260	25	30	20	46	52°	77.2	6.5	83.7	H23-3-49
	125×65	180×30	102×17	3	M175×4	G3½″	320	265	27.5	33	20	49	56°	77.2	9.5	86.7	H23-3-50
	125×80	180×30	127×21	3	M175×4	M125×4	320	295	30	38.5	24	64	61°	77.2	17.1	94.3	H23-3-51
	125×100	180×30	159×28	3	M175×4	M155×4	320	310	44	51	30	无穷大	69°	77.2	30	107.2	H23-3-52
	125×125	180×30	180×30	3	M175×4	M175×4	320	320	46	55	37	无穷大	72°	77.2	33.6	110.8	H23-3-53
	150×40	219×35	68×13	3	M215	G2¼″	390	265	22	26	20	45	45°	124	4.63	128.63	H23-3-54
	150×50	219×35	83×15	3	M215	G2¾″	390	300	25	30	21	50	49°	124	7.5	131.50	H23-3-55
	150×65	219×35	102×17	3	M215	G3½″	390	305	27.5	33	22	44	53°	124	10.9	134.90	H23-3-56
	150×80	219×35	127×21	3	M215	M125×4	390	335	30	38.5	25	62	58°	124	19.4	143.40	H23-3-57
	150×100	219×35	159×28	3	M215	M155×4	390	350	44	51	33	108	63°	124	33.8	157.80	H23-3-58
	150×125	219×35	180×30	3	M215	M175×4	390	370	46	55	33	119	68°	124	44.5	168.50	H23-3-59
	150×150	219×35	219×35	3	M215	M215×6	390	390	55	64	37	无穷大	76°	124	62	186.00	H23-3-60
	200×40	273×40	68×13	3	M265×6	M65×2	430	320	23.9	17.2			49°	197	2.4	199.4	H23-3-61
	200×50	273×40	83×15	3	M265×6	M80×3	430	330	27.3	19.1			52°	197	3.6	200.6	H23-3-62
	200×65	273×40	102×17	3	M265×6	M100×3	430	340	31	21.1			54°	197	5.5	202.5	H23-3-63
	200×80	273×40	127×21	3	M265×6	M125×4	430	360	37.3	24.8			58°	197	10.1	207.1	H23-3-64
	200×100	273×40	159×28	3	M265×6	M155×4	430	370	48.1	31.7			62°	197	22.6	219.6	H23-3-65
	200×125	273×40	180×30	3	M265×6	M175×4	430	375	50.8	32.8			66°	197	28.4	225.4	H23-3-66
	200×150	273×40	219×35	3	M265×6	M215×6	430	400	59.1	36.9			73°	197	47.2	244.2	H23-3-67
	200×200	273×40	273×40	3	M265×6	M265×6	430	430	66.7	41.1			85°	197	62.3	259.3	H23-3-68

续表

公称压力	公称规格	主管规格	支管规格	间隙	主管螺纹	支管螺纹	安装尺寸		焊接坡口					质量/kg			代号
														主管	支管	总质量	
PN/MPa	$DN\times dN$	$D_H\times S_1$	$d_H\times S_2$	Δ			L	L_1	R_1	R_2	R_3	R_4	ρ	G_1	G_2	G	
22.0	15×6	24×4.5	14×4	1.5	G5/8″	G3/4″	90	75	8.5	10	7	20	49°29′	0.35	0.07	0.42	H23-2-1
	15×10	24×4.5	24×6	2	G5/8″	G5/8″	90	90	11.5	13	8.5	无穷大	65°	0.35	0.24	0.59	H23-2-2
	15×15	24×4.5	24×4.5	1.5	G5/8″	G5/8″	90	90	8.5	10	6	无穷大	76°48′	0.35	0.18	0.53	H23-2-3
	25×6	35×6	14×4	1.5	G1″	G1/4″	105	80	8.5	10	7.5	43	44°52′	1.33	0.08	1.41	H23-2-4
	25×10	35×6	24×6	2	G1″	G5/8″	105	95	11.5	13	9	50	55°7′	1.33	0.25	1.58	H23-2-5
	25×15	35×6	24×4.5	1.5	G1″	G5/8″	105	95	8.5	10	6.5	16.5	62°12′	1.33	0.15	1.52	H23-2-6
	25×25	35×6	35×6	2	G1″	G1″	105	105	11.5	13	8	无穷大	76°6′	1.33	0.45	1.78	H23-2-7
	32×10	43×7	24×6	2	G1¼″	G5/8″	120	100	11.5	13	9	29.5	51°12′	1.49	0.27	1.76	H23-2-8
	32×15	43×7	24×4.5	1.5	G1¼″	G5/8″	120	100	8.5	10	6.5	12.5	56°48′	1.49	0.20	1.69	H23-2-9
	32×25	43×7	35×6	2	G1¼″	G1″	120	110	11.5	13	9	19.5	67°19′	1.49	0.47	1.96	H23-2-10
	32×32	43×7	43×7	2	G1¼″	G1¼″	120	120	13	15	9	无穷大	77°25′	1.49	0.74	2.23	H23-2-11
	40×10	57×9	24×6	2	G1¾″	G5/8″	150	115	11.5	13	10	22	47°9′	3.20	0.31	3.51	H23-2-12
	40×15	57×9	24×4.5	1.5	G1¾″	G5/8″	150	115	8.5	10	7	11	51°18′	3.20	0.23	3.43	H23-2-13
	40×25	57×9	35×6	2	G1¾″	G1″	150	130	11.5	13	9.5	20	58°50′	3.20	0.57	3.77	H23-2-14
	40×32	57×9	43×7	2	G1¾″	G1¼″	150	140	13	15	10.5	24.5	65°36′	3.20	0.87	4.07	H23-2-15
	40×40	57×9	57×9	2	G1¾″	G1¾″	150	150	14	17	12	无穷大	78°15′	3.20	1.60	4.80	H23-2-16
	50×25	68×10	35×6	2	G2¼″	G1″	165	130	11.5	13	10	16.5	54°48′	4.32	0.56	4.88	H23-2-17
	50×32	68×10	43×7	2	G2¼″	G1¼″	165	140	13	15	10	16.5	60°17′	4.32	0.87	5.19	H23-2-18
	50×40	68×10	57×9	2	G2¼″	G1¾″	165	150	14	17	12.5	29.5	70°	4.32	1.60	5.92	H23-2-19
22.0	50×50	68×10	68×10	2	G2¼″	G2¼″	165	165	15.5	19	11	无穷大	82°24′	4.32	2.16	6.48	H23-2-20
	65×25	83×11	35×6	2	G2¾″	G1″	190	150	11.5	13	10	15	51°6′	6.23	0.64	6.87	H23-2-21
	65×32	83×11	43×7	2	G2¾″	G1¼″	190	150	13	15	10	13.5	55°28′	6.23	0.93	7.16	H23-2-22
	65×40	83×11	57×9	2	G2¾″	G1¾″	190	165	14	17	11	23	63°3′	6.23	1.76	7.99	H23-2-23
	65×50	83×11	68×10	2	G2¾″	G2¼″	190	180	15.5	19	12	19.5	72°6′	6.23	2.36	8.59	H23-2-24
	65×65	83×11	83×11	2	G2¾″	G2¾″	190	190	15.5	19	12	无穷大	86°36′	6.23	3.12	9.45	H23-2-25
	80×25	102×14	35×6	2	G3½″	G1″	215	160	11.5	13	11.5	18	48°2′	10.60	0.68	11.28	H23-2-26

续表

公称压力	公称规格	主管规格	支管规格	间隙	主管螺纹	支管螺纹	安装尺寸		焊接坡口					质量/kg			代号
														主管	支管	总质量	
PN/MPa	$DN\times dN$	$D_H\times S_1$	$d_H\times S_2$	Δ			L	L_1	R_1	R_2	R_3	R_4	ρ	G_1	G_2	G	
22.0	80×32	102×14	43×7	2	G3½″	G1¼″	215	160	13	15	11.5	16	51°33′	10.60	0.99	11.59	H23-2-27
	80×40	102×14	57×9	2	G3½″	G1¾″	215	175	14	17	19	25	57°30′	10.60	1.80	13.46	H23-2-28
	80×50	102×14	68×10	2	G3½″	G2¼″	215	190	15.5	19	13	17	64°24′	10.60	2.49	13.09	H23-2-29
	80×65	102×14	83×11	2	G3½″	G2¾″	215	210	15.5	19	12	18	74°38′	10.60	3.45	14.05	H23-2-30
	80×80	102×14	102×14	2.5	G3½″	G3½″	215	215	23	27	22	无穷大	86°42′	10.60	5.30	15.9	H23-2-31
	100×25	127×17	35×6	2	M125×4	G1″	260	170	11.5	13	10	11.5	45°26′	20.24	0.73	20.97	H23-2-32
	100×32	127×17	43×7	2	M125×4	G1¼″	260	170	13	15	12	16.5	48°42′	20.24	1.06	21.30	H23-2-33
	100×40	127×17	57×9	2	M125×4	G1¾″	260	195	14	17	14	18	52°54′	20.24	2.07	22.31	H23-2-34
	100×50	127×17	68×10	2	M125×4	G2¼″	260	210	15.5	19	13	18.5	38°12′	20.24	2.75	22.99	H23-2-35
	100×65	127×17	83×11	2	M125×4	G2¾″	260	230	15.5	19	13	16	65°48′	20.24	3.78	24.01	H23-2-36
22.0	100×80	127×17	102×14	2.5	M125×4	G3½″	260	235	23	27	17	22	74°6′	20.24	5.78	26.02	H23-2-37
	100×100	127×17	127×17	2.5	M125×4	M125×4	260	260	29	33.5	19	无穷大	86°18′	20.24	10.12	30.36	H23-2-38
	125×40	159×20	57×9	2	M155×4	G1¾″	290	210	15.5	19	14	19	49°12′	36.24	2.24	38.48	H23-2-39
	125×50	159×20	68×10	2	M155×4	G2¼″	290	230	15.5	19	15	18	53°21′	36.24	3.01	39.25	H23-2-40
	125×65	159×20	83×11	2	M155×4	G2¾″	290	250	15.5	19	14	17	59°6′	36.24	4.11	40.35	H23-2-41
	125×80	159×20	102×14	2.5	M155×4	G3½″	290	255	23	27	15	17	65°15′	36.24	6.28	42.52	H23-2-42
	125×100	159×20	127×17	2.5	M155×4	M125×4	290	270	29	33.5	21	28	73°30′	36.24	10.50	46.74	H23-2-43
	125×125	159×20	159×20	2.5	M155×4	M155×4	290	290	30	35.5	20.5	无穷大	85°42′	36.24	18.12	54.36	H23-2-44
	150×40	180×22	57×9	2.5	M175×4	G1¾″	320	240	15.5	19	16	20.5	47°31′	48.2	2.56	50.76	H23-2-45
	150×50	180×22	68×10	2.5	M175×4	G2¼″	320	240	15.5	19	15	20	51°9′	48.2	3.14	51.34	H23-2-46
	150×65	180×22	83×11	2.5	M175×4	G2¾″	320	260	15.5	19	14	20	56°12′	48.2	4.26	52.46	H23-2-47
	150×80	180×22	102×14	2.5	M175×4	G3½″	320	265	23	27	18	21	61°24′	48.2	6.52	54.72	H23-2-48
	150×100	180×22	127×17	2.5	M175×4	M125×4	320	295	29	33.5	21	20	68°24′	48.2	11.47	59.67	H23-2-49
	150×125	180×22	159×20	2.5	M175×4	M155×4	320	310	34	39	24	无穷大	78°11′	48.2	19.4	67.60	H23-2-50
	150×150	180×22	180×22	2.5	M175×4	M175×4	320	320	36	42	34	无穷大	87°12′	48.2	24.1	72.30	H23-2-51

七、圆弧弯头（H26-67）

技术要求及说明：

（1）材料按 H3-67 规定；

（2）管端加工按 H6-67、H7-67 执行；

（3）制造与验收技术要求按 H31-67 执行；

（4）标志及印记按 H8-67，代号按 H2-67 规定；

（5）展开长系按型号Ⅰ计算的。

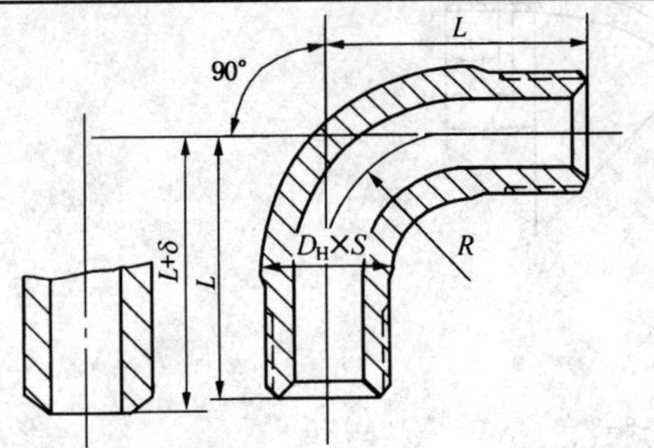

端部型号	Ⅰ	Ⅱ	Ⅲ
端部加工形式示意图			

图 2-8-7

公称压力 PN/MPa	公称直径 DN	管子规格 D_H×S	R	L	δ	展开长	质 量/kg	代 号
32.0	6	14×4	30	60	2.5	112	0.120	H26-3-1
	10	24×6	52	90	2	162	0.430	H26-3-2
	15	35×9	65	105	1.5	185	1.096	H26-3-3
	25	43×10	75	120	1.5	211	1.860	H26-3-4
	32	49×10	85	135	2	238	2.450	H26-3-5
	40	68×13	105	165	2	289	5.048	H26-3-6
	50	83×15	125	190	2.5	331	8.85	H26-3-7
	65	102×17	205	290	2.5	497	17.70	H26-3-8
	80	127×21	255	360	4	618	35.941	H26-3-9
	100	159×28	320	445	5.5	764	73.80	H26-3-10
	(125)	168×28	340	485	4	832	87	H26-3-11
	125	180×30	360	485	6	827	100	H26-3-12
	150	219×35	440	585	6	993	153	H26-3-13
	200	273×40	546	730	9	1244	285	H26-3-14
22.0	6	14×4	30	60	2.5	112	0.120	H26-2-1
	10	24×6	52	90	2	162	0.430	H26-2-2
	15	24×4.5	52	90	2	162	0.350	H26-2-3
	25	35×6	65	105	2	186	0.80	H26-2-4
	32	43×7	75	120	1.5	211	1.310	H26-2-5
	40	57×9	95	150	2	263	2.80	H26-2-6
	50	68×10	105	165	2.5	290	4.161	H26-2-7
	65	83×11	125	190	3.5	333	6.40	H26-2-8
	80	102×14	205	290	4	500	15.18	H26-2-9
	100	127×17	255	360	4.5	619	28.68	H26-2-10
	125	159×20	320	445	4.5	762	55.7	H26-2-11
	150	180×22	360	485	5.5	826	77	H26-2-12

八、大弯曲半径弯管（H27-67）

技术要求及说明：

(1) 材料按 H3-67 规定；

(2) 管端加工按 H6-67、H7-67 执行；

(3) 制造与验收技术要求按 H31-67 执行；

(4) R 为 $5D_H$，可根据施工现场情况增大或缩小 R 值。

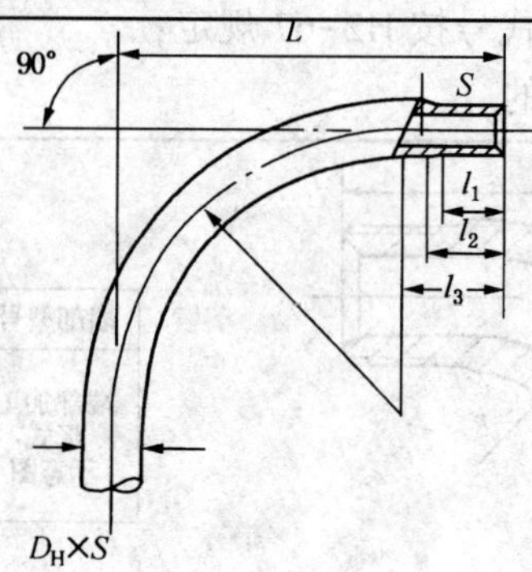

图 2-8-8

公称压力 PN/MPa	公称直径 DN	螺　纹 D	管子规格 $D_H \times S$	l_1	l_2	l_3（不小于）	L（不小于）	R
32.0	6	G1/4″	14×4	20	25	60	130	70
	10	G5/8″	24×6	28	33	70	190	120
	15	G1″	35×9	30	35	95	270	175
	25	G1¼″	43×10	32	40	100	315	215
	32	G2½″	49×10	35	43	105	350	245
	40	G2¼″	68×13	42	50	130	470	340
	50	G2¾″	83×15	50	60	155	570	415
	65	G3½″	102×17	60	70	175	685	510
	80	M125×4	127×21	75	85	215	850	635
	100	M155×4	159×28	90	100	275	1070	795
	(125)	M165×4	168×28	95	105	280	1120	840
	125	M175×4	180×30	95	105	290	1190	900
	150	M215	219×35	115	125	340	1435	1095
	200	M265×6	273×40	140	155	390	1755	1365
22.0	6	G1/4″	14×4	20	25	60	130	70
	10	G5/8″	24×6	28	33	70	190	120
	15	G5/8″	24×4.5	28	33	70	190	120
	25	G1″	35×6	30	35	95	270	175
	32	G1¼″	43×7	32	40	100	315	215
	40	G1¾″	57×9	38	46	105	390	285
	50	G2¼″	68×10	42	50	130	470	340
	65	G2¾″	83×11	50	60	155	570	415
	80	G3½″	102×14	60	70	175	685	510
	100	M125×4	127×17	75	85	215	850	635
	125	M155×4	159×20	90	100	275	1070	795
	150	M175×4	180×22	95	105	290	1190	900

九、U形弯头(H28-67)

技术要求及说明：

(1) 材料按 H3-67 规定；

(2) 管端加工按 H6-67、H7-67 执行；

(3) 制造与验收技术要求按 H31-67 执行；

(4) 标志、印记按 H8-67、代号按 H2-67、规定；

(5) L_3 展开长度系按型号 I 计算的。

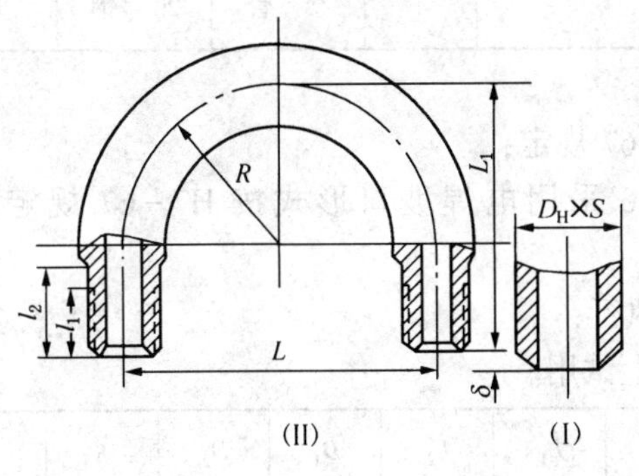

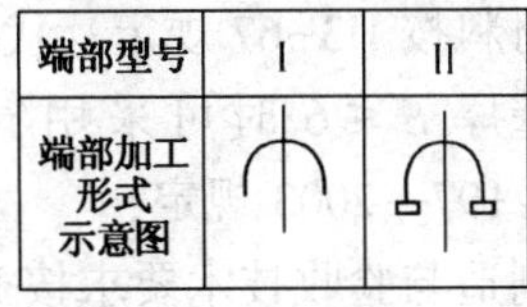

图 2-8-9

公称压力 PN/MPa	公称直径 DN	管子规格 $D_H \times S$	l_1	l_2	R	L	L_1	δ	展开长 L_8	质量/kg	代号
32.0	6	14×4	20	25	45	90	85	2.5	226	0.223	H28-3-1
	10	24×6	28	33	62.5	125	115	2	305	0.821	H28-3-2
	15	35×9	30	35	70	140	130	1.5	343	1.978	H28-3-3
	25	43×10	32	40	80	160	145	1.5	384	3.085	H28-3-4
	32	49×10	35	43	90	180	165	2	437	4.480	H28-3-5
	40	68×13	42	50	110	220	200	2	529	9.250	H28-3-6
	50	83×15	50	60	125	250	233	2.5	614	15.40	H28-3-7
	65	102×17	60	70	205	410	290	2.5	819	29.20	H28-3-8
	80	127×21	75	85	255	510	360	4	1019	58.80	H28-3-9
	100	159×28	90	100	320	640	445	5.5	1266	122.20	H28-3-10
	125	180×30	95	105	360	720	485	6	1393	168.00	H28-3-11
	150	219×35	115	125	440	880	585	6	1684	266.00	H28-3-12
	200	273×40	140	155	546	1092	730	9	2111	483.00	H28-3-13
22.0	6	14×4	20	25	45	90	85	2.5	226	0.223	H28-2-1
	10	24×6	28	33	62.5	125	115	2	305	0.821	H28-2-2
	15	24×4.5	28	33	62.5	125	115	2	305	0.742	H28-2-3
	25	35×6	30	35	70	140	130	2	344	1.650	H28-2-4
	32	43×7	32	40	80	160	145	1.5	384	3.04	H28-2-5
	40	57×9	38	46	105	210	185	2	493	5.68	H28-2-6
	50	68×10	42	50	110	220	200	2.5	530	8.78	H28-2-7
	65	83×11	50	60	125	250	233	3.5	616	16.00	H28-2-8
	80	102×14	60	70	205	410	290	4	822	31.38	H28-2-9
	100	127×17	75	85	255	510	360	4.5	1020	58.50	H28-2-10
	125	159×20	90	100	320	640	445	4.5	1264	100.00	H28-2-11
	150	180×22	95	105	360	720	485	5.5	1392	153.90	H28-2-12

十、活接头(H29-67)

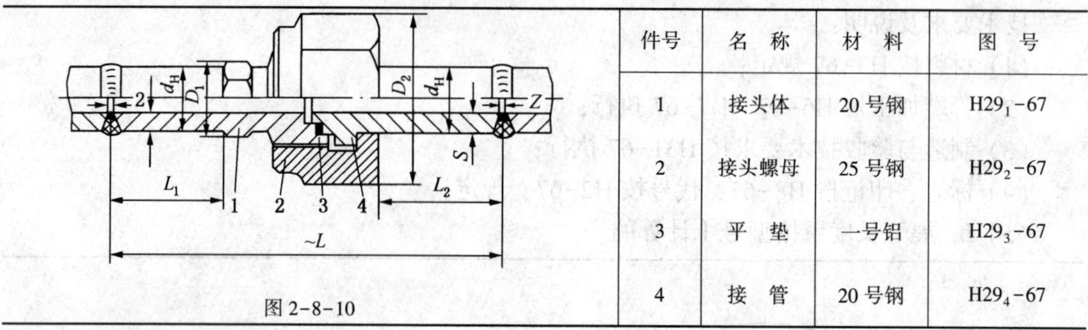

件号	名 称	材 料	图 号
1	接头体	20 号钢	$H29_1$-67
2	接头螺母	25 号钢	$H29_2$-67
3	平 垫	一号铝	$H29_3$-67
4	接 管	20 号钢	$H29_4$-67

图 2-8-10

技术要求及说明：

（1）材料按 H3-67 规定；代号按 H2-67 规定；

（2）壁厚 $S\leqslant 6$ 时可采用气焊；$S>6$ 采用电焊坡口形式按 H7-67 规定；螺纹按 GB/T 192～197—2003 规定；

（3）制造与验收技术要求按 H31-67 执行；

（4）本形式仅在Ⅰ级温度及碳钢管道上试用。

公称压力 PN/MPa	公称直径 DN	钢管规格	d_H	L	L_1	L_2	D_1	D_2	S	代 号
32.0	6	14×4	14	86	24	26	16.2	41.6	4	H29-3-1
	10	24×6	24	100	22	24	27.7	53.1	6	H29-3-2
	15	35×9	35	130	24	29	41.6	75	9	H29-3-3
22.0	6	14×4	14	86	24	26	16.2	41.6	4	H29-2-1
	10	24×6	24	100	22	24	27.7	53.1	6	H29-2-2
	15	24×4.5	24	125	24	29	27.7	63.5	4.5	H29-2-3
	25	35×6	35	130	24	29	41.6	75	6	H29-2-4

1. 接头体

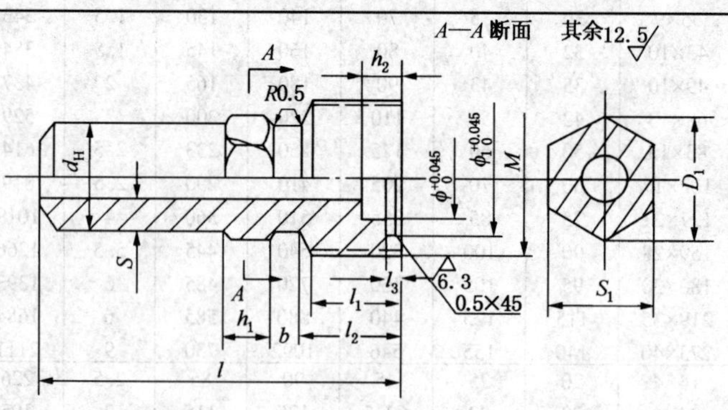

图 2-8-11

公称压力 PN/MPa	公称直径 DN	$d_H\times S$	ϕ	h_1	l_1	b	l_2	l	M	h_2	D_1	S_1	ϕ_1	l_3	代 号
32.0	6	14×4	10	6	14	3	15	48	M24×1.5	8	16.2	14	16	4	$H29_1$-3-1
	10	24×6	18	13	20	4	21	60	M36×3	8	27.7	24	24	4	$H29_1$-3-2
	15	35×9	24	19	30	6	31	80	M48×3	8	41.6	36	32	4	$H29_1$-3-3
22.0	6	14×4	10	6	14	3	15	48	M24×1.5	8	16.2	14	16	4	$H29_1$-2-1
	10	24×6	18	13	20	4	21	60	M36×3	8	27.7	24	24	4	$H29_1$-2-2
	15	24×4.5	22	13	30	6	31	74	M39×3	8	27.7	24	30	4	$H29_1$-2-3
	25	35×6	30	19	30	6	31	80	M48×3	8	41.6	36	38	4	$H29_1$-2-4

2. 接头螺母

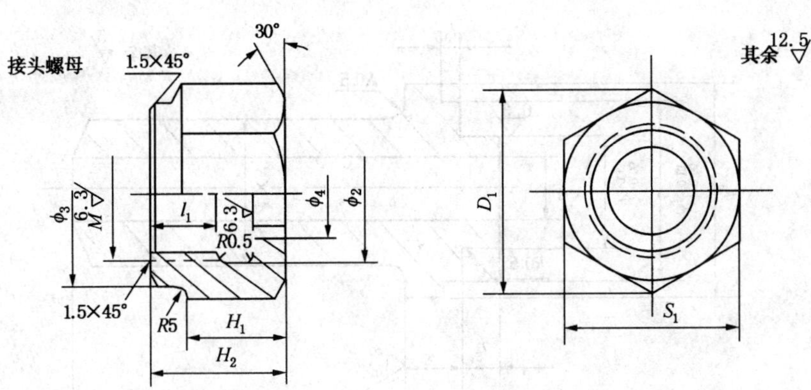

图 2-8-12

公称压力 PN/MPa	公称直径 DN	M	H_1	H_2	l_1	l_4	ϕ_4	ϕ_2	ϕ_3	D_1	S_1	代号
32.0	6	M24×1.5	19	24	12	5	15	24.3	36	41.6	36	$H29_2$-3-1
	10	M36×3	26	32	16	7	25	36.4	46	53.1	46	$H29_2$-3-2
	15	M48×3	38	46	24	10	36	48.6	65	75	65	$H29_2$-3-3
22.0	6	M24×1.5	19	24	12	5	15	24.3	36	41.6	36	$H29_2$-2-1
	10	M36×3	26	32	16	7	25	36.4	46	53.1	46	$H29_2$-2-2
	15	M39×3	30	46	24	10	25	39.6	55	63.5	55	$H29_2$-2-3
	25	M48×3	38	46	24	10	36	48.6	65	75	65	$H29_2$-2-4

3. 接管

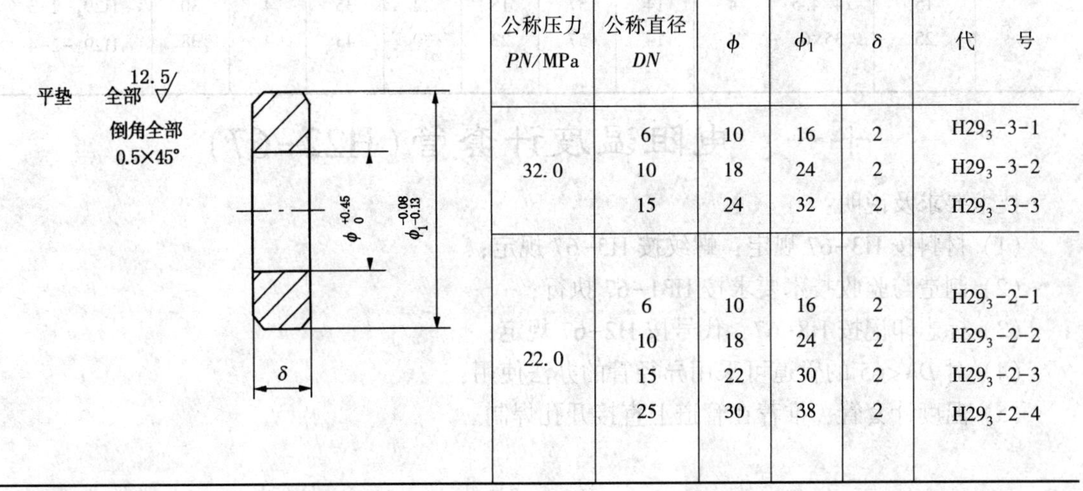

公称压力 PN/MPa	公称直径 DN	ϕ	ϕ_1	δ	代号
32.0	6	10	16	2	$H29_3$-3-1
	10	18	24	2	$H29_3$-3-2
	15	24	32	2	$H29_3$-3-3
22.0	6	10	16	2	$H29_3$-2-1
	10	18	24	2	$H29_3$-2-2
	15	22	30	2	$H29_3$-2-3
	25	30	38	2	$H29_3$-2-4

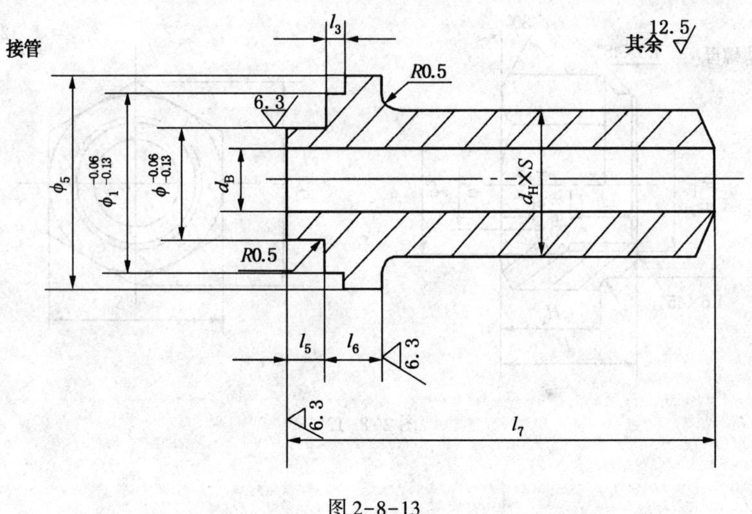

图 2-8-13

公称压力 PN/MPa	公称直径 DN	$d_H \times S$	l_5	l_6	l_7	d_B	ϕ	ϕ_5	l_3	ϕ_1	代 号
32.0	6	14×4	4	9	44	6	10	20	4	16	$H29_4$-3-1
	10	24×6	4	11	46	12	18	31	4	24	$H29_4$-3-2
	15	35×9	4	14	57	17	24	43	4	32	$H29_4$-3-3
22.0	6	14×4	4	9	44	6	10	20	4	16	$H29_4$-2-1
	10	24×6	4	11	46	12	18	31	4	24	$H24_4$-2-2
	15	24×4.5	4	14	57	15	22	35	4	30	$H29_4$-2-3
	25	35×6	4	14	57	23	30	43	4	38	$H29_4$-2-4

十一、电阻温度计套管(H22-67)

技术要求及说明：

(1) 材料按 H3-67 规定；螺纹按 H5-67 规定；

(2) 制造与验收技术要求按 H31-67 执行；

(3) 标志印记按 H8-67，代号按 H2-67 规定；

(4) 对 DN<65 的管道可采用异径管的办法使用；

(5) 温度计套管，推荐在管道上直接开孔焊制。

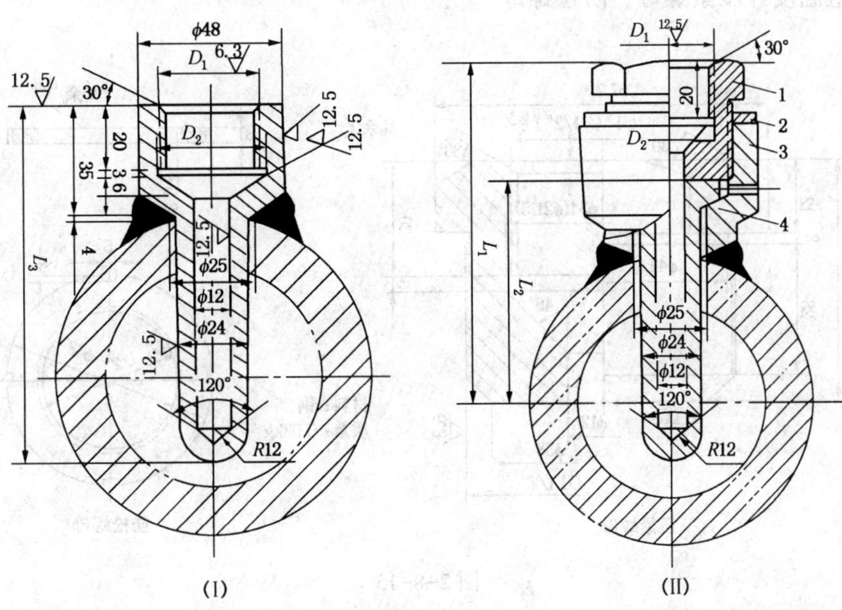

图 2-8-14

序　　号	名　　称	材　　料	图　　号
1	压紧螺母	25	$H22_1$-67
2	防松螺母	25	$H22_2$-67
3	套管座	20	$H22_3$-67
4	套　管	20	$H22_4$-67

公称直径 DN		套管螺纹	退刀槽直径	活接型安装后总长	活接型套管安装长	固定套管长　度	套管质量/kg		代　　号
*PN*32.0	*PN*22.0	D_1	D_2	L_1	L_2	L_3	Ⅰ型	Ⅱ型	
—	65	G1/2″	21.5	115	70	100	0.44	1.75	H22-0-1
		G1″	34						H22-0-2
65	80	G1/2″	21.5	125	80	115	0.48	1.77	H22-0-3
		G1″	34						H22-0-4
80	100	G1/2″	21.5	135	90	130	0.52	1.83	H22-0-5
		G1″	34						H22-0-6
100	125	G1/2″	21.5	150	105	150	0.57	1.88	H22-0-7
		G1″	34						H22-0-8
125	150	G1/2″	21.5	160	115	170	0.62	1.94	H22-0-9
		G1″	34						H22-0-10
150	200	G1/2″	21.5	180	135	170	0.62	1.94	H22-0-11
		G1″	34						H22-0-12
200	250	G1/2″	21.5	210	165	208	0.72	2.04	H22-0-13
		G1″	34						H22-0-14

1. 电阻温度计压紧螺母、防松螺母

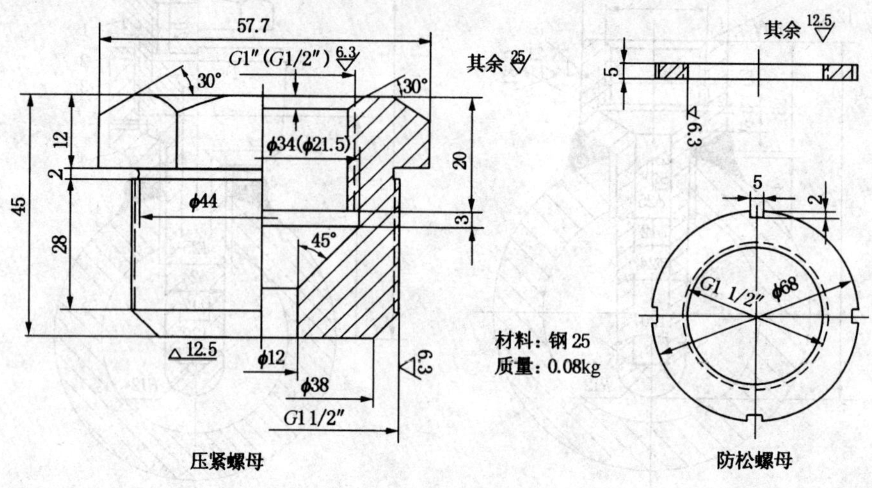

图 2-8-15

2. 套管座

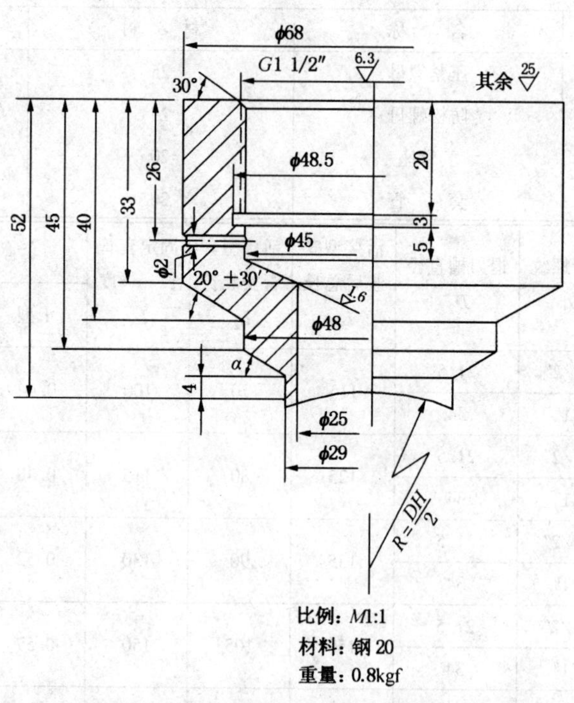

图 2-8-16

注：1. D_H 为与之连接的管子的外径。

2. d 为变值，其值以保证与主管组对后成 55°±2° 的焊缝为宜。

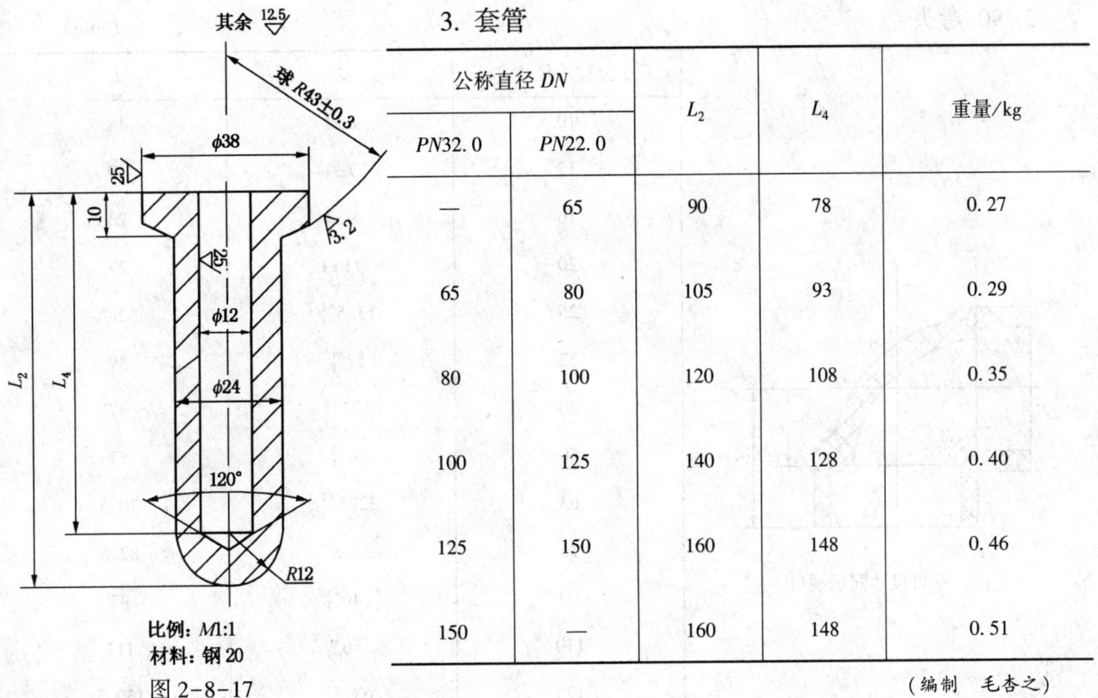

图 2-8-17

3. 套管

公称直径 DN		L_2	L_4	重量/kg
PN32.0	PN22.0			
—	65	90	78	0.27
65	80	105	93	0.29
80	100	120	108	0.35
100	125	140	128	0.40
125	150	160	148	0.46
150	—	160	148	0.51

（编制　毛杏之）

第九节　非金属材料管件

一、硬聚氯乙烯管件

（一）硬聚氯乙烯管件（GB 4220—84）

GB 4220—84 的管件标准专与化工用硬聚氯乙烯管材配套使用。主要用于输送某些 0～40℃的酸碱等腐蚀性液体。外径φ10～90mm 工作压力 1.6MPa

φ110～140mm 工作压力 1.0MPa

φ160mm 工作压力 0.6MPa

1. 承插口（阴接头）　　(mm)

公称外径 φ	d_1 基本尺寸	d_1 公差	d_2 基本尺寸	d_2 公差	L 基本尺寸	L 公差	d 基本尺寸	D 最小尺寸	t 最小尺寸	$r=\frac{t}{2}$
10	10.3	±0.10	10.1	±0.10	12	±0.5	6.1	14.1	2	1
12	12.3	±0.12	12.1	±0.12	12	±0.5	8.1	16.1	2	1
16	16.3	±0.12	16.1	±0.12	14	±0.5	12.1	20.1	2	1
20	20.4	±0.14	20.2	±0.14	16	±0.8	15.6	24.8	2.3	1.16
25	25.5	±0.16	25.2	±0.16	19	±0.8	19.6	30.8	2.8	1.4
32	32.5	±0.18	32.2	±0.18	22	±0.8	25	39.4	3.6	1.8
40	40.7	±0.20	40.2	±0.20	26	±1	31.2	49.2	4.5	2.26
50	50.7	±0.22	50.2	±0.22	31	±1	39	61.4	5.6	2.8
63	63.9	±0.24	63.3	±0.24	38	±1	49.1	77.5	7.1	3.56
75	76	±0.26	75.3	±0.26	44	±1	58.5	92	8.4	4.2
90	91.2	±0.30	90.4	±0.30	51	±2	70	110.6	10.1	5.06
110	111.3	±0.34	110.4	±0.34	61	±2	94.2	127	8.1	4.06
125	126.5	±0.38	125.5	±0.38	69	±2	107.1	143.9	9.2	4.6
140	141.6	±0.42	140.5	±0.42	77	±2	119.3	162	10.6	5.3
160	161.8	±0.46	160.6	±0.46	86	±2.5	145.2	176	7.7	3.86

注：配合时最小承插深度为 1/2dN。

2. 90°弯头

(mm)

注：承口尺寸同承插口

公称外径 ϕ	Z	L
10	6±1	18
12	7±1	19
16	9±1	23
20	11±1	27
25	$13.5^{+1.2}_{-1}$	32.5
32	$17^{+1.6}_{-1}$	39
40	21^{+2}_{-1}	47
50	$26^{+2.5}_{-1}$	57
63	$32.5^{+3.2}_{-1}$	70.5
75	38.5^{+4}_{-1}	82.5
90	46^{+5}_{-1}	97
110	56^{+6}_{-1}	117
125	63.5^{+6}_{-1}	132.5
140	71^{+7}_{-1}	148
160	81^{+8}_{-1}	167

3. 45°弯头

(mm)

注：承口尺寸同承插口

公称外径 ϕ	Z	L
10	3±1	15
12	3.5±3.5	15.5
16	4.5±4.5	18.5
20	5±1	21
25	$6^{+1.2}_{-1}$	25
32	$7.5^{+1.6}_{-1}$	29.5
40	9.5^{+2}_{-1}	35.5
50	$11.5^{+2.5}_{-1}$	42.5
63	$14^{+3.2}_{-1}$	52
75	16.5^{+4}_{-1}	60.5
90	19.5^{+5}_{-1}	70.5
110	23.5^{+6}_{-1}	84.5
125	27^{+6}_{-1}	96
140	30^{+7}_{-1}	107
160	34^{+8}_{-1}	120

4. 三通

（mm）

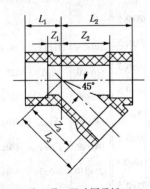

注：承口尺寸同承插口

公称外径 ϕ	Z_1	Z_2	Z_3	L_1	L_2	L_3
10	6±1	6±1	6±1	18	18	18
12	7±1	7±1	7±1	19	19	19
16	9±1	9±1	9±1	23	23	23
20	11±1	11±1	11±1	27	27	27
25	$13.5^{+1.2}_{-1}$	$13.5^{+1.2}_{-1}$	$13.5^{+1.2}_{-1}$	32.5	32.5	32.5
30	$17^{+1.6}_{-1}$	$17^{+1.6}_{-1}$	$17^{+1.6}_{-1}$	39	39	39
40	21^{+2}_{-1}	21^{+2}_{-1}	21^{+2}_{-1}	47	47	47
50	$26^{+2.5}_{-1}$	$26^{+2.5}_{-1}$	$26^{+2.5}_{-1}$	57	57	57
63	$32.5^{+3.2}_{-1}$	$32.5^{+3.2}_{-1}$	$32.5^{+3.2}_{-1}$	70.5	70.5	70.5
75	38.5^{+4}_{-1}	38.5^{+4}_{-1}	38.5^{+4}_{-1}	82.5	82.5	82.5
90	46^{+5}_{-1}	46^{+5}_{-1}	46^{+5}_{-1}	97	97	97
110	56^{+6}_{-1}	56^{+6}_{-1}	56^{+6}_{-1}	117	117	117
125	63.5^{+6}_{-1}	63.5^{+6}_{-1}	63.5^{+6}_{-1}	132.5	132.5	132.5
140	71^{+7}_{-1}	71^{+7}_{-1}	71^{+7}_{-1}	148	148	148
160	81^{+8}_{-1}	81^{+8}_{-1}	81^{+8}_{-1}	167	167	167

5. 斜三通

（mm）

注：承口尺寸同承插口

公称外径 ϕ	Z_1	Z_2	Z_3	L_1	L_2	L_3
20	6^{+2}_{-1}	27±3	29±3	22	43	51
25	7^{+2}_{-1}	33±3	35±3	26	52	54
32	8^{+2}_{-1}	42^{+4}_{-3}	45^{+5}_{-3}	30	64	67
40	10^{+2}_{-1}	51^{+5}_{-3}	54^{+5}_{-3}	36	77	80
50	12^{+2}_{-1}	63^{+6}_{-3}	67^{+6}_{-3}	43	94	98
63	14^{+2}_{-1}	79^{+7}_{-3}	84^{+8}_{-3}	52	117	122
75	17^{+2}_{-1}	94^{+9}_{-3}	100^{+10}_{-3}	61	138	144
90	20^{+3}_{-1}	112^{+11}_{-3}	119^{+12}_{-3}	71	163	170
110	24^{+3}_{-1}	137^{+13}_{-4}	145^{+14}_{-4}	85	198	206
125	27^{+3}_{-1}	157^{+15}_{-4}	166^{+16}_{-4}	96	226	236
140	30^{-4}_{-1}	175^{+17}_{-5}	185^{+18}_{-5}	107	252	262
160	35^{+4}_{-1}	200^{+20}_{-6}	212^{+21}_{-6}	121	286	298

6. 管箍(管套)

(mm)

注：承口尺寸同承插口

公称外径 ϕ	Z	L
10	3±1	27
12	3±1	27
16	3±1	31
20	3±1	35
25	$3_{-1}^{+1.2}$	41
32	$3_{-1}^{+1.6}$	47
40	3_{-1}^{+2}	55
50	3_{-1}^{+2}	65
63	3_{-1}^{+2}	79
75	4_{-1}^{+2}	92
90	5_{-1}^{+2}	107
110	6_{-1}^{+3}	128
125	6_{-1}^{+3}	144
140	8_{-1}^{+3}	152
160	8_{-1}^{+4}	180

7. 异径管箍(异径套)

(mm)

注：承口尺寸同承插口

公称尺寸	Z	D_1	公称尺寸	Z	D_1	公称尺寸	Z	D_1
12×10	15±1	16±0.2	40×25	36±1.5	50±0.4	110×63	88±2	125±1.0
16×10	18±1	20±0.3	50×25	44±1.5	63±0.5	125×63	100±2	140±1.0
20×10	21±1	25±0.3	63×25	54±1.5	75±0.5	90×75	74±2	110±0.8
25×10	25±1	32±0.3	40×32	36±1.5	50±0.4	110×75	88±2	125±1.0
16×12	18±1	20±0.3	50×32	44±1.5	63±0.5	125×75	100±2	140±1.0
20×12	21±1	25±0.3	63×32	54±1.5	75±0.5	140×75	111±2	160±1.2
25×12	25±1	32±0.3	75×32	62±1.5	90±0.7	110×90	88±2	125±1.0
32×12	30±1	40±0.4	50×40	44±1.5	63±0.5	125×90	100±2	140±1.0
20×16	21±1	25±0.3	63×40	54±1.5	75±0.5	140×90	111±2	160±1.2
25×16	25±1	32±0.3	75×40	62±1.5	90±0.7	160×90	126±2	180±1.4
32×16	30±1	40±0.4	90×40	74±2	110±0.8	125×110	100±2	140±1.0
40×16	30±1.5	50±0.4	63×50	54±1.5	75±0.5	140×110	111±2	160±1.2
25×20	25±1	32±0.3	75×50	62±1.5	90±0.7	160×110	126±2	180±1.4
32×20	30±1	40±0.4	90×50	74±2	110±0.8	140×125	111±2	160±1.2
40×20	36±1.5	50±0.4	110×50	88±2	125±1.0	160×125	126±2	180±1.4
50×20	41±1.5	63±0.5	75×63	62±1.5	90±0.7	160×140	126±2	180±1.4
32×25	30±1	40±0.4	90×63	74±2	110±0.8			

8. 法兰变接头

(mm)

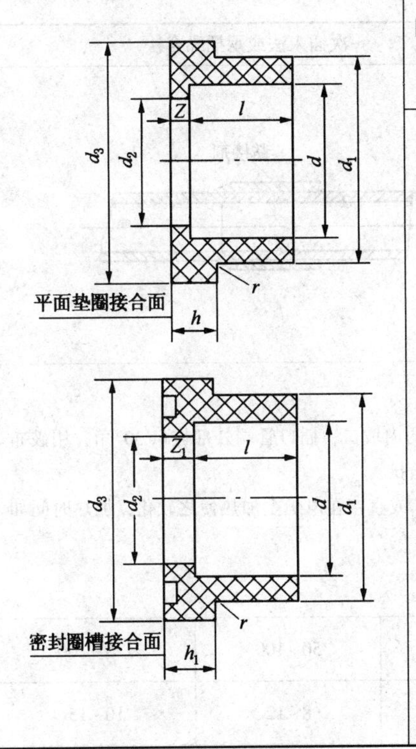

阴接头内径 d	法 兰 变 接 头								
	d_1	d_2	d_3	l	r_{max}	平型接合面		带槽接合面	
						h	Z	h_1	Z_1
16	22±0.1	13	29	14	1	6	3	9	6
20	27±0.16	16	34	16	1	6	3	9	6
25	33±0.16	21	41	19	1.5	7	3	10	6
32	41±0.2	28	50	22	1.5	7	3	10	6
40	50±0.2	36	61	26	2	8	3	13	8
50	61±0.2	45	73	31	2	8	3	13	8
63	76±0.3	57	90	38	2.5	9	3	14	8
75	90±0.3	69	106	44	2.5	10	3	15	8
90	108±0.3	82	125	51	3	11	5	16	10
110	131±0.3	102	150	61	3	12	5	18	11
125	148±0.4	117	170	69	3	13	5	19	11
140	165±0.4	132	188	77	4	14	5	20	11
160	188±0.4	152	213	86	4	16	5	22	11

注：① 套管口内径 d 的大小及公差按承插口(阴接头) d_1 基本尺寸公差确定。

② 按阴接头承插深度及公差确定。

③ 密封圈槽处均按 O 形橡胶密封圈的公称尺寸配合加工。

9. 法兰

(mm)

公称外径 ϕ	d_4	D	d_5	r_{1min}	d_n	螺栓数 n	螺栓螺纹	厚 S
16	$23_{-0.15}$	90	60	1	14	4	M12	根据材料而定
20	$28_{-0.5}$	95	65	1	14	4	M12	
25	$34_{-0.5}$	105	75	1.5	14	4	M12	
32	$42_{-0.5}$	115	85	1.5	14	4	M12	
40	$51_{-0.5}$	140	100	2	18	4	M16	
50	$62_{-0.5}$	150	110	2	18	4	M16	
63	78_{-1}	165	125	2.5	18	4	M16	
75	92_{-1}	185	145	2.5	18	4	M16	
90	110_{-1}	200	160	3	18	8	M16	
110	133_{-1}	220	180	3	18	8	M16	
125	150_{-1}	250	210	3	18	8	M16	
140	167_{-1}	250	210	4	18	8	M16	
160	190_{-1}	285	240	4	22	8	M20	

（二）硬聚氯乙烯管道连接件

1. 硬聚氯乙烯管承插连接

<table>
<tr><td></td><td colspan="3">一次插入焊接法或黏合焊接法</td><td colspan="2">一次插入法或承插黏合法</td></tr>
<tr><td>简　图</td><td colspan="3"> 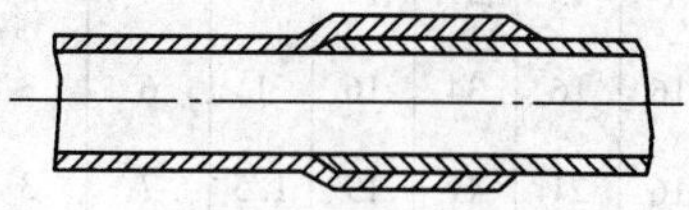</td><td colspan="2"> 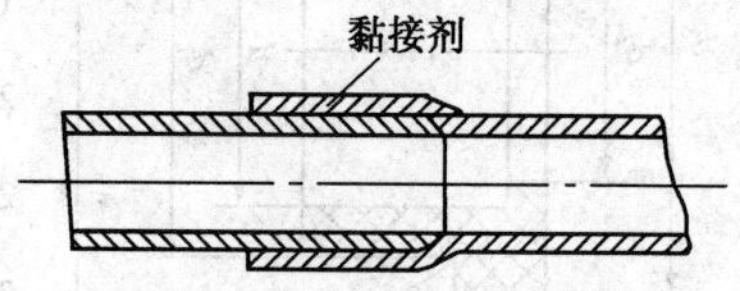黏接剂</td></tr>
<tr><td>承插口加工</td><td colspan="5">承口管端里口用木锉、刮刀等工具加工成 30°～35°角的内坡口，插口管端外部坡口 30°角，用破布揩清管端，如有油脂则应用丙酮、二氯乙烷、苯等溶剂揩拭
承口端插入加热至 135℃±5℃的液体石蜡或甘油浴中，或直接在电炉上加热使之软化，加热时间如下表，加热长度为管径的 1.2～1.5 倍</td></tr>
<tr><td rowspan="2">管端加热时间</td><td>管径/mm</td><td>20</td><td>25～40</td><td>50～100</td><td>125～200</td></tr>
<tr><td>加热时间/min</td><td>3～4</td><td>4～8</td><td>8～12</td><td>10～15</td></tr>
<tr><td>连接方法及注意事项</td><td colspan="5">承口加热好之后，把甘油擦干净，将插管直接插入承口中，即为一次插入法连接。为增加强度在承管外面交界处进行焊接，就是一次插入焊接法连接，这种方法应用最广
承口加热好之后，用事先准备好的钢模或木模插入，并用水冷却，制成承口，再将承口内壁、插管端外壁用砂皮打毛，涂上黏合剂，迅速插入，即为承插黏合法连接。在其接合处进行焊接，就是黏合焊接法连接
管口粘接时，其间隙一般不得大于 0.15～0.3mm，若过大时，可用均匀涂刷几遍黏合剂来调整，待符合要求后再黏合
承口不得有微裂缝，不得歪斜及厚度不匀等现象。管道承插接头必须插足</td></tr>
</table>

2. 硬聚氯乙烯管焊环活套法兰连接

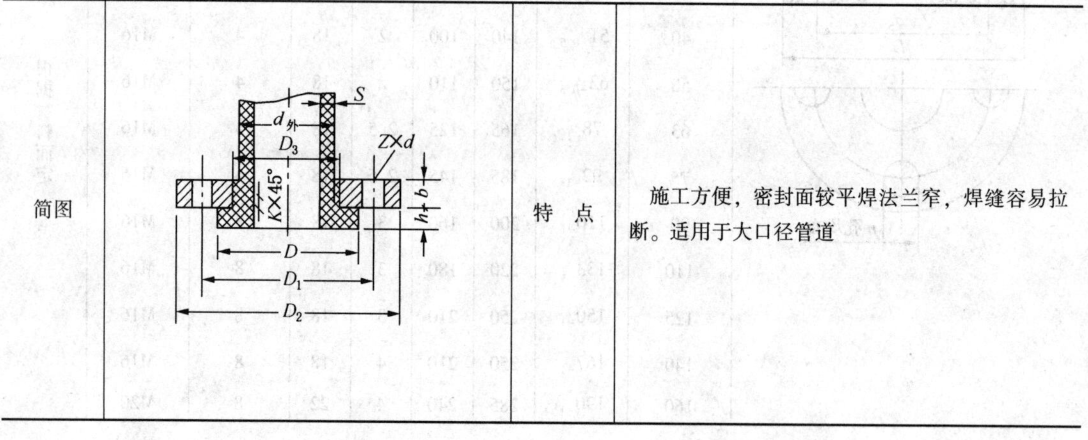

简图		特　点	施工方便，密封面较平焊法兰窄，焊缝容易拉断。适用于大口径管道

续表

	公称直径	管子		焊环		法兰							螺栓
		$d_外$	S	D	h	D_1	D_2	D_3	b	Z	d	K	
结构尺寸/mm	100	114	7	150	14	170	205	117	14	4	18	6	M16
	125	140	8	180	14	200	235	143	14	8	18	6	M16
	150	166	8	205	16	225	260	169	16	8	18	6	M16
	200	218	10	260	18	280	315	221	18	8	18	8	M16
注意事项	1. 活套法一般为钢法兰或玻璃钢压制成型法兰，用螺栓连接时应用力均匀 2. 焊环与管子焊接后应铲平磨光 3. 活套法兰应倒角，法兰与焊环接合面要大，不允许把力量集中到焊缝上												

3. 硬聚氯乙烯管扩口活套法兰连接

简图	特点
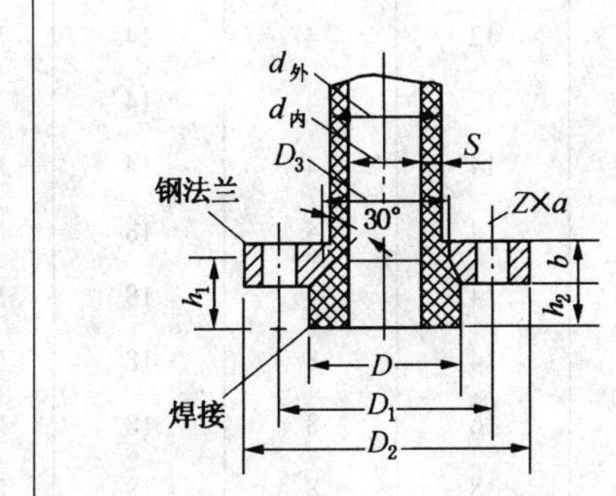	能承受一定压力，使用安全可靠，拆卸方便

	公称直径	管子扩口尺寸						法兰尺寸						螺栓
		$d_外$	$d_内$	S	D	h_1	h_2	D_1	D_2	D_3	b	Z	d	
结构尺寸/mm	25	32	24	4	40	20	~14	75	100	34	12	4	12	M10
	32	40	30	5	50	20	~12	90	120	42	12	4	14	M12
	40	51	39	6	63	22	~13	100	130	53	12	4	14	M12
	50	65	51	7	79	23	~12	110	140	67	12	4	14	M12
	65	76	60	8	92	25	~13	130	160	78	14	4	14	M12
	80	90	78	6	102	27	~18	150	185	92	14	4	18	M16
	100	114	100	7	128	28	~17	170	205	117	14	4	18	M16
	125	140	124	8	156	30	~18	200	235	143	14	8	18	M16
	150	166	150	8	182	35	~23	225	260	169	16	8	18	M16
	200	218	198	10	238	40	~25	280	315	221	18	8	18	M16
注意事项	1. 扩口加工方法与承插连接一次插入法加工方法一样。短管插入后中间应进行焊接，然后铲平磨光 2. 接合面一定要平整，否则会影响连接的严密性													

4. 硬聚氯乙烯管平焊法兰连接

简图	特点
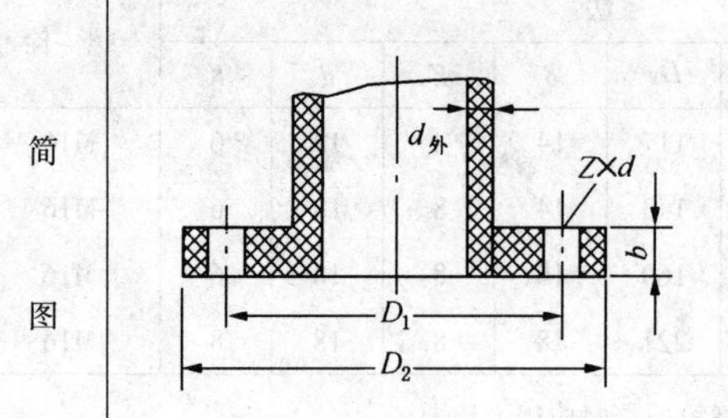	适用于介质工作压力不高或常压的管道连接。这种连接方法结构简单，拆卸方便

	公称直径	管子		法兰					螺栓
		$d_外$	S	D_1	D_2	b	Z	d	
结构尺寸/mm	25	32	4	75	100	12	4	12	M10
	32	40	5	90	120	12	4	14	M12
	40	51	6	100	130	12	4	14	M12
	50	65	7	110	140	12	4	14	M12
	65	76	8	130	160	14	4	14	M12
	80	90	6	150	185	14	4	18	M16
	100	114	7	170	205	14	4	18	M16
	125	140	8	200	235	14	8	18	M16
	150	166	8	225	260	16	8	18	M16
	200	218	10	280	315	18	8	18	M16

注意事项：

1. 法兰垫片必须布满整个法兰面，否则螺栓拧紧后容易损坏法兰
2. 法兰与管子之间的焊接必须保持一定的强度

5. 硬聚氯乙烯管翻边活套法兰连接

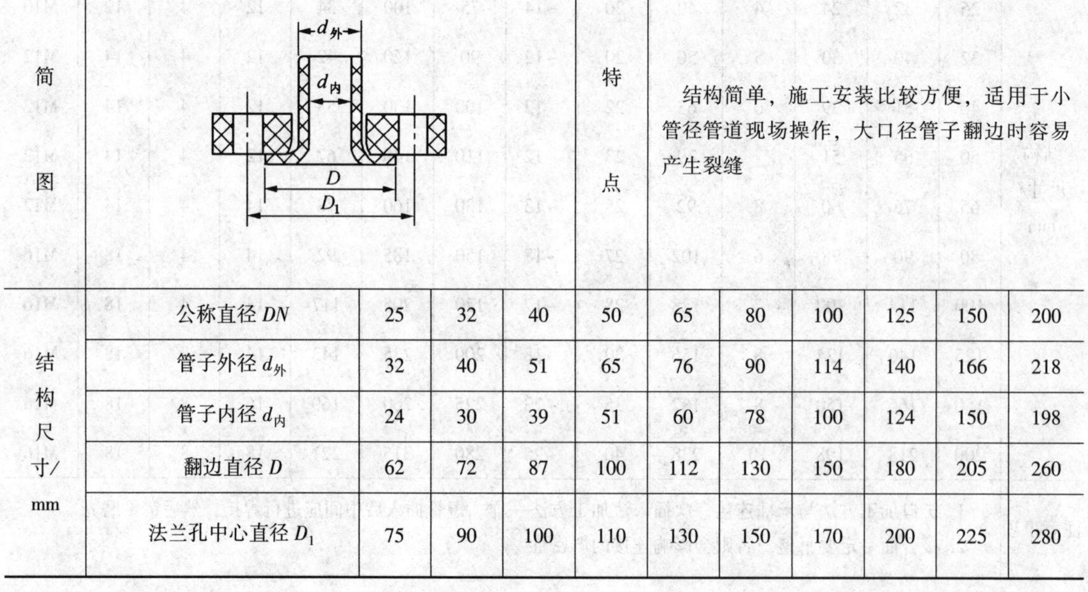

简图	特点
（见上图）	结构简单，施工安装比较方便，适用于小管径管道现场操作，大口径管子翻边时容易产生裂缝

结构尺寸/mm										
公称直径 DN	25	32	40	50	65	80	100	125	150	200
管子外径 $d_外$	32	40	51	65	76	90	114	140	166	218
管子内径 $d_内$	24	30	39	51	60	78	100	124	150	198
翻边直径 D	62	72	87	100	112	130	150	180	205	260
法兰孔中心直径 D_1	75	90	100	110	130	150	170	200	225	280

6. 硬聚氯乙烯管螺纹连接

简图

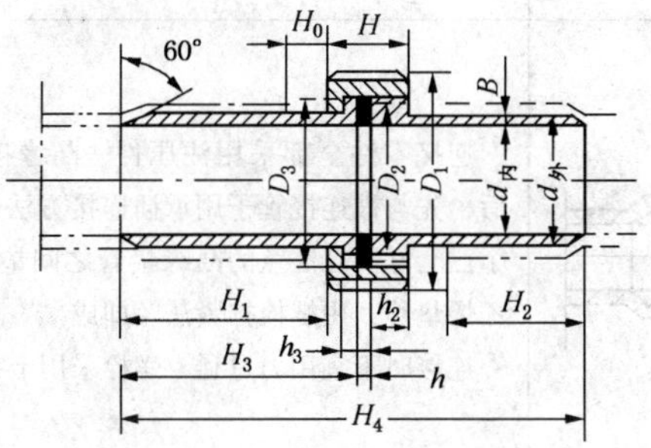

特点

这种连接方式由管接螺母、带螺纹接管、带凸缘接管组合而成。管道连接时，螺纹管件用承插连接方式与直管连接

这种连接方式最大优点是可以拆卸，安装时垫片要垫平，螺母不得拧得过紧或过松，否则会拧坏管接螺母或产生渗漏现象

结构尺寸/mm

公称直径	$d_{外}$	S	$d_{内}$	D_1	h	H_0	H_1	H_2	H_3	H_4	H	D_2	h_2	D_3	h_3
25	32	4	24	61	2	20	65	45	75	142	32	44	20	39	5
32	40	5	30	73	2	18	73	55	85	162	34	55	20	50	6
40	51	6	39	90	2	21	91	70	105	202	38	70	22	65	7
50	65	7	51	106	3	19	104	85	120	233	41	85	22	80	8
65	76	8	60	126	3	20	115	95	135	258	47	100	24	95	10
80	90	6	78	141	3	27	132	105	150	288	50	115	29	108	9
100	114	7	100	166	3	30	150	120	170	328	55	140	32	133	10

7. 硬聚氯乙烯管对焊带套管式连接

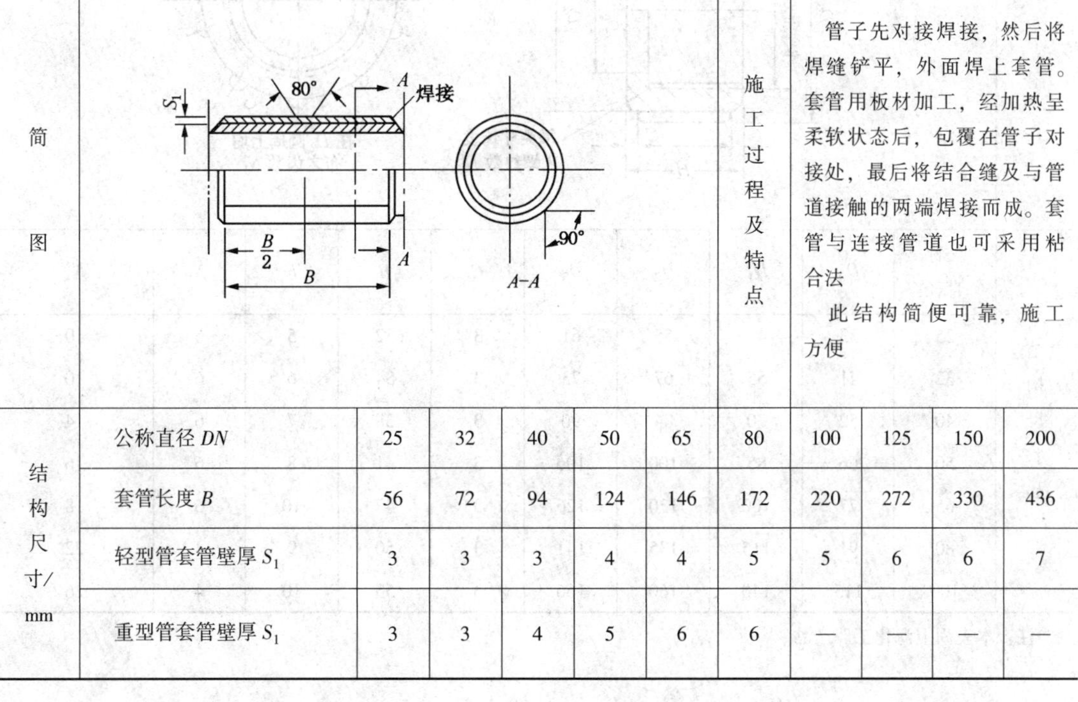

简图

施工过程及特点

管子先对接焊接，然后将焊缝铲平，外面焊上套管。套管用板材加工，经加热呈柔软状态后，包覆在管子对接处，最后将结合缝及与管道接触的两端焊接而成。套管与连接管道也可采用粘合法

此结构简便可靠，施工方便

结构尺寸/mm

公称直径 DN	25	32	40	50	65	80	100	125	150	200
套管长度 B	56	72	94	124	146	172	220	272	330	436
轻型管套管壁厚 S_1	3	3	3	4	4	5	5	6	6	7
重型管套管壁厚 S_1	3	3	4	5	6	6	—	—	—	—

8. 其他连接方法

连接形式	简　　图	连 接 方 法
带凸缘接管活套法兰式连接		连接零件全部采用注压件。凸缘接管套上活套法兰后，先与被连接管子用承插连接方法连接好，然后将两个已套好活套法兰的凸缘接管之间垫上 2~3mm 软聚氯乙烯垫片，用螺栓拧紧法兰即成 连接时不宜用力过猛，螺栓采用十字对称法拧紧
螺纹法兰式连接		连接件全部采用注压件。用两个带螺纹接管，旋上带螺纹的法兰，中间垫以 2~3mm 软聚氯乙烯垫片，再用螺栓连接而成

9. 硬聚氯乙烯接管螺帽规格

简图

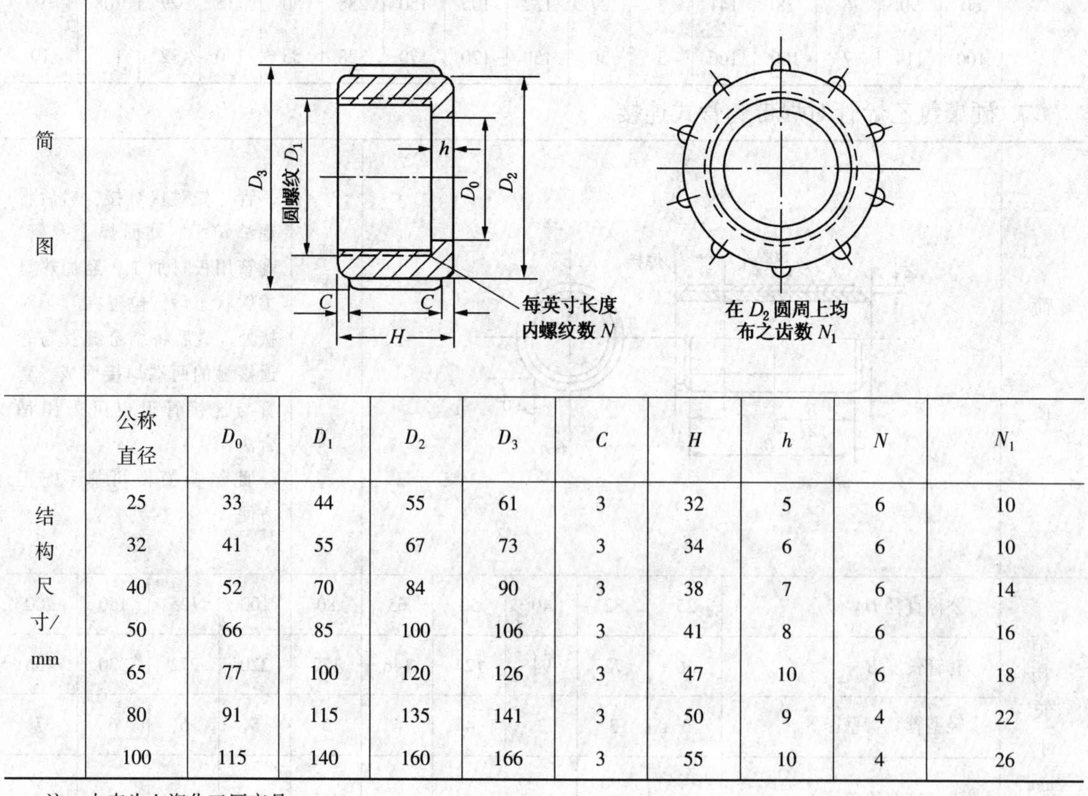

	公称直径	D_0	D_1	D_2	D_3	C	H	h	N	N_1
结构尺寸/mm	25	33	44	55	61	3	32	5	6	10
	32	41	55	67	73	3	34	6	6	10
	40	52	70	84	90	3	38	7	6	14
	50	66	85	100	106	3	41	8	6	16
	65	77	100	120	126	3	47	10	6	18
	80	91	115	135	141	3	50	9	4	22
	100	115	140	160	166	3	55	10	4	26

注：本表为上海化工厂产品。

10. 硬聚氯乙烯带螺纹三通及90°弯头

简图

结构尺寸/mm

公称直径	d_0	D_0	D_1	H_0	H_1	h	S	b	N	T	R	r
25	24	32	44	75	150	20	4	15	6	4	24	3
32	30	40	55	80	160	20	5	15	6	4	30	3
40	39	51	70	95	190	22	6	18	6	5	39	3
50	51	65	85	100	200	22	7	18	6	5	51	3
65	60	76	100	105	210	24	8	20	6	6	60	5

注：本表为上海化工厂、北京塑料七厂、沈阳塑料七厂等厂产品。

11. 硬聚氯乙烯带凸缘及带螺纹接管规格

简图

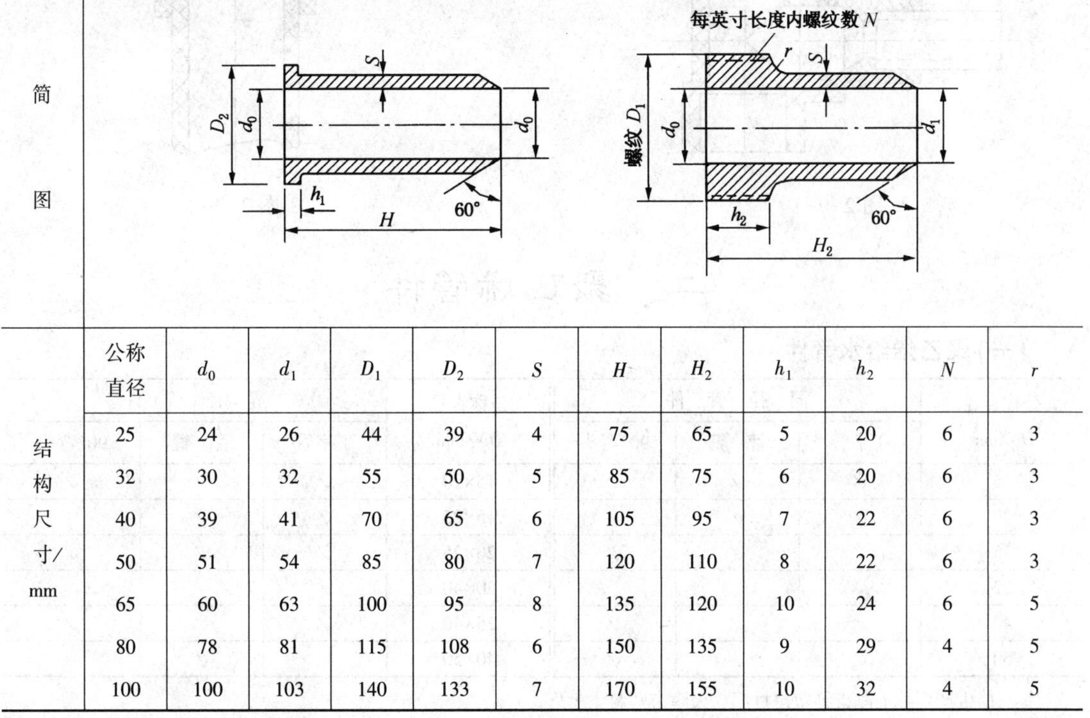

结构尺寸/mm

公称直径	d_0	d_1	D_1	D_2	S	H	H_2	h_1	h_2	N	r
25	24	26	44	39	4	75	65	5	20	6	3
32	30	32	55	50	5	85	75	6	20	6	3
40	39	41	70	65	6	105	95	7	22	6	3
50	51	54	85	80	7	120	110	8	22	6	3
65	60	63	100	95	8	135	120	10	24	6	5
80	78	81	115	108	6	150	135	9	29	4	5
100	100	103	140	133	7	170	155	10	32	4	5

注：本表为上海化工厂产品。

12. 硬聚氯乙烯带承插口三通及90°弯头规格

简图	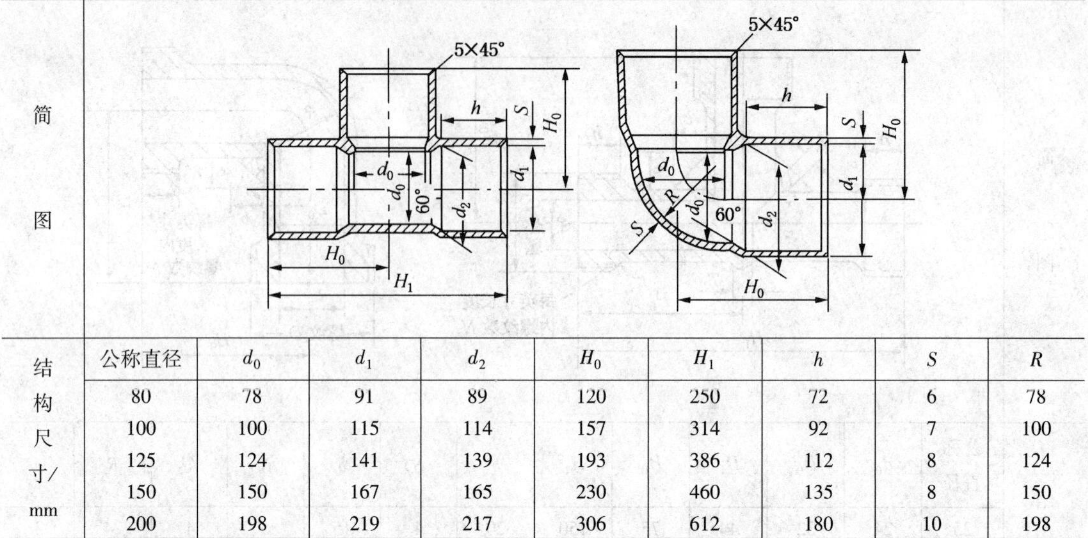

结构尺寸/mm	公称直径	d_0	d_1	d_2	H_0	H_1	h	S	R
	80	78	91	89	120	250	72	6	78
	100	100	115	114	157	314	92	7	100
	125	124	141	139	193	386	112	8	124
	150	150	167	165	230	460	135	8	150
	200	198	219	217	306	612	180	10	198

注：本表为上海化工厂产品。

（三）硬聚氯乙烯管道连接举例

（1）直管、异径管箍与三通连接如图 2-9-1 所示。

（2）活套法兰连接如图 2-9-2 所示。

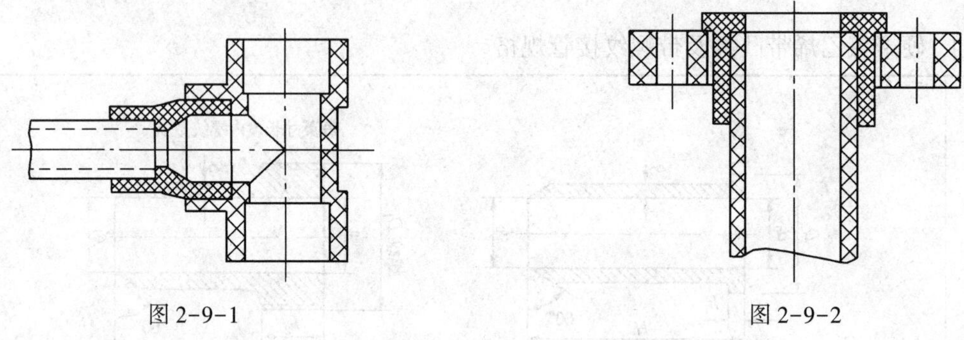

图 2-9-1　　图 2-9-2

二、聚乙烯管件

（一）聚乙烯给水管件

公称直径 DN/mm	同径管件 丁字管	管箍	90°弯头	公称直径 DN/mm	异径管件 丁字管	管箍	90°弯头
15	✓	✓	✓	15×20	✓	✓	✓
20	✓	✓	✓	15×25	✓	✓	
25	✓	✓	✓	20×25	✓	✓	✓
32				20×40	✓		
40	✓	✓	✓	25×40	✓	✓	✓
50	✓	✓	✓	40×50		✓	

注：① 生产厂：上海市钙塑建材厂、天津市塑料十七厂。

② “✓”表示有此规格。

(二) 低密度乙烯管活接式连接件

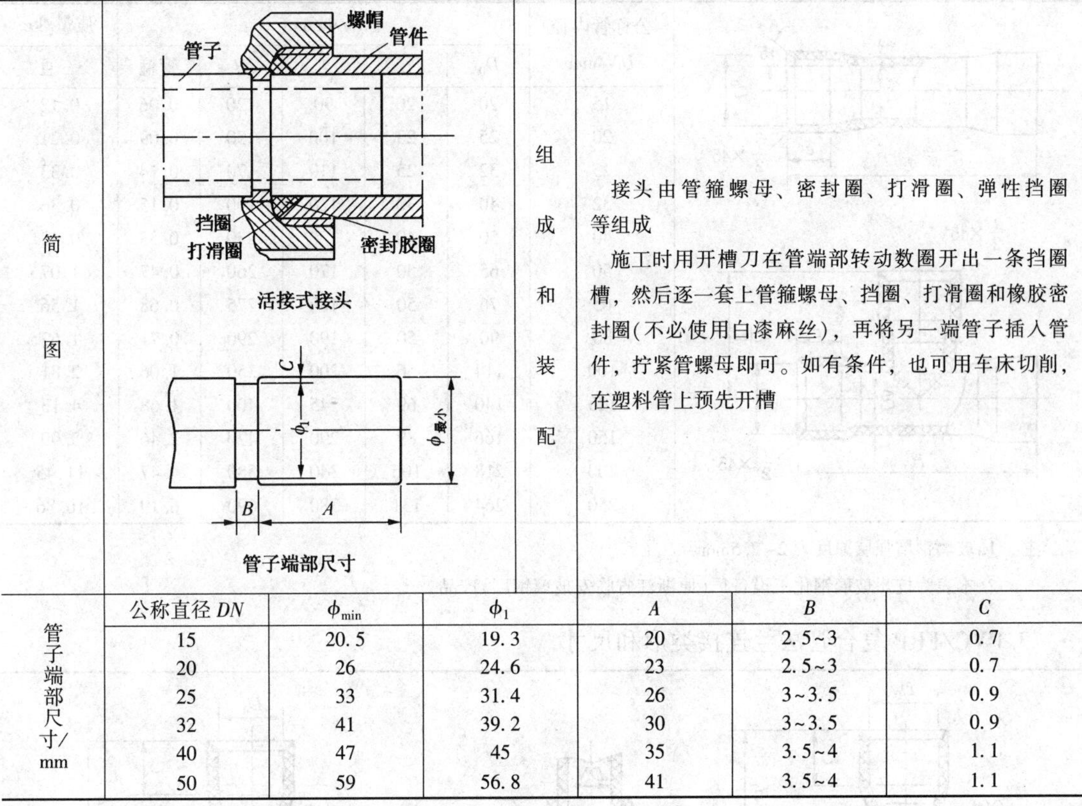

组成和装配

接头由管箍螺母、密封圈、打滑圈、弹性挡圈等组成

施工时用开槽刀在管端部转动数圈开出一条挡圈槽，然后逐一套上管箍螺母、挡圈、打滑圈和橡胶密封圈(不必使用白漆麻丝)，再将另一端管子插入管件，拧紧管螺母即可。如有条件，也可用车床切削，在塑料管上预先开槽

	公称直径 *DN*	ϕ_{min}	ϕ_1	*A*	*B*	*C*
管子端部尺寸/mm	15	20.5	19.3	20	2.5~3	0.7
	20	26	24.6	23	2.5~3	0.7
	25	33	31.4	26	3~3.5	0.9
	32	41	39.2	30	3~3.5	0.9
	40	47	45	35	3.5~4	1.1
	50	59	56.8	41	3.5~4	1.1

注：本接头由上海市房地局钙塑建材厂生产。

三、PVC/FRP 复合管件

1. PVC/FRP 复合弯头规格

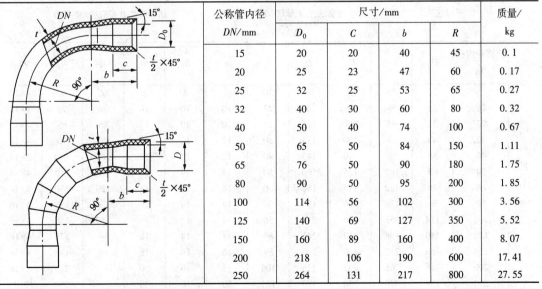

公称管内径 *DN*/mm	尺寸/mm D_0	*C*	*b*	*R*	质量/kg
15	20	20	40	45	0.1
20	25	23	47	60	0.17
25	32	25	53	65	0.27
32	40	30	60	80	0.32
40	50	40	74	100	0.67
50	65	50	84	150	1.11
65	76	50	90	180	1.75
80	90	50	95	200	1.85
100	114	56	102	300	3.56
125	140	69	127	350	5.52
150	160	89	160	400	8.07
200	218	106	190	600	17.41
250	264	131	217	800	27.55

注：① *DN*=15~100mm 为弯制弯头，*DN*≥125mm 为虾壳弯头。

② 玻璃钢增强层厚度 2~2.5mm。

③ 本表为杭州玻璃钢化工设备厂(原浙江临安玻璃厂)产品。

2. PVC/FRP 复合管箍及三通规格

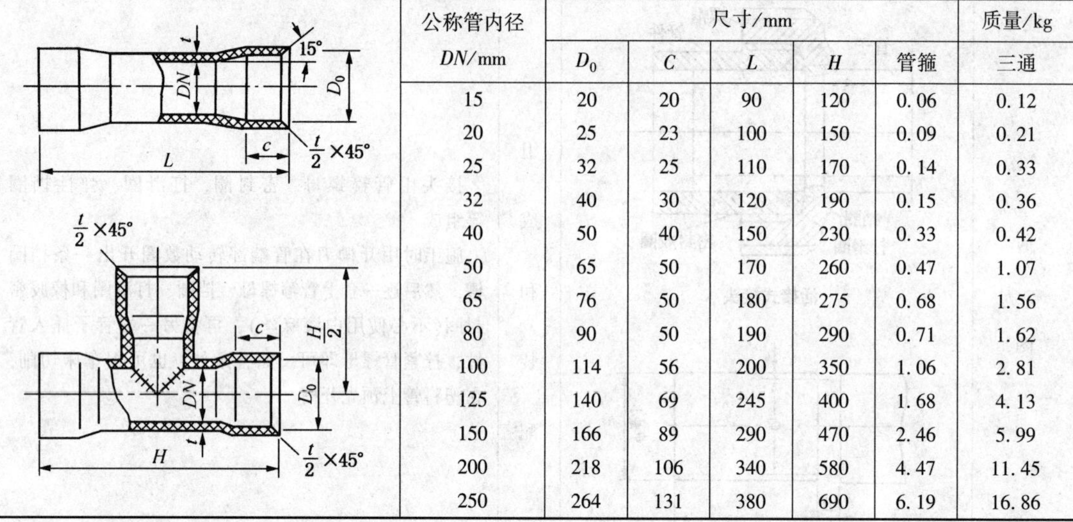

公称管内径 DN/mm	尺寸/mm				质量/kg	
	D_0	C	L	H	管箍	三通
15	20	20	90	120	0.06	0.12
20	25	23	100	150	0.09	0.21
25	32	25	110	170	0.14	0.33
32	40	30	120	190	0.15	0.36
40	50	40	150	230	0.33	0.42
50	65	50	170	260	0.47	1.07
65	76	50	180	275	0.68	1.56
80	90	50	190	290	0.71	1.62
100	114	56	200	350	1.06	2.81
125	140	69	245	400	1.68	4.13
150	166	89	290	470	2.46	5.99
200	218	106	340	580	4.47	11.45
250	264	131	380	690	6.19	16.86

注：① 玻璃钢增强层原度为 2~2.5mm。

② 本表为杭州玻璃钢化工设备厂(原浙江省临安玻璃钢厂)产品。

3. PVC/FRP 复合管法兰连接类形和尺寸

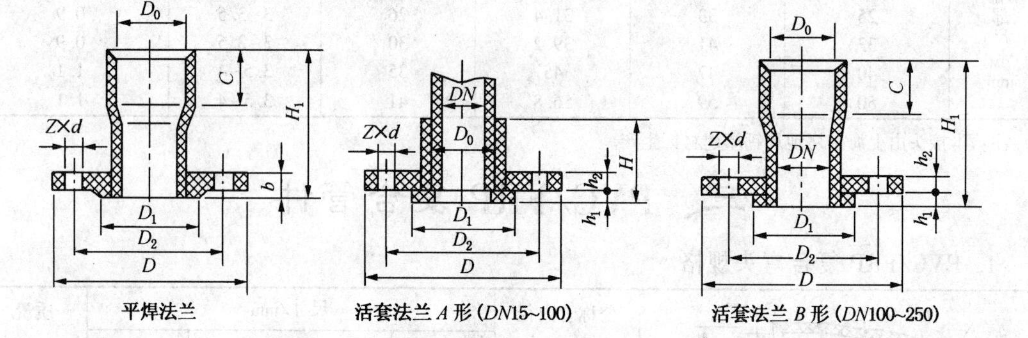

平焊法兰　　活套法兰 A 形 (DN15~100)　　活套法兰 B 形 (DN100~250)

	公称管内径 DN	D_0	D_1	D_2	D	C	b	h_1	h_2	H	H_1	$Z\times d$
结构尺寸/mm	15	20	45	65	95	20	8	8	8	60	60	4×10
	20	25	58	75	105	23	10	10	10	70	70	4×12
	25	32	68	85	115	25	10	10	12	85	85	4×12
	32	40	78	100	135	30	12	12	12	90	90	4×12
	40	50	88	110	145	40	12	12	12	100	100	4×14
	50	65	102	125	160	50	14	14	14	110	110	4×14
	65	76	122	145	180	50	14	14	14	120	120	4×14
	80	90	138	160	195	50	14	14	16	130	130	4×16
	100	114	158	180	215	56	14	14	16	150	150	4×18
	125	140	188	210	245	69	14	14	18	—	175	4×18
	150	166	212	240	280	89	16	16	18	—	195	8×18
	200	218	268	295	335	106	18	16	20	—	215	8×18
	250	264	320	350	390	131	20	16	20	—	240	12×18

注：① 玻璃钢增强层厚度为 2~2.5mm。

② 本表为杭州玻璃钢化工设备厂(原浙江省临安玻璃钢厂)产品。

四、玻璃钢管件(HG/T 21633—1991)

1. 承插口

(mm)

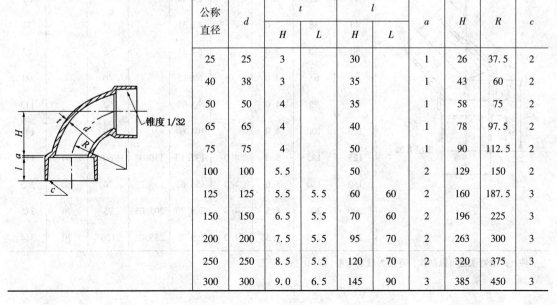

公称直径	d	D		L		l		a	c
		H	L	H	L	H	L		
25	25	37		70		30		10	2
40	38	50		80		35		10	2
50	50	62		80		35		10	2
65	65	77		90		40		10	2
75	75	91		110		50		10	2
100	100	116		110		50		10	2
125	125	145	141	130	130	60	60	10	3
150	150	170	166	150	130	70	60	10	3
200	200	226	216	200	150	95	70	10	3
250	250	280	266	250	150	120	70	10	3
300	300	336	322	300	190	145	90	10	3
350	350	388	374	350	210	170	100	10	5
400	400	445	428	400	240	195	115	10	5
450	450	499	478	450	250	220	120	10	5
500	500	550	528	500	310	245	150	10	5
600	600	659	636	600	310	295	150	10	5
700	700	768	740	700	330	345	160	10	5

注：*H*——高压；*L*——低压。

2. 90°弯头(90°圆滑)

(mm)

公称直径	d	t		l		a	H	R	c
		H	L	H	L				
25	25	3		30		1	26	37.5	2
40	38	3		35		1	43	60	2
50	50	4		35		1	58	75	2
65	65	4		40		1	78	97.5	2
75	75	4		50		1	90	112.5	2
100	100	5.5		50		2	129	150	2
125	125	5.5	5.5	60	60	2	160	187.5	3
150	150	6.5	5.5	70	60	2	196	225	3
200	200	7.5	5.5	95	70	2	263	300	3
250	250	8.5	5.5	120	70	2	320	375	3
300	300	9.0	6.5	145	90	3	385	450	3

3. 90°弯头(90°斜接)

(mm)

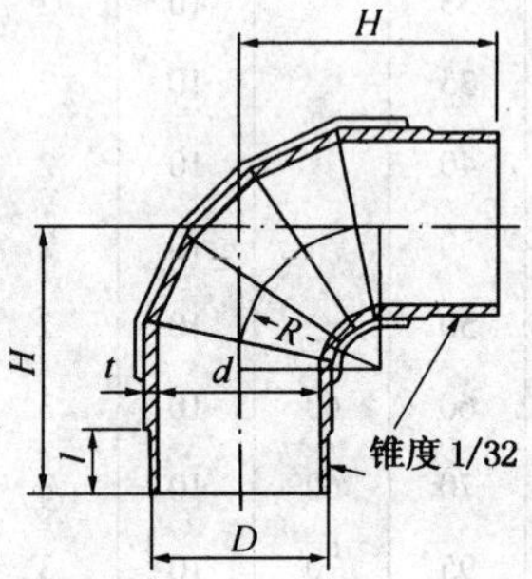

公称直径	d	t	D	l	H	R
		H				
350	350	9.5	361.79	170	670	315
400	400	11.0	413.91	195	760	360
450	450	12.0	465.13	220	860	405
500	500	12.0	514.34	245	950	450
600	600	14.0	616.78	295	1145	540
700	700	16.0	719.22	345	1320	630
公称直径	d	t	D	l	H	R
		L				
350	350	6.0	357.68	100	610	315
400	400	7.0	409.01	115	650	360
450	450	7.0	458.85	120	800	405
500	500	7.0	507.92	150	910	450
600	600	9.0	611.51	150	1120	540
700	700	10.0	713.00	160	1300	630

4. 45°弯头(45°斜接)

(mm)

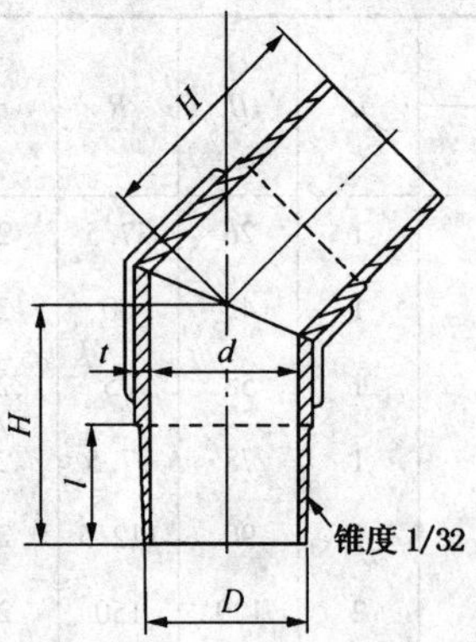

公称直径	d	t		D		l		H
		H	L	H	L	H	L	
25	25	3.0		29.46		30		59
40	38	3.0		42.31		35		71
50	50	3.0		54.31		35		83
65	65	3.0		69.15		40		90
75	75	4.0		80.64		50		113
100	100	4.0		105.64		50		147
125	125	5.0	4.0	132.13	130.33	60	60	172
150	150	5.0	4.0	156.81	155.33	70	60	205
200	200	6.5	4.0	208.73	205.01	95	70	275
250	250	7.5	4.0	259.75	255.01	120	70	344

注：圆滑弯头也可以制作，连接为玻璃布带。

5. 45°弯头(45°斜接)

(mm)

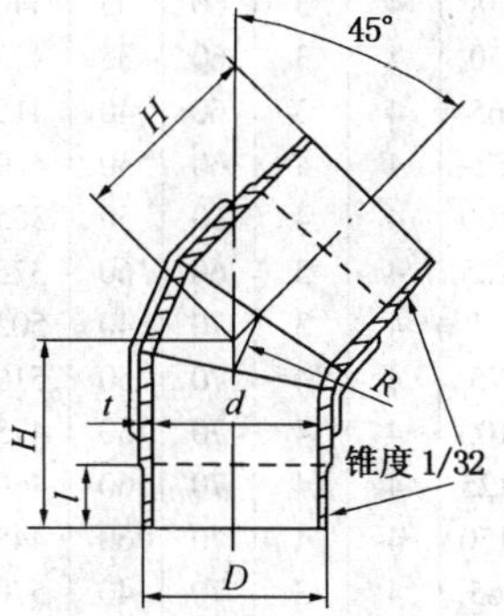

公称直径	d	t	D	l	H	R
		H				
300	300	9.0	311.67	145	420	270
350	350	9.5	361.79	170	485	315
400	400	11.0	413.91	195	550	360
450	450	12.0	465.31	220	625	405
500	500	12.0	514.34	245	690	450
600	600	14.0	616.78	295	820	540
700	700	16.0	719.22	345	950	630
公称直径	d	t	D	l	H	R
		L				
300	300	5.5	307.09	90	320	270
350	350	6.5	357.68	100	365	315
400	400	7.0	409.01	115	420	360
450	450	7.0	458.85	120	480	405
500	500	7.0	507.92	150	560	450
600	600	9.0	611.51	150	695	540
700	700	10.0	713.00	160	800	630

6. 22.5°弯头(22.5°斜接)

(mm)

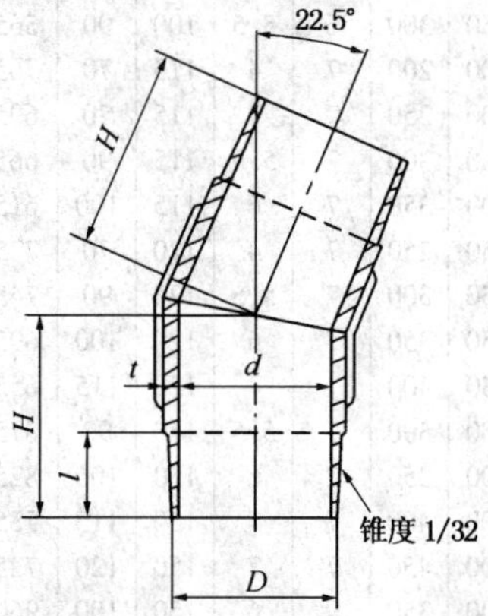

公称直径	d	t		D		l		H	
		H	L	H	L	H	L	H	L
25	25	3.0		29.46		30		59	
40	38	3.0		42.31		35		71	
50	50	3.0		54.31		35		83	
65	65	3.0		69.15		40		90	
75	75	4.0		80.64		50		113	
100	100	4.0		105.64		50		147	
125	125	5.0	4.0	132.13	130.33	60	60	157	157
150	150	5.0	4.0	156.81	155.33	70	60	194	194
200	200	6.5	4.0	208.73	205.01	95	70	259	259
250	250	7.5	4.0	259.75	255.01	120	70	323	323
300	300	9.0	5.5	311.67	307.09	145	90	360	325
350	350	9.5	6.0	361.79	357.68	170	100	415	330
400	400	11.0	7.0	413.91	409.01	195	115	470	380
450	450	12.0	7.0	465.13	458.85	220	120	535	410
500	500	12.0	7.0	514.34	507.92	245	150	600	500
600	600	14.0	9.0	616.78	611.51	295	150	705	630
700	700	16.0	10.0	719.22	713.00	345	160	815	700

7. 异径接头

(mm)

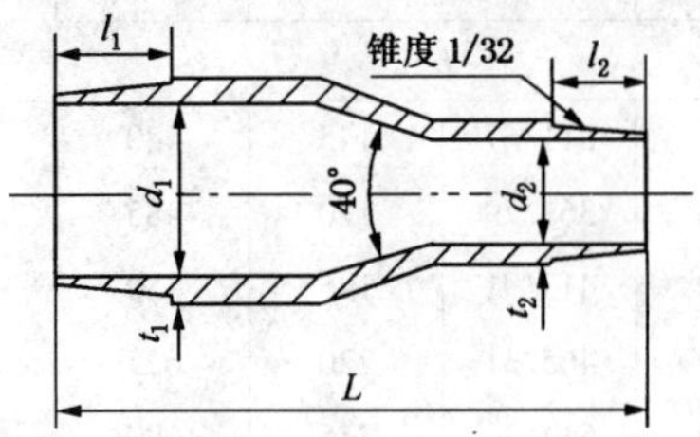

(H)公称直径	d_1	d_2	t_1	t_2	l_1	l_2	L
40×25	38	25	3	3	35	30	230
50×25	50	25	3	3	35	30	245
50×40	50	38	3	3	35	35	235
65×25	65	25	3	3	40	30	275
65×40	65	38	3	3	40	35	265
65×50	65	50	3	3	40	35	250
75×40	75	38	4	3	50	35	300
75×50	75	50	4	3	50	35	285
75×65	75	65	4	3	50	40	270
100×40	100	38	4	3	50	35	330
100×50	100	50	4	3	50	35	315
100×65	100	65	4	3	50	40	305
100×75	100	75	4	4	50	50	315
125×40	125	38	5	3	60	35	385
125×50	125	50	5	3	60	35	370
125×65	125	65	5	3	60	40	360
125×75	125	75	5	4	60	50	365
125×100	125	100	5	4	60	50	335
150×40	150	38	5	3	70	35	460
150×50	150	50	5	3	70	35	445
150×65	150	65	5	3	70	40	435
150×75	150	75	5	4	70	50	440
150×100	150	100	5	4	70	50	405
150×125	150	125	5	5	70	60	395
200×65	200	65	6. 5	3	95	40	555
200×75	200	75	6. 5	4	95	50	560
200×100	200	100	6. 5	4	95	50	525
200×125	200	125	6. 5	5	95	60	510
200×150	200	150	6. 5	5	95	70	515
250×65	250	65	7. 5	3	120	40	670
250×75	250	75	7. 5	4	120	50	675
250×100	250	100	7. 5	4	120	50	640
250×125	250	125	7. 5	5	120	60	630
250×150	250	150	7. 5	5	120	70	635
250×200	250	200	7. 5	6. 5	120	95	615
300×100	300	100	9	4	145	50	765
300×125	300	125	9	5	145	60	750
300×150	300	150	9	5	145	70	755
300×200	300	200	9	6. 5	145	95	735
300×250	300	250	9	7. 5	145	120	720

(mm)

(L)公称直径	d_1	d_2	t_1	t_2	l_1	l_2	L
125×40	125	38	4	3	60	35	385
125×50	125	50	4	3	60	35	370
125×65	125	65	4	3	60	40	360
125×75	125	75	4	4	60	50	365
125×100	125	100	4	4	60	50	335
150×40	150	38	4	3	60	35	440
150×50	150	50	4	3	60	35	425
150×65	150	65	4	3	60	40	415
150×75	150	75	4	4	60	50	420
150×100	150	100	4	4	60	50	385
150×125	150	125	4	3	60	60	375
200×65	200	65	4	3	70	40	505
200×75	200	75	4	4	70	50	510
200×100	200	100	4	4	70	50	475
200×125	200	125	4	4	70	60	460
200×150	200	150	4	4	70	60	445
250×65	250	65	4	3	70	40	570
250×75	250	75	4	4	70	50	575
250×100	250	100	4	4	70	50	540
250×125	250	125	4	4	70	60	525
250×150	250	150	4	4	70	60	515
250×200	250	200	4	4	70	70	465
300×100	300	100	5. 5	4	90	50	655
300×125	300	125	5. 5	4	90	60	640
300×150	300	150	5. 5	4	90	70	625
300×200	300	200	5. 5	4	90	70	575
300×250	300	250	5. 5	4	90	70	510
350×125	350	125	6	4	100	60	730
350×150	350	150	6	4	100	60	715
350×200	350	200	6	4	100	70	665
350×250	350	250	6	4	100	70	600
350×300	350	300	6	5. 5	100	90	565
400×200	400	200	7	4	115	70	765
400×250	400	250	7	4	115	70	695
400×300	400	300	7	5. 5	115	90	665
400×350	400	350	7	6	115	100	615
450×250	450	250	7	4	120	70	775
450×300	450	300	7	5. 5	120	90	745
450×350	450	350	7	6	120	100	695
450×400	450	400	7	7	120	115	655
500×300	500	300	7	5. 5	150	90	875
500×350	500	350	7	6	150	100	825
500×400	500	400	7	7	150	115	785
500×450	500	450	7	7	150	120	725
600×350	600	350	9	6	150	100	960
600×400	600	400	9	7	150	115	925
600×450	600	450	9	7	150	120	865
600×500	600	500	9	7	150	150	855
700×400	700	400	10	7	160	115	1080
700×450	700	450	10	7	160	120	1020
700×500	700	500	10	7	160	150	1015
700×600	700	600	10	9	160	150	875

8. 管接头

（mm）

公称直径	d	t		l		L	
		H	L	H	L	H	L
25	25	3.0		30		85	
40	38	3.0		35		95	
50	50	3.0		35		95	
65	65	3.0		40		105	
75	75	4.0		50		125	
100	100	4.0		50		125	
125	125	5.0	4.0	60	60	145	145
150	150	5.0	4.0	70	60	185	145
200	200	6.5	4.0	95	70	235	185
250	250	7.5	4.0	120	70	275	185
300	300	9.0	5.5	145	90	335	225
350	350	9.5	6.0	170	100	385	245
400	400	11.0	7.0	195	115	435	275
450	450	12.0	7.0	220	120	485	285
500	500	12.0	7.0	245	150	535	345
600	600	14.0	9.0	295	150	635	345
700	700	16.0	10.0	345	160	735	365

9. T 形管

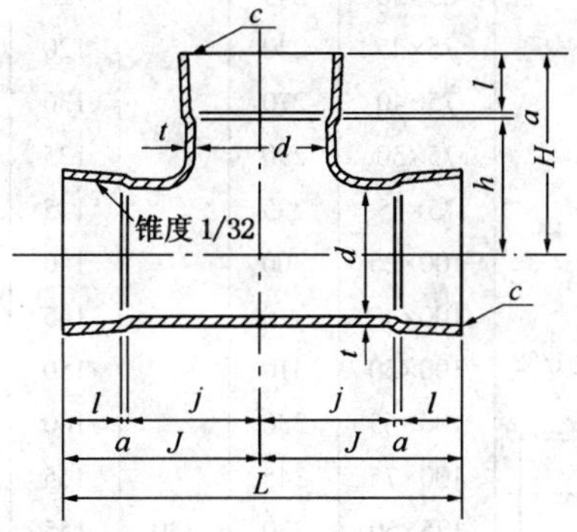

（mm）

公称直径	d	t		H		L		J		j		h		a		l		c
		H	L	H	L	H	L	H	L	H	L	H	L	H	L	H	L	
25	25	4.5		75		150		75		44		44		1		30		2
40	38	5.5		90		180		90		54		54		1		35		2
50	50	6.5		100		200		100		64		64		1		35		2
65	65	7.5		105		210		105		64		64		1		40		2
75	75	5.5		125		250		125		74		74		1		50		2
100	100	6.0		150		300		150		98		98		2		50		2
125	125	7.0	5.5	185	185	370	370	185	185	123	123	123	123	2	2	60	60	3
150	150	7.5	5.5	220	210	440	420	220	210	148	148	148	148	2	2	70	60	3
200	200	9.5	6.5	275	250	550	500	275	250	178	178	178	178	2	2	95	70	3
250	250	10.5	7.0	345	295	690	590	345	295	223	223	223	223	2	2	120	70	3
300	300	11.5	8.0	415	360	830	720	415	360	267	267	267	267	3	3	145	90	3

10. T形管(T)

（mm）

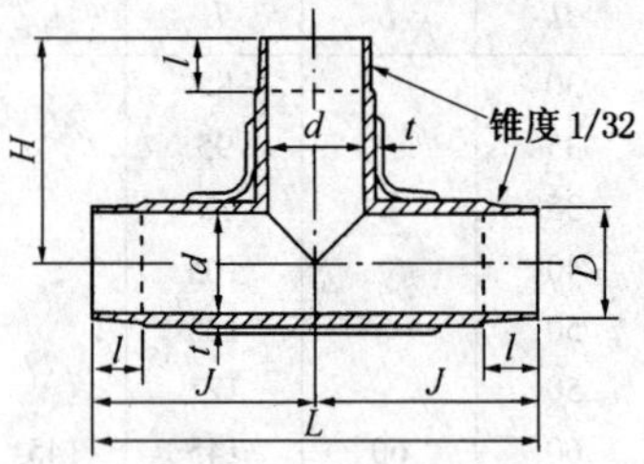

公称直径	d	t	D	H	L	J	l
		L	L	L	L	L	L
350	350	6.0	357.68	475	950	475	100
400	400	7.0	409.01	530	1060	530	115
450	450	7.0	458.85	565	1130	565	120
500	500	7.0	507.92	650	1300	650	150
600	600	9.0	611.51	700	1400	700	150
700	700	10.0	713.00	770	1540	770	160

11. 异径T形管

（mm）

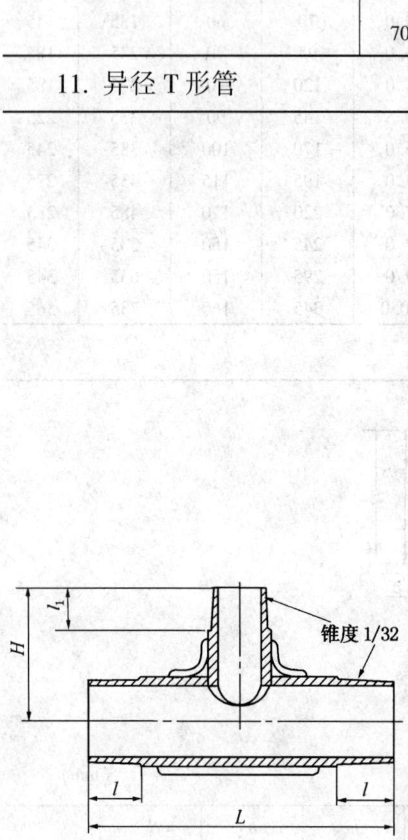

公称直径	L		H		l		l_1	
	H	L	H	L	H	L	H	L
40×25	195		95		35		30	
50×25	200		115		35		30	
50×40	230		120		35		35	
65×25	210		100		40		30	
65×40	230		110		40		35	
65×50	245		125		40		35	
75×25	240		120		50		30	
75×40	270		130		50		35	
75×50	290		135		50		35	
75×65	295		145		50		40	
100×25	300		140		50		30	
100×40	310		145		50		35	
100×50	310		150		50		35	
100×65	330		160		50		40	
100×75	345		165		50		50	
125×50	330	330	155	155	60	60	35	35
125×65	355	355	160	160	60	60	40	40
125×75	365	365	180	180	60	60	50	50
125×100	410	410	210	210	60	60	50	50
150×75	385	365	210	210	70	60	50	50
150×100	410	390	210	210	70	60	50	50
150×125	455	435	230	230	70	60	60	60
200×100	460	410	240	240	95	70	50	50
200×125	565	515	290	290	95	70	60	60
200×150	610	540	310	290	95	70	70	60
250×125	615	515	315	310	120	70	60	60
250×150	660	540	335	310	120	70	70	60
250×200	765	610	385	330	120	70	95	70
300×150	710	590	360	340	145	90	70	60
300×200	815	660	410	360	145	90	95	70
300×250	975	770	490	390	145	90	120	70

12. 带承口法兰

(mm)

公称直径	d	OD	PCD	E		T		L		a	n-h	c
				H	L	H	L	H	L			
25	25	125	90	30. 4		18		35		5	4-19	2
40	38	140	105	43. 4		21		40		5	4-19	2
50	50	155	120	55. 4		21		40		5	4-19	2
65	65	175	140	70. 4		23		45		5	4-19	2
80	75	185	150	82. 2		24		55		5	8-19	2
100	100	210	175	107. 2		27		55		5	8-19	2
125	125	250	210	134. 0	132. 2	33	23	70	70	10	8-23	3
150	150	280	240	159. 0	157. 2	35	25	80	70	10	8-23	3
200	200	330	290	211. 7	207. 2	39	28	105	80	10	12-23	3
250	250	400	355	263. 5	257. 2	44	31	130	80	10	12-25	3
300	300	445	400	316. 2	309. 9	48	34	155	100	10	16-25	3

13. 铁法兰(挡圈用)

(mm)

公称直径	ID	OD	PCD	T	n-ϕ	R
25	43	125	90	14	4-19	3
40	56	140	105	16	4-19	3
50	68	155	120	16	4-19	3
65	83	175	140	18	4-19	3
75	95	185	150	18	8-19	3
100	120	210	175	18	8-19	3
125	147	250	210	20	8-23	3
150	172	280	240	22	8-23	3
200	225	330	290	22	12-23	4
250	277	400	355	24	12-25	4
300	330	445	400	24	16-25	4
350	382	490	445	26	16-25	4
400	435	560	510	28	16-27	5
450	487	620	565	30	20-27	5
500	542	675	620	30	20-27	5
600	645	795	730	32	24-33	5
700	751	905	840	34	24-33	5

14. 挡圈

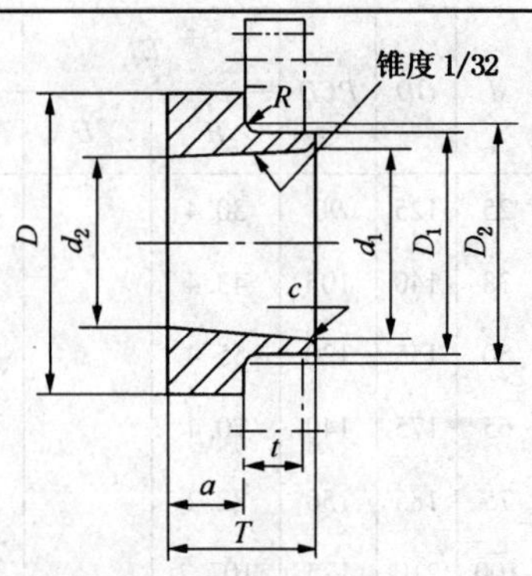

（mm）

公称直径	T		a		D		D_1		D_2		d_1		d_2		R	c	t
	H	L	H	L	H	L	H	L	H	L	H	L	H	L			
25	30		15		55		41		43		30.4		29.46		3	2	14
40	35		17.5		70		54		56		43.4		42.31		3	2	16
50	35		17.5		85		66		68		55.4		54.31		3	2	16
65	40		20		100		81		83		70.4		69.15		3	2	18
75	50		25		120		93		95		82.2		80.64		3	2	18
100	50		25		140		118		120		107.2		105.64		3	2	18
125	60	60	30	30	175	175	145	143	147	145	134.0	132.2	132.13	130.33	3	3	20
150	70	60	35	30	205	205	170	168	172	170	159.0	157.2	156.81	155.33	3	3	22
200	95	70	47.5	35	251	251	223	218	225	220	211.7	207.2	208.73	205.01	4	3	22
250	120	70	60	35	316	316	275	268	277	270	263.5	257.2	259.75	255.01	4	3	24
300	145	90	72.5	45	361	361	328	321	330	323	316.2	309.9	311.67	307.09	4	3	24
350	170	100	85	50	404	404	379	372	382	375	367.1	360.8	361.79	357.68	4	5	26
400	195	115	97.5	57.5	468	464	432	424	435	427	420.0	412.6	413.91	409.01	5	5	28
450	220	120	110	60	530	524	484	474	487	477	472.0	462.6	465.13	458.85	5	5	30
500	245	150	122.5	75	585	574	539	528	542	531	522.0	512.6	514.34	507.92	5	5	30
600	295	150	147.5	75	694	682	642	628	645	631	626.0	616.2	616.78	611.51	5	5	32
700	345	160	172.5	80	804	787	748	730	751	733	730.0	718.0	719.22	713.00	5	5	34

注：挡圈为 FRP 制造。

15. 垫片(挡圈用)

（mm）

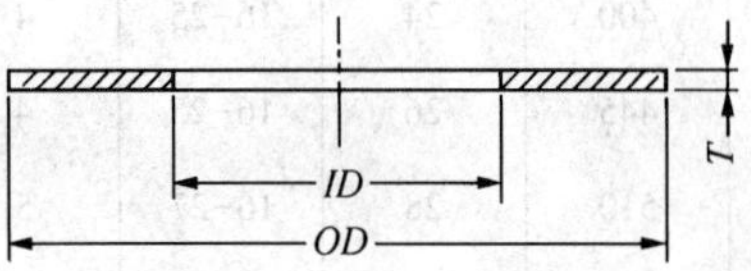

公称直径	OD		ID	T
	H 用	L 用		
25	55	55	25	3
40	70	70	38	3
50	85	85	50	3
65	100	100	65	3
75	120	120	75	3
100	140	140	100	3
125	175	175	125	3
150	205	205	150	3
200	251	251	200	3
250	316	316	250	3
300	361	361	300	5
350	404	404	350	5
400	468	464	400	5
450	530	524	450	5
500	585	574	500	5
600	694	682	600	5
700	804	787	700	5

五、石墨管件（HG/T 3192~3203—2009）

1. 石墨直角弯头

标准适用于化学、石油等工业中输送腐蚀性介质管路上所用的直角弯头，使用压力0.3MPa，也适用于其他部门中类似用途的管路中的直角弯头。

（mm）

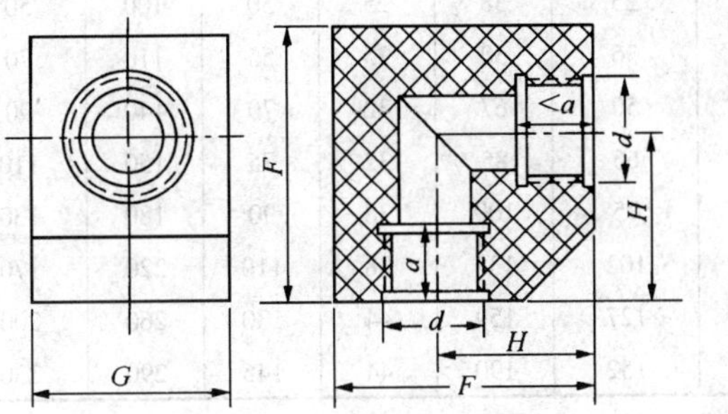

公称直径 DN	d	a	H	F	G
25	38	25	50	75	50
36	50	25	55	90	70
50	67	32	70	115	90
65	85	32	75	130	110
75	100	38	90	155	130
102	133	38	110	195	170
127	159	44	130	230	200
152	190	44	145	260	230

2. 石墨45°弯头

本标准适用于化学、石油等工业中输送腐蚀性介质管路上所用的45°弯头，使用压力0.3MPa，也适用于其他部门中类似用途的管路中的45°弯头。

（mm）

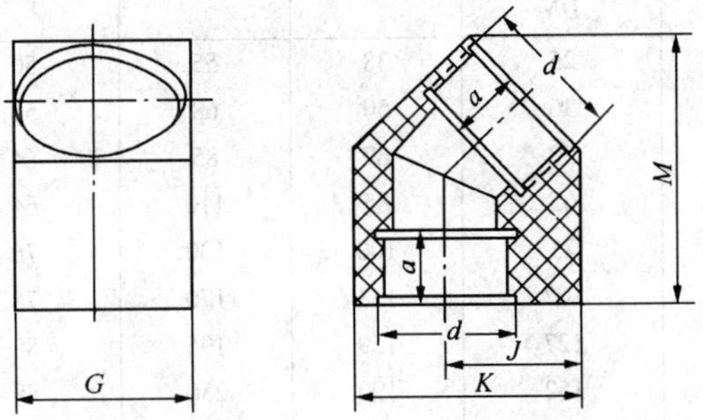

公称直径 DN	d	a	G	M	K	J
25	38	25	50	84	75	46
36	50	25	70	92	85	52
50	67	32	90	126	113	70
65	85	32	110	141	137	82
75	100	38	130	172	161	98
102	133	38	170	198	201	117
127	159	44	200	234	234	137
152	190	44	230	256	269	153

3. 石墨三通

本标准适用于化学、石油等工业中输送腐蚀性介质管路上所用的三通，使用压力0.3MPa也适用于其他部门中类似用途的管路中的三通。

（mm）

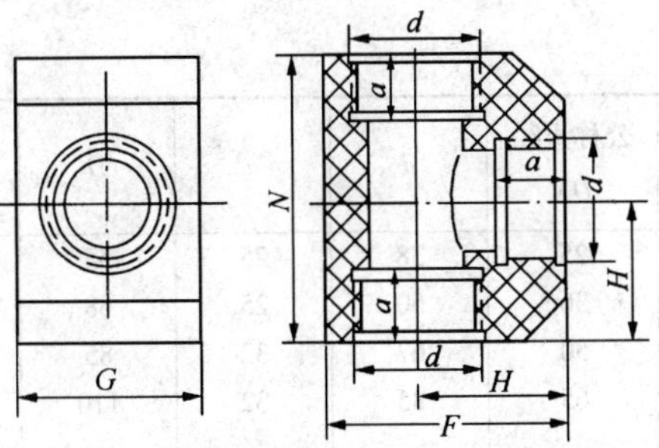

公称直径 DN	d	a	G	H	M	F
25	38	25	50	50	100	75
36	50	25	70	55	110	90
50	67	32	90	70	140	115
65	85	32	110	75	150	130
75	100	38	130	90	180	155
102	133	38	170	110	220	195
127	159	44	200	130	260	230
152	190	44	230	145	290	260

4. 石墨四通

本标准适用于化学、石油等工业中输送腐蚀性介质管路上所用的四通，使用压力0.3MPa也适用于其他部门中类似用途的管路中的四通。

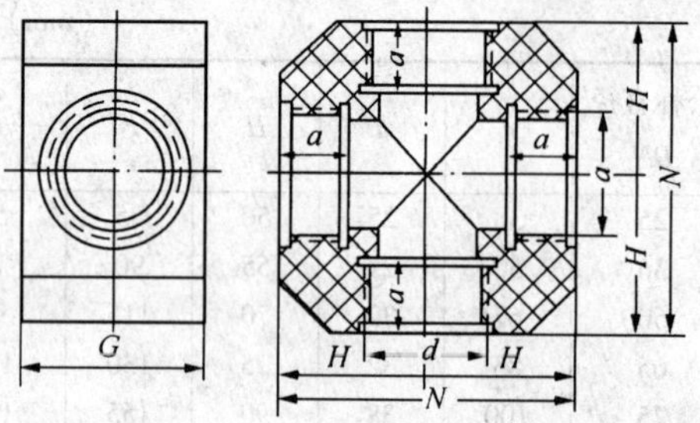

(mm)

公称直径 DN	d	a	H	N	G
25	38	25	50	100	50
36	50	25	55	110	70
50	67	32	70	140	90
65	85	32	75	150	110
75	100	38	90	180	130
102	133	38	110	220	170
127	159	44	130	260	200
152	190	44	145	290	230

5. 石墨外接头

本标准适用于化工、石油等工业中输送腐蚀性介质管路上所用的外接头，使用压力0.3MPa也适用于其他部门中类似用途的管路中的外接头。

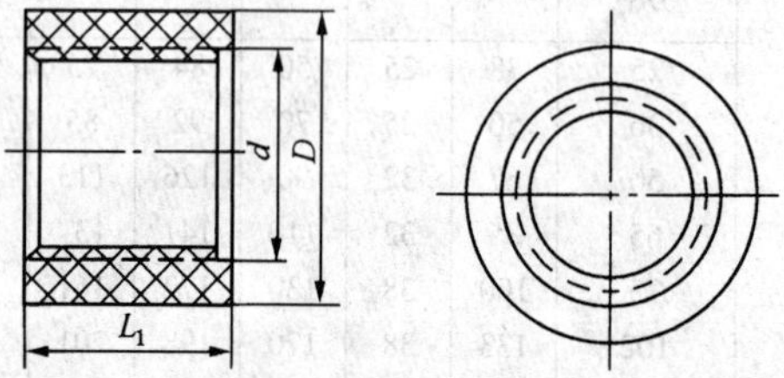

(mm)

公称直径 DN	d	D	L
25	38	55	50
36	50	68	50
50	67	85	64
65	85	110	64
75	100	130	76
102	133	170	76
127	159	195	88
152	190	230	88
203	254	290	102
254	330	370	125

6. 石墨丝堵

本标准适用于化工、石油等工业中输送腐蚀性介质管路上所用的丝堵，使用压力0.3MPa也适用于其他部门中类似用途的管路中的丝堵。

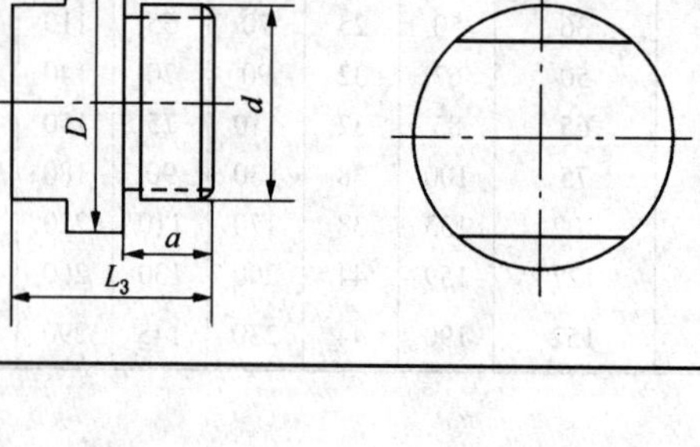

(mm)

公称直径 DN	d	a	D	L_3
25	38	25	55	55
36	50	25	68	55
50	67	32	85	65
65	85	32	110	70
75	100	38	130	78

7. 石墨管端盖

本标准适用于化工、石油等工业中输送腐蚀性介质管路上所用的管端盖，使用压力 0.3MPa 也适用于其他部门中类似用途的管路中的管端盖。

（mm）

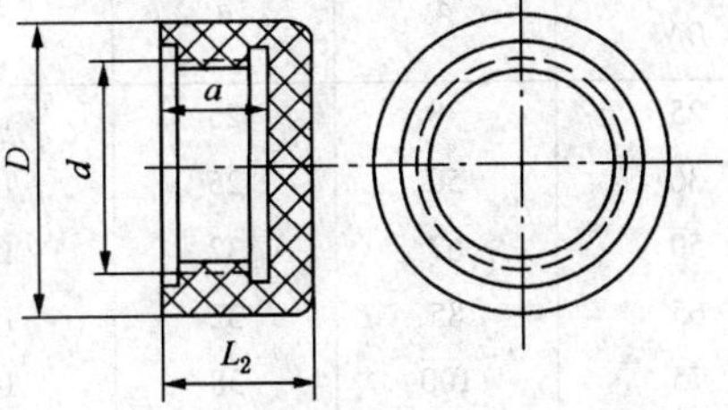

公称直径 *DN*	*d*	*a*	*D*	L_2
25	38	25	55	38
36	50	25	68	38
50	67	32	85	45
65	85	32	110	50
75	100	38	130	60

8. 石墨丝埋头

本标准适用于化工、石油等工业中输送腐蚀性介质管路上所用的丝埋头，使用压力 0.3MPa 也适用于其他部门中类似用途的管路中的丝埋头。

（mm）

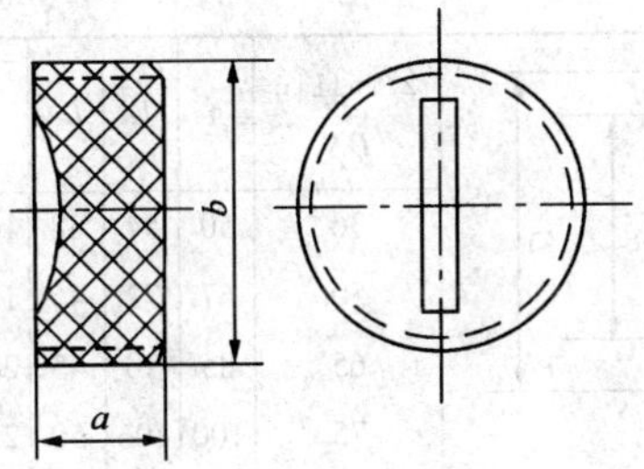

公称直径 *DN*	*d*	*a*
25	38	25
36	50	25
50	67	32
65	85	32
75	100	38
102	133	38
127	159	44
152	190	44
203	254	51
254	330	63

9. 石墨管凸缘

本标准适用于化工、石油等工业中输送腐蚀性介质管路上所用的管凸缘，使用压力 0.3MPa 也适用于其他部门中类似用途的管路中的管凸缘。

（mm）

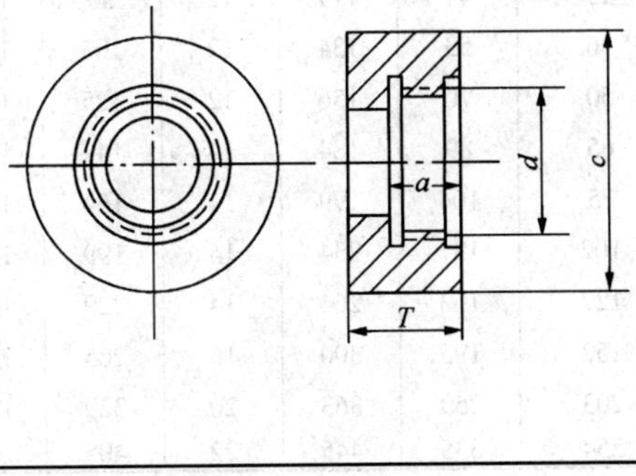

公称直径 *DN*	*d*	*a*	*T*	*c*
25	38	25	32	70
36	50	25	35	85
50	67	32	40	105
65	85	32	44	123
75	100	38	48	140
102	133	38	54	175
127	159	44	58	205
152	190	44	62	240
203	254	51	68	300
254	330	63	72	380

10. 石墨内接头

本标准适用于化工、石油等工业中输送腐蚀性介质管路上所用的内接头，使用压力0.3MPa，也适用于其他部门中类似用途的管路中的内接头。

(mm)

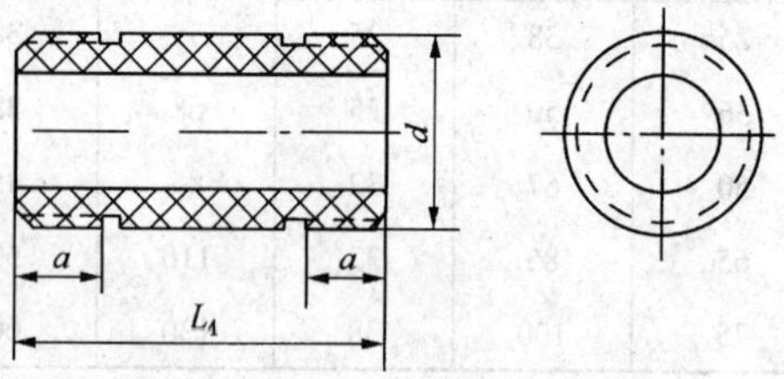

公称直径 DN	d	a	L_4
25	38	25	100
36	50	25	100
50	67	32	120
65	85	32	120
75	100	38	140
102	133	38	150
127	159	44	170
152	190	44	180

11. 石墨温度计套管

本标准适用于化学、石油等工业中输送腐蚀性介质管路上所用的温度计套管，使用压力0.3MPa，也适用于其他部门中类似用途的管路上用的温度计套管。

(mm)

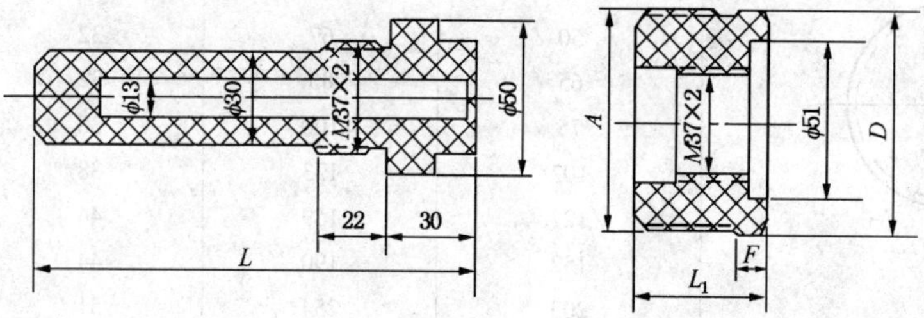

公称直径 DN	A	D	L_1	L	F
36	50	54	38	100	15
50	67	72	45	150	15
65	85	90	45	200	15
75	100	106	50	250	15
102	133	138	54	300	18

12. 石墨管道用钢制对开法兰

本标准适用于化学、石油等工业中输送腐蚀性介质管路上所用的钢制对开法兰，使用压力0.3MPa，也适用于其他部门中类似用途的管路中的钢制对开法兰。

(mm)

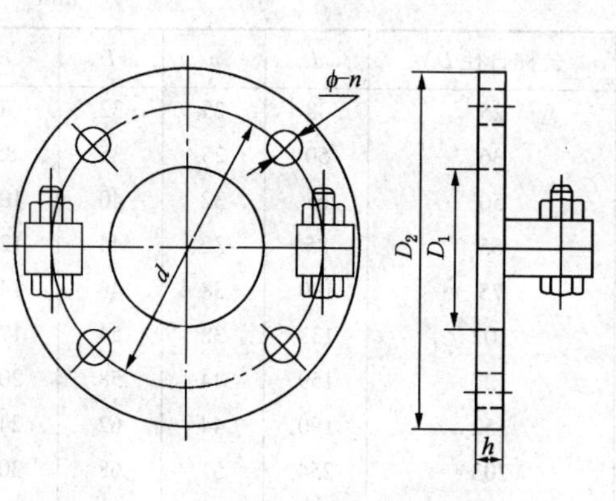

公称直径 DN	D_1	D_2	h	d	φ-n
25	41	119	12	88	14-4
36	53	134	12	103	14-4
50	70	156	12	125	14-4
65	89	184	14	149	18-4
75	104	199	14	164	18-4
102	137	234	14	199	18-8
127	163	264	14	229	18-8
152	195	300	16	265	18-8
203	259	363	20	329	18-8
254	335	445	22	405	23-12

13. 石墨管道用螺纹系列

本标准适用于化学、石油等工业中输送腐蚀性介质管路上所用的螺纹，使用压力0.3MPa，也适用于其他部门中类似用途的管路上的螺纹。

(mm)

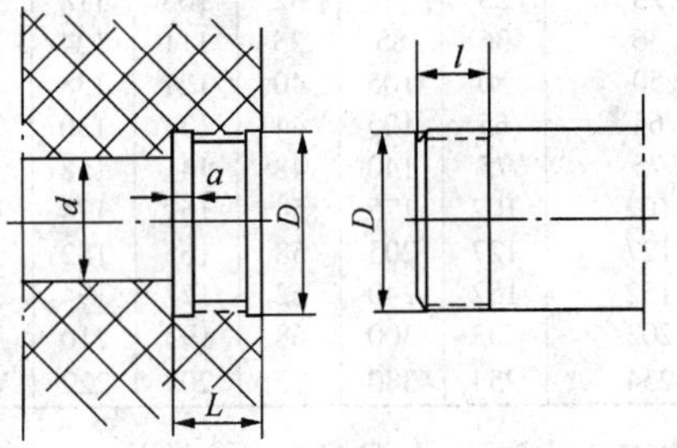

公称直径 DN	d	D	L	a	l	螺距
25	25	38	25	4	27	2
36	36	50	25	4	27	3
50	50	67	32	4	34	3
65	65	85	32	4	34	4
75	75	100	38	4	40	4
102	102	133	38	5	40	6
127	127	159	44	5	48	6
152	152	190	44	5	48	6
203	203	254	51	5	55	6
254	254	330	63	5	67	6

14. 石墨管道补偿器

本标准适用于化学、石油等工业中输送腐蚀性介质管路上所用的管道补偿器，使用压力0.3MPa 也适用于其他部门中类似用途的管路中的管道补偿器。

(mm)

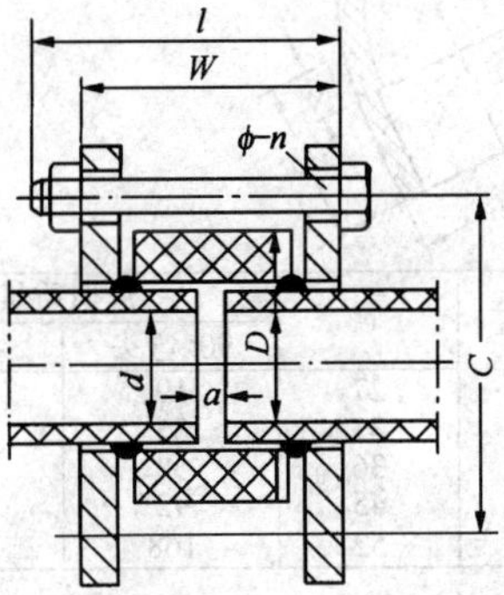

公称直径 DN	d	D	W	a	c	l	φ-n
25	25	73	80	8	90	95	14-3
36	36	88	84	8	105	100	14-3
50	50	108	98	10	130	115	18-3
65	65	128	98	10	150	115	18-3
75	75	153	104	10	175	120	18-4
102	102	207	118	12	225	135	18-4
127	127	237	120	12	265	140	23-4
152	152	277	128	12	305	150	23-4

注：n 为螺孔数。

15. 石墨管道视镜

本标准适用于化学、石油等工业中输送腐蚀性介质管路上所用的管道视镜，使用压力0.3MPa，也适用于其他部门中类似用途的管路中的管道视镜。

(mm)

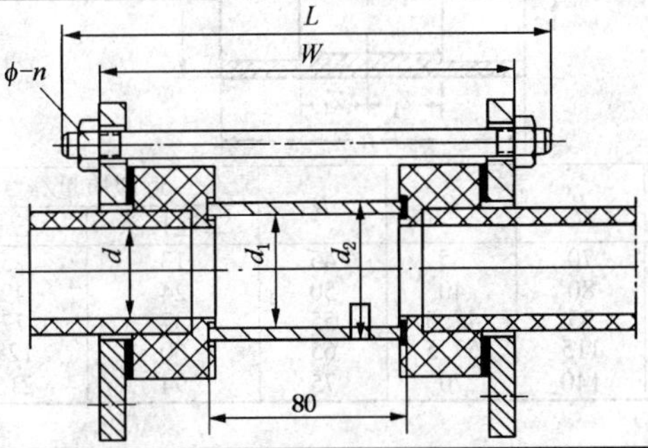

公称直径 DN	d	d_1	d_2	W	L	φ-n
25	25	45	57	168	192	14-4
36	36	55	67	174	198	14-4
50	50	75	90	184	208	14-4
65	65	90	105	196	228	18-4
75	75	110	125	202	236	18-4
102	102	140	155	220	252	18-8

16. 石墨管凸缘连接(HG/T 3207—2009)

本标准适用于化学、石油等工业中输送腐蚀性介质管路上所用的管凸缘连接，使用压力0.3MPa，也适用于其他部门中类似用途的管路中的管凸缘连接。

(mm)

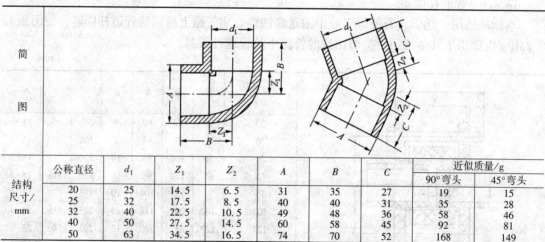

公称直径 DN	d	D	L_1	W	L	$\phi-n$
25	25	70	32	105	118	M12-4
36	36	85	35	111	124	M12-4
50	50	105	40	121	138	M12-4
65	65	125	44	133	130	M16-4
75	75	140	48	141	158	M16-4
102	102	175	54	157	174	M16-8
127	127	205	58	165	182	M16-8
152	152	240	62	177	194	M16-8
203	203	300	68	193	210	M16-8
254	254	380	72	201	222	M20-12

六、丙烯腈-丁二烯-苯乙烯(ABS)管件(HG/T 21561—1994)

1. ABS 弯头规格

简图

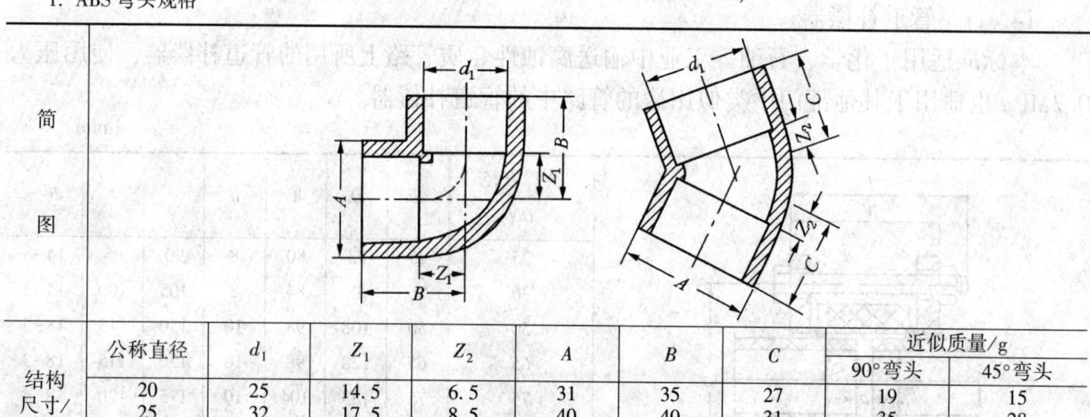

结构尺寸/mm 公称直径	d_1	Z_1	Z_2	A	B	C	近似质量/g 90°弯头	45°弯头
20	25	14.5	6.5	31	35	27	19	15
25	32	17.5	8.5	40	40	31	35	28
32	40	22.5	10.5	49	48	36	58	46
40	50	27.5	14.5	60	58	45	92	81
50	63	34.5	16.5	74	70	52	168	149

注：本表为上海胜德塑料厂产品。

2. ABS 二通接头及三通规格

简图

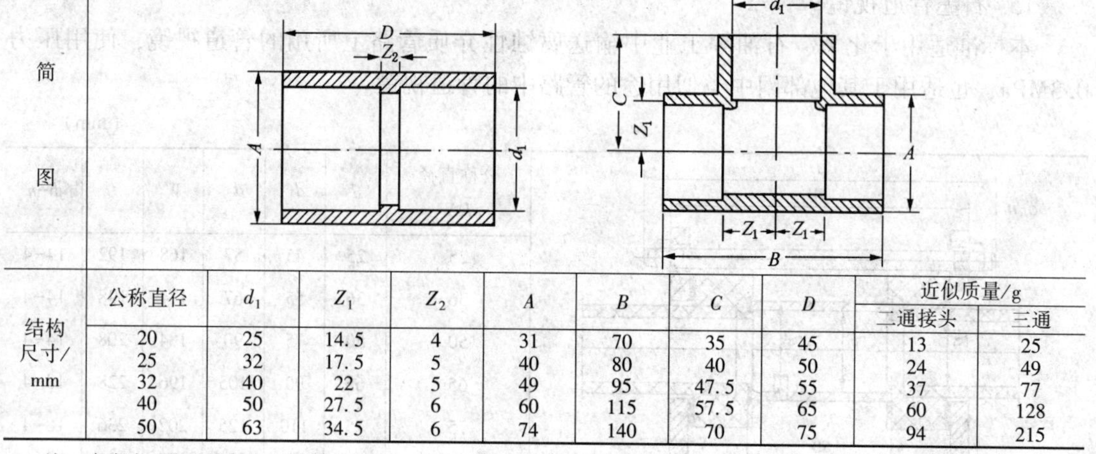

结构尺寸/mm 公称直径	d_1	Z_1	Z_2	A	B	C	D	近似质量/g 二通接头	三通
20	25	14.5	4	31	70	35	45	13	25
25	32	17.5	5	40	80	40	50	24	49
32	40	22	5	49	95	47.5	55	37	77
40	50	27.5	6	60	115	57.5	65	60	128
50	63	34.5	6	74	140	70	75	94	215

注：本表为上海胜德塑料厂产品。

3. ABS 法兰及管夹规格

简图

	公称直径	d	Z	A	B	C	D	E	L	A_1	B_1	C_1	D_1	近似质量/g	
														法兰	管夹
结构尺寸/mm	20	25	3.5	36	90	24	10	65	14	47	37.5	28	16	68	11
	25	32	5.5	44	100	28	10	72	14	54	41	36	16	81	15
	32	40	6.5	52	110	32	10	82	14	61	45	45	16	102	20
	40	50	7.5	64	124	36	10	94	14	70	50	56	16	135	26
	50	63	8.5	79	154	44	10	116	14	82	57	68	16	206	34

注：本表为上海胜德塑料厂产品。

4. ABS 活接头及缩接规格

简图

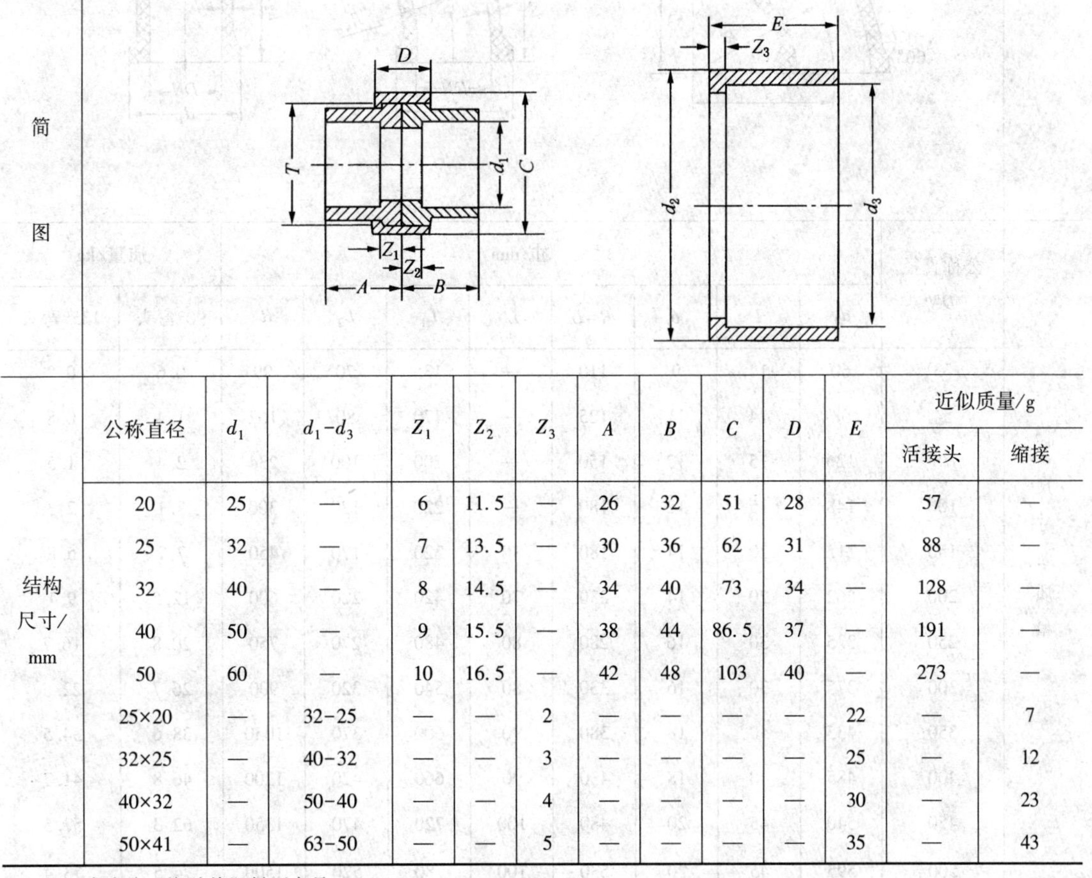

	公称直径	d_1	d_1-d_3	Z_1	Z_2	Z_3	A	B	C	D	E	近似质量/g	
												活接头	缩接
结构尺寸/mm	20	25	—	6	11.5	—	26	32	51	28	—	57	—
	25	32	—	7	13.5	—	30	36	62	31	—	88	—
	32	40	—	8	14.5	—	34	40	73	34	—	128	—
	40	50	—	9	15.5	—	38	44	86.5	37	—	191	—
	50	60	—	10	16.5	—	42	48	103	40	—	273	—
	25×20	—	32-25	—	—	2	—	—	—	—	22	—	7
	32×25	—	40-32	—	—	3	—	—	—	—	25	—	12
	40×32	—	50-40	—	—	4	—	—	—	—	30	—	23
	50×41	—	63-50	—	—	5	—	—	—	—	35	—	43

注：本表为上海胜德塑料厂产品。

七、耐酸酚醛塑料管件

1. 耐酸酚醛塑料弯头规格

简图

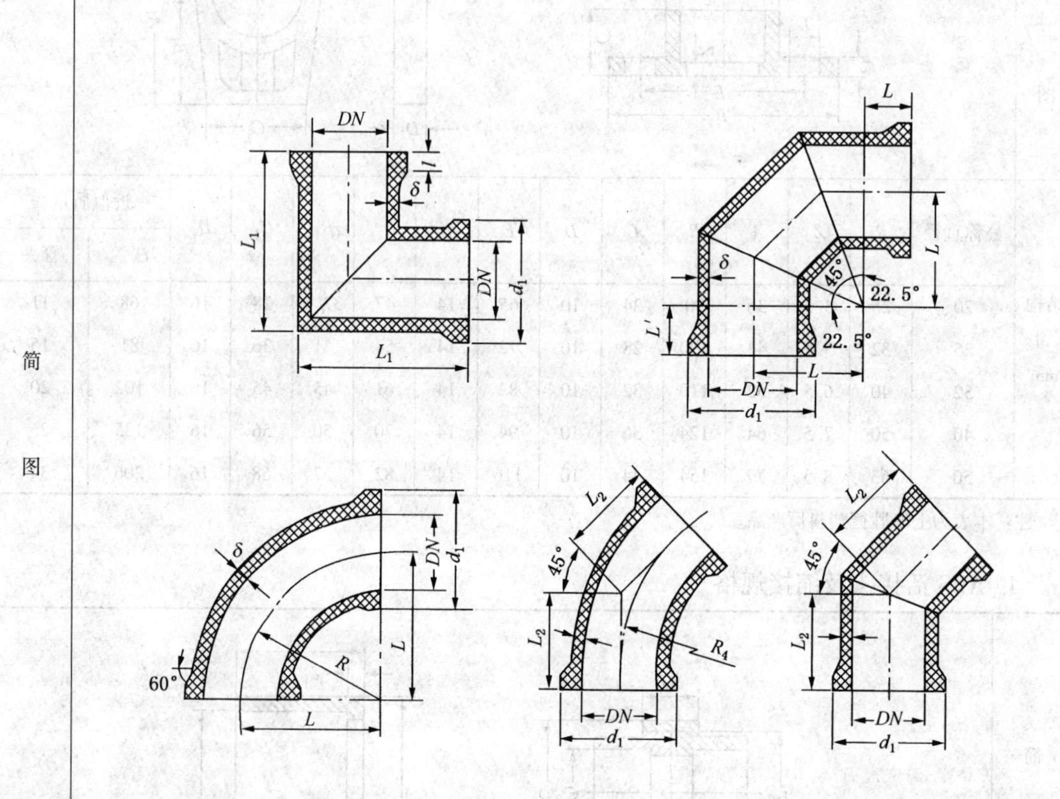

尺寸及质量

公称直径 DN	尺寸/mm								质量/kg	
	d_1	l	6	$R=L$	L'	L_1	L_2	R_1	90°弯头	135°弯头
33	60	14	9	110	—	135	70	99	0. 6	0. 3
54	98	14	11	125	—	170	80	162	1. 4	0. 8
78	126	15	12	150	—	200	100	234	2. 4	1. 5
100	148	15	12	180	—	220	120	300	3. 1	2. 3
150	212	20	14	180	70	320	170	450	7. 7	5. 8
200	262	20	14	230	70	420	220	600	12. 5	9. 1
250	325	30	16	280	80	480	270	750	20. 8	16. 7
300	375	30	16	330	80	540	320	900	26. 7	22. 5
350	435	40	18	380	90	600	370	1050	38. 6	34. 5
400	485	40	18	430	90	660	420	1200	46. 8	41. 7
450	540	45	20	480	100	720	470	1350	62. 3	57. 5
500	595	45	20	530	100	780	520	1500	74. 5	73. 4

2. 耐酸酚醛塑料直角等径三通和四通规格

简图							
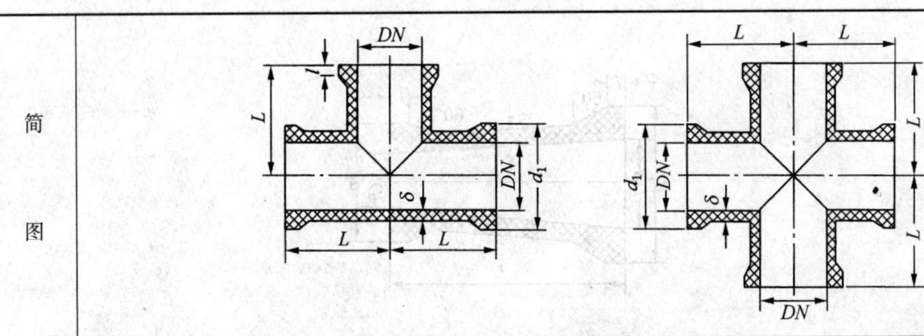							

尺寸及质量	公称直径 DN	尺寸/mm				质量/kg	
		d_1	l	δ	L	三通	四通
	33	69	14	9	110	0.9	1.1
	54	98	14	11	130	1.8	2.3
	78	126	15	12	150	3.0	3.9
	100	148	15	12	160	3.9	4.9
	150	212	20	14	230	9.8	12.3
	200	262	20	14	300	15.8	19.8
	250	325	30	16	340	26.8	33.4
	300	375	30	16	370	33.5	41.4
	350	435	40	18	400	47.8	59.2
	400	485	40	18	440	58.3	71.7
	450	540	45	20	480	78.1	95.3
	500	595	45	20	510	92.2	112.5

3. 耐酸酚醛塑料直角异径三通和四通规格

简图
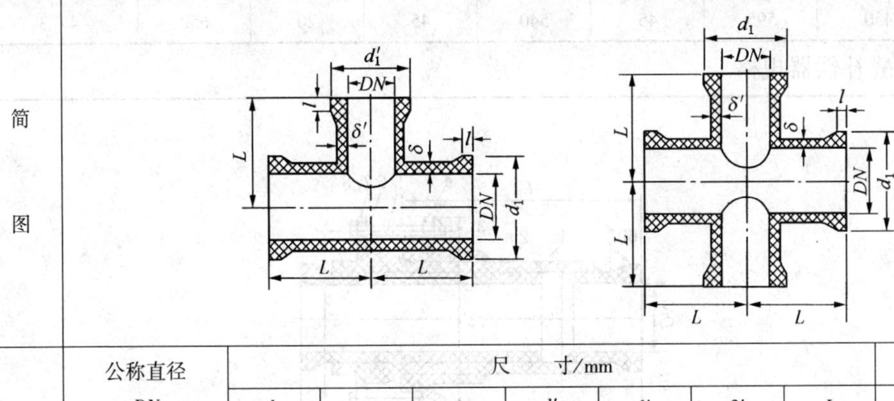

尺寸及质量	公称直径 DN	尺寸/mm							质量/kg	
		d_1	l	δ	d_1'	l'	δ'	L	三通	四通
	54/33	98	14	11	69	14	9	130	1.6	1.8
	78/54	126	15	12	98	14	11	150	2.8	3.3
	100/78	148	15	12	126	15	12	160	3.7	4.5
	150/100	212	20	14	148	15	12	230	8.6	9.9
	200/150	262	20	14	212	20	14	300	14.9	18
	250/200	325	30	16	262	20	14	340	24.3	28.5
	300/250	375	30	16	325	30	16	370	32.2	38.9
	350/300	435	40	18	375	30	16	400	44.7	52.8
	400/350	485	40	18	435	40	18	440	57.8	69.5
	450/400	540	45	20	485	40	18	480	74.4	88.2
	500/450	595	45	20	540	45	20	510	89.8	107.4

4. 耐酸酚醛塑料异径管规格

简图	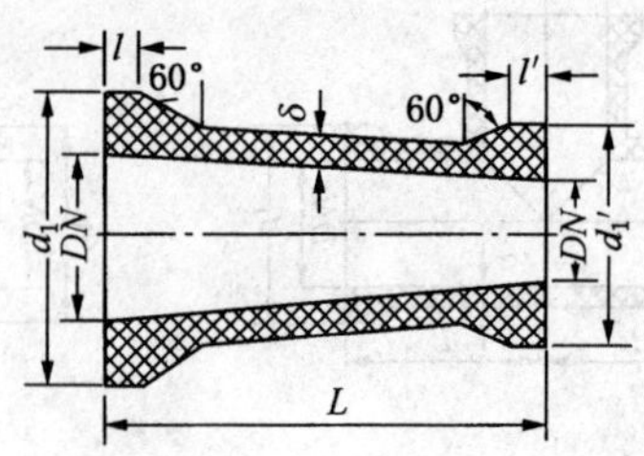

	公称直径 DN	尺寸/mm						质量/kg
		d_1	l	d'_1	l'	δ	L	
尺寸及质量	54/33	98	14	69	14	11	150	0.7
	78/54	126	15	98	14	12	200	1.3
	100/78	148	15	126	15	12	250	2.0
	150/100	212	20	148	15	14	300	3.9
	200/150	262	20	212	20	14	350	6.6
	250/200	325	30	262	20	16	400	10.8
	300/250	375	30	325	30	16	450	15.6
	350/300	435	40	375	30	18	500	22.0
	400/350	485	40	435	40	18	550	29.6
	450/400	540	45	485	40	20	600	38.7
	500/450	595	45	540	45	20	650	47.3

5. 耐酸酚醛补偿器规格

简图	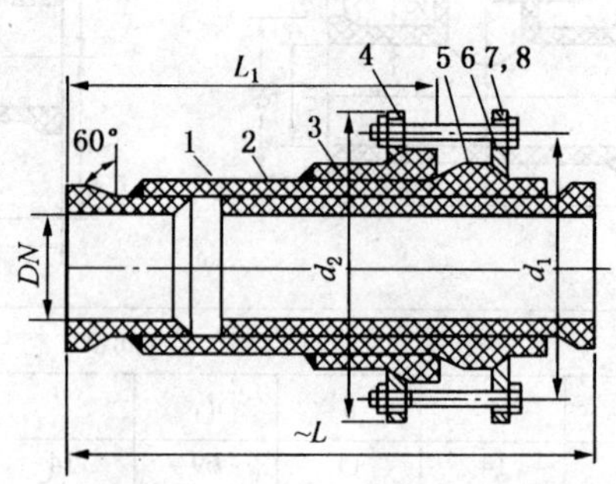

	件号	名称	数量	材料	件号	名称	数量	材料
组成部件	1	本体	1	耐酸酚醛塑料	5	压盖	1	Q235A.F
	2	伸缩节	1	耐酸酚醛塑料	6	整体法兰	1	耐酸酚醛塑料
	3	填料		石棉绳	7	螺栓	见尺寸表	Q235A.F
	4	法兰	1	Q235A.F	8	螺母	见尺寸表	Q235A.F

续表

	公称直径 DN	尺寸/mm					螺栓			质量/kg
		极限伸缩量	d_1	d_2	L_1	~L	直径	数量	长度	
尺寸及质量	33	120	155	190	295	495	M16	4	130	8.7
	54	120	180	215	295	461	M16	8	130	12.8
	78	120	220	255	315	492	M16	8	160	18.1
	100	120	240	275	315	492	M16	8	160	20.9
	150	150	310	345	420	634	M16	8	200	40.0
	200	150	370	410	420	634	M20	12	200	59.8
	250	150	440	480	465	721	M20	12	220	83.7
	300	150	490	530	465	721	M20	16	220	97.3
	350	200	550	590	610	903	M20	16	240	134.2
	400	200	605	645	610	903	M20	20	240	160.5
	450	200	670	710	640	970	M20	20	260	189.5
	500	200	720	760	640	970	M20	24	260	226.7

6. 耐酸酚醛塑料管连接用对开铸铁法兰规格

简图		件号	名称	数量	材料
	组成部件	1	铸铁法兰（A）	2	HT150
		2	铸铁法兰（B）	2	HT150
		3	螺　栓	4	Q235AF
		4	螺　母	4	Q235AF

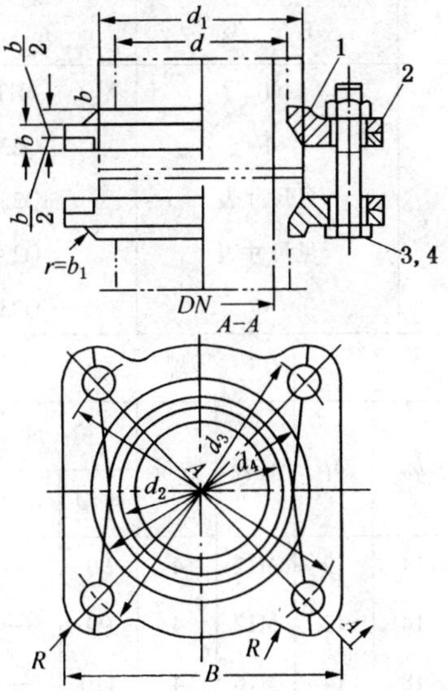

	公称直径 DN	尺寸/mm										螺栓			质量/kg
		d	d_1	d_2	d_3	d_4	d_5	R	b	b_1	~B	直径	长度	数量	
尺寸及质量	20	36	52	42	100	62	92	15	16	5	100	M12	75	4	2.43
	33	51	69	58	120	78	110	15	16	5	114	M14	75	4	3.02
	54	76	98	82	150	102	140	15	16	8	136	M14	75	4	3.72
	78	102	126	110	185	135	175	20	18	8	170	M16	85	4	5.89
	100	124	148	132	215	162	205	25	18	8	202	M18	90	4	7.37
	150	178	212	188	280	222	265	30	20	10	258	M20	105	4	10.86
	200	228	262	238	340	278	330	35	20	10	310	M20	105	4	13.8

7. 耐酸酚醛塑料管道连接用活套法兰规格

简图

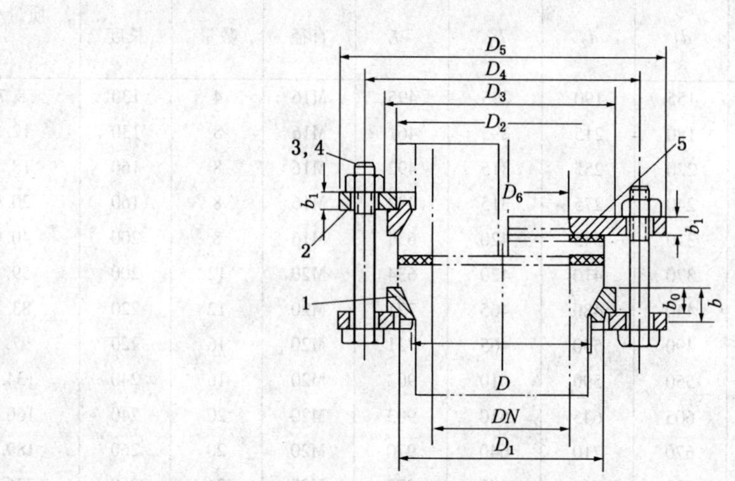

组成部件

件号	名称	数量 A型	数量 B型	材料
1	对开环	2	1	HT150
2	活套法兰	2	1	Q235A. F
3	螺栓	见尺寸表	见尺寸表	Q235A. F
4	螺母	见尺寸表	见尺寸表	Q235A. F
5	压盖	—	1	Q235A. F

尺寸及质量

公称直径 DN	尺寸/mm D	D_1	D_2	D_3	D_4	D_5	D_6	b	b_0	b_1	螺栓 直径	数量	长度 A型	长度 B型	质量/kg A型	质量/kg B型
33	58	69	71	82	100	130	30	20	14	12	M12	4	90	—	2.8	—
54	82	98	100	112	130	160	50	20	14	12	M12	4	90	—	3.8	—
78	110	126	128	142	170	205	75	24	18	14	M16	4	110	—	7.3	—
100	132	148	150	165	200	235	95	24	18	14	M16	8	110	—	9.9	—
150	188	212	214	232	255	290	145	30	22	16	M16	8	140	—	15.0	—
200	238	262	264	285	305	340	195	30	22	20	M16	8	140	—	20.7	—
250	292	325	328	350	395	435	245	35	25	22	M20	12	170	—	39.9	—
300	342	375	378	402	445	485	295	35	25	22	M20	12	180	120	45.2	44.3
350	398	435	438	465	495	535	345	38	28	22	M20	16	200	140	53.7	52.0
400	448	485	488	515	550	590	395	38	28	24	M20	16	210	140	63.1	62.3
450	502	540	543	585	600	640	445	42	32	24	M20	16	220	150	76.8	72.4
500	552	595	600	632	675	715	495	42	32	20	M16	28	220	150	82.5	76.8

八、塑料衬里复合钢管和管件（HG/T 2437—2006）

1. 塑料衬里复合钢管和管件的产品分类与标记

产品类型			代号
直管	二端平焊法兰		ZG
	一端平焊法兰、一端松套法兰		ZGS
弯头	90°	二端平焊法兰	WT
		一端平焊法兰、一端松套法兰	WTS
	45°	二端平焊法兰	WT2
		一端平焊法兰、一端松套法兰	WT2S
三通	平焊法兰		ST
	平焊法兰和松套法兰结合		STS
四通	平焊法兰		FT
	平焊法兰和松套法兰结合		FTS
异径管	平焊法兰		YJ
	平焊法兰和松套法兰结合		YJS

2. 塑料衬里复合钢管和管件的衬里材料的分类和代号

材料名称	代号	材料名称	代号
聚四氟乙烯	PTFE	可溶性聚四氟乙烯	PFA
聚全氟乙丙烯	FEP	无规共聚聚丙烯	PP-R
交联聚乙烯	PE-D	聚氯乙烯	PVC

3. 型号与命名

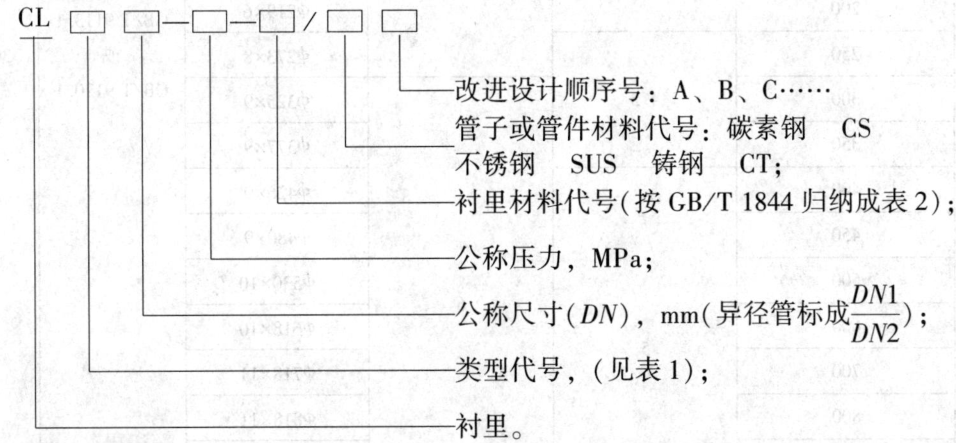

型号编制示例：

管子材料为碳素钢、衬里材料为聚四氟乙烯、公称尺寸（*DN*）*DN*80、公称压力 1.6MPa，二端为平焊法兰的直管：CLZG 80-1.6-PTEE/CS。

管子材料为碳素钢、衬里材料为聚全氟乙丙烯、公称尺寸（*DN*）*DN*50、公称压力 1.0MPa，一端为焊接法兰、另一端为松套法兰的45°弯头：CLWT2S 50-1.0-FEP/CS。

管子材料为碳素钢、衬里材料为交联聚乙烯、公称尺寸(DN)；$DN_1$65、$DN_2$40、公称压力1.0MPa，结构型式为平焊法兰的异径管：CLYJ $\frac{65}{40}$-1.0-PE-D/CS。

4. 直管

简图						
	平焊法兰连接直管			一端平焊法兰一端松套法兰连接的直管		
结构尺寸/mm	公称尺寸 *DN*	衬层厚度 *f*		钢管规格	法兰标准	长度 *L*
		PTFE、FEP、PFA	PP-R、PE-DPVC			
	25			φ35×3.5		
	32	2.5		φ38×3		
	40		3	φ48×4		
	50			φ57×3.5		
	65	3		φ76×4		
	80	3.5	4	φ89×4		
	100			φ108×4		
	125			φ133×4		
	150	4		φ159×4.5		
	200		5	φ219×6		
	250			φ273×8	GB/T 9113.1 或 GB/T 9120.1	3000
	300	4.5		φ325×9		
	350			φ377×9		
	400			φ426×9		
	450			φ480×9		
	500		6	φ530×10		
	600	5		φ618×10		
	700			φ718×11		
	800			φ818×11		
	900			φ918×12		
	1000			φ1018×12		

注：① 当$DN \geq 500$时钢外壳采用钢板卷制。

② 采用名义管道尺寸(NPS、时制)时，应采用ANSI B36.10中40系列的钢管尺寸，法兰采用ASTM A105标准。

5. 弯头

简图

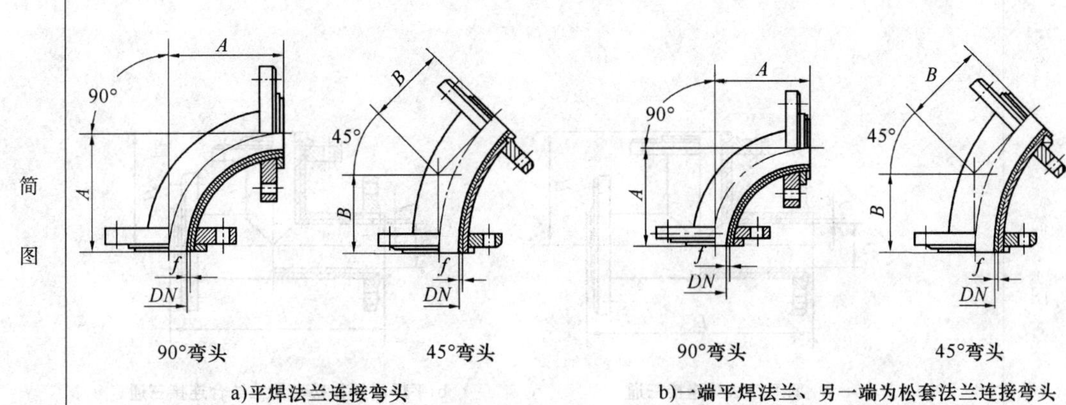

a)平焊法兰连接弯头　　b)一端平焊法兰、另一端为松套法兰连接弯头

	公称尺寸 DN	衬层厚度 f		弯头结构参数		管件最小壁厚	法兰标准
		PTFE、FEP、PFA	PP-R、PE-D PVC	90°弯头 A	45°弯头 B		
结构尺寸/mm	25	2.5	3	89	44	3.0	GB/T 9113.1 或 GB/T 9120.1
	32			95	51	4.8	
	40			102	57		
	50	3		114	64	5.6	
	65		4	127	76		
	80	3.5		140			
	100	4		165	102	6.3	
	125		5	190	114	7.1	
	150			203	127		
	200			229	140	7.9	
	250		6	279	165	8.6	
	300			305	190	9.5	
	350	5		356	221	10	
	400			406	253	11	
	450			457	284	13	
	500			508	316	14	
	600			610	374	16	
	700			710	430	18	
	800			810	488	20	
	900			910	548	20	
	1000			1010	608	22	

注：采用名义管道尺寸(NPS、吋制)时，弯头及下属的三通、四通、异径管应采用 ASTM A587 或 ASTM A53 的 B 级标准，且都应是 40 系列。法兰采用 ASTM A105 标准。

6. 三通

简图

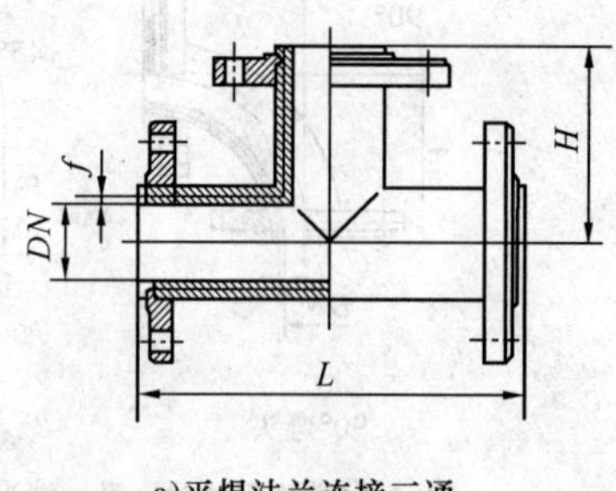

a)平焊法兰连接三通

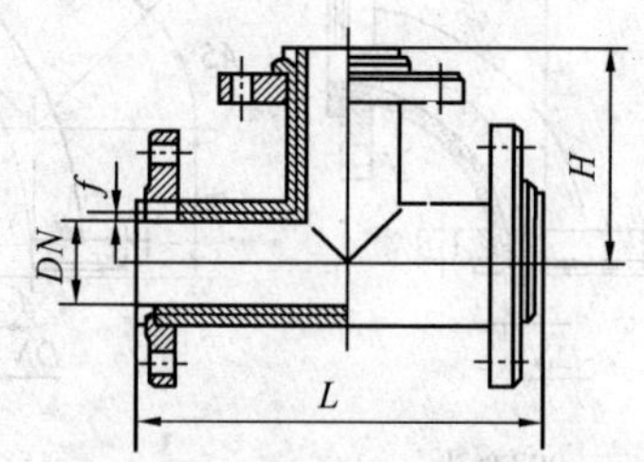

b)平焊法兰和松套法兰结合连接三通

结构尺寸/mm

公称尺寸 DN	衬层厚度 f PTFE、FEP、PFA	衬层厚度 f PP-R、PE-D、PVC	三通结构参数 横长 L	三通结构参数 垂直高 H	管件最小壁厚	法兰标准
25						
32						
40		3	200	100		
50	3				4	
65						
80		4				
100			300	150		
125					5	
150		5				
200	4		400	200		
250			500	250		GB/T 9113.1 或 GB/T 9120.1
300			600	300	6	
350			700	350		
400			800	400	8	
450			900	450		
500		6	1000	500	10	
600	5		1200	600		
700			1400	700	12	
800			1600	800		
900			1800	900	14	
1000			2000	1000		

7. 四通

<table>
<tr><td rowspan="2">简图</td><td colspan="6">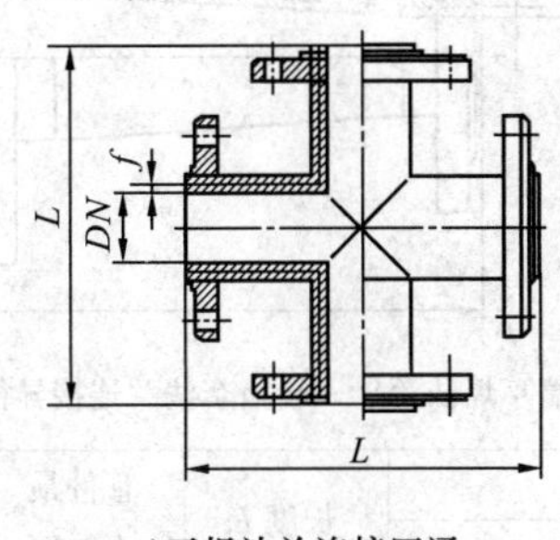

a)平焊法兰连接四通
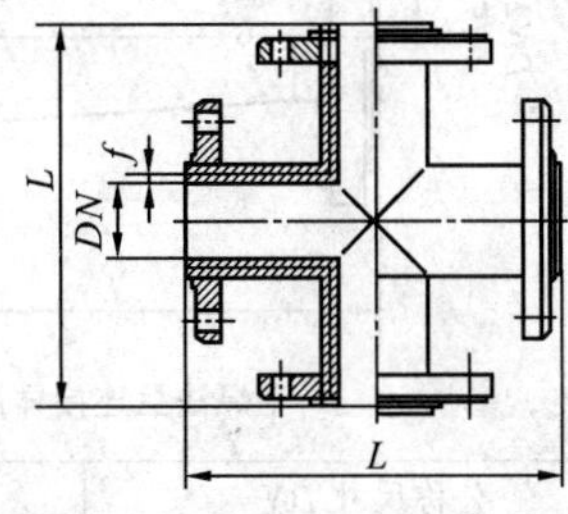

b)平焊法兰和松套法兰结合连接四通</td></tr>
<tr></tr>
<tr><td rowspan="23">结构尺寸/mm</td><td rowspan="2">公称尺寸
DN</td><td colspan="2">衬层厚度 f</td><td rowspan="2">四通结构参数 L</td><td rowspan="2">管件最小壁厚</td><td rowspan="2">法兰标准</td></tr>
<tr><td>PTFE、FEP、PFA</td><td>PP-R、PE-D、PVC</td></tr>
<tr><td>25</td><td rowspan="5">3</td><td rowspan="3">3</td><td rowspan="3">200</td><td rowspan="5">4</td><td rowspan="21">GB/T 9113. 1
或
GB/T 9120. 1</td></tr>
<tr><td>32</td></tr>
<tr><td>40</td></tr>
<tr><td>50</td><td rowspan="3">4</td><td rowspan="3">300</td></tr>
<tr><td>65</td></tr>
<tr><td>80</td><td rowspan="7">4</td><td rowspan="5">5</td></tr>
<tr><td>100</td></tr>
<tr><td>125</td><td rowspan="3">5</td></tr>
<tr><td>150</td><td rowspan="2">400</td></tr>
<tr><td>200</td></tr>
<tr><td>250</td><td rowspan="11">6</td><td>500</td><td rowspan="2">6</td></tr>
<tr><td>300</td><td>600</td></tr>
<tr><td>350</td><td rowspan="9">5</td><td>700</td><td rowspan="2">8</td></tr>
<tr><td>400</td><td>800</td></tr>
<tr><td>450</td><td>900</td><td rowspan="2">10</td></tr>
<tr><td>500</td><td>1000</td></tr>
<tr><td>600</td><td>1200</td><td rowspan="2">12</td></tr>
<tr><td>700</td><td>1400</td></tr>
<tr><td>800</td><td>1600</td><td rowspan="3">14</td></tr>
<tr><td>900</td><td>1800</td></tr>
<tr><td>1000</td><td>2000</td></tr>
</table>

8. 异径管

简图

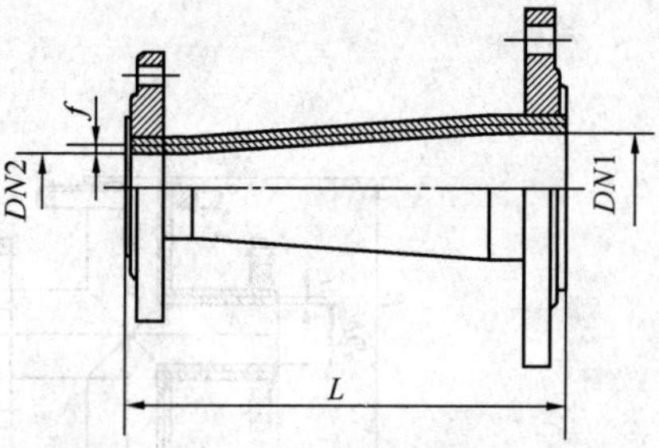

平焊法兰连接异径管

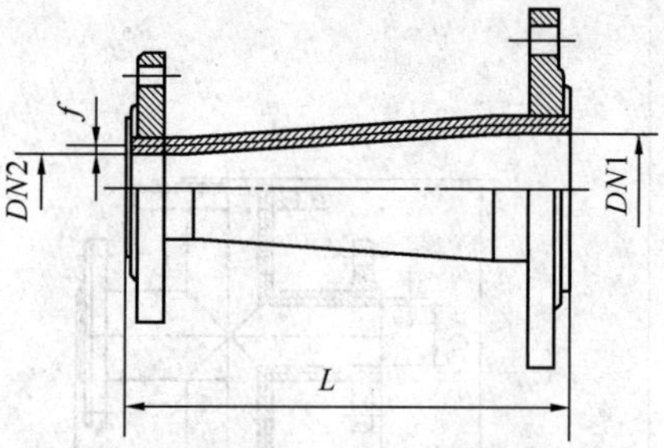

一端平焊法兰、一端松套法兰连接异径管

结构尺寸/mm	公称尺寸 DN		衬层厚度 f		长度 L	管件最小壁厚	法兰标准
	DN1	DN2	PTFE、FEP、PFA	PP-R、PE-D、PVC			
	40	25	3	3	150	3	GB/T 9113.1 或 GB/T 9120.1
	50	25					
	50	40					
	65	40					
	65	50					
	80	50					
	80	65		5			
	100	50					
	100	65					
	100	80	4			4	
	125	65					
	125	80					
	125	100					
	150	80					
	150	100					
	150	125		6			
	200	100					
	200	150					
	250	150					
	250	200					
	300	200					
	300	250					
	350	300	5		250	8	
	400	300				10	
	400	350					
	450	350					
	450	400					
	500	400					
	500	450					
	600	450			300	12	
	600	500					
	700	500					
	700	600					
	800	600					
	800	700				15	
	900	700					
	900	800					
	1000	800					
	1000	900					

九、非金属材料补偿器

(一) 聚四氟乙烯补偿器

在酸泵的出口，在反应塔的顶部，与玻璃、搪瓷、石墨等脆性材料制作的设备接口处，以及非金属反衬里管道本身为防止管路热胀冷缩、机械振动、调整安装过程中相互位置的偏差、防止不均匀沉陷反变形引起非金属管道的泄漏或断裂等而设置聚四氟乙烯补偿器。在容易产生真空的部位(如酸泵的进口)应慎重使用。

1. 基本型的补偿器结构

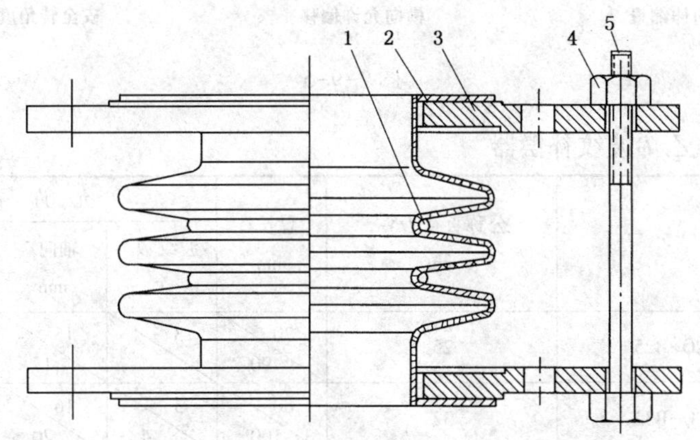

图 2-9-3

1—不锈钢丝加强圈；2—F_4 翻边；3—钢法兰；
4—螺母；5—定位导棒(螺栓)

2. 目前各生产厂家生产的各种类型

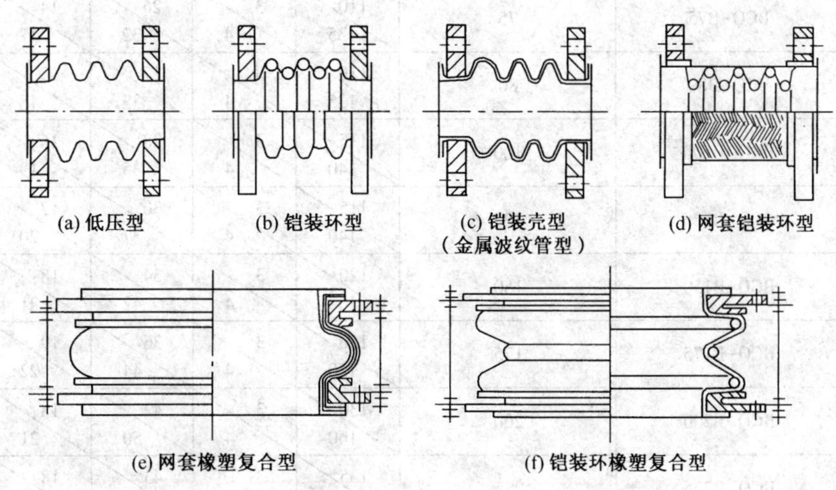

(a) 低压型　(b) 铠装环型　(c) 铠装壳型(金属波纹管型)　(d) 网套铠装环型

(e) 网套橡塑复合型　(f) 铠装环橡塑复合型

图 2-9-4

3. 各种型号补偿器的允许补偿量

补偿器在使用过程中会出现伸长，缩短，转角与径向偏移等几种变形情况。

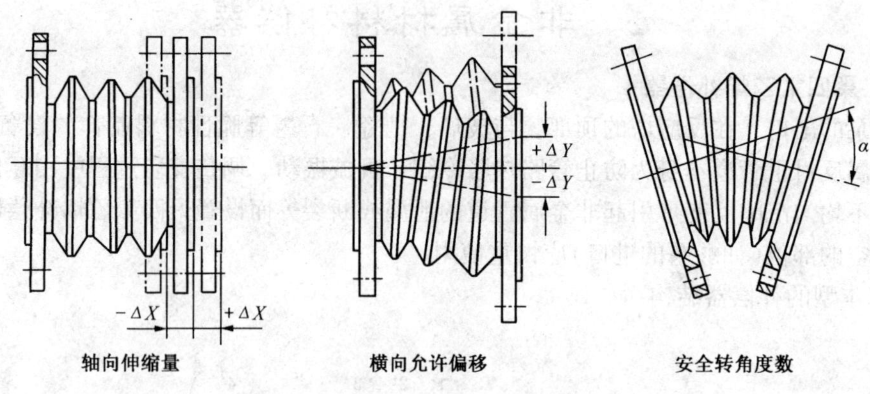

图 2-9-5

4. 通用聚四氟乙烯波纹补偿器

序号	型号	公称直径 DN/mm	总长/mm	允许补偿量			
				波纹数/个	轴向/mm	横向/mm	转角/度
1	BCQ-B25	25	70/90	3/4	15/17	10/12	32/34
2	BCQ-B32	32	80/100	3/4	16/20	10/12	30/32
3	BCQ-B40	40	90/110	3/4	18/24	12/15	29/30
4	BCQ-B50	50	100/120	3/4	22/28	13/16	28/29
5	BCQ-B65	65	105/130	3/4	24/30	14/17	27/28
6	BCQ-B75	75	110/135	3/4	26/32	14/17	26/27
7	BCQ-B80	80	110/135	3/4	27/33	15/18	25/26
8	BCQ-B100	100	115/140	3/4	28/35	16/19	24/25
9	BCQ-B125	125	115/140	3/4	30/37	17/20	23/24
10	BCQ-B150	150	120/150	3/4	34/42	18/21	22/23
11	BCQ-B175	175	120/150	3/4	36/44	19/22	21/22
12	BCQ-B200	200	130/160	3/4	42/50	18/21	20/21
13	BCQ-B225	225	135/170	3/4	43/51	18/21	19/20
14	BCQ-B250	250	135/170	3/4	44/52	17/20	18/19
15	BCQ-B300	300	150/190	3/4	46/54	17/20	17/18

续表

序号	型号	公称直径 DN/mm	总长/mm	允许补偿量 波纹数/个	轴向/mm	横向/mm	转角/度
16	BCQ-B350	350	150	3	48	18	16
			200	4	56	20	17
17	BCQ-B400	400	165	3	50	18	15
			205	4	59	20	16
18	BCQ-B450	450	170	3	52	19	16
			210	4	61	22	15
19	BCQ-B500	500	200	3	54	19	13
			245	4	63	22	14
20	BCQ-B600	600	220	3	56	20	12
			270	4	65	23	13
21	BCQ-B700	700	250	3	56	20	11
			300	4	67	23	12
22	BCQ-B800	800	280	3	58	20	11
			330	4	69	23	12
23	BCQ-B900	900	300	3	60	20	10
			360	4	70	23	11
24	BCQ-B1000	1000	320	3	62	18	9
			380	4	72	22	10
25	BCQ-B1200	1200	330	3	64	20	8
			390	4	74	22	9
26	BCQ-B1400	1400	340	3	66	18	7
			410	4	76	20	8
27	BCQ-B1600	1600	350	3	68	12	6
			425	4	78	18	7
28	BCQ-B1800	1800	355	3	70	10	5
			435	4	80	15	6
29	BCQ-B2000	2000	365	3	72	10	4
30	BCQ-B2500	2500	450	4	82	15	5

注：生产厂有南京晨光机器厂、浙江省温州市氟塑设备制造厂。

（二）各种补偿器类型及适用范围

型式	Ω形补偿器	U形补偿器
简图	5.5*D* 33.76° 3.5*D* 17.5*D* 11*D* *D* 2*D*	*B*=2/3*H* *D* *H*=100 3.5*D* 2*D*
适用范围	*DN*≤50mm	*DN*=50~100mm
型式	软聚氯乙烯补偿器	波形补偿器
简图	法兰式 软聚氯乙烯板 套管式 软聚氯乙烯板	φ200~300 R50 R50 50
适用范围	*DN*>100mm 低压管道	*DN*>100mm

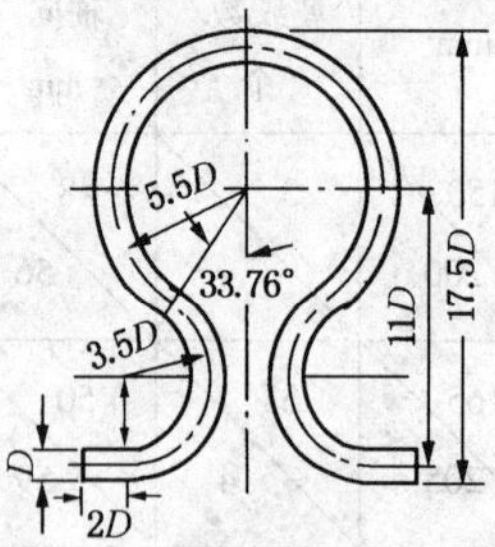

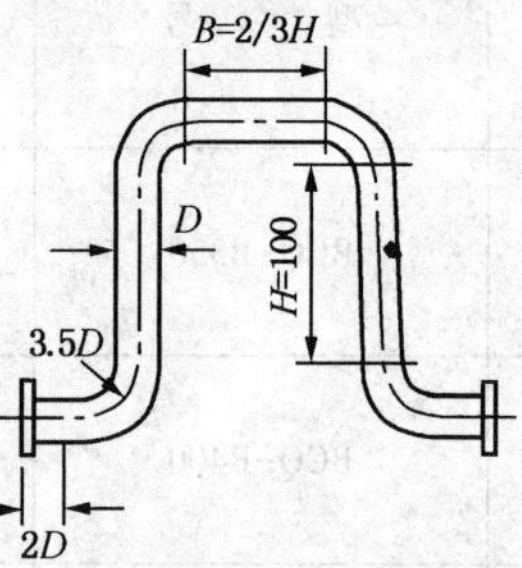

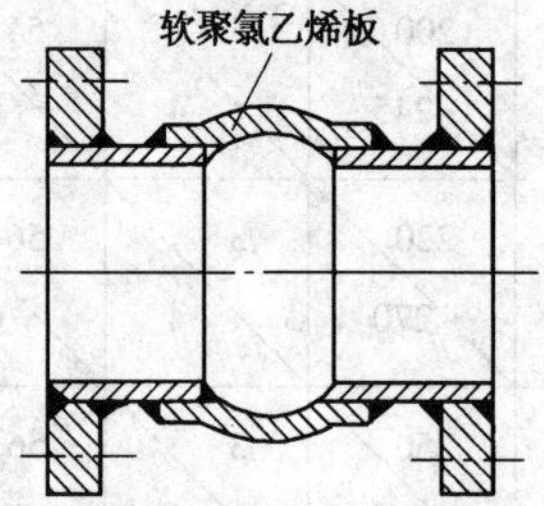

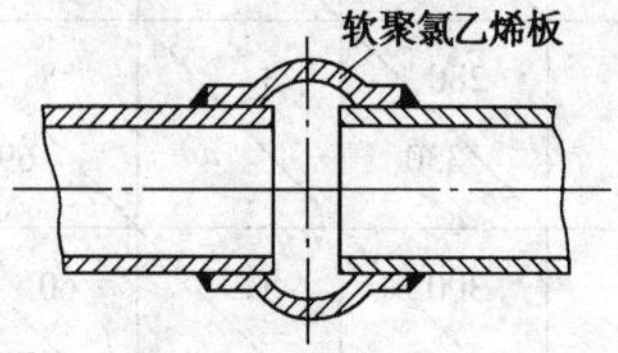

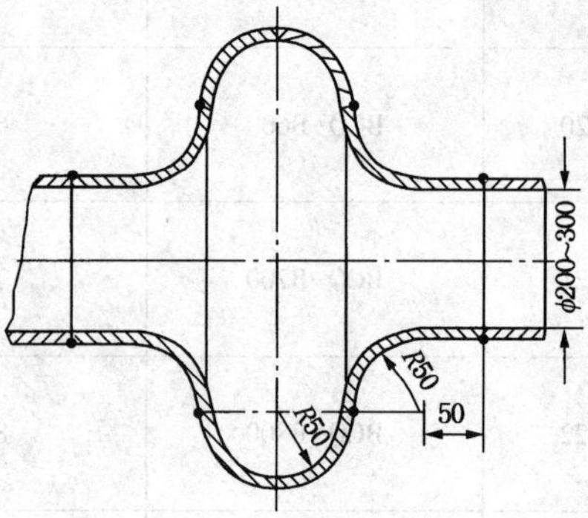

（编制　吴正佑　王怀义）

第十节　其　他

（一）软管站接头系列（TW07-83）

（1）本系列适用于水、水蒸气、压缩空气用的软管接头。在结构上分为快速接头和胶管接头两部分，如图2-10-1所示。

胶管
外套
φ19
φ13
43/4″
22
φ46
43/4″(1″)
122
胶管接头
快速接头
66(68)
48(50)

括弧内尺寸为水蒸气软管接头尺寸

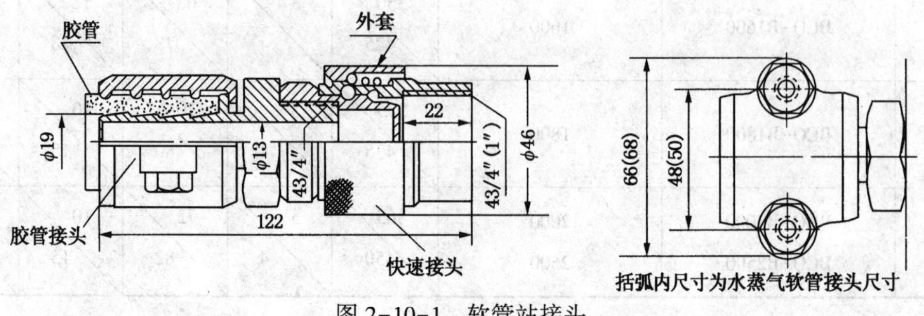

图2-10-1　软管站接头

(2) 软管接头型号由三项组成

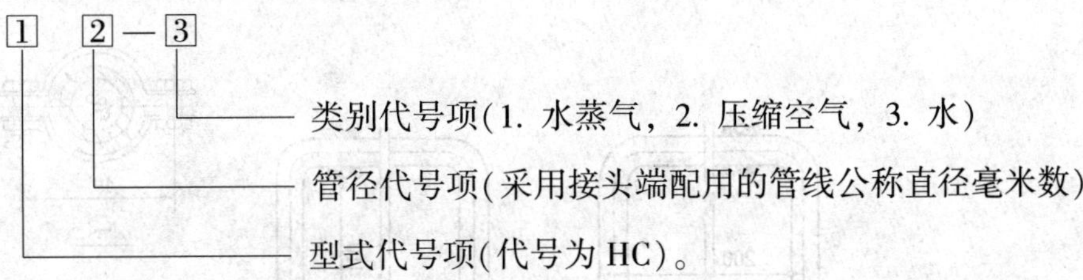

(3)软管接头选用条件见表 2-10-1。

表 2-10-1 软管接头选用条件

名　称	规　格	型　号	适用介质(表压)/MPa	配用软管规格
水蒸气软管接头	$1''\times\frac{3''}{4}$	HC25-1	水蒸气≤10	内径 19mm 的钢丝编织胶管
	$\frac{3''}{4}\times\frac{3''}{4}$	HC20-1		
压缩空气软管接头	$1''\times\frac{3''}{4}$	HC25-2	压缩空气≤10	内径 19mm 夹布胶管
	$\frac{3''}{4}\times\frac{3''}{4}$	HC20-2		
水软管接头	$1''\times\frac{3''}{4}$	HC25-3	水≤0.7	
	$\frac{3''}{4}\times\frac{3''}{4}$	HC20-3		

(二) 软管接头喷头(71T002-85)

(1) 水、压缩空气用的喷头见图 2-10-2。

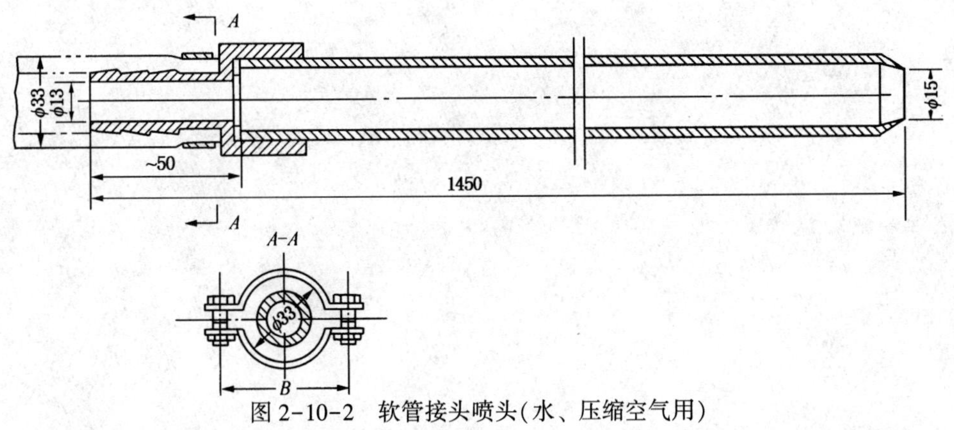

图 2-10-2　软管接头喷头(水、压缩空气用)

注：软管外径D　$\phi28$　$\phi29$　$\phi31$

B　44　45　47

(2) 蒸汽、热水用的喷头，见图 2-10-3。

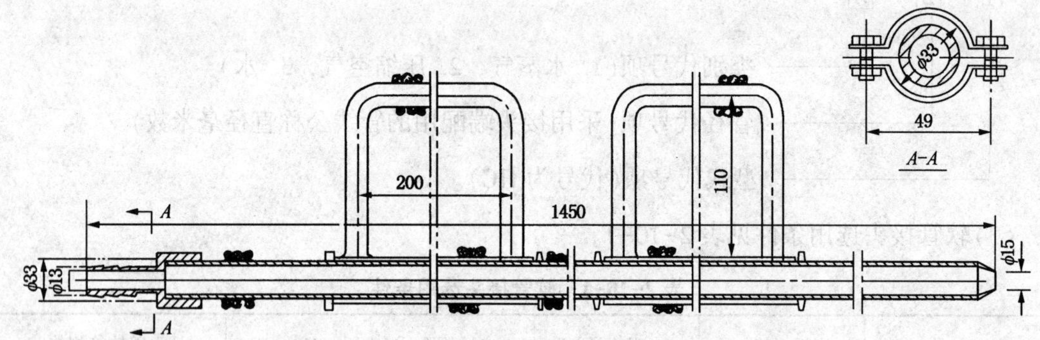

图 2-10-3　软管接头喷头(蒸汽、热水用)

(编制　王怀义　马淑玲　张德姜)

第三章　法兰、法兰盖 法兰紧固件及垫片

第一节　法兰和法兰盖

一、概　　述

1. 法兰种类

管道法兰按与管子的连接方式分成以下五种基本类型：平焊、对焊、螺纹、承插焊和松套法兰，见图 3-1-1。

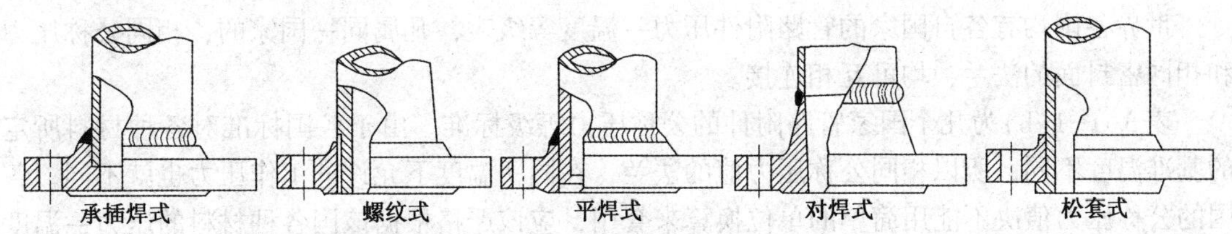

图 3-1-1　法兰按与管子连接方式分类

2. 法兰密封面

法兰密封面有宽面、光面、凹凸面、榫槽面和梯形槽面等几种，见图 3-1-2。

我国各部制订的法兰标准中，密封面名称各有不同，密封面名称对照表见表 3-1-1(a)。

表 3-1-1(a)　密封面名称对照表

密封面名称	石化行标(SH/T)	国　标(GB/T)	化工部(HG/T)	一机部(JB/T)	石油部(SY/T)
宽　面	全平面	平　面	全平面	—	—
光　面	凸台面	凸　面	突　面	光滑面	光滑面
凹凸面	凹凸面	凹凸面	凹凸面	凹凸面	凹凸面
榫槽面	榫槽面	榫槽面	榫槽面	—	—
梯形槽面	环槽面	环连接面	环连接面	梯形槽面	梯形槽面

不同连接方式的法兰可有同一种密封面，同一连接方式的法兰也可有不同的密封面。

3. 法兰的压力—温度等级

管道法兰均按公称压力选用，法兰的压力-温度等级表示公称压力与在某温度下最大工作压力的关系。如果将工作压力等于公称压力时的温度定义为基准温度，不同的材料所选定的基准温度也往往不同。某工作温度下允许的最大工作压力与公称压力的关系一般可由式(3-1-1)确定。

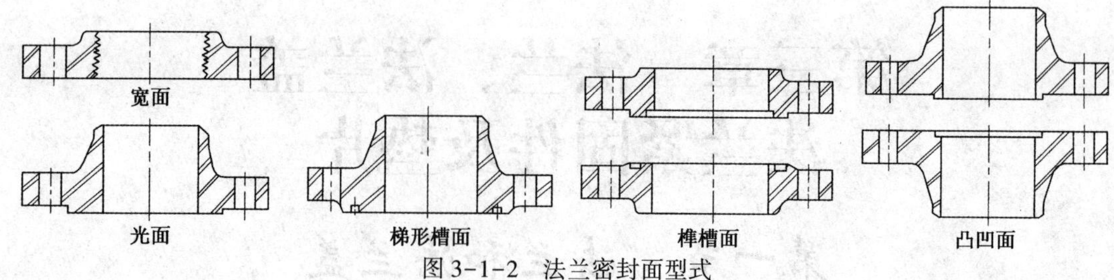

图 3-1-2　法兰密封面型式

$$p = \frac{\sigma_t}{\sigma_{基}} PN \tag{3-1-1}$$

式中　p——工作温度下允许最大工作压力；

PN——公称压力；

σ_t——工作温度时的材料许用应力；

$\sigma_{基}$——基准温度时的材料许用应力。

世界各国均有各自国家的管路附件压力—温度等级表，凡属同一国家的，相同公称压力和相同密封面的法兰，均可互相连接。

表 3-1-1(b)为几个国家管路附件的公称压力等级标准。由于各国标准对各种材料所定的基准温度不同，所以相同公称压力值的法兰，在同一温度下允许的工作压力也就不同。各国的公称压力值决不能用简单的单位换算来套用，应该严格根据该国各种材料的压力—温度等级表来确定法兰的公称压力。

石化行业标准法兰在不同温度下的最大允许使用的最高无冲击压力见表 3-1-2。国标钢制管法兰材料和法兰的压力—温度额定值见表 3-1-3(a)、(b)、(c)、(d)。一机部、石油部法兰压力—温度等级见表 3-1-4。化工部 HG 法兰的压力—温度等级可参考表 3-1-5(a)、(b)、(c)、(d)、(e)确定。

表 3-1-1(b)　各国管路附件的“公称压力”等级

国　名	标　准　号	压力单位	公　称　压　力
日　本	JIS B2201	kgf/cm^2	2、5、10、16、20、30、63
美　国	ASME B16.5	psi	150、300、400、600、900、1500、2500
		kgf/cm^2	20、50、68、100、150、250、420
英　国	BS10	psi	30、50、100、150、250、350、450、600、900
德　国	DIN2401	kgf/cm^2	1、1.6、2.5、4、6、10、16、25、40、63、100、160、250、400、630、1600、2500、4000、6300
法　国	NF E92-002	kgf/cm^2	1、2.5、4、6、8、10、12.5、16、20、25、32、40、50、64、80、100、125、160、200、250、320、500、640、800、1000
原苏联	ГОСТ366	kgf/cm^2	1、2.5、4、6、10、16、25、40、64、100、160、200、250、320、500、640、800、1000
中　国	GB/T 9131	Class	150、300、900、1500、2500
		bar	2.5、6、10、16、25、40、63、100、160、250、320、400
ISO	ISO 7005-1	MPa	1.0、1.6、2.0、5.0、11.0、15.0、26.0、42.0
			0.25、0.6、2.5、4.0

表 3-1-2　SH 法兰在不同温度下允许使用的最高无冲击压力

公称压力 PN	法兰材料	工作温度/℃															
		20	100	150	200	250	300	350	400	425	450	475	500	525	550	575	600
		最高无冲击压力/MPa															
1.0	20，20D	0.79	0.71	0.68	0.64	0.58	0.51	0.42	0.32	0.28							
	16Mn，16MnDR① 16MnD①	1.00	0.88	0.79	0.70	0.60	0.51	0.42	0.32	0.28	0.23	0.18					
	15CrMo	1.00	0.88	0.79	0.70	0.60	0.51	0.42	0.32	0.28	0.23	0.18	0.14	0.10	0.06		
	12Cr1MoV	1.00	0.88	0.79	0.70	0.60	0.51	0.42	0.32	0.28	0.23	0.18	0.14	0.10	0.07		
	1Cr5Mo	1.00	0.88	0.79	0.70	0.60	0.51	0.42	0.32	0.28	0.23	0.18	0.14	0.10	0.07		
	09Mn2VDR 09Mn2VD	1.00	0.88	0.79													
	0Cr18Ni9 1Cr18Ni9Ti	0.92	0.78	0.69	0.64	0.60	0.51	0.42	0.32	0.28	0.23	0.18	0.14	0.09	0.06		
	00Cr19Ni10 00Cr17Ni14Mo2	0.79	0.66	0.60	0.55	0.51	0.48	0.42	0.33	0.28	0.24						
	0Cr17Ni12Mo2	0.95	0.81	0.74	0.68	0.61	0.51	0.42	0.32	0.28	0.23	0.18	0.14	0.09	0.06		
	0Cr18Ni10Ti	0.95	0.80	0.72	0.66	0.60	0.51	0.42	0.32	0.28	0.23	0.18	0.14	0.09	0.04		
2.0	20，20D	1.58	1.42	1.35	1.27	1.15	1.03	0.84	0.65	0.56							
	16Mn，16MnDR① 16MnD①	2.00	1.77	1.58	1.40	1.21	1.02	0.84	0.65	0.56	0.47	0.37					
	15CrMo	2.00	1.77	1.58	1.40	1.21	1.02	0.84	0.65	0.56	0.47	0.37	0.28	0.19	0.13		
	12Cr1MoV	2.00	1.77	1.58	1.40	1.21	1.02	0.84	0.65	0.56	0.47	0.37	0.28	0.19	0.13		
	1Cr5Mo	2.00	1.77	1.58	1.40	1.21	1.02	0.84	0.65	0.56	0.47	0.37	0.28	0.19	0.13		
	09Mn2VDR 09Mn2VD	2.00	1.77	1.58													
	0Cr18Ni9 1Cr18Ni9Ti	1.90	1.57	1.39	1.26	1.17	1.02	0.84	0.65	0.56	0.47	0.37	0.28	0.19	0.13		
	00Cr19Ni10 00Cr17Ni14Mo2	1.59	1.32	1.20	1.10	1.02	0.97	0.84	0.65	0.56	0.47						
	0Cr17Ni12Mo2	1.90	1.62	1.48	1.37	1.21	1.02	0.84	0.65	0.56	0.47	0.37	0.28	0.19	0.13		
	0Cr18Ni10Ti	1.90	1.59	1.44	1.32	1.19	1.02	0.83	0.64	0.56	0.46	0.36	0.28	0.18	0.09		

续表

公称压力 PN	法兰材料	工作温度/℃															
		20	100	150	200	250	300	350	400	425	450	475	500	525	550	575	600
		最高无冲击压力/MPa															
5.0	20，20D	3.95	3.56	3.39	3.18	2.88	2.57	2.39	2.19	2.12							
	16Mn，16MnDR① 16MnD①	5.17	4.96	4.77	4.37	4.17	3.77	3.57	3.37	3.14	2.21	1.42					
	15CrMo	5.17	4.88	4.64	4.55	4.45	4.24	4.02	3.66	3.51	3.38	3.17	2.78	1.54	0.84		
	12Cr1MoV	5.17	4.88	4.64	4.55	4.45	4.24	4.02	3.66	3.51	3.38	3.17	2.78	2.03	1.28	0.85	
	1Cr5Mo	5.17	5.15	5.02	4.88	4.63	4.24	4.02	3.66	3.45	3.09	2.59	2.03	1.54	1.17	0.88	0.6
	09Mn2VDR 09Mn2VD	5.17	5.15	5.02													
	0Cr18Ni9 1Cr18Ni9Ti	4.96	4.09	3.63	3.28	3.05	2.91	2.81	2.75	2.72	2.69	2.66	2.61	2.39	2.18	2.01	1.6
	00Cr19Ni10 00Cr17Ni14Mo2	4.14	3.45	3.12	2.87	2.67	2.52	2.40	2.32	2.27	2.23						
	0Cr17Ni12Mo2	4.96	4.22	3.85	3.57	3.34	3.16	3.04	2.91	2.87	2.81	2.74	2.68	2.58	2.50	2.41	2.1
	0Cr18Ni10Ti	4.96	4.15	3.75	3.41	3.21	3.05	2.93	2.86	2.85	2.82	2.80	2.78	2.58	2.50	2.28	1.9
6.8	20，20D	5.37	4.85	4.62	4.33	3.92	3.74	3.25	2.98	2.88							
	16Mn，16MnDR① 16MnD①	6.90	6.75	6.48	5.94	5.67	5.13	4.80	4.59	4.28	3.01	1.93					
	15CrMo	6.90	6.50	6.18	6.06	5.93	5.66	5.36	4.88	4.68	4.51	4.22	3.71	2.05	1.11		
	12Cr1MoV	6.90	6.50	6.18	6.06	5.93	5.66	5.36	4.88	4.68	4.51	4.22	3.71	2.70	1.70	1.13	
	1Cr5Mo	6.90	6.87	6.69	6.50	6.18	5.66	5.36	4.88	4.60	4.12	3.45	2.70	2.06	1.56	1.17	0.8
	09Mn2VDR 09Mn2VD	6.90	6.87	6.69													
	0Cr18Ni9 1Cr18Ni9Ti	6.62	5.45	4.84	4.37	4.07	3.87	3.74	3.66	3.62	3.58	3.54	3.47	3.18	2.91	2.68	2.23
	00Cr19Ni10 00Cr17Ni14Mo2	5.51	4.60	4.16	3.83	3.56	3.37	3.21	3.09	3.03	2.97						
	0Cr17Ni12Mo2	6.62	5.63	5.13	4.76	4.45	4.22	4.06	3.88	3.82	3.74	3.65	3.58	3.44	3.33	3.21	2.86
	0Cr18Ni10Ti	6.62	5.53	5.00	4.58	4.27	4.07	3.91	3.82	3.80	3.76	3.74	3.71	3.44	3.33	3.04	2.64

续表

公称压力 PN	法兰材料	工作温度/℃															
		20	100	150	200	250	300	350	400	425	450	475	500	525	550	575	600
		最高无冲击压力/MPa															
10.0	20，20D	7.90	7.12	6.78	6.36	5.76	5.14	4.78	4.38	4.24							
	16Mn，16MnDR[①] 16MnD[①]	10.34	9.92	9.54	8.74	8.34	7.54	7.14	6.74	6.28	4.42	2.82					
	15CrMo	10.34	9.75	9.23	9.10	8.89	8.49	8.05	7.32	7.02	6.76	6.33	5.56	3.07	1.68		
	12Cr1MoV	10.34	9.75	9.27	9.10	8.89	8.49	8.05	7.32	7.02	6.76	6.33	5.56	4.05	2.55	1.70	
	1Cr5Mo	10.34	10.31	10.04	9.76	9.27	8.49	8.05	7.32	6.90	6.18	5.18	4.05	3.08	2.34	1.76	1.31
	09Mn2VDR 09Mn2VD	10.34	10.31	10.04													
	0Cr18Ni9 1Cr18Ni9Ti	9.92	8.18	7.27	6.55	6.11	5.81	5.61	5.49	5.43	5.37	5.31	5.24	4.78	4.36	4.01	3.34
	00Cr19Ni10 00Cr17Ni14Mo2	8.20	6.90	6.25	5.74	5.34	5.05	4.81	4.63	4.54	4.45						
	0Cr17Ni12Mo2	9.93	8.44	7.70	7.13	6.68	6.33	6.08	5.82	5.73	5.62	5.47	5.37	5.16	4.99	4.82	4.29
	0Cr18Ni10Ti	9.93	8.30	7.50	6.87	6.41	6.11	5.87	5.73	5.70	5.64	5.60	5.56	5.16	4.99	4.56	3.96
15.0	20，20D	11.85	10.68	10.17	9.54	8.64	7.71	7.17	6.57	6.36							
	16Mn，16MnDR[①] 16MnD[①]	15.52	14.88	14.31	13.11	12.51	11.31	10.71	10.11	9.42	6.63	4.26					
	15CrMo	15.52	14.63	13.91	13.64	13.34	12.73	12.07	10.98	10.53	10.14	9.50	8.34	4.62	2.50		
	12Cr1MoV	15.52	14.63	13.91	13.64	13.34	12.73	12.07	10.98	10.53	10.14	9.50	8.34	6.08	3.83	2.55	
	1Cr5Mo	15.51	15.46	15.06	14.64	13.90	12.73	12.07	10.98	10.35	9.27	7.77	6.08	4.63	3.50	2.64	1.96
	09Mn2VDR 09Mn2VD	15.51	15.46	15.06													
	0Cr18Ni9 1Cr18Ni9Ti	14.89	12.26	10.90	9.83	9.16	8.72	8.42	8.24	8.15	8.06	7.97	7.82	7.16	6.54	6.02	5.01
	00Cr19Ni10 00Cr17Ni14Mo2	12.41	10.35	9.37	8.61	8.01	7.57	7.21	6.95	6.81	6.68						
	0Cr17Ni12Mo2	14.86	12.66	11.55	10.70	10.02	9.49	9.13	8.73	8.60	8.42	8.21	8.05	7.74	7.49	7.21	6.43
	0Cr18Ni10Ti	14.89	12.45	11.25	10.31	9.62	9.16	8.80	8.59	8.54	8.46	8.40	8.34	7.74	7.49	6.84	5.94

续表

公称压力 PN	法兰材料	工作温度/℃															
		20	100	150	200	250	300	350	400	425	450	475	500	525	550	575	600
		最高无冲击压力/MPa															
25.0	20，20D	19.75	17.80	16.90	15.90	14.35	12.85	11.95	10.90	10.60							
	16Mn，16MnDR[①] 16MnD[①]	25.86	24.80	23.85	21.85	20.85	18.85	17.85	16.85	15.70	11.05	7.10					
	15CrMo	25.86	24.38	23.19	22.74	22.23	21.21	20.12	18.29	17.55	16.90	15.83	13.90	7.94	4.18		
	12Cr1MoV	25.86	24.38	23.19	22.74	22.23	21.21	20.12	18.29	17.55	16.90	15.83	13.90	10.13	6.38	4.25	
	1Cr5Mo	25.86	25.77	25.10	24.39	23.17	21.21	20.12	18.29	17.25	15.45	12.95	10.13	7.71	5.84	4.41	3.26
	09Mn2VDR 09Mn2VD	25.84	25.57	25.10													
	0Cr18Ni9 1Cr18Ni9Ti	24.82	20.44	18.17	16.38	15.27	14.53	14.03	13.73	13.58	13.43	13.28	13.03	11.94	10.91	10.04	8.36
	00Cr19Ni10 00Cr17Ni14Mo2	20.68	17.24	15.51	14.35	13.35	12.62	12.02	11.58	11.35	11.13						
	0Cr17Ni12Mo2	24.82	21.10	19.25	17.84	16.69	15.81	15.21	14.56	14.33	14.04	13.68	13.41	12.90	12.48	12.05	10.72
	0Cr18Ni10Ti	24.82	20.75	18.75	17.19	16.03	15.27	14.67	14.31	14.24	14.10	14.01	13.90	12.90	12.48	11.39	9.90
42.0	20，20D	33.15	29.95	28.40	26.70	24.15	21.00	20.05	18.35	17.80							
	16Mn，16MnDR[①] 16MnD[①]	43.10	41.66	40.06	36.70	35.02	31.66	29.98	28.30	26.37	18.56	11.92					
	15CrMo	43.10	40.64	38.64	37.90	37.06	35.35	33.53	30.49	29.25	28.17	26.38	23.16	12.82	6.95	5.44	
	12Cr1MoV	43.10	40.64	38.64	37.90	37.06	35.35	33.53	30.49	29.25	28.17	26.38	23.16	16.89	10.64	7.08	
	1Cr5Mo	43.09	42.95	41.83	40.66	38.61	35.35	33.53	30.49	28.75	25.76	21.58	16.89	12.85	9.73	7.34	5.44
	09Mn2VDR 09Mn2VD	43.10	42.95	41.83													
	0Cr18Ni9 1Cr18Ni9Ti	41.36	34.07	30.28	27.30	25.45	24.21	23.38	22.89	22.64	22.39	22.14	21.72	19.90	18.18	16.73	13.93
	00Cr19Ni10 00Cr17Ni14Mo2	34.46	28.74	26.02	23.91	22.25	21.04	20.04	19.29	18.92	18.55						
	0Cr17Ni12Mo2	41.36	35.17	32.09	29.73	27.82	26.36	25.38	24.26	23.89	23.40	22.80	22.36	21.49	20.80	20.08	17.86
	0Cr18Ni10Ti	41.36	34.59	31.25	28.65	26.72	25.45	24.45	23.86	23.73	23.49	23.35	23.16	21.49	20.80	18.99	16.51

注：① 16MnD、16MnDR 推荐使用温度 $t \leqslant 150$℃。

表 3-1-3(a)　*PN* 标记的 GB 钢制管法兰用材料

材料组别	锻件		板材		铸件		钢管	
	材料牌号	标准	材料牌号	标准	材料牌号	标准	材料牌号	标准
1E0	—	—	Q235A Q235B	GB/T 700	—	—	—	—
			A 级钢	GB 712				
2E0	20	JB 4726	20	GB/T 711	WCA	GB/T 12229	—	—
			Q245R	GB 713				
	09MnNiD	JB 4727	09MnNiDR	GB 3531	LCA	JB/T 7248	—	—
3E0	A105	GB/T 12228	Q345R	GB 713	WCB	GB/T 12229	—	—
	16Mn	JB 4726						
	15MnV	JB 4726	Q370R	GB 713				
	16MnD	JB 4727	16MnDR	GB 3531	LCB	JB/T 7248	—	—
3E1	—	—	—	—	WCC	GB/T 12229	—	—
4E0	20MnMo	JB 4726	—	—	WC1	JB/T 5263	—	—
					ZG19MoG	GB/T 16253	—	—
	20MnMoD	JB 4727	—	—	—	—	—	—
5E0	15CrMo	JB 4726	15CrMoR	GB 713	ZG15Cr1MoG	GB/T 16253	—	—
					WC6	JB/T 5263	—	—
6E0	12Cr2Mo1	JB 4726	12Cr2Mo1R	GB 713	ZG12Cr2Mo1G	GB/T 16253	—	—
					WC9	JB/T 5263	—	—
6E1	1Cr5Mo	JB 4726	—	—	ZG16Cr5MoG	GB/T 16253	—	—
7E0	—	—	—	—	LCC	JB/T 7248	—	—
7E2	08MnNiCrMoVD	JB 4727	—	—	ZG24Ni2MoD	GB/T 16253	—	—
	—	—	—	—	LC2	JB/T 7248	—	—

续表

材料组别	锻件		板材		铸件		钢管	
	材料牌号	标准	材料牌号	标准	材料牌号	标准	材料牌号	标准
7E3	—	—	—	—	LC3	JB/T 7248	—	—
	—	—	—	—	LC4	JB/T 7248	—	—
	—	—	—	—	LC9	JB/T 7248	—	—
9E1	—	—	—	—	C12A	JB/T 5263	—	—
					ZG14Cr9Mo1G	GB/T 16253		
10E0	00Cr19Ni10	JB 4728	022Cr19Ni10	GB/T 4237	CF3	GB/T 12230	00Cr19Ni10	GB/T 14976
10E1	—	—	022Cr19Ni10N	GB/T 4237	—	—	00Cr18Ni10N	GB/T 14976
11E0	0Cr18Ni9	JB 4728	06Cr19Ni10	GB/T 4237	CF8	GB/T 12230	0Cr18Ni9	GB/T 14976
12E0	0Cr18Ni10Ti	JB 4728	06Cr18Ni11Ti	GB/T 4237	ZG08Cr18Ni9Ti	GB/T 12230	0Cr18Ni10Ti	GB/T 14976
	—	—	06Cr18Ni11Nb	GB/T 4237	ZG08Cr20Ni10Nb	GB/T 16253	0Cr18Ni11Nb	GB/T 14976
13E0	00Cr17Ni14Mo2	JB 4728	022Cr17Ni12Mo2	GB/T 4237	CF3M	GB/T 12230	00Cr17Ni14Mo2	GB/T 14976
					ZG03Cr19Ni11Mo2	GB/T 16253		
	—	—	022Cr19Ni13Mo3	GB/T 4237	ZG03Cr19Ni11Mo3	GB/T 16253	00Cr19Ni13Mo3	GB/T 14976
	—	—	015Cr21Ni26Mo5Cu2	GB/T 4237	—	—	—	—
13E1	—	—	022Cr17Ni12Mo2N	GB/T 4237	—	—	00Cr17Ni13Mo2N	GB/T 14976
	—	—	022Cr19Ni16Mo5N	GB/T 4237	—	—	—	—
14E0	0Cr17Ni12Mo2	JB 4728	06Cr17Ni12Mo2	GB/T 4237	CF8M	GB/T 12230	0Cr17Ni12Mo2	GB/T 14976
					ZG07Cr19Ni11Mo2	GB/T 16253		
	—	—	06Cr19Ni13Mo3	GB/T 4237	ZG07Cr19Ni11Mo3	GB/T 16253	0Cr19Ni13Mo3	GB/T 14976
15E0	0Cr18Ni12Mo2Ti	JB 4728	06Cr17Ni12Mo2Ti	GB/T 4237	ZG08Cr18Ni12Mo2Ti	GB/T 12230	0Cr18Ni12Mo2Ti	GB/T 14976
	—	—	06Cr17Ni12Mo2Nb	GB/T 4237	ZG08Cr19Ni11Mo2Nb	GB/T 12230	—	—
16E0	—	—	022Cr22Ni5Mo3N	GB/T 4237	—	—	—	—
	—	—	022Cr23Ni5Mo3N	GB/T 4237	—	—	—	—

表 3-1-3(b) 法兰的压力—温度额定值(*PN* 标记的 GB 法兰)

材料[①]组别	*PN*2.5 法兰的压力-温度额定值																						
	温度/℃																						
	-10~50	100	150	200	250	300	350	400	450	460	470	480	490	500	510	520	530	540	550	560	570	580	590	600
	最大允许工作压力/MPa																						
1E0	0.25	0.25	0.22	0.20	0.17	0.15	—	—	—	—	—	—	—	—	—	—	—	—	—	—	—	—	—	—
2E0	0.25	0.25	0.22	0.20	0.17	0.15	0.12	0.09	—	—	—	—	—	—	—	—	—	—	—	—	—	—	—	—
3E0	0.25	0.23	0.22	0.20	0.19	0.17	0.16	0.14	0.08	—	—	—	—	—	—	—	—	—	—	—	—	—	—	—
3E1	0.25	0.25	0.25	0.25	0.24	0.22	0.20	0.18	0.10	—	—	—	—	—	—	—	—	—	—	—	—	—	—	—
4E0	0.25	0.25	0.25	0.25	0.24	0.21	0.20	0.18	0.17	0.16	0.14	0.13	0.12	0.11	0.08	0.07	0.05	—	—	—	—	—	—	—
5E0	0.25	0.25	0.25	0.25	0.25	0.25	0.23	0.22	0.21	0.20	0.19	0.18	0.17	0.16	0.13	0.11	0.09	0.07	0.05	0.04	0.03	—	—	
6E0	0.25	0.25	0.25	0.25	0.25	0.25	0.24	0.23	0.22	0.20	0.19	0.18	0.17	0.16	0.14	0.12	0.10	0.09	0.08	0.06	0.06	0.05	0.04	0.04
6E1	0.25	0.25	0.25	0.25	0.2	0.25	0.25	0.25	0.25	0.25	0.25	0.21	0.17	0.13	0.11	0.09	0.08	0.07	0.05	0.05	0.04	—	—	—
9E1	0.25	0.25	0.25	0.25	0.2	0.25	0.25	0.25	0.25	0.25	0.25	0.25	0.25	0.25	0.25	0.25	0.23	0.21	0.19	0.17	0.15	0.14	0.12	0.11
10E0	0.25	0.21	0.19	0.17	0.16	0.15	0.14	0.13	0.13	0.13	0.13	0.12	0.12	0.12	0.12	0.11	0.11	0.10	0.10	0.10	0.09	0.08	0.07	0.07
10E1	0.25	0.25	0.25	0.22	0.20	0.19	0.19	0.18	0.18	0.18	0.18	0.17	0.17	0.17	—	—	—	—	—	—	—	—	—	—
11E0	0.25	0.22	0.20	0.18	0.17	0.16	0.15	0.14	0.14	0.14	0.14	0.14	0.14	0.14	0.13	0.12	0.11	0.10	0.10	0.10	0.09	0.08	0.07	0.07
12E0	0.25	0.25	0.23	0.22	0.21	0.19	0.19	0.18	0.18	0.18	0.18	0.17	0.17	0.17	0.17	0.17	0.16	0.16	0.16	0.15	0.14	0.12	0.11	0.10
13E0	0.25	0.23	0.21	0.19	0.18	0.17	0.16	0.16	0.15	0.15	0.15	0.15	0.15	0.15	—	—	—	—	—	—	—	—	—	—
13E1	0.25	0.24	0.22	0.19	0.18	0.17	0.17	0.16	0.16	0.16	0.16	0.15	0.15	0.15	—	—	—	—	—	—	—	—	—	—
14E0	0.25	0.25	0.22	0.21	0.19	0.18	0.17	0.17	0.16	0.16	0.16	0.16	0.16	0.16	0.16	0.16	0.16	0.16	0.16	0.16	0.15	0.15	0.15	0.14
15E0	0.25	0.25	0.24	0.23	0.22	0.20	0.20	0.19	0.19	0.19	0.19	0.18	0.18	0.18	0.18	0.18	0.18	0.18	0.18	0.18	0.18	0.16	0.15	0.13
16E0	0.25	0.25	0.25	0.25	0.25	—	—	—	—	—	—	—	—	—	—	—	—	—	—	—	—	—	—	—

续表

材料[①]组别	PN6 法兰的压力-温度额定值																						
	温度/℃																						
	常温	100	150	200	250	300	350	400	450	460	470	480	490	500	510	520	530	540	550	560	570	580	590	600
	最大允许工作压力/MPa																						
1E0	0.60	0.60	0.54	0.48	0.42	0.36	—	—	—	—	—	—	—	—	—	—	—	—	—	—	—	—	—	—
2E0	0.60	0.60	0.54	0.48	0.42	0.36	0.30	0.21	—	—	—	—	—	—	—	—	—	—	—	—	—	—	—	—
3E0	0.60	0.55	0.52	0.50	0.45	0.41	0.38	0.35	0.19	—	—	—	—	—	—	—	—	—	—	—	—	—	—	—
3E1	0.60	0.60	0.60	0.60	0.58	0.52	0.48	0.44	0.24	—	—	—	—	—	—	—	—	—	—	—	—	—	—	—
4E0	0.60	0.60	0.60	0.60	0.58	0.51	0.48	0.44	0.41	0.38	0.35	0.32	0.29	0.26	0.21	0.16	0.13	—	—	—	—	—	—	—
5E0	0.60	0.60	0.60	0.60	0.60	0.60	0.57	0.54	0.50	0.48	0.45	0.43	0.40	0.39	0.33	0.26	0.22	0.17	0.14	0.11	0.09	—	—	—
6E0	0.60	0.60	0.60	0.60	0.60	0.60	0.58	0.55	0.52	0.50	0.47	0.44	0.41	0.38	0.33	0.29	0.25	0.22	0.19	0.16	0.14	0.12	0.10	0.9
6E1	0.60	0.60	0.60	0.60	0.60	0.60	0.60	0.60	0.60	0.60	0.60	0.50	0.41	0.32	0.27	0.23	0.20	0.16	0.14	0.12	0.10	—	—	—
9E1	0.60	0.60	0.60	0.60	0.60	0.60	0.60	0.60	0.60	0.60	0.60	0.60	0.60	0.60	0.60	0.60	0.57	0.52	0.47	0.42	0.38	0.34	0.30	0.26
10E0	0.60	0.50	0.46	0.42	0.39	0.36	0.34	0.33	0.32	0.32	0.32	0.31	0.31	0.31	0.30	0.29	0.28	0.27	0.26	0.24	0.22	0.20	0.18	0.16
10E1	0.60	0.60	0.60	0.53	0.50	0.47	0.46	0.44	0.43	0.43	0.43	0.42	0.42	0.42	—	—	—	—	—	—	—	—	—	—
11E0	0.60	0.54	0.49	0.44	0.41	0.38	0.36	0.35	0.35	0.35	0.35	0.34	0.34	0.34	0.33	0.32	0.20	0.28	0.26	0.24	0.22	0.20	0.18	0.16
12E0	0.60	0.59	0.56	0.53	0.50	0.47	0.46	0.44	0.43	0.43	0.43	0.42	0.42	0.42	0.42	0.41	0.41	0.40	0.40	0.36	0.33	0.30	0.27	0.24
13E0	0.60	0.56	0.51	0.47	0.44	0.41	0.39	0.38	0.37	0.37	0.37	0.36	0.36	0.36	—	—	—	—	—	—	—	—	—	—
13E1	0.60	0.57	0.52	0.47	0.44	0.41	0.40	0.39	0.38	0.38	0.38	0.37	0.37	0.37	—	—	—	—	—	—	—	—	—	—
14E0	0.60	0.60	0.54	0.50	0.47	0.44	0.42	0.41	0.40	0.40	0.40	0.39	0.39	0.39	0.39	0.39	0.39	0.39	0.39	0.38	0.38	0.37	0.37	0.33
15E0	0.60	0.60	0.58	0.56	0.53	0.50	0.48	0.46	0.46	0.46	0.46	0.45	0.45	0.45	0.45	0.45	0.44	0.44	0.44	0.44	0.44	0.40	0.36	0.33
16E0	0.60	0.60	0.60	0.60	0.60	—	—	—	—	—	—	—	—	—	—	—	—	—	—	—	—	—	—	—

注：①材料组别参见表 3-1-5(以下同)。

续表

材料组别	温度/℃																							
	常温	100	150	200	250	300	350	400	450	460	470	480	490	500	510	520	530	540	550	560	570	580	590	600
	最大允许工作压力/MPa																							
1E0	1.00	1.00	0.90	0.80	0.70	0.60	—	—	—	—	—	—	—	—	—	—	—	—	—	—	—	—	—	—
2E0	1.00	1.00	0.90	0.80	0.70	0.60	0.50	0.35	—	—	—	—	—	—	—	—	—	—	—	—	—	—	—	—
3E0	1.00	0.92	0.88	0.83	0.76	0.69	0.64	0.59	0.32	—	—	—	—	—	—	—	—	—	—	—	—	—	—	—
3E1	1.00	1.00	1.00	1.00	0.97	0.88	0.80	0.73	0.40	—	—	—	—	—	—	—	—	—	—	—	—	—	—	—
4E0	1.00	1.00	1.00	1.00	0.97	0.85	0.80	0.74	0.69	0.64	0.59	0.54	0.49	0.44	0.35	0.28	0.22	—	—	—	—	—	—	—
5E0	1.00	1.00	1.00	1.00	1.00	1.00	0.95	0.90	0.84	0.80	0.76	0.72	0.68	0.65	0.55	0.44	0.37	0.29	0.23	0.19	0.15	—	—	—
6E0	1.00	1.00	1.00	1.00	1.00	1.00	0.97	0.92	0.88	0.83	0.78	0.73	0.69	0.64	0.56	0.49	0.42	0.37	0.32	0.27	0.24	0.20	0.18	0.16
6E1	1.00	1.00	1.00	1.00	1.00	1.00	1.00	1.00	1.00	1.00	1.00	0.84	0.69	0.53	0.45	0.38	0.33	0.28	0.23	0.20	0.17	—	—	—
9E1	1.00	1.00	1.00	1.00	1.00	1.00	1.00	1.00	1.00	1.00	1.00	1.00	1.00	1.00	1.00	1.00	0.95	0.87	0.79	0.71	0.63	0.57	0.50	0.44
10E0	1.00	0.86	0.77	0.70	0.65	0.60	0.57	0.55	0.53	0.52	0.52	0.51	0.51	0.51	0.49	0.47	0.45	0.44	0.43	0.40	0.37	0.34	0.30	0.28
10E1	1.00	1.00	1.00	0.89	0.83	0.79	0.76	0.74	0.72	0.72	0.71	0.71	0.70	0.70	—	—	—	—	—	—	—	—	—	—
11E0	1.00	0.90	0.81	0.74	0.69	0.64	0.61	0.59	0.58	0.58	0.58	0.57	0.57	0.57	0.54	0.51	0.48	0.46	0.43	0.40	0.37	0.34	0.30	0.28
12E0	1.00	1.00	0.93	0.88	0.84	0.79	0.76	0.74	0.72	0.72	0.71	0.71	0.70	0.70	0.69	0.69	0.68	0.68	0.67	0.61	0.56	0.50	0.45	0.40
13E0	1.00	0.94	0.86	0.79	0.74	0.69	0.66	0.64	0.62	0.62	0.61	0.61	0.60	0.60	—	—	—	—	—	—	—	—	—	—
13E1	1.00	0.96	0.87	0.78	0.73	0.69	0.67	0.64	0.63	0.63	0.62	0.62	0.61	0.61	—	—	—	—	—	—	—	—	—	—
14E0	1.00	1.00	0.90	0.84	0.79	0.74	0.71	0.68	0.67	0.67	0.67	0.66	0.66	0.66	0.66	0.66	0.65	0.65	0.65	0.64	0.63	0.62	0.61	0.56
15E0	1.00	1.00	0.98	0.93	0.88	0.83	0.80	0.78	0.76	0.76	0.76	0.75	0.75	0.75	0.75	0.75	0.74	0.74	0.74	0.74	0.73	0.67	0.60	0.55
16E0	1.00	1.00	1.00	1.00	1.00	—	—	—	—	—	—	—	—	—	—	—	—	—	—	—	—	—	—	—

续表

PN16 法兰的压力-温度额定值

材料组别	温度/℃																							
	常温	100	150	200	250	300	350	400	450	460	470	480	490	500	510	520	530	540	550	560	570	580	590	600
	最大允许工作压力/MPa																							
1E0	1.60	1.60	1.44	1.28	1.12	0.96	—	—	—	—	—	—	—	—	—	—	—	—	—	—	—	—	—	—
2E0	1.60	1.60	1.44	1.28	1.12	0.96	0.80	0.56	—	—	—	—	—	—	—	—	—	—	—	—	—	—	—	—
3E0	1.60	1.48	1.40	1.33	1.21	1.10	1.02	0.95	0.52	—	—	—	—	—	—	—	—	—	—	—	—	—	—	—
3E1	1.60	1.60	1.60	1.60	1.56	1.40	1.29	1.18	0.64	—	—	—	—	—	—	—	—	—	—	—	—	—	—	—
4E0	1.60	1.60	1.60	1.60	1.56	1.37	1.29	1.19	1.10	1.02	0.94	0.86	0.78	0.70	0.56	0.44	0.35	—	—	—	—	—	—	—
5E0	1.60	1.60	1.60	1.60	1.60	1.60	1.52	1.44	1.34	1.28	1.21	1.15	1.08	1.04	0.88	0.71	0.59	0.46	0.37	0.30	0.25	—	—	—
6E0	1.60	1.60	1.60	1.60	1.60	1.60	1.56	1.48	1.40	1.33	1.25	1.18	1.10	1.02	0.89	0.78	0.68	0.59	0.51	0.44	0.38	0.33	0.28	0.25
6E1	1.60	1.60	1.60	1.60	1.60	1.60	1.60	1.60	1.60	1.60	1.60	1.35	1.10	0.86	0.73	0.61	0.53	0.44	0.38	0.32	0.28	—	—	—
9E1	1.60	1.60	1.60	1.60	1.60	1.60	1.60	1.60	1.60	1.60	1.60	1.60	1.60	1.60	1.60	1.60	1.53	1.39	1.26	1.14	1.02	0.91	0.80	0.71
10E0	1.60	1.37	1.23	1.12	1.04	0.96	0.92	0.88	0.85	0.85	0.84	0.84	0.83	0.83	0.81	0.79	0.76	0.73	0.70	0.64	0.59	0.54	0.49	0.44
10E1	1.60	1.60	1.60	1.42	1.33	1.27	1.22	1.18	1.16	0.15	0.14	0.14	0.13	1.13	—	—	—	—	—	—	—	—	—	—
11E0	1.60	1.45	1.31	1.19	1.10	1.02	0.98	0.95	0.93	0.93	0.92	0.92	0.91	0.91	0.87	0.83	0.78	0.74	0.70	0.64	0.59	0.54	0.49	0.44
12E0	1.60	1.58	1.49	1.41	1.34	1.27	1.22	1.18	1.16	1.16	1.15	1.15	1.14	1.13	1.12	1.11	1.10	1.09	1.08	0.98	0.89	0.81	0.73	0.65
13E0	1.60	1.51	1.37	1.27	1.19	1.10	1.05	1.02	1.00	1.00	0.99	0.98	0.97	0.97	—	—	—	—	—	—	—	—	—	—
13E1	1.60	1.53	1.39	1.24	1.17	1.10	1.07	1.03	1.01	1.01	1.00	1.00	0.99	0.98	—	—	—	—	—	—	—	—	—	—
14E0	1.60	1.60	1.45	1.34	1.27	1.18	1.14	1.09	1.07	1.07	1.06	1.06	1.05	1.05	1.05	1.05	1.04	1.04	1.04	1.03	1.01	1.00	0.99	0.89
15E0	1.60	1.60	1.56	1.49	1.41	1.33	1.28	1.24	1.22	1.22	1.21	1.21	1.20	1.20	1.20	1.20	1.19	1.19	1.19	1.18	1.17	1.07	0.97	0.88
16E0	1.60	1.60	1.60	1.60	1.60	—	—	—	—	—	—	—	—	—	—	—	—	—	—	—	—	—	—	—

续表

PN25 法兰的压力-温度额定值

材料组别	温度/℃																							
	常温	100	150	200	250	300	350	400	450	460	470	480	490	500	510	520	530	540	550	560	570	580	590	600
	最大允许工作压力/MPa																							
1E0	—	—	—	—	—	—	—	—	—	—	—	—	—	—	—	—	—	—	—	—	—	—	—	—
2E0	2.50	2.50	2.25	2.00	1.75	1.50	1.25	0.88	—	—	—	—	—	—	—	—	—	—	—	—	—	—	—	—
3E0	2.50	2.32	2.20	2.08	1.90	1.72	1.60	1.48	0.82	—	—	—	—	—	—	—	—	—	—	—	—	—	—	—
3E1	2.50	2.50	2.50	2.50	2.44	2.20	2.02	1.84	1.01	—	—	—	—	—	—	—	—	—	—	—	—	—	—	—
4E0	2.50	2.50	2.50	2.50	2.44	2.14	2.02	1.86	1.72	1.60	1.47	1.35	1.23	1.10	0.88	0.70	0.55	—	—	—	—	—	—	—
5E0	2.50	2.50	2.50	2.50	2.50	2.50	2.38	2.25	2.10	2.00	1.90	1.80	1.70	1.63	1.38	1.11	0.92	0.72	0.58	0.47	0.39	—	—	—
6E0	2.50	2.50	2.50	2.50	2.50	2.50	2.44	2.32	2.20	2.08	1.96	1.84	1.72	1.60	1.40	1.22	1.07	0.92	0.80	0.69	0.60	0.52	0.45	0.40
6E1	2.50	2.50	2.50	2.50	2.50	2.50	2.50	2.50	2.50	2.50	2.50	2.12	1.73	1.34	1.14	0.96	0.83	0.70	0.59	0.51	0.44	—	—	—
9E1	2.50	2.50	2.50	2.50	2.50	2.50	2.50	2.50	2.50	2.50	2.50	2.50	2.50	2.50	2.50	2.50	2.39	2.17	1.97	1.78	1.59	1.42	1.26	1.11
10E0	2.50	2.15	1.92	1.75	1.63	1.51	1.44	1.38	1.33	1.32	1.31	1.30	1.29	1.29	1.25	1.21	1.17	1.13	1.09	1.01	0.92	0.85	0.77	0.70
10E1	2.50	2.50	2.50	2.22	2.08	1.98	1.91	1.85	1.81	1.80	1.79	1.78	1.77	1.77	—	—	—	—	—	—	—	—	—	—
11E0	2.50	2.27	2.04	1.86	1.72	1.60	1.53	1.48	1.45	1.45	1.44	1.43	1.42	1.42	1.36	1.30	1.23	1.16	1.09	1.01	0.92	0.85	0.77	0.70
12E0	2.50	2.47	2.33	2.21	2.10	1.98	1.91	1.85	1.81	1.81	1.80	1.79	1.78	1.77	1.76	1.75	1.73	1.71	1.69	1.53	1.40	1.27	1.14	1.02
13E0	2.50	2.36	2.15	1.98	1.86	1.72	1.65	1.60	1.56	1.56	1.55	1.54	1.53	1.52	—	—	—	—	—	—	—	—	—	—
14E0	2.50	2.50	2.27	2.10	1.98	1.85	1.78	1.71	1.68	1.68	1.67	1.66	1.65	1.65	1.65	1.64	1.64	1.63	1.63	1.60	1.58	1.56	1.54	1.40
15E0	2.50	2.50	2.45	2.33	2.21	2.08	2.01	1.95	1.91	1.91	1.90	1.89	1.88	1.88	1.88	1.87	1.87	1.86	1.86	1.85	1.83	1.67	1.52	1.38
16E0	2.50	2.50	2.50	2.50	2.50	—	—	—	—	—	—	—	—	—	—	—	—	—	—	—	—	—	—	—

续表

PN40 法兰的压力-温度额定值

材料组别	温度/℃																						
	常温	100	150	200	250	300	350	400	450	460	470	480	490	500	510	520	530	540	550	560	570	580	590	600
	最大允许工作压力/MPa																							
1E0	—	—	—	—	—	—	—	—	—	—	—	—	—	—	—	—	—	—	—	—	—	—	—	—
2E0	4.00	4.00	3.60	3.20	2.80	2.40	2.00	1.40	—	—	—	—	—	—	—	—	—	—	—	—	—	—	—	—
3E0	4.00	3.71	3.52	3.33	3.04	2.76	2.57	2.38	1.31	—	—	—	—	—	—	—	—	—	—	—	—	—	—	—
3E1	4.00	4.00	4.00	4.00	3.90	3.52	3.23	2.95	1.61	—	—	—	—	—	—	—	—	—	—	—	—	—	—	—
4E0	4.00	4.00	4.00	4.00	3.90	3.42	3.23	2.99	2.76	2.56	2.36	2.16	1.97	1.77	1.40	1.12	0.39	—	—	—	—	—	—	—
5E0	4.00	4.00	4.00	4.00	4.00	4.00	3.80	3.60	3.37	3.20	3.04	2.88	2.72	2.60	2.20	1.79	1.48	1.16	0.93	0.76	0.62	—	—	—
6E0	4.00	4.00	4.00	4.00	4.00	4.00	3.90	3.71	3.52	3.30	3.14	2.95	2.76	2.57	2.24	1.96	1.71	1.48	1.29	1.10	0.97	0.83	0.72	0.64
6E1	4.00	4.00	4.00	4.00	4.00	4.00	4.00	4.00	4.00	4.00	4.00	3.39	2.77	2.15	1.82	1.54	1.33	1.12	0.95	0.81	0.70	—	—	—
9E1	4.00	4.00	4.00	4.00	4.00	4.00	4.00	4.00	4.00	4.00	4.00	4.00	4.00	4.00	4.00	4.00	3.82	3.48	3.16	2.85	2.55	2.28	2.01	1.79
10E0	4.00	3.44	3.08	2.80	2.60	2.41	2.30	2.20	2.14	2.13	2.12	2.11	2.09	2.07	2.01	1.95	1.89	1.83	1.75	1.61	1.48	1.37	1.23	1.12
10E1	4.00	4.00	4.00	3.56	3.33	3.18	3.06	2.97	2.90	2.89	2.88	2.86	2.84	2.83	—	—	—	—	—	—	—	—	—	—
11E0	4.00	3.63	3.27	2.99	2.76	2.57	2.45	2.38	2.33	2.32	2.31	2.30	2.29	2.28	2.18	2.08	1.98	1.87	1.75	1.61	1.48	1.37	1.23	1.12
12E0	4.00	4.00	3.73	3.54	3.37	3.18	3.06	2.97	2.90	2.89	2.88	2.87	2.85	2.83	2.81	2.79	2.76	2.73	2.70	2.45	2.24	2.03	1.82	1.63
13E0	4.00	3.79	3.44	3.18	2.99	2.76	2.64	2.57	2.50	2.49	2.48	2.47	2.45	2.43	—	—	—	—	—	—	—	—	—	—
13E1	4.00	3.82	3.47	3.11	2.93	2.76	2.67	2.58	2.52	2.51	2.50	2.49	2.47	2.45	—	—	—	—	—	—	—	—	—	—
14E0	4.00	4.00	3.63	3.37	3.18	2.97	2.85	2.74	2.69	2.68	2.67	2.66	2.65	2.64	2.64	2.63	2.62	2.61	2.60	2.57	2.54	2.50	2.47	2.24
15E0	4.00	4.00	3.92	3.73	3.54	3.33	3.21	3.12	3.06	3.05	3.04	3.03	3.02	3.00	3.00	3.00	2.99	2.99	2.99	2.96	2.93	2.68	2.43	2.20
16E0	4.00	4.00	4.00	4.00	4.00	—	—	—	—	—	—	—	—	—	—	—	—	—	—	—	—	—	—	—

PN63 法兰的压力-温度额定值

材料组别	温度/℃																							
	常温	100	150	200	250	300	350	400	450	460	470	480	490	500	510	520	530	540	550	560	570	580	590	600
	最大允许工作压力/MPa																							
1E0	—	—	—	—	—	—	—	—	—	—	—	—	—	—	—	—	—	—	—	—	—	—	—	—
2E0	6.30	5.10	4.85	4.47	4.10	3.72	3.15	2.21	—	—	—	—	—	—	—	—	—	—	—	—	—	—	—	—
3E0	6.30	5.85	5.55	5.25	4.80	4.35	4.05	3.75	2.07	—	—	—	—	—	—	—	—	—	—	—	—	—	—	—
3E1	6.30	6.30	6.30	6.30	6.15	5.55	5.10	4.65	2.55	—	—	—	—	—	—	—	—	—	—	—	—	—	—	—
4E0	6.30	6.30	6.30	6.30	6.15	5.40	5.10	4.71	4.35	4.03	3.72	3.41	3.10	2.79	2.22	1.77	1.41	—	—	—	—	—	—	—
5E0	6.30	6.30	6.30	6.30	6.30	6.30	6.00	5.67	5.31	5.05	4.79	4.54	4.28	4.11	3.48	2.82	2.34	1.83	1.47	1.20	0.99	—	—	—
6E0	6.30	6.30	6.30	6.30	6.30	6.30	6.15	5.85	5.55	5.25	4.95	4.65	4.35	4.05	3.54	3.09	2.70	2.34	2.04	1.74	1.53	1.32	1.14	1.02
6E1	6.30	6.30	6.30	6.30	6.30	6.30	6.30	6.30	6.30	6.30	6.30	5.34	4.36	3.39	2.88	2.43	2.10	1.77	1.50	1.29	1.11	—	—	—
9E1	6.30	6.30	6.30	6.30	6.30	6.30	6.30	6.30	6.30	6.30	6.30	6.30	6.30	6.30	6.30	6.30	6.03	5.49	4.98	4.50	4.02	3.60	3.18	2.82
10E0	6.30	5.43	4.86	4.41	4.11	3.81	3.63	3.48	3.37	3.35	3.33	3.31	3.39	3.27	3.17	3.07	2.97	2.87	2.76	2.55	2.34	2.16	1.95	1.77
10E1	6.30	6.30	6.30	5.61	5.25	5.01	4.83	4.68	4.57	4.55	4.53	4.51	4.49	4.47	—	—	—	—	—	—	—	—	—	—
11E0	6.30	5.73	5.16	4.71	4.35	4.05	3.87	3.75	3.67	3.66	3.65	3.64	3.62	3.60	3.44	3.28	3.12	2.95	2.76	2.55	2.34	2.16	1.95	1.77
12E0	6.30	6.30	5.88	5.58	5.31	5.01	4.83	4.68	4.57	4.55	4.53	4.51	4.49	4.47	4.42	4.38	4.34	4.30	4.26	3.87	3.54	3.21	2.88	2.58
13E0	6.30	5.97	5.43	5.01	4.71	4.35	4.17	4.05	3.94	3.92	3.90	3.88	3.86	3.84	—	—	—	—	—	—	—	—	—	—
13E1	6.30	6.02	5.46	4.90	4.62	4.34	4.20	4.06	3.98	3.96	3.94	3.92	3.89	3.86	—	—	—	—	—	—	—	—	—	—
14E0	6.30	6.30	5.73	5.31	5.01	4.68	4.50	4.32	4.24	4.23	4.22	4.20	4.19	4.17	4.16	4.15	4.14	4.13	4.11	4.05	4.00	3.95	3.90	3.54
15E0	6.30	6.30	6.18	5.88	5.58	5.25	5.07	4.92	4.83	4.82	4.80	4.78	4.76	4.74	4.74	4.73	4.72	4.71	4.71	4.66	4.62	4.23	3.84	3.48
16E0	6.30	6.30	6.30	6.30	6.30	—	—	—	—	—	—	—	—	—	—	—	—	—	—	—	—	—	—	—

续表

PN100 法兰的压力-温度额定值

材料组别	温度/℃																							
	常温	100	150	200	250	300	350	400	450	460	470	480	490	500	510	520	530	540	550	560	570	580	590	600
	最大允许工作压力/MPa																							
1E0	—	—	—	—	—	—	—	—	—	—	—	—	—	—	—	—	—	—	—	—	—	—	—	—
2E0	10.00	8.10	7.70	7.10	6.50	5.90	5.00	3.50	—	—	—	—	—	—	—	—	—	—	—	—	—	—	—	—
3E0	10.00	9.28	8.80	8.33	7.61	6.90	6.42	5.95	3.28	—	—	—	—	—	—	—	—	—	—	—	—	—	—	—
3E1	10.00	10.00	10.00	10.00	9.76	8.80	8.09	7.38	4.04	—	—	—	—	—	—	—	—	—	—	—	—	—	—	—
4E0	10.00	10.00	10.00	10.00	9.76	8.57	8.09	7.47	6.90	6.40	5.91	5.42	4.92	4.42	3.52	2.80	2.23	—	—	—	—	—	—	—
5E0	10.00	10.00	10.00	10.00	10.00	10.00	9.52	9.00	8.42	8.02	7.61	7.20	6.80	6.52	5.52	4.47	3.71	2.90	2.33	1.90	1.57	—	—	—
6E0	10.00	10.00	10.00	10.00	10.00	10.00	9.76	9.28	8.80	8.33	7.85	7.38	6.90	6.42	5.61	4.90	4.28	3.71	3.23	2.76	2.42	2.09	1.80	1.61
6E1	10.00	10.00	10.00	10.00	10.00	10.00	10.00	10.00	10.00	10.00	10.00	8.48	6.93	5.38	4.57	3.85	3.33	2.80	2.38	2.04	1.76	—	—	—
9E1	10.00	10.00	10.00	10.00	10.00	10.00	10.00	10.00	10.00	10.00	10.00	10.00	10.00	10.00	10.00	10.00	9.57	8.71	7.90	7.14	6.38	5.71	5.04	4.47
10E0	10.00	8.61	7.71	7.00	6.52	6.04	5.76	5.52	5.35	5.32	5.29	5.26	5.23	5.19	5.03	4.87	4.71	4.55	4.38	4.04	3.71	3.42	3.09	2.80
10E1	10.00	10.00	10.00	8.90	8.33	7.95	7.66	7.42	7.26	7.23	7.20	7.17	7.13	7.09	—	—	—	—	—	—	—	—	.	—
11E0	10.00	9.09	8.19	7.47	6.90	6.42	6.14	5.95	5.83	5.81	5.79	5.77	5.74	5.71	5.45	5.19	4.93	4.66	4.38	4.04	3.71	3.42	3.09	2.80
12E0	10.00	9.90	9.33	8.85	8.42	7.95	7.66	7.42	7.26	7.23	7.20	7.17	7.13	7.09	7.03	6.97	6.93	6.85	6.76	6.14	5.61	5.09	4.57	4.09
13E0	10.00	9.47	8.61	7.95	7.47	6.90	6.61	6.42	6.26	6.23	6.20	6.17	6.13	6.09	—	—	—	—	—	—	—	—	—	—
13E1	10.00	9.56	8.67	7.78	7.33	6.89	6.67	6.44	6.31	6.28	6.25	6.21	6.17	6.13	—	—	—	—	—	—	—	—	—	—
14E0	10.00	10.00	9.09	8.42	7.95	7.42	7.14	6.85	6.73	6.71	6.69	6.67	6.64	6.61	6.60	6.58	6.56	6.54	6.52	6.43	6.35	6.27	6.19	5.61
15E0	10.00	10.00	9.80	9.33	8.85	8.33	8.04	7.80	7.66	7.64	7.61	7.58	7.55	7.52	7.51	7.50	7.49	7.48	7.47	7.40	7.33	6.71	6.09	5.52
16E0	10.00	10.00	10.00	10.00	10.00	—	—	—	—	—	—	—	—	—	—	—	—	—	—	—	—	—	—	—

续表

PN160 法兰的压力-温度额定值

材料组别	温度/℃																					
	常温	100	150	200	250	300	350	400	450	460	470	480	490	500	510	520	530	540	550	560	570	580	590	600
	最大允许工作压力/MPa																							
1E0	—	—	—	—	—	—	—	—	—	—	—	—	—	—	—	—	—	—	—	—	—	—	—	—
2E0	16.00	13.00	12.30	11.40	10.40	9.40	8.00	5.60	—	—	—	—	—	—	—	—	—	—	—	—	—	—	—	—
3E0	16.00	14.85	14.09	13.33	12.19	11.04	10.28	9.52	5.25	—	—	—	—	—	—	—	—	—	—	—	—	—	—	—
3E1	16.00	16.00	16.00	16.00	15.61	14.09	12.95	11.80	6.47	—	—	—	—	—	—	—	—	—	—	—	—	—	—	—
4E0	16.00	16.00	16.00	16.00	15.61	13.71	12.95	11.96	11.04	10.25	9.46	8.67	7.88	7.08	5.63	4.49	3.58	—	—	—	—	—	—	—
5E0	16.00	16.00	16.00	16.00	16.00	16.00	15.23	14.40	13.48	12.83	12.18	11.53	10.88	10.43	8.83	7.16	5.94	4.64	3.73	3.04	2.51	—	—	—
6E0	16.00	16.00	16.00	16.00	16.00	16.00	15.61	14.85	14.09	13.33	12.57	11.80	11.04	10.28	8.99	7.84	6.85	5.94	5.18	4.41	3.88	3.35	2.89	2.59
6E1	16.00	16.00	16.00	16.00	16.00	16.00	16.00	16.00	16.00	16.00	16.00	13.57	11.09	8.60	7.31	6.17	5.33	4.49	3.80	3.27	2.81	—	—	—
9E1	16.00	16.00	16.00	16.00	16.00	16.00	16.00	16.00	16.00	16.00	16.00	16.00	16.00	16.00	16.00	16.00	15.31	13.94	12.64	11.42	10.20	9.14	8.07	7.16
10E0	16.00	13.79	12.34	11.20	10.43	9.67	9.21	8.83	8.57	8.52	8.47	8.42	8.36	8.30	8.04	7.78	7.52	7.26	7.00	6.47	5.94	5.48	4.95	4.49
10E1	16.00	16.00	16.00	14.24	13.33	12.72	12.26	11.88	11.61	11.56	11.51	11.46	11.41	11.35	—	—	—	—	—	—	—	—	—	—
11E0	16.00	14.55	13.10	11.96	11.04	10.28	9.82	9.52	9.33	9.30	9.26	9.22	9.18	9.14	8.72	8.29	7.86	7.43	7.00	6.47	5.94	5.48	4.95	4.49
12E0	16.00	15.84	14.93	14.17	13.48	12.72	12.26	11.88	11.61	11.56	11.51	11.46	11.41	11.35	11.25	11.14	11.03	10.92	10.81	9.82	8.99	8.15	7.31	6.55
13E0	16.00	15.16	13.79	12.72	11.96	11.04	10.59	10.28	10.01	9.96	9.91	9.86	9.81	9.75	—	—	—	—	—	—	—	—	—	—
14E0	16.00	16.00	14.55	13.48	12.72	11.88	11.42	10.97	10.78	10.75	10.71	10.67	10.63	10.59	10.56	10.53	10.50	10.47	10.43	10.30	10.16	10.03	9.90	8.99
15E0	16.00	16.00	15.69	14.93	14.17	13.33	12.87	12.49	12.26	12.22	12.18	12.13	12.08	12.03	12.02	12.01	12.00	11.98	11.96	11.85	11.73	10.74	9.75	8.83
16E0	16.00	16.00	16.00	16.00	16.00	—	—	—	—	—	—	—	—	—	—	—	—	—	—	—	—	—	—	—

*PN*250 法兰的压力-温度额定值

材料组别	温度/℃																							
	常温	100	150	200	250	300	350	400	450	460	470	480	490	500	510	520	530	540	550	560	570	580	590	600
	最大允许工作压力/MPa																							
1E0	—	—	—	—	—	—	—	—	—	—	—	—	—	—	—	—	—	—	—	—	—	—	—	—
2E0	—	—	—	—	—	—	—	—	—	—	—	—	—	—	—	—	—	—	—	—	—	—	—	—
3E0	25.00	23.21	22.02	20.83	19.04	17.26	16.07	14.88	8.21	—	—	—	—	—	—	—	—	—	—	—	—	—	—	—
3E1	25.00	25.00	25.00	25.00	24.40	22.02	20.23	18.45	10.11	—	—	—	—	—	—	—	—	—	—	—	—	—	—	—
4E0	25.00	25.00	25.00	25.00	24.40	21.42	20.23	18.69	17.26	16.01	14.78	13.55	12.32	11.07	8.80	7.02	5.59	—	—	—	—	—	—	—
5E0	25.00	25.00	25.00	25.00	25.00	25.00	23.80	22.50	21.07	20.05	19.03	18.01	17.00	16.30	13.80	11.19	9.28	7.26	5.83	4.76	3.92	—	—	—
6E0	25.00	25.00	25.00	25.00	25.00	25.00	24.40	23.21	22.02	20.83	19.64	18.45	17.26	16.02	14.04	12.26	10.71	9.28	8.09	6.90	6.07	5.23	4.52	4.04
6E1	25.00	25.00	25.00	25.00	25.00	25.00	25.00	25.00	25.00	25.00	25.00	21.21	17.38	13.45	11.42	9.64	8.33	7.02	5.95	5.11	4.40	—	—	—
9E1	25.00	25.00	25.00	25.00	25.00	25.00	25.00	25.00	25.00	25.00	25.00	25.00	25.00	25.00	25.00	25.00	23.92	21.78	9.76	17.85	15.95	14.28	12.61	11.19
10E0	25.00	21.54	19.28	17.50	16.30	15.11	14.40	13.80	13.39	13.31	13.23	13.15	13.06	12.97	12.57	12.17	11.77	11.36	10.95	10.11	9.28	8.57	7.73	7.02
10E1	25.00	25.00	25.00	22.26	20.83	19.88	19.16	18.57	18.15	18.07	17.99	17.91	17.82	17.73	—	—	—	—	—	—	—	—	—	—
11E0	25.00	22.73	20.47	18.69	17.26	16.07	15.35	14.88	14.58	14.52	14.46	14.40	14.34	14.28	13.62	12.96	12.29	11.62	10.95	10.11	9.28	8.57	7.73	7.02
12E0	25.00	24.76	23.33	22.14	21.07	19.88	19.16	18.57	18.15	18.07	17.99	17.90	17.81	17.73	17.57	17.41	17.24	17.07	16.90	15.35	14.04	12.73	11.42	10.23
13E0	25.00	23.69	21.54	19.88	18.69	17.26	19.54	16.07	15.65	15.57	15.49	15.41	15.32	15.23	—	—	—	—	—	—	—	—	—	—
14E0	25.00	25.00	22.73	21.07	19.88	18.57	17.85	17.14	16.84	16.78	16.72	16.66	16.60	16.54	16.50	16.45	16.40	16.35	16.30	16.09	15.88	15.67	15.47	14.04
15E0	25.00	25.00	24.52	23.33	22.14	20.83	20.11	19.52	19.16	19.09	19.02	18.95	18.88	18.80	18.78	18.76	18.74	18.72	18.69	18.51	18.33	16.78	15.23	13.80
16E0	25.00	25.00	25.00	25.00	25.00	—	—	—	—	—	—	—	—	—	—	—	—	—	—	—	—	—	—	—

PN320 法兰的压力-温度额定值																								
材料组别	温度/℃																							
	常温	100	150	200	250	300	350	400	450	460	470	480	490	500	510	520	530	540	550	560	570	580	590	600
	最大允许工作压力/MPa																							
1E0	—	—	—	—	—	—	—	—	—	—	—	—	—	—	—	—	—	—	—	—	—	—	—	—
2E0	—	—	—	—	—	—	—	—	—	—	—	—	—	—	—	—	—	—	—	—	—	—	—	—
3E0	32.00	29.71	28.19	26.66	24.38	22.09	20.57	19.04	10.51	—	—	—	—	—	—	—	—	—	—	—	—	—	—	—
3E1	32.00	32.00	32.00	32.00	32.23	28.19	25.90	23.61	12.95	—	—	—	—	—	—	—	—	—	—	—	—	—	—	—
4E0	32.00	32.00	32.00	32.00	31.23	27.42	25.90	23.92	22.09	20.50	18.92	17.34	15.77	14.17	11.27	8.99	7.16	—	—	—	—	—	—	—
5E0	32.00	32.00	32.00	32.00	32.00	32.00	30.47	28.80	26.97	25.66	24.36	23.06	21.76	20.87	17.67	14.32	11.88	9.29	7.46	6.09	5.02	—	—	—
6E0	32.00	32.00	32.00	32.00	32.00	32.00	31.23	29.71	28.19	26.66	25.14	23.61	22.09	20.57	17.98	15.69	13.71	11.88	10.36	8.83	7.77	6.70	5.79	5.18
6E1	32.00	32.00	32.00	32.00	32.00	32.00	32.00	32.00	32.00	32.00	32.00	27.15	22.18	17.21	14.62	12.34	10.66	8.99	7.61	6.55	5.63	—	—	—
9E1	32.00	32.00	32.00	32.00	32.00	32.00	32.00	32.00	32.00	32.00	32.00	32.00	32.00	32.00	32.00	32.00	30.62	27.88	25.29	22.85	20.41	18.28	16.15	14.32
10E0	32.00	27.58	24.68	22.40	20.87	19.35	18.43	17.67	17.14	17.04	16.93	16.82	16.71	16.60	16.09	15.57	15.05	14.53	14.01	12.95	11.88	10.97	9.90	8.99
10E1	32.00	32.00	32.00	28.49	26.66	25.44	24.53	23.77	23.23	23.13	23.03	22.92	22.81	22.70	—	—	—	—	—	—	—	—	—	—
11E0	32.00	29.10	26.20	23.92	22.09	20.57	19.65	19.04	18.66	18.59	18.52	18.44	18.36	18.28	17.43	16.58	15.73	14.87	14.01	12.95	11.88	10.97	9.90	8.99
12E0	32.00	31.69	29.86	28.34	26.97	25.44	24.53	23.77	23.23	23.13	23.03	22.92	22.81	22.70	22.49	22.28	22.07	21.85	21.63	19.65	17.98	16.30	14.62	13.10
13E0	32.00	30.32	27.58	25.44	23.92	22.09	21.18	20.57	20.03	19.93	19.83	19.72	19.61	19.50	—	—	—	—	—	—	—	—	—	—
14E0	32.00	32.00	29.10	26.97	25.44	23.77	22.85	21.94	21.56	21.49	21.42	21.34	21.26	21.18	21.12	21.06	21.00	20.94	20.87	20.60	20.33	20.06	19.80	17.98
15E0	32.00	32.00	31.39	29.86	28.34	26.66	25.75	24.99	24.53	24.44	24.35	24.26	24.17	24.07	24.04	24.01	23.98	23.95	23.92	23.70	23.46	21.48	19.50	17.67
16E0	32.00	32.00	32.00	32.00	32.00	—	—	—	—	—	—	—	—	—	—	—	—	—	—	—	—	—	—	—

续表

PN400 法兰的压力-温度额定值

材料组别	温度/℃																							
	常温	100	150	200	250	300	350	400	450	460	470	480	490	500	510	520	530	540	550	560	570	580	590	600
	最大允许工作压力/MPa																							
1E0	—	—	—	—	—	—	—	—	—	—	—	—	—	—	—	—	—	—	—	—	—	—	—	—
2E0	—	—	—	—	—	—	—	—	—	—	—	—	—	—	—	—	—	—	—	—	—	—	—	—
3E0	40. 00	37. 14	35. 23	33. 33	30. 47	27. 61	25. 71	23. 80	13. 14	—	—	—	—	—	—	—	—	—	—	—	—	—	—	—
3E1	40. 00	40. 00	40. 00	40. 00	39. 04	35. 23	32. 38	29. 52	16. 19	—	—	—	—	—	—	—	—	—	—	—	—	—	—	—
4E0	40. 00	40. 00	40. 00	40. 00	39. 04	34. 28	32. 38	29. 90	27. 61	25. 62	23. 65	21. 68	19. 71	17. 71	14. 09	11. 23	8. 95	—	—	—	—	—	—	—
5E0	40. 00	40. 00	40. 00	40. 00	40. 00	40. 00	38. 09	36. 00	33. 71	32. 08	30. 45	28. 82	27. 20	26. 09	22. 09	17. 90	14. 85	11. 61	9. 33	7. 61	6. 28	—	—	—
6E0	40. 00	40. 00	40. 00	40. 00	40. 00	40. 00	39. 04	37. 14	35. 23	33. 33	31. 42	29. 52	27. 61	25. 71	22. 47	19. 61	17. 14	14. 85	12. 95	11. 04	9. 71	8. 38	7. 23	6. 47
6E1	40. 00	40. 00	40. 00	40. 00	40. 00	40. 00	40. 00	40. 00	40. 00	40. 00	40. 00	33. 94	27. 73	21. 52	18. 28	15. 42	13. 33	11. 23	9. 52	8. 19	7. 04	—	—	—
9E1	40. 00	40. 00	40. 00	40. 00	40. 00	40. 00	40. 00	40. 00	40. 00	40. 00	40. 00	40. 00	40. 00	40. 00	40. 00	40. 00	38. 28	34. 85	31. 61	28. 57	25. 52	22. 85	20. 19	17. 90
10E0	40. 00	34. 47	30. 85	28. 00	26. 09	24. 19	23. 04	22. 09	21. 42	21. 29	21. 16	21. 03	20. 90	20. 76	20. 12	19. 47	18. 82	18. 17	17. 52	16. 19	14. 85	13. 71	12. 38	11. 23
10E1	40. 00	40. 00	40. 00	35. 61	33. 33	31. 80	30. 66	29. 71	29. 04	28. 91	28. 78	28. 65	28. 52	28. 38	—	—	—	—	—	—	—	—	—	—
11E0	40. 00	36. 38	32. 76	29. 90	27. 61	25. 71	24. 57	23. 80	23. 33	23. 24	23. 15	23. 05	22. 95	22. 85	21. 79	20. 73	19. 66	18. 59	17. 52	16. 19	14. 85	13. 71	12. 38	11. 23
12E0	40. 00	39. 61	37. 33	35. 42	33. 71	31. 80	30. 66	29. 71	29. 04	28. 91	28. 78	28. 65	28. 52	28. 38	28. 12	27. 85	27. 58	27. 31	27. 04	24. 57	22. 47	20. 38	18. 28	16. 38
13E0	40. 00	37. 90	34. 47	31. 80	29. 90	27. 61	26. 47	25. 71	25. 04	24. 91	24. 78	24. 65	24. 52	24. 38	—	—	—	—	—	—	—	—	—	—
14E0	40. 00	40. 00	36. 38	33. 71	31. 80	29. 71	28. 57	27. 42	26. 95	26. 86	26. 77	26. 67	26. 57	26. 47	26. 40	26. 33	26. 26	26. 18	26. 09	25. 75	25. 41	25. 08	24. 76	22. 47
15E0	40. 00	40. 00	39. 23	37. 33	35. 42	33. 33	32. 19	31. 23	30. 66	30. 55	30. 44	30. 33	30. 21	30. 09	30. 06	30. 02	29. 98	29. 94	29. 90	29. 62	29. 33	26. 85	24. 38	22. 09
16E0	40. 00	40. 00	40. 00	40. 00	40. 00	—	—	—	—	—	—	—	—	—	—	—	—	—	—	—	—	—	—	—

表 3-1-3(c)　Class 标记的 GB 钢制管法兰用材料

材料组号	材料类别	锻件		铸件		板材	
		材料牌号	标准	材料牌号	标准	材料牌号	标准
1.0	C－Si	—	—	—	—	Q235A	GB/T 3274
						Q235B	GB/T 700
		20	GB/T 699 JB 4726	WCA	GB/T 12229	20	GB/T 711
						Q245R	GB 713
1.1	C－Si	A105	GB/T 12228	WCB	GB/T 12229	—	—
	C－Mn－Si	16Mn	JB4726	—	—	—	—
1.2	C－Mn－Si	—	—	WCC	GB/T 12229	Q345R	GB 713
	C－Mn－Si	—	—	LCC	JB/T 7248	—	—
	2½Ni	—	—	LC2	JB/T 7248	—	—
	3½Ni	—	—	LC3	JB/T 7248	—	—
1.3	C－Si	—	—	LCB	JB/T 7248	—	—
	C－Mn－Si	16Mn D	JB 4727	—	—	16MnDR	GB 3531
	C－½Mo	—	—	WC1	JB/T 5263	—	—
		—	—	LC1	JB/T 7248	—	—
1.4	Mn－Ni	09MnNiD	JB 4727		—	09MnNiDR	GB 3531
1.9	1¼Cr－½Mo	14Cr1Mo	JB 4726	WC6	JB/T 5263	14Cr1MoR	GB713
1.10	2¼Cr－1Mo	12Cr2Mo1	JB 4726	WC9	JB/T 5263	12Cr2Mo1R	GB 713
				ZG12Cr2Mo1G	GB/T 16253		
1.13	5Cr－½Mo	1Cr5Mo	JB 4726	ZG16Cr5MoG	GB/T 16253	—	—
1.14	9Cr－1Mo	—	—	ZG14Cr9Mo1G	GB/T 16253	—	—
1.15	9Cr－1Mo－V	—	—	C12A	JB/T 5263	—	—
1.17	1Cr－½Mo	15CrMo	JB 4726	ZG15Cr1MoG	GB/T 16253	15CrMoR	GB 713

续表

材料组号	材料类别	锻件		铸件		板材	
		材料牌号	标准	材料牌号	标准	材料牌号	标准
2.1	18Cr－8Ni	0Cr18Ni9	JB 4728	CF8	GB/T 12230	06Cr19Ni10	GB/T 4237
		—	—	CF3	GB/T 12230	—	—
2.2	16Cr－12Ni－2Mo	0Cr17Ni12Mo2	JB 4728	CF8M	GB/T 12230	06Cr17Ni12Mo2	GB/T 4237
		—	—	CF3M	GB/T12230	—	—
	18Cr－13Ni－3Mo	06Cr19Ni13Mo3	GB/T 1220	—	—	06Cr19Ni13Mo3	GB/T 4237
2.3	18Cr－8Ni	00Cr19Ni10	JB 4728	—	—	022Cr19Ni10	GB/T 4237
	16Cr－12Ni－2Mo	00Cr17Ni14Mo2	JB 4728	—	—	022Cr17Ni12Mo2	GB/T 4237
	18Cr－13Ni－3Mo	022Cr19Ni13Mo3	GB/T 1220	—	—	022Cr19Ni13Mo3	GB/T 4237
2.4	18Cr－10Ni－Ti	0Cr18Ni10Ti	JB 4728	ZG08Cr18Ni9Ti	GB/T 12230	06Cr18Ni11Ti	GB/T 4237
				ZG12Cr18Ni9Ti			
2.5	18Cr－10Ni－Cb	06Cr18Ni11Nb	GB/T 1220	—	—	06Cr18Ni11Nb	GB/T 4237
2.6	23Cr－12Ni	—	—	—	—	06Cr23Ni13	GB/T 4237
2.7	25Cr－20Ni	06Cr25Ni20	GB/T 1220	—	—	06Cr25Ni20	GB/T 4237
2.8	22Cr－5Ni－3Mo－N	022Cr23Ni5Mo3N	GB/T 1220	—	—	022Cr22Ni5Mo3N	GB/T 4237
	25Cr－7Ni－4Mo－N	—	—	—	—	022Cr25Ni7Mo4WCuN	GB/T 4237
	25Cr－7Ni－3.5Mo－N－Cu－W	03Cr25Ni6Mo3Cu2N	GB/T 1220	—	—	—	—
2.9	23Cr－12Ni	—	—	—	—	06Cr23Ni13	GB/T 4237
	25Cr－20Ni	—	—	—	—	06Cr25Ni20	GB/T 4237
2.11	18Cr－10Ni－Cb	—	—	CF8C	GB/T 12230	—	—
3.4	67Ni－30Cu	NCu30	JB 4743	—	—	NCu30	JB 4741

表 3-1-3(d)　法兰的压力——温度额定值(Class 标记的 GB 法兰)

用 Class 标记的法兰 1.0 组材料①的压力-温度额定值

材料类别	锻件		铸件	板材
C-Si	—		—	Q235A Q235B
	20①		WCA①	20①
				Q245R①
温度/℃	公称压力			
	Class150	Class300	Class600	Class900
	最大允许工作压力/MPa			
-29~38	1.58	3.95	7.90	11.85
50	1.53	3.85	7.75	11.60
100	1.42	3.56	7.12	10.68
150	1.35	3.39	6.78	10.17
200	1.27	3.18	6.36	9.54
250	1.15	2.88	5.76	8.64
300	1.02	2.57	5.14	7.71
325	0.93	2.48	4.96	7.44
350	0.84	2.39	4.78	7.17
375	0.74	2.29	4.58	6.87
400	0.65	2.19	4.38	6.57
425	0.55	2.12	4.24	6.36
450	0.46	1.96	3.92	5.87
475	0.37	1.35	2.71	4.06

注：① 当长期暴露在 425℃以上温度时，钢中的碳化相可能转变为石墨。允许但不推荐长期在 425℃以上使用。

用 Class 标记的法兰 1.1 组材料①的压力-温度额定值

材料类别	锻件		铸件		板材	
C-Si	A105①		WCB①		—	
	16Mn		—		—	
温度/℃	公称压力					
	Class150	Class300	Class600	Class900	Class1500	Class2500
	最大允许工作压力/MPa					
-29~38	1.96	5.11	10.21	15.32	25.53	42.55
50	1.92	5.01	10.02	15.04	25.06	41.77
100	1.77	4.66	9.32	13.98	23.30	38.83
150	1.58	4.51	9.02	13.52	22.54	37.56
200	1.38	4.38	8.76	13.14	21.90	36.50
250	1.21	4.19	8.39	12.58	20.97	34.95
300	1.02	3.98	7.96	11.95	19.91	33.18

注：① 材料组别参见表 3-1-6(以下同)。

材料类别	锻件		铸件		板材	
C-Si	A105①		WCB①		—	
	16Mn		—		—	
温度/℃	公称压力					
	Class150	Class300	Class600	Class900	Class1500	Class2500
	最大允许工作压力/MPa					
325	0.93	3.87	7.47	11.61	19.36	32.26
350	0.84	3.76	7.51	11.27	18.78	31.30
375	0.74	3.64	7.27	10.91	18.18	30.31
400	0.65	3.47	6.94	10.42	17.36	28.93
425	0.55	2.88	5.75	8.63	14.38	23.97
450	0.46	2.30	4.60	6.90	11.50	19.17
475	0.37	1.74	3.49	5.23	8.72	14.53
500	0.28	1.18	2.35	3.53	5.88	9.79
538	0.14	0.59	1.18	1.77	2.95	4.92

注：当长期暴露在425℃以上温度时，钢中的碳化相可能转变为石墨。允许但不推荐长期在425℃以上使用。

用Class标记的法兰1.2组材料的压力-温度额定值

材料类别	锻件		铸件		板材	
C-Mn-Si	—		WCC①		Q345R	
C-Mn-Si	—		LCC②		—	
2½Ni	—		LC2		—	
3½Ni	—		LC3③		—	
温度/℃	公称压力					
	Class150	Class300	Class600	Class900	Class1500	Class2500
	最大允许工作压力/MPa					
-29~38	1.98	5.17	10.34	15.51	25.86	43.09
50	1.95	5.17	10.34	15.51	25.86	43.09
100	1.77	5.15	10.30	15.46	25.76	42.94
150	1.58	5.02	10.03	15.05	25.08	41.81
200	1.38	4.86	9.72	14.58	24.32	40.54
250	1.21	4.63	9.27	13.90	23.18	38.62
300	1.02	4.29	8.57	12.86	21.44	35.71
325	0.93	4.14	8.26	12.40	20.66	34.43
350	0.84	4.00	8.00	12.01	20.01	33.35
375	0.74	3.78	7.57	11.35	18.92	31.53
400	0.65	3.47	6.94	10.42	17.36	28.93
425	0.55	2.88	5.75	8.63	14.38	23.97
450	0.46	2.30	4.60	6.90	11.50	19.17

续表

材料类别	锻件		铸件		板材	
C-Mn-Si	—		WCC①		Q345R	
C-Mn-Si	—		LCC②		—	
2½Ni	—		LC2		—	
3½Ni	—		LC3③		—	
温度/℃	公称压力					
	Class150	Class300	Class600	Class900	Class1500	Class2500
	最大允许工作压力/MPa					
475	0.37	1.71	3.42	5.13	8.54	14.24
500	0.28	1.16	2.32	3.47	5.79	9.65
538	0.14	0.59	1.18	1.77	2.95	4.92

注：① 当长期暴露在425℃以上温度时，钢中的碳化相可能转变为石墨。允许但不推荐长期在425℃以上使用。

② 不得用于340℃以上。

③ 不得用于260℃以上。

用Class标记的法兰1.3组材料的压力-温度额定值

材料类别	锻件		铸件		板材	
C-Si	—		LCB①		—	
C-Mn-Si	16MnD		—		16MnDR	
C-½Mo	—		WC1②③		—	
	—		LC1①		—	
温度/℃	公称压力					
	Class150	Class300	Class600	Class900	Class1500	Class2500
	最大允许工作压力/MPa					
-29~38	1.84	4.80	9.60	14.41	24.01	40.01
50	1.82	4.75	9.49	14.24	23.73	39.56
100	1.74	4.53	9.07	13.60	22.67	37.78
150	1.58	4.39	8.79	13.18	21.97	36.61
200	1.38	4.25	8.51	12.76	21.27	35.44
250	1.21	4.08	8.16	12.23	20.39	33.98
300	1.02	3.87	7.74	11.61	19.34	32.24
325	0.93	3.76	7.52	11.27	18.79	31.31
350	0.84	3.64	7.28	10.92	18.20	30.33
375	0.74	3.50	6.99	10.49	17.49	29.14
400	0.65	3.26	6.52	9.79	16.31	27.19
425	0.55	2.73	5.46	8.19	13.65	22.75
450	0.46	2.16	4.32	6.48	10.79	17.99
475	0.37	1.57	3.13	4.70	7.83	13.06
500	0.28	1.11	2.21	3.32	5.54	9.23
538	0.14	0.59	1.18	1.77	2.95	4.92

注：① 不得用于340℃以上。

② 当长期暴露在465℃以上温度时，钢中的碳化相可能转变为石墨。允许但不推荐长期在465℃以上使用。

③ 仅使用正火加回火的材料。

续表

用Class标记的法兰1.4组材料的压力-温度额定值						
材料类别	锻　件		铸　件		板　材	
Mn-Ni	09MnNiD		—		09MnNiDR	
温度/℃	公　称　压　力					
	Class150	Class300	Class600	Class900	Class1500	Class2500
	最大允许工作压力/MPa					
-29~38	1.63	4.26	8.51	12.77	21.28	35.46
50	1.60	4.18	8.35	12.53	20.89	34.81
100	1.49	3.88	7.77	11.65	19.42	32.36
150	1.44	3.76	7.51	11.27	18.78	31.30
200	1.38	3.64	7.28	10.92	18.21	30.34
250	1.21	3.49	6.98	10.47	17.46	29.10
300	1.02	3.32	6.64	9.95	16.59	27.65
325	0.93	3.22	6.45	9.67	16.12	26.86
350	0.84	3.12	6.25	9.37	15.62	26.04
375	0.74	3.04	6.07	9.11	15.18	25.30
400	0.65	2.93	5.87	8.80	14.67	24.45
425	0.55	2.58	5.15	7.73	12.88	21.47
450	0.46	2.14	4.27	6.41	10.68	17.80
475	0.37	1.41	2.82	4.23	7.05	11.74
500	0.28	1.03	2.06	3.09	5.15	8.59
538	0.14	0.59	1.18	1.77	2.95	4.92

用Class标记的法兰1.9组材料的压力-温度额定值						
材料类别	锻　件		铸　件		板　材	
1¼Cr-½Mo	14Cr1Mo		WC6①②		14Cr1MoR	
温度/℃	公　称　压　力					
	Class150	Class300	Class600	Class900	Class1500	Class2500
	最大允许工作压力/MPa					
-29~38	1.98	5.17	10.34	15.51	25.86	43.09
50	1.95	5.17	10.34	15.51	25.86	43.09
100	1.77	5.15	10.30	15.44	25.74	42.90
150	1.58	4.97	9.95	14.92	24.87	41.45
200	1.38	4.80	9.59	14.30	23.98	39.96
250	1.21	4.63	9.27	13.90	23.18	38.62
300	1.02	4.29	8.57	12.85	21.44	35.71
325	0.93	4.14	8.26	12.40	20.66	34.43
350	0.84	4.03	8.04	12.07	20.11	33.53
375	0.74	3.89	7.76	11.65	19.41	32.32

续表

材料类别	锻件		铸件		板材	
1¼Cr-½Mo	14Cr1Mo		WC6①②		14Cr1MoR	
温度/℃	公称压力					
	Class150	Class300	Class600	Class900	Class1500	Class2500
	最大允许工作压力/MPa					
400	0.65	3.65	7.33	10.98	18.31	30.49
425	0.55	3.52	7.00	10.51	17.51	29.16
450	0.46	3.37	6.77	10.14	16.90	28.18
475	0.37	3.17	6.34	9.51	15.82	26.39
500	0.28	2.57	5.15	7.72	12.86	21.44
538	0.14	1.49	2.98	4.47	7.45	12.41
550	—	1.27	2.54	3.81	6.35	10.59
575	—	0.88	1.76	2.64	4.40	7.34
600	—	0.61	1.22	1.83	3.05	5.09
625	—	0.43	0.85	1.28	2.13	3.55
650	—	0.28	0.57	0.85	1.42	2.36

注：① 仅允许用正火加回火材料。

② 不得用于 590℃以上。

用 Class 标记的法兰 1.10 组材料的压力-温度额定值

材料类别	锻件		铸件		板材	
2¼Cr-1Mo	12Cr2Mo1		WC9①② ZG12Cr2Mo1G		12Cr2Mo1R	
温度/℃	公称压力					
	Class150	Class300	Class600	Class900	Class1500	Class2500
	最大允许工作压力/MPa					
-29~38	1.98	5.17	10.34	15.51	25.86	43.09
50	1.95	5.17	10.34	15.51	25.86	43.09
100	1.77	5.15	10.30	15.46	25.76	42.94
150	1.58	5.03	10.03	15.06	25.08	41.82
200	1.38	4.86	9.72	14.58	24.34	40.54
250	1.21	4.63	9.27	13.90	23.18	38.62
300	1.02	4.29	8.57	12.86	21.44	35.71
325	0.93	4.14	8.26	12.40	20.66	34.43
350	0.84	4.03	8.04	12.07	20.11	33.53
375	0.74	3.89	7.76	11.65	19.41	32.32
400	0.65	3.65	7.33	10.98	18.31	30.49
425	0.55	3.52	7.00	10.51	17.51	29.16
450	0.46	3.37	6.77	10.14	16.90	28.18

续表

材料类别	锻件		铸件		板材	
2¼Cr-1Mo	12Cr2Mo1		WC9①② ZG12Cr2Mo1G		12Cr2Mo1R	
温度/℃	公称压力					
	Class150	Class300	Class600	Class900	Class1500	Class2500
	最大允许工作压力/MPa					
475	0.37	3.17	6.34	9.51	15.82	26.39
500	0.28	2.82	5.65	8.47	14.09	23.50
538	0.14	1.84	3.69	5.53	9.22	15.37
550	—	1.56	3.13	4.69	7.82	13.03
575	—	1.05	2.11	3.16	5.26	8.77
600	—	0.69	1.38	2.07	3.44	5.74
625	—	0.45	0.89	1.34	2.23	3.72
650	—	0.28	0.57	0.85	1.42	2.36

注：① 仅允许用正火加回火材料。

② 不得用于590℃以上。

用Class标记的法兰1.13组材料的压力-温度额定值

材料类别	锻件		铸件		板材	
5Cr-½Mo	1Cr5Mo		ZG16Cr5MoG		—	
温度/℃	公称压力					
	Class150	Class300	Class600	Class900	Class1500	Class2500
	最大允许工作压力/MPa					
-29~38	2.00	5.17	10.34	15.51	25.86	43.09
50	1.95	5.17	10.34	15.51	25.86	43.09
100	1.77	5.15	10.30	15.46	25.76	42.94
150	1.58	5.03	10.03	15.06	25.08	41.82
200	1.38	4.86	9.72	14.58	24.34	40.54
250	1.21	4.63	9.27	13.90	23.18	38.62
300	1.02	4.29	8.57	12.86	21.44	35.71
325	0.93	4.14	8.26	12.40	20.66	34.43
350	0.84	4.03	8.04	12.07	20.11	33.53
375	0.74	3.89	7.76	11.65	19.41	32.32
400	0.65	3.65	7.33	10.98	18.31	30.49
425	0.55	3.52	7.00	10.51	17.51	29.16
450	0.46	3.37	6.77	10.14	16.90	28.18
475	0.37	2.79	5.57	8.36	13.93	23.21
500	0.28	2.14	4.28	6.41	10.69	17.82
538	0.14	1.37	2.74	4.11	6.86	11.43

续表

材料类别	锻　件		铸　件		板　材	
5Cr-½Mo	1Cr5Mo		ZG16Cr5MoG		—	
	公　称　压　力					
温度/℃	Class150	Class300	Class600	Class900	Class1500	Class2500
	最大允许工作压力/MPa					
550	—	1.20	2.41	3.61	6.02	10.04
575	—	0.89	1.78	2.67	4.44	7.40
600	—	0.62	1.25	1.87	3.12	5.19
625	—	0.40	0.80	1.20	2.00	3.33
650	—	0.24	0.47	0.71	1.18	1.97

用Class标记的法兰1.14组材料的压力-温度额定值

材料类别	锻　件		铸　件		板　材	
9Cr-1Mo	—		ZG14Cr9Mo1G①		—	
	公　称　压　力					
温度/℃	Class150	Class300	Class600	Class900	Class1500	Class2500
	最大允许工作压力/MPa					
-29~38	2.00	5.17	10.34	15.51	25.86	43.09
50	1.95	5.17	10.34	15.51	25.86	43.09
100	1.77	5.15	10.30	15.46	25.76	42.94
150	1.58	5.03	10.03	15.06	25.08	41.82
200	1.38	4.86	9.72	14.58	24.34	40.54
250	1.21	4.63	9.27	13.90	23.18	38.62
300	1.02	4.29	8.57	12.86	21.44	35.71
325	0.93	4.14	8.26	12.40	20.66	34.43
350	0.84	4.03	8.04	12.07	20.11	33.53
375	0.74	3.89	7.76	11.65	19.41	32.32
400	0.65	3.65	7.33	10.98	18.31	30.49
425	0.55	3.52	7.00	10.51	17.51	29.16
450	0.46	3.37	6.77	10.14	16.90	28.18
475	0.37	3.17	6.34	9.51	15.82	26.39
500	0.28	2.82	5.65	8.47	14.09	23.50
538	0.14	1.75	3.50	5.25	8.75	14.58
550	—	1.50	3.00	4.50	7.50	12.50
575	—	1.05	2.09	3.14	5.23	8.71
600	—	0.72	1.44	2.15	3.59	5.98
625	—	0.50	0.99	1.49	2.48	4.14
650	—	0.35	0.71	1.06	1.77	2.95

注：① 仅允许用正火加回火材料。

续表

用 Class 标记的法兰 1.15 组材料的压力-温度额定值						
材料类别	锻　件		铸　件		板　材	
9Cr-1Mo-V	—		C12A		—	
温度/℃	公　称　压　力					
	Class150	Class300	Class600	Class900	Class1500	Class2500
	最大允许工作压力/MPa					
-29～38	2.00	5.17	10.34	15.51	25.86	43.09
50	1.95	5.17	10.34	15.51	25.86	43.09
100	1.77	5.15	10.30	15.46	25.76	42.94
150	1.58	5.03	10.03	15.06	25.08	41.82
200	1.38	4.86	9.72	14.58	24.34	40.54
250	1.21	4.63	9.27	13.90	23.18	38.62
300	1.02	4.29	8.57	12.86	21.44	35.71
325	0.93	4.14	8.26	12.40	20.66	34.43
350	0.84	4.03	8.04	12.07	20.11	33.53
375	0.74	3.89	7.76	11.65	19.41	32.32
400	0.65	3.65	7.33	10.98	18.31	30.49
425	0.55	3.52	7.00	10.51	17.51	29.16
450	0.46	3.37	6.77	10.14	16.90	28.18
475	0.37	3.17	6.34	9.51	15.82	26.39
500	0.28	2.82	5.65	8.47	14.09	23.50
538	0.14	2.52	5.00	7.52	12.55	20.89
550	—	2.50	4.98	7.48	12.49	20.80
575	—	2.40	4.79	7.18	11.97	19.95
600	—	1.95	3.90	5.85	9.75	16.25
625	—	1.46	2.92	4.38	7.30	12.17
650	—	0.99	1.99	2.98	4.96	8.27

用 Class 标记的法兰 1.1 组材料的压力-温度额定值						
材料类别	锻　件		铸　件		板　材	
1Cr-½Mo	15CrMo①②		ZG15Cr1MoG①②		15CrMoR	
温度/℃	公　称　压　力					
	Class150	Class300	Class600	Class900	Class1500	Class2500
	最大允许工作压力/MPa					
-29～38	1.98	5.17	10.34	15.51	25.86	43.09
50	1.95	5.15	10.30	15.45	25.75	42.92
100	1.77	5.04	10.00	15.13	25.22	42.04
150	1.58	4.82	9.64	14.45	24.09	40.15
200	1.38	4.63	9.25	13.88	23.13	38.56

续表

材料类别	锻　件		铸　件		板　材	
1Cr-½Mo	15CrMo①②		ZG15Cr1MoG①②		15CrMoR	
温度/℃	公　称　压　力					
	Class150	Class300	Class600	Class900	Class1500	Class2500
	最大允许工作压力/MPa					
250	1.21	4.48	8.96	13.45	22.41	37.35
300	1.02	4.29	8.57	12.86	21.44	35.71
325	0.93	4.14	8.26	12.40	20.66	34.43
350	0.84	4.03	8.04	12.07	20.11	33.53
375	0.74	3.89	7.76	11.65	19.41	32.32
400	0.65	3.65	7.33	10.98	18.31	30.49
425	0.55	3.52	7.00	10.51	17.51	29.16
450	0.46	3.37	6.77	10.14	16.90	28.18
475	0.37	2.79	5.57	8.36	13.93	23.21
500	0.28	2.14	4.28	6.41	10.69	17.82
538	0.14	1.37	2.74	4.11	6.86	11.43
550	—	1.20	2.41	3.61	6.02	10.04
575	—	0.88	1.76	2.64	4.40	7.34
600	—	0.61	1.21	1.82	3.03	5.04
625	—	0.40	0.80	1.20	2.00	3.33
650	—	0.24	0.47	0.71	1.18	1.97

注：① 仅允许用正火加回火材料。

② 允许但不推荐长期在590℃以上使用。

用Class标记的法兰2.1组材料的压力-温度额定值

材料类别	锻　件		铸　件		板　材	
18Cr-8Ni	0Cr18Ni9①		CF8①		0Cr18Ni9①	
	—		CF3②		—	
温度/℃	公　称　压　力					
	Class150	Class300	Class600	Class900	Class1500	Class2500
	最大允许工作压力/MPa					
-29~38	1.90	4.96	9.93	14.89	24.82	41.37
50	1.83	4.78	9.56	14.35	23.91	39.85
100	1.57	4.00	8.17	12.26	20.43	34.04
150	1.42	3.70	7.40	11.10	18.50	30.84
200	1.32	3.45	6.90	10.34	17.24	28.73
250	1.21	3.25	6.50	9.75	16.24	27.07
300	1.02	3.09	6.18	9.27	15.46	25.76
325	0.93	3.02	6.04	9.07	15.11	25.19

续表

材料类别	锻　　件		铸　　件		板　　材	
18Cr-8Ni	0Cr18Ni9①		CF8①		0Cr18Ni9①	
	—		CF3②		—	
	公　称　压　力					
温度/℃	Class150	Class300	Class600	Class900	Class1500	Class2500
	最大允许工作压力/MPa					
350	0.84	2.96	5.93	8.89	14.81	24.69
375	0.74	2.90	5.81	8.71	14.52	24.19
400	0.65	2.84	5.69	8.53	14.22	23.70
425	0.55	2.80	5.60	8.40	14.00	23.33
450	0.46	2.74	5.48	8.22	13.70	22.84
475	0.37	2.69	5.39	8.08	13.47	22.45
500	0.28	2.65	5.30	7.95	13.24	22.07
538	0.14	2.44	4.89	7.33	12.21	20.36
550	—	2.36	4.71	7.07	11.78	19.63
575	—	2.08	4.17	6.25	10.42	17.37
600	—	1.69	3.38	5.06	8.44	14.07
625	—	1.38	2.76	4.14	6.89	11.49
650	—	1.13	2.25	3.38	5.63	9.38
675	—	0.93	1.87	2.80	4.67	7.79
700	—	0.80	1.61	2.41	4.01	6.69
725	—	0.68	1.35	2.03	3.38	5.63
750	—	0.58	1.16	1.73	2.89	4.81
775	—	0.46	0.90	1.37	2.28	3.80
800	—	0.35	0.70	1.05	1.74	2.92
816	—	0.28	0.59	0.86	1.41	2.38

注：① 只有当碳含量≥0.4%时，才可用于538℃以上。

② 不得用于425℃以上。

用Class标记的法兰2.2组材料的压力-温度额定值

材料类别	锻　　件		铸　　件		板　　材	
16Cr-12Ni-2Mo	0Cr17Ni12Mo2①		CF8M①		0Cr17Ni12Mo2①	
	—		CF3M②		—	
18Cr-13Ni-3Mo	06Cr19Ni13Mo3①		—		06Cr19Ni13Mo3①	
	公　称　压　力					
温度/℃	Class150	Class300	Class600	Class900	Class1500	Class2500
	最大允许工作压力/MPa					
-29~38	1.90	4.96	9.93	14.89	24.82	41.37
50	1.84	4.81	9.62	14.43	24.06	40.09

续表

材料类别	锻件		铸件		板材	
16Cr-12Ni-2Mo	0Cr17Ni12Mo2①		CF8M①		0Cr17Ni12Mo2①	
	—		CF3M②		—	
18Cr-13Ni-3Mo	06Cr19Ni13Mo3①		—		06Cr19Ni13Mo3①	
温度/℃	公称压力					
	Class150	Class300	Class600	Class900	Class1500	Class2500
	最大允许工作压力/MPa					
100	1.62	4.22	8.44	12.66	21.10	35.16
150	1.48	3.85	7.70	11.55	19.25	32.08
200	1.37	3.57	7.13	10.70	17.83	29.72
250	1.21	3.34	6.68	10.01	16.69	27.81
300	1.02	3.16	6.32	9.49	15.81	26.35
325	0.93	3.09	6.18	9.27	15.44	25.74
350	0.84	3.03	6.07	9.10	15.16	25.27
375	0.74	2.99	5.98	8.96	14.94	24.90
400	0.65	2.94	5.89	8.83	14.72	24.53
425	0.55	2.91	5.83	8.74	14.57	24.29
450	0.46	2.88	5.77	8.65	14.42	24.04
475	0.37	2.87	5.73	8.60	14.34	23.89
500	0.28	2.82	5.65	8.47	14.09	23.50
538	0.14	2.52	5.00	7.52	12.55	20.89
550	—	2.50	4.98	7.48	12.49	20.80
575	—	2.40	4.79	7.18	11.97	19.95
600	—	1.99	3.98	5.97	9.95	16.59
625	—	1.58	3.16	4.74	7.91	13.18
650	—	1.27	2.53	3.80	6.33	10.55
675	—	1.03	2.06	3.10	5.16	8.60
700	—	0.84	1.68	2.51	4.19	6.98
725	—	0.70	1.40	2.10	3.49	5.82
750	—	0.59	1.17	1.76	2.93	4.89
775	—	0.46	0.90	1.37	2.28	3.80
800	—	0.35	0.70	1.05	1.74	2.92
816	—	0.28	0.59	0.86	1.41	2.38

注：① 只有当碳含量≥0.04%时，才可用于538℃以上。

② 不得用于455℃以上。

用Class标记的法兰2.3组材料的压力-温度额定值

材料类别	锻件		铸件		板材	
18Cr-8Ni	00Cr19Ni10①		—		022Cr19Ni10①	
16Cr-12Ni-2Mo	00Cr17Ni14Mo2		—		022Cr17Ni12Mo	
温度/℃	公称压力					
	Class150	Class300	Class600	Class900	Class1500	Class2500
	最大允许工作压力/MPa					
-29~38	1.59	4.14	8.27	12.41	20.68	34.47
50	1.53	4.00	8.00	12.01	20.01	33.35
100	1.33	3.48	6.96	10.44	17.39	28.99
150	1.20	3.14	6.28	9.42	15.70	26.16
200	1.12	2.92	5.83	8.75	14.58	24.30
250	1.05	2.75	5.49	8.24	13.73	22.89
300	1.00	2.61	5.21	7.82	13.03	21.72
325	0.93	2.55	5.10	7.64	12.74	21.23
350	0.84	2.51	5.01	7.52	12.54	20.89
375	0.74	2.48	4.95	7.43	12.38	20.63
400	0.65	2.43	4.86	7.29	12.15	20.25
425	0.55	2.39	4.77	7.16	11.93	19.88
450	0.46	2.34	4.68	7.02	11.71	19.51

注：① 不得用于425℃以上。

用Class标记的法兰2.4组材料的压力-温度额定值

材料类别	锻件		铸件		板材	
18Cr-10Ni-Ti	0Cr18Ni10Ti①		ZG08Cr18Ni9Ti① ZG12Cr18Ni9Ti①		06Cr18Ni11Ti①	
温度/℃	公称压力					
	Class150	Class300	Class600	Class900	Class1500	Class2500
	最大允许工作压力/MPa					
-29~38	1.90	4.96	9.93	14.89	24.82	41.37
50	1.86	4.86	9.71	14.57	24.28	40.46
100	1.70	4.42	8.85	13.27	22.12	36.87
150	1.57	4.10	8.20	12.29	20.49	34.15
200	1.38	3.83	7.66	11.49	19.15	31.91
250	1.21	3.60	7.20	10.81	18.01	30.02
300	1.02	3.41	6.83	10.24	17.07	28.46
325	0.93	3.33	6.66	9.99	16.65	27.76
350	0.84	3.26	6.52	9.78	16.30	27.17
375	0.74	3.20	6.41	9.61	16.02	26.69

续表

材料类别	锻　件		铸　件		板　材	
18Cr-10Ni-Ti	0Cr18Ni10Ti①		ZG08Cr18Ni9Ti① ZG12Cr18Ni9Ti①		06Cr18Ni11Ti①	
	公　称　压　力					
温度/℃	Class150	Class300	Class600	Class900	Class1500	Class2500
	最大允许工作压力/MPa					
400	0.65	3.16	6.32	9.48	15.79	26.32
425	0.55	3.11	6.23	9.34	15.57	25.95
450	0.46	3.08	6.17	9.25	15.42	25.69
475	0.37	3.05	6.11	9.16	15.27	25.44
500	0.28	2.82	5.65	8.47	14.09	23.50
538	0.14	2.52	5.00	7.52	12.55	20.89
550	—	2.50	4.98	7.48	12.49	20.80
575	—	2.40	4.79	7.18	11.97	19.95
600	—	2.03	4.05	6.08	10.13	16.89
625	—	1.58	3.16	4.74	7.91	13.18
650	—	1.26	2.53	3.79	6.32	10.54
675	—	0.99	1.98	2.96	4.94	8.23
700	—	0.79	1.58	2.37	3.95	6.59
725	—	0.63	1.27	1.90	3.17	5.28
750	—	0.50	1.00	1.50	2.50	4.17
775	—	0.40	0.80	1.19	1.99	3.32
800	—	0.31	0.63	0.94	1.56	2.61
816	—	0.26	0.52	0.78	1.30	2.17

注：① 只有当碳含量≥0.04%时，并且当材料做了最低加热温度为1095℃的热处理时，才可用于538℃以上。

用Class标记的法兰2.5组材料的压力-温度额定值

材料类别	锻　件		铸　件		板　材	
18Cr-10Ni-Cb	06Cr18Ni11Nb①		—		06Cr18Ni11Nb①	
	公　称　压　力					
温度/℃	Class150	Class300	Class600	Class900	Class1500	Class2500
	最大允许工作压力/MPa					
-29~38	1.90	4.96	9.93	14.89	24.82	41.37
50	1.87	4.88	9.75	14.63	24.38	40.64
100	1.74	4.53	9.06	13.59	22.65	37.74
150	1.58	4.25	8.49	12.74	21.24	35.39
200	1.38	3.99	7.99	11.98	19.97	33.28
250	1.21	3.78	4.56	11.34	18.91	31.51
300	1.02	3.61	7.22	10.83	18.04	30.07

续表

材料类别	锻件		铸件		板材	
18Cr-10Ni-Cb	06Cr18Ni11Nb①		—		06Cr18Ni11Nb①	
温度/℃	公称压力					
	Class150	Class300	Class600	Class900	Class1500	Class2500
	最大允许工作压力/MPa					
325	0.93	3.54	7.07	10.61	17.68	29.46
350	0.84	3.48	6.95	10.43	17.38	28.96
375	0.74	3.42	6.84	10.26	17.10	28.51
400	0.65	3.39	6.78	10.17	16.95	28.26
425	0.55	3.36	6.72	10.08	16.81	28.01
450	0.46	3.35	6.69	10.04	16.73	27.88
475	0.37	3.17	6.34	9.51	15.82	26.39
500	0.28	2.82	5.65	8.47	14.09	23.50
538	0.14	2.52	5.00	7.52	12.55	20.89
550	—	2.50	4.98	7.48	12.49	20.80
575	—	2.40	4.79	7.18	11.97	19.95
600	—	2.16	4.29	6.42	10.70	17.85
625	—	1.83	3.66	5.49	9.12	15.20
650	—	1.41	2.81	4.25	7.07	11.77
675	—	1.24	2.52	3.76	6.27	10.45
700	—	1.01	2.00	2.98	4.97	8.30
725	—	0.79	1.54	2.32	3.86	6.44
750	—	0.59	1.17	1.76	2.96	4.91
775	—	0.46	0.90	1.37	2.28	3.80
800	—	0.35	0.70	1.05	1.74	2.92
816	—	0.28	0.59	0.86	1.41	2.38

注：① 只有当碳含量≥0.04%时，并且当材料做了最低加热温度为1095℃的热处理时，才可用于538℃以上。

用Class标记的法兰2.6组材料的压力-温度额定值

材料类别	锻件		铸件		板材	
23Cr-12Ni	—		—		06Cr23Ni13	
温度/℃	公称压力					
	Class150	Class300	Class600	Class900	Class1500	Class2500
	最大允许工作压力/MPa					
-29~38	1.90	4.96	9.93	14.89	24.82	41.37
50	1.85	4.83	9.66	14.49	24.15	40.25
100	1.65	4.31	8.62	12.93	21.55	35.92
150	1.53	4.00	8.00	12.00	20.00	33.33
200	1.38	3.78	7.55	11.33	18.88	31.47

续表

材料类别	锻　件		铸　件		板　材	
23Cr-12Ni	—		—		06Cr23Ni13	
温度/℃	公　称　压　力					
	Class150	Class300	Class600	Class900	Class1500	Class2500
	最大允许工作压力/MPa					
250	1.21	3.61	7.21	10.82	18.04	30.06
300	1.02	3.48	6.96	10.44	17.39	28.99
325	0.93	3.42	6.85	10.27	17.12	28.54
350	0.84	3.38	6.76	10.14	16.90	28.17
375	0.74	3.34	6.68	10.01	16.69	27.82
400	0.65	3.31	6.61	9.92	16.54	27.56
425	0.55	3.26	6.53	9.79	16.31	27.19
450	0.46	3.22	6.44	9.65	16.09	26.82
475	0.37	3.17	6.34	9.51	15.82	26.39
500	0.28	2.82	5.65	8.47	14.09	23.50
538	0.14	2.52	5.00	7.52	12.55	20.89
550	—	2.50	4.98	7.48	12.49	20.80
575	—	2.22	4.44	6.65	11.09	18.48
600	—	1.68	3.35	5.03	8.39	13.98
625	—	1.25	2.50	3.75	6.25	10.42
650	—	0.94	1.87	2.81	4.68	7.80
675	—	0.72	1.45	2.17	3.62	6.03
700	—	0.55	1.10	1.65	2.75	4.59
725	—	0.43	0.87	1.30	2.16	3.60
750	—	1.34	0.68	1.02	1.71	2.84
775	—	0.27	0.54	0.81	1.35	2.24
800	—	0.21	0.42	0.63	1.05	1.75
816	—	0.18	0.35	0.53	0.89	1.48

用 Class 标记的法兰 2.7 组材料的压力-温度额定值

材料类别	锻　件		铸　件		板　材	
25Cr-20Ni	06Cr25Ni20①		—		06Cr25Ni20①	
温度/℃	公　称　压　力					
	Class150	Class300	Class600	Class900	Class1500	Class2500
	最大允许工作压力/MPa					
-29~38	1.90	4.96	9.93	14.89	24.82	41.37
50	1.85	4.84	9.67	14.51	24.18	40.31
100	1.66	4.34	8.68	13.02	21.70	36.16
150	1.53	4.00	8.00	12.00	20.00	33.33
200	1.38	3.76	7.52	11.28	18.80	31.34
250	1.21	3.58	7.15	10.73	17.88	29.81

续表

材料类别	锻件		铸件		板材	
25Cr-20Ni	06Cr25Ni20①		—		06Cr25Ni20①	
温度/℃	公称压力					
	Class150	Class300	Class600	Class900	Class1500	Class2500
	最大允许工作压力/MPa					
300	1.02	3.45	6.89	10.34	17.23	28.72
325	0.93	3.39	6.77	10.16	16.93	28.22
350	0.84	3.33	6.66	9.99	16.65	27.76
375	0.75	3.29	6.57	9.86	16.43	27.38
400	0.65	3.24	6.48	9.73	16.21	27.02
425	0.55	3.21	6.42	9.64	16.06	26.77
450	0.46	3.17	6.34	9.51	15.84	26.40
475	0.37	3.12	6.25	9.37	15.62	26.03
500	0.28	2.82	5.65	8.47	14.09	23.50
538	0.14	2.52	5.00	7.52	12.55	20.89
550	—	2.50	4.98	7.48	12.49	20.80
575	—	2.22	4.44	6.65	11.09	18.48
600	—	1.68	3.35	5.03	8.39	13.98
625	—	1.25	2.50	3.75	6.25	10.42
650	—	0.94	1.87	2.81	4.68	7.80
675	—	0.72	1.45	2.17	3.62	6.03
700	—	0.55	1.10	1.65	2.75	4.59
725	—	0.43	0.87	1.30	2.16	3.60
750	—	0.34	0.68	1.02	1.71	2.84
775	—	0.27	0.53	0.80	1.33	2.21
800	—	0.21	0.41	0.62	1.03	1.72
816	—	0.18	0.35	0.53	0.89	1.48

注：① 只有当碳含量≥0.04%时，才可用于538℃以上。

用 Class 标记的法兰 2.8 组材料的压力-温度额定值

材料类别	锻件		铸件		板材	
22Cr-5Ni-3Mo-N	022Cr23Ni5Mo3N①		—		022Cr22Ni5Mo3N①	
25Cr7Ni-4Mo-N	—		—		022Cr25Ni7Mo4WCuN①	
25Cr-7Ni-3.5Mo-N-Cu-W	03Cr25Ni6Mo3Cu2N①		—		—	
温度/℃	公称压力					
	Class150	Class300	Class600	Class900	Class1500	Class2500
	最大允许工作压力/MPa					
-29~38	2.00	5.17	10.34	15.51	25.86	43.09
50	1.95	5.17	10.34	15.51	25.86	43.09
100	1.77	5.07	10.13	15.20	25.33	42.22
150	1.58	4.59	9.19	13.78	22.96	38.27
200	1.38	4.27	8.53	12.80	21.33	35.54
250	1.21	4.05	8.09	12.14	20.23	33.72
300	1.02	3.89	7.77	11.66	19.43	32.38
325	0.93	3.82	7.63	11.45	19.08	31.80

注：① 该材料在中高温使用后可能变脆。不得用于315℃以上。

续表

用Class标记的法兰2.11组材料的压力-温度额定值						
材料类别	锻件		铸件		板材	
18Cr-10Ni-Cb	—		CF8C①		—	
	公称压力					
温度/℃	Class150	Class300	Class600	Class900	Class1500	Class2500
	最大允许工作压力/MPa					
-29~38	1.90	4.96	9.93	14.89	24.82	41.37
50	1.87	4.88	9.75	14.63	24.38	40.64
100	1.74	4.53	9.06	13.59	22.65	37.74
150	1.58	4.25	8.49	12.74	21.24	35.39
200	1.38	3.99	7.99	11.98	19.97	33.28
250	1.21	3.78	7.56	11.34	18.91	31.51
300	1.02	3.61	7.22	10.83	18.04	30.07
325	0.93	3.54	7.07	10.61	17.68	29.46
350	0.84	3.48	6.95	10.43	17.38	28.96
375	0.74	3.42	6.84	10.26	17.10	28.51
400	0.65	3.39	6.78	10.17	16.95	28.26
425	0.55	3.36	6.72	10.08	16.81	28.01
450	0.46	3.35	6.69	10.04	16.73	27.88
475	0.37	3.17	6.34	9.51	15.82	26.39
500	0.28	2.82	5.65	8.47	14.09	23.50
538	0.14	2.52	5.00	7.52	12.55	20.89
550	—	2.50	4.98	7.48	12.49	20.80
575	—	2.40	4.79	7.18	11.97	19.95
600	—	1.98	3.96	5.94	9.90	16.51
625	—	1.39	2.77	4.16	6.93	11.55
650	—	1.03	2.06	3.09	5.15	8.58
675	—	0.80	1.59	2.39	3.98	6.63
700	—	0.56	1.12	1.68	2.81	4.68
725	—	0.40	0.80	1.19	1.99	3.31
750	—	0.31	0.62	0.93	1.55	2.58
775	—	0.25	0.49	0.74	1.23	2.04
800	—	0.20	0.40	0.61	1.01	1.69
816	—	0.19	0.38	0.57	0.95	1.58

注：① 只有当碳含量≥0.04%时，才可用于538℃以上。

用 Class 标记的法兰 3.4 组材料的压力-温度额定值						
材料类别	锻　件		铸　件		板　材	
67Ni-30Cu	NCu30[①]		—		NCu30[①]	
温度/℃	公 称 压 力					
	Class150	Class300	Class600	Class900	Class1500	Class2500
	最大允许工作压力/MPa					
-29~38	1.59	4.14	8.27	12.41	20.68	34.47
50	1.54	4.02	8.05	12.07	20.12	33.53
100	1.38	3.59	7.19	10.78	17.97	29.95
150	1.29	3.37	6.75	10.12	16.87	28.11
200	1.25	3.27	6.54	9.81	16.35	27.24
250	1.21	3.26	6.52	9.78	16.30	27.17
300	1.02	3.26	6.52	9.78	16.30	27.17
325	0.93	3.26	6.52	9.78	16.30	27.17
350	0.84	3.26	6.51	9.77	16.28	27.13
375	0.74	3.24	6.48	9.72	16.19	26.99
400	0.65	3.21	6.42	9.62	16.04	26.74
425	0.55	3.16	6.33	9.49	15.82	26.36
450	0.46	2.69	5.38	8.07	13.45	22.42
475	0.37	2.08	4.15	6.23	10.38	17.30

注：① 只用退火材料。

说明：

（1）*PN* 标记的法兰压力-温度额定值应符合表 3-1-3(b)的规定。

（2）Class 标记的法兰压力-温度额定值应符合表 3-1-3(d)的规定。

（3）根据压力-温度额定值确定不同材料在不同使用温度下的最大允许工作压力(MPa)，对于中间温度允许用线性内插法确定在该温度下法兰的最大允许工作压力(MPa)。对于特殊的材料，其压力-温度额定值根据设计的规定。

（4）如果在一对法兰连接中的两个法兰的压力-温度额定值不相同，那么这一对法兰的压力-温度额定值由两个法兰中较低的一个法兰所决定。

（5）一个法兰连接由法兰、垫片和螺栓三个相互分离、相互独立而又相互关联的元件组装而成，法兰连接还受装配的影响。在选用这些元件时必须进行严格的控制，使法兰连接具有良好的密封性。为了使法兰连接在使用中获得良好的密封性能，需要采取一些特殊的技术，如控制螺栓的预紧力等。

（6）对于低于-29℃的任何温度，其最大允许工作压力(MPa)不应大于-29℃时的最大允许工作压力(MPa)。

（7）用于高温或者低温下的法兰，应该考虑连接管道和设备因温度变化而产生的力和力矩会引起法兰泄漏的危险。用于高温下的法兰，随着使用温度的升高，法兰、螺栓和垫片将会逐渐松弛，螺栓的载荷随之逐渐降低、法兰的密封性能相应的逐渐下降。用于低温下的法兰，尤其是一些含碳的钢法兰，其韧性显著降低，在这种情况下，法兰有可能无法安全地承受冲击载荷、应力和温度突变，或者会产生高的应力集中。因此，要求根据有关标准测试材料在低温下的冲击性能，以保证法兰在低温下的安全使用。

表 3-1-4　法兰压力—温度等级(机械部、石油管道法兰)

1. 碳钢制品的公称压力和最大操作压力

钢　　号	操作温度/℃								
Q235-(A、B、C)、20、25、ZG230-450、16Mn、15MnV	≤200	250	300	350	400	425	435	445	455
公称压力 *PN*/MPa	最大允许工作压力/MPa								
0.25	0.25	0.23	0.19	0.17	0.15	0.13	0.11	0.10	0.09
0.6	0.60	0.54	0.48	0.40	0.37	0.32	0.28	0.25	0.23
1.0	1.00	0.90	0.75	0.66	0.58	0.50	0.45	0.42	0.36
1.6	1.60	1.40	1.20	1.10	0.90	0.80	0.70	0.62	0.57
2.5	2.50	2.30	1.90	1.70	1.50	1.30	1.10	1.00	0.90
4.0	4.00	3.50	3.00	2.60	2.30	2.00	1.80	1.60	1.40
6.3	6.30	5.40	4.80	4.00	3.70	3.20	2.80	2.50	2.30
10.0	10.00	9.00	7.50	6.60	5.80	5.00	4.50	4.20	3.60
16.0	16.00	14.00	12.00	11.00	9.00	8.00	7.00	6.20	5.70
20.0	20.0	18.00	15.00	13.00	11.50	10.00	9.00	8.40	7.20

2. 合金钢制品的公称压力和最大操作压力

钢　　号	操作温度/℃												
12CrMo	≤200	320	450	490	500	510	515	520	530				
15CrMo、ZG20CrMo	≤200	320	450	490	500	510	515	525		535		545	
12Cr2Mo1、12Cr1MoV、15Cr1MoV、ZG20CrMoV、ZG15Cr1MoV	≤200	320	450		510	520	530	540	550	560	570		
1Cr5Mo	≤200	325	390		450	470	490	500	510	520	530	540	550
公称压力 *PN*/MPa	最大允许工作压力/MPa												
0.25	0.25	0.23	0.19	0.17	0.15	0.13	0.11	0.10	0.09	0.08	0.07	0.06	0.06
0.6	0.60	0.54	0.48	0.40	0.37	0.32	0.28	0.25	0.23	0.21	0.19	0.17	0.15
1.0	1.00	0.90	0.75	0.66	0.58	0.50	0.45	0.42	0.36	0.33	0.30	0.27	0.23
1.6	1.60	1.40	1.20	1.10	0.90	0.80	0.70	0.62	0.57	0.52	0.50	0.43	0.37
2.5	2.50	2.30	1.90	1.70	1.50	1.30	1.10	1.00	0.90	0.82	0.74	0.64	0.60
4.0	4.00	3.50	3.00	2.60	2.30	2.00	1.80	1.60	1.40	1.30	1.20	1.04	0.90
6.3	6.30	5.40	4.80	4.00	3.70	3.20	2.80	2.50	2.30	2.10	1.90	1.70	1.50
10.0	10.00	9.00	7.50	6.60	5.80	5.00	4.50	4.20	3.60	3.30	3.00	2.70	2.30
16.0	16.00	14.00	12.00	11.00	9.00	8.00	7.00	6.20	5.70	5.20	5.00	4.30	3.70
20.0	20.00	18.00	15.00	13.00	11.50	10.00	9.00	8.40	7.20	6.50	6.00	5.40	4.60

3. 不锈钢制品的公称压力和最大操作压力

钢　　号	操作温度/℃							
0Cr19Ni9(1Cr18Ni9Ti)、1Cr18Ni9、0Cr18Ni11Nb、ZG1Cr18Ni9、ZG1Cr18Ni9Ti	≤200	300	400	480	520	560	590	610
公称压力 *PN*/MPa	最大允许工作压力/MPa							
0.25	0.25	0.23	0.19	0.17	0.15	0.13	0.11	0.10
0.6	0.60	0.54	0.48	0.40	0.37	0.32	0.28	0.25
1.0	1.00	0.90	0.75	0.66	0.58	0.50	0.45	0.42
1.6	1.60	1.40	1.20	1.10	0.90	0.80	0.70	0.62
2.5	2.50	2.30	1.90	1.70	1.50	1.30	1.10	1.00
4.0	4.00	3.50	3.00	2.60	2.30	2.00	1.80	1.60
6.3	6.30	5.40	4.80	4.00	3.70	3.20	2.80	2.50
10.0	10.00	9.00	7.50	6.60	5.80	5.00	4.50	4.20
16.0	16.00	14.00	12.00	11.00	9.00	8.00	7.00	6.20
20.0	20.00	18.00	15.00	13.00	11.50	10.00	9.00	8.40

注：当操作温度为表中温度级之间值时，可用内插入法决定最大操作压力。

表 3-1-5（a） HG 欧洲体系法兰钢制管法兰用材料

类别号	类别	钢板		锻件		铸件	
		材料牌号	标准编号	材料牌号	标准编号	材料牌号	标准编号
1C1	碳素钢	—	—	A105 16Mn 16MnD	GB/T 12228 NB/T 47008 NB/T 47009	WCB	GB/T 12229
1C2	碳素钢	Q345R	GB 713	—	—	WCC LC3、LCC	GB/T 12229 JB /T 7248
1C3	碳素钢	16MnDR	GB 3531	08Ni3D 25	NB/T 47009 GB/T 12228	LCB	JB /T 7248
1C4	碳素钢	Q235A，Q235B 20 Q245R 09MnNiDR	GB/T 3274 （GB/T 700） GB/T 711 GB 713 GB 3531	20 09MnNiD	NB/T 47008 NB/T 47009	WCA	GB/T 12229
1C9	铬钼钢 （1~1.25Cr-0.5Mo）	14Cr1MoR 15CrMoR	GB 713 GB 713	14Cr1Mo 15CrMo	NB/T 47008 NB/T 47008	WC6	JB /T5263
1C10	铬钼钢 （2.25Cr-1Mo）	12Cr2Mo1R	GB 713	12Cr2Mo1	NB/T 47008	WC9	JB /T 5263
1C13	铬钼钢 （5Cr-0.5Mo）	—	—	12Cr5Mo 1Cr5Mo	NB/T 47008	ZG16Cr5MoG	GB/T 16253
1C14	铬钼铬钢 （9Cr-1Mo-V）	—	—	—	—	C12A	JB /T 5263
2C1	304	06Cr19Ni10 （0Cr18Ni9）	GB/T 4237	06Cr19Ni10 （0Cr18Ni9）	NB/T 47010	CF3 CF8	GB/T 12230 GB/T 12230
2C2	316	06Cr17Ni12Mo2 （0Cr17Ni12Mo2）	GB/T 4237	06Cr17Ni12Mo2 （0Cr17Ni12Mo2）	NB/T 47010	CF3M CF8M	GB/T 12230 GB/T 12230
2C3	304L 316L	022Cr19Ni10 （00Cr19Ni10） 022Cr17Ni12Mo2 （00Cr17Ni14Mo2）	GB/T 4237 GB/T 4237	022Cr19Ni10 （00Cr19Ni10） 022Cr17Ni12Mo2 （00Cr17Ni14Mo2）	NB/T 47010 NB/T 47010	—	—
2C4	321	06Cr18Ni11Ti （0Cr18Ni10Ti）	GB/T 4237	06Cr18Ni11Ti （0Cr18Ni10Ti）	NB/T 47010	—	—
2C5	347	06Cr18Ni11Nb （0Cr18Ni11Nb）	GB/T 4237	—	—	—	—
12E0	CF8C	—	—	—	—	CF8C	GB/T 12230

注：① 管法兰材料一般应采用锻件或铸件，不推荐用钢板制造．钢板仅可用于法兰盖、衬里法兰盖、板式平焊法兰、对焊环松套法兰、平焊环松套法兰。

② 表列铸件仅适用于整体法兰。

③ 管法兰用对焊环可采用锻件或钢管制造（包括焊接）。

表 3-1-5（b） 法兰压力——温度等级（HG 欧洲体系法兰） （bar）

公称压力	法兰材料类别号	工作温度/℃																				
		20	50	100	150	200	250	300	350	375	400	425	450	475	500	510	520	530	540	550	575	600
2.5	1C1	2.5	2.5	2.5	2.4	2.3	2.2	2.0	2.0	1.9	1.6	1.4	0.9	0.6	0.4	—	—	—	—	—	—	—
	1C2	2.5	2.5	2.5	2.5	2.5	2.5	2.3	2.2	2.1	1.6	1.4	0.9	0.6	0.4	—	—	—	—	—	—	—
	1C3	2.5	2.5	2.4	2.3	2.3	2.1	2.0	1.9	1.8	1.5	1.3	0.9	0.6	0.4	—	—	—	—	—	—	—
	1C4	2.3	2.2	2.0	2.0	1.9	1.8	1.7	1.6	1.6	1.4	1.2	0.9	0.6	0.4	—	—	—	—	—	—	—
	1C9	2.5	2.5	2.5	2.5	2.5	2.5	2.4	2.3	2.3	2.2	2.2	2.1	1.7	1.2	1.0	0.9	0.8	0.7	0.6	0.4	0.2
	1C10	2.5	2.5	2.5	2.5	2.5	2.5	2.5	2.5	2.5	2.4	2.4	2.3	1.8	1.4	1.2	1.1	0.9	0.8	0.7	0.5	0.3
	1C13	2.5	2.5	2.5	2.5	2.5	2.5	2.5	2.5	2.4	2.4	2.3	2.2	1.5	1.0	0.9	0.8	0.7	0.6	0.5	0.4	0.3
	1C14	2.5	2.5	2.5	2.5	2.5	2.5	2.5	2.5	2.5	2.5	2.5	2.5	2.1	1.4	1.2	1.1	0.9	0.8	0.1	0.5	0.3
	2C1	2.3	2.2	1.8	1.7	1.6	1.5	1.4	1.3	1.3	1.3	1.2	1.2	1.2	1.2	1.2	1.2	1.2	1.1	1.1	1.0	0.8
	2C2	2.3	2.2	1.9	1.7	1.6	1.5	1.4	1.4	1.3	1.3	1.3	1.3	1.3	1.3	1.3	1.3	1.3	1.3	1.2	1.2	0.9
	2C3	1.9	1.8	1.6	1.4	1.3	1.2	1.1	1.1	1.0	1.0	1.0	1.0	—	—	—	—	—	—	—	—	—
	2C4	2.3	2.2	2.0	1.9	1.7	1.6	1.5	1.5	1.4	1.4	1.4	1.4	1.4	1.4	1.3	1.3	1.3	1.3	1.3	1.2	0.9
	2C5	2.3	2.2	2.0	1.9	1.8	1.7	1.6	1.6	1.5	1.5	1.5	1.5	1.5	1.5	1.5	1.5	1.5	1.5	1.4	1.2	0.9
	12E0	2.2	2.1	2.0	1.8	1.1	1.6	1.5	1.4	—	1.4	—	1.4	—	1.3	—	—	—	—	1.3	—	1.0
6.0	1C1	6.0	6.0	6.0	5.8	5.6	5.4	5.0	4.7	4.6	4.0	3.3	2.3	1.5	1.0	—	—	—	—	—	—	—
	1C2	6.0	6.0	6.0	6.0	6.0	6.0	5.5	5.3	5.1	4.0	3.3	2.3	1.5	1.0	—	—	—	—	—	—	—
	1C3	6.0	6.0	5.8	5.7	5.5	5.2	4.8	4.6	4.5	3.8	3.1	2.3	1.5	1.0	—	—	—	—	—	—	—
	1C4	5.5	5.4	5.0	4.8	4.7	4.5	4.1	4.0	3.9	3.5	3.0	2.2	1.5	1.0	—	—	—	—	—	—	—
	1C9	6.0	6.0	6.0	6.0	6.0	6.0	5.8	5.6	5.8	5.4	5.3	5.1	4.1	2.9	2.5	2.2	1.9	1.6	1.4	1.0	0.7
	1C10	6.0	6.0	6.0	6.0	6.0	6.0	6.0	6.0	6.0	5.9	5.8	5.7	4.3	3.3	3.0	2.7	2.3	2.0	1.7	1.2	0.8
	1C13	6.0	6.0	6.0	6.0	6.0	6.0	6.0	6.0	5.9	5.8	5.6	5.4	3.6	2.4	2.2	1.9	1.7	1.5	1.4	1.0	0.7
	1C14	6.0	6.0	6.0	6.0	6.0	6.0	6.0	6.0	6.0	6.0	6.0	6.0	5.2	3.5	3.0	2.6	2.3	1.9	1.7	1.2	0.8
	2C1	5.5	5.3	4.5	4.1	3.8	3.6	3.4	3.2	3.2	3.1	3.0	3.0	2.9	2.9	2.9	2.9	2.8	2.8	2.7	2.4	1.9
	2C2	5.5	5.3	4.6	4.2	3.9	3.7	3.5	3.3	3.3	3.2	3.2	3.2	3.1	3.1	3.1	3.1	3.1	3.1	3.1	2.8	2.3
	2C3	4.6	4.4	3.8	3.4	3.1	2.9	2.8	2.6	2.6	2.5	2.5	2.4	—	—	—	—	—	—	—	—	—
	2C4	5.5	5.3	4.9	4.5	4.2	4.0	3.7	3.6	3.5	3.5	3.4	3.4	3.3	3.3	3.3	3.3	3.3	3.3	3.2	2.9	2.3
	2C5	5.5	5.4	5.0	4.7	4.4	4.1	3.9	3.8	3.7	3.7	3.7	3.7	3.7	3.7	3.7	3.6	3.6	3.6	3.5	3.0	2.3
	12E0	5.3	5.1	4.7	4.4	4.1	3.9	3.6	3.5	—	3.3	—	3.3	—	3.2	—	—	—	—	3.1	—	2.3
10.0	1C1	10.0	10.0	10.0	9.7	9.4	9.0	8.3	7.9	7.7	6.7	5.5	3.8	2.6	1.7	—	—	—	—	—	—	—
	1C2	10.0	10.0	10.0	10.0	10.0	10.0	9.3	8.8	8.5	8.7	5.5	3.8	2.6	1.7	—	—	—	—	—	—	—
	1C3	10.0	10.0	9.7	9.4	9.2	8.1	8.7	7.7	7.5	6.3	5.3	3.8	2.6	1.7	—	—	—	—	—	—	—
	1C4	9.1	9.0	8.3	8.1	7.9	7.5	6.9	6.6	6.5	5.9	5.0	3.8	2.6	1.7	—	—	—	—	—	—	—
	1C9	10.0	10.0	10.0	10.0	10.0	10.0	9.72	9.4	9.2	9.0	8.8	8.6	6.8	4.9	4.2	3.7	3.2	2.8	2.4	1.7	1.1
	1C10	10.0	10.0	10.0	10.0	10.0	10.0	10.0	10.0	10.0	9.9	9.7	9.5	7.3	5.5	5.0	4.4	3.9	3.4	2.9	2.0	1.3
	1C13	10.0	10.0	10.0	10.0	10.0	10.0	10.0	10.0	9.9	9.7	9.4	9.1	6.0	4.1	3.6	3.3	2.9	2.6	2.3	1.7	1.2
	1C14	10.0	10.0	10.0	10.0	10.0	10.0	10.0	10.0	10.0	10.0	10.0	10.0	8.7	5.9	5.0	4.4	3.8	3.3	2.9	2.0	1.4
	2C1	9.1	8.8	7.5	6.8	6.3	6.0	5.6	5.4	5.4	5.2	5.1	5.0	4.9	4.9	4.6	4.8	4.8	4.7	4.6	4.0	3.2
	2C2	9.1	8.9	7.8	7.1	6.6	6.1	5.8	5.6	5.5	5.4	5.4	5.3	5.3	5.2	5.2	5.2	5.2	5.1	5.1	4.7	3.8
	2C3	7.6	7.4	6.4	5.7	5.3	4.9	4.6	4.4	4.3	4.2	4.2	4.1	—	—	—	—	—	—	—	—	—
	2C4	9.1	8.9	8.1	7.5	7.0	6.6	6.3	6.0	5.9	5.8	5.7	5.7	5.6	5.6	5.5	5.5	5.5	5.5	5.4	4.9	3.9
	2C5	9.1	9.0	8.3	7.8	7.3	6.9	6.6	6.4	6.3	6.2	6.2	6.2	6.1	6.1	6.1	6.1	6.1	6.0	5.8	5.0	3.8
	12E0	8.9	8.4	7.8	7.3	6.9	6.4	6.0	5.8	—	5.6	—	5.4	—	5.3	—	—	—	—	5.1	—	3.8

续表

公称压力	法兰材料类别号	工作温度/℃																				
		20	50	100	150	200	250	300	350	375	400	425	450	475	500	510	520	530	540	550	575	600
16.0	1C1	16.0	16.0	16.0	15.6	15.1	14.4	13.4	12.8	12.4	10.8	8.9	6.2	4.2	2.7	—	—	—	—	—	—	—
	1C2	16.0	16.0	16.0	16.0	16.0	16.0	14.9	14.2	13.7	10.8	8.9	6.2	4.2	2.7	—	—	—	—	—	—	—
	1C3	16.0	16.0	15.6	15.2	14.7	14.0	13.0	12.4	12.1	10.1	8.4	6.1	4.2	2.7	—	—	—	—	—	—	—
	1C4	14.7	14.4	13.4	13.0	12.6	12.0	11.2	10.7	10.5	9.4	8.0	6.0	4.2	2.7	—	—	—	—	—	—	—
	1C9	16.0	16.0	16.0	16.0	16.0	16.0	15.5	15.0	14.8	14.5	14.1	13.8	11.0	7.9	6.8	6.0	5.2	4.5	3.9	2.7	1.8
	1C10	16.0	16.0	16.0	16.0	16.0	16.0	16.0	16.0	16.0	15.9	15.6	15.3	11.7	8.9	8.0	7.1	6.2	5.4	4.7	3.2	2.1
	1C13	16.0	16.0	16.0	16.0	16.0	16.0	16.0	16.0	15.9	15.6	15.1	14.6	9.6	6.6	5.8	5.3	4.7	4.1	3.7	2.7	1.9
	1C14	16.0	16.0	16.0	16.0	16.0	15.0	16.0	16.0	16.0	16.0	16.0	16.0	14.0	9.4	8.0	7.1	6.1	5.3	4.6	3.2	2.2
	2C1	14.7	14.2	12.1	11.0	10.2	9.6	9.0	8.7	8.6	8.4	8.2	8.1	7.9	7.8	7.7	7.7	7.6	7.5	7.3	6.4	5.2
	2C2	14.7	14.3	12.5	11.4	10.6	9.8	9.3	9.0	8.8	8.7	8.6	8.5	8.5	8.4	8.3	8.3	8.3	8.3	8.2	7.6	6.1
	2C3	12.3	11.8	10.2	9.2	8.5	1.9	7.4	7.1	6.9	6.8	6.1	6.5	—	—	—	—	—	—	—	—	—
	2C4	14.7	14.4	13.1	12.1	11.3	10.7	10.1	9.7	9.4	9.3	9.2	9.1	9.0	8.9	8.9	8.8	8.8	8.8	8.1	7.9	6.3
	2C5	14.7	14.4	13.4	12.5	11.8	11.2	10.6	10.2	10.1	10.0	9.9	9.9	9.8	9.8	9.8	9.8	9.8	9.1	9.4	8.1	6.1
	12E0	14.2	13.5	12.5	11.7	11.0	10.3	9.7	9.2	—	8.9	—	8.7	—	8.5	—	—	—	—	8.2	—	6.1
25.0	1C1	25.0	25.0	25.0	24.4	23.7	22.5	20.9	20.0	19.4	16.9	14.0	9.7	6.5	4.2	—	—	—	—	—	—	—
	1C2	15.0	25.0	25.0	25.0	25.0	25.0	23.3	22.2	21.4	16.9	14.0	9.7	6.5	4.2	—	—	—	—	—	—	—
	1C3	25.0	25.0	24.4	23.7	23.0	21.9	20.4	19.4	18.8	15.9	13.3	9.6	6.5	4.2	—	—	—	—	—	—	—
	1C4	23.0	22.5	20.9	20.4	19.7	18.8	17.5	16.7	16.5	14.8	12.6	9.5	6.5	4.2	—	—	—	—	—	—	—
	1C9	25.0	25.0	25.0	25.0	25.0	25.0	24.3	23.5	23.1	22.7	22.1	21.5	17.1	12.5	10.7	9.4	8.2	7.0	6.1	4.2	2.9
	1C10	25.0	25.0	25.0	25.0	25.0	25.0	25.0	25.0	25.0	24.8	24.4	23.9	18.3	14.0	12.5	11.2	9.8	8.5	7.4	5.1	3.3
	1C13	25.0	25.0	25.0	25.0	25.0	25.0	25.0	25.0	24.9	24.3	23.6	22.8	15.1	10.4	9.1	8.2	7.3	6.5	5.8	4.3	3.0
	1C14	25.0	25.0	25.0	25.0	25.0	25.0	25.0	25.0	25.0	25.0	25.0	25.0	21.9	14.8	12.6	11.2	9.6	8.2	7.2	5.0	3.4
	2C1	23.0	22.1	18.9	17.2	16.0	15.0	14.2	13.7	13.5	13.2	12.9	12.7	12.5	12.3	12.2	12.1	12.0	11.9	11.5	10.1	8.2
	2C2	23.0	22.3	19.5	17.8	16.5	15.5	14.6	14.1	13.8	13.6	13.5	13.4	13.3	13.2	13.1	13.1	13.0	13.0	12.9	12.0	9.6
	2C3	19.2	18.5	16.0	14.5	13.3	12.4	11.7	11.1	10.9	10.7	10.5	10.3	—	—	—	—	—	—	—	—	—
	2C4	23.0	22.5	20.4	19.0	17.7	16.7	15.8	15.2	14.8	14.6	14.4	14.3	14.1	14.0	13.9	13.9	13.8	13.8	13.8	12.4	9.8
	2C5	23.0	22.6	20.9	19.6	18.4	17.4	16.6	16.0	15.8	15.7	15.6	15.5	15.4	15.4	15.4	15.4	15.3	15.2	14.7	12.7	9.6
	12E0	22.2	21.1	19.6	18.3	17.2	16.1	15.1	14.4	—	13.9	—	13.6	—	13.2	—	—	—	—	12.8	—	9.6
40.0	1C1	40.0	40.0	40.0	39.1	37.9	36.0	33.5	31.9	31.1	27.0	22.4	15.6	10.5	6.8	—	—	—	—	—	—	—
	1C2	40.0	40.0	40.0	40.0	40.0	40.0	37.2	35.6	34.2	27.0	22.4	15.6	10.5	6.8	—	—	—	—	—	—	—
	1C3	40.0	40.0	39.0	38.0	36.9	35.1	32.6	31.1	30.1	25.4	21.2	15.4	10.5	6.8	—	—	—	—	—	—	—
	1C4	36.8	36.1	33.5	32.6	31.6	30.1	27.9	26.3	26.3	23.7	20.1	15.2	10.5	6.8	—	—	—	—	—	—	—
	1C9	40.0	40.0	40.0	40.0	40.0	40.0	38.9	37.6	36.9	36.2	35.4	34.5	27.4	19.9	17.1	15.1	13.1	11.3	9.8	6.8	4.7
	1C10	40.0	40.0	40.0	40.0	40.0	40.0	40.0	40.0	40.0	39.7	39.0	38.3	29.2	22.3	20.2	18.0	15.7	13.6	12.0	8.1	5.3
	1C13	40.0	40.0	40.0	40.0	40.0	40.0	40.0	40.0	39.8	38.9	37.8	36.4	24.1	16.6	14.7	13.3	11.8	10.4	9.3	6.9	4.8
	1C14	40.0	40.0	40.0	40.0	40.0	40.0	40.0	40.0	40.0	40.0	40.0	40.0	35.0	23.7	20.2	17.8	15.5	13.3	11.7	8.1	5.5
	2C1	36.8	35.4	30.3	27.5	25.5	24.1	22.7	21.9	21.6	21.2	20.6	20.3	19.9	19.6	19.5	19.4	19.2	19.0	18.4	16.2	13.1
	2C2	36.8	35.6	31.3	28.5	26.4	24.7	23.4	22.6	22.1	21.8	21.6	21.4	21.2	21.0	21.0	20.9	20.8	20.8	20.7	19.1	15.5
	2C3	30.6	29.6	25.5	23.1	21.2	19.8	18.7	17.8	17.5	17.1	16.8	16.5	—	—	—	—	—	—	—	—	—
	2C4	36.8	35.9	32.7	30.3	28.4	26.7	25.3	24.2	23.7	23.4	23.1	22.8	22.6	2.4	22.3	22.2	22.1	22.0	21.8	19.9	15.8
	2C5	36.8	36.1	33.4	31.3	29.5	27.9	26.6	25.6	25.2	25.1	24.9	24.8	24.7	24.6	24.6	24.6	24.6	24.3	23.5	20.4	15.4
	12E0	35.6	33.8	31.3	29.3	21.6	25.8	24.2	23.1	—	22.2	—	21.7	—	21.2	—	—	—	—	20.4	—	15.3

续表

公称压力	法兰材料类别号	工作温度/℃																				
		20	50	100	150	200	250	300	350	375	400	425	450	475	500	510	520	530	540	550	575	600
63.0	1C1	63.0	63.0	63.0	61.5	59.6	56.8	52.7	50.3	49.0	42.5	35.2	24.5	16.6	10.8	—	—	—	—	—	—	—
	1C2	63.0	63.0	63.0	63.0	63.0	63.0	58.7	56.0	53.8	42.5	35.2	24.5	16.6	10.8	—	—	—	—	—	—	—
	1C3	63.0	63.0	61.4	59.8	58.1	55.2	51.3	48.9	47.5	40.0	33.4	24.3	19.6	10.8	—	—	—	—	—	—	—
	1C4	57.9	56.8	52.7	51.3	49.8	47.4	44.0	42.1	41.5	37.4	31.7	24.0	19.6	10.8	—	—	—	—	—	—	—
	1C9	63.0	63.0	63.0	63.0	63.0	63.0	61.2	59.2	58.1	57.1	55.7	54.3	43.2	31.4	29.9	23.8	20.7	17.8	15.6	10.8	7.4
	1C10	63.0	63.0	63.0	63.0	63.0	63.0	63.0	63.0	63.0	62.5	61.5	60.3	46.0	35.2	31.9	28.3	24.8	21.4	18.8	12.9	8.4
	1C13	63.0	63.0	63.0	63.0	63.0	63.0	63.0	63.0	62.7	61.3	59.6	57.3	37.9	26.1	23.2	20.9	18.6	16.4	14.8	10.9	7.6
	1C14	63.0	63.0	63.0	63.0	63.0	63.0	63.0	63.0	63.0	63.0	63.0	63.0	55.1	37.3	31.9	28.1	24.3	20.9	18.4	12.8	8.7
	2C1	57.9	55.8	47.7	43.4	40.2	37.9	35.8	34.5	34.0	33.3	32.5	31.9	31.4	30.9	30.7	30.7	30.3	29.9	29.0	25.5	20.7
	2C2	57.9	56.1	49.2	44.9	41.6	38.9	36.9	35.5	34.9	34.4	34.0	33.7	33.5	33.2	33.0	32.9	32.8	32.7	32.6	30.2	24.4
	2C3	48.3	46.6	40.2	36.4	33.5	31.1	29.5	28.1	27.5	27.0	26.5	26.0	—	—	—	—	—	—	—	—	—
	2C4	57.9	56.6	51.4	47.8	44.7	42.0	39.8	38.2	37.4	36.8	36.3	36.0	35.6	35.3	35.1	35.0	34.9	34.7	34.4	31.3	24.8
	2C5	57.9	56.8	52.6	46.4	46.4	43.9	41.9	40.3	39.7	39.6	39.2	39.0	38.9	38.8	38.8	38.7	38.7	38.3	37.0	32.1	24.3
	12E0	56.0	53.2	46.3	46.2	43.4	40.6	38.1	36.4	—	35.0	—	34.2	—	33.3	—	—	—	—	32.2	—	24.1
100.0	1C1	100.0	100.0	100.0	97.7	94.7	90.1	83.6	79.8	77.8	67.5	55.9	38.9	29.3	17.1	—	—	—	—	—	—	—
	1C2	100.0	100.0	100.0	100.0	100.0	100.0	93.1	88.9	85.4	87.5	55.9	38.9	26.3	17.1	—	—	—	—	—	—	—
	1C3	100.0	100.0	97.4	94.9	92.2	87.6	81.4	77.7	75.3	63.4	53.1	38.5	29.3	17.1	—	—	—	—	—	—	—
	1C4	91.9	90.2	83.7	81.5	79.0	75.2	69.8	66.8	65.8	59.3	59.3	38.1	26.3	17.1	—	—	—	—	—	—	—
	1C9	100.0	100.0	100.0	100.0	100.0	100.0	97.2	94.0	92.3	90.6	88.4	86.2	68.6	49.9	42.7	37.8	32.8	28.2	24.7	17.1	11.8
	1C10	100.0	100.0	100.0	100.0	100.0	100.0	100.0	100.0	100.0	99.2	97.6	95.6	73.1	55.9	50.6	44.9	39.3	34.0	29.9	20.5	13.4
	1C13	100.0	100.0	100.0	100.0	100.0	100.0	100.0	100.0	99.6	97.3	94.6	91.0	60.2	41.4	36.8	33.1	29.5	26.1	23.4	17.3	12.1
	1C14	100.0	100.0	100.0	100.0	100.0	100.0	100.0	100.0	100.0	100.0	100.0	100.0	87.5	59.2	50.6	44.6	38.6	33.1	29.2	20.3	14.0
	2C1	91.9	88.6	75.7	68.8	63.9	60.2	59.8	54.7	54.0	52.9	51.6	50.7	49.9	49.1	48.7	48.4	48.0	47.5	49.0	40.5	32.8
	2C2	91.9	89.1	78.1	71.3	66.0	61.8	58.5	56.4	55.3	54.5	54.0	53.4	53.1	52.6	52.4	52.2	52.1	51.9	51.7	47.9	38.7
	2C3	76.6	74.0	63.9	57.8	53.1	49.4	49.8	44.5	43.7	42.9	42.0	41.2	—	—	—	—	—	—	—	—	—
	2C4	91.9	89.8	81.6	75.9	70.9	66.7	63.2	60.6	59.3	58.5	57.6	57.1	56.5	56.0	55.8	55.6	55.3	55.1	54.5	49.7	39.4
	2C5	91.9	90.2	83.6	78.4	73.6	69.7	66.5	64.0	63.1	62.8	62.2	62.0	61.7	61.6	61.6	61.5	61.4	60.8	58.8	50.9	38.5
	12E0	88.9	84.4	78.2	73.3	68.9	64.4	60.4	57.8	—	55.6	—	54.2	—	52.9	—	—	—	—	51.1	—	38.2
160.0	1C1	160.0	160.0	160.0	156.3	151.4	144.1	133.8	127.7	124.4	108.0	89.4	82.2	42.0	27.3	—	—	—	—	—	—	—
	1C2	160.0	160.0	160.0	160.0	160.0	160.0	148.9	142.2	136.6	108.0	89.4	42.2	42.0	27.3	—	—	—	—	—	—	—
	1C3	160.0	160.0	155.8	151.8	147.4	140.2	130.2	124.3	120.5	101.4	84.9	81.5	42.0	27.3	—	—	—	—	—	—	—
	1C4	147.0	144.2	133.9	130.3	126.3	120.3	111.7	106.8	105.3	94.9	80.4	60.8	42.0	27.3	—	—	—	—	—	—	—
	1C9	160.0	160.0	160.0	160.0	160.0	160.0	155.4	150.3	147.6	144.9	141.4	137.8	109.7	79.7	68.3	60.4	52.4	45.0	39.5	27.3	18.7
	1C10	160.0	160.0	160.0	160.0	160.0	160.0	160.0	160.0	160.0	158.7	156.0	153.0	116.9	89.3	80.9	71.8	62.8	54.4	47.7	32.7	21.4
	1C13	169.0	160.0	160.0	160.0	160.0	160.0	160.0	160.0	159.2	155.7	151.3	145.6	96.3	66.2	58.8	52.9	47.1	41.6	37.4	27.5	19.3
	1C14	160.0	160.0	160.0	160.0	160.0	160.0	160.0	160.0	160.0	160.0	160.0	160.0	140.0	94.7	81.0	71.4	61.8	53.0	46.7	32.5	22.4
	2C1	147.0	141.7	121.1	110.1	102.1	99.2	90.8	87.5	86.4	84.6	82.4	81.1	79.7	78.5	77.9	77.4	76.8	75.9	73.6	64.8	52.4
	2C2	147.0	142.5	125.0	114.0	105.6	98.9	93.6	90.2	88.5	87.2	89.3	85.4	84.9	84.1	83.8	83.5	83.3	83.0	82.7	76.5	61.9
	2C3	122.5	118.4	102.1	92.5	84.9	79.0	74.8	71.2	69.9	68.5	67.2	65.9	—	—	—	—	—	—	—	—	—
	2C4	147.0	143.7	130.6	121.3	113.4	106.7	101.1	96.9	94.9	93.5	92.2	91.3	90.4	89.6	89.2	88.8	88.5	88.1	87.2	79.5	63.0
	2C5	147.0	144.3	133.6	125.3	117.8	111.5	106.4	102.4	100.9	100.4	99.5	99.1	98.7	98.5	98.5	98.3	98.2	97.3	94.0	81.4	61.5
	12E0	142.2	135.0	125.0	117.3	110.0	103.0	96.6	92.48	—	89.0	—	86.7	—	84.6	—	—	—	—	81.8	—	61.1

表 3-1-6（a） HG 美洲体系法兰钢制管法兰用材料

类别号	类别	钢板		锻件		铸件	
		材料牌号	标准编号	材料牌号	标准编号	材料牌号	标准编号
1.0	碳素钢	Q235A，Q235B 20 Q245R	GB/T 3274 （GB/T 700） GB/T 711 GB 713	20	NB/T 47008	WCA	GB/T 12229
1.1	碳素钢	—	—	A105 16Mn 16MnD	GB/T 12228 NB/T 47008 NB/T 47009	WCB	GB/T 12229
1.2	碳素钢	Q345R	GB 713	—	—	WCC LC3、LCC	GB 12229 JB/T 7248
1.3	碳素钢	16MnDR	GB 3531	08Ni3D 25	NB/T 47009 GB/T 12228	LCB	JB/T 7248
1.4	碳素钢	09MnNiDR	GB 3531	09MnNiD	NB/T 47009		
1.9	铬钼钢（1.25Cr-0.5Mo）	14Cr1MoR	GB 713	14Cr1Mo	NB/T 47009	WC6	JB/T 5263
1.10	铬钼钢（2.25Cr-1Mo）	12Cr2Mo1R	GB 713	12Cr2Mo1	NB/T 47008	WC9	JB/T 5263
1.13	铬钼钢（SCr-0.5Mo）	—	—	12Cr5Mo （1Cr5Mo）	NB/T 47008	ZG16Cr5MoG	GB/T 16253
1.15	铬钼铬钢（9Cr-1Mo-V）	—	—	—	—	C12A	JB/T 5263
1.17	铬钼钢（1Cr-0.5Mo）	15CrMoR	GB 713	15CrMo	NB/T 47008		
2.1	304	06Cr18Ni10 （0Cr18Ni9）	GB/T 4237	06Cr18Ni10 （0Cr18Ni9）	NB/T 47010	CF3 CF8	GB/T 12230 GB/T 12230
2.2	316	06Cr17Ni12Mo2 （0Cr17Ni12Mo2）	GB/T 4237	06Cr17Ni12Mo2 （0Cr17Ni12Mo2）	NB/T 47010	CF3M CF8M	GB/T 12230 GB/T 12230
2.3	304L 316L	022Cr19Ni10 （00Cr19Ni10） 022Cr17Ni12Mo2 （00Cr17Ni14Mo2）	GB/T 4237	022Cr19Ni10 （00Cr19Ni10） 022Cr17Ni12Mo2 （00Cr17Ni14Mo2）	NB/T 47010	—	—
2.4	321	06Cr18Ni11Ti （0Cr18Ni10Ti）	GB/T 4237	06Cr18Ni11Ti （0Cr18Ni10Ti）	NB/T 47010	—	—
2.5	347	06Cr18Ni11Nb （0Cr18Ni11Nb）	GB/T 4237	—	—	—	—
2.11	CF8C	—	—	—	—	CF8C	GB/T 12230

注：1. 管法兰材料一般应采用锻件或铸件，带颈法兰不得用钢板制造，钢板仅可用于法兰盖。

2. 表列铸件仅适用于整体法兰。

3. 管法兰用对焊环可采用锻件或钢管制造（包括焊接）。

表 3-1-6（b） 法兰压力——温度等级（HG 美洲体系法兰）

材料组别为 1.0 的钢制管法兰用材料最大允许工作压力（表压）			
工作温度/℃	最大允许工作压力/bar		
	Class150（*PN*20）	Class300（*PN*50）	Class600（*PN*110）
≤38	16.0	41.8	83.6
50	15.4	40.1	80.3
100	14.8	38.7	77.4
150	14.4	37.6	75.3
200	13.8	36.4	72.8
250	12.1	35	69.9
300	10.2	33.1	66.2
326	9.3	32.3	64.5
350	8.4	31.2	62.5
375	7.4	30.4	60.8
400	6.5	29.4	58.7
425	5.5	25.9	51.7
450	4.6	21.5	43
475	3.7	15.5	31.0

续表

材料组别为1.1的钢制管法兰用材料最大允许工作压力（表压）						
工作温度/℃	最大允许工作压力/bar					
	Class50（*PN*20）	Class300（*PN*50）	Class600（*PN*110）	Class900（*PN*150）	Class1500（*PN*260）	Class2500（*PN*420）
≤38	19.6	51.1	102.1	153.2	255.3	425.5
50	19.2	50.1	100.2	150.4	250.6	417.7
100	17.7	46.5	93.2	139.8	233.0	388.3
150	15.8	45.1	90.2	135.2	225.4	375.6
200	13.8	43.8	87.6	131.4	219.0	365.0
250	12.1	41.9	83.9	125.8	209.7	349.5
300	10.2	39.8	79.6	119.5	199.1	331.8
325	9.3	38.7	77.4	116.1	193.6	322.6
350	8.4	37.6	75.1	112.7	187.8	313.0
375	7.4	36.4	72.7	109.1	181.8	303.1
400	6.5	34.7	69.4	104.2	173.6	289.3
425	5.5	28.8	57.5	86.3	143.8	239.7
450	4.6	23.0	46.0	69.0	115.0	191.7
475	3.7	17.4	34.9	52.3	87.2	145.3
500	2.8	11.8	23.5	35.3	58.8	97.9
538	1.4	5.9	11.8	17.7	29.5	49.2

材料组别为1.2的钢制管法兰用材料最大允许工作压力（表压）						
工作温度/℃	最大允许工作压力/bar					
	Class50（*PN*20）	Class300（*PN*50）	Class600（*PN*110）	Class900（*PN*150）	Class1500（*PN*260）	Class2500（*PN*420）
≤38	19.8	51.7	103.4	155.1	258.6	430.9
50	19.5	51.7	103.4	155.1	258.6	430.9
100	17.7	51.5	103.0	154.6	257.6	429.4
150	15.8	50.2	100.3	150.5	250.8	418.1
200	13.8	48.6	97.2	145.8	243.2	405.4
250	12.1	46.3	92.7	139.0	231.8	386.2
300	10.2	42.9	85.7	128.6	214.4	357.1
325	9.3	41.4	82.6	124.0	206.6	344.3
350	8.4	40.0	80.0	120.1	200.1	333.5
375	7.4	37.8	75.7	113.5	189.2	315.3
400	6.5	34.7	69.4	104.2	173.6	289.3
425	5.5	28.8	57.5	86.3	143.8	239.7
450	4.6	23.0	46.0	69.0	115.0	191.7
475	3.7	17.1	34.2	51.3	85.4	142.4
500	2.8	11.6	23.2	34.7	57.9	96.5
538	1.4	5.9	11.8	17.7	29.5	49.2

材料组别为 1.3 的钢制管法兰用材料最大允许工作压力（表压）

工作温度/℃	最大允许工作压力/bar					
	Class150 (*PN*20)	Class300 (*PN*50)	Class600 (*PN*110)	Class900 (*PN*150)	Class1500 (*PN*260)	Class2500 (*PN*420)
≤38	18.4	48.0	96.0	144.1	240.1	400.1
50	18.2	47.5	94.9	142.4	237.3	395.6
100	17.4	45.3	90.7	136.0	226.7	377.8
150	15.8	43.9	87.9	131.8	219.7	366.1
200	13.8	42.5	85.1	127.6	212.7	354.4
250	12.1	40.8	81.6	122.3	203.9	339.8
300	10.2	38.7	77.4	116.1	193.4	322.4
325	9.3	37.6	75.2	112.7	187.9	313.1
350	8.4	36.4	72.8	109.2	182.0	303.3
375	7.4	35.0	69.9	104.9	174.9	291.4
400	6.5	32.6	65.2	97.9	163.1	271.9
425	5.5	27.3	54.6	81.9	136.5	227.5
450	4.6	21.6	43.2	64.8	107.9	179.9
475	3.7	15.7	31.3	47.0	78.3	130.6
500	2.8	11.1	72.1	33.2	55.4	92.3
538	1.4	5.9	11.8	17.7	29.5	49.2

材料组别为 1.4 的钢制管法兰用材料最大允许工作压力（表压）

工作温度/℃	最大允许工作压力/bar					
	Class150 (*PN*20)	Class300 (*PN*50)	Class600 (*PN*110)	Class900 (*PN*150)	Class1500 (*PN*260)	Class2500 (*PN*420)
≤38	16.3	42.6	85.1	127.7	212.8	354.6
50	16.0	41.8	83.5	125.3	208.9	348.1
100	14.9	38.8	77.7	116.5	194.2	323.6
150	14.4	37.6	75.1	112.7	187.8	313.0
200	13.8	36.4	72.8	109.2	182.1	303.4
250	12.1	34.9	69.8	104.7	174.6	291.0
300	10.2	33.2	66.4	99.5	165.9	276.5
325	9.3	32.2	64.5	96.7	161.2	268.6
350	8.4	31.2	62.5	93.7	156.2	260.4
375	7.4	30.4	60.7	91.1	151.8	253.0
400	6.5	29.3	58.7	88.0	146.7	244.5
425	5.5	25.8	51.5	77.3	128.8	214.7
450	4.6	21.4	42.7	64.1	106.8	178.0
475	3.7	14.1	28.2	42.3	70.5	117.4
500	2.8	10.3	20.6	30.9	51.5	85.9
538	1.4	5.9	11.8	17.7	29.5	49.2

续表

材料组别为 1.9 的钢制管法兰用材料最大允许工作压力（表压）

工作温度/℃	最大允许工作压力/bar					
	Class150（*PN*20）	Class300（*PN*50）	Class600（*PN*110）	Class900（*PN*150）	Class1500（*PN*260）	Class2500（*PN*420）
≤38	19.8	51.7	103.4	155.1	258.6	430.9
50	19.5	51.7	103.4	155.1	258.6	430.9
100	17.7	51.5	103.0	154.4	257.4	429.0
150	15.8	49.7	99.5	149.2	248.7	414.5
200	13.8	48.0	95.9	143.9	239.8	399.6
250	12.1	46.3	92.7	139.0	231.8	386.2
300	10.2	42.9	85.7	128.6	214.4	357.1
325	9.3	41.4	82.6	124.0	206.6	344.3
350	8.4	40.3	80.4	120.7	201.1	335.3
375	7.4	38.9	77.6	116.5	194.1	323.2
400	6.5	36.5	73.3	109.8	183.1	304.9
425	5.5	35.2	70.0	105.1	175.1	291.6
450	4.6	33.7	67.7	101.4	169.0	281.8
475	3.7	31.7	63.4	95.1	158.2	263.9
500	2.8	25.7	51.5	77.2	128.6	214.4
538	1.4	14.9	29.8	44.7	74.5	124.1
550	—	12.7	25.4	38.1	63.5	105.9
575	—	8.8	17.6	26.4	44.0	73.4
600	—	6.1	12.2	18.3	30.5	50.9
625	—	4.3	8.5	12.8	21.3	35.5
650	—	2.8	5.7	8.5	14.2	23.6

材料组别为 1.10 的钢制管法兰用材料最大允许工作压力（表压）

工作温度/℃	最大允许工作压力/bar					
	Class50（*PN*20）	Class300（*PN*50）	Class600（*PN*110）	Class900（*PN*150）	Class1500（*PN*260）	Class2500（*PN*420）
≤38	19.8	51.7	103.4	155.1	258.6	430.9
50	19.5	51.7	103.4	155.1	258.6	430.9
100	17.7	51.5	103.0	154.6	257.6	429.4
150	15.8	50.3	100.3	150.6	250.8	418.2
200	13.8	48.6	97.2	145.8	243.4	405.4
250	12.1	46.3	92.7	139.0	231.8	386.2
300	10.2	42.9	85.7	128.6	214.4	357.1
325	9.3	41.4	82.6	124.0	206.6	344.3
350	8.4	40.3	80.4	120.7	201.1	335.3
375	7.4	38.9	77.6	116.5	194.1	323.2
400	6.5	36.5	73.3	109.8	183.1	304.9
425	5.5	36.2	70.0	105.1	175.1	291.6
450	4.6	33.7	67.7	101.4	169.0	281.8
475	3.7	31.7	63.4	95.1	158.2	263.9
500	2.8	28.2	56.6	84.7	140.9	235.0
538	1.4	18.4	36.9	55.3	92.2	153.7
550	—	15.6	31.3	46.9	78.2	130.3
575	—	10.5	21.1	31.6	52.6	87.7
600	—	6.9	13.8	20.7	34.4	57.4
625	—	4.5	8.9	13.4	22.3	37.2
650	—	2.8	5.7	8.5	14.2	23.6

材料组别为 1. 13 的钢制管法兰用材料最大允许工作压力（表压）

工作温度/℃	最大允许工作压力/bar					
	Class150（*PN*20）	Class300（*PN*50）	Class600（*PN*110）	Class900（*PN*150）	Class1500（*PN*260）	Class2500（*PN*420）
≤38	20. 0	51. 7	103. 4	155. 1	258. 6	430. 9
50	19. 5	51. 7	103. 4	155. 1	258. 6	430. 9
100	17. 7	51. 5	103. 0	154. 6	257. 6	429. 4
150	15. 8	50. 3	100. 3	150. 6	250. 8	418. 2
200	13. 8	48. 6	97. 2	145. 8	243. 4	405. 4
250	12. 1	46. 3	92. 7	139. 0	231. 8	386. 2
300	10. 2	42. 9	85. 7	128. 6	214. 4	357. 1
325	9. 3	41. 4	82. 6	124. 0	206. 6	344. 3
350	8. 4	40. 3	80. 4	120. 7	201. 1	335. 3
375	7. 4	38. 9	77. 6	116. 6	194. 1	323. 2
400	6. 5	36. 5	73. 3	109. 8	183. 1	304. 9
425	5. 5	35. 2	70. 0	105. 1	175. 1	291. 6
450	4. 6	33. 7	67. 7	101. 4	169. 0	281. 8
475	3. 7	27. 9	55. 7	83. 6	139. 3	232. 1
500	2. 8	21. 4	42. 8	64. 1	106. 9	178. 2
538	1. 4	13. 7	27. 4	41. 1	68. 6	114. 3
550	—	12. 0	24. 1	36. 1	60. 2	100. 4
575	—	8. 9	17. 8	26. 7	44. 4	74. 0
600	—	6. 2	12. 5	18. 7	31. 2	51. 9
625	—	4. 0	8. 0	12. 0	20. 0	33. 3
650	—	2. 4	4. 7	7. 1	11. 8	19. 7

材料组别为 1. 15 的钢制管法兰用材料最大允许工作压力（表压）

工作温度/℃	最大允许工作压力/bar					
	Class150（*PN*20）	Class300（*PN*50）	Class600（*PN*110）	Class900（*PN*150）	Class1500（*PN*260）	Class2500（*PN*420）
≤38	20. 0	51. 7	103. 4	155. 1	258. 6	430. 9
50	19. 5	51. 7	103. 4	155. 1	258. 6	430. 9
100	17. 7	51. 5	103. 0	154. 6	257. 6	429. 4
150	15. 8	50. 3	100. 3	150. 6	250. 8	418. 2
200	13. 8	48. 6	97. 2	145. 8	243. 4	405. 4
250	12. 1	46. 3	92. 7	139. 0	231. 8	386. 2
300	10. 2	42. 9	85. 7	128. 6	214. 4	357. 1
325	9. 3	41. 4	82. 6	124. 0	206. 6	344. 3
350	8. 4	40. 3	80. 4	120. 7	201. 1	335. 3
375	7. 4	38. 9	77. 6	116. 5	194. 1	323. 2
400	6. 5	36. 5	73. 3	109. 8	183. 1	304. 9
425	5. 5	35. 2	70. 0	105. 1	175. 1	291. 6
450	4. 6	33. 7	67. 7	101. 4	169. 0	281. 8
475	3. 7	31. 7	63. 4	95. 1	158. 2	263. 9
500	2. 8	28. 2	56. 5	84. 7	140. 9	235. 0
538	1. 4	25. 2	50. 0	75. 2	125. 5	208. 9
550	—	25. 0	49. 8	74. 8	124. 9	208. 0
575	—	24. 0	47. 9	71. 8	119. 7	199. 5
600	—	19. 5	39. 0	58. 5	97. 5	162. 5
625	—	14. 6	29. 2	43. 8	73. 0	121. 7
650	—	9. 9	19. 9	29. 8	49. 6	82. 7

材料组别为 1.17 的钢制管法兰用材料最大允许工作压力（表压）

工作温度/℃	最大允许工作压力/bar					
	Class150 (*PN*20)	Class300 (*PN*50)	Class600 (*PN*110)	Class900 (*PN*150)	Class1500 (*PN*260)	Class2500 (*PN*420)
≤38	18.1	47.2	94.4	141.6	236	393.3
50	18.1	47.2	94.4	141.6	236	393.3
100	17.7	47.2	94.4	141.6	236	393.3
150	15.8	47.2	94.4	141.6	236	393.3
200	13.8	46.3	92.5	138.8	231.3	385.6
250	12.1	44.8	89.6	134.5	224.1	373.5
300	10.2	42.9	85.7	128.6	214.4	357.1
325	9.3	41.4	82.6	124.0	206.6	344.3
350	8.4	40.3	80.4	120.7	201.1	335.3
375	7.4	38.9	77.6	116.5	194.1	323.2
400	6.5	36.5	73.3	109.8	183.1	304.9
425	5.5	35.2	70.0	105.1	175.1	291.6
450	4.6	33.7	67.7	101.4	169.0	281.8
475	3.7	27.9	55.7	83.6	139.3	232.1
500	2.8	21.4	42.8	64.1	106.9	178.2
538	1.4	13.7	27.4	41.1	68.6	114.3
550	—	12.0	24.1	36.1	60.2	100.4
575	—	8.8	17.6	26.4	44.0	73.4
600	—	6.1	12.1	18.2	30.3	50.4
625	—	4.0	8.0	12.0	20.0	33.3
650	—	2.4	4.7	7.1	11.8	19.7

材料组别为 2.1 的钢制管法兰用材料最大允许工作压力（表压）

工作温度/℃	最大允许工作压力/bar					
	Class150 (*PN*20)	Class300 (*PN*50)	Class600 (*PN*110)	Class900 (*PN*150)	Class1500 (*PN*260)	Class2500 (*PN*420)
≤38	19.0	49.6	99.3	148.9	248.2	413.7
50	18.3	47.8	95.6	143.5	239.1	398.5
100	15.7	40.9	81.7	122.6	204.3	340.4
150	14.2	37.0	74.0	111.0	185.0	308.4
200	13.2	34.5	69.0	103.4	172.4	287.3
250	12.1	32.5	65.0	97.5	162.4	270.7
300	10.2	30.9	61.8	92.7	154.6	257.6
325	9.3	30.2	60.4	90.7	151.1	251.9
350	8.4	29.6	59.3	88.9	148.1	246.9
375	7.4	29.0	58.1	87.1	145.2	241.9
400	6.5	28.4	56.9	85.3	142.2	237.0
425	5.5	28.0	56.0	84.0	140.0	233.3
450	4.6	27.4	54.8	82.2	137.0	228.4
475	3.7	26.9	53.9	80.8	134.7	224.5

材料组别为 2.1 的钢制管法兰用材料最大允许工作压力（表压）

工作温度/℃	最大允许工作压力/bar					
	Class150 (*PN*20)	Class300 (*PN*50)	Class600 (*PN*110)	Class900 (*PN*150)	Class1500 (*PN*260)	Class2500 (*PN*420)
500	2.8	26.5	53.0	79.5	132.4	220.7
538	1.4	24.4	48.9	73.3	122.1	203.6
550	—	23.6	47.1	70.7	117.8	196.3
575	—	20.8	41.7	62.5	104.2	173.7
600	—	16.9	33.8	50.6	84.4	140.7
625	—	13.8	27.6	41.4	68.9	114.9
650	—	11.3	22.5	33.8	56.3	93.8
675	—	9.3	18.7	28.0	46.7	77.9
700	—	8.0	16.1	24.1	40.1	66.9
725	—	6.8	13.5	20.3	33.8	56.3
750	—	5.8	11.6	17.3	28.9	48.1
775	—	4.6	9.0	13.7	22.8	38.0
800	—	3.5	7.0	10.5	17.4	29.2
816	—	2.8	5.9	8.6	14.1	23.8

材料组别为 2.2 的钢制管法兰用材料最大允许工作压力（表压）

工作温度/℃	最大允许工作压力/bar					
	Class150 (*PN*20)	Class300 (*PN*50)	Class600 (*PN*110)	Class900 (*PN*150)	Class1500 (*PN*260)	Class2500 (*PN*420)
≤38	19.0	49.6	99.3	148.9	248.2	413.7
50	18.4	48.1	96.2	144.3	240.6	400.9
100	16.2	42.2	84.4	126.6	211.0	351.6
150	14.8	38.5	77.0	115.5	192.5	320.8
200	13.7	35.7	71.3	107.0	178.3	297.2
250	12.1	33.4	66.8	100.1	166.9	278.1
300	10.2	31.6	63.2	94.9	158.1	263.5
325	9.3	30.9	61.8	92.7	154.4	257.4
350	8.4	30.3	60.7	91.0	151.6	252.7
375	7.4	29.9	59.8	89.6	149.4	249.0
400	6.5	29.4	58.9	88.3	147.2	245.3
425	5.5	29.1	58.3	87.4	145.7	242.6
450	4.6	28.8	57.7	86.5	144.2	240.4
475	3.7	28.7	57.3	86.0	143.4	238.9
500	2.8	28.2	56.5	84.7	140.9	235.0
538	1.4	25.2	50.0	75.2	125.5	208.9
550	—	25.0	49.8	74.8	124.9	208.0
575	—	24.0	47.9	71.8	119.7	199.5
600	—	19.9	39.8	59.7	99.5	165.9
625	—	15.8	31.6	47.4	79.1	131.8
650	—	12.7	25.3	38.0	63.3	105.5
675	—	10.3	20.6	31.0	51.6	86.0
700	—	8.4	16.8	25.1	41.9	69.8
725	—	7.0	14.0	21.0	34.9	58.2
750	—	5.9	11.7	17.6	29.3	48.9
775	—	4.6	9.0	13.7	22.8	38.0
800	—	3.5	7.0	10.5	17.4	29.2
816	—	2.8	5.9	8.6	14.1	23.8

续表

材料组别为 2.3 的钢制管法兰用材料最大允许工作压力（表压）

工作温度/℃	最大允许工作压力/bar					
	Class150（*PN*20）	Class300（*PN*50）	Class600（*PN*110）	Class900（*PN*150）	Class1500（*PN*260）	Class2500（*PN*420）
≤38	15.9	41.4	82.7	124.1	206.8	344.7
50	15.3	40.0	80.0	120.1	200.1	333.5
100	13.3	34.8	69.6	104.4	173.9	289.9
150	12.0	31.4	62.8	94.2	157.0	261.6
200	11.2	29.2	58.3	87.5	145.8	243.0
250	10.5	27.5	54.9	82.4	137.3	228.9
300	10.0	26.1	52.1	78.2	130.3	217.2
325	9.3	25.5	51.0	76.4	127.4	212.3
350	8.4	25.1	50.1	75.2	125.4	208.9
375	7.4	24.8	49.5	74.3	123.8	206.3
400	6.5	24.3	48.6	72.9	121.5	202.5
425	5.5	23.9	47.7	71.6	119.3	198.8
450	4.6	23.4	46.8	70.2	117.1	195.1

材料组别为 2.4 的钢制管法兰用材料最大允许工作压力（表压）

工作温度/℃	最大允许工作压力/bar					
	Class150（*PN*20）	Class300（*PN*50）	Class600（*PN*110）	Class900（*PN*150）	Class1500（*PN*260）	Class2500（*PN*420）
≤38	19.0	49.6	99.3	148.9	248.2	413.7
50	18.6	48.6	97.1	145.7	242.8	404.6
100	17.0	44.2	88.5	132.7	221.2	368.7
150	15.7	41.0	82.0	122.9	204.9	341.5
200	13.8	38.3	76.6	114.9	191.5	319.1
250	12.1	36.0	72.0	108.1	180.1	300.2
300	10.2	34.1	68.3	102.4	170.7	284.6
325	9.3	33.3	66.6	99.9	166.5	277.6
350	8.4	32.6	65.2	97.8	163.0	271.7
375	7.4	32.0	64.1	96.1	160.2	266.9
400	6.5	31.6	63.2	94.8	157.9	263.2
425	5.5	31.1	62.3	93.4	155.7	259.5
450	4.6	30.8	61.7	92.5	154.2	256.9
475	3.7	30.5	61.1	91.6	152.7	254.4
500	2.8	28.2	56.5	84.7	140.9	235.0
538	1.4	25.2	50.0	75.2	125.5	208.9
550	—	25.0	49.8	74.8	124.9	208.0
575	—	24.0	47.9	71.8	119.7	199.5
600	—	20.3	40.5	60.8	101.3	168.9
625	—	15.8	31.6	47.4	79.1	131.8
650	—	12.6	25.3	37.9	63.2	105.4
675	—	9.9	19.8	29.6	49.4	82.3
700	—	7.9	15.8	23.7	39.5	65.9
725	—	6.3	12.7	19.0	31.7	52.8
750	—	5.0	10.0	15.0	25.0	41.7
775	—	4.0	8.0	11.9	19.9	33.2
800	—	3.1	6.3	9.4	15.6	26.1
816	—	2.6	5.2	7.8	13.0	21.7

续表

材料组别为 2.5 的钢制管法兰用材料最大允许工作压力（表压）						
工作温度/℃	最大允许工作压力/bar					
	Class150 (*PN*20)	Class300 (*PN*50)	Class600 (*PN*110)	Class900 (*PN*150)	Class1500 (*PN*260)	Class2500 (*PN*420)
≤38	19.0	49.6	99.3	148.9	248.2	413.7
50	18.7	48.8	97.5	146.3	243.8	406.4
100	17.4	45.3	90.6	135.9	226.5	377.4
150	15.8	42.5	84.9	127.4	212.4	353.9
200	13.8	39.9	79.9	119.8	199.7	332.8
250	12.1	37.8	75.6	113.4	189.1	315.1
300	10.2	36.1	72.2	108.3	180.4	300.7
325	9.3	35.4	70.7	106.1	176.8	294.6
350	8.4	34.8	69.5	104.3	173.8	289.6
375	7.4	34.2	68.4	102.6	171.0	285.1
400	6.5	33.9	67.8	101.7	169.5	282.6
425	5.5	33.6	67.2	100.8	168.1	280.1
450	4.6	33.5	68.9	100.4	167.3	278.8
475	3.7	31.7	63.4	95.1	158.2	263.9
500	2.8	28.2	56.5	84.7	140.9	235.0
538	1.4	25.2	50.0	75.2	125.5	208.9
550	—	25.0	49.8	74.8	124.9	208.0
575	—	24.0	47.9	71.8	119.7	199.5
600	—	21.6	42.9	64.2	107.0	178.5
625	—	18.3	36.6	54.9	91.2	152.0
650	—	14.1	28.1	42.5	70.7	117.7
675	—	12.4	25.2	37.6	62.7	104.5
700	—	10.1	20.0	29.8	49.7	83.0
725	—	7.9	15.4	23.2	38.6	64.4
750	—	5.9	11.7	17.6	29.6	49.1
775	—	4.6	9.0	13.7	22.8	38.0
800	—	3.5	7.0	10.5	17.4	29.2
816	—	2.8	5.9	8.6	14.1	23.8

材料组别为 2.11 的钢制管法兰用材料最大允许工作压力（表压）						
工作温度/℃	最大允许工作压力/bar					
	Class150 (*PN*20)	Class300 (*PN*50)	Class600 (*PN*110)	Class900 (*PN*150)	Class1500 (*PN*260)	Class2500 (*PN*420)
≤38	19.0	49.6	99.3	148.9	248.2	413.7
50	18.7	48.8	97.5	146.3	243.8	406.4

材料组别为 2.11 的钢制管法兰用材料最大允许工作压力（表压）						
工作温度/℃	最大允许工作压力/bar					
	Class150（*PN*20）	Class300（*PN*50）	Class600（*PN*110）	Class900（*PN*150）	Class1500（*PN*260）	Class2500（*PN*420）
100	17.4	45.3	90.6	135.9	226.5	377.4
150	15.8	42.5	84.9	127.4	212.4	353.9
200	13.8	39.9	79.9	119.8	199.7	332.8
250	12.1	37.8	75.6	113.4	189.1	315.1
300	10.2	36.1	72.2	108.3	180.4	300.7
325	9.3	35.4	70.7	106.1	176.8	294.6
350	8.4	34.8	69.5	104.3	173.8	289.6
375	7.4	34.2	68.4	102.6	171.0	285.1
400	6.5	33.9	67.8	101.7	169.5	282.6
425	5.5	33.6	67.2	100.8	168.1	280.1
450	4.6	33.5	66.9	100.4	167.3	278.8
475	3.7	31.7	63.4	95.1	158.2	263.9
500	2.8	28.2	56.5	84.7	140.9	235.0
538	1.4	25.2	50.0	75.2	125.5	208.9
550	—	25.0	49.8	74.8	124.9	208.0
575	—	24	47.9	71.8	119.7	199.5
600	—	19.8	39.6	59.4	99.0	165.1
625	—	13.9	27.7	41.6	69.3	115.5
650	—	10.3	20.6	30.9	51.5	85.8
675	—	8.0	15.9	23.9	39.8	66.3
700	—	5.6	11.2	16.8	28.1	46.8
725	—	4.0	8.0	11.9	19.9	33.1
750	—	3.1	6.2	9.3	15.5	25.8
775	—	2.5	4.9	7.4	12.3	20.4
800	—	2.0	4.0	6.1	10.1	16.9
816	—	1.9	3.8	5.7	9.5	15.8

4. 各类法兰的特点和适用条件

管道法兰是石化工业管道系统中最广泛使用的一种可拆连接件，常用的管法兰除螺纹法兰外，其余均为焊接法兰。

螺纹法兰是利用法兰内孔的加工的螺纹与带螺纹的管子旋合连接的，不必焊接。因而具有方便安装、方便检修的特点。螺纹法兰有两种，一种是利用加工成一定密封面的两个管端加透镜垫密封，这种法兰多用于合成氨生产，近来已比较少用，透镜垫已被金属环替代。另一种与普通法兰一样，利用两个法兰密封面密封。螺纹法兰用于不易焊接或不能焊接的场合，在温度反复波动或高于 260℃和低于-45℃的管道上不宜使用。

平焊法兰系将管子插入法兰内孔中进行焊接，具有容易对中、价格便宜等特点，但由于在法兰面附近焊接容易损伤法兰面和引起法兰面变形。因此一般用于压力温度较低，不太重要的管道上，在石化工业中大多用于公用工程管道。

对焊法兰系将法兰焊颈端与管子焊端加工成一定型式的焊接坡口后直接焊接，这种法兰施工比较方便，法兰强度也高，适用于法兰处应力较大、压力温度波动较大和高温、高压及0℃以下的低温管道。石化工业中的工艺管道常用对焊法兰。

承插焊法兰与平焊法兰相似，只是将管子插入法兰的承插孔中进行焊接，一般用于小口径管道。

松套法兰是将法兰松套在已与管子焊好的翻边短节上，法兰密封面加工在翻边短节上。其特点为法兰本体不与介质相接触，法兰与翻边短节可分别采用不同材料。这种法兰适用于腐蚀性介质的管道上，可以节省不锈钢、有色金属等耐腐蚀材料。松套法兰本身可旋转，易于安装。

法兰密封面有多种，宽面密封面主要用于铸铁设备管嘴的对应法兰，在石化工业中使用较少。法兰最普遍的密封面为光面密封面，在一般操作条件下均能适用。但在高温、高压条件下，效果不能令人满意。凹凸面密封面减少了垫片被吹出的可能性，但不能保证垫片不挤入管内，榫槽面和梯形槽面则比凹凸面更优越，适用于高温高压工况。

法兰型式和密封面选择与介质、操作工况有密切关系，一般由管道等级表确定。

5. 法兰盖

法兰盖又称盲法兰、设备、机泵上不需接出管道的管嘴，一般用法兰盖封住，在管道上则用在管道端部与管道上的法兰相配合作封盖用。法兰盖的公称压力和密封面型式应与该管道所选用的法兰完全一致。

6. 大小法兰

大小法兰一般不推荐使用，只有当设备、机泵管嘴大于所要连接的管子口径，安装尺寸又不允许装大小头时，才选用大小法兰。大小法兰仅限于≤*PN*2.5MPa，目前只有原石油部有大小法兰标准。

7. 法兰材质

法兰材质应由管道等级表规定。我国国标规定的钢制管法兰材料PN标记的见表3-1-3（a）；钢制管法兰材料Class标记的见表3-1-3（c）。HG欧洲体系钢制管法兰用材料见表3-1-5（a）；HG美洲体系钢制管法兰用材料见表3-1-6（a）。一机部的法兰及其紧固件材料见表3-1-7。化工部老标准HG的见表3-1-8。

8. 水压试验

国标和石化行业标准均规定管法兰原则上不进行单个法兰的水压试验，当法兰安装在管道或设备上之后，其水压试验压力应不超过表3-1-2、表3-1-3（法兰在不同温度下的最大允许工作压力）中所规定20℃时最大允许工作压力的1.5倍。

表3-1-7　法兰和紧固件材料（一机部老标准）

名　称	公称压力 *PN*/MPa	在下列介质温度℃时所用钢号					
		300以下	350以下	400以下	425以下	450以下	530以下
法兰和 法兰盖	0、2.5、0.6、1.0、1.6、2.5	Q235A	20和25				—
	4.0 6.4 10.0	20和25					12CrMo和 15CrMoA
	16.0 20.0	20和25					12CrMo和 15CrMoA

续表

名　称	公称压力 PN/MPa	在下列介质温度℃时所用钢号					
		300 以下	350 以下	400 以下	425 以下	450 以下	530 以下
螺栓和 双头螺栓	0、2.5、0.6、1.0、1.6、2.5	A5		25 和 35		30CrMoA	—
	4.0 6.4 10.0	35 和 40				30CrMoA 和 35CrMoA	25Cr2MoVA
	16.0 20.0	30CrMoA 和 35Cr		30CrMoA 和 35CrMoA		30CrMoA 和 35CrMoA	25Cr2MoVA
螺　母	0、2.5、0.6、1.0、1.6、2.5	Q235A		20 和 30		30 和 45	—
	4.0 6.0 10.0	25 和 35				35 和 45	30CrMoA 和 35CrMoA
	16.0 20.0	35 和 45					30CrMoA 和 35CrMoA

注：1. 法兰盖只用于 450℃以下。

2. 螺母硬度应低于螺栓和双头螺栓硬度。

3. 钢材性质应符合国标或冶标要求。

表 3-1-8　中低压法兰及其紧固件材料表（化工部老标准）

名称	公称压力 PN/MPa	300℃以下	350℃ 以下	400℃ 以下	425℃ 以下	450℃ 以下	451～520℃	521～600℃
法兰	1.6、2.5	钢 3					15MnMoV Cr5Mo	12MoVWBSiRe Cr5Mo 12Cr1MoV
	4.0 6.4	钢 20、25、15MnV						
螺栓	1.6、2.5	钢 3、4		钢 25. 35		40MnVB 30CrMoA	37SiMn2MoV 25Cr2MoVA	37SiMn2MoWVA 25Cr2Mo1VA
	4.0、6.4	钢 35、40				40MnVB 30CrMoA 35CrMoA		
螺母	1.6、2.5	钢 3、4		钢 20、30		钢 35 钢 45 40Mn	40MnVB	37SiMn2MoV
	4.0、6.4	钢 25、35				钢 35 钢 45 40Mn	35CrMo	25Cr2MoVA

二、中国法兰系列

1. 石化行标法兰类型（SH/T 3406—1996）见表 3-1-9。
2. 国家标准钢制管法兰类型（GB/T 9112—2000）见表 3-1-10（a）、（b）。
3. 机械部法兰类型（JB/T 81—94～JB/T 86.2—94）见表 3-1-11。
4. 石油管道法兰类型（S3-1-1～S3-1-5）见表 3-1-12。

表 3-1-9　石化行标法兰类型（SH/T 3406—1996）

类　　型	对焊法兰	对焊法兰	对焊法兰	对焊法兰
对焊法兰	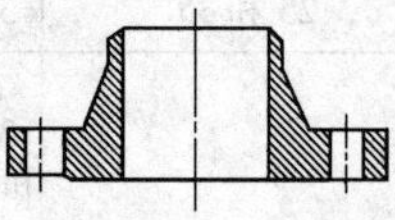	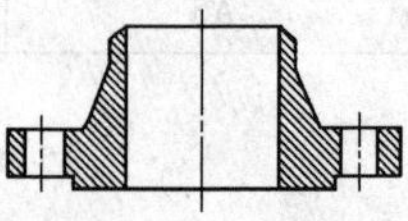	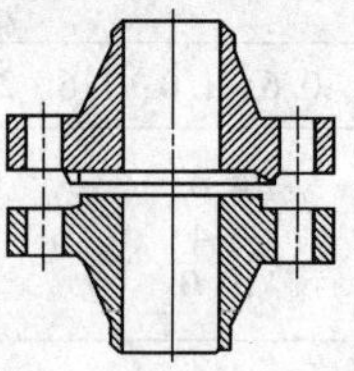	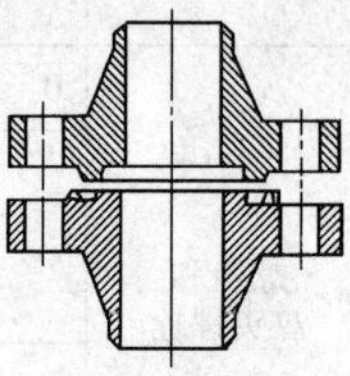
密封面	全平面	凸台面	凹凸面	榫槽面
公称压力 PN/MPa	2.0 5.0	1.0 2.0 5.0 6.8 10.0 15.0 25.0 42.0	5.0 6.8 10.0 15.0 2.50 4.20	5.0 6.8 10.0 15.0 25.0 42.0
公称直径 DN/mm	15 20 25 32 40 50 65 80 100 125 150 200 250 300 350 400 450 500 600 650 700 750 800 850 900 950 1000 1050 1100 1150 1200 1250 1300 1350 1400 1450 1500			

续表

类　型	对焊法兰	带颈平焊法兰	带颈平焊法兰	带颈平焊法兰	带颈平焊法兰
草　图	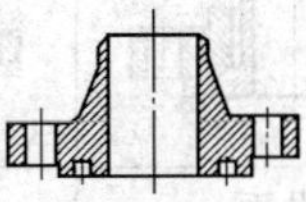	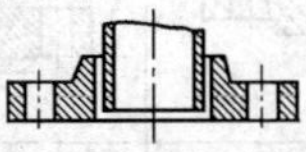	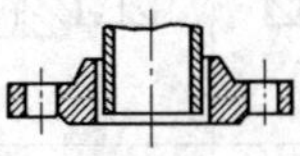	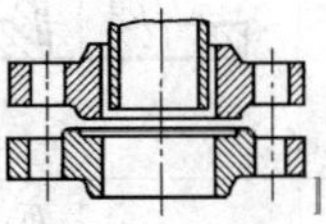	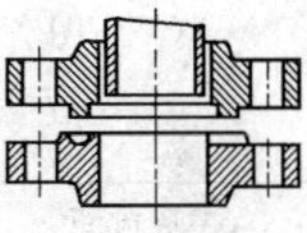
密封面	环槽面	全平面	凸台面	凹凸面	榫槽面
公称压力 *PN*/MPa	2.0　5.0　6.8　10.0　15.0　25.0　42.0	2.0　5.0	2.0　5.0　6.8　10.0　15.0　25.0　42.0	5.0　6.8　10.0　15.0　25.0　42.0	5.0　6.8　10.0　15.0　25.0　42.0
公称直径 *DN*/mm	15　20　25　32　40　50　65　80　100　125　150　200　250　300　350　400　450　500　600　650				

类　型	承插焊法兰	承插焊法兰	承插焊法兰	承插焊法兰
草　图	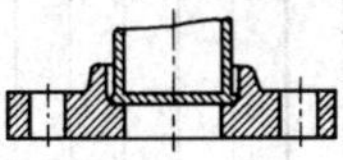	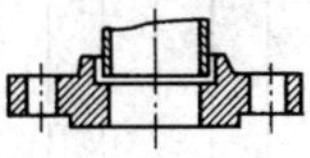	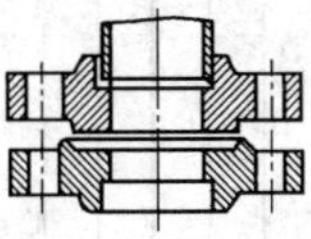	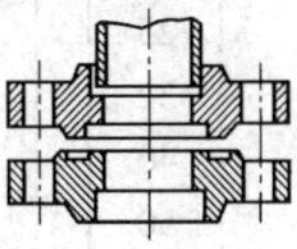
密封面	全平面	凸台面	凹凸面	榫槽面
公称压力 *PN*/MPa	2.0　5.0	2.0　5.0　6.8　10.0　15.0　25.0　42.0	5.0　6.8　10.0　15.0　25.0　42.0	5.0　6.8　10.0　15.0　25.0　42.0
公称直径 *DN*/mm	15　20　25　32　40　50　65　80　100			

续表

类型	螺纹法兰	螺纹法兰	松套法兰	松套法兰
草图	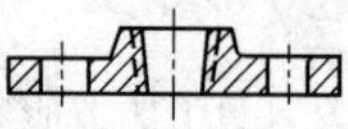	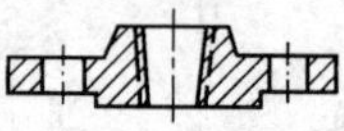	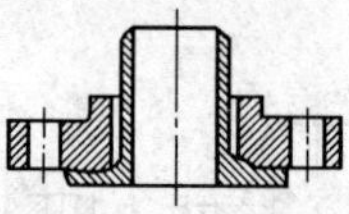	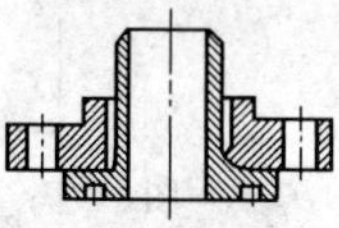
密封面	全平面	凸台面	凹凸面	环槽面
公称压力 PN/MPa	2.0, 5.0	2.0, 5.0	2.0, 5.0, 6.8, 10.0, 15.0, 25.0, 42.0	2.0, 5.0, 6.8, 10.0, 15.0, 25.0, 42.0
公称直径 DN/mm	15, 20, 25, 32, 40, 50, 65, 80, 100			

类型	法兰盖	法兰盖	法兰盖	法兰盖	法兰盖
草图	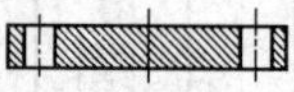	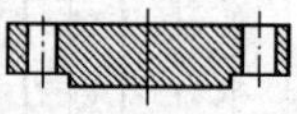		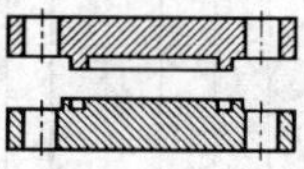	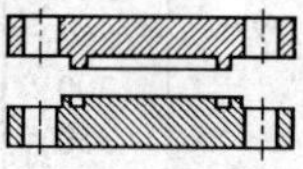
密封面	全平面	凸台面	环槽面	凹凸面	榫槽面
公称压力 PN/MPa	2.0, 5.0	2.0, 5.0, 6.8, 10.0, 15.0, 25.0, 42.0	2.0, 5.0, 6.8, 10.0, 15.0, 25.0, 42.0	5.0, 6.8, 10.0, 15.0, 25.0, 42.0	5.0, 6.8, 10.0, 15.0, 25.0, 42.0
公称直径 DN/mm	15, 20, 25, 32, 40, 50, 65, 80, 100, 125, 150, 200, 250, 300, 350, 400, 450, 500, 600, 650				

表 3-1-10（a） 用 *PN* 标记的法兰类型及适用范围

类 型	整 体 法 兰（IF）			
草 图				
密封面	平面（FF）	突面（RF）	凹凸面（MF）	榫槽面（TG）
标准号	GB/T 9113—2010			

公称直径 *DN*/mm：10，15，20，25，32，40，50，65，80，100，125，150，200，250，300，350，400，450，500，600，700，800，900，1000，1200，1400，1600，1800，2000

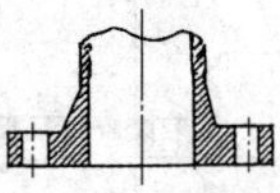

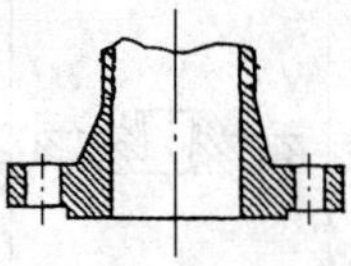

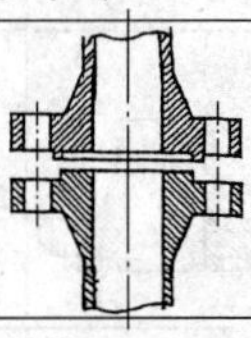

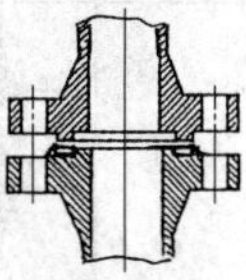

密封面	公称压力 *PN*	公称直径 *DN*/mm
平面（FF）	2.5	10～2000
平面（FF）	6	10～2000
平面（FF）	10	10～2000
平面（FF）	16	10～2000
平面（FF）	25	10～2000
平面（FF）	40	10～600
突面（RF）	2.5	10～2000
突面（RF）	6	10～2000
突面（RF）	10	10～2000
突面（RF）	16	10～2000
突面（RF）	25	10～2000
突面（RF）	40	10～600
突面（RF）	63	10～400
突面（RF）	100	10～350
突面（RF）	160	10～300
突面（RF）	250	10～300
突面（RF）	320	10～250
突面（RF）	400	10～200
凹凸面（MF）	10	10～2000
凹凸面（MF）	16	10～2000
凹凸面（MF）	25	10～2000
凹凸面（MF）	40	10～600
凹凸面（MF）	63	10～400
凹凸面（MF）	100	10～350
凹凸面（MF）	160	10～300
凹凸面（MF）	250	10～300
凹凸面（MF）	320	10～250
凹凸面（MF）	400	10～200
榫槽面（TG）	10	10～2000
榫槽面（TG）	16	10～2000
榫槽面（TG）	25	10～2000
榫槽面（TG）	40	10～600
榫槽面（TG）	63	10～400
榫槽面（TG）	100	10～350
榫槽面（TG）	160	10～300
榫槽面（TG）	250	10～300
榫槽面（TG）	320	10～250
榫槽面（TG）	400	10～200

续表

类型	整体法兰（IF）		带颈螺纹法兰（Th）		对焊法兰（WN）	
草图						
密封面	O形圈面(OSG)	环连接面(RJ)	平面(FF)	突面(RF)	平面(FF)	突面(RF)
标准号	GB/T 9113—2010		GB/T 9114—2010			
公称压力 *PN*	10, 16, 25, 40	63, 100, 160, 250, 320, 400	6, 10, 16, 25, 40	6, 10, 16, 25, 40, 63, 100	2.5, 6, 10, 16, 25, 40	2.5, 6, 10, 16, 25, 40, 63, 100, 160, 250, 320, 400

公称直径 *DN*/mm
10
15
20
25
32
40
50
65
80
100
125
150
200
250
300
350
400
450
500
600
700
800
900
1000
1200
1400
1600
1800
2000
2200
2400
2600
2800
3000
3200
3400
3600
3800
4000

续表

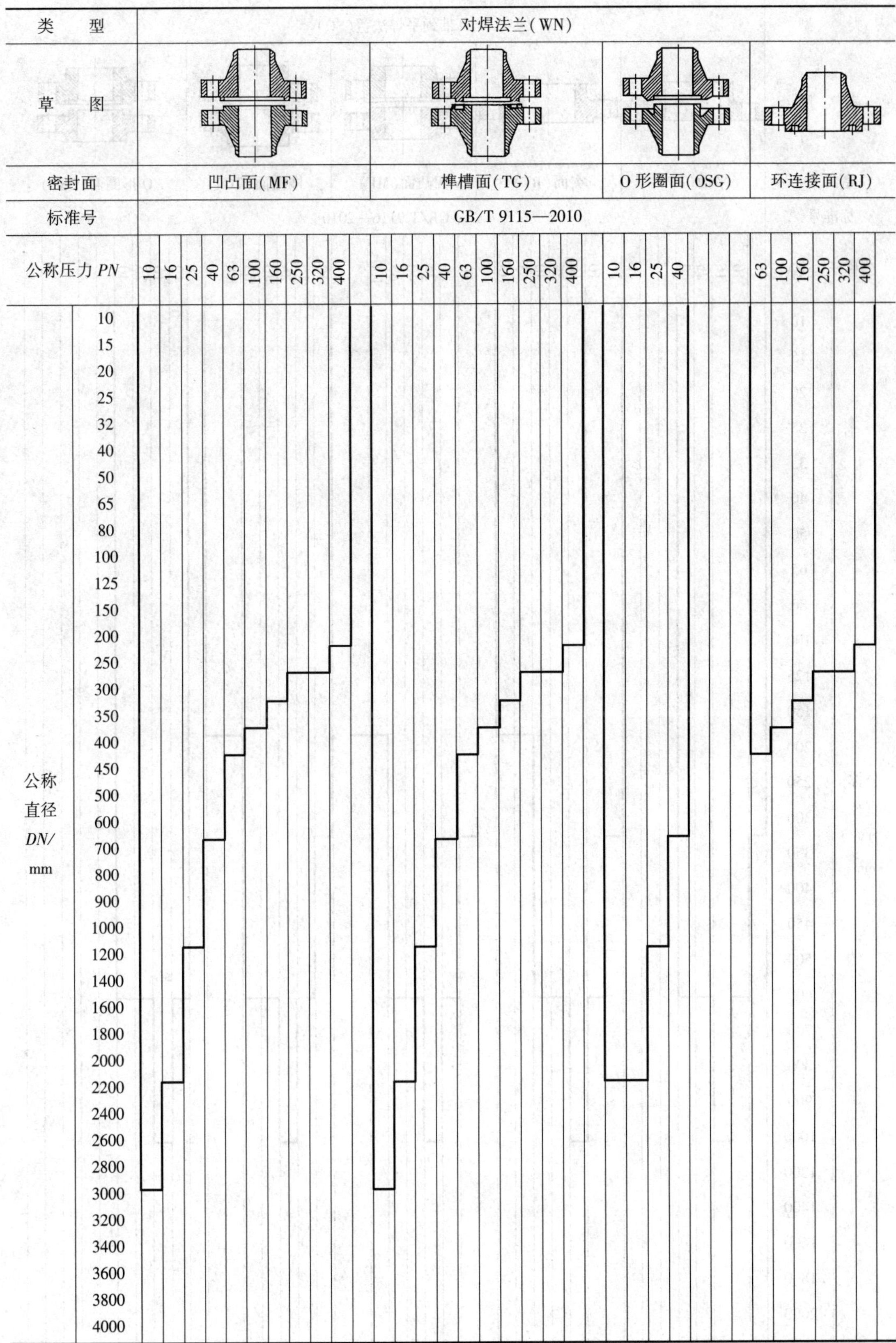

类型	对焊法兰(WN)			
草图				
密封面	凹凸面(MF)	榫槽面(TG)	O形圈面(OSG)	环连接面(RJ)
标准号	GB/T 9115—2010			
公称压力 *PN*	10、16、25、40、63、100、160、250、320、400	10、16、25、40、63、100、160、250、320、400	10、16、25、40	63、100、160、250、320、400

公称直径 *DN*/mm：10、15、20、25、32、40、50、65、80、100、125、150、200、250、300、350、400、450、500、600、700、800、900、1000、1200、1400、1600、1800、2000、2200、2400、2600、2800、3000、3200、3400、3600、3800、4000

续表

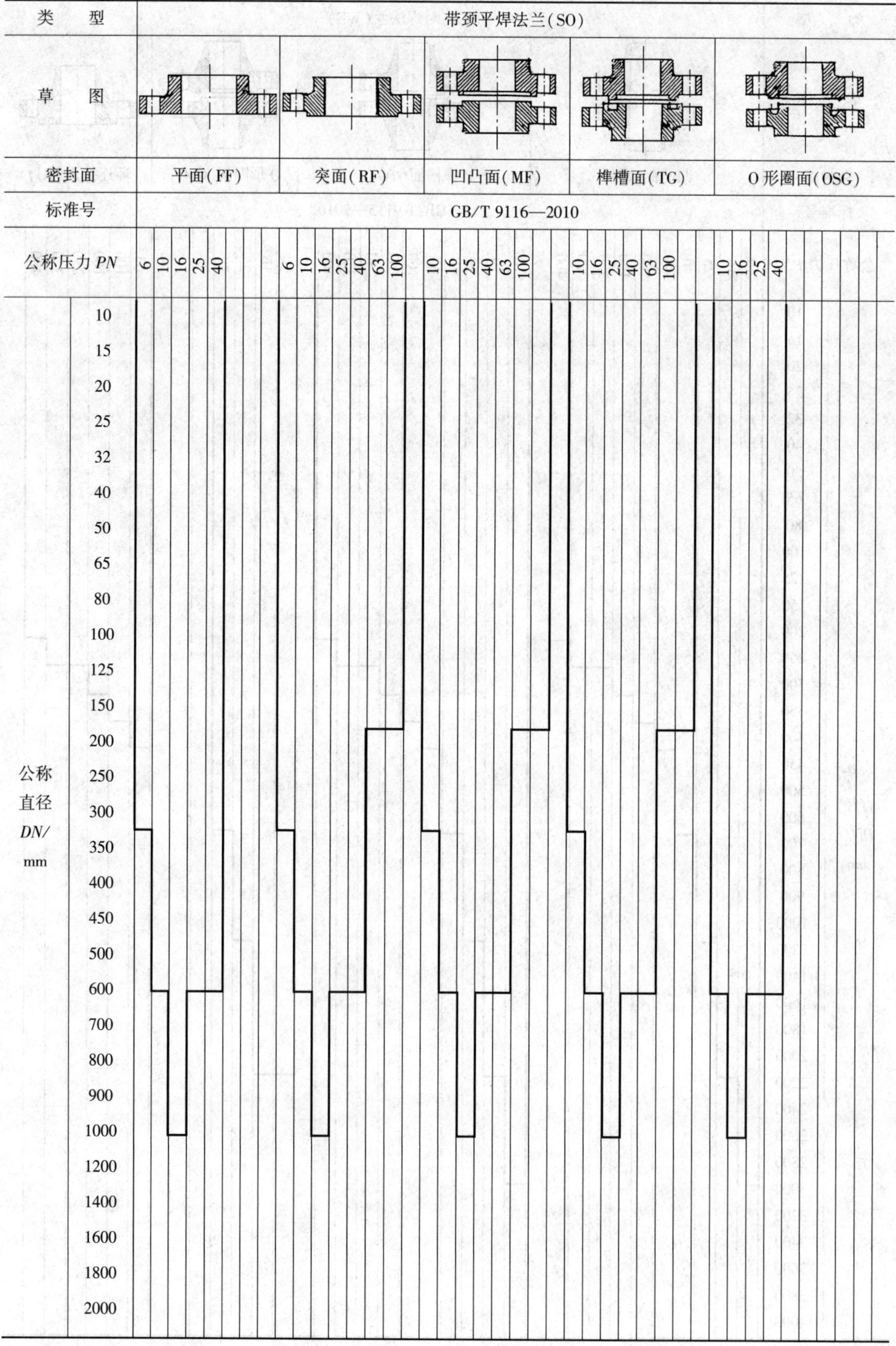

类型	带颈平焊法兰(SO)				
草图					
密封面	平面(FF)	突面(RF)	凹凸面(MF)	榫槽面(TG)	O形圈面(OSG)
标准号	GB/T 9116—2010				
公称压力 *PN*	6 10 16 25 40	6 10 16 25 40 63 100	10 16 25 40 63 100	10 16 25 40 63 100	10 16 25 40
公称直径 *DN*/mm	10 15 20 25 32 40 50 65 80 100 125 150 200 250 300 350 400 450 500 600 700 800 900 1000 1200 1400 1600 1800 2000				

类型	带颈承插焊法兰(SW)					
草图						
密封面	平面(FF)	突面(RF)	凹凸面(MF)	榫槽面(TG)	O形圈面(OSG)	环连接面(RJ)
标准号	GB/T 9117—2010					
公称压力 *PN*	16 25 40	16 25 40 63 100	16 25 40 63 100	16 25 40 63 100	16 25 40	63 100
公称直径 *DN*/mm	10 15 20 25 32 40 50 65 80 100 125 150 200 250 300 350 400 450 500 600 700 800 900 1000 1200 1400 1600 1800 2000					

续表

类　型	板式平焊法兰(PL)		A 型对焊环板式松套法兰(PL/W-A)			
草　图	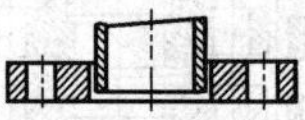	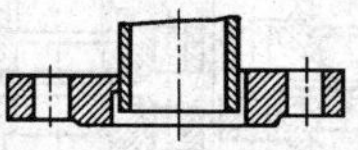		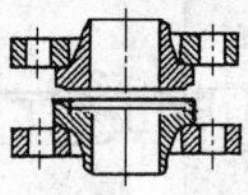	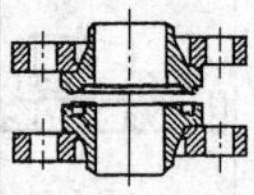	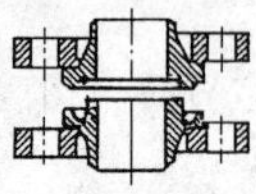
密封面	平面(FF)	突面(RF)	突面(RF)	凹凸面(MF)	榫槽面(TG)	O 形圈面(OSG)
标准号	GB/T 9119—2010		GB/T 9120—2010			
公称压力 *PN*	2.5 6 10 16 25 40 63 100	2.5 6 10 16 25 40 63 100	10 16 25 40	10 16 25 40	10 16 25 40	10 16 25 40
公称直径 *DN*/mm 10						
15						
20						
25						
32						
40						
50						
65						
80						
100						
125						
150						
200						
250						
300						
350						
400						
450						
500						
600						
700						
800						
900						
1000						
1200						
1400						
1600						
1800						
2000						

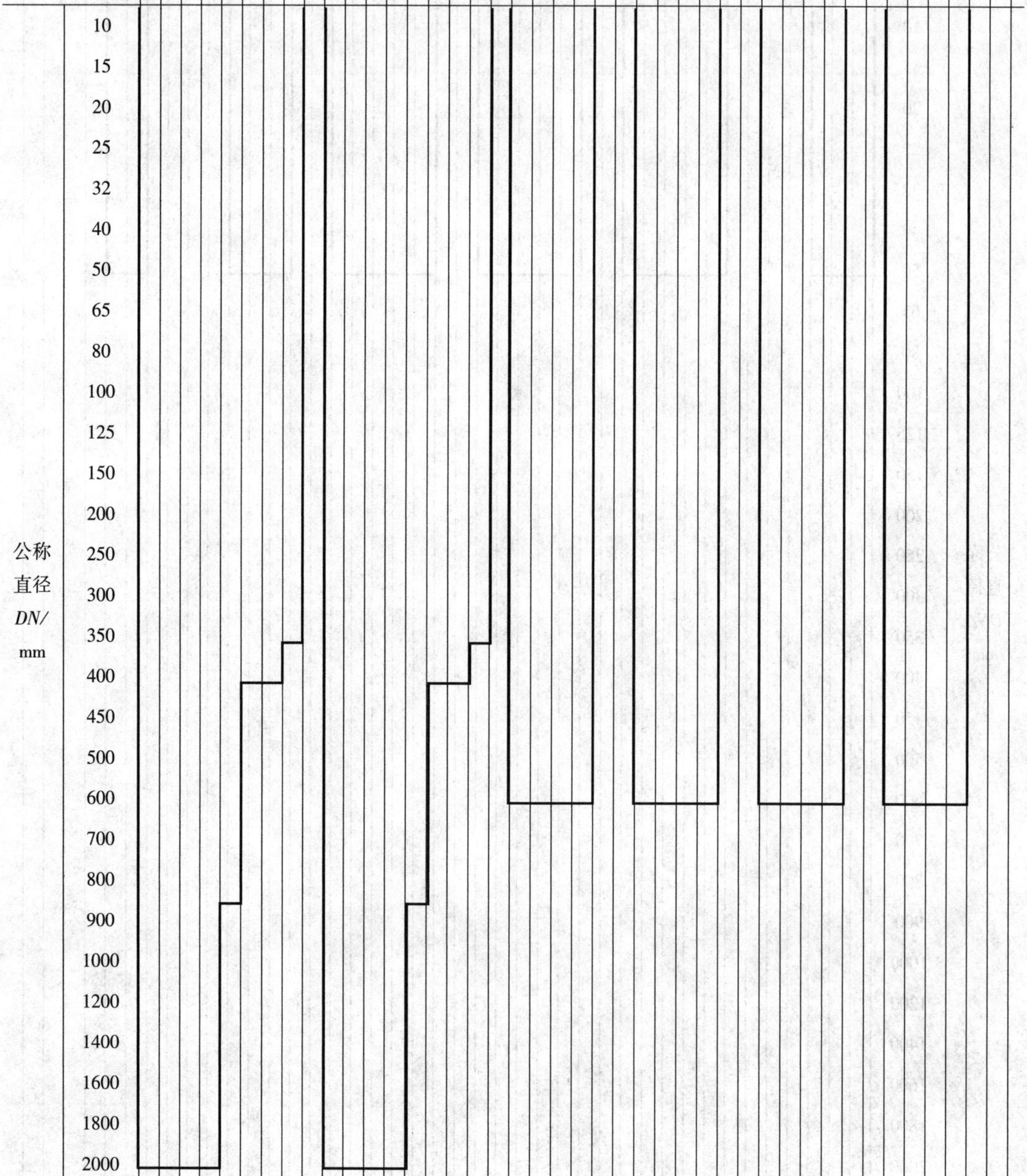

续表

类　　型	B 型对焊环板式松套法兰(PL/W－B)	平焊环板式松套法兰(PL/C)			
草　　图	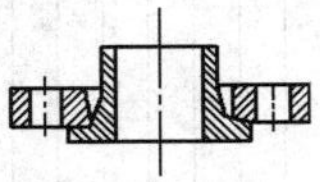	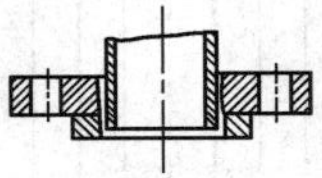	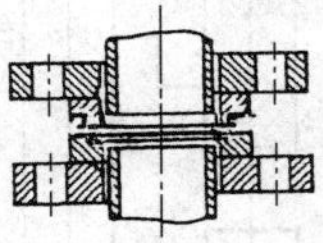	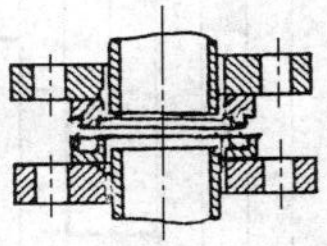	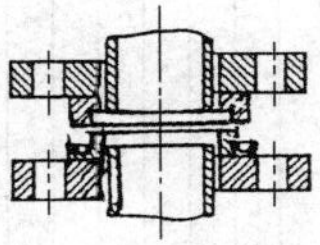
密封面	突面(RF)	突面(RF)	凹凸面(MF)	榫槽面(TG)	O 形圈面(OSG)
标准号	GB/T 9120—2010	GB/T 9121—2010			
公称压力 *PN*	2.5　6　10　16　25　40	2.5　6　10　16　25　40	10　16　25　40	10　16　25　40	10　16　25　40

公称直径 *DN*/mm：10、15、20、25、32、40、50、65、80、100、125、150、200、250、300、350、400、450、500、600、700、800、900、1000、1200、1400

续表

类型	管端翻边板式松套法兰		法兰盖(BL)					
草图	(PL/P-A)	(PL/P-B)						
密封面	突面(RF)	突面(RF)	平面(FF)	突面(RF)	凹凸面(MF)	榫槽面(TG)	O 形圈面(OSG)	环连接面(RJ)
标准号	GB/T 9122—2010							
公称压力 *PN*	2.5, 6, 10, 16	2.5, 6, 10, 16	2.5, 6, 10, 16, 25, 40	2.5, 6, 10, 16, 25, 40, 63, 100, 160	10, 16, 25, 40, 63, 100, 160	10, 16, 25, 40, 63, 100, 160	10, 16, 25, 40	63, 100, 160

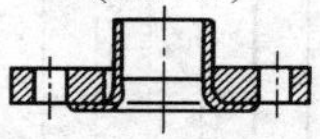

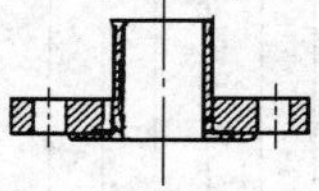

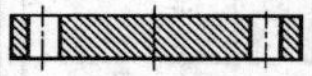

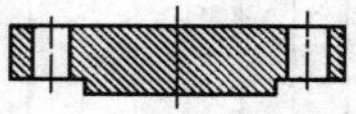

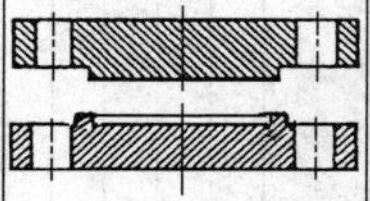

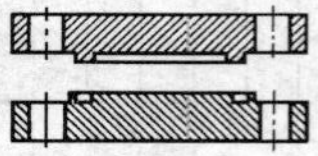

公称直径 *DN*/mm: 10, 15, 20, 25, 32, 40, 50, 65, 80, 100, 125, 150, 200, 250, 300, 350, 400, 450, 500, 600, 700, 800, 900, 1000, 1200, 1400, 1600, 1800, 2000

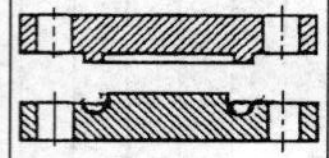

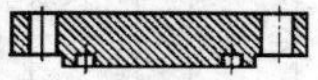

表 3－1－10(b)　用 Class 标记的法兰类型及适用范围

类型	整体法兰(IF)					带颈螺纹法兰(Th)	对焊法兰(WN)	
草图	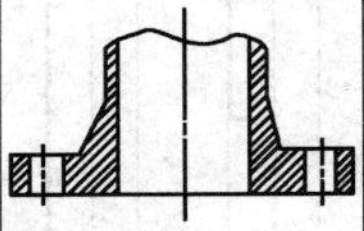	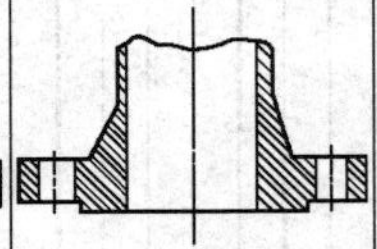	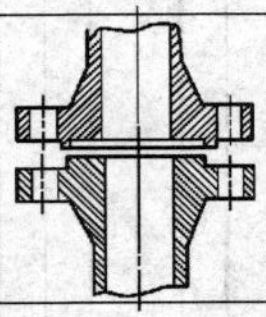	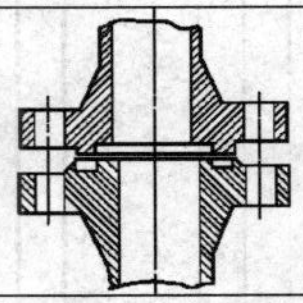	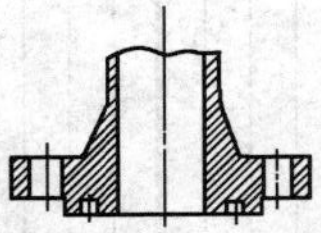	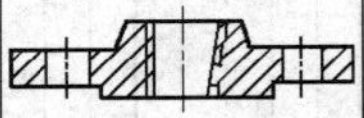	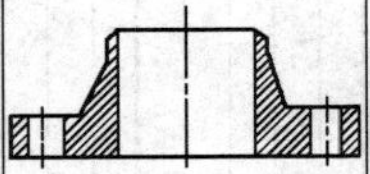	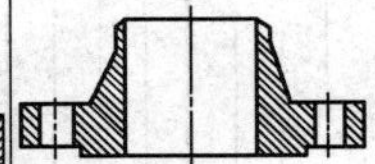
密封面	平面(FF)	突面(RF)	凹凸面(MF)	榫槽面(TG)	环连接面(RJ)	突面(RF)	平面(FF)	突面(RF)
标准号	GB/T 9113—2010					GB/T 9114—2010	GB/T 9115—2010	
公称压力 Class	150	150 300 600 900 1500 2500	300 600 900 1500 2500	300 600 900 1500 2500	150 300 600 900 1500 2500	150 300 600 900 1500 2500	150	150 300 600 900 1500 2500

公称尺寸 NPS	DN
½	15
¾	20
1	25
1¼	32
1½	40
2	50
2½	65
3	80
4	100
5	125
6	150
8	200
10	250
12	300
14	350
16	400
18	450
20	500
24	600

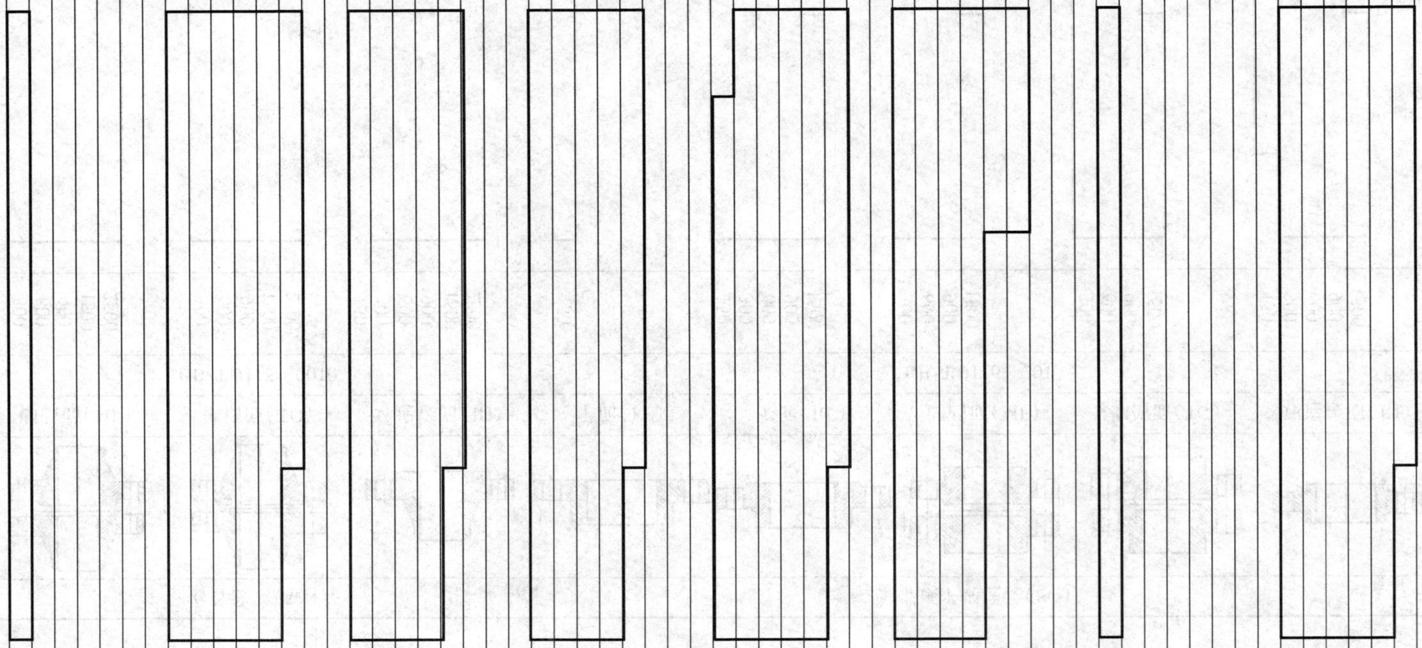

续表

类型	对焊法兰(WN)			带颈平焊法兰(SO)				
草图	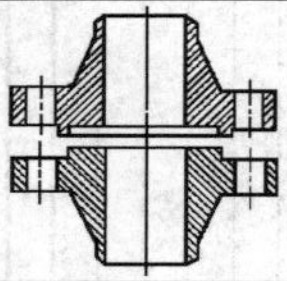	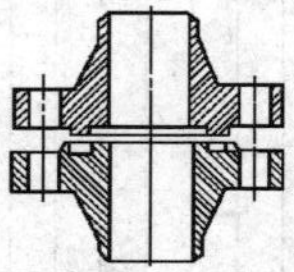	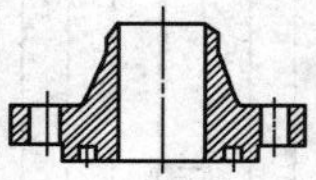	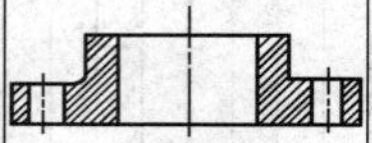	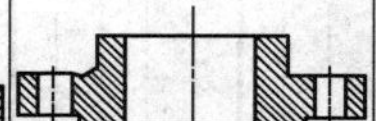	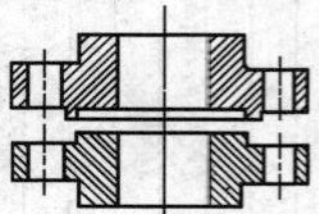	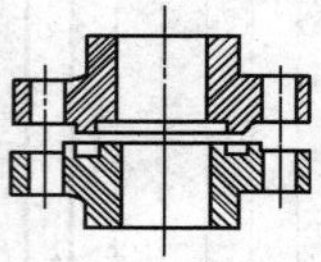	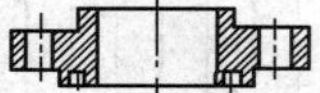
密封面	凹凸面(MF)	榫槽面(TG)	环连接面(RJ)	平面(FF)	突面(RF)	凹凸面(MF)	榫槽面(TG)	环连接面(RJ)
标准号	GB/T 9115—2010			GB/T 9116—2010				
公称压力 Class	300 600 900 1500 2500	300 600 900 1500 2500	150 300 600 900 1500 2500	150	150 300 600 900 1500	300 600 900 1500	300 600 900 1500	150 300 600 900 1500

公称尺寸 NPS	DN
½	15
¾	20
1	25
1¼	32
1½	40
2	50
2½	65
3	80
4	100
5	125
6	150
8	200
10	250
12	300
14	350
16	400
18	450
20	500
24	600

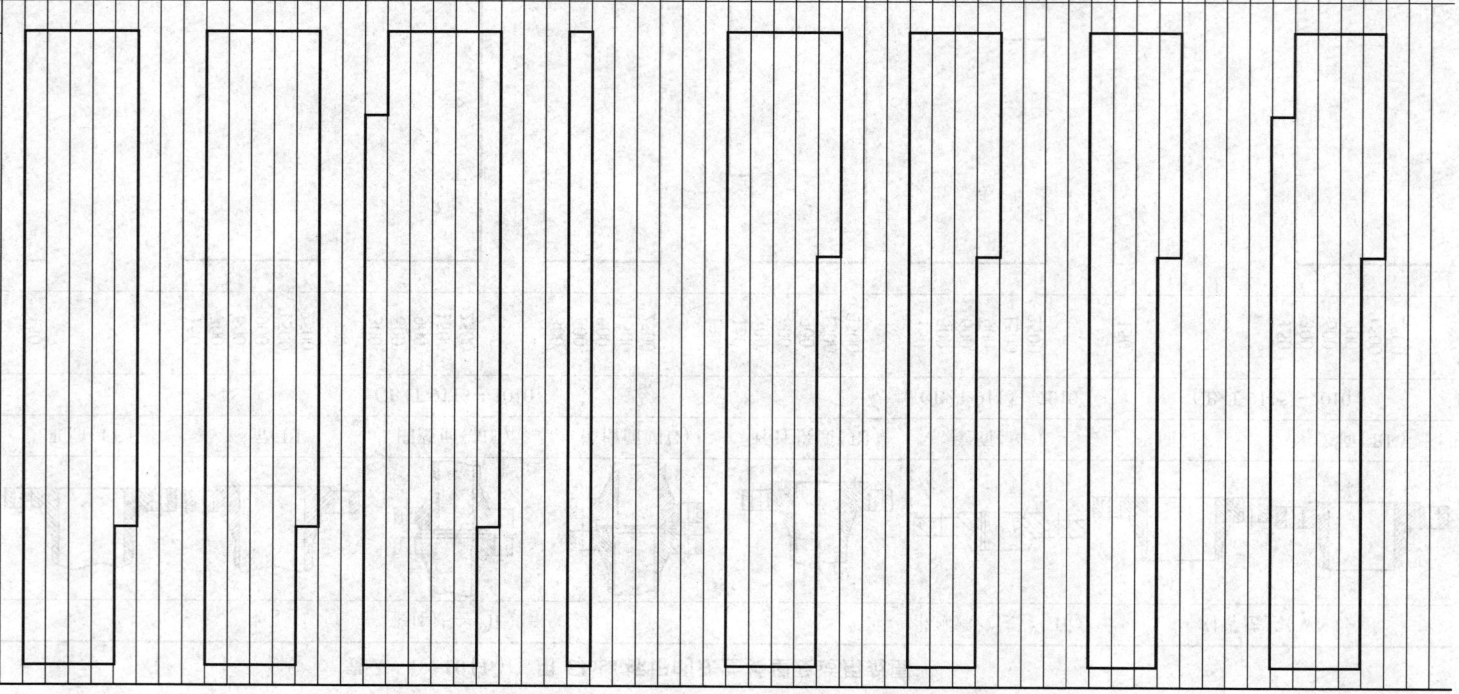

类型	密封面	标准号	公称压力 Class	公称尺寸 DN 范围
带颈承插焊法兰(SW)	平面(FF)	GB/T 9117—2010	150	15～80
带颈承插焊法兰(SW)	突面(RF)	GB/T 9117—2010	150、300、600	15～80
带颈承插焊法兰(SW)	突面(RF)	GB/T 9117—2010	900、1500	15～65
带颈承插焊法兰(SW)	凹凸面(MF)	GB/T 9117—2010	300、600	15～80
带颈承插焊法兰(SW)	凹凸面(MF)	GB/T 9117—2010	900、1500	15～65
带颈承插焊法兰(SW)	榫槽面(TG)	GB/T 9117—2010	300、600	15～80
带颈承插焊法兰(SW)	榫槽面(TG)	GB/T 9117—2010	900、1500	15～65
带颈承插焊法兰(SW)	环连接面(RJ)	GB/T 9117—2010	150	25～80
带颈承插焊法兰(SW)	环连接面(RJ)	GB/T 9117—2010	300、600、900	15～80
带颈承插焊法兰(SW)	环连接面(RJ)	GB/T 9117—2010	1500	15～65
对焊环带颈松套法兰(LHL)	突面(RF)	GB/T 9118—2010	150、300、600、900、1500	15～600
对焊环带颈松套法兰(LHL)	突面(RF)	GB/T 9118—2010	2500	15～300
对焊环带颈松套法兰(LHL)	环连接面(RJ)	GB/T 9118—2010	150	25～600
对焊环带颈松套法兰(LHL)	环连接面(RJ)	GB/T 9118—2010	300、600、900、1500	15～600
对焊环带颈松套法兰(LHL)	环连接面(RJ)	GB/T 9118—2010	2500	15～300

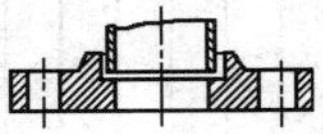

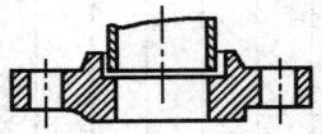

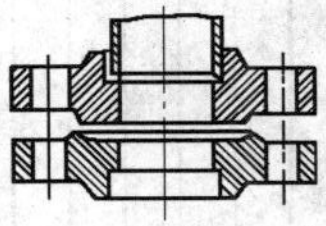

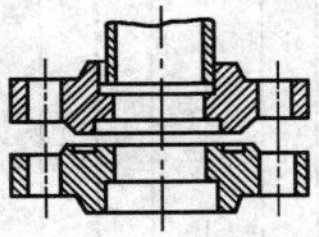

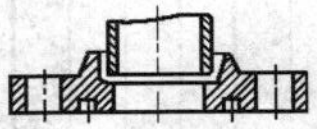

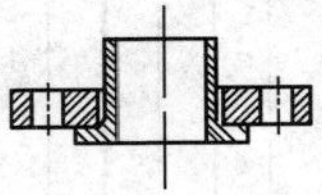

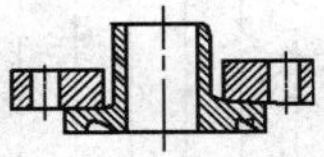

草图：[flange drawings]

公称尺寸

NPS	DN
½	15
¾	20
1	25
1¼	32
1½	40
2	50
2½	65
3	80
4	100
5	125
6	150
8	200
10	250
12	300
14	350
16	400
18	450
20	500
24	600

续表

类型		法兰盖(BL)																				
草图																						
密封面		平面(FF)	突面(RF)						凹凸面(MF)				榫槽面(TG)				环连接面(RJ)					
标准号		GB/T 9123—2010																				
公称压力 Class		150	150	300	600	900	1500	2500	300	600	900	1500	300	600	900	1500	150	300	600	900	1500	2500
公称尺寸 NPS	DN																					
½	15	●	●	●	●	●	●	●	●	●	●	●	●	●	●	●		●	●	●	●	●
¾	20	●	●	●	●	●	●	●	●	●	●	●	●	●	●	●		●	●	●	●	●
1	25	●	●	●	●	●	●	●	●	●	●	●	●	●	●	●	●	●	●	●	●	●
1¼	32	●	●	●	●	●	●	●	●	●	●	●	●	●	●	●	●	●	●	●	●	●
1½	40	●	●	●	●	●	●	●	●	●	●	●	●	●	●	●	●	●	●	●	●	●
2	50	●	●	●	●	●	●	●	●	●	●	●	●	●	●	●	●	●	●	●	●	●
2½	65	●	●	●	●	●	●	●	●	●	●	●	●	●	●	●	●	●	●	●	●	●
3	80	●	●	●	●	●	●	●	●	●	●	●	●	●	●	●	●	●	●	●	●	●
4	100	●	●	●	●	●	●	●	●	●	●	●	●	●	●	●	●	●	●	●	●	●
5	125	●	●	●	●	●	●	●	●	●	●	●	●	●	●	●	●	●	●	●	●	●
6	150	●	●	●	●	●	●	●	●	●	●	●	●	●	●	●	●	●	●	●	●	●
8	200	●	●	●	●	●	●	●	●	●	●	●	●	●	●	●	●	●	●	●	●	●
10	250	●	●	●	●	●	●	●	●	●	●	●	●	●	●	●	●	●	●	●	●	●
12	300	●	●	●	●	●	●	●	●	●	●	●	●	●	●	●	●	●	●	●	●	●
14	350	●	●	●	●	●	●		●	●	●	●	●	●	●	●	●	●	●	●	●	
16	400	●	●	●	●	●	●		●	●	●	●	●	●	●	●	●	●	●	●	●	
18	450	●	●	●	●	●	●		●	●	●	●	●	●	●	●	●	●	●	●	●	
20	500	●	●	●	●	●	●		●	●	●	●	●	●	●	●	●	●	●	●	●	
24	600	●	●	●	●	●	●		●	●	●	●	●	●	●	●	●	●	●	●	●	

表 3-1-11 机械部法兰类型(JB/T 75—94)

结构形式	对焊法兰				板式平焊法兰					对焊法兰						对焊法兰				
简 图																				
密封面形式	环连接面				凸 面					凸 面						凹凸面				
标准号	JB/T 82.4	JB/T 82.4	JB/T 82.4	JB/T 82.4	JB/T 81	JB/T 81	JB/T 81	JB/T 81	JB/T 81	JB/T 82.1	JB/T 82.1	JB/T 82.1	JB/T 82.1	JB/T 82.1	JB/T 82.1	JB/T 82.2	JB/T 82.2	JB/T 82.2	JB/T 82.2	JB/T 82.2
PN/MPa *DN*/mm	6.3	10.0	16.0	20.0	0.25	0.6	1.0	1.6	2.5	0.25	0.6	1.0	1.6	2.5	4.0	4.0	6.3	10.0	16.0	20.0
10																				
15																				
20																				
25																				
32																				
40																				
50																				
65																				
80																				
100																				
125																				
150																				
(175)																				
200																				
(225)																				
250																				
300																				
350																				
400																				
450																				
500																				
600																				
700																				
800																				
900																				
1000																				
1200																				
1400																				
1600																				

续表

结构形式	平焊环板式松套法兰					对焊环板式松套法兰			翻边板式松套法兰		法兰盖							
简图																		
密封面形式	凸面					凹凸面			凸面		凸面					凹凸面		
标准号	JB/T 83	JB/T 83	JB/T 83	JB/T 83	JB/T 83	JB/T 84	JB/T 84	JB/T 84	JB/T 85	JB/T 85	JB/T 86.1	JB/T 86.1	JB/T 86.1	JB/T 86.1	JB/T 86.1	JB/T 86.2	JB/T 86.2	JB/T 86.2
PN/MPa *DN*/mm	0.25	0.6	1.0	1.6	2.5	4.0	6.3	10.0	0.25	0.6	0.6	1.0	1.6	2.5	4.0	4.0	6.3	10.0
10																		
15																		
20																		
25																		
32																		
40																		
50																		
65																		
80																		
100																		
125																		
150																		
(175)																		
200																		
(225)																		
250																		
300																		
350																		
400																		
450																		
500																		
600																		
700																		
800																		
900																		
1000																		
1200																		
1400																		
1600																		

表 3-1-12　石油管道法兰类型(S3-1-1~S3-1-5)

类　型	平焊钢法兰	对焊钢法兰	对焊钢法兰	对焊钢法兰	平焊大小法兰
草　图					
密封面	光滑面	光滑面	凹凸面	梯形槽面	光滑面
施工图图号（图册）	S3-1-1	S3-1-2	S3-1-3	S3-1-4	S3-1-5
公称压力 *PN*/MPa	0.6　1.0　1.6　2.5　4.0　6.4　10.0	0.6　1.0　1.6　2.5　4.0　6.4　10.0	0.6　1.0　1.6　2.5　4.0　6.4　10.0	1.6　2.5　4.0　6.4　10.0　16.0	0.6　1.0　1.6　2.5

公称直径 *DN*/mm
10
15
20
25
32
40
50
65
80
100
125
150
200
250
300
350
400
450
500
600

5. 化工部法兰类型

本标准包括国际通用的欧洲和美洲两大体系。其中 HG/T 20592—2009 属欧洲体系；HG/T 20615—2009 属美洲体系。

（1）化工部法兰类型（欧洲体系）见表 3-1-13（a）。

（2）化工部法兰类型（美洲体系）见表 3-1-13（b）。

表 3-1-13(a)　化工部法兰类型(欧洲体系)

类　型	板式平焊法兰（PL）						带颈平焊法兰（SO）						带颈对焊法兰（WN）						
草　图																			
适用钢管外径系列	A 和 B						A 和 B						A 和 B						
密封面	RF、FF						RF、MFM、TG、FF						RF、MFM、TG、RJ、FF						
标准号	HG/T 20592—2009						HG/T 20592—2009						HG/T 20592—2009						
公称压力 *PN*	2.5	6	10	16	25	40	6	10	10	16	25	40	10	16	25	40	63	100	160
公称直径 *DN*/mm　10																			
15																			
20																			
25																			
32																			
40																			
50																			
65																			
80																			
100																			
125																			
150																			
200																			
250																			
300																			
350																			
400																			
450																			
500																			
600																			
700																			
800																			
900																			
1000																			
1200																			
1400																			
1600																			
1800																			
2000																			

续表

类　型	整体法兰（IF）								承插焊法兰					
草　图														
适用钢管外径系列	A、B 一致								A 和 B					
密封面	RF、MFM、TG、RJ、FF								RF、MFM、TG					
标准号	HG/T 20592—2009								HG/T 20592—2009					
公称压力 *PN*/MPa	6	10	16	25	40	63	100	160	10	16	25	40	63	100
公称直径 *DN*/mm 10														
15														
20														
25														
32														
40														
50														
65														
80														
100														
125														
150														
200														
250														
300														
350														
400														
450														
500														
600														
700														
800														
900														
1000														
1200														
1400														
1600														
1800														
2000														

续表

类　型	螺纹法兰（Th）	对焊环松套法兰（PJ/SE）	平焊环松套法兰（PJ/PR）
草　图	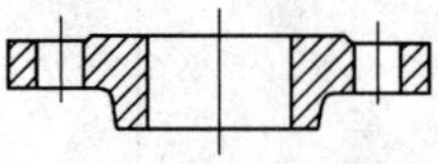	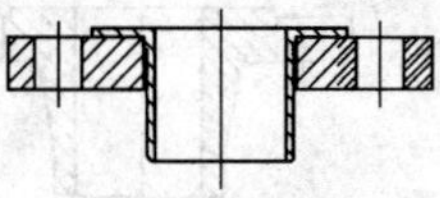	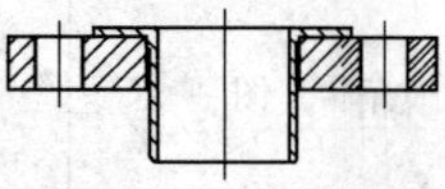
适用钢管外径系列	A	A 和 B	A 和 B
密封面	RF、FF	RF	RF、MFM、TG
标准号	HG/T 20592—2009	HG/T 20592—2009	HG/T 20592—2009

公称压力 PN/MPa	Th 6	Th 10	Th 16	Th 25	Th 40	PJ/SE 6	PJ/SE 10	PJ/SE 16	PJ/SE 25	PJ/SE 40	PJ/PR 6	PJ/PR 10	PJ/PR 16
公称直径 DN/mm 10													
15													
20													
25													
32													
40													
50													
65													
80													
100													
125													
150													
200													
250													
300													
350													
400													
450													
500													
600													
700													
800													
900													
1000													
1200													
1400													
1600													
1800													
2000													

续表

类　型	法兰盖（BL）	衬里法兰盖［BL（S）］
草　图		
适用钢管外径系列	A、B 一致	A、B 一致
密封面	RF、MFM、TG、RJ、FF	RF、M、T
标准号	HG/T 20592—2009	HG/T 20592—2009

公称压力 *PN*/MPa		2.5	6	10	16	25	40	63	100	160	6	10	16	25	40
公称直径 *DN*/mm	10														
	15														
	20														
	25														
	32														
	40														
	50														
	80														
	100														
	125														
	150														
	200														
	250														
	300														
	350														
	400														
	450														
	500														
	600														
	700														
	800														
	900														
	1000														
	1200														
	1400														
	1600														
	1800														
	2000														

表 3-1-13(b)　化工部法兰类型(美洲体系)

类　型		带颈平焊法兰（SO）					带颈对焊法兰（WN）						整体法兰（IF）					
草　图		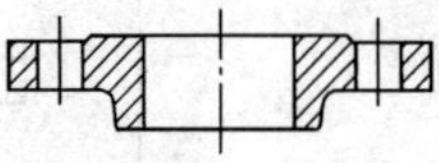					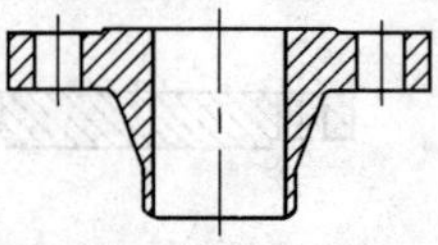						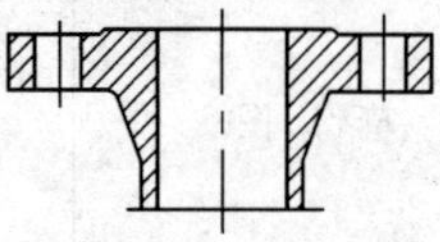					
密封面		RF、FF、MFM、TG					RF、RJ、FF、MFM、TG						RF、RJ、FF、MFM、TG					
标准号		HG/T 20615—2009					HG/T 20615—2009						HG/T 20615—2009					
公称直径		公称压力 Class（*PN*）																
NPS/in	*DN*/mm	150(20)	300(50)	600(110)	900(150)	1500(260)	150(20)	300(50)	600(110)	900(150)	1500(260)	2500(420)	150(20)	300(50)	600(110)	900(150)	1500(260)	2500(420)
½	15																	
¾	20																	
1	25																	
1¼	32																	
1½	40																	
2	50																	
2½	65																	
3	80																	
4	100																	
5	125																	
6	150																	
8	200																	
10	250																	
12	300																	
14	350																	
16	400																	
18	450																	
20	500																	
22	550																	
24	600																	
26	650																	
28	700																	
30	750																	
32	800																	
34	850																	
36	900																	
38	950																	
40	1000																	
42	1050																	
44	1100																	
46	1150																	
48	1200																	
50	1250																	
52	1300																	
54	1350																	
56	1400																	
58	1450																	
60	1500																	

续表

类型		法兰盖（BL）						带颈对焊法兰（WN）				法兰盖（BL）			
草图		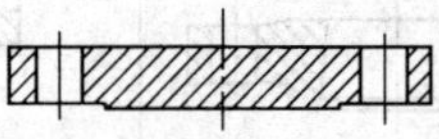						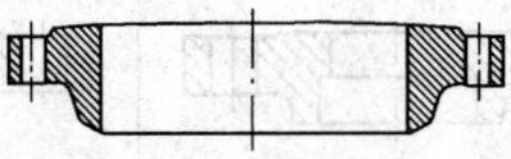				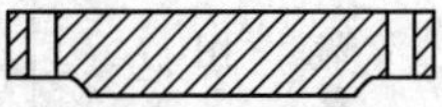			
密封面		RF、RJ、FF、MFM、TG						RF				RF			
标准号		HG/T 20615—2009						HG/T 20623—2009				HG/T 20623—2009			
公称直径		公称压力 Class（*PN*）													
NPS/in	*DN*/mm	150(20)	300(50)	600(110)	900(150)	1500(260)	2500(420)	150(20)	300(50)	600(110)	900(150)	150(20)	300(50)	600(110)	900(150)
½	15														
¾	20														
1	25														
1¼	32														
1½	40														
2	50														
2½	65														
3	80														
4	100														
5	125														
6	150														
8	200														
10	250														
12	300														
14	350														
16	400														
18	450														
20	500														
22	550														
24	600														
26	650														
28	700														
30	750														
32	800														
34	850														
36	900														
38	950														
40	1000														
42	1050														
44	1100														
46	1150														
48	1200														
50	1250														
52	1300														
54	1350														
56	1400														
58	1450														
60	1500														

B系列
A系列
B系列
A系列

续表

类型		承插焊法兰（SW）					螺纹法兰（Th）		对焊环松套法兰（LF/SE）		
草图											
密封面		RF、RJ、MFM、TG					RF、FF		RF		
标准号		HG/T 20615—2009					HG/T 20615—2009		HG/T 20615—2009		
公称直径		公称压力 Class（*PN*）									
NPS/in	*DN*/mm	150(20)	300(50)	600(110)	900(150)	1500(260)	150(20)	300(50)	150(20)	300(50)	600(110)
½	15										
¾	20										
1	25										
1¼	32										
1½	40										
2	50										
2½	65										
3	80										
4	100										
5	125										
6	150										
8	200										
10	250										
12	300										
14	350										
16	400										
18	450										
20	500										
22	550										
24	600										
26	650										
28	700										
30	750										
32	800										
34	850										
36	900										
38	950										
40	1000										
42	1050										
44	1100										
46	1150										
48	1200										
50	1250										
52	1300										
54	1350										
56	1400										
58	1450										
60	1500										

三、常用法兰尺寸和极限偏差

（一）法兰系列

法兰品种很多，这部分仅列出设计中常用法兰的数据。

1. 石化行业标准系列

（1）对焊法兰：鉴于对焊法兰用途较广，除了全平面对焊法兰可直接使用凸台面法兰数据外，其他各种密封面对焊法兰的数据均已列入，尺寸数据见图 3-1-3 和表 3-1-14～表 3-1-42。

（2）平焊法兰：本部分只列入了凸台面带颈平焊法兰和板式平焊法兰两种。见表 3-1-43～表 3-1-48。凹凸面、榫槽面平焊法兰只是密封面尺寸与凸台面不一样。进行安装设计时可直接使用凸台面法兰的数据。

（3）承插焊法兰：与平焊法兰一样，只列出了凸台面法兰数据，见表 3-1-49。进行安装设计时，其他密封面的法兰亦可直接使用该表数据。

（4）螺纹法兰：见表 3-1-50。

（5）松套法兰：见表 3-1-51。松套法兰的不同密封面反映在翻边短节上，翻边短节尺寸见表 3-1-52。

（6）法兰盖：法兰盖与法兰配对使用，除其厚度与对应的平焊法兰相同外，其他均可完全使用其对应法兰的数据，因此本部分只列出了法兰盖的近似重量，见表 3-1-53。

（7）尺寸表中法兰与接管连接尺寸系按原 SH/T 3405—1996《石油化工企业用钢管尺寸系列》编制的，SH/T 3405—2012 已修订完发布［见表 1-2-9（a）（b）（c）］，SH/T 3406 正在修订中，接管尺寸与本法兰表中的尺寸不匹配时，应在订货时重新规定法兰与接管连接尺寸。

（8）尺寸表中的螺栓长度系按螺母高度等于螺栓公称直径和露出长度不大于两扣计算的，当法兰中夹有盲板，限流孔板或用扣紧螺母时，应重新计算螺栓长度。

2. 国标系列

（1）用 *PN* 标记的管法兰系列

1）带颈螺纹钢制管法兰：见表 3-1-54～表 3-1-60。

2）对焊钢制管法兰：见表 3-1-61～表 3-1-74。

3）带颈平焊钢制管法兰：见表 3-1-75～表 3-1-82。

4）带颈承插焊钢制管法兰：见表 3-1-83～表 3-1-88。

5）板式平焊钢制管法兰：见表 3-1-89～表 3-1-96。

6）对焊环板式松套钢制管法兰：见表 3-1-97～表 3-1-107。

7）平焊环板式松套钢制管法兰：见表 3-1-108～表 3-1-114。

8）翻边环板式松套钢制管法兰：见表 3-1-115～表 3-1-117。

9）钢制管法兰盖：见表 3-1-118～表 3-1-128。

（2）用 Class 标记的管法兰系列

1）带颈螺纹钢制管法兰：见表 3-1-129～表 3-1-134。

2）对焊钢制管法兰：见表 3-1-135～表 3-1-142。

3）带颈平焊钢制管法兰：见表 3-1-143～表 3-1-149。

4）带颈承插焊钢制管法兰：见表 3-1-150～表 3-1-155。

5）对焊环带颈松套钢制管法兰：见表 3-1-156～表 3-1-162。

6）钢制管法兰盖：见表 3-1-163～表 3-1-170。

3. 机械部系列

（1）光滑面平焊钢法兰：见表 3-1-171~表 3-1-175。

（2）光滑面对焊钢法兰：见表 3-1-176~表 3-1-177。

（3）凹凸面对焊钢法兰：见表 3-1-178~表 3-1-181。

（4）光滑面钢法兰盖：见表 3-1-182~表 3-1-186。

（5）凸面钢法兰盖：见表 3-1-187，表 3-1-188。

（6）凹面钢法兰盖：见表 3-1-189，表 3-1-190。

4. 石油管道系列

（1）光滑面平焊钢法兰：见表 3-1-191~表 3-1-193。

（2）光滑面对焊钢法兰：见表 3-1-194~表 3-1-196。

（3）凹凸面对焊钢法兰：见表 3-1-197，表 3-1-198。

（4）梯形槽面对焊钢法兰：见表 3-1-199~表 3-1-201。

（5）光滑面平焊大小法兰：见表 3-1-202~表 3-1-205。

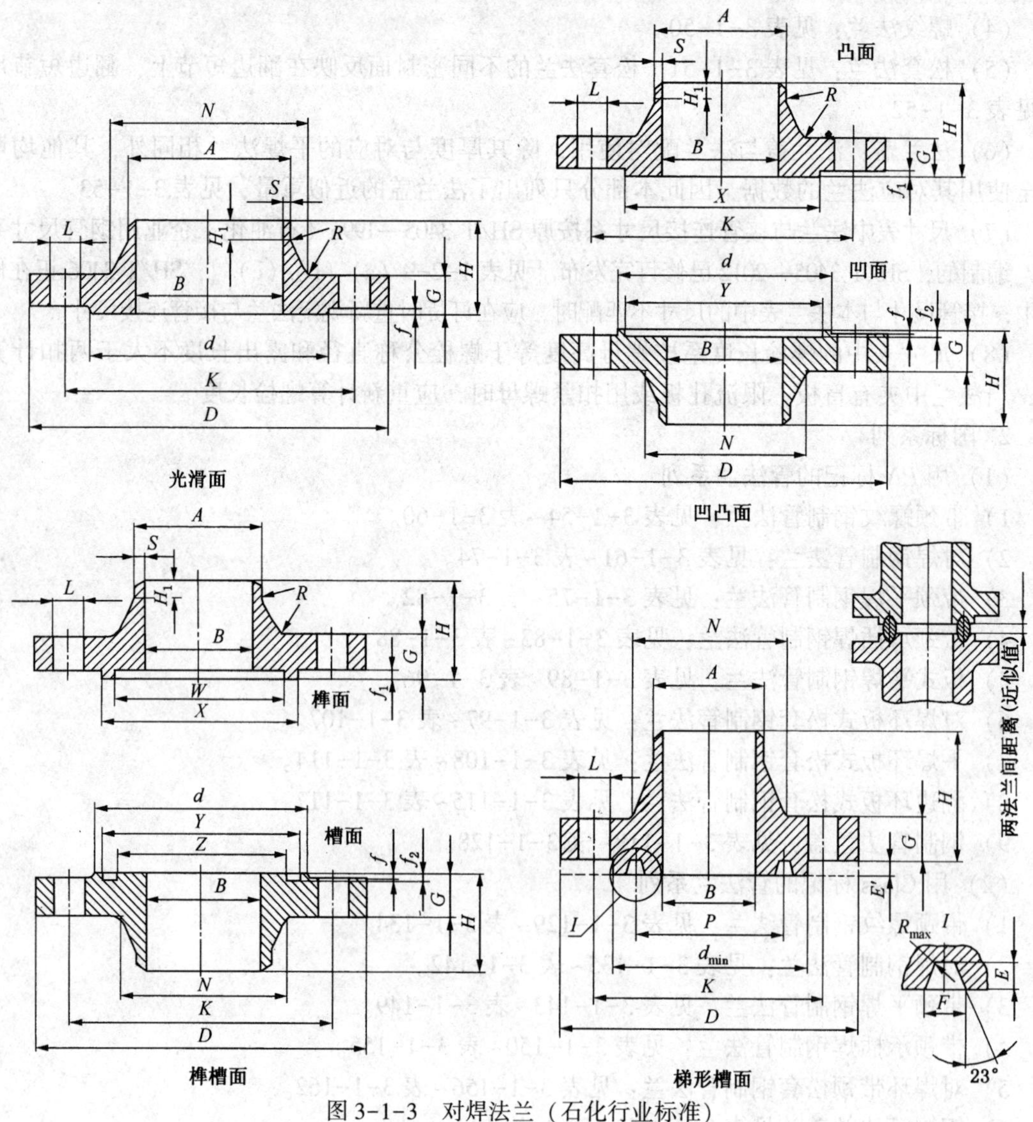

图 3-1-3　对焊法兰（石化行业标准）

（二）法兰尺寸

1. 石化行业标准系列

（1）凸台面（凸面）对焊法兰

表 3-1-14　*PN*2.0MPa 凸台面对焊法兰（SH/T 3406—1996）　（mm）

公称直径 *DN*	法兰									螺栓			质量/kg
	焊端外径 *A*	外径 *D*	内径 *B*	厚度 *C*	高度 *H*	密封面 *d*	密封面 *f*	螺纹孔中心圆直径 *K*	螺栓孔孔径 *L*	数量	单头直径×长度	双头直径×长度	
15	22.0	90	16.5	11.5	48	35.0	1.6	60.5	16	4	M14×55	M14×70	0.5
20	27.0	100	21	13.0	52	43.0	1.6	70.0	16	4	M14×55	M14×70	0.8
25	34.0	110	27	14.5	56	51.0	1.6	79.5	16	4	M14×60	M14×75	1.1
32	42.0	120	35	16.0	57	63.5	1.6	89.0	16	4	M14×60	M14×75	1.4
40	48.0	130	41	17.5	62	73.0	1.6	98.5	16	4	M14×65	M14×80	1.9
50	60.0	150	52	19.5	64	92.0	1.6	120.5	18	4	M16×75	M16×95	2.8
65	76.0	180	66	22.5	70	105.0	1.6	139.5	18	4	M16×80	M16×100	4.3
80	89.0	190	78	24.0	70	127.0	1.6	152.5	18	4	M16×80	M16×100	5.2
100	114.0	230	102	24.0	76	157.5	1.6	190.5	18	8	M16×80	M16×100	7.4
125	140.0	255	127	24.0	89	186.0	1.6	216.0	22	8	M20×85	M20×110	9.6
150	168.0	280	154	25.5	89	216.0	1.6	241.5	22	8	M20×90	M20×110	12.1
200	219.0	345	203	29.0	102	270.0	1.6	298.5	22	8	M20×95	M20×120	20.1
250	273.0	405	254	30.5	102	324.0	1.6	362.0	26	12	M24×100	M24×130	28.3
300	325.0	485	305	32.0	114	381.0	1.6	432.0	26	12	M24×105	M24×135	43.0
350	356.0	535	由	35.0	127	413.0	1.6	476.0	30	12	M27×120	M27×150	56.2
400	406.0	600	用	37.0	127	470.0	1.6	540.0	30	16	M27×120	M27×155	73.2
450	457.0	635	户	40.0	140	533.5	1.6	578.0	33	16	M30×130	M30×165	86.1
500	508.0	700	规	43.0	145	584.0	1.6	635.0	33	20	M30×135	M30×175	109.7
600	610.0	815	定	48.0	152	692.0	1.6	749.5	36	20	M33×150	M33×190	157.5

表 3-1-15　*PN*5.0MPa 凸台面对焊法兰（SH/T 3406—1996）　（mm）

公称直径 *DN*	法兰									螺栓			质量/kg
	焊端外径 *A*	外径 *D*	内径 *B*	厚度 *C*	高度 *H*	密封面 *d*	密封面 *f*	螺栓孔中心圆直径 *K*	螺栓孔孔径 *L*	数量	单头直径×长度	双头直径×长度	
15	22.0	95	16.5	14.5	52	35.0	1.6	66.5	16	4	M14×60	M14×75	0.8
20	27.0	120	21	16.0	57	43.0	1.6	82.5	18	4	M16×65	M16×85	1.3
25	34.0	125	27	17.5	62	51.0	1.6	89.0	18	4	M16×70	M16×90	1.7
32	42.0	135	35	19.5	65	63.5	1.6	98.5	18	4	M16×75	M16×95	2.1
40	48.0	155	41	21.0	68	73.0	1.6	114.5	22	4	M20×80	M20×100	3.0
50	60.0	165	52	22.5	70	92.0	1.6	127.0	18	8	M16×80	M16×100	3.6
65	76.0	190	66	25.5	76	105.0	1.6	149.0	22	8	M20×85	M20×110	5.3
80	89.0	210	78	29.0	79	127.0	1.6	168.5	22	8	M20×95	M20×120	7.2
100	114.0	255	102	32.0	86	157.5	1.6	200.0	22	8	M20×100	M20×125	11.9

续表

公称直径 *DN*	法兰									螺栓			质量/kg
	焊端外径 *A*	外径 *D*	内径 *B*	厚度 *C*	高度 *H*	密封面		螺栓孔中心圆直径 *K*	螺栓孔孔径 *L*	数量	单头直径×长度	双头直径×长度	
						d	*f*						
125	140.0	280	127	35.0	98	186.0	1.6	235.0	22	8	M20×105	M20×135	16.0
150	168.0	320	154	37.0	98	216.0	1.6	270.0	22	12	M20×110	M20×135	20.8
200	219.0	380	203	41.5	111	270.0	1.6	330.0	26	12	M24×130	M24×155	32.2
250	273.0	445	254	48.0	117	324.0	1.6	387.0	30	16	M27×140	M27×175	46.6
300	325.0	520	305	51.0	130	381.0	1.6	451.0	33	16	M30×150	M30×190	69.0
350	356.0	585	由用户规定	54.0	143	413.0	1.6	514.5	33	20	M30×160	M30×195	93.4
400	406.0	650		57.5	146	470.0	1.6	571.5	36	20	M33×165	M33×210	119.6
450	457.0	710		60.5	159	533.5	1.6	628.5	36	24	M33×180	M33×215	150.5
500	508.0	775		63.5	162	584.0	1.6	686.0	36	24	M33×180	M33×220	184.4
600	610.0	915		70.0	168	692.0	1.6	813.0	42	24	M39×200	M39×245	274.7

表 3-1-16 *PN*6.0MPa 凸台面对焊法兰(SH/T 3406—1996) (mm)

公称直径 *DN*	法兰									螺栓			质量/kg
	焊端外径 *A*	外径 *D*	内径 *B*	厚度 *C*	高度 *H*	密封面		螺栓孔中心圆直径 *K*	螺栓孔孔径 *L*	数量	单头直径×长度	双头直径×长度	
						d	*f*						
15	22.0	95	由用户规定或按所接管子的表号确定	14.5	52	35.0	6.4	66.5	16	4		M14×85	1.4
20	27.0	120		16.0	57	43.0	6.4	82.5	18	4		M16×100	1.8
25	34.0	125		17.5	62	51.0	6.4	89.0	18	4		M16×100	2.3
32	42.0	135		21.0	67	63.5	6.4	98.5	18	4		M16×110	3.2
40	48.0	155		22.5	70	73.0	6.4	114.5	22	8		M20×120	4.5
50	60.0	165		25.5	73	92.0	6.4	127.0	18	8		M16×115	5.4
65	76.0	190		29.0	79	105.0	6.4	149.0	22	8		M20×130	8.2
80	89.0	210		32.0	83	127.0	6.4	168.5	22	8		M20×135	10.4
100	114.0	255		35.0	89	157.5	6.4	200.0	26	8		M24×155	15.9
125	140.0	280		38.5	102	186.0	6.4	235.0	26	8		M24×160	19.3
150	168.0	320		41.5	103	216.0	6.4	270.0	26	12		M24×165	25.9
200	219.0	380		48.0	118	270.0	6.4	330.0	30	12		M27×190	40.4
250	273.0	445		54.0	124	324.0	6.4	387.5	33	16		M30×210	57.0
300	324.0	520		57.5	136	381.0	6.4	451.0	36	16		M33×220	80.0
350	356.0	585		60.5	149	413.0	6.4	514.5	36	20		M33×225	106.0
400	406.0	650		63.5	152	470.0	6.4	571.5	39	20		M36×240	133.0
450	457.0	710		67.0	165	533.5	6.4	628.5	39	24		M36×245	163.0
500	508.0	775		70.0	168	584.0	6.4	686.0	42	24		M39×255	202.0
600	610.0	915		76.5	175	692.0	6.4	813.0	48	24		M45×280	290.0

注：法兰高度 *H* 不包括密封面部分，计算结构长度时应加上密封面高度 *f* 值。

表 3-1-17　*PN*10.0MPa 凸台面对焊法兰(SH/T 3406—1996)

（mm）

公称直径 *DN*	法兰									螺栓			质量/kg
	焊端外径 *A*	外径 *D*	内径 *B*	厚度 *C*	高度 *H*	密封面 *d*	密封面 *f*	螺栓孔中心圆直径 *K*	螺栓孔孔径 *L*	数量	单头直径×长度	双头直径×长度	
15	22.0	95	由用户规定或按所接管子的表号确定	14.5	52	35.0	6.4	66.5	16	4		M14×85	1.4
20	27.0	120		16.0	57	43.0	6.4	82.5	18	4		M16×100	1.8
25	34.0	125		17.5	62	51.0	6.4	89.0	18	4		M16×100	2.3
32	42.0	135		21.0	67	63.5	6.4	98.5	18	4		M16×110	3.2
40	48.0	155		22.5	70	73.0	6.4	114.5	22	4		M20×120	4.5
50	60.0	165		25.5	73	92.0	6.4	127.0	18	8		M16×115	5.4
65	76.0	190		29.0	79	105.0	6.4	149.0	22	8		M20×130	8.2
80	89.0	210		32.0	83	127.0	6.4	168.5	22	8		M20×135	10.4
100	114.0	275		38.5	102	157.5	6.4	216.0	26	8		M24×160	19.1
125	140.0	330		44.5	114	186.0	6.4	267.0	30	8		M27×180	30.9
150	168.0	355		48.0	117	216.0	6.4	292.0	30	12		M27×190	37.0
200	219.0	420		55.5	133	270.0	6.4	349.0	33	12		M30×210	53.0
250	273.0	510		63.5	152	324.0	6.4	432.0	36	16		M33×235	86.0
300	325.0	560		66.5	156	381.0	6.4	489.0	36	20		M33×240	103.0
350	356.0	605		70.0	165	413.0	6.4	527.0	39	20		M36×250	158.0
400	406.0	685		76.5	178	470.0	6.4	603.0	42	20		M30×270	218.0
450	457.0	745		83.0	184	533.5	6.4	654.0	45	20		M42×285	252.0
500	508.0	815		89.0	190	584.0	6.4	724.0	45	24		M42×300	313.0
600	610.0	940		102.0	203	692.0	6.4	838.0	52	24		M48×340	444.0

注：法兰高度 *H* 不包括密封面部分，计算结构长度时应加上密封面高度 *f* 值。

表 3-1-18 *PN*15.0MPa 凸台面对焊法兰(SH/T 3406—1996) (mm)

公称直径 *DN*	法兰									螺栓			质量/kg
	焊端外径 *A*	外径 *D*	内径 *B*	厚度 *C*	高度 *H*	密封面 *d*	密封面 *f*	螺栓孔中心圆直径 *K*	螺栓孔孔径 *L*	数量	单头直径×长度	双头直径×长度	
15	22.0	120	由用户规定或按所接管子的表号确定	22.5	60.0	35.0	6.4	82.5	22	4		M20×120	1.9
20	27.0	123		25.5	70.0	43.0	6.4	89.0	22	4		M20×125	2.7
25	34.0	150		29.0	73.0	51.0	6.4	101.5	26	4		M24×140	3.8
32	42.0	160		29.0	73.0	63.5	6.4	111.0	26	4		M24×140	4.4
40	48.0	180		32.0	83.0	73.0	6.4	124.0	30	4		M27×155	6.0
50	60.0	215		38.5	102.0	92.0	6.4	165.0	26	8		M24×160	11.0
65	76.0	245		41.5	105.0	105.0	6.4	190.5	30	8		M27×175	15.2
80	89.0	240		38.5	102.0	127.0	6.4	190.5	26	8		M24×160	14.0
100	114.0	295		44.5	114.0	157.5	6.4	235.0	33	8		M30×190	22.8
125	140.0	350		51.0	127.0	186.0	6.4	279.5	36	8		M33×210	37.0
150	168.0	380		56.0	140.0	216.0	6.4	317.5	33	12		M30×210	48.4
200	219.0	470		63.5	162.0	270.0	6.4	393.5	39	12		M36×240	83.3
250	273.0	545		70.0	184.0	324.0	6.4	470.0	39	16		M36×250	123.8
300	325.0	610		79.5	200.0	381.0	6.4	533.5	39	20		M36×270	167.0
350	356.0	640		86.0	213.0	413.0	6.4	559.0	42	20		M39×290	189.3
400	406.0	705		89.0	216.0	470.0	6.4	616.0	45	20		M42×300	234.7
450	457.0	785		102.0	229.0	533.5	6.4	686.0	52	20		M48×340	319.0
500	508.0	855		108.0	248.0	584.0	6.4	749.5	56	20		M52×365	399.3
600	610.0	1040		140.0	292.0	692.0	6.4	901.5	68	20		M64×460	730.5

注：法兰高度 *Y* 不包括密封面部分，计算结构长度时应加上密封面高度 *f* 值。

表 3-1-19　*PN*25MPa 凸台面对焊法兰(SH/T 3406—1996)　　(mm)

公称直径 *DN*	法兰									螺栓			质量/kg
	焊端外径 *A*	外径 *D*	内径 *B*	厚度 *C*	高度 *H*	密封面		螺栓孔中心圆直径 *K*	螺栓孔孔径 *L*	数量	单头直径×长度	双头直径×长度	
						d	*f*						
15	22.0	120	由用户规定或根据所接管子的表号确定	22.5	60.5	35.0	6.4	82.5	22	4		M20×120	1.9
20	27.0	130		25.5	70.0	43.0	6.4	89.0	22	4		M20×125	2.7
25	34.0	150		29.0	73.0	51.0	6.4	101.5	26	4		M24×140	3.8
32	42.0	160		29.0	73.0	63.5	6.4	111.0	26	4		M24×140	4.4
40	48.0	180		32.0	83.0	73.0	6.4	124.0	30	4		M27×155	6.0
50	60.0	215		38.5	102.0	92.0	6.4	165.0	26	8		M24×160	11.0
65	76.0	245		41.5	105.0	105.0	6.4	190.5	30	8		M27×175	15.2
80	89.0	265		48.0	118.0	127.0	6.4	203.0	33	8		M30×195	20.1
100	114.0	310		54.0	124.0	157.5	6.4	241.5	36	8		M33×215	30.0
125	140.0	375		73.5	155.0	186.0	6.4	292.0	42	8		M39×265	57.1
150	168.0	395		83.0	171.0	216.0	6.4	317.5	39	12		M36×280	69.0
200	219.0	485		92.0	213.0	270.0	6.4	393.5	45	12		M42×310	118.4
250	273.0	585		108.0	254.0	324.0	6.4	482.5	52	12		M48×355	208.2
300	325.0	675		124.0	282.0	381.0	6.4	571.5	56	16		M52×395	312.1
350	356.0	750		133.5	298.0	413.0	6.4	635.0	60	16		M56×420	406.5
400	406.0	825		146.5	311.0	470.0	6.4	705.0	68	16		M64×465	525.0
450	457.0	915		162.0	327.0	533.5	6.4	744.5	76	16		M72×515	687.2
500	508.0	985		178.0	356.0	584.0	6.4	832.0	80	16		M76×555	852.6
600	610.0	1170		203.5	406.0	692.0	6.4	990.5	94	16		M90×635	1366.8

注：法兰高度 *Y* 不包括密封面部分，计算结构长度时应加上密封面高度 *f* 值。

表 3-1-20　*PN*42.0MPa 凸台面对焊法兰(SH/T 3406—1996)　　(mm)

公称直径 *DN*	法兰									螺栓			质量/kg
	焊端外径 *A*	外径 *D*	内径 *B*	厚度 *C*	高度 *H*	密封面		螺栓孔中心圆直径 *K*	螺栓孔孔径 *L*	数量	单头直径×长度	双头直径×长度	
						d	*f*						
15	22.0	135	由用户规定或按所接管子的表号确定	30.5	73.0	35.0	6.4	89.0	22	4		M20×135	3.6
20	27.0	140		32.0	79.0	43.0	6.4	95.0	22	4		M20×140	4.1
25	34.0	160		35.0	89.0	51.0	6.4	108.0	26	4		M24×150	5.9
32	42.0	185		38.5	95.0	63.5	6.4	130.0	30	4		M27×165	9.1
40	48.0	205		44.5	111.0	73.0	6.4	146.0	33	4		M30×185	12.7
50	60.0	235		51.0	127.0	92.0	6.4	171.5	30	8		M27×190	19.1
65	76.0	270		57.5	143.0	105.0	6.4	197.0	33	8		M30×215	23.6
80	89.0	305		67.0	168.0	127.0	6.4	228.5	36	8		M33×240	43.0
100	114.0	355		76.5	190.0	157.5	6.4	273.0	42	8		M39×270	66.0
125	140.0	420		92.5	229.0	186.0	6.4	324.0	48	8		M45×315	111.0
150	168.0	485		108.0	273.0	216.0	6.4	368.5	55	8		M52×360	172.0
200	219.0	550		127.0	318.0	270.0	6.4	438.0	55	12		M52×400	262.0
250	273.0	675		165.5	419.0	324.0	6.4	539.5	68	12		M64×500	485.0
300	325.0	760		184.5	464	381.0	6.4	619.0	76	12		M72×560	730.0

注：法兰高度 *Y* 不包括密封面部分，计算结构长度时应加上密封面高度 *f* 值。

表 3-1-21 *PN*1.0MPa 凸台面对焊法兰(大口径 SH/T 3406—1996) (mm)

公称直径 *DN*	法兰焊端外径 *A*	法兰				密封面		螺栓孔中心圆直径 *K*	螺栓孔孔径 *L*	螺栓			质量/kg
		外径 *D*	内径 *B*	厚度 *C*	高度 *H*	*d*	*f*			数量	单头 直径×长度	双头 直径×长度	
650	662	762	与接管内径一致	33.5	59	705	1.6	724	18	36	M16×100	M16×120	36
700	713	813		33.5	62	756	1.6	775	18	40	M16×100	M16×120	40
750	764	864		33.5	65	806	1.6	826	18	44	M16×100	M16×120	44
800	815	914		35.0	70	857	1.6	876	18	48	M16×105	M16×130	50
850	866	965		35.0	73	908	1.6	927	18	52	M16×105	M16×130	54
900	916	1033		36.5	86	965	1.6	992	22	40	M20×110	M20×135	70
950	967	1084		38.0	89	1016	1.6	1043	22	40	M20×115	M20×140	80
1000	1018	1135		38.0	92	1067	1.6	1094	22	44	M20×115	M20×140	86
1100	1119	1251		43.0	105	1175	1.6	1203	26	36	M24×130	M24×155	113
1200	1221	1353		46.0	111	1276	1.6	1305	26	44	M24×135	M24×160	133
1300	1322	1457		48.0	121	1378	1.6	1410	26	48	M24×140	M24×165	154
1400	1424	1575		51.0	135	1486	1.6	1521	30	40	M27×150	M27×180	204
1500	1526	1676		56.0	145	1588	1.6	1623	30	44	M27×160	M27×195	235

表 3-1-22 *PN*2.0MPa 凸台面对焊法兰(大口径 SH/T 3406—1996) (mm)

公称直径 *DN*	法兰焊端外径 *A*	法兰				密封面		螺栓孔中心圆直径 *K*	螺栓孔孔径 *L*	螺栓			质量/kg
		外径 *D*	内径 *B*	厚度 *C*	高度 *H*	*d*	*f*			数量	单头 直径×长度	双头 直径×长度	
650	662	786	与接管内径一致	41.5	89	711	1.6	745	22	36	M20×120	M20×145	59
700	713	837		44.5	95	762	1.6	795	22	40	M20×130	M20×150	68
750	764	887		44.5	100	813	1.6	846	22	44	M20×130	M20×150	75
800	815	941		46.0	108	864	1.6	900	22	48	M20×135	M20×155	86
850	866	1005		49.0	110	921	1.6	957	26	40	M24×140	M24×170	105
900	916	1057		52.5	117	972	1.6	1010	26	44	M24×150	M24×180	121
950	968	1124		54.0	124	1022	1.6	1070	30	40	M27×155	M27×190	144
1000	1019	1175		56.0	129	1080	1.6	1121	30	44	M27×160	M27×195	162
1100	1121	1276		60.0	137	1181	1.6	1222	33	52	M30×170	M30×210	193
1200	1222	1392		65.0	149	1289	1.6	1335	33	44	M30×180	M30×220	249
1300	1324	1494		70.0	157	1391	1.6	1437	33	52	M30×190	M30×230	273
1400	1426	1600		73.0	167	1492	1.6	1543	33	60	M30×195	M30×235	315
1500	1527	1726		76.5	179	1600	1.6	1662	36	52	M33×205	M33×250	390

表 3-1-23　*PN*5.0MPa 凸台面对焊法兰(大口径 SH/T 3406—1996)　(mm)

公称直径 *DN*	法兰焊端外径 *A*	法兰								螺栓			质量/kg
		外径 *D*	内径 *B*	厚度 *C*	高度 *H*	密封面 *d*	密封面 *f*	螺栓孔中心圆直径 *K*	螺栓孔孔径 *L*	数量	单头直径×长度	双头直径×长度	
650	666	867	与接管内径一致	89.0	144	737	1.6	803	36	32	M33×235	M33×275	179
700	716	921		89.0	149	784	1.6	857	36	36	M33×235	M33×275	190
750	769	991		94.0	158	845	1.6	921	36	36	M33×245	M33×285	238
800	820	1054		103.0	168	902	1.6	978	42	32	M39×265	M39×315	290
850	870	1108		103.0	173	953	1.6	1032	42	36	M39×265	M39×315	315
900	921	1172		103.0	181	1010	1.6	1089	45	32	M42×270	M42×320	356
950	972	1222		111.0	192	1060	1.6	1140	45	36	M42×285	M42×335	400
1000	1022	1273		116.0	198	1114	1.6	1191	45	40	M42×295	M42×345	432
1100	1126	1384		127.0	214	1219	1.6	1295	48	40	M45×320	M45×380	540
1200	1227	1511		128.5	224	1327	1.6	1416	52	40	M48×325	M48×385	658
1300	1329	1613		143.6	243	1429	1.6	1518	52	48	M48×355	M48×415	780
1400	1430	1765		154.0	268	1537	1.6	1651	60	36	M56×385	M56×445	1096
1500	1532	1878		154.0	272	1651	1.6	1764	60	40	M56×390	M56×445	1285

(2) 凹凸面对焊法兰

表 3-1-24　*PN*5.0MPa 凹凸面对焊法兰(SH/T 3406—1996)　(mm)

公称直径 *DN*	法兰												双头螺栓		质量/kg	
	焊端外径 *A*	外径 *D*	内径 *B*	厚度 *C*	高度 *H*	密封面 *x*	密封面 *y*	密封面 f_1	密封面 f_2	密封面 *d*	螺栓孔中心圆直径 *K*	螺栓孔孔径 *L*	数量	直径×长度	凸面	凹面
15	22.0	95	16.5	14.5	52	35.0	36.5	6.5	5.0	46.0	66.5	16	4	M14×80	0.8	0.793
20	27.0	120	21.0	16.0	57	43.0	44.5	6.5	5.0	54.0	82.5	18	4	M16×90	1.3	1.28
25	34.0	125	27.0	17.5	62	51.0	52.5	6.5	5.0	62.0	89.0	18	4	M16×95	1.7	1.67
32	42.0	135	35.0	19.5	65	63.5	65.0	6.5	5.0	75.0	98.5	18	4	M16×100	2.1	2.04
40	48.0	155	41.0	21.0	68	73.0	74.5	6.5	5.0	84.0	114.5	22	4	M20×105	3.0	2.91
50	60.0	165	52.0	22.5	70	92.0	93.5	6.5	5.0	103.0	127.0	18	8	M16×105	3.6	3.45
65	76.0	190	66.0	25.5	76	105.0	106.5	6.5	5.0	116.0	149.0	22	8	M20×115	5.3	5.12
80	89.0	210	78.0	29.0	79	127.0	128.5	6.5	5.0	138.0	168.5	22	8	M20×125	7.2	6.9
100	114.0	255	102.0	32.0	86	157.5	159.0	6.5	5.0	168.0	200.0	22	8	M20×130	11.9	11.45
125	140.0	280	127.0	35.0	98	186.0	187.5	6.5	5.0	197.0	235.0	22	8	M20×135	16.0	15.41
150	168.0	320	154.0	37.0	98	216.0	217.5	6.5	5.0	227.0	270.0	22	12	M20×140	20.8	20.05
200	219.0	380	203.0	41.5	111	270.0	271.5	6.5	5.0	281.0	330.0	26	12	M24×160	32.2	31.14
250	273.0	445	254.0	48.0	117	324.0	325.5	6.5	5.0	335.0	387.0	30	16	M27×180	46.6	45.25
300	325.0	520	305.0	51.0	130	381.0	382.5	6.5	5.0	392.0	451.0	33	16	M30×195	69.0	67.18
350	356.0	585	由用户规定	54.0	143	413.0	414.5	6.5	5.0	424.0	514.5	33	20	M30×200	93.4	91.36
400	406.0	650		57.5	146	470.0	471.5	6.5	5.0	481.0	571.5	36	20	M33×215	119.0	116.3
450	457.0	710		60.5	159	533.5	535.0	6.5	5.0	544.0	628.5	36	24	M33×220	150.5	146.9
500	508.0	775		63.5	162	584.5	586.0	6.5	5.0	595.0	686.0	36	24	M33×225	184.4	180.2
600	610.0	915		70.0	168	692.0	694.0	6.5	5.0	703.5	813.0	42	24	M39×250	274.7	269.3

注：法兰厚度 *C* 和高度 *H* 不包括密封面尺寸 f_1 和 f_2。

表 3-1-25　*PN*6.8MPa 凹凸面对焊法兰（SH/T 3406—1996）

（mm）

公称直径 *DN*	法兰												双头螺栓		质量/kg	
	焊端外径 *A*	外径 *D*	内径 *B*	厚度 *C*	高度 *H*	密封面					螺栓孔中心圆直径 *K*	螺栓孔孔径 *L*	数量	直径×长度	凸面	凹面
						x	*y*	f_1	f_2	*d*						
15	22.0	95	由用户规定或按所接管子的表号确定	14.5	52	35.0	36.5	6.5	5.0	46.0	66.5	16	4	M14×80	1.4	1.39
20	27.0	120		16.0	57	43.0	44.5	6.5	5.0	54.0	82.5	18	4	M16×95	1.8	1.78
25	34.0	125		17.5	62	51.0	52.5	6.5	5.0	62.0	89.0	18	4	M16×95	2.3	2.27
32	42.0	135		21.0	67	63.5	65.0	6.5	5.0	75.0	98.5	18	4	M16×105	3.2	3.14
40	48.0	155		22.5	70	73.0	74.5	6.5	5.0	84.0	114.5	22	4	M20×115	4.5	4.41
50	60.0	165		25.5	73	92.0	93.5	6.5	5.0	103.0	127.0	18	8	M16×110	5.4	5.25
65	76.0	190		29.0	79	105.0	106.5	6.5	5.0	116.0	149.0	22	8	M20×125	8.2	8.02
80	89.0	210		32.0	83	127.0	128.5	6.5	5.0	138.0	168.5	22	8	M20×130	10.4	10.1
100	114.0	255		35.0	89	157.5	159.0	6.5	5.0	168.0	200.0	26	8	M24×150	15.9	15.45
125	140.0	279		38.5	102	186.0	187.5	6.5	5.0	197.0	235.0	26	8	M24×155	19.3	18.7
150	168.0	320		41.5	103	216.0	217.5	6.5	5.0	227.0	270.0	26	12	M24×160	25.9	25.15
200	219.0	380		48.0	118	270.0	271.5	6.5	5.0	281.0	330.0	30	12	M27×185	40.4	39.34
250	273.0	445		54.0	124	324.0	325.5	6.5	5.0	335.0	387.5	33	16	M30×205	57.0	55.65
300	325.0	520		57.5	136	381.0	382.5	6.5	5.0	392.0	451.0	36	16	M33×215	80.0	78.2
350	356.0	585		60.5	149	413.0	414.5	6.5	5.0	424.0	514.5	36	20	M33×220	106.0	163.96
400	406.0	650		63.5	152	470.0	471.5	6.5	5.0	481.0	571.5	39	20	M36×235	133.0	130.33
450	457.0	710		67.0	165	533.5	535.0	6.5	5.0	544.0	628.5	39	24	M36×240	163.0	159.38
500	508.0	775		70.0	168	584.5	586.0	6.5	5.0	595.0	686.0	42	24	M39×250	203.0	197.84
600	610.0	915		76.5	175	692.0	694.0	6.5	5.0	703.5	813.0	48	24	M45×275	290.0	284.6

注：法兰厚度 *C* 和高度 *H* 不包括密封面尺寸 f_1 和 f_2。

表 3-1-26　*PN*10.0MPa 凹凸面对焊法兰(SH/T 3406—1996)　(mm)

公称直径 *DN*	法兰												双头螺栓		质量/kg	
	焊端外径 *A*	外径 *D*	内径 *B*	厚度 *C*	高度 *H*	密封面					螺栓孔中心圆直径 *K*	螺栓孔孔径 *L*	数量	直径×长度	凸面	凹面
						x	*y*	f_1	f_2	*d*						
15	22.0	95	由用户规定或按所接管子的表号确定	14.5	52	35.0	36.5	6.5	5.0	46.0	66.5	16	4	M14×80	1.4	1.39
20	27.0	120		16.0	57	43.0	44.5	6.5	5.0	54.0	82.5	18	4	M16×95	1.8	1.78
25	34.0	125		17.5	62	51.0	52.5	6.5	5.0	62.0	89.0	18	4	M16×105	2.3	2.27
32	42.0	135		21.0	67	63.5	65.0	6.5	5.0	75.0	98.5	18	4	M16×105	3.2	3.14
40	48.0	155		22.5	70	73.0	74.5	6.5	5.0	84.0	114.5	22	4	M20×115	4.5	4.41
50	60.0	165		25.5	73	92.0	93.5	6.5	5.0	103.0	127.0	18	8	M16×110	5.4	5.25
65	76.0	190		29.0	79	105.0	106.5	6.5	5.0	116.0	149.0	22	8	M20×125	8.2	8.02
80	89.0	210		32.0	83	127.0	128.5	6.5	5.0	138.0	168.5	22	8	M20×130	10.4	10.1
100	114.0	275		38.5	102	157.5	159.0	6.5	5.0	168.0	216.0	26	8	M24×155	19.1	18.65
125	140.0	330		44.5	114	186.0	187.5	6.5	5.0	197.0	267.0	30	8	M27×175	30.9	30.3
150	168.0	355		48	117	216.0	217.5	6.5	5.0	227.0	292.0	30	12	M27×185	37.0	36.25
200	219.0	420		55.5	133	270.0	271.5	6.5	5.0	281.0	349.0	33	12	M30×205	53.0	51.94
250	273.0	510		63.5	152	324.0	325.5	6.5	5.0	335.0	432.0	36	16	M33×230	86.0	84.65
300	325.0	560		66.5	156	381.0	382.5	6.5	5.0	392.0	489.0	36	20	M33×235	103.0	101.2
350	356.0	605		70.0	165	413.0	414.5	6.5	5.0	424.0	527.0	39	20	M36×245	158.0	156.0
400	406.0	685		76.5	178	470.0	471.5	6.5	5.0	481.0	603.0	42	20	M30×265	218.0	215.33
450	457.0	745		83.0	184	533.5	535.0	6.5	5.0	544.0	654.0	45	20	M42×280	252.0	248.38
500	508.0	815		89.0	190	584.5	586.0	6.5	5.0	595.0	724.0	45	24	M42×295	313.0	308.84
600	610.0	940		102.0	203.0	692.0	694.0	6.5	5.0	703.5	838.0	52	24	M48×335	444.0	438.6

注：法兰厚度 *C* 和高度 *H* 不包括密封面尺寸 f_1 和 f_2。

表 3-1-27 *PN*15.0MPa 凹凸面对焊法兰(SH/T 3406—1996)　　(mm)

公称直径 *DN*	法兰												双头螺栓		质量/kg	
	焊端外径 *A*	外径 *D*	内径 *B*	厚度 *C*	高度 *H*	密封面 *x*	密封面 *y*	密封面 f_1	密封面 f_2	密封面 *d*	螺栓孔中心圆直径 *K*	螺栓孔孔径 *L*	数量	直径×长度	凸面	凹面
15	22.0	120	由用户规定或按所接管子的表号确定	22.5	60	35.0	36.5	6.5	5.0	46.0	82.5	22	4	M20×115	1.9	1.89
20	27.0	130		25.5	70	43.0	44.5	6.5	5.0	54.0	89.0	22	4	M20×120	2.7	2.68
25	34.0	150		29.0	73	51.0	52.5	6.5	5.0	62.0	101.5	26	4	M24×135	3.8	3.77
32	42.0	160		29.0	73	63.5	65.0	6.5	5.0	75.0	111.0	26	4	M24×135	4.4	4.34
40	48.0	180		32.0	83	73.0	74.5	6.5	5.0	84.0	124.0	30	4	M27×150	6.0	5.91
50	60.0	215		38.5	102	92.0	93.5	6.5	5.0	103.0	165.0	26	8	M24×155	11.0	10.85
65	76.0	245		41.5	105	105.0	106.5	6.5	5.0	116.0	190.5	30	8	M27×170	15.2	15.02
80	89.0	240		38.5	102	127.0	128.5	6.5	5.0	138.0	190.5	26	8	M24×155	14.0	13.7
100	114.0	295		44.5	114	157.5	159.0	6.5	5.0	168.0	235.0	33	8	M30×185	22.8	22.35
125	140.0	350		51.0	127	186.0	187.5	6.5	5.0	197.0	279.5	36	8	M33×205	37.0	36.41
150	168.0	380		56.0	140	216.0	217.5	6.5	5.0	227.0	317.5	33	12	M30×205	48.4	47.65
200	219.0	470		63.5	162	270.0	271.5	6.5	5.0	281.0	393.5	39	12	M36×235	83.8	82.24
250	273.0	545		70.0	184	324.0	325.5	6.5	5.0	335.0	470.0	39	16	M36×245	123.8	122.45
300	325.0	610		79.5	200	381.0	382.5	6.5	5.0	392.0	533.5	39	20	M36×265	167.0	165.2
350	356.0	640		86.0	213	413.0	414.5	6.5	5.0	424.0	559.0	42	20	M39×285	189.3	187.3
400	406.0	705		89.0	216	470.0	471.5	6.5	5.0	481.0	616.0	45	20	M42×295	234.7	232.0
450	457.0	785		102.0	229	533.5	535.0	6.5	5.0	544.0	686.0	52	20	M48×335	319.0	315.4
500	508.0	855		108.0	248	584.5	586.0	6.5	5.0	595.0	749.5	56	20	M52×360	399.3	395.1
600	610.0	1040		140.0	292	692.0	694.0	6.5	5.0	703.5	901.5	68	20	M64×455	730.5	725.1

注：法兰厚度 *C* 和高度 *H* 不包括密封面尺寸 f_1 和 f_2。

表 3-1-28　*PN*25.0MPa 凹凸面对焊法兰（SH/T 3406—1996）　（mm）

公称直径 *DN*	法　兰												双头螺栓		质量/kg	
	焊端外径 *A*	外径 *D*	内径 *B*	厚度 *C*	高度 *H*	密　封　面					螺栓孔中心圆直　径 *K*	螺栓孔孔径 *L*	数量	直径×长度	凸面	凹面
						x	*y*	f_1	f_2	*d*						
15	22.0	120		22.5	60	35.0	36.5	6.5	5.0	46.0	82.5	22	4	M20×115	1.9	1.89
20	27.0	130		25.5	70	43.0	44.5	6.5	5.0	54.0	89.0	22	4	M20×120	2.7	2.68
25	34.0	150		29.0	73	51.0	52.5	6.5	5.0	62.0	101.5	26	4	M24×135	3.8	3.77
32	42.0	160		29.0	73	63.5	65.0	6.5	5.0	75.0	111.0	26	4	M24×135	4.4	4.34
40	48.0	180		32.0	83	73.0	74.5	6.5	5.0	84.0	124.0	30	4	M27×150	6.0	5.91
50	60.0	215		38.5	102	92.0	93.5	6.5	5.0	103.0	165.0	26	8	M24×155	11.0	10.85
65	76.0	245		41.5	105	105.0	106.5	6.5	5.0	116.0	190.5	30	8	M27×170	15.2	15.02
80	89.0	265		48.0	118	127.0	128.5	6.5	5.0	138.0	203.0	33	8	M30×190	20.1	19.8
100	114.0	310		54.0	124	157.5	159.0	6.5	5.0	168.0	241.5	36	8	M33×210	30.0	29.55
125	140.0	375		73.5	155	186.0	187.5	6.5	5.0	197.0	292.0	42	8	M39×260	57.1	56.5
150	168.0	395		83.0	171	216.0	217.5	6.5	5.0	227.0	317.5	39	12	M36×275	69.0	68.25
200	219.0	485		92.0	213	270.0	271.5	6.5	5.0	281.0	393.5	45	12	M42×305	118.4	117.3
250	273.0	585		108.0	254	324.0	325.5	6.5	5.0	335.0	482.5	52	12	M48×350	208.2	206.9
300	325.0	675		124.0	283	381.0	382.5	6.5	5.0	392.0	571.5	56	16	M52×390	312.1	310.3
350	356.0	750		133.5	298	413.0	414.5	6.5	5.0	424.0	635.0	60	16	M56×415	406.5	404.5
400	406.0	825		146.5	311	470.0	471.5	6.5	5.0	481.0	705.0	68	16	M64×460	525.0	522.3
450	457.0	915		162.0	327	533.5	535.0	6.5	5.0	544.0	774.5	76	16	M72×510	687.2	683.6
500	508.0	985		178.0	356	584.5	586.0	6.5	5.0	595.0	832.0	80	16	M76×550	852.6	848.4
600	610.0	1170		203.5	406	692.0	694.0	6.5	5.0	703.5	990.5	94	16	M90×630	1366.8	1361.4

注：法兰厚度 *C* 和高度 *H* 不包括密封面尺寸 f_1 和 f_2。

表 3-1-29　*PN*42.0MPa 凹凸面对焊法兰（SH/T 3406—1996）　（mm）

公称直径 *DN*	法　兰												双头螺栓		质量/kg	
	焊端外径 *A*	外径 *D*	内径 *B*	厚度 *C*	高度 *H*	密　封　面					螺栓孔中心圆直　径 *K*	螺栓孔孔径 *L*	数量	直径×长度	凸面	凹面
						x	*y*	f_1	f_2	*d*						
15	22.0	135		30.5	73.0	35.0	36.5	6.5	5.0	46.0	89.0	22	4	M20×130	3.6	3.59
20	27.0	140		32.0	79.0	43.0	44.5	6.5	5.0	54.0	95.0	22	4	M20×135	4.1	4.08
25	34.0	160		35.0	89.0	51.0	52.5	6.5	5.0	62.0	108.0	26	4	M24×145	5.9	5.87
32	42.0	185		38.5	95.0	63.5	65.0	6.5	5.0	75.0	130.0	30	4	M24×160	9.1	9.04
40	48.0	205		44.5	111.0	73.0	74.5	6.5	5.0	84.0	146.0	33	4	M30×180	12.7	11.84
50	60.0	235		51.0	127.0	92.0	93.5	6.5	5.0	103.0	171.5	30	8	M27×185	19.1	18.95
65	76.0	270		57.5	143.0	105.0	106.5	6.5	5.0	116.0	197	33	8	M30×210	23.6	23.42
80	89.0	305		67.0	168.0	127.0	128.5	6.5	5.0	138.0	228.5	36	8	M33×235	43.0	42.7
100	114.0	355		76.5	190.0	157.5	159.0	6.5	5.0	168.0	273.0	42	8	M39×265	66.0	65.6
125	140.0	420		92.5	229.0	186.0	187.5	6.5	5.0	197.0	324	48	8	M45×310	111.0	110.4
150	168.0	485		108.0	273.0	216.0	217.5	6.5	5.0	227.0	368.5	55	8	M52×355	172.0	171.25
200	219.0	550		127.0	318	270.0	271.5	6.5	5.0	281.0	438.0	55	12	M52×395	262.0	260.94
250	273.0	675		165.5	419.0	324.0	325.5	6.5	5.0	335.0	539.5	68	12	M64×495	48.50	483.65
300	325.0	760		184.5	464	381.0	382.5	6.5	5.0	392.0	619.0	76	12	M72×555	730.0	728.2

注：法兰厚度 *C* 和高度 *H* 不包括密封面尺寸 f_1 和 f_2。

（3）榫槽面对焊法兰

表 3-1-30 *PN*5.0MPa 榫槽面对焊法兰（SH/T 3406—1996） （mm）

公称直径 *DN*	法兰														双头螺栓		质量/kg	
	焊端外径 *A*	外径 *D*	内径 *B*	厚度 *C*	高度 *H*	密封面							螺栓孔中心圆直径 *K*	螺栓孔孔径 *L*	数量	直径×长度	榫面	槽面
						x	*w*	*y*	*z*	f_1	f_2	*d*						
15	22.0	95	16	14.5	52	35.0	25.5	36.5	24.0	6.5	5.0	46.0	66.5	16	4	M14×80	0.61	0.63
20	27.0	120	21	16.0	57	43.0	33.5	44.5	32.0	6.5	5.0	54.0	82.5	18	4	M16×90	1.46	1.49
25	34.0	125	27	17.5	62	51.0	38.0	52.5	36.5	6.5	5.0	62.0	89.0	18	4	M16×95	1.89	1.92
32	42.0	135	35	19.5	65	63.5	47.5	65.0	46.0	6.5	5.0	75.0	98.5	18	4	M16×100	2.33	2.37
40	48.0	155	41	21.0	68	73.0	54.0	74.5	52.5	6.5	5.0	84.0	114.5	22	4	M20×105	3.31	3.34
50	60.0	165	52	22.5	70	92.0	73.0	93.5	71.5	6.5	5.0	103.0	127.0	18	8	M16×105	3.93	4.01
65	76.0	190	66	25.5	76	105.0	85.5	106.5	84.0	6.5	5.0	118.0	149.0	22	8	M20×115	5.72	5.85
80	89.0	210	78	29.0	79	127.0	108.0	128.5	106.5	6.5	5.0	138.0	168.5	22	8	M20×125	7.69	7.92
100	114.0	255	102	32.0	86	157.5	132.0	159.0	130.5	6.5	5.0	168.0	200.0	22	8	M20×130	12.66	12.96
125	140.0	280	127	35.0	98	186.0	160.5	187.5	159.0	6.5	5.0	197.0	235.0	22	8	M20×135	16.87	17.38
150	168.0	320	154	37.0	98	216.0	190.5	217.5	189.0	6.5	5.0	227.0	270.0	22	12	M20×140	21.86	22.64
200	219.0	380	203	41.5	111	270.0	238.0	271.5	236.5	6.5	5.02	281.0	330.0	26	12	M24×160	33.68	34.86
250	273.0	445	254	48.0	117	324.0	286.0	325.5	284.0	6.5	5.0	335.0	387.0	30	16	M27×180	48.57	50.26
300	325.0	520	305	51.0	130	381.0	343.0	382.5	341.5	6.5	5.0	392.0	451.0	33	16	M30×195	71.52	74.15
350	356.0	585	—	54.0	143	413.0	375.5	414.5	373.0	6.5	5.0	424.0	514.5	33	20	M30×200	96.54	99.79
400	406.0	650	—	57.5	146	470.0	425.5	471.5	424.0	6.5	5.0	481.0	571.5	36	20	M33×215	123.49	127.59
450	457.0	710	—	60.5	159	533.5	489.0	535.0	487.5	6.5	5.0	544.0	628.5	36	24	M33×220	154.78	160.44
500	508.0	775	—	63.5	162	584.5	533.5	586.0	532.0	6.5	5.0	595.0	686.0	36	24	M33×225	189.67	196.27
600	610.0	915	—	70.0	168	692.0	641.5	694.0	640.0	6.5	5.0	703.5	813.0	42	24	M39×250	291.52	301.62

注：法兰厚度 *C* 和高度 *H* 不包括榫槽面高度 f_1 和 f_2。

表 3-1-31　*PN*6.8MPa 榫槽面对焊法兰（SH/T 3406—1996）　　（mm）

公称直径 *DN*	法兰 焊端外径 *A*	外径 *D*	内径 *B*	厚度 *C*	高度 *H*	密封面 *x*	*w*	*y*	*z*	f_1	f_2	*d*	螺栓孔中心圆直径 *K*	螺栓孔孔径 *L*	双头螺栓 数量	直径×长度	质量/kg 榫面	槽面
15	22.0	95		14.5	52	35.0	25.5	36.5	24.0	6.5	5.0	46.0	66.5	16	4	M14×80	1.37	1.39
20	27.0	120		16.0	57	43.0	33.5	44.5	32.0	6.5	5.0	54.0	82.5	18	4	M16×95	1.75	1.78
25	34.0	125		17.5	62	51.0	38.0	52.5	36.5	6.5	5.0	62.0	89.0	18	4	M16×95	2.24	2.27
32	42.0	135		21.0	67	63.5	47.5	65.0	46.0	6.5	5.0	75.0	98.5	18	4	M16×105	3.10	3.14
40	48.0	155		22.5	70	73.0	54.0	74.5	52.5	6.5	5.0	84.0	114.5	22	4	M20×115	4.38	4.41
50	60.0	165		25.5	73	92.0	73.0	93.5	71.5	6.5	5.0	103.0	127.0	18	8	M16×110	5.17	5.25
65	76.0	190		29.0	79	105.0	85.5	106.5	84.0	6.5	5.0	118.0	149.0	22	8	M20×125	7.88	8.01
80	89.0	210		32.0	83	127.0	108.0	128.5	106.5	6.5	5.0	138.0	168.5	22	8	M20×130	9.90	10.13
100	114.0	255		35.0	89	157.5	132.0	159.0	130.5	6.5	5.0	168.0	200.0	26	8	M24×150	15.15	15.45
125	140.0	279		38.5	102	186.0	160.5	187.5	159.0	6.5	5.0	197.0	235.0	26	8	M24×155	18.19	18.7
150	168.0	320		41.5	103	216.0	190.5	217.5	189.0	6.5	5.0	227.0	270.0	26	12	M24×160	24.33	25.11
200	219.0	380		48.0	118	270.0	238.0	271.5	236.5	6.5	5.0	281.0	330.0	30	12	M27×185	37.96	39.14
250	273.0	445		54.0	124	324.0	286.0	325.5	284.0	6.5	5.0	335.0	387.5	33	16	M30×205	53.47	55.16
300	325.0	520		57.5	136	381.0	343.0	382.5	341.5	6.5	5.0	392.0	451.0	36	16	M33×215	74.93	77.56
350	356.0	585		60.5	149	413.0	375.5	414.5	373.0	6.5	5.0	424.0	514.5	36	20	M33×220	99.95	103.2
400	406.0	650		63.5	152	470.0	425.5	471.5	424.0	6.5	5.0	481.0	571.5	39	20	M36×235	125.19	129.29
450	457.0	710		67.0	165	533.5	489.0	535.0	487.5	6.5	5.0	544.0	628.5	39	24	M36×240	142.68	148.34
500	508.0	775		70.0	168	584.5	533.5	586.0	532.0	6.5	5.0	595.0	686.0	42	24	M39×250	159.72	166.32
600	610.0	915		76.5	175	692.0	641.5	694.0	640.0	6.5	5.0	703.5	813.0	48	24	M45×275	272.24	282.34

注：法兰厚度 *C* 和高度 *H* 不包括榫槽面高度 f_1 和 f_2。

表 3-1-32 *PN*10.0MPa 榫槽面对焊法兰（SH/T 3406—1996） （mm）

公称直径 *DN*	法兰														双头螺栓		质量/kg	
	焊端外径 *A*	外径 *D*	内径 *B*	厚度 *C*	高度 *H*	密封面 *x*	*w*	*y*	*z*	f_1	f_2	*d*	螺栓孔中心圆直径 *K*	螺栓孔孔径 *L*	数量	直径×长度	榫面	槽面
15	22.0	95		14.5	52	35.0	25.5	36.5	24.0	6.5	5.0	46.0	66.5	16	4	M14×80	1.37	1.39
20	27.0	120		16.0	57	43.0	33.5	44.5	32.0	6.5	5.0	54.0	82.5	18	4	M16×95	1.75	1.78
25	34.0	125		17.5	62	51.0	38.0	52.5	36.5	6.5	5.0	62.0	89.0	18	4	M16×95	2.24	2.27
32	42.0	135		21.0	67	63.5	47.5	65.0	46.0	6.5	5.0	75.0	98.5	18	4	M16×105	3.10	3.14
40	48.0	155		22.5	70	73.0	54.0	74.5	52.5	6.5	5.0	84.0	114.5	22	4	M20×115	4.38	4.41
50	60.0	165		25.5	73	92.0	73.0	93.5	71.5	6.5	5.0	103.0	127.0	18	8	M16×110	5.17	5.25
65	76.0	190		29.0	79	105.0	85.5	106.5	84.0	6.5	5.0	118.0	149.0	22	8	M20×125	7.88	8.01
80	89.0	210		32.0	83	127.0	108.0	128.5	106.5	6.5	5.0	138.0	168.5	22	8	M20×130	9.90	10.13
100	114.0	275		38.5	102	157.5	132.0	159.0	130.5	6.5	5.0	168.0	216.0	26	8	M24×155	18.35	18.65
125	140.0	330		44.5	114	186.0	160.5	187.5	159.0	6.5	5.0	197.0	267.0	30	8	M27×175	29.79	30.30
150	168.0	355		48.0	117	216.0	190.5	217.5	189.0	6.5	5.0	227.0	292.0	30	12	M27×185	35.43	36.21
200	219.0	420		55.5	113	270.0	238.0	271.5	236.5	6.5	5.0	281.0	349.0	32	12	M30×205	50.56	51.74
250	273.0	510		63.5	152	324.0	286.0	325.5	284.0	6.5	5.0	335.0	432.0	36	16	M33×230	82.74	84.16
300	325.0	560		66.5	156	381.0	343.0	382.5	341.5	6.5	5.0	392.0	489.0	36	20	M33×235	97.93	100.56
350	356.0	605		70.0	165	413.0	375.5	414.5	373.0	6.5	5.0	424.0	527.5	39	20	M36×245	151.95	155.2
400	406.0	685		76.5	178	470.0	425.5	471.5	424.0	6.5	5.0	481.0	603.0	42	20	M39×265	210.19	214.29
450	457.0	745		83.0	184	533.5	489.0	535.0	487.5	6.5	5.0	544.0	654.0	45	20	M42×280	214.68	189.71
500	508.0	815		89.0	190	584.5	533.5	586.0	532.0	6.5	5.0	595.0	724.0	45	24	M42×295	300.72	307.32
600	610.0	940		102.0	203	692.0	641.5	694.0	640.0	6.5	5.0	703.5	838.0	52	24	M48×335	426.24	136.34

注：法兰厚度 *C* 和高度 *H* 不包括榫槽面高度 f_1 和 f_2。

表 3-1-33　*PN*15.0MPa 榫槽面对焊法兰（SH/T 3406—1996）　（mm）

公称直径 *DN*	法兰 焊端外径 *A*	外径 *D*	内径 *B*	厚度 *C*	高度 *H*	密封面 *x*	密封面 *w*	密封面 *y*	密封面 *z*	密封面 f_1	密封面 f_2	密封面 *d*	螺栓孔中心圆直径 *K*	螺栓孔孔径 *L*	双头螺栓 数量	双头螺栓 直径×长度	质量/kg 榫面	质量/kg 槽面
15	22.0	120		22.5	60	35.0	25.5	36.5	24.0	6.5	5.0	46.0	82.5	22	4	M20×115	1.87	1.89
20	27.0	130		25.5	70	43.0	33.5	44.5	32.0	6.5	5.0	54.0	89.0	22	4	M20×120	2.65	2.68
25	34.0	150		29.0	73	51.0	38.0	52.5	36.5	6.5	5.0	62.0	101.5	26	4	M24×135	3.74	3.77
32	42.0	160		29.0	73	63.5	47.5	65.0	46.0	6.5	5.0	75.0	111.0	26	4	M24×135	4.3	4.34
40	48.0	180		32.0	83	73.0	54.0	74.5	52.5	6.5	5.0	84.0	124.0	30	4	M27×150	5.88	5.91
50	60.0	215		38.5	102	92.0	73.0	93.5	71.5	6.5	5.0	103.0	165.0	26	8	M24×155	10.77	10.85
65	76.0	245		41.5	105	105.0	85.5	106.5	84.0	6.5	5.0	116.0	190.5	30	8	M27×170	14.88	15.01
80	89.0	240		38.5	102	127.0	108.0	128.5	106.5	6.5	5.0	138.0	190.5	26	8	M24×155	13.50	13.73
100	114.0	295		44.5	114	157.5	132.0	159.0	130.5	6.5	5.0	168.0	235.0	33	8	M30×185	22.05	22.35
125	140.0	350		51.0	127	186.0	160.5	187.5	159.0	6.5	5.0	197.0	279.5	36	8	M33×205	35.89	36.40
150	168.0	380		56.0	140	216.0	190.5	217.5	189.0	6.5	5.0	227.0	317.5	33	12	M30×205	46.83	47.61
200	219.0	470		63.5	162	270.0	238.0	271.5	236.5	6.5	5.0	281.0	393.5	39	12	M36×235	80.86	82.04
250	273.0	545		70.0	184	324.0	286.0	325.5	284.0	6.5	5.0	335.0	470.0	39	16	M36×245	120.27	121.96
300	325.0	610		79.5	200	381.0	343.0	382.5	341.5	6.5	5.0	392.0	533.5	39	20	M36×265	161.93	164.56
350	356.0	640		86	213	413.0	375.5	414.5	373.0	6.5	5.0	424.0	559.0	42	20	M30×285	183.25	186.5
400	406.0	705		89	216	470.0	425.5	471.5	424.0	6.5	5.0	481.0	616.0	45	20	M42×295	226.89	230.99
450	457.0	785		102	229	533.5	489.0	535.0	487.5	6.5	5.0	544.0	686.0	52	20	M48×335	368.68	314.34
500	508.0	855		108	248	584.5	533.5	586.0	532.0	6.5	5.0	595.0	749.5	56	20	M52×360	387.02	393.62
600	610.0	1040		140	292	692.0	641.5	694.0	640.5	6.5	5.0	703.5	901.5	68	20	M64×455	712.74	722.84

注：法兰厚度 *C* 和高度 *H* 不包括榫槽面高度 f_1 和 f_2。

表 3-1-34 *PN*25.0MPa 榫槽面对焊法兰（SH/T 3406—1996）（mm）

公称直径 *DN*	法兰														双头螺栓		质量/kg	
	焊端外径 *A*	外径 *D*	内径 *B*	厚度 *C*	高度 *H*	密封面 *x*	*w*	*y*	*z*	f_1	f_2	*d*	螺栓孔中心圆直径 *K*	螺栓孔孔径 *L*	数量	直径×长度	榫面	槽面
15	22.0	120		22.5	60	35.0	25.5	36.5	24.0	6.5	5.0	46.0	82.5	22	4	M20×115	1.87	1.89
20	27.0	130		25.0	70	43.0	33.5	44.5	32.0	6.5	5.0	54.0	89.0	22	4	M20×120	2.65	2.68
25	34.0	150		29.0	73	51.0	38.0	52.5	36.5	6.5	5.0	62.0	101.5	26	4	M24×135	3.74	3.77
32	42.0	160		29.0	73	63.5	47.5	65.0	46.0	6.5	5.0	75.0	111.0	26	4	M24×135	4.3	4.34
40	48.0	180		32.0	83	73.0	54.0	74.5	52.5	6.5	5.0	84.0	124.0	30	4	M27×150	5.88	5.91
50	60.0	215		38.5	102	92.0	73.0	93.5	71.5	6.5	5.0	103.0	165.0	26	8	M24×155	10.77	10.85
65	76.0	245		41.5	105	105.0	85.5	106.5	84.0	6.5	5.0	116.0	190.5	30	8	M27×170	14.88	15.01
80	89.0	265		48.0	118	127.0	108.0	128.5	106.5	6.5	5.0	138.0	203.0	33	8	M30×190	19.5	19.73
100	114.0	310		54.0	124	157.5	132.0	159.0	130.5	6.5	5.0	168.0	241.5	36	8	M33×210	29.25	29.55
125	140.0	375		73.5	155	186.0	160.5	187.5	159.0	6.5	5.0	197.0	292.0	42	8	M39×260	55.99	56.5
150	168.0	395		83.0	171	216.0	190.5	217.5	189.0	6.5	5.0	227.0	317.5	39	12	M36×275	67.43	68.21
200	219.0	485		92.0	213	270.0	238.0	271.5	236.5	6.5	5.0	281.0	393.5	45	12	M42×305	115.96	117.14
250	273.0	585		108.0	254	324.0	286.0	325.5	284.0	6.5	5.0	335.0	482.5	52	12	M48×350	204.67	206.36
300	325.0	675		124.0	283	381.0	343.0	382.5	341.5	6.5	5.0	392.0	571.5	56	16	M52×390	307.03	310.28
350	356.0	750		133.5	298	413.0	375.5	414.5	373.0	6.5	5.0	424.0	635.0	60	16	M56×415	400.45	403.7
400	406.0	825		146.5	311	470.0	425.5	471.5	424.0	6.5	5.0	481.0	705.0	68	16	M64×460	517.19	521.29
450	457.0	915		162.0	327	533.5	489.0	535.0	487.5	6.5	5.0	544.0	774.5	76	16	M72×510	676.88	682.54
500	508.0	985		178.0	356	584.5	533.5	586.0	532.0	6.5	5.0	595.0	832.0	80	16	M76×550	840.32	846.92
600	610.0	1170		203.5	406	692.0	641.5	694.0	640.5	6.5	5.0	703.5	990.5	94	16	M90×630	1349.04	1359.14

注：法兰厚度 *C* 和高度 *H* 不包括榫槽面高度 f_1 和 f_2。

表 3-1-35 *PN*42.0MPa 榫槽面对焊法兰（SH/T 3406—1996）（mm）

公称直径 *DN*	法兰														双头螺栓		质量/kg	
	焊端外径 *A*	外径 *D*	内径 *B*	厚度 *C*	高度 *H*	密封面 *x*	*w*	*y*	*z*	f_1	f_2	*d*	螺栓孔中心圆直径 *K*	螺栓孔孔径 *L*	数量	直径×长度	榫面	槽面
15	22.0	135		30.5	73.0	35.0	25.5	36.5	24.0	6.5	5.0	46.0	89.0	22	4	M20×130	3.57	3.59
20	27.0	140		32.0	79.0	43.0	33.5	44.5	32.0	6.5	5.0	54.0	95.0	22	4	M20×135	4.05	4.08
25	34.0	160		35.0	89.0	51.0	38.0	52.5	36.5	6.5	5.0	62.0	108.0	26	4	M24×145	5.84	5.87
32	42.0	185		38.5	95.0	63.5	47.5	65.0	46.0	6.5	5.0	75.0	130.0	30	4	M27×160	9.00	9.04
40	48.0	205		44.5	111.0	73.0	54.0	74.5	52.5	6.5	5.0	84.0	146.0	33	4	M30×180	12.58	12.61
50	60.0	235		51.0	127.0	92.0	73.0	93.5	71.5	6.5	5.0	103.0	171.5	30	8	M27×185	18.87	18.95
65	76.0	270		57.5	143.0	105.0	85.5	106.5	84.0	6.5	5.0	116.0	197.0	33	8	M30×210	23.28	23.41
80	89.0	305		67.0	168.0	127.0	108.0	128.5	106.5	6.5	5.0	138.0	228.5	36	8	M33×235	42.5	42.73
100	114.0	355		76.5	190.0	157.5	132.0	159.0	130.5	6.5	5.0	168.0	273.0	42	8	M39×265	65.25	65.55
125	140.0	420		92.5	229.0	186.0	160.5	187.5	159.0	6.5	5.0	197.0	324.0	48	8	M45×310	109.89	110.4
150	168.0	485		108.0	273.0	216.0	190.5	217.5	189.0	6.5	5.0	227.0	368.5	55	8	M52×355	170.43	171.21
200	219.0	550		127.0	318.0	270.0	238.0	271.5	236.5	6.5	5.0	281.0	438.0	55	12	M52×395	259.56	260.74
250	273.0	675		165.5	419.0	324.0	286.0	325.5	284.0	6.5	5.0	335.0	539.5	68	12	M64×495	481.47	483.16
300	325.0	760		184.5	464.0	381.0	343.0	382.5	341.5	6.5	5.0	392.0	619.0	76	12	M72×555	724.93	727.56

注：法兰厚度 *C* 和高度 *H* 不包括榫槽面高度 f_1 和 f_2。

(4) 环槽面对焊法兰

表 3-1-36　*PN*2.0MPa 环槽面对焊法兰（SH/T 3406—1996）　（mm）

公称直径 *DN*	法兰									螺栓孔中心圆直径 *K*	螺栓孔孔径 *L*	双头螺栓		质量/kg	两法兰间距离近似值
	焊端外径 *A*	外径 *D*	内径 *B*	厚度 *C*	高度 *H*	密封面						数量	直径×长度		
						槽号	*P*	*E*	*F*						
25	34.0	110	27	14.5	56	R15	47.62	6.35	8.74	79.5	16	4	M14×85	1.1	4
32	42.0	120	35	16.0	57	R17	57.15	6.35	8.74	89.0	16	4	M14×90	1.4	4
40	48.0	130	41	17.5	62	R19	65.10	6.35	8.74	98.5	16	4	M14×95	1.9	4
50	60.0	150	52	19.5	64	R22	82.55	6.35	8.74	120.5	18	4	M16×105	2.8	4
65	76.0	180	66	22.5	70	R25	101.60	6.35	8.74	139.5	18	4	M16×110	4.3	4
80	89.0	190	78	24.0	70	R29	114.30	6.35	8.74	152.5	18	4	M16×115	5.2	4
100	114.0	230	102	24.0	76	R36	149.22	6.35	8.74	190.5	18	8	M16×115	7.4	4
125	140.0	255	127	24.0	89	R40	171.45	6.35	8.74	216.0	22	8	M20×120	9.6	4
150	168.0	280	154	25.5	89	R43	193.68	6.35	8.74	241.5	22	8	M20×125	12.1	4
200	219.0	345	203	29.0	102	R48	247.65	6.35	8.74	298.5	22	8	M20×130	20.1	4
250	273.0	405	254	30.5	102	R52	304.80	6.35	8.74	362.0	26	12	M24×145	28.3	4
300	325	485	305	32.0	114	R56	381.00	6.35	8.74	432.0	26	12	M24×150	43.0	4
350	356.0	535	由	35.0	127	R59	396.88	6.35	8.74	476.0	30	12	M27×160	56.2	3
400	406.0	600	用	37.0	127	R64	454.03	6.35	8.74	540.0	30	16	M27×165	73.2	3
450	457.0	635	户	40.0	140	R68	517.53	6.35	8.74	578.0	33	16	M30×180	86.1	3
500	508.0	700	规	43.0	145	R72	558.80	6.35	8.74	635.0	33	20	M30×185	109.7	3
600	610.0	815	定	48.0	152	R76	673.10	6.35	8.74	749.5	36	20	M33×205	157.6	3

表 3-1-37　*PN*5.0MPa 环槽面对焊法兰（SH/T 3406—1996）　（mm）

公称直径 *DN*	法兰											双头螺栓		质量/kg	两法兰间距离近似值
	焊端外径 *A*	外径 *D*	内径 *B*	厚度 *C*	高度 *H*	密封面				螺栓孔中心圆直径 *K*	螺栓孔孔径 *L*	数量	直径×长度		
						槽号	*P*	*E*	*F*						
15	22.0	95	16.5	14.5	52	R11	34.14	5.56	7.14	66.5	16	4	M14×85	0.8	3
20	27.0	120	21	16.0	57	R13	42.88	6.35	8.74	82.5	18	4	M16×100	1.3	4
25	34.0	125	27	17.5	62	R16	50.80	6.35	8.74	89.0	18	4	M16×100	1.7	4
32	42.0	135	35	19.5	65	R18	60.32	6.35	8.74	98.5	18	4	M16×105	2.1	4
40	48.0	155	41	21.0	68	R20	68.27	6.35	8.74	114.5	22	4	M20×115	3.0	4
50	60.0	165	52	22.5	70	R23	82.55	7.92	11.91	127.0	18	8	M16×115	3.6	6
65	76.0	190	66	25.5	76	R26	101.60	7.92	11.91	149.0	22	8	M20×130	5.3	6
80	89.0	210	78	29.0	79	R31	123.82	7.92	11.91	168.5	22	8	M20×135	7.2	6
100	114.0	255	102	32.0	86	R37	149.22	7.92	11.91	200.0	22	8	M20×140	11.9	6
125	140.0	280	127	35.0	98	R41	180.98	7.92	11.91	235.0	22	8	M20×150	16.0	6
150	168.0	320	154	37.0	98	R45	211.15	7.92	11.91	270.0	22	12	M20×150	20.8	6
200	219.0	380	203	41.5	111	R49	269.88	7.92	11.91	330.0	26	12	M24×170	32.2	6
250	273.0	445	254	48.0	117	R53	323.85	7.92	11.91	387.0	30	16	M27×195	46.6	6
300	325	520	305	51.0	130	R57	381.00	7.92	11.91	451.0	33	16	M30×205	69.0	6
350	356.0	585	由	54.0	143	R61	419.10	7.92	11.91	514.5	33	20	M30×215	93.4	6
400	406.0	650	用	57.5	146	R65	469.90	7.92	11.91	571.5	36	20	M33×225	119.6	6
450	457.0	710	户	60.5	159	R69	533.40	7.92	11.91	628.5	36	24	M33×230	150.5	6
500	508.0	775	规	63.5	162	R73	584.20	9.52	13.49	686.0	36	24	M33×240	184.4	6
600	610.0	915	定	70.0	168	R77	692.15	11.13	16.66	813.0	42	24	M39×270	274.7	6

表 3-1-38 *PN*6.8MPa 环槽面对焊法兰（SH/T 3406—1996） （mm）

公称直径 *DN*	法兰											双头螺栓		质量/kg	两法兰间距离近似值
	焊端外径 *A*	外径 *D*	内径 *B*	厚度 *C*	高度 *H*	密封面				螺栓孔中心圆直径 *K*	螺栓孔孔径 *L*	数量	直径×长度		
						槽号	*P*	*E*	*F*						
15	22.0	95	由用户规定或根据所接管子的表号确定	14.5	52	R11	34.14	5.56	7.14	66.5	16	4	M14×85	1.4	3
20	27.0	120		16.0	57	R13	42.88	6.35	8.74	82.5	18	4	M16×100	1.8	4
25	34.0	125		17.5	62	R16	50.80	6.35	8.74	89.0	18	4	M16×100	2.3	4
32	42.0	135		21.0	67	R18	60.32	6.35	8.74	98.5	18	4	M16×110	3.2	4
40	48.0	155		22.5	70	R20	68.27	6.35	8.74	114.5	22	4	M20×120	4.5	4
50	60.0	165		25.5	73	R23	82.55	7.92	11.91	127.0	18	8	M16×120	5.4	5
65	76.0	190		29.0	79	R26	101.60	7.92	11.91	149.0	22	8	M20×135	8.2	5
80	89.0	210		32.0	83	R31	123.82	7.92	11.91	168.5	22	8	M20×140	10.4	5
100	114.0	255		35.0	89	R37	149.22	7.92	11.91	200.0	26	8	M24×160	15.9	6
125	140.0	280		38.5	102	R41	180.98	7.92	11.91	235.0	26	8	M24×165	19.3	6
150	168.0	320		41.5	103	R45	211.15	7.92	11.91	270.0	26	12	M24×170	25.9	6
200	219.0	380		48.0	118	R49	269.88	7.92	11.91	330.0	30	12	M27×195	40.4	6
250	273.0	445		54.0	124	R53	323.85	7.92	11.91	387.5	33	16	M30×215	57.0	6
300	325.0	520		57.5	136	R57	381.00	7.92	11.91	451.0	36	16	M33×225	80.0	6
350	356.0	585		60.5	149	R61	419.10	7.92	11.91	514.5	36	20	M33×230	106.0	6
400	406.0	650		63.5	152	R65	469.90	7.92	11.91	571.5	39	20	M36×245	133.0	6
450	457.0	710		67.0	165	R69	533.40	7.92	11.91	628.5	39	24	M36×250	163.0	6
500	508.0	775		70.0	168	R73	584.20	9.52	13.49	686.0	42	24	M39×265	202.0	6
600	610.0	915		76.5	175	R77	692.15	11.13	16.66	813.0	48	24	M45×290	290.0	6

表 3-1-39 *PN*10.0MPa 环槽面对焊法兰（SH/T 3406—1996） （mm）

公称直径 *DN*	法兰											双头螺栓		质量/kg	两法兰间距离近似值
	焊端外径 *A*	外径 *D*	内径 *B*	厚度 *C*	高度 *H*	密封面				螺栓孔中心圆直径 *K*	螺栓孔孔径 *L*	数量	直径×长度		
						槽号	*P*	*E*	*F*						
15	22.0	95	由用户规定或根据所接管子的表号确定	14.5	52	R11	34.14	5.56	7.14	66.5	16	4	M14×85	1.4	3.0
20	27.0	120		16.0	57	R13	42.88	6.35	8.74	82.5	18	4	M16×100	1.8	4.0
25	34.0	125		17.5	62	R16	50.80	6.35	8.74	89.0	18	4	M16×100	2.3	4.0
32	42.0	135		21.0	67	R18	60.32	6.35	8.74	98.5	18	4	M16×110	3.2	4.0
40	48.0	155		22.5	70	R20	68.27	6.35	8.74	114.5	22	4	M20×120	4.5	4.0
50	60.0	165		25.5	73	R23	82.55	7.92	11.91	127.0	18	8	M16×120	5.4	5.0
65	76.0	190		29.0	79	R26	101.60	7.92	11.91	149.0	22	8	M20×135	8.2	5.0
80	89.0	210		32.0	83	R31	123.82	7.92	11.91	168.5	22	8	M20×140	10.4	5.0
100	114.0	275		38.5	102	R37	149.22	7.92	11.91	216.0	26	8	M24×165	19.1	5.0
125	140.0	330		44.5	114	R41	180.98	7.92	11.91	267.0	30	8	M27×185	30.9	5.0
150	168.0	355		48.0	117	R45	211.15	7.92	11.91	292.0	30	12	M27×190	37.0	5.0
200	219.0	420		55.5	133	R49	269.88	7.92	11.91	349.0	33	12	M30×215	53.0	5.0
250	273.0	510		63.5	152	R53	323.85	7.92	11.91	432.0	36	16	M33×235	86.0	5.0
300	325.0	560		66.5	156	R57	381.00	7.92	11.91	489.0	36	20	M33×245	103.0	5.0
350	356.0	605		70.5	165	R61	419.10	7.92	11.91	527.0	39	20	M36×255	158.0	5.0
400	406.0	685		76.5	178	R65	469.90	7.92	11.91	603.0	42	20	M39×275	218.0	5.0
450	457.0	745		83.0	184	R69	533.40	7.92	11.91	654.0	45	20	M42×290	252.0	5.0
500	508.0	815		89.0	190	R73	584.20	9.52	13.49	724.0	45	24	M42×305	313.0	5.0
600	610.0	940		102.0	203	R77	692.15	11.13	16.66	838.0	52	24	M48×355	444.0	6.0

表 3-1-40　*PN*15.0MPa 环槽面对焊法兰（SH/T 3406—1996）　（mm）

公称直径 *DN*	法兰											双头螺栓		质量/kg	两法兰间距离近似值
	焊端外径 *A*	外径 *D*	内径 *B*	厚度 *C*	高度 *H*	密封面				螺栓孔中心圆直径 *K*	螺栓孔径 *L*	数量	直径×长度		
						槽号	*P*	*E*	*F*						
15	22.0	120	由用户规定或根据所接管子的表号确定	22.5	60	R12	39.70	6.35	8.74	82.5	22	4	M20×120	1.9	4
20	27.0	130		25.5	70	R14	44.45	6.35	8.74	89.0	22	4	M20×125	2.7	4
25	34.0	150		29.0	73	R16	50.80	6.35	8.74	101.5	26	4	M24×140	3.8	4
32	42.0	160		29.0	73	R18	60.32	6.35	8.74	111.0	26	4	M24×140	4.4	4
40	48.0	180		32.5	83	R20	68.27	6.35	8.74	124.0	30	4	M27×155	6.0	4
50	60.0	215		38.5	102	R24	95.25	7.92	11.91	145.0	26	8	M24×165	11.0	3
65	76.0	245		41.5	105	R27	107.95	7.92	11.91	190.5	30	8	M27×175	15.2	3
80	89.0	240		38.5	102	R31	123.82	7.92	11.91	190.5	26	8	M24×165	14.0	4
100	114.0	295		44.5	114	R37	149.22	7.92	11.91	235.0	33	8	M30×190	22.8	4
125	140.0	350		51.0	127	R41	180.98	7.92	11.91	279.5	36	8	M33×210	37.0	4
150	168.0	380		56.0	140	R45	211.15	7.92	11.91	317.5	33	12	M30×215	48.4	4
200	219.0	470		63.5	162	R49	269.88	7.92	11.91	393.5	39	12	M36×240	83.3	4
250	273.0	545		70.0	184	R53	323.85	7.92	11.91	470.0	39	16	M36×255	123.8	4
300	325.0	610		79.5	200	R57	381.00	7.92	11.91	533.5	39	20	M36×275	167.0	4
350	356.0	640		86.0	213	R62	419.10	11.13	16.66	559.0	42	20	M39×300	189.3	4
400	406.0	705		89.0	216	R66	469.90	11.13	16.66	616.0	45	20	M42×310	234.7	4
450	457.0	785		102.0	229	R70	533.40	12.70	19.84	686.0	52	20	M48×355	319.0	5
500	508.0	855		108.0	248	R74	584.20	12.70	19.84	749.5	56	20	M52×375	399.3	5
600	610.0	1040		140.0	292	R78	692.15	15.88	26.97	901.5	68	20	M64×485	730.5	6

表 3-1-41　*PN*25.0MPa 环槽面对焊法兰（SH/T 3406—1996）　（mm）

公称直径 *DN*	法兰											双头螺栓		质量/kg	两法兰间距离近似值
	焊端外径 *A*	外径 *D*	内径 *B*	厚度 *C*	高度 *H*	密封面				螺栓孔中心圆直径 *K*	螺栓孔孔径 *L*	数量	直径×长度		
						槽号	*P*	*E*	*F*						
15	22.0	120	由用户规定或根据所接管子的表号确定	22.5	60	R12	39.70	6.35	8.74	82.5	22	4	M20×120	1.9	4
20	27.0	130		25.5	70	R14	44.45	6.35	8.74	89.0	22	4	M20×125	2.7	4
25	34.0	150		29.0	73	R16	50.80	6.35	8.74	101.5	26	4	M24×140	3.8	4
32	42.0	160		29.0	73	R18	60.32	6.35	8.74	111.0	26	4	M24×140	4.4	4
40	48.0	180		32.0	83	R20	68.27	6.35	8.74	124.0	30	4	M27×155	6.0	4
50	60.0	215		38.5	102	R24	95.25	7.92	11.91	165.0	26	8	M24×165	11.0	3
65	76.0	245		41.5	105	R27	107.95	7.92	11.91	190.5	30	8	M27×175	15.2	3
80	89.0	265		48.0	118	R35	136.52	7.92	11.91	203.0	33	8	M30×200	20.1	3
100	114.0	310		54.0	124	R39	161.92	7.92	11.91	241.5	36	8	M33×215	30.0	3
125	140.0	375		73.5	155	R44	193.68	7.92	11.91	292.0	42	8	M39×265	57.1	3
150	168.0	395		83.0	171	R46	211.15	9.52	13.49	317.5	39	12	M36×285	69.0	3
200	219.0	485		92.0	213	R50	269.88	11.13	16.66	393.5	45	12	M42×315	118.4	4
250	273.0	585		108.0	254	R54	323.85	11.13	16.66	482.5	52	12	M48×365	208.2	4
300	325.0	675		124.0	283	R58	381.00	14.27	23.01	571.5	56	16	M52×410	312.1	5
350	356.0	750		133.5	298	R63	419.10	15.88	26.97	635.0	60	16	M56×440	406.5	6
400	406.0	825		146.5	311	R67	469.90	17.48	30.18	705.0	68	16	M64×485	525.0	8
450	457.0	915		162.0	327	R71	533.40	17.48	30.18	774.5	76	16	M72×535	687.2	8
500	508.0	985		178.0	356	R75	584.20	17.48	33.32	832.0	80	16	M76×580	852.6	10
600	610.0	1170		203.5	406	R79	692.15	20.62	36.53	990.5	94	16	M90×670	1366.8	11

表 3-1-42　*PN*42.0MPa 环槽面对焊法兰（SH/T 3406—1996）　（mm）

公称直径 *DN*	法兰											双头螺栓		质量/kg	两法兰间距离近似值
	焊端外径 *A*	外径 *D*	内径 *B*	厚度 *C*	高度 *H*	密封面				螺栓孔中心圆直径 *K*	螺栓孔孔径 *L*	数量	直径×长度		
						槽号	*P*	*E*	*F*						
15	22.0	135	由用户规定或根据所接管子的表号确定	30.5	73.0	R13	42.88	6.35	8.74	89.0	22	4	M20×135	3.6	4
20	27.0	140		32.0	79.0	R16	50.80	6.35	8.74	95.0	22	4	M20×140	4.1	4
25	34.0	160		35.0	89.0	R18	60.32	6.35	8.74	108.0	26	4	M24×150	5.9	4
32	42.0	185		38.5	95.0	R21	72.74	7.92	11.91	130.0	30	4	M27×165	9.1	3
40	48.0	205		44.5	111.0	R23	82.55	7.92	11.91	146.0	33	4	M30×185	12.7	3
50	60.0	235		51.0	127.0	R26	101.60	7.92	11.91	171.5	30	8	M27×190	19.1	3
65	76.0	270		57.5	143.0	R28	111.12	9.52	13.49	197.0	33	8	M30×220	23.6	3
80	89.0	305		67.0	168.0	R32	127.00	9.52	13.49	228.5	36	8	M33×245	43.0	3
100	114.0	355		76.5	190.0	R38	157.18	11.13	16.66	273.0	42	8	M39×280	66.0	4
125	140.0	420		92.5	229.0	R42	190.50	12.70	19.84	324.0	48	8	M45×325	111.0	4
150	168.0	485		108.0	273.0	R47	228.60	12.70	19.84	368.5	55	8	M52×375	172.0	4
200	219.0	550		127.0	318.0	R51	279.40	14.27	23.01	438.0	55	12	M52×415	262.0	5
250	273.0	675		165.5	419.0	R55	342.90	17.48	30.18	539.5	68	12	M64×515	485.0	6
300	325.0	760		184.5	464.0	R60	406.40	17.48	33.32	619.0	76	12	M47×575	730.0	8

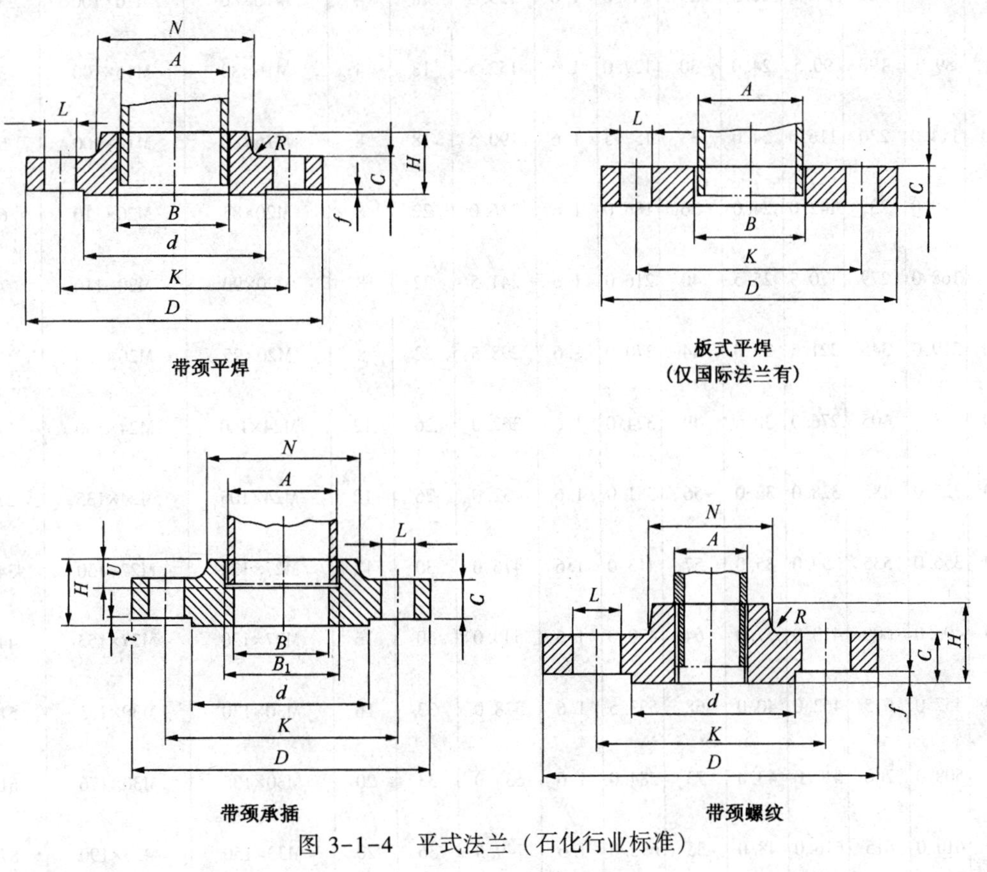

图 3-1-4　平式法兰（石化行业标准）

（5）凸台面（凸面）带颈平焊法兰

表 3-1-43 *PN*2.0MPa 凸台面带颈平焊法兰（SH/T 3406—1996） （mm）

公称直径 *DN*	管子外径 *A*	法兰								螺栓			质量/kg
		外径 *D*	管子插入孔 *B*	厚度 *C*	高度 *H*	密封面 *d*	密封面 *f*	螺栓孔中心圆直径 *K*	螺栓孔孔径 *L*	数量	单头 直径×长度	双头 直径×长度	
15	22.0	90	23.0	11.5	16	35.0	1.6	60.5	16	4	M14×55	M14×70	0.4
20	27.0	100	28.0	13.0	16	43.0	1.6	70.0	16	4	M14×55	M14×70	0.6
25	34.0	110	35.0	14.5	17	51.0	1.6	79.5	16	4	M14×60	M14×75	0.8
32	42.0	120	43.0	16.0	21	63.5	1.6	89.0	16	4	M14×60	M14×75	1.0
40	48.0	130	49.0	17.5	22	73.0	1.6	98.5	16	4	M14×65	M14×80	1.3
50	60.0	150	61.0	19.5	25	92.0	1.6	120.5	18	4	M16×75	M16×95	2.1
65	76.0	180	77.5	22.5	29	105.0	1.6	139.5	18	4	M16×80	M16×100	3.2
80	89.0	190	90.5	24.0	30	127.0	1.6	152.5	18	4	M16×80	M16×100	3.9
100	114.0	230	116.0	24.0	33	157.5	1.6	190.5	18	8	M16×80	M16×100	5.3
125	140.0	255	142.0	24.0	36	186.0	1.6	216.0	22	8	M20×85	M20×110	6.2
150	168.0	279	170.5	25.5	40	216.0	1.6	241.5	22	8	M20×90	M20×110	7.7
200	219.0	345	221.5	29.0	44	270.0	1.6	298.5	22	8	M20×95	M20×120	12.5
250	273.0	405	276.0	30.5	49	324.0	1.6	362.0	26	12	M24×100	M24×130	17.5
300	325.0	485	328.0	32.0	56	381.0	1.6	432.0	26	12	M24×105	M24×135	27.4
350	356.0	535	359.0	35.0	57	413.0	1.6	476.0	30	12	M27×120	M27×150	34.7
400	406.0	600	410.0	37.0	64	470.0	1.6	540.0	30	16	M27×120	M27×155	44.4
450	457.0	635	462.0	40.0	68	533.5	1.6	578.0	33	16	M30×130	M30×165	51.9
500	508.0	700	513.0	43.0	73	584.0	1.6	635.0	33	20	M30×135	M30×176	61.7
600	610.0	815	616.0	48.0	83	692.0	1.6	749.5	36	20	M33×150	M33×190	87.4

表 3-1-44 *PN*5.0MPa 凸台面带颈平焊法兰（SH/T 3406—1996） （mm）

公称直径 *DN*	管子外径 *A*	法兰								螺栓			质量/kg
		外径 *D*	管子插入孔 *B*	厚度 *C*	高度 *H*	密封面 *d*	密封面 *f*	螺栓孔中心圆直径 *K*	螺栓孔孔径 *L*	数量	单头直径×长度	双头直径×长度	
15	22.0	95	23.0	14.5	22	35.0	1.6	66.5	16	4	M14×60	M14×75	0.6
20	27.0	120	28.0	16.0	25	43.0	1.6	82.5	18	4	M16×65	M16×85	1.1
25	34.0	125	35.0	17.5	27	51.0	1.6	89.0	18	4	M16×70	M16×90	1.4
32	42.0	135	43.0	19.5	27	63.5	1.6	98.5	18	4	M16×75	M16×95	1.7
40	48.0	155	49.0	21.0	30	73.0	1.6	114.5	22	4	M20×80	M20×100	2.5
50	60.0	165	61.0	22.5	33	92.0	1.6	127.0	18	8	M16×80	M16×100	2.9
65	76.0	190	77.5	25.5	38	105.0	1.6	149.0	22	8	M20×85	M20×110	4.2
80	89.0	210	90.5	29.0	43	127.0	1.6	168.5	22	8	M20×95	M20×120	5.9
100	114.0	255	116.0	32.0	48	157.5	1.6	200.0	22	8	M20×100	M20×125	9.7
125	140.0	280	142.0	35.0	51	186.0	1.6	235.0	22	8	M20×105	M20×130	12.3
150	168.0	320	170.5	37.0	52	216.0	1.6	270.0	22	12	M20×110	M20×135	15.9
200	219.0	380	221.5	41.5	62	270.0	1.6	330.0	26	12	M24×130	M24×155	24.7
250	273.0	445	276.0	48.0	67	324.0	1.6	387.5	30	16	M27×140	M27×175	35.7
300	325.0	520	328.0	51.0	73	381.0	1.6	451.0	33	16	M30×150	M30×190	51.6
350	356.0	585	359.0	54.0	76	413.0	1.6	514.5	33	20	M30×160	M30×195	69.8
400	406.0	650	410.0	57.5	83	470.0	1.6	571.5	36	20	M33×165	M33×210	87.6
450	457.0	710	462.0	60.5	89	533.5	1.6	628.5	36	24	M33×180	M33×215	108.7
500	508.0	775	513.0	63.5	95	584.0	1.6	686.0	36	24	M33×180	M33×220	134.5
600	610.0	915	616.0	70.0	106	692.0	1.6	813.0	42	24	M39×200	M39×245	203.0

表 3-1-45 *PN*6.8MPa 凸台面带颈平焊法兰（SH/T 3406—1996）（mm）

公称直径 *DN*	管子外径 *A*	法兰								螺栓			质量/kg
		外径 *D*	管子插入孔 *B*	厚度 *C*	高度 *H*	密封面 *d*	密封面 *f*	螺栓孔中心圆直径 *K*	螺栓孔孔径 *L*	数量	单头 直径×长度	双头 直径×长度	
15	22.0	95	23.0	14.5	22	35.0	6.4	66.5	16	4		M14×85	1.3
20	27.0	120	28.0	16.0	25	43.0	6.4	82.5	18	4		M16×100	1.4
25	34.0	125	35.0	17.5	27	51.0	6.4	89.0	18	4		M16×100	1.8
32	42.0	135	43.0	21.0	29	63.5	6.4	98.5	18	4		M16×110	2.7
40	48.0	155	49.0	22.5	32	73.0	6.4	114.5	22	4		M20×120	3.2
50	60.0	165	61.0	25.5	37	92.0	6.4	127.0	18	8		M16×115	4.1
65	76.0	190	77.5	29.0	41	105.0	6.4	149.0	22	8		M20×130	5.9
80	89.0	210	90.5	32.0	46	127.0	6.4	168.5	22	8		M20×135	7.3
100	114.0	255	116.0	35.0	51	157.5	6.4	200.0	26	8		M24×155	11.8
125	140.0	280	142.0	38.5	54	186.0	6.4	235.0	26	8		M24×160	14.1
150	168.0	320	170.5	41.5	57	216.0	6.4	270.0	26	12		M24×165	20.0
200	219.0	380	221.5	48.0	68	270.0	6.4	330.0	30	12		M27×190	30.4
250	273.0	445	276.0	54.0	73	324.0	6.4	387.5	33	16		M30×210	41.3
300	325.0	520	328.0	57.5	79	381.0	6.4	451.0	36	16		M33×220	59.0
350	356.0	585	359.0	60.5	84	413.0	6.4	514.5	36	20		M33×225	87.0
400	406.0	650	410.0	63.5	94	470.0	6.4	571.5	39	20		M36×240	115.0
450	457.0	710	462.0	67.0	98	533.5	6.4	628.5	39	24		M36×245	141.0
500	508.0	775	513.0	70.0	102	584.0	6.4	686.0	42	24		M39×255	172.0
600	610.0	915	616.0	76.5	114	692.0	6.4	813.0	48	24		M45×280	254.0

注：法兰高度 *H* 不包括密封面部分，计算结构长度时应加上密封面高度 *f* 值。

表 3-1-46 *PN*10. 0MPa 凸台面带颈平焊法兰（SH/T 3406—1996） （mm）

公称直径 *DN*	管子外径 *A*	法兰								螺栓			质量/kg
		外径 *D*	管子插入孔 *B*	厚度 *C*	高度 *H*	密封面 *d*	密封面 *f*	螺栓孔中心圆直径 *K*	螺栓孔孔径 *L*	数量	单头 直径×长度	双头 直径×长度	
15	22. 0	95	23. 0	14. 5	22	35. 0	6. 4	66. 5	16	4		M14×85	1. 3
20	27. 0	120	28. 0	16. 0	25	43. 0	6. 4	82. 5	18	4		M16×100	1. 4
25	34. 0	125	35. 0	17. 5	27	51. 0	6. 4	89. 0	18	4		M16×110	1. 8
32	42. 0	135	43. 0	21. 0	29	63. 5	6. 4	98. 5	18	4		M16×110	2. 7
40	48. 0	155	49. 0	22. 5	32	73. 0	6. 4	114. 5	22	4		M20×120	3. 2
50	60. 0	165	61. 0	25. 5	37	92. 0	6. 4	127. 0	18	4		M16×115	4. 1
65	76. 0	190	77. 5	29. 0	41	105. 0	6. 4	149. 0	22	8		M20×130	5. 9
80	89. 0	210	90. 5	32. 0	46	127. 0	6. 4	168. 5	22	8		M20×135	7. 3
100	114. 0	275	116. 0	38. 5	54	157. 5	6. 4	216. 0	26	8		M24×160	16. 8
125	140. 0	330	142. 0	44. 5	60	186. 0	6. 4	267. 0	30	8		M27×180	28. 6
150	168. 0	355	170. 5	48. 0	67	216. 0	6. 4	292. 0	30	8		M27×190	36. 0
200	219. 0	420	221. 5	55. 5	76	270. 0	6. 4	349. 0	33	12		M30×210	52. 0
250	273. 0	510	276. 0	63. 5	86	324. 0	6. 4	432. 0	36	12		M33×235	80. 0
300	325. 0	560	328. 0	66. 5	92	381. 0	6. 4	489. 0	36	16		M33×240	98. 0
350	356. 0	605	359. 0	70. 0	94	413. 0	6. 4	527. 0	39	20		M36×250	118. 0
400	406. 0	685	410. 0	76. 5	106	470. 0	6. 4	603. 0	42	20		M39×270	166. 0
450	457. 0	745	462. 0	83. 0	117	533. 5	6. 4	654. 0	45	20		M42×285	216. 0
500	508. 0	815	513. 0	89. 0	127	584. 0	6. 4	724. 0	45	24		M42×300	278. 0
600	610. 0	940	616. 0	102. 0	140	692. 0	6. 4	838. 0	52	24		M48×340	398. 0

注：法兰高度 *H* 不包括密封面部分，计算结构长度时应加上密封面高度 *f* 值。

表 3-1-47　*PN*15.0MPa 凸台面带颈平焊法兰（SH/T 3406—1996）　（mm）

公称直径 DN	管子外径 A	法兰 外径 D	管子插入孔 B	厚度 C	高度 H	密封面 d	密封面 f	螺栓孔中心圆直径 K	螺栓孔孔径 L	螺栓 数量	单头 直径×长度	双头 直径×长度	质量/kg
15	22.0	120	23.0	22.5	32.0	35.0	6.4	82.5	22	4		M20×120	1.8
20	27.0	130	28.0	25.5	35.0	43.0	6.4	89.0	22	4		M20×125	2.3
25	34.0	150	25.0	29.0	41.0	51.0	6.4	101.5	26	4		M24×140	3.4
32	42.0	160	43.0	29.0	41.0	63.5	6.4	111.0	26	4		M24×140	4.0
40	48.0	180	49.0	32.0	44.0	73.0	6.4	124.0	30	4		M27×155	5.4
50	60.0	215	61.0	38.5	57.0	92.0	6.4	165.0	26	8		M24×160	10.0
65	76.0	245	77.5	41.5	64.0	105.0	6.4	190.5	30	8		M27×175	13.6
80	89.0	240	90.5	38.5	54.0	127.0	6.4	190.5	26	8		M24×160	11.7
100	114.0	295	116.0	44.5	70.0	157.5	6.4	235.0	33	8		M30×190	20.0
125	140.0	350	142.0	51.0	79.0	186.0	6.4	279.5	36	8		M33×210	32.3
150	168.0	380	170.5	56.0	86.0	216.0	6.4	317.5	33	12		M30×210	41.8
200	219.0	470	221.5	63.5	102.0	270.0	6.4	393.5	39	12		M36×240	72.3
250	273.0	545	276.0	70.0	108.0	324.0	6.4	470.0	39	16		M36×250	102.7
300	325.0	610	328.0	79.5	117.0	381.0	6.4	533.5	39	20		M36×270	136.7
350	356.0	640	359.0	86.0	130.0	413.0	6.4	559.0	42	20		M39×290	154.0
400	406.0	705	410.0	89.0	133.0	470.0	6.4	616.0	45	20		M42×300	184.8
450	457.0	785	462.0	102.0	152.0	533.5	6.4	686.0	52	20		M48×340	216.0
500	508.0	855	513.0	108.0	159.0	584.0	6.4	749.5	56	20		M52×365	318.0
600	610.0	1040	616.0	140.0	203.0	692.0	6.4	901.5	68	20		M64×460	607.7

注：法兰高度 *H* 不包括密封面部分，计算结构长度时应加上密封面高度 *f* 值。

表 3-1-48　*PN*25.0MPa 凸台面带颈平焊法兰（SH/T 3406—1996）　（mm）

公称直径 DN	管子外径 A	法兰 外径 D	管子插入孔 B	厚度 C	高度 H	密封面 d	密封面 f	螺栓孔中心圆直径 K	螺栓孔孔径 L	螺栓 数量	单头 直径×长度	双头 直径×长度	质量/kg
15	22.0	120	23.0	22.5	32	35.0	6.4	82.5	22	4		M20×120	1.8
20	27.0	130	28.0	25.5	35	43.0	6.4	89.0	22	4		M20×125	2.3
25	34.0	150	35.0	29.0	41	51.0	6.4	101.5	26	4		M24×140	3.4
32	42.0	160	43.0	29.0	41	63.5	6.4	111.0	26	4		M24×140	4.0
40	48.0	180	49.0	32.0	44	73.0	6.4	124.0	30	4		M27×155	5.4
50	60.0	215	61.0	38.5	57	92.0	6.4	165.0	26	8		M24×160	10.0
65	76.0	245	77.5	41.5	64	105.0	6.4	190.5	30	8		M27×175	13.6
80	89.0	270	90.5	48.0	73	127.0	6.4	203.0	38	8		M30×195	18.0
100	114.0	310	116.0	54.0	90	157.5	6.4	241.5	36	8		M33×215	27.8
125	140.0	375	142.5	73.5	105	186.0	6.4	292.0	42	8		M39×265	52.6
150	168.0	395	170.5	83.0	119	216.0	6.4	317.5	39	12		M36×280	62.2
200	219.0	485	221.5	92.0	143	270.0	6.4	393.5	45	12		M42×310	104.5
250	325.0	585	276.0	108.0	159	324.0	6.4	482.5	52	12		M48×355	178.6
300	356.0	675	328.0	124.0	181	381.0	6.4	571.5	56	16		M52×395	267.8

注：法兰高度 *H* 不包括密封面部分，计算结构长度时应加上密封面高度 *f* 值。

（6）凸台面承插焊法兰

表 3-1-49　凸台面承插焊法兰（SH/T 3406—1996）　　（mm）

公称直径 DN	管子外径 A	法兰 外径 D	厚度 C	高度（注-1）H	承插面 B	U	密封面 d	f	螺栓孔中心圆直径 K	螺栓孔孔径 L	螺栓 数量	单头 直径×长度	双头 直径×长度	质量/kg
*PN*2.0MPa														
15		90	11.5	16	23.0	10.0	35.0	1.6	60.5	16	4	M14×55	M14×70	0.5
20		100	13.0	16	28.0	11.0	43.0	1.6	70.0	16	4	M14×55	M14×70	0.6
25		110	14.5	17	35.0	13.0	51.0	1.6	79.5	16	4	M14×60	M14×75	0.8
32		120	16.0	21	43.0	14.0	63.5	1.6	89.0	16	4	M14×60	M14×75	1.1
40		130	17.5	22	49.0	16.0	73.0	1.6	98.5	16	4	M14×65	M14×80	1.4
50		150	19.5	25	61.0	17.0	92.0	1.6	120.5	18	4	M16×75	M16×95	2.3
65		180	22.5	29	77.5	19.0	105.0	1.6	139.5	18	4	M16×80	M16×100	3.2
80		190	24.0	30	90.5	21.0	127.0	1.6	152.5	18	4	M16×80	M16×100	3.9
*PN*5.0MPa														
15		95	14.5	22	23.0	10.0	35.0	1.6	66.5	16	4	M14×60	M14×75	0.9
20		120	16.0	25	28.0	11.0	43.0	1.6	82.5	18	4	M16×65	M16×85	1.4
25		125	17.5	27	35.0	13.0	51.0	1.6	89.0	18	4	M16×70	M16×90	1.4
32		135	19.5	27	43.0	14.0	63.5	1.6	98.5	18	4	M16×75	M16×95	2.0
40		155	21.0	30	49.0	16.0	73.0	1.6	114.5	22	4	M20×80	M20×100	2.7
50		165	22.5	33	61.0	17.0	92.0	1.6	127.0	18	8	M16×80	M16×100	3.2
65		190	25.5	38	77.5	19.0	105.0	1.6	149.0	22	8	M20×85	M20×110	4.5
80		210	29.0	43	90.5	21.0	127.0	1.6	168.5	22	8	M20×95	M20×120	5.9
*PN*6.8MPa														
15		95	14.5	22.0	23.0	10.0	35.0	6.4	66.5	16	4		M14×85	0.8
20		120	16.0	25.0	28.0	11.0	43.0	6.4	82.5	18	4		M16×100	1.3
25		125	17.5	27.0	35.0	13.0	51.0	6.4	89.0	18	4		M16×100	1.6
32		135	21.0	29.0	43.0	14.0	63.5	6.4	98.5	18	4		M16×110	2.1
40		155	22.5	32.0	49.0	16.0	73.0	6.4	114.5	22	4		M20×120	3.1
50		165	25.5	37.0	61.0	17.0	92.0	6.4	127.0	18	8		M16×115	3.8
65		190	29.0	41.0	77.5	19.0	105.0	6.4	149.0	22	8		M20×130	5.6
80		210	32.0	46.0	90.5	21.0	127.0	6.4	168.5	22	8		M20×135	7.6

续表

公称直径 DN	管子外径 A	法兰 外径 D	法兰 厚度 C	法兰 高度（注-1）H	承插面 B	承插面 U	密封面 d	密封面 f	螺栓孔中心圆直径 K	螺栓孔孔径 L	螺栓 数量	螺栓 单头 直径×长度	螺栓 双头 直径×长度	质量/kg
							*PN*10.0MPa							
15		95	14.5	22.0	23.0	10.0	35.0	6.4	66.5	16	4		M14×85	1.3
20		120	16.0	25.0	28.0	11.0	43.0	6.4	82.5	18	4		M16×100	1.4
25		125	17.5	27.0	34.0	13.0	51.0	6.4	89.0	18	4		M16×110	1.8
32		135	21.0	29.0	43.0	14.0	63.5	6.4	98.5	18	4		M16×110	2.7
40		155	22.5	32.0	49.0	16.0	73.0	6.4	114.5	22	4		M20×120	3.2
50		165	25.5	37.0	61.0	17.0	92.0	6.4	127.0	18	8		M16×115	4.1
65		190	29.0	41.0	77.5	19.0	105.0	6.4	149.0	22	8		M20×130	5.9
80		210	32.0	46.0	90.5	21.0	127.0	6.4	168.5	22	8		M20×135	7.3
							*PN*15.0MPa							
15		120	22.5	32.0	23.0	10.0	35.0	6.4	82.5	22	4		M20×120	1.8
20		130	25.5	35.0	28.0	11.0	43.0	6.4	89.0	22	4		M20×125	2.7
25		150	29.0	41.0	34.0	13.0	51.0	6.4	101.5	26	4		M24×140	3.6
32		160	29.0	41.0	43.0	14.0	63.5	6.4	111.0	26	4		M24×140	4.1
40		180	32.0	44.0	49.0	16.0	73.0	6.4	124.0	30	4		M27×155	5.5
50		215	38.5	57.0	61.0	17.0	92.0	6.4	165.0	26	8		M24×160	11.4
65		245	41.5	64.0	77.5	19.0	105.0	6.4	190.5	30	8		M27×175	16.4
							*PN*25.0MPa							
15		120	22.5	32.0	23.0	10.0	35.0	6.4	82.5	22	4		M20×120	1.8
20		130	25.5	35.0	28.0	11.0	43.0	6.4	89.0	22	4		M20×125	2.7
25		150	29.0	41.0	34.0	13.0	51.0	6.4	101.5	26	4		M24×140	3.6
32		160	29.0	41.0	43.0	14.0	63.5	6.4	111.0	26	4		M24×140	4.1
40		180	32.0	44.0	49.0	16.0	73.0	6.4	124.0	30	4		M27×155	5.5
50		215	38.5	57.0	61.0	17.0	92.0	6.4	165.0	26	8		M24×160	11.4
65		245	41.5	64.0	77.5	19.0	105.0	6.4	190.5	30	8		M27×175	16.4

注：① *PN*6.8、10.0、15.0、25.0MPa的法兰高度不包括密封面部分，计算结构长度时应加上密封面高度 *f* 值。

② 凹凸面、榫槽面带颈承插焊法兰的数据，除密封面外均可用表中所列数据，密封面数据可从相同压力等级的对焊法兰数据表中查得。

③ 法兰内径按所接管子的表号确定。

（7）螺纹法兰

表 3-1-50　螺　纹　法　兰（SH/T 3406—1996）　（mm）

公称直径 DN	管子外径 A	法兰 外径 D	法兰 厚度 C	法兰 高度 H	密封面 d	密封面 f	螺栓孔中心圆直径 K	螺栓孔孔径 L	螺栓 数量	螺栓 单头 直径×长度	螺栓 双头 直径×长度	质量/kg
*PN*2.0MPa												
15		90	11.5	16.0	35.0	1.6	60.5	16	4	M14×55	M14×70	0.4
20		100	13.0	16.0	43.0	1.6	70.0	16	4	M14×55	M14×70	0.6
25		110	14.5	17.0	51.0	1.6	79.5	16	4	M14×60	M14×75	0.8
32		120	16.0	21.0	63.5	1.6	89.0	16	4	M14×60	M14×75	1.0
40		130	17.5	22.0	73.0	1.6	98.5	16	4	M14×65	M14×80	1.3
50		150	19.5	25.0	92.0	1.6	120.5	18	4	M16×75	M16×95	2.1
65		180	22.5	29.0	105.0	1.6	139.5	18	4	M16×80	M16×100	3.2
80		190	24.0	30.0	127.0	1.6	152.5	18	8	M16×80	M16×100	3.9

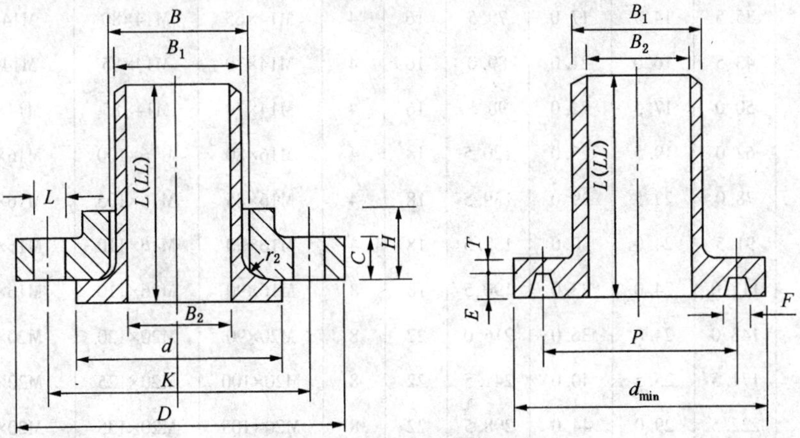

图 3-1-5　松套法兰和翻边法兰

（石化行业标准）

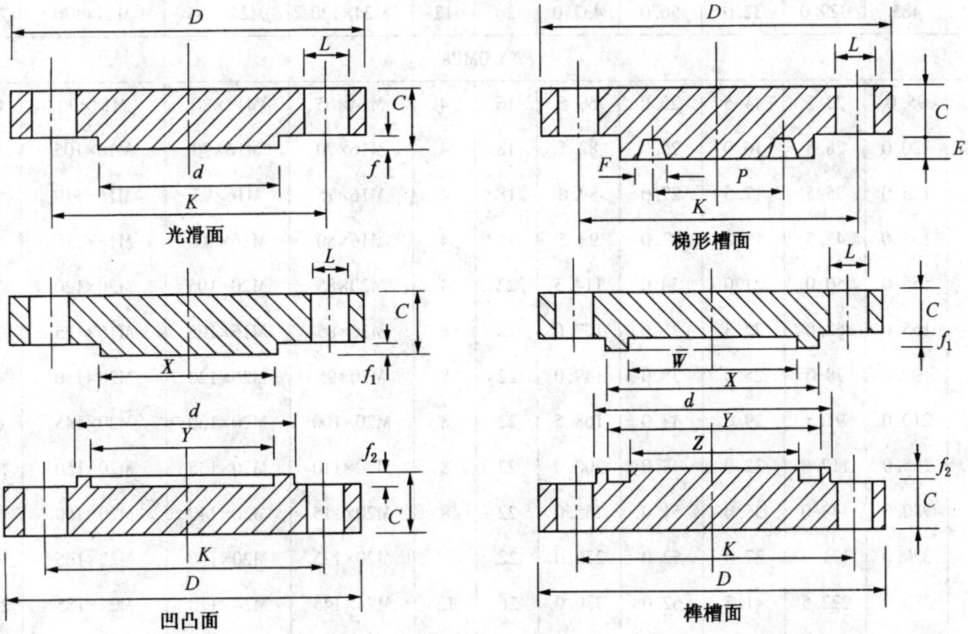

图 3-1-6　法兰盖

（石化行业标准）

（8）松套法兰

表 3-1-51　松套法兰(SH/T 3406—1996)　（mm）

公称直径	法兰						螺栓				质量/
	外径	内径	厚度	高度	螺栓孔中心圆直径	螺栓孔孔径	数量	单头	双头		
									直径×长度		
DN	*D*	*B*	*C*	*H*	*K*	*L*		直径×长度	配平面法兰	配环槽面法兰	kg
*PN*2. 0MPa											
15	90	23. 5	11. 5	16. 0	60. 5	16	4	M14×55	M14×75		0. 47
20	100	28. 5	13. 0	16. 0	70. 0	16	4	M14×60	M14×75		0. 64
25	110	35. 5	14. 5	17. 0	79. 5	16	4	M14×65	M14×80	M14×95	0. 88
32	120	43. 5	16. 0	21. 0	89. 0	16	4	M14×70	M14×85	M14×95	1. 11
40	130	50. 0	17. 5	22. 0	98. 5	16	4	M14×70	M14×85	M14×100	1. 41
50	150	62. 0	19. 5	25. 0	120. 5	18	4	M16×80	M16×100	M16×110	2. 20
65	180	78. 0	22. 5	29. 0	139. 5	18	4	M16×85	M16×105	M16×120	3. 41
80	190	91. 5	24. 0	30. 0	152. 5	18	4	M16×90	M16×110	M16×120	4. 06
100	230	117. 0	24. 0	33. 0	190. 5	18	8	M16×90	M16×110	M16×120	5. 55
125	255	143. 0	24. 0	36. 0	216. 0	22	8	M20×90	M20×120	M20×130	6. 41
150	280	171. 5	25. 5	40. 0	241. 5	22	8	M20×100	M20×125	M20×140	7. 93
200	345	222. 5	29. 0	44. 0	298. 5	22	8	M20×105	M20×135	M20×145	12. 90
250	405	277. 5	30. 5	49. 0	362. 0	26	12	M24×120	M24×150	M24×165	17. 90
300	485	329. 0	32. 0	56. 0	432. 0	26	12	M24×120	M24×155	M24×170	28. 30
*PN*5. 0MPa											
15	95. 0	23. 5	14. 5	22. 0	66. 5	16	4	M14×65	M14×80	M14×90	0. 72
20	120. 0	28. 5	16. 0	25. 0	82. 5	18	4	M16×70	M16×90	M16×105	1. 21
25	125. 0	35. 5	17. 5	27. 0	89. 0	18	4	M16×75	M16×95	M16×110	1. 46
32	135. 0	43. 5	19. 5	27. 0	98. 5	18	4	M16×80	M16×100	M16×110	1. 81
40	155. 0	50. 0	21. 0	30. 0	114. 5	22	4	M20×85	M20×105	M20×120	2. 70
50	165. 0	62. 0	22. 5	33. 0	127. 0	18	8	M16×85	M16×105	M16×125	3. 11
65	190. 0	78. 0	25. 0	38. 0	149. 0	22	8	M20×95	M20×120	M20×140	4. 43
80	210. 0	91. 5	29. 0	43. 0	168. 5	22	8	M20×100	M20×130	M20×145	6. 14
100	255. 0	117. 0	32. 0	48. 0	200. 0	22	8	M20×110	M20×135	M20×150	10. 00
125	280. 0	143. 0	35. 0	51. 0	235. 0	22	8	M20×115	M20×140	M20×160	12. 60
150	320. 0	171. 5	37. 0	52. 0	270. 0	22	12	M20×125	M20×150	M20×165	16. 50
200	380. 0	222. 5	41. 5	62. 0	330. 0	26	12	M24×145	M24×170	M24×185	25. 30
250	445. 0	277. 5	48. 0	95. 0	387. 5	30	16	M27×160	M27×195	M27×215	41. 40
300	520. 0	329. 0	51. 0	102. 0	451. 0	33	16	M30×170	M30×210	M30×225	58. 70

表 3－1－52　松套法兰用翻边短节（SH/T 3406—1996）

（mm）

公称直径 DN	短节外径 H	内径 B_1				翻边厚度 T				长度		翻边短节密封面			圆角半径 r_2	环槽中心直径 P		环槽深 E		环槽宽 F		环槽圆角 r	
		Sch				Sch				长型	短型	凸台面 d	环槽面 d_{min}										
		5S	10S	20S	40S	5S	10S	20S	40S	LL	L		PN2.0	PN5.0		PN2.0	PN5.0	PN2.0	PN5.0	PN2.0	PN5.0	PN2.0	PN5.0
15	22.0	18.5	17.5	17.0	16.0	1.8	2.5	2.5	3.0	100	50	35.0			3								
20	27.0	23.5	22.5	22.0	21.0	1.8	2.5	2.5	3.0	100	50	43.0			3								
25	34.0	30.5	28.0	28.0	27.0	1.8	3.0	3.0	3.5	100	50	51.0	63.5	70.0	3	47.62	50.80	6.35	6.35	8.74	8.74	0.8	0.8
32	42.0	38.5	36.0	36.0	35.0	1.8	3.0	3.0	3.5	100	50	63.5	73.0	79.5	5	57.15	60.32	6.35	6.35	8.74	8.74	0.8	0.8
40	48.0	44.5	42.0	42.0	40.0	1.8	3.0	3.0	4.0	100	50	73.0	82.5	90.5	6	65.07	68.28	6.35	6.35	8.74	8.74	0.8	0.8
50	60.0	56.5	54.0	53.0	52.0	1.8	3.0	3.5	4.0	150	65	92.0	102.0	108.0	8	82.55	82.55	6.35	7.92	8.74	11.91	0.8	0.8
65	76.0	72.0	70.0	69.0	65.0	2.0	3.0	3.5	5.5	150	65	105.0	121.0	127.0	8	101.60	101.60	6.35	7.92	8.74	11.91	0.8	0.8
80	89.0	85.0	83.0	81.0	78.0	2.0	3.0	4.0	5.5	150	65	127.0	133.0	146.0	10	114.30	123.82	6.35	7.92	8.74	11.91	0.8	0.8
100	114.0	110.0	108.0	106.0	102.0	2.0	3.0	4.0	6.0	150	75	157.5	171.0	175.0	11	149.22	149.22	6.35	7.92	8.74	11.91	0.8	0.8
125	140.0	134.0	133.0	130.0	127.0	3.0	3.5	5.0	6.5	200	75	186.0	194.0	210.0	11	171.45	180.98	6.35	7.92	8.74	11.91	0.8	0.8
150	168.0	162.0	161.0	158.0	154.0	3.0	3.5	5.0	7.0	200	90	216.0	219.0	241.0	13	193.68	211.12	6.35	7.92	8.74	11.91	0.8	0.8
200	219.0	213.0	211.0	206.0	203.0	3.0	4.0	6.5	8.0	200	100	270.0	273.0	302.0	13	247.65	269.88	6.35	7.92	8.74	11.91	0.8	0.8
250	273.0	266.0	265.0	260.0	254.0	3.6	4.0	6.5	9.5	250	125	324.0	330.0	356.0	13	304.80	323.85	6.35	7.92	8.74	11.91	0.8	0.8
300	325.0	317.0	313.0	312.0	306.0	4.0	4.5	6.5	10.0	250	150	381.0	406.0	413.0	13	381.00	381.00	6.35	7.92	8.74	11.91	0.8	0.8

（9）法兰盖

表 3-1-53　法兰盖近似质量表　　（kg）

公称直径/mm	公称压力 *PN*/MPa												
	0.25	0.6	1.0	1.6	2.5	4.0	2.0	5.0	6.8	10.0（11.0）	15.0	25.0（26.0）	42.0
10	0.38	0.38	0.63	0.63	0.56	0.56							
15	0.44	0.44	0.71	0.71	0.64	0.64	0.50	0.9	1.0	1.0	1.83	1.83	3.20
20	0.66	0.66	1.01	1.01	0.92	0.92	0.90	1.4	1.4	1.4	2.70	2.70	4.50
25	0.82	0.82	1.23	1.23	1.08	1.08	1.10	1.66	1.8	1.8	3.69	3.69	5.40
32	1.34	1.34	2.03	2.03	1.80	1.80	1.47	2.19	2.7	2.7	4.70	4.70	8.20
40	1.50	1.59	2.35	2.35	2.09	2.09	1.92	3.12	3.6	3.6	5.95	5.95	11.30
50	1.86	1.86	3.20	3.20	2.90	2.90	2.84	3.76	4.5	4.5	11.30	11.30	17.70
65	2.45	2.45	4.06	4.06	3.96	3.96	4.75	5.68	6.8	6.8	15.90	15.90	25.40
80	3.86	3.86	4.61	4.61	5.17	5.17	5.69	8.03	9.1	9.1	13.37	21.80	39.0
100	4.75	4.75	6.21	6.21	7.73	7.73	8.36	13.31	15.0	18.6	24.50	33.10	60.0
125	6.78	6.78	8.13	8.13	11.03	11.03	10.36	17.93	20.0	30.9	38.10	60.40	101.0
150	8.34	8.34	11.45	11.45	14.91	14.91	13.41	24.52	27.7	39.0	52.20	73.64	157.0
200	13.54	13.54	16.53	17.60	23.11	27.91	23.27	38.87	45.0	63.0	90.70	136.10	242.0
250	20.23	20.23	24.08	24.99	32.38	43.08	33.29	59.99	70.0	105.0	131.50	231.30	465.0
300	27.79	27.79	30.81	35.13	44.58	62.18	50.90	87.98	103.0	134.0	188.30	324.57	665.0
350	37.56	37.56	39.64	48.01	65.87	87.07	66.13	116.18	141.0	172.0	236.00	442.30	
400	49.00	49.00	53.24	63.53	86.96	123.70	87.54	152.41	181.0	239.0	272.20	589.70	
450	64.05	64.05	62.96	86.92	111.72	143.00	106.33	191.68	225.0	302.0	385.60	793.70	
500	80.17	80.17	80.53	120.70	146.08	193.95	137.55	245.34	268.0	388.0	487.60	1009.30	
600	123.52	123.52	123.76	184.38	223.52	316.89	208.05	379.28	425.0	551.1	918.30	1644.30	
700	160.56	178.40	182.61	235.86									
800	217.66	252.02	260.00	325.13									
900	279.67	335.60	343.94	437.35									
1000	350.98	434.55	473.40	601.99									
1200	505.07	717.34	765.13	998.75									
1400	724.52	1094.33											
1600	996.16	1544.90											
1800	1305.25	2131.17											
2000	1699.60	2861.91											

注：由于同一公称压力不同密封面法兰盖的重量差别甚小，表中数值为最大质量(kg)值。

2. 国标系列

(1) 用 *PN* 标记的法兰系列

1) 带颈螺纹钢制管法兰

用 *PN* 标记的带颈螺纹钢制管法兰的型式应符合图 3-1-7 和图 3-1-8 的规定，法兰尺寸应符合表 3-1-54～表 3-1-60 的规定。

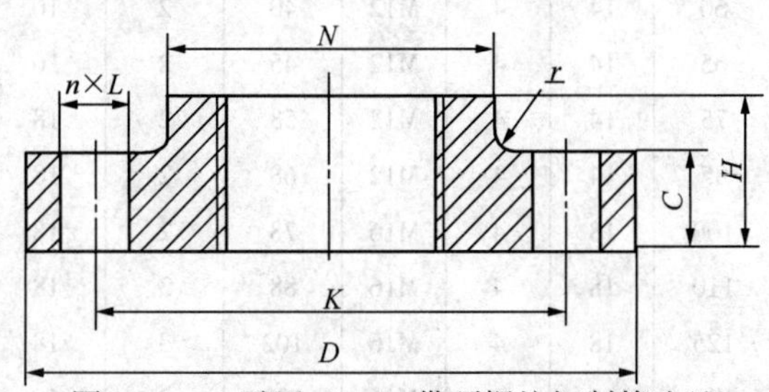

图 3-1-7 平面 (FF) 带颈螺纹钢制管法兰

(适用于 *PN*6、*PN*10、*PN*16、*PN*25 和 *PN*40)

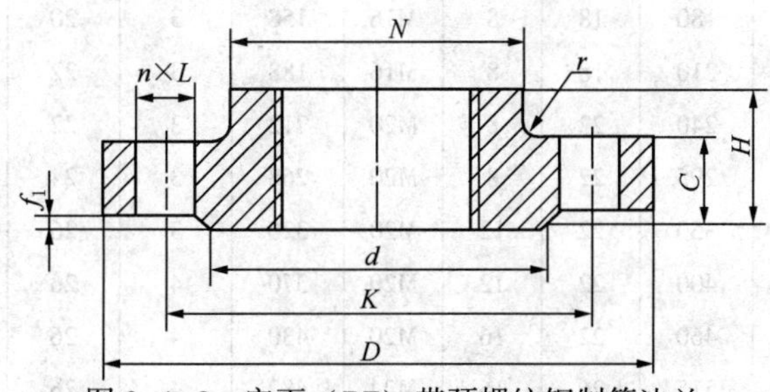

图 3-1-8 突面 (RF) 带颈螺纹钢制管法兰

(适用于 *PN*6、*PN*10、*PN*16、*PN*25、*PN*40、*PN*63 和 *PN*100)

表 3-1-54 *PN*6 带颈螺纹钢制管法兰 (GB/T 9114-2010)

公称尺寸 *DN*	钢管外径 *A*/mm	连接尺寸					密封面		法兰厚度 *C*/mm	法兰高度 *H*/mm	法兰颈	
		法兰外径 *D*/mm	螺栓孔中心圆直径 *K*/mm	螺栓孔直径 *L*/mm	螺栓							
					数量 *n*/个	螺纹规格	*d*/mm	f_1/mm			*N*/mm	*r*/mm
10	17.2	75	50	11	4	M10	35	2	12	20	25	4
15	21.3	80	55	11	4	M10	40	2	12	20	30	4
20	26.9	90	65	11	4	M10	50	2	14	24	40	4
25	33.7	100	75	11	4	M10	60	2	14	24	50	4
32	42.4	120	90	14	4	M12	70	2	14	26	60	6
40	48.3	130	100	14	4	M12	80	3	14	26	70	6
50	60.3	140	110	14	4	M12	90	3	14	28	80	6
65	76.1	160	130	14	4	M12	110	3	14	32	100	6
80	88.9	190	150	18	4	M16	128	3	16	34	110	8
100	114.3	210	170	18	4	M16	148	3	16	40	130	8
125	139.7	240	200	18	8	M16	178	3	18	44	160	8
150	168.3	265	225	18	8	M16	202	3	18	44	185	10
200	219.1	320	280	18	8	M16	258	3	20	44	240	10
250	273.0	375	335	18	12	M16	312	3	22	44	295	12
300	323.9	440	395	22	12	M20	365	4	22	44	355	12

表 3-1-55 *PN*10 带颈螺纹钢制管法兰（GB/T 9114—2010）

公称尺寸 *DN*	钢管外径 *A*/mm	连接尺寸					密封面		法兰厚度 *C*/mm	法兰高度 *H*/mm	法兰颈	
		法兰外径 *D*/mm	螺栓孔中心圆直径 *K*/mm	螺栓孔直径 *L*/mm	螺栓							
					数量 *n*/个	螺纹规格	*d*/mm	f_1/mm			*N*/mm	*r*/mm
10	17.2	90	60	14	4	M12	40	2	16	22	30	4
15	21.3	95	65	14	4	M12	45	2	16	22	35	4
20	26.9	105	75	14	4	M12	58	2	18	26	45	4
25	33.7	115	85	14	4	M12	68	2	18	28	52	4
32	42.4	140	100	18	4	M16	78	2	18	30	60	6
40	48.3	150	110	18	4	M16	88	3	18	32	70	6
50	60.3	165	125	18	4	M16	102	3	18	28	84	6
65	76.1	185	145	18	8	M16	122	3	18	32	104	6
80	88.9	200	160	18	8	M16	138	3	20	34	118	6
100	114.3	220	180	18	8	M16	158	3	20	40	140	8
125	139.7	250	210	18	8	M16	188	3	22	44	168	8
150	168.3	285	240	22	8	M20	212	3	22	44	195	10
200	219.1	340	295	22	8	M20	268	3	24	44	246	10
250	273.0	395	350	22	12	M20	320	3	26	46	298	12
300	323.9	445	400	22	12	M20	370	4	26	46	350	12
350	355.6	505	460	22	16	M20	430	4	26	53	400	12
400	406.4	565	515	26	16	M24	482	4	26	57	456	12
450	457	615	565	26	20	M24	532	4	28	63	502	12
500	508	670	620	26	20	M24	585	4	28	67	559	12
600	610	780	725	30	20	M27	685	5	30	75	658	12

注：① 公称尺寸 *DN*10～*DN*40 的法兰使用 *PN*40 法兰的尺寸；公称尺寸 *DN*50～*DN*150 的法兰使用 *PN*16 法兰的尺寸。

② 采用 55°圆柱管螺纹（Rp）或 55°圆锥管螺纹（Rc）时，螺纹尺寸最大到 *DN*150。*DN*150 以上螺纹法兰尺寸参照 EN 1092-1：2007 列出，供参考使用。

表 3-1-56 *PN*16 带颈螺纹钢制管法兰（GB/T 9114—2010）

公称尺寸 *DN*	钢管外径 *A*/mm	连接尺寸					密封面		法兰厚度 *C*/mm	法兰高度 *H*/mm	法兰颈	
		法兰外径 *D*/mm	螺栓孔中心圆直径 *K*/mm	螺栓孔直径 *L*/mm	螺栓							
					数量 *n*/个	螺纹规格	*d*/mm	f_1/mm			*N*/mm	*r*/mm
10	17.2	90	60	14	4	M12	40	2	16	22	30	4
15	21.3	95	65	14	4	M12	45	2	16	22	35	4
20	26.9	105	75	14	4	M12	58	2	18	26	45	4
25	33.7	115	85	14	4	M12	68	2	18	28	52	4
32	42.4	140	100	18	4	M16	78	2	18	30	60	6
40	48.3	150	110	18	4	M16	88	3	18	32	70	6
50	60.3	165	125	18	4	M16	102	3	18	28	84	6
65	76.1	185	145	18	8	M16	122	3	18	32	104	6
80	88.9	200	160	18	8	M16	138	3	20	34	118	6

公称尺寸 DN	钢管外径 A/mm	连接尺寸					密封面		法兰厚度 C/mm	法兰高度 H/mm	法兰颈	
		法兰外径 D/mm	螺栓孔中心圆直径 K/mm	螺栓孔直径 L/mm	螺栓							
					数量 n/个	螺纹规格	d/mm	f_1/mm			N/mm	r/mm
100	114.3	220	180	18	8	M16	158	3	20	40	140	8
125	139.7	250	210	18	8	M16	188	3	22	44	168	8
150	168.3	285	240	22	8	M20	212	3	22	44	195	10
200	219.1	340	295	22	12	M20	268	3	24	44	246	10
250	273.0	405	355	26	12	M24	320	3	26	46	298	12
300	323.9	460	410	26	12	M24	378	4	28	46	350	12
350	355.6	520	470	26	16	M24	438	4	30	57	400	12
400	406.4	580	525	30	16	M27	490	4	32	63	456	12
450	457	640	585	30	20	M27	550	4	34	68	502	12
500	508	715	650	33	20	M30	610	4	36	73	559	12
600	610	840	770	36	20	M33	725	5	40	83	658	12

注：① 公称尺寸 DN10~DN40 的法兰使用 PN40 法兰的尺寸。

② 采用 55°圆柱管螺纹（Rp）或 55°圆锥管螺纹（Rc）时，螺纹尺寸最大到 DN150。DN150 以上螺纹法兰尺寸参照 EN 1092-1：2007 列出，仅供参考使用。

表 3-1-57 PN25 带颈螺纹钢制管法兰（GB/T 9114—2010）

公称尺寸 DN	钢管外径 A/mm	连接尺寸					密封面		法兰厚度 C/mm	法兰高度 H/mm	法兰颈	
		法兰外径 D/mm	螺栓孔中心圆直径 K/mm	螺栓孔直径 L/mm	螺栓							
					数量 n/个	螺纹规格	d/mm	f_1/mm			N/mm	r/mm
10	17.2	90	60	14	4	M12	40	2	16	22	30	4
15	21.3	95	65	14	4	M12	45	2	16	22	35	4
20	26.9	105	75	14	4	M12	58	2	18	26	45	4
25	33.7	115	85	14	4	M12	68	2	18	28	52	4
32	42.4	140	100	18	4	M16	78	2	18	30	60	6
40	48.3	150	110	18	4	M16	88	3	18	32	70	6
50	60.3	165	125	18	4	M16	102	3	20	34	84	6
65	76.1	185	145	18	8	M16	122	3	22	38	104	6
80	88.9	200	160	18	8	M16	138	3	24	40	118	8
100	114.3	235	190	22	8	M20	162	3	24	44	145	8
125	139.7	270	220	26	8	M24	188	3	26	48	170	8
150	168.3	300	250	26	8	M24	218	3	28	52	200	10
200	219.1	360	310	26	12	M24	278	3	30	52	256	10
250	273.0	425	370	30	12	M27	335	3	32	60	310	12
300	323.9	485	430	30	16	M27	395	4	34	67	364	12
350	355.6	555	490	33	16	M30	450	4	38	72	418	12
400	406.4	620	550	36	16	M33	505	4	40	78	472	12
450	457	670	600	36	20	M33	555	4	46	84	520	12
500	508	730	660	36	20	M33	615	4	48	90	580	12
600	610	845	770	39	20	M36	720	5	48	100	684	12

注：① 公称尺寸 DN10~DN150 的法兰使用 PN40 法兰的尺寸。

② 采用 55°圆柱管螺纹（Rp）或 55°圆锥管螺纹（Rc）时，螺纹尺寸最大到 DN150。DN150 以上螺纹法兰尺寸参照 EN 1092-1：2007 列出，供参考使用。

表 3-1-58 *PN*40 带颈螺纹钢制管法兰（GB/T 9114—2010）

公称尺寸 *DN*	钢管外径 *A*/mm	连接尺寸					密封面		法兰厚度 *C*/mm	法兰高度 *H*/mm	法兰颈	
		法兰外径 *D*/mm	螺栓孔中心圆直径 *K*/mm	螺栓孔直径 *L*/mm	螺栓							
					数量 *n*/个	螺纹规格	*d*/mm	f_1/mm			*N*/mm	*r*/mm
10	17.2	90	60	14	4	M12	40	2	16	22	30	4
15	21.3	95	65	14	4	M12	45	2	16	22	35	4
20	26.9	105	75	14	4	M12	58	2	18	26	45	4
25	33.7	115	85	14	4	M12	68	2	18	28	52	4
32	42.4	140	100	18	4	M16	78	2	18	30	60	6
40	48.3	150	110	18	4	M16	88	3	18	32	70	6
50	60.3	165	125	18	4	M16	102	3	20	34	84	6
65	76.1	185	145	18	8	M16	122	3	22	38	104	6
80	88.9	200	160	18	8	M16	138	3	24	40	118	8
100	114.3	235	190	22	8	M20	162	3	24	44	145	8
125	139.7	270	220	26	8	M24	188	3	26	48	170	8
150	168.3	300	250	26	8	M24	218	3	28	52	200	10
200	219.1	375	320	30	12	M27	285	3	34	52	260	10
250	273.0	450	385	33	12	M30	345	3	38	60	312	12
300	323.9	515	450	33	16	M30	410	4	42	67	380	12
350	355.6	580	510	36	16	M33	465	4	46	72	424	12
400	406.4	660	585	39	16	M36	535	4	50	78	478	12
450	457	685	610	39	20	M36	560	4	57	84	522	12
500	508	755	670	42	20	M39	615	4	57	90	576	12
600	610	890	795	48	20	M45	735	5	72	100	686	12

注：采用 55°圆柱管螺纹（Rp）或 55°圆锥管螺纹（Rc）时，螺纹尺寸最大到 *DN*150。*DN*150 以上螺纹法兰尺寸参照 EN 1092-1：2007 列出，供参考使用。

表 3-1-59 *PN*63 带颈螺纹钢制管法兰（GB/T 9114—2010）

公称尺寸 *DN*	钢管外径 *A*/mm	连接尺寸					密封面		法兰厚度 *C*/mm	法兰高度 *H*/mm	法兰颈	
		法兰外径 *D*/mm	螺栓孔中心圆直径 *K*/mm	螺栓孔直径 *L*/mm	螺栓							
					数量 *n*/个	螺纹规格	*d*/mm	f_1/mm			*N*/mm	*r*/mm
10	17.2	100	70	14	4	M12	40	2	20	28	40	4
15	21.3	105	75	14	4	M12	45	2	20	28	43	4
20	26.9	130	90	18	4	M16	58	2	20	30	52	4
25	33.7	140	100	18	4	M16	68	2	24	32	60	4
32	42.4	155	110	22	4	M20	78	2	24	32	68	6
40	48.3	170	125	22	4	M20	88	3	26	34	80	6
50	60.3	180	135	22	4	M20	102	3	26	36	90	6
65	76.1	205	160	22	8	M20	122	3	26	40	112	6
80	88.9	215	170	22	8	M20	138	3	28	44	125	8
100	114.3	250	200	26	8	M24	162	3	30	52	152	8
125	139.7	295	240	30	8	M27	188	3	34	56	185	8
150	168.3	345	280	33	8	M30	218	3	36	60	215	10

注：公称尺寸 *DN*10~*DN*40 的法兰使用 *PN*100 法兰的尺寸。

表 3-1-60　*PN*100 带颈螺纹钢制管法兰（GB/T 9114—2010）

公称尺寸 *DN*	钢管外径 *A*/mm	连接尺寸					密封面		法兰厚度 *C*/mm	法兰高度 *H*/mm	法兰颈	
		法兰外径 *D*/mm	螺栓孔中心圆直径 *K*/mm	螺栓孔直径 *L*/mm	螺栓							
					数量 *n*/个	螺纹规格	*d*/mm	f_1/mm			*N*/mm	*r*/mm
10	17.2	100	70	14	4	M12	40	2	20	28	40	4
15	21.3	105	75	14	4	M12	45	2	20	28	43	4
20	26.9	130	90	18	4	M16	58	2	20	30	52	4
25	33.7	140	100	18	4	M16	68	2	24	32	60	4
32	42.4	155	110	22	4	M20	78	2	24	32	68	6
40	48.3	170	125	22	4	M20	88	3	26	34	80	6
50	60.3	195	145	26	4	M24	102	3	28	36	95	6
65	76.1	220	170	26	8	M24	122	3	30	40	118	6
80	88.9	230	180	26	8	M24	138	3	32	44	130	8
100	114.3	265	210	30	8	M27	162	3	36	52	158	8
125	139.7	315	250	33	8	M30	188	3	40	56	188	8
150	168.3	355	290	33	12	M30	218	3	44	60	225	10

2）对焊钢制管法兰

用 *PN* 标记的对焊钢制管法兰的型式应符合图 3-1-9～图 3-1-14 的规定，法兰密封面尺寸应符合表 3-1-61 和表 3-1-62 的规定，法兰其他尺寸应符合表 3-1-63～表 3-1-74的规定，表中法兰颈部厚度尺寸 *S* 为最小值，实际尺寸应根据用户要求或钢管尺寸确定。

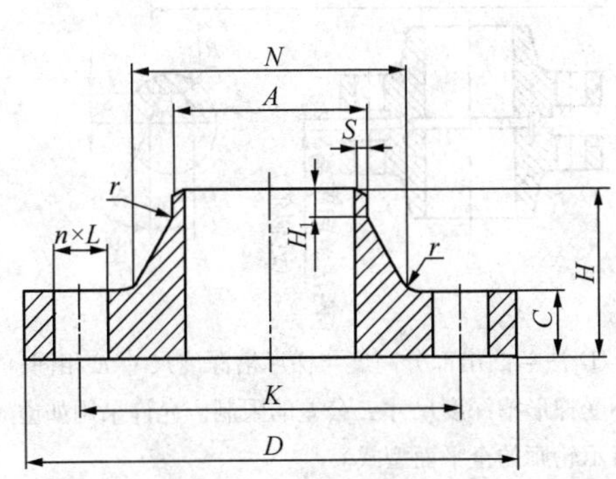

图 3-1-9　平面（FF）对焊钢制管法兰
（适用于 *PN*2.5、*PN*6、*PN*10、*PN*16、*PN*25 和 *PN*40）

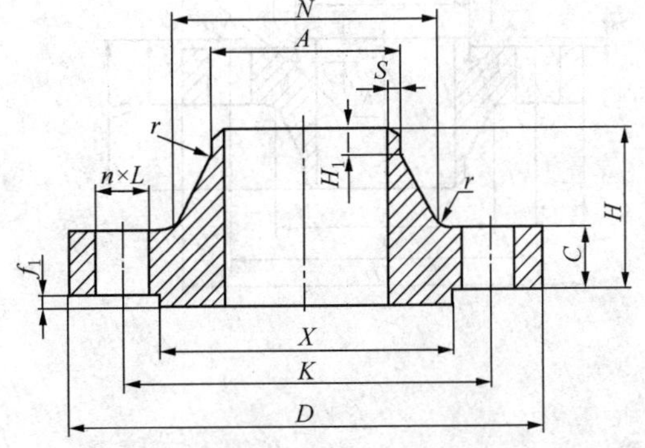

图 3-1-10　突面（RF）对焊钢制管法兰
（适用于 *PN*2.5、*PN*6、*PN*10、*PN*16、*PN*25、*PN*40、*PN*63、*PN*100、*PN*160、*PN*250、*PM*320 和 *PN*400）

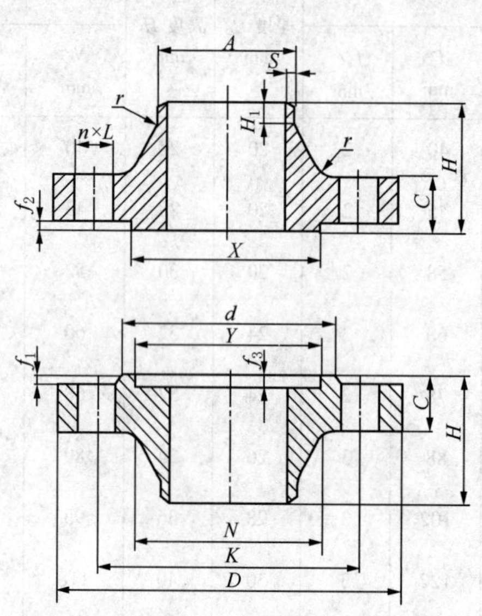

图 3-1-11 凹凸面（MF）对焊钢制管法兰

（适用于 PN10、PN16、PN25、PN40、PN63、PN100、PN160、PN250、PN320 和 PN400）

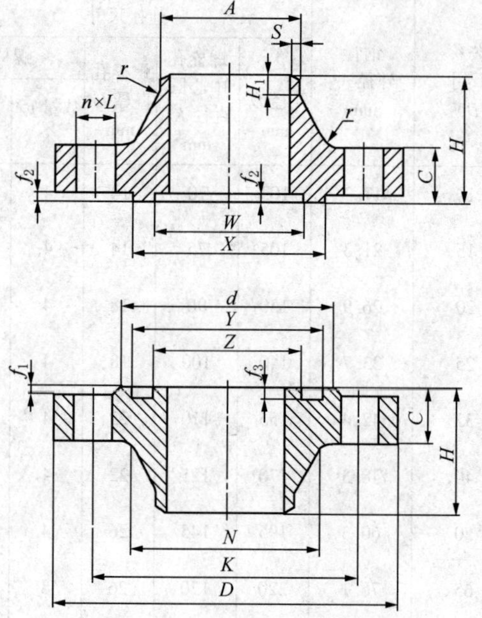

图 3-1-12 榫槽面（TG）对焊钢制管法兰

（适用于 PN10、PN16、PN25、PN40、PN63、PN100、PN160、PN250、PN320 和 PN400）

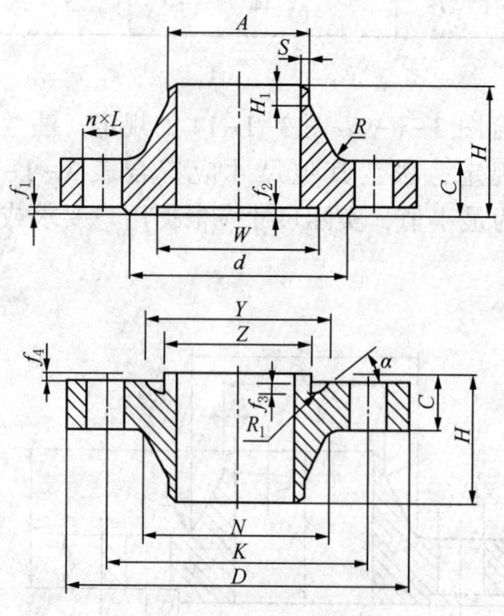

图 3-1-13 O 形圈面（OSG）对焊钢制管法兰

（适用于 PN10、PN16、PN25 和 PN40）

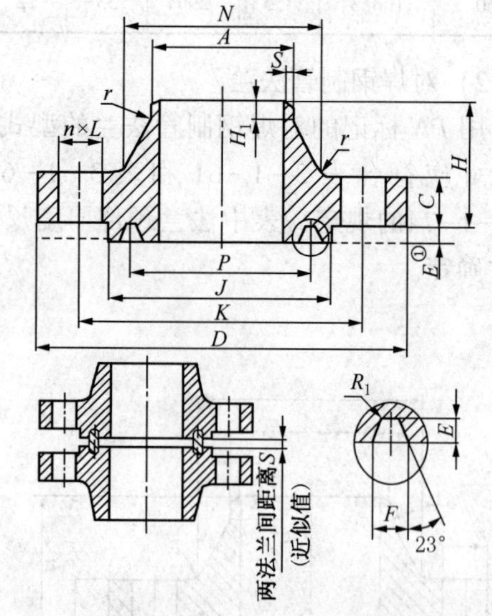

① 法兰凸出部分高度与梯形槽深度尺寸 E 相同，但不受梯形槽深度尺寸 E 公差的限制。允许采用如虚线所示轮廓的全平面型式。

图 3-1-14 环连接面（RJ）对焊钢制管法兰

（适用于 PN63、PN100、PN160、PN250、PN320 和 PN400）

表 3-1-61　用 *PN* 标记的法兰密封面尺寸（GB/T 9115—2010）

公称尺寸 *DN*	公称压力 *d*/mm						f_1/mm	f_2/mm	f_3/mm	f_4/mm	*W*/mm	*X*/mm	*Y*/mm	*Z*/mm	α ≈	R_1/mm
	*PN*2.5	*PN*6	*PN*10	*PN*16	*PN*25	≥*PN*40										
10	35	35	40	40	40	40	2	4.5	4.0	2.0	24	34	35	23	—	2.5
15	40	40	45	45	45	45					29	39	40	28	—	
20	50	50	58	58	58	58					36	50	51	35	41°	
25	60	60	68	68	68	68					43	57	58	42		
32	70	70	78	78	78	78					51	65	66	50		
40	80	80	88	88	88	88					61	75	76	60		
50	90	90	102	102	102	102					73	87	88	72		
65	110	110	122	122	122	122					95	109	110	94		
80	128	128	138	138	138	138					106	120	121	105		
100	148	148	158	158	162	162	3	5.0	4.5	2.5	129	149	150	128	32°	3
125	178	178	188	188	188	188					155	175	176	154		
150	202	202	212	212	218	218					183	203	204	182		
(175)①	—	—	—	—	242	242					213	233	234	212		
200①	258	258	268	268	278	285					239	259	260	238		
(225)	—	—	—	—	305	315					266	286	287	265		
250	312	312	320	320	335	345					292	312	313	291		
300	365	365	370	378	395	410	4				343	363	364	342		
350	415	415	430	438	450	465		5.5	5.0	3.0	395	421	422	394	27°	3.5
400	465	465	482	490	505	535					447	473	474	446		
450	520	520	532	550	555	560					497	523	524	496		
500	570	570	585	610	615	615					549	575	576	548		
600	670	670	685	725	720	735	5				649	675	676	648		
700	775	775	800	795	820	840					751	777	778	750		
800	880	880	905	900	930	960					856	882	883	855		
900	980	980	1005	1000	1030	1070					961	987	988	960		
1000	1080	1080	1110	1115	1140	1180		6.5	6.0	4.0	1062	1092	1094	1060	28°	4
1200	1280	1295	1330	1330	1350	1380					1262	1292	1294	1260		
1400	1480	1510	1535	1530	1560	1600					1462	1492	1494	1460		
1600	1690	1710	1760	1750	1780	1815					1662	1692	1694	1660		
1800	1890	1920	1960	1950	1985	—					1862	1892	1894	1860		
2000	2090	2125	2170	2150	2210	—					2062	2092	2094	2060		
2200	2295	2335	2370	—	—	—		—	—	—	—	—	—	—	—	—
2400	2495	2545	2570	—	—	—		—	—	—	—	—	—	—	—	—
2600	2695	2750	2780	—	—	—		—	—	—	—	—	—	—	—	—
2800	2910	2960	3000	—	—	—		—	—	—	—	—	—	—	—	—
3000	3110	3160	3210	—	—	—		—	—	—	—	—	—	—	—	—
3200	3310	3370	—	—	—	—		—	—	—	—	—	—	—	—	—
3400	3510	3580	—	—	—	—		—	—	—	—	—	—	—	—	—
3600	3720	3790	—	—	—	—		—	—	—	—	—	—	—	—	—
3800	3920	—	—	—	—	—		—	—	—	—	—	—	—	—	—
4000	4120	—	—	—	—	—		—	—	—	—	—	—	—	—	—

注：①带括号尺寸不推荐使用，并且仅适用于船用法兰，其密封面型式仅有平面（FF）、突面（RF）和榫槽面（TG）。

表 3-1-62 用 *PN* 标记的法兰环连接面尺寸（GB/T 9115—2010）（mm）

公称尺寸	*PN*63						*PN*100						*PN*160					
DN	J_{min}	*P*	*E*	*F*	R_{1max}	*S*	J_{min}	*P*	*E*	*F*	R_{1max}	*S*	J_{min}	*P*	*E*	*F*	R_{1max}	*S*
15	55	35	6.5	9	0.8	5	55	35	6.5	9	0.8	5	58	35	6.5	9	0.8	5
20	68	45	6.5	9	0.8	5	68	45	6.5	9	0.8	5	70	45	6.5	9	0.8	5
25	78	50	6.5	9	0.8	5	78	50	6.5	9	0.8	5	80	50	6.5	9	0.8	5
32	86	65	6.5	9	0.8	5	86	65	6.5	9	0.8	5	86	65	6.5	9	0.8	5
40	102	75	6.5	9	0.8	5	102	75	6.5	9	0.8	5	102	75	6.5	9	0.8	5
50	112	85	8	12	0.8	7	116	85	8	12	0.8	7	118	95	8	12	0.8	7
65	136	110	8	12	0.8	7	140	110	8	12	0.8	7	142	110	8	12	0.8	7
80	146	115	8	12	0.8	7	150	115	8	12	0.8	7	152	130	8	12	0.8	7
100	172	145	8	12	0.8	7	176	145	8	12	0.8	7	178	160	8	12	0.8	7
125	208	175	8	12	0.8	7	212	175	8	12	0.8	7	215	190	8	12	0.8	7
150	245	205	8	12	0.8	7	250	205	8	12	0.8	7	255	205	10	14	0.8	9
200	306	265	8	12	0.8	7	312	265	8	12	0.8	7	322	275	11	17	0.8	8
250	362	320	8	12	0.8	7	376	320	8	12	0.8	7	388	330	11	17	0.8	8
300	422	375	8	12	0.8	7	448	375	8	12	0.8	7	456	380	14	23	0.8	9
350	475	420	8	12	0.8	7	505	420	11	17	0.8	8	—	—	—	—	—	—
400	540	480	8	12	0.8	7	—	—	—	—	—	—	—	—	—	—	—	—

公称尺寸	*PN*250						*PN*320						*PN*400					
DN	J_{min}	*P*	*E*	*F*	R_{1max}	*S*	J_{min}	*P*	*E*	*F*	R_{1max}	*S*	J_{min}	*P*	*E*	*F*	R_{1max}	*S*
15	70	40	6.5	9	0.8	5	70	40	6.5	9	0.8	5	70	40	6.5	9	0.8	5
25	82	50	6.5	9	0.8	5	82	50	6.5	9	0.8	5	82	50	6.5	9	0.8	5
40	108	75	6.5	9	0.8	5	108	75	6.5	9	0.8	5	108	75	6.5	9	0.8	5
50	122	95	8	12	0.8	7	122	95	8	12	0.8	7	122	95	8	12	0.8	7
65	152	110	8	12	0.8	7	152	110	8	12	0.8	7	152	110	8	12	0.8	7
80	166	135	8	12	0.8	7	166	135	8	12	0.8	7	166	135	8	12	0.8	7
100	198	160	8	12	0.8	7	198	160	8	12	0.8	7	198	160	8	12	0.8	7
125	238	195	8	12	0.8	7	238	195	8	12	0.8	7	238	195	8	12	0.8	7
150	278	210	10	14	0.8	9	278	210	10	14	0.8	9	278	210	10	14	0.8	9
200	346	275	11	17	0.8	8	346	275	11	17	0.8	8	346	275	11	17	0.8	8
250	438	330	11	17	0.8	8	438	330	11	17	0.8	8	—	—	—	—	—	—

表 3-1-63　*PN*2.5 对焊钢制管法兰（GB/T 9115—2010）

公称[①]尺寸 *DN*	法兰焊端外径（钢管外径）*A*/mm		连接尺寸					法兰[②]厚度 *C*/mm	法兰高度 *H*/mm	法兰颈				
			法兰外径 *D*/mm	螺栓孔中心圆直径 *K*/mm	螺栓孔直径 *L*/mm	螺栓				*N*/mm		S_{min}/mm	H_1/mm	*r*/mm
	系列Ⅰ	系列Ⅱ				数量 *n*/个	螺纹规格			系列Ⅰ	系列Ⅱ			
10	17.2	14	75	50	11	4	M10	12	28	26		2.0	6	4
15	21.3	18	80	55	11	4	M10	12	30	30		2.0	6	4
20	26.9	25	90	65	11	4	M10	14	32	38		2.3	6	4
25	33.7	32	100	75	11	4	M10	14	35	42		2.6	6	4
32	42.4	38	120	90	14	4	M12	14	35	55		2.6	6	6
40	48.3	45	130	100	14	4	M12	14	38	62		2.6	7	6
50	60.3	57	140	110	14	4	M12	14	38	74		2.9	8	6
65	76.1	76	160	130	14	4	M12	14	38	88		2.9	9	6
80	88.9	89	190	150	18	4	M16	16	42	102		3.2	10	8
100	114.3	108	210	170	18	4	M16	16	45	130		3.6	10	8
125	139.7	133	240	200	18	8	M16	18	48	155		4.0	10	8
150	168.3	159	265	225	18	8	M16	18	48	184		4.5	12	10
200	219.1	219	320	280	18	8	M16	20	55	236		6.3	15	10
250	273.0	273	375	335	18	12	M16	22	60	290		6.3	15	12
300	323.9	325	440	395	22	12	M20	22	62	342		7.1	15	12
350	355.6	377	490	445	22	12	M20	22	62	385	390	7.1	15	12
400	406.4	426	540	495	22	16	M20	22	65	438	440	7.1	15	12
450	457	480	595	550	22	16	M20	22	65	492	494	7.1	15	12
500	508	530	645	600	22	20	M20	24	68	538	545	7.1	15	12
600	610	630	755	705	26	20	M24	30	70	640	650	7.1	16	12
700	711	720	860	810	26	24	M24	30（26）	76	740	740	7.1	16	12
800	813	820	975	920	30	24	M27	30（26）	76	842	844	7.1	16	12
900	914	920	1075	1020	30	24	M27	30（26）	78	942	944	7.1	16	12
1000	1016	1020	1175	1120	30	28	M27	30（26）	82	1045		7.1	16	16
1200	1219	1220	1375	1320	30	32	M27	32（26）	94	1245		8.0	16	16
1400	1422	1420	1575	1520	30	36	M27	38（26）	95	1445		8.0	20	16
1600	1626	1620	1790	1730	30	40	M27	46（26）	102	1645		8.8	20	16
1800	1829	1820	1990	1930	30	44	M27	46（26）	110	1845		10.0	20	16
2000	2032	2020	2190	2130	30	48	M27	50（26）	122	2045		11.0	22	16
2200	2235	2220	2405	2340	33	52	M30	56（28）	129	2248		11.0	25	18
2400	2438	2420	2605	2450	33	56	M30	62（28）	142	2448		11.0	25	18
2600	2620		2805	2740	33	60	M30	64（28）	148	2648		11.0	25	18
2800	2820		3030	2960	36	64	M33	74（30）	161	2848		11.0	25	18
3000	3020		3230	3160	36	68	M33	80（30）	170	3050		11.0	25	18
3200	3220		3430	3360	36	75	M33	84	180	3250		11.0	25	20
3400	3420		3630	3560	36	76	M33	90	194	3450		11.0	28	20
3600	3620		3840	3770	36	80	M33	96	201	3652		11.0	28	20
3800	3820		4045	3970	39	80	M36	102	212	3852		1.0	28	20
4000	4020		4245	4170	39	84	M36	106	226	4052		11.0	28	20

注：①公称尺寸 *DN*10～*DN*1000 的法兰使用 *PN*6 法兰的尺寸。

②括号内尺寸为原标准法兰厚度，对于现有设备或供需双方认可仍可采用括号内的法兰厚度尺寸。

表 3-1-64 *PN*6 对焊钢制管法兰（GB/T 9115—2010）

公称尺寸 *DN*	法兰焊端外径（钢管外径）*A*/mm		连接尺寸					法兰[①]厚度 *C*/mm	法兰高度 *H*/mm	法兰颈				
	系列Ⅰ	系列Ⅱ	法兰外径 *D*/mm	螺栓孔中心圆直径 *K*/mm	螺栓孔直径 *L*/mm	螺栓 数量 *n*/个	螺栓 螺纹规格			*N*/mm 系列Ⅰ	*N*/mm 系列Ⅱ	S_{min}/mm	H_1/mm	*r*/mm
10	17.2	14	75	50	11	4	M10	12	28	26		2.0	6	4
15	21.3	18	80	55	11	4	M10	12	30	30		2.0	6	4
20	26.9	25	90	65	11	4	M10	14	32	38		2.3	6	4
25	33.7	32	100	75	11	4	M10	14	35	42		2.6	6	4
32	42.4	38	120	90	14	4	M12	14	35	55		2.6	6	6
40	48.3	45	130	100	14	4	M12	14	38	62		2.6	7	6
50	60.3	57	140	110	14	4	M12	14	38	74		2.9	8	6
65	76.1	76	160	130	14	4	M12	14	38	88		2.9	9	6
80	88.9	89	190	150	18	4	M16	16	42	102		3.2	10	8
100	114.3	108	210	170	18	4	M16	16	45	130		3.6	10	8
125	139.7	133	240	200	18	8	M16	18	48	155		4.0	10	8
150	168.3	159	265	225	18	8	M16	18	48	184		4.5	12	10
200	219.1	219	320	280	18	8	M16	20	55	236		6.3	15	10
250	273.0	273	375	335	18	12	M16	22	60	290		6.3	15	12
300	323.9	325	440	395	22	12	M20	22	62	342		7.1	15	12
350	355.6	377	490	445	22	12	M20	22	62	385	390	7.1	15	12
400	406.4	426	540	495	22	16	M20	22	65	438	440	7.1	15	12
450	457	480	595	550	22	16	M20	22	65	492	494	7.1	15	12
500	508	530	645	600	22	20	M20	24	68	538	545	7.1	15	12
600	610	630	755	705	26	20	M24	30	70	640	650	7.1	16	12
700	711	720	860	810	26	24	M24	30（26）	76	740	740	8.0	16	12
800	813	820	975	920	30	24	M27	30（26）	76	842	844	8.0	16	12
900	914	920	1075	1020	30	24	M27	34（26）	78	942	944	8.0	16	12
1000	1016	1020	1175	1120	30	28	M27	38（26）	82	1045		8.0	16	16
1200	1219	1220	1405	1340	33	32	M30	42（28）	104	1248		8.8	20	16
1400	1422	1420	1630	1560	33	36	M33	56（32）	114	1452		8.8	20	16
1600	1626	1620	1830	1760	36	40	M33	63（34）	119	1655		10.0	20	16
1800	1829	1820	2045	1970	39	44	M36	69（36）	133	1855		11.0	20	16
2000	2032	2020	2265	2180	42	48	M39	74（38）	146	2058		12.5	25	16
2200	2235	2220	2475	2390	42	52	M39	81（42）	154	2260		14.0	25	18
2400	2438	2420	2685	2600	42	56	M39	87（44）	168	2462		15.0	25	18
2600	2620		2905	2810	48	60	M45	91（46）	175	2665		16.0	25	18
2800	2820		3115	3020	48	64	M45	101（48）	188	2865		17.0	30	18
3000	3020		3315	3220	48	68	M45	102（50）	192	3068		20.0	30	18
3200	3220		3525	3430	48	72	M45	106	202	3272		20.0	30	20
3400	3420		3735	3640	48	76	M45	110	214	3475		22.0	35	20
3600	3620		3970	3860	56	80	M52	124	229	3678		22.0	35	20

注：①括号内尺寸为原标准法兰厚度，对于现有设备或供需双方认可仍可采用括号内的法兰厚度尺寸。

表 3-1-65 *PN*10 对焊钢制管法兰（GB/T 9115—2010）

公称[①]尺寸 *DN*	法兰焊端外径（钢管外径）*A*/mm		连接尺寸					法兰[③]厚度 *C*/mm	法兰高度 *H*/mm	法兰颈				
			法兰外径 *D*/mm	螺栓孔中心圆直径 *K*/mm	螺栓孔直径 *L*/mm	螺栓				*N*/mm		S_{min}/mm	H_1/mm	*r*/mm
	系列Ⅰ	系列Ⅱ				数量 *n*/个	螺纹规格			系列Ⅰ	系列Ⅱ			
10	17.2	14	90	60	14	4	M12	16	35	28		2.0	6	4
15	21.3	18	95	65	14	4	M12	16	38	32		2.0	6	4
20	26.9	25	105	75	14	4	M12	18	40	40		2.3	6	4
25	33.7	32	115	85	14	4	M12	18	40	46		2.6	6	4
32	42.4	38	140	100	18	4	M16	18	42	56		2.6	6	6
40	48.3	45	150	110	18	4	M16	18	45	64		2.6	7	6
50	60.3	57	165	125	18	4	M16	18	45	74		2.9	8	6
65	76.1	76	185	145	18	8[②]	M16	18	45	92		2.9	10	6
80	88.9	89	200	160	18	8	M16	20	50	105		3.2	10	6
100	114.3	108	220	180	18	8	M16	20	52	131		3.6	12	8
125	139.7	133	250	210	18	8	M16	22	55	156		4.0	12	8
150	168.3	159	285	240	22	8	M20	22	55	184		4.5	12	10
200	219.1	219	340	295	22	8	M20	24	62	234		6.3	16	10
250	273.0	273	395	350	22	12	M20	26	68	292		6.3	16	12
300	323.9	325	445	400	22	12	M20	26	68	342		7.1	16	12
350	355.6	377	505	460	22	16	M20	26	68	385	400	7.1	16	12
400	406.4	426	565	515	26	16	M24	26	72	440	445	7.1	16	12
450	457	480	615	565	26	20	M24	28	72	488	500	7.1	16	12
500	508	530	670	620	26	20	M24	28	75	542	550	7.1	16	12
600	610	630	780	725	30	20	M27	30	82	642	650	8.0	18	12
700	711	720	895	840	30	24	M27	35（30）	85	746		8.8	18	12
800	813	820	1015	950	33	24	M30	38（32）	96	850		8.8	18	12
900	914	920	1115	1050	33	28	M30	38（34）	99	950		12.5	20	12
1000	1016	1020	1230	1160	36	28	M33	44（34）	105	1052		12.5	20	16
1200	1219	1220	1455	1380	39	32	M36	55（38）	132	1256		12.5	25	16
1400	1422	1420	1675	1590	42	36	M39	65（42）	143	1460		14.2	25	16
1600	1626	1620	1915	1820	48	40	M45	75（46）	159	1666		16.0	25	16
1800	1829	1820	2115	2020	48	44	M45	85（50）	175	1868		17.5	30	16
2000	2032	2020	2325	2230	48	48	M45	90（54）	186	2072		17.5	30	16
2200	2235		2550	2440	56	52	M52	100	202	2275		20.0	35	18
2400	2438		2760	2650	56	56	M52	110	218	2478		22.2	35	18
2600	2620		2960	2850	56	60	M52	110	224	2680		25.0	40	18
2800	2820		3180	3070	56	65	M52	124	255	2882		25.0	40	18
3000	3020		3405	3290	62	68	M56	132	257	3085		32.0	45	18

注：①公称尺寸 *DN*10～*DN*40 的法兰使用 *PN*40 法兰的尺寸；公称尺寸 *DN*50～*DN*150 的法兰使用 *PN*16 法兰的尺寸。

②对于铸铁法兰和铜合金法兰，该规格的法兰可能是 4 个螺栓孔的，因此，当制造厂和用户协商同意后，与铸铁法兰和铜合金法兰配对使用的钢制法兰可以采用 4 个螺栓孔。

③括号内尺寸为原标准法兰厚度，对于现有设备或供需双方认可仍可采用括号内的法兰厚度尺寸。

表 3-1-66 *PN*16 对焊钢制管法兰（GB/T 9115—2010）

公称①尺寸 *DN*	法兰焊端外径（钢管外径）*A*/mm		连接尺寸					法兰③厚度 *C*/mm	法兰高度 *H*/mm	法兰颈				
	系列Ⅰ	系列Ⅱ	法兰外径 *D*/mm	螺栓孔中心圆直径 *K*/mm	螺栓孔直径 *L*/mm	螺栓数量 *n*/个	螺栓螺纹规格			*N*/mm 系列Ⅰ	*N*/mm 系列Ⅱ	S_{min}/mm	H_1/mm	*r*/mm
10	17.2	14	90	60	14	4	M12	16	35	28		2.0	6	4
15	21.3	18	95	65	14	4	M12	16	38	32		2.0	6	4
20	26.9	25	105	75	14	4	M12	18	40	40		2.3	6	4
25	33.7	32	115	85	14	4	M12	18	40	46		2.6	6	4
32	42.4	38	140	100	18	4	M16	18	42	56		2.6	6	6
40	48.3	45	150	110	18	4	M16	18	45	64		2.6	7	6
50	60.3	57	165	125	18	4	M16	18	45	74		2.9	8	6
65	76.1	76	185	145	18	8②	M16	18	45	92		2.9	10	6
80	88.9	89	200	160	18	8	M16	20	50	105		3.2	10	6
100	114.3	108	220	180	18	8	M16	20	52	131		3.6	12	8
125	139.7	133	250	210	18	8	M16	22	55	156		4.0	12	8
150	168.3	159	285	240	22	8	M20	22	55	184		4.5	12	10
200	219.1	219	340	295	22	12	M20	24	62	235		6.3	16	10
250	273.0	273	405	355	26	12	M24	26	70	292		6.3	16	12
300	323.9	325	460	410	26	12	M24	28	78	344		7.1	16	12
350	355.6	377	520	470	26	16	M24	30	82	390	400	8.0	16	12
400	406.4	426	580	525	30	16	M27	32	85	445	450	8.0	16	12
450	457	480	640	585	30	20	M27	34	83	490	506	8.0	16	12
500	508	530	715	650	33	20	M30	36	84	548	559	8.0	16	12
600	610	630	840	770	36	20	M33	40	88	670	670	10.0	18	12
700	711	720	910	840	36	24	M33	40（38）	104	755	755	10.0	18	12
800	813	820	1025	950	39	24	M36	41（38）	108	855	855	12.5	20	12
900	914	920	1125	1050	39	28	M36	48（40）	118	955	958	12.5	20	12
1000	1016	1020	1255	1170	42	28	M39	59（42）	137	1058	1060	12.5	22	16
1200	1219	1220	1485	1390	48	32	M45	78（48）	160	1262		14.2	30	16
1400	1422	1420	1685	1590	48	36	M45	84（52）	177	1465		16.0	30	16
1600	1626	1620	1930	1820	56	40	M52	102（58）	204	1668		17.5	35	16
1800	1829	1820	2130	2020	56	44	M52	110（62）	218	1870		20.0	35	16
2000	2032	2020	2345	2230	62	48	M56	124（66）	238	2072		22.0	40	16

注：①公称尺寸 *DN*10～*DN*40 的法兰使用 *PN*40 法兰的尺寸。

②对于铸铁法兰和铜合金法兰，该规格的法兰可能是 4 个螺栓孔的，因此，当制造厂和用户协商同意后，与铸铁法兰和铜合金法兰配对使用的钢制法兰可以采用 4 个螺栓孔。

③括号内尺寸为原标准法兰厚度，对于现有设备或供需双方认可仍可采用括号内的法兰厚度尺寸。

表 3-1-67 *PN*25 对焊钢制管法兰（GB/T 9115—2010）

公称[①]尺寸 *DN*	法兰焊端外径（钢管外径）*A*/mm		连接尺寸					法兰[③]厚度 *C*/mm	法兰高度 *H*/mm	法兰颈				
			法兰外径 *D*/mm	螺栓孔中心圆直径 *K*/mm	螺栓孔直径 *L*/mm	螺栓				*N*/mm		S_{min}/mm	H_1/mm	*r*/mm
	系列Ⅰ	系列Ⅱ				数量 *n*/个	螺纹规格			系列Ⅰ	系列Ⅱ			
10	17.2	14	90	60	14	4	M12	16	35	28		2.0	6	4
15	21.3	18	95	65	14	4	M12	16	38	32		2.0	6	4
20	26.9	25	105	75	14	4	M12	18	40	40		2.3	6	4
25	33.7	32	115	85	14	4	M12	18	40	46		2.6	6	4
32	42.4	38	140	100	18	4	M16	18	42	56		2.6	6	6
40	48.3	45	150	110	18	4	M16	18	45	64		2.6	7	6
50	60.3	57	165	125	18	4	M16	20	48	75		2.9	8	6
65	76.1	76	185	145	18	8	M16	22	52	90		2.9	10	6
80	88.9	89	200	160	18	8	M16	24	58	105		3.2	12	8
100	114.3	108	235	190	22	8	M20	24	65	134		3.6	12	8
125	139.7	133	270	220	26	8	M24	26	68	162		4.0	12	8
150	168.3	159	300	250	26	8	M24	28	75	192		4.5	12	10
(175)[②]	193.7	—	330	280	26	12	M24	29	78	217	—	5.6	14	10
200	219.1	219	360	310	26	12	M24	30	80	244		6.3	16	10
(225)[②]	245	—	395	340	30	12	M27	31	84	270	—	7.1	17	10
250	273.0	273	425	370	30	12	M27	32	88	298		7.1	18	12
300	323.9	325	485	430	30	16	M27	34	92	352		8.0	18	12
350	355.6	377	555	490	33	16	M30	38	100	398	406	8.0	20	12
400	406.4	426	620	550	36	16	M33	40	110	452	464	8.8	20	12
450	457	480	670	600	36	20	M33	46	110	500	514	8.8	20	12
500	508	530	730	660	36	20	M33	48	125	558	570	10.0	20	12
600	610	630	845	770	39	20	M36	48	125	660	670	11.0	20	12
700	711	720	960	875	42	24	M39	50（46）	129	760	766	14.2	20	12
800	813	820	1085	990	48	24	M45	53（50）	138	864	874	16.0	22	12
900	914	920	1185	1090	48	28	M45	57（54）	148	968	974	17.5	24	12
1000	1016	1020	1320	1210	56	28	M52	63（58）	160	1070	1074	20.0	24	16

注：①公称尺寸 *DN*10~*DN*150 的法兰使用 *PN*40 法兰的尺寸。

②带括号尺寸不推荐使用，并且仅适用于船用法兰。

③括号内尺寸为原标准法兰厚度，对于现有设备或供需双方认可仍可采用括号内的法兰厚度尺寸。

表 3-1-68　*PN*40 对焊钢制管法兰（GB/T 9115—2010）

公称尺寸 *DN*	法兰焊端外径（钢管外径）*A*/mm 系列Ⅰ	系列Ⅱ	连接尺寸 法兰外径 *D*/mm	螺栓孔中心圆直径 *K*/mm	螺栓孔直径 *L*/mm	螺栓 数量 *n*/个	螺纹规格	法兰厚度 *C*/mm	法兰高度 *H*/mm	法兰颈 *N*/mm 系列Ⅰ	系列Ⅱ	S_{min}/mm	H_1/mm	*r*/mm
10	17.2	14	90	60	14	4	M12	16	35	28		2.0	6	4
15	21.3	18	95	65	14	4	M12	16	38	32		2.0	6	4
20	26.9	25	105	75	14	4	M12	18	40	40		2.3	6	4
25	33.7	32	115	85	14	4	M12	18	40	46		2.6	6	4
32	42.4	38	140	100	18	4	M16	18	42	56		2.6	6	6
40	48.3	45	150	110	18	4	M16	18	45	64		2.6	7	6
50	60.3	57	165	125	18	4	M16	20	48	75		2.9	8	6
65	76.1	76	185	145	18	8	M16	22	52	90		2.9	10	6
80	88.9	89	200	160	18	8	M16	24	58	105		3.2	12	8
100	114.3	108	235	190	22	8	M20	24	65	134		3.6	12	8
125	139.7	133	270	220	26	8	M24	26	68	162		4.0	12	8
150	168.3	159	300	250	26	8	M24	28	75	192		4.5	12	10
(175)①	193.7	—	350	295	30	12	M27	31	82	217	—	5.6	14	10
200	219.1	219	375	320	30	12	M27	34	88	244		6.3	16	10
(225)①	245	—	420	355	33	12	M30	36	96	275	—	6.3	17	10
250	273.0	273	450	385	33	12	M30	38	105	306		7.1	18	12
300	323.9	325	515	450	33	16	M30	42	115	362		8.0	18	12
350	355.6	377	580	510	36	16	M33	46	125	408	418	8.8	20	12
400	406.4	426	660	585	39	16	M36	50	135	462	480	11.0	20	12
450	457	480	685	610	39	20	M36	57	135	500	530	12.5	20	12
500	508	530	755	670	42	20	M39	57	140	562	580	14.2	20	12
600	610	630	890	795	48	20	M45	72	150	666	686	16.0	20	12

注：①带括号尺寸不推荐使用，并且仅适用于船用法兰。

表 3-1-69　*PN*63 对焊钢制管法兰（GB/T 9115—2010）

公称①尺寸 *DN*	法兰焊端外径（钢管外径）*A*/mm 系列Ⅰ	系列Ⅱ	连接尺寸 法兰外径 *D*/mm	螺栓孔中心圆直径 *K*/mm	螺栓孔直径 *L*/mm	螺栓 数量 *n*/个	螺纹规格	法兰厚度 *C*/mm	法兰高度 *H*/mm	法兰颈 *N*/mm 系列Ⅰ	系列Ⅱ	S_{min}/mm	H_1/mm	*r*/mm
10	17.2	14	100	70	14	4	M12	20	45	32		2.0	6	4
15	21.3	18	105	75	14	4	M12	20	45	34		3.2	6	4
20	26.9	25	130	90	18	4	M16	22	48	42		3.2	8	4
25	33.7	32	140	100	18	4	M16	24	58	52		3.6	8	4
32	42.4	38	155	110	22	4	M20	24	60	62		3.6	8	6
40	48.3	45	170	125	22	4	M20	26	62	70		3.6	10	6

续表

公称[①]尺寸 DN	法兰焊端外径（钢管外径）A/mm		连接尺寸					法兰厚度 C/mm	法兰高度 H/mm	法兰颈				
			法兰外径 D/mm	螺栓孔中心圆直径 K/mm	螺栓孔直径 L/mm	螺栓				N/mm		S_{min}/mm	H_1/mm	r/mm
	系列Ⅰ	系列Ⅱ				数量 n/个	螺纹规格			系列Ⅰ	系列Ⅱ			
50	60.3	57	180	135	22	4	M20	26	62	82		4.0	10	6
65	76.1	76	205	160	22	8	M20	26	68	98		4.0	12	6
80	88.9	89	215	170	22	8	M20	28	72	112		4.5	12	8
100	114.3	108	250	200	26	8	M24	30	78	138		4.5	12	8
125	139.7	133	295	240	30	8	M27	34	88	168		5.6	12	8
150	168.3	159	345	280	33	8	M30	36	95	202		6.3	12	10
(175)[②]	193.7	—	375	310	33	12	M30	40	105	228		6.3	14	10
200	219.1	219	415	345	36	12	M33	42	110	256		7.1	16	10
(225)[②]	245	—	440	370	36	12	M33	44	118	286		8.0	16	10
250	273.0	273	470	400	36	12	M33	46	125	316		8.8	18	12
300	323.9	325	530	460	36	16	M33	52	140	372		11.0	18	12
350	355.6	377	600	525	39	16	M36	56	150	420	430	12.5	20	12
400	406.4	426	670	585	42	16	M39	60	160	475	484	14.2	20	12

注：①公称尺寸 *DN*10~*DN*40 的法兰使用 *PN*100 法兰的尺寸。

②带括号尺寸不推荐使用，并且仅适用于船用法兰。

表 3-1-70 *PN*100 对焊钢制管法兰（GB/T 9115—2010）

公称尺寸 DN	法兰焊端外径（钢管外径）A/mm		连接尺寸					法兰厚度 C/mm	法兰高度 H/mm	法兰颈			
			法兰外径 D/mm	螺栓孔中心圆直径 K/mm	螺栓孔直径 L/mm	螺栓				N/mm	S_{min}/mm	H_1/mm	r/mm
	系列Ⅰ	系列Ⅱ				数量 n/个	螺纹规格						
10	17.2	14	100	70	14	4	M12	20	45	32	2.0	6	4
15	21.3	18	105	75	14	4	M12	20	45	34	3.2	6	4
20	26.9	25	130	90	18	4	M16	22	48	42	3.2	8	4
25	33.7	32	140	100	18	4	M16	24	58	52	3.6	8	4
32	42.4	38	155	110	22	4	M20	24	60	62	3.6	8	6
40	48.3	45	170	125	22	4	M20	26	62	70	3.6	10	5
50	60.3	57	195	145	26	4	M24	28	68	90	4.0	10	6
65	76.1	76	220	170	26	8	M24	30	76	108	4.0	12	6
80	88.9	89	230	180	26	8	M24	32	78	120	5.0	12	8
100	114.3	108	265	210	30	8	M27	36	90	150	5.6	12	8
125	139.7	133	315	250	33	8	M30	40	105	180	6.3	12	8
150	168.3	159	355	290	33	12	M30	44	115	210	8.0	12	10
200	219.1	219	430	360	36	12	M33	52	130	278	8.8	16	10
250	273.0	273	505	430	39	12	M36	60	157	340	10.0	18	12
300	323.9	325	585	500	42	16	M39	68	170	400	12.5	18	12
350	355.6	377	655	560	48	16	M45	74	189	460	14.2	20	12

表 3-1-71 *PN*160 对焊钢制管法兰（GB/T 9115—2010）

公称尺寸 *DN*	法兰焊端外径（钢管外径）*A*/mm		连接尺寸					法兰厚度 *C*/mm	法兰高度 *H*/mm	法兰颈			
	系列Ⅰ	系列Ⅱ	法兰外径 *D*/mm	螺栓孔中心圆直径 *K*/mm	螺栓孔直径 *L*/mm	螺栓 数量 *n*/个	螺栓 螺纹规格			*N*/mm	S_{min}/mm	H_1/mm	*r*/mm
10	17.2	14	100	70	14	4	M12	20	45	32	2.0	6	4
15	21.3	18	105	75	14	4	M12	20	45	34	2.0	6	4
20	26.9	25	130	90	18	4	M16	24	52	42	2.9	6	4
25	33.7	32	140	100	18	4	M16	24	58	52	2.9	8	4
32	42.4	38	155	110	22	4	M20	28	60	60	3.6	8	5
40	48.3	45	170	125	22	4	M20	28	64	70	3.6	10	6
50	60.3	57	195	145	26	4	M24	30	75	90	4.0	10	6
65	76.1	76	220	170	26	8	M24	34	82	108	5.0	12	6
80	88.9	89	230	180	26	8	M24	36	86	120	6.3	12	8
100	114.3	108	265	210	30	8	M27	40	100	150	8.0	12	8
125	139.7	133	315	250	33	8	M30	44	115	180	10.0	14	8
150	168.3	159	355	290	33	12	M30	50	128	210	12.5	14	10
200	219.1	219	430	360	36	12	M33	60	140	278	16.0	16	10
250	273.0	273	515	430	42	12	M39	68	155	340	20.0	18	12
300	323.9	325	585	500	42	16	M39	78	175	400	22.2	18	12

表 3-1-72 *PN*250 对焊钢制管法兰（GB/T 9115—2010）

公称尺寸 *DN*	法兰焊端外径（钢管外径）*A*/mm	连接尺寸					法兰厚度 *C*/mm	法兰高度 *H*/mm	法兰颈			
	系列Ⅰ	法兰外径 *D*/mm	螺栓孔中心圆直径 *K*/mm	螺栓孔直径 *L*/mm	螺栓 数量 *n*/个	螺栓 螺纹规格			*N*/mm	S_{min}/mm	H_1/mm	*r*/mm
10	17.2	125	85	18	4	M16	24	58	44	2.6	6	4
15	21.3	130	90	18	4	M16	26	60	48	2.6	6	4
20	26.9	135	95	18	4	M16	28	62	54	3.2	8	4
25	33.7	150	105	22	4	M20	28	65	60	3.6	8	4
32	42.4	165	120	22	4	M20	32	70	72	4.0	8	4
40	48.3	185	135	26	4	M24	34	80	84	5.0	10	6
50	60.3	200	150	26	8	M24	38	85	95	6.3	10	6
65	76.1	230	180	26	8	M24	42	95	124	8.0	12	6
80	101.6	255	200	30	8	M27	46	102	136	11.0	12	8
100	127.0	300	235	33	8	M30	54	120	164	14.2	14	8
125	152.4	340	275	33	12	M30	60	140	200	16.0	16	8
150	177.8	390	320	36	12	M33	68	160	240	17.5	18	10
200	244.5	485	400	42	12	M39	82	190	305	25.0	25	10
250	298.5	585	490	48	16	M45	100	215	385	32.0	30	12

表 3-1-73　*PN*320 对焊钢制管法兰（GB/T 9115—2010）

公称尺寸 *DN*	法兰焊端外径（钢管外径）*A*/mm	连接尺寸					法兰厚度 *C*/mm	法兰高度 *H*/mm	法兰颈			
		法兰外径 *D*/mm	螺栓孔中心圆直径 *K*/mm	螺栓孔直径 *L*/mm	螺栓							
	系列Ⅰ				数量 *n*/个	螺纹规格			*N*/mm	S_{min}/mm	H_1/mm	*r*/mm
10	17.2	125	85	18	4	M16	24	58	44	2.6	6	4
15	21.3	130	90	18	4	M16	26	60	48	3.2	6	4
20	26.9	145	100	22	4	M20	30	70	58	4.0	8	4
25	33.7	160	115	22	4	M20	34	78	68	5.0	8	4
32	42.4	175	130	26	4	M24	36	83	80	5.6	8	4
40	48.3	195	145	26	4	M24	38	88	92	6.3	10	6
50	60.3	210	160	26	8	M24	42	100	106	8.0	10	6
65	88.9	255	200	30	8	M27	51	120	138	11.0	12	6
80	101.6	275	220	30	8	M27	55	130	156	12.5	14	8
100	133.0	335	265	36	8	M33	65	145	186	16.0	16	8
125	168.3	380	310	36	12	M33	75	175	230	20.0	20	8
150	193.7	425	350	39	12	M36	84	195	265	25.0	25	10
200	244.5	525	440	42	16	M39	103	235	345	30.0	30	10
250	323.9	640	540	52	16	M48	125	300	428	40.0	40	12

表 3-1-74　*PN*400 对焊钢制管法兰（GB/T 9115—2010）

公称尺寸 *DN*	法兰焊端外径（钢管外径）*A*/mm	连接尺寸					法兰厚度 *C*/mm	法兰高度 *H*/mm	法兰颈			
		法兰外径 *D*/mm	螺栓孔中心圆直径 *K*/mm	螺栓孔直径 *L*/mm	螺栓							
	系列Ⅰ				数量 *n*/个	螺纹规格			*N*/mm	S_{min}/mm	H_1/mm	*r*/mm
10	17.2	125	85	18	4	M16	28	65	48	3.6	8	4
15	26.9	145	100	22	4	M20	30	68	56	5.0	8	4
20	33.7	160	115	22	4	M20	34	80	70	6.3	10	4
25	42.4	180	130	26	4	M24	38	90	82	7.1	10	4
32	48.3	200	145	26	4	M24	43	100	94	8.8	12	6
40	60.3	220	165	30	4	M27	48	110	106	10.0	12	6
50	76.1	235	180	30	8	M27	52	120	120	12.5	15	6
65	101.6	290	225	33	8	M30	64	135	158	16.0	18	6
80	114.3	305	240	33	8	M30	68	150	174	17.5	20	8
100	139.7	370	295	39	8	M36	80	175	216	22.2	25	8
125	193.7	415	340	39	12	M36	92	200	258	30.0	30	8
150	219.1	475	390	42	12	M39	105	225	302	35.0	35	10
200	273.0	585	490	48	16	M45	130	280	388	40.0	40	10

3）带颈平焊钢制管法兰

用 *PN* 标记的带颈平焊钢制管法兰的型式应符合图 3-1-15～图 3-1-19 的规定，法兰密封面尺寸应符合表 3-1-75 的规定，法兰其他尺寸应符合表 3-1-76～表 3-1-82 的规定。

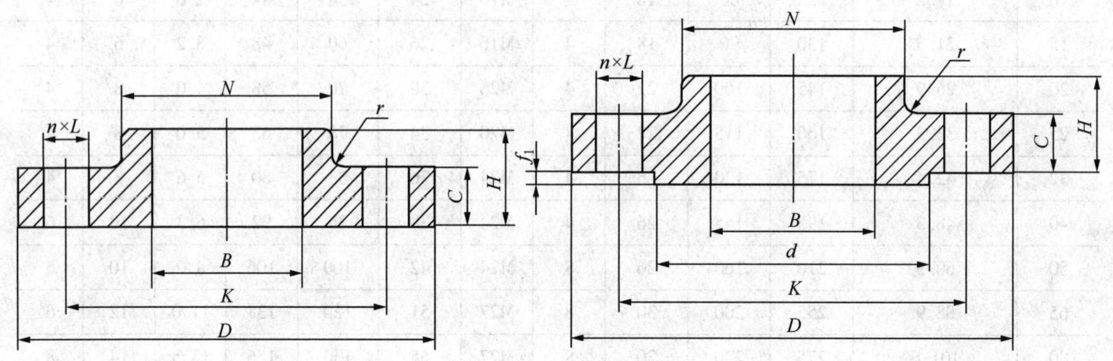

图 3-1-15　平面（FF）带颈平焊钢制管法兰
（适用于 *PN*6、*PN*10、*PN*16、*PN*25 和 *PN*40）

图 3-1-16　突面（RF）带颈平焊钢制管法兰
（适用于 *PN*6、*PN*10、*PN*16、*PN*25、*PN*40、*PN*63 和 *PN*100）

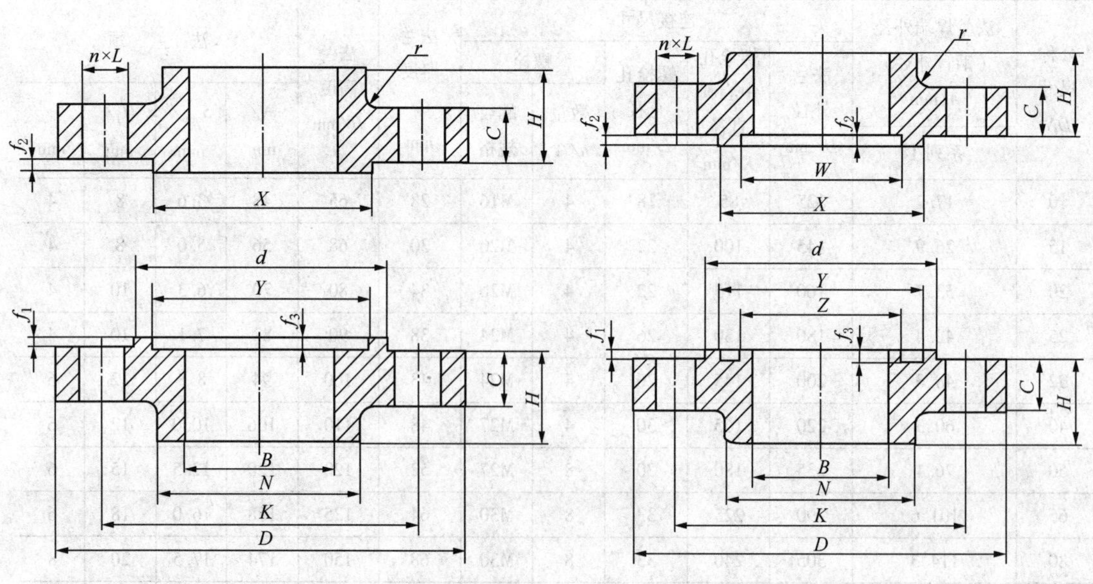

图 3-1-17　凹凸面（MF）带颈平焊钢制管法兰
（适用于 *PN*10、*PN*16、*PN*25、*PN*40、*PN*63 和 *PN*100）

图 3-1-18　榫槽面（TG）带颈平焊钢制管法兰
（适用于 *PN*10、*PN*16、*PN*25、*PN*40、*PN*63 和 *PN*100）

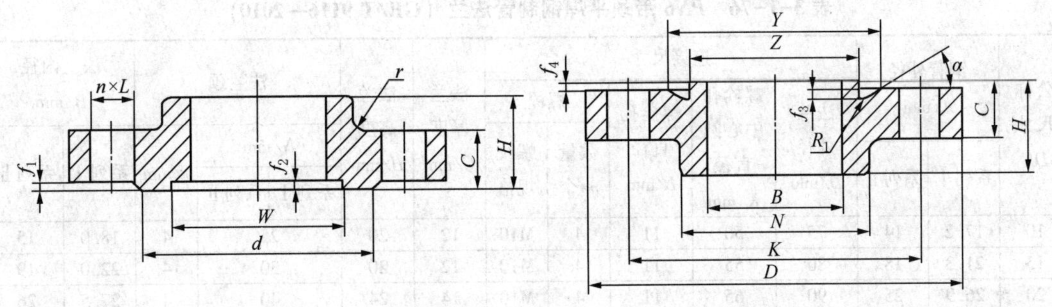

图 3-1-19　O 形圈面（OSG）带颈平焊钢制管法兰
（适用于 *PN*10、*PN*16、*PN*25 和 *PN*40）

表 3-1-75　用 *PN* 标记的法兰密封面尺寸（GB/T 9116—2010）

公称尺寸 *DN*	公称压力					f_1/mm	f_2/mm	f_3/mm	f_4/mm	*W*/mm	*X*/mm	*Y*/mm	*Z*/mm	α ≈	R_1/mm
	*PN*6	*PN*10	*PN*16	*PN*25	*PN*40、*PN*63、*PN*100										
	d/mm														
10	35	40	40	40	40					24	34	35	23	—	
15	40	45	45	45	45					29	39	40	28	—	
20	50	58	58	58	58	2				36	50	51	35		
25	60	68	68	68	68					43	57	58	42		
32	70	78	78	78	78		4.5	4.0	2.0	51	65	55	50		2.5
40	80	88	88	88	88					61	75	76	60	41°	
50	90	102	102	102	102					73	87	88	72		
65	110	122	122	122	122					95	109	110	94		
80	128	138	138	138	138					106	120	121	105		
100	148	158	158	162	162	3				129	149	150	128		
125	178	188	188	188	188					155	175	176	154		
150	202	212	212	218	218					183	203	204	182		
200	258	268	268	278	285		5.0	4.5	2.5	239	259	260	238	32°	3
250	312	320	320	335	345					292	312	313	291		
300	365	370	378	395	410					343	363	364	342		
350	415	430	438	450	465					395	421	422	394		
400	465	482	490	505	535	4				447	473	474	446		
450	520	532	550	555	560					497	523	524	496		
500	570	585	610	615	615					549	575	576	548		
600	670	685	725	720	735		5.5	5.0	3.0	649	675	676	648	27°	3.5
700	775	800	795	820	840					751	777	778	750		
800	880	905	900	930	960	5				856	882	883	855		
900	980	1005	1000	1030	1070					961	987	988	960		
1000	1080	1110	1115	1140	1180		6.5	6.0	4.0	1062	1092	1094	1060	28°	4

表 3-1-76　*PN*6 带颈平焊钢制管法兰（GB/T 9116—2010）

公称尺寸 *DN*	钢管外径 *A*/mm		连接尺寸					法兰厚度 *C*/mm	法兰高度 *H*/mm	法兰颈			法兰内径 *B*/mm	
	系列Ⅰ	系列Ⅱ	法兰外径 *D*/mm	螺栓孔中心圆直径 *K*/mm	螺栓孔直径 *L*/mm	螺栓数量 *n*/个	螺栓螺纹规格			*N*/mm 系列Ⅰ	*N*/mm 系列Ⅱ	*r*/mm	系列Ⅰ	系列Ⅱ
10	17.2	14	75	50	11	4	M10	12	20	25		4	18.0	15
15	21.3	18	80	55	11	4	M10	12	20	30		4	22.0	19
20	26.9	25	90	65	11	4	M10	14	24	40		4	27.5	26
25	33.7	32	100	75	11	4	M10	14	24	50		4	34.5	33
32	42.4	38	120	90	14	4	M12	14	26	60		6	43.5	39
40	48.3	45	130	100	14	4	M12	14	26	70		6	49.5	46
50	60.3	57	140	110	14	4	M12	14	28	80		6	61.5	59
65	76.1	76	160	130	14	4	M12	14	32	100		6	77.5	78
80	88.9	89	190	150	18	4	M16	16	34	110		8	90.5	91
100	114.3	108	210	170	18	4	M16	16	40	130		8	116.0	110
125	139.7	133	240	200	18	8	M16	18	44	160		8	141.5	135
150	168.3	159	265	225	18	8	M16	18	44	185		10	170.5	161
200	219.1	219	320	280	18	8	M16	20	44	240		10	221.5	222
250	273.0	273	375	335	18	12	M16	22	44	295		12	276.5	276
300	323.9	325	440	395	22	12	M20	22	44	355		12	327.5	328

表 3-1-77　*PN*10 带颈平焊钢制管法兰（GB/T 9116—2010）

公称尺寸① *DN*	钢管外径 *A*/mm		连接尺寸					法兰厚度 *C*/mm	法兰高度 *H*/mm	法兰颈			法兰内径 *B*/mm	
	系列Ⅰ	系列Ⅱ	法兰外径 *D*/mm	螺栓孔中心圆直径 *K*/mm	螺栓孔直径 *L*/mm	螺栓数量 *n*/个	螺栓螺纹规格			*N*/mm 系列Ⅰ	*N*/mm 系列Ⅱ	*r*/mm	系列Ⅰ	系列Ⅱ
10	17.2	14	90	60	14	5	M12	16	22	30		4	18.0	15
15	21.3	18	95	65	14	4	M12	16	22	35		4	22.0	19
20	26.9	25	105	75	14	4	M12	18	26	45		4	27.5	26
25	33.7	32	115	85	14	4	M12	18	28	52		4	34.5	33
32	42.4	38	140	100	18	4	M16	18	30	60		6	43.5	39
40	48.3	45	150	110	18	4	M16	18	32	70		6	49.5	46
50	60.3	57	165	125	18	4	M16	18	28	84		6	61.5	59
65	76.1	76	185	145	18	8②	M16	18	32	104		6	77.5	78
80	88.9	89	200	160	18	8	M16	20	34	118		6	90.5	91
100	114.3	108	220	180	18	8	M16	20	40	140		8	116.0	110
125	139.7	133	250	210	18	8	M16	22	44	168		8	141.5	135
150	168.3	159	285	240	22	8	M20	22	44	195		10	170.5	161
200	219.1	219	340	295	22	8	M20	24	44	246		10	221.5	222
250	273.0	273	395	350	22	12	M20	26	46	298		12	276.5	276
300	323.9	325	445	400	22	12	M20	26	46	350		12	327.5	328
350	355.6	377	505	460	22	16	M20	26	53	400	412	12	359.5	381
400	406.4	426	565	515	26	16	M24	26	57	456	465	12	411.0	430
450	457	480	615	565	26	20	M24	28	63	502	515	12	462.0	485
500	508	530	670	620	26	20	M24	28	67	559	570	12	513.5	535
600	610	630	780	725	30	20	M27	28	75	658	670	12	616.5	636

注：①公称尺寸 *DN*10~*DN*40 的法兰使用 *PN*40 法兰的尺寸；公称尺寸 *DN*50~*DN*150 的法兰使用 *PN*16 法兰的尺寸。

②对于铸铁法兰和铜合金法兰，该规格的法兰可能是 4 个螺栓孔的，因此，当制造厂和用户协商同意后，与铸铁法兰和铜合金法兰配对使用的钢制法兰可以采用 4 个螺栓孔。

表 3-1-78　*PN*16 带颈平焊钢制管法兰（GB/T 9116—2010）

公称[①]尺寸 *DN*	钢管外径 *A*/mm 系列Ⅰ	钢管外径 *A*/mm 系列Ⅱ	连接尺寸 法兰外径 *D*/mm	连接尺寸 螺栓孔中心圆直径 *K*/mm	连接尺寸 螺栓孔直径 *L*/mm	连接尺寸 螺栓 数量 *n*/个	连接尺寸 螺栓 螺纹规格	法兰厚度 *C*/mm	法兰高度 *H*/mm	法兰颈 *N*/mm 系列Ⅰ	法兰颈 *N*/mm 系列Ⅱ	法兰颈 *r*/mm	法兰内径 *B*/mm 系列Ⅰ	法兰内径 *B*/mm 系列Ⅱ
10	17.2	14	90	60	14	4	M12	16	22	30		4	18.0	15
15	21.3	18	95	65	14	4	M12	16	22	35		4	22.0	19
20	26.9	25	105	75	14	4	M12	18	26	45		4	27.5	26
25	33.7	32	115	85	14	4	M12	18	28	52		4	34.5	33
32	42.4	38	140	100	18	4	M16	18	30	60		6	43.5	39
40	48.3	45	150	110	18	4	M16	18	32	70		6	49.5	46
50	60.3	57	165	125	18	4	M16	18	28	84		6	61.5	59
65	76.1	76	185	145	18	8[②]	M16	18	32	104		6	77.5	78
80	88.9	89	200	160	18	8	M16	20	34	118		6	90.5	91
100	114.3	108	220	180	18	8	M16	20	40	140		8	116.0	110
125	139.7	133	250	210	18	8	M16	22	44	168		8	141.5	135
150	168.3	159	285	240	22	8	M20	22	44	195		10	170.5	161
200	219.1	219	340	295	22	12	M20	24	44	246		10	221.5	222
250	273.0	273	405	355	26	12	M24	26	46	298		12	276.5	276
300	323.9	325	460	410	26	12	M24	28	46	350		12	327.5	328
350	355.6	377	520	470	26	16	M24	30	57	400	412	12	359.0	381
400	406.4	426	580	525	30	16	M27	32	63	456	470	12	411.0	430
450	457	480	640	585	30	20	M27	34	68	502	525	12	462.0	485
500	508	530	715	650	33	20	M30	36	73	559	581	12	513.5	535
600	610	630	840	770	36	20	M33	40	83	658	678	12	616.5	636
700	711	720	910	840	36	24	M33	40	83	760	769	12	718.0	726
800	813	820	1025	950	39	24	M36	41	90	864	871	12	820.0	826
900	914	920	1125	1050	39	28	M36	48	94	968	974	12	921.0	927
1000	1016	1020	1255	1170	42	28	M39	59	100	1072	1076	16	1023	1027

注：①公称尺寸 *DN*10～*DN*40 的法兰使用 *PN*40 法兰的尺寸。

②对于铸铁法兰和铜合金法兰，该规格的法兰可能是 4 个螺栓孔的，因此，当制造厂和用户协商同意后，与铸铁法兰和铜合金法兰配对使用的钢制法兰可以采用 4 个螺栓孔。

表 3-1-79　*PN*25 带颈平焊钢制管法兰（GB/T 9116—2010）

公称[①]尺寸 *DN*	钢管外径 *A*/mm 系列Ⅰ	钢管外径 *A*/mm 系列Ⅱ	连接尺寸 法兰外径 *D*/mm	连接尺寸 螺栓孔中心圆直径 *K*/mm	连接尺寸 螺栓孔直径 *L*/mm	连接尺寸 螺栓 数量 *n*/个	连接尺寸 螺栓 螺纹规格	法兰厚度 *C*/mm	法兰高度 *H*/mm	法兰颈 *N*/mm 系列Ⅰ	法兰颈 *N*/mm 系列Ⅱ	法兰颈 *r*/mm	法兰内径 *B*/mm 系列Ⅰ	法兰内径 *B*/mm 系列Ⅱ
10	17.2	14	90	60	14	4	M12	16	22	30		4	18.0	15
15	21.3	18	95	65	14	4	M12	16	22	35		4	22.0	19
20	26.9	25	105	75	14	4	M12	18	26	45		4	27.5	26
25	33.7	32	115	85	14	4	M12	18	28	52		4	34.5	33
32	42.4	38	140	100	18	4	M16	18	30	60		6	43.5	39
40	48.3	45	150	110	18	4	M16	18	32	70		6	49.5	46
50	60.3	57	165	125	18	4	M16	20	34	84		6	61.5	59
65	76.1	76	185	145	18	8	M16	22	38	104		6	77.5	78
80	88.9	89	200	160	18	8	M16	24	40	118		8	90.5	91
100	114.3	108	235	190	22	8	M20	24	44	145		8	116.0	110

续表

公称①尺寸 DN	钢管外径 A/mm		连接尺寸					法兰厚度 C/mm	法兰高度 H/mm	法兰颈			法兰内径 B/mm	
			法兰外径 D/mm	螺栓孔中心圆直径 K/mm	螺栓孔直径 L/mm	螺栓				N/mm		r/mm		
	系列Ⅰ	系列Ⅱ				数量 n/个	螺纹规格			系列Ⅰ	系列Ⅱ		系列Ⅰ	系列Ⅱ
125	139.7	133	270	220	26	8	M24	26	48	170		8	141.5	135
150	168.3	159	300	250	26	8	M24	28	52	200		10	170.5	161
200	219.1	219	360	310	26	12	M24	30	52	256		10	221.5	222
250	273.0	273	425	370	30	12	M27	32	60	310		10	276.5	276
300	323.9	325	485	430	30	16	M27	34	67	364		10	327.5	328
350	355.6	377	555	490	33	16	M30	38	72	418	429	12	359.5	381
400	406.4	426	620	550	36	16	M33	40	78	472	484	12	411.0	430
450	457	480	670	600	36	20	M33	46	84	520	534	12	462.0	485
500	508	530	730	660	36	20	M33	48	90	580	594	12	513.5	535
600	610	630	845	770	39	20	M36	58	100	684	699	12	616.5	636

注：①公称尺寸 DN10~DN150 的法兰使用 PN40 法兰的尺寸。

表 3-1-80 PN40 带颈平焊钢制管法兰（GB/T 9116—2010）

公称尺寸 DN	钢管外径 A/mm		连接尺寸					法兰厚度 C/mm	法兰高度 H/mm	法兰颈			法兰内径 B/mm	
			法兰外径 D/mm	螺栓孔中心圆直径 K/mm	螺栓孔直径 L/mm	螺栓				N/mm		r/mm		
	系列Ⅰ	系列Ⅱ				数量 n/个	螺纹规格			系列Ⅰ	系列Ⅱ		系列Ⅰ	系列Ⅱ
10	17.2	14	90	60	14	4	M12	16	22	30		4	18.0	15
15	21.3	18	95	65	14	4	M12	16	22	35		4	22.0	19
20	26.9	25	105	75	14	4	M12	18	26	45		4	27.5	26
25	33.7	32	115	85	14	4	M12	18	28	52		4	34.5	33
32	42.4	38	140	100	18	4	M16	18	30	60		6	43.5	39
40	48.3	45	150	110	18	4	M16	18	32	70		6	49.5	46
50	60.3	57	165	125	18	4	M16	20	34	84		6	61.5	59
65	76.1	76	185	145	18	8	M16	22	38	104		6	77.5	78
80	88.9	89	200	160	18	8	M16	24	40	118		8	90.5	91
100	114.3	108	235	190	22	8	M20	24	44	145		8	116.0	110
125	139.7	133	270	220	26	8	M24	26	48	170		8	141.5	135
150	168.3	159	300	250	26	8	M24	28	52	200		10	170.5	161
200	219.1	219	375	320	30	12	M27	34	52	260		10	221.5	222
250	273.0	273	450	385	33	12	M30	38	60	312		12	276.5	276
300	323.9	325	515	450	33	16	M30	42	67	380		12	327.5	328
350	355.6	377	580	510	36	16	M33	46	72	414	430	12	359.5	381
400	406.4	426	660	585	39	16	M36	50	78	478	492	12	411.0	430
450	457	480	685	610	39	20	M36	57	84	522	539	12	462.0	485
500	508	530	755	670	42	20	M39	57	90	576	594	12	513.5	535
600	610	630	890	795	48	20	M45	72	100	686	704	12	616.5	636

表 3-1-81 *PN*63 带颈平焊钢制管法兰（GB/T 9116—2010）

公称尺寸 *DN*	钢管外径 *A*/mm		连接尺寸			螺栓		法兰厚度 *C*/mm	法兰高度 *H*/mm	法兰颈			法兰内径 *B*/mm	
	系列Ⅰ	系列Ⅱ	法兰外径 *D*/mm	螺栓孔中心圆直径 *K*/mm	螺栓孔直径 *L*/mm	数量 *n*/个	螺纹规格			*N*/mm 系列Ⅰ	*N*/mm 系列Ⅱ	*r*/mm	系列Ⅰ	系列Ⅱ
10	17.2	14	100	70	14	4	M12	20	28	40		4	18.0	15
15	21.3	18	105	75	14	4	M12	20	28	43		4	22.0	19
20	26.9	25	130	90	18	4	M16	20	30	52		4	27.5	26
25	33.7	32	140	100	18	4	M16	24	32	60		4	34.5	33
32	42.4	38	155	110	22	4	M20	24	32	68		6	43.5	39
40	48.3	45	170	125	22	4	M20	26	34	80		6	49.5	46
50	60.3	57	180	135	22	4	M20	26	36	90		6	61.5	59
65	76.1	76	205	160	22	8	M20	26	40	112		6	77.5	78
80	88.9	89	215	170	22	8	M20	28	44	125		8	90.5	91
100	114.3	108	250	200	26	8	M24	30	52	152		8	116.0	110
125	139.7	133	295	240	30	8	M27	34	56	185		8	141.5	135
150	168.3	159	345	280	33	8	M30	36	60	215		10	170.5	161

注：公称尺寸 *DN*10～*DN*40 的法兰使用 *PN*100 的法兰的尺寸。

表 3-1-82 *PN*100 带颈平焊钢制管法兰（GB/T 9116—2010）

公称尺寸 *DN*	钢管外径 *A*/mm		连接尺寸			螺栓		法兰厚度 *C*/mm	法兰高度 *H*/mm	法兰颈		法兰内径 *B*/mm	
	系列Ⅰ	系列Ⅱ	法兰外径 *D*/mm	螺栓孔中心圆直径 *K*/mm	螺栓孔直径 *L*/mm	数量 *n*/个	螺纹规格			*N*/mm	*r*/mm	系列Ⅰ	系列Ⅱ
10	17.2	14	100	70	14	4	M12	20	28	40	4	18.0	15
15	21.3	18	105	75	14	4	M12	20	28	43	4	22.0	19
20	26.9	25	130	90	18	4	M16	22	30	52	4	27.5	26
25	33.7	32	140	100	18	4	M16	24	32	60	4	34.5	33
32	42.4	38	155	110	22	4	M20	24	32	68	6	43.5	39
40	48.3	45	170	125	22	4	M20	26	34	80	6	49.5	46
50	60.3	57	195	145	26	4	M24	28	36	95	6	61.5	59
65	76.1	76	220	170	26	8	M24	30	40	118	6	77.5	78
80	88.9	89	230	180	26	8	M24	32	44	130	8	90.5	91
100	114.3	108	265	210	30	8	M27	36	52	158	8	116.0	110
125	139.7	133	315	250	33	8	M30	40	56	188	8	141.5	135
150	168.3	159	355	290	33	12	M30	44	60	225	10	170.5	161

4）带颈承插焊钢制管法兰

用 *PN* 标记的带颈承插焊钢制管法兰的型式应符合图 3-1-20～图 3-1-24 的规定，法兰密封面尺寸应符合表 3-1-83 和表 3-1-84 的规定，法兰其他尺寸应符合表 3-1-85～表 3-1-88的规定。

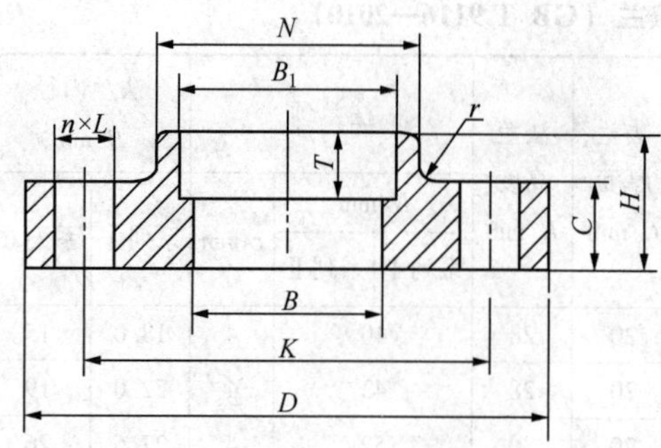

图 3-1-20　平面（FF）带颈承插焊钢制管法兰
（适用于 *PN*10、*PN*16、*PN*25 和 *PN*40）

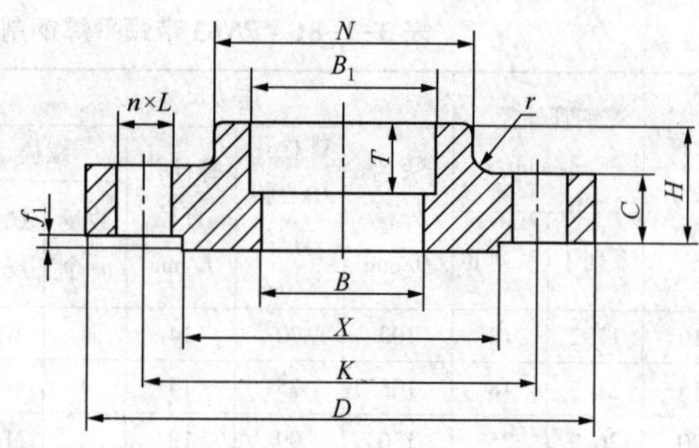

图 3-1-21　突面（RF）带颈承插焊钢制管法兰
（适用于 *PN*10、*PN*16、*PN*25、*PN*40、*PN*63 和 *PN*100）

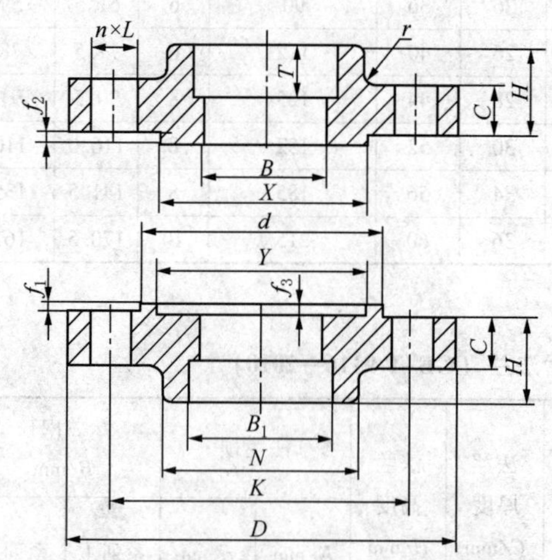

图 3-1-22　凹凸面（MF）带颈承插焊钢制管法兰
（适用于 *PN*10、*PN*16、*PN*25、*PN*40、
*PN*63 和 *PN*100）

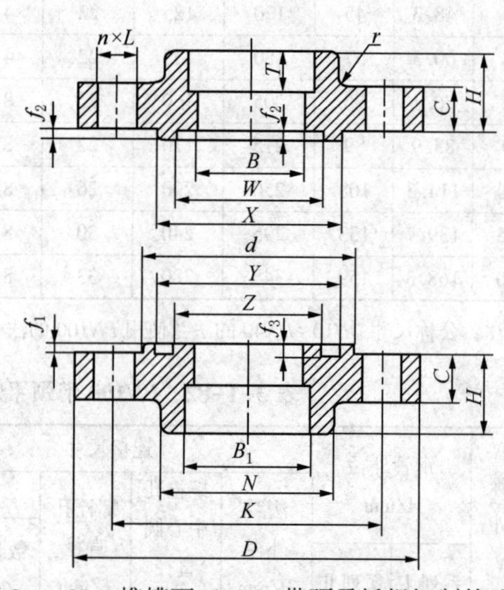

图 3-1-23　榫槽面（TG）带颈承插焊钢制管法兰
（适用于 *PN*10、*PN*16、*PN*25、*PN*40、
*PN*63 和 *PN*100）

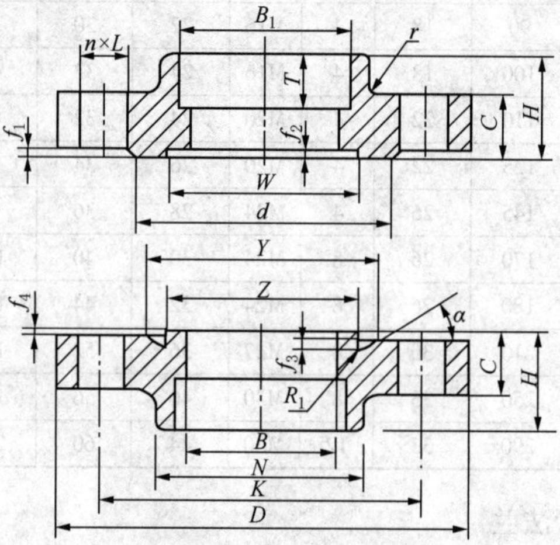

图 3-1-24　O 形圈面（OSG）带颈承插焊钢制管法兰
（适用于 *PN*10、*PN*16、*PN*25 和 *PN*40）

表 3-1-83 用 *PN* 标记的法兰密封面尺寸（GB/T 9117—2010）

公称尺寸 *DN*	公称压力 *PN*10	*PN*16	*PN*25	*PN*40、*PN*63、*PN*100	f_1/mm	f_2/mm	f_3/mm	f_4/mm	*W*/mm	*X*/mm	*Y*/mm	*Z*/mm	α ≈	R_1/mm
	d/mm													
10	40	40	40	40	2	4.5	4.0	2.0	24	34	35	23	—	2.5
15	45	45	45	45					29	39	40	28	—	
20	58	58	58	58					36	50	51	35	41°	
25	68	68	68	68					43	57	58	42		
32	78	78	78	78					51	65	66	50		
40	88	88	88	88	3				61	75	76	60		
50	102	102	102	102					73	87	88	72		

表 3-1-84 用 *PN* 标记的法兰环连接面尺寸（GB/T 9117—2010）

（mm）

公称尺寸 *DN*	*PN*63 J_{min}	*P*	*E*	*F*	R_{1max}	*PN*100 J_{min}	*P*	*E*	*F*	R_{1max}
15	55	35	6.5	9	0.8	55	35	6.5	9	0.8
20	68	45	6.5	9	0.8	68	45	6.5	9	0.8
25	78	50	6.5	9	0.8	78	50	6.5	9	0.8
32	86	65	6.5	9	0.8	86	65	6.5	9	0.8
40	102	75	6.5	9	0.8	102	75	6.5	9	0.8
50	112	85	8	12	0.8	116	85	8	12	0.8

表 3-1-85 *PN*10、*PN*16 带颈承插焊钢制管法兰（GB/T 9117—2010）

公称尺寸 *DN*	钢管外径 *A*/mm 系列Ⅰ	系列Ⅱ	连接尺寸 法兰外径 *D*/mm	螺栓孔中心圆直径 *K*/mm	螺栓孔直径 *L*/mm	螺栓 数量 *n*/个	螺纹规格	法兰厚度 *C*/mm	法兰高度 *H*/mm	法兰颈 *N*/mm	*r*/mm	法兰内径 *B*/mm 系列Ⅰ	系列Ⅱ	承插孔 B_1/mm 系列Ⅰ	系列Ⅱ	*T*/mm
10	17.2	14	90	60	14	4	M12	16	22	30	4	11.5	9	18	15	9
15	21.3	18	95	65	14	4	M12	16	22	35	4	15	12	22	19	10
20	26.9	25	105	75	14	4	M12	18	26	45	4	21	19	27.5	26	11
25	33.7	32	115	85	14	4	M12	18	28	52	4	27	26	34.5	33	13
32	42.4	38	140	100	18	4	M16	18	30	60	6	35	30	43.5	39	14
40	48.3	45	150	110	18	4	M16	18	32	70	6	41	37	49.5	46	16
50	60.3	57	165	125	18	4	M16	18	28	84	6	52	49	61.5	59	17

注：公称尺寸 *DN*10～*DN*40 的法兰使用 *PN*40 法兰的尺寸。

表 3-1-86　*PN*25、PN40 带颈承插焊钢制管法兰（GB/T 9117—2010）

公称尺寸 *DN*	钢管外径 *A*/mm		连接尺寸					法兰厚度 *C*/mm	法兰高度 *H*/mm	法兰颈		法兰内径 *B*/mm		承插孔		
	系列Ⅰ	系列Ⅱ	法兰外径 *D*/mm	螺栓孔中心圆直径 *K*/mm	螺栓孔直径 *L*/mm	螺栓 数量 *n*/个	螺栓 螺纹规格			*N*/mm	*r*/mm	系列Ⅰ	系列Ⅱ	B_1/mm 系列Ⅰ	B_1/mm 系列Ⅱ	*T*/mm
10	17.2	14	90	60	14	4	M12	16	22	30	4	11.5	9	18	15	9
15	21.3	18	95	65	14	4	M12	16	22	35	4	15	12	22	19	10
20	26.9	25	105	75	14	4	M12	18	26	45	4	21	19	27.5	26	11
25	33.7	32	115	85	14	4	M12	18	28	52	4	27	26	34.5	33	13
32	42.4	38	140	100	18	4	M16	18	30	60	6	35	30	43.5	39	14
40	48.3	45	150	110	18	4	M16	18	32	70	6	41	37	49.5	46	16
50	60.3	57	165	125	18	4	M16	20	34	84	6	52	49	61.5	59	17

表 3-1-87　*PN*63 带颈承插焊钢制管法兰（GB/T 9117—2010）

公称尺寸 *DN*	钢管外径 *A*/mm		连接尺寸					法兰厚度 *C*/mm	法兰高度 *H*/mm	法兰颈		法兰内径 *B*/mm		承插孔		
	系列Ⅰ	系列Ⅱ	法兰外径 *D*/mm	螺栓孔中心圆直径 *K*/mm	螺栓孔直径 *L*/mm	螺栓 数量 *n*/个	螺栓 螺纹规格			*N*/mm	*r*/mm	系列Ⅰ	系列Ⅱ	B_1/mm 系列Ⅰ	B_1/mm 系列Ⅱ	*T*/mm
10	17.2	14	100	70	14	4	M12	20	28	40	4	11.5	9	18	15	9
15	21.3	18	105	75	14	4	M12	20	28	43	4	15	12	22	19	10
20	26.9	25	130	90	18	4	M16	22	30	52	4	21	19	27.5	26	11
25	33.7	32	140	100	18	4	M16	24	32	60	4	27	26	34.5	33	13
32	42.4	38	155	110	22	4	M20	24	32	68	6	35	30	43.5	39	14
40	48.3	45	170	125	22	4	M20	26	34	80	6	41	37	49.5	46	16
50	60.3	57	180	135	22	4	M20	26	36	90	6	52	49	61.5	59	17

注：公称尺寸 *DN*10～*DN*40 的法兰使用 *PN*40 法兰的尺寸。

表 3-1-88　*PN*100 带颈承插焊钢制管法兰（GB/T 9117—2010）

公称尺寸 *DN*	钢管外径 *A*/mm		连接尺寸					法兰厚度 *C*/mm	法兰高度 *H*/mm	法兰颈		法兰内径 *B*/mm		承插孔		
	系列Ⅰ	系列Ⅱ	法兰外径 *D*/mm	螺栓孔中心圆直径 *K*/mm	螺栓孔直径 *L*/mm	螺栓 数量 *n*/个	螺栓 螺纹规格			*N*/mm	*r*/mm	系列Ⅰ	系列Ⅱ	B_1/mm 系列Ⅰ	B_1/mm 系列Ⅱ	*T*/mm
10	17.2	14	100	70	14	4	M12	20	28	40	4	11.5	9	18	15	9
15	21.3	18	105	75	14	4	M12	20	28	43	4	15	12	22	19	10
20	26.9	25	130	90	18	4	M16	22	30	52	4	21	19	27.5	26	11
25	33.7	32	140	100	18	4	M16	24	32	60	4	27	26	34.5	33	13
32	42.4	38	155	110	22	4	M20	24	32	68	6	35	30	43.5	39	14
40	48.3	45	170	125	22	4	M20	26	34	80	6	41	37	49.5	46	16
50	60.3	57	195	145	26	4	M24	28	36	95	6	52	49	61.5	59	17

5）析式平焊钢制管法兰

析式平焊钢制管法兰的型式应符合图 3-1-25 和图 3-1-26 的规定，法兰尺寸应符合表 3-1-89~表 3-1-96 的规定。

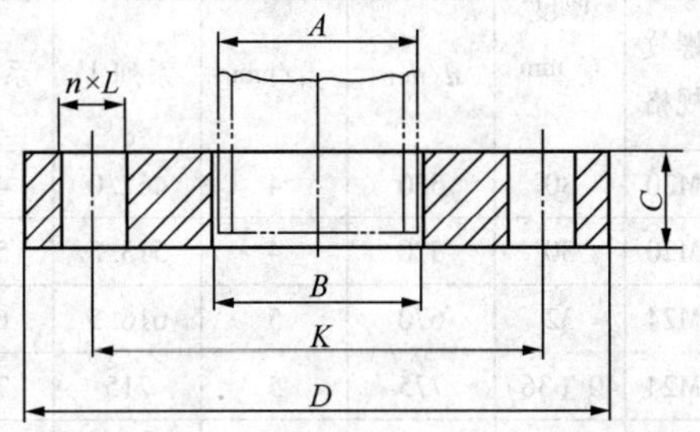

图 3-1-25 平面（FF）板式平焊钢制管法兰（适用于 PN2.5、PN6、PN10、PN16、PN25 和 PN40）

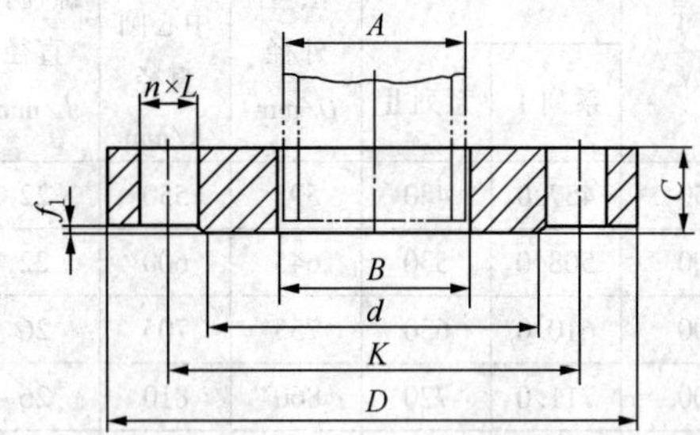

图 3-1-26 突面（RF）板式平焊钢制管法兰（适用于 PN2.5、PN6、PN10、PN16、PN25、PN40、PN63 和 PN100）

表 3-1-89 PN2.5 板式平焊钢制管法兰（GB/T 9119—2010）

公称[①]尺寸 DN	钢管外径 A/mm		连接尺寸					法兰[③]厚度 C/mm	密封面		法兰内径 B/mm	
			法兰外径 D/mm	螺栓孔中心圆直径 K/mm	螺栓孔直径 L/mm	螺栓						
	系列Ⅰ	系列Ⅱ				数量 n/个	螺纹规格		d/mm	f_1/mm	系列Ⅰ	系列Ⅱ
10	17.2	14	75	50	11	4	M10	12	35	2	18.0	15
15	21.3	18	80	55	11	4	M10	12	40	2	22.0	19
20	26.9	25	90	65	11	4	M10	14	50	2	27.5	26
25	33.7	32	100	75	11	4	M10	14	60	2	34.5	33
32	42.4	38	120	90	14	4	M12	16	70	2	43.5	39
40	48.3	45	130	100	14	4	M12	16	80	3	49.5	46
50	60.3	57	140	110	14	4	M12	16	90	3	61.5	59
65	76.1	76	160	130	14	4	M12	16	110	3	77.5	78
80	88.9	89	190	150	18	4	M16	18	128	3	90.5	91
100	114.3	108	210	170	18	4	M16	18	148	3	116.0	110
125	139.7	133	240	200	18	8	M16	20	178	3	141.5	135
150	168.3	159	265	225	18	8	M16	20	202	3	170.5	161
(175)[②]	193.7	—	295	255	18	8	M16	22	232	3	196	—
200	219.1	219	320	280	18	8	M16	22	258	3	221.5	222
(225)[②]	245	—	345	305	18	8	M16	22	282	3	248	—
250	273.0	273	375	335	18	12	M16	24	312	3	276.5	276
300	323.9	325	440	395	22	12	M20	24	365	4	327.5	328
350	355.6	377	490	445	22	12	M20	26	415	4	359.5	380
400	406.4	426	540	495	22	16	M20	28	465	4	411.0	430

续表

公称①尺寸 DN	钢管外径 A/mm		连接尺寸					法兰③厚度 C/mm	密封面		法兰内径 B/mm	
			法兰外径 D/mm	螺栓孔中心圆直径 K/mm	螺栓孔直径 L/mm	螺栓						
	系列Ⅰ	系列Ⅱ				数量 n/个	螺纹规格		d/mm	f_1/mm	系列Ⅰ	系列Ⅱ
450	457.0	480	595	550	22	16	M20	30	520	4	462.0	484
500	508.0	530	645	600	22	20	M20	30	570	4	513.5	534
600	610.0	630	755	705	26	20	M24	32	670	5	616.5	634
700	711.0	720	860	810	26	24	M24	40（36）	775	5	715	724
800	813.0	820	975	920	30	24	M27	44（38）	880	5	817	824
900	914.0	920	1075	1020	30	24	M27	48（40）	980	5	918	924
1000	1016	1020	1175	1120	30	28	M27	52（42）	1080	5	1020	1024
1200	1219	1220	1375	1320	30	32	M27	60（44）	1280	5	1223	1224
1400	1422	1420	1575	1520	30	36	M27	65（48）	1480	5	1426	1424
1600	1626	1620	1790	1730	30	40	M27	72（51）	1690	5	1630	1624
1800	1829	1820	1990	1930	30	44	M27	79（54）	1890	5	1833	1824
2000	2032	2020	2190	2130	30	48	M27	86（58）	2090	5	2036	2024

注：①公称尺寸 DN10～DN1000 的法兰使用 PN6 法兰的尺寸。

②带括号尺寸不推荐使用，并且仅适用于船用法兰。

③括号内尺寸为原标准法兰厚度，对于现有设备或供需双方认可仍可采用括号内的法兰厚度尺寸。

表 3-1-90　*PN*6 板式平焊钢制管法兰（GB/T 9119—2010）

公称①尺寸 DN	钢管外径 A/mm		连接尺寸					法兰②厚度 C/mm	密封面		法兰内径 B/mm	
			法兰外径 D/mm	螺栓孔中心圆直径 K/mm	螺栓孔直径 L/mm	螺栓						
	系列Ⅰ	系列Ⅱ				数量 n/个	螺纹规格		d/mm	f_1/mm	系列Ⅰ	系列Ⅱ
10	17.2	14	75	50	11	4	M10	12	35	2	18.0	15
15	21.3	18	80	55	11	4	M10	12	40	2	22.0	19
20	26.9	25	90	65	11	4	M10	14	50	2	27.5	26
25	33.7	32	100	75	11	4	M10	14	60	2	34.5	33
32	42.4	38	120	90	14	4	M12	16	70	2	43.5	39
40	48.3	45	130	100	14	4	M12	16	80	3	49.5	46
50	60.3	57	140	110	14	4	M12	16	90	3	61.5	59
65	76.1	76	160	130	14	4	M12	16	110	3	77.5	78
80	88.9	89	190	150	18	4	M16	18	128	3	90.5	91
100	114.3	108	210	170	18	4	M16	18	148	3	116.0	110
125	139.7	133	240	200	18	8	M16	20	178	3	141.5	135
150	168.3	159	265	225	18	8	M16	20	202	3	170.5	161
（175）	193.7	—	295	255	18	8	M16	22	232	3	196	—

续表

公称[①]尺寸 DN	钢管外径 A/mm		连接尺寸					法兰[②]厚度 C/mm	密封面		法兰内径 B/mm	
	系列Ⅰ	系列Ⅱ	法兰外径 D/mm	螺栓孔中心圆直径 K/mm	螺栓孔直径 L/mm	螺栓数量 n/个	螺栓螺纹规格		d/mm	f_1/mm	系列Ⅰ	系列Ⅱ
200	219.1	219	320	280	18	8	M16	22	258	3	221.5	222
(225)	245	—	345	305	18	8	M16	22	282	3	248	—
250	273.0	273	375	335	18	12	M16	24	312	3	276.5	276
300	323.9	325	440	395	22	12	M20	24	365	4	327.5	328
350	355.6	377	490	445	22	12	M20	26	415	4	359.5	380
400	406.4	426	540	495	22	16	M20	28	465	4	411.0	430
450	457.0	480	595	550	22	16	M20	30	520	4	462.0	484
500	508.0	530	645	600	22	20	M20	30	570	4	513.5	534
600	610.0	630	755	705	26	20	M24	32	670	5	616.5	634
700	711.0	720	860	810	26	24	M24	40	775	5	715	724
800	813.0	820	975	920	30	24	M27	44	880	5	817	824
900	914.0	920	1075	1020	30	24	M27	48	980	5	918	924
1000	1016	1020	1175	1120	30	28	M27	52	1080	5	1020	1024
1200	1219	1220	1405	1340	33	32	M30	60	1295	5	1223	1224
1400	1422	1420	1630	1560	36	36	M33	72 (68)	1510	5	1426	1424
1600	1626	1620	1830	1760	36	40	M33	80 (76)	1710	5	1630	1624
1800	1829	1820	2045	1970	39	44	M36	88 (84)	1920	5	1833	1824
2000	2032	2020	2265	2180	42	48	M39	96 (92)	2125	5	2036	2024

注：①带括号尺寸不推荐使用，并且仅适用于船用法兰。

②括号内尺寸为原标准法兰厚度，对于现有设备或供需双方认可仍可采用括号内的法兰厚度尺寸。

表 3-1-91 *PN*10 板式平焊钢制管法兰（GB/T 9119—2010）

公称[①]尺寸 DN	钢管外径 A/mm		连接尺寸					法兰厚度 C/mm	密封面		法兰内径 B/mm	
	系列Ⅰ	系列Ⅱ	法兰外径 D/mm	螺栓孔中心圆直径 K/mm	螺栓孔直径 L/mm	螺栓数量 n/个	螺栓螺纹规格		d/mm	f_1/mm	系列Ⅰ	系列Ⅱ
10	17.2	14	90	60	14	4	M12	14	40	2	18.0	15
15	21.3	18	95	65	14	4	M12	14	45	2	22.0	19
20	26.9	25	105	75	14	4	M12	16	58	2	27.5	26
25	33.7	32	115	85	14	4	M12	16	68	2	34.5	33
32	42.4	38	140	100	18	4	M16	18	78	2	43.5	39
40	48.3	45	150	110	18	4	M16	18	88	3	49.5	46
50	60.3	57	165	125	18	4	M16	20	102	3	61.5	59
65	76.1	76	185	145	18	8[②]	M16	20	122	3	77.5	78
80	88.9	89	200	160	18	8	M16	20	138	3	90.5	91
100	114.3	108	220	180	18	8	M16	22	158	3	116.0	110
125	139.7	133	250	210	18	8	M16	22	188	3	141.5	135

续表

公称①尺寸 DN	钢管外径 A/mm		连接尺寸					法兰厚度 C/mm	密封面		法兰内径 B/mm	
	系列Ⅰ	系列Ⅱ	法兰外径 D/mm	螺栓孔中心圆直径 K/mm	螺栓孔直径 L/mm	螺栓 数量 n/个	螺栓 螺纹规格		d/mm	f_1/mm	系列Ⅰ	系列Ⅱ
150	168.3	159	285	240	22	8	M20	24	212	3	170.5	161
(175)④	193.7	—	315	270	22	8	M20	24	242	3	196	—
200	219.1	219	340	295	22	8	M20	24	268	3	221.5	222
(225)④	245	—	370	325	22	8	M20	24	295	3	248	—
250	273.0	273	395	350	22	12	M20	26	320	3	276.5	276
300	323.9	325	445	400	22	12	M20	26	370	4	327.5	328
350	355.6	377	505	460	22	16	M20	30	430	4	359.5	381
400	406.4	426	565	515	26	16	M24	32	482	4	411.0	430
450	457.0	480	615	565	26	20	M24	36	532	4	462.0	485
500	508.0	530	670	620	26	20	M24	38	585	4	513.5	535
600	610.0	630	780	725	30	20	M27	42	685	5	616.5	636
700	711.0	720	895	840	30	24	M27	50	800	5	715	724
800	813.0	820	1015	950	33	24	M30	56	905	5	817	824
900	914.0	920	1115	1050	33	28	M30	62	1005	5	918	924
1000	1016	1020	1230	1160	36	28	M33	70	1110	5	1020	1024
1200	1219	1220	1455	1380	39	32	M36	83	1330	5	1223	1224
1400	1422	1420	1675	1590	42	36	M39	90③	1535	5	1426	1424
1600	1626	1620	1915	1820	48	40	M45	100③	1760	5	1630	1624
1800	1829	1820	2115	2020	48	44	M45	110③	1960	5	1833	1824
2000	2032	2020	2325	2230	48	48	M45	120③	2170	5	2036	2024

注：①公称尺寸 *DN*10～*DN*40 的法兰使用 *PN*40 法兰的尺寸；公称尺寸 *DN*50～*DN*150 的法兰使用 *PN*16 法兰的尺寸。

②对于铸铁法兰和铜合金法兰，该规格的法兰可能是 4 个螺栓孔的，因此，当制造厂和用户协商同意后，与铸铁法兰和铜合金法兰配对使用的钢制法兰可以采用 4 个螺栓孔。

③用户可以根据计算确定法兰厚度。

④带括号尺寸不推荐使用，并且仅适用于船用法兰。

表 3-1-92　*PN*16 板式平焊钢制管法兰（GB/T 9119—2010）

公称①尺寸 DN	钢管外径 A/mm		连接尺寸					法兰厚度 C/mm	密封面		法兰内径 B/mm	
	系列Ⅰ	系列Ⅱ	法兰外径 D/mm	螺栓孔中心圆直径 K/mm	螺栓孔直径 L/mm	螺栓 数量 n/个	螺栓 螺纹规格		d/mm	f_1/mm	系列Ⅰ	系列Ⅱ
10	17.2	14	90	60	14	4	M12	14	40	2	18.0	15
15	21.3	18	95	65	14	4	M12	14	45	2	22.0	19
20	26.9	25	105	75	14	4	M12	16	58	2	27.5	26
25	33.7	32	115	85	14	4	M12	16	68	2	34.5	33
32	42.4	38	140	100	18	4	M16	18	78	2	43.5	39
40	48.3	45	150	110	18	4	M16	18	88	3	49.5	46
50	60.3	57	165	125	18	4	M16	20	102	3	61.5	59

续表

公称[1]尺寸 DN	钢管外径 A/mm		连接尺寸					法兰厚度 C/mm	密封面		法兰内径 B/mm	
	系列Ⅰ	系列Ⅱ	法兰外径 D/mm	螺栓孔中心圆直径 K/mm	螺栓孔直径 L/mm	螺栓数量 n/个	螺栓螺纹规格		d/mm	f_1/mm	系列Ⅰ	系列Ⅱ
65	76.1	76	185	145	18	8[2]	M16	20	122	3	77.5	78
80	88.9	89	200	160	18	8	M16	20	138	3	90.5	91
100	114.3	108	220	180	18	8	M16	22	158	3	116.0	110
125	139.7	133	250	210	18	8	M16	22	188	3	141.5	135
150	168.3	159	285	240	22	8	M20	24	212	3	170.5	161
(175)[4]	193.7	—	315	270	22	8	M20	24	242	3	196	—
200	219.1	219	340	295	22	12	M20	26	268	3	221.5	222
(225)[4]	245	—	370	325	22	12	M20	27	295	3	248	—
250	273.0	273	405	355	26	12	M24	29	320	3	276.5	276
300	323.9	325	460	410	26	12	M24	32	378	4	327.5	328
350	355.6	377	520	470	26	16	M24	35	438	4	359.5	381
400	406.4	426	580	525	30	16	M27	38	490	4	411.0	430
450	457.0	480	640	585	30	20	M27	42	550	4	462.0	485
500	508.0	530	715	650	33	20	M30	46	610	4	513.5	535
600	610.0	630	840	770	36	20	M33	55	725	5	616.5	636
700	711.0	720	910	840	36	24	M33	63	795	5	715	724
800	813.0	820	1025	950	39	24	M36	74	900	5	817	824
900	914.0	920	1125	1050	39	28	M36	82	1000	5	918	924
1000	1016	1020	1255	1170	42	28	M39	90	1115	5	1020	1024
1200	1219	1220	1485	1390	48	32	M45	95[3]	1330	5	1223	1224
1400	1422	1420	1685	1590	48	36	M45	103[3]	1530	5	1426	1424
1600	1626	1620	1930	1820	56	40	M52	115[3]	1750	5	1630	1624
1800	1829	1820	2130	2020	56	44	M52	126[3]	1950	5	1833	1824
2000	2032	2020	2345	2230	62	48	M56	138[3]	2150	5	2036	2024

注：①公称尺寸 *DN*10～*DN*40 的法兰使用 *PN*40 法兰的尺寸。

②对于铸铁法兰和铜合金法兰，该规格的法兰可能是 4 个螺栓孔的，因此，当制造厂和用户协商同意后，与铸铁法兰和铜合金法兰配对使用的钢制法兰可以采用 4 个螺栓孔。

③用户可以根据计算确定法兰厚度。

④带括号尺寸不推荐使用，并且仅适用于船用法兰。

表 3-1-93 *PN*25 板式平焊钢制管法兰（GB/T 9119—2010）

公称尺寸 DN	钢管外径 A/mm		连接尺寸					法兰厚度 C/mm	密封面		法兰内径 B/mm	
	系列Ⅰ	系列Ⅱ	法兰外径 D/mm	螺栓孔中心圆直径 K/mm	螺栓孔直径 L/mm	螺栓数量 n/个	螺栓螺纹规格		d/mm	f_1/mm	系列Ⅰ	系列Ⅱ
10	17.2	14	90	60	14	4	M12	14	40	2	18.0	15
15	21.3	18	95	65	14	4	M12	14	45	2	22.0	19
20	26.9	25	105	75	14	4	M12	16	58	2	27.5	26
25	33.7	32	115	85	14	4	M12	16	68	2	34.5	33
32	42.4	38	140	100	18	4	M16	18	78	2	43.5	39
40	48.3	45	150	110	18	4	M16	18	88	3	49.5	46

续表

公称尺寸 DN	钢管外径 A/mm		连接尺寸					法兰厚度 C/mm	密封面		法兰内径 B/mm	
	系列Ⅰ	系列Ⅱ	法兰外径 D/mm	螺栓孔中心圆直径 K/mm	螺栓孔直径 L/mm	螺栓数量 n/个	螺栓螺纹规格		d/mm	f_1/mm	系列Ⅰ	系列Ⅱ
50	60.3	57	165	125	18	4	M16	20	102	3	61.5	59
65	76.1	46	185	145	18	8	M16	22	122	3	77.5	78
80	88.9	89	200	160	18	8	M16	24	138	3	90.5	91
100	114.3	108	235	190	22	8	M20	26	162	3	116.0	110
125	139.7	133	270	220	26	8	M24	28	188	3	141.5	135
150	168.3	159	300	250	26	8	M24	30	218	3	170.5	161
200	219.1	219	360	310	26	12	M24	32	278	3	221.5	222
250	273.0	273	425	370	30	12	M27	35	335	3	276.5	276
300	323.9	325	485	430	30	16	M27	38	395	4	327.5	328
350	355.6	377	555	490	33	16	M30	42	450	4	359.5	381
400	406.4	426	620	550	36	16	M33	48	505	4	411.0	430
450	457.0	480	670	600	36	20	M33	54	555	4	462.0	485
500	508.0	530	730	660	36	20	M33	58	615	4	513.5	535
600	610.0	630	845	770	39	20	M36	68	720	5	616.5	636
700	711.0	720	960	875	42	24	M39	85	820	5	715	724
800	813.0	820	1085	990	48	24	M45	95	930	5	817	824

注：公称尺寸 DN10~DN150 的法兰使用 PN40 法兰的尺寸。

表 3-1-94　PN40 板式平焊钢制管法兰（GB/T 9119—2010）

公称尺寸 DN	钢管外径 A/mm		连接尺寸					法兰厚度 C/mm	密封面		法兰内径 B/mm	
	系列Ⅰ	系列Ⅱ	法兰外径 D/mm	螺栓孔中心圆直径 K/mm	螺栓孔直径 L/mm	螺栓数量 n/个	螺栓螺纹规格		d/mm	f_1/mm	系列Ⅰ	系列Ⅱ
10	17.2	14	90	60	14	4	M12	14	40	2	18.0	15
15	21.3	18	95	65	14	4	M12	14	45	2	22.0	19
20	26.9	25	105	75	14	4	M12	16	58	2	27.5	26
25	33.7	32	115	85	14	4	M12	16	68	2	34.5	33
32	42.4	38	140	100	18	4	M16	18	78	2	43.5	39
40	48.3	45	150	110	18	4	M16	18	88	3	49.5	46
50	60.3	57	165	125	18	4	M16	20	102	3	61.5	59
65	76.1	46	185	145	18	8	M16	22	122	3	77.5	78
80	88.9	89	200	160	18	8	M16	24	138	3	90.5	91
100	114.3	108	235	190	22	8	M20	26	162	3	116.0	110
125	139.7	133	270	220	26	8	M24	28	188	3	141.5	135
150	168.3	159	300	250	26	8	M24	30	218	3	170.5	161
200	219.1	219	375	320	30	12	M27	36	285	3	221.5	222
250	273.0	273	450	385	33	12	M30	42	345	3	276.5	276
300	323.9	325	515	450	33	16	M30	52	410	4	327.5	328
350	355.6	377	580	510	36	16	M33	58	465	4	359.5	381
400	406.4	426	660	585	39	16	M36	65	535	4	411.0	430
450	457.0	480	685	610	39	20	M36	66	560	4	462.0	485
500	508.0	530	755	670	42	20	M39	72	615	4	513.5	535
600	610.0	630	890	795	48	20	M45	84	735	5	616.5	636

表 3-1-95　*PN*63 板式平焊钢制管法兰（GB/T 9119—2010）

公称尺寸 *DN*	钢管外径 *A*/mm 系列Ⅰ	钢管外径 *A*/mm 系列Ⅱ	连接尺寸 法兰外径 *D*/mm	连接尺寸 螺栓孔中心圆直径 *K*/mm	连接尺寸 螺栓孔直径 *L*/mm	连接尺寸 螺栓 数量 *n*/个	连接尺寸 螺栓 螺纹规格	法兰厚度 *C*/mm	密封面 *d*/mm	密封面 f_1/mm	法兰内径 *B*/mm 系列Ⅰ	法兰内径 *B*/mm 系列Ⅱ
10	17.2	14	100	70	14	4	M12	20	40	2	18.0	15
15	21.3	18	105	75	14	4	M12	20	45	2	22.0	19
20	26.9	25	130	90	18	4	M16	22	58	2	27.5	26
25	33.7	32	140	100	18	4	M16	24	68	2	34.5	33
32	42.4	38	155	110	22	4	M20	24	78	2	43.5	39
40	48.3	45	170	125	22	4	M20	26	88	3	49.5	46
50	60.3	57	180	135	22	4	M20	26	102	3	61.5	59
65	76.1	76	205	160	22	8	M20	26	122	3	77.5	78
80	88.9	89	215	170	22	8	M20	30	138	3	90.5	91
100	114.3	108	250	200	26	8	M24	32	162	3	116.0	110
125	139.7	133	295	240	30	8	M27	34	188	3	141.5	135
150	168.3	159	345	280	33	8	M30	36	218	3	170.5	161
200	219.1	219	415	345	36	12	M33	48	285	3	221.5	222
250	273.0	273	470	400	36	12	M33	55	345	3	276.5	276
300	323.9	325	530	460	36	16	M33	65	410	4	327.5	328
350	355.6	377	600	525	39	16	M36	72	465	4	359.5	381
400	406.4	426	670	585	42	16	M39	80	535	4	411.0	430

注：公称尺寸 *DN*10~*DN*40 的法兰使用 *PN*100 法兰的尺寸。

表 3-1-96　*PN*100 带颈平焊钢制管法兰（GB/T 9119—2010）

公称尺寸 *DN*	钢管外径 *A*/mm 系列Ⅰ	钢管外径 *A*/mm 系列Ⅱ	连接尺寸 法兰外径 *D*/mm	连接尺寸 螺栓孔中心圆直径 *K*/mm	连接尺寸 螺栓孔直径 *L*/mm	连接尺寸 螺栓 数量 *n*/个	连接尺寸 螺栓 螺纹规格	法兰厚度 *C*/mm	密封面 *d*/mm	密封面 f_1/mm	法兰内径 *B*/mm 系列Ⅰ	法兰内径 *B*/mm 系列Ⅱ
10	17.2	14	100	70	14	4	M12	20	40	2	18.0	15
15	21.3	18	105	75	14	4	M12	20	45	2	22.0	19
20	26.9	25	130	90	18	4	M16	22	58	2	27.5	26
25	33.7	32	140	100	18	4	M16	24	68	2	34.5	33
32	42.4	38	155	110	22	4	M20	24	78	2	43.5	39
40	48.3	45	170	125	22	4	M20	26	88	3	49.5	46
50	60.3	57	195	145	26	4	M24	28	102	3	61.5	59
65	76.1	46	220	170	26	8	M24	30	122	3	77.5	78
80	88.9	89	230	180	26	8	M24	34	138	3	90.5	91
100	114.3	108	265	210	30	8	M27	36	162	3	116.5	110
125	139.7	133	315	250	33	8	M30	42	188	3	141.5	135
150	168.3	159	355	290	33	12	M30	48	218	3	170.5	161
200	219.1	219	430	360	36	12	M33	60	285	3	221.5	222
250	273.0	273	505	430	39	12	M36	72	345	3	276.5	276
300	323.9	325	585	500	42	16	M39	84	410	4	327.5	328
350	355.6	377	655	560	48	16	M45	95	465	4	359.5	381

6）对焊环板式松套钢制管法兰

a）用PN标记的A型对焊环板式松套钢制管法兰的型式应符合图3-1-27~图3-1-30的规定，法兰密封面尺寸应符合表3-1-97的规定，法兰的其他尺寸应符合表3-1-98~表3-1-101的规定，当用户选用的S值不同于表中数值时，应在订货时注明。

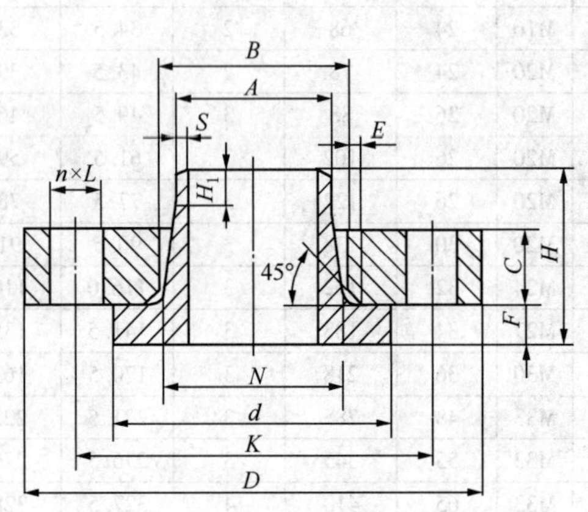

图3-1-27　A型突面（RF）对焊环板式松套钢制管法兰

（适用于PN10、PN16、PN25和PN40）

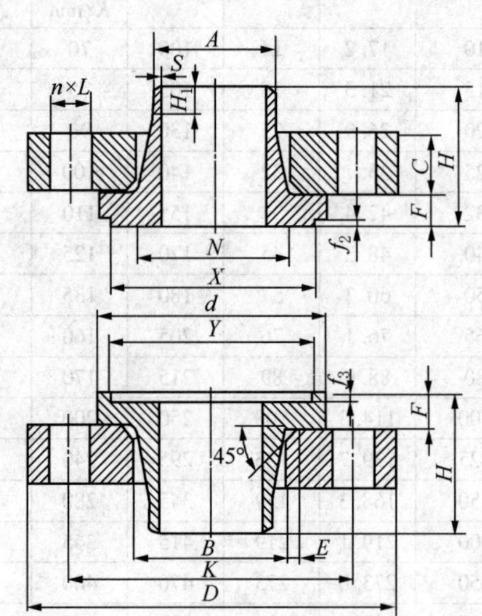

图3-1-28　A型凹凸面（MFM）对焊环板式松套钢制管法兰

（适用于PN10、PN16、PN25和PN40）

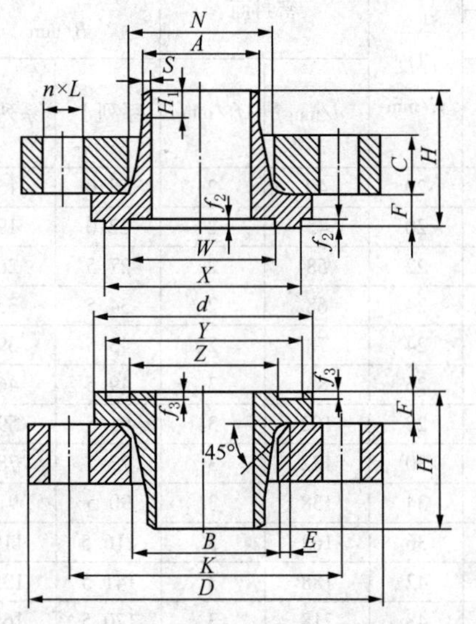

图3-1-29　A型榫槽面（TG）对焊环板式松套钢制管法兰

（适用于PN10、PN16、PN25和PN40）

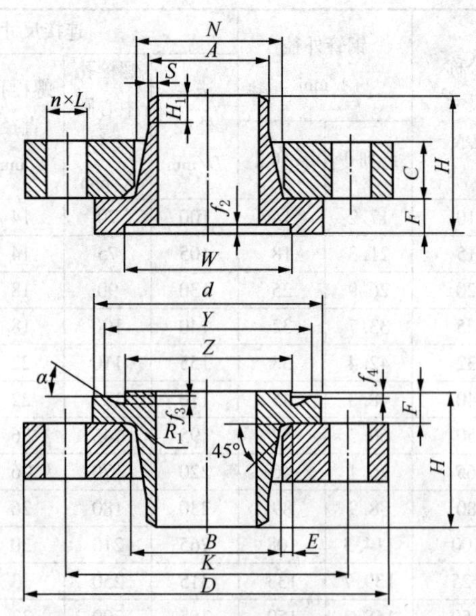

图3-1-30　A型O型圈面（OSG）对焊环板式松套钢制管法兰

（适用于PN10、PN16、PN25和PN40）

表 3-1-97 用 *PN* 标记的法兰密封面尺寸（GB/T 9120—2010）

公称尺寸 *DN*	公称压力 *PN*2.5 *d*/mm	公称压力 *PN*6 *d*/mm	公称压力 *PN*10 *d*/mm	公称压力 *PN*16 *d*/mm	公称压力 *PN*25 *d*/mm	公称压力 ≥*PN*40 *d*/mm	f_2/mm	f_3/mm	f_4/mm	*W*/mm	*X*/mm	*Y*/mm	*Z*/mm	α ≈	R_1/mm
10	35	35	40	40	40	40				24	34	35	23	—	
15	40	40	45	45	45	45				29	39	40	28	—	
20	50	50	58	58	58	58				36	50	51	35		
25	60	60	68	68	68	68				43	57	58	42		
32	70	70	78	78	78	78	4.5	4.0	2.0	51	65	66	50		2.5
40	80	80	88	88	88	88				61	75	76	60	41°	
50	90	90	102	102	102	102				73	87	88	72		
65	110	110	122	122	122	122				95	109	110	94		
80	128	128	138	138	138	138				106	120	121	105		
100	148	148	158	158	162	162				129	149	150	128		
125	178	178	188	188	188	188				155	175	176	154		
150	202	202	212	212	218	218				183	203	204	182		
200	258	258	268	268	278	285	5.0	4.5	2.5	239	259	260	238	32°	3
250	312	312	320	320	335	345				292	312	313	291		
300	365	365	370	378	395	410				343	363	364	342		
350	415	415	430	438	450	465				395	421	422	394		
400	465	465	482	490	505	535				447	473	474	446		
450	520	520	532	550	555	560				497	523	524	496		
500	570	570	585	610	615	615				549	575	576	548		
600	670	670	685	725	720	735	5.5	5.0	3.0	649	675	675	648	27°	3.5
700	775	775	800	795	820	840				751	777	778	750		
800	880	880	905	900	930	960				856	882	883	855		
900	980	980	1005	1000	1030	1070				961	987	988	960		
1000	1080	1080	1110	1115	1140	1180	6.5	6.0	4.0	1062	1092	1094	1060	28°	4
1200	1280	1295	1330	1330	1350	1380				1262	1292	1294	1260		

表 3－1－98　*PN*10A 型对焊环板式松套钢制管法兰（GB/T 9120—2010）

公称[①]尺寸 *DN*	法兰焊端外径（钢管外径）*A*/mm		连接尺寸					法兰厚度 *C*/mm	法兰内径			对焊环						
			法兰外径 *D*/mm	螺栓孔中心圆直径 *K*/mm	螺栓孔直径 *L*/mm	螺栓			*B*/mm		*E*/mm	外径 *d*/mm	*N*/mm		*F*/mm	H_1/mm	*H*/mm	*S*/mm
	系列Ⅰ	系列Ⅱ				数量 *n*/个	螺纹规格		系列Ⅰ	系列Ⅱ			系列Ⅰ	系列Ⅱ				
10	17.2	14	90	60	14	4	M12	14	31	31	3	40	28	28	12	6	35	1.8
15	21.3	18	95	65	14	4	M12	14	35	35	3	45	32	32	12	6	38	2.0
20	26.9	25	105	75	14	4	M12	16	42	42	4	58	40	40	14	6	40	2.3
25	33.7	32	115	85	14	4	M12	16	49	49	4	68	46	46	14	6	40	2.6
32	42.4	38	140	100	18	4	M16	18	59	59	5	78	56	56	14	6	42	2.6
40	48.3	45	150	110	18	4	M16	18	67	67	5	88	64	64	14	7	45	2.6
50	60.3	57	165	125	18	4	M16	20	77	77	5	102	74	74	16	8	45	2.9
65	76.1	76	185	145	18	8[②]	M16	20	96	96	6	122	92	92	16	10	45	2.9
80	88.9	89	200	160	18	8	M16	20	108	114	6	138	105	110	16	10	50	3.2
100	114.3	108	220	180	18	8	M16	22	134	134	6	162	131	130	18	12	52	3.6
125	139.7	133	250	210	18	8	M16	22	162	162	6	188	156	158	18	12	55	4.0
150	168.3	159	285	240	22	8	M20	24	188	188	6	212	184	184	20	12	55	4.5
200	219.1	219	340	295	22	8	M20	24	240	240	6	268	234	234	20	16	62	6.3
250	273.0	273	395	350	22	12	M20	26	294	294	8	320	292	288	22	16	68	6.3
300	323.9	325	445	400	22	12	M20	26	348	348	8	370	342	342	22	16	68	7.1
350	355.6	377	505	460	22	16	M20	30	400	410	8	430	385	400	22	16	68	7.1
400	406.4	426	565	515	26	16	M24	32	450	455	8	482	440	445	24	16	72	7.1
450	457.0	480	615	565	26	20	M24	36	498	510	8	532	488	500	24	16	72	7.1
500	508.0	530	670	620	26	20	M24	38	550	560	8	585	542	550	26	16	75	7.1
600	610.0	630	780	725	30	20	M27	42	650	660	8	685	642	650	26	18	82	—

注：①公称尺寸 *DN*10 ~ *DN*40 的法兰使用 *PN*40 法兰的尺寸；公称尺寸 *DN*50 ~ *DN*150 的法兰使用 *PN*16 法兰的尺寸。

②对于铸铁法兰和铜合金法兰，该规格的法兰可能是 4 个螺栓孔的，因此，当制造厂和用户协商同意后，与铸铁法兰和铜合金法兰配对使用的钢制法兰可以采用 4 个螺栓孔。

表 3-1-99　*PN*16A 型对焊环板式松套钢制管法兰（GB/T 9120—2010）

公称①尺寸 *DN*	法兰焊端外径（钢管外径）*A*/mm		连接尺寸					法兰厚度 *C*/mm	法兰内径			对焊环						
			法兰外径 *D*/mm	螺栓孔中心圆直径 *K*/mm	螺栓孔直径 *L*/mm	螺栓			*B*/mm		*E*/mm	外径 *d*/mm	*N*/mm		*F*/mm	H_1/mm	*H*/mm	*S*/mm
	系列Ⅰ	系列Ⅱ				数量 *n*/个	螺纹规格		系列Ⅰ	系列Ⅱ			系列Ⅰ	系列Ⅱ				
10	17.2	14	90	60	14	4	M12	14	31	31	3	40	28	28	12	6	35	1.8
15	21.3	18	95	65	14	4	M12	14	35	35	3	45	32	32	12	6	38	2.0
20	26.9	25	105	75	14	4	M12	16	42	42	4	58	40	40	14	6	40	2.3
25	33.7	32	115	85	14	4	M12	16	49	49	4	68	46	46	14	6	40	2.6
32	42.4	38	140	100	18	4	M16	18	59	59	5	78	56	56	14	6	42	2.6
40	48.3	45	150	110	18	4	M16	18	67	67	5	88	64	64	14	7	45	2.6
50	60.3	57	165	125	18	4	M16	20	77	77	5	102	74	74	16	8	45	2.9
65	76.1	76	185	145	18	8②	M16	20	96	96	6	122	92	92	16	10	45	2.9
80	88.9	89	200	160	18	8	M16	20	108	114	6	138	105	110	16	10	50	3.2
100	114.3	108	220	180	18	8	M16	22	134	134	6	158	131	130	18	12	52	3.6
125	139.7	133	250	210	18	8	M16	22	162	162	6	188	156	158	18	12	55	4.0
150	168.3	159	285	240	22	8	M20	24	188	188	6	212	184	184	20	12	55	4.5
200	219.1	219	340	295	22	12	M20	26	240	240	6	268	235	234	20	16	62	6.3
250	273.0	273	405	355	26	12	M24	29	294	294	8	320	292	288	22	16	70	6.3
300	323.9	325	460	410	26	12	M24	32	348	348	8	378	344	342	24	16	78	7.1
350	355.6	377	520	470	26	16	M24	35	400	410	8	438	390	400	26	16	82	8.0
400	406.4	426	580	525	30	16	M27	38	454	460	8	490	445	450	28	16	85	8.0
450	457.0	480	640	285	30	20	M27	42	500	516	8	550	490	506	30	16	83	8.0
500	508.0	530	715	650	33	20	M30	46	556	569	8	610	548	559	32	16	84	8.0
600	610.0	630	840	770	36	20	M33	55	660	670	8	725	670	660	32	18	88	8.8

注：①公称尺寸 *DN*10 ~ *DN*40 的法兰使用 *PN*40 法兰的尺寸。

②对于铸铁法兰和铜合金法兰，该规格的法兰可能是4个螺栓孔的，因此，当制造厂和用户协商同意后，与铸铁法兰和铜合金法兰配对使用的钢制法兰可以采用4个螺栓孔。

表 3-1-100 *PN*25A 型对焊环板式松套钢制管法兰（GB/T 9120—2010）

公称[①]尺寸 *DN*	法兰焊端外径（钢管外径）*A*/mm		连接尺寸					法兰厚度 *C*/mm	法兰内径			对焊环						
			法兰外径 *D*/mm	螺栓孔中心圆直径 *K*/mm	螺栓孔直径 *L*/mm	螺栓			*B*/mm		*E*/mm	外径 *d*/mm	*N*/mm		*F*/mm	H_1/mm	*H*/mm	*S*/mm
	系列Ⅰ	系列Ⅱ				数量 *n*/个	螺纹规格		系列Ⅰ	系列Ⅱ			系列Ⅰ	系列Ⅱ				
10	17.2	14	90	60	14	4	M12	14	31	31	3	40	28	28	12	6	35	1.8
15	21.3	18	95	65	14	4	M12	14	35	35	3	45	32	32	12	6	38	2.0
20	26.9	25	105	75	14	4	M12	16	42	42	4	58	40	40	14	6	40	2.3
25	33.7	32	115	85	14	4	M12	16	49	49	4	68	46	46	14	6	40	2.6
32	42.4	38	140	100	18	4	M16	18	59	59	5	78	56	56	14	6	42	2.6
40	48.3	45	150	110	18	4	M16	18	67	67	5	88	64	64	14	7	45	2.6
50	60.3	57	165	125	18	4	M16	20	77	77	5	102	75	74	16	8	48	2.9
65	76.1	76	185	145	18	8	M16	22	96	96	6	122	90	92	16	10	52	2.9
80	88.9	89	200	160	18	8	M16	24	114	114	6	138	105	110	18	12	58	3.2
100	114.3	108	235	190	22	8	M20	26	138	138	6	162	134	134	20	12	65	3.6
125	139.7	133	270	220	26	8	M24	28	166	166	6	188	162	162	22	12	68	4.0
150	168.3	159	300	250	26	8	M24	30	194	194	6	218	192	190	24	12	75	4.5
(175)[②]	193.7	—	330	280	26	12	M24	30	222	—	6	242	217	—	24	14	78	5.6
200	219.1	219	360	310	26	12	M24	32	250	250	6	278	244	244	26	16	80	6.3
(225)[②]	245	—	395	340	30	12	M27	34	276	—	6	305	270	—	26	17	84	7.1
250	273.0	273	425	370	30	12	M27	35	302	302	8	335	298	296	26	18	88	7.1
300	323.9	325	485	430	30	16	M27	38	356	356	8	395	352	350	28	18	92	8.0
350	355.6	377	555	490	33	16	M30	42	408	416	8	450	398	406	32	20	100	8.0
400	406.4	426	620	550	36	16	M33	48	462	474	8	505	452	464	34	20	110	8.8
450	457.0	480	670	600	36	20	M33	54	510	524	8	555	500	514	36	20	110	8.8
500	508.0	530	730	660	36	20	M33	58	568	580	8	615	558	570	38	20	125	10.0
600	610.0	630	845	770	39	20	M36	68	670	680	8	720	660	670	40	20	125	11.0

注：①公称尺寸 *DN*10～*DN*150 的法兰使用 *PN*40 法兰的尺寸。

②带括号尺寸不推荐使用，并且仅适用于船用法兰。

表 3-1-101 *PN*40A 型对焊环板式松套钢制管法兰（GB/T 9120—2010）

公称尺寸 DN	法兰焊端外径（钢管外径）A/mm		连接尺寸					法兰厚度 C/mm	法兰内径			对焊环						
			法兰外径 D/mm	螺栓孔中心圆直径 K/mm	螺栓孔直径 L/mm	螺栓			B/mm		E/mm	外径 d/mm	N/mm		F/mm	H_1/mm	H/mm	S/mm
	系列Ⅰ	系列Ⅱ				数量 n/个	螺纹规格		系列Ⅰ	系列Ⅱ			系列Ⅰ	系列Ⅱ				
10	17.2	14	90	60	14	4	M12	14	31	31	3	40	28	28	12	6	35	1.8
15	21.3	18	95	65	14	4	M12	14	35	35	3	45	32	32	12	6	38	2.0
20	26.9	25	105	75	14	4	M12	16	42	42	4	58	40	40	14	6	40	2.3
25	33.7	32	115	85	14	4	M12	16	49	49	4	68	46	46	14	6	40	2.6
32	42.4	38	140	100	18	4	M16	18	59	59	5	78	56	56	14	6	42	2.6
40	48.3	45	150	110	18	4	M16	18	67	67	5	88	64	64	14	7	45	2.6
50	60.3	57	165	125	18	4	M16	20	77	77	5	102	75	74	16	8	48	2.9
65	76.1	76	185	145	18	8	M16	22	96	96	6	122	90	92	16	10	52	2.9
80	88.9	89	200	160	18	8	M16	24	114	114	6	138	105	110	18	12	58	3.2
100	114.3	108	235	190	22	8	M20	26	138	138	6	162	134	134	20	12	65	3.6
125	139.7	133	270	220	26	8	M24	28	166	166	6	188	162	162	22	12	68	4.0
150	168.3	159	300	250	26	8	M24	30	194	194	6	218	192	190	24	12	75	4.5
(175)①	193.7	—	350	295	30	12	M27	32	222	—	6	242	217	—	26	14	82	5.6
200	219.1	219	375	320	30	12	M27	36	250	250	6	285	244	244	28	16	88	6.3
(225)①	245	—	420	355	33	12	M30	38	281	—	6	315	275	—	28	16	96	7.1
250	273.0	273	450	385	33	12	M30	42	312	312	8	345	306	306	30	18	105	7.1
300	323.9	325	515	450	33	16	M30	52	368	368	8	410	362	362	34	18	115	8.0
350	355.6	377	580	510	36	16	M33	58	418	428	8	465	408	418	36	20	125	8.8
400	406.4	426	660	585	39	16	M36	65	472	490	8	535	462	480	42	20	135	11.0
450	457.0	480	685	610	39	20	M36	70（66）②	510	540	8	560	500	530	46	20	135	12.5
500	508.0	530	755	670	42	20	M39	76（72）②	572	590	8	615	562	580	50	20	140	14.2
600	610.0	630	890	795	48	20	M45	88（84）②	676	696	8	735	666	686	54	20	150	16.0

注：①带括号尺寸不推荐使用，并且仅适用于船用法兰。

②括号内为原标准尺寸，用户也可以根据计算确定法兰厚度。

b）用 *PN* 标记的 B 型对焊环板式松套钢制管法兰的型式应符合图 3-1-31 的规定，法兰密封面尺寸应符合表 3-1-102 的规定，法兰的其他尺寸应符合表 3-1-103～表 3-1-107 的规定，当用户选用的 *S* 值不同于表中数值时，应在订货时注明。

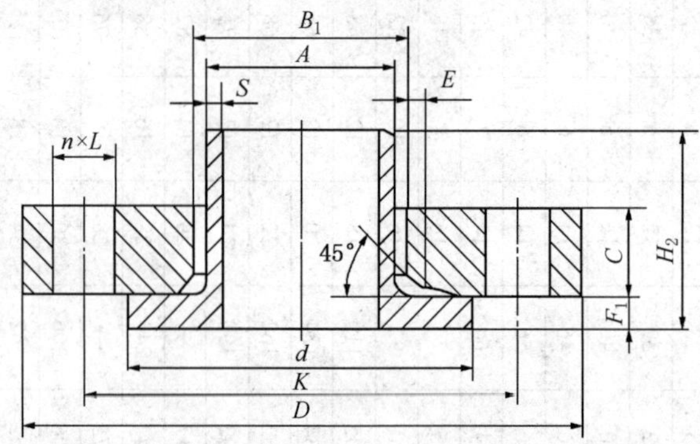

图 3-1-31　B 型突面（RF）对焊环板式松套钢制管法兰

（适用于 *PN*2.5、*PN*6、*PN*10、*PN*16、*PN*25 和 *PN*40）

表 3-1-102　*PN*2.5B 型对焊环板式松套钢制管法兰

公称尺寸 *DN*	法兰焊端外径（钢管外径）*A*/mm		连接尺寸					法兰厚度 *C*/mm	法兰内径			对焊环		
			法兰外径 *D*/mm	螺栓孔中心圆直径 *K*/mm	螺栓孔直径 *L*/mm	螺栓			B_1/mm		*E*/mm	F_1/mm	H_2/mm	*S*/mm
	系列Ⅰ	系列Ⅱ				数量 *n*/个	螺纹规格		系列Ⅰ	系列Ⅱ				
10	17.2	14	75	50	11	4	M10	12	21	18	3	5	28	3
15	21.3	18	80	55	11	4	M10	12	25	22	3	5	30	3
20	26.9	25	90	65	11	4	M10	14	31	29	4	6	32	3
25	33.7	32	100	75	11	4	M10	14	38	36	4	7	35	3
32	42.4	38	120	90	14	4	M12	16	46	42	5	8	35	3
40	48.3	45	130	100	14	4	M12	16	53	49	5	8	38	3
50	60.3	57	140	110	14	4	M12	16	65	61	5	8	38	3
65	76.1	76	160	130	14	4	M12	16	81	81	6	8	38	4
80	88.9	89	190	150	18	4	M16	18	94	94	6	10	42	4
100	114.3	108	210	170	18	4	M16	18	120	113	6	10	45	4
125	139.7	133	240	200	18	8	M16	20	145	138	6	10	48	5
150	168.3	159	265	225	18	8	M16	20	174	164	6	10	48	6
200	219.1	219	320	280	18	8	M16	22	226	226	6	11	55	6
250	273.0	273	375	335	18	12	M16	24	281	281	8	12	60	8
300	323.9	325	440	395	22	12	M20	24	333	333	8	12	62	8
350	355.6	377	490	445	22	12	M20	26	365	386	8	13	62	8
400	406.4	426	540	495	22	16	M20	28	416	435	8	14	65	8
450	457.0	480	595	550	22	16	M20	30	467	490	8	15	65	8
500	508.0	530	645	600	22	20	M20	30	519	540	8	16	68	8
600	610.0	630	755	705	26	20	M24	32	622	640	8	16	70	8
700	711.0	720	860	810	26	24	M24	40	721	730	4	16	70	8
800	813.0	820	975	920	30	24	M27	44	824	830	4	16	70	10
900	914.0	920	1075	1020	30	24	M27	48	926	930	4	16	70	10
1000	1016	1020	1175	1120	30	28	M27	52	1028	1030	4	18	70	12

注：公称尺寸 *DN*10～*DN*1000 的法兰使用 *PN*6 法兰的尺寸。

表 3-1-103 *PN*6B 型对焊环板式松套钢制管法兰（GB/T 9120—2010）

公称尺寸 *DN*	法兰焊端外径（钢管外径）*A*/mm		连接尺寸					法兰厚度 *C*/mm	法兰内径			对焊环		
			法兰外径 *D*/mm	螺栓孔中心圆直径 *K*/mm	螺栓孔直径 *L*/mm	螺栓			B_1/mm		*E*/mm	F_1/mm	H_2/mm	*S*/mm
	系列Ⅰ	系列Ⅱ				数量 *n*/个	螺纹规格		系列Ⅰ	系列Ⅱ				
10	17.2	14	75	50	11	4	M10	12	21	18	3	5	28	3
15	21.3	18	80	55	11	4	M10	12	25	22	3	5	30	3
20	26.9	25	90	65	11	4	M10	14	31	29	4	6	32	3
25	33.7	32	100	75	11	4	M10	14	38	36	4	7	35	3
32	42.4	38	120	90	14	4	M12	16	46	42	5	8	35	3
40	48.3	45	130	100	14	4	M12	16	53	49	5	8	38	3
50	60.3	57	140	110	14	4	M12	16	65	61	5	8	38	3
65	76.1	76	160	130	14	4	M12	16	81	81	6	8	38	4
80	88.9	89	190	150	18	4	M16	18	94	94	6	10	42	4
100	114.3	108	210	170	18	4	M16	18	120	113	6	10	45	4
125	139.7	133	240	200	18	8	M16	20	145	138	6	10	48	5
150	168.3	159	265	225	18	8	M16	20	175	164	6	10	48	6
200	219.1	219	320	280	18	8	M16	22	226	226	6	11	55	6
250	273.0	273	375	335	18	12	M16	24	281	281	8	12	60	8
300	323.9	325	440	395	22	12	M20	24	333	333	8	12	62	8
350	355.6	377	490	445	22	12	M20	26	365	386	8	13	62	8
400	406.4	426	540	495	22	16	M20	28	416	435	8	14	65	8
450	457.0	480	595	550	22	16	M20	30	467	490	8	15	65	8
500	508.0	530	645	600	22	20	M20	30	519	540	8	16	68	8
600	610.0	630	755	705	26	20	M24	32	622	640	8	16	70	8
700	711.0	720	860	810	26	24	M24	40	721	730	4	16	70	8
800	813.0	820	975	920	30	24	M27	44	824	830	4	16	70	10
900	914.0	920	1075	1020	30	24	M27	48	926	930	4	16	70	10
1000	1016	1020	1175	1120	30	28	M27	52	1028	1030	4	18	70	12
1200	1219	1220	1405	1340	33	32	M30	60	1234	1234	5	20	90	14

表 3-1-104 *PN*10B 型对焊环板式松套钢制管法兰

公称[①]尺寸 *DN*	法兰焊端外径（钢管外径）*A*/mm		连接尺寸					法兰厚度 *C*/mm	法兰内径			对焊环		
			法兰外径 *D*/mm	螺栓孔中心圆直径 *K*/mm	螺栓孔直径 *L*/mm	螺栓			B_1/mm		*E*/mm	F_1/mm	H_2/mm	*S*/mm
	系列Ⅰ	系列Ⅱ				数量 *n*/个	螺纹规格		系列Ⅰ	系列Ⅱ				
10	17.2	14	90	60	14	4	M12	14	21	18	3	5	35	3
15	21.3	18	95	65	14	4	M12	14	25	22	3	5	38	3
20	26.9	25	105	75	14	4	M12	16	31	29	4	6	40	3
25	33.7	32	115	85	14	4	M12	16	38	36	4	7	40	3
32	42.4	38	140	100	18	4	M16	18	47	42	5	8	42	3
40	48.3	45	150	110	18	4	M16	18	53	49	5	8	45	3
50	60.3	57	165	125	18	4	M16	20	65	61	5	8	45	3
65	76.1	76	185	145	18	8[②]	M16	20	81	81	6	8	45	4
80	88.9	89	200	160	18	8	M16	20	94	94	6	10	50	4
100	114.3	108	220	180	18	8	M16	22	120	113	6	10	52	4
125	139.7	133	250	210	18	8	M16	22	145	138	6	10	55	5
150	168.3	159	285	240	22	8	M20	24	175	165	6	10	55	5
200	219.1	219	340	295	22	8	M20	24	226	226	6	11	62	6
250	273.0	273	395	350	22	12	M20	26	281	281	8	12	68	8
300	323.9	325	445	400	22	12	M20	26	333	333	8	12	68	8
350	355.6	377	505	460	22	16	M20	30	365	386	8	13	68	8
400	406.4	426	565	515	26	16	M24	32	416	435	8	14	72	8
450	457.0	480	615	565	26	20	M24	36	467	490	8	15	72	8
500	508.0	530	670	620	26	20	M24	38	519	540	8	16	75	8
600	610.0	630	780	725	30	20	M27	42	622	640	8	18	80	10
700	711.0	720	895	840	30	24	M27	50	721	730	8	20	80	10
800	813.0	820	1015	950	33	24	M30	56	824	830	8	20	90	12
900	914.0	920	1115	1050	33	28	M30	62	926	930	8	22	95	12
1000	1016	1020	1230	1160	36	28	M33	70	1028	1030	8	24	95	12
1200	1219	1220	1455	1380	39	32	M36	83	1234	1234	8	26	115	16

注：①公称尺寸 *DN*10~*DN*40 的法兰使用 *PN*40 法兰的尺寸；公称尺寸 *DN*50~*DN*150 的法兰使用 *PN*16 法兰的尺寸。

②对于铸铁法兰和铜合金法兰，该规格的法兰可能是 4 个螺栓孔的，因此，当制造厂和用户协商同意后，与铸铁法兰和铜合金法兰配对使用的钢制法兰可以采用 4 个螺栓孔。

表 3-1-105 *PN*16B 型对焊环板式松套钢制管法兰

公称[①]尺寸 *DN*	法兰焊端外径（钢管外径）*A*/mm		连接尺寸					法兰厚度 *C*/mm	法兰内径			对焊环		
			法兰外径 *D*/mm	螺栓孔中心圆直径 *K*/mm	螺栓孔直径 *L*/mm	螺栓			B_1/mm		*E*/mm	F_1/mm	H_2/mm	*S*/mm
	系列Ⅰ	系列Ⅱ				数量 *n*/个	螺纹规格		系列Ⅰ	系列Ⅱ				
10	17.2	14	90	60	14	4	M12	14	21	18	3	5	35	3
15	21.3	18	95	65	14	4	M12	14	25	22	3	5	38	3
20	26.9	25	105	75	14	4	M12	16	31	29	4	6	40	3
25	33.7	32	115	85	14	4	M12	16	38	36	4	7	40	3
32	42.4	38	140	100	18	4	M16	18	47	42	5	8	42	3
40	48.3	45	150	110	18	4	M16	18	53	49	5	8	45	3
50	60.3	57	165	125	18	4	M16	20	65	61	5	8	45	3
65	76.1	76	185	145	18	8[②]	M16	20	81	81	6	8	45	4
80	88.9	89	200	160	18	8	M16	20	94	94	6	10	50	4
100	114.3	108	220	180	18	8	M16	22	120	113	6	10	52	4
125	139.7	133	250	210	18	8	M16	22	145	138	6	10	55	5
150	168.3	159	285	240	22	8	M20	24	174	164	6	10	55	6
200	219.1	219	340	295	22	12	M20	26	226	226	6	11	62	6
250	273.0	273	405	355	26	12	M24	29	281	281	8	12	70	8
300	323.9	325	460	410	25	12	M24	32	333	333	8	14	78	10
350	355.6	377	520	470	26	16	M24	35	365	386	8	18	82	10
400	406.4	426	580	525	30	16	M27	38	416	435	8	20	85	12
450	457.0	480	640	585	30	20	M27	42	467	490	8	22	87	12
500	508.0	530	715	650	33	20	M30	46	519	540	8	22	90	12
600	610.0	630	840	770	36	20	M33	55	622	640	8	24	95	12
700	711.0	720	910	940	36	24	M33	63	721	730	8	26	100	14
800	813.0	820	1025	950	39	24	M36	74	824	830	8	28	105	16
900	914.0	920	1125	1050	39	28	M36	82	926	930	8	30	110	18
1000	1016	1020	1255	1170	42	28	M39	90	1030	1030	8	35	120	18

注：①公称尺寸 *DN*10~*DN*40 的法兰使用 *PN*40 法兰的尺寸。

②对于铸铁法兰和铜合金法兰，该规格的法兰可能是 4 个螺栓孔的，因此，当制造厂和用户协商同意后，与铸铁法兰和铜合金法兰配对使用的钢制法兰可以采用 4 个螺栓孔。

表 3-1-106　*PN*25B 型对焊环板式松套钢制管法兰（GB/T 9120—2010）

公称[①]尺寸 DN	法兰焊端外径（钢管外径）A/mm		连接尺寸					法兰厚度 C/mm	法兰内径			对焊环		
			法兰外径 D/mm	螺栓孔中心圆直径 K/mm	螺栓孔直径 L/mm	螺栓			B_1/mm		E/mm	F_1/mm	H_2/mm	S/mm
	系列Ⅰ	系列Ⅱ				数量 n/个	螺纹规格		系列Ⅰ	系列Ⅱ				
10	17.2	14	90	60	14	4	M12	14	21	18	3	5	35	3
15	21.3	18	95	65	14	4	M12	14	25	22	3	5	38	3
20	26.9	25	105	75	14	4	M12	16	31	29	4	6	40	3
25	33.7	32	115	85	14	4	M12	16	38	36	4	7	40	3
32	42.4	38	140	100	18	4	M16	18	47	42	5	8	42	3
40	48.3	45	150	110	18	4	M16	18	53	49	5	8	45	3
50	60.3	57	165	125	18	4	M16	20	65	61	5	10	48	4
65	76.1	76	185	145	18	8	M16	22	81	81	6	11	52	5
80	88.9	89	200	160	18	8	M16	24	94	94	6	12	58	6
100	114.3	108	235	190	22	6	M20	26	120	113	6	14	65	6
125	139.7	133	270	220	26	8	M24	28	145	138	6	16	68	6
150	168.3	159	300	250	26	8	M24	30	174	164	6	18	75	8
200	219.1	219	360	310	26	12	M24	32	226	226	6	18	80	8
250	273.0	273	425	370	30	12	M27	35	281	281	8	18	88	10
300	323.9	325	485	430	30	16	M27	38	333	333	8	20	92	10
350	355.6	377	555	490	33	16	M30	42	365	386	8	22	100	12
400	406.4	426	620	550	36	16	M33	48	416	435	8	24	110	14
450	457.0	480	670	600	36	20	M33	54	467	490	8	26	110	15
500	508.0	530	730	660	36	20	M33	58	519	540	8	28	125	16
600	610.0	630	845	770	39	20	M36	68	622	640	8	30	115	18
700	711.0	720	960	875	42	24	M39	85	721	730	8	30	125	20
800	813.0	820	1085	990	48	24	M45	95	824	830	8	35	135	20

注：① 公称尺寸 DN10～DN40 的法兰使用 PN40 法兰的尺寸。

表 3-1-107　*PN*40B 型对焊环板式松套钢制管法兰（GB/T 9120—2010）

公称尺寸 DN	法兰焊端外径（钢管外径）A/mm		连接尺寸					法兰厚度 C/mm	法兰内径			对焊环		
			法兰外径 D/mm	螺栓孔中心圆直径 K/mm	螺栓孔直径 L/mm	螺栓			B_1/mm		E/mm	F_1/mm	H_2/mm	S/mm
	系列Ⅰ	系列Ⅱ				数量 n/个	螺纹规格		系列Ⅰ	系列Ⅱ				
10	17.2	14	90	60	14	4	M12	14	21	18	3	5	35	3
15	21.3	18	95	65	14	4	M12	14	25	22	3	5	38	3
20	26.9	25	105	75	14	4	M12	16	31	29	4	6	40	3
25	33.7	32	115	85	14	4	M12	16	38	36	4	7	40	3
32	42.4	38	140	100	18	4	M16	18	47	42	5	8	42	3

续表

公称尺寸 DN	法兰焊端外径（钢管外径）A/mm		连接尺寸					法兰厚度 C/mm	法兰内径			对焊环		
			法兰外径 D/mm	螺栓孔中心圆直径 K/mm	螺栓孔直径 L/mm	螺栓			B_1/mm		E/mm	F_1/mm	H_2/mm	S/mm
	系列Ⅰ	系列Ⅱ				数量 n/个	螺纹规格		系列Ⅰ	系列Ⅱ				
40	48.3	45	150	110	18	4	M16	18	53	49	5	8	45	3
50	60.3	57	165	125	18	4	M16	20	65	61	5	10	48	4
65	76.1	76	185	145	18	8	M16	22	81	81	6	11	52	5
80	88.9	89	200	160	18	8	M16	24	94	94	6	12	58	6
100	114.3	108	235	190	22	8	M20	26	120	113	6	14	65	6
125	139.7	133	270	220	26	8	M24	28	145	138	6	16	68	6
150	168.3	159	300	250	26	8	M24	30	174	164	6	18	75	8
200	219.1	219	375	320	30	12	M27	36	226	226	6	20	88	10
250	273.0	273	450	385	33	12	M30	42	281	281	8	22	105	12
300	323.9	325	515	450	33	16	M30	52	333	333	8	25	115	12
350	355.6	377	580	510	36	16	M33	58	365	386	8	28	125	14
400	406.4	426	660	585	39	16	M36	65	416	435	18	32	135	16

7）平焊环板式松套钢制管法兰

用 *PN* 标记的平焊环板式松套钢制管法兰的型式应符合图 3-1-32～图 3-1-35 的规定，法兰密封面尺寸应符合表 3-1-108 的规定，法兰其他尺寸应符合表 3-1-109～表 3-1-114的规定。

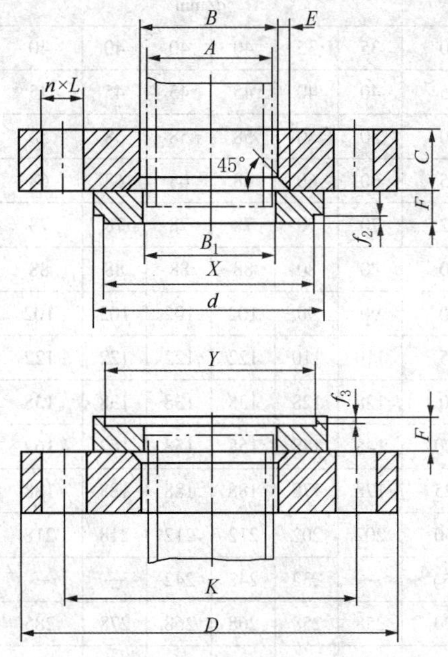

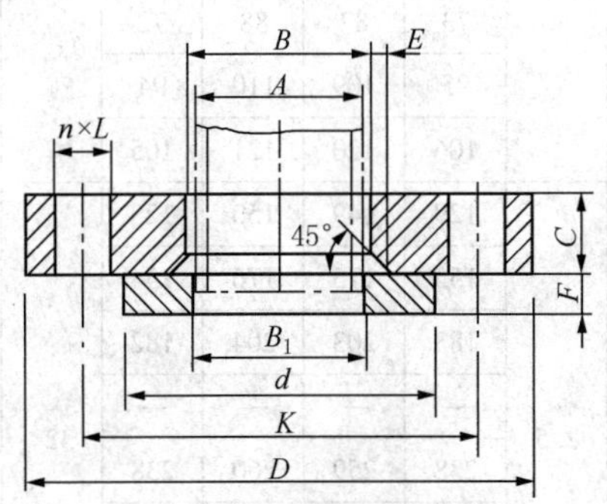

图 3-1-32　突面（RF）平焊环板式松套钢制管法兰（适用于 *PN*2.5、*PN*6、*PN*10、*PN*16、*PN*25 和 *PN*40）

图 3-1-33　凹凸面（MFM）平焊环板式松套钢制管法兰（适用于 *PN*10、*PN*16、*PN*25 和 *PN*40）

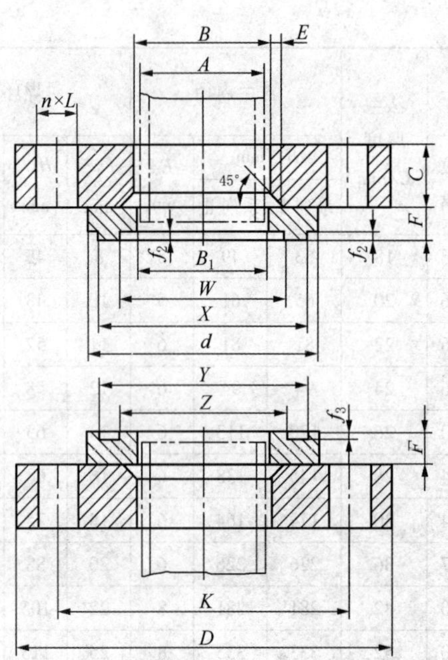

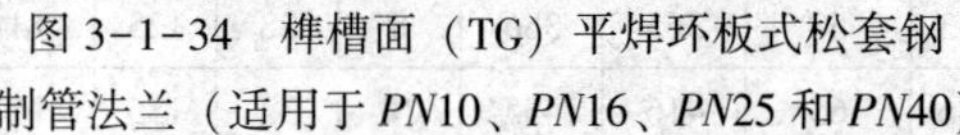
图 3-1-34 榫槽面（TG）平焊环板式松套钢制管法兰（适用于 *PN*10、*PN*16、*PN*25 和 *PN*40）

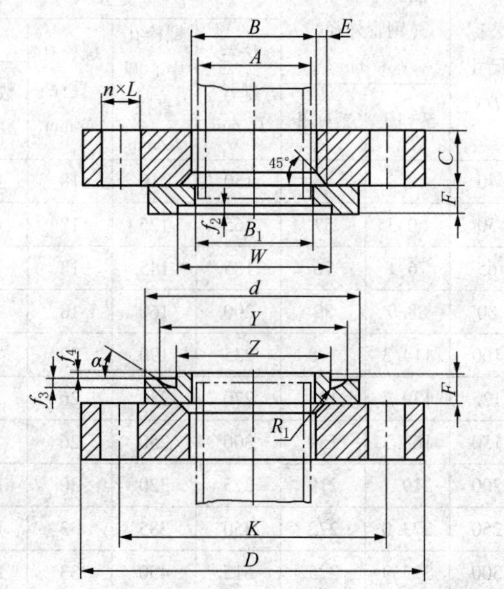

图 3-1-35 O 形圈面（OSG）平焊环板式松套钢制管法兰（适用于 *PN*10、*PN*16、*PN*25 和 *PN*40）

表 3-1-108 用 PN 标记的法兰密封面尺寸（GB/T 9121—2010）

公称尺寸 *DN*	公称压力						f_2/mm	f_3/mm	f_4/mm	*W*/mm	*X*/mm	*Y*/mm	*Z*/mm	α ≈	R_1/mm
	*PN*2.5	*PN*6	*PN*10	*PN*16	*PN*25	≥*PN*40									
	d/mm														
10	35	35	40	40	40	40				24	34	35	23	—	
15	40	40	45	45	45	45				29	39	40	28	—	
20	50	50	58	58	58	58				36	50	51	35		
25	60	60	68	68	68	68				43	57	58	42		
32	70	70	78	78	78	78	4.5	4.0	2.0	51	65	66	50		2.5
40	80	80	88	88	88	88				61	75	76	60	41°	
50	90	90	102	102	102	102				73	87	88	72		
65	110	110	122	122	122	122				95	109	110	94		
80	128	128	138	138	138	138				106	120	121	105		
100	148	148	158	158	162	162				129	149	150	128		
125	178	178	188	188	188	188				155	175	176	154		
150	202	202	212	212	218	218				183	203	204	182		
(175)①	—	232	242	242	—	—				—	—	—	—		
200	258	258	268	268	278	285	5.0	4.5	2.5	238	259	260	238	32°	3
(225)①	—	282	295	295	—	—				—	—	—	—		
250	312	312	320	320	335	345				292	312	313	291		
300	365	365	370	378	395	410				343	363	364	342		

续表

公称尺寸 *DN*	公称压力						f_2/mm	f_3/mm	f_4/mm	*W*/mm	*X*/mm	*Y*/mm	*Z*/mm	α≈	R_1/mm
	*PN*2.5	*PN*6	*PN*10	*PN*16	*PN*25	≥*PN*40									
	d/mm														
350	415	415	430	438	450	465				395	421	422	394		
400	465	465	482	490	505	535				447	473	474	446		
450	520	520	532	550	555	560	5.5	5.0	3.0	497	523	524	496	27°	3.5
500	570	570	585	610	615	615				549	575	576	548		
600	670	670	685	725	720	735				649	675	676	648		

注：①带括号尺寸不推荐使用，并且仅适用于船用法兰，其密封面型式仅有突面（RF）。

表 3-1-109　*PN*2.5 平焊环板式松套钢制管法兰（GB/T 9121—2010）

公称尺寸 *DN*	法兰焊端外径（钢管外径）*A*/mm		连接尺寸					法兰厚度 *C*/mm	法兰内径			平焊环			
			法兰外径 *D*/mm	螺栓孔中心圆直径 *K*/mm	螺栓孔直径 *L*/mm	螺栓			*B*/mm		*E*/mm	外径 *d*/mm	内径 B_1/mm		厚度 *F*/mm
	系列Ⅰ	系列Ⅱ				数量 *n*/个	螺纹规格		系列Ⅰ	系列Ⅱ			系列Ⅰ	系列Ⅱ	
10	17.2	14	75	50	11	4	M10	12	21	18	3	35	18.0	15	10
15	21.3	18	80	55	11	4	M10	12	25	22	3	40	22.0	19	10
20	26.9	25	90	65	11	4	M10	14	31	29	4	50	27.5	26	10
25	33.7	32	100	75	11	4	M10	14	38	36	4	60	34.5	33	10
32	42.4	38	120	90	14	4	M12	16	46	42	5	70	43.5	39	10
40	48.3	45	130	100	14	4	M12	16	53	50	5	80	49.5	46	10
50	60.3	57	140	110	14	4	M12	16	65	62	5	90	61.5	59	12
65	76.1	76	160	130	14	4	M12	16	81	81	6	110	77.5	78	12
80	88.9	89	190	150	17	4	M16	18	94	94	6	128	90.5	91	12
100	114.3	108	210	170	18	4	M16	18	120	114	6	148	116.0	110	14
125	139.7	133	240	200	18	8	M16	20	145	139	6	178	141.5	135	14
150	168.3	159	265	225	18	8	M16	20	174	165	6	202	170.5	161	14
200	219.1	219	320	280	18	8	M16	22	226	226	6	258	221.5	222	16
250	273.0	273	375	335	18	12	M16	24	281	281	8	312	276.5	276	18
300	323.9	325	440	395	22	12	M20	24	333	334	8	365	327.5	328	18
350	355.6	377	490	445	22	12	M20	26	365	386	8	415	359.5	381	18
400	406.4	426	540	495	22	16	M20	28	416	435	8	465	411.0	430	20
450	457.0	480	595	550	22	16	M20	30	467	490	8	520	462.0	485	20
500	508.0	530	645	600	22	20	M20	30	519	541	8	570	513.5	535	22
600	610.0	630	755	705	26	20	M24	32	622	642	8	670	616.5	636	22

表 3-1-110　*PN*6 平焊环板式松套钢管法兰（GB/T 9121—2010）

公称尺寸 *DN*	法兰焊端外径（钢管外径）*A*/mm		连接尺寸					法兰厚度 *C*/mm	法兰内径			平焊环			
			法兰外径 *D*/mm	螺栓孔中心圆直径 *K*/mm	螺栓孔直径 *L*/mm	螺栓			*B*/mm		*E*/mm	外径 *d*/mm	内径 B_1/mm		厚度 *F*/mm
	系列Ⅰ	系列Ⅱ				数量 *n*/个	螺纹规格		系列Ⅰ	系列Ⅱ			系列Ⅰ	系列Ⅱ	
10	17.2	14	75	50	11	4	M10	12	21	18	3	35	18.0	15	10
15	21.3	18	80	55	11	4	M10	12	25	22	3	40	22.0	19	10
20	26.9	25	90	65	11	4	M10	14	31	29	4	50	27.5	26	10
25	33.7	32	100	75	11	4	M10	14	38	36	4	60	34.5	33	10
32	42.4	38	120	90	14	4	M12	16	46	42	5	70	43.5	39	10
40	48.3	45	130	100	14	4	M12	16	53	50	5	80	49.5	46	10
50	60.3	57	140	110	14	4	M12	16	65	62	5	90	61.5	59	12
65	76.1	76	160	130	14	4	M12	16	81	81	6	110	77.5	78	12
80	88.9	89	190	150	18	4	M16	18	94	94	6	128	90.5	91	12
100	114.3	108	210	170	18	4	M16	18	120	114	6	148	116.0	110	14
125	139.7	133	240	200	18	8	M16	20	145	139	6	178	141.5	135	14
150	168.3	159	265	225	18	8	M16	20	174	165	6	202	170.5	161	14
(175)①	193.7	—	295	255	18	8	M16	20	200	—	6	232	196.0	—	14
200	219.1	219	320	280	18	8	M16	22	226	226	6	258	221.5	222	16
(225)①	245	—	345	305	18	8	M16	23	252	—	6	282	247.5	—	18
250	273.0	273	375	335	18	12	M16	24	281	281	8	312	276.5	276	18
300	323.9	325	440	395	22	12	M20	24	333	334	8	365	327.5	328	18
350	355.6	377	490	445	22	12	M20	29	365	386	8	415	359.5	381	18
400	406.4	426	540	495	22	16	M20	28	416	435	8	465	411.0	430	20
450	457.0	480	595	550	22	16	M20	30	467	490	8	520	462.0	485	20
500	508.0	530	645	600	22	20	M20	30	519	541	8	570	513.5	535	22
600	610.0	630	755	705	26	20	M24	32	622	642	8	670	616.5	636	22

注：①带括号尺寸不推荐使用，并且仅适用于船用法兰。

表 3-1-111　*PN*10 平焊环板式松套钢制管法兰（GB/T 9121—2010）

公称尺寸① *DN*	法兰焊端外径（钢管外径）*A*/mm		连接尺寸					法兰厚度 *C*/mm	法兰内径			平焊环			
			法兰外径 *D*/mm	螺栓孔中心圆直径 *K*/mm	螺栓孔直径 *L*/mm	螺栓			*B*/mm		*E*/mm	外径 *d*/mm	内径 B_1/mm		厚度 *F*/mm
	系列Ⅰ	系列Ⅱ				数量 *n*/个	螺纹规格		系列Ⅰ	系列Ⅱ			系列Ⅰ	系列Ⅱ	
10	17.2	14	90	60	14	5	M12	14	21	18	3	40	18.0	15	12
15	21.3	18	95	65	14	4	M12	14	25	22	3	45	22.0	19	12
20	26.9	25	105	75	14	4	M12	16	31	29	4	58	27.5	26	14
25	33.7	32	115	85	14	4	M12	16	38	36	4	68	34.5	33	14

续表

公称①尺寸 DN	法兰焊端外径（钢管外径）A/mm 系列Ⅰ	系列Ⅱ	连接尺寸 法兰外径 D/mm	螺栓孔中心圆直径 K/mm	螺栓孔直径 L/mm	螺栓 数量 n/个	螺纹规格	法兰厚度 C/mm	法兰内径 B/mm 系列Ⅰ	系列Ⅱ	E/mm	平焊环 外径 d/mm	内径 B_1/mm 系列Ⅰ	系列Ⅱ	厚度 F/mm
32	42.4	38	140	100	18	4	M16	18	47	42	5	78	43.5	39	14
40	48.3	45	150	110	18	4	M16	18	53	50	5	88	49.5	46	14
50	60.3	57	165	125	18	4	M16	20	65	62	5	102	61.5	59	16
65	76.1	76	185	145	18	8②	M16	20	81	81	6	122	77.5	78	16
80	88.9	89	200	160	18	8	M16	20	94	94	6	138	90.5	91	16
100	114.3	108	220	180	18	8	M16	22	120	114	6	158	116.0	110	18
125	139.7	133	250	210	18	8	M16	22	145	139	6	188	141.5	135	18
150	168.3	159	285	240	22	8	M20	24	174	165	6	212	170.5	161	20
(175)③	193.7	—	315	270	22	8	M20	24	200	—	6	242	196.0	—	20
200	219.1	219	340	295	22	8	M20	24	226	226	6	268	221.5	222	20
(225)③	245	—	370	325	22	8	M20	25	252	—	6	295	247.5	—	21
250	273.0	273	395	350	22	12	M20	26	281	281	8	320	276.5	276	22
300	323.9	325	445	400	22	12	M20	26	333	334	8	370	327.5	328	22
350	355.6	377	505	460	22	16	M20	30	365	386	8	430	359.5	381	22
400	406.4	426	565	515	26	16	M24	32	416	435	8	482	411.0	430	24
450	457.0	480	615	565	26	20	M24	36	467	490	8	532	462.0	485	24
500	508.0	530	670	620	26	20	M24	38	519	541	8	585	513.5	535	26
600	610.0	630	780	725	30	20	M27	42	622	642	8	685	616.5	636	26

注：①公称尺寸 DN10~DN40 的法兰使用 PN40 法兰的尺寸；公称尺寸 DN50~DN150 的法兰使用 PN16 法兰的尺寸。

②对于铸铁法兰和铜合金法兰，该规格的法兰可能是 4 个螺栓孔的，因此，当制造厂和用户协商同意后，与铸铁法兰和铜合金法兰配对使用的钢制法兰可以采用 4 个螺栓孔。

③带括号尺寸不推荐使用，并且仅适用于船用法兰。

表 3-1-112　PN16 平焊环板式松套钢制管法兰（GB/T 9121—2010）

公称①尺寸 DN	法兰焊端外径（钢管外径）A/mm 系列Ⅰ	系列Ⅱ	连接尺寸 法兰外径 D/mm	螺栓孔中心圆直径 K/mm	螺栓孔直径 L/mm	螺栓 数量 n/个	螺纹规格	法兰厚度 C/mm	法兰内径 B/mm 系列Ⅰ	系列Ⅱ	E/mm	平焊环 外径 d/mm	内径 B_1/mm 系列Ⅰ	系列Ⅱ	厚度 F/mm
10	17.2	14	90	60	14	4	M12	14	21	18	3	40	18.0	15	12
15	21.3	18	95	65	14	4	M12	14	25	22	3	45	22.0	19	12
20	26.9	25	105	75	14	4	M12	16	31	29	4	58	27.5	26	14
25	33.7	32	115	85	14	4	M12	16	38	36	4	68	34.5	33	14
32	42.4	38	140	100	18	4	M16	18	47	42	5	78	43.5	39	14

公称①尺寸 DN	法兰焊端外径（钢管外径）A/mm		连接尺寸					法兰厚度 C/mm	法兰内径			平焊环			
			法兰外径 D/mm	螺栓孔中心圆直径 K/mm	螺栓孔直径 L/mm	螺栓			B/mm		E/mm	外径 d/mm	内径 B_1/mm		厚度 F/mm
	系列Ⅰ	系列Ⅱ				数量 n/个	螺纹规格		系列Ⅰ	系列Ⅱ			系列Ⅰ	系列Ⅱ	
40	48.3	45	150	110	18	4	M16	18	53	50	5	88	49.5	46	14
50	60.3	57	165	125	18	4	M16	20	65	62	5	102	61.5	59	16
65	76.1	76	185	145	18	8②	M16	20	81	81	6	122	77.5	78	16
80	88.9	89	200	160	18	8	M16	20	94	94	6	138	90.5	91	16
100	114.3	108	220	180	18	8	M16	22	120	114	6	158	116.0	110	18
125	139.7	133	250	210	18	8	M16	22	145	139	6	188	141.5	135	18
150	168.3	159	285	240	22	8	M20	24	174	165	6	212	170.5	161	20
(175)③	193.7	—	315	270	22	8	M20	24	200	—	6	242	196.0	—	20
200	219.1	219	340	295	22	12	M20	26	226	226	6	268	221.5	222	20
(225)③	245	—	370	325	22	12	M20	26	252	—	7	295	247.5	—	21
250	273.0	273	405	355	26	12	M24	29	281	281	8	320	276.5	276	22
300	323.9	325	460	410	26	12	M24	32	333	334	8	378	327.5	328	24
350	355.6	377	520	470	26	16	M24	35	365	386	8	438	359.0	381	26
400	406.4	426	580	525	30	16	M27	38	416	435	8	490	411.0	430	28
450	457.0	480	640	585	30	20	M27	42	467	490	8	550	462.0	485	30
500	508.0	530	715	650	33	20	M30	46	519	541	8	610	513.5	535	32
600	610.0	630	840	770	36	20	M33	55	622	642	8	725	616.5	636	32

注：①公称尺寸 DN10~DN40 的法兰使用 PN40 法兰的尺寸。

②对于铸铁法兰和铜合金法兰，该规格的法兰可能是 4 个螺栓孔的，因此，当制造厂和用户协商同意后，与铸铁法兰和铜合金法兰配对使用的钢制法兰可以采用 4 个螺栓孔。

③带括号尺寸不推荐使用，并且仅适用于船用法兰。

表 3-1-113　*PN*25 平焊环板式松套钢制管法兰（GB/T 9121—2010）

公称①尺寸 DN	法兰焊端外径（钢管外径）A/mm		连接尺寸					法兰厚度 C/mm	法兰内径			平焊环			
			法兰外径 D/mm	螺栓孔中心圆直径 K/mm	螺栓孔直径 L/mm	螺栓			B/mm		E/mm	外径 d/mm	内径 B_1/mm		厚度 F/mm
	系列Ⅰ	系列Ⅱ				数量 n/个	螺纹规格		系列Ⅰ	系列Ⅱ			系列Ⅰ	系列Ⅱ	
10	17.2	14	90	60	14	4	M12	14	21	18	3	40	18.0	15	12
15	21.3	18	95	65	14	4	M12	14	25	22	3	45	22.0	19	12
20	26.9	25	105	75	14	4	M12	16	31	29	4	58	27.5	26	14
25	33.7	32	115	85	14	4	M12	16	38	36	4	68	34.5	33	14
32	42.4	38	140	100	18	4	M16	18	47	42	5	78	43.5	39	14
40	48.3	45	150	110	18	4	M16	18	53	50	5	88	49.5	46	14

公称[①]尺寸DN	法兰焊端外径（钢管外径）A/mm		连接尺寸					法兰厚度C/mm	法兰内径			平焊环			
			法兰外径D/mm	螺栓孔中心圆直径K/mm	螺栓孔直径L/mm	螺栓			B/mm		E/mm	外径d/mm	内径B_1/mm		厚度F/mm
	系列Ⅰ	系列Ⅱ				数量n/个	螺纹规格		系列Ⅰ	系列Ⅱ			系列Ⅰ	系列Ⅱ	
50	60.3	57	165	125	18	4	M16	20	65	62	5	102	61.5	59	16
65	76.1	76	185	145	18	8	M16	22	81	81	6	122	77.5	78	16
80	88.9	89	200	160	18	8	M16	24	94	94	6	138	90.5	91	18
100	114.3	108	235	190	22	8	M20	26	120	114	6	162	116.0	110	20
125	139.7	133	270	220	26	8	M24	28	145	139	6	188	141.5	135	22
150	168.3	159	300	250	26	8	M24	30	174	165	6	218	170.5	161	24
200	219.1	219	360	310	26	12	M24	32	226	226	6	278	221.5	222	26
250	273.0	273	425	370	30	12	M27	35	281	281	8	335	276.5	276	26
300	323.9	325	485	430	30	16	M27	38	333	334	8	395	327.5	328	28
350	355.6	377	555	490	33	16	M30	42	365	386	8	450	359.5	381	32
400	406.4	426	620	550	36	16	M33	48	416	435	8	505	411.0	430	34
450	457.0	480	670	600	36	20	M33	54	467	490	8	555	462.0	485	36
500	508.0	530	730	660	36	20	M33	58	519	541	8	615	513.5	535	38
600	610.0	630	845	770	39	20	M36	68	622	642	8	720	616.5	636	40

注：① 公称尺寸 DN10～DN150 的法兰使用 PN40 法兰的尺寸。

表 3-1-114　PN40 平焊环板式松套钢制管法兰（GB/T 9121—2010）

公称尺寸DN	法兰焊端外径（钢管外径）A/mm		连接尺寸					法兰厚度C/mm	法兰内径			平焊环			
			法兰外径D/mm	螺栓孔中心圆直径K/mm	螺栓孔直径L/mm	螺栓			B/mm		E/mm	外径d/mm	内径B_1/mm		厚度F/mm
	系列Ⅰ	系列Ⅱ				数量n/个	螺纹规格		系列Ⅰ	系列Ⅱ			系列Ⅰ	系列Ⅱ	
10	17.2	14	90	60	14	4	M12	14	21	18	3	40	18.0	15	12
15	21.3	18	95	65	14	4	M12	14	25	22	3	45	22.0	19	12
20	26.9	25	105	75	14	4	M12	16	31	29	4	58	27.5	26	14
25	33.7	32	115	85	14	4	M12	16	38	36	4	68	34.5	33	14
32	42.4	38	140	100	18	4	M16	18	47	42	5	78	43.5	39	14
40	48.3	45	150	110	18	4	M16	18	53	50	5	88	49.5	46	14
50	60.3	57	165	125	18	4	M16	20	65	62	5	102	61.5	59	16
65	76.1	76	185	145	18	8	M16	22	81	81	6	122	77.5	78	16
80	88.9	89	200	160	18	8	M16	24	94	94	6	138	90.5	91	18
100	114.3	108	235	190	22	8	M20	26	120	114	6	162	116.0	110	20

续表

公称尺寸 DN	法兰焊端外径（钢管外径）A/mm		连接尺寸					法兰厚度 C/mm	法兰内径 B/mm		E/mm	平焊环			
			法兰外径 D/mm	螺栓孔中心圆直径 K/mm	螺栓孔直径 L/mm	螺栓						外径 d/mm	内径 B_1/mm		厚度 F/mm
	系列Ⅰ	系列Ⅱ				数量 n/个	螺纹规格		系列Ⅰ	系列Ⅱ			系列Ⅰ	系列Ⅱ	
125	139.7	133	270	220	26	8	M24	28	145	139	6	188	141.5	135	22
150	168.3	159	300	250	26	8	M24	30	174	165	6	218	170.5	161	24
200	219.1	219	375	320	30	12	M27	36	226	226	6	285	221.5	222	28
250	273.0	273	450	385	33	12	M30	42	281	281	8	345	276.5	276	30
300	323.9	325	515	450	33	16	M30	52	333	334	8	410	327.5	328	34
350	355.6	377	580	510	36	16	M33	58	365	386	8	465	359.5	381	36
400	406.4	426	660	585	39	16	M36	65	416	435	8	535	411.0	430	42
450	457.0	480	685	610	39	20	M36	66①	467	490	8	560	462.0	485	46
500	508.0	530	755	670	42	20	M39	72①	519	541	8	615	513.5	535	50
600	610.0	630	890	795	48	20	M45	84①	622	642	8	735	616.5	636	54

注：①用户可以根据计算确定法兰厚度。

8）翻边环板式松套钢制管法兰

用 PN 标记的翻边环板式松套钢制管法兰的型式应符合图 3-1-36 和图 3-1-37 的规定，法兰尺寸应符合表 3-1-115~表 3-1-117 的规定。

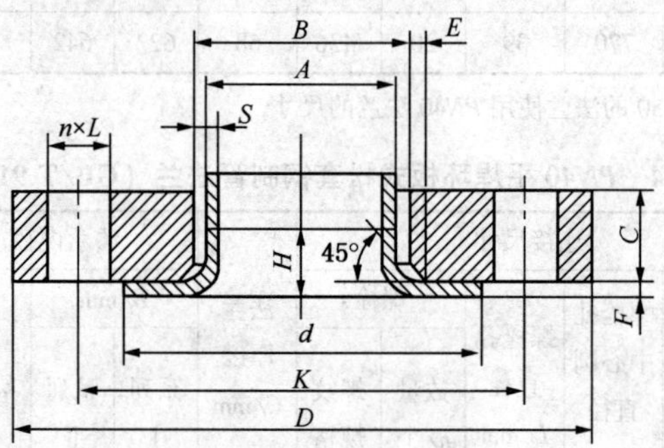

图 3-1-36　管端翻边板式松套钢制管法兰（A 型）

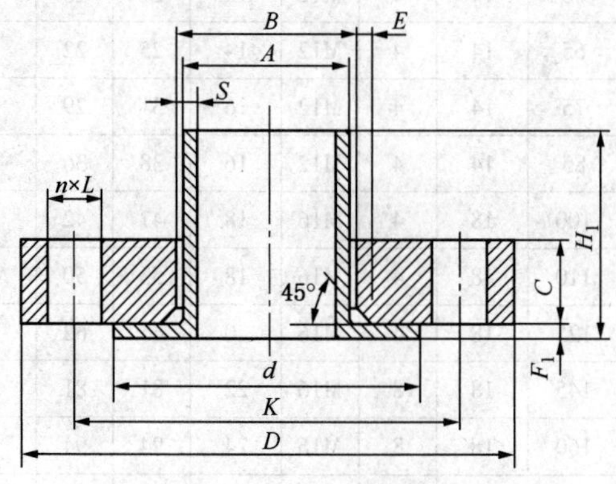

图 3-1-37　翻边短节板式松套钢制管法兰（B 型）

表 3-1-115　*PN*2.5 和 *PN*6 翻边环板式松套钢制管法兰（GB/T 9122—2010）

公称尺寸 *DN*	法兰焊端外径（钢管外径）*A*/mm		连接尺寸					法兰厚度 *C*/mm	*B*/mm		*E*/mm	*d*/mm	翻边短节					
			法兰外径 *D*/mm	螺栓孔中心圆直径 *K*/mm	螺栓孔直径 *L*/mm	螺栓							*H*/mm	H_1/mm	*F*/mm	F_1/mm	*S*/mm	
	系列Ⅰ	系列Ⅱ				数量 *n*/个	螺纹规格		系列Ⅰ	系列Ⅱ							A 型	B 型
10	17.2	14	75	50	11	4	M10	12	21	18	3	35	7	35	2.5	2	2	2
15	21.3	18	80	55	11	4	M10	12	25	22	3	40	7	38	2.5	2	2	2
20	26.9	25	90	65	11	4	M10	14	31	29	4	50	8	40	3	2.5	2	2.6
25	33.7	32	100	75	11	4	M10	14	38	36	4	60	10	40	3	2.5	2	2.6
32	42.4	38	120	90	14	4	M12	16	46	42	5	70	12	42	3	3	2	3.2
40	48.3	45	130	100	14	4	M12	16	53	50	5	80	15	45	3	3	2	3.2
50	60.3	57	140	110	14	4	M12	16	65	62	5	90	20	45	4	3	2	3.2
65	76.1	76	160	130	14	4	M12	16	81	81	6	110	20	45	4	3	2	3.2
80	88.9	89	190	150	18	4	M16	18	94	94	6	128	25	50	4	3	2	3.2
100	114.3	108	210	170	18	4	M16	18	120	114	6	148	25	52	4	4	3.2	3.2
125	139.7	133	240	200	18	8	M16	20	145	139	6	178	25	55	4	4	3.2	4
150	168.3	159	265	225	18	8	M16	20	174	165	6	202	25	55	4	4	3.5	5
200	219.1	219	320	280	18	8	M16	22	226	226	6	258	30	62	4	5	4.5	5
250	273.0	273	375	335	18	12	M16	24	281	281	8	312	—	68	—	8	—	8
300	323.9	325	440	395	22	12	M20	24	333	333	8	365	—	68	—	8	—	8
350	355.6	377	490	445	22	12	M20	26	365	386	8	415	—	68	—	8	—	8
400	406.4	426	540	495	22	16	M20	28	416	436	8	465	—	72	—	8	—	8
450	457.0	480	595	550	22	16	M20	30	467	490	8	520	—	72	—	8	—	8
500	508.0	530	645	600	22	20	M20	30	519	540	8	570	—	75	—	8	—	8

表 3－1－116　*PN*10 翻边环板式松套钢制管法兰（GB/T 9122—2010）

公称尺寸 *DN*	法兰焊端外径（钢管外径）*A*/mm		连接尺寸					法兰厚度 *C*/mm	*B*/mm		*E*/mm	*d*/mm	翻边短节					
	系列Ⅰ	系列Ⅱ	法兰外径 *D*/mm	螺栓孔中心圆直径 *K*/mm	螺栓孔直径 *L*/mm	螺栓 数量 *n*/个	螺栓 螺纹规格		系列Ⅰ	系列Ⅱ			*H*/mm	H_1/mm	*F*/mm	F_1/mm	*S*/mm A 型	*S*/mm B 型
10	17.2	14	90	60	14	4	M12	14	21	18	3	40	7	35	2.5	2	2	2
15	21.3	18	95	65	14	4	M12	14	25	22	3	45	7	38	2.5	2	2	2
20	26.9	25	105	75	14	4	M12	16	31	29	4	58	8	40	3	2.5	2	2.6
25	33.7	32	115	85	14	4	M12	16	38	36	4	68	10	40	3	2.5	2	2.6
32	42.4	38	140	100	18	4	M16	18	46	42	5	78	12	42	3	3	2	3.2
40	48.3	45	150	110	18	4	M16	18	53	50	5	88	15	45	3	3	2	3.2
50	60.3	57	165	125	18	4	M16	20	65	62	5	102	20	45	4	3	2	3.2
65	76.1	76	185	145	18	8①	M16	20	81	81	6	122	20	45	4	3	2	3.2
80	88.9	89	200	160	18	8	M16	20	94	94	6	138	25	50	4	3	2	3.2
100	114.3	108	220	180	18	8	M16	22	120	114	6	158	25	52	4	4	3.2	3.2
125	139.7	133	250	210	18	8	M16	22	145	139	6	188	25	55	4	4	3.2	4
150	168.3	159	285	240	22	8	M20	24	174	165	6	212	25	55	4	4	3.5	5
200	219.1	219	340	295	22	8	M20	24	226	226	6	268	30	62	4	5	4.5	5
250	273.0	273	395	350	22	12	M20	26	281	281	8	320	—	68	—	8	—	8
300	323.9	325	445	400	22	12	M20	26	333	333	8	370	—	68	—	8	—	8
350	355.6	377	505	460	22	16	M20	30	365	386	8	430	—	68	—	8	—	8
400	406.4	426	565	515	26	16	M24	32	416	436	8	482	—	72	—	8	—	8

注：①对于铸铁法兰和铜合金法兰，该规格的法兰可能是 4 个螺栓孔，因此，当制造厂和用户协商同意后，与铸铁法兰和铜合金法兰配对使用的钢制法兰可以采用 4 个螺栓孔。

表 3-1-117　*PN*16 翻边环板式松套钢制管法兰

公称尺寸 DN	法兰焊端外径（钢管外径）A/mm		连接尺寸					法兰厚度 C/mm	B/mm		E/mm	d/mm	翻边短节					
			法兰外径 D/mm	螺栓孔中心圆直径 K/mm	螺栓孔直径 L/mm	螺栓							H/mm	H_1/mm	F/mm	F_1/mm	S/mm	
	系列Ⅰ	系列Ⅱ				数量 n/个	螺纹规格		系列Ⅰ	系列Ⅱ							A 型	B 型
10	17.2	14	90	60	14	4	M12	14	21	18	3	40	7	35	2.5	2	2	2
15	21.3	18	95	65	14	4	M12	14	25	22	3	45	7	38	2.5	2	2	2
20	26.9	25	105	75	14	4	M12	16	31	29	4	58	8	40	3	2.5	2	2.6
25	33.7	32	115	85	14	4	M12	16	38	36	4	68	10	40	3	2.5	2	2.6
32	42.4	38	140	100	18	4	M16	18	46	42	5	78	12	42	3	3	2	3.2
40	48.3	45	150	110	18	4	M16	18	53	50	5	88	15	45	3	3	2	3.2
50	60.3	57	165	125	18	4	M16	20	65	62	5	102	20	45	4	3	2	3.2
65	76.1	76	185	145	18	8①	M16	20	81	81	6	122	20	45	4	3	2	3.2
80	88.9	89	200	160	18	8	M16	20	94	94	6	138	25	50	4	3	3.2	3.2
100	114.3	108	220	180	18	8	M16	22	120	114	6	158	25	52	4	4	3.2	3.2
125	139.7	133	250	210	18	8	M16	22	145	139	6	188	25	55	4	4	3.5	4
150	168.3	159	285	240	22	8	M20	24	174	165	6	212	25	55	5	5	4.5	5
200	219.1	219	340	295	22	12	M20	26	226	226	6	268	30	62	6	6	5.6	6
250	273.0	273	405	355	26	12	M24	29	281	281	8	320	—	68	—	10	—	10
300	323.9	325	460	410	26	12	M24	32	333	333	8	378	—	68	—	10	—	10
350	355.6	377	520	470	26	16	M24	35	365	386	8	438	—	68	—	10	—	10
400	406.4	426	580	525	30	16	M27	38	416	436	8	490	—	72	—	10	—	10

注：①对于铸铁法兰和铜合金法兰，该规格的法兰可能是 4 个螺栓孔，因此，当制造厂和用户协商同意后，与铸铁法兰和铜合金法兰配对使用的钢制法兰可以采用 4 个螺栓孔。

9）钢制管法兰盖

用 *PN* 标记的钢制管法兰盖的型式应符合图 3-1-38～图 3-1-43 的规定，密封面尺寸应符合表 3-1-118 和表 3-1-119 的规定，其他尺寸应符合表 3-1-120～表 3-1-128 的规定。

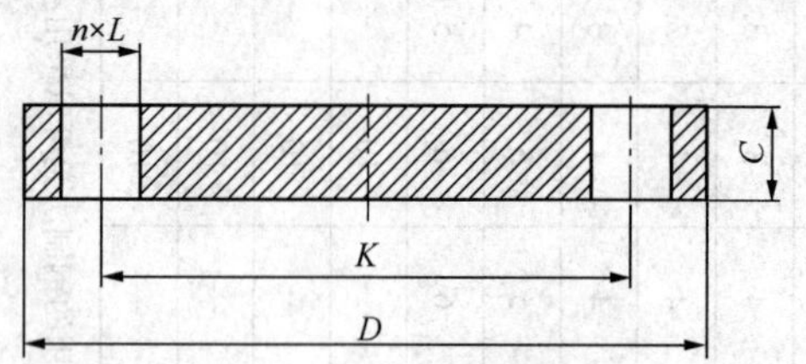

图 3-1-38　平面（FF）钢制管法兰盖

（适用于 *PN*2.5、*PN*6、*PN*10、*PN*16、*PN*25 和 *PN*40）

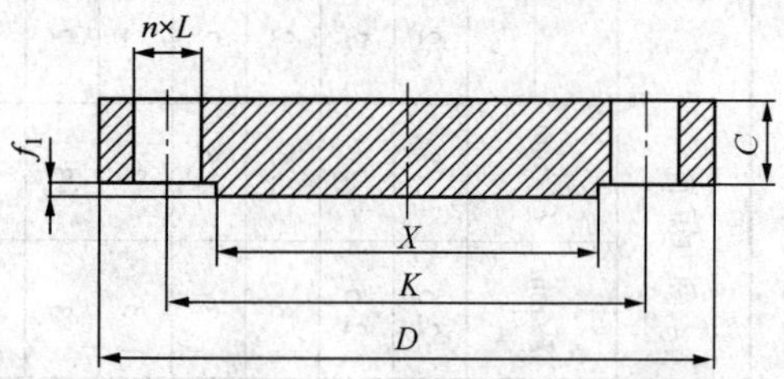

图 3-1-39　突面（RF）钢制管法兰盖

（适用于 *PN*2.5、*PN*6、*PN*10、*PN*16、*PN*25、*PN*40、*PN*63 和 *PN*100）

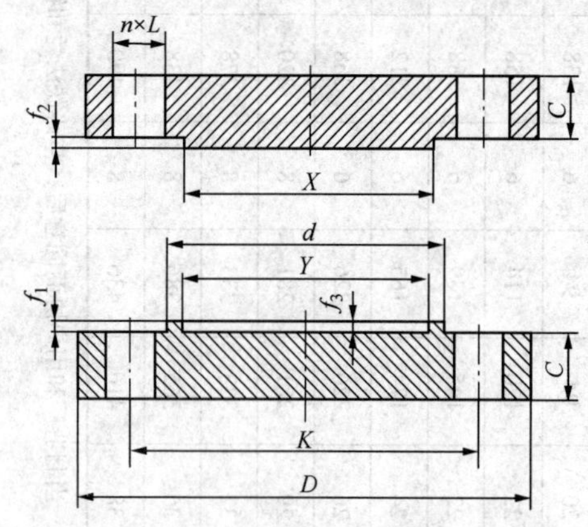

图 3-1-40　凹凸面（MF）钢制管法兰盖

（适用于 *PN*10、*PN*16、*PN*25、*PN*40、*PN*63 和 *PN*100）

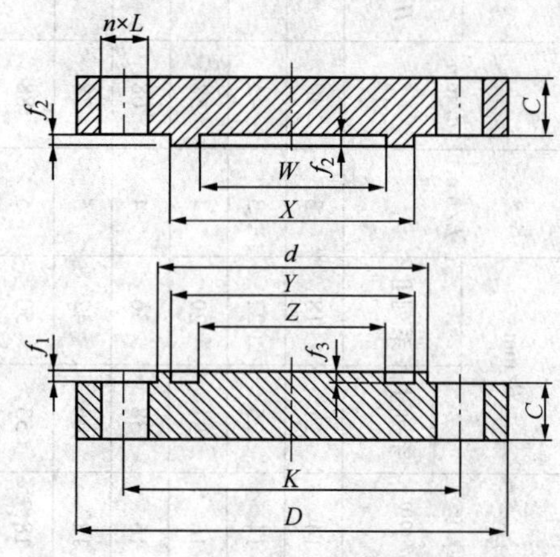

图 3-1-41　榫槽面（TG）钢制管法兰盖

（适用于 *PN*10、*PN*16、*PN*25、*PN*40、*PN*63 和 *PN*100）

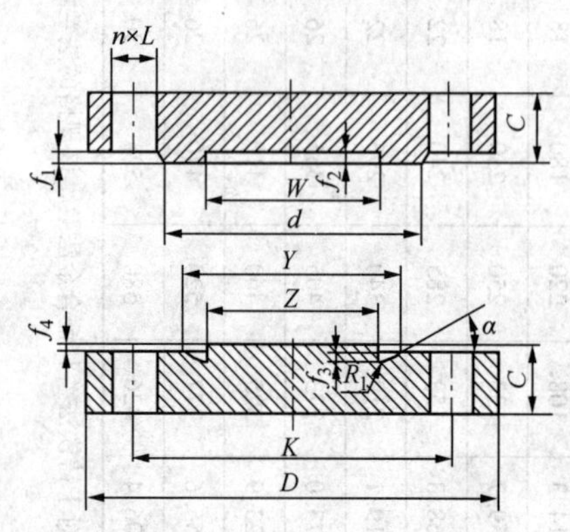

图 3-1-42　O 形圈面（OSG）钢制管法兰盖

（适用于 *PN*10、*PN*16、*PN*25 和 *PN*40）

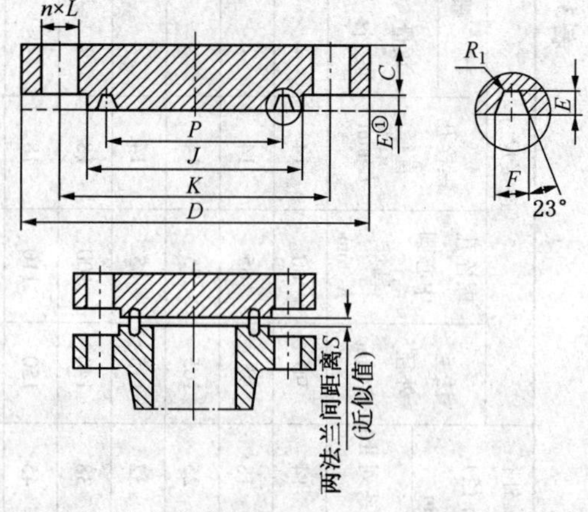

①法兰盖凸出部分高度与梯形槽深度尺寸*E*相同，但不受梯形槽深度尺寸*E*公差的限制，允许采用如虚线所示轮廓的全平面型式。

图 3-1-43　环连接面（RJ）钢制管法兰盖

（适用于 *PN*63、*PN*100 和 *PN*160）

表 3-1-118　用 *PN* 标记的法兰盖密封面尺寸（GB/T 9123—2010）

公称尺寸 *DN*	*PN* 2.5	*PN* 6	*PN* 10	*PN* 16	*PN* 25	*PN* ≥40	f_1/mm	f_2/mm	f_3/mm	f_4/mm	*W*/mm	*X*/mm	*Y*/mm	*Z*/mm	α ≈	R_1/mm
	d/mm															
10	35	35	40	40	40	40	2	4.5	4.0	2.0	24	34	35	23	—	
15	40	40	45	45	45	45	2	4.5	4.0	2.0	29	39	40	28	—	
20	50	50	58	58	58	58	2	4.5	4.0	2.0	36	50	51	35	41°	2.5
25	60	60	68	68	68	68	2	4.5	4.0	2.0	43	57	58	42	41°	2.5
32	70	70	78	78	78	78	2	4.5	4.0	2.0	51	65	66	50	41°	2.5
40	80	80	88	88	88	88	3	4.5	4.0	2.0	61	75	76	60	41°	2.5
50	90	90	102	102	102	102	3	4.5	4.0	2.0	73	87	88	72	41°	2.5
65	110	110	122	122	122	122	3	4.5	4.0	2.0	95	109	110	94	41°	2.5
80	128	128	138	138	138	138	3	4.5	4.0	2.0	106	120	121	105	41°	2.5
100	148	148	158	158	162	162	3	5.0	4.5	2.5	129	149	150	128	32°	3
125	178	178	188	188	188	188	3	5.0	4.5	2.5	155	175	176	154	32°	3
150	202	202	212	212	218	218	3	5.0	4.5	2.5	183	203	204	182	32°	3
200	258	258	268	268	278	285	3	5.0	4.5	2.5	239	259	260	238	32°	3
250	312	312	320	320	335	345	3	5.0	4.5	2.5	292	312	313	291	32°	3
300	365	365	370	378	395	410	4	5.0	4.5	2.5	343	363	364	342	32°	3
350	415	415	430	438	450	465	4	5.5	5.0	3.0	395	421	422	394	27°	3.5
400	465	465	482	490	505	535	4	5.5	5.0	3.0	447	473	474	446	27°	3.5
450	520	520	532	550	555	560	4	5.5	5.0	3.0	497	523	524	496	27°	3.5
500	570	570	585	610	615	615	4	5.5	5.0	3.0	549	575	576	548	27°	3.5
600	670	670	685	725	720	735	5	5.5	5.0	3.0	649	675	676	648	27°	3.5
700	775	775	800	795	820	840	5	5.5	5.0	3.0	751	777	778	750	27°	3.5
800	880	880	905	900	930	960	5	5.5	5.0	3.0	856	882	883	855	27°	3.5
900	980	980	1005	1000	1030	1070	5	5.5	5.0	3.0	961	987	988	960	27°	3.5
1000	1080	1080	1110	1115	1140	1180	5	6.5	6.0	4.0	1062	1092	1094	1060	28°	4
1200	1280	1295	1330	1330	1350	1380	5	6.5	6.0	4.0	1262	1292	1294	1260	28°	4
1400	1480	1510	1535	1530	1560	1600	5	6.5	6.0	4.0	1462	1492	1494	1460	28°	4
1600	1690	1710	1760	1750	1780	1815	5	6.5	6.0	4.0	1662	1692	1694	1660	28°	4
1800	1890	1920	1960	1950	1985	—	5	6.5	6.0	4.0	1860	1892	1894	1860	28°	4
2000	2090	2125	2170	2150	2210	—	5	6.5	6.0	4.0	2062	2092	2094	2060	28°	4

表 3-1-119 用 *PN* 标记的法兰盖环连接面尺寸（GB/T 9123—2010）

公称尺寸 DN	*PN*63						*PN*100						*PN*160					
	J_{min}	P	E	F	R_{1max}	S	J_{min}	P	E	F	R_{1max}	S	J_{min}	P	E	F	R_{1max}	S
15	55	35	6.5	9	0.8	5	55	35	6.5	9	0.8	5	58	35	6.5	9	0.8	5
20	68	45	6.5	9	0.8	5	68	45	6.5	9	0.8	5	70	45	6.5	9	0.8	5
25	78	50	6.5	9	0.8	5	78	50	6.5	9	0.8	5	80	50	6.5	9	0.8	5
32	86	65	6.5	9	0.8	5	86	65	6.5	9	0.8	5	86	65	6.5	9	0.8	5
40	102	75	6.5	9	0.8	5	102	75	6.5	9	0.8	5	102	75	6.5	9	0.8	5
50	112	85	8	12	0.8	7	116	85	8	12	0.8	7	118	95	8	12	0.8	7
65	136	110	8	12	0.8	7	140	110	8	12	0.8	7	142	110	8	12	0.8	7
80	146	115	8	12	0.8	7	150	115	8	12	0.8	7	152	130	8	12	0.8	7
100	172	145	8	12	0.8	7	176	145	8	12	0.8	7	178	160	8	12	0.8	7
125	208	175	8	12	0.8	7	212	175	8	12	0.8	7	215	190	8	12	0.8	7
150	245	205	8	12	0.8	7	250	205	8	12	0.8	7	255	205	10	14	0.8	9
200	306	265	8	12	0.8	7	312	265	8	12	0.8	7	322	275	11	17	0.8	8
250	362	320	8	12	0.8	7	376	320	8	12	0.8	7	388	330	11	17	0.8	8
300	422	375	8	12	0.8	7	448	375	8	12	0.8	7	456	380	14	23	0.8	9
350	475	420	8	12	0.8	7	505	420	11	17	0.8	8	—	—	—	—	—	—
400	540	480	8	12	0.8	7	—	—	—	—	—	—	—	—	—	—	—	—

表 3-1-120 *PN*2.5 钢制管法兰盖（GB/T 9123—2010）

公称尺寸[①] DN	连接尺寸					法兰盖[②]厚度 C/mm
	法兰外径 D/mm	螺栓孔中心圆直径 K/mm	螺栓孔直径 L/mm	螺栓		
				数量 n/个	螺纹规格	
10	75	50	11	4	M10	12
15	80	55	11	4	M10	12
20	90	65	11	4	M10	14
25	100	75	11	4	M10	14
32	120	90	14	4	M12	14
40	130	100	14	4	M12	14
50	140	110	14	4	M12	14
65	160	130	14	4	M12	14
80	190	150	18	4	M16	16
100	210	170	18	4	M16	16
125	240	200	18	8	M16	18
150	265	225	18	8	M16	18
200	320	280	18	8	M16	20
250	375	335	18	12	M16	22
300	440	395	22	12	M20	22
350	490	445	22	12	M20	22
400	540	495	22	16	M20	22
450	595	550	22	16	M20	24
500	645	600	22	20	M20	24
600	755	705	26	20	M24	30

续表

公称尺寸① DN	连接尺寸					法兰盖②厚度 C/mm
	法兰外径 D/mm	螺栓孔中心圆 直径 K/mm	螺栓孔直径 L/mm	螺栓		
				数量 n/个	螺纹规格	
700	860	810	26	24	M24	40（36）
800	975	920	30	24	M27	44（38）
900	1075	1020	30	24	M27	48（40）
1000	1175	1120	30	28	M27	52（42）
1200	1375	1320	30	32	M27	50（44）
1400	1575	1520	30	36	M27	57（48）
1600	1790	1730	30	40	M27	64（51）
1800	1990	1930	30	44	M27	70（54）
2000	2190	2130	30	48	M27	78（58）

注：①公称尺寸 *DN*10~*DN*1000 的法兰使用 *PN*6 法兰的尺寸。

②括号内尺寸为原标准法兰厚度，对于现有设备或供需双方认可仍可采用括号内的法兰厚度尺寸。

表 3-1-121　*PN*6 钢制管法兰盖（GB/T 9123—2010）

公称尺寸 DN	连接尺寸					法兰盖厚度 C/mm
	法兰外径 D/mm	螺栓孔中心圆 直径 K/mm	螺栓孔直径 L/mm	螺栓		
				数量 n/个	螺纹规格	
10	75	50	11	4	M10	12
15	80	55	11	4	M10	12
20	90	65	11	4	M10	14
25	100	75	11	4	M10	14
32	120	90	14	4	M12	14
40	130	100	14	4	M12	14
50	140	110	14	4	M12	14
65	160	130	14	4	M12	14
80	190	150	18	4	M16	16
100	210	170	18	4	M16	16
125	240	200	18	8	M16	18
150	265	225	18	8	M16	18
200	320	280	18	8	M16	20
250	375	335	18	12	M16	22
300	440	395	22	12	M20	22
350	490	445	22	12	M20	22
400	540	495	22	16	M20	22
450	595	550	22	16	M20	24
500	645	600	22	20	M20	24
600	755	705	26	20	M24	30
700	860	810	26	24	M24	40
800	975	920	30	24	M27	44
900	1075	1020	30	24	M27	48
1000	1175	1120	30	28	M27	52
1200	1405	1340	33	32	M30	60
1400	1630	1560	36	36	M33	68
1600	1830	1760	36	40	M33	76
1800	2045	1970	39	41	M36	84
2000	2265	2180	42	48	M39	92

表 3-1-122 *PN*10 钢制管法兰盖（GB/T 9123—2010）

公称尺寸[①] *DN*	连接尺寸					法兰盖[③]厚度 *C*/mm
	法兰外径 *D*/mm	螺栓孔中心圆直径 *K*/mm	螺栓孔直径 *L*/mm	螺栓		
				数量 *n*/个	螺纹规格	
10	90	60	14	4	M12	16
15	95	65	14	4	M12	16
20	105	75	14	4	M12	18
25	115	85	14	4	M12	18
32	140	100	18	4	M16	18
40	150	110	18	4	M16	18
50	165	125	18	4	M16	18
65	185	145	18	8[②]	M16	18
80	200	160	18	8	M16	20
100	220	180	18	8	M16	20
125	250	210	18	8	M16	22
150	285	240	22	8	M20	22
200	340	395	22	8	M20	24
250	395	350	22	12	M20	26
300	445	400	22	12	M20	26
350	505	460	22	16	M20	26
400	565	515	26	16	M24	26
450	615	565	26	20	M24	28
500	670	620	26	20	M24	28
600	780	725	30	20	M27	34
700	895	840	30	24	M27	38
800	1015	950	33	24	M30	48（42）
900	1115	1050	33	28	M30	50（46）
1000	1230	1160	36	28	M33	54（52）
1200	1455	1380	39	32	M36	66（60）
1400	1675	1590	42	36	M39	72
1600	1915	1820	48	40	M45	82
1800	2115	2020	48	44	M45	92
2000	2325	2230	48	48	M45	100

注：①公称尺寸 *DN*10~*DN*40 的法兰使用 *PN*40 法兰的尺寸；公称尺寸 *DN*50~*DN*150 的法兰使用 *PN*16 法兰的尺寸。

②对于铸铁法兰和铜合金法兰，该规格的法兰可能是 4 个螺栓孔的，因此，当制造厂和用户协商同意后，与铸铁法兰和铜合金法兰配对使用的钢制法兰可以采用 4 个螺栓孔。

③括号内尺寸为原标准法兰厚度，对于现有设备或供需双方认可仍可采用括号内的法兰厚度尺寸。

表 3-1-123 *PN*16 钢制管法兰盖（GB/T 9123—2010）

公称尺寸[①] *DN*	连接尺寸					法兰盖[③]厚度 *C*/mm
	法兰外径 *D*/mm	螺栓孔中心圆直径 *K*/mm	螺栓孔直径 *L*/mm	螺栓		
				数量 *n*/个	螺纹规格	
10	90	60	14	4	M12	16
15	95	65	14	4	M12	16
20	105	75	14	4	M12	18
25	115	85	14	4	M12	18
32	140	100	18	4	M16	18
40	150	110	18	4	M16	18
50	165	125	18	4	M16	18
65	185	145	18	8[②]	M16	18
80	200	160	18	8	M16	20
100	220	180	18	8	M16	20
125	250	210	18	8	M16	22
150	285	240	22	8	M20	22
200	340	295	22	12	M20	24
250	405	355	26	12	M24	26
300	460	410	26	12	M24	28
350	520	470	26	16	M24	30
400	580	525	30	16	M27	32
450	640	585	30	20	M27	40
500	715	650	33	20	M30	44
600	840	770	36	20	M33	54
700	910	840	36	24	M33	58（48）
800	1025	950	39	24	M36	62（52）
900	1125	1050	39	28	M36	64（58）
1000	1255	1170	42	28	M39	68（64）
1200	1485	1390	48	32	M45	86（76）
1400	1685	1590	48	36	M45	94
1600	1930	1820	56	40	M52	112
1800	2130	2020	56	44	M52	121
2000	2345	2230	62	48	M56	136

注：①公称尺寸 *DN*10～*DN*40 的法兰使用 *PN*40 法兰的尺寸。

②对于铸铁法兰和铜合金法兰，该规格的法兰可能是 4 个螺栓孔的，因此，当制造厂和用户协商同意后，与铸铁法兰和铜合金法兰配对使用的钢制法兰可以采用 4 个螺栓孔。

③括号内尺寸为原标准法兰厚度，对于现有设备或供需双方认可仍可采用括号内的法兰厚度尺寸。

表 3-1-124 *PN*25 钢制管法兰盖（GB/T 9123—2010）

公称尺寸 *DN*	连接尺寸					法兰盖厚度 *C*/mm
	法兰外径 *D*/mm	螺栓孔中心圆直径 *K*/mm	螺栓孔直径 *L*/mm	螺栓		
				数量 *n*/个	螺纹规格	
10	90	60	14	4	M12	16
15	95	65	14	4	M12	16
20	105	75	14	4	M12	18
25	115	85	14	4	M12	18
32	140	100	18	4	M16	18
40	150	110	18	4	M16	18
50	165	125	18	4	M16	20
65	185	145	18	8	M16	22
80	200	160	18	8	M16	24
100	235	190	22	8	M20	24
125	270	220	26	8	M24	26
150	300	250	26	8	M24	28
200	360	310	26	12	M24	30
250	425	370	30	12	M27	32
300	485	430	30	16	M27	34
350	555	490	33	16	M30	38
400	620	550	36	16	M33	40
450	670	600	36	20	M33	50
500	730	660	36	20	M33	51
600	845	770	39	20	M36	66

注：公称尺寸 *DN*10~*DN*150 的法兰使用 *PN*40 法兰的尺寸。

表 3-1-125 *PN*40 钢制管法兰盖（GB/T 9123—2010）

公称尺寸 *DN*	连接尺寸					法兰盖厚度 *C*/mm
	法兰外径 *D*/mm	螺栓孔中心圆直径 *K*/mm	螺栓孔直径 *L*/mm	螺栓		
				数量 *n*/个	螺纹规格	
10	90	60	14	4	M12	16
15	95	65	14	4	M12	16
20	105	75	14	4	M12	18
25	115	85	14	4	M12	18
32	140	100	18	4	M16	18
40	150	110	18	4	M16	18
50	165	125	18	4	M16	20
65	185	145	18	8	M16	22
80	200	160	18	8	M16	24
100	235	190	22	8	M20	24
125	270	220	26	8	M24	26
150	300	250	26	8	M24	28
200	375	320	30	12	M27	36
250	450	385	33	12	M30	38
300	515	450	33	16	M30	42
350	580	510	36	16	M33	46
400	660	585	39	16	M36	50
450	685	610	39	20	M36	57
500	755	670	42	20	M39	57
600	890	795	48	20	M45	72

表 3-1-126 *PN*63 钢制管法兰盖（GB/T 9123—2010）

公称尺寸 *DN*	连接尺寸					法兰盖厚度 *C*/mm
	法兰外径 *D*/mm	螺栓孔中心圆直径 *K*/mm	螺栓孔直径 *L*/mm	螺栓		
				数量 *n*/个	螺纹规格	
10	100	70	14	4	M12	20
15	105	75	14	4	M12	20
20	130	90	18	4	M16	22
25	140	100	18	4	M16	24
32	155	110	22	4	M20	24
40	170	125	22	4	M20	26
50	180	135	22	4	M20	26
65	205	160	22	8	M20	26
80	215	170	22	8	M20	28
100	250	200	26	8	M24	30
125	295	240	30	8	M27	34
150	345	280	33	8	M30	36
200	415	345	36	12	M33	42
250	470	400	36	12	M33	46
300	530	460	36	16	M33	52
350	600	525	39	16	M36	56
400	670	585	42	16	M39	50

注：公称尺寸 *DN*10～*DN* 40 的法兰使用 *PN*100 法兰的尺寸。

表 3-1-127 *PN*100 钢制管法兰盖（GB/T 9123—2010）

公称尺寸 *DN*	连接尺寸					法兰盖厚度 *C*/mm
	法兰外径 *D*/mm	螺栓孔中心圆直径 *K*/mm	螺栓孔直径 *L*/mm	螺栓		
				数量 *n*/个	螺纹规格	
10	100	70	14	4	M12	20
15	105	75	14	4	M12	20
20	130	90	18	4	M16	22
25	140	100	18	4	M16	24
32	155	110	22	4	M20	24
40	170	125	22	4	M20	26
50	195	145	26	4	M24	28
65	220	170	26	8	M24	30
80	230	180	26	8	M24	32
100	265	210	30	8	M27	36
125	315	250	33	8	M30	40
150	355	290	33	12	M30	44
200	430.	360	36	12	M33	52
250	505	430	39	12	M36	60
300	585	500	42	16	M39	68
350	655	560	48	16	M45	74

表 3-1-128 *PN*160 钢制管法兰盖（GB/T 9123—2010）

公称尺寸 DN	连接尺寸					法兰盖厚度 C/mm
	法兰外径 D/mm	螺栓孔中心圆直径 K/mm	螺栓孔直径 L/mm	螺栓		
				数量 n/个	螺纹规格	
10	100	70	14	4	M12	24
15	105	75	14	4	M12	26
20	130	90	18	4	M16	30
25	140	100	18	4	M16	32
32	155	110	22	4	M20	34
40	170	125	22	4	M20	36
50	195	145	26	4	M24	38
65	220	170	26	8	M24	42
80	230	180	26	8	M24	46
100	265	210	30	8	M27	52
125	315	250	33	8	M30	56
150	355	290	33	12	M30	62
200	430	360	36	12	M33	66
250	515	430	42	12	M39	76
300	585	500	42	16	M39	88

（2）用 Class 标记的管法兰系列

1）带颈螺纹钢制管法兰

用 Class 标记的带颈螺纹钢制管法兰的型式应符合图 3-1-44 的规定，法兰尺寸应符合表 3-1-129～表 3-1-134。

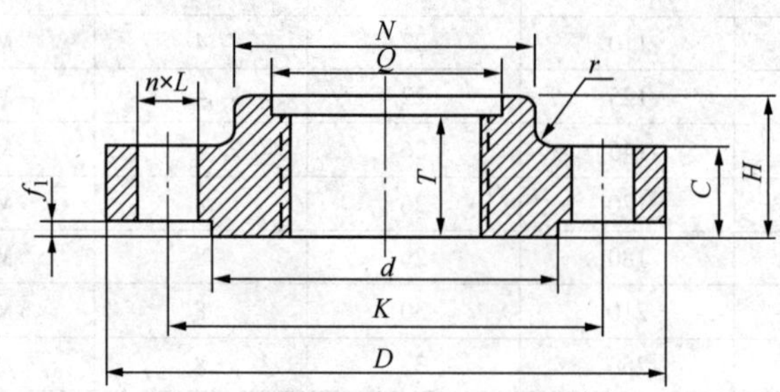

图 3-1-44 突面（RF）带颈螺纹钢制管法兰
（适用于 Class 150、Class 300、Class 600、
Class 900、Class 1500 和 Class 2500）

表 3-1-129 Class 150 带颈螺纹钢制管法兰（GB/T 9114—2010）

公称尺寸		钢管外径 A/mm	连接尺寸					密封面		法兰厚度 C/mm	法兰高度 H/mm	法兰颈		最小螺纹长度 T_{min}/mm
			法兰外径 D/mm	螺栓孔中心圆直径 K/mm	螺栓孔直径 L/mm	螺栓								
NPS	DN					数量 n/个	螺纹规格	X/mm	f_1/mm			N/mm	r/mm	
½	15	21.3	90	60.3	16	4	M14	34.9	2	9.6	14	30	≥4	16
¾	20	26.9	100	69.9	16	4	M14	42.9	2	11.2	14	38		16
1	25	33.7	110	79.4	16	4	M14	50.8	2	12.7	16	49		17
1¼	32	42.4	115	88.9	16	4	M14	63.5	2	14.3	19	59		21
1½	40	48.3	125	98.4	16	4	M14	73.0	2	15.9	21	65		22
2	50	60.3	150	120.7	19	4	M16	92.1	2	17.5	24	78		25
2½	65	76.1	180	139.7	19	4	M16	104.8	2	20.7	27	90		29
3	80	88.9	190	152.4	19	4	M16	127.0	2	22.3	29	108		30
4	100	114.3	230	190.5	19	8	M16	157.2	2	22.3	32	135		33
5	125	139.7	255	215.9	22	8	M20	185.7	2	22.3	35	164		36
6	150	168.3	280	241.3	22	8	M20	215.9	2	23.9	38	192		40
8	200	219.1	345	298.5	22	8	M20	269.9	2	27.0	43	246		44
10	250	273.0	405	362.0	26	12	M24	323.8	2	28.6	48	305		49
12	300	323.9	485	431.8	26	12	M24	381.0	2	30.2	54	365		56
14	350	355.6	535	476.3	29	12	M27	412.8	2	33.4	56	400		57
16	400	406.4	595	539.8	29	16	M27	469.9	2	35.0	62	457		64
18	450	457	635	577.9	32	16	M30	533.4	2	38.1	67	505		68
20	500	508	700	635.0	32	20	M30	584.2	2	41.3	71	559		73
24	600	610	815	749.3	35	20	M33	692.2	2	46.1	81	663		83

表 3－1－130　Class 300 带颈螺纹钢制管法兰（GB/T 9114—2010）

公称尺寸		钢管外径 A/mm	连接尺寸					密封面		法兰厚度 C/mm	法兰高度 H/mm	法兰颈		最小螺纹长度 T_{min}/mm	最小沉孔直径 Q_{min}/mm
			法兰外径 D/mm	螺栓孔中心圆直径 K/mm	螺栓孔直径 L/mm	螺栓									
NPS	DN					数量 n/个	螺纹规格	R/mm	f_1/mm			N/mm	r/mm		
½	15	21.3	95	66.7	16	4	M14	34.9	2	12.7	21	38	≥4	16	23.6
¾	20	26.9	115	82.6	19	4	M16	42.9	2	14.3	24	48		16	29.0
1	25	33.7	125	88.9	19	4	M16	50.8	2	15.9	25	54		18	35.8
1¼	32	42.4	135	98.4	19	4	M16	63.5	2	17.5	25	64		21	44.4
1½	40	48.3	155	114.3	22	4	M20	73.0	2	19.1	29	70		23	50.3
2	50	60.3	165	127.0	19	8	M16	92.1	2	20.7	32	84		29	63.5
2½	65	76.1	190	149.2	22	8	M20	104.8	2	23.9	37	100		32	76.2
3	80	88.9	210	168.3	22	8	M20	127.0	2	27.0	41	117		32	92.2
4	100	114.3	255	200.0	22	8	M20	157.2	2	30.2	46	146		37	117.6
5	125	139.7	280	235.0	22	8	M20	185.7	2	33.4	49	178		43	144.4
6	150	168.3	320	269.9	22	12	M20	215.9	2	35.0	51	206		47	171.4
8	200	219.1	380	330.2	26	12	M24	269.9	2	39.7	60	260		51	222.2
10	250	273.0	445	387.4	29	16	M27	323.8	2	46.1	65	321		56	276.2
12	300	323.9	520	450.8	32	16	M30	381.0	2	49.3	71	375		61	328.6
14	350	355.6	585	514.4	32	20	M30	412.8	2	52.4	75	425		64	360.4
16	400	406.4	650	571.5	35	20	M33	469.9	2	55.6	81	483		69	411.2
18	450	457	710	628.6	35	24	M33	533.4	2	58.8	87	533		70	462.0
20	500	508	775	685.8	35	24	M33	584.2	2	62.0	94	587		74	512.8
24	600	610	915	812.8	42	24	M39	692.2	2	68.3	105	702		83	614.4

表 3-1-131　Class 600 带颈螺纹钢制管法兰（GB/T 9114—2010）

公称尺寸		钢管外径 A/mm	连接尺寸					密封面		法兰厚度 C/mm	法兰高度 H/mm	法兰颈		最小螺纹长度 T_{min}/mm	最小沉孔直径 Q_{min}/mm
			法兰外径 D/mm	螺栓孔中心圆直径 K/mm	螺栓孔直径 L/mm	螺栓									
NPS	DN					数量 n/个	螺纹规格	R/mm	f_1/mm			N/mm	r/mm		
½	15	21.3	95	66.7	16	4	M14	34.9	7	14.3	22	38	≥4	16	23.6
¾	20	26.9	115	82.6	19	4	M16	42.9	7	15.9	25	48		16	29.0
1	25	33.7	125	88.9	19	4	M16	50.8	7	17.5	27	54		18	35.8
1¼	32	42.4	135	98.4	19	4	M16	63.5	7	20.7	29	64		21	44.4
1½	40	48.3	155	114.3	22	4	M20	73.0	7	22.3	32	70		23	50.6
2	50	60.3	165	127.0	19	8	M16	92.1	7	25.4	37	84		29	63.5
2½	65	76.1	190	149.2	22	8	M20	104.8	7	28.6	41	100		32	76.2
3	80	88.9	210	168.3	22	8	M20	127.0	7	31.8	46	117		35	92.2
4	100	114.3	275	215.9	26	8	M24	157.2	7	38.1	54	152		42	117.6
5	125	139.7	330	266.7	29	8	M27	185.7	7	44.5	60	189		48	144.4
6	150	168.3	355	292.1	29	12	M27	215.9	7	47.7	67	222		51	171.4
8	200	219.1	420	349.2	32	12	M30	269.9	7	55.6	76	273		58	222.2
10	250	273.0	510	431.8	35	16	M33	323.8	7	63.5	86	343		66	276.2
12	300	323.9	560	489.0	35	20	M33	381.0	7	66.7	92	400		70	328.6
14	350	355.6	605	527.0	39	20	M36	412.8	7	69.9	94	432		74	360.4
16	400	406.4	685	603.2	42	20	M39	469.9	7	76.2	106	495		78	411.2
18	450	457	745	654.0	45	20	M42	533.4	7	82.6	117	546		80	462.0
20	500	508	815	723.9	45	24	M42	584.2	7	88.9	127	610		83	512.8
24	600	610	940	838.2	51	24	M48	692.2	7	101.6	140	718		93	614.4

表 3-1-132　Class 900 带颈螺纹钢制管法兰（GB/T 9114—2010）

公称尺寸		钢管外径	连接尺寸					密封面		法兰厚度	法兰高度	法兰颈		最小螺纹长度	最小沉孔直径
			法兰外径	螺栓孔中心圆直径	螺栓孔直径	螺栓									
						数量	螺纹规格								
NPS	DN	A/mm	D/mm	K/mm	L/mm	n/个		R/mm	f_1/mm	C/mm	H/mm	N/mm	r/mm	T_{min}/mm	Q_{min}/mm
½	15	21.3	120	82.6	22	4	M20	34.9	7	22.3	32	38	≥4	23	23.6
¾	20	26.9	130	88.9	22	4	M20	42.9	7	25.4	35	44		26	29.0
1	25	33.7	150	101.6	26	4	M24	50.8	7	28.6	41	52		29	35.8
1¼	32	42.4	160	111.1	26	4	M24	63.5	7	28.6	41	64		31	44.4
1½	40	48.3	180	123.8	29	4	M27	73.0	7	31.8	44	70		32	50.6
2	50	60.3	215	165.1	26	8	M24	92.1	7	38.1	57	105		39	63.5
2½	65	76.1	245	190.5	29	8	M27	104.8	7	41.3	64	124		48	76.2
3	80	88.9	240	190.5	26	8	M24	127.0	7	38.1	54	127		42	92.2
4	100	114.3	290	235.0	32	8	M30	157.2	7	44.5	70	159		48	117.6
5	125	139.7	350	279.4	35	8	M33	185.7	7	50.8	79	190		54	144.4
6	150	168.3	380	317.5	32	12	M30	215.9	7	55.6	86	235		58	171.4
8	200	219.1	470	393.7	39	12	M36	269.9	7	63.5	102	298		64	222.2
10	250	273.0	545	469.9	39	16	M36	323.8	7	69.9	108	368		72	276.2
12	300	323.9	610	533.4	39	20	M36	381.0	7	79.4	117	419		77	328.6
14	350	355.6	640	558.8	42	20	M39	412.8	7	85.8	130	451		83	360.4
16	400	406.4	705	616.0	45	20	M42	469.9	7	88.9	133	508		86	411.2
18	450	457	785	685.8	51	20	M48	533.4	7	101.6	152	565		89	462.0
20	500	508	855	749.3	55	20	M52	584.2	7	108.0	159	622		93	512.8
24	600	610	1040	901.7	67	20	M64	692.2	7	139.7	203	749		102	614.4

注：NPS½（DN15）~NPS2½（DN65）的法兰使用 Class1500 法兰的尺寸。

表 3-1-133 Class 1500 带颈螺纹钢制管法兰（GB/T 9114—2010）

公称尺寸		钢管外径 A/mm	连接尺寸					密封面		法兰厚度 C/mm	法兰高度 H/mm	法兰颈		最小螺纹长度 T_{min}/mm	最小沉孔直径 Q_{min}/mm
			法兰外径 D/mm	螺栓孔中心圆直径 K/mm	螺栓孔直径 L/mm	螺栓									
NPS	DN					数量 n/个	螺纹规格	R/mm	f_1/mm			N/mm	r/mm		
½	15	21.3	120	82.6	22	4	M20	34.9	7	22.3	32	38	≥4	23	23.6
¾	20	26.9	130	88.9	22	4	M20	42.9	7	25.4	35	44		26	29.0
1	25	33.7	150	101.6	26	4	M24	50.8	7	28.6	41	52		29	35.8
1¼	32	42.4	160	111.1	26	4	M24	63.5	7	28.6	41	64		31	44.4
1½	40	48.3	180	123.8	29	4	M27	73.0	7	31.8	44	70		32	50.6
2	50	60.3	215	165.1	26	8	M24	92.1	7	38.1	57	105		39	63.5
2½	65	76.1	245	190.5	29	8	M27	104.8	7	41.3	64	124		48	76.2

表 3-1-134 Class 2500 带颈螺纹钢制管法兰（GB/T 9114—2010）

公称尺寸		钢管外径 A/mm	连接尺寸					密封面		法兰厚度 C/mm	法兰高度 H/mm	法兰颈		最小螺纹长度 T_{min}/mm	最小沉孔直径 Q_{min}/mm
			法兰外径 D/mm	螺栓孔中心圆直径 K/mm	螺栓孔直径 L/mm	螺栓									
NPS	DN					数量 n/个	螺纹规格	R/mm	f_1/mm			N/mm	r/mm		
½	15	21.3	135	88.9	22	4	M20	34.9	7	30.2	40	43	≥4	29	23.6
¾	20	26.9	140	95.2	22	4	M20	42.9	7	31.8	43	51		32	29.0
1	25	33.7	160	108.0	26	4	M24	50.8	7	35.0	48	57		35	35.8
1¼	32	42.4	185	130.2	29	4	M27	63.5	7	38.1	52	73		39	44.4
1½	40	48.3	205	146.0	32	4	M30	73.0	7	44.5	60	79		45	50.6
2	50	60.3	235	171.4	29	8	M27	92.1	7	50.9	70	95		51	63.5
2½	65	76.1	265	196.8	32	8	M30	104.8	7	57.2	79	114		58	76.2

2）对焊钢制管法兰

用 Class 标记的对焊钢制管法兰的型式应符合图 3-1-45～图 3-1-49 的规定，法兰密封面尺寸应符合表 3-1-135 和表 3-1-136 的规定，法兰其他尺寸应符合表 3-1-137～表 3-1-142 的规定，表中法兰内径 *B* 相当于采用标准管表号的尺寸，对于未规定的法兰内径 *B* 或采用其他管表号的钢管，应根据用户要求或钢管尺寸确定法兰内径 *B*。

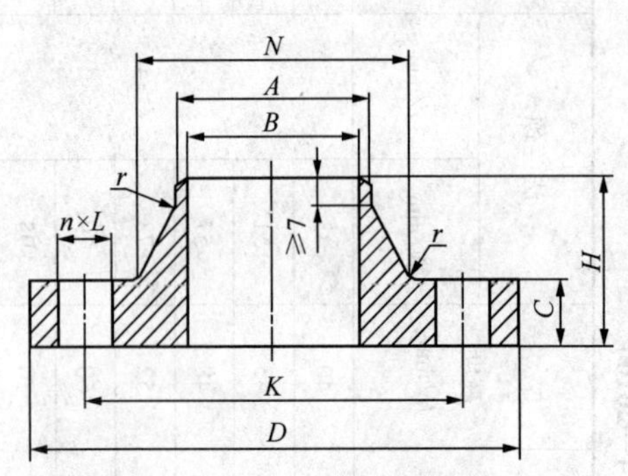

图 3-1-45　平面（FF）对焊钢制管法兰
（适用于 Class 150）

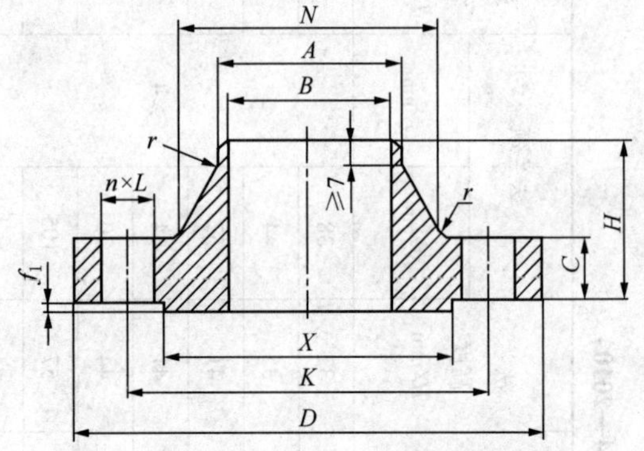

图 3-1-46　突面（RF）对焊钢制管法兰
（适用于 Class 150、Class 300、Class 600、Class 900、Class 1500 和 Class 2500）

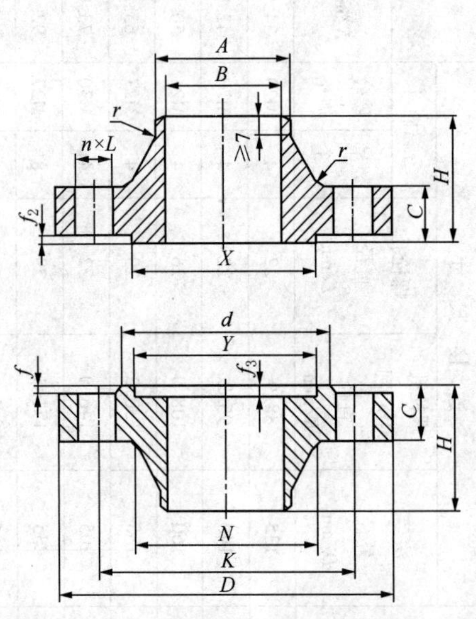

图 3-1-47　凹凸面（MF）对焊钢制管法兰
（适用于 Class 300、Class 600、Class 900、Class 1500 和 Class 2500）

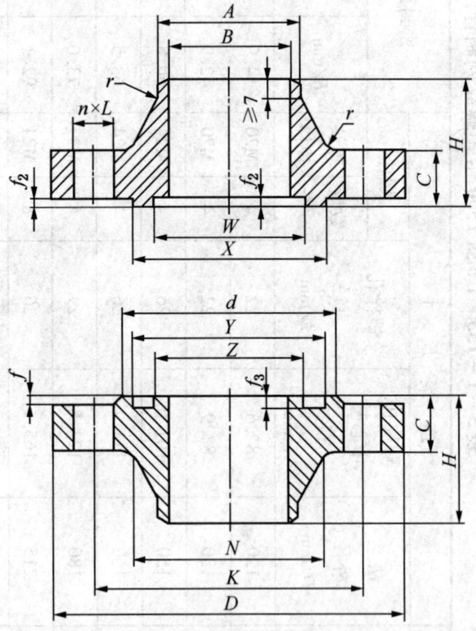

图 3-1-48　榫槽面（TG）对焊钢制管法兰
（适用于 Class 300、Class 600、Class 900、Class 1500 和 Class 2500）

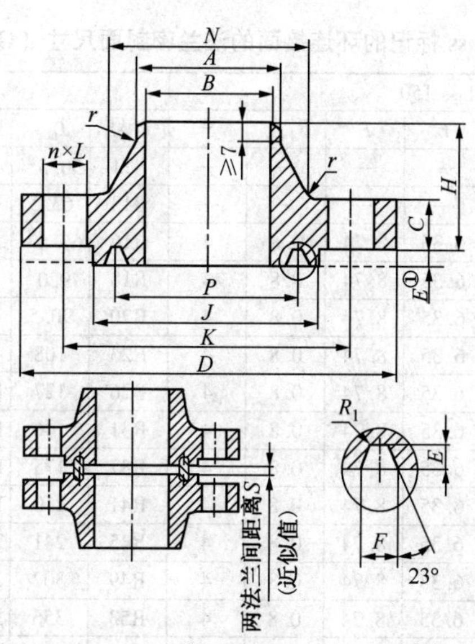

图 3-1-49 环连接面（RJ）对焊钢制管法兰

（适用于 Class 150、Class 300、Class 600、Class 900、Class 1500 和 Class 2500）

① 法兰凸出部分高度与梯形槽深度尺寸 E 相同，但不受梯形槽深度尺寸 E 公差的限制。允许采用如虚线所示轮廓的全平面型式。

表 3-1-135 用 Class 标记的突面、凹凸面、榫槽面的法兰密封面尺寸（GB/T 9115—2010）

（mm）

公称尺寸		X	f_1		f_2	f_3	d	W	Y	Z
NPS	DN									
½	15	34.9	2①	7②	7	5	46	25.4	36.5	23.8
¾	20	42.9					54	33.3	44.4	31.8
1	25	50.8					62	38.1	52.4	36.5
1¼	32	63.5					75	47.6	65.1	46.0
1½	40	73.0					84	54.0	74.6	52.4
2	50	92.1					103	73.0	93.7	71.4
2½	65	104.8					116	85.7	106.4	84.1
3	80	127.0					138	108.0	128.6	106.4
4	100	157.2					168	131.8	158.8	130.2
5	125	185.7					197	160.3	187.3	158.8
6	150	215.9					227	190.5	217.5	188.9
8	200	269.9					281	238.1	271.5	236.5
10	250	323.8					335	285.8	325.4	284.2
12	300	381.0					392	342.9	382.6	341.3
14	350	412.8					424	374.6	414.3	373.1
16	400	469.9					481	425.4	471.5	423.9
18	450	533.4					544	489.0	535.0	487.4
20	500	584.2					595	533.4	585.8	531.8
24	600	692.2					703	641.4	693.7	639.8

注：①为 Class 150 和 Class 300 法兰的尺寸。

②为 Class 600、Class 900、Class 1500 和 Class 2500 法兰的尺寸。

表 3-1-136　用 Class 标记的环连接面的法兰密封面尺寸（GB/T 9115—2010）　（mm）

公称尺寸		Class 150							Class 300						
NPS	DN	环号	J_{min}	P	E	F	R_{1max}	S	环号	J_{min}	P	E	F	R_{1max}	S
½	15	—	—	—	—	—	—	—	R11	50.5①	34.14	5.54	7.14	0.8	3
¾	20	—	—	—	—	—	—	—	R13	63.5	42.88	6.35	8.74	0.8	4
1	25	R15	63.0①	47.63	6.35	8.74	0.8	4	R16	69.5①	50.80	6.35	8.74	0.8	4
1¼	32	R17	72.5①	57.15	6.35	8.74	0.8	4	R18	79.0①	60.33	6.35	8.74	0.8	4
1½	40	R19	82.0①	65.07	6.35	8.74	0.8	4	R20	90.5	68.27	6.35	8.74	0.8	4
2	50	R22	101①	82.55	6.35	8.74	0.8	4	R23	108	82.55	7.92	11.91	0.8	6
2½	65	R25	120①	101.60	6.35	8.74	0.8	4	R26	127	101.60	7.92	11.91	0.8	6
3	80	R29	133	114.30	6.35	8.74	0.8	4	R31	146	123.83	7.92	11.91	0.8	6
4	100	R36	171	149.23	6.35	8.74	0.8	4	R37	175	149.23	7.92	11.91	0.8	6
5	125	R40	193①	171.45	6.35	8.74	0.8	4	R41	210	180.98	7.92	11.91	0.8	6
6	150	R43	219	193.68	6.35	8.74	0.8	4	R45	241	211.12	7.92	11.91	0.8	6
8	200	R48	273	247.65	6.35	8.74	0.8	4	R49	302	269.88	7.92	11.91	0.8	6
10	250	R52	330	304.80	6.35	8.74	0.8	4	R53	356	323.85	7.92	11.91	0.8	6
12	300	R56	405①	381.00	6.35	8.74	0.8	4	R57	413	381.00	7.92	11.91	0.8	6
14	350	R59	425	396.88	6.35	8.74	0.8	3	R61	457	419.10	7.92	11.91	0.8	6
16	400	R64	483	454.03	6.35	8.74	0.8	3	R65	508	469.90	7.92	11.91	0.8	6
18	450	R68	546	517.53	6.35	8.74	0.8	3	R69	575	533.40	7.92	11.91	0.8	6
20	500	R72	597	558.80	6.35	8.74	0.8	3	R73	635	584.20	9.53	13.49	1.5	6
24	600	R76	711	673.10	6.35	8.74	0.8	3	R77	749	692.15	11.13	16.66	1.5	6
公称尺寸		Class 600							Class 900						
NPS	DN	环号	J_{min}	P	E	F	R_{1max}	S	环号	J_{min}	P	E	F	R_{1max}	S
½	15	R11	50.5①	34.14	5.54	7.14	0.8	3	R12	60.5	39.67	6.35	8.74	0.8	4
¾	20	R13	63.5	45.88	6.35	8.74	0.8	4	R14	66.5	44.45	6.35	8.74	0.8	4
1	25	R16	69.5①	50.80	6.35	8.74	0.8	4	R16	71.5	50.80	6.35	8.74	0.8	4
1¼	32	R18	79.0①	60.33	6.35	8.74	0.8	4	R18	81.0	60.33	6.35	8.74	0.8	4
1½	40	R20	90.5	68.27	6.35	8.74	0.8	4	R20	92.0	68.27	6.35	8.74	0.8	4
2	50	R23	108	82.55	7.92	11.91	0.8	5	R24	124	95.25	7.92	11.91	0.8	3
2½	65	R26	127	101.60	7.92	11.91	0.8	5	R27	137	107.95	7.92	11.91	0.8	3
3	80	R31	146	123.83	7.92	11.91	0.8	5	R31	156	123.83	7.92	11.91	0.8	4
4	100	R37	175	149.23	7.92	11.91	0.8	5	R37	181	149.23	7.92	11.91	0.8	4
5	125	R41	210	180.98	7.92	11.91	0.8	5	R41	216	180.98	7.92	11.91	0.8	4
6	150	R45	241	211.12	7.92	11.91	0.8	5	R45	241	211.12	7.92	11.91	0.8	4
8	200	R49	302	269.88	7.92	11.91	0.8	5	R49	308	269.88	7.92	11.91	0.8	4
10	250	R53	356	323.85	7.92	11.91	0.8	5	R53	362	323.85	7.92	11.91	0.8	4
12	300	R57	413	381.00	7.92	11.91	0.8	5	R57	419	381.00	7.92	11.91	0.8	4
14	350	R61	547	419.10	7.92	11.91	0.7	5	R62	467	419.10	11.13	16.66	1.5	4
16	400	R65	508	469.90	7.92	11.91	0.8	5	R66	524	469.90	11.13	16.66	1.5	4
18	450	R69	575	533.40	7.92	11.91	0.7	5	R70	594	533.40	12.70	19.84	1.5	5
20	500	R73	635	584.20	9.53	13.49	1.5	5	R74	648	584.20	12.70	19.84	1.5	5
24	600	R77	749	692.15	11.13	16.66	1.5	6	R78	772	692.15	15.88	26.97	2.4	6
公称尺寸		Class 1500							Class 2500						
NPS	DN	环号	J_{min}	P	E	F	R_{1max}	S	环号	J_{min}	P	E	F	R_{1max}	S
½	15	R12	60.5	39.67	6.35	8.74	0.8	4	R13	65.0	42.88	6.35	8.74	0.8	4
¾	20	R14	66.5	44.45	6.35	8.74	0.8	4	R16	73.0	50.80	6.35	8.74	0.8	4
1	25	R16	71.5	50.80	6.35	8.74	0.8	4	R18	82.5	60.33	6.35	8.74	0.8	4
1¼	32	R18	81.0	60.33	6.35	8.74	0.8	4	R21	101①	72.23	7.92	11.91	0.8	3

公称尺寸		Class 1500							Class 2500						
NPS	DN	环号	J_{min}	P	E	F	R_{1max}	S	环号	J_{min}	P	E	F	R_{1max}	S
1½	40	R20	92.0	68.27	6.35	8.74	0.8	4	R23	114	82.55	7.92	11.91	0.8	3
2	50	R24	124	95.25	7.92	11.91	0.8	3	R26	133	101.60	7.92	11.91	0.8	3
2½	65	R27	137	107.95	7.92	11.91	0.8	3	R28	149	111.13	9.53	13.49	1.5	3
3	80	R35	168	136.53	7.92	11.91	0.8	3	R32	168	127.00	9.53	13.49	1.5	3
4	100	R39	194	161.93	7.92	11.91	0.8	3	R38	203	157.18	11.13	16.66	1.5	4
5	125	R44	229	193.68	7.92	11.91	0.8	3	R42	241	190.50	12.70	19.84	1.5	4
6	150	R46	248	211.14	9.53	13.49	1.5	3	R47	279	228.60	12.70	19.84	1.5	4
8	200	R50	318	269.88	11.13	16.66	1.5	4	R51	340	279.40	14.27	23.01	1.5	5
10	250	R54	371	323.85	11.13	16.66	1.5	4	R55	425	342.90	17.48	30.18	2.4	6
12	300	R58	438	381.00	14.27	23.01	1.5	5	R60	495	406.40	17.48	33.32	2.4	8
14	350	R63	489	419.10	15.88	26.97	2.4	6	—	—	—	—	—	—	—
16	400	R67	546	469.90	17.48	30.18	2.4	8	—	—	—	—	—	—	—
18	450	R71	613	533.40	17.48	30.18	2.4	8	—	—	—	—	—	—	—
20	500	R75	673	584.20	17.48	33.32	2.4	10	—	—	—	—	—	—	—
24	600	R79	794	692.15	20.62	36.53	2.4	11	—	—	—	—	—	—	—

注：①本标准从 ASME B16.5—2009 标准的英制螺栓孔径转换成公制螺栓孔径，导致 J 尺寸与螺栓孔径有干涉，为了避免干涉，对 J 尺寸数据做了适当的调整，调整后的 J 尺寸与 ASME B16.5—2009 标准略有差异。

表 3-1-137　Class 150 对焊钢制管法兰（GB/T 9115—2010）

公称尺寸		法兰焊端外径（钢管外径）A/mm	连接尺寸					法兰厚度① C/mm	法兰高度 H/mm	法兰颈		法兰内径 B/mm
			法兰外径 D/mm	螺栓孔中心圆直径 K/mm	螺栓孔直径 L/mm	螺栓						
NPS	DN					数量 n/个	螺纹规格			N/mm	r/mm	
½	15	21.3	90	60.3	16	4	M14	9.6	46	30		15.8
¾	20	26.9	100	69.9	16	4	M14	11.2	51	38		20.9
1	25	33.7	110	79.4	16	4	M14	12.7	54	49		26.6
1¼	32	42.4	115	88.9	16	4	M14	14.3	56	59		35.1
1½	40	48.3	125	98.4	16	4	M14	15.9	60	65		40.9
2	50	60.3	150	120.7	19	4	M16	17.5	62	78		52.5
2½	65	76.1	180	139.7	19	4	M16	20.7	68	90		62.7
3	80	88.9	190	152.4	19	4	M16	22.3	68	108		77.9
4	100	114.3	230	190.5	19	8	M16	22.3	75	135		102.3
5	125	139.7	255	215.9	22	8	M20	22.3	87	164	≥4	128.2
6	150	168.3	280	241.3	22	8	M20	23.9	87	192		154.1
8	200	219.1	345	298.5	22	8	M20	27.0	100	246		202.7
10	250	273.0	405	362.0	26	12	M24	28.6	100	305		254.6
12	300	323.9	485	431.8	26	12	M24	30.2	113	365		304.8
14	350	355.6	535	476.3	29	12	M27	33.4	125	400		按用户规定或根据钢管尺寸确定
16	400	406.4	595	539.8	29	16	M27	35.0	125	457		
18	450	457	635	577.9	32	16	M30	38.1	138	505		
20	500	508	700	635.0	32	20	M30	41.3	143	559		
24	600	610	815	749.3	35	20	M33	46.1	151	663		

注：①对于平面法兰，法兰厚度可以按本表规定，也可以在本表的法兰厚度数据上加 2mm。

表 3-1-138　Class 300 对焊钢制管法兰（GB/T 9115—2010）

公称尺寸		法兰焊端外径（钢管外径）	连接尺寸					法兰厚度	法兰高度	法兰颈		法兰内径
			法兰外径	螺栓孔中心圆直径	螺栓孔直径	螺栓						
NPS	DN	A/mm	D/mm	K/mm	L/mm	数量 n/个	螺纹规格	C/mm	H/mm	N/mm	r/mm	B/mm
½	15	21.3	95	66.7	16	4	M14	12.7	51	38	≥4	15.8
¾	20	26.9	115	82.6	19	4	M16	14.3	56	48		20.9
1	25	33.7	125	88.9	19	4	M16	15.9	60	54		26.6
1¼	32	42.4	135	98.4	19	4	M16	17.5	64	64		35.1
1½	40	48.3	155	114.3	22	4	M20	19.1	67	70		40.9
2	50	60.3	165	127.0	19	8	M16	20.7	68	84		52.5
2½	65	76.1	190	149.2	22	8	M20	23.9	75	100		62.7
3	80	88.9	210	168.3	22	8	M20	27.0	78	117		77.9
4	100	114.3	255	200.0	22	8	M20	30.2	84	146		102.3
5	125	139.7	280	235.0	22	8	M20	33.4	97	178		128.2
6	150	168.3	320	269.9	22	12	M20	35.0	97	206		154.1
8	200	219.1	380	330.2	25	12	M24	39.7	110	260		202.7
10	250	273.0	445	387.4	29	16	M27	46.1	116	321		254.6
12	300	323.9	520	450.8	32	16	M30	49.3	129	375		304.8
14	350	355.6	585	514.4	32	20	M30	52.4	141	425		按用户规定或根据钢管尺寸确定
16	400	406.4	650	571.5	35	20	M33	55.6	144	483		
18	450	457	710	628.6	35	24	M33	58.8	157	533		
20	500	508	775	685.8	35	24	M33	62.0	160	587		
24	600	610	915	812.8	42	24	M39	68.3	167	702		

表 3-1-139　Class 600 对焊钢制管法兰（GB/T 9115—2010）

公称尺寸		法兰焊端外径（钢管外径）	连接尺寸					法兰厚度	法兰高度	法兰颈		法兰内径
			法兰外径	螺栓孔中心圆直径	螺栓孔直径	螺栓						
NPS	DN	A/mm	D/mm	K/mm	L/mm	数量 n/个	螺纹规格	C/mm	H/mm	N/mm	r/mm	B/mm
½	15	21.3	95	66.7	16	4	M14	14.3	52	38	≥4	按用户规定或根据钢管尺寸确定
¾	20	26.9	115	82.6	19	4	M16	15.9	57	48		
1	25	33.7	125	88.9	19	4	M16	17.5	62	54		
1¼	32	42.4	135	98.4	19	4	M16	20.7	67	64		
1½	40	48.3	155	114.3	22	4	M20	22.3	70	70		
2	50	60.3	165	127.0	19	8	M16	25.4	73	84		
2½	65	76.1	190	149.2	22	8	M20	28.6	79	100		
3	80	88.9	210	168.3	22	8	M20	31.8	83	117		
4	100	114.3	275	215.9	26	8	M24	38.1	102	152		
5	125	139.7	330	266.7	29	8	M27	44.5	114	189		
6	150	168.3	355	292.1	29	12	M27	47.7	117	222		
8	200	219.1	420	349.2	32	12	M30	55.6	133	273		
10	250	273.0	510	431.8	35	16	M33	63.5	152	343		
12	300	323.9	560	489.0	35	20	M33	66.7	156	400		
14	350	355.6	605	527.0	39	20	M36	69.9	165	432		
16	400	406.4	685	603.2	42	20	M39	76.2	178	495		
18	450	457	745	654.0	45	20	M42	82.6	184	546		
20	500	508	815	723.9	45	24	M42	88.9	190	610		
24	600	610	940	838.2	51	24	M48	101.6	203	718		

表 3-1-140　Class 900 对焊钢制管法兰（GB/T 9115—2010）

公称尺寸		法兰焊端外径（钢管外径）A/mm	连接尺寸					法兰厚度 C/mm	法兰高度 H/mm	法兰颈		法兰内径 B/mm
			法兰外径 D/mm	螺栓孔中心圆直径 K/mm	螺栓孔直径 L/mm	螺栓						
NPS	DN					数量 n/个	螺纹规格			N/mm	r/mm	
½	15	21.3	120	82.6	22	4	M20	22.3	60	38		
¾	20	26.9	130	88.9	22	4	M20	25.4	70	44		
1	25	33.7	150	101.6	26	4	M24	28.6	73	52		
1¼	32	42.4	160	111.1	26	4	M24	28.6	73	64		
1½	40	48.3	180	123.8	29	4	M27	31.8	83	70		
2	50	60.3	215	165.1	26	8	M24	38.1	102	105		
2½	65	76.1	245	190.5	29	8	M27	41.3	105	124		
3	80	88.9	240	190.5	26	8	M24	38.1	102	127		
4	100	114.3	290	235.0	32	9	M30	44.5	114	159		
5	125	139.7	350	279.4	35	8	M33	50.8	127	190	≥4	按用户规定或根据钢管尺寸确定
6	150	168.3	380	317.5	32	12	M30	55.6	140	235		
8	200	219.1	470	393.7	39	12	M36	63.5	162	298		
10	250	273.0	545	469.9	39	16	M36	69.9	184	368		
12	300	323.9	610	533.4	39	20	M36	79.4	200	419		
14	350	355.6	640	558.8	42	20	M39	85.8	213	451		
16	400	406.4	705	616.0	45	20	M42	88.9	216	508		
18	450	457	785	685.8	51	20	M48	101.6	229	565		
20	500	508	855	749.3	55	20	M52	108.0	248	622		
24	600	610	1040	901.7	67	20	M64	139.7	292	749		

注：NPS½（DN15）~NPS2½（DN65）的法兰使用 Class 1500 法兰的尺寸。

表 3-1-141　Class 1500 对焊钢制管法兰（GB/T 9115—2010）

公称尺寸		法兰焊端外径（钢管外径）A/mm	连接尺寸					法兰厚度 C/mm	法兰高度 H/mm	法兰颈		法兰内径 B/mm
			法兰外径 D/mm	螺栓孔中心圆直径 K/mm	螺栓孔直径 L/mm	螺栓						
NPS	DN					数量 n/个	螺纹规格			N/mm	r/mm	
½	15	21.3	120	82.6	22	4	M20	22.3	60	38		
¾	20	26.9	130	88.9	22	4	M20	25.4	70	44		
1	25	33.7	150	101.6	26	4	M24	28.6	73	52		
1¼	32	42.4	160	111.1	26	4	M24	28.6	73	64		
1½	40	48.3	180	123.8	29	4	M27	31.8	83	70	≥4	按用户规定或根据钢管尺寸确定
2	50	60.3	215	165.1	26	8	M24	38.1	102	105		
2½	65	76.1	245	190.5	29	8	M27	41.3	105	124		
3	80	88.9	265	203.2	32	8	M30	47.7	117	133		
4	100	114.3	310	241.3	35	8	M33	54.0	124	162		

续表

公称尺寸		法兰焊端外径（钢管外径）A/mm	连接尺寸					法兰厚度 C/mm	法兰高度 H/mm	法兰颈		法兰内径 B/mm
			法兰外径 D/mm	螺栓孔中心圆直径 K/mm	螺栓孔直径 L/mm	螺栓						
NPS	DN					数量 n/个	螺纹规格			N/mm	r/mm	
5	125	139.7	375	292.1	42	8	M39	73.1	156	197	≥4	按用户规定或根据钢管尺寸确定
6	150	168.3	395	317.5	39	12	M36	82.6	171	229		
8	200	219.1	485	393.7	45	12	M42	92.1	213	292		
10	250	273.0	585	482.6	51	12	M48	108.0	254	368		
12	300	323.9	675	571.5	55	16	M52	123.9	283	451		
14	350	355.6	750	635.0	60	16	M56	133.4	298	495		
16	400	406.4	825	704.8	67	16	M64	146.1	311	552		
18	450	457	915	774.7	73	16	M70	162.0	327	597		
20	500	508	985	831.8	79	16	M76	177.8	356	641		
24	600	610	1170	990.6	93	16	M90	203.2	406	762		

表 3-1-142　Class 2500 对焊钢制管法兰（GB/T 9115—2010）

公称尺寸		法兰焊端外径（钢管外径）A/mm	连接尺寸					法兰厚度 C/mm	法兰高度 H/mm	法兰颈		法兰内径 B/mm
			法兰外径 D/mm	螺栓孔中心圆直径 K/mm	螺栓孔直径 L/mm	螺栓						
NPS	DN					数量 n/个	螺纹规格			N/mm	r/mm	
½	15	21.3	135	88.9	22	4	M20	30.2	73	43	≥4	按用户规定或根据钢管尺寸确定
¾	20	26.9	140	95.2	22	4	M20	31.8	79	51		
1	25	33.7	160	108.0	26	4	M24	35.0	89	57		
1¼	32	42.4	185	130.2	29	4	M27	38.1	95	73		
1½	40	48.3	205	146.0	32	4	M30	44.5	111	79		
2	50	60.3	235	171.4	29	8	M27	50.9	127	95		
2½	65	76.1	265	196.8	32	8	M30	57.2	143	114		
3	80	88.9	305	228.6	35	8	M33	66.7	168	133		
4	100	114.3	355	273.0	42	8	M39	76.2	190	165		
5	125	139.7	420	323.8	48	8	M45	92.1	229	203		
6	150	168.3	485	368.3	55	8	M52	108.0	273	235		
8	200	219.1	550	438.2	55	12	M52	127.0	318	305		
10	250	273.0	675	539.8	67	12	M64	165.1	419	375		
12	300	323.9	760	619.1	73	12	M70	184.2	464	441		

3）带颈平焊钢制管法兰

用 Class 标记的带颈平焊钢制管法兰的型式应符合图 3-1-50～图 3-1-54 的规定，法兰密封面尺寸应符合表 3-1-143 和表 3-1-144 的规定，法兰其他尺寸应符合表 3-1-145～表 3-1-149的规定。

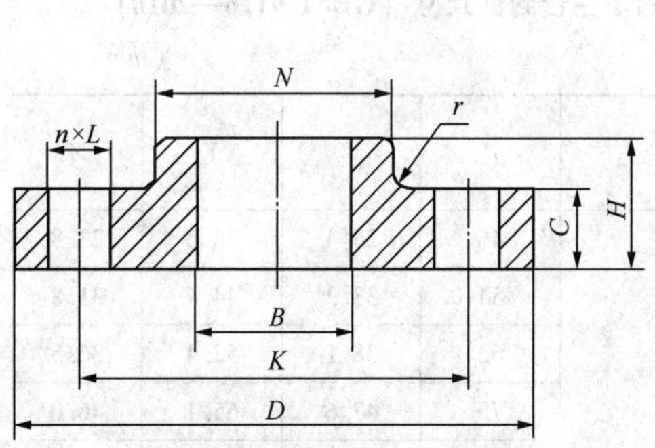

图 3-1-50 平面（FF）带颈平焊钢制管法兰（适用于 Class 150）

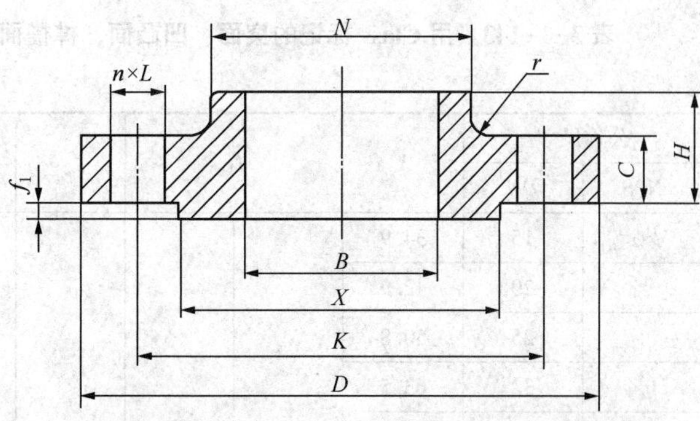

图 3-1-51 突面（RF）带颈平焊钢制管法兰（适用于 Class 150、Class 300、Class 600、Class 900 和 Class 1500）

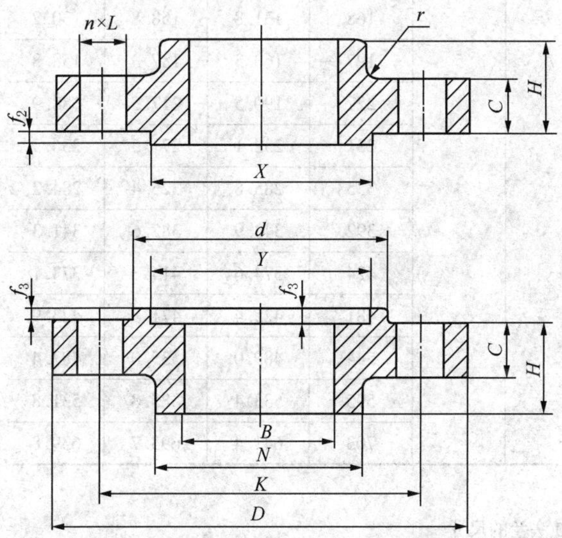

图 3-1-52 凹凸面（MF）带颈平焊钢制管法兰（适用于 Class 300、Class 600、Class 900 和 Class 1500）

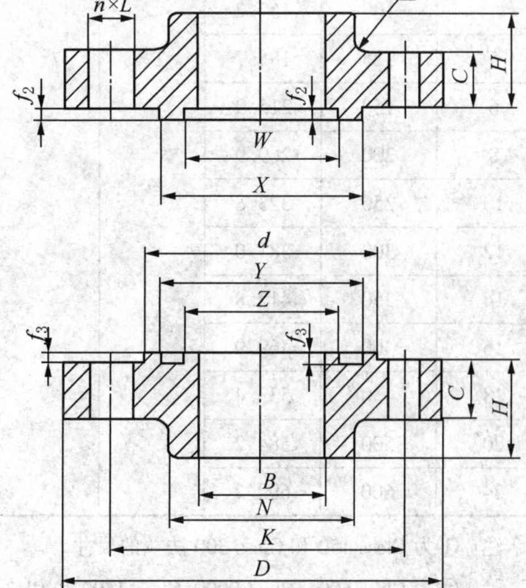

图 3-1-53 榫槽面（TG）带颈平焊钢制管法兰（适用于 Class 300、Class 600、Class 900 和 Class 1500）

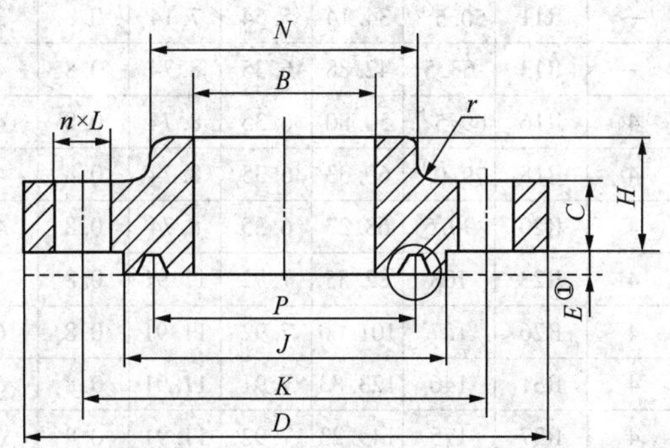

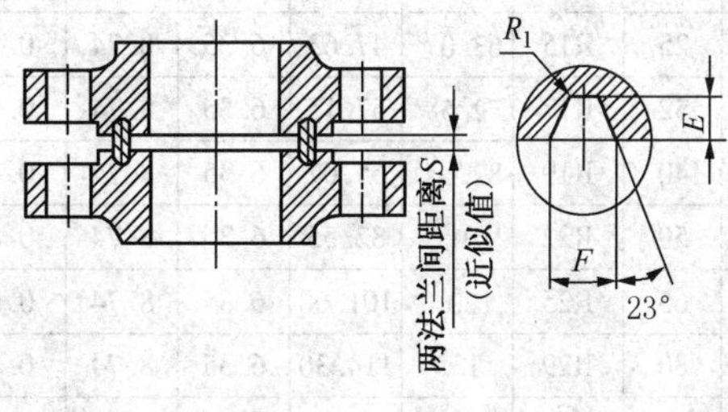

图 3-1-54 环连接面（RJ）带颈平焊钢制管法兰（适用于 Class 150、Class 300、Class 600、Class 900 和 Class 1500）

① 凸出部分高度与梯形槽深度尺寸 E 相同，但不受尺寸 E 公差的限制。允许采用如虚线所示轮廓的全平面型式。

表 3-1-143　用 Class 标记的突面、凹凸面、榫槽面的法兰密封面尺寸（GB/T 9116—2010）

（mm）

公称尺寸		X	f_1		f_2	f_3	d	W	Y	Z
NPS	DN									
½	15	34.9	2①	7②	7	5	46	25.4	36.5	23.8
¾	20	42.9					54	33.3	44.4	31.8
1	25	50.8					62	38.1	52.4	36.5
1¼	32	63.5					75	47.6	65.1	46.0
1½	40	73.0					84	54.0	74.6	52.4
2	50	92.1					103	73.0	93.7	71.4
2½	65	104.8					116	85.7	106.4	84.1
3	80	127.0					138	108.0	128.6	106.4
4	100	157.2					168	131.8	158.8	130.2
5	125	185.7					197	160.3	187.3	158.8
6	150	215.9					227	190.5	217.5	188.9
8	200	269.9					281	238.1	271.5	236.5
10	250	323.8					335	285.8	325.4	284.2
12	300	381.0					392	342.9	382.6	341.3
14	350	412.8					424	374.6	414.3	373.1
16	400	469.9					481	425.4	471.5	423.9
18	450	533.4					544	489.0	535.0	487.4
20	500	584.2					595	533.4	585.8	531.8
24	600	692.2					703	641.4	693.7	639.8

注：①为 Class 150 和 Class 300 法兰的尺寸。

②为 Class 600、Class 900、Class 1500 和 Class 2500 法兰的尺寸。

表 3-1-144　用 Class 标记的环连接面的法兰密封面尺寸（GB/T 9116—2010）

（mm）

公称尺寸		Class 150							Class 300						
NPS	DN	环号	J_{min}	P	E	F	R_{1max}	S	环号	J_{min}	P	E	F	R_{1max}	S
½	15	—	—	—	—	—	—	—	R11	50.5①	34.14	5.54	7.14	0.8	3
¾	20	—	—	—	—	—	—	—	R13	63.5	42.88	6.35	8.74	0.8	4
1	25	R15	63.0①	47.63	6.35	8.74	0.8	4	R16	69.5①	50.80	6.35	8.74	0.8	4
1¼	32	R17	72.5①	57.15	6.35	8.74	0.8	4	R18	79.0①	60.33	6.35	8.74	0.8	4
1½	40	R19	82.0①	65.07	6.35	8.74	0.8	4	R20	90.5	68.27	6.35	8.74	0.8	4
2	50	R22	101①	82.55	6.35	8.74	0.8	4	R23	108	82.55	7.92	11.91	0.8	6
2½	65	R25	120①	101.60	6.35	8.74	0.8	4	R26	127	101.60	7.92	11.91	0.8	6
3	80	R29	133	114.30	6.35	8.74	0.8	4	R31	146	123.83	7.91	11.91	0.8	6
4	100	R36	171	149.23	6.35	8.74	0.8	4	R37	175	149.23	7.92	11.91	0.8	6
5	125	R40	193①	171.45	6.35	8.74	0.8	4	R41	210	180.98	7.92	11.91	0.8	6
6	150	R43	219	193.68	6.35	8.74	0.8	4	R45	241	211.12	7.92	11.91	0.8	6
8	200	R48	273	247.65	6.35	8.74	0.8	4	R49	302	269.88	7.92	11.91	0.8	6

公称尺寸		Class 150							Class 300						
NPS	*DN*	环号	J_{min}	*P*	*E*	*F*	R_{1max}	S	环号	J_{min}	*P*	*E*	*F*	R_{1max}	S
10	250	R52	330	304.80	6.35	8.74	0.8	4	R53	356	323.85	7.92	11.91	0.8	6
12	300	R56	405①	381.00	6.35	8.74	0.8	4	R57	413	381.00	7.92	11.91	0.8	6
14	350	R59	425	396.88	6.35	8.74	0.8	3	R61	457	419.10	7.92	11.91	0.8	6
16	400	R64	483	454.03	6.35	8.74	0.8	3	R65	508	469.90	7.92	11.91	0.8	6
18	450	R68	645	517.53	6.35	8.74	0.8	3	R69	575	533.40	7.92	11.91	0.8	6
20	500	R72	597	558.80	6.35	8.74	0.8	3	R73	635	584.20	9.53	13.49	1.5	6
24	600	R76	711	673.10	6.35	8.74	0.8	3	R77	749	692.15	11.13	16.66	1.5	6

公称尺寸		Class 600							Class 900						
NPS	*DN*	环号	J_{min}	*P*	*E*	*F*	R_{1max}	S	环号	J_{min}	*P*	*E*	*F*	R_{1max}	S
½	15	R11	50.5①	34.14	5.54	7.14	0.8	3	R12	60.5	39.67	6.35	8.74	0.8	4
¾	20	R13	63.5	42.88	6.35	8.74	0.8	4	R14	66.5	44.45	6.35	8.74	0.8	4
1	25	R16	69.5①	50.80	6.35	8.74	0.8	4	R16	71.5	50.80	6.35	8.74	0.8	4
1¼	32	R18	79.0①	60.33	6.35	8.74	0.8	4	R18	81.0	60.33	6.35	8.74	0.8	4
1½	40	R20	90.5	68.27	6.35	8.74	0.8	4	R20	92.0	68.27	6.35	8.74	0.8	4
2	50	R23	108	82.55	7.92	11.91	0.8	5	R24	124	95.25	7.92	11.91	0.8	3
2½	65	R26	127	101.60	7.92	11.91	0.8	5	R27	137	107.95	7.92	11.91	0.8	3
3	80	R31	146	123.83	7.92	11.91	0.8	5	R31	156	123.83	7.92	11.91	0.8	4
4	100	R37	175	149.23	7.92	11.91	0.8	5	R37	181	149.23	7.92	11.91	0.8	4
5	125	R41	210	180.98	7.92	11.91	0.8	5	R41	216	180.98	7.92	11.91	0.8	4
6	150	R45	241	211.12	7.92	11.91	0.8	5	R45	241	211.12	7.92	11.91	0.8	4
8	200	R49	302	269.88	7.92	11.91	0.8	5	R49	308	369.88	7.92	11.91	0.8	4
10	250	R53	356	323.85	7.92	11.91	0.8	5	R53	362	323.85	7.92	11.91	0.8	4
12	300	R57	413	381.00	7.92	11.91	0.8	5	R57	419	381.00	7.92	11.91	0.8	4
14	350	R61	547	419.10	7.92	11.91	0.8	5	R62	467	419.10	11.13	16.66	1.5	4
16	400	R65	508	469.90	7.92	11.91	0.8	5	R66	524	469.90	11.13	16.66	1.5	4
18	450	R69	575	533.40	7.92	11.91	0.8	5	R70	594	533.40	12.70	19.84	1.5	5
20	500	R73	635	584.20	9.53	13.49	1.5	5	R74	648	584.20	12.70	19.84	1.5	5
24	600	R77	749	692.15	11.13	16.66	1.5	6	R78	772	692.15	15.88	26.97	2.4	6

公称尺寸		Class 1500						
NPS	*DN*	环号	J_{min}	*P*	*E*	*F*	R_{1max}	S
½	15	R12	60.5	39.67	6.35	8.74	0.8	4
¾	20	R14	66.5	44.45	6.35	8.74	0.8	4
1	25	R16	71.5	50.80	6.35	8.74	0.8	4
1¼	32	R18	81.0	60.33	6.35	8.74	0.8	4
1½	40	R20	92.0	68.27	6.35	8.74	0.8	4
2	50	R24	124	95.25	7.92	11.91	0.8	3
2½	65	R27	137	107.95	7.92	11.91	0.8	3

注：①本标准从 ASME B16.5—2009 标准的英制螺栓孔径转换成公制螺栓孔径，导致 *J* 尺寸与螺栓孔径有干涉，为了避免干涉，对 *J* 尺寸数据做了适当的调整，调整后的 *J* 尺寸与 ASME B16.5—2009 标准略有差异。

表 3-1-145 Class 150 带颈平焊钢制管法兰（GB/T 9116—2010）

公称尺寸		钢管外径 A/mm	连接尺寸					法兰厚度① C/mm	法兰高度 H/mm	法兰颈		法兰内径 B/mm
NPS	DN		法兰外径 D/mm	螺栓孔中心圆直径 K/mm	螺栓孔直径 L/mm	螺栓 数量 n/个	螺栓 螺纹规格			N/mm	r/mm	
½	15	21.3	90	60.3	16	4	M14	9.6	14	30		22.0
¾	20	26.9	100	69.9	16	4	M14	11.2	14	38		27.5
1	25	33.7	110	79.4	16	4	M14	12.7	16	49		34.5
1¼	32	42.4	115	88.9	16	4	M14	14.3	19	59		43.5
1½	40	48.3	125	98.4	16	4	M14	15.9	21	65		49.5
2	50	60.3	150	120.7	19	4	M16	17.5	24	78		61.5
2½	65	76.1	180	139.7	19	4	M16	20.7	27	90		77.5
3	80	88.9	190	152.4	19	4	M16	22.3	29	108		90.5
4	100	114.3	230	190.5	19	8	M16	22.3	32	135		116.0
5	125	139.7	255	215.9	22	8	M20	22.3	35	164	≥4	143.5
6	150	168.3	280	241.3	22	8	M20	23.9	38	192		170.5
8	200	219.1	345	298.5	22	8	M20	27.0	43	246		221.5
10	250	273.0	405	362.0	26	12	M24	28.6	48	305		276.5
12	300	323.9	485	431.8	26	12	M24	30.2	54	365		327.5
14	350	355.6	535	476.3	29	12	M27	33.4	56	400		359.5
16	400	406.4	595	539.8	29	16	M27	35.0	62	457		411.0
18	450	457	635	577.9	32	16	M30	38.1	67	505		462.0
20	500	508	700	635.0	32	20	M30	41.3	71	559		513.5
24	600	610	815	749.3	35	20	M33	46.1	81	663		616.5

注：①对于平面法兰，法兰厚度可以按本表规定，也可以在本表的法兰厚度数据上加上 2mm。

表 3-1-146 Class 300 带颈平焊钢制管法兰（GB/T 9116—2010）

公称尺寸		钢管外径 A/mm	连接尺寸					法兰厚度 C/mm	法兰高度 H/mm	法兰颈		法兰内径 B/mm
NPS	DN		法兰外径 D/mm	螺栓孔中心圆直径 K/mm	螺栓孔直径 L/mm	螺栓 数量 n/个	螺栓 螺纹规格			N/mm	r/mm	
½	15	21.3	95	66.7	16	4	M14	12.7	21	38		22.0
¾	20	26.9	115	82.6	19	4	M16	14.3	24	48		27.5
1	25	33.7	125	88.9	19	4	M16	15.9	25	54		34.5
1¼	32	42.4	135	98.4	19	4	M16	17.5	25	64		43.5
1½	40	48.3	155	114.3	22	4	M20	19.1	29	70		49.5
2	50	60.3	165	127.0	19	8	M16	20.7	32	84		61.5
2½	65	76.1	190	149.2	22	8	M20	23.9	37	100		77.5
3	80	88.9	210	168.3	22	8	M20	27.0	41	117		90.5
4	100	114.3	255	200.0	22	8	M20	30.2	46	146		116.0
5	125	139.7	280	235.0	22	8	M20	33.4	49	178	≥4	143.5
6	150	168.3	320	269.9	22	12	M20	35.0	51	206		170.5
8	200	219.1	380	330.2	26	12	M24	39.7	60	260		221.5
10	250	273.0	445	387.4	29	16	M27	46.1	65	321		276.5
12	300	323.9	520	450.8	32	16	M30	49.3	71	375		327.5
14	350	355.6	585	514.4	32	20	M30	52.4	75	425		359.5
16	400	406.4	650	571.5	35	20	M33	55.6	81	483		411.0
18	450	457	710	628.6	35	24	M33	58.8	87	533		462.0
20	500	508	775	685.8	35	24	M33	62.0	94	587		513.5
24	600	610	915	812.8	42	24	M39	68.3	105	702		616.5

表 3-1-147　Class 600 带颈平焊钢制管法兰（GB/T 9116—2010）

公称尺寸 NPS	公称尺寸 DN	法兰焊端外径（钢管外径）A/mm	连接尺寸 法兰外径 D/mm	连接尺寸 螺栓孔中心圆直径 K/mm	连接尺寸 螺栓孔直径 L/mm	连接尺寸 螺栓 数量 n/个	连接尺寸 螺栓 螺纹规格	法兰厚度 C/mm	法兰高度 H/mm	法兰颈 N/mm	法兰颈 r/mm	法兰内径 B/mm
½	15	21.3	95	66.7	16	4	M14	14.3	22	38		22.0
¾	20	26.9	115	82.6	19	4	M16	15.9	25	48		27.5
1	25	33.7	125	88.9	19	4	M16	17.5	27	54		34.5
1¼	32	42.4	135	98.4	19	4	M16	20.7	29	64		43.5
1½	40	48.3	155	114.3	22	4	M20	22.3	32	70		49.5
2	50	60.3	165	127.0	19	8	M16	25.4	37	84		61.5
2½	65	76.1	190	149.2	22	8	M20	28.6	41	100		77.5
3	80	88.9	210	168.3	22	8	M20	31.8	46	117		90.5
4	100	114.3	275	215.9	26	8	M24	38.1	54	152		116.0
5	125	139.7	330	266.7	29	8	M27	44.5	60	189	≥4	143.5
6	150	168.3	355	292.1	29	12	M27	47.7	67	222		170.5
8	200	219.1	420	349.2	32	12	M30	55.6	76	273		221.5
10	250	273.0	510	431.8	35	16	M33	63.5	86	343		276.5
12	300	323.9	560	489.0	35	20	M33	66.7	92	400		327.5
14	350	355.6	605	527.0	39	20	M36	69.9	94	432		359.5
16	400	406.4	685	603.2	42	20	M39	76.2	106	495		411.0
18	450	457	745	654.0	45	20	M42	82.6	117	546		462.0
20	500	508	815	723.9	45	24	M42	88.9	127	610		513.5
24	600	610	940	838.2	51	24	M48	101.6	140	718		616.5

表 3-1-148　Class 900 带颈平焊钢制管法兰（GB/T 9116—2010）

公称尺寸 NPS	公称尺寸 DN	法兰焊端外径（钢管外径）A/mm	连接尺寸 法兰外径 D/mm	连接尺寸 螺栓孔中心圆直径 K/mm	连接尺寸 螺栓孔直径 L/mm	连接尺寸 螺栓 数量 n/个	连接尺寸 螺栓 螺纹规格	法兰厚度 C/mm	法兰高度 H/mm	法兰颈 N/mm	法兰颈 r/mm	法兰内径 B/mm
½	15	21.3	120	82.6	22	4	M20	22.3	32	38		22.0
¾	20	26.9	130	88.9	22	4	M20	25.4	35	44		27.5
1	25	33.7	150	101.6	26	4	M24	28.6	41	52		34.5
1¼	32	42.4	160	111.1	26	4	M24	28.6	41	64		43.5
1½	40	48.3	180	123.8	29	4	M27	31.8	44	70		49.5
2	50	60.3	215	165.1	26	8	M24	38.1	57	105		61.5
2½	65	76.1	245	190.5	29	8	M27	41.3	64	124		77.5
3	80	88.9	240	190.5	26	8	M24	38.21	54	127		90.5
4	100	114.3	290	235.0	32	9	M30	44.5	70	159		116.0
5	125	139.7	350	279.4	35	8	M33	50.8	79	190	≥4	143.5
6	150	168.3	380	317.5	32	12	M30	55.6	86	235		170.5
8	200	219.1	470	393.7	39	12	M36	63.5	102	298		221.5
10	250	273.0	545	469.9	39	16	M36	69.9	108	368		276.5
12	300	323.9	610	533.4	39	20	M36	79.4	117	419		327.5
14	350	355.6	640	558.8	42	20	M39	85.8	130	451		359.5
16	400	406.4	705	616.0	45	20	M42	88.9	133	508		411.0
18	450	457	785	685.8	51	20	M48	101.6	152	565		462.0
20	500	508	855	749.3	55	20	M52	108.0	159	622		513.5
24	600	610	1040	901.7	67	20	M64	139.7	203	749		616.5

注：NPS½（*DN*15）~NPS2½（*DN*65）的法兰使用 Class 1500 法兰的尺寸。

表 3-1-149　Class 1500 带颈平焊钢制管法兰（GB/T 9116—2010）

公称尺寸		法兰焊端外径（钢管外径）A/mm	连接尺寸					法兰厚度 C/mm	法兰高度 H/mm	法兰颈		法兰内径 B/mm
			法兰外径 D/mm	螺栓孔中心圆直径 K/mm	螺栓孔直径 L/mm	螺栓						
NPS	DN					数量 n/个	螺纹规格			N/mm	r/mm	
½	15	21.3	120	82.6	22	4	M20	22.3	32	38		22.0
¾	20	26.9	130	88.9	22	4	M20	25.4	35	44		27.5
1	25	33.7	150	101.6	26	4	M24	28.6	41	52		34.5
1¼	32	42.4	160	111.1	26	4	M24	28.6	41	64	≥4	43.5
1½	40	48.3	180	123.8	29	4	M27	31.8	44	70		49.5
2	50	60.3	215	165.1	26	8	M24	38.1	57	105		61.5
2½	65	76.1	245	190.5	29	8	M27	41.3	64	124		77.5

4）带颈承插焊钢制管法兰

用 Class 标记的带颈承插焊钢制管法兰的型式应符合图 3-1-55～图 3-1-59 的规定，法兰的密封面尺寸应符合表 3-1-150 和表 3-1-151 的规定，法兰其他尺寸应符合表 3-1-152～表 3-1-155 的规定。

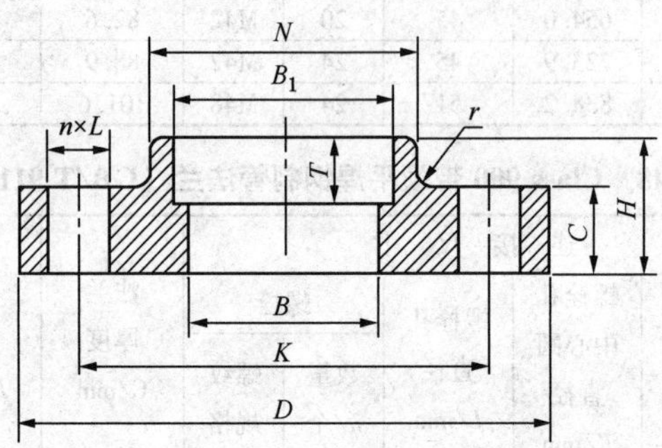

图 3-1-55　平面（FF）带颈承插焊钢制管法兰
（适用于 Class 150）

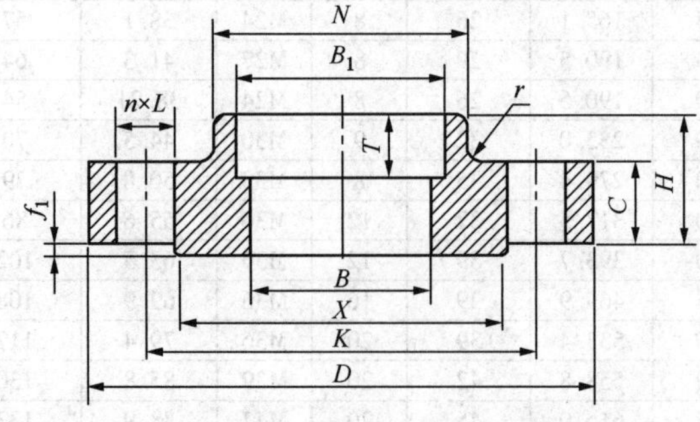

图 3-1-56　突面（RF）带颈承插焊钢制管法兰
（适用于 Class 150、Class 300、Class 600、Class 900 和 Class 1500）

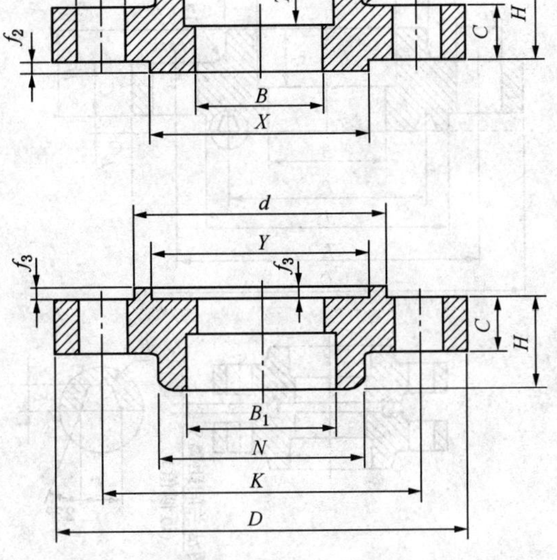

图 3-1-57　凹凸面（MF）带颈承插焊钢制管法兰
（适用于 Class 300、Class 600、Class 900 和 Class 1500）

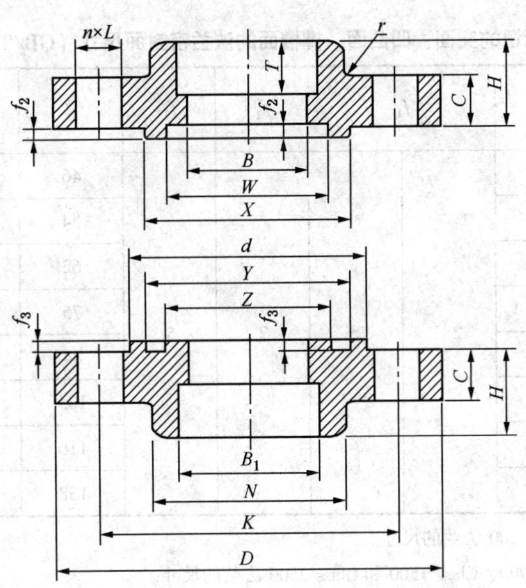

图 3-1-58　榫槽面（TG）带颈承插焊钢制管法兰
（适用于 Class 300、Class 600、Class 900 和 Class 1500）

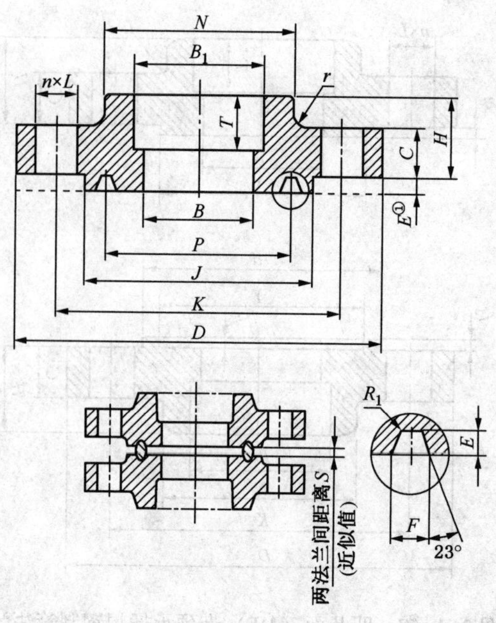

①凸出部分高度与梯形槽深度尺寸 E 相同，但不受尺寸 E 公差的限制，允许采用如虚线所示轮廓的全平面型式。

图 3-1-59　环连接面（RJ）带颈承插焊钢制管法兰

（适用于 Class 150、Class 300、Class 600、Class 900 和 Class 1500）

表 3-1-150　用 Class 标记的突面、凹凸面、榫槽面的法兰密封面尺寸（GB/T 9117—2010）　（mm）

公称尺寸		X	f_1		f_2	f_3	d	W	Y	Z
NPS	DN									
½	15	34.9	2①	7②	7	5	46	25.4	36.5	23.8
¾	20	42.9					54	33.3	44.4	31.8
1	25	50.8					62	38.1	52.4	36.5
1¼	32	63.5					75	47.6	65.1	46.0
1½	40	73.0					84	54.0	74.6	52.4
2	50	92.1					103	73.0	93.7	71.4
2½	65	104.8					116	85.7	106.4	84.1
3	80	127.0					138	108.0	128.6	106.4

注：①为 Class 150 和 Class 300 法兰的尺寸。

②为 Class 600、Class 900、Class 1500 和 Class 2500 法兰的尺寸。

表 3-1-151　用 Class 标记的环连接面的法兰密封面尺寸（GB/T 9117—2010）　（mm）

公称尺寸		Class 150							Class 300						
NPS	DN	环号	J_{min}	P	E	F	R_{1max}	S	环号	J_{min}	P	E	F	R_{1max}	S
½	15	—	—	—	—	—	—	—	R11	50.5①	34.14	5.54	7.14	0.8	3
¾	20	—	—	—	—	—	—	—	R13	63.5	42.88	6.35	8.74	0.8	4
1	25	R15	63.0①	47.63	6.35	8.74	0.8	4	R16	69.5①	50.80	6.35	8.74	0.8	4

续表

公称尺寸		Class 150							Class 300						
NPS	DN	环号	J_{min}	P	E	F	R_{1max}	S	环号	J_{min}	P	E	F	R_{1max}	S
1¼	32	R17	72.5①	57.15	6.35	8.74	0.8	4	R18	79.0①	60.33	6.35	8.74	0.8	4
1½	40	R19	82.0①	65.07	6.35	8.74	0.8	4	R20	90.5	68.27	6.35	8.74	0.8	4
2	50	R22	101①	82.55	6.35	8.74	0.8	4	R23	108	82.55	7.92	11.91	0.8	6
2½	65	R25	120①	101.60	6.35	8.74	0.8	4	R26	127	101.60	7.92	11.91	0.8	6
3	80	R29	133	114.30	6.35	8.74	0.8	4	R31	146	123.83	7.92	11.91	0.8	6
公称尺寸		Class 600							Class 900						
NPS	DN	环号	J_{min}	P	E	F	R_{1max}	S	环号	J_{min}	P	E	F	R_{1max}	S
½	15	R11	50.5①	34.14	5.54	7.14	0.8	3	R12	60.5	39.67	6.35	8.74	0.8	4
¾	20	R13	63.5	42.88	6.35	8.74	0.8	4	R14	66.5	44.45	6.35	8.74	0.8	4
1	25	R16	69.5①	50.80	6.35	8.74	0.8	4	R16	71.5	50.80	6.35	8.74	0.8	4
1¼	32	R18	79.0①	60.33	6.35	8.74	0.8	4	R18	81.0	60.33	6.35	8.74	0.8	4
1½	40	R20	90.5	68.27	6.35	8.74	0.8	4	R20	92.0	68.27	6.35	8.74	0.8	4
2	50	R23	108	82.55	7.92	11.91	0.8	5	R24	124	95.25	7.92	11.91	0.8	3
2½	65	R26	127	101.60	7.92	11.91	0.8	5	R27	137	107.95	7.92	11.91	0.8	3
3	80	R31	146	123.83	7.92	11.91	0.8	5	R31	156	123.83	7.92	11.91	0.8	4
公称尺寸		Class 1500													
NPS	DN	环号	J_{min}	P	E	F	R_{1max}	S							
½	15	R12	60.5	39.67	6.35	8.74	0.8	4							
¾	20	R14	66.5	44.45	6.35	8.74	0.8	4							
1	25	R16	71.5	50.80	6.35	8.74	0.8	4							
1¼	32	R18	81.0	60.33	6.35	8.74	0.8	4							
1½	40	R20	92.0	68.27	6.35	8.74	0.8	4							
2	50	R24	124	95.25	7.92	11.91	0.8	3							
2½	65	R27	137	107.95	7.92	11.91	0.8	3							

注：①本标准从 ASME B16.5—2009 标准的英制螺栓孔径转换成公制螺栓孔径，导致 J 尺寸与螺栓孔径有干涉，为了避免干涉，对 J 尺寸数据做了适当的调整，调整后的 J 尺寸与 ASME B16.5—2009 标准略有差异。

表 3-1-152　Class 150 带颈承插焊钢制管法兰（GB/T 9117—2010）

公称尺寸		钢管外径	连接尺寸					法兰厚度①	法兰高度	法兰颈		法兰内径	承插孔	
			法兰外径	螺栓孔中心圆直径	螺栓孔直径	螺栓								
NPS	DN	A/mm	D/mm	K/mm	L/mm	数量 n/个	螺纹规格	C/mm	H/mm	N/mm	r/mm	B/mm	B_1/mm	T/mm
½	15	21.3	90	60.3	16	4	M14	9.6	14	30	≥4	15.8	22.0	10
¾	20	26.9	100	69.9	16	4	M14	11.2	14	38		20.9	27.5	11
1	25	33.7	110	79.4	16	4	M14	12.7	16	49		26.6	34.5	13
1¼	32	42.2	115	88.9	16	4	M14	14.3	19	59		35.1	43.5	14
1½	40	48.3	125	98.4	16	4	M14	15.9	21	65		40.9	49.5	16
2	50	60.3	150	120.7	19	4	M16	17.5	24	78		52.5	61.5	17
2½	65	76.1	180	139.7	19	4	M16	20.7	27	90		62.7	77.5	19
3	80	88.9	190	152.4	19	4	M16	22.3	29	108		77.9	90.5	21

注：①对于平面法兰，法兰厚度可以按本表规定，也可以在本表的法兰厚度数据值上加上2mm。

表 3-1-153　Class 300 带颈承插焊钢制管法兰（GB/T 9117—2010）

公称尺寸		钢管外径	连接尺寸					法兰厚度	法兰高度	法兰颈		法兰内径	承插孔	
			法兰外径	螺栓孔中心圆直径	螺栓孔直径	螺栓								
NPS	DN	A/mm	D/mm	K/mm	L/mm	数量 n/个	螺纹规格	C/mm	H/mm	N/mm	r/mm	B/mm	B_1/mm	T/mm
½	15	21.3	95	66.7	16	4	M14	12.7	21	38	≥4	15.8	22.0	10
¾	20	26.9	115	82.6	19	4	M16	14.3	24	48		20.9	27.5	11
1	25	33.7	125	88.9	19	4	M16	15.9	25	54		26.6	34.5	13
1¼	32	42.2	135	98.4	19	4	M16	17.5	25	64		35.1	43.5	14
1½	40	48.3	155	114.3	22	4	M20	19.1	29	70		40.9	49.5	16
2	50	60.3	165	127.0	19	8	M16	20.7	32	84		52.5	61.5	17
2½	65	76.1	190	149.2	22	8	M20	23.9	37	100		62.7	77.5	19
3	80	88.9	210	168.3	22	8	M20	27.0	41	117		77.9	90.5	21

表 3-1-154　Class 600 带颈承插焊钢制管法兰（GB/T 9117—2010）

公称尺寸		钢管外径 A/mm	连接尺寸					法兰厚度 C/mm	法兰高度 H/mm	法兰颈		法兰内径 B/mm	承插孔	
			法兰外径 D/mm	螺栓孔中心圆直径 K/mm	螺栓孔直径 L/mm	螺栓								
NPS	DN					数量 n/个	螺纹规格			N/mm	r/mm		B_1/mm	T/mm
½	15	21.3	95	66.7	16	4	M14	14.3	22	38	≥4	由用户规定	22.0	10
¾	20	26.9	115	82.6	19	4	M16	15.9	25	48			27.5	11
1	25	33.7	125	88.9	19	4	M16	17.9	27	54			34.5	13
1¼	32	42.2	135	98.4	19	4	M16	20.7	29	64			43.5	14
1½	40	48.3	155	114.3	22	4	M20	22.3	32	70			49.5	16
2	50	60.3	165	127.0	19	8	M16	25.4	37	84			61.5	17
2½	65	76.1	190	149.2	22	8	M20	28.6	41	100			77.5	19
3	80	88.9	210	168.3	22	8	M20	31.8	46	117			90.5	21

表 3-1-155　Class 900 和 Class 1500 带颈承插焊钢制管法兰（GB/T 9117—2010）

公称尺寸		钢管外径 A/mm	连接尺寸					法兰厚度 C/mm	法兰高度 H/mm	法兰颈		法兰内径 B/mm	承插孔	
			法兰外径 D/mm	螺栓孔中心圆直径 K/mm	螺栓孔直径 L/mm	螺栓								
NPS	DN					数量 n/个	螺纹规格			N/mm	r/mm		B_1/mm	T/mm
½	15	21.3	120	82.6	22	4	M20	22.3	32	38	≥4	由用户规定	22.0	10
¾	20	26.9	130	88.9	22	4	M20	25.4	35	44			27.5	11
1	25	33.7	150	101.6	26	4	M24	28.6	41	52			34.5	13
1¼	32	42.2	160	111.1	26	4	M24	28.6	41	64			43.5	14
1½	40	48.3	180	123.8	29	4	M27	31.8	44	70			49.5	16
2	50	60.3	215	165.1	26	8	M24	38.1	57	105			61.5	17
2½	65	76.1	245	190.50	29	8	M27	41.3	64	124			77.5	19

5）对焊环带颈松套钢制管法兰

用 Class 标记的对焊环带颈松套钢制管法兰的型式应符合图 3-1-60 和图 3-1-61 的规定，法兰密封面尺寸应符合表 3-1-156 的规定，法兰其他尺寸应符合表 3-1-157～表 3-1-162的规定。

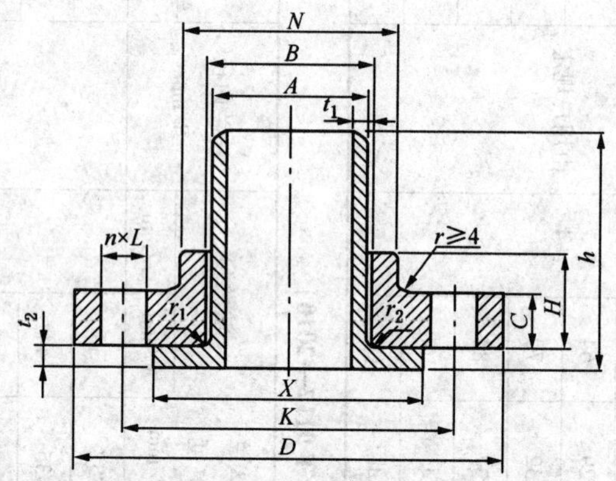

图 3-1-60　突面（RF）对焊环带颈松套钢制管法兰

（适用于 Class 150、Class 300、Class 600、Class 900、Class 1500 和 Class 2500）

注：t_1 为短节壁厚，一般为钢管壁厚；t_2 应不小于钢管公称壁厚。

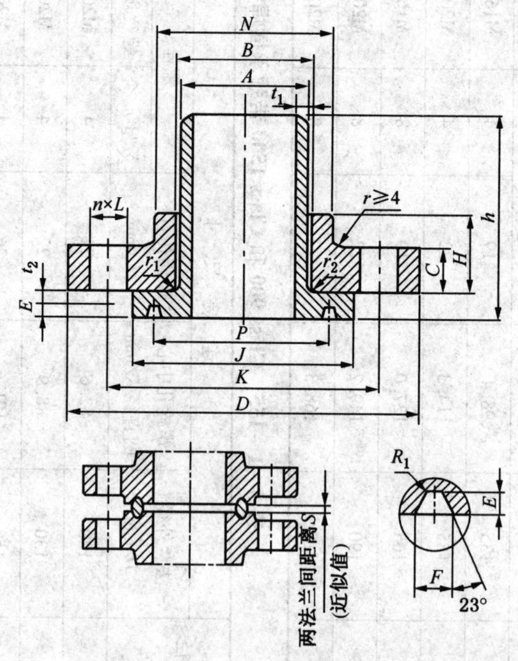

图 3-1-61　环连接面（RJ）对焊环带颈松套钢制管法兰

（适用于 Class 150、Class 300、Class 600、Class 900、Class 1500 和 Class 2500）

注：t_1 为短节壁厚，一般为钢管壁厚；t_2 应不小于钢管公称壁厚。

表 3-1-156　用 Class 标记的环连接面的法兰密封面尺寸（GB/T 9118—2010）　（mm）

公称尺寸		Class 150							Class 300						
NPS	DN	环号	J_{min}	P	E	F	R_{1max}	S	环号	J_{min}	P	E	F	R_{1max}	S
½	15	—	—	—	—	—	—	—	R11	50.5①	34.14	5.54	7.14	0.8	3
¾	20	—	—	—	—	—	—	—	R13	63.5	42.88	6.35	8.74	0.8	4
1	25	R15	63.0①	47.63	6.35	8.74	0.8	4	R16	69.5①	50.80	6.35	8.74	0.8	4
1¼	32	R17	72.5①	57.15	6.35	8.74	0.8	4	R18	79.0①	60.33	6.35	8.74	0.8	4
1½	40	R19	82.0①	65.07	6.35	8.74	0.8	4	R20	90.5	68.27	6.35	8.74	0.8	4
2	50	R22	101①	82.55	6.35	8.74	0.8	4	R23	108	82.55	7.92	11.91	0.8	6
2½	65	R25	120①	101.60	6.35	8.74	0.8	4	R26	127	101.60	7.92	11.91	0.8	6
3	80	R29	133	114.30	6.35	8.74	0.8	4	R31	146	123.83	7.92	11.91	0.8	6
4	100	R36	171	149.23	6.35	8.74	0.8	4	R37	175	149.23	7.92	11.91	0.8	6
5	125	R40	193①	171.45	6.35	8.74	0.8	4	R41	210	180.98	7.92	11.91	0.8	6
6	150	R43	219	193.68	6.35	8.74	0.8	4	R45	241	211.12	7.92	11.91	0.8	6
8	200	R48	273	247.65	6.35	8.74	0.8	4	R49	302	269.88	7.92	11.91	0.8	6
10	250	R52	330	304.80	6.35	8.74	0.8	4	R53	356	323.85	7.92	11.91	0.8	6
12	300	R56	405①	381.00	6.35	8.74	0.8	4	R57	413	381.00	7.92	11.91	0.8	6
14	350	R59	425	396.88	6.35	8.74	0.8	3	R61	457	419.10	7.92	11.91	0.8	6
16	400	R64	483	454.03	6.35	8.74	0.8	3	R65	508	469.90	7.92	11.91	0.8	6
18	450	R68	546	517.53	6.35	8.74	0.8	3	R69	575	533.40	7.92	11.91	0.8	6
20	500	R72	597	558.80	6.35	8.74	0.8	3	R73	635	584.20	9.53	13.49	1.5	6
24	600	R76	711	673.10	6.35	8.74	0.8	3	R77	749	692.15	11.13	16.66	1.5	6

公称尺寸		Class 600							Class 900						
NPS	DN	环号	J_{min}	P	E	F	R_{1max}	S	环号	J_{min}	P	E	F	R_{1max}	S
½	15	R11	50.5①	34.14	5.54	7.14	0.8	3	R12	60.5	39.67	6.35	8.74	0.8	4
¾	20	R13	63.5	42.88	6.35	8.74	0.8	4	R14	66.5	44.45	6.35	8.74	0.8	4
1	25	R16	69.5①	50.80	6.35	8.74	0.8	4	R16	71.5	50.80	6.35	8.74	0.8	4
1¼	32	R18	79.0①	60.33	6.35	8.74	0.8	4	R18	81.0	60.33	6.35	8.74	0.8	4
1½	40	R20	90.5	68.27	6.35	8.74	0.8	4	R20	92.0	68.27	6.35	8.74	0.8	4
2	50	R23	108	82.55	7.92	11.91	0.8	5	R24	124	95.25	7.92	11.91	0.8	3
2½	65	R26	127	101.60	7.92	11.91	0.8	5	R27	137	107.95	7.92	11.91	0.8	3

公称尺寸		Class 600							Class 900						
NPS	*DN*	环号	J_{min}	*P*	*E*	*F*	R_{1max}	S	环号	J_{min}	*P*	*E*	*F*	R_{1max}	S
3	80	R31	146	123. 83	7. 92	11. 91	0. 8	5	R31	156	123. 83	7. 92	11. 91	0. 8	4
4	100	R37	175	149. 23	7. 92	11. 91	0. 8	5	R37	181	149. 23	7. 92	11. 91	0. 8	4
5	125	R41	210	180. 98	7. 92	11. 91	0. 8	5	R41	216	180. 98	7. 92	11. 91	0. 8	4
6	150	R45	241	211. 12	7. 92	11. 91	0. 8	5	R45	241	211. 12	7. 92	11. 91	0. 8	4
8	200	R49	302	269. 88	7. 92	11. 91	0. 8	5	R49	308	269. 88	7. 92	11. 91	0. 8	4
10	250	R53	356	323. 85	7. 92	11. 91	0. 8	5	R53	362	323. 85	7. 92	11. 91	0. 8	4
12	300	R57	413	381. 00	7. 92	11. 91	0. 8	5	R57	419	381. 00	7. 92	11. 91	0. 8	4
14	350	R61	457	419. 10	7. 92	11. 91	0. 8	5	R62	467	419. 10	11. 13	16. 66	1. 5	4
16	400	R65	508	469. 90	7. 92	11. 91	0. 8	5	R66	524	469. 90	11. 13	16. 66	1. 5	4
18	450	R69	575	533. 40	7. 92	11. 91	0. 8	5	R70	594	533. 40	12. 70	19. 84	1. 5	5
20	500	R73	635	584. 20	9. 53	13. 49	1. 5	5	R74	648	584. 20	12. 70	19. 84	1. 5	5
24	600	R77	749	692. 15	11. 13	16. 66	1. 5	6	R78	772	692. 15	15. 88	26. 97	2. 4	6
公称尺寸		Class 1500							Class 2500						
NPS	*DN*	环号	J_{min}	*P*	*E*	*F*	R_{1max}	S	环号	J_{min}	*P*	*E*	*F*	R_{1max}	S
½	15	R12	60. 5	39. 67	6. 35	8. 74	0. 8	4	R13	65. 0	42. 88	6. 35	8. 74	0. 8	4
¾	20	R14	66. 5	44. 45	6. 35	8. 74	0. 8	4	R16	73. 0	50. 80	6. 35	8. 74	0. 8	4
1	25	R16	71. 5	50. 80	6. 35	8. 74	0. 8	4	R18	82. 5	60. 33	6. 35	8. 74	0. 8	4
1¼	32	R18	81. 0	60. 33	6. 35	8. 74	0. 8	4	R21	101①	72. 23	7. 92	11. 91	0. 8	3
1½	40	R20	92. 0	68. 27	6. 35	8. 74	0. 8	4	R23	114	82. 55	7. 92	11. 91	0. 8	3
2	50	R24	124	95. 25	7. 92	11. 91	0. 8	3	R26	133	101. 60	7. 92	11. 91	0. 8	3
2½	65	R27	137	107. 95	7. 92	11. 91	0. 8	3	R28	149	111. 13	9. 53	13. 49	1. 5	3
3	80	R35	168	136. 53	7. 92	11. 91	0. 8	3	R32	168	127. 00	9. 53	13. 49	1. 5	3
4	100	R39	194	161. 93	7. 92	11. 91	0. 8	3	R38	203	157. 18	11. 13	16. 66	1. 5	4
5	125	R44	229	193. 68	7. 92	11. 91	0. 8	3	R42	241	190. 50	12. 70	19. 84	1. 5	4
6	150	R46	248	211. 14	9. 53	13. 49	1. 5	3	R47	279	228. 60	12. 70	19. 84	1. 5	4
8	200	R50	318	269. 88	11. 13	16. 66	1. 5	4	R51	340	279. 40	14. 27	23. 01	1. 5	5
10	250	R54	371	323. 85	11. 13	16. 66	1. 5	4	R55	425	342. 90	17. 48	30. 18	2. 4	6
12	300	R58	438	381. 00	14. 27	23. 01	1. 5	5	R60	495	406. 40	17. 48	33. 32	2. 4	8
14	350	R63	489	419. 10	15. 88	26. 97	2. 4	6	—	—	—	—	—	—	—
16	400	R67	546	469. 90	17. 48	30. 18	2. 4	8	—	—	—	—	—	—	—
18	450	R71	613	533. 40	17. 48	30. 18	2. 4	8	—	—	—	—	—	—	—
20	500	R75	673	584. 20	17. 48	33. 32	2. 4	10	—	—	—	—	—	—	—
24	600	R79	794	692. 15	20. 62	36. 53	2. 4	11	—	—	—	—	—	—	—

注：①本标准从 ASME B16. 5—2009 标准的英制螺栓孔径转换成公制螺栓孔径，导致 *J* 尺寸与螺栓孔径有干涉，为了避免干涉，对 *J* 尺寸数据做了适当的调整，调整后的 *J* 尺寸与 ASME B16. 5—2009 标准略有差异。

表 3-1-157 Class 150 对焊环带颈松套钢制管法兰（GB/T 9118—2010）

公称尺寸		钢管外径 A/mm	连接尺寸					密封面直径 X/mm	法兰厚度 C/mm	法兰高度 H/mm	法兰颈部直径 N/mm	法兰内径 B_{min}/mm	r_1/mm	r_2/mm	对焊环高度 h/mm
			法兰外径 D/mm	螺栓孔中心圆直径 K/mm	螺栓孔直径 L/mm	螺栓									
NPS	DN					数量 n/个	螺纹规格								
½	15	21.3	90	60.3	16	4	M14	34.9	11.2	16	30	22.9	3	3	50
¾	20	26.9	100	69.9	16	4	M14	42.9	12.7	16	38	28.2	3	3	50
1	25	33.7	110	79.4	16	4	M14	50.8	14.3	17	49	34.9	3	3	50
1¼	32	42.4	115	88.9	16	4	M14	63.5	15.9	21	59	43.7	5	5	50
1½	40	48.3	125	98.4	16	4	M14	73.0	17.5	22	65	50.0	6	6	50
2	50	60.3	150	120.7	19	4	M16	92.1	19.1	25	78	62.5	8	8	65
2½	65	76.1	180	139.7	19	4	M16	104.8	22.3	29	90	78.5	8	8	65
3	80	88.9	190	152.4	19	4	M16	127.0	23.9	30	108	91.4	10	10	65
4	100	114.3	230	190.5	19	8	M16	157.2	23.9	33	135	116.8	11	11	75
5	125	139.7	255	215.9	22	8	M20	185.7	23.9	36	164	144.4	11	11	75
6	150	168.3	280	241.3	22	8	M20	215.9	25.4	40	192	171.4	13	13	90
8	200	219.1	345	298.5	22	8	M20	269.9	28.6	44	246	222.2	13	13	100
10	250	273.0	405	362.0	26	12	M24	323.8	30.2	49	305	277.4	13	13	125
12	300	323.9	485	431.8	26	12	M24	381.0	31.8	56	365	328.2	13	13	150
14	350	355.6	535	476.3	29	12	M27	412.8	35.0	79	400	360.2	13	13	150
16	400	406.4	595	539.8	29	16	M27	469.9	36.6	87	457	411.2	13	13	150
18	450	457	635	577.9	32	16	M30	533.4	39.7	97	505	462.3	13	13	150
20	500	508	700	635.0	32	20	M30	584.2	42.9	103	559	514.4	13	13	150
24	600	610	815	749.3	35	20	M33	692.2	47.7	111	663	616.0	13	13	150

表 3-1-158 Class 300 对焊环带颈松套钢制管法兰（GB/T 9118—2010）

公称尺寸		钢管外径 A/mm	连接尺寸					密封面直径 X/mm	法兰厚度 C/mm	法兰高度 H/mm	法兰颈部直径 N/mm	法兰内径 B_{min}/mm	r_1/mm	r_2/mm	对焊环高度 h/mm
			法兰外径 D/mm	螺栓孔中心圆直径 K/mm	螺栓孔直径 L/mm	螺栓									
NPS	DN					数量 n/个	螺纹规格								
½	15	21.3	95	66.7	16	4	M14	34.9	14.3	22	38	22.9	3	3	50
¾	20	26.9	115	82.6	19	4	M16	42.9	15.9	25	48	28.2	3	3	50
1	25	33.7	125	88.9	19	4	M16	50.8	17.5	27	54	34.9	3	3	50

续表

公称尺寸		钢管外径 A/mm	连接尺寸					密封面直径 X/mm	法兰厚度 C/mm	法兰高度 H/mm	法兰颈部直径 N/mm	法兰内径 B_{min}/mm	r_1/mm	r_2/mm	对焊环高度 h/mm
			法兰外径 D/mm	螺栓孔中心圆直径 K/mm	螺栓孔直径 L/mm	螺栓									
NPS	DN					数量 n/个	螺纹规格								
1¼	32	42.4	135	98.4	19	4	M16	63.5	19.1	27	64	43.7	5	5	50
1½	40	48.3	155	114.3	22	4	M20	73.0	20.7	30	70	50.0	6	6	50
2	50	60.3	165	127.0	19	8	M16	92.1	22.3	33	84	62.5	8	8	65
2½	65	76.1	190	149.2	22	8	M20	104.8	25.4	38	100	78.5	8	8	65
3	80	88.9	210	168.3	22	8	M20	127.0	28.6	43	117	91.4	10	10	65
4	100	114.3	255	200.0	22	8	M20	157.2	31.8	48	146	116.8	11	11	75
5	125	139.7	280	235.0	22	8	M20	185.7	35.0	51	178	144.4	11	11	75
6	150	168.3	320	269.9	22	12	M20	215.9	36.6	52	206	171.4	13	13	90
8	200	219.1	380	330.2	26	12	M24	269.9	41.3	62	260	222.2	13	13	100
10	250	273.0	445	387.4	29	16	M27	323.8	47.7	95	321	277.4	13	13	250
12	300	323.9	520	450.8	32	16	M30	381.0	50.8	102	375	328.2	13	13	250
14	350	355.6	585	514.4	32	20	M30	412.8	54.0	111	425	360.2	13	13	300
16	400	406.4	650	571.5	35	20	M33	469.9	57.2	121	483	411.2	13	13	300
18	450	457	710	628.6	35	24	M33	533.4	60.4	130	533	462.3	13	13	300
20	500	508	775	685.8	35	24	M33	584.2	63.5	140	587	514.4	13	13	300
24	600	610	915	812.8	42	24	M39	692.2	69.9	152	702	616.0	13	13	300

表 3-1-159 Class 600 对焊环带颈松套钢制管法兰（GB/T 9118—2010）

公称尺寸		钢管外径 A/mm	连接尺寸					密封面直径 X/mm	法兰厚度 C/mm	法兰高度 H/mm	法兰颈部直径 N/mm	法兰内径 B_{min}/mm	r_1/mm	r_2/mm	对焊环高度 h/mm
			法兰外径 D/mm	螺栓孔中心圆直径 K/mm	螺栓孔直径 L/mm	螺栓									
NPS	DN					数量 n/个	螺纹规格								
½	15	21.3	95	66.7	16	4	M14	34.9	14.3	22	38	22.9	3	3	50
¾	20	26.9	115	82.6	19	4	M16	42.9	15.9	25	48	28.2	3	3	65
1	25	33.7	125	88.9	19	4	M16	50.8	17.5	27	54	34.9	3	3	65
1¼	32	42.4	135	98.4	19	4	M16	63.5	20.7	29	64	43.7	5	5	65
1½	40	48.3	155	114.3	22	4	M20	73.0	22.3	32	70	50.0	6	6	75
2	50	60.3	165	127.0	19	8	M16	92.1	25.4	37	84	62.5	8	8	75

续表

公称尺寸		钢管外径 A/mm	连接尺寸					密封面直径 X/mm	法兰厚度 C/mm	法兰高度 H/mm	法兰颈部直径 N/mm	法兰内径 B_{min}/mm	r_1/mm	r_2/mm	对焊环高度 h/mm
			法兰外径 D/mm	螺栓孔中心圆直径 K/mm	螺栓孔直径 L/mm	螺栓									
NPS	DN					数量 n/个	螺纹规格								
2½	65	76.1	190	149.2	22	8	M20	104.8	28.6	41	100	78.5	8	8	90
3	80	88.9	210	168.3	22	8	M20	127.0	31.8	46	117	91.4	10	10	100
4	100	114.3	275	215.9	26	8	M24	157.2	38.1	54	152	116.8	11	11	125
5	125	139.7	330	266.7	29	8	M27	185.7	44.5	60	189	144.4	11	11	150
6	150	168.3	355	292.1	29	12	M27	215.9	47.7	67	222	171.4	13	13	175
8	200	219.1	420	349.2	32	12	M30	269.9	55.6	76	273	222.2	13	13	190
10	250	273.0	510	431.8	35	16	M33	323.8	63.5	111	343	277.4	13	13	200
12	300	323.9	560	489.0	35	20	M33	381.0	66.7	117	400	328.2	13	13	250
14	350	355.6	605	527.0	39	20	M36	412.8	69.9	127	432	360.2	13	13	300
16	400	406.4	685	603.2	42	20	M39	469.9	76.2	140	495	411.2	13	13	300
18	450	457	745	654.0	45	20	M42	533.4	82.6	152	546	462.3	13	13	300
20	500	508	815	723.9	45	24	M42	584.2	88.9	165	610	514.4	13	13	300
24	600	610	940	838.2	51	24	M48	692.2	101.6	184	718	616.0	13	13	300

表 3-1-160　Class 900 对焊环带颈松套钢制管法兰（GB/T 9118—2010）

公称尺寸		钢管外径 A/mm	连接尺寸					密封面直径 X/mm	法兰厚度 C/mm	法兰高度 H/mm	法兰颈部直径 N/mm	法兰内径 B_{min}/mm	r_1/mm	r_2/mm	对焊环高度 h/mm
			法兰外径 D/mm	螺栓孔中心圆直径 K/mm	螺栓孔直径 L/mm	螺栓									
NPS	DN					数量 n/个	螺纹规格								
½	15	21.3	120	82.6	22	4	M20	34.9	22.3	32	38	22.9	3	3	75
¾	20	26.9	130	88.9	22	4	M20	42.9	25.4	35	44	28.2	3	3	75
1	25	33.7	150	101.6	26	4	M24	50.8	28.6	41	52	34.9	3	3	90
1¼	32	42.4	160	111.1	26	4	M24	63.5	28.6	41	64	43.7	5	5	90
1½	40	48.3	180	123.8	29	4	M27	73.0	31.8	44	70	50.0	6	6	90
2	50	60.3	215	165.1	26	8	M24	92.1	38.1	57	105	62.5	8	8	125
2½	65	76.1	245	190.5	29	8	M27	104.8	41.3	64	124	78.5	8	8	150
3	80	88.9	240	190.5	26	8	M24	127.0	38.1	54	127	91.4	10	10	125
4	100	114.3	290	235.0	32	8	M30	157.2	44.5	70	159	116.8	11	11	175

续表

公称尺寸		钢管外径 A/mm	连接尺寸					密封面直径 X/mm	法兰厚度 C/mm	法兰高度 H/mm	法兰颈部直径 N/mm	法兰内径 B_{min}/mm	r_1/mm	r_2/mm	对焊环高度 h/mm
			法兰外径 D/mm	螺栓孔中心圆直径 K/mm	螺栓孔直径 L/mm	螺栓									
NPS	DN					数量 n/个	螺纹规格								
5	125	139.7	350	279.4	35	8	M33	185.7	50.8	79	190	144.4	11	11	200
6	150	168.3	380	317.5	32	12	M30	215.9	55.6	86	235	171.4	13	13	200
8	200	219.1	470	393.7	39	12	M36	269.9	63.5	114	298	222.2	13	13	200
10	250	273.0	545	469.9	39	16	M36	323.8	69.9	127	368	277.4	13	13	250
12	300	323.9	610	533.4	39	20	M36	381.0	79.4	143	419	328.2	13	13	250
14	350	355.6	640	558.8	42	20	M39	412.8	85.8	156	451	360.2	13	13	300
16	400	406.4	705	616.0	45	20	M42	469.9	88.9	165	508	411.2	13	13	300
18	450	457	785	685.8	51	20	M48	533.4	101.6	190	565	462.3	13	13	300
20	500	508	855	749.3	55	20	M52	584.2	108.0	210	622	514.4	13	13	300
24	600	610	1040	901.7	67	20	M64	692.2	139.7	267	749	616.0	13	13	350

注：NPS½（DN15）~NPS2½（DN65）的法兰使用 Class 1500 法兰的尺寸。

表 3-1-161　Class 1500 对焊环带颈松套钢制管法兰（GB/T 9118—2010）

公称尺寸		钢管外径 A/mm	连接尺寸					密封面直径 X/mm	法兰厚度 C/mm	法兰高度 H/mm	法兰颈部直径 N/mm	法兰内径 B_{min}/mm	r_1/mm	r_2/mm	对焊环高度 h/mm
			法兰外径 D/mm	螺栓孔中心圆直径 K/mm	螺栓孔直径 L/mm	螺栓									
NPS	DN					数量 n/个	螺纹规格								
½	15	21.3	120	82.6	22	4	M20	34.9	22.3	32	38	22.9	3	3	75
¾	20	26.9	130	88.9	22	4	M20	42.9	25.4	35	44	28.2	3	3	75
1	25	33.7	150	101.6	26	4	M24	50.8	28.6	41	52	34.9	3	3	90
1¼	32	42.4	160	111.1	26	4	M24	63.5	28.6	41	64	43.7	5	5	90
1½	40	48.3	180	123.8	29	4	M27	73.0	31.8	44	70	50.0	6	6	90
2	50	60.3	215	165.1	26	8	M24	92.1	38.1	57	105	62.5	8	8	125
2½	65	76.1	245	190.5	29	8	M27	104.8	41.3	64	124	78.5	8	8	150
3	80	88.9	265	203.2	32	8	M30	127.0	47.7	73	133	91.4	10	10	150
4	100	114.3	310	241.3	95	8	M33	157.2	54.0	90	162	116.8	11	11	200
5	125	139.7	375	292.1	42	8	M39	185.7	73.1	105	197	144.4	11	11	200
6	150	168.3	395	317.5	39	12	M36	215.9	82.6	119	229	171.4	13	13	250
8	200	219.1	485	393.7	45	12	M42	269.9	92.1	143	292	222.2	13	13	250
10	250	273.0	585	482.6	51	12	M48	323.8	108.0	178	368	277.4	13	13	300
12	300	323.9	675	571.5	55	16	M52	381.0	123.9	219	451	328.2	13	13	300
14	350	355.6	750	635.0	60	16	M56	412.8	133.4	241	495	360.2	13	13	350
16	400	406.4	825	704.8	67	16	M64	469.9	146.1	260	552	411.2	13	13	350
18	450	457	915	774.7	73	16	M70	533.4	162.0	276	597	462.3	13	13	350
20	500	508	985	831.8	79	16	M76	584.2	177.8	292	641	514.4	13	13	400
24	600	610	1170	990.6	93	16	M90	692.2	203.2	330	762	616.0	13	13	400

表 3-1-162　Class 2500 对焊环带颈松套钢制管法兰（GB/T 9118—2010）

公称尺寸		钢管外径 A/mm	连接尺寸					密封面直径 X/mm	法兰厚度 C/mm	法兰高度 H/mm	法兰颈部直径 N/mm	法兰内径 B_{min}/mm	r_1/mm	r_2/mm	对焊环高度 h/mm
			法兰外径 D/mm	螺栓孔中心圆直径 K/mm	螺栓孔直径 L/mm	螺栓									
NPS	DN					数量 n/个	螺纹规格								
½	15	21.3	135	88.9	22	4	M20	34.9	30.2	40	43	22.9	3	3	90
¾	20	26.9	140	95.2	22	4	M20	42.9	31.8	43	51	28.2	3	3	90
1	25	33.7	160	108.0	26	4	M24	50.8	35.0	48	57	34.9	3	3	90
1¼	32	42.4	185	130.2	29	4	M27	63.5	38.1	52	73	43.7	5	5	125
1½	40	48.3	205	146.0	32	4	M30	73.0	44.5	60	79	50.0	6	6	150
2	50	60.3	235	171.4	29	8	M27	92.1	50.9	70	95	62.5	8	8	150
2½	65	76.1	265	196.8	32	8	M30	104.8	57.2	79	114	78.5	8	8	200
3	80	88.9	305	228.6	35	8	M33	127.0	66.7	92	133	91.4	10	10	200
4	100	114.3	355	273.0	42	8	M39	157.2	76.2	108	165	116.8	11	11	250
5	125	139.7	420	323.8	48	8	M45	185.7	92.1	130	203	144.4	11	11	300
6	150	168.3	485	368.3	55	8	M52	215.9	108.0	152	235	171.4	13	13	350
8	200	219.1	550	438.2	55	12	M52	269.9	127.0	178	305	222.2	13	13	400
10	250	273.0	675	539.8	67	12	M64	323.8	165.1	229	375	277.4	13	13	450
12	300	323.9	760	619.1	73	12	M70	381.0	184.2	254	441	328.2	13	13	550

6）钢制管法兰盖

用 Class 标记的钢制管法兰盖的型式应符合图 3-1-62～图 3-1-66 的规定，密封面尺寸应符合表 3-1-163 和表 3-1-164 的规定，其他尺寸应符合表 3-1-165～表 3-1-170 的规定。

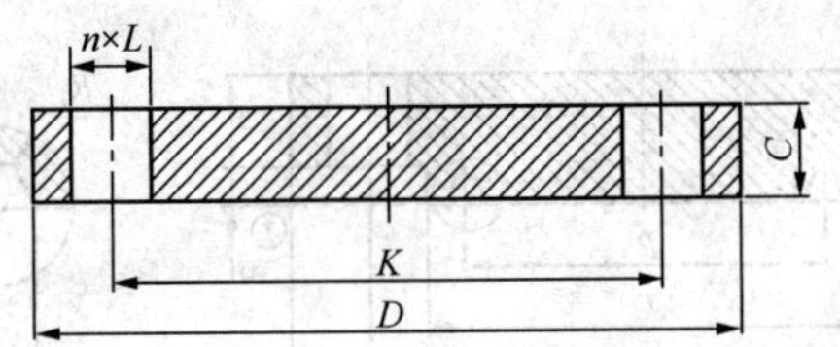

图 3-1-62　平面（FF）钢制管法兰盖

（适用于 Class 150）

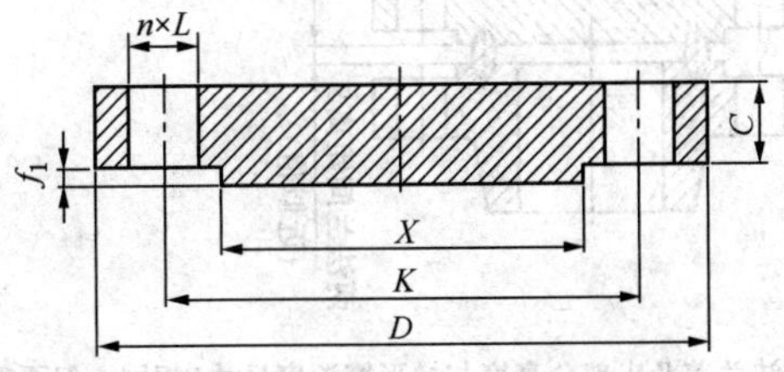

图 3-1-63　突面（RF）钢制管法兰盖

（适用于 Class 150、Class 300、Class 600、Class 900、Class 1500 和 Class 2500）

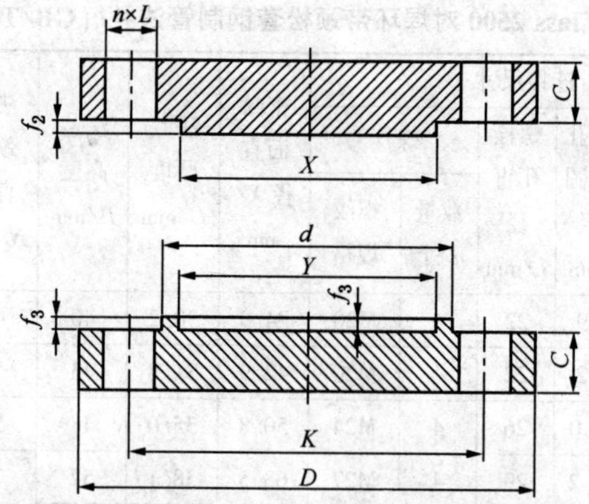

图 3-1-64　凹凸面（MF）钢制管法兰盖

（适用于 Class 300、Class 600、Class 900 和 Class 1500）

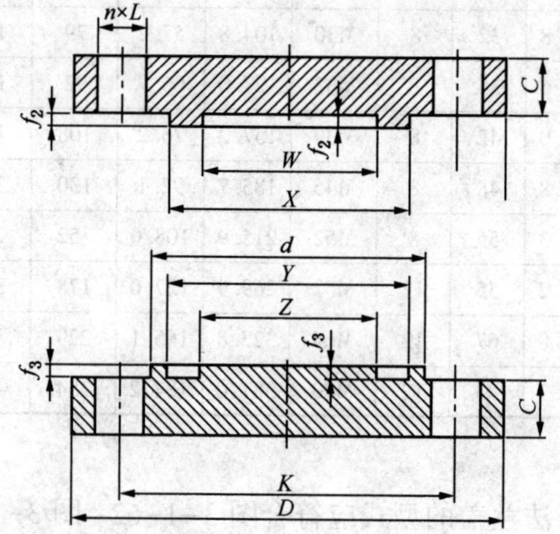

图 3-1-65　榫槽面（TG）钢制管法兰盖

（适用于 Class 300、Class 600、Class 900 和 Class 1500）

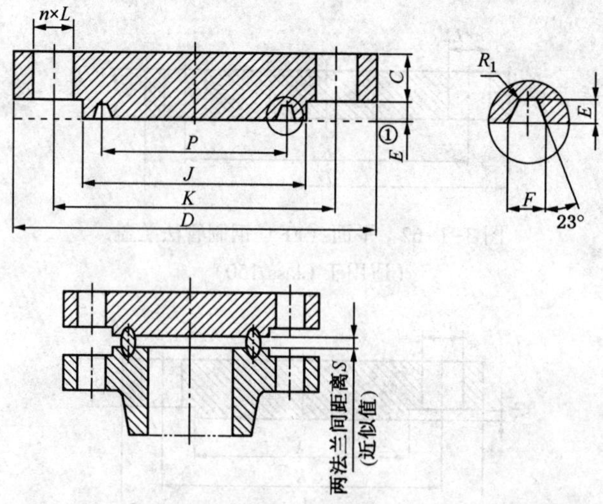

①法兰盖凸出部分高度与梯形槽深度尺寸E相同，但不受梯形槽深度尺寸E公差的限制，允许采用如虚线所示轮廓的全平面型式。

图 3-1-66　环连接面（RJ）钢制管法兰盖

（适用于 Class 150、Class 300、Class 600、Class 900、Class 1500 和 Class 2500）

表 3-1-163　用 Class 标记的突面、凹凸面、榫槽面的法兰盖密封面尺寸（GB/T 9123—2010）

（mm）

公称尺寸		X	f_1		f_2	f_3	d	W	Y	Z
NPS	DN									
½	15	34.9	2①	7②	7	5	46	25.4	36.5	23.8
¾	20	42.9					54	33.3	44.4	31.8
1	25	50.8					62	38.1	52.4	36.5
1¼	32	63.5					75	47.6	65.1	46.0
1½	40	73.0					84	54.0	74.6	52.4
2	50	92.1					103	73.0	93.7	71.4
2½	65	104.8					116	85.7	106.4	84.1
3	80	127.0					138	108.0	128.6	106.4
4	100	157.2					168	131.8	158.8	130.2
5	125	185.7					197	160.3	187.3	158.8
6	150	215.9					227	190.5	217.5	188.9
8	200	269.9					281	238.1	271.5	236.5
10	250	323.8					335	285.8	325.4	284.2
12	300	381.0					392	342.9	382.6	341.3
14	350	412.8					424	374.6	414.3	373.1
16	400	469.9					481	425.4	471.5	423.9
18	450	533.4					544	489.0	535.0	487.4
20	500	584.2					595	533.4	585.8	531.8
24	600	692.2					703	641.4	693.7	639.8

注：①适用于 Class 150 和 Class 300 法兰盖。

②适用于 Class 600、Class 900、Class 1500 和 Class 2500 法兰盖。

表 3-1-164　用 Class 标记的环连接面法兰盖的密封面尺寸（GB/T 9123—2010）（mm）

公称尺寸		Class 150							Class 300						
NPS	DN	环号	J_{min}	P	E	F	R_{1max}	S	环号	J_{min}	P	E	F	R_{1max}	S
½	15	—	—	—	—	—	—	—	R11	50.5①	34.14	5.54	7.14	0.8	3
¾	20	—	—	—	—	—	—	—	R13	63.5	42.88	6.35	8.74	0.8	4
1	25	R15	63.0①	47.63	6.35	8.74	0.8	4	R16	69.5①	50.80	6.35	8.74	0.8	4
1¼	32	R17	72.5①	57.15	6.35	8.74	0.8	4	R18	79.0①	60.33	6.35	8.74	0.8	4
1½	40	R19	82.0①	65.07	6.35	8.74	0.8	4	R20	90.5	68.27	6.35	8.74	0.8	4
2	50	R22	101①	82.55	6.35	8.74	0.8	4	R23	108	82.55	7.92	11.91	0.8	6
2½	65	R25	120①	101.60	6.35	8.74	0.8	4	R26	127	101.60	7.92	11.91	0.8	6
3	80	R29	133	114.30	6.35	8.74	0.8	4	R31	146	123.83	7.92	11.91	0.8	6
4	100	R36	171	149.23	6.35	8.74	0.8	4	R37	175	149.23	7.92	11.91	0.8	6
5	125	R40	193	171.45	6.35	8.74	0.8	4	R41	210	180.98	7.92	11.91	0.8	6
6	150	R43	219	193.68	6.35	8.74	0.8	4	R45	241	211.12	7.92	11.91	0.8	6

续表

公称尺寸		Class 150							Class 300						
NPS	*DN*	环号	J_{min}	*P*	*E*	*F*	R_{1max}	*S*	环号	J_{min}	*P*	*E*	*F*	R_{1max}	*S*
8	200	R48	273	247. 65	6. 35	8. 74	0. 8	4	R49	302	269. 88	7. 92	11. 91	0. 8	6
10	250	R52	330	304. 80	6. 35	8. 74	0. 8	4	R53	356	323. 85	7. 92	11. 91	0. 8	6
12	300	R56	405①	381. 00	6. 35	8. 74	0. 8	4	R57	413	381. 00	7. 92	11. 91	0. 8	6
14	350	R59	425	396. 88	6. 35	8. 74	0. 8	3	R61	457	419. 10	7. 92	11. 91	0. 8	6
16	400	R64	483	454. 03	6. 35	8. 74	0. 8	3	R65	508	469. 90	7. 92	11. 91	0. 8	6
18	450	R68	546	517. 53	6. 35	8. 74	0. 8	3	R69	575	533. 40	7. 92	11. 91	0. 8	6
20	500	R72	597	558. 80	6. 35	8. 74	0. 8	3	R73	635	584. 20	9. 53	13. 49	1. 5	6
24	600	R76	711	673. 10	6. 35	8. 74	0. 8	3	R77	749	692. 15	11. 13	16. 66	1. 5	6

公称尺寸		Class 600							Class 900						
NPS	*DN*	环号	J_{min}	*P*	*E*	*F*	R_{1max}	*S*	环号	J_{min}	*P*	*E*	*F*	R_{1max}	*S*
½	15	R11	50. 5①	34. 14	5. 54	7. 14	0. 8	3	R12	60. 5	39. 67	6. 35	8. 74	0. 8	4
¾	20	R13	63. 5	42. 88	6. 35	8. 74	0. 8	4	R14	66. 5	44. 45	6. 35	8. 74	0. 8	4
1	25	R16	69. 5①	50. 80	6. 35	8. 74	0. 8	4	R16	71. 5	50. 80	6. 35	8. 74	0. 8	4
1¼	32	R18	79. 0①	60. 33	6. 35	8. 74	0. 8	4	R18	81. 0	60. 33	6. 35	8. 74	0. 8	4
1½	40	R20	90. 5	68. 27	6. 35	8. 74	0. 8	4	R20	92. 0	68. 27	6. 35	8. 74	0. 8	4
2	50	R23	108	82. 55	7. 92	11. 91	0. 8	5	R24	124	95. 25	7. 92	11. 91	0. 8	3
2½	65	R26	127	101. 60	7. 92	11. 91	0. 8	5	R27	137	107. 95	7. 92	11. 91	0. 8	3
3	80	R31	146	123. 83	7. 92	11. 91	0. 8	5	R31	156	123. 83	7. 92	11. 91	0. 8	4
4	100	R37	175	149. 23	7. 92	11. 91	0. 8	5	R37	181	149. 23	7. 92	11. 91	0. 8	4
5	125	R41	210	180. 98	7. 92	11. 91	0. 8	5	R41	216	180. 98	7. 92	11. 91	0. 8	4
6	150	R45	241	211. 12	7. 92	11. 91	0. 8	5	R45	241	211. 12	7. 92	11. 91	0. 8	4
8	200	R49	302	269. 88	7. 92	11. 91	0. 8	5	R49	308	269. 88	7. 92	11. 91	0. 8	4
10	250	R53	356	323. 85	7. 92	11. 91	0. 8	5	R53	362	323. 85	7. 92	11. 91	0. 8	4
12	300	R57	413	381. 00	7. 92	11. 91	0. 8	5	R57	419	381. 00	7. 92	11. 91	0. 8	4
14	350	R61	457	419. 10	7. 92	11. 91	0. 8	5	R62	467	419. 10	11. 13	16. 66	1. 5	4
16	400	R65	508	469. 90	7. 92	11. 91	0. 8	5	R66	524	469. 90	11. 13	16. 66	1. 5	4
18	450	R69	575	533. 40	7. 92	11. 91	0. 8	5	R70	594	533. 40	12. 70	19. 84	1. 5	5
20	500	R73	635	584. 20	9. 53	13. 49	1. 5	5	R74	648	584. 20	12. 70	19. 84	1. 5	5
24	600	R77	749	692. 15	11. 13	16. 66	1. 5	6	R78	772	692. 15	15. 88	26. 97	2. 4	6

公称尺寸		Class 1500							Class 2500						
NPS	*DN*	环号	J_{min}	*P*	*E*	*F*	R_{1max}	*S*	环号	J_{min}	*P*	*E*	*F*	R_{1max}	*S*
½	15	R12	60. 5	39. 67	6. 35	8. 74	0. 8	4	R13	65. 0	42. 88	6. 35	8. 74	0. 8	4
¾	20	R14	66. 5	44. 45	6. 35	8. 74	0. 8	4	R16	73. 0	50. 80	6. 35	8. 74	0. 8	4
1	25	R16	71. 5	50. 80	6. 35	8. 74	0. 8	4	R18	82. 5	60. 33	6. 35	8. 74	0. 8	4
1¼	32	R18	81. 0	60. 33	6. 35	8. 74	0. 8	4	R21	101①	72. 23	7. 92	11. 91	0. 8	3
1½	40	R20	92. 0	68. 27	6. 35	8. 74	0. 8	4	R23	114	82. 55	7. 92	11. 91	0. 8	3

续表

公称尺寸		Class 1500							Class 2500						
NPS	DN	环号	J_{min}	P	E	F	R_{1max}	S	环号	J_{min}	P	E	F	R_{1max}	S
2	50	R24	124	95.25	7.92	11.91	0.8	3	R26	133	101.60	7.92	11.91	0.8	3
2½	65	R27	137	107.95	7.92	11.91	0.8	3	R28	149	111.13	9.53	13.49	1.5	3
3	80	R35	168	136.53	7.92	11.91	0.8	3	R32	168	127.00	9.53	13.49	1.5	3
4	100	R39	194	161.93	7.92	11.91	0.8	3	R38	203	157.18	11.13	16.66	1.5	4
5	125	R44	229	193.68	7.92	11.91	0.8	3	R42	241	190.50	12.70	19.84	1.5	4
6	150	R46	248	211.14	9.53	13.49	1.5	3	R47	279	228.60	12.70	19.84	1.5	4
8	200	R50	318	269.88	11.13	16.66	1.5	4	R51	340	279.40	14.27	23.01	1.5	5
10	250	R54	371	323.85	11.13	16.66	1.5	4	R55	425	342.90	17.48	30.18	2.4	6
12	300	R58	438	381.00	14.27	23.01	1.5	5	R60	495	406.40	17.48	33.32	2.4	8
14	350	R63	489	419.10	15.88	26.97	2.4	6	—	—	—	—	—	—	—
16	400	R67	546	469.90	17.48	30.18	2.4	8	—	—	—	—	—	—	—
18	450	R71	613	533.40	17.48	30.18	2.4	8	—	—	—	—	—	—	—
20	500	R75	673	584.20	17.48	33.32	2.4	10	—	—	—	—	—	—	—
24	600	R79	794	692.15	20.62	36.53	2.4	11	—	—	—	—	—	—	—

注：①本标准从 ASME B16.5—2009 标准的英制螺栓孔径转换成公制螺栓孔径，导致 J 尺寸与螺栓孔径有干涉，为了避免干涉，对 J 尺寸数值做了适当的调整，调整后的 J 尺寸与 ASME B16.5—2009 标准略有差异。

表 3-1-165　Class 150 钢制管法兰盖（GB/T 9123—2010）

公称尺寸		连接尺寸					法兰盖厚度 C/mm
		法兰外径	螺栓孔中心圆	螺栓孔直径	螺栓		
NPS	DN	D/mm	直径 K/mm	L/mm	数量 n/个	螺纹规格	
½	15	90	60.3	16	4	M14	9.6
¾	20	100	69.9	16	4	M14	11.2
1	25	110	79.4	16	4	M14	12.7
1¼	32	115	88.9	16	4	M14	14.3
1½	40	125	98.4	16	4	M14	15.9
2	50	150	120.7	19	4	M16	17.5
2½	65	180	139.7	19	4	M16	20.7
3	80	190	152.4	19	4	M16	22.3
4	100	230	190.5	19	8	M16	22.3
5	125	255	215.9	22	8	M20	22.3
6	150	280	241.3	22	8	M20	23.9
8	200	345	298.5	22	8	M20	27.0
10	250	405	362.0	26	12	M24	28.6
12	300	485	431.8	26	12	M24	30.2
14	350	535	476.3	29	12	M27	33.4
16	400	595	539.8	29	16	M27	35.0
18	450	635	577.9	32	16	M30	38.1
20	500	700	635.0	32	20	M30	41.3
24	600	815	749.3	35	20	M33	46.1

表 3-1-166　Class 300 钢制管法兰盖（GB/T 9123—2010）

公称尺寸		连接尺寸					法兰盖厚度 C/mm
		法兰外径	螺栓孔中心圆	螺栓孔直径	螺栓		
NPS	DN	D/mm	直径 K/mm	L/mm	数量 n/个	螺纹规格	
½	15	95	66.7	16	4	M14	12.7
¾	20	115	82.6	19	4	M16	14.3
1	25	125	88.9	19	4	M16	15.9
1¼	32	135	98.4	19	4	M16	17.5
1½	40	155	114.3	22	4	M20	19.1
2	50	165	127.0	19	8	M16	20.7
2½	65	190	149.2	22	8	M20	23.9
3	80	210	168.3	22	8	M20	27.0
4	100	255	200.0	22	8	M20	30.2
5	125	280	235.0	22	8	M20	33.4
6	150	320	269.9	22	12	M20	35.0
8	200	380	330.2	26	12	M24	39.7
10	250	445	387.4	29	16	M27	46.1
12	300	520	450.8	32	16	M30	49.3
14	350	585	514.4	32	20	M30	52.4
16	400	650	571.5	35	20	M33	55.6
18	450	710	628.6	35	24	M33	58.8
20	500	775	685.8	35	24	M33	62.0
24	600	915	812.8	42	24	M39	68.3

表 3-1-167　Class 600 钢制管法兰盖（GB/T 9123—2010）

公称尺寸①		连接尺寸					法兰盖厚度 C/mm
		法兰外径	螺栓孔中心圆	螺栓孔直径	螺栓		
NPS	DN	D/mm	直径 K/mm	L/mm	数量 n/个	螺纹规格	
½	15	95	66.7	16	4	M14	14.3
¾	20	115	82.6	19	4	M16	15.9
1	25	125	88.9	19	4	M16	17.5
1¼	32	135	98.4	19	4	M16	20.7
1½	40	155	114.3	22	4	M20	22.3
2	50	165	127.0	19	8	M16	25.4
2½	65	190	149.2	22	8	M20	28.6
3	80	210	168.3	22	8	M20	31.8
4	100	275	215.9	26	8	M24	38.1
5	125	330	266.7	29	8	M27	44.5
6	150	355	292.1	29	12	M27	47.7
8	200	420	349.2	32	12	M30	55.6
10	250	510	431.8	35	16	M33	63.5
12	300	560	489.0	35	20	M33	66.7
14	350	605	527.0	39	20	M36	69.9
16	400	685	603.2	42	20	M39	76.2
18	450	745	654.0	45	20	M42	82.6
20	500	815	723.9	45	24	M42	88.9
24	600	940	838.2	5	24	M48	101.6

表 3-1-168　Class 900 钢制管法兰盖（GB/T 9123—2010）

公称尺寸[①]		连接尺寸					法兰盖厚度 C/mm
		法兰外径 D/mm	螺栓孔中心圆直径 K/mm	螺栓孔直径 L/mm	螺栓		
NPS	DN				数量 n/个	螺纹规格	
½	15	120	82.6	22	4	M20	22.3
¾	20	130	88.9	22	4	M20	25.4
1	25	150	101.6	26	4	M24	28.6
1¼	32	160	111.1	26	4	M24	28.6
1½	40	180	123.8	29	4	M27	31.8
2	50	215	165.1	26	8	M24	38.1
2½	65	245	190.5	29	8	M27	41.3
3	80	240	190.5	26	8	M24	38.1
4	100	290	235.0	32	8	M30	44.5
5	125	350	279.4	35	8	M33	50.8
6	150	380	317.5	32	12	M30	55.6
8	200	470	393.7	39	12	M36	63.5
10	250	545	469.9	39	16	M36	69.9
12	300	610	533.4	39	20	M36	79.4
14	350	640	558.8	42	20	M39	85.8
16	400	705	616.0	45	20	M42	88.9
18	450	785	685.8	51	20	M48	101.6
20	500	855	749.3	55	20	M52	108.0
24	600	1040	901.7	67	20	M64	139.7

注：①NPS ½（DN15）~NPS2½（DN65）的法兰使用 Class 1500 法兰的尺寸。

表 3-1-169　Class 1500 钢制管法兰盖（GB/T 9123—2010）

公称尺寸		连接尺寸					法兰盖厚度 C/mm
		法兰外径 D/mm	螺栓孔中心圆直径 K/mm	螺栓孔直径 L/mm	螺栓		
NPS	DN				数量 n/个	螺纹规格	
½	15	120	82.6	22	4	M20	22.3
¾	20	130	88.9	22	4	M20	25.4
1	25	150	101.6	26	4	M24	28.6
1¼	32	160	111.1	26	4	M24	28.6
1½	40	180	123.8	29	4	M27	31.8
2	50	215	165.1	26	8	M24	28.1
2½	65	245	190.5	29	8	M27	41.3
3	80	265	203.2	32	8	M30	47.7
4	100	310	241.3	35	8	M33	54.0
5	125	375	292.1	42	8	M39	73.1
6	150	395	317.5	39	12	M36	82.6

续表

公称①尺寸		连接尺寸					法兰盖厚度② C/mm
		法兰外径 D/mm	螺栓孔中心圆直径 K/mm	螺栓孔直径 L/mm	螺栓		
NPS	DN				数量 n/个	螺纹规格	
8	200	485	393.7	45	12	M42	92.1
10	250	585	482.6	51	12	M48	108.0
12	300	675	571.5	55	16	M52	123.9
14	350	750	635.0	60	16	M56	133.4
16	400	825	704.8	67	16	M64	146.1
18	450	915	774.7	73	16	M70	162.0
20	500	985	831.8	79	16	M76	177.8
24	600	1170	990.6	93	16	M90	203.2

表 3-1-170　Class 2500 钢制管法兰盖（GB/T 9123—2010）

公称尺寸		连接尺寸					法兰盖厚度 C/mm
		法兰外径 D/mm	螺栓孔中心圆直径 K/mm	螺栓孔直径 L/mm	螺栓		
NPS	DN				数量 n/个	螺纹规格	
½	15	135	88.9	22	4	M20	30.2
¾	20	140	95.2	22	4	M20	31.8
1	25	160	108.0	26	4	M24	35.0
1¼	32	185	130.2	29	4	M27	38.1
1½	40	205	146.0	32	4	M30	44.5
2	50	235	171.4	29	8	M27	50.9
2½	65	265	196.8	32	8	M30	57.2
3	80	305	228.6	35	8	M33	66.7
4	100	355	273.0	42	8	M39	76.2
5	125	420	323.8	48	8	M45	92.1
6	150	485	368.3	55	8	M52	108.0
8	200	550	438.2	55	12	M52	127.0
10	250	675	539.8	67	12	M64	165.1
12	300	760	619.1	73	12	M70	184.2

3. 机械部系列

(1) 光滑面平焊钢法兰（JB/T 81—94）

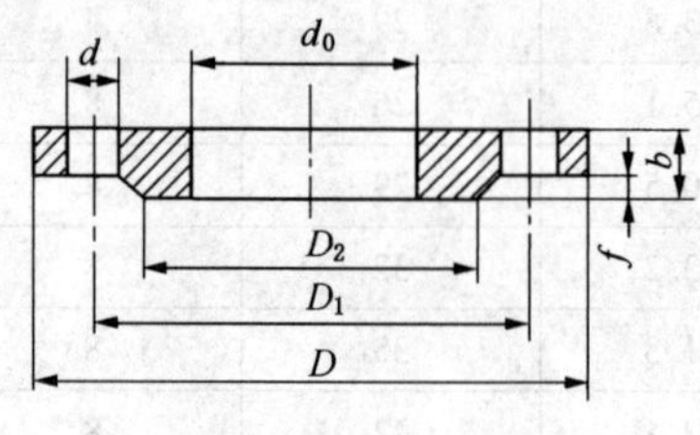

（PN0.25～2.5MPa）

表 3-1-171　*PN*0.25MPa 光滑面平焊钢法兰　（mm）

公称直径 *DN*	管子外径 d_0	法兰 外径 *D*	法兰 螺栓孔中心圆直径 D_1	法兰 连接凸出部分直径 D_2	法兰 连接凸出部分高度 *f*	法兰 法兰厚度 *b*	法兰 螺栓孔直径 *d*	螺栓 数量	螺栓 单头 直径×长度	螺栓 双头 直径×长度	法兰理论重量/kg
10	14	75	50	32	2	10	12	4	M10×40	M10×50	0.254
15	18	80	55	40	2	10	12	4	M10×40	M10×50	0.290
20	25	90	65	50	2	12	12	4	M10×40	M10×50	0.450
25	32	100	75	60	2	12	12	4	M10×40	M10×50	0.553
32	38	120	90	70	2	12	14	4	M12×40	M12×60	0.795
40	45	130	100	80	3	12	14	4	M12×40	M12×60	0.870
50	57	140	110	90	3	12	14	4	M12×40	M12×60	0.954
65	73	160	130	110	3	14	14	4	M12×50	M12×70	1.43
80	89	185	150	125	3	14	18	4	M16×50	M16×70	1.95
100	108	205	170	145	3	14	18	4	M16×50	M16×70	2.20
125	133	235	200	175	3	14	18	8	M16×50	M16×70	2.78
150	159	260	225	200	3	16	18	8	M16×50	M16×70	3.49
175	194	290	255	230	3	16	18	8	M16×50	M16×70	3.86
200	219	315	280	255	3	18	18	8	M16×60	M16×80	4.88
225	245	340	305	280	3	20	18	8	M16×60	M16×80	5.93
250	273	370	335	310	3	22	18	12	M16×70	M16×90	7.32
300	325	435	395	362	4	22	23	12	M20×70	M20×90	9.40
350	377	485	445	412	4	22	23	12	M20×70	M20×90	10.5
400	426	535	495	462	4	22	23	16	M20×70	M20×90	11.7
450	478	590	550	518	4	24	23	16	M20×80	M20×100	14.9
500	529	640	600	568	4	24	23	16	M20×80	M20×100	16.2
600	630	755	705	670	5	24	25	20	M22×80	M22×100	20.6
700	720	860	810	775	5	26	25	24	M22×80	M22×110	29.9
800	820	975	920	880	5	26	30	24	M27×90	M27×120	36.7
900	920	1075	1020	980	5	28	30	24	M27×90	M27×120	44.2
1000	1020	1175	1120	1080	5	30	30	28	M27×100	M27×120	52.7
1200	1220	1375	1320	1280	5	30	30	32	M27×100	M27×120	65.9
1400	1420	1575	1520	1480	5	32	30	36	M27×100	M27×130	78.3
1600	1620	1785	1720	1690	5	32	30	40	M27×100	M27×130	94.3

表 3-1-172　*PN*0.6MPa 光滑面平焊钢法兰　（mm）

公称直径 *DN*	管子外径 d_0	法兰						螺栓			法兰理论重量/kg
		外径 *D*	螺栓孔中心圆直径 D_1	连接凸出部分直径 D_2	连接凸出部分高度 *f*	法兰厚度 *b*	螺栓孔直径 *d*	数量	单头直径×长度	双头直径×长度	
10	14	75	50	32	2	12	12	4	M10×40	M10×50	0.313
15	18	80	55	40	2	12	12	4	M10×40	M10×50	0.335
20	25	90	65	50	2	14	12	4	M10×50	M10×60	0.536
25	32	100	75	60	2	14	12	4	M10×50	M10×60	0.641
32	38	120	90	70	2	16	14	4	M12×50	M12×70	1.097
40	45	130	100	80	3	16	14	4	M12×50	M12×70	1.219
50	57	140	110	90	3	16	14	4	M12×50	M12×70	1.318
65	73	160	130	110	3	16	14	4	M12×50	M12×70	1.67
80	89	185	150	125	3	18	18	4	M16×60	M16×80	2.48
100	108	205	170	145	3	18	18	4	M16×60	M16×80	2.89
125	133	235	200	175	3	20	18	8	M16×60	M16×80	3.94
150	159	260	225	200	3	20	18	8	M16×60	M16×80	4.47
175	194	290	255	230	3	22	18	8	M16×70	M16×80	5.54
200	219	315	280	255	3	22	18	8	M16×70	M16×80	6.07
225	245	340	305	280	3	22	18	8	M16×70	M16×80	6.6
250	273	370	335	310	3	24	18	12	M16×70	M16×90	8.03
300	325	435	395	362	4	24	23	12	M20×80	M20×100	10.3
350	377	485	445	412	4	26	23	12	M20×80	M20×100	12.59
400	426	535	495	462	4	28	23	16	M20×80	M20×100	15.2
450	478	590	550	518	4	28	23	16	M20×80	M20×100	17.59
500	529	640	600	568	4	30	23	16	M20×90	M20×110	20.67
600	630	755	705	670	5	30	25	20	M22×90	M22×110	26.57
700	720	860	810	775	5	32	25	24	M22×90	M22×120	37.1
800	820	975	920	880	5	32	30	24	M27×100	M27×120	46.2
900	920	1075	1020	980	5	34	30	24	M27×100	M27×130	55.1
1000	1020	1175	1120	1080	5	36	30	28	M27×110	M27×130	57.3

表 3-1-173　*PN*1.0MPa 光滑面平焊钢法兰　（mm）

公称直径 *DN*	管子外径 d_0	法兰						螺栓			法兰理论重量/kg
		外径 *D*	螺栓孔中心圆直径 D_1	连接凸出部分直径 D_2	连接凸出部分高度 *f*	法兰厚度 *b*	螺栓孔直径 *d*	数量	单头直径×长度	双头直径×长度	
10	14	90	60	40	2	12	14	4	M12×40	M12×60	0.458
15	18	95	65	45	2	12	14	4	M12×40	M12×60	0.511
20	25	105	75	55	2	14	14	4	M12×50	M12×60	0.748
25	32	115	85	65	2	14	14	4	M12×50	M12×60	0.89
32	38	135	100	78	2	16	18	4	M16×60	M16×70	1.40
40	45	145	110	85	3	18	18	4	M16×60	M16×80	1.71
50	57	160	125	100	3	18	18	4	M16×60	M16×80	2.09
65	73	180	145	120	3	20	18	4	M16×60	M16×80	2.84
80	89	195	160	135	3	20	18	4	M16×60	M16×80	3.24
100	108	215	180	155	3	22	18	8	M16×70	M16×90	4.01
125	133	245	210	185	3	24	18	8	M16×70	M16×90	5.40

续表

公称直径 DN	管子外径 d_0	法兰						螺栓			法兰理论重量/kg
		外径 D	螺栓孔中心圆直径 D_1	连接凸出部分直径 D_2	连接凸出部分高度 f	法兰厚度 b	螺栓孔直径 d	数量	单头 直径×长度	双头 直径×长度	
150	159	280	240	210	3	24	23	8	M20×80	M20×100	6.12
175	194	310	270	240	3	24	23	8	M20×80	M20×100	7.44
200	219	335	295	265	3	24	23	8	M20×80	M20×100	8.24
225	245	365	325	295	3	24	23	8	M20×80	M20×100	9.30
250	273	390	350	320	3	26	23	12	M20×80	M20×100	10.7
300	325	440	400	368	4	28	23	12	M20×80	M20×100	12.9
350	377	500	460	428	4	28	23	16	M20×80	M20×100	15.9
400	426	565	515	482	4	30	25	16	M22×90	M22×110	21.8
450	478	615	565	532	4	30	25	20	M22×90	M22×110	24.4
500	529	670	620	585	4	32	25	20	M22×90	M22×120	27.7
600	630	780	725	685	5	36	30	20	M27×110	M27×130	39.4

表 3-1-174　*PN*1.6MPa 光滑面平焊钢法兰　　(mm)

公称直径 DN	管子外径 d_0	法兰						螺栓			法兰理论重量/kg
		外径 D	螺栓孔中心圆直径 D_1	连接凸出部分直径 D_2	连接凸出部分高度 f	法兰厚度 b	螺栓孔直径 d	数量	单头 直径×长度	双头 直径×长度	
10	14	90	60	40	2	14	14	4	M12×50	M12×60	0.547
15	18	95	65	45	2	14	14	4	M12×50	M12×60	0.711
20	25	105	75	55	2	16	14	4	M12×50	M12×70	0.867
25	32	115	85	65	2	18	14	4	M12×60	M12×70	1.174
32	38	135	100	78	2	18	18	4	M16×60	M16×80	1.60
40	45	145	110	85	3	20	18	4	M16×60	M16×80	2.00
50	57	160	125	100	3	22	18	4	M16×70	M16×90	2.61
65	73	180	145	120	3	24	18	4	M16×70	M16×90	3.45
80	89	195	160	135	3	24	18	8	M16×70	M16×90	3.71
100	108	215	180	155	3	26	18	8	M16×80	M16×90	4.8
125	133	245	210	185	3	28	18	8	M16×80	M16×100	6.47
150	159	280	240	210	3	28	23	8	M20×80	M20×100	7.92
175	194	310	270	240	3	28	23	8	M20×80	M20×100	8.81
200	219	335	295	265	3	30	23	12	M20×90	M20×110	10.1
225	245	365	325	295	3	30	23	12	M20×90	M20×110	11.7
250	273	405	355	320	3	32	25	12	M22×90	M22×120	15.7
300	325	460	410	375	4	32	25	12	M22×90	M22×120	18.1
350	377	520	470	435	4	34	25	16	M22×100	M22×120	23.3
400	426	580	525	485	4	38	30	16	M27×110	M27×140	31.0
450	478	640	585	545	4	42	30	20	M27×120	M27×150	40.2
500	529	705	650	608	4	48	34	20	M30×130	M30×160	55.1
600	630	840	770	718	5	50	41	20	M36×140	M36×180	80.3

表 3-1-175　*PN*2.5MPa 光滑面平焊钢法兰　（mm）

公称直径 *DN*	管子外径 d_0	法兰：外径 *D*	螺栓孔中心圆直径 D_1	连接凸出部分直径 D_2	连接凸出部分高度 *f*	法兰厚度 *b*	螺栓孔直径 *d*	螺栓：数量	单头 直径×长度	双头 直径×长度	法兰理论重量/kg
10	14	90	60	40	2	16	14	4	M12×50	M12×70	0.634
15	18	95	65	45	2	16	14	4	M12×50	M12×70	0.804
20	25	105	75	55	2	18	14	4	M12×60	M12×70	0.985
25	32	115	85	65	2	18	14	4	M12×60	M12×70	1.174
32	38	135	100	78	2	20	18	4	M16×60	M16×80	1.96
40	45	145	110	85	3	22	18	4	M16×70	M16×90	2.60
50	57	160	125	100	3	24	18	4	M16×70	M16×90	2.71
65	73	180	145	120	3	24	18	8	M16×70	M16×90	3.22
80	89	195	160	135	3	26	18	8	M16×80	M16×100	4.06
100	108	230	190	160	3	28	23	8	M20×80	M20×100	6.0
125	133	270	220	188	3	30	25	8	M22×90	M22×110	8.26
150	159	300	250	218	3	30	25	8	M22×90	M22×110	10.4
175	194	330	280	248	3	32	25	12	M22×100	M22×120	11.9
200	219	360	310	278	3	32	25	12	M22×100	M22×120	14.5
225	245	395	340	302	3	34	30	12	M27×100	M27×130	17.0
250	273	425	370	332	3	34	30	12	M27×100	M27×130	18.9
300	325	485	430	390	4	36	30	16	M27×110	M27×130	26.8
350	377	550	490	448	4	42	34	16	M30×120	M30×150	34.35
400	426	610	550	505	4	44	34	16	M30×130	M30×160	44.9
450	478	660	600	555	4	48	34	20	M30×130	M30×160	51.92
500	529	730	660	610	4	52	41	20	M36×150	M36×190	67.3

（2）光滑面对焊钢法兰（JB/T 82.1—94）

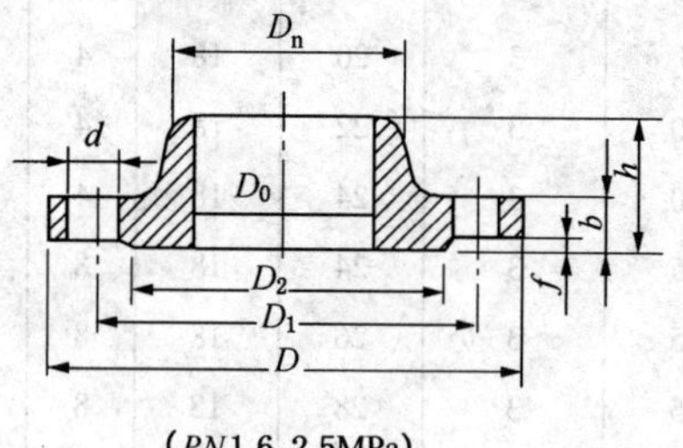

（*PN*1.6、2.5MPa）

表 3-1-176　*PN*1.6MPa 光滑面对焊钢法兰　（mm）

公称直径 *DN*	管子外径 d_0	法兰：颈部外径 D_n	内径 D_0	外径 *D*	螺栓孔中心圆直径 D_1	连接凸出部分直径 D_2	连接凸出部分高度 *f*	法兰厚度 *b*	法兰高度 *h*	螺栓孔直径 *d*	螺栓：数量	单头 直径×长度	双头 直径×长度	法兰理论重量/kg
10	14	同管子外径	8	90	60	40	2	14	35	14	4	M12×50	M12×60	0.609
15	18		12	95	65	45	2	14	35	14	4	M12×50	M12×60	0.691
20	25		18	105	75	55	2	14	38	14	4	M12×50	M12×60	0.880
25	32		25	115	85	65	2	14	40	14	4	M12×50	M12×60	1.06

续表

公称直径 DN	管子外径 d_0	法兰									螺栓			法兰理论重量/kg
		颈部外径 D_n	内径 D_0	外径 D	螺栓孔中心圆直径 D_1	连接凸出部分直径 D_2	连接凸出部分高度 f	法兰厚度 b	法兰高度 h	螺栓孔直径 d	数量	单头直径×长度	双头直径×长度	
32	38	同管子外径	31	135	100	78	2	16	42	18	4	M16×60	M16×70	1.62
40	45		38	145	110	85	3	16	45	18	4	M16×60	M16×70	1.87
50	57		49	160	125	100	3	16	48	18	4	M16×60	M16×70	2.41
65	73		66	180	145	120	3	18	50	18	4	M16×60	M16×80	3.28
80	89		78	195	160	135	3	20	52	18	8	M16×60	M16×80	4.22
100	108		96	215	180	155	3	20	52	18	8	M16×60	M16×80	5.03
125	133		121	245	210	185	3	22	60	18	8	M16×70	M16×90	6.81
150	159		146	280	240	210	3	22	60	23	8	M20×70	M20×90	8.25
175	194		177	310	270	240	3	24	60	23	8	M20×70	M20×90	10.4
200	219		202	335	295	265	3	24	62	23	12	M20×80	M20×100	12.1
225	245		226	365	325	295	3	24	68	23	12	M20×80	M20×100	15.6
250	273		254	405	355	320	3	26	68	25	12	M22×80	M22×100	17.8
300	325		303	460	410	375	4	28	70	25	12	M22×90	M22×110	24.6
350	377		351	520	470	435	4	32	78	25	16	M22×100	M22×120	32.2
400	426		398	580	525	485	4	36	90	30	16	M27×110	M27×130	42.8
450	478		450	640	585	545	4	38	95	30	20	M27×110	M27×140	53.4
500	529		501	705	650	608	4	42	98	34	20	M30×120	M30×150	71.8
600	630		602	840	770	718	5	46	105	41	20	M36×140	M36×170	90.4
700	720		692	910	840	788	5	48	110	41	24	M36×140	M36×180	102.6
800	820		792	1020	950	898	5	50	115	41	24	M36×140	M36×180	125.1
900	920		892	1120	1050	998	5	52	122	41	28	M36×140	M36×190	150.6
1000	1020		992	1255	1170	1110	5	54	125	48	28	M42×150	M42×200	207.3
1200	1220		1192	1485	1390	1325	5	56	135	54	32	M48×160	M48×220	285.5

表 3-1-177 *PN*2.5MPa 光滑面对焊钢法兰 (mm)

公称直径 DN	管子外径 d_0	法兰									螺栓			法兰理论重量/kg
		颈部外径 D_n	内径 D_0	外径 D	螺栓孔中心圆直径 D_1	连接凸出部分直径 D_2	连接凸出部分高度 f	法兰厚度 b	法兰高度 h	螺栓孔直径 d	数量	单头直径×长度	双头直径×长度	
10	14	同管子外径	8	90	60	40	2	16	35	14	4	M12×50	M12×70	0.696
15	18		12	95	65	45	2	16	35	14	4	M12×50	M12×70	0.772
20	25		18	105	75	55	2	16	36	14	4	M12×50	M12×70	0.965
25	32		25	115	85	65	2	16	38	14	4	M12×50	M12×70	1.182
32	38		31	135	100	78	2	18	45	18	4	M16×60	M16×80	1.838
40	45		38	145	110	85	3	18	48	18	4	M16×60	M16×80	2.11
50	57		49	160	125	100	3	20	48	18	4	M16×60	M16×80	2.78
65	73		66	180	145	120	3	22	52	18	8	M16×70	M16×90	3.62
80	89		78	195	160	135	3	22	55	18	8	M16×70	M16×90	4.68
100	108		96	230	190	160	3	24	62	23	8	M20×80	M20×100	6.89
125	33		121	270	220	188	3	26	68	25	8	M22×80	M22×110	9.67
150	159		146	300	250	218	3	28	72	25	8	M22×90	M22×110	12.56

续表

公称直径 DN	管子外径 d_0	法兰									螺栓			法兰理论重量/kg
		颈部外径 D_n	内径 D_0	外径 D	螺栓孔中心圆直径 D_1	连接凸出部分直径 D_2	连接凸出部分高度 f	法兰厚度 b	法兰高度 h	螺栓孔直径 d	数量	单头直径×长度	双头直径×长度	
175	194	同管子外径	177	330	280	248	3	28	75	25	12	M22×90	M22×110	14.18
200	219		202	360	310	278	3	30	80	25	12	M22×90	M22×110	18.1
225	245		226	396	340	302	3	32	80	30	12	M27×100	M27×130	23.4
250	273		254	425	370	332	3	32	85	30	12	M27×100	M27×130	27.2
300	325		303	485	430	390	4	36	92	30	16	M27×110	M27×130	34.4
350	377		351	550	490	448	4	40	98	34	16	M30×120	M30×150	51.3
400	426		398	610	550	505	4	44	115	34	16	M30×120	M30×160	65.9
450	478		450	660	600	555	4	46	115	34	20	M30×130	M30×160	85.3
500	529		500	730	660	610	4	48	120	41	20	M36×140	M36×180	94.6
600	630		600	840	770	718	5	54	130	41	20	M36×150	M36×190	125.6
700	720		690	955	875	815	5	58	140	48	24	M42×160	M42×200	170.8
800	820		790	1070	990	930	5	60	150	48	24	M42×160	M42×210	228.7

（3）凹凸面对焊钢法兰（JB/T 82.2—94）

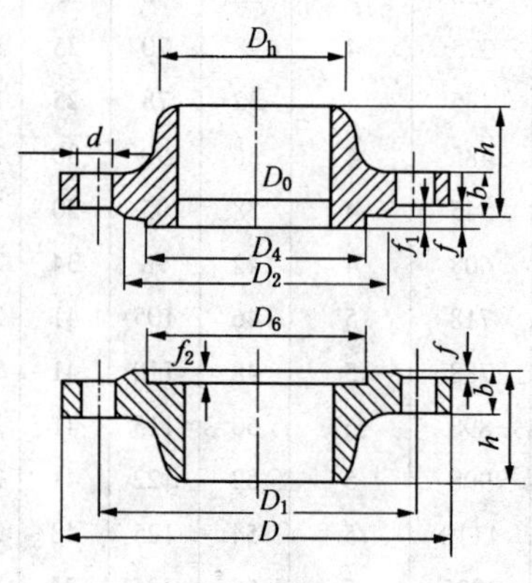

（*PN*4.0～20.0MPa）

表 3-1-178　*PN*4.0MPa 凹凸面对焊钢法兰

（mm）

公称直径 DN	管子外径 d_0	法兰												双头螺栓		法兰理论重量/kg	
		颈部外径 D_n	内径 D_0	外径 D	双头螺栓孔中心圆直径 D_1	连接凸出部分直径 D_2	连接凸出部分高度 f	凸出部分直径 D_4	凹下部分直径 D_6	凸出部分和凹下部分的高度和深度 $f_1=f_2$	法兰厚度 b	法兰高度 h	双头螺栓孔直径 d	数量	直径×长度	有凸出部的	有凹下部的
10	14	同管子外径	8	90	60	40	2	34	35	4	16	35	14	4	M12×70	0.722	0.667
15	18		12	95	65	45	2	39	40	4	16	35	14	4	M12×70	0.807	0.739
20	25		18	105	75	55	2	50	51	4	16	36	14	4	M12×70	1.02	0.919
25	32		25	115	85	65	2	57	58	4	16	38	14	4	M12×70	1.24	1.11
32	38		31	135	100	78	2	65	66	4	18	45	18	4	M16×80	1.92	1.76
40	45		38	145	110	85	3	75	76	4	18	48	18	4	M16×80	2.21	2.00
50	57		48	160	125	100	3	87	88	4	20	48	18	4	M16×80	2.92	2.68
65	73		66	180	145	120	3	109	110	4	22	52	18	8	M16×90	3.94	3.59

续表

公称直径 DN	管子外径 d_0	法兰 颈部外径 D_n	内径 D_0	外径 D	双头螺栓孔中心圆直径 D_1	连接凸出部分直径 D_2	连接凸出部分高度 f	凸出部分直径 D_4	凹下部分直径 D_6	凸出部分和凹下部分的高度和深度 $f_1=f_2$	法兰厚度 b	法兰高度 h	双头螺栓孔直径 d	双头螺栓 数量	双头螺栓 直径×长度	法兰理论重量/kg 有凸出部的	法兰理论重量/kg 有凹下部的
80	89	同管子外径	78	195	160	135	3	120	121	4	24	58	18	8	M16×90	5.02	4.64
100	108		96	230	190	160	3	149	150	4.5	26	68	23	8	M20×100	7.56	6.97
125	133		120	270	220	188	3	175	176	4.5	28	68	25	8	M22×110	10.3	9.48
150	159		145	300	250	218	3	203	204	4.5	30	72	25	8	M22×120	13.5	12.6
175	194		177	350	295	258	3	233	234	4.5	36	88	30	12	M27×140	21.4	20.2
200	219		200	375	320	282	3	259	260	4.5	38	88	30	12	M27×140	25.0	23.6
225	245		226	415	355	315	3	286	287	4.5	40	98	34	12	M30×150	32.1	30.5
250	273		252	445	385	345	3	312	313	4.5	42	102	34	12	M30×160	36.7	35.0
300	325		301	510	450	408	4	363	364	4.5	46	116	34	16	M30×160	52.3	50.0
350	377		351	570	510	465	4	421	422	5	52	120	34	16	M30×180	66.3	64.1
400	426		398	655	585	535	4	473	474	5	58	142	41	16	M36×200	105.4	102.0
450	478		448	680	610	560	4	523	524	5	60	146	41	20	M36×200	114.0	109.7
500	529		495	755	670	612	4	575	576	5	62	156	48	20	M42×210	168.6	163.6

表 3-1-179 *PN*6.3MPa 凹凸面对焊钢法兰 (mm)

公称直径 DN	管子外径 d_0	法兰 颈部外径 D_n	内径 D_0	外径 D	双头螺栓孔中心圆直径 D_1	连接凸出部分直径 D_2	连接凸出部分高度 f	凸出部分直径 D_4	凹下部分直径 D_6	凸出部分和凹下部分的高度和深度 $f_1=f_2$	法兰厚度 b	法兰高度 h	双头螺栓孔直径 d	双头螺栓 数量	双头螺栓 直径×长度	法兰理论重量/kg 有凸出部的	法兰理论重量/kg 有凹下部的
10	14	同管子外径	8	100	70	50	2	34	35	4	18	48	14	4	M12×70	1.05	1.00
15	18		12	105	75	55	2	39	40	4	18	48	14	4	M12×70	1.18	1.11
20	25		18	125	90	68	2	50	51	4	20	56	18	4	M16×80	1.87	1.76
25	32		25	135	100	78	2	57	58	4	22	58	18	4	M16×80	2.36	2.22
32	38		31	150	110	87	2	65	66	4	24	62	23	4	M20×100	3.15	2.99
40	45		37	165	125	95	3	75	76	4	24	68	23	4	M20×100	3.88	3.67
50	57		47	175	135	105	3	87	88	4	26	70	23	4	M20×100	4.76	4.50
65	73		64	200	160	130	3	109	110	4	28	75	23	8	M20×100	6.43	6.05
80	89		77	210	170	140	3	120	121	4	30	75	23	8	M20×110	7.43	7.00
100	108		94	250	200	168	3	149	150	4.5	32	80	25	8	M22×120	11.3	10.5
125	133		118	295	240	202	3	175	176	4.5	36	98	30	8	M27×130	17.5	16.6
150	159		142	340	280	240	3	203	204	4.5	38	108	34	8	M30×140	25.3	24.1
175	194		174	370	310	270	3	233	234	4.5	42	110	34	12	M30×160	28.6	27.3
200	219		198	405	345	300	3	259	260	4.5	44	116	34	12	M30×160	37.5	35.9
225	245		222	430	370	325	3	286	287	4.5	46	120	34	12	M30×170	43.5	41.6
250	273		246	470	400	352	3	312	313	4.5	48	122	41	12	M36×170	52.4	50.3
300	325		294	530	460	412	4	363	364	4.5	54	136	41	16	M36×190	70.8	68.3
350	377		342	595	525	475	4	421	422	5	60	154	41	16	M36×200	103.5	99.8
400	426		386	670	585	525	4	473	474	5	66	170	48	16	M42×220	142.0	137.0

表 3-1-180　*PN*10.0MPa 凹凸面对焊钢法兰　（mm）

公称直径 *DN*	管子外径 d_0	法兰：颈部外径 D_n	法兰：内径 D_0	法兰：外径 D	法兰：双头螺栓孔中心圆直径 D_1	法兰：连接凸出部分直径 D_2	法兰：连接凸出部分高度 f	法兰：凸出部分直径 D_4	法兰：凹下部分直径 D_6	法兰：凸出部分和凹下部分的高度和深度 $f_1=f_2$	法兰：法兰厚度 b	法兰：法兰高度 h	法兰：双头螺栓孔直径 d	双头螺栓：数量	双头螺栓：直径×长度	法兰理论重量/kg：有凸出部的	法兰理论重量/kg：有凹下部的
10	14	同管子外径	8	100	70	50	2	34	35	4	18	45	14	4	M12×70	1.05	0.99
15	18		12	105	75	55	2	39	40	4	20	48	14	4	M12×70	1.30	1.24
20	25		18	125	90	68	2	50	51	4	22	56	18	4	M16×90	2.0	1.90
25	32		25	135	100	78	2	57	58	4	24	58	18	4	M16×90	2.56	2.62
32	38		31	150	110	82	2	65	66	4	24	62	23	4	M20×100	3.16	3.00
40	45		37	165	125	95	3	75	76	4	26	70	23	4	M20×100	4.22	4.00
50	57		45	195	145	112	3	87	88	4	28	72	25	4	M22×110	6.30	5.60
65	73		62	220	170	138	3	109	110	4	32	84	25	8	M22×120	9.00	8.60
80	89		75	230	180	148	3	120	121	4	34	90	25	8	M22×120	10.42	9.97
100	108		92	265	210	172	3	149	150	4.5	38	100	30	8	M27×140	15.2	14.4
125	133		112	310	250	210	3	175	176	4.5	42	115	34	8	M30×150	23.9	22.2
150	159		136	350	290	250	3	203	204	4.5	46	130	34	12	M30×160	33.2	31.9
175	194		166	380	320	280	3	233	234	4.5	48	135	34	12	M30×170	40.2	38.7
200	219		190	430	360	312	3	259	260	4.5	54	145	41	12	M36×190	55.0	53.4
225	245		212	470	400	352	3	286	287	4.5	56	165	41	12	M36×190	73.1	71.0
250	273		236	500	430	382	3	312	313	4.5	60	170	41	12	M36×200	87.6	85.2
300	325		284	585	500	442	4	363	364	4.5	70	195	48	16	M42×230	130.7	128.0
350	377		332	665	560	498	4	421	422	5	76	210	54	16	M48×250	175.0	171.0
400	426		376	715	620	558	4	473	474	5	80	220	54	16	M48×260	218.5	213.5

表 3-1-181　*PN*16.0MPa 凹凸面对焊钢法兰　（mm）

公称直径 *DN*	管子外径 d_0	法兰：颈部外径 D_n	法兰：内径 D_0	法兰：外径 D	法兰：双头螺栓孔中心圆直径 D_1	法兰：连接凸出部分直径 D_2	法兰：连接凸出部分高度 f	法兰：凸出部分直径 D_4	法兰：凹下部分直径 D_6	法兰：凸出部分和凹下部分的高度和深度 $f_1=f_2$	法兰：法兰厚度 b	法兰：法兰高度 h	法兰：双头螺栓孔直径 d	双头螺栓：数量	双头螺栓：直径×长度	法兰理论重量/kg：有凸出部的	法兰理论重量/kg：有凹下部的
15	18	同管子外径	11	110	75	52	2	39	40	4	24	50	18	4	M16×90	1.63	1.56
20	25		18	130	90	62	2	50	51	4	26	55	23	4	M20×100	2.38	2.27
25	32		23	140	100	72	2	57	58	4	28	55	23	4	M20×100	3.01	2.87
32	42		32	165	115	85	2	65	66	4	30	60	25	4	M22×110	4.83	4.67
40	48		37	175	125	92	3	75	76	4	32	65	27	4	M24×120	5.39	5.18
50	60		48	215	165	132	3	87	88	4	36	90	25	8	M22×120	9.95	9.70
65	73		62	245	190	152	3	109	110	4	44	105	30	8	M27×150	15.4	14.9
80	89		70	260	205	168	3	120	121	4	46	110	30	8	M27×150	18.4	17.9
100	114		90	300	240	200	3	149	150	4.5	48	121	34	8	M30×160	26.0	25.2
125	146		118	355	285	238	3	175	176	4.5	60	140	41	8	M36×200	43.45	42.5
150	168		136	390	318	270	3	203	204	4.5	66	155	41	12	M36×210	56.00	54.7
175	194		158	460	380	325	3	233	234	4.5	76	180	48	12	M42×240	90.2	88.5
200	219		178	480	400	345	3	259	260	4.5	78	185	48	12	M42×240	102.0	100.0
225	245		200	545	450	390	3	286	287	4.5	82	215	54	12	M48×280	146.0	144.0
250	273		224	580	485	425	3	312	313	4.5	88	230	54	12	M48×280	179.0	177.0
300	325		268	665	570	510	3	363	364	4.5	100	275	54	16	M48×300	279.0	275.0

(4) 光滑面钢法兰盖(JB/T 86.1—94)

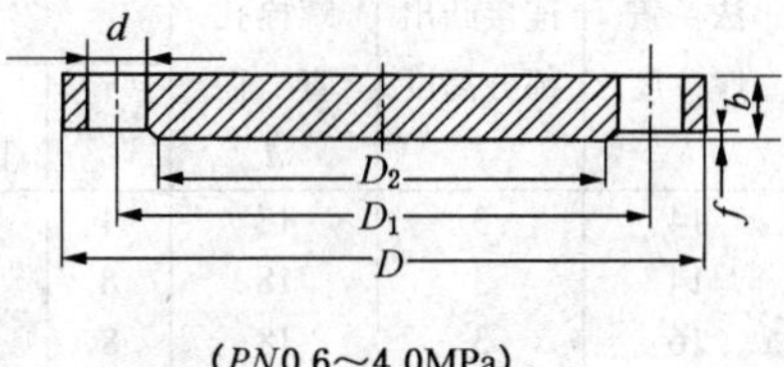

(PN0.6~4.0MPa)

表 3-1-182　*PN*0.6MPa 光滑面钢法兰盖　(mm)

公称直径 DN	外径 D	螺栓孔中心圆直径 D_1	连接凸出部分直径 D_2	法兰盖厚度 b	连接凸出部分高度 f	螺栓孔直径 d	螺栓 数量	螺栓 单头 直径×长度	螺栓 双头 直径×长度	理论重量/kg
10	75	50	32	12	2	12	4	M10×40	M10×50	0.3
15	80	55	40	12	2	12	4	M10×40	M10×50	0.4
20	90	65	50	12	2	12	4	M10×40	M10×50	0.5
25	100	75	60	12	2	12	4	M10×40	M10×50	0.6
32	120	90	70	12	2	14	4	M12×40	M12×60	0.9
40	130	100	80	14	3	14	4	M12×50	M12×60	1.2
50	140	110	90	14	3	14	4	M12×50	M12×60	1.4
65	160	130	110	14	3	14	4	M12×50	M12×60	1.9
80	185	150	125	14	3	18	4	M16×50	M16×70	2.7
100	205	170	145	14	3	18	4	M16×50	M16×70	3.3
125	235	200	175	16	3	18	8	M16×60	M16×70	5.1
150	260	225	200	16	3	18	8	M16×60	M16×70	6.2
175	290	265	230	16	3	18	8	M16×60	M16×70	8.0
200	315	280	255	16	3	18	8	M16×60	M16×70	9.2
225	340	305	280	16	3	18	8	M16×60	M16×70	11.1
250	370	335	310	16	3	18	12	M16×60	M16×70	12.8
300	435	395	362	18	4	23	12	M20×60	M20×90	19.4
350	485	445	412	18	4	23	12	M20×60	M20×90	24.0
400	535	495	462	20	4	23	16	M20×70	M20×90	34.0
450	590	550	518	22	4	23	16	M20×70	M20×90	46.0
500	640	600	568	24	4	23	16	M20×80	M20×100	58.0
600	755	705	670	28	5	25	20	M22×90	M22×110	92.0
700	860	810	775	32	5	25	24	M22×90	M22×120	141.0
800	975	920	880	36	5	30	24	M27×100	M27×130	202.0
900	1075	1020	980	40	5	30	24	M27×110	M27×140	273.0
1000	1175	1120	1080	44	5	30	28	M27×120	M27×150	315.0

表 3-1-183　*PN*1.0MPa 光滑面钢法兰盖　(mm)

公称直径 DN	外径 D	螺栓孔中心圆直径 D_1	连接凸出部分直径 D_2	法兰盖厚度 b	连接凸出部分高度 f	螺栓孔直径 d	螺栓 数量	螺栓 单头 直径×长度	螺栓 双头 直径×长度	理论重量/kg
10	90	60	40	12	2	14	4	M12×40	M12×60	0.5
15	95	65	45	12	2	14	4	M12×40	M12×60	0.5
20	105	75	55	12	2	14	4	M12×40	M12×60	0.7
25	115	85	65	12	2	14	4	M12×40	M12×60	0.8
32	135	100	78	12	2	18	4	M16×50	M16×70	1.1
40	145	110	85	14	3	18	4	M16×50	M16×70	1.5
50	160	125	100	14	3	18	4	M16×50	M16×70	2.0
65	180	145	120	14	3	18	4	M16×50	M16×70	2.5

续表

公称直径 DN	外径 D	螺栓孔中心圆直径 D_1	连接凸出部分直径 D_2	法兰盖厚度 b	连接凸出部分高度 f	螺栓孔直径 d	螺栓			理论重量/kg
							数量	单头 直径×长度	双头 直径×长度	
80	195	160	135	14	3	18	4	M16×50	M16×70	3.0
100	215	180	155	14	3	18	8	M16×50	M16×70	3.6
125	245	210	185	16	3	18	8	M16×60	M16×70	5.5
150	280	240	210	16	3	23	8	M20×60	M20×80	7.0
175	310	270	240	16	3	23	8	M20×60	M20×80	9.1
200	335	295	265	16	3	23	8	M20×60	M20×80	10.2
225	365	325	295	18	3	23	8	M20×60	M20×90	14.0
250	390	350	320	18	3	23	12	M20×60	M20×90	15.7
300	440	400	368	20	4	23	12	M20×70	M20×90	22.0
350	500	460	428	24	4	23	16	M20×80	M20×100	34.0
400	565	515	482	26	4	25	16	M22×80	M22×100	47.0
450	615	565	532	28	4	25	20	M22×90	M22×110	61.0
500	670	620	585	32	4	25	20	M22×90	M22×120	85.0
600	780	725	685	36	5	30	20	M27×110	M27×130	127.0
700	895	840	800	42	5	30	24	M27×120	M27×140	199.0
800	1010	950	905	48	5	34	24	M30×130	M30×160	290.0
900	1110	1050	1005	54	5	34	24	M30×150	M30×180	395.0
1000	1220	1160	1115	58	5	34	28	M30×150	M30×190	525.0

表 3-1-184　*PN*1.6MPa 光滑面钢法兰盖　（mm）

公称直径 DN	外径 D	螺栓孔中心圆直径 D_1	连接凸出部分直径 D_2	法兰盖厚度 b	连接凸出部分高度 f	螺栓孔直径 d	螺栓			理论重量/kg
							数量	单头 直径×长度	双头 直径×长度	
10	90	60	40	12	2	14	4	M12×50	M12×60	0.5
15	95	65	45	12	2	14	4	M12×50	M12×60	0.5
20	105	75	55	12	2	14	4	M12×50	M12×60	0.7
25	115	85	65	12	2	14	4	M12×50	M12×60	0.8
32	135	100	78	12	2	18	4	M16×50	M16×70	1.2
40	145	110	85	14	3	18	4	M16×50	M16×70	1.6
50	160	125	100	14	3	18	4	M16×50	M16×70	2.0
65	180	145	120	14	3	18	4	M16×50	M16×70	2.5
80	195	160	135	14	3	18	8	M16×50	M16×70	2.9
100	215	180	155	16	3	18	8	M16×60	M16×80	4.1
125	245	210	185	16	3	18	8	M16×60	M16×80	5.5
150	280	240	210	18	3	23	8	M20×60	M20×90	8.0
175	310	270	240	18	3	23	8	M20×60	M20×90	10.2
200	335	295	265	20	3	23	12	M20×70	M20×90	12.8
225	365	325	295	22	3	23	12	M20×70	M20×90	17.5
250	405	355	320	24	3	25	12	M22×80	M22×100	22.0
300	460	410	375	28	4	25	12	M22×90	M22×110	34.0
350	520	470	435	32	4	25	16	M22×100	M22×120	49.0
400	580	525	485	36	4	30	16	M27×110	M27×140	70.0
450	640	585	545	42	4	30	20	M27×120	M27×150	99.6
500	705	650	608	46	4	34	20	M30×130	M30×160	133.0
600	840	770	718	54	5	41	20	M36×150	M36×190	220.0

表 3-1-185　PN2.5MPa 光滑面钢法兰盖　(mm)

公称直径 DN	外径 D	螺栓孔中心圆直径 D_1	连接凸出部分直径 D_2	法兰盖厚度 b	连接凸出部分高度 f	螺栓孔直径 d	螺栓 数量	螺栓 单头 直径×长度	螺栓 双头 直径×长度	理论重量/kg
10	90	60	40	12	2	14	4	M12×50	M12×60	0.5
15	95	65	45	12	2	14	4	M12×50	M12×60	0.5
20	105	75	55	12	2	14	4	M12×50	M12×60	0.7
25	115	85	65	12	2	14	4	M12×50	M12×60	0.8
32	135	100	78	12	2	18	4	M16×50	M16×70	1.1
40	145	110	85	14	3	18	4	M16×50	M16×70	1.5
50	160	125	100	14	3	18	4	M16×50	M16×70	2.0
65	180	145	120	16	3	18	8	M16×60	M16×80	2.8
80	195	160	135	18	3	18	8	M16×60	M16×80	3.8
100	230	190	160	20	3	23	8	M20×70	M20×90	5.8
125	270	220	188	22	3	25	8	M22×80	M22×100	8.6
150	300	250	218	24	3	25	8	M22×80	M22×100	11.9
175	330	280	248	24	3	25	12	M22×80	M22×110	15.0
200	360	310	278	26	3	25	12	M22×80	M22×110	18.7
225	395	340	302	28	3	30	12	M27×90	M27×120	25.1
250	425	370	332	30	3	30	12	M27×100	M27×120	30.0
300	485	430	390	34	4	30	16	M27×100	M27×130	45.0
350	550	490	448	38	4	34	16	M30×100	M30×150	66.0
400	610	550	505	42	4	34	16	M30×120	M30×150	92.0

表 3-1-186　PN4.0MPa 光滑面钢法兰盖　(mm)

公称直径 DN	外径 D	螺栓孔中心圆直径 D_1	连接凸出部分直径 D_2	法兰盖厚度 b	连接凸出部分高度 f	螺栓孔直径 d	双头螺栓 数量	双头螺栓 直径×长度	理论重量/kg
10	90	60	40	16	2	14	4	M12×70	0.7
15	95	65	45	16	2	14	4	M12×70	0.8
20	105	75	55	16	2	14	4	M12×70	0.9
25	115	85	65	16	2	14	4	M12×70	1.0
32	135	100	78	16	2	18	4	M16×80	1.6
40	145	110	85	16	3	18	4	M16×80	1.8
50	160	125	100	18	3	18	4	M16×80	2.6
65	180	145	120	20	3	18	8	M16×80	3.6
80	195	160	135	22	3	18	8	M16×90	4.7
100	230	190	160	24	3	23	8	M20×100	7.1
125	270	220	188	28	3	25	8	M22×110	10.5
150	300	250	218	30	3	25	8	M22×110	15.0
175	350	295	258	34	3	30	12	M27×130	23.4
200	375	320	282	38	3	30	12	M27×140	29.0
225	415	355	315	40	3	34	12	M30×150	39.0
250	445	385	345	44	3	34	12	M30×160	46.0
300	510	450	408	50	4	34	16	M30×170	50.0
350	570	510	465	56	4	34	16	M30×180	74.0
400	655	585	535	64	4	41	16	M36×200	158.0

（5）凸面钢法兰盖（JB/T 86.2—94）

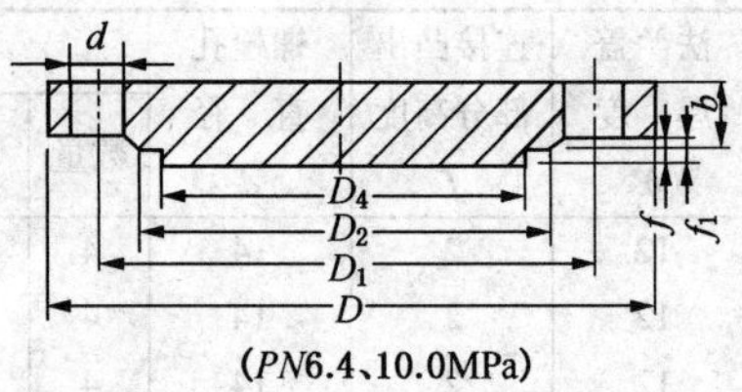

（PN6.4、10.0MPa）

表 3-1-187　*PN*6.4MPa 凸面钢法兰盖　（mm）

公称直径 *DN*	外径 *D*	螺栓孔中心圆直径 D_1	连接凸出部分直径 D_2	凸出部分直径 D_4	法兰盖厚度 *b*	连接凸出部分高度 *f*	凸出部分高度 f_1	螺栓孔直径 *d*	双头螺栓		理论重量/kg
									数量	直径×长度	
10	100	70	70	34	18	2	4	14	4	M12×70	1.0
15	105	75	55	39	18	2	4	14	4	M12×70	1.1
20	125	90	68	50	20	2	4	18	4	M16×80	1.8
25	135	100	78	57	22	2	4	18	4	M16×90	2.4
32	150	110	82	65	24	2	4	23	4	M20×100	3.2
40	165	125	95	75	24	3	4	23	4	M20×100	3.7
50	175	135	105	87	26	3	4	23	8	M20×100	4.7
65	200	160	130	109	28	3	4	23	8	M20×110	6.5
80	210	170	140	120	30	3	4	23	8	M20×110	7.8
100	250	200	168	149	34	3	4.5	25	8	M22×120	11.8
125	295	240	202	175	40	3	4.5	30	8	M27×140	20.0
150	340	280	240	203	48	3	4.5	34	8	M30×170	32.0
175	370	310	270	233	52	3	4.5	34	12	M30×170	48.0
200	405	345	300	259	56	3	4.5	34	12	M30×180	53.0
225	430	370	325	286	60	3	4.5	34	12	M30×190	64.0
250	470	400	352	312	64	3	4.5	41	12	M36×210	83.0
300	530	460	412	363	72	4	4.5	41	16	M36×220	116.0
350	595	525	475	421	80	4	5	41	16	M36×240	170.0
400	670	585	525	473	88	4	5	48	16	M42×200	232.0

表 3-1-188　*PN*10.0MPa 凸面钢法兰盖　（mm）

公称直径 *DN*	外径 *D*	螺栓孔中心圆直径 D_1	连接凸出部分直径 D_2	凸出部分直径 D_4	法兰盖厚度 *b*	连接凸出部分高度 *f*	凸出部分高度 f_1	螺栓孔直径 *d*	双头螺栓		理论重量/kg
									数量	直径×长度	
10	100	70	50	34	18	2	4	14	4	M12×70	1.0
15	105	75	55	39	20	2	4	14	4	M12×80	1.2
20	125	90	68	50	24	2	4	18	4	M16×90	2.2
25	135	100	78	57	26	2	4	18	4	M16×100	2.9
32	150	110	82	65	30	2	4	23	4	M20×110	4.0
40	165	125	95	75	32	3	4	23	4	M20×110	5.1
50	195	145	112	87	34	3	4	25	4	M22×120	7.2
65	220	170	138	109	38	3	4	25	8	M22×130	10.0
80	230	180	148	120	40	3	4	25	8	M22×140	11.7
100	265	210	172	149	46	3	4.5	30	8	M27×160	17.9
125	310	250	210	175	54	3	4.5	34	8	M30×180	30.0
150	350	290	250	203	62	3	4.5	34	12	M30×200	43.0
175	380	320	280	233	70	3	4.5	34	12	M30×210	56.5
200	430	360	312	259	76	3	4.5	41	12	M36×230	78.0
225	470	400	352	286	84	3	4.5	41	12	M36×250	104.0
250	500	430	382	312	90	3	4.5	41	12	M36×260	130.0
300	585	500	442	363	104	4	4.5	48	14	M42×300	197.0

（6）凹面钢法兰盖（JB/T 86.2—94）

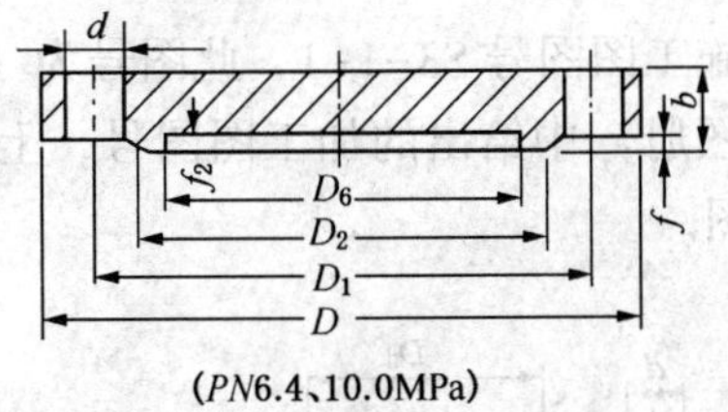

（PN6.4、10.0MPa）

表 3-1-189　PN6.4MPa 凹面钢法兰盖　（mm）

公称直径 DN	外径 D	螺栓孔中心圆直径 D_1	连接凸出部分直径 D_2	凹下部分直径 D_6	法兰盖厚度 b	连接凸出部分高度 f	凸下部分深度 f_1	螺栓孔直径 d	双头螺栓		理论重量/kg
									数量	直径×长度	
10	100	70	50	35	18	2	4	14	4	M12×70	0.9
15	105	75	55	40	18	2	4	14	4	M12×70	1.0
20	125	90	68	51	20	2	4	18	4	M16×80	1.7
25	135	100	78	58	22	2	4	18	4	M16×90	2.3
32	150	110	82	66	24	2	4	23	4	M20×100	3.0
40	165	125	95	76	24	3	4	23	4	M20×100	3.4
50	175	135	105	88	26	3	4	23	4	M20×100	4.3
65	200	160	130	110	28	3	4	23	8	M20×110	5.9
80	210	170	140	121	30	3	4	23	8	M20×110	7.0
100	250	200	168	150	34	3	4.5	25	8	M22×120	10.8
125	295	240	202	176	40	3	4.5	30	8	M27×140	18.0
150	340	280	240	204	48	3	4.5	34	8	M30×170	30.0
175	370	310	270	234	52	3	4.5	34	12	M30×170	39.0
200	405	345	300	260	56	3	4.5	34	12	M30×180	49.0
225	430	370	325	287	60	3	4.5	34	12	M30×190	61.0
250	470	400	352	313	64	3	4.5	41	12	M36×210	77.0
300	530	460	412	364	72	4	4.5	41	16	M36×220	109.0
350	595	525	475	422	80	4	5	41	16	M36×240	159.0
400	670	585	525	474	88	4	5	48	16	M42×270	218.0

表 3-1-190　PN10.0MPa 凹面钢法兰盖　（mm）

公称直径 DN	外径 D	螺栓孔中心圆直径 D_1	连接凸出部分直径 D_2	凹下部分直径 D_6	法兰盖厚度 b	连接凸出部分高度 f	凹下部分深度 f_1	螺栓孔直径 d	双头螺栓		理论重量/kg
									数量	直径×长度	
10	100	70	50	35	18	2	4	14	4	M12×70	0.9
15	105	75	55	40	20	2	4	14	4	M12×80	1.1
20	125	90	68	51	24	2	4	18	4	M16×90	2.1
25	135	100	78	58	26	2	4	18	4	M16×100	2.7
32	150	110	82	66	30	2	4	23	4	M20×110	3.8
40	165	125	95	76	32	3	4	23	4	M20×110	4.8
50	195	145	112	88	34	3	4	25	4	M22×120	6.9
65	220	170	138	110	38	3	4	25	8	M22×130	9.4
80	230	180	148	121	40	3	4	25	8	M22×140	11.0
100	265	210	172	150	46	3	4.5	30	8	M27×160	16.7
125	310	250	210	176	54	3	4.5	34	8	M30×180	28.0
150	350	290	250	204	62	3	4.5	34	12	M30×200	41.0
175	380	320	280	234	70	3	4.5	34	12	M30×210	51.0
200	430	360	312	260	76	3	4.5	41	12	M36×230	74.0
225	470	400	352	287	84	3	4.5	41	12	M36×250	101.0
250	500	430	382	313	90	3	4.5	41	12	M36×260	125.0
300	585	500	442	364	104	4	4.5	48	16	M42×300	183.0

4. 石油管道系列

（1）光滑面平焊钢法兰　施工图图号S3-1-1，此图号为《石油化工装置工艺管道安装设计手册》第五篇《设计施工图册》中给出的加工图图号，上述《设计施工图册》是为本手册配套编制的部分标准施工图。

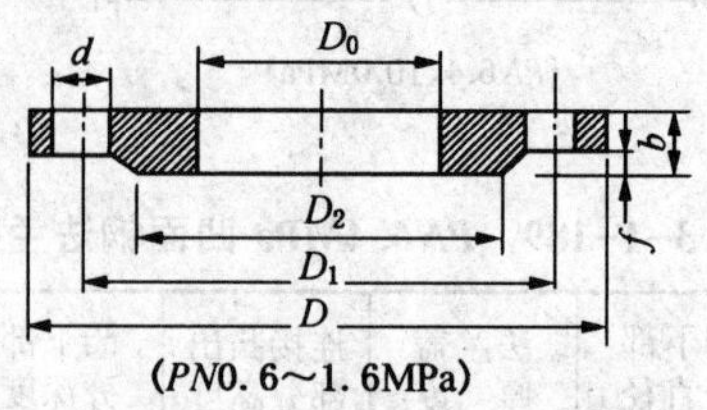

（*PN*0.6～1.6MPa）

表3-1-191　*PN*0.6MPa 光滑面平焊钢法兰　（mm）

公称直径 *DN*	管子外径 d_0	法兰							螺栓			法兰理论重量/kg
		内径 D_0	外径 *D*	螺栓孔中心圆直径 D_1	连接凸出部分直径 D_2	连接凸出部分高度 *f*	法兰厚度 *b*	螺栓孔直径 *d*	数量	单头直径×长度	双头直径×长度	
10	17	18	75	50	32	2	12	12	4	M10×40	M10×50	0.30
15	22	23	80	55	40	2	12	12	4	M10×40	M10×50	0.33
20	27	28	90	65	50	2	14	12	4	M10×50	M10×60	0.53
25	34	35	100	75	60	2	14	12	4	M10×50	M10×60	0.63
32	42	44	120	90	70	2	16	14	4	M12×50	M12×70	1.04
40	48	50	130	100	80	3	16	14	4	M12×50	M12×70	1.17
50	60	62	140	110	90	3	16	14	4	M12×50	M12×70	1.30
65	76	78	160	130	110	3	16	14	4	M12×50	M12×70	1.62
80	89	91	185	150	125	3	18	18	4	M16×60	M16×80	2.43
100	114	116	205	170	145	3	18	18	4	M16×60	M16×80	2.68
125	140	142	235	200	175	3	20	18	8	M16×60	M16×80	3.62
150	168	170	260	225	200	3	20	18	8	M16×60	M16×80	4.00

表3-1-192　*PN*1.0MPa 光滑面平焊钢法兰　（mm）

公称直径 *DN*	管子外径 d_0	法兰							螺栓			法兰理论重量/kg
		内径 D_0	外径 *D*	螺栓孔中心圆直径 D_1	连接凸出部分直径 D_2	连接凸出部分高度 *f*	法兰厚度 *b*	螺栓孔直径 *d*	数量	单头直径×长度	双头直径×长度	
10	17	18	90	60	40	2	12	14	4	M12×40	M12×60	0.44
15	22	23	95	65	45	2	12	14	4	M12×40	M12×60	0.50
20	27	28	105	75	55	2	14	14	4	M12×50	M12×60	0.73
25	34	35	115	85	65	2	14	14	4	M12×50	M12×60	0.87
32	42	44	135	100	78	2	16	18	4	M16×60	M16×70	1.34
40	48	50	145	110	85	3	18	18	4	M16×60	M16×80	1.71
50	60	62	160	125	100	3	18	18	4	M16×60	M16×80	2.01
65	76	78	180	145	120	3	20	18	4	M16×60	M16×80	2.80
80	89	91	195	165	135	3	20	18	4	M16×60	M16×80	3.20
100	114	116	215	180	155	3	22	18	8	M16×70	M16×90	3.60
125	140	142	245	210	185	3	24	18	8	M16×70	M16×90	5.10
150	168	170	280	240	210	3	24	23	8	M20×80	M20×100	6.15

表 3-1-193　*PN*1.6MPa 光滑面平焊钢法兰　(mm)

公称直径 *DN*	管子外径 d_0	法　兰								螺　栓			法兰理论重量/kg
		颈部外径 D_n	内径 D_0	外径 *D*	螺栓孔中心圆直径 D_1	连接凸出部分直径 D_2	连接凸出部分高度 *f*	法兰厚度 *b*	螺栓孔直径 *d*	数量	单头 直径×长度	双头 直径×长度	
10	17	同管子外径	18	90	60	40	2	14	14	4	M12×50	M12×60	0.53
15	22		23	95	65	45	2	14	14	4	M12×50	M12×60	0.58
20	27		28	105	75	55	2	16	14	4	M12×60	M12×70	0.85
25	34		35	115	85	65	2	18	14	4	M12×60	M12×70	1.15
32	42		44	135	100	78	2	18	18	4	M16×60	M16×80	1.53
40	48		50	145	110	85	3	20	18	4	M16×60	M16×80	1.85
50	60		62	160	125	100	3	22	18	4	M16×70	M16×90	2.52
65	76		78	180	145	120	3	24	18	4	M16×70	M16×90	3.40
80	89		91	195	160	135	3	24	18	8	M16×70	M16×90	3.71
100	114		116	215	180	155	3	26	18	8	M16×80	M16×100	4.50
125	140		142	245	210	185	3	28	18	8	M16×80	M16×100	6.02
150	160		170	280	240	210	3	28	23	8	M20×80	M20×100	7.27

(2) 光滑面对焊钢法兰(施工图图号 S3-1-2)(《设计施工图册》第一章“石油管道法兰”)

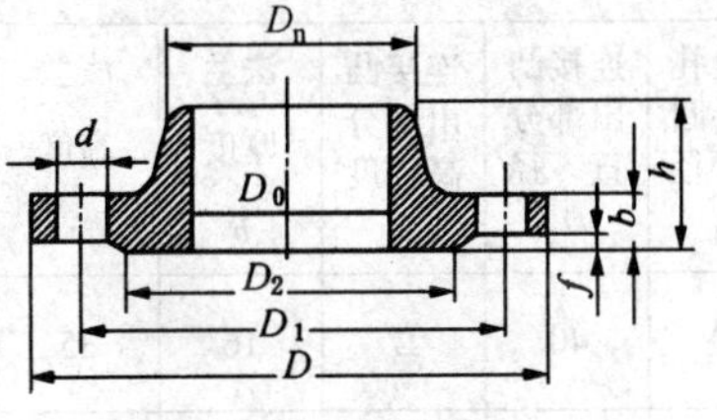

(*PN*1.6～4.0MPa)

表 3-1-194　*PN*1.6MPa 光滑面对焊钢法兰　(mm)

公称直径 *DN*	管子外径 d_0	法　兰									螺　栓			法兰理论重量/kg
		颈部外径 D_n	内径 D_0	外径 *D*	螺栓孔中心圆直径 D_1	连接凸出部分直径 D_2	连接凸出部分高度 *f*	法兰厚度 *b*	法兰高度 *h*	螺栓孔直径 *d*	数量	单头 直径×长度	双头 直径×长度	
10	17	同管子外径	11	90	10	40	2	14	35	14	4	M12×50	M12×60	0.60
15	22		16	95	65	45	2	14	35	14	4	M12×50	M12×60	0.66
20	27		20	105	75	55	2	14	38	14	4	M12×50	M12×60	0.85
25	34		27	115	85	65	2	14	40	14	4	M12×50	M12×60	1.02
32	42		35	135	100	78	2	16	42	18	4	M16×60	M16×80	1.54
40	48		41	145	110	85	3	16	45	18	4	M16×60	M16×80	1.80
50	60		52	160	125	100	3	16	48	18	4	M16×60	M16×80	2.31
65	76		66	180	145	120	3	18	50	18	4	M16×60	M16×80	3.28
80	89		78	195	160	135	3	20	52	18	8	M16×60	M16×80	4.22
100	114		102	215	180	155	3	20	52	18	8	M16×60	M16×80	4.61
125	140		128	245	210	185	3	22	60	18	8	M16×70	M16×90	6.11
150	168		155	280	240	210	3	22	60	23	8	M20×70	M20×90	7.17

表 3-1-195 *PN*2.5MPa 光滑面对焊钢法兰 （mm）

公称直径 *DN*	管子外径 d_0	法兰 颈部外径 D_n	内径 D_0	外径 *D*	螺栓孔中心圆直径 D_1	连接凸出部分直径 D_2	连接凸出部分高度 *f*	法兰厚度 *b*	法兰高度 *h*	螺栓孔直径 *d*	螺栓 数量	单头 直径×长度	双头 直径×长度	法兰理论重量/kg
10	17	同管子外径	11	90	60	40	2	16	35	14	4	M12×50	M12×70	0.69
15	22		16	95	45	52	2	16	35	14	4	M12×50	M12×70	0.74
20	27		20	105	75	55	2	16	36	14	4	M12×50	M12×70	0.94
25	34		27	115	85	65	2	16	38	14	4	M12×50	M12×70	1.14
32	42		35	135	100	78	2	18	45	18	4	M16×60	M16×80	1.74
40	48		41	145	110	85	3	18	48	18	4	M16×60	M16×80	2.03
50	60		52	160	125	100	3	20	48	18	4	M16×60	M16×80	2.68
65	76		66	180	145	120	3	22	52	18	8	M16×70	M16×90	3.62
80	89		78	195	160	135	3	22	55	18	8	M16×70	M16×90	4.68
100	114		102	230	190	160	3	24	62	23	8	M20×80	M20×100	6.39
125	140		128	270	220	188	3	26	68	25	8	M22×80	M22×110	8.87
150	168		155	300	250	218	3	28	72	25	8	M22×90	M22×110	11.26

表 3-1-196 *PN*4.0MPa 光滑面对焊钢法兰 （mm）

公称直径 *DN*	管子外径 d_0	法兰 颈部外径 D_n	内径 D_0	外径 *D*	螺栓孔中心圆直径 D_1	连接凸出部分直径 D_2	连接凸出部分高度 *f*	法兰厚度 *b*	法兰高度 *h*	螺栓孔直径 *d*	双头螺栓 数量	直径×长度	法兰理论重量/kg
10	14 17	同管子外径	8 11	90	60	40	2	16	35	14	4	M12×70	0.69
15	18 22		12 16	95	65	45	2	16	35	14	4	M12×70	0.74
20	25 27		18 20	105	75	55	2	16	36	14	4	M12×70	0.94
25	32 34		25 27	115	85	65	2	16	38	14	4	M12×70	1.14
32	38 42		31 35	135	100	78	2	18	45	18	4	M16×80	1.75
40	45 48		38 41	145	110	85	3	18	48	18	4	M16×80	2.03
50	57 60		48 51	160	125	100	3	20	48	18	8	M16×80	2.56
65	76		66	180	145	120	3	22	52	18	8	M16×90	3.76
80	89		78	195	160	135	3	24	58	18	8	M16×90	4.83
100	108 114		92 142	230	190	160	3	26	68	23	8	M20×100	6.76
125	133 140		120 127	270	220	188	3	28	68	25	8	M22×110	9.09
150	159 168		145 155	300	250	218	3	30	72	25	8	M22×120	13.05

（3）凹凸面对焊钢法兰（施工图图号 S3-1-3）（《设计施工图册》第一章“石油管道法兰”）

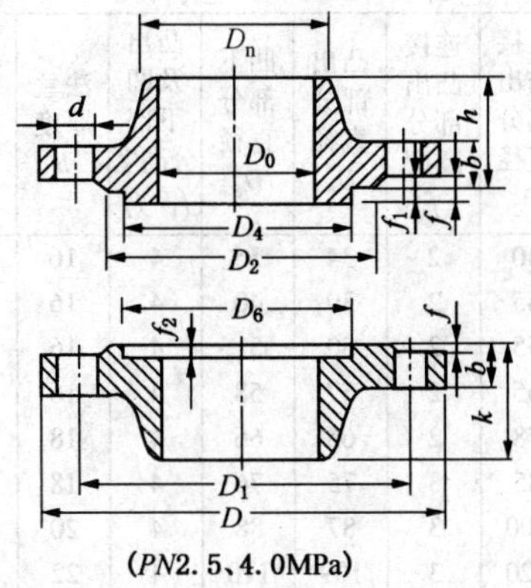

（*PN*2.5、4.0MPa）

表 3-1-197　*PN*2.5MPa 凹凸面对焊钢法兰　（mm）

公称直径 *DN*	管子外径 d_0	法兰												螺栓			法兰理论重量/kg	
		颈部外径 D_n	内径 D_0	外径 D	螺栓孔中心圆直径 D_1	连接凸出部分直径 D_2	连接凸出部分高度 f	凸出部分直径 D_4	凹下部分高度直径 D_6	凸出及凹下部分高度 $f_1=f_2$	法兰厚度 b	法兰高度 h	螺栓孔直径 d	数量	单头 直径×长度	双头 直径×长度	凸面	凹面
10	17	同管子外径	11	90	60	40	2	34	35	4	16	35	14	4	M12×50	M12×70	0.72	0.66
15	22		16	95	65	45	2	39	40	4	16	35	14	4	M12×50	M12×70	0.77	0.70
20	27		20	105	75	55	2	50	51	4	16	36	14	4	M12×50	M12×70	0.99	0.88
25	34		27	115	85	65	2	57	58	4	16	38	14	4	M12×50	M12×70	1.20	1.08
32	42		35	135	100	78	2	65	66	4	18	45	18	4	M16×60	M16×80	1.82	1.66
40	48		41	145	110	85	3	75	76	4	18	48	18	4	M16×60	M16×80	2.14	1.93
50	60		52	160	125	100	3	87	88	4	20	48	18	4	M16×60	M16×80	2.80	2.56
65	76		66	180	145	120	3	109	110	4	22	52	18	8	M16×70	M16×90	3.80	3.45
80	89		78	195	160	135	3	120	121	4	22	55	18	8	M16×70	M16×90	4.87	4.49
100	114		112	230	190	160	3	149	150	4.5	24	62	23	8	M20×80	M20×100	6.65	6.14
125	140		128	270	220	188	3	175	176	4.5	26	68	25	8	M22×80	M22×110	9.28	8.46
150	168		155	300	250	218	3	203	204	4.5	28	72	25	8	M22×90	M22×110	13.00	12.11
200	219		202	360	310	278	3	259	260	4.5	30	80	25	8	M22×90	M22×110	18.80	17.40
250	273		254	425	370	332	3	312	313	4.5	32	85	30	12	M27×100	M27×130	28.05	26.35
300	325		303	485	430	390	4	363	364	4.5	36	92	30	16	M27×110	M27×130	35.55	33.25
350	377		351	550	490	448	4	421	422	5	41	98	34	16	M30×120	M30×150	52.40	50.20
400	426		398	610	550	505	4	473	474	5	44	115	34	16	M30×120	M30×160	67.55	64.25
450	480		452	660	600	555	4	523	524	5	46	115	34	20	M30×130	M30×160	86.58	82.28
500	530		501	730	660	610	4	575	576	5	48	120	41	20	M36×140	M36×180	96.56	91.56

表 3-1-198 *PN*4.0MPa 凸凹面对焊钢法兰 （mm）

公称直径 *DN*	管子外径 d_0	法兰												双头螺栓		法兰理论重量/kg	
		颈部外径 D_n	内径 D_0	外径 D	螺栓孔中心圆直径 D_1	连接凸出部分直径 D_2	连接凸出部分高度 f	凸出部分直径 D_4	凹下部分直径 D_6	凸出及凹下部分高度 $f_1=f_2$	法兰厚度 b	法兰高度 h	螺栓孔直径 d	数量	直径×长度	凸面	凹面
10	17	同管子外径	11	90	60	40	2	34	35	4	16	35	14	4	M12×70	0.72	0.67
15	22		16	95	65	45	2	39	40	4	16	35	14	4	M12×70	0.81	0.74
20	27		20	105	75	55	2	50	51	4	16	36	14	4	M12×70	1.02	0.92
25	34		27	115	85	65	2	57	58	4	16	38	14	4	M12×70	1.24	1.11
32	42		35	135	100	78	2	65	66	4	18	45	18	4	M16×80	1.92	1.76
40	48		41	145	110	85	3	75	76	4	18	48	18	4	M16×80	2.21	2.00
50	60		52	160	125	100	3	87	88	4	20	48	18	4	M16×90	2.92	2.68
65	76		66	180	145	120	3	109	110	4	22	52	18	8	M16×90	3.94	3.59
80	89		78	195	160	135	3	120	121	4	24	58	18	8	M16×100	5.02	4.64
100	114		102	230	190	160	3	149	150	4.5	26	68	23	8	M20×110	7.56	6.97
125	140		128	270	220	188	3	175	176	4.5	28	68	25	8	M22×120	10.3	9.48
150	168		155	300	250	218	3	203	204	4.5	30	72	25	8	M22×120	13.5	12.6
200	219		200	375	320	282	3	259	260	4.5	38	88	30	12	M27×140	25.0	23.6
250	273		252	445	385	345	3	312	313	4.5	42	102	34	12	M30×160	36.7	35.0
300	325		301	510	450	408	4	363	364	4.5	46	116	34	16	M30×170	52.3	50.0
350	377		351	570	510	465	4	421	422	5	52	120	34	16	M30×180	66.3	64.1
400	426		398	655	585	535	4	473	474	5	58	142	41	16	M36×200	105.4	102.0
450	480		450	680	610	560	4	523	524	5	60	146	41	20	M36×210	114.0	109.7

（4）梯形槽面对焊钢法兰（施工图图号 S3-1-4）（《设计施工图册》第一章“石油管道法兰”）

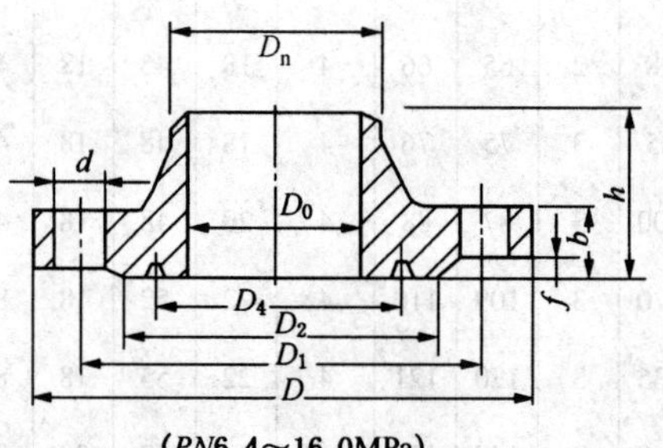

（*PN*6.4～16.0MPa）

表 3-1-199 *PN*6.4MPa 梯形槽面对焊钢法兰 （mm）

公称直径 *DN*	管子外径 d_0	法兰										双头螺栓		重量/kg
		颈部外径 D_n	内径 D_0	外径 D	螺栓孔中心圆直径 D_1	连接凸出部分直径 D_2	连接凸出部分高度 f	梯形槽中心圆直径 D_4	法兰厚度 b	法兰高度 h	螺栓孔直径 d	数量	直径×长度	
10	14 17	同管子外径	9 11	100	70	50	2	35	22	52	14	4	M12×80	1.11
15	18 22		13 16	105	75	55	2	35	22	52	14	4	M12×80	1.31
20	25 27		19 20	125	90	68	2	45	24	60	18	4	M16×90	2.05
25	32 34		26 27	135	100	78	2	50	24	60	18	4	M16×90	2.50
32	38 42		31 35	150	110	82	2	65	26	64	23	4	M20×100	3.52

续表

公称直径 DN	管子外径 d_0	法兰 颈部外径 D_n	内径 D_0	外径 D	螺栓孔中心圆直径 D_1	连接凸出部分直径 D_2	连接凸出部分高度 f	梯形槽中心圆直径 D_4	法兰厚度 b	法兰高度 h	螺栓孔直径 d	双头螺栓 数量	直径×长度	重量/kg
40	45 48	同管子外径	38 40	165	125	95	3	75	28	72	23	4	M20×110	4.20
50	57 60		49 50	175	135	105	3	85	30	74	23	4	M20×110	5.20
65	76		64	200	160	130	3	110	32	76	23	8	M20×120	7.30
80	89		77	210	170	140	3	115	36	80	23	8	M20×120	8.64
100	108 114		96 100	250	200	168	3	145	40	88	25	8	M22×130	12.6
125	133 140		119 125	295	240	202	3	175	44	106	30	8	M27×150	19.6
150	159 168		142 151	340	280	240	3	205	48	120	34	8	M30×170	30.36
200	219		198	415	345	300	3	265	54	126	34	12	M30×180	46.90
250	273		246	470	400	352	3	320	62	136	41	12	M36×200	65.75
300	325		294	530	460	412	4	375	66	148	41	16	M36×210	83.04

表 3-1-200 PN10.0MPa 梯形槽面对焊钢法兰 (mm)

公称直径 DN	管子外径 d_0	法兰 颈部外径 D_n	内径 D_0	外径 D	螺栓孔中心圆直径 D_1	连接凸出部分直径 D_2	连接凸出部分高度 f	梯形槽中心圆直径 D_4	法兰厚度 b	法兰高度 h	螺栓孔直径 d	双头螺栓 数量	直径×长度	重量/kg
10	14 17	同管子外径	8 11	100	70	50	2	35	22	50	14	4	M12×80	1.11
15	18 22		12 16	105	75	55	2	35	22	50	14	4	M12×80	1.31
20	25 27		18 20	125	90	68	2	45	24	58	18	4	M16×90	2.13
25	32 34		25 27	135	100	78	2	50	24	58	18	4	M16×90	2.45
32	38 42		31 35	150	110	82	2	65	30	68	23	4	M20×110	3.72
40	45 48		37 40	165	125	95	3	75	32	76	23	4	M20×110	4.10
50	57 60		45 48	195	145	112	3	85	34	78	25	4	M22×120	7.27
65	76		62	220	170	138	3	110	38	90	25	8	M22×130	10.24
80	89		75	230	180	148	3	115	42	98	25	8	M22×140	12.34
100	108 114		92 98	265	210	172	3	145	48	110	30	8	M27×160	17.71
125	133 140		112 119	310	250	210	3	175	52	126	34	8	M30×170	27.31
150	159 168		136 145	350	290	250	3	205	58	142	34	12	M30×190	39.37
200	219		190	430	360	312	3	265	66	157	41	12	M36×210	63.86
250	273		236	500	430	382	3	320	74	184	41	12	M36×230	105.06
300	325		284	585	500	442	4	375	80	205	48	16	M42×250	148.90

表 3-1-201　*PN*16.0MPa 梯形槽面对焊钢法兰　（mm）

公称直径 *DN*	管子外径 d_0	法兰 颈部外径 D_n	内径 D_0	外径 *D*	螺栓孔中心圆直径 D_1	连接凸出部分直径 D_2	连接凸出部分高度 *f*	梯形槽中心圆直径 D_4	法兰厚度 *b*	法兰高度 *h*	螺栓孔直径 *d*	双头螺栓 数量	双头螺栓 直径×长度	重量/kg
10	14 17	同管子外径	8 11	110	75	52	2	35	26	52	18	4	M16×90	1.70
15	18 22		11 15	110	75	52	2	35	26	52	18	4	M16×90	1.70
20	25 27		18 20	130	90	62	2	45	32	60	23	4	M20×110	2.93
25	32 34		23 25	140	100	72	2	50	34	60	23	4	M20×120	3.65
32	38 42		28 32	165	115	85	2	65	36	66	25	4	M22×130	5.56
40	45 48		34 37	175	125	92	3	75	40	72	27	4	M24×140	6.49
50	57 60		45 48	215	165	132	3	95	44	98	25	4	M22×140	11.84
65	76		62	245	190	152	3	110	50	111	30	8	M27×160	17.10
80	89		70	260	205	168	3	130	54	118	30	8	M27×170	21.25
100	108 114		84 90	300	240	200	3	160	58	130	34	8	M30×190	30.78
125	133 140		105 112	355	285	238	3	190	70	150	41	8	M36×220	48.97
150	159 168		127 136	390	318	270	3	205	80	170	41	12	M36×240	68.79
200	219		178	480	400	345	3	275	92	200	48	12	M42×280	122.48
250	273		224	580	485	425	3	330	100	242	54	12	M48×300	199.80

（5）光滑面平焊大小钢法兰（施工图图号 S3-1-5）（《设计施工图册》第一章“石油管道法兰”）

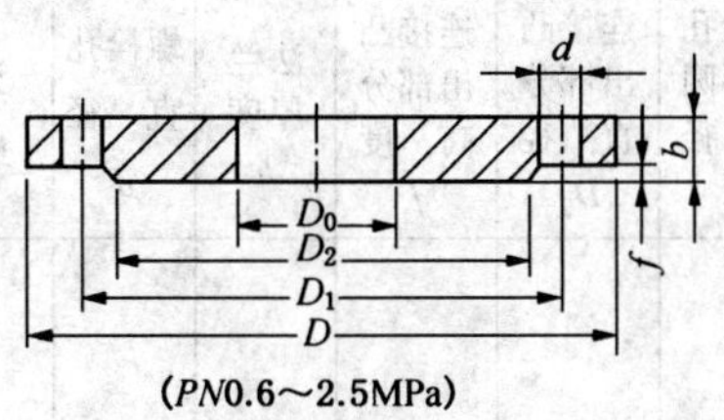

(*PN*0.6～2.5MPa)

表 3-1-202　*PN*0.6MPa 光滑面平焊大小钢法兰　（mm）

公称直径 *DN*×*dN*	管子外径 d_0	法兰 内径 D_0	外径 *D*	螺栓孔中心圆直径 D_1	连接凸出部分直径 D_2	连接凸出部分高度 *f*	法兰厚度 *b*	螺栓孔直径 *d*	螺栓 数量	单头 直径×长度	双头 直径×长度	重量/kg
65×25	32 34	33 35	160	130	110	3	16	14	4	M12×50	M12×70	2.2
65×40	45 48	46 49										2.1
65×50	57 60	58 61										1.9
80×25	32 34	33 35	185	150	125	3	18	18	4	M16×60	M16×80	3.3
80×40	45 48	46 49										3.2
80×50	57 60	58 61										3.0
80×65	76	77										2.7
100×25	32 34	33 35	205	170	145	3	18	18	4	M16×60	M16×80	4.1
100×40	45 48	46 49										4.0
100×50	57 60	58 61										3.9
100×65	76	77										3.6
100×80	89	90										3.3
125×25	32 34	33 35	235	200	175	3	20	18	8	M16×60	M16×80	6.0
125×40	45 48	46 49										5.9
125×50	57 60	58 61										5.7
125×65	76	77										5.4
125×81	89	90										5.2
125×100	108 114	109 115										4.7
150×25	32 34	33 35	260	225	200	3	20	18	8	M16×60	M16×80	7.5
150×40	45 48	46 49										7.4

续表

公称直径 $DN \times dN$	管子外径 d_0	法兰 内径 D_0	法兰 外径 D	法兰 螺栓孔中心圆直径 D_1	法兰 连接凸出部分直径 D_2	法兰 连接凸出部分高度 f	法兰 法兰厚度 b	法兰 螺栓孔直径 d	螺栓 数量	螺栓 单头 直径×长度	螺栓 双头 直径×长度	重量/kg
150×50	57 60	58 61	260	225	200	3	20	18	8	M16×60	M16×80	7.2
150×65	76	77										6.9
150×80	89	90										6.6
150×100	108 114	109 115										6.2
150×125	133 140	134 141										5.4
200×40	45 48	46 49	315	280	255	3	22	18	8	M16×70	M16×80	12
200×50	57 60	58 61										12
200×65	76	77										12
200×80	89	90										12
200×100	108 114	109 115										11
200×125	133 140	134 141										10
200×150	159 168	160 169										9.2
250×50	57 60	58 61	370	335	310	3	24	18	12	M16×17	M16×90	19
250×65	76	77										18
250×80	89	90										18
250×100	108 114	109 115										18
250×125	133 140	134 141										17
250×150	159 168	160 169										15
250×200	219	221										12
300×50	57 60	58 61	435	395	362	4	24	23	12	M20×80	M20×100	27
300×65	76	77										27
300×80	89	90										27
300×100	108 114	109 115										26
300×125	133 140	134 141										25
300×150	159 168	160 169										24
300×200	219	221										21
300×250	273	275										17
350×80	89	90	485	445	412	4	26	23	12	M20×80	M20×100	37
350×100	108 114	109 115										36
350×125	133 140	134 141										35
350×150	159 168	160 169										33
350×200	219	221										30
350×250	273	275										26
350×300	325	328										21

表 3-1-203　*PN*1.0MPa 光滑面平焊大小钢法兰　（mm）

公称直径 $DN\times dN$	管子外径 d_0	法兰 内径 D_0	法兰 外径 D	法兰 螺栓孔中心圆直径 D_1	法兰 连接凸出部分直径 D_2	法兰 连接凸出部分高度 f	法兰 法兰厚度 b	法兰 螺栓孔直径 d	螺栓 数量	螺栓 单头 直径×长度	螺栓 双头 直径×长度	重量/kg
65×25	32 34	33 35										3.5
65×40	45 48	46 49	180	145	120	3	20	18	4	M16×60	M16×80	3.3
65×50	57 60	58 61										3.2
80×25	32 34	33 35										4.1
80×40	45 48	46 49	195	160	135	3	20	18	4	M16×60	M16×80	4.0
80×50	57 60	58 61										3.8
80×65	76	77										3.5
100×25	32 34	33 35										5.5
100×40	45 48	46 49										5.4
100×50	57 60	58 61	215	180	155	3	22	18	8	M16×70	M16×90	5.2
100×65	76	77										4.8
100×80	89	90										4.5
125×25	32 34	33 35										7.9
125×40	45 48	40 49										7.8
125×50	57 60	58 61	245	210	185	3	24	18	8	M16×70	M16×90	7.6
125×65	76	77										7.2
125×80	89	90										6.9
125×100	108 114	109 115										6.3
150×25	32 34	33 35										9.8
150×40	45 48	46 49										9.6
150×50	57 60	58 61										9.4
150×65	76	77										9.0
150×80	89	90	280	240	210	3	24	23	8	M20×80	M20×100	8.7
150×100	108 114	109 115										8.2
150×125	133 140	134 141										7.3

公称直径 $DN \times dN$	管子外径 d_0	法兰 内径 D_0	法兰 外径 D	法兰 螺栓孔中心圆直径 D_1	法兰 连接凸出部分直径 D_2	法兰 连接凸出部分高度 f	法兰 法兰厚度 b	法兰 螺栓孔直径 d	螺栓 数量	螺栓 单头 直径×长度	螺栓 双头 直径×长度	重量/kg
200×40	45 48	46 49	335	295	265	3	24	23	8	M20×80	M20×100	15
200×50	57 60	58 61										15
200×65	76	77										15
200×80	89	90										14
200×100	108 114	109 115										14
200×125	133 140	134 141										13
200×150	159 168	160 169										12
250×50	57 60	58 61	390	350	320	3	26	23	12	M20×80	M20×100	22
250×65	76	77										22
250×80	89	90										21
250×100	108 114	109 115										21
250×125	133 140	134 141										20
250×150	159 168	160 169										19
250×200	219	221										15
300×50	57 60	58 61	440	400	368	4	28	23	12	M20×80	M20×100	32
300×65	76	77										32
300×80	89	90										32
300×100	108 114	109 115										31
300×125	133 140	134 141										30
300×150	159 168	160 169										28
300×200	219	221										25
300×250	273	275										20
350×80	89	90	500	460	428	4	28	23	16	M20×80	M20×100	42
350×100	108 114	109 115										41
350×125	133 140	134 141										40
350×150	159 168	160 169										38
350×200	219	221										35
350×250	273	275										30
350×300	325	328										25

表 3-1-204　*PN*1.6MPa 光滑面平焊大小钢法兰 （mm）

公称直径 DN×dN	管子外径 d_0	法兰 内径 D_0	法兰 外径 D	法兰 螺栓孔中心圆直径 D_1	法兰 连接凸出部分直径 D_2	法兰 连接凸出部分高度 f	法兰 法兰厚度 b	法兰 螺栓孔直径 d	螺栓 数量	螺栓 单头 直径×长度	螺栓 双头 直径×长度	重量/kg
65×25	32 34	33 35										4.2
65×40	45 48	46 49	180	145	120	3	24	18	4	M16×70	M16×90	4.0
65×50	57 60	58 61										3.8
80×25	32 34	33 35										4.8
80×40	45 48	46 49	795	160	135	3	24	18	8	M16×70	M16×90	4.6
80×50	57 60	58 61										4.4
80×65	76	77										4.0
100×25	32 34	33 35										6.6
100×40	45 48	46 49										6.4
100×50	57 60	58 61	215	180	155	3	26	18	8	M16×80	M16×90	6.2
100×65	76	77										5.8
100×80	89	90										5.4
125×25	32 34	33 35										9.4
125×40	45 48	46 49										9.0
125×50	57 60	58 61	245	210	185	3	28	18	8	M16×80	M16×100	9.0
125×65	71	77										8.6
125×80	89	90										8.2
125×100	108 114	109 115										7.5
150×25	32 34	33 35										12
150×40	45 48	46 49										12
150×50	57 60	58 61										12
150×65	76	77	280	240	210	3	28	23	8	M20×80	M20×100	11
150×80	89	90										11
150×100	108 114	109 115										11
150×125	133 140	134 141										9.3

续表

公称直径 $DN \times dN$	管子外径 d_0	法兰							螺栓			重量/kg
		内径 D_0	外径 D	螺栓孔中心圆直径 D_1	连接凸出部分直径 D_2	连接凸出部分高度 f	法兰厚度 b	螺栓孔直径 d	数量	单头直径×长度	双头直径×长度	
200×40	45 48	46 49	335	295	265	3	30	23	12	M20×90	M20×110	19
200×50	57 60	58 61										19
200×65	76	77										18
200×80	89	90										18
200×100	108 114	109 115										17
200×125	133 140	134 141										16
200×150	159 168	160 169										14
250×50	57 60	58 61	405	355	320	3	32	25	12	M22×90	M22×120	30
250×65	76	77										29
250×80	89	90										29
250×100	108 114	109 115										28
250×125	133 140	134 141										27
250×150	159 168	160 169										25
250×200	219	221										21
300×50	57 60	58 61	460	410	375	4	32	25	12	M22×100	M22×120	41
300×65	76	77										40
300×80	89	90										40
300×100	108 114	109 115										39
300×125	133 140	134 141										38
300×150	159 168	160 169										36
300×200	219	221										32
300×250	273	275										27
350×80	89	90	520	470	435	4	34	25	16	M22×100	M22×120	55
350×100	108 114	109 115										54
350×125	133 140	134 141										52
350×150	159 168	160 169										51
350×200	219	221										46
350×250	273	275										41
350×300	325	328										34

表 3-1-205　*PN*2.5MPa 光滑面平焊大小钢法兰　（mm）

公称直径 DN×dN	外径 d_0	法兰 内径 D_0	法兰 外径 D	法兰 螺栓孔中心圆直径 D_1	法兰 连接凸出部分直径 D_2	法兰 连接凸出部分高度 f	法兰 法兰厚度 b	法兰 螺栓孔直径 d	螺栓 数量	螺栓 单头 直径×长度	螺栓 双头 直径×长度	重量/kg
65×25	32 34	33 35	180	145	120	3	24	18	8	M16×70	M16×90	4.0
65×40	45 48	46 49										3.8
65×50	57 60	58 61										3.6
80×25	32 34	33 35	195	160	135	3	26	18	8	M16×80	M16×100	5.0
80×40	45 48	46 49										5.0
80×50	57 60	58 61										4.8
80×65	76	77										4.4
100×25	32 34	33 35	230	190	160	3	28	23	8	M20×80	M20×100	7.9
100×40	45 48	46 49										7.7
100×50	57 60	58 61										7.5
100×65	76	77										7.0
100×80	89	90										7.0
125×25	32 34	33 35	270	220	188	3	30	25	8	M22×90	M22×110	12
125×40	45 48	46 49										11
125×50	57 60	58 61										11
125×65	76	77										11
125×80	89	90										10
125×100	108 114	109 115										9.4
150×25	32 34	33 35	300	250	218	3	30	25	8	M22×90	M22×110	15
150×40	45 48	46 49										15
150×50	57 60	58 61										15
150×65	76	77										14
150×80	89	90										14
150×100	108 114	109 115										13
150×125	133 140	134 141										12

续表

公称直径 $DN \times dN$	外径 d_0	法兰							螺栓			重量/kg
		内径 D_0	外径 D	螺栓孔中心圆直径 D_1	连接凸出部分直径 D_2	连接凸出部分高度 f	法兰厚度 b	螺栓孔直径 d	数量	单头 直径×长度	双头 直径×长度	
200×40	45 48	46 49	360	310	278	3	32	25	12	M22×100	M22×120	24
200×50	57 60	58 61										23
200×65	76	77										23
200×80	89	90										23
200×100	108 114	109 115										22
200×125	133 140	134 141										21
200×150	159 168	160 169										19
250×50	57 60	58 61	425	370	332	3	34	30	12	M27×100	M27×130	34
250×65	76	77										33
250×80	89	90										33
250×100	108 114	109 115										32
250×125	133 140	134 141										31
250×150	159 168	160 169										29
250×200	219	221										25
300×50	57 60	58 61	485	430	390	4	36	30	16	M27×110	M27×130	51
300×65	76	77										51
300×80	89	90										51
300×100	108 114	109 115										50
300×125	133 140	134 141										48
300×150	159 168	160 169										46
300×200	219	221										42
300×250	273	275										36
350×80	89	90	550	490	448	4	42	34	16	M30×120	M30×150	76
350×100	108 114	109 115										75
350×125	133 140	134 141										73
350×150	159 168	160 169										71
350×200	219	221										65
350×250	273	275										59
350×300	325	328										51

5. 化工部系列

(1) 欧洲体系

① 板式平焊钢制法兰见图 3-1-67 和表 3-1-206~表 3-1-210。

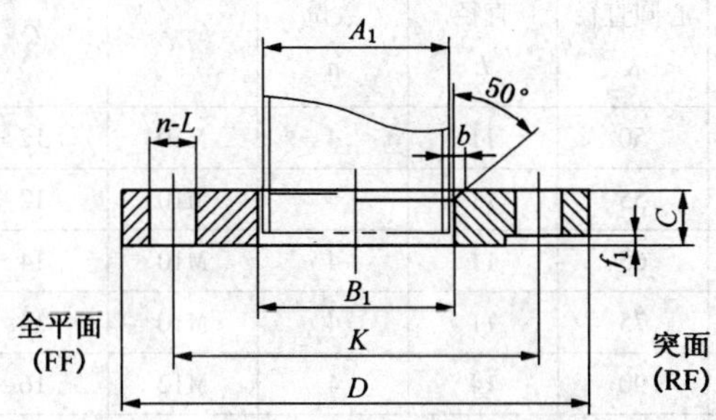

图 3-1-67 板式平焊钢制管法兰 (PL)

表 3-1-206 *PN*2.5 板式平焊钢制管法兰(HG/T 20592—2009) (mm)

公称通径 *DN*	管子外径 A_1		连接尺寸					法兰厚度 *C*	法兰内径 B_1		法兰近似重量/kg
	A	B	法兰外径 *D*	螺栓孔中心圆直径 *K*	螺栓孔直径 *L*	螺栓孔数量 *n*	螺纹 *Th*		A	B	
10	17.2	14	75	50	11	4	M10	12	18	15	0.5
15	21.3	18	80	55	11	4	M10	12	22.5	19	0.5
20	26.9	25	90	65	11	4	M10	14	27.5	26	0.5
25	33.7	32	100	75	11	4	M10	14	34.5	33	0.5
32	42.4	38	120	90	14	4	M12	16	43.5	39	1.0
40	48.3	45	130	100	14	4	M12	16	49.5	46	1.5
50	60.3	57	140	110	14	4	M12	16	61.5	59	1.5
65	76.1	76	160	130	14	4	M12	16	77.5	78	2.0
80	88.9	89	190	150	18	4	M16	18	90.5	91	3.0
100	114.3	108	210	170	18	4	M16	18	116	110	3.5
125	139.7	133	240	200	18	8	M16	20	143.5	135	4.5
150	168.3	159	265	225	18	8	M16	20	170.5	161	5.0
200	219.1	219	320	280	18	8	M16	22	221.5	222	7.0
250	273	273	375	335	18	12	M16	24	276.5	276	9.0
300	323.9	325	440	395	22	12	M20	24	328	328	12.0
350	355.6	377	490	445	22	12	M20	26	360	381	17.0
400	406.4	426	540	495	22	16	M20	28	411	430	20.0
450	457	480	595	550	22	16	M20	30	462	485	24.5
500	508	530	645	600	22	20	M20	32	513.5	535	26.5
600	610	630	755	705	26	20	M24	36	616.5	636	35.0
700	711	720	860	810	26	24	M24	36	715	724	52.0
800	813	820	975	920	30	24	M27	38	817	824	65.0
900	914	920	1075	1020	30	24	M27	40	918	924	75.5
1000	1016	1020	1175	1120	30	28	M27	42	1020	1024	84.5
1200	1219	1220	1375	1320	30	32	M27	44	1223	1224	101.5
1400	1422	1420	1575	1520	30	36	M27	48	1426	1424	128.0
1600	1626	1620	1790	1730	30	40	M27	51	1630	1624	171.0
1800	1829	1820	1990	1930	30	44	M27	54	1833	1824	202.5
2000	2032	2020	2190	2130	30	48	M27	58	2036	2024	240.0

表 3-1-207 *PN*6 板式平焊钢制管法兰(HG/T 20592—2009) (mm)

公称通径 *DN*	管子外径 A_1		连接尺寸					法兰厚度 *C*	法兰内径 B_1		法兰近似重量/kg
	A	B	法兰外径 *D*	螺栓孔中心圆直径 *K*	螺栓孔直径 *L*	螺栓孔数量 *n*	螺纹 *Th*		A	B	
10	17.2	14	75	50	11	4	M10	12	18	15	0.5
15	21.3	18	80	55	11	4	M10	12	22.5	19	0.5
20	26.9	25	90	65	11	4	M10	14	27.5	26	0.5
25	33.7	32	100	75	11	4	M10	14	34.5	33	0.5
32	42.4	38	120	90	14	4	M12	16	43.5	39	1.0
40	48.3	45	130	100	14	4	M12	16	49.5	46	1.5
50	60.3	57	140	110	14	4	M12	16	61.5	59	1.5
65	76.1	76	160	130	14	4	M12	16	77.5	78	2.0
80	88.9	89	190	150	18	4	M16	18	90.5	91	3.0
100	114.3	108	210	170	18	4	M16	18	116	110	3.5
125	139.7	133	240	200	18	8	M16	18	143.5	135	4.5
150	168.3	159	265	225	18	8	M16	20	170.5	161	5.0
200	219.1	219	320	280	18	8	M16	22	221.5	222	7.0
250	273	273	375	335	18	12	M16	24	276.5	276	9.0
300	323.9	325	440	395	22	12	M20	24	328	328	12.0
350	355.6	377	490	445	22	12	M20	26	360	381	17.0
400	406.4	426	540	495	22	16	M20	28	411	430	20.0
450	457	480	595	550	22	16	M20	30	462	485	24.5
500	508	530	645	600	22	20	M20	30	513.5	535	26.5
600	610	630	755	705	26	20	M24	32	616.5	636	35.0

表 3-1-208 *PN*10 板式平焊钢制管法兰(HG/T 20592—2009) (mm)

公称通径 *DN*	管子外径 A_1		连接尺寸					法兰厚度 *C*	法兰内径 B_1		法兰近似重量/kg
	A	B	法兰外径 *D*	螺栓孔中心圆直径 *K*	螺栓孔直径 *L*	螺栓孔数量 *n*	螺纹 *Th*		A	B	
10	17.2	14	90	60	14	4	M12	14	18	15	0.6
15	21.3	18	95	65	14	4	M12	14	22.5	19	0.6
20	26.9	25	105	75	14	4	M12	16	27.5	26	1.0
25	33.7	32	115	85	14	4	M12	16	34.5	33	1.0
32	42.4	38	140	100	18	4	M16	18	43.5	39	2.0
40	48.3	45	150	110	18	4	M16	18	49.5	46	2.0
50	60.3	57	165	125	18	4	M16	20	61.5	59	2.5
65	76.1	76	185	145	18	4	M16	20	77.5	78	3.0
80	88.9	89	200	160	18	8	M16	20	90.5	91	3.5

续表

公称通径 DN	管子外径 A_1		连接尺寸					法兰厚度 C	法兰内径 B_1		法兰近似重量/kg
	A	B	法兰外径 D	螺栓孔中心圆直径 K	螺栓孔直径 L	螺栓孔数量 n	螺纹 Th		A	B	
100	114.3	108	220	180	18	8	M16	22	116	110	4.5
125	139.7	133	250	210	18	8	M16	22	143.5	135	5.5
150	168.3	159	285	240	22	8	M20	24	170.5	161	7.0
200	219.1	219	340	295	22	8	M20	24	221.5	222	9.5
250	273	273	395	350	22	12	M20	26	276.5	276	12.0
300	323.9	325	445	400	22	12	M20	26	328	328	13.5
350	355.6	377	505	460	22	16	M20	28	360	381	20.5
400	406.4	426	565	515	26	16	M24	32	411	430	27.5
450	457	480	615	565	26	20	M24	36	462	485	33.5
500	508	530	670	620	26	20	M24	38	513.5	535	40.0
600	610	630	780	725	30	20	M27	42	616.5	636	54.5

表 3-1-209 *PN*16 板式平焊钢制管法兰(HG/T 20592—2009) (mm)

公称通径 DN	管子外径 A_1		连接尺寸					法兰厚度 C	法兰内径 B_1		坡口宽度 b	法兰近似重量/kg
	A	B	法兰外径 D	螺栓孔中心圆直径 K	螺栓孔直径 L	螺栓孔数量 n	螺纹 Th		A	B		
10	17.2	14	90	60	14	4	M12	14	18	15	4	0.6
15	21.3	18	95	65	14	4	M12	14	22.5	19	4	0.6
20	26.9	25	105	75	14	4	M12	16	27.5	26	4	1.0
25	33.7	32	115	85	14	4	M12	16	34.5	33	5	1.0
32	42.4	38	140	100	18	4	M16	18	43.5	39	5	2.0
40	48.3	45	150	110	18	4	M16	18	49.5	46	5	2.0
50	60.3	57	165	125	18	4	M16	19	61.5	59	5	2.5
65	76.1	76	185	145	18	4	M16	20	77.5	78	6	3.0
80	88.9	89	200	160	18	8	M16	20	90.5	91	6	3.5
100	114.3	108	220	180	18	8	M16	22	116	110	6	4.5
125	139.7	133	250	210	18	8	M16	22	143.5	135	6	5.5
150	168.3	159	285	240	22	8	M20	24	170.5	161	6	7.0
200	219.1	219	340	295	22	12	M20	26	221.5	222	8	9.5
250	273	273	405	355	26	12	M24	29	276.5	276	10	14.0
300	323.9	325	460	410	26	12	M24	32	328	328	11	19.0
350	355.6	377	520	470	26	16	M24	35	360	381	12	28.0
400	406.4	426	580	525	30	16	M27	38	411	430	12	36.0
450	457	480	640	585	30	20	M27	42	462	485	12	46.0
500	508	530	715	650	33	20	M30	46	513.5	535	12	64.0
600	610	630	840	770	36	20	M33	52	616.5	636	12	96.0

表 3-1-210 PN25 板式平焊钢制管法兰（HG/T 20592—2009） （mm）

公称通径 DN	管子外径 A_1		连接尺寸					法兰厚度 C	法兰内径 B_1		坡口宽度 b	法兰近似重量/kg
	A	B	法兰外径 D	螺栓孔中心圆直径 K	螺栓孔直径 L	螺栓孔数量 n	螺纹 Th		A	B		
10	17.2	14	90	60	14	4	M12	14	18	15	4	0.6
15	21.3	18	95	65	14	4	M12	14	22.5	19	4	0.6
20	26.9	25	105	75	14	4	M12	16	27.5	26	4	1.0
25	33.7	32	115	85	14	4	M12	16	34.5	33	5	1.0
32	42.4	38	140	100	18	4	M16	18	43.5	39	5	2.0
40	48.3	45	150	110	18	4	M16	18	49.5	46	5	2.0
50	60.3	57	165	125	18	4	M16	20	61.5	59	5	2.5
65	76.1	76	185	145	18	8	M16	22	77.5	78	6	3.5
80	88.9	89	200	160	18	8	M16	24	90.5	91	6	4.5
100	114.3	108	235	190	22	8	M20	26	116	110	6	6.0
125	139.7	133	270	220	26	8	M24	28	143.5	135	6	8.0
150	168.3	159	300	250	26	8	M24	30	170.5	161	6	10.5
200	219.1	219	360	310	26	12	M24	32	221.5	222	8	14.5
250	273	273	425	370	30	12	M27	35	276.5	276	10	20.0
300	323.9	325	485	430	30	16	M27	38	328	328	11	26.5
350	355.6	377	555	490	33	16	M30	42	360	381	12	42.0
400	406.4	426	620	550	36	16	M33	46	411	430	12	55.0
450	457	480	670	600	36	20	M33	50	462	485	12	64.5
500	508	530	730	660	36	20	M33	56	513.5	535	12	84.0
600	610	630	845	770	39	20	M36×3	68	616.5	636	12	127.5

② 带颈平焊钢制管法兰见图 3-1-68 和表 3-1-211~表 3-1-216。

表 3-1-211 PN40 板式平焊钢制管法兰 （mm）

公称尺寸 DN	钢管外径 A_1		连接尺寸					法兰厚度 C	法兰内径 B_1		坡口宽度 b
	A	B	法兰外径 D	螺栓孔中心圆直径 K	螺栓孔直径 L	螺栓孔数量 n	螺栓 Th		A	B	
10	17.2	14	90	60	14	4	M12	14	18	15	4
15	21.3	18	95	65	14	4	M12	14	22.5	19	4
20	26.9	25	105	75	14	4	M12	16	27.5	26	4
25	33.7	32	115	85	14	4	M12	16	34.5	33	5
32	42.4	38	140	100	18	4	M16	18	43.5	39	5
40	48.3	45	150	110	18	4	M16	18	49.5	46	5
50	60.3	57	165	125	18	4	M16	20	61.5	59	5
65	76.1	76	185	145	18	8	M16	22	77.5	78	6
80	88.9	89	200	160	18	8	M16	24	90.5	91	6

续表

公称尺寸 DN	钢管外径 A_1		连接尺寸					法兰厚度 C	法兰内径 B_1		坡口宽度 b
	A	B	法兰外径 D	螺栓孔中心圆直径 K	螺栓孔直径 L	螺栓孔数量 n	螺栓 Th		A	B	
100	114.3	108	235	190	22	8	M20	26	116	110	6
125	139.7	133	270	220	26	8	M24	28	143.5	135	6
150	168.3	159	300	250	26	8	M24	30	170.5	161	6
200	219.1	219	375	320	30	12	M27	36	221.5	222	8
250	273	273	450	385	33	12	M30	42	276.5	276	10
300	323.9	325	515	450	33	16	M30	48	328	328	11
350	355.6	377	580	510	36	16	M33	54	360	381	12
400	406.4	426	660	585	39	16	M36×3	60	411	430	12
450	457	480	685	610	39	20	M36×3	66	462	485	12
500	508	530	755	670	42	20	M39×3	72	513.5	535	12
600	610	630	890	795	48	20	M45×3	84	616.5	636	12

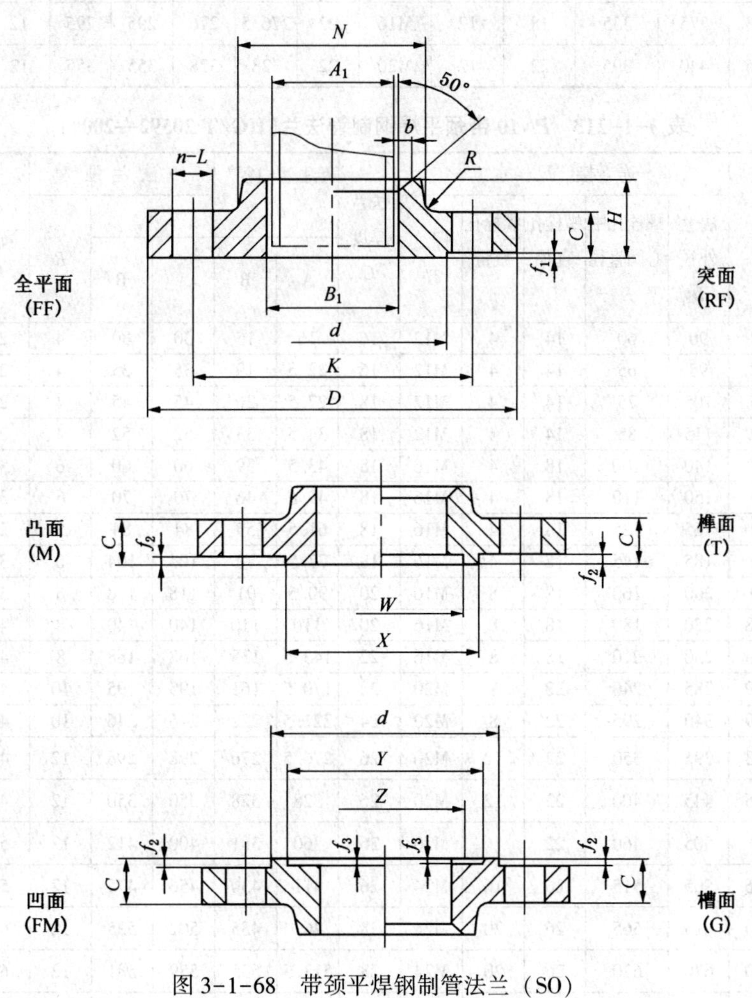

图 3-1-68　带颈平焊钢制管法兰（SO）

表 3-1-212　*PN*6 带颈平焊钢制管法兰(HG/T 20592—2009)　(mm)

公称通径 *DN*	钢管外径 A_1		连接尺寸					法兰厚度 *C*	法兰内径 B_1		法兰颈 *N*			法兰高度 *H*	法兰近似重量/kg
	A	B	法兰外径 *D*	螺栓孔中心圆直径 *K*	螺栓孔直径 *L*	螺栓孔数量 *n*	螺纹 *Th*		A	B	A	B	*R*		
10	17.2	14	75	50	11	4	M10	12	18	15	25	25	4	20	0.5
15	21.3	18	80	55	11	4	M10	12	22.5	19	30	30	4	20	0.5
20	26.9	25	90	65	11	4	M10	14	27.5	26	40	40	4	24	0.5
25	33.7	32	100	75	11	4	M10	14	34.5	33	50	50	4	24	1.0
32	42.4	38	120	90	14	4	M12	14	43.5	39	60	60	6	26	1.0
40	48.3	45	130	100	14	4	M12	14	49.5	46	70	70	6	26	1.5
50	60.3	57	140	110	14	4	M12	14	61.5	59	80	80	6	28	1.5
65	76.1	76	160	130	14	4	M12	14	77.5	78	100	100	6	32	2.0
80	88.9	89	190	150	18	4	M16	16	90.5	91	110	110	8	34	3.0
100	114.3	108	210	170	18	4	M16	16	116	110	130	130	8	40	3.0
125	139.7	133	240	200	18	8	M16	18	143.5	135	160	160	8	44	4.5
150	168.3	159	265	225	18	8	M16	18	170.5	161	185	185	10	44	5.0
200	219.1	219	320	280	18	8	M16	20	221.5	222	240	240	10	44	7.0
250	273	273	375	335	18	12	M16	22	276.5	276	295	295	12	44	9.0
300	323.9	325	440	395	22	12	M20	22	328	328	355	355	12	44	12.0

表 3-1-213　*PN*10 带颈平焊钢制管法兰(HG/T 20592—2009)　(mm)

公称通径 *DN*	钢管外径 A_1		连接尺寸					法兰厚度 *C*	法兰内径 B_1		法兰颈 *N*			法兰高度 *H*	坡口宽度 *b*	法兰近似重量/kg
	A	B	法兰外径 *D*	螺栓孔中心圆直径 *K*	螺栓孔直径 *L*	螺栓孔数量 *n*	螺纹 *Th*		A	B	A	B	*R*			
10	17.2	14	90	60	14	4	M12	16	16	15	30	30	4	22	—	0.5
15	21.3	18	95	65	14	4	M12	16	22.5	19	35	35	4	22	—	0.5
20	26.9	25	105	75	14	4	M12	18	27.5	26	45	45	4	26	—	1.0
25	33.7	32	115	85	14	4	M12	18	34.5	33	52	52	4	28	—	1.5
32	42.4	38	140	100	18	4	M16	18	43.5	39	60	60	6	30	—	2.0
40	48.3	45	150	110	18	4	M16	18	49.5	46	70	70	6	32	—	2.0
50	60.3	57	165	125	18	4	M16	18	61.5	59	84	84	5	28	—	2.5
65	76.1	76	185	145	18	4	M16	18	77.5	78	104	104	6	32	—	3.0
80	88.9	89	200	160	18	8	M16	20	90.5	91	118	118	6	34	—	4.0
100	114.3	108	220	180	18	8	M16	20	116	110	140	140	8	40	—	4.5
125	139.7	133	250	210	18	8	M16	22	143.5	135	168	168	8	44	—	6.5
150	168.3	159	285	240	22	8	M20	22	170.5	161	195	195	10	44	—	7.5
200	219.1	219	340	295	22	8	M20	24	221.5	222	246	246	10	44	—	10.5
250	273	273	395	350	22	12	M20	26	276.5	276	298	298	12	46	—	13.0
300	323.9	325	445	400	22	12	M20	26	328	328	350	350	12	46	—	15.0
350	355.6	377	505	460	22	16	M20	26	360	381	400	412	12	53	—	20.5
400	406.4	426	565	515	26	16	M24	26	411	430	456	475	12	57	—	27.5
450	457	480	615	565	26	20	M24	28	462	485	502	525	12	63	12	33.0
500	508	530	670	620	26	20	M24	28	513.5	535	559	581	12	67	12	38.0
600	610	630	780	725	30	20	M27	28	616.5	636	658	678	12	75	12	48.0

表 3-1-214 *PN*16 带颈平焊钢制管法兰(HG/T 20592—2009) (mm)

公称通径 *DN*	钢管外径 A_1		连接尺寸					法兰厚度 *C*	法兰内径 B_1		法兰颈			法兰高度 *H*	坡口宽度 *b*	法兰近似重量/kg
			法兰外径 *D*	螺栓孔中心圆直径 *K*	螺栓孔直径 *L*	螺栓孔数量 *n*	螺纹 *Th*				*N*		*R*			
	A	B							A	B	A	B				
10	17.2	14	90	60	14	4	M12	16	18	15	30	30	4	22	4	0.5
15	21.3	18	95	65	14	4	M12	16	22.5	19	35	35	4	22	4	0.5
20	26.9	25	105	75	14	4	M12	18	27.5	26	45	45	4	26	4	1.0
25	33.7	32	115	85	14	4	M12	18	34.5	33	52	52	4	28	5	1.5
32	42.4	38	140	100	18	4	M16	18	43.5	39	60	60	6	30	5	2.0
40	48.3	45	150	110	18	4	M16	18	49.5	46	70	70	6	32	5	2.0
50	60.3	57	165	125	18	4	M16	18	61.5	59	84	84	5	28	5	2.5
65	76.1	76	185	145	18	4	M16	18	77.5	78	104	104	6	32	6	3.0
80	88.9	89	200	160	18	8	M16	20	90.5	91	118	118	6	34	6	4.0
100	114.3	108	220	180	18	8	M16	20	116	110	140	140	8	40	6	4.5
125	139.7	133	250	210	18	8	M16	22	143.5	135	168	168	8	44	6	5.5
150	168.3	159	285	240	22	8	M20	22	170.5	161	195	195	10	44	6	7.5
200	219.1	219	340	295	22	12	M20	24	221.5	222	246	246	10	44	8	10.0
250	273	273	405	355	26	12	M24	26	276.5	276	298	298	12	46	10	14.0
300	323.9	325	460	410	26	12	M24	28	328	328	350	350	12	46	11	18.0
350	355.6	377	520	470	26	16	M24	30	360	381	400	412	12	57	12	28.5
400	406.4	426	580	525	30	16	M27	32	411	430	456	475	12	63	12	36.5
450	457	480	640	585	30	20	M27	40	462	485	502	525	12	68	12	49.5
500	508	530	715	650	33	20	M30	44	513.5	535	559	581	12	73	12	68.5
600	610	630	840	770	54	20	M33	54	616.5	636	658	678	12	83	12	107.5

表 3-1-215 *PN*25 带颈平焊钢制管法兰(HG/T 20592—2009) (mm)

公称通径 *DN*	钢管外径 A_1		连接尺寸					法兰厚度 *C*	法兰内径 B_1		法兰颈			法兰高度 *H*	坡口宽度 *b*	法兰近似重量/kg
			法兰外径 *D*	螺栓孔中心圆直径 *K*	螺栓孔直径 *L*	螺栓孔数量 *n*	螺纹 *Th*				*N*		*R*			
	A	B							A	B	A	B				
10	17.2	14	90	60	16	4	M12	16	18	15	30	30	4	22	4	0.5
15	21.3	18	95	65	14	4	M12	16	22.5	19	35	35	4	22	4	0.5
20	26.9	25	105	75	14	4	M12	18	27.5	26	45	45	4	26	4	1.0
25	33.7	32	115	85	14	4	M12	18	34.5	33	52	52	4	28	5	1.5
32	42.4	38	140	100	18	4	M16	18	43.5	39	60	60	6	30	5	2.0
40	48.3	45	150	110	18	4	M16	18	49.5	46	70	70	6	32	5	2.0
50	60.3	57	165	125	18	4	M16	20	61.5	59	84	84	6	34	5	3.0
65	76.1	76	185	145	18	8	M16	22	77.5	78	104	104	6	38	6	4.0
80	88.9	89	200	160	18	8	M16	24	90.5	91	118	118	8	40	6	4.5
100	114.3	108	235	190	22	8	M20	24	116	110	145	145	8	44	6	6.5
125	139.7	133	270	220	26	8	M24	26	143.5	135	170	170	8	48	6	8.5
150	168.3	159	300	250	26	8	M24	28	170.5	161	200	200	10	52	6	11.0
200	219.1	219	360	310	26	12	M24	30	221.5	222	256	256	10	52	8	15.0
250	273	273	425	370	30	12	M27	32	276.5	276	310	310	12	60	10	21.0
300	323.9	325	485	430	30	16	M27	34	328	328	364	364	12	67	11	28.0
350	355.6	377	555	490	33	16	M30×2	38	360	381	418	430	12	72	12	46.5
400	406.4	426	620	550	36	16	M33×2	40	411	430	472	492	12	78	12	59.5
450	457	480	670	600	36	20	M33×2	46	462	485	520	542	12	84	12	71.5
500	508	530	730	660	36	20	M33×2	48	513.5	535	580	602	12	90	12	89.5
600	610	630	845	770	39	20	M36×3	58	616.5	636	684	704	12	100	12	139.5

表 3-1-216 *PN*40 带颈平焊钢制管法兰(HG/T 20592—2009) (mm)

公称通径 *DN*	钢管外径 A_1		连接尺寸					法兰厚度 *C*	法兰内径 B_1		法兰颈 *N*		*R*	法兰高度 *H*	坡口宽度 *b*	法兰近似重量/kg
	A	B	法兰外径 *D*	螺栓孔中心圆直径 *K*	螺栓孔直径 *L*	螺栓孔数量 *n*	螺纹 *Th*		A	B	A	B				
10	17.2	14	90	60	14	4	M12	16	18	15	30	30	4	22	4	0.5
15	21.3	18	95	65	14	4	M12	16	22.5	19	35	35	4	22	4	0.5
20	26.9	25	105	75	14	4	M12	18	27.5	26	45	45	4	26	4	1.0
25	33.7	32	115	85	14	4	M12	18	34.5	33	52	52	4	28	5	1.5
32	42.4	38	140	100	18	4	M16	18	43.5	39	60	60	6	30	5	2.0
40	48.3	45	150	110	18	4	M16	18	49.5	46	70	70	6	32	5	2.0
50	60.3	57	165	125	18	4	M16	20	61.5	59	84	84	6	34	5	3.0
65	76.1	76	185	145	18	8	M16	22	77.5	78	104	104	6	38	6	4.0
80	88.9	89	200	160	18	8	M16	24	90.5	91	118	118	8	40	6	4.5
100	114.3	108	235	190	22	8	M20	24	116	110	145	145	8	44	6	6.5
125	139.7	133	270	220	26	8	M24	26	143.5	135	170	170	8	48	7	8.5
150	168.3	159	300	250	26	8	M24	28	170.5	161	200	200	10	52	8	11.0
200	219.1	219	375	320	30	12	M27	34	221.5	222	260	260	10	52	10	18.5
250	273	273	450	385	33	12	M30	38	276.5	276	318	318	12	60	11	28.5
300	323.9	325	515	450	33	16	M30	42	328	328	380	380	12	67	12	41.5
350	355.6	377	580	510	36	16	M33	46	360	381	432	444	12	72	13	60.0
400	406.4	426	660	585	39	16	M36×3	50	411	430	498	518	12	78	14	83.5
450	457	480	685	610	39	20	M36×3	57	462	485	522	545	12	84	16	87.5
500	508	530	755	670	42	20	M39×3	57	513.5	535	576	598	12	90	17	107.5
600	610	630	890	795	48	20	M45×3	72	616.5	636	686	706	12	100	18	176.0

③ 带颈对焊钢制管法兰见图 3-1-69 和表 3-1-217~表 3-1-223。

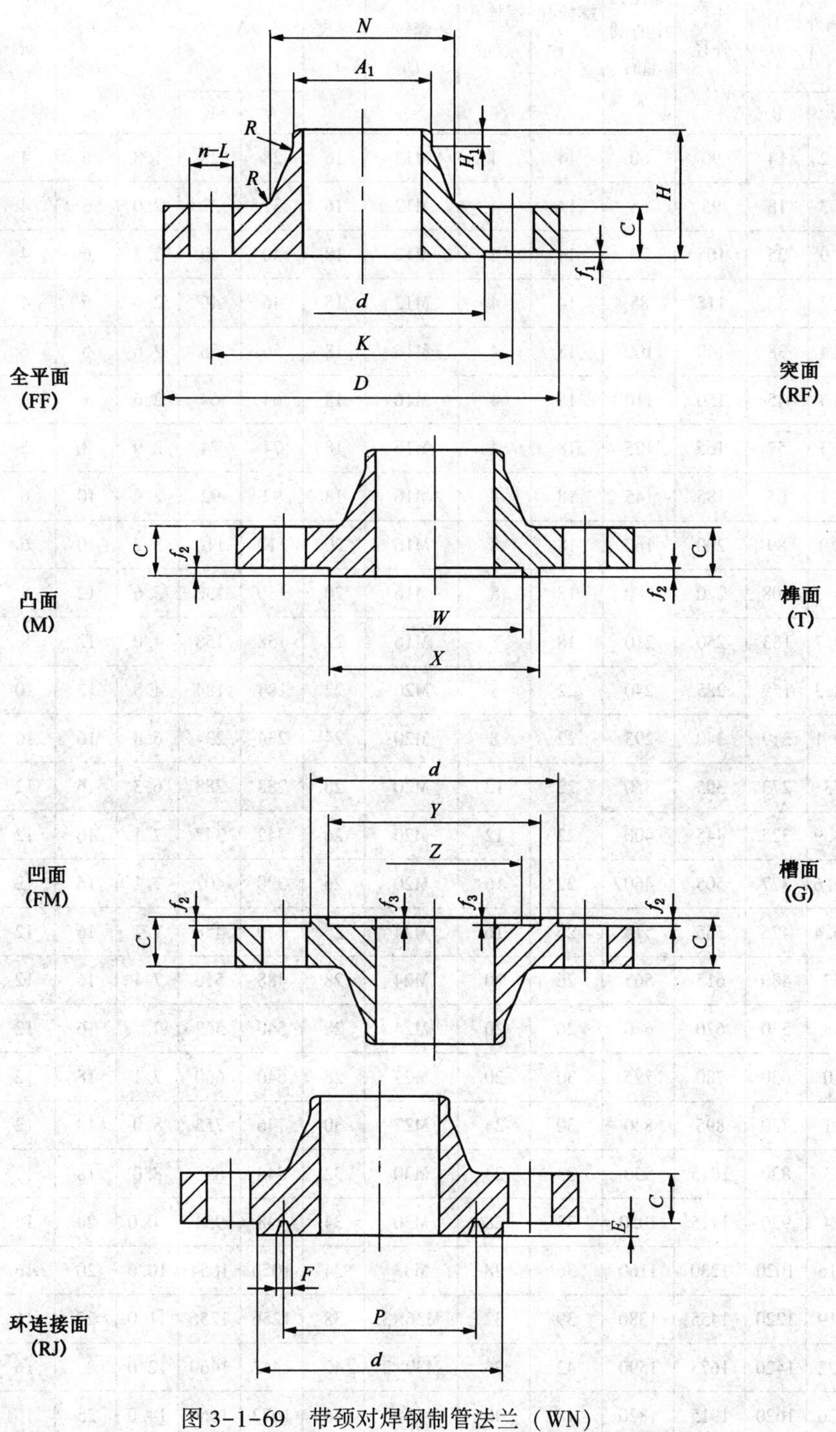

图 3-1-69 带颈对焊钢制管法兰（WN）

表 3-1-217　*PN*10 带颈对焊钢制管法兰（HG/T 20592—2009）　（mm）

公称通径 *DN*	钢管外径（法兰焊端外径）A_1		连接尺寸					法兰厚度 *C*	法兰颈					法兰高度 *H*	法兰理论近似重量/kg
			法兰外径 *D*	螺栓孔中心圆直径 *K*	螺栓孔直径 *L*	螺栓孔数量 *n*	螺纹 *Th*		*N*		*S*	H_1 ≈	*R*		
	A	B							A	B					
10	17.2	14	90	60	14	4	M12	16	28	28	1.8	6	4	35	0.5
15	21.3	18	95	65	14	4	M12	16	32	32	2.0	6	4	38	1.0
20	26.9	25	105	75	14	4	M12	18	40	40	2.3	6	4	40	1.0
25	33.7	32	115	85	14	4	M12	18	46	46	2.6	6	4	40	1.0
32	42.4	38	140	100	18	4	M16	18	56	56	2.6	6	6	42	2.0
40	48.3	45	150	110	18	4	M16	18	64	64	2.6	7	6	45	2.0
50	60.3	57	165	125	18	4	M16	18	74	74	2.9	8	5	45	2.5
65	76.1	65	185	145	18	8	M16	18	92	92	2.9	10	6	45	3.0
80	88.9	89	200	160	18	8	M16	20	110	110	3.2	10	6	50	4.0
100	114.3	108	220	180	18	8	M16	20	130	130	3.6	12	8	52	4.5
125	139.7	133	250	210	18	8	M16	22	158	158	4.0	12	8	55	6.5
150	168.3	159	285	240	22	8	M20	22	184	184	4.5	12	10	55	7.5
200	219.1	219	340	295	22	8	M20	24	234	234	6.3	16	10	62	11.5
250	273	273	395	350	22	12	M20	26	288	288	6.3	16	12	70	15.5
300	323.9	325	445	400	22	12	M20	26	342	342	7.1	16	12	78	18.0
350	355.6	377	505	460	22	16	M20	26	390	402	7.1	16	12	82	24.5
400	406.4	426	565	515	26	16	M24	26	440	458	7.1	16	12	85	29.5
450	457	480	615	565	26	20	M24	28	488	510	7.1	16	12	87	34.0
500	508	530	670	620	26	20	M24	28	540	562	7.1	16	12	90	39.5
600	610	630	780	725	30	20	M27	28	640	660	7.1	18	12	95	56.0
700	711	720	895	840	30	24	M27	30	746	755	8.0	18	12	100	65.0
800	813	820	1015	950	33	24	M30	32	848	855	8.0	18	12	105	87.0
900	914	920	1115	1050	33	28	M30	34	948	954	10.0	20	12	110	106.0
1000	1016	1020	1230	1160	36	28	M33	34	1050	1054	10.0	20	16	120	123.0
1200	1219	1220	1455	1380	39	32	M36×3	38	1256	1256	11.0	25	16	130	184.0
1400	1422	1420	1675	1590	42	36	M39×3	42	1462	1460	12.0	25	16	145	252.0
1600	1626	1620	1915	1820	48	40	M45×3	46	1672	1666	14.0	25	16	160	368.0
1800	1829	1820	2115	2020	48	44	M45×3	50	1875	1866	15.0	30	16	170	445.0
2000	2032	2020	2325	2230	48	48	M45×3	54	2082	2070	16	30	16	180	558.0

表 3-1-218 *PN*16 带颈对焊钢制管法兰（HG/T 20592—2009） （mm）

公称通径 *DN*	钢管外径（法兰焊端外径）A_1		连接尺寸					法兰厚度 *C*	法兰颈					法兰高度 *H*	法兰近似重量/kg
			法兰外径 *D*	螺栓孔中心圆直径 *K*	螺栓孔直径 *L*	螺栓孔数量 *n*	螺纹 *Th*		*N*		*S* ≥	H_1 ≈	*R*		
	A	B							A	B					
10	17.2	14	90	60	14	4	M12	16	28	28	1.8	6	4	35	0.5
15	21.3	18	95	65	14	4	M12	16	32	32	2.0	6	4	38	1.0
20	26.9	25	105	75	14	4	M12	18	40	40	2.3	6	4	40	1.0
25	33.7	32	115	85	14	4	M12	18	46	46	2.6	6	4	40	1.0
32	42.4	38	140	100	18	4	M16	18	56	56	2.6	6	6	42	2.0
40	48.3	45	150	110	18	4	M16	18	64	64	2.6	7	6	45	2.0
50	60.3	57	165	125	18	4	M16	18	74	74	2.9	8	5	45	2.5
65	76.1	65	185	145	18	8	M16	18	92	92	2.9	10	6	45	3.0
80	88.9	89	200	160	18	8	M16	20	110	110	3.2	10	6	50	4.0
100	114.3	108	220	180	18	8	M16	20	130	130	3.6	12	8	52	4.5
125	139.7	133	250	210	18	8	M16	22	158	158	4.0	12	8	55	6.5
150	168.3	159	285	240	22	8	M20	22	184	184	4.5	12	10	55	7.5
200	219.1	219	340	295	22	12	M20	24	234	234	6.3	16	10	62	11.0
250	273	273	405	350	26	12	M24	26	288	288	6.3	16	12	70	16.5
300	323.9	325	460	410	26	12	M24	28	342	342	7.1	16	12	78	22.0
350	355.6	377	520	470	26	16	M24	30	390	410	8.0	16	12	82	32.0
400	406.4	426	580	525	30	16	M27	32	444	464	8.0	16	12	85	40.0
450	457	480	640	585	30	20	M27	40	490	512	8.0	16	12	87	54.5
500	508	530	715	650	33	20	M30	44	546	578	8.0	16	12	90	74.0
600	610	630	840	770	36	20	M33	54	650	670	8.8	18	12	95	116.5
700	711	720	910	840	36	24	M33	36	750	759	8.8	18	12	100	87.0
800	813	820	1025	950	39	24	M36×3	38	848	855	10.0	20	12	105	111.0
900	914	920	1125	1050	39	28	M36×3	40	948	954	10.0	20	12	110	129.0
1000	1016	1020	1255	1170	42	28	M39×3	42	1056	1060	10.0	22	16	120	169.0
1200	1219	1220	1485	1390	48	32	M45×3	48	1260	1260	12.5	30	16	130	251.0
1400	1422	1420	1685	1590	48	36	M45×3	52	1467	1465	14.2	30	16	145	329.0
1600	1626	1620	1930	1820	55	40	M52×4	58	1674	1668	16	35	16	160	476.0
1800	1829	1820	2130	2020	55	44	M52×4	62	1879	1870	17.5	35	16	170	582.0
2000	2032	2020	2345	2230	60	48	M56×4	66	2084	2072	20	40	16	180	720.0

表 3-1-219 *PN*25 带颈对焊钢制管法兰（HG/T 20592—2009）

（mm）

公称通径 *DN*	钢管外径（法兰焊端外径）A_1		连接尺寸					法兰厚度 *C*	法兰颈					法兰高度 *H*	法兰近似重量/kg
	A	B	法兰外径 *D*	螺栓孔中心圆直径 *K*	螺栓孔直径 *L*	螺栓孔数量 *n*	螺纹 *Th*		*N* A	*N* B	*S* ≥	H_1 ≈	*R*		
10	17.2	14	90	60	14	4	M12	16	28	28	1.8	6	4	35	0.5
15	21.3	18	95	65	14	4	M12	16	32	32	2.0	6	4	38	1.0
20	26.9	25	105	75	14	4	M12	18	40	40	2.3	6	4	40	1.0
25	33.7	32	115	85	14	4	M12	18	46	46	2.6	6	4	40	1.0
32	42.4	38	140	100	18	4	M16	18	56	56	2.6	6	6	42	2.0
40	48.3	45	150	110	18	4	M16	18	64	64	2.6	7	6	45	2.0
50	60.3	57	165	125	18	4	M16	20	74	74	2.9	8	6	48	3.0
65	76.1	65	185	145	18	8	M16	22	92	92	2.9	10	6	52	4.0
80	88.9	89	200	160	18	8	M16	24	110	110	3.2	12	6	58	5.0
100	114.3	108	235	190	22	8	M20	24	134	134	3.6	12	8	65	6.5
125	139.7	133	270	220	26	8	M24	26	162	162	4.0	12	8	68	9.0
150	168.3	159	300	250	26	8	M24	28	190	190	4.5	12	10	75	11.5
200	219.1	219	360	310	26	12	M24	30	244	244	6.3	16	10	80	17.0
250	273	273	425	370	30	12	M27	32	296	296	7.1	18	12	88	24.0
300	323.9	325	485	430	30	16	M27	34	350	350	8.0	18	12	92	31.5
350	355.6	377	555	490	33	16	M30	38	398	420	8.0	20	12	100	48.0
400	406.4	426	620	550	36	16	M33	40	452	472	8.8	20	12	110	63.0
450	457	480	670	600	36	20	M33	46	500	522	8.8	20	12	110	75.5
500	508	530	730	660	36	20	M33	48	558	580	10.0	20	12	125	96.5
600	610	630	845	770	39	20	M36×3	58	660	680	11.0	20	12	125	138.6

表 3-1-220 *PN*40 带颈对焊钢制管法兰（HG/T 20592—2009）

（mm）

公称通径 *DN*	钢管外径（法兰焊端外径）A_1		连接尺寸					法兰厚度 *C*	法兰颈					法兰高度 *H*	法兰近似重量/kg
	A	B	法兰外径 *D*	螺栓孔中心圆直径 *K*	螺栓孔直径 *L*	螺栓孔数量 *n*	螺纹 *Th*		*N* A	*N* B	*S* ≥	H_1 ≈	*R*		
10	17.2	14	90	60	14	4	M12	16	28	28	1.8	6	4	35	0.5
15	21.3	18	95	65	14	4	M12	16	32	32	2.0	6	4	38	1.0

续表

公称通径 DN	钢管外径（法兰焊端外径）A_1		连接尺寸					法兰厚度 C	法兰颈					法兰高度 H	法兰近似重量/kg
	A	B	法兰外径 D	螺栓孔中心圆直径 K	螺栓孔直径 L	螺栓孔数量 n	螺纹 Th		N A	N B	S ≥	H_1 ≈	R		
20	26.9	25	105	75	14	4	M12	18	40	40	2.3	6	4	40	1.0
25	33.7	32	115	85	14	4	M12	18	46	46	2.6	6	4	40	1.0
32	42.4	38	140	100	18	4	M16	18	56	56	2.6	6	6	42	2.0
40	48.3	45	150	110	18	4	M16	18	64	64	2.6	7	6	45	2.0
50	60.3	57	165	125	18	4	M16	20	74	74	2.9	8	6	48	3.0
65	76.1	76	185	145	18	8	M16	22	92	92	2.9	10	6	52	4.0
80	88.9	89	200	160	18	8	M16	24	110	110	3.2	12	8	58	5.0
100	114.3	108	235	190	22	8	M20	24	134	134	3.6	12	8	65	6.5
125	139.7	133	270	220	26	8	M24	26	162	162	4.0	12	8	68	9.0
150	168.3	159	300	250	26	8	M24	28	190	190	4.5	12	10	75	11.5
200	219.1	219	375	320	30	12	M27	34	244	244	6.3	16	10	88	21.0
250	273	273	450	385	33	12	M30	38	306	306	7.1	18	12	105	34.0
300	323.9	325	515	450	33	16	M30	42	362	362	8.0	18	12	115	47.5
350	355.6	377	580	510	36	16	M33	46	408	430	8.8	20	12	125	69.0
400	406.4	426	660	585	39	16	M36×3	50	462	482	11.0	20	12	135	98.0
450	457	480	685	610	39	20	M36×3	57	500	522	12.5	20	12	135	105.1
500	508	530	755	670	42	20	M39×3	57	562	584	14.2	20	12	140	130.5
600	610	630	890	795	48	20	M45×3	72	666	686	16.0	20	12	150	211.5

表 3-1-221 *PN*63 带颈对焊钢制管法兰（HG/T 20592—2009） （mm）

公称通径 DN	钢管外径（法兰焊端外径）A_1		连接尺寸					法兰厚度 C	法兰颈					法兰高度 H	法兰近似重量/kg
	A	B	法兰外径 D	螺栓孔中心圆直径 K	螺栓孔直径 L	螺栓孔数量 n	螺纹 Th		N A	N B	S ≥	H_1 ≈	R		
10	17.2	14	100	70	14	4	M12	20	32	32	1.8	6	4	45	1.0
15	21.3	18	105	75	14	4	M12	20	34	34	2.0	6	4	45	1.0
20	26.9	25	130	90	18	4	M16	22	42	42	2.6	6	4	48	2.0
25	33.7	32	140	100	18	4	M16	24	52	52	2.6	8	4	58	2.5

续表

公称通径 *DN*	钢管外径（法兰焊端外径）A_1		连接尺寸					法兰厚度 *C*	法兰颈					法兰高度 *H*	法兰近似重量/kg
			法兰外径 *D*	螺栓孔中心圆直径 *K*	螺栓孔直径 *L*	螺栓孔数量 *n*	螺纹 *Th*		*N*		*S* ≥	H_1 ≈	*R*		
	A	B							A	B					
32	42.4	38	155	110	22	4	M20	24	60	60	2.9	8	6	60	3.0
40	48.3	45	170	125	22	4	M20	26	70	70	2.9	10	6	62	4.0
50	60.3	57	180	135	22	4	M20	26	82	82	2.9	10	6	62	4.5
65	76.1	65	205	160	22	8	M20	26	98	98	3.2	12	6	68	5.5
80	88.9	89	215	170	22	8	M20	28	112	112	3.6	12	8	72	6.5
100	114.3	108	250	200	26	8	M24	30	138	138	4.0	12	8	78	9.5
125	139.7	133	295	240	30	8	M27	34	168	168	4.5	12	8	88	14.5
150	168.3	159	345	280	33	8	M30	36	202	202	5.6	12	10	95	21.5
200	219.1	219	415	345	36	12	M33	42	256	256	7.1	16	10	110	34.0
250	273	273	470	400	36	12	M33	46	316	316	8.8	18	12	125	48.0
300	323.9	325	530	460	36	16	M33	52	372	372	11.0	18	12	140	67.5
350	355.6	377	600	525	39	16	M36×3	56	420	442	12.5	20	12	150	97.5
400	406.4	426	670	585	42	16	M39×3	60	475	495	14.2	20	12	160	129.0

表 3-1-222 *PN*100 带颈对焊钢制管法兰（HG/T 20592—2009） （mm）

公称通径 *DN*	钢管外径（法兰焊端外径）A_1		连接尺寸					法兰厚度 *C*	法兰颈					法兰高度 *H*	法兰近似重量/kg
			法兰外径 *D*	螺栓孔中心圆直径 *K*	螺栓孔直径 *L*	螺栓孔数量 *n*	螺纹 *Th*		*N*		*S* ≥	H_1 ≈	*R*		
	A	B							A	B					
10	17.2	14	100	70	14	4	M12	20	32	32	1.8	6	4	45	1.0
15	21.3	18	105	75	14	4	M12	20	34	34	2.0	6	4	45	1.0
20	26.9	25	130	90	18	4	M16	22	42	42	2.6	6	4	48	2.00
25	33.7	32	140	100	18	4	M16	24	52	52	2.6	8	4	58	2.5
32	42.4	38	155	110	22	4	M20	24	60	60	2.9	8	6	60	3.0
40	48.3	45	170	125	22	4	M20	26	70	70	2.9	10	6	62	4.0
50	60.3	57	195	145	26	4	M24	28	90	90	3.2	10	6	68	6.0
65	76.1	65	220	170	26	8	M24	30	108	108	3.6	12	6	76	7.5
80	88.9	89	230	180	26	8	M24	32	120	120	4.0	12	8	78	9.0
100	114.3	108	265	210	30	8	M27	36	150	150	5.0	12	8	90	13.0
125	139.7	133	315	250	33	8	M30×2	40	180	180	6.3	12	8	105	21.0
150	168.3	159	355	290	33	12	M30×2	44	210	210	7.1	12	10	115	28.0
200	219.1	219	430	360	36	12	M33×2	52	278	278	10.0	16	10	130	50.0
250	273	273	505	430	39	12	M36×3	60	340	340	12.5	18	12	157	81.0
300	323.9	325	585	500	42	16	M39×3	68	400	400	14.2	18	12	170	118.0
350	355.6	377	655	560	48	16	M45×3	74	460	482	16.0	20	12	189	167.5

表 3-1-223　*PN*160 带颈对焊钢制管法兰（HG/T 20592—2009）　(mm)

公称通径 *DN*	钢管外径(法兰焊端外径) A_1		连接尺寸					法兰厚度 *C*	法兰颈					法兰高度 *H*	法兰近似重量/kg
			法兰外径 *D*	螺栓孔中心圆直径 *K*	螺栓孔直径 *L*	螺栓孔数量 *n*	螺纹 *Th*		*N*		*S* ≥	H_1 ≈	*R*		
	A	B							A	B					
10	17.2	14	100	70	14	4	M12	20	32	32	2.0	6	4	45	1.5
15	21.3	18	105	75	14	4	M12	20	34	34	2.0	6	4	45	1.5
20	26.9	25	130	90	18	4	M16	24	42	42	2.9	6	4	52	2.5
25	33.7	32	140	100	18	4	M16	24	52	52	2.9	8	4	58	3.0
32	42.4	38	155	110	22	4	M20	28	60	60	3.6	8	6	60	4.0
40	48.3	45	170	125	22	4	M20	28	70	70	3.6	10	6	64	4.5
50	60.3	57	195	145	26	4	M24	30	90	90	4.0	10	6	75	6.5
65	76.1	76	220	170	26	8	M24	34	108	108	5.0	12	6	82	9.5
80	88.9	89	230	180	26	8	M24	36	120	120	6.3	12	8	86	10.6
100	114.3	108	265	210	30	8	M27	40	150	150	8	12	8	100	15.6
125	139.7	133	315	250	33	8	M30	44	180	180	10.0	14	8	115	25.0
150	168.3	159	355	290	33	12	M30	50	210	210	12.5	14	10	128	35.5
200	219.1	219	430	360	36	12	M33	60	278	278	16	16	10	140	61.5
250	273	273	515	430	42	12	M39×3	68	340	340	20	18	12	155	98.5
300	323.9	325	585	500	42	16	M39×3	78	400	400	22.2	18	12	175	142.0

④ 承插焊钢制管法兰见图 3-1-70 和表 3-1-224～表 3-1-229。

表 3-1-224　*PN*10 承插焊钢制管法兰（HG/T 20592—2009）　(mm)

公称通径 *DN*	钢管外径 A_1		连接尺寸					法兰厚度 *C*	法兰内径 B_1		承插孔			法兰颈		法兰高度 *H*	法兰近似重量/kg
			法兰外径 *D*	螺栓孔中心圆直径 *K*	螺栓孔直径 *L*	螺栓孔数量 *n*	螺纹 *Th*				B_2		*U*	*N*	*R*		
	A	B							A	B	A	B					
10	17.2	14	90	60	14	4	M12	16	11.5	9	18	15	9	30	4	22	0.5
15	21.3	18	95	65	14	4	M12	16	16	12	22	19	10	35	4	22	0.5
20	26.9	25	105	75	14	4	M12	18	21	19	27.5	26	11	45	4	26	1.0
25	33.7	32	115	85	14	4	M12	18	26.5	26	34.5	33	13	52	4	28	1.5
32	42.4	38	140	100	18	4	M16	18	35	30	43.5	39	14	60	6	30	2.0
40	48.3	45	150	110	18	4	M16	18	41	37	49.5	46	16	70	6	32	2.0
50	60.3	57	165	125	18	4	M16	18	52	49	61.5	59	17	84	5	28	2.5

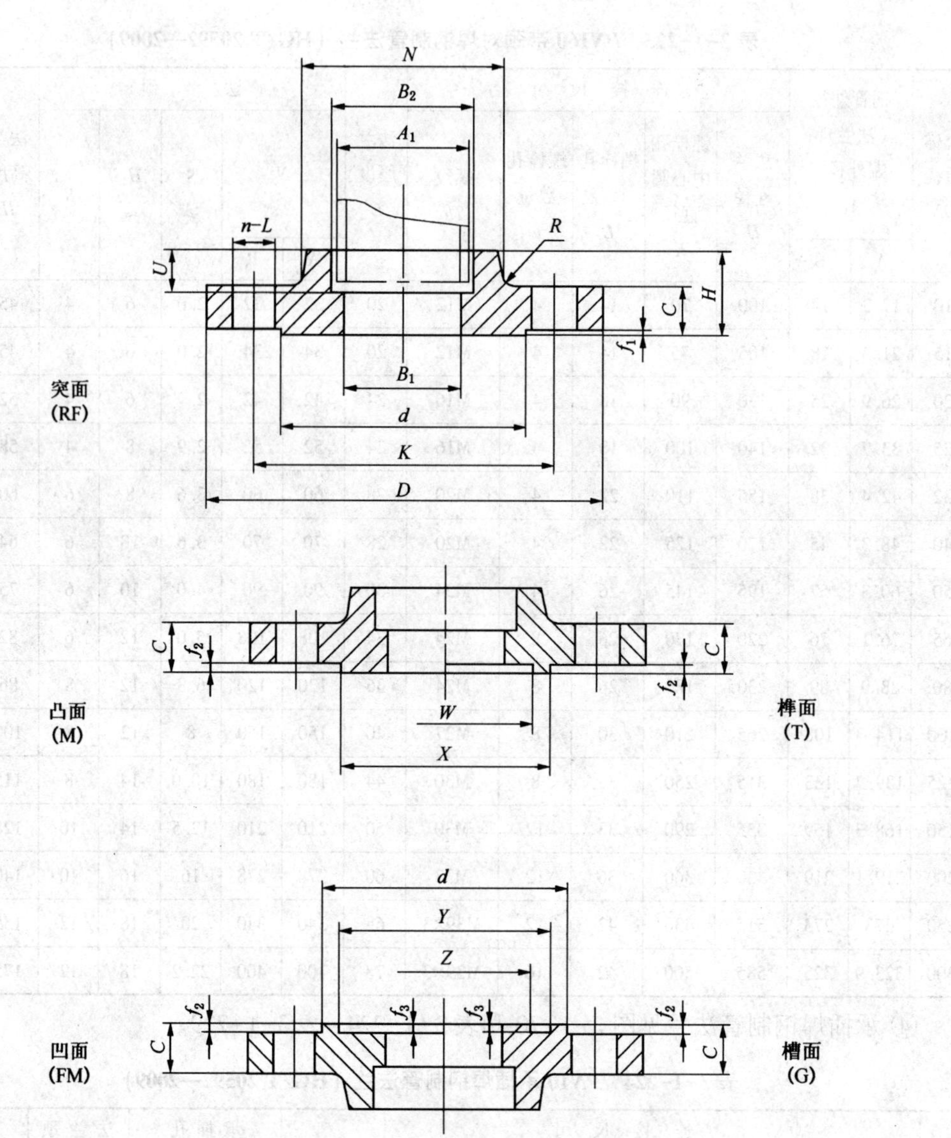

图 3-1-70　承插焊钢制管法兰（SW）

表 3-1-225　*PN*16 承插焊钢制管法兰（HG/T 20592—2009）　（mm）

公称通径 *DN*	钢管外径 A_1		连接尺寸					法兰厚度 *C*	法兰内径 B_1		承插孔			法兰颈		法兰高度 *H*	法兰近似重量/kg
			法兰外径 *D*	螺栓孔中心圆直径 *K*	螺栓孔直径 *L*	螺栓孔数量 *n*	螺纹 *Th*				B_2		*U*	*N*	*R*		
	A	B							A	B	A	B					
10	17.2	14	90	60	14	4	M12	16	11.5	9	18	15	9	30	4	22	0.5
15	21.3	18	95	65	14	4	M12	16	16	12	22	19	10	35	4	22	0.5
20	26.9	25	105	75	14	4	M12	18	21	19	27.5	26	11	45	4	26	1.0
25	33.7	32	115	85	14	4	M12	18	26.5	26	34.5	33	13	52	4	28	1.0
32	42.4	38	140	100	18	4	M16	18	35	30	43.5	39	14	60	6	30	2.0
40	48.3	45	150	110	18	4	M16	18	41	37	49.5	46	16	70	6	32	2.0
50	60.3	57	165	125	18	4	M16	18	52	49	61.5	59	17	84	5	28	2.5

表 3-1-226　*PN*25 承插焊钢制管法兰（HG/T 20592—2009）　（mm）

公称通径 *DN*	钢管外径 A_1		连接尺寸 法兰外径 *D*	连接尺寸 螺栓孔中心圆直径 *K*	连接尺寸 螺栓孔直径 *L*	连接尺寸 螺栓孔数量 *n*	连接尺寸 螺纹 *Th*	法兰厚度 *C*	法兰内径 B_1		承插孔 B_2		承插孔 *U*	法兰颈 *N*	法兰颈 *R*	法兰高度 *H*	法兰近似重量/kg
	A	B							A	B	A	B					
10	17.2	14	90	60	14	4	M12	16	11.5	9	18	15	9	30	4	22	0.5
15	21.3	18	95	65	14	4	M12	16	16	12	22	19	10	35	4	22	0.5
20	26.9	25	105	75	14	4	M12	18	21	19	27.5	26	11	45	4	26	1.0
25	33.7	32	115	85	14	4	M12	18	26.5	26	34.5	33	13	52	4	28	1.5
32	42.4	38	140	100	18	4	M16	18	35	30	43.5	39	14	60	6	30	2.0
40	48.3	45	150	110	18	4	M16	18	41	37	49.5	46	16	70	6	32	2.0
50	60.3	57	165	125	18	4	M16	20	52	49	61.5	59	17	84	6	34	3.0

表 3-1-227　*PN*40 承插焊钢制管法兰（HG/T 20592—2009）　（mm）

公称通径 *DN*	钢管外径 A_1		连接尺寸 法兰外径 *D*	连接尺寸 螺栓孔中心圆直径 *K*	连接尺寸 螺栓孔直径 *L*	连接尺寸 螺栓孔数量 *n*	连接尺寸 螺纹 *Th*	法兰厚度 *C*	法兰内径 B_1		承插孔 B_2		承插孔 *U*	法兰颈 *N*	法兰颈 *R*	法兰高度 *H*	法兰近似重量/kg
	A	B							A	B	A	B					
10	17.2	14	90	60	14	4	M12	16	11.5	9	18	15	9	30	4	22	0.5
15	21.3	18	95	65	14	4	M12	16	16	12	22	19	10	35	4	22	0.5
20	26.9	25	105	75	14	4	M12	18	21	19	27.5	26	11	45	4	26	1.0
25	33.7	32	115	85	14	4	M12	18	26.5	26	34.5	33	13	52	4	28	1.5
32	42.4	38	140	100	18	4	M16	18	35	30	43.5	39	14	60	6	30	2.0
40	48.3	45	150	110	18	4	M16	18	41	37	49.5	46	16	70	6	32	2.0
50	60.3	57	165	125	18	4	M16	20	52	49	61.5	59	17	84	6	34	3.0

表 3-1-228　*PN*63 承插焊钢制管法兰（HG/T 20592—2009）　（mm）

公称通径 *DN*	钢管外径 A_1		连接尺寸 法兰外径 *D*	连接尺寸 螺栓孔中心圆直径 *K*	连接尺寸 螺栓孔直径 *L*	连接尺寸 螺栓孔数量 *n*	连接尺寸 螺纹 *Th*	法兰厚度 *C*	法兰内径 B_1		承插孔 B_2		承插孔 *U*	法兰颈 *N*	法兰颈 *R*	法兰高度 *H*	法兰近似重量/kg
	A	B							A	B	A	B					
10	17.2	14	100	70	14	4	M12	20	11.5	9	18	15	9	40	4	28	1.0
15	21.3	18	105	75	14	4	M12	20	16	12	22	19	10	43	4	28	1.0
20	26.9	25	130	90	18	4	M16	22	21	19	27.5	26	11	52	4	30	2.0
25	33.7	32	140	100	18	4	M16	24	26.5	26	34.5	33	13	60	4	32	2.5
32	42.4	38	155	110	22	4	M20	24	35	30	43.5	39	14	68	6	32	3.0
40	48.3	45	170	125	22	4	M20	26	41	37	49.5	46	16	80	6	34	4.0
50	60.3	57	180	135	22	4	M20	26	52	49	61.5	59	17	90	6	36	4.5

表 3-1-229 *PN*100 承插焊钢制管法兰（HG/T 20592—2009）（mm）

公称通径 *DN*	钢管外径 A_1		连接尺寸					法兰厚度 *C*	法兰内径 B_1		承插孔			法兰颈		法兰高度 *H*	法兰近似重量/kg
			法兰外径 *D*	螺栓孔中心圆直径 *K*	螺栓孔直径 *L*	螺栓孔数量 *n*	螺纹 *Th*				B_2		*U*	*N*	*R*		
	A	B							A	B	A	B					
10	17.2	14	100	70	14	4	M12	20	11.5	9	18	15	9	40	4	28	1.0
15	21.3	18	105	75	14	4	M12	20	16	12	22	19	10	43	4	28	1.0
20	26.9	25	130	90	18	4	M16	22	21	19	27.5	26	11	52	4	30	2.0
25	33.7	32	140	100	18	4	M16	24	26.5	26	34.5	33	13	60	4	32	2.5
32	42.4	38	155	110	22	4	M20	24	35	30	43.5	39	14	68	6	32	3.0
40	48.3	45	170	125	22	4	M20	26	41	37	49.5	46	16	80	6	34	4.0
50	60.3	57	195	145	26	4	M24	28	52	49	61.5	59	17	95	6	36	5.5

⑤ 螺纹钢制管法兰见图 3-1-71 和表 3-1-230～表 3-1-234。

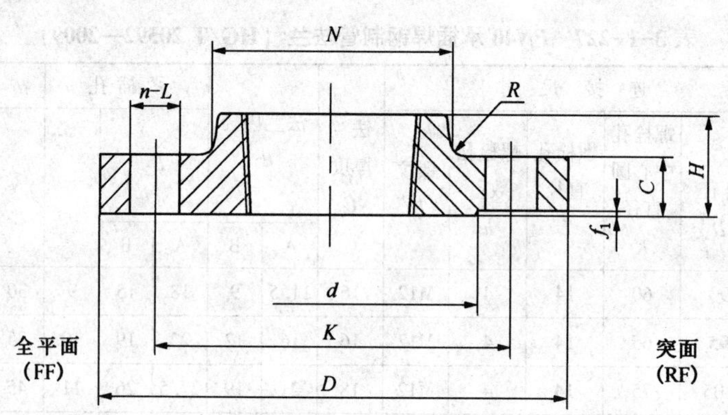

图 3-1-71 螺纹钢制管法兰（*Th*）

表 3-1-230 *PN*6 螺纹钢制管法兰（HG/T 20592—2009）（mm）

公称通径 *DN*	钢管外径 *A*	连接尺寸				螺纹 *Th*	法兰厚度 *C*	法兰颈		法兰高度 *H*	法兰近似重量/kg	管螺纹规格 Rc、Rp 或 NPT/in
		法兰外径 *D*	螺栓孔中心圆直径 *K*	螺栓孔直径 *L*	螺栓孔数量 *n*			*N*	*R*			
10	17.2	75	50	11	4	M10	12	25	4	20	0.5	3/8
15	21.3	80	55	11	4	M10	12	30	4	20	0.5	1/2
20	26.9	90	65	11	4	M10	14	40	4	24	0.5	3/4
25	33.7	100	75	11	4	M10	14	50	4	24	1.0	1
32	42.4	120	90	14	4	M12	14	60	6	26	1.0	1¼
40	48.3	130	100	14	4	M12	14	70	6	26	1.5	1½
50	60.3	140	110	14	4	M12	14	80	6	28	1.5	2
65	76.1	160	130	14	4	M12	14	100	6	32	2.0	2½
80	88.9	190	150	18	4	M16	16	110	8	34	3.0	3
100	114.3	210	170	18	4	M16	16	130	8	40	4.0	4
125	139.7	240	200	18	8	M16	18	160	8	44	4.5	5
150	168.3	265	225	18	8	M16	18	185	10	44	5.5	6

表 3-1-231　*PN*10 螺纹钢制管法兰（HG/T 20592—2009）　（mm）

公称通径 *DN*	钢管外径 *A*	连接尺寸					法兰厚度 *C*	法兰颈		法兰高度 *H*	法兰近似重量/kg	管螺纹规格 Rc、Rp 或 NPT/in
		法兰外径 *D*	螺栓孔中心圆直径 *K*	螺栓孔直径 *L*	螺栓孔数量 *n*	螺纹 *Th*		*N*	*R*			
10	17.2	90	60	14	4	M12	16	30	4	22	0.5	3/8
15	21.3	95	65	14	4	M12	16	35	4	22	0.5	1/2
20	26.9	105	75	14	4	M12	18	45	4	26	1.0	3/4
25	33.7	115	85	14	4	M12	18	52	4	28	1.5	1
32	42.4	140	100	18	4	M16	18	60	6	30	2.0	1¼
40	48.3	150	110	18	4	M16	18	70	6	32	2.0	1½
50	60.3	165	125	18	4	M16	18	84	5	28	2.5	2
65	76.1	185	145	18	4	M16	18	104	6	32	3.0	2½
80	88.9	200	160	18	8	M16	20	118	6	34	4.0	3
100	114.3	220	180	18	8	M16	20	140	8	40	4.5	4
125	139.7	250	210	18	8	M16	22	168	8	44	6.5	5
150	168.3	285	240	22	8	M20	22	195	10	44	7.5	6

表 3-1-232　*PN*16 螺纹钢制管法兰（HG/T 20592—2009）　（mm）

公称通径 *DN*	钢管外径 *A*	连接尺寸					法兰厚度 *C*	法兰颈		法兰高度 *H*	法兰近似重量/kg	管螺纹规格 Rc、Rp 或 NPT/in
		法兰外径 *D*	螺栓孔中心圆直径 *K*	螺栓孔直径 *L*	螺栓孔数量 *n*	螺纹 *Th*		*N*	*R*			
10	17.2	90	60	14	4	M12	16	30	4	22	0.5	3/8
15	21.3	95	65	14	4	M12	16	35	4	22	0.5	1/2
20	26.9	105	75	14	4	M12	18	45	4	26	1.0	3/4
25	33.7	115	85	14	4	M12	18	52	4	28	1.5	1
32	42.4	140	100	18	4	M16	18	60	6	30	2.0	1¼
40	48.3	150	110	18	4	M16	18	70	6	32	2.0	1½
50	60.3	165	125	18	4	M16	18	84	5	28	2.5	2
65	76.1	185	145	18	4	M16	18	104	6	32	3.0	2½
80	88.9	200	160	18	8	M16	20	118	6	34	4.0	3
100	114.3	220	180	18	8	M16	20	140	8	40	4.5	4
125	139.7	250	210	18	8	M16	22	168	8	44	6.5	5
150	168.3	285	240	22	8	M20	22	195	10	44	7.5	6

表 3-1-233　*PN*25 螺纹钢制管法兰（HG/T 20592—2009）　（mm）

公称通径 *DN*	钢管外径 *A*	连接尺寸					法兰厚度 *C*	法兰颈		法兰高度 *H*	法兰近似重量/kg	管螺纹规格 Rc、Rp 或 NPT/in
		法兰外径 *D*	螺栓孔中心圆直径 *K*	螺栓孔直径 *L*	螺栓孔数量 *n*	螺纹 *Th*		*N*	*R*			
10	17.2	90	60	14	4	M12	16	30	4	22	0.5	3/8
15	21.3	95	65	14	4	M12	16	35	4	22	0.5	1/2
20	26.9	105	75	14	4	M12	18	45	4	26	1.0	3/4
25	33.7	115	85	14	4	M12	18	52	4	28	1.0	1
32	42.4	140	100	18	4	M16	18	60	6	30	2.0	1¼
40	48.3	150	110	18	4	M16	18	70	6	32	2.0	1½
50	60.3	165	125	18	4	M16	20	84	6	34	3.0	2
65	76.1	185	145	18	8	M16	22	104	6	38	4.0	2½
80	88.9	200	160	18	8	M16	24	118	8	40	4.5	3
100	114.3	235	190	22	8	M20	24	145	8	44	6.5	4
125	139.7	270	220	26	8	M24	26	170	8	48	8.5	5
150	168.3	300	250	26	8	M24	28	200	10	52	11.0	6

表 3-1-234　*PN*40 螺纹钢制管法兰（HG/T 20592—2009）　（mm）

公称通径 *DN*	钢管外径 *A*	连接尺寸					法兰厚度 *C*	法兰颈		法兰高度 *H*	法兰近似重量/kg	管螺纹规格 Rc、Rp 或 NPT/in
		法兰外径 *D*	螺栓孔中心圆直径 *K*	螺栓孔直径 *L*	螺栓孔数量 *n*	螺纹 *Th*		*N*	*R*			
10	17.2	90	60	14	4	M12	16	30	4	22	0.5	3/8
15	21.3	95	65	14	4	M12	16	35	4	22	0.5	1/2
20	26.9	105	75	14	4	M12	18	45	4	26	1.0	3/4
25	33.7	115	85	14	4	M12	18	52	4	28	1.5	1
32	42.4	140	100	18	4	M16	18	60	6	30	2.0	1¼
40	48.3	150	110	18	4	M16	18	70	6	32	2.0	1½
50	60.3	165	125	18	4	M16	20	84	6	34	3.0	2
65	76.1	185	145	18	8	M16	22	104	6	38	4.0	2½
80	88.9	200	160	18	8	M16	24	118	8	40	4.5	3
100	114.3	235	190	22	8	M20	24	145	8	44	6.5	4
125	139.7	270	220	26	8	M24	26	170	8	48	8.5	5
150	168.3	300	250	26	8	M24	28	200	10	52	11.0	6

⑥ 对焊环松套钢制管法兰见图 3-1-72 和表 3-1-235~表 3-1-239。

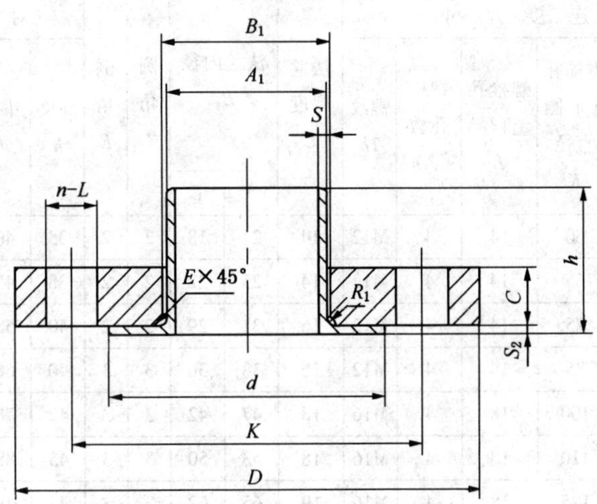

图 3-1-72　对焊环松套钢制管法兰

［PJ(板式松套)/SE(对焊环)］

表 3-1-235　*PN*6 对焊环松套钢制管法兰（HG/T 20592—2009）　（mm）

公称通径 DN	钢管外径（对焊环颈部外径）A_1		连接尺寸 法兰外径 D	连接尺寸 螺栓孔中心圆直径 K	连接尺寸 螺栓孔直径 L	连接尺寸 螺栓孔数量 n	连接尺寸 螺纹 Th	法兰厚度 C	法兰内径 B_1		圆角 R_1	倒角 E	对焊环 高度 h	对焊环 外径 d	对焊环 S	对焊环 S_2	近似重量/kg	
	A	B							A	B							对焊环	法兰
10	17.2	14	75	50	11	4	M10	12	21	18	2	2	28	35	1.8	1.8	0.03	0.5
15	21.3	18	80	55	11	4	M10	12	25	22	2	2	30	40	2.0	2.0	0.04	0.5
20	26.9	25	90	65	11	4	M10	14	31	29	2	2	32	50	2.3	2.3	0.07	0.57
25	33.7	32	100	75	11	4	M10	14	38	36	3	3	35	60	2.6	2.6	0.11	0.5
32	42.4	38	120	90	14	4	M12	16	47	42	3	3	35	70	2.6	2.6	0.14	1.0
40	48.3	45	130	100	14	4	M12	16	53	50	3	3	38	80	2.6	2.6	0.18	1.5
50	60.3	57	140	110	14	4	M12	16	65	62	3	3	38	90	2.9	2.9	0.24	1.5
65	76.1	76	160	130	14	4	M12	16	81	81	3	3	38	110	2.9	2.9	0.31	2.0
80	88.9	89	190	150	18	4	M16	18	94	94	4	4	42	128	3.2	3.2	0.45	3.0
100	114.3	108	210	170	18	4	M16	18	120	114	4	4	45	148	3.6	3.6	0.64	3.0
125	139.7	133	240	200	18	8	M16	20	145	139	4	4	48	178	4.0	4.0	0.94	4.0
150	168.3	159	265	225	18	8	M16	20	174	165	4	4	48	202	4.5	4.5	1	4.5
200	219.1	219	320	280	18	8	M16	22	226	226	5	5	55	258	6.3	6.3	1	6.5
250	273	273	375	335	18	12	M16	24	281	281	5	5	60	312	6.3	6.3	2	8.5
300	323.9	325	440	395	22	12	M20	24	333	334	5	5	62	365	7.1	7.1	4.68	11.5
350	355.6	377	490	445	22	12	M20	26	365	386	5	5	62	415	7.1	7.1	5.70	16.0
400	406.4	426	540	495	22	16	M20	28	416	435	5	5	65	465	7.1	7.1	6.78	19.0
450	457	480	595	550	22	16	M20	30	467	490	5	5	65	520	7.1	7.1	7.81	23.5
500	508	530	645	600	22	20	M20	30	519	541	6	6	68	570	7.1	7.1	8.89	25.5
600	610	630	755	705	26	20	M24	32	622	642	6	6	70	670	7.1	7.1	10.75	33.5

表 3-1-236 *PN*10 对焊环松套钢制管法兰（HG/T 20592—2009）（mm）

公称通径 *DN*	钢管外径（对焊环颈部外径）A_1		连接尺寸					法兰厚度 *C*	法兰内径 B_1		圆角 R_1	倒角 *E*	对焊环				近似重量/kg	
			法兰外径 *D*	螺栓孔中心圆直径 *K*	螺栓孔直径 *L*	螺栓孔数量 *n*	螺纹 *Th*						高度 *h*	外径 *d*	*S*	S_2		
	A	B							A	B							对焊环	法兰
10	17.2	14	90	60	14	4	M12	14	21	18	2	2	35	40	1.8	1.8	0.04	0.5
15	21.3	18	95	65	14	4	M12	14	25	22	2	2	38	45	2.0	2.0	0.06	0.5
20	26.9	25	105	75	14	4	M12	16	31	29	2	2	40	58	2.3	2.3	0.09	1.0
25	33.7	32	115	85	14	4	M12	16	38	36	3	3	40	68	2.6	2.6	0.14	1.0
32	42.4	38	140	100	18	4	M16	18	47	42	3	3	42	78	2.6	2.6	0.18	2.0
40	48.3	45	150	110	18	4	M16	18	53	50	3	3	45	88	2.6	2.6	0.22	2.0
50	60.3	57	165	125	18	4	M16	19	65	62	3	3	45	102	2.9	2.9	0.32	2.5
65	76.1	76	185	145	18	4	M16	20	81	81	3	3	45	122	2.9	2.9	0.41	3.0
80	88.9	89	200	160	18	8	M16	20	94	94	4	4	50	138	3.2	3.2	0.56	3.5
100	114.3	108	220	180	18	8	M16	22	120	114	4	4	52	158	3.6	3.6	0.78	4.5
125	139.7	133	250	210	18	8	M16	22	145	139	4	4	55	188	4.0	4.0	1.13	5.5
150	168.3	159	285	240	22	8	M20	24	174	165	4	4	55	212	4.5	4.5	1.46	7.0
200	219.1	219	340	295	22	8	M20	24	226	226	5	5	62	268	6.3	6.3	2.98	9.0
250	273	273	395	350	22	12	M20	26	281	281	5	5	68	320	6.3	6.3	3.90	11.5
300	323.9	325	445	400	22	12	M20	26	333	334	5	5	68	370	7.1	7.1	5.17	13.0
350	355.6	377	505	460	22	16	M20	28	365	386	5	5	68	430	7.1	7.1	6.71	19.5
400	406.4	426	565	515	26	16	M24	32	416	435	5	5	72	482	7.1	7.1	7.97	26.5
450	457	480	615	565	26	20	M24	36	467	490	5	5	72	532	7.1	7.1	8.92	32.5
500	508	530	670	620	26	20	M24	38	519	541	6	6	75	585	7.1	7.1	10.26	39.0
600	610	630	780	725	30	20	M27	42	622	642	6	6	80	685	7.1	7.1	12.70	52.5

表 3-1-237 *PN*16 对焊环松套钢制管法兰（HG/T 20592—2009）（mm）

公称通径 *DN*	钢管外径（对焊环颈部外径）A_1		连接尺寸					法兰厚度 *C*	法兰内径 B_1		圆角 R_1	倒角 *E*	对焊环				近似重量/kg	
			法兰外径 *D*	螺栓孔中心圆直径 *K*	螺栓孔直径 *L*	螺栓孔数量 *n*	螺纹 *Th*						高度 *h*	外径 *d*	*S*	S_2		
	A	B							A	B							对焊环	法兰
10	17.2	14	90	60	14	4	M12	14	21	18	2	2	35	40	1.8	1.8	0.04	0.5
15	21.3	18	95	65	14	4	M12	14	25	22	2	2	38	45	2.0	2.0	0.06	0.5
20	26.9	25	105	75	14	4	M12	16	31	29	2	2	40	58	2.3	2.3	0.09	1.0
25	33.7	32	115	85	14	4	M12	16	38	36	3	3	40	68	2.6	2.6	0.14	1.0
32	42.4	38	140	100	18	4	M16	18	47	42	3	3	42	78	2.6	2.6	0.18	2.0
40	48.3	45	150	110	18	4	M16	18	53	50	3	3	45	88	2.6	2.6	0.22	2.0
50	60.3	57	165	125	18	4	M16	19	65	62	3	3	45	102	2.9	2.9	0.32	2.5

续表

公称通径 DN	钢管外径（对焊环颈部外径）A_1		连接尺寸					法兰厚度 C	法兰内径 B_1		圆角 R_1	倒角 E	对焊环				近似重量/kg	
	A	B	法兰外径 D	螺栓孔中心圆直径 K	螺栓孔直径 L	螺栓孔数量 n	螺纹 Th		A	B			高度 h	外径 d	S	S_2	对焊环	法兰
65	76.1	76	185	145	18	4	M16	20	81	81	3	3	45	122	2.9	2.9	0.41	3.0
80	88.9	89	200	160	18	8	M16	20	94	94	4	4	50	138	3.2	3.2	0.56	3.5
100	114.3	108	220	180	18	8	M16	22	120	114	4	4	52	158	3.6	3.6	0.78	4.5
125	139.7	133	250	210	18	8	M16	22	145	139	4	4	55	188	4.0	4.0	1.13	5.50
150	168.3	159	285	240	22	8	M20	24	174	165	4	4	55	212	4.5	4.5	1.46	7.0
200	219.1	219	340	295	22	12	M20	26	226	226	5	5	62	268	6.3	6.3	2.98	9.5
250	273	273	405	355	26	12	M24	28	281	281	5	5	70	320	6.3	6.3	3.99	14.0
300	323.9	325	460	410	26	12	M24	32	333	334	5	5	78	378	7.1	7.1	5.99	18.5
350	355.6	377	520	470	26	16	M24	35	365	386	5	5	82	428	8.0	8.0	8.42	27.5
400	406.4	426	580	525	30	16	M27	38	416	435	5	5	85	490	8.0	8.0	10.38	35.0
450	457	480	640	585	30	20	M27	42	467	490	5	5	87	550	8.0	8.0	12.33	45.0
500	508	530	715	650	33	20	M30×2	46	519	541	6	6	90	610	8.0	8.0	14.50	65.0
600	610	630	840	770	36	20	M33×2	52	622	642	6	6	95	725	8.8	8.8	20.72	94.0

表 3-1-238　*PN*25 对焊环松套钢制管法兰（HG/T 20592—2009）　（mm）

公称通径 DN	钢管外径（对焊环颈部外径）A_1		连接尺寸					法兰厚度 C	法兰内径 B_1		圆角 R_1	倒角 E	对焊环				近似重量/kg	
	A	B	法兰外径 D	螺栓孔中心圆直径 K	螺栓孔直径 L	螺栓孔数量 n	螺纹 Th		A	B			高度 h	外径 d	S	S_2	对焊环	法兰
10	17.2	14	90	60	14	4	M12	14	21	18	2	2	35	40	1.8	1.8	0.04	0.5
15	21.3	18	95	65	14	4	M12	14	25	22	2	2	38	45	2.0	2.0	0.06	0.5
20	26.9	25	105	75	14	4	M12	16	31	29	2	2	40	58	2.3	2.3	0.09	1.0
25	33.7	32	115	85	14	4	M12	16	38	36	3	3	40	68	2.6	2.6	0.14	1.0
32	42.4	38	140	100	18	4	M16	18	47	42	3	3	42	78	2.6	2.6	0.18	2.0
40	48.3	45	150	110	18	4	M16	18	53	50	3	3	45	88	2.6	2.6	0.22	2.0
50	60.3	57	165	125	18	4	M16	20	65	62	3	3	48	102	2.9	2.9	0.32	2.5
65	76.1	76	185	145	18	8	M16	22	81	81	3	3	52	122	2.9	2.9	0.48	3.5
80	88.9	89	200	160	18	8	M16	24	94	94	4	4	58	138	3.2	3.2	0.61	4.0
100	114.3	108	235	190	22	8	M20	26	120	114	4	4	65	162	3.6	3.6	0.93	6.0
125	139.7	133	270	220	26	8	M24	28	145	139	4	4	68	188	4.0	4.0	1.30	8.0
150	168.3	159	300	250	26	8	M24	30	174	165	4	4	75	218	4.5	4.5	1.90	10.0
200	219.1	219	360	310	26	12	M24	32	226	226	5	5	80	278	6.3	6.3	3.78	14.0
250	273	273	425	370	30	12	M27	35	281	281	5	5	88	335	7.1	7.1	5.75	19.5

续表

公称通径 DN	钢管外径（对焊环颈部外径）A_1		连接尺寸 法兰外径 D	连接尺寸 螺栓孔中心圆直径 K	连接尺寸 螺栓孔直径 L	连接尺寸 螺栓孔数量 n	连接尺寸 螺纹 Th	法兰厚度 C	法兰内径 B_1		圆角 R_1	倒角 E	对焊环 高度 h	对焊环 外径 d	对焊环 S	对焊环 S_2	近似重量/kg	
	A	B							A	B							对焊环	法兰
300	323.9	325	485	430	30	16	M27	38	333	334	5	5	92	395	8.0	8.0	8.25	26.0
350	355.6	377	555	490	33	16	M30×2	42	365	386	5	5	100	450	8.0	8.0	10.61	41.0
400	406.4	426	620	550	36	16	M33×2	46	416	435	5	5	110	505	8.8	8.8	14.37	54.0
450	457	480	670	600	36	20	M33×2	50	467	490	5	5	110	555	8.8	8.8	16.08	63.0
500	508	530	730	660	36	20	M33×2	56	519	541	6	6	125	615	10.0	10.0	22.76	82.0
600	610	630	845	770	39	20	M36×3	68	622	642	6	6	125	720	11.0	11.0	30.23	124.5

表 3-1-239　*PN*40 对焊环松套钢制管法兰（HG/T 20592—2009）（mm）

公称通径 DN	钢管外径（对焊环颈部外径）A_1		连接尺寸 法兰外径 D	连接尺寸 螺栓孔中心圆直径 K	连接尺寸 螺栓孔直径 L	连接尺寸 螺栓孔数量 n	连接尺寸 螺纹 Th	法兰厚度 C	法兰内径 B_1		圆角 R_1	倒角 E	对焊环 高度 h	对焊环 外径 d	对焊环 S	对焊环 S_2	近似重量/kg	
	A	B							A	B							对焊环	法兰
10	17.2	14	90	60	14	4	M12	14	21	18	2	2	35	40	1.8	1.8	0.04	0.5
15	21.3	18	95	65	14	4	M12	14	25	22	2	2	38	45	2.0	2.0	0.06	0.5
20	26.9	25	105	75	14	4	M12	16	31	29	2	2	40	58	2.3	2.3	0.09	1.0
25	33.7	32	115	85	14	4	M12	16	38	36	3	3	40	68	2.6	2.6	0.14	1.0
32	42.4	38	140	100	18	4	M16	18	47	42	3	3	42	78	2.6	2.6	0.18	2.0
40	48.3	45	150	110	18	4	M16	18	53	50	3	3	45	88	2.6	2.6	0.22	2.0
50	60.3	57	165	125	18	4	M16	20	65	62	3	3	48	102	2.9	2.9	0.32	2.5
65	76.1	76	185	145	18	8	M16	22	81	81	3	3	52	122	2.9	2.9	0.43	3.5
80	88.9	89	200	160	18	8	M16	24	94	94	4	4	58	138	3.2	3.2	0.61	4.0
100	114.3	108	235	190	22	8	M20	26	120	114	4	4	65	162	3.6	3.6	0.93	6.0
125	139.7	133	270	220	26	8	M24	28	145	139	4	4	68	188	4.0	4.0	1.30	8.0
150	168.3	159	300	250	26	8	M24	30	174	165	4	4	75	218	4.5	4.5	1.90	10.0
200	219.1	219	375	320	30	12	M27	36	226	226	5	5	88	285	6.3	6.3	4.20	17.5
250	273	273	450	385	33	12	M30×2	42	281	281	5	5	105	345	7.1	7.1	6.84	28.5
300	323.9	325	515	450	33	16	M30×2	48	333	334	5	5	115	410	8.0	8.0	10.28	40.5
350	355.6	377	580	510	36	16	M33×2	54	365	386	5	5	125	465	8.8	8.8	14.28	60.8
400	406.4	426	660	585	39	16	M36×3	60	416	435	5	5	135	535	11.0	11.0	22.69	88.0
450	457	480	685	610	39	20	M36×3	66	467	490	5	5	135	560	12.5	12.5	26.57	90.0
500	508	530	755	670	42	20	M39×3	72	519	541	6	6	140	615	14.2	14.2	34.73	118.0
600	610	630	890	795	48	20	M45×3	84	622	642	6	6	150	735	16.0	16.0	51.74	186.0

⑦ 平焊环松套钢制管法兰见图 3-1-73 和表 3-1-240~表 3-1-242。

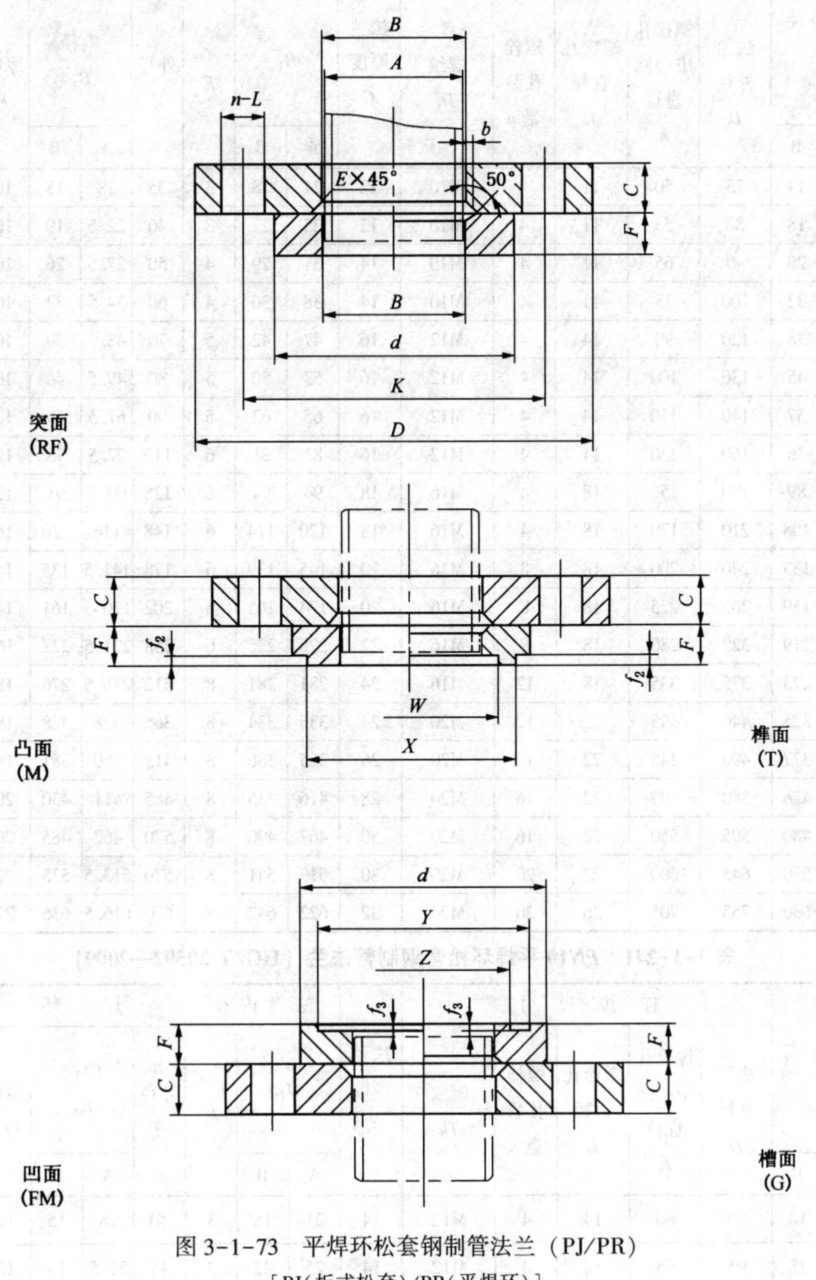

图 3-1-73　平焊环松套钢制管法兰（PJ/PR）

[PJ(板式松套)/PR(平焊环)]

表 3-1-240 *PN*6 平焊环松套钢制管法兰（HG/T 20592—2009） （mm）

公称通径 *DN*	钢管外径 A_1		连接尺寸					法兰厚度 *C*	法兰内径			焊环				近似重量	
			法兰外径 *D*	螺栓孔中心圆直径 *K*	螺栓孔直径 *L*	螺栓孔数量 *n*	螺纹 *Th*		B_1		*E*	外径 *d*	内径 B_2		厚度 *F*	法兰/kg	平焊环/kg
	A	B							A	B			A	B			
10	17.2	14	75	50	11	4	M10	12	21	18	3	35	18	15	10	0.5	0.06
15	21.3	18	80	55	11	4	M10	12	25	22	3	40	22.5	19	10	0.5	0.07
20	26.9	25	90	65	11	4	M10	14	31	29	4	50	27.5	26	10	0.57	0.11
25	33.7	32	100	75	11	4	M10	14	38	36	4	60	34.5	33	10	0.5	0.15
32	42.4	38	120	90	14	4	M12	16	47	42	5	70	43.5	39	10	1.0	0.19
40	48.3	45	130	100	14	4	M12	16	53	50	5	80	49.5	46	10	1.5	0.24
50	60.3	57	140	110	14	4	M12	16	65	62	5	90	61.5	59	12	1.5	0.32
65	76.1	76	160	130	14	4	M12	16	81	81	6	110	77.5	78	12	2.0	0.45
80	88.9	89	190	150	18	4	M16	18	94	94	6	128	90.5	91	12	3.0	0.61
100	114.3	108	210	170	18	4	M16	18	120	114	6	148	116	110	14	3.0	0.73
125	139.7	133	240	200	18	8	M16	20	145	139	6	178	141.5	135	14	4.0	0.96
150	168.3	159	265	225	18	8	M16	20	174	165	6	202	170.5	161	14	4.5	1.01
200	219.1	219	320	280	18	8	M16	22	226	226	6	258	221.5	222	16	6.5	1.73
250	273	273	375	335	18	12	M16	24	281	281	8	312	276.5	276	18	8.5	2.32
300	323.9	325	440	395	22	12	M20	24	333	334	8	365	328	328	18	11.5	2.77
350	355.6	377	490	445	22	12	M20	26	365	386	8	415	360	381	18	16.0	4.73
400	406.4	426	540	495	22	16	M20	28	416	435	8	465	411	430	20	19.0	5.83
450	457	480	595	550	22	16	M20	30	467	490	8	520	462	485	20	23.5	7.02
500	508	530	645	600	22	20	M20	30	519	541	8	570	513.5	535	22	25.5	8.30
600	610	630	755	705	26	20	M24	32	622	642	8	670	616.5	636	22	33.5	9.34

表 3-1-241 *PN*10 平焊环松套钢制管法兰（HG/T 20592—2009） （mm）

公称通径 *DN*	钢管外径 A_1		连接尺寸					法兰厚度 *C*	法兰内径			焊环				近似重量	
			法兰外径 *D*	螺栓孔中心圆直径 *K*	螺栓孔直径 *L*	螺栓孔数量 *n*	螺纹 *Th*		B_1		*E*	外径 *d*	内径 B_2		厚度 *F*	法兰/kg	平焊环/kg
	A	B							A	B			A	B			
10	17.2	14	90	60	14	4	M12	14	21	18	3	40	18	15	12	0.5	0.09
15	21.3	18	95	65	14	4	M12	14	25	22	3	45	22.5	19	12	0.5	0.11
20	26.9	25	105	75	14	4	M12	16	31	29	4	58	27.5	26	14	1.0	0.23
25	33.7	32	115	85	14	4	M12	16	38	36	4	68	34.5	33	14	1.0	0.30
32	42.4	38	140	100	18	4	M16	18	47	42	5	78	43.5	39	14	2.0	0.36
40	48.3	45	150	110	18	4	M16	18	53	50	5	88	49.5	46	14	2.0	0.46
50	60.3	57	165	125	18	4	M16	20	65	62	5	102	61.5	59	16	2.5	0.65
65	76.1	76	185	145	18	4	M16	20	81	81	6	122	77.5	78	16	3.0	0.88

续表

公称通径 DN	钢管外径 A_1		连接尺寸					法兰厚度 C	法兰内径			焊环				近似重量	
			法兰外径 D	螺栓孔中心圆直径 K	螺栓孔直径 L	螺栓孔数量 n	螺纹 Th		B_1		E	外径 d	内径 B_2		厚度 F	法兰/kg	平焊环/kg
	A	B							A	B			A	B			
80	88.9	89	200	160	18	8	M16	20	94	94	6	138	90.5	91	16	3.5	1.07
100	114.3	108	220	180	18	8	M16	22	120	114	6	158	116	110	18	4.5	1.28
125	139.7	133	250	210	18	8	M16	22	145	139	6	188	141.5	135	18	5.5	1.64
150	168.3	159	285	240	22	8	M20	24	174	165	6	212	170.5	161	20	7.0	1.96
200	219.1	219	340	295	22	8	M20	24	226	226	6	268	221.5	222	20	9.0	2.81
250	273	273	395	350	22	12	M20	26	281	281	8	320	276.5	276	22	11.5	33.2
300	323.9	325	445	400	22	12	M20	28	333	334	8	370	328	328	22	13.0	3.89
350	355.6	377	505	460	22	16	M20	30	365	386	8	430	360	381	22	19.5	7.50
400	406.4	426	565	515	26	16	M24	32	416	435	8	482	411	430	24	26.5	9.38
450	457	480	615	565	26	20	M24	36	467	490	8	532	462	485	24	32.5	10.30
500	508	530	670	620	26	20	M24	38	519	541	8	585	513.5	535	26	39.0	12.59
600	610	630	780	725	30	20	M27	42	622	642	8	685	616.5	636	26	52.5	14.29

表 3-1-242 *PN*16 平焊环松套钢制管法兰（HG/T 20592—2009） （mm）

公称通径 DN	钢管外径 A_1		连接尺寸					法兰厚度 C	法兰内径			焊环				近似重量	
			法兰外径 D	螺栓孔中心圆直径 K	螺栓孔直径 L	螺栓孔数量 n	螺纹 Th		B_1		E	外径 d	内径 B_2		厚度 F	法兰/kg	平焊环/kg
	A	B							A	B			A	B			
10	17.2	14	90	60	14	4	M12	14	21	18	3	40	18	15	12	0.5	0.5
15	21.3	18	95	65	14	4	M12	14	25	22	3	45	22	19	12	0.6	0.5
20	26.9	25	105	75	14	4	M12	16	31	29	4	58	27.5	26	14	1.0	0.5
25	33.7	32	115	85	14	4	M12	16	38	36	4	68	34.5	33	14	1.0	0.5
32	42.4	38	140	100	18	4	M16	18	47	42	5	78	43.5	39	14	2.0	0.5
40	48.3	45	150	110	18	4	M16	18	53	50	5	88	49.5	46	14	2.0	0.5
50	60.3	57	165	125	18	4	M16	19	65	62	5	102	61.5	59	16	2.0	1.0
65	76.1	76	185	145	18	4	M16	20	81	81	6	122	77.5	78	16	3.0	1.0
80	88.9	89	200	160	18	8	M16	20	94	94	6	138	90.5	91	16	3.5	1.0
100	114.3	108	220	180	18	8	M16	22	120	114	6	158	116	110	18	4.5	1.5
125	139.7	133	250	210	18	8	M16	22	145	139	6	188	141.5	135	18	5.5	1.5
150	168.3	159	285	240	22	8	M20	24	174	165	6	212	170.5	161	20	7.0	2.0
200	219.1	219	340	295	22	12	M20	26	226	226	6	268	221.5	222	20	9.5	3.0
250	273	273	405	355	26	12	M24	29	281	281	8	320	276.5	276	22	14.0	3.5
300	323.9	325	460	410	26	12	M24	32	333	334	8	378	328	328	24	18.5	5.5
350	355.6	377	520	470	26	16	M24	35	365	386	8	428	360	381	26	23.5	10.0
400	406.4	426	580	525	30	16	M27	38	416	435	8	490	411	430	28	35.0	12.5
450	457	480	640	585	30	20	M27	42	467	490	8	550	462	485	30	45.0	16.5
500	508	530	715	650	33	20	M30×2	46	519	541	8	610	513.5	535	32	65.0	21.5
600	610	630	840	770	36	20	M33×2	52	622	642	8	725	616.5	636	32	94.0	28.5

⑧ 钢制管法兰盖见图 3-1-74 和表 3-1-243~表 3-1-249。

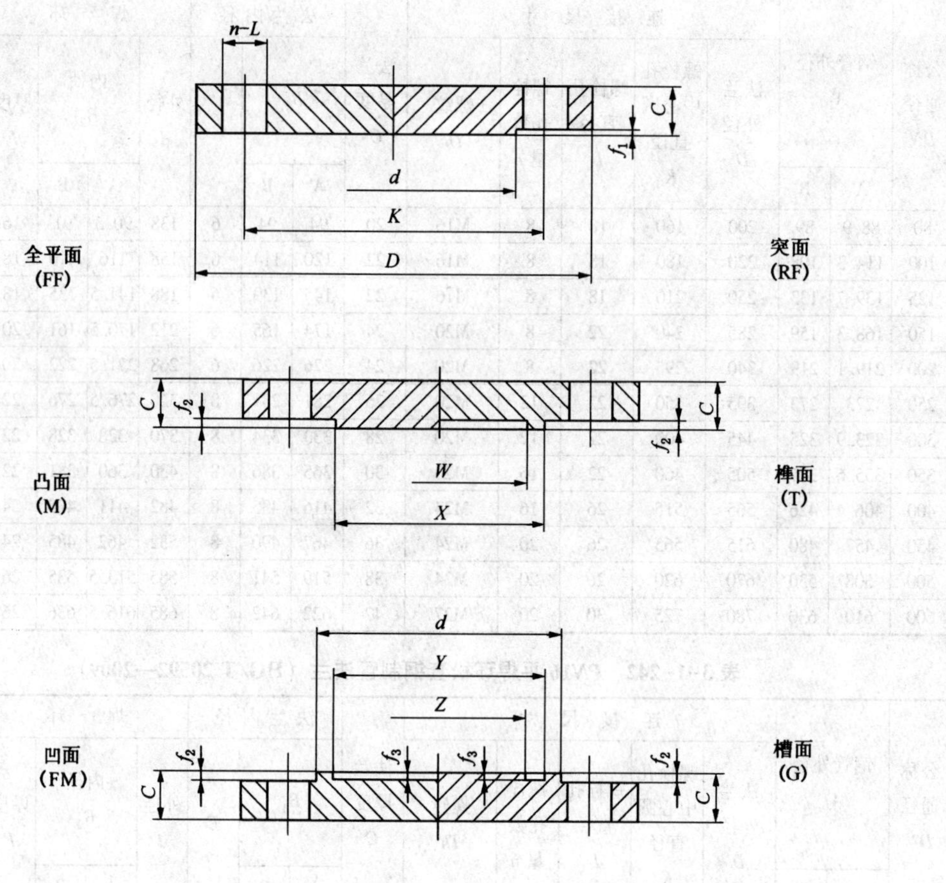

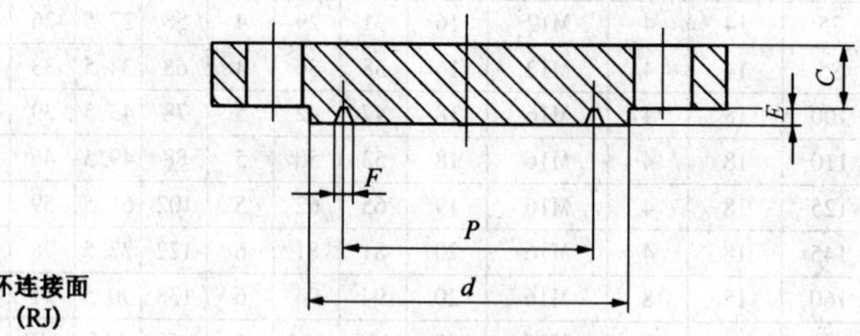

图 3-1-74 钢制管法兰盖（BL）

表 3-1-243 *PN*10 钢制管法兰盖（HG/T 20592—2009） （mm）

公称通径 *DN*	连接尺寸 法兰盖外径 *D*	螺栓孔中心圆直径 *K*	螺栓孔直径 *L*	螺栓孔数量 *n*	螺纹 *Th*	法兰盖厚度 *C*	法兰盖近似重量/kg
10	90	60	14	4	M12	16	1.0
15	95	65	14	4	M12	16	1.0

续表

公称通径 DN	连接尺寸					法兰盖 厚度 C	法兰盖 近似重量/ kg
	法兰盖 外径 D	螺栓孔中 心圆直径 K	螺栓孔 直径 L	螺栓孔 数量 n	螺纹 Th		
20	105	75	14	4	M12	18	1.0
25	115	85	14	4	M12	18	1.5
32	140	100	18	4	M16	18	2.0
40	150	110	18	4	M16	18	2.5
50	165	125	18	4	M16	18	3.0
65	185	145	18	4	M16	18	3.5
80	200	160	18	8	M16	20	4.5
100	220	180	18	8	M16	20	5.5
125	250	210	18	8	M16	22	8.0
150	285	240	22	8	M20	22	10.5
200	340	295	22	8	M20	24	15.5
250	395	350	22	12	M20	26	24.0
300	445	400	22	12	M20	26	31.0
350	505	460	22	16	M20	26	39.5
400	565	515	26	16	M24	26	49.5
450	615	565	26	20	M24	28	63.0
500	670	620	26	20	M24	28	75.5
600	780	725	30	20	M27	34	124.0
700	895	840	30	24	M27	38	
800	1015	950	33	24	M30	42	260.0
900	1115	1050	33	28	M30	46	344.0
1000	1230	1160	36	28	M33	52	473.5
1200	1455	1380	39	32	M36×3	60	765.0

表 3-1-244 *PN*16 钢制管法兰盖（HG/T 20592—2009） (mm)

公称通径 DN	连接尺寸					法兰盖 厚度 C	法兰盖 近似重量/ kg
	法兰盖 外径 D	螺栓孔中 心圆直径 K	螺栓孔 直径 L	螺栓孔 数量 n	螺纹 Th		
10	90	60	14	4	M12	16	1.0
15	95	65	14	4	M12	16	1.0
20	105	75	14	4	M12	18	1.0
25	115	85	14	4	M12	18	1.6
32	140	100	18	4	M16	18	2.0
40	150	110	18	4	M16	18	2.5

续表

公称通径 DN	连接尺寸					法兰盖厚度 C	法兰盖近似重量/kg
	法兰盖外径 D	螺栓孔中心圆直径 K	螺栓孔直径 L	螺栓孔数量 n	螺纹 Th		
50	165	125	18	4	M16	18	3.0
65	185	145	18	4	M16	18	3.5
80	200	160	18	8	M16	20	4.5
100	220	180	18	8	M16	20	5.5
125	250	210	18	8	M16	22	8.0
150	285	240	22	8	M20	22	10.5
200	340	295	22	12	M20	24	16.5
250	405	355	26	12	M24	26	25.0
300	460	410	26	12	M24	28	35.1
350	520	470	26	16	M24	30	48.0
400	580	525	30	16	M27	32	63.5
450	640	585	30	20	M27	40	96.5
500	715	650	33	20	M30	44	133.0
600	840	770	36	20	M33	54	226.5
700	910	840	36	24	M33	48	236.0
800	1025	950	39	24	M36×3	52	325.0
900	1125	1050	39	28	M36×3	58	437.5
1000	1255	1170	42	28	M39×3	64	602.0
1200	1485	1390	48	32	M45×3	76	999.0

表 3-1-245 *PN*25 钢制管法兰盖（HG/T 20592—2009） （mm）

公称通径 DN	连接尺寸					法兰盖厚度 C	法兰盖近似重量/kg
	法兰盖外径 D	螺栓孔中心圆直径 K	螺栓孔直径 L	螺栓孔数量 n	螺纹 Th		
10	90	60	14	4	M12	16	1.0
15	95	65	14	4	M12	16	1.0
20	105	75	14	4	M12	18	1.0
25	115	85	14	4	M12	18	1.5
32	140	100	18	4	M16	18	2.0
40	150	110	18	4	M16	18	2.5
50	165	125	18	4	M16	20	3.0
65	185	145	18	8	M16	22	4.5
80	200	160	18	8	M16	24	5.5
100	235	190	22	8	M20	24	7.5
125	270	220	26	8	M24	26	11.0
150	300	250	26	8	M24	28	14.5
200	360	310	26	12	M24	30	22.5
250	425	370	30	12	M27	32	33.5
300	485	430	30	16	M27	34	46.5
350	555	490	33	16	M30	38	68.0
400	620	550	36	16	M33	40	89.5
450	670	600	36	20	M33	46	120.0
500	730	660	36	20	M33	48	150.0
600	845	770	39	20	M36×3	58	244.5

表 3-1-246 *PN*40 钢制管法兰盖（HG/T 20592—2009）（mm）

公称通径 *DN*	连接尺寸					法兰盖厚度 *C*	法兰盖理论近似重量/kg
	法兰盖外径 *D*	螺栓孔中心圆直径 *K*	螺栓孔直径 *L*	螺栓孔数量 *n*	螺纹 *Th*		
10	90	60	14	4	M12	16	1.0
15	95	65	14	4	M12	16	1.0
20	105	75	14	4	M12	18	1.0
25	115	85	14	4	M12	18	1.5
32	140	100	18	4	M16	18	2.0
40	150	110	18	4	M16	18	2.5
50	165	125	18	4	M16	20	3.0
65	185	145	18	8	M16	22	4.5
80	200	160	18	8	M16	24	5.5
100	235	190	22	8	M20	24	7.5
125	270	220	26	8	M24	26	11.0
150	300	250	26	8	M24	28	14.5
200	375	320	30	12	M27	36	29.0
250	450	385	33	12	M30	38	44.5
300	515	450	33	16	M30	42	64.0
350	580	510	36	16	M33	46	89.5
400	660	585	39	16	M36×3	50	127.0
450	685	610	39	20	M36×3	57	154.0
500	755	670	42	20	M39×3	57	188.0
600	890	795	48	20	M45×3	72	331.0

表 3-1-247 *PN*63 钢制管法兰盖（HG/T 20592—2009）（mm）

公称通径 *DN*	连接尺寸					法兰盖厚度 *C*	法兰盖近似重量/kg
	法兰盖外径 *D*	螺栓孔中心圆直径 *K*	螺栓孔直径 *L*	螺栓孔数量 *n*	螺纹 *Th*		
10	100	70	14	4	M12	20	1.0
15	105	75	14	4	M12	20	1.5
20	130	90	18	4	M16	22	2.0
25	140	100	18	4	M16	24	2.5
32	155	110	22	4	M20	24	3.5
40	170	125	22	4	M20	26	4.5
50	180	135	22	4	M20	26	5.0
65	205	160	22	8	M20	26	6.0
80	215	170	22	8	M20	28	7.5
100	250	200	26	8	M24	30	10.5
125	295	240	30	8	M27	34	16.5
150	345	280	33	8	M30	36	24.5
200	415	345	36	12	M33	42	40.5
250	470	400	36	12	M33	46	58.0
300	530	460	36	16	M33	52	83.5
350	600	525	39	16	M36×3	56	116.0
400	670	585	42	16	M39×3	60	155.5

表 3-1-248 *PN*100 钢制管法兰盖（HG/T 20592—2009） （mm）

公称通径 *DN*	连接尺寸					法兰盖厚度 *C*	法兰盖近似重量/kg
	法兰盖外径 *D*	螺栓孔中心圆直径 *K*	螺栓孔直径 *L*	螺栓孔数量 *n*	螺纹 *Th*		
10	100	70	14	4	M12	20	1.0
15	105	75	14	4	M12	20	1.5
20	130	90	18	4	M16	22	2.0
25	140	100	18	4	M16	24	2.5
32	155	110	22	4	M20	24	3.5
40	170	125	22	4	M20	26	4.5
50	195	145	26	4	M24	28	6.0
65	220	170	26	8	M24	30	8.0
80	230	180	26	8	M24	32	9.5
100	265	210	30	8	M27	36	14.0
125	315	250	33	8	M30	40	22.5
150	355	290	33	12	M30	44	30.5
200	430	360	36	12	M33	52	54.5
250	505	430	39	12	M36×3	60	87.5
300	585	500	42	16	M39×3	68	131.6
350	655	560	48	16	M45×3	74	179.0
400	715	620	48	16	M45×3	82	243.0

表 3-1-249 *PN*160 钢制管法兰盖（HG/T 20592—2009） （mm）

公称通径 *DN*	连接尺寸					法兰盖厚度 *C*	法兰盖近似重量/kg
	法兰盖外径 *D*	螺栓孔中心圆直径 *K*	螺栓孔直径 *L*	螺栓孔数量 *n*	螺纹 *Th*		
10	100	70	14	4	M12	24	1.5
15	105	75	14	4	M12	26	2.0
20	130	90	18	4	M16	30	3.0
25	140	100	18	4	M16	32	4.0
32	155	110	22	4	M20	34	5.0
40	170	125	22	4	M20	36	6.0
50	195	145	26	4	M24	38	8.5
65	220	170	26	8	M24	42	11.5
80	230	180	26	8	M24	46	14.0
100	265	210	30	8	M27	52	20.5
125	315	250	33	8	M30	56	32.0
150	355	290	33	12	M30	62	44.0
200	430	360	36	12	M33	66	70.0
250	515	430	42	12	M39×3	76	115.5
300	585	500	42	16	M39×3	88	172.0

⑨ 不锈钢衬里法兰盖见图 3-1-75 和表 3-1-250~表 3-1-254。

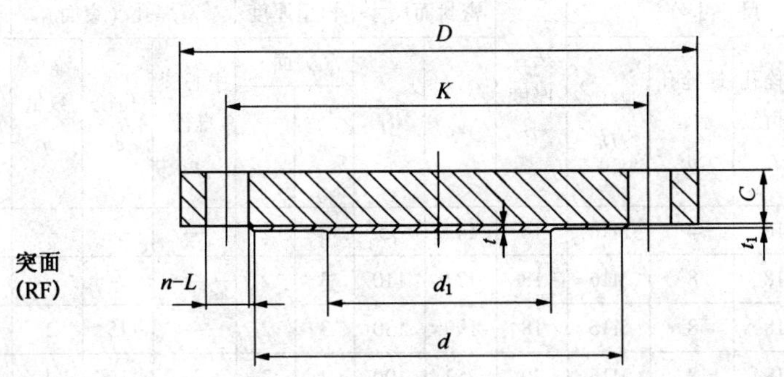

凸面
(M)

榫面
(T)

图 3-1-75 不锈钢衬里法兰盖［BL（S）］

表 3-1-250 *PN*6 不锈钢衬里法兰盖（HG/T 20592—2009） （mm）

公称通径 *DN*	连接尺寸 法兰外径 *D*	连接尺寸 螺栓孔中心圆直径 *K*	连接尺寸 螺栓孔直径 *L*	连接尺寸 螺栓孔数量 *n*	连接尺寸 螺纹 *Th*	法兰厚度 *C*	密封面尺寸 *d*	密封面尺寸 d_1	衬里厚度 突面 *t*	衬里厚度 突面 t_1	塞焊孔（突面） 中心圆直径 *p*	塞焊孔（突面） 孔径 *ϕ*	塞焊孔（突面） 数量 *n*	近似重量/kg 法兰盖	近似重量/kg 衬里层
40	130	100	14	4	M12	14	78	30	3	2	—	—	—	1. 6	0. 11
50	140	110	14	4	M12	14	88	45	3	2	—	—	—	1. 9	0. 14
65	160	130	14	4	M12	14	108	60	3	2	—	—	—	2. 5	0. 22
80	190	150	18	4	M16	16	124	75	3	2	—	—	—	3. 9	0. 28

续表

公称通径 DN	连接尺寸					法兰厚度 C	密封面尺寸		衬里厚度		塞焊孔（突面）			近似重量/kg	
	法兰外径 D	螺栓孔中心圆直径 K	螺栓孔直径 L	螺栓孔数量 n	螺纹 Th		d	d_1	突面		中心圆直径 p	孔径 φ	数量 n	法兰盖	衬里层
									t	t_1					
100	210	170	16	4	M16	16	144	95	3	2	—	—	—	4.9	0.38
125	240	200	18	8	M16	18	174	110	3	2	—	—	—	6.1	0.56
150	265	225	18	8	M16	18	199	130	3	2	—	15	1	6.4	0.73
200	320	280	18	8	M16	20	254	190	4	2	—	15	1	13.5	1.59
250	375	335	18	12	M16	22	309	235	4	2	—	15	1	20.2	2.35
300	440	395	22	12	M20	22	363	285	5	3	170	15	4	27.8	4.06
350	490	445	22	12	M20	22	413	330	5	3	220	15	4	34.7	5.26
400	540	495	22	16	M20	22	463	380	5	3	230	15	4	42.0	6.60
450	595	550	22	16	M20	24	518	430	5	3	250	15	4	51.2	8.27
500	645	600	22	20	M20	24	568	475	6	4	260	15	7	65.1	11.9
600	755	705	26	20	M24	30	667	570	6	4	320	15	7	102.9	16.4

表 3-1-251 *PN*10 不锈钢衬里法兰盖（HG/T 20592—2009） （mm）

公称通径 DN	连接尺寸					法兰厚度 C	密封面尺寸					衬里厚度			塞焊孔（突面）			近似重量/kg		
	法兰外径 D	螺栓孔中心圆直径 K	螺栓孔直径 L	螺栓孔数量 n	螺纹 Th		d	d_1	X	W	f_2	突面		凸面榫面 t	中心圆直径 p	孔径 φ	数量 n	法兰盖	衬里层	
												t	t_1						突面	凸面榫面
40	150	110	18	4	M16	18	84	30	75	61	4	3	2	10	—	—	—	2.35	0.13	0.43
50	165	125	18	4	M16	18	99	45	87	73	4	3	2	10	—	—	—	3.20	0.18	0.60
65	185	145	18	4	M16	18	118	60	109	95	4	3	2	10	—	—	—	4.06	0.26	0.87
80	200	160	18	8	M16	20	132	75	120	106	4	3	2	10	—	—	—	4.61	0.33	1.11
100	220	180	18	8	M16	20	156	95	149	129	4.5	3	2	10	—	—	—	6.21	0.45	1.50
125	250	210	18	8	M16	22	184	110	175	155	4.5	3	2	10	—	—	—	8.12	0.63	2.09
150	285	240	22	8	M20	22	211	130	203	183	4.5	3	2	10	—	15	1	11.4	0.82	2.72
200	340	295	22	8	M20	24	266	190	259	239	4.5	4	2	10	—	15	1	16.5	1.74	4.36
250	395	350	22	12	M20	26	319	235	312	292	4.5	4	2	10	—	15	1	24.1	2.52	6.31
300	445	400	22	12	M20	26	370	285	363	343	4.5	5	3	10	170	15	4	30.8	4.22	8.44
350	505	460	22	16	M20	26	429	330	421	395	5	5	3	10	220	15	4	39.6	5.64	11.3
400	565	515	26	16	M24	26	480	380	473	447	5	5	3	10	230	15	4	49.4	7.10	14.2
450	615	565	26	20	M24	28	530	430	523	497	5	5	3	10	250	15	4	62.9	8.65	17.3
500	670	620	26	20	M24	28	582	475	575	549	5	6	4	10	260	15	7	75.1	12.5	20.9
600	780	725	30	20	M27	34	682	570	675	649	5	6	4	10	320	15	7	123.7	17.2	28.7

表 3-1-252　*PN*16 不锈钢衬里法兰盖（HG/T 20592—2009）

（mm）

公称通径 *DN*	连接尺寸 法兰外径 *D*	连接尺寸 螺栓孔中心圆直径 *K*	连接尺寸 螺栓孔直径 *L*	连接尺寸 螺栓孔数量 *n*	连接尺寸 螺纹 *Th*	法兰厚度 *C*	密封面尺寸 *d*	密封面尺寸 d_1	密封面尺寸 *X*	密封面尺寸 *W*	密封面尺寸 f_2	衬里厚度 突面 *t*	衬里厚度 突面 t_1	衬里厚度 凸面榫面 *t*	塞焊孔（突面） 中心圆直径 *p*	塞焊孔（突面） 孔径 *ϕ*	塞焊孔（突面） 数量 *n*	近似重量/kg 法兰盖	近似重量/kg 衬里层 突面	近似重量/kg 衬里层 凸面榫面
40	150	110	18	4	M16	18	84	30	75	61	4	3	2	10	—	—	—	2. 35	0. 13	0. 43
50	165	125	18	4	M16	18	99	45	87	73	4	3	2	10	—	—	—	3. 20	0. 18	0. 60
65	185	145	18	4	M16	18	118	60	109	95	4	3	2	10	—	—	—	4. 06	0. 26	0. 87
80	200	160	18	8	M16	20	132	75	120	106	4	3	2	10	—	—	—	4. 61	0. 33	1. 11
100	220	180	18	8	M16	20	156	95	149	129	4. 5	3	2	10	—	—	—	6. 21	0. 45	1. 50
125	250	210	18	8	M16	22	184	110	175	155	4. 5	3	2	10	—	—	—	8. 12	0. 63	2. 09
150	285	240	22	8	M20	22	211	130	203	183	4. 5	3	2	10	—	15	1	11. 4	0. 82	2. 72
200	340	295	22	12	M20	24	266	190	259	239	4. 5	4	2	10	—	15	1	16. 2	1. 74	4. 36
250	405	355	26	12	M24	26	319	235	312	292	4. 5	4	2	10	—	15	1	25. 0	2. 52	6. 31
300	460	410	26	12	M24	28	370	285	363	343	4. 5	5	3	10	170	15	4	35. 1	4. 31	8. 62
350	520	470	26	16	M24	30	429	330	421	395	5	5	3	10	220	15	4	48. 0	5. 80	11. 6
400	580	525	30	16	M27	32	480	380	473	447	5	5	3	10	230	15	4	63. 5	7. 25	14. 5
450	640	585	30	20	M27	40	548	430	523	497	5	5	3	10	250	15	4	86. 9	9. 15	18. 3
500	715	650	33	20	M30×2	44	609	475	575	549	5	6	4	10	260	15	7	108. 6	13. 6	22. 7
600	840	770	36	20	M33×2	54	720	570	675	649	5	6	4	10	320	15	7	184. 3	19. 1	31. 8

表 3-1-253　*PN*25 不锈钢衬里法兰盖（HG/T 20592—2009）

（mm）

公称通径 *DN*	连接尺寸 法兰外径 *D*	连接尺寸 螺栓孔中心圆直径 *K*	连接尺寸 螺栓孔直径 *L*	连接尺寸 螺栓孔数量 *n*	连接尺寸 螺纹 *Th*	法兰厚度 *C*	密封面尺寸 *d*	密封面尺寸 d_1	密封面尺寸 *X*	密封面尺寸 *W*	密封面尺寸 f_2	衬里厚度 突面 *t*	衬里厚度 突面 t_1	衬里厚度 凸面榫面 *t*	塞焊孔（突面） 中心圆直径 *p*	塞焊孔（突面） 孔径 *ϕ*	塞焊孔（突面） 数量 *n*	近似重量/kg 法兰盖	近似重量/kg 衬里层 突面	近似重量/kg 衬里层 凸面榫面
40	150	110	18	4	M16	18	84	30	75	61	4	3	2	10	—	—	—	2. 35	0. 13	0. 43
50	165	125	18	4	M16	20	99	45	87	73	4	3	2	10	—	—	—	3. 20	0. 18	0. 60
65	185	145	18	8	M16	22	118	60	109	95	4	3	2	10	—	—	—	4. 29	0. 26	0. 87
80	200	160	18	8	M16	24	132	75	120	106	4	3	2	10	—	—	—	5. 53	0. 33	1. 11
100	235	190	22	8	M20	24	156	95	149	129	4. 5	3	2	10	—	—	—	7. 59	0. 47	1. 58
125	270	220	26	8	M24	26	184	110	175	155	4. 5	3	2	10	—	—	—	10. 8	0. 64	2. 13
150	300	250	26	8	M24	28	211	130	203	183	4. 5	3	2	10	—	15	1	14. 6	0. 86	2. 88
200	360	310	26	12	M24	30	274	190	259	239	4. 5	4	2	10	—	15	1	22. 5	1. 88	4. 69
250	425	370	30	12	M27	32	330	235	312	292	4. 5	4	2	10	—	15	1	33. 5	2. 72	6. 79

续表

公称通径 DN	连接尺寸					法兰厚度 C	密封面尺寸					衬里厚度			塞焊孔（突面）			近似重量/kg		
	法兰外径 D	螺栓孔中心圆直径 K	螺栓孔直径 L	螺栓孔数量 n	螺纹 Th		d	d_1	X	W	f_2	突面 t	突面 t_1	凸面榫面 t	中心圆直径 p	孔径 ϕ	数量 n	法兰盖	衬里层 突面	衬里层 凸面榫面
300	485	430	30	16	M27	34	389	285	363	343	4.5	5	3	10	170	15	4	46.3	4.69	9.37
350	555	490	33	16	M30×2	38	448	330	421	395	5	5	3	10	220	15	4	68.0	6.16	12.3
400	620	550	36	16	M33×2	40	503	380	473	447	5	5	3	10	230	15	4	89.6	7.70	15.4
450	670	600	36	20	M33×2	46	548	430	523	497	5	5	3	10	250	15	4	119.9	9.32	18.6
500	730	660	36	20	M33×2	48	609	475	575	549	5	6	4	10	260	15	7	150.0	13.8	22.9
600	845	770	39	20	M36×3	58	720	570	675	649	5	6	4	10	320	15	7	244.3	19.1	31.8

表 3-1-254 *PN*40 不锈钢衬里法兰盖（HG/T 20592—2009） （mm）

公称通径 DN	连接尺寸					法兰厚度 C	密封面尺寸					衬里厚度			塞焊孔（突面）			理论近似重量/kg		
	法兰外径 D	螺栓孔中心圆直径 K	螺栓孔直径 L	螺栓孔数量 n	螺纹 Th		d	d_1	X	W	f_2	突面 t	突面 t_1	凸面榫面 t	中心圆直径 p	孔径 ϕ	数量 n	法兰盖	衬里层 突面	衬里层 凸面榫面
40	150	110	18	4	M16	18	84	30	75	61	4	3	2	10	—	—	—	2.35	0.13	0.43
50	165	125	18	4	M16	20	99	45	87	73	4	3	2	10	—	—	—	3.20	0.18	0.60
65	185	145	18	8	M16	22	118	60	109	95	4	3	2	10	—	—	—	4.29	0.26	0.87
80	200	160	18	8	M16	24	132	75	120	106	4	3	2	10	—	—	—	5.53	0.33	1.11
100	235	190	22	8	M20	24	156	95	149	129	4.5	3	2	10	—	—	—	7.59	0.47	1.58
125	270	220	26	8	M24	26	184	110	175	155	4.5	3	2	10	—	—	—	10.8	0.64	2.13
150	300	250	26	8	M24	28	211	130	203	183	4.5	3	2	10	—	15	1	14.6	0.86	2.88
200	375	320	30	12	M27	36	284	190	259	239	4.5	4	2	10	—	15	1	27.2	1.96	4.90
250	450	385	33	12	M30×2	38	345	235	312	292	4.5	4	2	10	—	15	1	44.4	2.85	7.12
300	515	450	33	16	M30×2	42	409	285	363	343	4.5	5	3	10	170	15	4	64.1	5.10	10.2
350	580	510	36	16	M33×2	46	465	330	421	395	5	5	3	10	220	15	4	89.5	6.52	13.0
400	660	585	39	16	M36×3	50	535	380	473	447	5	5	3	10	230	15	4	126.7	8.82	17.6
450	685	610	39	20	M36×3	57	560	430	523	497	5	5	3	10	250	15	4	154.1	9.66	19.3
500	755	670	42	20	M39×3	57	615	475	575	549	5	6	4	10	260	15	7	187.8	14.0	23.3
600	890	795	48	20	M45×3	72	735	570	675	649	5	6	4	10	320	15	7	331.0	20.0	33.3

（2）美洲体系

① 带颈平焊钢制管法兰见图 3-1-76 和表 3-1-255～表 3-1-259。

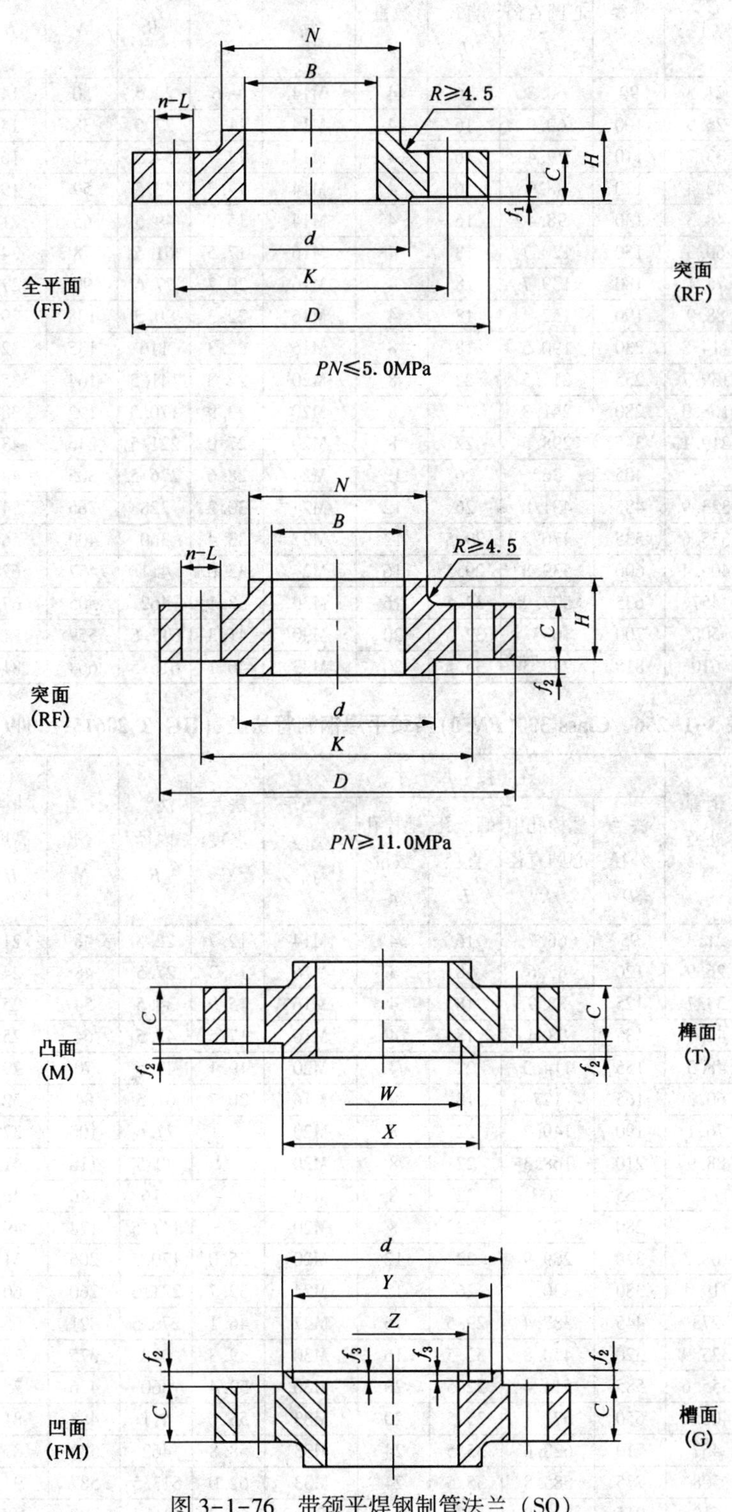

图 3-1-76　带颈平焊钢制管法兰（SO）

表 3-1-255　Class 150(*PN*20)带颈平焊钢制管法兰（HG/T 20615—2009）　(mm)

公称通径		钢管外径 *A*	连接尺寸					法兰厚度 *C*	法兰内径 *B*	法兰颈 *N*	法兰高度 *H*	法兰近似重量/kg
NPS/in	*DN*		法兰外径 *D*	螺栓孔中心圆直径 *K*	螺栓孔直径 *L*	螺栓孔数量 *n*	螺纹 *Th*					
1/2	15	21.3	90	60.3	16	4	M14	9.6	22.5	30	14	0.45
3/4	20	26.9	100	69.9	16	4	M14	11.2	27.5	38	14	0.68
1	25	33.7	110	79.4	16	4	M14	12.7	34.5	49	16	0.91
1¼	32	42.4	120	88.9	16	4	M14	14.3	43.5	59	19	1.14
1½	40	48.3	130	98.4	16	4	M14	15.9	49.5	65	21	1.36
2	50	60.3	150	120.7	18	4	M16	17.5	61.5	78	24	2.18
2½	65	76.1	180	139.7	18	4	M16	20.7	77.6	90	27	3.45
3	80	88.9	190	152.4	18	4	M16	22.3	90.5	108	29	4.01
4	100	114.3	230	190.5	18	8	M16	22.3	116	135	32	5.63
5	125	139.7	255	215.5	22	8	M20	22.3	141.5	164	35	6.74
6	150	168.3	280	241.3	22	8	M20	23.9	170.5	192	38	7.90
8	200	219.1	345	298.5	22	8	M20	27.0	221.5	246	43	12.9
10	250	273	405	362	26	12	M24	28.6	276.5	305	48	17.6
12	300	323.9	485	431.8	26	12	M24	30.2	328	365	54	27.69
14	350	355.6	535	476.3	29.5	12	M27	33.4	360	400	56	37.68
16	400	406.4	600	539.8	29.5	16	M27	35.0	411	457	62	48.12
18	450	457	635	577.9	32.5	16	M30	38.1	462	505	67	49.49
20	500	508	700	635	32.5	20	M30	41.3	513.5	559	71	67.19
24	600	610	815	749.3	35.5	20	M33	46.1	616.5	664	81	92.62

表 3-1-256　Class 300(*PN*50)带颈平焊钢制管法兰（HG/T 20615—2009）　(mm)

公称通径		钢管外径 *A*	连接尺寸					法兰厚度 *C*	法兰内径 *B*	法兰颈 *N*	法兰高度 *H*	法兰近似重量/kg
NPS/in	*DN*		法兰外径 *D*	螺栓孔中心圆直径 *K*	螺栓孔直径 *L*	螺栓孔数量 *n*	螺纹 *Th*					
1/2	15	21.3	95	66.7	16	4	M14	12.7	22.5	38	21	0.68
3/4	20	26.9	120	82.6	18	4	M16	14.3	27.5	48	24	1.14
1	25	33.7	125	88.9	18	4	M16	15.9	34.5	54	25	1.36
1¼	32	42.4	135	98.4	18	4	M16	17.5	43.5	64	25	2.04
1½	40	48.3	155	114.3	22	4	M20	19.1	49.5	70	29	2.95
2	50	60.3	165	127	18	8	M16	20.7	61.5	84	32	3.18
2½	65	76.1	190	149.2	22	8	M20		77.6	100	37	4.54
3	80	88.9	210	168.3	22	8	M20		90.5	118	41	5.90
4	100	114.3	255	200	22	8	M20		116	146	46	10.67
5	125	139.7	280	235	22	8	M20		141.5	178	49	13.17
6	150	168.3	320	269.9	22	12	M20	35.0	170.5	206	51	16.34
8	200	219.1	380	330.2	26	12	M24	39.7	221.5	260	60	25.42
10	250	273	445	387.4	29.5	16	M27	46.1	276.5	321	65	34.96
12	300	323.9	520	450.8	32.5	16	M30	49.3	328	375	71	51.30
14	350	355.6	585	514.4	32.5	20	M30	52.4	360	426	75	72.19
16	400	406.4	650	571.4	35.5	20	M33	55.6	411	483	81	95.34
18	450	457	710	628.6	35.5	24	M33	58.8	462	533	87	114.86
20	500	508	775	685.8	35.5	24	M33	62.0	513.5	587	94	139.38
24	600	610	915	812.8	42	24	M39×3	68.3	616.5	702	105	222.46

表 3-1-257　Class 600(*PN*110)带颈平焊钢制管法兰（HG/T 20615—2009）　（mm）

公称通径		钢管外径 *A*	连接尺寸					法兰厚度 *C*	法兰内径 *B*	法兰颈 *N*	法兰高度 *H*	法兰近似重量/kg
NPS/in	*DN*		法兰外径 *D*	螺栓孔中心圆直径 *K*	螺栓孔直径 *L*	螺栓孔数量 *n*	螺纹 *Th*					
1/2	15	21.3	95	66.7	16	4	M14	14.3	22.5	38	22	0.91
3/4	20	26.9	120	82.6	18	4	M16	15.9	27.5	48	25	1.36
1	25	33.7	125	88.9	18	4	M16	17.5	34.5	54	27	1.59
1¼	32	42.4	135	98.4	18	4	M16	20.7	43.5	64	29	2.04
1½	40	48.3	155	114.3	22	4	M20	22.3	49.5	70	32	2.95
2	50	60.3	165	127	18	8	M16	25.4	61.5	84	37	3.63
2½	65	76.1	190	149.2	22	8	M20	28.6	77.6	100	41	5.45
3	80	88.9	210	168.3	22	8	M20	31.8	90.5	117	46	6.81
4	100	114.3	275	215.9	26	8	M24	38.1	116	152	54	14.98
5	125	139.7	330	266.7	29.5	8	M27	44.5	141.5	189	60	28.60
6	150	168.3	355	292.1	29.5	12	M27	47.7	170.5	222	67	36.32
8	200	219.1	420	349.2	32.5	12	M30	55.6	221.5	273	76	44.04
10	250	273	510	431.8	35.5	16	M33	63.5	276.5	343	86	80.36
12	300	323.9	560	489	35.5	20	M33	6.7	328	400	92	97.61
14	350	355.6	605	527	39	20	M36×3	69.9	360	432	94	117.59
16	400	406.4	685	603.2	42	20	M39×3	76.2	411	495	106	166.16
18	450	457	745	654.0	45	20	M42×3	82.6	462	546	117	216.10
20	500	508	815	723.9	45	24	M42×3	80.9	513.5	610	127	277.85
24	600	610	940	838.2	51	24	M48×3	101.6	616.5	718	140	397.70

表 3-1-258　Class 900(*PN*150)带颈平焊钢制管法兰（HG/T 20615—2009）　（mm）

公称通径		钢管外径 *A*	连接尺寸					法兰厚度 *C*	法兰内径 *B*	法兰颈 *N*	法兰高度 *H*	法兰近似重量/kg
NPS/in	*DN*		法兰外径 *D*	螺栓孔中心圆直径 *K*	螺栓孔直径 *L*	螺栓孔数量 *n*	螺纹 *Th*					
1/2	15	21.3	120	82.6	22	4	M20	22.3	22.5	38	32	2.72
3/4	20	26.9	130	88.9	22	4	M20	25.4	27.5	44	35	2.72
1	25	33.7	150	101.6	26	4	M24	28.6	34.5	52	41	3.41
1¼	32	42.4	160	111.1	26	4	M24	28.6	43.5	64	41	4.54
1½	40	48.3	180	123.8	29.5	4	M27	31.8	49.5	70	44	6.36
2	50	60.3	215	165.1	26	8	M24	38.1	61.5	105	57	9.99
2½	65	76.1	245	190.5	29.5	8	M27	41.3	77.6	124	64	16.34
3	80	88.9	240	190.5	26	8	M24	38.1	90.5	127	54	14.07
4	100	114.3	290	235	32.5	8	M30	44.5	116	159	70	24.06
5	125	139.7	350	279.4	35.5	8	M33	50.8	141.5	190	79	37.68
6	150	168.3	380	317.5	32.5	12	M30	55.6	170.5	235	86	49.03
8	200	219.1	470	393.7	39	12	M36×3	63.5	221.5	298	102	78.09
10	250	273	545	469.9	39	16	M36×3	69.9	276.5	368	108	111.23
12	300	323.9	610	533.4	39	20	M36×3	79.4	328	419	117	148.00
14	350	355.6	640	558.9	42	20	M39×3	85.8	360	451	130	172.52
16	400	406.4	705	616	45	20	M42×3	88.9	411	508	133	208.39
18	450	457	785	685.8	51	20	M48×3	101.6	462	565	152	293.74
20	500	508	855	749.3	55	20	M52×3	108	513.5	672	159	359.57
24	600	610	1040	901.7	68	20	M64×3	139.7	616.5	749	203	671.92

表 3-1-259　Class 1500(*PN*260)带颈平焊钢制管法兰（HG/T 20615—2009）　（mm）

公称通径		钢管外径 *A*	连接尺寸					法兰厚度 *C*	法兰内径 *B*	法兰颈 *N*	法兰高度 *H*	法兰近似重量/kg
NPS/in	*DN*		法兰外径 *D*	螺栓孔中心圆直径 *K*	螺栓孔直径 *L*	螺栓孔数量 *n*	螺纹 *Th*					
1/2	15	21.3	120	82.6	22	4	M20	22.3	22.5	38	32	2.72
3/4	20	26.9	130	88.9	22	4	M20	25.4	27.5	44	35	2.72
1	25	33.7	150	101.6	26	4	M24	28.6	34.5	52	41	3.41
1¼	32	42.4	160	111.1	26	4	M24	28.6	43.5	64	41	4.54
1½	40	48.3	180	123.8	29.5	4	M27	31.8	49.5	70	44	6.36
2	50	60.3	215	165.1	26	8	M24	38.1	61.5	105	57	9.99
2½	65	76.1	245	190.5	29.5	8	M27	41.3	77.6	124	64	16.34

② 带颈对焊钢制管法兰见图 3-1-77 和表 3-1-260~表 3-1-265。

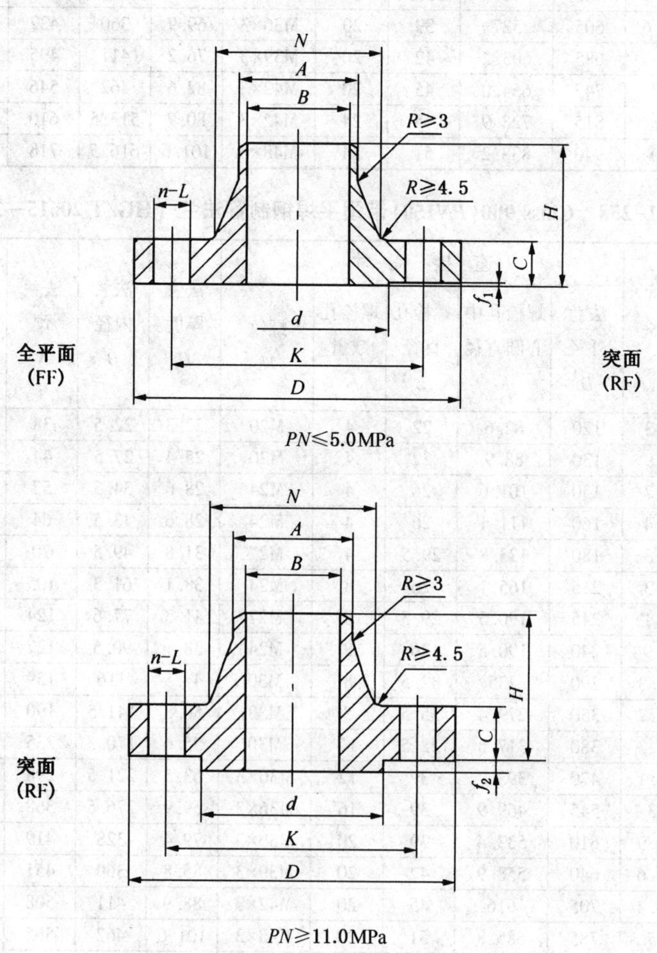

图 3-1-77　带颈对焊钢制管法兰（WN）（一）

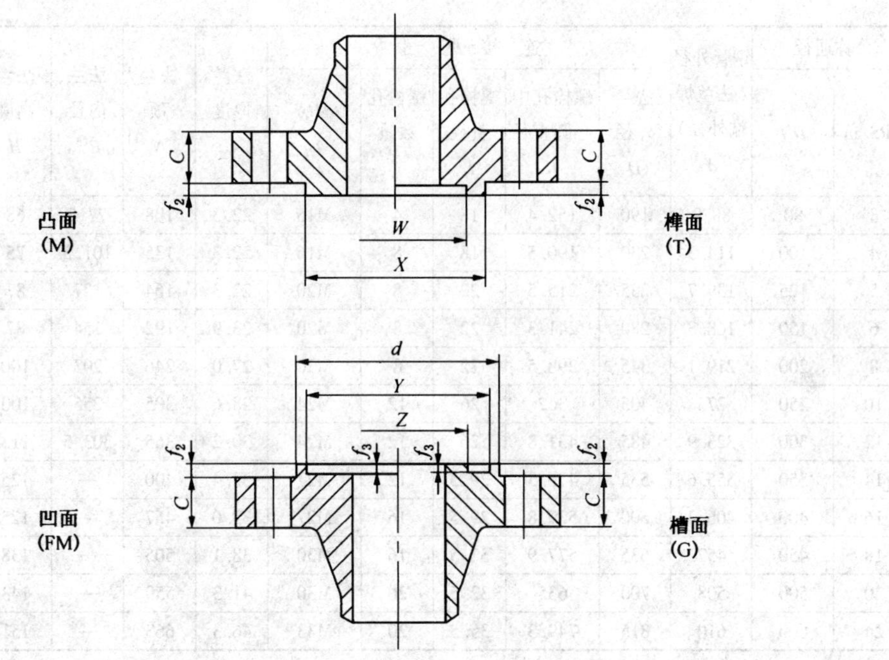

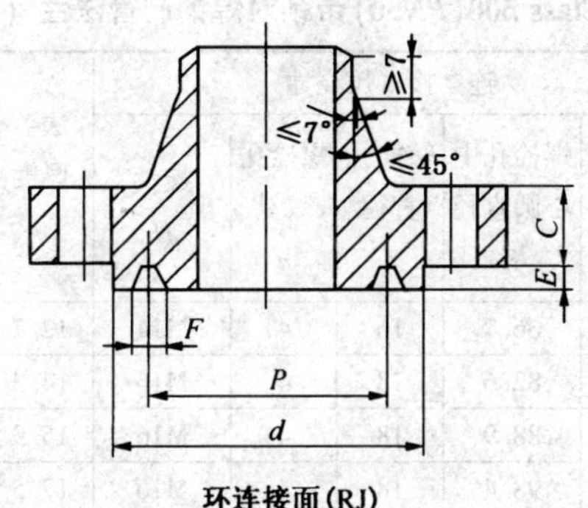

图 3-1-77　带颈对焊钢制管法兰（WN）（二）

注：带颈对焊法兰的锥颈斜度应不大于 45°，且应具有斜度不大于 7°的直边段，直边段长度不小于 7mm。

表 3-1-260　Class 150(*PN*20)带颈对焊钢制管法兰（HG/T 20615—2009）　　(mm)

公称通径		钢管外径	连接尺寸					法兰厚度	法兰颈	法兰内径	法兰高度	法兰近似重量/kg
NPS/in	*DN*	(法兰焊端外径) *A*	法兰外径 *D*	螺栓孔中心圆直径 *K*	螺栓孔直径 *L*	螺栓孔数量 *n*	螺纹 *Th*	*C*	*N*	$B^{注}$	*H*	
1/2	15	21.3	90	60.3	16	4	M14	9.6	30	15.5	46	0.91
3/4	20	26.9	100	69.9	16	4	M14	11.2	38	21	51	0.91
1	25	33.7	110	79.4	16	4	M14	12.7	49	27	54	1.14
1¼	32	42.4	120	88.9	16	4	M14	14.3	59	35	56	1.14
1½	40	48.3	130	98.4	16	4	M14	15.9	65	41	60	1.81
2	50	60.3	150	120.7	18	4	M16	17.5	78	52	62	2.72
2½	65	76.1	180	139.7	18	4	M16	20.7	90	66	68	4.54

续表

公称通径		钢管外径（法兰焊端外径）A	连接尺寸					法兰厚度 C	法兰颈 N	法兰内径 B注	法兰高度 H	法兰近似重量/kg
NPS/in	DN		法兰外径 D	螺栓孔中心圆直径 K	螺栓孔直径 L	螺栓孔数量 n	螺纹 Th					
3	80	88.9	190	152.4	18	4	M16	22.3	108	77.5	68	5.22
4	100	114.3	230	190.5	18	8	M16	22.3	135	101.5	75	7.49
5	125	139.7	255	215.5	22	8	M20	22.3	164	127	87	9.53
6	150	168.3	280	241.3	22	8	M20	23.9	192	154	87	11.80
8	200	219.1	345	298.5	22	8	M20	27.0	246	203	100	19.07
10	250	273	405	362	26	12	M24	28.6	305	255	100	24.52
12	300	323.9	485	431.8	26	12	M24	30.2	365	303.5	113	39.95
14	350	355.6	535	476.3	29.5	12	M27	33.4	400	—	125	51.76
16	400	406.4	600	539.8	29.5	16	M27	35.0	457	—	125	64.47
18	450	457	635	577.9	32.5	16	M30	38.1	505	—	138	74.90
20	500	508	700	635	32.5	20	M30	41.3	559	—	143	89.44
24	600	610	815	749.3	35.5	20	M33	46.3	663	—	151	121.67

注：未规定的法兰内径 B 按订货要求或本标准附录 C 确定。表列法兰内径 B 相当于采用钢管壁厚为 Sch40。

表 3-1-261　Class 300(*PN*50)带颈对焊钢制管法兰（HG/T 20615—2009）　（mm）

公称通径		钢管外径（法兰焊端外径）A	连接尺寸					法兰厚度 C	法兰颈 N	法兰内径 B注	法兰高度 H	法兰近似重量/kg
NPS/in	DN		法兰外径 D	螺栓孔中心圆直径 K	螺栓孔直径 L	螺栓孔数量 n	螺纹 Th					
1/2	15	21.3	95	66.7	16	4	M14	12.7	38	15.5	51	0.91
3/4	20	26.9	120	82.6	18	4	M16	14.3	48	21	56	1.36
1	25	33.7	125	88.9	18	4	M16	15.9	54	27	60	1.82
1¼	32	42.4	135	98.4	18	4	M16	17.5	64	35	64	2.27
1½	40	48.3	155	114.3	22	4	M20	19.1	70	41	67	3.18
2	50	60.3	165	127	18	8	M16	20.7	84	52	68	3.36
2½	65	76.1	190	149.2	22	8	M20	23.9	100	66	75	5.45
3	80	88.9	210	168.3	22	8	M20	27.0	118	77.5	78	8.17
4	100	114.3	255	200	22	8	M20	30.2	146	101.5	84	12.03
5	125	139.7	280	235	22	8	M20	33.4	178	127	97	16.34
6	150	168.3	320	269.9	22	12	M20	35.0	206	154	97	20.43
8	200	219.1	380	330.2	26	12	M24	39.7	260	203	110	31.33
10	250	273	445	387.4	29.5	16	M27	46.1	321	255	116	45.40
12	300	323.9	520	450.8	32.5	16	M30	49.3	375	303.5	129	64.47
14	350	355.6	585	514.4	32.5	20	M30	52.4	426	—	141	93.52
16	400	406.4	650	571.5	35.5	20	M33	55.6	483	—	144	113.05
18	450	457	710	628.6	35.5	24	M33	58.8	533	—	157	138.92
20	500	508	775	685.8	35.5	24	M33	62.0	587	—	160	167.53
24	600	610	915	812.8	42	24	M39×3	68.3	702	—	167	235.63

注：未规定的法兰内径 B 按订货要求或本标准附录 C 确定。表列法兰内径 B 相当于采用钢管壁厚 Sch40。

表 3-1-262 Class 600(*PN*110)带颈对焊钢制管法兰（HG/T 20615—2009） (mm)

公称通径		钢管外径	连接尺寸					法兰	法兰	法兰	法兰	法兰近似
NPS/in	*DN*	(法兰焊端外径) *A*	法兰外径 *D*	螺栓孔中心圆直径 *K*	螺栓孔直径 *L*	螺栓孔数量 *n*	螺纹 *Th*	厚度 *C*	颈 *N*	内径 *B*注	高度 *H*	重量/kg
1/2	15	21.3	95	66.7	16	4	M14	14.3	38	—	52	1.36
3/4	20	26.9	120	82.6	18	4	M16	15.9	48	—	57	1.59
1	25	33.7	125	88.9	18	4	M16	17.5	54	—	62	1.82
1¼	32	42.4	135	98.4	18	4	M16	20.7	64	—	67	2.50
1½	40	48.3	155	114.3	22	4	M20	22.3	70	—	70	3.63
2	50	60.3	165	127	18	8	M16	25.4	84	—	73	4.54
2½	65	76.1	190	149.2	22	8	M20	28.6	100	—	79	6.36
3	80	88.9	210	168.3	22	8	M20	31.8	117	—	83	8.17
4	100	114.3	275	215.9	26	8	M24	38.1	152	—	102	16.80
5	125	139.7	330	266.7	29.5	8	M27	44.5	189	—	114	30.87
6	150	168.3	355	292.1	29.5	12	M27	47.7	222	—	117	33.14
8	200	219.1	420	349.2	32.5	12	M30	55.6	273	—	133	50.85
10	250	273	510	431.8	35.5	16	M33	63.5	343	—	152	85.81
12	300	323.9	560	489	35.5	20	M33	66.7	400	—	156	102.60
14	350	355.6	605	527	39	20	M36×3	69.9	432	—	165	157.54
16	400	406.4	685	603.2	42	20	M39×3	76.2	495	—	178	218.37
18	450	457	745	654	45	20	M42×3	82.6	546	—	184	251.97
20	500	508	815	723.9	45	24	M42×3	88.9	610	—	190	313.26
24	600	610	940	838.2	51	24	M48×3	101.6	718	—	203	443.56

注：未规定的法兰内径 *B* 按订货要求或本标准附录 C 确定。

表 3-1-263 Class 900(*PN*150)带颈对焊钢制管法兰（HG/T 20615—2009） (mm)

公称通径		钢管外径	连接尺寸					法兰	法兰	法兰	法兰	法兰近似
NPS/in	*DN*	(法兰焊端外径) *A*	法兰外径 *D*	螺栓孔中心圆直径 *K*	螺栓孔直径 *L*	螺栓孔数量 *n*	螺纹 *Th*	厚度 *C*	颈 *N*	内径 *B*注	高度 *H*	重量/kg
1/2	15	21.3	120	82.6	22	4	M20	22.3	38	—	60	3.18
3/4	20	26.9	130	88.9	22	4	M20	25.4	44	—	70	3.18
1	25	33.7	150	101.6	26	4	M24	28.6	52	—	73	3.86
1¼	32	42.4	160	111.1	26	4	M24	28.6	64	—	73	4.54
1½	40	48.3	180	123.8	29.5	4	M27	31.8	70	—	83	6.36
2	50	60.3	215	165.1	26	8	M24	38.1	105	—	102	10.90
2½	65	76.1	245	190.5	29.5	8	M27	41.3	124	—	105	16.34
3	80	88.9	240	190.5	26	8	M24	38.1	127	—	102	13.17
4	100	114.3	290	235	32.5	8	M30	44.5	159	—	114	23.15
5	125	139.7	350	279.4	35.5	8	M33	50.8	190	—	127	39.04
6	150	168.3	380	317.5	32.5	12	M30	55.6	235	—	140	49.94
8	200	219.1	470	393.7	39	12	M36×3	63.5	298	—	162	84.90
10	250	273	545	469.9	39	16	M36×3	69.9	368	—	184	121.67
12	300	323.9	610	533.4	39	20	M36×3	79.4	419	—	200	168.89
14	350	355.6	640	558.8	42	20	M39×3	85.8	451	—	213	255.15
16	400	406.4	705	616	45	20	M42×3	88.9	508	—	216	310.99
18	450	457	785	685.8	51	20	M48×3	101.6	565	—	229	419.50
20	500	508	855	749.3	55	20	M52×3	108.0	672	—	248	528.46
24	600	610	1040	901.7	68	20	M64×3	139.7	749	—	292	956.58

注：未规定的法兰内径 *B* 按订货要求或本标准附录 C 确定。

表 3-1-264　Class 1500（*PN*260）带颈对焊钢制管法兰（HG/T 20615—2009）　（mm）

公称通径		钢管外径（法兰焊端外径）A	连接尺寸					法兰厚度 C	法兰颈 N	法兰内径 B注	法兰高度 H	法兰近似重量/kg
NPS/in	DN		法兰外径 D	螺栓孔中心圆直径 K	螺栓孔直径 L	螺栓孔数量 n	螺纹 Th					
1/2	15	21.3	120	82.6	22	4	M20	22.3	38	—	60	3.18
3/4	20	26.9	130	88.9	22	4	M20	25.4	44	—	70	3.18
1	25	33.7	150	101.6	26	4	M24	28.6	52	—	73	3.86
1¼	32	42.4	160	111.1	26	4	M24	28.6	64	—	73	4.54
1½	40	48.3	180	123.8	29.5	4	M27	31.8	70	—	83	6.36
2	50	60.3	215	165.1	26	8	M24	38.1	105	—	102	10.90
2½	65	76.1	245	190.5	29.5	8	M27	41.3	124	—	105	16.34
3	80	88.9	265	203.2	32.5	8	M30	47.7	133	—	117	21.79
4	100	114.3	310	241.3	35.5	8	M33	54.0	162	—	124	31.33
5	125	139.7	375	292.1	42	8	M39×3	73.1	197	—	156	59.93
6	150	168.3	395	317.5	39	12	M36×3	82.6	229	—	171	74.46
8	200	219.1	485	393.7	45	12	M42×3	92.1	292	—	213	123.94
10	250	273	585	482.6	51	12	M48×3	108.0	368	—	254	206.12
12	300	323.9	675	571.5	55	16	M52×3	123.9	451	—	283	313.26
14	350	355.6	750	635	60	16	M56×3	133.4	495	—	298	406.5
16	400	406.4	825	704.8	68	16	M64×3	146.1	552	—	311	525.0
18	450	457	915	774.7	74	16	M70×3	162.0	597	—	327	687.2
20	500	508	985	831.8	80	16	M76×3	177.8	641	—	356	852.6
24	600	610	1170	990.6	94	16	M90×3	203.2	762	—	406	1366.8

注：未规定的法兰内径 *B* 按订货要求或本标准附录 C 确定。

表 3-1-265　Class 2500（*PN*420）带颈对焊钢制管法兰（HG/T 20615—2009）　（mm）

公称通径		钢管外径（法兰焊端外径）A	连接尺寸					法兰厚度 C	法兰颈 N	法兰内径① B	法兰高度 H	法兰近似重量/kg
NPS/in	DN		法兰外径 D	螺栓孔中心圆直径 K	螺栓孔直径 L	螺栓孔数量 n	螺纹 Th					
1/2	15	21.3	135	88.9	22	4	M20	30.2	43	—	73	3.63
3/4	20	26.9	140	95.2	22	4	M20	31.8	51	—	79	4.09
1	25	33.7	160	108	26	4	M24	35.0	57	—	89	5.90
1¼	32	42.4	185	130.2	29.5	4	M27	38.1	73	—	95	9.08
1½	40	48.3	205	146	32.5	4	M30	44.5	79	—	111	12.71
2	50	60.3	235	171.4	29.5	8	M27	50.9	95	—	127	19.01
2½	65	76.1	265	196.8	32.5	8	M30	57.2	114	—	143	23.61
3	80	88.9	305	228.6	35.5	8	M33	66.7	133	—	168	42.68
4	100	114.3	355	273	42	8	M39×3	76.2	165	—	190	66.28

续表

公称通径		钢管外径（法兰焊端外径）A	连接尺寸					法兰厚度 C	法兰颈 N	法兰内径[①] B	法兰高度 H	法兰近似重量/kg
NPS/in	DN		法兰外径 D	螺栓孔中心圆直径 K	螺栓孔直径 L	螺栓孔数量 n	螺纹 Th					
5	125	139.7	420	323.8	48	8	M45×3	92.1	203	—	229	110.78
6	150	168.3	485	368.3	55	8	M52×3	108.0	235	—	273	171.61
8	200	219.1	550	438.2	55	12	M52×3	127.0	305	—	318	261.50
10	250	273	675	539.8	68	12	M64×3	165.1	375	—	419	484.87
12	300	323.9	760	619.1	74	12	M70×3	184.2	441	—	464	730.03

注：①未规定的法兰内径 B 按订货要求或本标准附录 C 确定。

③ 承插焊钢制管法兰见图 3-1-78 和表 3-1-266~表 3-1-270。

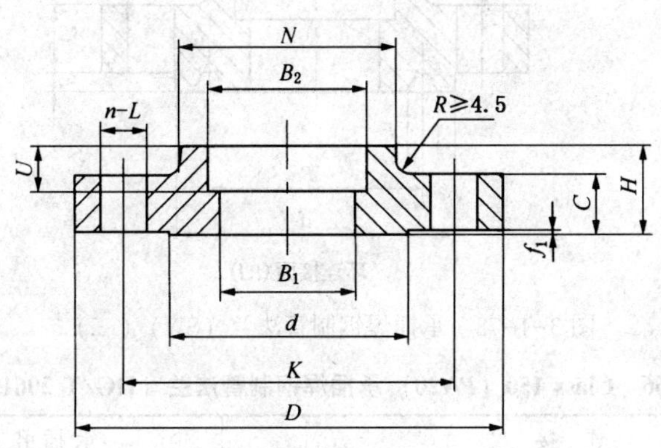

PN≤5.0MPa 突面(RF)

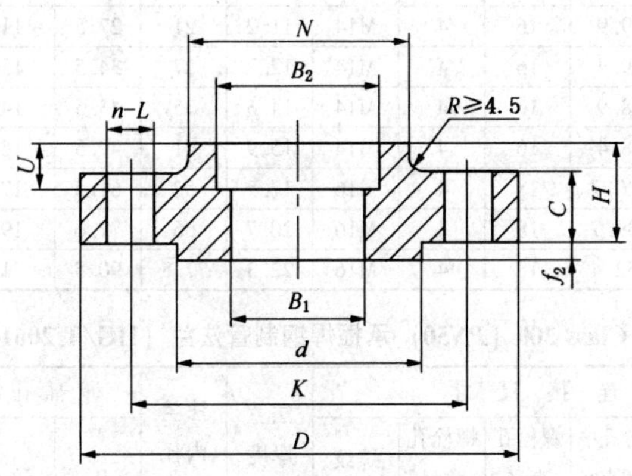

PN≥11.0MPa 突面(RF)

图 3-1-78　承插焊钢制管法兰（SW）（一）

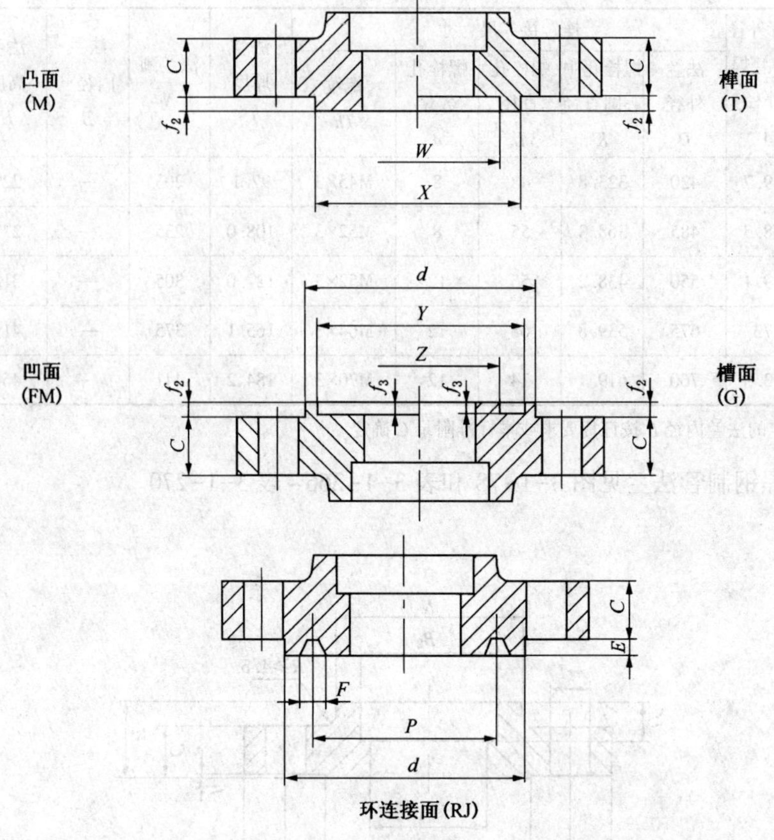

图 3-1-78　承插焊钢制管法兰（SW）（二）

表 3-1-266　Class 150（*PN*20）承插焊钢制管法兰（HG/T 20615—2009）　（mm）

公称通径		钢管外径 A	连接尺寸					法兰厚度 C	法兰内径 B_1	承插孔		法兰颈 N	法兰高度 H	法兰近似重量/kg
NPS/in	DN		法兰外径 D	螺栓孔中心圆直径 K	螺栓孔直径 L	螺栓孔数量 n	螺纹 Th			B_2	U			
1/2	15	21.3	90	60.3	16	4	M14	9.6	15.5	22.5	10	30	14	0.91
3/4	20	26.9	100	69.9	16	4	M14	11.2	21	27.5	11	38	14	0.91
1	25	33.7	110	79.4	16	4	M14	12.7	27	34.5	13	49	16	0.91
1¼	32	42.4	120	88.9	16	4	M14	14.3	35	43.5	14	59	19	1.36
1½	40	48.3	130	98.4	16	4	M14	15.9	41	49.5	16	65	21	1.36
2	50	60.3	150	120.7	18	4	M16	17.5	52	61.5	17	78	24	2.27
2½	65	76.1	180	139.7	18	4	M16	20.7	66	77.6	19	90	27	3.18
3	80	88.9	190	152.4	18	4	M16	22.3	77.5	90.5	21	108	29	3.63

表 3-1-267　Class 300（*PN*50）承插焊钢制管法兰（HG/T 20615—2009）　（mm）

公称通径		钢管外径 A	连接尺寸					法兰厚度 C	法兰内径 B_1	承插孔		法兰颈 N	法兰高度 H	法兰近似重量/kg
NPS/in	DN		法兰外径 D	螺栓孔中心圆直径 K	螺栓孔直径 L	螺栓孔数量 n	螺纹 Th			B_2	U			
1/2	15	21.3	95	66.7	16	4	M14	12.7	15.5	22.5	10	38	21	1.36

续表

公称通径		钢管外径 A	连接尺寸					法兰厚度 C	法兰内径 B_1	承插孔		法兰颈 N	法兰高度 H	法兰近似重量/kg
NPS/in	DN		法兰外径 D	螺栓孔中心圆直径 K	螺栓孔直径 L	螺栓孔数量 n	螺纹 Th			B_2	U			
3/4	20	26.9	120	82.6	18	4	M16	14.3	21	27.5	11	48	24	1.36
1	25	33.7	125	88.9	18	4	M16	15.9	25	34.5	13	54	25	1.36
1¼	32	42.4	135	98.4	18	4	M16	17.5	35	43.5	14	64	25	1.82
1½	40	48.3	155	114.3	22	4	M20	19.1	41	49.5	16	70	29	2.72
2	50	60.3	165	127	18	8	M16	20.7	52	61.5	17	84	32	3.18
2½	65	76.1	190	149.2	22	8	M20	23.9	66	77.6	19	100	37	4.54
3	80	88.9	210	168.3	22	8	M20	27.0	77.5	90.5	21	118	41	5.90

表 3-1-268　Class 600（PN110）承插焊钢制管法兰（HG/T 20615—2009）　（mm）

公称通径		钢管外径 A	连接尺寸					法兰厚度 C	法兰内径① B_1	承插孔		法兰颈 N	法兰高度 H	法兰近似重量/kg
NPS/in	DN		法兰外径 D	螺栓孔中心圆直径 K	螺栓孔直径 L	螺栓孔数量 n	螺纹 Th			B_2	U			
1/2	15	21.3	95	66.7	16	4	M14	14.3	—	22.5	10	38	22	0.91
3/4	20	26.9	120	82.6	18	4	M16	15.9	—	27.5	11	48	25	1.36
1	25	33.7	125	88.9	18	4	M16	17.5	—	34.5	13	54	27	1.59
1¼	32	42.4	135	98.4	18	4	M16	20.7	—	43.5	14	64	29	2.04
1½	40	48.3	155	114.3	22	4	M20	22.3	—	49.5	16	70	32	2.95
2	50	60.3	165	127	18	8	M16	25.4	—	61.5	17	84	37	3.63
2½	65	76.1	190	149.2	22	8	M20	28.6	—	77.6	19	100	41	5.45
3	80	88.9	210	168.3	22	8	M20	31.8	—	90.5	21	117	46	6.18

注：①未规定的法兰内径 B_1 按订货要求或按 HG 20615 附录 C 带颈对焊钢制管法兰内径尺寸确定。

表 3-1-269　Class 900（PN150）承插焊钢制管法兰（HG/T 20615—2009）　（mm）

公称通径		钢管外径 A	连接尺寸					法兰厚度 C	法兰内径① B_1	承插孔		法兰颈 N	法兰高度 H	法兰近似重量/kg
NPS/in	DN		法兰外径 D	螺栓孔中心圆直径 K	螺栓孔直径 L	螺栓孔数量 n	螺纹 Th			B_2	U			
1/2	15	21.3	120	82.6	22	4	M20	22.3	—	22.5	10	38	32	2.72
3/4	20	26.9	130	88.9	22	4	M20	25.4	—	27.5	11	44	35	2.72
1	25	33.7	150	101.6	26	4	M24	28.6	—	34.5	13	52	41	3.41
1¼	32	42.4	160	111.1	26	4	M24	28.6	—	43.5	14	64	41	4.54
1½	40	48.3	180	123.8	30	4	M27	31.8	—	49.5	16	70	44	6.36
2	50	60.3	215	165.1	26	8	M24	38.1	—	61.5	17	105	57	9.99
2½	65	76.1	245	190.5	30	8	M27	41.3	—	77.6	19	124	64	16.34

注：①未规定的法兰内径 B_1 见表 3-1-268 注。

表 3-1-270　Class 1500（*PN*260）承插焊钢制管法兰（HG/T 20615—2009）　（mm）

公称通径		钢管外径 *A*	连接尺寸					法兰厚度 *C*	法兰内径① B_1	承插孔		法兰颈 *N*	法兰高度 *H*	法兰近似重量/kg
NPS/in	*DN*		法兰外径 *D*	螺栓孔中心圆直径 *K*	螺栓孔直径 *L*	螺栓孔数量 *n*	螺纹 *Th*			B_2	*U*			
1/2	15	21.3	120	82.6	22	4	M20	22.3	—	22.5	10	38	32	2.72
3/4	20	26.9	130	88.9	22	4	M20	25.4	—	27.5	11	44	35	2.72
1	25	33.7	150	101.6	26	4	M24	28.6	—	34.5	13	52	41	3.41
1¼	32	42.4	160	111.1	26	4	M24	28.6	—	43.5	14	64	41	4.54
1½	40	48.3	180	123.8	30	4	M27	31.8	—	49.5	16	70	44	6.36
2	50	60.3	215	165.1	26	8	M24	38.1	—	61.5	17	105	57	9.99
2½	65	76.1	245	190.5	30	8	M27	41.3	—	77.6	19	124	64	16.34

注：未规定的法兰内径 B_1 见表 3-1-268 注。

④ 螺纹钢制管法兰见图 3-1-79 和表 3-1-271、表 3-1-272。

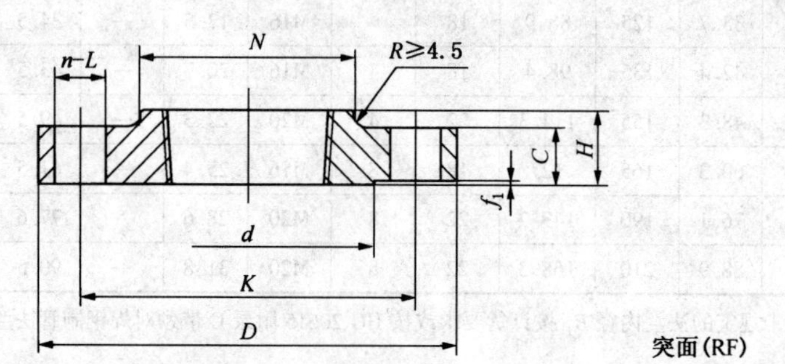

*PN*2.0MPa

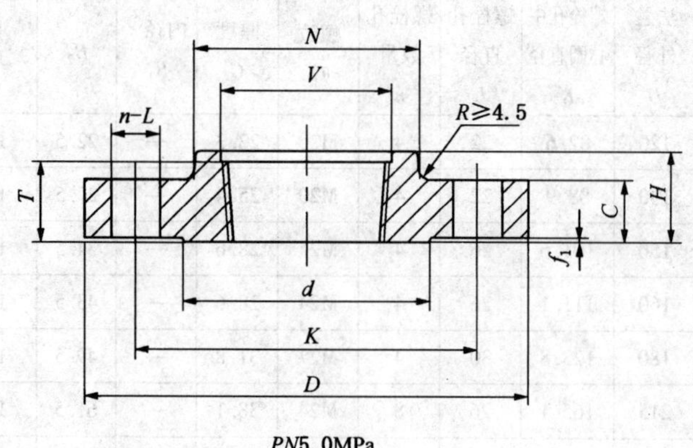

*PN*5.0MPa

图 3-1-79　螺纹钢制管法兰（*Th*）

表 3-1-271 Class 150（*PN*20）螺纹钢制管法兰（HG/T 20615—2009）（mm）

公称通径		钢管外径 *A*	连接尺寸					法兰厚度 *C*	法兰颈	法兰高度 *H*	法兰近似重量/kg	管螺纹规格 Rc 或 NPT/in
NPS/in	*DN*		法兰外径 *D*	螺栓孔中心圆直径 *K*	螺栓孔直径 *L*	螺栓孔数量 *n*	螺纹 *Th*		*N*			
1/2	15	21.3	90	60.3	16	4	M14	9.6	30	14	0.45	1/2
3/4	20	26.9	100	69.9	16	4	M14	11.2	38	14	0.68	3/4
1	25	33.7	110	79.4	16	4	M14	12.7	49	16	0.91	1
1¼	32	42.4	120	88.9	14.3	4	M14	14.3	59	19	1.14	1¼
1½	40	48.3	130	98.4	16	4	M14	15.9	65	21	1.36	1½
2	50	60.3	150	120.7	18	4	M16	17.5	78	24	2.27	2
2½	65	76.1	180	139.7	18	4	M16	20.7	90	27	3.63	2½
3	80	88.9	190	152.4	18	4	M16	22.3	108	29	4.54	3
4	100	114.3	230	190.5	18	8	M16	22.3	135	32	5.90	4
5	125	139.7	255	215.9	22	8	M20	22.3	164	35	6.81	5
6	150	168.3	280	241.3	22	8	M20	23.9	192	38	8.85	6

表 3-1-272 Class 300（*PN*50）螺纹钢制管法兰（HG/T 20615—2009）（mm）

公称通径		钢管外径 *A*	连接尺寸					法兰厚度 *C*	法兰颈 *N*	法兰高度 *H*	最小螺纹长度 *T*	螺纹定位孔直径 *V*	法兰近似重量/kg	管螺纹规格 Rc 或 NPT/in
NPS/in	*DN*		法兰外径 *D*	螺栓孔中心圆直径 *K*	螺栓孔直径 *L*	螺栓孔数量 *n*	螺纹 *Th*							
1/2	15	21.3	95	66.7	16	4	M14	12.7	38	21	16	23.6	0.68	1/2
3/4	20	26.9	120	82.6	18	4	M16	14.3	48	24	16	29	1.14	3/4
1	25	33.7	125	88.9	18	4	M16	15.9	54	25	18	35.8	1.36	1
1¼	32	42.4	135	98.4	18	4	M16	17.5	64	25	21	44.4	2.04	1¼
1½	40	48.3	155	114.3	22	4	M20	19.1	70	29	22	50.3	2.95	1½
2	50	60.3	165	127	18	8	M16	20.7	84	32	29	63.5	3.18	2
2½	65	76.1	190	149.2	22	8	M20	23.9	100	37	32	76.2	4.54	2½
3	80	88.9	210	168.3	22	8	M20	27.0	118	41	31	92.2	6.36	3
4	100	114.3	255	200	22	8	M20	30.2	146	46	37	117.6	10.90	4
5	125	139.7	280	235	22	8	M20	33.4	178	49	43	146.4	14.07	5
6	150	168.3	320	269.9	22	12	M20	35.0	206	51	46	171.4	16.34	6

⑤ 对焊环松套钢制管法兰见图 3-1-80 和表 3-1-273～表 3-1-275。

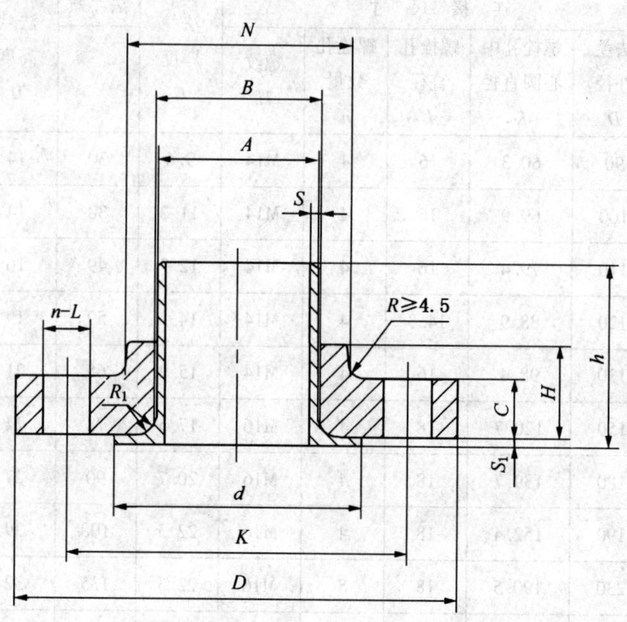

突面(RF)

图 3-1-80　对焊环松套钢制管法兰（LF/SE）

[(LF 带颈松套)/(SE 对焊环)]

表 3-1-273　Class 150（*PN*20）对焊环松套钢制管法兰（HG/T 20615—2009）　(mm)

公称通径 NPS/in	公称通径 *DN*	钢管外径（对焊环颈部外径）*A*	连接尺寸 法兰外径 *D*	连接尺寸 螺栓孔中心圆直径 *K*	连接尺寸 螺栓孔直径 *L*	连接尺寸 螺栓孔数量 *n*	连接尺寸 螺纹 *Th*	法兰厚度 *C*	法兰内径 *B*	法兰颈 *N*	法兰高度 *H*	圆角 R_1	对焊环 高度 *h*	对焊环 外径 *d*	法兰近似重量/kg
1/2	15	21.3	90	60.3	16	4	M14	11.2	22.9	30	16	3	51	34.9	0.45
3/4	20	26.9	100	69.9	16	4	M14	12.7	28.2	38	16	3	51	42.9	0.68
1	25	33.7	110	79.4	16	4	M14	14.3	34.9	49	17	3	51	50.8	0.91
1¼	32	42.4	120	88.9	16	4	M14	15.9	43.7	59	21	5	51	63.5	1.14
1½	40	48.3	130	98.4	16	4	M14	17.5	50	65	22	6	51	73	1.36
2	50	60.3	150	120.7	18	4	M16	19.1	62.5	78	25	8	64	92.1	2.27
2½	65	76.1	180	139.7	18	4	M16	22.3	78.5	90	29	8	64	104.8	3.63
3	80	88.9	190	152.4	18	4	M16	23.9	91.4	108	30	10	64	127	4.09
4	100	114.3	230	190.5	18	8	M16	23.9	116.8	135	33	11	76	157.2	5.45
5	125	139.7	255	215.9	22	8	M20	23.9	144.4	164	36	11	76	185.7	5.90
6	150	168.3	280	241.3	22	8	M20	25.4	171.4	192	40	13	89	215.9	8.17
8	200	219.1	345	298.6	22	8	M20	28.6	222.2	246	44	13	102	269.9	12.71
10	250	273	405	362	26	12	M24	30.2	277.4	305	49	13	127	323.8	16.34
12	300	323.9	485	431.8	26	12	M24	31.8	328.2	365	56	13	152	381	27.24
14	350	355.6	535	476.3	29.5	12	M27	35.0	360.2	400	79	13	152	412.8	34.96
16	400	406.4	600	539.8	29.5	16	M27	36.6	411.2	457	87	13	152	469.9	47.22
18	450	457	635	577.9	32.5	16	M30	39.7	462.3	505	97	13	152	533.4	66.28
20	500	508	700	635	32.5	20	M30	42.9	514.4	559	103	13	152	584.2	72.19
24	600	610	815	749.3	35.5	20	M33	47.7	616	664	111	13	152	692.2	88.53

表 3-1-274　Class 300(*PN*50)对焊环松套钢制管法兰(HG/T 20615—2009)　(mm)

公称通径		钢管外径(对焊环颈部外径) A	连接尺寸					法兰厚度 C	法兰内径 B	法兰颈 N	法兰高度 H	圆角 R_1	对焊环		法兰理论近似重量/kg
NPS/in	DN		法兰外径 D	螺栓孔中心圆直径 K	螺栓孔直径 L	螺栓孔数量 n	螺纹 Th						高度 h	外径 d	
1/2	15	21.3	95	66.7	16	4	M14	14.3	22.9	38	22	3	51	34.9	0.68
3/4	20	26.9	120	82.6	18	4	M16	15.9	28.2	48	25	3	51	42.9	1.14
1	25	33.7	125	88.9	18	4	M16	17.5	34.9	54	27	3	51	50.8	1.36
1¼	32	42.4	135	98.4	18	4	M16	19.1	43.7	64	27	5	51	63.5	2.04
1½	40	48.3	155	114.3	22	4	M20	20.7	50	70	30	6	51	73	2.95
2	50	60.3	165	127	18	8	M16	22.3	62.5	84	33	8	64	92.1	3.18
2½	65	76.1	190	149.2	22	8	M20	25.4	78.5	100	38	8	64	104.8	4.54
3	80	88.9	210	168.3	22	8	M20	28.6	91.4	118	43	10	64	127	6.58
4	100	114.3	255	200	22	8	M20	31.8	116.8	146	48	11	76	157.2	10.90
5	125	139.7	280	235	22	8	M20	35.0	144.4	178	51	11	76	185.7	11.80
6	150	168.3	320	269.9	22	12	M20	36.6	171.4	206	52	13	89	215.9	17.25
8	200	219.1	380	330.2	26	12	M24	41.3	222.2	260	62	13	102	269.9	24.97
10	250	273	445	387.4	29.5	16	M27	47.7	277.4	321	95	13	254	323.8	39.95
12	300	323.9	520	450.8	32.5	16	M30	50.8	328.2	375	102	13	254	381	63.11
14	350	355.6	585	514.4	32.5	20	M30	54.0	360.2	426	111	13	305	412.8	83.54
16	400	406.4	650	571.5	35.5	20	M33	57.2	411.2	483	121	13	305	469.9	106.24
18	450	457	710	628.6	35.5	24	M33	60.4	462.3	533	130	13	305	533.4	138.47
20	500	508	775	685.8	35.5	24	M33	63.5	514.4	587	140	13	305	584.2	170.25
24	600	610	915	812.8	42	24	M39×3	66.9	616	702	152	13	305	692.2	240.62

表 3-1-275　Class 600(*PN*110)对焊环松套钢制管法兰(HG/T 20615—2009)　(mm)

公称通径		钢管外径(对焊环颈部外径) A	连接尺寸					法兰厚度 C	法兰内径 B	法兰颈 N	法兰高度 H	圆角 R_1	对焊环		法兰理论近似重量/kg
NPS/in	DN		法兰外径 D	螺栓孔中心圆直径 K	螺栓孔直径 L	螺栓孔数量 n	螺纹 Th						高度 h	外径 d	
1/2	15	21.3	95	66.7	16	4	M14	14.3	22.9	38	22	3	76	35	0.91
3/4	20	26.9	120	82.6	18	4	M16	15.9	28.2	48	25	3	76	43	1.36
1	25	33.7	125	88.9	18	4	M16	17.5	34.9	54	27	3	102	51	1.59
1¼	32	42.4	135	98.4	18	4	M16	20.7	43.7	64	29	5	102	63.5	2.04
1½	40	48.3	155	114.3	22	4	M20	22.3	50	70	32	6	102	73	2.95
2	50	60.3	165	127	18	8	M16	25.4	62.5	84	37	8	152	92	3.63
2½	65	76.1	190	149.2	22	8	M20	28.6	78.5	100	41	8	152	105	4.99
3	80	88.9	210	168.3	22	8	M20	31.8	91.4	117	46	10	152	127	6.36
4	100	114.3	275	215.9	26	8	M24	38.1	116.8	152	54	11	152	157.5	14.07
5	125	139.7	330	266.7	29.5	8	M27	44.5	144.4	189	60	11	203	186	28.60

续表

公称通径		钢管外径（对焊环颈部外径）A	连接尺寸					法兰厚度 C	法兰内径 B	法兰颈 N	法兰高度 H	圆角 R_1	对焊环		法兰近似重量/kg
NPS/in	DN		法兰外径 D	螺栓孔中心圆直径 K	螺栓孔直径 L	螺栓孔数量 n	螺纹 Th						高度 h	外径 d	
6	150	168.3	355	292.1	29.5	12	M27	47.7	171.4	222	67	13	203	216	35.41
8	200	219.1	420	349.2	32.5	12	M30	55.6	222.2	273	76	13	203	270	50.85
10	250	273	510	431.8	35.5	16	M33	63.5	277.4	343	111	13	254	324	88.53
12	300	323.9	560	489	35.5	20	M33	66.7	328.2	400	117	13	254	381	108.96
14	350	355.6	605	527	39	20	M36×3	69.9	360.2	432	127	13	305	413	131.66
16	400	406.4	685	603.2	42	20	M39×3	76.2	411.2	495	140	13	305	470	181.60
18	450	457	745	654	45	20	M42×3	82.6	462.3	546	152	13	305	533.5	212.93
20	500	508	815	723.9	45	24	M42×3	88.9	514.4	610	165	13	305	584	274.22
24	600	610	940	838.2	51	24	M48×3	101.6	616	718	184	13	305	692	393.16

⑥ 钢制管法兰盖见图 3-1-81 和表 3-1-276～表 3-1-281。

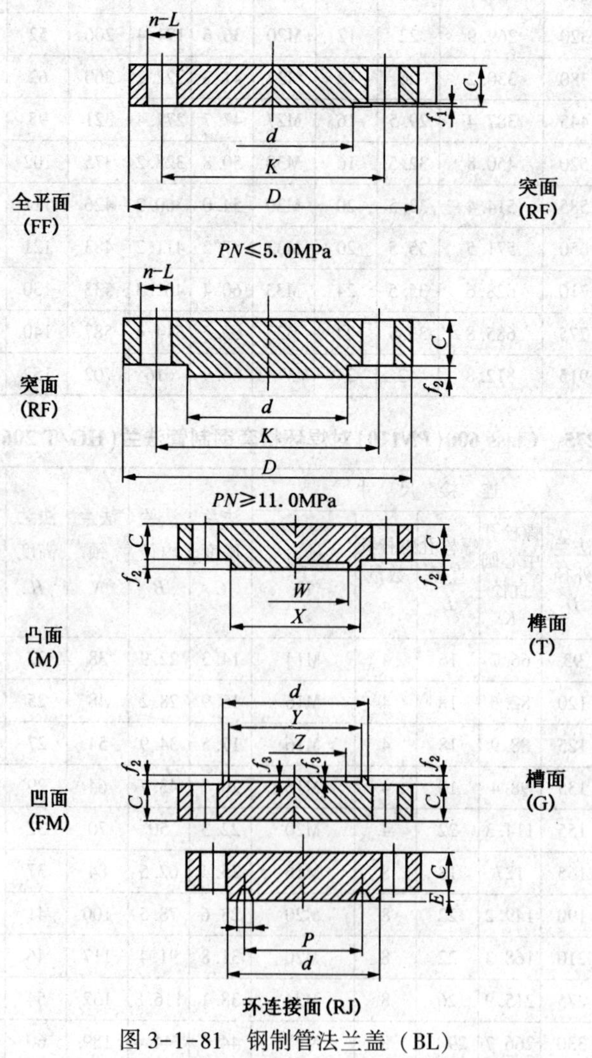

图 3-1-81 钢制管法兰盖（BL）

表 3-1-276　Class 150（*PN*20）钢制管法兰盖（HG/T 20615—2009）　（mm）

公称通径		连接尺寸					法兰盖厚度 *C*	法兰盖近似重量/kg
NPS/in	*DN*	法兰盖外径 *D*	螺栓孔中心圆直径 *K*	螺栓孔直径 *L*	螺栓孔数量 *n*	螺纹 *Th*		
1/2	15	90	60.3	16	4	M14	9.6	0.91
3/4	20	100	69.9	16	4	M14	11.2	0.91
1	25	110	79.4	16	4	M14	12.7	0.91
1¼	32	120	88.9	16	4	M14	14.3	1.36
1½	40	130	98.4	16	4	M14	15.9	1.36
2	50	150	120.7	18	4	M16	17.5	1.82
2½	65	180	139.7	18	4	M16	20.7	3.18
3	80	190	152.4	18	4	M16	22.3	4.09
4	100	230	190.5	18	8	M16	22.3	7.72
5	125	255	215.5	22	8	M20	22.3	9.08
6	150	280	241.3	22	8	M20	23.9	12.26
8	200	345	298.6	22	8	M20	27.0	21.34
10	250	405	362	26	12	M24	28.6	30.42
12	300	485	431.8	26	12	M24	30.2	45.00
14	350	535	476.3	29.5	12	M27	33.4	63.11
16	400	600	539.8	29.5	16	M27	35.0	84.90
18	450	635	577.9	32.5	16	M30	38.1	98.52
20	500	700	635	32.5	20	M30	41.3	128.48
24	600	815	749.3	35.5	20	M33	46.1	188.41

表 3-1-277　Class 300（*PN*50）钢制管法兰盖（HG/T 20615—2009）　（mm）

公称通径		连接尺寸					法兰盖厚度 *C*	法兰盖近似重量/kg
NPS/in	*DN*	法兰盖外径 *D*	螺栓孔中心圆直径 *K*	螺栓孔直径 *L*	螺栓孔数量 *n*	螺纹 *Th*		
1/2	15	95	66.7	16	4	M14	12.7	0.91
3/4	20	120	82.6	18	4	M16	14.3	1.36
1	25	125	88.9	18	4	M16	15.9	1.82
1¼	32	135	98.4	18	4	M16	17.5	2.72
1½	40	155	114.3	22	4	M20	19.1	3.18
2	50	165	127	18	8	M16	20.7	3.63
2½	65	190	149.2	22	8	M20	23.9	5.45
3	80	210	168.3	22	8	M20	27.0	7.26
4	100	255	200	22	8	M20	30.2	12.71
5	125	280	235	22	8	M20	33.4	16.80
6	150	320	269.9	22	12	M20	35.0	21.79
8	200	380	330.2	26	12	M24	39.7	35.87
10	250	445	387.4	29.5	16	M27	46.1	55.39
12	300	520	450.8	32.5	16	M30	49.3	83.08
14	350	585	514.4	32.5	20	M30	52.4	109.41
16	400	650	571.5	35.5	20	M33	55.6	143.01
18	450	710	628.6	35.5	24	M33	58.8	187.96
20	500	775	685.8	35.5	24	M33	62.0	233.81
24	600	915	812.8	42	24	M39×3	68.3	363.20

表 3-1-278 Class 600（*PN*110）钢制管法兰盖（HG/T 20615—2009）（mm）

公称通径		连接尺寸					法兰盖厚度 *C*	法兰盖近似重量/kg
NPS/in	*DN*	法兰盖外径 *D*	螺栓孔中心圆直径 *K*	螺栓孔直径 *L*	螺栓孔数量 *n*	螺纹 *Th*		
1/2	15	95	66.7	16	4	M14	14.3	0.91
3/4	20	120	82.6	18	4	M16	15.9	1.36
1	25	125	88.9	18	4	M16	17.5	1.82
1¼	32	135	98.4	18	4	M16	20.7	2.72
1½	40	155	114.3	22	4	M20	22.3	3.63
2	50	165	127	18	8	M16	25.4	4.54
2½	65	190	149.2	22	8	M20	28.6	6.81
3	80	210	168.3	22	8	M20	31.8	9.08
4	100	275	215.9	26	8	M24	38.1	18.61
5	125	330	266.7	29.5	8	M27	44.5	30.87
6	150	355	292.1	29.5	12	M27	47.7	39.04
8	200	420	349.2	32.5	12	M30	55.6	63.11
10	250	510	431.8	35.5	16	M33	63.5	104.87
12	300	560	489	35.5	20	M33	66.7	133.93
14	350	605	527	39	20	M36×3	69.9	148.91
16	400	685	603.2	42	20	M39×3	76.2	239.26
18	450	745	654	45	20	M42×3	82.6	301.91
20	500	815	723.9	45	24	M42×3	88.9	388.17
24	600	940	838.2	51	24	M48×3	101.6	533.45

表 3-1-279 Class 900（*PN*150）钢制管法兰盖（HG/T 20615—2009）（mm）

公称通径		连接尺寸					法兰盖厚度 *C*	法兰盖近似重量/kg
NPS/in	*DN*	法兰盖外径 *D*	螺栓孔中心圆直径 *K*	螺栓孔直径 *L*	螺栓孔数量 *n*	螺纹 *Th*		
1/2	15	120	82.6	22	4	M20	22.3	1.81
3/4	20	130	88.9	22	4	M20	25.4	2.72
1	25	150	101.6	26	4	M24	28.6	4.09
1¼	32	160	111.1	26	4	M24	28.6	4.54
1½	40	180	123.8	29.5	4	M27	31.8	6.36
2	50	215	165.1	26	8	M24	38.1	11.35
2½	65	245	190.5	29.5	8	M27	41.3	15.89
3	80	240	190.5	26	8	M24	38.1	14.53
4	100	290	235	32.5	8	M30	44.5	24.52
5	125	350	279.4	35.5	8	M33	50.8	39.50
6	150	380	317.5	32.5	12	M30	55.6	51.30
8	200	470	393.7	39	12	M36×3	63.5	89.44
10	250	545	469.9	39	16	M36×3	69.9	131.66
12	300	610	533.4	39	20	M36×3	79.4	187.50
14	350	640	558.8	42	20	M39×3	85.8	224.28
16	400	705	616	45	20	M42×3	88.9	281.03
18	450	785	685.8	51	20	M48×3	101.6	399.52
20	500	855	749.3	55	20	M52×3	108.0	502.58
24	600	1040	901.7	68	20	M64×3	139.7	952.95

表 3-1-280 Class 1500（*PN*260）钢制管法兰盖（HG/T 20615—2009） （mm）

公称通径		连接尺寸					法兰盖厚度 *C*	法兰盖近似重量/kg
NPS/in	*DN*	法兰盖外径 *D*	螺栓孔中心圆直径 *K*	螺栓孔直径 *L*	螺栓孔数量 *n*	螺纹 *Th*		
1/2	15	120	82.6	22	4	M20	22.3	1.82
3/4	20	130	88.9	22	4	M20	25.4	2.72
1	25	150	101.6	26	4	M24	28.6	4.09
1¼	32	160	111.1	26	4	M24	28.6	4.54
1½	40	180	123.8	29.5	4	M27	31.8	6.36
2	50	215	165.1	26	8	M24	38.1	11.35
2½	65	245	190.5	29.5	8	M27	41.3	15.89
3	80	265	203.2	32.5	8	M30	47.7	21.79
4	100	310	241.3	35.5	8	M33	54.0	33.14
5	125	375	292.1	42	8	M39×3	73.1	64.47
6	150	395	317.5	39	12	M36×3	82.6	72.19
8	200	485	393.7	45	12	M42×3	92.1	137.11
10	250	585	482.6	51	12	M48×3	108.0	230.18
12	300	675	571.5	55	16	M52×3	123.9	351.85
14	350	750	635	60	16	M56×3	133.4	422.70
16	400	825	704.8	68	16	M64×3	146.1	557.20
18	450	915	774.7	74	16	M70×3	162.0	760.60
20	500	985	831.8	80	16	M76×3	177.8	966.60
24	600	1170	990.6	94	16	M90×3	203.2	1560.0

表 3-1-281 Class 2500（*PN*420）钢制管法兰盖（HG/T 20615—2009） （mm）

公称通径		连接尺寸					法兰盖厚度 *C*	法兰盖近似重量/kg
NPS/in	*DN*	法兰盖外径 *D*	螺栓孔中心圆直径 *K*	螺栓孔直径 *L*	螺栓孔数量 *n*	螺纹 *Th*		
1/2	15	135	88.9	22	4	M20	30.2	3.18
3/4	20	140	95.2	22	4	M20	31.8	4.54
1	25	160	108	26	4	M24	35.0	5.45
1¼	32	185	130.2	29.5	4	M27	38.1	8.17
1½	40	205	146	32.5	4	M30	44.5	11.35
2	50	235	171.4	29.5	8	M27	50.9	17.71
2½	65	265	196.8	32.5	8	M30	57.2	25.42
3	80	305	228.6	35.5	8	M33	66.7	39.04
4	100	355	273	42	8	M39×3	76.2	60.38
5	125	420	323.8	48	8	M45×3	92.1	101.24
6	150	485	368.3	55	8	M52×3	108.0	156.63
8	200	550	438.2	55	12	M52×3	127.0	241.98
10	250	675	539.8	68	12	M64×3	165.1	465.35
12	300	760	619.1	74	12	M70×3	184.2	644.66

⑦ 大直径钢制管法兰（A 系列）见图 3-1-82 和表 3-1-282～表 3-1-285。

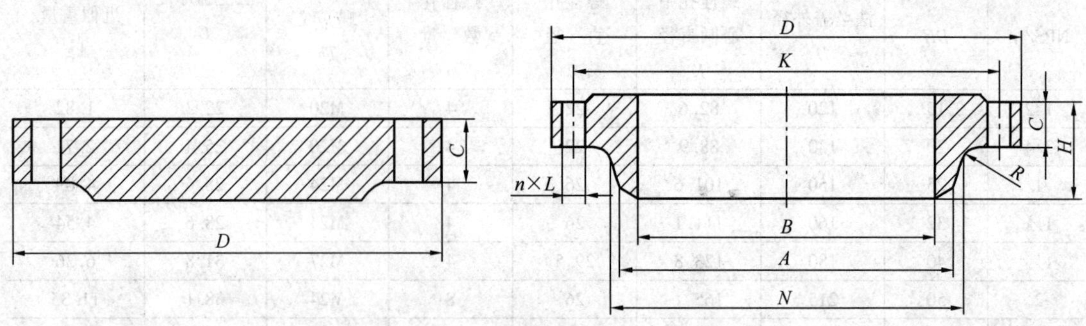

图 3-1-82　大直径法兰和法兰盖尺寸

表 3-1-282　Class 150(*PN*20)大直径钢制管法兰和法兰盖(A 系列)(HG/T 20623—2009)

(mm)

公称尺寸		法兰焊端外径	连接尺寸					厚度		法兰内径	法兰颈		法兰高度
DN	NPS	*A*	法兰外径 *D*	螺栓孔中心圆直径 *K*	螺栓孔直径 *L*	螺栓 *Th*	螺栓孔数量 *n*/个	法兰 *C*	法兰盖 *C*	*B*	*N*	*R*	*H*
650	26	660.4	870	806.4	36	M33	24	66.7	66.7	与钢管内径一致	676	10	119
700	28	711.2	925	863.6	36	M33	28	69.9	69.9		727	11	124
750	30	762.0	985	914.4	36	M33	28	73.1	73.1		781	11	135
800	32	812.8	1060	977.9	42	M39	28	79.4	79.4		832	11	143
850	34	863.6	1110	1028.7	42	M39	32	81.0	81.0		883	13	148
900	36	914.4	1170	1085.8	42	M39	32	88.9	89.9		933	13	156
950	38	965.2	1240	1149.4	42	M39	32	85.8	85.8		991	13	156
1000	40	1016.0	1290	1200.2	42	M39	36	88.9	88.9		1041	13	162
1050	42	1066.8	1345	1257.3	42	M39	36	95.3	95.3		1092	13	170
1100	44	1117.6	1405	1314.4	42	M39	40	100.1	100.1		1143	13	176
1150	46	1168.4	1455	1365.2	42	M39	40	101.6	101.6		1197	13	184
1200	48	1219.2	1510	1422.4	42	M39	44	106.4	106.4		1248	13	191
1250	50	1270.0	1570	1479.6	48	M45	44	109.6	109.6		1302	13	202
1300	52	1320.8	1625	1536.7	48	M45	44	114.3	114.3		1353	13	208
1350	54	1371.6	1685	1593.8	48	M45	44	119.1	119.1		1403	13	214
1400	56	1422.4	1745	1651.0	48	M45	48	122.3	122.3		1457	13	227
1450	58	1473.2	1805	1708.2	48	M45	48	127.0	127.0		1508	13	233
1500	60	1524.0	1855	1759.0	48	M45	52	130.2	130.2		1559	13	238

注：法兰内径 *B* 由钢管壁厚确定，用户应在订货时注明或按 HG/T 20615 中附录 C 确定。

表 3-1-283 Class 300(*PN*50)大直径钢制管法兰和法兰盖(A 系列)(HG/T 20623—2009)

(mm)

公称尺寸		法兰焊端外径	连接尺寸					厚度		法兰内径	法兰颈		法兰高度
DN	NPS	*A*	法兰外径 *D*	螺栓孔中心圆直径 *K*	螺栓孔直径 *L*	螺栓 *Th*	螺栓孔数量 *n*/个	法兰 *C*	法兰盖 *C*	*B*	*N*	*R*	*H*
650	26	660.4	970	876.3	45	M42	28	77.8	82.6	与钢管内径一致	721	10	183
700	28	711.2	1035	939.8	45	M42	28	84.2	88.9		775	11	195
750	30	762.0	1090	997.0	48	M45	28	90.5	93.7		827	11	208
800	32	812.8	1150	1054.1	51	M48	28	96.9	98.5		881	11	221
850	34	863.6	1205	1104.9	51	M48	28	100.1	103.2		937	13	230
900	36	914.4	1270	1168.4	55	M52	32	103.2	109.6		991	13	240
950	38	965.2	1170	1092.2	42	M39	32	106.4	106.4		994	13	179
1000	40	1016.0	1240	1155.7	45	M42	32	112.8	112.8		1048	13	192
1050	42	1066.8	1290	1206.5	45	M42	32	117.5	117.5		1099	13	198
1100	44	1117.6	1355	1263.6	48	M45	32	122.3	122.3		1149	13	205
1150	46	1168.4	1415	1320.8	51	M48	28	127.0	127.0		1203	13	214
1200	48	1219.2	1465	1371.6	51	M48	32	131.8	131.8		1254	13	222
1250	50	1270.0	1530	1428.8	55	M52	32	138.2	138.2		1305	13	230
1300	52	1320.8	1580	1479.6	55	M52	32	142.9	142.9		1356	13	237
1350	54	1371.6	1660	1549.4	60	M56	28	150.9	150.9		1410	13	251
1400	56	1422.4	1710	1600.2	60	M56	28	152.4	152.4		1464	13	259
1450	58	1473.2	1760	1651.0	60	M56	32	157.2	157.2		1514	13	265
1500	60	1524.0	1810	1701.8	60	M56	32	162.0	162.0		1565	13	271

注：法兰内径 *B* 由钢管壁厚确定，用户应在订货时注明或按 HG/T 20615 中附录 C 确定。

表 3-1-284 Class 600(*PN*110)大直径钢制管法兰和法兰盖(A 系列)(HG/T 20623—2009)

(mm)

公称尺寸		法兰焊端外径	连接尺寸					厚度		法兰内径	法兰颈		法兰高度
DN	NPS	*A*	法兰外径 *D*	螺栓孔中心圆直径 *K*	螺栓孔直径 *L*	螺栓 *Th*	螺栓孔数量 *n*/个	法兰 *C*	法兰盖 *C*	*B*	*N*	*R*	*H*
650	26	660.4	1015	914.4	51	M48	28	108.0	125.5	与钢管内径一致	748	13	222
700	28	711.2	1075	965.2	55	M52	28	111.2	131.8		803	13	235
750	30	762.0	1130	1022.4	55	M52	28	114.3	139.7		862	13	248
800	32	812.8	1195	1079.5	60	M56	28	117.5	147.7		918	13	260
850	34	863.6	1245	1130.3	60	M56	28	120.7	154.0		973	14	270
900	36	914.4	1315	1193.8	68	M64	28	123.9	162.0		1032	14	283
950	38	965.2	1270	1162.0	60	M56	28	152.4	155.0		1022	14	254
1000	40	1016.0	1320	1212.8	60	M56	32	158.8	162.0		1073	14	264
1050	42	1066.8	1405	1282.7	68	M64	28	168.3	171.5		1127	14	279
1100	44	1117.6	1455	1333.5	68	M64	32	173.1	177.8		1181	14	289
1150	46	1168.4	1510	1390.6	68	M64	32	179.4	185.8		1235	14	300
1200	48	1219.2	1595	1460.5	74	M70	32	189.0	195.3		1289	14	316

续表

公称尺寸		法兰焊端外径 A	连接尺寸					厚度		法兰内径 B	法兰颈		法兰高度 H
DN	NPS		法兰外径 D	螺栓孔中心圆直径 K	螺栓孔直径 L	螺栓 Th	螺栓孔数量 n/个	法兰 C	法兰盖 C		N	R	
1250	50	1270.0	1670	1524.0	80	M76	28	196.9	203.2	与钢管内径一致	1343	14	329
1300	52	1320.8	1720	1574.8	80	M76	32	203.2	209.6		1394	14	337
1350	54	1371.6	1780	1632.0	80	M76	32	209.6	217.5		1448	14	349
1400	56	1422.4	1855	1695.4	86	M82	32	217.5	225.5		1502	16	362
1450	58	1473.2	1905	1746.2	86	M82	32	222.3	231.8		1553	16	370
1500	60	1524.0	1995	1822.4	94	M90	28	233.4	242.9		1610	17	389

注：法兰内径 B 由钢管壁厚确定，用户应在订货时注明或按 HG/T 20615 中附录 C 确定。

表 3-1-285　Class 900（PN150）大直径钢制管法兰和法兰盖（A 系列）（HG/T 20623—2009）

（mm）

公称尺寸		法兰焊端外径 A	连接尺寸					厚度		法兰内径 B	法兰颈		法兰高度 H
DN	NPS		法兰外径 D	螺栓孔中心圆直径 K	螺栓孔直径 L	螺栓 Th	螺栓孔数量 n/个	法兰 C	法兰盖 C		N	R	
650	26	660.4	1085	952.5	74	M70	20	139.7	160.4	与钢管内径一致	775	11	286
700	28	711.2	1170	1022.4	80	M76	20	142.9	171.5		832	13	298
750	30	762.0	1230	1085.9	80	M76	20	149.3	182.6		889	13	311
800	32	812.8	1315	1155.7	86	M82	20	158.8	193.7		946	13	330
850	34	863.6	1395	1225.6	94	M90	20	165.1	204.8		1006	14	349
900	36	914.4	1460	1289.1	94	M90	20	171.5	214.4		1064	14	362
950	38	965.2	1460	1289.1	94	M90	20	190.5	215.9		1073	19	352
1000	40	1016.0	1510	1339.9	94	M90	24	196.9	223.9		1127	21	364

注：法兰内径 B 由钢管壁厚确定，用户应在订货时注明或按 HG/T 20615 中附录 C 确定。

（三）法兰制造尺寸极限偏差

1. 石化标准法兰制造尺寸极限偏差见表 3-1-286～表 3-1-288。

表 3-1-286　石化标准法兰尺寸极限偏差

<table>
<tr><th colspan="3" rowspan="2">法兰尺寸</th><th colspan="3">偏差值/mm</th></tr>
<tr><th colspan="2">DN≤600</th><th>DN>600</th></tr>
<tr><td rowspan="2">外径</td><td rowspan="2">D</td><td rowspan="2"></td><td>D≤610</td><td>±1.6</td><td rowspan="2">±4.0</td></tr>
<tr><td>D>610</td><td>±3.2</td></tr>
<tr><td rowspan="9">内径</td><td rowspan="5">B</td><td rowspan="3">对焊法兰</td><td>DN≤250</td><td>±0.8</td><td rowspan="5">+4.0</td></tr>
<tr><td>DN350～400</td><td>±1.6</td></tr>
<tr><td>DN≥500</td><td>+3.2，−1.6</td></tr>
<tr><td rowspan="2">平焊法兰　松套法兰</td><td>DN≤250</td><td>+0.8，−0</td></tr>
<tr><td>DN≥300</td><td>+1.6，−0</td></tr>
<tr><td rowspan="2">B_1</td><td rowspan="4">承插焊法兰</td><td>DN15～50</td><td>+0.3，−0</td><td rowspan="4">−2.4</td></tr>
<tr><td>DN65～80</td><td>+0.4，−0</td></tr>
<tr><td rowspan="2">B</td><td>DN15～50</td><td>±0.4</td></tr>
<tr><td>DN65～80</td><td>±0.8</td></tr>
</table>

续表

法兰尺寸			偏差值/mm		
			DN≤600		DN>600
法兰颈部	N	对焊法兰	N≤610	±1.6	±4.0
			N>610	±3.2	
		平焊、松套、螺纹、承插焊法兰	DN≤300	+1.6，-0.8	
			DN≥350	+3.2，-1.6	
对焊端部外径	A		DN≤125	+2.4，-0.8	+4.0，-0.8
			DN≥150	+4.0，-0.8	
凸台面	d	密封面凸台高度为1.6时		±0.8	±0.8
		密封面凸台高度为6.4时		±0.8	
凹凸面榫槽面	d	所有公称直径		±0.5	
	X、Y、Z、Y			±0.5	
	f_2			+0，-0.4	
	f_1			+0.4，-0	
厚　度	C		DN≤450	+3.2，-0	+4.8 -0
			DN≥500	+4.8，-0	
高　度	H	对焊法兰	DN≤250	±1.6	±3.2
			DN≥300	±3.2	
		平焊、松套、螺纹承插焊法兰	DN≤450	+3.2，-0.8	
			DN≥500	+4.8，-1.6	
螺栓孔部分	K	螺栓孔中心圆直径	DN≤300	±0.8	±1.6
			DN≥350	±1.6	
	螺栓孔	间　距	所有公称直径	±0.8	±0.8
		直　径		±0.5	±0.5
	法兰内径对螺栓孔中心圆的偏心			<0.8	<1.0
	法兰内径对密封面中心圆的偏心			<0.8	<1.0

表3-1-287　环槽（环连接）密封面尺寸极限偏差

密封面尺寸		偏差值/mm	密封面尺寸		偏差值/mm
环槽深度	E	+0.4，-0	环槽角度	23°	+0.5，-0.5
槽顶宽度	F	+0.2，-0.2	环槽圆角	r	+0.1，-0.1
环槽中心圆直径	P	+0.13，-0.13	密封面外径	d_{min}	+0.5，-0.5

表3-1-288　松套法兰用短节尺寸极限偏差

短节尺寸			偏差值/mm
对焊端部外径	B_1	DN15~DN65	+1.6，-0.8
		DN80~DN100	+1.6，-1.6
		DN125~DN200	+2.4，-1.6
		DN250~DN450	+4.0，-3.2
		DN500~DN600	+6.4，-4.8

续表

短节尺寸			偏差值/mm
短节内径（注）	B	DN15～DN65	+0.8，-0.8
		DN80～DN200	+1.6，-1.6
		DN250～DN450	+3.2，-3.2
		DN500～DN600	+4.8，-4.8
短节长度	L LL	DN15～DN200	+1.6，-1.6
		DN≥250	+2.4，-2.4
短节密封面外径	d	DN15～DN200	+0，-0.8
		DN≥250	+0，-1.6
圆角半径	r_2	DN15～DN90	+0，-0.8
		DN≥100	+0，-1.6
翻边或槽底厚度	T	所有公称直径	+1.6，-0

注：短节厚度偏差不应超过计算厚度的-12.5%。

2. 国标法兰制造尺寸极限偏差见表3-1-289～表3-1-292。

（1）用*PN*标记的法兰尺寸公差应符合表3-1-289的规定。

（2）用Class标记的法兰尺寸公差应符合表3-1-290的规定。

表3-1-289　用*PN*标记的法兰尺寸公差

项　目	法兰类型	尺寸范围	尺寸公差/mm	
法兰颈部外径A	对焊法兰 A型对焊环板式松套法兰（PL/W-A）	≤DN125	+3.0 0	
		DN 150～DN 1200	+4.5 0	
		≥DN 1400	+6.0 0	
	B型对焊环板式松套法兰（PL/W-B） 翻边短节板式松套法兰（PL/P-B） 管端翻边板式松套法兰（PL/P-A）	≤DN 150	±0.75%， 最小为±0.3	
		≥DN 200	±1%， 最大为±3.0	
孔径B	板式平焊法兰（PL） A型对焊环板式松套法兰（PL/W-A） B型对焊环板式松套法兰（PL/W-B） 带颈平焊法兰（SO） 平焊环板式松套法兰（PL/C） 管端翻边板式松套法兰（PL/P-A） 翻边短节板式松套法兰（PL/P-B）	≤DN 100	+0.5 0	
		DN 125～DN 400	+1.0 0	
		DN 450～DN 600	+1.5 0	
		≥DN 700	+3.0 0	
法兰颈部厚度S	对焊法兰（WN） A型对焊环板式松套法兰（PL/W-A）		颈部内外均加工	颈部内外至少一面未加工
		≤DN 100	+1.0 0	+2.0 0
		DN 125～DN 400	+1.5 0	+2.5 0

续表

<table>
<tr><th>项　目</th><th>法兰类型</th><th>尺寸范围</th><th colspan="2">尺寸公差/mm</th></tr>
<tr><td rowspan="6">法兰颈部厚度 S</td><td>对焊法兰（WN）
A 型对焊环板式松套法兰（PN/W-A）</td><td>≥DN450</td><td>+2.0
0</td><td>+3.5
0</td></tr>
<tr><td rowspan="2">B 型对焊环板式松套法兰
（PL/W-B）</td><td>S≤8</td><td colspan="2">+15%
-10%</td></tr>
<tr><td>S>8</td><td colspan="2">+15%
-5%</td></tr>
<tr><td rowspan="2">管端翻边板式松套法兰
（PL/P-A）
翻边短节板式松套法兰
（PL/P-B）</td><td>≤DN600</td><td colspan="2">+15%
-12.5%</td></tr>
<tr><td>≥DN700</td><td colspan="2">+15%
-0.5%</td></tr>
<tr><td rowspan="11">法兰外径 D</td><td rowspan="6">整体法兰（IF）</td><td>≤DN250</td><td colspan="2">±4.0</td></tr>
<tr><td>DN300～DN500</td><td colspan="2">±5.0</td></tr>
<tr><td>DN600～DN800</td><td colspan="2">±6.0</td></tr>
<tr><td>DN900～DN1200</td><td colspan="2">±7.0</td></tr>
<tr><td>DN1400～DN1600</td><td colspan="2">±8.0</td></tr>
<tr><td>DN1800～DN2000</td><td colspan="2">±10.0</td></tr>
<tr><td rowspan="5">其他型式法兰</td><td>≤DN150</td><td colspan="2">±2.0</td></tr>
<tr><td>DN200～DN500</td><td colspan="2">±3.0</td></tr>
<tr><td>DN600～DN1200</td><td colspan="2">±5.0</td></tr>
<tr><td>DN1400～DN1800</td><td colspan="2">±7.0</td></tr>
<tr><td>≥DN2000</td><td colspan="2">±10.0</td></tr>
<tr><td rowspan="3">法兰高度 H</td><td rowspan="3">所有带颈法兰</td><td>≤DN80</td><td colspan="2">±1.5</td></tr>
<tr><td>DN100～DN250</td><td colspan="2">±2.0</td></tr>
<tr><td>≥DN300</td><td colspan="2">±3.0</td></tr>
<tr><td rowspan="12">法兰颈部直径 N</td><td rowspan="5">对焊法兰（WN）
A 型对焊环板式松套法兰
（PL/W-A）
整体法兰（IF）</td><td>≤DN50</td><td colspan="2">0
-2.0</td></tr>
<tr><td>DN65～DN150</td><td colspan="2">0
-4.0</td></tr>
<tr><td>DN200～DN300</td><td colspan="2">0
-6.0</td></tr>
<tr><td>DN350～DN600</td><td colspan="2">0
-8.0</td></tr>
<tr><td>DN700～DN4000</td><td colspan="2">0
-10.0</td></tr>
<tr><td rowspan="7">带颈平焊法兰（SO）
带颈螺纹法兰（Th）</td><td>≤DN50</td><td colspan="2">+1.0
0</td></tr>
<tr><td>DN65～DN150</td><td colspan="2">+2.0
0</td></tr>
<tr><td>DN200～DN300</td><td colspan="2">+4.0
0</td></tr>
<tr><td>DN350～DN600</td><td colspan="2">+8.0
0</td></tr>
<tr><td>DN700～DN1200</td><td colspan="2">+12.0
0</td></tr>
<tr><td>DN1400～DN1800</td><td colspan="2">+16.0
0</td></tr>
<tr><td>≥DN2000</td><td colspan="2">+20.0
0</td></tr>
</table>

续表

<table>
<tr><th colspan="2">项　目</th><th>法兰类型</th><th colspan="2">尺寸范围</th><th>尺寸公差/mm</th></tr>
<tr><td colspan="2" rowspan="4">环厚度 F、F_1</td><td rowspan="2">B 型对焊环板式松套法兰
（PL/W-B）</td><td colspan="2">F≤18mm</td><td>±1.0</td></tr>
<tr><td colspan="2">F>18mm</td><td>±1.5</td></tr>
<tr><td>翻边短节板式松套法兰（PL/P-B）</td><td colspan="2">≤18mm</td><td>±10%</td></tr>
<tr><td>管端翻边板式松套法兰（PL/P-A）</td><td colspan="2"></td><td>±0.2</td></tr>
<tr><td colspan="2" rowspan="6">法兰厚度 C</td><td rowspan="3">两侧均机械加工的所有型式法兰</td><td colspan="2"></td><td>+1.0
−1.3</td></tr>
<tr><td colspan="2"></td><td>±1.5</td></tr>
<tr><td colspan="2"></td><td>±2.0</td></tr>
<tr><td rowspan="3"></td><td colspan="2"></td><td>+2.0
−1.3</td></tr>
<tr><td colspan="2"></td><td>+4.0
−1.5</td></tr>
<tr><td colspan="2">C>50mm</td><td>+7.0
−2.0</td></tr>
<tr><td rowspan="14">法兰密封面尺寸</td><td rowspan="2">d</td><td rowspan="2">所有型式法兰</td><td colspan="2">≤DN250</td><td>+2.0
−1.0</td></tr>
<tr><td colspan="2">≥DN300</td><td>+3.0
−1.0</td></tr>
<tr><td rowspan="4">f_1</td><td rowspan="4">所有型式法兰
（密封面型式为突面、凹面、槽面）</td><td>≤DN32</td><td>f_1 = 2mm</td><td>0
−1</td></tr>
<tr><td>DN40～
DN250</td><td>f_1 = 3mm</td><td>0
−2</td></tr>
<tr><td>DN300～
DN500</td><td>f_1 = 4mm</td><td>0
−3</td></tr>
<tr><td>≥DN600</td><td>f_1 = 5mm</td><td>0
−4</td></tr>
<tr><td>f_2</td><td>所有型式法兰
（密封面型式为榫面、凸面、O 形圈凸面）</td><td colspan="2">所有尺寸</td><td>+0.5
0</td></tr>
<tr><td rowspan="2">f_3</td><td>所有型式法兰
（槽面、凹面）</td><td colspan="2">所有尺寸</td><td>+0.5
0</td></tr>
<tr><td>所有型式法兰（O 形圈槽面）</td><td colspan="2">所有尺寸</td><td>+2.0
0</td></tr>
<tr><td>f_4</td><td>所有型式法兰（O 形圈槽面）</td><td colspan="2">所有尺寸</td><td>+0.5
0</td></tr>
<tr><td>W</td><td>所有型式法兰</td><td colspan="2">所有尺寸</td><td>+0.5
0</td></tr>
<tr><td>X</td><td>所有型式法兰</td><td colspan="2">所有尺寸</td><td>0
−0.5</td></tr>
<tr><td>Y</td><td>所有型式法兰</td><td colspan="2">所有尺寸</td><td>+0.5
0</td></tr>
<tr><td>Z</td><td>所有型式法兰</td><td colspan="2">所有尺寸</td><td>0
−0.5</td></tr>
<tr><td colspan="2" rowspan="3">螺栓孔中心圆直径
K</td><td rowspan="3">所有型式法兰</td><td rowspan="3">螺栓尺寸</td><td>≤M24</td><td>±1.0</td></tr>
<tr><td>M27～M45</td><td>±1.5</td></tr>
<tr><td>≥M48</td><td>±2.0</td></tr>
</table>

续表

项目	法兰类型		尺寸范围	尺寸公差/mm	
相邻两螺栓孔的弦距	所有型式法兰		螺栓尺寸	≤M24	±1.0
				M27~M45	±1.5
				≥M48	±2.0
机加工面的同轴度公差	所有型式法兰		≤*DN*65	1.0	
			≥*DN*80	2.0	
密封面与螺栓支承面的夹角	所有型式法兰	机加工的螺栓支承面	所有尺寸	1°	
		未机加工的螺栓支承面	所有尺寸	2°	

表 3-1-290　用 Class 标记的法兰尺寸公差

项　　目	法兰型式	尺寸或尺寸范围			公差/mm
法兰厚度 *C*	所有型式	≤NPS18		≤*DN*450	+3.0 0
		≥NPS20		≥*DN*500	+5.0 0
法兰高度 *H*	对焊法兰	≤NPS4		≤*DN*100	±1.5
		5≤NPS≤10		125≤*DN*≤250	+1.5 −3.0
		≥NPS12		≥*DN*300	+3.0 −5.0
焊接端部	对焊法兰	公称外径 *A*	≤NPS5	≤*DN*125	+2.0 −1.0
			≥6	≥*DN*150	+4.0 −1.0
		公称内径 *B*	图 A.6 结构	≤*DN*250	±1.0
				300≤*DN*≤450	±1.5
				≥*DN*500	+3.0 −1.5
			图 A.7 结构	≤*DN*250	0 −1.0
				≥*DN*300	0 −1.5
		衬环孔径 *C*（见图 A.7）			+0.25 0
		颈部厚度			焊接端颈部的厚度应不小于法兰所连接的管子公称壁厚的 87.5%，负公差为所焊接管子壁厚的 12.5%，或者按用户提出的最小壁厚
法兰孔径 *B*	松套法兰 带颈平焊法兰 承插焊法兰	≤*DN*250			+1.0 0
		≥*DN*300			+1.5 0

续表

项目	法兰型式	尺寸或尺寸范围		公差/mm
沉孔 Q	螺纹法兰	$\leqslant DN250$		+1.0 0
		$\geqslant DN300$		+1.5 0
	承插焊法兰	$25\leqslant DN\leqslant 80$		±0.25
法兰密封面	突面法兰	法兰的突面直径 R	$f_1=2$	±1.0
			$f_1=7$	±0.5
		2mm 的突面高度尺寸 f_1		±0.5
		7mm 的突面高度尺寸 f_1		±2.0
	环连接面法兰	环连接槽的深度 E		+0.4 0
		环连接槽的宽度 E		±0.2
		环连接槽的尺寸 P		±0.13
		环连接槽的 23°角		±0.5°
		环连接槽的底部圆角半径 R_1	$R_1\leqslant$2mm 时	+0.5 0
			R_1>2mm 时	±0.5
	凹凸面和榫槽面法兰	R、W、U、Z		±0.5
螺栓孔中心圆直径 K	所有型式	所有尺寸		±1.5
螺栓孔中心圆同心度	所有型式	$\leqslant DN65$		0.8
		$\geqslant DN80$		1.5
相邻两螺栓孔的弦距	所有型式	所有尺寸		±0.8

（3）法兰的连接密封面应进行机械加工，加工表面粗糙度应符合表 3-1-291 的规定。用户有特殊要求应在订货合同中注明。

表 3-1-291　密封面的表面粗糙度

密封面型式	密封面代号	R_a/μm		R_z/μm	
		min	max	min	max
全平面	FF	3.2	6.3	12.5	50
突面	RF				
凹凸面	FM				
榫槽面	TG	0.8	3.2	3.2	12.5
O 形圈面	OSG				
环连接面	RJ	0.4	1.6	—	—

注：对于全平面（FF）、突面（RF）和凹凸面（FM）法兰，密封面一般加工成锯齿形的同心圆或螺旋齿槽，加工刀具的圆角半径应不小于 1.5mm 同心圆或螺旋齿槽的深度约为 0.05mm，节距约为 0.50~0.56mm。对于 Class 标记的凹凸面（FM）法兰，也可以加工成光面。

（4）各种类型法兰的制造方案按表 3-1-292 的规定。

表 3-1-292　各种法兰类型的制造方法

法兰类型与代号		法兰标准	制造方法				
			锻造	铸造	钢板	棒材或型钢	钢管
整体法兰（IF）		GB/T 9113	√	√	×	√	×
带颈螺纹法兰（Th）		GB/T 9114	√	×	×	√	×
对焊法兰（WN）		GB/T 9115	√	×	×	√	×
带颈平焊法兰（SO）		GB/T 9116	√	×	×	√	×
带颈承插焊法兰（SW）		GB/T 9117	√	×	×	√	×
对焊环带颈松套法兰（HL/W）	带颈松套法兰	GB/T 9118	√	×	×	√	×
	对焊环		√	×	×	×	√
板式平焊法兰（PL）		GB/T 9119	√	×	√	√	×
对焊环板式松套法兰（PL/W）	板式松套法兰	GB/T 9120	√	×	√	√	×
	对焊环		√	×	×	√	×
平焊环板式松套法兰（PL/C）	板式松套法兰	GB/T 9121	√	×	√	√	×
	平焊环		√	×	√	√	×
翻边环板式松套法兰（PL/P）	板式松套法兰	GB/T 9122	√	×	√	√	×
	翻边短节		√	×	√	√	√
法兰盖（BL）		GB/T 9123	√	×	√	√	×

注：√表示可以，×表示不可以。

3. 化工部标准法兰制造尺寸极限偏差

（1）欧洲体系见表 3-1-293～表 3-1-296。

表 3-1-293　法兰的尺寸公差　（mm）

项　目	法 兰 型 式	尺 寸 范 围	极 限 偏 差
法兰厚度 C	双面加工的所有型式法兰（包括锪孔）	$C \leqslant 18$	±1.0
		$18<C \leqslant 50$	±1.5
		$C>50$	±2.0
法兰高度 H	带颈法兰对焊环	≤*DN*80	±1.5
		*DN*100～250	±2.0
		≥*DN*300	±3.0
法兰颈部大端直径 N	带颈对焊法兰 整体法兰	≤*DN*50	0 −2
		*DN*65～150	0 −4
		*DN*200～300	0 −6
		*DN*350～600	0 −8
		≥*DN*700	0 −10
	带颈平焊法兰 承插焊法兰 螺纹法兰	≤*DN*50	+1.0 0
		*DN*65～150	+2.0 0
		*DN*200～300	+4.0 0
		*DN*350～600	+8.0 0
对焊法兰或对焊环焊端外径 A	带颈对焊法兰 对焊环	≤*DN*125	+3.0 0
		*DN*150～1200	+4.5 0
		≥*DN*1300	+6.0 0

续表

<table>
<tr><th colspan="2">项　目</th><th>法兰型式</th><th>尺寸范围</th><th>极限偏差</th></tr>
<tr><td colspan="2" rowspan="4">法兰内径 B_1 和
承插孔内径 B_2</td><td rowspan="4">所有形式</td><td>≤DN100</td><td>+0.5
0</td></tr>
<tr><td>DN125~400</td><td>+1.0
0</td></tr>
<tr><td>DN450~600</td><td>+1.5
0</td></tr>
<tr><td>≥DN700</td><td>+3.0
0</td></tr>
<tr><td colspan="2" rowspan="11">法兰外径 D</td><td rowspan="6">整体法兰</td><td>≤DN250</td><td>±4.0</td></tr>
<tr><td>DN300~500</td><td>±5.0</td></tr>
<tr><td>DN600~800</td><td>±6.0</td></tr>
<tr><td>DN900~1200</td><td>±7.0</td></tr>
<tr><td>DN1400~1600</td><td>±8.0</td></tr>
<tr><td>>DN1600</td><td>±10.0</td></tr>
<tr><td rowspan="5">其他形式</td><td>≤DN150</td><td>±2.0</td></tr>
<tr><td>DN200~500</td><td>±3.0</td></tr>
<tr><td>DN600~1200</td><td>±5.0</td></tr>
<tr><td>DN1400~1600</td><td>±7.0</td></tr>
<tr><td>≥1800</td><td>±10.0</td></tr>
<tr><td colspan="2" rowspan="2">法兰突台外径 d
（环连接面除外）</td><td rowspan="2">所有形式</td><td>≤DN250</td><td>+2.0
−1.0</td></tr>
<tr><td>≥DN300</td><td>+3.0
−1.0</td></tr>
<tr><td colspan="2">法兰突台高度 f_1
（环连接面除外）</td><td>所有形式</td><td>2</td><td>0
−1.0</td></tr>
<tr><td colspan="2">环连接面法兰突台高度 E</td><td>所有形式</td><td>—</td><td>±1.0</td></tr>
<tr><td colspan="2">凹面/凸面和榫面
槽面高度 f_2、f_3</td><td>所有形式</td><td>—</td><td>+0.5
0</td></tr>
<tr><td rowspan="2">凹面/凸面
和榫面/
槽面直径</td><td>X、Z</td><td rowspan="2">所有形式</td><td rowspan="2">—</td><td>0
−0.5</td></tr>
<tr><td>W、Y</td><td>+0.5
0</td></tr>
<tr><td colspan="2" rowspan="2">螺栓孔中心圆直径 K</td><td rowspan="2">所有形式</td><td>≤M24</td><td>±1.0</td></tr>
<tr><td>>M24</td><td>±1.5</td></tr>
<tr><td colspan="2" rowspan="2">相邻两螺栓孔间距</td><td rowspan="2">所有形式</td><td>≤M24</td><td>±1.0</td></tr>
<tr><td>>M24</td><td>±1.5</td></tr>
<tr><td colspan="2">螺栓孔直径 L</td><td>所有形式</td><td></td><td>±0.5</td></tr>
<tr><td colspan="2" rowspan="2">螺栓孔中心圆与加工
密封面的同轴度偏差</td><td rowspan="2">所有形式</td><td>≤DN100</td><td>1.0</td></tr>
<tr><td>≥DN125</td><td>2.0</td></tr>
<tr><td colspan="2">密封面与螺栓支
承面的不平行度</td><td>所有形式</td><td></td><td>1°</td></tr>
</table>

续表

项目	法兰形式	尺寸范围	极限偏差
颈部厚度 S	带颈对焊法兰 整体法兰	≤DN80	+1.0 0
		DN100~400	+1.5 0
		DN450~600	+2.0 0
		DN700~1000	+3.0 0
		≥DN1200	+4.0 0
对焊环焊端以及翻边壁厚	对焊环		+1.6 -12.5%钢管名义厚度

表 3-1-294　密封面的表面粗糙度

密封面型式	密封面代号	R_a/μm	
		最小	最大
全平面 凹面/凸面 突面	FF FM/M RF	3.2	6.3
榫面/槽面	T/G	0.8	3.2
环连接面	RJ	0.4	1.6

注：突面、凹面/凸面及全平面密封面是采用加工刀具加工时自然形成的一种锯齿形同心圆或螺旋齿槽。加工刀具的圆角半径应不小于1.5mm，形成的锯齿形同心圆或螺旋齿槽深度约为0.05mm，节距约为0.45~0.55mm。

表 3-1-295　法兰密封面缺陷允许尺寸（突面、凹面/凸面、全平面）　（mm）

公称尺寸 DN	缺陷的最大径向投影尺寸（缺陷深度≤h）	缺陷的最大深度和径向投影尺寸（缺陷深度>h）	公称尺寸 DN	缺陷的最大径向投影尺寸（缺陷深度≤h）	缺陷的最大深度和径向投影尺寸（缺陷深度>h）
15	3.0	1.5	200	8.0	4.5
20	3.0	1.5	250	8.0	4.5
25	3.0	1.5	300	8.0	4.5
32	3.0	1.5	350	8.0	4.5
40	3.0	1.5	400	10.0	4.5
50	3.0	1.5	450	12.0	6.0
65	3.0	1.5	500	12.0	6.0
80	4.5	3.0	600	12.0	6.0
100	6.0	3.0	700~900	12.5	6.0
125	6.0	3.0	1000~1400	14.0	7.0
150	6.0	3.0	1600~2000	15.5	7.5

注：1. 缺陷的径向投影尺寸为缺陷离开法兰孔中心最大半径和最小半径之差。

2. h 为法兰密封面的锯齿形同心圆或螺旋齿槽深。

表 3-1-296　环连接面的密封面尺寸公差　（mm）

项目	极限偏差	项目		极限偏差
环槽深度 E	+0.4 0	环槽角度 23°		±0.5°
		环槽圆角 R_{max}	R_{max}≤2	+0.8 0
环槽顶宽度 F	±0.2		R_{max}>2	±0.8
环槽中心圆直径 P	±0.13	密封面外径 d		±0.5

注：环槽的最小硬度值应比所用的金属环垫的最大硬度值高 30HB。

（2）美洲体系见表 3-1-297~表 3-1-302。

表 3-1-297　DN≤600mm 法兰的尺寸公差　（mm）

项　目	法兰型式	尺寸范围	极限偏差
内径 B	对焊法兰 承插焊法兰内径	≤DN250	±1.0
		DN300~450	±1.5
		≥DN500	+3.0 −1.5
	带颈平焊法兰内径 松套法兰内径 承插焊法兰承插孔内径	≤DN250	+1.0 0
		≥DN300	+1.5 0
法兰厚度 C	双面加工的所有型式法兰 （包括锪孔）	≤DN450	+3.0 0
		≥DN500	+5.0 0
法兰高度 H	带颈法兰	≤DN250	±1.6
		≥DN300	±3.2
对焊法兰焊端外径 A	带颈对焊法兰	≤DN125	+2.0 −1.0
		≥DN150	+4.0 −1.0
法兰突台外径 d （环连接面除外）	所有型式	密封面突台高度为 2.0	±1.0
		密封面突台高度为 7.0	±0.5
螺栓孔中心圆直径 K	所有型式	—	±1.5
相邻螺栓孔间距	所有型式	—	±0.8
螺栓孔直径 L	所有型式	—	±0.5
螺栓孔中心圆与加工密封面的同轴度偏差	所有型式	≤DN65	<0.8
		≥DN80	<1.6
密封面与螺栓支承面的不平行度	所有型式	—	<1°
法兰突台高度 f_1 （环连接面除外）	所有型式	2	0 −1.0
环连接面法兰突台高度 E	所有型式	—	±1.0
凹面/凸面和榫面/槽面高度 f_2、f_3	所有型式	—	+0.5 0
凹面/凸面和榫面/槽面直径　X、Z	所有型式	—	0 −0.5
凹面/凸面和榫面/槽面直径　W、Y			+0.5 0

表 3-1-298　松套法兰用对焊环尺寸极限偏差　（mm）

项　目	尺寸范围	极限偏差	项　目	尺寸范围	极限偏差
对焊环端部外径 A	DN15~65	+1.6 −0.8	对焊环长度 h	—	±2
	DN80~100	±1.6	对焊环密封面外径 d	DN15~200	0 −1
	DN125~200	+2.4 −1.6		≥DN250	0 −2
	≥DN250	+4.0 −3.2	圆角半径 R_2	DN15~80	0 −1
对焊环内径 B	DN15~65	±0.8		≥DN100	0 −2
	DN80~200	±1.6			
	≥DN250	±3.2	对焊环翻边厚度 T		+1.6 −12.5%钢管名义厚度

表 3-1-299　DN>600mm 大直径法兰尺寸极限偏差　(mm)

项　目	极限偏差	项　目	极限偏差
法兰外径 D	±4.0	法兰焊端外径 A	+5.0 −2.0
法兰内径 B	+3.2 −2	螺栓孔中心圆直径 K	±1.5
法兰厚度 C	+5.0 0	相邻螺栓孔间距	±0.8
密封面外径 d	±2	螺栓孔直径 L	±0.5
法兰高度 H	±3.0 −5.0	法兰内径对螺栓孔中心圆的偏心	<1.0
法兰颈部尺寸 N	±4.0	法兰内径对密封面中心圆的偏心	<1.0

表 3-1-300　法兰密封面表面粗糙度

密封面型式	密封面代号	R_a/μm	
		最　小	最　大
突面 凹面/凸面 全平面	RF FM/M FF	3.2	6.3
榫面/槽面	T/G	0.8	3.2
环连接面	RJ	0.4	1.6

注：突面、凹面/凸面及全平面密封面是采用加工刀具加工时自然形成的一种锯齿形同心圆或螺旋齿槽。加工刀具的圆角半径应不小于 1.5mm，形成的锯齿形同心圆或螺旋齿槽深度约为 0.05mm，节距约为 0.45~0.55mm。

表 3-1-301　法兰密封面缺陷允许尺寸（突面、凹面/凸面、全平面）　(mm)

公称尺寸 DN	缺陷的最大径向投影尺寸（缺陷深度≤h）	缺陷的最大深度和径向投影尺寸（缺陷深度>h）	公称尺寸 DN	缺陷的最大径向投影尺寸（缺陷深度≤h）	缺陷的最大深度和径向投影尺寸（缺陷深度>h）
15	3.0	1.5	150	6.0	3.0
20	3.0	1.5	200	8.0	4.5
25	3.0	1.5	250	8.0	4.5
32	3.0	1.5	300	8.0	4.5
40	3.0	1.5	350	8.0	4.5
50	3.0	1.5	400	10.0	4.5
65	3.0	1.5	450	12.0	6.0
80	4.5	3.0	500	12.0	6.0
100	6.0	3.0	600	12.0	6.0
125	6.0	3.0	—	—	—

注：1. 缺陷的径向投影尺寸为缺陷离开法兰孔中心最大半径和最小半径之差。
2. h 为法兰密封面的锯齿形同心圆或螺旋齿槽深。

表 3-1-302　环连接面的密封面尺寸公差　(mm)

项　目	极限偏差	项　目		极限偏差
环槽深度 E	+0.4 0	环槽角度 23°		±0.5°
		环槽圆角 R_{max}	R_{max}≤2	+0.8 0
环槽顶宽度 F	±0.2		R_{max}>2	±0.8
环槽中心圆直径 P	±0.13	密封面外径 d		±0.5

注：环槽的最小硬度值应比所用的金属垫的最大硬度值高 30HB。

第二节　法兰紧固件——螺栓、螺母

一、概　述

法兰用螺栓螺母的直径、长度和数量应符合法兰的要求，螺栓螺母的种类和材质由管道等级表确定。法兰常用螺栓分单头螺栓（又称六角头螺栓）和双头螺栓（又称螺柱）两种，常用的螺母为六角形。螺纹分粗牙和细牙两种，粗牙普通螺纹用 M 及公称直径表示，细牙普通螺纹用 M 及公称直径×螺距表示。中石化集团公司管法兰用紧固件标准规定小于 $M36$ 的螺栓用粗牙螺纹，$M36$ 及其以上直径采用细牙螺纹，螺距均为 3。

二、法兰螺栓长度确定[❶]

这里介绍美国 ASME B16. 5—2009 规定的计算方法，供计算螺栓长度时参考。

下列各式用以确定各尺寸表中的尺寸 L：

$$L_{CSB}=A+n \tag{3-2-1}$$

$$L_{CMB}=B+n \tag{3-2-2}$$

对于活套连接按下式计算双头螺栓和机加工螺栓的长度。

（a）对于环垫接头槽的加工面：

$L_{CSB}=A+$（每个翻边环的管壁厚度）$+n$

$L_{CMB}=B+$（每个翻边环的管壁厚度）$+n$

（b）对于除了环垫接头以外的其他加工面

$L_{CSB}=A-F+$（表 3-2-1 的厚度）$+n$

$L_{CMB}=B-F+$（表 3-2-1 的厚度）$+n$

式中：

$A=2(t_f+t+d)+G+F-a$（即双头螺栓长度，不包括长度负公差 n）；　　(3-2-3)

$a=0$，但当管端是小凹面时例外，此时 $a=5$mm（0. 19in.）；

$B=2(t_f+t)+d+G+F+p-a$（即机加工螺栓长度，不包括长度负公差 n）；　　(3-2-4)

d=厚螺母厚度（等于螺栓公称直径，见 ASME B18. 2. 2）；

F=两个法兰密封面的总高度或两个法兰垫环连接槽的总深度（见表 3-2-2）；

G=3. 0mm（0. 12in.）凸面、凸凹面和槽榫面法兰的垫片厚度，或表 5（ASME B16. 5—2009 强制性附录Ⅱ中表Ⅱ-5）所列的环垫接头法兰间距的近似值；

L_{CMB}=机加工螺栓的计算长度，从螺栓头下平面至螺栓端部；

L_{CSB}=双头螺栓的计算长度（有效螺栓长度，不包括端部）；

L_{SMB}=机加工螺栓的规定长度（从螺栓头下平面至螺栓端面，包括端部），该值为 L_{CMB} 值化整为最近的 5mm（0. 25in.）的倍数（见图 3-2-2）；

L_{SSB}=双头螺栓的规定长度（有效螺栓长度，不包括端部），该值为 L_{CSB} 值化整为最近的 5mm（0. 25in.）的部数（见图 3-2-1）；

n=螺栓长度的负公差（见表 3-2-3）；

p=机加工螺栓端部的允许高度（螺栓节距的 1. 5 倍）；

t=法兰厚度正公差（见 ASME B16. 5—2009 第 7. 3 节）；

t_f=法兰最小厚度（见相应尺寸表）。

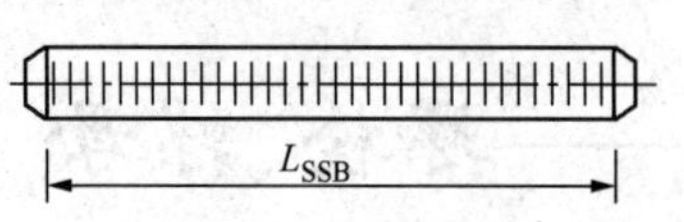

图 3-2-1　双头螺栓的规定长度

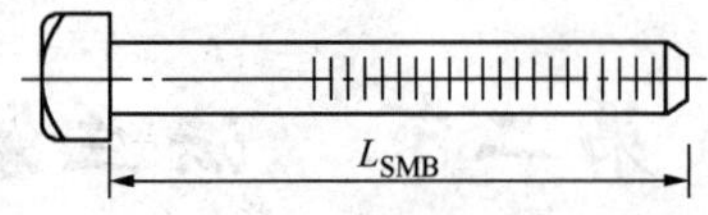

图 3-2-2　机加工螺栓的规定长度

❶ 本段所采用的公式用以计算螺纹长度，能保证当法兰连接的所有相关尺寸都处于最差的公差情况下，厚六角螺母的全部螺纹都能啮合。如能在装配时全部螺纹都能啮合，也可采用较短的螺纹长度（见 ASME B16. 5—2009 第 6. 10. 2 节）。

表 3-2-1　活套法兰翻边环厚度

翻　边　环	150 至 2500 级法兰
翻边至 2mm（0.06in.）法兰凸面	1 个翻边厚+2mm（0.06in）
翻边至翻边	2 个翻边厚
翻边至 7mm（0.25in.）法兰凸面	1 个翻边厚+7mm（0.25in）
翻边至法兰凹面	1 个翻边厚，不小于 7mm（0.25in）
翻边凸面至翻边凹面	2 倍凸面翻边环管壁厚度，不小于 7mm（0.25in.）

表 3-2-2　*F* 值

压力等级	两个法兰加工面总高度或两个法兰环垫槽总深度 *F*，mm（in.）			
	法兰加工面形式①			
	2mm 凸面 0.06in.	7mm 凸面 0.25in.	凸凹面 槽榫面	环垫接头
150 和 300	4mm（0.12）	14mm（0.50）	7mm（0.25）	2×槽深
400 至 2500	4mm（0.12）	14mm（0.50）	7mm（0.25）	2×槽深

注：①见图 8（ASME B16.5—2009 强制性附录Ⅱ图Ⅱ-8）和表 4 及表 5（ASME B16.5—2009 强制性附录Ⅱ表Ⅱ-4 及表Ⅱ-5）。

表 3-2-3　*n* 值

尺　寸	螺栓长度负公差 *n*，mm（in.）	长度，mm（in.）
双头螺栓 *A* 或 ［*A*+每个翻边环的管壁厚度］ 或 ［*A*−*F*+表 C-1 厚度］	1.5（0.06） 3.0（0.12） 7.0（0.25）	≤305（≤12） ≤305（>12），≤460（≤18），>460（>18）
机加工螺栓 *B* 或 ［*B*+每个翻边环的管壁厚度］ 或 ［*B*−*F*+表 C-1 厚度］	对于 *n* 值，用 ASME B18.2.1 的长度负公差	

螺栓长度最后应圆整，一般圆整成以 10mm 为基数的长度，中国石化集团公司标准则以 5mm 为基数。需要注意的是中国标准的螺栓长度包括螺栓端部尺寸，双头螺栓长度圆整时应加进 2 倍螺栓端部尺寸，见表 3-2-4。

表 3-2-4　螺栓端部尺寸表　　（mm）

螺栓直径 *M*	10	12	14	16	18	20	22	24	27	30	33	36	39
端部尺寸 *C*	1.5	2	2	2	2.5	2.5	2.5	3	4	4	5	5	5
螺栓直径 *M*	42	45	48	52	56	60	64	68	72	80	90	100	
端部尺寸 *C*	5	6	6	6	6	6	6	8	8	8	8	8	

三、螺栓、螺母材料

石化标准法兰紧固件材料及机械性能见表 3-2-5，国际法兰推荐的螺栓螺母材料见表 3-2-6，使用温度低于或等于−20℃的螺栓、螺母见表 3-2-7 和表 3-2-8，一机部、化工部建议的紧固件材料见表 3-1-9 和表 3-1-10。

表 3-2-5 管法兰用紧固件材料及产品机械性能（SH/T 3404—1996）

材料		名称	规格	机械性能									使用温度范围/℃
材料牌号	标准号			抗拉强度 σ_b/(N/mm²) min	屈服强度 $\sigma_{0.2}$/(N/mm²) min	冲击功 A_k/J min	伸长率 δ_5/% 不小于	保证应力 S_p/(N/mm²) 不小于	硬度 HV min	硬度 HV max	硬度 HRC min	硬度 HRC max	
BL_3	GB 715	螺栓	M10~48	400	240								-20~200
BL_2		螺母	M10~16					510	117	302		30	
			>M16~39										
			>M39~48										
35	GB/T 699	螺栓 螺柱	M10~20	800	640	30	12				25	32	-20~350
			M22~48	830	660	30	12				25	35	
25		螺母	M10~16					840	188	302		30	
			M18~39					920	233	353		38	
			M42~48						207				
40Cr	GB/T 3077	螺柱	M10~39	900	720	25	10					32	-20~400
		螺母	M10~39					920	188	302		30	
			M42~90						207	353		38	
35CrMoA	GB/T 3077	螺柱	M10~39	800	640	30	12				25	32	-100~500
			M42~90	830	660	30	12				25	35	
		螺母	M10~16					840	188	302		30	
			M18~39					920	233	353		38	
			M42~90						207				
25Cr2MoVA	GB/T 3077	螺柱	M10~39	800	640	30	12				25	32	-20~550
			M42~90	830	660	30	12				25	35	
		螺母	M10~16					840	188	302		30	
			M18~39					920	233	353		38	
			M42~90						207				
06Cr19Ni10 (0Cr18Ni9)①	GB/T 1220	螺栓 螺柱	M10~39	520	206		40②						-196~700
		螺母	M10~39					500					

注：① 当规格>M39 时，材料的机械性能由供、需双方协议。

② 伸长量≥0.6d（d 为螺柱、螺母直径）。

③ GB 715《标准件用碳素钢热轧圆钢》。

④ GB/T 699《优质碳素结构钢》。

⑤ GB/T 3077《合金结构钢》。

⑥ GB/T 1220《不锈钢棒》。

（a）管法兰连接用等长双头螺柱的规格、性能等级及常用材料牌号应符合表 3-2-6（a）的规定。

表 3-2-6（a） 等长双头螺柱的规格、性能等级及材料牌号

型式	螺纹规格	长度规格	性能等级	材料牌号
等长双头螺柱（专用紧固件）	M10、M12、M14、M16、M20、M24、M27、M30、M33、M36×3、M39×3、M42×3、M45×3、M48×3、M52×3、M56×3、M64×3、M72×3、M76×3、M80×3、M90×3	$l\leqslant$ 80mm 时，按 5mm 递增；80mm<$l\leqslant$200mm 时，按 10mm 递增；l>200mm 时，按 20mm 递增	—	40Cr、35CrMoA、25Cr2MoVA、06Cr19Ni10、06Cr17Ni12Mo2、30CrMoA、42CrMoA

注：根据供需双方协议，M52×3～M90×3 的等长双头螺柱也可以采用 4mm 螺距。

（b）管法兰连接专用全螺纹螺柱的规格及常用材料牌号应符合表 3-2-6（b）的规定。

表 3-2-6（b） 全螺纹螺柱的规格及材料牌号

型式	螺纹规格	长度规格	材料牌号
全螺纹螺柱（专用紧固件）	M12、M14、M16、M20、M24、M27、M30、M33、M36×3、M39×3、M42×3、M45×3、M48×3、M52×3、M56×3、M64×3、M72×3、M76×3、M80×3、M90×3	$l\leqslant$80mm 时，按 5mm 递增；80mm < $l\leqslant$ 200mm 时，按 10mm 递增；l>200mm 时，按 20mm 递增	40Cr、30CrMoA、35CrMoA、42CrMoA、25Cr2MoVA、06Cr19Ni10、06Cr17Ni12Mo2

注：根据供需双方协议，M52×3～M90×3 的全螺纹螺柱也可以采用 4mm 螺距。

（c）螺母的规格、性能等级及常用材料牌号应符合表 3-2-6（c）的规定。

表 3-2-6（c） 螺母的规格、性能等级及材料牌号

型式	螺纹规格	性能等级	材料牌号
大六角螺母（专用紧固件）	M12、M14、M16、M20、M24、M27、M30、M33、M36×3、M39×3、M42×3、M45×3、M48×3、M52×3、M56×3、M64×3、M72×3、M76×3、M80×3、M90×3	—	35、45、30CrMoA、35CrMoA、42CrMoA、06Cr19Ni10、06Cr17Ni12Mo2

注：① 根据供需双方协议，M52×3～M90×3 的螺母也可以采用 4mm 螺距。

② 螺母材质的硬度应低于螺栓材质的硬度。

表 3-2-7 低温管道法兰紧固用螺栓

序 号	钢 号	材料标准号	使 用 状 态	螺栓规格/mm	最低试验温度/℃
1	35	GB/T 699	正 火	≤M22	-30
				M24~48	-20
			调 质	≤M48	-30

续表

序号	钢号	材料标准号	使用状态	螺栓规格/mm	最低试验温度/℃
2	40Cr	GB/T 3077	调质	≤M56	-30
3	40MnB 40MnVB		调质	≤M56	-40
4	35CrMoA 30CrMoA		调质	≤M56	-100
5	06Cr19Ni10（0Cr18N19） 06Cr17Ni12Mo2 （0Cr17Ni12Mo2）	GB/T 1220	固溶	≤M48	免作
			固溶+冷加工	≤M32	免作

注：① 铁素体钢螺栓用棒材的钢厂供货状态与使用状态不同，一般均需重新按性能要求进行热处理（正火或调质）。

② 铁素体钢螺栓用棒材的低温冲击试验为协议项目。

表 3-2-8　低温管道法兰紧固用螺母

相应螺栓材料	使用状态	最低使用温度/℃	螺母材料	材料标准号	使用状态	最低试验温度/℃
35	正火或调质	-30	A3、AY3	GB/T 700	热轧或正火	免作
			15	GB/T 699		
40Cr 40MnB 40MnVB	调质	-40	35 45 40Mn	GB/T 699	正火或调质	免作
35CrMoA 30CrMoA	调质	-100	30Mn2 30CrMo 35CrMo	GB/T 3077	调质	-70
06Cr19Ni10 （0Cr18Ni9） 06Cr17Ni12Mo2 （0Cr17Ni12Mo2）	固溶或固溶+冷加工	-196	0Cr19Ni9 0Cr17Ni12Mo2	GB/T 1220	固溶	免作

注：① 铁素体钢螺母用棒材的供货状态与使用状态不同，一般均需重新按性能要求进行热处理（正火或调质）。

② 铁素体钢螺母用棒材的低温冲击试验为协议项目。

③ 螺母材料的低温冲击试验温度比螺栓提高 30℃。

四、螺栓、螺母尺寸及近似重量

1. 中国石化集团公司管法兰用紧固件标准（SH/T 3404—1996）

此标准规定螺栓直径<M36 时，用粗牙螺纹，≥M36 时用细牙，螺距为 3mm。

（1）单头螺栓（六角螺栓）

表 3-2-9　单头螺栓尺寸　（mm）

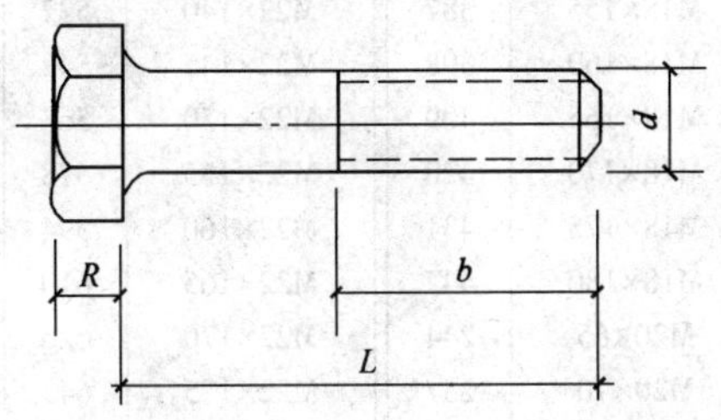

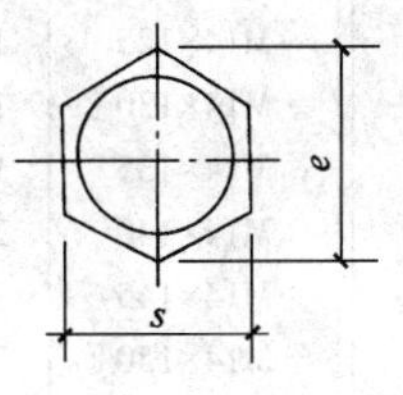

螺栓尺寸 \ 螺纹规格 d		M10	M12	M14	M16	M18	M20	M22	M24	M27	M30	M33	M36×3	M39×3	M42×3	M45×3	M48×3
b（参考）	L≤125	26	30	34	38	42	46	50	54	60	66	72	78	84	90	90	102
	125≤L≤200	32	36	40	44	48	52	56	60	66	72	78	84	90	96	102	108
	L>200				57	61	65	69	73	79	85	91	97	103	109	115	121
R	公　称	6. 4	7. 5	8. 8	10	11. 5	12. 5	14	15	17	18. 7	21	22. 5	25	26	28	30
e	min	19. 68	22. 58	25. 94	29. 30	32. 66	36. 96	39. 2	44. 8	50. 4	54. 9	60. 3	65. 9	71. 5	71. 5	76. 3	81. 9
s	max（公称）	18	21	24	27	30	34	36	41	46	50	55	60	65	65	70	75

单头螺栓近似质量见表 3-2-10。

（2）六角螺母

六角螺母有Ⅰ、Ⅱ形两种，Ⅰ形为薄型 $m=0.8d$，Ⅱ形为厚型 $m=1.0d$。

表 3-2-10　单头螺栓近似质量　（kg/1000 个）

规　格	质量	规　格	质量	规　格	质量	规　格	质量	规　格	质量
M10×40	39	M14×80	129	M18×115	299	M22×100	407	M24×190	815
M10×45	42	M14×85	136	M18×120	310	M22×105	423	M24×195	834
M10×50	45	M14×90	142	M18×125	321	M22×110	438	M24×200	853
M10×55	48	M14×95	149	M18×130	332	M22×115	454	M24×205	872
M10×60	51	M14×100	155	M18×135	343	M22×120	469	M24×210	891
M10×65	54	M14×105	161	M18×140	354	M22×125	485	M24×215	910
M10×70	57	M14×110	168	M18×145	365	M22×130	500	M24×220	929
M10×75	60	M14×115	175	M18×150	376	M22×135	516	M24×225	948
M10×80	63	M14×120	181	M18×155	387	M22×140	532	M24×230	967
M10×85	66	M14×125	187	M18×160	398	M22×145	548	M24×235	987
M10×90	69	M14×130	193	M18×165	409	M22×150	563	M24×240	1007
M10×95	72	M14×135	199	M18×170	420	M22×155	578	M27×80	570
M10×100	75	M14×140	205	M18×175	431	M22×160	594	M27×85	594
M10×105	78	M14×145	211	M18×180	442	M22×165	610	M27×90	618
M10×110	81	M14×150	217	M20×65	244	M22×170	626	M27×95	642
M10×115	84	M16×55	128	M20×70	257	M22×175	642	M27×100	666
M10×120	87	M16×60	136	M20×75	270	M22×180	657	M27×105	690
M10×125	90	M16×65	145	M20×80	283	M22×185	673	M27×110	714
M10×130	93	M16×70	153	M20×85	296	M22×190	689	M27×115	738
M10×135	96	M16×75	161	M20×90	307	M22×195	705	M27×120	762
M10×140	99	M16×80	170	M20×95	321	M22×200	720	M27×125	786
M12×45	58	M16×85	178	M20×100	334	M22×205	735	M27×130	809
M12×50	63	M16×90	186	M20×105	347	M22×210	751	M27×135	833
M12×55	67	M16×95	194	M20×110	360	M22×215	767	M27×140	857
M12×60	72	M16×100	203	M20×115	373	M22×220	782	M27×145	881
M12×65	77	M16×105	211	M20×120	386	M24×75	409	M27×150	905
M12×70	82	M16×110	219	M20×125	399	M24×80	427	M27×155	929
M12×75	86	M16×115	228	M20×130	412	M24×85	446	M27×160	952
M12×80	90	M16×120	236	M20×135	425	M24×90	465	M27×165	976
M12×85	94	M16×125	244	M20×140	438	M24×95	483	M27×170	1000
M12×90	99	M16×130	253	M20×145	451	M24×100	501	M27×175	1024
M12×95	103	M16×135	262	M20×150	464	M24×105	519	M27×180	1048
M12×100	108	M16×140	271	M20×155	477	M24×110	536	M27×185	1072
M12×105	113	M16×145	280	M20×160	490	M24×115	553	M27×190	1096
M12×110	117	M16×150	289	M20×165	503	M24×120	570	M27×195	1120
M12×115	121	M16×155	308	M20×170	516	M24×125	587	M27×200	1144
M12×120	126	M16×160	317	M20×175	529	M24×130	604	M27×205	1168
M12×125	131	M18×60	178	M20×180	542	M24×135	621	M27×210	1192
M12×130	136	M18×65	189	M20×185	555	M24×140	638	M27×215	1216
M12×135	140	M18×70	200	M20×190	568	M24×145	656	M27×220	1230
M12×140	144	M18×75	211	M20×195	581	M24×150	674	M27×225	1253
M12×145	148	M18×80	222	M20×200	594	M24×155	692	M27×230	1276
M14×50	89	M18×85	233	M22×70	313	M24×160	711	M27×235	1299
M14×55	96	M18×90	244	M22×75	328	M24×165	730	M27×240	1322
M14×60	103	M18×95	255	M22×80	344	M24×170	749	M27×245	1345
M14×65	109	M18×100	266	M22×85	360	M24×175	768	M27×250	1368
M14×70	116	M18×105	277	M22×90	375	M24×180	787	M27×255	1391
M14×75	122	M18×110	288	M22×95	391	M24×185	796	M27×260	1414

续表

规　　格	质量	规　　格	质量	规　　格	质量	规　　格	质量	规　　格	质量
M27×265	1437	M33×110	1124	M36×3×135	1558	M39×3×130	1844	M39×3×370	4056
M27×270	1460	M33×115	1157	M36×3×140	1597	M39×3×135	1890	M39×3×375	4102
M27×275	1483	M33×120	1190	M36×3×145	1636	M39×3×140	1936	M39×3×380	4148
M27×280	1506	M33×125	1223	M36×3×150	1675	M39×3×145	1982	M39×3×385	4194
M30×95	806	M33×130	1256	M36×3×155	1714	M39×3×150	2028	M39×3×390	4240
M30×100	834	M33×135	1289	M36×3×160	1753	M39×3×155	2074	M39×3×395	4286
M30×108	862	M33×140	1322	M36×3×165	1792	M39×3×160	2120	M39×3×400	4332
M30×110	890	M33×145	1355	M36×3×170	1831	M39×3×165	2166	M42×3×130	2154
M30×115	918	M33×150	1388	M36×3×175	1870	M39×3×170	2212	M42×3×135	2208
M30×120	946	M33×155	1421	M36×3×180	1909	M39×3×175	2258	M42×3×140	2262
M30×125	974	M33×160	1454	M36×3×185	1948	M39×3×180	2304	M42×3×145	2316
M30×130	1004	M33×165	1487	M36×3×190	1987	M39×3×185	2350	M42×3×150	2370
M30×135	1032	M33×170	1520	M36×3×195	2026	M39×3×190	2396	M42×3×155	2424
M30×140	1063	M33×175	1553	M36×3×200	2065	M39×3×195	2442	M42×3×160	2478
M30×145	1091	M33×180	1586	M36×3×205	2104	M39×3×200	2488	M42×3×165	2532
M30×150	1122	M33×185	1619	M36×3×210	2143	M39×3×205	2534	M42×3×170	2586
M30×155	1150	M33×190	1652	M36×3×215	2182	M39×3×210	2580	M42×3×175	2640
M30×160	1180	M33×195	1685	M36×3×220	2221	M39×3×215	2626	M42×3×180	2694
M30×165	1208	M33×200	1718	M36×3×225	2260	M39×3×220	2672	M42×3×185	2748
M30×170	1236	M33×205	1751	M36×3×230	2299	M39×3×225	2718	M42×3×190	2802
M30×175	1264	M33×210	1784	M36×3×235	2338	M39×3×230	2764	M42×3×195	2856
M30×180	1292	M33×215	1817	M36×3×240	2377	M39×3×235	2810	M42×3×200	2910
M30×185	1320	M33×220	1850	M36×3×245	2416	M39×3×240	2856	M42×3×205	2964
M30×190	1348	M33×225	1883	M36×3×250	2455	M39×3×245	2902	M42×3×210	3018
M30×195	1376	M33×230	1916	M36×3×255	2494	M39×3×250	2948	M42×3×215	3072
M30×200	1404	M33×235	1949	M36×3×260	2533	M39×3×255	2994	M42×3×220	3126
M30×205	1432	M33×240	1982	M36×3×265	2572	M39×3×260	3040	M42×3×225	3180
M30×210	1460	M33×245	2015	M36×3×270	2611	M39×3×265	3046	M42×3×230	3234
M30×215	1488	M33×250	2048	M36×3×275	2650	M39×3×270	3132	M42×3×235	3288
M30×220	1516	M33×255	2081	M36×3×280	2689	M39×3×275	3178	M42×3×240	3342
M30×225	1544	M33×260	2114	M36×3×285	2728	M39×3×280	3224	M42×3×245	3396
M30×230	1572	M33×265	2147	M36×3×290	2767	M39×3×285	3276	M42×3×250	3450
M30×235	1600	M33×270	2180	M36×3×295	2806	M39×3×290	3316	M42×3×255	3504
M30×240	1628	M33×275	2213	M36×3×300	2845	M39×3×295	3362	M42×3×260	3558
M30×245	1656	M33×280	2246	M36×3×305	2884	M39×3×300	3408	M42×3×265	3612
M30×250	1684	M33×285	2279	M36×3×310	2923	M39×3×305	3454	M42×3×270	3666
M30×255	1712	M33×290	2312	M36×3×315	2962	M39×3×310	3500	M42×3×275	3720
M30×260	1740	M33×295	2345	M36×3×320	3001	M39×3×315	3546	M42×3×280	3774
M30×265	1768	M33×300	2378	M36×3×325	3040	M39×3×320	3592	M42×3×285	3828
M30×270	1796	M33×305	2411	M36×3×330	3079	M39×3×325	3638	M42×3×290	3882
M30×275	1824	M33×310	2444	M36×3×335	3118	M39×3×330	3684	M42×3×295	3936
M30×280	1852	M33×315	2477	M36×3×340	3157	M39×3×335	3730	M42×3×300	3990
M30×285	1880	M33×320	2510	M36×3×345	3196	M39×3×340	3776	M42×3×305	4044
M30×290	1908	M36×3×110	1363	M36×3×350	3235	M39×3×345	3822	M42×3×310	4098
M30×295	1936	M36×3×115	1403	M36×3×355	3274	M39×3×350	3868	M42×3×315	4152
M30×300	1964	M36×3×120	1441	M36×3×360	3313	M39×3×355	3914	M42×3×320	4206
M33×100	1058	M36×3×125	1480	M39×3×120	1752	M39×3×360	3964	M42×3×325	4260
M33×105	1091	M36×3×130	1519	M39×3×125	1798	M39×3×365	4010	M42×3×330	4314

续表

规　格	质量	规　格	质量	规　格	质量	规　格	质量
M42×3×335	4368	M45×3×270	4306	M48×3×195	3910	M48×3×435	7318
M42×3×340	4422	M45×3×275	4368	M48×3×200	3981	M48×3×440	7389
M42×3×345	4476	M45×3×280	4431	M48×3×205	4052	M48×3×445	7460
M42×3×350	4530	M45×3×285	4493	M48×3×210	4123	M48×3×450	7531
M42×3×355	4584	M45×3×290	4555	M48×3×215	4194	M48×3×455	7602
M42×3×360	4638	M45×3×295	4617	M48×3×220	4265	M48×3×460	7673
M42×3×365	4692	M45×3×300	4680	M48×3×225	4336	M48×3×465	7744
M42×3×370	4746	M45×3×305	4742	M48×3×230	4407	M48×3×470	7815
M42×3×375	4800	M45×3×310	4804	M48×3×235	4478	M48×3×475	7886
M42×3×380	4854	M45×3×315	4866	M48×3×240	4549	M48×3×480	7957
M42×3×385	4908	M45×3×320	4929	M48×3×245	4620		
M42×3×390	4962	M45×3×325	4991	M48×3×250	4691		
M42×3×395	5016	M45×3×330	5053	M48×3×255	4762		
M42×3×400	5070	M45×3×335	5115	M48×3×260	4833		
M42×3×405	5124	M45×3×340	5178	M48×3×265	4904		
M42×3×410	5178	M45×3×345	5240	M48×3×270	4975		
M42×3×415	5232	M45×3×350	5302	M48×3×275	5046		
M42×3×420	5286	M45×3×355	5364	M48×3×280	5117		
M42×3×425	5340	M45×3×360	5427	M48×3×285	5188		
M42×3×430	5394	M45×3×365	5489	M48×3×290	5259		
M42×3×435	5448	M45×3×370	5551	M48×3×295	5330		
M42×3×440	5502	M45×3×375	5613	M48×3×300	5401		
M45×3×140	2687	M45×3×380	5676	M48×3×305	5472		
M45×3×145	2749	M45×3×385	5738	M48×3×310	5543		
M45×3×150	2812	M45×3×390	5800	M48×3×315	5614		
M45×3×155	2874	M45×3×395	5862	M48×3×320	5685		
M45×3×160	2937	M45×3×400	5925	M48×3×325	5756		
M45×3×165	2999	M45×3×405	5987	M48×3×330	5827		
M45×3×170	3061	M45×3×410	6049	M48×3×335	5898		
M45×3×175	3123	M45×3×415	6111	M48×3×340	5969		
M45×3×180	3186	M45×3×420	6174	M48×3×345	6040		
M45×3×185	3248	M45×3×425	6236	M48×3×350	6111		
M45×3×190	3310	M45×3×430	6298	M48×3×355	6182		
M45×3×195	3372	M45×3×435	6360	M48×3×360	6253		
M45×3×200	3435	M45×3×440	6423	M48×3×365	6324		
M45×3×205	3497	M45×3×445	6485	M48×3×370	6396		
M45×3×210	3559	M45×3×450	6547	M48×3×375	6466		
M45×3×215	3621	M45×3×455	6609	M48×3×380	6537		
M45×3×220	3684	M45×3×460	6672	M48×3×385	6608		
M45×3×225	3746	M48×3×150	3271	M48×3×390	6679		
M45×3×230	3808	M48×3×155	3342	M48×3×395	6750		
M45×3×235	3870	M48×3×160	3413	M48×3×400	6821		
M45×3×240	3933	M48×3×165	3484	M48×3×405	6892		
M45×3×245	3995	M48×3×170	3555	M48×3×410	6963		
M45×3×250	4057	M48×3×175	3626	M48×3×415	7034		
M45×3×255	4119	M48×3×180	3697	M48×3×420	7105		
M45×3×260	4182	M48×3×185	3768	M48×3×425	7176		
M45×3×265	4244	M48×3×190	3839	M48×3×430	7247		

表 3-2-11　六角螺母尺寸及近似质量

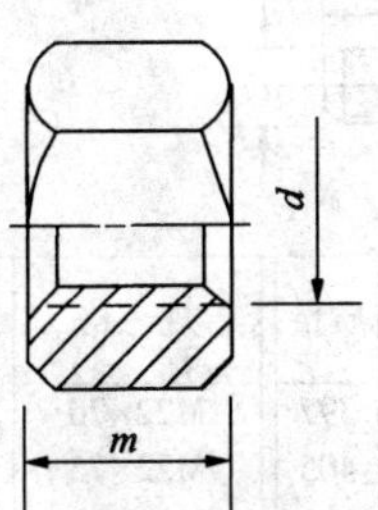

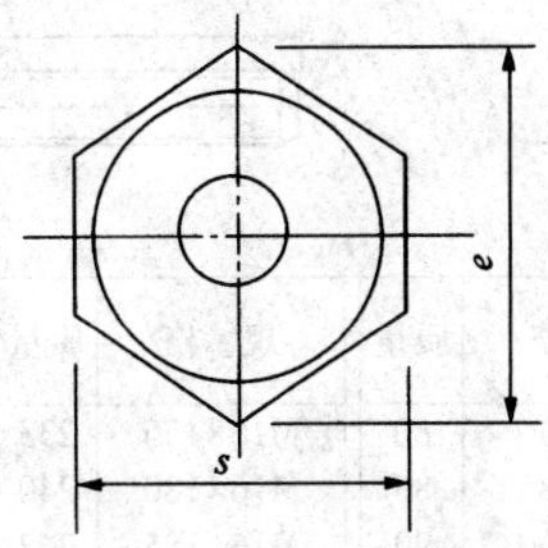

直径 d	尺寸/mm			1000 个螺母质量 kg	直径 d	尺寸/mm			1000 个螺母质量 kg
	s max	e min	m(Ⅰ形) max / m(Ⅱ形) max	Ⅰ形 / Ⅱ形		s max	e min	m (Ⅰ形) max / m(Ⅱ形) max	Ⅰ形 / Ⅱ形
M10	18	19.6	8.4/10.3	13.6/14.7	M36×3	60	65.86	31/36.5	553.6/786.2
M12	21	22.58	10.8/12.3	25.2/27.7	M39×3	65	70.67	33.4/39.5	696.1/820.9
M14	24	25.94	12.8/14.3	39.1/44.4	M42×3	65	70.67	34/42.5	661.8/820.9
M16	27	29.3	14.8/16.4	55.9/61.5	M45×3	70	76.27	36/45.5	812.3/978.3
M18	30	32.66	15.8/18.4	73.9/74.4	M48×3	75	81.87	38/48.5	983.9/1181
M20	34	36.96	18/20.4	108.3/118.8	M52×3	80	87.47	42/52.5	1308.7/1450
M22	36	39.2	19.4/22.4	126.4/146.6	M56×3	85	92.74	45/56.5	1438.2/1731
M24	41	44.8	21.5/24.4	188.6/202.7	M64×3	95	103.94	51/64.5	1968.5/2392
M27	46	50.4	23.8/27.4	259.6/288.5	M27×3	105	115.14	58/72.5	2656.8/3198
M30	50	54.88	25.6/30.4	322.1/374	M76×3	110	120.74	61/76.5	3027.1/3659
M33	55	60.26	28.7/33.5	433.6/471.2	M90×3	130	142.8	72/90.5	4931.1/5999

注：表中Ⅰ形为薄形（m=0.8d）螺母；Ⅱ形为厚形（m=1.0d）螺母。

（3）双头螺栓(B)形

表 3-2-12　双头螺栓近似质量　（kg/1000 个）

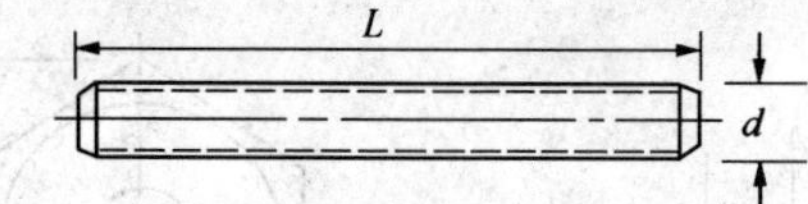

规　格	质量	规　格	质量	规　格	质量	规　格	质量	规　格	质量	规　格	质量
M10×40	20	M14×80	80	M16×175	233	M18×240	397	M22×70	179	M24×75	225
M10×45	23	M14×85	85	M16×180	240	M18×245	405	M22×75	192	M24×80	240
M10×50	25	M14×90	90	M16×185	247	M18×250	413	M22×80	205	M24×85	255
M10×55	28	M14×95	94	M16×190	253	M18×255	422	M22×85	218	M24×90	270
M10×60	30	M14×100	99	M16×195	260	M20×65	135	M22×90	230	M24×95	285
M10×65	33	M14×105	104	M16×200	266	M20×70	146	M22×95	243	M24×100	300
M10×70	35	M14×110	109	M16×205	273	M20×75	156	M22×100	256	M24×105	315
M10×75	38	M14×115	114	M16×210	280	M20×80	167	M22×105	269	M24×110	330
M10×80	40	M14×120	119	M16×215	286	M20×85	177	M22×110	282	M24×115	345
M10×85	43	M14×125	124	M16×220	293	M20×90	187	M22×115	294	M24×120	360
M10×90	45	M14×130	129	M16×225	300	M20×95	198	M22×120	307	M24×125	375
M10×95	48	M14×135	134	M16×230	306	M20×100	208	M22×125	320	M24×130	390
M10×100	50	M14×140	139	M18×60	99	M20×105	219	M22×130	333	M24×135	405
M10×105	53	M14×145	144	M18×65	107	M20×110	229	M22×135	346	M24×140	420
M10×110	55	M14×150	149	M18×70	116	M20×115	239	M22×140	358	M24×145	435
M10×115	58	M14×155	154	M18×75	124	M20×120	250	M22×145	371	M24×150	450
M10×120	60	M14×160	159	M18×80	132	M20×125	260	M22×150	384	M24×155	465
M10×125	63	M14×165	164	M18×85	141	M20×130	271	M22×155	397	M24×160	480
M10×130	65	M14×170	169	M18×90	149	M20×135	281	M22×160	410	M24×165	495
M10×135	68	M14×175	174	M18×95	157	M20×140	291	M22×165	422	M24×170	510
M10×140	70	M14×180	179	M18×100	165	M20×145	302	M22×170	435	M24×175	525
M10×145	73	M14×185	184	M18×105	174	M20×150	312	M22×175	448	M24×180	540
M10×150	75	M14×190	189	M18×110	182	M20×155	323	M22×180	461	M24×185	555
M12×50	36	M14×195	194	M18×115	190	M20×160	333	M22×185	474	M24×190	570
M12×55	40	M14×200	199	M18×120	198	M20×165	344	M22×190	486	M24×195	585
M12×60	44	M16×60	80	M18×125	207	M20×170	354	M22×195	499	M24×200	600
M12×65	47	M16×65	87	M18×130	215	M20×175	364	M22×200	512	M24×205	615
M12×70	51	M16×70	93	M18×135	223	M20×180	375	M22×205	525	M24×210	630
M12×75	55	M16×75	100	M18×140	231	M20×185	385	M22×210	538	M24×215	645
M12×80	58	M16×80	107	M18×145	240	M20×190	396	M22×215	550	M24×220	660
M12×85	62	M16×85	113	M18×150	248	M20×195	406	M22×220	563	M24×225	675
M12×90	65	M16×90	120	M18×155	256	M20×200	416	M22×225	576	M24×230	690
M12×95	69	M16×95	127	M18×160	265	M20×205	427	M22×230	589	M24×235	705
M12×100	73	M16×100	133	M18×165	273	M20×210	437	M22×235	602	M24×240	719
M12×105	76	M16×105	140	M18×170	281	M20×215	448	M22×240	614	M24×245	734
M12×110	80	M16×110	147	M18×175	289	M20×220	458	M22×245	627	M24×250	749
M12×115	84	M16×115	153	M18×180	298	M20×225	468	M22×250	640	M24×255	764
M12×120	87	M16×120	160	M18×185	306	M20×230	479	M22×555	653	M24×260	779
M12×125	91	M16×125	167	M18×190	314	M20×235	489	M22×260	666	M24×265	794
M12×130	95	M16×130	173	M18×195	322	M20×240	500	M22×265	678	M24×270	809
M12×135	98	M16×135	180	M18×200	331	M20×245	510	M22×270	691	M24×275	824
M12×140	102	M16×140	187	M18×205	339	M20×250	520	M22×275	704	M24×280	839
M12×145	105	M16×145	193	M18×210	347	M20×255	531	M22×280	717	M24×285	854
M12×150	109	M16×150	200	M18×215	355	M20×260	541	M22×285	730	M24×290	869
M14×60	60	M16×155	207	M18×220	364	M20×265	552	M22×290	742	M24×295	884
M14×65	65	M16×160	213	M18×225	372	M20×270	562	M22×295	755	M24×300	899
M14×70	70	M16×165	220	M18×230	380	M20×275	573	M22×300	768	M27×75	290
M14×75	75	M16×170	227	M18×235	389	M20×280	583	M24×70	210	M27×80	310

续表

规 格	质量	规 格	质量	规 格	质量	规 格	质量	规 格	质量	规 格	质量
M27×85	329	M27×325	1257	M30×285	1351	M30×525	2489	M33×185	1077	M33×425	2474
M27×90	348	M27×330	1277	M30×290	1375	M30×530	2513	M33×190	1106	M33×430	2503
M27×95	368	M27×335	1296	M30×295	1398	M30×535	2536	M33×195	1135	M33×435	2532
M27×100	387	M27×340	1315	M30×300	1422	M30×540	2559	M33×200	1164	M33×440	2561
M27×105	406	M27×345	1335	M30×305	1446	M30×545	2583	M33×205	1193	M33×445	2590
M27×110	426	M27×350	1354	M30×310	1469	M30×550	2607	M33×210	1222	M33×450	2619
M27×115	445	M30×75	355	M30×315	1493	M30×555	2631	M33×215	1252	M33×455	2649
M27×120	464	M30×80	379	M30×320	1517	M30×560	2654	M33×220	1281	M33×460	2678
M27×125	484	M30×85	403	M30×325	1540	M30×565	2678	M33×225	1310	M33×465	2707
M27×130	503	M30×90	427	M30×330	1564	M30×570	2701	M33×230	1339	M33×470	2736
M27×135	522	M30×95	450	M30×335	1588	M30×575	2725	M33×235	1368	M33×475	2765
M27×140	542	M30×100	474	M30×340	1612	M30×580	2749	M33×240	1397	M33×480	2794
M27×145	561	M30×105	498	M30×345	1635	M30×585	2773	M33×245	1426	M33×485	2823
M27×150	580	M30×110	521	M30×350	1659	M30×590	2797	M33×250	1455	M33×490	2582
M27×155	600	M30×115	545	M30×355	1683	M30×595	2820	M33×255	1484	M33×495	2881
M27×160	619	M30×120	569	M30×360	1706	M30×600	2844	M33×260	1513	M33×500	2911
M27×165	638	M30×125	592	M30×365	1730	M30×605	2868	M33×265	1543	M33×505	2940
M27×170	658	M30×130	616	M30×370	1754	M30×610	2891	M33×270	1572	M33×510	2969
M27×175	677	M30×135	640	M30×375	1777	M30×615	2915	M33×275	1601	M33×515	2998
M27×180	696	M30×140	664	M30×380	1801	M30×620	2939	M33×280	1630	M33×520	3027
M27×185	716	M30×145	687	M30×385	1825	M30×625	2962	M33×285	1659	M33×525	3056
M27×190	735	M30×150	711	M30×390	1849	M30×630	2986	M33×290	1688	M33×530	3085
M27×195	754	M30×155	735	M30×395	1872	M30×635	3010	M33×295	1717	M33×535	3114
M27×200	774	M30×160	758	M30×400	1896	M30×640	3034	M33×300	1746	M33×540	3143
M27×205	793	M30×165	782	M30×405	1920	M30×645	3057	M33×305	1775	M33×545	3172
M27×210	813	M30×170	806	M30×410	1943	M30×650	3081	M33×310	1805	M33×550	3202
M27×215	832	M30×175	829	M30×415	1967	M33×75	437	M33×315	1834	M33×555	3231
M27×220	851	M30×180	853	M30×420	1991	M33×80	466	M33×320	1863	M33×560	3260
M27×225	871	M30×185	877	M30×425	2014	M33×85	495	M33×325	1892	M33×565	3289
M27×230	890	M30×190	901	M30×430	2038	M33×90	524	M33×330	1921	M33×670	3318
M27×235	909	M30×195	924	M30×435	2062	M33×95	553	M33×335	1950	M33×575	3347
M27×240	929	M30×200	948	M30×440	2086	M33×100	582	M33×340	1979	M33×580	3376
M27×245	948	M30×205	972	M30×445	2109	M33×105	611	M33×345	2008	M33×585	3405
M27×250	967	M30×210	995	M30×450	2133	M33×110	640	M33×350	2037	M33×590	3434
M27×255	987	M30×215	1019	M30×455	2157	M33×115	669	M33×355	2066	M33×595	3464
M27×260	1006	M30×220	1043	M30×460	2180	M33×120	699	M33×360	2096	M33×600	3493
M27×265	1025	M30×225	1066	M30×465	2204	M33×125	728	M33×365	2125	M33×605	3522
M27×270	1045	M30×230	1090	M30×470	2228	M33×130	757	M33×370	2154	M33×610	3551
M27×275	1064	M30×235	1114	M30×475	2251	M33×135	786	M33×375	2183	M33×615	3580
M27×280	1083	M30×240	1138	M30×480	2275	M33×140	815	M33×380	2212	M33×620	3609
M27×285	1103	M30×245	1161	M30×485	2299	M33×145	844	M33×385	2241	M33×625	3638
M27×290	1122	M30×250	1185	M30×490	2323	M33×150	873	M33×390	2270	M33×630	3667
M27×295	1141	M30×255	1209	M30×495	2346	M33×155	902	M33×395	2299	M33×635	3696
M27×300	1161	M30×260	1232	M30×500	2370	M33×160	931	M33×400	2328	M33×640	3725
M27×305	1180	M30×265	1256	M30×505	2394	M33×165	960	M33×405	2358	M33×645	3755
M27×310	1199	M30×270	1280	M30×510	2417	M33×170	990	M33×410	2387	M33×650	3784
M27×315	1219	M30×275	1303	M30×515	2441	M33×175	1019	M33×415	2416		
M27×320	1238	M30×280	1327	M30×520	2465	M33×180	1048	M33×420	2445		

续表

规　格	质量	规　格	质量	规　格	质量	规　格	质量	规　格	质量	规　格	质量
M36×3×80	572	M36×3×320	2288	M36×3×560	4003	M39×3×210	1777	M39×3×450	3809	M42×3×105	1038
M36×3×85	608	M36×3×325	2323	M36×3×565	4039	M39×3×215	1820	M39×3×455	3851	M42×3×110	1088
M36×3×90	643	M36×3×330	2359	M36×3×570	4015	M39×3×220	1862	M39×3×460	3893	M42×3×115	1137
M36×3×95	679	M36×3×335	2395	M36×3×575	4110	M39×3×225	1904	M39×3×465	3936	M42×3×120	1187
M36×3×100	715	M36×3×340	2431	M36×3×580	4146	M39×3×230	1947	M39×3×470	3978	M42×3×125	1236
M36×3×105	751	M36×3×345	2466	M36×3×585	4182	M39×3×235	1989	M39×3×475	4020	M42×3×130	1286
M36×3×110	786	M36×3×350	2502	M36×3×590	4218	M39×3×240	2031	M39×3×480	4063	M42×3×135	1335
M36×3×115	822	M36×3×355	2538	M36×3×595	4253	M39×3×245	2074	M39×3×485	4105	M42×3×140	1385
M36×3×120	858	M36×3×260	2573	M36×3×600	4289	M39×3×250	2116	M39×3×490	4147	M42×3×145	1434
M36×3×125	894	M36×3×365	2609	M36×3×605	4325	M39×3×255	2158	M39×3×495	4190	M42×3×150	1483
M36×3×130	929	M36×3×370	2645	M36×3×610	4361	M39×3×260	2201	M39×3×500	4232	M42×3×155	1533
M36×3×135	965	M36×3×375	2681	M36×3×615	4396	M39×3×265	2243	M39×3×505	4274	M42×3×160	1582
M36×3×140	1001	M36×3×380	2716	M36×3×620	4432	M39×3×270	2285	M39×3×510	4316	M42×3×165	1632
M36×3×145	1037	M36×3×385	2752	M36×3×625	4468	M39×3×275	2328	M39×3×515	4359	M42×3×170	1681
M36×3×150	1072	M36×3×390	2788	M36×3×630	4504	M39×3×280	2370	M39×3×520	4401	M42×3×175	1731
M36×3×155	1108	M36×3×395	2824	M36×3×635	4539	M39×3×285	2412	M39×3×525	4443	M42×3×180	1780
M36×3×160	1144	M36×3×400	2859	M36×3×640	4575	M39×3×290	2454	M39×3×530	4486	M42×3×185	1830
M36×3×165	1180	M36×3×405	2895	M36×3×645	4611	M39×3×295	2497	M39×3×535	4528	M42×3×190	1879
M36×3×170	1215	M36×3×410	2931	M36×3×650	4647	M39×3×300	2539	M39×3×540	4570	M42×3×195	1929
M36×3×175	1251	M36×3×415	2967	M36×3×655	4682	M39×3×305	2581	M39×3×545	4613	M42×3×200	1978
M36×3×180	1287	M36×3×420	3002	M36×3×660	4718	M39×3×310	2624	M39×3×550	4655	M42×3×205	2027
M36×3×185	1322	M36×3×425	3038	M36×3×665	4754	M39×3×315	2666	M39×3×555	4697	M42×3×210	2077
M36×3×190	1358	M36×3×430	3074	M36×3×670	4790	M39×3×320	2708	M39×3×560	4740	M42×3×215	2126
M36×3×195	1394	M36×3×435	3110	M39×3×85	719	M39×3×325	2751	M39×3×565	4782	M42×3×220	2176
M36×3×200	1430	M36×3×440	3145	M39×3×90	762	M39×3×330	2793	M39×3×570	4824	M42×3×225	2225
M36×3×205	1465	M36×3×445	3181	M39×3×95	804	M39×3×335	2835	M39×3×575	4867	M42×3×230	2275
M36×3×210	1501	M36×3×450	3217	M39×3×100	846	M39×3×340	2878	M39×3×580	4909	M42×3×235	2324
M36×3×215	1537	M36×3×455	3253	M39×3×105	889	M39×3×345	2920	M39×3×585	4951	M42×3×240	2374
M36×3×220	1573	M36×3×460	3288	M39×3×110	931	M39×3×350	2962	M39×3×590	4994	M42×3×245	2423
M36×3×225	1608	M36×3×465	3324	M39×3×115	973	M39×3×355	3005	M39×3×595	5036	M42×3×250	2472
M36×3×230	1644	M36×3×470	3360	M39×3×120	1016	M39×3×360	3047	M39×3×600	5078	M42×3×255	2522
M36×3×235	1680	M36×3×475	3396	M39×3×125	1058	M39×3×365	3089	M39×3×605	5121	M42×3×260	2571
M36×3×240	1716	M36×3×480	3431	M39×3×130	1100	M39×3×370	3132	M39×3×610	5163	M42×3×265	2621
M36×3×245	1751	M36×3×485	3467	M39×3×135	1143	M39×3×375	3174	M39×3×615	5205	M42×3×270	2670
M36×3×250	1787	M36×3×490	3503	M39×3×140	1185	M39×3×380	3216	M39×3×620	5247	M42×3×275	2720
M36×3×255	1823	M36×3×495	3539	M39×3×145	1227	M39×3×385	3259	M39×3×625	5290	M42×3×280	2769
M36×3×260	1859	M36×3×500	3574	M39×3×150	1270	M39×3×390	3301	M39×3×630	5332	M42×3×285	2819
M36×3×265	1894	M36×3×505	3610	M39×3×155	1312	M39×3×395	3343	M39×3×635	5374	M42×3×290	2868
M36×3×270	1930	M36×3×510	3646	M39×3×160	1354	M39×3×400	3385	M39×3×640	5417	M42×3×295	2917
M36×3×275	1966	M36×3×515	3682	M39×3×165	1397	M39×3×405	3428	M39×3×645	5459	M42×3×300	2967
M36×3×280	2002	M36×3×520	3717	M39×3×170	1439	M39×3×410	3470	M39×3×650	5501	M42×3×305	3016
M36×3×285	2037	M36×3×525	3753	M39×3×175	1481	M39×3×415	3512	M39×3×655	5544	M42×3×310	3066
M36×3×290	2073	M36×3×530	3789	M39×3×180	1523	M39×3×420	3555	M39×3×660	5586	M42×3×315	3115
M36×3×295	2109	M36×3×535	3824	M39×3×185	1566	M39×3×425	3597	M39×3×665	5628	M42×3×320	3165
M36×3×300	2145	M36×3×540	3860	M39×3×190	1608	M39×3×430	3639	M39×3×670	5671	M42×3×325	3214
M36×3×305	2180	M36×3×545	3896	M39×3×195	1650	M39×3×435	3682	M42×3×90	890	M42×3×330	3264
M36×3×310	2216	M36×3×550	3932	M39×3×200	1693	M39×3×440	3724	M42×3×95	940	M42×3×335	3313
M36×3×315	2252	M36×3×555	3967	M39×3×205	1735	M39×3×445	3766	M42×3×100	989	M42×3×340	3363

续表

规　格	质量	规　格	质量	规　格	质量	规　格	质量	规　格	质量	规　格	质量
M42×3×345	3412	M42×3×585	5786	M45×3×245	2800	M45×3×485	5542	M48×3×160	2092	M48×3×400	5230
M42×3×350	3461	M42×3×590	5835	M45×3×250	2857	M45×3×490	5599	M48×3×165	2157	M48×3×405	5295
M42×3×355	3511	M42×3×595	5884	M45×3×255	2914	M45×3×495	5656	M48×3×170	2223	M48×3×410	5361
M42×3×360	3560	M42×3×600	5934	M45×3×260	2971	M45×3×500	5713	M48×3×175	2288	M48×3×415	5426
M42×3×365	3610	M42×3×605	5983	M45×3×265	3028	M45×3×505	5771	M48×3×180	2353	M48×3×420	5491
M42×3×370	3659	M42×3×610	6033	M45×3×270	3085	M45×3×510	5828	M48×3×185	2419	M48×3×425	5557
M42×3×375	3709	M42×3×615	6082	M45×3×275	3142	M45×3×515	5885	M48×3×190	2484	M48×3×430	5622
M42×3×380	3758	M42×3×620	6132	M45×3×280	3200	M45×3×520	5942	M48×3×195	2550	M48×3×435	5688
M42×3×385	3808	M42×3×625	6181	M45×3×285	3257	M45×3×525	5999	M48×3×200	2615	M48×3×440	5753
M42×3×390	3857	M42×3×630	6231	M45×3×290	3314	M45×3×530	6056	M48×3×205	2680	M48×3×445	5818
M42×3×395	3906	M42×3×635	6280	M45×3×295	3371	M45×3×535	6113	M48×3×210	2746	M48×3×450	5884
M42×3×400	3956	M42×3×640	6329	M45×3×300	3428	M45×3×540	6170	M48×3×215	2811	M48×3×455	5949
M42×3×405	4005	M42×3×645	6379	M45×3×305	3485	M45×3×545	6228	M48×3×220	2876	M48×3×460	6014
M42×3×410	4055	M42×3×650	6428	M45×3×310	3542	M45×3×550	6285	M48×3×225	2942	M48×3×465	6080
M42×3×415	4104	M42×3×655	6478	M45×3×315	3599	M45×3×555	6342	M48×3×230	3007	M48×3×470	6145
M42×3×420	4154	M42×3×660	6527	M45×3×320	3657	M45×3×560	6399	M48×3×235	3073	M48×3×475	6211
M42×3×425	4203	M42×3×665	6577	M45×3×325	3714	M45×3×565	6456	M48×3×240	3138	M48×3×480	6276
M42×3×430	4253	M42×3×670	6626	M45×3×330	3771	M45×3×570	6513	M48×3×245	3203	M48×3×485	6341
M42×3×435	4302	M45×3×95	1086	M45×3×335	3828	M45×3×575	6570	M48×3×250	3269	M48×3×490	6407
M42×3×440	4351	M45×3×100	1143	M45×3×340	3885	M45×3×580	6628	M48×3×255	3334	M48×3×495	6472
M42×3×445	4401	M45×3×105	1200	M45×3×345	3942	M45×3×585	6685	M48×3×260	3399	M48×3×500	6537
M42×3×450	4450	M45×3×110	1257	M45×3×350	3999	M45×3×590	6743	M48×3×265	3465	M48×3×505	6603
M42×3×455	4500	M45×3×115	1314	M45×3×355	4057	M45×3×595	6799	M48×3×270	3530	M48×3×510	6668
M42×3×460	4549	M45×3×120	1371	M45×3×360	4114	M45×3×600	6856	M48×3×275	3596	M48×3×515	6734
M42×3×465	4599	M45×3×125	1428	M45×3×365	4171	M45×3×605	6913	M48×3×280	3661	M48×3×520	6799
M42×3×470	4648	M45×3×130	1485	M45×3×370	4228	M45×3×610	6970	M48×3×285	3726	M48×3×525	6864
M42×3×475	4698	M45×3×135	1543	M45×3×375	4285	M45×3×615	7028	M48×3×290	3792	M48×3×530	6930
M42×3×480	4747	M45×3×140	1600	M45×3×380	4342	M45×3×620	7085	M48×3×295	3857	M48×3×535	6995
M42×3×485	4797	M45×3×145	1657	M45×3×385	4399	M45×3×625	7142	M48×3×300	3922	M48×3×540	7060
M42×3×490	4846	M45×3×150	1714	M45×3×390	4456	M45×3×630	7199	M48×3×305	3988	M48×3×545	7126
M42×3×495	4895	M45×3×155	1771	M45×3×395	4514	M45×3×635	7256	M48×3×310	4053	M48×3×550	7191
M42×3×500	4945	M45×3×160	1828	M45×3×400	4571	M45×3×640	7313	M48×3×315	4119	M48×3×555	7257
M42×3×505	4994	M45×3×165	1885	M45×3×405	4628	M45×3×645	7370	M48×3×320	4184	M48×3×560	7322
M42×3×510	5043	M45×3×170	1943	M45×3×410	4685	M45×3×650	7427	M48×3×325	4249	M48×3×565	7387
M42×3×515	5093	M45×3×175	2000	M45×3×415	4742	M45×3×655	7485	M48×3×330	4315	M48×3×570	7453
M42×3×520	5143	M45×3×180	2057	M45×3×420	4799	M45×3×660	7542	M48×3×335	4380	M48×3×575	7518
M42×3×525	5192	M45×3×185	2114	M45×3×425	4856	M45×3×665	7599	M48×3×340	4445	M48×3×580	7583
M42×3×530	5242	M45×3×190	2171	M45×3×430	4914	M45×3×670	7456	M48×3×345	4511	M48×3×585	7649
M42×3×535	5291	M45×3×195	2228	M45×3×435	4971	M48×3×110	1438	M48×3×350	4576	M48×3×590	7714
M42×3×540	5340	M45×3×200	2285	M45×3×440	5028	M48×3×115	1504	M48×3×355	4642	M48×3×595	7780
M42×3×545	5390	M45×3×205	2342	M45×3×445	5085	M48×3×120	1569	M48×3×360	4707	M48×3×600	7845
M42×3×550	5439	M45×3×210	2400	M45×3×450	5142	M48×3×125	1634	M48×6×365	4772	M48×3×605	7910
M42×3×555	5489	M45×3×215	2457	M45×3×455	5199	M48×3×130	1700	M48×3×370	4838	M48×3×610	7976
M42×3×560	5538	M45×3×220	2514	M45×3×460	5256	M48×3×135	1765	M48×3×375	4903	M48×3×615	8041
M42×3×565	5587	M45×3×225	2571	M45×3×465	5313	M48×3×140	1830	M48×3×380	4968	M48×3×620	8106
M42×3×570	5637	M45×3×230	2628	M45×3×470	5321	M48×3×145	1896	M48×3×385	5034	M48×3×625	8172
M42×3×575	5687	M45×3×235	2685	M45×3×475	5428	M48×3×150	1961	M48×3×390	5099	M48×3×630	8237
M42×3×580	5736	M45×3×240	2742	M45×3×480	5485	M48×3×155	2027	M48×3×395	5165	M48×3×635	8303

续表

规　格	质量	规　格	质量	规　格	质量	规　格	质量	规　格	质量	规　格	质量
M48×3×640	8368	M52×3×315	4865	M52×3×555	8572	M56×3×240	4323	M56×3×480	8646	M64×3×205	4866
M48×3×645	8433	M52×3×320	4942	M52×3×560	8649	M56×3×245	4413	M56×3×485	8736	M64×3×210	4985
M48×3×650	8499	M52×3×325	5020	M52×3×565	8726	M56×3×250	4503	M56×3×490	8826	M64×3×215	5104
M48×3×655	8564	M52×3×330	5097	M52×3×570	8804	M56×3×255	4593	M56×3×495	8916	M64×3×220	5223
M48×3×660	8629	M52×3×335	5174	M52×3×575	8881	M56×3×260	4683	M56×3×500	9006	M64×3×225	5341
M48×3×665	8695	M52×3×340	5251	M52×3×580	8958	M56×3×265	4773	M56×3×505	9096	M64×3×230	5460
M48×3×670	8760	M52×3×345	5328	M52×3×585	9035	M56×3×270	4863	M56×3×510	9186	M64×3×235	5579
M52×3×110	1699	M52×3×350	5406	M52×3×590	9112	M56×3×275	4953	M56×3×515	9276	M64×3×240	5697
M52×3×115	1776	M52×3×355	5483	M52×3×595	9190	M56×3×280	5043	M56×3×520	9366	M64×3×245	5816
M52×3×120	1853	M52×3×360	5560	M52×3×600	9267	M56×3×285	5133	N56×3×525	9456	M64×3×250	5935
M52×3×125	1931	M52×3×365	5637	M52×3×605	9344	M56×3×290	5224	N56×3×530	9546	M64×3×255	6053
M52×3×130	2008	M52×3×370	5715	M52×3×610	9421	M56×3×295	5314	N56×3×535	9637	M64×3×260	6172
M52×3×135	2085	M52×3×375	5792	M52×3×615	9499	M56×3×300	5404	N56×3×540	9727	M64×3×265	6291
M52×3×140	2162	M52×3×380	5869	M52×3×620	9576	M56×3×305	5494	N56×3×545	9817	M64×3×270	6409
M52×3×145	2240	M52×3×385	5946	M52×3×625	9653	M56×3×310	5584	M56×3×550	9907	M64×3×275	6528
M52×3×150	2317	M52×3×390	6024	M52×3×630	9730	M56×3×315	5674	M56×3×555	9997	M64×3×280	6647
M52×3×155	2394	M52×3×395	6101	M52×3×635	9808	M56×3×320	5764	M56×3×560	10087	M64×3×285	6766
M52×3×160	2471	M52×3×400	6178	M52×3×640	9885	M56×3×325	5854	M56×3×565	10177	M64×3×290	6884
M52×3×165	2548	M52×3×405	6255	M52×3×645	9962	M56×3×330	5944	M56×3×570	10267	M64×3×295	7003
M52×3×170	2626	M52×3×410	6332	M52×3×650	10039	M56×3×335	6034	M56×3×575	10357	M64×3×300	7122
M52×3×175	2703	M52×3×415	6410	M52×3×655	10116	M56×3×340	6124	M56×3×580	10447	M64×3×305	7240
M52×3×180	2780	M52×3×420	6487	M52×3×660	10194	M56×3×345	6214	N56×3×585	10537	M64×3×310	7359
M52×3×185	2857	M52×3×425	6564	M52×3×665	10271	M56×3×350	6304	N56×3×590	10627	M64×3×315	7478
M52×3×190	2935	M52×3×430	6641	M52×3×670	10348	M56×3×355	6394	N56×3×595	10717	M64×3×320	7596
M52×3×195	3012	M52×3×435	6719	M56×3×120	2161	M56×3×360	6484	N56×3×600	10807	M64×3×325	7715
M52×3×200	3089	M52×3×540	6796	M56×3×125	2252	M56×3×365	6574	N56×3×605	10897	M64×3×330	7834
M52×3×205	3166	M52×3×445	6873	M56×3×130	2342	M56×3×370	6665	M56×3×610	10987	M64×3×335	7952
M52×3×210	3243	M52×3×450	6950	M56×3×135	2432	M56×3×375	6755	M56×3×615	11078	M64×3×340	8071
M52×3×215	3312	M52×3×455	7027	M56×3×140	2522	M56×3×380	6845	M56×3×620	11168	M64×3×345	8190
M52×3×220	3398	M52×3×460	7105	M56×3×145	2612	M56×3×385	6935	M56×3×625	11258	M64×3×350	8309
M52×3×225	3475	M52×3×465	7182	M56×3×150	2702	M56×3×390	7025	M56×3×630	11348	M64×3×355	8427
M52×3×230	3552	M52×3×470	7259	M56×3×155	2792	M56×3×395	7115	M56×3×635	11438	M64×3×360	8546
M52×3×235	3630	M52×3×475	7336	M56×3×160	2882	M56×3×400	7205	N56×3×640	11528	M64×3×365	8665
M52×3×240	3707	M52×3×480	7414	M56×3×165	2972	M56×3×405	7295	N56×3×645	11618	M64×3×370	8783
M52×3×245	3784	M52×3×485	7491	M56×3×170	3062	M56×3×410	7385	N56×3×650	11708	M64×3×375	8902
M52×3×250	3861	M52×3×490	7568	M56×3×175	3152	M56×3×415	7475	N56×3×655	11798	M64×3×380	9021
M52×3×255	3938	M52×3×495	7645	M56×3×180	3242	M56×3×420	7565	N56×3×660	11888	M64×3×385	9139
M52×3×260	4015	M52×3×500	7722	M56×3×185	3332	M56×3×425	7655	M56×3×665	11978	M64×3×390	9258
M52×3×265	4093	M52×3×505	7800	M56×3×190	3422	M56×3×430	7745	M56×3×670	12068	M64×3×395	9377
M52×3×270	4170	M52×3×510	7879	M56×3×195	3512	M56×3×435	7835	M64×3×160	3798	M64×3×400	9495
M52×3×275	4247	M52×3×515	7954	M56×3×200	3602	M56×3×440	7925	M64×3×165	3917	M64×3×405	9614
M52×3×280	4325	M52×3×520	8031	M56×3×205	3692	M56×3×445	8015	M64×3×170	4036	M64×3×410	9733
M52×3×285	4402	M52×3×525	8109	M56×3×210	3783	M56×3×450	8105	M64×3×175	4154	M64×3×415	9852
M52×3×290	4479	M52×3×530	8186	M56×3×215	3873	M56×3×455	8196	M64×3×180	4273	M64×3×420	9970
M52×3×295	4556	M52×3×535	8263	M56×3×220	3963	M56×3×460	8286	M64×3×185	4392	M64×3×425	10089
M52×3×300	4633	M52×3×540	8340	M56×3×225	4053	M56×3×485	8376	M64×3×190	4510	M64×3×430	10208
M52×3×305	4711	M52×3×545	8417	M56×3×230	4143	M56×3×470	8466	M64×3×195	4629	M64×3×435	10326
M52×3×310	4788	M52×3×550	8495	M56×3×235	4333	M56×3×475	8556	M64×3×200	4748	M64×3×440	10445

续表

规　格	质量	规　格	质量	规　格	质量	规　格	质量
M64×3×445	10504	M72×3×190	5748	M72×3×430	13009	M72×3×670	20270
M64×3×450	10682	M72×3×195	5900	M72×3×435	13161	M76×3×200	16762
M64×3×455	10801	M72×3×200	6051	M72×3×440	13312	M76×3×205	6931
M64×3×460	10920	M72×3×205	6202	M72×3×445	13463	M76×3×210	7100
M64×3×465	11038	M72×3×210	6353	M72×3×450	13614	M76×3×215	7269
M64×3×470	11157	M72×3×215	6505	M72×3×455	13766	M76×3×220	7438
M64×3×475	11276	M72×3×220	6656	M72×3×460	13917	M76×3×225	7607
M64×3×480	11395	M72×3×225	6807	M72×3×465	14068	M76×3×230	7776
M64×3×485	11513	M72×3×230	6959	M72×3×470	14220	M76×3×235	7945
M64×3×490	11632	M72×3×235	7110	M72×3×475	14371	M76×3×240	8114
M64×3×495	11751	M72×3×240	7261	M72×3×480	14522	M76×3×245	8283
M64×3×400	11869	M72×3×245	7412	M72×3×485	14673	M76×3×250	8452
M64×3×505	11988	M72×3×250	7564	M72×3×490	14825	M76×3×255	8621
M64×3×510	12107	M72×3×255	7715	M72×3×495	14976	M76×3×260	8790
M64×3×515	12225	M72×3×260	7866	M72×3×500	15127	M76×3×265	8959
M64×3×520	12344	M72×3×265	8017	M72×3×505	15278	M76×3×270	9128
M64×3×525	12463	M72×3×270	8169	M72×3×510	15430	M76×3×275	9297
M64×3×530	12582	M72×3×275	8320	M72×3×515	15581	M76×3×280	9466
M64×3×535	12700	M72×3×280	8471	M72×3×520	15732	M76×3×285	9635
M64×3×540	12819	M72×3×285	8622	M72×3×525	15884	M76×3×290	9804
M64×3×545	12938	M72×3×290	8774	M72×3×530	16035	M76×3×295	9973
M64×3×550	13056	M72×3×295	8925	M72×3×535	16186	M76×3×300	10142
M64×3×555	13175	M72×3×300	9076	M72×3×540	16337	M76×3×305	10311
M64×3×560	13294	M72×3×305	9228	M72×3×545	16499	M76×3×310	10481
M64×3×565	13412	M72×3×310	9379	M72×3×550	16640	M76×3×315	10650
M64×3×570	13531	M72×3×315	9530	M72×3×555	16791	M76×3×320	10819
M64×3×575	13650	M72×3×320	9681	M72×3×560	16942	M76×3×325	10988
M64×3×580	13768	M72×3×325	9833	M72×3×565	17094	M76×3×330	11157
M64×3×585	13887	M72×3×330	9984	M72×3×570	17245	M76×3×335	11326
M64×3×590	14006	M72×3×335	10135	M72×3×575	17396	M76×3×340	11495
M64×3×595	14125	M72×3×340	10286	M72×3×580	17548	M76×3×345	11664
M64×3×600	14243	M72×3×345	10438	M72×3×585	17699	M76×3×350	11833
M64×3×605	14362	M72×3×350	10589	M72×3×590	17850	M76×3×355	12002
M64×3×610	14481	M72×3×355	10740	M72×3×595	18001	M76×3×360	12171
M64×3×615	14599	M72×3×360	10892	M72×3×600	18153	M76×3×365	12340
M64×3×620	14718	M72×3×365	11043	M72×3×605	18304	M76×3×370	12509
M64×3×625	14837	M72×3×370	11194	M72×3×610	18455	M76×3×375	12678
M64×3×630	14955	M72×3×375	11345	M72×3×615	18606	M76×3×380	12847
M64×3×635	15074	M72×3×380	11497	M72×3×620	18758	M76×3×385	13016
M64×3×640	15193	M72×3×385	11648	M72×3×625	18909	M76×3×390	13185
M64×3×645	15311	M72×3×390	11799	M72×3×630	19060	M76×3×395	13354
M64×3×650	15430	M72×3×395	11950	M72×3×635	19212	M76×3×400	13523
M64×3×655	15549	M72×3×400	12102	M72×3×640	19363	M76×3×405	13692
M64×3×660	15668	M72×3×405	12253	M72×3×645	19514	M76×3×410	13861
M64×3×665	15786	M72×3×410	12404	M72×3×650	19665	M76×3×415	14030
M64×3×670	15905	M72×3×415	12556	M72×3×655	19817	M76×3×420	14199
M72×3×180	5446	M72×3×420	12707	M72×3×660	19968	M76×3×425	14368
M72×3×185	5597	M72×3×425	12858	M72×3×665	20119	M76×3×430	14537

续表

规 格	质量	规 格	质量	规 格	质量
M76×3×435	14707	M90×3×200	9560	M90×3×440	21032
M76×3×440	14876	M90×3×205	9799	M90×3×445	21271
M76×3×445	15045	M90×3×210	10038	M90×3×450	21510
M76×3×450	15214	M90×3×215	10277	M90×3×455	21749
M76×3×455	15383	M90×3×220	10516	M90×3×460	21988
M76×3×460	15552	M90×3×225	10755	M90×3×465	22227
M76×3×465	15721	M90×3×230	10994	M90×3×470	22466
M76×3×470	15890	M90×3×235	11233	M90×3×475	22705
M76×3×475	16059	M90×3×240	11472	M90×3×480	22944
M76×3×480	16228	M90×3×245	11711	M90×3×485	23183
M76×3×485	16397	M90×3×250	11950	M90×3×490	23422
M76×3×490	16566	M90×3×255	12189	M90×3×495	23661
M76×3×495	16735	M90×3×260	12428	M90×3×500	23900
M76×3×500	16904	M90×3×265	12667	M90×3×505	24139
M76×3×505	17073	M90×3×270	12906	M90×3×510	24378
M76×3×510	17242	M90×3×275	13145	M90×3×515	24617
M76×3×515	17411	M90×3×280	13384	M90×3×520	24856
M76×3×520	17580	M90×3×285	13623	M90×3×525	25095
M76×3×525	17749	M90×3×290	13862	M90×3×530	25334
M76×3×530	17918	M90×3×295	14101	M90×3×535	25573
M76×3×535	18087	M90×3×300	14340	M90×3×540	25812
M76×3×540	18256	M90×3×305	14579	M90×3×545	26051
M76×3×545	18425	M90×3×310	14818	M90×3×550	26290
M76×3×550	18594	M90×3×315	15057	M90×3×555	26529
M76×3×555	18764	M90×3×320	15296	M90×3×560	26768
M76×3×560	18933	M90×3×325	15535	M90×3×565	27007
M76×3×565	19102	M90×3×330	15774	M90×3×570	27246
M76×3×570	19271	M90×3×335	16013	M90×3×575	27485
M76×3×575	19440	M90×3×340	16252	M90×3×580	27724
M76×3×580	19609	M90×3×345	16491	M90×3×585	27963
M76×3×585	19778	M90×3×350	16730	M90×3×590	28202
M76×3×590	19947	M90×3×355	16969	M90×3×595	28441
M76×3×595	20116	M90×3×360	17208	M90×3×600	28680
M76×3×600	20285	M90×3×365	17447	M90×3×605	28919
M76×3×605	20454	M90×3×370	17686	M90×3×610	29158
M76×3×610	20623	M90×3×375	17925	M90×3×615	29397
M76×3×615	20792	M90×3×380	18164	M90×3×620	29636
M76×3×620	20961	M90×3×385	18403	M90×3×625	29875
M76×3×625	21130	M90×3×390	18642	M90×3×630	30114
M76×3×630	21299	M90×3×395	18881	M90×3×635	30353
M76×3×635	21468	M90×3×400	19120	M90×3×640	30592
M76×3×640	21637	M90×3×405	19359	M90×3×645	30831
M76×3×645	21806	M90×3×410	19598	M90×3×650	31070
M76×3×650	21975	M90×3×415	19837	M90×3×655	31309
M76×3×655	22144	M90×3×420	20076	M90×3×660	31548
M76×3×660	22313	M90×3×425	20315	M90×3×665	31787
M76×3×665	22482	M90×3×430	20554	M90×3×670	32026
M76×3×670	22651	M90×3×435	20793		

2. 国家标准紧固件

（1）单头螺栓《六角头螺栓—C 级》GB/T 5780—2000（2004 年确认），见表 3-2-13。

表 3-2-13　单头螺栓尺寸

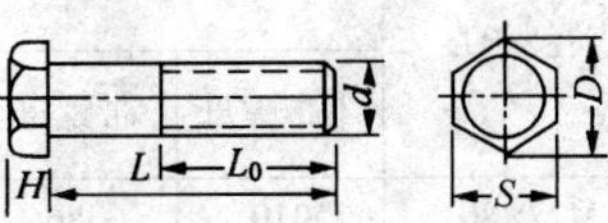

直径 d	尺寸/mm S	H	D	直径 d	尺寸/mm S	H	D
6	10	4.0	11.5	22	32	14.0	36.9
8	14	5.5	16.2	24	36	15.0	41.6
10	17	7.0	19.6	27	41	17.0	47.3
12	19	8.0	21.9	30	46	19.0	53.1
14	22	9.0	25.4	36	55	23.0	63.5
16	24	10.0	27.7	42	65	26.0	75.0
18	27	12.0	31.2	48	75	30.0	86.5
20	30	13.0	34.6				

（2）六角螺母《六角螺母—C 级》GB/T 41—2000（2004 年确认）、《Ⅰ型六角螺母—A 级和 B 级》GB/T 6170—2000（2004 年确认），见表 3-2-14。

表 3-2-14　六角螺母尺寸及近似质量

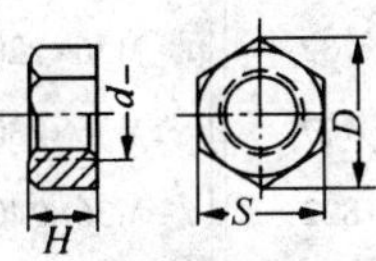

GB/T 41—2000

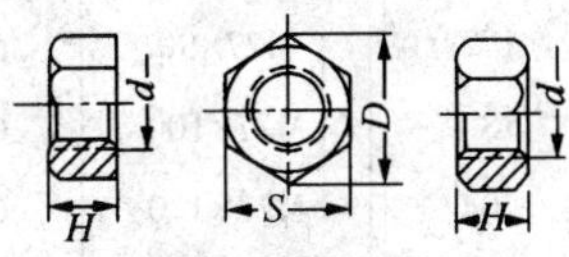

GB/T 6170—2000

直径 d	尺寸/mm S	H	D	每 1000 个螺母质量/kg	直径 d	尺寸/mm S	H	D	每 1000 个螺母质量/kg
6	10	5	11.5	2.32	22	32	18	36.9	75.94
8	14	6	16.2	5.67	24	36	19	41.6	111.9
10	17	8	19.6	10.99	27	41	22	47.3	168.0
12	19	10	21.9	16.32	30	46	24	53.1	234.2
14	22	11	25.4	25.28	36	55	28	63.5	370.9
16	24	13	27.7	34.12	42	65	32	75.0	598.6
18	27	14	31.2	44.19	48	75	38	86.5	957.3
20	30	16	34.6	61.91					

（3）单头螺栓的近似质量《六角头螺栓》GB/T 5782—2000（2004年确认），见表3-2-15。

表 3-2-15　单头螺栓的近似质量

规　格 直径×长度	每 1000 个螺栓 质量/kg		规　格 直径×长度	每 1000 个螺栓 质量/kg		规　格 直径×长度	每 1000 个螺栓 质量/kg	
	不带螺母	带螺母		不带螺母	带螺母		不带螺母	带螺母
M10×3	29	40	M22×80	310	386	M30×150	1042	1276
M10×4	35	46	M22×90	339	415	M30×160	1098	1332
M10×50	41	52	M22×100	369	445	M30×170	1154	1388
M10×60	47	58	M22×110	399	475	M30×180	1210	1444
M12×30	41	58	M22×120	429	505	M30×190	1266	1500
M12×40	49	66	M22×130	459	535	M30×200	1322	1556
M12×50	58	74	M22×140	489	565	M30×210	1378	1612
M12×60	67	83	M22×150	519	594	M30×220	1434	1668
M12×70	76	92	M22×160	549	624	M36×110	1246	1617
M12×80	85	101	M24×80	388	500	M36×120	1326	1697
M14×40	69	94	M24×90	424	536	M36×130	1406	1777
M14×50	81	106	M24×100	459	571	M36×140	1486	1857
M14×60	93	119	M24×110	495	607	M36×150	1566	1937
M14×70	105	131	M24×120	531	642	M36×160	1646	2017
M14×80	117	143	M24×130	566	670	M36×170	1726	2097
M14×90	129	155	M24×140	602	713	M36×180	1806	2177
M16×40	92	126	M24×150	637	749	M36×190	1886	2257
M16×50	106	140	M24×160	673	784	M36×200	1966	2337
M16×60	122	156	M27×80	519	687	M36×210	2046	2417
M16×70	138	172	M27×90	564	732	M36×220	2126	2497
M16×80	154	188	M27×100	609	777	M36×230	2206	2577
M16×90	170	204	M27×110	654	822	M36×240	2286	2657
M16×100	185	219	M27×120	699	867	M42×150	2223	2822
M20×50	183	245	M27×130	744	912	M42×160	2332	2931
M20×60	205	267	M27×140	789	957	M42×170	2441	3040
M20×70	230	292	M27×150	834	1002	M42×180	2550	3149
M20×80	255	317	M27×160	879	1047	M42×190	2659	3258
M20×90	279	341	M27×170	924	1092	M42×200	2768	3367
M20×100	304	366	M27×180	969	1137	M42×210	2877	3476
M20×110	329	391	M30×100	765	999	M42×220	2986	2585
M20×120	354	415	M30×110	820	1054	M42×230	3095	3694
M20×130	378	440	M30×120	875	1110	M42×240	3204	3803
M22×60	250	326	M30×130	931	1165	M42×250	3313	3912
M22×70	280	356	M30×140	986	1221	M42×260	3422	4021

（4）等长双头螺栓的近似质量《等长双头螺柱 B级》GB/T 901—1988（2004年确认），见表3-2-16。

表3-2-16 精制等长双头螺栓的近似质量

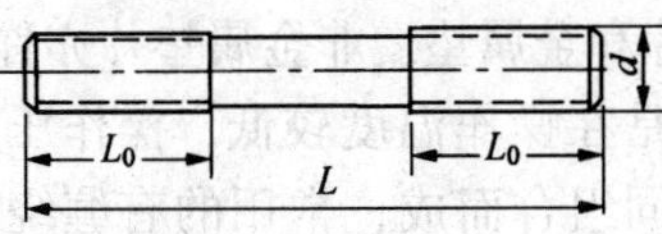

直径	L_0	直径	L_0
M10	32	M24	60
M12	36	M27	66
M14	40	M30	72
M16	44	M36	84
M20	52	M42	96
M22	56	M48	108

规格 直径×长度	每1000个螺栓质量/kg		规格 直径×长度	每1000个螺栓质量/kg		规格 直径×长度	每1000个螺栓质量/kg	
	不带螺母	带螺母		不带螺母	带螺母		不带螺母	带螺母
M10×40	20	42	M22×120	307	459	M30×200	948	1416
M10×50	25	47	M22×130	333	485	M30×210	995	1464
M10×60	30	52	M22×140	358	510	M30×220	1043	1511
M10×70	35	57	M22×150	384	536	M30×230	1090	1558
M12×50	36	69	M22×160	410	561	M30×240	1138	1606
M12×60	43	76	M22×170	435	587	M30×250	1185	1653
M12×70	51	83	M22×180	461	613	M36×150	1052	1794
M12×80	58	91	M24×100	300	524	M36×160	1121	1863
M12×90	65	98	M24×110	330	554	M36×170	1190	1932
M14×60	60	110	M24×120	360	584	M36×180	1248	1990
M14×70	70	120	M24×130	390	614	M36×190	1317	2059
M14×80	80	130	M24×140	420	644	M36×200	1376	2118
M14×90	90	140	M24×150	450	674	M36×210	1445	2187
M14×100	99	150	M24×160	480	704	M36×220	1514	2256
M16×60	80	148	M24×170	510	734	M36×230	1582	2324
M16×70	93	161	M24×180	540	764	M36×240	1651	2393
M16×80	106	175	M27×100	396	732	M36×250	1720	2462
M16×90	120	188	M27×110	435	771	M36×260	1789	2531
M16×100	133	201	M27×120	473	809	M36×280	1926	2668
M16×110	147	215	M27×130	512	848	M42×210	1974	3171
M16×120	160	228	M27×140	540	876	M42×220	2068	3265
M20×70	146	269	M27×150	579	915	M42×230	2162	3359
M20×80	166	290	M27×160	618	954	M42×240	2256	3453
M20×90	187	311	M27×170	656	992	M42×250	2350	3547
M20×100	208	332	M27×180	695	1031	M42×260	2444	3641
M20×110	229	353	M27×190	733	1069	M42×280	2632	3829
M20×120	250	373	M27×200	772	1108	M42×300	2820	4017
M20×130	270	394	M30×130	616	1085	M48×250	3075	4990
M20×140	291	415	M30×140	664	1132	M48×260	3322	5237
M20×150	312	436	M30×150	711	1179	M48×280	3568	5483
M22×80	205	357	M30×160	758	1227	M48×300	3814	5729
M22×90	230	382	M30×170	806	1274	M48×320	3951	5866
M22×100	256	408	M30×180	853	1322	M48×350	4321	6236
M22×110	282	433	M30×190	901	1369	M48×380	4692	6607

第三节　垫　片

一、概　述

常用法兰垫片有非金属垫片、半金属垫片和金属垫。非金属垫片亦称软垫片，一般以石棉为主体配以橡胶等材料制作而成，通常只是在操作温度较低，操作压力不高的管道上使用。半金属垫片由金属材料和非金属材料共同组合而成，常用的有缠绕式垫片和金属包垫片，它比非金属垫片所承受的温度压力范围较广。金属垫全部由金属制作，有波形、齿形、椭圆形、八角形和透镜垫等，这种垫片一般用在半金属垫片所不能承受的高温高压管道法兰上。

1. 垫片系数 m 和比压力 y

垫片的比压力（或称预紧比压，最小设计压紧应力，或最小有效压紧力等）y 是作用到垫片上的单位压紧力，使垫片在弹性限内变形且足以将法兰密封面表面的微观不平度填补严密而不发生泄漏的最小数值。垫片的 y 值与管系的工作压力无关，当管系升压达到操作压力时，因内压力的轴向力的作用，趋于将两片法兰分开，于是作用在垫片上的紧固力减少，当垫片有效截面上的紧固力小至某一临界值时，仍能保持密封，这时垫片上的剩余紧固力即为有效紧固压力，垫片上的紧固力小到临界值以下时就会发生泄漏，甚至将垫片吹跑。因此，垫片的有效紧固压力必须超过管系操作压力的 m 值，此 m 即为垫片系数（或称剩余比压系数）。

$$m = p/p_1 \qquad (3-3-1)$$

式中　p——垫片的有效紧固压力，MPa；

　　p_1——管系的工作压力，MPa。

垫片系数 m 和比压力 y 均系垫片本身特有的数值，因垫片、材质等不同而异、即不同的垫片有不同的 m、y 值，见表 3-3-1。

2. 垫片适用范围

垫片的种类和材质与法兰密封面形式、管道内介质及操作条件有关，我国规定的各类垫片适用范围分别列于各类垫片部分，这里仅介绍日本 JIS 和美国 ASME 规定的垫片适用范围，内容见图 3-3-1～图 3-3-3。

表 3-3-1　常用垫片形式

垫片形式	垫片名称	说　明	应用场合	推荐法兰面	材　料	m	y/MPa
环状平垫片	非金属平垫片	纸布和橡胶	122℃以下	齿形槽（俗称法兰水线）		0.5～1.75	0～7.8
		石棉橡胶板	在炼油厂、化工厂中最为广泛应用，常用温度 350℃以下，最适宜范围为 200℃以下	齿形槽	厚度 3mm	2.0	11
					1.5mm	2.75	25.5
					0.75mm	3.50	44.8
		石棉织物	适用于搪玻璃法兰，205℃以下	—		—	—

续表

垫片形式	垫片名称	说明	应用场合	推荐法兰面	材料	m	y/MPa
环状平垫片	金属平垫片	可用多种金属制作		齿形槽	铁或软钢	5.5	124.1
					不锈钢	6.5	179.3
	齿形金属垫片	金属平垫片用机床加工切出同心槽	比平垫片所需的螺栓力小，密封性能好，在很多场合用于代替金属平垫片	光制	铁或软钢	3.75	53.5
					蒙乃尔或4%~6%铬钢	3.75	63.3
					不锈钢	4.25	71.1
夹层式	金属套	石棉外包金属套	用于815℃以下，需要的螺栓力比平面金属垫片小，特别适于高温高压场所	光制	铁或软钢	3.75	52.4
					不锈钢	3.75	62.1
	缠绕式	金属带夹石棉带缠绕制成		光滑	碳钢	3.00	69
					不锈钢或蒙乃尔	3.00	69
波纹式	石棉填充	波形金属套，石棉填充	适用于815℃以下的高压管道、壁如热油和化学品	光制	铁或软钢	3.0	31
	石棉嵌入	波形金属、石棉嵌在波纹间	用于815℃以下，但压力不可超过42kgf/cm^2，不适于热油管	光滑	蒙乃尔或4%~6%铬钢	3.25	38
					不锈钢	3.5	44.8
环状垫片	八角形椭圆形	金属环，一般用软铁、低碳钢、不锈钢、蒙乃尔合金、镍和铜制作	使用温度范围800℃以下，密封性能好随着内部压力增高，垫片自密封性增强。适用恶劣的条件下工作。常用八角形的	光制	铁或软钢	5.5	124.1
					蒙乃尔或4%~6%铬钢	6.0	150.3
					不锈钢	6.5	179.3

注：各种垫片适用的温度范围，本表数值仅供参考，应根据制造厂推荐数值选用。

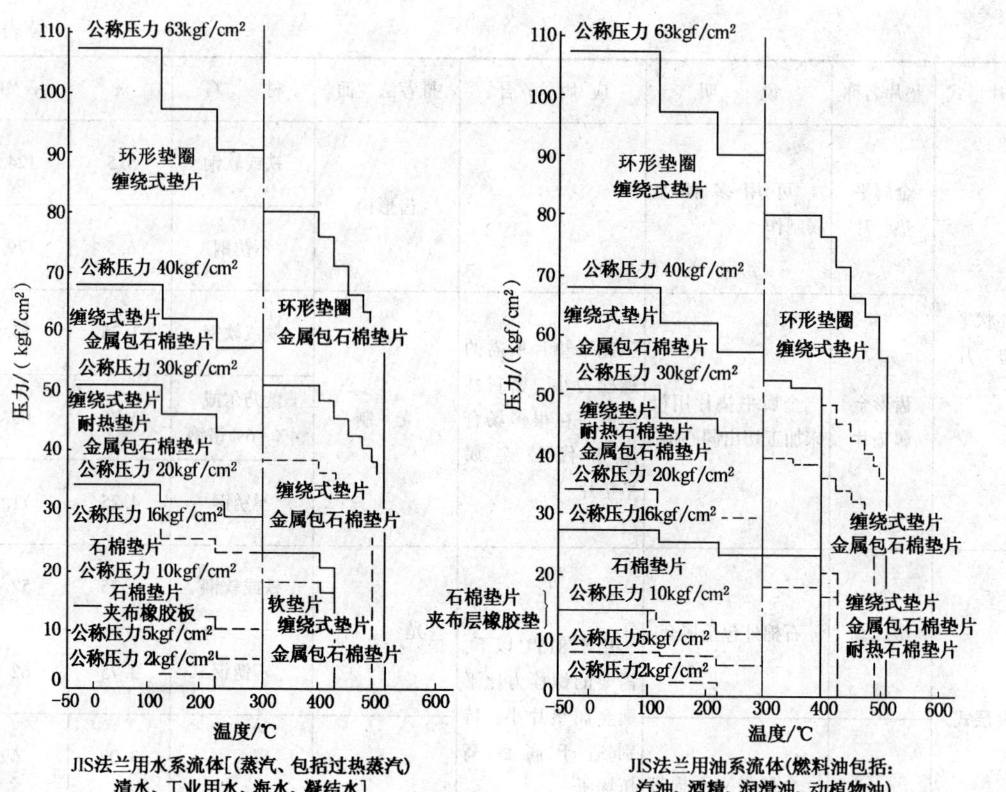

图 3-3-1 日本工业标准 JIS 规定的垫片适用范围（一）

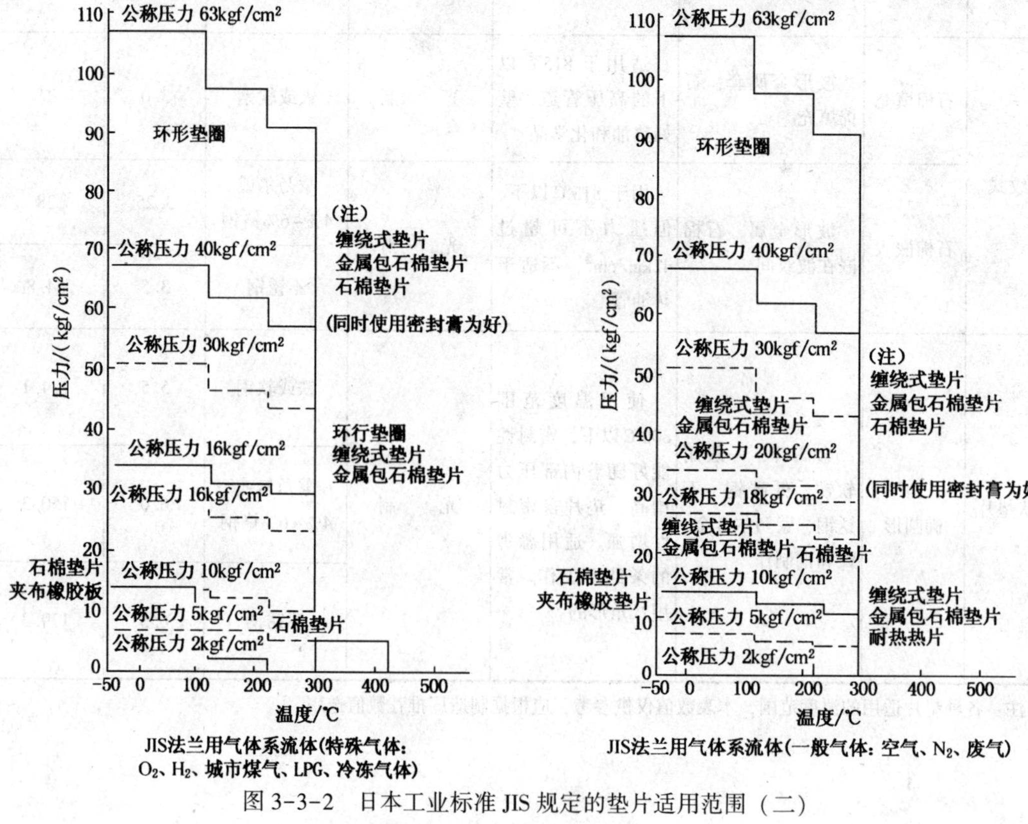

公称压力 63kgf/cm²
环形垫圈
(注)
缠绕式垫片
金属包石棉垫片
石棉垫片
(同时使用密封膏为好)
公称压力 40kgf/cm²
公称压力 30kgf/cm²
环行垫圈
缠绕式垫片
金属包石棉垫片
公称压力 16kgf/cm²
公称压力 16kgf/cm²
石棉垫片
夹布橡胶板
公称压力 10kgf/cm²
公称压力 5kgf/cm²
公称压力 2kgf/cm²
石棉垫片
压力/(kgf/cm²)
温度/℃
JIS法兰用气体系流体(特殊气体:
O_2、H_2、城市煤气、LPG、冷冻气体)

公称压力 63kgf/cm²
环形垫圈
公称压力 40kgf/cm²
公称压力 30kgf/cm²
(注)
缠绕式垫片
金属包石棉垫片
石棉垫片
缠绕式垫片
金属包石棉垫片
公称压力 20kgf/cm²
(同时使用密封膏为好)
公称压力 18kgf/cm²
缠线式垫片
金属包石棉垫片
石棉垫片
公称压力 10kgf/cm²
石棉垫片
夹布橡胶垫片
公称压力 5kgf/cm²
公称压力 2kgf/cm²
缠绕式垫片
金属包石棉垫片
耐热热片
压力/(kgf/cm²)
温度/℃
JIS法兰用气体系流体(一般气体：空气、N_2、废气)

图 3-3-2 日本工业标准 JIS 规定的垫片适用范围（二）

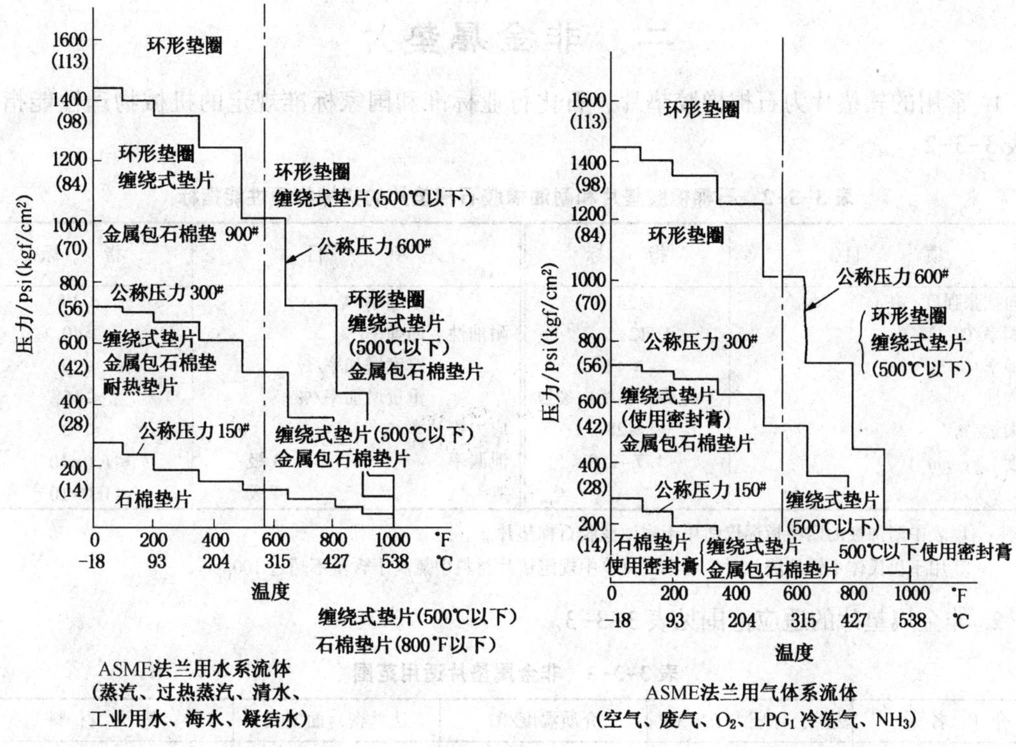

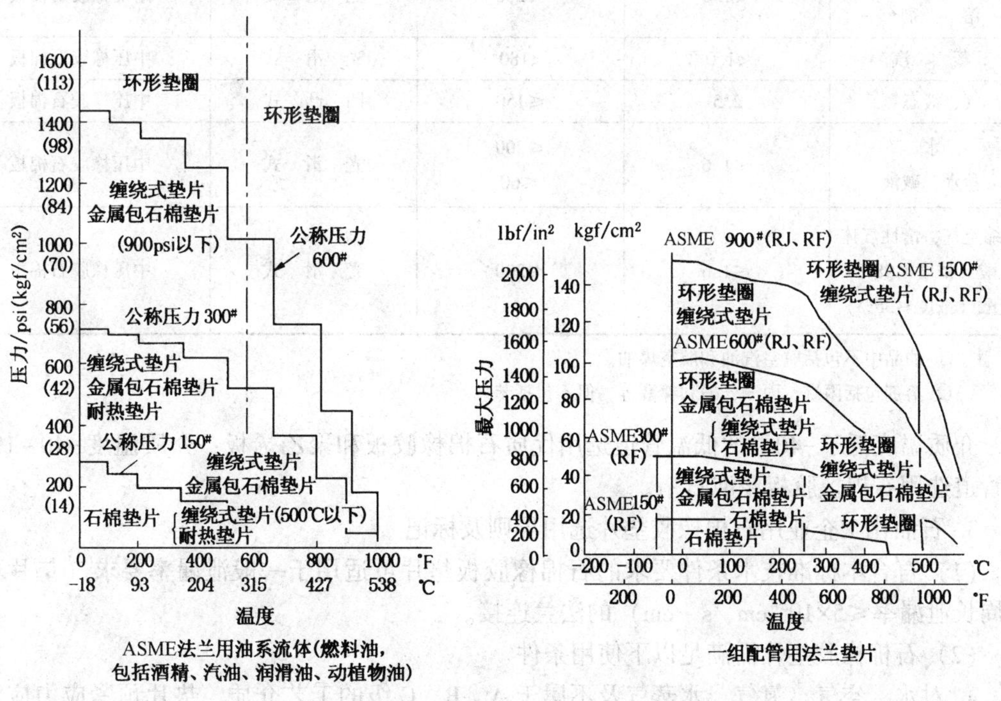

图 3-3-3 美国国家标准 ASME 规定的垫片适用范围

二、非金属垫片

1. 常用的软垫片为石棉橡胶垫片，石化行业标准和国家标准规定的机械物理性能指标见表3-3-2。

表3-3-2　石棉橡胶垫片和耐油橡胶石棉垫片的机械物理性能指标

项　　目	指　　标	项　　目			指　　标
横向抗张强度/MPa	≥24.0		压缩率/%		≤20
压缩率/%	12±5	耐油性	回弹率/%		≥40
回弹率/%	≥47		厚度增加率/%		≤20
柔软性	不允许有纵横向裂纹		重量增加率/%		≤15
烧失量/%	≤28	应力松弛率/%			≤40
密度/（g/cm^3）	1.7~2.0	泄漏率		3级	$\leq 1.0\times10^{-3}$
				4级	$\leq 1.0\times10^{-2}$

注：① 表中耐油性的四项指标仅适用于耐油橡胶石棉垫片。

② 用于奥氏体不锈钢法兰时，应在订货单中规定垫片材料中氯离子含量不超过100ppm。

2. 非金属垫片的适应范围见表3-3-3。

表3-3-3　非金属垫片适用范围

介质名称	法兰公称压力 *PN*/MPa	介质温度/℃	法兰密封面型式	垫片材料
油　　品① 溶　　剂②	≤1.6	≤200	光　滑　式	耐油橡胶石棉板
蒸　　汽	<1.0	<180	光　滑　式	中压橡胶石棉板
气、液态氨	2.5	≤150	凹　凸　式	中压橡胶石棉板
水 盐水，碱液	≤1.6	≤200 ≤60	光　滑　式	中压橡胶石棉板
压缩空气，惰性气体 硫酸（浓度≤98%） 盐酸（浓度≤35%）	≤1.6	≤200	光　滑　式	中压橡胶石棉板

注：① 油品中不包括航空汽油和航空煤油。

② 溶剂包括丙烷、丙酮、酚和糠醛等，但不包括苯。

介质温度低于-40℃的低温管道选用优质石棉橡胶板和聚乙烯板；介质温度-40~196℃的管道选用石棉橡胶板浸泡石蜡。

3. 石油化工企业用石棉橡胶垫片选用导则及标记

（1）符合本标准技术条件要求的石棉橡胶板垫片可适用于一般泄漏率要求（垫片单位外周长泄漏率≤$5\times10^{-4}cm^3/s\cdot cm$）的法兰连接。

（2）石棉橡胶垫片需满足以下使用条件

a. 对水、空气、氮气、水蒸气及不属于A、B、C级的工艺介质、垫片预紧应力应满足Y=26~35MPa，属于B、C级的介质和其他可能危及操作人员人身安全的有毒介质，或操作温度低于0℃的低温介质，Y值不应低于40.0MPa。

b. 本导则规定的垫片公称直径≤*DN*600。

c. 垫片使用寿命按一年左右考虑。

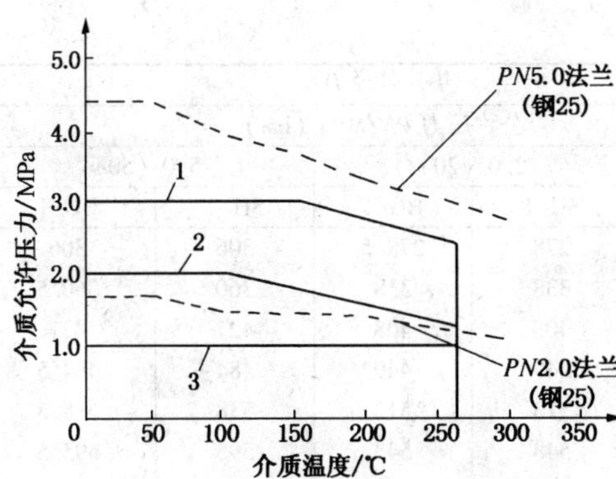

图 3-3-4　垫片推荐使用条件曲线

（3）推荐的垫片适用范围

a. 水、空气、氮气、水蒸气及不属于 A、B、C 级的工艺介质宜选用Ⅰ形垫片，推荐使用条件见图 3-3-4 曲线 1。

b. 属于 B、C 级的液体介质选用厚度 1.5mm 的Ⅱ型垫片，推荐使用条件见图 3-3-4 曲线 2。

c. 属于 B、C 级的气体介质及其他会危及操作人员人身安全的有毒气体介质管道应选用Ⅱ型垫片并与 *PN*5.0 的法兰配套，推荐使用条件见图 3-3-4 曲线 3。

（4）石化行业标准规定的垫片标记为

a. 标准代号　SH

b. 垫片代号　凸台面法兰用垫片为 GAR　凹凸面法兰用垫片为 GAMF

　　　　　　全平面法兰用垫片为 GAF　榫槽面法兰用垫片为 GATC

c. 公称压力

d. 公称直径

e. 垫片厚度

示例：*PN*2.0　*DN*150　凸台面法兰用 1.5mm 厚的垫片　SH—GAR—2.0—150—1.5

4. 非金属软垫片的尺寸。

（1）石化行业标准及化工部美洲体系管法兰用软垫片见表 3-3-4。

（2）国标管法兰用软垫片见表 3-3-5～表 3-3-7。

（3）化工部欧洲体系—机部标准管法兰用软垫片见表 3-3-8～表 3-3-10。

（4）石化行业标准管道法兰用软垫片见表 3-3-11。

表 3-3-4（a）　凸台面管法兰用软垫片（SH/T 3401—1996，HG/T 20627—2009）（mm）

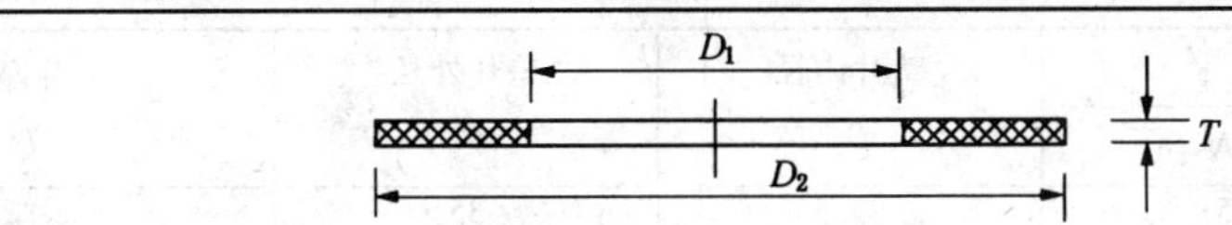

公称直径 *DN*	垫片内径 D_1	垫片厚度 *T*		垫片外径 D_2				
				公称压力 *PN*/MPa（bar）				
		SH/T	HG/T	1.0	2.0（20）		5.0（50）	
				SH/T	SH/T	HG/T	SH/T	HG/T
15	22	Ⅰ形 1.5	1.5		46	46.5	52	52.5
20	27				56	56	66	66.5
25	34				65	65.5	73	73
32	42				75	75	82	82.5
40	48				84	84.5	94	94.5
50	60				104	104.5	111	111
65	76				123	123.5	129	129
80	89				136	136.5	148	148.5
100	114				174	174.5	180	180
125	140				196	196	215	215
150	168				221	221.5	250	250

续表

公称直径 DN	垫片内径 D_1	垫片厚度 T SH/T	垫片厚度 T HG/T	垫片外径 D_2 公称压力 PN/MPa（bar） 1.0 SH/T	2.0（20） SH/T	2.0（20） HG/T	5.0（50） SH/T	5.0（50） HG/T
200	219				278	278.5	306	306
250	273	Ⅰ形 1.5	1.5		338	338	360	360.5
300	325				408	408	421	421
350	356				449	449	484	484.5
400	406				513	513	538	538.5
450	457				548	548	595	595.5
500	508				605	605	653	630
600	610				716	716.5	774	774
650	660			708	725	724.5	770	770
700	711			759	775	775.5	824	824
750	762			810	826	826	885	885
800	813			860	880	880	939	939
850	864			911	933	933.5	993	985.5
900	914			972	986	985.5	1047	1043
950	965	Ⅱ形 3.0	3.0	1023	1043	1043	1098	1093.5
1000	1016			1074	1094	1093.5	1149	1148.5
1150	1168				—	1144.5	—	1199.5
1100	1118			1179	1195	1193.5	1250	1250.5
1150	1168				—	1254	—	1317
1200	1220			1281	1305	1305	1368	1368
1250	1270				—	1356	—	1419
1300	1321			1386	1407	1406.5	1470	1469.5
1350	1372				—	1462	—	1530
1400	1420			1494	1513	1513	1595	1595
1450	1422				—	1578.5	—	1657
1500	1524			1595	1629	1629	1708	1708

表 3-3-4（b） 榫槽面法兰用 TG 型垫片尺寸（HG/T 20627—2009） （mm）

公称通径 NPS/in	公称通径 DN	垫片内径 D_1	垫片外径 D_2	垫片厚度 T
1/2	15	25.5	35	
3/4	20	33.5	43	
1	25	38	51	
1¼	32	47.5	64	
1½	40	54	73	
2	50	73	92	
2½	65	85.5	105	
3	80	108	127	
4	100	132	157	1.5
5	125	160.5	186	
6	150	190.5	216	
8	200	238	270	
10	250	286	324	
12	300	343	381	
14	350	374.5	413	
16	400	425.5	470	
18	450	489	533	
20	500	535.5	585	3
24	600	641.5	692	

表 3-3-5　凸面形管法兰用软垫片(配国标法兰)GB/T 9126—2008　　(mm)

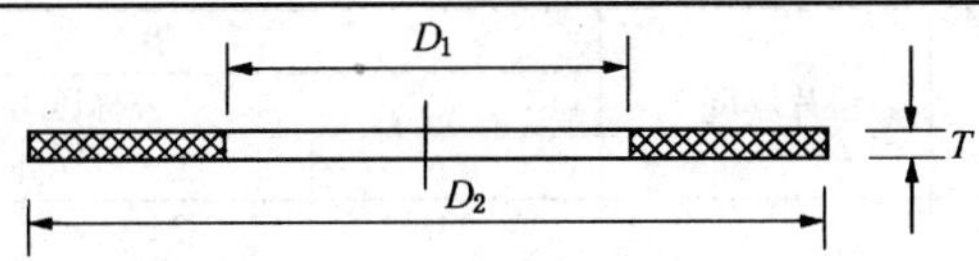

公称直径 DN	垫片内径 D_1		垫片厚度 T		垫片外径 D_2									
					公称压力 PN/MPa									
									2.0				5.0	
	Ⅰ形	Ⅱ形	Ⅰ形	Ⅱ形	0.25	0.6	1.0	1.6	Ⅰ形	Ⅱ形	2.5	4.0	Ⅰ形	Ⅱ形
10	18	—			39	39	46	46	—	—	46	46	—	—
15	22	25			44	44	51	51	46.5	47	51	51	52.5	53
20	27	33			54	54	61	61	56.0	47	61	61	64.5	66
25	34	38			64	64	71	71	65.5	66	71	71	71.0	72
32	43	48			76	76	82	82	75.0	76	82	82	80.5	82
40	49	54			86	86	92	92	84.5	85	92	92	94.5	95
50	61	73			96	96	107	107	102.5	103	107	107	109.0	110
65	77	86			116	116	127	127	121.5	122	127	127	129.0	129
80	89	108			132	132	142	142	134.5	135	142	142	148.5	148
100	115	132			152	152	162	162	172.5	173	168	168	180.0	180
125	141	160			182	182	192	192	196.0	196	194	194	215.0	215
150	169	190			207	207	213	213	221.5	221	224	224	250.0	250
200	220	238			262	262	273	273	278.5	277	284	290	306.5	306
250	273	286		0.8	317	317	328	329	338.0	338	340	352	360.5	360
300	324	343			373	373	378	384	408.0	408	400	417	421.0	420
350	356	375			423	423	438	444	449.0	449	457	474	484.5	484
400	407	425			473	473	489	495	513.0	512	514	546	538.5	538
450	458	489			528	528	539	555	548.0	547	564	571	595.5	595
500	508	533	1.5~		578	578	594	617	605.0	604	624	628	653	651
600	610	614	3.0		679	679	695	734	716.5	715	731	774	774.0	772
700	712				784	784	810	804			833			
800	813				890	890	917	911			942			
900	915				990	990	1017	1011			1042			
1000	1016				1090	1090	1124	1128			1154			
1200	1220				1290	1307	1341	1342			1364			
1400	1420				1490	1504	1548	1542			1578			
1600	1620				1700	1724	1772	1764			1798			
1800	1820				1900	1931	1972	1964			2000			
2000	2020				2100	2138	2182	2168			2230			
2200	2220				2307	2348	2384							
2400	2420				2507	2558	2594							
2600	2620				2707	2762	2794							
2800	2820				2924	2972	3014							
3000	3020				3124	3172	3228							
3200	3220				3324	3382								
3400	3420				3524	3592								
3600	3620				3734	3804								
3800	3820				3931									
4000	4020				4131									

表 3-3-6 凹凸面型管法兰用软垫片（配国标法兰）GB/T 9126—2008 （mm）

公称直径 DN	垫片内径 D_1	垫片厚度 T	垫片外径 D_2			
			公称压力 PN/MPa			
			1.6	2.5	4.0	5.0
10	18	0.8~3.0	34	34	34	—
15	22		39	39	39	35.0
20	27		50	50	50	43.0
25	34		57	57	57	51.0
32	43		65	65	65	63.5
40	49		75	75	75	73.0
50	61		87	87	87	92.0
65	77		109	109	109	105.0
80	89		120	120	120	127.0
100	115		149	149	149	157.0
125	141		175	175	175	186.0
150	169		203	203	203	216.0
200	220		259	259	259	270.0
250	273		312	312	312	324.0
300	324		363	363	363	381.0
350	356		421	421	421	413.0
400	407		473	473	473	470.0
450	458		523	523	523	533.0
500	508		575	575	575	584.0
600	610		675	675	675	692.0
700	712		777	777		
800	813		882	882		
900	915		987	987		
1000	1016		1091	1091		

表 3-3-7 榫槽面型管法兰用软垫片（配国标法兰）GB/T 9126—2008 （mm）

公称直径 DN	垫片厚度 T	垫片内径				垫片外径			
		公称压力 PN/MPa							
		1.6	2.5	4.0	5.0	1.6	2.5	4.0	5.0
10	0.8~3	24	—	34	34	34	—		
15		29	25.5	39	39	39	35.0		
20		36	33.5	50	50	50	43.0		
25		43	38.0	57	57	57	51.0		
32		51	47.5	65	65	65	63.5		
40		61	54.0	75	75	75	73.0		
50		73	73.0	87	87	87	92.0		
65		95	85.5	109	109	109	105.0		
80		106	108.0	120	120	120	127.0		
100		129	132.0	149	149	149	157.0		
125		155	160.5	175	175	175	186.0		
150		183	190.5	203	203	203	216.0		
200		239	238.0	259	259	259	270.0		
250		292	286.0	312	312	312	324.0		
300		343	343.0	363	363	363	381.0		
350		395	374.5	421	421	421	413.0		
400		447	425.5	473	473	473	470.0		
450		497	489.0	523	523	523	533.0		
500		549	533.5	575	575	575	584.0		
600		649	641.5	675	675	675	692.0		
700	1.5~3	751	—	777	777	—	—		
800		856	—	882	882	—	—		
900		961	—	987	987	—	—		
1000		1061	—	1091	1091	—	—		

表 3-3-8（a）光滑式法兰用的软垫片(JB/T 87—94)　　（mm）

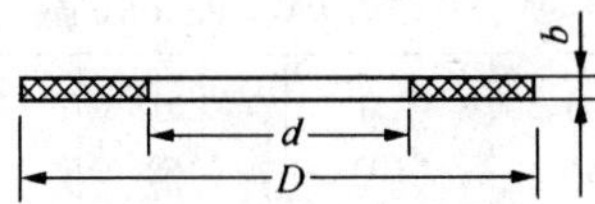

公称直径 DN	垫片内径 d	公称压力 PN/MPa						垫片厚度 b
		0.25	0.6	1.0	1.6	2.5	4.0	
		垫片外径 D						
10	14	38	38	46	46	46	46	2.0
15	18	43	43	51	51	51	51	2.0
20	25	53	53	61	61	61	61	2.0
25	32	63	63	71	71	71	71	2.0
32	38	76	76	82	82	82	82	2.0
40	45	86	86	92	92	92	92	2.0
50	57	96	96	107	107	107	107	2.0
65	76	116	116	127	127	127	127	2.0
80	89	132	132	142	142	142	142	2.0
100	108	152	152	162	162	167	167	2.0
125	133	182	182	192	192	195	195	2.0
150	159	207	207	217	217	225	225	2.0
175	194	237	237	247	247	255	265	2.0
200	219	262	262	272	272	285	290	2.0
225	245	287	287	302	302	310	321	2.0
250	273	317	317	327	330	340	351	2.0
300	325	372	372	377	385	400	416	3.0
350	377	422	422	437	445	456	476	3.0
400	426	472	472	490	495	516	544	3.0
450	480	527	527	540	555	566	569	3.0
500	530	577	577	596	616	619	622	3.0
600	630	680	680	695	729	729	741	3.0
700	720	785	785	810	799	827	846	3.0
800	820	890	890	916	909	942	972	3.0
900	920	990	990	1016	1009	1036	—	3.0
1000	1020	1090	1090	1126	1122	1152	—	3.0
1200	1220	1286	1306	1339	1336	1362	—	3.0
1400	1420	1486	1526	1549	1536	1575	—	3.0
1500	1520	1596	1626	—	—	—	—	3.0
1600	1620	1696	1726	1766	1762	—	—	3.0

表 3-3-8（b）突面法兰用 RF 和 RF-E 型垫片尺寸（HG/T 20606—2009）（mm）

公称通径 DN	垫片内径 D_{1max}	公称压力 PN/MPa（bar）						垫片厚度 T	包边宽度 b
		0.25 (2.5)	0.6 (6)	1.0 (10)	1.6 (16)	2.5 (25)	4.0 (40)		
		垫片外径 D_2							
10	18	39	39	46	46	46	46	1.5	3
15	22	44	44	51	51	51	51		
20	27	54	54	61	61	61	61		
25	34	64	64	71	71	71	71		
32	43	76	76	82	82	82	82		
40	49	86	86	92	92	92	92		
50	61	96	96	107	107	107	107		
65	77	116	116	127	127	127	127		
80	89	132	132	142	142	142	142		
100	115	152	152	162	162	168	168		
125	141	182	182	192	192	194	194		
150	169	207	207	218	218	224	224		
200	220	262	262	273	273	284	290		
250	273	317	317	328	329	340	352		
300	325	373	373	378	384	400	417		
350	377	423	423	438	444	457	474	3	
400	426	473	473	489	495	514	546		
450	480	528	528	539	555	564	571		
500	530	578	578	594	617	624	628		
600	630	679	679	695	734	731	747		
700	720	784	784	810	804	833			4
800	820	890	890	917	911	942			
900	920	990	990	1017	1011	1042			
1000	1020	1090	1090	1124	1128	1154			
1200	1220	1290	1307	1341	1342	1365			5
1400	1422	1490	1524	1548	1542				
1600	1626	1700	1724	1772	1764				
1800	1829	1900	1931	1972	1964				
2000	2032	2100	2138	2182	2168				

表 3-3-9　凹凸式法兰用的软垫片(HG/T 20606—97、JB/T 87—94)　(mm)

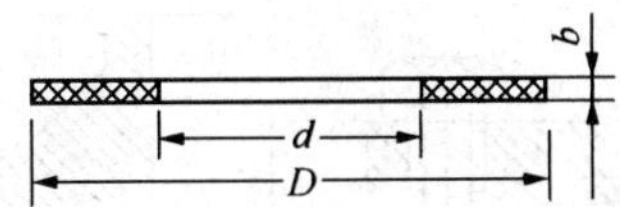

公称直径 DN	公称压力 PN2.5、4.0、6.3MPa				垫片厚度 b		公称直径 DN	公称压力 PN2.5、4.0、6.3MPa				垫片厚度 b	
	垫片内径 d		垫片外径 D					垫片内径 d		垫片外径 D			
	HG	JB/T	HG	JB/T	HG	JB/T		HG	JB/T	HG	JB/T	HG	JB/T
10	—	14	—	34	—	2	200	220	219	259	259	1.5	2
15	22	18	39	39	1.5	2	225	—	245	—	286	—	2
20	27	25	50	50	1.5	2	250	273	273	312	312	1.5	2
25	34	32	57	57	1.5	2	300	325	325	363	363	3	3
32	43	38	65	65	1.5	2	350	377	377	421	421	3	3
40	49	45	75	75	1.5	2	400	426	426	473	473	3	3
50	61	57	87	87	1.5	2	450	480	480	523	523	3	3
65	77	76	109	109	1.5	2	500	530	530	575	575	3	3
80	89	89	120	120	1.5	2	600	630	630	675	677	3	3
100	115	108	149	149	1.5	2	700	—	720	—	767	—	3
125	141	133	175	175	1.5	2	800	—	820	—	875	—	3
150	169	159	203	203	1.5	2	900	—	920	—	—	—	3
175	—	194	—	233	—	2	1000	—	1020	—	—	—	3

表 3-3-10　榫槽式法兰用的软垫片(HG/T 20606—2009、JB/T 87—94)　(mm)

公称直径 DN	公称压力 PN2.5、4.0、6.3MPa		垫片厚度① b	公称直径 DN	公称压力 PN2.5、4.0、6.3MPa		垫片厚度 b
	垫片内径 d	垫片外径 D			垫片内径 d	垫片外径 D	
10	24	34	2	(175)②	213	233	2
15	29	39	2	200	239	259	2
20	36	50	2	(225)②	266	286	2
25	43	57	2	250	292	312	2
32	51	65	2	300	343	363	3
40	61	75	2	350	395	421	3
50	73	87	2	400	447	473	3
65	95	109	2	450	497	523	3
80	106	120	2	500	549	575	3
100	129	149	2	600	651/649③	677/675③	3
125	155	175	2	(700)	741	767	3
150	183	203	2	(800)	849	875	3

注：① HG 标准 DN10~300 垫片厚度为 1.5mm；DN≥350 垫片厚度为 3mm。

② 括弧内 DN 只有 JB/T 87—94 有。

③ 分子为 JB/T 法兰用；分母为 HG 法兰用。

表 3-3-11　非金属垫片（配石油管道法兰用）　(mm)

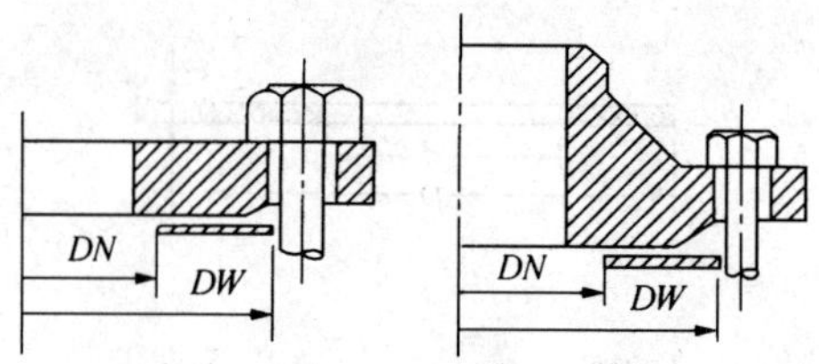

公称直径 *DN*	公称压力 *PN*/MPa										厚　度
	0.6		1.0		1.6		2.5		2.5		
	平　焊　法　兰				对焊法兰（光滑式）				对焊法兰（凹凸式）		
	外径 *DW*	内径 *DN*	外径 *DW*	内径 *DN*	外径 *DW*	内径 *DN*	外径 *DW*	内径 *DN*	外径 *DW*	内径 *DN*	
10	40	20	48	20	48	20	48	16	34	13	2.5
15	45	25	53	25	53	25	53	21	39	18	2.5
20	55	31	63	31	63	31	63	25	50	22	2.5
25	65	37	73	37	73	37	73	33	57	29	2.5
32	78	46	84	46	84	46	84	44	65	37	2.5
40	88	54	94	52	94	52	94	44	75	43	2.5
50	98	64	109	65	109	65	109	59	87	55	2.5
65	118	84	129	85	129	85	129	79	109	69	2.5
80	134	100	144	100	144	100	144	94	120	89	2.5
100	154	120	164	120	164	120	170	120	148	108	2.5
125	184	150	194	146	194	146	198	148	174	134	2.5
150	209	175	220	172	220	172	228	178	202	162	2.5
200	264	224	275	227	275	227	288	238	258	218	2.5
250	319	279	330	282	333	285	343	287	311	261	2.5
300	375	335	380	332	388	340	403	247	362	312	2.5
350	425	385	440	384	448	388	460	400	420	370	2.5
400	475	435	493	437	498	438	520	460	472	422	2.5
450	530	490	543	487	558	498	570	510	522	472	2.5
500	580	540	598	542	620	560	624	564	574	514	2.5
600	683	643	698	642	734	674	—	—	—	—	2.5
700	788	728	—	—	—	—	—	—	—	—	3.0
800	893	833	—	—	—	—	—	—	—	—	3.0
900	993	933	—	—	—	—	—	—	—	—	3.0
1000	1093	1033	—	—	—	—	—	—	—	—	3.0

（5）石化标准有另一种非金属垫片——聚四氟乙烯包复垫片，该垫片最高工作温度150℃，最高工作压力：2.0MPa。垫片本身有剖切型包复和折包型包复两种：

① 聚四氟乙烯剖切型包复垫片

表 3-3-12　剖切型包复垫片(SH/T 3402—1996)　(mm)

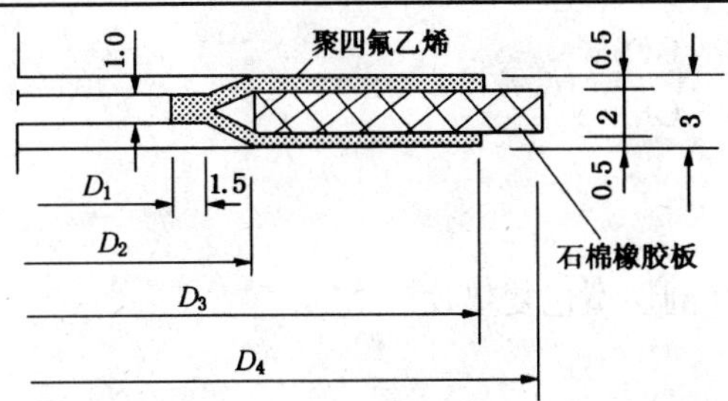

公称直径 DN	垫片内径		公称压力 PN/MPa			
			2.0		5.0	
	D_1	D_2	D_{3min}	D_4	D_{3min}	D_4
15	22	31	39	46	39	52
20	27	36	47	56	47	66
25	34	43	55	65	55	73
32	42	51	67.5	75	67.5	82
40	48	57	77	84	71	94
50	60	69	96	104	96	111
65	76	85	109	123	109	129
80	89	98	131	136	131	148
100	114	123	161.5	174	161.5	180
125	140	149	190	196	190	215
150	168	177	220	221	220	250
200	219	228	274	278	274	306
250	273	282	328	338	328	360
300	325	334	385	408	385	421
350	356	365	417	449	417	484

② 聚四氟乙烯折包型包复垫片

表 3-3-13　折包型包复垫片(SH/T 3402—1996)　(mm)

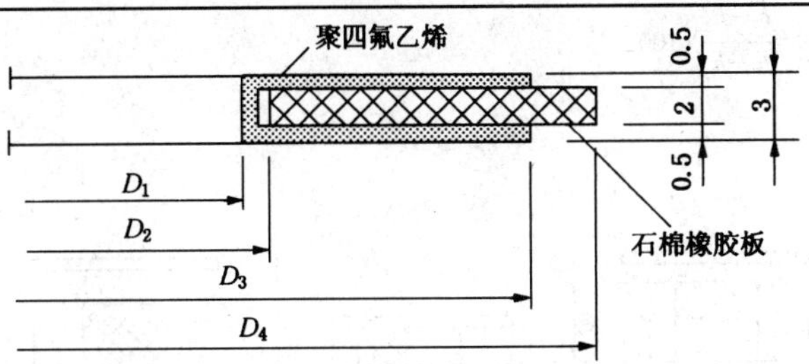

公称直径 DN	垫片内径		公称压力 PN/MPa			
			2.0		5.0	
	D_1	D_2	D_{3min}	D_4	D_{3min}	D_4
200	219	222	274	278	274	306
250	273	276	323	338	323	360
300	325	327	385	408	385	421
350	356	359	417	449	417	484
400	406	409	474	513	474	538
450	457	460	537.5	548	537.5	595
500	508	511	588	605	588	653
600	610	613	696	716	696	774

垫片标记：

a. 标准代号　SH

b. 垫片形式　剖切形　GFS

　　　　　　折包形　GFL

c. 公称压力

d. 公称直径

示例：*DN*100、*PN*2.0 剖切型包复垫片

SH—GFS—2.0—100

（6）真空管道法兰用橡胶密封圈，此密封圈与 1.3×10^{-5}Pa（10^{-7}Torr）以下的法兰配套使用，密封圈的材料有耐油真空橡胶和真空橡胶两种，均适合在压强不低于 1.3×10^{-5}Pa（10^{-7}Torr）情况下，温度在-30~90℃范围内工作。真空橡胶圈应防止在汽油等油品内较长时间清洗。两种材料的性能见表 3-3-14。

表 3-3-14　耐油真空橡胶和真空橡胶密封圈的性能

性　　能	指　　标	
	耐油真空橡胶	真　空　橡　胶
扯断力/MPa	≥10.0	≥17.0
伸长率/%	350	550
永久变形/%	≤14	≤20
邵尔硬度	50~60	40~50
在温度 70℃经 24h 橡胶在凡士林油中膨胀/%	≤6	≤90
压缩后的永久变形（压缩比 30%）/%	≤15	≤10
在室温下 1h 内放气率/（10^{-18}·L/s·cm²）	≤10^{-15}	≤10^{-5}

$$压缩后的永久变形=\frac{h_0-h_1}{h_0-h_s}\times100$$

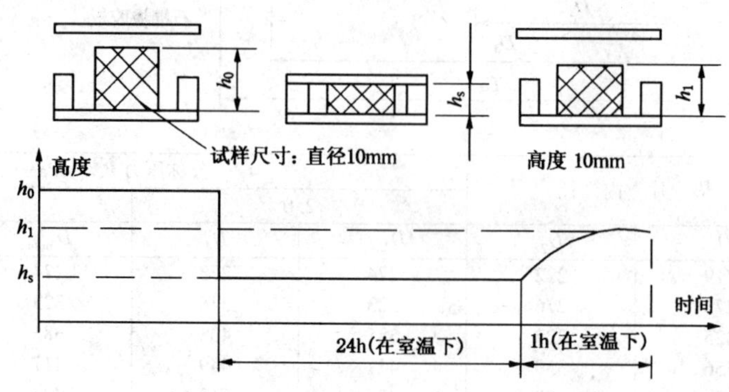

真空管道法兰用橡胶密封圈（JB 921—75）形状及尺寸见表 3-3-15。

表 3-3-15　橡胶密封圈尺寸　　(mm)

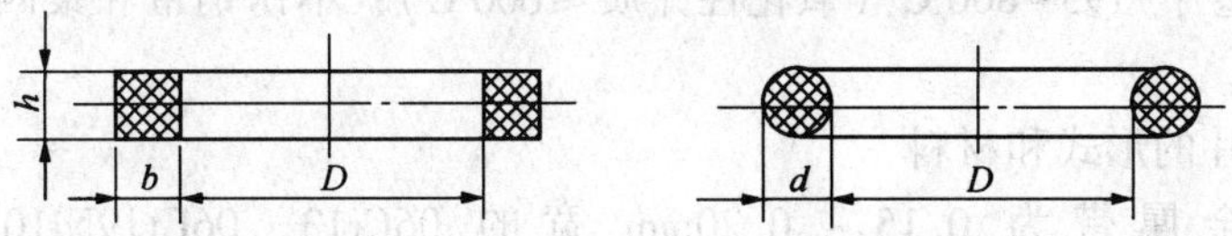

公称通径	密封圈内径		矩形		圆形
DN	D	公差	b	h	d
10	12.8	+0.2	4±0.1	4±0.1	4±0.1
15	18.8				
20	23.8				
25	28.5	+0.5			
32	35.5				
40	43.5				
50	54.5				
65	69	+1			
80	84				
100	104				
125	130				
150	154	+2	6±0.15	6±0.15	6±0.15
175	181				
200	205				
225	230				

公称通径	密封圈内径		矩形		圆形
DN	D	公差	b	h	d
250	255	+2	6±0.15	6±0.15	6±0.15
300	305				
350	355	+3	7±0.2	8±0.2	8±0.2
400	405				
450	455				
500	505				
600	605	+5	8±0.2	10±0.3	10±0.3
700	705				
800	805				
900	905				
1000	1005				
1200	1210		+12±0.4	+14±0.4	+14±0.4
1400	1410				
1600	1620		16±0.5	18±0.5	18±0.5

注：①密封圈表面应光滑不应有气孔、裂纹、杂质等缺陷。

②密封圈厚度不均匀性，应在厚度公差范围内。

三、半金属垫片

（一）缠绕式垫片

1. 缠绕式垫片是半金属垫片中最理想的一种，垫片的主体由 V 形或 M 形金属带填加不同的软填料用缠绕机螺旋绕制而成。为加强垫片主体和准确定位，设有金属制内环和外环（定位环）。常用的金属带为不锈钢带，软填料为特殊石棉、柔性石墨、聚四氟乙烯等。除非另有规定，垫片的外环材料均为碳钢，内环材料一般与金属带材料相同，亦可根据要求确定，碳钢内外环应进行防锈处理。

2. 缠绕式垫片的适用范围见表 3-3-16。

表 3-3-16　缠绕式垫片适用范围

介　质	法兰公称压力 PN/MPa	介质温度/℃	法兰密封面形式	垫　片　材　料
油品、液化气	1.6	201~300	光滑式 凹凸式	08（15）号钢带-石棉（石墨）带
溶剂、氢气	2.5	201~450		
高压氮气	4.0	≤450		
催化剂和催化烟气	2.5，4.0	451~650	榫槽式	不锈钢带-石棉（石墨）带
蒸汽	2.5，4.0	251~450		08（15）号钢带—石棉（石墨）带

鉴于目前普遍使用的为不锈钢带缠绕垫，石化行业标准规定缠绕垫的公称压力范围为*PN*2.0~25.0MPa；温度范围为：不锈钢带和特制石棉带缠绕垫片-50~500℃；不锈钢带和柔性石墨带缠绕垫片-193~800℃（氧化性介质≤600℃）；不锈钢带和聚四氟乙烯带缠绕垫片为-193~200℃。

3. 缠绕式垫片的形式和材料

缠绕垫的金属带为 0.15 ~ 0.20mm 宽的 06Cr13、06Cr19Ni10、07Cr19Ni11Ti、06Cr17Ni12Mo2、022Cr19Ni10、022Cr17Ni12Mo2 和 06Cr25Ni20 冷轧钢带、除非另有规定，不锈钢带硬度应为 HB140~160。另外当用于奥氏体不锈钢法兰密封时，缠绕式垫片非金属带中的氯离子含量应控制在 100ppm 之内。

表 3-3-17　特制石棉带、柔性石墨带烧失量

材　　料	试 验 方 法	试 验 温 度/℃	烧失量/%
特制石棉带	GB 3986—83	600±100	≤20
柔性石墨带		450±10	≤1.0

石化行业标准规定的缠绕垫标记由标准代号 SH、产品代号 GSW、公称压力、公称直径和垫片形式材料组成：

表 3-3-18　缠绕垫片形式和材料代号

垫 片 形 式		垫 片 材 料			
垫片形式	代　号	金　属　带		非 金 属 带	
基本形	A	材　料[①]	代　号	材　　料	代　号
带外环形	B	06Cr13（0Cr13）	1	特制石棉带	1
带内环形	C	06Cr19Ni10（0Cr18Ni9）、 07Cr19Ni11Ti（1Cr18Ni11Ti）	2	柔性石墨带	2
带内、外环形	D	06Cr17Ni12Mo2（0Cr17Ni12Mo2）	3	聚四氟乙烯带	3
		022Cr19Ni10（00Cr19Ni10）、 022Cr17Ni12Mo2（00Cr17Ni14Mo2）	4		
		06Cr25Ni20（0Cr25Ni20）	5		

注：① 括弧内为旧牌号。

示例：*PN*5.0、*DN*150、0Cr13 和特制石棉带缠绕的基本型垫片标记为：SH-GSW-5.0-150-A11。

4. 缠绕式垫片尺寸

（1）配石化行业标准和国标法兰的基本型缠绕垫尺寸见表 3-3-20；带内环型缠绕垫尺寸见表 3-3-21；

（2）配石化行业标准法兰的带外环型缠绕垫尺寸见表 3-3-22，带内、外环型缠绕垫尺寸见表 3-3-23；

（3）配国标法兰的带外环型缠绕垫尺寸见表 3-3-24，带内、外环型缠绕垫尺寸见表3-3-25；

（4）配一机部、化工部老系列法兰的缠绕垫尺寸见表 3-3-26 和表 3-3-27；

（5）配石油管道法兰的缠绕垫尺寸见表 3-3-28。

（二）金属包石棉垫片

金属包石棉垫片是另一种半金属垫片，这种垫片的金属夹套材质有软钢、铜材、不锈钢、铅板和特殊合金钢等，铜夹套适用于350℃以下，铅夹套适用于400℃，软钢适用于550℃，钼钢适用于800℃，不锈钢适用于850℃。

缠绕垫问世以后，这种垫片就比较少用，石油部标准规定的波形铁包石棉垫片使用条件见表3-3-19。

表3-3-19　波形铁包石棉垫片的选用

介　　质	阀门及法兰公称压力 PN/MPa	介质温度/℃	法兰密封面	垫片材料
油品、液化气、溶剂 氢气、流化催化剂	2.5	201～450	光滑面 凹凸面	马口铁（镀锡钢板）石棉板
	4.0	≤450		
蒸　　汽	2.5、4.0	251～450		

注：溶剂包括丙烷、丙酮、苯、酚、糠醛和浓度小于50%的尿素等。

波形铁包石棉垫的尺寸见表3-3-29。

表3-3-20　基本形缠绕垫尺寸

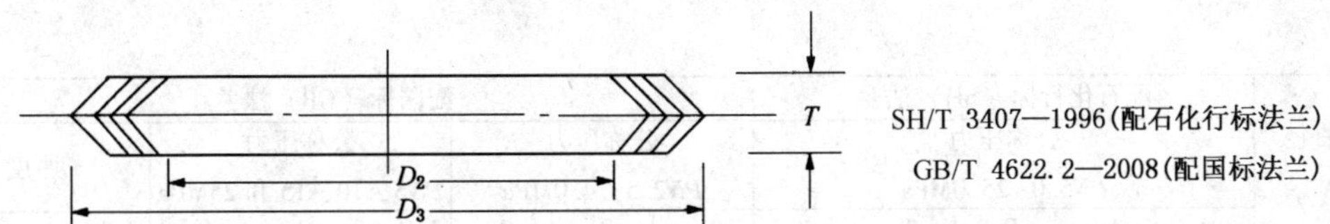

公称直径 DN	配石化行标(SH)法兰			配国标（GB）法兰					
	公称压力 PN5～25MPa			公称压力 PN2.5和4MPa			公称压力 PN5，10，15和25MPa		
	D_2	D_3	T	D_2	D_3	T	D_2	D_3	T
15	24.5	36.0	4.5	—	—	—	24.5	36	4.5
20	32.5	44.0	4.5	—	—	—	32.5	44	4.5
25	37	52.0	4.5	—	—	—	37	52	4.5
32	46.5	64.5	4.5	—	—	—	46.5	64.5	4.5
40	53	74.0	4.5	—	—	—	53	74	4.5
50	72	93.0	4.5	—	—	—	72	93	4.5
65	84.5	106.0	4.5	—	—	—	84.5	106	4.5
80	107	128.0	4.5	—	—	—	107	128	4.5
100	131	158.5	4.5	128.5	149.5	3.2	131	158.5	4.5
125	159.5	187	4.5	154.5	175.5	3.2	159.5	187	4.5
150	189.5	217.0	4.5	182.5	203.5	3.2	189.5	217	4.5
200	237	271.0	4.5	238.5	259.5	3.2	237	271	4.5
250	284.5	325.0	4.5	291.5	312.5	3.2	285	325	4.5
300	342	382.0	4.5	342.5	363.5	3.2	342	382	4.5
350	373.5	414.0	4.5	394.5	412.5	3.2	373.5	414	4.5
400	424.5	471.0	4.5	445.5	473.5	3.2	424.5	471	4.5
450	488	534.5	4.5	496.5	523.5	3.2	488	534.5	4.5
500	532.5	585.5	4.5	548.5	575.5	3.2	532.5	585.5	4.5

续表

公称直径 DN	配石化行标(SH)法兰			配国标（GB）法兰					
	公称压力 PN5~25MPa			公称压力 PN2.5 和 4MPa			公称压力 PN5，10，15 和 25MPa		
	D_2	D_3	T	D_2	D_3	T	D_2	D_3	T
600	640.5	693.0	4.5	648.5	675.5	3.2	640.5	693.5	4.5
700	—	—	—	750.0	777.5	4.5			
800	—	—	—	855.5	882.5	4.5			
900	—	—	—	960.5	987.5	4.5			
1000	—	—	—	1060.5	1093.5	4.5			

表 3-3-21　带内环形缠绕垫尺寸

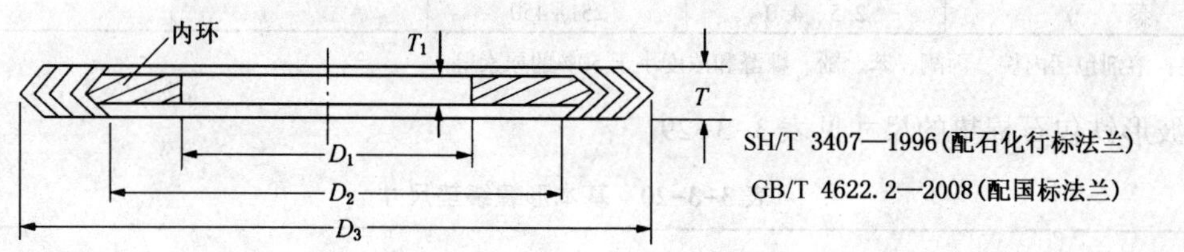

公称直径 DN	配石化行标（SH）法兰					配国标（GB）法兰						厚度	
	公称压力 PN5.0~25.0MPa					公称压力 PN2.5，4.0MPa			公称压力 PN5，10，15 和 25MPa				
	D_1	D_2	D_3	T_1	T	D_1	D_2	D_3	D_1	D_2	D_3	T_1	T
10	—	—	—	—	—	15	23.6	36.4	—	—	—		
15	16	24.5	36.0	3	4.5	19	27.6	40.4	14.3	18.7	32.4		
20	22	32.5	44.0	3	4.5	24	33.6	47.4	20.6	25.0	40.1		
25	28	37.0	52.0	3	4.5	30	40.6	55.4	27.0	31.4	48.0		
32	36	46.5	64.5	3	4.5	39	49.6	66.4	34.9	44.1	60.9		
40	42	53.0	74.0	3	4.5	45	55.6	72.4	41.3	50.4	70.4	3	4.5
50	53	72.0	93.0	3	4.5	56	67.6	86.4	52.4	66.3	86.1		
65	67	84.5	106.0	3	4.5	71	83.6	103.4	63.5	79.0	98.9		
80	78	107.0	128.0	3	4.5	81	96.6	117.4	77.8	94.9	121.1		
100	103	131.0	158.5	3	4.5	108	122.6	144.4	103.0	120.3	149.6		
125	128	159.5	187.0	3	4.5	133	147.6	170.4	128.5	147.2	178.4		
150	155	189.5	217.0	3	4.5	160	176.6	200.4	154.0	174.2	210.0		
200	204	237.0	271.0	3	4.5	209	228.6	255.4	203.2	225.0	263.9		
250	256	284.5	325.0	3	4.5	262	282.6	310.4	254.0	280.6	317.9		
300	304	342.0	382.0	3	4.5	311	331.6	360.4	303.2	333.0	375.1		
350	334	373.5	414.0	3	4.5	355	374.6	405.4	342.9	364.7	406.8		
400	391	424.5	471.0	3	4.5	406	425.6	458.4	393.7	415.5	464.0		
450	442	488.0	534.5	3	4.5	452	476.6	512.4	444.5	469.5	527.5		
500	490	532.5	585.5	3	4.5	508	527.6	566.4	495.3	520.3	578.3		
600	586	640.5	693.0	3	4.5	610	634.6	675.4	595.9	625.1	686.2		
700	—	—	—	—	—	710	734.0	778.5	—	—	—	—	—
800	—	—	—	—	—	811	835.0	879.5	—	—	—	—	—
900	—	—	—	—	—	909	933.0	980.5	—	—	—	—	—

表 3-3-22　带外环形缠绕垫尺寸 SH/T 3407—1996（配石化行标法兰）

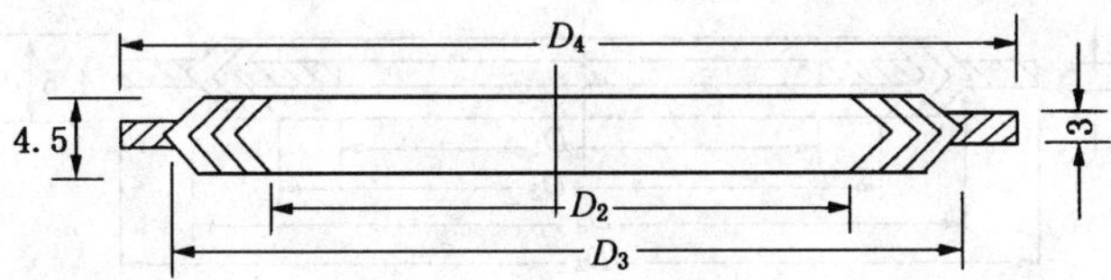

公称	公称压力 PN/MPa																	
直径	2.0			5.0			6.8			10			15			25		
DN	D_2	D_3	D_4	D_2	D_3	D_4	D_2	D_3	D_4	D_2	D_3	D_4	D_2	D_3	D_4	D_2	D_3	D_4
15	20	32	47	20	32	52	20	32	52	20	32	52	20	32	63	20	32	63
20	28	40	56	28	40	66	28	40	66	28	40	66	27	40	69	27	40	69
25	33	46	65	33	46	73	33	46	73	33	46	73	33	46	78	33	46	78
32	44	57	75	44	57	82	44	57	82	44	57	82	40	57	87	40	57	87
40	50	66	84	50	66	95	50	66	95	50	66	95	47	66	97	47	66	97
50	66	82	104	66	82	111	66	82	111	66	82	111	58	82	141	58	82	141
65	81	97	123	81	97	129	81	97	129	81	97	129	72	97	164	72	97	164
80	101	117	136	101	117	149	99	117	149	99	117	149	99	117	167	92	117	173
100	127	146	174	127	146	180	121	146	176	121	146	192	121	146	205	117	146	209
125	153	175	196	153	175	215	147	175	211	147	175	240	147	175	247	143	175	253
150	182	206	222	182	206	250	174	206	246	174	206	265	174	206	288	171	206	282
200	236	260	279	236	260	306	225	260	303	225	260	319	225	260	358	220	260	352
250	287	314	338	287	314	361	274	314	358	274	314	399	274	314	434	270	314	435
300	341	371	408	341	371	421	329	371	418	329	371	456	329	371	498	323	371	520
350	371	403	449	371	403	485	359	403	482	359	403	491	359	403	520	353	403	579
400	422	460	513	422	460	539	412	460	536	412	460	564	412	460	574	408	460	641
450	480	523	548	480	523	596	473	523	593	473	523	612	463	523	638	463	523	703
500	529	574	605	529	574	653	520	574	647	520	574	682	514	574	698	514	574	756
600	635	682	716	635	682	774	628	682	768	628	682	790	615	682	838	615	682	901
650	673	699	725	673	711	770				669	689	708②			①			
700	724	749	775	724	762	824				720	740	759						
750	775	800	826	775	813	885				770	790	810						
800	826	851	880	826	864	939				821	841	860						
850	876	908	933	876	914	993				872	892	911						
900	927	959	986	927	965	1047				929	949	972						
950	975	1010	1043	1010	1048	1098				980	1000	1023						
1000	1022	1064	1094	1061	1099	1149				1031	1051	1074						
1100	1124	1165	1195	1162	1200	1250				1132	1152	1179						
1200	1232	1270	1305	1263	1311	1368				1240	1260	1281						
1300	1334	1376	1407	1369	1407	1470				1344	1364	1386						
1400	1435	1470	1513	1480	1524	1595				1451	1471	1494						
1500	1537	1573	1629	1587	1625	1708				1552	1572	1595						

注：① 此框内推荐采用带内外环型垫片。

② 此框内为配 PN1.0MPa 法兰的垫片数据。

表 3-3-23　带内外环形缠绕垫尺寸 SH/T 3407—1996（配石化行标法兰）

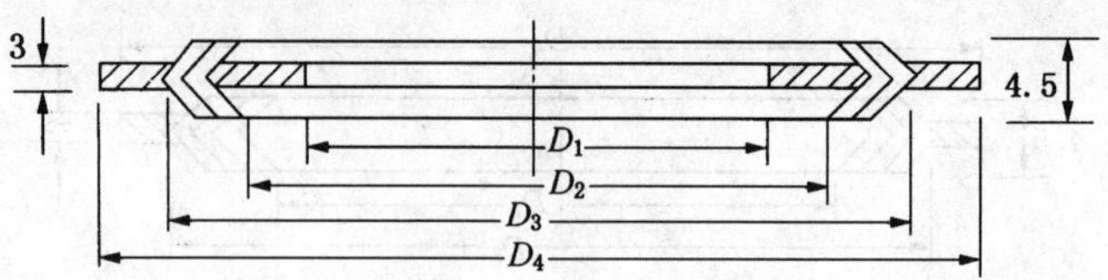

公称直径 DN	公称压力 PN/MPa																							
	2.0				5.0				6.8				10				15				25			
	D_1	D_2	D_3	D_4	D_1	D_2	D_3	D_4	D_1	D_2	D_3	D_4	D_1	D_2	D_3	D_4	D_1	D_2	D_3	D_4	D_1	D_2	D_3	D_4
15	16	20	32	47	16	20	32	52	16	20	32	52	16	20	32	52	14	20	32	63	14	20	32	63
20	22	28	40	56	22	28	40	66	22	28	40	66	22	28	40	66	19	27	40	69	19	27	40	69
25	28	33	46	65	28	33	46	73	28	33	46	73	28	33	46	73	25	33	46	78	25	33	46	78
32	36	44	57	75	36	44	57	82	36	44	57	82	36	44	57	82	34	40	57	87	33	40	57	87
40	42	50	66	84	42	50	66	95	42	50	66	95	42	50	66	95	39	47	66	97	39	47	66	97
50	53	66	82	104	53	66	82	111	53	66	82	111	53	66	82	111	50	58	82	141	50	58	82	141
65	67	81	97	123	67	81	97	129	67	81	97	129	67	81	97	129	62	72	97	164	62	72	97	164
80	78	101	117	136	78	101	117	149	78	99	117	149	78	99	117	149	74	99	117	167	74	92	117	173
100	103	127	146	174	103	127	146	180	103	121	146	176	103	121	146	192	97	121	146	205	97	117	146	209
125	128	153	175	196	128	153	175	215	128	147	175	211	128	147	175	240	120	147	175	247	120	143	175	253
150	155	182	206	222	155	182	206	250	155	174	206	246	155	174	206	265	147	174	206	288	147	171	206	282
200	204	236	260	279	204	236	260	306	204	225	260	303	204	225	260	319	195	225	260	358	195	220	260	352
250	256	287	314	338	256	287	314	361	256	274	314	358	256	274	314	399	241	274	314	434	241	270	314	435
300	304	341	371	408	304	341	371	421	304	329	371	418	304	329	371	456	289	329	371	498	289	323	371	520
350	334	371	403	449	334	371	403	485	334	359	403	482	334	359	403	491	316	359	403	520	316	353	403	579
400	391	422	460	513	391	422	460	539	391	412	460	536	391	412	460	564	362	412	460	574	362	408	460	641
450	442	480	523	548	442	480	523	596	442	473	523	593	442	473	523	612	407	463	523	638	407	463	523	703
500	490	529	574	605	490	529	574	653	490	520	574	647	490	520	574	682	452	514	574	698	452	514	574	756
600	586	635	682	716	586	635	682	774	586	628[1]	682	768	586	628	682	790	548	615	682	838	548	615	682	901
650	648	673	699	725	648	673	711	770					648	669	689	708								
700	698	724	749	775	698	724	762	824					698	720	740	759								
750	748	775	800	826	748	775	813	885					748	770	790	810								
800	799	826	851	880	799	826	864	939					799	821	841	860								
850	848	876	908	933	848	876	914	993					848	872	892	911[2]								
900	897	927	959	986	897	927	965	1047					897	929	949	972								
950	948	975	1010	1043	948	1010	1048	1098					948	980	1000	1023								
1000	997	1022	1064	1094	997	1061	1099	1149					997	1031	1051	1074								
1100	1100	1124	1165	1195	1100	1162	1200	1250					1100	1132	1152	1179								
1200	1197	1232	1270	1305	1197	1232	1270	1368					1197	1240	1260	1281								
1300	1297	1334	1376	1407	1297	1369	1407	1470					1297	1344	1364	1386								
1400	1397	1435	1470	1513	1397	1480	1524	1595					1397	1451	1471	1494								
1500	1500	1537	1573	1629	1500	1587	1625	1708					1500	1552	1572	1595								

注：①此框内规格采用带外环型垫片。

②此框内为配 PN1.0MPa 法兰的垫片数据。

表 3-3-24　带外环形缠绕垫尺寸 GB 4622.2—2008（配国标法兰）

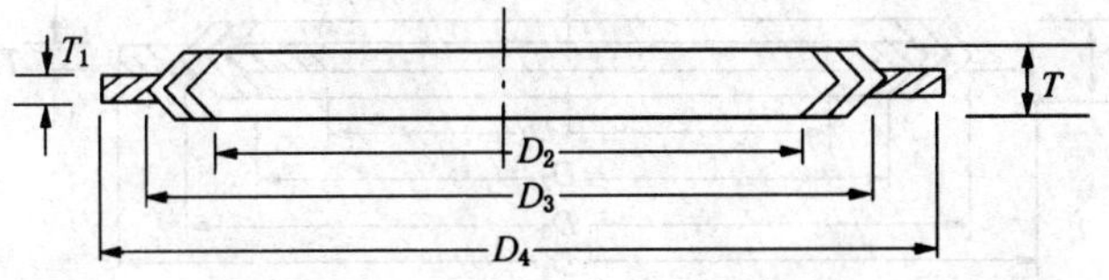

公称直径 DN	公称压力 PN/MPa													垫片厚度	
	2.0			2.5、4.0		2.5	4.0	5、10 15、25		5	10	15	25		
	D_2	D_3	D_4	D_2	D_3	D_4	D_4	D_2	D_3	D_4	D_4	D_4	D_4	T_1	T
10	—	—	—	23.6	36.4	48	48	—	—	—	—	—	—		
15	18.7	32.4	46.5	27.6	40.4	53	53	18.7	32.1	52.5	52.5	62.5	62.5		
20	26.6	40.1	56.0	33.6	47.4	63	63	25.0	40.0	64.5	64.5	69.0	69.0		
25	32.9	48.0	65.5	40.6	55.4	73	73	31.4	48.9	71.0	71.0	77.5	77.5		
32	45.6	60.9	75.0	49.6	66.4	84	84	44.1	60.5	80.5	80.5	87.0	87.0		
40	53.6	70.4	84.5	55.6	72.4	94	94	50.4	70.1	94.5	94.5	97.0	97.0		
50	69.5	86.1	102.5	67.6	86.4	109	109	66.3	86.9	109.0	109.0	141.0	141.0	2	3.2
65	82.2	98.9	121.5	83.6	103.4	129	129	79.0	98.9	129.0	129.0	163.5	163.5	和	和
80	101.2	121.1	134.5	96.6	117.4	144	144	94.9	121.1	148.5	148.5	166.5	173.0	3	4.5
100	126.6	149.6	172.5	122.6	144.4	170	170	120.3	149.6	180.0	192	205.0	208.5		
125	153.6	178.4	196.0	147.6	170.4	196	196	147.2	178.5	215.0	240	246.5	253.0		
150	180.6	210.0	221.5	176.6	200.4	226	226	174.2	210.0	250.0	265	287.5	281.5		
200	231.4	263.9	278.5	228.0	255.4	286	293	225.0	263.9	306.0	319	357.5	351.5		
250	286.9	317.9	338.0	282.6	310.4	343	355	280.6	317.9	360.5	399	434.0	434.5		
300	339.3	375.1	408.0	331.6	360.4	403	420	333.0	375.1	421.0	456	497.5	519.5		
350	371.1	406.8	449.0	374.6	405.4	460	477	364.7	406.8	484.5	491	520.0	579.0		
400	421.9	464.0	513.0	425.6	458.4	517	549	415.5	464.0	538.5	564	574.0	641.0		
450	475.9	527.5	548.0	476.6	512.4	567	574	469.5	527.5	595.5	612	638.0	702.5		
500	526.7	578.3	605.0	527.6	566.4	627	631	520.3	578.3	653.0	682	697.5	756.0		
600	631.4	686.2	716.0	634.6	675.4	734	750	625.1	686.2	774.0	790	837.5	900.5	3	4.5
700	—	—	—	734.0	778.5	836	—	—	—	—	—	—	—	和	和
800	—	—	—	835.0	879.5	945	—	—	—	—	—	—	—	5	6.5
900	—	—	—	933.0	980.5	1045	—	—	—	—	—	—	—	—	

表 3-3-25 带内、外环形缠绕垫尺寸 GB 4622.2—2008（配国标法兰）

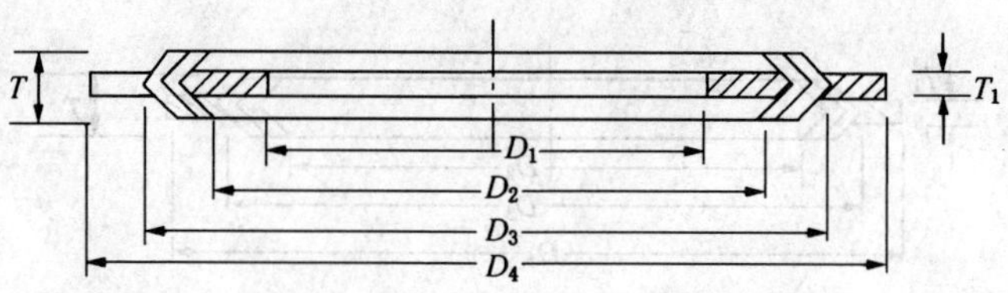

公称直径 DN	公称压力 PN/MPa																垫片厚度	
	2.0				2.5、4.0			2.5	4.0	5、10 15、25			5	10	15	25		
	D_1	D_2	D_3	D_4	D_1	D_2	D_3	D_4	D_4	D_1	D_2	D_3	D_4	D_4	D_4	D_4	T_1	T
10	—	—	—	—	15	23.6	36.4	48	48	—	—	—	—	—	—	—		
15	14.3	18.7	32.4	46.5	19	27.6	40.4	53	53	14.3	18.7	32.4	52.5	52.5	62.5	62.5		
20	20.6	26.6	40.1	56.0	24	33.6	47.4	63	63	20.6	25.0	40.1	64.5	64.5	69.0	69.0		
25	27.0	32.9	48.0	65.5	30	40.6	55.4	73	73	27.0	31.5	48.0	71.0	71.0	77.5	77.5		
32	34.9	45.6	60.9	75.0	39	49.6	66.4	84	84	34.9	44.1	60.9	80.5	80.5	87.0	87.0		
40	41.3	53.6	70.4	84.5	45	55.6	72.4	94	94	41.3	50.4	70.4	94.5	94.5	97.0	97.0	2	3.2
50	52.4	69.5	86.1	102.5	56	67.6	86.4	109	109	52.4	66.3	86.1	109.0	109.0	141.5	141.5	和	和
65	63.5	82.2	98.9	121.5	72	83.6	103.4	129	129	63.5	79.0	98.9	129.0	129.0	163.5	163.5	3	4.5
80	77.8	101.2	121.1	134.5	84	96.6	117.4	144	144	77.8	94.9	121.1	148.5	148.5	166.5	173.0		
100	103.0	126.6	149.6	172.5	108	122.6	144.4	170	170	103.0	120.3	149.6	180.0	192	205.0	208.5		
125	128.5	153.6	178.4	196.0	133	147.6	170.4	96	196	128.5	147.2	178.4	215.0	240	246.5	253.0		
150	154.0	180.6	210.0	221.5	160	176.6	200.4	226	226	154.0	174.2	210.0	250.0	265	287.5	281.5		
200	203.2	231.4	263.9	278.5	209	228.6	255.4	286	293	203.2	225.0	263.9	306.0	319	357.5	351.5		
250	254.0	286.9	317.9	338.0	262	282.6	310.4	343	355	254.0	280.6	317.9	360.5	399	434.0	434.5		
300	303.2	339.3	357.1	408.0	311	331.6	360.4	403	420	303.2	333.0	375.1	421.0	456	497.5	519.5		
350	342.9	371.1	406.8	449.0	355	374.6	405.4	460	477	342.9	364.7	406.8	484.5	491	520.0	579.0		
400	393.7	421.9	464.0	513.0	406	425.6	458.4	517	549	393.7	415.5	464.0	538.5	564	574.0	641.0		
450	444.5	475.9	527.5	548.0	452	476.6	512.4	567	574	444.5	469.5	527.5	595.5	612	638.0	702.5		
500	495.3	526.3	578.5	605.0	508	527.6	566.4	627	631	495.3	520.3	578.3	653.0	682	697.5	756.0		
600	596.9	631.4	686.2	716.5	610	634.6	675.4	734	750	596.9	625.1	686.2	774.0	790	837.5	900.5	3	4.5
700	—	—	—	—	710	734.0	778.5	836	—	—	—	—	—	—	—	—	和	和
800	—	—	—	—	811	835.0	879.5	945	—	—	—	—	—	—	—	—	5	6.5
900	—	—	—	—	909	933.0	980.5	1045	—	—	—	—	—	—	—	—		

表 3-3-26（a）　带内、外环形缠绕垫尺寸（配一机部系列法兰）　（mm）

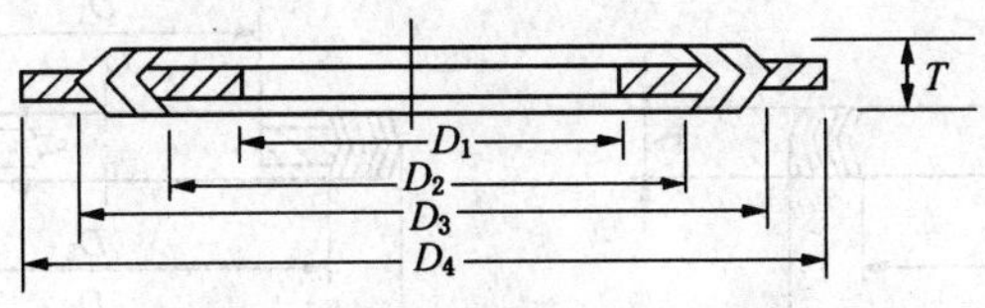

公称直径 DN	公称压力 PN/MPa 2.5、4.0 D_1	2.5、4.0 D_2	2.5、4.0 D_3	2.5 D_4	4.0 D_4	公称直径 DN	2.5、4.0 D_1	2.5、4.0 D_2	2.5、4.0 D_3	2.5 D_4	4.0 D_4	垫片厚度 T
10	14	24	36	46	46	150	159	179	201	225	225	4.5
15	18	29	40	51	51	175	—	—	—	—	—	
20	25	36	50	61	61	200	219	228	254	285	290	
25	32	43	57	71	71	225	—	—	—	—	—	
32	38	51	67	82	82	250	273	282	310	340	351	
40	45	58	74	92	92	300	323	334	362	400	416	
50	57	73	91	107	107	350	377	387	417	456	476	
65	76	89	109	127	127	400	426	436	468	516	544	
80	89	102	122	142	142	450	480	491	527	566	569	
100	108	127	147	167	167	500	530	541	577	619	628	
125	133	152	174	195	195	600	630	642	678	731	741	

表 3-3-26（b）　带内环形缠绕垫尺寸（配一机部系列法兰）　（mm）

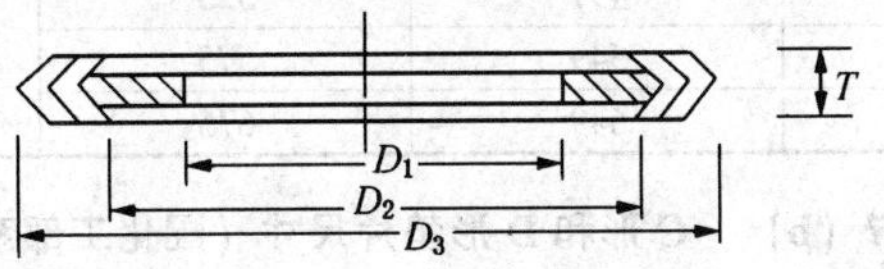

公称直径 DN	公称压力 PN/MPa 4.0、6.3、10.0、16.0 D_1	4.0、6.3、10.0、16.0 D_2	4.0、6.3、10.0、16.0 D_3	公称直径 DN	4.0、6.3、10.0、16.0 D_1	4.0、6.3、10.0、16.0 D_2	4.0、6.3、10.0、16.0 D_3	垫片厚度 T
10	14	24	34	125	133	155	175	4.5
15	18	29	39	150	159	183	203	
20	25	36	50	200	219	239	259	
25	32	43	57	250	273	292	312	
32	38	51	65	300	325	343	363	
40	45	61	75	350	377	395	421	
50	57	73	87	400	426	447	473	
65	76	95	109	450	480	497	523	
80	89	106	120	500	530	549	575	
100	108	129	149					

表 3-3-27（a） A 形和 B 形垫片尺寸（配化工部系列法兰）

（mm）

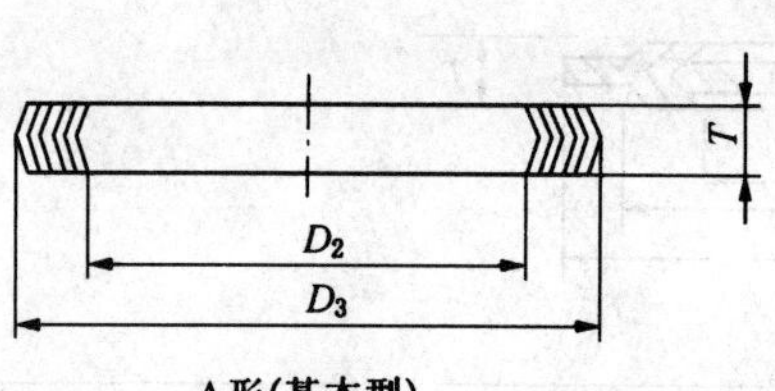

A形(基本型)

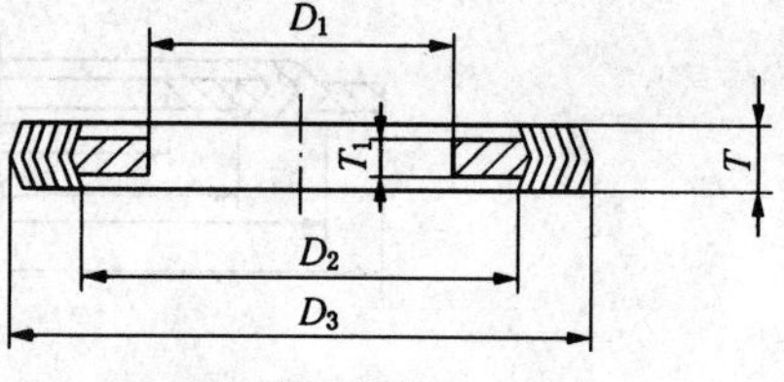

B形(带内环型)

公称通径 DN	内环内径 D_{1max}	缠绕垫 内径 D_2	缠绕垫 外径 D_3	缠绕垫 厚度 T	内环厚度 T_1
10	18	24	34	2.5	1.8
15	22	29	39		
20	27	36	50		
25	34	43	57		
32	43	51	65		
40	48	61	75		
50	57	73	87		
65	73	95	109		
80	86	106	120		
100	108	129	149	3.2	2.4
125	134	155	175		
150	162	183	203		
200	213	239	259		
250	267	292	312		
300	319	343	363		
350	370	395	421		
400	418	447	473		
450	471	497	523		
500	521	549	575		
600	622	649	675		

表 3-3-27（b） C 形和 D 形垫片尺寸（配化工部系列法兰）

（mm）

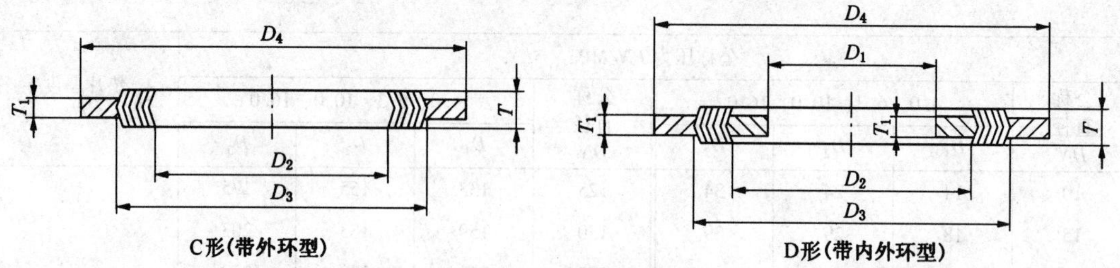

C形(带外环型)　　D形(带内外环型)

公称通径 DN	内环内径 D_{1max}	缠绕垫内径 D_2	公称压力 PN/MPa (bar) 1.6~4.0 (16~40)	6.3~16.0 (63~160)	1.6 (16)	2.5 (25)	4.0 (40)	6.3 (63)	10.0 (100)	16.0 (160)	缠绕垫厚度 T	内外环厚度 T_1
			缠绕垫外径 D_3		外环外径 D_4							
10	18	24	34	34	46	46	46	56	56	56	4.5	3
15	22	28	38	38	51	51	51	61	61	61		
20	27	33	45	45	61	61	61	72	72	72		
25	34	40	52	52	71	71	71	82	82	82		
32	43	49	61	61	82	82	82	88	88	88		
40	48	54	67	67	92	92	92	103	103	103		

续表

公称通径 DN	内环内径 D_{1max}	缠绕垫内径 D_2	公称压力 PN/MPa（bar）								缠绕垫厚度 T	内外环厚度 T_1
			1.6~4.0（16~40）	6.3~16.0（63~160）	1.6（16）	2.5（25）	4.0（40）	6.3（63）	10.0（100）	16.0（160）		
			缠绕垫外径 D_3		外环外径 D_4							
50	57	66	86	86	107	107	107	113	119	119		
65	73	82	102	106	127	127	127	138	144	144		
80	86	95	115	119	142	142	142	148	154	154		
100	108	120	144	148	162	168	168	174	180	180		
125	134	146	173	179	192	194	194	210	217	217		
150	162	174	200	206	218	224	224	247	257	257		
200	213	225	254	258	273	284	290	309	324	324		
250	267	279	310	316	329	340	352	364	391	388		
300	319	335	364	368	384	400	417	424	458	458		
350	370	395	417	420	444	457	474	486	512			
400	418	446	470	476	495	514	546	543	572			
450	471	499	506		555	564	571				4.5	3
500	521	550	575		617	624	628					
600	622	650	676		734	731	747					
700	712	740	766		804	833						
800	812	840	874		911	942						
900	912	940	974		1011	1042						
1000	1012	1040	1084		1128	1155						
1200	1212	1240	1290		1342	1365						
1400	1420	1450	1510		1542							
1600	1630	1660	1720		1764							
1800	1830	1860	1920		1964							
2000	2032	2050	2130		2168							

表 3-3-28　缠绕式垫片（配石油管道法兰用）　（mm）

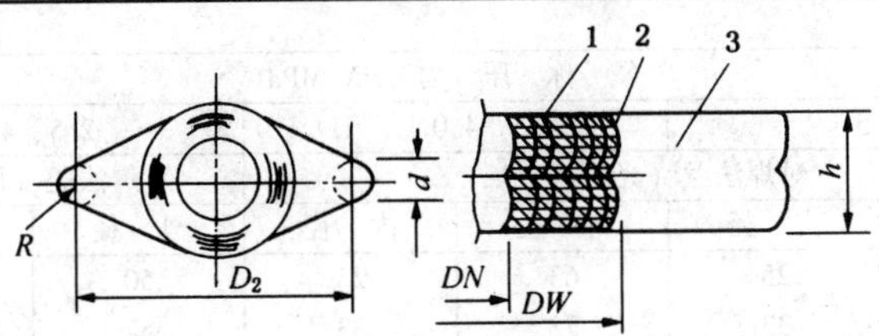

1—软填料；2—金属带；3—定位环

公称直径 DN	垫片尺寸 PN1.6、2.5、4.0		定位环尺寸									垫片及定位环厚度 h
			PN1.6			PN2.5			PN4.0			
	外径 DW	内径 DN	D_2	d	R	D_2	d	R	D_2	d	R	
10	34	14	60	12	6	60	12	6	60	12	6	4.5
15	39	19	65	12	6	65	12	6	65	12	6	4.5
20	50	26	75	12	6	75	12	6	75	12	6	4.5
25	57	29	85	12	6	85	12	6	85	12	6	4.5
32	65	57	100	16	8	100	16	8	100	16	8	4.5
40	75	45	110	16	8	110	16	8	110	16	8	4.5
50	87	57	125	16	8	125	16	8	125	16	8	4.5
65	109	79	145	16	8	145	16	8	145	16	8	4.5

续表

公称直径 DN	垫片尺寸 PN1.6、2.5、4.0		定位环尺寸									垫片及定位环厚度 h
			PN1.6			PN2.5			PN4.0			
	外径 DW	内径 DN	D_2	d	R	D_2	d	R	D_2	d	R	
80	120	90	160	16	8	160	16	8	160	16	8	4.5
100	148	114	180	16	8	190	20	10	190	20	10	4.5
125	174	140	210	16	8	220	22	11	220	22	11	4.5
150	202	168	240	20	10	250	22	11	250	22	11	4.5
200	258	224	295	20	10	320	22	11	320	27	13.5	4.5
250	311	271	355	22	11	370	27	13.5	385	30	15	4.5
300	362	322	410	22	11	430	27	13.5	450	30	15	4.5
350	420	380	470	22	11	490	30	15	510	30	15	4.5
400	472	432	525	27	13.5	550	30	15	585	36	18	4.5
450	522	482	585	27	13.5	600	30	15	610	36	18	4.5
500	574	524	650	30	15	660	36	18	—	—	—	6.0
600	676	626	770	36	18	—	—	—	—	—	—	6.0
700	766	716	840	36	18	—	—	—	—	—	—	6.0
800	874	814	950	36	18	—	—	—	—	—	—	6.0

注：垫片尺寸适合于 PN1.6，2.5，4.0 的光滑式密封面及凹凸式密封面法兰，定位环尺寸只适用于光滑式密封面法兰，如安装有所保证，可不采用定位环。

表 3-3-29　波形金属包石棉垫片(配石油管道法兰用)　(mm)

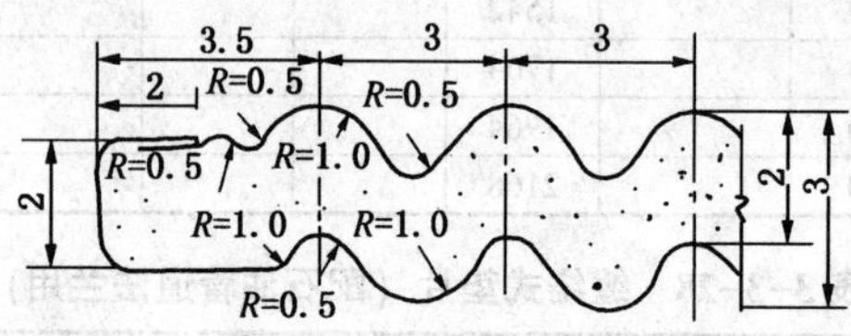

公称直径 DN	公称压力 PN/MPa						厚度
	2.5		4.0		2.5、4.0		
	对焊法兰（光滑式）				对焊法兰（凹凸式）		
	外径	内径	外径	内径	外径	内径	
20	63	25	63	25	50	22	3
25	73	33	73	33	57	29	3
32	84	44	84	44	65	37	3
40	94	44	94	44	75	43	3
50	109	59	109	59	87	55	3
65	129	79	129	79	109	69	3
80	144	94	144	94	120	80	3
100	170	120	170	120	148	108	3
125	198	148	198	148	174	134	3
150	228	178	228	178	202	162	3
200	288	238	293	243	258	218	3
250	343	287	355	299	311	261	3
300	403	347	420	364	362	312	3
350	460	400	480	420	420	370	3
400	520	460	549	489	472	422	3
450	570	510	574	514	522	472	3
500	624	564					3

四、金属垫片

金属垫片一般用于高温、高压管道。有齿形、平形、波形金属垫和椭圆形、八角形、透镜形金属环垫等。

金属垫片材料和最高工作温度见表 3-3-30。

表 3-3-30　金属垫片材料的最高工作温度

材料名称	连续最高工作温度/℃	材料名称	连续最高工作温度/℃
锡	100	低碳钢	537
铅	100	银	650
锌	100	铬钼钢	650
镁	205	金	650
海军铜	260	铬钢	704
硬黄铜	260	镍	760
紫铜	316	蒙乃尔合金	815
铜硅锰合金	316	SUS347	925
铝	428	铬镍铁合金	1090
SUS304	428	耐盐酸镍基合金	1090
SUS316	428	钼	1260
钴钼铁（瑞玛铁）	537	钛	1650
磁性铁（阿姆克铁）	537		

低温管道选用金属垫时，其使用温度范围如下：

奥氏体不锈钢垫　　使用温度：<-196℃

铜垫　　使用温度：-40～-70℃

铝垫　　使用温度：-40～-70℃

1. 金属环垫

金属垫片中比较常用的为椭圆形和八角形金属环垫，金属环垫材料硬度宜比法兰材料硬度低 30～40HB。石化行标和国标规定了环垫材料的硬度最大值（表 3-3-31）和最高使用温度(表 3-3-32)。

表 3-3-31　金属环垫材料硬度

金属环垫材料[①]	最大硬度值 HB	金属环垫材料	最大硬度值 HB
软铁	90	06Cr18Ni11Ti（0Cr18Ni10Ti）	160
10	120	06Cr17Ni12Mo2（0Cr17Ni12Mo2）	160
06Cr13（0Cr13）	140	06Cr18Ni10（0Cr18Ni9）	160
022Cr17Ni12Mo2（00Cr17Ni14Mo2）	150	022Cr19Ni10（00Cr19Ni10）	160

注：①括弧内为旧牌号。

表 3-3-32　环垫材料使用温度表

材料牌号[①]	最高使用温度/℃	材料牌号	最高使用温度/℃
软铁	450	022Cr17Ni12Mo2（00Cr17Ni14Mo2）、022Cr19Ni10（00Cr19Ni10）	450
10	450		
06Cr13（0Cr13）	540	06Cr18Ni11Ti（0Cr18Ni10Ti）、06Cr18Ni10（0Cr18Ni9）、06Cr17Ni12Mo2（0Cr17Ni12Mo2）	600

注：① 括弧内为旧牌号。

上表中软铁化学成分应符合表 3-3-33 规定。

金属环垫密封面不得有划痕、磕痕、裂纹和疵点，表面粗糙度不大于 $R_a 1.6\mu m$。

石化行标规定的金属环垫标记为：

表 3-3-33　软铁化学成分

C	Si	Mn	P	S
%				
<0.05	<0.40	<0.60	<0.035	<0.04

a. 标准代号　　　SH

b. 金属环垫型式：椭圆形截面 GRV

　　　　　　　　八角形截面 GRO

c. 环号

d. 金属环垫材料

材料[①]	软铁	钢	06Cr13 (0Cr13)	06Cr18Ni10 (0Cr18Ni9)	06Cr18Ni11Ti (0Cr18Ni10Ti)	06Cr17Ni12Mo2 (0Cr17Ni12Mo2)	022Cr19Ni10 (00Cr19Ni10)	022Cr17Ni12Mo2 (00Cr17Ni14Mo2)
标记代号	O	S	410	304	321	316	304L	316L

注：① 括弧内为旧牌号。

示例：环号 R20，材料 0Cr18Ni9 的椭圆形金属环垫的标记为 SH-GRV-R20-304

金属环垫尺寸

(1) 配国标管法兰的椭圆形金属环垫和八角形金属环垫片尺寸见表 3-3-34。

(2) 配石化行标管法兰的椭圆形金属环垫尺寸见表 3-3-35，八角形金属环垫尺寸见表 3-3-37。

(3) 配石油管道法兰及一机部管法兰的椭圆形金属垫片尺寸见表 3-3-36，八角形金属垫片尺寸见表 3-3-38。

(4) 配化工部的椭圆形金属垫片和八角形金属垫片尺寸见表 3-3-39。

表 3-3-34　椭圆形金属环垫和八角形金属环垫尺寸　(mm)

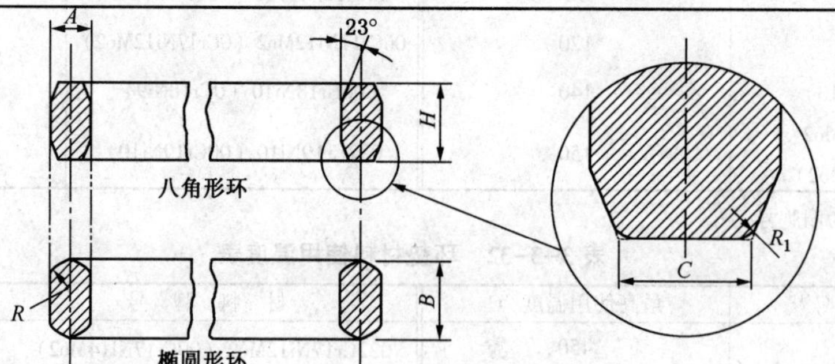

续表

公称通径 DN					环号	平均节径 P	环宽 A	环高		八角形环的平面宽度 C
PN20	PN50 及 PN110	PN150	PN260	PN420				椭圆形 B	八角形 H	
—	15	—	—	—	R. 11	34. 13	6. 35	11. 11	9. 53	4. 32
—	—	15	15	—	R. 12	39. 69	7. 94	14. 29	12. 70	5. 23
—	20	—	—	15	R. 13	42. 86	7. 94	14. 29	12. 70	5. 23
—	—	20	20	—	R. 14	44. 45	7. 94	14. 29	12. 70	5. 23
25	—	—	—	—	R. 15	47. 63	7. 94	14. 29	12. 70	5. 23
—	25	25	25	20	R. 16	50. 80	7. 94	14. 29	12. 70	5. 23
32	—	—	—	—	R. 17	57. 15	7. 94	14. 29	12. 70	5. 23
—	32	32	32	25	R. 18	60. 38	7. 94	14. 29	12. 70	5. 23
40	—	—	—	—	R. 19	65. 09	7. 94	14. 29	12. 70	5. 23
—	40	40	40	—	R. 20	68. 26	7. 94	14. 29	12. 70	5. 23
—	—	—	—	32	R. 21	72. 24	11. 11	17. 46	15. 88	7. 75
50	—	—	—	—	R. 22	82. 55	7. 94	14. 29	12. 70	5. 23
—	50	—	—	40	R. 23	82. 55	11. 11	17. 46	15. 88	7. 75
—	—	50	50	—	R. 24	95. 25	11. 11	17. 46	15. 88	7. 75
65	—	—	—	—	R. 25	101. 60	7. 94	14. 29	12. 70	5. 23
—	65	—	—	50	R. 26	101. 60	11. 11	17. 46	15. 88	7. 75
—	—	65	65	—	R. 27	107. 95	11. 11	17. 46	15. 88	7. 75
—	—	—	—	65	R. 28	111. 13	12. 70	19. 05	17. 47	8. 66
80	—	—	—	—	R. 29	114. 30	7. 94	14. 29	12. 70	5. 23
—	80①	—	—	—	R. 30	117. 48	11. 11	17. 46	15. 88	7. 75
—	80②	80	—	—	R. 31	123. 83	11. 11	17. 46	15. 88	7. 75
—	—	—	—	80	R. 32	127. 00	12. 70	19. 05	17. 46	8. 66
—	—	—	80	—	R. 35	136. 53	11. 11	17. 46	15. 88	7. 75
100	—	—	—	—	R. 36	149. 23	7. 94	14. 29	12. 70	5. 23
—	100	100	—	—	R. 37	149. 23	11. 11	17. 46	15. 88	7. 75
—	—	—	—	100	R. 38	157. 16	15. 88	22. 23	20. 64	10. 49
—	—	—	100	—	R. 39	161. 93	11. 11	17. 46	15. 88	7. 75
125	—	—	—	—	R. 40	171. 45	7. 94	14. 29	12. 70	5. 23
—	125	125	—	—	R. 41	180. 98	11. 11	17. 46	15. 88	7. 75
—	—	—	—	125	R. 42	190. 50	19. 05	25. 40	23. 81	12. 32
150	—	—	—	—	R. 43	193. 68	7. 94	14. 29	12. 70	5. 23

续表

公称通径 DN					环号	平均节径 *P*	环宽 *A*	环高		八角形环的平面宽度 *C*
*PN*20	*PN*50 及 *PN*110	*PN*150	*PN*260	*PN*420				椭圆形 *B*	八角形 *H*	
—	—	—	125	—	R. 44	193. 68	11. 11	17. 46	15. 88	7. 75
—	150	150	—	—	R. 45	211. 14	11. 11	17. 46	15. 88	7. 75
—	—	—	150	—	R. 46	211. 14	12. 70	19. 05	17. 46	8. 66
—	—	—	—	150	R. 47	228. 60	19. 05	25. 40	23. 81	12. 32
200	—	—	—	—	R. 48	247. 65	7. 94	14. 29	12. 70	5. 23
—	200	200	—	—	R. 49	269. 88	11. 11	17. 46	15. 88	7. 75
—	—	—	200	—	R. 50	269. 88	15. 88	22. 23	20. 64	10. 49
—	—	—	—	200	R. 51	279. 40	22. 23	28. 58	26. 99	14. 81
250	—	—	—	—	R. 52	304. 80	7. 94	14. 29	12. 70	5. 23
—	250	250	—	—	R. 53	323. 85	11. 11	17. 46	15. 88	7. 75
—	—	—	250	—	R. 54	323. 85	15. 88	22. 23	20. 64	10. 49
—	—	—	—	250	R. 55	342. 90	28. 58	36. 51	34. 93	19. 81
300	—	—	—	—	R. 56	381. 00	7. 94	14. 29	12. 70	5. 23
—	300	300	—	—	R. 57	381. 00	11. 11	17. 46	15. 88	7. 75
—	—	—	300	—	R. 58	381. 00	22. 23	28. 58	26. 99	14. 81
350	—	—	—	—	R. 59	396. 88	7. 94	14. 29	12. 70	5. 23
—	—	—	—	300	R. 60	406. 40	31. 75	39. 69	38. 10	22. 33
—	350	—	—	—	R. 61	419. 10	11. 11	17. 46	15. 88	7. 75
—	—	350	—	—	R. 62	419. 10	15. 88	22. 23	20. 64	10. 49
—	—	—	350	—	R. 63	419. 10	25. 40	33. 34	31. 75	17. 30
400	—	—	—	—	R. 64	454. 03	7. 94	14. 29	12. 70	5. 23
—	400	—	—	—	R. 65	469. 90	11. 11	17. 46	15. 88	7. 75
—	—	400	—	—	R. 66	469. 90	15. 88	22. 23	20. 64	10. 49
—	—	—	400	—	R. 67	469. 90	28. 58	36. 51	34. 93	19. 81
450	—	—	—	—	R. 68	517. 53	7. 94	14. 29	12. 70	5. 23
—	450	—	—	—	R. 69	533. 40	11. 11	17. 46	15. 88	7. 75
—	—	450	—	—	R. 70	533. 40	19. 05	25. 40	23. 81	12. 32
—	—	—	450	—	R. 71	533. 40	28. 58	36. 51	34. 93	19. 81
500	—	—	—	—	R. 72	558. 80	7. 94	14. 29	12. 70	5. 23
—	500	—	—	—	R. 73	584. 20	12. 70	19. 05	17. 46	8. 66
—	—	500	—	—	R. 74	584. 20	19. 05	25. 40	23. 81	12. 32

续表

公称通径 DN					环号	平均节径 P	环宽 A	环高		八角形环的平面宽度 C
PN20	PN50 及 PN110	PN150	PN260	PN420				椭圆形 B	八角形 H	
—	—	—	500	—	R. 75	584. 20	31. 75	36. 69	38. 10	22. 33
—	550	—	—	—	R. 81	635. 00	14. 29	—	19. 10	9. 60
—	650	—	—	—	R. 93	749. 30	19. 10	—	23. 80	12. 30
—	700	—	—	—	R. 94	800. 10	19. 10	—	23. 80	12. 30
—	750	—	—	—	R. 95	857. 25	19. 10	—	23. 80	12. 30
—	800	—	—	—	R. 96	914. 40	22. 20	—	27. 00	14. 80
—	850	—	—	—	R. 97	965. 20	22. 20	—	27. 00	14. 80
—	900	—	—	—	R. 98	1022. 35	22. 20	—	27. 00	14. 80
—	—	—	—	—	R. 100	749. 30	28. 60	—	34. 90	19. 80
—	—	650	—	—	R. 101	800. 10	31. 70	—	38. 10	22. 30
—	—	700	—	—	R. 102	857. 25	31. 70	—	38. 10	22. 30
—	—	750	—	—	R. 103	914. 40	31. 70	—	38. 10	22. 30
—	—	800	—	—	R. 104	965. 20	34. 90	—	41. 30	24. 80
—	—	850	—	—	R. 105	1022. 35	34. 90	—	41. 30	24. 80
600	—	900	—	—	R. 76	673. 10	7. 94	14. 29	12. 70	5. 23
—	600	—	—	—	R. 77	692. 15	15. 88	22. 23	20. 64	10. 49
—	—	600	—	—	R. 78	692. 15	25. 40	33. 34	31. 75	17. 30
—	—	—	600	—	R. 79	692. 15	34. 93	44. 45	41. 28	24. 82

注：① 仅适用于环连接密封面对焊环带颈松套钢法兰。

② 用于除对焊环带颈松套钢法兰以外的其他法兰。

表 3-3-35　椭圆形金属环垫尺寸　（mm）

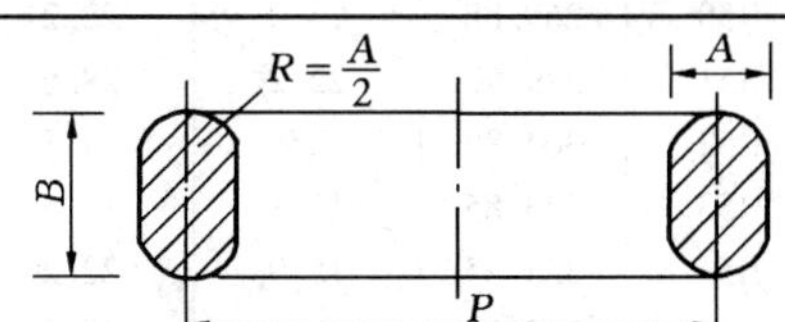

SH/T 3403—1996（配石化行标法兰）

公称压力 PN/MPa					环号	节径 P	环宽 A	环高 B	质量/kg
2. 0	5. 0 10	15. 0	25. 0	42. 0					
公称直径 DN/mm									
—	15	—	—	—	R11	34. 14	6. 4	11. 1	0. 05
—	—	15	15	—	R12	39. 70	7. 9	14. 3	0. 10
—	20	—	—	15	R13	42. 88	7. 9	14. 3	0. 11
—	—	20	20	—	R14	44. 45	7. 9	14. 3	0. 11
25	—	—	—	—	R15	47. 62	7. 9	14. 3	0. 12
—	25	25	25	20	R16	50. 80	7. 9	14. 3	0. 12
32	—	—	—	—	R17	57. 15	7. 9	14. 3	0. 14

续表

公称压力 PN/MPa					环　　号	节　径 P	环　宽 A	环　高 B	质量/kg
2.0	5.0 10.0	15.0	25.0	42.0					
公称直径 DN/mm									
—	32	32	32	25	R18	60.32	7.9	14.3	0.15
40	—	—	—	—	R19	65.10	7.9	14.3	0.16
—	40	40	40	—	R20	68.27	7.9	14.3	0.17
—	—	—	—	32	R21	72.24	11.1	17.5	0.30
50	—	—	—	—	R22	82.55	7.9	14.3	0.20
—	50	—	—	40	R23	82.55	11.1	17.5	0.34
—	—	50	50	—	R24	95.25	11.1	17.5	0.39
65	—	—	—	—	R25	101.60	7.9	14.3	0.25
—	65	—	—	50	R26	101.60	11.1	17.5	0.42
—	—	65	65	—	R27	107.95	11.1	17.5	0.45
—	—	—	—	65	R28	111.12	12.7	19.0	0.57
80	—	—	—	—	R29	114.30	7.9	14.3	0.28
—	80	—	—	—	R30	117.48	11.1	17.5	0.49
—	80	80	—	—	R31	123.82	11.1	17.5	0.51
—	—	—	—	80	R32	127.00	12.7	19.0	0.65
—	—	—	80	—	R35	136.52	11.1	17.5	0.56
100	—	—	—	—	R36	149.22	7.9	14.3	0.37
—	100	100	—	—	R37	149.22	11.1	17.5	0.62
—	—	—	—	100	R38	157.18	15.9	22.2	1.16
—	—	—	100	—	R39	161.92	11.1	17.5	0.67
125	—	—	—	—	R40	171.45	7.9	14.3	0.42
—	125	125	—	—	R41	180.98	11.1	17.5	0.75
—	—	—	—	125	R42	190.50	19.0	25.4	1.90
150	—	—	—	—	R43	193.68	11.1	14.3	0.48
—	—	—	125	—	R44	193.68	11.1	17.5	0.80
—	150	150	—	—	R45	211.15	11.1	17.5	0.87
—	—	—	150	—	R46	211.15	12.7	19.0	1.08
—	—	—	—	150	R47	228.60	19.0	25.4	2.28
200	—	—	—	—	R48	247.65	7.9	14.3	0.61
—	200	200	—	—	R49	269.88	11.1	17.5	1.12
—	—	—	200	—	R50	269.88	15.9	22.2	1.99
—	—	—	—	200	R51	279.40	22.2	28.6	3.65
250	—	—	—	—	R52	304.80	7.9	14.3	0.75
—	250	250	—	—	R53	323.85	11.1	17.5	1.34
—	—	—	250	—	R54	323.85	15.9	22.2	2.39
—	—	—	—	250	R55	342.90	28.6	36.5	7.34
300	—	—	—	—	R56	381.00	7.9	14.3	0.94
—	300	300	—	—	R57	381.00	11.1	17.5	1.58
—	—	—	300	—	R58	381.00	22.2	28.6	4.97
350	—	—	—	—	R59	396.88	7.9	14.3	0.97
—	—	—	—	300	R60	406.40	31.8	39.7	10.48
—	350	—	—	—	R61	419.10	11.1	17.5	1.73
—	—	350	—	—	R62	419.10	15.9	22.2	3.09
—	—	—	350	—	R63	419.10	25.4	33.3	7.31
400	—	—	—	—	R64	454.03	7.9	14.3	1.11
—	400	—	—	—	R65	469.90	11.1	17.5	1.94
—	—	400	—	—	R66	469.90	15.9	22.2	3.46

续表

公称压力 PN/MPa					环　号	节　径 P	环　宽 A	环　高 B	质量/kg
2.0	5.0 10.0	15.0	25.0	42.0					
公称直径 DN/mm									
—	—	—	400	—	R67	469.90	28.6	36.5	10.06
450	—	—	—	—	R68	517.53	7.9	14.3	1.27
—	450	—	—	—	R69	533.40	11.1	17.5	2.21
—	—	450	—	—	R70	533.40	19.0	25.4	5.33
—	—	—	450	—	R71	533.40	28.6	36.5	11.42
500	—	—	—	—	R72	558.80	7.9	14.3	1.37
—	500	—	—	—	R73	584.20	12.7	19.0	2.98
—	—	500	—	—	R74	584.20	19.0	25.4	5.84
—	—	—	500	—	R75	584.20	31.8	39.7	15.06
600	—	—	—	—	R76	673.10	7.9	14.3	1.65
—	600	—	—	—	R77	692.15	15.9	22.2	5.10
—	—	600	—	—	R78	692.15	25.4	33.3	12.07
—	—	—	600	—	R79	692.15	34.9	44.4	21.99

表 3-3-36　椭圆形金属垫片（配石油管道法兰用）

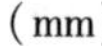

（mm）

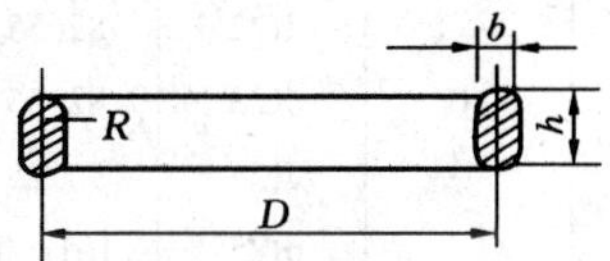

公称直径 DN	公　称　压　力　PN/MPa							
	6.4，10.0				16.0			
	D	b	h	R	D	b	h	R
10	35	8	14	4	35	8	14	4
15	35	8	14	4	35	8	14	4
20	45	8	14	4	45	8	14	4
25	50	8	14	4	50	8	14	4
32	65	8	14	4	65	8	14	4
40	75	8	14	4	75	8	14	4
50	85	11	18	5.5	95	11	18	5.5
65	110	11	18	5.5	110	11	18	5.5
80	115	11	18	5.5	130	11	18	5.5
100	145	11	18	5.5	160	11	18	5.5
125	175	11	18	5.5	190	11	18	5.5
150	205	11	18	5.5	205	13	20	5.5
200	265	11	18	5.5	275	16	22	8
250	320	11	18	5.5	330	16	22	8
300	375	11	18	5.5	—	—	—	—

表 3-3-37　八角形金属环垫尺寸　（mm）

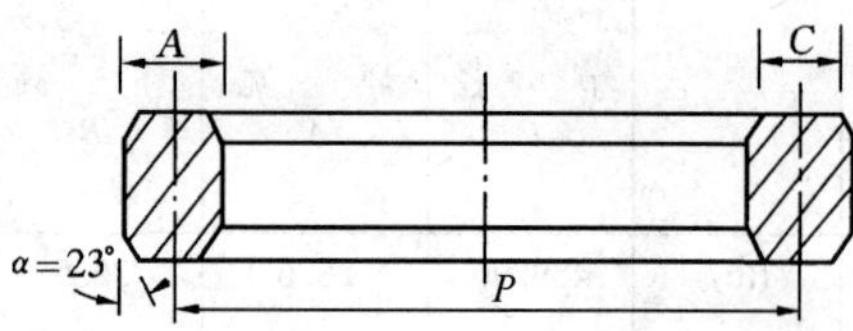

SH/T 3403—1996（配石化行标法兰）

公称压力 PN/MPa					环　号	节　径 P	环　宽 A	环　高 B	环的平均宽度 C	质量/kg
2.0	5.0 10.0	15.0	25.0	42.0						
公称直径 DN/mm										
—	15	—	—	—	R11	34.14	6.4	9.5	4.3	0.05
—	—	15	15	—	R12	39.70	7.9	12.7	5.2	0.10
—	20	—	—	15	R13	42.88	7.9	12.7	5.2	0.10
—	—	20	20	—	R14	44.45	7.9	12.7	5.2	0.10
25	—	—	—	—	R15	47.62	7.9	12.7	5.2	0.11
—	25	25	25	20	R16	50.80	7.9	12.7	5.2	0.11
32	—	—	—	—	R17	57.15	7.9	12.7	5.2	0.13
—	32	32	32	25	R18	60.32	7.9	12.7	5.2	0.14
40	—	—	—	—	R19	65.10	7.9	12.7	5.2	0.15
—	40	40	40	—	R20	68.27	7.9	12.7	5.2	0.15
—	—	—	—	32	R21	72.24	11.1	15.9	7.7	0.29
50	—	—	—	—	R22	82.55	7.9	12.7	5.2	0.19
—	50	—	—	40	R23	82.55	11.1	15.9	7.7	0.33
—	—	50	50	—	R24	95.25	11.1	15.9	7.7	0.38
65	—	—	—	—	R25	101.60	7.9	12.7	5.2	0.23
—	65	—	—	50	R26	101.60	11.1	15.9	7.7	0.41
—	—	65	65	—	R27	107.95	11.1	15.9	7.7	0.43
—	—	—	—	65	R28	111.12	12.7	17.5	8.7	0.56
80	—	—	—	—	R29	114.30	7.9	12.7	5.2	0.26
—	80	—	—	—	R30	117.48	11.1	15.9	7.7	0.47
—	80	80	—	—	R31	123.82	11.1	15.9	7.7	0.50
—	—	—	—	80	R32	127.00	12.7	17.5	8.7	0.64
—	—	—	80	—	R35	136.52	11.1	15.9	7.7	0.55
100	—	—	—	—	R36	149.22	7.9	12.7	5.2	0.34
—	100	100	—	—	R37	149.22	11.1	15.9	7.7	0.60
—	—	—	—	100	R38	157.18	15.9	20.6	10.5	1.14
—	—	—	100	—	R39	161.92	11.1	15.9	7.7	0.65
125	—	—	—	—	R40	171.45	7.9	12.7	5.2	0.39
—	125	125	—	—	R41	180.98	11.1	15.9	7.7	0.73
—	—	—	—	125	R42	190.50	19.0	23.8	12.3	1.88
150	—	—	—	—	R43	193.68	7.9	12.7	5.2	0.44
—	—	—	125	—	R44	193.68	11.1	15.9	7.7	0.78
—	150	150	—	—	R45	211.15	11.1	15.9	7.7	0.85
—	—	—	150	—	R46	211.15	12.7	17.5	8.7	1.06
—	—	—	—	150	R47	228.60	19.0	23.8	12.3	2.25

续表

公称压力 PN/MPa					环　　号	节　　径 P	环　　宽 A	环　　高 B	环的平均宽度 C	质量/kg
2.0	5.0 10.0	15.0	25.0	42.0						
公称直径 DN/mm										
200	—	—	—	—	R48	247.65	7.9	12.7	5.2	0.56
—	200	200	—	—	R49	269.88	11.1	15.9	7.7	1.08
—	—	—	200	—	R50	269.88	15.9	20.6	10.5	1.95
—	—	—	—	200	R51	279.40	22.2	27.0	14.8	3.69
250	—	—	—	—	R52	304.80	7.9	12.7	5.2	0.99
—	250	250	—	—	R53	323.85	11.1	15.9	7.7	1.30
—	—	—	250	—	R54	323.85	15.9	20.6	10.5	2.34
—	—	—	—	250	R55	342.90	28.6	34.9	19.8	7.67
300	—	—	—	—	R56	381.00	7.9	12.7	5.2	0.86
—	300	300	—	—	R57	381.00	11.1	15.9	7.7	1.53
—	—	—	300	—	R58	381.00	22.2	27.0	14.8	5.03
350	—	—	—	—	R59	396.88	7.9	12.7	5.2	0.90
—	—	—	—	300	R60	406.40	31.8	38.1	22.3	11.08
—	350	—	—	—	R61	419.10	11.1	15.9	7.7	1.68
—	—	350	—	—	R62	419.10	15.9	20.6	10.5	3.03
—	—	—	350	—	R63	419.10	25.4	31.8	17.3	7.55
400	—	—	—	—	R64	454.03	7.9	12.7	5.2	1.03
—	400	—	—	—	R65	469.90	11.1	15.9	7.7	1.89
—	—	400	—	—	R66	469.90	15.9	20.6	10.5	3.40
—	—	—	400	—	R67	469.90	28.6	34.9	19.8	10.51
450	—	—	—	—	R68	517.53	7.9	12.7	5.2	1.17
—	450	—	—	—	R69	533.40	11.1	15.9	7.7	2.14
—	—	450	—	—	R70	533.40	19.0	23.8	13.3	5.25
—	—	—	450	—	R71	533.40	28.6	34.9	19.8	11.93
500	—	—	—	—	R72	558.80	7.9	12.7	5.2	1.26
—	500	—	—	—	R73	584.20	12.7	17.5	8.7	2.93
—	—	500	—	—	R74	584.20	19.0	23.8	12.3	5.75
—	—	—	500	—	R75	584.20	31.8	38.1	22.3	15.92
600	—	—	—	—	R76	673.10	7.9	12.7	5.2	1.52
—	600	—	—	—	R77	692.15	15.0	20.6	10.5	5.00
—	—	600	—	—	R78	692.15	25.4	31.8	17.3	12.47
—	—	—	600	—	R79	692.15	34.9	41.3	24.8	22.55

表 3-3-38　梯形槽式法兰用八角形金属垫片 JB/T 89—94（配一机部法兰）　（mm）

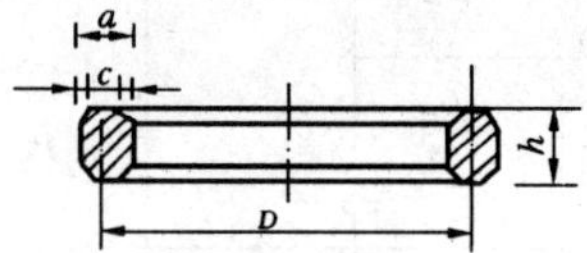

公称直径 *DN*	*PN*6. 4MPa				*PN*10. 0MPa				*PN*16. 0MPa				*PN*20. 0MPa			
	D	*a*	*c*	*h*	*D*	*a*	*c*	*h*	*D*	*a*	*c*	*h*	*D*	*a*	*c*	*h*
10	35	8	5. 5	13	35	8	5. 5	13	35	8	5. 5	13	40	8	5. 5	13
15	35	8	5. 5	13	35	8	5. 5	13	35	8	5. 5	13	40	8	5. 5	13
20	45	8	5. 5	13	45	8	5. 5	13	45	8	5. 5	13	45	8	5. 5	13
25	40	8	5. 5	13	50	8	5. 5	13	50	8	5. 5	13	50	8	5. 5	13
32	65	8	5. 5	13	65	8	5. 5	13	65	8	5. 5	13	65	8	5. 5	13
40	75	8	5. 5	13	75	8	5. 5	13	75	8	5. 5	13	75	8	5. 5	13
50	85	11	8	16	85	11	8	16	95	11	8	16	95	11	6	16
65	110	11	8	16	110	11	8	16	110	11	8	16	110	11	6	16
80	115	11	8	16	115	11	8	16	130	11	8	16	160	11	6	16
100	145	11	8	16	145	11	8	16	160	11	8	16	190	11	6	16
125	175	11	8	16	175	11	8	16	190	11	8	16	205	13	9	20
150	205	11	8	16	205	11	8	16	205	13	9	20	240	15. 5	10. 5	22
175	235	11	8	16	235	11	8	16	255	15. 5	10. 5	22	275	15. 5	10. 5	22
200	265	11	8	16	265	11	8	16	275	15. 5	10. 5	22	305	15. 5	10. 5	22
225	280	11	8	16	280	11	8	16	305	15. 5	10. 5	22	330	15. 5	10. 5	22
250	320	11	8	16	320	11	8	16	330	15. 5	10. 5	22	380	21	14	28
300	375	11	8	16	375	11	8	16	380	21	14	28	—	—	—	—
350	420	11	8	16	420	15. 5	10. 5	22	—	—	—	—	—	—	—	—
400	480	11	8	16	480	15. 5	10. 5	22	—	—	—	—	—	—	—	—
450	540	11	8	16	—	—	—	—	—	—	—	—	—	—	—	—
500	590	13	8	20	—	—	—	—	—	—	—	—	—	—	—	—

表 3-3-39　金属环垫（配 HG 管法兰）　（mm）

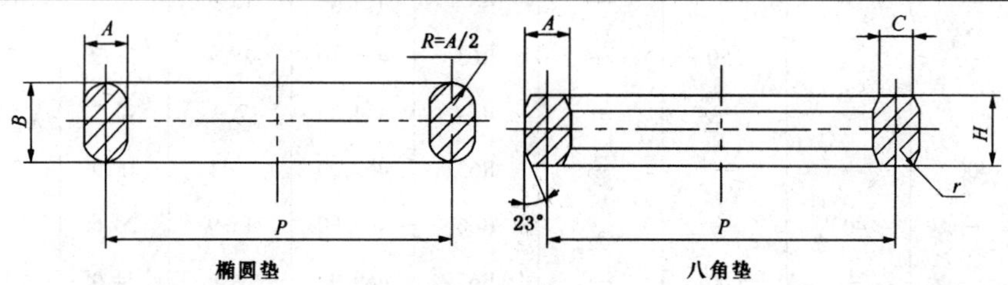

表 3-3-39（a）　欧洲体系（HG/T 20612—2009）

公称通径 *DN*	*PN*6. 3MPa（63bar）					*PN*10. 0MPa（100bar）				
	节径 *P*	环宽 *A*	环高 八角形 *H*	环高 椭圆形 *B*	环平面宽度 *C*	节径 *P*	环宽 *A*	环高 八角形 *H*	环高 椭圆形 *B*	环平面宽度 *C*
15	35	8	13	14	5. 5	35	8	13	14	5. 5
20	45	8	13	14	5. 5	45	8	13	14	5. 5
25	50	8	13	14	5. 5	50	8	13	14	5. 5
32	65	8	13	14	5. 5	65	8	13	14	5. 5
40	75	8	13	14	5. 5	75	8	13	14	5. 5
50	85	11	16	18	8	85	11	16	18	8
65	110	11	16	18	8	110	11	16	18	8
80	115	11	16	18	8	115	11	16	18	8
100	145	11	16	18	8	145	11	16	18	8
125	175	11	16	18	8	175	11	16	18	8
150	205	11	16	18	8	205	11	16	18	8
200	265	11	16	18	8	265	11	16	18	8
250	320	11	16	18	8	320	11	16	18	8
300	375	11	16	18	8	375	11	16	18	8
350	420	11	16	18	8	420	15. 5	22	24	10. 5
400	480	11	16	18	8	480	15. 5	22	24	10. 5

续表

公称通径 DN	PN16.0MPa (160bar)				
	节径 P	环宽 A	环高		环平面宽度 C
			八角形 H	椭圆形 B	
15	35	8	13	14	5.5
20	45	8	13	14	5.5
25	50	8	13	14	5.5
32	65	8	13	14	5.5
40	75	8	13	14	5.5
50	95	11	16	18	8
65	110	11	16	18	8
80	130	11	16	18	8
100	160	11	16	18	8
125	190	11	16	18	8
150	205	13	20	22	9
200	275	15.5	22	24	10.5
250	330	15.5	22	24	10.5
300	380	21	28	30	14

表 3-3-39（b） 美洲体系（HG/T 20633—2009） （mm）

公称通径		PN2.0MPa (Class 150)						PN5.0MPa (Class 300) 和 PN11.0MPa (Class 600)					
NPS/in	DN	环号 R	节径 P	环宽 A	环高		环平面宽度 C	环号 R	节径 P	环宽 A	环高		环平面宽度 C
					椭圆形 B	八角形 H					椭圆形 B	八角形 H	
1/2	15							R11	34.14	6.35	11.11	9.53	4.32
3/4	20							R13	42.88	7.94	14.29	12.7	5.23
1	25	R15	47.62	7.94	14.29	12.7	5.23	R16	50.8	7.94	14.29	12.7	5.23
1¼	32	R17	57.15	7.94	14.29	12.7	5.23	R18	60.32	7.94	14.29	12.7	5.23
1½	40	R19	65.07	7.94	14.29	12.7	5.23	R20	68.27	7.94	14.29	12.7	5.23
2	50	R22	82.55	7.94	14.29	12.7	5.23	R23	82.55	11.11	17.46	15.88	7.75
2½	65	R25	101.6	7.94	14.29	12.7	5.23	R26	101.6	11.11	17.46	15.88	7.75
3	80	R29	114.3	7.94	14.29	12.7	5.23	R31	123.82	11.11	17.46	15.88	7.75
4	100	R36	149.22	7.94	14.29	12.7	5.23	R37	149.22	11.11	17.46	15.88	7.75
5	125	R40	171.45	7.94	14.29	12.7	5.23	R41	180.98	11.11	17.46	15.88	7.75
6	150	R43	193.68	7.94	14.29	12.7	5.23	R45	211.12	11.11	17.46	15.88	7.75
8	200	R48	247.65	7.94	14.29	12.7	5.23	R49	269.88	11.11	17.46	15.88	7.75
10	250	R52	304.8	7.94	14.29	12.7	5.23	R53	323.85	11.11	17.46	15.88	7.75
12	300	R56	381	7.94	14.29	12.7	5.23	R57	381	11.11	17.46	15.88	7.75
14	350	R59	396.88	7.94	14.29	12.7	5.23	R61	419.1	11.11	17.46	15.88	7.75
16	400	R64	454.03	7.94	14.29	12.7	5.23	R65	469.9	11.11	17.46	15.88	7.75
18	450	R68	517.53	7.94	14.29	12.7	5.23	R69	533.4	11.11	17.46	15.88	7.75
20	500	R72	558.8	7.94	14.29	12.7	5.23	R73	584.2	12.7	19.05	17.46	8.66
24	600	R76	673.1	7.94	14.29	12.7	5.23	R77	692.15	15.88	22.23	20.54	10.49

续表

公称通径 NPS/in	公称通径 DN	*PN*15.0MPa（Class 900）环号 *R*	节径 *P*	环宽 *A*	环高 椭圆形 *B*	环高 八角形 *H*	环平面宽度 *C*	*PN*26.0MPa（Class 1500）环号 *R*	节径 *P*	环宽 *A*	环高 椭圆形 *B*	环高 八角形 *H*	环平面宽度 *C*	*PN*42.0MPa（Class2500）环号 *R*	节径 *P*	环宽 *A*	环高 椭圆形 *B*	环高 八角形 *H*	环平面宽度 *C*
1/2	15	R12	39.67	7.94	14.29	12.7	5.23	R12	39.67	7.94	14.29	12.7	5.23	R13	42.88	7.94	14.29	12.7	5.23
3/4	20	R14	44.45	7.94	14.29	12.7	5.23	R14	44.45	7.94	14.29	12.7	5.23	R16	50.80	7.94	14.29	12.7	5.23
1	25	R16	50.8	7.94	14.29	12.7	5.23	R16	50.8	7.94	14.29	12.7	5.23	R18	60.32	7.94	14.29	12.7	5.23
1¼	32	R18	60.32	7.94	14.29	12.7	5.23	R18	60.32	7.94	14.29	12.7	5.23	R21	72.24	11.11	17.46	15.88	7.75
1½	40	R20	68.27	7.94	14.29	12.7	5.23	R20	68.27	7.94	14.29	12.7	5.23	R23	82.55	11.11	17.46	15.88	7.75
2	50	R24	95.25	11.11	17.46	15.88	7.75	R24	95.25	11.11	17.46	15.88	7.75	R26	101.6	11.11	17.46	15.88	7.75
2½	65	R27	107.95	11.11	17.46	15.88	7.75	R27	107.95	11.11	17.46	15.88	7.75	R28	111.12	12.70	19.05	17.46	8.66
3	80	R31	123.82	11.11	17.46	15.88	7.75	R35	136.52	11.11	17.46	15.88	7.75	R32	127	12.70	19.05	17.46	8.66
4	100	R37	149.22	11.11	17.46	15.88	7.75	R39	161.92	11.11	17.46	15.88	7.75	R38	157.18	15.88	22.23	20.64	10.49
5	125	R41	180.98	11.11	17.46	15.88	7.75	R44	193.68	11.11	17.46	15.88	7.75	R42	190.5	19.05	25.4	23.81	12.32
6	150	R45	211.12	11.11	17.46	15.88	7.75	R46	211.12	12.7	19.05	17.46	8.66	R47	228.6	19.05	25.4	23.81	12.32
8	200	R49	269.88	11.11	17.46	15.88	7.75	R50	269.88	15.88	22.23	20.64	10.49	R51	279.4	22.23	28.58	26.99	14.81
10	250	R53	323.85	11.11	17.46	15.88	7.75	R54	323.85	15.88	22.23	20.64	10.49	R55	342.9	28.58	36.51	34.93	19.81
12	300	R57	381	11.11	17.46	15.88	7.75	R58	381	22.23	28.58	26.99	14.81	R60	406.4	31.75	39.69	38.1	22.33
14	350	R62	419.1	15.88	22.23	20.64	10.49	R63	419.1	25.4	33.34	31.75	17.3						
16	400	R66	469.9	15.88	22.23	20.64	10.49	R67	469.9	28.58	36.51	34.93	19.81						
18	450	R70	533.4	19.05	25.4	23.81	12.32	R71	533.4	28.58	36.51	34.93	19.81						
20	500	R74	584.2	19.05	25.4	23.81	12.32	R75	584.2	31.75	39.69	38.1	22.33						
24	600	R78	692.15	25.4	33.34	31.75	17.3	R79	692.15	34.93	44.45	41.28	24.82						

2. 金属齿形垫

金属齿形垫片适用于凹凸面、榫槽面法兰，这种垫片在金属环两面有齿角度为90°，齿距0.5~2mm的同心圆齿形。齿形垫的材质有纯铁、极软钢、铜、不锈钢、特殊合金钢和铝等。适用于一机部、石油管道法兰的金属齿形垫片尺寸见表3-3-40。化工部的齿形组合垫片由金属齿形环和上下两面覆盖柔性石墨或聚四氟乙烯薄板等非金属平垫材料组合而成。尺寸见表3-3-41。

表3-3-40　凹凸式法兰用的金属齿形垫片 JB/T 88—94（配一机部和石油管道法兰）

（mm）

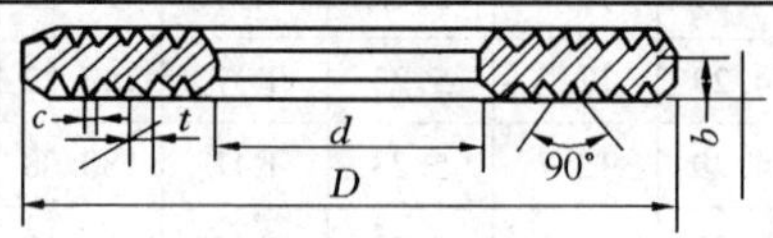

公称直径 *DN*	公称压力 *PN*4.0、6.4、10.0、16.0MPa 垫片外径 *D*	垫片内径 *d*	齿距 *t*	齿顶宽度 *c*	垫片厚度 *b*	齿高 *h*	齿数
10	34	13	1.5	0.2	3	0.65	7
15	39	18	1.5	0.2	3	0.65	7
20	50	23	1.5	0.2	3	0.65	9
25	57	27	1.5	0.2	3	0.65	10
32	65	35	1.5	0.2	3	0.65	10
40	75	45	1.5	0.2	3	0.65	10
50	87	57	1.5	0.2	3	0.65	10
65	109	76	1.5	0.2	3	0.65	11
80	120	87	1.5	0.2	3	0.65	11
100	149	105	2	0.3	4	0.85	11
125	175	131	2	0.3	4	0.85	11

续表

公称直径 DN	公称压力 PN4. 0、6. 4、10. 0、16. 0MPa						
	垫片　外径 *D*	垫片　内径 *d*	齿　　距 *t*	齿顶宽度 *c*	垫片厚度 *b*	齿　　高 *h*	齿　　数
150	203	155	2	0. 3	4	0. 85	12
175	233	185	2	0. 3	4	0. 85	12
200	259	211	2	0. 3	4	0. 85	12
225	286	234	2	0. 3	4	0. 85	13
250	312	260	2	0. 3	4	0. 85	13
300	363	311	2	0. 3	4	0. 85	13
350	421	361	2	0. 3	4	0. 85	15
400	473	413	2	0. 3	4	0. 85	15
450	523	463	2	0. 3	4	0. 85	15
500	575	515	2	0. 3	5	0. 85	15
600	677	613	2	0. 3	5	0. 85	16
700	767	703	2	0. 3	5	0. 85	16
800	875	811	2	0. 3	5	0. 85	16

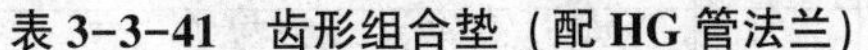

表 3-3-41　齿形组合垫（配 HG 管法兰）　　（mm）

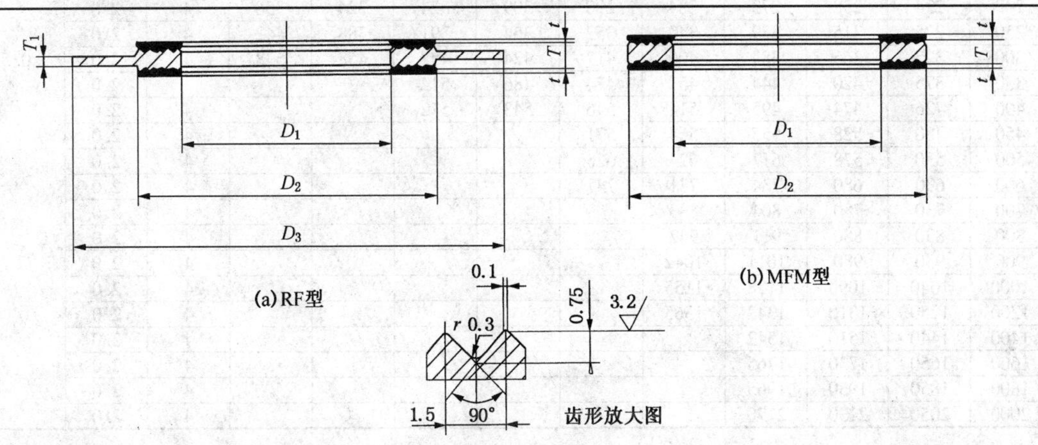

表 3-3-41（a）　凹凸面法用 MFM 形垫片尺寸（配欧洲体系）（HG/T 20611—2009）　　（mm）

公称通径 DN	齿形环内径 D_1	齿形环外径 D_2	齿形环厚度 *T*	覆盖层厚度 *t*
10	19	34	4	0. 5
15	24	39	4	
20	35	50	4	
25	42	57	4	
32	44	65	4	
40	54	75	4	
50	66	87	4	
65	88	109	4	
80	93	120	4	
100	122	149	4	
125	142	175	4	
150	170	203	4	
200	226	259	4	
250	270	312	4	
300	321	363	4	
350	376	421	4	
400	425	473	4	
450	475	523	4	
500	527	575	4	
600	627	675	4	

注：凹凸面法兰的公称压力 *PN*≤16. 0MPa。

表 3-3-41（b） 突面法兰用 RF 形垫片尺寸（配欧洲体系）（HG/T 20611—2009） （mm）

公称通径 DN	齿形环内径 D_1	齿形环外径 D_2	公称压力/MPa（bar） 1.6（16）	2.5（25）	4.0（40）	6.3（63）	10.0（100）	16.0（160）	25.0（250）	齿形环厚度 T	外环厚度 T_1	覆盖层厚度 t
			外环外径 D_3									
10	22	36	46	46	46	56	56	56	67	4	1.5	0.5
15	26	42	51	51	51	61	61	61	72	4	1.5	
20	31	47	61	61	61	72	72	72	77	4	1.5	
25	36	52	71	71	71	82	82	82	83	4	1.5	
32	46	66	82	82	82	88	88	88	98	4	1.5	
40	53	73	92	92	92	103	103	103	109	4	1.5	
50	65	87	107	107	107	113	119	119	124	4	1.5	
65	81	103	127	127	127	138	144	144	154	4	1.5	
80	95	121	142	142	142	148	154	154	170	4	1.5	
100	118	144	162	168	168	174	180	180	202	4	2.0	
125	142	176	192	194	194	210	217	217	242	4	2.0	
150	170	204	218	224	224	247	257	257	284	4	2.0	
200	224	258	273	284	290	309	324	324	358	4	2.0	
250	275	315	329	340	352	364	391	388	442	4	2.0	
300	325	365	384	400	417	424	458	458	538	4	2.0	
350	375	420	444	457	474	486	512			4	2.0	
400	426	474	495	514	546	543	572			4	2.0	
450	480	528	555	564	571					4	2.0	
500	530	578	617	624	628					4	2.0	
600	630	680	734	731	747					4	2.0	
700	730	780	804	833						4	2.0	
800	830	880	911	942						4	2.0	
900	930	980	1011	1042						4	2.0	
1000	1040	1090	1128	1155						4	2.0	
1200	1250	1310	1342	1365						4	2.0	
1400	1440	1510	1542							4	2.0	
1600	1650	1730	1765							4	2.0	
1800	1850	1930	1965							4	2.0	
2000	2050	2130	2170							4	2.0	

表 3-3-41（c） 突面法兰用 RF 形垫片尺寸（配美洲体系）（HG/T 20632—2009） （mm）

公称通径 NPS/in	公称通径 DN	齿形环内环 D_1	齿形环外径 D_2	公称压力/MPa（Class） 5.0（Class 300）	11.0（Class 600）	15.0（Class 900）	26.0（Class 1500）	42.0（Class 2500）	齿形环厚度 T	外环厚度 T_1	覆盖层厚度 t
				外环外径 D_3							
1/2	15	23.0	33.3	52.5	52.5	62.5	62.5	69	4	1.5	0.5
3/4	20	28.6	39.7	66.5	66.5	69	69	75	4	1.5	
1	25	36.5	47.6	73	73	77.5	77.5	84	4	1.5	
1¼	32	44.4	60.3	82.5	82.5	87	87	103	4	1.5	
1½	40	52.4	69.8	94.5	94.5	97	97	116	4	1.5	
2	50	69.8	88.9	111	111	141	141	144.5	4	1.5	
2½	65	82.5	101.6	129	129	163.5	163.5	167	4	1.5	
3	80	98.4	123.8	148.5	148.5	166.5	173	195.5	4	1.5	
4	100	123.8	154.0	180	192	205	208.5	234	4	1.5	
5	125	150.8	182.6	215	240	246.5	253	279	4	2.0	
6	150	177.8	212.7	250	265	287.5	281.5	316.5	4	2.0	
8	200	228.6	266.7	306	319	357.5	351.5	386	4	2.0	
10	250	282.6	320.7	360.5	399	434	434.5	529.5	4	2.0	
12	300	339.7	377.8	421	456	497.5	519.5	549	4	2.0	
14	350	371.5	409.6	484.5	491	520	579		4	2.0	
16	400	422.3	466.7	538.5	564	574	641		4	2.0	
18	450	479.4	530.2	595.5	612	638	704.5		4	2.0	
20	500	530.2	581.0	653	682	697.5	756		4	2.0	
22	550	581.0	631.8	704	733	—	—		4	2.0	
24	600	631.8	682.6	774	790	837.5	900.5		4	2.0	

第四节　*PN*22.0、*PN*32.0 法兰及紧固件

一、概　　述

本节内容摘自化学工业部基本建设总局编制的高压管、管件及紧固件通用设计。分 *PN*22.0 和 *PN*32.0 二个系列，各有相对应的管子、管件、法兰、螺栓螺母和垫片，现由中国化学总公司第十二建设公司管件厂生产，鉴于目前国内仍有选用 *PN*22.0、*PN*32.0 等级的高压产品，故列入本章节。

二、材料选择

1. 材料种类见表 3-4-1，化学成分见表 3-4-2。

表 3-4-1　高压管件及紧固件材料种类

工作介质		含氢			含酸	
公称压力 *PN*/MPa		22.0	32.0		22.0（尿素）	32.0（甲醇）
温度等级		Ⅰ	Ⅰ	Ⅱ	Ⅰ	Ⅰ
工作温度/℃		-50~200	-50~200	201~400	-50~200	-50~200
零件名称	管子、管件	20	20	<300℃ 15CrMo >300℃ 18Cr3MoWVA	Cr18Ni12Mo2Ti	1Cr18Ni9Ti
	螺纹法兰盲板	35	35	35CrMo	35	35
	双头螺栓	40	40	35CrMo	40	40
	螺母	25	25	20CrMo	25	25

表 3-4-2　高压管、管件及紧固件材料的化学成分

元素 钢号	C	Mn	Si	Mo	Cr	Ni	W	V	Ti	S	P
20#	0.17~0.24	0.35~0.65	0.17~0.37	—	≤0.25	≤0.25	—	—	—	≤0.040	≤0.040
25#	0.22~0.30	0.50~0.80	0.17~0.37	—	≤0.25	≤0.25	—	—	—	≤0.040	≤0.040
35#	2.32~0.40	0.50~0.80	0.17~0.37	—	≤0.25	≤0.25	—	—	—	≤0.045	≤0.040
40#	0.37~0.45	0.50~0.80	0.17~0.37	—	≤0.25	≤0.25	—	—	—	≤0.045	≤0.040
15CrMo	0.12~0.18	0.40~0.70	0.17~0.37	0.40~0.55	0.80~1.10	≤0.30	—	—	—	≤0.030	≤0.035
35CrMo	0.32~0.40	0.40~0.70	0.17~0.37	0.15~0.25	0.80~1.10	≤0.25	—	—	—	≤0.030	≤0.035
20CrMo	0.17~0.24	0.90~1.20	0.17~0.37	—	0.90~1.20	≤0.25	—	—	—	≤0.040	≤0.040
1Cr18Ni9Ti	≤0.12	≤2.0	≤0.80	—	17.0~19.0	8.0~11.0	—	—	5× (6%- 0.02~0.80)	≤0.030	≤0.035
18Cr3MoWVA	0.15~0.20	0.25~0.50	0.17~0.37	0.5~0.8	2.5~3.0	—	0.50~0.80	0.05~0.12	—	≤0.030	≤0.035
18Ni12Mo2Ti	≤0.12	≤2.0	≤0.80	2.0~3.0	16.0~19.0	11.0~4.0	—	—	0.3~0.6	≤0.030	≤0.035

注：代用材料时机械性能可按相应材料的性能要求。

2. 材料机械性能

（1）材料热处理后纵向机械性能见表 3-4-3。

（2）对材料热处理的要求：热轧的 18Cr3MoWVA 材料必须是热处理（正火或退火）后供应；Cr18Ni12Mo2Ti，1Cr18Ni9Ti 等材料必须是经过固溶处理和晶间腐蚀倾向试验合格，方可供应；热轧 15CrMo、30CrMo 和 20 号钢，在保证所要求的机械性能和组织质量条件下，可热轧供货；而冷拔（冷轧）的 15CrMo、35CrMo 和 20 号钢材料则需热处理后才能使用；

双头螺栓材料必须正火处理。如材料已达到上表规定的机械性能等有关要求，可不经热处理直接投料加工。

表 3-4-3　高压管件及紧固件材料热处理后纵向机械性能

零件名称	钢　号	机 械 性 能					
		抗拉强度 σ_b/(N/mm²) ≥	屈服限 σ_s/(N/mm²) ≥	延伸率 δ_s/% ≥	收缩率 ψ/% ≥	冲击值 α_k/(J/cm²) ≥	硬度 HB
管子及管件	20	392	225	17	55	39.2	≤156
	15CrMo	441	235	21	55	78.4	≤156
	18Cr3MoWVA	637	441	18	—	78.4	197~241
	1Cr18Ni9Ti	529	235	40	55	98	140~170
	Cr18Ni12Mo2Ti	539	216	40	55	98	—
螺纹法兰及盲板	35	529	314	20	45	29.4	156~207
	35CrMo	735	539	14	50	58.8	217~269
双头螺栓	40	568	333	19	45	49	187~229
	35CrMo	784	588	15	50	78.4	241~285
螺母	25	451	274	23	50	49	149~170
	20CrMo	686	490	16	45	78.4	197~241

3. 材料代用

管子材料 20 号钢允许用 10 号钢代；15CrMo 允许用 12CrMo 代；Cr18Ni12Mo2Ti 允许用 Cr18Mn10Ni5Mo3N 代。法兰盲板材料 35 号钢允许用 40 号钢代；35CrMo 允许用 40Cr 代；螺栓材料 40 号钢允许用 35、45 号钢代；35CrMo 允许用 40Cr、40CrVA、35CrMn2 代；螺母 25 号钢允许用 A4、A5、30Mn 代；20CrMn 允许用 30Cr 代。

三、管道法兰连接

1. 法兰连接组装图（H9-67）见图 3-4-1。

技术要求

（1）螺纹：H5-67

（2）螺纹法兰：H12-67

（3）双头螺栓：H16-67

（4）螺母：H17-67

（5）透镜垫：H18-67

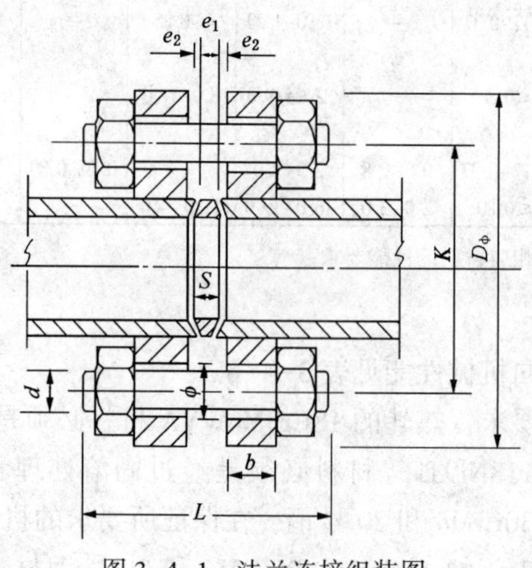

图 3-4-1　法兰连接组装图

2. 配 *PN*22、32 螺纹法兰的管子规格见表 3-4-4。

表 3-4-4　高压管子规格(H4-67)

公称直径	公称压力 *PN*22.0		公称压力 *PN*32.0	
DN	外径×厚度	质量/（kg/m）	外径×厚度	质量/（kg/m）
6	14×4	0.986	14×4	0.986
10	24×6	2.66	24×6	2.66
15	24×4.5	2.16	35×9	5.77
25	35×6	4.29	43×10	8.06
32	43×7	6.18	49×10	10.12
40	57×9	10.65	68×13	17.53
50	68×10	14.30	83×15	25.14
65	83×11	19.53	102×17	35.64
80	102×14	30.38	127×21	57.97
100	127×17	46.12	159×28	96.67
（125）	—	—	168×28	104.96
125	159×20	73.00	180×30	121.33
150	180×22	93.32	219×35	158.88
200	—	—	273×40	229.00

3. 法兰组装尺寸　见表 3-4-5、表 3-4-6。

表 3-4-5　*PN*22.0 法兰组装尺寸　（mm）

<table>
<tr><th rowspan="2">公称压力</th><th rowspan="2">公称直径</th><th colspan="2">管子及成形零件法兰螺纹</th><th colspan="2">管子及成形零件密封面外径</th><th colspan="4" rowspan="2">法　兰</th><th rowspan="2">透镜垫</th><th rowspan="2">管间距</th><th rowspan="2">管子与法兰端面间距</th><th colspan="3" rowspan="2">双头螺栓</th></tr>
<tr><th>管子管件</th><th>阀门</th><th>管子管件</th><th>阀门</th></tr>
<tr><th>PN/MPa</th><th>DN</th><th colspan="2">D</th><th colspan="2">D_1</th><th>D_σ</th><th>b</th><th>K</th><th>σ</th><th>S</th><th>e_1</th><th>e_2</th><th>数量</th><th>d</th><th>L</th></tr>
<tr><td rowspan="12">22.0</td><td>3 及 6</td><td>G 1/4″</td><td>G 3/8″</td><td colspan="2">10</td><td>70</td><td>15</td><td>42</td><td>16</td><td>8.5</td><td>7.2</td><td rowspan="4">2</td><td rowspan="4">3</td><td>M14</td><td>80</td></tr>
<tr><td>10</td><td rowspan="2">G 5/8″</td><td rowspan="2">G 3/4″</td><td colspan="2">18</td><td rowspan="2">95</td><td rowspan="3">20</td><td rowspan="2">60</td><td rowspan="4">18</td><td>8.5</td><td>6.5</td><td rowspan="4">M16</td><td rowspan="4">95</td></tr>
<tr><td>15</td><td>19.5</td><td>22</td><td>8</td><td>5.9</td></tr>
<tr><td>25</td><td colspan="2">G1″</td><td colspan="2">28</td><td>105</td><td>68</td><td>8</td><td>6.3</td></tr>
<tr><td>32①</td><td colspan="2">G 1¼″</td><td colspan="2">38</td><td>115</td><td>22</td><td>80</td><td>9</td><td>6</td><td rowspan="3">3</td><td>4</td></tr>
<tr><td>40</td><td colspan="2">G 1¾″</td><td colspan="2">48</td><td rowspan="2">165</td><td>28</td><td rowspan="2">115</td><td rowspan="2">26</td><td>10</td><td>6.9</td><td rowspan="5">6</td><td rowspan="2">M14</td><td>130</td></tr>
<tr><td>50</td><td colspan="2">G 2¼″</td><td colspan="2">61</td><td>32</td><td>12</td><td>8.2</td><td>140</td></tr>
<tr><td>65</td><td>G 2¾″</td><td>G3″</td><td>75</td><td>83</td><td>200</td><td>40</td><td>145</td><td>29</td><td>14</td><td>10.5</td><td rowspan="3">4</td><td>M27</td><td>165</td></tr>
<tr><td>80</td><td colspan="2">G 3½″</td><td colspan="2">94</td><td>225</td><td>50</td><td>170</td><td>33</td><td>16</td><td>11.1</td><td>M30</td><td>195</td></tr>
<tr><td>100</td><td colspan="2">M125×4</td><td colspan="2">115</td><td>260</td><td>60</td><td>195</td><td>36</td><td>18</td><td>12.9</td><td>M33</td><td>220</td></tr>
<tr><td>125</td><td colspan="2">M155×4</td><td colspan="2">146</td><td>300</td><td>75</td><td>235</td><td>39</td><td>20</td><td>12.8</td><td rowspan="2">5</td><td rowspan="2">8</td><td>M36</td><td>265</td></tr>
<tr><td>150</td><td colspan="2">M175×4</td><td colspan="2">163</td><td>330</td><td>78</td><td>255</td><td>42</td><td>22</td><td>14.9</td><td>M39</td><td>275</td></tr>
</table>

注：①见 H16—67 表注。

表 3-4-6　*PN*32.0 法兰组装尺寸　（mm）

公称压力	公称直径	管子及成形零件法兰螺纹		管子及成形零件密封面外径	法　兰				透镜垫	管间距	管子与法兰面端间距	双头螺栓		
		管子管件	阀门											
PN/MPa	*DN*	*D*		D_1	D_4	*b*	*K*	*σ*	*S*	e_1	e_2	数量	*d*	*L*
32.0	3 及 6	G 1/4″	G 3/8″	10	70	15	42	16	8.5	7.2	2	3	M14	80
	10	G 5/8″	G 3/4″	18	95	20	60	18	8.5	6.5			M16	95
	15	G1″		27	105	20	68		9	5.8				
	25	G 1¼″		35	115	22	80		10			4		
	32	G 1½″		41	135	25	95	22	11	6.8	3		M20	120
	40	G 2¼″		58	165	32	115	26	12	65		6	M24	140
	50	G 2¾″	G3″	70	200	40	145	29	14	8.1			M27	165
	65	G 3½″		90	225	50	170	33	16		4		M30	195
	80	M125×4		112	260	60	195	36	20	10.9			M33	220
	100	M155×4		130	300	75	235	39	24	15		8	M36	265
	(125)	M165×4		147	330	78	255	42	25	12	5		M39	275
	125	M175×4		155					28	15.8				
	150	M215×6		193	400	90	315	48	32	16			M48	315
	200	M265×6		248	480	120	380	59	40	20	9	8	M56	390

四、拧入式法兰连接

1. 拧入式法兰连接组装图（H10-67）见图 3-4-2。

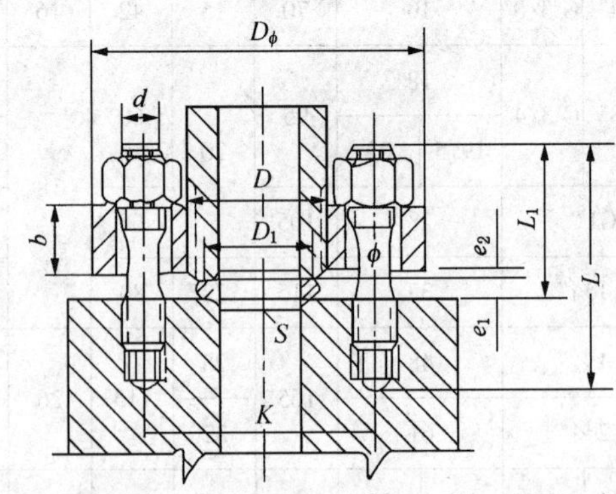

图 3-4-2　拧入式法兰连接组装图

2. 拧入式法兰螺栓旋入端及螺孔详图（H14-67）见图 3-4-3。
3. 拧入式法兰连接尺寸见表 3-4-7 和表 3-4-8。
4. 螺栓旋入端及螺孔详图见表 3-4-9。

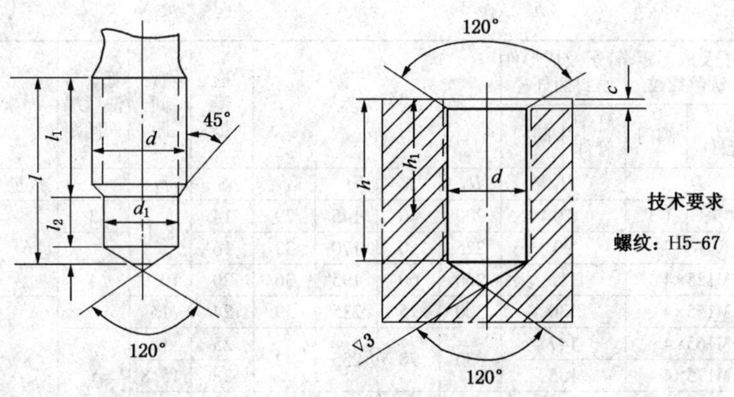

图 3-4-3　螺栓旋入端及螺孔详图

表 3-4-7　*PN*22.0 拧入式法兰组装尺寸　　（mm）

公称压力 *PN*/MPa	公称直径 *DN*	管子及成形零件法兰螺纹		管子及成形件密封面外径		法兰				透镜垫	管间距	管子与法兰端面间距	双头螺栓			
		管子管件	阀门	管子管件	阀门											
		D		D_1		D_ϕ	*b*	*K*	*ϕ*	*S*	e_1	e_2	数量	*d*	L_1	*L*
22.0	6	G 1/4″	G 3/8″	10		70	15	42	16	8.5	7.2	2	3	M14	45	70
	10	G 5/8″	G 3/4″	18		95	20	60	18	8.5	6.5			M16	50	80
	15			19.5	22					8	5.9					
	25	G1″		28		105		68		8	6.3					
	32*	G 1¼″		38		115	22	80		9	6	3	4		50	80
	40	G 1¾″		48		165	28	115	26	10	6.9		6	M24	71	115
	50	G 2¼″		61			32			12	8.2					
	65	G 2¾″	G3″	75	83	200	40	145	29	14	105	4		M27	92	140
	80	G 3½″		94		225	50	170	33	16	11.1			M30	100	155
	100	M125×4		115		260	60	195	36	18	12.9			M33	116	175
	125	M155×4		146		300	75	235	39	20	12.8	5	8	M36	140	205
	150	M175×4		163		330	78	255	42	22	14.9			M39	150	220

表 3-4-8　*PN*32.0 拧入式法兰组装尺寸　　（mm）

公称压力 *PN*/MPa	公称直径 *DN*	管子及成形零件法兰螺纹		管子及成形件密封面外径		法兰				透镜垫	管间距	管子与法兰端面间距	双头螺栓			
		管子管件	阀门	管子管件	阀门											
		D		D_1		D_ϕ	*b*	*K*	*ϕ*	*S*	e_1	e_2	数量	*d*	L_1	*L*
32.0	6	G 1/4″	G 3/8″	10		70	15	42	16	8.5	7.2	2	3	M14	45	70
	10	G 5/8″	G 3/4″	18		95	20	60	18	8.5	6.5			M16	50	80
	15	G1″		27		105	20	68		9	5.8					
	25	G 1¼″		35		115	22	80		10			4		50	80
	32	G 1½″		41		135	25	95	22	11	6.8	3		M20	59	95
	40	G 2¼″		58		165	32	115	26	12	6.5		6	M24	71	115

续表

公称压力 PN/MPa	公称直径 DN	管子及成形零件法兰螺纹		管子及成形件密封面外径		法　兰				透镜垫	管间距	管子与法兰端面间距	双　头　螺　栓			
		管子管件	阀门	管子管件	阀门											
		D		D_1		D_ϕ	b	K	ϕ	S	e_1	e_2	数量	d	L_1	L
32. 0	50	G 2 ¾″	G3″	70		200	40	145	29	14	8. 1	3	6	M27	92	140
	65	G 3 ½″		90		225	50	170	33	16				M30	100	155
	80	M125×4		112		260	60	195	36	20	10. 9	4		M33	116	175
	100	M155×4		130		300	75	235	39	24	15		8	M36	140	205
	(125)	M165×4		147		330	78	255	42	25	12			M39	150	220
	125	M175×4		155						28	15. 8	5			150	220
	150	M215×6		193		400	90	315	48	32	16			M45	170	250
	200	M265×6		248		480	120	380	59	40	20	9	8	M56	205	305

表 3-4-9　螺栓旋入端和螺孔尺寸　（mm）

螺纹代号	双　头　螺　栓　旋　入　端				螺　孔		
d	d_1	l	l_1	l_2	h	h_1	c
M14×2	10	25	14	2	23	15	1
M16×2	12	30	18	2	28	20	1
M20×2. 5	15	36	22	2	34	24	1
M24×3	18	44	26	4	40	28	1. 5
M27×3	20	48	30	4	44	32	1. 5
M3. 0×3. 5	22	55	34	5	50	36	1. 5
M33×3. 5	25	59	38	5	54	40	1. 5
M36×4	28	65	42	5	60	44	2
M39×4	30	70	45	6	64	48	2
M45×4. 5	36	80	52	6	74	56	2
M56×5. 5	48	103	60	9	89	56	2. 5

五、带专用透镜垫和差压板的法兰连接

1. 组装图（H11-67）见图 3-4-4。

技术条件：螺纹：H5-67、螺纹法兰 H12-67

双头螺栓：H16-67、螺母 H17-67

引出口垫图：H19-67、H20-67、H21-67

差压板；H25-67

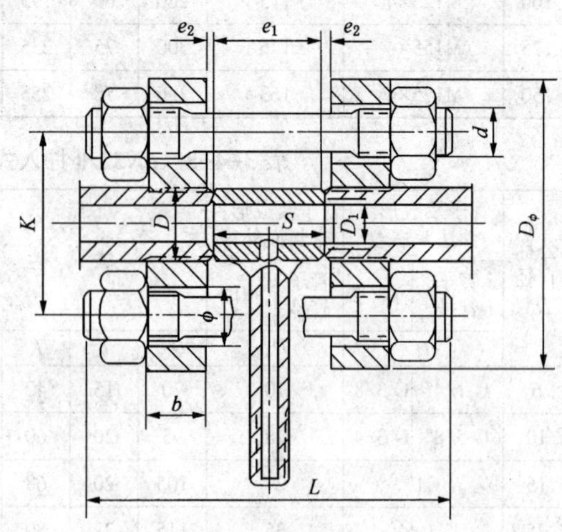

图 3-4-4　带专用透镜垫和差压板的法兰连接图

2. 组装尺寸见表 3-4-10 和表 3-4-11。

表 3-4-10 *PN*22.0 带专用透镜垫和差压板的法兰组装尺寸 (mm)

公称直径 [*PN*22.0 MPa]	管子及成形零件法兰螺纹		管子及成形零件密封面外径		法兰				带引出口透镜垫及差压板		管间距	管子与法兰端面间距	双头螺栓		
	管子管件	阀门	管子管件	阀门											
DN	*D*		D_1		D_ϕ	*K*	*b*	φ	d_0	*S*	e_1	e_2	数量	*d*	*L*
6	G1/4″	G3/8″	10		70	42	15	16	6	35	33.7			M14	105
10	G5/8″	G3/4″	18		95	60	20	18	6	40	38	2		M10	125
									10	50	48				135
15	G5/8″	G3/4″	19.5	22	95	60	20	18	6	40	37.9		3		135
									10	50	47.9				
25	G1″		28		105	68	20	18	6	45	43.3				135
									10	50	48.3				135
									15						
32*	G 1¼″		38		115	80	22	18	6	45▲	42▲		4		135▲
										45	42				
									10	50	47				145
									15						
40	G 1¾″		48		165	115	28	20	6	45▲	41.9▲	3	6	M24	165▲
										45	41.9				
									10	60	56.9				180
									15						
50	G 2¼″		61		165	115	32	20	6	45▲	41.2▲				170▲
										45	41.2				
									10	55	51.2				185
									15	60	56.2				
65	G 2¾″	G3″	75	83	200	145	40	29	6	65▲	61.5▲			M27	195
										45	41.5				
									10	65	61.5				210▲
									15						
80	G 3½″		94		225	170	50	33	6	70▲	65.1▲	4		M30	230
										50	45.1				
									10	65	60.1				250▲
									15	70	65.1				
100	M125×4		115		260	195	60	36	6	70▲	64.9▲			M33	255
										50	44.9				
									10	70	64.9				275▲
									15						
125	M155×4		146		300	235	75	39	6	75▲	67.8▲		8	M36	300
										60	52.8				
									10	75	67.8				315▲
									15						
150	M175×4		163		330	255	78	42	6	75▲	67.9▲	5		M39	315
										60	52.9				
									10	75	67.9				330▲
									15						

表 3-4-11 *PN*32.0 带未用透镜垫和差压板的法兰组装尺寸

(mm)

公称直径 [*PN*22.0 MPa] *DN*	管子及成形零件法兰螺纹 *D* 管子管件	管子及成形零件法兰螺纹 *D* 阀门	管子及成形零件密封面外径 D_1（管子管件、阀门）	法兰 D_ϕ	法兰 *K*	法兰 *b*	法兰 *Φ*	带引出口透镜垫及差压板 *dg*	带引出口透镜垫及差压板 *S*	管间距 e_1	管子与法兰端面间距 e_2	双头螺栓 数量	双头螺栓 *d*	双头螺栓 *L*
6	G1/5″	G3/8″	10	70	42	15	16	6	35	33.7	2	3	M14	105
10	G5/8″	G3/4″	18	95	60	20	18	6	40	38			M10	125
								10	50	48				135
15	G1″		27	105	68	20	18	6	45	41.8				135
								10	55	51.8				145
								15	60	56.8				145
25	G 1¼″		35	115	80	22	18	6	45▲	40.8▲		4		135▲
									45	40.8				
								10	55	50.8				145
								15	60	55.8				145
32	G 1½″		41	135	95	25	22	6	45▲	40.8▲	3		M20	150▲
									45	40.8				
								10	55	50.8				160
								15	60	55.8				160
40	G 2¼″		58	165	115	32	26	6	45▲	39.5▲		6	M24	170▲
									45	39.5				
								10	60	54.5				185
								15						
50	G 2¾″	G3″	70	200	145	40	29	6	65▲	59.1▲			M27	195
									45	39.1				
								10	65	59.1				210▲
								15						
65	G 3½″		90	225	170	50	33	6	70▲	62.1▲	4		M30	230
									50	42.1				
								10	70	62.1				250▲
								15						
80	M125×4		112	260	195	60	36	6	70▲	60.9▲			M33	255
									50	40.9				
								10	70	60.9				275▲
								15						
100	M155×4		130	300	235	75	30	6	75▲	66▲		8	M36	300
									60	51				
								10	75	66				315▲
								15						
(125)	M165×4		147	330	255	78	48	6	75▲	62.3▲	5		M39	315
									60	47.3				
								10	75	62.3				330▲
								15						
125	M175×4		155	330	255	78	42	6	75▲	62.8▲				315
									60	47.8				
								10	75	62.8				330▲
								15						
150	M215×6		193	400	315	90	48	6	85▲	69▲			M45	350
									65	49				
								10	85	69				370▲
								15						
200	M265×6		248	480	380	120	59	6	85▲	67▲	9	8	M56	440
									65	47				420
								10	85	67				440
								15						

3. 焊接高压单引出口垫圈(三通式)(H19-67)见图 3-4-5。

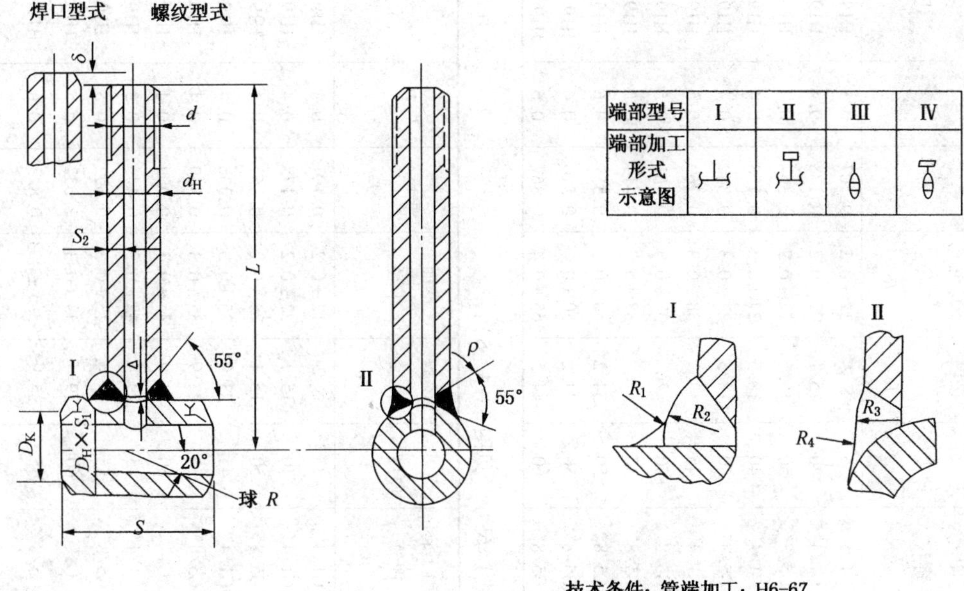

端部型号	I	II	III	IV
端部加工形式示意图				

图 3-4-5　三通式单引出口垫圈

三通式单引出口垫圈尺寸见表 3-4-12 和表 3-4-13。

4. 焊接高压单引出口垫圈（插入式）（H20-67）见图 3-4-6。

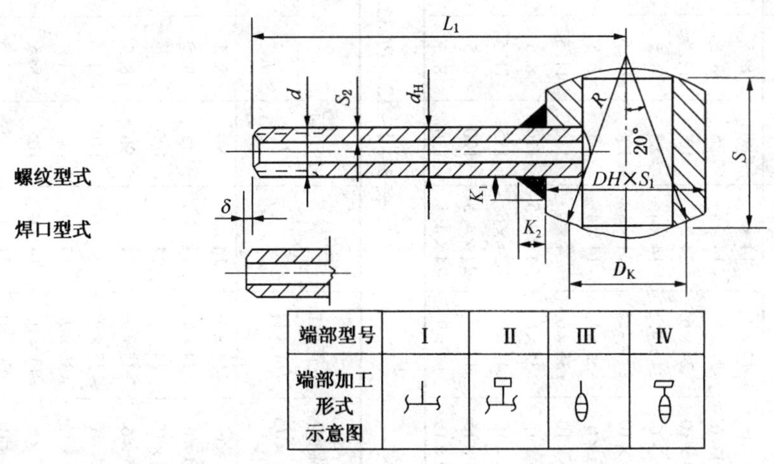

端部型号	I	II	III	IV
端部加工形式示意图				

图 3-4-6　插入式单引出口垫圈

表 3-4-12 *PN*22.0 焊接高压单引出口垫圈（三通式）尺寸（见图 3-4-5） (mm)

公称压力 PN/MPa	公称直径 $DN \times dN$	主管规格 $D_H \times S_1$	引出口管规格 $d_H \times S_2$	中至面 L_1	焊接坡口 R_1	焊接坡口 R_2	焊接坡口 R_3	焊接坡口 R_4	间隙 Δ	引出管螺纹 d	厚度 S	接触直径 D_K	球面半径 R	质量/kg	r	代号
22.0	6×6	14×4	14×4	80	8.5	10	6.5	无穷大	1.5	G1¼″	35	8.2	12±0.2	0.107	0.3	H19-2-1
	10×6	24×6	14×4	85	8.5	10	7	35.5	1.5	G1/4″	40	15.1	22±0.2	0.178	0.4	H19-2-2
	10×10	24×6	24×6	100	11.5	13	8.5	无穷大	1.5	G5/8″	50	15.1	22±0.2	0.367	0.4	H19-2-3
	15×6	24×4.5	14×4	85	8.5	10	7	20	1.5	G1/4″	40	18.5	27±0.3	0.158	0.4	H19-2-4
	15×10	24×4.5	24×6	100	11.5	13	8.5	无穷大	1.5	G5/8″	50	18.5	27±0.3	0.342	0.4	H19-2-5
	25×6	35×6	14×4	95	8.5	10	7.5	43	1.5	G1/4″	45	26	38±0.3	0.269	0.5	H19-2-6
	25×10	35×6	24×6	110	11.5	13	9	50	1.5	G5/8″	50	26	38±0.3	0.461	0.5	H19-2-7
	25×15	35×6	24×4.5	110	8.5	10	6.5	16.5	1.5	G5/8″	50	26	38±0.3	0.414	0.5	H19-2-8
	32×10	43×7	24×6	115	11.5	13	9	29.5	1.5	G5/8″	50	34.2	50±0.3	0.557	0.6	H19-2-9
	32×15	43×7	24×4.5	120	8.5	10	6.5	12.5	1.5	G5/8″	50	34.2	50±0.3	0.520	0.6	H19-2-10
	40×15	57×9	24×4.5	130	8.5	10	7	11	1.5	G5/8″	60	44.5	65±0.4	0.867	0.6	H19-2-11

表 3-4-13 *PN*32.0 焊接高压单引出口垫圈（三通式）尺寸（见图 3-4-5） (mm)

公称压力 PN/MPa	公称直径 $DN \times dN$	主管规格 $D_H \times S_1$	引出口管规格 $d_H \times S_2$	中至面 L_1	焊接坡口 R_1	焊接坡口 R_2	焊接坡口 R_3	焊接坡口 R_4	间隙 Δ	引出管螺纹 d	厚度 S	接触直径 D_K	球面半径 R	质量/kg	r	代号
32.0	6×6	14×4	14×4	80	8.5	10	6.5	无穷大	1.5	G1/4″	35	8.2	12±0.2	0.107	0.3	H19-3-1
	10×6	24×6	14×4	85	8.5	10	7	35.5	1.5	G1/4″	40	15.1	22±0.2	0.178	0.4	H19-3-2
	10×10	24×6	24×6	100	11.5	13	8.5	无穷大	1.5	G5/8″	50	15.1	22±0.2	0.367	0.4	H19-3-3
	15×6	35×9	14×4	95	8.5	10	8	22	1.5	G1/4″	45	23.9	35±0.3	0.336	0.4	H19-3-4
	15×10	35×9	24×6	110	11.5	13	9	29	1.5	G5/8″	55	23.9	35±0.3	0.569	0.4	H19-3-5
	15×15	35×9	35×9	115	14	17	12	无穷大	2	G1″	60	23.9	35±0.3	0.909	0.4	H19-3-6
	25×6	43×10	14×4	105	8.5	10	7	6	1.5	G1/4″	45	29.4	43±0.3	0.445	0.5	H19-3-7
	25×10	43×10	24×6	115	11.5	13	9	21	1.5	G5/8″	55	29.4	43±0.3	0.692	0.5	H19-3-8
	25×15	43×10	35×9	120	14	17	12	65	2	G1″	60	29.4	43±0.3	1.052	0.5	H19-3-9
	32×10	49×10	24×6	125	11.5	13	10	25	1.5	G5/8″	55	35.9	52.5±0.3	0.825	0.6	H19-3-10
	32×15	49×10	35×9	130	14	17	13	125	2	G1″	60	35.9	52.5±0.3	1.208	0.6	H19-3-11
	40×15	68×13	35×9	145	14	17	13	36	2	G1″	60	49.9	73±0.4	1.682	0.6	H19-3-12

5. 焊接高压双引出口垫圈（插入式）（H21-67）见图 3-4-7。

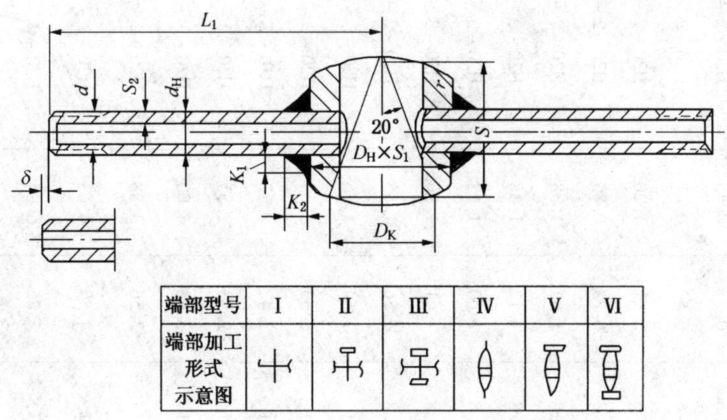

端部型号	Ⅰ	Ⅱ	Ⅲ	Ⅳ	Ⅴ	Ⅵ
端部加工形式示意图						

图 3-4-7　插入式双引出口垫圈

插入式单、双引出口垫圈尺寸见表 3-4-14~表 3-4-15。

6. 差压板（H25-67）见图 3-4-8。

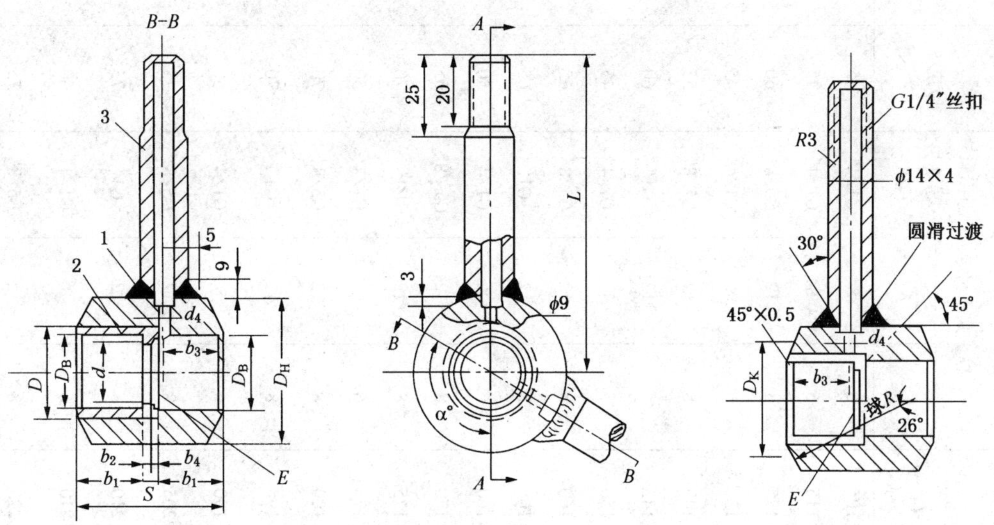

图 3-4-8　差压板（差压板尺寸见表 3-4-16）

注：① 件号 2 为 1Cr18Ni9Ti，压入件 1 后再加工球面与差压孔。

② 件号 1、3 可按温度不同选用 20 号钢或 15CrMo。

③ 节流直径 d，孔壁与 E 面应严格垂直。

④ 节流直径 d 由订单提出精度▽1.6。

⑤ 焊后应检查 d_4 是否畅通。

表 3－4－14　*PN*22.0 焊接高压单、双引出口垫圈（插入式）尺寸

（mm）

公称直径 $DN \times dN$	主管规格 $D_H \times S_1$	引出管规格 $d_H \times S_2$	中至面 L_1	焊缝尺寸		引出管螺纹 (*d*)	厚度 *S*	接触直径 D_K	球面直径 *R*	*r*	质量/kg		代号
				K_1	K_2						单引出口	双引出口	
32×6	43×7	14×4	105	6	8	G1/4″	45	34.2	50±0.3	0.6	0.37	0.45	H20－2－1
40×6	57×9	14×4	115	6	8	G1/4″	45	44.5	65±0.4	0.6	0.57	0.67	H20－2－2
40×10	57×9	24×6	125	8	12	G5/8″	60	44.5	65±0.4	0.6	0.92	1.20	H20－2－3
50×6	68×10	14×4	130	6	8	G1/4″	45	57.5	84±0.4	0.8	0.75	0.85	H20－2－4
50×10	68×10	24×6	140	8	12	G5/8″	55	57.5	84±0.4	0.8	1.07	1.38	H20－2－5
50×15	68×10	24×4.5	145	8	12	G1″	60	57.5	84±0.4	0.8	1.12	1.38	H20－2－6
65×6	83×11	14×4	150	6	8	G1/4″	45	71	104±0.4	0.8	1.00	1.12	H20－2－7
65×10	83×11	24×6	160	8	12	G5/8″	65	71	104±0.4	0.8	1.61	1.96	H20－2－8
65×15	83×11	24×4.5	165	8	12	G1″	65	71	104±0.4	0.8	1.56	1.85	H20－2－9
80×6	102×14	14×4	160	6	8	G1/4″	50	89	130±0.5	1	1.64	1.76	H20－2－10
80×10	102×14	24×6	170	8	12	G5 /8″	65	89	130±0.5	1	2.33	2.69	H20－2－11
80×15	102×14	24×4.5	175	8	12	G1″	70	89	130±0.5	1	2.42	2.72	H20－2－12
100×6	127×17	14×4	175	6	8	G1/4″	50	108	158±0.5	1	2.43	2.55	H20－2－13
100×10	127×17	24×6	190	8	12	G5/8″	70	108	158±0.5	1	3.62	4.00	H20－2－14
100×15	127×17	24×4.5	195	8	12	G1″	70	108	158±0.5	1	3.56	3.88	H20－2－15
125×6	159×20	14×4	190	6	8	G1/4″	60	135.5	198±0.5	1	4.50	4.63	H20－2－16
125×10	159×20	24×6	205	8	12	G5/8″	75	135.5	198±0.5	1	5.86	6.24	H20－2－17
125×15	159×20	24×4.5	210	8	12	G1″	75	135.5	198±0.5	1	5.80	6.12	H20－2－18
150×6	180×20	14×4	210	6	8	G1/4″	60	154.6	226±0.6	1.25	5.74	5.88	H20－2－19
150×10	180×22	24×6	225	8	12	G5/8″	75	154.6	226±0.6	1.25	7.42	7.83	H20－2－20
150×15	180×22	24×4.5	230	8	12	G1″	75	154.6	226±0.6	1.25	7.35	7.70	H20－2－21

表 3－4－15　*PN*32.0 焊接高压单、双引出口垫圈（插入式）尺寸　（mm）

公称直径 $DN \times dN$	主管规格 $D_H \times S_1$	引出管规格 $d_H \times S_2$	中至面 L_1	焊缝尺寸		引出管螺纹 d	厚度 S	接触直径 D_K	球面直径 R	r	质量/kg		代号
				K_1	K_2						单引出口	双引出口	
32×6	49×10	14×4	115	6	8	G1/4″	45	35.9	52.5±0.3	0.6	0.50	0.65	H20－3－1
40×6	68×13	14×4	130	6	8	G1/4″	45	49.9	73±0.4	0.6	0.90	1.01	H20－3－2
40×10	68×13	24×6	140	8	12	G5/8″	60	49.9	73±0.4	0.6	1.37	1.68	H20－3－3
50×6	83×15	14×4	150	6	8	G1/4″	45	61.6	90±0.4	0.8	1.25	1.37	H20－3－4
50×10	83×15	24×6	160	8	12	G5/8″	65	61.6	90±0.4	0.8	1.99	2.25	H20－3－5
50×15	83×15	35×9	165	9	18	G1″	65	61.6	90±0.4	0.8	2.43	3.23	H20－3－6
65×6	102×17	14×4	160	6	8	G1/4″	50	79.4	116±0.4	0.8	1.91	2.03	H20－3－7
65×10	102×17	24×6	170	8	12	G5/8″	70	79.4	116±0.4	0.8	2.88	3.12	H20－3－8
65×15	102×17	35×9	175	9	18	G1″	70	79.4	116±0.4	0.8	3.31	4.12	H20－3－9
80×6	127×21	14×4	175	6	8	G1/4″	50	99.3	145±0.4	1	3.02	3.15	H20－3－10
80×10	127×21	24×6	190	8	12	G5/8″	70	99.3	145±0.4	1	4.44	4.84	H20－3－11
80×15	127×21	35×9	195	9	18	G1″	70	99.3	145±0.4	1	4.93	5.81	H20－3－12
100×6	159×28	14×4	190	6	8	G1/4″	60	116.3	170±0.5	1	5.94	6.07	H20－3－13
100×10	159×28	24×6	205	8	12	G5/8″	75	116.3	170±0.5	1	7.66	8.07	H20－3－14
100×15	159×28	35×9	210	9	18	G1″	75	116.3	170±0.5	1	8.17	9.08	H20－3－15
(125×6)	168×28	14×4	210	6	8	G1/4″	60	136.8	190±0.5	1	6.45	6.60	H20－3－16
(125×10)	168×28	24×6	225	8	12	G5/8″	75	136.8	190±0.5	1	8.31	8.76	H20－3－17
(125×15)	168×28	35×9	230	9	18	G1″	75	136.8	190±0.5	1	8.87	9.87	H20－20－18
125×6	180×30	14×4	210	6	8	G1/4″	60	136.8	190±0.5	1	7.43	7.58	H20－3－16
125×10	180×30	24×6	225	8	12	G5/8″	75	136.8	190±0.5	1	9.54	9.98	H20－3－17
125×15	180×30	35×9	230	9	18	G1″	75	136.8	200±0.5	1	10.08	11.06	H20－3－18
150×6	219×35	14×4	245	6	8	G1/4″	65	164	240±0.6	1.25	10.47	10.64	H20－3－19
150×10	219×35	24×6	260	8	12	G5/8″	85	164	240±0.6	1.25	13.99	14.49	H20－3－20
150×15	219×35	35×9	265	9	18	G1″	85	164	240±0.6	1.25	14.60	15.70	H20－3－21
200×6	273×40	15×4.5 (14×4)	285	6	8	M14×1.5 (G1/″4)	65	218.9	320±0.8	1.50	15.12	15.34	H20－3－22
200×10	273×40	25×6 (24×6)	290	8	12	M24×2 (G5/″8)	85	218.9	320±0.8	1.50	20.05	20.60	H20－3－23
200×15	273×40	35×9	295	9	18	M33×2	85	218.9	320±0.8	1.50	20.67	21.81	H20－3－24

表 3-4-16　差压板尺寸

PN	DN	DH	DK	DB	D	R	S	b_1	b_2	b_3	b_4	d_4	L	a	质量/kg	代　号
32.0	25	43	29.40	23	27	43 ±0.3	45	21	3	19	1	4	105	90°	0.528	H25-3-1
	32	49	35.90	29	33	52.5 ±0.3	45	21	3	19	1	4	115	90°	0.635	H25-3-2
	40	68	49.90	42	46	73 ±0.4	45	20	5	18	1	4	130	120°	0.978	H25-3-3
	50	83	61.60	53	57	90 ±0.4	65	29.5	6	27.5	1	4	150	120°	1.874	H25-3-4
	65	102	79.40	68	72	116 ±0.4	70	31.5	7	29.5	1	4	160	120°	2.695	H25-3-5
	80	127	99.30	85	89	145 ±0.5	70	30.5	9	28.5	2	4	175	120°	4.270	H25-3-6
	100	159	116.30	103	107	170 ±0.5	75	32.5	10	30.5	2	4	190	90°	7.468	H25-3-7
	125	168	130	112	116	190 ±0.5	75	31.5	12	29.5	2.5	4	210	90°	8.118	H25-3-8
		180	136.8	120	124	200 ±0.5									9.337	H25-3-9
	150	219	164	149	153	240 ±0.6	85	36.5	12	34.5	2.5	4	245	90°	13.768	H25-3-10
	200	273	218.9	193	200	320 ±0.8	85	36.5	12	34.5	2.5	4	295	90°	19.724	H25-3-11
22.0	32	43	34.2	29	33	50 ±0.3	45	21	3	19	1	4	105	90°	0.443	H25-2-1
	40	57	44.5	39	43	65 ±0.4	45	21	3	19	1	4	115	120°	0.641	H25-2-2
	50	68	57.5	48	52	84 ±0.4	45	20	5	18	1	4	130	120°	0.832	H25-2-3
	65	83	71	61	65	104 ±0.4	65	29.5	6	27.5	1	4	150	120°	1.484	H25-2-4
	80	102	89	74	78	130 ±0.5	70	31.5	7	29.5	1	4	160	120°	2.335	H25-2-5
	100	127	108	93	97	158 ±0.5	70	30.5	9	28.5	2	4	175	90°	3.460	H25-2-6
	125	159	135.5	119	123	198 ±0.5	75	32.5	10	30.5	2	4	190	90°	5.688	H25-2-7
	150	180	154.6	136	140	226 ±0.6	75	31.5	12	29.5	2.5	4	210	90°	7.237	H25-2-8

六、管子和管件的端部加工

与螺纹法兰相连接的管子和管件的端部加工尺寸见表 3-4-17 加工要求见图 3-4-9。

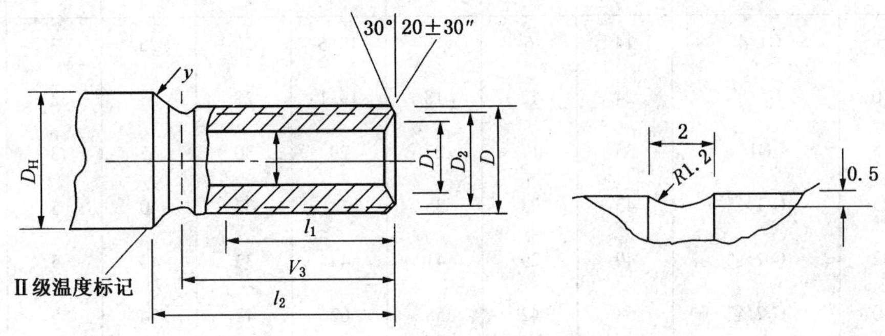

图 3-4-9　管子和管件端部加工图

管端螺纹与法兰螺纹应完全匹配，螺纹标准为公制圆根螺纹（表 3-4-18）或圆柱形圆角管螺纹（表 3-4-19），见图 3-4-10，螺纹代号为 H5-67。

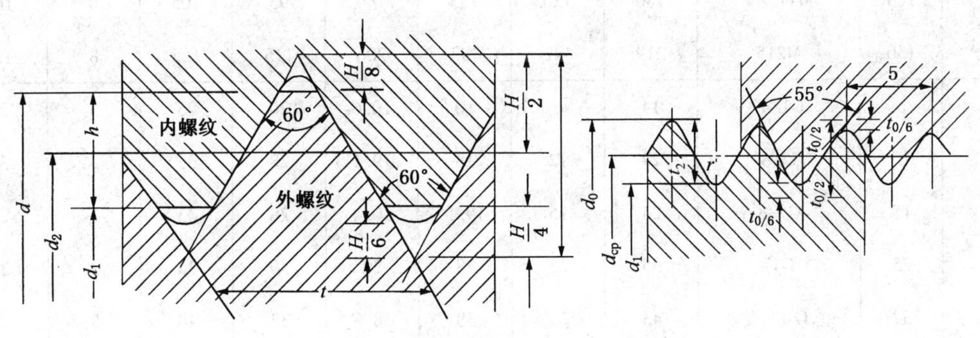

$t_0=0.96049S$

$H=0.8660t$　　$h=0.5413t$　　$t_2=0.6403S$

$d_2=d-0.6495t$　　$d_1=d-1.0825t$　　$r=0.13733S$

公制圆根螺纹　　　　圆柱形圆角管螺纹

图 3-4-10　螺纹图

表 3-4-17　螺纹连接用管子及管件端部尺寸　　（mm）

公称压力	公称直径	螺纹代号	外径	内径	磨光表面外径	倒角直径	螺纹长度	车光尺寸	倒角半径	标志位置
PN	DN	*D*	*DH*	*DB*	*D*①	*D*②	*l*①	*l*②	*r*	*V*
32.0	6	G1/4″	14	6	10	10.6	20	25	3	23
	10	G5/8″	24	12	18	19.1	28	33	3	30
	15	G1″	35	17	27	29	30	35	3	32
	25	G 1¼″	43	23	35	38	32	40	5	36
	32	G 1½″	49	29	41	44	35	43	5	39
	40	G 2¼″	68	42	58	62	42	50	5	40
	50	G 2¾″	83	53	70	76.2	50	60	5	55
	65	G 3½″	102	68	90	96	60	70	5	65
	80	M125×4	127	85	112	118	75	85	8	80
	100	M155×4	159	103	130	149	90	100	8	95
	(125)③	M165×4	168	112	147	158	95	105	8	100
	125	M175×4	180	120	155	166	95	105	8	100
	150	M215	219	149	193	206	115	125	8	120
22.0	6	G1/4″	14	6	10	10.6	20	25	3	23
	10	G5/8″	24	12	18	19.1	28	33	3	30
	15	G5/8	24	15	19.5	20.4	28	33	3	30
	25	G1″	35	23	28	29	30	35	3	32
	32	G 1¼″	43	29	38	38.5	32	40	5	36
	40	G 1¾″	57	39	48	50	38	46	5	42
	50	G 2¼″	68	48	61	62	42	50	5	46
	65	G 2¾″	83	61	75	76.2	50	60	5	55
	80	G 3½″	102	74	94	96	60	70	5	65
	100	H125×4	127	93	115	118	75	85	8	80
	125	M155×4	159	119	146	149	90	100	8	95
	150	M175×4	180	136	163	166	95	105	8	100

注：① 螺纹按 H5-67 的现定（见图 3-4-10）。

② 螺纹收尾按 GB 3—58 的规定。

③（125）用于 ϕ168×28 的管子上。

表 3－4－18　公制圆根螺纹尺寸

（mm）

英制、普通螺纹对照				管子管件普通螺纹加工尺寸																
公称直径		螺纹代号		螺距	公称尺寸				圆角半径	外螺纹						内螺纹				
PN220	PN320	英制	普通		外径	中径	内径	工作高度		外径		平均直径		内径		内径		平均直径		外径
DN	DN			t	d	d_2	d_1	h	r	最大	最小	最大	最小	最大	最小	最小	最大	最小	最大	最小
3	3	G1/2″	M20×1.5a	1.5	20	19.026	18.376	0.812	0.216	20	19.760	19.026	18.856	18.160	18.052	18.376	18.626	19.026	19.196	20
3.6	6	G3/8″	M14×1.5－2a	1.5	14	13.026	12.376	0.812	0.216	14	13.760	13.026	12.871	12.160	12.052	12.376	12.626	13.026	13.181	14
10	10	G3/4″	M24×2－2a	2	24	22.701	21.835	1.083	0.289	24	23.710	22.701	22.506	21.546	21.402	21.835	22.135	22.701	22.896	24
25	15	G1″	M33×2－2a	2	33	31.701	30.835	1.083	0.289	33	32.710	31.701	31.491	30.546	30.402	30.835	31.135	31.701	31.911	33
32	25	G 1¼″	M42×2－2a	2	42	40.701	39.835	1.083	0.289	42	41.710	40.701	40.491	39.546	39.402	39.835	40.135	40.701	40.911	42
—	32	G 1½″	M48×2－2a	2	48	46.701	45.835	1.083	0.289	48	47.710	46.701	46.491	45.546	45.402	45.835	46.135	46.701	46.911	48
40	—	G 1¾″	M52×2－2a	2	52	50.701	49.835	1.083	0.289	52	51.710	50.701	50.491	49.546	49.402	49.835	50.135	50.701	50.911	52
50	40	G 2¼″	M65×2－2a	2	65	63.701	62.835	1.083	0.289	65	64.710	63.701	63.471	62.546	62.402	62.835	63.135	63.701	63.931	65
65	50	G 2¾″、3″	M80×3－2a	3	80	78.052	76.752	1.624	0.433	80	79.630	78.052	77.802	76.319	76.102	76.752	77.132	78.052	78.302	80
80	65	G 3½″	M100×3－2a	3	100	98.052	96.752	1.624	0.433	100	99.630	98.052	97.782	96.319	96.102	96.752	97.132	98.052	98.322	100
100	80	—	M125×4－2a	4	125	122.402	120.670	2.165	0.577	125	124.580	122.402	122.092	120.093	119.804	120.670	121.150	122.402	122.712	125
125	100	—	M155×4－2a	4	155	152.402	150.670	2.165	0.577	155	154.580	152.402	152.092	150.093	149.804	150.670	151.150	152.402	152.712	155
	(125)	—	M165×4－2a	4	165	162.402	160.670	2.165	0.577	165	164.580	162.402	162.092	160.093	159.804	160.670	161.150	162.402	162.712	165
150	125	—	M175×4－2a	4	175	172.402	170.670	2.165	0.577	175	174.580	172.402	172.092	170.093	169.804	170.670	171.150	172.402	172.712	175
	150	—	M215×6－2a	6	215	211.103	208.505	3.248	0.866	215	214.400	211.103	210.733	207.639	207.206	208.505	209.205	211.103	211.473	215

表 3－4－19　圆柱形圆角管螺纹尺寸

（mm）

螺纹代号	每寸牙数	螺距	螺纹直径 外径	螺纹直径 平均直径	螺纹直径 内径	螺纹断面高度	圆角半径	管子、管件 外径 最大	管子、管件 外径 最小	管子、管件 平均直径 最大	管子、管件 平均直径 最小	管子、管件 内径 最大	管子、管件 内径 最小	法兰 内径 最小	法兰 内径 最大	法兰 平均直径 最小	法兰 平均直径 最大	法兰 最小外径
	n	s	d_0	dcp	d_1	t_2	r	最大	最小	最大	最小	最大	最小	最小	最大	最小	最大	
G1/4″	19	1.337	13.158	12.302	11.446	0.856	0.184	13.100	12.740	12.302	12.165	11.446	11.172	11.560	11.830	12.302	12.439	13.158
G3/8″			16.663	15.807	14.951			16.600	16.240	15.807	15.659	14.951	14.655	15.060	15.340	15.807	15.599	16.663
G1/2″			20.956	19.794	18.632			20.890	20.500	19.794	19.633	18.632	18.310	18.750	19.050	19.794	19.955	20.956
G5/8″	14	1.814	22.912	21.750	20.588	1.162	0.249	22.850	22.460	21.750	21.589	20.288	20.266	20.710	21.010	21.750	21.911	22.912
G3/4″			26.442	25.282	24.119			26.380	25.970	25.281	25.120	24.119	23.797	24.250	24.570	25.281	25.442	26.442
G1″			33.250	31.771	30.293			33.180	32.750	31.771	31.578	30.293	29.907	30.430	30.790	31.771	31.964	33.250
G 1 ¼″			41.912	40.433	38.954			41.840	41.360	40.433	40.240	38.954	38.568	39.100	39.460	40.433	40.626	41.912
G 1 ½″			47.805	46.326	44.847			47.730	47.200	46.326	46.133	44.847	44.461	45.000	45.400	46.326	46.519	47.805
G 1 ¾″			53.748	52.270	50.791			53.670	53.550	52.270	52.046	50.791	50.671	50.870	50.970	52.270	52.494	53.748
G 2 ¼″	11	2.309	65.712	64.234	62.755	1.479	0.317	65.630	65.060	64.234	64.010	62.755	62.307	62.910	63.360	64.234	64.458	65.712
G 2 ½″			75.187	73.708	72.230			75.108	74.968	73.708	73.484	72.230	72.090	72.308	72.428	73.708	73.932	75.187
G 2 ¾″			81.537	80.058	78.580			81.460	80.890	80.058	79.803	78.580	78.070	78.740	79.180	80.058	80.313	81.537
G3″			87.887	86.409	84.930			87.800	87.190	80.409	86.154	84.930	84.420	85.100	85.580	86.409	86.664	87.887
G 3 ½″			100.334	98.855	97.376			100.250	99.630	98.855	98.600	97.376	96.866	97.550	98.030	98.855	99.110	100.334

七、螺纹法兰

法兰外形及尺寸分别见图 3－4－11 和表 3－4－20。

技术要求：1. 螺纹 H5－67

2. 法兰端面与螺纹中心线应相垂直其不垂直度偏差 $DN \leqslant 50$，偏差 <1mm

$DN>50$ 偏差 <1.5mm。

11 螺纹法兰

表 3－4－20 法兰尺寸及质量

名称	公称直径 PN32.0 DN	公称直径 PN22.0 DN	螺纹代号 D	法兰 D_ϕ	法兰 K	法兰 ϕ	法兰 b	法兰 f	法兰 C	双头螺栓 孔数 n	双头螺栓 螺纹代号 d	质量/kg	代号
管子管件螺纹法兰	6	6	G1/4″	70	42	14	15	1	1	3	M14	0.37	H12－0－1
	10	10 及 15	G5/8″	95	60	18	20	1	1	3	M16	0.94	H12－0－2
	15	25	G1″	105	63	18	20	1	1	3	M16	1.11	H12－0－3
	25	32	G 1 ¼″	115	80	18	22	1	1	4	M16	1.93	H12－0－4
	32	—	G 1 ½″	135	95	22	25	1.5	1.5	4	M20	2.20	H12－0－5
	—	40	G 1 ¾″	165	115	26	28	1.5	1.5	6	M24	3.03	H12－0－6
	40	50	G 2 ¼″	165	115	26	32	1.5	1.5	6	M24	3.51	H12－0－7
	50	65	G 2 ¾″	200	145	29	40	1.5	1.5	6	M27	7.14	H12－0－8
	65	80	G 3 ½″	225	170	33	50	2	1.5	6	M30	10.70	H12－0－9
	80	100	M125×4	260	195	36	60	2	2	6	M33	16.55	H12－0－10
	100	125	M155×4	300	235	39	75	2	3	8	M36	25.9	H12－0－11
	(125)	—	M165×4	330	255	42	78	3	3	8	M39	32.4	H12－0－12
	125	150	M175×4	330	255	42	78	3	3	8	M39	30.8	H12－0－13
	150	—	M215×6	400	315	48	90	3	3	8	M45	53.8	H12－0－14
	200	—	M265×6	480	380	59	120	3	3	8	M56	100.8	H12－0－19
阀门专用螺纹法兰	3*	—	G1/2″	80	52	16	15	1	1	3	M14	0.49	H12－0－16
	3 及 6		G3/8″	70	42	16	15	1	1	3	M14	0.36	H12－0－16
	10	10 及 15	G3/4″	95	60	18	20	1	1	3	M16	0.91	H12－0－18
	50	65	G3″	200	145	29	40	1.5	1.5	6	M27	6.89	H12－0－18

八、盲板(H13-67)

盲板外形及尺寸分别见图3-4-12和表3-4-21。

4-12 盲板

表3-4-21 盲板尺寸及质量

公称直径 DN		盲板						PN32.0				PN22.0				质量/kg	代号
PN32.0	PN22.0	D_ϕ	K	b	ϕ	孔数	f	D_B	D_1	H_1	R	D_B	D_1	H_1	R		
3及6	3及6	70	42	15	16	3	1	6	10	3	1	6	10	3	1	0.4	H13-0-1
10	10及15	95	60	20	13	3	1	12	18	3	1	12	18	3	1	0.99	H13-0-2
15	25	105	68	20	18	3	1	17	27	3	1	15	19.5	3	1	1.33	H13-0-3
25	32	115	80	22	18	4	1	23	35	4	1	23	28	3	1	1.57	H13-0-4
32	—	135	95	25	22	4	1	29	41	4	1	29	38	4	1	2.5	H13-0-5
—	40	165	115	28	26	6	1	—	—	—	—	39	48	4	1	3.92	H13-0-6
40	50	165	115	32	26	6	1.5	42	58	5	1	48	61	5	1	4.48	H13-0-7
50	65	200	145	40	29	6	1.5	53	70	6	1	59	75	6	1	8.45	H13-0-8
65	80	225	170	50	33	6	2	68	90	6	1	74	94	6	1.5	13.4	H13-0-9
80	100	260	195	60	36	6	2	85	112	7	1.5	93	115	7	1.5	21.6	H13-0-10
100	125	300	235	75	39	8	3	103	130	8	1.5	119	146	8	1.5	34.6	H13-0-11
(125)	—	330	255	78	42	8	3	112	147	9	1.5	—	—	—	—	45.0	H13-0-12
125	150	330	255	78	42	8	3	120	155	9	1.5	136	163	9	1.5	43.5	H13-0-13
150	—	400	315	90	48	8	3	149	193	10	1.5				—	77.5	H13-0-14
200	—	480	380	120	59	8	3	193	248	15	2	—	—	—	—	145.9	H13-0-15

九、双头螺栓

1. 拧入用双头螺栓（H15-67）见图 3-4-13。

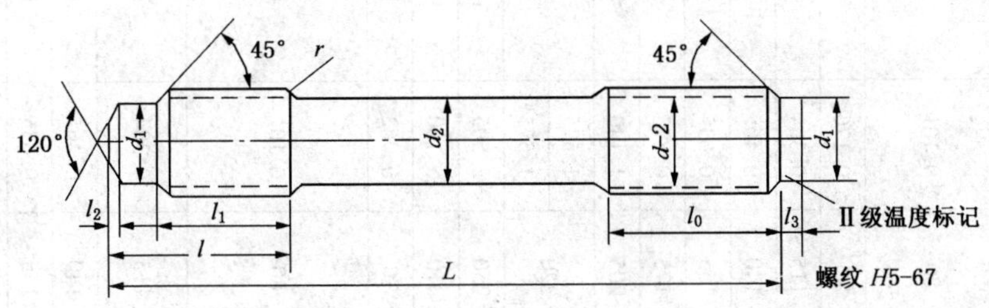

图 3-4-13　拧入用双头螺栓

螺栓尺寸及质量见表 3-4-22。

2. 管道法兰用双头螺栓（H16-67）见图 3-4-14。

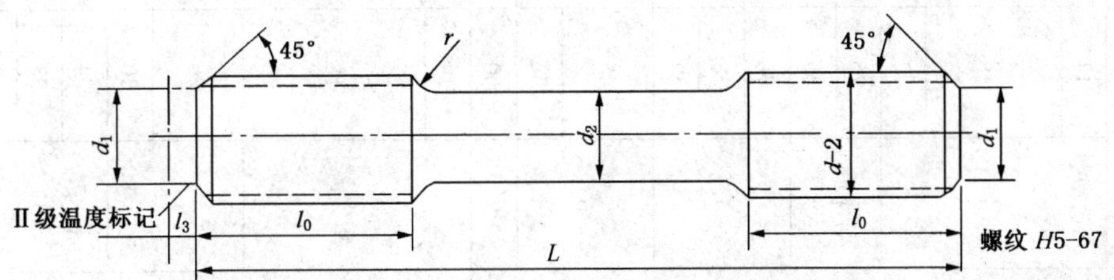

图 3-4-14　管道法兰用双头螺栓

螺栓尺寸及质量见表 3-4-23。

十、螺母（H17-67）

螺母外形见图 3-4-15 尺寸及质量见表 3-4-24。

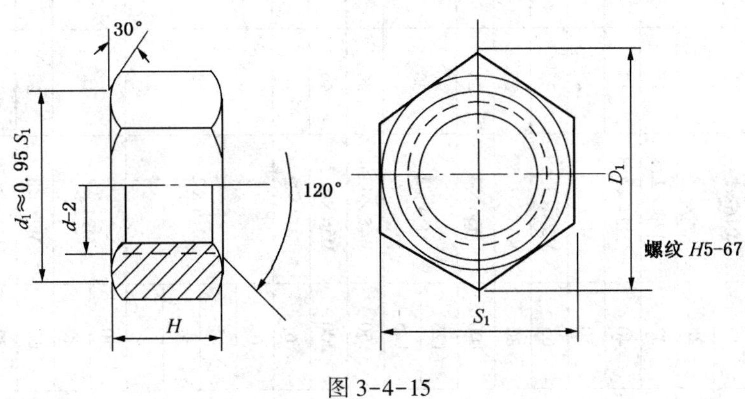

图 3-4-15

表 3-4-22　拧入用双头螺栓尺寸及质量

公称压力	公称直径	直　径			基 本 部 分 的 尺 寸						总　长	质量	代　号
PN	DN	d	d_1	d_2	l_0	l_3	l_2	l_1	l	r	L	/kg	
32.0	6	M14×2	10	11	28	4	2	14	25	6	70	0.062	H15-0-1
	10	M16×2	12	13	32			18	30		80	0.101	H15-0-2
	15												
	25												
	32	M120×2.5	15	16.4	36			22	36	8	95	0.176	H15-0-3
	40	M24×3	18	19.5	45		4	26	44		115	0.304	H15-0-5
	50	M27×3	20	22.5	48			30	48		140	0.465	H15-0-5
	65	M30×3.5	22	24.8	52		5	34	55	10	155	0.635	H15-0-6
	80	M33×3.5	25	28	60			38	59		175	0.875	H15-0-7
	100	M36×4	28	30	62			42	65		205	1.140	H15-0-8
	(125)	M39×4	30	33	65		6	45	70	12	220	1.575	H15-0-9
	125											1.575	
	150	M45×4.5	36	38	75			52	80		250	2.505	H15-0-10
	200	M56×5.5	46	48	78		9	60	103		310	5.100	H15-0-11
22.0	6	M14×2	10	11	28	4	2	14	25	6	70	0.062	H15-0-1
	10	M16×2	12	13	32			18	30		80	0.101	H15-0-2
	15												
	25												
	32*												
	40	M24×3	18	19.5	45		4	26	44	8	115	0.304	H15-0-1
	50												
	65	M27×3	20	22.5	43			30	48		140	0.465	H15-0-5
	80	M30×3.5	22	24.8	52		5	34	55	10	155	0.635	H15-0-6
	100	M33×3.5	25	28	60			38	59		175	0.875	H15-0-7
	125	M36×4	28	30	62			42	65		205	1.140	H15-0-8
	150	M39×4	30	33	65		6	45	70	12	220	1.575	H15-0-9

注：有*号者螺栓材料须用$\sigma_s \geqslant 39.2$MPa，其余性能应符合表3-4-2规定，其端部需车出l_3凸台，并在凸台上车深0.5mm，宽2mm的沟槽。

表 3-4-23 管道法兰用双头螺栓尺寸及质量

公称压力	公称直径	直径			基本部分尺寸			用透镜垫的螺栓长度	用单（双）引出口透镜垫及差压板螺栓长度 L		质量/kg			代号
											透镜垫连接川	单（双）引出口透镜垫及差压板用		
PN	DN	d	d_1	d_2	l_0	l_3	r	L	dN6	dN10, dN15		dN6	dN10, dN15	
32.0	6	M14×2	10	11	28	4	6	80	105	—	0.073	0.098	—	H16-0-1-XXX
	10	M16×2	12	13	32			95	125	135	0.115	0.151	0.162	H16-0-2-XXX
	15								135	145		0.162	0.168	
	25													
	32	M20×2.5	15	16.4	36		8	120	150	160	0.214	0.283	0.320	H16-0-3-XXX
	40	M24×3	18	19.5	45			140	170	185	0.358	0.442	0.485	h16-0-4-XXX
	50	M27×3	21	22.5	48			165	195	210	0.573	0.659	0.768	h16-0-5-XXX
	65	M30×3.5	23	24.8	52		10	195	230	250	0.805	0.940	1.022	HM16-0-6XXX
	80	M33×3.5	25	28.0	60			220	255	275	1.158	1.292	1.395	H16-0-7-XXX
	100	M36×4	28	30.0	62		12	265	300	315	1.490	1.700	1.780	H16-0-8-XXX
	(125)	M39×1	31	33.0	65			275	315	330	1.970	2.250	2.350	H16-0-9-XXX
	125								315	330	1.970	2.250	2.350	H16-0-9-XXX
	150	M45×4.5	36	33.0	75			315	350	370	3.245	3.510	3.710	H16-0-10-XXX
	200	M56×5.5	46	48.0	78		15	300	420	440	6.500	7.000	7.340	H16-0-11-XXX
22.0	6	M14×2	10	11	28	4	6	80	105	—	0.073	0.098	0.162	H16-0-1-XXX
	10	M16×2	12	13	32			95	125	135	0.115	0.151		H16-0-2-XXX
	15								135			0.162		
	25													
	32*									145			0.168	
	40	M24×3	18	19.5	45		8	130	165	180	0.332	0.434	0.442	H16-0-4-XXX
	50							140	170	184	0.358	0.442	0.485	H16-0-4-XXX
	65	M27×3	21	22.5	48			165	195	210	0.573	0.659	0.768	H16-0-5-XXX
	80	M30×3.5	23	24.8	52		10	195	230	250	0.805	0.940	1.022	H16-0-6-XXX
	100	M33×3.5	25	28.0	60			220	255	275	1.158	1.292	1.395	H16-0-7-XXX
	125	M36×4	28	30.0	62		12	265	300	315	1.490	1.700	1.780	H16-0-8-XXX
	150	M39×4	31	33.0	65			275	315	330	1.970	2.250	2.350	H16-0-9-XXX

注：* 同表 3-4-22。

表 3-4-24　螺母尺寸及质量

螺纹代号	S_1		H		D_1	孔的偏心距离（孔的偏差）	质量/kg	代　号
d	名义尺寸	公差	名义尺寸	公差				
M14×2	22		14		25.4	0.4	0.032	H17-0-1
M16×2	27	-0.28	16	±0.7	31.2		0.057	H17-0-2
M20×2.5	32		20		36.9	0.5	0.096	H17-0-3
M24×3	36		24		41.6		0.137	H17-0-4
M27×3	41		27		47.3		0.200	H17-0-5
M30×3.5	46	-0.34	30	±0.8	53.1	0.6	0.286	H17-0-6
M33×3.5	50		33		57.7		0.377	H17-0-7
M36×4	55		36		63.5		0.498	H17-0-8
M39×4	60		39		69.3	0.7	0.642	H17-0-9
M45×4.5	70	-0.4	45	±1.0	80.8	0.8	1.040	H17-0-10
M56×5.5	85		45	±1.2	98.0	1.0	1.510	H17-0-11

十一、透镜垫和无孔透镜垫

1. 透镜垫（H18-67）

外形见图 3-4-16，尺寸及质量见表 3-4-25。

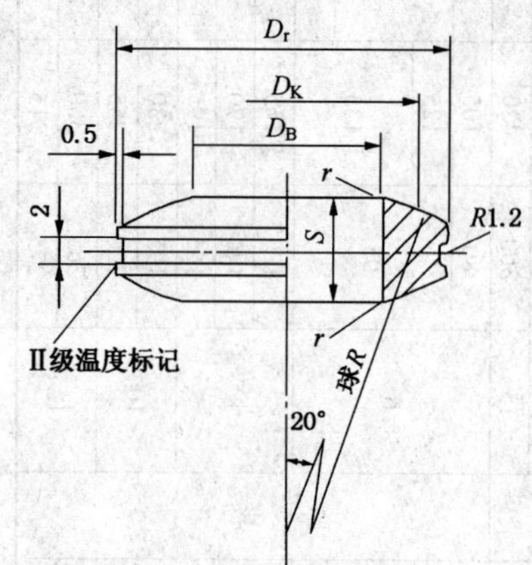

$$\sin 20° = \frac{D_K}{2R}$$

$$D_K = 2R\sin 20° = 0.684R$$

注：用管子制造透镜垫时，在保持内径 DB 不超过公差范围的条件下，内表面允许有黑皮，外圈允许比表中 DT 加大，但 r 应保持不变。

图 3-4-16　透镜垫

2. 无孔透镜垫（H30-67）

外形见图 3-4-17，尺寸及质量见表 3-4-26。

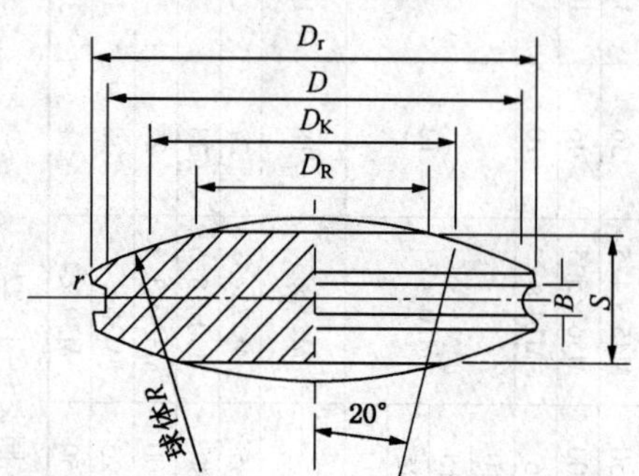

注：在切断系统使用无孔透镜垫时应用铁丝缠绕在垫圈的沟槽处，铁丝直径与沟槽宽度相等，并要求铁丝伸出于法兰之外。

图 3-4-17　无孔透镜垫

表 3-4-25　透镜垫尺寸及质量

PN	DN	D_B	D_T	R	D_K	S	T	质量/kg	代　号
32. 0	6	6	14	12±0. 2	8. 2	8. 5	0. 3	0. 005	H18-3-1
	10	12	20	22±0. 2	15. 1	8. 5	0. 4	0. 012	H18-3-2
	15	17	30	35±0. 3	23. 9	9	0. 4	0. 025	H18-3-3
	25	23	38	43±0. 3	29. 4	10	0. 5	0. 035	H18-3-4
	32	29	45	52. 5±0. 3	35. 9	11	0. 6	0. 055	H18-3-5
	40	42	62	73±0. 4	49. 9	12	0. 6	0. 13	H18-3-6
	50	53	75	90±0. 4	61. 6	14	0. 8	0. 24	H18-3-7
	65	68	95	116±0. 4	79. 4	16	0. 8	0. 43	H18-3-8
	80	85	120	145±0. 5	99. 3	20	1	0. 88	H18-3-9
	100	103	150	170±0. 5	116. 3	24	1	1. 60	H18-3-10
	(125)	112	155	190±0. 5	130	25	1	1. 77	H18-3-11
	125	120	170	200±0. 5	136. 8	28	1	2. 5	H18-3-12
	150	149	205	240±0. 6	164	32	1. 25	3. 9	H18-3-13
	200	193	265	320±0. 8	218. 9	40	1. 5	9. 16	H18-3-14
22. 0	6	6	14	12±0. 2	8. 2	8. 5	0. 3	0. 005	H18-2-1
	10	12	20	22±0. 2	15. 1	8. 5	0. 4	0. 012	H18-2-2
	15	15	24	27±0. 3	18. 5	8	0. 4	0. 016	H18-2-3
	25	23	30	38±0. 3	26	8	0. 5	0. 018	H18-2-4
	32	29	38	50±0. 3	34. 2	9	0. 6	0. 033	H18-2-5
	40	39	50	65±0. 4	44. 5	10	0. 6	0. 06	H18-2-6
	50	48	62	84±0. 4	57. 5	12	0. 8	0. 10	H18-2-7
	65	61	75	104±0. 4	71	14	0. 8	0. 12	H18-2-8
	80	74	95	130±0. 5	89	16	1	0. 25	H18-2-9
	100	93	120	158±0. 5	108	18	1	0. 51	H18-2-10
	125	119	150	198±0. 5	135. 5	20	1	0. 91	H18-2-11
	150	136	170	226±0. 6	154. 6	22	1. 25	1. 20	H18-2-12

表 3-4-26 无孔透镜垫尺寸及质量

公称压力 PN	公称直径 DN	D_B	D_T	R	D_K	D	S	B	r	质量/kg	代号
22.0	6	6	14	12±0.2	8.2	11	8.5	1.5	0.75	0.007	H30-2-1
	10	12	20	22±0.2	15.1	17	8.5	1.5	0.75	0.02	H30-2-2
	15	15	24	27±0.3	18.5	20	8	2	1	0.027	H30-2-3
	25	23	32	38±0.3	26	28	8	2	1	0.044	H30-2-4
	32	29	40	50±0.3	34.2	36	9	2	1	0.079	H30-2-5
	40	39	50	65±0.4	44.5	44	10	3	1.5	0.153	H30-2-6
	50	48	65	84±0.4	57.5	59	12	3	1.5	0.21	H30-2-7
	65	61	79	104±0.4	71	73	14	3	1.5	0.42	H30-2-8
	80	74	98	130±0.5	89	92	16	3	1.5	0.79	H30-2-9
	100	93	120	158±0.5	108	114	18	3	1.5	1.46	H30-2-10
	125	119	150	198±0.5	135.5	144	20	3	1.5	2.67	H30-2-11
	150	136	170	226±0.6	154.6	162	22	4	2	3.7	H30-2-12
32.0	6	6	14	12±0.2	8.2	11	8.5	1.5	0.75	0.007	H30-3-1
	10	12	20	22±0.2	15.1	17	8.5	1.5	0.75	0.02	H30-3-2
	15	17	30	35±0.3	23.9	26	9	2	1	0.041	H30-3-3
	25	23	38	43±0.3	29.4	34	10	2	1	0.067	H30-3-4
	32	29	45	52.5±0.3	35.9	41	11	2	1	0.102	H30-3-5
	40	42	62	73±0.4	49.9	46	12	3	1.5	0.26	H30-3-6
	50	53	75	90±0.4	61.6	69	14	3	1.5	0.49	H30-3-7
	65	68	95	116±0.4	79.4	89	16	3	1.5	0.88	H3-3-8
	80	85	120	145±0.5	99.3	114	20	3	1.5	1.77	H30-3-9
	100	103	150	170±0.5	116.3	144	24	3	1.5	3.3	H30-3-10
	(125)	112	155	190±0.5	130	150	25	4	2	3.72	H30-3-11
	125	120	170	200±0.5	136.8	162	28	4	2	5.0	H30-3-12
	150	149	205	240±0.6	164	197	32	4	2	8.3	H30-3-13
	200	193	265	320±0.8	218.9		40			9.15	H30-3-14

第五节 真空管道法兰

一、概　述

本部分摘自一机部标准，适用于 1.3×10^{-5} Pa 以下的真空获得设备、辅助装置和管道连接。分焊接钢法兰和松套钢法兰两种，均用橡胶密封圈密封。

二、材料选择

真空管道法兰材料见表 3-5-1。

表 3-5-1 法兰和导管材料

名称	公称直径/mm	材料			备注
		名称	材料	标准号	
导管	≤500	无缝钢管		GB/T 8163—1999	
导管	>500	碳素钢板	Q235A，20	GB/T 699—1999 GB/T 700—2006	卷制焊成
法兰	10~1600	碳素钢	Q235A，20	GB/T 699—1999 GB/T 700—2006	

注：①在腐蚀介质条件下可用不锈钢 1Cr18Ni9Ti 或 1Cr18Ni9。

②当用其他材料代用时，必须保证其机械性能和焊接性能。

三、加工要求

1. 法兰和肩环加工面自由尺寸的允许偏差，按 GB 1800. 1. 2—2009 的 8 级精度规定。

2. 螺栓孔中心圆直径的允许偏差和相邻两孔间的弦距离的允许偏差为螺栓与螺栓孔间隙的±1/4，任何连续几个孔之间弦距离的总误差对焊接钢法兰为：

DN≤500　　不超过±1. 5mm；

*DN*600～1000　　不超过±2mm；

*DN*1200～1600　　不超过±4mm；

对松套钢法兰，不论直径大小，一律不得超过±1. 5mm。

3. 法兰或肩环与导管一般在焊接后进行机械加工，密封槽及密封面表面应光滑不得有气孔、裂纹、斑点、毛刺、锈迹以及其他降低法兰强度及密封可靠性的缺陷。焊接法兰或肩环时要清除焊接部分的杂物，内壁焊缝表面应加工光洁。

当必须加短管时，其长度为：

*DN*100～300　　60mm

*DN*500～1000　　100mm

*DN*1200～1600　　200mm

四、气密试验

*DN*10～*DN*50 焊缝气密性试验压力为 0. 4MPa，*DN*300 及以上为 0. 2MPa，用压力检漏法检查，经 15min 以上时间不得有任何泄漏现象。

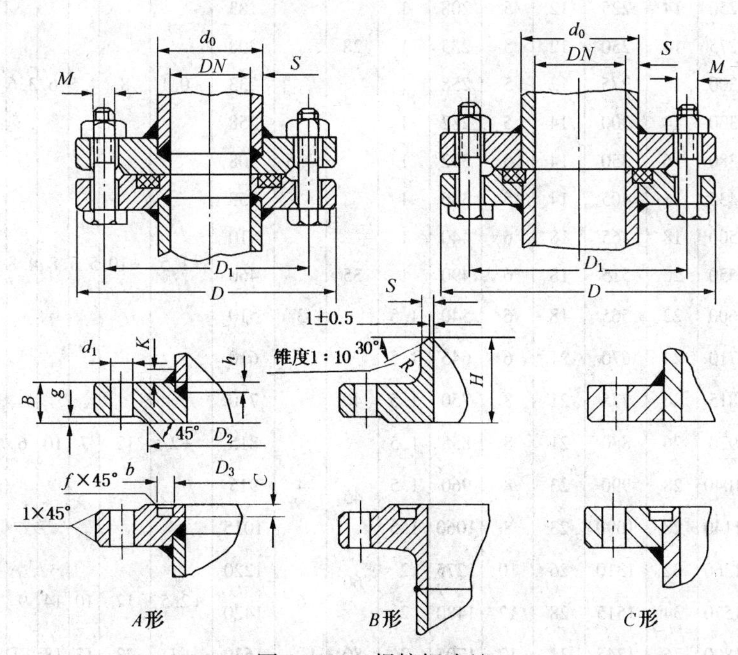

图 3-5-1　焊接钢法兰

注：法兰结构和焊接型式分 *A* 形、*B* 形和 *C* 形三种，*A* 形的外焊缝一般应断续焊接，这种型式小于 *DN*100 的法兰不宜采用。*B* 形为对焊锻造法兰，*C* 形仅限于 *DN*10～*DN*150 法兰采用。

五、法兰结构尺寸

（1）真空管路附件用橡胶密封圈密封的焊接钢法兰（JB 919—75）外形见图 3-5-1，尺寸见表 3-5-2。

表 3-5-2　焊接钢法兰尺寸　　（mm）

公称直径	管子		法兰									密封槽								螺栓		焊角
	外径	壁厚	外径	厚度	螺栓孔中心圆直径	螺栓孔直径	焊接高度	凸台直径	凸台高度	高度	圆角	内径		Ⅰ形 槽宽	Ⅰ形 槽深	Ⅱ形 槽宽	Ⅱ形 槽深	槽宽及槽深公差	倒角	螺纹	数量	
DN	d_0	S	D	B	D_1	d_1	h	D_2	g	H	R	D_3	公差	b	c	b_1	c_1		f	M	n	K
10	14	2	46	6	36	6	1					13								5		2.5
15	20	2.5	54	6	42	6	1				1	19								5		2.5
20	25	2.5	64	6	50	7	2					24								6		2.5
25	30	2.5	70	8	55	7	2					29	+0.2							6		2.5
32	38	3	78	8	64	7	2			20	2	36								6		2.5
40	45	2.5	85	8	70	7	2					44		5.3	3	4	2.4			6		2.5
50	57	3.5	110	10	90	9	3					55								8	4	3
65	73	4	125	10	105	9	3					70								8		3
80	89	4.5	145	10	125	9	3					85							0.5	8		3
100	108	4	170	12	145	12	4					105	+0.5							10		3
125	133	4	195	12	170	12	4				2.5	131								10		3
150	159	4.5	220	12	195	12	4					156								10		3
175	183	4	250	14	225	12	5	208	1			183								10		3
200	208	4	275	14	250	12	5	233	1	28		208								10		3
225	233	4	300	14	275	12	5	258	1			233	+0.1	8	4.5	6	3.6	+0.1		10		3
250	258	4	330	14	300	14	5	282	1			258								12	8	3
300	308	4	380	16	350	14	5	332	1		2.5	308								12		3
350	360	5	435	16	405	14	5	386	1			358								12		3
400	410	5	500	18	465	18	6	440	1			410								16		4
450	460	5	550	20	515	18	6	490	1	35		460	+1.5	+10	5.5	8	4.8			16		4
500	510	5	600	22	565	18	6	540	1.5		3	510								16		4
600	612	6	710	24	670	21	6	645	1.5			610							1	18	12	6
700	712	6	815	26	775	21	8	750	1.5	40		710								8	16	6
800	816	8	920	26	880	21	8	855	1.5			815	+2	12	7	10	6			18	20	8
900	916	8	1040	28	990	23	8	960	1.5	45	4	915								20		8
1000	1020	10	1140	28	1090	23	8	1060	1.5			1015								20	24	10
1200	1220	10	1360	32	1310	26	10	1275	2	60		1220								22	28	10
1400	1424	12	1570	34	1515	28	12	1480	2		6	1420	+2.5	17	10	14	9		2	24	32	10
1600	1628	14	1800	36	1745	31	12	1705	2	80		1630	+3	23	13	18	12			27	36	10

注：① 对于Ⅰ形的无论采用矩形或圆形密封圈，密封圈的体积都等于或稍小于密封槽体积，故两法兰结合后可无间隙。

② 对于Ⅱ形的无论采用矩形或圆形密封圈，密封圈的体积都大于密封槽的体积，故两法兰结合后存有间隙。

(2) 真空管路附件用橡胶密封圈密封的焊接松套钢法兰（JB 920—75）外形见图 3-5-2，尺寸见表 3-5-3。

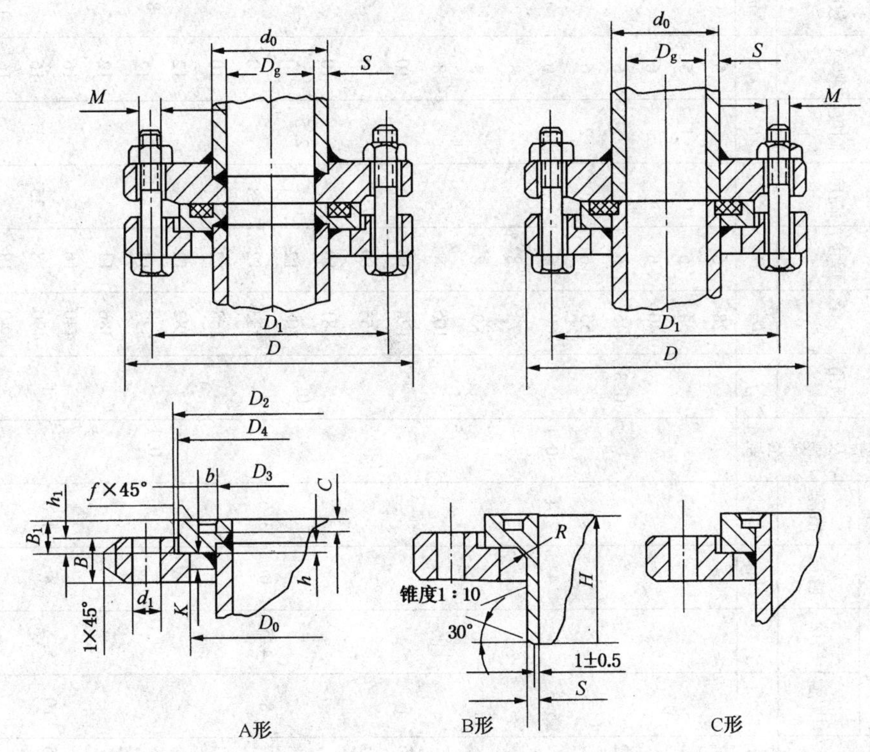

图 3-5-2　松套钢法兰

注：肩环结构和焊接形式可采用 A 形、B 形和 C 形。A 形的外焊缝一般应继续焊接，这种型式对公称通径较小的法兰（$DN<100$mm）不宜选用，B 形为对焊锻造法兰，C 形仅适合于公称通径 $DN=10\sim150$mm 范围内采用。

表 3-5-3 松套钢法兰尺寸

(mm)

公称直径	管子		松套法兰								密封槽								肩环				螺栓		焊角
	外径	壁厚	外径	厚度	螺栓孔中心圆直径	螺栓孔直径	焊接高度	肩环直径	肩环深度	内径	内径		Ⅰ型 槽宽	Ⅰ型 槽深	Ⅱ型 槽宽	Ⅱ型 槽深	槽宽及槽深公差	倒角	外径	厚度	高度	圆度	螺纹	数量	
DN	d_0	S	D	B	D_1	d_1	h	D_2	h_1	D_0	D_3	公差	b	c	b_1	c_1		f	D_4	B_1	H	R	M	n	K
10	14	2	46	6	36	6	1	28.5	2	20	13								28	6			5		2.5
15	20	2.5	54	6	42	6	1	34.5	2	25	19								34	6		1	5		2.5
20	25	2.5	64	6	50	7	2	40.5	2	30	24								40	6			6		2.5
25	30	2.5	70	8	55	7	2	45.5	2	36	29	+0.2						0.3	45	6			6		2.5
32	38	3	78	8	64	7	2	53.5	2	45	36								53	6	20	2	6		2.5
40	45	2.5	85	8	70	7	2	60.5	2	52	44		5.3	3	4	2.4	+0.1		60	6			6	4	2.5
50	57	3.5	110	10	90	9	3	73.5	3	65	55								73	8			8		3
65	73	4	125	10	105	9	3	89.5	3	80	70								89	8			8		3
80	89	4.5	145	10	125	9	3	105.5	3	96	85								105	8			8		3
100	108	4	170	12	145	12	4	124.5	3	116	105	+0.5							124	10			10		3
125	133	4	195	12	170	12	4	156	3	145	131								155	10			10		3
150	159	4.5	220	12	195	12	4	182	3	170	156								181	10			10		3
175	183	4	250	14	225	12	5	209	4	195	183							0.5	208	12		2.5	10		3
200	208	4	275	14	250	12	5	234	4	220	208		8	4.5	6	3.6			233	12	28		10		3
225	233	4	300	14	275	12	5	259	4	245	233	+1							258	12			10		3
250	258	4	330	14	300	14	5	283	4	270	258								282	12			12		3
300	308	4	380	16	350	14	5	333	4	320	308						+0.1		332	14			12	8	3
350	360	5	435	16	405	14	5	387	4	375	358								386	14			12		3
400	410	5	500	18	465	18	6	441	5	425	410								440	16			16		4
450	460	5	550	20	515	18	6	491	5	475	460	+1.5	10	5.5	8	4.8		1	490	18	35	3	16		4
500	510	5	600	22	565	18	6	541	5	525	510								540	18			16	12	4

注：①对于Ⅰ形的无论采用矩形或圆形密封圈，密封圈的体积都等于或稍小于密封槽的体积，故两法兰结合后可无间隙。

②对于Ⅱ形的无论采用矩形或圆形密封圈，密封圈的体积都大于密封槽的体积，故两法兰结合后存在间隙。

（编制　徐心兰　张德姜　毛杏之　胡人勇）

附录 1

美国 ASMEB**16.5** 标准关于钢制管法兰的材料选用及压力-温度额定值

1.1 参考标准

ASTM A105/A105M 管道元件用碳钢锻件

ASTM A182/A182M 高温用锻制或轧制合金钢和不锈钢法兰、锻制管件、阀门和部件

ASTM A203/A203M 压力容器用镍合金钢板

ASTM A204/A204M 压力容器用钼合金钢板

ASTM A216/A216M 高温用适合于熔焊的碳素钢铸件

ASTM A217/A217M 高温承压件用马氏体不锈钢和合金钢铸件

ASTM A240/A240M 压力容器用耐热铬及铬镍不锈钢板、薄板和钢带

ASTM A350/A350M 需切口韧性试验的管道部件用碳钢和低合金钢锻件

ASTM A351/A351M 承压件用奥氏体、奥氏体-铁素体（双向）钢铸件

ASTM A352/A352M 铁素体钢和马氏体钢低温受压件用铸件

ASTM A387/A387M 压力容器用铬钼合金钢板

ASTM A479/A479M 锅炉及压力容器用不锈钢和耐热钢棒与型材

ASTM A515/A515M 中高温用碳钢压力容器板

ASTM A516/A516A 中低温用碳钢压力容器板

ASTM A537/A537M 经过热处理的碳-锰-硅钢压力容器板

ASTM A995/A995M 压力容器部件用奥氏体-铁素体（双向）不锈钢铸件

ASTM B127 镍铜合金板、薄板和带材

ASTM B160 镍条和镍棒

ASTM B162 镍板、薄板及带材

ASTM B164 镍铜合金条材、棒材及线材

ASTM B168 镍铬铁合金及镍铬钴钼合金板、薄板及带材

ASTM B333 镍钼合金板、薄板及带材

ASTM B335 镍钼合金条材

ASTM B409 镍铁铬合金板、薄板及带材

ASTM B424 镍铁铬钼铜合金板、薄板及带材

ASTM B434 镍钼铬铁合金（UNSN10003，UNSN10242）板、薄板及带材

ASTM B435 统一编制牌号为 No6002、No6230、N12160 和 R30556 的板材、带材及牌号为 No6002、No6230 和 R30556 的带材

ASTM B443 镍铬钼钶合金（UNSNo6625）及镍铬钼硅合金（UNSNo6219）板、薄板及带材

ASTM B462 腐蚀高温作业用锻制或轧制的 UNSNo8020、UNSNo8024、UNSNo8026 和 UNSNo8367 型合金管法兰、锻制配件、阀门及零件

ASTM B463 UNSNo8020、UNSNo8024 和 UNSNo8026 合金板、薄板及带材

ASTM B511　镍铁铬硅合金棒材和型材

ASTM B536　镍铁铬硅合金板、薄板及带材

ASTM B564　镍合金锻件

ASTM B572　统一编制牌号为 No6002、No6230、N12160 和 R30556 的棒材

ASTM B573　镍钼铬铁合金棒

ASTM B574　低碳镍钼铬及低碳镍铬钼及低碳镍铬钼钨合金棒材

ASTM B575　低碳镍钼铬、低碳镍铬钼、低碳镍铬钼铜合金及低碳镍铬钼钽合金板材

ASTM B581　镍铬铁钼铜合金条

ASTM B582　镍铬铁钼铜合金板、薄板及带材

ASTM B599　稳定的镍铁铬钼钶合金板、薄板及带材

ASTM B620　镍铁铬钼合金板、薄板及带材

ASTM B621　镍铁铬钼合金条

ASTM B625　UNS No8904、UNS No8925、UNS No8031、UNS No8932 和 UNS No8926 板、薄板及带材

ASTM B649　镍铁铬钼铜低碳合金和镍铁铬钼铜氮低碳合金棒材及线材

ASTM B672　稳定的镍铁铬钼钶合金棒及线材

ASTM B688　铬镍钼铁板、薄板及带材

1.2　美国 ASME B16.5 标准关于钢制管法兰的材料选用

美国 ASME B16.5 标准关于钢制管法兰的材料选用按表 1-1 的规定。

表 1-1　美国 ASME B16.5 标准钢制管法兰的材料选用

材料组号	材料类别	锻件		铸件		板材	
		材料牌号	标准	材料牌号	标准	材料牌号	标准
1.1	C-Si	A 105	ASTM A105	Gr. WCB	ASTM A216	Gr. 70	ASTM A515
	C-Mn-Si	Gr. LF2	ASTM A350	—	—	Gr. 70	ASTM A516
	C-Mn-Si	—	—	—	—	Cl. 1	ASTM A537
	C-Mn-Si-V	Gr. LF6 Cl. 1	ASTM A350	—	—	—	—
	3½Ni	Gr. LF3	ASTM A350	—	—	—	—
1.2	C-Mn-Si	—	—	Gr. WCC	ASTM A216	—	—
	C-Mn-Si	—	—	Gr. LCC	ASTM A352	—	—
	C-Mn-Si-V	Gr. LF6 Cl. 2	ASTM A350	—	—	—	—
	2½Ni	—	—	Gr. LC2	ASTM A352	Gr. B	ASTM A203
	3½Ni	—	—	Gr. LC3	ASTM A352	Gr. E	ASTM A203
1.3	C-Si	—	—	Gr. LCB	ASTM A352	Gr. 65	ASTM A515
	C-Mn-Si	—	—	—	—	Gr. 65	ASTM A516
	2½Ni	—	—	—	—	Gr. A	ASTM A203
	3½Ni	—	—	—	—	Gr. D	ASTM A203
	C-½Mo	—	—	Gr. WC1	ASTM A217	—	—
	C-½Mo	—	—	Gr. LC1	ASTM A352	—	—
1.4	C-Si	—	—	—	—	Gr. 60	ASTM A515
	C-Mn-Si	Gr. LF1 Cl. 1	ASTM A350	—	—	Gr. 60	ASTM A516
	C-½Mo	Gr. F1	ASTM A182	—	—	Gr. A	ASTM A204
	C-½Mo	—	—	—	—	Gr. B	ASTM A204
1.7	½Cr-½Mo	Gr. F2	ASTM A182	—	—	—	—
	Ni-½Cr-½Mo	—	—	Gr. WC4	ASTM A217	—	—
	¾Ni-¾Cr-1Mo	—	—	Gr. WC5	ASTM A217	—	—

续表

材料组号	材料类别	锻件		铸件		板材	
		材料牌号	标准	材料牌号	标准	材料牌号	标准
1.9	1¼Cr-½Mo	—	—	Gr. WC6	ASTM A217	—	—
	1¼Cr-½Mo-Si	Gr. F11 Cl. 2	ASTM A182	—	—	Gr. 11 Cl. 2	ASTM A387
1.10	2¼Cr-1Mo	Gr. F22 Cl. 3	ASTM A182	Gr. WC9	ASTM A217	Gr. 22 Cl. 2	ASTM A387
1.11	C-½Mo	—	—	—	—	Gr. C	ASTM A204
1.13	5Cr-½Mo	Gr. F5a	ASTM A182	Gr. C5	ASTM A217	—	—
1.14	9Cr-1Mo	Gr. F9	ASTM A182	Gr. C12	ASTM A217	—	—
1.15	9Cr-1Mo-V	Gr. F91	ASTM A182	Gr. C12A	ASTM A217	Gr. 91 Cl. 2	ASTM A387
1.17	1Cr-½Mo	Gr. F12 Cl. 2	ASTM A182	—	—	—	—
	5Cr-½Mo	Gr. F5	ASTM A182	—	—	—	—
1.18	9Cr-2W-V	Gr. F92	ASTM A182	—	—	—	—
2.1	18Cr-8Ni	Gr. F304	ASTM A182	Gr. CF3	ASTM A351	Gr. 304	ASTM A240
		Gr. F304H	ASTM A182	Gr. CF8	ASTM A351	Gr. 304H	ASTM A240
2.2	16Cr-12Ni-2Mo	Gr. F316	ASTM A182	Gr. CF3M	ASTM A351	Gr. 316	ASTM A240
		Gr. F316H	ASTM A182	Gr. CF8M	ASTM A351	Gr. 316H	ASTM A240
	18Cr-13Ni-3Mo	Gr. F317	ASTM A182	—	—	Gr. 317	ASTM A240
	19Cr-10Ni-3Mo	—	—	Gr. CG8M	ASTM A351	—	—
2.3	18Cr-8Ni	Gr. F304L	ASTM A182	—	—	Gr. 304L	ASTM A240
	16Cr-12Ni-2Mo	Gr. F316L	ASTM A182	—	—	Gr. 316L	ASTM A240
	18Cr-13Ni-3Mo	Gr. F317L	ASTM A182	—	—	—	—
2.4	18Cr-10Ni-Ti	Gr. F321	ASTM A182	—	—	Gr. 321	ASTM A240
		Gr. F321H	ASTM A182	—	—	Gr. 321H	ASTM A240
2.5	18Cr-10Ni-Cb	Gr. F347	ASTM A182	—	—	Gr. 347	ASTM A240
		Gr. F347H	ASTM A182	—	—	Gr. 347H	ASTM A240
		Gr. F348	ASTM A182	—	—	Gr. 348	ASTM A240
		Gr. F348H	ASTM A182	—	—	Gr. 348H	ASTM A240
2.6	23Cr-12Ni	—	—	—	—	Gr. 309H	ASTM A240
2.7	25Cr-20Ni	Gr. F310	ASTM A182	—	—	Gr. 310H	ASTM A240
2.8	20Cr-18Ni-6Mo	Gr. F44	ASTM A182	Gr. CK3MCuN	ASTM A351	Gr. S31254	ASTM A240
	22Cr-5Ni-3Mo-N	Gr. F51	ASTM A182	—	—	Gr. S31803	ASTM A240
	25Cr-7Ni-4Mo-N	Gr. F53	ASTM A182	—	—	Gr. S32750	ASTM A240
	24Cr-10Ni-4Mo-V	—	—	Gr. CE8MN	ASTM A351	—	—
2.8	25Cr-5Ni-2Mo-3Cu	—	—	Gr. CD4MCu	ASTM A995	—	—
	25Cr-7Ni-3.5Mo-W-Cb	—	—	Gr. CD3MWCuN	ASTM A995	—	—
	25Cr-7.5Ni-3.5Mo-N-Cu-W	Gr. F55	ASTM A182	—	—	Gr. S32760	ASTM A240

续表

材料组号	材料类别	锻件		铸件		板材	
		材料牌号	标准	材料牌号	标准	材料牌号	标准
2.9	23Cr-12Ni	—	—	—	—	Gr. 309S	ASTM A240
	25Cr-20Ni	—	—	—	—	Gr. 310S	ASTM A240
2.10	25Cr-12Ni	—	—	Gr. CH8	ASTM A351	—	—
		—	—	Gr. CH20	ASTM A351	—	—
2.11	18Cr-10Ni-Cb	—	—	Gr. CF8C	ASTM A351	—	—
2.12	25Cr-20Ni	—	—	Gr. CK20	ASTM A351	—	—
3.1	35Ni-35Fe-20Cr-Cb	Gr. N08020	ASTM B462	—	—	Gr. N08020	ASTM B463
3.2	9 9.0Ni	Gr. N02200	ASTM B564	—	—	Gr. N02200	ASTM B162
3.3	9 9.0Ni-Low C	—	—	—	—	Gr. N02201	ASTM B162
3.4	67Ni-30Cu	Gr. N04400	ASTM B564	—	—	Gr. N04400	ASTM B127
3.5	72Ni-15Cr-8Fe	Gr. N06600	ASTM B564	—	—	Gr. N06600	ASTM B168
3.6	33Ni-42Fe-21Cr	Gr. N08800	ASTM B564	—	—	Gr. N08800	ASTM B409
3.7	65Ni-28Mo-2Fe	Gr. N10665	ASTM B462	—	—	Gr. N10665	ASTM B333
	64Ni-29.5Mo-2Cr-2Fe-Mn-W	Gr. N10675	ASTM B462	—	—	Gr. N10675	ASTM B333
3.8	54Ni-16Mo-15Cr	Gr. N10276	ASTM B462	—	—	Gr. N10276	ASTM B575
	60Ni-22Cr-9Mo-3.5Cb	Gr. N06625	ASTM B564	—	—	Gr. N06625	ASTM B443
	62Ni-28Mo-5Fe	—	—	—	—	Gr. N10001	ASTM B333
	70Ni-16Mo-7Cr-5Fe	—	—	—	—	Gr. N10003	ASTM B434
	61Ni-16Mo-16Cr	—	—	—	—	Gr. N06455	ASTM B575
	42Ni-21.5Cr-3Mo-2.3Cu	Gr. N08825	ASTM B564	—	—	Gr. N08825	ASTM B424
	55Ni-21Cr-13.5Mo	Gr. N06022	ASTM B462	—	—	Gr. N06022	ASTM B575
	55Ni-23Cr-16Mo-1.6Cu	Gr. N06200	ASTM B462	—	—	Gr. N06200	ASTM B575
3.9	47Ni-22Cr-9Mo-18Fe	—	—	—	—	Gr. N06002	ASTM B435
	21Ni-30Fe-22Cr-18Co-3Mo-3W	Gr. R30556	ASTM B572	—	—	Gr. R30556	ASTM B435
3.10	25Ni-46Fe-21Cr-5Mo	—	—	—	—	Gr. N08700	ASTM B599
3.11	44Fe-25Ni-21Cr-Mo	Gr. N08904	ASTM A479	—	—	Gr. N08904	ASTM A240
3.12	26Ni-43Fe-22Cr-5Mo	—	—	—	—	Gr. N08320	ASTM B620
	47Ni-22Cr-20Fe-7Mo	—	—	—	—	Gr. N06985	ASTM B582
	46Fe-24Ni-21Cr-6Mo-Cu-N	Gr. N08367	ASTM B462	Gr. CN3MN	ASTM A351	Gr. N08367	ASTM B688
3.13	49Ni-25Cr-18Fe-6Mo	—	—	—	—	Gr. N06975	ASTM B582
	Ni-Fe-Cr-Mo-Cu-Low C	Gr. N08031	ASTM B564	—	—	Gr. N08031	ASTM B625

续表

材料组号	材料类别	锻件		铸件		板材	
		材料牌号	标准	材料牌号	标准	材料牌号	标准
3.14	47Ni-22Cr-19Fe-6Mo	—	—	—	—	Gr. N06007	ASTM B582
	40Ni-29Cr-15Fe-5Mo	Gr. N06030	ASTM B462	—	—	Gr. N06030	ASTM B582
	58Ni-33Cr-8Mo	Gr. N06035	ASTM B462	—	—	Gr. N06035	ASTM B575
3.15	42Ni-42Fe-21Cr	Gr. N08810	ASTM B564	—	—	Gr. N08810	ASTM B409
3.16	35Ni-19Cr-1¼Si	Gr. N08830	ASTM B511	—	—	Gr. N08830	ASTM B536
3.17	29Ni-20.5Cr-3.5Cu-2.5Mo	—	—	Gr. CN7M	ASTM B351	—	—
3.19	57Ni-22Cr-14W-2Mo-La	Gr. N06230	ASTM B564	—	—	Gr. N06230	ASTM B435

1.3 美国 ASME B16.5 标准中关于钢制管法兰的压力-温度额定值

美国 ASME B16.5 标准中关于钢制管法兰的压力-温度额定值按表 1-2～表 1-45 的规定。

表 1-2 美国 ASME B16.5 标准钢制管法兰 1.1 组材料的压力-温度额定值

材料类别	锻件		铸件		板材	
C-Si	ASTM A105①		ASTM A216 WCB①		ASTM A515 Gr. 70①	
C-Mn-Si	ASTM A350 Gr. LF2 Cl. 1①		—		ASTM A516 Gr. 70①②	
	—		—		A 537 Cl. 1③	
C-Mn-Si-V	ASTM A350 Gr. LF6 Cl. 1④		—		—	
3½Ni	ASTM A350 Gr. LF3		—		—	
温度/℃	公称压力					
	Class 150	Class 300	Class 600	Class 900	Class 1500	Class 2500
	最大允许工作压力/MPa					
-29～38	1.96	5.11	10.21	15.32	25.53	42.55
50	1.92	5.01	10.02	15.04	25.06	41.77
100	1.77	4.66	9.32	13.98	23.30	38.83
150	1.58	4.51	9.02	13.52	22.54	37.56
200	1.38	4.38	8.76	13.14	21.90	36.50
250	1.21	4.19	8.39	12.58	20.97	34.95
300	1.02	3.98	7.96	11.95	19.91	33.18
325	0.93	3.87	7.74	11.61	19.36	32.26
350	0.84	3.76	7.51	11.27	18.78	31.30
375	0.74	3.64	7.27	10.91	18.18	30.31
400	0.65	3.47	6.94	10.42	17.36	28.93
425	0.55	2.88	5.75	8.63	14.38	23.97
450	0.46	2.30	4.60	6.90	11.50	19.17

续表

温度/℃	公称压力					
	Class 150	Class 300	Class 600	Class 900	Class 1500	Class 2500
	最大允许工作压力/MPa					
475	0.37	1.74	3.49	5.23	8.72	14.53
500	0.28	1.18	2.35	3.53	5.88	9.79
538	0.14	0.59	1.18	1.77	2.95	4.92

注：①当长期暴露在425℃以上温度时，钢中的碳化相可能转变为石墨。允许但不推荐长期在425℃以上使用。

②不得用于455℃以上。

③不得用于370℃以上。

④不得用于260℃以上。

表 1-3 美国 ASME B16.5 标准钢制管法兰 1.2 组材料的压力-温度额定值

材料类别	锻件	铸件	板材
C-Mn-Si	—	ASTM A216 WCC①	—
	—	ASTM A352 LCC②	—
C-Mn-Si-V	ASTM A350 Gr. LF6 Cl. 2③	—	—
2½Ni	—	ASTM A352 LC2	ASTM A203 Gr. B①
3½Ni	—	ASTM A352 LC3	ASTM A203 Gr. E①

温度/℃	公称压力					
	Class 150	Class 300	Class 600	Class 900	Class 1500	Class 2500
	最大允许工作压力/MPa					
-29~38	1.98	5.17	10.34	15.51	25.86	43.09
50	1.95	5.17	10.34	15.51	25.86	43.09
100	1.77	5.15	10.30	15.46	25.76	42.94
150	1.58	5.02	10.03	15.05	25.08	41.81
200	1.38	4.86	9.72	14.58	24.32	40.54
250	1.21	4.63	9.27	13.90	23.18	38.62
300	1.02	4.29	8.57	12.86	21.44	35.71
325	0.93	4.14	8.26	12.40	20.66	34.43
350	0.84	4.00	8.00	12.01	20.01	33.35
375	0.74	3.78	7.57	11.35	18.92	31.53
400	0.65	3.47	6.94	10.42	17.36	28.93
425	0.55	2.88	5.75	8.63	14.38	23.97
450	0.46	2.30	4.60	6.90	11.50	19.17
475	0.37	1.71	3.42	5.13	8.54	14.24
500	0.28	1.16	2.32	3.47	5.79	9.65
538	0.14	0.59	1.18	1.77	2.95	4.92

注：①当长期暴露在425℃以上温度时，钢中的碳化相可能转变为石墨。允许但不推荐长期在425℃以上使用。

②不得用于340℃以上。

④不得用于260℃以上。

表 1-4 美国 ASME B16.5 标准钢制管法兰 1.3 组材料的压力-温度额定值

材料类别	锻件	铸件	板材
C-Si	—	ASTM A352 LCB①	ASTM A515 Gr. 65②
C-Mn-Si	—	—	ASTM A516 Gr. 65②③
2½Ni	—	—	ASTM A203 Gr. A②
3½Ni	—	—	ASTM A203 Gr. D②
C-½Mo	—	ASTM A217 WC1④⑤⑥	—
	—	ASTM A352 LC1①	—

温度/℃	公称压力					
	Class 150	Class 300	Class 600	Class 900	Class 1500	Class 2500
	最大允许工作压力/MPa					
-29~38	1.84	4.80	9.60	14.41	24.01	40.01
50	1.82	4.75	9.49	14.24	23.73	39.56
100	1.74	4.53	9.07	13.60	22.67	37.78
150	1.58	4.39	8.79	13.18	21.97	36.61
200	1.38	4.25	8.51	12.76	21.27	35.44
250	1.21	4.08	8.16	12.23	20.39	33.98
300	1.02	3.87	7.74	11.61	19.34	32.24
325	0.93	3.76	7.52	11.27	18.79	31.31
350	0.84	3.64	7.28	10.92	18.20	30.33
375	0.74	3.50	6.99	10.49	17.49	29.14
400	0.65	3.26	6.52	9.79	16.31	27.19
425	0.55	2.73	5.46	8.19	13.65	22.75
450	0.46	2.16	4.32	6.48	10.79	17.99
475	0.37	1.57	3.13	4.70	7.83	13.06
500	0.28	1.11	2.21	3.32	5.54	9.23
538	0.14	0.59	1.18	1.77	2.95	4.92

注：①不得用于 340℃以上。

②当长期暴露在 425℃以上温度时，钢中的碳化相可能转变为石墨。允许但不推荐长期在 425℃以上使用。

③不得用于 455℃以上。

④当长期暴露在 465℃以上温度时，钢中的碳化相可能转变为石墨。允许但不推荐长期在 465℃以上使用。

⑤仅使用正火加回火的材料。

⑥禁止添加任何在 ASTM A217 标准表 1 中未列入的其他元素，但作为脱氧而添加的 Ca 和 Mg 除外。

表 1-5　美国 ASME B16.5 标准钢制管法兰 1.4 组材料的压力-温度额定值

材料类别	锻　件		铸　件		板　材	
C-Si	—		—		ASTM A515 Gr. 60①	
C-Mn-Si	ASTM A350 Gr. LF1 Cl. 1①		—		ASTM A516 Gr. 60①②	
温度/℃	公称压力					
	Class 150	Class 300	Class 600	Class 900	Class 1500	Class 2500
	最大允许工作压力/MPa					
-29~38	1.63	4.26	8.51	12.77	21.28	35.46
50	1.60	4.18	8.35	12.53	20.89	34.81
100	1.49	3.88	7.77	11.65	19.42	32.36
150	1.44	3.76	7.51	11.27	18.78	31.30
200	1.38	3.64	7.28	10.92	18.21	30.34
250	1.21	3.49	6.98	10.47	17.46	29.10
300	1.02	3.32	6.64	9.95	16.59	27.65
325	0.93	3.22	6.45	9.67	16.12	26.86
350	0.84	3.12	6.25	9.37	15.62	26.04
375	0.74	3.04	6.07	9.11	15.18	25.30
400	0.65	2.93	5.87	8.80	14.67	24.45
425	0.55	2.58	5.15	7.73	12.88	21.47
450	0.46	2.14	4.27	6.41	10.68	17.80
475	0.37	1.41	2.82	4.23	7.05	11.74
500	0.28	1.03	2.06	3.09	5.15	8.59
538	0.14	0.59	1.18	1.77	2.95	4.92

注：①当长期暴露在 425℃以上温度时，钢中的碳化相可能转变为石墨。允许但不推荐长期在 425℃以上使用。
②不得用于 455℃以上。

表 1-6　美国 ASME B16.5 标准钢制管法兰 1.5 组材料的压力-温度额定值

材料类别	锻　件		铸　件		板　材	
C-½Mo	ASTM A182 Gr. F1①		—		ASTM A204 Gr. A①	
	—		—		ASTM A204 Gr. B①	
温度/℃	公称压力					
	Class 150	Class 300	Class 600	Class 900	Class 1500	Class 2500
	最大允许工作压力/MPa					
-29~38	1.84	4.80	9.60	14.41	24.01	40.01
50	1.84	4.80	9.60	14.41	24.01	40.01
100	1.77	4.79	9.59	14.38	23.97	39.95
150	1.58	4.73	9.47	14.20	23.67	39.45
200	1.38	4.58	9.16	13.74	22.90	38.17
250	1.21	4.45	8.90	13.35	22.25	37.09
300	1.02	4.29	8.57	12.86	21.44	35.71

续表

温度/℃	公称压力					
	Class 150	Class 300	Class 600	Class 900	Class 1500	Class 2500
	最大允许工作压力/MPa					
325	0.93	4.14	8.26	12.40	20.66	34.43
350	0.84	4.03	8.04	12.07	20.11	33.53
375	0.74	3.89	7.76	11.65	19.41	32.32
400	0.65	3.65	7.33	10.98	18.31	30.49
425	0.55	3.52	7.00	10.51	17.51	29.16
450	0.46	3.37	6.77	10.14	16.90	28.18
475	0.37	3.17	6.34	9.51	15.82	26.39
500	0.28	2.41	4.81	7.22	12.03	20.05
538	0.14	1.13	2.27	3.40	5.67	9.46

注：①当长期暴露在465℃以上温度时，钢中的碳化相可能转变为石墨。允许但不推荐长期在465℃以上使用。

表1-7　美国ASME B16.5标准钢制管法兰1.7组材料的压力-温度额定值

材料类别	锻　件		铸　件		板　材	
½Cr-½Mo	ASTM A182 Gr. F2①		—		—	
Ni-½Cr-½Mo	—		ASTM A217 Gr. WC4①②③		—	
¾Ni-¾Cr-1Mo	—		ASTM A217 Gr. WC5①②		—	
温度/℃	公称压力					
	Class 150	Class 300	Class 600	Class 900	Class 1500	Class 2500
	最大允许工作压力/MPa					
-29~38	1.98	5.17	10.34	15.51	25.86	43.09
50	1.95	5.17	10.34	15.51	25.86	43.09
100	1.77	5.15	10.30	15.46	25.76	42.94
150	1.58	5.03	10.03	15.06	25.08	41.82
200	1.38	4.86	9.72	14.58	24.34	40.54
250	1.21	4.63	9.27	13.90	23.18	38.62
300	1.02	4.29	8.57	12.86	21.44	35.71
325	0.93	4.14	8.26	12.40	20.66	34.43
350	0.84	4.03	8.04	12.07	20.11	33.53
375	0.74	3.89	7.76	11.65	19.41	32.32
400	0.65	3.65	7.33	10.98	18.31	30.49
425	0.55	3.52	7.00	10.51	17.51	29.16
450	0.46	3.37	6.77	10.14	16.90	28.18
475	0.37	3.17	6.34	9.51	15.82	26.39
500	0.28	2.67	5.34	8.01	13.34	22.24
538	0.14	1.39	2.79	4.18	6.97	11.62

续表

温度/℃	公称压力					
	Class 150	Class 300	Class 600	Class 900	Class 1500	Class 2500
	最大允许工作压力/MPa					
550	—	1.26	2.52	3.78	6.30	10.50
575	—	0.72	1.44	2.15	3.59	5.98

注：①不得用于538℃以上。

②仅允许用正火加回火材料。

③禁止添加任何在ASTM A217标准表1中未列入的其他元素，但作为脱氧而添加的Ca和Mg除外。

表1-8 美国ASME B16.5标准钢制管法兰1.9组材料的压力-温度额定值

材料类别	锻件	铸件	板材
1¼Cr-½Mo	—	ASTM A217 WC6①②③	—
1¼Cr-½Mo-Si	ASTM A182 Gr. F11 Cl. 2①④	—	ASTM A387 Gr. 11 Cl. 2④

温度/℃	公称压力					
	Class 150	Class 300	Class 600	Class 900	Class 1500	Class 2500
	最大允许工作压力/MPa					
-29~38	1.98	5.17	10.34	15.51	25.86	43.09
50	1.95	5.17	10.34	15.51	25.86	43.09
100	1.77	5.15	10.30	15.44	25.74	42.90
150	1.58	4.97	9.95	14.92	24.87	41.45
200	1.38	4.80	9.59	14.39	23.98	39.96
250	1.21	4.63	9.27	13.90	23.18	38.62
300	1.02	4.29	8.57	12.86	21.44	35.71
325	0.93	4.14	8.26	12.40	20.66	34.43
350	0.84	4.03	8.04	12.07	20.11	33.53
375	0.74	3.89	7.76	11.65	19.41	32.32
400	0.65	3.65	7.33	10.98	18.31	30.49
425	0.55	3.52	7.00	10.51	17.51	29.16
450	0.46	3.37	6.77	10.14	16.90	28.18
475	0.37	3.17	6.34	9.51	15.82	26.39
500	0.28	2.57	5.15	7.72	12.86	21.44
538	0.14	1.49	2.98	4.47	7.45	12.41
550	—	1.27	2.54	3.81	6.35	10.59
575	—	0.88	1.76	2.64	4.40	7.34
600	—	0.61	1.22	1.83	3.05	5.09
625	—	0.43	0.85	1.28	2.13	3.55
650	—	0.28	0.57	0.85	1.42	2.36

注：①仅允许用正火加回火材料。

②不得用于590℃以上。

③禁止添加任何在ASTM A217标准表1中未列入的其他元素，但作为脱氧而添加的Ca和Mg除外。

④允许但不推荐长期在590℃以上使用。

表 1-9　美国 ASME B16.5 标准钢制管法兰 1.10 组材料的压力-温度额定值

材料类别	锻件		铸件		板材	
2¼Cr-1Mo	ASTM A182 Gr. F22 Cl. 3①		ASTM A217 WC9②③④		ASTM A387 Gr. 22 Cl. 2①	
温度/℃	公称压力					
	Class 150	Class 300	Class 600	Class 900	Class 1500	Class 2500
	最大允许工作压力/MPa					
-29～38	1.98	5.17	10.34	15.51	25.86	43.09
50	1.95	5.17	10.34	15.51	25.86	43.09
100	1.77	5.15	10.30	15.46	25.76	42.94
150	1.58	5.03	10.03	15.06	25.08	41.82
200	1.38	4.86	9.72	14.58	24.34	40.54
250	1.21	4.63	9.27	13.90	23.18	38.62
300	1.02	4.29	8.57	12.86	21.44	35.71
325	0.93	4.14	8.26	12.40	20.66	34.43
350	0.84	4.03	8.04	12.07	20.11	33.53
375	0.74	3.89	7.76	11.65	19.41	32.32
400	0.65	3.65	7.33	10.98	18.31	30.49
425	0.55	3.52	7.00	10.51	17.51	29.16
450	0.46	3.37	6.77	10.14	16.90	28.18
475	0.37	3.17	6.34	9.51	15.82	26.39
500	0.28	2.82	5.65	8.47	14.09	23.50
538	0.14	1.84	3.69	5.53	9.22	15.37
550	—	1.56	3.13	4.69	7.82	13.03
575	—	1.05	2.11	3.16	5.26	8.77
600	—	0.69	1.38	2.07	3.44	5.74
625	—	0.45	0.89	1.34	2.23	3.72
650	—	0.28	0.57	0.85	1.42	2.36

注：①允许但不推荐长期在 590℃以上使用。

②仅允许用正火加回火材料。

③不得用于 590℃以上。

④禁止添加任何在 ASTM A217 标准表 1 中未列入的其他元素，但作为脱氧而添加的 Ca 和 Mg 除外。

表 1-10　美国 ASME B16.5 标准钢制管法兰 1.11 组材料的压力-温度额定值

材料类别	锻件		铸件		板材	
C-½Mo	—		—		ASTM A204 Gr. C①	
温度/℃	公称压力					
	Class 150	Class 300	Class 600	Class 900	Class 1500	Class 2500
	最大允许工作压力/MPa					
-29～38	2.00	5.17	10.34	15.51	25.86	43.09
50	1.95	5.17	10.34	15.51	25.86	43.09

温度/℃	公称压力					
	Class 150	Class 300	Class 600	Class 900	Class 1500	Class 2500
	最大允许工作压力/MPa					
100	1.77	5.15	10.30	15.46	25.76	42.94
150	1.58	5.03	10.03	15.06	25.08	41.82
200	1.38	4.86	9.72	14.58	24.34	40.54
250	1.21	4.63	9.27	13.90	23.18	38.62
300	1.02	4.29	8.57	12.86	21.44	35.71
325	0.93	4.14	8.26	12.40	20.66	34.43
350	0.84	4.03	8.04	12.07	20.11	33.53
375	0.74	3.89	7.76	11.65	19.41	32.32
400	0.65	3.65	7.33	10.98	18.31	30.49
425	0.55	3.52	7.00	10.51	17.51	29.16
450	0.46	3.37	6.77	10.14	16.90	28.18
475	0.37	3.17	6.34	9.51	15.82	26.39
500	0.28	2.36	4.71	7.07	11.78	19.63
538	0.14	1.13	2.27	3.40	5.67	9.46
550	—	1.13	2.27	3.40	5.67	9.46
575	—	1.01	2.01	3.02	5.03	8.38
600	—	0.71	1.42	2.13	3.56	5.93
625	—	0.53	1.06	1.59	2.65	4.42
650	—	0.31	0.61	0.92	1.54	2.56

注：①当长期暴露在465℃以上温度时，钢中的碳化相可能转变为石墨。允许但不推荐长期在465℃以上使用。

表 1-11 美国 ASME B16.5 标准钢制管法兰 1.13 组材料的压力-温度额定值

材料类别	锻件		铸件		板材	
5Cr-½Mo	ASTM A182 Gr. F5a		ASTM A217 Gr. C5①②		—	
温度/℃	公称压力					
	Class 150	Class 300	Class 600	Class 900	Class 1500	Class 2500
	最大允许工作压力/MPa					
-29~38	2.00	5.17	10.34	15.51	25.86	43.09
50	1.95	5.17	10.34	15.51	25.86	43.09
100	1.77	5.15	10.30	15.46	25.76	42.94
150	1.58	5.03	10.03	15.06	25.08	41.82
200	1.38	4.86	9.72	14.58	24.34	40.54
250	1.21	4.63	9.27	13.90	23.18	38.62
300	1.02	4.29	8.57	12.86	21.44	35.71
325	0.93	4.14	8.26	12.40	20.66	34.43
350	0.84	4.03	8.04	12.07	20.11	33.53

续表

温度/℃	公称压力					
	Class 150	Class 300	Class 600	Class 900	Class 1500	Class 2500
	最大允许工作压力/MPa					
375	0.74	3.89	7.76	11.65	19.41	32.32
400	0.65	3.65	7.33	10.98	18.31	30.49
425	0.55	3.52	7.00	10.51	17.51	29.16
450	0.46	3.37	6.77	10.14	16.90	28.18
475	0.37	2.79	5.57	8.36	13.93	23.21
500	0.28	2.14	4.28	6.41	10.69	17.82
538	0.14	1.37	2.74	4.11	6.86	11.43
550	—	1.20	2.41	3.61	6.02	10.04
575	—	0.89	1.78	2.67	4.44	7.40
600	—	0.62	1.25	1.87	3.12	5.19
625	—	0.40	0.80	1.20	2.00	3.33
650	—	0.24	0.47	0.71	1.18	1.97

注：①仅允许用正火加回火材料。

②禁止添加任何在 ASTM A217 标准表 1 中未列入的其他元素，但作为脱氧而添加的 Ca 和 Mg 除外。

表 1-12　美国 ASME B16.5 标准钢制管法兰 1.14 组材料的压力-温度额定值

材料类别	锻件		铸件		板材	
9Cr-1Mo	ASTM A182 Gr. F9		ASTM A217 Gr. C12①②		—	
温度/℃	公称压力					
	Class 150	Class 300	Class 600	Class 900	Class 1500	Class 2500
	最大允许工作压力/MPa					
-29~38	2.00	5.17	10.34	15.51	25.86	43.09
50	1.95	5.17	10.34	15.51	25.86	43.09
100	1.77	5.15	10.30	15.46	25.76	42.94
150	1.58	5.03	10.03	15.06	25.08	41.82
200	1.38	4.86	9.72	14.58	24.34	40.54
250	1.21	4.63	9.27	13.90	23.18	38.62
300	1.02	4.29	8.57	12.86	21.44	35.71
325	0.93	4.14	8.26	12.40	20.66	34.43
350	0.84	4.03	8.04	12.07	20.11	33.53
375	0.74	3.89	7.76	11.65	19.41	32.32
400	0.65	3.65	7.33	10.98	18.31	30.49
425	0.55	3.52	7.00	10.51	17.51	29.16
450	0.46	3.37	6.77	10.14	16.90	28.18
475	0.37	3.17	6.34	9.51	15.82	26.39
500	0.28	2.82	5.65	8.47	14.09	23.50

温度/℃	公称压力					
	Class 150	Class 300	Class 600	Class 900	Class 1500	Class 2500
	最大允许工作压力/MPa					
538	0.14	1.75	3.50	5.25	8.75	14.58
550	—	1.50	3.00	4.50	7.50	12.50
575	—	1.05	2.09	3.14	5.23	8.71
600	—	0.72	1.44	2.15	3.59	5.98
625	—	0.50	0.99	1.49	2.48	4.14
650	—	0.35	0.71	1.06	1.77	2.95

注：①仅允许用正火加回火材料。

②禁止添加任何在 ASTM A217 标准表 1 中未列入的其他元素，但作为脱氧而添加的 Ca 和 Mg 除外。

表 1-13　美国 ASME B16.5 标准钢制管法兰 1.15 组材料的压力-温度额定值

材料类别	锻　件		铸　件		板　材	
9Cr-1Mo-V	ASTM A182 Gr. F91		ASTM A217 C12A①		ASTM A387 Gr. 91 Cl. 2	
温度/℃	公称压力					
	Class 150	Class 300	Class 600	Class 900	Class 1500	Class 2500
	最大允许工作压力/MPa					
-29~38	2.00	5.17	10.34	15.51	25.86	43.09
50	1.95	5.17	10.34	15.51	25.86	43.09
100	1.77	5.15	10.30	15.46	25.76	42.94
150	1.58	5.03	10.03	15.06	25.08	41.82
200	1.38	4.86	9.72	14.58	24.34	40.54
250	1.21	4.63	9.27	13.90	23.18	38.62
300	1.02	4.29	8.57	12.86	21.44	35.71
325	0.93	4.14	8.26	12.40	20.66	34.43
350	0.84	4.03	8.04	12.07	20.11	33.53
375	0.74	3.89	7.76	11.65	19.41	32.32
400	0.65	3.65	7.33	10.98	18.31	30.49
425	0.55	3.52	7.00	10.51	17.51	29.16
450	0.46	3.37	6.77	10.14	16.90	28.18
475	0.37	3.17	6.34	9.51	15.82	26.39
500	0.28	2.82	5.65	8.47	14.09	23.50
538	0.14	2.52	5.00	7.52	12.55	20.89
550	—	2.50	4.98	7.48	12.49	20.80
575	—	2.40	4.79	7.18	11.97	19.95
600	—	1.95	3.90	5.85	9.75	16.25
625	—	1.46	2.92	4.38	7.30	12.17
650	—	0.99	1.99	2.98	4.96	8.27

注：①禁止添加任何在 ASTM A217 标准表 1 中未列入的其他元素，但作为脱氧而添加的 Ca 和 Mg 除外。

表 1-14　美国 ASME B16.5 标准钢制管法兰 1.17 组材料的压力-温度额定值

材料类别	锻件		铸件		板材	
1Cr-½Mo	ASTM A182 Gr. F12 Cl. 2①②		—		—	
5Cr-½Mo	A182 Gr. F5		—		—	
温度/℃	公称压力					
	Class 150	Class 300	Class 600	Class 900	Class 1500	Class 2500
	最大允许工作压力/MPa					
-29~38	1.98	5.17	10.34	15.51	25.86	43.09
50	1.95	5.15	10.30	15.45	25.75	42.92
100	1.77	5.04	10.09	15.13	25.22	42.04
150	1.58	4.82	9.64	14.45	24.09	40.15
200	1.38	4.63	9.25	13.88	23.13	38.56
250	1.21	4.48	8.96	13.45	22.41	37.35
300	1.02	4.29	8.57	12.86	21.44	35.71
325	0.93	4.14	8.26	12.40	20.66	34.43
350	0.84	4.03	8.04	12.07	20.11	33.53
375	0.74	3.89	7.76	11.65	19.41	32.32
400	0.65	3.65	7.33	10.98	18.31	30.49
425	0.55	3.52	7.00	10.51	17.51	29.16
450	0.46	3.37	6.77	10.14	16.90	28.18
475	0.37	2.79	5.57	8.36	13.93	23.21
500	0.28	2.14	4.28	6.41	10.69	17.82
538	0.14	1.37	2.74	4.11	6.86	11.43
550	—	1.20	2.41	3.61	6.02	10.04
575	—	0.88	1.76	2.64	4.40	7.34
600	—	0.61	1.21	1.82	3.03	5.04
625	—	0.40	0.80	1.20	2.00	3.33
650	—	0.24	0.47	0.71	1.18	1.97

注：①仅允许用正火加回火材料。

②允许但不推荐长期在 590℃ 以上使用。

表 1-15　美国 ASME B16.5 标准钢制管法兰 1.18 组材料的压力-温度额定值

材料类别	锻件		铸件		板材	
9Cr-2W-V	ASTM A182 Gr. F92①		—		—	
温度/℃	公称压力					
	Class 150	Class 300	Class 600	Class 900	Class 1500	Class 2500
	最大允许工作压力/MPa					
-29~38	2.00	5.17	10.34	15.51	25.86	43.09
50	1.95	5.17	10.34	15.51	25.86	43.09

温度/℃	公称压力					
	Class 150	Class 300	Class 600	Class 900	Class 1500	Class 2500
	最大允许工作压力/MPa					
100	1. 77	5. 15	10. 30	15. 46	25. 76	42. 94
150	1. 58	5. 03	10. 03	15. 06	25. 08	41. 82
200	1. 38	4. 86	9. 72	14. 58	24. 34	40. 54
250	1. 21	4. 63	9. 27	13. 90	23. 18	38. 62
300	1. 02	4. 29	8. 57	12. 86	21. 44	35. 71
325	0. 93	4. 14	8. 26	12. 40	20. 66	34. 43
350	0. 84	4. 03	8. 04	12. 07	20. 11	33. 53
375	0. 74	3. 89	7. 76	11. 65	19. 41	32. 32
400	0. 65	3. 65	7. 33	10. 98	18. 31	30. 49
425	0. 55	3. 52	7. 00	10. 51	17. 51	29. 16
450	0. 46	3. 37	6. 77	10. 14	16. 90	28. 18
475	0. 37	3. 17	6. 34	9. 51	15. 82	26. 39
500	0. 28	2. 82	5. 65	8. 47	14. 09	23. 50
538	0. 14	2. 52	5. 00	7. 52	12. 55	20. 89
550	0. 14	2. 50	4. 98	7. 48	12. 49	20. 80
575	0. 14	2. 40	4. 79	7. 18	11. 97	19. 95
600	0. 14	2. 16	4. 29	6. 42	10. 70	17. 85
625	0. 14	1. 83	3. 66	5. 49	9. 12	15. 20
650	0. 14	1. 41	2. 81	4. 25	7. 07	11. 77

注：①用于 620℃以上时管子的最大外径为 88. 9mm。

表 1-16　美国 ASME B16. 5 标准钢制管法兰 2. 1 组材料的压力-温度额定值

材料类别	锻　件	铸　件	板　材
18Cr-8Ni	ASTM A182 Gr. F304①	ASTM A351 CF3②	ASTM A240 Gr. 304①
	ASTM A182 Gr. F304H	ASTM A351 CF8①	ASTM A240 Gr. 304H

温度/℃	公称压力					
	Class 150	Class 300	Class 600	Class 900	Class 1500	Class 2500
	最大允许工作压力/MPa					
-29~38	1. 90	4. 96	9. 93	14. 89	24. 82	41. 37
50	1. 83	4. 78	9. 56	14. 35	23. 91	39. 85
100	1. 57	4. 09	8. 17	12. 26	20. 43	34. 04
150	1. 42	3. 70	7. 40	11. 10	18. 50	30. 84
200	1. 32	3. 45	6. 90	10. 34	17. 24	28. 73
250	1. 21	3. 25	6. 50	9. 75	16. 24	27. 07
300	1. 02	3. 09	6. 18	9. 27	15. 46	25. 76
325	0. 93	3. 02	6. 04	9. 07	15. 11	25. 19

续表

温度/℃	公称压力					
	Class 150	Class 300	Class 600	Class 900	Class 1500	Class 2500
	最大允许工作压力/MPa					
350	0.84	2.96	5.93	8.89	14.81	24.69
375	0.74	2.90	5.81	8.71	14.52	24.19
400	0.65	2.84	5.69	8.53	14.22	23.70
425	0.55	2.80	5.60	8.40	14.00	23.33
450	0.46	2.74	5.48	8.22	13.70	22.84
475	0.37	2.69	5.39	8.08	13.47	22.45
500	0.28	2.65	5.30	7.95	13.24	22.07
538	0.14	2.44	4.89	7.33	12.21	20.36
550	—	2.36	4.71	7.07	11.78	19.63
575	—	2.08	4.17	6.25	10.42	17.37
600	—	1.69	3.38	5.06	8.44	14.07
625	—	1.38	2.76	4.14	6.89	11.49
650	—	1.13	2.25	3.38	5.63	9.38
675	—	0.93	1.87	2.80	4.67	7.79
700	—	0.80	1.61	2.41	4.01	6.69
725	—	0.68	1.35	2.03	3.38	5.63
750	—	0.58	1.16	1.73	2.89	4.81
775	—	0.46	0.90	1.37	2.28	3.80
800	—	0.35	0.70	1.05	1.74	2.92
816	—	0.28	0.59	0.86	1.41	2.38

注：①只有当碳含量≥0.4%时，才可用于538℃以上。

②不得用于425℃以上。

表 1-17　美国 ASME B16.5 标准钢制管法兰 2.2 组材料的压力-温度额定值

材料类别	锻件	铸件	板材
16Cr-12Ni-2Mo	ASTM A182 Gr. F316①	CF3M②	ASTM A240 Gr. 316①
	ASTM A182 Gr. F316H	ASTM A351 CF8M①	ASTM A240 Gr. 316H
18Cr-13Ni-3Mo	ASTM A182 Gr. F317①	—	ASTM A240 Gr. 317①
19Cr-10Ni-3Mo	—	ASTM A351 Gr. CG8M③	—

温度/℃	公称压力					
	Class 150	Class 300	Class 600	Class 900	Class 1500	Class 2500
	最大允许工作压力/MPa					
-29~38	1.90	4.96	9.93	14.89	24.82	41.37
50	1.84	4.81	9.62	14.43	24.06	40.09
100	1.62	4.22	8.44	12.66	21.10	35.16
150	1.48	3.85	7.70	11.55	19.25	32.08
200	1.37	3.57	7.13	10.70	17.83	29.72

温度/℃	公称压力					
	Class 150	Class 300	Class 600	Class 900	Class 1500	Class 2500
	最大允许工作压力/MPa					
250	1.21	3.34	6.68	10.01	16.69	27.81
300	1.02	3.16	6.32	9.49	15.81	26.35
325	0.93	3.09	6.18	9.27	15.44	25.74
350	0.84	3.03	6.07	9.10	15.16	25.27
375	0.74	2.99	5.98	8.96	14.94	24.90
400	0.65	2.94	5.89	8.83	14.72	24.53
425	0.55	2.91	5.83	8.74	14.57	24.29
450	0.46	2.88	5.77	8.65	14.42	24.04
475	0.37	2.87	5.73	8.60	14.34	23.89
500	0.28	2.82	5.65	8.47	14.09	23.50
538	0.14	2.52	5.00	7.52	12.55	20.89
550	—	2.50	4.98	7.48	12.49	20.80
575	—	2.40	4.79	7.18	11.97	19.95
600	—	1.99	3.98	5.97	9.95	16.59
625	—	1.58	3.16	4.74	7.91	13.18
650	—	1.27	2.53	3.80	6.33	10.55
675	—	1.03	2.06	3.10	5.16	8.60
700	—	0.84	1.68	2.51	4.19	6.98
725	—	0.70	1.40	2.10	3.49	5.82
750	—	0.59	1.17	1.76	2.93	4.89
775	—	0.46	0.90	1.37	2.28	3.80
800	—	0.35	0.70	1.05	1.74	2.92
816	—	0.28	0.59	0.86	1.41	2.38

注：① 只有当碳含量≥0.4%时，才可用于538℃以上。

② 不得用于455℃以上。

③ 不得用于438℃以上。

表1-18　美国ASME B16.5标准钢制管法兰2.3组材料的压力-温度额定值

材料类别	锻　件	铸　件	板　材
16Cr-12Ni-2Mo	ASTM A182 Gr. F316L	—	ASTM A240 Gr. 316L
18Cr-13Ni-3Mo	ASTM A182 Gr. F317L	—	—
18Cr-8Ni	ASTM A182 Gr. F304L①	—	ASTM A240 Gr. 304L①

温度/℃	公称压力					
	Class 150	Class 300	Class 600	Class 900	Class 1500	Class 2500
	最大允许工作压力/MPa					
-29~38	1.59	4.14	8.27	12.41	20.68	34.47
50	1.53	4.00	8.00	12.01	20.01	33.35

续表

温度/℃	公称压力					
	Class 150	Class 300	Class 600	Class 900	Class 1500	Class 2500
	最大允许工作压力/MPa					
100	1.33	3.48	6.96	10.44	17.39	28.99
150	1.20	3.14	6.28	9.42	15.70	26.16
200	1.12	2.92	5.83	8.75	14.58	24.30
250	1.05	2.75	5.49	8.24	13.73	22.89
300	1.00	2.61	5.21	7.82	13.03	21.72
325	0.93	2.55	5.10	7.64	12.74	21.23
350	0.84	2.51	5.01	7.52	12.54	20.89
375	0.74	2.48	4.95	7.43	12.38	20.63
400	0.65	2.43	4.86	7.29	12.15	20.25
425	0.55	2.39	4.77	7.16	11.93	19.88
450	0.46	2.34	4.68	7.02	11.71	19.51

注：① 不得用于425℃以上。

表 1-19　美国 ASME B16.5 标准钢制管法兰 2.4 组材料的压力-温度额定值

材料类别	锻件		铸件		板材	
18Cr-10Ni-Ti	ASTM A182 Gr. F321①		—		ASTM A240 Gr. 321①	
	ASTM A182 Gr. F321H②		—		ASTM A240 Gr. 321H②	
温度/℃	公称压力					
	Class 150	Class 300	Class 600	Class 900	Class 1500	Class 2500
	最大允许工作压力/MPa					
-29~38	1.90	4.96	9.93	14.89	24.82	41.37
50	1.86	4.86	9.71	14.57	24.28	40.46
100	1.70	4.42	8.85	13.27	22.12	36.87
150	1.57	4.10	8.20	12.29	20.49	34.15
200	1.38	3.83	7.66	11.49	19.15	31.91
250	1.21	3.60	7.20	10.81	18.01	30.02
300	1.02	3.41	6.83	10.24	17.07	28.46
325	0.93	3.33	6.66	9.99	16.65	27.76
350	0.84	3.26	6.52	9.78	16.30	27.17
375	0.74	3.20	6.41	9.61	16.02	26.69
400	0.65	3.16	6.32	9.48	15.79	26.32
425	0.55	3.11	6.23	9.34	15.57	25.95
450	0.46	3.08	6.17	9.25	15.42	25.69
475	0.37	3.05	6.11	9.16	15.27	25.44
500	0.28	2.82	5.65	8.47	14.09	23.50
538	0.14	2.52	5.00	7.52	12.55	20.89

续表

温度/℃	公称压力					
	Class 150	Class 300	Class 600	Class 900	Class 1500	Class 2500
	最大允许工作压力/MPa					
550	—	2.50	4.98	7.48	12.49	20.80
575	—	2.40	4.79	7.18	11.97	19.95
600	—	2.03	4.05	6.08	10.13	16.89
625	—	1.58	3.16	4.74	7.91	13.18
650	—	1.26	2.53	3.79	6.32	10.54
675	—	0.99	1.98	2.96	4.94	8.23
700	—	0.79	1.58	2.37	3.95	6.59
725	—	0.63	1.27	1.90	3.17	5.28
750	—	0.50	1.00	1.50	2.50	4.17
775	—	0.40	0.80	1.19	1.99	3.32
800	—	0.31	0.63	0.94	1.56	2.61
816	—	0.26	0.52	0.78	1.30	2.17

注：① 只有当材料做了最低加热温度为1095℃的热处理时，才可用于538℃以上。

② 不得用于538℃以上。

表 1-20　美国 ASME B16.5 标准钢制管法兰 2.5 组材料的压力-温度额定值

材料类别	锻件	铸件	板材
18Cr-10Ni-Cb	ASTM A182 Gr. F347①	—	ASTM A240 Gr. 347①
	ASTM A182 Gr. F347H②	—	ASTM A240 Gr. 347H②
	ASTM A182 Gr. F348①	—	ASTM A240 Gr. 348①
	ASTM A182 Gr. F348H②	—	ASTM A240 Gr. 348H②

温度/℃	公称压力					
	Class 150	Class 300	Class 600	Class 900	Class 1500	Class 2500
	最大允许工作压力/MPa					
-29~38	1.90	4.96	9.93	14.89	24.82	41.37
50	1.87	4.88	9.75	14.63	24.38	40.64
100	1.74	4.53	9.06	13.59	22.65	37.74
150	1.58	4.25	8.49	12.74	21.24	35.39
200	1.38	3.99	7.99	11.98	19.97	33.28
250	1.21	3.78	7.56	11.34	18.91	31.51
300	1.02	3.61	7.22	10.83	18.04	30.07
325	0.93	3.54	7.07	10.61	17.68	29.46
350	0.84	3.48	6.95	10.43	17.38	28.96
375	0.74	3.42	6.84	10.26	17.10	28.51
400	0.65	3.39	6.78	10.17	16.95	28.26
425	0.55	3.36	6.72	10.08	16.81	28.01

续表

温度/℃	公称压力					
	Class 150	Class 300	Class 600	Class 900	Class 1500	Class 2500
	最大允许工作压力/MPa					
450	0.46	3.35	6.69	10.04	16.73	27.88
475	0.37	3.17	6.34	9.51	15.82	26.39
500	0.28	2.82	2.65	8.47	14.09	23.50
538	0.14	2.52	5.00	7.52	12.55	20.89
550	—	2.50	4.98	7.48	12.49	20.80
575	—	2.40	4.79	7.18	11.97	19.95
600	—	2.16	4.29	6.42	10.70	17.85
625	—	1.83	3.66	5.49	9.12	15.20
650	—	1.41	2.81	4.25	7.07	11.77
675	—	1.24	2.52	3.76	6.27	10.45
700	—	1.01	2.00	2.98	4.97	8.30
725	—	0.79	1.54	2.32	3.86	6.44
750	—	0.59	1.17	1.76	2.96	4.91
775	—	0.46	0.90	1.37	2.28	3.80
800	—	0.35	0.70	1.05	1.74	2.92
816	—	0.28	0.59	0.86	1.41	2.38

注：① 不得用于538℃以上。

② 只有当材料做了最低加热温度为1095℃的热处理时，才可用于538℃以上。

表1-21　美国ASME B16.5标准钢制管法兰2.6组材料的压力-温度额定值

材料类别	锻　件		铸　件		板　材	
23Cr-12Ni	—		—		ASTM A240 Gr. 309H	
温度/℃	公称压力					
	Class 150	Class 300	Class 600	Class 900	Class 1500	Class 2500
	最大允许工作压力/MPa					
-29~38	1.90	4.96	9.93	14.89	24.82	41.37
50	1.85	4.83	9.66	14.49	24.15	40.25
100	1.65	4.31	8.62	12.93	21.55	35.92
150	1.53	4.00	8.00	12.00	20.00	33.33
200	1.38	3.78	7.55	11.33	18.88	31.47
250	1.21	3.61	7.21	10.82	18.04	30.06
300	1.02	3.48	6.96	10.44	17.39	28.99
325	0.93	3.42	6.85	10.27	17.12	28.54
350	0.84	3.38	6.76	10.14	16.90	28.17
375	0.74	3.34	6.68	10.01	16.69	27.82
400	0.65	3.31	6.61	9.92	16.54	27.56

续表

温度/℃	公称压力					
	Class 150	Class 300	Class 600	Class 900	Class 1500	Class 2500
	最大允许工作压力/MPa					
425	0. 55	3. 26	6. 53	9. 79	16. 31	27. 19
450	0. 46	3. 22	6. 44	9. 65	16. 09	26. 82
475	0. 37	3. 17	6. 34	9. 51	15. 82	26. 39
500	0. 28	2. 82	5. 65	8. 47	14. 09	23. 50
538	0. 14	2. 52	5. 00	7. 52	12. 55	20. 89
550	—	2. 50	4. 98	7. 48	12. 49	20. 80
575	—	2. 22	4. 44	6. 65	11. 09	18. 48
600	—	1. 68	3. 35	5. 03	8. 39	13. 98
625	—	1. 25	2. 50	3. 75	6. 25	10. 42
650	—	0. 94	1. 87	2. 81	4. 68	7. 80
675	—	0. 72	1. 45	2. 17	3. 62	6. 03
700	—	0. 55	1. 10	1. 65	2. 75	4. 59
725	—	0. 43	0. 87	1. 30	2. 16	3. 60
750	—	0. 34	0. 68	1. 02	1. 71	2. 84
775	—	0. 27	0. 54	0. 81	1. 35	2. 24
800	—	0. 21	0. 42	0. 63	1. 05	1. 75
816	—	0. 18	0. 35	0. 53	0. 89	1. 48

表 1-22　美国 ASME B16. 5 标准钢制管法兰 2. 7 组材料的压力-温度额定值

材料类别	锻件		铸件		板材	
25Cr-20Ni	ASTM A182 Gr. F310[①,②]		—		ASTM A240 Gr. 310H	
温度/℃	公称压力					
	Class 150	Class 300	Class 600	Class 900	Class 1500	Class 2500
	最大允许工作压力/MPa					
-29~38	1. 90	4. 96	9. 93	14. 89	24. 82	41. 37
50	1. 85	4. 84	9. 67	14. 51	24. 18	40. 31
100	1. 66	4. 34	8. 68	13. 02	21. 70	36. 16
150	1. 53	4. 00	8. 00	12. 00	20. 00	33. 33
200	1. 38	3. 76	7. 52	11. 28	18. 80	31. 34
250	1. 21	3. 58	7. 15	10. 73	17. 88	29. 81
300	1. 02	3. 45	6. 89	10. 34	17. 23	28. 72
325	0. 93	3. 39	6. 77	10. 16	16. 93	28. 22
350	0. 84	3. 33	6. 66	9. 99	16. 65	27. 76
375	0. 74	3. 29	6. 57	9. 86	16. 43	27. 38
400	0. 65	3. 24	6. 48	9. 73	16. 21	27. 02
425	0. 55	3. 21	6. 42	9. 64	16. 06	26. 77

续表

温度/℃	公称压力					
	Class 150	Class 300	Class 600	Class 900	Class 1500	Class 2500
	最大允许工作压力/MPa					
450	0.46	3.17	6.34	9.51	15.84	26.40
475	0.37	3.12	6.25	9.37	15.62	26.03
500	0.28	2.82	5.65	8.47	14.09	23.50
538	0.14	2.52	5.00	7.52	12.55	20.89
550	—	2.50	4.98	7.48	12.49	20.80
575	—	2.22	4.44	6.65	11.09	18.48
600	—	1.68	3.35	5.03	8.39	13.98
625	—	1.25	2.50	3.75	6.25	10.42
650	—	0.94	1.87	2.81	4.68	7.80
675	—	0.72	1.45	2.17	3.62	6.03
700	—	0.55	1.10	1.65	2.75	4.59
725	—	0.43	0.87	1.30	2.16	3.60
750	—	0.34	0.58	1.02	1.71	2.84
775	—	0.27	0.53	0.80	1.33	2.21
800	—	0.21	0.41	0.62	1.03	1.72
816	—	0.18	0.35	0.53	0.89	1.48

注：① 只有当碳含量≥0.04%时，才可用于538℃以上。

② 只有确保晶粒度不细于ASTM 6级，该材料才宜用于565℃及以上温度。

表1-23　美国ASME B16.5标准钢制管法兰2.8组材料的压力-温度额定值

材料类别	锻　件	铸　件	板　材
20Cr-18Ni-6Mo	ASTM A182 Gr. F44	ASTM A351 Gr. CK3MCuN	ASTM A240 Gr. S31254
22Cr-5Ni-3Mo-N	ASTM A182 Gr. F51①	—	ASTM A240 Gr. S31803①
25Cr-7Ni-4Mo-N	ASTM A182 Gr. F53①	—	ASTM A240 Gr. S32750①
24Cr-10Ni-4Mo-V	—	ASTM A351 Gr. CE8MN①	—
25Cr-5Ni-2Mo-3Cu	—	ASTM A351 Gr. CD4MCu①	—
25Cr-7Ni-3.5Mo-W-Cb	—	ASTM A351 Gr. CD3MWCuN①	—
25Cr-7.5Ni-3.5Mo-N-Cu-W	ASTM A182 Gr. F55①	—	ASTM A240 Gr. S32760①

温度/℃	公称压力					
	Class 150	Class 300	Class 600	Class 900	Class 1500	Class 2500
	最大允许工作压力/MPa					
-29~38	2.00	5.17	10.34	15.51	25.86	43.09
50	1.95	5.17	10.34	15.51	25.86	43.09
100	1.77	5.07	10.13	15.20	25.33	42.22
150	1.58	4.59	9.19	13.78	22.96	38.27
200	1.38	4.27	8.53	12.80	21.33	35.54
250	1.21	4.05	8.09	12.14	20.23	33.72

温度/℃	公称压力					
	Class 150	Class 300	Class 600	Class 900	Class 1500	Class 2500
	最大允许工作压力/MPa					
300	1.02	3.89	7.77	11.66	19.43	32.38
325	0.93	3.82	7.63	11.45	19.08	31.80
350	0.84	3.76	7.53	11.29	18.82	31.37
375	0.74	3.74	7.47	11.21	18.68	31.13
400	0.65	3.65	7.33	10.98	18.31	30.49

注：①该材料在中高温使用后可能变脆。不得用于315℃以上。

表1-24 美国ASME B16.5标准钢制管法兰2.9组材料的压力-温度额定值

材料类别	锻件	铸件	板材
23Cr-12Ni	—	—	ASTM A240 Gr. 309S①,②,③
25Cr-20Ni	—	—	ASTM A240 Gr. 310S①,②,③

温度/℃	公称压力					
	Class 150	Class 300	Class 600	Class 900	Class 1500	Class 2500
	最大允许工作压力/MPa					
-29~38	1.90	4.96	9.93	14.89	24.82	41.37
50	1.85	4.83	9.66	14.49	24.15	40.25
100	1.65	4.31	8.62	12.93	21.55	35.92
150	1.53	4.00	8.00	12.00	20.00	33.33
200	1.38	3.76	7.52	11.28	18.80	31.34
250	1.21	3.58	7.15	10.73	17.88	29.81
300	1.02	3.45	6.89	10.34	17.23	28.72
325	0.93	3.39	6.77	10.16	16.93	28.22
350	0.84	3.33	6.66	9.99	16.65	27.76
375	0.74	3.29	6.57	9.86	16.43	27.38
400	0.65	3.24	6.48	9.73	16.21	27.02
425	0.55	3.21	6.42	9.64	16.06	26.77
450	0.46	3.17	6.34	9.51	15.84	26.40
475	0.37	3.12	6.25	9.37	15.62	26.03
500	0.28	2.82	5.65	8.47	14.09	23.50
538	0.14	2.34	4.68	7.02	11.70	19.50
550	—	2.05	4.10	6.15	10.25	17.08
575	—	1.51	3.02	4.53	7.55	12.58
600	—	1.10	2.21	3.31	5.51	9.19
625	—	0.81	1.63	2.44	4.07	6.79
650	—	0.58	1.16	1.74	2.91	4.85
675	—	0.37	0.74	1.11	1.84	3.07
700	—	0.22	0.43	0.65	1.08	1.80

续表

温度/℃	公称压力					
	Class 150	Class 300	Class 600	Class 900	Class 1500	Class 2500
	最大允许工作压力/MPa					
725	—	0.14	0.27	0.41	0.68	1.14
750	—	0.10	0.21	0.31	0.52	0.86
775	—	0.08	0.16	0.25	0.41	0.68
800	—	0.06	0.12	0.18	0.30	0.50
816	—	0.05	0.09	0.14	0.24	0.39

注：① 只有当碳含量≥0.04%时，才可用于538℃以上。

② 只有当材料做了加热温度至少为1035℃且做水淬或用其他方法快速冷却的热处理，才可用于538℃以上。

③ 只有确保晶粒度不细于ASTM 6级，该材料才宜用于565℃及以上温度。

表1-25　美国ASME B16.5标准钢制管法兰2.10组材料的压力-温度额定值

材料类别	锻　件	铸　件	板　材
25Cr-12Ni	—	ASTM A351 Gr. CH8①	—
25Cr-12Ni	—	ASTM A351 Gr. CH20①	—

温度/℃	公称压力					
	Class 150	Class 300	Class 600	Class 900	Class 1500	Class 2500
	最大允许工作压力/MPa					
-29~38	1.78	4.63	9.27	13.90	23.17	38.61
50	1.70	4.45	8.90	13.34	22.24	37.06
100	1.44	3.75	7.51	11.26	18.77	31.28
150	1.34	3.49	6.98	10.47	17.44	29.07
200	1.29	3.35	6.71	10.06	16.77	27.95
250	1.21	3.26	6.52	9.78	16.31	27.18
300	1.02	3.17	6.34	9.52	15.86	26.43
325	0.93	3.12	6.24	9.36	15.61	26.01
350	0.84	3.06	6.12	9.17	15.29	25.48
375	0.74	2.98	5.97	8.95	14.92	24.86
400	0.65	2.91	5.82	8.73	14.55	24.24
425	0.55	2.83	5.67	8.50	14.17	23.62
450	0.46	2.76	5.52	8.28	13.80	23.00
475	0.37	2.67	5.35	8.02	13.37	22.28
500	0.28	2.58	5.17	7.75	12.92	21.53
538	0.14	2.33	4.66	7.00	11.66	19.44
550	—	2.19	4.38	6.57	10.95	18.25
575	—	1.85	3.70	5.55	9.24	15.40
600	—	1.45	2.90	4.35	7.26	12.10
625	—	1.14	2.28	3.43	5.71	9.52

续表

温度/℃	公称压力					
	Class 150	Class 300	Class 600	Class 900	Class 1500	Class 2500
	最大允许工作压力/MPa					
650	—	0.89	1.78	2.67	4.45	7.41
675	—	0.70	1.40	2.09	3.49	5.82
700	—	0.57	1.13	1.70	2.83	4.72
725	—	0.46	0.91	1.37	2.28	3.80
750	—	0.35	0.70	1.05	1.75	2.92
775	—	0.26	0.51	0.77	1.28	2.14
800	—	0.20	0.40	0.61	1.01	1.69
816	—	0.19	0.38	0.57	0.95	1.58

注：① 只有当碳含量≥0.04%时，才可用于538℃以上。

表1-26　美国ASME B16.5标准钢制管法兰2.11组材料的压力-温度额定值

材料类别	锻件		铸件		板材	
18Cr-10Ni-Cb	—		ASTM A351 CF8C①		—	
温度/℃	公称压力					
	Class 150	Class 300	Class 600	Class 900	Class 1500	Class 2500
	最大允许工作压力/MPa					
-29~38	1.90	4.96	9.93	14.89	24.82	41.37
50	1.87	4.88	9.75	14.63	24.38	40.64
100	1.74	4.53	9.06	13.59	22.65	37.74
150	1.58	4.25	8.49	12.74	21.24	35.39
200	1.38	3.99	7.99	11.98	19.97	33.28
250	1.21	3.78	7.56	11.34	18.91	31.51
300	1.02	3.61	7.22	10.83	18.04	30.07
325	0.93	3.54	7.07	10.61	17.68	29.46
350	0.84	3.48	6.95	10.43	17.38	28.96
375	0.74	3.42	6.84	10.26	17.10	28.51
400	0.65	3.39	6.78	10.17	16.95	28.26
425	0.55	3.36	6.72	10.08	16.81	28.01
450	0.46	3.35	6.69	10.04	16.73	27.88
475	0.37	3.17	6.34	9.51	15.82	26.39
500	0.28	2.82	5.65	8.47	14.09	23.50
538	0.14	2.52	5.00	7.52	12.55	20.89
550	—	2.50	4.98	7.48	12.49	20.80
575	—	2.40	4.79	7.18	11.97	19.95
600	—	1.98	3.96	5.94	9.90	16.51
625	—	1.39	2.77	4.16	6.93	11.55
650	—	1.03	2.06	3.09	5.15	8.58

续表

温度/℃	公称压力					
	Class 150	Class 300	Class 600	Class 900	Class 1500	Class 2500
	最大允许工作压力/MPa					
675	—	0.80	1.59	2.39	3.98	6.63
700	—	0.56	1.12	1.68	2.81	4.68
725	—	0.40	0.80	1.19	1.99	3.31
750	—	0.31	0.62	0.93	1.55	2.58
775	—	0.25	0.49	0.74	1.23	2.04
800	—	0.20	0.40	0.61	1.01	1.69
816	—	0.19	0.38	0.57	0.95	1.58

注：①只有当碳含量≥0.04%时，才可用于538℃以上。

表 1-27　美国 ASME B16.5 标准钢制管法兰 2.12 组材料的压力-温度额定值

材料类别	锻　件		铸　件		板　材	
25Cr-20Ni	—		ASTM A351 Gr. CK20①		—	
温度/℃	公称压力					
	Class 150	Class 300	Class 600	Class 900	Class 1500	Class 2500
	最大允许工作压力/MPa					
-29~38	1.78	4.63	9.27	13.90	23.17	38.61
50	1.70	4.45	8.90	13.34	22.24	37.06
100	1.44	3.75	7.51	11.26	18.77	31.28
150	1.34	3.49	6.98	10.47	17.44	29.07
200	1.29	3.35	6.71	10.06	16.77	27.95
250	1.21	3.26	6.52	9.78	16.31	27.18
300	1.02	3.17	6.34	9.52	15.86	26.43
325	0.93	3.12	6.24	9.36	15.61	26.01
350	0.84	3.06	6.12	9.17	15.29	25.48
375	0.74	2.98	5.97	8.95	14.92	24.86
400	0.65	2.91	5.82	8.73	14.55	24.24
425	0.55	2.83	5.67	8.50	14.17	23.62
450	0.46	2.76	5.52	8.28	13.80	23.00
475	0.37	2.67	5.35	8.02	13.37	22.28
500	0.28	2.58	5.17	7.75	12.92	21.53
538	0.14	2.33	4.66	7.00	11.66	19.44
550	—	2.29	4.59	6.88	11.47	19.12
575	—	2.17	4.33	6.50	10.83	18.04
600	—	1.94	3.88	5.82	9.71	16.18
625	—	1.68	3.37	5.05	8.41	14.02
650	—	1.41	2.81	4.22	7.04	11.73

续表

温度/℃	公称压力					
	Class 150	Class 300	Class 600	Class 900	Class 1500	Class 2500
	最大允许工作压力/MPa					
675	—	1.15	2.30	3.46	5.76	9.60
700	—	0.88	1.75	2.63	4.38	7.30
725	—	0.63	1.27	1.90	3.17	5.29
750	—	0.45	0.89	1.34	2.23	3.72
775	—	0.31	0.63	0.94	1.57	2.62
800	—	0.23	0.46	0.69	1.14	1.91
816	—	0.19	0.38	0.57	0.95	1.58

注：①只有当碳含量≥0.04%时，才可用于538℃以上。

表1-28　美国ASME B16.5标准钢制管法兰3.1组材料的压力-温度额定值

材料类别	锻　件		铸　件		板　材	
35Ni-35Fe-20Cr-Cb	ASTM B462 Gr. N08020①		—		ASTM B463 Gr. N08020①	
温度/℃	公称压力					
	Class 150	Class 300	Class 600	Class 900	Class 1500	Class 2500
	最大允许工作压力/MPa					
-29~38	2.00	5.17	10.34	15.51	25.86	43.09
50	1.95	5.17	10.34	15.51	25.86	43.09
100	1.77	5.09	10.17	15.26	25.44	42.39
150	1.58	4.89	9.79	14.68	24.47	40.78
200	1.38	4.72	9.43	14.15	23.58	39.29
250	1.21	4.55	9.10	13.65	22.75	37.92
300	1.02	4.29	8.57	12.86	21.44	35.71
325	0.93	4.14	8.26	12.40	20.66	34.43
350	0.84	4.03	8.04	12.07	20.11	33.53
375	0.74	3.89	7.76	11.65	19.41	32.32
400	0.65	3.65	7.33	10.98	18.31	30.49
425	0.55	3.52	7.00	10.51	17.51	29.16

注：①只用退火材料。

表1-29　美国ASME B16.5标准钢制管法兰3.2组材料的压力-温度额定值

材料类别	锻　件		铸　件		板　材	
99.0Ni	ASTM B564 Gr. N02200①②		—		ASTM B162 Gr. N02200①	
温度/℃	公称压力					
	Class 150	Class 300	Class 600	Class 900	Class 1500	Class 2500
	最大允许工作压力/MPa					
-29~38	1.27	3.31	6.62	9.93	16.55	27.58

续表

温度/℃	公称压力					
	Class 150	Class 300	Class 600	Class 900	Class 1500	Class 2500
	最大允许工作压力/MPa					
50	1.27	3.31	6.62	9.93	16.55	27.58
100	1.27	3.31	6.62	9.93	16.55	27.58
150	1.27	3.31	6.62	9.93	16.55	27.58
200	1.27	3.31	6.62	9.93	16.55	27.58
250	1.21	3.16	6.32	9.48	15.80	26.34
300	10.2	2.92	5.85	8.77	14.62	24.37
325	0.72	1.88	3.76	5.64	9.39	15.65

注：①只用退火材料。

②化学成分、力学性能、热处理要求和晶粒大小均应符合相应的 ASTM 规范要求，加工程序、公差、测试、证书及标记应符合 ASTM B564 的要求。

表 1-30　美国 ASME B16.5 标准钢制管法兰 3.3 组材料的压力-温度额定值

材料类别	锻件		铸件		板材	
99.0Ni-Low C	—		—		ASTM B162 Gr. N02201①	
温度/℃	公称压力					
	Class 150	Class 300	Class 600	Class 900	Class 1500	Class 2500
	最大允许工作压力/MPa					
-29~38	0.63	1.65	3.31	4.96	8.27	13.79
50	0.63	1.64	3.28	4.92	8.20	13.67
100	0.61	1.58	3.17	4.75	7.92	13.20
150	0.60	1.56	3.11	4.67	7.78	12.96
200	0.60	1.56	3.11	4.67	7.78	12.96
250	0.60	1.56	3.11	4.67	7.78	12.96
300	0.60	1.56	3.11	4.67	7.78	12.96
325	0.59	1.55	3.10	4.65	7.75	12.92
350	0.59	1.54	3.08	4.62	7.69	12.82
375	0.59	1.54	3.07	4.61	7.68	12.80
400	0.58	1.52	3.04	4.56	7.61	12.68
425	0.55	1.49	2.98	4.47	7.46	12.43
450	0.46	1.46	2.92	4.38	7.31	12.18
475	0.37	1.43	2.86	4.30	7.16	11.93
500	0.28	1.38	2.76	4.14	6.90	11.51
538	0.14	1.31	2.61	3.92	6.54	10.89
550	—	0.98	1.96	2.95	4.91	8.18
575	—	0.54	1.07	1.61	2.68	4.46
600	—	0.44	0.89	1.33	2.22	3.70

温度/℃	公称压力					
	Class 150	Class 300	Class 600	Class 900	Class 1500	Class 2500
	最大允许工作压力/MPa					
625	—	0.34	0.69	1.03	1.72	2.87
650	—	0.28	0.57	0.85	1.42	2.36

注：①只用退火材料。

表 1-31　美国 ASME B16.5 标准钢制管法兰 3.4 组材料的压力-温度额定值

材料类别	锻　件		铸　件		板　材	
67Ni-30Cu	ASTM B564 Gr. N04400①		—		ASTM B127 Gr. N04400①	
温度/℃	公称压力					
	Class 150	Class 300	Class 600	Class 900	Class 1500	Class 2500
	最大允许工作压力/MPa					
-29~38	1.59	4.14	8.27	12.41	20.68	34.47
50	1.54	4.02	8.05	12.07	20.12	33.53
100	1.38	3.59	7.19	10.78	17.97	29.95
150	1.29	3.37	6.75	10.12	16.87	28.11
200	1.25	3.27	6.54	9.81	16.35	27.24
250	1.21	3.26	6.52	9.78	16.30	27.17
300	1.02	3.26	6.52	9.78	16.30	27.17
325	0.93	3.26	6.52	9.78	16.30	27.17
350	0.84	3.26	6.51	9.77	16.28	27.13
375	0.74	3.24	6.48	9.72	16.19	26.99
400	0.65	3.21	6.42	9.62	16.04	26.74
425	0.55	3.16	6.33	9.49	15.82	26.36
450	0.46	2.69	5.38	8.07	13.45	22.42
475	0.37	2.08	4.15	6.23	10.38	17.30

注：①只用退火材料。

表 1-32　美国 ASME B16.5 标准钢制管法兰 3.5 组材料的压力-温度额定值

材料类别	锻　件		铸　件		板　材	
72Ni-15Cr-8Fe	ASTM B564 Gr. N06600①		—		ASTM B168 Gr. N06600①	
温度/℃	公称压力					
	Class 150	Class 300	Class 600	Class 900	Class 1500	Class 2500
	最大允许工作压力/MPa					
-29~38	2.00	5.17	10.34	15.51	25.86	43.09
50	1.95	5.17	10.34	15.51	25.86	43.09
100	1.77	5.17	10.30	15.46	25.76	42.94
150	1.58	5.03	10.03	15.06	25.08	41.82
200	1.38	4.86	9.72	14.58	24.34	40.54

续表

温度/℃	公称压力					
	Class 150	Class 300	Class 600	Class 900	Class 1500	Class 2500
	最大允许工作压力/MPa					
250	1.21	4.63	9.27	13.90	23.18	38.62
300	1.02	4.29	8.57	12.86	21.44	35.71
325	0.93	4.14	8.26	12.40	20.66	34.43
350	0.84	4.03	8.04	12.07	20.11	33.53
375	0.74	3.89	7.76	11.65	19.41	32.32
400	0.65	3.65	7.33	10.98	18.31	30.49
425	0.55	3.52	7.00	10.51	17.51	29.16
450	0.46	3.37	6.77	10.14	16.90	28.18
475	0.37	3.17	6.34	9.51	15.82	26.39
500	0.28	2.82	5.65	8.47	14.09	23.50
538	0.14	1.65	3.31	4.96	8.27	13.79
550	—	1.39	2.79	4.18	6.97	11.62
575	—	0.94	1.89	2.83	4.72	7.86
600	—	0.66	1.33	1.99	3.32	5.53
625	—	0.51	1.03	1.54	2.57	4.28
650	—	0.47	0.95	1.42	2.36	3.94

注：①只用退火材料。

表 1-33　美国 ASME B16.5 标准钢制管法兰 3.6 组材料的压力-温度额定值

材料类别	锻　件		铸　件		板　材	
33Ni-42Fe-21Cr	ASTM B564 Gr. N08800①		—		ASTM B409 Gr. N08800①	
温度/℃	公称压力					
	Class 150	Class 300	Class 600	Class 900	Class 1500	Class 2500
	最大允许工作压力/MPa					
-29~38	1.90	4.96	9.93	14.89	24.82	41.37
50	1.87	4.88	9.76	14.64	24.40	40.67
100	1.75	4.56	9.12	13.69	22.81	38.01
150	1.58	4.40	8.80	13.20	21.99	36.66
200	1.38	4.28	8.56	12.84	21.40	35.67
250	1.21	4.17	8.35	12.52	20.87	34.79
300	1.02	4.08	8.16	12.25	20.41	34.02
325	0.93	4.03	8.06	12.09	20.16	33.60
350	0.84	3.98	7.95	11.93	19.88	33.13
375	0.74	3.89	7.76	11.65	19.4	32.32
400	0.65	3.65	7.33	10.98	18.31	30.49
425	0.55	3.52	7.00	10.51	17.51	29.16

续表

温度/℃	公称压力					
	Class 150	Class 300	Class 600	Class 900	Class 1500	Class 2500
	最大允许工作压力/MPa					
450	0.46	3.37	6.77	10.14	16.90	28.18
475	0.37	3.17	6.34	9.51	15.82	26.39
500	0.28	2.82	5.65	8.47	14.09	23.50
538	0.14	2.52	5.00	7.52	12.55	20.89
550	—	2.50	4.98	7.48	12.49	20.80
575	—	2.40	4.79	7.18	11.97	19.95
600	—	2.16	4.29	6.42	10.70	17.85
625	—	1.83	3.66	5.49	9.12	15.20
650	—	1.41	2.81	4.25	7.07	11.77
675	—	1.03	2.05	3.08	5.13	8.56
700	—	0.56	1.11	1.67	2.78	4.63
725	—	0.40	0.81	1.21	2.01	3.36
750	—	0.30	0.61	0.91	1.51	2.52
775	—	0.25	0.49	0.74	1.24	2.06
800	—	0.22	0.43	0.65	1.08	1.80
816	—	0.19	0.38	0.57	0.95	1.58

注：①只用退火材料。

表1-34　美国ASME B16.5标准钢制管法兰3.7组材料的压力-温度额定值

材料类别	锻　件		铸　件		板　材	
65Ni-28Mo-2Fe	ASTM B462 Gr. N10665①		—		ASTM B333 Gr. N10665①	
64Ni-29.5Mo-2Cr-2Fe-Mn-W	ASTM B462 Gr. N10675①		—		ASTM B333 Gr. N10675①	
温度/℃	公称压力					
	Class 150	Class 300	Class 600	Class 900	Class 1500	Class 2500
	最大允许工作压力/MPa					
-29~38	2.00	5.17	10.34	15.51	25.86	43.09
50	1.95	5.17	10.34	15.51	25.86	43.09
100	1.77	5.15	10.30	15.46	25.76	42.94
150	1.58	5.03	10.03	15.06	25.08	41.82
200	1.38	4.86	9.72	14.58	24.34	40.54
250	1.21	4.63	9.27	13.90	23.18	38.62
300	1.02	4.29	8.57	12.86	21.44	35.71
325	0.93	4.14	8.26	12.40	20.66	34.43
350	0.84	4.03	8.04	12.07	20.11	33.53
375	0.74	3.89	7.76	11.65	19.41	32.32

温度/℃	公称压力					
	Class 150	Class 300	Class 600	Class 900	Class 1500	Class 2500
	最大允许工作压力/MPa					
400	0.65	3.65	7.33	10.98	18.31	30.49
425	0.55	3.52	7.00	10.51	17.51	29.16

注：①只用固溶退火材料。

表1-35 美国ASME B16.5标准钢制管法兰3.8组材料的压力-温度额定值

材料类别	锻件	铸件	板材
54Ni-16Mo-15Cr	ASTM B462 Gr. N10276①,②	—	ASTM B575 Gr. N10276①,②
60Ni-22Cr-9Mo-3.5Cb	ASTM B564 Gr. N06625③,④,⑤	—	ASTM B443 Gr. N06625③,④,⑤
62Ni-28Mo-5Fe	—	—	ASTM B333 Gr. N10001①,⑥
70Ni-16Mo-7Cr-5Fe	—	—	ASTM B434 Gr. N10003③
61Ni-16Mo-16Cr	—	—	ASTM B575 Gr. N06455①,⑥
41Ni-21.5Cr-3Mo-2.3Cu	ASTM B546 Gr. N08825③,⑦	—	ASTM B424 Gr. N08825③,⑦
55Ni-21Cr-13.5Mo	ASTM B462 Gr. N06022①,②,⑧	—	ASTM B575 Gr. N06022①,②,⑧
55Ni-23Cr-16Mo-1.6Cu	ASTM B462 Gr. N06200①,⑥	—	ASTM B575 Gr. N06200①,⑥

温度/℃	公称压力					
	Class 150	Class 300	Class 600	Class 900	Class 1500	Class 2500
	最大允许工作压力/MPa					
-29~38	2.00	5.17	10.34	15.51	25.86	43.09
50	1.95	5.17	10.34	15.51	25.86	43.09
100	1.77	5.15	10.34	15.46	25.76	42.94
150	1.58	5.03	10.03	15.06	25.08	41.82
200	1.38	4.83	9.67	14.50	24.17	40.28
250	1.21	4.63	9.27	13.90	23.18	38.62
300	1.02	4.29	8.57	12.86	21.44	35.71
325	0.93	4.14	8.26	12.40	20.66	34.43
350	0.84	4.03	8.04	12.07	20.11	33.53
375	0.74	3.89	7.76	11.65	19.41	32.32
400	0.65	3.65	7.33	10.98	18.31	30.49
425	0.55	3.52	7.00	10.51	17.51	29.16
450	0.46	3.37	6.77	10.14	16.90	28.18
475	0.37	3.17	6.34	9.51	15.82	26.39
500	0.28	2.82	5.65	8.47	14.09	23.50
538	—	2.52	5.00	7.52	12.55	20.89
550	—	2.50	4.98	7.48	12.49	20.80

续表

温度/℃	公称压力					
	Class 150	Class 300	Class 600	Class 900	Class 1500	Class 2500
	最大允许工作压力/MPa					
575	—	2.40	4.79	7.18	11.97	19.95
600	—	2.16	4.29	6.42	10.70	17.85
625	—	1.83	3.66	5.49	9.12	15.20
650	—	1.41	2.81	4.22	7.04	11.73
675	—	1.15	2.30	3.46	5.76	9.60
700	—	0.88	1.75	2.63	4.38	7.30

注：①只用固溶退火材料。

②不得用于675℃以上。

③只用退火材料。

④不得用于645℃以上。退火状态的N06625暴露在538~760℃温度范围后，其室温下的冲击强度将显著降低。

⑤等级1。

⑥不得用于425℃以上。

⑦不得用于538℃以上。

⑧固溶退火状态的合金N06022暴露在538~675℃温度范围后，其室温下的冲击强度将显著降低。

表1-36 美国ASME B16.5标准钢制管法兰3.9组材料的压力-温度额定值

材料类别	锻件	铸件	板材
47Ni-22Cr-9Mo-18Fe	ASTM B572 Gr. N06002①,②	—	ASTM B435 Gr. N06002①
21Ni-30Fe-22Cr-18Co-3Mo-3W	ASTM B572 Gr. R30556①,②	—	ASTM B435 Gr. R30556①

温度/℃	公称压力					
	Class 150	Class 300	Class 600	Class 900	Class 1500	Class 2500
	最大允许工作压力/MPa					
-29~38	2.00	5.17	10.34	15.51	25.86	43.09
50	1.95	5.17	10.34	15.51	25.86	43.09
100	1.77	5.15	10.30	15.46	25.76	42.94
150	1.58	4.76	9.52	14.28	23.79	39.65
200	1.38	4.43	8.86	13.29	22.15	36.92
250	1.21	4.16	8.31	12.47	20.79	34.64
300	1.02	3.95	7.90	11.85	19.74	32.91
325	0.93	3.86	7.72	11.58	19.30	32.17
350	0.84	3.79	7.58	11.37	18.95	31.58
375	0.74	3.73	7.47	11.20	18.66	31.11
400	0.65	3.65	7.33	10.98	18.31	30.49
425	0.55	3.52	7.00	10.51	17.51	29.16
450	0.46	3.37	6.77	10.14	16.90	28.18

续表

温度/℃	公称压力					
	Class 150	Class 300	Class 600	Class 900	Class 1500	Class 2500
	最大允许工作压力/MPa					
475	0.37	3.17	6.34	9.51	15.82	26.39
500	0.28	2.82	5.65	8.47	14.09	23.50
538	0.14	2.52	5.00	7.52	12.55	20.89
550	—	2.50	4.98	7.48	12.49	20.80
575	—	2.40	4.79	7.18	11.97	19.95
600	—	2.16	4.29	6.42	10.70	17.85
625	—	1.83	3.66	5.49	9.12	15.20
650	—	1.41	2.81	4.25	7.07	11.77
675	—	1.24	2.52	3.76	6.27	10.45
700	—	1.01	2.00	2.98	4.97	8.30
725	—	0.79	1.54	2.32	3.86	6.44
750	—	0.59	1.17	1.76	2.96	4.91
775	—	0.46	0.90	1.37	2.28	3.80
800	—	0.35	0.70	1.05	1.74	2.92
816	—	0.28	0.59	0.86	1.41	2.38

注：①只用固溶退火材料。

②化学成分、力学性能、热处理要求和晶粒大小均应符合相应的 ASTM 规范要求，加工程序、公差、测试、证书及标记应符合 ASTM B564 的要求。

表 1-37　美国 ASME B16.5 标准钢制管法兰 3.10 组材料的压力-温度额定值

材料类别	锻　件		铸　件		板　材	
25Ni-47Fe-21Cr-5Mo	—		—		ASTM B599 Gr. N08700①	
温度/℃	公称压力					
	Class 150	Class 300	Class 600	Class 900	Class 1500	Class 2500
	最大允许工作压力/MPa					
-29~38	2.00	5.17	10.34	15.51	25.86	43.09
50	1.95	5.17	10.34	15.51	25.86	43.09
100	1.77	5.15	10.30	15.46	25.76	42.94
150	1.58	4.71	9.42	14.13	23.55	39.25
200	1.38	4.43	8.85	13.28	22.13	36.89
250	1.21	4.28	8.56	12.84	21.40	35.66
300	1.02	4.13	8.27	12.40	20.67	34.45
325	0.93	4.04	8.07	12.11	20.18	33.64
350	0.84	3.89	7.78	11.67	19.45	32.42

注：①只用退火材料。

表 1-38　美国 ASME B16.5 标准钢制管法兰 3.11 组材料的压力-温度额定值

材料类别	锻　件		铸　件		板　材	
44Fe-25Ni-21Cr-Mo	ASTM A479 Gr. N08904①,②		—		ASTM A240 Gr. N08904①	
温度/℃	公称压力					
	Class 150	Class 300	Class 600	Class 900	Class 1500	Class 2500
	最大允许工作压力/MPa					
-29~38	1.97	5.13	10.26	15.39	25.65	42.75
50	1.88	4.91	9.83	14.74	24.57	40.96
100	1.57	4.11	8.21	12.32	20.53	34.21
150	1.44	3.75	7.50	11.25	18.75	31.25
200	1.33	3.47	6.93	10.40	17.34	28.89
250	1.21	3.20	6.40	9.59	15.99	26.65
300	1.02	3.00	6.00	9.00	15.01	25.01
325	0.93	2.92	5.85	8.77	14.61	24.36
350	0.84	2.87	5.73	8.60	14.34	23.89
375	0.74	2.82	5.65	8.47	14.12	23.54

注：①只用退火材料。

②化学成分、力学性能、热处理要求和晶粒大小均应符合相应的 ASTM 规范要求，加工程序、公差、测试、证书及标记应符合 ASTM B564 的要求。

表 1-39　美国 ASME B16.5 标准钢制管法兰 3.12 组材料的压力-温度额定值

材料类别	锻　件		铸　件		板　材	
26Ni-43Fe-22Cr-5Mo	—		—		ASTM B620 Gr. N08320①	
47Ni-22Cr-20Fe-7Mo	—		—		ASTM B582 Gr. N06985①	
46Fe-24Ni-21Cr-6Mo-Cu-N	ASTM B462 Gr. N08367①		ASTM A351 Gr. CN3MN①		ASTM B688 Gr. N08367①	
温度/℃	公称压力					
	Class 150	Class 300	Class 600	Class 900	Class 1500	Class 2500
	最大允许工作压力/MPa					
-29~38	1.78	4.63	9.27	13.90	23.17	38.61
50	1.75	4.65	9.11	13.67	22.78	37.97
100	1.63	4.25	8.51	12.76	21.27	35.45
150	1.54	4.01	8.03	12.04	20.07	33.46
200	1.38	3.73	7.46	11.20	18.66	31.10
250	1.21	3.49	6.98	10.47	17.45	29.08
300	1.02	3.31	6.62	9.93	16.55	27.59
325	0.93	3.23	6.46	9.70	16.16	26.93
350	0.84	3.16	6.32	9.48	15.81	26.34
375	0.74	3.10	6.20	9.30	15.51	25.85
400	0.65	3.04	6.08	9.13	15.21	25.35
425	0.55	2.98	5.97	8.95	14.91	24.85

注：①只用固溶退火材料。

表 1-40　美国 ASME B16.5 标准钢制管法兰 3.13 组材料的压力-温度额定值

材料类别	锻　件		铸　件		板　材	
49Ni-25Cr-18Fe-6Mo	—		—		ASTM B582 Gr. N06975①	
Ni-Fe-Cr-Mo-Cu-Low C	ASTM B564 Gr. N08031②		—		ASTM B625 Gr. N08031②	
温度/℃	公称压力					
	Class 150	Class 300	Class 600	Class 900	Class 1500	Class 2500
	最大允许工作压力/MPa					
-29~38	2.00	5.17	10.34	15.51	25.86	43.09
50	1.95	5.17	10.34	15.51	25.86	43.09
100	1.77	4.82	9.63	14.45	24.08	40.14
150	1.58	4.58	9.16	13.74	22.89	38.16
200	1.38	4.36	8.71	13.07	21.78	36.29
250	1.21	4.15	8.29	12.44	20.73	34.55
300	1.02	3.94	7.87	11.81	19.68	32.81
325	0.93	3.84	7.69	11.53	19.22	32.03
350	0.84	3.77	7.55	11.32	18.87	31.45
375	0.74	3.72	7.43	11.15	18.58	30.97
400	0.65	3.65	7.33	10.98	18.31	30.49
425	0.55	3.52	7.00	10.51	17.51	29.16

注：①只用固溶退火材料。

②只用退火材料。

表 1-41　美国 ASME B16.5 标准钢制管法兰 3.14 组材料的压力-温度额定值

材料类别	锻　件		铸　件		板　材	
47Ni-22Cr-19Fe-6Mo	—		—		ASTM B582 Gr. N06007①	
58Ni-33Cr-8Mo	ASTM B462 Gr. N06035①,②		—		ASTM B575 Gr. N06035①,②	
40Ni-29Cr-15Fe-5Mo	ASTM B462 Gr. N06030①,②		—		ASTM B582 Gr. N06030①,②	
温度/℃	公称压力					
	Class 150	Class 300	Class 600	Class 900	Class 1500	Class 2500
	最大允许工作压力/MPa					
-29~38	1.90	4.96	9.93	14.89	24.82	41.37
50	1.86	4.86	9.71	14.57	24.28	40.46
100	1.70	4.43	8.86	13.28	22.14	36.90
150	1.58	4.13	8.26	12.40	20.66	34.43
200	1.38	3.91	7.82	11.73	19.54	32.57
250	1.21	3.74	7.48	11.22	18.70	31.16
300	1.02	3.61	7.22	10.83	18.06	30.09
325	0.93	3.56	7.11	10.67	17.79	29.64
350	0.84	3.52	7.03	10.55	17.58	29.31

温度/℃	公称压力					
	Class 150	Class 300	Class 600	Class 900	Class 1500	Class 2500
	最大允许工作压力/MPa					
375	0.74	3.49	6.97	10.46	17.43	29.06
400	0.65	3.46	6.92	10.37	17.29	28.81
425	0.55	3.44	6.89	10.33	17.21	28.69
450	0.46	3.37	6.77	10.14	16.90	28.18
475	0.37	3.17	6.34	9.51	15.82	26.39
500	0.28	2.82	5.65	8.47	14.09	23.50
538	0.14	2.52	5.00	7.52	12.55	20.89

注：①只用固溶退火材料。

②不得用于425℃以上。

表 1-42　美国 ASME B16.5 标准钢制管法兰 3.15 组材料的压力-温度额定值

材料类别	锻件		铸件		板材	
33Ni-42Fe-21Cr	ASTM B564 Gr. N08810[①]		—		ASTM B409 Gr. N08810[①]	
温度/℃	公称压力					
	Class 150	Class 300	Class 600	Class 900	Class 1500	Class 2500
	最大允许工作压力/MPa					
-29~38	1.59	4.14	8.27	12.41	20.68	34.47
50	1.56	4.06	8.13	12.19	20.32	33.87
100	1.45	3.78	7.56	11.34	18.90	31.50
150	1.37	3.59	7.17	10.76	17.93	29.89
200	1.30	3.39	6.79	10.18	16.96	28.27
250	1.21	3.23	6.45	9.68	16.13	26.89
300	1.02	3.07	6.15	9.22	15.37	25.62
325	0.93	3.01	6.01	9.02	15.03	25.05
350	0.84	2.94	5.88	8.83	14.71	24.52
375	0.74	2.87	5.74	8.62	14.36	23.94
400	0.65	2.83	5.65	8.48	14.13	23.56
425	0.55	2.77	5.53	8.30	13.84	23.06
450	0.46	2.72	5.44	8.17	13.61	22.68
475	0.37	2.68	5.35	8.03	13.39	22.31
500	0.28	2.63	5.26	7.90	13.16	21.94
538	0.14	2.52	5.00	7.52	12.55	20.89
550	—	2.50	4.98	7.48	12.49	20.80
575	—	2.40	4.79	7.18	11.97	19.95
600	—	2.16	4.29	6.42	10.70	17.85
625	—	1.83	3.66	5.49	9.12	15.20

续表

温度/℃	公称压力					
	Class 150	Class 300	Class 600	Class 900	Class 1500	Class 2500
	最大允许工作压力/MPa					
650	—	1.41	2.81	4.25	7.07	11.77
675	—	1.24	2.52	3.76	6.27	10.45
700	—	1.01	2.00	2.98	4.97	8.30
725	—	0.79	1.54	2.32	3.86	6.44
750	—	0.59	1.17	1.76	2.96	4.91
775	—	0.46	0.90	1.37	2.28	3.80
800	—	0.35	0.70	1.05	1.74	2.92
816	—	0.28	0.59	0.86	1.41	2.38

注：①只用固溶退火材料。

表 1-43 美国 ASME B16.5 标准钢制管法兰 3.16 组材料的压力-温度额定值

材料类别	锻件		铸件		板材	
35Ni-19Cr-1¼Si	—		—		ASTM B536 Gr. N08330①	
温度/℃	公称压力					
	Class 150	Class 300	Class 600	Class 900	Class 1500	Class 2500
	最大允许工作压力/MPa					
-29~38	1.90	4.96	9.93	14.89	24.82	41.37
50	1.85	4.84	9.67	14.51	24.18	40.31
100	1.67	4.35	8.70	13.05	21.75	36.24
150	1.56	4.08	8.16	12.25	20.41	34.02
200	1.38	3.86	7.72	11.58	19.29	32.16
250	1.21	3.68	7.35	11.03	18.38	30.63
300	1.02	3.52	7.04	10.56	17.61	29.34
325	0.93	3.45	6.90	10.36	17.26	28.77
350	0.84	3.39	6.78	10.17	16.94	28.24
375	0.74	3.32	6.63	9.95	16.58	27.64
400	0.65	3.26	6.51	9.77	16.29	27.14
425	0.55	3.20	6.40	9.59	15.99	26.65
450	0.46	3.14	6.28	9.41	15.69	26.15
475	0.37	3.08	6.16	9.24	15.39	25.65
500	0.28	2.82	5.65	8.47	14.09	23.50
538	0.14	2.52	5.00	7.52	12.55	20.89
550	—	2.50	4.98	7.48	12.49	20.80
575	—	2.19	4.37	6.56	10.94	18.23
600	—	1.74	3.48	5.23	8.71	14.51
625	—	1.38	2.75	4.13	6.88	11.46

续表

温度/℃	公称压力					
	Class 150	Class 300	Class 600	Class 900	Class 1500	Class 2500
	最大允许工作压力/MPa					
650	—	1.10	2.21	3.31	5.51	9.19
675	—	0.91	1.82	2.73	4.56	7.59
700	—	0.76	1.52	2.28	3.80	6.33
725	—	0.61	1.22	1.83	3.05	5.09
750	—	0.48	0.95	1.43	2.38	3.97
775	—	0.39	0.77	1.16	1.94	3.23
800	—	0.31	0.63	0.94	1.56	2.61
816	—	0.26	0.52	0.78	1.30	2.17

注：①只用固溶退火材料。

表 1-44　美国 ASME B16.5 标准钢制管法兰 3.17 组材料的压力-温度额定值

材料类别	锻　件	铸　件	板　材
29Ni-20.5Cr-3.5Cu-2.5Mo	—	ASTM A351 Gr. CN7M①	—

温度/℃	公称压力					
	Class 150	Class 300	Class 600	Class 900	Class 1500	Class 2500
	最大允许工作压力/MPa					
-29~38	1.59	4.14	8.27	12.41	20.68	34.47
50	1.54	4.01	8.03	12.04	20.07	33.44
100	1.35	3.53	7.06	10.59	17.65	29.42
150	1.23	3.20	6.41	9.61	16.02	26.70
200	1.13	2.94	5.87	8.81	14.68	24.47
250	1.04	2.72	5.44	8.17	13.61	22.69
300	0.97	2.54	5.08	7.61	12.69	21.15
325	0.93	2.44	4.88	7.33	12.21	20.35

注：①只用固溶退火材料。

表 1-45　美国 ASME B16.5 标准钢制管法兰 3.19 组材料的压力-温度额定值

材料类别	锻　件	铸　件	板　材
57Ni-22Cr-14W-2Mo-La	ASTM B564 Gr. N06230	—	ASTM B435 Gr. N06230

温度/℃	公称压力					
	Class 150	Class 300	Class 600	Class 900	Class 1500	Class 2500
	最大允许工作压力/MPa					
-29~38	2.00	5.17	10.34	15.51	25.86	43.09
50	1.95	5.17	10.34	15.51	25.86	43.09
100	1.77	5.15	10.30	15.46	25.76	42.94

温度/℃	公称压力					
	Class 150	Class 300	Class 600	Class 900	Class 1500	Class 2500
	最大允许工作压力/MPa					
150	1.58	5.03	10.03	15.06	25.08	41.82
200	1.38	4.86	9.72	14.58	24.34	40.54
250	1.21	4.63	9.27	13.90	23.18	38.62
300	1.02	4.29	8.57	12.86	21.44	35.71
325	0.93	4.14	8.26	12.40	20.66	34.43
350	0.84	4.03	8.04	12.07	20.11	33.53
375	0.74	3.89	7.76	11.65	19.41	32.32
400	0.65	3.65	7.33	10.98	18.31	30.49
425	0.55	3.52	7.00	10.51	17.51	29.16
450	0.46	3.37	6.77	10.14	16.90	28.18
475	0.37	3.17	6.34	9.51	15.82	26.39
500	0.28	2.82	5.65	8.47	14.09	23.50
538	0.14	2.52	5.00	7.52	12.55	20.89
550	0.14	2.50	4.98	7.48	12.49	20.80
575	0.14	2.40	4.79	7.18	11.97	19.95
600	0.14	2.16	4.29	6.42	10.70	17.85
625	0.14	1.83	3.66	5.49	9.12	15.20
650	0.14	1.41	2.81	4.25	7.07	11.77
675	0.14	1.24	2.52	3.76	6.27	10.45
700	0.14	1.01	2.00	2.98	4.97	8.30
725	0.14	0.79	1.54	2.32	3.86	6.44
750	0.14	0.59	1.15	1.76	2.96	4.91
775	0.14	0.46	0.90	1.37	2.28	3.80
800	0.14	0.35	0.70	1.05	1.74	2.92
816	0.14	0.28	0.59	0.86	1.41	2.38

附录2　ASME/HG 和 API/MSS 系列管道连接最小结构尺寸

*DN*15~*DN*600 ASME 管件与 ASME 法兰（Class 150、300、600、900、1500、2500）及 HG 法兰（*PN*20、50、110、150、260、420）之间的最小连接尺寸见附表 2.1~附表 2.19；

*DN*650~*DN*1300 API/MSS 管件与法兰（Class 150、300、600、900）之间的最小连接尺寸见附表 2.20~附表 2.32。

1　确定最小管道组成件之间的最小连接尺寸的依据和原则：

(1) 管道组成件的标准

钢制对焊无缝管件　ASME B16.9

钢板制对焊管件　ASME B16.9

锻钢制承插焊管件　ASME B16.11❶

钢制管法兰　ASME B16.5、HG/T 20615

阀门　ASME B16.34、API 600、API 602

管子规格及壁厚应符合《Welded and Seamless Wrought Steel Pipe》（ASME B36.10M）及《Stainless Pipe》（ASME B36.19）之规定。

(2) 对焊管件之间的焊缝间隙按零计算。

(3) 有关弯头的连接尺寸均以长半径弯头为基准进行计算，使用短径弯头时，需重新计算。

(4) 法兰与三通之间的连接尺寸“*H*”、“*J*”是以等径三通的尺寸（*M* 值）算出的，使用异径三通时，需重新计算，即三通 *M* 值+法兰 *D* 值（*E* 值）。

(5) 法兰之间的连接按双头螺柱考虑，螺柱长度按加厚型螺母确定，使用薄型螺母时，需重计算。

2　在管道连接最小尺寸中使用的符号如下：

L——长半径 90°对焊弯头尺寸；

S——短半径 90°对焊弯头尺寸；

D——平焊法兰加直管的最小尺寸；

E——对焊法兰高度；

F——按长半径弯头尺寸和“*D*”值确定的最小尺寸；

G——按长半径弯头尺寸和“*E*”值确定的最小尺寸；

H——按等径三通尺寸和“*D*”值确定的最小尺寸；

J——按等径三通尺寸和“*E*”值确定的最小尺寸；

---

❶ ASME B16.11 承插焊式和螺纹式锻造管件，按磅级和 *DN*（*NPS*）规格区分的管件形式如表 A 所示；管件磅级与壁厚 Sch. No 或额定值计算用管壁代号的相互关系如表 B 所示；Sch.160 和双倍加厚的公称壁厚如表 C 所示；*DN* 与 *NPS* 对照如表 D 所示。

SO——平焊法兰；

S. W——承插焊法兰；

WN——对焊法兰。

表 A　按磅级和 *DN*（*NPS*）规格区分的管件形式

<table>
<tr><td rowspan="3">名　称</td><td colspan="3">承插焊式</td><td colspan="3">螺纹式</td></tr>
<tr><td colspan="3">磅级</td><td colspan="3">磅级</td></tr>
<tr><td>3000</td><td>6000</td><td>9000</td><td>2000</td><td>3000</td><td>6000</td></tr>
<tr><td rowspan="2">45°、90°弯头
三通、四通
套管接头、半螺纹套管接头
管盖</td><td rowspan="2">DN6～100
（1/8～4）</td><td>DN6～50
（1/8～2）</td><td rowspan="2">DN6～50
（1/8～2）</td><td>DN6～100
（1/8～4）</td><td rowspan="2">DN6～100
（1/8～4）</td><td rowspan="2">DN6～100
（1/8～4）</td></tr>
<tr><td>DN6～100
（1/8～4）</td><td>……</td></tr>
<tr><td>方形、六角形、圆形丝堵六角形和齐头丝套</td><td>…
…</td><td>…
…</td><td>…
…</td><td colspan="3">DN6～100（1/8～4①）
DN6～100（1/8～4①）</td></tr>
</table>

注：①丝堵和丝套不按磅级识别，它们可用于高至 6000 磅级的额定值。

表 B　管件磅级与壁厚序列号（Sch No.）或额定值计算用管壁代号的相互关系

管件磅级	管件形式	用作额定值计算依据的管子	
		Sch No.	管壁代号
2000	螺纹式	80	XS
3000	螺纹式	160	…
6000	螺纹式	…	XXS
3000	承插焊式	80	XS
6000	承插焊式	160	…
9000	承插焊式	…	XXS

表 C　Sch 160 和双倍加厚管的公称壁厚

DN	*NPS*	Sch 160		XXS	
		mm	in	mm	in
6	1/8	3. 15	0. 124	4. 83	0. 190
8	1/4	3. 68	0. 145	6. 05	0. 238
10	3/8	4. 01	0. 158	6. 40	0. 252

表 D　*DN* 与 *NPS* 对照

DN/mm	6	8	10	15	20	25
NPS/in	1/8	1/4	3/8	1/2	3/4	1
DN/mm	32	40	50	65	80	100
NPS/in	1¼	1½	2	2½	3	4

3　在各类阀门尺寸中使用的符号如下：

L_1——各类法兰阀门的结构长度；

H_0——全开时阀杆高度或止回阀凸起部高度；

D_0——阀门手轮直径。

附表2.1

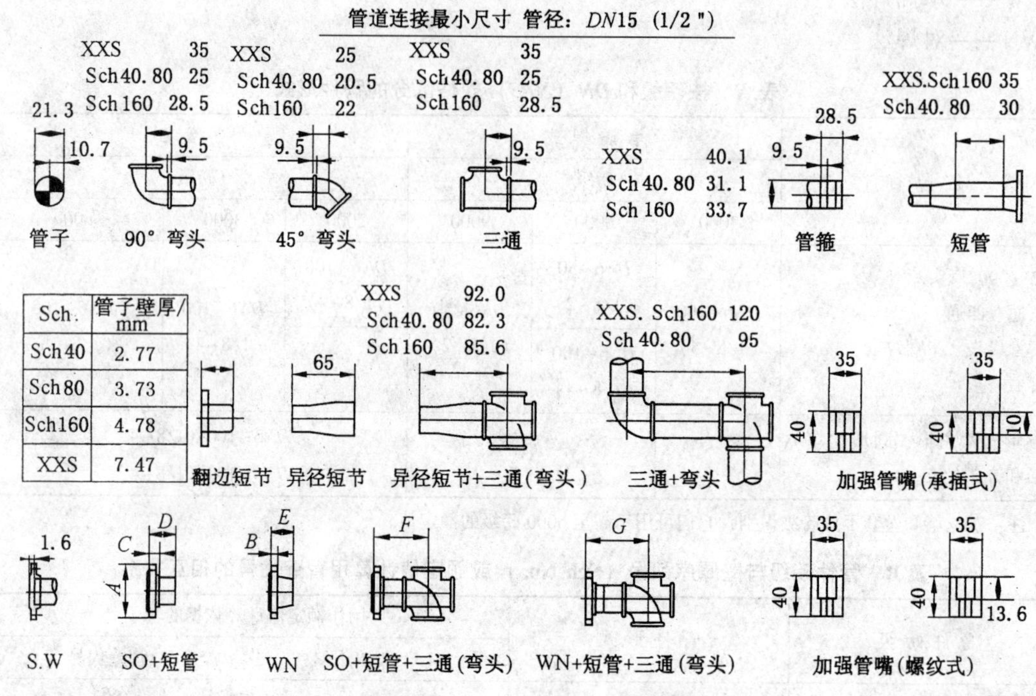

mm

压力等级(lb/bar) 记号					ASME/HG(lb/bar)							
					150/20	300/50	600/110	300/50	600/110	900/150	1500/260	2500/420
					RF	RF	RF	RJ	RJ	RJ	RJ	RJ
A					89/90	95	95	95	95	121/120	121/120	133/135
B					11.5	14.5	20.9	20.1	20.1	28.9	28.9	36.9
C					15.7/16	22.4/22	28.7/28.4	—	—	—	—	—
D					46	52	58	—	—	—	—	—
E					47.8/48	52.3/52	58.7/58.4	57.9/57.6	57.9/57.6	66.8/66.4	66.8/66.4	79.5/79.4
F					100	110	110	—	—	—	—	—
G					130	140	140	140	140	150	150	160
L					76	76	—	—	—	—	—	—
N					6.1/6	12.7/12	12.7/12	—	—	—	—	—
螺柱	数量				4	4	4	4	4	4	4	4
	尺寸				M14×70 / M14×75	M14×75 / M14×80	M14×85 / M14×90	M14×80 / M14×90	M14×80 / M14×90	3/4″×4″ / M20×125	3/4″×4″ / M20×125	3/4″×4¾″ / M20×145
环号					—	—	—	R11	R11	R12	R12	R13/R12
法兰近似间隔					—	—	—	3	3	4	4	4
API602 CL.800 S.W 阀门参考尺寸	闸阀	100 161 89	闸阀 FL·G (S.W)	L_1	108	140	165	—	—	—	—	—
				H_0	161	161	161	—	—	—	—	—
				D_0	100	100	100	—	—	—	—	—
	截止阀	100 161 89	截止阀 FL·G (S.W)	L_1	108	152	165	—	—	—	—	—
				H_0	163	163	163	—	—	—	—	—
				D_0	100	100	100	—	—	—	—	—
	止回阀	45 89	止回阀 FL·G (S.W)	L_1	152	152	164	—	—	—	—	—
				H_0	55	55	55	—	—	—	—	—

附表2.2

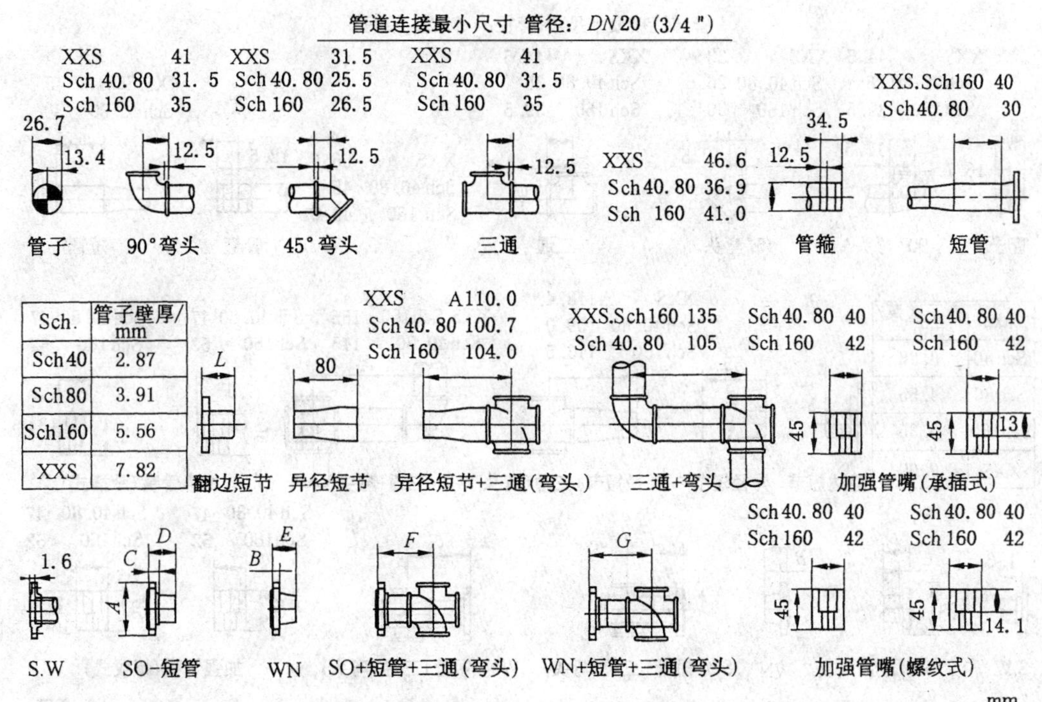

mm

压力等级(lb/bar) / 记号					ASME/HG(lb/bar)							
					150/20 RF	300/50 RF	600/110 RF	300/50 RJ	600/110 RJ	900/150 RJ	1500/260 RJ	2500/420 RJ
A					98/100	117/120	117/120	117/120	117/120	130	130	140
B					13. 0	16. 0	22. 4	22. 4	22. 4	31. 9	31. 9	38. 4
C					15. 7/16	25. 4/25	31. 8/31. 4	—	—	—	—	—
D					46	55	61	—	—	—	—	—
E					52. 3/52	57. 2/57	63. 5/63. 4	63. 5/63. 4	63. 5/63. 4	76. 2/76. 4	76. 2/76. 4	85. 6/85. 4
F					110	120	120	—	—	—	—	—
G					140	150	160	160	160	170	170	180
L					76	76	—	—	—	—	—	—
N					4. 6/5	14. 2/14	14. 2/14	—	—	—	—	—
螺柱	数量				4	4	4	4	4	4	4	4
螺柱	尺寸				M14×70 / M14×75	M16×85	M16×100	M16×90 / M16×100	M16×95 / M16×100	3/4″×4¼″ / M20×135	3/4″×4¼″ / M20×135	3/4″×4¾″ / M20×145
环号					—	—	—	R13	R13	R14	R14	R16/R14
法兰近似间隔					—	—	—	4	4	4	4	4
API602 CL. 800 S. W 阀门参考尺寸	闸阀	100 / 161 / 89	闸阀 FL·G (S. W)	L_1	117	152	191	—	—	—	—	—
				H_0	161	161	161	—	—	—	—	—
				D_0	100	100	100	—	—	—	—	—
	截止阀	100 / 161 / 89	截止阀 FL·G (S. W)	L_1	117	178	190	—	—	—	—	—
				H_0	163	163	163	—	—	—	—	—
				D_0	100	100	100	—	—	—	—	—
	止回阀	45 / 89	止回阀 FL·G (S. W)	L_1	178	178	190	—	—	—	—	—
				H_0	62	62	62	—	—	—	—	—

附表2.3

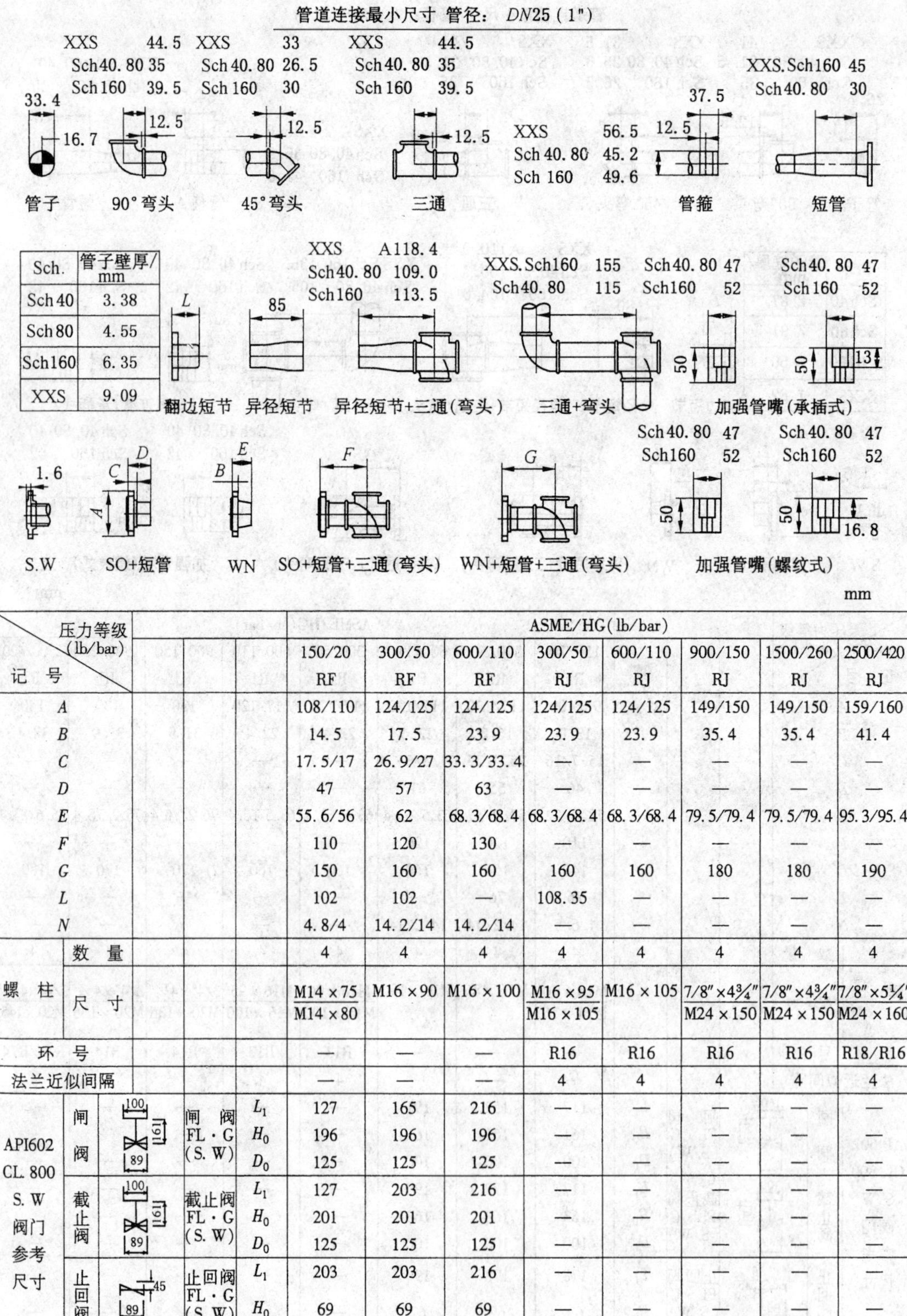

Sch.	管子壁厚/mm
Sch40	3.38
Sch80	4.55
Sch160	6.35
XXS	9.09

mm

压力等级(lb/bar) / 记号					ASME/HG(lb/bar)							
					150/20 RF	300/50 RF	600/110 RF	300/50 RJ	600/110 RJ	900/150 RJ	1500/260 RJ	2500/420 RJ
A					108/110	124/125	124/125	124/125	124/125	149/150	149/150	159/160
B					14.5	17.5	23.9	23.9	23.9	35.4	35.4	41.4
C					17.5/17	26.9/27	33.3/33.4	—	—	—	—	—
D					47	57	63	—	—	—	—	—
E					55.6/56	62	68.3/68.4	68.3/68.4	68.3/68.4	79.5/79.4	79.5/79.4	95.3/95.4
F					110	120	130	—	—	—	—	—
G					150	160	160	160	160	180	180	190
L					102	102	—	108.35	—	—	—	—
N					4.8/4	14.2/14	14.2/14	—	—	—	—	—
螺柱	数量				4	4	4	4	4	4	4	4
螺柱	尺寸				M14×75 / M14×80	M16×90	M16×100	M16×95 / M16×105	M16×105	7/8″×4¾″ / M24×150	7/8″×4¾″ / M24×150	7/8″×5¼″ / M24×160
环号					—	—	—	R16	R16	R16	R16	R18/R16
法兰近似间隔					—	—	—	4	4	4	4	4
API602 CL.800 S.W 阀门参考尺寸	闸阀	100 161 89	闸阀 FL·G (S.W)	L_1	127	165	216	—	—	—	—	—
				H_0	196	196	196	—	—	—	—	—
				D_0	125	125	125	—	—	—	—	—
	截止阀	100 161 89	截止阀 FL·G (S.W)	L_1	127	203	216	—	—	—	—	—
				H_0	201	201	201	—	—	—	—	—
				D_0	125	125	125	—	—	—	—	—
	止回阀	45 89	止回阀 FL·G (S.W)	L_1	203	203	216	—	—	—	—	—
				H_0	69	69	69	—	—	—	—	—

附表2.4

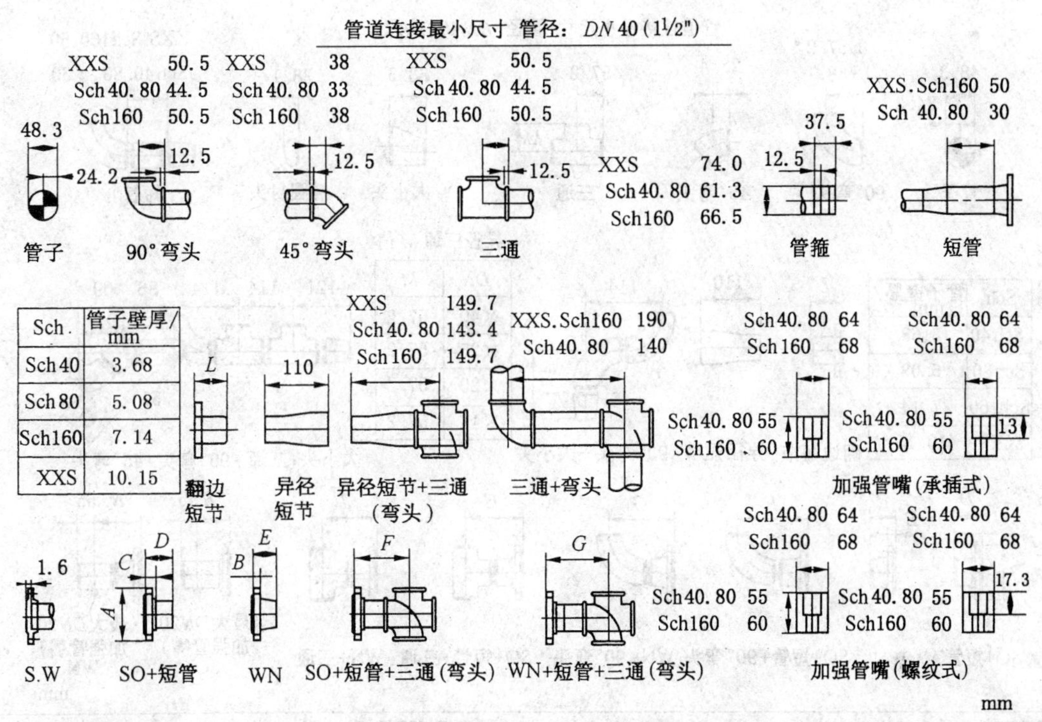

Sch.	管子壁厚/mm
Sch40	3.68
Sch80	5.08
Sch160	7.14
XXS	10.15

mm

记号 \ 压力等级(lb/bar)				ASME/HG(lb/bar)							
				150/20 RF	300/50 RF	600/110 RF	300/50 RJ	600/110 RJ	900/150 RJ	1500/260 RJ	2500/420 RJ
A				127/130	156/155	156/155	156/155	156/155	178/180	178/180	203/205
B				17.5	21.0	28.9	27.4	28.9	38.4	38.4	52.5/52.4
C				22.4/22	30.2/30	38.1/38.4	—	—	—	—	—
D				52	60	68	—	—	—	—	—
E				62	68.3/68	76.2/76.4	74.7/74.4	76.2/76.4	88.9/89.4	88.9/89.4	119.2/118.9
F				130	140	150	—	—	—	—	—
G				170	180	180	180	180	200	200	230
L				102	102	—	108.35	—	—	—	—
N				6.6/6	14.5/14	16	—	—	—	—	—
螺柱	数量			4	4	4	4	4	4	4	4
	尺寸			M14×80 / M14×85	M20×100 / M20×110	M20×120 / M20×125	M20×105 / M20×125	M20×115 / M20×125	1″×5¼″ / M27×160	1″×5¼″ / M27×160	1⅛″×6¾″ / M30×195
环号				—	—	—	R20	R20	R20	R20	R23/R20
法兰近似间隔				—	—	—	4	4	4	4	4
API602 CL.800 S.W 阀门参考尺寸	闸阀	100 161 89	闸阀 FL·G (S.W) L_1	165	191	241	—	—	—	—	—
			H_0	244	244	244	—	—	—	—	—
			D_0	160	160	160	—	—	—	—	—
	截止阀	100 161 89	截止阀 FL·G (S.W) L_1	165	229	241	—	—	—	—	—
			H_0	246	246	246	—	—	—	—	—
			D_0	160	160	160	—	—	—	—	—
	止回阀	45 89	止回阀 FL·G (S.W) L_1	229	229	241	—	—	—	—	—
			H_0	80	80	80	—	—	—	—	—

附表2.5

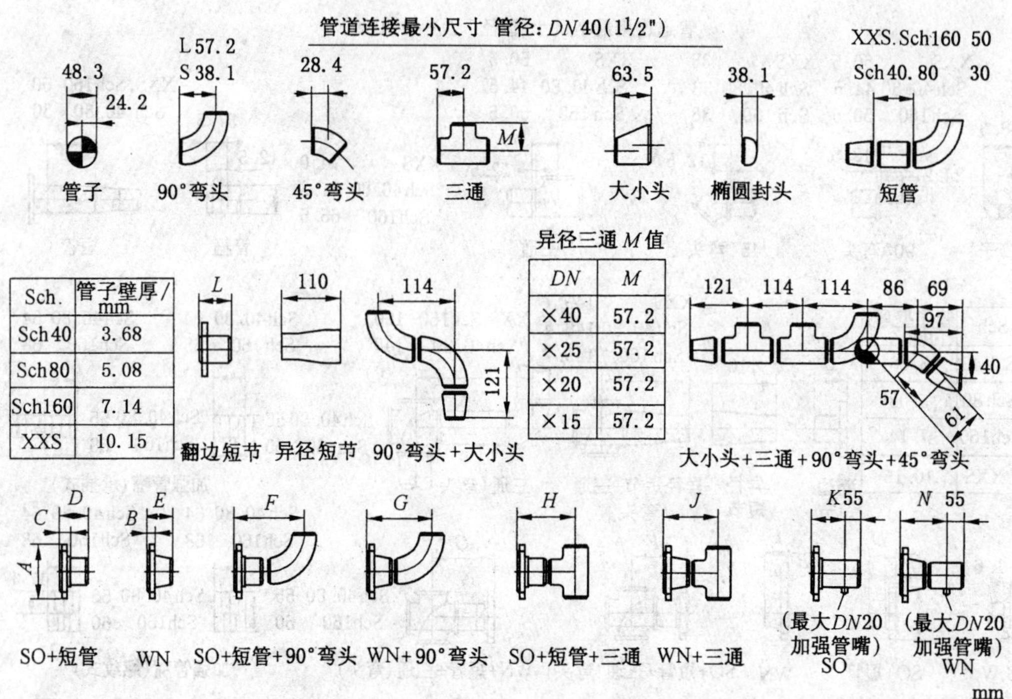

Sch.	管子壁厚/mm
Sch40	3.68
Sch80	5.08
Sch160	7.14
XXS	10.15

DN	M
×40	57.2
×25	57.2
×20	57.2
×15	57.2

mm

记号 \ 压力等级(lb/bar)	ASME/HG(lb/bar) 150/20 RF	300/50 RF	600/110 RF	300/50 RJ	600/110 RJ	900/150 RJ	1500/260 RJ	2500/420 RJ
A	127/130	156/155	156/155	156/155	156/155	178/180	178/180	203/205
B	17.5	21.0	28.9	27.4	28.9	38.4	38.4	52.5/52.4
C	22.4/22	30.2/30	38.1/38.4	—	—	—	—	—
D	52	60	68	—	—	—	—	—
E	62	68.3/68	76.2/76.4	74.7/74.4	76.2/76.4	88.9/89.4	88.9/89.4	119.2/118.9
F	109	117	126	—	—	—	—	—
G	119	126	133	132	133	146	146	177
H	129	137	146	—	—	—	—	—
J	119	126	133	132	133	146	146	177
K	80	85	95	—	—	—	—	—
N	120	125	135	130	130	145	145	175
L	102	102	—	108.35	—	—	—	—
螺柱 数量	4	4	4	4	4	4	4	4
螺柱 尺寸	M14×80 M14×85	M20×100 M20×110	M20×120 M20×125	M20×105 M20×125	M20×115 M20×125	1"×5¼" M27×160	1"×5¼" M27×160	1⅛"×6¾" M30×195
环号	—	—	—	R20	R20	R20	R20	R23/R20
法兰近似间隔	—	—	—	4	4	4	4	4
阀门参考尺寸 闸阀 L_1	165	191	241	—	—	—	—	—
闸阀 H_0	244	244	244	—	—	—	—	—
闸阀 D_0	160	160	160	—	—	—	—	—
截止阀 L_1	165	229	241	—	—	—	—	—
截止阀 H_0	246	246	246	—	—	—	—	—
截止阀 D_0	160	160	160	—	—	—	—	—
止回阀 L_1	229	229	241	—	—	—	—	—
止回阀 H_0	80	80	80	—	—	—	—	—

附表2.6

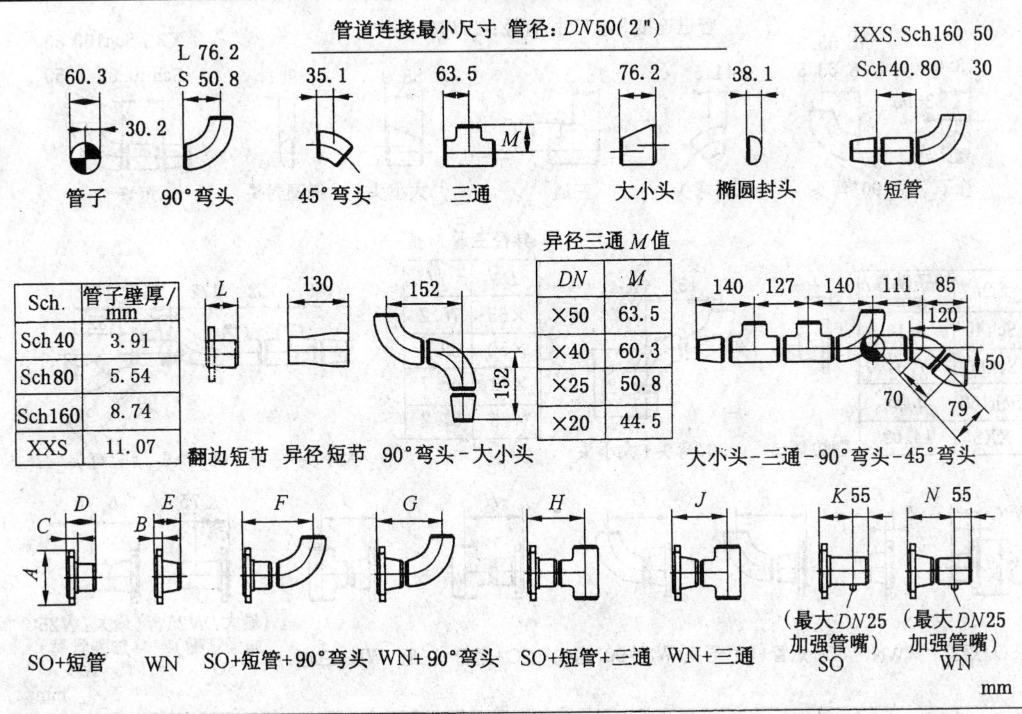

Sch.	管子壁厚/mm
Sch40	3.91
Sch80	5.54
Sch160	8.74
XXS	11.07

异径三通M值

DN	M
×50	63.5
×40	60.3
×25	50.8
×20	44.5

mm

记号 \ 压力等级(lb/bar)			ASME/HG(lb/bar)							
			150/20	300/50	600/110	300/50	600/110	900/150	1500/260	2500/420
			RF	RF	RF	RJ	RJ	RJ	RJ	RJ
A			152/150	165	165	165	165	216/215	216/215	235
B			19.5	22.5	31.9	30.5/30.4	33.5/33.4	46.5/46.4	46.5/46.4	59.0/58.9
C			25.4/25	33.3/33	42.9/43.4	—	—	—	—	—
D			55	63	73	—	—	—	—	—
E			63.5/64	69.9/70	79.5/79.4	77.8/77.9	81.1/80.9	109.5/109.9	109.5/109.9	134.9
F			131	139	150	—	—	—	—	—
G			140	146	156	154	157	186	186	211
H			139	147	157	—	—	—	—	—
J			127	133	143	141	145	173	173	199
K			80	90	100	—	—	—	—	—
N			120	140	170	135	135	165	165	190
L			152	152	—	159.92	—	—	—	—
螺柱	数量		4	8	8	8	8	8	8	8
螺柱	尺寸		M16×95	M16×100 / M16×105	M16×115 / M16×120	M16×105 / M16×120	M16×110 / M16×125	7/8″×5¾″ / M24×170	7/8″×5¾″ / M24×170	1″×7″ / M27×200
环号			—	—	—	R23	R23	R24	R24	R26/R24
法兰近似间隔			—	—	—	6	5	3	3	3
阀门参考尺寸	闸阀	L_1	178	216	292	232	295	371	371	454
		H_0	378	413	441	413	441	594	594	594
		D_0	200	200	200	200	200	300	300	355
	截止阀	L_1	203	267	292	283	295	371	371	454
		H_0	340	372	457	372	457	619	619	616
		D_0	200	200	250	200	250	400	400	400
	止回阀	L_1	203	267	292	283	295	371	371	454
		H_0	175	197	210	197	241	241	241	245

附表2.7

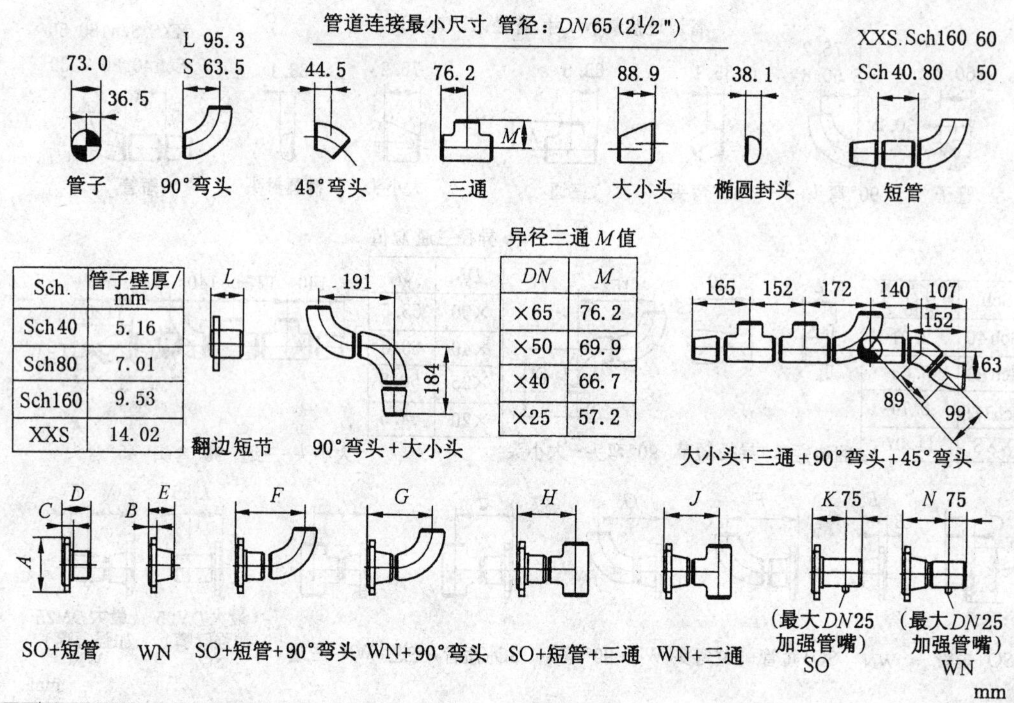

Sch.	管子壁厚/mm
Sch40	5.16
Sch80	7.01
Sch160	9.53
XXS	14.02

异径三通M值

DN	M
×65	76.2
×50	69.9
×40	66.7
×25	57.2

mm

记号 \ 压力等级(lb/bar)		ASME/HG(lb/bar) 150/20 RF	300/50 RF	600/110 RF	300/50 RJ	600/110 RJ	900/150 RJ	1500/260 RJ	2500/420 RJ
A		178/180	191/190	191/190	191/190	191/190	244/245	244/245	267/265
B		22.5	25.5	35.4	33.5/33.4	37.0/36.9	49.5/49.4	49.5/49.4	67.1/67
C		28.4/29	38.1/8	47.5/47.4	—	—	—	—	—
D		79	88	97	—	—	—	—	—
E		69.9/70	76.2/76	85.6/85.4	84.1/83.9	87.2/86.9	112.6/112.9	112.6/112.9	152.3/152.5
F		154	163	173	—	—	—	—	—
G		165	172	181	180	183	208	208	248
H		175	184	194	—	—	—	—	—
J		146	152	162	160	164	189	189	229
K		105	115	125	—	—	—	—	—
N		145	155	160	160	165	190	190	230
L		152	152	—	159.92	—	—	—	—
螺柱	数量	4	8	8	8	8	8	8	8
螺柱	尺寸	M16×100/M16×105	M20×110/M20×120	M20×130/M20×140	M20×115/M20×140	M20×125/M20×145	1″×6¼″/M27×180	1″×6¼″/M27×180	1⅛″×7¾″/M30×225
环号		—	—	—	R26	R26	R27	R27	R28/R27
法兰近似间隔		—	—	—	6	5	3	3	3
阀门参考尺寸 闸阀	L_1	190	241	330	257	333	422	422	514
	H_0	445	476	489	476	489	753	753	753
	D_0	200	200	250	200	250	450	450	450
截止阀	L_1	216	292	330	308	333	422	422	514
	H_0	387	438	523	438	523	641	641	781
	D_0	200	300	300	300	300	400	400	500
止回阀	L_1	216	292	330	308	333	422	422	514
	H_0	178	203	219	203	219	264	264	264

附表2.8

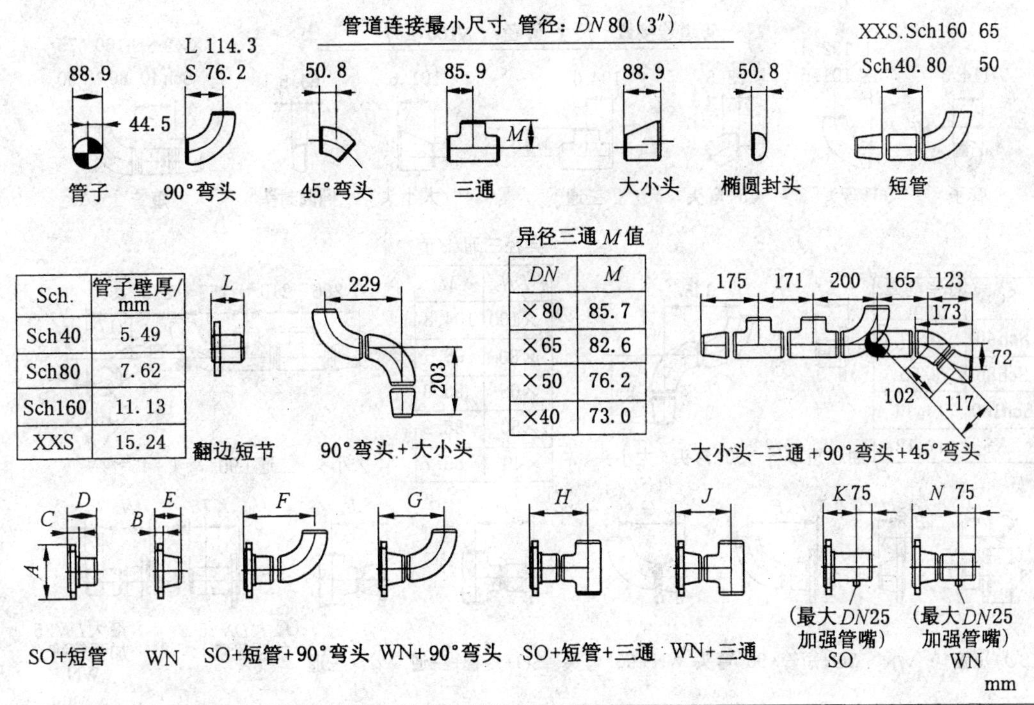

记号 \ 压力等级(lb/bar)		ASME/HG(lb/bar) 150/20 RF	300/50 RF	600/110 RF	300/50 RJ	600/110 RJ	900/150 RJ	1500/260 RJ	2500/420 RJ
A		191/190	210	210	210	210	241/240	267/265	305
B		24.0	29.0	38.4	37.0/36.9	40.0/39.9	46.5/46.4	56.0/55.9	76.6/76.5
C		30.2/30	49.2/43	52.3/52.4	—	—	—	—	—
D		80	93	102	—	—	—	—	—
E		69.9/70	79.2/79	88.9/89.4	87.2/86.9	90.5/90.9	109.5/109.9	125.3/124.9	177.7/177.5
F		194	207	217	—	—	—	—	—
G		184	194	203	202	205	224	240	292
H		166	179	188	—	—	—	—	—
J		156	165	175	173	176	195	211	264
K		105	120	130	—	—	—	—	—
N		145	155	165	165	165	185	200	255
L		152	152	—	159.92	—	—	—	—
螺柱	数量	4	8	8	8	8	8	8	8
	尺寸	M16×100 / M16×105	M20×120 / M20×125	M20×135 / M20×145	M20×125 / M20×145	M20×130 / M20×150	7/8″×5¾″ / M24×170	1⅛″×7″ / M30×205	1¼″×8¾″ / M33×250
环号		—	—	—	R31	R31	R31	R35	R32/R31
法兰近似间隔		—	—	—	6	5	4	3	3
阀门参考尺寸 闸阀	L_1	203	283	356	298	359	384	473	584
	H_0	476	505	530	505	530	756	753	753
	D_0	250	250	250	250	250	450	450	500
截止阀	L_1	241	318	356	333	359	384	473	584
	H_0	400	438	603	438	603	721	835	800
	D_0	250	300	300	300	300	400	500	500
止回阀	L_1	241	318	356	333	359	384	473	584
	H_0	191	222	267	222	267	270	270	270

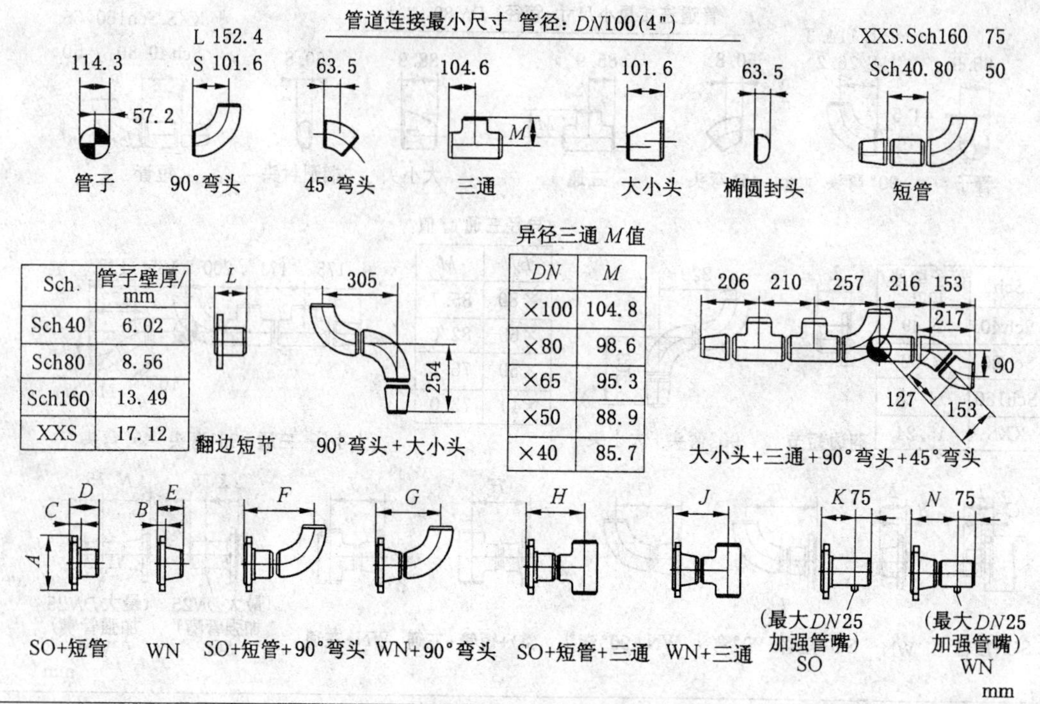

Sch.	管子壁厚/mm
Sch40	6.02
Sch80	8.56
Sch160	13.49
XXS	17.12

DN	M
×100	104.8
×80	98.6
×65	95.3
×50	88.9
×40	85.7

mm

记号 \ 压力等级(lb/bar)			ASME/HG(lb/bar)							
			150/20 RF	300/50 RF	600/110 RF	300/50 RJ	600/110 RJ	900/150 RJ	1500/260 RJ	2500/420 RJ
A			229/230	254/255	273/275	254/255	273/275	292/280	311/310	356/355
B			24.0	32.0	44.9	40.0/39.9	46.5/46.4	52.5/52.4	62.0/61.9	87.7/87.6
C			33.3/33	47.8/48	60.2/60.4	—	—	—	—	—
D			83	98	110	—	—	—	—	—
E			76.2/76	85.9/86	108.0/108.4	93.8/93.9	109.5/109.9	122.2/121.9	131.9/131.9	201.6/201.1
F			235	250	263	—	—	—	—	—
G			229	238	260	246	262	275	284	354
H			188	203	215	—	—	—	—	—
J			181	191	213	199	214	227	237	307
K			110	125	135	—	—	—	—	—
N			155	160	185	170	185	200	210	280
L			152	152	—	159.92	—	—	—	—
螺柱	数量		8	8	8	8	8	8	8	8
螺柱	尺寸		M16×100 M16×105	M20×125 M20×130	M24×160 M24×165	M20×130 M20×150	M24×155 M24×170	$1\frac{1}{8}$"×$6\frac{3}{4}$" M30×195	$1\frac{1}{4}$"×$7\frac{3}{4}$" M33×220	$1\frac{1}{2}$"×$10\frac{1}{4}$" M39×285
环号			—	—	—	R37	R37	R37	R39	R38R37
法兰近似间隔			—	—	—	6	5	4	3	4
阀门参考尺寸	闸阀	L_1	229	305	432	321	435	460	549	683
		H_0	578	604	654	604	654	864	864	870
		D_0	250	250	300	250	300	500	500	600
	截止阀	L_1	292	356	432	371	435	460	549	683
		H_0	476	524	686	524	686	850	857	1300
		D_0	300	355	450	355	450	500	500	610
	止回阀	L_1	292	356	432	371	435	460	549	683
		H_0	219	276	299	276	299	318	318	318

附表2.10

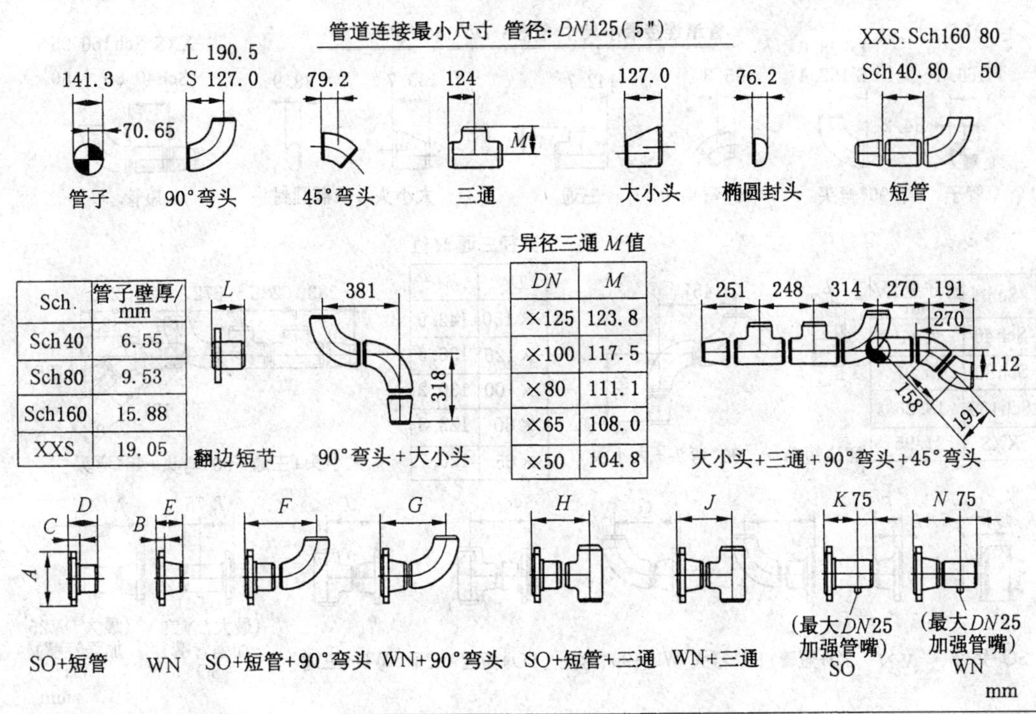

Sch.	管子壁厚/mm
Sch40	6.55
Sch80	9.53
Sch160	15.88
XXS	19.05

DN	M
×125	123.8
×100	117.5
×80	111.1
×65	108.0
×50	104.8

mm

压力等级(lb/bar) 记号			ASME/HG(lb/bar) 150/20 RF	300/50 RF	600/110 RF	300/50 RJ	600/110 RJ	900/150 RJ	1500/260 RJ	2500/420 RJ
A			254/255	279/280	330	279/280	330	349/350	375	419/420
B			24.0	35.0	50.9	43.0/42.9	52.5/52.4	59.0/58.9	81.5/81.4	105.2
C			36.6/36	50.8/51	66.8/66.4	—	—	—	—	—
D			86	101	116	—	—	—	—	—
E			88.9/89	98.6/98	120.7/120.4	106.5/105.9	122.2/121.9	134.9	163.4/162.9	241.3/241.7
F			277	292	307	—	—	—	—	—
G			279	289	311	297	313	326	354	432
H			210	225	240	—	—	—	—	—
J			213	222	245	230	246	259	287	365
K			110	125	145	—	—	—	—	—
N			165	175	195	185	200	210	240	320
L			203	203	—	210.92	—	—	—	—
螺柱	数量		8	8	8	8	8	8	8	8
螺柱	尺寸		M20×110 / M20×115	M20×135 / M20×140	M27×180 / M27×185	M20×135 / M20×155	M27×175 / M27×190	1¼″×7½″ / M33×215	1½″×9¾″ / M39×270	1¾″×12¼″ / M45×330
环号			—	—	—	R41	R41	R41	R44	R42/R41
法兰近似间隔			—	—	—	6	5	4	3	4
阀门参考尺寸	闸阀	L_1	254	381	508	397	511	562	676	806
		H_0	702	781	857	781	857	943	1108	1073
		D_0	300	300	400	300	400	560	690	690
	截止阀	L_1	356	400	508	416	511	562	676	806
		H_0	492	676	807	676	807	1150	1225	1350
		D_0	300	400	500	400	500	610	610	610
	止回阀	L_1	330	400	508	416	511	562	676	806
		H_0	235	295	337	295	337	400	400	400

附表2.11

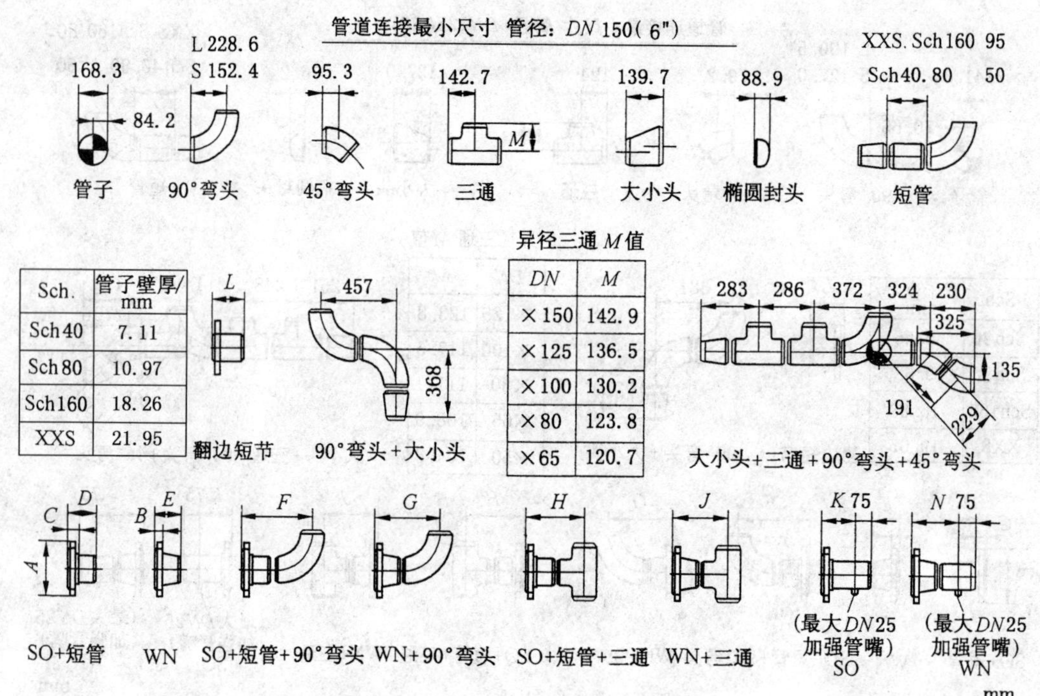

Sch.	管子壁厚/mm
Sch40	7.11
Sch80	10.97
Sch160	18.26
XXS	21.95

异径三通 M 值

DN	M
×150	142.9
×125	136.5
×100	130.2
×80	123.8
×65	120.7

mm

记号 \ 压力等级(lb/bar)		ASME/HG(lb/bar)							
		150/20 RF	300/50 RF	600/110 RF	300/50 RJ	600/110 RJ	900/150 RJ	1500/260 RJ	2500/420 RJ
A		279/280	318/320	356/355	318/320	356/355	381/380	394/395	483/485
B		25.5	37.0	54.4	45.0/44.9	56.0/55.9	64.0/63.9	92.6/92.5	120.7
C		39.6/40	52.3/52	72.9/73.4	—	—	—	—	—
D		90	102	123	—	—	—	—	—
E		88.9/89	98.6/98	123.7/123.4	106.5/105.9	125.3/124.9	147.6/147.9	181.0/180.5	285.8/285.7
F		319	331	352	—	—	—	—	—
G		318	327	352	335	354	376	410	514
H		233	245	266	—	—	—	—	—
J		232	241	267	249	268	291	324	429
K		115	130	150	—	—	—	—	—
N		165	175	200	185	200	225	255	360
L		203	203	—	210.92	—	—	—	—
螺柱	数量	8	12	12	12	12	12	12	8
螺柱	尺寸	M20×110 / M20×120	M20×135 / M20×140	M27×190	M20×140 / M20×160	M27×185 / M27×195	1⅛"×7½" / M30×220	1⅜"×10¼" / M36×285	2"×14" / M52×375
环号		—	—	—	R45	R45	R45	R46	R47/R45
法兰近似间隔		—	—	—	6	5	4	3	4
阀门参考尺寸 闸阀	L_1	267	403	559	419	562	613	711	927
阀门参考尺寸 闸阀	H_0	772	810	1041	810	1041	1013	1219	1201
阀门参考尺寸 闸阀	D_0	300	355	500	355	500	560	610	610
阀门参考尺寸 截止阀	L_1	406	444	559	460	562	613	711	927
阀门参考尺寸 截止阀	H_0	543	717	920	717	920	1225	1230	1370
阀门参考尺寸 截止阀	D_0	355	450	600	450	600	610	610	610
阀门参考尺寸 止回阀	L_1	356	444	559	460	562	613	711	927
阀门参考尺寸 止回阀	H_0	324	337	381	337	381	400	400	400

附表2.12

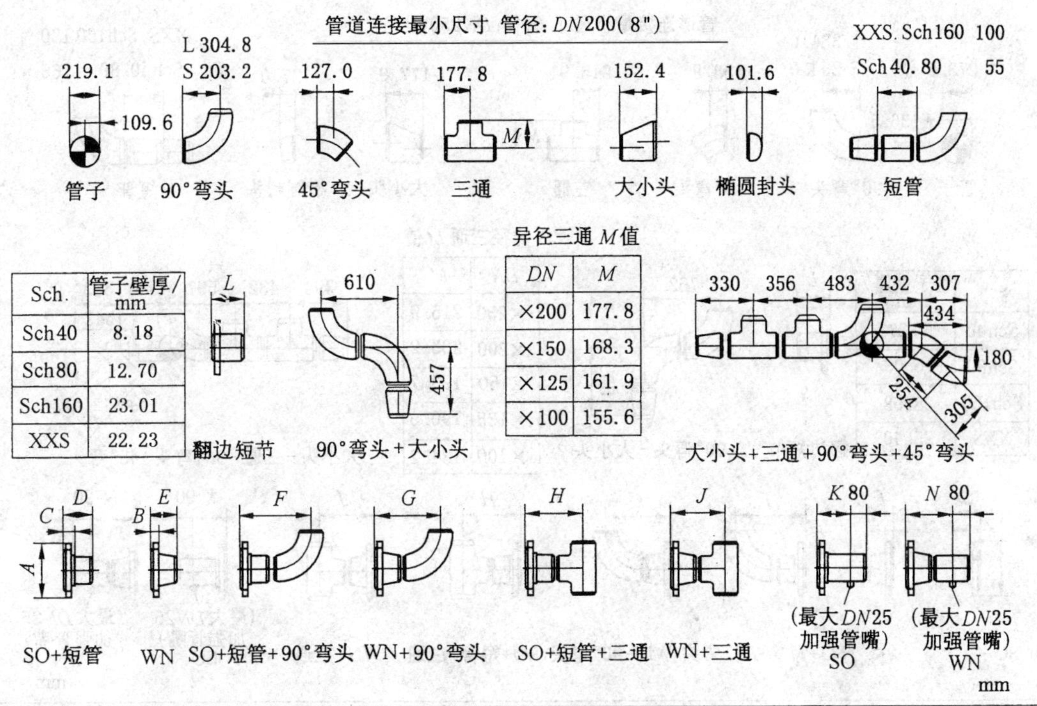

Sch.	管子壁厚/mm
Sch40	8.18
Sch80	12.70
Sch160	23.01
XXS	22.23

异径三通 M 值

DN	M
×200	177.8
×150	168.3
×125	161.9
×100	155.6

mm

记号 \ 压力等级(lb/bar)			ASME/HG(lb/bar)							
			150/20 RF	300/50 RF	600/110 RF	300/50 RJ	600/110 RJ	900/150 RJ	1500/260 RJ	2500/420 RJ
A			343/345	381/380	419/420	381/380	419/420	470	483/485	550
B			29.0	41.5	61.9	49.5/49.4	63.5/63.4	71.5/71.4	103.2/103.1	141.3
C			44.5/44	62	82.6/82.4	—	—	—	—	—
D			99	117	137	—	—	—	—	—
E			101.6/102	111.3/111	139.7/139.4	119.2/118.9	141.3/140.9	170/169.9	224.0/224.1	331.8/331.3
F			404	422	442	—	—	—	—	—
G			406	416	445	424	446	475	529	637
H			277	295	315	—	—	—	—	—
J			279	289	318	297	319	348	402	510
K			125	145	165	—	—	—	—	—
N			185	195	220	200	225	250	305	415
L			203	203	—	210.92	—	—	—	—
螺柱	数量		8	12	12	12	12	12	12	12
	尺寸		M20×120/M20×125	M24×155/M24×160	M30×210/M30×215	M24×160/M24×170	M30×205/M30×220	$1\frac{3}{8}''\times 8\frac{3}{4}''$/M36×245	$1\frac{3}{8}''\times 11\frac{3}{4}''$/M42×320	$2''\times 15\frac{1}{2}''$/M52×420
环号			—	—	—	R49	R49	R49	R50	R51/R49
法兰近似间隔			—	—	—	6	5	4	4	5
阀门参考尺寸	闸阀	L_1	292	419	660	435	664	740	841	1038
		H_0	965	1026	1251	1026	1251	1276	1311	1451
		D_0	355	400	560	400	560	460	610	610
	截止阀	L_1	495	559	660	575	664	740	841	1038
		H_0	651	940	1400	940	1400	1350	1800	2160
		D_0	450	560	460	560	460	610	610	760
	止回阀	L_1	495	533	660	549	664	740	841	1038
		H_0	384	413	476	413	476	587	479	559

附表2.13

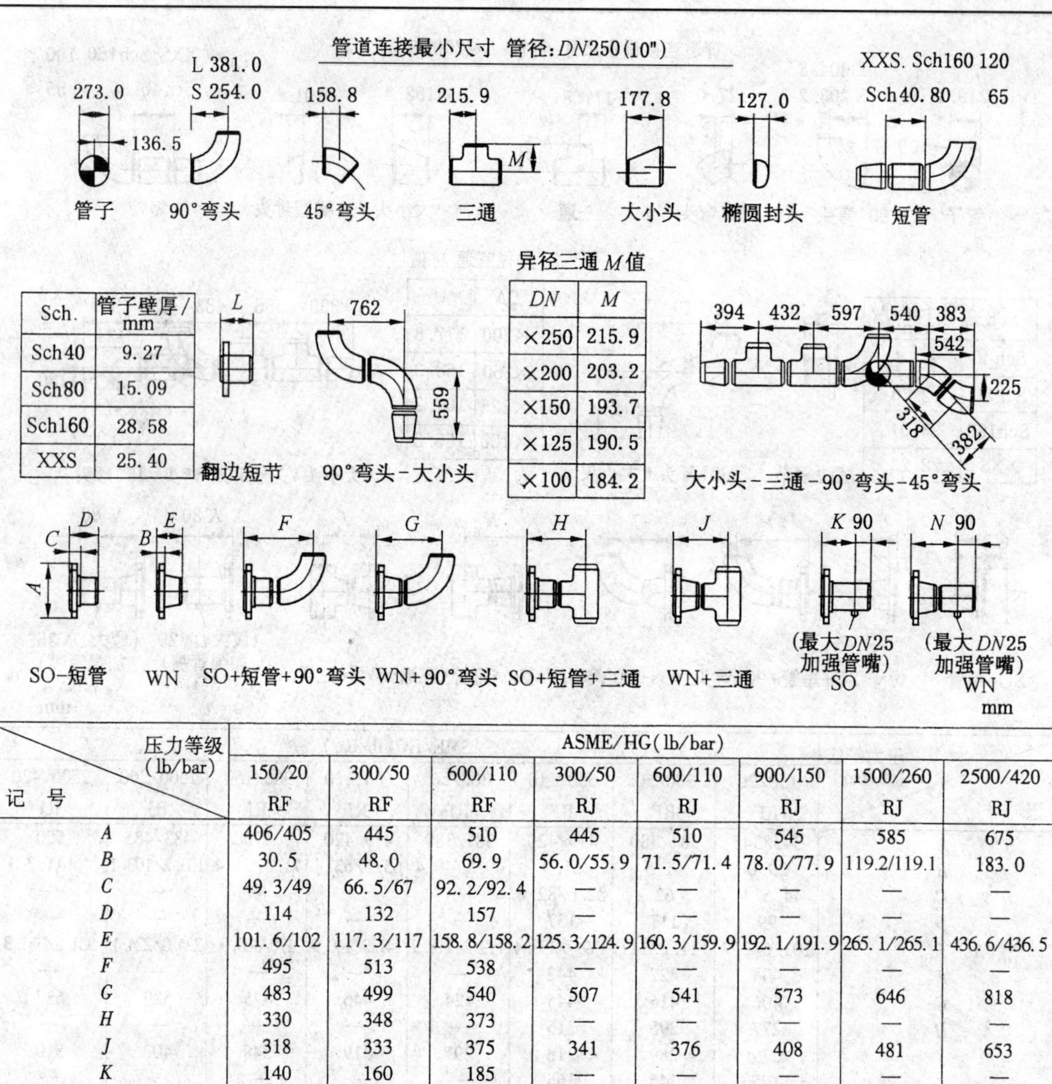

mm

记号 \ 压力等级(lb/bar)		150/20 RF	300/50 RF	600/110 RF	300/50 RJ	600/110 RJ	900/150 RJ	1500/260 RJ	2500/420 RJ
		ASME/HG(lb/bar)							
A		406/405	445	510	445	510	545	585	675
B		30.5	48.0	69.9	56.0/55.9	71.5/71.4	78.0/77.9	119.2/119.1	183.0
C		49.3/49	66.5/67	92.2/92.4	—	—	—	—	—
D		114	132	157	—	—	—	—	—
E		101.6/102	117.3/117	158.8/158.2	125.3/124.9	160.3/159.9	192.1/191.9	265.1/265.1	436.6/436.5
F		495	513	538	—	—	—	—	—
G		483	499	540	507	541	573	646	818
H		330	348	373	—	—	—	—	—
J		318	333	375	341	376	408	481	653
K		140	160	185	—	—	—	—	—
N		195	210	250	215	250	285	355	530
L		254	254		261.92	—	—	—	—
螺柱	数量	12	16	16	16	16	16	12	12
螺柱	尺寸	M24×130 M24×140	M27×175 M27×180	M33×235	M27×180 M27×220	M33×230 M33×240	1⅜"×9¼" M36×260	1⅞"×13½" M48×365	2½"×20" M64×525
环号		—	—	—	R53	R53	R53	R54	R55/R53
法兰近似间隔		—	—	—	6	5	4	4	6
阀门参考尺寸 闸阀 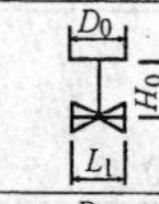	L_1	330	457	787	473	791	841	1000	1292
	H_0	1200	1251	1530	1251	1530	1543	1645	1610
	D_0	400	500	690	500	690	610	610	610
截止阀 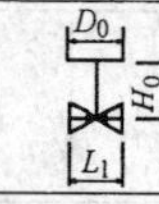	L_1	622	622	787	638	791	841	1000	1292
	H_0	730	1345	1575	1345	1575	1550	2000	2540
	D_0	500	610	610	610	610	610	760	760
止回阀 	L_1	622	622	787	638	791	841	1000	1292
	H_0	448	464	549	464	549	606	591	629

附表2.14

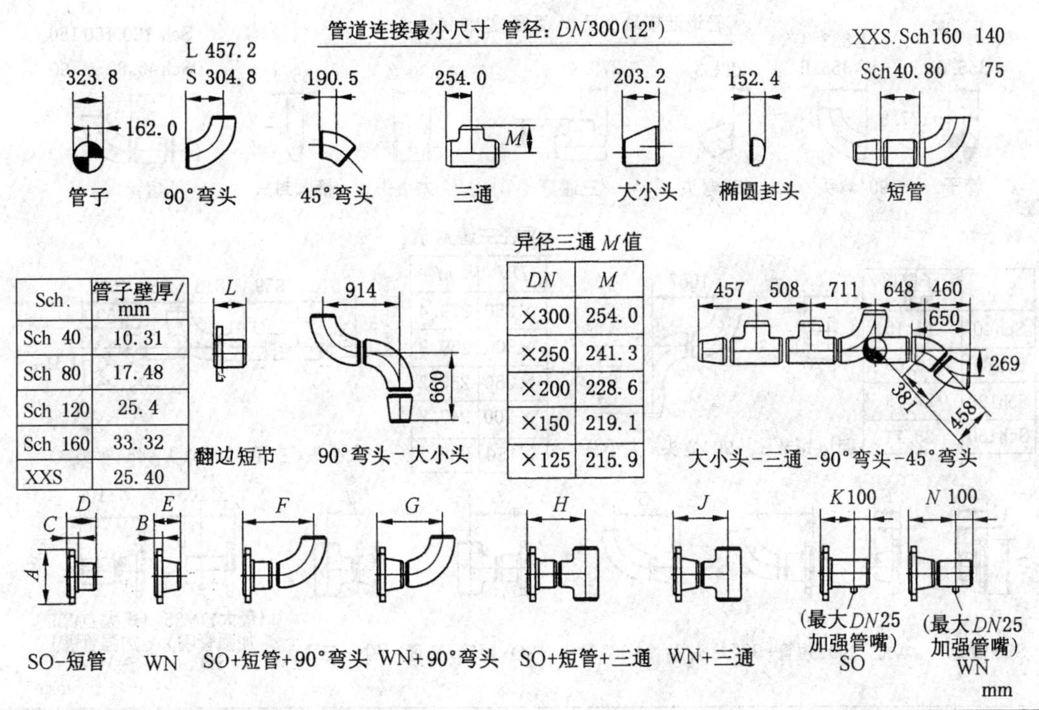

Sch.	管子壁厚/mm
Sch 40	10.31
Sch 80	17.48
Sch 120	25.4
Sch 160	33.32
XXS	25.40

异径三通 M 值

DN	M
×300	254.0
×250	241.3
×200	228.6
×150	219.1
×125	215.9

mm

记号 \ 压力等级(lb/bar)			ASME/HG(lb/bar) 150/20 RF	300/50 RF	600/110 RF	300/50 RJ	600/110 RJ	900/150 RJ	1500/260 RJ	2500/420 RJ
		A	483/485	520	560	520	560	610	675	760
		B	32.0	51.0	73.4	59.0/58.9	75.0/74.9	87.5/87.4	138.3	202.0
		C	55.6/56	73.2/73	98.3/98.4	—	—	—	—	—
		D	131	148	173	—	—	—	—	—
		E	114.3/114	130	161.8/162.4	138/137.9	163.4/163.9	208.1/207.9	296.7/297.3	481/481.5
		F	588	605	631	—	—	—	—	—
		G	572	587	619	595	621	665	754	938
		H	385	402	427	—	—	—	—	—
		J	368	384	416	392	418	462	551	735
		K	155	175	200	—	—	—	—	—
		N	215	230	265	240	265	310	400	585
		L	254	254	—	261.92	—	—	—	—
螺柱	数量		12	16	20	16	20	20	16	12
螺柱	尺寸		M24×135 M24×140	M30×190 M30×195	M33×240 M33×245	M30×195 M30×210	M33×235 M33×250	1⅜"×10" M36×275	2"×15¼" M52×415	2¾"×22" M70×580
环号			—	—	—	R57	R57	R57	R58	R60/R57
法兰近似间隔			—	—	—	6	5	4	5	8
阀门参考尺寸	闸阀	L_1	356	502	838	518	841	968	1146	1445
		H_0	1397	1448	1784	1448	1784	1781	1975	2096
		D_0	500	560	610	560	610	610	610	760
	截止阀	L_1	698	711	838	727	841	968	1146	1445
		H_0	890	1450	1700	1450	1700	1750	2311	2692
		D_0	560	610	610	610	610	610	760	760
	止回阀	L_1	698	711	838	727	841	968	1146	1445
		H_0	540	562	575	562	575	695	645	699

附表2.15

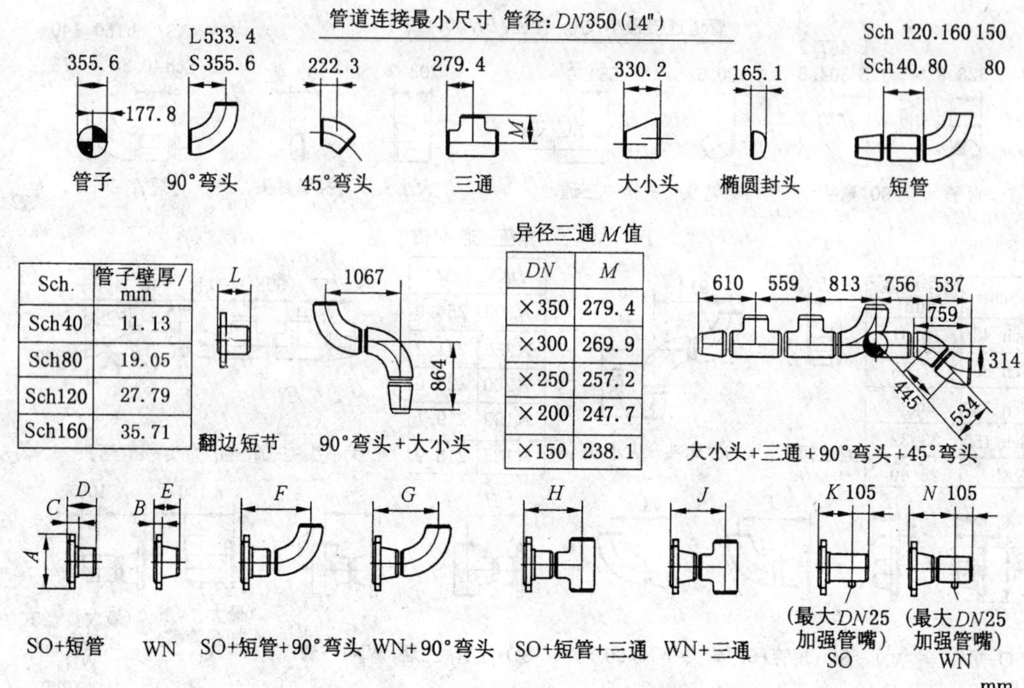

Sch.	管子壁厚/mm
Sch40	11.13
Sch80	19.05
Sch120	27.79
Sch160	35.71

异径三通 M 值

DN	M
×350	279.4
×300	269.9
×250	257.2
×200	247.7
×150	238.1

mm

记号 \ 压力等级(lb/bar)		ASME/HG(lb/bar)							
		150/20 RF	300/50 RF	600/110 RF	300/50 RJ	600/110 RJ	900/150 RJ	1500/260 RJ	2500/420 RJ
A		535	585	605	585	605	640	750	—
B		35.0	54.0	76.4	62.0/61.9	78.0/77.9	97.2/97.1	149.4	—
C		57.2/57	76.2/76	100.1/100.4	—	—	—	—	—
D		137	156	180	—	—	—	—	—
E		127.0/127	142.7/143	171.5/171.4	150.7/150.9	173/172.9	224/224.1	314.3/313.9	—
F		670	689	714	—	—	—	—	—
G		660	676	705	684	707	757	848	—
H		416	435	460	—	—	—	—	—
J		406	422	451	430	453	503	594	—
K		165	180	205	—	—	—	—	—
N		235	250	280	255	280	330	420	—
L		305	305	—	312.92	—	—	—	—
螺柱	数量	12	20	20	20	20	20	16	—
螺柱	尺寸	M27×150 M27×155	M30×195 M30×200	M36×250 M36×255	M30×200 M30×220	M36×245 M36×260	1½″×11″ M39×305	2¼″×16¾″ M56×445	—
环号		—	—	—	R61	R61	R62	R63	—
法兰近似间隔		—	—	—	6	5	4	6	—
阀门参考尺寸 闸阀	L_1	381	762	889	778	892	1038	1276	
阀门参考尺寸 闸阀	H_0	1527	1698	1861	1698	1861	2026	2216	
阀门参考尺寸 闸阀	D_0	560	460	610	460	610	610	760	—
阀门参考尺寸 截止阀	L_1	787	991	889	1006	892	1038	1276	—
阀门参考尺寸 截止阀	H_0	1295	1556	1800	1556	1800	2000	2692	—
阀门参考尺寸 截止阀	D_0	610	610	610	610	610	760	760	—
阀门参考尺寸 止回阀	L_1	787	838	889	854	892	1038	1276	—
阀门参考尺寸 止回阀	H_0	559	597	670	597	670	749	711	—

附表2.16

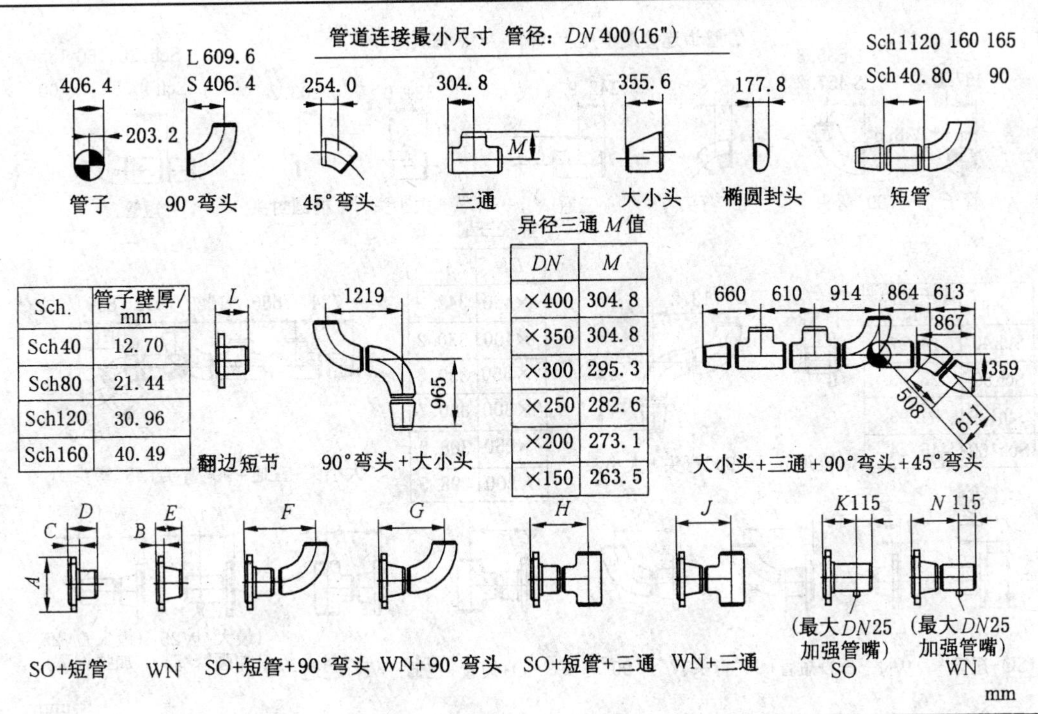

Sch.	管子壁厚/mm
Sch40	12.70
Sch80	21.44
Sch120	30.96
Sch160	40.49

异径三通 M 值

DN	M
×400	304.8
×350	304.8
×300	295.3
×250	282.6
×200	273.1
×150	263.5

mm

记号 \ 压力等级(lb/bar)			ASME/HG(lb/bar) 150/20 RF	300/50 RF	600/110 RF	300/50 RJ	600/110 RJ	900/150 RJ	1500/260 RJ	2500/420 RJ
A			595/600	650	685	650	685	705	825	—
B			37.0	57.5	82.9	65.5/65.4	84.5/84.4	100.2/100.1	164.0	—
C			63.5/64	82.6/83	112.8/112.4	—	—	—	—	—
D			154	173	202.4	—	—	—	—	—
E			127.0	146.1/146.0	184.2/184.4	154.0/153.9	185.7/185.9	227/227.1	328.6/328.5	—
F			764	783	812	—	—	—	—	—
G			737	756	794	764	795	837	938	—
H			459	478	507	—	—	—	—	—
J			432	451	489	459	490	532	633	—
K			180	200	230	—	—	—	—	—
N			245	260	300	270	300	345	445	—
L			305	305	—	312.92	—	—	—	—
螺柱	数量		16	20	20	20	20	20	16	—
螺柱	尺寸		M27×155	M33×210	M39×270 / M39×275	M33×215 / M33×230	M39×265 / M39×280	1⅝″×11½″ / M42×315	2½″×18½″ / M64×490	—
环号			—	—	—	R65	R65	R66	R67	—
法兰近似间隔			—	—	—	6	5	4	8	—
阀门参考尺寸	闸阀	L_1	406	838	991	854	994	1140	1407	—
		H_0	1740	2035	2156	2035	2156	2261	2331	—
		D_0	600	610	610	610	610	610	760	—
	截止阀	L_1	914	1067	991	1083	994	1140	—	—
		H_0	1619	1700	1930	1700	1930	2310	—	—
		D_0	610	610	760	610	760	760	—	—
	止回阀	L_1	864	864	991	880	994	1140	1407	—
		H_0	626	645	765	645	765	730	749	—

附表2.17

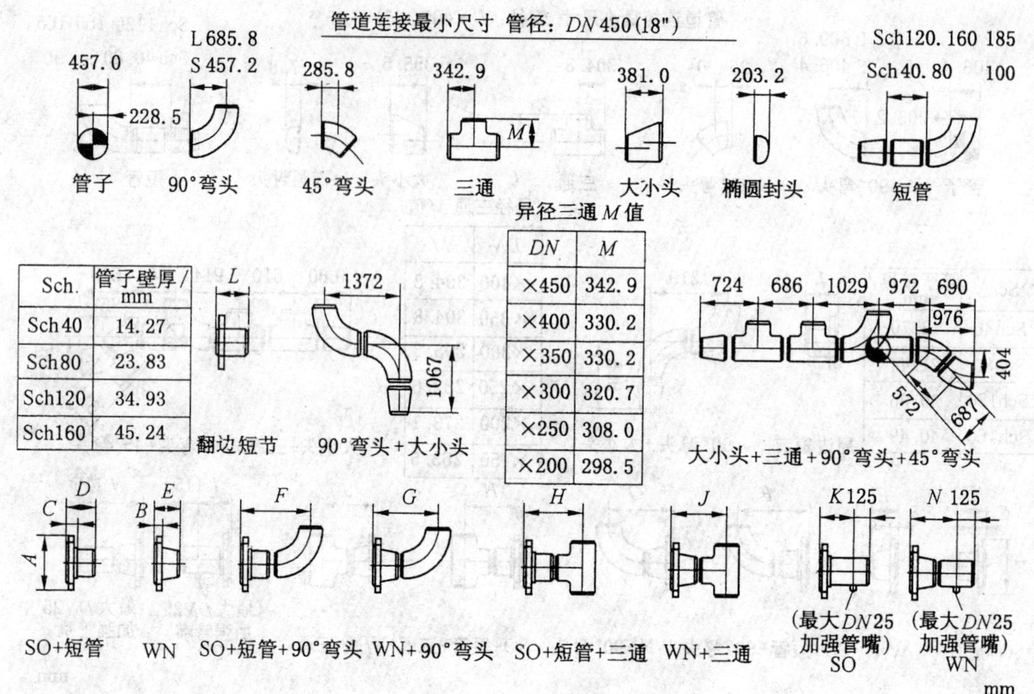

Sch.	管子壁厚/mm
Sch40	14.27
Sch80	23.83
Sch120	34.93
Sch160	45.24

异径三通 M 值

DN	M
×450	342.9
×400	330.2
×350	330.2
×300	320.7
×250	308.0
×200	298.5

mm

记号 \ 压力等级(lb/bar)			ASME/HG(lb/bar) 150/20 RF	300/50 RF	600/110 RF	300/50 RJ	600/110 RJ	900/150 RJ	1500/260 RJ	2500/420 RJ
A			635	710	745	710	745	785	915	—
B			40.0	60.5	89.4	68.5/68.4	91.0/90.9	114.7	179.5	—
C			68.3/68	88.9/89	123.7/123.4	—	—	—	—	—
D			168	189	223	—	—	—	—	—
E			139.7/140	158.8/159	190.5/190.4	166.7/166.9	192.1/191.9	241.3/241.7	344.6/344.5	—
F			854	875	909	—	—	—	—	—
G			826	845	876	853	878	927	1030	—
H			511	532	566	—	—	—	—	—
J			483	502	533	510	535	584	687	—
K			195	215	250	—	—	—	—	—
N			265	285	315	295	320	370	470	—
L			305	305	—	312.92	—	—	—	—
螺柱	数量		16	24	20	24	20	20	16	—
螺柱	尺寸		M30×165 / M30×170	M33×215 / M33×220	M42×285 / M42×290	M33×220 / M33×235	M42×280 / M42×295	1⅞"×13¼" / M48×355	2¾"×20¼" / M70×535	—
环号			—	—	—	R69	R69	R70	R71	—
法兰近似间隔			—	—	—	6	5	5	8	—
阀门参考尺寸	闸阀	L_1	432	914	1092	930	1095	1232	1559	—
		H_0	2077	2277	2400	2277	2400	2470	2823	—
		D_0	460	610	610	610	610	760	760	—
	截止阀	L_1	978	—	—	—	—	—	—	—
		H_0	1980	—	—	—	—	—	—	—
		D_0	610	—	—	—	—	—	—	—
	止回阀	L_1	978	978	1092	994	1095	1232	1559	—
		H_0	651	759	895	759	895	851	880	—

附表2.18

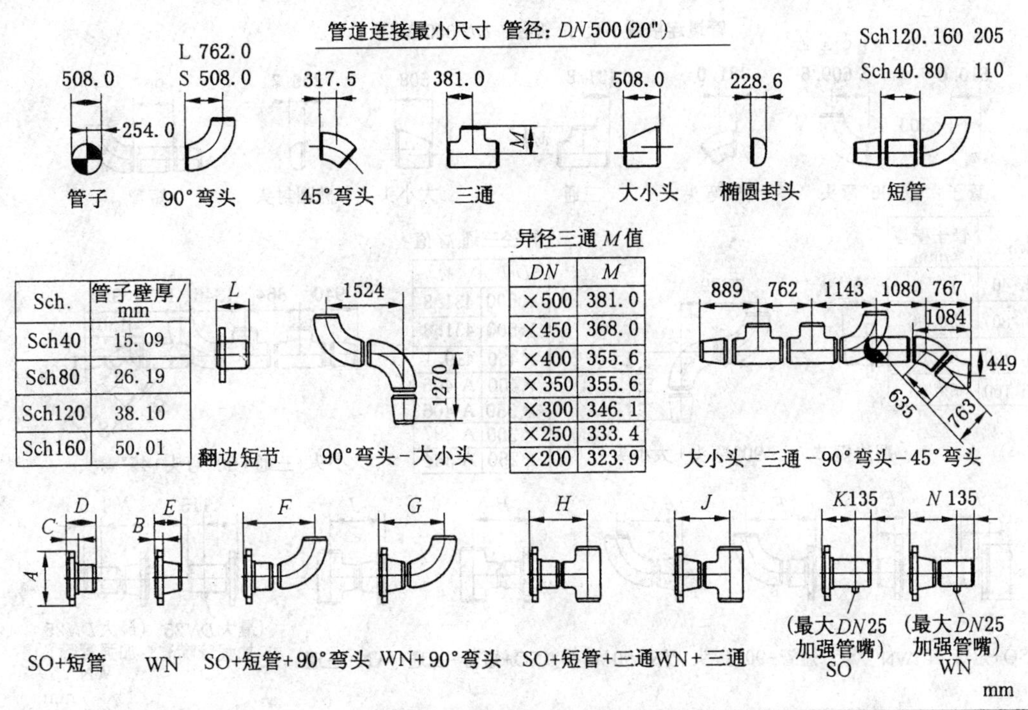

Sch.	管子壁厚/mm
Sch40	15.09
Sch80	26.19
Sch120	38.10
Sch160	50.01

异径三通M值

DN	M
×500	381.0
×450	368.0
×400	355.6
×350	355.6
×300	346.1
×250	333.4
×200	323.9

mm

记号 \ 压力等级(lb/bar)			ASME/HG(lb/bar) 150/20 RF	300/50 RF	600/110 RF	300/50 RJ	600/110 RJ	900/150 RJ	1500/260 RJ	2500/420 RJ
A			700	775	815	775	815	855	985	—
B			43.0	63.5	95.4	73.1/73	98.6/98.5	120.7	195.5	—
C			73.2/73	95.3/95	133.4	—	—	—	—	—
D			183	205	243	—	—	—	—	—
E			144.5/145	162.1/162	196.9/196.4	171.6/171.5	200.0/199.5	260.4/260.7	373.1/373.5	—
F			945	967	1005	—	—	—	—	—
G			907	924	959	934	962	1022	1135	—
H			564	586	624	—	—	—	—	—
J			526	543	578	553	581	641	754	—
K			210	230	270	—	—	—	—	—
N			280	300	335	310	335	395	510	—
L			305	305	—	314.52	—	—	—	—
螺柱	数量		20	24	24	24	24	20	16	—
	尺寸		M30×175	M33×220 M33×225	M42×300 M42×305	M33×225 M33×245	M42×295 M42×315	2″×14″ M52×375	3″×22¼″ M76×580	—
环号			—	—	—	R73	R73	R74	R75	—
法兰近似间隔			—	—	—	6	5	5	10	—
阀门参考尺寸	闸阀	L_1	457	991	1194	1010	1200	1333	1686	—
		H_0	2270	2458	2461	2458	2461	2750	3102	—
		D_0	460	610	610	610	610	760	610	—
	截止阀	L_1	—	—	—	—	—	—	—	—
		H_0	—	—	—	—	—	—	—	—
		D_0	—	—	—	—	—	—	—	—
	止回阀	L_1	978	1016	1194	1035	1200	1333	1686	—
		H_0	676	854	975	854	975	864	949	—

附表2.19

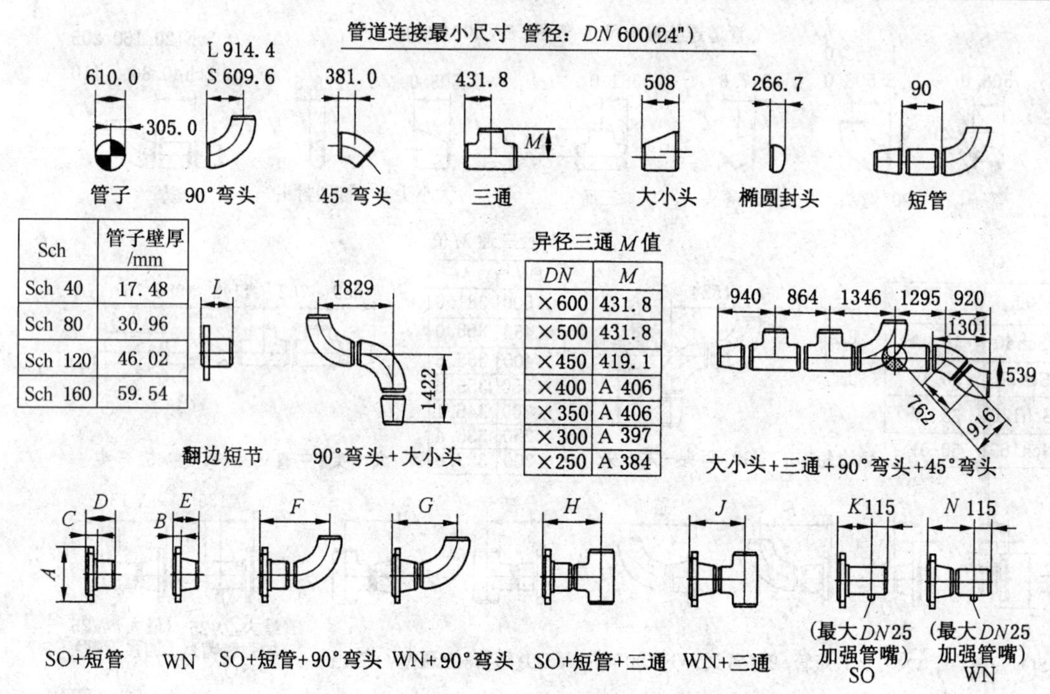

Sch	管子壁厚/mm
Sch 40	17.48
Sch 80	30.96
Sch 120	46.02
Sch 160	59.54

异径三通 M 值

DN	M
×600	431.8
×500	431.8
×450	419.1
×400	A 406
×350	A 406
×300	A 397
×250	A 384

mm

记号 \ 压力等级(lb/bar)			ASME/HG(lb/bar)							
			150/20 RF	300/50 RF	600/110 RF	300/50 RJ	600/110 RJ	900/150 RJ	1500/260 RJ	2500/420 RJ
A			815	915	940	915	940	1040	1170	—
B			48.0	70.0	108.4	81.2/81.1	113.2/113.1	155.9	224.2/224.1	—
C			82.6/83	106.4/104	146.1/146.4	—	—	—	—	—
D			173	196	236	—	—	—	—	—
E			152.4/152	168.1/168	209.6/209.4	179.3/179.1	214.3/214.1	308.0/282.9	427.0/426.6	—
F			1087	1110	1151	—	—	—	—	—
G			1067	1083	1124	1094	1129	1222	1342	—
H			605	628	668	—	—	—	—	—
J			584	600	641	611	646	740	859	—
K			200	220	265	—	—	—	—	—
N			270	285	325	295	330	425	545	—
L			305	305	—	316.13	—	—	—	—
螺柱	数量		20	24	24	24	24	20	16	—
	尺寸		M33×190 / M33×195	M39×245	M48×340 / M48×345	M39×250 / M39×275	M48×335 / M48×355	2½″×17¾″ / M64×475	3½″×25½″ / M90×665	—
环号			—	—	—	R77	R77	R78	R79	—
法兰近似间隔			—	—	—	6	6	6	11	—
阀门参考尺寸	闸阀	L_1	508	1143	1397	1165	1407	1568	1972	—
		H_0	2667	2867	3013	2867	3013	3242	3766	—
		D_0	610	610	760	610	760	610	610	—
	截止阀	L_1	—	—	—	—	—	—	—	—
		H_0	—	—	—	—	—	—	—	—
		D_0	—	—	—	—	—	—	—	—
	止回阀	L_1	1295	1346	1397	1368	1407	1568	1972	—
		H_0	880	940	1111	940	1111	959	1099	—

附表2.20 *DN* 650(26″)

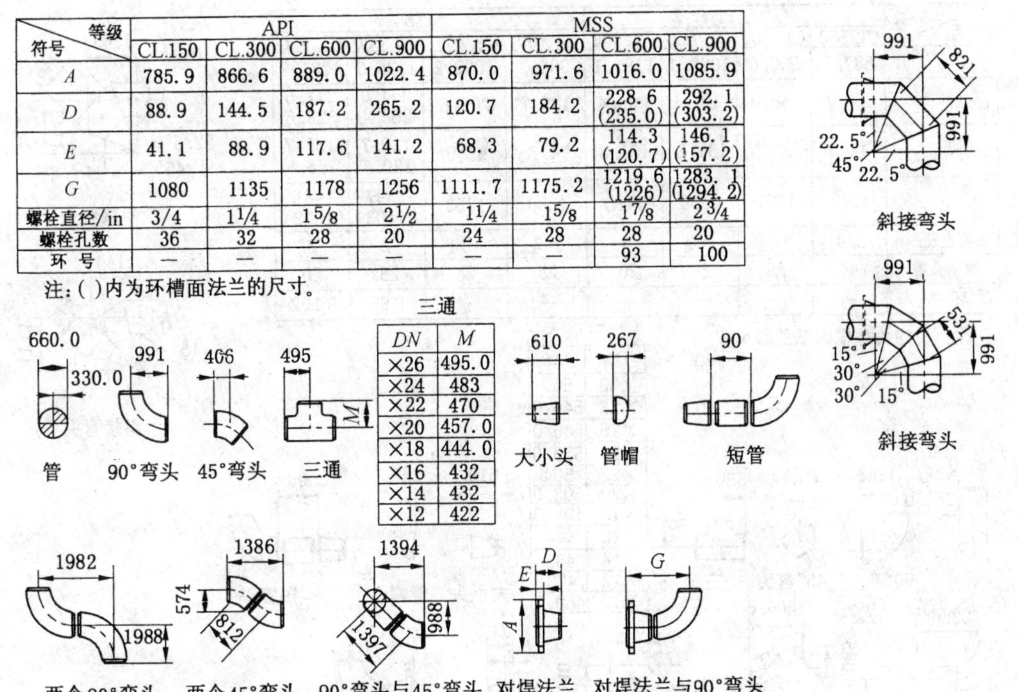

等级 / 符号	API				MSS			
	CL.150	CL.300	CL.600	CL.900	CL.150	CL.300	CL.600	CL.900
A	785.9	866.6	889.0	1022.4	870.0	971.6	1016.0	1085.9
D	88.9	144.5	187.2	265.2	120.7	184.2	228.6 (235.0)	292.1 (303.2)
E	41.1	88.9	117.6	141.2	68.3	79.2	114.3 (120.7)	146.1 (157.2)
G	1080	1135	1178	1256	1111.7	1175.2	1219.6 (1226)	1283.1 (1294.2)
螺栓直径/in	3/4	$1\frac{1}{4}$	$1\frac{5}{8}$	$2\frac{1}{2}$	$1\frac{1}{4}$	$1\frac{5}{8}$	$1\frac{7}{8}$	$2\frac{3}{4}$
螺栓孔数	36	32	28	20	24	28	28	20
环 号	—	—	—	—	—	—	93	100

注：( )内为环槽面法兰的尺寸。

三通

DN	*M*
×26	495.0
×24	483
×22	470
×20	457.0
×18	444.0
×16	432
×14	432
×12	422

附表2.21 *DN* 700(28″)

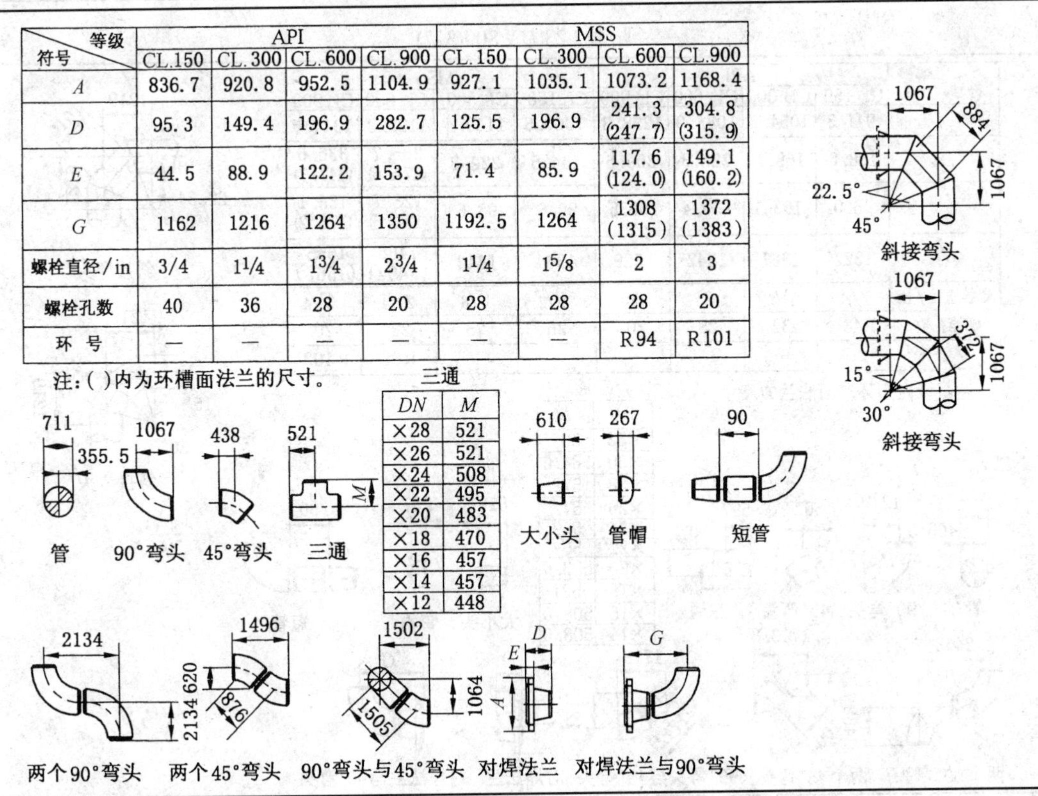

等级 / 符号	API				MSS			
	CL.150	CL.300	CL.600	CL.900	CL.150	CL.300	CL.600	CL.900
A	836.7	920.8	952.5	1104.9	927.1	1035.1	1073.2	1168.4
D	95.3	149.4	196.9	282.7	125.5	196.9	241.3 (247.7)	304.8 (315.9)
E	44.5	88.9	122.2	153.9	71.4	85.9	117.6 (124.0)	149.1 (160.2)
G	1162	1216	1264	1350	1192.5	1264	1308 (1315)	1372 (1383)
螺栓直径/in	3/4	$1\frac{1}{4}$	$1\frac{3}{4}$	$2\frac{3}{4}$	$1\frac{1}{4}$	$1\frac{5}{8}$	2	3
螺栓孔数	40	36	28	20	28	28	28	20
环 号	—	—	—	—	—	—	R94	R101

注：( )内为环槽面法兰的尺寸。

三通

DN	*M*
×28	521
×26	521
×24	508
×22	495
×20	483
×18	470
×16	457
×14	457
×12	448

附表2.22 *DN* 750(30″)

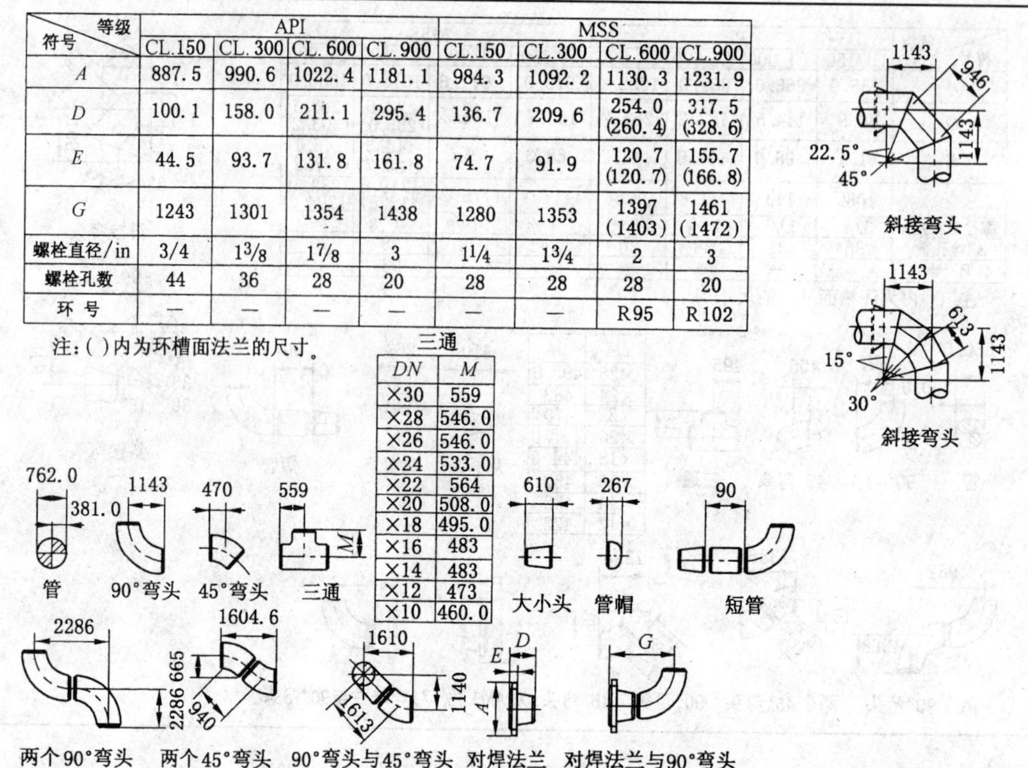

符号＼等级	API				MSS			
	CL.150	CL.300	CL.600	CL.900	CL.150	CL.300	CL.600	CL.900
A	887.5	990.6	1022.4	1181.1	984.3	1092.2	1130.3	1231.9
D	100.1	158.0	211.1	295.4	136.7	209.6	254.0 (260.4)	317.5 (328.6)
E	44.5	93.7	131.8	161.8	74.7	91.9	120.7 (120.7)	155.7 (166.8)
G	1243	1301	1354	1438	1280	1353	1397 (1403)	1461 (1472)
螺栓直径/in	3/4	$1\frac{3}{8}$	$1\frac{7}{8}$	3	$1\frac{1}{4}$	$1\frac{3}{4}$	2	3
螺栓孔数	44	36	28	20	28	28	28	20
环 号	—	—	—	—	—	—	R95	R102

注：( )内为环槽面法兰的尺寸。

三通

DN	*M*
×30	559
×28	546.0
×26	546.0
×24	533.0
×22	564
×20	508.0
×18	495.0
×16	483
×14	483
×12	473
×10	460.0

附表2.23 *DN* 800(32″)

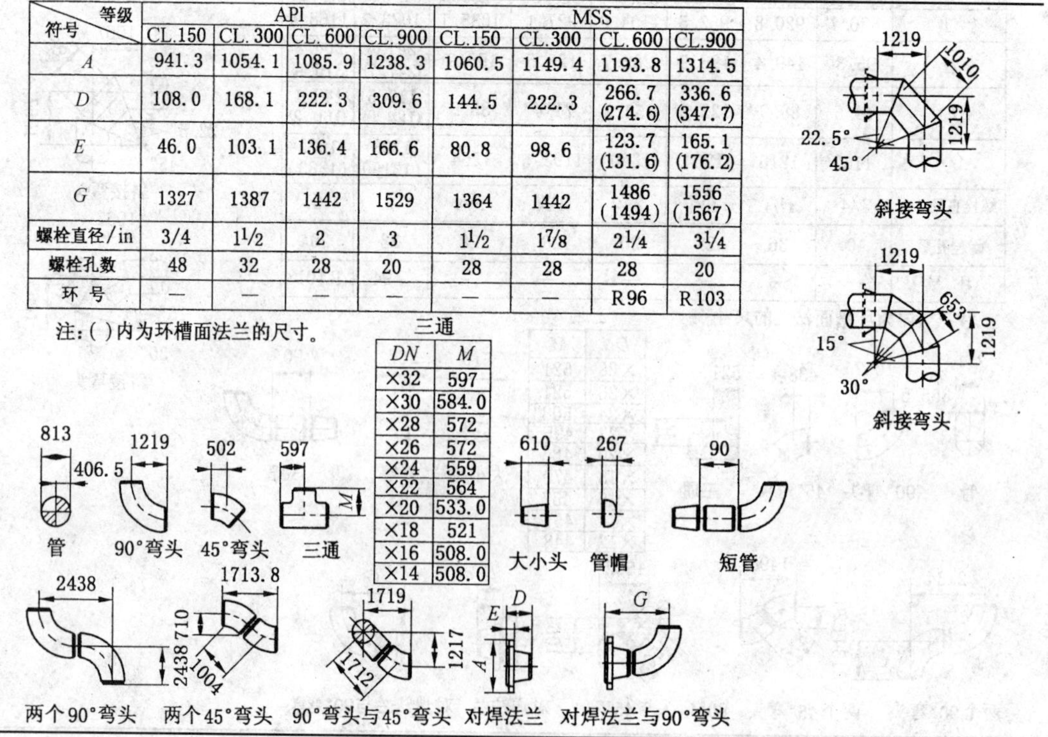

符号＼等级	API				MSS			
	CL.150	CL.300	CL.600	CL.900	CL.150	CL.300	CL.600	CL.900
A	941.3	1054.1	1085.9	1238.3	1060.5	1149.4	1193.8	1314.5
D	108.0	168.1	222.3	309.6	144.5	222.3	266.7 (274.6)	336.6 (347.7)
E	46.0	103.1	136.4	166.6	80.8	98.6	123.7 (131.6)	165.1 (176.2)
G	1327	1387	1442	1529	1364	1442	1486 (1494)	1556 (1567)
螺栓直径/in	3/4	$1\frac{1}{2}$	2	3	$1\frac{1}{2}$	$1\frac{7}{8}$	$2\frac{1}{4}$	$3\frac{1}{4}$
螺栓孔数	48	32	28	20	28	28	28	20
环 号	—	—	—	—	—	—	R96	R103

注：( )内为环槽面法兰的尺寸。

三通

DN	*M*
×32	597
×30	584.0
×28	572
×26	572
×24	559
×22	564
×20	533.0
×18	521
×16	508.0
×14	508.0

附表2.24 *DN* 850(34″)

符号 \ 等级	API				MSS			
	CL.150	CL.300	CL.600	CL.900	CL.150	CL.300	CL.600	CL.900
A	1004.8	1107.9	1162.1	1314.5	1111.3	1206.5	1244.6	1397.0
D	110.2	173.0	239.8	325.4	149.4	231.6	276.1 (284.0)	355.6 (369.9)
E	49.3	103.1	147.6	177.8	82.6	101.6	127.0 (134.9)	171.5 (185.7)
G	1406	1468	1535.2	1621	1445	1527	1572 (1579)	1651 (1665)
螺栓直径/in	7/8	$1\frac{1}{2}$	$2\frac{1}{4}$	$3\frac{1}{4}$	$1\frac{1}{2}$	$1\frac{7}{8}$	$2\frac{1}{4}$	$3\frac{1}{2}$
螺栓孔数	40	36	24	20	32	28	28	20
环 号	—	—	—	—	—	—	R97	R104

注:( )内为环槽面法兰的尺寸。

三通

DN	*M*
×34	635.0
×32	622.0
×30	610
×28	597
×26	597
×24	584.0
×22	572
×20	559
×18	546.0
×16	533.0

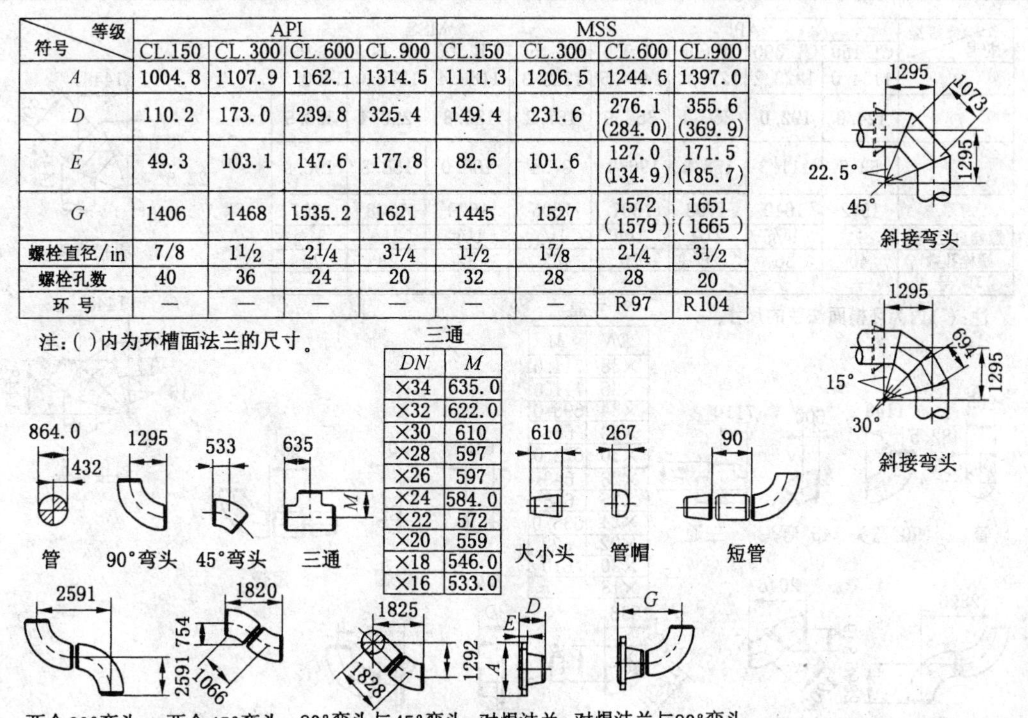

附表2.25 *DN* 900(36″)

符号 \ 等级	API				MSS			
	CL.150	CL.300	CL.600	CL.900	CL.150	CL.300	CL.600	CL.900
A	1057.1	1171.4	1212.9	1346.2	1168.4	1270.0	1314.5	1460.5
D	117.3	180.8	249.2	331.7	157.2	241.3	288.8 (296.7)	368.3 (382.6)
E	52.3	103.1	152.4	179.3	90.4	104.6	130.3 (138.2)	177.8 (192.1)
G	1489	1552	1621	1703	1529	1613	1660 (1668)	1740 (1754)
螺栓直径/in	7/8	$1\frac{5}{8}$	$2\frac{1}{4}$	3	$1\frac{1}{2}$	2	$2\frac{1}{2}$	$3\frac{1}{2}$
螺栓孔数	44	32	28	24	32	32	28	20
环 号	—	—	—	—	—	—	R98	R105

注:( )内为环槽面法兰的尺寸。

三通

DN	*M*
×36	673.0
×34	660
×32	648
×30	635.0
×28	622.0
×26	622.0
×24	610
×22	597
×20	584.0
×18	572
×16	559

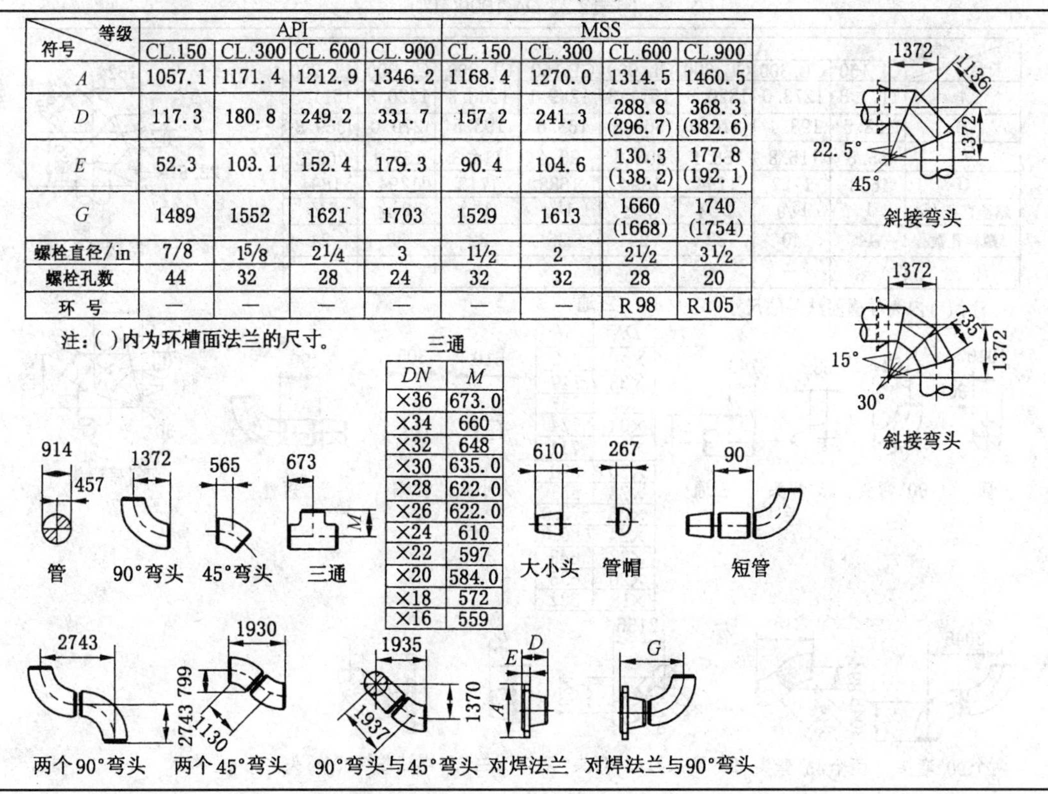

附表2.26 *DN* 950(38″)

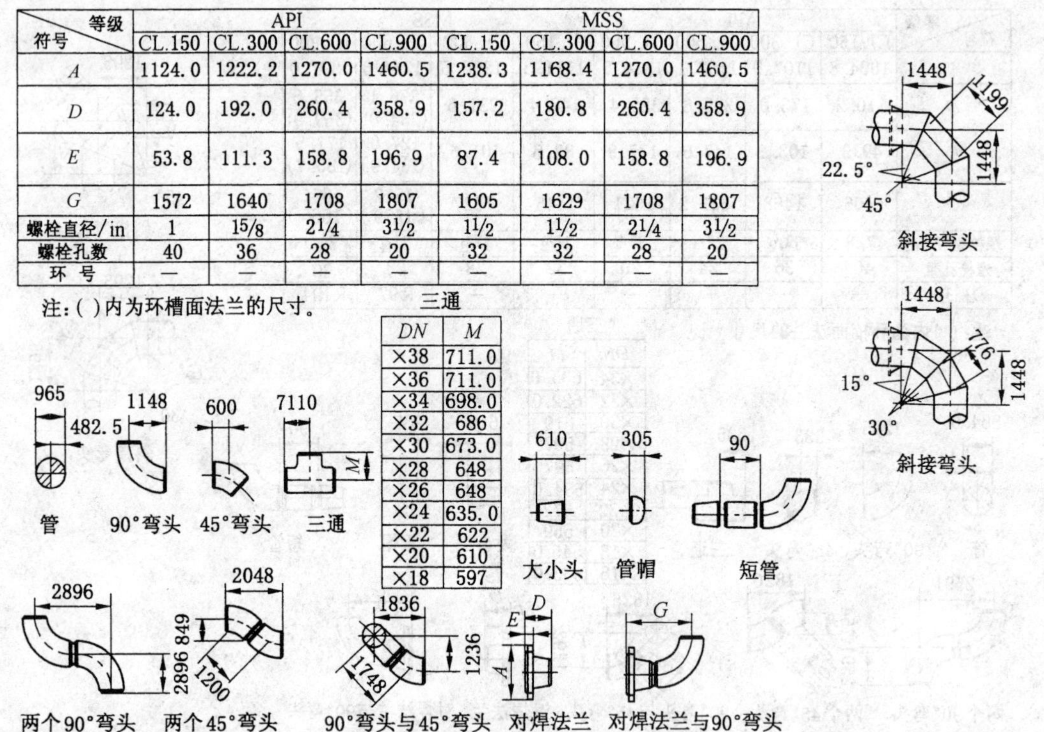

符号 \ 等级	API				MSS			
	CL.150	CL.300	CL.600	CL.900	CL.150	CL.300	CL.600	CL.900
A	1124.0	1222.2	1270.0	1460.5	1238.3	1168.4	1270.0	1460.5
D	124.0	192.0	260.4	358.9	157.2	180.8	260.4	358.9
E	53.8	111.3	158.8	196.9	87.4	108.0	158.8	196.9
G	1572	1640	1708	1807	1605	1629	1708	1807
螺栓直径/in	1	$1\frac{5}{8}$	$2\frac{1}{4}$	$3\frac{1}{2}$	$1\frac{1}{2}$	$1\frac{1}{2}$	$2\frac{1}{4}$	$3\frac{1}{2}$
螺栓孔数	40	36	28	20	32	32	28	20
环 号	—	—	—	—	—	—	—	—

注:( )内为环槽面法兰的尺寸。

三通

DN	*M*
×38	711.0
×36	711.0
×34	698.0
×32	686
×30	673.0
×28	648
×26	648
×24	635.0
×22	622
×20	610
×18	597

附表2.27 *DN* 1000(40″)

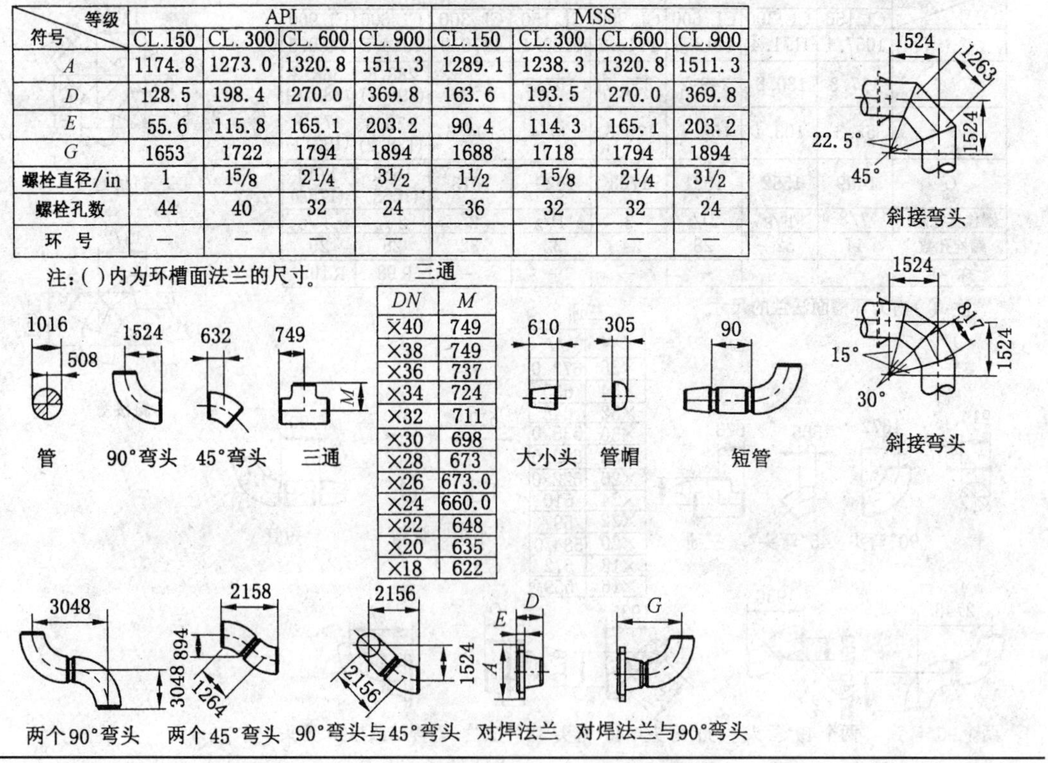

符号 \ 等级	API				MSS			
	CL.150	CL.300	CL.600	CL.900	CL.150	CL.300	CL.600	CL.900
A	1174.8	1273.0	1320.8	1511.3	1289.1	1238.3	1320.8	1511.3
D	128.5	198.4	270.0	369.8	163.6	193.5	270.0	369.8
E	55.6	115.8	165.1	203.2	90.4	114.3	165.1	203.2
G	1653	1722	1794	1894	1688	1718	1794	1894
螺栓直径/in	1	$1\frac{5}{8}$	$2\frac{1}{4}$	$3\frac{1}{2}$	$1\frac{1}{2}$	$1\frac{5}{8}$	$2\frac{1}{4}$	$3\frac{1}{2}$
螺栓孔数	44	40	32	24	36	32	32	24
环 号	—	—	—	—	—	—	—	—

注:( )内为环槽面法兰的尺寸。

三通

DN	*M*
×40	749
×38	749
×36	737
×34	724
×32	711
×30	698
×28	673
×26	673.0
×24	660.0
×22	648
×20	635
×18	622

附表2.28 *DN* 1050(42″)

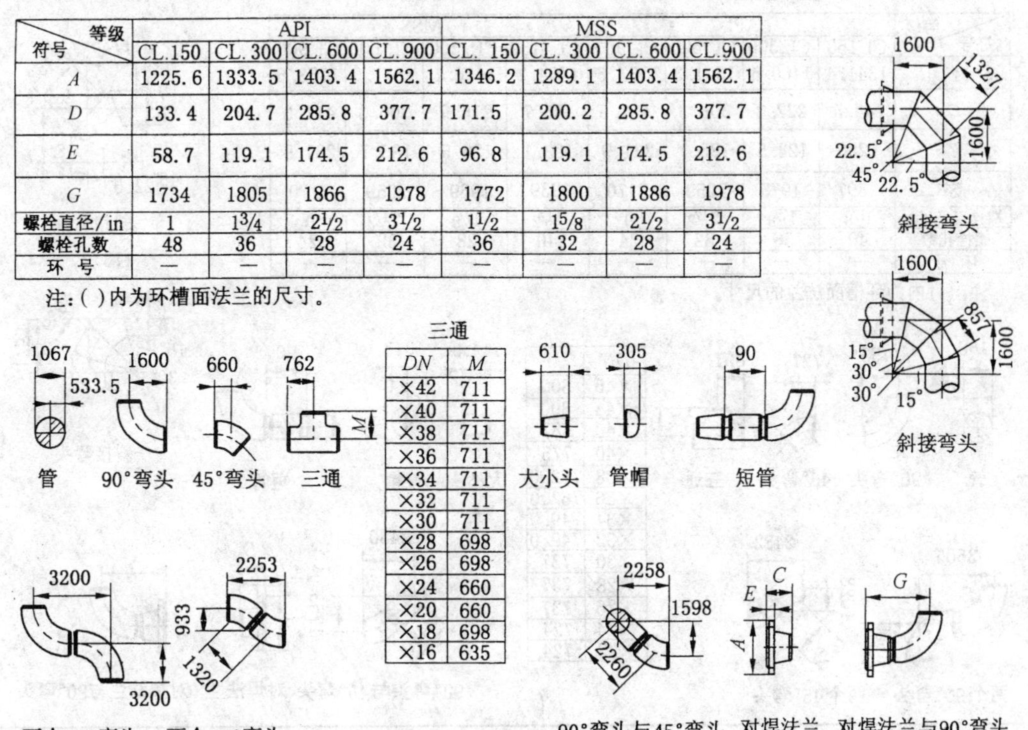

符号 \ 等级	API				MSS			
	CL.150	CL. 300	CL. 600	CL. 900	CL. 150	CL. 300	CL. 600	CL.900
A	1225. 6	1333. 5	1403. 4	1562. 1	1346. 2	1289. 1	1403. 4	1562. 1
D	133. 4	204. 7	285. 8	377. 7	171. 5	200. 2	285. 8	377. 7
E	58. 7	119. 1	174. 5	212. 6	96. 8	119. 1	174. 5	212. 6
G	1734	1805	1866	1978	1772	1800	1886	1978
螺栓直径/in	1	1 3/4	2 1/2	3 1/2	1 1/2	1 5/8	2 1/2	3 1/2
螺栓孔数	48	36	28	24	36	32	28	24
环　号	—	—	—	—	—	—	—	—

注:( )内为环槽面法兰的尺寸。

三通

DN	*M*
×42	711
×40	711
×38	711
×36	711
×34	711
×32	711
×30	711
×28	698
×26	698
×24	660
×20	660
×18	698
×16	635

附表2.29 *DN* 1100(44″)

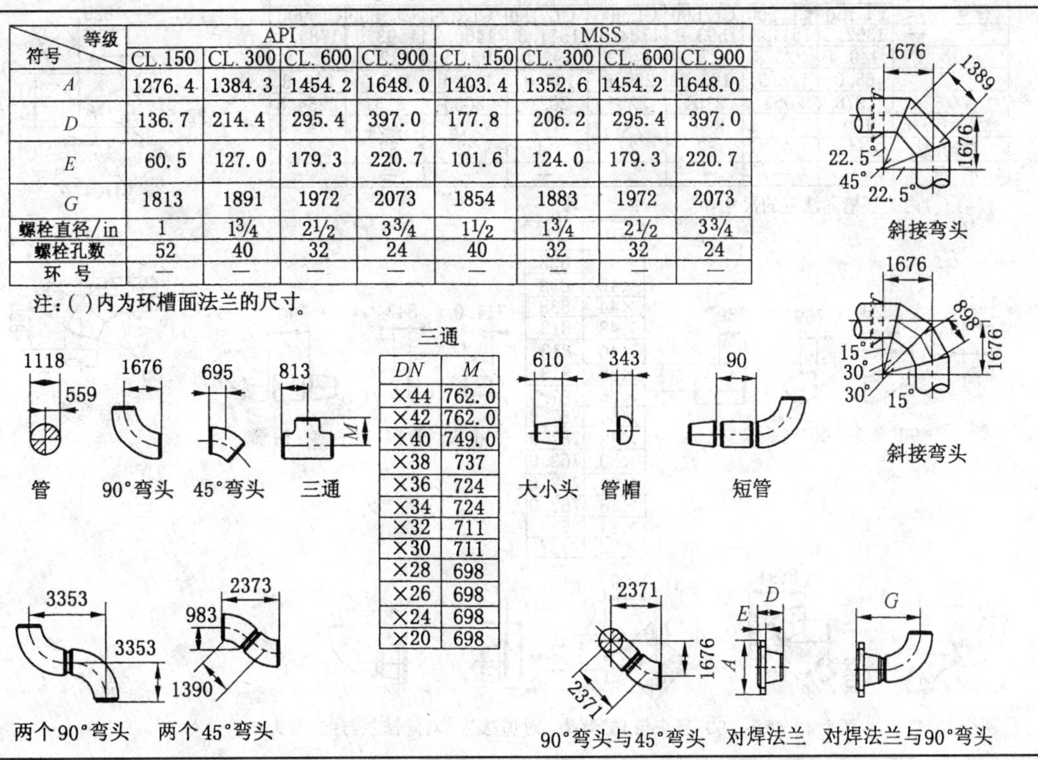

符号 \ 等级	API				MSS			
	CL.150	CL. 300	CL. 600	CL. 900	CL. 150	CL. 300	CL. 600	CL.900
A	1276. 4	1384. 3	1454. 2	1648. 0	1403. 4	1352. 6	1454. 2	1648. 0
D	136. 7	214. 4	295. 4	397. 0	177. 8	206. 2	295. 4	397. 0
E	60. 5	127. 0	179. 3	220. 7	101. 6	124. 0	179. 3	220. 7
G	1813	1891	1972	2073	1854	1883	1972	2073
螺栓直径/in	1	1 3/4	2 1/2	3 3/4	1 1/2	1 3/4	2 1/2	3 3/4
螺栓孔数	52	40	32	24	40	32	32	24
环　号	—	—	—	—	—	—	—	—

注:( )内为环槽面法兰的尺寸。

三通

DN	*M*
×44	762. 0
×42	762. 0
×40	749. 0
×38	737
×36	724
×34	724
×32	711
×30	711
×28	698
×26	698
×24	698
×20	698

附表2.30 *DN* 1150(46″)

符号 \ 等级	API				MSS			
	CL.150	CL.300	CL.600	CL.900	CL. 150	CL. 300	CL.600	CL.900
A	1341. 4	1460. 5	1511. 3	1733. 6	1454. 2	1416. 1	1511. 3	1733. 6
D	144. 5	222. 3	306. 3	417. 6	185. 7	215. 9	306. 3	417. 3
E	62. 0	128. 5	185. 7	231. 9	103. 1	128. 5	185. 7	231. 9
G	1897	1975	2059	2170	1939	1969	2059	2170
螺栓直径/in	$1\frac{1}{8}$	$1\frac{7}{8}$	$2\frac{1}{2}$	4	$1\frac{1}{2}$	$1\frac{7}{8}$	$2\frac{1}{2}$	4
螺栓孔数	40	36	32	24	40	28	32	24
环 号	—	—	—	—	—	—	—	—

注：( )内为环槽面法兰的尺寸。

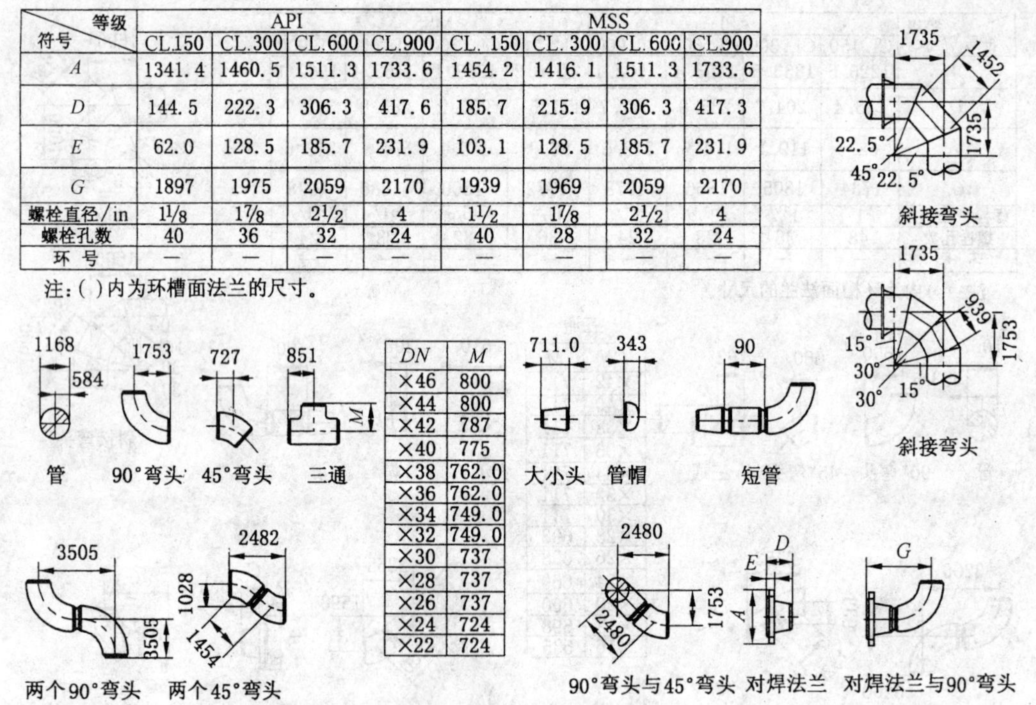

DN	*M*
×46	800
×44	800
×42	787
×40	775
×38	762. 0
×36	762. 0
×34	749. 0
×32	749. 0
×30	737
×28	737
×26	737
×24	724
×22	724

附表2.31 *DN* 1200(48″)

符号 \ 等级	API				MSS			
	CL.150	CL. 300	CL.600	CL.900	CL. 150	CL.300	CL. 600	CL.900
A	1392. 2	1511. 3	1593. 9	1784. 4	1511. 3	1466. 9	1593. 9	1784. 4
D	149. 4	223. 8	322. 3	425. 5	192. 0	223. 8	322. 3	425. 5
E	65. 0	128. 5	195. 3	239. 8	108. 0	133. 4	195. 3	239. 8
G	1978	2053	2151	2254	2021	2053	2151	2254. 5
螺栓直径/in	$1\frac{1}{8}$	$1\frac{7}{8}$	$2\frac{3}{4}$	4	$1\frac{1}{2}$	$1\frac{7}{8}$	$2\frac{3}{4}$	4
螺栓孔数	44	40	32	24	44	32	32	24
环 号	—	—	—	—	—	—	—	—

注：( )内为环槽面法兰的尺寸。

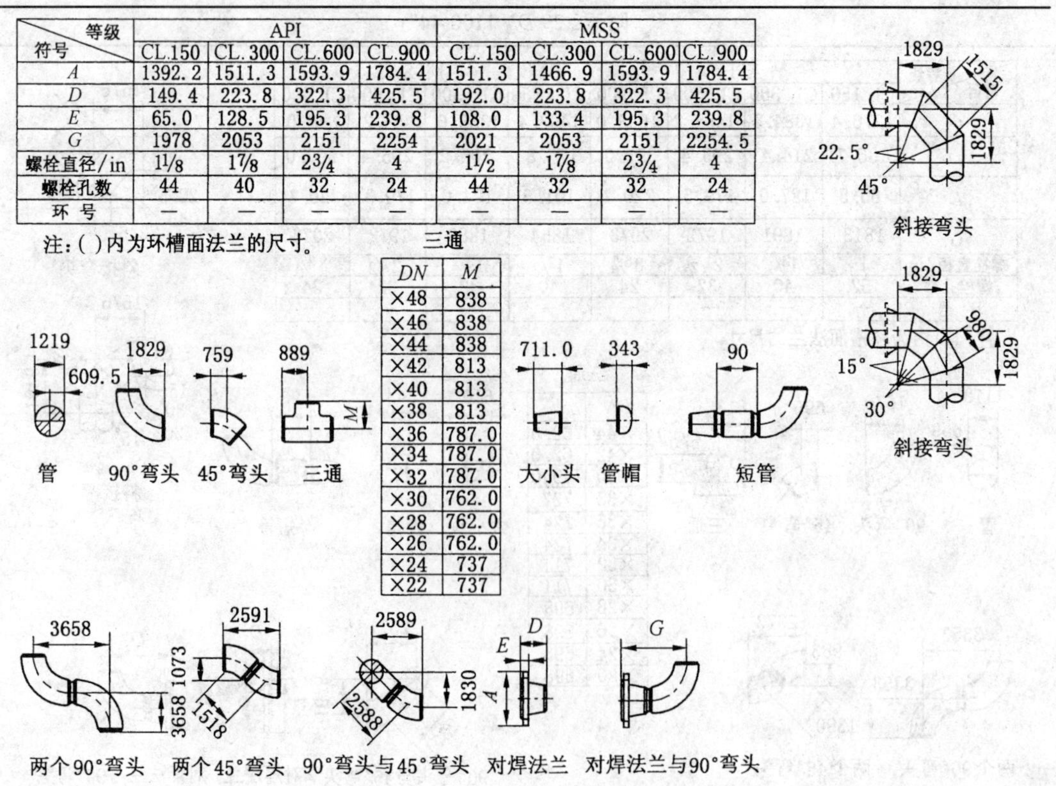

三通

DN	*M*
×48	838
×46	838
×44	838
×42	813
×40	813
×38	813
×36	787. 0
×34	787. 0
×32	787. 0
×30	762. 0
×28	762. 0
×26	762. 0
×24	737
×22	737

附表2.32 *DN* 1250(50″)

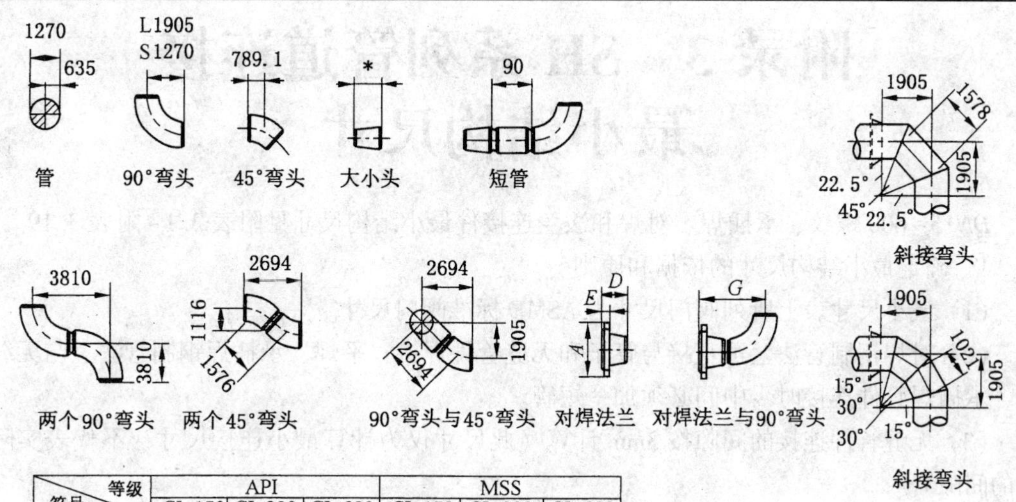

符号 \ 等级	API			MSS		
	CL.150	CL.300	CL.600	CL.150	CL.300	CL.600
A	1443.0	1562.1	1670.1	1568.5	1530.4	1670.1
D	153.9	235.0	335.0	203.2	231.6	335.0
E	68.3	138.2	203.2	111.3	139.7	203.2
G	2059	2140	2240	2108	2137	2240
螺栓直径/in	1⅛	1⅞	3	1¾	2	3
螺栓孔数	48	44	28	44	32	28
环号	—	—	—	—	—	—

附表2.33 *DN* 1300(52″)

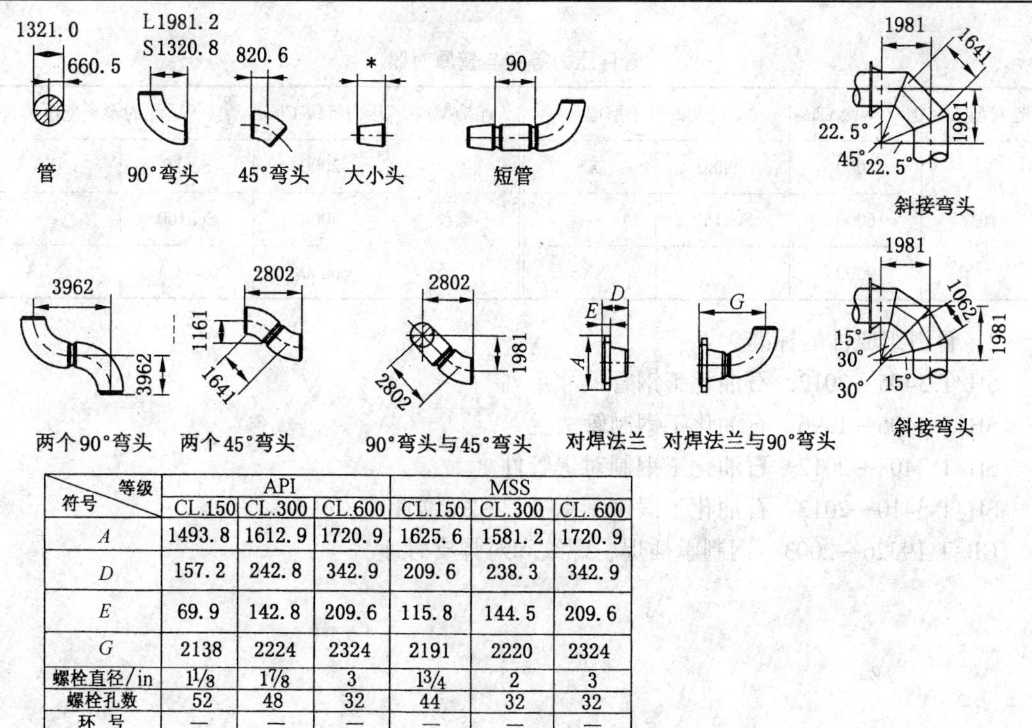

符号 \ 等级	API			MSS		
	CL.150	CL.300	CL.600	CL.150	CL.300	CL.600
A	1493.8	1612.9	1720.9	1625.6	1581.2	1720.9
D	157.2	242.8	342.9	209.6	238.3	342.9
E	69.9	142.8	209.6	115.8	144.5	209.6
G	2138	2224	2324	2191	2220	2324
螺栓直径/in	1⅛	1⅞	3	1¾	2	3
螺栓孔数	52	48	32	44	32	32
环号	—	—	—	—	—	—

附录3　SH系列管道连接最小结构尺寸

*DN*15～600螺纹、承插焊、对焊和法兰连接件最小结构尺寸见附表3.1～附表3.19。

1　确定最小结构尺寸的依据和原则

(1) 最小尺寸表上所列阀门尺寸为ASME标准阀门尺寸。

(2) 对焊钢制管法兰可直接与管子和无缝管件焊接，平焊、承插焊钢制管法兰与无缝管件、承插焊管件连接时，中间必须加一短管。

(3) 无缝管件连接的间隙按3mm计算（此尺寸仅为计算最小连接尺寸，不代表实际需要的间隙）。

(4) *DN*15～40用承插焊管件，*DN*40～600用对焊管件。

(5) 最小尺寸表中90°弯头的L表示1.5*DN*弯头

S表示1.0*DN*弯头。

(6) *DN*15～600承插焊和对焊管件最小连接尺寸见最小尺寸表。

管件压力等级

承插焊管件的压力等级分为Class3000、Class6000和Class9000，螺纹管件的压力等级分为Class2000、Class3000和Class6000，管件的压力等级与管子的壁厚对照应符合下表规定。

管件压力等级与壁厚对照

连接型式	压力等级Class	适配的管子壁厚		连接型式	压力等级Class	适配的管子壁厚	
承插焊	3000	Sch80	XS	螺纹	2000	Sch80	XS
	6000	Sch160	—		3000	Sch160	—
	9000	—	XXS		6000	—	XXS

2　管道组成件的标准

SH/T 3405—2012　石油化工钢管尺寸系列

SH/T 3406—1996　石油化工钢制管法兰

SH/T 3408—2012　石油化工钢制对焊管件

SH/T 3410—2012　石油化工锻钢制承插焊和螺纹管件

GB/T 19326—2003　钢制承插焊、螺纹和对焊支管座

附表3.1

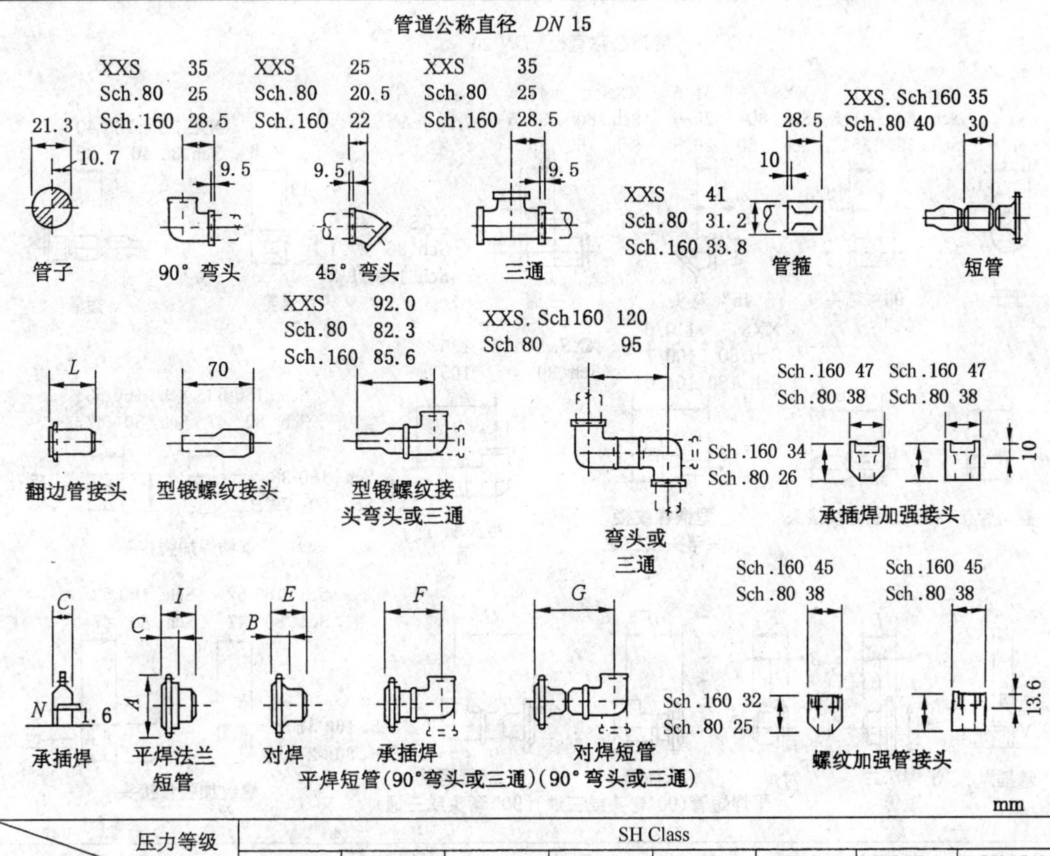

mm

标记 \ 压力等级	SH Class							
	PN 2.0 FF RF	PN 5.0 FF RF	PN 6.8 RF	PN 10.0 RF	PN 5.0 RJ	PN 10.0 RJ	PN 15.0 RJ	PN 25.0 RJ
A	90	95	95	95	95	95	120	120
B	11.5	14.5	20.9	20.9	20	20	28.9	28.9
C	16	22	28.4	28.4	—	—	—	—
D	46	52	59	—	—	—	—	—
E	48	52	58.4	58.4	57.5	57.5	66.4	66.4
F	100	110	110	110	—	—	—	—
G	130	140	140	140	140	140	150	150
L	100	100	—	—	—	—	—	—
N	4	10	10	10	—	—	—	—
螺栓直径	M14	M14	M14	M14	M14	M14	M20	M20
螺栓，螺母数量(套)	4	4	4	4	4	4	4	4
金属环垫号	—	—	—	—	R11	R11	R12	R12
两法兰间距	—	—	—	—	3	3	4	4

阀　门

API 602 (JPICL.800)(参照)		
闸　阀	截 止 阀	止 回 阀
100 / 161 / 89	100 / 165 / 89	45 / 89

附表3.2

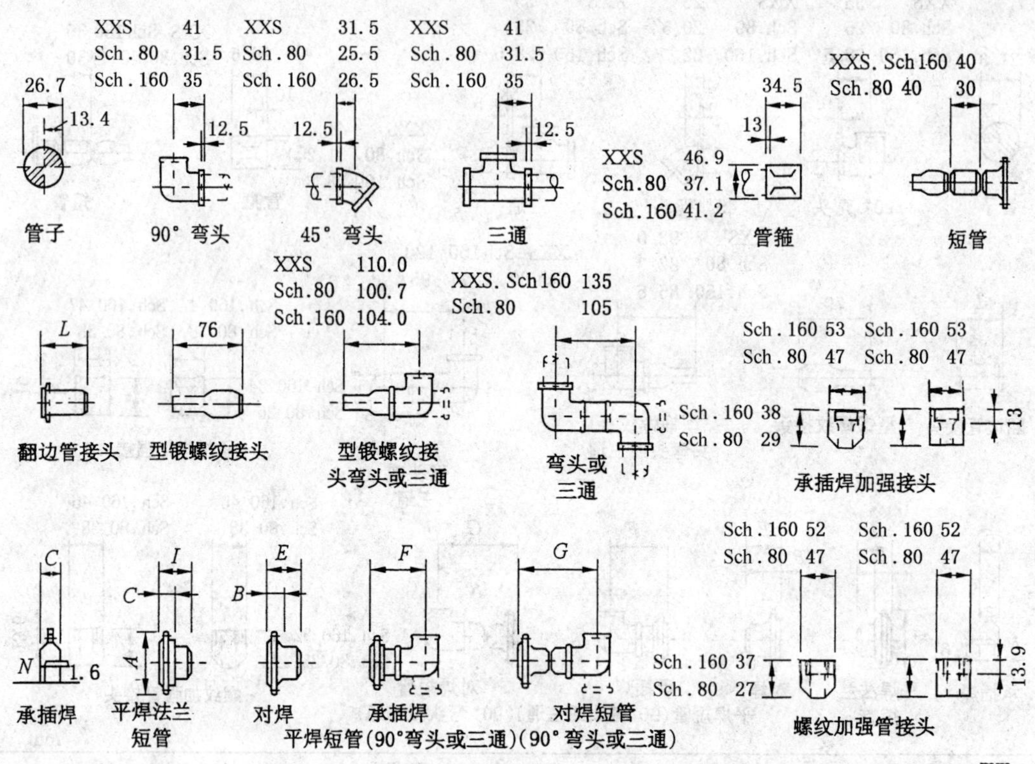

mm

标记 \ 压力等级	SH Class							
	PN 2.0	*PN* 5.0	*PN* 6.8	*PN* 10.0	*PN* 5.0	*PN* 10.0	*PN* 15.0	*PN* 25.0
	FF RF	FF RF	RF	RF	RJ	RJ	RJ	RJ
A	100	120	120	120	120	120	130	130
B	13	16	22.4	22.4	22.4	22.4	31.9	31.9
C	16	25	31.4	31.4	—	—	—	—
D	46	55	61.4	61.4	—	—	—	—
E	52	57	63.4	63.4	63.4	63.4	76.4	76.4
F	110	120	120	120	—	—	—	—
G	140	150	150	160	160	160	170	170
L	100	100	—	—	—	—	—	—
N	3	12	12	12	—	—	—	—
螺栓直径	M14	M16	M16	M16	M16	M16	M20	M20
螺栓，螺母数量(套)	4	4	4	4	4	4	4	4
金属环垫号	—	—	—	—	R13	R13	R14	R14
两法兰间距	—	—	—	—	4	4	4	4

阀　门

API 602 (JPICL.800)(参照)		
闸　阀	截止阀	止回阀
100 161 92	100 165 92	51 92

附表3.3

管道公称直径 *DN* 25

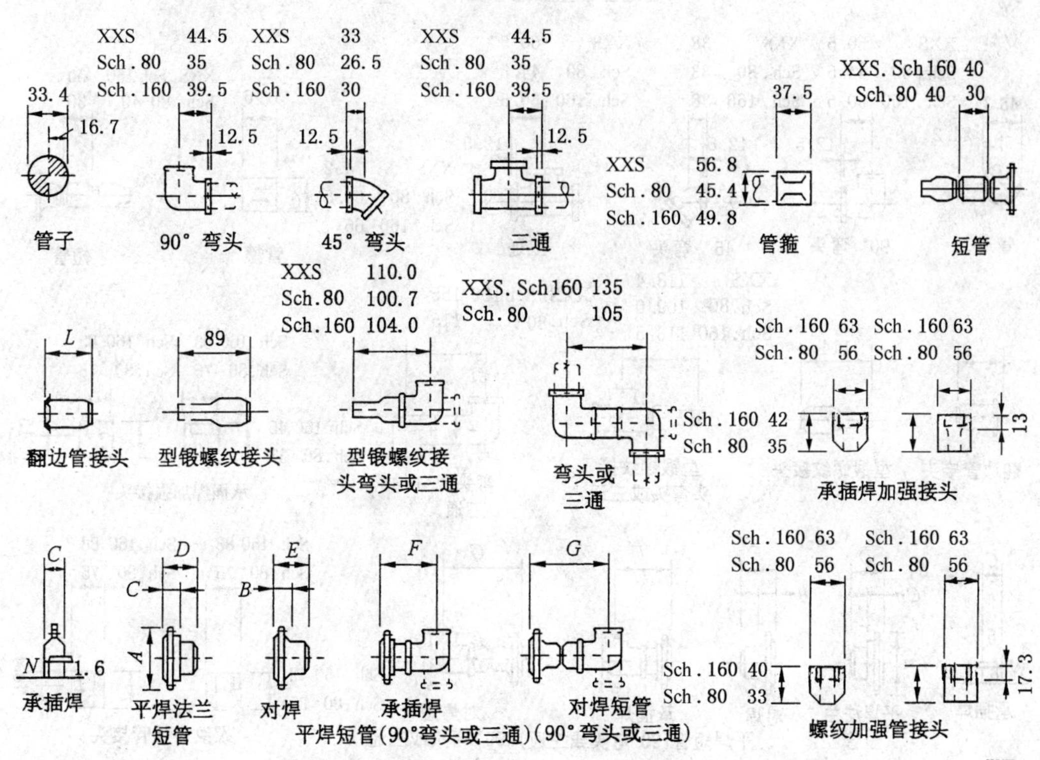

mm

标记 \ 压力等级	SH Class							
	PN 2.0 FF RF	*PN* 5.0 FF RF	*PN* 6.8 RF	*PN* 10.0 RF	*PN* 5.0 RJ	*PN* 10.0 RJ	*PN* 15.0 RJ	*PN* 25.0 RJ
A	110	125	125	125	125	125	150	150
B	14.5	17.5	23.9	23.9	22.4	23.9	35.4	35.4
C	17	27	33.4	33.4	—	—	—	—
D	48	57	63	63	—	—	—	—
E	56	62	68.4	68.4	68.4	68.4	79.4	79.4
F	110	120	130	130	—	—	—	—
G	150	160	160	160	160	160	180	180
L	100	100	—	—	—	—	—	—
N	2	12	12	12	—	—	—	—
螺栓直径	M14	M16	M16	M16	M16	M16	M24	M24
螺栓，螺母数量(套)	4	4	4	4	4	4	4	4
金属环垫号	—	—	—	—	R16	R16	R16	R16
两法兰间距	—	—	—	—	4	4	4	4

阀　门

API 602 (JPICL.800)(参照)		
闸　阀	截止阀	止回阀
125 210 114	125 210 111	67 111

附表3.4

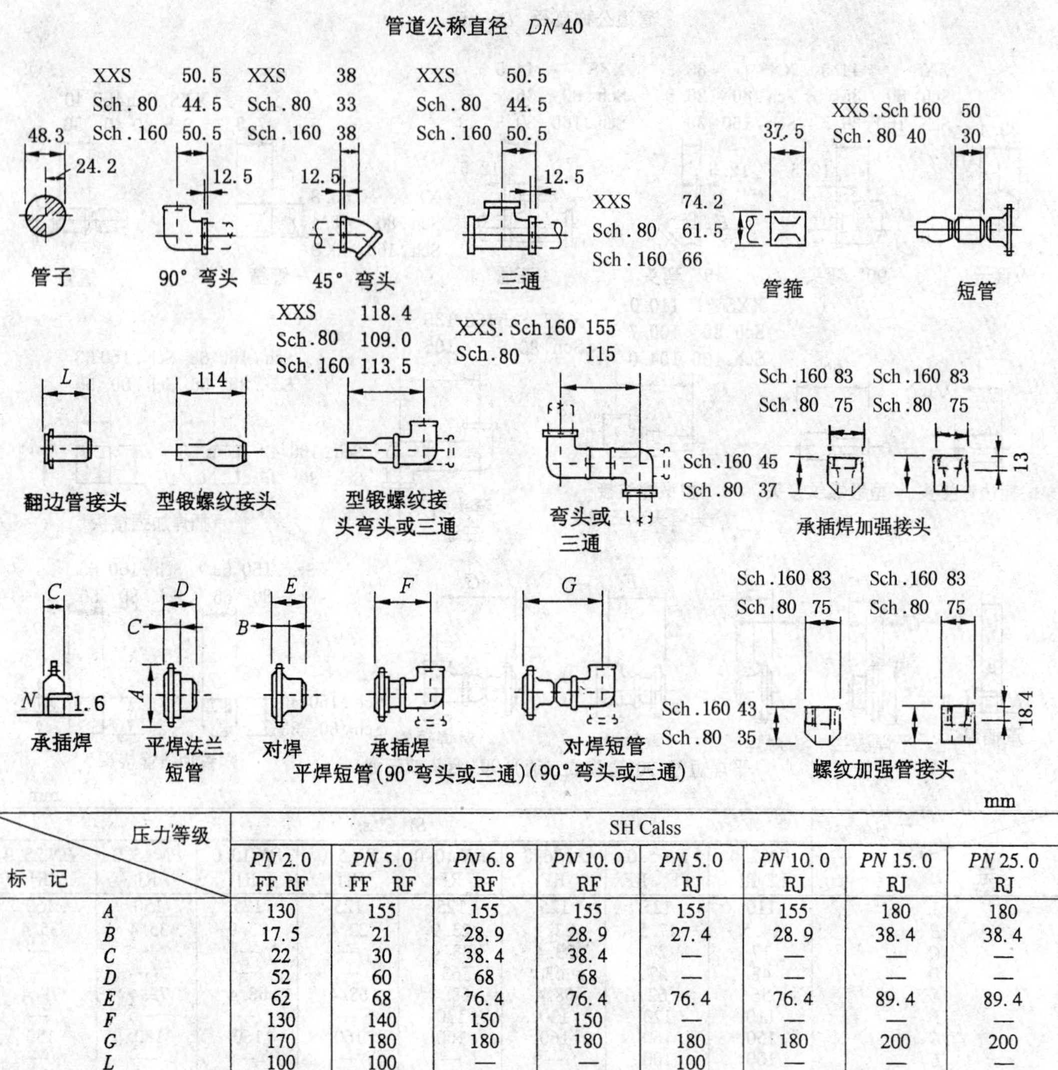

mm

压力等级 / 标记	SH Calss							
	PN 2.0 FF RF	*PN* 5.0 FF RF	*PN* 6.8 RF	*PN* 10.0 RF	*PN* 5.0 RJ	*PN* 10.0 RJ	*PN* 15.0 RJ	*PN* 25.0 RJ
A	130	155	155	155	155	155	180	180
B	17.5	21	28.9	28.9	27.4	28.9	38.4	38.4
C	22	30	38.4	38.4	—	—	—	—
D	52	60	68	68	—	—	—	—
E	62	68	76.4	76.4	76.4	76.4	89.4	89.4
F	130	140	150	150	—	—	—	—
G	170	180	180	180	180	180	200	200
L	100	100	—	—	100	—	—	—
N	4	12	12	12	—	—	—	—
螺栓直径	M14	M20	M20	M20	M20	M20	M27	M27
螺栓，螺母数量(套)	4	4	4	4	4	4	4	4
金属环垫号	—	—	—	—	R20	R20	R20	R20
两法兰间距	—	—	—	—	4	4	4	4

阀　门

API 602 (JPICL.800)(参照)		
闸阀	截止阀	止回阀
160 250 127	160 246 165	110 165

附表3.5

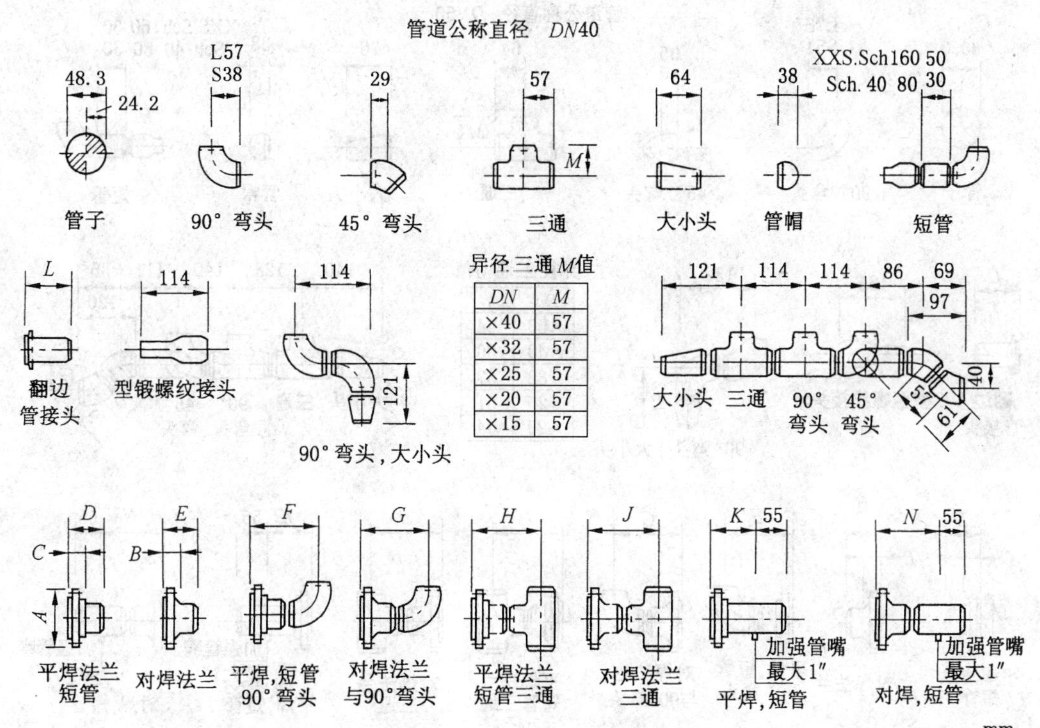

DN	M
×40	57
×32	57
×25	57
×20	57
×15	57

mm

标记 \ 压力等级	SH Class							
	PN 2.0	*PN* 5.0	*PN* 6.8	*PN* 10.0	*PN* 5.0	*PN* 10.0	*PN* 15.0	*PN* 25.0
	FF RF	RF	RF	RF	RJ	RJ	RJ	RJ
A	130	155	155	155	155	155	180	180
B	175	21	28.9	28.9	27.4	28.9	38.4	38.4
C	22	30	38.4	38.4	—	—	—	—
D	52	60	69	69	—	—	—	—
E	62.0	68	77	77	74.4	77	89.4	89.4
F	109	117	126	126	—	—	—	—
G	119	126	134	134	132	134	146	146
H	129	137	146	146	—	—	—	—
J	119	126	134	134	132	134	146	146
K	80	85	95	95	—	—	—	—
N	120	125	135	135	130	130	145	145
L	100	100	—	—	—	—	—	—
螺栓直径	M14	M20	M20	M20	M20	M20	M27	M27
螺栓，螺母数量(套)	4	4	4	4	4	4	4	4
金属环垫号	—	—	—	—	R20	R20	R20	R20
两法兰间距	—	—	—	—	4	4	4	4
闸　阀	165	191	—	241	203	241	305	305
截止阀	165	229	—	241	241	241	305	305
止回阀	165	241	—	241	254	241	305	305

附表3.6

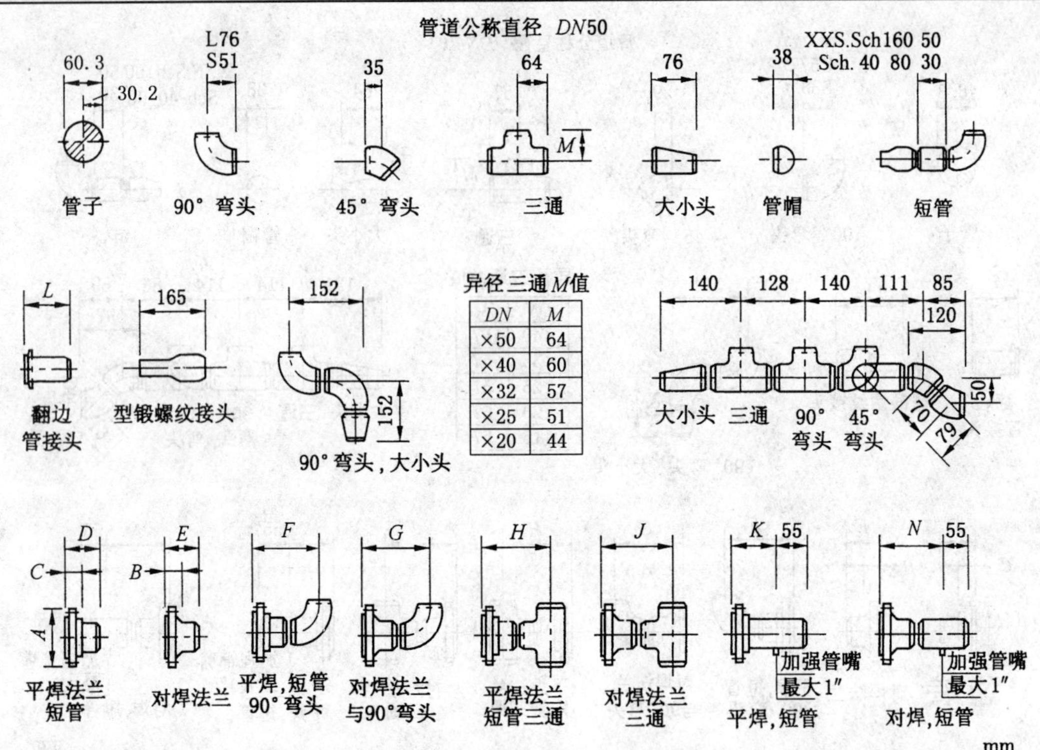

mm

标记 \ 压力等级	SH Class							
	PN 2.0 FF RF	*PN* 5.0 RF	*PN* 6.8 RF	*PN* 10.0 RF	*PN* 5.0 RJ	*PN* 10.0 RJ	*PN* 15.0 RJ	*PN* 25.0 RJ
A	150	165	165	165	165	165	215	215
B	19.5	22.5	31.9	31.9	30.4	33.4	46.4	46.4
C	25.0	33.0	43.4	43.4	—	—	—	—
D	55	63	74	74	—	—	—	—
E	64.0	70.0	80	80	78	81.0	110	110
F	131	139	150	150	—	—	—	—
G	140	146	156	156	154	157	186	186
H	139	147	158	158	—	—	—	—
J	128	134	144	144	142	145	174	174
K	80	90	100	100	—	—	—	—
N	120	140	170	170	135	135	165	165
L	150	150	—	—	—	—	—	—
螺栓直径	M16	M16	M16	M16	M16	M16	M24	M24
螺栓，螺母数量(套)	4	8	8	8	8	8	8	8
金属环垫号	—	—	—	—	R23	R23	R24	R24
两法兰间距	—	—	—	—	6	5	3	3
闸阀	178	216	—	292	232	295	371	371
截止阀	203	267	—	292	283	295	371	371
止回阀	203	267	—	292	283	295	371	371

附表3.7

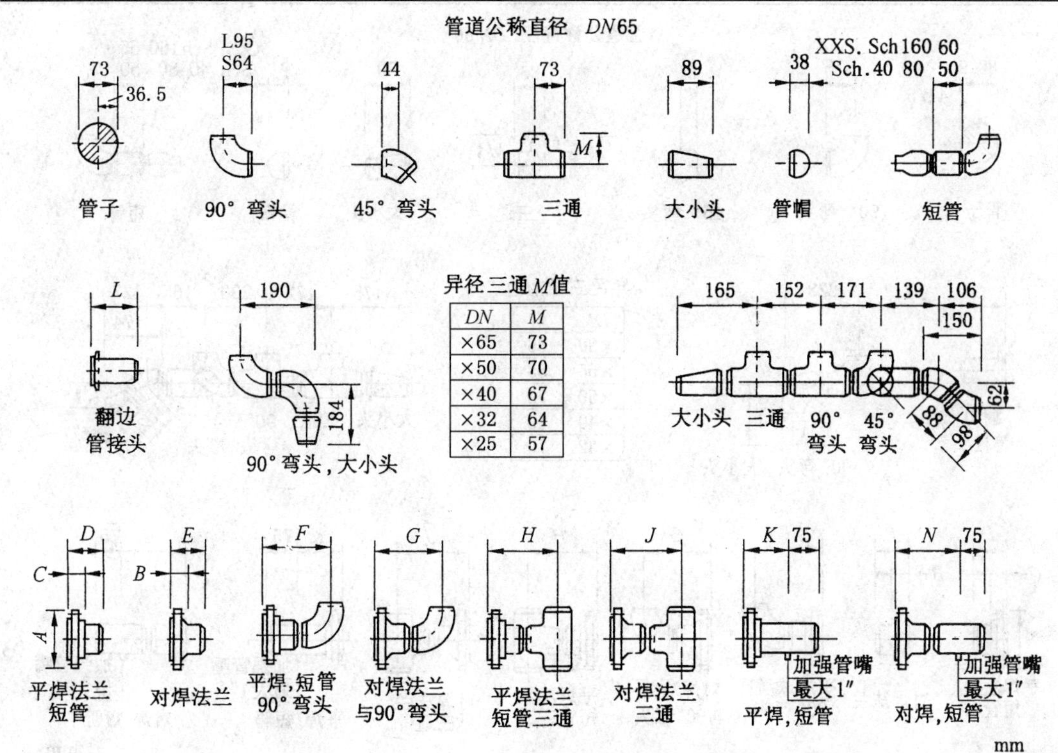

mm

压力等级 / 标记	SH Class							
	PN 2.0 FF RF	*PN* 5.0 RF	*PN* 6.8 RF	*PN* 10.0 RF	*PN* 5.0 RJ	*PN* 10.0 RJ	*PN* 15.0 RJ	*PN* 25.0 RJ
A	180	190	190	190	190	190	245	245
B	22.5	25.5	35.4	35.4	33.4	36.9	49.5	49.5
C	29	38	47.4	47.4	—	—	—	—
D	79	88	98	98	—	—	—	—
E	70	76	86	86	84	87	113	113
F	174	183	193	193	—	—	—	—
G	165	171	181	181	179	182	208	208
H	175	184	194	194	—	—	—	—
J	146	152	162	162	160	163	189	189
K	105	115	125	125	—	—	—	—
N	145	155	160	160	160	165	190	190
L	150	150	—	—	—	—	—	—
螺栓直径	M16	M20	M20	M20	M20	M20	M27	M27
螺栓，螺母数量(套)	4	8	8	8	8	8	8	8
金属环垫号	—	—	—	—	R26	R26	R27	R27
两法兰间距	—	—	—	—	6	5	3	3
闸 阀	191	292	—	330	257	333	422	422
截止阀	216	292	—	330	308	333	422	422
止回阀	216	292	—	330	308	333	422	422

附表3.8

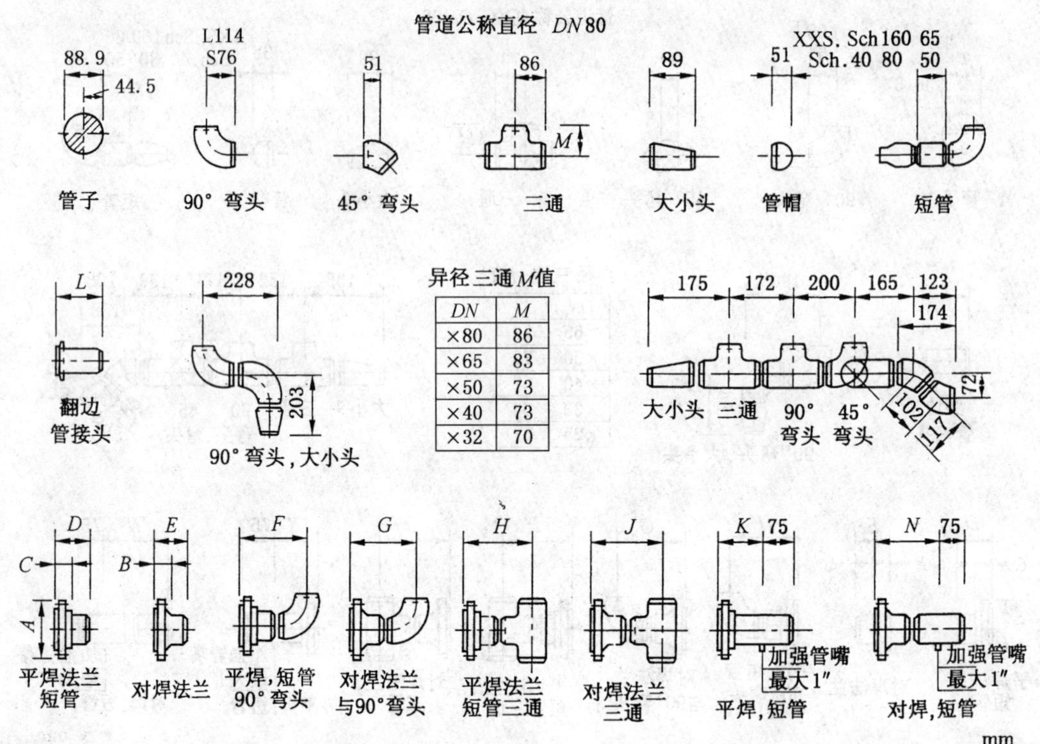

mm

压力等级 / 标　记	SH Class							
	PN 2.0 FF RF	*PN* 5.0 RF	*PN* 6.8 RF	*PN* 10.0 RF	*PN* 5.0 RJ	*PN* 10.0 RJ	*PN* 15.0 RJ	*PN* 25.0 RJ
A	190	210	210	210	210	210	240	265
B	24	29	38.4	38.4	37	40	46.4	56
C	30	43	52.4	52.4	—	—	—	—
D	80	93	103	103	—	—	—	—
E	70	79	90	90	87	91	110	126
F	194	207	217	217	—	—	—	—
G	184	193	204	204	201	205	224	240
H	166	179	189	189	—	—	—	—
J	156	165	176	176	173	177	196	212
K	105	120	130	130	—	—	—	—
N	145	155	165	165	165	165	185	200
L	150	150	—	—	—	—	—	—
螺栓直径	M16	M20	M20	M20	M20	M20	M24	M30
螺栓；螺母数量(套)	4	8	8	8	8	8	8	8
金属环垫号	—	—	—	—	R31	R31	R31	R35
两法兰间距	—	—	—	—	6.0	5	4	3
闸　阀	203	283	—	356	298	359	384	473
截止阀	241	318	—	356	333	359	384	473
止回阀	241	318	—	356	333	359	384	473

附表3.9

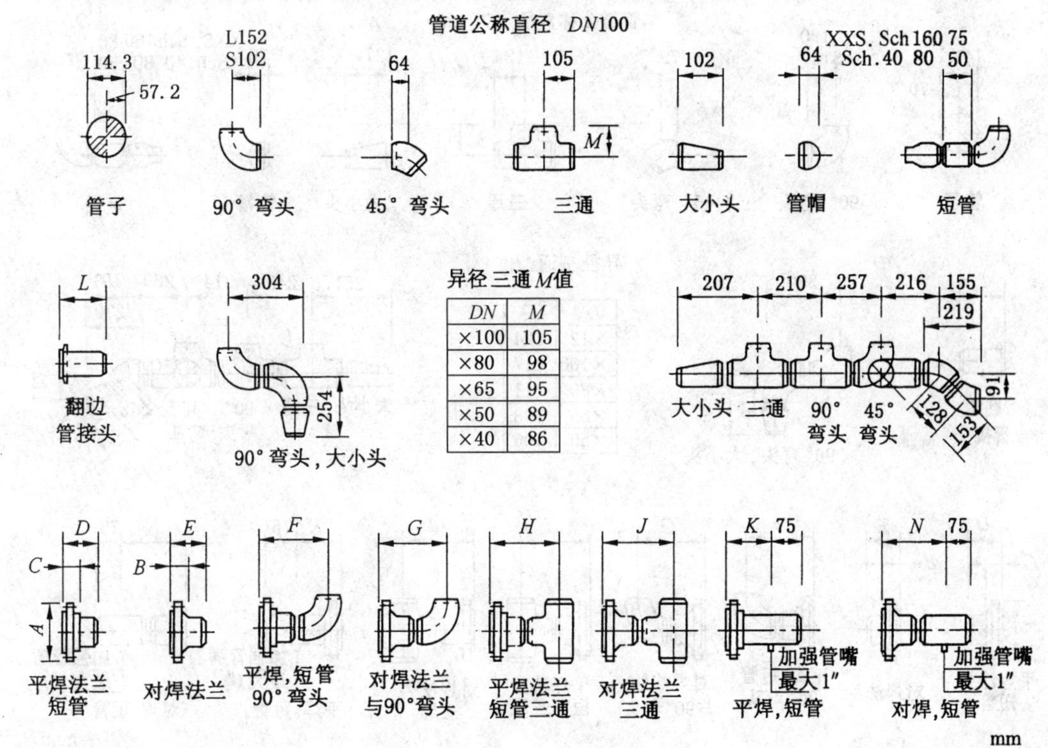

mm

标记 \ 压力等级	SH Class							
	PN 2.0 FF RF	*PN* 5.0 RF	*PN* 6.8 RF	*PN* 10.0 RF	*PN* 5.0 RJ	*PN* 10.0 RJ	*PN* 15.0 RJ	*PN* 25.0 RJ
A	230	255	255	275	255	275	295	310
B	24	32	41.4	44.9	40	46.5	52.5	62
C	33	48	57.4	60.4	—	—	—	—
D	83	98	108	111	—	—	—	—
E	76	86	96	109	94	110	122	132
F	235	250	260	263	—	—	—	—
G	228	238	248	261	246	262	274	284
H	183	203	213	216	—	—	—	—
J	181	191	248	214	199	215	227	237
K	110	125	135	135	—	—	—	—
N	155	160	175	185	170	185	200	210
L	150	150	—	—	—	—	—	—
螺栓直径	M16	M20	M24	M24	M20	M24	M30	M33
螺栓，螺母数量(套)	8	8	8	8	8	8	8	8
金属环垫号	—	—	—	—	R37	R37	R37	R39
两法兰间距	—	—	—	—	6.0	5	4	3
闸　阀	229	305	—	432	321	435	460	549
截止阀	292	356	—	432	321	435	460	549
止回阀	292	356	—	432	321	435	460	549

附表3.10

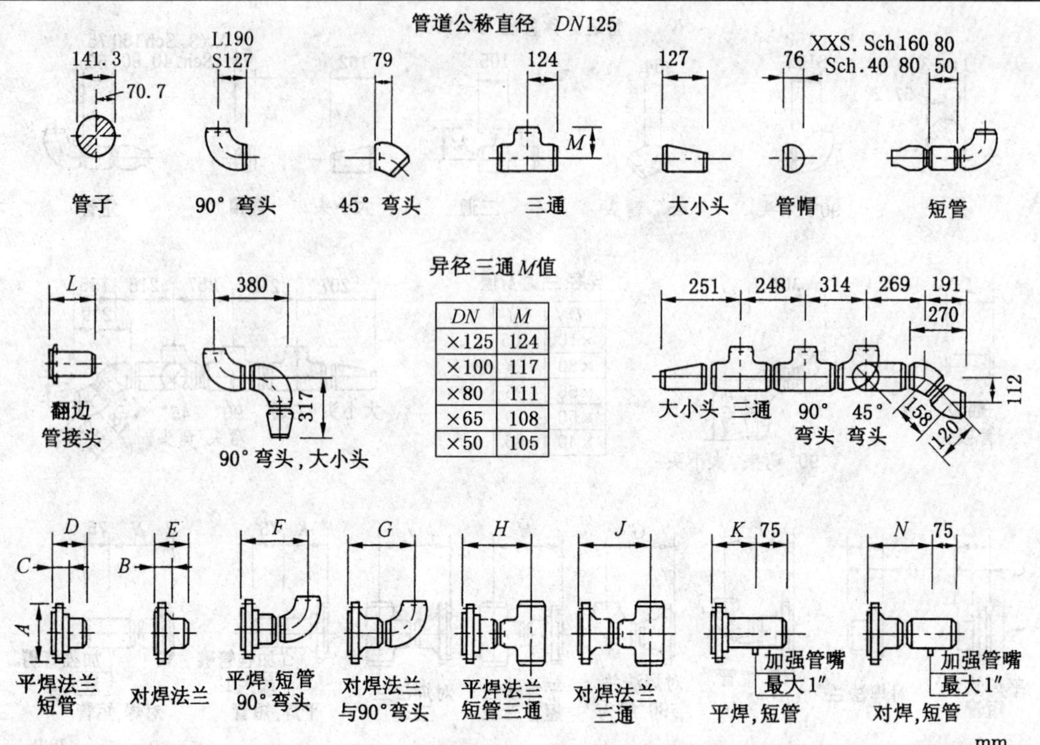

mm

压力等级 / 标记	SH Class							
	PN 2.0 FF RF	*PN* 5.0 RF	*PN* 6.8 RF	*PN* 10.0 RF	*PN* 5.0 RJ	*PN* 10.0 RJ	*PN* 15.0 RJ	*PN* 25.0 RJ
A	255	280	280	330	280	330	350	375
B	24	35	44.9	50.9	43	52.5	59	81.5
C	36	51	60.4	66.4	—	—	—	—
D	86	101	111	117	—	—	—	—
E	89	98	109	121	106	122	135	163
F	276	291	315	307	—	—	—	—
G	279	288	299	311	296	312	325	353
H	210	225	235	241	—	—	—	—
J	213	222	233	245	230	246	259	287
K	110	125	135	145	—	—	—	—
N	165	175	185	195	185	200	210	240
L	200	200	—	—	—	—	—	—
螺栓直径	M20	M20	M24	M27	M20	M27	M33	M39
螺栓，螺母数量(套)	8	8	8	8	8	8	8	8
金属环垫号	—	—	—	—	R41	R41	R41	R44
两法兰间距	—	—	—	—	6.0	5	4	3
闸阀	254	381	—	508	397	511	562	676
截止阀	356	400	—	508	416	511	562	676
止回阀	330	400	—	508	416	511	562	676

附表3.11

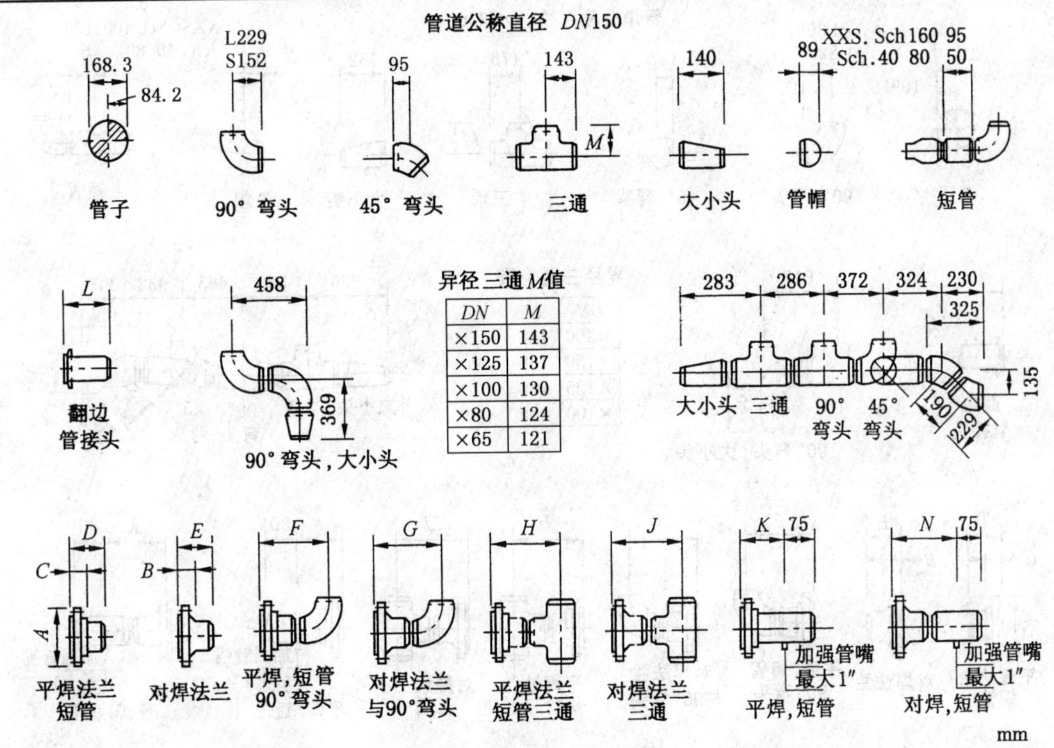

异径三通M值

DN	M
×150	143
×125	137
×100	130
×80	124
×65	121

mm

压力等级 \ 标记	SH Class							
	PN 2.0 FF RF	PN 5.0 RF	PN 6.8 RF	PN 10.0 RF	PN 5.0 RJ	PN 10.0 RJ	PN 15.0 RJ	PN 25.0 RJ
A	280	320	320	355	320	355	380	395
B	25.5	37	47.9	54.4	45	56	64	92.5
C	40	52	63.4	73.4	—	—	—	—
D	90	102	114	124	—	—	—	—
E	89	98	110	124	106	125	148	180.5
F	319	331	343	353	—	—	—	—
G	318	327	339	353	335	354	377	409.5
H	233	245	257	267	—	—	—	—
J	232	241	253	267	249	268	291	323.5
K	115	130	140	150	—	—	—	—
N	165	175	185	200	185	200	225	255
L	200	200	—	—	—	—	—	—
螺栓直径	M20	M20	M24	M27	M20	M27	M30	M36
螺栓，螺母数量(套)	8	12	12	12	12	12	12	12
金属环垫号	—	—	—	—	R45	R45	R45	R46
两法兰间距	—	—	—	—	6	5	4	3
闸阀	267	403	—	559	419	562	613	711
截止阀	406	444	—	559	460	562	613	711
止回阀	356	444	—	559	460	562	613	711

附表3.12

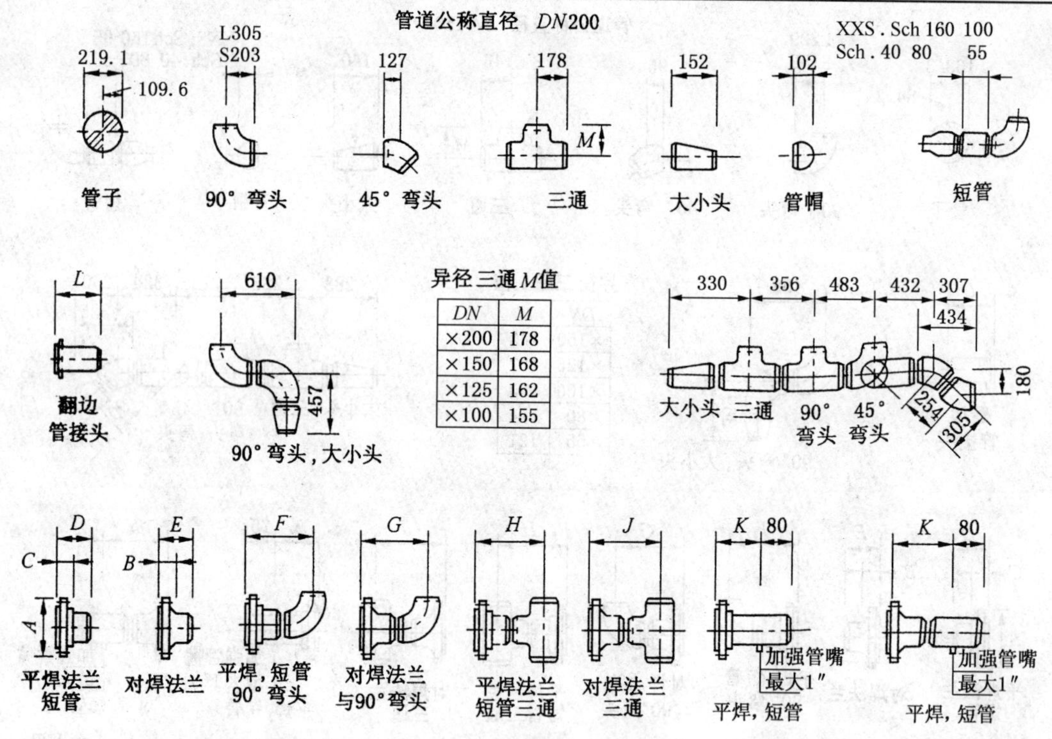

mm

标记 \ 压力等级	SH Class							
	PN 2.0 FF RF	*PN* 5.0 RF	*PN* 6.8 RF	*PN* 10.0 RF	*PN* 5.0 RJ	*PN* 10.0 RJ	*PN* 15.0 RJ	*PN* 25.0 RJ
A	345	380	380	420	380	420	470	485
B	29	41.5	54.4	61.9	49.5	63.5	71.5	103.2
C	44	62.0	74.7	82.4	—	—	—	—
D	99	117	130	138	—	—	—	—
E	102	111	125	140	119	141	170	224
F	404	422	435	443	—	—	—	—
G	407	416	430	445	424	446	475	529
H	277	295	308	316	—	—	—	—
J	280	289	303	318	297	319	348	402
K	125	145	155	165	—	—	—	—
N	185	195	205	220	200	225	250	305
L	200	200	—	—	—	—	—	—
螺栓直径	M20	M24	M27	M30	M24	M30	M36	M42
螺栓，螺母数量(套)	8	12	12	12	12	12	12	12
金属环垫号	—	—	—	—	R49	R49	R49	R50
两法兰间距	—	—	—	—	6	5	4	4
闸　阀	292	419	—	660	435	664	740	841
截止阀	495	559	—	660	575	664	740	841
止回阀	495	533	—	660	549	664	740	841

附表3.13

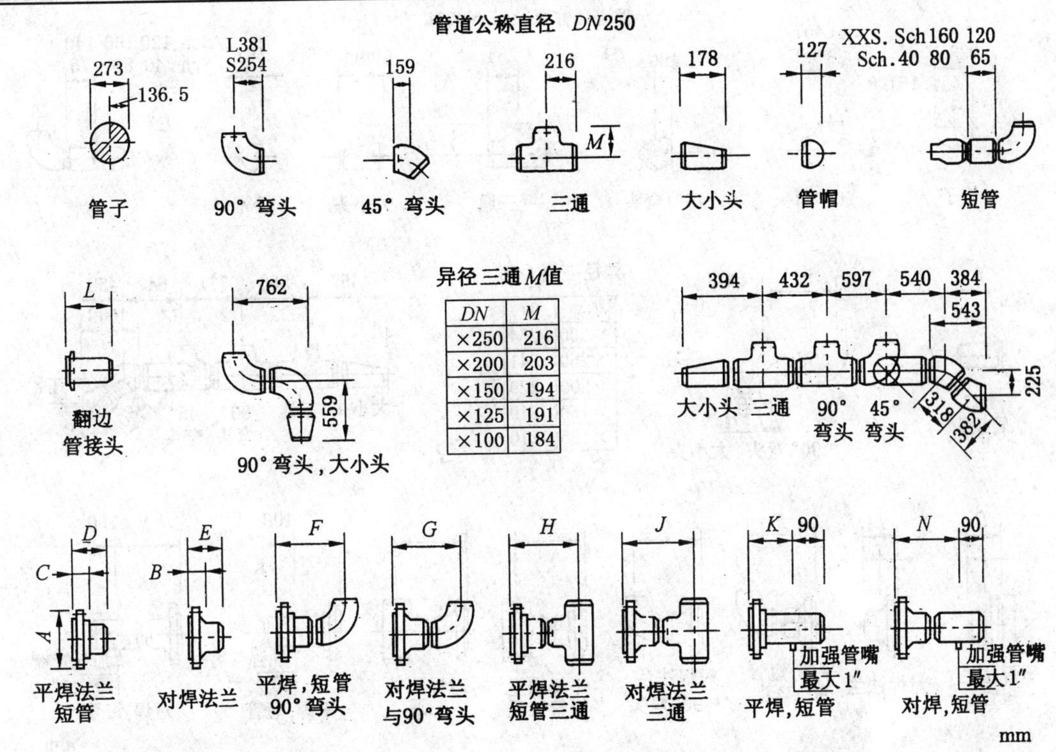

mm

压力等级 / 标记	SH Class							
	PN 2.0 FF RF	*PN* 5.0 RF	*PN* 6.8 RF	*PN* 10.0 RF	*PN* 5.0 RJ	*PN* 10.0 RJ	*PN* 15.0 RJ	*PN* 25.0 RJ
A	405	445	445	510	445	510	545	585
B	30.5	48	60.4	69.9	56	71.5	78	119.1
C	49	67	79.4	92.4	—	—	—	—
D	114	132	145	158	—	—	—	—
E	102	117	131	159	125	160	192	265
F	495	513	526	539	—	—	—	—
G	483	498	512	540	506	541	573	646
H	330	348	361	374	—	—	—	—
J	318	333	347	375	341	376	408	481
K	140	160	170	185	—	—	—	—
N	195	210	220	250	215	250	285	355
L	250	250	—	—	—	—	—	—
螺栓直径	M24	M27	M30	M33	M27	M33	M36	M48
螺栓，螺母数量(套)	12	16	16	16	16	16	16	12
金属环垫号	—	—	—	—	R53	R53	R53	R54
两法兰间距	—	—	—	—	6	5	4	4
闸　阀	330	457	—	787	473	791	841	1000
截止阀	622	622	—	787	638	791	841	1000
止回阀	622	622	—	787	638	791	841	1000

附表3.14

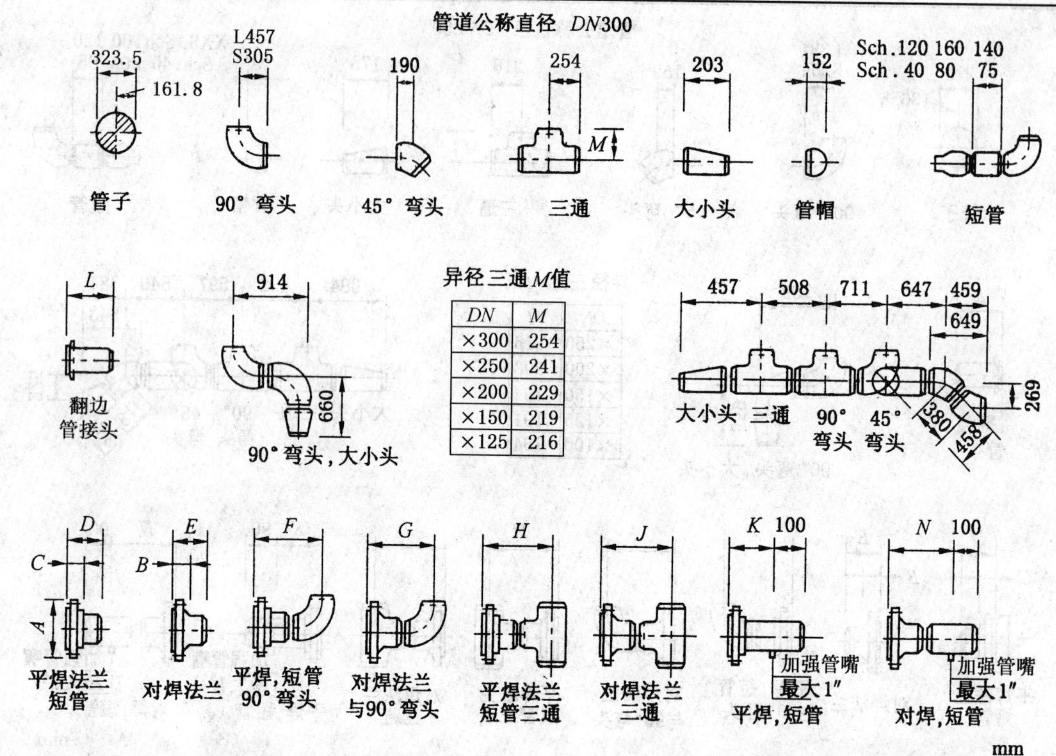

mm

标记 \ 压力等级	SH Class							
	PN 2.0 FF RF	*PN* 5.0 RF	*PN* 6.8 RF	*PN* 10.0 RF	*PN* 5.0 RJ	*PN* 10.0 RJ	*PN* 15.0 RJ	*PN* 25.0 RJ
A	485	520	520	560	520	560	610	675
B	32	51	63.9	72.9	59	74.5	87	138.3
C	56	73	85.4	98.4	—	—	—	—
D	131	148	161	174	—	—	—	—
E	114	130.0	143	163	138	164	208	297
F	583	605	618	631	—	—	—	—
G	571	587	600	620	595	621	665	754
H	385	402	415	428	—	—	—	—
J	368	384	397	417	392	418	462	551
K	155	175	185	200	—	—	—	—
N	215	230	245	265	240	265	310	400
L	250	250	—	—	—	—	—	—
螺栓直径	M24	M30	M33	M33	M30	M33	M36	M52
螺栓，螺母数量(套)	12	16	16	20	16	20	20	16
金属环垫号	—	—	—	—	R57	R57	R57	R58
两法兰间距	—	—	—	—	6	5	4	5
闸阀	356	502	—	838	518	841	968	1146
截止阀	698	711	—	838	727	841	968	1146
止回阀	698	711	—	838	727	841	968	1146

附表3.15

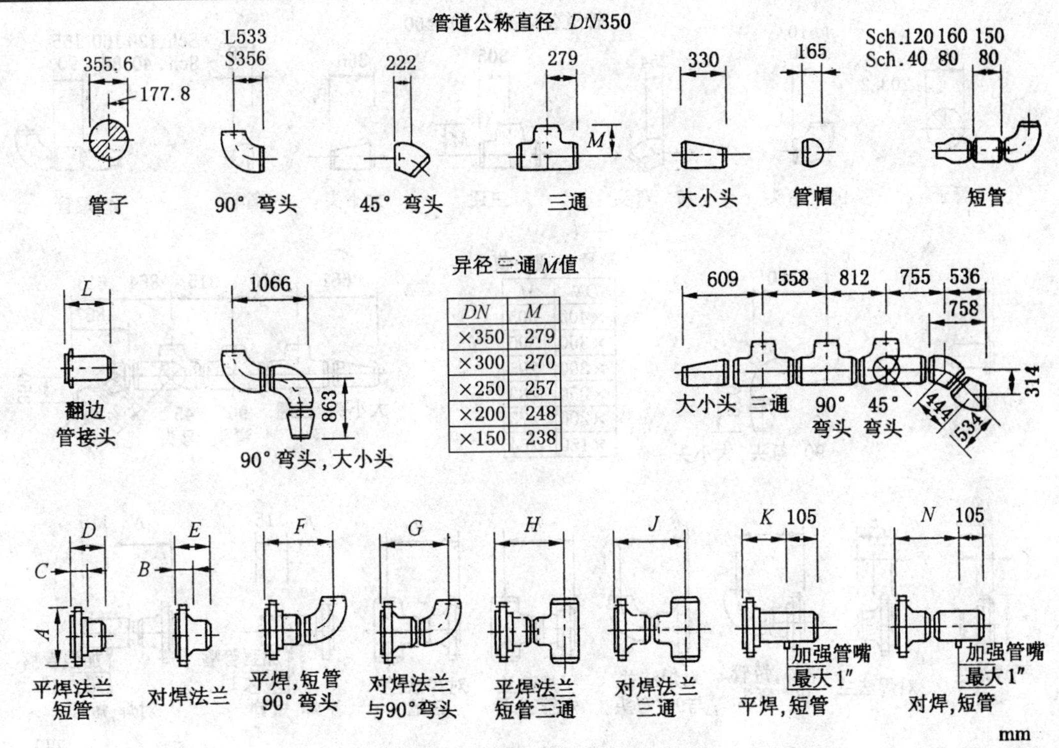

DN	M
×350	279
×300	270
×250	257
×200	248
×150	238

mm

压力等级 标 记	SH Class							
	PN 2.0 FF RF	*PN* 5.0 RF	*PN* 6.8 RF	*PN* 10.0 RF	*PN* 5.0 RJ	*PN* 10.0 RJ	*PN* 15.0 RJ	*PN* 25.0 RJ
A	535	585	585	605	585	605	640	750
B	35	54	66.9	76.4	62	78	97.1	149.4
C	57	76	90.4	100.4	—	—	—	—
D	137	156	171	181	—	—	—	—
E	127	143	156	172	151	173	224	314
F	670	689	704	714	—	—	—	—
G	660	676	689	705	684	706	757	847
H	416	435	450	460	—	—	—	—
J	406	422	435	451	430	452	503	593
K	165	180	195	205	—	—	—	—
N	235	250	260	280	255	280	330	420
L	—	—	—	—	—	—	—	—
螺栓直径	M27	M30	M33	M36	M30	M36	M39	M56
螺栓，螺母数量(套)	12	20	20	20	20	20	20	16
金属环垫号	—	—	—	—	R61	R61	R62	R63
两法兰间距	—	—	—	—	6.0	5	4	6
闸 阀	381	762	—	889	778	892	1038	1276
截止阀	787	—	—	—	—	—	1038	1276
止回阀	787	838	—	889	854	892	1038	1276

附表3.16

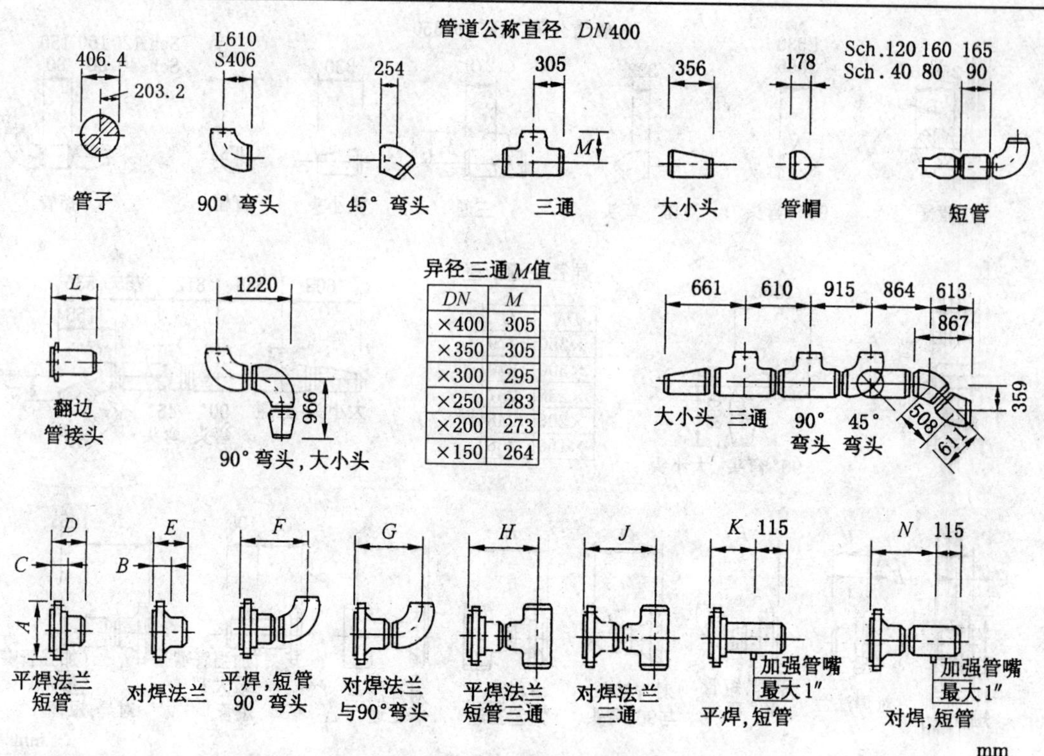

mm

标记 \ 压力等级	SH Class							
	PN 2.0 FF RF	*PN* 5.0 RF	*PN* 6.8 RF	*PN* 10.0 RF	*PN* 5.0 RJ	*PN* 10.0 RJ	*PN* 15.0 RJ	*PN* 25.0 RJ
A	600	650	650	685	650	685	705	825
B	37	57	69.9	80.9	65	84.5	100.2	164
C	64	83	100.4	112.4	—	—	—	—
D	154	173	191	203	—	—	—	—
E	127	146	159	185	154	186	227	329
F	764	783	801	813	—	—	—	—
G	737	756	769	795	764	796	837	939
H	459	478	496	508	—	—	—	—
J	432	451	464	490	459	491	532	634
K	180	200	215	230	—	—	—	—
N	245	260	275	300	270	300	345	445
L	—	—	—	—	—	—	—	—
螺栓直径	M27	M33	M36	M39	M33	M39	M42	M64
螺栓，螺母数量(套)	16	20	20	20	20	20	20	16
金属环垫号	—	—	—	—	R65	R65	R66	R67
两法兰间距	—	—	—	—	6	5	4	8
闸　阀	406	838	—	991	854	994	1140	1407
截止阀	914	—	—	—	—	—	—	—
止回阀	864	864	—	991	879	994	1140	1407

附表3.17

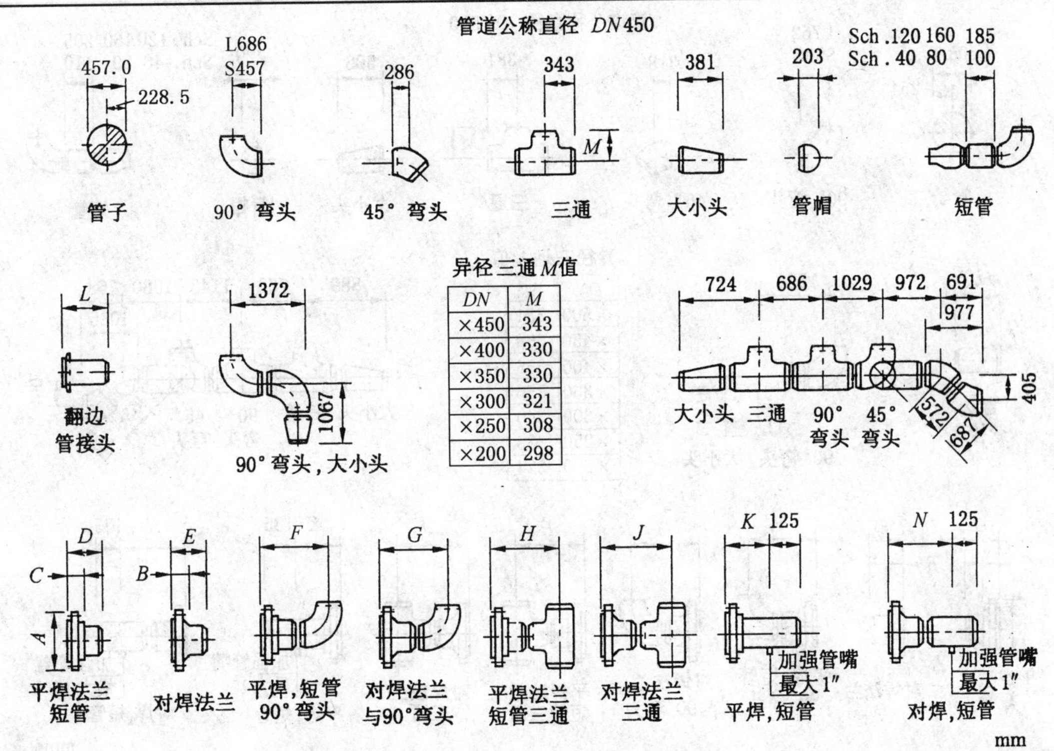

DN	M
×450	343
×400	330
×350	330
×300	321
×250	308
×200	298

mm

压力等级 / 标记	SH Class							
	PN 2.0 FF RF	*PN* 5.0 RF	*PN* 6.8 RF	*PN* 10.0 RF	*PN* 5.0 RJ	*PN* 10.0 RJ	*PN* 15.0 RJ	*PN* 25.0 RJ
A	635	710	710	745	710	745	785	915
B	40	60.5	73.4	89.4	68.5	91	114.7	179.5
C	68	89	104.4	123.4	—	—	—	—
D	163	189	205	224	—	—	—	—
E	140	159	172	191	167	192	242	345
F	854	875	891	910	—	—	—	—
G	826	845	858	877	853	878	928	1031
H	511	532	548	567	—	—	—	—
J	483	502	515	534	510	535	585	688
K	195	215	230	250	—	—	—	—
N	265	285	300	315	295	320	370	470
L	—	—	—	—	—	—	—	—
螺栓直径	M30	M33	M36	M42	M33	M42	M48	M72
螺栓，螺母数量(套)	16	24	24	20	24	20	20	16
金属环垫号	—	—	—	—	R69	R69	R70	R71
两法兰间距	—	—	—	—	6	5	5	8
闸阀	432	914	—	1092	930	1095	1232	1559
截止阀	—	—	—	—	—	—	—	—
止回阀	978	978	—	1092	994	1095	1232	1559

附表3.18

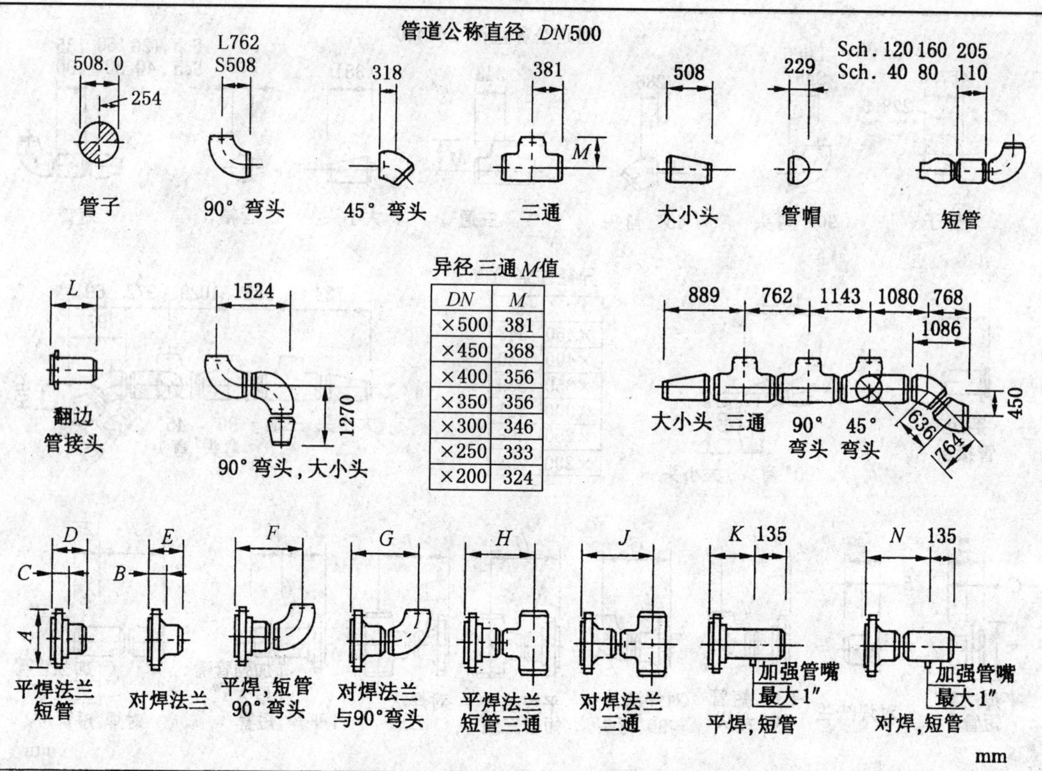

mm

压力等级 / 标记	SH Class							
	PN 2.0 FF RF	*PN* 5.0 RF	*PN* 6.8 RF	*PN* 10.0 RF	*PN* 5.0 RJ	*PN* 10.0 RJ	*PN* 15.0 RJ	*PN* 25.0 RJ
A	700	775	775	815	775	815	855	985
B	43	63.5	76.4	95.4	79.6	98.6	120.7	195, 5
C	73	95	108.4	133.4	—	—	—	—
D	183	205	219	244	—	—	—	—
E	145	162	175	197	172	200	261	374
F	945	967	981	1016	—	—	—	—
G	907	924	937	959	935	962	1023	1136
H	564	586	600	625	—	—	—	—
J	526	543	556	578	553	581	642	755
K	210	230	245	270	—	—	—	—
N	280	300	310	335	310	335	395	510
L	—	—	—	—	—	—	—	—
螺栓直径	M30	M33	M39	M42	M33	M42	M52	M76
螺栓，螺母数量(套)	20	24	24	24	24	24	20	16
金属环垫号	—	—	—	—	R73	R73	R74	R75
两法兰间距	—	—	—	—	6	5	5	10
闸阀	457	991	—	1194	1010	1200	1334	1686
截止阀	—	—	—	—	—	—	—	—
止回阀	973	1016	—	1194	1035	1200	1334	1686

附表3.19

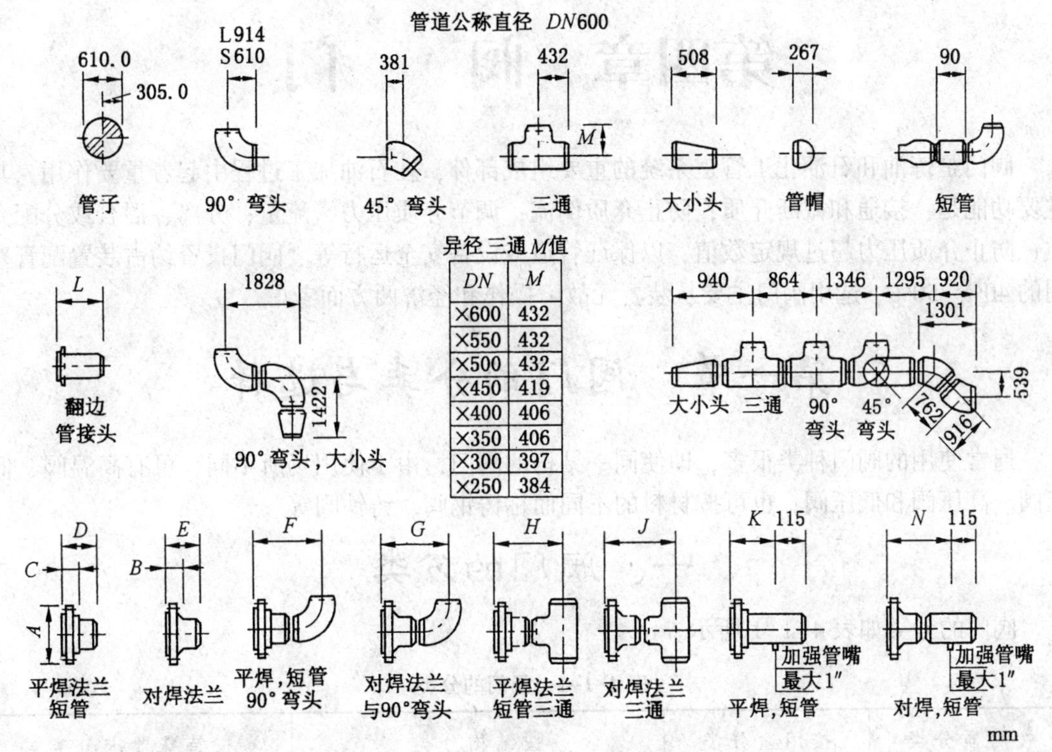

压力等级 标记	SH Class							
	PN 2.0 FF RF	*PN* 5.0 RF	*PN* 6.8 RF	*PN* 10.0 RF	*PN* 5.0 RJ	*PN* 10.0 RJ	*PN* 15.0 RJ	*PN* 25.0 RJ
A	815	915	915	940	915	940	1040	1170
B	48	70	82.9	108.4	81.2	113.2	156	223.7
C	83	106	120.4	146.4	—	—	—	—
D	173	196	231	237	—	—	—	—
E	152	168	182	210	172	215	308	427
F	1087	1110	1145	1151	—	—	—	—
G	1066	1082	1096	1124	1332	1129	1222	1341
H	605	628	663	669	—	—	—	—
J	584	600	614	642	596	647	741	859
K	200	220	235	265	—	—	—	—
N	270	285	300	325	295	330	425	545
L	—	—	—	—	—	—	—	—
螺栓直径	M33	M39	M45	M48	M39	M48	M64	M90
螺栓，螺母数量(套)	20	24	24	24	24	24	20	16
金属环垫号	—	—	—	—	R77	R77	R78	R79
两法兰间距	—	—	—	—	6.0	6	6	11
闸阀	508	1143	—	1397	1165	1407	1568	1972
截止阀	—	—	—	—	—	—	—	—
止回阀	1235	1346	—	1397	1368	1407	1568	1972

第四章　阀　　门

阀门是炼油和石油化工管道系统的重要组成部件，在石油加工过程中起着重要作用。其主要功能是：接通和截断介质；防止介质倒流；调节介质压力、流量；分离、混合或分配介质；防止介质压力超过规定数值，以保证管道或设备安全运行等。阀门投资约占装置配管费用的40%~50%。选用阀门主要从装置无故障操作和经济两方面考虑。

第一节　阀门的分类与选择

通常使用的阀门种类很多，即使同一结构的阀门，由于使用场所不同，可有高温阀、低温阀、高压阀和低压阀；也可按材料的不同而称铸钢阀、铸铁阀等。

一、阀门的分类

阀门的分类如表4-1-1所示。

表4-1-1　阀门的分类

按材质分类	按用途分类	按结构分类	按特殊要求分类
1. 青铜阀 2. 铸铁阀 3. 铸钢阀 4. 锻钢阀 5. 不锈钢阀 6. 特殊钢阀 7. 非金属阀 8. 其他	1. 一般配管用 2. 水通用 3. 石油炼制、化工专用 4. 一般化学用 5. 发电厂用、蒸汽用 6. 船舶用 7. 采暖用 8. 其他	1. 闸阀：楔式（单闸板、双闸板、弹性闸板）；平行滑动阀；塞阀 2. 截止阀：基本形阀；角形阀；针形阀；棒状旋塞；节流阀 3. 止回阀：升降式；旋启式；压紧式；蝶式；异径式；底阀 4. 旋塞阀：填料式；润滑式；塞阀 5. 球阀 6. 蝶阀 7. 隔膜阀	1. 电动阀 2. 电磁阀 3. 液压阀 4. 气缸阀 5. 遥控阀 6. 紧急切断阀 7. 温度调节阀 8. 压力调节阀 9. 液面调节阀 10. 减压阀 11. 安全阀 12. 夹套阀 13. 波纹管阀 14. 呼吸阀

二、阀门的选用

阀门选用一般要考虑下述原则：

(1) 输送流体的性质　阀门是用于控制流体的，而流体的性质有各种各样，如液体、气体、蒸汽、浆液、悬浮液、粘稠液等等，有的流体还带有固体颗粒、粉尘、化学物质等等。因此在选用阀门时，先要了解流体的性质，如流体中是否含有固体悬浮物？液态流动时是否可能产生汽化？在哪儿汽化？气态流动时是否液化？流体的腐蚀性如何？考虑流体的腐蚀性时要注意几种物质的混合物其腐蚀性与单一组成时往往是完全不同的。

(2) 阀门的功能　选用阀门时还要考虑阀门的功能。此阀门是用于切断还是需要调节流量？若只是切断用，则还需考虑有无快速启闭的要求；阀门是否必须关得很严，一点也不许泄漏？每种阀门都有它的特性和适用场合，要根据功能要求选用合适的阀门。

(3) 阀门的尺寸　根据流体的流量和允许的压力损失来决定阀门的尺寸。一般应与工艺管道的尺寸一致。

(4) 阻力损失　管道内的压力损失有相当一部分是由于阀门所造成。有些阀门结构的阻力大，而有些小；但各种阀门又有其固有的功能特性。同一种型式的阀门有的阻力大，有的阻力小，选用时要适当考虑。

(5) 温度和压力　应根据阀门的工作温度和压力来决定阀门的材质和压力等级。

(6) 阀门的材质　当阀门的压力、温度等级和流体特性决定后，就应选择合适的材质。阀门的不同部位例如其阀体、压盖、阀瓣、阀座等，可能是由好几种不同材质制造的，以获得经济、耐用的最佳效果。铸铁阀体最高允许200℃；钢阀体可以到425℃；超过425℃就要考虑使用合金阀；超过550℃就应选用耐高温的Cr-Ni不锈钢。对输送有化学腐蚀性介质的阀门，根据介质的性质采用铜、铝、铝合金、铸铁、不锈钢、蒙乃尔合金、塑料等制作，也可采用防腐材料衬里等等。应选择合适、经济的材料。

三、阀门类型的选择

阀门类型的选择一般应根据介质的性质、操作条件及其对阀门的要求等因素确定。表4-1-2和表4-1-3列出了各类阀门的适用范围，可作为阀门类型选择的参考。

为了适应近代工业生产的发展要求，阀门在结构设计、材料选用和制造技术方面的变化是多种多样的，加工精度和性能检验也是比较严格的。

目前石油化工生产用阀门，国际上最常用的标准有美国的SME、API、MSS和我国一机部的“三化”（标准化、系列化、定型化）标准。国内一些较大生产厂家也都开始按以上标准生产各种类型的阀门以满足石油化工生产的需要。

表4-1-2　阀门类形选择表（一）

阀门	流束调节形式				介质				
类别	型号	截止	节流	换向分流	无颗粒	带悬浮颗粒		粘滞性	清洁
						带磨蚀性	无磨蚀性		
闭合式	截止形								
	直通式	可用	可用		可用				
	角　式	可用	可用		可用	可用	可用		
	斜叉式	可用	可用		可用	可用			

续表

阀门类别	型号	流束调节形式				介质			
		截止	节流	换向分流	无颗粒	带悬浮颗粒		粘滞性	清洁
						带磨蚀性	无磨蚀性		
闭合式	多通式			可用	可用				
	柱塞式	可用	可用		可用	可用	特用		
滑动式	平行闸板形								
	普通式	可用			可用				
	带沟道闸门式	可用			可用	可用	可用		
	楔型闸板式	可用	特用		可用	可用	可用		
	楔式闸板形								
	底部有凹槽	可用			可用				
	底部无凹槽（橡胶阀座）	可用	适当可用		可用	可用			
旋转式	旋塞形								
	非润滑的	可用	适当可用	可用	可用	可用			可用
	润滑的	可用		可用	可用	可用	可用		
	偏心旋塞	可用	适当可用		可用	可用		可用	
	提升旋塞	可用		可用	可用	可用		可用	
	球　形	可用	适当可用	可用	可用	可用			
	蝶　形	可用	可用	特用	可用	可用			可用
	夹紧形	可用	可用	特用	可用	可用	可用	可用	可用
挠曲式	隔膜形								
	堰　式	可用	可用		可用	可用		可用	可用
	直通式	可用	适当可用		可用	可用		可用	可用

表 4-1-3　阀门类形选择表（二）

使用条件	阀门基本形式			
	截止阀	闸阀	旋塞	蝶阀
压力，温度				
常温-高压	○	●	▲	◆
常温-低压	○	○		○
高温-高压	◆	●（○）	◆	◆
高温-低压	▲	●	◆	◆
中温-中压	●	○	●	●
低温	▲	○	◆	▲
公称直径/mm				
>1000	◆	●	◆	○
>500	◆	○	◆	○
300~500	▲	○	◆	○

使用条件	阀门基本形式			
	截止阀	闸阀	旋塞	蝶阀
<300	●	○	▲	●
<50	○	●	●	▲

注：符号表示：○适用；●可用；▲适当可用；◆不适用。

第二节　常用阀门结构特征及其应用

一、闸　　阀

闸阀是指启闭体（闸板）由阀杆带动，沿阀座密封面作升降运动的阀门。可接通或截断流体的通道。闸阀流动阻力小，启闭省力，广泛用于各种介质管道的启闭。当闸阀部分开启时，在闸板背面产生涡流，易引起闸板的侵蚀和振动，也易损坏阀座的密封面，修理困难。因此，闸阀一般不作节流用。

（一）闸阀的结构特点

闸阀由阀体、阀盖、闸板、阀杆、手轮等零件组成，如图 4-2-1 所示。

1. 阀杆

阀杆有明杆和暗杆之分。明杆是阀杆随闸板开启或关闭而升降；暗杆是阀杆随闸板启闭只是旋转使闸板升降，阀杆位置无变化。大口径或高中压阀门只有明杆，*DN*50 以下的低压的无腐蚀介质阀门通常采用暗杆。

2. 闸板

（1）楔式刚性单闸板　楔式刚性单闸板如图 4-2-2 所示。闸板是一楔形整体，密封面与闸板垂直中心线成一定倾角。其特点是结构简单，尺寸小，使用比较可靠。但闸板和阀座密封面的楔角加工精度要求很高，加工维修均较困难。且在启闭过程中密封面易发生擦伤，温度变化时闸板易卡住。这种闸板适用于常温、中温、各种压力的闸阀。

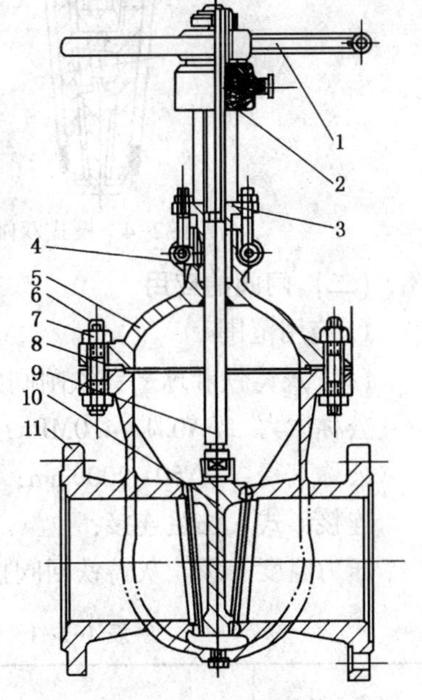

图 4-2-1　闸板结构

1—手轮；2—阀杆螺母；3—填料压盖；4—填料；5—阀盖；6—双头螺栓；7—螺母；8—垫片；9—阀杆；10—闸板；11—阀体

（2）楔式弹性单闸板　楔式弹性单闸板如图 4-2-3 所示。在闸板中部开环状槽或由两块闸板组焊而成，中间为空心，楔角加工与刚性闸板相同。其特点是结构简单、密封面可靠，能自行补偿由于异常负荷而引起的阀体变形，可以防止闸板卡住。但关闭力矩不宜过大，以防超过闸板弹性范围。弹性闸板适用于各种压力、温度的中、小口径闸阀及启闭频繁的场合。但要求介质中含固体杂质少、且不适用于易结焦的介质。

（3）楔式双闸板　楔式双闸板如图 4-2-4 所示，由两块圆板组成，用球面顶心铰接成楔形闸板。闸板密封面的楔角可以靠顶心自动调整。温度变化时不易被卡住，也不易产生擦伤现象。其缺点是结构复杂，零件较多、闸板容易脱落，不适用于粘性介质，一般用于水和蒸汽介质。

（4）平行式双闸板　平行式双闸板如图 4-2-5 所示，闸板两密封面相互平行，分为自动密封式和撑开式两种。自动密封式平行双闸板闸阀，是依靠介质的压力把闸板推向出口侧阀座密封面，达到单面密封的目的。若介质压力较低时，其密封性不易保证。因此在两块闸板之间放置一个弹簧，在关闭时弹簧被压缩，靠弹簧力的作用以实现密封。由于弹簧把闸板压紧在阀座上，密封面易被擦伤和磨损。目前已很少采用这种型式的闸阀。撑开式是用顶楔把块闸板撑开，压紧在阀座密封面上而达到强制密封。

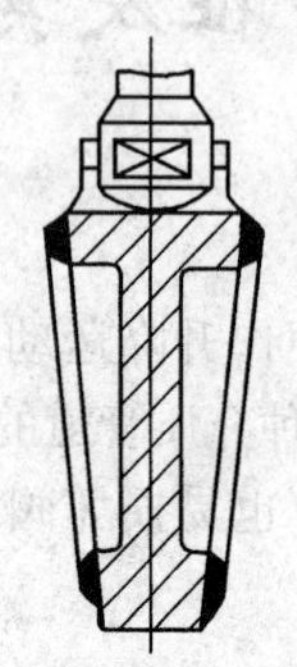

图 4-2-2　楔式刚性单闸板

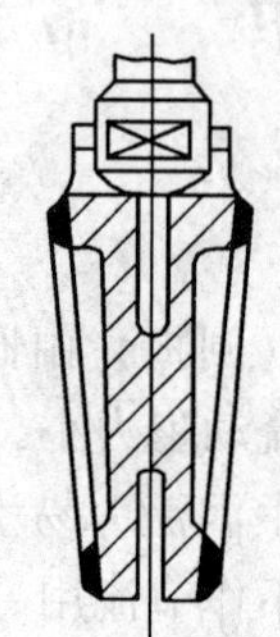

图 4-2-3　楔式弹性单闸板

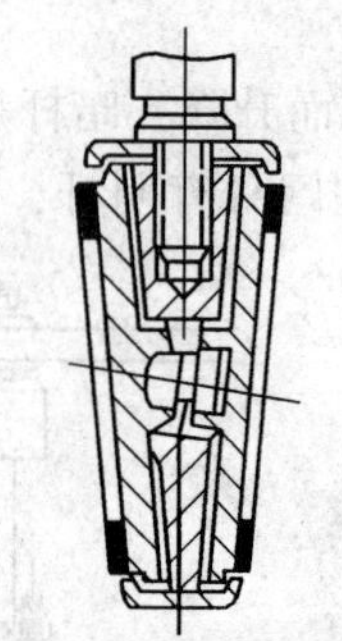

图 4-2-4　楔式双闸板

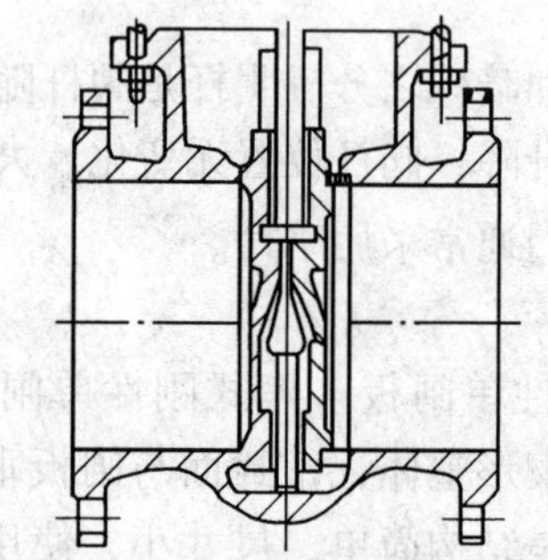

图 4-2-5　平行式双闸板(撑开式)

（二）闸阀的应用

1. 应用范围

（1）灰铸铁和球墨铸铁闸阀的参数范围：

公称压力　*PN*0.1～4.0MPa；

公称直径　*DN*50～2000mm；

连接形式　法兰连接；

压力温度等级　灰铸铁闸阀按 GB/T 12226 规定，球墨铸铁闸阀按表 4-2-1 的规定。

表 4-2-1　球墨铸铁闸阀工作温度与工作压力的关系

公称压力 *PN*	最　高　温　度/℃					
	-30～120	150	200	250	300	350
	最大工作压力/MPa					
1.6	1.60	1.52	1.44	1.28	1.12	0.88
2.5	2.50	2.38	2.25	2.00	1.75	1.38
4.0	4.00	3.80	3.60	3.20	2.80	2.22

(2) 钢制闸阀的参数范围：

公称压力　*PN*1.6~32.0MPa；

公称直径　*DN*25~1000mm；

连接形式　法兰和对焊连接；

钢制闸阀压力——温度等级除特殊情况外按 GB/T 9124-2010 规定。

(3) 以“国代进”阀门（即为国产阀门替代引进的阀门）：

铸钢闸阀的参数范围：

ASME 150、300、600、900、1500、2500 lb/in^2；

规格为 2″~40″；

结构长度按 ASME B 16.10；

法兰尺寸按 ASME B 16.5，对焊连接按 ASME B 16.25；

阀门检查和试验按 API598 标准规定。

锻钢闸阀的参数范围：

ASME 150、300、600 lb/in^2，铸钢法兰闸阀，和 ASME 800 lb/in^2 锻钢承插焊闸阀；规格1/2″~2″；

压力温度额定值按 ASME B 16.34；

连接尺寸：法兰连接按 ASME B 16.5、承插焊连接按 ASME B 16.11；

阀门检查验收按 API598 规定。

2. 注意事项

(1) 不宜用以调节介质压力和流量。

(2) 适用于结焦场合，但弹性闸板和双闸板闸阀不宜应用。

(3) 大口径或高压闸阀，可安装旁通阀以减小主闸阀启闭力矩。旁通阀应根据主阀直径选用。详见第一篇第八章第一节。

(4) 对于密封性能要求很高的场合，阀杆应采用波纹管密封。

二、截止阀、节流阀

截止阀和节流阀都是向下闭合式阀门，启闭件（阀瓣）由阀杆带动、沿阀座（密封面）轴线作升降运动的阀门。截止阀与节流阀结构基本相同，只是阀瓣形状不同。截止阀的阀瓣为盘形阀瓣；节流阀的阀瓣多为圆锥流线型，特别适用于节流，可以改变通道截面积，用以调节流量或压力。

（一）截止阀和节流阀的结构特点

截止阀和节流阀主要由阀体、阀盖、阀杆、阀瓣和手轮等组成。如图 4-2-6 所示。

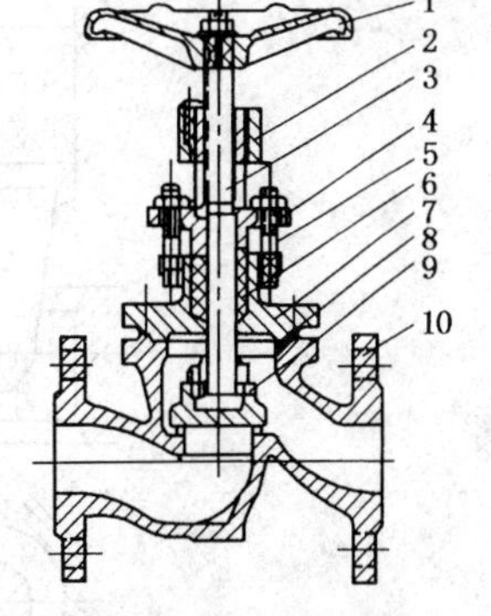

图 4-2-6　截止阀和节流阀的结构

1—手轮；2—阀杆螺母；3—阀杆；4—填料压盖；5—T 形螺栓；6—填料；7—阀盖；8—垫片；9—阀瓣；10—阀体

1. 阀体

(1) 直通形阀　直通形截止阀、节流阀见图 4-2-7。直通形结构流动阻力大，流体流过阀门时压力降较大。

(2) 角形阀　角形阀的结构如图 4-2-8 所示。角阀流体进出口成 90°角，可以当做一个阀和一个弯头用，安装在管道中的弯头位置。与直通形相比，其流动阻力小。

(3) 直流式（Y 形）阀　Y 形阀的结构如图 4-2-9 所示。阀杆与阀体构成 45°角，优点是流动阻力小，压降较小，又将阀体分成二件，阀座夹于二体之间以便于检修和更换。一般可用于对流动阻力要求严格的场合。

（4）针形阀　针形阀通常为 *DN*3～25 的小阀，阀瓣为一锥形针状，阀杆通常用细螺纹以取得微量调节。一般用于洁净的仪表管道和取样管道，如图 4-2-10 所示。

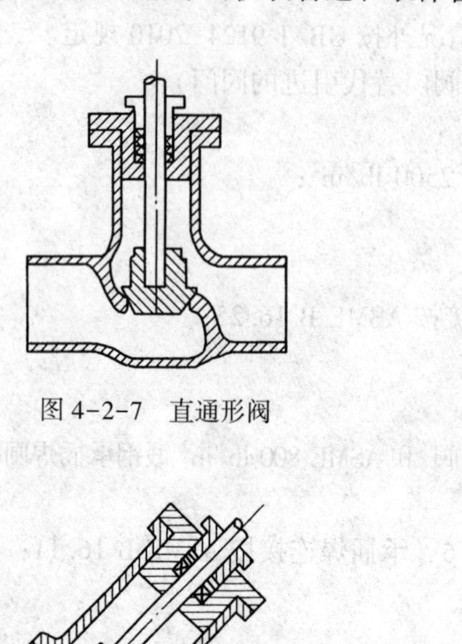

图 4-2-7　直通形阀

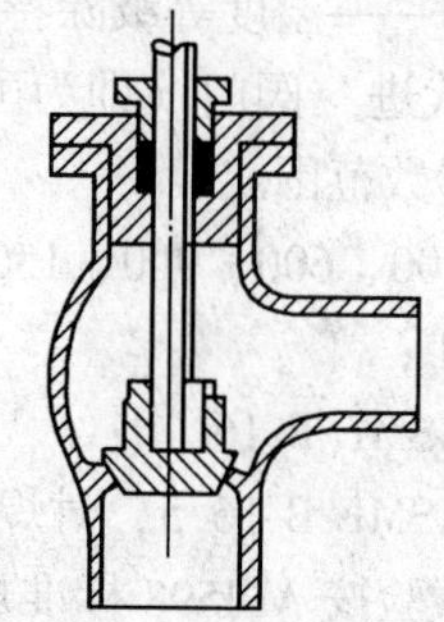

图 4-2-8　角形阀

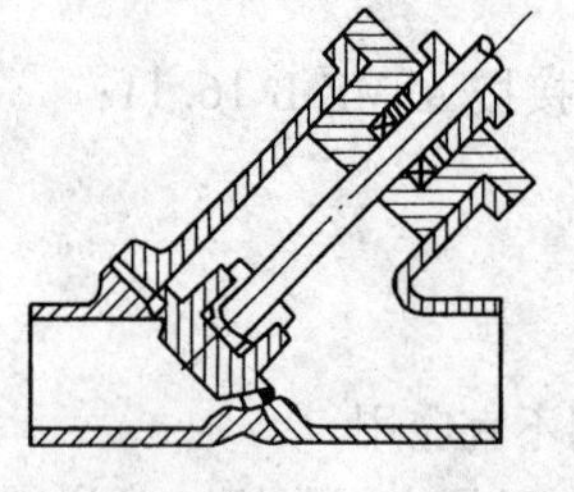

图 4-2-9　直流式（Y 形）阀

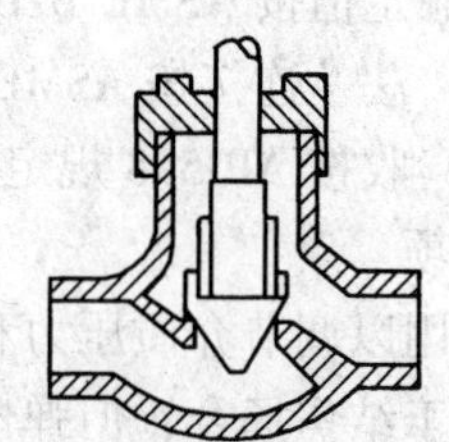

图 4-2-10　针形阀

2. 阀瓣

（1）平面阀瓣　为截止阀主要形式的启闭件，接触面密合，没有摩擦，密封性能好，便于维修。但不适用于含有固体颗粒的介质。图 4-2-6 结构图的阀瓣即为平面阀瓣。

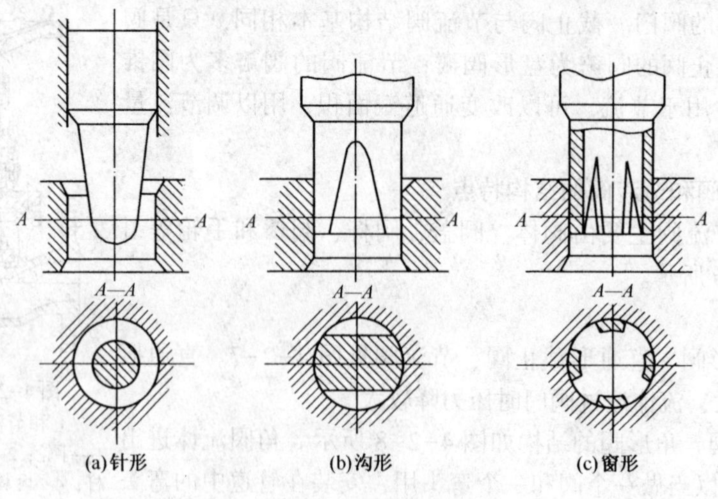

图 4-2-11　节流阀阀瓣形式

（2）节流阀的阀瓣　有针形、沟形和窗形三种形式。其特点是阀瓣在不同高度时，阀瓣与阀座所形成的环形道路面积也相应地变化。所以调节阀瓣的高度，可以调节阀座通道的截面积，从而可以得到确定数值的压力或流量。节流阀的阀瓣如图 4-2-11 所示。

3. 阀杆与阀盖

截止阀的阀盖和阀杆及其密封与闸阀相同。节流阀的阀杆通常与启闭件制成一体，也有直通式和角式之分。其阀杆螺纹的螺距比截止阀小，以便进行精确的调节。

（二）截止阀、节流阀的应用

1. 应用范围

（1）铁制截止阀的参数范围：

公称压力　*PN*1. 0~2. 5MPa；

公称直径　*DN*15~300mm；

连接形式　内螺纹连接和法兰连接；

灰铸铁截止阀压力——温度等级应按 GB/T 12226 的规定，球墨铸铁截止阀压力——温度等级应按 GB/T 12232 中 4. 1. 2 条规定。

（2）钢制截止阀和节流阀的参数范围：

公称压力　*PN*1. 6~32. 0MPa；

公称直径　*DN*25~300mm；

连接形式　法兰连接；

各种材料的压力——温度等级应按 GB/T 9124—2010 的规定。

2. 注意事项

（1）截止阀不宜用来调节介质的压力或流量。经常需要调节压力或流量的部位应选用节流阀。

（2）直通式和直流式的截止阀、节流阀可安装在水平或垂直管道上，角式截止阀和节流阀需安装在垂直相交的管道上，安装时要注意阀体的指示方向与介质的流向一致。

（3）流体向上流过阀座，阀座上有沉积物时影响严密性，因此一般不用于有悬浮固体的流体。

（4）*DN*150 以上时，其价格与闸阀相比要贵些。节流性能也差些，故一般只用于 *DN*150 及以下。

三、止　回　阀

止回阀用于需要防止流体逆向流动的场合，介质顺流时开启，逆流时关闭。

（一）止回阀的结构特点

1. 升降式止回阀

升降式止回阀如图 4-2-12 所示，其结构与截止阀相似，阀体和阀瓣与截止阀相同。阀瓣上部和阀盖下部加工有导向套筒，阀瓣导向筒可在阀盖导向筒内自由升降。在阀瓣导向筒下部或阀盖导向套筒上部加工有泄压孔，当阀瓣上升时，排出套筒内的介质，降低阀瓣开启时的阻力。按管道的安装位置分为以下两种：

（1）直通式升降止回阀　当介质停止流动时，阀瓣靠自重降落在阀座上可阻止介质倒流。

（2）立式升降止回阀　介质进出口通道方向与阀座通道方向相同，其流动阻力小。

2. 旋启式止回阀

旋启式止回阀的阀瓣呈圆盘状，绕阀座通道的转轴作旋转运动，其结构如图4-2-13所示。由于阀内通道成流线形，流动阻力比直通式升降止回阀小，适用于大口径的场合。密封性能不如升降式。适用于低流速和流动不常变动的场合，不宜用于脉动流。根据阀瓣的数目多少，旋启式止回阀又分为以下三种。

（1）单瓣式　有一个阀座通道和一个阀瓣。适用于中等口径的旋启式止回阀。

（2）双瓣式　有两个阀座通道和两个阀瓣。适用于较大口径（$DN \geqslant 600$mm）旋启式止回阀。

（3）多瓣式　启闭件是由多个小直径的阀瓣组成。介质停止流动时或倒流时，小阀瓣不会同时关闭，可以减弱水力冲击。由于阀瓣重量轻，关闭动作平稳，所以阀瓣对阀座的撞击力较小，不会造成密封面的损坏。其结构如图 4-2-14 所示。适用于 $DN > 600$mm 的止回阀。

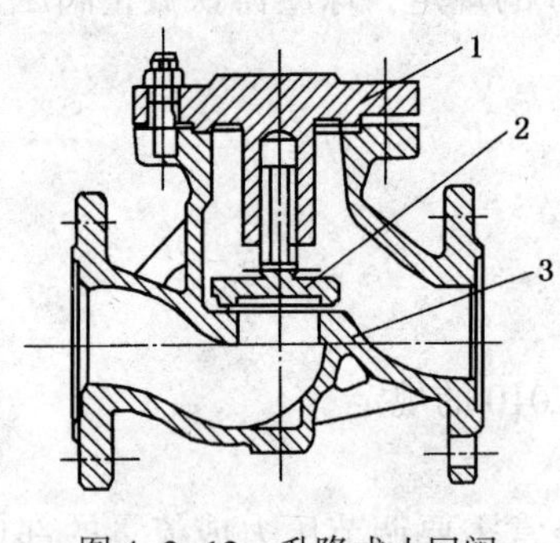

图 4-2-12　升降式止回阀

1—阀盖；2—阀瓣；3—阀体

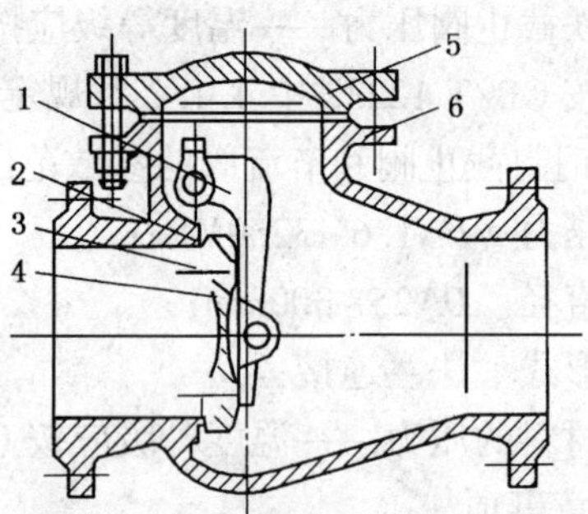

图 4-2-13　旋启式止回阀结构图

1—摇杆；2—密封圈；3—螺钉；

4—阀瓣；5—阀盖；6—阀体

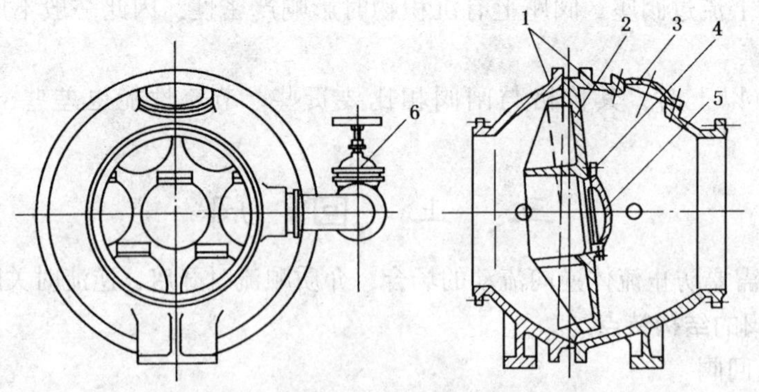

图 4-2-14　旋启式多瓣止回阀

1—阀体；2—隔板；3—阀盖；4—密封圈；5—阀瓣；6—旁通阀

3. 压紧式止回阀

压紧式止回阀如图 4-2-15 所示，做为锅炉给水和蒸汽切断用阀，它具有升降式止回阀和截止阀或角阀的综合机能。阀杆和阀瓣并不直接连结。仅在锅炉试压或停汽时需要关闭阀门，才操作手轮或者当并联的锅炉，其中一台发生故障时，此阀背面压力增大而关闭，然后再旋转手轮，将阀瓣压紧在阀座上。它是开闭和逆止机能同时存在的阀门。

4. 异径止回阀

RCV 型异径升降式止回阀是原中国石化北京设计院与温州市四方化工机械厂共同开发的专利产品（专利号：ZL93　206593.7），特别适用于泵出口与所连接管道直径不一致的场合。工作压力：*PN*2.5、4.0、5.0、10.0；工作温度：碳钢（-20～400℃）、不锈钢（-80～540℃）；适用介质：碳钢（无或微腐蚀性流体）、不锈钢（腐蚀性流体）。

5. 底阀

底阀是在泵的吸入管的吸入口处使用的阀门。为防止水中混有异物被吸入泵内，设有过滤网。如图 4-2-16 所示。使用底阀的目的是：开泵前灌注水使泵与入口管充满水；停泵后保持入口管及泵体充满水，以备再次启动；否则泵就无法启动。

（二）止回阀的应用

1. 应用范围

国内生产的止回阀的参数范围

公称压力　　*PN*0.25～32.0MPa；

公称直径　　*DN*10～1800mm；

工作温度　　t≤550℃；

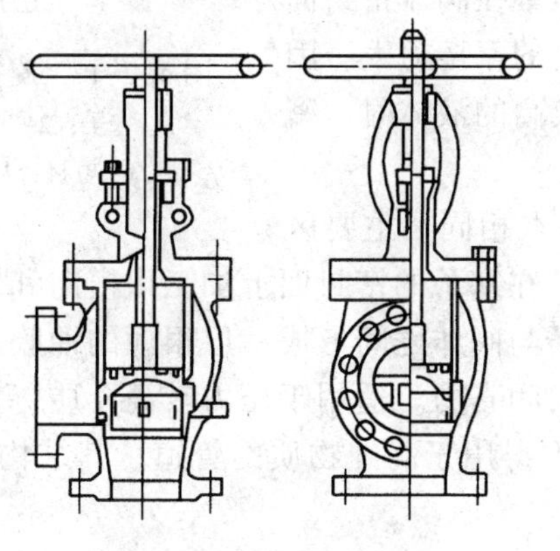

图 4-2-15　压紧式止回阀

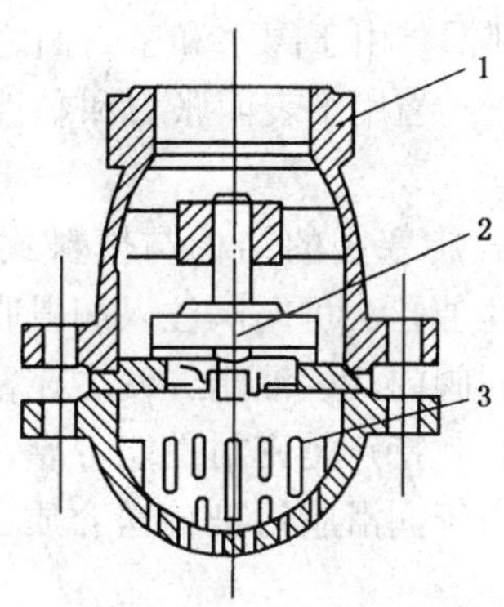

图 4-2-16　底阀

1—阀体；2—阀瓣；3—过滤网

压力——温度等级　灰铸铁按 GB/T 12226 规定，球墨铸铁按 GB/T 12232 中第 4.2.1 条规定，各种材料的钢制止回阀按 GB/T 9124—2010 规定。

2. 注意事项

（1）直通式升降止回阀应安装在水平管道上；立式升降止回阀和底阀必须安装在垂直管道上，并要求介质自下而上流动。

（2）旋启式止回阀一般安装在水平管道上，也可安装在垂直管道或倾斜管道上。

（3）小口径管道上选用升降式止回阀，大口径管道上选用旋启式止回阀。

（4）安装止回阀时要注意介质流动方向与止回阀箭头指示方向一致。

四、旋　塞　阀

旋塞阀是一种结构比较简单的阀门，流体直流通过，阻力降小、启闭方便、迅速。在石油化工、医药和食品工业的液体、气体、蒸汽、浆液和高粘度介质管道上都有较多的应用。

旋塞阀有填料式、润滑式和塞阀。近年来发展了一种在阀体和旋塞间有聚四氟乙烯衬套的旋塞和一种与液体接触表面全衬聚四氟乙烯的旋塞。

（一）旋塞阀的结构特点

旋塞阀的启闭件成柱塞状，通过旋转 90°使阀塞的接口与阀体接口相合或分开。旋塞阀主要由阀体、塞子、填料压盖组成，其结构如图 4-2-17 所示。

1. 阀体

有直通式、三通式和四通式。直通式旋塞阀用于截断介质，三通和四通旋塞阀用于改变介质方向或进行介质分配。如图 4-2-18 所示。

2. 塞子

是旋塞阀的启闭件，呈圆锥台状，塞子内有介质通道，其截面成长方形，通道与塞子的轴线相垂直。而塞阀的塞子与阀杆是一体的，设有单独阀杆。

3. 旋塞阀的密封形式

（1）填料式旋塞阀如图 4-2-17 所示。当拧紧填料压盖上的螺母往下压紧填料时，便同时将塞子压紧在阀体密封面上，从而防止泄漏。由于阀塞和密封面之间的摩擦力大，因此启闭力矩也大。当用于表面张力和黏性较高的液体时，密封效果较好。

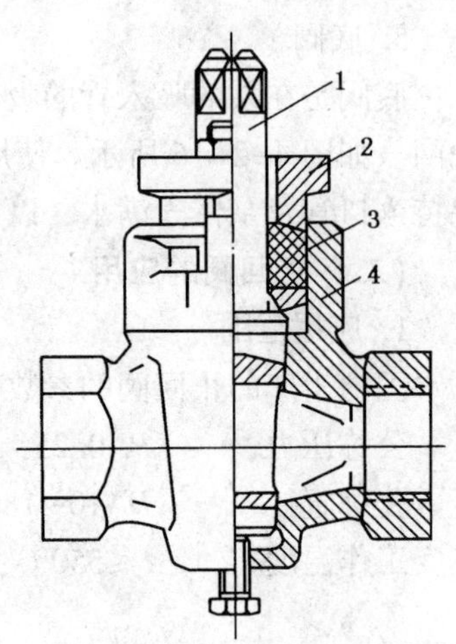

图 4-2-17　旋塞阀结构图

1—塞子；2—填料压盖；3—填料；4—阀体

（2）润滑式旋塞阀的结构与填料式基本相同。主要区别是润滑式有注油孔，可向阀注入润滑脂。在塞子的密封面上加工出横向和纵向油构，使用时从注油孔向阀内注入油脂，使之在塞子与阀体之间形成一层很薄的油膜，起润滑和辅助密封的作用。其特点是密封性能可靠、启闭省力。适用于压力较高介质、但使用温度受润滑脂限制。由于润滑脂污染输送介质，不得用于高纯物质的管道。其结构如图 4-2-19 所示。

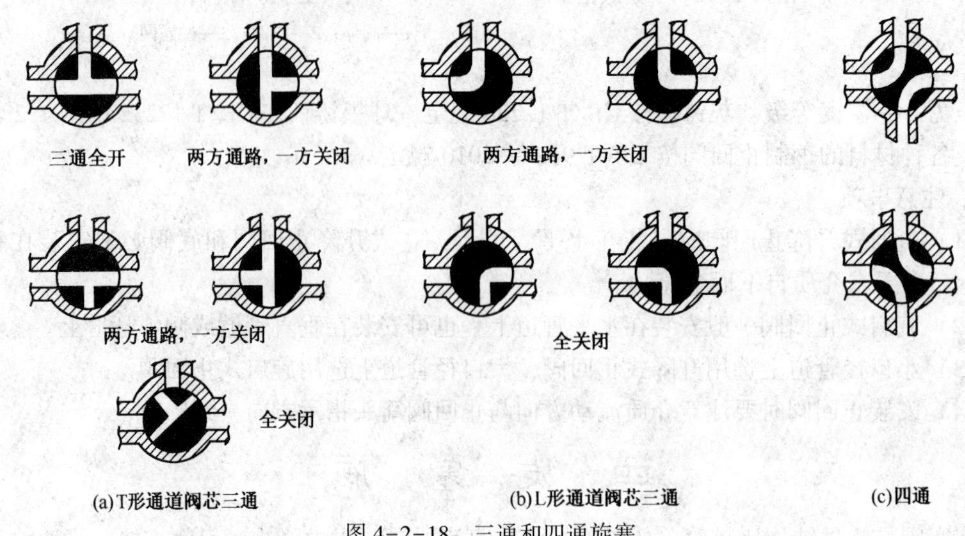

图 4-2-18　三通和四通旋塞

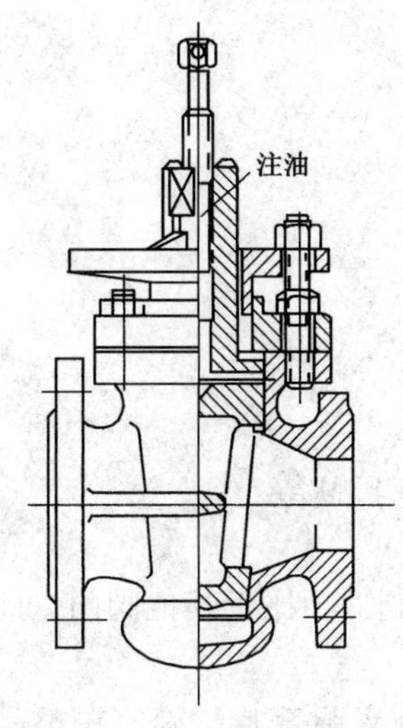

图 4-2-19　油封式旋塞阀

（二）旋塞阀的应用

1. 应用范围

旋塞阀的参数范围：

公称压力　　　*PN*0. 6～4. 0MPa；

公称直径　　　*DN*15～250mm；

适用温度一般　t≤250℃；高温 t≤350℃。

2. 注意事项

（1）直通式旋塞阀多用于截断介质流动，也可以用于调节介质流量或压力。

（2）三通旋塞和四通旋塞多用于改变介质流动方向或进行介质分配。

（3）旋塞阀可水平安装也可垂直安装，介质流向不受限制。

（4）旋塞配上电动、气动或液压操作机构，可以进行遥控或自控。

（三）提升式硬密封旋塞阀

YX 系列提升式硬密封旋塞阀不仅具有硬密封球阀流阻小、启闭快的优点，还具有阀门开启密封面无摩擦、开启省力等优点，适用于作为高温高压工况的管路切断阀。

YX 系列硬密封旋塞阀结构特殊，动作原理也和普通旋塞阀不同。普通旋塞阀和球阀一样，用手柄操作，旋转 90°即可。旋塞阀用手轮操作，和闸阀的操作方式相同。要打开阀门时，逆时针旋转手轮，带动阀杆螺母旋转，阀杆螺母带动阀杆上升。阀杆和旋塞通过 T 形槽连接，阀杆中部有一横向导向销，销的两端各装一只滚轮，滚轮可在阀盖上部的导向槽内滚动，阀杆的升降和旋转运动由该导向槽限制。导向槽由直槽和螺旋槽两部分组成，直槽限制阀杆升降运动，螺旋槽限制阀杆作 90°旋转运动。当阀杆和旋塞上升一定距离时，旋塞和阀体密封面分离，滚轮进入螺旋槽，阀杆带动旋塞旋转 90°，就将阀门打开。

阀开按 API598 和 API6D 检验及试验，确保零泄漏，最适用于高温高压蒸汽及泵出口高压差等工况。其结构图见图 4-2-20。

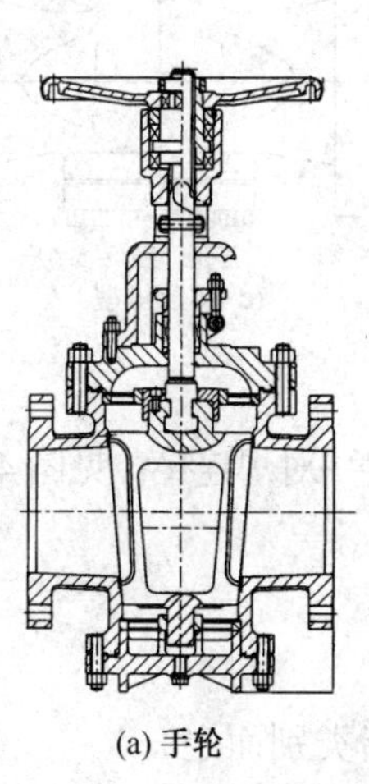

(a) 手轮　　(b) 伞齿轮

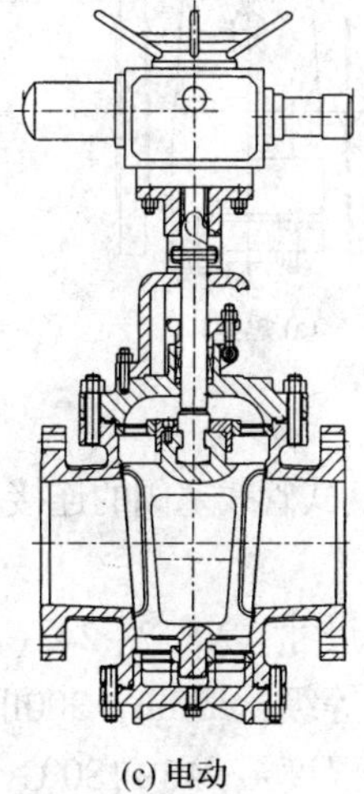

(c) 电动

图 4-2-20　提升式硬密封旋塞阀

应用范围：

（1）压力等级：150lb，300lb，600lb，900lb，1500lb。

（2）公称尺寸：NPS2～NPS40（DN50～DN1000）。

（3）适用温度：≤600℃（标准结构）。

（4）应用规范：

A　结构长度按 ASME B16.10；

B　连接法兰按 ASME B16.5；

C　阀门的检验和试验按 API598。

（5）主体材料：WCB、C5、WC6、WC9、CF8、CF8M、CF3、CF3M 等。

（四）压力平衡式管线旋塞阀

GX 系列压力平衡式管线旋塞阀是用于天然气长输管线的切断阀，相比于其他阀门，此阀门更适用于天然气的高压差、节流、放空和排污等工况。

GX 系列旋塞阀主要由阀体、阀杆、旋塞、平衡环、底盖、预紧弹簧片、旋塞调整螺杆、底盖密封调整垫、注脂阀及操作机构等组成。阀杆带动旋塞顺时针方向旋转 90°可将阀门关闭，逆时针旋转 90°就将阀门开启。流道设计成文丘里型，最小流通面积大于接管面积的 50%。

压力平衡式管线塞阀包括短型、规则型和文丘里型，其结构图见图 4-2-21：

a. 短型旋塞阀——这类型式阀门符合闸阀的结构长度，可以保证在各类阀门之间最大的互换性。

b. 规则型旋塞阀——这类型式阀门旋塞通孔比文丘里型要大，结构长度符合美标等国际先进标准，便于互换。从阀体端口到阀座孔口流道变换没有突变，过渡平滑，流体压损小。

c. 文丘里型旋塞阀——这类阀门旋塞通孔比其他两种更小，从阀体端口到阀座孔口的通道设计成为文丘里管形状，可恢复水头损失的大部分流速，因此压损较小。

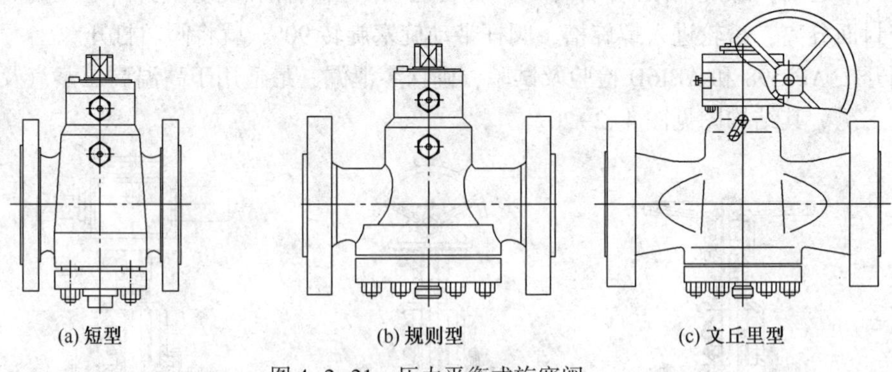
(a) 短型　(b) 规则型　(c) 文丘里型

图 4-2-21　压力平衡式旋塞阀

压力平衡式管线塞阀的连接方式有法兰连接、对焊连接或法兰-对焊连接，见图 4-2-22。

应用范围：

1. 公称尺寸：NPS2～24（*DN*50～*DN*600）。

2. 压力等级：150lb，300lb，600lb，900lb，1500lb。

3. 适用温度：-46～180℃（标准结构，具体还需按密封脂类别而定）。

4. 应用规范：

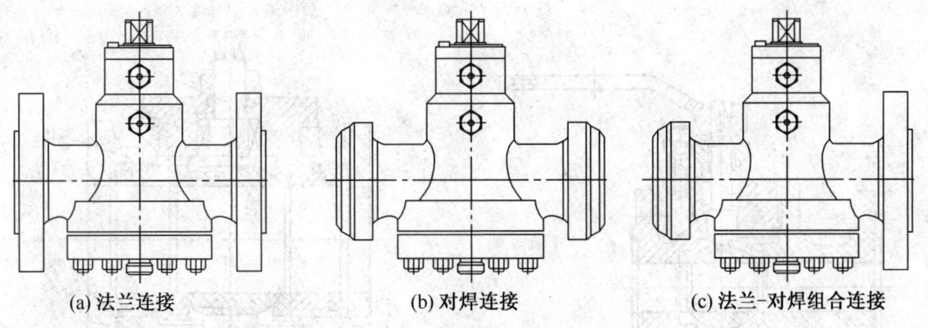

图 4-2-22　旋塞阀的连接方式

A　设计制造符合 API 599、API 6D 等标准；

B　结构长度按 ASME B16. 10；

C　连接法兰按 ASME B16. 5；

D　阀门的检验和试验按 API 598。

5. 主要零部件材料：WCB、A105、CF8、CF8M、4140 等。

五、球　阀

球阀的阀瓣为一中间有通道的球体，球体围绕自己的轴心线作 90°旋转以达到启闭。其性能与旋塞相似，有快速启闭的特点。球阀根据结构原理可分浮动球和固定球两种。

（一）球阀的结构

球阀主要由阀体、球体、密封圈、阀杆及驱动装置组成。

1. 阀体

整体式和对开式两种。

（1）整体式阀体　球体、阀座、密封圈等零件从上方放入。这种结构一般用于较小口径的球阀。

（2）对开式阀体　它是由大小不同的左右两部分组成，球体、密封圈等零件从一侧放入较大的一半阀体内，再用螺栓把另一侧阀体连接起来。适用于较大口径的球阀。

2. 球体

球体是球阀的启闭件，要求有较高精度和光洁度。

（1）浮动球　浮动球阀的球体是可以浮动的，在介质压力作用下球体被压紧到出口侧的密封圈上，从而保证了密封。浮动球阀的结构简单，单侧密封，密封性能较好。但其启闭力矩较大。其结构如图 4-2-23 所示。

（2）固定球　固定球式球阀的球体被上下两端的轴承固定，只能转动，不能产生水平位移。为了保证密封性，必须有能够产生推力的浮动阀座，使密封圈压紧在球体上。其结构复杂、外形尺寸大。但其使用寿命长，启闭省力。适用于较大口径及压力较高的场合。其结构如图 4-2-24 所示。

（二）球阀的应用

1. 应用范围

球阀的参数范围：

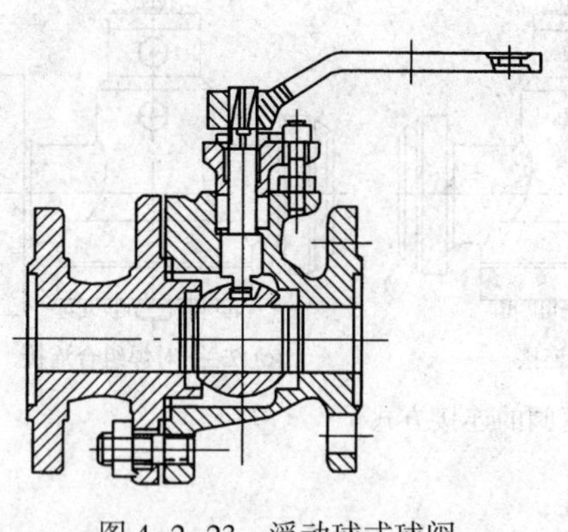

图 4-2-23　浮动球式球阀

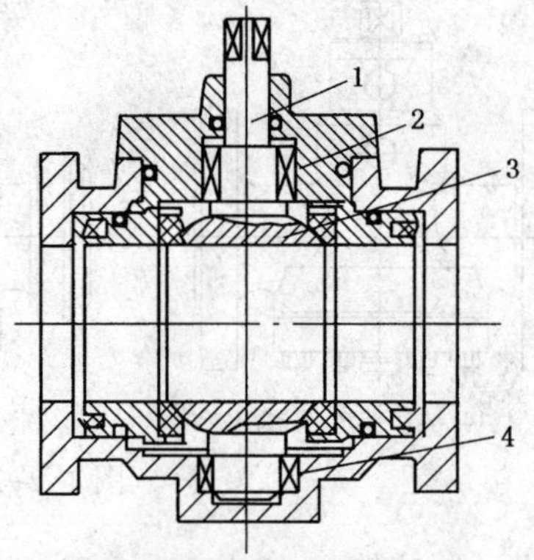

图 4-2-24　固定球式球阀

1—阀杆；2—上轴承；

3—球体；4—下轴承

公称压力　　　*PN*0.6～32.0MPa；

公称直径　　　*DN*8～800mm；

工作温度一般　　$t \leqslant 200$℃；高温 $t \leqslant 400$℃。

2. 注意事项

（1）球阀一般用于需要快速启闭或要求阻力小的场合，可用于水、油品等介质，也适用于浆液和粘性液体的管道。球阀还可用于高压管道和低压力降的管道。

（2）由于节流可能造成密封件或球体的损坏，一般不用球阀节流。全通道球阀不适用于调节流量。

六、蝶　阀

蝶阀是采用圆盘式启闭件，圆盘状阀瓣固定于阀杆上。阀杆旋转 90°即可完成启闭作用，操作简便。当阀瓣开启角度在 20°～75°间时，流量与开启角度成线性关系，这就是蝶阀的节流特性。图 4-2-25为蝶阀在不同开启度下的流量曲线。因而在许多场合蝶阀取代了截止阀和自控系统的调节阀，特别是在大流量调节场合。

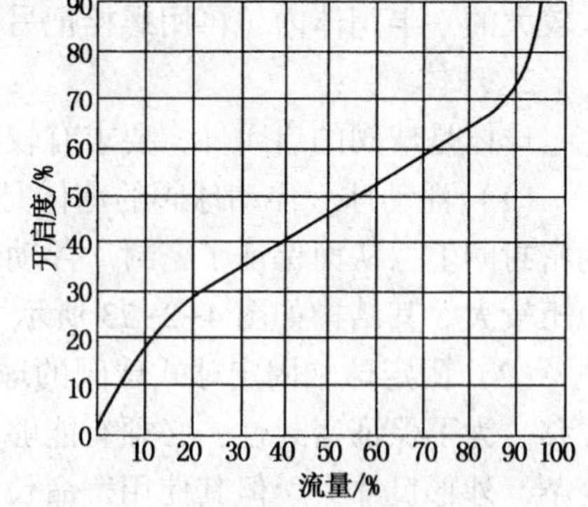

图 4-2-25　蝶阀开启度与流量的关系图

（一）蝶阀的结构

蝶阀是由阀体、圆盘、阀杆和手柄组成。

1. 圆盘（阀瓣）

（1）中心对称置圆盘　阀杆与圆盘均垂直放置，圆盘通过自身中心的旋转轴，依靠紧配合或固定销与圆盘固定在一起。其阻流面积小，阻力降小，密封面易擦伤和受压，使用期较短、但容易更换。其结构如图 4-2-26 所示。

（2）偏置圆盘　阀杆与圆盘都垂直放置，但支承轴与圆盘的旋转轴中心线不重合，而是位于阀杆的一侧。流通面积小，阻力大。但其密封性能较高，维修方便。其结构如

图 4-2-27所示。

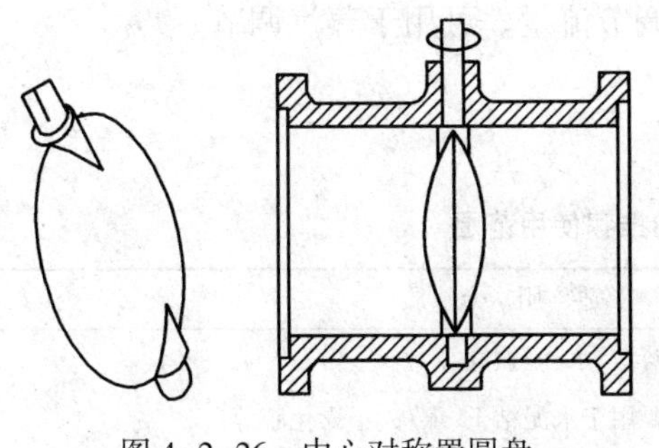
图 4-2-26　中心对称置圆盘

（3）斜置圆盘　阀杆垂直放置，而圆盘倾斜放置。其密封性能好。但密封圈加工和维修较困难。其结构如图 4-2-28 所示。

（4）杠杆式　阀杆水平安装，而且偏离阀座平面和阀座中心线。采用杠杆机构带动圆盘启闭。这种结构圆盘的密封面不在其周边上，而是在圆盘一侧。开启时，圆盘首先平移，与阀座脱离接触，然后旋转。因而密封面不易擦伤，密封性好。其结构如图 4-2-29 所示。

2. 密封圈

（1）硬密封节流式　阀座与阀瓣的密封面是在本体直接加工或堆焊耐磨、耐蚀材料后再加工的，密封性较差，主要用于要求节流性能好的场合。阀瓣刚性好，不变形、减少阀瓣就座力矩。通常用于流量和压降变化大和要求节流性能好的场合。

（2）软密封式　在阀体或阀瓣上衬有非金属的弹性密封材料，因而密封性能好，既可用于节流，又可用于中等真空管道和腐蚀性介质。

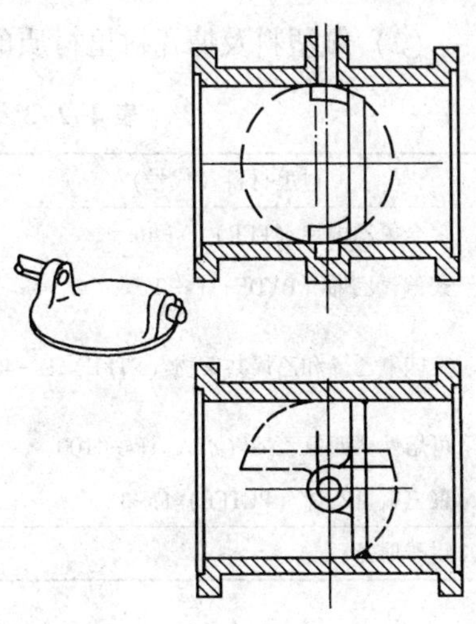
图 4-2-27　偏置圆盘

（二）蝶阀的应用

1. 应用范围

蝶阀的参数范围：

公称压力　*PN*0.25～10.0MPa；

公称直径　*DN*40～3000mm；

工作温度　$t \leqslant 200℃$（软密封）；

$200<t \leqslant 425$（硬密封）。

2. 注意事项

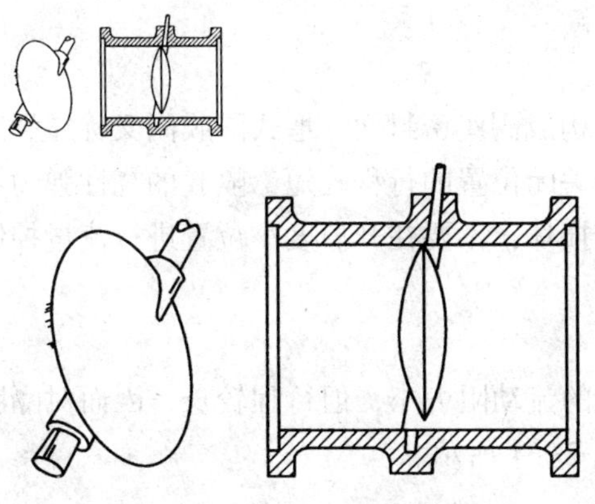
图 4-2-28　斜置圆盘

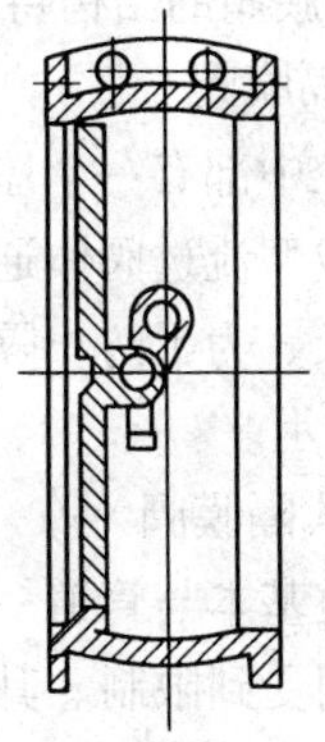
图 4-2-29　杠杆式

蝶阀可广泛用于操作压力 2.0MPa。工作温度 200℃以下的输送各种介质，包括水、油品、气体、液体、浆液、悬浮液的管道上的截流和调节流量。可用于蒸汽调节。

3. 各种衬里材质的推荐使用范围

（1）橡胶衬里材质的推荐使用范围见表 4-2-2。

表 4-2-2　橡胶衬里材质的推荐使用范围

衬里材料(代号)	使用温度	适用介质
硬橡胶(NR)	-10~85℃	盐类、盐酸。金属的涂层溶液、水、湿氯气等
软橡胶(BR)	-10~85℃	具有良好的耐磨性能,主要用于水泥粘土、煤灰、干燥化肥等
丁基胶(IIR)	-10~120℃	抗腐蚀、耐磨蚀、能耐极大多数的无机酸和酸液等
氯丁胶(CR)	-10~105℃	动物油、植物油、润滑油及 pH 值变化范围很大的腐蚀性泥浆等,抗磨性好
铸铁不衬里	-40~100℃	非腐蚀性介质

（2）氟塑料及搪瓷衬里材质的推荐使用范围见表 4-2-3。

表 4-2-3　氟塑料及搪瓷衬里材质的推荐使用范围

衬里材料（代号）	使用温度	适用介质
聚全氟乙丙烯（FEP）Fs-46	≤150℃	除熔融碱金属、元素氟及芳香烃类外的其他强腐蚀性介质
聚偏氟乙烯（PVDF）Fs-2	≤100℃	
聚四氟乙烯和乙烯共聚物（ETFE）Fs-40	≤120℃	
可熔性聚四氟乙烯（PFA）Fs-4100	≤180℃	
聚三氟氯乙烯（PCTFE）Fs-3	≤120℃	
耐酸搪瓷	≤100℃	除氢氟酸、浓磷酸、强碱外的一般腐蚀性介质

七、隔　膜　阀

隔膜阀是启闭件（隔膜）由阀杆带动，沿阀杆轴线作升降运动，并将动作机构与介质隔开的阀门。隔膜阀利用弹性隔膜阻挡流体通过，其阀杆不与介质直接接触，所以阀杆不用填料箱。

（一）隔膜阀的结构特点

1. 堰式隔膜阀

阀体内腔中部有一个屋脊状凸起，构成阀座密封面。堰式隔膜阀又称屋脊式，阀门开启时介质成流线型流过阀体通道，开启与关闭位置的行程较短，隔膜的挠性弹力小，所以隔膜使用寿命较长。为了防止隔膜振动受到损坏，不要在开启度小位置进行流量控制。其结构如图 4-2-30 所示。

2. 直通式隔膜阀

阀体通道基本与管道一致，比堰式的流动阻力小，但行程较长，因而对隔膜材料要求较高，所以使用受到限制。其结构如图 4-2-31 所示。

3. 直角式隔膜阀

直角式隔膜阀的进出口通道的中心线成直角，介质流动方向也成 90°角。可以安装在垂直相交管道。其结构如图 4-2-32 所示。

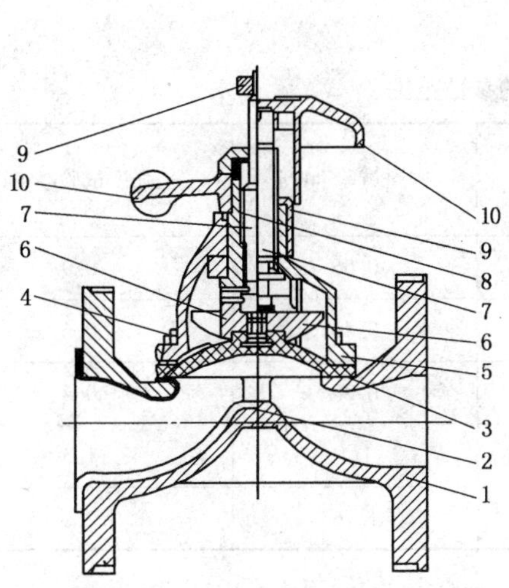

图 4-2-30　堰式隔膜阀

1—阀体；2—阀体衬里；3—隔膜；4—螺钉；
5—阀盖；6—阀瓣；7—阀杆；8—阀杆螺母；
9—指示器；10—手轮

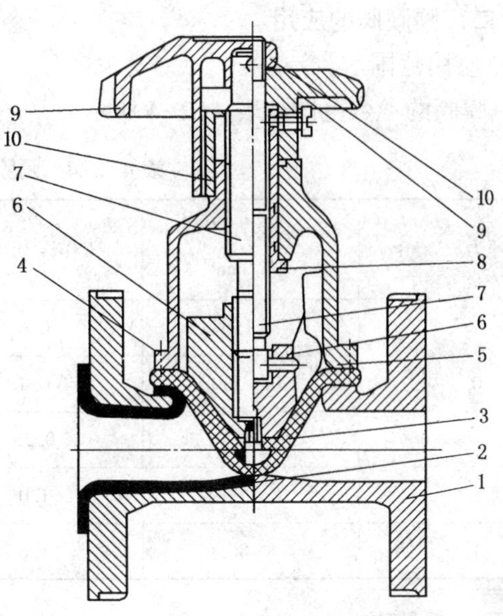

图 4-2-31　直通式隔膜阀

1—阀体；2—阀体衬里；3—隔膜；4—螺钉；
5—阀盖；6—阀瓣；7—阀杆；8—阀杆螺母；
9—手轮；10—指示器

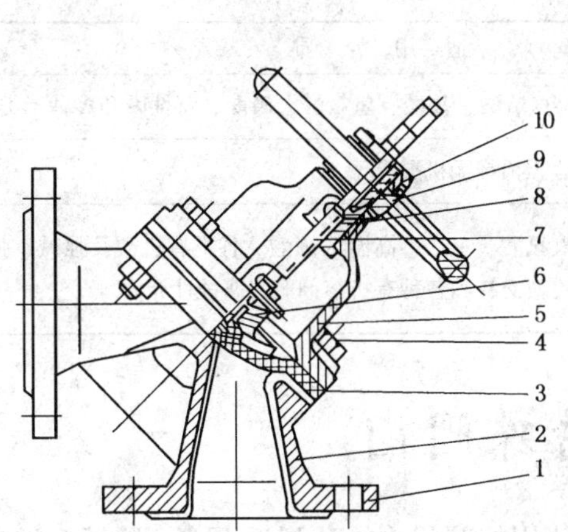

图 4-2-32　直角式隔膜阀

1—阀体；2—阀体衬里；3—隔膜；4—螺钉；
5—阀盖；6—阀瓣；7—阀杆；8—阀杆螺母；
9—手轮；10—锁紧螺母

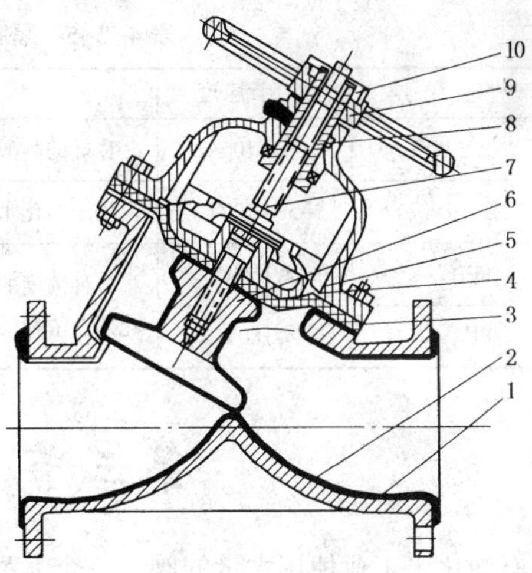

图 4-2-33　直流式隔膜阀

1—阀体；2—阀体衬里；3—隔膜；4—隔膜压头；
5—阀盖；6—阀瓣；7—阀杆；8—阀杆螺母；
9—手轮；10—锁紧螺母

4. 直流式隔膜阀

直流式阀体用于斜杆式，如图 4-2-33 所示。由于介质几乎成直线流过，故称直流式隔膜阀。其流动阻力小，适用于对流动阻力要求低的场合。

（二）隔膜阀的应用

1. 应用范围

隔膜阀的参数范围如表 4-2-4 所示。

表 4-2-4　隔膜阀的参数范围

公称压力 PN/MPa	公称直径 DN/mm	工作压力/MPa	密封试验/MPa	强度试验/MPa
0.6	8~150	0.6	0.66	0.9
	200~350	0.4	0.44	0.6
	400	0.25	0.28	0.4
1.0	8~200	1.0	1.1	1.5
1.6	8~80	1.6	1.76	2.4

2. 注意事项

隔膜阀适用于输送气体、液体、黏性流体、浆液和腐蚀性介质的管道。隔膜用橡胶或聚四氟乙烯等制作时，特别适用于对金属有严重腐蚀的介质。不能用于介质压力较高的场合。使用温度取决于隔膜材料的耐温性能。

3. 隔膜材质的推荐使用范围

隔膜材质的推荐使用范围如表 4-2-5 所示。

表 4-2-5　隔膜材质的推荐使用范围

隔膜材质(代号)	使 用 温 度	适　用　介　质
丁基胶（B 级）	-40~100℃	良好的耐酸碱性、85%硫酸、盐酸、氢氟酸、磷酸、苛性碱和多种酯类等
天然胶（Q 级）	-50~100℃	用于净化水、无机盐、稀释无机酸等
FEP	≤150℃	多种浓度的硫酸、氢氟酸、王水、高温浓硝酸、各类有机酸及强碱、强氧化剂、浓稀酸交替、酸碱交替和各种有机溶剂等强腐蚀性介质
PFA	≤180℃	

第三节　特殊阀门

石油化工工业使用大量的阀，一个大型装置使用的阀门往往达到近万个，除了一般通用阀门外，还使用了一定数量的特殊阀门。

一、夹　管　阀

夹管阀是一段橡胶或塑料等弹性体的管道，外加一可以调节的金属夹具，如图 4-3-1 所示。压扁胶管即可切断调节介质流量。夹管阀全开时的阻力很小，和一段直管一样，根据弹性胶管材料的性质，可适用于各种腐蚀性介质，夹管阀适用于浆液、带悬浮颗粒的流体、高纯物质和食品。由于阀体和动作部分与被输送的介质不接触，所以结构非常简单，维修工作量小，一般只需调换胶管。

最简单的夹管阀是把一段弹性管放在两端带法兰的金属阀体内。这种阀可很方便地用于气动或液动，只需往金属阀体与弹性管之间的空间通入气体或液体，即可控制阀的启闭。

二、低　温　阀

低温阀门由于工作温度低（-200～0℃），用于输送可燃、易爆、渗透性强的介质。所以在结构设计、材料选用和制造上都有一些特殊要求。

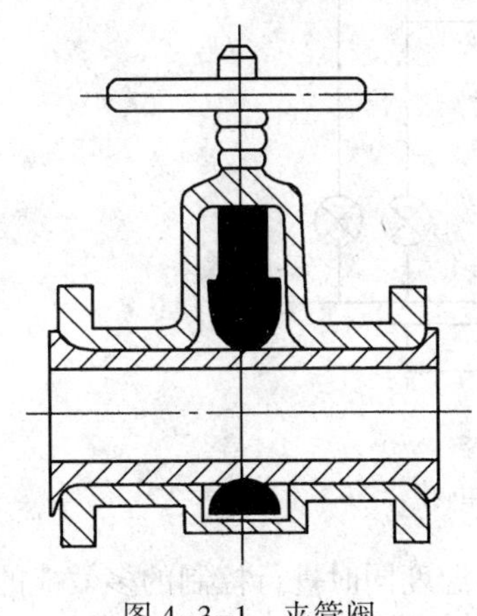

图 4-3-1　夹管阀

低温阀关闭后，停留在阀体腔内的低温液体从大气中吸收热量而温度升高，逐渐气化使阀门体腔内的压力升高，有可能超过密封件或阀体所容许的压力，这种现象叫异常升压。低温闸阀可在闸板一侧钻一泄压孔，此孔应通向阀关闭时的高压侧，当阀体腔内压力升高时，可通过泄压孔泄压。同理，对输送液氮、液化石油气、氟利昂等用的旋塞或球阀，有在旋塞或球体上钻一漏孔，以防止关闭时在旋塞（或球体）通道中的流体因升温而升压。

低温阀的填料随着温度的下降其可塑性和密封性会变劣，在填料处会发生泄漏和结冰，影响安全操作。为了提高填料箱温度，改善填料的工作条件，同时为了在阀门上装设绝热层以降低冷量损失，阀盖必须采用长颈结构，长颈部分的断面积要小，一般为筒状，其内壁与阀杆之间的间隙也要小。以减少冷量向上传递。颈的长度与温度和口径有关，温度越低，口径越大，则长度也越长。

低温会造成法兰与螺栓之间较大的温差应力；以及低温介质渗透性强，容易造成法兰面密封不严。因此要求使用富有弹性的垫片，如聚四氟乙烯带和不锈钢带的缠绕式垫片。或者采用焊接方法直接连接阀门与管道。

一般的铁和碳素钢在低温时会冷脆，不宜作低温阀。合金钢的最低使用温度为：

2½%镍钢	-57℃
3½%镍钢	-101℃
18-8 不锈钢	-196℃

低温用材料要在适当的温度下进行冲击试验，若低温阀门需要数量不多，用 18-8 不锈钢是合适的。虽然用含镍不锈钢可更便宜些，但用 18-8 不锈钢的阀门是定型产品，订货方便，不需做冲击试验就能保证低温下使用。为了提高抗擦伤性能常用 Co-Cr-W（钴-铬-钨）硬质合金做密封面。

三、超高压阀

超高压阀门主要用在高压聚乙烯装置上，公称压力（*PN*）在 300.0MPa 左右。超高压阀门采用锻造制成，一般用 Cr-Ni-M。钢要求真空冶炼，阀杆用升降杆，密封面采用锥面或球面线密封。由于超高压阀门材料焊接不便；*DN*≤15 时与管子相联采用管螺纹连接，*DN*>15 的采用螺纹法兰或螺栓孔直接开在阀体上。密封面一般采用 Co-Cr-W 硬质合金堆焊。

四、蒸汽减温减压阀

在以往的设计中蒸汽的减温减压都是将蒸汽的压力及温度分开进行调节及控制，从未将常规的减压阀门和过热蒸汽系统的降温特性结合在一起。常规的蒸汽减温减压控制流程如图 4-3-2所示。

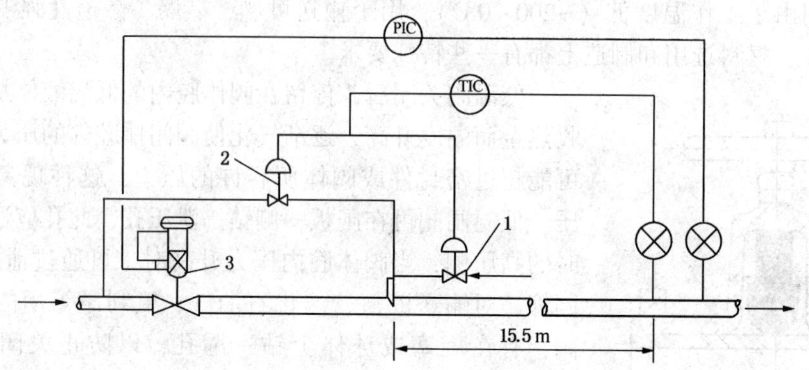

图 4-3-2　常规的蒸汽减温减压控制流程

1—喷水控制阀；2—雾化蒸汽控制阀；3—减压阀

新型的蒸汽减温减压阀是一种用一个阀体对蒸汽的压力和温度同时进行控制的多效能的阀门。其控制方法如图 4-3-3 所示。

1. 工作原理

蒸汽减温减压阀的结构如图 4-3-4 所示。蒸汽进入阀体 7 经过阀座 9 并穿入有初步减压作用的带孔塞。需要时，可附加扩流板来减压。水流从水入口管进入阀盖 10，通过水套 6 和阀杆组件 1，然后通过空心的阀杆流入下端的喷嘴。

阀杆上升，有准确数目的小孔在阀杆上端和笼形组套上同时打开，这就保证了对流入的减温水和流入阀体的蒸汽直接按比例的精确控制。借助水入口的独特设计和阀门的流体特性，水和蒸汽在无需撞击阀体周壁的情况下可以完全混合。减压和降温的蒸汽完全按照控制要求排放到下流管道，保证了下流管道上的仪表、机械、阀门及弯头不受损坏。

2. 蒸汽减温减压阀的结构特点

阀体有铸钢（低压）和锻钢（高压）两种，阀门的平衡塞可以起到平衡作用，以减少所需执行机构的力和达到密封要求。喷嘴设计使蒸汽在阀出口处呈紊流并均匀地喷水。

3. 蒸汽减温减压阀的性能

（1）压力和温度控制在±1%的仪表量程。

（2）温度控制可达与饱和蒸汽温度差小于 7℃。

（3）水和蒸汽的比率固定保持水流控制并能提供：

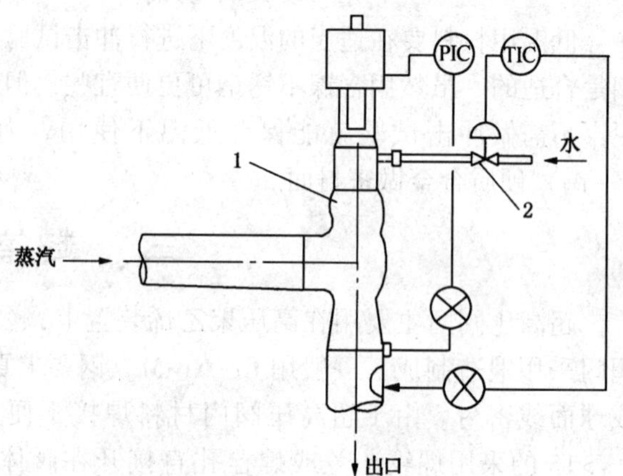

图 4-3-3　蒸汽减温减压控制流程

1—蒸汽减温减压阀；2—水控制阀

a. 均一的全流量范围的蒸汽温度控制；

b. 连续及精确的温度控制。

（4）阀座设计成隔热层以减少温度应力。

（5）独特的喷嘴设计保证最佳的喷雾及汽化。

（6）低噪音。

4. 应用范围

（1）温压等级　ASME 标准 150~1500#；

（2）公称压力　DIN 标准 6.4~25.0MPa；

（3）公称直径　*DN*65~600mm；

（4）连接形式　法兰连接或对焊连接。

五、泵保护用自动再循环控制阀

自动再循环控制阀能经济及有效地保护离心泵不会由于过热或不稳定运行而损坏，而几分钟的低流量运行就可能产生这种后果。采用自动再循环控制阀后，有部分液体再循环流到泵的入口，保证了泵的最小流量，维持了泵的稳定运行。图 4-3-5 是常规泵的保护措施。而图 4-3-6 为采用自动再循环控制阀的保护系统。比常规的措施节省投资和维护费用。

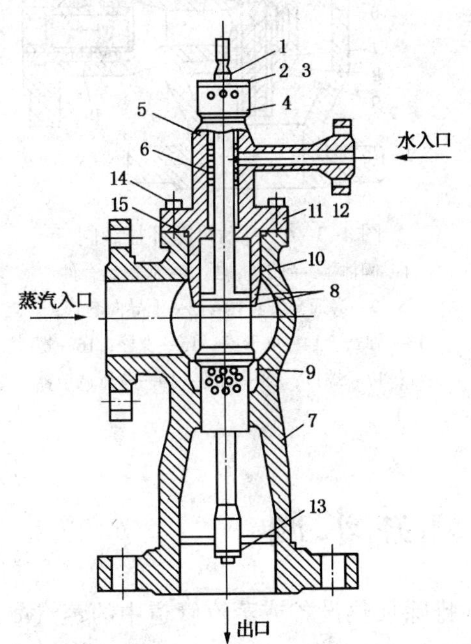

图 4-3-4　蒸汽减温减压阀的结构

1—阀杆及平衡塞组装件；2—压圈；3—填料压盖；4—填料螺母；5—填料；6—水套管；7—阀体；8—活塞环；9—阀座组件；10—阀盖；11—铭牌；12—螺钉；13—雾化喷嘴；14—阀盖螺栓；15—垫片

1. 工作原理

（1）当阀呈关闭状态时，主流量为零，旁通全开。这可避免泵出口切断阀关闭或者调节阀关闭时造成的事故。

（2）当主流量增加时，阀瓣上升和阀瓣结成一体的旁通元件也上升，关闭了一部分旁通孔的面积，减少了再循环；由阀瓣的位置调节再循环量。保证了泵的总流量大于泵制造厂要求的最小流量。

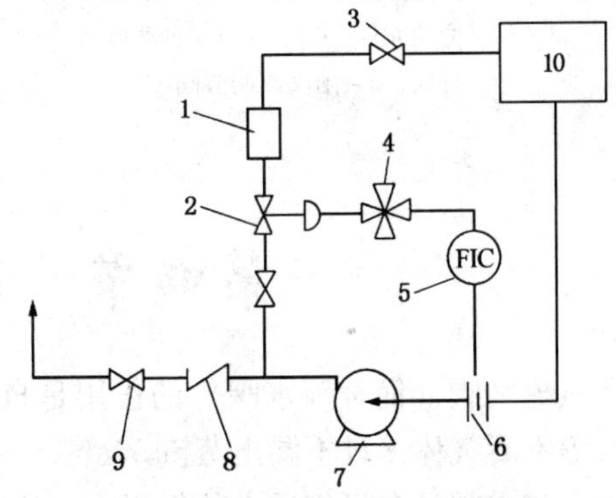

图 4-3-5　常规泵的保护措施

1—多级减压孔板；2—再循环控制阀；3—闸阀；4—四通电磁阀；5—流量计；6—测量孔板；7—泵；8—止回阀；9—闸阀或调节阀；10—水箱

（3）当阀瓣上升时，旁通关闭。当主流量减少时，阀瓣下降，再循环增加。再循环介质通过阀瓣下部的旁通孔流往再循环口。

2. 自动再循环控制阀的结构

自动再循环控制阀的结构如图 4-3-7 所示。阀门由阀体、阀盖、阀瓣、旁通套管、背压调节器等组成。阀体、阀盖的材料有碳钢和不锈钢两种，符合 ASME B16.34 的要求。控制阀自带调节功能，集流量测盘、止回阀，再循环控制阀和执行机构于一体，比常规的多元件再循环系统简单得多。

3. 应用范围

（1）温压等级　ASME 600#

（2）温度范围　-20～+500℉（-29～+260℃）

（3）连接形式　法兰连接

（4）规格　2″、3″、4″、6″。

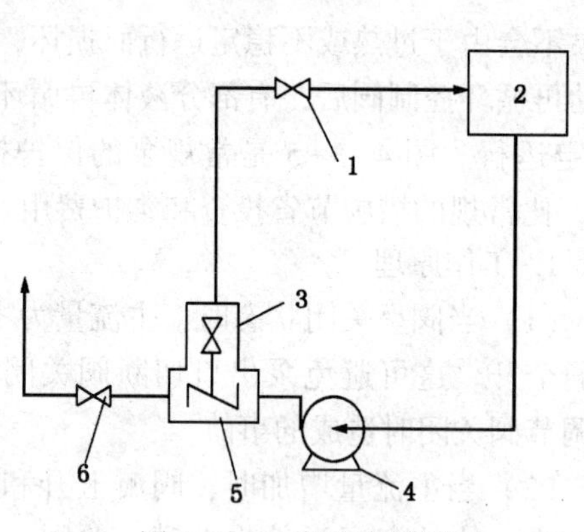

图 4-3-6　自动再循环控制阀的保护系统

1—闸阀或遥控背压调节阀；2—水箱；3—多级旁通元件；4—泵；5—自动再循环阀；6—闸阀或调节阀

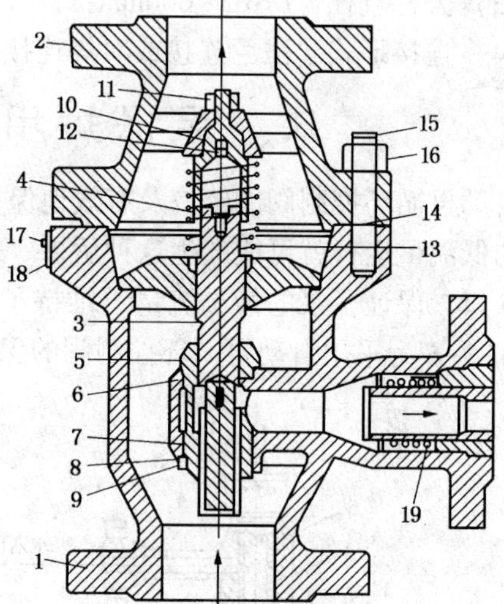

图 4-3-7　自动再循环控制阀

1—阀体；2—阀盖；3，4—阀瓣组合件；5～9—旁通套管；10～12—上导向套管；13—弹簧；14—O 形圈；15—螺栓；16—螺母；17—螺钉；18—铭牌；19—背压调节器

第四节　蒸汽疏水阀

蒸汽疏水阀（简称疏水阀）的作用是自动的排除加热设备或蒸汽管道中的蒸汽凝结水及空气等不凝气体，且不漏出蒸汽。

由于疏水阀具有阻汽排水的作用，可使蒸汽加热设备均匀给热，充分利用蒸汽潜热提高热效率；并可防止凝结水对设备的腐蚀，又可以防止蒸汽管道中发生水锤、震动、结冰胀裂等现象。

一、疏水阀的分类

根据疏水阀的动作原理分类，常见的有机械型、热静力型和热动力型三大类。此外尚有特殊型疏水阀，其动作原理与上述三类完全不同，一般很少使用。

疏水阀的分类见表 4-4-1 所示。

表 4-4-1　蒸汽疏水阀的分类

基础分类	动作原理	中分类	小分类
机械型	蒸汽和凝结水的密度差	浮球式	杠杆浮球式
			自由浮球式
			自由浮球先导活塞式
		开口向上浮子式	浮桶式
			差压式双阀瓣浮桶式
		开口向下浮子式	倒吊桶式（钟形浮子式）
			差压式双阀瓣吊桶式
热静力型	蒸汽和凝结水的温度差	蒸汽压力式	波纹管式
		双金属片式（热弹性元件式）	圆板双金属式
			双金属式调温
热动力型	蒸汽和凝结水的热力学特性	圆盘式	大气冷却圆盘式
			空气保温圆盘式
			蒸汽加热凝结水冷却圆盘式
		孔板式	脉冲式
特殊疏水阀	蒸汽和凝结水的密度差及气体操作	吊桶式 浮球式 电极式	泵式疏水阀
			真空疏水阀

二、疏水阀的工作原理和特征

（一）机械型疏水阀

机械型疏水阀是利用蒸汽和凝结水的密度差的原理研制的。作为疏水阀的使用介质，蒸汽和凝结水，由于气体和液体的密度差很大，其浮力也大不一样。利用这一特性，使浮子发挥作用，从而启闭阀门，这种具有排除凝结水结构的阀门就是所谓的机械形疏水阀。

机械型疏水阀阀体必须水平安装，其结构大致可分为密闭球状浮子的“浮球式”和桶状开口形浮子的“浮桶式”。

1. 浮球式疏水阀

（1）杠杆浮球式疏水阀　杠杆浮球式疏水阀的结构如图 4-4-1 所示。随着疏水阀内凝结水量的变化，浮球有时上升，有时下降，依靠浮球杠杆的增幅装置，开关排水阀瓣，且能控制其开度。装有空气排放阀，不会产生气阻，其结构有单阀座和双阀座两种。

（2）自由浮球式疏水阀　这类疏水阀又称为“自由浮子式”或“无杠杆浮球式”。因为是将球形浮子无约束地放置在疏水阀的阀体内部，浮球本身作为完成开关动作的阀瓣。如图 4-4-2 所示。球形浮子可自由开关而起到阀瓣的作用；利用它的上升或下降从而实现启、闭阀动作。其特点是结构简单、体积小，不会产生气阻，而且不受背压影响。

（3）自由浮球先导活塞式疏水阀　这种疏水阀是用小浮球的浮力打开大的排放口，从而排除大量的凝结水，提高了排放能力。它设有自由浮球先导活塞机构，即自由浮球把小口径的先导阀打开，排出的凝结水先蒸发，形成蒸汽，依靠再蒸发蒸汽的压力打开大口径主阀。从而提高了排放能力。

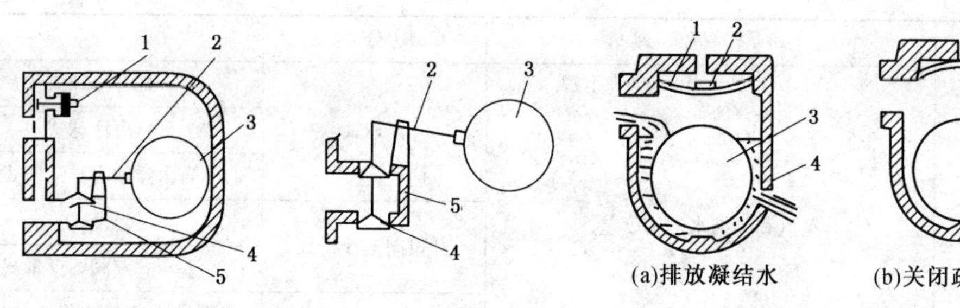

图 4-4-1　杠杆浮球式疏水阀（双阀座式）

1—排放阀；2—杠杆；3—浮球；

4—双座阀；5—阀座

图 4-4-2　自由浮球式疏水阀

1—双金属片；2—空气排放阀；

3—浮球；4—阀座

2. 开口向上浮子式疏水阀

疏水阀的浮子为桶状，又称吊桶式疏水阀。其动作原理是浮子内凝结水的液位变化导致启闭件的开关动作，其结构如图 4-4-3 所示。

（1）浮桶式疏水阀　桶状浮子的开口朝上配置。其结构如图 4-4-4 所示。疏水阀开始通汽时，产生的凝结水被蒸汽压力推动，流入疏水阀内部吊桶的四周，随着凝结水量的增加又逐渐流入桶内。当桶内贮存的水达到所规定的数量时，浮桶失去了浮力，便下沉，从而打开了连接在浮桶上的阀瓣，桶内的水通过集水管，由疏水阀的出口排除。当浮桶内的凝结水大部分被排除之后，浮桶又恢复了浮力，向上浮起，关闭阀门。阀瓣为直通式。

（2）差压式双阀瓣浮桶式疏水阀　差压式双阀瓣浮桶式疏水阀为双阀瓣结构，使用了活塞作为双阀瓣压力差的传感机构，依靠先导阀的作用打开较大的主阀；与直通式相比，同一尺寸，同一重量的浮桶，可产生较大的排水能力。其结构如图 4-4-5 所示。

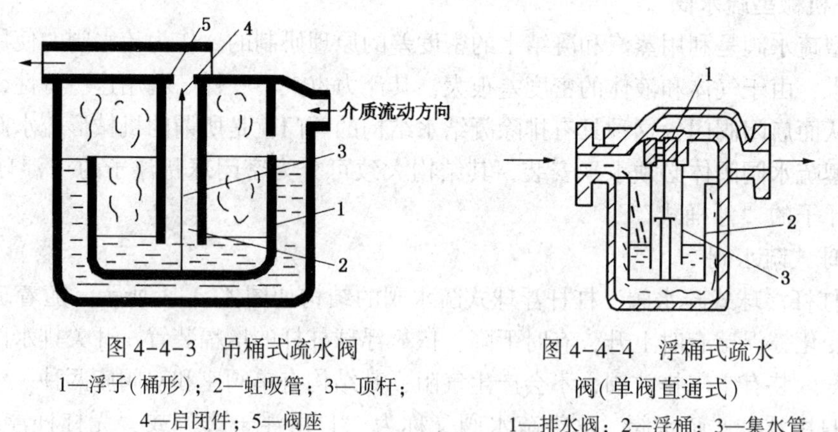

图 4-4-3　吊桶式疏水阀

1—浮子（桶形）；2—虹吸管；3—顶杆；

4—启闭件；5—阀座

图 4-4-4　浮桶式疏水阀（单阀直通式）

1—排水阀；2—浮桶；3—集水管

3. 开口向下浮子式疏水阀

这种结构的浮桶开口朝下，其结构如图 4-4-6 所示。

（1）倒吊桶式　疏水阀的浮桶开口朝下，所以称为“倒吊桶式”或“反浮桶式”。倒吊桶的形状正好呈吊钟形，所以也称为“钟形浮子式”。其结构如图 4-4-7 所示。在吊桶上设置有空气排放口。开始排气时，吊桶下沉，打开与吊桶连接在一起的阀瓣密封处，使之全开；开始通入蒸汽后，蒸汽使设备内的空气进入疏水阀，经排气孔由排水阀排出；接着如果有凝结水流入，先在吊桶内蓄满，然后，通过吊桶下缘流到外部，由排水阀排出。凝结水排除后，蒸汽进入。蒸汽充满吊桶后，使吊桶恢复了浮力，开始上浮，于是关闭疏水阀。吊桶内经常处于水封状态，所以不会泄漏蒸汽。

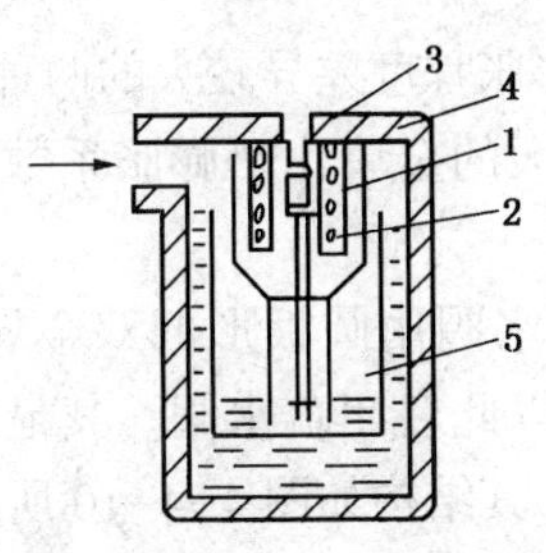

图 4-4-5　差压式双阀　瓣浮桶疏水阀

1—先导阀；2—活塞缸；
3—主阀座；4—主阀；
5—浮桶

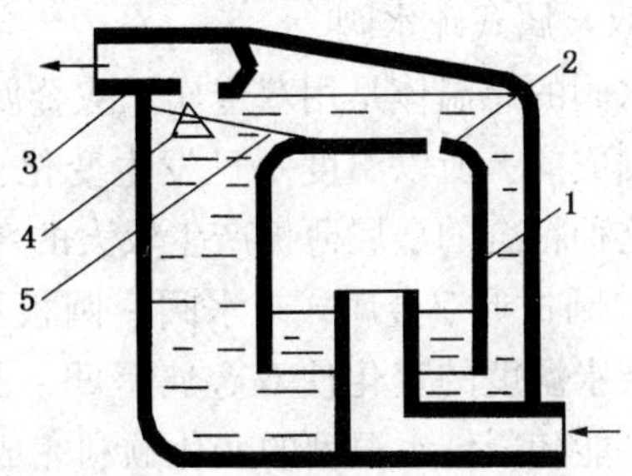

图 4-4-6　开口向下浮子式疏水阀

1—浮子；2—放气孔；
3—闭座；4—启闭件；5—杠杆

（2）差压式双阀瓣倒吊桶式疏水阀　因倒吊桶疏水阀外形尺寸比较大，同时也为了提高性能，因而采用了差压式双阀瓣结构，如图 4-4-8 所示。

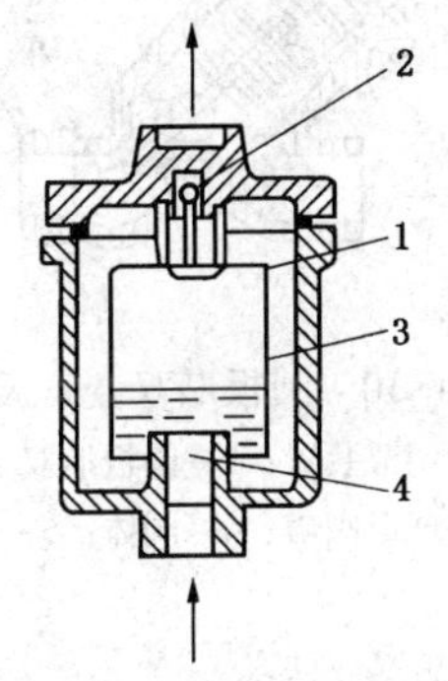

图 4-4-7　倒吊桶式疏水阀

1—空气排放口；2—排水阀；
3—倒吊桶；4—流入管

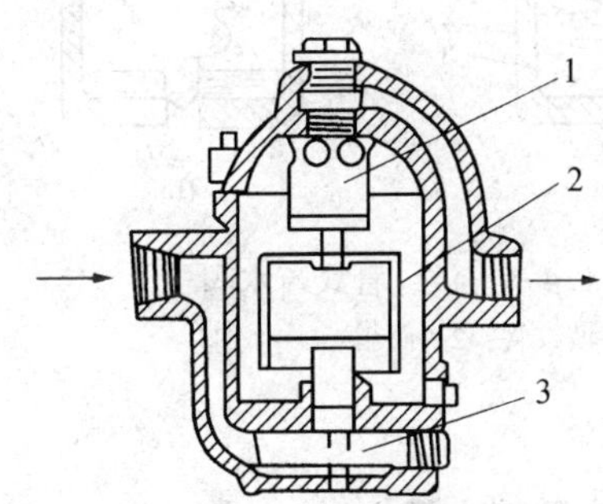

图 4-4-8　差压式双阀瓣倒吊桶式疏水阀

1—差压双阀瓣机构；2—倒吊桶；3—过滤网

（二）热静力型疏水阀

热静力型疏水阀是由温度决定疏水的启闭。它是利用蒸汽（高温）和凝结水（低温）的温差原理，使用双金属或波纹管作为感温原件（感温体），它可以随温度的变化而改变其形状（波纹管产生膨胀或收缩，双金属产生弯曲），利用这种感温体的变位，达到启闭疏水阀的目的。

1. 蒸汽压力式疏水阀

蒸汽压力式疏水阀的动作元件即感温元件是波纹管，又称波纹管式疏水阀。这种波纹管为可自由伸缩的壁厚为 0.1～0.2mm 的密封金属容器。其动作原理是开始通汽时为常温状态，波纹管内部封闭的液体没有汽化，波纹管收缩呈开阀状态，因此，流入流水阀内的空气和大量的低温凝结水通过阀座孔由出口排出，如图 4-4-9（a）所示。凝结水的温度很快上升；随着温度的变化，波纹管感温，同时其内部封闭的液体气化产生蒸汽压力，使体积膨胀、波纹管伸长，并使阀瓣接近阀座，于是，当疏水阀内流入近似饱和温度的水或高温凝结水后，波纹管进一步膨胀，呈关闭状态。如图 4-4-9（b）所示。这种动作反复进行，就实现开闭阀动作，从而排除凝结水。

2. 双金属式疏水阀

疏水阀的感温体是用双金属。双金属是由受热后膨胀程度差异较大的两种金属薄板粘合在一起制成的，所以温度一旦发生变化，热膨胀系数大的金属比热膨胀系数小的金属伸缩大，使这种粘合的金属薄板产生较大的弯曲。

（1）圆板形双金属式疏水阀　圆板形双金属式疏水阀用圆板形的双金属作为感温体。根据凝结水温度的变化使双金属呈凹、凸式弯曲，并以此启闭疏水阀。其最大特点是强度好，并且能随凝结水温度的变化顺利完成开闭阀动作。其结构如图 4-4-10 所示。

（2）双金属式温调疏水阀　所谓“温调疏水阀”是根据疏水阀的使用目的决定的。在圆板形双金属式疏水阀上设置了可以调节凝结水温度的调节装置，因而称为“温调疏水阀”。疏水阀内经常滞留凝结水而形成水封，因此不会泄漏，可以充分利用凝结水所具有的显热，减少疏水阀动作时产生的噪声。灵敏度高，随凝结水的温度变化可立即动作。

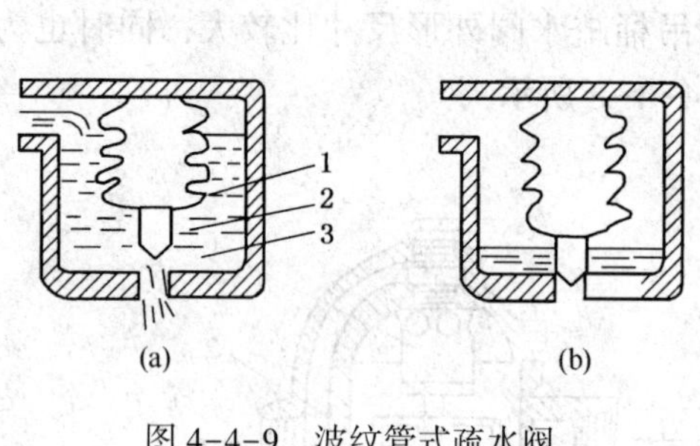

图 4-4-9　波纹管式疏水阀

1—波纹管；2—阀瓣；3—阀座

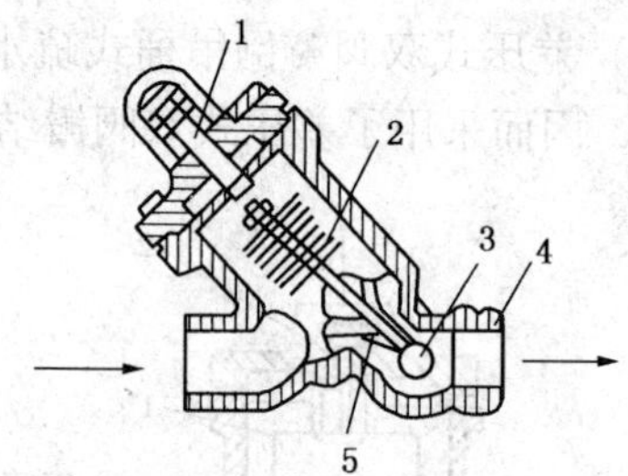

图 4-4-10　圆板形双金属式疏水阀

1—调节装置；2—圆板形双金属；3—球形阀瓣；4—阀体；5—阀座

（三）热动力型疏水阀

热动力型疏水阀是根据蒸汽和凝结水的运动速度不同，既利用了蒸汽的凝结作用又利用了凝结水的再蒸发作用。其动作原理是在入口压力和出口压力的中间设置了中间压力的变压室。当变压室内流入蒸汽或高温凝结水时，会由于该蒸汽压力或凝结水产生的再蒸发蒸汽的压力而关闭疏水阀。若变压室的温度因凝结水而下降，或自然冷却至某一温度以下时，基于温度的变化，变压室内的压力下降，从而开启疏水阀。

1. 圆盘式疏水阀

圆盘式疏水阀是借助于圆盘来开闭阀门，以排除凝结水。凝结水和蒸汽的密度差——形成开阀时向上推圆盘阀片的力量；凝结水和蒸汽的运动粘性系数差——转变闭阀状态时对圆盘阀片正反两面产生动作用，是闭阀的最主要的因素；温度降低使蒸汽凝结，造成压力下降——使变压室内的压力降低。其结构如图 4-4-11 所示。

（1）大气冷却圆盘式疏水阀　大气冷却圆盘式疏水阀结构如图 4-4-11（a）所示。由于变压室是靠大气（自然）而不是靠凝结水冷却，因此冷却速度太快，动作过于灵敏，阀片空打而造成蒸汽的浪费和空气气堵使阀门失灵。

（2）蒸汽加热凝结水冷却的圆盘式疏水阀　这种疏水阀也称为“蒸汽夹套型圆盘式疏

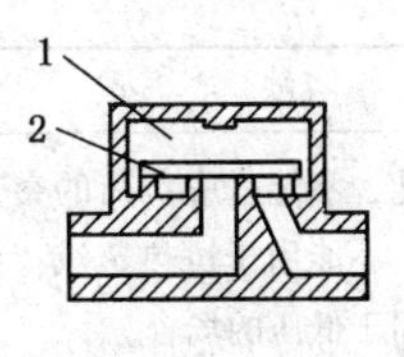

(a) 大气冷却式

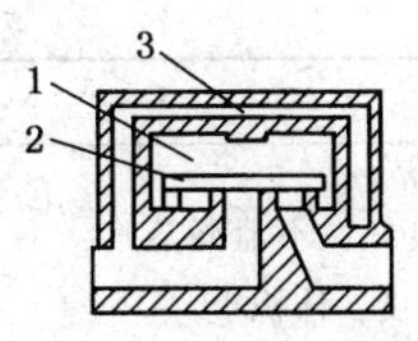

(b) 蒸汽加热凝结水冷却式

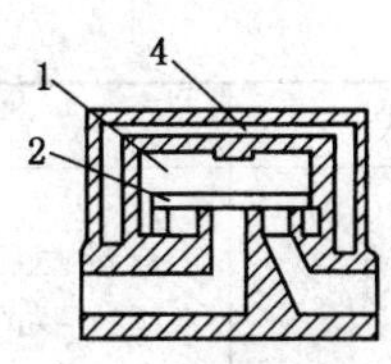

(c) 空气保温式

图 4-4-11　圆盘式疏水阀

1—变压室；2—圆盘阀片；3—蒸汽室；4—空气室

水阀”。如图 4-4-11（b）所示。成双阀盖结构，两盖之间靠循环孔与疏水阀入口处相通，因此，在没有凝结水时，在两盖之间，即套盖里充满了蒸汽，所以变压室可由外面的蒸汽加热，其压力不会下降，也不会开阀。当疏水阀入口滞留了凝结水时，套盖之间也充满了凝结水，变压室由于凝结水的冷却而引起压力下降从而开阀。

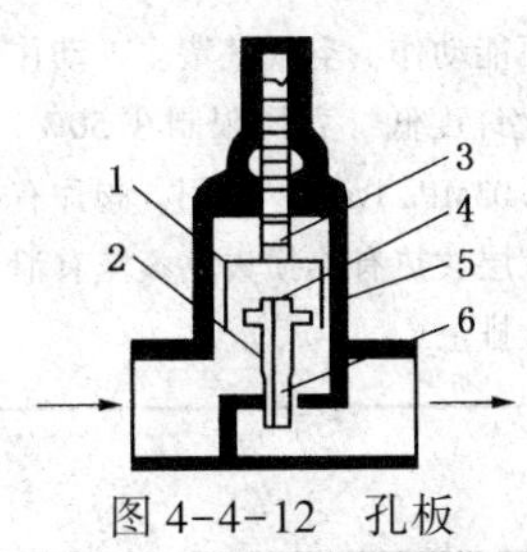

图 4-4-12　孔板式疏水阀

1—控制缸；2—阀瓣；3—调整螺纹；4—第二孔板；5—第一孔板；6—主阀口

（3）空气保温圆盘式疏水阀　这种疏水阀也称为“空气夹套型圆盘式疏水阀”。呈双阀盖结构，其间充满了空气，即设置“空气夹套”，使变压室因有空气夹套而隔热，这就不会受外界气温的影响。如图 4-4-11（c）所示。

2. 孔板式疏水阀

孔板式疏水阀是在阀瓣上设置了孔板，接通疏水阀出口，所以称孔板式又称脉冲式。如图 4-4-12 所示。借助于孔板的作用可以自动排除空气，从而可防止空气气阻和蒸汽汽锁。

（四）特殊疏水阀

蒸汽设备上使用的特殊疏水阀是泵式疏水阀，因为它兼备泵的功能而得名。当蒸汽设备上使用一般疏水阀不能排除设备内部的凝结水时，或者是向不可能输送凝结水的特殊场合输送凝结水时，可以用泵式疏水阀。

（五）各种疏水阀的主要特征

各种疏水阀的主要特征见表 4-4-2、表 4-4-3 和表 4-4-4。

表 4-4-2　各种疏水阀的主要特征（一）

形式		优点	缺点
机械形	浮桶式	动作准确、排放量大、不泄漏蒸汽、抗水击能力强	排除空气能力差，体积大，有冻结的可能，疏水阀内的蒸汽层有热量损失
	倒吊桶式	排除空气能力强，没有空气气堵和蒸汽汽锁现象，排量大，抗水击能力强	体积大，有冻结的可能
	杠杆浮球式	排量大，排除空气性能良好，能连续（按比例动作）排除凝结水	体积大，抗水击能力差，疏水阀内蒸汽层有热损失，排除凝结水时有蒸汽卷入
	自由浮球式	排量大，排空气性能好，能连续（按比例动作）排除凝结水，体积小，结构简单，浮球和阀座易互换	抗水击能力比较差，疏水阀内蒸汽有热损失，排除凝结水时有蒸汽卷入

续表

形式		优点	缺点
热静力形	波纹管式	排量大，排空气性能良好，不泄漏蒸汽，不会冻结，可控制凝结水温度，体积小	反应迟钝，不能适应负荷的突变及蒸汽压力的变化，不能用于过热蒸汽，抗水击能力差，只适用于低压的场合
	圆板双金属式	排量大，排空气性能良好，不会冻结，不泄漏蒸汽，动作噪声小，无阀瓣堵塞事故，抗水击能力强可利用凝结水的显热	很难适应负荷的急剧变化，不适应蒸汽压力变动大的场合，在使用中双金属的特性有变化
	圆板双金属温调式	凝结水显热利用好，节省蒸汽，不泄漏蒸汽，动作噪声小，随蒸汽压力变化应动性能好	不适用于大排量
热动力形	孔板式	体积小，重量轻，排空气性能良好，不易冻结，可用于过热蒸汽	不适用于大排量，泄漏蒸汽，易有故障，背压容许度低（背压限制在30%）
	圆盘式	结构简单，体积小，重量轻，不易冻结，维修简单，可用于过热蒸汽，安装角度自由，抗水击能力强，可排饱和温度的凝结水	空气流入后不能动作，空气气堵多，动作噪声大，背压允许度低（背压限制在50%）不能在低压（0.03MPa以下）使用，阀片有空打现象，蒸汽层放热有热损失，蒸汽有泄漏，不适用于大排量

表 4-4-3　各种疏水阀的主要特征（二）

疏水阀名称	蒸汽损失	空气障害	蒸汽障害	背压允许度	动作检查	耐水击性能	凝结水排量	需要时间		比例控制	排放特性	安装	冻结	耐久性	凝结水显热的利用
								开阀	闭阀						
浮桶式	○	×	×	○	○	○	○	△	△	×	×	×	×	○	×
倒吊桶式	○	○	○	○	○	○	○	△	△	×	×	×	×	○	×
浮球式	×	△	×	○	×	×	○	○	○	○	○	×	×	×	×
波纹管式	○	○	×	○	×	×	○	×	×	×	×	×	○	×	○
圆板双金属式	○	○	×	○	×	×	○	×	×	×	×	×	○	○	○
圆板双金属温调疏水阀	○	○	×	○	×	×	○	×	×	×	×	×	○	○	○
孔板式	×	○	○	×	×	○	×	×	○	×	×	×	○	×	×
圆盘式	×	×	×	×	○	○	×	×	○	×	×	○	○	×	×
判定记号	○难 ×易	○没有 ×有 △高温空气时有	○没有 ×有	○高 ×低	○容易 ×难	○大 ×小	○大 ×小	○不需要时间 △需要一一点时间 ×需要长时间		○可 ×否	○连续 ×间歇	○角度自由 ×只限水平安装	○难 ×易	○大 ×小	○可 ×否

表 4-4-4　各种疏水阀蒸汽损失的难易

蒸汽损失原因	易损失蒸汽的型式	不易损失蒸汽的型式
动作特点决定了在闭阀之前要泄漏蒸汽，因此造成蒸汽损失	圆盘式	双金属式 浮桶式 倒吊桶式
排放凝结水时有可能卷入蒸汽，造成蒸汽损失	圆盘式 浮球式	双金属式 浮桶式 倒吊桶式

续表

蒸 汽 损 失 原 因	易损失蒸汽的型式	不易损失蒸汽的型式
疏水阀内部的蒸汽层散热，造成蒸汽的损失	圆盘式 浮球式 浮桶式	双金属式 倒吊桶式
不能利用凝结水的显热，造成蒸汽损失	圆盘式 浮球式 吊桶式	双金属式 波纹管式

三、疏水阀的主要技术性能

（一）排水性能

蒸汽加热设备内如积聚凝结水时，不仅加热面积减少、传热效率降低，同时又易产生水锤现象；对于蒸汽管道因散热损失而产生的凝结水如不及时排除，同样会产生水锤现象，严重者可导致管道破裂，因此需随时排除不断产生的凝结水。

对于排水能力相等的疏水阀，由于型式、动作原理不同，排水性能亦异。按排水方式可分为连续排水和间歇排水两种。

除浮球式疏水阀是连续排水外，其他各型式疏水阀多为间歇排水。间歇排水的疏水阀其动作周期短的叫动作敏感，越是敏感的疏水阀设备或管道内积聚的凝结水越少。动作周期长的叫动作迟缓，这样的疏水器漏汽量较大，设备内易积聚凝结水。动作周期一定的疏水阀，其工作性能可靠。

由于机械型疏水阀的动作原理是利用蒸汽与凝结水的比重差，所以在一定条件下动作周期是规律的，故其动作性能可靠。

热动力型疏水阀动作敏感、漏汽量少，有接近连续排水的性能。

热静力型疏水阀在一定条件下动作周期长，故其可靠性差。

热动力型疏水阀排除的凝结水接近饱和温度，而热静力型排除凝结水温度低于饱和温度。

（二）排气性能

空气等不凝气体能否在启动疏水阀后迅速地从系统中排除，对其操作有很大的影响。如时间延长、由于空气的存在产生气阻，凝结水不能顺利排出，系统温度不能迅速上升。设备内如积聚空气不仅蒸汽温度降低，设备温度不均、传热系数下降而且容易腐蚀设备，所以应迅速排除空气等不凝气体。

机械型疏水阀排气性能很差（倒吊桶式除外），一般都在疏水阀本体上设置手动或自动气阀。

对于热静力型疏水阀（圆板双金属式，双金属调温），当蒸汽中含有空气时，温度下降，空气含量越多温度下降值越大，温度越低。将疏水阀打开，空气即可排出。

孔板式疏水阀由于控制孔连续泄漏，所以排气性能较好。

热动力式疏水阀只要控制阀片有适当的加工精度，则排气性能较好（阀片加工精度过高，排气性能反而不好）。

（三）工作压力的适应范围

疏水阀入口压力与出口压力的大小都会影响疏水阀的动作。

对于机械型疏水阀如工作压力波动太大或压力范围不符合它的要求，均影响其动作。它仅适于较低的工作压力。

热动力式疏水阀的工作压力范围较大，不需调整。但允许背压度为50%有的可达80%，且最低工作压力不得低于0.05MPa。

若背压超过最高允许背压则疏水阀工作不正常。低于最低工作压力则疏水阀不能动作。

热静力型疏水阀则不受压力波动的影响。

1. 最高背压率（*PBMR*）

最高背压率（*PBMR*），即允许最高工作背压（*PMOB*）与最高工作压力（*PMO*）之比的百分率。可写成式（4-4-1）。

$$PBMR = \frac{PMOB}{PMO} \times 100\% \qquad (4-4-1)$$

式中 *PMOB*——最高工作背压、在最高工作压力下，能正确动作时疏水阀出口端的最高压力，MPa；

PMO——最高工作压力、在正确动作条件下，疏水阀入口端的最高压力，它由制造厂给定，MPa。

2. 最高背压率规定值

国家专业标准《蒸汽疏水阀　技术条件》（ZBJ 16007—90）规定：

（1）机械型疏水阀最高背压率不低于50%；

（2）热静力型疏水阀最高背压率不低于30%；

（3）热动力型疏水阀最高背压率不低于80%。

3. 疏水阀的工作压差（ΔP）

工作压差是工作压力与工作背压的差值

即

$$\Delta P = P_0 - P_{0B} \qquad (4-4-2)$$

式中 P_0——工作压力，在工作条件下，疏水阀入口端的压力，MPa；

P_{0B}——工作背压，在工作条件下，疏水阀出口端的压力，MPa。

疏水阀的入口压力是指入口处的压力，而不是蒸汽系统的压力。一般疏水阀入口压力比蒸汽压力低0.05~0.1MPa；对蒸汽管道的疏水，蒸汽的压力可视为疏水阀入口压力。

疏水阀出口压力是由疏水阀后的系统压力决定的。当凝结水不回收排入大气时，疏水器出口压力可视为零。

一般将凝结水经管网集中回收，做为热能综合利用，这时疏水器出口压力 P_{0B} 是凝结水管网的压降，凝结水管上升的高度和二次蒸发器（扩容器）压力三者之和，按公式（4-4-3）计算。

$$P_{0B} = \frac{H}{100} + P_1 + \Delta P_L \cdot L \qquad (4-4-3)$$

式中 P_{0B}——疏水器出口压力，MPa（表）；

H——疏水器与二次蒸发器（扩容器）之间的位差，m；

P_1——扩容器或凝结水罐内的压力，MPa（表）；

ΔP_L——每m管道的摩擦阻力，MPa/m；

L——管道当量长度（包括局部阻力的当量长度），m。

凝结水管网架空敷设时，由于凝结水管升高造成的背压，每升高10m约产生0.1MPa的静压。

还应考虑凝结水管网的压降（摩擦阻力）。

由于疏水阀的排水能力与 $\sqrt{P_0 - P_{0B}}$ 成正比（但 $\Delta P < 1.0 \sim 1.5\text{MPa}$），故 P_1、P_2 的计算不可忽视。

疏水阀的入口压力必须高于出口压力。如果进出口压力相同，即工作压差等于零，则不可能排放凝结水。工作压差是确定疏水阀排量和性能的重要指标。

工作背压越高，疏水阀的工作压差（ΔP）就越低，则凝结水的排放量就越少。背压超过一定限度，疏水阀就失去功能。

工作背压低，工作压差（ΔP）加大，排出凝结水的能力提高。提高工作背压后，背压率也相应提高，但不允许超过疏水阀类型的最高背压率，否则将导致疏水阀无法排水而工作失灵。

（四）过冷度（ΔT）

凝结水温度与相应压力下饱和温度之差的绝对值称为过冷度。

不同类型的疏水阀都有其特定的最低过冷度。

（1）机械型疏水阀　可以连续排出饱和凝结水；

（2）热静力型疏水阀　一般允许最低过冷度较高。双金属片式疏水阀的最低过冷度为10~30℃；

（3）热动力型疏水阀　圆盘式疏水阀，允许最低过冷度为6~8℃。

对于加热温度不高，温度控制不严的设备，可采用过冷度较高的疏水阀，在加热设备中利用一部分凝结水的显热；对于加热温度高，负荷大，温度控制严格的设备，需要快速排出凝结水，应采用过冷度低的疏水阀。

（五）有负荷漏汽率（RSL）

有负荷漏汽率为有负荷漏汽量（q_{ms}）与试验时间内实际热凝结水排量（Q_H）的百分比。

即：

$$\text{有负荷漏汽率}(RSL) = \frac{q_{ms}}{Q_H} \times 100\% \qquad (4-4-4)$$

式中　q_{ms}——有负荷漏汽量，kg/h；

Q_H——热凝结水排量，kg/h。

有负荷漏汽率是考核疏水阀在正常工作状态下，各种漏汽的综合性指标。有关标准规定，各种类型的疏水阀的有负荷漏汽率不应超过3%。

（六）凝结水量

蒸汽加热设备或管道在预热、暖管时，由于其内部充满空气等不凝气体，必须先通过疏水阀排出，然后就是大量冷凝结水，疏水阀入口压力降低，设备或管道逐渐被加热，最后进入正常运行状态，凝结水量下降，此时有二次蒸汽产生。由于供汽初期上述三种不利情况同时发生，使疏水阀超负荷工作，待正常运行时凝结水量下降趋于稳定，所以疏水阀的负荷变化是先高后低。

为了适应这种变化，同时并考虑到疏水阀最大排水量是按连续排水测得的。所以在选择疏水阀时，必须将设备或管道计算的凝结水量乘以安全系数 K，这样算得的凝结水量才能做为选择疏水阀时排水量的依据。

当加热设备启动时没有速热要求者，可根据正常负荷乘以安全系数 K 做为选择疏水阀时的排水量的依据；若有速热要求者，则疏水阀的疏水能力要远远大于正常负荷，此时就要根据加热设备的启动负荷来选用疏水阀，或增大安全系数 K。

当负荷是周期变化时，应根据高负荷的数据选用疏水阀。

蒸汽管道、蒸汽伴热管的疏水量可按正常运行时产生的凝结水量乘以安全因数 K。

（1）开工时蒸汽管道或阀门所产生的凝结水量可按公式（4-4-5）估算。

$$W = \frac{q_1 c_1 \Delta t_1 + q_2 c_2 \Delta t_2}{i_1 - i_2} \times 60n \quad \text{kg/h} \tag{4-4-5}$$

式中 W——凝结水量，kg/h；

q_1——单位长度的钢管质量或单只阀门的质量，kg/m 或 kg/只；

q_2——单位长度的钢管或单只阀门的保温材料质量，kg/m 或 kg/只；

c_1——钢管的比热，kJ/（kg·℃），

对于碳素钢可取 $c_1 = 0.469$，合金钢 $c_1 = 0.486$；

c_2——保温材料的比热，kJ/（kg·℃），

可近似地取 $c_2 = 0.837$；

Δt_1——钢管升温速度，℃/min，

一般按 5℃/min 计算；

Δt_2——保温材料升温速度，℃/min，

一般取 $\Delta t_2 = \Delta t_1/2$；

i_1、i_2——操作压力下过热蒸汽的焓或饱和蒸汽的焓和饱和水的焓，kJ/kg；

n——管道长度或阀门数量，m 或个。

（2）蒸汽管道经常疏水的凝结水量 W、可按公式（4-4-6）计算

$$W = \frac{Q}{1.163(i_1 - i_2)} n \quad \text{kg/h} \tag{4-4-6}$$

式中 Q——蒸汽管道单位长度的散热量，W/m。

（3）蒸汽伴热管的凝结水量，即蒸汽伴热管每小时的蒸汽用量，见第一篇第十三章表 13-2-4。

（七）安全因数（K）

根据蒸汽使用设备的特性确定安全因数（K）。即从蒸汽使用设备蒸汽消耗量的变化特点和疏水阀本身的动作特点来估计，以确定安全率。

$$W_{max} = G \cdot K \tag{4-4-7}$$

式中 W_{max}——在给定压差和温度下，疏水阀一小时内排出凝结水的最大量，kg/h；

G——设备每小时产生凝结水量，kg/h；

K——安全因数，一般间断排水取 2~3；连续排水取 1.5，也可参考表 4-4-5 所列数值选用。

表 4-4-5　蒸汽疏水阀选用安全因数 K 推荐表

序号	供热系统	使用状况	K
1	分汽缸下部疏水	在各种压力下，能快速排除凝结水	3
2	蒸汽主管疏水	每 100m 或控制阀前、管路拐弯、主管末端等处应设疏水点	3
3	支管	支管长度≥5m 处的各种控制阀的前面设疏水点	3
4	汽水分离器	在汽水分离器的下部疏水	3
5	伴热管	一般伴热管径为 DN15，在≤50m 处设疏水点（宜在最大放水长度处）	2

续表

序号	供热系统	使用状况		K
6	暖风机	压力不变		3
		压力可调时	0~0.1MPa	2
			0.1~0.2MPa	2
			0.2~0.6MPa	3
7	单路盘管加热（液体）	快速加热		3
		不需快速加热		2
8	多路并联盘管加热（液体）			2
9	烘干室（箱）	采用较高压力　1.5MPa		2
		压力不变时		2
		压力可调时		3
10	溴化锂制冷设备蒸发器的疏水	单效压力 0.1MPa		2
		双效压力 1.0MPa		3
11	浸在液体中的加热盘管	压力不变时		2
		压力可调时 0.1~0.2MPa		2
		虹吸排水　>0.2MPa		3 5
12	列管式热交换器	压力不变时		2
		压力可调时	0.1MPa	3
			0.2MPa	2
			>0.2MPa	3
13	夹套锅	必须在夹套锅上方设排空气阀		3
14	单效或多效蒸发器	凝结水量	<20t/h	3
			>20t/h	2
15	层压机	应分层疏水，注意水击		3
16	消毒柜	柜的上方设排空气阀		3
17	回转干燥圆筒	表面线速度	≤30m/s	5
			≤80m/s	8
			≤100m/s	10
18	二次蒸汽罐	罐体直径应保证二次蒸汽速度 $V\leqslant5$m/s，且罐体上部要设排空气阀		3

（八）动作的声音

由于疏水阀多为周期性动作因而产生噪声。热静力型疏水阀的动作较慢（迟缓）故声音较小；热动力式疏水阀动作快（敏感）而激烈，故产生较大的噪声。连续排水的疏水阀声音最小，故适于需要安静的地方。

（九）各种疏水阀的技术性能比较

常用疏水阀技术性能比较见表4-4-6所示。

表4-4-6　常用疏水阀技术性能比较表

项目	热动力形疏水阀		机械形疏水阀			热静力形疏水阀		
	热动力式	脉冲式	倒吊桶式	浮球式	浮筒式	波纹管式	双金属式（圆盘形）	双金属式（长方形）
排水性能	间歇排水	间歇排水	间歇排水	连续排水	间歇排水	间歇排水	间歇排水	间歇排水
排气性能	较好（随每次动作排气）	好	较好	不好	不好	好	好	好
使用条件变动时	自动适应	需调整	自动适应		需调整浮筒重量		除很大的变动外不要调整	宜调整

续表

项　目	热动力形疏水阀		机械形疏水阀			热静力形疏水阀		
	热动力式	脉冲式	倒吊桶式	浮球式	浮筒式	波纹管式	双金属式（圆盘形）	双金属式（长方形）
允许最大背压或允许背压度	允许背压度 50%最低工作压力 0.05MPa	允许背压度 25%	$\Delta P>$ 0.05MPa	$\Delta P>$ 0.05MPa	$\Delta P>$ 0.05MPa	允许背压极低	允许背压度 50%时，不必调整	允许背压极低但调整后可提高
动作性能	敏感，可靠	敏感控制缸易卡住	迟缓但规律稳定可靠	迟缓但规律稳定可靠	迟缓但规律稳定可靠	迟缓，不可靠	迟缓，不可靠	迟缓，不可靠
适用范围	可用于过热蒸汽	可用于过热蒸汽				仅适用于低压（0.2MPa）		
蒸汽泄漏	<3%	1%~2%	2%~3%	无	无		无	
是否防冻	垂直安装能防止结冰	不要	要	要	要	不要	垂直安装能防止结冰	垂直安装能防止结冰
启动操作			需充水		打开放气阀排气、充水			
安装方向	水平	水平	水平	水平	水平	波纹管伸缩方向	水平	水平
排水温度	接近饱和温度	接近饱和温度	饱和温度			低于饱和温度	低于饱和温度	低于饱和温度
耐久性	较好	较差	阀和销钉尖部分的磨损较快		阀门部分磨损较快而漏气	较差	好	好
结构大小	小	小	较大	大	大	很小	小	小

四、疏水阀的选用

1. 疏水阀的选用方法

在某一压差下排除同量的凝结水，可采用不同型式的疏水阀。各种疏水阀都具有一定的技术性能和最适宜的工作范围。要根据使用条件进行选择，不能单纯地从最大排水量的观点去选用，更不应只根据凝结水管径的大小去选用疏水器。

一般在选用时，首先要根据使用条件、安装位置参照各种疏水阀的技术性能选用最为适宜的疏水阀型式。再根据疏水阀前后的工作压差和凝结水量，从制造厂样本中选定疏水阀的规格、数量。

2. 选用疏水阀的主要依据

（1）凝结水量；

（2）蒸汽温度、压力（最低压力）；

（3）凝结水回收系统的最高压力；

（4）蒸汽加热设备或管道的操作特点（连续或间歇操作）；

（5）疏水阀安装位置以及对它的要求。

3. 对疏水阀的要求

（1）及时排除凝结水；

(2) 尽量减少蒸汽泄漏损失；

(3) 动作压力范围大，即压力变化后不影响疏水；

(4) 对背压影响要小；

(5) 能自动排除空气；

(6) 动作敏感、可靠、耐久、噪声小；

(7) 安装方便、维护容易、不必调整；

(8) 外形小、重量轻、价格便宜。

五、选用疏水阀的几点注意事项

(1) 在凝结水负荷变动到低于额定最大排水量的15%时不应选用孔板式疏水阀。因在低负荷下将引起部分新鲜蒸汽的泄漏损失。

(2) 在凝结水一经形成后必须立即排除的情况下，不宜选用孔板式和不能选用热静力型的波纹管式疏水阀，因二者均要求一定的过冷度（约1.7~5.6℃）。

(3) 由于孔板式和热静力型疏水阀不能将凝结水立即排除，所以不可用于蒸汽透平，蒸汽泵或带分水器的蒸汽主管，即使透平外壳的疏水，亦不可选用。上述情况均选用浮球式疏水阀，必要时也可选用热动力式疏水阀。

(4) 热动力式疏水阀有接近连续排水的性能，其应用范围较大，一般都可选用。但最高允许背压不得超过入口压力的50%、最低工作压力不得低于0.05MPa。但要求安静的地方不宜使用，应选用浮球式疏水阀。

(5) 间歇操作的室内蒸汽加热设备或管道，可选用倒吊桶式疏水阀，因其排气性能好。

(6) 室外安装的疏水阀不宜用机械型疏水阀，必要时应有防冻措施（如停工放空，保温等）。

(7) 疏水阀安装的位置虽各不相同，但根据凝结水流向及疏水阀的方向大致分为三种情况，如图4-4-13所示。

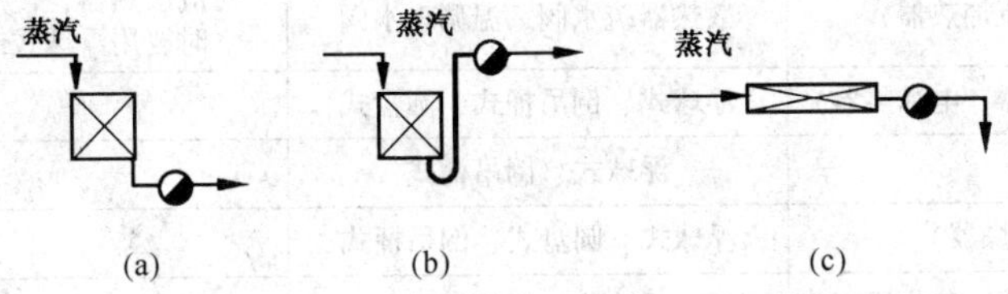

图4-4-13　疏水阀安装位置示意图

图4-4-13（a）所示可选用任何形式的疏水阀。

图4-4-13（b）所示不可选用浮筒式，可选用双金属式疏水阀。

图4-4-13（c）所示凝结水的形成与疏水阀位置的标高基本一致，可选用浮筒式、热动力式或双金属式疏水阀。

六、疏水阀的选择

（一）疏水阀的选择条件

为了选择和安装理想的疏水阀，应考虑蒸汽使用设备的构造和种类、使用条件和使用目的，以及设备的配套情况，要使疏水阀与这些情况相适应，可按下列条件选择疏水阀。

(1) 选择符合使用条件的形式；

(2) 选择与使用条件相适应的容量；

(3) 具备使用条件要求的良好的耐用性；

(4) 选用便于维修的产品；

(5) 为了符合使用条件，疏水阀的安装和配管方法要正确；

(6) 应定期进行维修。

在选择疏水阀时，还必须对以下条件进行具体充分的研究：

(1) 疏水阀的形式（工作特性）；

(2) 疏水阀的容量（排放量）；

(3) 疏水阀的最高使用压力；

(4) 疏水阀的最高使用温度；

(5) 常规状态下疏水阀入口压力；

(6) 常规状态下疏水阀出口压力（背压）；

(7) 疏水阀阀体的材料；

(8) 疏水阀的连接管径（配管尺寸）；

(9) 疏水阀的进出口的连接方式。

(二) 疏水阀的选择

按使用设备和用途分类，疏水阀可按表 4-4-7 选择。

表 4-4-7　疏水阀的选择

用　途	适 用 形 式	备　注
蒸汽输送管	圆盘式、自由浮球式、倒吊桶式	凝结水量少时，用双金属式温调疏水阀
热交换器	浮球式、倒吊桶式	加热温度在 100℃以下，凝结水量少时用双金属式温调疏水阀
加热釜	浮球式、倒吊桶式、圆盘式	用圆盘式时，希望与自动空气排放阀并列安装
暖气（散热器和对流加热器）	散热器疏水阀、温调疏水阀	对流散热器，使用 0.1~0.3MPa 的蒸汽时，用浮球式或倒吊桶式比较恰当
空气加热器（组合加热器、电加热器）	浮球式、倒吊桶式、圆盘式	
筒式干燥器	浮球式、倒吊桶式	
干燥器（管道干燥器）	浮球式、圆盘式、倒吊桶式	
直接加热装置（蒸馏甑、硫化器）	浮球式、倒吊桶式	
热板压力机	浮球式、倒吊桶式	
蒸汽伴热管	双金属式温调疏水阀、圆盘式	加热温度在 100℃以下时，用温调疏水阀最合适

第五节　减　压　阀

减压阀是通过启闭件的节流。将进口压力降至某一个需要的出口压力，并能在进口压力及流量变动时，利用本身介质能量保持出口压力基本不变的阀门。其作用是依靠敏感元件，如膜片、弹簧等来改变阀瓣的位置，将介质压力降低，达到减压的目的。一般情况下，减压阀的出口压力应小于 0.5 倍的进口压力。

减压阀与节流阀不同，虽然它们都利用节流效应降压，但是节流阀的出口压力是随进口压力的变化而变化的。但减压阀却能进行自动调节，使阀后压力保持稳定。

一、减压阀的分类

(一) 按作用方式分类

(1) 直接作用式　利用出口压力变化，直接控制阀瓣运动的减压阀；

(2) 先导式　由主阀和导阀组成，出口压力的变化通过导阀放大控制主阀动作的减压阀。

(二) 按结构形式分类

(1) 薄膜式减压阀；

(2) 弹簧薄膜式减压阀；

(3) 活塞式减压阀；

(4) 波纹管式减压阀；

(5) 杠杆式减压阀；

下面只介绍常用的弹簧薄膜式和活塞式减压阀。

二、减压阀的结构特征及其原理

1. 弹簧薄膜式减压阀

弹簧薄膜式减压阀是依靠薄膜两侧受力的平衡来保持阀后压力恒定。主要由阀体、阀盖、阀杆、阀瓣、薄膜、调节弹簧和调整螺钉所组成。如图 4-5-1所示。

弹簧薄膜式减压阀的动作原理是：使用前，阀瓣在进口压力和调节弹簧的作用下处于关闭状态。使用时，可顺时针方向拧动调整螺钉，顶开阀瓣，使介质流向阀后，于是阀后压力逐渐上升，同时介质压力也作用在薄膜上，压缩调节弹簧向上移动，阀瓣也随之向关闭方向移动，直到介质作用力与调节弹簧作用平衡，当阀后压力等于规定压力时，原来的平衡被破坏，薄膜下方的压力上升，推动薄膜向上移动，并带动阀瓣向关闭方向运动，于是流动阻力增加，阀后压力降低，并达到新的平衡。反之如果阀后压力低于所规定的压力，阀瓣便向开启方向运动，于是阀后压力又随之上升，达到新的平衡。这样便可使阀后压力保持在一定范围内。

弹簧薄膜式减压阀的灵敏度较高，但薄膜的行程小，而且容易损坏，因而工作温度，压力受到限制。适用于较低温度和较低压力的水、空气等介质。

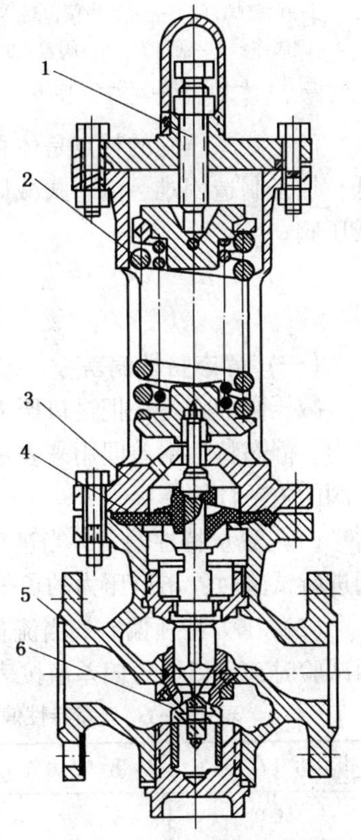

图 4-5-1　弹簧薄膜式减压阀

1—调节螺钉；2—调节弹簧；3—阀盖；4—薄膜；5—阀体；6—阀瓣

2. 活塞式减压阀

活塞式减压阀应用最为广泛。是一种带有副阀的复合式减压阀。主要由阀盖、阀杆、主阀瓣、副阀瓣、活塞、膜片和调节弹簧组成。如图 4-5-2 所示。

活塞式减压阀的动作原理是：使用前，主阀和副阀在介质压力和下面弹簧的作用下均处于关闭状态。使用时，顺时

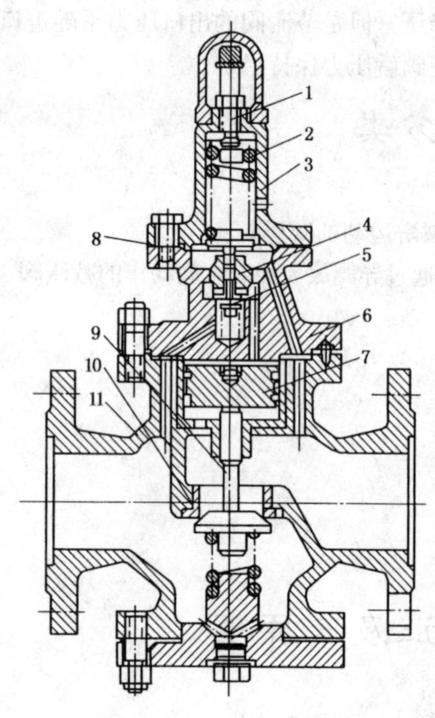

图 4-5-2　活塞式减压阀

1—调整螺钉；2—调节弹簧；3—帽盖；4—副阀座；5—副阀瓣；6—阀盖；7—活塞；8—膜片；9—主阀瓣；10—主阀座；11—阀体

针方向拧动调节螺钉，压缩调节弹簧顶开副阀瓣，于是阀前介质经过小通孔 a、b、c 和开启着的副瓣进入活塞上部，使介质压力作用在活塞上。由于活塞面积大于主阀瓣面积，因而介质作用在活塞上方的力，大于作用在主阀瓣下方的介质压力和弹簧力，于是活塞向下移动，使主阀瓣开启，介质流到阀后，并通过小通孔 d 和 e 进入膜片下方。由于主阀瓣与阀座隙缝的节流作用，使阀后压力低于阀前压力。当阀后压力达到预定值时，膜片下方的作用力便与上方的调节弹簧张力相平衡，阀后压力便保持在一定数值，当阀后压力上升超过规定值时，膜片下方压力上升，压缩调节弹簧，副阀瓣在下面弹簧作用下向上移动，进入缸内的介质压力减小，从而活塞上的压力下降，于是主阀瓣在介质压力下和下面弹簧作用下，向关闭方向运动，阀后压力也随之下降，逐渐达到平衡；反之，当阀后压力下降低于规定数值时，调节弹簧则推动膜片向下移动，使副阀瓣向开启方向运动，气缸上方压力上升，活塞推动主阀瓣开启，阀后压力又重新上升到所规定数值。这样便使阀后压力能够保持在一定范围内。通过拧动调节螺钉来压紧或放松调节弹簧，可以调节阀后压力。

活塞式减压阀的特点是体积小，活塞行程大。但活塞与气缸的摩擦力大，因而灵敏度较低，加工制造困难。活塞式减压阀应用广泛，特别是介质压力较高的场合，大多选用活塞式减压阀。

三、减压阀的性能

（一）静态特性偏差

减压阀的作用是把进口压力降低到某一需要的出口压力，并自动保持出口压力在一定范围内。静态特性偏差即用来表示由于进口压力和流量的变化而引起的出口压力的波动。是减压阀的重要性能指标。

（1）流量特性偏差　当进口压力不变时，由于流量变化而引起的出口压力波动。减压阀进行试验时，出口压力的负偏差值按表 4-5-1 规定。

（2）压力特性偏差　当流量不变时，由于进口压力变化而引起的出口压力波动。减压阀试验时，出口压力偏差值按表 4-5-2 规定。

表 4-5-1　流量特性偏差

出口压力 P_2/MPa	出口压力负偏差值 ΔP/MPa
<1.0	0.10
1.0~1.6	0.15
>1.6~3.0	0.20

表 4-5-2　压力特性偏差

出口压力 P_2/MPa	出口压力偏差值 ΔP/MPa
<1.0	±0.15
1.0~1.6	±0.06
>1.6~3.0	±0.10

（二）不灵敏性偏差

由于减压阀的各运动部件之间存在着间隙和滑动摩擦，因而当出口压力在某一范围内变化时，不能引起减压阀产生调节动作，这一变化范围为不灵敏性偏差。

不灵敏性偏差的大小表明了减压阀的灵敏度。目前尚无统一规定，但在设计和选用时要考虑这一性能。

第六节 阀门的密封性能

密封性能是阀门应具有的功能，如阀座与启闭件之间对介质的密封，阀杆部位的密封。在承受压力的阀门部件间连结部位也要保持密封。因此选用阀门时应对阀门的密封结构及其密封材料给予重视。

一、泄漏标准

阀门对介质的密封性能分为公称级、低漏级、蒸汽级和原子级四级。公称级与低漏级密封适用于关闭要求不严密的阀座处密封，例如控制流量的阀门。蒸汽级密封适用于蒸汽和大部分其他工业用阀门的阀座、阀杆和阀体连接的密封。原子级密封适用于介质密闭性要求极高的场合，如宇宙飞船和原子动力设施。

使用垫片密封的泄漏标准如下：

1. 蒸汽级

气体泄漏量为每米密封长度 10~100μg/s，液体泄漏量为每米密封长度 0.1~1.0mg/s。

2. 原子级

气体泄漏量为每米密封长度 10^{-3}~10^{-5}mg/s。

SH/T 3401—1996，SH/T 3407—1996 规定允许泄漏率分四级。如表 4-6-1 所示。

表 4-6-1 密封性能允许泄漏率

泄漏率等级	指标/（cm^3/s）	泄漏率等级	指标/（cm^3/s）
1	1.2×10^{-5}	3	1.0×10^{-3}
2	1.0×10^{-4}	4	1.0×10^{-2}

二、密封原理

1. 液体的密封性

对液体的密封性要由液体的表面张力和黏度确定。

当泄漏毛细管充满气体时，根据液体与管壁形成的相切角度，表面张力可能将液体引入毛细管内或对液体进行排斥。因此该相切角就是测定该固体被液体浸湿程度的量值。它表明毛细管壁对液体的分子的引力与液体本身分子间引力两者的强度关系。

如果固体与液体相切角大于 90°，表面张力就会阻止介质泄漏。相反，相切角小于 90°时，液体就会流入毛细管，介质在低压下就会开始泄漏。在黏性较大和毛细管尺寸较细的情况下，泄漏量小得可以发觉不到。

2. 气体的密封性

气体的密封性是由气体的黏性和气体的分子大小决定的，如果泄漏毛细管粗大，泄漏介质则为紊流状态；如果毛细管直径减小，雷诺数降低到临界值以下，泄漏介质就为层流。泄漏介质流态与气体的粘性和毛细管的长度成反比，与驱动力与毛细管的直径成正比，当毛细管直径进一步降低到气体分子平均自由程的相同数量级时，流态就失去其密集特性并成为散发，也就是说气体分子是以自由的热运动流过毛细管，毛细管尺寸最后可降到气体分子尺寸以下，即使这样，严格说流动也不会停止，因为众所周知，气体可以通过固态的全属壁散发。

3. 泄漏通路闭合原理

机械加工表面结构由两部分组成，波峰间距离较大的波纹度和散布在波型面上由非常小的不平整度即为表面粗糙度。即使最好的加工表面，其不平整度也要比一个分子的尺寸大。如果相配合本体中，有一种本体材料具有高的屈服应变，则表面不平整度形成的泄漏通路就借助塑性变形而闭合。橡胶的弹性变形为低碳钢的1000倍，它可以在不超出弹性变形极限值的情况下对介质密封。但是大部分材料其弹性应变相当低，所以要使泄漏道路密封，材料压缩就必须超出其弹性极限。

三、阀门密封面

阀门密封面是指阀座与启闭件互相接触的部分，由于密封面在进行密封过程中要受到磨损，所以其密封性能随着使用时间的延长而降低。阀门的寿命试验就是评价阀门密封性能的重要指标。

1. 金属密封面

金属密封面又称硬密封，使用温度及压力都较高的阀门均采用金属密封面。

金属密封面易受固体颗粒磨损和介质的冲蚀及腐蚀。因此密封面必须选择能抗腐蚀、耐磨损、耐冲蚀的材料。

高、低温用的钢制阀门和不锈耐酸钢阀门等用的密封面材料主要选用：铬镍硅合金、铬镍硅钼合金和钴铬钨合金等。

2. 密封剂

金属密封面间的泄漏通路，可以通过在阀门关闭后向密封面间的空隙中注入密封剂而达到密封。油润滑旋塞阀就是用密封剂进行密封的一种。其他种类的阀门阀座失效后，也可采用注射密封剂紧急密封。

3. 软密封面

密封面的材料采用塑料或橡胶等非金属材料，又称软密封。使用时，接触的两密封面可以是一面也可以是两面用非金属材料。由于软质材料能使接触面容易配合，能达到较高的密封性能。但软质材料受到介质性质及温度的限制。

四、阀杆密封

压入阀门填料函内的软质填料，在阀杆周围作用于横向支撑面的压力，如果等于或高于介质压力，且能使横向面上的泄漏通道闭合，则填料就能起到对介质的密封作用。

（一）常用阀杆的填料种类

1. 石棉编织盘根

石棉编织盘根适应各种介质，且耐高温。缺点是润滑性差，高温时硬化而失去密封作用。该填料在高温时液体含量减少，容积缩小，必须经常压紧，使容积保持最小值。一般要求液体含量为填料的 10%（质量比）。

2. 聚四氟乙烯编织填料

聚四氟乙烯编织填料适用于强腐蚀性介质，使用温度 200℃。

3. 膨胀石墨填料

（1）压制环状石墨填料　压制环状石墨填料最高使用温度为 420℃，非氧化环境为 1300℃。由于其品种规格多，安装困难，并且其强度低，使用时要组合装配，所以使其应用受到一定限制。

（2）PSPG 膨胀石墨编织盘根　除强氧化性酸外的所有介质、石油化工产品等使用的各类阀门都可用 PSPG 膨胀石墨编织盘根。

（二）PSPG 膨胀石墨编织盘根介绍

国内研制成的膨胀石墨编织盘根一种新型阀门填料，其性能简介如下。

1. 主要特性

PSPG 膨胀石墨编织盘根采用了特殊专有技术制造，除具有膨胀石墨的各项优异性能外，还具有高强度和通用性的特点。

（1）耐高、低温及化学腐蚀　在高温下其组织结构不变，即使 1000℃也不会发生质变，不会产生脱水、老化、熔融、分解、汽化等现象；在化学介质中不溶解、溶胀，与一般的酸、碱、盐和有机物不发生化学反应，其化学性质同于纯膨胀石墨。

表 4-6-2 为 PSPG 盘根、石棉橡胶盘根、碳素纤维（预氧丝）盘根的耐温性能的比较。

表 4-6-2　盘根的耐温性能比较

序　号	项　目	热失重/%（450℃×1h）
1	PSPG 膨胀石墨盘根	1.67
2	石棉橡胶盘根	19.56
3	碳素纤维（预氧丝）盘根	34.03

（2）具有特异的“先塑后弹”性能　膨胀石墨具有较好的压缩回弹性，增强改性的 PSPG 膨胀石墨编织盘根，具有良好的可压缩性。安装使用时，能与密封面密切的吻合，而且产生弹性补偿以及恒定的有效密封力。

PSPG 膨胀石墨编织盘根在不同载荷下的压缩率如表 4-6-3 所示。

表 4-6-3　膨胀石墨编织盘根的压缩率

载荷/MPa	10	15	20	25	30	35
压缩率/%	20.5	24.5	27.1	29.3	30.9	32.2

（3）具有高强度与通用性

PSPG 膨胀石墨盘根抗拉强度达到 11.4MPa，比纯石墨提高 6 倍，解决了膨胀石墨环填料强度低、易折断及脱层等缺点。同时减少了规格品种。

（4）使用寿命长、安装维修方便　PSPG 膨胀石墨编织盘根的结构组成为石墨线编织体，但组成体与其他石棉或碳素纤维材料不同，不存在毛细孔，更不会产生线之间的散离状态，不需要采用橡胶或其他有机物浸渍，所以能长期保持密封。在维修更换时，容易整圈取出。与膨胀石墨环相比安装维修方便。

2. PSPG 膨胀石墨编织盘根(表 4-6-4)

表 4-6-4　PSPG 膨胀石墨编织盘根选用表

型　号	适用温度/℃	最高使用压力/MPa	适　用　介　质
MS1	450	20	除强氧化性酸外的所有介质、石油化工产品等各类阀门
MS2	450	20	
TS1	450	25	
DS1	600	30	
BS1	600	35	
NS1	650	40	
IS1	650	40	
MN1	850	40	

3. 规格的确定

根据阀门填料函尺寸，选择相应规格的盘根，其规格不能大于填料函尺寸，允许略小于填料函尺寸，但不宜小于填料函尺寸的 85%。

4. 长度的截取

盘根应切成 45°角的切口，各圈切口错开 90°~180°安装。

第七节　阀门流量特性

一、阀门的内在流量特性

阀门的压力损失因阀门种类、型号和结构不同而不同。

用压头损失系数与阀门开启位置的关系表示通过阀门的流量与阀门的开启位置的关系是以阀中的恒定压头损失为基础的。以这一关系为基础的流量特性又称内在流量特性。在流量控制阀中，阀门的启闭件和阀孔常加工成特殊内在流量特性的形状。其中较常见的流量曲线如图 4-7-1 所示。

在实际应用中，阀门的压力损失是随阀门开启位置而变化。

图 4-7-2 上半部表示流率相对于泵压力和管道压头损失的关系曲线；图 4-7-2 下半部表示流率相对于阀门开启位置的曲线。后者的流量特性称为系统流量特性，是每个阀门系统所独有的。阀门上的压降随着流率的上升而减少。

二、阀门中的汽蚀

当液体经过部分开启的阀门时，在速度增大区域和启闭件之后静压降低，而且可能达到液体的汽化压力。这时在低压区的液体就开始汽化，并产生充气空穴，形成小的汽泡并吸附液体中的杂质。当汽泡被液流再次带到静压较高的区域时，汽泡就突然破裂。这一过程就叫汽蚀。

当破裂汽泡的液体粒子互相冲撞时，在局部区域产生瞬间高压。如果汽泡破裂发生在阀体壁或管壁，在表面上快速应力对阀体壁表面毛细孔中产生压力的冲击，最后会导致局部的疲劳损伤。

对某些特殊类型的阀门其汽蚀特性是很典型的。因此这种阀门通常规定有表明汽蚀程度和发生汽蚀倾向的汽蚀指数。

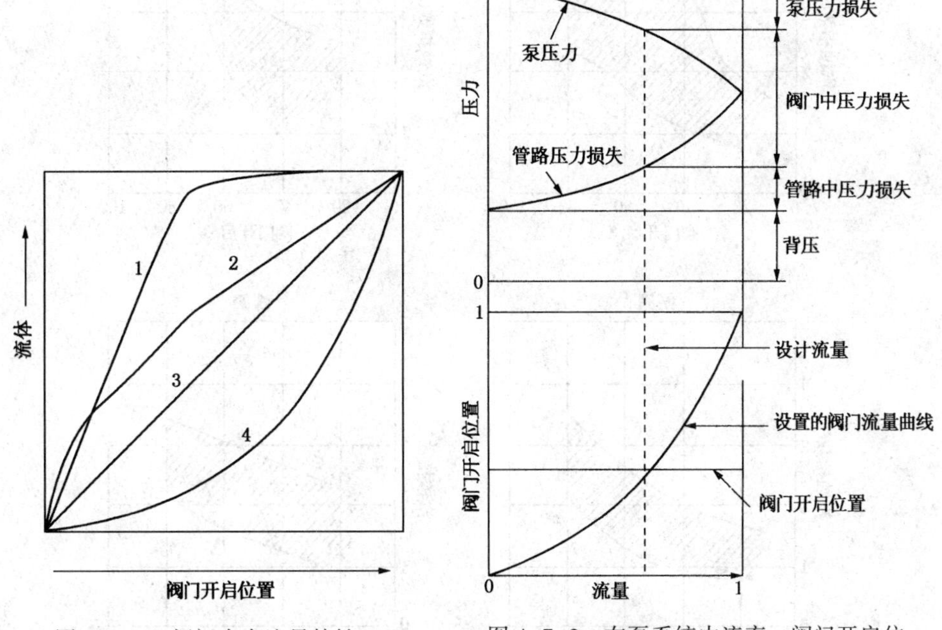

图 4-7-1　阀门内在流量特性

1—快速开启；2—平方根；3—线性；4—等面分比

图 4-7-2　在泵系统中流率，阀门开启位置和压力损失之间的相互关系

图 4-7-3 所示的是以水为介质的蝶阀、闸阀、截止阀和球阀的起始汽蚀曲线。由于试验结果受到温度、进入的空气和杂质以及各种试验误差的影响，该曲线只供参考。

图中汽蚀指数 C 也可由公式（4-7-1）确定

$$C = \frac{P_d - P_v}{P_u - P_d} \qquad (4-7-1)$$

式中　P_v——相对于大气压的汽化压力（负值），MPa；

P_d——阀座下游长度为管径 12 倍的管道中的压力，MPa；

P_u——阀座上游长度为管径 3 倍的管道中的压力，MPa。

使压降分阶段发生就可减少汽蚀。在紧挨阀门的下游注入压缩空气，由于提高了周围压力也可减少汽泡的形成。但缺点是输入的空气会影响下游仪表的读数。

使紧接阀座下游的通道急剧扩大也可防止阀体壁和管壁遭受汽蚀损坏。

三、阀门运行时的水锤

当阀门为改变流量而开大或关小时，流体液柱动能的变化造成管道中静压的瞬间变化。在液体中这种静压的瞬间变化常常会随之引起管道振动，产生象锤击声音，因而得名为水锤。这种瞬间变化不是沿着整个管道同时立即发生的，而是从变化的起始点逐渐扩散开的。例如，当管道一端的阀门快速关闭时，只有阀门部位的液体分子能立即受到阀的关闭影响。

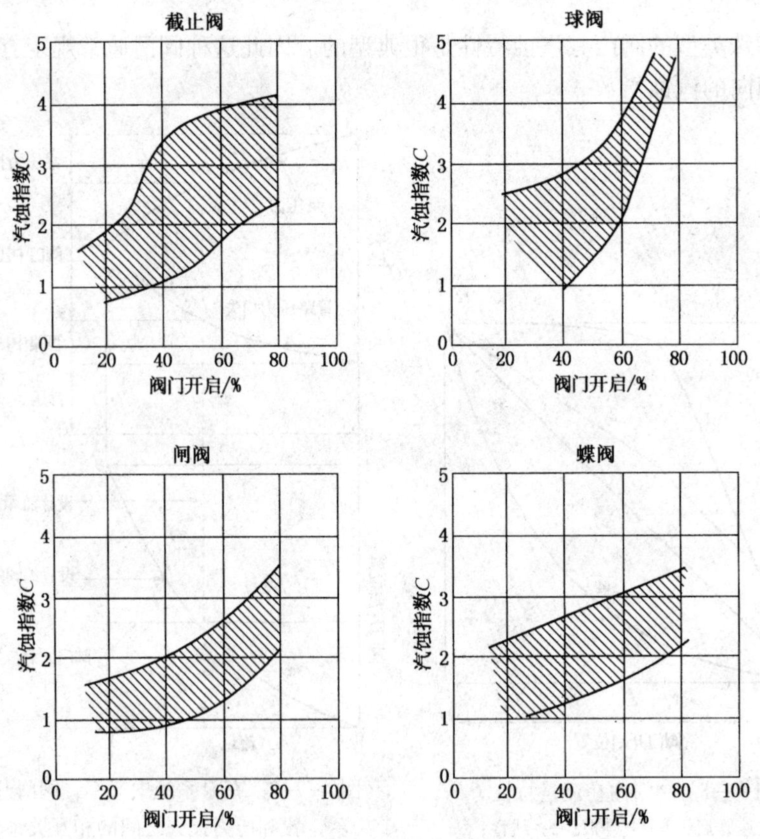

图 4-7-3　各种直通阀门的初始汽蚀曲线

其他部分液柱仍以原来的速度流动一直到液柱平静为止。

四、阀门噪声的衰减

通过阀门使高压气体变为低压气体时，由于高压喷射产生的紊流剪切阀门下游相对静止的介质而产生噪声。

消声器可消除阀门噪声中的低频和中频噪声，然而在小孔中又产生高频的噪声，但这种噪声可在管道流通过程中消除，此外，还可以使流速均匀地分布在管道的横截面上。消声器有平板式、喇叭式和桶式。

第八节　阀门材料

一、石化用通用阀门

（一）碳素钢制阀门

1. 适用范围：

公称压力　$PN \leq 16.0$MPa；

使用温度　$t = -30 \sim 425$℃；

适用介质　水蒸气、空气、氢气、氨、氮气及石油产品等。

2. 主要零件材料　碳素钢制阀门的主要零件材料见表4-8-1。

表4-8-1　碳素钢制阀门主要零件材料

<table>
<tr><th rowspan="2">零件名称</th><th colspan="3">材料</th></tr>
<tr><th>名称</th><th>牌号</th><th>标准</th></tr>
<tr><td rowspan="2">阀体、阀盖、启闭件、支架</td><td>碳素铸钢</td><td>WCB[①]、WCC[①]</td><td>GB/T 12229</td></tr>
<tr><td>碳素锻钢</td><td>20</td><td>GB/T 12228</td></tr>
<tr><td rowspan="3">阀座、启闭件的密封面[②]</td><td>铬不锈钢</td><td>—</td><td>GB/T 1220</td></tr>
<tr><td>钴铬钨合金</td><td>—</td><td>GB/T 984</td></tr>
<tr><td>聚四氟乙烯</td><td>—</td><td>—</td></tr>
<tr><td>阀杆</td><td>铬不锈钢</td><td>20Cr13（2Cr13）、
12Gr13（1Cr13）</td><td>GB/T 1220</td></tr>
<tr><td>阀杆螺母</td><td>铝青铜
铸铝青铜</td><td>QAl9-4
ZCuAl10Fe3
ZCuAl9Fe4Ni4Mn2</td><td>GB 4429
GB/T 12225</td></tr>
<tr><td>螺栓</td><td>合金结构钢</td><td>35CrMoA</td><td>GB/T 3077</td></tr>
<tr><td>螺母</td><td>优质碳素钢</td><td>35、30CrMoA</td><td>GB/T 699、GB/T 3077</td></tr>
<tr><td rowspan="4">垫片[③]</td><td>不锈钢带-柔性石墨缠绕垫片</td><td>—</td><td rowspan="2">技术条件按SH/T 3407</td></tr>
<tr><td>不锈钢带-特制石棉缠绕垫片</td><td>—</td></tr>
<tr><td>柔性石墨复合垫片</td><td>—</td><td>技术条件按HG/T 20608</td></tr>
<tr><td>金属环垫</td><td>—</td><td>技术条件按SH/T 3403</td></tr>
<tr><td rowspan="2">填料[③④]</td><td>柔性石墨填料环</td><td>—</td><td>JB/T 6617</td></tr>
<tr><td>柔性石墨编织填料</td><td>—</td><td>JB/T 7370</td></tr>
<tr><td rowspan="2">手轮</td><td>可锻铸铁</td><td>KTH330-08
KTH350-10</td><td>GB 5679</td></tr>
<tr><td>球墨铸铁</td><td>QT400-15
QT450-10</td><td>GB/T 12227</td></tr>
</table>

注：① WCB、WCC适用介质温度下限为-29℃。
② 阀座、启闭件的密封面选用其他非金属密封材料时应注明。
③ 垫片、填料也可按合同要求选用。
④ 当填料采用柔性石墨填料环，应与柔性石墨编织填料组合装配。

（二）高温钢制阀门

1. 适用范围：

公称压力　$PN \leqslant 16.0$MPa；

使用温度　$t \leqslant 550$℃；

适用介质　蒸汽及石油产品。

2. 主要零件材料　高温钢制阀门的主要零件材料见表4-8-2。

表4-8-2　高温钢制阀门的主要零件材料

<table>
<tr><th rowspan="2">零件名称</th><th colspan="3">材料</th></tr>
<tr><th>名称</th><th>牌号</th><th>标准</th></tr>
<tr><td rowspan="2">阀体、阀盖</td><td>铬钼铸钢</td><td>ZG12Cr5Mo（ZG1Cr5Mo）</td><td>—</td></tr>
<tr><td>铬钼钢</td><td>12Cr5Mo（1Cr5Mo）</td><td>GB/T 1221</td></tr>
</table>

续表

零件名称	材料		
	名称	牌号	标准
阀座、启闭件	铬钼铸钢	ZG12Cr5Mo（ZG1Cr5Mo）	—
	铬镍钛铸钢	ZG07Cr18Ni11Ti （ZG1Cr18Ni9Ti）	GB/T 12230
	铬镍钛钢	06Cr18Ni11Ti（0Cr18Ni10Ti）	GB/T 1221
阀座、启闭件的密封面	钴铬钨合金	—	GB/T 984
阀杆	铬镍钛钢	06Cr18Ni11Ti（0Cr18Ni10Ti）	GB/T 1221
	铬钼钒钢	25Cr2Mo1VA	GB/T 3077
阀杆螺母	铝青铜 铸铝青铜	QAl9-4 ZCuAl10Fe3 ZCuAl9Fe4Ni4Mn2	GB 4429 GB 1176
螺栓	铬钼钒钢	25Cr2MoVA	GB/T 3077
螺母	铬钼钢	35CrMoA	GB/T 3077
垫片①	不锈钢带-柔性石墨缠绕垫片	—	技术条件按 SH/T 3407
	柔性石墨复合垫片	—	技术条件按 HG/T 20608
	金属环垫	—	技术条件按 SH 3403
填料①②	柔性石墨填料环	—	JB/T 6617
	柔性石墨编织填料	—	JB/T 7370
手轮	可锻铸铁	KTH330-08、KTH350-10	GB 5679
	球墨铸铁	QT400-15、QT450-10	GB/T 12227

注：① 垫片、填料也可按合同要求选用。

② 当填料采用柔性石墨填料环，应与柔性石墨编织填料组合装配。

（三）低温钢制阀门

1. 适用范围：

公称压力　$PN \leqslant 6.4\text{MPa}$；

使用温度　$t=-40 \sim -196℃$；

适用介质　乙烯、丙烯、液态石油气和液氮等。

2. 主要零件材料　低温钢制阀门的主要零件材料见表 4-8-3。

表 4-8-3　低温钢制阀门的主要零件材料

零件名称	材料	
	-100℃≤t<-40℃	-1960℃<t<-100℃
阀体、阀盖、阀瓣	3.5Ni	ZG06Cr18Ni10（ZG0Cr18Ni9） ZG07Cr18Ni9（ZG1Cr18Ni9） ZG06Cr18Ni11Ti（ZG0Cr18Ni9Ti） ZG07Cr18Ni11Ti（ZG1Cr18Ni9Ti） 06Cr17Ni12Mo3Ti（0Cr18Ni12Mo2Ti）
阀杆、阀座	1Cr17Ni2	07Cr18Ni9（1Cr18Ni9）、06Cr18Ni10（0Cr19Ni9）、07Cr18Ni11Ti（1Cr18Ni9Ti）
密封面	F2201F（JBF22-45、SH、F221） （SJ-Co2、Co2、F221） F2202F（F22-42、Co-1） F2203F（F222、SH）（F222、F22-47） F2204F（Stellite No6） F2205F（Stellite No12）	
填料	聚四氟乙烯、柔性石墨、浸聚四氟乙烯石棉绳	
中法兰垫片	纯铜、纯铝、醋浸石棉橡胶板、聚三氟氯乙烯、不锈钢缠绕式垫片	

续表

零件名称	材料	
	$-100℃\leqslant t<-40℃$	$-1960℃<t<-100℃$
中法兰螺栓 中法兰螺母	ZG06Cr18Ni10（ZG0Cr18Ni9） ZG07Cr18Ni10（ZG1Cr18Ni9） ZG06Cr18Ni11Ti（ZG0Cr18Ni9Ti） ZG07Cr18Ni11Ti（ZG1Cr18Ni9Ti） ZG06Cr17Ni12Mo3Ti（0Cr18Ni12Mo2Ti）	

（四）不锈耐酸钢制阀门

1. 适用范围：

公称压力　$PN\leqslant 6.4$MPa；

使用温度　$t\leqslant 200℃$；

适用介质　硝酸、醋酸等。

2. 主要零件材料　不锈耐酸钢制阀门的主要零件材料见表 4-8-4。

表 4-8-4　不锈耐酸钢制阀门的主要零件材料

零件名称	材料		
	名称	牌号	标准
阀体、阀盖、启闭件	铬镍钛铸钢	ZG06Cr18Ni11Ti（ZG0Cr18Ni9Ti） ZG07Cr18Ni11Ti（ZG1Cr18Ni9Ti）	GB/T 12230
	铬镍铸钢	ZG06Cr18Ni10（ZG0Cr18Ni9） ZG022Cr19Ni10（ZG00Cr18Ni10）	
	铬镍钼钛铸钢	ZG06Cr17Ni12Mo3Ti（ZG0Cr18Ni12Mo2Ti） ZG07Cr17Ni12Mo2Ti（ZG1Cr18Ni12Mo2Ti）	
	铬镍钼铸钢	ZG022Cr19Ni10（00Cr19Ni10） CF3M、CF8M	
	铬镍钛钢	06Cr18Ni11Ti（0Cr18Ni10Ti）	GB/T 1220
	铬镍钢	06Cr18Ni10（0Cr18Ni9）	
	铬镍钼钛钢	06Cr17Ni12Mo3Ti（0Cr18Ni12Mo2Ti） 07Cr17Ni12Mo3Ti（1Cr18Ni12Mo2Ti）	
	铬镍钼钢	022Cr17Ni12Mo2（00Cr17Ni14Mo2） 06Cr17Ni12Mo2（0Cr17Ni12Mo2）	
阀杆	铬镍钛钢	06Cr18Ni11Ti（0Cr18Ni10Ti）	GB/T 1220
	铬镍钢	022Cr19Ni10（00Cr19Ni10） 06Cr18Ni10（0Cr18Ni9）	
	铬镍钼钛钢	07Cr17Ni12Mo3Ti（1Cr18Ni12Mo2Ti） 06Cr17Ni12Mo3Ti（0Cr18Ni12Mo2Ti）	
	铬镍钼钢	022Cr17Ni12Mo2（00Cr17Ni14Mo2） 06Cr17Ni12Mo2（0Cr17Ni12Mo2）	
阀杆螺母	铝青铜 铸铝青铜	QAl9-4 ZCuAl10Fe3 ZCuAl9Fe4Ni4Mn2	GB 4429 GB 1176
阀座、启闭件的密封面	本体材料	—	—
	钴铬钨合金	—	GB/T 984
	聚四氟乙烯	—	—
螺栓	铬镍钢	1Cr17Ni2、07Cr18Ni10（1Cr18Ni9）	GB/T 1220
垫片	聚四氟乙烯包覆垫片	—	技术条件按 SH/T 3402
	柔性石墨复合垫片	—	技术条件按 HG/T 20608
垫片①	不锈钢带-柔性石墨缠绕垫片	—	技术条件按 SH/T 3407
	不锈钢带-聚四氟乙烯缠绕垫片	—	

续表

零件名称	材料		
	名称	牌号	标准
填料①②	柔性石墨填料环	—	JB/T 6617
	柔性石墨编织填料	—	JB/T 7370
	膨胀聚四氟乙烯带	—	—
	聚四氟乙烯编织填料	—	JB/T 6626
	聚四氟乙烯环	—	—
手轮	可锻铸铁	KTH330-08、KTH350-10	GB 5679
	球墨铸铁	QT400-15、QT450-10	GB/T 12227

注：① 垫片、填料也可按合同要求选用。

② 当填料采用柔性石墨填料环，应与柔性石墨编织填料组合装配。

二、API 阀门

1. 铸钢阀门

API 铸钢阀门主要零件材料见表 4-8-5 所示。

表 4-8-5　API 铸钢阀门主要零件材料表

零件名称 \ 材质代号	A	B	C	D	E
阀　体	A216-WCB	A351-CF8	$A351-CF8_M$	$A351-CF3_M$	A217-WC6. 9
阀　杆	A276-420	A182-F304	A182-F316	$A182-F316_L$	A182-F316
密封面	Cr13/钴基	A182-F304	A182-F316	$A182-F316_L$	钴基

2. 锻钢阀门

API 锻钢阀主要零件材料见表 4-8-6 所示。

表 4-8-6　API 锻钢阀门主要零件材料表

零件名称 \ 材质代号	A	B	C	D	E
阀　体	A105	A182-F304	A182-F316	$A182-F316_L$	A182-F316（高温阀）
阀　杆	A276-420	A182-F304	A182-F316	$A182-F316_L$	A182-F316
密封面	Cr13/钴基	A182-F304	A182-F316	$A182-F316_L$	钴基

注：表 4-8-5、表 4-8-6 中的材质代号“A、B、C、D、E”表示各类阀门的零件材料代号，选用时需注明。

3. 低温阀门

API 低温阀门主要零件材料见表 4-8-7 所示。

表 4-8-7　API 低温阀门主要零件材料表

材质及温度代号		A	B	C	D（锻钢）
主要零件材料	阀体	A352-LCB	$A352-LC_3$	A351-CFB FBM	A182-F304 F316
	阀杆	A182-F304、F316			
	密封面	钴基（Cr13/钴基）			
	填料	根据温度和介质选用			
	垫片	根据温度和介质选用			
适用温度		-46℃	-101℃	-196℃	-196℃

注：表中“A、B、C、D”分别为材质及温度代号，选用时需注明代号。

（编制　佟振业　张德姜）

附录1　美国（ASTM）标准钢材化学成分及力学性能

钢号	名称	化学成分									热处理状态	机械性能（不小于）							相应国内牌号	相应（JIS）日本牌号
		C	Si	Mn	P≤	S≤	Cr	Ni	Mo	其他		σ_b/ksi（MPa）	σ_s/ksi（MPa）	δ/%	ψ/%	硬度 HB	硬度 HRC	硬度 HV		
ASTMA27－77 N－1	普通低、中、强度碳素钢铸钢	≤0.25	≤0.80	≤0.75	0.05	0.06	—	—	—	—										
N－2	普通低、中、强度碳素钢铸钢	≤0.35	≤0.80	≤0.60	0.05	0.06	—	—	—	—										
U－60－30	普通低、中、强度碳素钢铸钢	≤0.25	≤0.80	≤0.75	0.05	0.06	—	—	—	—										
60－30	普通低、中、强度碳素钢铸钢	≤0.30	≤0.80	≤0.60	0.05	0.06	—	—	—	—										
65－35	普通低、中、强度碳素钢铸钢	≤0.30	≤0.80	≤0.70	0.05	0.06	—	—	—	—										
70－36	普通低、中、强度碳素钢铸钢	≤0.35	≤0.80	≤0.70	0.05	0.06	—	—	—	—										
70－40	普通低、中、强度碳素钢铸钢	≤0.25	≤0.80	≤1.20	0.05	0.06	—	—	—	—										
ASTMA105－77	管道用碳素钢锻件	≤0.35	≤0.35	0.60～1.05	0.040	0.050	—	—	—	—		70（483）	36（248）	22.0	30				GB25 25Mn	G4051－S25C S28C
ASTMA181－77 Class60 / Class70	一般管道用碳素钢锻件（普通碳素结构钢）	≤0.35	≤0.35	≤1.10	0.050	0.050	—	—	—	—										
ASTMA182－77a F1	高温用合金钢（铁素体钢）	≤0.28	0.15～0.35	0.60～0.90	0.045	0.045	—	—	0.44～0.65	—		70（483）	40（276）	25.0	35.0	192			16Mo（YB）	G3213－SFHV 12B

续表

钢号	名称	化学成分									热处理状态	机械性能（不小于）							相应国内牌号	相应（JIS）日本牌号
		C	Si	Mn	P≤	S≤	Cr	Ni	Mo	其他		σ_b/ksi (MPa)	σ_s/ksi (MPa)	δ/%	ψ/%	硬度 HB	硬度 HRC	硬度 HV		
F2	高温用合金钢（铁素体钢）	≤0.21	0.1～0.60	0.30～0.80	0.040	0.040	0.50～0.81	—	0.44～0.65	—		70 (483)	40 (276)	25.0	30.0	≤192				
F5	高温用合金钢（铁素体钢）	≤0.15	≤0.50	0.30～0.60	0.030	0.030	4.0～6.0	≤0.50	0.44～0.65	—		70 (483)	40 (276)	20.0	35.0	≤217			1Cr5Mo (GB)	SFHV G3213－25
F5a	高温用合金钢（铁素体钢）	≤0.25	≤0.50	≤0.60	0.040	0.030	4.0～6.0	≤0.50	0.44～0.65	—		90 (621)	65 (448)	22.0	50.0	≤248			(2Cr5Mo)	
F6a	高温用合金钢（铁素体钢）	≤0.15	≤1.00	≤1.00	0.040	0.030	11.5～13.50	≤0.50	—	—		70 (483)	40 (276)	20.0	45.0	≤223			1Cr13 (GB)	G4303－SUS410
F9	高温用合金钢（铁素体钢）	≤0.15	0.50～1.00	0.30～0.60	0.030	0.030	8.0～10.0	—	0.90～1.10	—		85 (586)	55 (379)	20.0	40.0	≤217				
F11	高温用合金钢（铁素体钢）	0.10～0.20	0.50～1.00	0.30～0.80	0.040	0.040	1.00～1.50	—	0.44～0.65	—		70 (483)	40 (276)	20.0	30.0	≤207			15CrMo (YB)	SFHV G3213－23B
F12	高温用合金钢（铁素体钢）	0.10～0.20	0.10～0.60	0.30～0.80	0.040	0.040	0.80～1.25	—	0.44～0.65	—		70 (483)	40 (276)	20.0	30.0	≤207			15CrMo (YB)	SFHV G3213－22B
F21	高温用合金钢（铁素体钢）	≤0.15	≤0.50	0.30～0.60	0.040	0.040	2.65～3.35	—	0.80～1.06	—		75 (517)	45 (310)	20.0	30.0	≤207				
F22	高温用合金钢（铁素体钢）	≤0.15	≤0.50	0.30～0.60	0.040	0.040	2.00～2.50	—	0.87～1.13	—		75 (517)	45 (310)	20.0	30.0	≤207			25CrMo1VA (YB)	SFHV G3213－24B
F304	高温用合金钢（奥氏体钢）	≤0.08	≤1.00	≤2.00	0.040	0.030	18.00～20.00	8.00～11.00	—	—		70 (517)	30 (207)	30	50	—			OCR18Ni9 (GB)	G4303－SUS304
F304H	高温用合金钢（奥氏体钢）	0.04～0.10	≤1.00	≤2.00	0.040	0.030	18.00～20.00	8.00～11.00	—	—		75 (517)	30 (207)	30	50	—				
F304L	高温用合金钢（奥氏体钢）	≤0.035	≤1.00	≤2.00	0.040	0.030	18.00～20.00	8.00～13.00	—	—		70 (483)	25 (172)	30	50	—			00Cr18Ni10 (GB)	G4303－SUS304L
F310	高温用合金钢（奥氏体钢）	≤0.15	≤1.00	≤2.00	0.040	0.030	24.00～26.00	19.00～22.00	—	—		75 (517)	30 (207)	30	50	—				G4303－SUS310S
F316	高温用合金钢（奥氏体钢）	≤0.08	≤1.00	≤2.00	0.040	0.030	16.00～18.00	10.00～14.00	2.00～3.00	—		75 (517)	30 (207)	30	50	—			OCr18Ni12Mo2Ti (GB)	G4303－SUS316

续表

钢号	名称	化学成分 C	Si	Mn	P≤	S≤	Cr	Ni	Mo	其他	热处理状态	机械性能（不小于） σ_b/ksi (MPa)	σ_s/ksi (MPa)	δ/%	ψ/%	硬度 HB	HRC	HV	相应国内牌号	相应（JIS）日本牌号
F316H	高温用合金钢（奥氏体钢）	0.04～0.10	≤1.00	≤2.00	0.040	0.030	16.00～18.00	10.00～14.00	2.00～3.00	—		75 (517)	30 (207)	30	50	—				
F316L	高温用合金钢（奥氏体钢）	≤0.035	≤1.00	≤2.00	0.040	0.030	16.00～18.00	10.00～15.00	2.00～3.00	—		(70) (483)	25 (172)	30	50	—			OOCr17Ni14Mo2（GB）	G4303－SUS316L
F321	高温用合金钢（奥氏体钢）	≤0.08	≤1.00	≤2.00	0.030	0.030	≥17.00	9.00～12.00	—	—		75 (517)	30 (207)	30	50	—			OCr18Ni9Ti（GB）	G4303－SUS321
F321H	高温用合金钢（奥氏体钢）	0.04～0.10	≤1.00	≤2.00	0.030	0.030	≥17.00	9.00～12.00	—	—		75 (517)	30 (207)	30	50	—				
F347	高温用合金钢	≤0.08	≤1.00	≤2.00	0.030	0.030	17.00～20.00	9.00～13.00	—	—		75 (517)	30 (207)	30	50	—			1Cr18Ni11Nb（GB）	G4303－SUS347
F347H	高温用合金钢	0.04～0.10	≤1.00	≤2.00	0.030	0.030	17.00～20.00	9.00～13.00	—	—		75 (517)	30 (207)	30	50					
F348	高温用合金铜	≤0.08	≤1.00	≤2.00	0.030	0.030	17.00～20.00	9.00～13.00	—	—		75 (517)	30 (207)	30	50					
F348H	高温用合金钢	0.04～0.10	≤1.00	≤2.00	0.030	0.030	17.00～20.00	9.00～13.00	—	—		75 (517)	30 (207)	30	50					
ASTMA193－80 AB16	合金钢螺栓（合金钢）	0.36～0.44	0.15～0.35	0.45～0.70	0.035	0.040	0.80～1.15	—	0.50～0.65	V0.25～0.35			125 (862)	105 (724)	18	50			40Cr2MoV（YB）	G4107－SNB16
B7	合金钢螺栓（合金钢）	0.37～0.49	0.15～0.35	0.65～1.10	0.035	0.040	0.75～1.20	—	0.15～0.25	—		125 (862)	105 (724)	16	50				35CrMo（YB）	G4105－SCM3G4105－SCM435
B8	合金钢螺栓（不锈耐热钢）	≤0.08	≤1.00	≤2.00	0.045	0.030	18.00～20.00	8.00～10.50	—	—		75 (517)	30 (207)	30	50		223		OCr18Ni9（GB）	G4303－SUS304
B8C	合金钢螺栓（不锈耐热钢）	≤0.08	≤1.00	≤2.00	0.045	0.030	17.00～19.00	9.00～13.0	—	—		75 (517)	30 (207)	30	50				1Cr18Ni11Nb（GB）	G4303－SUS347
B8M	合金钢螺栓（不锈耐热钢）	≤0.06	≤1.00	≤2.00	0.045	0.030	16.00～18.00	10.00～14.0	2.00～3.00			75 (517)	30 (207)	30	50				0Cr18Ni12Mo2Ti（GB）	G4303－SUS316

续表

钢号	名称	化学成分									热处理状态	机械性能（不小于）							相应国内牌号	相应（JIS）日本牌号
		C	Si	Mn	P≤	S≤	Cr	Ni	Mo	其他		σ_b/ksi（MPa）	σ_s/ksi（MPa）	δ/%	ψ/%	硬度 HB	硬度 HRC	硬度 HV		
B8T	合金钢螺栓（不锈耐热钢）	≤0.08	≤1.00	≤2.00	0.045	0.030	17.00 ~ 19.0	9.00 ~ 12.0	—	Ti 0.40									OCr18Ni9 Ti（GB）	G4303 - SUS321
ASTMA194 - 80A 2H	碳钢和合金钢螺母（普通碳素钢）	≤0.40	—	—	0.040	0.050	—	—	—	—							248 ~ 352		45（GB）	G4051 - S45C
4	碳钢和合金钢螺母（合金结构钢）	0.40 ~ 0.50	0.15 ~ 0.35	0.70 ~ 0.90	0.035	0.040	—	—	0.20 ~ 0.30	—							248 ~ 352		（40Mn）（35CrMo）	
8	碳钢和合金钢螺母（不锈耐热钢）	≤0.08	≤1.00	≤2.00	0.045	0.030	18.00 ~ 20.00	8.00 ~ 10.50	—	—							126 ~ 223		OCr18Ni9（GB）	G4303 - SUS304
8M	碳钢和合金钢螺母	≤0.08	≤1.00	≤2.00	0.045	0.030	16.00 ~ 18.00	10.00 ~ 14.00	2.00 ~ 3.00	—							126 ~ 223		OCr18Ni12 Mo2Ti（GB）	G4303 - SUS316
ASTMA216 - 77W CA	高温部件用焊接碳素钢铸钢	≤0.25	≤0.60	≤0.70	0.040	0.045	≤0.40	≤0.50	≤0.25	Cu≤0.50 V≤0.30 Cu+Cr+Ni+Mo+V≤1.00		60（414）	30（207）	24	35					G5151 - SCPH1
WCB	高温部件用焊接硕素钢铸钢	≤0.30	≤0.60	≤1.00	0.040	0.045	≤0.40	≤0.50	≤0.25			70（483）	36（248）	22	35					G5151 - SCPH2
WCC	高温部件用焊接硕素钢铸钢	≤0.25	≤0.60	≤1.20	0.040	0.045	≤0.40	≤0.50	≤0.25			70（483）	40（276）	22	35					
ASTMA217 - 80 WC1	合金钢铸件（合金结构钢）	0.25	0.60	0.50 ~ 0.80	0.040	0.045	≤0.35	≤0.50	≤0.45 ~ 0.65			65（448）	35（241）	24	35					G5151 - SCPH11
WC4	合金钢铸件（合金结构钢）	0.20	0.60	0.50 ~ 0.80	0.040	0.045	0.50 ~ 0.80	0.70 ~ 1.10	0.45 ~ 0.65	W≤0.10 Cu≤0.50		70（483）	40（276）	20	35					
WC5	合金钢铸件（合金结构钢）	0.20	0.60	0.40 ~ 0.70	0.040	0.045	0.50 ~ 0.90	0.60 ~ 1.00	0.90 ~ 1.20			70（483）	40（276）	20	35					
WC6	合金钢铸件（合金结构钢）	0.20	0.60	0.50 ~ 0.80	0.040	0.045	1.00 ~ 1.50	≤0.50	0.45 ~ 0.65			70（483）	40（276）	20	35				（ZG20Cr MoV）	G5151 - SCPH21

续表

钢号	名称	化学成分									热处理状态	机械性能（不小于）							相应国内牌号	相应（JIS）日本牌号
		C	Si	Mn	P≤	S≤	Cr	Ni	Mo	其他		σ_b/ksi（MPa）	σ_s/ksi（MPa）	δ/%	ψ/%	硬度 HB	硬度 HRC	硬度 HV		
WC9	合金钢铸件（合金结构钢）	0.18	0.60	0.40～0.70	0.040	0.045	2.00～2.75	≤0.50	0.90～1.20	W≤0.40 Cu≤0.50		70（483）	40（276）	20	35				（Z15Cr1Mo1V）	G5151－SCPH32
CA15	合金钢铸件（不锈耐热铜）	0.15	1.50	<1.00	0.040	0.040	11.50～14.00	≤1.00	≤0.50	—		90（621）	72（495）	18	30				ZG1Cr13	G5151－SCS_1
C5	合金钢铸件（不锈耐热铜）	≤0.20	≤0.75	0.04～0.70	0.04	0.045	4.00～6.50	≤0.50	0.45～0.65	Cu≤0.50		90（621）	60（414）	18	35				ZG2Cr5Mo	G5151－SCPH61
C12	合金钢铸件（不锈耐热铜）	0.20	0.35～0.65	1.00	0.040	0.040	8.00～10.00	0.50	0.90～1.20			90（621）	60（414）	18	35					
ASTMA234－80AWP_1	中温和稍高温用的锻碳钢和合金钢管件	≤0.28	0.10～0.50	0.30～0.90	0.045	0.045	—	—	0.44～0.65	—		70（483）	40（276）	25	36	≤192				
WP_{11}		≤0.20	0.50～1.00	0.30～0.80	0.040	0.040	1.00～1.50	—	0.44～0.65	—		70（483）	40（276）	20	30	≤192				
WP_{12}		≤0.20	≤0.60	0.30～0.80	0.045	0.045	0.80～1.25	—	0.44～0.65	—		70（483）	40（276）	20	30	≤192				
WP_{22}		≤0.15	≤0.50	0.30～0.60	0.040	0.040	1.90～2.60	—	0.87～1.13	—		75（517）	45（310）	20	30	≤192				
WP_5		≤0.15	≤0.50	0.30～0.60	0.040	0.030	4.00～6.00	—	0.44～0.65	—		70（483）	40（276）	20	35	≤192				
WP_7		≤0.15	0.50～1.00	0.30～0.60	0.030	0.030	6.00～8.00	—	0.44～0.65	—		70（483）	40（276）	20	35	≤192				
WP_9		≤0.15	0.25～1.00	0.30～0.60	0.030	0.030	8.00～10.00	—	0.90～1.10	—		85（586）	55（379）	20	40	≤223				
WPE		≤0.28	0.10～0.50	0.30～0.90	0.045	0.045	—	—	0.44～0.65	—										
WPR		≤0.20	—	0.40～1.06	0.045	0.050	—	1.60～2.24	—	Cu0.7～4.25										

续表

钢号	名称	化学成分									热处理状态	机械性能（不小于）							相应国内牌号	相应（JIS）日本牌号
		C	Si	Mn	P≤	S≤	Cr	Ni	Mo	其他		σ_b/ ksi （MPa）	σ_s/ ksi （MPa）	δ/%	ψ/%	硬度				
																HB	HRC	HV		
ASTMAA 276 75 304	不锈、耐热钢棒、型材	≤0.08	≤1.00	≤2.00	0.045	0.030	18.00～20.00	8.00～10.50	—	—		75（517）	30（207）	40	50				0Cr18Ni9（GB）	G4303－SUS304
304L	不锈、耐热钢棒、型材	≤0.03	≤1.00	≤2.00	0.045	0.030	18.00～20.00	8.00～12.00	—	—		75（517）	30（207）	40	50				00Cr18Ni10（GB）	G4303－SUS304L
310	不锈、耐热钢棒、型材	≤0.25	≤1.50	≤2.00	0.045	0.030	24.00～26.00	19.00～22.00	—	—		75（517）	30（207）	40	50					
316	不锈、耐热钢棒、型材	≤0.08	≤1.00	≤2.00	0.045	0.030	16.00～18.00	10.00～14.00	2.00～3.00	—		75（517）	30（207）	40	50				0Cr18Ni12Mo_2T（GB）	G4303－SUS316
316L	不锈、耐热钢棒、型材	≤0.03	≤1.00	≤2.00	0.045	0.030	16.00～18.00	10.00～14.00	2.00～3.00	—		75（517）	30（207）	40	50				00Cr17Ni14Mo_2（GB）	G4303－SUS316L
321	不锈、耐热钢棒、型材	≤0.08	≤1.00	≤2.00	0.045	0.030	17.00～19.00	9.00～12.00	—	Ti≥5×C		75（517）	30（207）	40	50				0Cr18Ni9Ti（GB）	G4303－SUS321
347	不锈、耐热钢棒、型材	≤0.08	≤1.00	≤2.00	0.045	0.030	17.00～19.00	9.00～13.00	—	Nb－Ta≥10×C		75（517）	30（207）	40	50				1Cr18Ni11Nb（GB）	G4303－SUS347
403	不锈、耐热钢棒、型材	≤0.15	≤0.50	≤1.00	0.040	0.030	11.50～13.00	—	—	—		100（690）	80（552）	15	45				1Cr13（GB）	G4303－SUS403
410	不锈、耐热钢棒、型材	≤0.15	≤1.00	≤1.00	0.040	0.030	11.50～13.50	—	—	—		100（690）	80（552）	15	45				1Cr13（GB）	G4303－SUS410
420	不锈、耐热钢棒、型材	>0.15	≤1.00	≤1.00	0.040	0.030	12.00～14.00	—	—	—									2Cr13（GB）	G4303－SUS420J1
430	不锈、耐热钢棒、型材	≤0.12	≤1.00	≤1.00	0.040	0.030	16.00～18.00	—	—	—									1Cr17（GB）	G4303－SUS430
440C	不锈、耐热钢棒、型材	0.95～1.20	≤1.00	≤1.00	0.040	0.030	16.00～18.00	—	≤0.75										9Cr18（GB）	G4303－SUS440C
ASTMA296－75CF8	一般用铁－铬铁－铬－镍，镍基耐蚀铸钢	≤0.08	≤2.00	≤1.50	0.04	0.04	18.0～21.0	8.00～11.0	—	—		65（448）	28（195）	35					ZGOCr18Ni9	JISG5121－SCS13 SCS13A

续表

钢　号	名　称	化学成分									热处理状态	机械性能（不小于）							相应国内牌号	相应（JIS）日本牌号
		C	Si	Mn	P≤	S≤	Cr	Ni	Mo	其他		σ_b/ksi（MPa）	σ_s/ksi（MPa）	δ/%	ψ/%	硬度 HB	硬度 HRC	硬度 HV		
CF20	一般用铁－铬铁－铬－镍，镍基耐蚀铸钢	≤0.20	≤2.00	≤1.50	0.04	0.04	18.0～21.0	8.00～11.0	—	—		70（483）	30（207）	30						JISG5121－SCS12
CF8M	一般用铁－铬铁－铬－镍，镍基耐蚀铸钢	≤0.08	≤2.00	≤1.50	0.04	0.04	18.0～21.0	9.00～12.0	2.0～3.0	—		70（483）	30（207）	30					ZGOCr18Ni12Mo_2Ti	JISG5121－SCS14 SCS14A
CF8C	一般用铁－铬铁－铬－镍，镍基耐蚀铸钢	≤0.08	≤2.00	≤1.50	0.04	0.04	18.0～21.0	9.00～12.0	2.0～3.0	—		70（483）	30（207）	30						JISG5121－SCS21
CH20	一般用铁－铬铁－铬－镍，镍基耐蚀铸钢	≤0.20	≤2.00	≤1.50	0.04	0.04	22.0～26.0	12.0 15.0	—	—		70（483）	30（207）	30						JISG5121－SCS17
CK20	一般用铁－铬铁－铬－镍，镍基耐蚀铸钢	≤0.20	≤2.00	0.20	0.04	0.04	23.0～27.0	19.0～22.0	—	—		65（448）	28（195）	30						JISG5121－SCS18
CA15	一般用铁－铬铁－铬－镍，镍基耐蚀铸钢	≤0.15	≤1.50	1.00	0.04	0.04	11.5～14.0	1.00	≤0.5	—		90（621）	65（448）	18	30				ZG1Cr13	JISG5121－SCS1
CA40	一般用铁－铬铁－铬－镍，镍基耐蚀铸钢	0.20～0.40	≤1.50	1.00	0.04	0.04	11.5～14.0	≤1.00	≤0.5	—		100（690）	70（483）	15	25				ZG2Cr13	JISG5121－SCS2
CF3	一般用铁－铬铁－铬－镍，镍基耐蚀铸钢	≤0.03	≤2.00	≤1.50	0.04	0.04	17.0～21.0	8.0～12.0	—	—		65（448）	28（195）	35					ZGOOCr18Ni10	JISG5121－SCS19 SCS19A
CF3M	一般用铁－铬铁－铬－镍，镍基耐蚀铸钢	≤0.03	≤1.50	≤1.50	0.04	0.04	17.0～21.0	9.0～13.0	2.0～3.0	—		70（483）	30（207）						ZGOOCr17Ni14MO_2	JISG5121－SCS16 SCS16A
M35	一般用铁－铬铁－铬－镍，镍基耐蚀铸钢（蒙万尔）	≤0.35	≤2.00	≤1.50	0.03	0.03	—	余量	—	Cu 26.0～33.0 Fe3.50		65（448）	30（207）	25						

续表

钢　号	名　称	化学成分									热处理状态	机械性能（不小于）							相应国内牌号	相应（JIS）日本牌号
		C	Si	Mn	P≤	S≤	Cr	Ni	Mo	其他		σ_b/ksi（MPa）	σ_s/ksi（MPa）	δ/%	ψ/%	硬度 HB	硬度 HRC	硬度 HV		
ASTMA320－80L7 L7M	低温合金钢螺栓	0.38～0.48	0.15～0.35	0.75～1.00	0.035	0.040	0.80～110	—	0.15～0.25	3½″、4″时 C≤0.5		（862）	（724）	16	50					
B8，B8A	低温合金钢螺栓	≤0.08	≤1.00	≤2.00	0.045	0.030	18.00～20.00	8.00～10.50	—											
ASTMA350－77aLF$_1$	管道用碳素钢低合金钢锻件	≤0.30	0.15～0.30	0.75～1.05	0.035	0.040	—	—	—	—		60（414）	30（207）	25	38					
LF$_2$	管道用碳素钢低合金钢锻件	≤0.30	0.15～0.30	≤1.35	0.035	0.040	—	—	—	—		70（483）	36（248）	22	30					
LF$_3$	管道用碳素钢低合金钢锻件	≤0.20	0.20～0.35	≤0.90	0.035	0.040	—	3.25～3.75	—	—		70（483）	40（276）	25	50					
LF$_5$	管道用碳素钢低合金钢锻件	≤0.30	0.20～0.35	≤1.35	0.035	0.040	—	1.0～2.0	—	—										
LF$_9$	管道用碳素钢低合金钢锻件	≤0.20	—	0.40～1.06	0.035	0.040	—	1.60～2.24	—	Cu0.75～1.25										
ASTMA351－75 CF$_3$	高温用奥氏体铸钢	≤0.03	≤2.00	≤1.50	0.040	0.040	17.0～21.0	8.0～12.0	—	—		70（483）	30（207）	35					ZG00Cr18Ni10	JISG5121－SCS19 SCS19A
CF3A	高温用奥氏体铸钢	≤0.03	≤2.00	≤1.50	0.040	0.040	17.0～21.0	8.0～12.0	—	—		77（530）	35（241）	35						
CF8	高温用奥氏体铸钢	≤0.08	≤2.00	≤1.50	0.040	0.040	18.0～21.0	8.0～11.0	—	—		70（483）	30（207）	35					ZG0Cr18Ni9	JISG5121－SCS13 SCS13A
CF8A	高温用奥氏体铸钢	≤0.08	≤2.00	≤1.50	0.040	0.040	18.0～21.0	8.0～11.0	—	—		77（530）	35（241）	35						

续表

钢号	名称	化学成分									热处理状态	机械性能（不小于）							相应国内牌号	相应（JIS）日本牌号
		C	Si	Mn	P≤	S≤	Cr	Ni	Mo	其他		σ_b/ ksi (MPa)	σ_s/ ksi (MPa)	δ/%	ψ/%	硬度				
																HB	HRC	HV		
CF3M	高温用奥氏体铸钢	≤0.03	≤1.50	≤1.50	0.040	0.040	17.0~21.0	9.0~13.0	2.0~3.0	—		70 (483)	30 (207)	30					ZGOOCr17Ni14M02	JISG5121－SCS16 SCS16A
CF8M	高温用奥氏体铸钢	≤0.08	≤1.50	≤1.50	0.040	0.040	18.0~21.0	9.0~12.0	2.0~3.0	—		70 (483)	30 (207)	30					ZGOCr18Ni12M02Ti	JISG5121－SCS14 SCS14A
CF8C	高温用奥氏体铸钢	≤0.08	≤2.00	≤1.50	0.040	0.040	18.0~21.0	9.0~12.0	—	—		70 (483)	30 (207)	30						JISG5121－SCS21
CH8	高温用奥氏体铸钢	≤0.08	≤1.50	≤1.50	0.040	0.040	22.0~26.0	12.0~15.0	—	—		65 (448)	28 (195)	30						
CH10	高温用奥氏体铸钢	≤0.10	≤2.00	≤1.50	0.040	0.040	22.0~26.0	12.0~15.0	—	—		70 (483)	30 (207)	30						
CH20	高温用奥氏体铸钢	≤0.20	≤2.00	≤1.50	0.040	0.040	22.0~26.0	12.0~15.0	—	—		70 (483)	30 (207)	30						JISG5121－SCS17
CK20	高温用奥氏体铸钢	≤0.20	≤1.75	≤1.50	0.040	0.040	23.0~27.0	19.0~22.0	—	—		65 (448)	28 (195)	30	—					JISG5121－SCS18
CF10MC	高温用奥氏体铸钢	≤0.10	≤1.50	≤1.50	0.040	0.040	15.0~18.0	13.0~16.0	1.75~2.25			70 (483)	30 (207)	20	—					
CN7M	高温用奥氏体铸钢	≤0.07	≤1.50	≤1.50	0.040	0.040	19.0~22.0	27.5~30.5	2.0~3.0	Cu3.0~4.0		62 (425)	25 (172)	35	—					JISG5121－SCS23
																低温冲击值				
ASTMA352－77 LCA	低温压力部件用铁素体型铸钢	≤0.25	≤0.60	≤0.70	0.04	0.045	—	—	—	—		60 (414)	30 (207)	24	35	－32℃下 1.8kgm				
LCB	低温压力部件用铁素体型铸钢	≤0.30	≤0.60	≤1.00	0.04	0.045	—	—	—	—		70 (483)	36 (248)	22	35	－46℃下 1.8kgm				JISG5152－SCPL1

续表

钢号	名称	化学成分									热处理状态	机械性能（不小于）							相应国内牌号	相应（JIS）日本牌号
		C	Si	Mn	P≤	S≤	Cr	Ni	Mo	其他		σ_b/ksi（MPa）	σ_s/ksi（MPa）	δ/%	ψ/%	硬度				
																HB	HRC	HV		
LCC	低温压力部件用铁素体型铸钢	≤0.25	≤0.60	≤1.20	0.04	0.045	—	—	—	—		70（483）	40（276）	22	35	-46℃下2kgm				
LC1	低温压力部件用铁素体型铸钢	≤0.25	≤0.60	0.50～0.80	0.04	0.045	—		0.45～0.65	—		65（448）	35（241）	24	35	-60℃下1.8kgm				JISG5152－SCPL11
LC2	低温压力部件用铁素体型铸钢	≤0.25	≤0.60	0.50～0.80	0.04	0.045		2.0～3.00	—	—		70（483）	40（276）	24	35	-73℃下2kgm				JISG5152－SCPL21
LC2－1	低温压力部件用铁素体型铸钢	≤0.22	≤0.50	0.55～0.75	0.04	0.045	1.35～1.85	2.50～3.50	0.30～0.60	—		105（724）	80（551）	18	30	-73℃下4.1kgm				
LC3	低温压力部件用铁素体型铸钢	≤0.15	≤0.60	0.50～0.80	0.04	0.045	—	3.00～4.00	—	—		70（483）	40（276）	24	35	-101℃下2kgm				
LC4	低温压力部件用铁素体型铸钢	≤0.15	≤0.60	0.50～0.80	0.04	0.045		4.00～5.00				70（483）	40（276）	24	35	-112℃下2kgm				JISG5152－SCPL31
（ASTMA356）Gr2	合金结构钢	0.13～0.19	0.20～0.40	0.40～0.70	0.040	0.040	—	—	0.40～0.55	—									16MO（YB）	
Gr9	合金结构钢	0.08～0.15	0.17～0.37	0.40～0.70	<0.035	<0.035	0.90～1.20	—	1.00～1.20	V0.15～0.25									15CrMO1v（YB）	
（ASTMA405）P24	合金结构钢	0.08～0.15	0.17～0.37	0.40～0.70	<0.035	<0.035	0.90～1.20	—	1.00～1.20	V0.15～0.25									15CrMO1v（YB）	
ASTMA479－77 P304	合金钢棒材和型材	≤0.08	≤1.00	≤2.00	0.045	0.030	18.00～20.00	8.00～10.50		N≤0.100										
304H	合金钢棒材和型材	0.04～0.10	≤1.00	≤2.00	0.040	0.030	18.00～20.00	8.00～10.50												
304L	合金钢棒材和型材	≤0.03	≤1.00	≤2.00	0.045	0.030	18.00～20.00	8.00～12.0		N<0.100										

钢号	名称	化学成分									热处理状态	机械性能（不小于）							相应国内牌号	相应（JIS）日本牌号
		C	Si	Mn	P≤	S≤	Cr	Ni	Mo	其他		σ_b/ksi（MPa）	σ_s/ksi（MPa）	δ/%	ψ/%	硬度 HB	硬度 HRC	硬度 HV		
310S	合金钢棒材和型材	≤0.08	≤1.50	≤2.00	0.045	0.030	24.00~26.0	19.00~22.0												
316	合金钢棒材和型材	≤0.08	≤1.00	≤2.00	0.045	0.030	16.00~18.0	10.00~14.0	2.00~3.00	N≤0.100										
316H	合金钢棒材和型材	0.04~0.10	≤1.00	≤2.00	0.040	0.030	16.00~18.0	10.00~14.0	2.00~3.00											
316L	合金钢棒材和型材	≤0.03	≤1.00	≤2.00	0.045	0.030	16.00~18.0	10.00~14.0	2.00~3.00	N≤0.100										
321	合金钢棒材和型材	≤0.08	≤1.00	≤2.00	0.045	0.030	17.00~19.0	9.00~12.0		Ti≤0.40										
321P	合金钢棒材和型材	0.04~0.10	≤1.00	≤2.00	0.040	0.030	17.00~19.0	9.00~12.0		Ti0.16~0.70										
347	合金钢棒材和型材	≤0.08	≤1.00	≤2.00	0.045	0.030	17.00~19.0	9.00~13.0												
347H	合金钢棒材和型材	0.04~0.10	≤1.00	≤2.00	0.040	0.030	17.00~19.0	9.00~13.0												
348	合金钢棒材和型材	0.04~0.10	≤1.00	≤2.00	0.045	0.030	17.00~19.0	9.00~13.0		Co0.20 Ta ≤0.01										
348H	合金钢棒材和型材	0.04~0.10	≤1.00	≤2.00	0.040	0.030	17.00~19.0			Co 0.20										
403	合金钢棒材和型材	≤0.15	≤0.50	≤1.00	0.040	0.030	11.50~13.0													
410	合金钢棒材和型材	≤0.15	≤1.00	≤1.00	0.040	0.030	11.50~13.50													
430	合金钢棒材和型材	≤0.12	≤1.00	≤1.00	0.040	0.030	16.0~18.0													
ASTMA564~80A 630	不锈耐热钢	≤0.07	≤1.00	≤1.00	0.04	0.03	15.00~17.50	3.00~5.00	Cu 3.0~5.00		(1340)	(1200)	10	40					OCr17Ni4 Cu4Nb	JIS4303 – SUS630

附录2　日本 JIS 标准钢材化学成分及力学性能

钢号	名称	化学成分									热处理状态	机械性能（不小于）							相应国内牌号	相应（ASTM）美国牌号
		C	Si	Mn	P≤	S≤	Cr	Ni	Mo	其他		σ_b/ksi（MPa）	σ_s/ksi（MPa）	δ/%	ψ/%	硬度 HB	硬度 HRC	硬度 HV		
JISG3201－78 SF35A，SF40A																				
SF45A，SF50A	碳素钢锻材	≤0.60	0.15～0.50	0.30～1.20	0.030	0.035	—	—	—	—										A105
SF55A，SF60A																				
SF55B，SF60B																				
SF65B																				
JJSG3203－82 SFVAF1	高温压力容器用合金钢锻钢品	≤0.30	≤0.35	0.60～0.90	0.030	0.030	—	—	0.45～0.65	—		(480～658)	(274)	18	35					
SFVAF2	高温压力容器用合金钢锻钢品	≤0.20	≤0.60	0.30～0.80	0.030	0.030	0.50～0.80	—	0.45～0.65	—		(480～658)	(274)	18	35					
SFVAF12	高温压力容器用合金钢锻钢品	≤0.20	≤0.60	0.30～0.80	0.030	0.030	0.80～1.25	—	0.45～0.65	—		(480～658)	(274)	18	35					
SFVAF5A	高温压力容器用合金钢锻钢品	≤0.15	≤0.50	0.30～0.60	0.030	0.030	4.00～6.00	—	0.45～0.65	—		(412～589)	(245)	18	40				ICr5Mo（GB）	
SFVAF5B	高温压力容器用合金钢锻钢品	≤0.15	≤0.50	0.30～0.60	0.030	0.030	4.00～6.00	—	0.45～0.65			(480～658)	(274)	18	35				ICr5Mo（GB）	
SFVAF9	高温压力容器用合金钢锻钢品	≤0.15	0.50～1.00	0.30～0.60	0.035	0.035	8.00～1.00		0.90～1.10	—		(588～755)	(382)	18	40					
JISG3213－77 SFHV12A	高温压力容器用合金钢锻材	≤0.10～0.20	0.10～0.35	0.30～0.80	0.035	0.035	—	—	0.44～0.65	—										
SFHV12B	高温压力容器用合金钢锻材	≤0.28	0.15～0.35	0.60～0.90	0.035	0.035	—	—	0.44～0.65	—		(480)	(274)	25	35				16Mo（YB）	A182－F1
SFHV13A	高温压力容器用合金钢锻材	0.10～0.20	0.10～0.30	0.30～0.61	0.035	0.035	0.50～0.81	—	0.44～0.65											
SFHV13B	高温压力容器用合金钢锻材	≤0.21	0.10～0.60	0.30～0.80	0.035	0.035	0.50～0.81		0.44～0.65	—										
SFHV22A	高温压力容器用合金钢锻材	≤0.15	≤0.50	0.30～0.61	0.035	0.035	0.80～1.25	—	0.44～0.65	—										

钢号	名称	化学成分 C	Si	Mn	P≤	S≤	Cr	Ni	Mo	其他	热处理状态	机械性能（不小于） σ_b/ksi（MPa）	σ_s/ksi（MPa）	S≥/%	ψ≥/%	冲击值	硬度 HB	HRC	HV	相应国内牌号	相应（ASTM）美国牌号
SFHV22B	高温压力容器用合金钢锻材	0.10~0.20	0.10~0.60	0.30~0.80	0.035	0.035	0.80~1.25	—	0.44~0.65	—		（480）	（274）	20	30				15CrMo（YB）	A182－F12	
SFHV23A	高温压力容器用合金钢锻材	≤0.15	0.50~1.00	0.30~0.60	0.030	0.030	1.00~1.50	—	0.44~0.65												
SFHV23B	高温压力容器用合金钢锻材	0.10~0.20	0.50~1.00	0.30~0.80	0.030	0.030	1.00~1.50		0.44~0.65	—		（480）	（274）	20	30					15CrMo（YB）	A182－F11
SFHV24A	高温压力容器用合金钢锻材	≤0.15	≤0.50	0.30~0.60	0.030	0.030	1.90~2.60	—	0.87~1.13	—											
SFHV24B	高温压力容器用合金钢锻材	≤0.15	≤0.50	0.30~0.60	0.030	0.030	2.00~2.50	—	0.87~1.13	—		（480）	（274）	20	30					25Cr2Mo1VA（YB）	A182－F22
SFHV25	高温压力容器用合金钢锻材	≤0.15	≤0.50	0.30~0.60	0.030	0.030	4.00~6.00	—	0.44~0.65	—		（480）	（274）	25	35					1Cr5Mo（GB）	A182－F5
SFHV26A	高温压力容器用合金钢锻材	≤0.15	0.25~1.00	0.30~0.60	0.030	0.030	8.00~10.00	—	0.90~1.10	—											
SFHV26B	高温压力容器用合金钢锻材	≤0.15	0.50~1.00	0.30~0.60	0.030	0.030	8.00~10.00	—	0.90~1.10	—											
JISG 4051－79 S10C	优质碳素钢	0.08~0.13	0.15~0.35	0.30~0.60	0.030	0.035	≤0.20	≤0.20		Cu≤0.30	正火（900~950℃） 退火（－900℃）	（314） —	（206） —	33 —	— —	— —	109~156 109~149			10（GB）	
S12C		0.10~0.15	0.15~0.35	0.30~0.60	0.030	0.035	≤0.20	≤0.20		Cu≤0.30	正火（880~930℃）	（373）	（235）	30	—	—	111~167				
S15C		0.13~0.18	0.15~0.35	0.30~0.60	0.030	0.035	≤0.20	≤0.20		Cu≤0.30	退火（－880℃）	—	—	—	—	—	111~149			15（GB）	
S17C		0.15~0.20	0.15~0.35	0.30~0.60	0.030	0.035	≤0.20	≤0.20		Cu≤0.30	正火（870~920℃）	（402）	（245）	28	—	—	116~174				
S20C		0.18~0.23	0.15~0.35	0.30~0.60	0.030	0.035	≤0.20	≤0.20		Cu≤0.30	退火（－860℃）	—	—	—	—	—	114~153			20（GB）	

续表

钢号	名称	化学成分 C	Si	Mn	P≤	S≤	Cr	Ni	Mo	其他	热处理状态	机械性能（不小于） σ_b/ksi（MPa）	σ_s/ksi（MPa）	δ/%	ψ/%	冲击值	硬度 HB	HRC	HV	相应国内牌号	相应（ASTM）美国牌号
S22C		0.20～0.25	0.15～0.35	0.30～0.60	0.030	0.035	≤0.20	≤0.20		Cu≤0.30	正火（860～910℃）退火（-850℃）	（441）	（265）	27	—	—	123～183				
S25C		0.22～0.28	0.15～0.35	0.30～0.60	0.030	0.035	≤0.20	≤0.20		Cu≤0.30		—	—	—	—	—	121～156			25（GB）	A105
S28C	优质碳素钢	0.25～0.31	0.15～0.35	0.60～0.90	0.030	0.035	≤0.20	≤0.20		Cu≤0.30	正火（850～900℃）退火（～840℃）调质：有效直径30mm	（471）	（284）	25	—	—	137～197			25（GB）	A105
												—	—	—	—	—	126～156				
S30C	优质碳素钢	0.27～0.33	0.15～0.35	0.60～0.90	0.030	0.035	≤0.20	≤0.20		Cu≤0.30		（539）	（333）	23	57	108	152～212			30	
S33C	优质碳素钢	0.30～0.36	0.15～0.35	0.60～0.90	0.030	0.035	≤0.20	≤0.20		Cu≤0.30	正火（840～890℃）退火（-830℃）调质：有效直径32mm	（510）	（304）	23	—	—	149～207				
																	126～163				
S35C	优质碳素钢	0.32～0.38	0.15～0.35	0.60～0.90	0.030	0.035	≤0.20	≤0.20		Cu≤0.30		（569）	392	22	55	98.1	167～235			35	
S38C	优质碳素钢	0.35～0.41	0.15～0.35	0.60～0.90	0.030	0.035	≤0.20	≤0.20		Cu≤0.30	正火（830～880℃）退火（～820℃）调质：有效直径35mm	（510）	（324）	22	—	—	156～217				
												—	—	—	—	—	131～163				
S40C	优质碳素钢	0.37～0.43	0.15～0.35	0.60～0.90	0.030	0.035	≤0.20	≤0.20		Cu≤0.30		（608）	（441）	20	50	88	179～255			40	

钢号	名称	化学成分									热处理状态	机械性能（不小于）					硬度			相应国内牌号	相应（ASTM）美国牌号
		C	Si	Mn	P≤	S≤	Cr	Ni	Mo	其他		σ_b/ ksi（MPa）	σ_s/ ksi（MPa）	δ %	ψ/ %	冲击值	HB	HRC	HV		
S43C	优质碳素钢	0.40～0.46	0.15～0.35	0.60～0.90	0.030	0.035	≤0.20	≤0.20		Cu≤0.30	正　火（820～870℃）	（569）	（343）	20	—	—	167～229				
											退　火（～810℃）	—	—	—	—	—	137～170				
S45C	优质碳素钢	0.42～0.48	0.15～0.35	0.60～0.90	0.030	0.035	≤0.20	≤0.20		Cu≤0.30	调质：有效直径37mm	（686）	（490）	17	45	78	201～269			45	A194－2H
S48C	优质碳素结构钢	0.45～0.51	0.15～0.35	0.60～0.90	0.030	0.035	≤0.20	≤0.20		Cu≤0.30	正　火（810～860℃）	（608）	（363）	18	—	—	179～235				
											退　火（～800℃）	—	—	—	—	—	147～187				
S50C	优质碳素结构钢	0.47～0.53	0.15～0.35	0.60～0.90	0.030	0.035	≤0.20	≤0.20		Cu≤0.30	调质：有效直径40mm	（735）	（539）	15	40	69	212～277			50	
S53C	优质碳素结构钢	0.50～0.56	0.15～0.35	0.60～0.90	0.030	0.035	≤0.20	≤0.20		Cu≤0.30	正　火（800～850℃）	（647）	（392）	15	—	—	183～255				
											退　火（～790℃）	—	—	—	—	—	149～192				
S55C	优质碳素结构钢	0.52～0.58	0.15～0.35	0.60～0.90	0.030	0.035	≤0.20	≤0.20		Cu≤0.30	调质：有效直径42mm	（785）	（588）	14	35	59	229～285			55	
S58C	优质碳素结构钢	0.55～0.61	0.15～0.35	0.60～0.90	0.030	0.035	≤0.20	≤0.20		Cu≤0.30	正　火（800～850℃）	（647）	（392）	15	—	—	183～255				
											退　火（～790℃）	—	—	—	—	—	149～192				
											调质：有效直径42mm	（758）	（588）	14	35	59	229～285				
S09CK	优质碳素结构钢	0.07～0.12	0.10～0.35	0.30～0.60	0.025	0.025	≤0.20	≤0.20		Cu≤0.25	退　火（～900℃）	—	—	—	—	—	109～149				
											调质：	（392）	（245）	23	55	137	121～179				

续表

钢号	名称	化学成分									热处理状态	机械性能（不小于）								相应国内牌号	相应（ASTM）国内牌号
		C	Si	Mn	P≤	S≤	Cr	Ni	Mo	其他		σ_b/ksi（MPa）	σ_s/ksi（MPa）	δ/%	ψ/%	冲击值	硬度				
																	HB	HRC	HV		
S15CK	优质碳素结构钢	0.13～0.18	0.15～0.35	0.30～0.60	0.025	0.025	≤0.20	≤0.20		Cu≤0.25	退火（～880℃）	—	—	—	—	—	111～149				
											调质：	（490）	（343）	20	50	118	143～235				
S20CK	优质碳素结构钢	0.18～0.23	0.15～0.35	0.30～0.60	0.025	0.025	≤0.20	≤0.20		Cu≤0.25	退火（～860℃）	—	—	—	—	—	114～153				
											调质：	（539）	（392）	18	45	98.1	159～241				
JISG4105－79 SCM415	铬钼合金结构钢	0.13～0.18	0.15～0.35	0.60～0.85	0.030	0.030	0.90～1.20	≤0.25	0.15～0.30	Cu≤0.30	淬火，回火	（834）	—	16	40	69	235～321				
SCM418	铬钼合金结构钢	0.16～0.21	0.15～0.35	0.60～0.85	0.030	0.030	0.90～1.20	≤0.25	0.15～0.30	Cu≤0.30	淬火，回火	（883）	—	15	40	69	248～331				
SCM420	铬钼合金结构钢	0.18～0.23	0.15～0.35	0.60～0.85	0.030	0.030	0.90～1.20	≤0.25	0.15～0.30	Cu≤0.30		（932）	—	14	40	59	262～352			20CrMo（YB）	
SCM421	铬钼合金结构钢	0.17～0.23	0.15～0.35	0.70～1.00	0.030	0.030	0.90～1.20	≤0.25	0.15～0.30	Cu≤0.30	淬火，回火	（981）	—	14	35	59	285～375				
SCM430	铬钼合金结构钢	0.28～0.33	0.15～0.35	0.60～0.85	0.030	0.030	0.90～1.20	≤0.25	0.15～0.30	Cu≤0.30	淬火，回火	（834）	（686）	18	55	108	241～302			30CrMo（YB）	
SCM432	铬钼合金结构钢	0.27～0.37	0.15～0.35	0.30～0.60	0.030	0.030	1.00～1.50	≤0.25	0.15～0.30	Cu≤0.30	淬火，回火	（883）	（736）	16	50	88	255～321				
SCM435	铬钼合金结构钢	0.33～0.38	0.15～0.35	0.60～0.85	0.030	0.030	0.90～1.20	≤0.25	0.15～0.30	Cu≤0.30	淬火，回火	（932）	（785）	15	50	78	269～332			35CrMo（YB）	A193－B7
SCM440	铬钼合金结构钢	0.38～0.43	0.15～0.35	0.60～0.85	0.030	0.030	0.90～1.20	≤0.25	0.15～0.30	Cu≤0.30	淬火，回火	（981）	（834）	12	45	59	285～352				
SCM445	铬钼合金结构钢	0.43～0.48	0.15～0.35	0.60～0.85	0.030	0.030	0.90～1.20	≤0.25	0.15～0.30	Cu≤0.30	淬火，回火	（1030）	（883）	12	40	39	302～363				
SCM822	铬钼合金结构钢	0.20～0.25	0.15～0.35	0.60～0.85	0.030	0.030	0.90～1.20	≤0.25	0.35～0.45	Cu≤0.30	淬火，回火	（1030）	—	12	30	59	302～415				

续表

钢号	名称	化学成分									热处理状态	机械性能（不小于）								相应国内牌号	相应（ASTM）国内牌号
		C	Si	Mn	P≤	S≤	Cr	Ni	Mo	其他		σ_b/ksi（MPa）	σ_s/ksi（MPa）	δ/%	ψ/%	冲击值	硬度 HB	硬度 HR	硬度 HV		
JISG4107 SNB7	高温螺栓用合金钢	0.38~0.48	0.20~0.35	0.75~1.00	0.040	0.040	0.80~1.10		0.15~0.25												
SNB16	高温螺栓用合金钢	0.36~0.44	0.20~0.35	0.45~0.70	0.040	0.040	0.80~1.10		0.50~0.65	V0.25~0.35										40Cr2MoV（yB旧）	A193-B16
JISG4303-4307 SuS302	标准不锈钢（奥氏体型）	≤0.15	≤1.00	≤2.00	0.045	0.030	17.00~19.00	8.00~10.00			固溶或淬火 1010~1150℃ 急冷	（520）	（206）	40	60		<187	<90	<200	1Cr18Ni9（GB）	
SuS304	标准不锈钢（奥氏体型）	≤0.08	≤1.00	≤2.00	0.045	0.030	18.00~20.00	8.00~10.50			1010~1150℃ 急冷	（520）	（206）	40	60		<187	<90	<200	0Cr18Ni9（GB）	A182-F304
SuS304L	标准不锈钢（奥氏体型）	≤0.030	≤1.00	≤2.00	0.045	0.030	18.00~20.00	9.00~13.00			1010~1150℃ 急冷	（481）	（177）	40	60		<187	<90	<200	0Cr18Ni10（GB）	A182-F304L
SuS310S	标准不锈钢（奥氏体型）	≤0.08	≤1.50	≤2.00	0.045	0.030	24.00~26.00	19.00~22.00			1030~1180℃ 急冷	（520）	（206）	40	50		≤187	≤90	≤200		A182-F310
SuS316	标准不锈钢（奥氏体型）	≤0.08	≤1.00	≤2.00	0.045	0.030	16.00~18.00	10.00~14.00	2.00~3.00		1010~1150℃ 急冷	（520）	（206）	40	60		≤187	≤90	≤200	0Cr18Ni12M02Ti（GB）	A182-F316
SuS316L	标准不锈钢（奥氏体型）	≤0.03	≤1.00	≤2.00	0.045	0.030	16.00~18.00	12.00~15.00	2.00~3.00		1010~1150℃ 急冷	（481）	（177）	40	60		≤187	≤90	<200	00Cr17Ni14M02（GB）	A182-F316L
SuS321	标准不锈钢（奥氏体型）	≤0.08	≤1.00	≤2.00	0.045	0.030	17.00~19.00	9.00~13.00		Ti≥5×C	920~1150℃ 急冷	（520）	（206）	40	50		≤187	≤90	<200	0Cr18Ni9Ti（GB）	A182-F321
SuS347	标准不锈钢（奥氏体型）	≤0.08	≤1.00	≤2.00	0.045	0.030	17.00~19.00	9.00~13.00		Nb≥10×C	980~1150℃ 急冷	（520）	（206）	40	60		≤187	≤90	≤200	1Cr18Ni11Nb（GB）	A182-F347

续表

钢号	名称	化学成分									热处理状态	机械性能（不小于）							相应国内牌号	相应(JIS)国内牌号
		C	Si	Mn	P≤	S≤	Cr	Ni	Mo	其他		σ_b/ksi (MPa)	σ_s/ksi (MPa)	δ/%	ψ/%	硬度				
																HB	HRC	HV		
SUS403	标准不锈钢（马氏体钢）	≤0.15	≤0.50	≤1.00	0.040	0.030	11.50～13.00	≤0.60			固溶淬火 950～1000℃ 油冷回火 700～750℃ 急冷	(588)	(393)	25	55	≥170			1Cr13（GB）	A276－403
											退火 800～900℃ 慢冷或750℃急冷					≤183				
SuS410	标准不锈钢（马氏体钢）	≤0.15	≤1.00	≤1.00	0.040	0.030	11.50～13.50	≤0.60			固溶淬火 950～1000℃ 油冷回火 700～750℃ 急冷	(540)	(343)	25	55	≥159			1Cr13（GB）	A276－410 A182－F6a
											退火 800～900℃ 慢冷或750℃空冷	—	—	—	—	≥183				
SUS420J$_1$	标准不锈钢（马氏体钢）	0.16～0.25	≤1.00	≤1.00	0.040	0.030	12.00～14.00	≤0.60			固溶或淬火 920～980℃ 油冷回火 600～750℃ 急冷	(638)	(442)	20	50	≥192			2Cr13（GB）	A276－420
											退火 800～900℃ 慢冷或750℃空冷	—	—	—	—	≥223				
SUS420J$_2$	标准不锈钢（马氏体钢）	0.26～0.40	≤1.00	≤1.00	0.040	0.030	12.00～14.00	≤0.60			固溶或淬火 920～980℃ 油冷回火 600～750℃ 急冷	(736)	(540)	12	40	≥217			3Cr13（GB）	

续表

钢号	名称	化学成分									热处理状态	机械性能（不小于）							相应国内牌号	相应（JIS）国内牌号
		C	Si	Mn	P≤	S≤	Cr	Ni	Mo	其他		σ_b/ksi（MPa）	σ_s/ksi（MPa）	δ/%	ψ/%	硬度 HB	硬度 HRC	硬度 HV		
SUS430	标准不锈钢（铁素体钢）	≤0.12	≤0.75	≤1.00	0.040	0.030	16.00～18.00	≤0.60			退火 780～850℃ 空冷或慢冷	（451）	（206）	22	50	≥183			1Cr17（GB）	A276－430
SUS440C	标准不锈钢（马氏体钢）	0.90 1.20	≤1.00	≤1.00	0.040	0.030	16.00～18.000	≤0.60	≤0.75		固溶或淬火 1010～1070℃ 油冷回火 100～180℃ 气空冷						≤58		9Cr18（GB）	A276－440
											退火 800～920℃ 慢冷					≥255				
JISG5121 80_1 SCS_1	标准不锈钢铸钢	≤0.15	≤1.50	≤1.00	0.040	0.040	11.50～14.00	≤1.00			淬火－950℃ 油冷或空冷 回火 680～740℃ 空冷或缓冷	（539）	（343）	18	40	163～229			ZG1Cr13	CA15
											淬火－950℃ 油冷或空冷 回火 590～700℃ 空冷或缓冷	（618）	（451）	16	30	179～241				
SCS_2	标准不锈钢铸钢	0.16～0.24	≤1.50	≤1.00	0.040	0.040	11.50～14.00	≤1.00	—	—	淬火≥950℃ 油冷或空冷 回火 680～740℃ 空冷或缓冷	（588）	（392）	16	35	170～235			ZG2Cr13	CA40
SCS12	标准不锈铸钢	≤0.02	≤2.00	≤2.00	0.040	0.040	18.00～21.00	8.00～11.00	—	—	固溶处理 1030～1150℃ 急冷	（481）	（206）	28	—	≥183				CF20
SCS13	标准不锈钢铸钢	≤0.08	≤2.00	≤2.00	0.040	0.040	18.00～21.00	8.00～11.00	—	—	固溶处理 1030～1150℃急冷	（441）	（186）	30	—	≥183			ZG0Cr18Ni9	CF8
SCS13A	标准不锈钢铸钢	≤0.08	≤2.00	≤1.50	0.040	0.040	18.00～21.00	8.00～11.00	—	—	固溶处理 1030～1150℃急冷	（481）	（206）	33	—	≥183				
SCS14	标准不锈钢铸钢	≤0.08	≤2.00	≤2.00	0.040	0.040	17.00～20.00	10.00～14.00	2.00～3.00	—	固溶处理 1030～1150℃急冷	（441）	（186）	28	—	≤183			ZG0Cr18Ni12Mo2Ti	CF8M
SCS14A	标准不锈钢铸钢	≤0.08	≤1.50	≤1.50	0.040	0.040	18.00～21.00	9.00～12.00	2.00～3.00	—	固溶处理 1030～1150℃急冷	（481）	（206）	33	—	≤183				

续表

钢号	名称	化学成分									热处理状态	机械性能（不小于）							相应国内牌号	相应（ASTM）美国牌号
		C	Si	Mn	P≤	S≤	Cr	Ni	Mo	其他		σ_b/ksi（MPa）	σ_s/ksi（MPa）	δ/%	ψ/%	硬度				
																HB	HRC	HV		
SCS15	标准不锈钢铸钢	≤0.08	≤2.00	≤2.00	0.040	0.040	17.00～20.00	10.00～14.00	1.75～2.75	Cu1.00～2.50	固溶处理 1030～1150℃ 急冷	（441）	（186）	28	—	≤183				
SCS16	标准不锈钢铸钢	≤0.03	≤1.50	≤2.00	0.040	0.040	17.00～20.00	12.00～16.00	2.00～3.00	—	固溶处理 1030～1150℃ 急冷	（392）	（177）	33	—	≤183			ZG00Cr17Ni14Mo$_2$	CF3M
SCS16A	标准不锈钢铸钢	≤0.03	≤1.50	≤1.50	0.040	0.040	17.00～21.00	9.00～13.00	2.00～3.00	—	固溶处理 1030～1160℃ 急冷	（481）	（206）	33	—	≤183				
SCS17	标准不锈钢铸钢	≤0.20	≤2.00	≤2.00	0.040	0.040	22.00～26.00	12.00～15.00	—	—	固溶处理 1050～1150℃ 急冷	（481）	（206）	28	—	≤183				CH－20
SCS18	标准不锈钢铸钢	≤0.20	≤2.00	≤2.00	0.040	0.040	23.00～27.00	19.00～22.00	—	—	固溶处理 1070～1180℃ 急冷	（451）	（196）	28	—	≤183				CK－20
SCS19	标准不锈钢铸钢	≤0.03	≤2.00	≤2.00	0.040	0.040	17.00～21.00	8.00～12.00	—	—	固溶处理 1030～1150℃ 急冷	（392）	（186）	33	—	≤183			ZG00Cr18Ni10	CF3
SCS19A	标准不锈钢铸钢	≤0.03	≤2.00	≤1.50	0.040	0.040	17.00～21.00	8.00～12.00	—	—	固溶处理 1030～1150℃ 急冷	（481）	（206）	33	—	≤183				
SCS21	标准不锈钢铸钢	≤0.08	≤2.00	≤2.00	0.040	0.040	18.00～21.00	9.00～12.00		Nb＋Ta ≤10×C% ≥1.35	固溶处理 1030～1150℃ 急冷	（481）	（206）	28	—		≥183			CF8C
SCS23	标准不锈钢铸钢	≤0.07	≤2.00	≤2.00	0.040	0.040	19.00～22.00	27.50～30.50	2.00～3.00	Cu3.00 4.00	固溶处理 1070～1180℃ 急冷	（392）	（167）	30	—		≥183			CN7M

续表

钢号	名称	化学成分									热处理状态	机械性能（不小于）								相应国内牌号	相应（ASTM）美国牌号
		C	Si	Mn	P≤	S≤	Cr	Ni	Mo	其他		σ_b/ksi（MPa）	σ_s/ksi（MPa）	δ/%	ψ/%	低温冲击值	硬度 HB	硬度 HRC	硬度 HV		
SCS24	标准不锈钢铸钢	≤0.07	≤1.00	≤1.00	0.040	0.040	15.50～17.50	3.00～5.00		Cu2.50～4.00 Nb+Ta 0.15～0.45	固溶处理 1020～1080℃ 急冷 时效硬化 475～525×90分空冷	（1236）	（1030）	6	—		≥375				
JiSG5151－78SCPH1	高温高压用铸件	≤0.25	≤0.60	≤0.70	0.040	0.040	≤0.25	≤0.50	≤0.25	Cu≤0.50		（411）	（206）	24	35						A216 WCA
SCPH2	高温高压用铸件	≤0.30	≤0.60	≤1.00	0.040	0.040	≤0.25	≤0.50	≤0.25	Cu≤0.50		（481）	（245）	22	35						A216 WCB
SCPH11	高温高压用铸件	≤0.25	≤0.60	0.50～0.80	0.040	0.040	≤0.35	≤0.50	0.45～0.65	Cu≤0.50 W≤0.10		（441）	（245）	25	40						A217 WC1
SCPH21	高温高压用铸件	≤0.20	≤0.60	0.50～0.80	0.040	0.040	1.00～1.50	≤0.50	0.45～0.65	Cu≤0.50 W≤0.10		（481）	（274）	20	35					（ZG20CrMoV）	A217 WC6
SCPH22	高温高压用铸件	≤0.25	≤0.60	0.50～0.80	0.040	0.040	1.00～1.50	≤0.50	0.90～1.20	Cu≤0.50 W≤0.10		（550）	（343）	18	35						
SCPH23	高温高压用铸件	≤0.20	≤0.60	0.50～0.80	0.040	0.040	1.00～1.50	≤0.50	0.90～1.20	V0.15～0.25 Cu≤0.50 W≤0.10		（550）	（343）	15	35						
SCPH32	高温高压用铸件	≤0.20	≤0.60	0.50～0.80	0.040	0.040	2.00～2.75	≤0.50	0.90～1.20	Cu≤0.50 W≤0.10		（481）	（274）	20	35					（ZG15Cr1Mo1V）	A217 WC9
SCPH－61	高温高压用铸件	≤0.20	≤0.75	0.50～0.80	0.040	0.040	4.00～6.50	≤0.50	0.45～0.65	Cu≤0.50 W≤0.10		（588）	（392）	20	35					ZG2Cr5Mo	A217 C5

续表

钢号	名称	化学成分									热处理状态	机械性能（不小于）								相应国内牌号	相应（ASTM）美国牌号
		C	Si	Mn	P≤	S≤	Cr	Ni	Mo	其他		σ_b/ksi（MPa）	σ_s/ksi（MPa）	δ/≥%	ψ/%	低温冲击值	硬度 HB	硬度 HRC	硬度 HV		
JISG5152－78SCPL1	低温高压用铸钢	≤0.30	≤0.60	≤1.00	0.040	0.040	≤0.25	≤0.50	—	Cu≤0.50		（451）	（245）	24	35	－46℃下 2kgm					A352－LCB
SCPL11	低温高压用铸钢	≤0.25	≤0.60	0.50～－0.80	0.040	0.040	≤0.35	≤0.50	0.45～0.65	Cu≤0.50		（451）	（245）	24	35	－60℃下 2kgm					A352－LC1
SCPL21	低温高压用铸钢	≤0.25	≤0.60	0.50～－0.80	0.040	0.040	≤0.35	2.00～3.00	—	Cu≤0.50		（451）	275	24	35	－73℃下 2kgm					A352－LC2
SCPL31	低温高压用铸钢	≤0.15	≤0.60	0.50～0.80	0.040	0.040	≤0.35	3.00～4.00	—	Cu≤0.50		（451）	（275）	24	35	－101℃下 2kgm					A352－LC3
JISG4801－77SUP3	弹簧钢	0.75～0.90	0.15～0.35	0.30～0.60	0.035	0.035	—	—	—	—	淬火 830～860 油冷回火 450～500℃	（1079）	（834）	8	—		341～401				A352－LC4
SUP4	弹簧钢	0.90～1.10	0.15～0.35	0.30～0.60	0.035	0.035	—	—	—	—	淬火 830～860 油冷回火 450～500℃	（1128）	（883）	7	10		352～415				
SUP6	弹簧钢	0.55～0.65	1.50～1.80	0.70～1.00	0.035	0.035	—	—	—	—	淬火 830～860 油冷回火 480～530℃	（1226）	（1079）	9	20		363～429				
SUP7	弹簧钢	0.55～0.65	1.80～2.20	0.70～1.00	0.035	0.035	—	—	—	—	淬火 830～860 油冷回火 490～540℃	（1226）	（1079）	9	20		363～429				
SUP9	弹簧钢	0.50～0.60	0.15～0.35	0.65～0.95	0.035	0.035	0.65～0.95	—	—	—	淬火 830～860 油冷回火 460～510℃	（1226）	（1079）	9	20		363～429				
SUP9A	弹簧钢	0.55～0.65	0.15～0.35	0.70～1.00	0.035	0.035	0.70～1.00	—	—	—	淬火 830～860 油冷回火 460～520℃	（1226）	（1079）	9	20		363～429				

续表

钢号	名称	化学成分									热处理状态	机械性能（不小于）								相应国内牌号	相应国内牌号
		C	Si	Mn	P≤	S≤	Cr	Ni	Mo	其他		σ_b/ksi (MPa)	σ_s/ksi (MPa)	δ/%	ψ/%	冲击值	硬度 HB	硬度 HRC	硬度 HV		
SUP10	弹簧钢	0.45~0.55	1.15~0.35	0.65~0.95	0.035	0.035	0.80~1.10	—	—	V0.15~0.25	淬火 840~870 油冷回火 470~540℃	(1226)	(1079)	10	30		363~429				
SUP11A	弹簧钢	0.55~0.65	0.15~0.35	0.70~1.00	0.035	0.035	0.70~1.00	—	—	B>0.0005	淬火 830~860 油冷回火 460~520℃	(1226)	(1079)	9	20		363~429				
SUP2	弹簧钢	0.62~0.70	0.17~0.37	0.50~0.80	0.040	0.040	≤0.25	≤0.25													
JIS G4404－83 SKS4	耐冲击工具用钢	0.45~0.55	≤0.35	≤0.50	0.030	0.030	0.50~1.00	—	—	W0.50~1.00 NiCu ≤0.25	退火 740~780℃ 回火 150~200℃						≤201	>56			
SKS41	耐冲击工具用钢	0.35~0.45	≤0.35	≤0.50	0.030	0.030	1.00~1.50	—	—	W2.50~3.50 NiCu ≤0.25	退火 760~820℃ 回火 150~200℃						<217	>53			
SKS43	耐冲击工具用钢	1.00~1.10	≤0.25	≤0.30	0.030	0.030	—	—	—	V0.10~0.25 NiCu ≤0.25	退火 750~800℃ 回火 150~200℃						<217	>63			
SKS44	耐冲击工具用钢	0.80~0.90	≤0.25	≤0.30	0.030	0.030	—	—	—	V0.10~0.25 NiCu ≤0.25	退火 730~780℃ 回火 150~200℃						<207	>60			
SKD4	热作模具钢	0.25~0.35	≤0.40	≤0.60	0.030	0.030	2.00~3.00	—	—	V0.30~0.500 W5.0~6.00 NiCu ≤0.25	退火 800~850℃ 回火 600~650℃										

续表

标准号	名称	化学成分						壁厚 mm	机械性能						相应国内牌号	相应（ASTM）美国牌号
		C	Si	Mn	P≤	S≤			σ_b/（kg/cm^2）	最大荷重/kg	挠曲/mm	硬度/HB	耐力/（kg/cm^2）	延伸率/%		
JISG 5501－56 FC10	灰铸铁							4 以上 50 以下	＞10	＞700	＞3.5	＜201				
FC15	灰铸铁							4 以上 8 以下	＞19	＞180	＞2.0	＜241			HT15－33（GB）	
								8 以上 15 以下	＞17	＞400	＞2.5	＜223				
								15 以上 30 以下	＞15	＞800	＞4.0	＜212				
								30 以上 50 以下	＞13	＞1700	＞6.0	＜201				
FC20	灰铸铁							4 以上 8 以下	＞24	＞200	＞2.0	＜255			HT20－40（GB）	A126－classA
								8 以上 15 以下	＞22	＞450	＞3.0	＜235				
								15 以上 30 以下	＞20	＞900	＞4.5	＜223				
								30 以上 50 以下	＞17	＞2000	＞6.5	＜217				
FC25	灰铸铁							4 以上 8 以下	＞28	＞220	＞2.0	＜269			HT25－47（GB）	A126－classB
								8 以上 15 以下	＞26	＞500	＞3.0	＜248				
								15 以上 30 以下	＞25	＞1000	＞5.0	＜241				
								30 以上 50 以下	＞22	＞2300	＞7.0	＜229				
FC30	灰铸铁							8 以上 15 以下	＞31	＞550	＞3.5	＜269			HT30－54（GB）	
								15 以上 30 以下	＞30	＞1100	＞5.5	＜262				
								30 以上 50 以下	＞27	＞2600	＞7.5	＜248				
FC35	灰铸铁							15 以上 30 以下	＞35	＞1200	＞3.5	＜277			HT35－61（GB）	
								30 以上 50 以下	＞32	＞2900	＞7.5	＜269				
JISG 5502－61 FCD40	球墨铸铁								＞40				＞28	＞12	QT40－17（GB）	
FCD45	球墨铸铁								＞45				＞30	＞5	QT42－10（GB）	
FCD55	球墨铸铁								＞55				＞38	＞2		
FCD70	球墨铸铁								＞70				＞48	＞1		
JISG 5702－69 FCMB28	可锻铸铁								＞28				＞17	＞5	KT30－6（GB）	
FCMB32	可锻铸铁								＞32				＞19	＞8	KT33－8（GB）	
FCMB35	可锻铸钢								＞35				＞20	＞10	KT35－10（GB）	
FCMB37	可锻铸钢								＞37				＞21	＞14	KT37－12（GB）	

续表

标准号	名称	化学成分										σ_b/(kg/mm^2)	延伸率/%	屈服强度/(kg/mm^2)	相应国内牌号	相应(ASTM)美国牌号
		Cu	Zn	Mn	Fe	Al	Sn	Ni	Pb	Si	不纯物					
JISH5102 −66 HBSC$_1$	高强度黄铜铸件	55.0 ~ 60.0	残部	≤1.5	0.5 ~ 1.5	0.5 ~ 1.5	≤1.0	≤1.0	≤0.4	≤0.1		≥44	≥20	—		ASTMB147 A110yNo7A
HBSC$_2$	高强度黄铜铸件	55.0 ~ 60.0	残部	≤3.5	0.5 ~ 2.0	0.5 ~ 2.0	≤1.0	≤1.0	≤0.4	≤0.1		≥50	≥18	—		ASTMB147 A110yNo8A
HBSC$_3$	高强度黄铜铸件	≥55.0	残部	2.5 ~ 5.0	2.0 ~ 4.0	3.0 ~ 6.0	≤0.5	—	≤0.2	≤0.1		≥70	≥10	—		ASTMB147 A110yNo8B
JISH5111 −66 BC$_1$	青铜铸件	79.0 ~ 83.0	8.0 ~ 12.0				2.0 ~ 4.0	—	3.0 ~ 7.0	≤2.0		≥17	≥15	—		ASTMB145 −52 A110yNo5A
BC$_2$	青铜铸件	86.0 ~ 90.0	3.0 ~ 5.0				7.0 ~ 9.0	—	≤1.0		≤1.0	≥25	≥20	—	ZQSn8 −4	ASTMB143 −52 A110yNo1B
BC$_3$	青铜铸件	86.5 ~ 89.5	1.0 ~ 3.0				9.0 ~ 11.0	—	≤1.0		≤1.0	≥25	≥15	—	ZQSn10 −2	ASTMB143 −52 A110yNo1A
BC$_6$	青铜铸件	81.0 ~ 87.0	4.0 ~ 7.0				4.0 ~ 6.0	—	3.0 ~ 6.0		≤2.0	≥20	≥15	—	ZQSn5 −5.5	ASTMB62 −52
BC$_7$	青铜铸件	87.0 ~ 90.0	3.0 ~ 5.0				5.0 ~ 7.0	—	1.0 ~ 3.0		≤1.5	≥22	≥18	—		ASTMB61 −52
JISH3423 −66 B2BF$_1$	锻造用黄铜棒	58.0 ~ 62.0	残部					—	≤1.0		Fe + Sn≤0.8	≥32	≥15	—		ASTMB283 −56 ForgingBrass
B2BF2	锻造用黄铜棒	57.0 ~ 61.0	残部					—	0.5 ~ 2.5		Fe + Sn≤1.5	≥32	≥15	—		
JISH3424 −67 NBSB1	镍黄铜棒	61.0 ~ 64.0	残部				0.7 ~ 1.5		—		Fe + Sb≤0.8	≥35	≥20	—		ASTMB21 −58 A110y. B. C
NBSB2	镍黄铜棒	59.0 ~ 62.0	残部				0.5 ~ 1.0		—		Fe + Sb≤1.0	≥35	≥20	—		
JISH3425 −67 HBSB1	高强度黄铜棒	56.0 ~ 61.0	残部	≤1.5	≤1.0		≤1.0		≤0.8			≥45	≥20	—		ASTMB138 −58 A110yA. B
HBSB2	高强度黄铜棒	56.0 ~ 60.0	残部	≤2.5	≤1.0		≤1.5		≤0.8			≥50	≥20	—	HMn57 −3 −1	
HBSB3	高强度黄铜棒	55.0 ~ 59.0	残部	≤3.0	≤1.5		≤1.0		≤0.8	≤1.0		≥50	≥20	—		

附录3 引进装置阀门常用填料简介

编号	名称	材料组成	适用范围	国外常用代号					
				Nippon Valaua 日本华尔卡	Nippon Asbestos 日本石棉	Nippon Pillar 日本皮拉	Garlock 茄洛克	Johns Manville 群斯马维尔	John Crane 群克莱痕
一	石棉类								
1	石棉绳填料								
	浸四氧树脂石棉绳	石棉纤维拈成线，浸渍聚四氟乙烯树脂	适合260℃以下各种化学药品溶剂、蒸汽	7101					
	含石墨石棉绳	将浸渍润滑剂石棉纤维拈成线，再加以石墨处理	适合150℃以下蒸汽、水、一般液压油	127					
2	石棉线编织填料								
	浸渍耐热润滑剂	将浸渍耐热润滑剂的石棉线编织成形，然后加石墨处理，或云母处理	适合300℃以下蒸汽、热水、一般化学药品	135（125）	—	—	—	255	816
	浸渍耐酸润滑剂	将耐酸润滑剂处理后的石棉线编织成形，然后加石墨处理，或云母处理	适合200℃以下稀无机酸、氨、碱性溶液	136					
	加耐高温、耐油黏结剂	将长纤维石棉线纺织成形，然后用特殊黏结剂，或云母处理	适合350℃以下油、石油系碳化氢、蒸汽、一般气体	139	3900	—	176	270	804-D
	浸渍四氟树脂	将石棉纤维拈成线，浸渍聚四氟乙烯树脂	适合-200～260℃以下各种化学药品、溶剂、蒸汽	7101	—				
		将石棉纤维拈成线，浸渍聚四氟乙烯树脂编织成形，用矿物油处理	适合200℃以下各种化学药品溶剂、蒸汽	7132	—				
		将石棉纤维拈成线，浸渍聚四氟乙烯树脂编织成形，用氟油处理	适合260℃以下各种化学药品溶剂、蒸汽	7133	9075-b	4513	5862	2024	C-06 C-07
		将石棉纤维拈成线，浸渍聚四氟乙烯树脂编织成形，用硅油处理	适合260℃以下各种化学药品溶剂、蒸汽	7133Fo					
	用金属线补强	（石棉纤维+耐热黏结剂+石墨+不锈钢丝）编织，用石墨或其他润滑剂处理	适合550℃以下高温高压过热蒸汽、高温油	1271	2913	313	—	—	550 551
		（石棉纤维+耐热黏结剂+石墨+蒙乃尔金属丝）编织，用石墨或其他润滑剂处理	适合550℃以下高温高压过热蒸汽、高温油	1272	2921	315	—	—	—
		（石棉纤维+耐热黏结剂+石墨+镍铬铁耐热合金丝）用石墨或其他润滑剂处理	适合650℃以下高温高压过热蒸汽、高温油	1273	2920	316	—	3123	187-1

续表

编号	名称	材料组成	适用范围	国外常用代号					
				Nippon Valaua 日本华尔卡	Nippon Asbestos 日本石棉	Nippon Pillar 日本皮拉	Garlock 茄洛克	Johns Manville 群斯马维尔	John Crane 群克莱痕
3	高温用棉状填料	（石棉纤维＋耐热润滑剂＋石墨）制成棉状，加覆盖层	适合450℃以下轻油、重油、液压油、蒸汽	1240	2990	—	930	C－R－620	SS－3J
4	石棉袋编填料	（石棉＋石墨＋耐热填充剂）制成棉状混合物，外用石棉线编织方袋形再用石墨作表面处理再施加防腐处理	适合350℃以下用热水、水蒸气、海水、下水道污水、工业废液、盐类水溶液弱酸、弱碱、动植物油等接触300kgf/cm^{2}以下阀杆密封	1290					
二	橡塑料类								
1	四氟乙烯编织填料	将100%四氟乙烯树脂纤维编织成形，再浸渍四氟乙烯树脂悬浮液，用特殊润滑剂处理	适合260℃以下各种化学药品、溶剂、蒸汽	7233	9034	4505	5733	—	C－1045 C－1046
2	混四氟乙烯编织填料	将混有四氟乙烯纤维的石棉线，浸渍四氟乙烯树脂后，编织成3袋形结构加润滑剂处理	适合260℃以下各种化学药品、溶剂、蒸汽	7332					
3	塑料填密环	将四氟乙烯树脂棒模制成V形填密件	适合260℃以下各种化学药品、溶剂、蒸汽	7631	9020－V	4260	8764	Chempac－V	Chemlonc－VU
4	用橡胶制成的填密环	将橡胶制成V形填密件	适合260℃以下各种化学药品、溶剂、蒸汽	2631	2661	—	—	V－Ring	—
三	石墨类								
	纯石墨模制	用纯石墨模压而制	适合气态酸碱卤素气体、天然气、油气、溶剂、导生液	VF－10	2200	6610	—	—	—
四	其他	另外还有纤维类、植物纤维类，橡胶类，金属类，由于用量不大，不一一介绍							

附录4　引进装置阀门常用垫片简介

编号	名称	形式	材料组成	适用范围	国外常用代号					
					Nippon Valaua 日本华尔卡	Nippon Asbestos 日本石棉	Nippon Pillar 日本皮拉	Garlock 茄洛克	Johns - Manville 群斯马维尔	John Crane 群克莱痕
一	非金属垫片									
1	压缩石棉板	万能通用型	石棉长纤维＋耐热耐腐化学品＋特殊橡胶黏结剂	适用500℃以下，100kg/cm^{2}以下蒸汽、酸、碱热油等	1500	1100 1000	5000	7021 7022	60 61	33 2150
		一般常用型	石棉长纤维＋填料＋苯乙烯－丁二烯，橡胶	适用450℃以下，70kg/cm^{2}的热水、弱酸碱、酒精、海水、空气	221	—	—	—	—	—
		耐热或耐油	石棉长纤维＋不同填料＋苯乙烯－丁二烯，橡胶	适用450～500℃水、海水、空气、盐、酸、碱	921 930					
2	四氟乙烯垫片	耐腐型	四氟乙烯树脂模板冲切成形	适用－200～260℃各种腐蚀液体、卤素、溶剂、油	7010	9000	4400	35404	—	—
		耐酸碱型	四氟乙烯树脂加填充剂模压成形	适用－200～260℃腐蚀性气体、液化氮、液化氧等	7020	9009	—	GYLON	—	—
3	四氟色夹石棉	耐强腐蚀	石棉板＋聚四氟乙烯树脂扩套包夹	适用130℃以下酸、卤素等腐蚀性激烈的流体	7030					
4	石墨密封垫		用柔性石墨板，冲制而成	适用除强氧化介质外的腐蚀性介质低温液体	VF30					
二	半金属垫片									
1	包复垫片	金属包复石棉	石棉板＋金属薄板制成护套	适用高温、高压蒸汽、气体、油气、溶剂蒸汽	520	1840	1020	—	923	—
2	缠绕式垫片	石棉不锈钢缠绕垫	石棉带与不锈钢带（V形或W形SUS304）缠绕而成	适用高温、高压蒸汽、油气、溶剂蒸气	590	1804	2000 2100	555	911	—
		带外环缠绕垫	石棉带与不锈钢带缠绕而成＋外环（低碳钢或不锈钢）	适用高温、高压蒸汽、油气、溶剂蒸气	591	1834	2000 OR 2100 OR	555	913	—

续表

编号	名称	形式	材料组成	适用范围	国外常用代号					
					Nippon Valaua	Nippon Asbestos	Nippon Pillar	Garlock	Johns Manville	John Crane
					日本华尔卡	日本石棉	日本皮拉	茄洛克	群斯马维尔	群克莱痕
2	缠绕式垫片	带内环缠绕垫	石棉带与不锈钢带缠绕而成＋内环（低碳钢或不锈钢）	适用高温、高压蒸汽、油气、溶剂蒸气	592	1804－R	2000 1R 2100 1R	555	—	—
		带内外环缠绕垫	石棉带与不锈钢带缠绕而成＋内外环（低碳钢或不锈钢）	适用高温、高压蒸汽、油气、溶剂蒸气	596	1834－R	2000 10R 2100 10R	555	—	—
		石墨不锈钢缠绕垫	石墨带与不锈钢带（V形或W形SUS304）缠绕而成	适用－200～＋500℃除高温氧化、强氧化外的其他流体	6590					
		带外环缠绕垫	石墨带不锈钢带缠绕而成＋外环（低碳钢或不锈钢）	适用－200～＋500℃除高温氧化、强氧化外的其他流体	6591					
		带内环缠绕垫	石墨带不锈钢带缠绕而成＋内环（低碳钢或不锈钢）	适用－200～＋500℃除高温氧化、强氧化外的其他流体	6592					
		带内外环缠绕垫	石棉带与不锈钢带缠绕而成＋内外环（低碳钢或不锈钢）	适用－200～＋500℃除高温氧化、强氧化外的其他流体	6596					
		四氟不锈钢缠绕垫	四氟乙烯带与不锈钢带（V形或W形SUS304）缠绕而成	适用300℃以下，各种腐蚀流体	7590	9090	2500	555	—	—
			四氟乙烯带与不锈钢带缠绕而成＋外环（低碳钢或不锈钢）	适用300℃以下，各种腐蚀流体	7591					
			四氟乙烯带与不锈钢带缠绕而成＋内环（低碳钢或不锈钢）	适用300℃以下，各种腐蚀流体	7592					
			四氟乙烯带与不锈钢带缠绕而成＋内外环（低碳钢或不锈钢）	适用300℃以下，各种腐蚀流体	7596					
三	金属类垫片	波纹形金属密封垫片	将各种金属的两面按一定要求削成波纹形	用于高压蒸汽、气体	500	1880－S	1220	—	900	—
		平面式	将各种金属材料削成规定尺寸平面形状	用于高压蒸汽、气体	560	1850－P	1420	—	940	—
		环形接合密封垫片	将各种金属材料加工成截面椭圆形、八角形、透镜形、双锥形、API－RX、BX等形密封垫	用于高温、高压蒸汽、气体、热油、溶剂蒸气等	550	1850－V	1520A	—	950	—

第五章　管道用小型设备

第一节　蒸汽分水器

蒸汽分水器是作为分离蒸汽中的水滴之用。凡需要除掉蒸汽中水滴的地方，在其入口前的管道上，应设置蒸汽分水器。

进装置的蒸汽主管上需设置蒸汽分水器，$DN \leqslant 100$ 的蒸汽分水器直接焊在管廊上的蒸汽主管上，$DN \geqslant 150$ 的蒸汽分水器由于体积和自重较大，应布置在地面上。

装置内自产的饱和蒸汽在并入相应管网前，蒸汽进入汽轮机之前，应设置蒸汽分水器。

蒸汽分水器已按蒸汽接管尺寸考虑了相应的分离面积，可直接根据蒸汽管径选用。

蒸汽分水器的设计压力为 1.3MPa，设计温度为 300℃，蒸汽分水器结构图及尺寸见图 5-1-1和表 5-1-1（表中施工图图号为《石油化工装置工艺管道安装设计手册》第五篇《设计施工图册》第二章小型设备中给出的施工图图号，上述《设计施工图册》是为本手册配套编制的部分标准施工图）。

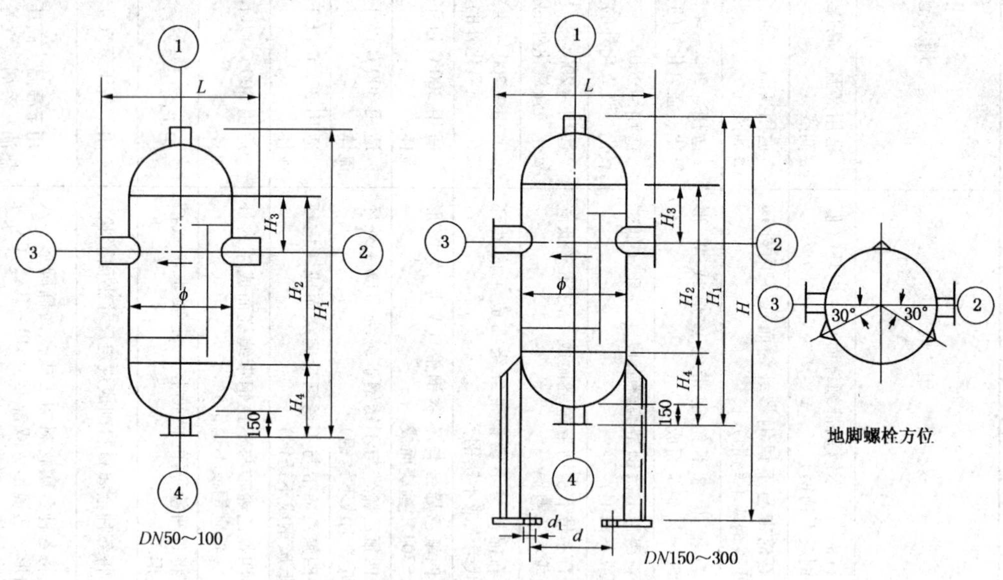

图 5-1-1　蒸汽分水器

表 5-1-1　蒸汽分水器尺寸

公称直径 DN	开口 DN/PN（mm/MPa）				主要结构尺寸/mm										总质量/kg	施工图图号
	1	2	3	4	ϕ	L	H	H_1	H_2	H_3	H_4	d	d_1	M		
50	20/15.68	50/1.57	50/1.57	20/1.57	168.3	468	—	712	300	100	215	—	—	—	22	S5-1-1
80	20/15.68	80/1.57	80/1.57	20/1.57	273	574	—	896	400	120	258	—	—	—	56	S5-1-2
100	20/15.68	100/1.57	100/1.57	20/1.57	355.6	656	—	1046	500	150	284	—	—	—	107	S5-1-3
150	20/15.68	150/1.57	150/1.57	25/1.57	500	916	1758	1248	650	180	308	464	20	16	246	S5-1-4
200	20/15.68	200/1.57	200/1.57	25/1.57	700	1120	1990	1480	750	250	375	688	20	16	459	S5-1-5
250	20/15.68	250/1.57	250/1.57	25/1.57	800	1220	2040	1530	750	270	400	788	20	16	573	S5-1-6
300	20/15.68	300/1.57	300/1.57	25/1.57	1000	1424	2292	1782	900	300	452	986	24	20	932	S5-1-7

注：① 设备法兰按 HG/T 20615—2009 标准，设备带对应法兰。

② M 为地脚螺栓直径。

第二节 乏汽分油器

从蒸汽往复泵中出来的乏汽，常带有润滑油滴，不论是将其放空或送入蒸汽管网之前，均应经过乏汽分油器以除掉其中的油滴。常用的乏汽分油器系列，其结构如图5-2-1所示。

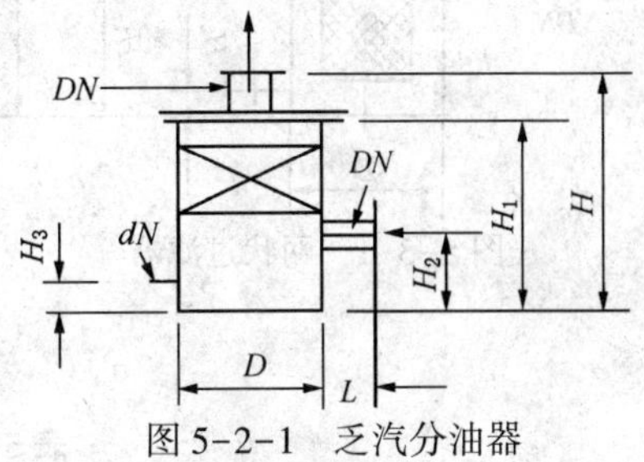

图5-2-1 乏汽分油器

乏汽分油器的设计压力为0.3MPa，设计温度为180℃，在设计该系列时，已按接管尺寸考虑了相应的分油面积。因此，在选用时可直接按接管公称直径从表5-2-1中选用（表中施工图图号为《石油化工装置工艺管道安装设计手册》第五篇《设计施工图册》第二章小型设备中的施工图图号）。

表5-2-1 乏汽分油器外形尺寸

公称直径 DN	接管法兰 PN/bar	外形尺寸/mm						油出口		金属总质量/kg	施工图图号
		D	L	H	H_1	H_2	H_3	Class	dN		
80	20	219	150	668	500	150	45	2000	20	82	S5-2-1
100	20	219	150	668	500	150	45	2000	20	90	S5-2-2
150	20	377	200	870	650	230	55	2000	25	209	S5-2-3
200	20	529	200	976	750	300	55	2000	25	405	S5-2-4

注：设备附带 *PN*20bar 带颈平焊对应法兰（HG/T 20615—2009）。

第三节 过滤器

过滤器是除掉流体中固体杂质的设备，用以保护主要设备的正常运转。一般设置在润滑油进入设备之前；燃料油进入喷嘴之前；原料油或封油进入泵之前，蒸汽凝结水进入疏水阀之前的各类管道上。

过滤器按使用要求可分为永久性过滤器和临时过滤器两种：临时过滤器仅在开工试运时使用，永久性过滤器则作为一个工艺设备投入正常运转，连续生产过程中使用的永久性过滤器一般需采用两台并联安装，以便切换清洗。

由于过滤器设计时，均按接管尺寸考虑了相应的过滤面积，一般可直接根据工艺管径选用，当常用的过滤面积不能满足工艺要求时，可更换滤网规格或选用加长型过滤器，滤网规格可参考表5-3-1确定，并在料表中注明。

表5-3-1 工业金属丝编织方孔筛网结构参数

网孔宽度/mm	丝径/mm	目数	孔数	开孔面积/%	可截粒径参考值/μm
2	0.45	10	100	66.6	2032
1	0.315	20	400	57	955
0.6	0.28	30	900	46.5	614
0.4	0.224	40	1600	40.9	442
0.3	0.2	50	2500	36.0	356
0.3	0.122	60	3600	51.0	301
0.2	0.112	80	6400	41.1	216
0.18	0.081	100	10000	46	173
0.14	0.071	120	14400	44.0	
0.1	0.081	140	19600	30.8	

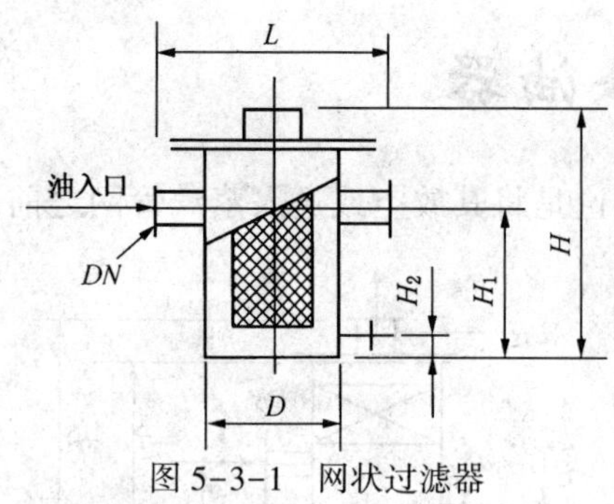

图 5-3-1　网状过滤器

过滤器壳体材料有碳钢、合金钢和不锈钢等，应根据工艺条件选定。过滤器内件滤筒和滤网一般用不锈钢材料制作，如果工艺过程有特殊要求时，应专门注明过滤器内件材质。

一、立式过滤器（永久性）

1. 网状过滤器（见图 5-3-1）

网状过滤器设计压力为 1～4MPa，设计温度为 200℃，滤网由两层组成：内层为 ϕ2.2 No.5 钢丝网，处层为 16 目/in 的铜丝网。

表 5-3-2　网状过滤器外形尺寸

型　号	公称直径 DN/mm	接管法兰 PN/MPa	外形尺寸/mm					放空口		金属总质量/kg	生产厂
			D	L	H	H_1	H_2	d	PN/MPa		
MRI100	100	1～4	273	673	630	350	40	20	16	～110	江苏无锡石化通用件厂
MRI150	150	1～4	273	673	730	450	40	20	16	～132	
MRI200	200	1～4	377	777	754	400	50	20	16	～220	
MRI250	250	1～4	377	777	854	500	50	20	16	～265	
MRI300	300	1～4	520	920	934	550	70	20	16	～435	
MRI350	350	1～4	520	920	1034	600	75	20	16	～486	

注：1. PN≤2.5MPa 为光滑面平焊法兰（JB/T 81—94），PN=4MPa 为凹凸面对焊法兰（JB/T 82—94）。

2. 标记示例：选 MRI 型，公称压力 1.6MPa，接管直径 200mm，其型号标记为 MRI200—1.6。

2. 篮式过滤器

篮式过滤器分为直通式、高低接管式和重叠式三种，过滤器的接管法兰的标准以国家标准（GB）为基础，也可以采用化工部、一机部或其他国内外标准制造，无论用那种法兰标准，过滤器的安装尺寸均用下面各表中所列数值。

篮式过滤器的标记为 1 2 3—4 5

1　过滤器类型：

直通篮式：SRBA 平板结构；SRBA1 封头结构；

高低接管篮式：SRBB 平板结构；SRBB1 封头结构；

高低接管重叠篮式：SRBC

2　公称压力（见表 5-3-3）

表 5-3-3　公　称　压　力

PN/MPa	1	1.6	2.0	2.5	4.0	5.0	10.0
代　号	1	1.6	2	2.5	4	5	10

3　材质（见表 5-3-4）

表 5-3-4　材　　质

代　号	本体材料	过滤件材料	代　号	本体材料	过滤件材料
Ⅰ	碳钢 20	0Cr19Ni9（0Cr18Ni9Ti）	Ⅳ	0Cr18Ni11Ti（321）	0Cr18Ni11Ti
Ⅱ	0Cr19Ni9（304）	0Cr19Ni9	Ⅴ	0Cr17Ni12Mo2（316）	0Cr17Ni12Mo2
Ⅲ	00Cr19Ni11（304L）	00Cr19Ni11	Ⅵ	00Cr17Ni14Mo2（316L）	00Cr17Ni14Mo2

4 接管公称直径；

5 接管法兰密封面（见表 5-3-5）

表 5-3-5 法 兰 密 封 面

密 封 面	光 滑 面	光滑面精加工	凹 面	梯形槽面	全 平 面
代 号	RF	RFSF	LF	GF	FT

SRBA SBL—系列篮式过滤器的标记为：

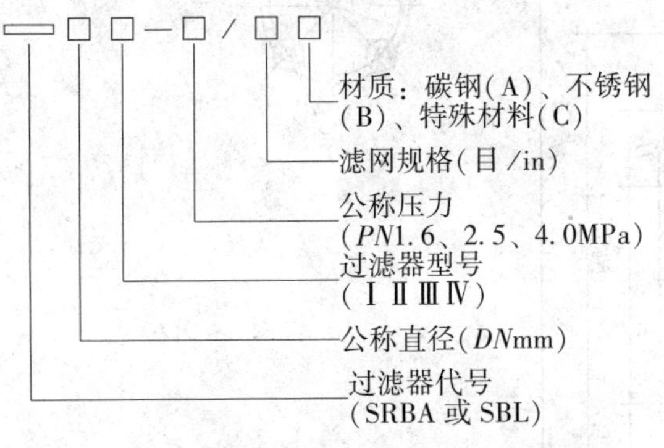

注：法兰根据 GB、HG、JB 标准选取或用户要求。

（1）直通篮式过滤器（SRBA 型、SBL-Ⅰ型） SRBA 及 SBL-Ⅰ型过滤器如图 5-3-2所示，其安装尺寸见表 5-3-6。

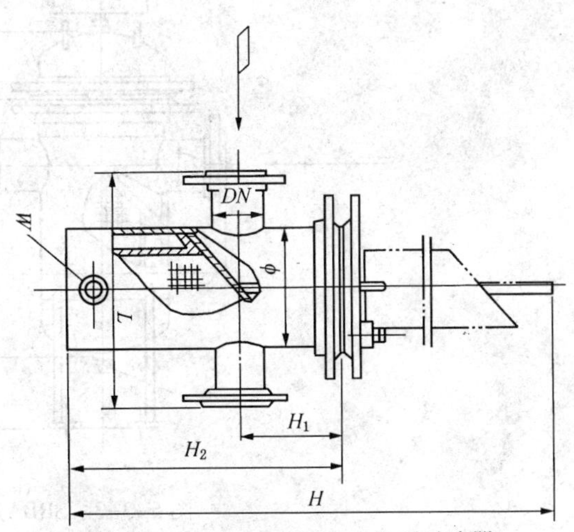

图 5-3-2 SRBA 及 SBL-Ⅰ型过滤器

表 5-3-6 SRBA 及 SBL-Ⅰ型过滤器安装尺寸 （mm）

型号		公称直径 DN	ϕ	L	H_1	H_2	$\sim H$	W/in	PN 2MPa (150psi) 质量/kg	PN 5MPa (300psi) 质量/kg	生产厂	
SBL/I	SRBA	25	76	220	100	260	480	R3/8	8.9	11.6(11.5)	浙江温州四方化工机械厂 SRBA	国营启东混合器厂 SBL/I
		32	76	220	105	270	495	R3/8	11.8	15.3(13.1)		
		40	114	280	120	300	550	R3/8	16.4	21.3(21.4)		
		50	114	280	120	300	550	R1/2	20.0	25.2(21.7)		
		65	140	330	130	350	650	R1/2	29.6	37.1(28.1)		
		80	168	340	140	400	740	R1/2	38.8	48.5(37.5)		
		100	219	420	160	470	880	R3/4	71.0	88.6(57.6)		
		150	273	500	190	620	1175	R3/4	120.5	150.1(87.7)		
		200	318	560	230	770	1466	R3/4		(137.6)		
		250	406	660	270	920	1760	R3/4		(211.9)		
		300	457	750	320	1180	2220	R3/4		(307)		

注：① 括号内数字为 SBL-Ⅰ型的质量。

② SBL-Ⅰ型的公称压力为 PN1.6、2.5、4.0（MPa）。

SRBA 型的公称压力为 PN2.0、5.0（MPa）。

（2）直通篮式过滤器（SRBA Ⅰ型、SBL-Ⅱ型） SRBA1 及 SBL-Ⅱ型过滤器如图

5-3-3所示，其安装尺寸见表5-3-7。

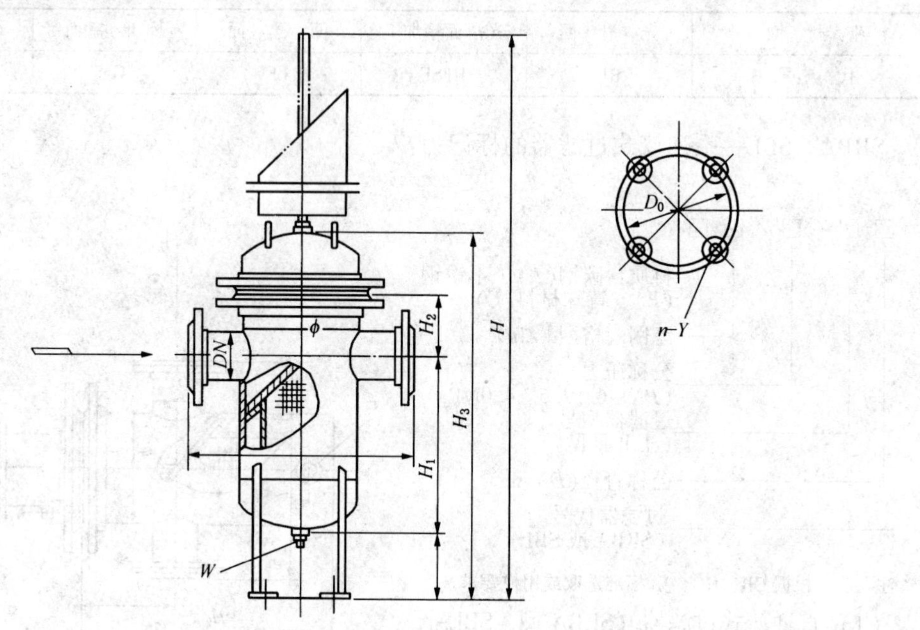

图 5-3-3　SRBA1SBL-Ⅱ型过滤器

表 5-3-7　SRBA1 及 SBL-Ⅱ型过滤器安装尺寸　（mm）

型号		公称直径 DN	D_0	n-Y	φ	L	H_1	H_2	H_3	~H	W/in	质量/kg	生产厂	
SRBA1		200	190	4-16	325	560	540	230	1180	1875	R3/4			浙江温州四方化工机械厂 SRBA1
SRBA1		250	375	4-16	426	660	650	270	1350	2170	R3/4			浙江温州四方化工机械厂 SRBA1
SRBA1		300	420	4-16	480	750	860	320	1620	2690	R3/4			浙江温州四方化工机械厂 SRBA1
SRBA1	SBL-Ⅱ	350	460	4-20	500	800	1010	370	1830	3085	R1	(380.6)	国营启东混合器厂 SBL-Ⅱ	浙江温州四方化工机械厂 SRBA1
SRBA1	SBL-Ⅱ	400	500	4-20	550	840	1150	400	2020	3445	R1	(523.7)	国营启东混合器厂 SBL-Ⅱ	浙江温州四方化工机械厂 SRBA1
SRBA1	SBL-Ⅱ	450	550	4-24	600	960	1210	440	2220	3810	R1	(632)	国营启东混合器厂 SBL-Ⅱ	浙江温州四方化工机械厂 SRBA1
SRBA1	SBL-Ⅱ	500	640	4-24	700	1080	1440	470	2410	4145	R1	(862)	国营启东混合器厂 SBL-Ⅱ	浙江温州四方化工机械厂 SRBA1

注：① 括号内数字为 SBL-Ⅱ的质量；
② SBL-Ⅱ型公称压力为：PN1.6、2.5、4.0（MPa）；
SRBA1 型公称压力为 PN2.0、5.0（MPa）。

（3）高低接管篮式过滤器（SRBB 型、SBL-Ⅲ型）　SRBB 及 SBL-Ⅲ型过滤器如图5-3-4所示，其安装尺寸见表5-3-8。

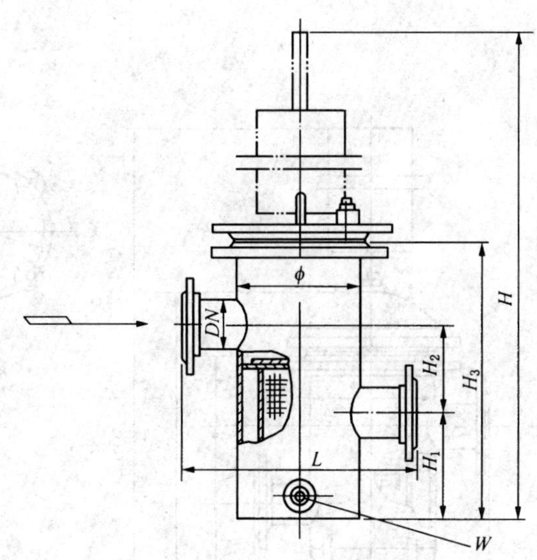

图 5-3-4　SRBB 型及 SBL-Ⅲ型过滤器

表 5-3-8　SRBB 及 SBL-Ⅲ型过滤器安装尺寸　　（mm）

型号		公称直径 DN	ϕ	L	H_1	H_2	H_3	$\sim H$	W/in	PN 2MPa (150psi) 质量/kg	PN 5MPa (300psi) 质量/kg	生产厂	
SBL-Ⅲ	SRBB	25	76	220	110	70	280	520	R3/8	9.6	12.5(12)	浙江温州四方化工机械厂 SRBB	国营启东混合器厂 SBL-Ⅲ型
		32	76	220	110	70	285	525	R3/8	12.9	16.8(13.6)		
		40	114	280	120	100	340	630	R3/8	18.6	24.8(21.9)		
		50	114	280	120	100	360	630	R1/2	22.7	29.3(22.2)		
		65	140	330	160	110	400	750	R1/2	33.3	40.6(29)		
		80	168	340	180	140	460	860	R1/2	44.3	55.2(39.3)		
		100	219	420	220	170	550	1040	R3/4	83.0	103.6(59.8)		
		150	273	500	310	220	720	1375	R3/4	140.0	181.5(92.9)		
		200	318	560	390	280	900	1736	R3/4		(143.9)		
		250	406	660	480	320	1070	2070	R3/4		(225.9)		
		300	457	750	640	400	1360	2600	R3/4		(325.8)		

注：① 括号内数字为 SBL-Ⅲ型的质量。

② SBL-Ⅲ型的公称压力为：PN1.6、2.5、4.0（MPa）。

SRBB 型的公称压力为 PN2.0、5.0（MPa）。

（4）高低接管篮式过滤器（SRBB1 型、SBL-Ⅳ型）　SRBB1 及 SBL-Ⅳ型过滤器如图5-3-5所示，其安装尺寸见表 5-3-9。

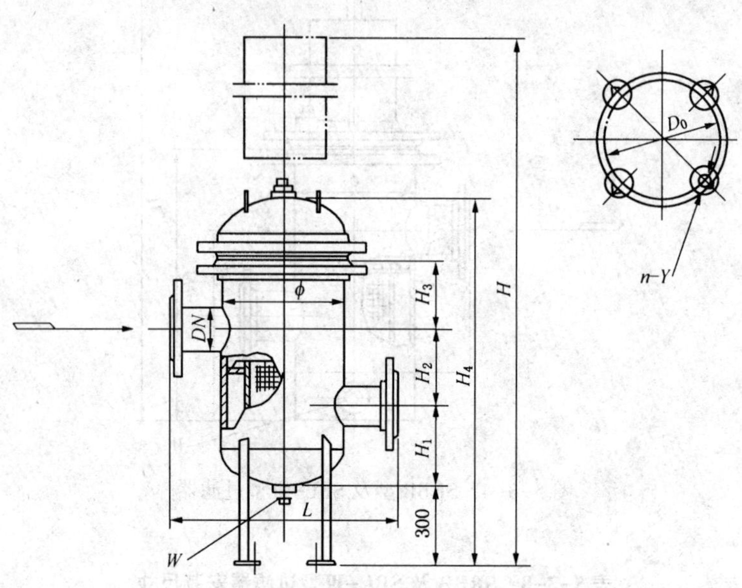

图 5-3-5　SRBB1 及 SBL-Ⅳ型过滤器

表 5-3-9　SRBB1 及 SBL-Ⅳ型过滤器安装尺寸　（mm）

型号		公称直径 DN	D_0	$n-Y$	ϕ	L	H_1	H_2	H_3	H_4	$\sim H$	W/in	质量/kg	生产厂	
SRBB1		200	290	4-16	325	560	390	280	230	1310	2005	R3/4	291.4		浙江温州四方化工机械厂 SRBB1
		250	375	4-16	426	660	480	320	270	1500	2320	R3/4	413.6		
		300	420	4-16	480	750	640	400	320	1800	2870	R3/4	567.7		
	SBL-Ⅳ	350	460	4-20	500	800	770	450	370	2050	3305	R1	705（410）	国营启东混合器厂 SBL-Ⅳ	
		400	500	4-20	550	840	780	520	400	2250	3675	R1	809.7（565）		
		450	550	4-24	600	960	980	600	440	2500	4070	R1	1263.2（682）		
		500	640	4-24	700	1080	1090	650	470	2700	4235	R1	1587.5（933）		

注：①括号内数字为 SBL-Ⅳ型的质量；

②SBL-Ⅳ型的公称压力为 PN1.6、2.5、4.0MPa；

SRBB1 的公称压力为 PN2.0、5.0MPa。

（5）高低接管重叠篮式过滤器（SRBC 型）　SRBC 型过滤器如图 5-3-6 所示，其安装尺寸见表 5-3-10。

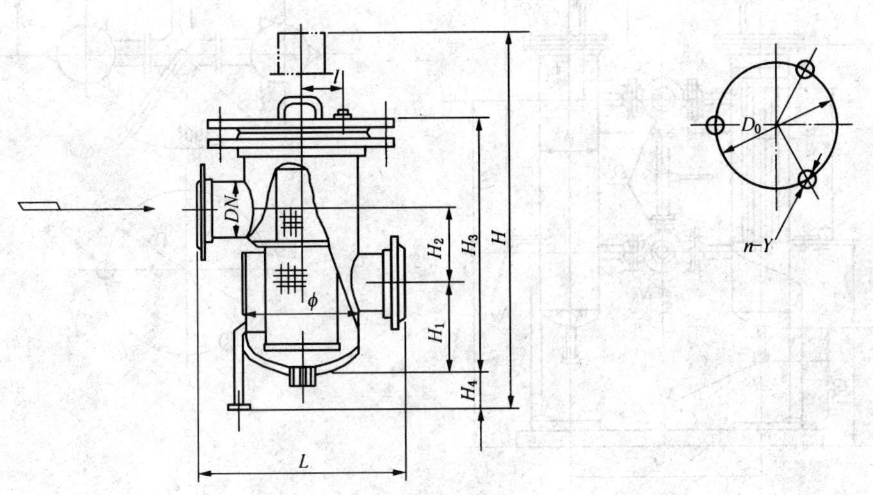

图 5-3-6　SRBC 型过滤器 PN2.0MPa，DN65～300mm

表 5-3-10　SRBC 型过滤器安装尺寸　（mm）

公称直径 DN	D_0	$n-Y$	ϕ	L	H_1	H_2	H_3	H_4	～H	W/in	质量/kg	生产厂
65	210	3-18	219	459	198	129	560	220	975	R1/2		浙江温州四方化工机械厂
80	210	3-18	219	459	198	129	560	220	975	R1/2		
100	263	3-18	273	513	246	173	693	220	1217	R3/4		
150	315	3-18	325	565	283	209	800	220	1396	R3/4		
200	422	3-22	426	666	289	269	982	250	1708	R3/4		
250	474	3-22	480	720	442	323	1129	250	1969	R3/4		
300	525	3-22	530	770	493	375	1278	250	2214	R3/4		

3. 双筒切换烛式过滤器（SRCB 型）

双筒切换过滤器采用两个三通球阀将两个单筒过滤器组装在一个共同机座上，相互切换使用，清洗过滤器不必停车，保证连续生产。

过滤器公称压力 PN 2MPa，使用温度≤200℃。该过滤器的过滤元件，除采用不锈钢滤芯外，亦可用优质蜂房式脱脂纤维棉，能滤掉粒径 1μm 以上的固体颗粒。过滤器结构如图 5-3-7所示。

表 5-3-11 中的安装尺寸是根据三通球阀法兰为国家标准 PN 2MPa 编制的，如果需采用国内外其他法兰标准制选时，只要压力等级与 PN 2MPa 相当，安装尺寸不变。

本过滤器亦可单筒使用，此时只需去掉图 5-3-7 中的共同机座，其余尺寸相同。

选用双筒切换烛式过滤器时与其他过滤器一样，应标明公称直径、接管法兰标准及压力等级，使用温度，介质名称、滤芯和滤网材质（无特殊要求为 1Cr18Ni9Ti）、过滤器筒体材质（无特殊要求为 20 号钢）和其他特殊要求。

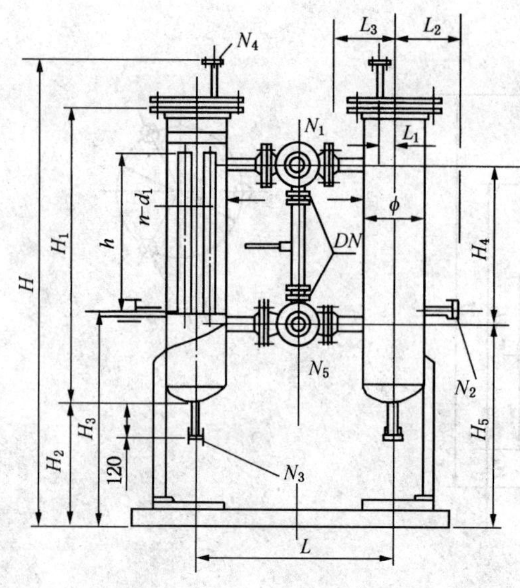

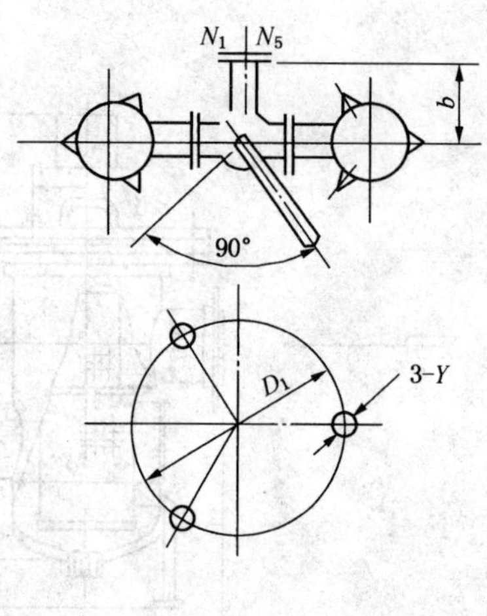

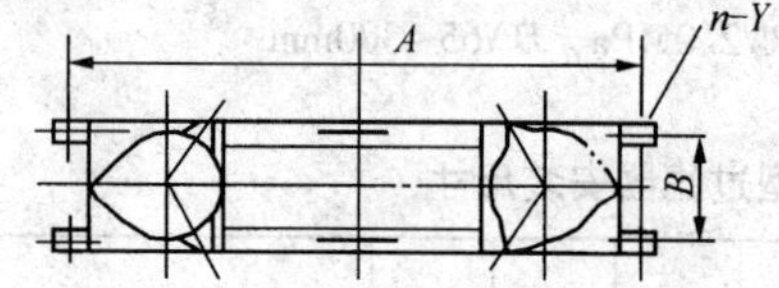

说明：①单筒(SRCA)型由本图去掉共同机座之外，其余尺寸相同。

②适用范围PN2.0 MPa；DN40～250。

图 5-3-7　SRCB(SRCA)型过滤器

表 5-3-11　SRCB（SRCA）型过滤器安装尺寸　　（mm）

DN	40～80			80～250			备　注	接管 N_1N_5
h	500　750	500　750	500　750	500　750	500　750	500　750	N_2=20	DN　b
ϕ	114	168	219	426	480	530		40　83
H	1450　1700	1530　1780	1630　1880	1810　2060	1950　2200	2000　2250	N_3=20	
H_1	900　1150	940　1190	980　1230	1100　1350	1200　1450	1230　1480		50　89
H_2	400	440	500	560	600	620	N_4=15	65　102
H_3	695　715	755　775	765　785	995　1060	1085　1150	1105　1200		80　115
H_4	530　780	530　780	570　820	570　820	590　840	600　850	全部管	
H_5	650	710	720	930	1020	1040		
L_1	40	50	60	100	110	120	嘴均系	
L_2	110	140	150	270	300	320		
L_3	130	160	170	300	330	350	法兰连接	80　102
m^2	0.09　0.13	0.15　0.22	0.19　0.28	0.44　0.66	0.50　0.75	0.63　0.94		100　115
$n\text{-}d_1$	3-38	4-50	5-50	7-80	8-80	10-80		150　197
$n\text{-}Y$	4-16	4-16	4-16	6-20	6-20	6-20		200　229
L	630	700	800	1030	1200	1300		250　270
A	940	1060	1220	1650	1870	2040		
B	190	245	300	500	550	650		
$n\text{-}D_1$	3-100	3-150	3-200	3-450	3-450	3-500		
质量/kg	118　209	186　267	234　252	704　1147	910　1387	1059　1447		

注：① 用 $n\text{-}Y$（4-16）项时，图中中间地脚螺栓不做。

② 表中 m^2 为单筒过滤面积，按 30 目/in 计算。

③ 生产厂：浙江温州四方化工机械厂。

二、管道用三通过滤器

（一）管道用国标三通过滤器

管道用国标三通过滤器分 Y 形和 T 形两类，其管径范围为 DN15～400mm，公称压力 PN≤5MPa。

过滤器的标记顺序如下：

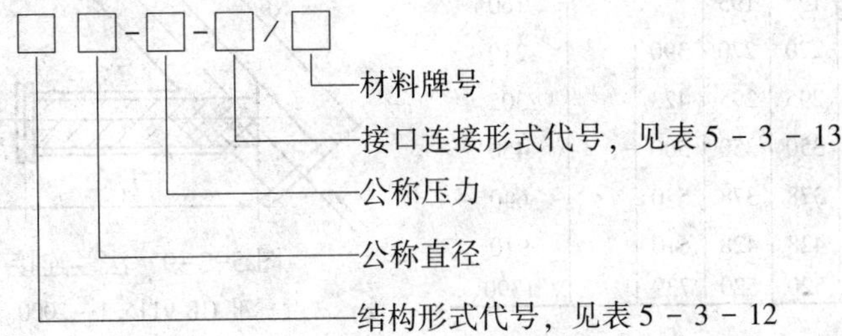

表 5-3-12　过滤器结构形式代号

结构形式		代号
Y 形		SRY
T 形	侧流式	SRT_1、SRT_2（加长）
	直流式	SRS

表 5-3-13　过滤器接口连接形式代号

接口连接形式	代号	接口连接形式	代号
螺纹连接	PT 或 NPT	对焊连接	BW
承插焊连接	SW	法兰连接	F

标记中的材料牌号是指过滤器的壳体材料，采用 ZG230－450、ZG1Cr18Ni9 铸钢及 20、1Cr5Mo、0Cr19Ni19、00Cr19Ni11、0Cr17Ni12Mo2 及 00Cr17Ni14Mo 棒材或管材制成。过滤器滤筒及滤网材料为 0Cr19Ni19、00Cr19Ni11、0Cr17Ni12Mo2 及 00Cr17Ni14Mo2，这些材料均为不锈钢，如无严格要求，不用专门注明。

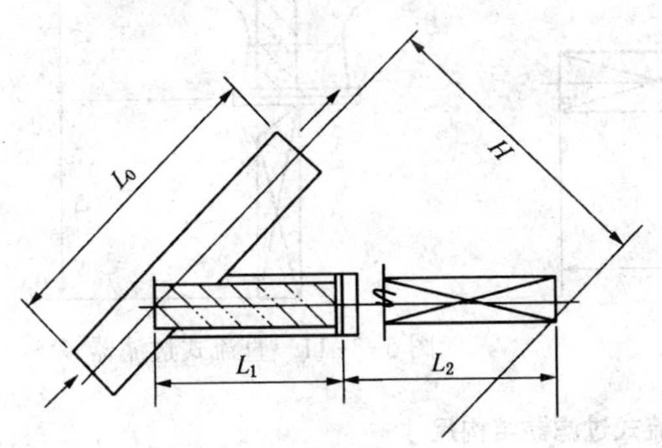

图 5-3-8　螺纹、承插焊连接 Y 形过滤器

标记示例：

公称直径 DN100mm；公称压力 PN4.0MPa；接口连接形式为法兰连接；主体材料为 20 号钢的 T 形直流式过滤器 SRT100-4-F/20。

管道用国际三通过滤器数据表中的有效过滤面积都是以 30 目/in（大体相当于网孔基本尺寸为 0.63mm；金属丝直径为 0.224mm；筛分面积为 54%）丝网计算的，如果工艺过程对允许通过固体颗粒度有特殊要求时，可另选其他规格的滤网，此时应根据所选滤网规格重新计算过滤面积。

1. Y 形过滤器

（1）螺纹连接和承插焊连接 Y 形过滤器如图 5-3-8 所示，其安装尺寸见表 5-3-14。

表 5-3-14　螺纹、承插焊连接形过滤器结构尺寸

公称压力 PN/MPa	公称直径 DN/mm	接口尺寸 管螺纹	承口内径/mm	安装尺寸/mm L_0	L_1	L_2	H	质量/kg	过滤面积/cm^2
≤2.0	15	RC1/2 或 NPT1/2	21.8	100	68	68	99		18
	20	RC3/4 或 NPT3/4	27.4	110	87	87	127		28
	25	RC1 或 NPT1	34.5	130	102	102	150		34
	32	RC11/4 或 NPT11/4	42.9	160	112	112	163		48
	40	RC11/2 或 NPT11/2	48.8	180	140	140	203		76
	50	RC2 或 NPT2	61.1	200	168	168	243		116

表 5-3-15 法兰连接形过滤器结构尺寸

公称压力 PN/MPa	公称直径 DN/mm	安装尺寸/mm L_0	L_1	L_2	H	质量/kg	过滤面积/cm^2
2.0及5.0	25	265	147	147	214		69
	32	300	195	195			160
	40	320	195	195	281		160
	50	350	195	195			160
	65	350	270	270	390		210
	80	400	295	295	423		305
	100	450	350	350	500		450
	125	520	378	378	540		640
	150	580	428	428	610		910
	200	680	520	520	739		1390

(2) 法兰连接Y形过滤器如图5-3-9所示，其安装尺寸见表5-3-15。

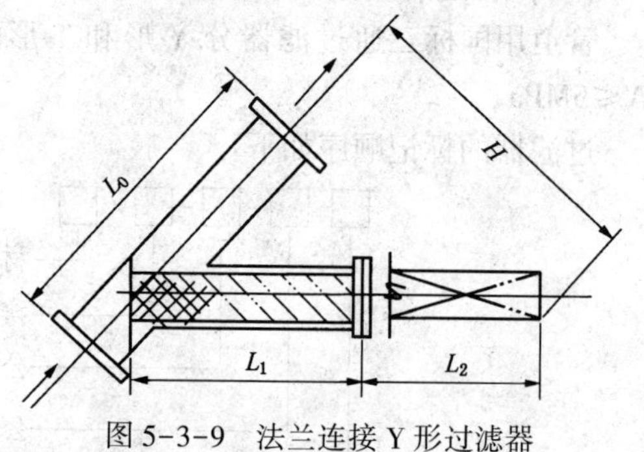

图 5-3-9 法兰连接Y形过滤器

注：法兰标准 GB 9115.1—2000。

2. T形过滤器

(1) 基本形侧流式过滤器，如图5-3-10所示，其安装尺寸见表5-3-16。

(2) 加长形侧流式过滤器的结构尺寸见表5-3-17。

(3) 直流式T形过滤器如图5-3-11所示，其结构尺寸见表5-3-18。

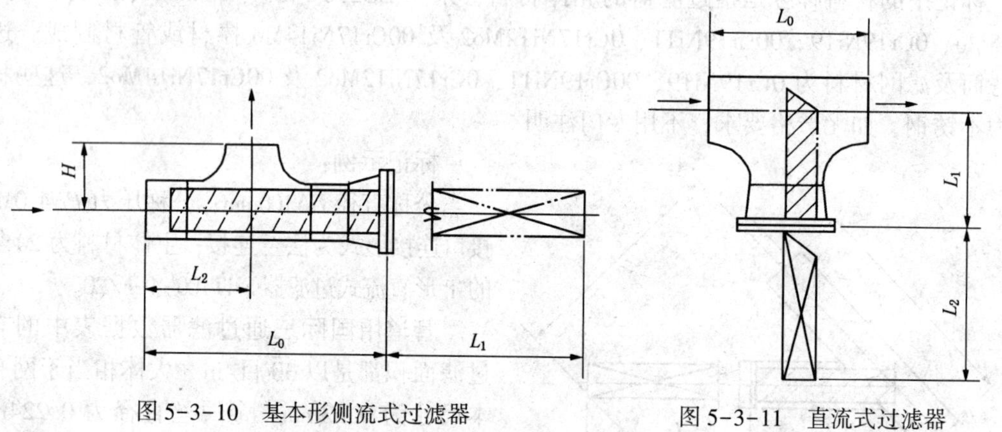

图 5-3-10 基本形侧流式过滤器

图 5-3-11 直流式过滤器

表 5-3-16 基本形侧流式过滤器结构尺寸

公称压力 PN/MPa	公称直径 DN/mm	安装尺寸/mm L_0	L_1	L_2	H	质量/kg	过滤面积/cm^2	公称压力 PN/MPa	公称直径 DN/mm	安装尺寸/mm L_0	L_1	L_2	H	质量/kg	过滤面积/cm^2
2.0	100	286	268	105	105		319	5.0	100	296	276	105	105		329
	125	337	320	124	124		477		125	346	326	124	124		486
	150	375	358	143	143		674		150	384	364	143	143		685
	200	458	439	178	178		1137		200	467	445	178	178		1152
	250	534	513	216	216		1691		250	549	527	216	216		1737
	300	622	599	254	254		2304		300	638	613	254	254		2357
	350	685	660	279	279		3000		350	701	676	279	279		3077
	400	737	711	305	305		3739		400	756	730	305	305		3839

表 5-3-17　加长形侧流式过滤器结构尺寸

公称压力 PN/MPa	公称直径 DN/mm	安装尺寸/mm L_0	L_1	L_2	H	质量/kg	过滤面积/cm^2
2.0及5.0	100	556	532	220	105		520
	125	602	584	235	124		870
	150	633	600	245	143		940
	200	731	698	295	178		1600
	250	817	784	340	216		2400
	300	915	882	385	254		3000
	350	1043	1010	425	279		4000
	400	1106	1073	460	305		5000

表 5-3-18　直流式过滤器结构尺寸

公称压力 PN/MPa	公称直径 DN/mm	安装尺寸/mm L_0	L_1	L_2	质量/kg	过滤面积/cm^2
2.0	100	210	181	220		110
	125	248	213	265		180
	150	286	232	297		240
	200	356	280	370		405
	250	432	318	433		605
	300	508	368	508		890
	350	558	406	561		1000
	400	610	432	610		1300
5.0	100	210	191	230		120
	125	248	222	274		190
	150	286	241	306		250
	200	356	289	379		420
	250	432	333	448		620
	300	508	384	524		900
	350	558	422	577		1100
	400	610	451	629		1400

（二）管道用非标三通过滤器

本部分介绍一些管道用三通过滤器的现成产品，供设计选用。由于这些过滤器大多系按接管尺寸考虑相应过滤面积的，因此可根据工艺管径直接选用。选用这类过滤器时，应写明型号、公称压力、公称直径、壳体材质等，有些产品要求注明滤网孔径和使用温度等。如果要求法兰与表列标准不同或对滤芯滤网材质规格有特殊要求时，应专门注明，因为这些变动不会影响过滤器的安装尺寸，故仍能使用表中数据。

1. Y 形过滤器

（1）SRY、SBY-Ⅰ、SBY-Ⅱ型法兰连接过滤器，如图 5-3-12 所示，其安装尺寸见表 5-3-19～表 5-3-21。SRY 型过滤器标记为 SRY-*DN*-*PN*、SBY$^{\mathrm{I}}_{\mathrm{II}}$型过滤器标记为 SBY-$^{\mathrm{I}}_{\mathrm{II}}$-*DN*-*PN*-使用温度（L 或 H）-壳体材质（A 或 B）。

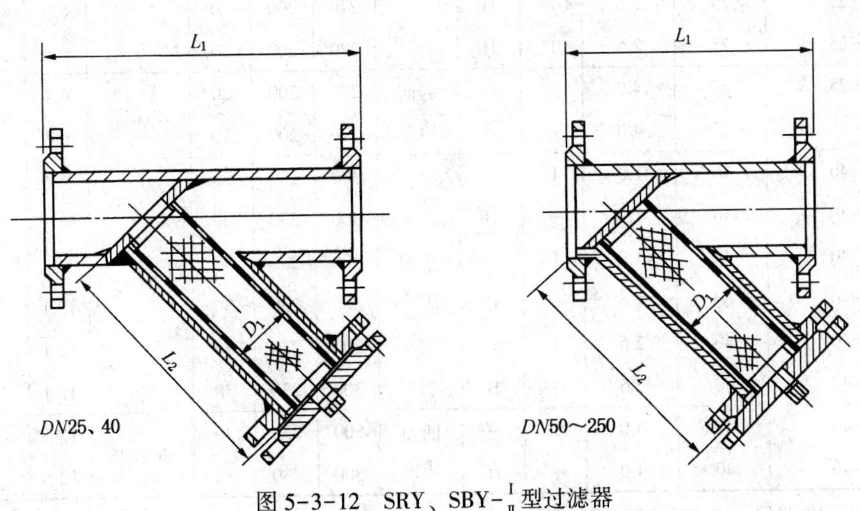

图 5-3-12　SRY、SBY-$^{\mathrm{I}}_{\mathrm{II}}$型过滤器

表 5-3-19 SRY 型过滤器安装尺寸

型号	公称直径 DN/mm	公称压力 PN/MPa	密封面形式	标准代号	安装尺寸/mm			丝堵规格	质量/kg	生产厂
					L_1	L_2	D_1			
SRY25-1	25	1.0	光滑面	JB 81—94	270	195	20	ZG1/2″	5.2	江苏无锡石化通用件厂
SRY40-1	40				300	225	30		9.8	
SRY50-1	50				300	230	35		12.1	
SRY80-1	80				350	300	60	ZG3/4″	21.0	
SRY25-1.6	25	1.6			270	195	20	ZG1/2″	6.0	
SRY40-1.6	40				300	225	30		9.9	
SRY50-1.6	50				300	230	35		13.4	
SRY80-1.6	80				350	300	60	ZG3/4″	23.2	
SRY25-2.5	25	2.5			270	195	20	ZG1/2″	6.0	
SRY40-2.5	40				300	225	30		12.1	
SRY50-2.5	50				300	230	35		14.0	
SRY80-2.5	80				350	300	60	ZG3/4″	25.1	
SRY25-4.0	25	4.0	凹面	JB 82—94	270	195	20	ZG1/2″	6.4	
SRY40-4.0	40				300	225	30		12.5	
SRY50-4.0	50				300	230	33		14.4	
SRY80-4.0	80				380	300	60	ZG3/4″	27.7	

表 5-3-20 SBY-Ⅰ型过滤器安装尺寸

型号	公称直径/mm	公称压力/MPa	使用温度		连接形式	加工尺寸/mm			旋塞规格	质量/kg	生产厂
						L_1	L_2	D_1			
SBY-Ⅰ-25	25	1.0	L	—	平面法兰	270	200	20	ZG1/2″	5.3	国营启东混合器厂
SBY-Ⅰ-25	25	1.0	—	H		270	200	20		6.0	
SBY-Ⅰ-25	25	1.6	L	—		270	200	20		6.0	
SBY-Ⅰ-25	25	1.6	—	H		270	200	20		6.0	
SBY-Ⅰ-25	25	2.5	L	H		270	200	20		6.4	
SBY-Ⅰ-25	25	4.0	L	—	凹面法兰	270	200	20	ZG1/2″	6.4	
SBY-Ⅰ-25	25	4.0	—	H		270	200	20		6.4	
SBY-Ⅰ-40	40	1.0	L	—	平面法兰	300	230	30	ZG1/2″	9.9	
SBY-Ⅰ-40	40	1.0	—	H		300	230	30		9.9	
SBY-Ⅰ-40	40	1.6	L	—		300	230	30		9.9	
SBY-Ⅰ-40	40	1.6	—	H		300	230	30		12.1	
SBY-Ⅰ-40	40	2.5	L	—		300	230	30		12.1	
SBY-Ⅰ-40	40	2.5	—	H		300	230	30		12.1	
SBY-Ⅰ-40	40	4.0	L	—	凹面法兰	300	230	30	ZG1/2″	12.5	
SBY-Ⅰ-40	40	4.0	—	H		300	230	30		12.5	

注：① 材质 20 号钢（A）；不锈钢（B）表示。

② L≤200℃，H>200℃。

③ 法兰为 JB 标准，也可根据用户要求采用其他法兰标准。

表 5-3-21　SBY-Ⅱ型过滤器安装尺寸

型　　号	公称直径/mm	公称压力/MPa	使用温度		连接形式	材质	加工尺寸/mm			旋塞规格	质量/kg	生产厂
							L_1	L_2	D_1			
SBY-Ⅱ-50	50	1.0	L	—	平面法兰	$20^{\#}$钢(A)或不锈钢(B)	300	230	35	ZG1/2″	12.1	国营启东混合器厂
SBY-Ⅱ-50	50	1.0	—	H			300	230	35		13.4	
SBY-Ⅱ-50	50	1.6	L	—			300	230	35		13.4	
SBY-Ⅱ-50	50	1.6	—	H			300	230	35		14.0	
SBY-Ⅱ-50	50	2.5	L	—			300	230	35		14.0	
SBY-Ⅱ-50	50	2.5	—	H			300	230	35		14.4	
SBY-Ⅱ-50	50	4.0	L		凹面法兰		300	230	35	ZG1/2″	14.4	
SBY-Ⅱ-50	50	4.0		H			300	230	35		14.4	
SBY-Ⅱ-80	80	1.0	L	—	平面法兰		350	300	60	ZG3/4″	21.0	
SBY-Ⅱ-80	80	1.0	—	H			350	300	60		23.2	
SBY-Ⅱ-80	80	1.6	L	—			350	300	60		23.2	
SBY-Ⅱ-80	80	1.6	—	H			350	300	60		25.1	
SBY-Ⅱ-80	80	2.5	L	—			350	300	60		25.1	
SBY-Ⅱ-80	80	2.5	—	H			380	300	60		25.7	
SBY-Ⅱ-80	80	4.0	L	—	凹面法兰		380	300	60	ZG3/4″	27.7	
SBY-Ⅱ-80	80	4.0	—	H			380	300	60		27.7	
SBY-Ⅱ-100	100	1.0	L	H	平面法兰		410	320	76	ZG3/4″	38	
SBY-Ⅱ-100	100	1.6	L	H			410	320	76		41	
SBY-Ⅱ-100	100	2.5	L	H			410	320	76		46	
SBY-Ⅱ-100	100	4.0	L	H	凹面法兰		410	320	76	ZG3/4″	51	
SBY-Ⅱ-150	150	1.0	L	H	平面法兰		450	350	116	ZG3/4″	60	
SBY-Ⅱ-150	150	1.6	L	H			450	350	116		66	
SBY-Ⅱ-150	150	2.5	L	H			450	350	116		74	
SBY-Ⅱ-150	150	4.0	L	H	凹面法兰		450	350	116	ZG3/4″	81	
SBY-Ⅱ-200	200	1.0	L	H	平面法兰		520	380	170	ZG3/4″	76	
SBY-Ⅱ-200	200	1.6	L	H			520	380	170		88	
SBY-Ⅱ-200	200	2.5	L	H			520	380	170		66	
SBY-Ⅱ-200	200	4.0	L	H	凹面法兰		520	380	170	ZG3/4″	120	
SBY-Ⅱ-250	250	1.0	L	H	平面法兰		600	440	220	ZG3/4″	124	
SBY-Ⅱ-250	250	1.6	L	H			600	440	220		134	
SBY-Ⅱ-250	250	2.5	L	H			600	440	220		144	
SBY-Ⅱ-250	250	4.0	L	H	凹面法兰		600	440	220	ZG3/4″	188	

注：① L≤200℃，H>200℃；

② 无特殊注明者，法兰为 JB 标准。

说明；SRY、SBY-Ⅰ、SBY-Ⅱ型过滤器连接端法兰及其密封面，亦可按国内 GB、HG、SHJ 标准和国外 J1S、ANSI 标准制造，选用时应注明标准号及密封面要求。

（2）SRYA 型法兰连接过滤器如图 5-3-13 所示，其安装尺寸见表 5-3-22。

过滤器标记为[1][2][3][4]-[5][6]

[1]型号[2]PN，代号（见表 5-3-3），[3]材质代号（见表 5-3-4）；

[4]滤网网孔宽度（以 mm 计）[5]*DN*（以 mm 计），[6]连接法兰密封面代号（见表 5-3-5）。

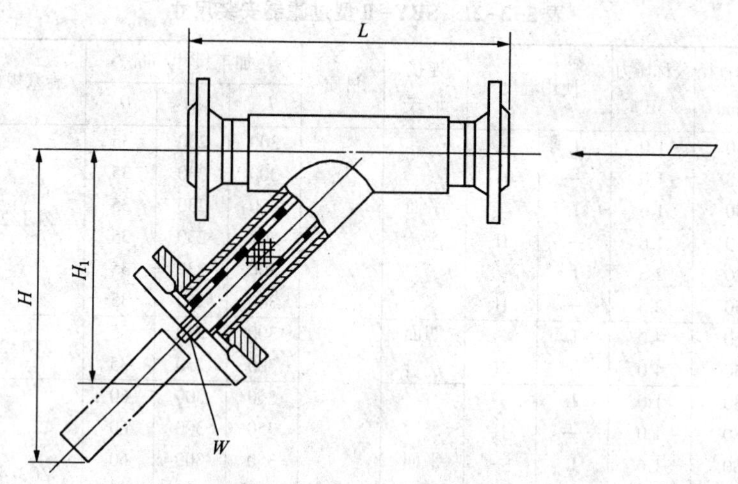

图 5-3-13　SRYA 型过滤器 *PN*2～10MPa、*DN*15～40

表 5-3-22　SRYA 型过滤器安装尺寸

（mm）

公称直径 *DN*	*PN*2MPa（150psi）		*PN*5MPa（300psi）		*PN*10MPa（600psi）		~*H*	*L*	*W*/in	生产厂
	H_1	质量/kg	H_1	质量/kg	H_1	质量/kg				
15	177	6.5	181	7.6	186	9.5	280	260	R3/8	浙江温州四方化工机械厂
20	196	7.5	205	9.9	210	11.7	308	280	R3/8	
25	208	8.8	215	11.3	220	13.7	322	290	R3/8	
（32）	227	11.7	234	14.2	240	19.4	353	310	R3/8	
40	238	13.7	250	18.9	256	28.8	367	320	R3/8	

注：无特殊注明者，法兰为 GB 标准，光滑面。本产品连接法兰亦可按国内外其他法兰标准（*PN*≤10MPa）制造。

（3）SRYB 型法兰连接过滤器标记见 SRYA 型，其结构如图 5-3-14 所示，安装尺寸见表 5-3-23。

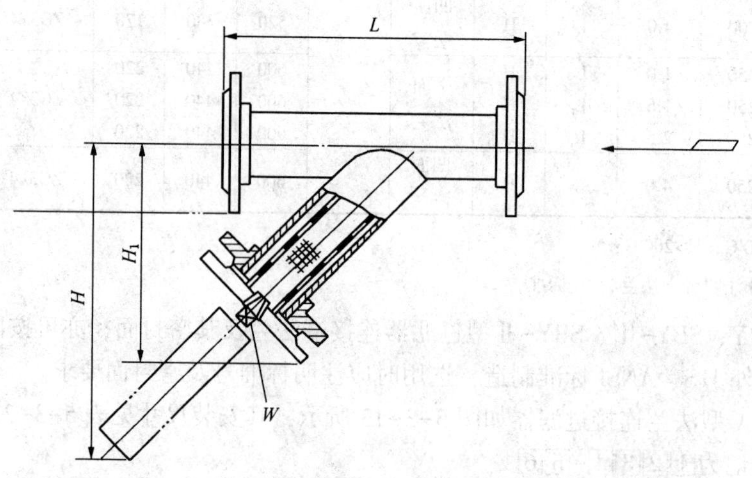

图 5-3-14　SRYB 型过滤器（*PN*2.0～5.0MPa、*DN*50～300）

表 5-3-23　SRYB 型过滤器安装尺寸　（mm）

公称直径 DN	PN2MPa（150psi）		PN5MPa（300psi）		L	~H	W/in	生产厂
	H_1	质量/kg	H_1	质量/kg				
50	246	13.0	253	17.5	300	354	R1/2	浙江温州四方化工机械厂
65	273	20.0	278	27.1	340	382	R1/2	
80	305	25.7	316	37.1	380	438	R1/2	
100	362	40.3	377	59.7	450	523	R3/4	
150	437	70.6	460	106.1	580	636	R3/4	
200	519	118.7	541	176.5	700	750	R3/4	
250	605	189.2	632	276.5	800	877	R3/4	
300	727	285.4	752	285.9	950	1061	R3/4	

注：无特殊注明者，法兰为 GB 标准，光滑面。本产品连接法兰亦可按国内外其他法兰标准（PN≤5MPa）制造。

（4）SRY_1A 型法兰连接加长过滤器标记见 SRYA 型，其外形如图 5-3-15 所示，安装尺寸见表 5-3-24。

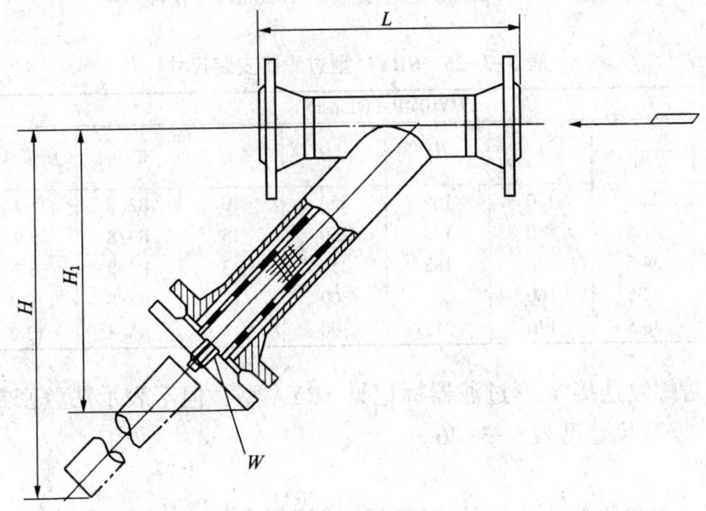

图 5-3-15　SRY_1A 型过滤器 PN2. 0~10. 0MPa、DN50~300

表 5-3-24　SRY_1A 型过滤器安装尺寸　（mm）

公称直径 DN	PN2MPa（150psi）				PN5MPa（300psi）				PN10MPa（600psi）				W /in	生产厂
	L	H_1	H	质量/kg	L	H_1	H	质量/kg	L	H_1	H	质量/kg		
50	300	240	339	13.8	350	254	354	24.8	360	256	354	25.8	R1/2	浙江温州四方化工机械厂
65	340	274	382	21.4	370	286	396	28.8	390	299	396	40.5	R1/2	
80	380	307	438	27.2	400	317	438	38.6	420	319	438	52	R1/2	
100	450	349	495	42.6	520	378	523	63.2	550	419	580	97.7	R3/4	
150	580	424	608	73.1	620	461	636	111.5	700	530	735	198.7	R3/4	
200	720	520	750	125.4	700	542	750	185.1					R3/4	
250	800	606	877	202.7	820	633	877	289					R3/4	
300	950	728	1061	305.7	970	753	1061	429					R3/4	

注：无特殊注明者，法兰为 GB 标准，光滑面。本产品连接法兰亦可按国内外其他法兰标准（PN≤10MPa）制造。

（5）SRYC 型承插焊连接过滤器标记见 SRYA 型，但不表示法兰密封面、其外形如图 5-3-16所示，安装尺寸见表 5-3-25。

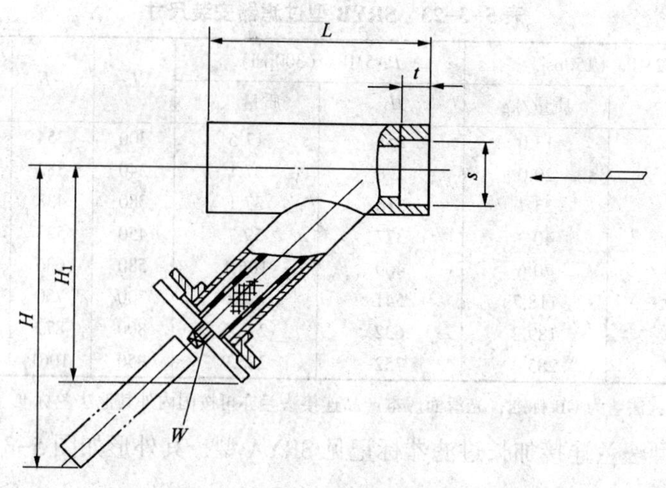

图 5-3-16　SRYC 型过滤器 *PN*10.0MPa、*DN*15~40

表 5-3-25　SRYC 型过滤器安装尺寸

（mm）

公称直径 *DN*	*PN*10MPa(600psi)								生产厂
	S 系列Ⅰ	*S* 系列Ⅱ	*L*	H_1	~*H*	*t*	*W*/in	质量/kg	
15	21.8	22.5	130	169	250	10	R3/8	5.4	浙江温州四方化工机械厂
20	27.4	27.5	130	179	250	13	R3/8	5.9	
25	34.2	34.5	140	182	250	13	R3/8	6.7	
(32)	42.9	42.5	160	209	300	13	R3/8	10.2	
40	48.8	48.5	170	217	300	13	R3/8	13.0	

（6）SRY 锥管螺纹连接 Y 形过滤器标记见 SRYA 型，但不表示法兰密封面。其外形如图 5-5-17 所示，安装尺寸见表 5-3-26。

2. T 型过滤器

（1）SBY-Ⅲ、SRT 型侧流式法兰连接过滤器标记，SBY-Ⅲ型，同 $SBY^{Ⅰ}_{Ⅱ}$ 型、S，RT 型同 SRY 型，其外形如图 5-3-18 所示，安装尺寸见表 5-3-27~表 5-3-28。

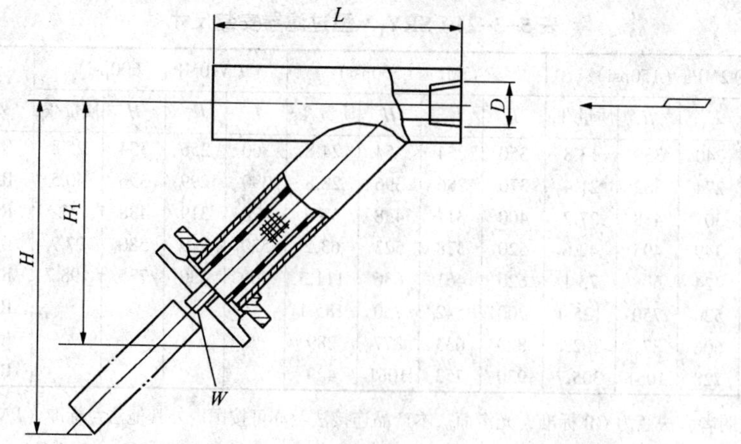

图 5-3-17　SRY 型过滤器 *PN*2.0MPa、*DN*15~40

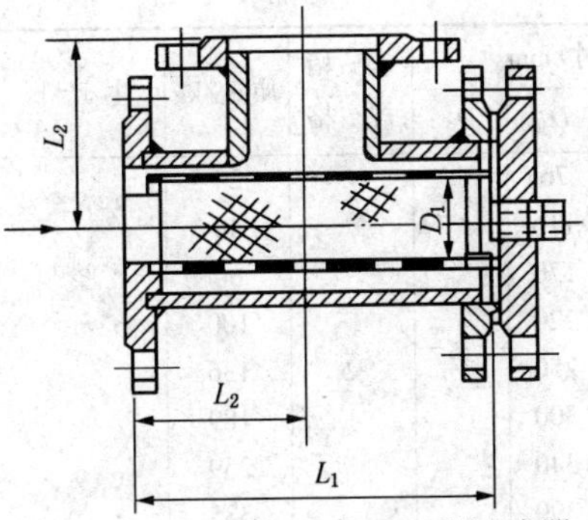

图 5-3-18　SBY-Ⅲ、SRT 型过滤器

表 5-3-26　SRY 型过滤器安装尺寸　（mm）

公称直径 DN	PN2MPa（150psi）						生产厂
	D/in	L	H_1	~H	W/in	质量/kg	
15	RC1/2	130	160	250	R3/8	4.2	浙江温州四方化工机械厂
20	RC3/4	130	165	250	R3/8	4.6	
25	RC1	140	170	250	R3/8	4.8	
（32）	RC1 1/4	160	195	300	R3/8	7.3	
40	RC1 1/2	170	200	300	R3/8	9.4	

表 5-3-27　SBY-Ⅲ型过滤器安装尺寸

型　号	公称直径/mm	公称压力/MPa	使用温度		连接形式	材质	加工尺寸/mm			旋塞规格	质量/kg	生产厂
							L_1	L_2	D_1			
SBY-Ⅲ-100	100	1.0	L	H	平面法兰	20 号钢（A）或不锈钢（B）	360	160	76	ZG3/4″	24	国营启东混合器厂
SBY-Ⅲ-100	100	1.6	L	H			360	160	76		27	
SBY-Ⅲ-100	100	2.5	L	H			360	160	76		33	
SBY-Ⅲ-100	100	4.0	L	H	凹面法兰		360	170	72		38	
SBY-Ⅲ-150	150	1.0	L	H	平面法兰		420	200	116		46	
SBY-Ⅲ-150	150	1.6	L	H			420	200	116		53	
SBY-Ⅲ-150	150	2.5	L	H			420	200	116		65	
SBY-Ⅲ-150	150	4.0	L	H	凹面法兰		430	210	108		72	
SBY-Ⅲ-200	200	1.0	L	H	平面法兰		500	230	170		66	
SBY-Ⅲ-200	200	1.6	L	H			500	230	170		78	
SBY-Ⅲ-200	200	2.5	L	H			500	230	170		86	
SBY-Ⅲ-200	200	4.0	L	H	凹面法兰		520	260	160		143	
SBY-Ⅲ-250	250	1.0	L	H	平面法兰		560	270	220		100	
SBY-Ⅲ-250	250	1.6	L	H			560	270	220		123	
SBY-Ⅲ-250	250	2.5	L	H			560	270	220		144	
SBY-Ⅲ-250	250	4.0	L	H	凹面法兰		600	300	205		225	
SBY-Ⅲ-300	300	1.0	L	H	平面法兰		640	300	250		136	
SBY-Ⅲ-300	300	1.6	L	H			640	300	250		164	
SBY-Ⅲ-300	300	2.5	L	H			640	300	250		209	
SBY-Ⅲ-300	300	4.0	L	H	凹面法兰		680	340	240		324	
SBY-Ⅲ-350	350	1.0	L	H	平面法兰		720	340	300		189	
SBY-Ⅲ-350	350	1.6	L	H			720	340	300		278	
SBY-Ⅲ-350	350	2.5	L	H			720	340	300		289	
SBY-Ⅲ-350	350	4.0	L	H	凹面法兰		750	380	280		428	
SBY-Ⅲ-400	400	1.0	L	H	平面法兰		800	380	340		259	
SBY-Ⅲ-400	400	1.6	L	H			800	380	340		316	
SBY-Ⅲ-400	400	2.5	L	H			800	380	340		385	
SBY-Ⅲ-400	400	4.0	L	H	凹面法兰		850	430	330		628	

注：无特殊注明者，法兰为 JB 标准。

表 5-3-28 SRT 型过滤器安装尺寸

型号	公称直径 DN/mm	公称压力 PN/MPa	密封面型式	标准代号	安装尺寸/mm				丝堵规格	质量/kg	生产厂
					L_1	L_2	D_1	D_2			
SRT100-1	100	1.0	光滑面	JB 81—59	360	160	76		ZG3/4″	24	江苏无锡石化通用件厂
SRT150-1	150				420	200	116			46	
SRT200-1	200				500	230	170			66	
SRT250-1	250				560	270	220			100	
SRT300-1	300				640	300	250			136	
SRT350-1	350				720	340	300			189	
SRT400-1	400				800	380	340			259	
SRT450-1	450				850	410	390			335	
SRT100-1.6	100	1.6			360	160	76			27	
SRT150-1.6	150				420	200	116			53	
SRT200-1.6	200				500	230	170			78	
SRT250-1.6	250				560	270	220			123	
SRT300-1.6	300				640	300	250			164	
SRT350-1.6	350				720	340	300			278	
SRT400-1.6	400				800	380	340			316	
SRT450-1.6	450				850	410	390			431	
SRT100-2.5	100	2.5			360	160	76			33	
SRT150-2.5	150				420	200	116			65	
SRT200-2.5	200				500	230	170			86	
SRT250-2.5	250				560	270	220			144	
SRT300-2.5	300				640	300	250			209	
SRT350-2.5	350				720	340	300			289	
SRT400-2.5	400				800	380	340			385	
SRT450-2.5	450				850	410	390			484	
SRT100-4	100	4.0	凹面	JB 82—59	360	170	72			38	
SRT150-4	150				430	210	108			72	
SRT200-4	200				520	260	160			143	
SRT250-4	250				600	300	205			225	
SRT300-4	300				680	340	240			324	
SRT350-4	350				750	380	280			428	
SRT400-4	400				850	430	330			628	
SRT450-4	450				880	440	380			760	

说明：SBY-Ⅲ、SRT 型过滤器连接端法兰及其密封面除 JB 标准外，亦可按国内外其他法兰标准制造。

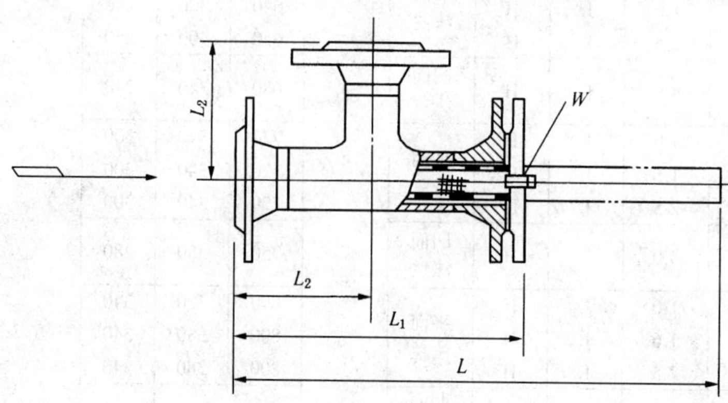

图 5-3-19 SRTA 型过滤器 PN2.0~5.0MPa、DN50~300

（2）SRTA 型侧流式法兰连接过滤器标记方法见 SRYA 型，其外形如图 5-3-19 所示。安装尺寸见表 5-3-29。

表 5-3-29　SRTA 型过滤器安装尺寸　(mm)

公称直径 DN	PN2MPa（150psi）				PN5MPa（300psi）				W/in	生产厂
	L_1	~L	L_2	质量/kg	L_1	~L	L_2	质量/kg		
50	277	457	128	13.3	292	472	134	14.8	R1/2	浙江温州四方化工机械厂
65	316	530	146	17	331	545	152	18.7	R1/2	
80	337.5	568	156	22.9	360.5	591	165	23.4	R1/2	
100	388	648	181	37.1	416	676	191	38.2	R3/4	
150	491.5	842	232	56.4	521	871	241	59.3	R3/4	
200	591	1031	280	94.8	621.5	1062	289	154.3	R3/4	
250	668.5	1169	318	165.2	716	1216	333	242.7	R3/4	
300	768	1370	368	258.3	821	1421	384	344.9	R3/4	

注：无特殊注明者，法兰为 GB 标准、光滑面、本产品连接法兰，亦可按国内外其他法兰标准（PN≤5MPa）制造。

（3）SRTB 型直流式法兰连接过滤器标记方法见 SRYA 型，其外形如图 5-3-20 所示，安装尺寸见表 5-3-30。

（4）SRT_1B 型直流式法兰连接加长过滤器标记方法见 SRYA 型，其外形如图 5-3-21 所示，安装尺寸见表 5-3-31。

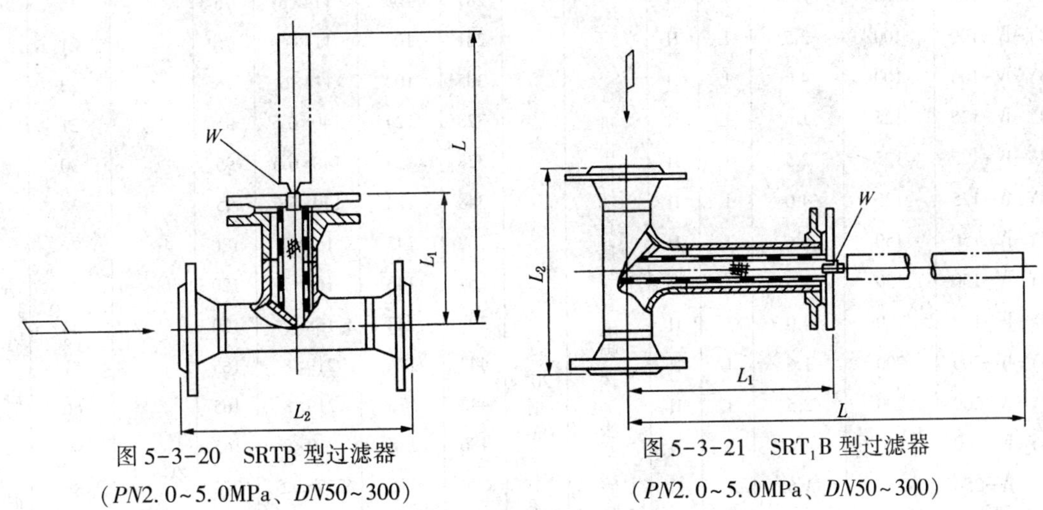

图 5-3-20　SRTB 型过滤器（PN2.0~5.0MPa、DN50~300）

图 5-3-21　SRT_1B 型过滤器（PN2.0~5.0MPa、DN50~300）

表 5-3-30　SRTB 型过滤器安装尺寸　(mm)

公称直径 DN	PN2MPa（150psi）				PN5MPa（300psi）				W/in	生产厂
	L_2	L_1	~L	质量/kg	L_2	L_1	~L	质量/kg		
50	256	149	281	16.5	268	158	298	18.1	R1/2	浙江温州四方化工机械厂
65	292	170	325	21.0	304	179	337	27.5	R1/2	
80	312	181.5	352	24.0	330	195.5	370	36.2	R1/2	
100	362	267	412	43.0	382	225	432	57.7	R3/4	
150	464	259.5	539	72.0	482	280	557	103.2	R3/4	
200	560	311	660	105.5	578	332.5	678	153	R3/4	
250	636	350.5	761	170.8	666	383	791	259	R3/4	
300	736	400	886	235.9	768	437	918	272.9	R3/4	

注：无特殊注明者，法兰为 GB 标准、光滑面、本产品连接法兰亦可按国内外其他法兰标准（PN≤5MPa）制造。

表 5-3-31　SRT_1B 型过滤器安装尺寸（mm）

公称直径 DN	PN2MPa(150psi)		PN5MPa(300psi)		L_1	~L	W/in	生产厂
	L_2	质量/kg	L_2	质量/kg				
50	250	13.9	268	18.8	235	450	R1/2	浙江温州四方化工机械厂
65	292	20.9	304	28.6	265	510	R1/2	
80	312	25.2	330	37.4	300	570	R1/2	
100	362	37.7	382	59.1	355	700	R3/4	
150	464	63.8	482	106.5	445	900	R3/4	
200	560	115.1	578	177.6	510	1030	R3/4	
250	636	176.8	666	276.4	590	1190	R3/4	
300	736	256.4	768	342.4	675	1390	R3/4	

注：无特殊注明者，法兰为 GB 标准、光滑面、本产品连接法兰亦可按国内外其他法兰标准（PN≤5MPa）制造。

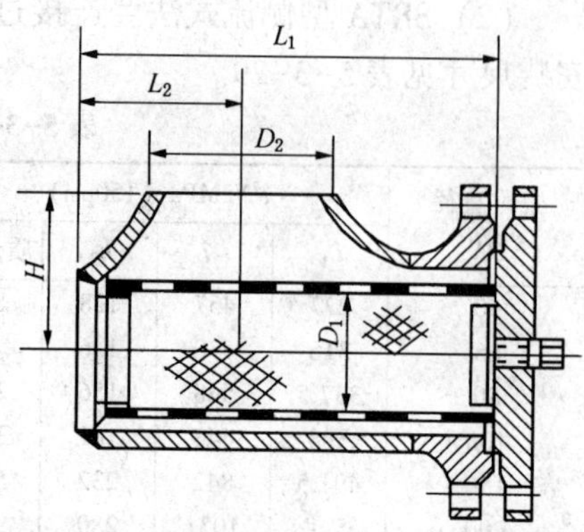

图 5-3-22　SBY-Ⅳ、SRTA 型过滤器

（5）SBY-Ⅳ、SRTA 型侧流式对焊连接过滤器标记方法，SBY-Ⅳ型同 SBY-$^{\mathrm{I}}_{\mathrm{II}}$型；SRTA 型同 SRY 型。其外形如图 5-3-22 所示，安装尺寸见表 5-3-32、表 5-3-33。

表 5-3-32　SBY-Ⅳ型过滤器安装尺寸

型号	公称直径/mm	公称压力/MPa	使用温度		连接形式	材质	加工尺寸/mm				旋塞规格	质量/kg	生产厂
							L_1	L_2-H	D_2	D_1			
SBY-Ⅳ-100	100	1.6	L	H	进出口端直接与管道焊接　法兰端除（4.0MPa）为凹面外均为平面法兰	20#钢（A）或不锈钢（B）	281	104	114×6	76	ZG3/4″	15	国营启东混合器厂
SBY-Ⅳ-100	100	2.5	L	H			281	104	114×6	76		21	
SBY-Ⅳ-100	100	4.0	L	H			305	104	114×6	76		23	
SBY-Ⅳ-125	125	1.6	L	H			328	124	140×6.5	95		21	
SBY-Ⅳ-125	125	2.5	L	H			328	124	140×6.5	95		30	
SBY-Ⅳ-125	125	4.0	L	H			348	124	140×6.5	95		33	
SBY-Ⅳ-150	150	1.6	L	H			368	143	168×7	120		29	
SBY-Ⅳ-150	150	2.5	L	H			368	143	168×7	120		40	
SBY-Ⅳ-150	150	4.0	L	H			392	143	168×7	120		44	
SBY-Ⅳ-200	200	1.6	L	H			442	178	219×8	165		51	
SBY-Ⅳ-200	200	2.5	L	H			442	178	219×8	165		66	
SBY-Ⅳ-200	200	4.0	L	H			486	178	219×8	165		90	
SBY-Ⅳ-250	250	1.6	L	H			530	216	273×9.5	210		84	
SBY-Ⅳ-250	250	2.5	L	H			530	216	273×9.5	210		107	
SBY-Ⅳ-250	250	4.0	L	H			584	216	273×9.5	210		140	
SBY-Ⅳ-300	300	1.6	L	H			612	254	325×10	245		120	
SBY-Ⅳ-300	300	2.5	L	H			612	254	325×10	245		153	
SBY-Ⅳ-300	300	4.0	L	H			680	254	325×10	245		204	
SBY-Ⅳ-350	350	1.6	L	H			675	280	377×11	290		165	
SBY-Ⅳ-350	350	2.5	L	H			675	280	377×11	290		216	
SBY-Ⅳ-350	350	4.0	L	H			740	280	377×11	290		272	
SBY-Ⅳ-400	400	1.6	L	H			741	305	426×13	335		227	
SBY-Ⅳ-400	400	2.5	L	H			741	305	426×13	335		283	
SBY-Ⅳ-400	400	4.0	L	H			821	305	426×13	335		402	

表 5-3-33　SRTA 型过滤器安装尺寸　（mm）

型　号	公称直径 DN/mm	公称压力 PN/MPa	密封面型式	标准代号	安装尺寸/mm L_1	L_2,H	D_1	D_2	丝堵规格	质量/kg	生产厂
SRTA100-1.6	100	1.6	光滑面	JB 82—59	281	104	76	114×6	ZG3/4″	15	江苏无锡石化通用件厂
SRTA125-1.6	125				328	124	95	140×6.5		21	
SRTA150-1.6	150				368	143	120	168×7		29	
SRTA200-1.6	200				442	178	165	219×8		51	
SRTA250-1.6	250				529	216	210	273×9.5		84	
SRTA300-1.6	300				612	254	245	325×10		120	
SRTA350-1.6	350				674	279	290	377×11		165	
SRTA400-1.6	400				741	305	335	426×13		227	
SRTA100-2.5	100	2.5			272	104	76	114×6		21	
SRTA125-2.5	125				317	124	95	140×6.5		30	
SRTA150-2.5	150				359	143	120	168×7		40	
SRTA200-2.5	200				437	178	165	219×8		66	
SRTA250-2.5	250				519	216	210	273×9.5		107	
SRTA300-2.5	30				602	254	245	325×10		153	
SRTA350-2.5	350				659	279	290	377×11		216	
SRTA400-2.5	400				727	305	335	426×13		283	
SRTA100-4	100	4.0	凹面		305	104	76	114×6		23	
SRTA125-4	125				348	124	95	140×6.5		33	
SRTA150-4	150				392	143	120	168×7		44	
SRTA200-4	200				486	178	165	219×8		90	
SRTA250-4	250				583	216	210	273×9.5		140	
SRTA300-4	300				680	254	245	325×10		204	
SRTA350-4	350				740	279	290	377×11		272	
SRTA400-4	400				821	305	335	426×13		402	

（6）SRTC 型侧流式对焊连接过滤器标记方法见 SRYA 型，但不表示法兰密封面。其外形如图 5-3-23 所示，安装尺寸见表 5-3-34。

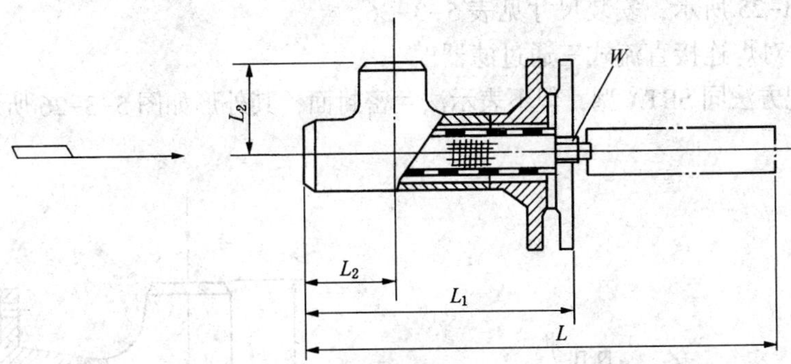

图 5-3-23　SRTC 型过滤器（PN2.0~5.0MPa、DN50~300）

表 5-3-34　SRTC 型过滤器安装尺寸　（mm）

公称直径 DN	PN2MPa（150psi） L_1	~L	质量/kg	PN5MPa（300psi） L_1	~L	质量/kg	L_2	W/in	生产厂
50	213	393	8.4	222	402	10.2	64	R1/2	浙江温州四方化工机械厂
65	246	460	10.2	255	469	15.8	76	R1/2	
80	267.5	498	12.4	281.5	512	20.3	86	R1/2	
100	312	572	19.9	330	590	31.5	105	R3/4	
150	402.5	753	33.6	423	773	57.3	143	R3/4	
200	489	929	61.4	510.5	951	97.5	178	R3/4	
250	566.5	1067	100.7	599	1099	142.3	216	R3/4	
300	654	1256	141	691	1291	221.7	254	R3/4	

（7）SRT_1C 型侧流式对焊连接加长过滤器标记方法同 SRTA 型，但不表示法兰密封面。其外形如图 5-3-24 所示，安装尺寸见表 5-3-35。

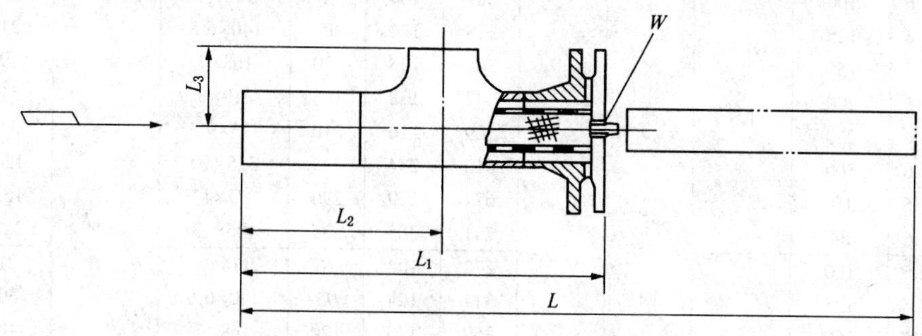

图 5-3-24　SRT_1C 型过滤器（*PN*2MPa、*DN*50～300）

表 5-3-35　SRT_1C 型过滤器安装尺寸

（mm）

公称直径 DN	L_3	L_2	L_1	～L	W/in	PN2MPa（150psi）质量/kg	生产厂
50	64	146	295	550	R1/2		浙江温州四方化工机械厂
65	76	154	324	618	R1/2		
80	86	175.5	357	674	R1/2		
100	105	215	422	784	R3/4		
150	143	283.5	543	966	R3/4		
200	178	380	691	1322	R3/4		
250	216	484.5	835	1610	R3/4		
300	254	564	966	1870	R3/4		

（8）SRT_1 型直流式对焊连接加长过滤器标记方法同 SRTA 型，但不表示法兰密封面。其外形如图 5-3-25 所示，安装尺寸见表 5-3-36。

（9）DSTC 对焊连接直流式三通过滤器

过滤器标记方法同 SRTA 型，但不表示法兰密封面，其外形如图 5-3-26 所示，安装尺

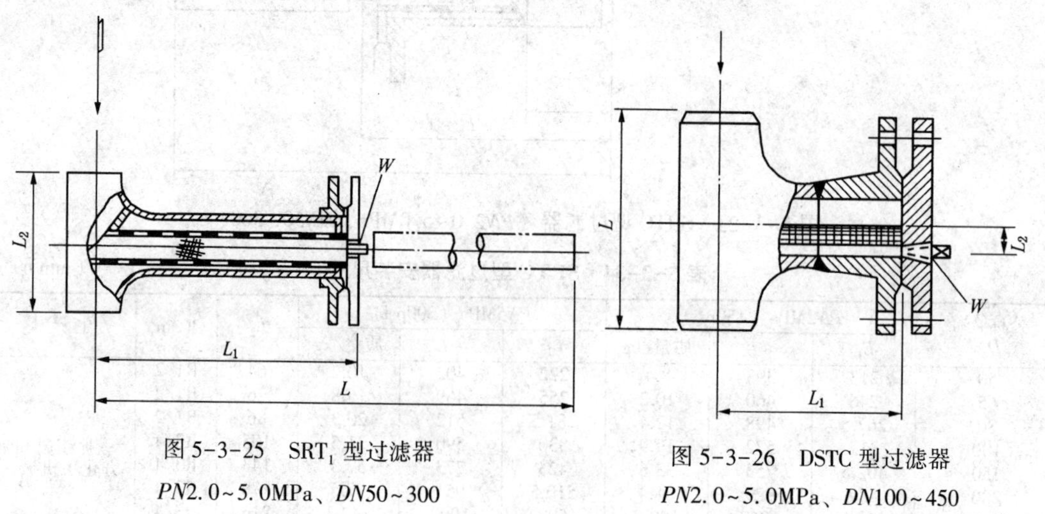

图 5-3-25　SRT_1 型过滤器
*PN*2.0～5.0MPa、*DN*50～300

图 5-3-26　DSTC 型过滤器
*PN*2.0～5.0MPa、*DN*100～450

表 5-3-36 SRT$_1$ 型过滤器安装尺寸 (mm)

公称直径 DN	L_2	L_1	~L	W/in	PN2MPa (150psi) 质量/kg	PN5MPa (300psi) 质量/kg	生产厂
50	128	235	450	R1/2			浙江温州四方化工机械厂
65	152	265	510				
80	172	300	570				
100	210	355	700	R3/4			
150	286	455	900				
200	356	510	1030				
250	432	590	1190				
300	508	675	1390				

寸见表 5-3-37。

(10) SA 型对焊连接直流式三通过滤器

过滤器标记方法同 SRTA 型，但不表示法兰密封面，其外形如图 5-3-27 所示，安装尺寸见表 5-3-38。

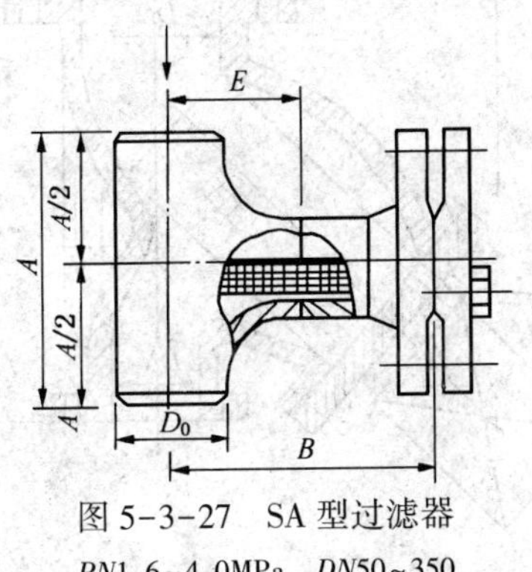

图 5-3-27 SA 型过滤器

PN1.6~4.0MPa DN50~350

表 5-3-37 DSTC 型过滤器安装尺寸 (mm)

公称通径 DN	PN2.0~5.0MPa L	L_1	L_2	W	质量/kg	生产厂
100	210	191	17	$\phi 27$	34	江苏省无锡县石化通用件厂
150	286	241	43	$\phi 27$	61	
200	356	289	67	$\phi 27$	104	
250	432	333	91	$\phi 27$	162	
300	508	384	120	$\phi 27$	240	
350	558	422	133	$\phi 27$	325	
400	610	451	161	$\phi 27$	397	
450	686	502	185	$\phi 27$	497	

表 5-3-38 SA 型过滤器安装尺寸 (mm)

公称通径 DN	三通外径 D_0	A 公称压力 PN/MPa 1.6、2.5、4.0	B 公称压力 PN/MPa 1.6	2.5	4.0	E	生产厂
50	57	128	156	156	156	64	温州市东海石油机械厂
65	76	152	170	172	172	76	
80	89	172	182	185	188	86	
100	108	210	201	211	217	105	
125	133	248	278	286	286	124	
150	159	286	297	309	309	143	
200	219	356	334	352	360	178	
250	273	432	378	395	412	216	
300	325	508	418	440	464	254	
350	377	558	451	471	493	279	

（11）RSRY－1Z 型异径铸造 Y 形过滤器其外形如图 5－3－28 所示，安装尺寸见表 5-3-39。

表 5-3-39　RSRY-1Z 过滤器安装尺寸

（mm）

公称直径 $DN_1 \times DN_2$	L	H_1	H_2	W	质量/kg	生产厂
40×32	229	160	290	M16		浙江温州四方化工机械厂
50×40	254	180	335	M16		
80×50	318	250	436	M18		
80×65	318	250	436	M18		
100×65	380	280	540	M20		
100×80	380	280	540	M20		
150×100	480	360	710	M20		
200×100	660	450	890	M20		
200×150	660	450	890	M20		
250×200	850	665	1240	M20		

（12）RSRY-2Z 异径铸造 Y 形过滤器其外形如图 5-3-29 所示，安装尺寸见表 5-3-40。

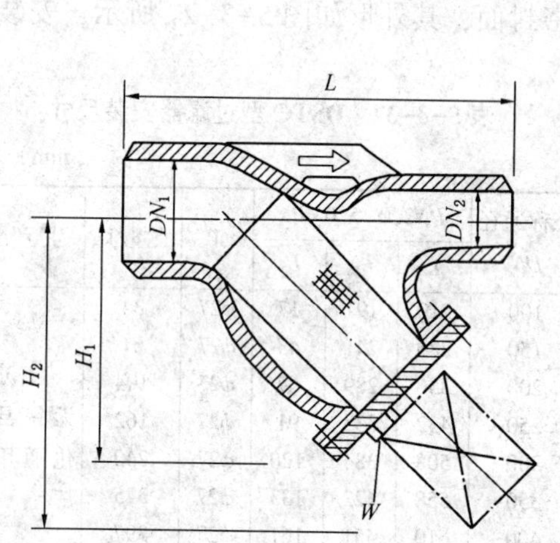

图 5-3-28　RSRY-1Z 型过滤器

PN1.6～2.5MPa　DN40×32～DN250×200

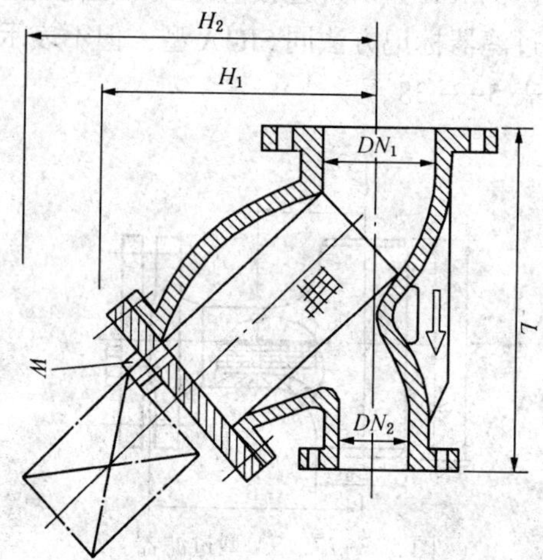

图 5-3-29　RSRY-2Z 型过滤器

PN1.6～2.5MPa　DN40×32～DN250×200

表 5-3-40　RSRY-2Z 过滤器安装尺寸

（mm）

公称直径 $DN_1 \times DN_2$	L	H_1	H_2	W	质量/kg	生产厂
40×32	210	160	290	M16		浙江温州四方化工机械厂
50×40	240	180	335	M16		
80×50	310	250	436	M18		
80×65	310	250	436	M18		
100×65	370	280	540	M20		
100×80	370	280	540	M20		
150×100	490	360	710	M20		
200×100	600	450	890	M20		
200×150	600	450	890	M20		
250×200	850	665	1240	M20		

三、石油化工泵用过滤器（SH/T 3411—1999）

为过滤石油化工生产过程中液体介质所含的固体颗粒，从而保证泵正常运行，满足石油化工企业的安全生产和过滤器选型的需要，泵入口应安装过滤器。当选用本标准过滤器时，其检验及验收应执行《石油化工泵用过滤器选用，检验及验收》SH/T 3411—1999 的规定。该标准不适用于液体的精细过滤。

1. 型号标记方法

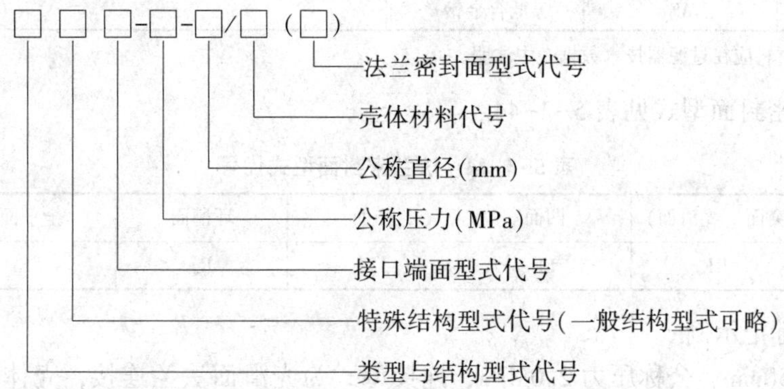

（1）过滤器类型与结构型式见表 5-3-41。

表 5-3-41 过滤器类型与结构型式代号

类型代号	结构型式代号	特殊结构型式代号
Y 型过滤器 SRY	Ⅰ—同径铸制 Y 型过滤器	
	Ⅱ—异径铸制 Y 型过滤器	
	Ⅲ—焊接 Y 型过滤器	L—加长型 J—夹套伴热型
T 型过滤器 SRT	Ⅰ—正折流式 T 型过滤器	L—加长型
	Ⅱ—反折流式 T 型过滤器	L—加长型
	Ⅲ—异径正折流式 T 型过滤器	
	Ⅳ—直流式 T 型过滤器	L—加长型
锥型过滤器 SRZ	Ⅰ—尖顶锥型过滤器	
	Ⅱ—平顶锥型过滤器	
篮式过滤器 SRB	Ⅰ—直通平底篮式过滤器	J—夹套伴热型 K—篮筐型
	Ⅱ—直通封头篮式过滤器	P—盘管伴热型
	Ⅲ—高低接管平板篮式过滤器	K—篮筐型
	Ⅳ—高低接管封头篮式过滤器	
	Ⅴ—高低接管重叠式篮式过滤器	
反冲洗式过滤器 SRF	Ⅰ—卧式反冲洗式过滤器	
	Ⅱ—导流反冲洗式过滤器	

（2）过滤器接口端面型式见表 5-3-42。

表 5-3-42 接口端面型式代号

代　号	接口端面型式	代　号	接口端面型式
4	法兰连接	6	承插焊连接
5	对焊连接		

(3) 过滤器壳体材料见表 5-3-43。

表 5-3-43 壳体材料代号

代 号	材料英文缩写	材 料	代 号	材料英文缩写	材 料
C	CS	碳 钢	S	SS	不锈钢
A	AS	低合金钢			

注：具体选用材料应在过滤器技术数据表中注明。

(4) 法兰密封面型式见表 5-3-44。

表 5-3-44 法兰密封面型式代号

法兰密封面型式	突面（光滑面）	凹面	凸面	环槽面	全平面	榫槽面
代号	RF	LF	LM	RJ	FF	TG

(5) 型号标记示例

公称直径 50mm，公称压力 2.0MPa，连接型式为光滑面法兰连接，壳体材料为碳钢的直流式 T 型过滤器，其标记为：

SRTⅣ4—2.0—50/C（RF）

2. 选用原则

(1) 过滤器类型及材质的选用、网目的大小及过滤面积的确定，应考虑下列因素：

① 泵的类型；

② 介质的性质、操作条件；

③ 安装、操作、检修要求。

各种型式过滤器的主要结构及特性比较见表 5-3-45。

(2) 过滤器的公称压力应不低于设计压力；

(3) 过滤器不同公称压力等级的接口端面，其接管法兰及非法兰连接的接管尺寸应符合以下规定：

① 过滤器接口端面为公称压力 2.0、5.0MPa 的法兰，其尺寸应符合现行《石油化工钢制管法兰》SH/T 3406 的规定；

② 过滤器接口端面为公称压力 1.0、1.6、2.5MPa 的法兰，其尺寸应符合现行《管路法兰及垫片》JB/T 82.1 的规定；

③ 过滤器接口端面为公称压力 4.0、6.3MPa 的法兰，其尺寸应符合现行《管路法兰及垫片》JB/T 82.2 的规定；

④ 非法兰连接的公称压力为 10.0MPa 及低于 10.0MPa 的过滤器，其接管尺寸应符合现行《石油化工钢管尺寸系列》SH/T 3405 或国家有关标准的规定。

(4) 过滤器类型选用，应符合满足下列要求：

① 对于凝固点较高、黏度较大、含悬浮物较多、停输时需经常吹扫的介质，宜选用卧式安装的反冲洗过滤器；

② 对固体杂质含量较多、黏度较大的介质，宜选用篮式过滤器；

③ 对易燃、易爆、有毒的介质，宜采用对焊连接的过滤器，当直径小于 *DN*40 时，宜采用承插焊连接的过滤器；

④ 介质流向有 90°变化处宜选用折流式 T 型过滤器；

⑤ 设置在泵入口管道上的临时性过滤器，宜选用锥型过滤器；

表 5－3－45　各型式过滤器的主要结构及特性比较表

型式		SRY	SRT Ⅰ. SRTⅢ	SRTⅡ	SRTⅣ	SRZⅠ	SRZⅡ	SRBⅠ. SRBⅡ	SRBⅢ. Ⅳ. Ⅴ	SRFⅠ	SRFⅡ
推存安装方式及流向	水平管线	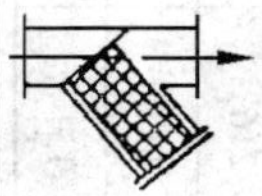	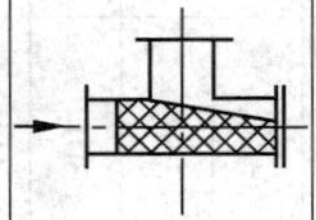	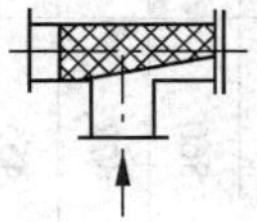	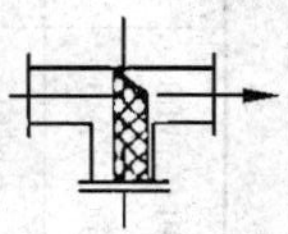	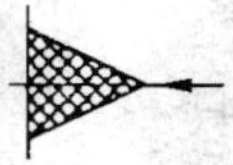	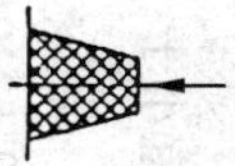	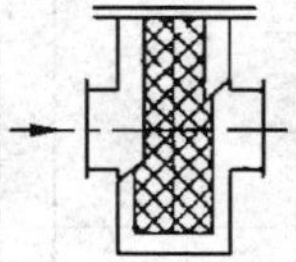	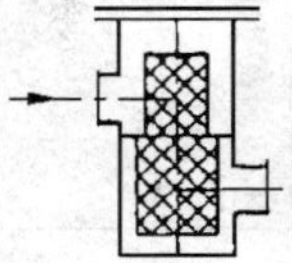	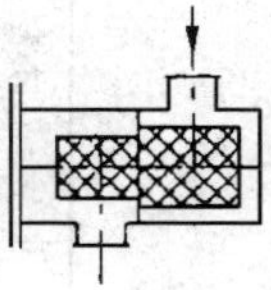	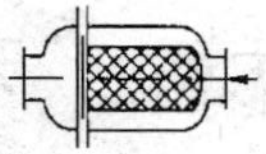
	垂直管线	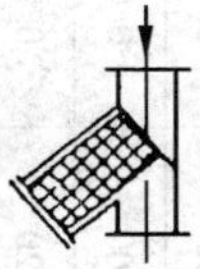	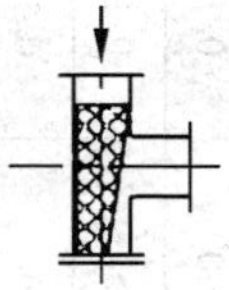		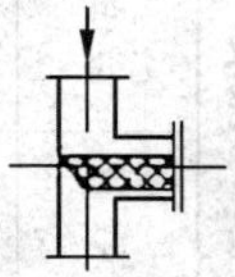						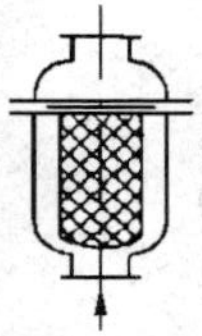
结构		简单	较简单	较简单	较复杂	简单	简单	较复杂	较复杂	较复杂	较复杂
体积		中	中	中	较小	小	小	大	大	较大	较大
重量		中	中	中	中	轻	轻	重	重	较重	较重
过滤面积		中	中	中	小	小	较小	较大	大	大	大
流体阻力		中	中	中	大	大	较大	较小	小	小	小
滤筒装拆		方便	方便	方便	方便	较方便	较方便	方便	方便	较不方便	较不方便
滤筒清洗		方便	方便	方便	方便	方便	方便	方便	较不方便	方便	方便

⑥ 管道直径小于 *DN*400 时，宜选用 Y 型及 T 型过滤器；管道直径大于或等于 *DN*400 时，宜选用篮式过滤器。

（5）过滤器材料选用，应满足下列要求：

① 过滤器材料选用应符合现行《石油化工管道设计器材选用通则》SH 3059 的规定。常用材料见表 5-3-46。

表 5-3-46 过滤器常用材料

牌 号	标准号	材料名称	牌 号	标准号	材料名称
ZG 230—450	GB/T 11352	一般工程用铸造碳钢件	ZG1Cr18Ni9	GB/T 2100	不锈耐酸钢铸件技术条件
Q235—A	GB/T 700	碳素结构钢	0Cr18Ni11Ti	GB/T 3280	不锈钢
20	GB/T 699	优质碳素结构钢	0Cr19Ni9	GB/T 1220	不锈钢棒
12CrMo	GB/T 1591	低合金高强度结构钢	00Cr19Ni11	GB/T 4226	不锈钢冷加工钢棒
1Cr5Mo			0Cr17Ni12Mo2	GB/T 4237	不锈钢热轧钢板
15CrMo			00Cr17Ni14Mo2		

② 滤网无特殊要求时，应选用不锈钢丝网。

（6）永久性过滤器的有效过滤面积与相连的管道流通面积之比，不宜小于 1.5；

（7）过滤器滤网的选择应符合以下要求：

① 滤网规格及其技术要求按现行《工业用金属编织方孔筛网》GB/T 5330 的规定；

② 根据泵的结构型式及输送要求，确定滤网目数。当泵对输送介质无特殊要求时，可采用 30 目滤网。

③ 不锈钢丝网技术参数见表 5-3-47。

表 5-3-47 不锈钢丝网技术参数表

孔目数目	丝径/mm	可拦截的粒径/μm	有效面积/%	孔目数目	丝径/mm	可拦截的粒径/μm	有效面积/%
10	0.508	2032	64	30	0.234	614	53
12	0.457	1660	61	32	0.234	560	50
14	0.376	1438	63	36	0.234	472	46
16	0.315	1273	65	38	0.213	455	46
18	0.315	1096	61	40	0.192	422	49
20	0.315	955	57	50	0.152	356	50
22	0.273	882	59	60	0.122	301	51
24	0.273	785	56	80	0.102	216	47
26	0.234	743	59	100	0.081	173	46
28	0.234	673	56	120	0.081	131	38

3. 规格与尺寸

（1）同径铸制 Y 型过滤器（SRYⅠ）

*PN*1.6，2.5MPa

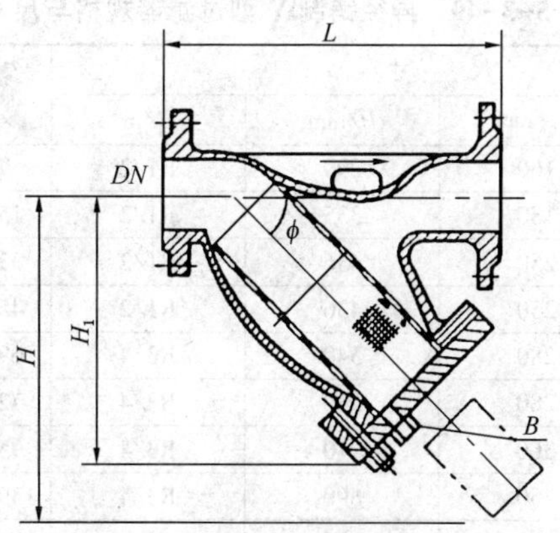

图 5-3-30 SRY Ⅰ型过滤器

表 5-3-48 同径铸制 Y 型过滤器规格与尺寸

公称直径 DN	尺寸				参考质量/kg	有效过滤面积/m^2	倍数
	L/mm	H_1/mm	H/mm	B/in			
＊15	150	119	167	R1/2	4.9	0.0009	5.0
＊20	150	119	167	R1/2	5.4	0.0009	3.0
＊25	150	119	167	R1/2	5.9	0.0009	1.8
＊（32）	170	150	209	R1/2	6.3	0.00175	2.0
＊40	170	150	209	R1/2	7.1	0.00352	2.8
50	280	180	335	R1/2	11.2	0.00515	2.6
80	360	250	436	R3/4	32.2	0.011	2.2
100	380	280	540	R3/4	48.9	0.014	1.8
150	520	360	710	R3/4	99.0	0.032	1.8
200	660	450	890	R3/4	152.7	0.056	1.8
250	850	665	1240	R3/4	216.6	0.0883	1.8

注：① 带＊者夹角 ϕ 为 55°（其余为 45°）；

② 有效过滤面积以 30 目滤网计算，本章各表相同；

③ 参考重量为 PN2.5 等级的重量。

（2）异径铸制 Y 型过滤器（SRY Ⅱ）

PN1.6，2.5MPa

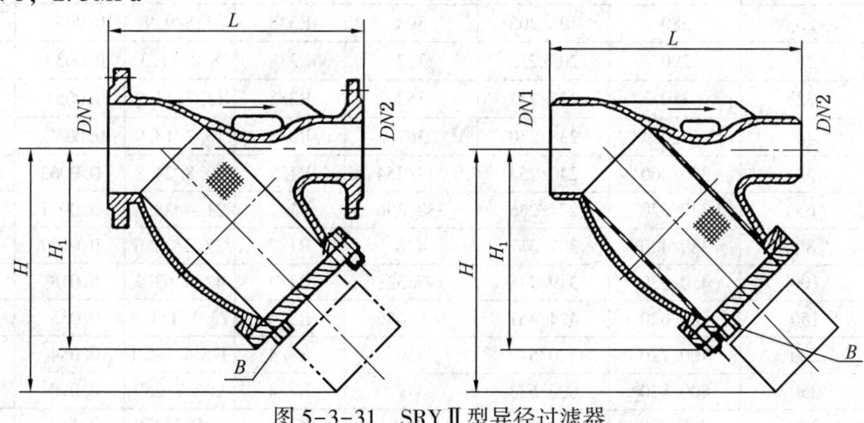

图 5-3-31 SRY Ⅱ型异径过滤器

表 5-3-49　异径铸制 Y 型过滤器规格与尺寸

公称直径 $DN_1 \times DN_2$	尺寸 L/mm	H_1/mm	H/mm	B/in	参考质量/kg	有效过滤面积/m^2	倍　数
40×32	229/210	160	290	R1/2	7.1/5.1	0.0035	4.3
50×40	254/240	180	335	R1/2	15.6/12.6	0.0052	4.1
80×50	318/310	250	436	R1/2	32.6/28.8	0.011	5.6
80×65	328/310	250	436	R1/2	45.6/30.8	0.011	3.3
100×65	380/370	280	540	R3/4	69.0/64.2	0.0158	4.7
100×80	380/370	280	540	R3/4	72.0/67.5	0.0158	3.1
150×100	480/490	360	710	R3/4	95.0/89.3	0.03	3.8
200×100	658/600	450	890	R3/4	139.0/132.7	0.053	6.8
200×150	660/600	450	890	R3/4	159.0/152.0	0.053	3.0
250×200	850/850	665	1240	R3/4	220.0/210.0	0.083	2.6

注：① 表中分子为法兰连接型式的尺寸及重量，分母为对焊连接型式的尺寸及重量；

② 参考重量为 $PN2.5$ 等级的重量。

(3) 焊制 Y 型过滤器（SRYⅢ）

$PN2.0$，$5.0MPa$

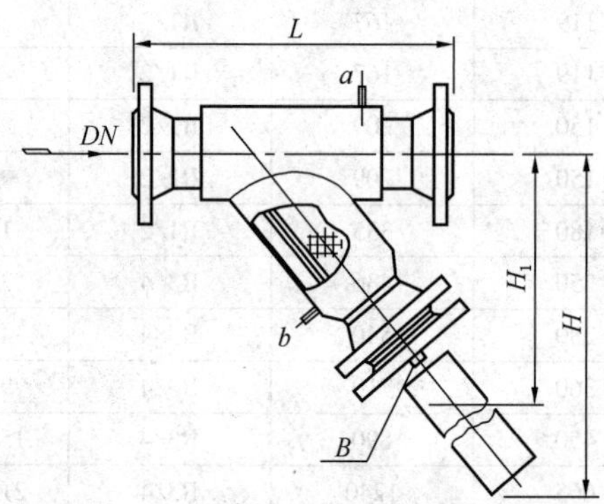

图 5-3-32　SRYⅢ型过滤器（法兰连接）

表 5-3-50　焊制 Y 型过滤器规格与尺寸

	公称直径 DN	$PN2.0/5.0$ L/mm	H_1/mm	H/mm	B/in	参考质量/kg	有效过滤面积/m^2	倍　数
SRYⅢ	15	260	177/181	280	R3/8	6.5/7.6	0.00252	14.0
	20	280	196/205	308	R3/8	7.5/9.9	0.003	10.0
	25	290	208/215	322	R3/8	8.8/11.3	0.0033	8.0
	(32)	310	227/234	353	R3/8	11.7/14.2	0.0051	6.0
	40	320	238/250	367	R3/8	13.7/18.9	0.0052	4.0
SRYⅢL	50	300/360	240/254	339/354	R1/2	13.8/24.8	0.0063	3.2
	(65)	340/370	274/286	382/396	R1/2	21.4/28.8	0.0091	2.74
	80	380/400	307/317	438	R1/2	27.2/38.6	0.0127	2.5
	100	450/520	349/378	495/523	R3/4	42.6/63.2	0.018	2.3
	150	580/620	424/461	608/636	R3/4	73.1/111.5	0.033	1.9
	200	700/720	520/542	750	R3/4	125.4/185.1	0.054	1.7
	250	800/820	606/633	877	R3/4	202.7/289	0.078	1.6
	300	950/970	728/753	1061	R3/4	305.7/429	0.114	1.6

续表

	公称直径 DN	PN2.0/5.0			B/in	参考质量/kg	有效过滤面积/m²	倍数
		L/mm	H_1/mm	H/mm				
SRYⅢJ	20	370	235	324	R1/4	蒸汽夹套（蒸汽压力 PN≤0.6MPa）	蒸汽入口 a G1/2″ 蒸汽出口 b G1/2″	
	25	370	235	326	R1/4			
	(32)	390	275	372	R1/4			
	40	390	285	387	R1/4		蒸汽入口 a G3/4″ 蒸汽出口 b G3/4″	
	50	420	295	415	R3/8			
	(65)	450	330	469	R3/8			
	80	500	370	538	R3/8			
	100	575	415	596	R3/8			
	150	700	525	766	R3/4		蒸汽入口 a DN25 蒸汽出口 b DN25	
	200	890	610	903	R3/4			

注：规格尺寸表中分子、分母分别为 2.0、5.0MPa 的结构尺寸和重量，以下各表相同。

（4）承插焊连接 Y 型过滤器（SRYⅢ）

*PN*10.0MPa

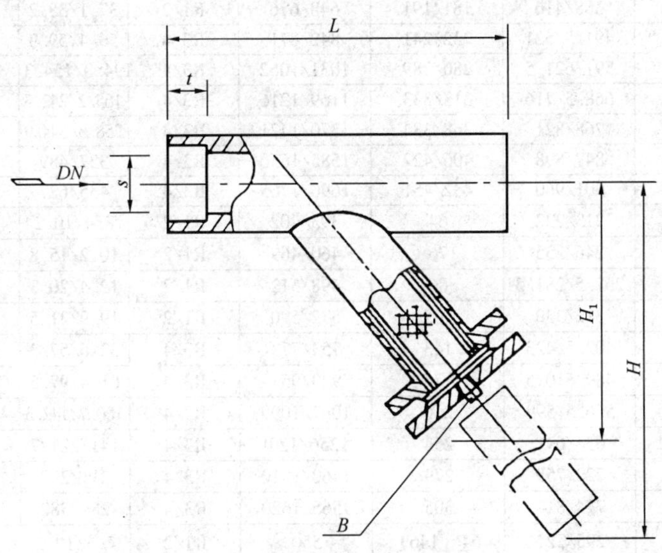

图 5-3-33　SRYⅢ型过滤器（承插焊连接）

表 5-3-51　承插焊连接 Y 型过滤器规格与尺寸

公称直径 DN	S/mm	L/mm	H_1/mm	H/mm	t/mm	B/in	参考质量/kg	有效过滤面积/m²	倍数
15	22.5	130	169	250	10	R3/8	5.4	0.0023	13.0
20	27.5	130	179	250	13	R3/8	5.9	0.0025	8.0
25	34.5	140	182	250	13	R3/8	6.7	0.0027	5.5
(32)	42.5	160	209	300	13	R3/8	10.2	0.0042	5.0
40	48.5	170	217	300	13	R3/8	13.0	0.0043	3.4

（5）正、反折流式T型过滤器（SRTⅠ、SRTⅡ）

*PN*2.0，5.0MPa

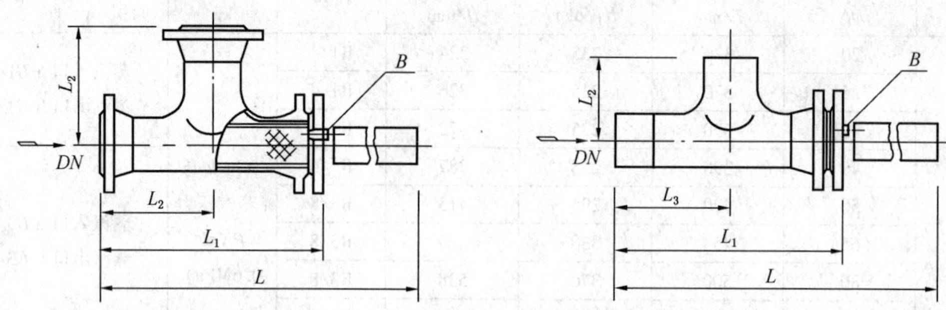

图5-3-34　SRTⅠ、SRTⅡ型过滤器

表5-3-52　正、反折流式T型过滤器规格与尺寸

	公称直径 *DN*	*PN*2.0/5.0 L_1/mm	L_2（L_3）/mm	*L*/mm	*B*/in	参考质量/kg	有效过滤面积/m^2	倍　数
SRTⅠ.SRTⅡ（法兰连接）	50	277/292	128/134	457/472	R1/2	13.3/14.8	0.0066	3.3
	（65）	316/331	146/152	530/545	R1/2	17/18.7	0.0101	3.0
	80	337.5/360.5	156/165	568/591	R1/2	22.9/23.4	0.0138	2.7
	100	388/416	181/191	648/676	R1/2	37.1/38.2	0.0187	2.4
	150	491.5/521	232/241	842/871	R3/4	56.4/59.3	0.0388	2.2
	200	591/621.5	280/289	1031/1062	R3/4	94.8/154.3	0.063	2.2
	250	668.5/716	318/333	1169/1216	R3/4	165.2/242.7	0.096	2.0
	300	768/821	368/384	1370/1421	R3/4	258.3/344.9	0.134	2.0
	350	847/898	406/422	1585/1650	R3/4	327/489	0.124	1.3
	400	901/960	432/451	1690/1765	R3/4	435/627	0.162	1.3
SRTⅠ.SRTⅡ（对焊连接）	50	213/222	64	393/402	R1/2	8.4/10.2	0.00387	2.0
	（65）	246/255	76	460/469	R1/2	10.2/15.8	0.00592	1.8
	80	267.5/281.5	86	498/512	R1/2	12.4/20.3	0.00811	1.6
	100	312/330	105	572/590	R1/2	19.9/31.5	0.013	1.6
	150	402.5/423	143	753/773	R3/4	33.6/57.3	0.026	1.5
	200	489/510.5	178	929/951	R3/4	61.4/97.5	0.046	1.5
	250	566.5/599	216	1067/1099	R3/4	100.7/142.3	0.071	1.4
	300	654/691	254	1256/1291	R3/4	141/221.7	0.094	1.3
	350	720/755	279	1460/1510	R3/4	211/299	0.102	1.1
	400	774/814	305	1565/1620	R3/4	284/382	0.144	1.2
SRTⅠL.SRTⅡL（对焊连接）	50	295/222	64（146）	550	R1/2	7.4/10.2	0.0066	3.3
	65	324/255	76（154）	618	R1/2	10.8/15.8	0.0101	3.0
	80	357/281.5	86（175.5）	674	R1/2	13/20.3	0.0138	2.7
	100	422/330	105（215）	784	R1/2	20.6/31.5	0.019	2.4
	150	543/423	143（283.5）	966	R3/4	35.4/57.3	0.04	2.2
	200	691/510.5	178（380）	1322	R3/4	67.7/97.5	0.07	2.2
	250	835/599	216（484.5）	1610	R3/4	114.8/142.3	0.112	2.2
	300	966/691	254（564）	1870	R3/4	157.6/221.7	0.158	2.2
	350	1091/1126	279（650）	1791/1851	R3/4	346/331	0.167	1.7
	400	1189/1229	305（720）	1939/2017	R3/4	335/435	0.227	1.8

注：①本图所示为正折流型，反折流流向与正折流相反．正折流与反折流T型过滤器外型及结构尺寸均相同，仅滤筒的丝网安装有别，正折流式丝网在滤筒内，反折流式丝网在滤筒外。

②排放口B有三种连接型式，Ⅰ为螺纹连接型，Ⅱ为法兰连接型，Ⅲ为承插焊型。本表仅列出Ⅰ型尺寸，Ⅱ、Ⅲ型由设计者确定。以下各表相同。

(6) 异径正折流式 T 型过滤器（SRTⅢ）

$PN2.0$，5.0MPa

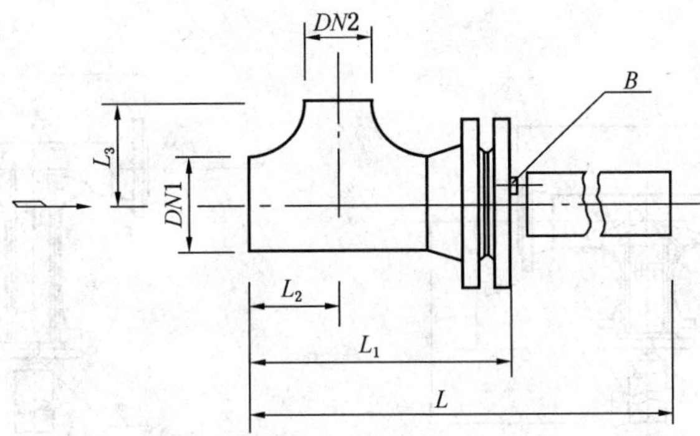

图 5-3-35 SRTⅢ型异径过滤器

表 5-3-53 异径正折流式 T 型过滤器规格与尺寸

公称直径 $DN_1 \times DN_2$	L_2/mm	L_3/mm	$PN2.0/PN5.0$		参考质量/kg	B/in	有效过滤面积/m^2	倍 数
			L_1/mm	L/mm				
50×40	64	60	213/222	393/402	8.0/17.8	R1/2	0.0043	2.2
80×50	86	76	268/282	498/512	11.8/19.3	R1/2	0.0085	1.7
80×65	86	83	268/282	498/512	12.1/19.9	R1/2	0.0085	1.7
100×65	105	95	312/330	572/590	18.9/29.9	R1/2	0.0135	1.7
100×80	105	98	312/330	572/590	19.5/30.8	R1/2	0.0135	1.7
150×100	143	130	402/423	753/773	31.9/54.4	R3/4	0.0265	1.5
150×125	143	137	402/423	753/773	32.8/56.1	R3/4	0.0265	1.5
200×100	178	156	489/510	929/951	58.3/92.5	R3/4	0.047	1.5
250×150	216	194	566/599	1067/1099	95.5/135.1	R3/4	0.073	1.5
250×200	216	208	566/599	1067/1099	98.6/139.4	R3/4	0.073	1.5
300×250	254	241	656/691	1256/1291	133.8/210.6	R3/4	0.108	1.5
350×200	279	248	752/787	1452/1460	207.3/322.3	R3/4	0.128	1.5
350×250	279	257	752/787	1452/1460	210.4/325.1	R3/4	0.128	1.5
350×300	279	270	752/787	1452/1460	215.2/329.3	R3/4	0.128	1.5
400×200	305	273	776/816	1515/1575	245.1/375.1	R3/4	0.188	1.5
400×250	305	283	776/816	1515/1575	248.2/378.2	R3/4	0.188	1.5
400×300	305	295	776/816	1515/1575	252.1/382.3	R3/4	0.188	1.5
400×350	305	305	776/816	1515/1575	255.3/385.1	R3/4	0.188	1.5

（7）直流式 T 型过滤器（SRTⅣ）

*PN*2.0，5.0MPa

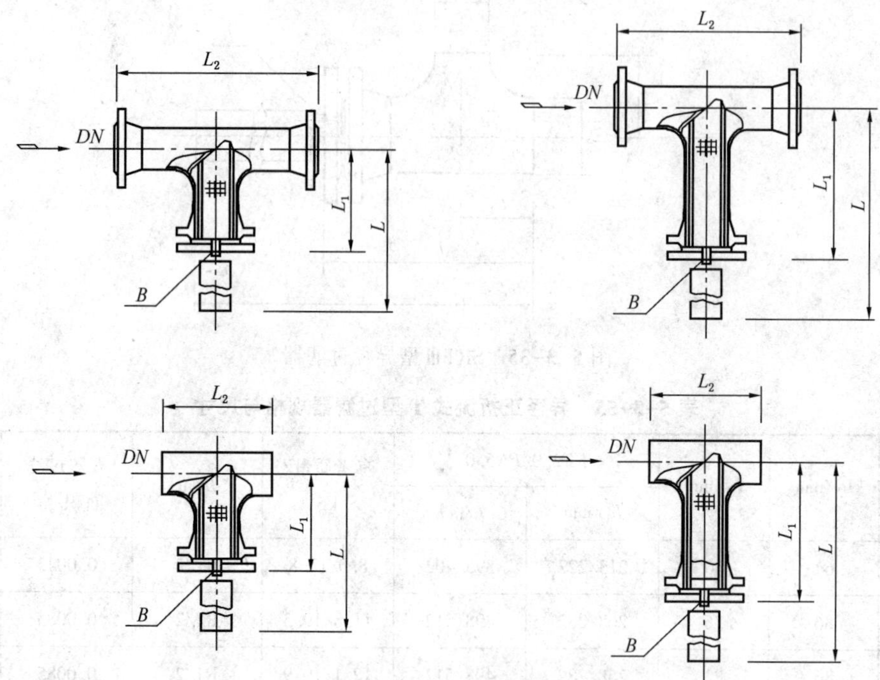

图 5-3-36　SRTⅣ型过滤器

表 5-3-54　直流式 T 型过滤器规格与尺寸

	公称直径 *DN*	*PN*2.0				*PN*5.0				*B*/in	有效过滤面积/m^2	倍　数
		L_2/mm	L_1/mm	*L*/mm	参考质量/kg	L_2/mm	L_1/mm	*L*/mm	参考质量/kg			
SRTⅣ/SRTⅣL（法兰连接）	50	250	149/235	281/450	13.7/13.8	268	158/235	298/450	18.1/18.8	R1/2	0.00277	1.4
	(65)	292	170/265	325/510	19.4/20.9	304	179/265	337/510	27.5/28.6	R1/2	0.00421	1.3
	80	312	181.5/300	352/570	23.9/25.2	330	195.5/300	370/570	36.2/37.4	R1/2	0.00552	1.1
	100	362	267/355	412/700	35.9/37.7	382	225/355	432/700	57.7/59.1	R3/4	0.0088	1.1
	150	464	259.5/455	539/900	60.1/63.8	482	280/445	557/900	103.2/106.5	R3/4	0.01696	1.0
	200	560	311/510	660/1030	105.5/115.1	578	332.5/510	678/1030	153/177.6	R3/4	0.0355	1.1
	250	636	350.5/590	761/1190	170.8/176.8	666	383/590	791/1190	259/276.4	R3/4	0.0529	1.1
	300	736	400/675	886/1390	235.9/256.4	768	437/675	918/1390	272.9/342.4	R3/4	0.0686	1.0
	350	812	441/740	955/1550	321/352	844	476/740	990/1550	483/511	R3/4	0.072/0.124	0.8/1.3
	400	864	469/795	1025/1680	427/472	902	509/795	1060/1680	619/659	R3/4	0.083/0.1474	0.7/2.0
SRTⅣ/SRTⅣL（对焊连接）	50	128	149/235	450	7.1 *	128	149/235	450	9.8 *	R1/2	0.00277	1.4
	(65)	152	170/265	510	11.7 *	152	170/265	510	16.9 *	R1/2	0.00421	1.3
	80	172	181.5/300	570	13.7 *	172	181.5/300	570	21.5 *	R1/2	0.00552	1.1
	100	210	267/355	700	21.4 *	210	267/355	700	32.9 *	R3/4	0.0086	1.1
	150	286	259.5/455	900	33.9 *	286	259.5/455	900	60.8 *	R3/4	0.01696	1.0
	200	356	311/510	1030	78.9 *	356	311/510	1030	106.7 *	R3/4	0.0355	1.1
	250	432	350.5/590	1190	118.8 *	432	350.5/590	1190	158 *	R3/4	0.0529	1.1
	300	508	400/675	1390	161.7 *	508	400/675	1390	211.5 *	R3/4	0.0686	1.0
	350	558	441/740	1025/1680	209/240	558	476/740	990/1550	296/324	R3/4	0.072/0.124	0.8/1.3
	400	610	469/795	1025/1680	281/326	610	509/795	1060/1680	380/419	R3/4	3.083/0.1474	1.7/2.0

注：* 为加长型过滤器的重量。

（8）尖顶锥型过滤器（SRZⅠ）

*PN*2.0，5.0，10.0MPa

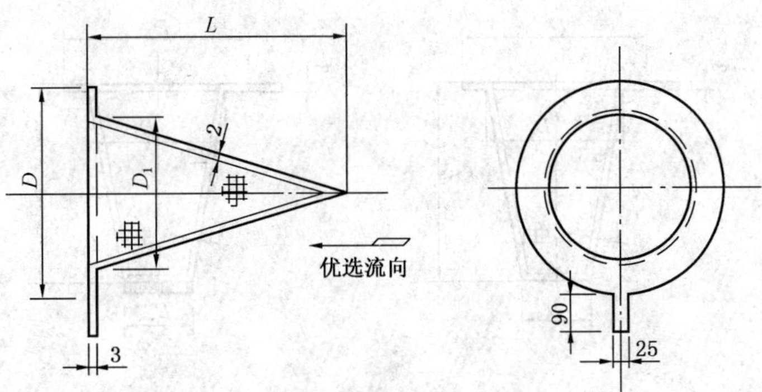

图 5-3-37　SRZⅠ型过滤器

表 5-3-55　尖顶锥型过滤器规格与尺寸

公称直径 *DN*	*D*/mm			D_1/mm	*L*/mm	有效过滤面积/m^2	倍　数
	*PN*2.0	*PN*5.0	*PN*10.0				
25	70	70	70	20	52	0.00016	0.65
（32）	80	80	80	25	68	0.00027	0.65
40	82	92	92	30	100	0.00095	0.76
50	100	107	107	44	115	0.00162	0.82
（65）	120	127	127	58	140	0.0026	0.78
80	132	146	146	68	165	0.00359	0.71
100	170	178	190	90	215	0.0062	0.78
（125）	194	213	237	114	265	0.0097	0.79
150	220	248	262	140	330	0.0148	0.84
200	276	304	316	188	430	0.0260	0.82
250	336	357	396	238	535	0.0410	0.83
300	406	418	453	288	635	0.0589	0.83
350	454	465	465	316	670	0.065	0.68
400	510	535	535	366	745	0.083	0.68
500	616	616	616	464	780	0.108	0.55
600	690	700	700	564	800	0.135	0.47

注：钻孔开孔率为 40%，滤网规格由设计者确定。

（9）平顶锥型过滤器（SRZⅡ）

PN2.0，5.0，10.0MPa

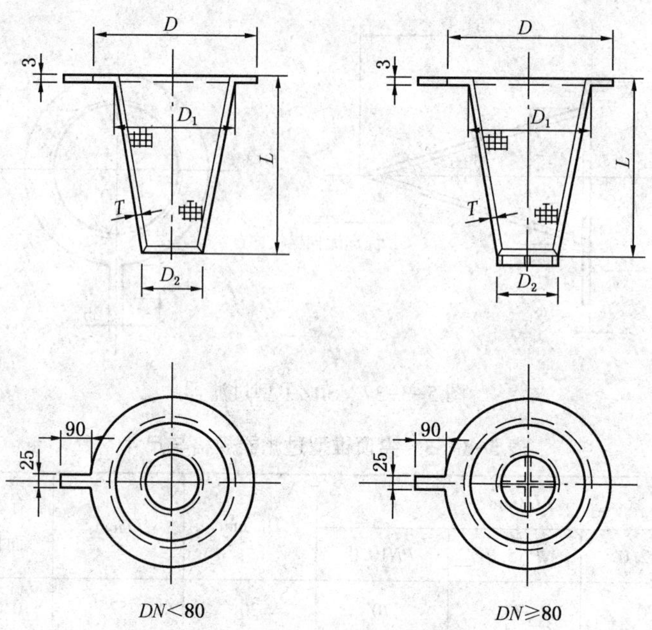

图 5-3-38 SRZⅡ型过滤器

表 5-3-56 平顶锥型过滤器规格与尺寸

公称直径 DN	D/mm			D_1/mm	D_2/mm	L/mm	T/mm	有效过滤面积/m^2	倍数
	PN2.0	PN5.0	PN10.0						
25	70	70	70	20	14	46	2	0.00049	1.0
(32)	80	80	80	25	17	61	2	0.0008	1.0
40	82	92	92	30	20	65	2	0.00165	1.3
50	100	107	107	44	32	65	2	0.00295	1.5
(65)	120	127	127	58	38	80	2	0.00454	1.3
80	132	146	146	68	50	90	2	0.00621	1.2
100	170	178	190	90	64	115	2	0.01129	1.4
(125)	194	213	237	114	82	140	3	0.01274	1.0
150	220	248	262	140	102	165	3	0.01425	0.8
200	276	304	316	188	144	215	3	0.02579	0.8
250	336	357	396	238	184	255	3	0.03926	0.8
300	406	418	453	288	226	305	3	0.05760	0.8
350	446	481	488	316	258	330	6	0.07014	0.7
400	510	535	561	366	298	355	6	0.08842	0.7
450	545	592	609	414	344	380	6	0.10955	0.7
500	602	650	679	464	382	430	6	0.13774	0.7
600	713	771	786	564	458	510	6	0.19766	0.43

注：钻孔开孔率为40%，滤网规格由设计者选定。

（10）直通平底篮式过滤器（SRBⅠ）

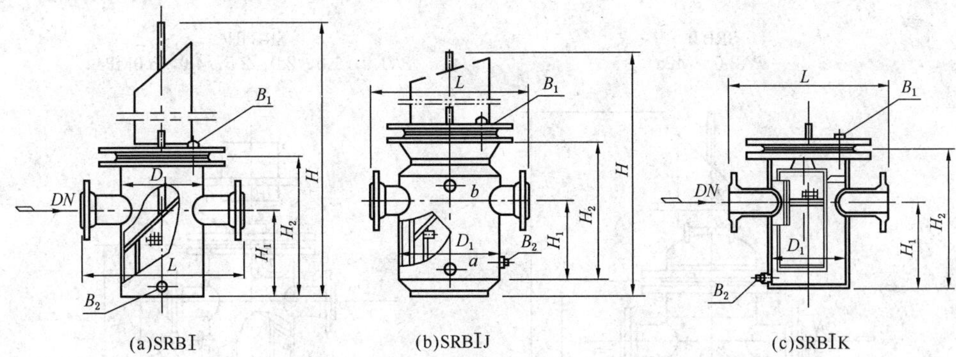

图 5-3-39　SRBⅠ型篮式过滤器

表 5-3-57　直通平底篮式过滤器规格与尺寸

	DN/mm	D_1/mm	L/mm	H_1/mm	H_2/mm	H/mm	参考质量/kg	有效过滤面积/m^2	倍数	B_1，B_2/in
SRBⅠ（PN1.0MPa）	25	89	220	160	260	480	14.2	0.00362	7.0	R3/8
	（32）	89	220	165	270	495	15.5	0.00362	4.5	R3/8
	40	114	280	180	300	550	20.4	0.00572	4.5	R3/8
	50	114	280	180	300	550	22.2	0.00572	3.0	R1/2
	（65）	140	330	220	350	650	30.9	0.00961	3.0	R1/2
	80	168	340	260	400	740	43.5	0.01539	3.0	R1/2
	100	219	420	310	470	880	64.4	0.02464	3.0	R3/4
	150	273	500	430	620	1175	102	0.04866	3.0	R3/4
	200	325	560	530	780	1495	141.5	0.07858	2.5	R3/4
	250	426	660	640	930	1810	230.1	0.12065	2.5	R3/4
	300	478	750	840	1200	2310	307.3	0.16537	2.3	R3/4
SRBⅠJ（PN≤1.0MPa）	25	*ϕ108	215	180	350	480	14.5	0.0041	8.3	R3/4
	（32）	*ϕ108	235	180	360	495	18.9	0.00396	4.9	R3/4
	40	*ϕ159	300	210	430	550	25.6	0.00686	5.5	R3/4
	50	*ϕ159	300	210	430	550	30.4	0.00686	3.5	R3/4
	（65）	*ϕ159	450	250	490	650	40	0.01134	3.4	R3/4
	80	*ϕ273	460	290	530	740	67.7	0.0176	3.5	R3/4
	100	*ϕ325	500	345	600	880	113.6	0.0278	3.5	R3/4
	（125）	*ϕ377	580	410	700	1175	157.7	0.0365	3.0	R3/4
	150	*ϕ377	600	470	780		176.4	0.0534	3.0	R3/4
	200	*ϕ426	660	580	930		246.6	0.0882	2.8	R3/4
SRBⅠK（PN1.0MPa）	25	108	348	160	260		17.3	0.00764	14.7	R3/8
	（32）	108	348	165	270		17.8	0.00804	10.0	R3/8
	40	159	399	180	300		29.6	0.01387	10.0	R3/8
	50	159	399	180	300		32.8	0.0132	6.7	R1/2
	（65）	219	519	220	350		51.6	0.0209	6.3	R1/2
	80	219	519	260	400		56.3	0.0257	5.1	R3/4
	100	273	573	310	470		80.8	0.0382	4.8	R3/4
	150	273	576	430	620		102	0.0561	3.2	R3/4
	200	350	576	530	780		159.8	0.1013	3.0	R3/4
	250	450	700	640	930		254.7	0.137	2.8	R3/4
	300	500	720	840	1200		351.2	0.206	2.7	R3/4

注：① *号的尺寸为蒸汽夹套外径 D_1 的尺寸；

② SRBⅠJ型蒸汽压力 PN≤0.6MPa。当过滤器接管直径 DN≤65 时，蒸汽进、出口 a、b 直径均为 DN20；当过滤器接管直径 65<DN≤200 时，蒸汽进、出口 a、b 直径均为 DN25；

③ PN>1.0MPa 可特殊设计；

④ 排放口 B_1、B_2 有三种连接型式，Ⅰ为螺纹连接型，Ⅱ为法兰连接型，Ⅲ为承插焊型。本表仅列出Ⅰ型尺寸，Ⅱ、Ⅲ型由设计者确定。以下各表相同

（11）直通封头篮式过滤器（SRBⅡ）

SRBⅡ　　　　　　　　　　　　SRBⅡP

*PN*2.0　MPa　　　　　　　　*PN*1.0，1.6，2.0，2.5，4.0，5.0MPa

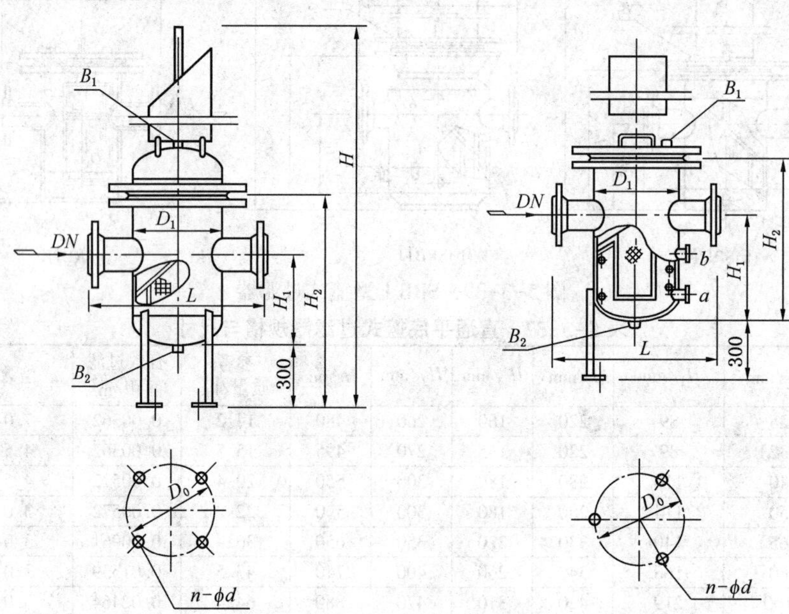

图 5-3-40　SRBⅡ型篮式过滤器

表 5-3-58　直通封头篮式过滤器规格与尺寸

	公称直径 *DN*	D_0/mm	*n*-*ϕd*/mm	D_1/mm	*L*/mm	H_1/mm	H_2/mm	*H*/mm	B_1，B_2/in	参考质量/kg	有效过滤面积/m^2	倍　数
SRBⅡ	200	290	4-16	325	560	540	1180	1875	R3/4	327. 1	0. 07858	2. 5
	250	375	4-16	426	660	650	1350	2170	R3/4	472. 3	0. 12065	2. 5
	300	420	4-16	480	750	860	1620	2690	R3/4	624. 9	0. 16537	2. 3
	350	460	4-20	500	800	1010	1830	3085	R1	897	0. 2225	2. 3
	400	500	4-20	550	840	1150	2020	3445	R1	924. 6	0. 2196	2. 3
	450	550	4-24	600	960	1310	2220	3810	R1	1084. 5	0. 3642	2. 3
	500	640	4-24	700	1080	1440	2410	4145	R1	1587. 6	0. 4587	2. 3
SRBⅡP	250	350	3-20	426	660	640	930	2610	R1	蒸汽（蒸汽压力 *PN*≤0. 4MPa）	a、b-*DN*15	
	300	400	3-20	478	750	840	1200	3100	R1			
	350	420	3-20	500	800	1010	1380	3480	R1		a、b-*DN*20	
	400	450	3-20	550	840	1150	1550	3800	R1			
	450	520	3-24	600	960	1310	1750	4200	R1			
	500	620	3-24	700	1060	1440	1910	4470	R1		a、b-*DN*25	

注：① SRBⅡ型 *PN*>2. 0MPa，SRBⅡP 型 *PN*>5. 0MPa 可特殊设计。

② SRBⅡ型参考质量为 *PN*2. 0 等级的质量。

③ SRBⅡP 型参考质量为 *PN*5. 0 等级的质量。

（12）高低接管平板篮式过滤器（SRBⅢ）

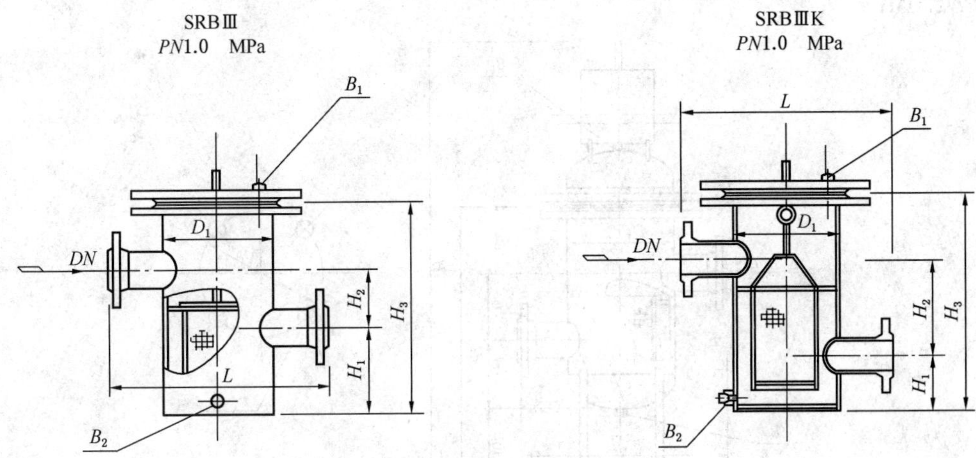

图 5-3-41 SRBⅢ型篮式过滤器

表 5-3-59 高低接管平板篮式过滤器规格与尺寸

公称直径 DN	SRBⅢ								SRBⅢK								B_1，B_2/in
	D_1/mm	L/mm	H_1/mm	H_2/mm	H_3/mm	参考质量/kg	有效过滤面积/m^2	倍数	D_1/mm	L/mm	H_1/mm	H_2/mm	H_3/mm	参考质量/kg	有效过滤面积/m^2	倍数	
25	89	220	110	70	280	14.1	0.00362	7.0									R3/8
（32）	89	220	110	70	285	15.3	0.00362	4.5									R3/8
40	114	280	120	100	340	20.4	0.00572	4.5									R3/8
50	114	280	120	100	340	22.7	0.00572	3.0	159	360	100	300	360	34	0.0127	6.5	R1/2
（65）	140	330	160	110	400	31.7	0.00961	3.0	159	380	150	300	400	37	0.0120	3.2	R1/2
80	168	340	180	140	460	43.5	0.01539	3.0	159	400	260	400	470	40.7	0.0175	3.5	R1/2
100	219	420	220	170	550	64.4	0.02464	3.0	219	460	150	400	540	62.4	0.0236	3.0	R3/4
150	273	500	310	220	720	102	0.04866	3.0	237	500	430	540	700	99.8	0.0467	2.6	R3/4
200	325	560	390	280	900	145.7	0.07858	2.5	350	560	320	730	950	174.2	0.0858	2.6	R3/4
250	426	660	480	320	1070	239.5	0.12065	2.5	450	766	505	920	1058	267.8	0.1370	2.6	R3/4
300	478	750	640	400	1360	322.2	0.16537	2.3	500	848	515	1060	1152	362.8	0.1830	2.4	R3/4

注：① 接管公称直径 DN≥350 可特殊设计。

② PN>1.0MPa 可特殊设计。

（13）高低接管封头篮式过滤器（SRBⅣ）

*PN*2.0MPa

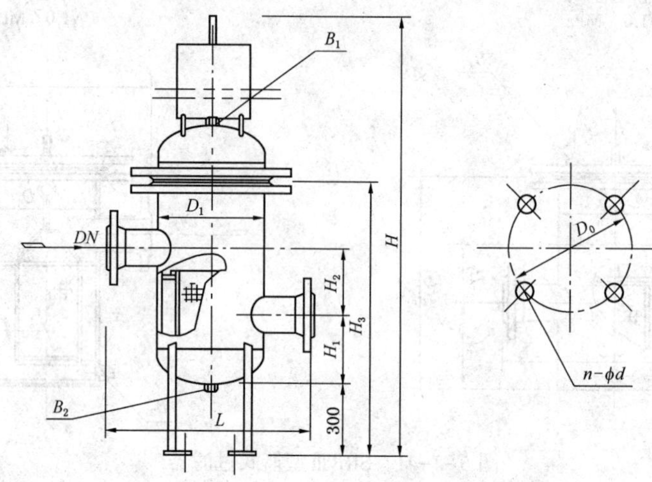

图 5-3-42　SRBⅣ型篮式过滤器

图 5-3-60　高低接管封头篮式过滤器规格与尺寸

公称直径 *DN*	D_0/mm	*n*-ϕ*d*/mm	D_1/mm	*L*/mm	H_1/mm	H_2/mm	H_3/mm	*H*/mm	B_1，B_2/in	参考质量/kg	有效过滤面积/m^2	倍数
200	290	4-16	325	560	390	280	1310	2005	R3/4	292.9	0.07858	2.5
250	375	4-16	426	660	480	320	1500	2320	R3/4	415.1	0.12065	2.5
300	420	4-16	480	750	640	400	1800	2870	R3/4	569.2	0.16537	2.3
350	460	4-20	500	800	770	450	2050	3305	R1	707.3	0.2225	2.3
400	500	4-20	550	840	780	520	2250	3675	R1	811.2	0.2916	2.3
450	550	4-24	600	960	980	600	2500	4070	R1	1264.7	0.3642	2.3
500	640	4-24	700	1080	1090	650	2700	4235	R1	1589.2	0.4587	2.3

注：*PN*>2.0MPa 可特殊设计。

（14）高低接管重叠式篮式过滤器（SRBⅤ）

*PN*2.0MPa

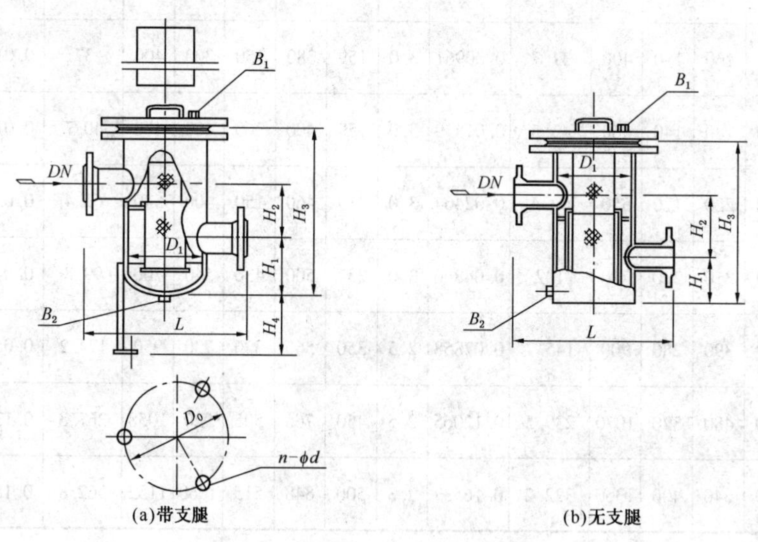

图 5-3-43　SRBⅤ型篮式过滤器

表 5-3-61　高低接管重叠式篮式过滤器规格与尺寸

	公称直径 DN	尺寸/mm								B_1，B_2/in	参考质量/kg	有效过滤面积/m^2	倍数
		D_0	n-ϕd	D_1	L	H_1	H_2	H_3	H_4				
带支腿	(65)	210	3-18	219	459	198	129	560	220	R1/2	92.8	0.019	5.7
	80	210	3-18	219	459	198	129	560	220	R1/2	93.2	0.0322	6.4
	100	263	3-18	273	513	246	173	693	220	R3/4	154.2	0.0494	6.3
	150	315	3-18	325	565	283	209	800	220	R3/4	224.1	0.1105	6.5
	200	422	3-22	426	666	289	269	982	250	R3/4	420.5	0.1610	5.0
	250	474	3-22	480	720	442	323	1129	250	R3/4	560.8	0.1932	4.0
	300	525	3-22	530	770	493	375	1278	250	R3/4	789.7	0.2284	3.2
	350	420	3-20	500	800	770	450	1590	300	R1	714.1	0.556	5.8
	400	430	3-20	550	840	780	520	1700	300	R1	875.3	0.717	5.7
	450	520	3-24	600	960	980	600	2020	300	R1	1150.8	0.951	6.0
	500	620	3-24	700	1080	1090	650	2210	300	R1	1428	1.203	6.1
无支腿	25			76	180	110	180	280		R3/4	13.6	0.00476	9.7
	(32)			76	200	110	180	285		R3/4	14.2	0.00476	5.9
	40			114	260	120	220	340		R3/4	25.1	0.0076	6.0
	50			114	330	120	220	340		R3/4	27.3	0.0076	3.9
	(65)			140	330	160	270	400		R3/4	36.5	0.013	3.9
	80			168	340	180	320	460		R3/4	50.4	0.019	3.8
	100			219	400	200	390	550		R3/4	86.4	0.0348	4.4
	(125)			273	480	260	450	630		R3/4	130	0.054	4.4
	150			273	500	310	530	720		R3/4	142.6	0.065	3.7
	200			325	560	390	670	900		R3/4	228.7	0.109	3.5
	250			402	660	480	800	1070		M20×1.5	392.6	0.175	3.6
	300			450	750	640	1040	1360		M20×1.5	632.8	0.266	3.8

注：PN>2.0MPa 可特殊设计。

（15）卧式反冲洗式过滤器（SRFⅠ）

*PN*4.0MPa

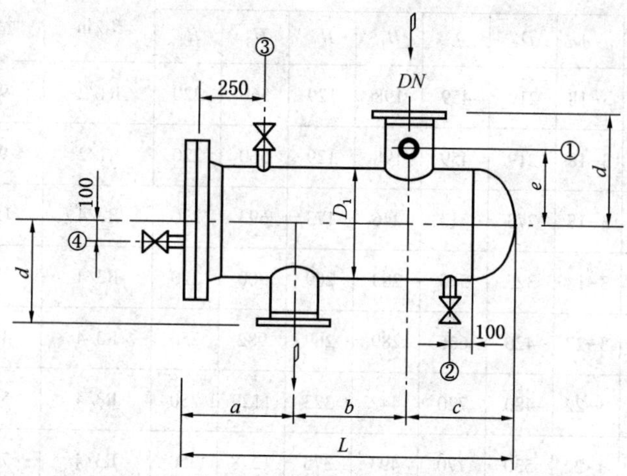

图 5-3-44　SRFⅠ型反冲洗式过滤器

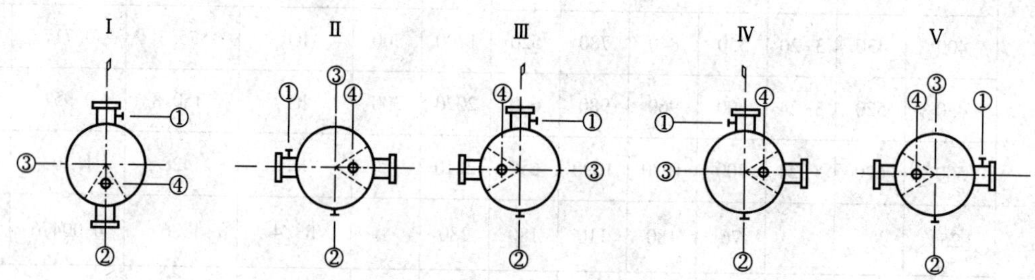

图 5-3-45　SRFⅠ型管口方位示例

表 5-3-62　卧式反冲洗式过滤器规格与尺寸

筒体/公称直径 D_1/DN	a/mm	b/mm	c/mm	d/mm	e/mm	L/mm	冲洗油入口 ①	放空口 ②	压力表口 ③	压力表口 ④	有效过滤面积/m²	倍　数
150/80	250	0	300	250	160	639	ϕ33.7	ϕ33.7 ＊DVⅢ *DN*25	ϕ21.3 DVⅢ *DN*25	ϕ21.3 DVⅢ *DN*25	0.015	3.0
250/100	270	150	100	300	180	600					0.0314	4.0
300/150	300	200	200	350	210	800					0.0566	3.0
350/200	350	250	200	400	240	913					0.0668	2.0
400/250	400	300	300	450	270	1125					0.0983	2.0
450/300	400	350	300	500	300	1187					0.1200	1.7
500/350	450	400	350	500	310	1350					0.1513	1.6
600/400	500	450	350	550	340	1475		＊DVⅢ为排液放空闸阀			0.2068	1.6

注：① 冲洗油入口、放空口及压力表口可选择承插焊及螺纹（丝堵）结构，在订货时一并提出，以下各表相同。

② DVⅢ为优质碳素钢排液放空闸阀，用户可根据需要确定该阀体及阀件材料，以下各表相同。

(16) 导流反冲洗式过滤器（SRFⅡ）

*PN*5.0MPa

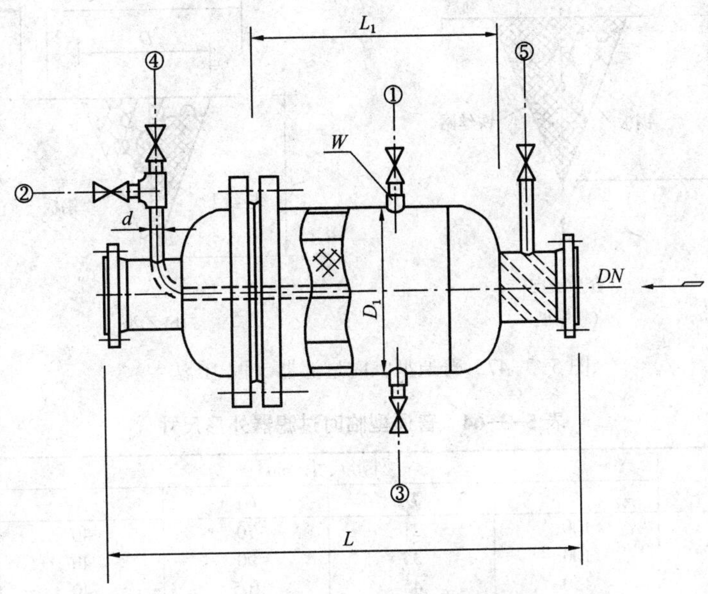

图 5-3-46 SRFⅡ型反冲洗过滤器

表 5-3-63 导流反冲洗式过滤器规格与尺寸

<table>
<tr><th rowspan="2">公称直径
DN</th><th rowspan="2">L1/mm</th><th rowspan="2">L/mm</th><th rowspan="2">D1/mm</th><th rowspan="2">d/mm</th><th rowspan="2">W/in</th><th>* 放空口</th><th>反冲洗入口</th><th>放空口</th><th>压力表口</th><th>压力表口</th><th rowspan="2">有效过滤面积/m²</th><th rowspan="2">倍数</th><th rowspan="2">备注</th></tr>
<tr><th>①</th><th>②</th><th>③</th><th>④</th><th>⑤</th></tr>
<tr><td>50</td><td>326</td><td>709</td><td>219</td><td>32</td><td>1/2</td><td rowspan="7">φ33.7</td><td rowspan="7">φ33.7
* DVⅢ
DN25</td><td rowspan="7">φ33.7</td><td rowspan="7">φ21.3
DVⅢ
DN25</td><td rowspan="7">φ21.3
DVⅢ
DN25</td><td>0.01664</td><td>8.0</td><td rowspan="2"></td></tr>
<tr><td>80</td><td>348</td><td>731</td><td>219</td><td>32</td><td>1/2</td><td>0.0220</td><td>4.5</td></tr>
<tr><td>100</td><td>513</td><td>891</td><td>273</td><td>32</td><td>1/2</td><td>0.0415</td><td>5.0</td><td rowspan="5">宜配反冲洗</td></tr>
<tr><td>150</td><td>548</td><td>980</td><td>300</td><td>32</td><td>1/2</td><td>0.0536</td><td>3.0</td></tr>
<tr><td>200</td><td>803</td><td>1462</td><td>400</td><td>32</td><td>3/4</td><td>0.1045</td><td>3.0</td></tr>
<tr><td>250</td><td>925</td><td>1660</td><td>500</td><td>32</td><td>3/4</td><td>0.1639</td><td>3.0</td></tr>
<tr><td>300</td><td>1102</td><td>1921</td><td>600</td><td>42</td><td>1</td><td>0.2381</td><td>3.0</td></tr>
</table>

注：① 物料进、出口及冲洗液接管安装不受方位限制，卧、立式安装均可；

② 当本过滤器放空口用丝堵密封时，螺纹尺寸为W，* 为放空口用阀门连接时的接管尺寸。

四、临时过滤器

(1) 普通型临时过滤器，如图 5-3-47 所示，安装尺寸见表 5-3-64（表中施工图图号为《石油化工装置工艺管道安装设计手册》第五篇《设计施工图册》第二章小型设备中给出的施工图图号）。

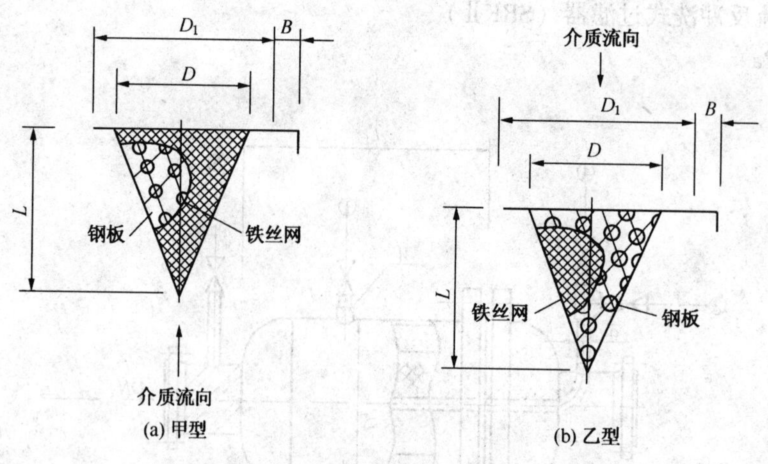

图 5-3-47　普通型临时过滤器（配 JB 法兰）

表 5-3-64　普通型临时过滤器外形尺寸

公称直径 DN	外形尺寸/mm				施工图图号
	L	D	D_1	B	
20	100	21	70	40	S5-3-1
40	100	33	90	40	
50	150	45	105	40	
80	150	72	140	40	
100	200	90	160	40	
150	250	130	215	40	
200	300	193	270	50	
250	300	245	328	50	
300	350	289	380	50	
350	400	339	440	50	
400	450	386	490	50	

注：① 过滤器用 Q235-A、F 薄钢板制造 $DN \leqslant 150$ 用 2mm，$DN > 150$ 用 3mm。

② 铁丝网规格为 36 目/in（或 50 目/in 铜丝网）用锡点焊在过滤器壁上。

（2）钻孔板锥形型临时过滤器（A 形）衬丝网锥形临时过滤器（B 形），如图 5-3-48 所示，安装尺寸见表 5-3-65。（表中施工图图号为《石油化工装置工艺管道设计手册》第五篇《设计施工图册》第二章小型设备中给出的施工图图号）。

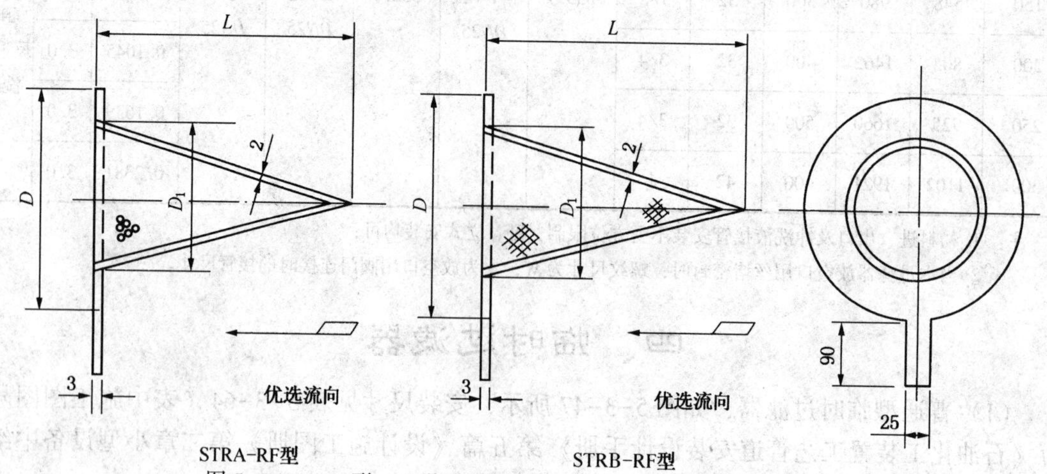

图 5-3-48　A 形、B 形过滤器（PN2.0～10.0MPa　DN40～300）

表 5-3-65　A、B 形临时过滤器安装尺寸　　(mm)

公称直径 DN	D			D_1	L	施工图图号
	PN2.0MPa	PN5.0MPa	PN10.0MPa			
40	82	92	92	30	100	S5-3-2
50	100	107	107	44	115	
(65)	120	127	127	58	140	
80	132	146	146	68	165	
100	170	178	190	90	215	
(125)	194	213	237	114	265	
150	220	248	262	140	330	
200	276	304	316	188	430	
250	336	257	396	238	535	
300	406	418	453	288	635	

注：① L 为 150% 开孔面积的数值。

② D_1 值的确定，DN40 按管表号 Sch80，DN50~300 按管表号 Sch40。

③ 钻孔开孔面积 40%，亦可根据需要改变。

④ 选用 B 型时，滤网规格由用户规定。

⑤ 表中数据配国标法兰，本产品亦可按国内外其他法兰标准制造。

(3) 钻孔板篮式临时过滤器（C 形）衬丝网篮式临时过滤器（D 形），如图 5-3-49 所示，安装尺寸见表 5-3-66。（表中施工图图号为《石油化工装置工艺管道设计手册》第五篇《设计施工图册》第二章小型设备中给出的施工图图号）。

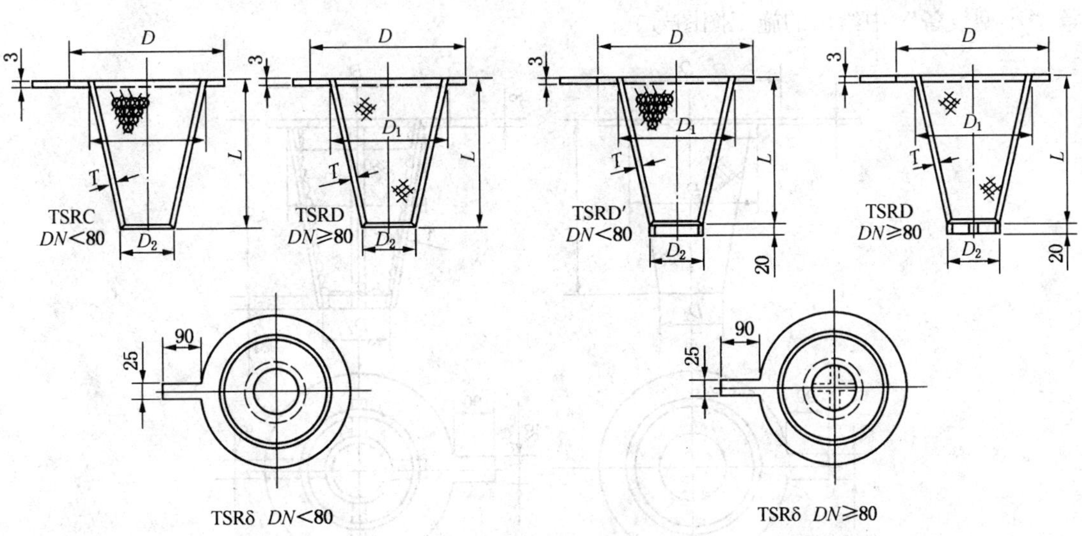

图 5-3-49　C 形、D 形过滤器（PN2.0~10.0MPa　DN40~300）

表 5-3-66　C 形、D 形临时过滤器安装尺寸　（mm）

公称直径 DN	D			D_1	D_2	T	L	施工图图号
	PN2.0MPa	PN5.0MPa	PN10.0MPa					
40	82	92	92	30	20	2	65	
50	100	107	107	44	32	2	65	
（65）	120	127	127	58	38	2	80	
80	132	146	146	68	50	2	90	
100	170	178	190	90	64	2	115	
（125）	194	213	237	114	82	2	140	
150	220	248	262	140	102	2	165	
200	276	304	316	188	144	2	215	S5-3-3
250	386	357	396	238	184	2	255	
300	406	418	453	288	226	2	305	
350	446	481	488	316	258	3	330	
400	510	535	561	366	298	3	355	
450	545	592	609	414	344	3	380	
500	602	650	679	464	382	3	430	
600	713	771	786	564	458	3	510	

注：① L 为 150%开孔面积的数值。

② 钻孔开孔面积 40%，亦可根据需要采用其他数据。

③ 选用 D 形滤网规格由用户规定。

④ 表中数据配国标法兰，本产品亦可按国内外其他法兰标准制造。

（4）丝网篮式临时过滤器（E 形）如图 5-3-50 所示，安装尺寸见表 5-3-67。（表中给出的施工图图号为《石油化工装置工艺管道安装设计手册》第五篇《设计施工图册》第二章“小型设备”中给出的施工图图号）。

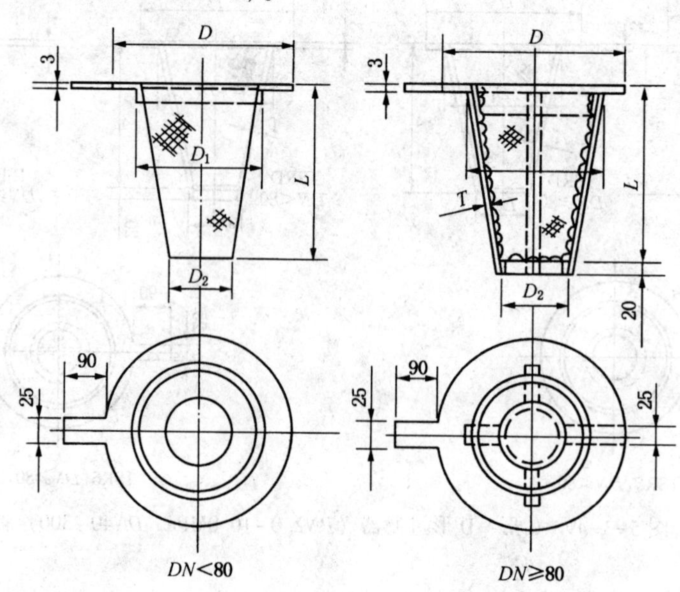

图 5-3-50　E 形过滤器 PN2.0~10.0MPa　DN40~600

表 5-3-67　E 形临时过滤器安装尺寸　(mm)

公称直径 DN	D			D_1	D_2	T	L	施工图图号
	PN2.0MPa	PN5.0MPa	PN10.0MPa					
40	82	92	92	28	20	—	65	S5-3-4
50	100	107	107	42	32	—	65	
(65)	120	127	127	55	38	—	80	
80	132	146	146	66	50	3	90	
100	170	178	190	88	64	3	115	
(125)	194	213	237	112	82	3	140	
150	220	248	262	138	102	3	165	
200	276	304	316	186	144	3	215	
250	336	357	396	235	184	3	255	
300	406	418	453	282	226	5	305	
350	446	481	488	312	258	5	330	
400	510	535	561	360	298	5	355	
450	545	592	609	408	344	6	380	
500	602	650	679	456	382	6	430	
600	713	771	786	556	458	6	510	

注：① L 为 150%开孔面积的数值。

② 丝径 1/32in，10 目/in。

③ 常用于压缩机吸入管线及低速流体的管线。

④ 表中数据配国标法兰，本产品亦可按国内外其他法兰标准制造。

第四节　阻火器

阻火器（又名防火器）是用来阻止可燃气体和易燃液体蒸气火焰蔓延和防止回火而引起爆炸的安全设备。

（一）管道用阻火器（图 5-4-1）

GZ-1 型管道阻火器是专用于加热炉的燃料气管道上。应安装在燃料气进入喷嘴前的燃料气管道上，以防止回火。

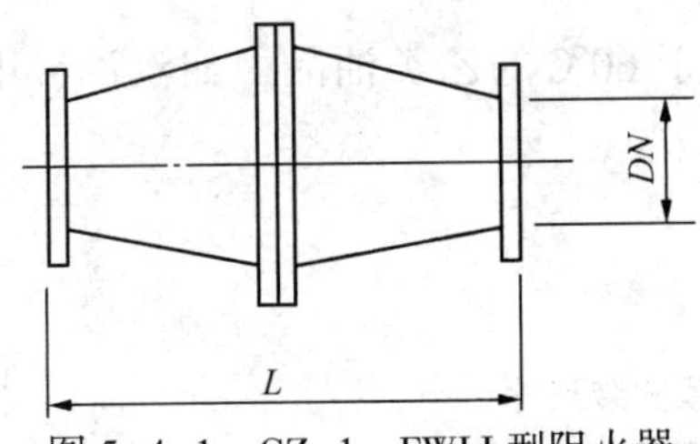

图 5-4-1　GZ-1、FWLI 型阻火器

当喷嘴回火时，阻火器内金属网由于器壁效应转化为热能使火焰熄灭，防止因回火而引起燃料气管道内爆炸的危险。

FWLI 新型管道阻火器壳体采用铸钢，内侧采用不锈钢波纹型金属网，设计压力为 1.6MPa，设计温度为≤200℃，可根据燃料气管径直接用法兰（GB/T 9115—2010）配套选用。

表 5-4-1　GZ-1/(FWLI)型阻火器安装尺寸　(mm)

DN	20	25	50	65	80	100	150	200
L	200	200	240/(244)	240	260/(302)	300/(348)	360/(385)	410/(460)
质量/kg	5.5	6.5	8.6	8.9	11.05	12.7	19.8	25.6

注：FWLI 生产厂为浙江温州四方化工机械厂。

（二）罐用阻火器

该阻火器是安装在石油储罐上的重要安全设备。其功能允许可燃、易爆气体通过，阻止火星进入油罐。

1. 新型石油储罐阻火器外形如图 5-4-2 所示，安装尺寸见表 5-4-2。

表 5-4-2　新型石油储罐阻火器外形尺寸　　(mm)

公称直径 DN	连接法兰 PN/MPa	外形尺寸				质量/kg	图号	生产厂
		A	B	C	D			
50	0.6	140	110	220	236	6	ZGB-50	上海喷嘴厂 西安石油设备厂
80	0.6	185	150	280	270	12.8	ZGB-80	
100	0.6	205	170	325	274	19.5	ZGB-100	
150	0.6	260	225	427	288	25	ZGB-150	
200	0.6	315	280	496	306	35	ZGB-200	
250	0.6	370	335	593	320	46	ZGB-250	

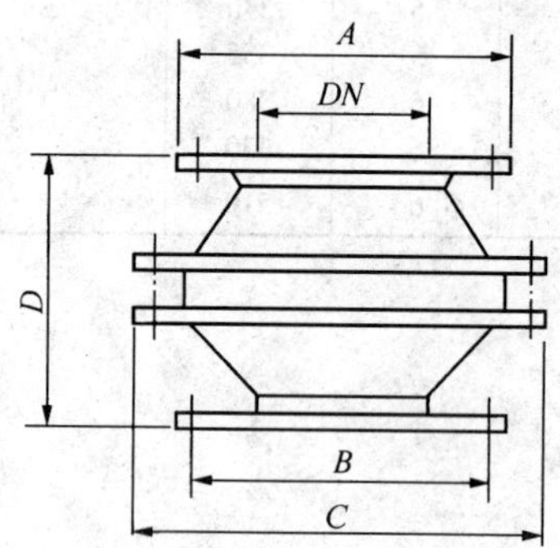

图 5-4-2　ZGB 石油储罐阻火器

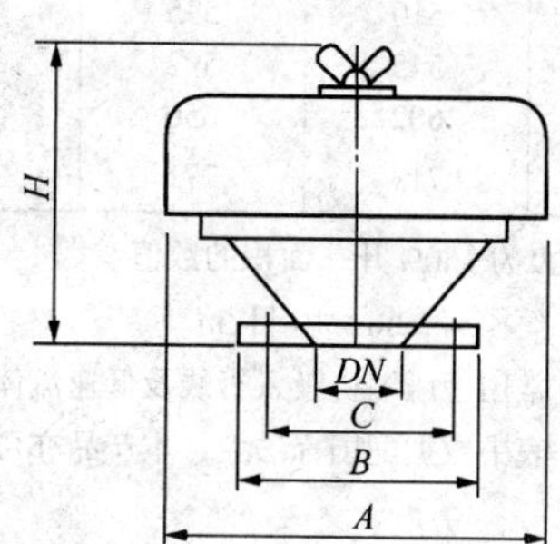

图 5-4-3　F_2T 型防爆阻火通气罩

适用范围：

(1) 适用于储存闪点低于 28℃ 的甲类油品和闪点低于 60℃ 乙类油品，如汽油、甲苯、煤油、轻柴油、原油等立式储罐上。

(2) 与呼吸阀配套使用。

2. 新型防爆阻火通气罩（FZT 型）如图 5-4-3 所示，安装尺寸见表 5-4-3。

适用范围：

(1) 适用于储存闪点低于 28℃ 的甲类油品和闪点低于 60℃ 的乙类油品，如汽油、甲苯、煤油及轻柴油等卧式罐上。

(2) 地下排气管道上。

(3) 不能与呼吸阀配套，只能单独使用。

表 5-4-3　FZT/ZFQ 型防爆阻火通气罩安装尺寸　　(mm)

公称直径 DN	连接法兰 PN/MPa	外形尺寸				质量/kg	图号	生产厂
		A	B	C	H			
40	0.6/1.0	180/155	130/145	100/110	-/235		FZT-40/ZFQ40-Ⅰ(Ⅱ)	上海喷嘴厂、西安石油设备厂（FZT 型），浙江温州四方化工机械厂（ZFQ 型）
50	0.6/1.0	180/185	140/160	110/125	-/250		FZT50/ZFQ50-Ⅰ(Ⅱ)	
80	0.6/1.0	210/240	185/195	150/160	-/315		FZT80/ZFQ80-Ⅰ(Ⅱ)	
100	0.6/1.0	250/300	205/215	170/180	-/328		FZT100/ZFQ100-Ⅰ(Ⅱ)	
150	0.6/1.0	290/360	260/280	225/240	-/395		FZT150/ZFQ150-Ⅰ(Ⅱ)	
200	-/1.0	-/410	315/340	280/295	-/430		-ZFQ200-Ⅰ(Ⅱ)	

注：① Ⅰ—碳钢，Ⅱ—07Cr19Ni11Ti。

② 法兰按 JB/T 81—94，也可按用户要求。

第五节　视　镜

视镜是安装在设备上或管道上的流体窥视设备。现介绍下列常用视镜系列。

（一）带颈视镜

可直接焊于设备上或管道上，用以观察设备或管道内介质的流动情况。该视镜系列使用于介质温度≤200℃，操作压力≤0.6MPa。如用于腐蚀性介质时，应选用括孤内的图号。选用标记按下规定：

（1）如选用公称直径 *DN*50 的碳钢制带颈视镜时，则标记为：带颈视镜Ⅰ*PN*0.6，*DN*50。

（2）如选用公称直径 *DN*150 的不锈钢制带颈视镜时，则标记为：带颈视镜Ⅱ*PN*0.6，*DN*150。其外形见图 5-5-1，安装尺寸见表 5-5-1。

表 5-5-1　带颈视镜外形尺寸

公称直径 *DN*	d_H	视镜玻璃规格 D_2×*b*	外形尺寸/mm						双头螺栓		质量/kg	标准图图号
			D	D_1	b_1	b_2	*h*	*H*	数量	直径×长度		
50	57	65×10	115	90	14	12	45	73	6	M10×28	1.69	JB 595—64—1（JB 595—64—5）
80	89	95×15	145	120	18	14	50	82	8	M10×32	3.25	JB 595—64—2（JB 595—64—6）
125	133	140×20	205	175	20	16	50	88	8	M12×38	6.65	JB 595—64—3（JB 595—64—7）
150	159	165×20	230	200	22	18	60	100	3	M12×40	8.61	JB 595—64—4（JB 595—64—8）

（二）玻璃管视镜

外形如图 5-5-2 所示，安装尺寸见表 5-5-2。

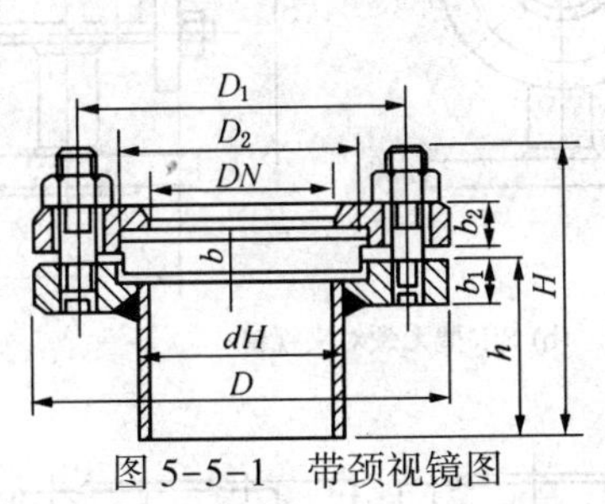

图 5-5-1　带颈视镜图

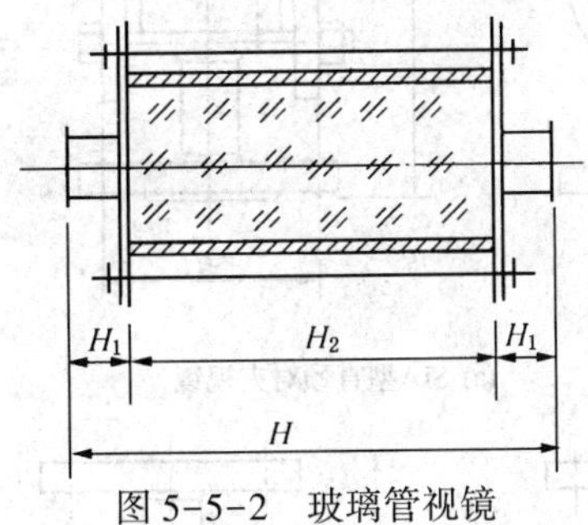

图 5-5-2　玻璃管视镜

表 5-5-2　玻璃管视镜外形尺寸　（mm）

公称直径 *DN*	连接法兰 *PN*/MPa	*H*	H_1	H_2	玻璃管		质量/kg	生产厂
					直径	厚度		
20	1.0	260	80	100	37	4	4.0	浙江温州四方化工机械厂
25	1.0	288	94	100	50	4	4.7	
40	1.0	336	118	100	62	4	10.2	
50	1.0	336	118	100	75	4	12.5	
80	1.0	400	140	120	100	7	18.6	

（三）螺纹连接双面窥视镜（SKS-$\frac{16}{25}$）

外形如图 5-5-3 所示，安装尺寸见表5-5-3。该视镜适用于温度≤200℃的蒸汽管网疏水阀后，以观察疏水阀的漏气情况。这种视镜可安装在垂直管道或水平管道上。

表 5-5-3　SKS 视镜外形尺寸　　　（mm）

公称直径 DN	L	H		K	质量/kg		生产厂
		SKS-16	SKS-25		SKS-16	SKS-25	
15	89	32	35	RC1/2	0.9	1.10	浙江温州四方化工机械厂
20	89	32	35	RC3/4	1.0	1.21	
25	89	35	35	RC1	1.2	1.41	

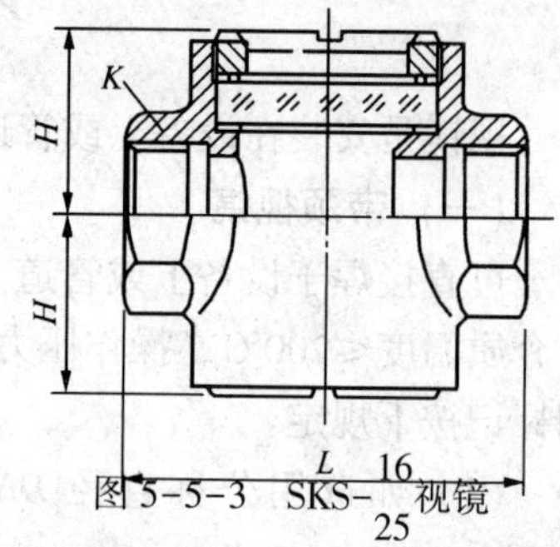

图 5-5-3　SKS-16/25 视镜

（四）其他视镜

法兰连接的视镜，法兰标准也可采用 HG、JB、JIS 和 ASMEB16.5 等国内外标准和压力等级进行制造。

螺纹连接采用 PT 或 NPT 等标准进行制造。

订货时若未注明主体材料，则主体材料为碳钢。若用其他材料，在设计文件中注明。

1. S1A、S1D、S1F、S1P 型视镜系列

该系列视镜适用于温度＜180℃，允许急变温度＜60℃；*PN*1.6～2.5MPa，工作内压 1.0MPa；*PN*5.0MPa，工作内压 2.0MPa。如图 5-5-4 所示，安装尺寸见表 5-5-4。

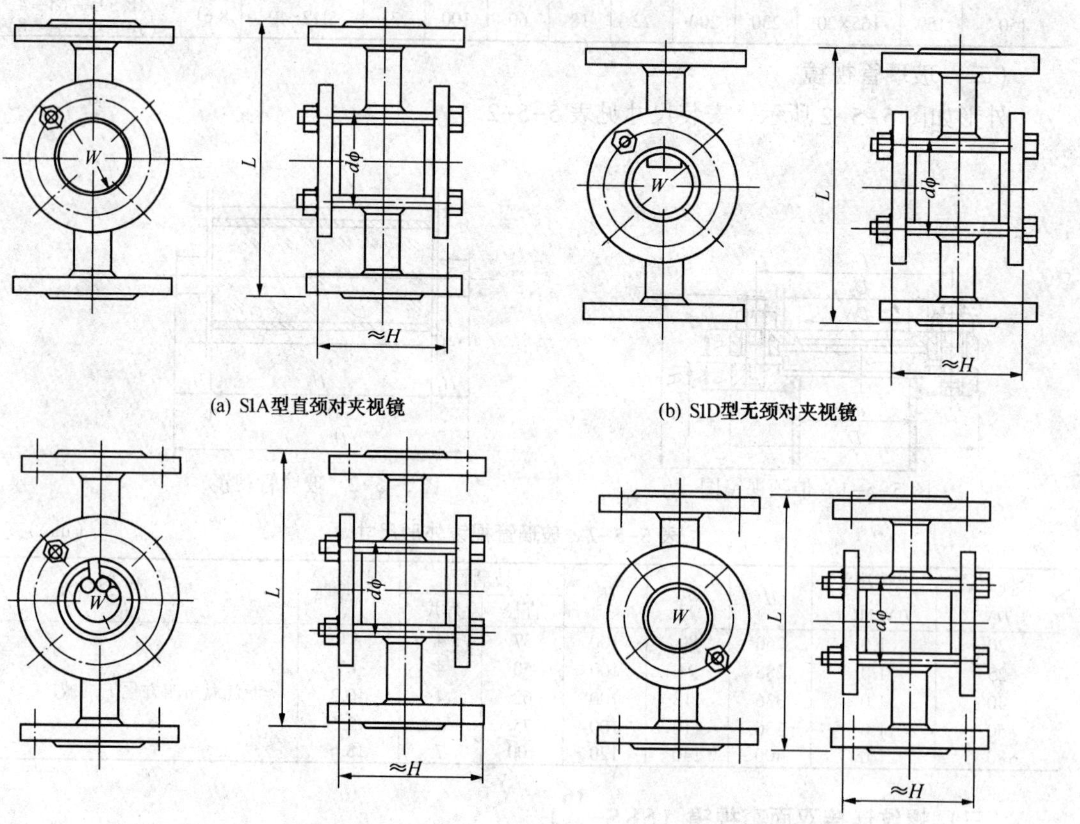

(a) S1A型直颈对夹视镜

(b) S1D型无颈对夹视镜

(c) S1F型浮球对夹视镜

(d) S1P型摆板对夹视镜

图 5-5-4　S1A、A1D、S1F、S1P 视镜

表 5-5-4　S1A、A1D、S1F、S1P 型视镜外形尺寸　（mm）

型号规格	公称直径 DN	W	管外径 ~dϕ	~H	L ≤2.0MPa	L 2.5~5MPa	质量/kg	生产厂
S1A2/5 Ⅰ-15RF	15	40	58	75	140	160	3.5/4.9	浙江温州四方化工机械厂
S1A2/5 Ⅰ-20RF	20	50	68	85	160	180	4.3/6.0	
S1A2/5 Ⅰ-25RF	25	50	68	85	160	180	5.0/6.7	
S1A2/5 Ⅰ-40RF	40	60	78	115	180	200	8.3/11.9	
S1A2/5 Ⅰ-50RF	50	65	88	135	210	230		
S1A2/5 Ⅰ-65RF	65	80	113	162	240	260		
S1A2/5 Ⅰ-80RF	80	110	138	185	280	300		

注：① 表中“2/5”分子代表 *PN*2MPa，分母代表 *PN*5MPa。“Ⅰ”代表主体材料为碳钢。采用其他材料时，订货时注明。

② 型号规格栏中只写 S1A 型、若用其他型号只需将 A 改为 D、F、P 即可，其他不变。

2. S1D-RC、S1F-RC、S1P-RC 型视镜

外形如图 5-5-5 所示，安装尺寸见表 5-5-5。

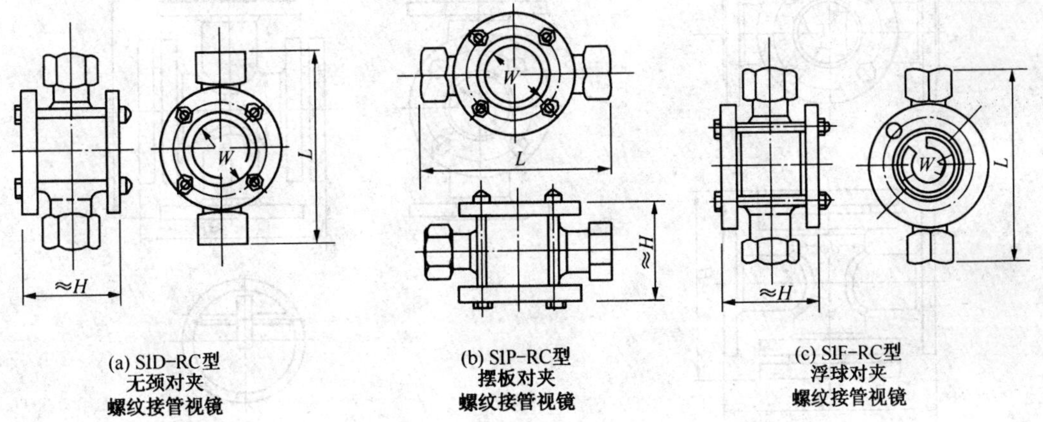

图 5-5-5　S1D-RC、S1F-RC、S1P-RC 型视镜

表 5-5-5　S1D-RC、S1F-RC、S1P-RC 视镜外形尺寸　（mm）

型号规格	公称直径 DN	W	H	L	质量/kg	生产厂
S1D（P、F）1.6I-RC-8	8（1/4″）	40	75	140	2.4（2.5）	浙江温州四方化工机械厂
S1D（P、F）1.6I-RC-10	10（3/8″）	40	75	140	2.6（2.7）	
S1D（P、F）1.6I-RC-15	15（1/2″）	40	75	140	2.7（2.8）	
S1D（P、F）1.6I-RC-20	20（3/4″）	50	85	160	3.2（3.3）	
S1D（P、F）1.6I-RC-25	25（1″）	50	85	160	3.6（3.8）	

3. S2A、S2B、S2B、S2P、S2R 型视镜

外形如图 5-5-6 所示，安装尺寸见表 5-5-6。

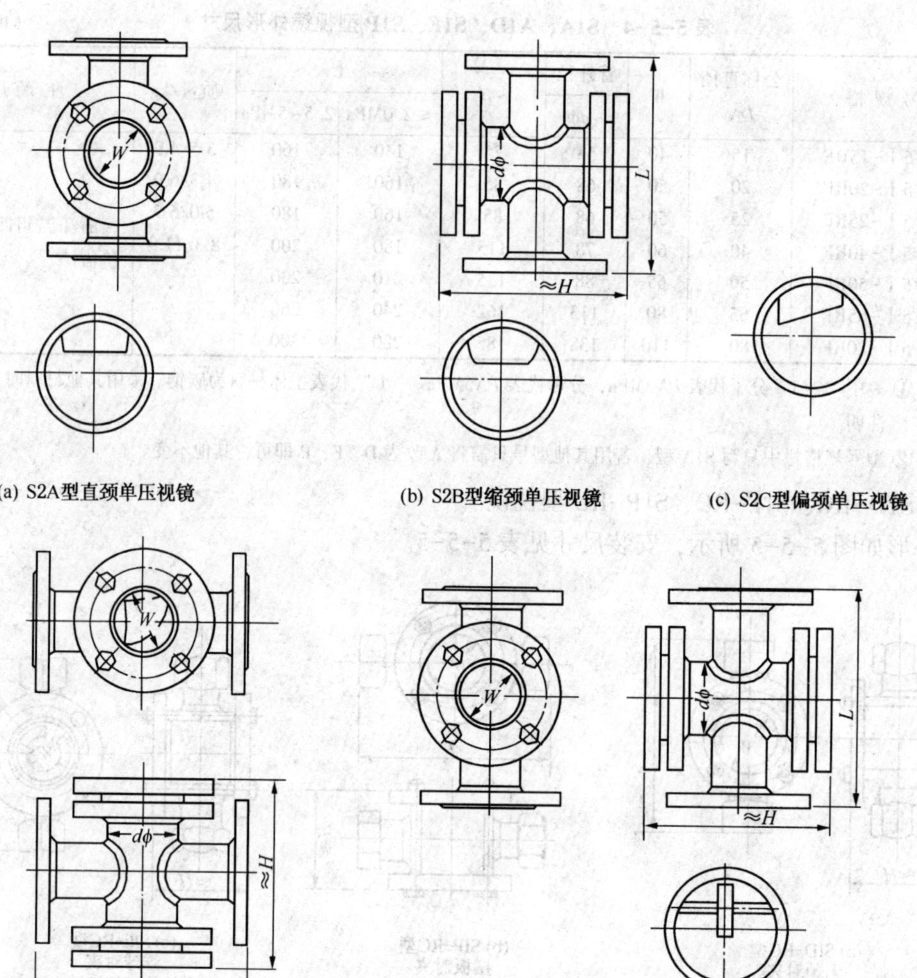

(a) S2A型直颈单压视镜　(b) S2B型缩颈单压视镜　(c) S2C型偏颈单压视镜

(d) S2P型摆板单压视镜　(e) S2R型叶轮单压视镜

图 5-5-6　S2A、S2B、S2C、S2P、S2R 型视镜

表 5-5-6　S2A、S2B、S2C、S2P、S2R 型视镜外形尺寸　(mm)

型号规格	公称直径 DN	W	管内径 dϕ	≤1.0MPa H	≤1.0MPa L	1.6~2MPa H	1.6~2MPa L	2.5~5MPa H	2.5~5MPa L	质量/kg	生产厂
S2A（B、C、P、R）2/5I-40RF	40	65	65	185	220	185	220	195	240	9.2/12.6	浙江温州四方化工机械厂
S2A（B、C、P、R）2/5I-50RF	50	80	80	200	250	200	250	210	270	10.3/12.9	
S2A（B、C、P、R）2/5I-65RF	65	102	100	230	270	230	270	240	320	17.7/25.4	
S1A（B、C、P、R）2/5I-80RF	80	102	100	245	270	245	270	270	380	21.6/28.6	
S1A（B、C、P、R）2/5I-100RF	100	125	125	330	320	330	320	—	—	37.3/53.2	
S1A（B、C、P、R）2/5I-125RF	125	150	150	340	360	—	—	—	—	46.1/64.2	
S1A（B、C、P、R）2/5I-150RF	150	200	200	350	420	—	—	—	—	59.9/63.2	

4. S2PZ 型摆板单压铸造视镜

该视镜适用于工作温度<180℃，允许急变温度<60℃；PN=1.6~2.5MPa，工作内压1.0MPa，PN=5.0MPa，工作内压2.0MPa。其外形如图5-5-7所示，安装尺寸见表5-5-7。

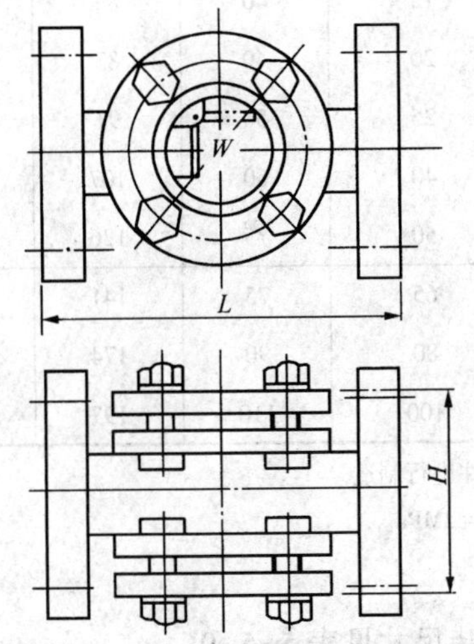

图 5-5-7　S2PZ 型摆板单压铸造视镜

表 5-5-7　S2PZ 型视镜外形尺寸　　(mm)

型号规格	公称直径 DN	W	H	L	质量/kg	生产厂
S2PZ2 Ⅰ-15RF	15	40	82	140	2.5	浙江温州四方化工机械厂
S2PZ2 Ⅰ-20RF	20	43	86	155	3.1	
S2PZ2 Ⅰ-25RF	25	50	99	160	4.0	
S2PZ2 Ⅰ-40RF	40	75	116	210	7.1	
S2PZ2 Ⅰ-50RF	50	90	130	230	11.0	
S2PZ2 Ⅰ-65RF	65	110	143	265	16.5	
S2PZ2 Ⅰ-80RF	80	130	172	295	20.2	
S2PZ2 Ⅰ-100RF	100	160	208	330	30.8	

注：① 型号规格中的“2”代表 PN=2MPa。

② 该视镜主体材料为铸钢或不锈钢铸件进行铸造。

5. S2FZ 型浮球单压铸造视镜

该视镜适用于工作温度<180℃，允许急变温度<60℃；PN1.6~2.5MPa，工作内压1.0MPa，PN5.0MPa，工作内压2.0MPa。其外形如图5-5-8所示，安装尺寸见表5-5-8。

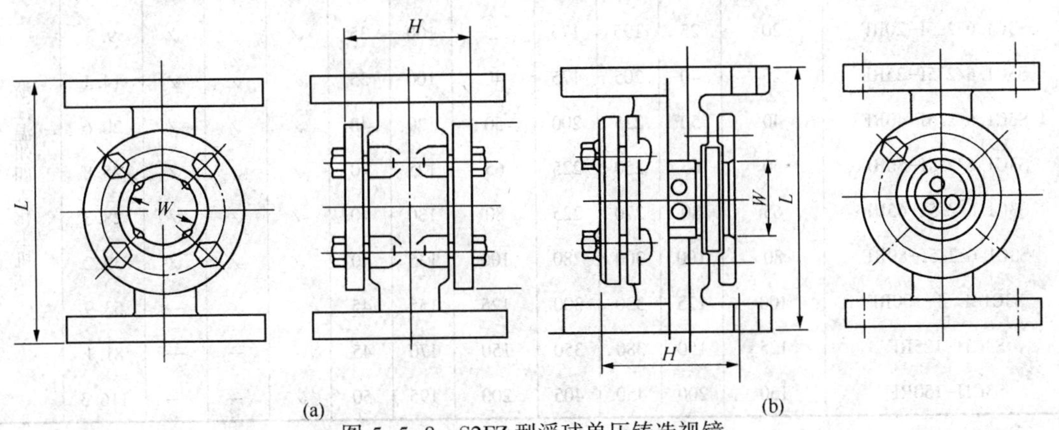

图 5-5-8　S2FZ 型浮球单压铸造视镜

表 5-5-8　S2FZ 型浮球单压铸造视镜外形尺寸

(mm)

型号规格	图号	公称直径 DN	W	H	L	质量/kg	生产厂
S2FZ2 Ⅰ-15RF	图(a)	15	40	83	140	2.5	浙江温州四方化工机械厂
S2FZ2 Ⅰ-20RF		20	40	83	150	3.1	
S2FZ2 Ⅰ-25RF		25	50	91	160	3.9	
S2FZ2 Ⅰ-40RF		40	60	107	190	6.9	
S2FZ2 Ⅰ-50RF		50	75	126	215	10.8	
S2FZ2 Ⅰ-65RF	图(b)	65	75	141	225	16.2	
S2FZ Ⅰ-80RF		80	90	174	265	19.8	
S2FZ Ⅰ-100RF		100	110	197	290	30.6	

注：① 主体材料为铸钢或不锈钢铸件进行制造。

② 型号规格中的“2”代表 $PN=2\text{MPa}$。

6. S3C 型偏颈衬套视镜

外形如图 5-5-9 所示，安装尺寸见表 5-5-9。

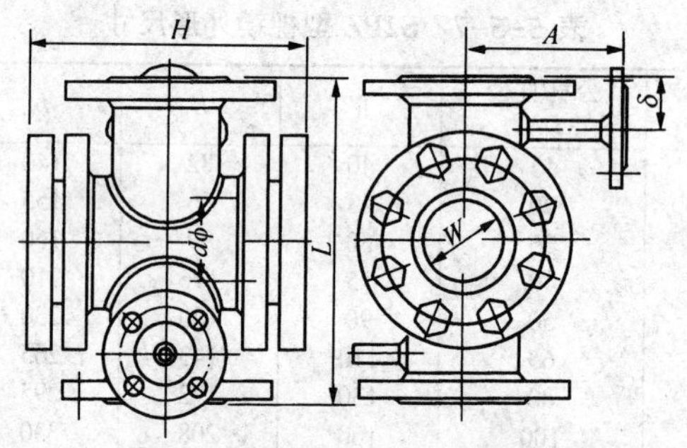

图 5-5-9　S3C 型偏颈衬套视镜

表 5-5-9　S3C 型偏颈衬套视镜外形尺寸

(mm)

型号规格	公称直径 DN	W	L	H	管内径 dϕ	A	B	PN/MPa 1	PN/MPa 1.6	PN/MPa 2.5	质量/kg	生产厂
S3C1.6/2.5I-15RF	15	25	195	175	25	100	35	✓	✓	✓	9.4	浙江温州四方化工机械厂
S3C1.6/2.5I-20RF	20	25	195	175	25	100	35	✓	✓	✓	9.7	
S3C1.6/2.5I-25RF	25	40	205	175	40	100	35	✓	✓	✓	14.1	
S3C1.6/2.5I-40RF	40	50	225	200	50	120	40	✓	✓	✓	20.6	
S3C1.6/2.5I-50RF	50	65	250	225	65	125	40	✓	✓	✓	25.8	
S3C1.6/2.5I-65RF	65	80	270	225	80	130	40	✓	✓	✓	28.3	
S3C1.6/2.5I-80RF	80	100	300	280	100	135	40	✓	✓	✓	39.2	
S3C1/1.6I-100RF	100	125	330	300	125	155	45	✓	✓	—	53.9	
S3C1I-125RF	125	150	380	350	150	170	45	✓	—	—	81.1	
S3C1I-150RF	150	200	450	405	200	195	50	✓	—	—	116.3	

7. S4PZ-RC、S4FZ-RC 型视镜

外形如图 5-5-10 所示，安装尺寸见表 5-5-10。

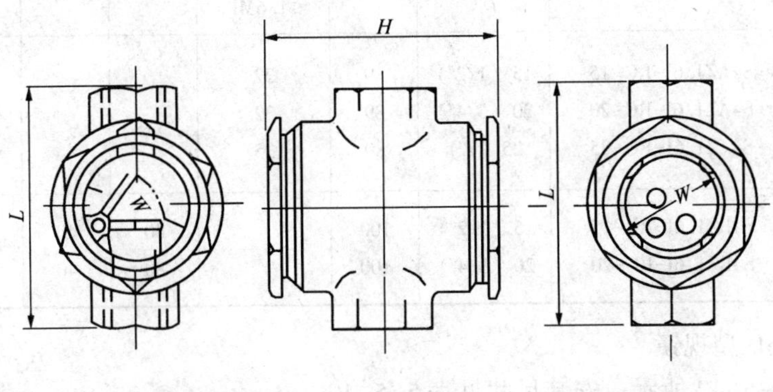

(a) S4PZ-RC型
摆板全螺纹视镜

(b) S4FZ-RC型
浮球全螺纹视镜

图 5-5-10　S4PZ-RC、S4FZ-RC 型视镜

表 5-5-10　S4PZ-RC、S4FZ-RC 型视镜外形尺寸　（mm）

型号规格	公称直径 *DN*	*W*	*H*	*L*	质量/kg	生产厂
S4F（P）Z1.6I-RC-10	10（3/8″）	35	80	76	0.8	浙江温州四方化工机械厂
S4F（P）Z1.6I-RC-15	15（1/2″）	35	80	85	1.0	
S4F（P）Z1.6I-RC-20	20（3/4″）	45	90	95	1.1	
S4F（P）Z1.6I-RC-25	25（1″）	55	105	110	1.3	
S4F（P）Z1.6I-RC-32	32（1½″）	65	125	135	1.8	
S4F（P）Z1.6I-RC-40	40（1½″）	65	125	135	2.1	
S4F（P）Z1.6I-RC-50	50（2″）	75	150	160	3.5	

8. S4AZ-RC 型直颈全螺纹视镜

外形如图 5-5-11 所示，安装尺寸见表 5-5-11。

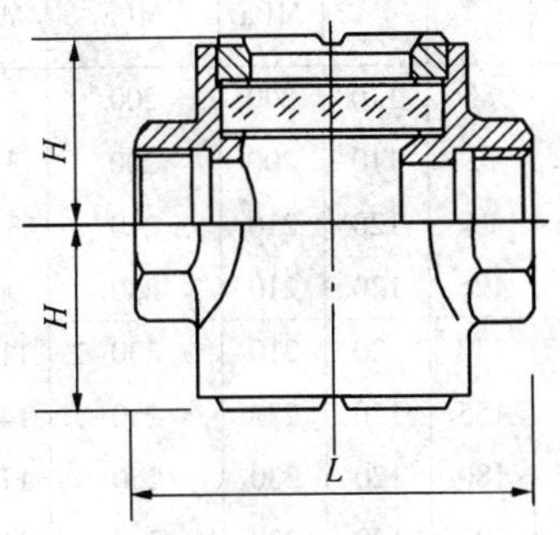

(a) S4AZ-RC型直颈全螺纹视镜

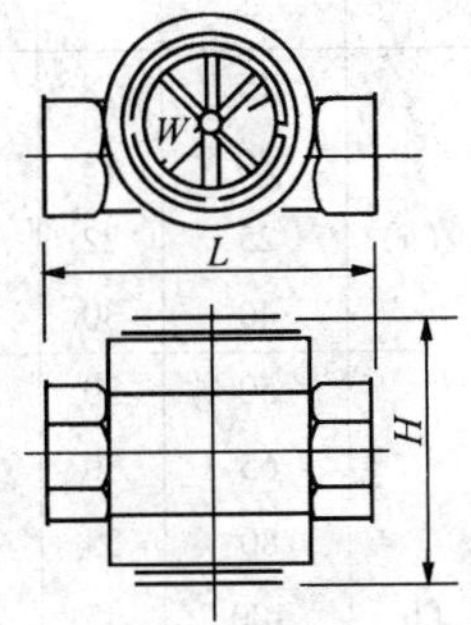

(b) S4RZ-RC型叶轮全螺纹视镜

图 5-5-11　S4AZ-RC、S4RZ-RC 型视镜

表 5-5-11　S4AZ-RC、S4RZ-RC 型视镜外形尺寸　（mm）

型　　号	型 号 规 格	公称直径 DN	L	H ≤1.6MPa	H	W	质 量/kg	生产厂
S4AZ-RC 型	S4AZ1.6I-RC-15	15（1/2″）	89	32			0.9	浙江温州四方化工机械厂
	S4AZ1.6I-RC-20	20（3/4″）	89	32			1.0	
	S4AZ1.6I-RC-25	25（1″）	89	35			1.2	
S4RZ-RC 型	S4RZ1.6I-RC-15	15（1/2″）	100		80	40	1.1	
	S4RZ1.6I-RC-20	20（3/4″）	100		80	40	1.3	

9. S5D、S6D 型视镜

外形如图 5-5-12 所示，安装尺寸见表 5-5-12。

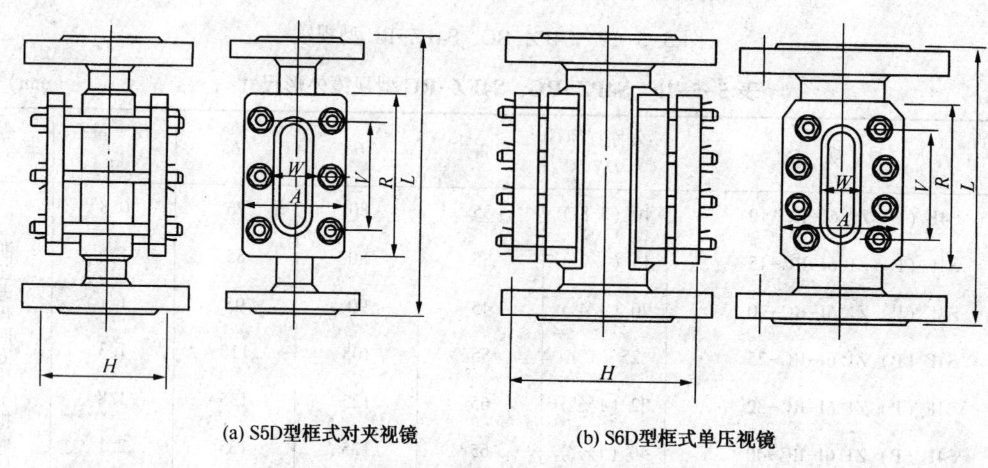

(a) S5D型框式对夹视镜　　(b) S6D型框式单压视镜

图 5-5-12　S5D、S6D 型视镜

表 5-5-12　S5D、S6D 型视镜外形尺寸　（mm）

型 号 规 格	图号	公称直径 DN	W	V	A	H	B	L ≤2.0 MPa	L 2.5~5 MPa	质量/kg 2.0 MPa	质量/kg 5.0 MPa	生产厂
S5D2/5 Ⅰ -15RF	图（a）	15	18	80	75	85	110	200	200	2.8	3.2	浙江温州四方化工机械厂
S5D2/5 Ⅰ -20RF		20	18	80	75	85	110	200	200	3.3	4.4	
S5D2/5 Ⅰ -25RF		25	22	80	80	95	120	210	210	3.5	4.6	
S5D2/5 Ⅰ -40RF		40	30	80	90	125	120	210	230	9.0	11.2	
S6D2/5 Ⅰ -50RF	图（b）	50	30	80	90	140	120	210	230	11.1	13.0	
S6D2/5 Ⅰ -65RF		65	30	80	90	155	120	220	250	14.5	16.8	
S6D2/5 Ⅰ -80RF		80	35	80	100	180	120	230	250	17.2	22.3	
S6D2/5 Ⅰ -100RF		100	35	80	100	205	120	230	260	21.6	31.7	
S6D2/5 Ⅰ -125RF		125	40	80	110	235	130	250	280	27.1	41.3	
S6D2/5 Ⅰ -150RF		150	40	80	110	260	130	250	280	33.1	52.4	

10. S7 型管型视镜

外形如图 5-5-13 所示，安装尺寸见表 5-5-13。

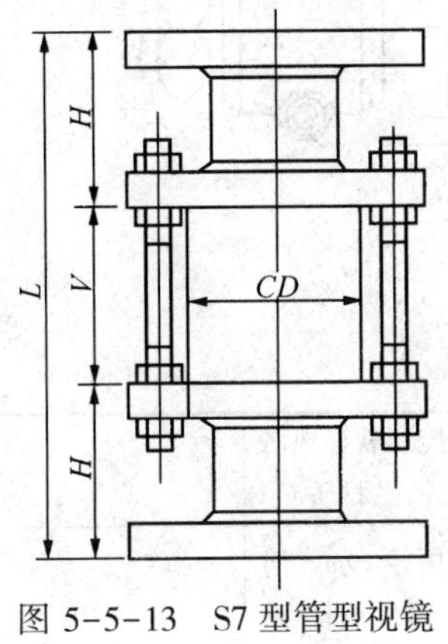

图 5-5-13　S7 型管型视镜

表 5-5-13　S7 型管型视镜外形尺寸　(mm)

型号规格	公称直径 DN	CD	V	H	L	质量/kg	生产厂
S70.25Ⅰ-15RF	15	32	80	70	220	2.4	浙江温州四方化工机械厂
S70.25Ⅰ-20RF	20	45	80	70	220	3.3	
S70.25Ⅰ-25RF	25	58	80	70	220	3.9	
S70.25Ⅰ-40RF	40	74	80	70	220	6.9	
S70.25Ⅰ-50RF	50	89	80	80	240	7.6	
S70.25Ⅰ-65RF	65	110	80	80	240	9.7	

第六节　漏　斗

漏斗是一种排凝、排污或排水的设备，液体经漏斗自流流入相应的系统管网。在设计漏斗系列时，按漏斗排液管接管直径考虑了相应的漏斗面积，可直接按接管直径选用。

漏斗系列选用 Q235AF 钢板制造的，如用于腐蚀介质时，可改用耐腐蚀材料制造。外形如图 5-6-1 所示，外形尺寸见表 5-6-1。(表中的施工图图号为《石油化工装置工艺管道安装设计手册》第五篇《设计施工图册》第二章“小型设备”中给出的施工图图号)。

表 5-6-1　漏斗外形尺寸　(mm)

公称直径 DN	D	H	H_1	H_2	钢板厚	质量/kg	施工图图号
25	80	50	50	50	2	0.49	S5-6-1
45	100	50	60	50	2	0.71	
50	120	50	70	100	2	1.14	
80	200	100	120	150	2	3.35	
100	250	100	150	150	2	4.53	
150	400	100	260	150	2	9.05	
200	500	150	300	200	3	21.70	
250	550	150	300	200	3	26.77	
300	600	150	300	200	3	32.05	

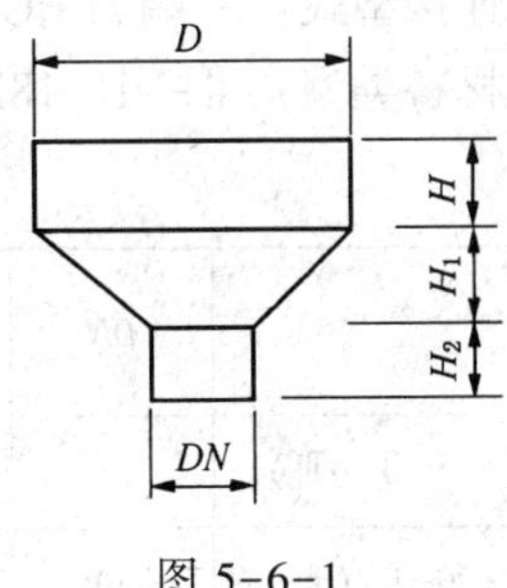

图 5-6-1

第七节　软管接头和短节

一、软管接头

1. HC 型软管接头

HC 型软管接头如图 5-7-1 所示，外形尺寸见表 5-7-1。

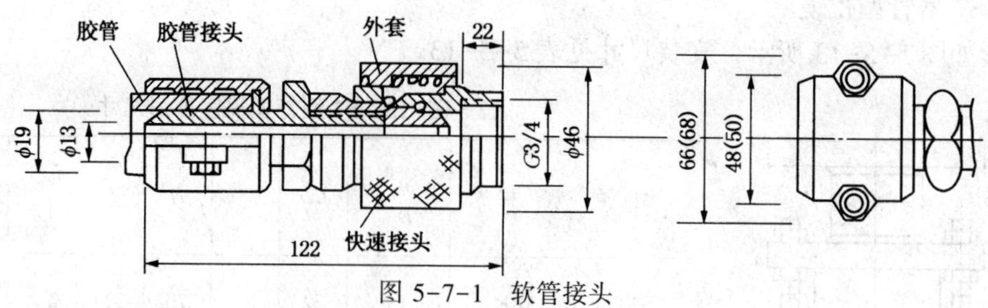

图 5-7-1　软管接头

注：括号内尺寸为蒸汽软管接头尺寸

表 5-7-1　软管接头外形尺寸

（mm）

型　号	DN	PN/MPa	主体材料	适用介质	接头螺纹规格	配用软管规格及材质	生　产　厂
HC25-1	25	1	1Cr13	热水 蒸汽	G1″×G3/4″	内径 19mm 钢丝编织胶管	江苏无锡县石化通用件厂
HC20-1	20				G3/4″×G3/4″		
HC25-2	25	1	20 号钢	压缩 空气	G1″×G3/4″	内径 19mm 夹布胶管	
HC20-2	20				G3/4″×G3/4″		
HC25-3	25	0.7	H62	水	G1″×G3/4″		
HC20-3	20				G3/4″×G3/4″		

2. QJ 型快速接头

QJ 型快速接头是中石化配管设计技术中心站和浙江温州四方化工机械厂共同开发的一种新的软管接头（表 5-7-2）。此产品采用部分锥形块作轴向固定。外形尺寸小、重量轻，便于对中，拆卸方便。适用于石油化工、轻工、制药等行业中公用工程上软管站内的蒸汽、压缩空气、水等介质软管连接。

设计压力：1.0MPa。

设计温度：170~250℃。

连接型式：一端为 RC，另一端有 A（配接金属软管）、B（配接软管）两种。

材料类型：Ⅱ—1Cr18Ni9Ti、Ⅲ—H62。

表 5-7-2　QJ 型快速接头尺寸及质量

型　号	DN	L	适用介质	接头螺纹规格	质量/kg		生产厂
					A	B	
QJ_B^A-15-Ⅱ（Ⅲ）	15	102	蒸汽、空气、水	1/2″	0.95	1.25	浙江温州四方化工机械厂
QJ_B^A-20-Ⅱ（Ⅲ）	20	102	蒸汽、空气、水	3/4″	0.88	1.12	
QJ_B^A-25-Ⅱ（Ⅲ）	25	107	蒸汽、空气、水	1″	1.15	1.49	
QJ_B^A-40-Ⅱ（Ⅲ）	40	113	蒸汽、空气、水	1½″	1.79	2.29	
QJ_B^A-50-Ⅱ（Ⅲ）	50	128.5	蒸汽、空气、水	2″	2.88	3.4	
QJ_B^A-65-Ⅱ（Ⅲ）	65	147	蒸汽、空气、水	2½″	4.06	5.16	
QJ_B^A-80-Ⅱ（Ⅲ）	80	179	蒸汽、空气、水	3″	5.87	6.12	

二、短节（施工图号：S5-7-1）

（1）短节用无缝钢管制作。材料钢号由管道等级确定。无缝钢管应符合有关标准。

（2）短节包括光管短节，单头螺纹短节和双头螺纹短节三种。短节的尺寸和重量见表 5-7-3。

表 5-7-3　短节的尺寸和重量

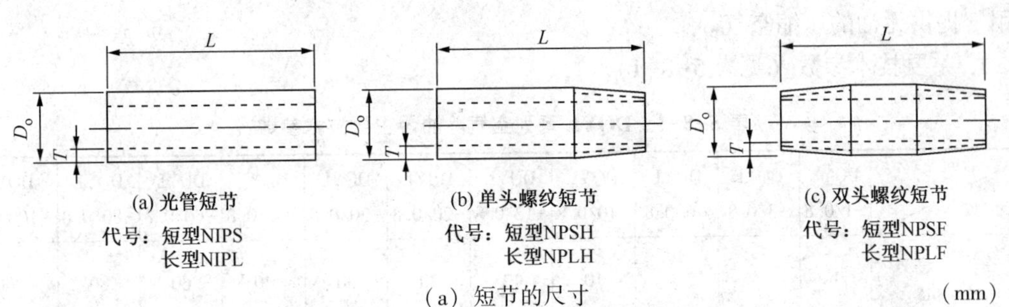

(a) 光管短节
代号：短型NIPS
长型NIPL

(b) 单头螺纹短节
代号：短型NPSH
长型NPLH

(c) 双头螺纹短节
代号：短型NPSF
长型NPLF

（a）短节的尺寸　（mm）

公称直径	锥管螺纹		管外径	壁厚 T				长度 L	
DN	牙型角 55°	牙型角 60°	D_0	Sch40	Sch80	Sch160	xxs	短型	长型
10	R3/8	NPT3/8	17（17.1）	2.5（2.31）	3.5（3.20）	—	—	80	120
15	R1/2	NPT1/2	22（21.3）	3.0（2.77）	4.0（3.73）	5.0（4.78）	7.5（7.47）		
20	R3/4	NPT3/4	27（26.7）	3.0（2.87）	4.0（3.91）	5.5（5.56）	8.0（7.82）		
25	R1	NPT1	34（33.4）	3.5（3.38）	4.5（4.55）	6.5（6.35）	9.0（9.09）		
32	R1 1/4	NPT1 1/4	42（42.2）	3.5（3.56）	5.0（4.85）	6.5（6.35）	10.0（9.70）		
40	R1 1/2	NPT1 1/2	48（48.3）	4.0（3.68）	5.0（5.08）	7.0（7.14）	10.0（10.15）		
50	R2	NPT2	60（60.3）	4.0（3.91）	5.5（5.54）	8.5（8.74）	11.0（11.07）		

（b）短节的质量　（kg）

公称直径 DN	短型质量				长型质量			
	Sch40	Sch80	Sch160	xxs	Sch40	Sch80	Sch160	xxs
10	0.07	0.09	—	—	0.11	0.14	—	—
15	0.11	0.14	0.17	0.21	0.17	0.21	0.25	0.32
20	0.14	0.18	0.23	0.30	0.21	0.27	0.35	0.45
25	0.21	0.26	0.35	0.44	0.32	0.39	0.53	0.67
32	0.27	0.36	0.46	0.63	0.40	0.55	0.68	0.95
40	0.35	0.42	0.57	0.75	0.52	0.64	0.85	1.12
50	0.44	0.59	0.86	1.06	0.66	0.89	1.29	1.59

注：①短节的壁厚和外径适用于现行国家标准《无缝钢管尺寸：外形、重量及允许偏差》GB/T 17395—2008。括号内的管外径和壁厚适用于国家现行标准《石油化工钢管尺寸系列》SH/T 3405—2012、美国标准《焊接和无缝轧制钢管》ASME B36.10M—2004（R2010）和《不锈钢钢管》ASME B36.19M—2004（R2010）钢管标准。

②锥管螺纹的牙型角分 55°和 60°两种，前者为我国通用锥管螺纹，后者为美国标准锥管螺纹。选用时应根据连接点或连接管件锥管螺纹的不同标准分别选用，两者不能互换。

③55°锥管螺纹的标准为现行国家标准《55°密封管螺纹（第 2 部分：圆锥内螺纹与圆锥外螺纹）》GB/T 7306.2—2000；60°锥管螺纹的标准为现行国家标准《60°密封管螺纹》GB/T 12716—2011。后者与美国标准《通用管螺纹（英制）》ANSI ASME B1.20—1983（R2006）中的 NPT 锥管螺纹等效。

④标记示例：公称直径 20mm，管子壁厚号为 sch80，牙型角为 55°的 20 号钢的短型单头螺纹短节标记为 NSPH-R3/4-Sch80-20；公称直径 25mm 管子壁厚号为 Sch160，牙型角为 60°的 06Cr18NillTi 的长型双头螺纹短节标记为：NPLF—NPT1-sch160-06Cr18Ni11Ti。材料钢号也可按有关规定使用代号。

第八节 压缩空气净化设施

一、压缩空气除油器

DQYL 系列压缩空气除油器主要功能是滤除有油空压机所供的压缩空气中的油份，并兼有一定的除水及除尘效果。为石油、化工、轻工等气动控制、气动仪表、气动元件及各种工艺用气提供无油的压缩空气。

1. 主要技术参数（见表 5-8-1）。

表 5-8-1 DQYL 系列空气除油器主要技术参数

型号 参数	DQYL -1/0.8	DQYL -3/0.8	DQYL -6/0.8	DQYL -10/0.8	DQYL -12/0.8	DQYL -20/0.8	DQYL -30/0.8	DQYL -40/0.8	DQYL -60/0.8	DQYL -80/0.8	DQYL -100/0.8
额定空气处理量/ (m^3/min)	1	3	6	10	12	20	30	40	60	80	100
最高工作压力/ MPa	0.8										
工作温度范围/ ℃	5~50										
成品空气含油量/ (mg/m^3)	≤1										
除尘精度/ μm	≤1										
除油效率/ %	≥99										
除水效率/ %	≥99										
压力降/ MPa	≤0.02										
设计压力/ MPa	0.9										
筒体容积/ L	34	76	146	242	242	384	562	778	977	1436	1883
质　量/ kg	109	142	197	264	267	437	572	699	774	1099	1357
推荐配用空 压机型号	WG -1/0.8	WG -3/0.8	2WG -6/0.8	3L -10/0.8		4L -20/0.8	3L -30/0.8	5L -40/0.8	8L -60/0.8		2D12 100/0.8
推荐配用 干燥器型号	WQZ 1/0.8	WQZ -3/0.8	WQZ -6/0.8	WQZ -10/0.8	WQZ -12/0.8	WQZ -20/0.8	WQZ -30/0.8	WQZ -40/0.8	WQZ -60/0.8	WQZ -80/0.8	WQZ -100/0.8

注：本系列产品有 0.8MPa、1.4MPa、2.5MPa 三个压力等级，设备除质量不同外，其余技术参数均相同。

2. 结构及安装尺寸（见图 5-8-1、图 5-8-2 及表 5-8-2）

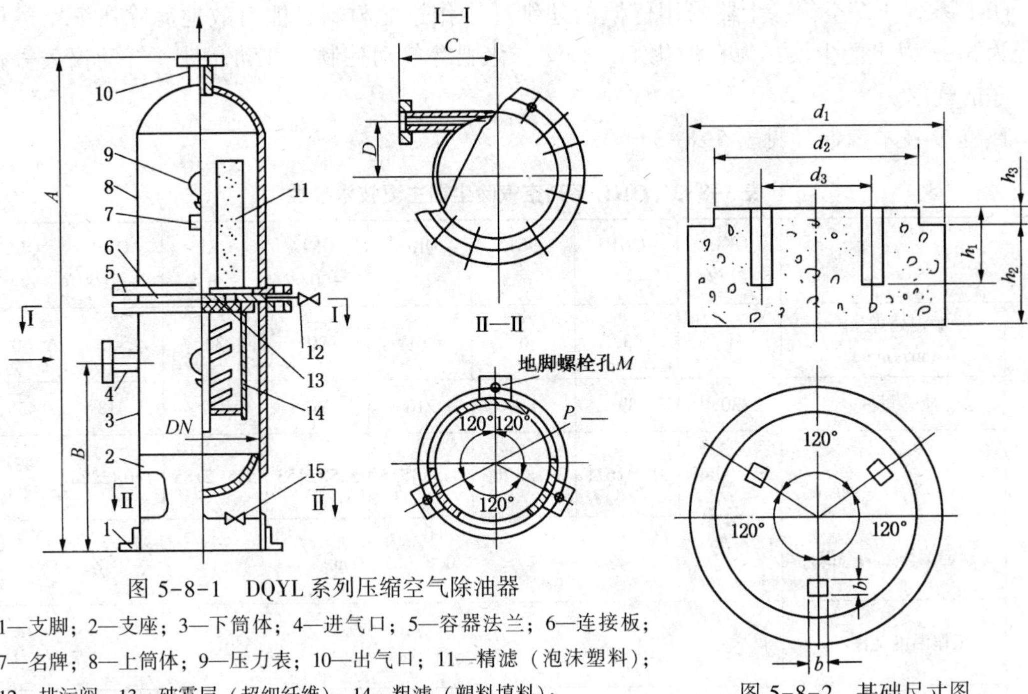

图 5-8-1　DQYL 系列压缩空气除油器

1—支脚；2—支座；3—下筒体；4—进气口；5—容器法兰；6—连接板；7—名牌；8—上筒体；9—压力表；10—出气口；11—精滤（泡沫塑料）；12—排污阀；13—破雾层（超细纤维）；14—粗滤（塑料填料）；15—排污阀

图 5-8-2　基础尺寸图

表 5-8-2　DQYL 系列压缩空气除油器安装尺寸

型号 \ 数据 \ 代号	进出气口法兰直径及标准	DN	A	B	C	D	d	d_1	d_2	d_3	h_1	h_2	h_3	b	M	生产厂
DQYL-1/0.8	DN25(JB 81—94)	200	1458	645	180	93.5	290	600	500	290	300	400	50	140	18	广东省肇庆仪表机械厂
DQYL-3/0.8	DN25(JB 81—94)	300	1500	645	230	134	370	650	550	370	300	400	50	140	18	
DQYL-6/0.8	DN40(JB 81—94)	400	1622	725	300	183.5	470	750	650	470	400	500	50	140	18	
DQYL-10/0.8	DN40(JB 81—94)	400	2383	1065	300	171.5	490	780	680	490	400	500	50	140	18	
DQYL-12/0.8	DN50(JB 81—94)	400	2413	1095	300	171.5	490	780	680	490	400	500	50	140	18	
DQYL-20/0.8	DN80(JB 81—94)	500	2505	1085	370	205	610	900	800	610	500	600	50	140	22	
DQYL-30/0.8	DN80(JB 81—94)	600	2570	1085	420	249.5	710	1000	900	710	500	600	50	140	22	
DQYL-40/0.8	DN100(JB 81—94)	700	2655	1075	470	296	710	1000	900	710	600	700	50	140	22	
DQYL-60/0.8	DN100(JB 81—94)	700	3130	1135	470	296	810	1100	1000	810	600	700	50	140	22	
DQYL-80/0.8	DN100(JB 81—94)	800	3560	1495	520	333.5	950	1250	1150	950	700	800	50	140	24	
DQYL-100/0.8	DN125(JB 81—94)	900	3613	1505	550	383.5	1050	1350	1250	1050	700	800	50	140	24	

二、压缩空气除尘器

QKL 系列压缩空气除尘器采用优质的超细纤维作过滤材料，能有效地滤除压缩空气中粒径为 3μm 以上的尘埃，为石油化工、轻纺、化肥等气动控制、气动元件、气动仪表等提供洁净的气源。

1. 主要技术参数（见表 5-8-3）

表 5-8-3　QKL 系列空气除尘器主要技术参数

型　号		QKL-1/8	QKL-3/8	QKL-6/8	QKL-10/8	QKL-20/8	QKL-30/8	QKL-40/8	QKL-60/8
技术参数	额定处理量/（m^3/min）	1	3	6	10	20	30	40	60
	质　量/kg	30	89	118	210	231	257	418	435
	外型尺寸（宽×高）/mm	220×1448	315×1671	392×1766	535×1855	555×2153	555×2185	740×2228	740×2260
	额定工作压力/MPa	0.8（8kgf/cm^2）							
	工作温度范围/℃	1~50							
	进气露点	压力下露点比环境温度低 5℃							
	成品气含尘粒径及数量	不大于 3μm；大于 0.5~3μm 的尘埃不超过 20 粒/L							
	压力损失/MPa	小于 0.004（0.04kgf/cm^2）							
	操作方式	连　续　工　作							
推荐配套干燥器型号		WQZ-1/8	WQZ-3/8	WQZ-6/8	WQZ-10/8	WQZ-20/8	WQZ-30/8	WQZ-40/8	WQZ-60/8

2. 结构及安装尺寸（见图 5-8-3 和表 5-8-4）

表 5-8-4　QKL 系列空气除尘器安装尺寸

型号 \ 数据 \ 代号	进出气口法兰通径及标准	D	H_1	H_2	L_1	L_2	d_1	d_2	d_3	h_1	h_2	h_3	b	M	生产厂
QKL-1/8	DN25（HG 20592—97）	100	425	1448	38	125	400	300	190	250	350	50	100	10	广东省肇庆仪表机械厂
QKL-3/8	DN25（HG 20592—97）	207	480	1671	97.5	180	480	380	270	250	350	50	100	12	
QKL-6/8	DN40（HG 20592—97）	259	543	1766	114	200	600	510	384	300	400	50	120	14	
QKL-10/8	DN50（HG 20592—97）	361	594	1855	160.5	285	711	611	501	300	400	50	120	16	
QKL-20/8	DN80（HG 20592—97）	400	593	2153	168.5	285	800	700	540	400	500	80	140	16	
QKL-30/8	DN100（HG 20592—97）	400	606	2185	159	285	800	700	540	400	500	80	140	16	
QKL-40/8	DN100（HG 20592—97）	600	643	2228	254	370	980	920	740	500	600	80	140	20	
QKL-60/8	DN125（HG 20592—97）	600	656	2260	241.5	370	980	920	740	500	600	80	140	20	

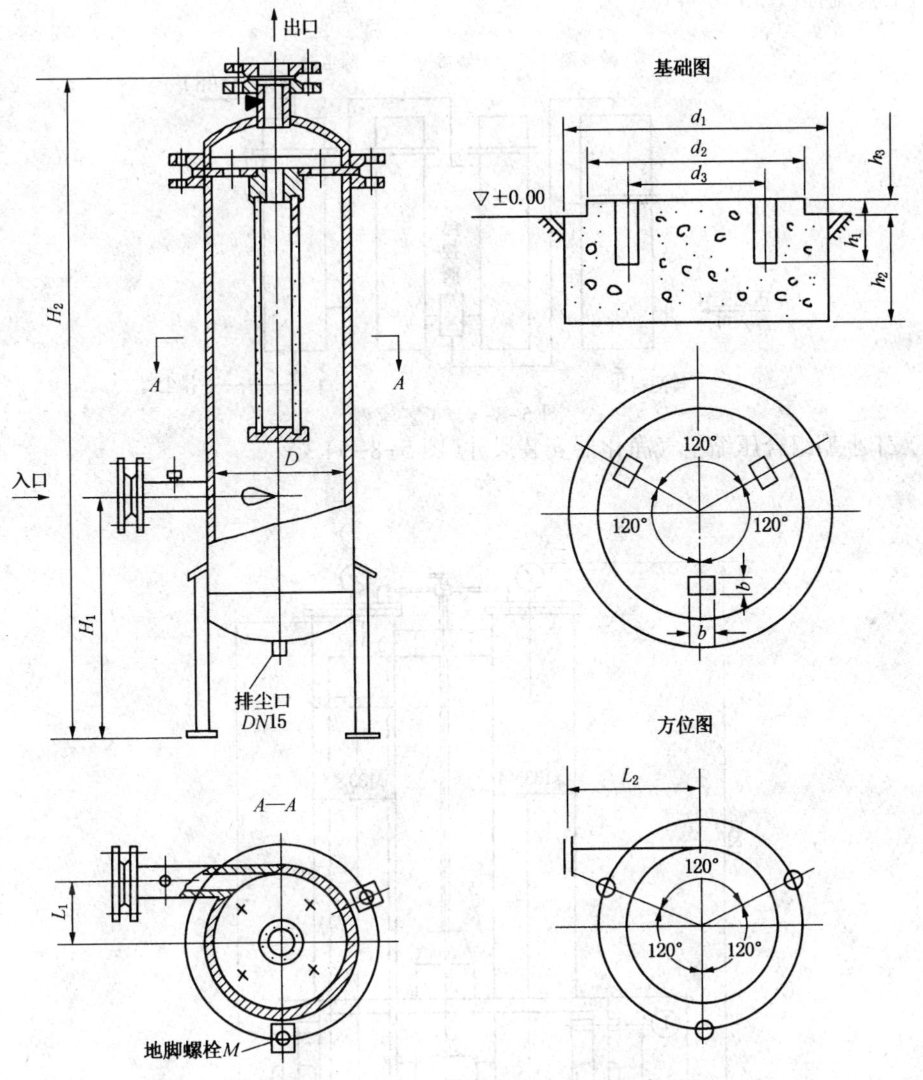

图 5-8-3 QKL 系列空气除尘器

三、压缩空气净化器

XZJ 小型组合压缩空气净化器将有油空气压缩机出来的压缩空气进行除油、除尘、干燥处理，可获得含油量低、高度干燥和洁净的仪表用压缩空气。

1. 主要技术参数（见表 5-8-5）

表 5-8-5 XZJ 净化器主要技术参数

技术参数	指标	技术参数	指标
额定处理量/(m^3/min)	0.6	出口空气含油量/(mg/m^3)	<10
额定工作压力/MPa	0.8		
出口空气露点/℃	<-40	出口空气含尘粒径/μm	≤3
进口空气温度/℃	≤40	工作方式	全自动

2. 工艺流程(图 5-8-4)

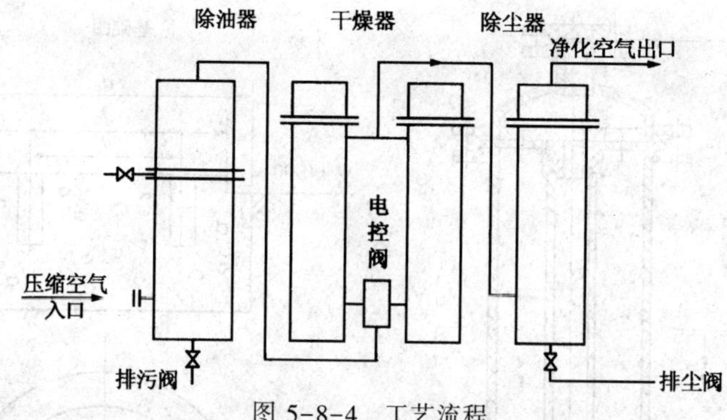

图 5-8-4　工艺流程

3. XZJ 小型组合压缩空气净化器安装尺寸(图 5-8-5)

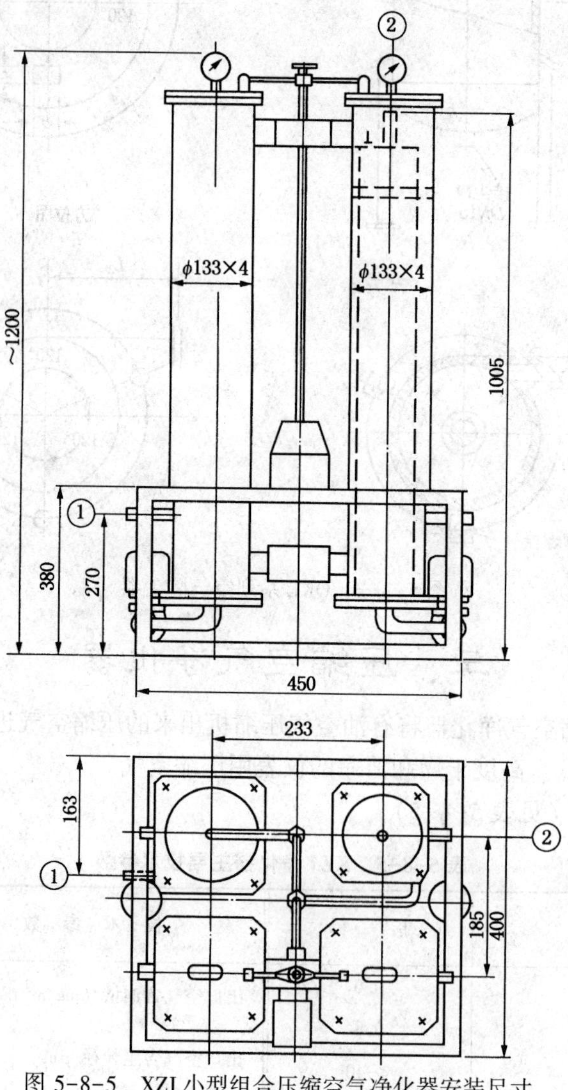

图 5-8-5　XZJ 小型组合压缩空气净化器安装尺寸

注：生产厂为广东肇庆仪表机械厂

四、空气干燥器

空气干燥器分有热再生和无热再生两种，干燥器设备能为石油、石油化工、化工、轻工、纺织等的气动控制、气动仪表、气动元件等提供干燥的压缩空气。

1. 分类

（1）YQZ 系列有热再生空气干燥器

（2）WQZ 系列 A 型无热再生空气干燥器

（3）WQZ 系列 B、C 型无热再生空气干燥器

2. 型号、规格和主要技术参数

（1）YQZ 系列有热再生空气干燥器的主要技术参数见表 5-8-6。

（2）WQZ 系列 A 型无热再生空气干燥器的主要技术参数见表 5-8-7。

（3）WQZ 系列 B、C 型无热再生空气干燥器的主要技术参数见表 5-8-8。

表 5-8-6　YQZ 系有热再生空气干燥器技术参数

型号规格	YQZ -1/0.8	YQZ -3/0.8	YQZ -6/0.8	YQZ -12/0.8	YQZ -20/0.8	YQZ -40/0.8	YQZ -60/0.8	YQZ -80/0.8	YQZ -100/0.8
额定处理气量/（m^3/min）	1	3	6	12	20	40	60	80	100
有效供气量/（m^3/min）	0.95	2.85	5.7	11.4	19	38	57	76	95
干燥空气露点	<-40℃（常压下）								
工作压力范围	0.6~0.8MPa（压力损失<0.04MPa）								
设计压力	1MPa								
进气温度	<40℃								
进气含油量	<10mg/m^3								
吸附剂	细孔球状硅胶或铝胶（φ4~8mm）								
再生方式	有热再生外部加热、干燥器平均加热温度~140℃								
工作方式	两个干燥塔交替连续工作（切换周期可在 6~24 小时内选择）								
操作方式	自动、半自动								
安装方式	单元组合								
安装环境	室　内								
干燥器功率/kW	8.7	9.4	18.4	30.7	43.5	87			
平均耗用功率/kW	2.2	2.2	5.5	8.1	13.6	23.5			
外形尺寸（长×宽×高）/mm	1700×1200×2300	1700×1250×2400	2000×1400×2500	2200×1750×2800	3000×2200×2850	3200×2400×3250			3600×3000×4250
质量/kg	~1500	~1780	~2480	~3946	~5107	~8160			~11430
硅胶充装量/kg	~81	~185	~296	~755	~1501	~2090			~3900
铝胶充装量/kg	~77	~175	~280	~714	~1421	~1960			~3700
配套无油空压机型号	WZ-1/0.8	2Z-3/0.8	2Z-6/0.8	2Z-12/0.8	4L-20/0.8	5L-40/0.8	8L-60/0.8		2D12-100/0.8
生　产　厂	广东省肇庆仪表机械厂								

表 5-8-7　WQZ 系列 A 型无热再生空气干燥器技术参数

规　　格		1/0.8	3/0.8	6/0.8	10/0.8	12/0.8	20/0.8	30/0.8	40/0.8	60/0.8	80/0.8	100/0.8
额定处理气量/(m^3/min)		1	3	6	10	12	20	30	40	60	80	100
有效供气量/(m^3/min)	0.6MPa 时	0.84	2.52	5.04	8.4	10.1	16.8	25.2	33.6	50.4	67.2	84
	0.7MPa 时	0.86	2.58	5.16	8.6	10.3	17.2	25.8	34.4	51.6	68.8	86
	0.8MPa 时	0.88	2.64	5.28	8.8	10.6	17.6	26.4	35.2	52.8	70.4	88
再生气耗气率		工作压力为 0.6MPa 时<16%										
		工作压力为 0.7MPa 时<14%										
		工作压力为 0.8MPa 时<12%										
干燥空气露点		<-40℃（常压下）										
工作压力范围		0.6~0.8MPa										
设计压力		1MPa										
进气温度		≤40℃										
进气含油量		<10mg/m^3										
吸附剂		细孔球状硅胶或铝胶（ϕ4~8mm）										
再生方式		无热再生										
工作方式		两个干燥塔交替连续工作（切换周期：10min，出厂调定）										
操作方式		全自动										
压力损失		≤0.04MPa										
安装环境、方式		室内、单元组合式										
外形尺寸（长×宽×高）/mm		580×320×1440	1143×483×1535	1405×525×2020	1407×577×2460	1407×577×2780	1756×694×3083	1834×718×3180	1890×774×3373	1832×1128×3555	2132×1228×3650	2232×1331×3860
质量/kg		200	310	520	785	890	1190	1680	1990	2890	3470	4765
硅胶充装量/kg		36	80	160	250	300	500	735	975	1460	1910	2620
铝胶充装量/kg		38	85	170	265	320	535	785	1045	1560	2045	2800
程序控制器耗电量（~220V）		~20W										
推荐配套无油空压机型号		WG-1/8	WG-3/8	2WG-6/8	3L-10/8		4L-20/8	3L-30/8	5L-40/8	8L-60/8		2D12-100/8

注：① 设计压力 1.4MPa 级（规格 WQZ-1/1.2~WQZ-100/1.2）的空气干燥器，除工作压力、设备重量与设计压力 1.0/MPa 的不同之外，其余技术参数都相同或相近（个别技术指标还略优）。

② 亦可为用户制造工作压力为 1.6~6.4MPa 的空气干燥器，除重量和外形外其参数与 0.8MPa 的相似或略优。

③ 生产厂：广东省肇庆仪表机械厂。

表 5-8-8　WQZ 系列 B、C 型无热再生空气干燥器技术参数

规　格		1/0.8	3/0.8	6/0.8	10/0.8	12/0.8	20/0.8	30/0.8	40/0.8	60/0.8	80/0.8	100/0.8
处理量/(m^3/min)		1	3	6	10	12	20	30	40	60	80	100
有效供气量/(m^3/min)	0.6MPa	0.84	2.52	5.04	8.4	10.1	16.8	25.2	33.6	50.4	67.2	84
	0.7MPa	0.86	2.58	5.16	8.6	10.3	17.2	25.8	34.4	51.6	68.8	86
	0.8MPa	0.88	2.64	5.28	8.8	10.6	17.6	26.4	35.2	52.8	70.4	88
再生气耗气率		工作压力为 0.6MPa 时<16%　(C 型)										
		工作压力为 0.7MPa 时<14%　(C 型)										
		工作压力为 0.8MPa 时<12%　(C 型)										
干燥空气露点		<-40℃(常压下)										
工作压力范围		0.6~0.8MPa　(C 型)										
设计压力		1MPa　(C 型)，1.6、2.5、4.0、6.4MPa　(B 型)										
进气温度		≤40℃										
进气含油量		<10mg/m^3										
吸附剂		ϕ4~8mm 细孔球状硅胶或铝胶										
再生方式		无热再生										
工作方式		两个塔交替连续工作(10min 一周期出厂调定)										
操作方式		全自动										
压力损失		≤0.04MPa										
安装环境方式		室　内										
设备耗电量		~20W(电源~220V)										
硅胶充填量		~36	~80	~160	~250	~300	500	~735	~975	~1460	~1910	~2620
铝胶充填量		~38	~85	~170	~265	~320	~535	~785	~1045	~1560	~2045	~2800
推荐配套无油压缩机		WG-1/8	WG-3/8	2WG-6/8	3L-10/8		4L-20/8	3L-30/8	5L-40/8	8L-60/8		2D12-100/8
生　产　厂		广东省肇庆仪表机械厂										

第九节　排气帽和防雨帽

(一) 排气帽

排气帽是安装在直接排至大气的放空管，以防止雨水和杂质进入管内的保护设施。其外形如图 5-9-1 所示，结构尺寸见表 5-9-1(表中的施工图图号为《石油化工装置工艺管道安装设计手册》第五篇《设计施工图册》第二章“小型设备”中给出的施工图图号)。

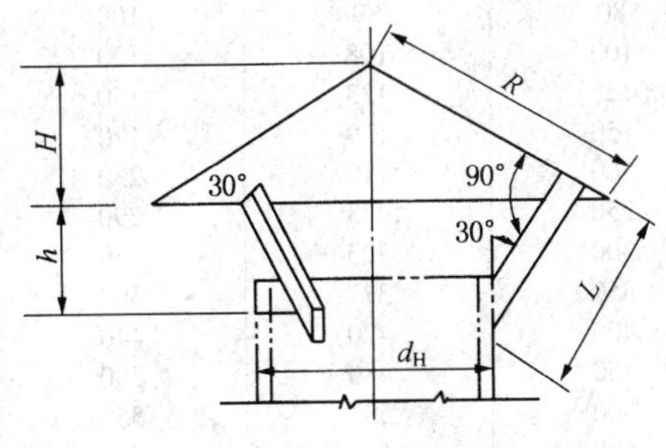

图 5-9-1　排气帽

(二) 防雨帽

防雨帽是安装在穿平台或穿屋面的管道上，以防止雨水灌入平台下或屋内的防雨措施。

1. 用于不保温管道的防雨帽

表 5-9-1 排气帽结构尺寸

公称直径	外形尺寸/mm					质量/	施工图图号
DN	d_H	L	R	H	h	kg	
50	57	75	81.7	43	35	0.5	S5-9-1
(65)	76	75	93.7	49	35	0.64	
80	89	90	111.7	58	40	0.93	
100	108	110	133.7	69	50	1.33	
(125)	133	135	169.7	87	60	2.09	
150	159	150	185.7	95	75	2.54	
200	219	190	243.7	124	100	4.31	
250	273	235	301.7	153	125	6.55	
300	325	275	353.7	179	150	8.89	
350	377	315	405.7	205	175	11.84	
400	426	355	457.7	231	200	15.07	
450	480	395	508	257	225	23.95	
500	530	435	560	283	250	29.06	
600	630	505	658	332	300	39.79	
700	720	570	750	378	350	54.45	
800	820	640	836	421	400	63.93	
材料						Q235AF	

外形如图 5-9-2 所示，安装尺寸见表 5-9-2(表中施工图图号为《石油化工装置工艺管道安装设计手册》第五篇《设计施工图册》第二章“小型设备”中给出的施工图图号)。

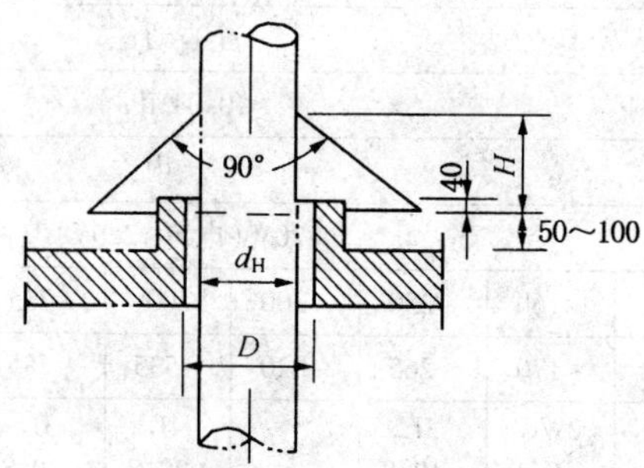

图 5-9-2 防雨帽

表 5-9-2 用于不保温管道防雨帽安装尺寸

公称直径	结构尺寸/mm			质量/	施工图图号
DN	d_H	D	H	kg	
50	57	70	172	4.22	S5-9-2
(65)	76	90	172	4.42	
80	89	100	172	4.78	
100	108	120	172	5.12	
(125)	133	150	172	5.57	
150	159	170	172	6.03	
200	219	230	172	7.08	
250	273	290	172	10.62	
300	325	340	172	12.0	
350	377	390	172	13.3	
400	420	440	172	14.5	
450	480	500	172	17.0	
500	530	550	172	21.22	
600	630	650	172	24.4	
700	720	740	172	27.2	
800	820	840	172	30.1	
材料 Q235AF					

2. 保温管道用防雨帽

外形如图 5-9-3 所示，安装尺寸见表 5-9-3(表中施工图图号为《石油化工装置工艺管道设计手册》第五篇《设计施工图册》第二章“小型设备”中给出的施工图图号)。

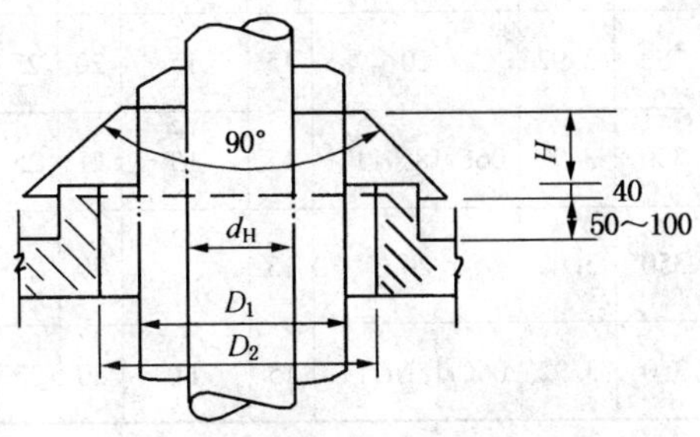

图 5-9-3　保温管道用防雨帽

表 5-9-3　用于保温管道防雨帽的安装尺寸

公称直径 DN	外形尺寸/mm				质量/kg	施工图图号
	d_H	D_1	D_2	H		
50	57	267	280	204	12.9	S5-9-3
(65)	76	293	310	204	14.0	
80	89	319	330	204	20.3	
100	108	348	360	204	21.9	
(125)	133	403	420	204	24.9	
150	159	439	450	204	26.7	
200	219	519	530	204	36.6	
250	273	583	600	204	40.7	
300	325	655	670	204	45.9	
350	377	727	740	204	50.7	
400	426	786	800	204	54.9	
450	480	850	870	204	65.8	
500	530	910	930	204	71.4	
600	630	1010	1030	204	78.4	
700	720	1110	1130	204	86.7	
800	820	1210	1230	204	93.5	
材　料　Q235AF						

第十节　取样冷却器

本节取样冷却器适用于温度较高的油品、油气和含氢气体等介质取样，不适用于含有固体颗粒介质和强酸、强碱等介质的取样。

取样冷却器尺寸见图 5-10-1。根据介质和操作条件按表 5-10-1 选用(表中施工图图号为《石油化工装置工艺管道设计手册》第五篇《设计施工图册》第二章小型设备中给出的施工图图号)。

表 5-10-1　取样冷却器系列

项目 型号	介质种类	设计温度/℃	设计压力/MPa	盘管材质	设备开口 DN 1	2	3	4	5	6	金属总质量/kg	施工图图号
A	油　品	350	3.92	20	15	15	20	25	G1/2″		21	S5-10-1
B	含硫油品	350	3.92	06Cr18Ni11Ti	15	15	21	25	G1/2″		21	S5-10-2
C	油　气	350	3.92	20	15	8 （外径）	20	25	G1/2″		21	S5-10-3
D	含硫油气、氢气	350	3.92	06Cr18Ni11Ti	15	11	20	25	G1/2″		21	S5-10-4

浙江温州四方化工机械厂研制出的高效螺旋流换热形式的取样冷却器，比传统的列管式传热效率高 40%。具有结构紧凑、重量轻，清洗方便、不受热胀冷缩应力的限制、泄量小、寿命长，100%逆流等特点，是国内首创的新型取样换热器，广泛用于石油化工、轻工、电力、机构等部门的加热器、冷却器、取样冷却器。

其产品规格、性能见表 5-10-2。

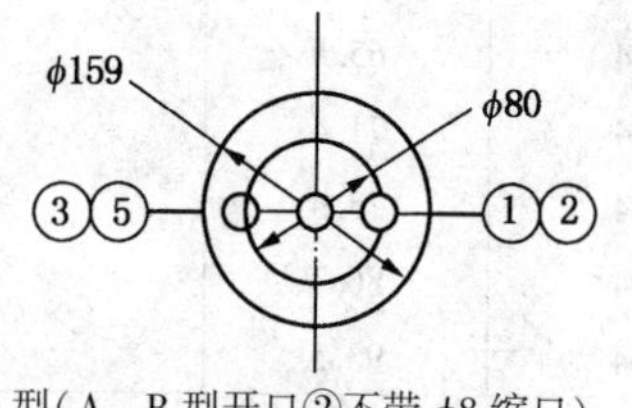

ABCD 型（A、B 型开口②不带 φ8 缩口）

图 5-10-1　取样冷却器简图

表 5-10-2　取样冷却器

型号	材料 管程	材料 壳程	公称压力 PN/MPa 管程	公称压力 PN/MPa 壳程	传热面积/m^2	管程截面积/m^2 碳钢	管程截面积/m^2 不锈钢
8CG-10C	20 号钢	Z		1.0			
8CD-10C	20 号钢	K		1.0			
8CC-10C	20 号钢	C		2.0			
8S1G-10C	07Cr19Ni11Ti	Z		1.0			
8S1D-10C	07Cr19Ni11Ti	K	25.0	1.0	0.22	1.01	0.57
8S1C-10C	07Cr19Ni11Ti	C		2.0			
8S6G-10C	06Cr17Ni12MoTi	Z		1.0			
8S6D-10C	06Cr17Ni12MoTi	K		1.0			
8S6C-10C	06Cr17Ni12MoTi	C		2.0			

注：Z—灰铸铁；K—可锻铸铁；C—碳钢。

第十一节　事故洗眼淋浴器

洗眼淋浴器适用于有害介质意外伤害事故时必须的应急人身安全保护场所。

当发生意外伤害事故时，通过快速喷淋、冲洗，把伤害程度减轻到最低。

本节介绍下列品种。其结构如图 5-11-1，图 5-11-3 和图 5-11-5 所示，品种系列见表 5-11-1，安装基础图见图 5-11-2，图 5-11-4，使用条件见表 5-11-2。

表 5-11-1 品 种 系 列 表

型 号	名 称		功 能	特 点	生产厂
X-Ⅰ X-X-Ⅰ X-L-Ⅰ	普通型	安全喷淋洗眼器 安全洗眼器 安全喷淋器	喷淋、洗眼 洗 眼 喷 淋	装置内滞留积水，适用于较暖之处	浙江温州精铸阀门厂
X-Ⅱ X-X-Ⅱ X-L-Ⅱ	防冻型	安全喷淋洗眼器 安全洗眼器 安全喷淋器	喷淋、洗眼 洗 眼 喷 淋	装置内的水能自动排空，无滞留水，适用于气候较寒之处	
X-Ⅲ	埋地式安全喷淋洗眼器		喷淋、洗眼	由三通球阀作进水总阀通过拉杆由板手在地面控制，非工作状态装置内的积水能自动排气，防止冻管	
XD-Ⅰ	电加热式安全喷淋洗眼器		喷淋、洗眼	由电热带加温、温度控制仪控制温度范围，适用于气温较寒之处	

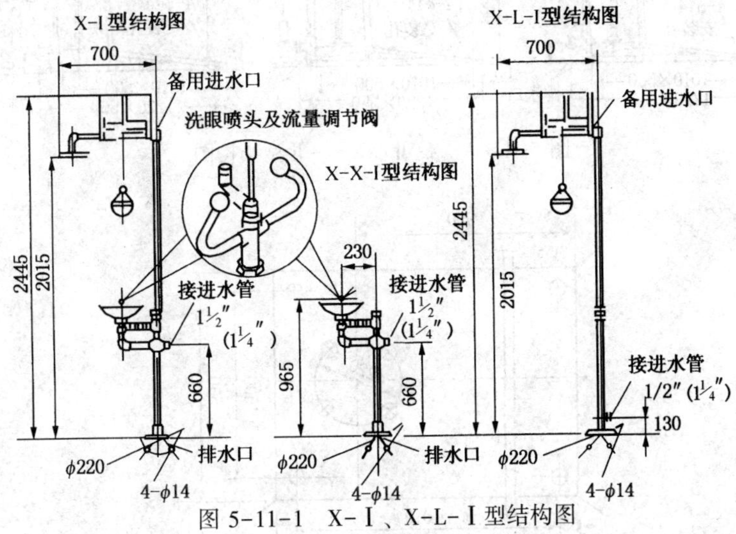

图 5-11-1 X-Ⅰ、X-L-Ⅰ型结构图

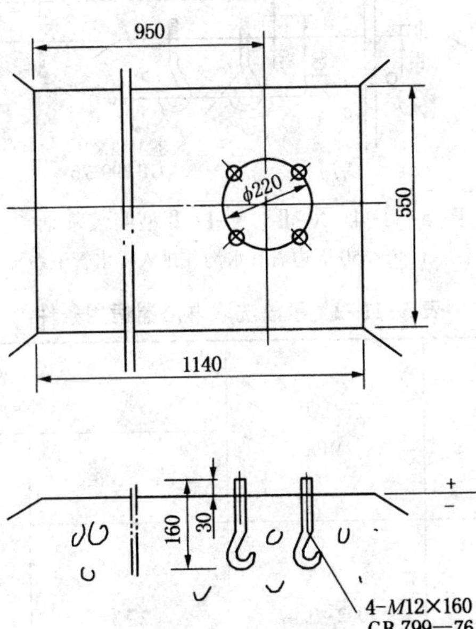

图 5-11-2 X-Ⅰ、X-L-Ⅰ型安装基础图

注：1140×550 周边需有水沟并接入排水管道系统

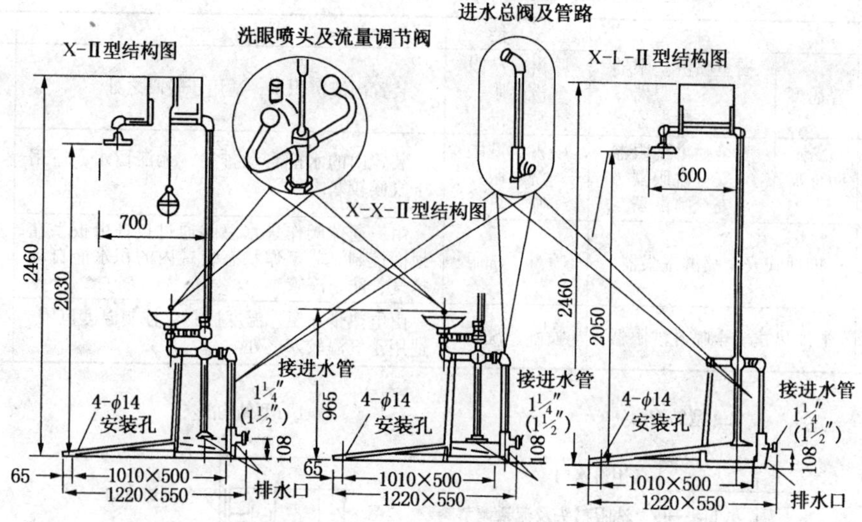

图 5-11-3　X-Ⅱ、X-L-Ⅱ型结构图

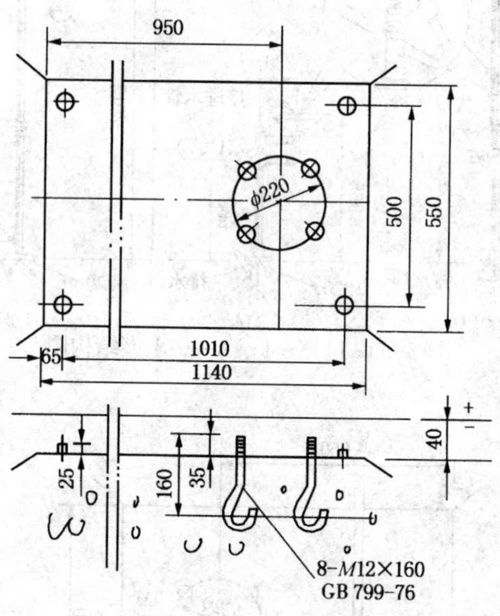

图 5-11-4　X-Ⅱ、X-L-Ⅱ型安装基础图

注：1140×550 周边需有水沟并排入排水管道系统

表 5-11-2　事故洗眼淋浴器适用条件

公称压力 *PN*/MPa	密封压力/MPa	工作压力 *P*/MPa	流量/(L/s)		适用条件
			淋浴	洗眼	
0.4	0.45	0.2~0.4	2~3	0.2~0.3	常温生活用水

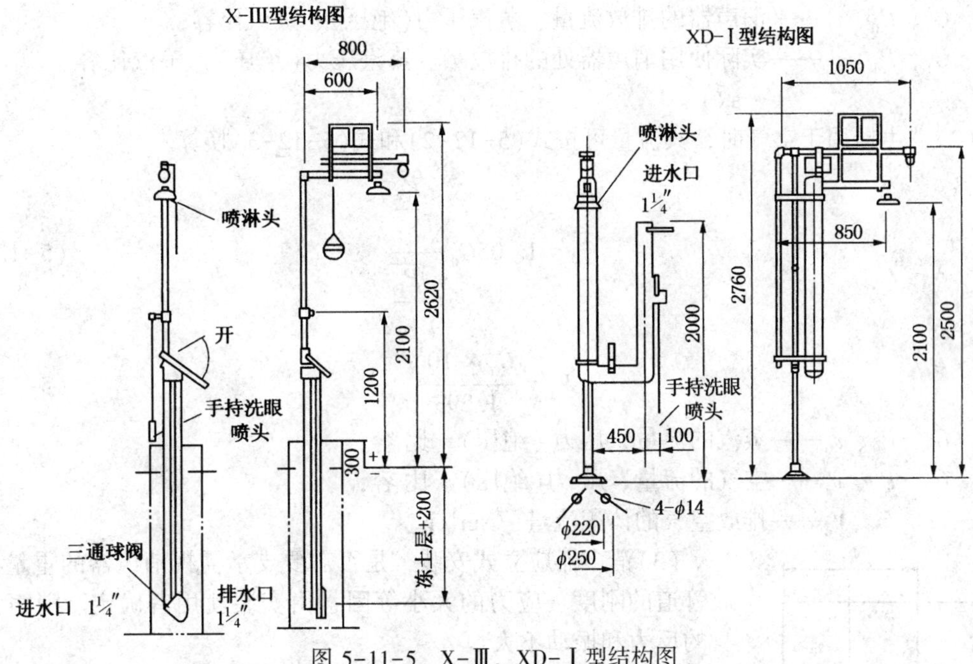

图 5-11-5　X-Ⅲ、XD-Ⅰ型结构图

第十二节　消声器

蒸汽和空气放空时产生的噪声，是工业生产中常遇到的一种噪声源，这种噪声十分强烈，对人们的健康危害极大。本节介绍的消声器系列是降低这种噪声的有效设备。

(一)消声器的种类

1. 蒸汽排汽消声器

适用于锅炉、汽轮机、蒸汽发生器及蒸汽管网的蒸汽排汽放空。也可适用于其他气体(如空气、过热蒸汽、饱和蒸汽、氮、氧等)，也可用于各种空压机、鼓风机的多余气体排放消声。目前国内生产的消声器有 ZQP 系列和 ZX 系列两种。

2. 气体排空消声器

适用于各种气体(如空气、氮、氧)的排气放空，如 YSP 型。

3. 油浴式消声过滤器

是空压机降低噪声的主要辅助设备之一，其功能为过滤大气中的粉尘等杂质，同时降低压缩吸气口的噪音。广泛用于活塞式空压机站及氮——氧气站。如 YXG 型。

4. 电机消声器

DX 系列消声器适用于消除电动机噪声。

(二)消声器的选用

(1)选用蒸汽消声器应按表列的压力等级型号选用，不得超过表列压力和温度。当使用的压力、温度与表列型号的压力、温度不一致时，流量按式(5-12-1)进行核算：

$$G_1 = G_0 \frac{\sqrt{\dfrac{P_1}{v_1}}}{\sqrt{\dfrac{P_0}{v_0}}} \tag{5-12-1}$$

式中　G_0、P_0、v_0——消声器的排放流量、蒸汽压力(绝压)、蒸汽比容；

G_1、P_1、v_1——实际使用消声器处的排放量、蒸汽压力(绝压)、蒸汽比容。(单位应一致)

(2)消声器用于空气时，其流量可按式(5-12-2)和式(5-12-3)换算。

$$G_a = 1.05G_0 \frac{\sqrt{\frac{P_a}{v_a}}}{\sqrt{\frac{P_0}{v_0}}} \quad (5-12-2)$$

$$V_a = \frac{G_a \times 10^3}{1.293} \quad (5-12-3)$$

式中　G_0、P_0、v_0——蒸汽的流量、压力(绝压)、比容；

G_a、P_a、v_a——空气的流量、压力(绝压)、比容；

V_a——排放空气的体积流量，Nm^3/h。

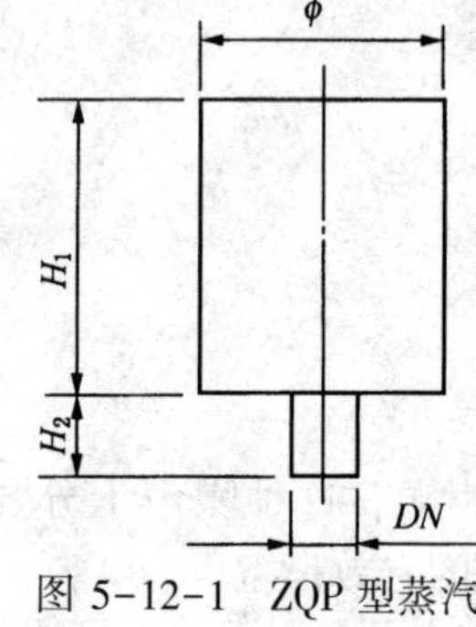

图 5-12-1　ZQP 型蒸汽排汽消声器

(3)消声器应立式安装，是否需要支承需视消声器的重量、排放管道的刚度、应力的大小等因素由安装使用者确定。消声器本身的反力和振动不大。

(4)消声器不得装于室内，应放在室外空旷处。

(5)油浴式消声过滤器应与相应排气量的空压机配套。过滤器一般安装在室外,其进气管口应高于房屋顶面 1m 以上,并设置防雨罩。

(三) 消声器的外形尺寸

1. 蒸汽消声器

(1) ZQP 型蒸汽排汽消声器的外形如图 5-12-1 所示，其外形尺寸见表 5-12-1。

表 5-12-1　ZQP 型蒸汽排汽消声器外形尺寸

型　号	排汽量/(t/h)	适用压力/MPa	外形尺寸/mm				质量/kg	生产厂
			DN	ϕ	H_1	H_2		
ZQP-2/1.3	2	1~1.3	40	410	600	100	56.9	广东省西江机械厂（广东省肇庆市）
ZQP-3/1.3	3	1~1.3	50	425	600	100	61.7	
ZQP-5/1.3	5	1~1.3	65	500	600	100	92.8	
ZQP-8/1.3	8	1~1.3	80	540	700	100	99	
ZQP-10/1.3	10	1~1.3	100	560	800	100	117	
ZQP-15/1.3	15	1~1.3	100	620	900	100	133.3	
ZQP-20/1.3	20	1~1.3	125	740	1000	100	204	
ZQP-30/1.3	30	1~1.3	150	880	1100	100	287	
ZQP-35/1.3	35	1~1.3	150	915	1200	100	318.9	
ZQP-4/0.45	4	0.45	108	450	720	130	78	
ZQP-0.2/0.8	0.2	0.8	32	370	600	165	43.3	
ZQP-6/3.9	6	3.5~3.9	50	535	600	100	91	
ZQP-8/3.9	8	3.5~3.9	65	665	700	100	146	
ZQP-10/3.9	10	3.5~3.9	65	695	700	100	176	
ZQP-15/3.9	15	3.5~3.9	80	825	800	100	221	
ZQP-20/3.9	20	3.5~3.9	80	975	1000	100	302.8	
ZQP-25/3.9	25	3.5~3.9	100	990	1000	100	332.5	
ZQP-30/3.9	30	3.5~3.9	100	1035	1300	100	403.7	
ZQP-35/3.9	35	3.5~3.9	125	1135	1300	100	472.6	
ZQP-65/3.9	65	3.5~3.9	150	1375	1900	100	391.5	

（2）ZX 型蒸汽排汽消声器外形如图 5-12-2 所示，其外形尺寸见表 5-12-2。

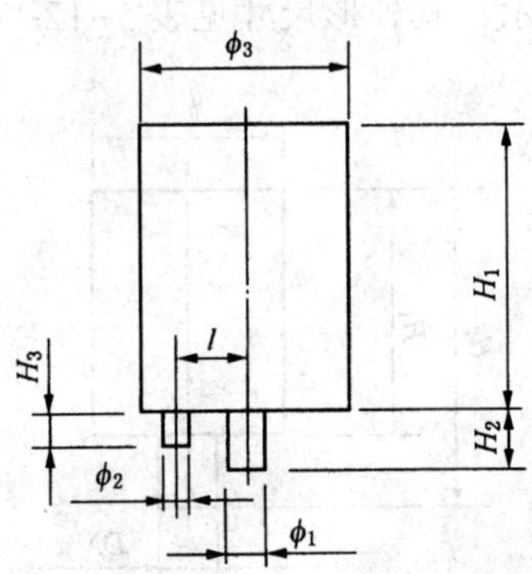

图 5-12-2　ZX 型蒸汽排汽消声器

表 5-12-2　蒸汽消声器系列外形尺寸

型　号	排汽量 G_0/（t/h）	压　力 P_0/MPa	温度/℃	进汽管 ϕ_1/mm	疏水管 ϕ_2/mm	主要结构尺寸/mm					质量/kg	生产厂
						ϕ_3	H_1	H_2	H_3	l		
ZX2-0. 3/150	2	0. 3	150	ϕ57×3	ϕ25×2. 5	360	608	100	60	105	33. 6	
ZX3-0. 3/150	3	0. 3	150	ϕ76×3. 5	ϕ25×2. 5	360	608	100	60	105	34. 5	
ZX5-0. 3/150	5	0. 3	150	ϕ133×4. 5	ϕ25×2. 5	526	1000	100	60			
ZX10-0. 3/150	10	0. 3	150	ϕ219×6	ϕ25×2. 5	600	1200	100	60			
ZX5-0. 4/180	5	0. 4	180	ϕ159×5	ϕ25×2. 5	526	508	100	60	180	59. 4	
ZX5-0. 3/400	5	0. 3	400	ϕ159×5	ϕ25×2. 5	526	1000	100	60	180		
ZX10-0. 3/400	10	0. 3	400	ϕ219×6	ϕ25×2. 5	600	1200	100	60			
ZX20-0. 3/200	20	0. 3	200	ϕ273×7	ϕ25×2. 5	700	1200	100	60			
ZX40-0. 3/200	40	0. 3	200	ϕ325×8	ϕ25×2. 5	800	1200	100	60			
ZX15-1. 0/250	15	1. 0	250	ϕ159×5	ϕ25×2. 5	630	612	100	60	225	131. 7	青岛平度电站辅机
ZX20-1. 0/250	20	1. 0	250	ϕ219×6	ϕ25×2. 5	700	1400	100	60			
ZX30-1. 0/250	30	1. 0	250	ϕ219×6	ϕ25×2. 5	700	1400	100	60			
ZX5-1. 27/194	5	1. 27	194	ϕ89×3. 5	ϕ25×2. 5	473	712	100	60	161	89	
ZX5-1. 27/300	5	1. 27	300	ϕ89×3. 5	ϕ25×2. 5	473	712	100	60	161	89	
ZX10-1. 27/250	10	1. 27	250	ϕ108×4	ϕ25×2. 5	580	1200	100	60			
ZX15-1. 27/250	15	1. 27	250	ϕ133×4. 5	ϕ25×2. 5	630	1200	100	60			
ZX20-1. 27/250	20	1. 27	250	ϕ159×5	ϕ25×2. 5	630	1200	100	60			
ZX40-1. 27/250	40	1. 27	250	ϕ219×6	ϕ25×2. 5	700	1400	100	60			
ZX15-2. 5/225	15	2. 5	225	ϕ89×5	ϕ25×2. 5	600	1200	100	80	200	179. 1	
ZX20-3. 83/450	20	3. 83	450	ϕ108×7	ϕ25×2. 5	750	1100	100	80	280	296	
ZX40-3. 83/450	40	3. 83	450	ϕ133×8	ϕ25×2. 5	900	2000	100	80	315	605. 3	

2. 气体排空消声器

YSP 型外形如图 5-12-3 所示，其外形尺寸见表 5-12-3。

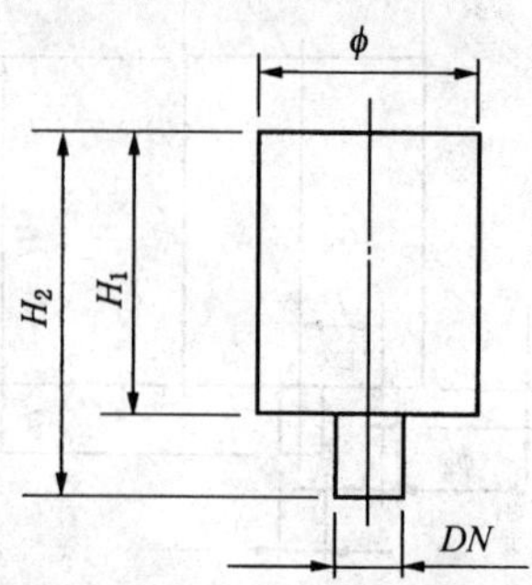

图 5-12-3 YSP 型气体排空消声器

表 5-12-3 YSP 型气体排空消声器外形尺寸

型 号	排汽量/(m^3/min)	适用压力/MPa	外形尺寸/mm				质量/kg	生产厂
			DN	ϕ	H_1	H_2		
YSP-20/0.1	20	0.1	80	260	931	1011	65	广东省西江机械厂（广东省肇庆市）
YSP-5/0.14	5	0.14	50	215	931	1011	24.2	
YSP-0.2/0.3	0.2	0.3	50	400	920	1000	54.4	
YSP-1/0.8	1	0.8	25	108	1246	1326	22	
YSP-3/0.8	3	0.8	25	133	1246	1326	29	
YSP-6/0.8	6	0.8	40	194	1246	1326	33	
YSP-10/0.8	10	0.8	50	219	1246	1326	41	
YSP-20/0.8	20	0.8	80	260	1246	1326	53	
YSP-40/0.8	40	0.8	100	310	1246	1326	68	
YSP-60/0.8	60	0.8	125	410	1246	1326	76	
YSP-100/0.8	100	0.8	150	456	1246	1326	84	
YSP-3/13	3	13	50	480	1005	1145	90	
YSP-1/15	1	15	32	377	1005	1145	72	

3. 油浴式消声过滤器

YXG 型外形见图 5-12-4，其外形尺寸见表 5-12-4。

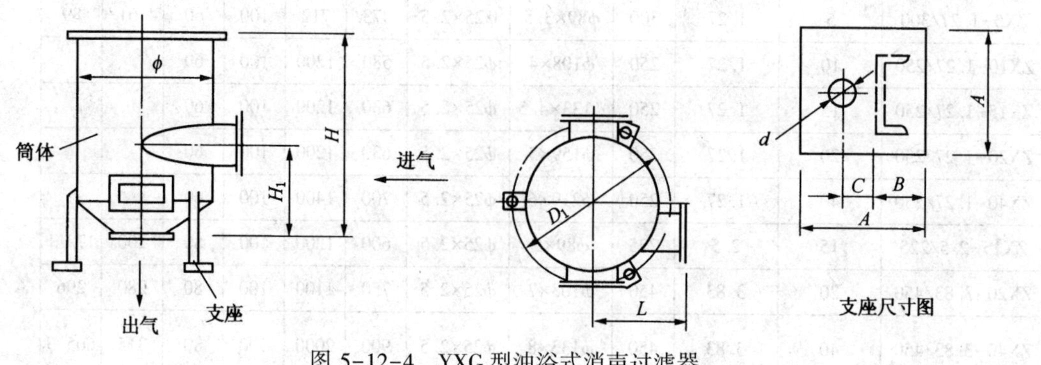

图 5-12-4 YXG 型油浴式消声过滤器

表 5-12-4　YXG 型油浴式消声过滤器外形尺寸

项　目 \ 型　号		YXG-1/10	YXG-1/20	YXG-1/40	YXG-1/60	YXG-1/100
流量/（m^3/min）		10	20	40	60	100
结构尺寸/mm	ϕ	466	610	810	970	1210
	H	832	930	1013	1103	1327
	H_1	323	380	423	473	540
	L	313	395	460	535	650
	A	150	150	150	200	200
	B	50	50	50	70	70
	C	50	50	50	70	70
	D_1	560	700	900	1100	1340
	d	24	24	24	28	28
地脚螺栓		M20×300	M20×300	M20×300	M24×400	M24×400
槽钢支柱长 500		[5	[5	[5	[8	[8
底板厚/mm		10	10	10	10	10
进气管($\phi\times\delta$)		210×3	273×5	330×5	370×5	426×5
出气管($\phi\times\delta$)		210×3	273×5	330×5	370×5	426×5
质量/(kg/台)		92	247	378	503	775
生 产 厂		广东省西江机械厂(广东省肇庆市)				

4. 电机消声器

DX 系列外形如图 5-12-5 所示，其外形尺寸见表 5-12-5。

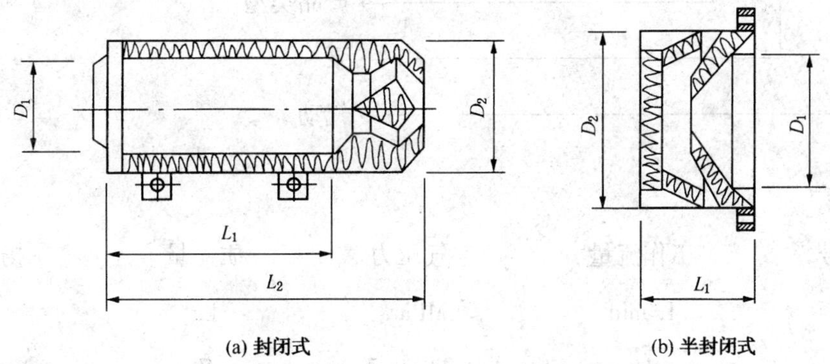

图 5-12-5　DX 系列电机消声器

表 5-12-5　DX 系列电机消声器外形尺寸

型　号 \ 参　数	L_1	L_2	D_1	D_2	适用电机型号	功率	备　注	生 产 厂
DX-250	650	1400	550	650	YB250M-2	55kW	封闭式	广东省西江机械厂（广东省肇庆市）
DX-280	850	1400	600	700	YB280S-2	75kW	封闭式	
DX-280	1070	1600	650	750	YB280M-2	90kW	封闭式	
DX-315	1070	1600	650	750	JB315S1-2	110kW	封闭式	
DX-315	1070	1600	650	750	JB315S2-2-W	130kW	封闭式	
DX-102	1070	1600	650	750	BJ02-102-2	160kW	封闭式	
DX-560	625		900	1000	JB056M2-2	280kW	半封闭式	
DX-630	625		1080	1180	JB0630S2-2	315kW	半封闭式	
DX-630	625		1080	1180	JB0630M2-2	355kW	半封闭式	
DX-450	1880	2500	1015	1120	YB450S2-2-W	355kW	封闭式	
DX-FGA-FO	1600	2200	1020	1120	FGA-FO	325kW（日本产）	封闭式	
DX-630	450		1280	1380	JB0630M2-2-W	450kW	半封闭式	

第十三节　立式气动泵(桶泵)

立式气动泵可代替用手工操作从桶内抽液体物料或以电动泵吸取、倒罐、装罐抽液的作业。

该泵直径为2in棒管式：以0.24~0.7MPa压缩空气动力驱动，用不锈钢为主要材料制成。耐酸、碱、盐和油类。

1. 适用范围

(1) 适用于石油化工、国防、医药等行业各种液体物料、油品和三剂（助剂、凝聚剂、催化剂）的现场倒罐和抽液。

(2) 循环水系统水质稳定剂、水处理的各种药剂现场倒罐。

(3) 粮油、食品、酒类加工行业各种液体原料和成品的倒运、装罐、装桶。

2. 产品型号编制（浙江温州四方化工机械厂生产）

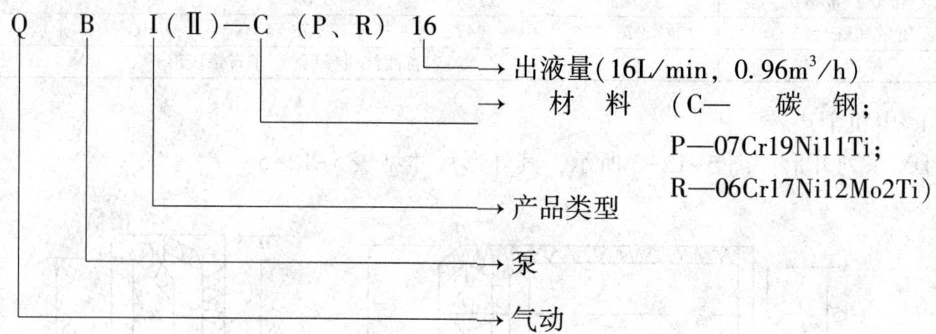

3. 性能

型　号	工作流量	空气压力	质　量	扬　程
QB	L/min	MPa	kg	m
	16	0.24~0.7	7	≤13

4. 安装

(1) 连接快速接头、软管、气阀、软管、油雾器，并接通压缩气源。

(2) 用悬吊连接器将泵固定在桶体上，使泵的下端和桶底保持13mm距离的间隙。

(3) 泵出口处接3/4″软管，气源胶管规格内径φ8mm。

5. 操作

(1) 把快速接头接于泵体进气口。

(2) 慢速打开压缩空气阀门、启动泵（切勿快速启动）。

(3) 当泵突然急速摆动时表示桶内液体已经吸空，应立即拉开快速接头，关闭气源阀门。

(4) 停泵后应将泵体从桶内抽出，排净泵内积留液，用手指按泵体的底部阀瓣使其泵管内的液体流净。然后将泵倒过来，使泵上部的液体也排出。其结构示意图见图5-13-1。

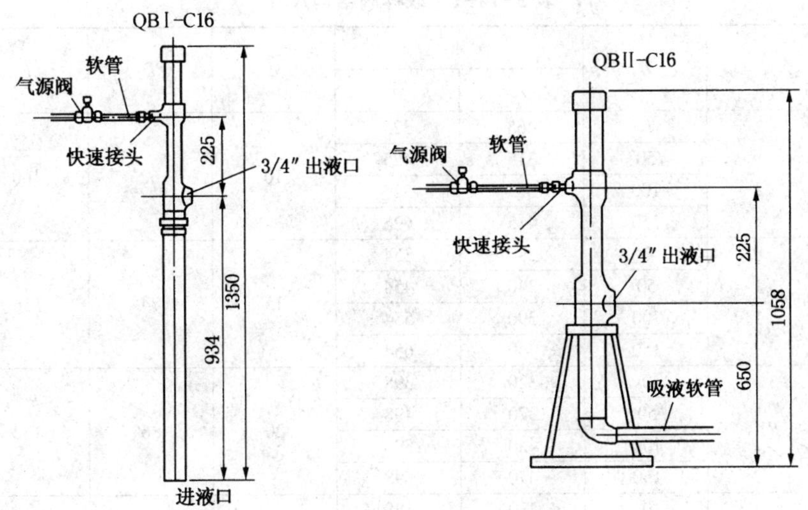

图 5-13-1　立式气动泵结构示意图

注：浙江温州四方化工机械厂生产

第十四节　取样阀、放料阀及取样阀配套附件

（一）取样阀

1. 酸、碱用取样阀

（1）制造验收应符合 API598 的规定。

（2）螺纹尺寸符合 ASNE B1. 20. 1 的规定。

（3）性能参数

公称压力	MPa（psi）	10（600）
密封试验压力		11
强度试验压力		15
工作温度/℃		-180～+260
适用介质		酸、碱、有机物等

（4）主要零件材料

代号	P	P_0	R	R_0
铸件	CF8	CF3	CF8M	CF3M
毛坯	06Cr19Ni10	022Cr19Ni10	061Cr17Ni12Mo2	022Cr17Ni12Mo2

（5）结构尺寸（见表 5-14-1，结构简图见图5-14-1）。

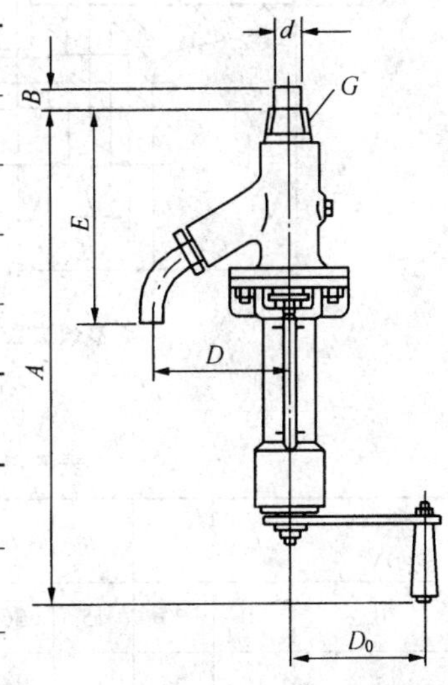

图 5-14-1　取样阀结构简图

注：订货时除写明取样阀规格外还需注明 B 的尺寸

表 5-14-1　取样阀结构尺寸　(mm)

公称直径 DN	G /in	B	A 关	A 开	d	D	E	D_0
10	$R\frac{1}{2}$	0	265	325	10	62	100	60
		50	315	425				
		100	365	525				
		150	415	625				
15	$R\frac{3}{4}$	0	290	354	15	74	116	75
		50	340	454				
		100	390	554				
		150	440	654				
20	R1	0	320	398	20	86	132	90
		50	370	498				
		100	420	598				
		150	470	698				
25	$R1\frac{1}{4}$	0	430	528	25	108	160	100
		50	480	628				
		100	530	728				
		150	580	828				

生产厂：浙江温州精铸阀门厂

(6) 取样阀配套附件

外形如图 5-14-2、图 5-14-3 所示，基本尺寸见表 5-14-2 和表 5-14-3。

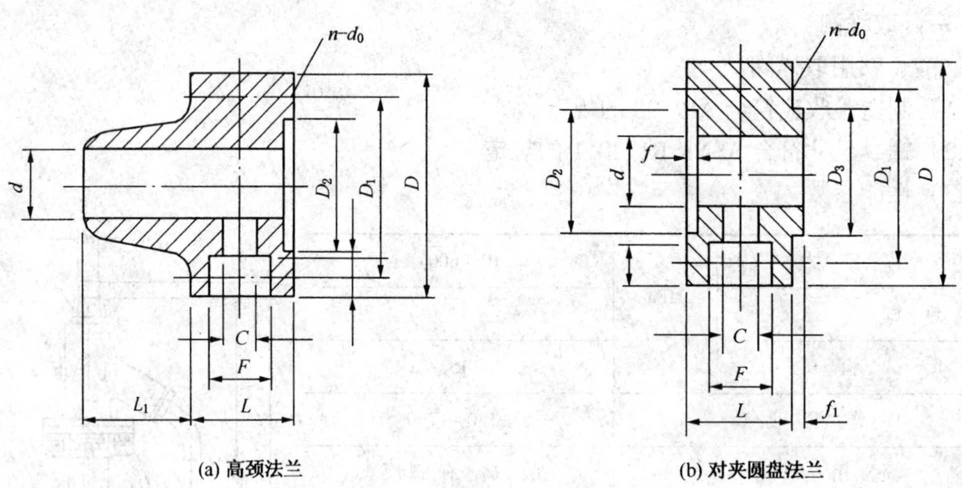

图 5-14-2　取样阀的配套法兰结构图

表 5-14-2　高颈法兰、对夹圆盘法兰基本尺寸　(mm)

公称直径 DN	C	F	I	L	d	D	D_1	D_2	D_3	f	f_1	n-d_0	L_1	生产厂
10	10	20	15	36	由安装的管径确定按相应的标准配制									浙江温州精铸阀门厂
15	15	26	15	45										
20	20	32	20	50										
25	25	40	20	56										

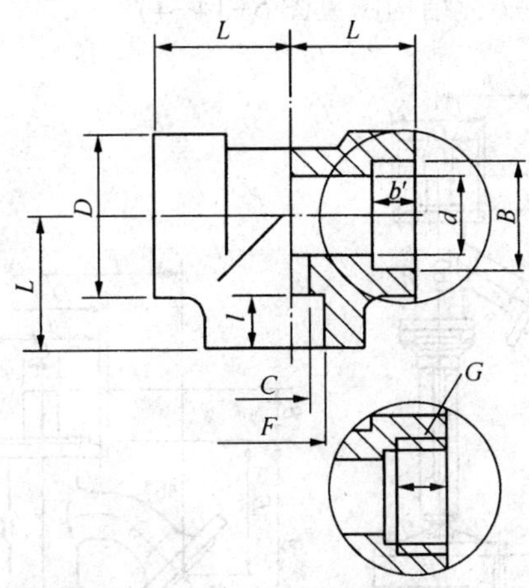

图 5-14-3 取样阀的配套三通结构图

表 5-14-3 三通基本尺寸 (mm)

公称直径 DN	C	F	l	L	D	B	d	b	G	f
10	10	20	15	30	28	21.9	15.7	10	R_C1/2	15
15	15	26	15	33	36	27.3	21.7	10	R_C3/4	16
20	20	32	20	38	45	34.0	27.4	13	R_C1	19
25	25	40	20	44	54	42.8	35.8	13	R_C1 1/4	19
生产厂：浙江温州精铸阀门厂										

2. 油品用取样阀：分冲洗式和不冲洗式两种。

(1) 型号及应用范围：工作压力 0.6~1.6MPa、工作温度≤135℃。

FLS1 型适用于被取样管 *DN*20~50，安装时在被取样管上钻 *ϕ*8 孔。

FLS2 型适用于被取样管 *DN*≥100，安装时在被取样管上钻 *ϕ*8 孔。

FLS3 型适用于被取样管 *DN*≥100，安装时在被取样管上钻 *ϕ*30 孔。

FLS4 型适用于被取样管 *DN*≥200，安装时在被取样管上钻 *ϕ*81 孔。

(2) 生产厂：浙江温州四方化工机械厂。

(二) 放料阀

1. 应用规范

(1) 法兰尺寸应符合 ASME B16.5 的规定。

(2) 制造验收应符合 API 598 的规定。

2. 性能参数（见表 5-14-4）

3. 主要零件材料（见表 5-14-5）

表 5-14-4 放料阀的性能参数

项目	单位	数值
公称压力	MPa (psi)	2 (150)
密封试验压力		2.2
强度试验压力		3
工作温度/℃		-180~+260
适用介质		酸、碱、有机物等

表 5-14-5 主要零件材料

代号	P	P_0	R	R_0
铸件	CF8	CF3	CF8M	CF3M
毛胚	0Cr19Ni9	00Cr19Ni11	0Cr17Ni12Mo2	00Cr17Ni14Mo2

4. 结构尺寸（见表 5-14-6，结构图见图 5-14-4）

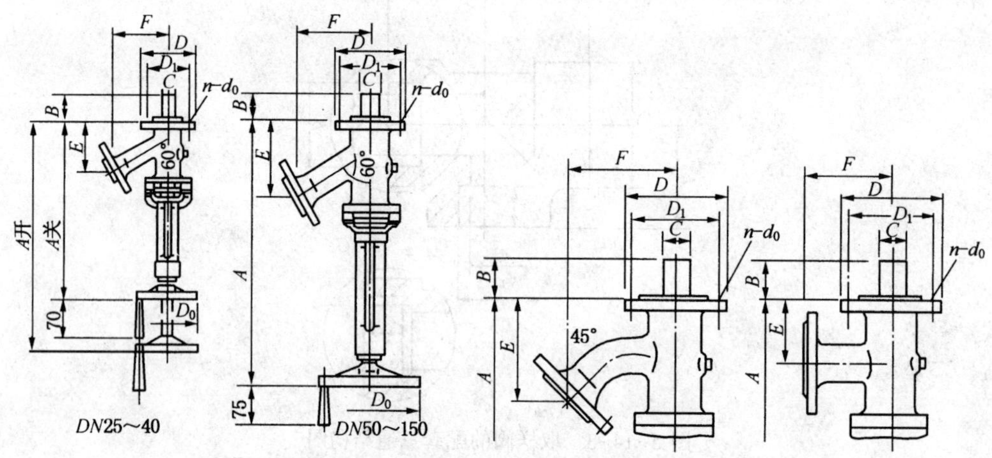

图 5-14-4 放料阀结构简图

表 5-14-6 放料阀法兰连接基本尺寸 （mm）

公称直径 DN		25				40				50				65				80				100				150				150 90 直径	生产厂
B		50	100	150	200	50	100	150	200	50	100	150	200	50	100	150	200	50	100	150	200	50	100	150	200	50	100	150	200	0	浙江温州精铸阀门厂
A	开	395	495	595	695	450	550	650	750	515	565	615	665	525	575	625	675	595	645	695	745	645	695	745	795	895	945	995	1045	895	
	关	290	340	390	440	325	375	425	475																						
C		25				30				40				50				60				80				125					
法兰尺寸	D	110				130				150				180				190				230				255					
	D_1	79.5				98.5				120.5				139.5				152.5				190.5				210.0					
	n-d_0	4—16				4—16				4—20				4—20				4—20				8—20				8—22					
E	60°	95				118				140				150				170				190				270				185	
	45°	105				122				143				160				185				213				280					
F	60°	105				127				145				160				180				208				280				280	
	45°	118				136				162				173				195				227				306					
D_0		120				150				200				250				250				300				400					

第十五节　静态混合器

静态混合器是依靠组装在管内的混合单元，使不互溶的流体在混合器内流动时，流体受混合单元的约束，发生分流、合流、旋转等运动，促使每种流体都达到良好的分散，流体间达到良好的混合。

静态混合器具有分散效果好、能耗省、投资少、体积小、见效快、处理量大、放大容易和易于实现连续混合工艺等特点。

目前国内可生产的静态混合器有 SV 型、SX 型、SL 型、SH 型和 SK 型五大系列。示意图如图 5-15-1，结构尺寸见表 5-15-1～表 5-15-5。

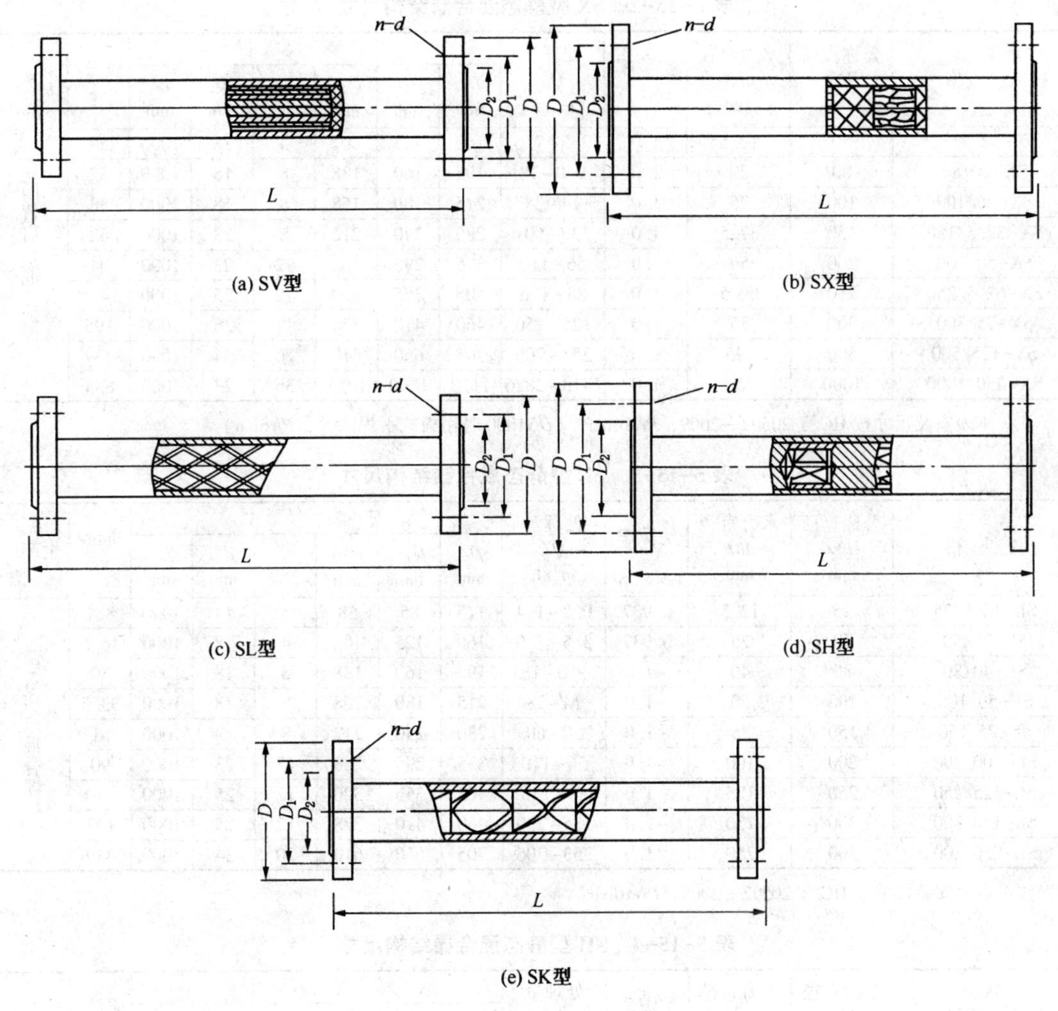

图 5-15-1 静态混合器

表 5-15-1 SV 型静态混合器结构尺寸

规格	公称直径 DN/mm	水力直径 dh/mm	空隙率 ε	处理量 Q/(m³/h)	安装尺寸 D/mm	D_1/mm	D_2/mm	n	d/mm	L/mm	质量/kg	生产厂
SV-2.3/20	20	2.3	0.880	0.5~1.2	105	75	58	4	14	1000	5.8	国营启东混合器厂
SV-2.3/25	25	2.3	0.880	0.9~1.8	115	85	68	4	14	1000	8.0	
SV-3.5/32	32	3.5	0.909	1.4~2.8	135	100	78	4	18	1000	10.5	
SV-3.5/40	40	3.5	0.909	2.2~4.4	145	110	88	4	18	1000	13.0	
SV-3.5/50	50	3.5	0.909	3.5~7.0	160	125	102	4	18	1000	18.0	
SV-5/80	80	5	~1.0	9.0~18.0	195	160	138	8	18	1000	30.0	
SV-5/100	100	5	~1.0	14~28	215	180	158	8	18	1000	34	
SV-5~7/150	150	5~7	~1.0	30~60	280	240	212	8	23	1000	60	
SV-5~15/200	200	5~15	~1.0	56~110	335	295	268	12	23	1000	87	
SV-5~20/250	250	5~20	~1.0	88~176	405	355	320	12	25	1000	132	
SV-7~30/300	300	7~30	~1.0	125~250	460	410	378	12	25	1000	171	
SV-7~30/500	500	7~30	~1.0	353~706	705	650	610	20	34	1000	412	
SV-7~30/1000	1000	7~30	~1.0	1413~2826	1130	1090	1055	36	23	1000	844	

注：本表安装尺寸按 HG/T 20592—2009，PN16bar，(DN=1000 时用板式平焊法兰 PN16bar)。

表 5-15-2　SX 型静态混合器结构尺寸

规　　格	公称直径 DN/mm	水力直径 dh/mm	空隙率 ε	处理量 Q/(m^3/h)	安装尺寸						质量/kg	生产厂
					D/mm	D_1/mm	D_2/mm	n	d/mm	L/mm		
SX-12.5/50	50	12.5	1.0	3.5~7.0	160	125	102	4	18	1000	20	国营启东混合器厂
SX-20/80	80	20	1.0	9.0~18	195	160	138	8	18	1000	32	
SX-25/100	100	25	1.0	14~28	215	180	158	8	18	1000	38	
SX-37.5/150	150	37.5	1.0	30~60	280	240	212	8	23	1000	62	
SX-50/200	200	50	1.0	56~110	335	295	268	12	23	1000	94	
SX-62.5/250	250	62.5	1.0	88~176	405	355	320	12	25	1000	14.5	
SX-75/300	300	75	1.0	125~250	460	410	378	12	25	1000	195	
SX-125/500	500	125	1.0	353~706	705	650	610	20	34	1000	439	
SX-250/1000	1000	250	1.0	1413~2826	1130	1090	1055	36	23	1000	884	

注：本表安装尺寸按 HG/T 20592—2009，PN16bar，（DN1000 时用板式平焊法兰，PN6bar）。

表 5-15-3　SL 型静态混合器结构尺寸

规　　格	公称直径 DN/mm	水力直径 dh/mm	空隙率 ε	处理量 Q/(m^3/h)	安装尺寸						质量/kg	生产厂
					D/mm	D_1/mm	D_2/mm	n	d/mm	L/mm		
SL-12.5/25	25	12.5	0.937	0.7~1.4	115	85	68	4	14	1000	8.1	国营启东混合器厂
SL-25/50	50	25	0.937	3.5~7.0	160	125	102	4	18	1000	16.5	
SL-40/80	80	40	~1.0	9.0~18	195	160	138	8	18	1000	30	
SL-50/100	100	50	~1.0	14~28	215	180	158	8	18	1000	33.5	
SL-75/150	150	75	~1.0	30~60	280	240	212	8	23	1000	61	
SL-100/200	200	100	~1.0	56~110	335	295	268	12	23	1000	90	
SL-125/250	250	125	~1.0	88~176	405	355	320	12	25	1000	140	
SL-150/300	300	150	~1.0	125~250	460	410	378	12	25	1000	193	
SL-250/500	500	250	~1.0	353~706	705	650	610	20	34	1000	449	

注：本表安装尺寸按 HG/T 20592—2009，PN16bar。

表 5-15-4　SH 型静态混合器结构尺寸

规　　格	公称直径 DN/mm	水力直径 dh/mm	空隙率 ε	处理量 Q/(m^3/h)	安装尺寸						质量/kg	生产厂
					D/mm	D_1/mm	D_2/mm	n	d/mm	L/mm		
SH-3/15	15	3	—	0.1~0.2	90	65	45	4	14	1000	7	国营启东混合器厂
SH-4.5/20	20	4.5	—	0.2~0.4	105	75	58	4	14	1000	10.5	
SH-7/32	32	7	—	0.5~1.1	135	100	78	4	18	1000	20	
SH-12/50	50	12	—	1.6~3.2	160	125	102	4	18	1000	46.5	
SH-19/80	80	19	—	4.0~8.0	195	160	138	8	18	1000	87	
SH-24/100	100	24	—	6.5~13	215	180	158	8	18	1000	133	
SH-49/200	200	49	—	26~52	335	295	268	12	23	1000	306	

注：本表安装尺寸按 HG/T 20592—2009，PN16bar。

表 5-15-5　SK 型静态混合器结构尺寸

规　　格	公称直径 DN/mm	水力直径 dh/mm	空隙率 ε	处理量 Q/(m^3/h)	安装尺寸						质量/kg	生产厂
					D/mm	D_1/mm	D_2/mm	n	d/mm	L/mm		
SK-5/10	10	5	~1.0	0.15~0.30	90	60	40	4	14	1000	3.3	国营启东混合器厂
SK-7.5/15	15	7.5	~1.0	0.3~0.6	95	65	45	4	14	1000	4.0	
SK-10/20	20	10	~1.0	0.6~1.2	105	75	58	4	14	1000	5.8	
SK-12.5/25	25	12.5	~1.0	0.9~1.8	115	85	68	4	14	1000	8.0	
SK-20/40	40	20	~1.0	2.2~4.4	145	110	88	4	18	1000	13	
SK-25/50	50	25	~1.0	3.5~7.0	160	25	102	4	18	1000	18	

续表

规格	公称直径 DN/mm	水力直径 dh/mm	空隙率 ε	处理量 Q/(m^3/h)	安装尺寸 D/mm	D_1/mm	D_2/mm	n	d/mm	L/mm	质量/kg	生产厂
SK-40/80	80	40	~1.0	9.0~18	195	160	138	8	18	1000	30	国营启东混合器厂
SK-50/100	100	50	~1.0	14~28	215	180	158	8	18	1000	34	
SK-75/150	150	75	~1.0	30~60	280	240	212	8	23	1000	62	
SK-100/200	200	100	~1.0	56~110	335	295	268	12	23	1000	87	
SK-125/250	250	125	~1.0	88~176	405	355	320	12	25	1000	141	
SK-150/300	300	150	~1.0	125~250	460	410	378	12	25	1000	171	

注：本表安装尺寸按 HG/T 20592—2009，*PN*16bar。

第十六节　浮动式收油器

FS-170-5 型浮动式收油器靠浮体浮于液面，由防爆电机驱动抽吸泵，将进入围堰的浮油沿输送管送到另外设置的贮油槽。

浮动式收油器可广泛应用于石油化工厂、炼油厂、化工厂、油罐区等排污水中浮油的收集；还可收集相对密度小于 1 且不溶于水的各种液体介质，如：苯酚、丙酮等。

1. FS-170-5 收油器主要技术指标(见表 5-16-1)

表 5-16-1　FS-170-5 收油器主要技术指标

序号	项目	指标
1	质量流速/(L/min)	170
2	扬程/m	5
3	转速/(r/min)	3000
4	功率/kW	0.8
5	最小收油深度/mm	8
6	规格点的油黏度/(mPa·s)	1~18
7	质量/kg	82

注：生产厂广东省肇庆仪表机械厂。

2. FS-170-5 型浮动式收油器工作原理(如图 5-16-1 所示)

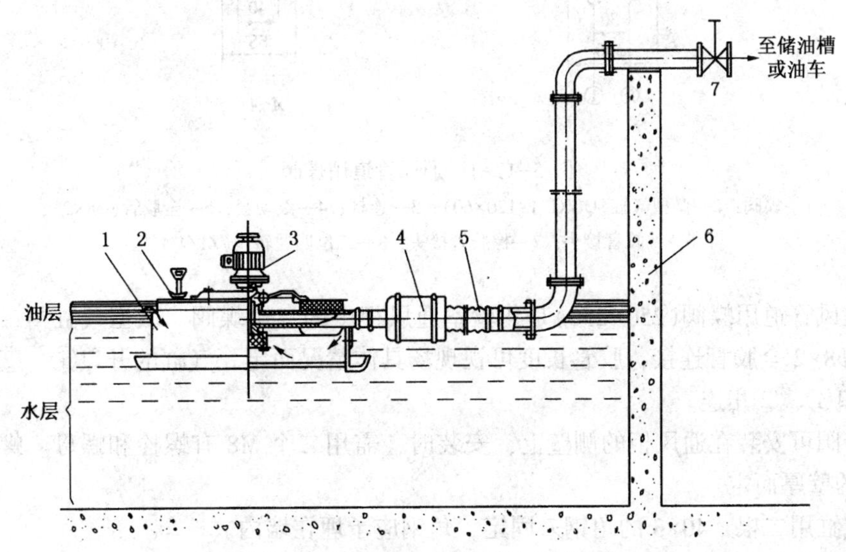

图 5-16-1　浮动式收油器工作原理

1—围堰；2—调整螺母；3—防爆电机；4—半圆浮子；5—排液软管；6—隔油池壁；7—调节阀

第十七节 通风管道用蝶阀

化验室通风管道用蝶阀(250×250)及蝶阀气动控制设备见图 5-17-1。

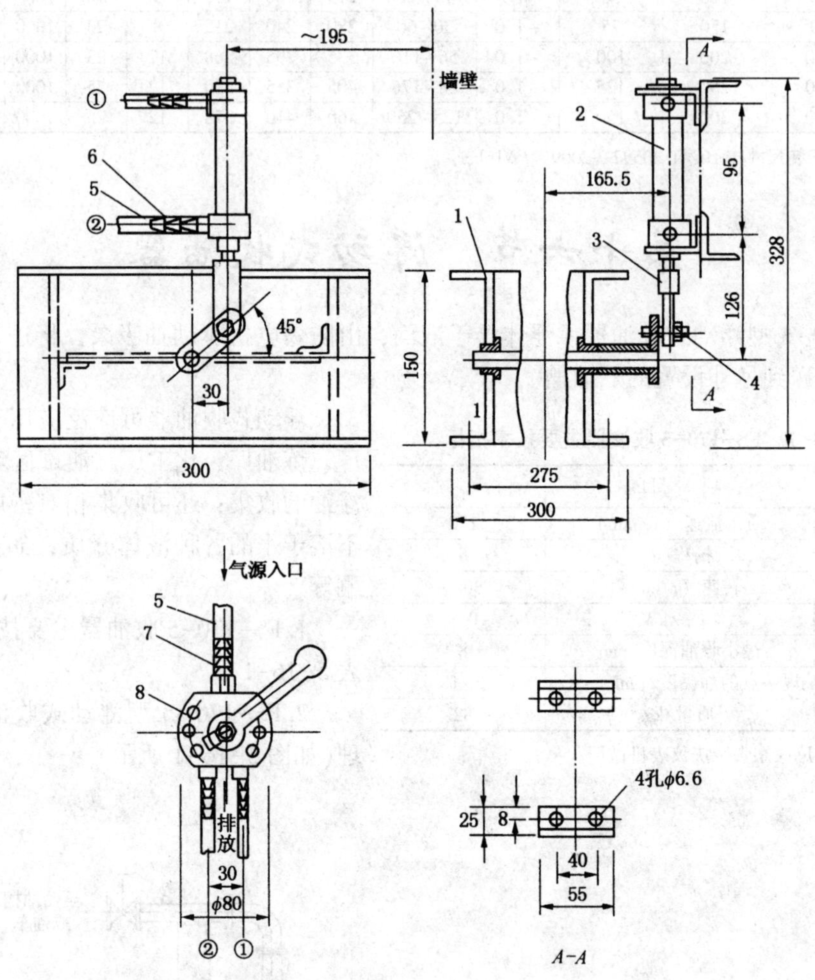

图 5-17-1 通风管道用蝶阀

1—蝶阀；2—微型气缸(QGXI-J×120×60)；3—连杆；4—滚动套；5—全胶管(φ8×2)；6—橡胶管接头；7—橡胶管接头；8—二位四通转阀(Z1/4″)

(1)通风管道用蝶阀(250×250)是化验室通风柜中的专用蝶阀。微型气缸与二位四通转阀之间用 φ8×2 全胶管连接，胶管长度可视现场具体情况而定。气缸的开口①、②应分别与转阀的开口①、②相连。

(2)转阀可安装在通风柜的侧壁上，安装时，需用二个 M8 有螺栓和螺母。螺栓长度可视通风柜的壁厚而定。

(3)气缸用二根∠40×3 的角钢来固定，角钢应予埋在墙内。

(4)所选的二位四通转阀为第一汽车制造厂标准产品，如订不上货可用重庆山城仪表厂的 34ZR8-L6Y-G1 三位四通手动转阀来代替，但有关的连接零件要作必要的修改。

（5）安装时必须对气缸和蝶阀的相对位置作适当调整，保证操作灵活，阀板开关到位。图示为蝶阀全关位置。

（6）生产厂：广东肇庆市仪表电器厂

北京市京钟通风空调设备工程公司。

第十八节　有机玻璃量筒

有机玻璃量筒是一种作为钝化剂加入量的测定。量筒采用有机玻璃加工制造。外形尺寸如图 5-18-1 所示。施工图图号为《石油化工装置工艺安装设计手册》第五篇《设计施工图册》第二章“小型设备”中给出的施工图图号。

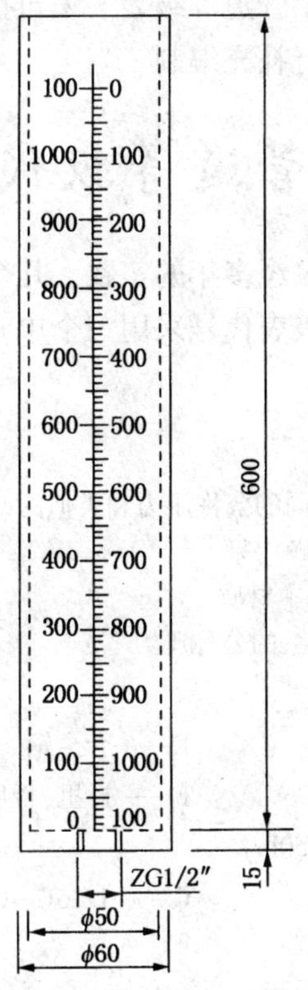

图 5-18-1　有机玻璃量筒

注：1. 图中尺寸单位为 mm，量筒的刻度数字为 mL。

2. 施工图图号：S5-18-1。

（编制　余子俊　徐心兰　张德姜）

第六章　管道等级表

管道等级表，相当于“管线器材综合选用表”，是配管设计计算机绘图和汇料不可缺少的基础文件。管道等级表是根据管子、管件、阀门、法兰、垫片等选择原则，按不同的操作介质和条件编制的。通常，各国家、各公司或设计院都根据国内、外管道器材的品种、规格和经济比较以及市场供应情况等许多因素编制自己的管道等级表。即使同属石化系统的设计部门也不尽相同。这样，为供应施工、检修带来诸多不便。本手册针对公用工程介质和常用工艺介质在一般的操作条件下编制了管道等级表。未包括在表中的介质或超出表中的设计条件的管道等级可按本手册的原则自行补充编制。

第一节　管道等级代号的确定

管道等级表的代号也不尽相同。经多年的实践，几个主要设计部门都认为由三个单元字符组成比较合适。本手册的管道等级表代号采用三个单元字符表示。

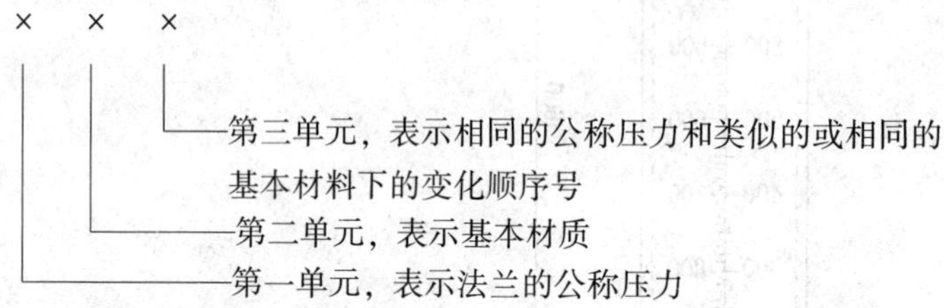

第一单元　法兰的公称压力的数值

1.0——表示法兰公称压力 1.0MPa
1.6——表示法兰公称压力 1.6MPa
2.0——表示法兰公称压力 2.0MPa(150lb)
2.5——表示法兰公称压力 2.5MPa
4.0——表示法兰公称压力 4.0MPa
5.0——表示法兰公称压力 5.0MPa(300lb)
6.3——表示法兰公称压力 6.4MPa
6.8——表示法兰公称压力 6.8MPa(400lb)
10.0——表示法兰公称压力 10.0MPa
16.0——表示法兰公称压力 16.0MPa

第二单元　基本材质的符号为英文字母

A——碳钢 10、20、20R、20G、Q235A、Q235B、Q235C、Q235AF
B——16Mn、16MnR
C——15CrMo、12CrMo
D——铸铁、可锻铸铁
E——合金钢
F——衬里(橡胶衬里、非金属衬里等)
G——1.25Cr-0.5Mo、5Cr-0.5Mo(12Cr-5Mo)
K——07Cr19Ni11Ti、06Cr18Ni11Ti
L——铝
M——蒙乃尔合金
N——镍
P——塑料管(PVC、PE、PP)
R——玻璃钢
X——镀锌
其他字母　预留

第三单元　由数字符号表示变化的顺序号。表示适用介质的不同；腐蚀裕量不同；管件或阀门的选择有较大的不同。按流水号顺序，无特殊含义。

第二节　石油化工装置管道设计常用管道等级表

表 6-2-1　管道等级表(等级号:1A1)

公称压力 *PN*/MPa		1.0	操作介质	新鲜水、消防水、循环水	
设计条件	设计压力/MPa	1.0	基本材质	碳　钢	
	设计温度/℃	≤80	腐蚀裕量/mm	1.5	
项　目		公称直径 *DN*/mm	规格型号	材　质	标　准　号
管　子		15~150	低压流体输用焊接钢管	Q235B	GB/T 3091
		200~300	输送流体用无缝钢管 Sch20	20（10）钢	GB/T 8163
		≥350	螺旋缝埋弧焊钢管 Sch10	Q235B	SY/T 5037
管件	90°/45° 弯头	15~40	锻钢螺纹 Sch80	20 锻钢	SH/T 3410
		50~300	无缝 Sch20	20 钢	SH/T 3408
		≥350	钢板焊制 LG	Q235B	SH/T 3409
	三　通	15~40	锻钢螺纹 Sch80	20 锻钢	SH/T 3410
	同心/偏心 大小头	15~40	异径双承口管箍 Sch80	20 锻钢	SH/T 3410
		50~300	无缝 Sch20		SH/T 3408
		≥350	钢板焊制 Sch20	Q235B	SH/T 3409
	封　头	15~100	平盖封头	20 钢	
		150~300	管帽 Sch20	20 钢	SH/T 3408
		≥350	钢板焊制管帽 Sch20	Q235B	SH/T 3408
	螺纹短节	15~40	单头/双头 Sch80	20 钢	S5-7-1
	管　箍	15~40	双头螺纹 Sch160	20 锻钢	SH/T 3410
	活接头	15~40		20 锻钢	SH/T 3424
阀门	闸　阀	15~40	DVW113（用于放空、放净）		
		15~40	Z11H25		
		15~400	Z41H-16C		
	蝶　阀	40~200	D71F-16C		
		250~600	D341F-16C		
	球　阀	15~50	Q11F25		
	截止阀	15~40	J11H25		
		50~200	J41H16C		
	止回阀	异径 25~100	RCV-Ⅱ-1.6C（异径止回阀直接与泵出口相接）		
		15~40	H41H-25（平管）		
		15~40	H13H-40（立管）		
		50~600	H44H-25		
法　兰			平焊（突）*PN*1.0、1.6、2.5MPa	Q235B	
螺栓(柱)螺母			全螺纹螺柱	35 钢	SH/T 3404
			六角螺母	25 钢	SH/T 3404
垫　片			石棉橡胶垫 *PN*1.0、1.6、2.5MPa	XB450	

表 6-2-2　管道等级表（等级号：1A2）

公称压力 *PN*/MPa		1.0	操作介质	非净化压缩空气、软化水凝结水、惰性气体	
设计条件	设计压力/MPa	0.6	基本材质	碳　钢	
	设计温度/℃	≤150	腐蚀裕量/mm	1.5	
项　目		公称直径 *DN*/mm	规格型号	材　质	标　准　号
管　子		15~50	输送流体用无缝钢管 Sch40	20 钢	GB/T 8163
		65~300	输送流体用无缝钢管 Sch20	20 钢	GB/T 8163
		≥350	螺旋缝埋弧焊	Q235B	SY/T 5037
管件	90° 45° 弯头	15~40	锻钢螺纹 Sch80	20（10）锻钢	SH/T 3410
		50~300	无缝 Sch20	20 钢	SH/T 3408
		≥350	钢板焊制 LG	Q235B	SH/T 3408
	三　通	15~40	锻钢螺纹 Sch80	20 锻钢	SH/T 3410
	同心 偏心 大小头	15~40	异径双承口管箍 Sch80	20 锻钢	SH/T 3410
		50~300	无缝 Sch20	20（10）钢	SH/T 3408
		≥350	钢板焊制 Sch20	Q235B	SH/T 3408
	封　头	15~100	平盖封头	20 钢	
		150~300	管帽 Sch20	20 钢	SH/T 3408
		≥350	钢板焊制管帽 Sch20	Q235B	SH/T 3408
	螺纹短节	15~40	单头/双头 Sch80	20 钢	S5-7-1
	管　箍	15~40	双头螺纹 Sch160	20 锻钢	SH/T 3410
	活接头	15~40		20 锻钢	SH/T 3424
阀门	闸　阀	15~40	DVW113（用于放空、放净）		
		15~40	Z11H25		
		15~400	Z41H-16C		
	蝶　阀	40~200	D71F-16C		
		250~600	D341F-16C		
	球　阀	15~50	Q11F25		
	截止阀	15~40	J11H25		
		50~200	J41H-16C		
	止回阀	异径 25~100	RCV-Ⅱ-1.6C		
		15~40	H41H-25		
		15~40	H13H-40		
		50~600	H44H-25		
法　兰			平焊（突）*PN*1.0、1.6、2.5MPa		
螺栓（柱）螺母			全螺纹螺柱	35 钢	SH/T 3404
			六角螺母	25 钢	SH/T 3404
垫　片			石棉橡胶垫 *PN*1.0、1.6、2.5MPa	XB450	

表 6-2-3 管道等级表（等级号：1A3）

<table>
<tr><td colspan="3">公称压力 PN/MPa</td><td>1.0</td><td>操作介质</td><td colspan="2">酸渣 25%碱渣、10%~40%碱液</td></tr>
<tr><td colspan="2" rowspan="2">设计条件</td><td>设计压力/MPa</td><td>≤1.0</td><td>基本材质</td><td colspan="2">碳　钢</td></tr>
<tr><td>设计温度/℃</td><td>≤60</td><td>腐蚀裕量/mm</td><td colspan="2">3.0</td></tr>
<tr><td colspan="2">项　目</td><td>公称直径 DN/mm</td><td>规格型号</td><td>材　质</td><td colspan="2">标　准　号</td></tr>
<tr><td colspan="2" rowspan="2">管　子</td><td>15~50</td><td colspan="2">输送流体用无缝钢管 Sch80</td><td>20 钢</td><td>GB/T 8163</td></tr>
<tr><td>80~300</td><td colspan="2">输送流体用无缝钢管 Sch40</td><td>20 钢</td><td>GB/T 8163</td></tr>
<tr><td rowspan="11">管件</td><td rowspan="2">90°
45° 弯头</td><td>15~40</td><td colspan="2">承插焊 Sch80</td><td>20 钢</td><td>SH/T 3410</td></tr>
<tr><td>50~300</td><td colspan="2">无缝 Sch40</td><td>20 钢</td><td>SH/T 3408</td></tr>
<tr><td>三　通</td><td>15~40</td><td colspan="2">承插焊 Sch80</td><td>20 锻钢</td><td>SH/T 3410</td></tr>
<tr><td rowspan="2">同心
偏心 大小头</td><td>15~40</td><td colspan="2">异径双承口管箍 Sch80</td><td>20 锻钢</td><td>SH/T 3410</td></tr>
<tr><td>50~300</td><td colspan="2">无缝 Sch40</td><td>20 钢</td><td>SH/T 3408</td></tr>
<tr><td rowspan="2">封　头</td><td>15~100</td><td colspan="2">平盖封头</td><td>20 钢</td><td></td></tr>
<tr><td>150~300</td><td colspan="2">管帽 Sch40</td><td>20 钢</td><td>SH/T 3408</td></tr>
<tr><td>螺纹短节</td><td>15~40</td><td colspan="2">单头/双头 Sch80</td><td>20 钢</td><td>S5-7-1</td></tr>
<tr><td>管　箍</td><td>15~40</td><td colspan="2">双头螺纹 Sch80</td><td>20 锻钢</td><td>SH/T 3410</td></tr>
<tr><td>活接头</td><td>15~40</td><td colspan="2"></td><td>20 锻钢</td><td>SH/T 3424</td></tr>
<tr><td rowspan="9">阀门</td><td rowspan="3">闸　阀</td><td>15~40</td><td colspan="2">DVW113（用于放空、放净）</td><td></td><td></td></tr>
<tr><td>15~40</td><td colspan="2">Z11H-25</td><td></td><td></td></tr>
<tr><td>15~300</td><td colspan="2">Z41H-16C</td><td></td><td></td></tr>
<tr><td rowspan="2">截止阀</td><td>15~40</td><td colspan="2">J11H-25</td><td></td><td></td></tr>
<tr><td>15~200</td><td colspan="2">J41H-16C</td><td></td><td></td></tr>
<tr><td rowspan="4">止回阀</td><td>异径 25~100</td><td colspan="2">RCV-Ⅱ-1.6C</td><td></td><td></td></tr>
<tr><td>15~40</td><td colspan="2">H41H-25</td><td></td><td></td></tr>
<tr><td>15~40</td><td colspan="2">H13H-40（立管）</td><td></td><td></td></tr>
<tr><td>25~300</td><td colspan="2">H44H-25</td><td></td><td></td></tr>
<tr><td colspan="2" rowspan="2">法　兰</td><td></td><td colspan="2">对焊（突）PN1.0MPa</td><td>20 锻钢</td><td></td></tr>
<tr><td></td><td colspan="2">对焊（突）PN1.6、2.5MPa（配阀门）</td><td>20 锻钢</td><td></td></tr>
<tr><td colspan="2" rowspan="2">螺栓（柱）螺母</td><td></td><td colspan="2">全螺纹螺柱</td><td>35 钢</td><td>SH/T 3404</td></tr>
<tr><td></td><td colspan="2">六角螺母</td><td>25 钢</td><td>SH/T 3404</td></tr>
<tr><td colspan="2">垫　片</td><td></td><td colspan="2">耐酸碱橡胶 PN1.0、1.6、2.5MPa</td><td></td><td></td></tr>
</table>

表 6-2-4 管道等级表（等级号：1X1）

公称压力 *PN*/MPa		1.0	操作介质	净化压缩空气、生活用水	
设计条件	设计压力/MPa	<1.0	基本材质	碳　钢	
	设计温度/℃	<100	腐蚀裕量/mm	1.5	
项　目	公称直径 *DN*/mm	规格型号		材　质	标　准　号
管　子	15~100	低压流体输送用镀锌焊接钢管		Q235B+镀锌	GB/T 3091
	150~300	输送流体用无缝钢管 Sch20		20 号钢	GB/T 8163
	>350	螺旋缝埋弧焊		Q235B	SY/T 5037
管件　90° 45° 弯头	15~100	钢螺纹弯头（镀锌）Sch80		20 号钢+镀锌	SH/T 3410
	150~300	无缝 Sch20		20 号钢	SH/T 3408
	>350	钢板焊制 LG		Q235B	SH/T 3408
管件　三　通	15~100	钢螺纹三通（镀锌）Sch80		20 锻钢+镀锌	SH/T 3410
管件　同心 偏心 大小头	15~100	钢螺纹异径外接头（镀锌）Sch80		20 号钢+镀锌	GB/T 14383
	150~300	无缝 Sch20		20 号钢	SH/T 3408
	>350	钢板焊制		Q235B	SH/T 3408
管件　封　头	15~100	钢螺纹管帽（镀锌）Sch80		20 号钢+镀锌	GB/T 14626
	150~250	椭圆形管帽 Sch20		20 号钢	SH/T 3408
	≥350	钢板焊制		Q235B	SH/T 3408
管件　螺纹短节	15~40	单头、双头（镀锌）Sch80		20 号钢+镀锌	S5-7-1
管件　管　箍	15~100	单、双接口管箍（镀锌）Sch80		20 号钢+镀锌	SH/T 3410
管件　活接头	15~40	钢活接头（镀锌）		20 号钢+镀锌	SH/T 3424
阀门　闸　阀	15~40	DVW113（用于放空、放净）			
	15~300	Z41H-16C			
阀门　蝶　阀	50~150	D71F-16C			
	200~800	D371F-16C			
阀门　球　阀	15~50	Q11F-25			
阀门　截止阀	15~40	J11H-25J41H-25			
	50~200	J41H-16C			
阀门　止回阀	异径止回阀	RCV-Ⅱ-1.6C（用于泵出口）			
	15~40	H41H-25（平管）H13H-40（立管）			
	25~600	H44H-25			
法　兰	15~150	螺纹法兰 *PN*1.0、1.6、2.5MPa(配法兰阀用)		Q235B	
	≥200	平焊 *PN*1.0、1.6、2.5MPa(配法兰阀用)		Q235B	
螺栓（柱）螺母		六角头螺柱（螺母）		35 钢	SH/T 3404
		双头螺柱（螺母）		25 钢	SH/T 3404
垫　片		橡胶石棉 *PN*1.0、1.6、2.5MPa		XB450	

表 6-2-5 管道等级表（等级号：1.6A1）

公称压力 *PN*/MPa		1.6	操作介质	1.0MPa 饱和蒸汽、热水、凝结水、氮气	
设计条件	设计压力/MPa	1.0	基本材质	碳 钢	
	设计温度/℃	≤200	腐蚀裕量/mm	1.5	
项 目		公称直径 *DN*/mm	规格型号	材 质	标 准 号
管 子		15~50	输送流体用无缝钢管 Sch40	20 钢	GB/T 8163
		65~500	输送流体用无缝钢管 Sch20	20 钢	GB/T 8163
管件	90° 45° 弯头	15~40	承插焊 Sch80	20 锻钢	SH/T 3410
		50/65~300	无缝 Sch40/20	20 钢	SH/T 3408
		≥350	钢板焊制 LG	Q235B	SH/T 3409
	三 通	15~40	承插焊 Sch80	20 锻钢	SH/T 3410
	同心 偏心 大小头	15~40	异径双承口管箍 Sch80	20 锻钢	SH/T 3410
		50/65~300	无缝 Sch40/20	20 钢	SH/T 3408
		≥350	钢板焊制	Q235B	SH/T 3408
	封 头	15~100	平盖封头	20 钢或 Q235B	
		150~300	管帽 Sch20	20 钢	SH/T 3408
		≥350	钢板焊制管帽	Q235B	SH/T 3408
	螺纹短节	15~40	单头/双头 Sch80	20 钢	S5-7-1
	管 箍	15~40	双头螺纹 Sch160	20 锻钢	SH/T 3410
	活接头	15~40		20 锻钢	SH/T 3424
阀门	闸 阀	15~40	DVW113（用于放空、放净）		
		15~40	Z11H-25		
		15~600	Z41H-16C		
	蝶 阀	40~200	D71F1-16C		
		250~500	D341F-16C		
	截止阀	15~40	J11H-25		
		15~300	J41H-16C		
	止回阀	异径 25~100	RCV-Ⅱ-25C		
		15~40	H13H-40（立管）		
		15~40	H41H-25（平管）		
		25~500	H44H-25		
法 兰			对焊（突）*PN*1.6、2.5MPa	20 锻钢	
螺栓（柱）螺母			全螺纹螺柱	35 钢	SH/T 3404
			六角螺母	25 钢	SH/T 3404
垫 片			石棉橡胶 *PN*1.6、2.5MPa	XB450	

表 6-2-6　管道等级表（等级号：1.6A2）

公称压力 *PN*/MPa			1.6	操作介质	1.0MPa 过热蒸汽
设计条件		设计压力/MPa	≤1.12	基本材质	碳　钢
		设计温度/℃	≤250	腐蚀裕量/mm	1.5
项　　目		公称直径 *DN*/mm	规格型号	材　　质	标　准　号
管　　子		15~50	输送流体用无缝钢管 Sch40	20 钢	GB/T 8163
		65~500	输送流体用无缝钢管 Sch20	20 钢	GB/T 8163
管件	90°/45° 弯头	15~40	承插焊 Sch80	20 锻钢	SH/T 3410
		50/65~300	无缝 Sch40/20	20 钢	SH/T 3408
		≥350	钢板焊制 LG	Q235B	SH/T 3408
	三　通	15~25	承插焊 Sch80	20 锻钢	SH/T 3410
	同心/偏心 大小头	15~40	异径双承口管箍 Sch80	20 锻钢	SH/T 3410
		50/65~300	无缝 Sch40/20	20 钢	SH/T 3408
		≥350	钢板焊制	20 钢	SH/T 3408
	封　头	15~100	平盖封头	20 钢	
		150~300	管帽 Sch20	20 钢	SH/T 3408
		≥350	钢板焊制	Q235B	SH/T 3408
	螺纹短节	15~40	单头/双头 Sch80	20 钢	S5-7-1
	管　箍	15~40	双承口 Sch80	20 锻钢	SH/T 3410
	活接头	15~40		20 锻钢	SH/T 3424
阀门	闸　阀	15~40	DVW113（用于放空、放净）		
		15~25	Z41H-25		
		40~500	Z41H-16C		
	截止阀	15~40	J11H-25		
		15~200	J41H-25		
	蝶　阀	40~200	D71H-25		
		250~500	D341H-16C		
	止回阀	15~40	H41H-25		
		15~40	H13H-40		
		50~400	H44H-25		
法　兰		15~400	对焊（突）*PN*2.5MPa	20 锻钢	
		40~500	对焊（突）*PN*1.6MPa	20 锻钢	
螺栓（柱）螺母			全螺纹螺柱	35 钢	SH/T 3404
			六角螺母	25 钢	SH/T 3404
垫　片			缠绕式（带外径）*PN*1.6、2.5MPa	18-8 钢带-特制石棉	

表 6-2-7　管道等级表（等级号：1.6A3）

公称压力 *PN*/MPa		1.6	操作介质	一般油品、油气、溶剂	
设计条件		设计压力/MPa	≤1.28	基本材质	碳　钢
		设计温度/℃	≤200	腐蚀裕量/mm	1.5
项　　目		公称直径 *DN*/mm	规格型号	材　　质	标　准　号
管　　子		15~50/65~150	输送流体用无缝钢管 Sch40/20	20 钢	GB/T 8163
		200~500	输送流体用无缝钢管 Sch30	20 钢	GB/T 8163
		600~700/800~1000	钢板卷管 STD/XS	20 钢或 Q235B	
管件	90° 45° 弯头	15~40	承插焊 Sch80	20 锻钢	SH/T 3410
		50/65~150	无缝 Sch40/20	20 钢	SH/T 3408
		200~500	无缝 Sch30	20 钢	SH/T 3408
		600~700/800~1000	钢板焊制 STD/XS	20 钢或 235B	SH/T 3408
	三　通	15~40	承插焊 Sch80	20 锻钢	SH/T 3410
		50/65~150	无缝 Sch40/20	20 钢	SH/T 3408
		200~500	无缝 Sch30	20 钢	SH/T 3408
		600~700/800~1000	钢板焊制 STD/XS	20 钢或 Q235B	SH/T 3408
	同心 偏心 大小头	50/65~150	无缝 Sch40/20	20 钢	SH/T 3408
		200~500	无缝 Sch30	20 钢	SH/T 3408
		600~700/800~1000	钢板焊制 STD/XS	20 钢或 Q235B	SH/T 3408
	封　头	15~100	平盖封头	20 钢或 Q235B	
		150~500	管帽 Sch30	20 钢	SH/T 3408
		600~700/800~1000	钢板焊制 STD/XS	20 钢或 Q235B	SH/T 3408
	螺纹短节	15~40	单头/双头 Sch80	20 钢	S5-7-1
	管　箍	15~40	双承口 Sch80	20 锻钢	SH/T 3410
		15~40	异径双承口 Sch80	20 锻钢	SH/T 3410
	活接头	15~40		20 锻钢	SH/T 3424
阀门	闸　阀	15~40	DVW113（用于放空、放净）		
		15~600	Z41H-16C		
	蝶　阀	80~150	D41H-16C		
		200~1000	D341H-16C		
	截止阀	15~40	J11H-25		
		15~300	J41H-25		
		6~15	J13H-160Ⅲ（取样用）		
	止回阀	异径 25~100	RCV-Ⅱ-2.5C		
		15~40	H41H-25（平管）		
		15~40	H13H-40（立管）		
		25~500	H44H-25		
法　兰		15~1000	对焊（突）*PN*1.6、2.5MPa	20 锻钢	
螺栓（柱）螺母			全螺纹螺柱	35 钢	SH/T 3404
			六角螺母	25 钢	SH/T 3404
垫　片			耐油橡胶石棉 *PN*1.6、2.5MPa	NY400	

表 6-2-8　管道等级表（等级号：1.6A4）

公称压力 *PN*/MPa			1.6	操作介质	油品、油气、溶剂
设计条件		设计压力/MPa	≤1.28	基本材质	碳　钢
		设计温度/℃	≤200	腐蚀裕量/mm	3.0
项　目		公称直径 *DN*/mm	规格型号	材　质	标　准　号
管　子		15~40/50	输送流体用无缝钢管 Sch80/60	20 钢	GB/T 8163
		65~150/200~500	输送流体用无缝钢管 Sch40/30	20 钢	GB/T 8163
		≥600	钢板卷管 XS	20 钢	
管件	90° 45° 弯头	15~40	承插焊 Sch80	20 锻钢	SH/T 3410
		50/65~150	无缝 Sch60/40	20 钢	SH/T 3408
		200~500	无缝 Sch30	20 钢	SH/T 3408
		≥600	钢板焊制 XS	20 钢	SH/T 3408
	三　通	15~40	承插焊 Sch80	20 锻钢	SH/T 3410
		50/65~150	无缝 Sch60/40	20 钢	SH/T 3408
		200~500	无缝 Sch30	20 钢	SH/T 3408
		≥600	钢板焊制 XS	20 钢	SH/T 3408
	同心 偏心 大小头	50/65~150	无缝 Sch60/40	20 钢	SH/T 3408
		200~500	无缝 Sch30	20 钢	SH/T 3408
		≥600	钢板焊制 XS	20 钢	SH/T 3408
	封　头	15~100	平盖封头	20 钢	
		150/200~500	管帽 Sch40/30	20 钢	SH/T 3408
		≥600	钢板焊制 XS	20 钢	SH/T 3408
	螺纹短节	15~40	单头/双头 Sch80	20 钢	S5-7-1
	管　箍	15~40	双承口 Sch80	20 锻钢	SH/T 3410
		15~40	异径双承口 Sch80	20 锻钢	SH/T 3410
	活接头	15~40		20 锻钢	SH/T 3424
阀门	闸　阀	15~40	DVW113（用于放空、放净）		
		15~600	Z41H-16C		
	蝶　阀	80~150	D41H-16C		
		200~1000	D341H-16C		
	截止阀	15~40	J11H-25		
		50~300	J41H-25		
		6~15	J13H-160Ⅲ（取样用）		
	止回阀	异径 25~100	RCV-Ⅱ-2.5C		
		15~40	H41H-25（平管）		
		15~40	H13H-40（立管）		
		25~500	H44H-25		
法　兰		15~1000	对焊（突）*PN*1.6、2.5MPa	20 锻钢	
螺栓（柱）螺母			全螺纹螺柱	35 钢	SH/T 3404
			六角螺母	25 钢	SH/T 3404
垫　片			耐油橡胶石棉 *PN*1.6、2.5MPa	NY400	

表 6-2-9 管道等级表（等级号：1.6A5）

公称压力 *PN*/MPa		1.6	操作介质	酸性气、酸性水、含硫污水、含硫氨水	
设计条件	设计压力/MPa	≤1.0	基本材质	碳 钢	
	设计温度/℃	≤120	腐蚀裕量/mm	3.0	
项 目		公称直径 *DN*/mm	规格型号	材 质	标 准 号
管 子		15~40/50	输送流体用无缝钢管 Sch80/60	20 钢	GB/T 8163
		65~150	输送流体用无缝钢管 Sch40	20 钢	GB/T 8163
		200~500	输送流体用无缝钢管 Sch30	20 钢	GB/T 8163
管件	90° 45° 弯头	15~40	承插焊 Sch80	20 锻钢	SH/T 3410
		50/65~150	无缝 Sch60/40	20 钢	SH/T 3408
		200~500	无缝 Sch30	20 钢	SH/T 3408
	三 通	15~40	承插焊 Sch80	20 锻钢	SH/T 3410
		50/65~150	无缝 Sch60/40	20 钢	SH/T 3408
		200~500	无缝 Sch30	20 钢	SH/T 3408
	同心 偏心 大小头	50/65~150	无缝 Sch60/40	20 钢	SH/T 3408
		200~500	无缝 Sch30	20 钢	SH/T 3408
	封 头	15~100	平盖封头	20 钢	
		150	管帽 Sch40	20 钢	SH/T 3408
		200~500	管帽 Sch30	20 钢	SH/T 3408
	螺纹短节	15~40	单头/双头 Sch80	20 钢	S5-7-1
	管 箍	15~40	双承口 Sch80	20 锻钢	SH/T 3410
		15~40	异径双承口 Sch80	20 锻钢	SH/T 3410
	活接头	15~40		20 锻钢	SH/T 3424
阀门	闸 阀	15~40	Z11Y-40		
		15~400	Z41Y-25		
	截止阀	15~40	J11Y-40		
		15~200	J41H-25		
		6~15	J13W-160ⅢP（取样用）		
	止回阀	异径 25~100	RCV-Ⅱ-4.0P		
		15~40	H41H-25（平管）		
		15~40	H13H-40（立管）		
		25~300	H44Y-25		
法 兰			对焊（突）*PN*1.6、2.5	20 锻钢	
			对焊（凸）*PN*4.0	20 锻钢	
螺栓（柱）螺母			全螺纹螺柱	35 钢	SH/T 3404
			六角螺母	25 钢	SH/T 3404
垫 片			耐酸碱橡胶 *PN*1.6、2.5MPa		
			缠绕式（带内环）*PN*4.0MPa	0Cr18Ni9/柔性石墨	

表 6-2-10　管道等级表(等级号:1.6A6)

公称压力 *PN*/MPa		1.6	操作介质	10%~40%碱液，93%~98%硫酸	
设计条件	设计压力/MPa	≤1.6	基本材质	碳　钢	
	设计温度/℃	70	腐蚀裕量/mm	3.0	
项　　目	公称直径 *DN*/mm	规格型号	材　质	标　准　号	
管　　子	15~40/50	输送流体用无缝钢管 Sch80/60		20 钢	GB/T 8163
	65~150	输送流体用无缝钢管 Sch40		20 钢	GB/T 8163
	200~250	输送流体用无缝钢管 Sch30		20 钢	GB/T 8163
管件 90° 45° 弯头	15~40	承插焊 Sch80		20 锻钢	SH/T 3410
	50/65~150	无缝 Sch60/40		20 钢	SH/T 3408
	200~250	无缝 Sch30		20 钢	SH/T 3408
管件 三　通	15~40	承插焊 Sch60		20 锻钢	SH/T 3410
	50/65~150	无缝 Sch60/40		20 钢	SH/T 3408
	200~250	无缝 Sch30		20 钢	SH/T 3408
管件 同心 偏心 大小头	50/65~150	无缝 Sch60/40		20 钢	SH/T 3408
	200~250	无缝 Sch30		20 钢	SH/T 3408
管件 封　头	15~100	平盖封头		20 钢	
	150	管帽 Sch40		20 钢	SH/T 3408
	200~250	管帽 Sch80		20 钢	SH/T 3408
管件 螺纹短节	15~40	单头/双头 Sch80		20 钢	S5-7-1
管件 管　箍	15~40	双承口 Sch80		20 锻钢	SH/T 3410
	15~40	异径双承口 Sch80		20 锻钢	SH/T 3410
管件 活接头	15~40			20 锻钢	SH/T 3424
阀门 闸　阀	15~40	DVW113（用于放空、放净）			
	15~250	Z41H-16C			
阀门 截止阀	15~40	J11H-25			
	15~250	J41H-25			
阀门 止回阀	异径 25~100	RCV-Ⅱ-4.0C			
	15~40	H41H-25（平管）			
	15~40	H13H-40（立管）			
	25~250	H44H-25			
法　兰		对焊（突）*PN*1.6、2.5MPa		20 锻钢	
		对焊（凸）*PN*4.0MPa		20 锻钢	
螺栓（柱）螺母		全螺纹螺柱		35 钢	SH/T 3404
		六角螺母		25 钢	SH/T 3404
垫　片		耐碱橡胶 *PN*1.6、2.5MPa			
		缠绕式 *PN*4.0MPa（带内环）		18-8 特/制石棉	

表 6-2-11　管道等级表(等级号:1.6K1)

公称压力 *PN*/MPa			1.6	操作介质	CS_2（35号添加剂）	
设计条件		设计压力/MPa	≤1.6	基本材质	06Cr18Ni11Ti	
		设计温度/℃	≤35	腐蚀裕量/mm	0	
项　目		公称直径 *DN*/mm	规格型号	材　质	标　准　号	
管　子		15~40	不锈钢无缝管 Sch40S		06Cr18Ni11Ti	GB/T 14976
		50~300	不锈钢无缝管 Sch20S		06Cr18Ni11Ti	GB/T 14976
管件	90° 45° 弯头	15~40	承插焊 Sch80S		06Cr18Ni11Ti	SH/T 3410
		50~300	无缝 Sch20S		06Cr18Ni11Ti	SH/T 3408
	三　通	15~40	承插焊 Sch80S		06Cr18Ni11Ti	SH/T 3410
		50~300	无缝 Sch20S		06Cr18Ni11Ti	SH/T 3408
	同心 偏心 大小头	50~300	无缝 Sch20S		06Cr18Ni11Ti	SH/T 3408
	封　头	15~40	平盖封头		06Cr18Ni11Ti	
		50~300	管帽 Sch20S		06Cr18Ni11Ti	SH/T 3408
	螺纹短节	15~40	单头/双头 Sch80S		06Cr18Ni11Ti	S5-7-1
	管　箍	15~40	双承口 Sch80S		06Cr18Ni11Ti	SH/T 34108
		15~40	异径双承口 Sch80S		06Cr18Ni11Ti	SH/T 3408
	活接头	15~40			06Cr18Ni11Ti	SH/T 3424
阀门	闸　阀	15~40	DVW319（用于放空、放净）			
		15~40	Z41Y-25P			
		50~300	Z41Y-16P			
	截止阀	15~200	J41W-16P			
	止回阀	异径 25~100	RCV-Ⅱ-2.5P			
		15~200	H41W-16P			
		25~400	H44W-25P			
法　兰			对焊（突）*PN*1.6、2.5MPa		06Cr18Ni11Ti	
螺栓（柱）螺母			全螺纹螺柱		35 钢	SH/T 3404
			六角螺母		25 钢	SH/T 3404
垫　片			缠绕式（带外环）*PN*1.6、2.5MPa		18-8/柔性石墨	

表 6-2-12 管道等级表（等级号：2.5A1）

公称压力 *PN*/MPa		2.5				操作介质	油品、油气、液化烃、溶剂、蒸汽、惰性气、凝结水、软化水、脱氧水、燃料油、燃料气等
设计条件	设计压力/MPa	2.0	1.75	1.5	1.25	基本材质	碳　钢
	设计温度/℃	≤200	250	300	350	腐蚀裕量/mm	1.5

项　目		公称直径 *DN*/mm	规格型号	材　质	标　准　号
管　子		15~150	输送流体用无缝钢管 Sch40	20 钢	GB/T 8163
		200~500	输送流体用无缝钢管 Sch30	20 钢	GB/T 8163
		≥600	钢板卷管 STD	20G	
管件	90° 45° 弯头	15~40	承插焊 Sch80	20 锻钢	SH/T 3410
		50~150	无缝 Sch40	20 钢	SH/T 3408
		200~500	无缝 Sch30	20 钢	SH/T 3408
		≥600	钢板焊制 STD	20G	SH/T 3408
	三　通	15~40	承接焊 Sch80	20 锻钢	SH/T 3410
		50~150	无缝 Sch40	20 钢	SH/T 3408
		200~500	无缝 Sch30	20 钢	SH/T 3408
		≥600	钢板焊制 STD	20G	SH/T 3408
	同心 偏心 大小头	50~150	无缝 Sch40	20 钢	SH/T 3408
		200~500	无缝 Sch30	20 钢	SH/T 3408
		≥600	钢板焊制 STD	20G	SH/T 3408
	封　头	15~100	平盖封头	20 钢	
		150/200~500	无缝 Sch40/30	20 钢	SH/T 3408
		≥600	钢板焊制 STD	20G	SH/T 3408
	螺纹短节	15~40	单头/双头 Sch80	20 钢	S5-7-1
	管　箍	15~40	双承口 Sch80	20 锻钢	SH/T 3410
		15~40	异径双承口 Sch80	20 锻钢	SH/T 3410
	活接头	15~40		20 锻钢	SH/T 3424
阀门	闸　阀	15~40	DVW113（用于放空、放净）		
		15~600	Z41H-25		
	蝶　阀	80~150	D71H-25		
		200~300	D371H-25		
	截止阀	6~15	J13H-100Ⅲ（取样用）		
		15~40	J11H-25		
		15~300	J41H-25		
	止回阀	异径 25~100	RCV-Ⅱ-2.5C		
		15~40	H13H-40（立管）		
		15~40	H41H-25		
		25~500	H44H-25		
法　兰			对焊（突）*PN*2.5MPa	20 锻钢	
螺栓（柱）螺母			全螺纹螺柱	35CrMoA	SH/T 3404
			六角螺母	35 钢	SH/T 3404
垫　片			缠绕式（带外环）*PN*2.5MPa	18-8/特制石棉①	

注：① 航空汽油、喷气燃料用 18-8/柔性石墨。

表 6-2-13 管道等级表(等级号:2.5A2)

<table>
<tr><td colspan="3">公称压力 PN/MPa</td><td colspan="4">2.5</td><td>操作介质</td><td colspan="2">油品、油气、溶济、H_2、H_2+油气①</td></tr>
<tr><td colspan="2" rowspan="2">设计条件</td><td>设计压力/MPa</td><td>2.0</td><td>1.75</td><td>1.5</td><td>1.25</td><td>基本材质</td><td colspan="2">碳 钢</td></tr>
<tr><td>设计温度/℃</td><td>≤200</td><td>250</td><td>300</td><td>350</td><td>腐蚀裕量/mm</td><td colspan="2">3.0</td></tr>
<tr><td colspan="2">项 目</td><td>公称直径 DN/mm</td><td colspan="5">规格型号</td><td>材 质</td><td>标 准 号</td></tr>
<tr><td colspan="2" rowspan="4">管 子</td><td>15~50</td><td colspan="5">输送流体用无缝钢管 Sch80</td><td>20 钢</td><td>GB/T 8163</td></tr>
<tr><td>65~100</td><td colspan="5">输送流体用无缝钢管 Sch60</td><td>20 钢</td><td>GB/T 8163</td></tr>
<tr><td>150~500</td><td colspan="5">输送流体用无缝钢管 Sch40</td><td>20 钢</td><td>GB/T 8163</td></tr>
<tr><td>≥600</td><td colspan="5">钢板卷管计算</td><td>20G</td><td></td></tr>
<tr><td rowspan="18">管件</td><td rowspan="4">90° 45° 弯头</td><td>15~40</td><td colspan="5">承插焊 Sch80</td><td>20 锻钢</td><td>SH/T 3410</td></tr>
<tr><td>50/65~100</td><td colspan="5">无缝 Sch80/60</td><td>20 钢</td><td>SH/T 3408</td></tr>
<tr><td>150~500</td><td colspan="5">无缝 Sch40</td><td>20 钢</td><td>SH/T 3408</td></tr>
<tr><td>≥600</td><td colspan="5">钢板焊制计算</td><td>20G</td><td>SH/T 3408</td></tr>
<tr><td rowspan="4">三 通</td><td>15~40</td><td colspan="5">承插焊 Sch80</td><td>20 锻钢</td><td>SH/T 3410</td></tr>
<tr><td>50/65~100</td><td colspan="5">无缝 Sch80/60</td><td>20 钢</td><td>SH/T 3408</td></tr>
<tr><td>150~500</td><td colspan="5">无缝 Sch40</td><td>20 钢</td><td>SH/T 3408</td></tr>
<tr><td>≥600</td><td colspan="5">钢板焊制计算</td><td>20G</td><td>SH/T 3408</td></tr>
<tr><td rowspan="3">同心 偏心 大小头</td><td>50/65~100</td><td colspan="5">无缝 Sch80/60</td><td>20 钢</td><td>SH/T 3408</td></tr>
<tr><td>150~500</td><td colspan="5">无缝 Sch40</td><td>20 钢</td><td>SH/T 3408</td></tr>
<tr><td>≥600</td><td colspan="5">钢板焊制计算</td><td>20G</td><td>SH/T 3408</td></tr>
<tr><td rowspan="3">封 头</td><td>15~100</td><td colspan="5">平盖封头</td><td>20 钢</td><td></td></tr>
<tr><td>150~500</td><td colspan="5">椭圆形管帽 Sch40</td><td>20 钢</td><td>SH/T 3408</td></tr>
<tr><td>≥600</td><td colspan="5">钢板焊制计算</td><td>20G</td><td>SH/T 3408</td></tr>
<tr><td>螺纹短节</td><td>15~40</td><td colspan="5">单头/双头 Sch80</td><td>20 钢</td><td>S5-7-1</td></tr>
<tr><td rowspan="2">管 箍</td><td>15~40</td><td colspan="5">双承口 Sch80</td><td>20 锻钢</td><td>SH/T 3410</td></tr>
<tr><td>15~40</td><td colspan="5">异径双承口 Sch80</td><td>20 锻钢</td><td>SH/T 3410</td></tr>
<tr><td>活接头</td><td>15~40</td><td colspan="5"></td><td>20 锻钢</td><td>SH/T 3424</td></tr>
<tr><td rowspan="11">阀门</td><td rowspan="2">闸 阀</td><td>15~40</td><td colspan="5">DVW113（用于放空、放净）</td><td></td><td></td></tr>
<tr><td>15~600</td><td colspan="5">Z41H-25</td><td></td><td></td></tr>
<tr><td rowspan="2">蝶 阀</td><td>80~150</td><td colspan="5">D71H-25</td><td></td><td></td></tr>
<tr><td>200~300</td><td colspan="5">D371H-25</td><td></td><td></td></tr>
<tr><td rowspan="3">截止阀</td><td>6~15</td><td colspan="5">J13H-160Ⅲ（取样用）</td><td></td><td></td></tr>
<tr><td>15~40</td><td colspan="5">J11H-25</td><td></td><td></td></tr>
<tr><td>15~300</td><td colspan="5">J41H-25</td><td></td><td></td></tr>
<tr><td rowspan="4">止回阀</td><td>异径 25~100</td><td colspan="5">RCV-Ⅱ-2.5C</td><td></td><td></td></tr>
<tr><td>15~40</td><td colspan="5">H13H-40（立管）</td><td></td><td></td></tr>
<tr><td>15~40</td><td colspan="5">H41H-25</td><td></td><td></td></tr>
<tr><td>25~500</td><td colspan="5">H44H-25</td><td></td><td></td></tr>
<tr><td colspan="2">法 兰</td><td></td><td colspan="5">对焊（突）PN2.5</td><td>20 锻钢</td><td></td></tr>
<tr><td colspan="2" rowspan="2">螺栓（柱）螺母</td><td></td><td colspan="5">全螺纹螺柱</td><td>35CrMo</td><td>SH/T 3404</td></tr>
<tr><td></td><td colspan="5">六角螺母</td><td>35 钢</td><td>SH/T 3404</td></tr>
<tr><td colspan="2">垫 片</td><td></td><td colspan="5">缠绕式（带外环）PN2.5MPa</td><td>18-8/特制石棉</td><td></td></tr>
</table>

注：① H_2、H_2+油气的最高设计温度 230℃。

表 6-2-14 管道等级表(等级号:2.5A3)

<table>
<tr><td colspan="2">公称压力 PN/MPa</td><td colspan="2">2.5</td><td>操作介质</td><td colspan="2">氨（液氨、气氨）</td></tr>
<tr><td colspan="2" rowspan="2">设计条件</td><td>设计压力/MPa</td><td>≤2.0</td><td>基本材质</td><td colspan="2">碳 钢[1]</td></tr>
<tr><td>设计温度/℃</td><td>-20~200</td><td>腐蚀裕量/mm</td><td colspan="2">1.5</td></tr>
<tr><td colspan="2">项 目</td><td>公称直径 DN/mm</td><td>规格型号</td><td>材 质</td><td colspan="2">标 准 号</td></tr>
<tr><td colspan="2" rowspan="2">管 子</td><td>15~150</td><td colspan="2">输送流体用无缝钢管 Sch40</td><td>10（20）钢</td><td>GB/T 8163</td></tr>
<tr><td>200~500</td><td colspan="2">输送流体用无缝钢管 Sch30</td><td>10（20）钢</td><td>GB/T 8163</td></tr>
<tr><td rowspan="16">管件</td><td rowspan="3">90° 45° 弯头</td><td>15~40</td><td colspan="2">承插焊 Sch80</td><td>10（20）锻钢</td><td>SH/T 3410</td></tr>
<tr><td>50~150</td><td colspan="2">无缝 Sch40</td><td>10（20）钢</td><td>SH/T 3408</td></tr>
<tr><td>200~500</td><td colspan="2">无缝 Sch30</td><td>10（20）钢</td><td>SH/T 3408</td></tr>
<tr><td rowspan="3">三 通</td><td>15~40</td><td colspan="2">承插焊 Sch80</td><td>10（20）锻钢</td><td>SH/T 3410</td></tr>
<tr><td>50~150</td><td colspan="2">无缝 Sch40</td><td>10（20）钢</td><td>SH/T 3408</td></tr>
<tr><td>200~500</td><td colspan="2">无缝 Sch30</td><td>10（20）钢</td><td>SH/T 3408</td></tr>
<tr><td rowspan="2">同心 偏心 大小头</td><td>50~150</td><td colspan="2">无缝 Sch40</td><td>10（20）钢</td><td>SH/T 3408</td></tr>
<tr><td>200~500</td><td colspan="2">无缝 Sch30</td><td>10（20）钢</td><td>SH/T 3408</td></tr>
<tr><td rowspan="2">封 头</td><td>15~100</td><td colspan="2">平盖封头</td><td>10（20）钢</td><td></td></tr>
<tr><td>150/200~500</td><td colspan="2">管帽 Sch40/30</td><td>10（20）钢</td><td>SH/T 3408</td></tr>
<tr><td>螺纹短节</td><td>15~40</td><td colspan="2">单头/双头 Sch80</td><td>10（20）锻钢</td><td>S5-7-1</td></tr>
<tr><td rowspan="2">管 箍</td><td>15~40</td><td colspan="2">双承口 Sch80</td><td>10（20）锻钢</td><td>SH/T 3410</td></tr>
<tr><td>15~40</td><td colspan="2">异径双承口 Sch80</td><td>10（20）锻钢</td><td>SH/T 3410</td></tr>
<tr><td>活接头</td><td>15~40</td><td colspan="2"></td><td>10（20）锻钢</td><td>SH/T 3424</td></tr>
<tr><td rowspan="4">阀门</td><td rowspan="3">截止阀</td><td>6~25</td><td colspan="2">J21W-25（≤150℃）</td><td></td><td></td></tr>
<tr><td>15~40</td><td colspan="2">J11B-25（≤150℃）</td><td></td><td></td></tr>
<tr><td>15~200</td><td colspan="2">J41B-25（≤150℃）</td><td></td><td></td></tr>
<tr><td>止回阀</td><td>35~50</td><td colspan="2">H41B-25[2]</td><td></td><td></td></tr>
<tr><td colspan="2">法 兰</td><td></td><td colspan="2">对焊（凸凹面）PN2.5MPa</td><td>10（20）锻钢</td><td></td></tr>
<tr><td colspan="2" rowspan="2">螺栓（柱）螺母</td><td rowspan="2"></td><td colspan="2">全螺纹螺柱</td><td>35 钢</td><td>SH/T 3404</td></tr>
<tr><td colspan="2">六角螺母</td><td>25 钢</td><td>SH/T 3404</td></tr>
<tr><td colspan="2">垫 片</td><td></td><td colspan="2">缠绕式（带内环）PN2.5MPa</td><td>18-8/柔性石墨</td><td></td></tr>
</table>

注：① 设计温度为-20~0℃用 10 号钢。

② 阀体为铸钢。

表 6-2-15 管道等级表(等级号：2.5B1)

项目		公称直径 *DN*/mm	规格型号	材质	标准号
公称压力 *PN*/MPa		2.5	操作介质	低温油品、液化烃、溶剂	
设计条件	设计压力/MPa	≤2.5	基本材质	16Mn	
	设计温度/℃	-40~20	腐蚀裕量/mm	1.5	
项　目		公称直径 *DN*/mm	规格型号	材　质	标　准　号
管　子		15~50/65~100	输送流体用无缝钢管 Sch40/20	16Mn	GB/T 8163
		150~500	输送流体用无缝钢管 Sch30	16Mn	GB/T 8163
管件	90° 45° 弯头	15~40	承插焊 Sch80	16Mn 锻钢	SH/T 3410
		50/65~500	无缝 Sch40/20	16Mn	SH/T 3408
		150~500	无缝 Sch30	16Mn	SH/T 3408
	三　通	15~40	承插焊 Sch80	16Mn 锻钢	SH/T 3410
		50/65~100	无缝 Sch40/20	16Mn	SH/T 3408
		150~500	无缝 Sch30	16Mn	SH/T 3408
	同心 偏心 大小头	50/65~100	无缝 Sch40/20	16Mn	SH/T 3408
		150~500	无缝 Sch30	16Mn	SH/T 3408
	封　头	15~100	平盖封头	16MnR	
		150~500	管帽 Sch30	16Mn	SH/T 3408
	螺纹短节	15~40	单头/双头 Sch80	16Mn	S5-7-1
	管　箍	15~40	双承口 Sch80	16Mn 锻钢	SH/T 3410
		15~40	异径双承口 Sch80	16Mn 锻钢	SH/T 3410
	活接头	15~40		16Mn 锻钢	SH/T 3424
阀门	闸　阀	15~40	Z11H-40		
		15~500	Z41H-25		
	截止阀	15~40	J11H-40		
		15~300	J41H-25		
	止回阀	15~40	H13H-40（立管）		
		15~40	H41H-25		
		25~500	H44H-25		
法　兰			对焊（突）*PN*2.5MPa	16M 锻钢	
螺栓（柱）螺母			全螺纹螺柱	40MnVB	SH/T 3404
			六角螺母	40Mn	SH/T 3404
垫　片			缠绕式（带外环）*PN*25MPa	18-8/柔性石墨	

表 6-2-16 管道等级表(等级号：2.5B2)

公称压力 *PN*/MPa			2.5	操作介质	氨（液氨、气氨）	
设计条件		设计压力/MPa	≤2.25	基本材质	16Mn	
		设计温度/℃	-40~-20	腐蚀裕量/mm	1.5	
项目		公称直径 *DN*/mm	规格型号		材质	标准号
管子		15~50/65~100	输送流体用无缝钢管 Sch40/20		16Mn	GB/T 8163
		150~500	输送流体用无缝钢管 Sch30		16Mn	GB/T 8163
管件	90° 45° 弯头	15~40	承插焊 Sch80		16Mn 锻钢	SH/T 3410
		50/65~100	无缝 Sch40/20		16Mn	SH/T 3408
		150~500	无缝 Sch30		16Mn	SH/T 3408
	三通	15~40	承插焊 Sch80		16Mn 锻钢	SH/T 3410
		50/65~100	无缝 Sch40/20		16Mn	SH/T 3408
		150~500	无缝 Sch30		16Mn	SH/T 3408
	同心 偏心 大小头	50/65~100	无缝 Sch40/20		16Mn	SH/T 3408
		150~500	无缝 Sch30		16Mn	SH/T 3408
	封头	15~100	平盖封头		16MnR	
		150~500	管帽 Sch30		16Mn	SH/T 3408
	螺纹短节	15~40	单头/双头 Sch80		16Mn	S5-7-1
	管箍	15~40	双承口 Sch80		16Mn 锻钢	SH/T 3410
		15~40	异径双承口 Sch80		16Mn 锻钢	SH/T 3410
	活接头	15~40			16Mn 锻钢	SH/T 3424
阀门	截止阀	6~25	J21W-25			
		15~200	J41B-25			
		15~40	J11B-25（用于放空、放净）			
	止回阀	32~50	H41B-25[①]			
法兰			对焊（凸凹）*PN*2.5MPa		16Mn 锻钢	
螺栓（柱）螺母			全螺纹螺柱		40MnVB	SH/T 3404
			六角螺母		40Mn	SH/T 3404
垫片			缠绕式（带内环）*PN*2.5MPa		18-8/ 柔性石墨	

注：① 阀体为铸钢。

表 6-2-17　管道等级表(等级号:2.5C1)

<table>
<tr><td colspan="2">公称压力 PN/MPa</td><td colspan="2">2.5</td><td>操作介质</td><td colspan="2">H_2，H_2+油气</td></tr>
<tr><td colspan="2" rowspan="2">设计条件</td><td>设计压力/MPa</td><td>≤2.0</td><td>基本材质</td><td colspan="2">15CrMo</td></tr>
<tr><td>设计温度/℃</td><td>261~380</td><td>腐蚀裕量/mm</td><td colspan="2">1.5</td></tr>
<tr><td colspan="2">项　目</td><td>公称直径 DN/mm</td><td>规格型号</td><td>材　质</td><td colspan="2">标　准　号</td></tr>
<tr><td colspan="2" rowspan="3">管　子</td><td>15~40</td><td colspan="2">石油裂化用无缝钢管 Sch80</td><td>15CrMo</td><td>GB 9948</td></tr>
<tr><td>50~300</td><td colspan="2">石油裂化用无缝钢管 Sch40</td><td>15CrMo</td><td>GB 9948</td></tr>
<tr><td>≥350</td><td colspan="2">石油裂化用无缝钢管计算</td><td>15CrMo</td><td>GB 9948</td></tr>
<tr><td rowspan="13">管件</td><td rowspan="2">90°
45° 弯头</td><td>15~40</td><td colspan="2">承插焊 Sch80</td><td>15CrMo 锻钢</td><td>SH/T 3410</td></tr>
<tr><td>50~300</td><td colspan="2">无缝 Sch40</td><td>15CrMo</td><td>SH/T 3408</td></tr>
<tr><td rowspan="2">三　通</td><td>15~40</td><td colspan="2">承插焊 Sch80</td><td>15CrMo 锻钢</td><td>SH/T 3410</td></tr>
<tr><td>50~300</td><td colspan="2">无缝 Sch40</td><td>15CrMo</td><td>SH/T 3408</td></tr>
<tr><td>同心
偏心 大小头</td><td>50~300</td><td colspan="2">无缝 Sch40</td><td>15CrMo</td><td>SH/T 3408</td></tr>
<tr><td rowspan="2">封　头</td><td>15~40</td><td colspan="2">承插焊 Sch80</td><td>15CrMo</td><td>SH/T 3410</td></tr>
<tr><td>50~300</td><td colspan="2">椭圆形管帽 Sch40</td><td>15CrMo</td><td>SH/T 3408</td></tr>
<tr><td rowspan="2">管　箍</td><td>15~40</td><td colspan="2">双承口 Sch80</td><td>15CrMo</td><td>SH/T 3410</td></tr>
<tr><td>15~40</td><td colspan="2">异径双承口 Sch80</td><td>15CrMo</td><td>SH/T 3410</td></tr>
<tr><td rowspan="2">螺纹短节</td><td>15~40</td><td colspan="2">单头 Sch80</td><td>15CrMo</td><td>S5-7-1</td></tr>
<tr><td>15~40</td><td colspan="2">双头 Sch80</td><td>15CrMo</td><td>S5-7-1</td></tr>
<tr><td>活接头</td><td>15~40</td><td colspan="2"></td><td>15CrMo 锻钢</td><td>SH/T 3424</td></tr>
<tr><td rowspan="5">阀门</td><td rowspan="2">闸　阀</td><td>15~40</td><td colspan="2">DVW549（用于放空、放净）</td><td></td><td></td></tr>
<tr><td>15~300</td><td colspan="2">Z41Y-25Ⅰ</td><td></td><td></td></tr>
<tr><td rowspan="2">截止阀</td><td>10~25</td><td colspan="2">J41Y-40Ⅰ</td><td></td><td></td></tr>
<tr><td>32~200</td><td colspan="2">J41Y-25Ⅰ</td><td></td><td></td></tr>
<tr><td>止回阀</td><td>50~250/异径</td><td colspan="2">H44Y-25Ⅰ/RCV-Ⅱ-2.5P</td><td></td><td></td></tr>
<tr><td colspan="2" rowspan="2">法　兰</td><td>15~300</td><td colspan="2">对焊（光）PN2.5</td><td>15CrMo 锻钢</td><td></td></tr>
<tr><td>10~25</td><td colspan="2">对焊（凸）PN4.0（配法兰阀用）</td><td>15CrMo 锻钢</td><td></td></tr>
<tr><td colspan="2" rowspan="2">螺栓（柱）螺母</td><td rowspan="2"></td><td colspan="2">全螺纹螺柱</td><td>30CrMoA</td><td>SH/T 3404</td></tr>
<tr><td colspan="2">六角螺母</td><td>35 钢</td><td>SH/T 3404</td></tr>
<tr><td colspan="2">垫　片</td><td></td><td colspan="2">缠绕（带外环）PN2.5MPa
缠绕（带内环）PN4.0MPa</td><td>18-8/
柔性石墨</td><td>>350℃用
0Cr13-柔性
石墨带</td></tr>
</table>

表 6-2-18 管道等级表（等级号：4A1）

公称压力 *PN*/MPa		4.0				操作介质	油品、油气（H_2、H_2+油气）①、N^2
设计条件	设计压力/MPa	4.0	3.2	2.4	1.4	基本材质	碳 钢
	设计温度/℃	≤100	200	300	400	腐蚀裕量/mm	1.5

项 目		公称直径 *DN*/mm	规格型号	材 质	标 准 号
管 子		15~40	石油裂化用无缝钢管 Sch80	20 钢	GB 9948
		50~500	石油裂化用无缝钢管 Sch40	20 钢	GB 9948
		≥600	钢板卷管（计算）	20G	
管件	90° 45° 弯头	15~40	承插焊 Sch80	20 锻钢	SH/T 3410
		50~500	无缝 Sch40	20 钢	SH/T 3408
		≥600	钢板焊制（计算）	20G	SH/T 3408
	三 通	15~40	承插焊 Sch80	20 锻钢	SH/T 3410
		50~500	无缝 Sch40	20 钢	SH/T 3408
		≥600	钢板焊制（计算）	20G	SH/T 3408
	同心 偏心 大小头	50~500	无缝 Sch40	20 钢	SH/T 3408
		≥600	钢板焊制（计算）	20G	SH/T 3408
	封 头	15~40	承插焊管帽 Sch80	20 锻钢	SH/T 3410
		50~500	管帽 Sch40	20 钢	SH/T 3408
		≥600	钢板焊制管帽（计算）	20G	SH/T 3408
	加强管接头	15~40	承插焊 Sch80	20 锻钢	GB/T 19326
		50~150	对焊 Sch40	20 锻钢	GB/T 19326
	螺纹短节	15~40	单头/双头 Sch80	20 钢	S5-7-1
	管 箍	15~40	双承口 Sch80	20 锻钢	SH/T 3410
		15~40	异径双承口 Sch80	20 锻钢	SH/T 3410
	活接头	15~40		20 锻钢	SH/T 3424
阀门	闸 阀	15~40	DVW113（用于放空、放净）		
		15~400	Z41H-40		
	截止阀	15~40	J11H-40		
		15~300	J41H-40		
	止回阀	异径 25~100	RCV-Ⅱ-4.0C		
		15~40	H13H-40（立管）		
		15~40	H41H-40		
		25~400	H44H-40		
法 兰			对焊（突）*PN*4.0MPa	20 锻钢	
			对焊（凸凹）*PN*4.0MPa	20 锻钢	
螺栓（柱）螺母			全螺纹螺柱	35CrMo	SH/T 3404
			六角螺母	35 钢	SH/T 3404
垫 片			缠绕（凸凹带内环）*PN*4.0MPa	18-8 特制石棉	
			缠绕（突面带外环）*PN*4.0MPa	18-8 特制石棉	

注：① H_2、H_2+油气最高设计温度 230℃；最高设计压力 2.2MPa。

表 6-2-19 管道等级表（等级号：4A2）

公称压力 *PN*/MPa		4.0				操作介质	油品、油气（H_2、H_2+油气）①、溶剂
设计条件	设计压力/MPa	4.0	3.2	2.4	1.4	基本材质	碳钢
	设计温度/℃	100	200	300	400	腐蚀裕量/mm	3.0

项目		公称直径 *DN*/mm	规格型号	材质	标准号
管子		15~50	石油裂化用无缝钢管 Sch80	20 钢	GB 9948
		65~350	石油裂化用无缝钢管 Sch60	20 钢	GB 9948
		400~500	石油裂化用无缝钢管计算	20 钢	GB 9948
		≥600	钢板卷管（计算）	20G	
管件	90° 45° 弯头	15~40	承插焊 Sch80	20 锻钢	SH/T 3410
		50/65~350	无缝 Sch80/60	20 钢	SH/T 3408
		400~500	无缝计算	20 钢	SH/T 3408
		≥600	钢板焊接计算	20G	SH/T 3408
	三通	15~40	承插焊 Sch80	20 锻钢	SH/T 3410
		50/65~350	无缝 Sch80/60	20 钢	SH/T 3408
		400~500	无缝计算	20 钢	SH/T 3408
		≥600	钢板焊制计算	20G	SH/T 3408
	同心 偏心 大小头	50/65~350	无缝 Sch80/60	20 钢	SH/T 3408
		400~500	无缝计算	20 钢	SH/T 3408
		≥600	钢板焊制计算	20G	SH/T 3408
	封头	15~40	承插焊管帽 Sch80	20 锻钢	SH/T 3410
		50/65~350 /400~500	管帽 Sch80/60/计算	20 钢	SH/T 3408
		≥600	钢板焊制管帽计算	20G	SH/T 3408
	加强管接头	15~40	承插焊 Sch80	20 锻钢	GB/T 19326
		50~150	对焊 Sch60	20 锻钢	GB/T 19326
	螺纹短节	15~40	单头/双头 Sch160	20 锻钢	S5-7-1
	管箍	15~40	双承口 Sch80	20 锻钢	SH/T 3410
		15~40	异径双承口 Sch80	20 锻钢	SH/T 3410
	活接头	15~40		20 锻钢	SH/T 3424
阀门	闸阀	15~40	DVW113（用于放空、放净）		
		15~400	Z41H-40		
	截止阀	15~40	J11H-40		
		15~300	J41H-40		
	止回阀	异径 25~100	RCV-Ⅱ-4.0C		
		15~40	H13H-40（立管）		
		15~40	H41H-40		
		25~400	H44H-40		
法兰			对焊（突）*PN*4.0MPa	20 锻钢	
			对焊（凸凹）*PN*4.0MPa	20 锻钢	
螺栓（柱）螺母			全螺纹螺柱	35CrMoA	SH/T 3404
			六角螺母	35 钢	SH/T 3404
垫片			缠绕式（凸凹带内环）*PN*4.0MPa	18-8/特制石棉	
			缠绕式（突面带外环）*PN*4.0MPa		

注：① H_2、H_2+油气最高设计温度 230℃；最高设计压力 2.2MPa。

表 6-2-20　管道等级表(等级号:4C1)

公称压力 *PN*/MPa		4.0				操作介质	高温油品、蒸汽①
设计条件	设计压力/MPa	3.0	2.8	2.3	1.4	基本材质	15CrMo（15CrMoG）
	设计温度/℃	450	475	500	530	腐蚀裕量/mm	1.5

项　目		公称直径 *DN*/mm	规　格　型　号	材　质	标　准　号
管　子		15~40	石油裂化用无缝钢管 Sch80	15CrMo（15CrMoG）	GB 9948（GB5310）
		50~500	石油裂化用无缝钢管 Sch40	15CrMo（15CrMoG）	GB 9948（GB5310）
		≥600	钢板卷管计算	15CrMo（15CrMoG）	
管件	90° 45° 弯头	15~40	承插焊 Sch80	15CrMo 锻钢	SH/T 3410
		50~500	无缝 Sch40	15CrMo（15CrMoG）	SH/T 3408
		≥600	焊接计算	15CrMo（15CrMoG）	SH/T 3408
	三　通	15~40	承插焊 Sch80	15CrMo 锻钢	SH/T 3410
		50~500	无缝 Sch40	15CrMo（15CrMoG）	SH/T 3408
		≥600	焊接计算	15CrMo（15CrMoG）	SH/T 3408
	同心 偏心 大小头	50~500	无缝 Sch40	15CrMo（15CrMoG）	SH/T 3408
		≥600	焊接计算	15CrMo（15CrMoG）	SH/T 3408
	封　头	15~40	承插焊管帽 Sch80	15CrMo 锻钢	SH/T 3410
		50~500	管帽 Sch40	15CrMo（15CrMoG）	SH/T 3408
		≥600	钢板制管帽计算	15CrMo（15CrMoG）	SH/T 3408
	加强管接头	15~40	承插焊 Sch80	15CrMo 锻钢	GB/T 19326
		50~150	对焊 Sch40	15CrMo 锻钢	GB/T 19326
	螺纹短节	15~40	单头/双头 Sch80	15CrMo（15CrMoG）	S5-7-1
	管　箍	15~40	双承口 Sch80	15CrMo 锻钢	SH/T 3410
		15~40	异径双承口 Sch80	15CrMo 锻钢	SH/T 3410
	活接头	15~40		15CrMo 锻钢	SH/T 3424
阀门	闸　阀	15~40	DVW549（用于放空、放净）		
		15~300	Z41Y-40I		
	截止阀	15~40	J11Y-160I		
		15~200	J41Y-40I		
	止回阀	异径 25~100	RCV-Ⅱ-4.0P		
		50~250	H44Y-40I		
法　兰			对焊（凸凹）*PN*4.0MPa	15CrMo 锻钢	
螺栓（柱） 螺母			全螺纹螺柱	25Cr2MoVA	SH/T 3404
			六角螺母	30CrMoA	SH/T 3404
垫　片			缠绕式（带内环）*PN*4.0MPa	18-8/柔性石墨	

注：① 括号内适用于蒸汽。

表 6-2-21　管道等级表(等级号:4C1)

公称压力 *PN*/MPa		4.0				操作介质	高温油品、油气、高含硫油品、H_2
设计条件	设计压力/MPa	3.0	2.3	1.6	1.2	基本材质	12Cr5Mo
	设计温度/℃	390	450	500	530	腐蚀裕量/mm	1.5

项目		公称直径 *DN*/mm	规格型号	材质	标准号
管子		15~40	石油裂化用无缝钢管 Sch80	12Cr5Mo	GB 9948
		50~500	石油裂化用无缝钢管 Sch60	12Cr5Mo	GB 9948
管件	90° 45° 弯头	15~40	承插焊 Sch80	12Cr5Mo 锻钢	SH/T 3410
		50~500	无缝 Sch60	12Cr5Mo	SH/T 3408
	三通	15~40	承插焊 Sch80	12Cr5Mo 锻钢	SH/T 3410
		50~500	无缝 Sch60	12Cr5Mo	SH/T 3408
	同心 偏心 大小头	50~500	无缝 Sch60	12Cr5Mo	SH/T 3408
	封头	15~40	承插焊管帽 Sch80	12Cr5Mo 锻钢	SH/T 3410
		50~500	管帽	12Cr5Mo	SH/T 3408
	加强管接头	15~40	承插焊 Sch80	12Cr5Mo 锻钢	GB/T 19326
		50~150	对焊 Sch60	12Cr5Mo 锻钢	GB/T 19326
	螺纹短节	15~40	单头/双头 Sch60	12Cr5Mo	S5-7-1
	管箍	15~40	双承口 Sch80	12Cr5Mo 锻钢	SH/T 3410
		15~40	异径双承口 Sch80	12Cr5Mo 锻钢	SH/T 3410
	活接头	15~40		12Cr5Mo 锻钢	SH/T 3424
阀门	闸阀	15~40	DVW549（用于放空、放净）		
		15~300	Z41Y-40I		
	截止阀	15~40	J11Y-160I		
		15~200	J41Y-40I		
	止回阀	异径 25~100	RCV-Ⅱ-4.0P		
		50~250	H44Y-40I		
法兰			对焊（凸凹）*PN*4.0MPa	12Cr5Mo 锻钢	
螺栓（柱）螺母			全螺纹螺柱	25Cr2MoVA	SH/T 3404
			六角螺母	35CrMoA	SH/T 3404
垫片			缠绕式（带内环）*PN*4.0MPa	18-8/柔性石墨	

表 6-2-22　管道等级表(等级号:6.3A1)

<table>
<tr><td colspan="3">公称压力 PN/MPa</td><td colspan="4">6.3</td><td>操作介质</td><td>除氧水、蒸汽、N_2</td></tr>
<tr><td colspan="2" rowspan="2">设计条件</td><td>设计压力/MPa</td><td>6.3</td><td>4.8</td><td>4.0</td><td>2.7</td><td>基本材质</td><td>碳　钢</td></tr>
<tr><td>设计温度/℃</td><td>200</td><td>300</td><td>350</td><td>400</td><td>腐蚀裕量/mm</td><td>1.5</td></tr>
<tr><td colspan="2">项　目</td><td>公称直径 DN/mm</td><td colspan="4">规　格　型　号</td><td>材　质</td><td>标　准　号</td></tr>
<tr><td colspan="2" rowspan="2">管　子</td><td>15~40</td><td colspan="4">高压锅炉用无缝钢管 Sch80</td><td>20G</td><td>GB 5310</td></tr>
<tr><td>50~500</td><td colspan="4">高压锅炉用无缝钢管 Sch60</td><td>20G</td><td>GB 5310</td></tr>
<tr><td rowspan="12">管件</td><td rowspan="2">90°
45° 弯头</td><td>15~40</td><td colspan="4">无缝 Sch80</td><td>20G</td><td>SH/T 3410</td></tr>
<tr><td>50~500</td><td colspan="4">无缝 Sch60</td><td>20G</td><td>SH/T 3408</td></tr>
<tr><td rowspan="2">三　通</td><td>15~40</td><td colspan="4">承插焊 Sch80</td><td>20 锻钢</td><td>SH/T 3410</td></tr>
<tr><td>50~500</td><td colspan="4">无缝 Sch60</td><td>20G</td><td>SH/T 3408</td></tr>
<tr><td>同心
偏心 大小头</td><td>50~500</td><td colspan="4">无缝 Sch60</td><td>20G</td><td>SH/T 3408</td></tr>
<tr><td rowspan="2">封　头</td><td>15~40</td><td colspan="4">承插焊 Sch80</td><td>20 锻钢</td><td>SH/T 3410</td></tr>
<tr><td>50~500</td><td colspan="4">无缝 Sch60</td><td>20G</td><td>SH/T 3408</td></tr>
<tr><td rowspan="2">加强管接头</td><td>15~40</td><td colspan="4">承插焊 Sch80</td><td>20 锻钢</td><td>GB/T 19326</td></tr>
<tr><td>50~500</td><td colspan="4">无缝 Sch60</td><td>20G</td><td>GB/T 19326</td></tr>
<tr><td>螺纹短节</td><td>15~40</td><td colspan="4">单头/双头 Sch160</td><td>20G</td><td>S5-7-1</td></tr>
<tr><td rowspan="2">管　箍</td><td>15~40</td><td colspan="4">双承口 Sch80</td><td>20 锻钢</td><td>SH/T 3410</td></tr>
<tr><td>15~40</td><td colspan="4">异径双承口 Sch80</td><td>20 锻钢</td><td>SH/T 3410</td></tr>
<tr><td rowspan="5">阀门</td><td rowspan="2">闸　阀</td><td>15~40</td><td colspan="4">DVW113（用于放空、放净）</td><td></td><td></td></tr>
<tr><td>15~400</td><td colspan="4">Z41H~64</td><td></td><td></td></tr>
<tr><td>截止阀</td><td>15~150</td><td colspan="4">J41H~64</td><td></td><td></td></tr>
<tr><td rowspan="2">止回阀</td><td>15~40</td><td colspan="4">DVW113</td><td></td><td></td></tr>
<tr><td>15~400</td><td colspan="4">Z41H~64</td><td></td><td></td></tr>
<tr><td colspan="2" rowspan="2">法　兰</td><td></td><td colspan="4">对焊（凸凹）PN6.4MPa</td><td>20 锻钢</td><td></td></tr>
<tr><td></td><td colspan="4">对焊（梯形槽）PN6.4MPa</td><td>20 锻钢</td><td></td></tr>
<tr><td colspan="2" rowspan="2">螺纹（柱）
螺母</td><td></td><td colspan="4">全螺纹螺柱</td><td>30CrMoA</td><td>SH/T 3404</td></tr>
<tr><td></td><td colspan="4">六角螺母</td><td>35 钢</td><td>SH/T 3404</td></tr>
<tr><td colspan="2" rowspan="2">垫　片</td><td></td><td colspan="4">缠绕式（带内一环）PN6.4MPa</td><td>18-8/柔性石墨</td><td></td></tr>
<tr><td></td><td colspan="4">八角形金属环垫圈 PN6.4MPa</td><td>10 钢</td><td></td></tr>
</table>

表 6-2-23 管道等级表(等级号:6.3G1)

公称压力 PN/MPa		6.3				操作介质	高温油品、高含硫油品、N_2[①]
设计条件	设计压力/MPa		3.7	2.5	1.9	基本材质	12Cr5Mo (12CrMoG)
	设计温度/℃	≤400	450	500	530	腐蚀裕量/mm	1.5

项目		公称直径 DN/mm	规格型号	材质	标准号
管子		15~300	石油裂化(高压锅炉)用无缝钢管 Sch80	12Cr5Mo (12Cr5Mo)	GB 9948 (GB 5310)
		350~500	石油裂化(高压锅炉)用无缝钢管 计算	12Cr5Mo (12Cr5Mo)	
管件	90° 45° 弯头	15~40	承插焊 Sch80	12Cr5Mo 锻钢	SH/T 3410
		50~300	无缝 Sch80	12Cr5Mo (12Cr5MoG)	SH/T 3408
		350~500	无缝计算	12Cr5Mo (12Cr5MoG)	SH/T 3408
	三通	15~40	承插焊 Sch80	12Cr5Mo 锻钢	SH/T 3410
		50~300	无缝 Sch80	12Cr5Mo (12Cr5MoG)	SH/T 3408
		350~500	无缝计算	12Cr5Mo (12Cr5MoG)	SH/T 3408
	同心 偏心 大小头	50~300	无缝 Sch80	12Cr5Mo (12Cr5MoG)	SH/T 3408
		350~500	无缝计算	12Cr5Mo (12Cr5MoG)	SH/T 3408
	封头	15~40	承插焊管帽 Sch80	12Cr5Mo 锻钢	SH/T 3410
		50~300	管帽 Sch80	12Cr5Mo (12Cr5MoG)	SH/T 3408
		350~500	管帽计算	12Cr5Mo (12Cr5MoG)	SH/T 3408
	加强管接头	15~40	承插焊 Sch80	12Cr5Mo 锻钢	GB/T 19326
		50~150	对焊 Sch80	12Cr5Mo 锻钢	GB/T 19326
	螺纹短节	15~40	单头/双头 Sch160	12Cr5Mo (12Cr5MoG)	S5-7-1
	管箍	15~40	双承口 Sch80	12Cr5Mo 锻钢	SH/T 3410
		15~40	异径双承口 Sch80	12Cr5Mo 锻钢	SH/T 3410
阀门	闸阀	15~40	DVW549 (用于放空、放净)		
		15~350	Z41Y-64I		
	截止阀	15~40	J41Y-160I		
		50	J41Y-100I		
	止回阀	50~250	H44Y-64I		
法兰			对焊(凸凹)PN6.4MPa	12Cr5Mo 锻钢	
			对焊(梯形槽)PN6.4、10、16.0MPa	12Cr5Mo 锻钢	
螺纹(柱)螺母			全螺纹螺柱	25Cr2MoVA	SH/T 3404
			六角螺母	30CrMoA	SH/T 3404
垫片			缠绕式(带内环)PN6.4MPa	18-8/柔性石墨	
			八角形金属环垫圈 PN6.4、10.0、16.0MPa	06Cr13	

注:① 括号内适用于 N_2。

表 6-2-24 管道等级表（等级号：10A1）

公称压力 *PN*/MPa		10.0				操作介质	油品、油气、蒸汽、脱氧水、N_2[1]
设计条件	设计压力/MPa	7.1	5.9	5.0	3.5	基本材质	碳钢
	设计温度/℃	200	300	350	400	腐蚀裕量/mm	1.5

项目		公称直径 *DN*/mm	规格型号	材质	标准号
管子		15~300	石油裂化（高压锅炉）用无缝钢管 Sch80	20 钢（20G）	GB 9948（GB 5310）
		350~500	石油裂化（高压锅炉）用无缝钢管 计算		
管件	90° 45° 弯头	15~40	承插焊 Sch160	20 锻钢	SH/T 3410
		50~300	无缝 Sch80	20 钢（20G）	SH/T 3408
		350~500	无缝计算	20 钢（20G）	SH/T 3408
	三通	15~40	承插焊 Sch160	20 锻钢	SH/T 3410
		50~300	无缝 Sch80	20 钢（20G）	SH/T 3408
		350~500	无缝计算	20 钢（20G）	SH/T 3408
	同心 偏心 大小头	50~300	无缝 Sch80	20 钢（20G）	SH/T 3408
		350~500	无缝计算	20 钢（20G）	SH/T 3408
	封头	15~40	承插焊管帽 Sch160	20 锻钢	SH/T 3410
		40~300	管帽 Sch80	20 钢（20G）	SH/T 3408
		350~500	管帽计算	20 钢（20G）	SH/T 3408
	加强管接头	15~40	承插焊 Sch160	20 锻钢	GB/T 19326
		50~150	对焊 Sch80	20 锻钢	GB/T 19326
	螺纹短节	15~40	单头/双头 Sch160	20 锻钢	S5-7-1
	管箍	15~40	双承口 Sch160	20 锻钢	SH/T 3410
		15~40	异径双承口 Sch160	20 锻钢	SH/T 3410
阀门	闸阀	15~40	SCW-Ⅱ（用于放空、放净）		
		15~200	Z41H-100		
	截止阀	15~40	J11H-160		
		50~100	J41H-100		
	止回阀	15~40	H13H-160（立管）		
		15~40	H41H-100		
		50~80	H44H-160		
		100~300	H44H-100		
法兰			对焊（梯形槽）*PN*10.0、16.0MPa	20 锻钢	
螺纹（柱）螺母			全螺纹螺柱	35CrMoA	SH/T 3404
			六角螺母	30CrMoA	SH/T 3404
垫片			八角形金属环垫圈 *PN*10.0、16.0MPa	10 钢	

注：① 括号内适用于蒸汽、脱氧水、N_2。

表 6-2-25 管道等级表(等级号:10C1)

公称压力 *PN*/MPa		10.0				操作介质	高温油品、油气、蒸汽、脱氧水[①]
设计条件	设计压力/MPa	7.5	7.1	5.8	3.6	基本材质	15CrMo（15CrMoG）
	设计温度/℃	450	475	500	530	腐蚀裕量/mm	1.5

项 目		公称直径 *DN*/mm	规 格 型 号		材 质	标 准 号
管 子		15~40	石油裂化（高压锅炉）用无缝钢管	Sch160	15CrMo（15CrMoG）	GB 9948（GB 5310）
		50~250		Sch120		
		300~500		计算		
管件	90° 45° 弯头	15~40	承插焊 Sch160		15CrMo 锻钢	SH/T 3410
		50~250	无缝 Sch120		15CrMo（15CrMoG）	SH/T 3408
		300~500	无缝计算		15CrMo（15CrMoG）	SH/T 3408
	三 通	15~40	承插焊 Sch160		15CrMo 锻钢	SH/T 3410
		50~250	无缝 Sch120		15CrMo（15CrMoG）	SH/T 3408
		300~500	无缝计算		15CrMo（15CrMoG）	SH/T 3408
	同心 偏心 大小头	50~250	无缝 Sch120		15CrMo（15CrMoG）	SH/T 3408
		300~500	无缝计算		15CrMo（15CrMoG）	SH/T 3408
	封 头	15~40	承插焊管帽 Sch160		15CrMo 锻钢	SH/T 3410
		50~250	管帽 Sch120		15CrMo（15CrMoG）	SH/T 3408
		300~500	管帽计算		15CrMo（15CrMoG）	SH/T 3408
	加强管接头	15~40	承插焊 Sch160		15CrMo 锻钢	GB/T 19326
		50~150	对焊 Sch120		15CrMo 锻钢	GB/T 19326
	螺纹短节	15~40	单头/双头 Sch160		15CrMo 锻钢	S5-7-1
	管 箍	15~40	双承口 Sch160		15CrMo 锻钢	SH/T 3410
		15~40	异径双承口 Sch160		15CrMo 锻钢	SH/T 3410
阀门	闸 阀	15~40	Z11Y-100I			
		15~250	Z41Y-100I			
		300	Z411Y-100I			
	截止阀	15~40	J41Y-160			
		50	J41Y-100I			
	止回阀	50~200	H44Y-160I			
法 兰			对焊（梯形槽）*PN*10.0、16.0MPa		15CrMo 锻钢	
螺栓（柱）螺母			全螺纹螺柱		25CrMoVA	SH/T 3404
			六角螺母		35CrMoA	SH/T 3404
垫 片			八角形金属环垫圈 *PN*10.0、16.0MPa		06Cr13	

注：① 括号内适用于蒸汽、脱氧水。

表 6-2-26　管道等级表(等级号:10G1)

公称压力 *PN*/MPa		10.0	操作介质	H_2+油气、H_2（含 H_2S）+油气	
设计条件	设计压力/MPa	1.2（3）	基本材质	1¼Cr½Mo	
	设计温度/℃	≤540（≤360）	腐蚀裕量/mm		
项　目		公称直径 *DN*/mm	规　格　型　号	材　质	标　准　号
管　子		15~40	无缝 Sch160	1¼Cr½Mo	ASTM A335/A335MP11
		50~300	无缝 Sch80	1¼Cr½Mo	ASTM A335/A335MP11
		350~650	无缝计算	1¼Cr½Mo	ASTM A335/A335MP11
管件	90° 45° 弯头	15~40	承插焊 Sch160	1¼Cr½Mo	
		50~300	无缝 Sch80	1¼Cr½Mo	
		350~650	无缝计算	1¼Cr½Mo	
	三　通	15~40	承插焊 Sch160	1¼Cr½Mo	
		50~300	无缝 Sch80	1¼Cr½Mo	
		350~650	无缝计算	1¼Cr½Mo	
	同心 偏心 大小头	50~300	无缝 Sch80	1¼Cr½Mo	
		350~500	无缝计算	1¼Cr½Mo	
	封　头	15~40	承插焊管帽 Sch160	1¼Cr½Mo	
		50~300	椭圆形 Sch80		
		≥350	椭圆形计算		
	加强管嘴	15~40/50~150	承插焊/对焊 Sch160/80	1¼Cr½Mo	
	螺纹短节	15~40	单头/双头 Sch160	1¼Cr½Mo	
	管　箍	15~40	双承口 Sch160	1¼Cr½Mo 锻钢	
		15~40	异径双承口 Sch160	1¼Cr½Mo 锻钢	
阀门	闸　阀	15~40	Z11Y~100I		
		15~250	Z41Y~100I①		
		300	Z441Y~100I①		
	截止阀	15~40	J41Y~160I①		
		50	J41Y~100I①		
	止回阀	50~200	H44Y~160I①		
法　兰		15~300	对焊（梯形槽）*PN*10.0、16.0MPa	1¼Cr½Mo	
螺纹（柱）螺母			等长双头螺柱	25Cr2MoVA	SH/T 3404
			六角螺母	30CrMoA	SH/T 3404
垫　片			八角形金属环垫圈	0Cr13	

注：① 均应为梯形槽面法兰。

表 6-2-27　管道等级表(等级号:16A1)

公称压力 *PN*/MPa		16.0				操作介质	12.5MPa 水力除焦水、油品、油气、$N_2$①
设计条件	设计压力/MPa	12.8	11.2	9.6	5.6	基本材质	碳　钢
	设计温度/℃	200	250	300	400	腐蚀裕量/mm	1.5

项　目		公称直径 *DN*/mm	规　格　型　号	材　质	标　准　号
管　子		15~40	石油裂化(输送流体)用无缝钢管 Sch160	20 钢	GB 9948(GB/T 8163)
		50~200	石油裂化(输送流体)用无缝钢管 Sch160	20 钢	GB 9948(GB/T 8163)
		250~500	石油裂化(输送流体)用无缝钢管 计算	20 钢	GB 9948(GB/T 8163)
管件	90° 45° 弯头	15~40	承插焊 Sch160	20 锻钢	SH/T 3410
		50~200	无缝 Sch160	20 钢	SH/T 3408
		250~500	无缝计算	20 钢	SH/T 3408
	三　通	15~40	承插焊 Sch160	20 锻钢	SH/T 3410
		50~200	无缝 Sch160	20 钢	SH/T 3408
		250~500	无缝计算	20 钢	SH/T 3408
	同心 偏心 大小头	50~200	无缝 Sch160	20 钢	SH/T 3408
		250~500	无缝计算	20 钢	SH/T 3408
	封　头	15~40	承插焊管帽 Sch160	20 锻钢	SH/T 3410
		50~200	管帽 Sch160	20 钢	SH/T 3408
		250~500	管帽计算	20 钢	SH/T 3408
	加强管接头	15~40	承插焊 Sch160	20 锻钢	GB/T 19326
		50~150	对焊 Sch160	20 锻钢	GB/T 19326
	螺纹短节	15~40	单头/双头 Sch160	20 锻钢	S5-7-1
	管　箍	15~40	双承口 Sch160	20 锻钢	SH/T 3410
		15~40	异径双承口 Sch160	20 锻钢	SH/T 3410
阀门	闸　阀	15~50	SCW-Ⅱ(用于放空、放净)		
		15~200	Z41H-160		
	截止阀	15~40	J11H-160		
		15~50	J41H-100		
	止回阀	15~40	H13H-160(立管)		
		15~40	H41H-160		
		50~300	H44H-160		
法　兰			对焊(梯形槽)*PN*16.0MPa	20 锻钢	
螺栓(柱) 螺母			全螺纹螺柱	35CrMoA	SH/T 3404
			六角螺母	30CrMoA	SH/T 3404
垫　片			八角形金属环圈 *PN*16.0MPa	10 钢	

注:①括号内适用于水力除焦水、N_2。

表 6-2-28 管道等级表(等级号:2A1)

公称压力 *PN*/MPa			2.0（150lb）	操作介质	新鲜水、消防水、循环水	
设计条件		设计压力/MPa	1.0	基本材质	碳 钢	
		设计温度/℃	≤80	腐蚀裕量/mm	1.5	
项 目		公称直径 *DN*/mm	规 格 型 号		材 质	标 准 号
管 子		15~150	低压流体输用焊接钢管		Q235B	GB/T 3091
		200~300	输送流体用无缝钢管 Sch20		20（10）钢	GB/T 8163
		≥350	螺旋缝埋弧焊钢管 Sch10		Q235B	SY/T 5036
管件	90° 45° 弯头	15~40	锻钢螺纹 Sch80		20 锻钢	SH/T 3410
		50~300	无缝 Sch20		20 钢	SH/T 3408
		≥350 LG	钢板焊制 LG		Q235B	SH/T 3408
	三 通	15~50	锻钢螺纹 Sch80		20 锻钢	GB/T 14626
	同心 偏心 大小头	15~40	异径双承口管箍 Sch80		20 锻钢	GB/T 3410
		50~300	无缝 Sch20			SH/T 3408
		≥350	钢板焊制 Sch20		Q235B	SH/T 3408
	封 头	15~100	平盖封头		20 钢	
		150~300	管帽 Sch20		20 钢	SH/T 3408
		≥350	钢板焊制管帽 Sch20		Q235B	SH/T 3409
	螺纹短节	15~40	单头/双头 Sch80		20 钢	S5-7-1
	管 箍	15~40	双头螺纹 Sch160		20 锻钢	SH/T 3410
	活接头	15~40			20 锻钢	SH/T 3424
阀门	闸 阀	15~40	GA11H-800C			
		15~40	GA61H-800C			
		50~400	GA41H-150C			
	截止阀	15~40	GL11H-800C			
		15~40	GL61H-800C			
		50~400	GL41H-150C			
	蝶 阀	65~150	BF41H-150C			
		200~600	BF341H-150C			
	球 阀	15~40/50~150	BL11S-800C/BL41S-800C			
	止回阀	15~40	CK61H-800C，CK11H-800C			
		15~40	CK41H-150C			
		50~500	CK44H-150C			
		异径 50~500	RCV-Ⅱ-150C			
	放空、放净阀	15~40	DVW 113-800			
法 兰		15~40	SWRF-*PN*2.0MPa		20 锻钢	SH/T 3406
		≥50	SORF-*PN*2.0MPa		20 锻钢	SH/T 3406
			WNRF-*PN*2.0MPa		20 锻钢	SH/T 3406
螺纹（柱）螺母			全螺纹螺柱		35 钢	SH/T 3404
			六角螺母		25 钢	SH/T 3404
垫 片			石棉橡胶 *PN*2.0MPaRF		XB450	SH/T 3401

表 6-2-29　管道等级表(等级号:2A2)

公称压力 *PN*/MPa			2.0（150lb）	操作介质	非净化压缩空气、软化水、凝结水、惰性气体	
设计条件		设计压力/MPa	0.6	基本材质	碳　钢	
		设计温度/℃	≤150	腐蚀裕量/mm	1.5	
项　目		公称直径 *DN*/mm	规　格　型　号		材　质	标　准　号
管　子		15～50	输送流体用无缝钢管 Sch40		20 钢	GB/T 8163
		65～300	输送流体用无缝钢管 Sch20		20 钢	GB/T 8163
		≥350	螺旋缝埋弧焊		Q235B	SY/T 5037
管件	90° 45° 弯头	15～40	锻钢螺纹 Sch80		20（10）锻钢	SH/T 3410
		50/65～300	无缝 Sch40/20		20 钢	SH/T 3408
		≥350	钢板焊制 LG		Q235B	SH/T 3408
	三　通	15～40	锻钢螺纹 Sch80		20 锻钢	SH/T 3410
	同心 偏心 大小头	15～40	异径双承口管箍		20 锻钢	GB/T 3410
		50/65～300	无缝 Sch40/20		20（10）钢	SH/T 3408
		≥350	钢板焊制 Sch20		Q235B	SH/T 3408
	封　头	15～100	平盖封头		20 钢	
		150～300	管帽 Sch20		20 钢	SH/T 3408
		≥350	钢板焊制管帽 Sch20		Q235B	SH/T 3408
	螺纹短节	15～40	单头/双头 Sch80		20 钢	S5-7-1
	管　箍	15～40	双头螺纹 Sch160		20 锻钢	SH/T 3410
	活接头	15～40			20 锻钢	SH/T 3424
阀门	闸　阀	15～40	GA11H-800C			
		15～40	GA61H-800C			
		50～400	GA41H-150C			
	截止阀	15～40	GL11H-800C			
		15～40	GL61H-800C			
		50～400	GL41H-150C			
	蝶　阀	65～150	BF41H-150C			
		200～600	BF341H-150C			
	球　阀	15～40/50～150	BL11S-800C/BL41S-800C			
	止回阀	15～40	CK61H-800C，CK11H-800C			
		15～40	CK41H-150C			
		50～500	CK44H-150C			
		异径 50～500	RCV-Ⅱ-150C			
	放空、放净阀	15～40	DVW 113-800			
法　兰		15～40	SWRF-*PN*2.0MPa		20 锻钢	SH/T 3406
		≥50	SORF-*PN*2.0MPa		20 锻钢	SH/T 3406
			WNRF-*PN*2.0MPa		20 锻钢	SH/T 3406
螺纹（柱）			全螺纹螺柱		35 钢	SH/T 3404
螺母			六角螺母		25 钢	SH/T 3404
垫　片			石棉橡胶 *PN*2.0MPaRF		XB450	SH/T 3401

表 6-2-30 管道等级表(等级号:2A3)

公称压力 *PN*/MPa			2.0 (150lb)	操作介质	1.0MPa 蒸汽、热水、凝结水、N_2
设计条件		设计压力/MPa	1.0	基本材质	碳钢
设计条件		设计温度/℃	≤250	腐蚀裕量/mm	1.5
项目		公称直径 *DN*/mm	规格型号	材质	标准号
管子		15~50	输送流体用无缝钢管 Sch40	20 钢	GB/T 8163
管子		65~500	输送流体用无缝钢管 Sch20	20 钢	GB/T 8163
管件	90° 45° 弯头	15~40	承插焊 Sch80	20 锻钢	SH/T 3410
管件	90° 45° 弯头	50/65~300	无缝 Sch40/20	20 钢	SH/T 3408
管件	90° 45° 弯头	≥350	钢板焊制 LG	Q235B	SH/T 3408
管件	三通	15~40	承插焊 Sch80	20 锻钢	SH/T 3410
管件	同心 偏心 大小头	15~40	异径双承口管箍 Sch80	20 锻钢	SH/T 3410
管件	同心 偏心 大小头	50/65~300	无缝 Sch40/20	20 钢	SH/T 3408
管件	同心 偏心 大小头	≥350	钢板焊制	Q235B	SH/T 3408
管件	封头	15~100	平盖封头	20 钢或 Q235B	
管件	封头	150~300	管帽 Sch20	20 钢	SH/T 3408
管件	封头	≥350	钢板焊制管帽	Q235B	SH/T 3409
管件	螺纹短节	15~40	单头/双头 Sch80	20 钢	S5-7-1
管件	管箍	15~40	双头螺纹 Sch160	20 锻钢	SH/T 3410
管件	活接头	15~40		20 锻钢	SH/T 3424
阀门	闸阀	15~40	GA11H-800C、GA61H-800C		
阀门	闸阀	50~300	GA41H-150C		
阀门	闸阀	400~600	GA44H-150C		
阀门	截止阀	15~40	GL11H-800C、GL61H-800C		
阀门	截止阀	50~300	GL41H-150C		
阀门	球阀	15~40	BL11S-800C		
阀门	球阀	50~150	BL41S-150C		
阀门	止回阀	15~40	CK11H-800C、CK61H-800C		
阀门	止回阀	15~40	CK41H-150C		
阀门	止回阀	25~500	CK44H-150C		
阀门	止回阀	异径 50~500	RCV-Ⅱ-150C		
阀门	蝶阀	80~150	BF41H-150C		
阀门	蝶阀	200~600	BF341-150C		
阀门	放空、放净阀	15~40	DVW113-800		
法兰		15~40	SWRF-*PN*2.0MPa	20 锻钢	SH/T 3406
法兰		≥50	SORF-*PN*2.0MPa	20 锻钢	SH/T 3406
法兰			WNRF-*PN*2.0MPa	20 锻钢	SH/T 3406
螺纹(柱)螺母			全螺纹螺柱	35CrMoA	SH/T 3404
螺纹(柱)螺母			六角螺母	30CrMoA	SH/T 3404
垫片			缠绕式 *PN*2.0MPaRF	18-8/柔性石墨	SH/T 3407

表 6-2-31　管道等级表(等级号:2A4)

<table>
<tr><td colspan="3">公称压力 PN/MPa</td><td>2.0 (150lb)</td><td>操作介质</td><td colspan="2">一般油品、油气、溶剂</td></tr>
<tr><td colspan="2" rowspan="2">设计条件</td><td>设计压力/MPa</td><td>≤1.28</td><td>基本材质</td><td colspan="2">碳　钢</td></tr>
<tr><td>设计温度/℃</td><td>≤200</td><td>腐蚀裕量/mm</td><td colspan="2">1.5</td></tr>
<tr><td colspan="2">项　目</td><td>公称直径 DN/mm</td><td colspan="2">规　格　型　号</td><td>材　质</td><td>标　准　号</td></tr>
<tr><td colspan="2" rowspan="3">管　子</td><td>15~50/65~150</td><td colspan="2">输送流体用无缝钢管 Sch40/20</td><td>20 钢</td><td>GB/T 8163</td></tr>
<tr><td>200~500</td><td colspan="2">输送流体用无缝钢管 Sch30</td><td>20 钢</td><td>GB/T 8163</td></tr>
<tr><td>600~700/800~1000</td><td colspan="2">钢板卷管 STD/XS</td><td>20 钢或 Q235B</td><td></td></tr>
<tr><td rowspan="19">管件</td><td rowspan="4">90°
45° 弯头</td><td>15~40</td><td colspan="2">承插焊 Sch80</td><td>20 锻钢</td><td>SH/T 3410</td></tr>
<tr><td>50/65~150</td><td colspan="2">无缝 Sch40/20</td><td>20 钢</td><td>SH/T 3408</td></tr>
<tr><td>200~500</td><td colspan="2">无缝 Sch30</td><td>20 钢</td><td>SH/T 3408</td></tr>
<tr><td>600~700/800~1000</td><td colspan="2">钢板焊制 STD/XS</td><td>20 钢或 Q235B</td><td>SH/T 3408</td></tr>
<tr><td rowspan="4">三　通</td><td>15~40</td><td colspan="2">承插焊 Sch80</td><td>20 锻钢</td><td>SH/T 3410</td></tr>
<tr><td>50/65~150</td><td colspan="2">无缝 Sch40/20</td><td>20 钢</td><td>SH/T 3408</td></tr>
<tr><td>200~500</td><td colspan="2">无缝 Sch30</td><td>20 钢</td><td>SH/T 3408</td></tr>
<tr><td>600~700/800~1000</td><td colspan="2">钢板焊制 STD/XS</td><td>20 钢或 Q235B</td><td>SH/T 3408</td></tr>
<tr><td rowspan="3">同心
偏心 大小头</td><td>50/65~150</td><td colspan="2">无缝 Sch40/20</td><td>20 钢</td><td>SH/T 3408</td></tr>
<tr><td>200~500</td><td colspan="2">无缝 Sch30</td><td>20 钢</td><td>SH/T 3408</td></tr>
<tr><td>600~700/800~1000</td><td colspan="2">钢板焊制 STD/XS</td><td>20 钢或 Q235B</td><td>SH/T 3408</td></tr>
<tr><td rowspan="3">封　头</td><td>15~100</td><td colspan="2">平盖封头</td><td>20 钢或 Q235B</td><td></td></tr>
<tr><td>150~500</td><td colspan="2">管帽 Sch30</td><td>20 钢</td><td>SH/T 3408</td></tr>
<tr><td>600~700/800~1000</td><td colspan="2">钢板焊制 STD/XS</td><td>20 钢或 Q235B</td><td>SH/T 3409</td></tr>
<tr><td>螺纹短节</td><td>15~40</td><td colspan="2">单头/双头 Sch80</td><td>20 钢</td><td>S5-7-1</td></tr>
<tr><td rowspan="2">管　箍</td><td>15~40</td><td colspan="2">双承口 Sch80</td><td>20 锻钢</td><td>SH/T 3410</td></tr>
<tr><td>15~40</td><td colspan="2">异径双承口 Sch80</td><td>20 锻钢</td><td>SH/T 3410</td></tr>
<tr><td>活接头</td><td>15~40</td><td colspan="2"></td><td>20 锻钢</td><td>SH/T 3424</td></tr>
<tr><td rowspan="15">阀门</td><td rowspan="3">闸　阀</td><td>15~40</td><td colspan="2">GA11H-800C、GA61H-800C</td><td></td><td></td></tr>
<tr><td>50~300</td><td colspan="2">GA41H-150C</td><td></td><td></td></tr>
<tr><td>400~600</td><td colspan="2">GA44H-150C</td><td></td><td></td></tr>
<tr><td rowspan="2">球　阀</td><td>15~40</td><td colspan="2">BL11S-800C</td><td></td><td></td></tr>
<tr><td>50~150</td><td colspan="2">BL41S-150C</td><td></td><td></td></tr>
<tr><td rowspan="2">截止阀</td><td>15~40</td><td colspan="2">GL11H-800C、GL61H-800C</td><td></td><td></td></tr>
<tr><td>50~300</td><td colspan="2">GL41H-150C</td><td></td><td></td></tr>
<tr><td rowspan="3">止回阀</td><td>15~40</td><td colspan="2">CK11H-800C、CK61H-800C</td><td></td><td></td></tr>
<tr><td>15~40/25~600</td><td colspan="2">CK41H-150C/CK44H-150C</td><td></td><td></td></tr>
<tr><td>异径 50~500</td><td colspan="2">RCV-Ⅱ-150C</td><td></td><td></td></tr>
<tr><td>蝶　阀</td><td>80~150/200~500</td><td colspan="2">BF41H-150C/BF341-150C</td><td></td><td></td></tr>
<tr><td>放空、放净阀</td><td>15~40</td><td colspan="2">DVW113-800</td><td></td><td></td></tr>
<tr><td>采样阀</td><td>6~15</td><td colspan="2">ND13H-800C</td><td></td><td></td></tr>
<tr><td colspan="2" rowspan="2">法　兰</td><td>15~40</td><td colspan="2">SWRF-PN2.0MPa</td><td>20 锻钢</td><td>SH/T 3406</td></tr>
<tr><td>50~600</td><td colspan="2">WNRF-PN2.0MPa</td><td>20 锻钢</td><td>SH/T 3406</td></tr>
<tr><td colspan="2" rowspan="2">螺柱
螺母</td><td></td><td colspan="2">全螺纹螺柱</td><td>35CrMoA</td><td>SH/T 3404</td></tr>
<tr><td></td><td colspan="2">六角螺母</td><td>30CrMoA</td><td>SH/T 3404</td></tr>
<tr><td colspan="2">垫　片</td><td></td><td colspan="2">缠绕式(带外环)</td><td>18-8/柔性石墨</td><td>SH/T 3407</td></tr>
</table>

表 6-2-32　管道等级表(等级号:2A5)

公称压力 *PN*/MPa		2.0（150lb）	操作介质	油品、油气、溶剂	
设计条件	设计压力/MPa	≤1.28	基本材质	碳　钢	
	设计温度/℃	≤200	腐蚀裕量/mm	3.0	
项　目		公称直径 *DN*/mm	规　格　型　号	材　质	标　准　号
管　子		15~40/50	输送流体用无缝钢管 Sch80/60	20 钢	GB/T 8163
		65~150/200~500	输送流体用无缝钢管 Sch40/30	20 钢	GB/T 8163
		≥600	钢板卷管 XS	20 钢	
管件	90° 45° 弯头	15~40	承插焊 Sch80	20 锻钢	SH/T 3410
		50/65~150	无缝 Sch60/40	20 钢	SH/T 3408
		200~500	无缝 Sch30	20 钢	SH/T 3408
		≥600	钢板焊制 XS	20 钢	SH/T 3408
	三　通	15~40	承插焊 Sch80	20 锻钢	SH/T 3410
		50/65~150	无缝 Sch60/40	20 钢	SH/T 3408
		200~500	无缝 Sch30	20 钢	SH/T 3408
		≥600	钢板焊制 XS	20 钢	SH/T 3408
	同心 偏心 大小头	50/65~150	无缝 Sch60/40	20 钢	SH/T 3408
		200~500	无缝 Sch30	20 钢	SH/T 3408
		≥600	钢板焊制 XS	20 钢	SH/T 3408
	封　头	15~100	平盖封头	20 钢	
		150/200~500	管帽 Sch40/30	20 钢	SH/T 3408
		≥600	钢板焊制 XS	20 钢	SH/T 3408
	螺纹短节	15~40	单头/双头 Sch80	20 钢	S5-7-1
	管　箍	15~40	双承口 Sch80	20 锻钢	SH/T 3410
		15~40	异径双承口 Sch80	20 锻钢	SH/T 3410
	活接头	15~40		20 锻钢	SH/T 3424
阀门	闸　阀	15~40	GA11H-800C、GA61H-800C		
		50~300/400~600	GA41H-150C/GA44H-150C		
	球　阀	15~40/50~150	BL11S-800C/BL41S-150C		
	截止阀	15~40	GL11H-800C、GL61H-800C		
		50~300	GL41H-150C		
	止回阀	15~40	CK11H-800C、GK61H-800C		
		15~40/25~600	CK41H-150C/CK44H-150C		
		异径 50~500	RCV-Ⅱ-150C		
	蝶　阀	80~150/200~500	BF41H-150C/BF341-150C		
	放空、放净阀	15~40	DVW113-800		
	采样阀	6~15	ND13H-800C		
法　兰		15~40	SWRF-*PN*2.0MPa	20 锻钢	SH/T 3406
		50~600	WNRF-*PN*2.0MPa	20 锻钢	SH/T 3406
螺柱 螺母			全螺纹螺柱	35CrMoA	SH/T 3404
			六角螺母	30CrMoA	SH/T 3404
垫　片			缠绕式（带外环）	18-8/柔性石墨	SH/T 3407

表 6-2-33　管道等级表(等级号:2A6)

<table>
<tr><td colspan="3">公称压力 *PN*/MPa</td><td>2.0（150lb）</td><td>操作介质</td><td colspan="2">10%~40%碱液、93%~98%硫酸、25%碱渣、酸渣</td></tr>
<tr><td colspan="2" rowspan="2">设计条件</td><td>设计压力/MPa</td><td>≤1.0</td><td>基本材质</td><td colspan="2">碳　钢</td></tr>
<tr><td>设计温度/℃</td><td>70</td><td>腐蚀裕量/mm</td><td colspan="2">3.0</td></tr>
<tr><td colspan="2">项　目</td><td>公称直径 *DN*/mm</td><td colspan="2">规　格　型　号</td><td>材　质</td><td>标　准　号</td></tr>
<tr><td colspan="2" rowspan="3">管　子</td><td>15~40/50</td><td colspan="2">输送流体用无缝钢管 Sch80/60</td><td>20 钢</td><td>GB/T 8163</td></tr>
<tr><td>65~150</td><td colspan="2">输送流体用无缝钢管 Sch40</td><td>20 钢</td><td>GB/T 8163</td></tr>
<tr><td>200~500</td><td colspan="2">输送流体用无缝钢管 Sch30</td><td>20 钢</td><td>GB/T 8163</td></tr>
<tr><td rowspan="15">管件</td><td rowspan="3">90°
45° 弯头</td><td>15~40</td><td colspan="2">承插焊 Sch80</td><td>20 锻钢</td><td>SH/T 3410</td></tr>
<tr><td>50/65~150</td><td colspan="2">无缝 Sch60/40</td><td>20 钢</td><td>SH/T 3408</td></tr>
<tr><td>200~500</td><td colspan="2">无缝 Sch30</td><td>20 钢</td><td>SH/T 3408</td></tr>
<tr><td rowspan="3">三　通</td><td>15~40</td><td colspan="2">承插焊 Sch80</td><td>20 锻钢</td><td>SH/T 3410</td></tr>
<tr><td>50/65~150</td><td colspan="2">无缝 Sch60/40</td><td>20 钢</td><td>SH/T 3408</td></tr>
<tr><td>200~500</td><td colspan="2">无缝 Sch30</td><td>20 钢</td><td>SH/T 3408</td></tr>
<tr><td rowspan="2">同心
偏心 大小头</td><td>50/65~150</td><td colspan="2">无缝 Sch60/40</td><td>20 钢</td><td>SH/T 3408</td></tr>
<tr><td>200~500</td><td colspan="2">无缝 Sch30</td><td>20 钢</td><td>SH/T 3408</td></tr>
<tr><td rowspan="3">封　头</td><td>15~100</td><td colspan="2">平盖封头</td><td>20 钢</td><td></td></tr>
<tr><td>150</td><td colspan="2">管帽 Sch40</td><td>20 钢</td><td>SH/T 3408</td></tr>
<tr><td>200~250</td><td colspan="2">管帽 Sch80</td><td>20 钢</td><td>SH/T 3408</td></tr>
<tr><td>螺纹短节</td><td>15~40</td><td colspan="2">单头/双头 Sch80</td><td>20 钢</td><td>S5-7-1</td></tr>
<tr><td rowspan="2">管　箍</td><td>15~40</td><td colspan="2">双承口 Sch80</td><td>20 锻钢</td><td>SH/T 3410</td></tr>
<tr><td>15~40</td><td colspan="2">异径双承口 Sch80</td><td>20 锻钢</td><td>SH/T 3410</td></tr>
<tr><td>活接头</td><td>15~40</td><td colspan="2"></td><td>20 锻钢</td><td>SH/T 3424</td></tr>
<tr><td rowspan="11">阀门</td><td rowspan="3">闸　阀</td><td>15~40</td><td colspan="2">GA11H-800C</td><td></td><td></td></tr>
<tr><td>50~40</td><td colspan="2">GA61H-800C</td><td></td><td></td></tr>
<tr><td>50~400</td><td colspan="2">GA41H-150C</td><td></td><td></td></tr>
<tr><td rowspan="3">截止阀</td><td>15~40</td><td colspan="2">GL11H-800C</td><td></td><td></td></tr>
<tr><td>15~40</td><td colspan="2">GL61H-800C</td><td></td><td></td></tr>
<tr><td>50~400</td><td colspan="2">GL41H-150C</td><td></td><td></td></tr>
<tr><td rowspan="4">止回阀</td><td>15~40</td><td colspan="2">CK61H-800C、CK11H-800C</td><td></td><td></td></tr>
<tr><td>15~40</td><td colspan="2">CK41H150C</td><td></td><td></td></tr>
<tr><td>50~500</td><td colspan="2">CK44H150C</td><td></td><td></td></tr>
<tr><td>异径 50~300</td><td colspan="2">RCV-Ⅱ-150C</td><td></td><td></td></tr>
<tr><td>放空、放净阀</td><td>15~50</td><td colspan="2">DVW113-800</td><td></td><td></td></tr>
<tr><td colspan="2" rowspan="3">法　兰</td><td>15~40</td><td colspan="2">SWRF-*PN*2.0MPa</td><td>20 锻钢</td><td>SH/T 3406</td></tr>
<tr><td>15~500</td><td colspan="2">SORF-*PN*2.0MPa</td><td>20 锻钢</td><td>SH/T 3406</td></tr>
<tr><td>15~500</td><td colspan="2">WNRF-*PN*2.0MPa</td><td>20 锻钢</td><td>SH/T 3406</td></tr>
<tr><td colspan="2">螺栓（柱）</td><td></td><td colspan="2">全螺纹螺柱</td><td>35 钢</td><td>SH/T 3404</td></tr>
<tr><td colspan="2">螺母</td><td></td><td colspan="2">六角螺母</td><td>25 钢</td><td>SH/T 3404</td></tr>
<tr><td colspan="2">垫　片</td><td></td><td colspan="2">石棉橡胶 *PN*2.0MPaRF</td><td>XB450</td><td>SH/T 3401</td></tr>
</table>

表 6-2-34　管道等级表(等级号:2A7)

公称压力 *PN*/MPa		2.0（150lb）	操作介质	酸性气、酸性水、含硫污水、含硫氨水
设计条件	设计压力/MPa	≤1.0	基本材质	碳　钢
	设计温度/℃	≤120	腐蚀裕量/mm	3.0

项　目		公称直径 *DN*/mm	规　格　型　号	材　质	标　准　号
管　子		15~40/50	输送流体用无缝钢管 Sch80/60	20 钢	GB/T 8163
		65~150	输送流体用无缝钢管 Sch40	20 钢	GB/T 8163
		200~500	输送流体用无缝钢管 Sch30	20 钢	GB/T 8163
管件	90° 45° 弯头	15~40	承插焊 Sch80	20 锻钢	SH/T 3410
		50/65~150	无缝 Sch60/40	20 钢	SH/T 3408
		200~500	无缝 Sch30	20 钢	SH/T 3408
	三　通	15~40	承插焊 Sch80	20 锻钢	SH/T 3410
		50/65~150	无缝 Sch60/40	20 钢	SH/T 3408
		200~500	无缝 Sch30	20 钢	SH/T 3408
	同心 偏心 大小头	50/65~150	无缝 Sch60/40	20 钢	SH/T 3408
		200~500	无缝 Sch30	20 钢	SH/T 3408
	封　头	15~100	平盖封头	20 钢	
		150	管帽 Sch40	20 钢	SH/T 3408
		200~500	管帽 Sch30	20 钢	SH/T 3408
	螺纹短节	15~40	单头/双头 Sch80	20 钢	S5-7-1
	管　箍	15~40	双承口 Sch80	20 锻钢	SH/T 3410
		15~40	异径双承口 Sch80	20 锻钢	SH/T 3410
	活接头	15~40		20 锻钢	SH/T 3424
阀门	闸　阀	15~40	AGA11Y-800C、AGA61Y-800C		
		50~500	AGA41Y-150C		
	截止阀	15~40	AGL11Y-800C、AGL61Y-800C		
		50~300	AGL41Y-150C		
	止回阀	15~40	CK11Y-800C、CK61Y-800C		
		25~500	CK41Y-150C、CK44Y-150C		
		异径 50~500	RCV-Ⅱ-150SI		
	采样阀	6~15	AND13Y-800C		
法　兰			WNRF-*PN*2.0MPa	20 锻钢	SH/T 3406
螺柱 螺母			全螺纹螺柱	35 钢	SH/T 3404
			六角螺母	25 钢	SH/T 3404
垫　片			石棉橡胶垫	XB450	SH/T 3401

表 6-2-35　管道等级表(等级号:2X1)

公称压力 PN/MPa		2.0（150lb）	操作介质	净化压缩空气、生活用水	
设计条件	设计压力/MPa	<1.0	基本材质	碳　钢	
	设计温度/℃	<100	腐蚀裕量/mm	1.5	
项　目	公称直径 DN/mm	规　格　型　号		材　质	标　准　号
管　子	15~100	低压流体输送用镀锌焊接钢管		Q235B+镀锌	GB/T 3091
	150~300	输送流体用无缝钢管 Sch20		20 号钢	GB/T 8163
	>350	螺旋缝埋弧焊		Q235B	SY/T 5037
管件 90° 45° 弯头	15~100	钢螺纹弯头（镀锌）Sch80		20 号钢+镀锌	SH/T 3410
	150~300	无缝 Sch20		20 号钢	SH/T 3408
	>350	钢板焊制 LG		Q235B	SH/T 3408
三　通	15~100	钢螺纹三通（镀锌）Sch80		20 号钢+镀锌	GB/T 14626
同心 偏心 大小头	15~100	钢螺纹异径外接头（镀锌）Sch80		20 号钢+镀锌	GB/T 14626
	150~300	无缝 Sch20		20 号钢	SH/T 3408
	>350	钢板焊制		Q235B	SH/T 3408
封　头	15~100	钢螺纹管帽（镀锌）Sch80		20 号钢+镀锌	SH/T 3410
	150~250/≥350	椭圆形管帽 Sch20/钢板焊制		20 号钢/Q235B	SH/T 3408
螺纹短节	15~40	单头、双头（镀锌）Sch80		20 号钢+镀锌	S5-7-1
管　箍	15~100	单、双接口管箍（镀锌）Sch80		20 钢+镀锌	SH/T 3410
活接头	15~40	钢活接头（镀锌）		20 号钢+镀锌	SH/T 3424
阀门 闸　阀	15~40	GA11H-800C、GA61H-800C			
	50~300	GA41H-150C			
蝶　阀	65~150	BF41F-150C			
	200~300	BF41F-150C			
球　阀	15~40/50~150	BL11S-800C/BL41S-800C			
截止阀	15~40	GL61H-800C、GL11H-800C			
	50~200	GL41H-150C			
止回阀	异径 50~250	RCV-Ⅱ-150C			
	15~40	CK61H-800C、CK11H-800C CK41H-150C			
	25~600	CK44H-150C			
法　兰	15~50	SWRF-*PN*2.0MPa		20 锻钢	SH/T 3406
	65~300	SORF-*PN*2.0MPa		20 锻钢	SH/T 3406
螺栓（柱）		全螺纹螺柱		35 钢	SH/T 3404
螺母		六角螺母		25 钢	SH/T 3404
垫　片		石棉橡胶-*PN*2.0MPa RF		XB450	SH/T 3401

表 6-2-36 管道等级表（等级号：2K1）

公称压力 *PN*/MPa		2.0（150lb）	操作介质	CS_2（35 号添加剂）	
设计条件	设计压力/MPa	≤1.6	基本材质	0Cr18Ni10Ti	
	设计温度/℃	≤35	腐蚀裕量/mm		
项目		公称直径 *DN*/mm	规格型号	材质	标准号
管子		15~40	不锈钢无缝管 Sch40S	06Cr18Ni11Ti	GB/T 14976
		50~300	不锈钢无缝管 Sch20S	06Cr18Ni11Ti	GB/T 14976
管件	90° 45° 弯头	15~40	承插焊 Sch80S	06Cr18Ni11Ti	SH/T 3410
		50~300	无缝 Sch20S	06Cr18Ni11Ti	SH/T 3408
	三通	15~40	承插焊 Sch80S	07Cr19Ni11Ti	SH/T 3410
		50~300	无缝 Sch20S	06Cr18Ni11Ti	SH/T 3408
	同心 偏心 大小头	50~300	无缝 Sch20S	06Cr18Ni11Ti	SH/T 3408
	封头	15~40	平盖封头	06Cr18Ni11Ti	
		50~300	管帽 Sch20S	06Cr18Ni11Ti	SH/T 3408
	螺纹短节	15~40	单头/双头 Sch80S	06Cr18Ni11Ti	S5-7-1
	管箍	15~40	双承口 Sch80S	06Cr18Ni11Ti	SH/T 3410
		15~40	异径双承口 Sch80S	06Cr18Ni11Ti	SH/T 3410
	活接头	15~40		06Cr18Ni11Ti	SH/T 3424
阀门	闸阀	15~40	GA11W-800S1、GA61W-800S1		
		50~300	GA41W-150S1		
	球阀	15~40	GA11W-800S1、GA61W-800S1		
		50~300	GA41W-150S1		
	截止阀	15~200	GL41W-150S1		
	止回阀	15~40	CK11W-800S1、CK61W-800S1		
		15~300	CK41W-150S1、CK44W-150S1		
		异径 50~300	CK44W-150S1		
	放空、放净阀		DVW319-800		
	采样阀	6~15	ND13W-800S1		
法兰		15~40	SWRF-*PN*2. 0MPa	06Cr18Ni11Ti	SH/T 3406
		50~300	SORF-*PN*2. 0MPa	06Cr18Ni11Ti	SH/T 3406
		50~300	WNRF-*PN*2. 0MPa	06Cr18Ni11Ti	SH/T 3406
螺柱 螺母			全螺纹螺柱	35 钢	SH/T 3404
			六角螺母	25 钢	SH/T 3404
垫片			柔性石墨复合垫	18-8/柔性石墨	HG2062. 9

表 6-2-37 管道等级表(等级号:5A1)

<table>
<tr><td colspan="3">公称压力 PN/MPa</td><td colspan="4">5.0(300lb)</td><td>操作介质</td><td>油品、油气、液化烃、熔剂、蒸汽、惰性气、凝结水、软化水、脱氧水燃料油、燃料气等</td></tr>
<tr><td colspan="2" rowspan="2">设计条件</td><td>设计压力/MPa</td><td>3.18</td><td>2.88</td><td>2.57</td><td>2.39</td><td>基本材质</td><td>碳 钢</td></tr>
<tr><td>设计温度/℃</td><td>≤200</td><td>250</td><td>300</td><td>350</td><td>腐蚀裕量/mm</td><td>1.5</td></tr>
<tr><td colspan="2">项 目</td><td>公称直径 DN/mm</td><td colspan="4">规 格 型 号</td><td>材 质</td><td>标 准 号</td></tr>
<tr><td colspan="2" rowspan="3">管 子</td><td>15~40/50</td><td colspan="4">输送流体用无缝钢管 Sch80/60</td><td>20 钢</td><td>GB/T 8163</td></tr>
<tr><td>65~150/200~500</td><td colspan="4">输送流体用无缝钢管 Sch40/30</td><td>20 钢</td><td>GB/T 8163</td></tr>
<tr><td>≥600</td><td colspan="4">钢板卷管 STD</td><td>20G</td><td></td></tr>
<tr><td rowspan="18">管件</td><td rowspan="4">90°
45° 弯头</td><td>15~40/50</td><td colspan="4">承插焊 Sch80/60</td><td>20 锻钢</td><td>SH/T 3410</td></tr>
<tr><td>65~150</td><td colspan="4">无缝 Sch40</td><td>20 钢</td><td>SH/T 3408</td></tr>
<tr><td>200~500</td><td colspan="4">无缝 Sch30</td><td>20 钢</td><td>SH/T 3408</td></tr>
<tr><td>≥600</td><td colspan="4">钢板焊制 STD</td><td>20G</td><td>SH/T 3408</td></tr>
<tr><td rowspan="4">三 通</td><td>15~40</td><td colspan="4">承插焊 Sch80</td><td>20 锻钢</td><td>SH/T 3410</td></tr>
<tr><td>50/65~150</td><td colspan="4">无缝 Sch60/40</td><td>20 钢</td><td>SH/T 3408</td></tr>
<tr><td>200~500</td><td colspan="4">无缝 Sch30</td><td>20 钢</td><td>SH/T 3408</td></tr>
<tr><td>≥600</td><td colspan="4">钢板焊制 STD</td><td>20G</td><td>SH/T 3408</td></tr>
<tr><td rowspan="3">同心
偏心 大小头</td><td>50/65~150</td><td colspan="4">无缝 Sch60/40</td><td>20 钢</td><td>SH/T 3408</td></tr>
<tr><td>200~500</td><td colspan="4">无缝 Sch30</td><td>20 钢</td><td>SH/T 3408</td></tr>
<tr><td>≥600</td><td colspan="4">钢板焊制 STD</td><td>20G</td><td>SH/T 3408</td></tr>
<tr><td rowspan="3">封 头</td><td>15~100</td><td colspan="4">平盖封头</td><td>20 钢</td><td></td></tr>
<tr><td>150/200~500</td><td colspan="4">无缝 Sch40/30</td><td>20 钢</td><td>SH/T 3408</td></tr>
<tr><td>≥600</td><td colspan="4">钢板焊制 STD</td><td>20G</td><td>SH/T 3408</td></tr>
<tr><td>螺纹短节</td><td>15~40</td><td colspan="4">单头/双头 Sch80</td><td>20 钢</td><td>S5-7-1</td></tr>
<tr><td rowspan="2">管 箍</td><td>15~40</td><td colspan="4">双承口 Sch80</td><td>20 锻钢</td><td>SH/T 3410</td></tr>
<tr><td>15~40</td><td colspan="4">异径双承口 Sch80</td><td>20 锻钢</td><td>SH/T 3410</td></tr>
<tr><td>活接头</td><td>15~40</td><td colspan="4"></td><td>20 锻钢</td><td>SH/T 3424</td></tr>
<tr><td rowspan="10">阀门</td><td rowspan="2">闸 阀</td><td>15~40</td><td colspan="4">GA11H-800C、GA61H-800C</td><td></td><td></td></tr>
<tr><td>50~300/350~600</td><td colspan="4">GA41H-300C/GA441H-300C</td><td></td><td></td></tr>
<tr><td>球 阀</td><td>15~40/350~150</td><td colspan="4">BL11S-800C/BL41S-300C</td><td></td><td>(≤300℃)</td></tr>
<tr><td rowspan="2">截止阀</td><td>15~40</td><td colspan="4">GL11H-800C、GL61H-800C</td><td></td><td></td></tr>
<tr><td>50~250</td><td colspan="4">GL41H-300C</td><td></td><td></td></tr>
<tr><td rowspan="3">止回阀</td><td>15~40</td><td colspan="4">CK11H-800C、CK61H-800C</td><td></td><td></td></tr>
<tr><td>15~40/20~500</td><td colspan="4">CK41H-300C/CK44H-300C</td><td></td><td></td></tr>
<tr><td>异径 50~500</td><td colspan="4">RCV-Ⅱ-300C</td><td></td><td></td></tr>
<tr><td>放空、放净阀</td><td>15~40</td><td colspan="4">DVW113-800</td><td></td><td></td></tr>
<tr><td>采样阀</td><td>6~15</td><td colspan="4">ND13H-800C</td><td></td><td></td></tr>
<tr><td colspan="2" rowspan="2">法 兰</td><td>15~40</td><td colspan="4">SWRF-PN5.0MPa</td><td>20 锻钢</td><td>SH/T 3406</td></tr>
<tr><td>50~500</td><td colspan="4">WNRF-PN5.0MPa</td><td>20 锻钢</td><td>SH/T 3406</td></tr>
<tr><td colspan="2">螺柱</td><td></td><td colspan="4">全螺纹螺柱</td><td>35CrMoA</td><td>SH/T 3404</td></tr>
<tr><td colspan="2">螺母</td><td></td><td colspan="4">六角螺母</td><td>30CrMoA</td><td>SH/T 3404</td></tr>
<tr><td colspan="2">垫 片</td><td></td><td colspan="4">缠绕式(带外径)</td><td>18-8/柔性石墨</td><td>SH/T 3401</td></tr>
</table>

表 6-2-38　管道等级表（等级号:5A2）

公称压力 PN/MPa		5.0（300lb）				操作介质	油品、油气、熔剂、H_2、H_2+油气①
设计条件	设计压力/MPa	3.18	2.88	2.57	2.39	基本材质	碳　钢
	设计温度/℃	≤200	250	300	350	腐蚀裕量/mm	3.0

项　目		公称直径 DN/mm	规　格　型　号	材　质	标　准　号
管　子		15~50	输送流体用无缝钢管 Sch80	20 钢	GB/T 8163
		65~200	输送流体用无缝钢管 Sch60	20 钢	GB/T 8163
		250~350	输送流体用无缝钢管 Sch40	20 钢	GB/T 8163
管件	90° 45° 弯头	15~40	承插焊 Sch80	20 锻钢	SH/T 3410
		50/65~200	无缝 Sch80/60	20 钢	SH/T 3408
		250~350	无缝 Sch40	20 钢	SH/T 3408
	三　通	15~40	承插焊 Sch80	20 锻钢	SH/T 3410
		50/65~200	无缝 Sch80/60	20 钢	SH/T 3408
		250~350	无缝 Sch40	20 钢	SH/T 3408
	同心 偏心 大小头	50/65~200	无缝 Sch80/60	20 钢	SH/T 3408
		250~350	无缝 Sch40	20 钢	SH/T 3408
	封　头	10~100	平盖封头	20 钢	
		250~350	椭圆形管帽 Sch40	20 钢	SH/T 3408
		150~200	椭圆形管帽 Sch60	20 钢	SH/T 3408
	螺纹短节	15~40	单头/双头 Sch80	20 钢	S5-7-1
	管　箍	15~40	双承口 Sch80	20 锻钢	SH/T 3410
		15~40	异径双承口 Sch80	20 锻钢	SH/T 3410
	活接头	15~40		20 锻钢	SH/T 3424
阀门	闸　阀	15~40	GA11H-800C、GA61H-800C		
		50~300/350	GA41H-300C/GA441H-300C		
	球　阀	15~40/50~150	BL11S-800C/BL41S-300C		
	截止阀	15~40	GL11H-800C、GL61H-800C		
		50~250	GL41H-300C		
	止回阀	15~40	CK11H-800C、CK61H-800C		
		15~40/20~350	CK41H-300C/CK44H-300C		
		异径 50~350	RCV-Ⅱ-300C		
	放空、放净阀	15~40	DVW113-800		
	采样阀	6~15	ND13H-800C		
法　兰		15~40	SWRF-*PN*5.0MPa	20 锻钢	SH/T 3406
		50~500	WNRF-*PN*5.0MPa	20 锻钢	SH/T 3406
螺柱 螺母			全螺纹螺柱	35CrMoA	SH/T 3404
			六角螺母	30CrMoA	SH/T 3404
垫　片			缠绕式（带外环）	18-8/柔性石墨	SH/T 3401

注：① H_2、H_2+油气的最高设计温度 230℃。

表 6-2-39　管道等级表(等级号:5A3)

公称压力 PN/MPa			5.0（300lb）	操作介质	HF、ASO、油品、油气+HF	
设计条件		设计压力/MPa	按计算	基本材质	碳钢、蒙乃尔	
		设计温度/℃	≤100	腐蚀裕量/mm	3.2	
项　目		公称直径 DN/mm	规　格　型　号		材　质	标　准　号
管　子		15~50	输送流体用无缝钢管 Sch80		20 钢	GB/T 8163
		80~250	输送流体用无缝钢管 Sch40		20 钢	GB/T 8163
		≥250	输送流体用无缝钢管计算		20 钢	GB/T 8163
管件	90° 45° 弯头	$\frac{1}{2}$″~1½″	内螺纹（SCD）3000 lb		A105 锻钢	ASTMA105
		50	无缝 Sch80		20 钢	SH/T 3408
		80~250	无缝 Sch40		20 钢	SH/T 3408
	三　通	$\frac{1}{2}$″~1½″	内螺纹（SCD）3000 lb		A105 锻钢	ASTMA105
		50	无缝 Sch80		20 钢	SH/T 3408
		80~250	无缝 Sch40		20 钢	SH/T 3408
	同心 偏心 大小头	$\frac{1}{2}$″~1½″	内螺纹（SCD）3000 lb		A105 锻钢	ASTMA105
		50	无缝 Sch80		20 钢	SH/T 3408
		80~250	无缝 Sch40		20 钢	SH/T 3408
	封　头	$\frac{1}{4}$″~1½″	实心堵头 3000 lb		A105 锻钢	ASTMA105
		50	椭圆形 Sch80		20 钢	SH/T 3408
		80~250	椭圆形 Sch40		20 钢	SH/T 3408
	管　箍	$\frac{1}{2}$″~1½″	双头螺纹 3000 lb		20 钢（A106）	
	六角内外丝	$\frac{1}{2}$″~1½″	3000lb		A105 锻钢	ASTMA105
	螺纹短节	$\frac{1}{2}$″~1½″	单头 Sch80		20 钢（A106）	S5-7-1
			双头 Sch80		20 钢（A106）	S5-7-1
	活接头	$\frac{1}{2}$″~1½″	内螺纹（SCD）3000 lb		A105 锻钢	ASTMA105
阀门	闸　阀	$\frac{3}{4}$″、1″	SCD600 lb、800 lb		碳钢阀体蒙乃尔内件	
		2″~30″	300 lb 法兰（RF）		碳钢阀体蒙乃尔内件	
	截止阀	$\frac{3}{4}$″、1″	SCD600 lb、800 lb		碳钢阀体蒙乃尔内件	
		2″~12″	300 lb 法兰（RF）		碳钢阀体蒙乃尔内件	
	止回阀	$\frac{1}{2}$″、$\frac{3}{4}$″、1″	SCD600lb			
		2″~30″	300 lb 法兰（RF）			
	塞阀≤200℃	$\frac{1}{2}$″、$\frac{3}{4}$″、1″	300 lb（SCD）		全蒙乃尔	
		2″~12″	300 lb（RF）		全蒙乃尔	
	试液面旋塞阀≤200℃	$\frac{3}{4}$″	300 lb（SCD）		全蒙乃尔	
法　兰		≥2″	对焊（光）300 lb（RF）		20 锻钢 A105	
螺栓（柱）			等长双头螺柱		30CrMoA	SH/T 3404
螺母			六角螺母		35 号钢	SH/T 3404
垫　片			缠绕式（带内环）		蒙乃尔-聚四氟乙烯	≤200℃

表 6-2-40 管道等级表(等级号:5CI)

公称压力 *PN*/MPa		5.0（300lb）				操作介质	高温油品、油气、蒸汽①
设计条件	设计压力/MPa	4.55	4.24	4.02	3.66	基本材质	15CrMo（15CrMoG）
	设计温度/℃	≤200	300	350	400	腐蚀裕量/mm	1.5

项目		公称直径 *DN*/mm	规格型号	材质	标准号
管子		15~40/50	石油裂化用无缝钢管 Sch80/60	15CrMo（15CrMoG）	GB 9948（GB 5310）
		65~300	石油裂化用无缝钢管 Sch40	15CrMo（15CrMoG）	GB 9948（GB 5310）
		≥350	石油裂化用无缝钢管计算	15CrMo（15CrMoG）	GB 9948（GB 5310）
管件	90° 45° 弯头	15~40/50	承插焊 Sch80/60	15CrMo 锻钢	SH/T 3410
		65~300	无缝 Sch40	15CrMo（15CrMoG）	SH/T 3408
	三通	15~40	承插焊 Sch80	15CrMo 锻钢	SH/T 3410
		65~300/50	无缝 Sch40/60	15CrMo（15CrMoG）	SH/T 3408
	同心 偏心 大小头	65~300/50	无缝 Sch40/60	15CrMo（15CrMoG）	SH/T 3408
	封头	15~40	承插焊 Sch80	15CrMo 锻钢	SH/T 3410
		50~300	椭圆形管帽 Sch40	15CrMo（15CrMoG）	SH/T 3408
	管箍	15~40	双承口 Sch80	15CrMo 锻钢	SH/T 3410
		15~40	异径双承口 Sch80	15CrMo 锻钢	SH/T 3410
	螺纹短节	15~40	单头 Sch80	15CrMo（15CrMoG）	S5-7-1
		15~40	双头 Sch80	15CrMo（15CrMoG）	S5-7-1
	活接头	15~40		15CrMo 锻钢	SH/T 3424
阀门	闸阀	15~40	GA11Y-800H2、GA61Y-800H2		
		50~300/350~500	GA41Y-300H2/GA441Y-300H2		
	截止阀	15~40	GL11Y-800H2、GL61Y-800H2		
		50~250/300	GL41Y-300H2/GL441Y-300H2		
	止回阀	15~40	CK11Y-800H2、CK61Y-800H2		
		50~500	CK44Y-300H2		
		异径 50~500	RCV-Ⅱ-300S1		
	放空、放净阀	15~40	DVW539-800		
法兰		15~40	SWRF-*PN*5.0MPa	15CrMo 锻钢	SH/T 3406
		50~500	WNRF-*PN*5.0MPa	15CrMo 锻钢	SH/T 3406
螺柱 螺母			全螺纹螺柱	25Cr2MoVA	SH/T 3404
			六角螺母	35CrMoA	SH/T 3404
垫片			缠绕式（带外环）	18-8/柔性石墨	SH/T 3407

注：① 括号内适用于蒸汽。

表 6-2-41　管道等级表(等级号:5G1)

公称压力 *PN*/MPa		5.0（300lb）				操作介质	高温油品、油气、高含硫油品、H_2
设计条件	设计压力/MPa	3.66	3.09	2.03	1.17	基本材质	1Cr5Mo
	设计温度/℃	400	450	500	550	腐蚀裕量/mm	1.5

项目		公称直径 *DN*/mm	规格型号	材质	标准号
管子		15~40	石油裂化用无缝钢管 Sch80	12Cr5Mo	GB 9948
		50~500	石油裂化用无缝钢管 Sch60	12Cr5Mo	GB 9948
管件	90° 45° 弯头	15~40	承插焊 Sch80	12Cr5Mo 锻钢	SH/T 3410
		50~500	无缝 Sch60	12Cr5Mo	SH/T 3408
	三通	15~40	承插焊 Sch80	12Cr5Mo 锻钢	SH/T 3410
		50~500	无缝 Sch60	12Cr5Mo	SH/T 3410
	同心 偏心 大小头	50~500	无缝 Sch60	12Cr5Mo	SH/T 3408
	封头	15~40	承插焊管帽 Sch80	12Cr5Mo 锻钢	SH/T 3410
		50~500	管帽	12Cr5Mo	SH/T 3408
	加强管接头	15~40	承插焊 Sch80	12Cr5Mo 锻钢	GB/T 19326
		50~150	对焊 Sch60	12Cr5Mo 锻钢	GB/T 19326
	螺纹短节	15~40	单头/双头 Sch160	12Cr5Mo	S5-7-1
	管箍	15~40	双承口 Sch80	12Cr5Mo 锻钢	SH/T 3410
		15~40	异径双承口 Sch80	12Cr5Mo 锻钢	SH/T 3410
	活接头	15~40		12Cr5Mo 锻钢	SH/T 3424
阀门	闸阀	15~40	GA11Y-800H1、GA61Y-800H1		
		50~300/350~500	GA41Y-300H1/GA441Y-300H1		
	截止阀	15~40	GL11Y-800H1、GL61Y-800H1		
		50~250/300	GL41Y-300H1/GL441Y-300H1		
	止回阀	15~40	CK11Y-800H1、CK61Y-800H1		
		25~500	CK41Y-300H1、GK44Y-300H1		
		异径 50~500	RCV-Ⅱ-300S1		
	放空、放净阀	15~40	DVW549-800		
法兰		50~40	SWRF-*PN*5.0MPa	12Cr5Mo 锻钢	SH/T 3406
		50~500	WNRF-*PN*5.0MPa	12Cr5Mo 锻钢	SH/T 3406
螺柱			全螺纹螺柱	25Cr2MoVA	SH/T 3404
螺母			六角螺母	35CrMoA	SH/T 3404
垫片			缠绕式（带外环）	18-8/柔性石墨	SH/T 3407

表 6-2-42 管道等级表(等级号:5M1)

公称压力 *PN*/MPa		5.0（300lb）	操作介质	HF、ASO（酸深性油）	
设计条件	设计压力/MPa	按 计 算	基本材质	蒙乃尔	
	设计温度/℃	100~149	腐蚀裕量/mm	3.2	
项　目		**公称直径 *DN*/mm**	**规格型号**	**材　质**	**标 准 号**
管　子		1/2″~2″	无缝管 Sch80	蒙乃尔	ASTM B165
		3″~10″	无缝管 Sch40	蒙乃尔	ASTM B165
		>10″	无缝管计算	蒙乃尔	ASTM B165
管件	90° 45° 弯头	1/2″~1½″	内螺纹（SCD）3000 lb	蒙乃尔	
		2″	无缝 Sch80	蒙乃尔	
		3″~10″	无缝 Sch40	蒙乃尔	
	三　通	1/2″~1½″	内螺纹（SCD）3000 lb	蒙乃尔	
		2″	无缝 Sch80	蒙乃尔	
		3″~10″	无缝 Sch40	蒙乃尔	
	同心 偏心 大小头	1/2″~1½″	内螺纹（SCD）3000 lb	蒙乃尔	
		2″	无缝 Sch80	蒙乃尔	
		3″~10″	无缝 Sch40	蒙乃尔	
	封　头	1/4″~1½″	实心堵头 3000 lb	蒙乃尔	
		2″	椭圆形 Sch80	蒙乃尔	
		3″~10″	椭圆形 Sch40	蒙乃尔	
	管　箍	1/2″~1½″	双头螺纹 Sch80	蒙乃尔	
	六角内外丝（Bushing）	1/2″~1½″	3000 lb	蒙乃尔	
	螺纹短节	1/2″~1½″	双头 Sch80	蒙乃尔	
		1/2″~1½″	单头 Sch80	蒙乃尔	
	活接头	1/2″~1½″	3000 lb	蒙乃尔	
阀门	闸　阀	1/2″~1½″	300、600、800 lb	蒙乃尔	（菲利浦斯专利）
		2″~12″	300 lb 法兰（RF）	蒙乃尔	（菲利浦斯专利）
	止回阀	3/4″~1″	内螺纹（SCD）800 lb	蒙乃尔	（菲利浦斯专利）
	塞阀≤200℃	1/2″、3/4″、1″	300 lb（SCD）		
		2″~12″	300 lb（RF）		
法　兰		≥2″	对焊（光）300 lb	蒙乃尔	ASTM B165
螺栓（柱）			等长双头螺柱	30CrMoA	SH/T 3404
螺　母			六角螺母	35 号钢	SH/T 3404
垫　片			缠绕（带内环）	蒙乃尔-聚四氟乙烯	<200℃
				蒙乃尔-柔性石墨	≥200℃

表 6-2-43　管道等级表（等级号：6.8A1）

公称压力 PN/MPa		6.8（400lb）				操作介质	除氧水、蒸汽、N_2
设计条件	设计压力/MPa	4.33	3.74	3.25	2.88	基本材质	碳钢
设计条件	设计温度/℃	<200	300	350	400	腐蚀裕量/mm	1.5

项目		公称直径 DN/mm	规格型号	材质	标准号
管子		15～40	高压锅炉用无缝钢管 Sch80	20G	GB 5310
管子		50～500	高压锅炉用无缝钢管 Sch60	20G	GB 5310
管件	90° 45° 弯头	15～40	承插焊 Sch80	20 锻钢	SH/T 3410
管件	90° 45° 弯头	50～500	无缝 Sch60	20G	SH/T 3408
管件	三通	15～40	承插焊 Sch80	20 锻钢	SH/T 3410
管件	三通	50～500	无缝 Sch60	20G	SH/T 3408
管件	同心 偏心 大小头	50～500	无缝 Sch60	20G	SH/T 3408
管件	封头	15～40	承插焊管帽 Sch80	20 锻钢	SH/T 3410
管件	封头	50～500	管帽 Sch60	20G	SH/T 3408
管件	加强管接头	15～40	承插焊 Sch80	20 锻钢	GB/T 19326
管件	加强管接头	50～150	对焊 Sch60	20 锻钢	GB/T 19326
管件	螺纹短节	15～40	单头/双头 Sch160	20G	S5-7-1
管件	管箍	15～40	双承口 Sch80	20 锻钢	SH/T 3410
管件	管箍	15～40	异径双承口 Sch80	20 锻钢	SH/T 3410
阀门	闸阀	15～40	GA11H-800C、GA61H-800C		
阀门	闸阀	15～80	GA41H-600C		
阀门	闸阀	100～300/350～500	GA41H-400G/GA441H-400C		
阀门	截止阀	15～40	GL11H-800C、GL61H-800C		
阀门	截止阀	15～80	GL41H-600C		
阀门	截止阀	100～200/250～300	GL41H-400C/GL441H-400C		
阀门	止回阀	15～40	CK11H-800C、CK61H-800C、CK41H-600C		
阀门	止回阀	25～80/100～500	CK44H-600C/CK44-400C		
阀门	放空、放净阀	15～40	DVW113-800		
阀门	放空、放净阀	6～15	ND13H-800C		
法兰		15～40	SWRF-PN10.0MPa	20 锻钢	SH/T 3406
法兰			WNRF-PN6.8、10.0MPa	20 锻钢	SH/T 3406
螺柱 螺母			全螺纹螺柱	35CrMoA	SH/T 3404
螺柱 螺母			六角螺母	30CrMoA	SH/T 3404
垫片			缠绕式（带外环）	18-8/柔性石墨	SH/T 3407

（编制　王怀义　张德姜）

第七章　管道材料的设计附加裕量

一、概　　述

石油化工装置设计中配管材料的订货数量的确定，对工程建设来说是非常重要的。一是配管材料数量大，一个大中型生产装置的配管材料多达几十万件；二是品种多，如各种材质不同规格尺寸的管子、管件、法兰、螺栓、螺母、垫片，各类阀门和各种管道附件等多达数百种；三是占投资比例大，通常材料费和施工费用约占总投资的15%~25%。

另一方面，合理的订货数量，既能满足工程建设的需要，又不会因有大量剩余而造成物资的积压，也不会因订货数量不足而影响工程建设进度。因此，必须确定一个合理的配管材料设计附加裕量。过去国内工程建设中，因没有一个合理的材料设计附加裕量，往往设计单位在配管材料统计时加上了不同的裕量，建设单位在采购时，又加上很大的裕量，结果层层加码，施工建设结束时，造成大量库存积压，这是个很大的浪费。

配管材料的订货数量是设计用量和设计附加裕量之和。设计用量是根据配管图用手工或计算机统计并列在综合材料表中的数量。

（一）确定设计附加量应考虑的因素

（1）设计用量的统计误差：配管材料当采用手工开料和汇料时，会出现一些错漏等统计误差；当采用计算机开料和汇料时，误差会少一些。

（2）运输过程和现场保管过程中出现的差错：配管材料中有一些尺寸小而用量大的材料，在施工现场保管过程中易出现遗失或差错或损坏。

（3）安装时的损耗：有些配管材料在施工安装过程中可能会损坏。

（二）确定各种配管材料设计附加裕量的原则

（1）各种配管材料的设计附加裕量必须通过大量调查和工程资料的积累加以综合考虑。

（2）对尺寸小的数量大的配管材料，统计时和保管时出现差错的几率大一些，应适当考虑较多的裕量。

（3）对于在运输、保管和施工过程中易损坏或易遗失的材料，裕量应多一些。

（4）对于一些贵重材料，不易遗失和损坏的材料或大尺寸配件等，其裕量应少一些或不考虑裕量。

二、设计附加裕量与备品备件的区别

设计裕量是施工裕量，不是装置开车后的备品备件，这一点必须明确，不然易引起生产和安装单位的误会。通常国外成套引进的装置的配管材料也有这两部分之分：一部分是安装裕量，由施工安装单位控制使用；另一部分是生产用的备品备件，由生产厂来管理。这在合同中有明确规定，发运时两部分分开单独装箱。

三、附加裕量

本章仅给出了主要常用配管材料的附加裕量，对非金属管道、铸铁管道、衬里管道及特种合金管道的附加裕量应根据具体情况由专业负责人会同材料设计人员讨论后另行确定。

（一）手工开料的附加裕量

常用配管材料的附加裕量包括：管子、管件、法兰、垫片、紧固件、阀门，隔热材料和支吊架等，手工开料的附加裕量见表 7-1-1～表 7-1-6。

（1）管子的附加裕量按表 7-1-1 确定。

表 7-1-1　管子的附加裕量

管子材质	管径					
	DN≤40		*DN*50～150		*DN*≥200	
	裕量/%	最低量/m	裕量/%	最低量/m	裕量/%	最低量/m
碳　钢	5	1	3	1	2	1
不锈钢	3	0.5	2	0.5	1	0.5
铝合金	4	1	2	0.5	1	0.5

（2）法兰、三通、异径管、弯头、管帽、翻边短节等附加量应按表 7-1-2 确定。

表 7-1-2　法兰、三通等的附加裕量

管件材质	管径					
	DN≤40		*DN*50～150		*DN*≥200	
	裕量/%	最低量/个	裕量/%	最低量/个	裕量/%	最低量/个
碳　钢	5	<20 且≥10 加 1 个	5	<20 且≥10 加 1 个	3	<30 且≥15 加 1 个
不锈钢	3	<30 且≥1 加 1 个	3	<30 且≥15 加 1 个	2	<50 且≥20 加 1 个
低合金钢	4	<25 且≥10 加 1 个	4	<25 且≥10 加 1 个	3	<50 且≥20 加 1 个

（3）阀门的附加裕量按表 7-1-3 确定。

表 7-1-3　阀门附加裕量

阀门材质	公称直径					
	DN≤40		*DN*50～150		*DN*≥200	
	裕量/%	最低量/只	裕量/%	最低量/只	裕量/%	最低量/只
碳　钢	10	<10 且≥5 加 1 个	5	<20 且≥10 加 1 个	2	<50 且≥20 加 1 个
铸　铁	10	<10 且≥5 加 1 个	5	<20 且≥10 加 1 个	2	<50 且≥20 加 1 个
合金钢 不锈钢	5	<25 且≥10 加 1 个	2	<50 且≥20 加 1 个	2	<50 且≥20 加 1 个

（4）垫片、螺栓、螺母的附加裕量按表 7-1-4 确定。

表 7-1-4　垫片、螺栓、螺母的附加裕量

垫片材质	规格					
	DN≤40		DN50～150		DN≥200	
	裕量/%	最低量/个	裕量/%	最低量/个	裕量/%	最低量/个
非金属垫片	20	<5 且≥2 加 1 个	15	<6 且≥3 加 1 个	10	<10 且≥5 加 1 个
半金属垫片	10	<10 且≥5 加 1 个	10	<10 且≥5 加 1 个	5	<20 且≥10 加 1 个
金属垫片	5	<20 且≥10 加 1 个	5	<20 且≥10 加 1 个	3	<30 且≥15 加 1 个
螺栓、螺母材质	规格					
	≤M12		≥M12 至≤M22		≥M27 以上	
	裕量/%	最低量/付	裕量/%	最低量/付	裕量/%	最低量/付
碳钢和合金钢	10	<10 且≥5 加 1 付	10	<10 且≥5 加 1 付	5	<20 且≥10 加 1 付
合金钢和不锈钢	5	<20 且≥10 加 1 付	5	<20 且≥10 加 1 付	3	<30 且≥15 加 1 付

（5）绝热结构材料的附加裕量按表 7-1-5 确定。

表 7-1-5　绝热结构材料的附加裕量

名　称	裕量/%	最低量/m^3（或 m^2）	名　称	裕量/%	最低量/m^3（或 m^2）
硬质和半硬质绝热材料制品	15	0.5	镀锌铁皮、薄钢板、铝或铝合金板	15	1
			勾缝用胶泥	15	0.5
软质绝热材料制品	10	0.5	玻璃布	25	1
泡沫塑料制品	10	0.5	防潮层材料	15	0.5

（6）支吊架材料的附加裕量按表 7-1-6 确定。

表 7-1-6　支吊架材料的附加裕量

名　称	材　料			
	碳　钢		合金钢和不锈钢	
	裕量/%	最低量/m（或 m^2）	裕量/%	最低量/m（或 m^2）
型　材	10	<10 且≥5 加 0.5m	5	<20 且≥10 加 0.5m
板　材	5	<20 且≥10 加 0.5m^2	3	<30 且≥15 加 1m^2
标准件	10	<10 且≥5 加 1 件	5	<20 且≥10 加 1 件

（二）采用三维模型自动开料的附加裕量

1. 管子、管件、法兰、阀门、垫片、螺栓、螺母的附加裕量按表 7-1-7 确定。

表 7-1-7　管子、管件、法兰、阀门、垫片、螺栓、螺母的附加裕量

材质	管子							
	DN≤40		DN50~150		DN200~300		DN≥350	
	裕量/%	最低量/m	裕量/%	最低量/m	裕量/%	最低量/m	裕量/%	最低量/m
碳钢	10	1	7	1	6	1	5	1
低合金钢	10	1	6	1	5	0.5	4	0.5
不锈钢	6	0.5	5	0.5	4	0.5	3	0.5
材质	管件、法兰							
	DN≤40		DN50~150		DN200~300		DN≥350	
	裕量/%	最低量/个	裕量/%	最低量/个	裕量/%	最低量/个	裕量/%	最低量/个
碳钢	5	<20 且≥10 加 1 个	4	<25 且≥10 加 1 个	3	<30 且≥10 加 1 个	2	<50 且≥20 加 1 个
低合金钢	4	<25 且≥10 加 1 个	3	<30 且≥10 加 1 个	2	<50 且≥20 加 1 个	1	<100 且≥30 加 1 个
不锈钢	3	<30 且≥10 加 1 个	2	<50 且≥20 加 1 个	1.5	<60 且≥20 加 1 个	1	<100 且≥30 加 1 个
材质	阀门							
	DN≤40		DN50~150		DN200~300		DN≥350	
	裕量/%	最低量个	裕量/%	最低量/个	裕量/%	最低量/个	裕量/%	最低量/个
碳钢	10	<10 且≥5 加 1 个	4	<25 且≥10 加 1 个	3	<30 且≥15 加 1 个	2	<50 且≥20 加 1 个
低合金钢	10	<10 且≥5 加 1 个	4	<25 且≥10 加 1 个	3	<30 且≥15 加 1 个	2	<50 且≥20 加 1 个
不锈钢	5	<20 且≥10 加 1 个	2	<50 且≥20 加 1 个	1.5	<60 且≥30 加 1 个	1	<100 且≥30 加 1 个
材质	垫片							
	DN≤40		DN50~150		DN200~300		DN≥350	
	裕量/%	最低量/个	裕量/%	最低量/个	裕量/%	最低量/个	裕量/%	最低量/个
非金属垫片	20	<5 且≥2 加 1 个	12	<8 且≥4 加 1 个	10	<10 且≥5 加 1 个	8	<12 且≥5 加 1 个
半金属垫片	10	<10 且≥5 加 1 个	8	<12 且≥5 加 1 个	6	<15 且≥10 加 1 个	4	<25 且≥10 加 1 个
金属垫片	5	<20 且≥10 加 1 个	4	<25 且≥10 加 1 个	3.5	<28 且≥12 加 1 个	3	<30 且≥15 加 1 个

续表

材质	螺栓、螺母							
	<M12		M12~M22		M24~M33		>M33	
	裕量/%	最低量/付	裕量/%	最低量/付	裕量/%	最低量/付	裕量/%	最低量/付
碳钢	10	<10 且≥5 加 1 付	8	<12 且≥5 加 1 付	6	<15 且≥10 加 1 付	4	<25 且≥10 加 1 付
合金、不锈钢	5	<20 且≥10 加 1 付	4	<25 且≥10 加 1 付	3.5	<28 且≥12 加 1 付	3	<30 且≥15 加 1 付

2. 其他：

（1）绝热材料（保温、保冷等）和保护层材料裕量按 25% 考虑，最低量 1.0m^3（或 m^2），整体开拆卸阀保温箱（含仪表保温）不考虑裕量；

（2）表面防腐涂漆的附加裕量按 30% 考虑。

（3）支吊架材料的附加裕量按表 7-1-6 确定。

（编制　张云鸠）